LE
THÉÂTRE D'AGRICULTURE
ET
MESNAGE DES CHAMPS.

TOME II.

Voté par M.r C.r Caffarelli, Préfet du Département de l'Ardèche, achevé sous la Préfecture de M.r .... par les soins de M.r C.r Farell, Ingénieur en chef du Département, An XII, 1804.

LE
THÉÂTRE D'AGRICULTURE

ET

MESNAGE DES CHAMPS,

D'OLIVIER DE SERRES,

SEIGNEUR DU PRADEL;

DANS LEQUEL EST REPRÉSENTÉ TOUT CE QUI EST REQUIS ET NÉCESSAIRE POUR BIEN DRESSER,
GOUVERNER, ENRICHIR ET EMBELLIR

LA MAISON RUSTIQUE.

NOUVELLE ÉDITION CONFORME AU TEXTE,
AUGMENTÉE DE NOTES ET D'UN VOCABULAIRE;

PUBLIÉE PAR LA SOCIÉTÉ D'AGRICULTURE DU DÉPARTEMENT DE LA SEINE

TOME II.

A PARIS,

De l'Imprimerie et dans la Librairie de Madame HUZARD, Imprimeur de la Société
D'Agriculture du Département de la Seine, rue de l'Éperon, N°. 7.

AN XIV. [1805.]

SECONDE LISTE
DES SOUSCRIPTEURS

A LA NOUVELLE ÉDITION

DU THÉATRE D'AGRICULTURE

ET MESNAGE DES CHAMPS,

D'OLIVIER DE SERRES.

Nota. MM. Les Souscripteurs dont les noms se trouvent déjà dans la première Liste, en tête du Tome I, ne sont reportés dans celle-ci que pour de nouvelles souscriptions.

SA MAJESTÉ L'EMPEREUR ET ROI, *Un exemplaire papier vélin.*
SA MAJESTÉ L'IMPÉRATRICE ET REINE, *Un exemplaire papier vélin.*

A.

ABRIAL, membre du Sénat, à Paris.

ACADÉMIE (l') IMPÉRIALE DES SCIENCES, LITTÉRATURE ET BEAUX ARTS DE TURIN, département du Pô.

AMEILHON, de l'Institut de France et de la Société d'agriculture du département de la Seine, à Paris.

ANDRÉOLI-PATOCKY, propriétaire, à Colmar, département du Haut-Rhin.

ANDRIEU, de la Société d'agriculture du département de Seine-et-Oise, propriétaire, à Cheptainville.

ARGENSON (DE VOYER D'), propriétaire, aux Ormes, département de la Vienne.

ARGILLET, propriétaire-agriculteur, à Saint-Didier, département du Rhône.

B.

BARBIER, propriétaire, à Nantes, département de la Loire-Inférieure.

BARDENET, membre du Corps législatif, à Vesoul, département de la Haute-Saône.

BARROIS (*Théophile*), père, libraire, à Paris.

BATTAILLIEZ-MADRON, maire de Saint-Jean-Lherm, membre du Collège électoral, à Toulouse, département de la Haute-Garonne.

BECQUET, propriétaire, à Douay, département du Nord.

BELIN, libraire, à Paris.

BERNEVIN, préfet, à Blois, département de Loir-et-Cher.

BERNARDY (*A.*), propriétaire, maire, à Aubenas, département de l'Ardèche. 2 *exemplaires.*

BERTIER, propriétaire, à Roville, département de la Meurthe.

BOISCHARD, marchand papetier, à Paris.

BOISSIÈRE (de la), président et juge de paix du canton de Villeneuve-de-Berg, département de l'Ardèche.

BONNET, négociant, à Dijon, département de la Côte-d'Or.

BORDIER, ex-constituant, à Paris.

BOSC (*L.*), de la Société d'agriculture du département de Seine-et-Oise, directeur des pépinières impériales, à Versailles.

BROUSSONET, de l'Institut de France, de la Société d'agriculture du département de la Seine, professeur de botanique à l'École de médecine de Montpellier, département de l'Hérault.

BRUGNONE, de la Société d'agriculture du département de la Seine, directeur de l'École vétérinaire, à Turin, département du Pô.

BUNIVA, de la Société d'agriculture du département de la Seine, président du Conseil de Santé, à Turin, département du Pô.

C.

CAFFARELLI, préfet du département du Calvados, à Caen. *Un exemplaire papier vélin.*

CAISSOTI, membre du Corps législatif, à Coni, département de la Stura. *Un exemplaire papier vélin.*

CAZENOVE (*Q.-H.*), propriétaire, à Lyon, département du Rhône.

CHAPTAL, membre du Sénat, à Paris. *Un exemplaire papier vélin.*

CHICOU, chef de division à la Préfecture de police, à Paris.

CLÉMENT-DE-SAINTE-PALAYE, propriétaire, à Vaugirard, département de la Seine.

CORNEILLAN (*J.*), propriétaire, à Saint-Urcise, département du Lot.

CORREA-DE-SERRA, de la Société d'agriculture du département de la Seine, à Lisbonne.

COSSÉ (*Timoléon de*), propriétaire, à Paris.

COTTE, de l'Institut de France, de la Société d'agriculture du département de la Seine, à Montmorenci.

COURCIER, libraire, à Paris.

COURNOL, de la Société d'agriculture du département de la Seine, jurisconsulte, à Paris.

COURTEILLES (CHAPELLES-DE), propriétaire à Toeny, département de l'Eure.

CROUZET (*Pascal*), propriétaire, à Toulouse, département de la Haute-Garonne.

D.

DALAUSIER, propriétaire, à Carpentras, département de Vaucluse.

DARNEVILLE, à Paris.

DAVID (*Gibelin*), libraire, à Aix, département des Bouches-du-Rhône.

DEBOISDENNEMETZ (*Armand*), propriétaire, à Cahaigne, département de l'Eure.

DEBURE (*Guillaume*), père et fils, libraires de la Bibliothèque impériale, à Paris.

DEFOREST, aîné, propriétaire, à Douay, département du Nord.

DEHANSY, libraire, à Paris.

DELAHAYE, propriétaire, au Hâvre, département de la Seine-Inférieure.

DELAUNAY, libraire, à Paris.

DESENNE, libraire, à Paris. 2 *exemplaires.*

DESGRAND (*J.-B.*), négociant, à Annonay, département de l'Ardèche.

DESRAY, libraire, à Paris. 2 *exemplaires.*

DÉTERVILLE, libraire, à Paris.

DEVILLENEUVE, propriétaire, à Paris.

DIDOT (*Firmin*), libraire, à Paris.

DUPLESSIS, propriétaire, à Vitry, département de la Marne.

DURAND, propriétaire, receveur des Domaines, à Sainte-Ménéhould, département de la Marne.

DURVILLE, libraire, à Montpellier, département de l'Hérault.

DUTAYA, propriétaire, à Randan, département du Puy-de-Dôme.

DUVAURE, propriétaire, à Crest, département de la Drôme.

E.

ÉCOLE IMPÉRIALE VÉTÉRINAIRE (l'), à Lyon, département du Rhône.

EGASSE, marchand papetier, à Paris.

F.

FANTIN, libraire, à Paris. 3 *exemplaires.*

FILLEMIN, agent général du canal de Briare, à Paris.

FLAMENT, vétérinaire, à Cambray, département du Nord.

FRANÇOIS (DE NEUFCHATEAU), président du Sénat, à Paris. 3 *exemplaires, un papier vélin.*

FUCHS, libraire, à . . . . . .

FUMARS, professeur, à Copenhague.

G.

GARNIER-DESCHESNES, de la Société d'agriculture du département de la Seine, à Paris.

GIBELIN (*Barthélemy*), juge de paix, à Gardanne, département des Bouches-du-Rhône.

GIGUET, imprimeur-libraire, à Paris.

GILIS, directeur des contributions du département de la Charente, à Saintes.

GIOBERT (*J.-A.*), de la Société d'agriculture

du département de la Seine, à Turin, département du Pô.

GIRARD, vétérinaire, à Issoudun, département de l'Indre.

GIROUX (Madame), libraire, à Grenoble, département de l'Isère.

GOHIER, professeur à l'École impériale vétérinaire, à Lyon, département du Rhône.

GOSSE, membre du Corps législatif, à Douay, département du Nord.

GRANDMAISON et DUMONT, propriétaires à Épluches, département de Seine-et-Oise.

GRASSET-TAMAGNON, fils, propriétaire, à Tarascon, département des Bouches-du-Rhône.

GREFFO (Gabriel), propriétaire, à Lyon, département du Rhône.

H.

HALLER, propriétaire, à Paris.

HENON (Madame), à Lyon, département du Rhône. 12 *exemplaires*.

HENRION, propriétaire, à Paris.

HERBOUVILLE (C.), préfet, à Lyon, département du Rhône.

HIVER, jurisconsulte, à Péronne, département de la Somme.

HOCQUART (Madame), libraire, à Paris.

HUERNE, propriétaire.

HUMIÈRES (d'), de la Société d'agriculture du département de la Seine, à Paris.

J.

JACOB, propriétaire, à Toulon-sur-Arroux, département de Saône-et-Loire.

JALLIFFIER, régisseur de la Bergerie du département des Bouches-du-Rhône, à Arles.

JASNÉ, vétérinaire, à Maestricht, département de la Meuse-Inférieure.

JANNET (J.-Ph.), littérateur, à Paris.

JOHANNEAU, libraire, à Paris. 2 *exemplaires*.

JONQUIER (David), propriétaire, à Bagnols, département du Gard.

JOURNU-AUBER, membre du Sénat, à Paris.

JUMILHAC, de la Société d'agriculture du département de la Seine, propriétaire, à Paris.

K.

KERDREL, propriétaire, à Rennes, département d'Ille-et-Villaine.

L.

LABARTE, propriétaire, à Paris.

LAINÉ, propriétaire, à Paris.

LAIR, secrétaire de la Société d'agriculture, à Caen, département du Calvados.

LATOUR-DE-PIN (de), propriétaire, à Condé, département de l'Aisne.

LAUGIER, membre du Corps législatif, à Turin, département du Pô.

LEROUX, libraire, à Paris.

LENORMANT, libraire, à Paris. 6 *exemplaires*.

LEPELETIER (*Daniel*), propriétaire, à Paris.

LESCALLIER, conseiller d'État, de la Société d'agriculture du département de la Seine, à Paris.

LEVRAULT, SCHOELL et compagnie, libraires, à Paris. 5 *exemplaires*.

LOUVRIER, propriétaire, à Paris.

LULLIN (*C.-J.-M.*), de la Société des Arts et du Comité d'agriculture, à Genève, département du Léman.

M.

MAGIMEL, libraire, à Paris.

MALARTIC (de), propriétaire, à Paris.

MALARTIC-DE-FONDAT (de), à Beauvoir, département du Loiret.

MALET-AUDEBERT, banquier, à Paris.

MARADAN, libraire, à Paris.

MARCHAIS, médecin-accoucheur, à Paris.

MARET, préfet, à Orléans, département du Loiret.

MARTELLI et LÉONARDI, négocians, à Paris.

MELLET-BONAS, propriétaire, à Auch, département du Gers.

MIRABEL (D'ARLEMPDE-DE), descendant d'OLIVIER DE SERRES, propriétaire du Pradel, département de l'Ardèche. *Un exemplaire papier vélin*.

MIREPOIX (*Casimir-Lévis*), propriétaire, à Bordeaux, département de la Gironde.

MOLIS (*Jean*), docteur en droit, à Venise.

MONGIE, libraire, à Paris.

MORDANT-DE-LAUNAY, bibliothécaire au Muséum d'Histoire naturelle, à Paris.

MORIN, à l'Imprimerie impériale, à Paris.

MOURET, libraire, à Aix, département des Bouches-du-Rhône. 2 *exemplaires*.

N.

Nepveu (*Auguste*), libraire, à Paris.

Nepveu-de-Belle-Fille, propriétaire, au Mans, département de la Sarthe.

Nicolle, libraire, à Paris. 2 *exemplaires*.

Nioche, régisseur, à l'École impériale vétérinaire d'Alfort, département de la Seine.

O.

Oudaert, membre du Corps législatif, de la Société d'agriculture d'Anvers, à Gand, département de l'Escaut.

P.

Pallas, propriétaire, à Oliergues, département du Puy-de-Dôme.

Parès-Conill (*Joseph*), propriétaire, à Rivesaltes, département des Pyrénées-Orientales.

Paschoud, libraire, à Genève, département du Léman.

Petit, libraire, à Paris.

Pichard, libraire, à Paris.

Pinet (*Charles*), propriétaire, à Nevers, département de la Nièvre.

Pommereuil, général de division, préfet du département d'Indre et Loire, à Tours.

Pons (de), ancien conseiller au Conseil souverain de Roussillon, à Paris.

Puy, maire d'Avignon, département de Vaucluse.

R.

Rémard (*Charles*), libraire, à Fontainebleau, département de Seine-et-Marne.

Renouard, conseiller de préfecture, à Quimper, département du Finistère.

Riss et Saucet, libraires, à Moscou. 2 *exemplaires*.

Rivet, propriétaire, à la Chartre-sur-Loir, département de la Sarthe.

Roux-Campagnac, de la Société d'agriculture d'Alby, propriétaire, à Lavaur, département du Tarn.

Royer, libraire, à Paris. 2 *exemplaires*.

S.

Sade (Madame de), propriétaire, à Eyguières, département des Bouches-du-Rhône.

Saint-Agniant (de), propriétaire, à Paris.

Saint-Exupery, à Paris.

Salme, professeur à l'École secondaire, à Wassy, département de la Haute-Marne.

Sauzay, membre du Corps législatif, de la Société d'agriculture du département du Mont-Blanc, à Paris.

Sérive (*M. A. A. J.*), propriétaire, à Lille, département du Nord.

Servan (*Joseph*), général de division, à Paris.

Société d'Agriculture du département du Calvados, à Caen.

Société d'Agriculture du département des Landes, à Mont-de-Marsan.

Société d'Agriculture du département de la Seine. 8 *exemplaires*, 4 *papier vélin*.

Société Typographique (la), à Paris.

Susbeille, propriétaire, à Châlons, département de la Marne.

T.

Thérion, membre du Conseil général du département de la Marne, à Baye.

Thoron, fils aîné, négociant, à Carcassonne, département de l'Aude. *Un exemplaire papier vélin*.

Treuttel et Wurtz, libraires, à Paris. 12 *exemplaires*.

Tripier, propriétaire, à Paris.

V.

Valé, libraire, à Rouen, département de la Seine-Inférieure. 2 *exemplaires*.

Valleteau-de-Chabbesy (*Thomas*), jeune, propriétaire, à Paris.

Van-Hultem, membre du Tribunat, à Paris.

Volant, libraire, à Paris. 3 *exemplaires*.

W.

Waton, médecin, à Carpentras, département de Vaucluse.

Wiélopolski (MM.), à Paris.

SUPPLÉMENT

SUPPLÉMENT

A L'ÉLOGE

D'OLIVIER DE SERRES,

Pour servir d'Introduction au second Volume de la nouvelle Édition du Théatre d'Agriculture;

Lu à la Séance publique de la Société d'Agriculture du Département de la Seine, tenue dans la grande Salle de la Préfecture, à Paris, le 26 Brumaire an XIV (17 Novembre 1805).

Par N. FRANÇOIS (de Neufchateau).

Messieurs, nous nous félicitons de pouvoir annoncer que le second volume du *Théâtre d'Agriculture*, avec les Commentaires de la Société, est bientôt fini d'imprimer, et qu'il doit avoir à sa tête une gravure intéressante, dont nous allons d'abord vous développer le sujet.

Nous saisirons ensuite cette occasion d'ajouter quelques nouveaux détails à l'histoire de notre auteur.

§. I.

M. *Caffarelli* (qui fut d'abord Préfet du département de l'Ardèche, et qui l'est aujourd'hui de celui du Calvados) nous a mis à portée d'enrichir le premier volume du *Théâtre d'Agriculture* du portrait d'Olivier de Serres. Le même magistrat avoit conçu l'idée d'acquitter, envers notre auteur, la dette, long-temps retardée, de l'estime nationale. Une souscription publique a donné les moyens de consacrer à la mémoire de l'agriculteur du Pradel, un monument digne de lui par sa noble simplicité. Ce monument s'élève dans une ville de l'Ardèche. M. *Caffarelli* en a fait graver le dessin , et il permet que cette estampe orne le frontispice du volume qui va paroître et compléter l'édition du *Théâtre d'Agriculture.*

Villeneuve-de-Berg, dans le ci-devant Vivarais, ou département de l'Ardèche , lieu qu'on présume être la patrie de l'illustre Olivier de Serres, est la ville où est érigé le monument dont il s'agit.

Là , sur une place publique, en vue de la maison qu'occupoit autrefois le vénérable Patriarche de l'Agriculture françoise , s'élève un obélisque , dont la hauteur totale est à-peu-près de onze mètres (trente-trois pieds). Cette espèce de pyramide repose sur un piédestal posé lui-même sur trois marches , et portant , sur les quatre faces , quatre tables de marbre noir , destinées aux inscriptions qui doivent rappeler le nom de notre *Columelle* , les services qu'il a rendus , et l'époque où ce monument lui a été voté.

Première face , au-dessous du médaillon.

A

OLIVIER DE SERRES

DU PRADEL,

LE PREMIER ET LE PLUS UTILE

DES ÉCRIVAINS AGRONOMIQUES

FRANÇOIS,

LES AMIS DE L'AGRICULTURE.

Cette espèce de dédicace , conforme à la simplicité du style lapidaire , est extraite d'une lettre de feu M. *Benezech* , Ministre de l'Intérieur , adressée aux membres de son Conseil d'Agriculture , dès le 5 Thermidor an IV (23 Juillet 1796) (1).

____

(1) Voyez cette Lettre, tome I, page lxiij, N°. III.

Deuxième face.

L'AN PREMIER
DU RÈGNE DE NAPOLÉON,
EMPEREUR DES FRANÇOIS,
TRIOMPHATEUR ET PACIFICATEUR.

Troisième face.

SOUS LE MINISTÈRE
ET PAR LA MUNIFICENCE
DE S. E. M. ANTOINE CHAPTAL,
MINISTRE DE L'INTÉRIEUR.

Quatrième face.

VOUÉ
PAR M. CHARLES CAFFARELLI,
PRÉFET DU DÉPARTEMENT DE L'ARDÈCHE,
ACHEVÉ
SOUS LA PRÉFECTURE
DE M.... ROBERT,
PAR LES SOINS
DE M. O. FARELL, INGÉNIEUR EN CHEF
DU DÉPARTEMENT,
AN XII, 1804.

Quatre têtes de bœuf, vrai symbole du labourage, supportent cette pyramide.

Sur le devant, on voit le buste d'Olivier de Serres, de marbre blanc, en demi-bosse, environné d'une couronne, portant, dans son contour, les dates de sa naissance et de sa mort, et entouré d'une guirlande où s'entrelassent les feuillages de l'olivier et du mûrier. Ces deux arbres sont bien choisis pour décorer ce monument. On sait que c'est sur-tout à OLIVIER DE SERRES, que la France fut redevable de la culture du mûrier.

Sur les mausolées des guerriers, on figure des trophées d'armes. Le père des cultivateurs vouloit d'autres emblèmes : on a mis, à côté du buste, des instrumens d'agriculture, exécutés en fer coulé.

Tout le monument devoit être d'une grande simplicité, pour être vraiment dans le genre de l'homme respectable qu'on vouloit honorer, et de l'art dont il a donné des modèles et des leçons. L'artiste distingué qui en étoit chargé (M. *Chinard*), a conservé soigneusement ce caractère, non moins approprié au site pour lequel il a travaillé. Le monument ne pouvoit donc recevoir que des ornemens absolument indispensables ; mais cette sévérité même le rendra plus recommandable.

Le 8 Thermidor de l'an XII (27 Juillet 1804), M. *de la Boissière*, ancien magistrat, président et juge de paix de l'arrondissement de Villeneuve-de-Berg, plaça, dans une cavité pratiquée au milieu de la première pierre du fût de l'obélisque, deux médailles, l'une d'argent et l'autre de grand bronze, qui portoient l'effigie et le nom du PREMIER CONSUL.

M. *de la Boissière* est un de ceux qui ont le plus contribué à ressusciter la mémoire du cultivateur du Pradel. Depuis près de trente ans, il n'a cessé de rappeler cet illustre agronome à ses concitoyens, presque aussi étonnés de sa subite renommée, que les Siciliens le furent, quand l'orateur romain découvrit, à leurs yeux, le tombeau d'*Archimède*, caché sous les ruines et les ronces de Syracuse.

Dès le 20 Messidor an II (8 Juillet 1794), M. *de la Boissière* émit, dans un discours public, le vœu qui s'accomplit enfin. Avant la révolution, il avoit conduit au Pradel le voyageur anglois, M. *Arthur Young*. Nous avons rappelé cette circons-

tance frappante, dans notre Éloge d'Olivier (tome I, page xxviij).
Nous devons dire encore, qu'aussitôt que le Prospectus du monument à ériger à Olivier de Serres eut été imprimé, le même
Arthur Young, du fond de l'Angleterre, s'empressa de faire
passer à M. *de la Boissière*, le tribut que lui imposoit son estime
profonde pour notre *Columelle*. Cette autre circonstance est digne
d'être également conservée.

Enfin, ce monument à Olivier de Serres a reçu, en quelque
manière, une teinte locale ; car sa construction ne devoit appeler
que des citoyens de l'Ardèche, et n'exiger également que des
matériaux qu'on pût recueillir sur les lieux. Tout le monument est
construit avec du marbre du pays : la couleur grise de ce marbre
va du foncé au clair, avec des taches blanches ; la dureté en est
extrême, et ce qui prouve qu'il résiste à l'intempérie des saisons,
c'est l'état où subsistent d'anciennes pierres milliaires, trouvées
près de Villeneuve, et qui, au bout de tant de siècles, sont
parfaitement conservées.

L'intérêt que les habitans doivent prendre à la gloire de celui
qu'ils sont fiers de croire leur compatriote, et à la conservation
du monument qui le rappelle, avoit pu faire présumer qu'il seroit
gardé avec soin par la seule estime publique ; cependant il a paru
sage de l'environner d'une grille qui prévienne les accidens.

Nous avons dit, en commençant, que Villeneuve étoit la patrie
présumée de l'agriculteur du Pradel : il donne également le nom
de sa patrie au bourg Saint - Andéol, et à Villeneuve - de - Berg.
Quelques traditions annoncent qu'il étoit de la première de ces
villes, où il y a encore des particuliers de son nom ; mais on a dû
se décider par la raison suivante : Villeneuve-de-Berg est en possession de se dire exclusivement la patrie d'Olivier ; il y avoit une
maison, laquelle existe encore, et bâtie en pierres de taille. Le
Pradel, où il a pratiqué tout ce qu'il a écrit, ce domaine célèbre,
est près de Villeneuve. M. *Caffarelli* auroit bien désiré qu'on pût

placer le monument vis-à-vis la maison , qui fait un angle , en face
de l'ancien prétoire , ou siège du ci-devant bailliage ; mais le
carrefour est étroit, et le centre, d'ailleurs, est occupé par un
grand puits, nécessaire au quartier. On a pensé qu'il pourroit être
disposé convenablement à cent mètres (trois cent pieds) plus loin,
sur une place qui fait face à une porte de la ville (la porte d'Aubenas), et dans un lieu d'où l'on peut voir l'angle de la maison.

Il reste quelques ornemens qui ne sont pas finis , et pour lesquels
on est forcé de réclamer encore les offrandes et les secours des
amis de l'Agriculture. Cet appel aux vrais philantropes ne peut
manquer d'être entendu dans un siècle comme le nôtre ; et la souscription, pour achever le monument à OLIVIER DE SERRES, ne
sauroit être moins accueillie des François, que ne l'a été celle de
l'édition de son livre (1).

On peut compter , au reste, sur la fidélité des traits de son
portrait et de son buste, dans cette édition , et dans le monument
que l'on vient de décrire. Il y a beaucoup d'autres personnages
illustres, dont la représentation n'est que la fantaisie du peintre ;
ici nous devons dire qu'un hazard fort heureux a fait rencontrer
au Pradel le portrait d'OLIVIER DE SERRES, dessiné dans le temps,
et de la main de son fils même. Les détails qui en prouvent
l'entière exactitude ne peuvent être indifférens. Ce portrait est
sur un carton, et tracé en ovale, de la même grandeur que celle
de notre gravure en tête du premier volume de cette édition. Les
traits du visage sont peints d'une manière dure, et sur un
morceau de vélin découpé dans un sens conforme au contour de
la tête. Ce vélin a été collé depuis sur le carton. Sur ce même
carton, le peintre n'a tracé que la naissance des épaules , la chute
de la barbe, avec le collet rabattu. Nous dirons , pour l'exactitude,

____

(1) La Liste des Souscripteurs pour l'érection du monument, est imprimée dans le
Bulletin de la Société d'Encouragement pour l'Industrie nationale. Troisième année,
N°. VII, page 175.

que le reste du corps a été suppléé par le graveur, ainsi que les ombres, très-peu marquées dans le portrait original. Dans le haut, autour de la tête, on lit les mots suivans : « C'est le portrait de feu » noble OLIVIER DE SERRES, sieur du Pradel, peint par son fils, » sieur de Leyris, vingt ans avant son décès ; mort à quatre-vingts » ans, le 3 Juillet 1619. » Et c'est uniquement par cette inscription, que l'on sait, à-peu-près, l'époque de la naissance d'OLIVIER.

Le portrait appartient à M. *Darlempde de Mirabel*, propriétaire du Pradel, où il habite. Ce domaine est entré dans sa famille par un mariage avec une demoiselle *de Serres*, en 1640. Il conserve, avec soin, ce monument si précieux, échappé, on ne sait comment, aux troubles qui ont désolé long-temps le Vivarais, et aux ravages exercés nommément au Pradel, qui fut presque détruit de fond en comble, dans le temps de ces guerres religieuses, dont on ne sauroit trop détester la mémoire.

M. *Caffarelli*, à qui l'on doit l'idée de la souscription pour élever cet obélisque en l'honneur d'OLIVIER DE SERRES, nous a mis à portée de vous donner tous ces détails. Dans une de ses lettres il ajoute, avec modestie, en ce qui le concerne, ces paroles flatteuses pour la Société : « Le véritable monument, celui qui fera » connoître tout le mérite d'OLIVIER, c'est la belle édition que » vous publiez, et qui a un mérite bien rare dans ce temps-ci, » c'est d'être faite par des connoisseurs, et de ne pas être une » entreprise d'argent. »

Un autre Magistrat, que je ne louerai point, parce qu'il est présent à cette Séance, et que c'est chez lui que nous sommes, M. le Préfet de la Seine, a cru devoir saisir aussi l'occasion d'honorer, dans cette ville même, patrie commune des François, la mémoire de notre auteur. Les embellissemens nombreux que reçoit cette capitale font voir, au milieu de la guerre, les travaux heureux de la paix. On perce de nouvelles rues, on redresse les anciennes. M. *Frochot* a arrêté que l'une de ces rues nouvellement pavée, la rue de Charenton, qui est bordée de maraîchers, porteroit le nom respectable de Rue d'Olivier de Serres. Ce genre d'hommage public, quand il est appliqué avec un tel discernement, est aussi honorable pour le Magistrat qui le donne, qu'il est utile par l'effet de ces dénominations, propres à rendre familier, dans toutes les classes du peuple, le respect dû aux noms qui font une partie de la gloire nationale.

§. I I.

Nous sommes redevables au zèle qui anime M. *de la Boissière*, de quelques notes curieuses, concernant Olivier de Serres.

Il nous a remis 1°. un extrait des registres du bureau des franchises de la ci-devant Généralité de Montpellier; 2°. un compte de l'église réformée de Villeneuve-de-Berg. Ces pièces nous fournissent quelques renseignemens précis qui nous ont manqué pour l'éloge de notre *Columelle* et l'histoire de sa famille.

Dans la première pièce, on a mentionné, sur les originaux, 1°. le contrat de mariage de notre Olivier de Serres, avec demoiselle *Marguerite d'Arcons*, du 2 Juin 1559; 2°. le mariage de son fils *Daniel de Serres*, sieur *de Leyris*, avec demoiselle *Anne de Foix de Frise*, du 3 Mai 1594; 3°. le testament de notre auteur, par lequel il fait un de ses héritiers, ledit noble *Daniel de Serres*, son fils, du 25 Aoust 1595.

Dans la seconde pièce, qui est datée du 20 Aoust 1562, et dont l'original existe, notre Olivier, qualifié *diacre de l'église de Villeneuve-de-Berg*, rend compte aux *anciens et surveillans*, des fournitures qu'il avoit faites pour les affaires *de cette église réformée*. Lorsque les habitans voulurent recouvrer un ministre, on envoya trois fois à Nismes; mais on n'y trouva point de ministres, *à cause de la rareté d'iceux*. Le 1ᵉʳ. Dimanche de Janvier 1561, *après la prière faite en pleine assemblée d'hommes, les femmes retirées*, on délibéra d'envoyer à Genève. Olivier y fut député. Arrivé à Genève, il présenta ses lettres *à la Compagnie*

gnie de Messieurs les Ministres, *assemblés dans le logis de M. Calvin.* Il les supplia de pourvoir l'église de Villeneuve *d'un fidèle Ministre*, pour enseigner les habitans *en la parole de Dieu.* Il leur fut baillé *maistre Jacques Beton*, qui promit de venir dans un mois. Les dépenses qu'il fallut faire pour aller le chercher et pour le meubler à son arrivée sont l'objet de ce compte, dont les articles sont très-remarquables, par la simplicité des mœurs de ce temps-là, et l'extrême modicité des prix de toutes les denrées. Trois paires de souliers y sont comptées *vingt-quatre sous.* Mais les livres étoient plus chers ; le 4 Juillet 1562, OLIVIER DE SERRES avoit acheté, pour le ministre, les *Commentaires de M. Calvin sur toutes les Épistres*, qu'il avoit payé *quatre livres* ; plus, l'*Harmonie ou Concordance*, *trois livres.* Le 14 Juillet il fallut une robe à la fille du ministre : on y employa une *aune d'escot blanc*, qui se montoit à *vingt sous*, et pour la façon, *trois sous. Seize pans de toile moyenne crue*, à *deux sous le pan*, pour faire au ministre un pourpoint et des chaussons, coûtèrent *trente-deux sous*, et pour la façon, *deux sous.* Une paire de bottes coûta *trois livres* ; deux journées d'un mulet, *dix sous* ; les meubles du ministre, savoir : deux grands châlits, une couchette, une table, deux escabelles, deux bancs et une chaire, *le tout bois noyer, douze livres cinq sous*, payés à un menuisier d'Aubenas ; et pour le transport d'Aubenas à Villeneuve-de-Berg, *une livre.* Au bas de ce compte, se trouve l'arrêté qui en alloue le total, montant à 277 livres 19 sous 1 denier (1).

Nous aurions désiré d'offrir à nos lecteurs bien d'autres éclaircissemens, tant sur la vie de notre auteur, que sur plusieurs passages du *Théâtre d'Agriculture*, dont le laps de temps écoulé depuis l'époque de ce livre, ne nous a pas permis de trouver

______

(1) La livre tournois valoit en 1562, environ quatre francs d'aujourd'hui, ainsi il sera aisé de faire la comparaison des prix : par exemple, une paire de bottes de *trois livres*, seroit de *douze francs* aujourd'hui ; la journée d'un mulet à *cinq sous*, seroit d'*un franc*, etc. (*H.*)

3

toujours le vrai sens. Par exemple, nous demandions si l'on sait, sur les lieux, ce qu'OLIVIER DE SERRES a voulu dire (tome I, chapitre XIV, page 570) du chévrier de Nismes, qui a si bien fait parler de sa vie.

On a donné, sur ce point, à notre collègue *Huzard*, dans le pays même, qu'il parcouroit en l'an XII, une courte notice, dont voici la substance (1).

La ville de Nismes, située près d'une lande très-vaste, actuellement en partie défrichée, nourrissoit autrefois un grand nombre de chèvres. Ses habitans en conservent encore aujourd'hui le sobriquet, de *cabriers de Nismes*.

On sait, par tradition, qu'un gardien de chèvres de cette commune introduisit son troupeau dans un vignoble, à l'époque de la première pousse, c'est-à-dire, au moment où ces animaux pouvoient causer le plus de dommages. Il fut traduit en justice; et lorsqu'on l'interrogea sur le motif qui l'avoit déterminé à cette mauvaise action, il répondit *qu'il avoit voulu faire parler de lui*. On assure qu'il fut pendu. Lorsqu'on parle d'un homme qui cherche à se rendre célèbre par des sottises, dans le Bas-Languedoc, on ne manque jamais de citer cette vieille histoire. Le chévrier de Nismes est l'*Érostrate* de cette contrée.

Cette anecdote est propre à figurer dans le concours que la Société propose cette année, pour fixer les idées sur les moyens de prévenir les plaintes qui s'élèvent, dans beaucoup de Départemens, contre les ravages des chèvres (2).

La publication du premier volume de cette édition, nous a valu aussi quelques remarques fort utiles sur les objets traités

---

(1) Je dois cette notice à M. *Delon*, correspondant de la Société, propriétaire dans les Cévennes, aujourd'hui secrétaire-général de la Préfecture du département des Pyrénées-Orientales. (*H.*)

(2) Programme des prix proposés pour l'année 1806, dans la Séance publique du 26 Brumaire an XIV (17 Novembre 1805), page 17.

dans les notes des premiers Lieux du *Théâtre d'Agriculture*. Nous recueillerons ces remarques avec le plus grand soin , et nous en prouverons toute notre reconnoissance , en donnant quelque jour , à cette même édition , le supplément qui pourra être reconnu nécessaire , soit pour réparer nos erreurs ou nos omissions , soit afin d'améliorer les réimpressions futures d'un si excellent livre.

Nous nous applaudissons déjà des travaux dont l'idée a été suggérée à de célèbres agronomes , par la lecture réfléchie de ce premier volume. Le tableau et le compte que nous avons donné de l'exploitation d'une ferme flamande , dans le tome I , page 187 , note (57) , a engagé M. *Sinety* , ancien secrétaire de l'académie de Marseille , à dresser un pareil état des cultures dans le midi. C'est un morceau soigné , et que nous regrettons d'avoir reçu trop tard.

D'ailleurs , notre tableau lui-même a excité l'attention de l'un de nos meilleurs amis , et des Préfets les plus illustres (feu M. *Dieudonné*) , qui , dans sa *Statistique du département du Nord* , a revu ce tableau , et l'a publié de nouveau , bien perfectionné (tome I , page 602).

Ces exemples et d'autres , que nous pourrions multiplier , prouvent du moins que l'on a lu , avec quelqu'intérêt , les notes du *Théâtre d'Agriculture* , et peuvent faire présumer que cette édition nouvelle pourra n'être pas inutile au progrès du premier des arts.

Nous espérons que ceux qui vont concourir , cette année , au prix solemnel proposé pour la rédaction d'un manuel d'agriculture , sous le titre modeste d'*Almanach du Cultivateur* (1) , s'attacheront , sur-tout , à un précis de la doctrine contenue dans nos deux volumes. Celui qui saura les extraire et s'approprier leur substance , de manière à en composer un livre élémentaire , sera sûr d'approcher du but , et de rendre un très-grand service. La

____

(1) Programme déjà cité , page 12.

science exigeoit de nous, comme de notre auteur, beaucoup de développemens, et l'ouvrage est volumineux parce qu'il devoit l'être; mais on peut en tirer le suc, et le réduire au point qu'il sorte des mains des amateurs et parvienne dans celles des plus simples agriculteurs. C'est ce que la Société désire vivement, pour répondre aux vues du Ministre qui a fait les fonds du concours.

Nous finirons, MESSIEURS, ce supplément à la Notice sur OLIVIER DE SERRES, par un rapprochement qui naît des circonstances, et qui ne peut vous échapper.

Le *Théâtre d'Agriculture ou Mesnage des Champs*, par OLIVIER DE SERRES, fut long-temps un livre classique pour les cultivateurs françois. Ce bel ouvrage avoit paru sous le règne de Henri IV; on l'avoit oublié sous celui de Louis XIV et de ses successeurs. L'Empire de NAPOLÉON, si remarquable à tant d'égards, méritoit d'être aussi l'époque de la renaissance d'un livre dont la France doit s'honorer, et des hommages dus à la mémoire de l'auteur. Si dans les Annales romaines on fait mention de l'année où Auguste devint, par la bataille d'Actium, le pacificateur et l'arbitre du monde, dans la postérité le souvenir de cette année est bien plus précieux encore par la date des *Géorgiques* :

> *Hæc super arvorum cultu, pecorumque, canebam, etc.*

Ainsi, dans les titres de gloire du grand siècle qui s'ouvre d'une manière si brillante, l'attention donnée aux progrès de l'Agriculture ne sera pas un des derniers dont l'humanité tiendra compte ; et, en effet, si quelque chose peut augmenter l'éclat des lauriers de Bellone, c'est que ces lauriers servent, comme ceux de notre Empereur, à couvrir le soc de Cérès.

> Au grand NAPOLÉON cet hommage est bien dû;
> Lui seul est de nos champs l'amour et l'espérance :
> Sa gloire est de fonder le bonheur de la France
> Sur la paix et sur la vertu.

NOTICE BIBLIOGRAPHIQUE

DES DIFFÉRENTES ÉDITIONS

DU THÉATRE D'AGRICULTURE

D'OLIVIER DE SERRES,

PAR J. B. HUZARD.

IMMÉDIATEMENT après que le Ministre de l'Intérieur (*Benezech*) eut adressé aux membres de son Conseil d'Agriculture, la lettre par laquelle il les invitoit à s'occuper d'une nouvelle édition du *Théâtre d'Agriculture d'Olivier de Serres* (1), il écrivit une circulaire à tous les conservateurs des bibliothèques et dépôts littéraires de Paris et des Départemens, pour les engager à lui adresser la notice des différentes éditions de cet ouvrage, qui pourroient se trouver dans leurs collections.

M. *François* (*de Neufchâteau*), qui remplaça *Benezech* au ministère, et qui a mis à l'exécution de cette nouvelle édition de l'ouvrage d'*Olivier de Serres*, tout le zèle qu'en avoit droit d'attendre d'un véritable ami de l'Agriculture, renouvela cette circulaire en l'an VIII, en envoyant le prospectus rédigé par M. *Cels*, et le précis bibliographique que j'avois mis à la suite. Je dois à la vérité de dire que ces circulaires ne nous produisirent aucuns renseignemens des nombreux dépôts qui existoient alors dans les différens Départemens ; mais aussi je dois des remercimens à MM. *Capperonnier* et *van Praet*, de la Bibliothèque impériale ; *Ventenat*, de celle du Panthéon ; *Mordant de Launay*, de celle du Muséum d'histoire naturelle, et *van Tholl*, du Dépôt littéraire des Jésuites, pour ceux qu'ils ont bien voulu me communiquer ; c'est avec plaisir que j'acquitte aujourd'hui cette dette de la reconnoissance.

Quelques autres personnes entre les mains desquelles le prospectus étoit parvenu, m'ont aussi adressé plusieurs observations qui trouveront leur place dans cette notice. Je n'oublierai pas ici mon savant et malheureux ami *Lhéritier*, et sur-tout

---

(1) Voyez cette lettre, tome I, page lxiij, N°. III.

M. le chevalier *Banks*, dont la bibliothèque est si généreusement ouverte à tous ceux qui veulent y puiser des connoissances, et dans laquelle j'ai eu occasion d'examiner, pendant mon séjour à Londres, la traduction angloise des échantillons du *Théâtre d'Agriculture*.

Je suis loin de croire que, dans cette notice, je n'aie rien laissé à désirer ; il auroit fallu, sans doute, pour la completter, faire des recherches plus multipliées que celles auxquelles mes occupations m'ont permis de me livrer ; je ne la présente donc que comme une suite de matériaux qui pourront trouver un meilleur architecte, et être employés plus utilement par d'autres. Plusieurs savans avoient annoncé le projet de publier une nouvelle édition du *Théâtre d'Agriculture*, quelques-uns assuroient même avoir réuni toutes les éditions de cet ouvrage ; mais n'ayant rien fait paroître à ce sujet, je n'ai pu profiter de leurs recherches, qui, sans doute, ne seront pas perdues pour la bibliographie.

A l'exemple de *Haller*, et pour éviter les répétitions, j'ai cru devoir marquer d'un astérique * les éditions que j'ai citées, et qui sont dans ma bibliothèque. J'ai commencé par les deux opuscules relatifs aux mûriers et aux vers-à-soie, qu'*Olivier de Serres* a cru devoir détacher de son grand ouvrage, et qu'il en appelle modestement lui-même des échantillons.

I.

1°. *La Cueillette de la Soye, par la nourriture des Vers qui la font. Echantillon du Theatre d'Agriculture* D'OLIVIER DE SERRES, *seignevr dv Pradel. A Paris, chez* IAMET METTAYER, *Imprimeur ordinaire du Roy.* M. D. XCIX. *Auec Priuilege de sa Majesté.* *

Petit in-8°. de 6 feuillets non chiffrés pour le titre et l'épitre dédicatoire, un feuillet blanc, 117 pages de texte, une page non chiffrée pour l'extrait du privilège du roi, et un feuillet également non chiffré, au recto duquel on lit : *Acheué d'imprimer par* IAMET METTAYER, *Imprimeur et Libraire ordinaire du Roy, le dix-huictiesme iour de Feurier.* M. D. XCIX. Au verso de ce feuillet il y a un grand vase de fleurs qui forme une pyramide renversée.

Les six feuillets non chiffrés, le feuillet blanc, et le premier feuillet du texte, forment la feuille ou la signature A ; la signature B commence à la page 3.

La vignette du titre, gravée en bois, est un écusson entouré d'un cartouche, au milieu duquel il y a une fleur de lis, surmontée de la couronne royale, on lit autour : *omni præstantior arte*. Il y a des figures aux quatre coins du cartouche, et au bas un autre très-petit écusson contient le chiffre de *Iamet Mettayer*.

Le privilége du roi, dont on n'a imprimé que l'extrait, est celui obtenu pour le *Théâtre d'Agriculture* ; « donné à Paris, le huictiesme jour de Ianuier : l'an de grace, mil cinq cens quatre vingt dix-neuf : et de son regne, le dixiesme. » Il est pour dix ans et au nom du sieur *du Pradel* seulement ; on n'y lit point celui d'*Olivier de Serres*.

Cet opuscule, qui avoit été demandé par le roi à l'auteur (1), forme le chapitre XV du cinquième Lieu du *Théâtre d'Agriculture* ; en le reportant dans son ouvrage, il y fit quelques

____

(1) Voyez tome II, page 110, colonne I.

changemens et quelques suppressions que j'ai eu soin de rétablir dans notre édition, lorsqu'elles m'ont parues en valoir la peine ; dans les éditions postérieures, il a fait quelques additions qu'on trouvera dans celle-ci. Les principaux changemens se rapportent aux pages 2, 15, 40 et 96.

L'épitre dédicatoire m'a paru devoir être conservée, autant pour l'exactitude historique, que par les observations qu'elle contient ; la voici copiée textuellement.

« A Nobles et vertveux Messieurs les Prenost des Marchans, Eschenins, Conseillers, et autres Officiers de l'Hostel de ville de Paris, capitale de ce fleurissant Roiaume.

» Messievrs, aiant ces jours passez mis sous la presse, une generale Agriculture, en laquelle est representé l'Art d'emploier et cultiuer la Terre selon ses diuerses qualitez et climats : j'ay estimé estre à propos d'en extraire ceste partie de mesnage, qui traitte de la nourriture des Vers-à-soye, et de la vous presenter : A ce que vos peuples incitez par telle adresse à s'adonner à tant noble et profitable exercice, puissent joindre à vostre ville le dernier de ses ornemens, qui est l'abondance de soye. Telle seule commodité lui defaillant, laquelle neantmoins luy est d'autant plus requise, que plus de soye s'y despend, qu'en aucune autre ville de France, bien-que achetee à grand prix et estimee comme drogue de Leuant et marchandise estrangere. Ce sont voirement des nouuelletez, non toutesfois prejudiciables, mais descouurans le preiudice ; lequel s'augmentera d'autant plus, que l'on retardera à mettre la main à l'oeuure. Il n'est question pour se resoudre sur ceste matiere, d'en venir à la preuue, puis que vos peres l'ont faite pour vous, en vous plantans des vignes : lesquelles vous asseurent, que vostre terre et vostre aer, sont propres à receuoir les Meuriers-blancs, et nourrir les Vers-à-soye : estans ces choses tant amies par-ensemble, que là où l'vne est, l'autre y peut estre. Iusques ici l'on a jugé vostre pays, comme par contumace, insuffisant à produire la soye, sans vouloir entendre les causes de ce defaut. Tant scrupuleux n'ont esté les anciens habitans du païs de Serés en Indie (qui ont donné leur nom à la soye)

lesquels bien-qu'esloignez de quarante six à cinquante degrez de l'Isle de Taprobane, estans souz l'Equinoctial, de là ont neantmoins porté chez eux, la semence des Vers-à-soye, qui en aprez s'y est naturalisee, et aussi celle des Meuriers, pour la nourriture de ce bestail. Ceux de Naples ont fait de mesmes de la Grece, où de Serinda ville d'Indie, telles commoditez estoient paruenues. Et en suite, comme par degrez, ont communiqué ces thresors, à la Prouence, Dauphiné, Languedoc, et à leur voisinage, n'aians peu les Alpes empécher de s'estre enracinez en tels quartiers, quoy qu'ainsi esloignez de leur premiere origine, passans tous les jours plus auant et gaignans terre auec heureux succez. Et qui doutera que n'ayans à s'auancer encores que trois degrez pour atteindre iusques à vous, n'y trennent agreable repaire ? Tout ce qu'on peut dire au contraire, est, que la cuillete de la soye en sera tardiue ; à cause de la disposition de vostre Ciel, qui est vn peu plus froid que celuy du Languedoc. Quoy pour cela, pourueu qu'ayez de bonne soye et beaucoup ? Vous ne laissez pas d'auoir abondance de bleds et de vins, encores que vos moissons et vendanges ne soient tant avancees qu'en Languedoc. Voilà tout l'interest. Caton, oracle de son temps, disoit estre vergongne au mesnager, d'acheter ce que sa terre pouuoit produire. A qui telle reprimende mieux appropriee, qu'à ceux qui vont mendier la soye des voisins, desquels mesmes ils sont taxez de negligence ? C'est à dire, aux habitans de presque toutes les prouinces de la France. Car, peu de lieux exceptez, par tout ce grand Roiaume la soye peut croistre : par ce qu'estant iceluy posé sous l'vne des Zones temperees, est par consequent tout temperé ; et n'y a autre cause qui empéche l'accroist de la vigne en diuers endroits, que la hauteur des montaignes, dont la froidure extreme contrarie à telle plante. Ainsi n'est pas entierement de la Normandie, Bretaigne, Picardie, qui sont aussi bien sans hautes montaignes que sans vin, où il y a apparence la soye s'y pouuoir cueillir, attendu l'abondance de bons fruicts qui y croissent, dont les arbres, qui les produisent, ne sont moins delicats que les Meuriers donnans la soye par leur fueillage. Laquelle chose auec peu de temps et de peine l'homme d'entendement pourra essaier. Quant à la Brie, Champaigne, Bourgogne, Niuernois, Beaujeolois, Masconois, Lyonois, Limosin, Berry, Poitou, Xaintonge, Guienne, Gascogne, mesmes Orleans, Chartres, Tholoze, Bourdeaux, la Rochelle, quelles excuses peuuent avoir ces provinces-là de ne s'emploier à tant fructueuse culture? aiment-elles mieux donner leur argent aux Estrangers que d'en receuoir d'eux? Les Piedmontois se sont domestiquez le Ris, à leur commodité et de plusieurs de leurs voisins, ayans tiré des Indes la semence de tel blé. Les poules - d'Inde ont prins terre en ce Roiaume despuis peu de temps, et lors qu'on estimoit la chose impossible, pour la delicatesse de la race. Ceste exquise herbe de Nicotiane s'accroist facilement par tous les coins de la France, bien qu'elle soit venue de Portugal, et là de l'Amerique. Plusieurs autres animaux et plantes estrangeres consentent de viure parmy nous, avec soin requis. Ces exemples affermiront vos Meuriers, pour en tirer vtile contentement, mesme de ceux plantez és terres les moins fertiles, pour leur legereté laissees en frische, rapportans la riche toison de soye, par le moien des Vers qui sainement s'en nourriront. Et seront aussi vos belles maisons des champs decorees auec beaucoup de representation, y paroissans les plaisans boccages de Meuriers; lesquels outre leurs principaux reuenus, rapporteront du bois de chaufage, dont le seruice en sera d'autant plus prisé, que plus on loue ce qui vient à moindre despence. Les experiences que i'ay fait en ce mesnage chez moy, despuis trente-cinq ans, et la soye que je cueil par chacun an, me donnent matiere de vous dire librement mon avis sur ce sujet. Que s'il vous plaist vous en servir, treuuerez en mes discours dequoi vous satisfaire: pour l'assemblage de la matiere, plus grand et auec plus d'observations que jusques ici ait esté escrit, tant ay-ie esté curieux de faire participant de mes labeurs les vertueuses personnes. I'estimerai ce temps bien emploié: et le voyage que ie suis venu faire à la Cour, heureux, de m'auoir causé ce contentement, de vous pouuoir estre vtile; à ce que de mon Languedoc, sortant chose remarquable, les habitans de ceste magnifique ville puissent dans peu de temps voir leurs campaignes couuertes de Meuriers, et leurs ruës parees de soye: ainsi que non sans merueille ces choses se remarquent à Florence, Naples, Verone, Vincence, Milan, Padouë, Genes, et autres villes de l'Italie. La loüange de telles richesses sera deuë à vos sages conseils et prouidences, ornans à vostre tour, comme vos Ancestres ont fait en leurs temps, la ville de l'Europe la plus capable de belles choses. Pour comble desquelles felicitez, Dieu vous à fait naistre sous la grande lumiere de ce fleurissant et heureux regne, et vous conseruera en Paix et Iustice: de quoi le supplie tres-humblement MESSIEURS,

Vostre tres-humble et tres-affectionné seruiteur OLIVIER DE SERRES.

De Paris le premier jour de Feburier.

M. D. XCIX. »

On peut voir par la lecture de cette pièce, et par celle des citations qui précédent, combien l'orthographe varioit à l'époque où écrivoit *Olivier de Serres*, sans parler des nombreuses abréviations que je n'ai pas cru devoir conserver, parce qu'elles rendent la lecture trop difficile; cette variation était telle, que l'orthographe n'étoit déjà plus la même dans la première édition du *Théâtre d'Agriculture* qu'on imprimoit en même temps, et qu'elle changeoit non seulement dans chaque édition, mais encore dans chaque page, et même plusieurs fois dans la même page.

Le petit nombre de bibliographes qui ont cité cet ouvrage, en ont mal copié le titre, ils ont écrit *la Cueillete de la Soye pour la nourriture des Vers qui la font,* au lieu de *par la nourriture.* Ils ont confondu l'action de cueillir la feuille du mûrier, pour nourrir les vers, avec la récolte de la soie, qui est le résultat de cette nourriture; ils n'ont pas réfléchi que les mots *cueillete* et *cueillir,* dans *Olivier de Serres,* veulent dire également *récolte* et *récolter;* tels sont *Séguier,* l'abbé *Boissier de Sauvages, Hérissant, Haller, Amoreux, Buc'hoz, Boehmer,* etc. Au surplus, cette faute se trouve aussi dans plusieurs catalogues, d'où elle aura sans doute été copiée, car l'on sait que les bibliographes sont souvent réduits à ne consulter que des catalogues. *Sauvages*

vages et *Hérissant* ont ajouté une seconde faute à la première, ils ont mal mis le nom de l'auteur; le premier, dans un endroit, l'appelle *Serres* (1); l'autre l'appelle tantôt *Deserres*, tantôt *Deserres*, d'un seul mot (2); *Haller* l'appelle *des Serres* (3).

Cet Opuscule, assez rare aujourd'hui, est imprimé avec soin.

2°. *Seydenwurm : von Art, Natur, Eigenschafft und grosser Nuzbarkeit desz Edlen Seydenwurms, auch Pflantzung und Erhaltung desz zu seiner Nahrung hoch erforderten Maulbeerbaums. Wie, unnd was massen solches herrliche Werck, in Teutschen (sonderlich denen Landen, da es Weinwachs hat) zugleich anderen Orten, angerichtet, und mit Lob, Nutzen und Ruhm fortgetrieben werden mœge. Vbersetzt* JAC. RATHGEB. *Tubingen*, ERHARD CELLIUS. 1603. in - 4°.

Frédéric, qui fut duc de Wurtemberg depuis 1593 jusqu'à sa mort, arrivée en 1603, parcourut incognito presque toute l'Italie dans les deux derniers mois de 1599, et dans les quatre premiers de 1600, avec son architecte *Henri Schickardt*, dans la vue d'introduire dans ses états le commerce de la soie, en y faisant élever des vers-à-soie et planter des mûriers; à cet effet il fit publier un rescrit général dans tout son duché. C'est en faveur de cet établissement de *Frédéric*, que *Jacques Rathgeb*, autrefois secrétaire de la chambre de Wurtemberg, fit paroître la traduction allemande que je viens de citer, du traité des vers-à-soie, par *Olivier de Serres*, imprimée à Tubinge, en 1603.

Le titre allemand de cette traduction est bien plus étendu que celui de l'original, qui est beau-

coup trop modeste : *Ver à soie; de l'espèce, nature, qualité et grande utilité de ce noble ver, ainsi que de la plantation et conservation du mûrier, indispensablement nécessaire à son entretien. De la manière dont ce noble ouvrage peut être exécuté en Allemagne (sur-tout dans les pays à vignobles) et dans d'autres pays, avec réputation, utilité et gloire, etc.*

Je n'ai point vu cette version allemande, qu'on annonce être très-fidèle; j'ai extrait ce que j'en dis de l'ouvrage de *Godefroi Daniel Hoffmann*, professeur de droit public à Iena (1), déjà cité à ce sujet par notre collègue M. *Grégoire*, tome I, page cxlvij; elle doit être assez rare, même en Allemagne, puisque *Haller*, qui la cite, ne l'avoit pas dans sa nombreuse bibliothèque, et vraisemblablement ne l'avoit pas même vue.

Il paroît que les bibliographes ont fait pour le nom du traducteur ce qu'ils avoient fait pour celui de l'auteur : on vient de voir que *Hoffmann* l'appelle *Rathgeb*, et comme c'est lui qui donne le plus en détail le titre de la traduction et son histoire, il paroît mériter le plus de confiance; *Haller* le nomme *Rathgerber*, et je lui ai donné le même nom, d'après *Haller*, dans la petite notice que j'ai publiée en l'an VIII; enfin *Boehmer* l'appelle *Rathberger*.

J'ajouterai en passant, que *Rathgeber* est un mot allemand, qui veut dire conseiller; et qu'un chevalier *Rathberg* étoit l'ami de *Philippe Miller*, auteur du *Dictionnaire des Jardiniers*, et s'occupoit aussi d'agriculture et de la culture des arbres.

Haller (2), et *Boehmer* qui l'a très-vraisemblablement copié, ont placé cette traduction à la suite du second Opuscule d'*Olivier de Serres*, de manière à faire croire qu'ils la regardoient, l'un et l'autre, comme étant celle de cet Opuscule; *Boehmer* même l'a mise après la traduction angloise, dont je parlerai plus loin (3). Mais le second Opuscule et la traduction sont

---

(1) *Catalogue des Auteurs qui ont écrit sur les vers à soie et sur les mûriers*, page 3.

(2) *Bibliothèque physique de la France*, pages 409, 416.

(3) *Bibliotheca botanica*, tom. I, pag. 395.

(1) *Observationes circà Bombyces, Sericam et Moros, etc.*

(2) *Bibliotheca botanica*, tom. I, pag. 396.

(3) *Bibliotheca scriptorum historiæ naturalis œconomiæ*, pars II, vol. II, pag. 252.

de la même année, et il n'en étoit pas alors comme de nos jours, où les traductions s'impriment en même temps que les éditions originales ; d'ailleurs, le titre même de la traduction allemande ne peut laisser de doute à cet égard, il ne contient rien qui soit relatif au deuxième échantillon.

II.

1°. LA SECONDE RICHESSE DU MEU-RIER - BLANC. *Qui se treuue en son Escorce, pour en faire des Toiles de toutes sortes, non-moins vtiles que la Soie, prouenant de la Fueille d'iceluy. Eschantillon de la seconde Edition du Theatre d'Agriculture,* D'OLIVIER DE SERRES *Seigneur du Pradel. A* MESSIRE POMPONE DE BELIEVRE *Chancelier de France. A Paris, chez* ABRAHAM SAVGRAIN, *ruë S. Iacques, aux deux Viperes.* M. DC III. *Auec Priuilege du Roy.* *

Petit in-8°. de 27 pages pour le titre, l'épître dédicatoire et le texte, et une page non chiffrée au verso de la page 27, pour l'extrait (qui est écrit *extriact*) du privilége du roi, le même que celui de *la Cueillete de la Soye.* La vignette du titre est un pot de fleurs.

Ce petit ouvrage forme le chapitre XVI du cinquième Lieu du *Théâtre d'Agriculture*, de l'édition de 1603, ainsi que l'indique le titre; il manque à l'édition in-folio de 1600, et je dois remarquer que l'indication de ce chapitre est omise dans le sommaire de ce Lieu, de l'édition de 1603, et de toutes les suivantes, quoique le chapitre s'y trouve (1).

Ce que j'ai dit tout à l'heure de la variation de l'orthographe d'*Olivier de Serres*, peut encore être vérifié ici, soit dans le titre, soit dans l'épître, soit dans le texte, soit même dans l'extrait du privilége ; le mot *soie* est avec un *i* dans *la Seconde richesse du Meurier blanc;* il est avec un

(1) Voyez la note (1) du cinquième Lieu, dans ce volume, page 152.

y dans *la Cueillete de la Soye ;* on lit dans celle-là *echantillon,* dans l'autre *eschantillon,* etc. Du reste il n'y a point de changement entre l'Opuscule publiée séparément, et le chapitre de l'ouvrage; la seule différence qui les caractérise, c'est que le titre est bien plus long et plus détaillé dans le premier que dans l'autre, qu'il n'y a point d'indications marginales comme dans *la Cueillete de la Soye* et dans le *Théâtre d'Agriculture*, et que l'auteur y a ajouté, comme au premier, une épître dédicatoire que je transcris ici.

« A Monseignevr, Monseignevr de Believre, Chancelier de France.

» MONSEIGNEVR, Entre toutes les inuentions treuuees pour le soustien de la vie humaine, aucune ne se void donner tant de peine, que l'ouurage du pain : car le-labourer des terres, le-moudre des blés, les-boulenger, ne laissent iamais en repos le-pere-de-famille ; dont il y a apparence, que si, peu à peu, on n'eust amené les peuples à ce trauail-là, ils se fussent contentés des fruicts desquels se nourrissoient les hommes des premiers siecles, pour s'affranchir de tant de labeurs. Ioint que c'est tousiours leur naturel, de rejetter toutes nouuelles inuentions, quoi-que profitables. Ceste difficulté, Monseigneur, m'a fait differer quelque temps, d'escrire la maniere de faire croistre la Soie, par l'introduction des Meuriers, en la pluspart des prouinces du cœur de ce Roiaume, et iusques à ce qu'il pleust au Roi me commander d'en discourir vn iour deuant luy, où aiant bien receu les raisons sur lesquelles je me fondoi pour cest effect, il me commanda de mettre en lumiere ce que l'experience m'en auoit fait recognoistre. Voila comme, auec l'authorité de sa Majesté, j'ai exposé en public, le premier traité de cest ouurage : lequel feust demeuré imparfaict, s'il n'eust-eu le bon-heur de vostre fauorable support. Mais vostre sage prudence, jointe auec l'experience de vos lointains voïages, pour vos grandes ambassades, en a bien sceu considerer l'vtilité ; et vostre vertu s'opposer aux trauerses qui se sont manifestees à l'introduction de tant fructueuse entreprise. Au grand profit de tout le peuple de la France, qui iusques ici , a esté contraint de mendier ces choses des estrangers , se les pouuans donner lui mesmes, pour la bonté de sa terre et temperament de son ciel. Et voiant auec quelle particuliere affection , vous auez fortifié ce dessein , et combien vous auez apporté d'aide et de secours pour faire ressentir à toute la France, le bien qu'elle en peut receuoir , Dieu m'aiant fait la grace (vn bien suiuant communement l'autre) d'auoir treuué vn second tresor en la plante du Meurier blanc : j'ai jugé que comme à un des premiers et principaux appuis de cest Estat , il vous appartenoit de me commander, que sous l'asseurance de vostre nom et de vostre faueur, j'eusse à le mettre en lumiere : ce que ie fai, et vous supplie treshumblement , Monseigneur , auoir pour agreable ceste mienne deliberation , voiant de bon œil , ce liuret que je vous presente , de l'vtilité qui se tire de l'Escorce de cest arbre, qui est la matiere du linge , beaucoup meilleure et plus abondante, que ni le lin , ni le chanvre ; dont la facilité de l'ouurage est telle, que les moindres seruiteurs de la famille jusqu'aux enfans, y peuuent estre emploiez , à toutes heures , sans despense, sans nul hazard , auec bon et heureux succés. Et la France vous aura l'obligation de l'auoir remplie de telles richesses , avec l'immortelle memoire de vostre nom , de vostre merite , de vostre bien-vueillance. Ie vous supplie doncques treshumblement , Monseigneur, receuoir fauorablement le debile ouurage d'un homme des champs , qui en sa solitude , priera Dieu pour vostre longue vie et prosperité , et des vostres. A Paris ce xxvj. Iuillet 1603.

» Vostre treshumble et tresobeissant seruiteur , OLIVIER DE SERRES. »

On peut compter parmi les traverses dont parle *Olivier de Serres* dans cette lettre , et qui s'opposoient à l'introduction de la soie et de la culture des mûriers en France , l'opinion de *Sully* dans le Conseil , opinion qui paroit avoir été vivement combattue par le Chancelier. Le premier ne voyoit dans cette introduction qu'un luxe et une dépense inutiles ; le second jugeoit plus sainement, que ce luxe ne s'en établiroit pas moins, que pour le satisfaire il faudroit exporter , comme on le faisoit déjà, des sommes énormes chez nos voisins ; et que ces sommes seroient bien plus avantageusement employées en cultivant nous-mêmes ces objets. L'expérience et le temps ont prouvé contre l'opinion de *Sully* , et à cet égard , comme l'a déjà fort bien observé M. *François (de Neufchâteau)* , l'agriculteur eut l'honneur de l'emporter sur le surintendant (1).

La Cueillete de la Soye est d'un caractère typographique plus fin que l'édition de 1600 ; et *la Seconde richesse du Meurier-blanc* est d'un caractère plus fort que l'édition de 1603. Il résulte de cette observation , que ces Opuscules ne sont point extraits des éditions dont ils devoient faire partie , mais qu'ils ont été imprimés séparément, d'un autre caractère , et qu'ils ont précédé ces éditions , auxquelles ils seroient véritablement d'échantillons, non pour la forme , mais pour le fond. J'ajouterai que l'exécution typographique du dernier Opuscule n'est pas aussi bien soignée que celle du premier. Au reste , il est plus rare encore que *la Cueillete de la Soye* , on le trouve indiqué dans bien moins de catalogues , peut-être à cause de son peu d'étendue , et il est cité par moins de bibliographes.

2°. *Opuscules de* PIERRE RICHER DE BELLEVAL , *Premier Professeur de Botanique et d'Anatomie en l'Université de Médecine de Montpellier ; auxquels on a joint un Traité d'*OLIVIER DE SERRES, *sur la Manière de travailler l'Écorce du Mûrier blanc. Nouvelle édition , d'après les Exemplaires de la Bibliothèque du Roi. Par M.* BROUSSONET , D. M. , *Associé Ordinaire de la Société Royale de Londres , de celles de Montpellier , d'Edimbourg, de Madrid, etc. Professeur Adjoint d'Economie Rurale à l'Ecole Royale Vétérinaire (d'Alfort). A Paris.* M. DCC. LXXXV.*

Grand in-8°. de 8 pages pour le titre et la préface de l'éditeur ; 38 pages pour le premier

(1) Voyez tome I, page xxxiv.

Opuscule de *Richer de Belleval*; 4 pages pour le second; un feuillet non chiffré, 8 pages et cinq planches pour le troisième; enfin 18 pages pour l'Opuscule d'*Olivier de Serres*, qui termine le recueil, et qui a un titre particulier.

M. *Broussonet* est bien connu des savans par ses travaux en histoire naturelle, il étoit secrétaire perpétuel de la Société royale d'Agriculture de Paris, qui se fait toujours gloire de le compter au nombre de ses membres, et près de laquelle il rempliroit encore ses fonctions, sans les missions importantes dont il a été successivement chargé, et sans la place de professeur de botanique qu'il remplit à l'École de Médecine de Montpellier; il a fait successivement proposer par la Société royale des Sciences de cette ville, l'éloge de *Richer de Belleval*, et celui d'*Olivier de Serres* (1); voici comme il s'exprime, pages 7 et 8 de la préface, relativement à *la Seconde richesse du Meurier blanc*.

« J'ai cru pouvoir mettre à la suite (des Opuscules de *Richer de Belleval*) un Traité d'*Olivier de Serres*, sur la *Maniere de filer l'écorce du Meurier blanc* : cette découverte appartient entiérement à cet Auteur, recommandable par ses profondes connaissances dans la culture des végétaux, et dont le *Théâtre d'Agriculture*, publié vers le commencement du dernier siecle, offre une preuve des progrès que cet Art avait fait en France, long-tems avant qu'il n'eût attiré l'attention des Peuples chez lesquels il fleurit de nos jours. Quelques personnes ayant d'ailleurs annoncé tout récemment la maniere de filer l'écorce du Mûrier, comme une découverte qui leur était propre; je me fais un devoir de rendre à la mémoire d'*Olivier de Serres*, la justice qui lui est dûe à cet égard. Ses Ouvrages, quoique d'une utilité plus directe que ceux de *Belleval*, sont presque aussi peu répandus, et c'est encore un motif qui m'a engagé à donner une nouvelle édition de celui-ci. Cette maniere de retirer la soie de l'écorce de cet arbre, peut devenir sur-tout avantageuse dans les Provinces où la rigueur des saisons ne permet pas d'élever le ver-à-soie. J'aurai

rempli mon but, si je puis engager quelques personnes à répéter des expériences qui peuvent devenir très-avantageuses, et qu'*Olivier de Serres* avait commencé en grand par les ordres de Henri IV, dans le Jardin des Tuileries. »

M. *Broussonet* a conservé à cette réimpression la date de 1603; il vouloit aussi conserver avec soin l'originalité de l'orthographe; mais, à cet égard, il a été mal secondé dans les détails, par l'imprimeur, qui a joint au style d'*Olivier de Serres*, l'accentuation moderne qui n'existoit point alors.

Cette édition n'a été tirée qu'à un petit nombre d'exemplaires.

3°. *The perfectuse of Silk-wormes, and their benefit. With the exact planting, and artificiall handling of Mulberrie trees whereby to nourish them, and the figures to know how to feede the Wormes, and to winde off the Silke. And the fit maner to prepare the barke of the white Mulberrie to make fine linnen and other workes thereof. Done ont of the French originall of d'*OLIVIER DE SERRES *lord of Pradel into English, by *NICOLAS GEFFE *Esquier. With an annexed discourse of his owne, of the meanes and sufficiencie of England for to haue abundance of fine Silke by feeding of Silke-wormes within the same; as by apparent proofes by and universall benefit of all those his Countrey men which embrace them. Neuer the like yet here discouered by any.*

Au despit d'envie.

*At London Imprented by *FELIX KYNGSTON*, and are to be sold by *RICHARD SERGIER *and *CHRISTOPHER PURSET*, with the assignment of *WILLIAM STALLENGE*. 1607. Cum Privilegio.*

(1) Voyez ce qui a été dit à ce sujet, tome I, pages xxxij et lx.

Petit in-4°. de 4 feuillets non chiffrés pour le titre, l'épître dédicatoire du traducteur au roi Jacques I, et trois pièces de poésies angloises en l'honneur d'*Olivier de Serres*; 96 pages de texte, chiffrées de suite, puis ensuite un feuillet chiffré 81 au recto seulement, sans néanmoins interruption du texte, et au verso de ce feuillet 81, ainsi qu'au recto du feuillet suivant non chiffré, sont deux gravures en bois.

L'ouvrage de *N. Geffe*, annoncé dans le titre, est paginé séparément et a un titre particulier, avec cette épigraphe : *pro patria pario*; il a un feuillet pour le titre, 14 pages de texte (celle 2 est cotée 88, sans doute aussi par erreur), et un feuillet non chiffré à la fin, pour un avis au lecteur (*to the Reader*), daté de Londres, *Bacon House*, 20 Mai 1607; l'errata est au recto de ce feuillet.

Cette traduction est celle des deux Opuscules d'*Olivier de Serres*; le titre anglois, comme nous l'avons vu tout-à-l'heure pour le titre allemand de la traduction de *la Cueillete de la Soye*, est beaucoup plus étendu que l'original, et cela étoit nécessaire pour donner de l'avantage à une chose encore nouvelle et inconnue dans les pays où on vouloit la propager. Voici à-peu-près la traduction du titre anglois : *Le parfait usage des vers à soie et leurs bénéfices; avec la plantation exacte et la conduite artificielle des mûriers dont ils se nourrissent, et les figures qui indiquent la manière de les élever et de dévider la soie. La meilleure manière de préparer l'écorce du mûrier blanc pour en faire de la toile et d'autres ouvrages : traduit en anglois, de l'original françois d'OLIVIER DE SERRES, seigneur du Pradel, par NICOLAS GEFFE écuyer. On y a joint un traité de ce dernier sur les moyens et la facilité qu'a l'Angleterre de se procurer beaucoup de belles soies en élevant chez elle des vers à soie; ce qui est démontré par des preuves non équivoques et par les bénéfices qu'en retirent tous ceux de cette contrée qui nourrissent des vers; sujet qui cependant n'a jamais été traité jusqu'ici dans cette Isle*, etc.

La Cueillete de la Soye se termine à la page 85, et *la Seconde richesse du Meurier blanc* occupe les pages 86—93; le surplus est employé à la description des figures ajoutées à cette traduction, figures qui sont prises dans l'ouvrage de *J. B. Le-Tellier*, imprimé en 1603, ou dans celui de *B. de Laffemas*, imprimé en 1605, indiqués, l'un et l'autre, par notre collègue M. *Grégoire*, dans son *Essai Historique sur l'état de l'Agriculture en Europe au XVI° siècle*, placé en tête de notre premier volume (page cxlvj); elles sont les mêmes dans les deux ouvrages.

Séguier, qui ne cite point *la Cueillete de la Soye*, ne parle de cette traduction angloise que comme étant celle de *la Seconde richesse du Meurier blanc* seulement (1). *Boehmer*, en la plaçant immédiatement après celle-ci, paroît avoir commis la même erreur : il l'indique sous le format in-8°. (2).

L'abbé *de Sauvages*, en en rapportant le titre fort abrégé, se borne à dire en note, qu'elle n'est que la traduction d'une partie de l'ouvrage d'*Olivier de Serres* (3).

Il doit paroître étonnant aux bibliographes que *Haller*, qui étoit l'ami de *Séguier* et qui avoit son ouvrage sous les yeux, ait oublié cette traduction.

Elle est dans la bibliothèque de *Sir Joseph Banks*, et on la trouve dans son catalogue, tome II, page 529, et tome III, page 601.

Notre collègue M. *Grégoire* a bien indiqué les deux traductions allemande et angloise des Opuscules d'*Olivier de Serres*, dans son *Essai sur l'état de l'Agriculture*, page cxlvij.

Ces opuscules ne peuvent plus avoir aujourd'hui d'autre mérite que celui qui tient à la rareté bibliographique, et sous ce rapport les amateurs continueront à les rechercher; mais considérés sous celui qui les a fait rédiger, ils deviennent inutiles aux agriculteurs, puisque le premier se trouve dans toutes les éditions du *Théâtre d'Agriculture*, et que le second ne manque qu'à celle de 1600, après laquelle il a paru, et à celle de M. *Gisors*, publiée en l'an XI (1802), en 4 volumes in-octavo, sur celle de 1600.

---

(1) *Bibliotheca botanica*, pag. 393.
(2) *Bibliotheca scriptorum*, etc., pag. 252.
(3) *Catalogue* cité, page 3.

III.

1°. *LE THEATRE D'AGRICVLTVRE ET MESSAGE DES CHAMPS,* D'OLIVIER DE SERRES *Seigneur de Pradel. A Paris.* M. D. C. *Par LAMET MÉTAYER Imprimeur ordinaire du Roy. Auec privilege de sa Majesté et de l'Empereur.* *

In-f°., de 8 feuillets non chiffrés pour le titre, l'épître dédicatoire au roi, le privilége, la préface et le sommaire général de tout l'ouvrage ; vient ensuite le premier feuillet du texte, formant les pages 1 et 2 de la signature A, non chiffrées, contenant le titre et le sommaire du premier Lieu, et faisant partie des 1004 pages de texte ; puis 9 feuillets non chiffrés pour la table des matières, imprimée en caractères italiques ; enfin un dernier feuillet isolé, au milieu du recto duquel on lit : *Acheué d'Imprimer, le premier Iour de Iuillet*, M. D. C.

Le titre est un frontispice gravé représentant un portique d'architecture d'ordre toscan ; il est soutenu de pilastres ornés de bossages, bases et chapitaux, érigés sur piédestaux ; la partie supérieure est terminée par une architrave, une frise et une corniche. Les pilastres sont en saillie sur des pieds droits ; deux de ces pilastres reçoivent l'arcade, qui est aussi ornée de bossages, et au milieu de laquelle il y a une clef. Dans les tympans de l'arcade sont, de chaque côté, des trophées en faisceaux, formés avec des instrumens d'agriculture. Les piédestaux des pilastres antérieurs sont ornés de paysages. On lit dans le milieu de la plinthe qui règne au-dessus de la frise : SECVRITAS PVBLICA, et de chaque côté il y a une guirlande de fruits. La partie supérieure du portique est une terrasse carrée, aux quatre coins de laquelle il y a des vases de fleurs ; chaque côté est occupé par quatre carrés de parterre, divisés par compartimens : au milieu de la terrasse est Henri IV assis sur son trône, ayant sa couronne, et revêtu de ses habits royaux, tenant dans la main droite la main de justice, et dans la gauche le sceptre : la Justice, tenant en mains l'épée et la balance, est à sa droite ; la Paix, tenant une branche d'olivier, est à sa gauche, toutes deux assises sur un petit torue. En avant, à droite, est l'Agriculture, représentée par une femme qui laboure à la bêche. Le fond de l'estampe représente une vaste campagne ; sur le devant, de chaque côté du portique, est un champ de grains, à droite un olivier, à gauche un mûrier ; dans le fond à droite est un soleil couchant derrière une montagne ; dans l'éloignement on voit des tours ; à gauche est une autre montagne, au pied de laquelle est un château : la campagne est parsemée d'arbres. Le titre de l'ouvrage occupe le milieu du portique : on lit dans un coin de la plinthe du bas, à gauche : *Mallery, fecit.* Cette planche est bien gravée sur cuivre.

Le nom de l'imprimeur étoit écrit *Mettayer* dans le titre et à la fin du premier opuscule, il est écrit ici *Métayer.* C'est encore une preuve à ajouter à ce que j'ai déjà dit de la variation de l'orthographe, qui, comme on le voit, s'étendoit jusqu'aux noms propres.

L'épître dédicatoire est surmontée d'une vignette, au milieu de laquelle est placé l'écusson des armes de France seulement, celles de Navarre n'y sont pas : au bas de cet écusson est le chiffre de l'imprimeur ; de chaque côté sont des figures allégoriques ; la lettre S du mot sire est ornée : dans cette épître, *Olivier de Serres* fait allusion à l'épigraphe *securitas publica*, et à la position du roi sur le frontispice : *Vostre peuple,* dit-il, *demeure en seureté publique.... cultiuant sa terre, ... à l'abri de Vostre Majesté, qui a à ses costés la Iustice et la Paix.* Cette épître dédicatoire datée dans toutes les éditions suivantes, de Paris, le premier jour de Mars 1600, ne l'est point ici, ce n'est qu'à la seconde édition que cette date a été restituée.

Le privilége du roi seulement, et non celui de l'empereur, dont il est fait mention dans le titre, est imprimé tout entier après l'épître dédicatoire, avant la préface ; le nom d'*Olivier de Serres,* seigneur du Pradel, s'y lit tout au long. On a vu dans l'extrait de ce même privilége, qui est à la suite des opuscules, qu'il n'y avoit que sieur du Pradel.

Le titre de chaque Lieu, ou Livre, est surmonté d'une vignette en bois, encadrée dans des cadres mobiles, fort bien gravée, qui représente les travaux dont il est question dans le Lieu : au bas est en cul-de-lampe le même pot de fleurs pyramidal que j'ai indiqué à la fin de *la Cueillete de la Soye* ; un verso de ce titre est le sommaire du Lieu, comme nous l'avons mis dans notre édition.

Les seize planches qui sont dans le Lieu sixième représentent des compartimens de parterres pris dans ceux qui ornoient alors les jardins des Tuileries, de Saint-Germain-en-Laye, et de Fontainebleau, et quelques plans du jardin médicinal ; elles sont imprimées avec le texte, et sont également gravées en bois.

Cette édition est, sans contredit, la plus belle de celles qui ont été publiées pendant la vie d'*Olivier de Serres*, et elle fait honneur à l'imprimerie de *Jamet Métayer* ; mais aussi les augmentations nombreuses que l'auteur a ajoutées aux éditions suivantes la rendent la moins complète. J'indiquerai ces additions en parlant de la seconde.

Quelques catalogues de vente de bibliothèques ont annoncé cette édition de 1600 sous le format in-quarto, et à cet égard je dois dire que moi-même j'ai cru, pendant quelques temps, que les éditions in-quarto étoient in-octavo, en ne faisant attention qu'aux signatures des feuilles ; peut-être est-ce par le même motif que les libraires qui ont rédigé ces catalogues auront fait la même faute. Chaque signature de l'in-folio est composée d'un cahier de deux feuilles, comme dans plusieurs éditions in-quarto, ce qui donne 4 feuillets ou 8 pages pour chaque signature de l'in-folio, et 8 feuillets ou 16 pages pour chaque signature de l'in-quarto. Mais il suffit, s'il restoit quelques doutes à cet égard, de consulter les envergeures et les pontuseaux du papier pour se convaincre de la réalité des formats in-folio et in-quarto.

2°. — *Seconde Edition, reueuë et augmentee par l'Auteur. Ici est representé tout ce qui est requis et necessaire pour bien Dresser, Gouuerner, Enrichir et Embellir,* LA MAISON RUSTIQUE. *A Paris.* M. DCIII. *Chés*

ABR. SAUGRAIN, *ruë S. Iacques deuant S. Benoîst, a l'enseigne des deux Viperes. Auec priuilege du Roi et de l'Empereur.* *

In-4°. de 8 feuillets non chiffrés pour le titre, l'épître au roi, les priviléges et la préface ; 907 pages de texte, y compris le titre et le sommaire du premier Lieu, non chiffrés, comme dans la première édition ; le verso du dernier feuillet est blanc ; 13 feuillets non chiffrés pour la table des matières, imprimée en caractères romains ; le verso du dernier feuillet de la table contient l'errata, et au-dessous on lit en gros caractères : *La premiere Impression de ce Liure a esté acheuee d'imprimer, le dernier jour de Iuillet.* M. DC. dans l'édition in-folio, on lit *le premier jour de Iuillet.*

Le frontispice du titre est le même que dans la première édition ; mais il a été regravé dans de plus petites proportions, pour l'adapter au format in-quarto, et on y observe quelques différences. Les deux paysages des piédestaux des pilastres antérieurs sont transposés, et ne ressemblent pas parfaitement aux premiers ; le nom du graveur, qui, ici, est écrit *C. de Mallery*, se trouve au bas de la plinthe à droite ; les figures de dessus la terrasse présentent aussi quelques dissemblances.

Après l'épître dédicatoire vient le privilége du roi, et ensuite l'*Extraict des Registres de Parlement*, duquel il résulte que le privilége n'a été enregistré que le 5 Juillet 1602. Plus bas est la vérification du prévôt de Paris, du 21 Août 1603. On trouve ensuite le privilége de l'empereur d'Allemagne, *Rodolphe II* ; il est en latin, et pour dix ans, comme celui du roi : *Datum in Arce nostra Regia Pragæ, die vigesima octaua mensis Iunij. Anno Domini millesimo sexcentesimo primo. Ce Rodolphe, II du nom, qui avoit alors quarante-neuf ans, étoit grand amateur d'astronomie, de chimie et d'équitation.

Les vignettes en bois placées au-dessus du titre de chaque Lieu, sont les mêmes que dans l'édition in-folio, on en a supprimé les cadres mobiles. *Saugrain* a fait aussi comme avoit fait *Métayer*, il a placé au-dessous de ces titres le cul-de-lampe qu'il avoit mis dans le titre de *la Seconde richesse du Meurier blanc*.

Les seize figures du sixième Lieu sont également les mêmes, et faisant partie du texte, à l'exception de la dernière, page 554, qui est tirée à part; elle n'auroit pu tenir sur la même page où est le texte qui la concerne, et on n'a pas jugé à propos de la tirer sur feuille pleine, comme dans l'in-folio, où elle a un onglet pour être endossée avec les autres.

Cette seconde édition contient beaucoup d'augmentations et d'additions faites par *Olivier de Serres*, depuis la première; les principales se rapportent aux pages suivantes de l'édition de 1600 : préface; deuxième Lieu, page 107; troisième Lieu, pages 211, 217, 250; cinquième Lieu, pages 358, 403, 404, 458, 462, 471; sixième Lieu, pages 513, 538, 544, 552, 558, 561, 570, 597, 613, 626, 691, 732. Ce ne sont pas, au surplus, de simples augmentations, des changemens ou des corrections; c'est, comme je l'ai déjà dit, un chapitre entier au cinquième Lieu; ce sont des articles neufs ajoutés, tels que la manière de faire éclore les canards à la Chine, page 358; l'historique de l'introduction de la culture de la soie en France, page 458; un supplément à la culture du mûrier, pages 462 et 471; un article très-étendu sur la culture des melons, page 544; c'est l'arbre de Judée, le lilas, le seringa, l'aulonier, ajoutés aux arbres d'agrément, pages 558 et 561; la manière de conserver les coins, page 691; etc., etc.

C'est sur cette édition que nous avons principalement fait la nôtre; je dis principalement, parce que je n'ai pas négligé de collationner les suivantes, et d'y reporter quelques légers changemens et quelques nouvelles additions qu'*Olivier de Serres* avoit cru devoir y ajouter. Elle est assez correcte, et d'une exécution typographique soignée, mais le papier n'en est pas beau.

On trouve dans le *Catalogue des livres de feu le C. Michot*, dont la vente a été faite par M. Barrois aîné, libraire, en Fructidor an VIII (page 12, nº. 60), une édition du *Théâtre d'Agriculture* d'*Olivier de Serres*, indiquée sous la date de 1604, in-4º.; mais c'est une erreur que j'ai vérifiée, c'étoit l'édition de 1603.

3º. — *Troisiesme Edition.......
A Paris. m. dor. Chés Abr. Savgrain...... (1).*

In-4º. de 8 feuillets non chiffrés pour tout ce qui précède le texte, comme à la précédente; 997 pages de texte, le verso du dernier feuillet blanc, et 13 feuillets non chiffrés pour la table des matières, imprimée en caractères italiques.

Quoique cette édition ait un plus grand nombre de pages que la précédente, elle n'en diffère cependant que par le changement de quelques vignettes ou de lettres initiales; ce plus grand nombre de pages vient de ce que l'impression est plus chassée, la justification des pages étant plus étroite; on trouve deux lignes de moins dès la première page, cinq à la seconde, neuf à la troisième, etc.

Après la page 496, qui termine la feuille H h, on trouve 3 feuillets non paginés, qui ont pour signature une ✝, ce qui fait six pages de texte de plus. Ces trois feuillets contiennent le chapitre XVI du cinquième Lieu, qui avoit sans doute été oublié, et qu'on a réimprimé après coup. Après la page 576, qui termine la feuille N n, la feuille O o commence par 587 et suit ainsi, ce qui fait dix pages de moins : la page 613 est chiffrée 611; puis vient ensuite 614, 615, puis reprend 612, 613, 614, sans dérangement dans le texte et dans la feuille P p; la feuille Q q recommence à 609 et suit de nouveau, ce qui fait ici dix pages de plus; la page 814 est chiffrée 815, celle 815 est chiffrée 816, et la page 816 est bien chiffrée; la page 819 est chiffrée 816 : ainsi il y a réellement dans cette édition, à cause de l'irrégularité de la pagination, cent pages de plus que dans la seconde.

Quelques autres éditions présentent également des fautes de pagination; je ne les ai pas toutes collationnées comme celle-ci; lorsque le hasard m'a fait découvrir de ces fautes, je les ai indiquées, mais je me suis ordinairement borné

---

(1) Dans cette édition, comme dans les suivantes, je ne copie du titre que ce qui s'y trouve ajouté ou changé de l'édition d'auparavant, ainsi tout ce que je ne copie pas est censé exister comme dans les éditions qui précédent.

borné à prendre le nombre des pages du texte sur la dernière.

Cette troisième édition est imprimée avec les mêmes caractères que la seconde, ils étoient usés, et l'exécution s'en ressent ; le papier est moins beau encore. Les vignettes et les culs-de-lampes des titres des Lieux sont les mêmes. L'exemplaire que j'ai sous les yeux étoit dans la Bibliothèque de l'abbaye de Sainte - Géneviève, à Paris, il est aujourd'hui dans celle du Panthéon, qui la remplace, ou plutôt qui est la même.

J'ai déjà dit que *Béguillet* et *Bonnaterre* avoient annoncé comme première, une édition du *Théâtre d'Agriculture*, sous la date de 1606, et que c'étoit une erreur, qu'il n'y en avoit même point de cette année (1) ; je dois dire aussi que *Philippe Re* a fait la même faute plus récemment encore, d'après l'un ou l'autre, dans son *Essai de Bibliographie géorgique* (2) ; et, comme *Haller*, il appelle *Olivier, des Serres* ; *Béguillet* l'appelle sire *de Pradines*.

4°. — *Quatriesme Edition* .....
A Paris. M. DC.VIII. *Chez* IEAN
BERJON *ruë Sainct Iean de Beauuais
au Cheual volant, et sa boutique au
Palais, en la gallerie des prison-
niers* . . . *

In-4°., de 20 feuillets non chiffrés pour tout ce qui précède le texte ; et en outre, dans cette édition, pour les quatorze pièces de poésies en l'honneur d'*Olivier de Serres* et de son ouvrage, la première où elles se trouvent ; 908 pages de texte, un feuillet blanc, dernier de la signature M m m ; 13 feuillets non chiffrés pour la table, imprimée en caractères romains ; on lit au recto du dernier : *Quatriesme Edition Imprimee a Paris, chez* Iean Berjon, *l'an xi.* VIC. VIII.

Le frontispice ou le titre a été regravé de nouveau, et on y observe des différences, soit dans les paysages qui sont sur la face antérieure des piédestaux des pilastres, soit sur la terrasse, soit dans le fond : ici le trône et la robe de Henri IV sont semés de fleurs de lys ; dans les précédens, le trône seulement étoit semé d'hermines ou d'abeilles, et la robe du roi étoit unie : ce n'est plus un château, c'est une ville qu'on observe au pied de la montagne à gauche ; on lit sur le socle du piédestal, du même côté : *L. Gaultier sculp.* En général, cette gravure est moins douce et moins bien soignée que les précédentes. Les vignettes en tête du titre des Lieux sont bien les mêmes que dans les éditions précédentes, mais on n'y retrouve point les petits culs-de-lampes ; au reste, cette édition paroit avoir été faite, page pour page ou à-peu-près, sur celle de 1603 : elle ne contient que quelques légères augmentations vers la fin, qui est d'ailleurs un peu moins serrée, ce qui a chassé sur la 908.e page. Ces augmentations paroissent indiquer qu'*Olivier de Serres* a surveillé lui-même cette édition, qui, en général, est mieux exécutée que la précédente.

Les *Berjon* étoient de Geneve, et ils y avoient une imprimerie ; *Olivier de Serres* y avoit été faire un voyage, près de *Calvin*, en 1661 (1), et ils professoient la même religion ; il ne faut sans doute pas chercher ailleurs l'origine des éditions du *Théâtre d'Agriculture* par ces imprimeurs, soit à Paris, soit à Geneve ; et ce ne peut être que d'*Olivier de Serres*, lui - même, qu'ils tenoient les poésies qu'ils ont mis les premiers en tête de leurs éditions.

5°. LE *THEATRE D'AGRICVLTVRE
ET MESNAGE DES CHAMPS, d'*OLI-
VIER DE SERRES, S*. dv Pradel. Ou
est representé tout ce qui est requis
et necessaire pour bien Dresser,
Gouuerner, Enrichir et Embellir la
Maison Rustique. Derniere edition,
Reueuë et Augmentee par l'Autheur.
A Geneve, Par* MATTHIEV BERJON.
M. VIC. XI.* *

<hr>

(1) Voyez tome I, page lxxij, colonne II, note (3).

(2) *Saggio di Bibliografia Georgica. In Venezia,* 1802. in-8°., *pag.* 49.

(1) Voyez ci-devant page xvj.

In-8°., de 32 feuillets non chiffrés pour le titre, l'épître, les priviléges, les poésies, la préface, le titre et le sommaire du premier Lieu; 1198 pages de texte, et 16 feuillets non chiffrés pour la table, imprimée en caractères romains.

Il y a des exemplaires dans lesquels on lit seulement : *Par MATTHIEU BERJON*, sans nom de lieu d'impression, tel est celui cité par *Haller* (1), et un autre que j'ai vu dans le Dépôt littéraire des Jésuites de la rue Saint-Antoine : dans d'autres on lit : *A Cologni Par MAT-THIEU BERJON*, comme dans un exemplaire que j'ai dans ma Bibliothèque ; tous sont de la même édition.

Le titre de l'ouvrage a été un peu changé dans cette édition ; la vignette représente un portique au fond d'une espèce de péristile, d'un côté est un soldat romain qui paroît en garder l'entrée, et de l'autre, un philosophe qui tient à la main un poinçon, et qui parle au garde.

On sait que dans plusieurs ouvrages imprimés à Geneve vers le même temps, le nom de la ville ou celui du libraire n'y étoient point, et que quelquefois on ne les y mettoit qu'après-coup et à la main, ce qu'en terme d'imprimerie, on appelle *pousser*. Des exemplaires de cette édition de 1611 auront été tirés de ces trois manières, et avec ces différences, qu'on retrouve dans quelques éditions d'*Elian* (*de Animalium Natura*) et dans d'autres. Au reste, *A Geneve* est imprimé, et *A Cologni* est seulement poussé dans les exemplaires où je les ai vus, ce qui est aisé à reconnoître au peu de netteté des caractères poussés, qui ont besoin de beaucoup d'encre pour marquer, avec une pression bien moins considérable que celle de la presse ordinaire.

Cologni ou *Cologny*, car on le trouve écrit de ces deux manières, est un des noms de Geneve ; beaucoup de copistes et quelques bibliographes écrivant *Cologne*. On a fait la même faute pour la traduction françoise de *Xénophon*, par *Pyramus de Candole*, également imprimée à *Cologny* dans le même temps (en 1613).

Quant à la manière d'écrire la date, M. VIC. XI,

c'est bien 1611 ; on a déjà vu dans l'édition précédente, que *Jean Berjon* avoit également imprimé à la fin M. VIC. VIII, pour 1608, qui est dans le titre.

Les vignettes en tête des Lieux ne sont pas celles des éditions précédentes ; elles n'ont rien de relatif aux travaux qui y sont indiqués. L'édition est assez correcte ; le caractère est trop fin pour le plus grand nombre des lecteurs, et l'ouvrage forme un billot ; aussi beaucoup d'exemplaires sont-ils reliés en deux volumes, coupés ordinairement au sixième Lieu.

Les planches, comme dans les éditions in-quarto, sont en bois, et imprimées avec le texte ; elles ont été réduites pour le format in-octavo, à l'exception de la seizième, page 730, tirée à part, et qu'on a conservée de toute sa grandeur.

Boehmer cite cette édition avec celle de 1629, sous le format in - quarto (1) ; mais c'est une erreur d'autant plus certaine qu'il avoit l'ouvrage de *Haller* sous les yeux. Toutes les autres éditions de Geneve étant in-quarto, il aura peut-être pensé que *Haller* s'étoit lui-même trompé, quoiqu'il annonçât cette édition comme étant dans sa bibliothèque.

On trouve dans le *Catalogue de la Librairie de Charles Pougens* (in - 12, page 54), une édition du *Théâtre d'Agriculture* indiquée sous la date de *Geneve*, 1661, 2 volumes in-8°., c'est une erreur de date que j'ai vérifiée, c'est bien l'édition de 1611. Ces sortes d'erreurs de dates, qui sont assez fréquentes dans les catalogues, font le tourment des bibliographes qu'elles trompent, sans que, le plus souvent, ils puissent le soupçonner, et sans qu'il soit, plus souvent encore, possible de le vérifier ; on a créé ainsi une foule d'éditions qui n'ont jamais existé.

L'auteur du *Mémoire sur la culture de l'olivier*, qui a obtenu le premier accessit à l'Académie des Belles-Lettres, Sciences et Arts de Marseille, en 1782, dit, page 36 de son mémoire, imprimé à Aix l'année suivante, in-8°., qu'une troisième édition du *Théâtre d'Agriculture* a paru douze ans après celle in-folio qu'il

---

(1) *Bibliotheca botanica, tom. I, pag.* 595.

(1) *Bibliotheca Scriptorum historiæ naturalis, etc., pars I, vol. II, pag.* 603.

cite. Il n'en a point paru en 1612, et celle de
1611 seroit au moins la cinquième édition. L'auteur a supprimé ces détails dans la seconde édition de son ouvrage, imprimé à Montpellier,
en 1784.

6°. — *A Paris.* M. DC. XV. *Chés*
ABR. SAVGRAIN...... *

In-4°., de 13 feuillets non chiffrés pour tous
les préliminaires; 907 pages de texte; 13 feuillets non chiffrés pour la table des matières, imprimée en caractéres italiques; au verso du dernier feuillet on lit en caractéres plus petits que
dans l'édition de 1603, dans un cartouche
carré: *La premiere Impression de ce Liure a
esté acheuee d'imprimer, le dernier iour du
mois de Iuillet, 1600.*

Le frontispice est le même que dans les précédentes éditions de *Saugrain*, mais il est plus
usé par le tirage; l'épître dédicatoire et les priviléges n'occupent chacun que deux pages, au
lieu de trois qu'ils occupent dans les éditions
dont je viens de parler; on trouve ensuite douze
pièces de vers seulement, au lieu de quatorze
qui sont dans les éditions de *Jean* et de *Mathieu Berjon*; elles sont placées différemment:
celle de *Chalendar*, et l'ode de *Josuée Rossel*
ne s'y trouvent point; la dernière, de *Desonan*,
n'est pas signée. La préface a 10 pages au lieu
de 8, et le titre du premier Lieu, qui forme le
premier feuillet du texte, est chiffré. Il n'y a
point de vignettes relatives à l'agriculture en
tête des titres des Lieux.

Cette édition est faite, page pour page, sur
celle de 1603, il y a seulement une légère différence à la page 3, et on a ajouté, à la fin, les
augmentations qui se trouvent à celle de 1608.
Elle porte, comme la précédente et comme
toutes les suivantes, dans le titre, *Dernière
Edition.*

7°. — *A Paris.* M. DC. XVII.
Chés ABR. SAVGRAIN..... *

Cette prétendue édition de 1617 est la même
que la précédente; on s'est borné seulement à
regraver la date du titre.

L'exemplaire que j'ai de cette date, sans être

grand papier, est plus grand de marge qu'aucun
des in-quarto, et est sans doute à sa première
reliure. Il y a, au commencement et à la fin,
des notes manuscrites, qui contiennent quelques procédés de culture des arbres, et l'indication de plusieurs remèdes; ces notes sont de
l'écriture du temps.

Ici finissent les éditions de Paris; le privilège étoit pour dix ans, à dater de 1600, et il
ne paroît point qu'il ait été renouvelé, puisque
toutes celles dont il me reste à parler portent
le même, ou n'en portent point.

8°. — .... *Pour* Pierre *et* Iaques
Chouët. M. DC XIX. *

In-4°., sans nom de lieu d'impression; mais
on sait, et on verra plus loin, que les *Chouët*
faisoient la librairie à Geneve; 16 feuillets non
chiffrés pour tout ce qui précéde le texte, et y
compris le titre et le sommaire du premier
Lieu; 878 pages de texte, un feuillet blanc, et
8 feuillets non chiffrés pour la table des matières, imprimée en petit romain romain.

Cet exemplaire vient de la Bibliothèque de
mon savant ami et collègue M. *Giobert*, membre de l'Académie des Sciences de Turin,
secrétaire de la Société d'Agriculture de la
même ville, etc.; il me l'a envoyé, ne l'ayant
pas vu indiqué dans la notice que j'ai publiée
en l'an VIII.

Le titre est le même que celui de l'édition
de 1611; la vignette est encadrée dans un cartouche qui a de chaque côté une colonne autour
de laquelle serpente un cep de vigne; le fond est
un jardin à compartimens; les quatorze pièces
de poésies se trouvent ici, et il n'y a point de
vignettes en tête des titres de chaque Lieu.

On retrouve à cette édition ce que nous avons
déjà observé à celle in-octavo de 1611, des
exemplaires sans nom de lieu d'impression,
comme le mien; d'autres où *A Geneve* est
poussé seulement, et en petits caractères; d'autres enfin où *A Geneve* est imprimé, et tous
sont également les mêmes. Un exemplaire de
la même date: *A Geneve, par MATTHIEU
BERJON*, qui est dans la Bibliothèque de l'Ecole
de Médecine de Paris, et qui vient de la Bi-

blliothèque de l'Académie de Chirurgie, est également de la même édition.

Cette édition, qui est la dernière faite du vivant d'*Olivier de Serres*, et qui a paru l'année même de sa mort, ne prévient ni par l'exécution typographique, ni par la beauté du papier; il y a, comme dans toutes les éditions suivantes, beaucoup de fautes d'impression; les planches en bois du sixième Lieu sont regravées sur le plan de celles de l'édition in-octavo de 1611, mais plus mal encore; la dernière est supprimée, quoique sa description y soit restée (page 539).

Malgré la mort d'*Olivier de Serres*, toutes les éditions postérieures, celle de 1675 exceptée, portent: *Reueuë et Augmentée par l'Auteur.* Cette espèce de charlatanerie typographique a induit quelques écrivains en erreur; ils ont indiqué celles de ces éditions qu'ils citoient comme effectivement reveues par l'auteur.

9°. — *A Roven, chez Lorys du Mesnil, petite ruë Sainct Iean, à la Croix d'Or. M. DC. XXIII.*

In-4°., de 8 feuillets non chiffrés pour tout ce qui précède le texte; 907 pages de texte, et 13 feuillets non chiffrés pour la table, imprimée en caractères italiques. L'épitre dédicatoire n'est pas datée, il n'y a point de priviléges, point de vignettes relatives aux travaux de chacun des Lieux, et il n'y a qu'une seule pièce de poésie non signée après l'épitre au roi; cette pièce est celle de *Desonan*, déjà sans signature dans l'édition de 1615 ou 1617, sur laquelle celle-ci a été faite; elle est assez bien imprimée.

Un exemplaire: *A Roven, chez Iacqves Hollant, Imprimeur, ruë de la Pie, près des Iacobins*, de la même date, et qui est dans la Bibliothèque de mon collègue M. *Silvestre*, est de la même édition.

Celui que j'ai cité est dans la Bibliothèque du Muséum d'Histoire naturelle, à Paris. La seizième figure du sixième Lieu (page 554), manque à tous les deux, comme dans l'édition précédente, et les lignes du titre sont alternativement noires et rouges.

10°. — *A Roven, chez Robert Valentin, dans la Cour du Palais. M. DC. XXIII.* *

In-4°., de 7 feuillets non chiffrés pour le titre, l'épitre dédicatoire et la préface; 908 pages de texte, y compris le titre et le sommaire du premier Lieu non chiffrés; un feuillet blanc, et 13 feuillets non chiffrés pour la table, imprimée en mêmes caractères que le texte.

On voit déjà que cette édition, quoique de la même ville et de la même date que la précédente, en diffère cependant par le nombre des pages et par la table; mais elle présente des différences bien plus sensibles encore, et qui ne peuvent laisser de doute que ce ne soient deux éditions absolument distinctes. 1°. Ni le cartouche du titre, ni aucune vignette ne se ressemblent. 2°. Il n'y a point de poésies dans cette dernière, et la première signature *a* est bien complette, y compris le premier feuillet du texte qui n'est point chiffré ici, et qui l'est dans la précédente; parconséquent il n'y manque point de feuillets, comme on pourroit le croire, n'étant pas chiffrée. 3°. Les vignettes en tête des Lieux, qui représentent les travaux de l'Agriculture, et qui ne sont pas dans l'édition de *du Mesnil*, se retrouvent dans l'édition de *Valentin*; mais elles diffèrent de celles des éditions où on les a déjà remarquées; elles ont été regravées, et ne le sont pas, à beaucoup près, aussi bien que les premières: il n'y en a point au second Lieu. 4°. Les titres courans du haut des pages portent, dans l'édition précédente: *Du Théatre d'Agriculture, Lieu premier,* comme dans les éditions de 1600, 1603, 1605 et 1615; et dans celle-ci, ils portent au contraire: *Lieu premier du Théatre d'Agriculture,* comme dans les éditions de 1608, 1611, et 1619. J'observerai, eu égard à ces titres des pages, que l'on trouve quelquefois, dans plusieurs éditions, et notamment dans celle-ci, leur indication fautive, un titre de Lieu se trouvant substitué à un autre.

Comme dans l'édition de *du Mesnil*, les lignes du titre sont alternativement noires et rouges, l'épitre dédicatoire est sans date, et il n'est question d'aucun privilége. Celle de

Valentin a été faite sur celle de 1608. La seizième planche du sixième Lieu s'y trouve tirée à part, et de plus grand format.

Un exemplaire : *A Roven*, chez MANASSEZ DE PREAULX, *devant le portail des Libraires*, de la même date, absolument semblable au mien, de chez *Robert Valentin*, est dans la Bibliothèque de M. *Fera de Rouville*, correspondant de la Société d'Agriculture du département de la Seine, et propriétaire-cultivateur près de Malesherbes; il a eu la complaisance de m'en envoyer une notice très-détaillée, et l'on y trouve plusieurs preuves qui m'étoient échappées, à ajouter à ce que j'ai déjà dit de la différence d'avec les exemplaires de chez *du Mesnil et Hollant :* les signatures K, O, Q, sont irrégulièrement numérotées de lettres courantes ou de chiffres arabes, et dans la première édition de 1623, toutes les signatures sont numérotées en chiffres arabes : la page 119 est chiffrée 103; celle 156, 165; celle 157, 137; celle 192, 162; celle 193, 103; celle 289, 286; la pagination de la page 251 est sans dessus dessous, 152; la signature V est imposée de manière qu'en suivant l'ordre de la signature, le texte est interverti, V i j formant les pages 301, 302, se trouve après V, formant les pages 289, 290, comme dans l'exemplaire de M. *Fera de Rouville*; et en rétablissant la pagination, le texte se trouve rétabli, mais la signature est intervertie, comme dans le mien, le feuillet 291, 292, qui n'a point de signature, devant se trouver entre V et V i lj, etc. Toutes ces irrégularités ne se trouvent point dans l'édition de *du Mesnil et Hollant.*

11°. — *A Geneve*, *Pour* Pierre *et* Iaques Chouët. M. DC. XXIX. *

Cette édition n'est qu'une réimpression littérale de celle de 1619, de chez les mêmes libraires; elle a le même nombre de pages et presque par-tout les mêmes vignettes et culs-de-lampes.

La figure de la page 531 manque, elle est remplacée par celle de la page 532, qui se trouve être double; la figure de la page 540, tirée à part, s'y trouve; cette page 540 est mal chiffrée 544. En général, cette édition est mieux

imprimée que celle de 1619, le papier en est aussi plus beau.

Je crois inutile de répéter qu'elle est de format in-quarto, ainsi que toutes celles dont il me reste à parler.

J'ajouterai aussi que j'ai toujours copié très-scrupuleusement les titres, non seulement comme un moyen sûr de bien faire reconnoître les éditions; mais encore comme une preuve à ajouter à celles que j'ai déjà données de la variation de l'orthographe.

12°. — *A Roven, chez* IEAN DE LA MARE, *au haut des degrez du Palais.* M. DC. XXXV.

Édition réimprimée textuellement sur celle de *Robert Valentin*, de 1623, dont elle ne diffère que par la correction d'une partie des fautes d'impression de la pagination. La vignette du titre et une partie des autres sont les mêmes. Elle est moins bien imprimée.

L'exemplaire que j'ai sous les yeux est dans la Bibliothèque de l'Institut national de France.

Il y a dans celle de mon collègue M. *Parmentier*, un exemplaire de cette même date : *A Roven, Chez* ROBERT VALENTIN, *dans la Court du Palais*, ce qui ne peut laisser de doute sur les rapports des deux éditions de 1623 et de 1635 entr'elles, puisqu'elles sortent de chez le même libraire.

Cet exemplaire, de M. *Parmentier*, lui a été légué par son ami M. l'abbé *Dicquemare*, comme une double preuve de l'estime dont il étoit pénétré, et pour *Olivier de Serres*, et pour un homme qui a si bien marché sur ses traces dans la science de l'économie domestique.

La seizième figure du sixième Lieu manque à ces deux exemplaires, soit par hasard, soit qu'elle n'ait pas été tirée à part.

13°. — *Geneve*..... M. DC. XXXVI.

Cette édition que je n'ai pas vue, et sur laquelle je n'ai reçu aucuns détails depuis l'impression de la notice de l'an VIII, dans laquelle je l'avois indiquée, se trouve annoncée n°. 424 d'un *Catalogue de livres choisis*, vendus en Février 1789, par M. *Royez*, libraire à Paris; peut-être cette date de 1636 n'est-elle qu'une erreur, comme j'en ai déjà signalé pour des éditions précédentes.

14°. — *A Geneve, Pour* Pierre *et* Iaques Chouët. M. DC. XXXIX. *

Édition réimprimée sur celle de 1629, des mêmes libraires ; elle est moins bien soignée, le caractère en est plus usé ; la figure de la page 531 y est rétablie ; le cartouche du titre a un autre entourage, ce ne sont plus les colonnes entourées de ceps de vigne.

A Geneve, est poussé dans l'exemplaire que j'ai sous les yeux, et est assez mal venu, comme il arrive souvent dans ce cas ; des exemplaires de cette même date peuvent donc être aussi sans nom de lieu d'impression.

15°. — *A Roven, Chez* IEAN BER-THELIN, *dans la Court du Palais.* M. DC. XXXXVI. *

Réimpression pure et simple de l'édition de 1635, à laquelle elle est bien conforme pour le nombre des pages, pour les vignettes, etc. La vignette du titre représente ici un forgeron au travail dans son atelier, avec cette épigraphe autour : *Cvncta in tempore*. La seizième planche et la vignette du titre du deuxième Lieu manquent également ; la page 304 est chiffrée 296 ; toutes les signatures sont chiffrées après la lettre, en chiffres arabes, et dans l'édition de 1635, elles le sont, à quelques erreurs près, en lettres courantes.

16°. — *A Geneve, Imprimé pour* Samuel Chouët. M. DC. LI. *

Cette édition est réimprimée littéralement, et page pour page, sur celle de 1639 ; mais le cartouche, ou l'entourage de la vignette du titre, est le même que dans les éditions antérieures des mêmes libraires.

17°. — *A Geneve, Imprimé pour* André Chouët. M. DC. LXI.

J'ai vu cette édition trop rapidement pour pouvoir prendre des notes, et je n'avois pas d'ailleurs alors sous la main des objets de comparaison ; comme elle a le même nombre de pages que la précédente, il y a tout lieu de croire qu'elle a été faite sur celle-ci, si ce n'est pas la même, avec un simple changement de date. Je l'avois indiquée dans ma notice de l'an VIII, dans l'espérance que quelques personnes la feroient mieux connoître, mais je n'ai reçu aucun renseignement.

C'est la dernière édition, ou réimpression, que je connoisse, du *Théâtre d'Agriculture*, à Geneve.

18°. — *A Roven, Chez* DAVID BERTHELIN, *dans la Cour du Palais.* D. MC. LXIII. *

Édition entièrement semblable à celle de *J. Berthelin*, de 1646, sur laquelle elle a été réimprimée ; elle contient plus de fautes encore, soit dans la pagination, soit dans le texte, ou dans les notes marginales. La vignette du titre renferme, dans un cartouche, le chiffre du libraire, et tout le titre est imprimé en noir, au lieu d'être alternativement composé de lignes noires et rouges, comme dans les éditions précédentes de Rouen. La seizième figure du sixième Lieu s'y trouve.

Un exemplaire de même date : *A Roven, chez* IEAN MACHVEL, *rue S. Iean à l'enseigne du Nom de Iesus*, qui étoit dans la Bibliothèque de l'Abbaye de Saint-Germain-des-Prés, et qui est actuellement dans celle de l'École de Médecine de Paris, est de la même édition ; il ne diffère du précédent, que par la vignette du titre, qui n'est pas la même, et par le nom du libraire. L'erreur de la date s'y retrouve ; D. MC. LXIII, est bien évidemment 1663.

Le *Catalogue des livres de Danty d'Isnard*, indique, n°. 352, un exemplaire de même date, à *Rouen, chez Vaultier*; le *Catalogue des livres de M^de. Balliere*, vendus à Rouen en l'an IX, indique aussi, n°. 625, un exemplaire de cette même date, *à Rouen, chez Hérault*. J'ignore si ces exemplaires sont de la même édition que ceux de *David Berthelin* et de *Jean Machuel*, ou si, comme en 1625, il y a eu, cette même année, deux différentes éditions dans la même ville.

L'auteur de l'ouvrage intitulé : *Préservatif contre l'agromanie, Paris*, 1762, in-12, indique, dans son discours préliminaire, page 16, l'édition de Rouen de 1663, comme la seconde du *Théâtre d'Agriculture*.

Ici se terminent les éditions, que je connois de cet ouvrage, faites à Rouen.

19ª. — *Derniere Edition, Reueuë, Corrigée de nouueau, et Augmentée de la Chasse au Loup, et de la Composition et usage de la Iauge. A Lyon, chez ANTOINE BEAUJOLLIN, ruë de la Belle-Cordiere. M. DC. LXXV. Avec Permission.* *

Cette édition a 14 feuillets non chiffrés pour les préliminaires; 902 pages de texte; 8 feuillets non chiffrés pour la table, imprimée en caractéres petit texte, et pour les permissions d'imprimer, datées de Lyon, du 23 Novembre 1674; le titre est rouge et noir, et la vignette en bois est une corbeille de fleurs. La réimpression paroît avoir été faite textuellement sur les éditions des *Chouët*; on en a supprimé les priviléges, et voilà pourquoi il n'y a que 14 feuillets préliminaires, au lieu de 16, comme dans les éditions de Geneve.

Le texte d'*Olivier de Serres* a, comme dans ces éditions, 878 pages; vient ensuite un faux titre non chiffré, pour *La Chasse du Loup fort utile et necessaire au Menage des Champs, Par IEAN DE CLARMONGAN, Seigneur de Saane, premier Capitaine de la Marine du Ponant. En laquelle est contenuë la nature des Loups, et la maniere de les prendre, tant par Chiens, Filets, Pieges, que par autres instrumens* (1); le texte de cette chasse occupe les pages 879 — 898; ensuite se trouve *La composition et l'usage de la Iauge*, qui occupe les pages 899 — 902.

(1) Cette *Chasse du Loup*, du capitaine *Clamongan* (et non *Clarmongan*), avoit paru avant la première édition du *Théâtre d'Agriculture*, et je la trouve déjà imprimée à la suite d'une édition de l'*Agriculture et Maison rustique de Charles Estienne et Jean Liebaut*, à Paris, chez Du-Puys, 1570, in-4°. Elle l'a été à la suite de toutes les suivantes; je ne l'ai jamais vue imprimée séparément.

Les permissions d'imprimer, qui sont au bas de la dernière page de la table, sont au nom de *Mathieu Liberal*, et pour trois années; il pourroit donc y avoir des exemplaires de cette édition sous le nom de cet imprimeur.

L'exemplaire, *A Lyon, chez IEAN BAPTIST, ruë Noire*, qui étoit dans la Bibliothèque de feu *Dussieux*; et celui, aussi *A Lyon, chez Iean Baptiste Deville*, qui étoit dans la Bibliothèque de feu *Lhéritier*, tous deux de la même date, sont de la même édition que celui de chez *Beaujollin*.

Haller, d'après *Trew* (1), et *Boehmer*, d'après *Haller* (2), indiquent, et c'est sans doute par erreur, cette édition sous le format in-folio.

L'auteur du *Traité de l'Olivier*, que j'ai déjà cité, l'annonce dans la seconde édition de son ouvrage (page 44), comme particulièrement dédiée au roi.

20ª. *THÉATRE D'AGRICULTURE ET MÉNAGE DES CHAMPS, d'OLIVIER DE SERRES. Où l'on voit avec clarté et précision l'art de bien employer et cultiver la terre, en tout ce qui la concerne, suivant ses différentes qualités et climats divers, tant d'après la doctrine des Anciens, que par l'expérience. Remis en françois, Par A. M. GISORS. A Paris, Chez MEURANT, libraire pour l'Agriculture, rue des Grands-Augustins, n°. 24. An XI. — 1802.* *

Quatre volumes in-octavo; le premier de xxvij pages pour les titres, l'avis de l'éditeur et la préface de l'auteur, au verso de la dernière page est un avis de librairie; 632 pages pour le texte des trois premiers livres et pour la table du volume. Le second, de deux feuillets non chiffrés pour les titres, 627 pages pour le texte des quatre et cinquième livres et pour la table. Le troisieme, de deux feuillets non chif-

(1) *Bibliotheca botanica*, etc., tom. I, pag. 396.
(2) *Bibliotheca Scriptorum historiæ naturalis*, etc., pars I, vol. II, pag. 663.

frés pour les titres, 614 pages pour le texte du sixième livre et pour la table. Enfin, le quatrième, de deux feuillets non chiffrés pour les titres, iv pages pour l'avant-propos du septième livre, 639 pages pour le texte des sept et huitième livres et pour la table.

En tête du premier volume il y a une planche qui représente les travaux de la moisson, et quelques autres occupations champêtres : on lit au bas ces quatre vers des *Géorgiques de Virgile*, de la traduction de M. *Delille*, Livre II.

> Le laboureur en paix coule des jours prospères ;
> Il cultive le champ que cultivoient ses pères :
> Ce champ nourrit l'État, ses enfans, ses troupeaux,
> Et ses bœufs compagnons de ses heureux travaux ;

Celle qui est en tête du second volume représente la vendange, et on lit également au bas ces quatre autres vers des mêmes :

> Ah ! loin de tous ces maux que le luxe fait naître,
> Heureux le laboureur, trop heureux s'il sait l'être !
> La terre libérale et docile à ses soins,
> Contente à peu de frais ses rustiques besoins.

L'Éditeur pouvoit en choisir, à la même source, qui fussent plus analogues au sujet de l'estampe. Ces deux planches sont dessinées par *Monsiau*, et gravées par *Aug. Delvaux*.

Celle qui est en tête du troisième volume représente un bosquet au milieu duquel est, sur un piédestal porté sur un socle, le buste d'*Olivier de Serres*, dont on lit le nom sur la face antérieure du piédestal, qui est entouré d'instrumens d'agriculture ; on voit dans le fond, un berger avec son troupeau, et une campagne dans l'éloignement ; ce prétendu portrait d'*Olivier de Serres*, qui a été fait d'imagination, et qui ne ressemble en rien au portrait original, est une véritable caricature, également dessinée par *Monsiau*, et gravée par *Devilliers* ; il n'y a point de frontispice au quatrième volume.

L'éditeur a supprimé de son édition l'épître dédicatoire d'*Olivier de Serres* à Henri IV, les poésies, les titres et les sommaires des Lieux, les notes marginales, et la table générale des matières qu'il auroit fallu refaire. Il a aussi supprimé les figures du sixième Lieu et tout ce qui y est relatif, ainsi qu'un assez grand nombre de mots anciens qu'il auroit fallu traduire en françois, et que l'Éditeur entendoit d'autant moins, qu'il n'est pas du métier ; j'ai déjà fait connoître quelques bévues qu'il avoit commises, en voulant en conserver plusieurs (1) : j'en citerai encore une.

On lit dans *Olivier de Serres*, tome I, page 310, colonne II : *beu qu'on aye le pommé et le poiré..... est necessaire d'en desfoncer tout aussi tost les tonneaux* (pour les conserver)..... Cela veut dire, en françois d'aujourd'hui : aussitôt qu'on a vidé les tonneaux de cidre ou de poiré, il est bon, pour les conserver, de les défoncer..... M. *Gisors* a lu dans l'édition in-folio (page 250) *rev qu'on aie le pommé et le poiré, etc.* ; il ne s'est pas douté que le mot *reu* étoit là une faute d'impression, qu'il falloit *beu*, parfait du verbe *boire* ; qu'un *v* avoit été substitué à un *b*, et qu'il auroit vu cette faute corrigée dans les éditions suivantes ; il en a trouvé une dans le mot *aie* dont il a fait *aime*, et il a dit, tome I, page 620 : *vu qu'on aime le pommé et le poiré..... il est nécessaire d'en défoncer tout aussitôt les tonneaux.....* Au surplus, c'est à ceux qui liront *Olivier de Serres* dans son françois original et qui le compareront avec la traduction de M. *Gisors*, à juger s'il a rempli le but qu'il se proposoit ; cette traduction ne s'est pas étendue jusqu'aux noms anciens d'un assez grand nombre de plantes, qu'il a conservés, et qu'on n'entend plus aujourd'hui, si l'on n'en donne pas la synonymie.

Cette édition est faite sur celle in-folio, de 1600 ; il y manque donc, outre les retranchemens de l'Éditeur, toutes les additions qu'*Olivier de Serres* a ajoutées à la seconde et aux suivantes, et dont j'ai indiqué les principales, ci-devant page xxxij, colonne première. J'avois fait faire le dépouillement de ces additions et l'indication des pages où elles manquent, dans l'édition de M. *Gisors*, je me proposois de les faire connoître ici, mais cela m'auroit mené fort loin assez inutilement. J'en trouve dix principales pour le premier volume, seize pour le second, non compris le chapitre XVI

____

(1) Voyez tome I, page 585, colonne II, note (7) ; page 630, colonne I, note (116), etc.

du cinquième Lieu que j'ai dit manquer entièrement ; onze pour le troisième, dont quelques-unes contiennent des articles entiers ; et une douzaine pour le quatrième.

Je termine en ajoutant, à tout ce qui précède, une observation que faisoient MM. les Rédacteurs du *Journal de Paris*, en rendant compte du premier volume de notre édition ; c'est que *celle de M. Gisors, sans notes, nous laisse bien loin de l'état actuel de la science* (1).

IV.

Il me reste à indiquer les éditions projetées du *Théâtre d'Agriculture* ; cette indication paroît d'autant plus utile, que ces éditions ayant été annoncées, et les prospectus de quelques-unes publiés, elle empêchera au moins les bibliographes de se livrer à de vaines recherches, pour en suivre et en trouver les traces.

1°. On lit dans un avis qui est en tête du tome VII du *Cours d'Agriculture*, imprimé en 1786, ce qui suit : « Nous croyons devoir prévenir MM. les souscripteurs du *Cours complet d'Agriculture*, que M. l'abbé *Rozier* donnera immédiatement après son Ouvrage, le *Théâtre d'Agriculture, d'Olivier de Serres*, en un ou deux volumes in-quarto, ornés de Planches. La plupart de ceux qui ont écrit après *Olivier de Serres*, en se contentant de puiser dans son *Théâtre d'Agriculture* ce qu'ils ont donné de meilleur, ont prouvé la bonne opinion qu'ils avoient de cet ouvrage, un des plus complets que nous eussions en ce genre, et depuis lequel il avoit été fait bien peu de découvertes vraiment intéressantes en économie rurale. M. l'abbé *Rozier*, dont les travaux sont sans doute précieux, y a puisé lui-même ; il n'a pas manqué d'en faire l'éloge toutes les fois qu'il y a eu recours ; et si, après en avoir profité avec reconnoissance, il désire en donner une nouvelle édition pour servir de suite à son ouvrage, c'est afin de rendre un hommage complet au père de l'Agriculture en France, et pour ne rien laisser à désirer aux Agriculteurs de ce qui leur est utile. Il y ajou-

tera des notes, soit pour éclaircir quelques passages, soit pour faire connoître les changemens, en bien ou en mal, qui ont eu lieu en Agriculture, depuis *Olivier de Serres*, soit enfin pour ne point laisser ignorer les connoissances que les modernes ont acquises dans cette science ».

Dans la notice sur la vie et les écrits de *Rozier*, placée en tête du tome X, imprimé en 1800 (an VIII), on lit, page xv : « une perte non moins grande (que celle de l'article *vin*), ce sont ses commentaires et ses notes sur le *Théâtre d'Agriculture d'Olivier de Serres*. Il y avoit travaillé pendant dix ans. En 1786, il écrivoit à un de ses amis : *Olivier de Serres est, dans son genre, aussi sublime que Bernard Palissy ; je l'ai chanté toute ma vie, et je le chanterai jusqu'à ma mort.* On n'a même pas trouvé dans sa bibliothèque d'exemplaire de cet ouvrage ».

Il faut dire, pour l'explication de ce qui précède, que *Rozier* fut tué dans son lit par une bombe, pendant le siège de Lyon, la nuit du 28 au 29 Septembre 1793, et que son cabinet et sa maison ayant resté ouverts et exposés au pillage pendant quinze jours, ses papiers et ses manuscrits furent en grande partie perdus.

2°. On trouve dans les registres de la Société d'Agriculture de Paris, dont les travaux ont cessé en 1793, plusieurs exemples que cette Société s'occupoit de publier l'ouvrage d'*Olivier de Serres*, avec des notes. La Société d'Agriculture du département de la Seine n'a donc fait qu'acquitter la dette qu'elle avoit contractée sous un autre nom et dans un autre temps.

3°. M. *Silvestre*, alors correspondant de la Société, aujourd'hui son secrétaire, s'étoit chargé de rédiger des notes à ajouter à une nouvelle édition du *Théâtre d'Agriculture*, qu'il se proposoit de donner au public.

4°. « J'avois projeté, dit M. *Lefebvre*, membre de la Société, de donner, conjointement avec MM. *Broussonet* et *Dubois*, une nouvelle édition d'*Olivier de Serres*. L'engagement pris par *Rozier*, dans son septième volume, de remplir cette tâche, avoit retardé l'exécution de ce projet. Mais l'empressement que le public témoigne de nous voir faire cette entreprise, et le retard que *Rozier* a apporté à le satisfaire, nous

---

(1) Voyez N°. 309, samedi 9 Thermidor an 12 (28 Juillet 1804).

y autorisent suffisamment, pour que nous nous livrions à ce travail aussitôt que les circonstances le permettront ». Cette édition n'a point été exécutée, et les circonstances ont dispersé les coopérateurs.

5°. Notre collègue M. *Parmentier*, un des plus ardens promoteurs de l'ouvrage du Columelle françois, avoit aussi promis une édition du *Théâtre d'Agriculture*, avec des notes. Ses notes et celles de M. *Silvestre* ont enrichi notre édition.

Ces trois projets d'éditions se trouvent annoncés dans le *Compte rendu à la Société d'Agriculture de Paris, par J. L. Lefebvre, son agent général, etc. Paris, an VII*, in-8°. pages 230, 5; 244, 9; et 249, 9.

6°. On a vu dans la lettre de M. *Faujas*, professeur au Muséum d'Histoire naturelle, insérée tome I, page lxxix, N°. VIII, qu'il avoit rassemblé toutes les éditions du *Théâtre d'Agriculture*, des notes sur la vie de l'auteur, plusieurs dessins du Pradel, etc. De pareils matériaux étoient bien propres à orner une édition nouvelle d'*Olivier de Serres*, et M. *Faujas* s'en occupoit; l'éditeur des *OEuvres de Bernard Palissy* avoit droit de compter sur les suffrages du public, et sans doute qu'il répondra quelques jours aux amis d'*Olivier* et de l'Agriculture.

7°. J'ai dit qu'il y avoit eu deux prospectus de l'édition que nous donnons aujourd'hui (1); quoique le fond de ces prospectus soit le même, le titre du premier, publié en l'an V et en l'an VI, diffère assez de celui de la Société d'Agriculture, pour faire croire qu'ils appartiennent à deux éditions parfaitement distinctes; en effet, la Société d'Agriculture n'existoit pas encore en l'an V, et on lit, en tête du premier, qui a été rédigé d'après le vœu de la lettre du Ministre *Benezech*, relatée ci-devant (page xxj):

« *Nouvelle édition publiée sous les auspices et par ordre du Gouvernement, avec des notes, par les CC. Cels, Dubois, Vilmorin, Parmentier, Huzard, Tessier, Gilbert, et Rougier-la-Bergerie, membres du Conseil d'Agriculture du Ministère de l'Intérieur; et par les CC. Daubenton, Thouin, Broussonet, l'Héritier, Chaptal, etc.* ». Tandis que dans le prospectus publié par la Société, en l'an X, on lit : « *Nouvelle édition..... publiée d'après un arrêté de la Société d'Agriculture du département de la Seine, par une Commission prise dans son sein, et composée des CC. Cels, Chaptal, François (de Neufchateau), Grégoire, Huzard, Lasteyrie, Parmentier, Silvestre, Tessier, Vilmorin, Yvart*. Il faut donc que les bibliographes qui trouveront ces deux prospectus sous leurs dates différentes, dans les ouvrages périodiques, où ils ont été insérés, sachent que, si nous avons à regretter, sous un grand nombre de rapports, que les noms de plusieurs Savans illustres qu'on trouve dans le premier prospectus ne se retrouvent plus dans le second, ces deux prospectus n'appartiennent néanmoins qu'à une seule et même édition.

Addition à l'article 18°. page xxxviij, deuxième colonne.

Au moment où je termine cette notice, mon collègue à l'Institut, M. *Lacroix*, me communique un exemplaire du *Théâtre d'Agriculture*, qu'il a dans sa bibliothèque, sous la date de D. MC. LXIII; *A Rouen, Chez Clement Malassis, au Parvis de Nostre-Dame*, de la même édition que ceux de *Berthelin* et de *Machuel*, et qui a, dans le titre, la même vignette que le dernier. Si les exemplaires de chez *Vaultier* et *Hérault* sont aussi de la même édition, elle a dû être tirée à grand nombre, pour se trouver répartie entre tant de libraires.

---

(1) Tome I, page lxviij, colonne II, N°. V, note (1).

NOMS DES AUTEURS

QUI ONT FOURNI DES NOTES

A CE SECOND VOLUME.

ABRÉVIATIONS.	MM.
C.	COTTE.
CE.	CELS.
CE. et H.	CELS et HUZARD.
C. et V.	CELS et VILMORIN.
D. C.	DE CANDOLLE.
DE.	DEYEUX.
D. P.	DE PERTHUIS.
F. D. N.	FRANÇOIS (DE NEUFCHATEAU).
G.	GRÉGOIRE.
H.	HUZARD.
H. et CE.	HUZARD et CELS.
H. P.	HUZARD et PARMENTIER.
H. et V.	HUZARD et VILMORIN.
L.	LASTEYRIE.
L. B.	L. BOSC.
L. et H.	LASTEYRIE et HUZARD.
M. H.	MONGEZ et HUZARD.
O. et H.	OLIVIER et HUZARD.
P.	PARMENTIER.
P. H.	PARMENTIER et HUZARD.
S.	SILVESTRE.
V.	VILMORIN.

Nota. Lorsqu'il y a deux Auteurs pour une note, la dernière lettre indique le nom de celui qui a le plus contribué à la rédaction de la note.

Les Auteurs du VOCABULAIRE, sont :

MM.

MORDANT DE LAUNAY, l'un des bibliothécaires du Muséum d'Histoire Naturelle, qui s'est occupé depuis long-temps de ce genre de travail, et auquel on est redevable d'ouvrages de Botanique et Jardinage bien accueillis du public;

JANNET, littérateur, auquel les anciens Auteurs françois sont très-familiers, et qui vient de publier récemment une nouvelle édition du *Lexicon* grec et latin de *Schrevelius*;

HUZARD, éditeur de tout l'ouvrage.

Plusieurs membres de la Société, tels que MM. CELS, DE CANDOLLE, TESSIER, VILMORIN, etc., ont aussi fourni des articles pour le Vocabulaire, pour la synonymie des anciens noms des plantes, etc.

LA TABLE GÉNÉRALE DES MATIÈRES a été rédigée par M. MORIN, attaché à l'Imprimerie Impériale, qui s'est déjà occupé avec feu *Camus*, de travaux de ce genre, qui a rédigé la Table des Matières des quatre premiers volumes des *Mémoires de la Société d'Agriculture du département de la Seine*, et qui est auteur de plusieurs ouvrages de littérature estimés.

CINQUIESME

CINQUIESME LIEU

DU THÉATRE D'AGRICULTURE,

ET

MESNAGE DES CHAMPS.

DE LA CONDUICTE DU POULAILLER,

Du Colombier, de la Garenne, du Parc, de l'Estang, du Ruscher, et des Vers-à-Soye.

SOMMAIRE DESCRIPTION

DU CINQUIESME LIEU, QUI EST

L'addresse donnée au père-de-famille, de pourveoir sa maison pour le vivre ordinaire, d'abondance de

Volaille.
- **Terrestre.** / **Aquatique.** — *Quelle est ceste volaille, ou poulaille en général, et son logis.* CHAP. I.
  - **La Terrestre,** — *La Poulaille commune.* CHAP. II. / *La Poulaille d'inde.* CHAP. III. / *Les Paons.* CHAP. IV.
  - **et L'Aquatique.** — *Les Oyes.* CHAP. V. / *Les Canes communes, celles d'inde et les mestives.* CHAP. VI. / *Les Cygnes.* CHAP. VII.
- **Aérienne.** — Sont *les Pigeons du Colombier.* CHAP. VIII. / *Les Pigeons pattés et domestiques.* CHAP. IX. / *Les Cailles et Tourterelles.* CHAP. X.

Connins. — Les communs et ceux d'inde qu'on entretient en lieux séparés et distincts en *la Garenne.* CHAP. XI.

Bestes-rousses. — Que pour le plaisir des Grands, l'on nourrit enfermées dans *le Parc.* CHAP. XII.

Poisson. — *D'Estang, de Pescher, de Vivier.* CHAP. XIII.

Miel. — Qu'on recueille du labeur *des Abeilles* ou *Mousches à miel*, en *l'Apier* ou *Ruscher.* CHAP. XIV.

Aussi de fine Soye pour se meubler et vestir honorablement. — Par la nourriture et artifice admirable *des Vers-à-Soye*, dicts *Magnianx.* CHAP. XV. / (1) Par la préparation *de l'Escorce du Meurier blanc*, pour en faire du linge et autres ouvrages. CHAP. XVI.

CINQUIESME LIEU
DU THÉATRE D'AGRICULTURE,
ET
MESNAGE DES CHAMPS.

CHAPITRE PREMIER.

*La Poulaille, terrestre et aquatique
en général, et leur logis.*

Afin que nostre maison contienne non
seulement ses nécessités, mais aussi quelques délices et voluptés, telles qu'honnestement on les peut souhaitter : après
l'avoir fournie du principal bestail, en
suite nous la meublerons de l'autre :
dont l'ornement est en augmentation de
revenu. Assavoir, de toutes espèces de
volaille, de connils, de bestes-rousses,
de poissons, d'abeilles, et de vers - à -
soye.

La nourriture de la poulaille est si vulgaire, qu'il semble estre chose inutile d'en
traicter particulièrement, estans doctes
en ce gouvernement, les plus simples
femmelettes : car il n'y a tant pauvre métairie, où la poulaille ne face la première
nourriture. Néantmoins, ès diverses observations, mieux entendues en un endroit qu'en autre, représentées à nostre

mère-de-famille, à laquelle proprement ce négoce appartient ; tous-jours apprendra-elle quelque chose, pour rendre ceste sienne nourriture plus fructueuse (2).

Races et espèces de la poulaille. Est à noter, qu'il y a plusieurs et diverses races et espèces de poulaille, domestiques et estrangères, dont se compose ceste nourriture, lesquelles est besoin de discerner, pour les gouverner toutes selon leur particulier naturel. Les poules domestiques ou communes, sont celles dont de toute ancienneté la race en est entre nous, différentes néantmoins en quelque chose par-entr'elles, comme en grandeur de corps, en couleur et quantité de pennage ; non pourtant de divers naturel, ayans toutes la chair très-bonne, ne cédans en délicatesse à nulles autres, et dont les œufs sont les premiers en santé. Touchant les estrangères ; celles d'Inde, appellées *Méléagrides,* sont les plus cogneues, naturalisées en ce royaume despuis quelque temps, desquelles la conduicte s'est rendue aisée par usage. Après sont les gélinotes, dictes de *Numidie,* espèces de faisan, puis les poules d'eau, le héron, l'otarde, le hallebran, l'aigrete (3). Aussi d'autre volaille nourrit-on, comme perdrix, sarcelles, grives, cigoignes, grues, et semblables, passagères, aquatiques et terrestres ; toutesfois avec difficulté : mais c'est aussi pour grands seigneurs qui regardent plus au plaisir qu'au profit, sans se soucier de la despence. Les cygnes et paons ne seront rejettés, par estre eslevables, diversement néantmoins, pour la diversité de leur naturel : car non sans grande peine eslève-on le cygne en lieu qu'il n'aie accoustumé : mais le paon, facilement presques par tout. Quant à la volaille aqua-

tique, outre le cygne c'est l'oye et les canes communes et d'inde, qui y tiennent le principal reng, desquelles deux dernières sort une troisiesme et bastarde race, quand le canard d'inde et la cane commune, s'accouplent ensemble.

Leur logis Est nécessaire pour un préallable, donner logis commode à chacune espèce de ces volailles, sans lequel elles ne profiteroient à moitié de leur devoir : d'autant que ces bestes, petites ou grandes, ne peuvent que mal-aisément subsister parmi l'autre bestail, s'en perdant tous-jours quelqu'une en trépignant et mordant ; le fort opprimant le foible. Les plumes et le fien de la volaille, sont pernicieux à toute sorte de bestail, gros et menu (4) : pour laquelle considération doit-on séparer ces animaux-ci, d'avec les autres ; afin que chacun soit logé à l'aise et à part. Joinct que ceste raison s'y ad-jouste, que les œufs en ce meslinge, sont sujets à se perdre : d'autant que les bestes les cassent, les mangent, et les larrons les desrobent ; chose notable, pour ne se priver de telle commodité, premier revenu de la poulaille et de la cane commune (5).

Disposition des poulaillers. Selon l'ordonnance des Antiques, nos géliniers ou poulaillers auront leurs principales veues tournées vers l'orient d'hyver, afin que la poulaille soit eschauffée du soleil à son lever. Et si voulons du tout suivre leur avis, joindrons les poulaillers au four, ou à la cuisine ; en les accommodans de telle sorte, que la fumée en sortant pénètre jusqu'à la poulaille, pour leur santé. Ce conseil n'est receu, pour plusieurs incommodités que la poulaille apporte en la maison, la salissant de sa fiente, et l'importunant par sa crierie : pour laquelle cause la logeons-

nous tant loin qu'il est possible de l'habitation des hommes. Ce sera donques en
la partie des estableries la plus esloignée
de la maison, que dresserons nos poulaillers ; en lieu toutes-fois le plus chaud
qu'y pourrons choisir. Nous en bastirons
trois ou quatre contigus et arrengés de
suite, l'un joignant l'autre (et tous ensemble, en l'aspect du ciel ci-dessus noté)
c'est assavoir, un pour chacune espèce de
poulaille ; afin que toutes soyent logées
selon leur désir. Pour les oyes et canes,
un seul suffira à cause de la sympathie de
leurs mœurs : ou ce seroit que la grande
quantité qu'auriés de telle volaille aquatique, méritast de leur faire un teet à
part pour chacune de ces espèces. Des
communes et de celles d'inde, n'est de
mesme, pour la différence de leurs complexions, mal-aisément se compatissans.
Très-bien des coqs, chapons, et poules
communes, lesquels se juschent ensemblement, n'estant possible de les séparer
la nuict, vivans le jour en compagnie,
par estre tous de mesme genre, quoi-que
de divers sexe. Néantmoins, les chapons
préjudicient grandement aux poules, leur
empeschans de faire des œufs en abondance : tant en les chauchant, qu'affa-
mant par leur continuelle fréquentation.
A quoi le seul remède est la séparation,
les faisant vivre en terroirs distincts, en
diverses métairies appartenantes à un
mesme maistre : où sans s'importuner les
uns les autres, les chapons d'un costé,
et les poules de l'autre, se maintiendront
très-bien : mais ce sera sous tel despartement, de loger les poules près de la maison, pour le respect des œufs, qui mieux
se conserveront, que moins seront esloignés de la mère-de-famille, laquelle pour

la facilité de traicter ses poules de l'œil,
les fera abondamment fructifier.

Aucune sujection n'y a-il touchant la
figure et capacité des poulaillers, estant
en la liberté d'un chacun de les disposer à
son plaisir, pourveu qu'ils n'excèdent en
petitesse. De huict ou neuf pieds de quarreure dans œuvre et peu moins de hauteur sera la raisonnable capacité d'un
chacun poulailler : lesquels pour le meilleur on voutera par le dessus attendu que
la poulaille sera plus chaudement en hyver, et plus freschement en esté, et moins
importunée des souris, belettes, fouines,
et semblables bestes, sous les voutes, que
sous les planchers, ne simples couvertures. Des fenestres pour donner jour et
entrée à la poulaille dans les géliniers,
seront faictes et accommodées selon chacune espèce, comme sera monstré. Et
particulièrement, en chacun poulailler
aura une porte pour les personnes y allans
et venans : laquelle on asserra où le
mieux s'accordera, car en cela n'y a aucune sujection, hors-mis touchant l'aspect
du septentrion, lequel convient éviter à
cause des froidures.

Les murailles en seront de bonne estoffe, bien basties et maçonnées, proprement blanchies et dehors et dedans. En
leur espesseur seront espargnés des trous
pour les nids de la volaille ; et joignant
iceux dressés leurs juschoirs, qu'on disposera selon le particulier désir de chacune espèce ; ainsi qu'on verra ci-après.
Outre lesquelles retraictes, est besoin faire
des petits cabinets dedans la maison ou
ailleurs, en endroit chaud, pour y mettre
couver les poules et y eslever les poussins
de toutes sortes et espèces : jusqu'à ce que
fortifiés, puissent estre meslés avec les

autres de plus grande aage, et qu'exempts du danger d'estre foulés aux pieds et par les hommes et par les bestes, ou mangés par chiens et pourceaux, selon leur inclination, puissent seurement s'aggrandir. Au défaut desquels cabinets, servent les grandes cages, à ce proprement accommodées.

CHAPITRE II.

La Poulaille commune.

Façon du logis de la poulaille commune.

Au logis de ceste sorte de poulaille, aura deux ouvertures du costé de l'orient d'hyver, l'une sera une fenestre large d'un pied, et longue de deux, pour esclairer le dedans, à quoi telle mesure suffira. Laquelle fenestre pour seurté, sera ferrée avec des barreaux de fer mis dans l'espesseur du mur, et au devant d'iceux plaqué un petit treillis de fer d'archail, faict à la façon de cage, pour empescher l'issue à la poulaille et l'entrée aux rats, fouines, belettes, et semblables ennemis des poules. L'autre ouverture servira d'entrée et de sortie à la poulaille; qu'à telle cause l'on fera à la proportion de leur corps, qui pourra estre de huict à neuf pouces en quarreure : pour monter à laquelle, on y accommodera au devant une eschelette portant des petits degrés, par lesquels la poulaille se rendra aisément dans le gélinier. Telle entrée fermera-on à clef tous les soirs, la poulaille estant retirée, et tous les matins sera ouverte, pour l'en faire sortir et donner les champs pour paistre, auquel temps sera facile de recognoistre ce bestail-là en sortant de

reng, et là dessus faire son conte. Environ six pieds sur la chaussée ou le pavé du dedans, sera posée ceste entrée, qui peut revenir à la hauteur d'un homme despuis terre. Et justement à son niveau, asserra-on le juschoir, sur lequel les poules dès leur entrée, se rendront sans monter ne descendre : et de là, par mesme aisance, aux trous et nids, pour aller pondre, qu'à telle cause l'on fera joignant le juschoir. Il sera composé de perches de bois esquarries, pour mieux la poulaille s'y affermir, qu'estans rondes : lesquelles perches ne seront espargnées en ceste œuvre, à ce que le juschoir estant faict bien à profit, contienne toute vostre poulaille (6).

Trois rengs de trous fera-on dans le gélinier, l'un joignant le juschoir, et les autres au dessous vers terre : au devant desquels régnera un petit aix : afin que d'icelui les poules puissent commodément entrer dans leurs nids, sans contrainte d'y voler dedans, en danger d'y casser les œufs y estans. Quatre ou cinq nids mettrés de reng en chacune face, et ce équidistamment : laquelle face par ce moyen, en contiendra douze ou quinze, et en suite les quatre, quarante-huict ou soixante : duquel nombre rabbattus les nids que la porte et les fenestres occuperont, qui pourront estre dix, en resteront à suffisance pour vostre poulaille. Laquelle se passeroit bien de moindre nombre, quelque abondante qu'elle soit, pour ce que le tout n'est pas occupé à la fois : mais pour l'utilité que ce leur est d'avoir des nids à choisir, en ferons plustost trop que peu. Les meilleurs nids sont ceux qu'on façonne dans l'espesseur de la muraille, garnis en bas et ès costés de quel-

Façon-
nement.

ques petits aix, qui se puissent oster et remettre, pour la netteté, y en ad-joustant
un de quatre doigts de large par le devant : afin de retenir les œufs de couler
en dehors, en lui servant de barrière.
Avec des pierres plates proprement façonne-on ces nids, pour pouvoir estre
nettement tenus. Aucuns pour nids se
servent de paniers d'oziers, qu'on attache
contre la muraille avec des chevilles, mais
non tant utilement, car encores que les
paniers se nettoyent facilement, si est ce
que s'esgarans ou se rompans, selon qu'à
ce ils sont sujets, les poules se treuvent
quelques-fois mal accommodées de nids.
Par quoi, grand estat pour ce service ne
doit-on faire des paniers. Or de quelque
matière que soyent les nids, l'on avisera
de les façonner plustost grands que petits
à ce que la poule y puisse loger et remuer à son aise.

Le parterre du poulailler sera quarrellé avec de la brique ou avec des pierres
uniment taillées : à ce que les rats ne les
serpens n'y puissent avoir entrée, et que
l'intérieur du poulailler se puisse bien
nettoyer et baloyer. La porte pour l'entrée des personnes, ne sera au pan du
mur des autres ouvertures, ains à costé :
pour laquelle cause choisira-on ce pou-
lailler-ci à l'un des bouts de la rengée
non enclavé parmi les autres.

Abbruvoir
à la pou-
aille.

Au devant du poulailler, asserra-on
l'abbruvoir, défaillant l'eau vive, et ce
dans des auges de pierre, ou de terre de
potier cuite, ou de bois creusées proprement : dans lesquelles chacun jour mettra-on de l'eau fresche et nette. Et afin
qu'aucun bestail ne salisse l'eau, sera bon
de tenir tous-jours les auges couvertes seulement par dessus, laissant les costés à

jour ; par lesquels les poules passans la
teste s'abbruveront à plaisir : et par ne
pouvoir entrer dans l'eau, ne la remueront
avec les pieds et n'y sienteront, comme
feroient sans tel empeschement. L'eau
corrompue est très - mauvaise à la poulaille, lui engendrant la pepie, des ca-
therres, et la faisant devenir ladre : ce
qui sera nécessaire de prevenir, aucune
eau sale ne croupissant près des fumiers,
en la court ni ailleurs où ceste volaille fréquente : ains que les seuls fumiers y paroissent à sec de jour à autre y en ad-joustant de nouveau, à mesure qu'on le sort
des estables : ainsi des baloyeures de la
maison, des cendres du foyer, et de celles
de la lexive, et semblables menuisailles où
la poulaille se délecte, y grattant et bequetant à plaisir. Près du poulailler,
sera bon d'y avoir des forts buissons ou
quelque touffe d'arbrisseaux ; pour s'y
retraire la poulaille à l'ombre, durant les
grandes chaleurs, et estre là à couvert du
milan, du huhau et autres oiseaux de
proie. Servant aussi tel bouquet, quelques-fois en esté, de retraicte à certaines
poules, qui y vont couver secretement,
au desceu de la mère-de-famille ; laquelle
finalement est bien aise de voir arriver
chés elle, sans en avoir faict estat, une
troupe de poulets supernuméraires.

Buissons
pour re-
traicts à la
poulaille.

Voilà le logis préparé, reste maintenant à le meubler du meilleur bestail qui
sera possible. La plus souhaittable race
de poules, est celle qui avec la délicatesse de la chair, fournit les œufs en
abondance, la plus-part des saisons de
l'année. Telles qualités se treuvent le plus
souvent en celles qui sont de moyenne
corpulance, qu'ès autres trop grandes ou
trop petites, et ès noires et tanées, qu'ès

Meuble de
la poulaille.

blanches, emplumées de couleur claire. Les noires par dessus les autres sont louées des médecins, pour la qualité de leurs œufs, qui sont fort sains, et de la mesnagère pour l'abondance : attendu que les poules de pennage noir, sont plus joyeuses et robustes, que celles de blanc. Pour ceste cause aussi sont moins prisées les blanches, qu'elles sont plus sujettes aux oiseaux de proie, que les noires : par facilement se descouvrir de loin leur couleur. La creste pendante d'un costé est signe certain de fertilité. La couleur jaune ès pieds et jambes, de délicatesse et santé de la chair. Les ergots et esperons hautement posés à costé des jambes (marque masculine), la difficulté de se laisser couvrir, dont elle est et moins fertile en œufs, et moins propre à couver ; par impatience cassant les œufs avec ses ergots. En outre choisirons-nous la poule tenant des qualités du coq, le plus que faire se pourra, représentées comme s'ensuit.

Et du coq. Que le coq soit de moyenne taille, toutes-fois plus grand que petit : de pennage noir ou rouge - obscur : ayant les pieds gros, garnis d'ongles et de griffes, avec les ergots forts et acérés : les jambes fortes, et tout cela de couleur jaune : les cuisses massives et fournies de plumes : la poictrine large : le col eslevé et fort garni de plumes de diverses et variantes couleurs, comme dorées, jaunes, violettes et rouges : la teste grosse et eslevée : la creste rouge comme escarlate ; grande, redoublée, crespelue : le bec gros et court : les yeux noirs et brillans : les aureilles larges et blanches : la barbe longue et pendante : les aisles fortes et bien fournies de pennage : la queue grande et haute, la portant redoublée par dessus la teste, si toutes-

fois il a queue : car des esqueués s'en treuve de fort bons. Sera aussi le coq esveillé, chaud, courageux, remuant, robuste, prompt à chanter, affectionné à défendre ses poules, et à les faire manger (7).

Ceste est la plus commune poulaille et dont le profit est asseuré, laquelle l'on accompagnera de celle de la grande sorte presques esplumée, pour avoir des grands chapons, comme ceux du Mans et de Lodunois : de naine et petite aussi, pour l'abondance des œufs : de frizées et semblables plaisantes à voir, pour la diversité, et avec ce utiles (8).

Advis sur la manière de la poulaille; Après l'eslection, suit le nombre de la poulaille qu'on a à entretenir. Sur cest article grand fondement ne peut estre posé, pource qu'il dépend immédiatement du lieu auquel l'on est : d'autant que plus grande quantité de poulaille peut-on commodément nourrir en pays de blés, qu'en celui de vins : veu que le grain est la vie de ce bestail, sans ce moyen ne pouvant s'entretenir qu'avec langueur. Par quoi ces distinctions feront l'ordonnance de ceste nourriture : avec ceste générale résolution, qu'en quelque part qu'on soit, un petit nombre de poules bien gouverné avec libéralité, profite plus qu'un grand mal nourri : afin que la mère-de-famille face son conte qu'il ne faut espargner à la poulaille ne le soin, ne les vivres.

Et partie heureusement les coqs. Moins de deux coqs ne doit-on entretenir, car qui n'en a qu'un, n'en a poinct, pour les fréquentes et inopinées pertes qui en aviennent. Dont ainsi pourveus, quand un coq défaut, l'autre y supplée, en attendant nouveau secours : sans quoi demeureroit-on en peine ; car des poules n'est comme des vaches, chèvres, truies, lesquelles pour faire couvrir l'on envoie

vers

vers les masles, pour loin qu'ils soyent. A deux coqs conviennent vingt-cinq ou trente poules, puis que la charge d'un seul est de douze ou quinze. Ce nombre, quoi-que presques des plus petits, pour une bonne maison, ne laissera de rapporter des œufs en abondance, estant bien conduict. Abondans les grains et les pailles chés vous, ne vous arrestés à si petit nombre de volaille : ains amplifiés vostre nourriture à mesure de vos moyens ; fournissant de coqs vos poules selon le département susdict : non tant pour faire faire abondamment des œufs aux poules (sans masle ne laissans d'over, comme se void tous les jours) que pour rendre les œufs sains au manger, et qu'estans germés, soyent bons à esclorre : à quoi défaillant, défaudront aussi telles utilités raisonnablement espérées (9).

Outre la mangeaille que ceste volaille treuve en campagne convient lui donner du grain ou autre viande, deux fois le jour, avec ordinaire limité et heure certaine pour n'y faillir nullement ; de peur que la poulaille se détraque au préjudice de sa ponte et de sa graisse. Ne lui changera-on aucunement de place pour manger ; mais tous-jours en un mesme endroit la viande lui sera baillée : et à ce que la poulaille y mange commodément, le lieu sera plain et uni ; et assis à l'abri des vents, pour y séjourner à l'aise sans estre battue des froidures. Le premier repas doit estre donné à soleil levant : car comme ceste volaille est très-diligente à se lever quand-et le jour, aussi veut-elle manger dès le grand matin : le temps lui durant merveilleusement, en attendant la viande, cependant qu'elle descharge sa cholère sur le plus précieux des jardinages, quand

elle y peut attaindre, et a moyen de se des-emprisonner du poulailler. Lequel dommage, l'on évite ou modère, en ne délayant de leur porter à manger aux lieu et heure accoustumés. Le second repas sera quelque petite heure devant que le soleil se couche, pour donner loisir à la poulaille de se retirer à l'aise. Ainsi continuant sans interruption, elle se portera très-bien, et seront tous-jours (le temps n'y contrariant) les poules disposées à faire des œufs ; et grasses raisonnablement pour manger. Leur plus propre et mesnageable pasture, sont les millets communs, les vanneures et cribleures des blés qu'on serre à part à cest usage ; ausquels, pour alonger la toile, ad-jouste-on quelques-fois du gland pilé, des herbes hachées, des fruicts découppés, et autres choses selon les saisons. Du son bouilli, et chaudement, leur donne-on pour l'espargne : et tant qu'on peut des miettes de la table, pour les provoquer à pondre, qu'à cela les conserve-on curieusement, comme l'on faict l'avoine pure, leur estant fort propre, le mil sarrazin aussi (10) : mais par dessus toute autre viande, la graine de chanvre est de grande efficace à faire over (11).

Du plaisir que la poulaille prend à manger de la vermine de terre, est sortie l'invention de la verminière, profitable en ce mesnage : d'autant qu'avec beaucoup d'espargne elle aide à entretenir grande abondance de volaille, dont elle est grassement nourrie, avec peu de grain qu'on lui donne d'ordinaire. Ainsi procède-on à cest artifice. Une fosse est faicte de la figure et de la grandeur qu'on veut, non toutes-fois moindre en chacune face, estant quarrée, de dix ou douze pieds, et à l'équipolent d'autre figure profonde de trois à quatre : en lieu un peu pendant, pour en faire vuider l'eau du fond de peur d'y crouppir : au défaut duquel lieu, par estre l'endroit en parfaicte planure, sans s'arrester à le creuser, l'on en eslevera le bas avec de la terre pour le faire vuider, et l'enclorra-on de muraille bien maçonnée de la hauteur de trois à quatre pieds, comme si c'estoit une petite court. Dans cest enceint, creusé, ou eslevé, mettra-on au fond un lict de paille de seigle, hachée menu de la hauteur de quatre doigts ou demi-pied ; sur icelui un lict de fumier de cheval ou de jument, pur et récent, qu'on couvrira de terre légère et desliée, sur laquelle on espardra du sang de beuf ou de chèvre, du marc de raisins, de l'avoine et du son de froment ; le tout meslé ensemble. Ce faict, l'on retournera à la paille de seigle, et conséquemment aux autres matières : assavoir, au fumier et à la terre, qu'on disposera en lictées l'une après l'autre, par l'ordre susdict, chacune de quatre doigts d'espès ou de demi-pied en y ad-joustant des autres drogueries, comme dessus : et d'abondant, fourrant au milieu de telle composition, des tripailles de mouton, de brebis, et d'autres bestes, telles qu'on pourra recouvrer. Finalement, le tout sera couvert avec des forts buissons, qu'on chargera avec des grosses pierres, pour engarder que les vents ne descouvrent l'artifice, ne les poules aussi, comme sans tel empeschement elles feroient, y grattans et bequetans : la pluie donnera dessus pour faire pourrir ceste composition, but d'icelle. Dans ce meslinge, en peu de temps s'engendrera nombre infini de milions de vers, lesquels faudra mesnager avec ordre, autrement les laissant à discrétion, les

poules les auroient tost dévorés. En bastissant la verminière, on y laisse une porte au milieu en l'une de ses faces, regardant l'orient ou le midi, laquelle l'on ferme avec pierres sèches jusqu'au plus haut. Par telle porte l'on entame la verminière, ostant de ses plus hautes pierres, ce qui est requis pour l'ouverture, afin de distribuer aux poules la mangeaille qui en est tirée, au jour la journée, selon la faculté de la verminière et la mesure du nombre de la poulaille : de quoi elle se paist avec beaucoup d'affection, après avoir mangé le grain, que pour l'ordinaire, on lui distribue premièrement le matin au sortir du poulailler. Un homme avec trois ou quatre coups de besche tire tous les matins la provision de telle mangeaille, pour tout le jour, sur quoi la poulaille employe le temps, ne cessant d'y bequeter et gratter tant qu'un seul ver y paroist. Serrant cependant à part ce qui reste de la précédente journée, qui ayant esté curieusement recerché, vuide de vermine, ne peut plus servir qu'en fumier. Tous-jours par un seul endroit l'on vuidera la verminière, sans y faire nouvelle ouverture, moyennant lequel ordre, fournira longuement des vers à la poulaille : laquelle en outre, aura la liberté d'entrer dans la verminière, par la porte qu'à telle cause tient-on continuellement ouverte : mais ce ne sera que plusieurs jours après qu'on aura commencé à fouiller dans la verminière, dans icelle s'y estant faict un vuide pour y laisser entrer la poulaille. A mesure du fouiller, la porte s'abbaisse, d'icelle ostant les pierres de jour à autre, lesquelles l'on repose à costé pour réitérer le service estant venu jusques au fond, ce qu'on faict petit-à-petit, comme dict est. Les buissons

de la couverture ne sera touché, qu'à
mesure que la composition en sera ostée:
demeurant le reste tous-jours couvert jusqu'à la fin, de peur du dégast que la poulaille y feroit, fouillant par le dessus,
ainsi qu'a esté représenté. Est à noter
aussi, que la verminière doit estre assise
en lieu chaud, à l'abri des vents, à ce que
sans importunité la poulaille y séjourne
volontiers.

Et à ce que telle provision de vermine
ne défaille, sera bon faire deux ou trois
verminières, pour servir alternativement
les unes après les autres, n'en tenant jamais à la fois qu'une ouverte, pour icelle
vuidée, estre de-rechef remplie. Par ainsi
la viande se renouvellant, fournira continuellement moyen de vivre à la poulaille.
Mais par estre ce mesnage plus requis en
hyver qu'en esté, c'est aussi durant les
froidures qu'on s'en sert le plus, pour l'aspreté de la saison, qui ne souffre à la terre
de produire alors d'elle - mesme tant de
bestioles, herbes, fleurs, fruicts, qu'en
temps chaud et tempéré, dont la poulaille
faict son profit (12).

Les meures sont agréables à la poulaille, dont elles se paissent très-bien. A
telle cause, l'on plantera quelque nombre
de meuriers près de leur repaire: et soyent
les meures, blanches ou noires, ne laissent
d'estre bonne nourriture à ce bestail:
toutes-fois plus apétissantes treuvent les
blanches, que les noires: pour l'extrême
douceur de celles-là. Pour ce service,
conviendra s'abstenir d'effueiller les meuriers, comme l'on faict de ceux desquels
sont nourris les vers-à-soye, à ce que leur
fruict demeure bon, tel ne pouvant estre
celui dont l'arbre auroit esté effueillé:
ains tout havi deviendroit-il par la chaleur

du soleil, le treuvant sans couverture.

La mère-de-famille pour son soulagement, commettra au gouvernement de sa
poulaille, la plus experte et diligente de
ses servantes, se réservant toutes-fois la
principale intelligence de ce négoce. Laquelle servante par charge expresse, aura
le soin de nourrir la poulaille, l'enfermer, l'ouvrir et souvent recognoistre: et
en somme sans obmission d'aucun article,
concernant telle fatigue, conduira sa volaille. Comme, de retirer les œufs des
poules de jour à autre, pour les serrer à
part, séparément par journées, sans se
confondre, afin de distinguer les frès
d'avec les autres, et employés selon les divers usages qu'on désire (13): de nettoyer
les gélines chacune sepmaine une fois,
sortant les fumiers de tous les endroits
d'iceux, jusques aux juschoirs, esche-
letes, et montées; afin qu'aucune saleté
n'y séjourne: de les perfumer souvent
avec des herbes odorantes; y faisant quelques-fois brusler dedans, de l'encens, du
benjouin, et semblables drogues, pour en
chasser le mauvais aer et malignes senteurs: mesme en temps auquel ce bestail est travaillé de quelque maladie (14).
Tout-d'une-main, rafreschira les nids
de nouvelle paille, avec la vieille sortans
dehors les puces, poux et autres bestioles
nuisibles à la poulaille: ou plustost se
servira-elle du foin, par n'estre si sujet
à engendrer vermine que la paille, et plus
qu'elle estre mol et chaud, au soulagement de la poulaille: laquelle par tel
ordre, sera maintenue en bon estat, pour
en tirer le service tel que raisonnablement
l'on en espère.

Les poules ont ceci de commun avec
les autres revenus de la terre, que d'avoir

galement leur particulière saison de pondre. Les poules de robuste nature, en pays chaud et tempéré, font des œufs plus longuement que les débiles, en froid. A toutes lesquelles le froid est contraire, cessans de faire des œufs alors que l'hyver se renforce. Il est vrai qu'estant en plusieurs choses admirable l'artifice de l'homme, en cest endroit aussi il y a moyen de contraindre les poules à pondre en hyver : presques contre le commun ordre. A cela trois choses concurrent, la force de la poule, le lieu de la garde, et la viande dont elle est nourrie. Quelque petit nombre de poules bien marquées et choisies de moyenne corpulance et d'aage, seront enfermées dans une chambre chaude et claire, avec un coq gaillard et esveillé. Là seront grassement nourries avec mangeaille propre à vostre intention. L'orge bouilli et baillé chaud, y est bon, l'avoine crue aussi : la graine de l'herbe appellée *esparcet* (15) : les miettes venans directement de la table : toutes sortes de cribleures des blés : mais par sur toutes ces choses, la graine de chenevy est de grande efficace à eschauffer les poules, non pour les en nourrir entièrement (car la viande seroit trop chère) ains pour leur esveiller l'apétit, les en paissant par-fois. On se prendra garde qu'elles n'ayent faute de ces vivres : que l'eau nette et claire leur abonde aussi : que le fumier soit souvent osté, et la paille de leurs nids de mesme remuée. Dans quelques jours observerés les poules qui feront bien, pour sortir de ceste ordinaire celles qui ne respondront à vostre espérance, comme à cela toutes ne se rencontrent propres. Et comme les viandes susdictes ouvrent les poules, d'autres les resserrent : mesme les pepins

des raisins, desquels on s'abstient de paistre la volaille au temps de leur ponte ; ains seulement hors d'icelle leur en donne on, pour leur vivre et entretenement.

Avec difficulté les œufs se peuvent longuement garder en bonté, de laquelle ils déchéent d'heure à autre. Les médecins tiennent l'œuf nouveau estre très-bon, et le vieil très-mauvais : que le premier jour un œuf vaut de l'or : le second, de l'argent : et le tiers, du plomb. En somme, tant plus freschement pondus, tant plus ils valent : par quoi, l'on ne se travaillera beaucoup d'en faire grande réserve. Ce sera seulement afin qu'aucune provision ne défaille au logis, pour l'employer en grossier appareil de cuisine, ou en médecine, au temps qu'ils manquent. Aucuns gardent les œufs avec du son, ou du sel, ou des cieures de bois de chesne, ou des cendres, ou du millet, les enterrans dans aucune de ces matières séparées. Autres les mettent parmi la paille, ou dans du foin, distinguans les saisons, pour selon icelles distinguer aussi les matières chaudes ou froides. L'expérience de plusieurs enseigne les œufs se pouvoir garder autant que porte leur naturel, sans tant de mystère : car il ne faut que les loger dans quelque caveau en bas, non toutes-fois humide : où pour la propriété de l'assiete, chaude en hyver, et fresche en esté se conservent bien : pourveu que sans agitation, tout doucement on les arrenge dans des casses de bois, sans les meslinger avec aucune matière. Ceste chaleur représentée en hyver, préserve les œufs de geler, selon qu'à cela ils sont sujets, n'estant au contraire à craindre qu'elle les cuise, veu qu'elle est modérée. Mais d'autant qu'on n'a besoin de se mettre en peine d'en garder pour l'esté, durant lequel les poules en fournissent à suffisance : ne faut penser que pour l'hyver, et à telle cause retenir des œufs que les poules font dans le mois d'Octobre ; car par estre les plus frès de la saison, passeront aussi plus avant dans l'hyver, que si on les avoit prins devant ce temps là. Entre les munitions de vivres qui furent préparées pour l'armée que le roi Charles sixiesme dressa contre l'Angleterre, l'an mil trois cens octante-six, y avoit provision de moyeux d'œufs, battus avec du vinaigre dont des tonneaux estoient remplis, par là nous apparoissant n'estre d'aujourd'hui la difficulté de conserver telle viande (16).

C'est la nourriture de la poulaille, et une partie de son revenu : reste à monstrer comment on la multiplie, pour en faire durer la race ; sans lequel moyen, dans peu de temps l'engeance en défaudroit : veu la courte vie de ceste espèce de volaille, laquelle ne passe guières plus avant que de cinq à six ans : encores est-ce pour le respect des plus robustes masles, coqs et chapons ; car quant aux femelles, elles sont du tout vieilles à quatre (17). Ceste poulaille se renouvelle par ses œufs, selon le commun naturel des oiseaux. Les poules tendent là, que de faire leur ponte, pour après la couver et esclorre ; à quoi Nature les incite. Mais d'autant que rarement viennent-elles à bout de leur entreprinse, pour le danger des chiens, renards, et autres bestes, qui gastent et œufs et poussins, quand ils les rencontrent en campagne, alors que d'elles-mesmes les poules s'efforcent d'eslever leurs petits ; aidant aux poules, leur inclination naturelle a esté rédigée en art. Suivant lequel on observe dili-

gemment la poule qui a achevé sa ponte, pour lors la mettre en œuvre, sans la laisser réfroidir de ceste sienne grande affection. La ponte (que les femmes du Languedoc appellent *poustaignade*) est certain nombre d'œufs que la poule faict sans se reposer que bien peu, un chacun jour, quelques-fois deux, mais rarement, revenant peu plus ou moins, à dix-huict ou vingt. L'on recognoist facilement cela au glousser, qui est un continuel et nouveau chant, différent de leur ordinaire musique. Toutes poules, quoi-que gloussantes désireuses de couver, ne sont propres à ce mestier. Les plus jeunes de deux ans n'y valent rien, ne les griesches, ne les escarrabilades et farouches, qu'on appelle aussi enragées, ne celles qui ont des ergots comme des coqs : ains seulement les franches et paisibles, estans d'ailleurs bien complexionnées, et de robuste nature. Le plustost qu'on peut, après l'hyver, mettre couver les poules, est le meilleur, pour avoir des poulets avancés, afin d'estre grands devant l'arrivée de l'esté, et pouvoir estre chaponnés devant la Sainct-Jan, par ce moyen avoir des chapons avancés, et en suite grands, selon le proverbe : *chapon devant la Sainct-Jan, et chaponneaux après*, n'estant possible que les tardifs puissent attaindre ceux qui naissent de bonne heure. Mesme considération a-on des femelles que des masles, plus valeureuses estans toujours les poules qui se rencontrent les moins tardives. Les Anciens ont défendu de faire estat des poulets esclos despuis la mi-Juin en bas ; disans ne pouvoir s'accroistre, quoi-que bien nourris. Nous ne rejetterons pourtant les poulets tardifs, par souventes-fois de tels s'en rencontrer faire bonne fin : mesme venans à propos, quand les primerains n'ont eu saison. Non pour en faire des chapons de la grande sorte, ains de la moyenne, pour les manger en chaponneaux ou estoudeaux (18) durant l'hyver, qui par bonne nourriture, s'engraissent très-bien, ayans tiré leur embon-poinct dès leur naissance, s'accordant sur les moissons. De mesme que les masles, convient manger en hyver les femelles tardives, sans avoir esgard aux œufs qu'elles font en abondance : à cause de l'abastardissement de la race ; grande ne se pouvant conserver que par les poules ayans grand corps, ce qu'on ne treuve en celles de ceste volée-ci, qui demeurent tous-jours petites, à cause des froidures arrestans leur accroissement.

Choisir les œufs.

Pour couver, seront choisis de grands œufs, car de tels, comme a esté dict, vient la grande poulaille. Et si on désire d'avoir plus de masles que de femelles, y en mettra-on plus de poinctus que de mousses : d'autant que selon l'antique et curieuse recerche, de ceux-là sortent les coqs, et de ceux-ci, les poules. Convient aussi en cest endroit ne se servir que d'œufs freschement pondus, pour leur facilité à esclorre, au respect des autres longuement gardés, qui à ce ne valent rien, non plus que les légers. Mais on les choisira de dix ou douze jours, et fort pesans, c'est assavoir jusques là, que l'eau ne les puisse porter. Par laquelle espreuve, l'on discernera les bons œufs d'avec les mauvais, quand en les plongeant tous dans l'eau fresche, l'on rejette pour couver ceux qui nagent au dessus, retenant les autres qui tumbent au fond, comme aussi les meilleurs à manger. De ceci, en outre, servira l'eau, que rafreschissant les

Columelle, liv. 8, ch. 5.

œufs, les mettra tous en mesme poinct, pour esclorre de compagnie (19). Est de besoin prendre garde à la lune, d'autant que plus facilement naissent les poulets en sa montée, qu'en sa descente : par quoi faudra mettre couver les œufs sur la fin du croissant, pour esclorre au commencement d'icelui.

En le temps

Observer le nombre impair des œufs qu'on met couver : de les fourrer tous à la fois au nid, avec un plat de bois, sans estre lors licite de les toucher à la main, ne conter un à un : de mesler parmi la paille du nid, des buschetes de bois de laurier, des aux, des cloux de fer, et autres drogueries pour préserver des tonnerres les œufs, dans lesquels ils tuent les poulets ja demi-formés, comme l'on dict, sont traditions des antiques payens, desquelles aucunes superstitieuses femmes tiennent encores aujourd'hui quelques reliques, à quoi nullement ne se faut arrester, pour la ridicule curiosité, ains à ce qui peut avancer l'œuvre par raisonnable jugement. Ceste raison antique s'accorde avec la pratique de ce temps, que tant moins faut bailler des œufs à la poule, que plustost on l'employe à couver : pour la difficulté, plus grande, qu'il y a à faire esclorre les œufs, tost que tard : à raison des froidures, qui ne sont encores passées en Janvier ne Février, auquel temps aucuns commencent à les mettre en œuvre. Par quoi en telle primeraine saison, ce sera assés de donner à une poule une douzaine d'œufs : en Mars, quelque peu davantage : et finalement en Avril, et de là en hors, tant que la poule en pourra embrasser et couvrir : à la couvée de laquelle aidera beaucoup le temps, s'eschauffant de jour à autre (20).

Réformation des mauvaises observances et superstitions.

Columelle, liv. 8, ch. 5.

Pour avoir poulets avant l'Esté.

De mettre couver des poules dans le fort de l'hyver, pour avoir des poulets en telle saison, est chose plus difficile qu'utile : toutes-fois si sans avoir esgard à la peine, ainsi le désire nostre mère-de-famille, à ceci employera-elle de ses poules celles que pour over en hyver elle aura tenues enfermées, comme a esté monstré : lesquelles à cela aucunement préparées par traictement particulier, se duiront plus aisément à ce service-ci, qu'autres prinses directement du poulaïller. Les mieux marquées de celles-là, et les plus fresches, seront retirées en quelque chambrette chaude, et là nourries curieusement en toute abondance de viande et bruvage : en les tenant nettement, les eschauffant avec du senevé, et des soupes en vin, et du pain blanc : à quoi aide aussi la fueille et la graine d'ortie desséchées et mises en pouldre. Et lors qu'après leur ponte les verrés glousser, leur conviendra donner des œufs à couver, les logeant derrière le four à cuire le pain, pour là chaudement accommodées et hors de bruit, parfaire leur œuvre. Pendant qu'elles seront en train, leur faudra continuer le traictement accoustumé, pour ne leur donner occasion par famine de laisser la besongne imparfaicte (21).

Autre moyen.

Mais plus asseurément que par autre voie, peut-on avoir des poulets en hyver, par le moyen des pigeons pattés, lesquels de nature couvans toute l'année, estans bien traictés, esclorront des œufs de poule commune, si on les leur suppose au lieu des leurs qu'on aura ostés au-paravant. Ainsi cuidans couver leurs propres œufs, couveront les autres, desquels sortiront des poulets : qu'après par bonne nourriture, faudra curieusement eslever dans des cages en lieu chaud : à quoi grand soin est requis, puis que c'est sans mère qu'on entreprend telle œuvre : aussi en cest endroit là consiste la maistrise de ceste délicatesse (22).

Faire esclorre les œufs sans poule.

C'est une trop grande curiosité que de faire esclorre les œufs de poule, sans les mettre couver sous aucune volaille. Cela se faict néantmoins en un petit fourneau, à cela accommodé, eschauffé par le dessous d'un feu continuel, esgal et non trop fort, duquel les œufs sont eschauffés, et dans dix-huict ou vingt jours les poussins en sortent avec esbahissement. Le fourneau est de fer ou de cuivre, vouté en rond par le dessus, à la manière de ceux à cuire le pain : pavé de mesme matière, droictement et sans aucune pente, comme un plancher. Dessus lequel sont arrengés les œufs, entremeslés avec de la plume, et couverts d'un oreiller de plume bien mollet. Le feu continuel et esgal est donné à tout le fourneau, par quatre lampes tous-jours allumées, posées de telle sorte, que leur flamme touche le dessous dudict plancher, qui la communique à tout le fourneau et aux œufs qui sont dedans, lesquels sont aussi eschauffés par la réverbération dudict fourneau. Pour plus grande aisance, faudra que le dessus du fourneau soit tout-d'une-pièce, en forme d'une cloche en timbre, un peu plate, ayant un petit anneau en la sommité du dehors, pour la retirer estant eschauffée, quand on voudra remuer les œufs : ce qu'il faudra faire un couple de fois durant la couvée. Faudra aussi que le plancher estant de figure ronde, environ d'un pied de diamètre, aie sur sa circonférence ou bord un rehaussement d'un pouce de haut, et qu'il soit tellement espès, qu'un

petit canal y puisse estre faict, dans lequel on vienne à fourrer le dessus du fourneau justement de part et d'autre. Ainsi
par artifice l'esprit de l'homme supplée à
un besoin au défaut des poules : pouvant
par ce moyen faire sans elles en tout
temps, ce qu'en un certain seulement Nature nous permet faire avec elles. Les
poulets ainsi esclos, forcément, sont sujets à des fluxions et reumes, et par ainsi
difficiles à eslever : à cause de quoi en
faudra avoir beaucoup plus de soin en
leur première jeunesse, que des naturels, pour les faire venir en leur parfaict
accroissement. Ceci ne sera sans merveille. En l'histoire du royaume de la
Chine, escrite par *Jan Gonçalès* Espaignol, est monstrée la façon que les gens
du pays tiennent pour avoir des canars,
sans mère couvante. Ils en mettent les
œufs parmi du fumier, et sans autre
moyen, dans certain terme retirés de là,
sont doucement cassés, l'un après l'autre :
de chacun sort un petit caneton, qu'après
l'on nourrit et eslève dans des cages. Cela
se faict durant l'esté : si c'est en hyver, l'on
y ad-jouste le feu, l'accommodant à cela,
pour fortifier la chaleur du fumier (23).
En Égypte, vers le grand Caire et ès villages tirans de là, à la Mer rouge, font
esclorre des œufs de poule dans des fours
à ce apropriés. On mesle parmi les œufs,
du fien de chameau, dont la chaleur, avec
celle du feu mis au dessous le fourneau,
en font sortir des poulets dans vingt jours,
qu'en suite, l'on nourrit sans mère. Mais
souventes-fois avient, que les poulets
naissent difformes, deffectueux ou sura-
bondans en membres, jambes, aisles,
crestes, ne pouvant tous-jours, l'artifice,
imiter entièrement la Nature (24).

A l'eslèvement de la poulaille, le prenant à l'origine, est nécessaire d'estre
pourveu de lieu propre, autrement peu
de plaisir aura la mère-de-famille de sa
nourriture : la poule couvante, ne les
poussins esclos, ne pouvans souffrir l'incommodité d'un mauvais logis. C'est pourquoi nous avons ordonné des cabinets
estre faicts en lieu secret et chaud, auquel sans bruit et nul froid, à l'aise les
poules puissent satisfaire à leur devoir.
Dans les poulaillers communs elles couveront très-bien, voire et avec affection,
estant le lieu de leur habitation ordinaire,
auquel elles font les œufs de grande efficace en cest endroit : non pour les primeraines couvées, ains pour les subséquentes, quand pressées de la saison
toutes les poules se meslent de couver. Là
donques vers le mois d'Avril et en-après,
pourra-on laisser les poules faire leur
tasche : à la charge toutes-fois, de plac-
quer des portes de fil d'archail au devant
de leurs nids pour engarder que l'autre
poulaille ne les destourne de couver, et
les poules couvantes aussi de quitter besongne et d'en sortir qu'aux heures or-
données par la gouvernante, pour les envoyer pourmener. Ès cabinets loge-on les
poules employées des premières en ceste
action : à la charge que pour les primeraines couvées, seront les plus chauds et
en suite les autres par ordre, selon le
temps que leur affection à couver est
apparue.

En quelque lieu qu'on loge les couveuses, pour un préalable l'on nettoyera
très-bien les nids, de mesme les perfumera-on aussi, afin de les remplir de
bonne odeur, après en avoir chassé la
mauvaise : puis les garnira-on de paille
fresche,

fresche, ou plustost de foin, pour les raisons dictes : et au devant seront mis des petits aix, pour empescher les œufs de verser en hors, au remuement de la poule. Tout joignant, la gouvernante accommodera de la victuaille et de l'eau, pour manger et boire, à ce que l'aisance de telles choses face arrester les poules à leur besongne : de laquelle quelques - fois la gouvernante les retirera, pour leur faire prendre l'aer et le soleil, et ce sera lors qu'elle les verra par trop opiniastrement arrestées à leur œuvre, pour peu de temps toutes-fois, de peur que les œufs se refroidissent par trop longue absence.

Sans nécessaire cause, s'abstiendra la gouvernante de toucher les œufs estans une fois posés sous les poules, pour le danger de tout gaster : ains avec patience attendra qu'ils soyent escles. Pour laquelle chose faciliter, est à propos retourner les œufs de costé à autre, une ou deux fois, durant la couvée : afin qu'esgalement la poule les eschauffe (25). Mais à ce qu'on ne s'y descoive, conviendra marquer les œufs d'un endroit, avec quelque couleur : ainsi sans danger de mesconte sera pourveu à cest article. Sans destourbier, les poulets se treuveront escles dans vingt-un jours au plus tard, selon l'ordinaire expérience : conforme au dire des Anciens, qui ont remarqué les œufs des poules communes s'animer dans trois fois sept jours, et ceux des paonnes, canes et oyes, dans trois fois neuf. Pendant ce temps-là, les poules couvantes seront souvent visitées, à ce que rien ne leur nuise, ne la mangeaille, ne boisson leur défaille. Car à faute de ce soin, plusieurs manquent : mesme y en a-il de tant attachées à leur besongne, qui se laissent plustost mourir de faim,

que de sortir du nid pour aller paistre.

Premier soin des poussins

Par telle fréquente visite, la gouvernante secourra les premiers poussins escloans, qui souventes - fois ne peuvent sortir de la coque pour sa durté, de laquelle leur rompant quelque peu tout doucement, lors qu'elle entendra pioler les poussins dedans, ce sera pour faciliter leur issue, à quoi aura l'œil arresté, passé que soit le dix-neufviesme jour, car alors commencent-ils à esclorre. Mais après le vingt-uniesme, faudra jetter au loin, comme inutiles, les œufs qui demeureront entiers, sans que la poule s'y amuse plus. Ne se faut haster de retirer les poussins à mesure qu'ils naissent, ains convient les laisser sous la mère un jour et davantage, en attendant les autres qui doivent sortir, sans se soucier de leur donner cependant rien à manger, par n'en avoir nul besoin.

Escles que soyent tous les poussins, la gouvernante les sortant du nid, les logera avec la mère, dans quelque grand panier ou crible, pour un jour seulement : mais ce sera assés chaudement avec des fourreures, des estoupes et autres matières à ce propres, pour les préserver du froid, que lors ils craignent fort. Peu à peu leur accoustumera l'aer, afin que sans altération s'habituent à vivre. Là les perfumera avec des herbes de bonne senteur, comme rosmarin, poulliot et semblables, prevenant par tel remède plusieurs maladies, esquelles ces bestioles sont sujettes dès leur origine, mesme à la pepie. Changeant d'habitation, on les enfermera tousjours avec leur mère dans une grande cage, reposans, ou au cabinet auquel ils seront nais, ou en quelque chambrette claire, tempérée de froidure et chaleur : en ce commencement seront les poulets nourris avec curieuse diligence, les visitant de coup à coup. Leur viande est le millet cru, l'orge et le froment cuits, les miettes de pain trempées quelques - fois dans le vin, autres dans le laict, le caillé et semblables friandises qu'on leur renouvelle de fois à autre, pour leur esguiser l'apétit. Estans quelque peu enforcis, leur baillera - on de deux en deux jours des pourreaux hachés menu, avec du nazitor, plus pour médecine que pour aliment, ce que toutes - fois ils mangent savoureusement. La viande ne leur manquera jamais, sur tout le millet, qui doit faire le gros de la nourriture, comme aussi leur agréant très-bien (si toutesfois estes en pays le produisant): non plus l'eau, ne se pouvant passer de boire et bourbeter. L'aer avance beaucoup ce jeune bestail, moyennant qu'il leur soit donné à propos, assavoir, lors qu'il faict beau temps leur faire sentir le soleil, pour quelques heures seulement et les en retirer puis-après, jusqu'à ce que parvenus en raisonnable grosseur, sortis de la chambre, on les expose en la campagne sous la conduicte de leur mère, qui avec grand souci les eslève ; les faisant manger et les couvant soigneusement sous ses aisles, pour les parer du froid, et les défendre contre tout ce qui leur voudroit faire mal.

Et leur conduicte par les poulets,

Plusieurs petites couvées pourra-on assembler pour faire une grande bande de poulets, jusques à trois douzaines, qu'une seule poule conduira très-bien: dont sortira ce mesnage, que tant plus de poules se remettront à faire des œufs, que moins s'occuperont à la conduicte des poulets.

On par chapons.

Encôres peut-on descharger entièrement toutes les poules de telle conduicte, en la subrogeant aux chapons : à cela très-propres, y estans dressés une fois. On choisit un chapon de grand corps, assés jeune et bien esveillé, on lui plume le ventre, après on le lui frotte avec des orties piquantes : puis le chapon est enyvré avec des soupes au vin, faictes de pain blanc et fort vin rouge, dont on hui baille à manger tout son saoul. Ce traictement hui est continué par deux ou trois jours, pendant lesquels on le tient emprisonné dans une petite casse de bois, fermée avec son couvercle, mais esventée par trous et fentes, afin que le chapon n'y estouffe. De là on le remue dans une cage, en lui donnant pour compagnie, un couple de poulets ja grandets, lesquels par manger et fréquenter ensemble, le chapon caresse jusqu'à les couvrir de ses aisles. Et telle approche des poulets joignant le ventre plumé du chapon, en la cuisson procédante des orties, apporte soulagement au chapon : si que donnant aux poulets son entière guérison, qui avient à la longue, il les prend en amitié: voire telle qu'il ne les abandonne nullement, craignant que par leur absence son mal revienne. Ce que voyant on augmentera le nombre des poulets, mais peu à peu, d'heure à autre, jusqu'à ce que toute la bande soit complette, de laquelle on veut que le chapon soit capitaine. Lequel, après un couple de jours qu'il aura accoustumé ses poulets au logis, les sort en la campagne, où il les conduict avec toute affection et sage dextérité, estant continuellement aux escoutes, pour les défendre selon les occurrences, et en action pour les faire paistre, les pourmenant

unis ensemble , à ce que mal ne leur
avienne. Et lui dure telle amitié fort longuement : car il ne les abandonne , ne du
pied ne de l'œil, jusqu'à ce qu'ils soyent
du tout grands, les cochets convertis en
chapons , et les pouletes facent des œufs.

Or comme la meilleure conduicte des
poulets appartient au chapon , aussi la
plus profitable couvée, est deue à la poule
d'inde : laquelle pour son grand corps ,
couve grande quantité d'œufs de poule
commune, par sa grande chaleur , les eschauffe très-bien , et par sa constance , ne
les abandonne jamais : si que toutes telles
qualités assemblées , causent la naissance
de plusieurs poulets à la fois : lesquels
par-après baillés à conduire au chapon ,
ne peuvent faillir de faire bonne fin. Ceste
estant la quint-essence du gouvernement
de la poulaille commune , pour la faire
abonder en la maison , que la poule commune n'estant employée qu'à over , par
conséquent rend des œufs en grande abondance, et en suite la poulaille en procède ,
comme dict est , par la suffisance de la
poule d'inde , et du chapon (26).

Est aussi besoin de se haster tant qu'on
peut au chaponner des estaudeaux , afin
d'avoir des grands chapons , pour les raisons représentées ci-dessus. Jaçoit que
tout l'esté soit bon pour chaponner , si
est-ce que le mois de Juin en est la meilleure saison : partant ne le laissera-on
escouler sans l'employer à chaponner tous
les cochets qui s'en treuveront capables.
Les poules aussi sont chaponnées , pour
en faire la chair plus délicate : et leur sert
en outre ce moyen , de les rendre fécondes
en œufs : non toutes-fois germés , à faute
de masle , qui ne s'accoste de la femelle
ainsi accoustrée , dont ils demeurent im-

propres à esclorre (27). Cela se faict par
incision, en leur ostant certaine pellicule ,
à quoi les moindres mesnagères sont entendues. Comme tous autres chastremens,
ceux-ci se font en la lune vieille , et jour
clair et serain.

Ceci est de commun avec toute autre
nourriture , que de garder les plus jeunes
et meilleures bestes, et se deffaire des
autres, sous distinction des espèces. Ainsi
on envoyera à la cuisine les poules qui
auront attaint le quatriesme an de leur
aage, par ne pouvoir plus durer au travail des œufs (28) : celles qui n'auront esté
treuvées propres à couver : qui perdent
les œufs : qui les mangent, qui les cassent , pour leur naturel esventé , tenans
du masle et chantans comme les coqs : de
la chair desquelles on se servira estans
grasses, qu'à telle cause l'on meslera avec
les chapons et estaudeaux , pour estre
nourris de compagnie. Le seul grain engraisse bien ces animaux, pourveu qu'on
leur en donne à suffisance , par ordinaire
réglé : et c'est avec frais modérés , si on
est en pays abondant en blés , par conséquent en pailles, autour desquelles ce
bestail se paist très - bien , y treuvant
tous-jours du grain à manger. Aussi descharge la despence de cest entretenement
la verminière , laquelle sera accommodée
comme dessus a esté monstré.

Pour à toute extrémité engraisser et
chapons et poules , convient recourir à
l'empastement duquel on se sert en plusieurs endroits, célébrés par ce royaume
pour telle espèce de mesnage, comme
entre autres sont prisés les gras chapons
du Mans, ceux de Sainct-Geni, de Lou-
dun. Diversement on se manie en cest
endroit , selon la diversité des lieux et

humeurs des personnes. Après avoir es-
plumé la teste et les entre-cuisses des chapons et des poules, on les met en mue
dans les cages basses, qu'on repose en
lieu obscur et chaud : ou bien, afin de
ne voir plus la clarté, comme préjudiciable à la graisse, on leur crève les yeux.
Là les chapons sont nourris de pilules
faictes avec farine de millet, ou d'avoine,
ou d'orge, qu'on pestrit en eau chaude à
mesure qu'on les leur baille à avaller : à
quoi aucuns ad-joustent des raves hachées
menu. Deux ou trois fois le jour les paist-
on, voire tant qu'ils peuvent digérer leur
baille-on à manger de telle viande, à laquelle on les accoustume, là leur donnant peu à peu aux premiers jours, et en
suite les uns après les autres, leur augmentant d'ordinaire, avec ce jusques où,
de ne leur mettre la viande sur viande :
c'est à dire, de ne leur rebailler à manger tant qu'on sentira au manier du gésier y avoir de la mangeaille précédente,
ains attendre d'estre du tout digérée. Ce
traictement se faict sans boire, d'autant
que les pilules ou pelotes portent le bruvage, lesquelles nouvellement pestries,
et en outre trempées dans l'eau, sur le
poinct qu'on les veut faire avaller aux
chapons, servent de manger et de boire
tout ensemble. Aucuns y ad-joustent ceste
curiosité, que d'enfermer chacun chapon
ou poule dans un panier ou cabas suspendu en l'aer, par des cordes, à ce tellement aproprié, que la teste sorte d'un
costé pour recevoir la pasture et le cro-
pion de l'autre pour la vuider et digérer,
afin que la fiente ne l'importune. La
beste estant au reste, tant à l'estroict du
corps, qu'elle ne se puisse remuer, ains
qu'elle demeure tous-jours sur son ventre,

y mettant au dessous du foin ou de la
paille, pour l'engarder de blesser. Plus
curieusement que les précédentes, ces
volailles-ci seront esplumées, voire jusques sous les aisles, à ce que les poux,
vermine, et fiente ne s'y puissent arrester. Quelques-fois on les retire de là pour
les faire un peu pourmener, et principalement pour leur donner moyen de se
peigner et gratter, en espluchant leur
pennage avec le bec. Je ne parle ici des
délices de ceux qui prodigalement font
engraisser des chapons avec de la dragée
musquée, de l'anis préparé, et autres
précieuses matières, pour donner goust
exquis et délicat à la chair, telles sumptuosités surpassans l'estat modéré de
nostre père-de-famille, les laissant à
ceux dont les moyens et voluptés de
gueule, marchans ensemble, leur font
commettre tel excès (29).

Pour fin de ce gouvernement, je dirai
que les poulailles communes, masles et
femelles, ont accoustumé de faire des
grands maux aux blés sur le poinct de
leur maturité, lors que pour le voisinage de la maison, y peuvent attaindre :
et aussi ès pays où les gerbes séjournent
en l'aire à desconvert icelles demeurent
à leur discrétion. Pour à quoi remédier,
convient tenir enfermée toute la poulaille
despuis que les blés commencent à meurir, jusques à ce que resserrés dans les
granges et greniers, ils soyent exempts
de telle tempeste. Ce sera dans quelques
chambres claires et esventées qu'on les
gardera, séparément par leurs espèces,
où elles seront nourries avec raisonnable
ordinaire, de grain et d'eau en abondance : pendant lequel séjour, nonobstant leur servitude, ne laisseront les

poules de faire des œufs. De mesme fera-
on en temps de semailles, par tel emprisonnement engardant la poulaille de
gaster les grains dans terre avant qu'ils
poulsent.

CHAPITRE III.

La Poulaille d'Inde.

La commodité qu'on tire de la poulaille
d'inde, à cause de l'abondance des précieuses chairs dont elle honore la table
du seigneur en toutes saisons, et les
œufs de mesnage qu'elle donne en certain temps de l'année, font surpasser les
difficultés de son eslèvement et nourriture, sous lesquelles on saouloit gouverner ce bestail, lors que premièrement il
vint à nostre cognoissance. Croyant que
parce qu'il est estranger, ne pouvoir vivre
et se multiplier de pardeça, qu'avec extreme souci et despence. Mais le temps
maistre des arts, nous a enseigné ces oiseaux - ci, estre de passable entretien,
sans excessif coust, s'eslever presques en
tout aer, bien-que le chaud lui soit le
plus propre et agréable, comme le plus
approchant de son naturel, et se conserver avec modérée solicitude (30).

La première considération est le logis, le préparant ainsi qu'il appartient
pour commodément y retirer ce bestail
durant la nuict et le jour, lors qu'il pleut,
nege et vente extraordinairement : car
avec l'autre poulaille, ceste-ci a de commun de craindre la morfondure et les
gouttes, leur avenans par les froidures et
autres injures du temps, quand par con-

trainte se loge à descouvert. Basti que
soit le poulailler, comme a esté monstré,
sera accommodé de son juschoir, qu'on
disposera en théâtre par eschaliers, contre
les murailles du dedans : à ce qu'aisément dès terre les d'indars et d'indes
montent jusqu'au plus haut, pour se choisir place à leur fantasie. Car puis qu'elles
ne volent guières hautement, encores
avec difficulté, pour la pesanteur de leur
corps, ce seroit beaucoup les incommoder de les contraindre à se percher en
juschoir, semblable à celui de la poulaille commune. Ce juschoir sera accommodé avec des perches et lates, mais
grosses et fortes, afin que les d'indes s'y
puissent fermement percher, ce qu'elles
ne pourroient faire estant de menu bois.
Aucune particulière entrée pour ceste poulaille ne faut laisser au poulailler, à cela
servant assés la porte qu'on y faict pour
aller et venir : bien une fenestre pour l'esclairer, accommodée comme celle du logis
des poules communes, de barreaux de
fer et de fil d'archail ; afin que les d'indes
y soyent en seurté. Ce poulailler sera
de mesme que le précédent, vouté, blanchi, pavé, et fourni de nids dans l'espesseur du mur, convenables à la grandeur
de l'animal. Les nids ne serviront qu'à
couver en saison : car pour la ponte, ne
se faut soucier de leur apprester aucun
particulier lieu : d'autant que ces poules
font les œufs par ci, par là, où s'accorde,
et le plus souvent sur le pavé de leur logis, qu'à telle cause couvrira-on souvent
de paille fresche ; comme lictière à chevaux : dont les œufs n'en seront en danger d'estre cassés. Les poules d'inde ne
sont tant fertiles en œufs que les communes : car elles ont leurs pontes limi-

tées à trois l'année, et à chacune faisans
douze ou quinze œufs ou environ, com-
mençans la première vers la mi-Février,
et la dernière vers le mois de Septembre.

*Election du
coq d'Inde et
de la d'Inde.*
A la fourniture de ces animaux, pour
l'engeance choisira-on le plus grand bestail, masle et femelle, puis qu'à la chair
consiste toute leur espérance : des œufs
peu d'estat n'en doit-on faire pour leur
rarité ; par n'estre aussi guières bons à
la santé (31). Seront au reste ces animaux
joyeux et esveillés, autant que leur naturel le peut porter. A la couleur de leur
pennage grand chois n'y a-il, bien-que la
blanche soit la plus prisée pour sa rarité,
autre remarquable qualité n'y paroissant :
par quoi, blanc vous-vous choisirés le coq,
pour vous en mettre en race : si toutes-fois
commodément le pouvés recouvrer (32).
*Touchant
leur nombre.*
Touchant le nombre, un masle et trois
ou quatre femelles suffiront, pour vous
ensemencer de telle volaille. Mais ne
vous arrestés à si petit trouppeau, ains or-
donnés de vostre nourriture, quand le
moyen vous en sera offert, de six à sept
douzaines de bestes, masles ou femelles,
pour estre la charge d'un garçon que destinerés à tel service (33). Car à moindre frais nourrirés-vous telle raisonnable
bande estant gardée, que demie douzaine
de bestes, laissées sans soin, près de la
maison, pour les maux qu'elles font aux
blés, vignes, jardins, voire et aux prairies d'eslite, quand y peuvent attaindre.
*De leur
nourriture.*
Joinct que les retenant près du logis convient leur donner largement à manger
pour les maintenir en bon estat. Mais les
pourmenant par la campagne, le long du
jour treuvent beaucoup de mengeaille ;
des racines, de la vermine, des herbes,
des grains, des fruicts sauvaiges, dont

pournéant elles se paissent très-bien.
Ceux, avec raison, ont descrié la nourriture de ceste espèce d'animaux, qui les
entretiennent, ou dans les villes, ou aux
champs dans la basse - court : car pour
leur naturel gourmand et la grandeur de
leur corps, ne se contentans de peu, ne
leur faut espargner le grain, sur-tout
l'avoine ; autrement n'a-on bestail que
langoureux. Si que celui a bien rencontré, qui compare la despence des d'indars et d'indes à celle des mulets.

*Quand
où les
paistre.*
Dès le soleil levé, nostre petit pastre
conduira son trouppeau en campagne,
tantost d'un costé, tantost de l'autre, par
les bois, par les déserts, près des rus-
seaux et rivières, quelques-fois, par
les prairies fauchées, et seulement lors
qu'elles sont abandonnées à l'autre bestail ; afin qu'avec la diversité de pasture,
le changement des lieux le res-jouisse. Sur
les dix heures le ramenera - il au logis,
pour le tenir clos jusques près de midi :
auquel temps se retournera aux pastis
pour le reste du jour, la fin duquel approchant, se retirera doucement avec son
trouppeau, lequel il enfermera dans le
poulailler : mais après lui avoir donné un
peu de grain, tant pour le renforcer
(comme l'avoine faict les chevaux) que
pour lui faire aimer le giste, quand par
telle ordinaire friandise s'approchera gaiement de la retraicte. Ce qu'aussi servira
au gardien de recognoistre et conter ses
bestes ; à quoi faut qu'il s'accoustume
sans y faillir d'un jour, et par ce moyen,
pourveoirra de ramasser les escartées au
trouppeau. Voilà l'ordre convenable pour
nourrir abondance de d'indes : dont la
principale despence est le gardien, petite
en ce que par aumosne sans autre consi-

dération, nourririés un pauvre enfant, fils ou fille, capable de telle charge.

Parce que la poule d'inde est la plus suffisante couveuse de toutes les poules, à autre aussi ne faut commettre le couver de ses œufs, ni la conduicte de ses d'indons : si ce n'est par contrainte, qui peut avenir, lors que se voulant peupler de ce bestail, et ne le pouvant faire que par œufs, d'iceux en faut nécessairement commettre la charge aux poules communes, lesquelles assés bien en viennent à bout pour le peu de nombre ; car plus de cinq ou six œufs n'en peuvent-elles embrasser. Quelle que soit la poule couvante les œufs de d'inde, pour le naturel des œufs, employera à les esclorre environ un mois. Le lieu pour couver sera du tout semblable à celui de l'autre poulaille ; assavoir, secret et plus chaud que froid : mesme plus chaud pour les premières couvées, que pour les subséquentes : à quoi serviront de mesme les nids du poulailler, à la charge de les fermer d'un treillis de fer d'archail, comme dessus est dict ; les ouvrant au besoin, pour garder les poules couvantes d'estre destournées.

Dès que les petits d'indons seront esclos, les faudra mignardement gouverner, en les gardant du froid, de la faim, et de trop rude touchement : sans laquelle curiosité, peu de plaisir auriés-vous de ceste nourriture. D'autant que ceste poulaille est très-délicate en son commencement, tous-jours gourmande, et si sotte et brutale, qu'elle ne se sçait destourner du trépis des hommes ni des bestes : à quoi ne prenant garde de près, pire tempeste ne leur pourroit avenir. Les mères mesmes, quoi-que de leur espèce, tuent plusieurs de leurs petits, quand par mesgarde elles mettent leurs pieds dessus, sans y regarder, qu'elles froissent par la pesanteur de leurs corps, et faut plus facilement que les d'indons sont alors tendres et délicats. Or le moyen d'eschevir tel danger, autant que le naturel de la chose le peut porter, est d'enfermer et la mère et les petits, dès qu'ils sont naïs, dans quelque chambrette, claire et aerée, pour les y tenir jusqu'à ce qu'ils soyent fortifiés, pour leur donner la campagne, ce qui avient plustost en un endroit qu'en l'autre, selon la faculté du ciel. Commodément tient-on aussi des d'indons dans des grandes cages, avec lesquelles sont portés à l'aer, au soleil aux belles heures du jour, et rapportés la nuict dans la maison ; sans leur laisser sentir ne froidures, ne pluies, ne vents : ni aussi la trop grande ardeur du soleil, de peur de les entester, pour laquelle cause, avec un jusques où, les y laissera-on séjourner. Aussi ne les faudra jamais tenir en chambre quarrellée, de brique ou de pierre, à cause de la froidure qu'ils endurent aux pieds, reposans sur telles matières ; dont leur viennent les gouttes, et finalement la mort. Ce qu'on previendra, les nourrissant en lieu planché de bois ; pour y demeurer tant que par l'aage puissent supporter toutes sortes d'habitations dedans et dehors le logis.

De toutes lesquelles intempéries, se prendra garde la gouvernante de la poulaille : ayant l'œil continuellement sur ceste-ci, la plus débile dès son origine de toutes les autres, et la plus difficile à eslever : ne pouvant, pour sa gourmandise, pastir ni la faim ni la soif : pour laquelle cause, ne la faut jamais laisser sans viande ne bruvage. De nourrir ces poulets avec moyeux d'œufs cuits durement, meslés avec miettes de pain blanc (comme plusieurs ont le temps passé cuidé ce estre leur seule et salutaire viande), n'est nullement nécessaire, parce qu'ils se contentent bien aujour-d'hui de moindre traictement. Ce sera seulement à leurs maladies qu'on usera de telle délicatesse, aussi de leur tremper quelques-fois le bec dans du vin et leur en faire boire quelque peu. Pour l'ordinaire, leur donnera-on à manger du mil, panil, orge cuit : parfois des laictues hachées menu, du pain émié avec du caillé ou fourmage mol, des soupes en vin et en laict, et autres viandes que leur changerés selon l'apétit. Vous résolvant à cela, que tant plus les soliciterés à manger, tant plustost parviendront-ils à leur parfaicte grandeur, pour, sortis de tutelle, estre envoyés paistre avec la trouppe des grands : et tout-d'une-main, délivrer la gouvernante de la solicitude de leur eslèvement (34).

Le chaponner des coqs d'inde, estant d'aussi grande utilité que des autres et communs, en faict continuer l'usage à ceux qui l'ont expérimenté : en quoi, outre l'améliorement de la chair, ceste commodité se treuve en ce mesnage, que par le chastrer la furie de ces coqs est abbattue : autrement laissés entiers et en grand nombre, c'est merveille du tourment qu'ils donnent aux poules, par intempéramment les chaucher à l'arrivée du printemps. Donques, parvenus en convenable grandeur, sans longuement attendre, tous les jeunes d'indars du trouppeau seront chastrés : exceptés ceux qu'on désire laisser pour semence : sous ce département, que d'en laisser un en-

tier pour chacune dixaine de d'indes. Pour la petitesse des génitoires, en esgard à la grandeur de la beste, et aussi par se treuver profondément enfoncés dans le ventre ; ce chastrer est un peu difficile : mais non tant, qu'il ne soit faisable y regardant de près (35).

Quant à l'engraisser, cela n'est nécessaire par traictement particulier : d'autant que par l'ordinaire nourriture et conduicte, ceste poulaille se maintient tous-jours en poinct d'estre mangée. Cela néantmoins est laissé en la liberté d'un chacun pour les mettre en mue, et là les manier à la mode des autres chapons, dont on les comblera de graisse (36).

CHAPITRE IV.

Les Paons.

C'est le roi de la volaille terrestre, que le paon ; comme la primauté sur l'aquatique est deue au cygne. Les Payens avoient en tel honneur le paon, qu'ils le dédioient anciennement à Juno leur déesse, laquelle avoit son temple en l'isle de Samos, abondante en ceste espèce de volaille. Deux excellentes qualités a le paon : plaist à la veue ; et au goust. Car que pouvés-vous regarder de plus agréable, que le manteau du paon ? Ni quelle plus exquise chair que la sienne pouvés-vous manger (37) ? On lui donne ces épithètes, aisle d'ange, et voix de diable. Aucun autre oiseau ne s'aprivoise tant familièrement de l'homme, dont le pennage, comme de cestui-ci, soit paré d'or, d'argent, d'azur, de soie verte, de grise,

d'orangée

d'orangée et d'autres diverses couleurs, si artistement arrengées, qu'on se perd en la contemplation de l'œuvre. Quant à la voix, elle est voirement assés mal-plaisante : mais seulement à qui elle est nouvelle, estant un peu violente et aigre, car touchant au ton, ce n'est qu'un ramage particulier à ceste espèce d'oiseau. Et me semble ceux estre de difficile contentement, ou faschés d'autre chose, qui pour cela rejettent tant précieuse et noble nourriture : endurans cependant l'importun piolement des d'indes, canes, oyes, et poules communes : le grumellement des pourceaux, et semblables bruits de toute sorte d'animaux qu'on entretient en un mesnage. Encores le crier des paons se treuve utile, en ce que souventes-fois ils descouvrent les estrangers survenans en la maison de jour ou de nuict, au printemps ou en esté : ès autres saisons de l'année estans presques muets : ainsi ils communiquent avec les chiens au service qu'ils font pour garder le logis. De quoi je suis fidèle tesmoin : car durant les guerres civiles ils m'ont fourni diverses preuves de telle louable qualité : ayans souventes-fois esventé les secrettes approches des ennemis en ceste mienne maison, durant l'obscurité de la nuict, estans perchés sur les arbres qui en sont les plus prochains (38). C'est bien le plus fascheux, et qui plus auroit besoin de correction, seul vice de ceste volaille, que le dégast des jardinages, des vignobles et des blayeries. Quant à celui des couvertures du logis, peu ou poinct de mal y feront-ils, si les tuiles en sont posées et basties ainsi qu'il faut : mesme ne monteront-ils presques jamais sur les couvertures, si près de la maison y a de grands arbres pour s'y juscher. Aux jardins aussi y a quelque remède : car il ne faut qu'en chasser les paons en sifflant et autrement les effarouchant, quand on les y void, comme on faict l'autre poulaille : dont les jardins demeureront exempts de telles injures. Mais des blés difficilement les en peut-on destourner, estans semés près de la maison. D'autant que ne pouvant mener paistre les paons en autre quartier comme les d'indes, oyes, et canes; ni enfermer dans le logis au temps du dégast des blés, comme la poulaille commune, on les laisse en leur liberté; ce qui est l'abrégé de l'aigreur de ce gouvernement. A quoi il semble que les paonnes apportent du soulagement, quand sur la maturité des grains, elles se treuvent embesongnées à couver, et partant sont-elles peu de dégast aux blés durant ce temps-là.

Le moins qu'on puisse entretenir de paons, évitant tant qu'il est possible le mal qu'ils font, est demi-douzaine de femelles et deux masles; non qu'un masle seul ne fournist à ce nombre : mais par la raison des coqs communs, *qui n'en a qu'un n'en a poinct*, ne faut jamais estre sans en avoir pour le moins un couple. Estant vostre maison plus envoisinée de prairie que de terres-à-grains ou vignobles, et passablement accommodée d'arbres sauvaiges, ne vous arrestés à si petite nourriture (laquelle ne vous pourroit de guières plus servir que de contenter la veue) ains amplifiés-la tant que pourrés : afin qu'avec le décorement, la commodité de l'usage de ses chairs, en toutes saisons y soit ad-joustée. Jusqu'à vingt-trois ou vingt-quatre ans vit le paon, s'il est en pays qui lui agrée, et ne lui avient inconvénient : j'entends parler seulement du masle; car la femelle ne passe si avant en aage. La plus-part des paons masles et femelles sont de diverses couleurs; gris, blanc, noir, vert, bleu, jaune, incarnat, orangé, et de plusieurs autres : néantmoins s'en voient de tout blancs, estans de très-belle représentation. Cela avient plustost par jeu de Nature, que par artifice, bien-que plusieurs estiment faire esclorre les poussins tout blancs en contraignant la mère, couvant les œufs de paon, à ne regarder que blanc, par ce moyen communiquant telle couleur à ses petits : et cela se faict en enfermant la paonne couvante dans un cabinet blanchi, n'ayant devant ses yeux autre objet que la blancheur.

Il y a deux espèces de paons, célestes et terrestres; différans en ce seulement, que ceux-ci sont du tout domestiques, et ceux-là, presques sauvaiges, n'entrans que très-rarement sous les couvertures du logis : ains continuellement demeurent en campagne, se branchans sur les arbres, quel temps qu'il face: pondans, couvans, et esclovans leurs œufs, quelques-fois sur les arbres, et le plus souvent par les haillers et buissons, que les mères choisissent à leur fantasie : d'où elles emmènent leurs petits pour les faire paistre. En somme, ils ne tiennent du privé que la fréquentation et hantise avec l'autre poulaille, mangeans ensemble ordinairement. Pour cela néantmoins ne laissent-ils d'estre fort farouches, ne souffrans l'approche des personnes que jusqu'à estre regardés : en quoi, comme y consistant leur gloire, il semble qu'ils se plaisent; à ce naturellement instruits, pour le contentement de l'homme. Ils sont au reste tant jaloux de leurs belles plumes, qu'ils n'en souffrent l'attouchement, pour crainte d'en estre despouillés, de sorte que difficilement peut-on prendre tels oiseaux sans les offencer. Mais à la longue ils font largesse de leurs belles plumes, quand de maturité elles chéent de leur queue, tous les ans une fois, environ la fin du mois de Juillet ou au commencement d'Aoust : laquelle queue se remplume devant l'arrivée des froidures.

Non plus pour les terrestres, que pour les célestes paons, se faut soucier de dresser logis : d'autant qu'ils ne s'assujettissent à juscher à certain et désigné endroit; ains par-ci par-là, sous les portiques et lieux communs, près les estableries: les terrestres se retirent la nuict, se perchans ès lieux les plus eslevés; les femelles faisans leurs œufs où s'accorde le mieux, toutes-fois en lieux incertains, aujourd'hui en un endroit, demain en un autre. Toutes sortes de paons se treuvent mieux en aer tempéré, qu'en importuné d'aucune extrémité; encores que mieux ils supportent les grandes chaleurs, que les excessives froidures : toutes-fois contre les rigueurs de l'hyver résistent-ils mieux, qu'aucune poulaille : car quelque temps qu'il face, seuls d'entre la volaille de la maison, les paons célestes passent les nuicts sur les arbres.

Les paonnes s'accordent en ceci avec les poules d'inde, que de la quantité des œufs qu'elles font ; non en temps, car les paonnes ne commencent à over, qu'à l'issue d'Avril, ou à l'entrée de Mai. Les terrestres en font plus grand nombre que les célestes, et les unes et les autres en lieux incertains, comme j'ai dict : d'où soigneusement convient les ramasser de jour à autre, après s'estre prins garde qu'elles ayent commencé à ceste œuvre. Et comme la vie de ces animaux est longue, ainsi que j'ai représenté, aussi tard se mettent-ils à engendrer: à cela n'estans propres les masles ni les femelles à over qu'au troisiesme an de leur aage, très-rarement commencent - elles estans plus jeunes.

Selon la diversité de ces deux espéces de paons, par divers ordres aussi en recouvrons-nous les petits, pour la conservation de l'engeance. Pour le regard des paonnes célestes, je monstre ce qu'il convient faire, afin de les faire couver, c'est à dire rien : parce qu'elles ne souffrent aucun artifice, d'elles - mesmes se pourveoyans de nid, pour y pondre et couver. Nature leur enseigne de se couvrir de plusieurs ennemis qu'elles ont, leurs destructeurs, de regnards, martres, fouines, chiens, pourceaux, qui dévorent et mère et œufs, quand ils y peuvent attaindre : voire se craignent et se gardent-elles des paons mesmes; de peur qu'elles ont qu'ils ne cassent les œufs, pour jouir d'elles plus longuement. (Aussi pendant leur couvée ne font les masles que crier, recerchans affectionnément leurs femelles.) C'est pourquoi, ces femelles se choisissent des lieux solitaires et forts, dans des touffes de buissons et semblables de difficile accès. Les plus expertes d'entre elles se nichent sur les grands arbres, quand parmi leur branchage, y treuvent quelque retraicte qui leur agrée : évitans par ce moyen, toute sorte de périls. Ainsi recouvre-on quelques-fois des choses précieuses, avec fort petite peine.

Le temps venu de pondre, avant que les paonnes facent semblant de se retirer pour couver, elles font huict ou dix œufs, en autant de jours tout de suite, en divers endroits, sur les fumiers, dans la court, parmi l'herbe, és buissons de la campagne, bref où il s'accorde; lesquels œufs convient ramasser curieusement, pour les mesnager comme sera monstré. Après les paonnes se perdent pour couver, demeurans cachées quelques jours, et ne reviennent que par contrainte, pressées de famine à faute de manger ; ce qu'elles font très-hastivement, soucienses de retourner à leur ouvrage, qui leur semble se gaster en leur absence. Ayans une fois rompu le silence, ne faillent de revenir paistre au lieu ordinaire une fois le jour, à heure certaine qu'elles se donnent, ou du matin, ou du midi, ou après, sans nullement y faillir ne se descevoir. Elles partent de leur nid, en volant et criant d'une voix particulière à telle œuvre, comme le glousser des poules communes ; et après avoir repeu hastivement, s'en retournent en cachète: non en volant, comme elles sont venues, ains en cheminant par chemins destournés et nouveaux, pour tant mieux cacher leur ouvrage. Vous appercevant de ces choses, donnés ordre de treuver leurs nids, à force de cercher et d'espier leur retour par sentinelle posée exprès : pour les clorre et environner comme parcs à brebis, avec des claies, des cordages, des paux, des buissons, si bien et tant à profit, qu'aucune maligne beste n'y puisse avoir entrée, pour nuire à la couvée; laquelle communément est de cinq à six œufs. Si par malheur la paonne est destournée de couver, et que cela s'accorde non plus tard que du milieu de sa couvée, elle en fera une seconde, pour se remettre en train comme devant: de la-

quelle sans nouveau empeschement elle
viendra à bout. Mais les paonneaux qui
en sortiront, ne parviendront jamais en
telle grandeur que ceux de la première
couvée; pour la proximité de l'hyver, qui
leur rabbat l'accroissement. Avec patience
convient attendre la fin de la couvée, sans
l'aller jamais visiter que de l'œil, et d'assés loin : car encores qu'en telle action
la paonne s'affectionne du tout, s'y rendant d'opiniastreté comme immobile ; si
est-ce qu'à la manier y auroit danger de
tout gaster, en lui faisant changer d'avis,
par importun approche et attouchement :
dont le plus seur est de lui laisser parfaire
à son aise. Ce qui espargne autant de
souci : là dessus ne se donnant autre peine
la gouvernante, que de tenir prest du
grain pour le donner à la paonne, lors
qu'à ses heures elle vient pour paistre : à
ce qu'estant promptement avictuaillée,
de mesme elle s'en puisse retourner à la
continuation de son labeur. Au bout d'un
mois, les petits seront esclos, avec lesquels la mère reviendra joyeusement en
la basse-court, pour se mesler avec l'autre
poulaille. Est à noter, que presques jamais
tous les œufs n'esclovent à la fois, dont
avient que la paonne impatiente d'attendre les derniers, s'en va avec les premiers paonneaux, à la ruine des restans ;
lesquels se perdent bien souvent par l'impatience de la mère. Le seul remède à
cela est que, s'appercevant de l'heure que
la paonne laisse son nid (comme cela est
faisable, en y tenant l'œil : et est nécessaire de n'obmettre telle diligence), faut
promptement aller au nid de la paonne,
en prendre les œufs restans, puis doucement et sans agitation ne délai les porter
de ce pas sous une poule couvante, au dé-

fant de laquelle les poserés dans un large
panier parmi de la plume de coette, et
après les avoir couverts de quelque pièce
de fourrure, ou de drap de fine laine mol
et deslié pour y estre chaudement, reposerés le panier et les œufs dans un four
encores chaud du pain qu'on y aura cuit,
où sans doute ils s'acheveront d'esclorre,
moyennant que la chaleur du four soit
modérée. Au bout de quelques jours
qu'aurés nourri ces paonneaux avec pareil soin que les d'indons, les remettrés à
leur mère en la compagnie des autres.
Par leur naturelle sauvaigine les petits
n'osent au commencement approcher des
grands, ne de l'autre volaille : à quoi la
mère les incite premièrement par caresses :
puis semble les y contraindre par force.
Les trois ou quatre premiers soirs de leur
naissance, la mère les couche par les haies
et buissons près de la maison, ailleurs
toutes-fois qu'en leur nid où elle ne les
retourne plus, auquel temps courent-ils
leur plus grande fortune, à cause de l'imminent danger d'estre dévorés par les
bestes à toutes estans lors exposés. Pour
éviter lequel péril, est nécessaire estre en
sentinelle sur la retraicte, pour sçavoir le
giste de la mère et des petits, et là les enclorre dans un petit parc, qu'on leur fera,
le remuant à tous les soirs que la mère se
remuera : moyennant laquelle peine, qui
ne peut estre que de quatre ou cinq soirs,
la couvée se préservera seurement. Après,
la mère les accoustume petit à petit à juscher sur les arbres, esquels pour la foiblesse de leurs aisles ne pouvans voler,
elle les y porte sur ses espaules l'un après
l'autre, faisant autant de voyages qu'elle
a de paonneaux. Le matin venu, la mère
saute du giste en bas, par son exemple

contraignant les petits à faire le semblable: ce que finalement ils font après avoir prou marchandé, appréhendans le danger, employans des-jà leurs petites aisles: lesquelles dans peu de temps fortifiées, leur servent et à monter et à descendre des arbres, volans très-gaiement. En suite, comme sortis de page, de jour à autre s'aggrandissans, se meslent avec les autres de plus grande aage, pour y vivre de compagnie.

Raison du couver de la paonne.

La paonne terrestre, couve tout ainsi que la poule d'inde, avec semblable affection et constance; et autant de temps y employe-elle aussi, comme a esté dict: par quoi, en semblable lieu, assavoir solitaire et secret, convient la loger, lui baillant sept ou huict œufs en charge: s'accommodant néantmoins à sa fantasie, la laissant au lieu où elle se sera parquée pour couver, si par trop il n'extravague de la raison. La poule d'inde vient très-bien à bout des œufs de la paonne, pour la chaleur, et pour sa grandeur en couvre une douzaine. Mais seulement quatre ou cinq en faut bailler à la poule commune, dont elle sortira à son honneur; à laquelle charge on l'employera, défaillans les deux autres couveuses. Toutes ces mères-ci, conduisent bien les paonneaux, mais le chapon, plus seurement que nulle autre, exceptée la paonne, estant le plus digne capitaine de tous poulets, qu'aucun autre de quelque espèce de volaille que ce soit.

Quand, où, et comment assembler la poulaille.

Et afin que sans confusion, toute sorte de poulaille soit suffisamment repeue, faudra qu'il y aie un ordre à la distribution de leur mangeaille. Aux heures des repas, matin et soir, la gouvernante assemblera sa poulaille par siffler, crier, ou par autre signe les appellera, telle qu'elle leur aura une fois accoustumé: dispersera la viande par quartiers, comme par tablées, selon les espèces de bestail (tous-jours en mesme lieu) et à chacune donnera sa portion distincte et mesurée: à ce que sans destourbier, séparément, toutes puissent prendre leur repas à repos. Auquel ordre, la gouvernante les fera contenir, si avec un long basten qu'à telle cause tiendra en main, elle frappe les bestes qui se des-ordonneront. Par laquelle dextérité indifféremment toute la poulaille se maintiendra en bon portement, chacune beste mangeant à suffisance. Et sera d'ailleurs chose plaisante à voir, à la fois, toutes les espèces de volaille terrestre et aquatique, qui se nourrissent à la maison, jusques aux pigeons, si on veut, près les unes des autres, paisiblement repaistre et fréquenter en trouppeaux distincts et séparés (39).

CHAPITRE V.

Les Oyes.

Naturel de l'oye.

L'OYE, entre tous les oiseaux de rivière, et qu'on appelle de l'une et l'autre vie, par se nourrir en terre et en eau, est celui qui le moins désire l'humidité: ne laissant de s'accroistre et multiplier presques en tous lieux, toutes-fois, avec plus d'avantage près des rivières et estangs, qu'ès endroits par trop arides. Ce bestail tient la gourmandise de la poulaille d'inde, et la surpasse en dégast, plus qu'elle nuisant, par sa venimeuse morsure, ès herbages qu'elle broutte; sa fiente emmaigrissant aussi les lieux où elle touche (40).

Pour lesquelles incommodités, pourtant, ne faut laisser de se servir de ce bestail, très-utile pour sa plume : pour sa chair, et pour sa graisse, revenus de ceste nourriture : où s'ad-joignent les œufs pour la commodité du mesnage. Ceste est la sorte de bestail domestique, le plustost fructifiant. Son usage. Au bout de deux mois de sa naissance, qui peuvent tumber peu après la Sainct-Jan d'esté, l'oye est plumée pour la première fois : environ le commencement de Novembre lors qu'on la met engraisser, pour la seconde, mais modérément : et à la fin de Décembre au plus tard, quand on la tue estant grasse, pour la dernière, prenant toute sa despouille, plume, chair, et graisse. Par ce moyen se rendant ceste nourriture fort courte : car la beste ne vit au plus que huict mois : hors-mis celles qu'on garde pour semence, qu'il convient conserver toute l'année. Et cela mesme lui augmente sa réputation, que sans se constituer en la solicitude et despence d'hyverner ce bestail, néantmoins ne laisse-il de vous acommoder de licts, et de vous remplir le charnier de chair, qu'on sale pour l'usage de la maison : et de graisse de réserve, la plus désirable pour l'appareil des vivres : outre les bons oysons qu'on en mange trois mois durant. Presques tout ce royaume et voisinage, sçait le mérite de ceste nourriture, ignorée seulement en la plus grande partie de la Provence et du Languedoc; et c'est à mon avis, pour l'abondance de l'huile qu'ils y ont, qui les relève de la recerche d'autre graisse pour leur service.

Le nombre et le choix des oyes. Deux masles et six ou sept femelles est le trouppeau de l'hyver; un jars suffiroit bien à ce petit nombre d'oyes, mais la crainte de s'en voir privé au besoin, par quelque accident, fera s'en pourveoir à suffisance, voire plustost pour en avoir de reste que de faute. Grand chois n'y a-il à ce bestail, seulement convient s'arrester à la grandeur, à la gaillardise, à la fécondité : rejettant pour semence, les oyes des deux sexes, qui ont petit corps, qui sont tristes, et particulièrement les femelles, escharces à donner des œufs : sans autre esgard, ni mesme à la couleur de la plume : car et de blanche et de grise, se treuvent des oyes de requeste, bien qu'aucuns tiennent les blanches surpasser les autres en bonté de chair, et en abondance d'œufs (41).

Leur nourriture. Près des rivières, ruisseaux, estangs, lieux bourbeux, herbus, laissés en friche, paistra-on les oyes, les y menant dès le grand matin avec les d'indes : desquelles deux espèces, pour la sympathie de leurs mœurs, un seul pastre aura la charge; si toutes-fois le grand nombre de bestail ne requiert pour chacune espèce, un gardien particulier. Sur le soir on les ramenera au logis, pour les enclorre dans semblable poulailler que celui des d'indes, et de mesme accommodé de juschoir : mais ce sera après leur avoir donné un peu de grain, et autant la matinée allant aux champs, comme à l'autre volaille. C'est le traictement ordinaire des oyes, jeunes et vieilles; pour l'esté et pour l'hyver; excepté de celles que on engraisse, qui en telle action et pour telle fin, sont séparées du trouppeau et nourries à part d'autre mangeaille, ainsi qu'il sera monstré. Pour pareilles incommodités représentées à la nourriture des d'indes laissées sans garde, mène-on paistre les oyes loin de la maison : et par ce moyen sont évités les maux qu'elles feroient aux choses plus précieuses des jardinages , vignobles , blayeries : voire ès prairies d'eslite , esquelles l'entrée leur est défendue durant la plus grande partie de l'année, excepté aux oysons nouvellement esclos, où on les mène paistre pour quelques jours afin de les apprendre à manger.

Toutes sortes de poules, couvent les œufs d'oye ; mieux toutes-fois qu'aucune autre, la commune, mais en petit nombre : car la petitesse de son corps et la grandeur des œufs, ne lui permettent d'en couvrir plus de cinq ou six ; lesquels elle esclot et en eslève les oysons avec beaucoup de soin et le plus souvent avec bon succés. Ce que ne faict l'oye mesme , laquelle difficilement vient à bout de l'eslèvement de ses petits. A laquelle difficulté aucuns adjoustent , qu'autres œufs que ceux que l'oye a pondus elle-mesme , ne peut-elle esclorre ; mais ils se desçoivent , n'ayans bien expérimenté telle observation. Sans nécessité donques, à autre qu'à la poule commune , ne sera donnée la charge de couver les œufs d'oye, ni aussi ceux de cane, pour sa suffisance en cest endroit : car pour la sympathie de ces deux animaux, aussi heureusement la poule eslève l'un que l'autre. Et sans sortir de ce discours , la mère-de-famille ordonnant de toute sa poulaille, commettra la charge des œufs d'oye et de cane, à la poule commune, des œufs de d'inde à la d'inde : à elle-mesme ceux de poule commune, pour les raisons dictes : et la conduicte des poulets au chapon ; les d'indons , oysons et canetons , indifféremment à la d'inde, et à la poule commune. Par ce despartement, les poules, les oyes , et les canes , auront du temps assés pour faire des œufs en abondance, où consiste partie de leur

revenu : lequel ne pourroit estre que défectueux, s'amusans ces poules-ci , à couver la meilleure saison de leur ponte. Et le nombre de toute sorte de poulaille , s'en augmentera d'autant plus , que plus curieusement la mère-de-famille tiendra l'œil à ce que ce mesnage ne se destraque.

D'un mois est la couvée des œufs d'oye, ayant aussi de commun avec la d'inde , le logis et le traictement. Le plus grand soin qu'on doive avoir des oysons , est durant huict ou dix jours aprés qu'ils sont esclos ; en les nourrissant curieusement , enfermés avec leur mère. Passé lequel temps, autre que général traictement ne leur est nécessaire : si ce n'est d'engarder de se mesler avec les grands , jusqu'à ce que , fortifiés , se puissent défendre d'eux, desquels ils sont battus en leur commencement ; les forts opprimans les foibles. A telle cause, faict-on un retranchement dans le logis des oyes , auquel les oysons sont enfermés le soir , durant quelque temps ; en attendant qu'avec l'aage, leur croisse aussi la force requise pour seurement converser ensemble au giste et au pastis.

Au commencement de Mai, les oysons esclovent , en ayans leurs œufs esté mis couver à l'entrée d'Avril. Quelques-fois, ceste action est avancée ou retardée, selon la faculté de la saison , qu'on ne peut contraindre. Il s'accorde bien presques tousjours, qu'on commence à retirer profit de ceste nourriture, vers la fin de Juin ou au commencement de Juillet , par la plume qu'on en tire. Lors toutes les oyes masles et femelles, vieilles et jeunes , sont plumées : en leur ostant les plumes menues du ventre , du col , de dessous les aisles, et quelque peu des plus grosses des aisles, que par-après l'on assortit, selon ce à quoi on les destine; pour les licts, pour escrire, pour les espinètes, pour empenner les flesches et pour autres usages. Ceste volaille ainsi gouvernée, nourrie et despouillée, achève de passer l'esté, durant lequel les oysons se rendent bons à manger, tenans rêng entre les viandes de requeste. A quoi va-on retenu pour l'espargne de la provision : toutes-fois selon les pays, plus ou moins les uns que les autres, abondent en ceste espèce de poulaille.

Leur ponte. Ne faut permettre aux oyes de pondre ailleurs que dans leur poulailler; à quoi s'estans une seule fois accoustumées, ne faudront nullement, tant elles ont bonne mémoire, d'y continuer tous les jours, selon que leur ponte durera ; voire au mesme endroit qu'elles auront premièrement choisi, et à heure certaine, qui est communément le matin. Par quoi, ne laissera-on sortir le matin aucunes oyes, que celles qui ponnent n'ayent rendu leurs œufs : et par ce moyen sera évitée la peine de les aller cercher en campagne, au danger de les y perdre. Les oyes ne ponnent dans leurs nids, ains au parterre, qu'à telle cause convient couvrir de paille, et la rafreschir souvent; car ce bestail aime d'estre nettement tenu.

Engraisser les oyes. Engraisser les oyes, est la dernière peine qu'elles donnent (aussi est-ce la moisson de ceste semence), estant comme des pourceaux ; desquels avec soin , l'on faict achever la vie par bonne chére. De ces deux animaux dit-on , *que le manger les nourrit ; et , que le trop manger les engraisse.* Tous néantmoins s'accordent à cela, qu'aux oyes ne faut espargner la viande , dont la meilleure, comme aussi la plus chére , est la farine de froment et d'orge, destrempée dans eau chaude, y meslant du miel et des figues ; viande qui tost les faict abonder en graisse, leur faict devenir la chair blanche , et avoir le foie grand, qui est la partie la plus requise de la beste. Toutes sortes de cribleures de blés leur sont bonnes : aussi les glands conquassés , les raves, naveaux, et semblables. Aucuns les empastèlent avec des pelotes de farine comme les chapons, les tenans closes en lieu chaud et obscur. Autres se contentent de les enfermer dedans des chambrettes avec force viande et bruvage, nettoyans souvent le lieu, car c'est le fumier que les oyes haïssent, encores que d'elles-mesmes soyent assés sales.

Mais avec moins de mystère engraisse-on les oyes, selon la pratique de la Gascongne, où ce mesnage est familier. A la mi-Octobre, les oyes destinées à engraisser, sont légèrement esplumées entre les jambes et les cuisses, puis enfermées en lieu estroict : auquel comme prisonnières, elles ne puissent beaucoup cheminer : pour laquelle cause aussi, sera-il choisi obscur, dont seront-elles contraintes séjourner tous-jours en un mesme lieu. A faute de lieu obscur, l'on crève les yeux aux oyes : lesquelles , quoi-qu'aveugles, ne laissent de manger et prendre d'elles-mesmes la viande ; pourveu que ce soit en endroit qu'au-paravant elles ayent accoustumé, une fois ou deux seulement. Davantage, sera le lieu chaud , estans les vents et froidures entrans en leur logis, fort contraires aux oyes , pour prendre graisse, comme aussi la saleté, par quoi le nettoyera-on souvent. Leur viande à engraisser est le seul millet, ou l'avoine

bouillie

bouillie dans l'eau. Veulent avoir tous-jours de la viande et du bruvage abon-damment. Pourveu que le temps favorise ce mesnage, qu'à cela l'on le désire froid et sec, dans quinze jours ou trois sep-maines, les oyes deviendront grasses en perfection. Les vieilles tardent un peu plus à prendre graisse, que les nouvelles; différence qui n'est recogneue entre celles de mesme aage, quoi-que de divers sexe : masles et femelles estans traictés de mesme (42).

Recueillir graisse.

Grasses que soyent les oyes, on les tue, puis on les plume, et après on les es-corche : la peau où consiste la graisse, est hachée menu, et mise cuire à la paesle, d'où, à la manière de la graisse de pour-ceau, ceste-ci est retirée, et finalement y ayant mis un peu de sel, est logée dans des vazes de terre, vitrés en dedans : ainsi elle se conserve longuement, pour l'appareil des viandes, auquel usage elle surpasse en bonté et délicatesse toute autre ; et a ceste propriété, que sans ja-mais geler ne s'affermir, elle demeure tous-jours liquide, comme huile gras. La

La chair,

chair est salée à la manière du lard, pour servir de provision durant l'année. Et la

La plume.

plume est assortie par les maistres de l'art, pour les divers services ausquels elle est propre (43). Ainsi au grand profit de la maison ces trois commodités sortent de ceste nourriture, laquelle tout bon mes-nager domestiquera chés soi, sans crain-dre tant l'introduction de nouvelleté, que le regret de se priver de si facile et profi-table mesnage (44).

Pour achever les louanges de l'oye, je dirai qu'avec le paon et le chien, elle a de commun la vigilance ; descouvrant les sur-venans en la maison. L'histoire romaine célèbre les oyes, pour avoir sauvé le capi-tole de Rome de la surprinse des Gaulois, où y en avoit quelques-unes de nourries, comme dédiées à la déesse Juno, qui des-couvrirent à propos, les ennemis qui y montoient de nuict en cachète.

CHAPITRE VI.

Les Canes communes, d'indes, mes-tives ou bastardes.

Canes communes.

COMME il n'est à propos de s'opinias-trer à eslever des canes en lieu sec et aride : aussi estant pourveu d'eaux, ce seroit faillir en mesnage, de ne se servir de ce bestail pour l'utilité de sa nourri-ture. Les œufs, la plume, et la chair, font le revenu des canes. Plus d'estat que

Leur revenu.

de ceux des oyes est faict des œufs des canes, pour l'abondance : la cane en ren-dant plus grand nombre, que l'oye. Mais le contraire avient de la plume, pour le grand corps de l'oye, et pour la qualité avec : n'estant si bonne l'une que l'autre, ne pour les licts, ne pour l'escriture : sym-bolisans au reste en mœurs et complexions. En ce notoirement différent-elles les unes des autres, que les canes vivent plus sur l'eau que sur la terre : au contraire les oyes, sur la terre que sur l'eau. D'où sort ceste diversité de gouvernement, que pour les canes ne faut une garde particulière, afin de les mener paistre, comme les oyes : parce que d'elles-mesmes se vont quester leur vie ès rivières et ruis-seaux, mangeans des poissillons qu'elles y treuvent. C'est pourquoi, l'entrée aux estangs leur est défendue, et ailleurs où la pesche est de requeste, pour le dégast de poisson qu'elles y font.

Se pourvoir de canes. À l'eslection des canes, pour semence convient regarder à la grandeur du corps, et à la fécondité, pour avoir des œufs en abondance, laquelle se recognoist mieux par l'expérience, que par signes des pennages : d'autant que de toutes couleurs propres à cest animal s'en treuvent de bonnes et de mauvaises. La charge d'un canard, est de huict ou dix canes : ainsi l'on assortira la bande. A mesme heure de toute autre poulaille, ceste-ci veut sortir en campagne, c'est assavoir, le matin : laquelle non plus que la commune, ne peut souffrir l'espargne du grain, si on désire la maintenir en bon estat, pour, en saison, la faire fructifier en œufs, et pour en manger de grasses presques durant toute l'année. *Quand.* Le matin donques, leur donnera-on un peu de grain, avant qu'aller à l'eau, et le soir au retour, aussi : duquel la friandise leur servira de retraicte, à laquelle ne faudront de venir selon l'heure que leur aurés accoustumée, où d'elles-mesmes se rendront, ce qui espargnera la peine de les aller quérir pour *Et de quoy les nourrir.* les serrer au logis. Ne craignés de faire trop grande nourriture de canes, veu qu'elles vivent en lieux perdus sans coust : n'estant si grande la despence du peu de grain que leur donnés, qu'il en faille restraindre le nombre au petit-pied. D'ailleurs, dès le mois de Septembre vous commencés d'en amoindrir le trouppeau, duquel en prenés souvent quelqu'une pour manger, et continués tout l'hyver, si que de jour à autre avec l'amoindrissement du nombre, s'accourcit la despence (45). Fournissés-en donques tous vos moulins et métairies aquatiques, à ce que ne vous privés de la commodité de tel bestail.

Le plus redoutable ennemi de toute sorte de poulaille, est le renard, aux incursions duquel sont plus exposées les canes, que ni les poules communes, ni les d'indes, ni les oyes : d'autant que les poules ne s'escartent loin du logis, et qu'en la campagne les d'indes et les oyes sont gardées, l'un ne l'autre n'estant aux canes ; sans conduicte allans d'elles-mesmes paistre à l'escart. A ce mal le remède est, de chasser aux renards tant qu'on pourra, pour en délivrer la contrée : et en outre, d'envoyer conduire à l'eau, les canes, le matin ; et sur le soir les en ramener, leur faisant escorte à passer les dangers des chemins quand ils se rencontrent à travers des bois et hailliers, par ce moyen ramassant les escartées, à ce qu'aucune ne se perde par des-union. Ainsi on les préservera du renard, aux heures et places les plus à craindre ; tant dangereux n'estant leur séjour à l'eau, où communément le renard ne va les attaquer (46).

Au mois de Mars, les canes commencent à pondre, et continuent à faire des œufs par chacun jour, durant trois mois, et plus outre, si le séjour leur agrée. Du premier œuf s'estant prins garde la gouvernante, ne laissera sortir le matin du poulailler aucune cane, qu'elle ne lui aie rendu les œufs, selon son conte, comme j'ai dict des oyes ; par ce moyen, aucun œuf ne se perdra. En mesme temps, commence la saison de mettre couver ces œufs-ci, afin d'avoir des canetons primerains : estans tous-jours plus de requeste les hastifs, que les tardifs, pour la grandeur du corps : ne pouvans s'accroistre raisonnablement ceux qui viennent dans l'esté, à cause des prochaines froidures qui leur destournent l'accroissement. La charge de l'eslèvement des canetons, est deue à la poule commune, ainsi qu'a esté dict : car encores que la d'inde les esclove heureusement, c'est tout ce qu'elle y sçait faire : pour sa lourdise et pesanteur ne pouvant conduire les canetons, qui d'eux-mesmes sont très-lourds en leur commencement : et si tendres, qu'à peu d'occasion se meurent ; car pour les tuer, il ne faut que le seul trepis de la d'inde, comme à cela son naturel l'assujettit, leur mettant le pied dessus, lors que marchant gravement, lève en haut la teste, sans regarder à ses pieds. Au contraire, est de la poule commune, laquelle par son agilité après les avoir esclos, les conserve très-bien, estant tousjours en souci pour les faire manger, ou à les eschauffer sous ses aisles. Et lui dure telle curiosité, jusqu'à ce qu'eux-mesmes l'abandonnent, pour s'en aller nouer dans l'eau, selon que Nature les enseigne, autour de laquelle eau, les poules les suivent encores longuement. La cane mesme n'est si propre à l'eslèvement de ses petits, que la poule commune : d'autant que couvant, elle refroidit ses œufs par entrer souvent dans l'eau, estant en liberté, dont elle ne se peut passer qu'en languissant. Et que d'ailleurs estans esclos, elle faict morfondre les canetons en les faisant trop tost nouer sur l'eau, en laquelle elle les fourre devant qu'ils soyent renforcis. Aussi, grande quantité n'en eslèvent-elles naturellement, ains seulement quelque demie douzaine, encores c'est en saison chaude, autrement n'en pourroient venir à bout. Une douzaine de ces œufs seront mis sous la poule, qu'elle esclorra dans un mois, comme ceux des oyes ; dont les canetons seront entretenus avec soin et fréquente visite, et nourris comme les poulets en les caressant de la voix. Voilà la façon d'eslever les canetons, sans nous arrester au moyen que les Chinois tiennent à les faire esclorre sans poule, ci-devant représenté (47). Ne souffrira la gouvernante, ses canetons voir la campagne de trois semaines ou un mois, ains les tiendra enfermés dans leur chambrette avec la mère : passé lequel terme, leur pourra donner l'aer, en jour beau et serain, pour les en retirer, arrivant la nuict. Ainsi petit à petit, s'accoustumeront-ils aux champs et à l'eau, pour y passer leur vie, selon leur naturel. Par tel ordre, s'aggrandiront à veue d'œil, deviendront robustes : et passans en senté leur basse aage, éviteront le péril d'estre dévorés par renards, chiens, pourceaux : et mesme d'estre trépignés par les personnes et bestes ; estant ce leur plus dangereuse tempeste, et qui plus en faict perdre.

Aussi ne se faut trop haster à mesler les jeunes canards et canes avec les vieils, de peur d'entretenir la guerre entr'eux. Car cela est tout notoire, que les grands battent les petits ; et leur dure telle humeur jusqu'à ce que le temps aye fortifié les foibles, pour eux-mesmes se pouvoir défendre. Pour laquelle cause s'entretiennent-ils par aages, allans attrouppés selon leurs couvées, lesquelles on recognoist, par leurs trouppes séparées ; gardans longuement telle particulière union, laquelle à la longue confondue, de plusieurs petites bandes, s'en forme une grande.

La cane d'inde est une espèce de ceste volaille, ja naturalisée ès climats de pardeça, comme aussi la poule d'inde. Elle est plus grossette que la commune, différente aussi d'elle en figure et couleur, ayant l'aer de la poulaille d'inde, et spécialement le jars qui de la teste ressemble quelque peu le coq d'inde : discordante en ceci de toute autre volaille, qu'elle est muette, sans mener bruit aucun : n'est guères fertile en œufs, et en sont ses petits d'assés difficile esiever. Au demeurant, sa chair est très-bonne et délicate, qualité causant l'entretenement de l'animal : il est aussi recerché pour le décorement de la maison, autour de laquelle est chose plaisante à voir la diversité de la volaille, mesme ceste estrangère-ci.

La conduicte.

A cinq ou six femelles convient un masle. Comme les autres canes celles-ci se nourrissent à l'eau, de mesme viande, et par mesme ordre touchant les heures d'envoyer paistre, de leur retraicte, de leur logis. L'on donne à couver les œufs de ceste cane aux poules communes, dont les canetons esclos, ne s'eslèvent qu'avec curiosité et bon traictement. Leur meilleure viande est le pain blanc, esmié avec du caillé quelques-fois, et tous-jours désirent abondance d'eau pour boire et bourbeter. Moyennant qu'on ne les expose trop tost aux champs et à l'eau, ains qu'avec patience l'on attende dans le logis quelque raisonnable accroist, s'achèveront de fortifier en peu de temps, pour résister aux violences des autres espèces de canes, pour vivre avec elles de compagnie.

Cane
tierce ou
bastarde.

Une troisiesme espèce de canes sort par l'accouplement du canard d'inde avec la cane commune ; recommandable en ce que pour la fertilité de la femelle, et facile eslèvement des petits qui sortent de ses œufs, l'on en peut avoir abondamment.

Ceste cane tient du masle la grosseur du corps, la bonté de la chair, et le silence : et de la femelle, la fertilité des œufs, qui s'augmente par ce mariage, pondans les femelles plusieurs fois l'année ; mais œufs qui ne sont bons qu'à manger, ne pouvans esclorre, pour le meslinge des semences, partant stériles en génération (comme les mulets) en eux défaillant leur race (48).

Pour en conserver l'engeance, se faut soigner de tenir suffisant nombre de canards d'inde au trouppeau des canes communes : comme pour cinq ou six femelles, un masle (ceux-ci ne pouvans fournir à tant de femelles que les autres) afin d'avoir abondance des œufs que demandés, lesquels couvés, ainsi que dict est, par des poules communes, satisferont à vostre intention. A la charge toutes-fois, qu'autre masle que d'inde n'y aie au trouppeau des canes communes, pour le danger de gaster tout. Et à ce que cela se puisse commodément faire, sera bon loger en lieu séparé, ceste bande ainsi assortie ; par le moyen de laquelle, sans destourbier, ceste race bastarde se maintiendra. Dont tirerés plaisante utilité, par les chairs et œufs qu'elle vous fournira en abondance (49).

CHAPITRE VII.

Les Cygnes.

Des cygnes. PEU de cygnes se voyent, que là où ils viennent naturellement: et pour le seul plaisir, quelque petit nombre l'on en esleve ailleurs. Aussi telle forcée nourriture, appartient proprement à grands seigneurs. Sans laquelle, tout noble mesnager auroit sa cour meublée de tant exquis animal, pour l'honneur de sa volaille, tant désirable en cest oiseau, excellent en blancheur, d'un grand corps, d'un grave port, d'un chant mélodieux; qualités qui le rendent magnifique, très-plaisant à voir, et qui lui ont donné la royauté par dessus la volaille aquatique. Il est de grande despence et gourmand, dégastant les estangs, pour le poisson qu'il y dévore, l'aimant par dessus toute autre mangeaille. C'est pourquoi, sans grande commodité d'eaux, ne se faut soucier d'en entretenir beaucoup, puis que là consiste leur principale vie. Pour cela, néantmoins, ne faut désister de leur donner à manger des grains, du pain, des herbes, des restes de la cuisine: mesme si par faute de larges eaux, ils fréquentent la basse-court avec la poulaille commune, comme ils font en divers lieux de la France.

Son naturel. Le cygne est de fort longue vie, s'en voyant en certaines bonnes maisons de France, y avoir demeuré plusieurs générations. Il dresse son nid, faict ses œufs, les couve et les esclot de soi-mesme: et après méne ses petits, sans que pour aucune de ces choses, l'on doive avoir autre soin, que de lui dresser des couverts en quelques lieux solitaires, et les nettoyer souvent. En ceci sa gourmandise est utile, que de desengeancer de grenouilles les fossés de la maison, ausquelles il chasse affectionnément, pour le plaisir qu'il prend à les manger.

Valencyennes est ainsi dicte, pour les cygnes dont elle abonde. Naturellement aussi se peuplent les cygnes dans la Charente, és quartiers d'Angoulesme et environs: remarquée icelle rivière, pour telle rarité, et pour les truites et escrevisses dont elle est remplie: de laquelle le commun dict, que la Charente est couverte de cygnes, pavée de truites, et bordée d'escrevisses (50).

CHAPITRE VIII.

Le Pigeonnier ou Colombier.

Discours sur le colombier, la garenne, et l'estang. CELUI ne pourra voir sa maison despourveue de vivres, si elle est accommodée de colombier, de garenne, et d'estang, par y treuver tous-jours de la viande, aussi preste que dans un gardemanger. Par quoi, nostre père-de-famille ayant mis en quelque bon train ses terres labourables, vignobles et prairies, et dressé ses poulaillers, se bastera de se fournir, pour une fois, de pigeons, de connins, et de poissons: à ce qu'estant munitionné de tels vivres, il puisse noblement nourrir sa famille et faire bonne chère à ses amis, sans mettre la main à la bourse. Car estre contraint de bailler argent à toutes heures, quelle différence y auroit-il de l'habitation des champs à celle des villes.

desquelles la principale incommodité est la despence journalière ? Mais vivant en campagne, des alimens que sans coust prenés chés vous, cela augmente d'autant plus le plaisir du séjour, que plus largement aurés des fruicts pour vostre usage, pour en donner à vos amis, et pour en vendre : à quoi parviendrés, moyennant la faveur du ciel, estant accommodé de ces choses. Il n'y a maison de mesnage qui consume tant de pigeons, connins et poissons, que produisent les colombier, garenne et estang, bien dressés et entretenus, qu'il n'en reste encores pour convertir en deniers. Et quand mesme n'y en auroit que pour la seule provision, n'est-ce pas une belle acquisition que de s'aproprier des gardemangers perpétuels, esquels à toutes occurrences l'on puise de la viande, comme d'une source vive ? Et à quel prix voudriés-vous achepter un charnier tous-jours fourni de lard, de jambons, de saucissots, pour y en prendre à volonté, sans se diminuer, comme l'huile d'Élisée ? Tout de mesme est de ces commodités, dont les deux sont recouvrables par tout, ne défaillant que l'estang, qui est restraint en lieu favorisé d'eau : car quant aux colombier et garenne, il ne faut que les dresser et entretenir pour avoir des pigeons et des connins, veu que ce bestail se peuple indifféremment en tous endroits et climats.

Pour donques parvenir à telles aisances, les addresses suivantes vous serviront. Et premièrement, parlant du colombier, je dirai, qu'il faut que trois choses s'accordent ensemble, pour avoir contentement de ceste nourriture : le logis, les pigeons, leur gouvernement. Grande sujection n'y a-il à la disposition du colombier : car

posé dedans ou dehors la maison, prins petit ou grand, façonné de la figure que voudrés, tous-jours y aurés-vous des pigeons, si la race de la volaille en est bonne et bien nourrie. Mais en beaucoup plus grande abondance, s'il est dressé seul en campagne, et faict grand et spacieux, pour le naturel des pigeons, qui se plaisent beaucoup mieux en pays et logis ample, qu'en estroict et estouffé : comme cela se remarque évidemment ès naturelles grottes dans les antres des rochers, où pour leurs estranges grandeurs, semblables à temples superbes, les pigeons se retrayent en infinies multitudes. Ainsi qu'avec merveille, cela se void près le chasteau de Vallon en Vivarés, en la face d'un haut rocher joignant la rivière, Nature ayant là donné commode logis à ce bestail. Esmerveillable estant aussi la bigearreure de ses divers antres et cavernes, pour leurs assiettes, capacités et figures : mesme une que les gens du pays appellent, *caïré-creis*, dans laquelle l'on entre par eau en bas avec un petit bateau traversant la rivière, porté le long d'une allée estroicte, jusques en un petit port rond, vouté naturellement, de mesme figure ; et esclairé d'une lucarne prenant lumière par le travers du rocher, servant, en outre, de montée aux estages supérieurs. C'est ce qui est le plus observable en cest endroit, où la régle de proportion n'a lieu ; l'expérience enseignant le grand colombier estre meilleur en sa grandeur, que le petit en sa petitesse (51).

A telle cause préférant le grand au petit colombier, sans crainte d'excéder, nous le bastirons tant ample qu'il sera possible. Quant à la figure, encores que toutes soyent bonnes, je tiens la ronde

meilleure qu'aucune autre, principalement à raison de ce que les rats n'y ont
tant d'accès, qu'à l'angulaire, eschellans
le colombier plus facilement, par les encoigneures du dehors, que par autres endroits de la muraille. De ce aussi que l'eschelle tournante sur un pivot, vous porte
aisément par tout l'intérieur du colombier, esgalement s'approchant des nids
sans s'y appuyer, pour en prendre les
pigeons, leur porter à manger, pour visiter le colombier, s'accordant parfaictement le chemin de l'eschelle à la circonférence d'icelui : ce que du tout ne pourroit faire en autre, comment qu'il fust
disposé. D'ailleurs, à meilleur marché le
bastissés-vous rond, que quarré, ni à
pans, pour la pierre de taille que de nécessité convient employer aux angles.
Considération autant requise en certains
endroits, comme en d'autres, la despence
n'estant grande, pour la commodité des
quarrières, l'on ne s'arreste pas beaucoup
à cela.

Si toutes-fois sans avoir esgard à ces
choses, l'on désire avoir le colombier
autre que rond, on le pourra faire de
toute autre figure treuvée plus agréable,
dont la plus prisée sera la plus approchante de la ronde, comme l'octogonne,
l'heptagonne, l'exagonne, la pentagonne, et après la quarrée parfaicte : dans
toutes lesquelles jouera l'eschelle sur le
pivot, utilement, encores qu'elle n'approche esgalement des nids, comme en la
ronde. La barlongue et la triangulaire
suivent, dont de chacune à part et de composées selon la contrainte du lieu, ou le
désir du maistre se dressera le colombier.

Ayant donques la carte blanche pour
bastir le colombier, sans aucune sujection, laissée la figure en la liberté d'un
chacun, nous l'asserrons sous aer tempéré, le moins battu des vents qu'on pourra
choisir : en campagne, seul, non attenant à autre bastiment, pour tant plus
estre reculé du bruit et du dégast des rats :
dans l'enceint des jardinages ou vignobles :
afin d'estre plus asseuré des larrons : en
crouppe relevée, pour estre veu de loin :
loin d'arbres tant qu'il sera possible, pour
de mesme s'esloigner du bruit de leurs
branchages, estans agités par les vents,
et du danger des oiseaux de rapine s'y
retrayans : esloigné de l'eau un couple
d'arquebusades, pour l'abbruvoir des pigeons, estimé le meilleur estant dans telle
distance de l'eau, d'autant que les pères
et mères allans querir à boire à leurs petits, en tel endroit, leur rapportent l'eau
eschauffée ainsi qu'il appartient. Et encores que Nature leur enseigne de puiser
l'eau en lieu salutaire, l'ayans si prochaine, ce sera à leur chois de s'arrester-
là, ou de passer plus outre : liberté qu'ils
n'auroient en estans plus esloignés. Par
laquelle considération, nous-nous eslirons
telle distance, si faire se peut, et aussi
pour éviter le bruit du rude courant des
eaux, importun aux pigeons quand il se
rencontre trop près de leur habitation.

Pour le regard de la capacité du colombier, en la limitant (sans toutes-fois toucher à la liberté, dont a esté parlé) nous
lui donnerons trois ou quatre toises de
diamètre dans œuvre, estant rond et
quarré, ou d'autre figure, à l'équipolant :
mesure raisonnable pour loger abondance
de pigeons. Sa hauteur excédera d'un
quart, sa largeur. Sa couverture sera
comme celle d'une tour, avec des saillies
en hors pour rejetter les eaux de la pluie,

afin que les murailles ne se mouillent, et par ce moyen sans se pourrir, estre de longue durée. La couverture sera posée sur une voute de pierre à profit, bonne et bien maçonnée, pour contenir les pigeons freschement en esté, et chaudement en hyver. Je ne loue les parabandes qu'aucuns font ès colombiers, pour parer la bize aux pigeons : attendu que cuidans les accommoder en un temps, ils les incommodent en un autre : qui est lors que le vent de midi souffle, lequel entrant dans le colombier, comme par un entonnoir à cause du rehaussement des murailles sur la couverture, y tourmente fort les pigeons, plus toutes-fois en une province qu'en autre, comme en la Gascongne, où ce vent est fort fréquent. A laquelle raison, s'ad-jouste la précédente, que les murailles exposées à la pluie, se ruinent plustost que celles qui sont couvertes par dessus. Car non seulement le crespi ou blanchiment se deschet dans peu de temps, par les pluies, par les vents, et par autres violences : mais aussi l'intérieur de la muraille, dans laquelle se logent les rats, y treuvans entrée à la ruine des pigeons.

Tous-jours la moitié du colombier rond, se treuve en abri, quelque vent qui souffle, en laquelle se retirent les pigeons, se remuans de lieu en autre, comme le temps se change : se mettans sur le toict ès cornices ou ceintures environnans le colombier. Mesme alors qu'il plut, séjournent-ils sur ces cornices-là, sans s'y mouiller ; à cause de la saillie de la couverture du colombier, avançant en hors, aisance qui n'est ès colombiers à murailles descouvertes.

Selon la commodité du pays, sera la matière du colombier. De pierre, de brique, de bois : séparées ou meslingées : de terre aussi avec du bois ; en cela n'y ayant aucune sujection. Pouvant choisir de ces choses pour les murailles, nous prendrons la pierre ou la brique : et pour les nids, la seule terre cuite. C'est chose très-nécessaire, de prevenir le dégast que font les rats au colombier. Aux rats n'est tant sujet le colombier tel que le desseignons, que celui qui joinct aux autres édifices : encores moins celui qui est assis sur des pilliers, lesquels portans le bastiment laissent vuide le bas, et par conséquent ce meschant bestail n'a accès au colombier, que par les pilliers : à quoi facilement est remédié, entourant les pilliers avec du fer blanc en certains endroits, comme des ceintures, dont le chemin estant trenché aux rats venans de dehors, l'on n'a qu'à se garder des domestiques, s'engendrans dans le colombier. Pour la mesme crainte, est treuvée l'invention de disposer les nids des pigeons, non joignans l'intérieur des murailles du colombier. Car encores qu'il y aie des rats dans le colombier, ne nuisent pourtant ni aux œufs, ni aux pigeonneaux, par ne pouvoir attaindre aux nids, pour l'empeschement du fer blanc employé aux pieds des poutres soustenans la charpente, en laquelle les nids sont accommodés.

De quelle figure qu'on voudra, horsmis de la ronde, fera-on le colombier-à-pilliers, esgalant à leur nombre, celui des faces ou pans du colombier. Une voute sera portée par les pilliers, et une autre par les murailles du colombier en haut à leur extrémité : sur laquelle sera bastie la couverture, qu'on façonnera ou de pierres plates artistement taillées, ou avec des ardoises,

ardoises, ou avec des tuilles ou briques, plates ou rondes, telles qu'on choisira pour le meilleur, selon l'usage du pays. Ce n'est de nécessité de vonter le colombier, en aucun endroit : car l'on peut faire un plancher au lieu de la première voute, et la couverture, de bois de charpente, comme l'on couvre les communs édifices : mais à condition, que les aix en soyent si bien joincts, que ni les vents, ni les rats y puissent pénétrer à travers, et bastir si bien les tuilles ou dessus de la couverture, que la pluie n'entre dedans le colombier, ainsi sera-il de bon service. Pour monter au colombier, une viz sera espargnée dans l'un des pilliers de l'édifice : ou si tant l'on ne veut despendre, une eschelle satisfera en cest endroit, dès terre la faisant attaindre à un trou, que pour entrée on laissera à l'un des costés de la première voute, ou plancher, lequel trou fermera à clef. Le dosme sur la couverture, portant la principale fenestre pour entrée et issue aux pigeons ; ensemble les nids, seront disposés comme sera monstré. Ainsi basti le colombier, sera de belle représentation, et en bonté, ne cédera à aucun autre. Aussi en sera l'édifice de grand prix, mesme si la pierre de taille, par son esloignement, enchérit l'ouvrage. Où la commodité de la pierre défaut, le bois supplée, dont l'on dresse des bons colombiers. Avec de l'argille pestrie, meslée parmi les chevrons de bois, ou pour le meilleur, avec de la brique, comme a esté dict, se composent les murailles, selon l'usage de la Gascongne, et autres provinces de ce royaume, desquelles matières non seulement se sert-on en colombiers, mais aussi ingénieusement, et avec espargne, en toute autre sorte d'édifices.

Fausses façons de colombier.

Qu'un estage ne donne-on communément au colombier-à-pilliers, parce que le bas demeure ouvert sous les arceaux. Suivant l'autre façon de colombier, aucuns y en laissent deux, faisans servir celui rés de terre, en poulailler, porcherie, ou à autre usage, selon l'assiete. Mais qui s'entend le mieux à cela, de tout son colombier n'en faict qu'un membre, régnant despuis le rés de chaussée ou de terre, jusqués au dessous de la couverture, afin de rendre l'habitation des pigeons, et plus agréable, fresche et chaude, selon les endroits du colombier, et les saisons. Où les pigeons ayans à choisir de nids, par telle commodité en tout temps aiment le pigeonnier, sans l'abandonner jamais : pourvéu aussi que la matière des nids et leur capacité, respondent au naturel de l'animal, sans laquelle correspondance, le colombier ne pourra estre dict du tout bon.

La terre cuite, la pierre, et le bois, sont les plus communes matières dont l'on faict les nids des pigeons. Le pigeon sur toute autre matière, choisit la terre cuite : pour estre fresche en esté, et non trop froide en hyver ; qualités qu'on ne treuve ni en la pierre, ni au bois : l'un estant tousjours froid, et l'autre chaud. Ayant cestui-ci de plus ce particulier vice, que d'attirer à soi des pulces, punaises et autres bestioles, au détriment de la volaille, s'attachans au bois deux ou trois ans après avoir esté mis en œuvre, ce qu'on ne void, au moins que très-rarement, et encores en petite quantité, ni à la terre cuite, ni à la pierre. Pour ce vice aussi est le bois à rejetter, qu'estant tous-jours chaud en esté, est du tout importun, pour la propriété de la saison : auquel temps le pigeon

La matière des nids du colombier.

recerche la frescheur, pour se soulager de son travail, lors plus que de toute l'année, ayant besoin d'estre bien logé. Ceux qui font leurs boulins ou nids de pigeon dans des paniers d'ozier, semblent pourveoir à l'importunité des bestioles nuisibles, pour la facilité du nettoyer : car estans les paniers suspendus sur des chevilles fourrées dans la muraille, on les oste et remet de leur lieu, quand l'on veut, pour les descharger de vermine, les secouant sur le pavé. Mais il vaut mieux prevenir le mal, que de s'efforcer à le guarir estant arrivé. Car sans doute en l'ozier, qui n'est que bois, s'attachent ces bestioles-là, encores plus facilement qu'on ne les en oste. D'ailleurs, tels nids ainsi séparés, facilement s'escartent et perdent, pour n'estre remis en leurs places, incontinent après les avoir nettoyés, dont finalement le colombier se déserte : et aussi quand par la mesme négligence, l'on ne daigne en refaire à neuf, au lieu de ceux que la vieillesse et l'usage consument de jour à autre; sujection qui n'est ès nids attenans au colombier. Le bois donques est la pire matière pour faire des nids de pigeon, qu'on mettra en œuvre défaillans toutes les autres, lesquelles matières l'on employera selon l'ordre de leur valeur. Du plastre l'on œuvre très-utilement en cest endroit, pour son facile maniement, et qualité de la matière. Car estant ployable à plusieurs gentillesses, ainsi qu'on veut les nids de pigeon en sont façonnés, et approchant de bien près le plastre, à la faculté de la terre cuite, en est d'autant plus agréable au pigeon, que plus il s'esloigne de celle du bois.

Comment façonnés. C'est la matière, reste la forme des nids du pigeonnier. De quelle matière que ce soit, faut faire les nids de pigeon grands et spacieux, pour à penne et crouppe franche s'y remuer aisément ensemble les deux pigeons, masle et femelle. Et, comme j'ai dict du colombier, faut craindre plustost d'excéder en petitesse, qu'en grandeur. Car faillant en cest endroit, ne vous esmerveillés si les pigeons abandonnent le colombier : d'autant qu'ils ne peuvent souffrir d'estre logés à l'estroict. Désirent aussi les pigeons, pondans et couvans, et les petits esclos jusqu'à ce qu'ils s'en-volent, d'estre en nid plus obscur que clair, la clarté contrariant à toutes les premières œuvres de ceste volaille. C'est pourquoi en France l'on façonne les nids de pigeon, avec de la brique plate ; car l'accommodant à la mode d'armoires de buffet, les nids demeurent tous-jours obscurs en l'un des bouts, où secrettement les pigeons se retirent, sans estre veus des personnes entrans au colombier. Pour laquelle cause, sont tels nids mis en second reng de bonté : et tiendroient le premier, s'ils n'avoient des commissures, à travers desquelles les rats passent, quand par vieillesse le colombier se deschet. Mal qui n'avient ès nids faicts de pots de terre, d'autant qu'estans tout-d'une-pièce, sans aucune joincture, les rats n'y ont jamais entrée que par la gueule. Avec des tuilles rondes façonne-on des nids de pigeon en Languedoc, Provence et ès environs. L'on asseoit les tuilles, comme canaux à recevoir l'eau, les posant par rengées, en distance de demi pied l'une sur l'autre, soustenues par des briques plates accommodées de bas et de haut à la rondeur des tuilles : servans en outre à faire la division d'entre les nids : lesquelles briques ressemblans à eschaudets, en retiennent aussi le nom, mais tous-jours sont-ils clairs et avec plusieurs joinctures. Non plus du tout tels que les désirous, pouvons-nous faire des nids de pigeon, avec des pierres : quoi-que plates et polies ; car estans de plusieurs pièces, les rats y ont quelque accès par les commissures. Ce sont donques les pots de terre, qui rendent les nids parfaictement bons, pourveu aussi que les pots soyent faicts ainsi que courges à col long, ouverts au bout, pour l'entrée du pigeon, et recourbés comme le coulde, dont le ventre demeure obscur.

En bastissant le colombier, tout-d'une-main l'accommoderés de ses nids, soyent de briques, de pierre, ou de pots, et ferés qu'il sera aussi tost meublé que basti. Désirant que les nids soyent de bois, y laisserés des bouts de chevron, maçonnés dans la muraille, en rengées, pour soustenement des nids, que par-après avec des aix façonnerés à loisir. Le premier reng de nids de quelle matière qu'ils soyent, s'esloignera de terre trois ou quatre pieds, à ce que demeurant la muraille de là en bas vuide et bien polie, les rats ne la puissent gravir pour monter dans les nids : de quoi ils seront du tout destournés par le rencontre de la cornice, bastie au bout de telle mesure. Ceste cornice ou ceinture, régnera tout autour de l'intérieur du colombier, saillant en dedans environ un pied. Elle sera creusée comme un canal, et posée à la renverse, assavoir le cave par le dessous regardant en bas, afin que les rats eschellans la muraille, venans de terre jusqu'au canal, par le rencontre de son recourbement, ne puissent passer outre, ains soyent contraints reculer, ou voulans continuer leur chemin, tumber à terre, ce que plus assurément feront-ils,

si le canal est de pierre glissante et polie. A faute de pierre de taille, pourra-on faire la ceinture avec des aix, garnis de fueilles de fer blanc par le dessous, qui satisferont à vostre intention. Sur la cornice et joignant icelle asserra-on le premier reng de nids, et en suite les uns sur les autres jusqu'à la fin de l'œuvre, qui sera deux ou trois pieds près de la naissance de la voute, ou des poutres de la couverture. Là le dernier reng des nids sera couvert d'un aix, large d'un couplé de pieds, mais principalement pour garder que les rats venans des couvertures, ne se puissent glisser dans les nids. Car tout ainsi que la cornice basse, engarde les rats de monter ès nids ; ceste couverture-ci, les empesche d'y descendre, moyennant qu'elle soit bordée de fer blanc : parce que les rats s'efforçans de passer outre, glissent et se précipitent en bas. Et au surplus, c'est aix-ci régnant à l'entour de l'intérieur du colombier, soustenu on par consoles de pierre, ou par bouts de chevrons bastis dans le mur, servira de table aux pigeons pour y manger leur viande. Tant qu'on pourra mettra-on des nids au colombier, sans craindre d'excéder en nombre. Observant ceci, qu'en posant les pots par rengées, faut se garder de les mettre l'un sur l'autre en ligne perpendiculaire, ou à plomb : ains sur l'entre-deux du premier reng, mettre un pot du second : et ainsi des autres, dont l'ouvrage se liera de telle sorte, que de trois en trois pots y aura un triangle équilatéral. Ayant des pots recourbés, sera bon de les accoupler deux à deux, approchant leurs gueules tant qu'on pourra, et par ce moyen les ventres se trouveront en deux mains, comme les deux armoires d'un buffet. Les pots ne sortiront rien du mur, ains demeureront unis à icelui, n'en paroissant que le trou de la gueule: duquel mur sera blanchi tout ce qui restera : tant pour oster aux rats toute espérance d'y pouvoir attaindre , que pour donner aux pigeons ce plaisir , de voir leur logis paré de telle couleur, laquelle ils aiment par dessus toute autre. Sera bon de mettre au devant de chacune ouverture des nids , une petite pierre plate ou brique, saillant trois ou quatre doigts ; pour servir de reposoir au pigeon , lors qu'il entre ou sort de son nid et pour s'y reposer aussi, quand par la malice du temps , il est contraint de séjourner le jour dans le colombier.

Avec de la charpente se dressent les nids du colombier ; afin principalement, que les rats n'y ayent aucun accès: ce qui se faict en deux sortes. L'une est comme estandis d'apoticaire, qu'on dresse avec des poutres , chevrons et aix à l'entour et par dedans le colombier, esloigné des murailles de deux à trois pieds. Des deux costés l'on arrenge en tels estandis, nombre infini de nids, esquels les rats ne peuvent entrer ni de bas, ni de haut, à cause que les bouts et jambes des poutres soustenans l'édifice , sont environnés de fer blanc, un pied sur le pavé : et du dessus, estant tout l'estandis convert à doz-d'asne avec des aix, et le bord d'iceux aussi garni de fer blanc, n'y peut ce meschant bestail aucunement pénétrer. Car encores qu'il entre dans le colombier, si est-ce qu'il n'en peut sortir, treuvant les murailles vuides et blanchies avec du ciment , glissant et uni , dont il est contraint de se laisser prendre ou d'y mourir de faim.

Sur un seul pillier de bois, est l'autre assemblage de nids , esquels tant moins ont d'accès les rats , que moins ont de chemins pour y parvenir. Et partant, n'ayans qu'un seul passage à faire, facilement on le leur peut boucher par le moyen du fer blanc , par bas et par haut, comme a esté dict. L'habile charpentier faict porter à un seul arbre, tant de nids qu'il veut , par les chevrons qu'il y pose en croix, et en divers endroits du pillier. Et passant plus outre, s'il veut , faict tourner tout cest artifice sur un pivot : chose plaisante à voir , mais non profitable aux pigeons : d'autant que le tournoyement confond leur mémoire , à leur retour des champs ne pouvans si bien retreuver leurs nids , que demeurans tousjours fixes en un mesme endroit : en quoi se desçoivent ceux qui ad-joustent à ceste invention la curiosité du mouvement. Deux ou trois de ces lanternes (ainsi appelle-on telle charpente) mettra-on au colombier, s'il est basti en figure barlongue , et s'il est grand et spacieux pour les recevoir. En petit colombier, ces inventions ne peuvent avoir lieu , pour leur grande occupation , par là contrariant au naturel du pigeon, qui pour se pourmener à l'aise , désire avoir grand vuide, partant ne les doit-on employer qu'en colombier très-ample. Les nids qu'on façonne par l'ordre susdict, sont de bois , par conséquent de la pire matière : le vice de laquelle se corrige aucunement, avec du mortier faict d'argille pestrie, y meslant parmi un peu de fien de bœuf, et de la bourre de foulons, pour l'engarder d'esclater, de quoi l'on convre le fond et les bords des nids , où s'endurcissant, change en partie le naturel du bois , au soulagement du pigeon , qui le treuve frès et non importuné de vermine. Qui a commodité de plastre, en façonnera entièrement ses nids, l'attachant aux chevrons, selon le naturel de la matière. Et avec icelle, le subtil ouvrier y accommodera des pots, des briques, des tuilles rondes, voire des pierres plates, s'il lui en vient la fantasie, avec utilité, pourveu que le fondement de l'artifice soit bien affermi par bonnes poutres et chevrons.

Diversité de montées aux nids y a-il aussi. Défaillant l'eschelle tournoyante sur le pivot (qui par les raisons dictes est la meilleure) l'on se servira de la commune, en la portant par tous les endroits du colombier : mais avec icelle souventesfois l'on rompt des nids, quand on l'appuye sur leur bord. Aucuns prévoyans telle ruine, font régner au devant des nids en divers endroits, des barrières de chevrons qu'ils y affermissent, sur lesquels des uns aux autres, l'on monte et descend pour visiter les nids, servans en outre, de repositoire aux pigeons, pour le mauvais temps, séjournans dans le colombier.

Estant le colombier basti seul en campagne, non beaucoup esloigné de vostre maison, faut que la porte du colombier en soit veue, afin de tenir en sujection ceux qui y entrent ou sortent. Et si à telle occasion, estes contraint la poser du costé de septentrion, pour parer l'importunité de tel aspect, conviendra faire un tournevent à la porte, qui empeschera la bize de pénétrer dans le colombier. Semblable considération ne doit-on avoir pour les autres ouvertures, servans d'entrée et issue aux pigeons, lesquelles de nécessité, faut faire à l'aspect du midi, à ce que le soleil, qui est la vie des pigeons, esclaire continuellement l'intérieur du co-

lombier durant les froidures : ce que tant qu'il luit, il faict presques tout l'hyver, estant le colombier ainsi persé. Car ès petits jours, le soleil à son lever et à son coucher entre dans le colombier, en biaisant par deux divers costés : et sur le midi, par le milieu et de front : à laquelle heure pour sa bassesse, donne - il jusqu'aux entrailles du colombier. Au contraire l'esté, ni au lever ni au coucher ne touche-il rien du tout aux fenestres du colombier, ains seulement que bien peu sur le midi, ne pouvant pour la hauteur du degré, auquel il est ès plus grands jours, entrer guières avant, au grand soulagement des pigeons, qui en telle saison pour rafreschissement, cerchent les lieux ombreux et non soleillés. Telles ouvertures sont diversement faictes selon l'ordonnance du colombier. Ès colombiers ronds, à pans égaux et quarrés parfaicts, fera-on des dosmes de telles figures, par dessus les toicts, les sursaillant de trois à quatre pieds : ou bien des lucarnes, mesme en ceux de toutes figures : par lesquelles saillies, les pigeons monteront du dedans du colombier sur les couvertures. En outre, fera-on des petites fenestres et des trous à travers du mur, selon la fantasie, en cela n'y ayant aucune sujection : si ce n'est de se prendre garde, que ces ouvertures-là ne soyent guières grandes, de peur d'attirer, par telle commodité, le faucher, le milan, le huháu, et autres oiseaux de proie, guerroyans les pigeons. Non tant pour la capacité des ouvertures, ces oiseaux de rapine se garderont d'entrer au colombier, ni de jour ni de nuict, que pour leur figure : au travers desquelles ouvertures ne passeront nullement, si elles sont faictes en biais et non droictes : à cause que les oiseaux de proie ne fondent jamais en volant, ains tenans leur chemin presques droict, cuidans entrer au colombier, en sont engardés par le rencontre de la biaiseure : laquelle au contraire, faict chemin libre aux pigeons, pour leur vol naturel, qui est de fondre en bas. Pour la petitesse de ces ouvertures, le colombier pourra demeurer trop obscur, et l'accés pour les hommes, osté sur le toict, où de nécessité convient quelques-fois aller pour le ramonner, et autres occasions. Le remède à l'obscurité, est de faire en tel endroit du colombier qu'on voudra, une fenestre de grandeur suffisante pour esclairer tout l'intérieur du colombier, laquelle servant à cela seulement, par le moyen d'une vitre, dont elle sera continuellement close ne donnera ni entrée ni issue aux pigeons : et pour la montée sur le toict, au dosme ou à la lucarne sursaillant ledict toict, sera laissée une fenestre, capable pour le passage d'un homme, le jour de laquelle sera fermé avec un huis de bois espès de demi pied, qu'on persera comme crible à plusieurs trous ronds, pour l'entrée et issue aux pigeons : mais pour les raisons dictes seront les trous biaisans en bas, et faicts à la semblance des nœuds qu'on void ès aix de sapin. Ainsi à cela servira telle fenestre, et de principale avenue ou advolée aux pigeons, pour d'icelle monter au toict, afin de s'y récréer à la chaleur du soleil. Et demeurant tous-jours close, espargnera la peine de la fermer et ouvrir, soir et matin, selon la pratique d'aucuns qui ès principales ouvertures du colombier, font des huis coulis lesquels avec une longue corde, haussent et baissent, du bas du colombier.

De deux ou trois ceintures sera environné l'extérieur du colombier, pour sur icelles les pigeons, comme en une gallerie, se pourmener à l'aise en tournoyans leur habitation, choisissans les plus agréables parties du ciel. A la manière de la corniche du dedans du colombier, et pour la mesme cause, ces ceintures-ci seront et taillées et posées, assavoir en canal renversé : lesquelles estans de pierre glissante, artistement taillée et polie, rendront impossible le chemin des rats au colombier par le dehors : au défaut de laquelle pierre, l'on employera la brique, qui en cest endroit servira assés bien, si à ce elle est expressément faicte. Et encores qu'elle soit plate des deux costés, ne laissera pourtant d'estre utile, non qu'elle arreste si justement le cours des rats que la pierre cavée, mais pour telle défectuosité, ne laissera-on de la mettre en œuvre, se servant de ce qu'on a. Si donnés trois ceintures au colombier, l'une sera posée un peu plus bas que le milieu du bastiment : l'autre un couple de pieds au dessous de la couverture, à ce que la saillie d'icelle pare mieux la pluie aux pigeons séjournans en la ceinture qu'en estant plus esloignée : et l'autre sera esgalement distante des deux précédentes. N'y en ayant que deux, la basse sera bastie un peu au dessus du milieu du colombier : et la haute, au lieu ja marqué. Au dessus desdictes ceintures, et justement au niveau de chacune d'icelles, persera-on le colombier, pour les entrées et sorties des pigeons : afin qu'aisément ils puissent aller et venir au colombier : mais ce sera par petites fenestrelles ou trous ronds, capables seulement du passage d'un pigeon, pendans en dedans le colombier , pour les raisons dictes.

Le colombier sera blanc en son extérieur universellement , à blanc fin et glissant ; tant à ce que par telle couleur attrayante, les pigeons estrangers soyent incités d'y venir , que les domestiques de recognoistre de loin leur giste , pour tous ensemble, plaisamment y habiter , et que les rats ne puissent gravir ces murailles si bien polies. Et à ce que nostre père-de-famille ne soit desçeu en cest endroit, comme souvent avient par l'ignorance des maçons , le blanchiment du colombier ne se rencontrer de durée , ains se ruiner facilement par les pluies et gelées, dont l'on est souvent au refaire : j'ai estimé estre à propos vous donner un couple de receptes , pour la façon du blanchiment du colombier, autant asseurées pour la beauté et pour la durée, qu'on pourroit désirer, qu'employerés selon que mieux vous agréeront.

Ainsi est faict le blanc fin pour le colombier. Le fondement en est la chaux blanche, neufve, fuzée sans eau , curieusement sassée comme fleur de farine. On la destrempe dans du vin blanc , la commodité le permettant ; au défaut de vin , avec de l'eau : des cailloux de rivière choisis très-blancs, et du verre mis en subtile poussière en petite quantité , y sont ad-joustés avec un peu de bourre blanche de tondeur, pour engarder d'esclater l'ouvrage. Tout cela est meslé ensemble et longuement battu avec une grosse espatule de bois, jusqu'à ce que ces matières soyent bien incorporées l'une avec l'autre , et comme mortier assés ferme , rendues propres à estre appliquées avec la poincte de la truelle. Finalement, bonne quantité de glaires d'œufs,

mais non meslées avec la composition susdicte pour le naturel du blanc de l'œuf, qui est de geler et s'affermir hastivement, comme cire d'Espagne la sortant du feu : ains convient les employer séparément en ceste manière : lors que le blanc fin est sur le poinct d'estre posé sur la muraille (icelle au préallable freschement crespie de bon mortier) l'on met du blanc dans un petit vaze , et sur icelui quelques glaires d'œufs, et après avoir le tout bien remué et meslé ensemble , sans donner loisir à la matière de s'affermir , avec la poincte de la truelle est posé contre le mur , peu à peu , curieusement , et autant hastivement qu'on peut , pour tant mieux faire tenir l'ouvrage, où tout aussi tost s'endurcit comme l'on désire.

Autre. Poussière de pièces de marbre ou de cailloux de rivière très-blancs , et de verre blanc, le tout subtilement sassé, est destrempé dans huile de noix , où sont ad-joustées des fines estoupes de chanvre, découppées menu, et de la graisse crue de bouc ou de chèvre , hachée à petits morcillons ; le tout longuement battu , pour incorporer les matières. Pour l'abondance d'huile nécessaire en cest endroit , ce meslinge est fort clair , lequel par-après l'on affermit avec de la chaux neufve, fuzée sans eau , finement blutée comme fleur de farine , peu à peu y en ad-joustant , tant qu'il suffise pour rendre ce blanc maniable , comme paste : lors cessant d'y mettre de la chaux , quand verrés la composition ne tenir , ni à l'espatule , ni à la terrine , non pas mesme aux mains , avec lesquelles commodément la manierés , comme cire. En tel poinct sera employé ce blanc-ci , contre le mur du colombier , freschement enduit de bons mortiers, et uniment crespi, et ce avec la poincte de la truelle comme dessus : où moyennant curieuse application, il se rendra de très-long service, résistant fermement contre l'humidité et à toute autre rigueur du temps.

Estant de colombier de figure ronde, autre mystère n'y conviendra faire pour se parer des rats, que ce qui a esté dict : mais si la figure du colombier est de plusieurs angles, faudra adjouster à toutes les encoigneures d'icelui en certains endroits, par dessous les ceintures, des fueilles de fer blanc fermement placquées contre la muraille, pour coupper le passage à ce bestail. Ainsi sera rendu difficile pour les rats, l'accès au colombier par le dehors : ayant esté pourveu ci-devant à ceste tempeste pour le respect du dedans ; hors-mis pour le regard du pavé, duquel souventes-fois sortent des rats, quand il n'est disposé ainsi qu'il appartient. Pour garder les rats de se loger sous le pavé, le moyen est de mettre joignant icelui, en bas, un bon pied de sable, en lequel les rats ne pourront caver, attendu que selon son naturel, il coule en bas, comblant les trous des rats à mesure qu'ils se les creusent. Et quand bien ils s'y seroient engeancés, ils ne pourront sortir amont si le pavé est faict de bonnes pierres taillées bien unies et justement posées sur le sable : ausquelles choses convient pourvoir curieusement.

Ce sont les diverses observations requises à la construction du colombier, au discours desquelles j'ai esté long, pour ne les pouvoir toutes représenter en peu de parolles. Bastir deux colombiers, l'un en la campagne, l'autre en la basse-court, est l'excellence de ceste nourriture, pour l'abondante quantité sortant de ces diverses habitations. Car donner moyen aux pigeons de changer de giste quand ils veulent, et de continuellement s'entre-visiter, est ce qui les faict multiplier à souhait. Si que beaucoup plus de pigeons sortira de ces deux colombiers voisins, que de quatre esloignés par grande distance.

En plusieurs endroits de la Guyenne et autres de ce royaume, se sert-on d'une sorte de colombiers, appellée fuïne : en ce différente des autres, que pour toutes ouvertures n'ont qu'un trou au plus haut du toict : servant et pour donner jour au colombier, et pour entrée et issue aux pigeons : lesquels fondans en bas (sans crainte d'estre suivis par les oiseaux de proie, pour les raisons dictes) y descendent aisément. Tel colombier est communément rond et de telle figure aussi en est le trou, dont le bastiment ressemble à l'antique Panthéon de Rome, aujour-d'hui appellé la Rotonde. Et combien que l'eau de la pluie entre dans le colombier par ce trou-là, n'en sont pourtant les pigeons incommodés ; pourveu que le bas du colombier soit persé justement contre le trou, pour recevoir l'eau de la pluie y chéant perpendiculairement, et la donner à un canal, couvert, passant sous le pavé, pour la vuider dehors le colombier ; afin qu'elle n'y croupisse. Ce réceptacle sera couvert d'une grille de fer, ou d'une plaque druement persée ; à ce que le fumier des pigeons bouchant l'issue, n'empesche le libre cours de l'eau.

N'estant une seule couleur de pigeons par tout approuvée, faict qu'à l'eslection

des

des meilleures races pour l'engeancement
du colombier, l'on ne se peut servir de
ceste seule addresse. Ains doit-on s'arrester aux espèces de pigeons qui communément, selon le lieu, rapportent le
plus des meilleures et plus abondantes
chairs. En quoi est nécessaire rapporter
autant de curiosité, qu'à l'édifice des vergers et vignobles : car puis que la terre
s'occupe autant pour les mauvaises que
bonnes plantes; qui est celui qui de gaieté
de cueur se voudroit fournir de fruicts de
peu de valeur? Ainsi est-il du colombier,
qui recevra pour hostes indifféremment
tous les pigeons qu'y voudrés loger : mais
quelle différence y a-il de pigeons à pigeons! Il ne faut que jetter l'œil sur les
colombiers en général, et treuverés ces
oiseaux-ci, se surpasser d'autant en valeur les uns les autres, qu'il y a de diversités des vins et d'autres fruicts. J'oi en ce
temps-ci, une presques générale plainte
des colombiers, trompans l'espérance de
leurs maistres : de quoi la cause recerchée, est principalement la non-curieuse
eslection de la semence, et le défaut de
son opportun renouvellement, comme
l'expérience de certains exquis mesnagers
le preuve suffisamment. Et s'il est loi-
sible d'asseoir quelque jugement sur la
couleur, je dirai que la blanche doit estre
la moins prisée : estant presques en tous
pays, plus facile à eslever les pigeons,
que plus obscur est leur pennage: et que
plus aisément sont attrapés des oiseaux
de proie, les pigeons en la campagne (où
sont contraints d'aller quester leur vivre)
emmantelés de blanc, que ni les noirs, ni
les gris, ni les enfumés, ni autres de pennage brun. Laquelle couleur blanche,
n'est pourtant à condamner ès pigeons

privés, qu'on nourrit enfermés dans la
maison : d'autant qu'ils vivent sans crainte
de leurs ennemis. C'est aussi un signe de
fécondité et franchise au pigeon, d'avoir
le col doré, l'entour des yeux et les pieds
rouges. Les pattés sont à préférer à tous
autres pigeons, pour leur grand corps,
pour la délicatesse de leur chair, pour
leur fertilité : estant certain qu'ils font des
petits par chacun mois de l'année, peu
exceptés. Si que leur parfaicte franchise,
faict paroistre les communs du colombier,
tenir beaucoup du bastard : comme arbres
sauvaiges non entés. Mais aussi sont-ils
de grande despence, à cause de leur paresse qui les tient au logis, où de nécessité convient les nourrir. Ce qui est contraire à ce que l'on cerche au colombier,
qui est de la viande à bon marché ; laquelle telle on y treuve, par la dextérité
des autres pigeons, s'allans pourchasser
leur nourriture en la campagne la plus-
part du temps. Du divers naturel de ces
deux espèces de pigeon par le meslinge
de leurs semences, s'en forme une tierce,
très-recommendable, parce qu'elle tient
du naturel de l'un et de l'autre; qui rend
les pigeons et plus gros, et de plus délicate chair, et plus fertils que les communs : dont ils les surpassent d'autant
plus en bonté, que plus il y a de différence des fruicts légitimes aux bastards.
Perdent leur naturelle paresse, par nouvelle habitude apprenans de compagnie
à s'aller cercher leur victuaille en la campagne. En laquelle ne s'esloignent du
tout tant que les autres, d'où procède ce
profit, qu'ainsi voyageans, retenus, ne
sont tant exposés au danger de se perdre,
que ceux qui sans limite mettent la voile
au vent. Deschéent aussi des vrais pattés

en ce poinct, que de n'avoir beaucoup de plumes aux pieds ; mesme au bout de quelques ans, n'y en recognoist-on aucune : ce qui revient à l'utilité du couver ; d'autant que leurs pattes empennées se chargeans de fange et d'eau, les pigeons allans à la queste manger et boire, mesme en temps humide, refroidissent les œufs : et pour la grandeur des plumes de leurs pieds jettent les œufs hors de leurs nids quand ils sortent. Demeurent leurs autres qualités en leur entier ; non pour tous-jours, car à la longue ils dégénérent en commune race. Alors faudra user de la reformation qui sera monstrée ci-après.

Le nouveau colombier en son commencement sera fourni de ces deux races de pigeon, de communs et de pattés, par esgal nombre, à ce qu'y en ayant autant de pattés que de communs, avienne de leur accouplement ce que désirés. Le temps est à ce tous-jours bon, pourveu qu'on puisse recouvrer des pigeonneaux à suffisance ; ce que toutes-fois très-rarement avient en autre temps, qu'au mois d'Aoust. D'autant que les pères et mères ayans esté traictés à souhait par les précédentes moissons, font abondamment des petits, esquels rapportans ceste leur bonne nourriture, ils en deviennent qualifiés comme il appartient. Si toutes-fois par bénéfice de la saison pourveoyés à ceci dès le mois de Mai, tant mieux pour l'advancement d'œuvre. Le nombre sera limité selon le bastiment. Estant le colombier dressé de trois à quatre toises, j'estime qu'à moins de cinquante ou soixante paires de pigeonneaux ne le pourroit-on raisonnablement fournir, pour tost en tirer contentement. Aucuns n'y vont si largement, mais ceste leur retention les

retient aussi de manger du fruict de leur pigeonnier de plusieurs années, que de nécessité convient attendre, pour laisser peupler le colombier. D'ailleurs quelques pigeons se meurent dans le colombier, avant qu'y estre accoustumés, dont le nombre se diminuant d'autant, l'on treuve avoir failli en ce mesnage, si du commencement n'y est largement pourveu.

Ainsi choisis et nombrés les pigeonneaux, seront enlevés d'auprès de leurs pères et mères, encores ayans le duvet, un peu devant que les plumes des aisles soyent parvenues en parfaicte grandeur. C'est le vrai poinct de les prendre pour les loger au colombier, où plus jeunes, seroient en danger d'y mourir de langueur, par faute d'estre convenablement nourris (autres que leurs pères et mères, en ceste basse aage, ne les paissans du tout selon leur naturel) et plus vieux, ne s'y vouloir accoustumer, s'en-fuyans vers leur originaire repaire, à leur première liberté. Ils seront enfermés dans le colombier, pour n'en sortir que jusqu'à ce qu'ils s'y soyent bien accoustumés, ce qui pourra estre dans trois sepmaines, peu plus ou moins, tenant closes les fenestres du colombier, avec des rets ou des treillis, pour n'empescher la clairté, ains seulement l'issue des pigeons. Tandis, l'on nourrira les pigeons avec grand soin, leur donnant à manger deux fois le jour, pour le moins : et jusqu'à ce que sans aide, seuls se puissent paistre en bequetant, faudra leur mettre la viande dans le bec avec un cornet : par là contrefaisant l'ordre que leurs pères et mères tiennent à les nourrir ; comme de mesme fera-on du boire. Mais afin que telle peine termine dans peu de temps, et que d'eux-mesmes tant plustost puissent manger, sera bon d'enfermer quand-et eux dans le colombier, un couple de gros poulets, par l'exemple desquels les pigeons apprendront à se paistre, car les poulets dès leur naissance, sans moyen, se nourrissent en bequetant. A telle cause, leur faudra tenir continuellement de la viande, et de l'eau dans des auges : à ce que treuvans tous-jours à manger et à boire dans le colombier, tant plustost et mieux ils s'y accoustument. Leur meilleure nourriture est le mil, lequel ne faut espargner aux nouveaux pigeons : leur donnant aussi par-fois, du cumin, pour leur faire aimer le colombier, car c'est leur meilleure et plus apétissante viande.

Quand verrés vos pigeons se paistre d'eux-mesmes et ja accoustumés au colombier, sera le poinct de leur donner liberté, pour de là en hors s'aller pourchasser leur vivre. Et à ce qu'ils ne s'esgarent par trop en ce commencement, l'on observera un jour obscur et nubileux pour leur donner la clef des champs. Lors sur le soir leur ouvrant les fenestres, sortiront du colombier, sans beaucoup s'en esloigner pour l'obscurité, et l'heure tarde du jour : ains tout ce qu'ils feront à ceste première saillie, sera de descouvrir l'aer du pays, environnant le colombier, dans lequel se renfermeront à l'arrivée de la nuict. Tous pigeons néantmoins ne sont si faciles à se remettre dans le colombier, y en ayant aucuns qui s'escartent assés loin, dès la première fois qu'ils en sortent, s'allans cercher libre habitation au lieu de celle d'où ils viennent d'estre emprisonnés. Mais n'en treuvans d'autre qui mieux leur agrée, pour ne l'avoir accoustumée, comme toutes choses nouvelles sont difficiles, reviennent au bout d'un ou deux jours, en intention d'y faire leur demeure. Aucuns craignans la perte de leurs nouveaux pigeons, leur arrachent les principales plumes des aisles, pour, ne pouvans voler, estre contraints de s'arrester à l'entour du colombier, attendans de descouvrir terre à mesure de l'accroist de leur pennage : et cependant, par ce loisir, s'y naturalisent du tout, ne l'abandonnent jamais, ains y retournent tousjours, quelque lointain voyage qu'ils facent.

Les Anciens ont escrit plusieurs moyens extravagans pour faire plaire les pigeons dans le colombier, et d'icelui ne s'en-fuir, aussi pour en chasser les bestes venimeuses et de proie : aucuns desquels vous représenté-je par curiosité, admirant leur ridicule invention. Ils ont ordonné de prendre les petits d'un oiseau de proie appellé buze, les enclorre chacun à part dans des vazes de terre cuite, puis les ayant bien estouppés avec du plastre, les mettre aux coins du colombier. De pendre dans le colombier une teste de loup. De mettre au faiste de la couverture regardant en hors, la teste d'une chauve-souris. D'oindre les ouvertures du colombier, avec du baume. De reposer dans le colombier des rameaux de rue et de vigne sauvaige. Et ce qui est le plus estrange, de pendre à toutes les fenestres du colombier quelques tronçons et bouts de corde d'un pendu.

Durant la première année se faudra abstenir, si possible est, de prendre aucuns nouveaux pigeons du colombier : ains avoir patience de le laisser bien peupler au commencement, pour puis-après y aller sans retention. Ainsi on laissera en-voler tous les pigeons s'eslevans durant la première année ; et ès subséquentes suffira la volée du mois de Juillet ou d'Aoust, pour tenir fourni le colombier.

Entretenir le colombier.

Voilà le colombier basti et meublé, reste de l'entretenir ainsi qu'il appartient ; afin qu'ayant accouplé ensemble ces trois, bastir, meubler et entretenir le colombier, le mesnage nous en puisse satisfaire. Cest entretien se rapporte seulement à la nourriture des pigeons, lesquels tant plus multiplieront, et tant plus gras seront-ils, que mieux on les traictera durant le temps qu'ils ne treuvent rien à manger en la campagne : car en autre saison, ne se faut soucier de leur vivre, par eux-mesmes pourveoir à leur avictuaillement. Telle espargne rend très-recommendable le colombier, et la nourriture des pigeons de plus de profit, que de nulle autre volaille. Est aussi louable ce particulier naturel du pigeon, que de pondre, de couver, d'esclorre, d'eslever ses petits par sa seule et propre industrie : non une seule fois l'année, selon le commun de presques tous oiseaux, ains quatre, cinq, six, et davantage, si les pigeons sont de bonne race, bien logés, et bien nourris.

Distinguer les viandes pour donner à manger aux pigeons.

Toute la despence des pigeons se faict durant cinq mois de l'année, ne pouvans alors treuver rien à manger en la campagne : attendu qu'estans les semences faictes, et les blés ayans poussé hors terre, n'y reste aucun grain pour les pigeons : lesquels à telle cause est-on contraint de nourrir dans le logis. Cela avient deux fois l'an, selon les deux diverses saisons de la semence des blés hyvernaux et printaniers : par quoi, en deux venues avictuaillerons-nous nos pigeons ; assavoir, depuis la mi-Novembre, jusqu'à la fin de Janvier : et despuis le commencement d'Avril, jusqu'à la mi-Juin, le restant de l'année se paissans abondamment par tout, tant par la libéralité de Nature, que commodité des grains qu'ils treuvent ès champs, quand on les sème. De cest avictuaillement dépend le total de ce mesnage : car selon qu'en cest endroit l'on se sera manié, se recognoistra ès pigeons mesmes ; ne pouvans estre ni en grand nombre, ni bien qualifiés, si en leur nécessité la faim les a pressés, leur ayant espargné la nourriture. Libéralement donques on les traictera au besoin, pour le plaisir et le profit qui en reviennent. Conviendra aussi distinguer les matières de leur vivre, pour les disperser à propos selon leurs diverses facultés. La meilleure viande sera réservée pour le printemps, qui est la saison en laquelle les pigeons pondent, couvent et eslèvent leurs petits ; ausquelles actions, ont plus de besoin de bon traictement, qu'ès autres temps de l'année, n'ayans à faire qu'à vivre. Aussi les tendres pigeonneaux ne pourroient digérer aucune viande grossière. Pour lesquelles causes destinera-on à estre donnés aux pigeons ès mois d'Avril, de Mai et partie de Juin, les mils, panils, et cribleures du froment : et les orges, espeautres, avoines, légumes, glands concassés, en partie de Novembre, en tout Décembre, et Janvier, desquelles viandes et semblables, quoi-que grossières, les pigeons se substantent très-bien (52). En ces mois, est bon leur donner, en outre, des raisins, gardés des précédentes vendanges, tant pour aider à leur nourriture, qu'à les resserrer et engarder de pondre trop tost et hors de saison, selon le naturel de telle viande : car se mettans les pigeons en œuvre durant les froidures, à peine peuvent - ils venir à bout de leur entreprinse, ains le plus souvent les petits périssent de froid ou de langueur, et les grands en meurent quelques-fois : à tout le moins s'estans à cela efforcés, la volée du printemps en porte l'intérest. Au contraire, vigoureusement eslèvent-ils les petits après l'hyver, si on ne leur a espargné la viande : et si par artifice ou nature, ne se sont les mères avancées à pondre ; par ce moyen, faisans provision de vertu et de force, pour abondamment fructifier avec la faveur du beau temps. Et ne faut pour le désir de manger des pigeonneaux durant les froidures, destraquer toute la bande du colombier : puis que le moyen d'en avoir en hyver est tout certain, par les pigeons pattés qu'à ce expressément l'on nourrit. Ausquelles mangeailles, est bon ad-jouster le cumin, leur en donnant quelque peu de fois à autre en toutes saisons, pour les récréer, ce grain leur plaisant par sur tout autre.

Seulement pigeons esté, et venir gé du l'hyver.

En diverses manières la viande est distribuée aux pigeons. Aucuns leur donnent à manger dehors et près le colombier à l'aer, en lieu plain et net, les y faisans assembler, ou en sifflant ou autrement les appellans : lesquels accoustumés au signe, ne faillent de s'y rendre, si que c'est chose plaisante de les voir arriver de tous costés en très-grande diligence, et de paistre de compagnie avec la poulaille, qui tout de mesme s'assemble au signe, estant le colombier basti dans la basse-court. C'est l'ordre de France, utile, en ce que par là, tous les jours avés le plaisir de recognoistre vos pigeons. Et

os et à les heures ner aux ans leur gaille.

qu'importe le plus, que le colombier est moins sujet aux rats, que celui dans lequel l'on porte à manger aux pigeons : d'autant qu'y restant tous-jours du grain parmi les fumiers, les rats y sont par là attirés et nourris. L'ordre, qu'on tient en Languedoc, Provence, Dauphiné, Gascongne, et en plusieurs autres provinces est à l'opposite, où la plus-part des mesnagers ne baillent la viande aux pigeons ailleurs que dans le colombier, sur les tables ci-devant désignées. Et si bien cela vous oste le moyen de voir vos pigeons, par eschange de telle commodité, vous espargne la mangeaille : laquelle ne distribués qu'à vos pigeons sans la communiquer au général de la volaille (bien-que le colombier soit joignant au poulailler) comme l'on est contraint de faire par le sus-dict ordre. Non plus est-on restraint à heure certaine, car en quelle partie du jour qu'envoyés à manger à vos pigeons, tous-jours sera-on le bien venu (soit dehors soit dedans le colombier) excepté sur le midi, à laquelle heure, ayans accoustumé de reposer, ne leur faut aucunement troubler leur repos : non pas mesme pour leur donner à manger. Mais pour distribuer la provende aux pigeons à leurs meilleures heures, ce sera le matin et le soir ; c'est à dire, deux fois le jour durant les cinq mois ci-devant marqués. Plusieurs y vont plus escharcement, ne leur faisans faire qu'un repas le jour : en quoi ils se desçoivent, forceans le naturel des pigeons. Lesquels ayans accoustumé d'aller quester leur vie, et soir et matin, sont par ce retranchement d'ordinaire, grandement intéressés : dont pressés de famine, sont contraints de se paistre de ce qu'ils treuvent aux champs, bon ou mauvais, voire d'avaler des meschantes matières au défaut des bonnes, comme j'ai veu, non sans admiration, dans le gosier de certains pigeonneaux, des petites pierres rondes, des buschettes et semblables drogueries. Partant, n'est es-merveillable si le colombier mal entretenu, se déserte : car les pigeons à faute de bon traictement, abandonnent le colombier, s'allans retirer ailleurs où ils treuvent à faire meilleure chère : à cause de la famine et de l'incommodité de logis, laissans le lieu de leur naissance.

Aussi s'est-on prins garde, que donner à manger aux pigeons à heure certaine, porte dommage au père-de-famille : parce que les pigeons des colombiers voisins, ne faillent de se treuver aux repas des vostres, ainsi précisément assignés, pour y venir manger vostre viande. Car venu le temps de pondre, c'est en leur originaire colombier qu'ils vont nicher et eslever leurs petits, aimans tous-jours mieux leur propre logis qu'aucun autre, la franchise de cest animal estant louable, de ce que jamais ne quitte sa particulière maison, que par extreme contrainte, à force de mauvais traictement. Donques c'est vainement espérer, de cuider par artifice si bien attirer les pigeons voisins en vostre colombier, qu'ils s'y accoustument et arrestent pour y profiter. Aussi n'est cela juste, ne souhaittable, ains est à désirer autres pigeons que vostres n'aller jamais chés vous ; seuls estans suffisans de satisfaire à vostre intention. A cela l'unique reméde est, de changer l'heure des repas, les advanceant et reculant alternativement par journées, comme mieux vous viendra à propos ; sans toutes-fois les faire tumber sur le midi, pour les raisons dictes ;

par telle incertitude et variété trompant les pigeons estrangers. Touchant la quantité de viande qu'on a à leur donner à chaque repas, elle se limite au nombre des pigeons : seulement sera dict là-dessus, qu'aller escharcement en cest endroit n'est bon mesnage : et qu'il est nécessaire s'arrester à certain ordinaire sans le restraindre ni amplifier : ainsi que pour maintenir le cheval en bon estat, sa portion mesurée d'avoine lui est distribuée à ses repas.

Afin d'espargner la peine de porter si souvent à manger aux pigeons, il y a moyen de les avictuailler une ou deux fois la sepmaine seulement. L'on enferme la provision de grain selon la supputation faicte, dans des quaisses de bois longuettes et estroictes, faictes en triangle, lesquelles on pose sur les tables du colombier de telle sorte, que l'un des angles est en bas presques joignant la table, ce qui se faict sans verser d'aucun costé, avec les pieds qui la supportent droictement. Par une petite fente laissée au long de l'angle inférieur, vuide le blé sur la table (à la manière des entremueyes de moulin dans le trou de la meule) à mesure que les pigeons l'en tirent un grain après l'autre, ne le pouvans autrement prendre : d'autant que de la fente de la quaisse n'en paroissent à coup que quelques grains, lesquels ostés, font place aux autres, et ainsi conséquemment jusqu'à ce que le tout soit sorti et vuidé de la quaisse. Laquelle tandis demeure fermée par le dessus avec son couvercle, afin que les pigeons n'y puissent toucher que par le lieu destiné. Ainsi, faisans filer leur grain, treuvent dans la quaisse longuement à manger : ce que de bon cœur les

faict arrester au colombier sans l'abandonner, chose considérable, mesme pour
le respect des nouveaux pigeonniers, où
les jeunes pigeons, par tel passe-temps,
s'arrestent très-volontiers.

Pour accoustumer les jeunes pigeons au
nouveau colombier, l'on se sert aussi de
certains pains d'argille, composés comme
s'ensuit. Consumés dans un chauderon
en eau claire, la teste et les pieds d'un
bouc chastré, y bouillant premièrement
les pieds, sur lesquels estans demi cuits,
ad-jousterés la teste, où tout ensemble
sera bouilli, tant, et jusques à ce que les
ossemens se séparent d'avec la chair : laquelle hachée menu, sera remise cuire
dans la mesme décoction si longuement
qu'elle se résolve en brouet espés. Cependant l'on brisera de la terre de potier, la deschargeant de toutes pierres,
puis sera pestrie avec ledict brouet, y
mettant du sel en bonne quantité, de l'u-
rine, des vesces, du cumin, de la graine
de chanvre, des blés si on veut. De ces
matières sera faicte une paste endurcie,
dont l'on formera des pelotes de la grosseur des deux poingts d'un homme, qu'on
séchera au soleil ou au four, jusques à ce
qu'elles soyent endurcies, et non bruslées. Ces pelotes sont mises reposer dans
le colombier en plusieurs lieux d'icelui,
sur lesquelles les pigeons prennent du
passe-temps : car en les bequetant, la
terre se rompt, faict jour tantost à un
grain de sel, tantost à un grain de cumin, de chanvre, de vesce et d'autre, si
que jusques à la fin, ils y treuvent quelque
friandise à manger : dont ils sont retenus
au colombier.

A mesmes finstient-on d'ordinaire dans
le colombier, quelques gros grains de sel

endurcis, contre lesquels les pigeons s'a-
heurtent, et pour en manger et pour y
frotter leur bec ; dont ils se regaillar-
dissent, tant ils ont agréable le goust de
telle matière (53). A cela aussi est utile,
une teste de chèvre, cuite et bouillie dans
l'eau, avec du sel, du cumin, du chanvre,
de l'urine, la mettant dans le colombier,
en laquelle les pigeons treuvent à manger
quelques sepmaines : et tous-jours à passer
leur temps, en se frottant contre les ossemens de la teste, après estre entièrement
despouillée de chair. Le millet frit dans
du miel y ad-joustant un peu de l'eau
pour le garder de brusler, affriaudit les
pigeons dans le colombier pour ne l'abandonner jamais : leur causant en outre
telle viande, si bonne haleine, que les
pigeons estrangers fréquentés par les
vostres en sont attirés à vostre colombier,
chose non toutes-fois désirable pour les
raisons dictes.

Le colombier sera tenu le plus nettement qu'on pourra, les pigeons haïssans
toutes mauvaises senteurs, voire mesme
celle de leur propre fumier ; qu'à telle
cause convient oster souvent et sortir du
colombier, sans s'arrester à l'antique défence, qui est de ne toucher à ce fumier,
que deux fois l'année, en l'automne et au
printemps, lors que diversement l'on
sème les blés, en tels temps l'enlevant
pour l'engraissement des terres : fondés
en ce poinct, que la poussière du fumier
en le remuant, s'arreste sur les œufs des
pigeons, en danger de les garder d'esclorre. Mais estant asseuré, que plus de
mal causent au général des pigeons, la
chaleur et l'odeur de leur fumier, que sa
poussière aux œufs ; ce sera, pour le
moins, une fois le mois que le ferons

tirer du colombier : le remuant toutes-fois en telle façon, qu'aucune poussière n'en sorte, selon que cela est facile en le maniant doucement. Le fumier sera serré à part en lieu couvert, pour ne sentir ne chaud, ne vent, ne pluie, jusqu'à ce qu'on l'employe aux engraissemens. En quoi il excelle tous autres fumiers, faisant produire abondance de toutes sortes de fruicts, comme a esté dict. Pour laquelle cause, en plusieurs lieux est-il eschangé avec de l'orge en pareille quantité, tant sa vertu est prisée. Aussi par d'aucuns a esté tant recerché ce fumier, que principalement pour sa considération, ils ont édifié des colombiers, tenans pour accessoire la chair des pigeons. Et de faict, tout bien conté, l'on treuve que la despence que les pigeons font durant les cinq mois de leur avictuaillement, sort largement du fumier. Car l'expérience faict voir le colombier de moyenne grandeur et bien entretenu, rendre par an, trente ou quarante grands sacs plains de fumier de pigeon ; quantité suffisante au prix sus-dict pour satisfaire à ce que dessus, et au racoustrement du colombier, y eschéant réparation, dont la chair des pigeons demeure de liquide revenu (54).

Celui qui aura la charge du colombier, non seulement en ostera-il les fumiers de mois en mois, ains à toutes les fois qu'il y prendra des pigeons, quand-et eux, sortira du nid, tout ce qu'il y treuvera de sale, le baloyant très-proprement, pour le préparer à une autre couvée. Jettera aussi hors du colombier, les pigeons morts et les malades, afin que par langueur ou autre occasion, la peste ne s'y engendre. Relevera les pigeonneaux cheuts à terre, les remettant dans leurs nids, sans toutes-fois en espérer trop bonne issue : d'autant que les pères et mères ne tiennent conte de leurs petits ayans esté maniés : ce qu'exactement il observera, pour sortir du colombier les petits qu'il recognoistra avoir esté abandonnés, de peur que mourans par faute de manger, n'empuantissent le reste du colombier. Pour entretenir le colombier en bonne senteur, comme chose non seulement agréable aux pigeons, ains nécessaire ; conviendra le perfumer, quelquesfois, avec de l'encens, du benjouin, de storax et semblables drogues à ce propres : et continuellement y tiendra-on des herbes odorantes, comme lavande, aspic, genèvre, romarin, thym, et autres herbes de senteur, servans en outre aux pigeons, pour fourniture de leurs nids, dont ils les réparent (55).

Le colombier ne demeure tous-jours en bon estat, ains suivant le cours des choses de ce monde, et lui et les pigeons, avec le temps deschéent de leur première bonté : ce qui est nécessaire de considérer, afin de les remettre en poinct par moyen convenable. Autrement seroit entretenir le colombier avec peu de contentement, comme on recognoist plusieurs colombiers estre plustost en charge qu'en profit à leurs maistres, n'en tirans que petite quantité de chétifs pigeons. Tous-jours un colombier basti à neuf est bon, pour plusieurs causes, imputées à la solidité du bastiment, lequel moins recueille de rats, nouveau, que vieux : à la bonne nourriture et entretenement des pigeons, selon la coustume, qui est de tenir plus de conte des choses récentes, que des rances : et sur tout à l'aage des pigeons,

lesquels

lesquels à mesure qu'ils envieillissent, deviennent moins fructifians, voire finalement se rendent non seulement infertils, ains destructeurs de leurs semblables; mangeans les œufs, tuans les petits pigeons, battans ceux de moyenne aage. De sorte que tels dégasts sont sans cause souventes-fois donnés aux rats, par ne se prendre garde que ce sont les vieux pigeons mesmes, qui les commettent d'ordinaire.

Voilà la maladie descouverte. Le reméde est unique, qui est de vous deffaire des vieux et inutiles pigeons, n'en laissant au colombier que de jeunes et de moyenne aage, pour fécondement fructifier. Mais à cela gist le nœud de la matière, et la maistrise de ce mesnage. Selon *Aristote*, les pigeons vivent huict années, desquelles les quatre premières, seules, sont bonnes, les autres par conséquent, mauvaises. Donques ayans les pigeons passé leurs quatre premières années, nous les sortirons du colombier, en y laissant les autres de service pour y demeurer, jusqu'à ce que, comme leurs devanciers, soyent parvenus à ceste aage-là, et de mesme retranchés du colombier; par ce moyen, se faisans place les uns les autres. Ainsi l'empeschement du colombier, osté, et icelui habité des seuls pigeons fertils, fournira des pigeonneaux en abondance, et tous-jours esgalement, pour le bon assortiment des aages des pères et mères: pourveu que chacun an le chastrement (ainsi est appellé ce remède) se réitère.

L'on ne peut recognoistre l'aage des pigeons par la veue: parce que dans peu de temps, les plus jeunes ont attaint les plus vieux en corpulance, dont tout le jugement qu'on y peut asseoir se confond.

A telle difficulté est pourveu en marquant chacune année tous vos pigeons, sans nul excepter, commenceant celle mesme de leur naissance, dont justement discernerés leurs aages, tenant conte du nombre de leurs années. Cela ne gist qu'en résolution, car peu de peine y a-il pour en venir à bout. Les marques qu'on faict aux pigeons sont diverses, selon la diversité des avis et affections. Aucuns les marquent avec du filé, qu'ils leur attachent aux aisles en certains endroits choisis, pour ne les empescher à voler. Autres, leur cousent du drap aux jambes, augmentans les marques par années: mais souventes-fois tout cela est en vain, pour le naturel de ces matières-ci, qui par l'humidité des pluies, à la longue, se pourrissent, ou se defiont, par autre moyen. Plus asseurée marque que nulle autre, est celle qui se faict en la serre ou griffe. Avec les cizeaux on couppe par chacun an, la cime de l'une des ongles du pigeon, sans nul intérest de la beste : d'autant que les pigeons ne se servent nullement de leurs griffes pour vivre comme faict la poulaille en grattant la terre, et la marque ainsi faicte ne se peut aucunement effacer.

L'ordre qu'on tient à cela est tel. Dès le soir précédent, toutes les ouvertures du colombier sont fermées avec des rets ou treillis, pour n'empescher la clarté, afin que les pigeons n'en sortent. Deux hommes entrent dans le colombier, lesquels sans crainte d'effaroucher les pigeons, les prennent tous l'un après l'autre, et font à chacun une marque, par l'une des façons sus-dictes. En faisant ceste recerche si exacte, faut marquer d'une marque les pigeons qui n'auront poinct de marque, ou une, ou deux, ou trois : mais quant à ceux qu'on treuvera avoir des-jà quatre marques, les faut oster du nombre des autres, pour estre mangés. Les marques sont faictes une année du costé du pigeon, et l'autre, en l'autre, en l'aisle ou en la jambe, leur attachant un filet ; ou au pied, leur couppant la sommité de la griffe : afin qu'au bout des quatre années, les quatre marques se treuvent esgalement posées deux de chacun costé. A mesure que cela se faict, l'on enferme tous les pigeons, dans des grandes cages à ce préparées, avec distinction toutes-fois ; c'est, mettant en une cage à part les vieux pigeons qu'on treuvera marqués dès la précédente année, de quatre marques ; et les autres indifféremment meslera-on par-ensemble : pour laisser ceux-ci au colombier, et en sortir ceux-là, à cause de leur vieillesse inutile et dommageable (56).

De faict, Après, l'on ouvrira les cages aux pigeons destinés à demeurer au colombier, pour y continuer leur service, dans lequel on les laissera : non avec liberté d'en sortir, comme au-paravant, de peur qu'ils ne s'en-fuyent, pour le destrac de l'alarme provenue de l'action sus-dicte ; ains demeureront les fenestres closes dix ou douze jours, pour les réaccoustumer par bon traictement. Au bout duquel temps, les champs leur seront redonnés par l'ouverture des fenestres, les remettant à leur ordinaire.

De la saison de ceste œuvre. La saison de ce mesnage est durant les semailles des blés hyvernaux, à raison desquelles et se ressentans encores de la précédente récolte des grains, ces pigeons qu'on retranche du colombier sont en bon estat, pour facilement s'achever d'engraisser. A quoi parviennent-ils très-bien par traictement semblable à celui des chapons ou oyes d'engrais, dont a esté parlé, pour en-après les manger ou vendre.

Si la curiosité de ce marquer vous importune, autre méthode conviendra tenir, aux défauts du colombier. C'est, en *Autre manière que le garder pigeons.* renouvellant du tout le colombier, de cinq en cinq, ou de six en six ans, à ce que le remettant en son premier estat, puisse heureusement servir autres cinq ou six années de suite ; rabbattue la première, qu'on lui donne pour se mettre en bon estat, à cause de la jeunesse des pigeons. La volée du mois d'Aoust sera là employée, enlevant du colombier tous les autres pigeons, jeunes et vieux, pour les engraisser. Ainsi comme à la première fois, seront ces nouveaux pigeons-ci gouvernés et nourris ; assavoir avec diligence, dans le colombier, trois sepmaines ou un mois durant, et congédiés au temps et en la façon ci-devant monstrée. Tout-d'une-main, y meslera-on parmi des pigeons pattés tant qu'on pourra, afin de reformer la race des pigeons, qui avec le temps par divers accouplemens, s'abbastardit et décline. En ceci ce renouvellement diffère du premier peuplement du colombier, c'est qu'estans les pigeons, desquels est question, naiz et eslevés en ce mesme colombier auquel on les laisse, s'y treuvent beaucoup mieux, et ne tardent tant à s'engeancer, que ceux qu'on va cercher loin pour la fourniture du nouveau pigeonnier : où avant qu'estre accoustumés, court du temps, et y en meurt tousjours quelqu'un, en attendant de s'y estre du tout naturalizés : pour laquelle cause, en cest endroit le repeuplement n'est beaucoup tardif, revenant à la commodité du père-de-famille. Mais tout considéré, le marquer des pigeons est la plus asseurée voie de parvenir à ce mesnage : d'autant que par là, vostre colombier demeure tous-jours en un mesme estat, esgalement fructifiant, comme meublé de bestail fertil, à cause de son aage, tel choisi et retenu. Ce qu'on ne peut dire des plus jeunes, qui n'abondent en petits de leur commencement : ains de nécessité, convient s'en passer quelque année, avant qu'attaindre l'aage parfaicte de fructifier. Et des marques, treuve-on celle des serres estre la plus valable, pource qu'elle ne s'efface jamais : et la plus facile à faire, attendu qu'il ne faut qu'un coup de cizeau pour en venir à bout. Enlevant du colombier, comme inutiles à l'engeance, tous les pigeons treuvés avoir quatre marques, ja vieux, ayans attaint la cinquiesme année de leur aage.

Marcus Varro célébrant le profit du colombier, a laissé par escrit le couple de pigeonneaux se vendre de son temps, communément, deux cens numes, dicts aussi sesterces, chacun de dix deniers obole de nostre monnoie ; faisans ensemble, deux escus cinquante-cinq sols : et estans grands et excellents, mille numes, vallans quatorze escus cinquante-cinq sols. Ce que tesmoigne aussi *Columelle* ; disant en outre, avoir honte de ceux de son temps qui avoient achepté le couple de pigeons, quatre mille sesterces, qui font cinquante-huict escus dix sols (57). Dont est à conclurre, de ce temps-là, l'Italie estre très-rare en pigeons : et encores plus Rome abondante en richesses, puis que tant prodigalement et chèrement, si peu de viande y estoit achepté. Aussi avoient les Romains par leurs conquestes espuisé presques tous les thrésors de la terre. Si toute la volaille se vendoit à Rome à l'esgal des pigeons et prix susdict, au temps de Lucullus, l'on ne s'esbaïroit de ce que nous lisons de l'admirable despence du vivre ordinaire de ce grand personnage : dont les salles de son logis, avoient chacune le prix limité de despendre ; mesme celle appellée d'Apollo, estoit taxée à cinq mil escus pour repas, selon *Plutarque*. Ni du poisson que l'empereur Tibère fit vendre au marché, achepté par un particulier, près de cent escus, bien-que petit, ne poisant que deux livres, ainsi qu'on le treuve ès doctes recerches du feu sieur de *Dammartin*.

CHAPITRE IX.

La nourriture des Pigeons pattés et domestiques.

NE se contentera nostre père-de-famille, des pigeons de ses colombiers, ains en fera nourrir des pattés et privés, telle et si raisonnable quantité, que sans trop de despence, lui puissent fournir durant l'hyver des pigeonneaux à manger : afin aussi qu'aucune volaille ne lui deffaille de celles qui commodément se peuvent eslever en mesnage. Ceste-ci est de facile entretenement, n'estant besoin autre chose que le logis, la viande, et le bruvage, et tout cela de modéré appareil, bien-qu'elle soit des plus exquises volailles qui s'apprivoisent : ne cédant le pigeonneau patté bien nourri, ni à la caille ni à la tourterelle. Touchant sa fertilité, plus grande ne pourroit-elle estre en oiseau du monde, que de faire des petits chacun mois de l'année, comme à cela ces pattés-ci ne faillent, estans pour ce particulièrement traictés. En grandeur de corps, ils surpassent tous autres pigeons : pour laquelle qualité avec les précédentes, se rendent incomparables à toutes autres races de pigeons : dont seuls seroient-ils retenus, si comme ceux du colombier, s'alloient pourchasser leur nourriture par la campagne, pour descharger la despence de leur entretenement, où consiste le mesnage du colombier. Parmi les pattés, s'en treuve des huppés, qui ont une creste à la teste, assavoir un floton de plume eslevé en arrière. Aussi des cappés, ainsi appellés, à cause de certaines plumes grossettes comme petites aisles, posées sur le col environnans la teste : les uns et les autres estans plaisans à voir. Il y en a de diverses couleurs, de blancs, de noirs, de gris, d'enfumés, de meslés et bigearrés, dont les plus recerchés sont les du tout blancs, et ceux qui le moins ont de plumes aux pieds, pour les raisons du couver, ci-devant représentées; vice qu'on corrige avec des cizeaux, leur couppant les plumes importunes.

Huppé,

Et cappé.

Trois ou quatre douzaines de paires de ces pigeons-ci, pourra-on entretenir sans trop de frais. Leur logis sera en lieu tempéré de chaleur et de froidure, assés clair et aéré, regardant le levant ou le midi, plustost qu'autre partie du ciel. Ses fenestres seront tous-jours tenues closes, avec des treillis comme cages à oiseaux ; afin que les pigeons ne puissent aller aux champs. Car puis que leur naturel ne porte de quester leur vivre, il n'est raisonnable de les laisser divaguer par-ci par-là hors leur habitation ordinaire, comme aucuns font, par la maison, et

Leur nourriture.

mal à propos, par ce moyen endurans leur importunité, qui est très-grande, mesme à cause de leur crierie, et de leur fiente, dont ils ensalissent les lieux de leur fréquentation : joinct que moins fertils ils sont, que plus ils se pourmènent. En la figure de leur logis, non plus qu'à celle des nids, ni de leur matière, n'y a aucune sujection, estant à vostre liberté de disposer de ces choses, comme il vous plaira : toutes-fois avec plus d'utilité ce sera, que moins s'esloigneront de l'ordonnance du colombier et de ses parties : puis que les pigeons en général symbolisent en mœurs, quoi-que de diverses espèces.

D'autre viande ne les paistrés que de la commune des autres pigeons; hors-mis ceux que désirés faire pondre et couver ès excessives froidures, ausquels expressément convient un ordinaire séparé. A tous lesquels faut tenir de l'eau abondamment pour boire dans des auges à ce proprement accommodées : laquelle eau on renouvellera tous les jours, de peur qu'elle s'empuantisse. Tout le logis et les nids seront souvent baloyés, pour en tirer tous fumiers et autres ordures : à ce qu'en estant bannie la mauvaise senteur, la bonne y soit introduicte par herbes odorantes et perfums, pour le soulagement des pigeons, ainsi qu'il a esté monstré pour le colombier.

Quand l'on dict ces pigeons pattés faire des petits chacun mois de l'année, cela ne s'entend généralement de tous indifféremment : ains que pondans et couvans alternativement, les uns en un temps, les autres en un autre, en raisonnable trouppe de ceste volaille, tous-jours en sort des nouveaux pigeons pour manger, dont l'on a l'effect de telle proposition, sans

Leur po[nte].

prendre les mots exactement à la lettre. Et à ce que cela avienne asseurément, prendrés quelques couples de pigeons de ceux qui se seront reposés deux ou trois mois au-paravant, et les enfermerés en lieu petit et chaud modérément aeré, qu'à ce expressément destinerés (lequel, pour le mieux, sera dans la chambre des autres pigeons, comme sa garderobe) là les traicterés libéralement, leur donnant à manger de l'avoine, du millet, des mietes de la table en abondance, et souvent du chenevy pour les eschauffer, comme j'ai dict des poules : n'oubliant à leur tenir tous-jours de l'eau nette pour boire, la leur eschauffant, lors qu'il gèle. Par laquelle curieuse et particulière nourriture (comme faisant fredon sur fredon) avec contentement tirerés de vos pigeons ce que désirés. Vous engraisserés en perfection tous pigeonneaux pattés, si estans ja fortifiés, avant toutes-fois qu'ils puissent voler, leur arrachés des grosses plumes des aisles pour les arrester au nid; ou leur attachés les pieds, afin de n'en pouvoir bonger : ou bien leur brisés les os des jambes. Dont ne pensans qu'à manger, dans peu de temps deviendront gras au superlatif degré. De tous lesquels moyens, le dernier est le plus efficacieux : d'autant que dans trois ou quatre jours, seront délivrés de la douleur de leurs jambes et à cause de la rupture d'icelles, auront perdu l'espérance de pouvoir sortir du nid, ce qui n'avient par les deux autres, parce que cuidans se remplumer et deslier, se tourmentent continuellement, à l'intérest de leur graisse (58).

CHAPITRE X.

Les Cailles et Tourterelles.

EN suite des pigeons, nous nourrirons des cailles et tourterelles, en espérance seulement de les entretenir et engraisser, pour en treuver de prestes à manger en toutes les saisons de l'année; non pour l'augmentation du nombre, ceste volaille ne pondant, ne couvant en servitude, comme les pigeons pattés.

Aucuns, passans plus outre, adjoustent à ceste nourriture, les grives, tourdres et autres oiseaux ; ce que je conseille, pourveu que la difficulté de leur recouvrement et entretenement, ne soit trop grande : ainsi qu'avec plus ou moins de souci et de despence, y parvient-on en un pays, qu'en l'autre ; en tel la chose estant du tout impossible.

Je ne parle ici de la volière couverte de fil d'archail, dans laquelle l'on enferme grand nombre d'oisillons : aucuns desquels pour leur naturel et commodité du lieu exposé à l'aer et fourni d'arbrisseaux, s'y multiplient par renouvellement d'engeance. D'autant qu'en cest endroit est question, plus du profit et de la commodité des vivres, que du plaisir : pour lequel principalement, à cause de la mélodieuse musique des oiseaux, la volière est inventée.

Le moyen de les nourrir est de leur donner du millet, leur ordinaire réglé, deux fois le jour à heures certaines, avec force eau pour bruvage, qu'on leur tiendra continuellement, la remuant souvent, de peur de la corruption : comme aussi leur nettoyera-on souvent leurs cages, sans y souffrir le fumier ; ces oiseaux aimans la netteté, et les bonnes senteurs, dont quelques-fois l'on les perfume. Ils se treuvent mieux en petit logis qu'en grand. Pour laquelle cause l'on tient les cailles et tourterelles dans des cages, assés basses, couvertes avec de la toile, non avec du bois, afin de ne s'offencer la teste heurtans contre le bois, comme ils feroient ; mesme les cailles saultans en haut. Là, durant l'hyver l'on en prendra pour l'usage, auquel se recognoistra la libéralité et la diligence de leur gouverneur, tant plus grasses se treuvans au manger, que mieux auront esté nourries et entretenues.

CHAPITRE XI.

La Garenne.

Encores que parmi les connins qui nous sont les plus familiers, n'en recognoissons que d'une race, si est-ce qu'on jugeroit y en avoir de trois espèces, distinctes en couleur de poil, et saveur de chair. Mais cela provient de la nourriture, selon laquelle les connins se diversifient, se rendans plus ou moins esveillés et colorés (59). Les meilleurs sont ceux qui vivent en toute liberté dans les forests et buissons agrestes de la campagne : car par se choisir vivre à leur apétit et courir à volonté, se rendent au manger, délicats et sains : l'eslection de la meilleure viande et l'exercice, causans l'une et l'autre de ces deux bonnes qualités ; tels

estans plus esveillés, de poil plus rare et plus roux, que nuls autres. Les pires sont ceux de clappier qu'on nourrit en estroicte servitude, dans la maison, ou en quelque recoin de la basse-court, lesquels pour estre endormis et paresseux, ont tous-jours la chair dure et fade, et le poil tendant sur le blanc. Les moyens sont ceux de garenne, comme participans des deux extremes : en laquelle se rendront-ils meilleurs, qu'elle se treuvera plus grande : approchans par ce moyen de l'ample liberté que tant ils désirent. De ces connins-ci entends-je maintenant discourir, comme de ceux sur lesquels on peut asseoir certain revenu : car de s'arrester aux connins du tout sauvaiges, bienque les plus désirables, seroit bastir sur trop foible fondement : ni aussi à ceux de clappier, quoi-qu'abondans en nombre, pour leur peu de saveur et bonté (60). Or comme j'ai dict des pigeons, pour le facile entretien des connins, l'on peut dresser la garenne par tout où l'on veut : mais estant à cela meilleur et plus propre un endroit que l'autre, nous en choisirons la plus commode situation, pour en avoir d'autant plus de profit et de plaisir, que plus elle s'approchera du naturel de ce bestail, et moins s'esloignera de la maison.

En coustau un peu relevé regardant le levant ou le midi, et terre vigoureuse, plus légère que pesante, est le lieu qu'on se choisira pour garenne. La terre ne sera toutes-fois beaucoup sablonneuse : d'autant qu'en telle les connins ne se peuvent creuser les tannières à plaisir, s'éboulant la terre à cause de sa légéreté sans avoir tenue : ains est requis estro ferme ; et pour ce faire, participer quelque peu de l'argille, non toutes-fois beaucoup, pour ne rendre le creuser trop difficile. Ce sera grand advancement d'œuvre, si ja le lieu est complanté d'arbrisseaux et buissons à ce propres. Mais si par le défaut de Nature ou négligence des prédécesseurs, il se treuve vuide, sera fourni d'arbres de la sorte, et plantés en la manière ci-après enseignée : afin qu'en estant formés des taillis forts et espès, les connins y puissent avoir seure retraicte, et vivres en abondance pour s'y entretenir. Il est à souhaitter la garenne estre près de la maison, tant pour le plaisir de la pouvoir souvent et aisément visiter, et y prendre la frescheur de l'ombrage ; que pour la conservation des connins, lesquels facilement l'on desrobe, estans en lieu par trop escarté.

Afin que les connins ne s'en-fuyent, sera nécessaire fermer la garenne avec des bonnes murailles, bien maçonnées à chaux et sable, hautes de neuf à dix pieds, et profondément fondées dans terre ; pour oster aux connins l'espérance d'en sortir par dessous les fondemens, comme à cela s'efforcent-ils, minans dans terre, tant ils désirent la liberté, se sentans enfermés, jusqu'à ce qu'ils ayent accoustumé le lieu. Les haies ne servent de rien pour retenir les connins, à travers desquelles ils passent facilement, quelque fortes et espesses qu'elles soyent : ni aussi les fossés tant larges et tant profonds qu'on les face, ou seroit qu'ils fussent remplis d'eau : dont la cloison se rend préférable à toute autre, pour les raisons dictes ci-après. Deffaillant telle commodité, se faudra résoudre à la muraille, sans faire autre estat ne des haies ne des fossés, que pour préserver le bois du taillis du dégast des bestes foraines, sans espérer de pouvoir retenir les connins. Mais si pour l'incommodité du pays, rare en pierre, ne pouvés maçonner de bonnes murailles, comme vers Thoulose et en plusieurs autres endroits de ce royaume, où le bastiment est très-cher ; à tel défaut, la garenne sera close, ou de murailles de terre, selon leur plus commun usage, ou de fossés et haies tout ensemble : dont à tout le moins le taillis demeurera en seurté. Et quant aux connins, par accoustumance, à la longue, s'y arresteront, pour les bons logis que leur dresserons ès terriers à la manière ci-après enseignée.

De la capacité de la garenne a ja esté parlé. Donques, sans crainte d'excéder, nous la prendrons autant grande que le lieu le permettra, afin d'avoir des connins sains et délicats au manger : comme tels sont tous-jours ceux qu'on nourrit en terre spacieuse, lesquels courans à volonté, ne se prennent garde de leur servitude : par là approchans de la perfection des entièrement sauvaiges. En grand nombre aussi, la raison voulant que plus en produise le grand que le petit lieu : duquel en outre, tirerés abondance de menu bois de chauffage, quand par chacun an serés coupper du taillis par quartiers selon sa portée. Commodité non petite, accomparée aux fumiers du colombier, pour de mesme qu'eux, tenir, ce bois-ci, lieu de seconde utilité en la garenne : suffisant moyen pour satisfaire aux frais de son entretenement, restans les connins de liquide revenu. Néantmoins, pour borner avenuement la garenne, dirai qu'elle sera de raisonnable grandeur pour la fourniture d'une bonne maison, si on y employe sept ou huict arpens de terres : et telle garenne estant bien gouvernée et entretenue, rapportera par communes années, les deux cens douzaines de connins et davantage.

Pescher à l'entour de la garenne.

Revenant à la cloison. Si le lieu et l'eau favorisent l'entreprinse, nous la ferons d'eau vive, pour du tout parvenir où désirons : car, pourveu que le fossé soit faict ainsi qu'il appartient et sera monstré, l'eau estant dedans, les connins ne la pourront nullement traverser. D'ailleurs, ce sera dresser la garenne et le pescher tout ensemble, mettant du poisson dans le fossé, où très-bien se nourrira et multipliera : dont le mesnage en sera d'autant plus à priser que mieux tout-d'une-main, l'on se sera accommodé de connins et de poissons, suivant cest antique commandement,

La réparation aura double visage,
Si tu te veux monstrer entendu en mesnage.

Sera aussi chose plaisante, de voir les connins estre assiégés par les poissons. Les connins traverseront bien l'eau à nage, mais d'icelle ne pourront ressortir, si la rive extérieure du fossé, au respect de la garenne, est un peu relevée et droictement taillée à plomb : car les connins estans mouillés, ne peuvent presques rien ramonter en haut. Par quoi, sera besoin façonner diversement les deux bords du fossé ; assavoir, celui joignant la garenne, en douce pente, sans relèvement aucun : et l'autre, de telle sorte qu'il aie rivage taillé de la hauteur d'un couple de pieds. Dont aviendra, que les connins cuidans se sauver en nageant, seront contraints s'en retourner d'où ils viennent, par le rencontre de la rive taillée sur leur issue, quand mouillés ne pourront gravir le bord du fossé pour en sortir. Tailler droictement les deux bords du fossé, seroit cau-

ser la mort certaine aux connins, d'autant que saultans dans l'eau, comme ordinairement ils font en jouant, quelque basse qu'elle soit, s'y noyeroient pour n'en pouvoir ressortir. Comme au contraire, auroient-ils la porte ouverte pour s'enfuir si les deux rives estoient en douce pente : ainsi ne faudroit pour ruiner la garenne dès son origine, que faillir en l'un ou en l'autre endroit. Sera besoin tenir réparées les ruines qui aviennent à ce bord de fossé droictement taillé, dont la terre par sa propre pesanteur s'esboule d'elle-mesme de jour à autre ; sur tout au temps des gelées, afin que par les bresches s'y faisans à telle occasion, les connins ne treuvent la porte des champs pour s'enfuir. Et à ce que cela ne soit tous-jours à recommencer, sera bon d'y pourveoir une seule fois en bordant l'extérieur du fossé d'une muraille de maçonnerie pour tenir ferme en tel endroit : ou tant ne voulant despendre, en y plantant des oziers près à près l'un de l'autre ; à ce qu'entre-liés ensemble, retiennent la terre de s'avaller et descheoir.

Largeur & profondeur du fossé.

Si le fossé n'est large, que de dix ou douze pieds, ce sera en vain qu'on le fera : d'autant que de telle mesure, les connins le traverseront aisément en un sault, à toutes les fois qu'il leur prendra l'envie de gaigner les champs : et les poissons ne s'y pourront commodément nourrir, s'il n'y a d'eau, cinq ou six pieds. Pour donques servir à l'un et à l'autre usage, est de besoin donner au fossé, dix-huiet ou vingt pieds de largeur, et six ou sept de profondeur. A laquelle mesure ne s'arrestera-on toutes-fois, si on ne craint la despence de l'œuvre, ne l'emploi de la terre, puis que trop grand ne pourroit

estre

estre le fossé ne pour garder les connins, ne pour nourrir le poisson, lequel tant plus abondant et tant meilleur sera-il, que plus ample sera son réceptacle. Aidera aussi beaucoup à la bonté du poisson, l'ordonnance de ce pescher, lequel faict en long fossé ceignant la garenne, a quelque correspondance avec la naturelle rivière, où le poisson allant de long en se pourmenant, environne la garenne, et retournant tous-jours par là, cuide estre en plaine liberté, dont se rend et sain et savoureux.

La garenne ainsi fermée d'eau, ne pouvant estre que plate, ne peut par conséquent entièrement satisfaire au naturel des connins, qui est de monter et descendre; comme à ce le constau est le plus propre. Pour cela néantmoins, ne laisserons-nous de préférer telle assiete à toute autre, tant pour la fermeté de la cloison, que la commodité du poisson. Joinct, que le plan de la garenne se peut aucunement corriger à l'utilité des connins, par là terre sortant des fossés en les creusant, laquelle portée en plusieurs endroits de la garenne, y faict des monticules relevés, longs, ronds, quarrés, ou d'autre figure, telle qu'on voudra, ressemblans à petits coustaux, sur lesquels les connins se pourménent à plaisir; et de mesme s'y logent, pour la facilité du creuser en telle terre de nouveau remuée. D'ailleurs, par le fossé sont espuisées les eaux croupissantes au plan de la garenne, sousterraines et autres; ainsi demeureront les connins sans importune humeur, comme ils désirent. Et finalement, sont les connins accommodés d'eau pour boire, l'ayant ainsi prochaine; si toutes-fois boire ils veulent, dont plusieurs doubtent,

et croyent les aucuns ce bestail pouvoir vivre par le seul manger, sans nullement boire.

Or soit la garenne ainsi fermée par murailles, fossés, ou autrement, elle sera complantée de plusieurs espèces d'arbres de couppe, dont les plus désirables sont ceux, qui avec le reject du bois, rapportent des fruicts pour aider à la nourriture des connins: lesquels arbres, se formans en fort et espès taillis, retirent et conservent très-bien les connins, et leur fournissent, en saison, vivres pour leur entretenement. Toutes sortes de fruictiers sont à cela propres, bien peu exceptés, desquels ne faut ici faire estat, pour ne souffrir la trenche, et en conséquence n'abonder en bois, comme il est nécessaire, pour la fourniture de la garenne. Poires, pommes, cerises, prunes, noisilles, amendes, meures, cormes, cornouailles, coins; tout cela mange très-bien ce bestail-ci, dont les arbres fourniront nostre garenne: les chesnes aussi y tiendront reng honorable, pour leur valeur et en bois et en fruict. Outre lesquels fruictiers, il y a aussi des arbres et arbustes agrestes, jusqu'aux buissons, qui sont utiles en la garenne; tant pour l'abondance de leurs bois, qu'autres bonnes qualités qu'ils ont, salutaires à ce bestail; à cause de quoi, on les fourrera dans la garenne. Entre lesquels sont recogneus les ormes, pour l'excellent goust que ses racines donnent à la chair des connins qui s'en paissent, ce qu'ils font avec apétit, les fouillans en hyver affectionnément sans grand intérest des arbres. Tel goust a la senteur du thym, très-désirable en ceste viande, à l'occasion duquel les connins qui se nourrissent ès deserts ou garrigues de la Provence et du Languedoc, où telle herbe abonde, là appellée, *frigoule*, sont prisés par dessus tous autres. Les genèvres donnent aussi quelque bonne odeur aux connins qui mangent de leurs grains : et les cannes ou rozeaux communiquent la douceur de leurs racines, aux connins qui s'en paissent. Par quoi, sera bon remplir la garenne de toutes ces plantes-ci, et autres recommendables, pour les bois et la nourriture. On s'abstiendra d'y planter des saules, peuples et autres bois aquatiques, bien-qu'abondans en ramage, pour le mauvais goust qu'ils rapportent à la chair des connins : comme se recognoist en ceux des isles, qui, nourris de ceste viande, sont peu prisés. Quant aux herbes, les plus désirables sont celles qui estans mangeables, sont aussi odorantes, comme le thym, le serpoullet, par dessus toutes : le basilic, la lavande, l'aspic, et semblables. Après, les choux, les laictues, les espinars et autres de jardin : lesquels ne se mettent qu'en garenne petite, non jamais en grande : d'autant qu'en lieu spacieux, Nature fournit abondance de vivres à ce bestail, meilleurs que ceux parvenus d'artifice. C'est aussi faute de viande qui faict semer en la garenne, de l'orge et de l'avoine ; afin que de leur herbe les connins se paissent en hyver.

Peupler la garenne.

Après avoir dressé la garenne, la faut peupler, car d'attendre que Nature la fournisse d'elle-mesme, ce seroit une espérance vaine : mesme ceste - ci qui est close, en laquelle les connins estrangers n'ont plus d'entrée pour s'y engeancer, que les domestiques d'issue pour s'en-fuir. Plusieurs pour ensemencer la garenne n'usent d'autre mystère, que d'y jetter

dedans quelque petit nombre de femelles pleines, lesquelles par les petits qu'elles font, masles et femelles, et iceux par-après d'autres à l'infini, meublent la garenne : non toutes-fois si tost, que par la voie du clapier, dont se servent ceux qui le mieux s'entendent à ceste espèce de mesnage. En ce faisant, la garenne se maintient au superlatif degré de bonté.

Le clapier.

Le clapier est un lieu clos de muraille bien maçonnée, comme celle d'un jardin, qu'on faict tant grand ou tant petit, et de la figure qu'on veut, en partie couvert, en partie descouvert : dans lequel l'on enferme des connins des deux sexes, vingt-cinq ou trente femelles pour un masle : où on les nourrit de toutes despouilles de jardin, des fruicts des arbres, jusqu'aux glands, cormes et cornouailles ; du son, de l'avoine et d'autres viandes, telles qu'on a, délicates et grossières : tant ce bestail a bonne bouche, se paissant de tout, mesme du foin, des perches de saule, et des sarmens de vigne, leur en donnant en hyver. Là il se multiplie estrangement, d'autant que les femelles font des petits tous les mois, peu exceptées, lesquels devenus grands, s'accouplans masles et femelles, en font aussi de leur costé d'autres : si que par ce moyen, le clapier fournit à manger des connins en abondance : mais c'est de viande grossière, à cause du logis et de la nourriture, dont ces connins sont mis au reng des moins valeureux. On leur accommode des nids avec des aix ou avec des pierres plates : et en outre, leur faict-on quelques monticules de terre, pour y passer le temps en fouillant. Et à ce qu'ils ne s'en-fuyent par dessous les fondemens des murailles, pour un préallable on les fonde fort profondément, comme de quatre ou cinq pieds : et après on pave tout le lieu avec de bons quarreaux de pierre, ou gros cailloux, trois ou quatre pieds dans terre, la remuant, en dressant le pavé, à la manière du planter de la vigne. Ainsi donnant à fouiller aux connins, telle terre remuée, ils ne passent plus outre, par le rencontre du pavé, dont ils demeurent prisonniers dans tels limites. Ce clapier-ci, est par d'aucuns appellé, garenne, toutes-fois improprement : sa grandeur et son bon service, lui ayans donné ce titre. Duquel néantmoins se servira nostre père-de-famille, lui défaillant la commodité de la vraie garenne ; pour l'entretenement de laquelle, lui est requis un autre clapier que cestui-ci, plus petit et autrement façonné.

Clapier garenne. Le clapier pour la garenne, sera petit, capable seulement de contenir huict ou dix femelles et deux masles ; disposé en telle sorte, que sans aucunement s'entre-mesler, ces bestes puissent vivre, et que commodément aussi on puisse donner les masles aux femelles, pour la multiplication et engeance. Pour ce faire, *nids apart.* chacune beste aura son nid à part, avec sa petite court au devant, afin que du nid, qui sera en lieu couvert, la beste aille à la court pour prendre l'aer, et manger. Les courts seront aussi divisées les unes des autres, pour les causes dictes, et ce avec des rozeaux ou cannes, ou autre bois solide, que ce bestail ne puisse ronger ; dont sera faicte une palissade ou treillis, comme cages à oiseaux, pour librement laisser passer l'aer et le soleil, et ces bestes prisonnières s'entre-voir et non assembler, de peur de se destraquer les unes les autres en leur nourriture, revenant à l'intérest de leurs portées. Car vivans en commun, ne feroient tant, ne si souvent des petits, ne les esleveroient si tost, ne si bien que quand chacune mère a sa loge séparée. Principalement, désire-on telles séparations pour le respect des masles, d'autant qu'ils tuent les petits quand ils les peuvent attraper ; pour l'immodéré désir qu'ils ont de jouir plus librement des femelles.

Connins. Ces nids, qui en somme seront dix ou douze, seront rengés en file l'un joignant l'autre, regardans le midi, au devant d'un mur, leur faisant espaule contre la bize, afin qu'exempts des excessives froidures, les connins demeurent en abri. Lesquels aussi parera - on aucunement de la violence des extremes chaleurs de l'esté, mettant par dessus leurs petites courts, des rameaux et fueillars freschement couppés, pour les tenir en ombrage. Ou se voulant descharger d'un tel soin, fera-on grimper sur les courts, des rameaux de vigne, de houblon, de roziers ou d'autres choses à ce propres, dont l'on façonnera un treillage : lequel servira en esté par son ombrage, et icelui ne nuira en hyver, par lors n'y en avoir aucun ou bien petit, pour le naturel de telles matières se défueillant en automne. Par dessus ces cloisons l'on jettera la mangeaille au bestail dans les courts : esquelles l'on entrera, quand l'on voudra, par les petites portes, demeurans bien closes, pour retenir le bestail de s'en-fuir.

Et où dresser. En tout lieu qu'il vous plaira, ferés dresser ce clapier-ci, pourveu qu'il soit en endroit asseuré des larrons et des bestes. Mais pour l'aisance de le pouvoir souvent visiter, le meilleur sera de l'asseoir dans le jardin près de la maison. Là nourrirés ces bestes prisonnières avec libéralité, pour les inciter à production, but de leur entretenement, les paissant des viandes ci-devant dictes, et autres selon la commodité et que mieux vous viendront à propos. C'est aussi toute la despence de la garenne (l'autre n'estant presques pour rien contée), très-petite, eu esgard au profit qui en sort.

*Pour l'en-
tretenement des
connins.*

Quelque autre petit soin convient aussi avoir pour l'entretenement du clapier; c'est d'accoupler le masle avec la femelle, incontinent après icelle s'estre délivrée de ses petits; afin (que gaignant temps) de la faire recouvrir de nouveau, la préparer à autre portée. Car c'est chose asseurée, qu'aussi tost que la femelle a vuidé le ventre de ses petits, elle désire le réamplir, mesme toute pleine qu'elle est, tient-on qu'elle peut de-rechef concevoir portée sur portée, les rendant chacune en leur temps (61). A telle cause, de sa tanière l'on portera la femelle en celle du masle, pour y séjourner jusqu'à ce qu'il l'aie couverte, et ce faict, la rapporter incontinent en son lieu vers ses petits. Par tel ordre, les femelles seront tous-jours en action, dont l'abondance de petits sortira tant grande, qu'elle suffira à tenir bien fournie la garenne. En laquelle portera-on les petits de jour à autre, les prenant du clapier incontinent estre un peu fortifiés, les y résignant pour y passer le reste de leur vie, où par libre nourriture se rendans presques sauvaiges, tels que les désirés, les treuverés au besoin. Estans les connins en la garenne, s'augmenteront-ils aussi d'eux-mesmes sans nul soin, s'accouplans à leur fantasie, et en suite, se pourveoyans et de retraictes et de vivres, selon que Nature les enseigne. Non toutes-fois s'y multiplient-ils tant,

que font ceux du clapier, parce que ceste grande liberté qu'ils ont en ample garenne, les incite à beaucoup courir, et par conséquent, leur oste le moyen de se joindre ensemble, masles et femelles, si souvent qu'au clapier, auquel ne laisse-on ce bestail, perdre une seule heure.

*Tuer
des masles.*

Pour le cruel naturel des masles, est à souhaitter n'y en avoir beaucoup en la garenne, ains seulement un pour trente femelles, nombre suffisant pour leur satisfaire, et raisonnable assortiment. Mais d'autant qu'il est impossible de régler du tout bien ces choses, ne faudra mettre en la garenne aucun masle, qu'une seule fois, qui sera lors qu'au commencement l'on la meublera : car ils suffiront pour la fourniture des femelles, desquelles par-après, sortirout plus de masles, que ne voudrés : voire telle abondance de masles, nuiront plustost en la garenne, qu'ils n'y serviront, par se rendre destructeurs de leurs semblables. Pour laquelle cause, n'est pardonné à aucun masle qu'on rencontre en la garenne, pour petit et maigre qu'il soit, taschant à s'en deffaire de tant qu'on peut, afin que la garenne sur-abonde en femelles, comme celles qui ont la chair beaucoup meilleure que les masles. Lesquels, quelque jeunes et gras qu'ils soyent, cèdent tous-jours à la bonté de la chair des femelles : et vieux se rendent-ils immangeables, leur chair estant dure et fade. Et ne craignés de chasser si curieusement aux masles, qu'ils défaillent en la garenne, et en suite la race des connins, car il y en restera tous-jours plus que de besoin. Ceci s'entend pour la garenne s'entretenant d'elle-mesme sans l'aide du clapier : car pour celle continuellement fournie par le clapier, grande peine n'y a-il à se despêtrer de l'importunité des masles, veu qu'il ne faut que s'abstenir de les y mettre : ains seulement jetter dans la garenne ses femelles naissantes au clapier, lesquelles seules sans aucuns masles, satisferont à vostre intention, bien-que ce soit sans multiplication d'engeance, n'y pouvant estre par défaut de masle : pourveu que le clapier marche son train sans interruption, fournissant tous-jours jeune bestail pour le remplage de la garenne.

Or comme toutes choses s'affinent avec le temps, on a treuvé par expérience le chastrer des connins estre un moyen exquis pour les faire venir tendres et gras, accomparé au chaponner des coqs : mesme en les achevant de nourrir au clapier (quoi-qu'au pire endroit) deviennent-ils si délicats qu'ils approchent de bien près à la saveur des levrauds. Ceste science s'est descouverte par certains hosteliers, qui pour levrauds, donnoient à manger des connins chastrés, après leur avoir saffrané les pattes, couvrans ainsi la tromperie, afin de les rendre de couleur semblable à celle des levrauds. De telle exquise subtilité nous-nous servirons, chastrans tous les masles au clapier, pour par-après les fourrer dans la garenne, laquelle par ce moyen se treuvera fournie de précieuses chairs. Et en abondance, puis que sans perte d'aucun connin que le clapier produise (chose considérable) nous employons tous les masles, lesquels sans ce remède, sont rejettés sans pouvoir servir en la garenne, comme a esté ja représenté. A cela convient se résoudre avant que peupler la garenne, pour ne l'infecter d'aucun masle entier : ains que n'y en mettant que des chastrés, elle ne puisse

rapporter autre chair que franche et délectable. Les femelles d'elles-mesmes excédent de beaucoup les masles entiers, comme a esté dict, et les masles chastrés, d'autant les femelles, que les chapons les poules. Ainsi conduicte la garenne, n'en faut espérer que la nourriture des connins, sans augmentation de nombre, estant infertile à cause de ce chastrement. Mais ne vous en chaille pourtant, car le clapier satisfera largement à tel défaut. Dont tiendrés tel conte du clapier, qu'on faict des avenues de l'eau de la cisterne, qui tarit, négligeant ses acqueducts : non plus moissonne-on, si au-paravant les terres n'ont esté ensemencées. C'est donques le clapier qui est le séminaire de la garenne. Rien plus facile n'y a-il, que le chastrer des connins, où autre mystère n'est requis, que de leur coupper les testicules avec un consteau bien trenchant : et après avoir engraissé la plaie avec du vieux oinct, sans la coudre, renvoyer les connins en la garenne : où par le bénéfice de l'aer et de la liberté, eux-mesmes se guérissent assés tost. Ce chastrement n'a aucune saison propre, car puis que les mères font des petits durant l'année, aussi tous-jours est bon de les chastrer (62).

En relevant les monticules de la garenne, par dedans l'on y espargnera des vuides, pour servir de retraicte aux connins : non en espérance de les contenter entièrement, car ils se creusent des nids et tanières à leur fantasie, mieux que l'homme ne sçauroit faire : s'accommodans dans terre si artistement, que l'entendement humain s'y perd. Et là tant seurement se fortifient-ils, qu'y estans une fois accoustumés, le lieu leur agréant, l'on ne les en pourroit du tout

desengeancer, quand l'on voudroit : fust-
ce mesme en démolissant la cloison de la
garenne, pour leur ouvrir la porte à s'en-
fuir, et pour donner entrée à leurs ennemis, afin de les chasser, hommes et
bestes. Ains ces vuides leur serviront,
pour y passer et repasser, se pourmenans
et se sauvans de l'incursion des bestes de
proie. Aussi pour s'y retraire en temps de
pluie : pour laquelle cause les disposera-
on de telle sorte qu'ils vuident l'eau, les
posans en lieu relevé. Ils seront façonnés
avec des pierres plates, comme acqueducts couverts, droicts, recourbés et de
toute autre figure qu'on voudra : y faisant
des précipices pour s'y sauver les connins
de la poursuite du furet, quand par malice on en chasseroit dans la garenne. Les
mères ont accoustumé, ayans faict leurs
petits, de boucher l'entrée de leurs terriers, avec du foarre et autre menusaille
qu'elles peuvent recouvrer, pour la crainte
qu'elles ont des masles qui dévorent les
petits, comme a esté dict, lesquels par ce
moyen elles garentissent. Vous prenant
garde de cela, ne touchés nullement à ces
trous, de peur aussi, que les femelles
ayans apperceu de l'altération en leur
cloison, de rage elles-mesmes n'estran-
glent leurs petits, pour l'opinion qu'elles
auroient que le masle y eust touché, tel
estant le naturel de ce bestail. Ceci s'entend en garenne d'engeancement, car en
celle où les masles sont chastrés, n'est besoin de se donner telle peine.

Au resté, bien-que les vivres que produit la garenne ainsi disposée, soyent
suffisans pour la nourriture des connins,
si ne faut-il pourtant faillir de leur donner à manger quelque friandise, par-fois
en hyver, lors que par les froidures la
mangeaille des champs manque : comme
avoine, foin, choux, laictues et autres
despouilles de jardin. Afin que les maintenant en bon estat, ayés aussi le plaisir
de les voir ensemble par trouppeaux : à
quoi parviendrés, si les accoustumés à leur
donner à manger tous-jours en mesmes
lieux et en sifflant, comme avons dict des
pigeons. Oyans lequel signe, les connins
ne faudront de se rendre promptement
aux lieux destinés pour repaistre. Et à ce
que vostre présence et celle de vostre compagnie n'effarouche les connins, faudra
accommoder à chacun desdits lieux et joignant icelui, un cabinet d'arbrisseaux
vifs, bien entrelassés ensemble, dans lequel vous tenant à couvert, aurés le passe-
temps que désirés : et vous servira de plus
telle accoustumance, à prendre des connins, quand il vous plaira, comme sera
moustré.

Les connins ainsi enfermés dans l'enclos de la garenne, ne pourront nuire aux
fruicts d'alentour : mais estans en lieu
ouvert, auquel à volonté ils puissent entrer et sortir, le dégast que ce petit bestail faict aux jardins, vergers, vignobles
et blayeries, est très-grand, comme se
void tous les jours ; et se lit le grand mal
qu'anciennement ce bestail porta en la
Majorque et Minorque, dont n'est à souhaitter d'avoir autre garenne que bien
close. Il est vrai qu'il y a quelque petit
remède, pour limiter la course des connins, quoi-qu'ils soyent en lieu ouvert :
comme la senteur du souffre qui les arreste. L'on s'en sert en ceste manière. Des
petits paisseaux faicts de bois de saule sec
ou d'autre bruslant facilement, sont trempés d'un bout dans le souffre fondu,
comme allumettes, et de l'autre sont fichés

droictement dans terre, où l'on désire leur service, equidistans de toise en toise : après le feu est mis au soulfre, lequel bruslant, effectue par son odeur ce que désirés, engardant les connins de passer tels limites ; et ce pour quelques quatre ou cinq jours seulement, pendant lesquels dure la senteur de telle drogue ; laquelle recepte convient renouveller au bout de ce temps-là. Ce remède est principalement inventé, pour les vignes ; attendu qu'en icelles les connins ne font nul dégast, les jettons estans une fois endurcis ; mais lors seulement les brouttent - ils, quand elles bourgeonnent, dont le dégast ne peut durer guières plus de quinze jours que les jettons mettent à s'endurcir. Selon la commune opinion, les connins ne touchent aux raisins, laquelle réprouvée de plusieurs, faict que pour le plus asseuré, vaut mieux la garenne estre fermée, qu'ouverte : pour tout-d'une-main, retenir les connins de s'en-fuir et les garder de faire mal au dehors leur habitation.

Les serpens guerroyent fort les connins, jusqu'à les engloutir tous entiers. Pour les bannir de la garenne, convient y planter bonne quantité de fresnes, car par l'antipathie qui est entre telle plante et les serpens, les serpens fuyent l'odeur du fresne ; sur tout son ombre, laquelle ils craignent tant, qu'estans pressés, aimeroient mieux passer à travers du feu, que sur icelle, selon l'opinion des Anciens. Et touchant les autres ennemis des connins, le meilleur moyen, pour s'en deffaire, est de chasser aux renards, pour en tuer tant qu'on pourra, à ceste cause recerchant curieusement leurs tanières, pour les prendre jeunes. Tant qu'il sera possible, engarder que les chiens et les chats n'entrent jamais en la garenne. Sur tout, donner ordre que les chats sauvaiges ne s'y logent aucunement, où ja y estans, tascher par tous moyens de les en desengeancer : car les connins ne pourroient estre travaillés de pires ennemis. Ainsi qu'à leur utilité, les habitans des isles de Majorque et Minorque l'ont pratiqué, contre les connins, qui désertoient leurs pays, ayans anciennement faict venir, par l'avis des Romains, des chats sauvaiges de l'Afrique, pour guerroyer ce bestail.

La fin de la construction de la garenne, est la prinse des connins, comme la récolte des autres fruicts de la terre. A cela parvient-on par divers moyens, desquels les plus familiers et plus généralement receus, sont les filés et les furets. Du furet l'on ne se servira nullement en la garenne, pour le grand dommage qu'il y porte, faisant, pour long temps, haïr aux connins, les terriers ou tanières dans lesquelles on l'aura une fois mis pour en prendre. Mais seulement employera-on ceste espéce de chasse, ès lieux vagues et ouverts pour prendre les connins entièrement sauvaiges : et diversement en nostre garenne les filés pour attraper ce petit bestail. Aussi s'y servira-on de l'arbaleste et du fort arc-agelet, mais non de l'arquebuze, pour n'effrayer ce bestail. Le plus asseuré moyen de faire jouer les filés, est de se trouver dans la garenne deux heures devant jour en hyver (qui est lors la vraie saison de manger le connin) et là estant, fermer incontinent les trous des terriers (qu'improprement aucuns appellent, clapiers) que le jour auparavant l'on aura remarqués ; afin d'engarder les connins d'y rentrer ; car à telle heure ils sont espars par la garenne pour paistre : lesquels se voyans frustrés de l'espérance de leur retraicte, tombent facilement dans les filés que leur aurés tendus en chemin. Préveoyant ceste chasse, dés le dresser de la garenne, l'on façonne les terriers ou cavernes, de telle sorte, que la prinse de ce bestail est rendue aisée et sans bruit. L'on faict des conduicts ou longs passages traversans les monticules diamétralement en ligne droicte, selon que s'accorde le mieux. D'un des bouts l'on tend le filé, et de l'autre avec une longue perche qu'on fourre dans le trou, l'on alarme les connins qui se treuvent dedans, lesquels se voulans sauver à la fuite, ne se prennent garde qu'en leur issue se treuvent attrapés au filé. Autre plus propre moyen à prendre ce bestail, se pratique avec beaucoup de plaisir : c'est en laissant cheoir un grand panier d'ozier, faict sans fond, large par bas, comme une cloche, sur la trouppe de connins mangeans serrément ensemble, lequel attrape une partie, qu'après l'on retire par une porte à ce expressément faicte au costé du panier. Pour à quoi facilement parvenir, faut que le panier demeure tous-jours suspendu au lieu accoustumé à donner à manger aux connins, afin qu'ils ne se doubtent de l'amorce, éslevé un couple de pieds sur terre, par le moyen d'une potence là dressée, au bec de laquelle sera accommodée ou une poche ou polie, pour doucement faire couler la corde portant le panier, l'autre bout de laquelle, attaindra jusqu'au cabinet joignant, pour d'icelui faire jouer l'artifice. Quand il vous plaira chasser aux connins en ceste sorte (estant en hyver ou au printemps, car en autre saison ne se veut ainsi laisser prendre, treuvant par tout à manger) sans bruit vous-vous irés enfermer dans le cabinet, après ferés porter à manger aux connins, mettant la viande sous le panier, tant accumulée qu'on pourra, à ce que le panier aie plus de prinse. Là ferés assembler les connins en sifflant, ou par autre cri que leur aurés accoustumé, les voyant attrouppés mangeans affectionnément, lascherés la corde, et le panier cherra sur les connins, desquels il en emprisonnera autant que par sa largeur en pourra comprendre. Est de besoin, comme a esté dict, que le panier soit continuellement suspendu en son lieu, et que plusieurs repas se passent sans l'employer, pour accoustumer le bestail à le voir et ne craindre le danger. Aussi qu'en la garenne y aie plusieurs lieux destinés à leur donner à manger, et ainsi meublés : à ce qu'alternativement l'on chasse ès uns et ès autres, non continuellement en un seul endroit, pour rendre ceste chasse plus utile, en n'effarouchant les connins, comme l'on feroit si on chassoit souvent en mesme lieu. Se faut soigner de ne laisser eschapper aucun connin, de ceux qui une fois auront esté prins ; de peur que non seulement il ne revienne plus sous le trébuchet, ains qu'il en destourne les autres.

Encores avec moins de peine par autre voie, prend-on ce bestail-ci, en mesme endroit. Au lieu du panier, dresse-on une grande cage, occupant presques tout le lieu, dans laquelle les connins s'emprisonnent eux-mesmes : d'autant qu'elle est faicte comme nasses ou ratoires à prendre poissons et rats ; assavoir ayant des trous ès costés joignans la terre, propres pour donner entrée aux connins, et non

issue ;

issue; à cause du rencontre des piquerons. La cage est faicte de cannes ou rozeaux entiers, pour estre tant plus fermes, ou d'autre bois solide que les connins ne puissent ronger, de la figure qu'on veut, haute sur terre d'environ deux pieds, couverte par le dessus de mesme matière, laissant au couvercle une porte pour en tirer les connins. Au costé aussi y aura dés petites portes, avec leur huis tout d'une matière, qu'on fermera et ouvrira opportunément. Toute la cage sera tissue et entre-liée si bien et dru, qu'elle puisse asseurément contenir les connins, et faicte à profit pour longuement durer. Elle sera affermie dans terre, par le moyen des paisseaux, qu'en bon nombre, l'on y fourrera par les bouts; afin que ce qui en ressortira, supporte seurement l'artifice, le plan de la terre servant de fond à la cage. Les connins entrent dans la cage par les trous, pour aller manger la viande qu'y aurés faict mettre par la porte du couvercle. Là les connins d'eux-mesmes s'enfermeront, et les en tirerés après par la porte du dessus, comme a esté dict. Est nécessaire dresser à ceci les connins, pour les attraper quand il vous plaira. Cela se faict par la liberté qu'au-paravant leur aurés donnée d'entrer et sortir dans la cage sans danger, tenant les portes des costés ouvertes, par où ils sortent, après avoir repeu, et ainsi les ayant accoustumés à ne rien craindre, ne pourrés faillir d'en prendre abondamment: pourveu aussi que sans abuser de telle aisance, ne la continuiés que bien à poinct. Par ces moyens et semblables que pourrés inventer, avec passe-temps chasserés aux connins en saison: desquels remplirés vostre cuisine, comme d'une manne ordinaire.

Viande d'autant plus recerchable, que moins ce bestail couste d'entretenir.

Autre observation n'est requise pour le gouvernement de la garenne: ni aucunement besoin se penner, pour médeciner les connins malades, ne pourveoir à leurs autres infirmités. N'est à propos aussi, d'enfermer des levrauds dans la garenne quand-et les connins; tant pour ne pouvoir multiplier en servitude, ores que facilement ils s'aprivoisent en la maison entre chiens et chats, que pour crainte de desbaucher les connins, lesquels suivans volontairement les levrauds, comme capitaines, avec eux s'en-fuyent de la garenne; par la moindre issue qu'ils y treuvent. Ainsi se faut contenter d'y entretenir les seuls connins, puis que pour eux, elle est particulièrement destinée (63).

Outre les susdicts connins, sont ceux d'inde, dont la race est petite, de diverses couleurs, toutes-fois distinctes en mesme besto: y en ayant de naïfvement blancs, noirs, roux, par moitié d'une couleur, le reste d'une autre, le tiers, le quart, et autres portions, sans confusion. Ils sont fort fertils en génération. La couleur de leur chair est très-blanche, et sa saveur douceastre, qu'on corrige en la cuisine par espiceries. Afin que rien ne défaille en la maison, l'on en nourrira quelques douzaines; avec cest assortissement, que pour vingt-cinq ou trente femelles, faut un masle. Communément on les loge en clapier resserré: mais si le clapier est exposé à l'aer avec des buissons et arbustes approchans de la garenne, les connins s'en rendront meilleurs; à cause de ce peu de liberté que par là leur donnerés. Conviendra les paistre des despouilles du jardin, et

Connins d'inde.

K.

d'autres viandes, selon les saisons, ainsi que les autres connins : estans de nourriture commune (64).

CHAPITRE XII.

Le Parc.

Pour dresser le parc aux grosses bestes sauvaiges, servira de convenable instruction, la garenne, comme en estant le modelle : et rapportant la chose du petit au grand, dirai que comme la vraie situation de la garenne, est dans le taillis, de petit circuit, et nourrissant petit bestail ; celle du parc doit estre, ès forests et bois de haute fustaie, en grande estendue de terre, pour l'entretenement des grandes bestes, y ad-joustant ceci, que l'un est proprement pour le simple gentil-homme, et l'autre ne peut appartenir qu'au grand seigneur ; inventé plus pour magnificence, que pour utilité. Ces parcs se conforment ensemble en ceci, que d'enfermer des bestes sauvaiges, selon leur corpulance : les petits, des petites : les grands, des grandes : et tous deux veulent estre profitablement fermés, et commodément fournis de pasturages, pour retenir et nourrir les bestes, selon leurs espèces.

Nourriture des bestes rousses,

Toutes sortes de fruicts sont agréables aux bestes rousses et noires, spécialement le gland, duquel elles se paissent très-bien : aussi est-ce le chesne qui tient le premier reng au parc. Les halliers touffus et serrés sont fort recerchés des bestes sauvaiges, pour secrettement s'y retirer et faonner à l'aise sans destourbier : à quoi aidera-on par artifice, y dressant des grottes et cavernes brutes, au plus près du naturel que faire se pourra. Ces bestes-ci ne peuvent vivre sans boire : par quoi est nécessaire les accommoder d'eau, dont la plus désirable est la courante, de fontaine ou de ruisseau : au défaut desquels, l'on recourra aux mares et cisternes, qu'on dressera en divers endroits du parc, selon sa grandeur : et tant proprement, que les bestes d'elles-mesmes aisément s'y abbruvent.

Et de qu'il en boit.

Ne se contentera-on pour le vivre de ces bestes, des pasturages du fonds, quelque abondans soyent-ils ; ains à la manière ci-devant enseignée, fera-on des farrages pour y paistre en hyver. Et ce bon traictement, leur fera oublier la servitude ; dont elles se maintiendront en bon poinct. S'engraisstront aussi moyennant que sans espargne on leur donne du grain tous les jours de l'hyver, leur ordinaire réglé : particulièrement, en tous temps, aux bestes pleines, et à celles qui de nouveau ont faonné. Pour avoir le plaisir de voir assemblées ces bestes-ci, on les accoustume à manger du grain en certains endroits accommodés, comme avons dict des connins, et de mangeoirs, et de cabinets couverts, pour de là sans estre veu d'elles, les contempler à loisir. Servans aussi ces cachots, à les surprendre par piéges et autres engins qu'on leur dresse, si de peur d'effrayer le trouppeau, l'on ne leur veut tirer à l'arquebuze. Aucuns jettent dans le parc, quelques cerfs, biches, sangliers et semblables bestes apprivoisées dès leur jeunesse pour emmener les sauvaiges par tout le parc, afin de les voir de près où l'on voudra. Je ne passe plus outre aux particularités du gouvernement de ce grand bestail, afin de n'outrepasser les limites de mon discours, qui ne tend qu'à mesnage : non de traicter en cest endroit, des délices des princes et grands seigneurs, leur réservant ce service en autre discours (65).

CHAPITRE XIII.

L'Estang, le Pescher, le Vivier.

Pour l'estrange multiplication du poisson, et le peu de despence requise à son entretenement, sa nourriture est beaucoup prisée au mesnage. Les Anciens ont faict beaucoup d'estat de la commodité du poisson : voire tant l'ont aimé, que plusieurs grands personnages se sont donné les noms des poissons que plus ils aimoient ; de là estans sorties les familles des Orates, Murenes, Liciniens, Sergiens, ainsi qu'on le void ès livres de l'antiquité : par telle curiosité engravans là leur mémoire comme en table d'airain, et la cruauté d'aucuns d'entr'eux, qui exposoient aux poissons, pour viande, les corps morts de leurs esclaves, que pour passe-temps, ils contraignoient de s'entre-tuer. La magnificence de Lucullus preuve aussi telle affection, faisant nourrir des poissons dans des viviers de verre, suspendus pour plancher, ès salles, afin d'avoir, en banquetant, le plaisir de contempler les poissons par le dessous. En ces trois divers endroits le poisson se nourrit, mais indifféremment ne s'y multiplie-il : car au vivier, suivant l'étymologie de son nom, il ne faict que vivre, pour la petitesse du lieu, inventé seulement pour tenir le poisson ; afin d'y en prendre à toutes les fois qu'on en veut, à telle cause dict aussi, reposoir et serve. Ès estang et pescher, le poisson se multiplie, toutesfois beaucoup mieux en cestui-là, qu'en cestui-ci, pour son estendue, ayant le poisson en l'estang, moyen de se pourmener loin : liberté qu'il n'a au pescher, qui communément n'occupe grande place. Aussi le vivier se convertit en pescher et le pescher en estang, amplifiant leurs limites. Et au contraire de l'estang se faict le pescher, et du pescher le vivier, les resserrant à l'estroict.

L'estang donques, ne peut estre petit au regard du pescher : par quoi, sans crainte de passer mesure, nous le prendrons tant grand, que le terroir le permettra : dont aviendra commodité pareille à celle remarquée aux colombier et garenne, que meilleur se rendra le grand estang en sa grandeur, que le petit en sa petitesse, et pour la qualité et pour la quantité du poisson. Attendu qu'en grand enceint, croist abondance de vivres pour nourrir le poisson, qui avec la liberté du pourmenoir, se rend sain et agréable au manger, et en nombre, s'accroist admirablement. De telle ample estendue de terre sort un autre revenu ; selon la pratique de plusieurs provinces de France, heureusement employans ce mesnage ; qui est par les blés provenans du fonds de l'estang, quand après avoir servi quelques années en poisson, desséché, est réduit en labourage. Mais avec tant de rapport, que la merveille est grande de voir l'abondance des beaux blés venans de là. Telle fertilité est causée au fonds par l'eau, laquelle premièrement l'engraisse, par le limon que naturellement elle laisse par tout où elle séjourne : et après le contraint à se reposer, le tenant en telle sujection, que pendant qu'elle y séjourne ne peut produire que quelques rozeaux de petite nourriture : dont ayant faict amas de fertilité par plusieurs années, estant mis en labourage, rapporte des blés avec esbahissement, tant ils croissent abondamment sur ce limon : lequel facilite le labourage, quand meslé avec la terre du fonds, la rend très-aisée à manier, imitant l'Égypte, où le Nil verse durant certains mois de l'année.

Utilité de deux estang.

De tous lieux indifféremment ne peut-on tirer, en leurs temps, ces deux divers services, quoi-que fournis d'eau : mais seulement de ceux ausquels l'assiete est favorable. Un seul lieu ne suffit, ains de nécessité en faut avoir deux, pour le moins si on désire estre fourni et de poisson, et de beaux blés tout ensemble, à ce que l'un travaillant en estang, cinq ou six années de suite, l'autre cependant serve en labourage pour autant d'années : passées lesquelles, l'eau y estant remise, recommence à nourrir du poisson, et l'autre à estre espuisé et desséché pour le labourage. Ainsi alternativement chacun de ces deux lieux-là, donnera à son tour du poisson et du blé en abondance. Qui n'a lieux à cela du tout propres, se contentera de la seule commodité du poisson, laquelle (moyennant l'eau) il aura par tout où il voudra creuser, comme j'ai dict du fossé fermant la garenne, auquel on ne peut jamais semer du blé.

Assiete et capacité de l'estang.

L'estang sera situé en lieu large et spacieux, qui de nature soit enfoncé d'un costé et relevé des autres : afin qu'à moins de frais qu'il sera possible, la chaussée pour retenir l'eau, se puisse faire. Tels lieux communément se treuvent à la nais-

sance des valons, que curieusement convient recercher : car d'accommoder entièrement par artifice le lieu destiné pour estang en endroit non favorable, la chose seroit et de trop grande despence et non tant fructueuse qu'il est requis. Attendu, qu'à creuser artificiellement le fonds, pour donner place à l'eau, courent grands frais : et s'enlève la superficie de la terre; où gist la principale bonté, à l'intérest des blés qu'après l'on y sème, lesquels n'en peuvent-ils sortir en telle abondance, qu'en leur laissant la terre entière, pour leur nourriture. L'enfoncement sera réglé en telle sorte, qu'en sa plus grande profondeur l'estang ne contienne d'eau, plus de huict ou dix pieds : et du moins, quatre, mesure suffisante pour la nourriture du poisson. En lieu ainsi choisi, l'estang se rendra ample, l'eau s'escartant largement de tous costés : et pour son peu de pente, le fonds se labourant facilement. Ausquelles commodités, ad-jousterons-nous ceste-ci, que la chaussée en sera moins haute, qu'en endroit beaucoup enfoncé : et par conséquent à moindre despence se dressera, et de plus longue durée sera-elle, que si pour la profondeur de l'assiete, l'on estoit contraint de l'édifier hautement. La matière de la chaussée sera bonne et profitable, sans avoir tant d'esgard à la cherté, qu'au naturel de l'ouvrage, qui ne peut souffrir la chaussée estre composée d'estoffe de peu de valeur. Car si elle n'est suffisante pour retenir l'eau, et qu'elle ne soit de durée, ce sera tous-jours à recommencer pour les fréquentes ruines qui aviennent, plus grandes ès lieux joignans les eaux, qu'ès autres qui en sont esloignés : voire à tel défaut, encores pis aviendra, c'est assavoir perte de toute l'espérance de ce mesnage. D'autant que la chaussée, pour sa foiblesse, ne pouvant résister aux ravines des pluies, aucunes fois avec grande violence inopinément survenans, faict jour à l'estang, dont s'en vont de compagnie, et l'eau et le poisson là assemblé de plusieurs années. Mais en bien façonnant la chaussée au commencement et de bonne matière, eschevirés tels dangers, et de fort long temps ne serés contraint d'en revenir au refaire. La seule terre est la plus commune matière qu'on employe en cest endroit, qui est de durée, selon qu'elle est argilleuse et maniée. La terre sablonneuse n'y vaut rien, ni la pierreuse non plus; par quoi, de nécessité convient estre deschargée et de sable et de pierres, pour fermement retenir l'eau. Quant au maniement, ainsi l'on y procède. Deux murailles de gazon, taillé en quartiers comme pierres, sont faictes, en ligne paralelle, raisonnablement distantes l'une de l'autre (et telle raison prinse de la grandeur ou petitesse de l'estang, estant requis estre la chaussée de l'un plus grande que celle de l'autre) dont l'entre-deux est rempli de terre argilleuse, ou pour le meilleur, de pure argille, qu'on y espard peu-à-peu esgalement par littées, en la pressant avec un battoir pour l'affermir. Et à ce que cela se puisse bien faire, l'on arrouse la terre par dessus à mesure qu'on l'employe: comme de mesme, hausse-on petit-à-petit, les murailles de gazon jusqu'à ce que la chaussée soit parfaicte. En talus façonne-on ces murailles-ci, pour le naturel de la matière qui ne souffre d'estre droictement bastie: car comme ès rempars des forteresses, en cest endroit le gazon est employé; assavoir en pente, l'herbe regardant en hors, afin de s'y affermir. Par ce moyen, demeure la chaussée beaucoup plus large au fondement en bas, qu'en son extrémité en haut, et par conséquent, suffisamment forte pour retenir l'eau: pourveu qu'on la fonde de raisonnable espesseur, laquelle se règle par la capacité de l'estang, comme j'ai dict, et aussi par la pente du lieu. Néantmoins, pour petit que soit l'estang et plate sa situation, est nécessaire en sa plus petite espesseur, qui est le dessus, la chaussée estre capable à recevoir hommes et bestes pour y passer à volonté sans y rien gaster, par là mesurant l'espesseur de son fondement. Autres, au lieu de gazon, font les murailles de bonne maçonnerie de pierre, à chaux et sable; mais pour l'espargne, non guières espesses; seulement chacune d'un couple de pieds, remplissant l'entre-deux de terre ou d'argille, comme dessus, pestrie et affermie. En ceste manière, la chaussée se rend bonne en perfection et de longue durée, pour retenir l'eau du tout bien, et résister aux violences et de l'eau et du temps. Et si s'édifie-elle avec modérée despence, en pays auquel le bastiment n'est excessivement cher. D'autant que peu de terre suffit en faveur de la maçonnerie, à édifier une bonne chaussée, au prix du grand terrain, que de nécessité convient assembler, pour celle qui est avec le gazon. Aucun bois ne faut entre-mesler parmi la chaussée, de quelle façon qu'on la construise; à cause de la pourriture à laquelle il est sujet, qui cause la ruine de l'œuvre; se trouant et persant la chaussée, à mesure que le bois se pourrit, d'où l'eau et le poisson se perdent (66).

Pour la première main de l'estang, est besoin faire un grand fossé, large et profond, de long en long du lieu destiné en estang, de bas en haut, d'un bout à l'autre, couppant les eaux des costés par trenchées, comme en pluine, vuidant les eaux dans le grand fossé, au bout duquel en la chaussée, sera la bonde pour escouler l'estang au besoin. Principalement cela regarde à l'avenir, afin de dessécher tout le terroir, pour, à son tour, le faire servir en labourage, comme a esté dict : à faute de quoi, par trop d'humeur, les blés ne pourroient profiter en tel endroit. Et servira en outre telle ouverture, à fournir de la terre pour la chaussée, où commodément l'on en prendra creusant le fossé. Car de l'aller querir loin, ne se faict qu'à trop de frais, lesquels l'on doit soigneusement éviter, en toute sorte de mesnagement. La chaussée est sujette à ceste ruine, que les vagues de l'eau de l'estang s'esmeuvent par les vents, quelques-fois avec tant de violence, que donnans rudement contre la chaussée, en rompent les bords, à la ruine de l'estang, par là perdant ses poissons : causans telles bresches, pour petites qu'elles soyent au commencement, si tost n'y est pourveu, l'entière dissipation de la chaussée. Avec plus de facilité prévoid-on ce mal devant qu'il arrive, que l'on ne le guérit par-après. Car il ne faut que des buissons dont l'on borde la chaussée, avec des paux et oziers, les y attachant fermement, pour parer les coups de l'eau, contre lesquels l'eau donnant, espargne la terre de la chaussée. Si les buissons y sont plantés comme haie vifve, forte et espesse, tant mieux vaudra, pour éviter la peine d'y en remettre de nouveau, à

mesure que les autres se consument. A ces tempestes, résiste sans moyen, la chaussée emmantelée de maçonnerie, car l'eau n'a prinse contre le bastiment, quoique courroussée, pourveu qu'il soit profitablement faict. Aussi avec des bonnes pierres doit-on paver le dessus de la chaussée, maçonnée ou non, pour engarder qu'elle ne soit escorchée par l'eau, versant en tel endroit, lors que par les grandes pluies les eaux se desbordent. Le seul pavé du dessus de la chaussée n'est suffisant pour résister à ces dangers, lesquels prevenant de plus loin, sera nécessaire faire deux ouvertures ès deux bouts de la chaussée, pour vuidange de l'eau ordinaire de l'estang ; et tant grandes, qu'elles suffisent pour les peines extraordinaires des pluies, les rejettans hors de l'estang, par conduicts si bien apropriés, qu'elles ne puissent nuire. Ces ouvertures seront grillées, afin de retenir le poisson : à faute de quoi il se perdroit avec l'eau, versant par tels endroits. Non contens de cela, ferons des trenchées par dehors l'estang, au dessus et ès costés d'icelui, pour recevoir les eaux provenantes des inondations ; afin d'en descharger l'estang, sans entrer dans icelui. Dont tout-d'une-main, sera évitée l'incommodité des terres et brossailles portées en l'estang, par la ravine des pluies, desquelles à la longue il est comblé.

La bonde de l'estang sera au plus bas endroit de la chaussée, au bout du fossé susdict, pour vuider l'eau et mettre à sec l'estang, lors qu'il sera question de le pescher, ou de lui renouveller l'eau : contre laquelle bonde, faudra mettre une grille de fer ou de cuivre, druement persée, pour retenir le poisson qu'il ne sorte de l'estang avec l'eau. De mesme et pour semblable occasion, des grilles seront appliquées à toutes les issues de l'eau. De la façon de la bonde, n'est ici question de parler, par estre cela à la fantasie de l'ouvrier : joinct qu'il ne seroit possible représenter les diverses façons de bondes et ouvertures qu'on faict pour la vuidange des estangs, ni les moyens qu'on tient à les fermer et ouvrir. Suffise, que cela soit avec le plus de facile service, et de longue durée que faire se pourra.

Propre estang. Jaçoit qu'indifféremment toutes sortes de poissons ne se nourrissent en l'estang, si est-ce qu'on ne se descevra nullement, si on y en met de toutes les races qu'on pourra recouvrer : afin que celles qui s'y plairont le mieux y demeurent supérieures. En quoi n'y a tant de despence, encores que les inutiles s'y perdent, comme il courroit du hazard, en n'y mettant que les poissons qu'estimerés le plus fructifians : où vous-vous pourriez tromper (mesme dressant l'estang en pays et lieu nouveau) ne sçachant point entièrement le naturel de vostre terre, ni de vostre eau, de quoi ne pouvés estre bien résolu, que par l'expérience. Il est vrai, qu'en général l'on sçait bien que les terroirs pierreux et sablonneux, nourrissent les truites, loches, brochets, perches, barbeaux, gardons, carpes, goujons, dorades, chabots, cheviniaux, meusniers, esperlans, dables : et les limoneux et fangeux, aussi des carpes et barbeaux, la tanche, la bourbete, le lanceron, l'anguile et autres. Tous lesquels se treuvent mieux en eau vifve, que morte, et s'en rendent de meilleur goust, et sont meilleurs pour la santé. Sur quoi prendrés avis, notamment touchant les truites

et brochets, afin de ne les enfermer inconsidérément dans l'estang, pour le dégast qu'ils y font, comme poissons de rapine dévorans les autres. Aussi sont poissons de rapine, les perches et les barbeaux, non toutes-fois tant ravissans que les autres.

De la truite. La truite ne peut vivre qu'en eau de fontaine, et si elle n'est courante ne s'y multiplie aucunement : ne faisant que s'entretenir et engrossir, en eau dormante, quoi-que de fontaine. Pour laquelle cause, désirant estre abondamment pourveu de cest excellent poisson (estimé la perdrix d'eau douce) pour lui seul ferés un pescher séparé, l'apropriant de telle sorte, que des avenues de l'eau, soyent faicts de longs canaux, larges de sept à huict pieds, pavés au fond, et par dessus le pavé mis force menues pierres et gros gravier, où l'eau courant continuellement pour se rendre au pescher, les truites se pourmeneront plaisamment, cuidans estre en pleine liberté, comme en rivière ouverte. Dont aviendra celle multiplication de nombre que désirés, par s'y engeancer ce poisson-ci, moyennant tel logis ainsi préparé et la bonne nourriture : par-fois leur donnant à manger de la menusaille du poisson de l'estang et du pescher ; et d'ordinaire, les despouilles de la cuisine, des fruites et semblables viandes. Observant ceci, que tant plus petit est le pescher, tant plus de nourriture convient donner au poisson qui y est enfermé : n'ayant, le poisson, en lieu pressé et serré à l'estroict, moyen d'estre naturellement si bien avictuaillé, qu'en ample et large.

Du brochet. Quant au brochet, l'on ne fera difficulté d'en mettre dans l'estang, un ou deux ans après l'avoir appoissonné, non devant ; afin de donner loisir au poisson de s'y fortifier et augmenter par génération, pour se pouvoir garder des ravages du brochet. Lequel encore qu'il dévore quelques petits poissons ne désertera pourtant l'estang, pour la grande multitude de poisson qui s'engendrera de là en hors. Et sera grande commodité, d'avoir provision de cest exquis poisson, pour l'accoupler à la truite, et à la perche, les trois plus désirables qui se nourrissent en eau douce.

Moyen de peupler l'estang.

Le temps pour peupler l'estang, est le mois de Mai, en laquelle saison, l'on treuve abondance de toute sorte de poissons, ce bestail ayant esté en amour dès le commencement du printemps. Des rivières et estangs les plus prochains de vous, tirerés la fourniture pour vostre estang, de toutes races et espèces de nouveau poisson : lequel ferés porter chés vous en extrême diligence ; afin que sain et sauf il se puisse rendre au lieu destiné : ce qu'on n'oseroit espérer, le faisant longuement séjourner en chemin. Par batteaux, par charrettes, et à doz de bestes, l'on charrie ce poisson : mais plus facilement par eau que par terre. Par laquelle cause, estant contraint de le faire transporter à doz, faictes que ce soit par bestes de relais, que tiendrés en chemin, à ce que donnant la charge des unés aux autres, le poisson ne séjourne aucunement. Le poisson sera enfermé dans des barrils avec de l'eau, persés d'un costé ; tant pour donner aer au poisson, que pour le rafreschir de nouvelle eau en chemin, ayant tiré la vieille par le bas. Ainsi et sainement et vistement, se rendra la semence du poisson dans l'estang, pour y fructifier. Touchant la quantité, comme trop bien, ne trop tost ne pourriés appoissonner vostre estang ; aussi trop grand nombre de poissons n'y sçauriés-vous mettre au commencement. Donques sans rétention, pourveoyés à l'ensemencement de l'estang avec toute libéralité : à l'imitation des colombiers et garennes, qui ne peuvent estre sur-chargés de bestail en leur naissance. Et ceste grande provision, suppléera au défaut des poissons, qui meurent par le tracas du changement : par là évitant le danger de voir l'estang mal appoissonné de long temps, quand en telle action, l'on seroit allé escharcement.

Ce faict, autre chose n'est requise pour l'estang, que l'entretenement, qui consiste principalement en ce poinct, que d'y conserver l'eau. Car comme elle est la vie du poisson ; aussi la laissant défaillir, c'est perdre et principal et accessoire : en quoi gist plus de curiosité que de despence. L'eau y découlera continuellement sans interruption, et si possible est, en grande abondance : pour tant plus gaiement s'y nourrir le poisson, et lui faire supporter l'ennui de la servitude, que mieux il sera pourveu de ce que plus il désire. Que la chaussée, levée ou escluze, bondes, et grilles soyent profitablement entretenues en leur entier, sans souffrir qu'aucune bresche s'y face, réparant toutes les apparences de ruine, et par là prevenant la perte de l'estang qui souventes - fois avient par négligence. A quoi est remédié très-facilement, en sa saison et à bon conte, au prix de la despence qu'on est contraint faire, quand après avoir par trop délayé, la force de l'eau y a taillé beaucoup d'ouvrage. Sera l'estang deschargé des herbes et plantes sur-croissans l'eau, l'eau, comme rozeaux de diverses sortes, lys d'estang, joncs, nymphées, fleurs d'eau et de toutes autres incommodans le poisson en son pourmenoir, lui donnans mauvaise senteur et lui faisans sentir le limon. Lesquelles plantes, arrachera-on curieusement par le moyen d'un petit bateau, sur lequel l'on ira par tout l'estang : qui aussi servira à y pescher et s'y pourmener. De mesme affection, chassera-on aux bièvres, loutres, rats-d'eau et semblables bestes malignes, afin que les poissons restent en l'estang, sans ennemis ; pour seuls s'y conserver exempts d'importun voisinage. Les excrémens de l'estang, comme poissillons d'infinies sortes, grenouilles, vermisseaux, et semblables bestioles, servent de nourriture au poisson, qui s'en paist avec des racines et herbes que le fonds produit naturellement, dont le soin et la despence de donner à manger au poisson, sont d'autant deschargés. Pour laquelle cause, est l'estang aussi recogneu pour la première habitation du poisson : ainsi n'estant du pescher ne du vivier, ou de nécessité est requis porter des vivres pour la nourriture ordinaire du poisson.

Jusques au cinquiesme ou sixiesme an, l'estang va en accroissant ; c'est à dire, le poisson s'y augmente et maintient en bon estat. Mais de là en hors, n'y faict que languir, d'autant qu'il ne treuve dans l'estang vivres à suffisance pour la nourriture de l'innumérable nombre de poisson, qui pendant ce temps-là, s'y est engendré : dont se mangeans les uns les autres, finalement l'estang de lui-mesme se déserteroit, si on laissoit plus longuement les poissons ensemble. Voyant ces choses, au bout de tel terme, l'estang est

généralement pesché, et d'icelui enlevé tout le poisson qui y est treuvé, qu'on vend aux marchands qui en font trafiq, après en avoir gardé la provision de la maison pour saler, et toute la menusaille pour peupler le nouveau estang. La saison de la pesche est à la fin du printemps et en lune nouvelle, le poisson estant alors en son meilleur poinct, et le temps encores frès pour le saler. En vuidant l'eau par la bonde, cela se faict avec autant de plaisir, voyant saulteler le poisson sur la terre après avoir perdu l'eau, que d'aisance la assemblé, le prendre à corbeillées. De mesme le fonds se dessèche, tenant la bonde ouverte ; afin de le rendre propre au labourage. Et l'autre fonds, qui à son tour a porté des blés, pour estre remis en estang : selon que ce mesnage a esté représenté. Ceci est remarquable, que selon l'opinion de plusieurs, les œufs du poisson demeurent cachés dans terre, sains et entiers, cinq ou six ans, qui est le temps que le fonds de l'estang desséché, travaille à la production des blés. Dont avient, qu'à rappoissonner de nouveau l'estang, dont le fonds n'aura esté en labourage plus que le temps susdict, l'on ne se met en grande peine de lui redonner nouvelle semence de poisson, la vieille y suffisant. Mais pour négotier asseurément, employant aussi la commodité qui s'offre, l'on y pourra mettre de la menusaille de l'estang de nouveau pesché, pour tost cestui-ci, avoir son entière fourniture.

Pendant ces cinq ou six années que l'estang est en nature, convient estre fort retenu à y prendre du poisson ; afin de ne destourner le digne revenu de ceste nourriture. Car d'en tirer du poisson de jour à autre, pour l'ordinaire de la maison, pour peu que ce fust, ne devés espérer, quoi-qu'à la longue, pesche générale de grande valeur : une mesme chose deux fois ne pouvant estre ceste-ci accomparée au blé mangé en herbe, qui ne le peut estre en grain. Par quoi, en l'estang l'on peschera, comme par manière de passe-temps, à la ligne ou autrement, afin d'en prendre quelques-fois, et en petite quantité, des plus gros poissons et ja envicillis. La patience de ce terme-là, cause grande quantité de deniers tumber dans vostre bource, de cinq en cinq ans une fois, ou de six en six, comme se void en diverses provinces de ce royaume, la pesche d'un seul estang se vendre à miliers d'escus. Mais ce seroit bien plus que parties casueles, si l'assiete, estant favorable, permettoit au lieu d'un estang, d'en faire cinq ou six, pour en avoir un pescheable chacune année, et par là fonder certain annuel revenu. Ce que facilement se feroit, avec une seule eau, si le lieu tumbant en pente, bien-que petite, et en coline, dix ou douze escluses ou chaussées estans là dressées, faisoient autant de réceptacles d'eau, tumbant de l'un à l'autre, pour d'iceux tenir toujours la moitié en eau et poisson; et l'autre, en terre et blé, comme a esté dict. Commodité plus désirée qu'obtenue, non toutes-fois impossible, estant bien recerchée en pays de valon, tant Nature est abondante en biens et en richesses. Ne se ployant le pays à la pluralité d'estangs, aura nostre père-de-famille de quoi supporter l'attente de la générale pesche de son estang, par les beaux blés que tandis il tire de celui dont le fonds desséché, sert en labourage. Et quant au poisson pour son ordinaire, il en sera très-bien pourveu, par le moyen de ses pescher et vivier, où à toutes heures il en treuvera pour y en prendre en abondance.

L'ordonnance du pescher dépend du lieu : car par tout le poisson se treuve bien, moyennant qu'il y aie de l'eau : mieux toutes-fois en lieu exposé au soleil, qu'en ombreux, ce qu'il conviendra aviser. Ayant à choisir de lieu, préférés, à tout autre, celui descrit en la garenne, pour le profit du poisson : qui là se rend, et en plus grand nombre et plus sain, qu'en pescher d'autre figure, à cause de la longueur et tournoyement du fossé, où à l'aise il se pourmène, allant et retournant à plaisir, sans se prendre garde de sa servitude. A l'imitation de l'estang, se dresse le pescher; assavoir, en la chaussée, si chaussée y eschoit, en la bonde et ès grilles, pour retenir et vuider l'eau, et engarder que le poisson n'en sorte : aussi comme l'estang, s'ensemence le pescher. Rien plus n'ont de commun ensemble : car en ce pescher-ci, faut donner à manger au poisson, et pour en tirer le revenu, tous les jours y pescher, et en prendre du poisson, pour cela estant ainsi appellé. Touchant sa capacité, il est certain que tant plus grand est le pescher, tant plus abonde le poisson, et en nombre et en bonté, et moins de viande est requis leur distribuer : pour laquelle cause, le prendra-on plustost grand que petit, si ainsi se peut faire.

Aidant donques à la faculté du fonds et de l'eau pour la nourriture du poisson, seront jettés dans le pescher tous empeschemens de la cuisine, comme entrailles de toutes sortes de poissons, frès et salés, de la volaille, levrauds, connins, et

d'autres bestes , à mesure qu'on les recouvrera. Aussi les pelures des fruicts
qu'on prépare pour sécher , sont bonnes
aux poissons , et meilleurs les fruicts
mesmes , si la commodité veut qu'on leur
en donne des bons. Ce seront pour le
moins ceux qui chéent d'eux-mesmes des
arbres , qu'on ne leur espargnera : non
plus que les figues demi-gastées par faute
de temps propre à sécher ; ne les cormes,
qui leur agréent fort. Les glands concassés leur sont bons , le marc des raisins,
et des fruicts , desquels l'on a exprimé
le jus pour boisson : et en somme , les
poissons mangeront tout ce que leur voudrés donner. Pour plaisir , leur baille-
on quelques-fois du pain , cela servant
aussi à les faire assembler : à quoi ne faudront , si leur en jettant des pièces dans
l'eau , l'on siffle ou sonne quelque clochette tout ensemble , s'attrouppans pour
le venir prendre, comme j'ai dict des connins, tant toutes espèces d'animaux se
submettent à l'ordre!

Voilà ce qui est requis pour loger et
nourrir le poisson au pescher , où il s'engeancera , engrossira et engraissera très-
bien ; avec fort petite despence au prix
du revenu. Car peu de temps après avoir
meublé le pescher , pourrés commencer
d'en tirer quelque peu de poisson pour
manger : et passé un an , tant qu'il vous
plaira , sans crainte de l'espuiser , s'y estant le poisson une fois accoustumé. Voire
s'y augmentera-il tellement, que chacun
an , conviendra chastrer le pescher ; c'est
à dire, le descharger du poisson sur-abondant : afin que le restant au pescher se
maintienne en bon poinct : autrement
tout le poisson, de presse et famine , deviendroit maigre et langoureux. Ce chas-

trement se faict en vuidant le pescher par
la bonde au temps de la générale pesche
de l'estang , afin de prendre le poisson
en son meilleur poinct , pour saler et faire
servir à la provision de la maison. Mais
avec ceste considération, que de n'en tirer
indifféremment tous les gros poissons ,
ains d'y en laisser pour manger frès de
jour à autre.

Pour l'ordinaire pesche , l'on n'usera
d'autre artifice que de filés , hameçons ,
nasses et semblables instrumens , selon
l'usage des lieux , s'abstenant du tout des
amorces , pour n'en user d'aucune sorte
d'icelles , comme très-dommageables au
poisson. En vuidant l'eau du pescher ,
l'on vient bien plus aisément à bout de
ceci , mais l'on ne se donne telle peine
tant souvent qu'on a besoin de poisson ,
par quoi l'une et l'autre pesche sera pratiquée, comme s'accordera le mieux. Et
à ce que les larrons ne puissent desrober
le poisson avec des grands filés traversans le pescher , on plantera des longs
pieux en plusieurs endroits du pescher ,
du fond d'icelui attaignans la superficie
de l'eau , lesquels empescheront l'usage
des filés , et ainsi se préservera le poisson de telle tempeste.

Joignant le pescher on dresse le vivier,
afin qu'avec moins d'altération le poisson
se change et conserve, que moins de différence se treuvera d'un lieu en autre ;
tant pour le respect du fonds que de l'eau.
En sa figure n'y a aucune sujection. Ce
qu'on y observera de nécessaire , sera de
l'exposer en plain soleil , pour la récréation du poisson : et de le faire aisé à ouvrir et fermer pour facilement le pouvoir
vuider et remplir. Du pescher tire - on
le poisson , pour le mettre reposer au

L 2

vivier, et de là l'envoyer à la cuisine : mais c'est poisson gros qu'on y loge, non petit ; par estre tant plus prest à manger, pour cestui-là et non pour cestui-ci, estant dressé le vivier. Pendant laquelle attente, l'on le nourrira très-bien, sans espoir que le fonds contribue aucune chose à son vivre, de peur que sa maigreur le rendist dans peu de jours d'aucune valeur ; et comment qu'on le traicte, ne faudra que ce soit pour long-temps, ains le manger de jour à autre, y en surrogeant tous-jours de nouveau. Aucuns ne font autre vivier, que dans le pescher mesme, à l'un des coins d'icelui faisant un retranchement, non de bastiment, ains avec des perches ou cannes, comme cages, dans lesquelles le poisson est mis reposer, comme dessus. Voire s'y emprisonne-il de lui-mesme, si à la cage l'on faict des trous, comme ceux des nasses, par lesquels les poissons entreront dans la cage, sans en pouvoir sortir. Et ce tant plus affectionnément s'y fourreront-ils, que plus dans la cage treuveront à manger, qu'ailleurs. Comme pour telle cause on y mettra la plus-part de la mangeaille, pour accoustumer les poissons à y venir ; lesquels si on ne veut prendre, ne faudra que tenir les portes ouvertes, que pour issue l'on aura faictes à la cage ; à l'imitation de celles de la garenne (67).

L'anguilière. A ce mesnage j'ad-jousterai l'anguilière, afin qu'aucun animal de service se nourrissant dans l'eau, ne défaille au père-de-famille. On la dressera en lieu ombreux et bourbeux, en la façon du pescher, et de mesme sera ensemencée. Sa capacité sera à discrétion, toutes-fois réglée par la faculté du fonds, pour la faire grande ou petite, selon que les anguiles y

fructifieront. Là on nourrira les anguiles de la viande ci-devant dicte : comme de mesme que les poissons des pescher et vivier, seront-elles prinses pour l'usage.

CHAPITRE XIV.

L'Apier ou Ruscher, qui est la nourriture des Mousches-à-miel.

AVEC les connins et poissons, les abeilles ont de commun, l'entretenement, c'est à dire, à très-bon marché les nourrit-on, voire presques pournéant, puis que pour elles, ne faut faire provision, ni de fourrages, ni d'autre mangeaille, estant si peu de chose, ce que par-fois on leur donne, que cela est plustost à acconter à médecine ou à plaisir, qu'à nécessité de nourriture. Car c'est de leur seul et propre ouvrage, qu'immédiatement les abeilles vivent, qu'elles composent de fleurs et brins de plusieurs arbres et herbes, franches et sauvaiges, de la rozée, de l'aer, et d'autres matiéres incogneues aux hommes, par elles cueillies doucement ès plantes sans rien y gaster, contre l'usage de tout autre animal. Du restant de laquelle nourriture, sort le doux miel, tant célébré de toutes Nations, mesme par ceste antiquité :

Sic vos non vobis mellificatis, apes.

et la cire avec, exquises et riches matiéres (68). Au logis et au soin, consiste toute la despence requise en cest endroit : très-petite et en l'un et en l'autre, puis qu'un petit jardin suffit pour contenir grand nombre de rusches, et un seul homme, comme en se jouant, pour en gouverner grande quantité. Pour lesquelles choses, tant grand revenu qu'on voudra, tirera-on de ceste nourriture, n'estant question que de s'y résoudre.

Origine absolue des abeilles.

De ces très-excellens animaux ont presques tous les Anciens chanté la gloire, et représenté les mœurs et conduicte : des doctes escrits desquels, nos pères nous ont laissé plusieurs enseignemens, où nous-nous arresterons, sans recercher plus avant l'origine de ce bestail : comme plusieurs anciens poëtes ont faict, plus pour lustre de leurs poésies, que pour fermeté d'histoire. Ces pauvres payens, ravis en la contemplation de cest exquis animal, pour son subtil labeur, pour sa diligence, pour sa police, pour son précieux ouvrage, ont imaginé estre engendrés du soleil et des frelons, et après, les abeilles avoir esté eslevées par les nymphes Phryxonides, et icelles avoir nourri Jupiter avec du miel, en sa première jeunesse, dans un antre au mont Dictean, *Georgiques, livre IV.* comme dict *Virgile*. Aucuns ont voulu faire sortir ce bestail de Crète, de Thessalie, ou de l'isle de Coa. Autres, et tous fabuleusement, de la race de Melissa, qui de belle femme fut par Jupiter transformée en abeille. Non plus s'accordent-ils du temps de leur création, si c'est de celui de Saturnus, d'Ericthonius, ou d'Aristeus, tant leur ignorance les a possédés : ne leur permettant de croire, que la main du Souverain, quand-et le monde, a créé tous animaux.

Leur etymologie.

Les abeilles ou mousches-à-miel, sont des Latins appellées, *apes*, parce qu'elles naissent sans pieds, comme escrivent *Probus* et *Priscianus* : et *Virgile* en ceste sorte, *trunca pedum primo*. Du latin, *apis*, vient ce mot, *avete*, comme qui diroit petit oiseau. Selon le tesmoignage de *Varro*, les abeilles ont esté nommées les oisillons des Muses, pour la musique qu'elles aiment, avec son mélodieux se laissans aisément rassembler en un corps, quoi-qu'esparses en plusieurs. Elles sont du genre des insectes volans, et par les jurisconsultes, tenues au reng des bestes sauvaiges, selon la loi 26. *ff. de furtis;* dont s'ensuit qu'elles appartiennent au premier occupant comme toute autre sauvagine (69).

Le soin de leur nourriture.

La quantité faict le profit. A ce qu'il soit grand, grand nombre de rusches entretiendrés-vous, voire (sans vous arrester à certain nombre) autant que pourrés recouvrer de mousches : leur donnant un gouverneur, sans lequel peu de chose pourriés espérer de ceste nourriture. Car par la raison des oyes et des poules d'inde, moins couste à conduire le grand que le petit nombre d'abeilles. D'autant que communément, pour le peu l'on ne destine le labeur d'un homme dont ce peu se convertit à néant. Mais bien très-opportunément pour l'abondance, laquelle supportant la despence du gouverneur, moyennant bonne conduicte, rapporte beaucoup de fruict.

Et l'aspect du vent pour les loger.

En lieu tempéré s'eslèvent facilement les abeilles, haïssans les extrémités des froidures et chaleurs. Toutes-fois elles supportent le froid, pourveu qu'il soit sans vents excessifs; la Hongrie, le Dannemarch, la Frize, la Hollande et Zélande, et autres régions froides, prouvans cela par l'abondance de miel et de cire qui en sort. En Moscovie et Russie, les abeilles se nourrissent naturellement dans le creux des arbres, sans donner peine de les loger : d'où l'on tire le rapport, miel et cire, avec peu de labeur. En Pologne, ne viennent du tout naturellement, ce qui cause quelque petit soin à les conduire. Ce sera donques en endroit couvert, principalement de la bize, où nous logerons nos abeilles, y adjoustant ceci, que de les poser directement à l'aspect du levant d'hyver, afin qu'estans esclairées et eschauffées dès le grand matin par le soleil, soyent fortifiées pour bien travailler toute la journée. Si le pays est aucunement sujet aux vents, l'apier ou ruscher sera hautement fermé de muraille bastie de bonne maçonnerie, pour servir d'abri aux mousches : mais n'estant le climat ainsi incommodé, suffira pour toute cloison, une bonne baie vifve, laquelle ayant de commun avec la muraille, la seurté des abeilles contre les larrons, en outre, a ceste particulière utilité, que de fournir de brins, de fueilles, et de fleurs aux mousches, pour leur vivre et passe-temps. Les Anciens ont commandé de perser la muraille en plusieurs endroits quelques pieds sur terre, pour le libre passage des abeilles allans et venans quester leur vie ; mais telle observation n'est nécessaire, parce que les mousches sortans de leurs rusches, sont tous-jours légères pour voler amont : et revenans estans chargées, tombent aisément en leur logis, mesme s'il est assis en valée, comme à telle cause l'endroit enfoncé, par dessus tout autre, est cheisi. Et encores qu'on leur donnast contraire quartier, moyennant bonne conduicte, ne laisseroient pourtant de s'y retraire : comme avec apparentes incommodités, void-on des abeilles mesme dans les villes, rapporter modéré profit ; tant ce docile animal est de facile conduicte.

Le ruscher sera assis en lieu net et secret ; les avetes haïssans la saleté et toutes sortes de mauvaises senteurs, marescages, bourbiers, fumiers, retraicts, et semblables endroits puants. Aussi la fréquentation de toutes espèces de bestes, volaille et autre, domestique et estrangére, leur est préjudiciable. Les poules et les arondelles mangent les abeilles : les beufs, pourceaux, chèvres, brebis, chiens, toutes ces bestes nuisent aux abeilles, s'en approchans, renversans leurs maisonnettes, foulans leurs herbages, broutans leurs fleurs, abbattans la rozée du matin, ausquelles choses consiste la vie de ces petits animaux. Pour les préserver de telles injures, à la mercí de ces tempestes-là, ne seront-elles exposées, ains les logera-on dans l'enceint des jardinages, en retranchement faict en endroit convenable et bien choisi. Non seulement les abeilles fuyent les mauvaises odeurs, ains recerchent les bonnes, pour loin qu'elles les ayent. Pour les délivrer de laquelle peine, nous fournirons le ruscher de toutes les sortes de plantes, arbustes et herbes dont nous-nous pourrons aviser, eslevables en nostre climat, rapportans, et par elles, et par leurs fleurs, agréables senteurs. Les plus désirables plantes, ainsi qualifiées, sont celles de plus longue durée (afin que ce ne soit à refaire chacun an) comme rosmarin, roziers de diverses espèces, mesme de damas, thym, sarriete, lavande, mente, sauge, mélisse, lys blancs, violiers de plusieurs couleurs. Se prenant garde de ce poinct, que d'y en mettre de tant de sortes, que selon le divers naturel des plantes, elles fleurissent en divers temps, tost et tard, à ce que longuement les

abeilles y treuvent de quoi se contenter. Presques toutes les herbes potagères
servent en cest endroit, et spécialement les
féves, pour l'abondance de leurs fleurs,
estans de souefve odeur : et très-utilement aussi les fleurs de la généralité des
arbres du verger : car outre la bonne senteur, fournissent matière à suffisance,
pour l'ouvrage des abeilles : lequel tant
plus délicat sera-il, que plus exquis seront les fruictiers près desquels les abeilles
seront logées. Comme par le contraire,
ne pouvans les abeilles charger que sur
plantes sauvaiges et malignes, par faute
d'autres, ne rapporteront miel de valeur,
ains plustost bastard et venimeux, et cire
de peu de prix.

Selon *Pline* l'herbe appellée, *œgole-
tros*, donne au miel qualité puante et venimeuse, certaine saison de l'année, près
la mer Major (70). En ces quartiers-ci, de
Languedoc, les fleurs de l'orme, du tithymale, du genest, de l'arbousier, du
bouis, changent la bonté du miel, et aucunes de ces fleurs-là, emmaladissent les
abeilles : du voisinage desquelles plantes
convient esloigner les abeilles tant qu'il
sera possible, afin que soit ou par famine,
ou par curiosité, elles ne s'addressent jamais en mauvais lieu. C'est pourquoi,
est nécessaire de les pourvoir de si grande
quantité de plantes salutaires, qu'elles
n'ayent occasion d'aller loin quester leur
vie. Néantmoins, quelque soin qu'on
mette après ces choses, si ne peut-on du
tout retenir les abeilles près de leur habitation, que pour se pourmener, en beau
temps, elles ne s'esloignent bien avant
en la campagne. D'où ne rapporteront
que bonne matière, et pour le miel et
pour la cire, si généralement le pays est
propre pour le pasturage du bestail à
quatre pieds, à cause des herbages fournissans viande à suffisance à tous ces ani-
maux-là, dont ils se nourrissent. Aussi
où est le laict, là est le miel : comme est
dict en la Saincte Escriture, la terre de
Canaan abonder en laïct et en miel. Le
temps aussi que les abeilles demandent,
est le mesme de celui que les brebis et
moutons désirent, assavoir, sans bruines,
et abondant en fleurs. A ceci consentent
les Antiques avec les Modernes, que des
fleurs, la cire est faicte : et de la rosée,
le miel : l'une et l'autre tant meilleurs se
rendans, que plus délicates sont les fleurs,
et les fueilles sur lesquelles chet la rozée ;
de là prenans leurs bonnes qualités (71).

L'eau est aussi remarquable en cest
endroit, pour l'abbruvoir des mousches-
à-miel. En nulle eau, que claire et nette,
ne s'abbruveront-elles, telle l'allans cercher pour loin qu'elle soit. C'est pourquoi
le ruscher sera bien accommodé, si par
devant ou au travers d'icelui, passe un petit canal d'eau vifve, afin que les mousches
ayent moins d'occasion de s'escarter pour
aller boire. Ce canal sera garni és costés
de pierres, et branchettes de bois, pour
aisément s'y poser les mousches allans
boire : retenant si bien l'eau en ses limites, et tant à propos la vuide, qu'elle
ne verse parmi l'apier, de peur de le
rendre en marescage. A faute d'eau courante, l'on s'accommode de celle de puits
ou de cisterne, laquelle estant joignant l'a-
pier, en est puisée, et après jettée dans
des petits canaux à ce appropriés (72).

Les bancs pour asseoir les rusches, seront artistement bastis, à ce qu'elles y
reposent seurement. L'on relevera ces
bancs sur terre avec des pierres quarrées

et bien maçonnées, si la trop grande cherté de bastir ne contraint les faire de terre. Les bancs ne s'entre - joindront poinct : ains y aura un vuide entre-deux, afin d'y passer librement pour le service des abeilles. Ils s'excéderont l'un l'autre, comme degrés de théâtre : et sans s'entre-toucher, chacune rusche recevra sa part de la faveur du soleil, avec belle représentation de toutes ensemble, et par telle disposition, les abeilles ne se presseront les unes les autres, ains sans empeschement entreront en leurs rusches et en sortiront comme voudront (73). Ainsi bastis, les serpens, tignes, limats, rats, araignes ni autres ennemis des mousches-à-miel, n'auront beaucoup d'accès dans les rusches, au grand avantage de ce bestail, qui est fort tourmenté de telles bestes ou plustost pestes. Ceux qui ont peu d'abeilles, se contentent de faire un seul banc au ruscher devant la muraille, regardant le levant ou midi : mais les autres qui en nourrissent abondamment, y en dressent autant que le nombre de leurs rusches le requiert ; et ce par rengées l'une devant l'autre, équidistantes, faisans par entr'elles, des allées, comme a esté dict. Aussi seront les rusches posées de telle sorte, que sans s'entre-toucher, on les puisse remuer l'une après l'autre, sans troubler les voisines.

La matière
des rusches, Tous ne s'accordent en la matière et disposition des rusches, pour le facile maniement de ce bestail, qui donne liberté à un chacun de le loger à sa fantasie. L'on façonne les rusches de bois, de pierre, de terre cuite, de brique, d'escorce d'arbres, de paille. On les enferme dans les murailles, on les tient à l'aer, et à couvert, comme l'on veut : on les remue

de lieu en autre, par saisons ; en somme, selon la fantasie, le plus souvent avec bon succès, tant ce bestail est d'aisée conduicte. Mais comme il y a bon et meilleur (l'expérience s'accordant à la raison) l'on treuve que pour ce service, le bois excède en bonté toute autre matière : à cause de son tempérament, estant tous-jours modéré en chaleur et froidure, avis que les abeilles mesmes vérifient, quand naturellement elles se logent dans les arbres, comme a esté veu ; très-rarement dans les rochers. Ce qu'on ne treuve, ni en la pierre, ni en la terre cuite, qui gèlent les abeilles en hyver, et les bruslent en esté. La paille défaut en ce que ne pouvant, pour sa foiblesse, résister du tout bien ès intempéries des temps, est en outre, très-facile à brusler : soit par mesgarde avec le feu qu'on perfume les abeilles, soit par malice, danger qui tant n'est à craindre ès rusches de bois. Au bois mesme y a du chois, n'estant indifféremment propre à ce mesnage, autant l'un que l'autre. Le liége est le bois le plus souhaittable en cest endroit, ayant toutes les qualités requises : mais sa rareté cause n'en faire estat certain, qu'ès lieux où tel arbre est familier. Ce sera donques des aix de chesne, de chastanier, de noyer, de sapin, de fousteau, de saule, d'ozier et de semblables, dont l'on se servira pour faire les rusches, puis que par tous pays, aucuns de tels arbres y abondent : si toutesfois l'usage du pays le veut ainsi ; car où l'on a accoustumé faire les rusches de paille, comme en France, en Flandres, Hollande, Zélande, Dannemarch, à la paille conviendra s'arrester (74). Mais eschéant de les faire de bois, elles seront si bien dressées et tant à profit, qu'elles

puissent

puissent estre de longue durée, pour éviter le hazard de perdre les mousches, quand par nécessité l'on est contraint de raccoustrer leur habitation, en frappant rudement contre les rusches, les mousches y estans dedans. Outre les cloux qu'on n'y espargnera, l'on joindra les aix avec des bandes de fer, de telle sorte, que les commissures ne paroissent, à ce que ne vent ne pluie ne puissent pénétrer dedans. C'est pourquoi plus estimées sont les rusches d'une seule pièce, que de plusieurs, lesquelles n'ayans aucunes joinctes, les injures des temps, à tout le moins de ce costé-là, ne nuisent aux abeilles, où avec l'espargne du fer, s'espargnent aussi la peine et le souci du rabillage. Telles rusches sont faictes des troncs d'arbres creux, que curieusement l'on recerche par les forests, lesquels on achève de caver et préparer en dedans. Elles sont rondes; celles des aix, quarrées, triangulaires, pentagonnes, ou de telle figure qu'on veut. En chacune de toutes lesquelles, met-on au milieu du dedans, deux bastons en croix, pour aider aux mousches à y estayer et affermir leur ouvrage.

Leur grandeur. A la capacité des rusches est nécessaire prendre soigneusement garde, pour les faire de mesure convenable. Des rusches trop grandes, sort bien du miel et de la cire, mais non des avetes pour conservation de la race, que fort rarement, encores est-ce par bénéfice de la saison. D'autant que seulement par faute de logis, les abeilles se séparent pour cercher nouvelle habitation, demeurans tousjours unies, vieilles et jeunes, tant que leur maisonnette les peut contenir. Au contraire, les trop petites rusches, reus-

dent plus de bestail, que d'autre revenu, parce que ne pouvant en petit lieu loger ensemble grande abondance d'abeilles, cause, que lors qu'elles naissent, se font place les unes aux autres s'allans cercher quartier ailleurs; dont de tel petit nombre, ne peut sortir que peu de miel et de cire. Le milieu donques est ce que cerchons en cest endroit, c'est à dire, de proportionner les rusches à la raison, sans excéder ni en grandeur ni en petitesse, afin que de ceste nourriture, puissions longuement avoir profit. La preuve de plusieurs siècles nous a enseigné, les rusches des mousches-à-miel estre de la mesure que désirons, si elles ont de largeur un peu plus d'un pied, et de hauteur une autre fois autant, estans quarrées, et rondes, à l'équipolant, en recerchant par géométrie, de rapporter le plus près qu'on pourra, une figure à l'autre, à ce qu'elles soyent de semblable capacité. A laquelle s'accordent, ou peu s'en faut, les rusches de Flandres, appellées, *biecorven* (*bie-korf*), qu'on faict de cinq quartiers d'aune de hauteur, et trois quartiers de largeur par bas montant en estroississant: mais c'est de la mesure dudict pays, fort petite au respect de celle de Paris, à l'aune de laquelle ville, y a sept octaves de celle de Flandres.

Les préserver des larrons. Pour asseurer les abeilles de la main des larrons, l'invention de les emmurer est treuvée. La muraille est persée en dehors par petits trous, comme ceux d'un crible, toutes-fois en petit nombre, seulement pour l'entrée et issue des abeilles: et en dedans vers le logis, est faict un armoire fermant avec son huis, pour vendanger et nettoyer les rusches en saison. Curiosité propre et bonne pour les abeilles, si le dedans du mur est garni avec des aix tempérans la froidure de la muraille. Aucuns ad-joustent à l'armoire, une vitre, pour avoir le plaisir de voir à travers le verre travailler les abeilles, et pour prendre avis du temps de les chastrer et nettoyer, afin de n'y mettre la main que bien à poinct. Cela approche des rusches de talc, dont *Pline* faict mention : car pour estre transparente telle matière, facilement l'on void tout l'intérieur avec délectation.

La facilité de ces mousches faict qu'elles souffrent toutes habitations et gouvernemens, aussi tous aers, peu s'en faut, comme a esté dict. En France et ailleurs, où les rusches sont de paille, ne sont ouvertes au-dessus, à la manière de la Provence, du Dauphiné, du Languedoc, de la Gascongne, etc., ains fermées ainsi qu'un chapeau long et poinctu : pour laquelle cause on les vendange par le bas, prenant de ce costé-là, et le miel et la cire à une seule fois ; ne touchant au haut, que lors qu'on vuide du tout les rusches. En telles habitations les abeilles sont tost accoustumées ; parce que selon leur naturel, qui est de n'estre jamais oisives, elles se mettent à travailler dès leur arrivée dans la rusche, et ce par le plus haut endroit d'icelle, lequel se rencontrant poinctu, est par conséquent rempli dans peu de temps ; dont les abeilles accouragées, s'arrestent volontiers en tel lieu. Le commun tient tous-jours les abeilles à l'aer, le pays estant tempéré : mais les aucuns, de l'apier, les remuent sous des porches, près d'icelui expressément dressées, et ce à l'entrée de l'hyver, pour y séjourner jusqu'au printemps : lesquelles on rapporte lors en l'apier ; ainsi exemptes des froidures, passent gaiement le mauvais temps. Pour préserver les abeilles de la famine, les Anciens changeoient de place à leurs rusches, choisissans les bons pasturages, selon les saisons. A telle cause, d'Achaïe estoient les abeilles transportées en Athènes : de Negrepont et des isles Cyclades, en Scyros : de toutes parts de Sicile, dedans Hyble, par le tesmoignage de *Columelle*. *Pline* dict que les Espaignols charrioient leurs rusches avec les abeilles dedans, à doz des mulets : et ceux d'Hostie en Italie, sur des bateaux par la rivière du Pô, où on les tenoit jusqu'à ce qu'on voyoit les bateaux commencer à s'enfoncer : signe que les rusches estoient chargées de miel et de cire, et lors les ramenoit-on en leur originaire repaire, pour estre vendangées. Encores aujourd'hui se pratique semblable changement en Hollande et Zélande, remuant les rusches dans les navetières et milleraies, de ces mils sarrazins noirs, faicts à angles, ayans la paille rouge, qu'ils appellent *bockent*, en France, *buccail*, et en Picardie, *penit* ; mais c'est alors que les navets et millets sont en fleur, fournissans aux abeilles abondance de délectable nourriture, et assés longuement : le naturel de ces fleurs-là estant de tumber tard de leurs tiges (75).

Joignant l'apier ou ruscher, habitera la plus-part du temps le gouverneur des mousches-à-miel, en maison à ce expressément dressée : laquelle servira aussi de magazin pour les rusches de réserve, instrumens et outils de ce mesnage, afin de les prendre là, en la nécessité.

Ces choses préparées, conviendra s'ensemencer de bon bestail, tel le recerchant avec pareille curiosité, qu'on a accoustumé d'employer au recouvrement de toute autre engeance, pour l'utilité de ce mesnage et le danger de tout gaster sans cela. Il y a des abeilles sauvaiges et franches, c'est à dire, mauvaises et bonnes. Selon les Anciens s'en treuve de quatre sortes différentes en corpulance, figure, couleur, mœurs. Les mauvaises sont les plus grandes, les plus rondes, les plus noires, et les plus difficiles à approcher, tendantes à cruauté. Les bonnes, celles qui le plus contrarient à telles qualités, estans en outre sur leur couleur claire et blonde, tachetées de noir et non velues (76). Par ces marques, le père-de-famille se choisira la race de son ruscher, en acheptant des rusches ja remplies, pour les faire transporter chés soi : à quoi sera besoin ad-jouster ceste très-asseurée addresse, que de voir l'intérieur des rusches, pour juger de la suffisance des mousches, par leur ouvrage : ce que l'on faict aisément, ostant les couvercles par le dessus, et les regardant aussi par le dessous, renversant d'un costé doucement les rusches, selon leurs diverses façons. Les mousches-à-miel ne souffrent le tracas que mal-aisément ; c'est pourquoi les faut prendre le plus près de vous que pourrés, afin que moins elles soyent importunes, que plus court sera le chemin. Joinct que le changement d'aer et de terroir, les estonne, demeurans par-après moins fructueuses, que plus loin les aurés prinses. Pour ces raisons, les rusches avec les abeilles dedans seront portées par des hommes, non au col, ains avec un brancas. Deux hommes à la main porteront aisément deux rusches, et doucement selon le désir du bestail, pourveu qu'ils passent par beau chemin, lequel, si possible est,

quoi-que plus long, tel conviendra tenir ; afin de ne gaster par rude alleure, l'ouvrage imbécille de ce bestail. La primevère est la vraie saison de ce transport, et la nuict, meilleure que le jour, pour coïement et sans grande esmotion, retenir les mousches. A quoi aussi servira le linge, duquel chacune rusche sera envelopée en ce remuement, jusqu'à un couple de jours après les avoir rengées en l'apier. Au bout desquels et sur le soir, le linge osté, seront les abeilles desemprisonnées et remises en liberté. Telle heure est choisie, afin que pour l'approche de la nuict, les abeilles ne s'en-fuyent, ains petit à petit s'accoustumans, oublient leur naturel repaire, pour se remettre en train comme devant.

Moyens pour trouver des rusches forestière.

Aux rusches acheptées, nostre père-de-famille ad-joindra celles qui se treuveront parmi ses forests, lesquelles souventes-fois se rencontrent de la race des plus excellentes abeilles ; pour estre sorties des bons essoins en-fuis de l'apier. De celles-là, fera faire soigneuse perquisition, afin qu'aucune ne s'en perde : et ce en visitant souvent les endroits où il imaginera en pouvoir treuver, autres-fois y en ayant esté prins. Ceste addresse de *Columelle* est remarquable, pour sa subtilité. Les mousches-à-miel vont ordinairement s'abbruver ès fontaines et ruisseaux les plus prochains de leur retraicte, pour cachée qu'elle soit. Ayant apperceu cela, par le nombre des mousches qu'y verrés, jugerés de la distance de leur repaire ; tant plus petite estant elle, que plus grande sera l'assemblée des abeilles, et au contraire. Mais pour en estre mieux asseuré, marquerés sur le doz les abeilles qui viendront à l'eau, et ce avec des

Columelle, liv. 9, ch. 2.

longues pailles plongées dans de la peinture rouge, qu'à telle cause tiendrés là preste; chose plus curieuse que difficile. Avec la patience de quelques heures, attendrés le retour de ces abeilles marquées, l'habitation desquelles tiendrés plus près de la fontaine, que moins tarderont à y retourner. Sur quoi prenant avis, par curieuse recerche treuverés ce que désirés. Encores ceste addresse est plus certaine. Prenés un tronçon de rozeau ou canne, long de demi-pied, fermé des deux bouts, et ouvert au milieu par un petit trou qu'y ferés : mettés-y dedans un peu de miel, et ainsi appresté, reposés-le près de l'eau. Pour la douceur du miel les abeilles entreront dans ce tuyau, s'y fourrans tant qu'il y en pourra entrer, et leur en donnerés de loisir, ce que voyant, enleverés le tuyau fermant le trou avec le poulce, pour engarder les abeilles de s'en-fuir. Puis reculé un peu de l'eau, ouvrant le trou, laisserés sortir une seule mousche pour s'en-voler, ce qu'elle fera incontinent vers son habitation. Observerés le chemin de sa retraicte, en la suivant tant longuement que pourrés : et lors que l'aurés perdue de veue, en sortirés une seconde, de mesme que la première, la suivant en avanceant chemin : puis une troisiesme, après une quatriesme, une cinquiesme, et en somme tant en congédierés l'une après l'autre, que finalement treuviés leur giste, auquel elles vous guideront par telle ruze. Car ces mousches ayans esté emprisonnées, ne demandent qu'à retourner chés elles, où elles s'en revont, sans nullement se tromper en leur chemin, de quelque endroit qu'elles partent, tant elles ont l'entendement exquis en ce qui leur est convenable (77).

Et de retirer l'apier.

Sur le moyen de retirer les abeilles treuvées ès forests, n'est possible de donner certaine instruction, cela dépendant immédiatement de l'endroit de l'arbre auquel elles se rencontrent logées, aucunesfois si difficile, qu'il est impossible d'en sortir les mousches : ce qu'ainsi recognu, ne vous y opiniastrerés, quittant telle recerche. Si les abeilles se treuvent nichées dans quelque branche creuse, aisée à coupper, facilement viendrés à bout de l'entreprinse, en ciant doucement la branche, en haut et en bas, et après avoir envelopé tel tronçon contenant les abeilles, avec un linceul, l'emporterés en l'apier sans changer d'habitation aux abeilles, ceste-là se treuvant commode. Mais plus de difficulté y a-il de tirer ces bestioles du tronc de l'arbre, du bas ou du haut, mesme si l'arbre est grand qu'on ne vueille ou puisse coupper, auquel cas se faudra conduire selon l'ouvrage qui servira de guide. Le moyen extrème, est de faire sortir les abeilles du creux de l'arbre, et ce en les perfumant avec de la fumée de drapeau qui brusle, pour tascher à les retirer en-après, comme on faict les essoins. A quoi souventes-fois l'on se trompe, car prenans l'aer, elles s'en-fuyent de despit d'avoir esté forcées : si qu'avec le logis, elles quittent aussi la contrée. N'est besoin de prendre telle peine, si on n'est bien asseuré de la bonté des abeilles, dont l'on se résoudra par les addresses susdictes : pour le mæl que ce seroit de mesler les mauvaises et paressenses, parmi les bonnes et diligentes; celles-ci se gastans par la hantise de celles-là, au détriment de l'apier, qui s'en ruineroit à la longue.

Par l'ensemencement de l'apier ou ruscher, se termine la mise du premier article de ce négoce. L'autre despence file tous-jours, puis qu'il est question d'entretenir un gouverneur à nos abeilles ; résolution nécessaire à celui qui veut avoir bon revenu de ceste nourriture. Du naturel des abeilles, est sortie la science de les conduire à propos : ayans nos prédécesseurs par longue habitude, descouvert leurs mœurs, leurs exercices, leurs maladies. La rusche des mousches-à-miel, est un vrai modelle d'une république bien policée : où chacune abeille, et toutes en général, travaillent par charges distinctes, à se dresser des logis, à les avictuailler pour y vivre et perpétuer leur race, par renouvellement de génération. Elles obéissent à un roi, lequel par toutes les abeilles est suivi en gros, quand il est question d'aller cercher nouvelle habitation : et continuellement dedans et près le logis, par certain nombre de mousches, comme ses gardes ordinaires. Elles gardent la porte de leurs rusches, pour, de leur pouvoir, en empescher l'entrée aux bestes nuisantes. Elles ont des abeilles commises pour aller en campagne prendre la matière de la cire, de laquelle leurs cellules et particulières maisonnettes sont faictes, qu'elles baillent à d'autres qui l'amollissent et pestrissent, et après la renvoyent à celles qui la mettent en œuvre. Autres, ont la charge de la matière du miel, dont, comme dessus, passant par diverses mains, finalement le miel se rend parfaict. Le mestier d'autres, est, de tenir nettement le logis : d'icelui sortans toutes immendices, non trop poisantes, ains par elles maniables, comme le marc et la lie, et de la cire et du miel : ne se donnans telle peine de leur fiente,

pour ne s'y en treuver poinct ; d'autant qu'elles sont si nettes, que c'est seulement dehors et en volant qu'elles vuident le ventre, selon l'opinion d'aucuns. De mesme elles sortent des rusches les abeilles mortes, en les traisnant loin de leur habitation, de peur de l'infection. Mais c'est avec honneur, comme un convoi de sépulture, car une vingtaine d'abeilles accompaignent la morte, deux la traisnans, voletans un pied sur terre, jusqu'au sépulchre, d'où retournent au logis toutes ensemble. Chose que moi-mesme ai observée avec merveille (78).

Et les maladies des abeilles.

Leurs principales maladies sont la peste, et le flux de ventre : l'une les tuant promptement à grandes trouppes, l'autre les alangourissant peu à peu, avec danger de mort. Le froid, la famine, le trop manger, le trop travailler, les tourmentent aussi. La peste le plus souvent leur avient de saleté, quand par négligence les rusches n'ayans esté opportunément et convenablement nettoyées, quelque contagieuse infection se fourre dedans. Duquel mal s'apperçoit-on, voyant les abeilles tristes, de couleur obscure, et se mourans en grand nombre. A quoi le plus asseuré remède est, de leur changer de logis, en rusché bien nette, frottée avec de la mélisse, du rosmarin, du thym, de la sauge, et semblables herbes, remuant les abeilles à la manière ci-après monstrée, et aussi les perfumant avec du fien de beuf et du galbanum : puis les convient transporter loin du ruscher, afin de préserver de contagion les autres abeilles : jusques à ce que celles-ci, guéries, puissent estre remises en leur premier lieu. Et d'autant que dans telle nouvelle rusche, n'y a ne miel ne cire pour les abeilles, afin qu'à tel défaut les abeilles ne l'abandonnent, l'on y mettra dedans des rayons de miel freschement tirés de quelque rusche bien fournie, pour donner à vivre à ces langoureuses mousches : y ad-joustant des passerilles ou raisins secs et figues cuites dans eau miellée, qu'on fourrera par bas dans la rusche, avec des petits canaux de rozeaux refendus, qu'en telle sorte l'on y accommodera. Ce remuement est plus difficile à faire en hyver, qu'en autre saison de l'année, pour la disette de vivres : auquel cas, donnera-on ordre de fournir la rusche tant abondamment, en y mettant les abeilles, et continuant si diligemment quelques jours après, que par faute de vivres, les abeilles n'ayent occasion de s'en-fuir, ou soyent contraintes d'y mourir de faim.

Aussi leur remèdes. Le flux de ventre vient aux abeilles au commencement du printemps, par trop manger de fleur de tithymale et de celle d'ormeau. Pour les engarder, faut donner ordre de faire tost fleurir les plantes du ruscher à cela les plus propres : afin d'avictuailler les mousches, se treuvans affamées à la sortie de l'hyver. Ce fleurir avancé, se pratique journellement par les expers jardiniers, en tenant couvertes les plantes dont est question, durant l'hyver, pour les parer des froidures, les fumant et arrousant opportunément d'eau tiède. A cela les plus propres et ployables sont le rosmarin, les violiers, les soucis et semblables plantes primeraines. Au contraire, arrachera-on tant qu'on pourra du près de l'apier, de tithymales, pour en desengeancer le lieu ; à ce que les abeilles ne le puissent rencontrer. Commandement qui ne s'estend sur les ormes, pour leur bon service en plusieurs choses,

récompensans la perte qu'ils causent en cest endroit (79).

Le froid et la famine, se guérissent par leurs contraires ; assavoir, en tenant chaudement les abeilles, lors qu'on void les froidures se renforcer, revisitant souvent leurs rusches, pour raccoustrer les trous, fentes et crevasses qui pourroient estre : à ce que les vents, neges et eaux n'y pénètrent aucunement. Et en leur donnant à manger quand la terre ne produit des fleurs pour leur nourriture : et ce viandes liquides et douces, comme figues et raisins bouillis et consumés en vin et eau miellée : du miel, des pruneaux cuits avec leur bronet, des féves aussi cuites, du laict et semblables matières.

Du trop manger, procède le trop travailler : dont quelques-fois les avetes se meurent, et tous-jours par tel excès, la race en défaut. D'autant que ne pouvans les abeilles travailler, à la fois, à faire du miel et des nouvelles mousches, cessent de besongner en l'un, pour s'occuper en l'autre : et communément, préfèrent le miel à leur génération, quand par félicité de la saison, la terre se treuve couverte de fleurs. Car lors les abeilles ne se peuvent saouler de charrier dans leurs rusches les matières de leur ouvrage, à la ruïne du total de ceste nourriture, sans convenable remède. Le remède ne gist qu'à engarder les avetes d'aller en campagne, de quelques jours, afin d'arrester leur extreme affection, et en suite, les contraindre d'employer convenablement le temps. On les retiendra donques dans leurs rusches, en leur fermant les issues avec des toiles qu'on leur tendra au devant : lesquelles pour leur rarité, n'empescheront du tout l'entrée de la clarté dans icelles.

Deux ou trois jours continuels les abeilles demeureront emprisonnées, durant lesquels, par faute de nouvelle matière (vivans cependant de leurs provisions) se remettront à faire de la semence de mousches, en intention de l'esclorre en saison. Passé lequel temps, leur sera redonnée liberté de sortir, mais non pour plus de trois ou quatre jours, après lesquels, réitérant le remède, on les réemprisonnera comme dessus, continuant de fois à autre, jusqu'à amendement, lequel l'on appercevra en visitant les rusches. Par tel ordre, longuement se maintiendra le ruscher, rapportant autant de revenu, qu'on peut raisonnablement espérer de telle espèce de mesnage. C'est suivre leur naturel. Car ne pouvans les abeilles demeurer sans travailler, ainsi disposent de leurs œuvres. En hyver, pour ne treuver en campagne matière pour se nourrir et employer à leur besongne, se contentent de vivre dans leurs rusches, du miel que dès l'esté elles y ont assemblé pour leur provision. Tandis gaignent temps à faire leurs semences, pour les couver, et esclorre au renouveau : ainsi que par les effects, celle leur subtile diligence, se manifeste au printemps, lors que pour l'augmentation de nombre, les essoins se jettent aux champs, pour faire nouveau mesnage en la nouvelle habitation qu'ils cerchent (80).

Au recueillir des essoins convient employer grande solicitude. Premièrement en faisant le guet à l'entour des rusches, la saison en estant venue, et très-expressément aux heures requises, à ce que les abeilles ne sortent à l'impourveu et se perdent : après en les logeant convenablement en rusches bien apprestées. L'on n'est encores résolu quelles sont les abeilles s'en-volans des rusches, si ce sont vieilles ou jeunes : divers avis courans sur telle matière. Les Anciens tiennent estre jeunes celles qui attrouppées, sortent des rusches s'allans quester nouvelle habitation : à laquelle opinion, consentent la plus-part des mesnagers d'aujour-d'hui : tant pour la révérence de l'antiquité, que pour l'humanité et bien-séance, laquelle commande le jeune céder au vieil. Mais plusieurs recerchans les choses de plus près tiennent le contraire ; fondés en ce que les abeilles qui s'en-volent, sont plus grosses que les autres, partant plus vieilles, leurs aages se discernans aucunement par la différence de la grandeur ou petitesse de leurs corps, et que les restantes dans la rusche, demeurent tout un temps, minces, sans bruit, comme nouvelles mesnagères. Fortifient leur avis, par la longue durée des rusches, infinies s'en voyans avoir demeuré fournies d'abeilles, les trente-cinq et quarante ans, voire davantage (contre l'opinion de *Columelle*, qui tient toute la rusche mourir dans dix ans) ce qui ne pourroit estre, si les jeunes quittoient la place aux vieilles, veu que l'aage des abeilles, n'est plus longue que de dix ans, suivant l'ancienne et commune opinion : encores *Virgile* ne leur donne pour vivre, que sept années. Aucuns respondent à cela, que la grandeur de la rusche est cause de sa longue durée, attendu que les abeilles, vieilles et nouvelles, se comportent ensemble aisément, tant que la capacité du logis le permet : duquel ne se séparent que par faute d'habitation, et ainsi se renouvellent-elles, succédans les unes aux autres (81).

Or quelles soyent-elles, vieilles ou

jeunes, n'importe, nous les recevrons selon le commun usage. Deux ou trois jours donques devant leur sortie, elles signifient leur dessein, par certaine humeur dont elles baignent l'entour de la rusche en bas (82) : par le murmure qu'elles font dans leurs rusches, plus grand que de coustume, comme bruit d'appareil d'armée : par l'assemblée de mousches, qui se faict devant et autour de la porte et tout-contre la rusche (que les bonnes gens de Languedoc appellent, *faire barbe*) surpassant de beaucoup en nombre, l'ordinaire trouppe qu'on void continuellement sortir et entrer. Pendant ce temps-là, elles prennent conseil du chemin qu'elles veulent tenir, et selon la curieuse recerche d'aucuns, leur roi avec sa garde, va visiter le lieu auquel il délibère loger sa trouppe, puis revenu, la met en campa- *Ensemble.* gne (83). Le gouverneur du ruscher prendra avis sur ces indices, des rusches que plus il doit tenir de près, afin de ne rien perdre, ne les abandonnant dès une heure de soleil, jusqu'à deux heures après midi, car rarement sur le soir, deslogent-elles. Et lors qu'il verra les abeilles quitter la rusche, prenans l'aer par trop haut, craignant qu'elles se dépaysent, les arrestera, avec son de bassins de cuivre, on de clochetes, ou à leur défaut, de tuilles, qu'il frappera et fera doucement tinter, non rudement, afin de ne les despiter et faire escarter : d'autant que le son véhément les pousse loin ; et au contraire, le doux les arreste près ; à cela sert aussi le battement des mains à faute d'autre chose, et la poussière jettée en haut, contre les mousches.

Avis pour les conduire. Les mousches de bon naturel, ne s'escartent plus outre que des arbres pro-

chains, sur lesquels communément elles se posent, on sur quelque autre endroit eslevé, près du ruscher s'y assemblans tant uniment, que toute la trouppe paroist estre une seule masse, les abeilles se joignans l'une à l'autre par les pieds : pour laquelle cause, les Hollandois appellent les essoins, *byeen (swerm byen)*, comme voulans dire, quasi un, pour leur unité. Là le gouverneur ira prendre l'essoin, pour le loger en rusche bien préparée, nette et perfumée. Ce sera sans nulle attente, de peur que délayant tant soit peu, ne leur face changer de conseil, quittans leur premier repos pour aller ailleurs, en danger de les perdre : à quoi aussi, un vent, une pluie, ou autre accident survenans, les y pourroient bien contraindre. Et encores que les abeilles se laissent mieux manier sur le soleil couchant, qu'en autre partie du jour, ne retardera – on pourtant de les prendre devant telle heure, estant tousjours meilleur, selon le proverbe, *le tenir que l'attendre :* mais non si assenré est-il d'arrester l'essoin et l'engarder de s'en-fuir, par le couvrir d'un linge deslié, comme aucuns veulent, que périlleux de le perdre, pour les raisons dictes. La rusche, pour loger l'essoin, sera proprement nettoyée, lavée en dedans avec du vin fort, et frottée avec de la mélisse, du rosmarin, de la mente, et autres herbes odoriférantes. Elle sera portée auprès des mousches sur un linceul blanc, posée debout, toutes-fois pendant d'un costé, pour l'aisance d'y fourrer les abeilles, et ainsi affermie avec des pierres, y seront-elles mises tout doucement sans les effaroucher. Si c'est en quelques branchetes qu'elles se soyent arrestées, pendantes comme grappes de raisins, ne faudra que

coupper

coupper subtilement la branche, et tout-d'une-pièce, la fourrer dans la rusche avec les abeilles. Ne le pouvant ainsi commodément faire, l'on prendra les mousches à lopins, avec une truelle de maçon, ou une grande cueiller, et petit à petit les mettra-on dans le nouveau logis, sans les presser, frappant cependant doucement avec une pierre contre la rusche, comme pour les inviter à y entrer. S'estant l'essoin fourré au creux d'un arbre, la chose en sera bien plus difficile; toutes-fois on l'en retirera par le moyen d'une rusche mise auprès du trou de l'arbre, dans laquelle les mousches d'elles-mesmes se remueront, par l'attrayante senteur dont elle sera perfumée comme dessus. La chose se fera aisément, pourveu que l'essoin n'y aie beaucoup séjourné, pour estre bien fascheux aux mousches de quitter le lieu auquel ja elles ont travaillé. D'autant, que, comme a esté dict, elles ne demeurent jamais oisives, se mettans à bésongner dés estre arrivées au premier logis qu'elles font sortans de leur rusche: voire sur l'arbre mesme, auquel pour la première fois elles se sont arrestées, commencent à se bastir et accommoder. Ainsi sentans la bonne odeur du vaze perfumé, et le peu ou poinct de provision de leur premier logis, le quitteront volontiers pour s'y loger. Mais n'estant le lieu à propos pour y accommoder la rusche, pour la hauteur de l'arbre ou autre occasion, on tiendra une autre méthode: qui sera d'attacher un panier d'ozier, lavé et perfumé, au bout d'une longue perche, et l'approcher près des abeilles, lesquelles à cause de la bonne odeur du panier, s'y retireront, d'où par-après on les remuera dans une rusche.

Quelques-fois, l'essoin se divise en deux ou trois bandes, tenant chacune son quartier, en danger de tout perdre, pour le mal que cause tous-jours la division. Cela avient de la pluralité des rois, qui n'estans d'accord font sédition pour la souveraineté. Le remède est, ou d'accorder les rois par-ensemble, ou de n'en laisser qu'un en tout l'essoin, à ce que comme image de toute la monarchie, les abeilles soyent conduictes par un seul roi. L'on peut appaiser leurs fureurs quand ils s'entre-battent avec leurs bandes, les unes contre les autres, comme ennemis descouverts; en leur jettant contre de la poussière des chemins et des liqueurs douces, comme eau et vin miellés ou vin cuit. Cela ne rencontrant, convient se deffaire des rois superflus, les recerchant dans les trouppes après s'estre appaisées et devenues coies, là doucement allant choisir ceux qui ne vous agréeront, ce qu'on fera à la main sans crainte d'estre piqué des abeilles, l'ayant au-paravant frottée avec de la mélisse. Telle recerche se fera seulement aux petites trouppes, de chacune desquelles ayant tué le roi, d'elles-mesmes par faute de chef, se rengeront sous le roi estant à la grande, à laquelle n'aurés touché (84). Ces rois se recognoissent à la grandeur de leur corps, excédant celle des communes abeilles, et en beauté de couleur aussi. Ils n'ont aucun éguillon, monstrans par là leur douce royauté, et le bon naturel des abeilles, qui mieux obéissent par raison que par force. Les rois s'engendrent dans les rusches, non du commun des abeilles, ains sortent de race distincte et séparée: car c'est d'une liqueur rouge qu'on treuve dans des trous, plus grands que les autres, au bout des rayons, à cela se conformant l'antique opinion grecque et romaine (85). De telle race, les abeilles tirent leurs rois, n'en ayans jamais qu'un à la fois, à tout le moins en rusche bien qualifiée : demeurans tandis les autres comme princes du sang, sans charge, en attendant le besoin d'estre employés, quand par vieillesse ou accident, le régnant vient à défaillir. Des faux rois y a-il aussi dans les rusches, venans de dehors, comme bastars, pour tyranniser les mousches-à-miel. Ils sont laids à voir, sales, noirs, velus, surpassans en grandeur les bons, bruyent horriblement : en somme, sont du tout des-agréables, par lesquelles marques facilement les discerne-on d'avec les vrais et légitimes (86).

Des frelons ou abeillauds.

Touchant les bourdons ou frelons, qu'en plusieurs endroits de Languedoc l'on appelle, *abeillauds*, c'est une espèce d'abeilles naissant avec les bonnes. *Virgile* les appelle *ignavum pecus*, et aujour-d'hui en langue flamande sont appellés, *broetbien*, comme qui diroit abeilles couvantes (87). Ils ne travaillent ni en la cire, ni au miel : seulement en ce sont-ils utiles, que d'aider aux abeilles à couver leurs semences : au reste, sont grands despenciers, dévorans le miel ; à eux accomparés les jeunes hommes desbauchés, faisans grande chère sans vouloir travailler. Ce peu de service qu'ils font, les faict aucunement supporter : et encores cestui-ci, qu'avenant que l'ouvrage des abeilles soit ravagé par les frelons, les abeilles (comme à quelque chose malheur est bon) en deviennent plus diligentes, pour en réparer les bresches : desquelles ruines s'esveillans de leur paresse, se remettent à travailler plus que jamais.

Autrement, cuidans avoir tout faict, pour se voir riches, y auroit du danger que leur bon naturel ne se corrompist, dégénérant en oisiveté ; et au bout d'un temps, par habitude, les abeilles se rendre du tout inutiles. L'on ne souffre pourtant tous les bourdons, ni en tout temps ; ains seulement jusqu'à ce que le miel est presques prest à vendanger : car alors pour le grand ravage qu'ils en feroient, les abeilles mesmes, et leurs gouverneurs en tuent tant qu'ils en peuvent attraper. En quoi n'y a point de perte pour le respect du couver des semences, veu qu'en ce temps-là, les jeunes avetes sont escloses ; restans de frelons, parmi les abeilles, plus grand nombre qu'on ne voudroit, encores bien-qu'on tasche à les en oster (88).

Des ess[oins]

Deux ou trois petits essoins pourra-on assembler dans une rusche, afin d'en faire une grande bande d'abeilles : à la charge que les essoins s'accordans, viennent en mesme jour et instant, pour ne pouvoir s'attendre l'un l'autre. Aussi de ne laisser qu'un roi en la rusche, pour les raisons dictes. Par mesme moyen, multiplie-on aussi les abeilles qui se deschéent dans les vieilles rusches, par maladie ou accident : car en prenant deux ou trois minces rusches d'abeilles, on en fera une forte. Avec toutes-fois ceste considération, que de prendre garde aux rois, tant qu'on pourra : afin que par trop de commandeurs, guerre ne survienne parmi ce peuple, à sa totale ruine.

Le te[mps] de leur [essaim]ation.

Les mois d'Avril et de Mai seulement, est le vrai temps pour les abeilles à essoinner : car les essoins qui viennent après ne sont qu'avortons, pour le peu de loisir qu'ils ont, de se bastir et faire du miel pour vivre en hyver, la meilleure saison s'en estant escoulée, qui est le cueur du printemps. Donques de tels tardifs essoins, ne faut avoir grande espérance : non pas mesme se donner beaucoup de peine de les recevoir, si l'abondance d'abeilles qu'y verrés ne vous y incite. Ce terme n'est pourtant limité pour tous pays et climats, c'est seulement pour les chauds, car quant aux froids, ainsi que les autres fruicts de la terre, les abeilles y sont tardives. Il avient souvent que des nouveaux essoins en sortent d'autres, la première année : mais c'est des plus primerains, et qui par la félicité du temps, auront rempli leur maison. Pour laquelle cause aussi, une vieille rusche en produira plusieurs, en mesme saison, comme deux ou trois, à l'honneur du gouverneur de l'apier, par là se manifestant sa diligence : car de bestail mal entretenu, jamais ne se void telle abondance.

Avenant que par vieillesse, trop rude attouchement, ou autre occasion, le bois d'une rusche se rende inutile, et qu'on désire d'en sauver les abeilles : l'on pourra remuer ces abeilles - là, en autre vaze, sain et entier, en le posant fermement sur la rusche dont est question, l'ayant au - paravant descouverte par le dessus, afin que d'icelle, les abeilles se retirent en la supérieure. Comme feront incontinent, tant par là sentir de bonne odeur, la treuver pourveue de vivres, c'est assavoir des bons rayons de miel, qu'à suffisance, à telle cause, l'on y mettra ; que contraintes par la force de la fumée qu'on leur mettra par le bas : où elles demeureront volontiers, mesme estant tel remuement faict en hyver : pourveu qu'elles y treuvent de quoi vivre. Puis sur le soir, sera telle rusche arrengée avec les autres,

et la vieille ostée de là, pour en retirer la despouille.

Tous ces préparatifs se font pour recueillir du miel et de la cire ; comme pour le blé et le vin, l'on cultive les champs et les vignes. Par le temps régnant en la primevere et l'esté, présage-on de la future cueillète du miel. Si telles saisons sont beaucoup venteuses et sèches, grande espérance ne peut-on avoir de ceste nourriture : mais au contraire, grand revenu l'on en tirera, si elles sont calmes et tempérées, particulièrement, si en esté les rozées sont fréquentes, mesme depuis la mi-Juin, jusqu'à la fin d'Aoust, par d'icelles, comme a esté dict, se faire le miel (89). L'abondance du miel provient de la fertilité du pays, qui faict plus ou moins de fois chastrer les abeilles, c'est à dire, vendanger le miel et la cire qui sont dans les rusches. A cela ne doit-on jamais toucher que les rusches ne soyent plaines, autrement ce seroit prendre le miel non encores meur : et avec ceste perte, que n'ayans les avetes achevé leur œuvre, par tel destourbier, descouragées, le plus souvent quittent la rusche, s'en-fuyans ailleurs, où prétendent n'estre ainsi tourmentées. Et faut conclurre, que ceux qui les chastrent trois fois en mesme an, ou gastent tout, ou sont posés en terroir très-agréable à ce bestail : veu mesme qu'on estime l'endroit le plus fructueux en miel, celui auquel l'on en peut avoir deux cueillètes l'année, car communément l'on n'en a qu'une. Le vrai poinct donques, de mettre la main en ceste récolte, est quand les abeilles ne sçavent plus que faire, par faute de lieu où travailler : ce qu'on recognoistra à l'œil, en visitant les rusches. L'on faict là dessus divers jugemens ; mais le plus asseuré est de croire que les rusches sont plaines, quand les abeilles chassent opiniastrement de leurs rusches les frelons ou abeillauds, et c'est alors seulement qu'elles se sentent riches de miel et de cire, craignans que par eux elles ne soyent saccagées. La saison gouverne ceste cueillète, l'advanceant ou reculant. Eschéans deux chastrées, la première se faict communément à la fin de Juin, et la dernière, à la mi-Aoust; non plus tard, de peur de l'approche de l'hyver, qui ne permettroit aux abeilles de reprovisionner leurs rusches, pour leur vivre durant les froidures. Si qu'une, se fera dés le commencement d'Aoust, le long temps de là en hors jusques en l'hyver, donnant grand loisir aux abeilles de travailler devant l'arrivée des froidures (90). Tous-jours avec le miel tire-on de la cire, mais non en telle quantité, que quand particulièrement, l'on recueille ceste matière-ci, parmi laquelle ne se treuve aucun miel. Le miel est tiré par le haut de la rusche, et la seule cire par le bas, auquel endroit les abeilles font les semences de leur race: lesquelles occupans le vuide des trous, en iceux, ne peut avoir aucun miel, ou si peu qu'on n'en tient aucun conte. Aussi le temps est divers pour telles récoltes. Comme j'ai dict, c'est devant l'hyver qu'on vendange le miel: après, la cire, en la primevere au mois de Mars. Le plus qu'on doive oster de miel, est la moitié de la ruschée (qu'on cognoist par la croix de la rusche, soustenant les rayons, posée justement au milieu du dedans de la rusche) laissant le reste du miel pour avictuaillement aux abeilles. Aucuns ne leur en donnent que le tiers ou le quart; d'autres au contraire, les deux tiers ou les trois quarts,

Quand chastrer les abeilles,

Et comment.

moindres ou plus grandes portions, selon les facultés des abeilles, imposans loi à ceste œuvre. Car il y a de si misérables abeilles, qu'il ne leur faut oster ne miel, ne cire: encores ont-elles prou affaire à vivre. De quoi le gouverneur ordonnera, voyant la chose à l'œil, à ce que ne faisant rien mal à propos, il entretienne son apier en bon poinct. L'heure pour ceste œuvre est à choisir, dont la plus propre du jour, est sur le midi, d'autant qu'alors les abeilles pour la plus-part sont en la campagne après leurs questes: ne demeurans en la maison que les cazanières, lesquelles pour leur petit nombre, ne peuvent empescher qu'on ne leur oste leur butin. D'attendre le soleil couchant ne seroit bon à cause de l'approche de la nuict, en laquelle les abeilles se pourroient escarter et perdre, l'obscurité les empeschant de retourner chés elles. Pour doucement qu'on les manie, quand il est question de les despouiller de leur thresor, elles se mettent en grande cholère, piquans ceux qui se meslent de les piller. C'est pourquoi, les ayant recognëues difficiles, faudra que celui qui est employé à ceste besongne, s'arme contre les abeilles d'un grand capuchon, prenant despuis le sommet de la teste, jusqu'à la ceinture. Le capuchon sera faict de toile rare, pour y voir à travers, si mieux l'on n'aime y accommoder du verre contre les yeux, pour plus clairement et facilement travailler. Avec lequel équipage, et ayant des gans aux mains (ou bien se frottant les mains avec de la mélisse, le jus de laquelle empesche les abeilles de piquer) s'approchera, et maniera les abeilles sans danger, faisant sa besongne à l'aise. Portera de la fumée pour chasser les abeilles d'au-

L'heure.

tour des rusches, afin qu'avec moins d'empeschement la despouille de ces mousches soit enlevée.

Aucuns, pour moins d'importunité, emprisonnent toutes les abeilles de la rusche dans un sac, tandis à l'aise disposent du miel comme ils veulent, et après redonnent liberté aux abeilles. Ainsi l'on y procède : la gueule d'un grand sac, envelopant toute la rusche, icelle premièrement descouverte, est là fermement liée, et le sac accommodé en haut avec des bastons pour s'y tenir droictement, puis par le bas de la rusche, les abeilles sont perfumées, de quoi se faschans, elles s'enfuyent, mais n'ayans autre chemin, gaignans le haut de la rusche, se fourrent toutes dans le sac (comme le connin dans le filé, pressé du furet) lequel sac estant fermé, retient les abeilles tant qu'on désire sans leur faire mal : lesquelles des-emprisonnées et mises au bas de la rusche, icelle refermée en haut, les abeilles reprennent les erres de leur labeur ordinaire.

En voici un autre moyen, moins pénible que le précédent. Lors qu'on cognoist les abeilles avoir fort advancé leurs œuvres, ce qui pourra estre sur la fin du mois de Juin, leverés le couvert de la rusche, et y en remettrés un autre ayant un grand trou au milieu. Puis sur icelle poserés une autre rusche vuide, nette et perfumée, et en son milieu attacherés deux ou trois rayons de bon miel : affermissant si bien ces deux rusches ensemble, qu'elles se puissent entretenir l'une sur l'autre sans verser : et ce par estandis faicts à propos, et accommodés au lieu pour les supporter. Par ce trou, les abeilles de la basse rusche, monteront en la haute, y attirées et pour la commo-

dité du logis sentant bon, et pour le miel qu'elles y treuveront : là, pour cause aussi de leur naturel aimant le labeur, commenceront à travailler, et si bien, qu'en intention de remplir le vuide de la rusche, dans deux mois ou en moindre terme, le temps ne contrariant, en viendront à bout. Lors estant venue la saison de la récolte du miel, des-joindrés vos deux rusches, en prendrés une, celle où plus y aura de miel et moins d'abeilles, et d'icelle tirerés toute la despouille, laissant l'autre entière sans y rien toucher, ce qui revient à grand avantage, pour l'abondance de miel et de cire, que l'on en tire par ce moyen. Et encores que le temps fust un peu plus tardif que l'ordinaire chastrer des abeilles, n'importe ; parce que les abeilles restantes, pour n'avoir esté nullement tourmentées en leur rusche, ne d'icelle aucune provision ostée, demeurent avantageusement avictuaillées, pour en leur saison, abonder et en génération et en fruict.

En certains endroits de la Provence l'on chastre l'apier ou le ruscher, non les rusches, c'est à dire, l'on enlève des rusches entières de l'apier selon le nombre du total, ne touchant rien aux autres. Lesquelles demeurans entières, leurs abeilles ne faillent d'estre très-bien avictuaillées en hyver; au printemps, d'abonder en essoins; et en suite, en miel et en cire. C'est communément la moitié du nombre des rusches de l'apier, dont l'on retire chacun an toute la despouille, laissant l'autre moitié entière, sans rien y prendre. Les plus vieilles rusches sont celles qu'on enlève, et les nouvelles demeurent en l'apier, pour en estre prinses en leur saison. Par divers moyens, l'on

procède à ceci. Aucuns laissent aller les abeilles où elles veulent : les autres les tuent, de peur qu'elles n'aillent tourmenter les restantes en l'apier, pour se loger dans leurs rusches, et pour telle cause, s'entre-battre et tuer Le plus facile moyen de se deffaire de ces abeilles-ci, est de les noyer dans l'eau, en grandes auges à ce apropriées, esquelles, remplies d'eau, l'on plonge les rusches envelopées avec des linceuls, dès l'apier, où l'on les va prendre sur la nuict, lors que les abeilles sont retirées. Par lequel ordre, plus de profit reçoit-on de ceste nourriture, que par le chastrer des rusches, avec aussi moins de hazard : d'autant que des rusches chastrées, quelques-fois en meurent en hyver, par ne leur avoir laissé provision suffisante, si qu'elles périssent de famine. Mal qui n'est à craindre par l'autre voie : d'icelle aussi retirant beaucoup plus de miel et de cire, que par le chastrer particulier des rusches : mais par ceste-ci, le miel en procède beaucoup plus délicat, que par ceste-là, à cause qu'il n'est aucunement meslingé avec les corps morts des abeilles : ne sentant nulle mauvaise odeur venant de l'eau, dont le prix du miel est ravalé. Ces diverses façons de recueillir la despouille des abeilles, sont communes avec celles qu'on pratique en France et Hollande, chastrant les abeilles et le ruscher, ou l'un d'eux. Mais la suivante leur est particulière, mesme en France, que eschéant le chastrer des abeilles, c'est à dire, de ne prendre qu'une portion du miel qui est en la rusche ; cela ne se faict en autre saison de l'année qu'au mois de Mars, ou d'Avril, et ce par le bas, la façon de la rusche imposant telle nécessité, n'estant ouverte par le dessus,

ains fermée comme un chapeau, ainsi qu'a esté dict ci-devant ; laquelle rusche pour ce faire l'on renverse un peu, d'où alors l'on tire du miel et de la cire, tout-d'une-main ce qu'on veut. En Hollande, c'est en renversant du tout la rusche, sens-dessus-dessous, la faisant tenir debout, le bas regardant le ciel : et ce par le moyen d'un petit aplatissement que pour ce service-ci, on laisse à la rusche lors qu'on la faict, lequel endroit ils couvrent avec une motte de terre, pour parer les abeilles de la pluie, estant la rusche remise en la première situation.

Estans les rayons tirés de la rusche, et reposés dans des vazes de bois ou de terre, seront incontinent portés dans la maison, en membre secret et bien fermé, afin d'en garder les abeilles d'y entrer : ce que sans empeschement elles feroient, pour tascher de recourre le bien qu'elles estiment leur avoir esté ravi : où là estant (outre l'impossibilité d'habiter parmi tant de bestail, qui à la file y ad-voleroit) verriés à l'œil consumer par les abeilles dans peu de temps, tout vostre miel. Et encores pour curieusement que bouchiés et huis et fenestres, n'en pourrés-vous destourner l'entrée à plusieurs mousches, et ne les en chasserés qu'avec de la fumée.

Le meilleur et plus délicat miel, est celui qui de lui-mesme coule le premier des rayons (accomparé à la mère-goutte du vin) lequel, curieusement, convient retirer pour le conserver à part en vazes séparés. Les rayons sont mis dans un panier d'ozier, à ce expressément façonné comme chausse d'hypocras, poinctu par bas, lequel ajeancé sur un grand pot de terre vitré en dedans y vuidera nettement le miel. Le restant dans le panier sera pressé, pour en exprimer par force, ce qui de gré n'aura voulu couler : et ce en pressoir accommodé au naturel de l'œuvre, afin qu'aucun miel ne se perde dans la cire. Les vazes remplis de miel, premier et second, seront tenus descouverts pour quelques jours, en attendant que le miel aie achevé de bouillir, comme de lui-mesme il fera : tandis l'escumant avec curiosité, à ce que sans aucun meslinge il reste pur. Pour laquelle cause aussi, le lieu ne sera exposé, ni à la poussière ni à autre saleté, de peur que la communiquant au miel, le rende des-agréable ; car avec toute autre précieuse matière, ceste-ci craint le maltenir. Après, seront les vazes très-bien fermés et mis reposer en magazin frès non humide, où le miel se conservera longuement. Ce sera avec distinction de la valeur des miels, pour plus faire d'estat du premier que du second, comme a esté dict, pour les employer selon leur diverse valeur.

Par tout pays, le miel n'est indifféremment de mesme bonté, ni de semblable marque, pour les diverses fleurs, sur lesquelles les abeilles cueillent la rozée, communiquans au miel leurs facultés. Le bon miel est de couleur dorée ou blanche, reluisant, sentant bon, doux au goust : en son commencement estant liquide, mais coulant de telle sorte, que son fil conserve sa continuité esgale, sans interruption : et estant gardé quelque temps, s'endurcisse, pour sa fermeté ne le pouvant tirer du pot, qu'à force, avec un cousteau ou autre propre instrument. C'est aussi signe de bonté au miel, quand il est facile à cuire, et cuisant, ne jette beaucoup d'escume ; le plus excellent estant celui qui en a le moins. Au poids aussi se cognoist la valeur du miel, le meilleur estant tous-jours le plus poisant. C'est pourquoi, le plus exquis est celui qui séjourne au fond du pot : ainsi que l'huile, le plus prisé, au dessus ; et le plus délicat vin, au milieu du vaisseau ; comme a esté représenté ailleurs.

Quant à la cire, nous avons veu se prendre par le bas des rusches au printemps, c'est assavoir, celle que seule l'on retire sans estre meslingée avec le miel. Vers la fin de Février, commencement de Mars, ou plus tard selon le climat, les abeilles estans encores endormies, pour les froidures passées, travaille - on à ceste œuvre, renversant doucement d'un costé les rusches, l'une après l'autre, pour en tirer les tables de cire, qui sont celles où les abeilles font leurs semences, lesquelles l'on treuve dedans les trous des tables semblables à œufs de fourmis. Pour ces semences-ci, l'on ne se garde de passer outre : d'autant mesme que c'est pour le profit de l'engeance, que de destourner telle primeraine couvée : parce qu'estans lors trop primeraines les nouvelles abeilles qui en proviennent, à leur naissance périssent de famine, à faute de fleurs, n'estans encores sorties en campagne, nécessaires pour leur entretenement. Ains seulement est faict estat des semences qui les suivent, lesquelles freschement pondues, couvées, et escloses, par le bénéfice du beau temps, profitent comme l'on désire. Les tables de cire sont mises bouillir sur le feu lent, en abondance d'eau claire : estant fondue, on la passe par un linge : de-rechef on la remet sur le feu pour la refondre, laquelle bouillant est diligemment escumée : finalement, l'eau s'en estant allée par exhalaison, est jettée dans des terrines ou vazes plats, de cuivre, de terre, ou d'autre matière, pour s'y geler et affermir, mais c'est après y avoir mis de l'eau au fond, afin que la cire ne s'y attache.

Marques de bonne cire.

La meilleure cire, au contraire du miel, est la plus légère, la plus grasse, la plus attenante et moins frangible, la mieux odorante, et la plus haute en couleur jaune: par lesquelles addresses, est faicte l'eslection de telle matière. Le mesnager ne passe plus avant au maniement de la cire; mais il la vend après qu'il l'a réduicte en masse, s'en estant réservé une partie pour l'employer à son usage, en chandelles et autres choses. Laissant aux apoticaires et ciriers, là manière de la teindre en plusieurs couleurs, et autrement la diversifier par leur art, selon ses propriétés. Seulement monstrerai-je comme à peu de peine, elle se blanchit, pour ainsi subtiliée, en faire de la bougie, des chandelles pour l'estude, les banquets et autres gentillesses.

Blanchir la cire.

La cire jaune et neufve, sera fondue avec de l'eau claire, dans un chauderon, où bouillant sera curieusement escumée: puis coulée à travers d'un linge clair, pour la descharger d'ordure. Après refondue sur feu de charbon et lent, en vaze de large ouverture: là on la prendra pour la réduire en lames minces comme papier, afin que la chaleur du soleil et de l'aer pénétrant aisément dedans, la rende telle que désirés. Pour ce faire, l'on trempe une pallète de bois dans l'eau, et incontinent on la fourre dans la cire fondue, laquelle tirée du feu, gelant, s'attache contre la pallète en pellicules, et d'icelle se sépare facilement (pour ne s'y pouvoir affermir à cause de sa mouil-

leure) en replongeant la pallète dans l'eau fresche: où la cire s'arreste la réduisant toute en telles pellicules. Pour la seconde fois, l'on remet la cire sur le feu, afin de la refondre et réduire en lames, la jettant dans l'eau comme dessus pour advancer ce blanchiment: voire pour la troisiesme; et en somme autant de fois réitère-on ces choses, qu'on veid la cire avoir acquis la perfection de blancheur, lui avenant sans aucun autre mystère. Ce que l'on ne faict communément, ains se contente-on d'un couple de fois, tant pour éviter la peine, que le deschet de la cire, laquelle se diminue tous-jours en la refondant. Finalement, sortie de l'eau on l'estend sur des claies couvertes de toile pour l'exposer à l'aer, au soleil, à la rozée, lesquels pénétrans ces minces pellicules de cire, dans quelques jours l'achèvent de blanchir. Les abeilles font du dégast en ceste cire, de quoi s'estant apperceu, faudra les en chasser soigneusement. Comme aussi évitera-on, que la cire ne se fonde en la grande chaleur du soleil, en l'arrousant sur le midi avec de l'eau fresche. Aucuns, en lieu de convertir la cire en lames et pellicules, pour la blanchir, se contentent de la faire à la manière que les chasseurs font leur dragée de plomb pour l'arquebuze: assavoir, en la prenant fondue avec une grande cueiller, et petit à petit la jettant dans l'eau fresche, la diviser en petits morcillons, pour en suite l'achever de blanchir comme dessus (91).

Ainsi manie-on les abeilles, ainsi en retire-on leur labeur. Ce mesnage est profitable, moyennant que par soin continuel, l'on pourvoie aux nécessités de ces bestioles, lesquelles ne peuvent souffrir la négligence de leur gouverneur, qu'avec apparent danger de leur ruine. Un homme

homme suffit à conduire grand nombre de rusches, puis que ce gouvernement consiste plus en engin qu'en force. Ce nombre se peut restraindre à mil ou douze cens pieds (moyennant quelques aides, au temps des essoins et du vendanger des rusches) suffisant pour rapporter bon revenu, et pour satisfaire à tous frais, ce qu'on ne doit attendre de peu de bestail laissé sans aucune garde.

Le gouverneur de l'apier se plaisant en sa charge, pour l'honneur et profit, outre les précédens avis, observera soigneusement ces maximes : Que tous les jours il visite ses rusches, l'une après l'autre, pour secourir celles qui auront besoin de secours : soit sur les ordinaires nécessités, soit sur les accidentales, à ce que par les ignorer à faute de les recercher, les abeilles ne périssent, comme quelquesfois elles font sans telle curiosité : au contraire, petit remède employé à propos, les sauve d'extreme ruine : que sur l'entrée du printemps, il ouvre ses rusches du dessus, après en avoir tiré la cire par le dessous, pour les bien nettoyer, en ostant toutes ordures ramassées durant l'hyver, poussières, araignes, teignes, limats, vermisseaux, rats, papillons, fourmis, et autres bestioles qui s'y engendrent ou viennent de dehors : puis les perfumera avec du galbanum, du fien de beuf sec, et avec d'autres matières salutaires aux abeilles : qu'après avoir recueilli les essoins, il s'en prenne garde, pour les retenir de s'en-fuir, comme plusieurs font, par n'estre les mousches bien accommodées en leur nouveau logis, y appliquant le remède selon les occurences ; mesme qu'il avise si les nouvelles rusches ont faute de victuaille (comme quelquesfois cela avient, quoi-qu'à la fin du printemps, quand la saison se rencontre extraordinairement pluvieuse, empeschant les avetes de se provisionner) pour secourir les abeilles de vivres, comme estant au cœur de l'hyver : qu'il ne prenne trop de miel des rusches, lors qu'il les chastre, afin que les mousches n'ayent faute de viande pour l'hyver : plustost tumbera-il de l'autre extrémité, pour tant mieux les entretenir : qu'au commencement d'automne, il nettoye et perfume encores les rusches, les visitant et de bas et de haut, ce qu'il leur continuera durant la saison, les recouvrant pour ce faire, de quinze en quinze jours, à chaque fois les perfumant, non tant pour le plaisir des abeilles (s'ennuyans du perfum) que pour leur santé : qu'à la première sepmaine de l'hyver, le temps n'estant encores du tout refroidi, pour la dernière fois de l'année, il reouvre ses rusches, pour de-rechef les nettoyer et perfumer, et ce très-curieusement sans y laisser rien de pourri ne de sale. Puis renfermera très-bien les rusches, et tant à profit, que les froidures, vents, gelées, ne pluies, n'y puissent entrer. Et selon qu'il verra ses abeilles, bien ou mal avictuaillées, pourveoirra à leur nourriture pour l'hyver : leur donnant alors, mesme durant les mauvais jours de l'année, et ce dans des rozeaux refendus ou autres tuyaux de fer blanc, de plomb ou d'autre matière, du miel, des passerilles ou raisins secs, des figues, des prunes, des féves cuites et dissoutes dans du vin ou de l'eau miellée, séparées ou à part, comme l'on voudra, quelques-fois du laict et autres douces liqueurs. Faut tenir tous-jours bien closes les rusches, et de tous costés, n'y laissant qu'un trou, pour entrée et sortie aux mousches : estant chose bien expérimentée, que les abeilles ne font aucun miel en rusche esventée pour peu que ce soit, car elles s'addonnent premièrement à clorre les trous, devant que faire aucun miel, cela n'avenant jamais quand il y a deux ouvertures en la rusche : que le gouverneur soit lui-mesme nettement vestu, sentant bon, pour le hazard qu'il courroit d'estre extremement piqué et tourmenté des abeilles, si elles le trouvoient ord, sale, et puant, haïssans naturellement toutes sortes de vilennies et puanteurs. Mais aussi en l'équipage susdict et par continuelle fréquentation, sera cogneu et aimé de ses abeilles, comme le berger de ses brebis. Et quelque terribles qu'elles soyent, ainsi maniées, se rendront paisibles et obéissantes.

Plusieurs des anciens agricoles, *Mago, Démétrius, Varro, Virgile, Columelle, Constantin-César*, recerchans les secrets de Nature, ont escrit les abeilles s'engendrer de la corruption du taureau (comme selon les Anciens, les guespes, des chevaux et des mulets, de deux diverses sortes, pour la diversité de ces deux animaux : et les bourdons, des asnes) ; particulièrement les rois, du cerveau, et les abeilles, du restant de la beste : quand le taureau estouffé est mis pourrir parmi du thym, du serpoulet et semblables herbes que les abeilles aiment, et logé dans une maisonnette à ce apropriée, persée de divers costés, en petites fenestres, fermans avec leurs huis, pour à propos les clorre et ouvrir ladicte maisonnette, couverte par le dessus, sans respirer de tel costé. Ce que le curieux pourra essayer par l'addresse de *Constantin-César* qui en escrit les particularités. N'estimant quant à moi, estre besoin se donner telle peine, veu que jamais ne règne tant grande mortalité d'abeilles, que la race n'en demeure. Dict aussi *Columelle* après *Higinius*, qu'il allègue, que les abeilles mortes de flux de ventre acquis par avoir trop mangé des fleurs de tithymale et d'orme, retournent vivre à la mi-Mars, si après les avoir sorties de la rusche, sans vie, et gardées tout l'hyver en lieu sec, on les expose au soleil d'un beau jour, durant trois heures, les ayant premièrement couvertes de cendres de figuier. Dont reprenans vie petit à petit, se traisnent dedans leurs rusches, pour y travailler comme devant. Telle merveille se treuve vérifiée par l'expérience que moi-mesme en ai faicte. J'ai prins des abeilles treuvées sans sentiment et sans vie près de leur rusche, lesquelles tenues entre les mains et eschauffées avec l'haleine de fois à autre, sans autre façon, ont reprins vie dans moins d'une heure. De mesme avient de telles abeilles, mises dans une escuelle de bois parmi de la plume, et après fourrant l'escuelle dans le four, encores chaud du pain qu'on y aura cuit au-paravant (92). Mais ne sçachant de quelle maladie estoient mortes telles abeilles, ne m'est permis passer outre en ce mystère, pour en recercher les causes : seulement dirai-je que le cours de la vie de ce petit animal, est esmerveillable en toutes ses parties, à qui le contemple curieusement. J'ad-jousterai à ce discours, qu'en certaines provinces de ce royaume, le roi prend un droict sur le revenu des mousches-à-miel, appellé *aurillages*, et lequel est employé aux contes du domaine (93).

CHAPITRE XV.

La cueillète de la Soye, par la nour-
riture des Vers qui la font.

Sɪ le ver-à-soye eust esté cogneu des anciens autheurs d'agriculture, l'on ne faict doubte que la louange de tant riche animal n'eust esté chantée par eux, ainsi qu'ils ont faict celle des mousches-à-miel : mais à tel défaut, il est demeuré sans nom plusieurs siècles. *Virgile* discourt comme en passant, de la riche toison que produisent les forests d'Éthiopie et des Seres, sans faire mention de sa qualité ni du moyen de la recueillir. Voici ses mots,

Quid nemora Æthiopum molli canentia lanâ ;
Velleraque ut foliis depectant tenuia Seres.

Dont aucuns, comme *Solin* et *Servius*, ont estimé ce estre la soye, et icelle procéder directement des arbres. Tel a esté le premier avis de la soye donné en Italie, qui fut du règne de l'empereur Octavian Auguste ; confirmé par *Pline* plus de septante ans après (car il vivoit au temps de Vespasian). Il y ad-joustoit qu'en l'isle de Coos, croissoient des cyprès, térébintes, fresnes et chesnes, des fueilles desquels arbres, cheutes à terre de maturité, par l'humidité d'icelle, naissoient des vers produisans la soye. Qu'en Assyrie le ver-à-soye, animal du genre des insectes, appellé des Grecs et Latins, *bombyx* (94), faict son nid avec de la terre, qu'il attache contre les pierres, où il l'endurcit très-fort, s'y conservant toute l'année. Qu'à la mode des araignes, il faict des toiles. Dict aussi, avec *Aristote*, qu'en l'isle de

Coos, Pamphila, fille de Latoüs, a esté l'inventrice de filer et tistre la soye. Par lesquels envelopés discours, accomparés à la pratique de ce temps, appert combien loin estoient les Anciens de la vraie cognoissance des vers-à-soye, n'ayans sceu d'où ils procèdent, ni de quoi ils sont nourris ; ainsi que par leur silence ils tesmoignent, se taisans, de leur graine, et des fueilles des meuriers pour leur nourriture. *Vopiscus* tesmoigne, que du temps de l'empereur Aurelian (deux cens ans après Vespasian et davantage) la soye se vendoit au poids de l'or, pour laquelle cherté, mais principalement pour la modestie, ce prince-là, ne voulut jamais porter robe toute de soye, ains meslingée avec autre matière : bien-que Héliogabale son devancier n'eust esté si retenu, comme dict *Lampridius.* Semblable modestie se remarque du roi Henri second, n'ayant jamais voulu porter bas de soye, encores que de son temps l'usage en fust ja receu en France. Plusieurs autres en divers temps, ont aussi parlé de la soye, comme *Solin, Marcellin,* et *Servius* qui nomme le ver-à-soye, *zir,* d'où vient le mot latin, *sericum,* c'est à dire, soye, selon le tesmoignage de *Pausanias,* en sa description de la Grèce. *Martial* faict aussi mention de la soye par ces vers,

Nec vaga tam tenui discurrat aranea telâ,
Tam leve nec bombyx pendulus urget opus.

Et de l'ouvrage des vers-à-soye, *Properce* dict,

Nec si qua Arabio lucet bombyce puella.

Ulpian, jurisconsulte antique, parle de la soye au titre *de auro et argento legato, l. Vestis ;* en ceste sorte : *Vestimentorum sunt omnia lanea, lineaque vel serica bombycina,* etc.

O 2

C'est chose receue de tous, que les habitans du pays de Seres ont les premiers manifesté la soye, en ayans tiré la semence de l'isle Taprobane, autrement Sumatra, située sous l'équinoctial, esloignée d'eux de quarante-six à quarante-huict degrés de latitude. Le pays des Seres, ainsi dict d'une ville de la province, est celui qu'on nomme aujour-d'hui, Catay et Cambalu en l'Asie Orientale, joignant de l'occident à la Scytie Asiatique, et du midi à l'Indie; dominé par le grand Cham de Tartarie. A la longue, ces choses vindrent en évidence par deux moines, qui de Sera, ville du pays de Catay, portèrent la graine des vers-à-soye, à Justinian, à Constantinople (le règne duquel empereur, commença l'an de Christ cinq cens vingt-six) d'où la science d'eslever ce bestail s'est esparse par toute l'Europe. Ainsi l'a escrit *Procopius*, après plusieurs autres.

De la ville de Panorme en Sicile est sortie la manière d'employer la soye, où premièrement elle a paru par le moyen de certains ouvriers en cest art, là emmenés prisonniers par Roger, roi de ladicte isle de Sicile, au temps de l'empereur Conrad.

Finalement, ces belles sciences ont fondu en certaines provinces de ce royaume, mais par traict de temps et intervalles, non à la fois. Car comme Dieu a accoustumé de distribuer ses bien-faicts, petit à petit, pour tant mieux nous faire savourer ses graces; ainsi la cognoissance du meurier nous a esté premièrement donnée, puis celle de l'usage d'icelui, afin de faire provision de pasture, avant qu'estre chargé du bestail.

Je ne recercherai ici les causes et le temps de leur introduction en ce royaume plus avant, que du règne de Charles huic-

tiesme. Au voyage que ce roi feict au royaume de Naples, l'an mil quatre cens quatre-vingt-quatorze, quelques gentils-hommes de sa suite, y ayans remarqué la richesse de la soye, à leur retour chés eux, apportèrent l'affection de pourveoir leurs maisons de telles commodités. Après estre finies les guerres d'Italie, envoyèrent à Naples, querir du plant de meuriers, qu'ils logèrent en Provence, le peu de distance qu'il y a des climats d'un pays à l'autre facilitant l'entreprinse. Aucuns disent que ce fust en l'extrémité de telle province, enclavée dans celle du Dauphiné, où premièrement les meuriers abordèrent, marquans mesme Alan, près du Montellimar, qui en fut lors pourveu par le moyen de son seigneur, qui avoit accompagné le roi en son voyage : comme les vieux gros meuriers blancs qu'on y void encores aujour-d'hui, en donnent quelque tesmoignage (95). Or soit là, ou ailleurs, c'est chose asseurée qu'en divers endroits de la Provence, du Languedoc, du Dauphiné, de la Principauté d'Orange, et sur tout de la comté de Venessain et archevesché d'Avignon (pour le grand commerce qu'ils ont avec les Italiens) les meuriers et leur service y sont à présent très-bien recogneus. Là aussi avec beaucoup de lustre paroist la manufacture de la soye ; et de jour à autre, croist l'affection de planter des meuriers, pour la commodité expérimentée qui en revient. En somme, c'est là où le revenu du meurier est tenu pour le plus clair denier tumbant dans la bource. A Tours ce négoce est ja receu, avec utilité et applaudissement ; et despuis quelques années a commencé à se manifester à Caen, en la basse Normandie ; encores incogneu au restant du royaume, par la non-chalance de ses habitans, et à la honte de presques toutes ses provinces, puis qu'en icelles, le meurier, et en suite le ver-à-soye peuvent vivre et profiter. Pour l'affection que je porte au publiq, j'ai dès le commencement de l'année mil cinq cens quatre-vingt-dix-neuf, faict imprimer un traité particulier de ceste nourriture, intitulé, *la Cueillète de la Soye*, et addressé à Messieurs de l'Hôtel-de-ville de Paris, à ce que leurs peuples fussent incités par là, à tirer des entrailles de leurs terres, le thrésor de soye qui y est caché, par ce moyen, mettans en évidence des milions d'or y croupissans: et par telles richesses, achever de décorer leur ville, du dernier de ses ornemens, abondante au reste en toute sorte de biens. Entre les beaux lieux de la campagne de Paris, j'ai remarqué Madril et le Bois-de-Vincenes, maisons royalles, très-capables à recevoir et nourrir, trois cens mil meuriers, pour l'estendue et qualité de leurs fonds, et pour la faculté de l'aer, la fueille de tels arbres, en leur temps, pouvoir estre profitablement employée. Dont l'apparence est grande, d'en retirer abondance de soye, à l'utilité publique, et à la particulière commodité de la ville de Paris, quand la manufacture de la soye y nourriroit infini peuple, et de ses propres habitans, et de personnes pauvres et misérables, qui y affluent de toutes les provinces du royaume.

La où croist la vigne, là peut venir la soye, démonstration très-claire, suffisamment vérifiée par réitérées expériences en divers pays discordans de climats. Voire passant plus outre, où le seul meurier vit, sans parler de la vigne, le ver-à-soye ne laisse de profiter; comme cela s'est recogneu n'aguières dans la ville de Leiden en Hollande ès années mil cinq cens quatre-vingt-treize, quatre-vingt-quatorze, et quatre-vingt-quinze; où madame la duchesse d'Ascot fit nourrir des vers-à-soye, heureusement: et de la soye qui en sortit, se sont faicts des habits, que ses damoiselles ont portés avec esbahissement de ceux qui les ont veus, à cause de la froidure du pays. Les histoires tesmoignent qu'au temps des anciens Gaulois, la France ne produisoit aucun vin: la voici aujourd'hui abondamment pourveue de tant exquise boisson, par la dextérité de ceux qui opportunément y ont employé leur profitable curiosité. Plusieurs bestes et plantes estrangères, consentent de vivre parmi nous avec soin requis (le temps passé tenu pour impossible), ce qu'un chacun remarque presques par tout, sans en venir aux exemples. Je ne mets ici en conte les orangers, citroniers, ponciles, et autres arbres précieux qu'on eslève en tous aers et pays, pour froids qu'ils seyent, puis qu'en telle curiosité court grande despence. Le soin de la cueillète de la soye n'est semblable, aussi son but est le profit, non la seule délectation. L'on ne se peine aucunement pour les meuriers qui sont en campagne; c'est seulement pour le bestail, qui craignant le froid, en veut estre préservé. Et quelle chose plus facile à faire y a-il que cela, quelque froid que soit le pays, puis que les vers sont logés dans la maison, non en campagne; et encores en saison, non du tout froide, ains au printemps et partie de l'esté? Tout l'intérest qu'on peut ici alléguer, est, que la cueillète de la soye en sera plus tardive qu'en pays méridional. Quoi pour cela, pourveu qu'on aie abondance de bonne et belle soye? Si l'on ne moissonne és pays septentrionaux, en Mai et Juin, comme l'on faict en Languedoc et Provence, si font bien en Juillet et Aoust. De mesme, l'on ne laisse d'avoir beaucoup de bon vin en France, encores qu'on ne vendange si tost qu'és pays plus chauds. Les meuriers ont devancé la science de nourrir les vers, comme j'ai dict, en attendant laquelle, plusieurs sous l'ouïr dire, s'estans efforcés en vain de nourrir des vers-à-soye, ont descrié tel mesnage, estimans ce bestail-ci, ne pouvoir profiter qu'és lieux où il s'est de long temps naturalizé, dont, d'impatience, ont arraché, comme arbres inutiles, les meuriers, que au-paravant et au premier bruit de leur valeur, ils avoient plantés avec beaucoup d'affection. Mais ceux qui ont attendu constamment les saisons, se sont rencontrés meilleurs mesnagers, et abondamment pourveus de fueille de meurier, lors que le sçavoir conduire de ce bestail, est arrivé, exemple qui se remarque à Nismes et en divers autres lieux du Languedoc, servant d'instruction à ceux qui aujour-d'hui se veulent délecter à si profitable mesnage : lesquels, à leur contentement, treuveront en ces discours, assemblées les sciences, et d'eslever les arbres, et de nourrir le bestail : dont ils seront délivrés de l'ennui d'attente langoureuse, et du hazard de mal nourrir les vers.

Le roï ayant très-bien recogneu ces choses, par le discours qu'il me commanda de lui faire sur ce sujet, l'an mil cinq cens quatre-vingt-dix-neuf, print résolution de faire eslever des meuriers blancs par tous les jardins de ses maisons.

En première introduction de la soye, au cœur de la France par le roi.

Et pour cest effect, l'année ensuivant, que sa Majesté fit le voyage de Savoie, elle envoya en Provence, Languedoc et Vivaretz, monsieur de Bordeaux, baron de Colonces, sur-intendant-général des jardins de France, seigneur rempli de toutes rares vertus : et par ceste mesme voie, le roi me fit l'honneur de m'escrire, pour m'employer au recouvrement desdicts plants (96); où j'apportai telle diligence que au commencement de l'an six cens un, il en fut conduict à Paris, jusques au nombre de quinze à vingt mil. Lesquels furent plantés en divers lieux dans les jardins des Tuilleries, où ils se sont heureusement eslevés. Et ne voulant sa Majesté, que tels thrésors demeurassent plus resserrés en certains recoins de son royaume, ains que ses peuples s'en ressentissent, universellement : ad-joustant aux biens de la paix, dont par son moyen, et la faveur céleste, toute la France jouit très-paisiblement, auroit ordonné que les commissaires ja députés par sa Majesté pour le commerce général, aviseroient aux plus faciles expédians qu'il seroit possible, de fournir de meuriers son royaume, afin d'y recueillir la soye; et en suite, d'en establir la manufacture. Sur quoi, et suivant le vouloir de sa Majesté, après bonne et meure délibération furent passés contracts sur ce sujet avec des marchands, à Paris les quatorziesme Octobre et troisiesme Décembre mil six cens deux, confirmés, authorisés et ratifiés, par lettres patentes de sa Majesté, contenans le fournissement desdicts meuriers, és quatre généralités de Paris, Orléans, Tours et Lion; aussi, de certaine quantité de semence ou graine desdicts arbres, pour estre despartie és eslections desdictes généralités. Et pour d'autant plus accélérer et advancer ladicte entreprinse, et faire cognoistre la facilité de ceste manufacture, sa Majesté fit exprés construire une grande maison au bout de son jardin des Tuilleries à Paris, accommodée de toutes choses nécessaires, tant pour la nourriture des vers, que pour les premiers ouvrages de la soye. Enjoignant en outre, que tout ce qui se treuveroit de meuriers, tant blancs que noirs, ja plantés ès divers endroits desdictes généralités, seroit prins par les experts à ce députés, et employé à la nourriture des vers ladicte année, afin de moustrer à chacun lieu, que la température de l'aer, et bonté de la terre, sont plus que suffisans pour produire la soye : en pareille ou meilleure force, lustre et bonté, que celle qu'avons accoustumés recouvrer avec grands frais, des provinces les plus esloignées. Toutes lesquelles choses, ont si facilement réussi, moyennant la grace de Dieu et le bonheur de nostre prince, à qui le ciel a réservé toutes les plus belles inventions de nostre siécle, qu'il ne faut plus doubter que dans peu de temps, par la continuation de ses beaux commencemens, la France ne se voye rédimée de la valeur de plus de quatre milions d'or, que tous les ans il en faloit sortir, pour la fournir des estoffes composées de ceste matière, ou de la matière mesme, afin de la manufacturer dans le royaume. Voilà le commencement de l'introduction de la soye au cœur de la France, où l'exemple de sa Majesté a esté joinct à ses commandemens, avec grande efficace, pour le bien de son peuple.

Et comme par louable émulation, les belles sciences ne s'arrestent en un seul lieu, ains passent tous-jours plus avant ès esprits des vertueuses personnes, il est avenu despuis n'aguières, que Frédéric, duc de Witemberg, prince digne de toute louange, a establi en ses terres, et la nourriture des vers-à-soye, et la manufacture de telle matière. Dont les succès ont esté si heureux en ce commencement, que ceux ont esté contraints de confesser l'entreprinse estre profitable, qui au-paravant en condamnoient le conseil, fondés sur la froidure du pays d'Alemagne (97).

Or est-il, que la soye vient directement du ver qui la vomit toute filée ; et le ver procéde de graine, laquelle l'on garde dix mois de l'année, comme chose morte, reprenant vie en sa saison. Le ver est nourri de la fueille de meurier, seule viande de cest animal, qui ne vivant que six, sept ou huict sepmaines, plus ou moins selon le pays et constitution de l'année (la chaleur accourcissant sa vie, et au contraire, la froidure l'allongeant) dans ce peu de temps, par la soye qu'il nous laisse, paye largement les despens de sa nourriture. Comme diverses sont les Nations qui le gouvernent, aussi est-il nommé diversement. Les Grecs et Latins l'ont appellé, *bombyx* : et aujour-d'hui en Italie, *cavalieri*, et *bachi* (*baco*, *bigatto*, *filugello*) : en Espagne, *ilavor* (*guzano de seda*) : en France, *vers-à-soye* : en Languedoc, Provence, et ès environs, *magniaux*.

Quelle terre et quelle culture désire le meurier, quelle graine de vers est à choisir, quel logis et quel traictement requièrt le bestail qui en provient, quel est son rapport et usage, sera monstré ci-après. Par lesquels discours apperra clairement, de la richesse de ceste nourriture : et que la terre employée à tel mesnage, rapporte plus de deniers et en moins de temps, que par autres fruicts qu'on lui puisse commettre, à tout le moins, dont l'on puisse faire estat.

Communément un milier de fueille de meurier, faisant dix quintaux de poids, satisfaict à nourrir une once de graine de vers; et l'once de graine, rend cinq ou six livres de soye ; chacune vallant deux ou trois escus, et davantage : par quoi dix ou douze escus, sortent de dix quintaux de fueille : laquelle quantité, vingt ou vingt-cinq arbres de moyenne grandeur produiront tous-jours. Voire beaucoup moindre nombre y suffira, si ce sont arbres vieux et grands, comme il s'en treuve en plusieurs lieux, mesme vers Avignon, de tant amples et abondans en ramage, qu'un seul fournit de fueille , pour nourrir une once de graine : mais par estre très-rares tels arbres ainsi qualifiés, estat certain n'en doit estre faict. Pour les frais du négoce, le quart du total est prins : ainsi restent les trois quarts de liquide revenu, qui font sept escus et demi, ou neuf escus, que vingt ou vingt-cinq meuriers rapportent par communes années. Je confesse que tous-jours l'once de graine ne rend les cinq ou six livres de soye, voire quelques-fois ne faire presques rien : quand par l'infélicité de la saison, la fueille, se treuvant mal qualifiée, par mauvaise nourriture , cause diverses maladies aux vers : quand la peste se fourre parmi ce bestail: quand par n'estre bien affermis les estandis, où sont logés les vers, croulans sur eux, les tuent: ou quand par autres accidents tout se meurt. Mais aussi c'est chose confessée de tous ceux qui s'exercent à ceste nourriture, que telle année y a-il, l'once de graine,

venir jusques à dix livres de soye et davantage : et c'est alors, que la race du bestail, son logis, sa viande, le temps, la main du gouverneur, s'accordent pour le bien de ce mesnage. Et qui ne sçait les blés, les vins, les fruicts des arbres, le bestail, souvent deffaillir par tempestes, sécheresses, humidités, et autres excès de l'année ? Et qui voudroit désister de labourer ses terres-à-grain ? Qui voudroit arracher ses vignes et arbres, cesser la nourriture du bestail, pour leur faillite de quelque année ? Nul ne se treuve si mal avisé. Il apperra ci-après qu'au gouvernement de ce bestail, l'on ne peut rien advancer sans curiosité, diligence, despence ; pour lesquelles choses plusieurs mesprisent ce mesnage, comme fantasque, pénible, despencier. Mais ils se deçoivent, pour ne considérer qu'avec modéré salaire , treuve-on des gens à suffisance, entendus à cest art, qui se chargent de tout ce qui en dépend.

Et pour en particulariser les despences, dirai, que cent ou six vingts journées, dont les trois quarts sont de femmes ou de garçons, suffisent à cueillir toute la fueille nécessaire pour nourrir dix onces de graine de magniaux, et pour la porter sur le lieu du bestail, estans les meuriers non guières esloignés de la maison, comme cela est requis. Au payement desquelles journées pour la qualité des personnes, n'entre beaucoup d'argent : car c'est aux vivres où le plus s'en consume. Mais si la nourriture des amasseurs de fueille vous importune, avec de l'argent seul, vous-vous ferés faire tel service ; à la journée, ou à tasche ; selon l'ordre de plusieurs villes, où tel trafiq est en usage.

Touchant le gouverneur, ses gages sont

sont communément de deux, trois ou quatre escus le mois, outre son vivre : et sa charge est de conduire les vers, dès le couver de leur graine, jusques à la soye faicte ; c'est à dire, la rendre tirée. Un seul homme gouvernera tant de magniaux que voudrés, pourveu qu'il soit assisté : ce qu'il sera de gens de petit prix, veu que toutes sortes de personnes, hommes et femmes, s'en rendent capables.

Quant à la graine des vers, ne devés mettre en conte ce qu'elle vous aura cousté : parce que vous la remplacés par chacune année en la renouvellant, pour la conservation de la semence. Ains se couchera telle premiére despence, au reng de celle faicte en l'achapt des aix et tables, pour les estaudis, voire pour le dresser du logis ; par estre ces choses destinées pour fondement du revenu ; estans de durée et sans se consumer, à tout le moins que bien peu. Et bien-qu'il soit requis d'avoir tous les ans quelque peu de nouvelle graine, pour se maintenir la bonne race, comme sera dict, si n'y a-il pourtant plus de despence, attendu que de la vente de la graine que cueillés chés vous, en acheptés d'estrangère, ce qu'il vous en fant ; ainsi se faict de la terre le fossé.

Sur lesquels discours arrestant vostre conte, treuverés qu'avec beaucoup meilleur marché, nourrirés les magniaux provenans de dix onces de graine, que vingt-cinq ou trente brebis : pour lesquelles, voire pour moindre nombre, faut entretenir un pastre toute l'année, que sont trois cens soixante-cinq jours. Par ainsi, vous voyés à l'œil, combien diffèrent les despences d'un bestail à l'autre : et par ceste supputation, lequel des deux rend plus de revenu, bien-que par jugement universel, le rapport du bestail à quatre pieds, est très-grand au mesnage. Et ne double, que *Caton* en ses responses du paistre, pour devenir riche, n'eust entendu du ver-à-soye, s'il en eust eu la cognoissance. La nourriture des vers-à-soye se rend aussi recommandable, à cause de ce qu'elle n'empesche aucun ouvrage des champs, se rencontrant ès mois d'Avril, et de Mai, avant que le peuple aie nulle occupation à la récolte. Donnant tel retardement, moyen au père-de-famille, de treuver aisément et à suffisance, gens pour ce service : lesquels n'ayans en ce temps-là autre occupation, sont très-aises de treuver à gaigner leur vie et quelque pièce d'argent, pour sortir de l'arrière saison de l'année. Dont plus facile en est rendue la nourriture de ce bestail, par ceux seulement mesprisée, qui ne sçavent combien en vaut l'aulne : car quant aux autres, la friandise des deniers qu'ils en tirent (sans destrac de leur mesnage, ains comme parties casuelles) les affectionne tous les jours à planter des nouveaux meuriers, pour avec l'augmentation du nombre, de mesme augmenter leur revenu.

Estans les meuriers le fondement de ce revenu, ce sera là premièrement où viserés, pour en planter si grande quantité, et si tost, qu'en peu de temps vous puissent donner contentement. Ce que ne pourriés espérer du peu de nombre pendant leur jeunesse, pour le peu de fueillage qu'ils rendent, avant qu'estre parvenus à moyen accroissement. Or d'attendre que les meuriers ayent attaint leur parfaicte grandeur, pour les effueiller et faire servir en cest endroit, ce seroit pas-

ser vostre aage sans gouster la douceur
de ce revenu. C'est pourquoi est nécessaire d'avoir abondance de ces arbres; afin
que de plusieurs petits, puissiés tirer autant de fueille, que de peu de grands.
Ainsi sans beaucoup attendre après leur
plantement, en aurés plaisir et profit dans
peu d'années. Telle grande quantité de
meuriers pourra estre limitée à deux ou
trois mil pieds; à moindre nombre j'estime le père-de-famille ne devoir entreprendre cemesnage: pour ce qu'ici est
question de profit, qui ne peut sortir que
du suffisant nombre d'arbres. Pour le particulier naturel de l'œuvre, il est nécessaire de s'y employer en grand volume,
autrement le jeu ne vaudroit pas la chandelle; estant cela à faire à femmes, qui
pour plaisir, nourrissent quelque peu de
ce bestail. Encores ne s'arrestera le père-
de-famille en si beau chemin, ains augmentera-il tous-jours sa meurière, y ad-
joustant par chacun an, quelques centaines de meuriers; à ce qu'à la longue,
très-abondant en fueille, il en aie et pour
nourrir grande quantité de vers, et de
reste aussi, pour le soulagement de ses
arbres, desquels une partie reposera,
comme sera monstré en la suite de ce
discours.

De l'ordre requis à planter et eslever
les meuriers, n'est ici question de parler,
Lieu VII,
chap. VII. ailleurs la science en estant enseignée:
très-bien de représenter les observations
nécessaires à leur assiete et entretenement; à ce que les arbres soyent convenablement logés et gouvernés, pour durer longuement en service. Car n'y prenant garde de près, dans peu de temps ils
défaudroient, comme envieillissans en
leur première jeunesse. Ces arbres sont

si aisés à reprendre, que par tout où il
vous plaira, les pourrés eslever: mais
avec plus d'advancement s'accroistront-ils
en la grasse et humide terre, qu'en la maigre et sèche. Pour la quantité de fueille,
est à souhaitter les arbres estre plantés en
bon fonds, mais non pour la qualité; pource que jamais ne sort la fueille tant fructueuse de gras, que de maigre terroir
(ayant cela de commun avec les vins, dont
les plus exquis s'accroissent en terre légère) attendu que ce terroir-là rapporte
la fueille grossière et fade, et cestui-ci,
délicate et savoureuse. Aussi de la nourriture de ceste dernière fueille, le bestail
communément faict bonne fin; ce qui
avient très-rarement de l'autre, encores
est-ce par rencontre de bonne saison. La
Où la
bonne fueil- fueille des meuriers se rendra qualifiée
ainsi qu'il appartient, si on loge ces arbres
en lieu maigre et esloigné de sources d'eau,
pourveu qu'il soit exposé au soleil, car
avec les vignes, haïssent les meuriers, le
séjour aquatique et ombreux; en somme,
là sera plus asseurée la nourriture, que
meilleurs croistront les vins. Et bien-que
la vigne et les meuriers, pour les faire
marcher ensemble, produisent plus en fort
qu'en foible terroir, si est-ce que le peu
de leur rapport estant délicat, est plus à
priser que l'abondance de celui qui est
grossier. Joinct que touchant ce bestail-
ci, l'on ne le peut abuser, en lui donnant
viande contre son naturel, car ou il re-
fusera de la manger, ou la mangeant,
ne s'en portera jamais bien. Et ceste
sienne délicatesse, tourne à profit au père-
de-famille, qui employe ses terres maigres
en meurières; et par conséquent n'en occupe ses bons labourages, qui lui demeurent francs et non chargés de ces

Où planter meuriers.

arbres : desquels l'importunité est très-grande, opprimans par les racines et branches, presques toutes sortes de semences qu'on pourroit loger auprès. Or de cuider aussi planter des meuriers en terre déserte et infertile, ce seroit, tombant en l'autre extrémité, se tromper lourdement, pour le peu d'advancement qu'ils y feroient, encores qu'ils y reprinssent : leur tardité vous donnant matière de vous repentir de ce conseil. Ce sera donques ès endroits où édifierés vos meuriers, que jugerés propres à la vigne, c'est assavoir, en terre de moyenne valeur : plustost sèche, qu'humide : légère, que poisante : sablonneuse, qu'argilleuse. Telle terre vous apportera fueille souhaittable, et en moyenne quantité, dont aurés à suffisance, par la voie du nombre des arbres, l'amplifiant comme a esté dict.

Disposer meuriers boccagées.

De quatre en quatre toises, ou de cinq en cinq, en tous sens, à la quinqu'once, plantera-on les meuriers, si on en veut faire des forests. Et désirant les disposer par rengées, aux orées des terres-à-grain, ou à l'entour des autres possessions, un peu plus estroictement on les logera, sans toutes-fois se restraindre par trop : ce qu'on ne pourroit faire sans notable intérest des arbres. Très-bien peut-on amplifier la mesure, voire tant qu'on voudra, trop au large ne pouvans estre posés les meuriers; veu l'apparente utilité que l'aer, le soleil et l'amplitude du fonds, causent à l'aggrandissement des arbres et à la bonté de la fueille.

En allées.

Mais d'autant que les seuls orées et bords des terres-à-grain, vignobles, et autres parties d'un domaine d'estendue modérée, ne suffisent de recevoir le grand nombre de meuriers requis à une bonne nourriture : et que d'ailleurs, la fueille des arbres qui est au dedans des boccages, n'est si bonne que celle des environs, par n'avoir le soleil ni les vents à souhait; un milieu a esté treuvé entre ces deux extremes, pour convenablement loger les meuriers au profit de leur fueille, et sans trop importuner le labourage des bonnes terres. C'est de planter les meuriers parmi les terres, en doubles rengées, équidistantes de deux toises et demie, et de semblable mesure estant l'espace d'un arbre à l'autre, faisans les deux rengées, une allée. Et disposer les allées, en long et en travers du champ, s'entre-croisans l'une l'autre, faisans des grands quarrés vuides, chacun contenant un arpant, ou davantage si on veut, pour y semer du blé, lequel s'y recueillera sans estre foulé par les amasseurs de la fueille : ains ce seront les allées, qui, seules en souffriront le trépignement; où pour leur peu d'occupation de terre, la perte du blé n'en sera pas grande. Conviendra aussi planter les arbres de telle sorte, qu'ils ne soyent l'un au droit de l'autre, afin de ne s'entre-presser, ains que celui d'une rengée, soit posé contre le vuide de l'autre, par ainsi, auront-ils d'aer assés pour s'accroistre gaiement, mesme à l'aide du soleil, qui leur restera libre du costé des grands quarrés. Esquels, non seulement pourront estre commodément semés des blés, mais plantées des vignes où elles profiteront, n'y estans par trop importunées de l'ombrage des arbres : voire dressées des prairies, mais après avoir donné aux arbres, quatre ou cinq années, pour s'enraciner. Car par le moyen du parterre des allées, bien cultivé et quelques-fois fumé, les meuriers profiteront assés, ne leur pouvant beaucoup nuire la motte endurcie de la prairie, veu qu'elle ne les joinct que d'un costé. Ainsi se dressera la meurerie avec beaucoup d'utilité, pour la bonté de la fueille, et sans nullement incommoder le domaine ; qui ainsi fourni de meuriers, en demeurera très-plaisant à voir : aussi s'ageancera et s'emmeliorera-il tant mieux que plus souvent le maistre visitera son terroir comme à ce sera-il incité, par le facile pourmenoir en ces belles allées : esquelles si bon lui semble, semera quelques grains, comme avoines ou petits pois, qui payeront tous-jours le labourage du fonds.

Races de meuriers.

Deux races de meuriers y a-il, discernées par ces mots, *noir* et *blanc*, et discordantes en bois, fueille, et fruict : ayans néantmoins cela de commun, de bourgeonner tard, le danger des froidures passé ; et de leur fueille, nourrir les vers-à-soye. On ne void que d'une sorte de meuriers noirs, dont le bois est fort et solide, la fueille grande et rude au manier, le fruict noir, gros et bon à manger.

Trois couleurs de fruicts et meuriers blancs.

Mais des blancs, notoirement en recognoist-on de trois espèces, distinguées par la seule couleur du fruict, qui est blanc, noir, rouge, tel séparément produit par divers arbres, portans tous néantmoins le nom de blanc. Ce fruict est petit, de saveur des-agréable, pour sa fade douceur, dont il est immangeable par autres que par femmes desgoustées, enfans, et pauvres gens en temps de famine. Au reste, ils se ressemblent tous trois, ne discordans nullement par-ensemble : ni en fueille, qu'ils produisent de moyenne grandeur et de doux attouchement : ni en bois, estant jaune au dedans, comme ce-

lui des meuriers noirs, et presques aussi ferme, dont tous ces meuriers se rendent propres à la menuiserie. La fueille provenante des meuriers noirs, faict la soye grossière, forte et poisante : au contraire celle des blancs, fine, foible, légère : ainsi différentes pour la diversité du naturel des fueilles, dont sont nourris les vers, qu'ils rapportent à leur ouvrage. Pour laquelle cause, plusieurs désirans composer ces choses en espérance de profit, nourrissent leurs vers, de deux viandes, par distinction de temps : assavoir au commencement, de fueille blanche, pour avoir la soye fine ; et à la fin, de noire pour la fortifier et appesantir. En quoi tous-jours ne rencontrent-ils : quelques-fois le changement de viande, mesme de délicate en grossière, n'estant agréable aux vers, qui en sont importunés. Et ne seroit à propos, pour le fondement grossier qu'on donneroit à la soye, tenant contraire chemin, commencer par la fueille noire, et finir par la blanche. Aussi tel meslinge de viande n'est receu ès grandes nourritures, ains seulement où la fueille du meurier blanc est rare, inventé pour la nécessité. Pour le plus asseuré, ce sera tout d'une viande, que nous nourrirons nos magniaux, et ce de la plus profitable : ce qui se rapporte à la soye, laquelle tant plus fine est-elle, tant plus prisée, et en suite tant plus d'argent elle donne, but de ce négoce. Et encores que la fueille blanche face la soye foible et légère, ne faut pourtant la postposer à la noire : veu mesme qu'elle ne discorde tant en ces qualités-là, d'avec celle provenante de fueille noire, qu'il ne lui reste de force assés pour les plus exquis ouvrages, et de poids à suffisance, pour en tirer raisonnables sommes. C'est à comparaison de ceste soye-là, que ceste-ci est tenue, foible, légère ; telle estant la différence d'entre les choses grossières et subtiles. Il ne faut néantmoins, estre tant scrupuleux, que de rejetter du tout les meuriers noirs, pour la soye : seulement pour le meslinge, n'estant permis en la nourriture que par contrainte, comme j'ai dict. Car quant au reste, il y a des contrées où ils sont très-profitables pour ce négoce : comme en divers endroits de la Lombardie, et de pardeçà en Anduze, en Alez et autres lieux vers les Sévènes du Languedoc, où grande trafiq est faicte de la soye, qui provient de meuriers noirs. Et bien-que telle espèce de soye, pour sa grossesse, soit de petit prix au respect de l'autre, si ne laisse-elle pourtant de faire bon revenu, moyennant la quantité. Joinct que pour la vente, elle est recerchée comme nécessaire, quoi-que grossière, en plusieurs ouvrages, ausquels elle est employée.

Si des-jà vostre terroir est couvert de meuriers noirs, tenés-vous là, sans vous affectionner à les accompaigner de blancs, pour les raisons dictes : mais estant question de fonder un mesnage, qui n'a aucuns meuriers, ni d'une sorte ni d'autre, préférant le meilleur au bon, eslisés tousjours les blancs pour vostre meurière. En quoi il semble que Nature mesme nous incite par l'avant-croistre qu'elle a donné au meurier blanc par dessus le noir : estant chose asseurée, que plus facilement se reprennent et s'accroissent les meuriers blancs, que les noirs : et que plus d'advancement font ceux-là, en deux ans, que ceux-ci, en six. Outre laquelle commodité, le bois que par telle hastiveté ils

produisent, et qui est couppé à temps, comme taillis, augmente le revenu de tels arbres (98).

Encores, entre les meuriers blancs il y a du chois. Par la recerche d'aucuns, a esté treuvée meilleure que nulle autre, la fueille sortant des meuriers blancs qui produisent les meures noires. De laquelle curiosité faisant profit, nous fournirons nostre meurière, si possible est, des seuls meuriers de telle espèce, afin qu'en nostre nourriture, rien ne défaille. Toutes-fois comme les humeurs des hommes sont diverses, aucuns tiennent la fueille de l'arbre produisant la meure blanche, estre la meilleure : preuvans leur avis par les poules et pourceaux qui ne s'attachent jamais au fruict des meuriers portans meures rouges et noires, qu'au défaut des autres, par là, la plus délicate. Sur tout sera pourveu à ce poinct, que de bannir de la meurière, la fueille trop fripaillée, car outre que c'est signe de peu de substance, elle n'abonde tant en viande, que celle qui a peu de deschiquetures. A quoi le remède est, d'enter en canon ou escusson les arbres ayans besoin de tel affranchissement, dont le profit qui en revient est grand, pour ceste nourriture ; veu que par ce moyen, le peu de mauvaise et chétive fueille, se convertit en abondance de bonne et substantielle : avec autant d'avantage, qu'on a de changer ès vergers, par semblable artifice, les fruicts sauvaiges en francs, article très-notable pour ce mesnage. Cest affranchissement se pratique à souhait ès meuriers de toutes aages, jeunes et vieux : en ceux-ci, sur leurs nouveaux rejects de l'année précédente, ayans lors les arbres esté étestés (ou sans tant délayer, les avoir étestés au mois de Mars, et le suivant de Juin, les enter); et en ceux-là, sur les plus petits arbres de la bastardière. L'enter de ces arbres en leur tendre jeunesse est beaucoup à priser, pour l'avantage que c'est d'avoir la meurière entièrement affranchie. Car pourveu que quelques centaines d'arbres soyent entés, suffit une fois pour toutes, sans estre contraint d'y retourner : moyennant que la bastardière soit tenue tous-jours remplie. Ce qui se faict en provignant les jettons sortans des enteures, desquels autant d'arbres entés sortent, qu'il y a de branches couchées dans terre : et d'icelles par-après d'autres en ressortans, sont de mesme provignées à l'infini ; dont les arbres en provenans, pour tous-jours sont fournis d'excellente fueille, douce, et grande : et par conséquent exempte de toute sauvaigine ; exquise et abondante nourriture. Voilà quels lieux et arbres avés à eslir pour vos meurières, afin d'avoir abondance de bonne soye.

A l'ordre qu'on a à tenir au cueillir la fueille des meuriers, pour le vivre des magniaux, consiste le second article de ce mesnage, pour rendre les arbres de perpétuel service. Il est à noter, que l'effueiller porte grand dommage à tous arbres, souventes-fois jusques à les faire mourir : mais d'autant qu'à cela est destiné le meurier, faict que naturellement il supporte mieux telle tempeste, que nulle autre plante. Si faut-il néantmoins y aller fort retenu, car d'effueiller inconsidérément les meuriers, c'est les rabougrir, pour finalement, devenus chétifs, se mourir de langueur. Chacun confesse qu'amasser la fueille à-tout la main, l'une après l'autre, sans toucher au bourgeon, est la plus seure voie pour la conservation

des arbres : mais aussi la plus despencière, à cause du grand nombre de personnes nécessaires à telle œuvre. Pour l'espargne, le commun y procède d'autre sorte, qui est en arrachant la fueille à poignées ; ce qui ne se peut faire que souvent les branches n'en soyent escorcées et quelques-fois esclatées, dont à la longue les arbres périssent. Et mesme c'est amasser, corrompt et ensalit la fueille, au détriment des magniaux, quand en la prenant à la mode qu'on traict le laict des vaches, on la froisse, comme si on en vouloit faire sortir le jus : et le plus souvent avec mains mal nettes, la rend-on de mauvaise odeur et saveur. Ces pertes se previendront, si à la mode de certains endroits d'Espaigne, la fueille est cueillie en la tondant avec de grands cizeaux de tailleur : de laquelle couppant plusieurs queues à la fois, et icelle tumbant sur des linceuls estendus sous les arbres, la despence s'en rend modérée : mesme par estre de là directement portée au bestail, sans avoir besoin d'estre triée, comme nécessairement convient faire avant que l'employer, en séparant ce qui est gasté du bon, et les bourgeons avec, qui pour leur tendreur sont nuisibles aux vers : attendu qu'en faisant jouer les cizeaux, l'on espargne les cimes des arbres, et ne prend-on que fueille bien qualifiée. De ceste invention ne se peut-on indifféremment servir par tout, ains seulement où l'assiete des arbres favorise l'œuvre, pour commodément y pouvoir estendre les linceuls, réceptacles de la fueille, ni aussi en temps venteux et pluvieux. Ce qui est laissé à la discrétion du père-de-famille, pour l'employer y treuvant de la commodité. Au défaut duquel tondre, l'on tirera la fueille le plus doucement qu'on pourra, et avec le moins de perte des arbres qu'il sera possible. Les amasseurs de fueille laveront les mains avant que la toucher, et la reposeront en sacs bien nets, afin qu'elle ne joigne à aucune saleté.

Moins quand on les tond, souffrent les arbres, que quand on les effueille autrement : toutes-fois pour retenu qu'on y aille, c'est tous-jours avec leur intérest, dont finalement ils périssent, ravalans d'année à autre, la valeur de leur fueille à mesure qu'ils deschéent de force. Ce qui est la cause principale que les nourritures des vers ne sont tous-jours de mesme rapport, les unes que les autres, ne pouvant autre que bonne fueille, nourrir heureusement ce bestail. Or bonne ne peut estre celle qui vient d'arbre mal gouverné, en l'effueillant; ains seulement celle dont l'arbre ayant esté bien mesnagé durant les précédentes années, démeure vigoureux. Par ainsi se trompent ceux, qui sans regarder de près à ceci, s'enfoncent en ce négoce. De là procédent les plus fréquens défauts de ceste nourriture, et non du naturel de l'œuvre : comme scrupuleusement, voire superstitieusement et fantastiquement, plusieurs du vulgaire ignorant tiennent ne pouvoir deux années de suite bien rencontrer, pour quelque occulte imperfection qu'ils estiment estre en ce bestail, qu'aucuns donnent, sans aucune raison, au logis; ne se prenans garde des choses susdictes. Afin donques d'asseurer ce mesnage, pour un préallable l'on avisera aux meuriers, en les logeant et conduisant comme j'ai dict. Et passant plus outre, d'avoir si grande quantité de ces arbres, que si possible est, la seule moitié suffise pour vostre

nourriture, qu'on effueillera pendant que l'autre s'apprestera pour l'année prochainement suivante. Ainsi à l'imitation des labourages, alternativement, par années, la meurière partie en deux, servira et chommera; dont les arbres se maintiendront en bon poinct, pour abondamment fournir de bonne fueille par plusieurs générations : tant pour n'estre les arbres tourmentés en leurs branches, que, par ce loisir leurs racines pouvoir estre cultivées sans despence. D'autant que les frais du labourage sortiront des grains qu'on semera au fonds de la partie chommante (restans de l'importunité des meuriers) laquelle seule l'on chargera de blé, laissant l'autre vuide de semence l'année de l'effueillement des meuriers, pour tant plus à l'aise eueillir la fueille des arbres, sans fouler le blé; comme sans tel ordre l'on feroit en le trépignant, par ce moyen, tirant le digne rapport et des arbres et du fonds. En outre, ceste notable commodité s'y ad-jouste, que lors que par heureuse nourriture, la fueille destinée pour vos magniaux, défaut, comme cela avient quelques-fois, avec desplaisir et regret de les voir périr de faim; les vers sont opportunément secourus de fueille qu'on prend sur les meuriers de relais, par-ci par-là, en plusieurs arbres et en divers endroits, sans les incommoder, en telle quantité qu'il est requis pour la perfection de l'entreprinse. Et encores que sous les meuriers, toutes sortes de semences ayent à souffrir, par les importunes racines et branches de ces arbres, ainsi qu'a esté dict; si est-ce que moindre en sera la perte, que moins l'on trépignera les blés y estans; comme francs de telle tempeste, demeureront ceux qui seront logés en la

Quels grains à mettre sous les meuriers pour moins de perte.

manière susdicte, le rapport desquels, pour petit qu'il soit, payera le labourage, dont ferés en cest endroit ce que désirés, c'est assavoir, tiendrés en guerest les pieds de vos arbres. De tous les grains, ceux qui le plus constamment souffrent l'importunité des meuriers, sont les avoines et les petits pois, mesme estant contraint de les trépigner pour la cueillète de la fueille, grand mal ne leur peuton faire ; à cause que l'herbe de ces blés se treuve tardive lors de l'effueillement des arbres, n'ayant encores faict grand advancement, mesme se relève-elle aucunement, l'ayant abbattue par terre. Chose qui ne peut estre, ne des fromens, ne des seigles, ne des orges, qu'à telle cause ne convient loger en la meurière, que par contrainte. Or de ne rien semer à la meurière, et pas moins en labourer le fonds, pour le bien des meuriers, ce seroit trop faire de despence : laquelle s'espargne par la voie susdicte. Le fumer de ces

Fumer les meuriers.

arbres est aussi requis, s'entend de ceux que la maigreur du fonds tient en langueur, lesquels par tel traictement, seront aidés à continuer leur service : faute de quoi faire, défaudront devant le temps.

La fueille des vieux meuriers, bonne.

L'expérience monstre, la fueille des vieux meuriers, estre plus profitable et saine aux vers, que celle des jeunes : pourveu qu'ils ne soyent tumbés en extreme décadence, ains que retenans de leur ancienne vigueur, ayent encores quelques restes de force : communiquans telle qualité, avec la vigne, qui meilleur vin rend, vieille, que jeune. Et comme la vigne commence à porter bon vin après les sept ou huict premiers ans de son planter ; aussi les meuriers en mesme aage, ouvrent la porte à leur asseuré revenu, si que de là

Quand servira cela des jeunes.

en hors, l'on ne peut faillir d'en tirer le service espéré. Plusieurs, néantmoins, ne s'arrestent aujour-d'hui à ce terme ; employans sans délai toute sorte de fueille, mesme des plus jeunes meuriers, estans encores en la bastardière, avant leur replantement. Mais c'est avec plus d'incertitude de bonne issue, que de celle croissant en arbres ja advancés selon le plus commun usage.

Esmunder les meuriers quand conviendra.

Après qu'aurés despouillé les arbres de leur fueille, aussi tost les ferés esmunder, en leur couppant tout ce qu'y sera treuvé de cassé et estors de la tempeste de l'effueillement ; afin qu'ils se puissent remettre à rejetter, ce que sans cela ne pourroient-ils jamais bien faire, mesme qu'en langueur. Les derniers amasseurs de fueille, donques, seront suivis pied à pied d'un couple d'hommes, qui ainsi accommoderont les meuriers, desquels coupperont le bois mort, les branches escorcées, estorses et esclatées : aussi les cimes de toutes les autres en quelque part de l'arbre qu'elles soyent, en haut ou ès costés, pour contraindre les arbres à se revestir, et sur ce nouveau ject, produire pour l'année d'après, abondance de fueille, tendre et délicate. Et soit ou en amassant la fueille, soit ou en esmundant les arbres, il se faut soigner de les despouiller entièrement sans leur laisser aucune fueille : de peur de destourner leur libre reject, observation, que la pratique nous a apprinse despuis n'aguières, contre la coustume qui estoit de ne toucher au bourgeon, cuidant par là donner accroissement aux arbres, mais l'effect s'en void tout au rebours. Moyennant tel ordre, ne tarderont-ils à repousser très-vigoureusement : si qu'ils se renfueilleront de telle sorte,

sorte, que dans un mois après l'on diroit n'y avoir esté touché, et ce sera esgalement qu'ils se revestiront sans difformité aucune, de fueille toute nouvelle, icelle ne s'accordant jamais avec la vieille. Mais avec beaucoup plus d'efficace, si le fonds est arrousé en ce temps-là, pour, tempérant la chaleur de la saison avec l'eau, deslasser les arbres, et leur donner nouvelle force. Dont avient, que de leur reject de fueille, comparé au regain des prés, l'on peut faire une seconde nourriture de magniaux avec succés, ainsi qu'aucuns heureusement l'ont pratiqué. Ce que toutes-fois n'est approuvé, non tant pour estre fort incertaine telle nourriture, tumbant ès plus grandes chaleurs de l'esté contraires à ce bestail ; que pour l'asseurée perte des arbres, ne pouvans souffrir double effueillement en mesme saison (99). Pour l'intérest de nos vers qui ne se treuvent bien de fueille croissant en lieu aquatique, comme j'ai dict, distinction sera faicte des temps de l'arrousement des meuriers ; afin de ne les faire boire qu'après les avoir effueillés, non devant : dont, sans doubte aucune de mauvaistié, se rendra la fueille bien qualifiée. Sous telle considération, employerés la commodité de l'eau durant l'esté, par là causant autant de soulagement à vos arbres, après leur grand travail, comme en la sécheresse toutes sortes de plantes treuvent salutaire l'opportun arrousement, observation particulière pour les pays méridionaux, non pour les autres qui ne s'arrousent presques jamais.

Les pluies survenantes sur le cours de ceste nourriture, importunent estrangement les magniaux, mesme si elles se rencontrent vers la fin de leur vie, lors qu'ils sont en la plus grande force de manger : pource que la fueille mouillée leur cause des dangereuses maladies. Le plus commun remède à cela, est, de faire provision de fueille pour deux ou trois jours, voyant le temps s'addonner à la pluie, car autant se garde-elle bonne, pourveu qu'on la tienne en lieu net, frès, aeré, et que pour la garder d'eschauffer, plusieurs fois le jour l'on la tourne et vire sens-dessus-dessous. Et encores que la pluie ne presse, quelque beau temps qu'il face, ne doit-on jamais demeurer sans fueille : non tant de peur d'en avoir besoin ; que pour la qualité de sa nourriture : d'autant que meilleure est-elle, un peu gardée, comme douze ou quinze heures, que donnée au bestail venant directement de l'arbre. Si la pluie, pressant, vous destourne d'amasser tant de fueille qu'il vous en faut, recourés à ce chemin court, qui est, de coupper les branches des meuriers, que destinés estre étestés la prochaine année : lesquelles avec toute leur rameure, ferés porter en la maison, où pendues comme raisins sous les portiques, planchers ou autres couvertures, en lieu aeré, mesme dans les granges et greniers-à-foin, lors estans presques vuides, leur fueille s'en séchera bien et tost : voire et en l'un et en l'autre, treuverés beaucoup plus d'advancement, que par autre voie que ce soit. Car ni l'esventer avec des linceuls, ni la chauffer au feu, ne sont de telle efficace que ce moyen-ci : par lequel, en outre, se gaigne beaucoup de temps, parce qu'il ne faut que quelques coups de hache, pour prendre toute la fueille d'un arbre. Ne doubtés que cela fasche les meuriers, qu'au contraire les res-jouit, aussi tost se remettans à rejetter de plus fort : dont ils gaignent temps, pour l'année d'après ; telle hastive couppe, leur causant grand advancement de brancheage. Et quoi-qu'il semble que la saison chaude soit contraire à telle œuvre, si est-ce que l'expérience preuve journellement, le naturel des meuriers, voire de plusieurs autres arbres, souffrir d'estre taillés en esté. Pour laquelle commodité, joincte l'espargne de ce mesnage, résolvés-vous de ne faire cueillir d'autre façon la fueille des meuriers que délibérés ëtester les premiers, les gardant pour les jours pluvieux, comme a esté dict, ou, le temps demeurant beau, pour la fin de la nourriture. La mesme raison a lieu, pour les arbres que ne voulés qu'esmunder, lors leur couppant les branches superflues, que verrés avoir besoin de fueille, le temps estant pluvieux ou non, ainsi qu'on faict à l'étester. Chose que treuverés venir à propos, pour le grand dégast de fueille que les magniaux font en ce temps-là, estant alors leur plus grande mangerie : attendu qu'avec modéré labeur et beaucoup de facilité, par ce moyen, abondance de viande leur est fournie. Le gaigner-temps s'ad-jouste à ce mesnage, parce que les matinées s'employent à cest effueillement (autrement perdues à cause des rozées, pendant lesquelles est défendu de toucher à la fueille) d'autant que les branches de meurier, couppées avec leur ramage, estans dès le soir portées au logis, sont effueillées dès le grand matin suivant, que l'on se met en œuvre, et cela se faict en attendant, que par le soleil ou les vents, les rozées soyent abbattues de dessus les arbres.

Tout le mal qu'on peut faire aux meuriers, en les effueillant, se guérit par le coupper de leurs branches (remède servant presques à toutes les maladies des arbres, comme est dict des fruictiers) s'entend, les leur ostant toutes universellement, les étestant ou leur couppant la teste, ainsi qu'à saules, dont en peu de temps ils se renouvellent : pour, leurs branches aggrandies et fortifiées, servir comme au-paravant. C'est pourquoi, au bout de quelque temps, éteste-on les meuriers, qui est lors qu'on les void se consumer par trop de travail. Ce terme n'est restraint à certaines années, la seule faculté de la terre ordonnant de ces choses, faisant repousser et reproduire plus de bois en un endroit qu'à l'autre. Toutes-fois, pourra-on dire que presques par tout, de dix en dix, ou de douze en douze ans, cela seroit raisonnable de pratiquer, pour le bien de ce mesnage : et par ce moyen, chastrer la meurière par chacun an, de la dixiesme ou douziesme partie de ses arbres. En étestant les meuriers, l'on y laissera des longs chiquots, sursaillans de quelques pieds la fourcheure de l'arbre, ou autrement, ainsi que mieux s'accordera selon sa capacité : se servant en cest endroit, d'instrumens bien trencheans, afin de ne rien escorcer, ni esclater en l'arbre : et pour faire la trenche bien unie, laquelle sera pendante d'un costé, pour rejetter les eaux de la pluie. Le temps de ce mesnage est celui mesme des autres arbres taillis ; sçavoir, l'hyver estre passé, commenceans d'entrer en séve (non devant, pour les raisons dictes ailleurs), en beau jour, non venteux, bruineux, ne pluvieux : car rejettans les meuriers de mesme qu'eux, voire autant vigoureusement qu'aucune autre plante, ont de commun la saison de la couppe.

Mais parce qu'ès meuriers est considérable la fueille, le plus clair de leur revenu, est de besoin tascher de n'en rien perdre, si possible est, à quoi l'on parvient en délayant de les tailler jusques en Mai, ou au commencement de Juin, lors qu'il convient employer la fueille. Par ce moyen, l'on se sert de la fueille l'année mesme de la couppe des arbres : ce qu'on ne pourroit faire sans ce retardement. Et bien-que pour la trenche de telle saison, les arbres ne produisent de ceste année-là, si grands rameaux, que si on les étestoit ès mois de Février ou de Mars ; leur estant un peu court le temps de s'accroistre ; n'importe, c'est autant de gaigné pour l'année d'après : en laquelle tels rameaux, quoi-que petits, ayans gaigné l'avantage, s'aggrandissent avec merveille, dont les arbres en peu de temps sont amplement revestus : encores que contre les préceptes de l'art, pressés de la nécessité, l'on couppe les arbres, et en jour pluvieux, et sans regarder à la lune, comme s'accorde, tant ils sont de bonne volonté.

Touchant le poinct de la lune, diversement on l'employe, selon la diversité du fonds qui gouverne telle action. Par influence céleste, les meuriers taillés en croissant, produisent leurs vergettons, longs, sans branchettes traversantes : en decours, courts ; avec plusieurs petites branches, croisans les principales. Pour compenser ces choses (ayans à eslire le temps, sans contrainte), en lune nouvelle, étesterons ceux de nos meuriers, estans en maigre terroir, et en vieille, les autres plantés en gras. Ainsi, ceux-là se fourniront de vergettons, autant longs que la foiblesse du terroir le permettra :

et ceux-ci pour la force du fonds, se regarniront convenablement, ce qu'à propos ne feroient, taillés en croissant, à cause que leurs vergettons n'estans retenus par les branchillons, s'allongeroient par trop, dont versans en hors, difformeroient l'arbre ; icelui demeurant vuide par le milieu, à la manière des palmiers ; cela n'estant à craindre ès autres, à cause de la maigreur du fonds, qui jamais ne faict repousser trop abondamment. Par ce moyen, se remettront-ils très-bien en bois ; plustost toutes-fois les uns que les autres, selon la faculté du terroir : mais non aucun si lentement, qu'à la deuxiesme année ne se rendent capables de recommencer leur accoustumé service ; pourveu que le fonds soit cultivé comme il appartient. Car en vain se travailleroit-on à bien entretenir les meuriers par leurs branches si on ne tenoit conte de leurs racines, dont à la longue défaudroient, comme en telle erreur tumbent ceux, qui pour espargner le labourage, plantent leurs meuriers dans des prés, ou empréent leurs meurières. En quoi ils se desçoivent, par ne considérer que les meuriers laissés en friche, ne peuvent rapporter tant, ne de si bonne fueille, que ceux qui sont cultivés. Et si bien se voyent plusieurs beaux meuriers dans des prairies, la response est, que la terre en est grasse, et en suite, si non contraire, à tout le moins, non du tout bonne pour les vers : où estant maigre, les arbres n'y dureront longuement, à faute de culture. Le moyen asseuré qu'il y a de se dresser une meurière de bois touffu, et l'entretenir sans despence, jusques à raisonnable grandeur pour bien servir, est représenté ci-après au discours des arbres

Liure VI, chap. xxxvi.

Q 2

fruictiers. C'est, en plantant les meuriers par rengées à la quinqu'once, de quatre en quatre ou de cinq en cinq toises ; de mesme main, planter parmi eux, la vigne, basse ou eschalassée selon l'usage du pays : laquelle, moyennant digne labeur, rapportera son fruict sans altération quinze ou vingt années ; qu'estant opprimée sous l'ombrage des arbres, succombera : lors l'on l'arrachera, pour laisser la place libre aux arbres, qui seuls l'occuperont ; et ainsi l'on treuvera les avoir eslevés pournéant. Ce qui sera pour finir le discours de la victuaille de nostre bestail, pour lui faire son logis.

Logis des vers-à-soye.

Convient aussi dresser logis à nos magniaux, avec telle commodité, qu'aisément puissent faire leur travail, pour nous rendre abondance de bonne soye. Ce que vainement l'on espéreroit, les logeant en lieu mal propre et contraire à leur naturel : car ainsi qu'ils ne peuvent estre trompés en leur nourriture, sans notoire perte ; non plus souffrir mauvaise habitation. Et comme il ne faut entreprendre de planter la vigne, si on ne se pourveoid quand-et-quand de caves et de tonneaux pour le vin : ainsi seroit-ce pournéant qu'on édifieroit la meurière, sans en suite, donner quartier aux magniaux. Toute telle habitation désirent-ils que les hommes ; assavoir, spacieuse, plaisante, saine, loin de mauvaises senteurs et humidités, chaude en temps froid, fresche en chaud. Ni au rés de chaussée, ni sous l'entablement des couvertures près des tuilles, ne faut loger les vers-à-soye ; à cause des intempéries de ces deux contraires assiettes ; dont l'une peut estre trop humide et l'autre trop esventée : trop chaude, et trop froide, se-

lon les saisons. Toutes-fois ceste-là est supportable, en tant qu'on peut dresser les logis des vers à un seul estage, près de terre ; pourveu que le plan en soit eslevé de trois ou quatre pieds, pour vuider les humidités, et dessus y aie des planchers bien joincts ; afin que le bestail soit esloigné des tuilles, l'approche desquelles lui est tous-jours nuisible ; d'autant que les vents et froidures pénétrent à travers, et la chaleur du soleil y est insupportable, quand il frappe dessus en sa force. Si pour la capacité de vostre

maison, y pouvés commodément faire vostre nourriture, ce vous sera grande aisance, et vous espargnera les frais de bastir des logis à neuf, à ce expressément : faisant vostre conte, que les magniaux provenans de dix onces de graine, se nourrissent à l'aise, dans une salle longue de sept toises, large de trois, haute de deux. Sur lequel avis vous-vous fonderés, pour disposer vostre maison à tel usage : ou qu'ayant à bastir de nouveau, amplifiés de quelques membres vostre édifice : lequel par ce moyen se représentera très-bien, et s'en rendra-il d'autant plus logeable, que pour les magniaux plus vous l'aurés augmenté : quand après l'avoir occupé quelque peu de temps, vous demeurera libre, le reste de l'année, à recevoir les personnes.

sa disposition.

Or soit dehors ou dedans la maison du seigneur, qu'on désire nourrir ce bestail, est très-requis, leurs chambres ou salles estre persées des deux costés, opposites l'un à l'autre, d'orient à l'occident, ou du septentrion au midi : afin qu'ayans l'aer et les vents libre passage à travers d'icelles, y puissent rafreschir les vers, lors qu'estans prests d'achever leur ouvrage, sont sur le poinct d'estouffer, pour la soye dont ils sont remplis, et la grande chaleur de la saison. A la charge toutesfois, que les fenestres soyent si bien vitrées ou chassissées, qu'on les puisse clorre en autre temps, tant proprement et si bien, que les froidures n'y puissent pénétrer : estans autant nuisibles aux magniaux, en leur commencement, que les chaleurs, en leur issue. Désirent aussi ces bestioles d'estre en lieu clair, ne souffrans volontairement l'obscurité, de laquelle ils s'ostent recerchans la clarté. L'intérieur de ce logis sera crespi, et tant uniment blanchi, que les rats n'en puissent gravir les glissantes murailles : n'y laissant aucunes crevasses, fentes, ne trous pour retraicte aux souris, rats, lézars, grillons, ni autre vermine ennemie de nos vers-à-soye. Les salles ou chambres seront meublées de tables nécessaires à reposer ces bestioles, qu'on fera de toutes sortes de bois ; dont le meilleur est le plus léger, pour son facile maniement. Aucuns préferent aux aix de quelques bois qu'ils soyent, les tables faictes de rozeaux ou cannes, refendues ou entières : non seulement pour l'aisance de leur légèreté, mais aussi pour la santé du bestail, qui se nourrit dessus les canisses ou claies qui en sont faictes, attendu certain aer pénétrant à travers, le tenant gaiement et sans importune chaleur. Sur quoi convient prudemment distinguer les temps : tel aer n'estant tousjours bon au bestail, ains seulement recercheable à la fin de sa vie, pour rafreschissement. A cela peuvent aussi servir les rozeaux sauvaiges et gros joncs d'estang et palus, voire la paille de seigle, qu'on recouvre à petits frais. De mesme

la toile, dont l'on faict des chassis, tendus avec des petits clous, sur bois léger, est employée en cest endroit avec aisance. Plusieurs pilliers de bois de charpenterie, droictement esquarris, seront perpendiculairement dressés du pavé au plancher, pour supporter les tables, repositoires de nos vers : lesquelles seront mises sur des petits chevrons traversans les pilliers, équidistamment posés sur ces pilliers de seize à dix-sept pouces l'un de l'autre. Ainsi de telle mesure estans arrengées les tables, les magniaux y seront commodément servis. Mais ne seront les tables d'esgale largeur, ains s'excéderont l'une l'autre de quatre doigts ; la plus basse près du pavé estant la plus large ; et la plus haute approchant le plancher, la plus estroicte. Dont l'estaudis, qui sera composé de toutes ensemble, se rendra de figure pyramidale : à l'utilité des vers, lesquels par telle disposition, seront préservés de ruine ; quand vagans par les bords des tables, d'un bout de l'estaudis à l'autre, cerchans lieu agréable, pour vomir leur soye, tumbent du haut en bas sur le pavé, où ils se froissent. Perte qu'il ne faut craindre, estans en telle sorte les tables accommodées ; par chacune recevoir les magniaux tumbans de sa supérieure prochaine, lesquels ne s'offencent poinct pour le peu de distance d'une à l'autre table. La largeur de la plus basse table, sera limitée jusques à ce poinct, que facilement, d'un costé, un homme avec la main, puisse attaindre jusques au milieu, pour panser le bestail. Quant aux autres, leur diminution facilitera ce service-là, à mesure qu'on montera en haut, et s'approchera-on du plancher. Plusieurs de tels estaudis seront

Comment sont dressés les estaudis à tenir les vers.

dressés en chacun membre, salle ou chambre, selon sa capacité, et de telle sorte qu'aucun n'en touche les murailles, de peur des rats : et pour aussi pouvoir de tous costés donner commodément à manger au bestail : par-entre lesquels estandis, laissera-on des chemins assés larges, pour aisément y passer et repasser. Se prendra-on aussi soigneusement garde, de bien affermir les estandis, afin que le bestail en s'aggrandissant, n'en face crouler quelque partie (comme autres-fois cela m'est avenu, avec perte), et qu'ils ne s'esbranlent par sa poisanteur, pour l'appui des eschelles qu'on y met contre, allant visiter le bestail : ains demeurent asseurés jusques à la fin, pour telle cause n'y espargnant ne bois ne fer. Diverses sortes d'eschelles se font pour ce service-là, selon la fantasie. Aucuns accommodent à l'entour des estandis, des aix, sur lesquels l'on va comme par galleries, pour panser le bestail, faisans la ronde à l'entour : l'on y monte dès la terre, par petits degrés, à ce appropriés. Autres font des bancs hauts et longs de bois léger, pour estre tant plus faciles à remuer, selon le besoin. Autres ne se servent en cest endroit que de l'eschelle commune. Or quelles que soyent les eschelles ou montées, toutes sont bonnes; pourveu qu'elles servent à ce négoce, jusques-là, que sans trop de peine, par icelles on puisse commodément aller paistre et visiter le bestail.

La fin de ces provisions est la soye, laquelle tant meilleure et plus abondante aurés-vous, que mieux choisie en sera la graine. Considération commune avec toute sorte d'ensemencement, pour la différence qu'il y a de semence à semence. Car que devés-vous attendre de graine bastarde, que soye bastarde, quelle bonne fueille que vous ayés, chacun produisant son semblable? Avec grande curiosité donques recercherons-nous la plus profitable graine, rejettans celle dont la valeur nous est suspecte. A la preuve consiste la plus seure cognoissance de ceste graine, bien-qu'il y aie plusieurs addresses, pour discerner la bonne d'avec la mauvaise. Entre toutes les semences de magniaux, dont nous ayons cognoissance, jusques ici avons-nous tenu celle d'Espaigne, pour la meilleure, fructifiant très-bien par toutes les provinces de ce royaume, où l'on faict estat de ceste nourriture. Celle de Calabre despuis quelques années, y a acquis de la réputation : non tant pour la bonté de la soye qu'elle produit, que pour l'abondance. Cela provient du ploton qui est grand, au respect de celui d'Espaigne. Et encores que les deux soyent durs, signe certain d'abondance de matière, et qu'à telle raison l'un soit à préférer à l'autre : la qualité l'emportant, la graine d'Espaigne sera tenue au premier reng, en attendant que par réitérées espreuves, nous la puissions raisonnablement postposer à quelque autre. Quant à la graine qui dès long temps s'est naturalizée és provinces du Languedoc et celles de son voisinage, n'en faut faire grand estat, ne pour la finesse, ne pour la quantité de soye qu'elle rend : car quelque exquise que soit la graine de vers-à-soye, transportée de loin en tels quartiers, ne s'y maintient longuement en bonté, ains s'abbastardit au bout de quelques années. La graine qui d'Espaigne est là directement portée, la première année n'y faict si bien, que les trois ou quatre suivantes : passées lesquelles , commence à descheoir de sa bonté. En la graine mesme se recognoist aussi du changement , par le temps , et en son corps et en sa couleur : car venant directement d'Espaigne , elle est petite , colorée de tané obscur ; et gardée , s'engrossit , et s'esclarcit jusques-là qu'au bout de quelques années , elle devient grise , comme drap gris de Perpignan. Ainsi qualifiée est la graine de magniaux des Sévènes de Languedoc , lesquels tant pour leur propre naturel , que pour estre nourris de fueille de meurier noir , produisent des coucons ou plotons grands et mols , par conséquent peu fournis de soye : de couleur orangée ou jaune doré , notifiant la grossesse de la soye , à la différence de la fine , provenant de la graine d'Espaigne , dont les vers ont esté nourris de fueille de meurier blanc , et en sont la plus-part des plotons blancs , incarnadins , de couleur de chair. Voilà le jugement qu'on peut faire sur la cognoissance de la bonne graine d'Espaigne : la meilleure de laquelle sera la plus petite , et la plus obscure en couleur ; pourveu qu'elle soit vifve , non morfondue : ce qu'on preuve à l'ongle , en toutes graines de vers-à-soye : tenant pour bonne , celle qui se casse en pétillant et jettant humeur. La petitesse de la graine d'Espaigne faict le nombre de bestail : ce qu'accouplé avec la durté des plotons ne peut faillir de rendre abondance de soye , laquelle pour sa finesse est de grande requeste. Indifféremment toute graine venant directement d'Espaigne , n'est telle que désirés , y ayant des contrées en ce royaume-là , meilleures à ce les unes que les autres : et que plus loyalement à la façonner , y

vont les fidéles , que trompeuses personnes. Desquelles particularités vous-vous prendrés garde , afin de tant plus profitablement achever vostre nourriture , qu'avec plus d'art l'aurés commencée. A quoi cest article est notable , qu'à l'imitation des bons laboureurs , est requis changer de graine de quatre en quatre ans , ou d'autre terme en autre , selon la raison des expériences. Et pour faire cela avec moins de hazard , sera bon avoir par chacune année quelques onces de nouvelle semence d'Espaigne , laquelle mise à part , conserverés soigneusement , et autant de temps , que treuverés , à la preuve , sa valeur le mériter. Par laquelle résolution , vostre nourriture marchera bon train , et sans confusion se maintiendra-elle tousjours en bon estat. Ne vous fournissés de vieille graine , pour son infertilité , n'estant d'aucune valeur celle qui passe un an. Et bien-que la garde de la graine de ce bestail soit difficile , à cause que d'elle-mesme naturellement s'esclot en sa saison , si est-ce que l'avarice a tant gaigné , que par trompeuse invention certains imposteurs , forçans Nature , conservent longuement la graine sans esclorre : quand ne l'ayant peu vendre à temps , la tiennent dans des boutéilles de verre , en lieu frès , mesme dans des puits profonds , suspendues avec des cordes , près de l'eau , durant les grandes chaleurs ; ainsi la gardans plus d'une année , à la perte de ceux qui l'acheptent.

Aucuns avant que mettre couver la graine de magniaux , la trempent dans du plus exquis vin qu'ils puissent recouvrer , Malvoisie ou autre , treuvans par telle espreuve , que la bonne , comme la plus poisante , va au fond , et la mauvaise , pour sa légèreté, nage au dessus, à cause de quoi elle est rejettée. Après, la bonne retirée du vin, est mise sécher au soleil, ou devant le feu, posée sur du papier bien net, couverte avec du linge blanc ou du papier subtil ; afin que trop de chaleur ne lui nuise, puis est mise couver. Et non seulement sert tel tremper, à distinguer la bonne d'avec la mauvaise graine : ains à légitimer et fortifier la bonne, pour francs et robustes en sortir les vers, et pour les faire esclorre presques tous à la fois ; selon la pratique des œufs de poule, lesquels pour mesme cause, sont plongés dans l'eau peu avant qu'on les mette couver. Commodité qu'on ne peut espérer de la graine légère, pour n'esclorre que tard (ou rien du tout) dont tardifs demeurent aussi les vers à toutes leurs œuvres, à l'esclorre, au manger, au filer : voire sujets à maladie, ne pouvans souffrir aucun accident; ains presques tous-jours langoureux, non seulement meurent-ils à peu d'occasion, ains infectent les mieux qualifiés de leur voisinage. Auquel danger, s'expose celui qui sans distinction, pesle-mesle la bonne avec la mauvaise semence.

Couver ceste graine sous les aisselles, ou entre les mammelles des femmes, n'est chose profitable ; non tant pour crainte de leurs fleurs, comme aucuns pensent, que pour l'agitation : ne se pouvant faire que portant la graine sur sa personne, l'on ne la tracasse et meslinge ; avenant à tous momens que les vers, voulans sortir de leurs œufs, en sont destournés, par un pas ou sault de celle qui porte sur soi la graine, la renversant toute sens-dessus-dessous, à la perte du bestail, qui s'estouffe en la presse, quoi-que de ses

sensblables. Prenant cest article de plus loin, est très-requis garder curieusement la graine durant toute l'année, pour la préparer de bonne heure à facilement esclorre en la saison. L'ayant recouvrée, ou de chés vous, ou d'ailleurs, la logerés dans des boistes de bois, bien joinctes, garnies par dedans avec du papier colé sur les commissures, afin que par icelles, aucune graine ne sorte : ni entre dans la boiste, ne poussière, ne vermine, ni autre importunité ; ains nettement y puisse demeurer la graine. Poserés ces boistes dans des coffres ou ailleurs parmi des hardes, autres que linge ; à cause de la frescheur de telle matière, à ceci nuisible, pour y demeurer jusques en la saison de l'employer. Et à ce qu'elle ne sente aucune importune humidité, ni froidure pendant tel séjour, est requis faire du feu durant l'hyver en la chambre où l'on tiendra les coffres : car estant plus chaude que froide, la graine s'y prépare de longue-main, comme désirés : ce qu'elle ne feroit, si selon l'ordre d'aucuns, on la tenoit dans des phioles de verre, la froidure de telle matière la retardant d'esclorre. Ces nécessaires observations, ont apprins de n'exposer jamais la graine de ces vers (non plus que les vers mesmes) à la merci des froidures : ains de la conserver tant reculée qu'on pourra de l'humidité et des gelées. Pour ce faire, avenant de l'envoyer querir en Espaigne ou ailleurs, que ce soit durant l'esté : par ce moyen, évitant les incommodités de l'automne et de l'hyver, arrivera chés vous bien qualifiée; et tout asseurément, si c'est par terre qu'on l'apporte ; par mer la chose n'estant sans hazard, à cause de l'humidité de la marine, et autres

mauvaises

mauvaises qualités qu'elle a, contraires à telle graine ; ainsi que l'intérest de plusieurs, avec raison, faict craindre ce danger. La longue garde de la graine chés vous aide à la naturalizer en vostre aer, dont elle en esclot et mieux et plustost, que n'y ayant rien séjourné : c'est pourquoi, est requis se fournir de graine incontinent après la cueillète de la soye, si faire se peut, sans nullement délayer. Se faut abstenir de visiter trop souvent la graine de vers, sur tout approchant le printemps, de peur que par telle curiosité, l'on ne la destraque, à sa perte. Le temps de mettre couver ceste graine, ne se peut certainement arrester, d'autant que la saison hastive ou tardive, gouverne entièrement l'ouvrage ; faisant advancer ou retarder les meuriers, seule viande de ces animaux. C'en sera donques le vrai poinct, que lors que les meuriers commencent à bourgeonner, non devant; afin que le bestail, à sa naissance, treuve pour vivre de la viande toute preste et de sa mesme aage (comme l'enfant, le laict de sa mère), et de n'estre en peine, par faute de fueille de meurier, craignant de le laisser mourir de faim, l'entretenir avec des tendrons d'orties, des nouvelles laictues, des fueilles de roziers, et semblables drogueries. Mais estant tumbé en telle nécessité, le meilleur sera de se servir en cest endroit, de la fueille d'orme, aucunement mangeable par les magniaux, dont ils reçoivent soulagement, pour quelque sympathie qu'elle a avec celle de meurier. Laquelle peine prévoyant de loin, sera requis planter quelque petit nombre de meuriers dans le jardin, en lieu chaud, à l'abri de la bize, et là par bonne culture, fumiers et arrousemens, les haster

à bourgeonner tost : par tel artifice, advanceant son tardif naturel. Et ce sera pour éviter la perte du bestail, quand estant de nouveau esclos, la fueille de meurier se gaste universellement, par gelées et frimats survenans à l'impourveu (ainsi que cela s'est veu en Languedoc, Provence, et ès terres voisines ces années passées) si l'on tient tels meuriers destinés à ce particulier service, couverts contre le mauvais temps à la manière que le prudent jardinier tient ses précieuses plantes : lesquels meuriers préservés de telles tempestes, nourriront le bestail en attendant que les autres arbres ayent rejetté. Et comme par trop se haster l'on cheoit en ce danger-là, et en conséquence par famine, en péril de perdre le bestail en son commencement : aussi le délayer de faire esclorre les vers, les expose au hazard de les faire mourir sur leur fin, quand par telle tardiveté, leur montée se rencontre en temps fort chaud, contraire à leur naturel. Parce qu'estans lors eschauffés, pour la soye dont ils sont remplis, ne demandent que rafreschissement, pour, à l'aise, parfaire leur tasche. A telles difficultés est pourveu par le moyen des meuriers advancés, sus-mentionnés, lesquels fournissans fueille primeraine, sans regret, advanceront de mesme l'esclorre des vers : ce qui se rapportera à la fin de leur vie, dont elle demeurera d'autant plus asseurée, que moins aurés à craindre se rencontrer au temps des grandes chaleurs. Ne sont tant importunes les froidures restantes de l'hyver, au commencement de la vie des vers, que les chaleurs à la fin d'icelle : d'autant qu'aux froidures, y a quelque remède, pour le soulagement des vers,

qui est , en les tenant en lieu bien clos et
eschauffé , avec des braizes , durant les
mauvais jours de froid : mais contre les
chaleurs , autre ne se treuve , que la commodité du logis , seul moyen de garentir
ces bestioles de telle nuisance.

Quel poinct de lune à ce propre.

Le poinct de la lune , est aussi observable en ceste action. Les vers désirent
d'esclorre et de filer la soye , durant la
montée de la lune , d'autant que lors se
treuvent plus robustes , qu'en sa descente. Cela ne se peut accorder par tout ,
ni en tout temps ; pour la diversité des
régions et des saisons , plus chaudes ou
plus froides les unes que les autres , raccourcissans ou allongeans la vie de ces
animaux. Si estes en lieu auquel les magniaux employent huict sepmaines à leur
besongne , ainsi que communément font
en l'endroit plus froid que chaud , ou en
temps extraordinairement refroidi , la
chose rencontrera en telle sorte , qu'en
semblable poinct de lune qu'ils esclorront,
ils fileront aussi. Par quoi , naissans au
premier quartier de la lune , huict sepmaines après estant aussi le premier quartier , les vers se treuveront filans. Mais
où , par le bénéfice du climat , la nourriture est plus advancée , comme vers Avignon et par tout son voisinage , n'estant
pluslongue que de quarante ou quarante-
cinq jours , n'est possible ainsi disposer
ce négoce , pour l'imparité des jours. Par
quoi , laissant l'évènement de la fin en la
main de Dieu , la nourriture se commencera en la montée de la lune (si toutes-
fois la fueille des meuriers ainsi le permet,
qui jette le fondement de ce mesnage) , à
ce que les vers fortifiés dès leur commencement , par l'influence de telle planète ,
quand-et elle , aillent en augmentant.

Les faisant naistre despuis le second ou
troisiesme , jusques au cinquiesme ou
sixiesme jour de la lune , la montée de
ces bestioles , selon la supputation dernière , tombera vers le commencement
de la descente de la lune , quelques jours
après sa plaineur , laquelle ayant lors encores beaucoup de force , en communique
aux vers à suffisance.

Pour faire esclorre la graine à poinct
nommé , la faut renuer de son premier
vaze , en boistes de bois , garnies en dedans avec du coton ou avec des estoupes
desliées , colées contre , après convertes
d'un papier blanc ; afin de contenir la
graine , chaudement et sans perte. Au
dessus de la graine , mettra-on un petit
lict d'estoupes , et sur icelui , un papier
dru persé , comme un crible , à trous menus , chacun capable d'y passer un grain
de millet seulement. A travers les estoupes et le papier persé , passeront les
vers sortans de leurs œufs , après en avoir
laissé les escailles sous les estoupes , s'allans attacher à la fueille de meurier , à
cest effect posée au dessus du papier
persé , d'où prins , sont transportés et
logés ailleurs, comme sera monstré.

Et afin que cela avienne ainsi qu'il appartient , faudra aider les vers à esclorre ,
en ad-joustant à leur naturelle chaleur ,
celle provenant de l'artifice. On tiendra
continuellement les boistes dans un lict
bien encourtiné , entre deux coettes de
plume , modérément eschauffées avec la
bassinoire. De deux en deux heures , sans
y espargner la nuict , on les visitera , pour
en retirer les vers , à mesure qu'ils nais-
tront. Telle fréquente visite est nécessaire ; tant pour ceste cause-là , que pour
renouveller la chaleur du lict , en le re-

bassinant souventes-fois, afin de tenir la semence esgalement chaude, de peur que par paresse, la laissant refroidir, elle ne se morfonde, à la ruine des vers. Des boistes l'on tirera les nouveaux vers, pour les arrenger dans des cribles avec du papier au fond, ou autres vazes appropriés à les recevoir en leur commencement : et de peur de les blesser en les remuant, comme à ce leur tendreur les assujettit, l'on ne touchera que la fueille, à laquelle s'estans attachés les vers, avec icelle seront enlevés et logés dans les vazes. Là seront chaudement tenus durant quelques jours, pendant lesquels, leur accoustumerés l'aer petit à petit ; afin que la violence du changement ne les face périr. Comme au contraire, périroient-ils par trop de chaleur, si on ne s'avisoit de la tempérer par raison, allant de degré en degré, les tenant moins chaudement un jour que l'autre, à mesure qu'ils s'advancent en temps, sans rétrograder ; c'est à dire, de ne les approcher plus de la chaleur, ayant commencé de les en esloigner ; pour crainte de les cuire ou estouffer, jusques à ce que l'aage descharge leur gouverneur de telle peine. Les cribles, grandes boistes, ou autres réceptacles, couverts de linge, garnis au fond de papier, seront mis reposer dans des licts fermés avec des rideaux, pour parer ces bestioles des vents et froidures, pendant les quatre ou cinq premiers jours de leur tendre jeunesse : puis de là, seront transportés dans une chambrette, chaude et bien close, hors de la puissance du vent, sur des tables bien nettes et polies, couvertes de papier, pour commencer à y tenir reng. On les logera près à près les uns des autres, afin qu'ainsi pressés par unité, conservent leur naturelle chaleur : ce qu'ils ne pourroient faire, estans au large en ce commencement, jusques à ce, qu'engrossis, plus ample logis leur soit donné. Mais ce sera sous ceste nécessaire observation, que de ne meslinger confusément les vers : ains convient les distinguer par le temps de leurs aages, pour l'importance de ceste nourriture, touchant l'aisance et l'espargne. Car si dès le commencement a esté pourveu à cest article avec curiosité, assemblant les vers par journées de leur naissance, sans les entre-mesler ensemble, sans desordre on les verra s'entr'accorder durant leur vie en toutes leurs œuvres : en mangeant, en dormant, en filant, avec beaucoup de plaisir, accompaigné de profit, pour l'abondance de soye qui en sortira, but de ce mesnage. A faute de laquelle singularité, aviendroit confusion à vostre nourriture, ne s'accommodans jamais les vieux magniaux avec les jeunes : les uns voulans dormir, tandis que les autres mangent, et manger quand il est question de monter : mais avec la disposition susdicte, l'ouvrage parvient à bonne issue. Par telle distinction, les races sont séparément conservées, comme il est très-requis ; pour se servir des espèces de ce bestail, selon l'avis qu'on prendra de leur valeur, par l'effect de leur besongne.

En lieu des cribles et grandes boistes, dont nous-nous servons en cest endroit, les Espaignols s'accommodent de vazes, qu'ils appellent *garbillos*, faicts avec de la paille, d'ozier, de jonc, ou d'autre matière légère, qu'ils enduisent en dedans avec de la fiente de bœuf, dont ils y font une incrustation ; laquelle séchée au soleil, rend les vazes odorans, de senteur agréable aux vers, et chauds à suffisance. Lesquelles qualités joinctes à la capacité des vazes, font que d'iceux se servent assés longuement, car c'est jusques à la troisiesme mue qu'ils y tiennent les vers : faisans si grands ces *garbillos*, et s'en fournissans de si grand nombre, qu'il suffit pour satisfaire à leur dessein.

Logis très-propre pour les vers en leur première jeunesse.

Pour plus d'aisance, un logis aux vers est expressément dressé, pour les y tenir unis ensemble, néantmoins, par distinctes séparations, jusques à la seconde ou troisiesme mue, si on veut : où ils se conservent et chaudement et hors du danger des souris, chats, poussières, et autres injures, avec plus d'asseurance, qu'en autre endroit. C'est comme une grande garderobe ou gardemanger, faicte à plusieurs estages, esloignés l'un de l'autre de quatre doigts, ou demi pied, sur lesquels le bestail est reposé, sans aucunement se presser. Ces estages sont comme petits planchers, composés, ou de légers aix de bois de sapin, ou d'autre à ce propre, ou de rozeaux refendus, ou de longue paille, et posés tant proprement, qu'on les puisse séparément oster et remettre à volonté, en les glissant comme liètes, pour facilement visiter et panser le bestail. On les enduira de fien de beuf, à l'Espaignole, si ainsi on le désire : et telle curiosité aura esté treuvée utile, à ce que rien ne défaille à l'eslèvement de nos vers. Le logis sera entourné de toile, clouée à des huis, comme chassis ouvrans et fermans de trois costés : et au devant des chassis, un ventau sera ad-jousté, pour, en le fermant au besoin, tant plus chaudement tenir le bestail, et en l'ouvrant, lui donner de l'aer, comme l'on voudra. Ainsi, avec beau-

coup de commodité, les vers seront logés en leur première jeunesse, qui est lors que plus ils en ont de besoin, passans en asseurance ces pas glissans de leur tendre aage, où plusieurs périssent, par faute de bonne habitation : pour, fortifiés avec le temps, sortis de là, estre remués en plus ample logis, comme sera monstré.

Est à souhaitter que les vers naissent tous dans quatre ou cinq jours d'intervalle, depuis les premiers esclos, jusques aux derniers ; ne faisans jamais guières bonne fin ceux qui tardent davantage ; ains chétifs et paresseux, achèvent leur vie en langueur, souventes-fois sans profit. C'est pourquoi à ce l'on incite la graine, la chauffant avec curieuse diligence, comme a esté monstré : moyennant lequel ordre, peu de graine reste à esclorre. Il ne faudra donques faire estat de la graine qui sera restée dans les boistes après ledict terme, ni des vers aussi qui seront ainsi tardifs : ains rejetter tout cela comme inutile. Telle naissance de compaignie est l'un des plus notables articles de ce mesnage, dont finalement avec espargne, sort le profit selon le project, pource qu'estant ce bestail né presques en mesme jour, plus facilement est-il traicté, que s'il estoit de diverses aages. J'ai aussi dict qu'il souffre beaucoup par les froidures et par les chaleurs, et en toutes aages : car jeune, le froid l'importune estrangement, ayant grande prinse sur lui, le plus débile et délicat bestail qui se nourrisse : et vieil, le chaud le tue, quand en sa grande force, le treuve gros et importun, pour la soye dont il est rempli, qui le contraint recercher la fresceur. Par contraires remèdes l'on pourveoid à ces choses : mais avec moins de difficulté parc-on les vers de la froidure, que de la chaleur. C'est en les tenant estroictement en leur commencement, et largement à la fin, peu à peu selon leur aage les eslargissant, pour finalement les mettre du tout à leur aise sur les estaudis. Cependant employer à propos, selon les occurences, les eschauffemens, par l'aide du feu : et les rafreschissemens, par les ouvertures des fenestrages du logis.

Les quatre maladies ordinaires des vers.

Les vers-à-soye, durant leur vie, changent quatre fois de peau (ainsi que les serpens une fois l'année) qui leur cause autant de maladies : pendant lesquelles ne mangent du tout rien, mais immobiles, ne font que dormir, passans ainsi leur mal. Ces maladies (pour ces raisons, appellées des Espaignols, *dormilles*) sont comparables à celles des petits enfans, *vérole*, *rougeole*, *scinipion*, *esclate*, et autres, que de nécessité ils ont en leur jeunesse, desquelles ils sortent estans bien gouvernés. Ainsi par bonne conduicte nos vers se sauvent de ces maux nécessaires, évitans le péril de mort : toutes-fois avec plus de difficulté des dernières que des premières, pour l'aage : en estans plus travaillés vieux, que jeunes, comme il avient aux hommes, qui n'ayans eu en saison les maladies de la jeunesse, en estans frappés plus tard, plus dangereuse en est

La difficulté des tendres.

aussi l'issue. Outre ces maladies ordinaires, en ont les magniaux des accidentales, provenantes du temps, de la viande, du logis, de la conduicte : lesquelles on guérit moyennant particuliers remèdes, comme sera monstré. En la cure des ordinaires, poinct d'artifice ; il ne faut que s'abstenir de bailler à manger aux vers, lors qu'ils refusent la viande, et leur en donner modérément, l'apétit leur estant revenu : tous-jours les paistre de bonne fueille et nettement les tenir. La première maladie, mue, dormille, despouillement (diversement appellée), avient au huictiesme ou dixiesme jour de leur naissance : les suivantes, huict ou dix, l'une de l'autre, plus ou moins, selon le climat et qualité de la saison, desquels la chaleur raccourcit l'intervalle de ces termes. A quoi sert aussi la bonté de la viande, et la diligente sollicitude : car tant plus l'on donne à manger à ce bestail de fueille bien qualifiée (si toutesfois ils veulent manger) tant plus en sera courte leur vie.

A quoy cognoistre leurs maladies.

La maladie des magniaux se recognoist premièrement à la teste, qui s'enfle lors qu'ils veulent muer ; d'autant qu'en tel endroit commencent à se despouiller, mais plus apparemment és dernières mues qu'és suivantes ; ne pouvant en la première, presques discerner que c'est, pour la petitesse de l'animal. Pendant qu'ils dorment, se faut abstenir de leur donner à manger (car aussi ce seroit peine perdue), seulement quelque peu de fueille leur jettera-on, pour sustenter ceux d'entre les dormans, qui veillent : lesquels par ce moyen, discernés, seront séparés d'avec les autres, pour estre assemblés avec ceux qui sont de mesme aage. Un couple de jours leur tient chacune maladie ; au troisiesme commenceans à se remettre en santé : ce qu'on recognoist au manger, qui leur revient avec beaucoup d'apétit. Lors on leur rebaillera la viande, mais peu, afin de ne les saouler trop tost, augmentant leur ordinaire de jour à autre, selon qu'on les verra affectionnés à repaistre.

Leurs repas limité.

Deux fois le jour, matin et soir, à heures certaines, donnera-on à manger aux vers, et ce despuis leur naissance jusques à leur seconde mue ou dormille, ainsi limitant leurs repas. De la seconde à la quatriesme et dernière, trois fois : et d'icelle jusques à la fin de leur vie, quatre, cinq, six, et en somme, autant qu'il vous plaira, et que verrés le bestail pouvoir manger. Car lors ne leur faut espargner la viande, ains en les saoulant, les achever de remplir, les hastant à force de manger à parfaire leur tasche. Et comme le tonneau ne versera jamais, s'il n'est plain : aussi ces vers ne vomiront leur soye, que leurs corps n'en soyent remplis : laquelle s'engendrant de la fueille de meurier, tout aussi tost se treuve-elle preste à estre filée, que la quantité de fueille destinée par Nature à telle œuvre, aura esté dissoute. Par telle solicitation ne se consume plus de fueille, que si on la distribuoit escharcement : d'autant que dans huict jours, les magniaux en mangeront bien autant, peu à peu, que dans quatre, donnée libéralement. Donques c'est sans occasion qu'on craint la despence, qu'au contraire de telle libéralité (outre que tout bien conté, ne se despend rien davantage) provient ceste espargne, que gaignant temps, les frais de la nourriture en deviennent moindres.

Qualités de la fueille très-considérables.

Après, très-curieusement remarquera-on les qualités de la fueille, comme article donnant coup à ceste nourriture. Toute fueille n'est à ce propre, quoi-que produicte par meuriers sans reproche : avenant quelques-fois que par extrémité de sécheresse ou d'humidité, par bruines, gouttes chaudes et autres intempéries du temps, toute la fueille ou partie des meilleurs arbres devient jaunastre ou tachetée et maculée, signe de pernicieuse nourriture. De telle ne faut faire estat, non plus que de celle croissant hors le regard du soleil, dans l'intérieur des arbres touffus ou ès valées ombreuses : ne de la mouillée par pluies ou rozées, ains convient renvoyer au loin ces fueilles-là, comme viciées, sans nullement s'en servir, de peur de faire mourir le bestail. La fueille de reject mettra-on en mesme prédicament ; c'est à dire, celle qui comme regain dès prés, sort des arbres ja effueillés, laquelle les ignorans employent à faute d'autre : mais avec trop de hazard, à cause de sa maligne substance, contraire à l'animal, cela provenant de l'inégalité de leurs aages. Car il ne faut qu'un repas qu'on leur en donne, pour les faire périr de flux de ventre, que telle nouvelle fueille leur acquiert, parce que pour sa tendreur le bestail en mange de si grande affection, qu'il s'en remplit jusques à crever. Partant, ceci sera pour maxime, que les vers-à-soye seront tousjours nourris de fueille de leur aage,

Maxime notable.

afin que par bonne correspondance, aussi foible et forte se rencontre la fueille, que foible et fort sera le bestail, selon le temps de leurs communes naissances. Le vice de la fueille mouillée, se corrige par patience : car il ne faut qu'attendre que les pluies soyent passées et les rozées abbattues, pour l'amasser, s'y mettant en œuvre après que le soleil aura frappé quelques heures dessus les arbres, non jamais devant. Mais des autres mal qualifiées, il n'y a aucun moyen pour les corriger, desquelles, comme pernicieuse viande, se faudra abstenir. L'on ne se sçauroit prendre garde de la despence de ces précieux animaux, durant leurs trois premières sepmaines, à cause de leur jeunesse et petitesse de corps, qui les faict contenter de peu, et ce peu encores prins ès endroits perdus des arbres, comme ès pieds, ès branchillons d'entre les bonnes branches et ailleurs, d'où pour le profit des arbres, aussi les faudroit coupper. Au commencement l'on va à la fueille à plains mouchoirs, après avec des petits paniers, puis à tout des grands, et finalement employe-on à cest avictuaillement, et corbeilles et sacs, leur croissant la mangeaille, à mesure qu'ils s'advancent en aage.

J'ai monstré combien est nécessaire la fueille estre maniée ayant les mains nettes, pour le danger provenant de saleté. De ce poinct se prendra garde le gouverneur de ces magnifiques animaux, pour lui-mesme estre exemple de netteté à tous ceux qu'il a sous sa charge; afin qu'aucun d'eux n'en approche autrement qu'il appartient. Le gouverneur n'oubliera de boire un peu de vin dès le grand matin, avant que se mettre en œuvre, à ce qu'en communiquant l'odeur de telle liqueur aux vers, il les préserve de toute puanteur, spécialement de la mauvaise haleine des personnes (plus forte estant à jeun qu'après avoir mangé) que ces animaux craignent beaucoup. C'est pourquoi l'entrée dans leur logis n'est permise à toutes sortes de gens indifféremment, par là évitant le mal que la trop libre fréquentation apporte au bestail : ce que le vulgaire superstitieux, sottement, attribue à l'œil, croyant y avoir des personnes qui par leur regard, apportent mal heur aux vers; mais c'est plustost, voire as-

senrément, le souffle de mauvaise senteur, qui lui cause des indispositions. Pour lesquelles considérations, le logis sera baloyé par chacun jour ; et pour le tenir en bonne odeur, faudra souvent arrouser le pavé avec du vinaigre, après le couvrir de quelques herbes de bonne senteur, comme de lavande, d'aspic, de rosmarin, de thym, de sarriete, de serpoulet et semblables : y ad-joustant parfois, du perfum, faict avec de l'encens, du benjouin, du storax et autres drogues odoriférantes, qu'on bruslera sur des charbons, parmi les salles, et chambres. Seront de mesme les tables des magniaux souvent nettoyées, ne souffrant que le bestail séjourne longuement sur la lictière, laquelle on ostera de trois en trois, ou de quatre en quatre jours ; après la seconde mue, pour du tout nettement et freschement tenir le bestail, lors mesmo que les chaleurs s'approchent, dont il est importuné : jusques adonques n'estant requis d'y aller tant curieusement, pour estre la lictière durant les froidures, plustost utile que nuisible au bestail, se tenant chaudement parmi elle ; pourveu aussi qu'on n'abuse de tel relasche, y en laissant par trop.

A l'impourveu quelques-fois retournent des bouffées violentes de froidures, contre l'attente et le cours de la saison, très-nuisibles à nos vers. A ces évènemens l'on remédie, en tenant curieusement closes toutes les ouvertures du logis, portes et fenestres, jusques aux moindres : et en eschauffant le dedans, avec des braizes qu'on y apporte en divers endroits (100). La paresse du gouverneur a donné ce blasme à nos magniaux, que d'estre estimés puants, dont plusieurs les abhorrent.

Ce sont les pellicules de leurs despouille-
mens et leurs charongnes mortes, meslées
parmi la lictière, faicte du résidu de la
feuille qui sent le vert, d'où provient toute
la puanteur qu'on treuve dans les chambres : non de ces nobles animaux, lesquels
d'eux - mesmes ne sentent rien, non pas
mesme leur fiente, non plus que sablon,
ayans de leur naturel autant en détesta-
tion l'ordure et l'infection, qu'ils aiment
les bonnes senteurs. Moyennant l'ordre
susdict, non seulement gouvernera-on ce
gentil bestail avec profit, ains en sera son
habitation rendue plaisante : et sentant
bon, comme boutique de perfumier, sera
treuvée d'agréable séjour pour les personnes honnestes. Aussi est - ce pour
gentils-hommes et damoiselles, que ces
excellens animaux travaillent.

Que dónques le gouverneur de nos vers
pense à estre diligent en sa charge : qu'il
ne laisse inconsidérément visiter son bestail à tous venans, avec trop de liberté,
de peur que par fraude, ne leur mes-
avienne : qu'il tienne le logis net : qu'il
n'espargne les perfums, pour opportunément les employer : qu'il soit scrupuleux à la fueille, pour n'en donner au bestail, que de parfaictement bonne : à ceste
cause, qu'il commande aux amasseurs,
de ne se mettre jamais en œuvre sans
avoir lavé les mains, et y tienne l'œil :
qu'il laisse plustost avoir faim à son bestail, que par impatience, le paistre de
fueille mal qualifiée.

En ostant la lictière, tout-d'une-main
est remué le bestail de place en autre, à
son grand contentement. Pour cela commodément faire à l'un des bouts de chacun
estaudis, sera laissée certaine place pour
mettre les vers, qu'on prendra joignant
icelle, en autant d'estendue de table, laquelle par ce moyen se treuvant vuide,
recevra les vers de la partie voisine ; et
ainsi des suivantes, dont tout le contenu
en l'estaudis, se descouvrira et recouvrira alternativement, par portions ; à
la manière que pour sécher le foin au pré,
on le renverse, le plain remplissant le
vuide. Ainsi sans porter loin le bestail,
sera-il doucement posé près de son giste,
et ce sera sans aucunement le toucher,
de peur de l'offencer pour sa délicatesse,
si à l'instant qu'on le voudra changer de
place en autre, on lui donne à manger :
car il ne faudra que prendre les fueilles
esquelles aussi tost se seront attachés les
vers, pour les enlever, et sans les reposer
en aucun lieu, les loger tout-d'un-trait,
où l'on désire. Sera besoin disposer de
telle sorte les tables, que sans esbranlement, par pièces séparées, facilement
on les puisse toutes oster et remettre en
l'estaudis, pour l'aisance du nettoyer.
Car par ce moyen, tirées de l'estaudis,
comme liétes, l'une après l'autre, on les
frappera contre le pavé, afin de les descharger d'ordure : après on les baloyera
et espoussetera parfaictement bien.

A mesure que par l'aage, les magniaux
s'accroissent et engrossissent, vont de
jour à autre occupant plus de place : dont
est nécessaire tenir prestes des tables de
relais, afin de recevoir ceux que séparerés
de la presse et les mettre tous à leur aise,
pour ensemble fructifier très-bien. Car
c'est chose bien expérimentée, que peu
de magniaux nourris au large, rendent
plus de soye, que grand nombre à l'estroict. Ferés frotter les tables, avant qu'y

remettre les vers, avec du vinaigre, ou
d'autre vin, et avec des herbes odoriférantes,

rantes, pour les res-jouïr. Comme aussi se plaisent-ils à la senteur des pourreaux, des aulx, des oignons, si là leur accoustumés dés leur jeunesse; contre l'opinion de ceux qui tiennent ces fortes senteurs leur nuire, pour ne l'avoir bien expérimenté: ce doubte ayant esté suffisamment esclarci par la preuve. Et non seulement res-jouïssés vos vers par agréables senteurs, ains les en soulagés en la plus-part de leurs maladies. Sur quoi parlerons de leurs maux et de leurs remèdes.

Les extrémités des froidures et chaleurs; le trop ou trop peu manger; le paistre de mauvaise fueille, sont les principales causes des maladies extraordinaires de ce bestail. S'il est travaillé de cause froide, on le secourra par chaleur, en fermant le logis, comme dessus, en le perfumant avec de l'encens et autres matières odoriférantes; auquel perfum ancuns ad-joustent du lard et des sancissons couppés par rouelles. Le bon vin, le fort vinaigre, et l'eau-de-vie, confortent ces animaux, ayans esté refroidis. Si au contraire ces animaux sont travaillés du chaud, faudra recourir à la fresceur, en ouvrant portes et fenestres, pour donner passage à l'aer et aux vents, passans à travers des chambres et salles, esventans l'intérieur au contentement des vers, se remettans en bon estat, par ce seul et petit remède. N'estant le logis si bien disposé que de besoin, seront les vers portés par tables, dehors à l'aer, pour le leur faire humer, demie heure devant soleil levant. La diète, est le vrai moyen pour guérir ceux de ces animaux qui par trop avoir mangé, sont devenus malades. L'on ne leur baillera rien d'un couple de jours; passés lesquels, ce sera

fort sobrement qu'on les paistra et peu à la fois. Comme aussi peu et souvent, convient donner à manger à ceux qui par famine, sont devenus langoureux, pour les remettre et saouler, sans les engorger. Le mal est bien plus difficile à guérir, de ceux qui ont esté repeus de mauvaise fueille, comme de la jaune, maculée, ou trop nouvelle: car souventes-fois, de ceste-ci, ainsi qu'a esté dict, leur avient flux de ventre, qui les crève: et de celle-là, la peste toute certaine. De ceste maladie-ci les magnaulx viennent tous jaunes et tachetés de meurtrisseures, dequoi vous appercevant tant soit peu, ne faillés de les remuer diligemment en chambre et tables séparées, pour essayer de les sauver par bon traictement, ou du moins, pour éviter la contagion au reste du trouppeau. Mais tenés pour désespérée, la guérison de ceux qu'avec les marques dictes, verrés estre baignés au ventre, par certaine humeur leur découlant en telle partie du corps, lesquels enleverés d'entre les autres, pour viande aux poules (101). Comme les perfums aident à guérir toutes les maladies de ce bestail, aussi ce remuer de chambre en autre, lui est généralement salutaire; par tel changement, estant remis en vigueur. En aucune ou peu de ces maladies-ci, n'entreront les vers, si leur gouverneur les manie avec l'artifice et diligence susdicts: en quoi, outre le hazard de tout perdre, s'espargne la peine; estant beaucoup plus aisé à destourner le mal, par prévoyance, que le curer, par médicamens. A quoi premièrement l'on visera, afin que par négligence, l'on ne se prive du profit espéré de ceste nourriture. La solicitude estant requise très-grande à la conduicte de ce bestail, contraint ceux qui l'ont en charge, non seulement d'en estre près durant tout le jour; ains d'y employer bonne partie de la nuict, pour les secourir à toutes occasions, lesquelles curieusement l'on recerchera. Les souris, rats, chats, font grand dégast à la trouppe de nos vers, quand ils y peuvent attaindre, les mangeans avec grand apétit, comme exquise viande. Contre telles tempestes, pour singulier remède, l'on tient des lumières durant la nuict autour des magniaux, dont l'intérieur du logis en estant esclairé, les rats et chats n'y vont qu'avec crainte. Et sont du tout chassés, par le son des clochettes qu'on y tinte. De l'un et de l'autre l'on s'accommodera, disposant des lampes ès endroits requis, en divers lieux: aussi des sonnettes, clochettes, et autres engins menans bruit, mis en lieu facile à les remuer. Mais tout cela en vain, si souventes-fois la nuict on ne va faire la ronde à l'entour du bestail; à quoi servira la lumière, qui esclairant, donnera moyen d'aller et venir aisément par-tout. Garderés cependant qu'aucun huile ne tumbe sur les magniaux: car il n'en faudroit qu'une goutte, pour leur nuire beaucoup, par les maladies que l'huile leur engendre. Ce que prevenant, ne se servira-on de l'huile pour veiller, qu'ès lampes attachées ès murailles: et pour lumière portative à panser le bestail, de chandelles de suif, de cire, ou d'autre matière selon le pays.

Par tel traictement, et de la viande et de la main, dans sept ou huict jours suivans le dernier despouillement, vostre bestail se disposera à payer les despences de sa nourriture. Ce que prévoyant de bonne heure, ferés préparer les rameaux nécessaires à la montée des vers, pour y vomir leur soye, s'y agrafans. A ramasser les vers (ainsi appelle-on telle œuvre) plusieurs matières sont bonnes, mais non aucune rameure verte, pour le danger d'offencer le bestail se reverdissant, mise en œuvre, comme elle feroit le temps s'addonnant à la pluie. Les plus propres sont le rosmarin, le bruse, les sarmens de vignes, le jenest, les jettons de chastanier, de chesne, d'ozier, de saule, d'orme, de fresne, et en somme de tout autre arbre et arbrisseau flexible, n'ayant mauvaise senteur. En l'application des rameaux va-on diversement, selon les divers avis des personnes. Après avoir nettoyé le pied des rameaux, afin de tant moins occuper de place, on les arrengera droictement, comme rengs de colomnes équidistans d'un pied et quart, peu plus ou moins, traversans les tables d'une largeur à l'autre. Le pied du rameau joindra à la table en bas, et la cime, pour le rencontre de la table supérieure, et sa longueur, se recourbera ès costés, dont se façonneront des arceaux. Par telle disposition, l'estaudis ressemblera à des galleries faictes à arcades, à plusieurs estages, les uns surpassans sur les autres, comme amphithéatres; chose plaisante à voir. Le vuide de l'entre-deux des arceaux, joignant la table d'en haut, est rempli de jettons de lavande, d'aspic, de thym et semblables arbustes odorans; selon la commodité du pays, pour servir doublement. Car en cest enramement, les magniaux ont à choisir de place, pour fermement y attacher leur riche matière, comme à cela ils sont fort difficiles, y allans fantastiquement: et y sont comme perfumés, par l'agréable senteur de ces arbustes, dont gaiement travaillent-ils en tel endroit, à l'utilité de l'œuvre.

Au septiesme ou huictiesme jour donques, que vos magniaux seront sortis de leur dernière mue ou maladie (maladie proprement pouvant bien appeller telle mue, pour le mal qu'ils y endurent, plus grand qu'en nulle des autres, souvent jusques à mourir), les remuerés aux tables ainsi ramassées, sans espoir de leur changer plus de place, ne de lictière. Là les nourrirés-vous à l'accoustumée ; c'est à dire, avec toute abondance, sans espargne, jusqu'à ce que verrés les plus hardis magniaux entrer en frèze, ce qui est, prendre la route pour s'en monter ; et laquelle on prévoid par leur extraordinaire contenance, divagans par la trouppe, en courans, sans tenir conte de la viande ; et peu après les voyans escheller par les pieds des rameaux, pour (quittans le manger) s'aller embesongner à vomir, ou plustost à filer leur soye. Dés-lors vous commencerés à diminuer leur ordinaire, jour après autre, pour en suite ne leur bailler du tout rien, quand, afin de s'enramer, toute la trouppe aura abandonné la table, ou peu s'en faudra, ne restans que les tardifs et paresseux. En cest endroit, se recognoissent ceux qui auront faict des longs à esclorre, pour s'en monter les derniers : estant une nécessaire conséquence, que les premiers naissans, sont les premiers filans, et au contraire. Et comme grand conte ne faut tenir de la graine tardive à esclorre, non plus convient-il faire estat des vers paresseux à monter. Par quoi, au bout de trois ou quatre jours, que les premiers auront prins le ramage, enleverés les restans de toutes les tables, pour les assembler en

Assembler les paresseux.

une, et les y nourrir jusques à leur fin. Ainsi, les hastifs et tardifs magniaux fileront leur soye : ce que commodément ne pourroient-ils faire, quand, sans telle distinction, les derniers se jetteroient sur l'ouvrage des premiers, avec grand destrac, et c'est apparent danger, qu'avant que ceux-là eussent achevé leur besongne, les papillons de ceux-ci, par telle longueur ja formés dans le ploton, n'en sortissent, au détriment de l'entreprinse. Deux ou trois jours mettent les vers à parfaire leurs escailles, plotons ou coucons (diversement nommés, selon les lieux) au bout desquels, sont-ils du tout achevés, comme on le recognoist en approchant curieusement l'oreille près d'eux. Car comme ces bestioles font quelque petit et doux bruit en mangeant ; aussi de mesme bruyent-elles en façonnant leurs escosses : lequel bruit elles cessent, finissans leur ouvrage.

Combien de temps employent à filer leur soye.

Voilà la soye faicte, ce n'est pas pourtant la fin du labeur des magniaux : car c'est par la graine qu'ils achèvent de travailler et de vivre, finissans leur vie par leur chère semence, qu'ils nous laissent, pour se renouveller en icelle par chacune année : et par ce moyen, nous conserver la possession de la soye, comme à leurs héritiers. Miracle de Nature. Un ver s'enferme dans son ploton de soye ; là il se transforme en papillon ; dix jours à cela il employe : au bout d'autres dix jours, il en sort par un trou, à cest effect persant le coucon, d'où se des-emprisonnant, retourne à la veüe des hommes, mais c'est en sa figure nouvelle de papillon : s'accouplent masle et femelle joincts ensemble, la femelle faict ses œufs ou graine : ainsi terminans leur labeur avec leur vie.

Et ce qui augmente la merveille, est, la longue abstinence de cest animal, vivant vingt-trois jours sans prendre aucune substance, privé mesme de la clarté, pour le temps qu'il demeure dans son escosse, comme en estroicte prison.

Animal admirable.

Or d'entrer en discours sur les qualités de ceste bestiole, à laquelle défaillent notoirement, chair, sang, ossemens, veines, artères, nerfs, boyaux, dents, yeux, aureilles, escailles, espines, arestes, plumes, poils, excepté aux pieds quelque subtile bourre, ressemblant à poil folet ou duvet, et autres choses communes presques à tout bestail terrestre, aquatique, et aerin, ce seroit trop philosopher, telle contemplation ravissant l'entendement humain, mesme en ce que ce vermisseau, l'une des abjectes bestes du monde, est ordonné de Dieu pour vestir les rois et princes : en quoi se treuve suffisant argument pour s'humilier. Et ceste sienne particularité est remarquable, qu'elle rend la riche soye toute filée, preste à desvider, vomissant tout faict le filé : duquel elle compose son ploton, avec extreme soin et affectionné labeur. Ce qui n'est communiqué ni à la laine, ni au coton, ni au chanvre, ni au lin, dont les hommes s'habillent ; mais avec artifice les faut préparer, pour les rendre au poinct de filer.

Estrange moyen de se pourvoir de vers-à-soye, sans semence.

Ici est à propos de monstrer le subtil artifice que l'homme a inventé pour réparer le défaut de graine et semence des vers-à-soye, avenant qu'elle soit perdue. Chose tirée des secrets de Nature et recerchée avec grande curiosité, semblable à la production des mousches-à-miel, dont les Anciens ont escrit, comme j'ai dict ci-devant. Au printemps un jeune veau est enfermé dans une estable, petite, obscure, sèche, et là nourri avec la seule fueille de meurier, vingt jours durant, sans nullement boire, ni manger autre chose durant ce temps-là, au bout duquel est tué, et mis dans une cuve pour y pourrir. De la corruption de son corps sort abondance de vers-à-soye, qu'on prend avec des fueilles de meurier, s'y attachans : lesquels nourris et eslevés selon l'art et commune façon, produisent en leur temps, et soye et semence comme les autres. Aucuns raccourcissans la despence et le chemin, de telle invention, en ont tiré ceste-ci. De la cuisse d'un veau à laict est prinse une rouelle poisant sept ou huict livres, et mise pourrir en cave fresche, dans un vaze de bois, parmi de la fueille de meurier, à laquelle les vers-à-soye sortans de ceste chair, s'attachent : d'où tirés, sont traictés comme dessus. Je vous représente ces choses, sous le crédit d'autrui, en attendant que la preuve me donne matière de vous asseurer de ce qui en est : me plaignant en cest endroit de nos prédécesseurs, avec *Pline*, comme il faisoit des siens, en ce qu'ils disoient, le vaze de lierre ne pouvoir contenir le vin, et pas un d'eux n'en avoir faict l'expérience. Je vous représente, dis-je, ces choses, à ce que se rencontrant vraie telle création de vers-à-soye, et y trouvant de l'avantage, soyons délivrés de la peine d'en envoyer cercher la semence en Espaigne et ailleurs, renouvellant le souci de s'en pourvoir par chacune année. S'il est question de discourir là dessus, je dirai, tel engendrement de vers-à-soye n'estre mescroyable, puis que toute corruption est commencement de génération. Nous

voyons tous les jours que des choses corrompues sortent diverses vermines, selon
les diverses qualités des matières. Du taureau, et selon l'Escriture, du lion, s'engendre l'abeille : du cheval les freslons :
de la charongne humaine le serpent : les
Anciens tiennent du cheval et du mulet
s'engendrer les guespes, de deux diverses
sortes, pour la diversité de ces deux animaux, comme j'ai dict au chapitre précédent, et des asnes les bourdons. Et
soyent des vivres, habits, meubles, jusques au bois, par tout, en la terre,
en l'eau, en l'aer, en lieu humide, en
sec, treuve-on que Nature crée des bestioles, vermisseaux, mouscherons avec
autant d'admiration, qu'admirable est le
Créateur (102).

Quelques jours avant que les vers prennent la montée sur les rameaux pour vomir la soye, ils manifestent leur dessein,
par la lueur de leur corps, qui devient diaphane et translucide, comme raisins meurissans : auquel poinct recognoist-on aucunement, à la couleur de leur corps, la
couleur de la soye qu'ils feront. Lors
remarque-on les vers estre diversement
colorés, toutes-fois distinctement, de
jaune, d'orangé, d'incarnadin, de blanc,
et de vert, qui sont les cinq couleurs de
la soye. Aussi discerne-on les masles d'a-
vec les femelles. Les yeux prétendus des
vers satisfont à ceste curiosité : car la peinture d'iceux ès masles, est plus apparente
de noir, qu'ès femelles, lesquelles en tel
endroit, n'ont que de très-subtiles marques et desliés filamens. Quant à la couleur de leur corps, selon les climats,
l'une est à préférer à l'autre. La plus-part
de la graine d'Espaigne produit des vers
blancs : et estant telle graine la plus va-

leureuse que nulle autre en ces climats,
nous priserons aussi plus la blanche, que
ni la noire, ni la grise, ni autre.

Renter la soye des rameaux,

Après, avec la mesme diligence dont
nous avons cultivé nostre soye, finalement nous la vendangerons, ne pouvant
ceste dernière action, qu'avec très-notable intérest, souffrir le delai, non
plus qu'autre récolte de l'année. L'escume de la soye est la première matière
que vomissent les vers, de laquelle ils
jettent les fondemens de leur édifice. Ils
l'attachent fermement avec beaucoup
d'art entre les rameaux, lesquels chargés
de ces riches coucons, ressemblent à des
arbres exquis, qu'on void garnis d'abricots, de poires d'esté, et d'autres précieux fruicts. Là prend-on les coucons en
parfaicte meurté ; laquelle se remarque

Et quand.

par les addresses dictes. Tarder plus de
sept ou huict jours à les desramer, seroit se constituer au hazard de convertir
la soye en filozelle, pour le loisir qu'on
donneroit au papillon de perser son coucon, afin d'aller faire sa graine. C'est
pourquoi le plus asseuré sera, de commencer dans le sixiesme jour de la
montée des vers. On les prendra doucement, sans froisser la beste qui est dedans, par là prevenant les macules des
coucons, qui aviennent par leurs corps
crevés, se convertissans en humeur tellement gluante, que par-après est impossible d'en desvider toute la soye.

La graine pour semence.

Pourvéoyant à l'avenir l'on avisera à se
fournir de graine, pour la conservation
de l'engeance. J'ai monstré le but de ce
ver, estre, après avoir ourdi la soye,
de faire de la graine, pour se perpétuer
parmi nous. A quoi convient limiter sa
naturelle affection, de peur que lui lais-

sant faire à plaisir, au lieu de la soye, que nous avons de ce mesnage, nous n'eussions que de la filozelle. Parce que, pour faire de la graine, le ver converti en papillon, comme j'ai dict, sort du ploton, qu'à telle cause il perse. Estant persé, les filés de la soye se treuvent tronçonnés, par conséquent indesvidables et intirables, dont l'on est contraint de carder telle matière, comme laine, pour après la filer : laquelle par ce moyen, perdant son lustre, où consiste le plus de la beauté de la soye, d'icelle deschéant, est convertie en filozelle. Pour prevenir laquelle perte, et aussi pour n'avoir besoin de tant de graine, comme le naturel des vers nous en fourniroit : d'une partie des coucons ou plotons, nous nous servirons pour graine et semence, laissant l'autre, pour le tirage de la soye : ainsi que ci-après sera monstré. Comme pour avoir des beaux blés l'on choisit les meilleurs espis pour semer ; aussi eslirons-nous pour semences, les plotons les mieux qualifiés, sans craindre tant la perte présente avenant du perser, que de souhaitter le profit avenir. A telle cause choisirons-nous les coucons ou plotons les plus primerains, les plus gros, les plus durs, les plus poisans, les plus poinctus : de couleur de chair ou d'incarnadin, marques de valeur ; en telle quantité qu'on désirera, selon ceste supputation, qu'une once de graine, communément, sort de cent femelles, peu davantage, par l'accouplement de semblable nombre de masles. Par recerche curieuse, aucuns tiennent chacune femelle poudre cent œufs ou grains, et par-tant, une once en contenir dix mil grains : mais pour l'inégalité des semences et des poids, cela

ne se peut accorder par tout, ni en toute sorte de graines. Aucuns pour l'espargne, baillent deux femelles à un masle, croyans y pouvoir suffire : mais pour l'incertitude de l'événement, et la grande solicitude requise en cest endroit, pour les accoupler ensemble de fois à autre, le meilleur sera s'arrester à ce que l'expérience a authorisé pour bon, c'est en y mettant autant de masles que de femelles. Les coucons enfermans les papillons masles, sont gresles et longuets : ceux dont sortent les femelles, gros et ventreux par le milieu : et les deux, aigus plus en un endroit qu'en l'autre, se rapportans à la figure de l'œuf. Les mousses des deux bouts n'ayans aucune poincte ou petite, ne sont à désirer ; ains plustost la race en défaillir, pour la difficulté qu'on treuve à en tirer la soye, n'estant possible comment qu'on les manie, d'en sortir toute la soye du bassin, à cause de certain entrelas qui se rencontre ès plotons qui sont de ceste figure (non ès autres) empeschant de les desvider, chose très-considérable et pour la quantité de la soye, et pour la qualité : car, ni tant de soye, ni tant belle s'en rendra-elle, estant meslingée de tels coucons, que si elle provient des seuls poinctus.

Ainsi choisis les plotons, seront enfilés, non en les persant à travers, de peur de les esventer et par conséquent les rendre inutiles, ains seulement en faisant passer l'esguille par la première filozelle appellée, bourrette, desquels seront faictes des petites chaisnes, chacune composée d'autant de masles que de femelles. On les suspendra sur des chevilles, en chambre plus fresche que chaude, toutes-fois sèche, pour, à leur aise, les papillons sortir des plotons, s'accoupler ensemble, masles et femelles, et là en mourant de compaignie, faire leur graine, ainsi terminans leur vie. Est nécessaire aider au peu d'addresse de ces vers, estans alors sur la fin de leur aage, afin de bien mesnager la graine, autrement s'en perdroit beaucoup. A mesure qu'on verra les papillons sortir des coucons, on les accouplera, masle et femelle, si ja ne le sont d'eux-mesmes, à quoi se monstrent-ils très-diligens; et estans attachés ensemble, seront pour la dernière fois, mis reposer sur des fueilles de noyer, estendues en une table dressée sous les coucons, pour y achever leur œuvre, la femelle vuidant ses œufs ou sa graine, dessus la fueille de noyer : d'où en-après, quoi-que fermement attachée contre, elle est aisément retirée : parce que la fueille estant bien sèche, est facilement réduicte en poudre, et icelle emportée par le vent, reste nette la graine, comme l'on désire. Aucuns, avec beaucoup de raison, n'estendent pas la fueille de noyer sur la table, ains en font des petits faisseaux, qu'ils suspendent joignant les chaisnes des coucons : attendu que plus facilement la femelle fait la graine estant suspendue par-dessus le masle, que couchée de plat sur la table. Faire grainer les papillons sur du papier, selon l'usage d'aucuns, n'est le profit de l'œuvre, parce qu'on n'en peut oster la graine qu'en rasclant avec un coustean, dont beaucoup s'en cassent. Mais encores plus mal à propos y vont ceux qui posent leurs papillons sur du linge, d'autant que s'y attachant la graine très-fermement, elle n'en peut estre retirée, qu'avec perte : pour laquelle éviter, est-on contraint de garder tel linge jusques au printemps, et lors en le chauffant faire esclorre la graine, et d'icelle en prendre les magniaux. Par tel ordre ne se peut-on servir de l'espreuve du vin ; ne poiser la graine, pour sçavoir de quelle quantité de vers, vous-vous chargés ; dont peut avenir de la confusion en la nourriture. Ni la fueille de noyer, ni le papier, ni le linge, ne sont si propres à recevoir la graine sortant de la beste, que le camelot ou la burate : d'autant que de telles matières (la graine s'y estant très-bien attachée) en est de mesme ostée sans aucune violence ne deschet : car c'est seulement en frottant doucement entre les mains le camelot ou la burate, qu'on la fait desprendre.

Les coucons qui auront servi pour graine, ne pourront par-après estre employés qu'en filozelle ; non à cause de la matière, qui tous-jours demeure une ; mais pour le tronçonnement du filé qui a esté couppé par le ver, en s'y faisant un trou, pour avoir passage hors de la prison, comme a esté dict. De quoi s'estans prins garde les Espaignols, espargnans les coucons mieux qualifiés, pour le tirage, employent en graine les doubles et triples, sans grande tare de la soye, si autrement ils sont de bonne marque. Aussi ne se peuvent-ils guières bien tirer, à cause de la multiplicité des bestes, lesquelles vomissans leur soye en commun, rendent l'ouvrage fort confus ; dont ils sont mis au reng des persés pour la filozelle. L'estre double ou triple, n'est du vice du ver, ains plustost de gaillardise et soupplesse. Quelques-fois aussi avient du défaut du lieu, qui estant trop pressé, contraint ces animaux, pour filer leur soye, à s'entasser les uns sur les autres, confusément s'assemblans deux ou trois magniaux, et davantage, dans un ploton, sans distinction de masle ni de femelle, bien-qu'ignoramment aucuns disent, un coucon double contenir deux bestes de divers sexe. La négligence du gouverneur cause souventes-fois tel desordre, quand ne se prenant garde de prés au commencement de la montée des vers, les laisse aller où ils veulent. A quoi pourveoira-il, en les guidant convenablement : et de mesme relevera ceux *En courts et paresseux.* qui tumbent à terre : mettra les courts et paresseux dans des cornets de papier, pour faciliter leur ouvrage, par là leur aidant à parfaire leur ploton : sans laquelle diligente curiosité, plusieurs magniaux se perdent, soit en s'estouffant, soit en vomissant leur soye mal à propos, parmi leur lictière. De chacun ploton double ou triple, ne sort qu'un papillon, bien-qu'il y en aie plusieurs dedans, d'autant que ne pouvans tous estre meurs à la fois, le premier qui en sort en persant le ploton par son issue, esventre les autres papillons : dont morfondus, demeurent imparfaicts et se meurent, ou seroit que par rencontre, leur commune meureté et issue, avinst en mesme poinct et moment, ce qui ne se void que très-rarement.

Le tirage de la soye ne veut estre delayé. Pour l'abondance et bonté de la soye, seroit à souhaitter, les plotons estre jettés dans le bassin, pour les tirer, dès incontinent les avoir arrachés des rameaux sans nullement séjourner, attendu qu'ainsi freschement prins, toute la soye en sort facilement et sans violence, ne deschet aucun : ce qu'on ne peut espérer du ploton gardé quelque temps, parce que la gomme, avec laquelle le ver at-

tache ses filés l'un contre l'autre, estant séchée, endurcit tellement le ploton qu'on ne les peut desvider qu'avec difficulté et perte, dont quelque portion de soye reste dans le bassin : et ne demeure jamais si *Et pourquoy.* belle, que celle qui est recentement et facilement tirée. D'ailleurs, par telle hastiveté, est espargnée la crainte, que les papillons gastent l'ouvrage, ne leur estant donné le loisir de perser les coucons pour en sortir. Mais parce que très-difficilement pourroit-on, dans sept ou huict jours, tirer toute la soye d'une raisonnable nourriture, pour le grand nombre d'ouvriers qu'à ce conviendroit employer, l'on tiendra l'une et l'autre de ces deux voies : assavoir en se mettant en besongne à tirer les coucons, dès aussi tost qu'on s'appercevra y en avoir nombre de parfaicts, des rameaux les jettant directement dans le bassin, après les avoir pelés et despouillés de leur bourrette, sans autre délai ; et tuer les papillons des autres qu'on est contraint de garder, afin qu'estans les bestes mortes dedans, les coucons restent exempts de la crainte d'estre persés, et par conséquent réservés pour la bonne soye, puissent attendre le loisir du tireur. Cela se faict en exposant les *Moyen de tuer les bestes dans les coucons.* coucons au soleil de midi, dont la chaleur estouffe la beste dans son propre ouvrage : mais il y faut user de moyen, de peur de brusler la soye. Trois ou quatre fois en divers jours, seront les coucons mis au soleil, et à chacune, y séjourneront deux heures devant midi, et autant après, afin que la grande chaleur de celle partie du jour, estouffe promptement les vers, devant qu'estre formés en papillons : ce qu'aviendra en estendant les plotons sur des linceuls, et souvent les remuant, leur

faire

faire à tous sentir , sans aucun excepter, l'ardeur du soleil : à la charge toutes-fois de se prendre garde que par trop rude maniement, l'on ne froisse les vers dans le coucon , pour n'embrouiller la soye de la matière de leurs corps: laquelle (comme a esté dict) englue tellement la soye, qu'impossible est par-après de la desvider. Mais tout doucement plusieurs fois le jour, on les remuera d'un costé à autre, puis chaudement seront emmoncellés et envelopés dans des linceuls, et ainsi transportés en chambre fresche , non en cave humide, comme aucuns font, mal à propos. Défaillant le soleil (comme il avient souvent que le ciel est couvert) faudra recourir au four , moyennement eschauffé, ainsi qu'il pourroit estre deux heures après en avoir tiré le pain; dans lequel, à plains sacs , mettra - on les coucons , qu'on reposera sur des aix , pour crainte que les pierres du pavé ne les bruslent. Là demeureront une heure ou heure et demie, en réitérant le moyen jusques à ce que cognoistrés les bestes estre vraiement mortes : de quoi sans grande perte serés résolu , en fendant un coucon des plus suspects pour en voir l'intérieur. Vous-vous prendrés garde cependant de ne brusler vostre soye par trop de chaleur, ce prévoyant, le plus seur sera d'eschauffer moins le four, et y retourner tant plus souvent, que trop: et en se voulant baster, perdre tout l'ouvrage. C'est estouffement de vers, ou papillons ja formés, est de grande importance, car y allant, ou ignoramment ou nonchalamment, l'on ne se donnera garde, que, ou les papillons sortiront du coucon, selon leur naturel, ou ne pouvans du tout prendre l'aer, demeureront en chemin, après s'estre ef-

forcés de passer outre, rongeans le dedans des coucons : desquels peu de soye pourra sortir puis-après , et celle-là encores non guières bien qualifiée. Mal comparable à celui des rats, en ce poinct différens , que les rats rongent l'extérieur des coucons, pour manger la beste qui y est enfermée ; et les papillons, l'intérieur, pour se des-emprisonner. Les coucons ainsi préparés attendront voirement le loisir du tireur. Mais ce sera avec un jusques-où , afin que sans abuser du délai , vous-vous puissiés conserver la soye en sa naturelle beauté , sans deschet du poids : en l'un et en l'autre tant plus estant défraudé , que plus longuement les coucons seront gardés. Parce que de jour à autre , s'augmentant la durté des coucons , de mesme s'augmente la difficulté du tirage : dont la soye se tronçonne avec diminution de la quantité : et par la longue garde , la qualité s'en empire. À ces pertes , remédie la diligence , moyennant laquelle n'estant donné temps au coucon de s'endurcir par trop, la soye s'en retire assés bien : dont le tirage se continuera , sans se divertir à autres usages , jusques au dernier coucon. Ainsi recueillirés - vous entièrement de ceste nourriture , et soyes et filozelles, sans aucune perte.

Ce faict , les coucons seront assortis , mettant à part les persés et les maculés d'un costé , pour en faire de belle filozelle , comme estant de la plus fine matière : et de l'autre , les entiers , les simples , et les nets , pour en tirer la soye belle et pure : de tous lesquels , pour un préallable , retirera-en la bourrette en poilant les coucons par le dessus , de laquelle l'on fera de grossière filozelle ,

T

d'autant que c'est l'escume que la beste vomit au commencement de son œuvre.

De la façon des fourneaux, des bassins, des roues ou tours, nommés à Paris, desvidoirs : et à Tours, guindres : ou comment on les doit mouvoir, si ce sera à la main, au pied, ou à l'eau pour le tirage, n'est besoin de parler en cest endroit : presques jamais ne s'accordans ensemble les ouvriers, chacun ayant son style particulier. Seulement dirai-je, que les bassins de plomb rendent la soye plus claire que ceux de cuivre ; à cause de la rouille à laquelle ceste matière-ci est sujette, pour peu que l'eau y séjourne dedans, dont le plomb est du tout exempt. Que les roues doivent estre grandes, pour l'advancement de l'œuvre ; lesquelles on pourra accommoder à y faire deux escheveaux à la fois. Que le feu du fourneau soit de charbon, ou du moins de bois bien sec ; afin que le feu soit sans fumée, tant pour la commodité du tireur, que beauté de la soye ; laquelle pour sa délicatesse facilement se noircit à la fumée. Aussi est-il en la liberté de l'ouvrier, de tirer diversement la soye selon les ouvrages où on la veut employer. Mais d'autant que le père-de-famille la désire principalement pour vendre et convertir en deniers, le meilleur sera de la faire la plus belle qu'on pourra, ayant esgard à la faculté de la matière, et au désir des achepteurs.

Des plotons provenus de vers de bonne race, et nourris de fueille blanche, suffira que l'ouvrier en tire une livre et demie, poids de Paris, par jour, peu moins, car par tel limite, sera-elle assés desliée, pour s'aproprier à tous usages,

et par-tant plus vendable, qu'estant plus grosse. Ceste-ci se tirera des plotons simples et meilleurs, selon l'assortiement susdict, réservant les doubles et maculés (si on ne les veut tous assembler avec les persés, pour filozelle) à en faire quelques escheveaux séparés, que les marchands prennent à mesme prix que la fine soye ; leur estant telle grossière, utile en quelques ouvrages. Mais ce seroit enlaidir toute la soye, et par conséquent en ravaler le prix, si sans distinction l'on tiroit tous les coucons ensemble. Ce que craignans les marchands, à la veue des escheveaux grossiers, acheptent volontiers toute la soye, par là s'asseurans, n'estre intervenue aucune confusion, ne frauduleux meslinge au tirage. Ces doubles et maculés sont fort difficiles à tirer, et encores comment qu'on les prenne, ne rendent-ils que grossière soye : estans aussi en mesme prédicament, les mousses, comme a esté dict, qu'à telle cause pourrés mesler ensemble. La difficulté de leur tirage sera adoucie par le savon, mis dans le bassin en l'eau quand-et les coucons : aidant aussi le savon à tirer les vieux coucons endurcis par le temps, en amolissant la gomme naturelle qui tient colés ensemble les filés de la soye, lesquels par ce remède se laissent manier assés facilement. Deux escheveaux de soye fera l'ouvrier par jour, ou quatre, si à ce sa roue, et son autre artifice, sont apropriés ; tant par se monstrer la soye plus belle, en petites qu'en grandes escharpes ou escheveaux ; que par s'y employer plus des attaches qu'on faict des tronçons de la soye, qu'en une seule : par ce moyen on les vend autant que l'autre. Joinct que c'est la commodité des marchands, qui la mettent en œuvre, estant plus propre à bailler à desvider en petit, qu'en grand volume.

Les reliefs du tirage ne se pouvans loger aux escheveaux, comme tronçons de soye, et ce qui ne se sera voulu despoüiller restant au bassin, seront mesnagés pour estre employés en tapisseries, de table, de chaires, de licts et semblables meubles de la maison; meslingées ces matières-ci, avec de la laine, du chanvre, du lin, du coton, etc. Comme aussi des bonnes filozelles avec de la fine soye, seront faictes des estoffes, belles et profitables, pour servir à l'usage de la famille (103).

C'est la manière de cueillir la soye, incogneue de nos Ancestres, à faute de s'en vouloir enquérir : ayans longuement creu, comme de père à fils, ce bestail ne pouvoir vivre ailleurs, qu'au pays de son origine. Mais le temps, maistre des arts, a monstré combien vaut la raisonnable recerche des choses honnestes : de telle curiosité, estant sortie la vraie science de gouverner ce bestail, qu'aujour-d'hui on employe, avec aussi peu de hazard, que les terres sont semées et les vignes plantées, pour avoir du blé et du vin. Ainsi souvent avient, de rencontrer ce qu'on cerche; Dieu bénissant le labeur et travail de ceux qui employent leur entendement non seulement pour eux, mais aussi pour l'utilité publique.

Telle est l'origine du ver-à-soye, tel son gouvernement, tels l'effect et l'issue de sa nourriture, animal très-admirable pour plusieurs causes, dont non petite est donnée à la conservation de sa race; quand sans nulle despence et petit soin, elle est gardée durant l'année, comme chose morte, pour en sa saison reprendre une neuvelle vie.

CHAPITRE XVI.

La préparation de l'Escorce du Meurier blanc, pour en faire du linge et autres ouvrages.

LE revenu du meurier blanc, ne consiste pas seulement en la fueille, pour avoir de la soye, mais aussi en l'escorce, pour en faire des cordages, des toiles, grosses, moyennes, fines et desliées, comme l'on voudra, préparant l'escorce ainsi qu'il sera veu ci-après: par lesquelles commodités se manifeste le meurier blanc estre la plante la plus riche et d'usage plus exquis, dont encores ayons eu de cognoissance. De la fueille du meurier, de son utilité, de son emploi, de la manière d'en retirer la soye, a esté ci-devant discouru au long. Ici, ce sera de l'escorce des branches de tel arbre, dont je vous représenterai la faculté, puis qu'il a pleu au roi me commander de donner au public, l'invention de la convertir en cordages et toiles, selon les espreuves que j'en ai monstrées à sa majesté. Et bien-que ne soyons contraints de mendier les toiles de nos voisins (comme jusques ici, nous avons faict la soye) en ayant à suffisance pour nostre provision, si ne laissera pourtant, le père-de-famille, d'employer ce bien que Dieu lui offre tant libéralement, mesme estant ès provinces de ce royaume, où les lins et chanvres sont rares; comme de telles y en a plus que des autres. Par ce moyen, tirant de

chés lui ceste belle commodité de linge,
se treuvera - il d'autant mieux accommodé, que moins sera contraint à desbourcer argent à l'achapt de tant nécessaires alimens.

Plusieurs belles et rares choses, sont
venues en lumière par accident. Le lut,
excellent instrument de musique, est
sorti de la curiosité d'un médecin, qui
faisant l'anatomie d'une tortue, pour en
voir l'intérieur et l'assiete de ses parties,
la maniant, desséchée, toucha par mesgarde quelques nerfs tendus dans icelle,
lesquels rendans son agréable, par le
moyen du creux et vouçeure de l'escaille,
print par là occasion de faire un nouveau
instrument, despuis appellé en latin *tes-
tudo*, du nom de l'animal. La presques
miraculeuse science d'enter les arbres
fruictiers est procédée d'un pasteur, quand
au dresser de sa logete, il foura sans y
penser, une petite branche vifve d'arbre
dans le tronc d'un autre freschement
couppé rés terre, où se reprenant, mons-
tra l'admirable mariage de deux diverses
plantes, par-après tant recerché et rafiné
par nouvelles additions.

Ainsi m'en a-il prins, touchant la cognoissance de la faculté de l'escorce du
meurier blanc. Car pour sa facile séparation d'avec son bois, estant en sève, en
ayant faict faire des cordes (à l'imitation
de celles de l'escorce de tillet, qu'on façonne en France, mesme à Louvre en
Parisis) et mises sécher au haut de ma
maison, furent par le vent jettées dans
le fossé, puis retirées de l'eau boueuse, y
ayant séjourné quelques jours, et lavées
en eau claire, après destorses et séchées, je vis paroistre la teille, ou poil,
matière de la toile, comme soye ou fin

lin. Je fis battre ces escorces-là à coups
de massue pour en séparer le dessus, qui
s'en allant en poussière, laisse la matière
douce et molle, laquelle brayée, seran-
cée, peignée à la manière du chanvre et
du lin, se rendit propre à filer et en suite,
à estre tissue et réduicte en toile. Plus de
trente ans au-paravant, j'avois employé
l'escorce des tendres jettons de meurier
blanc, à lier des entes à escusson, au lieu
du chanvre dont communément l'on se
sert en tel délectable mesnage.

Voilà la première espreuve de la valeur de l'escorce du meurier blanc : lequel accident rédigé en art, n'est à doubter de tirer bon service de telle invention, ainsi estant le meurier blanc de
plusieurs utilités, au grand profit de son
possesseur. L'escorce du tillet, outre
qu'elle sert à faire des cordes, ainsi qu'a
esté dict, se ploye aucunement à estre
accommodée en toile : mais c'est ouvrage
très - grossier, comme pour servir en
voiles de moulin-à-vent, et choses semblables. L'ortie rend une exquise matière, dont sont faictes des belles et desliées toiles : mais il y en a si peu, qu'on
n'en peut faire autre estat, que pour la
curiosité. Quelques autres herbes et arbustes rendent aussi du poil, mais les
unes tant foibles, les autres en si petite
quantité, tant grossier, et avec tant de difficulté à le tirer, qu'il n'est possible de s'en
servir avec aucune utilité, ou seroit très-
petite (104). Il n'est pas ainsi du meurier
blanc, dont l'abondance du brancheage,
la facilité de l'escorcement, la bonté du
poil procédant d'icelui, rendent ce mesnage très-asseuré : voire, avec fort petite despence, le père-de-famille retirera
infinies commodités de ce riche arbre,

duquel la valeur, non cogneue de nos Ancestres, a demeuré enterrée jusques à présent, comme par les yeux de l'entendement il le recognoistra, encores mieux par les expériences. Mais afin qu'on puisse rendre de durée ce mesnage, c'est à dire tirer du meurier l'escorce sans l'offencer, ceci sera noté : que pour le bien de la soye, il est nécessaire d'esmunder, d'eslaguer, d'étester les meuriers, incontinent après en avoir cueilli la fueille pour la nourriture des vers, selon, toutesfois, distinction requise, comme j'ai monstré. Dont les branches provenantes de telles couppes, serviront à nostre intention : parce qu'estans lors en sève (comme en autre poinct ne faut jamais mettre la serpe aux arbres) très-facilement s'escorceront-elles : et ce sera faire profit d'une chose perdue, car aussi bien les faudroit-il jetter au feu. Mesme toutes despouillées d'escorces, ne laisseront d'y bien servir : si mieux l'on n'aime, au préallable, les employer en cloisons de jardins, vignes, etc. ; où tel brancheage est très-propre, pour ses durs piquerons, estant sec ; et de long service, pour la durté, ne pourrissant de long temps : d'où finalement retiré, pour dernière utilité, bruslé à la cuisine.

Les meuriers qu'on plante en l'autonne et à la fin de l'hyver, ne sont en sève ; néantmoins, les branches que lors on leur oste les étestant, seront utilement employées à ce service : moyennant qu'aussi tost on les enterre profondément, droictes ou recourbées, leur laissant sortir à l'aer quatre doigts de la cime, comme si on les plantoit pour s'y enraciner. Car ainsi posées passeront l'hyver, et ne faudront de pousser et faire jettons au printemps,

manifestans la sève qu'elles se seront acquise en ce délai. Ce que voyant, retirées de là, seront escorcées aussi facilement, que si on les avoit freschement couppées de l'arbre. De mesme fera-on de tout autre brancheage de meurier, que pour tailler, l'impatience, ou l'ignorance, ou la nécessité n'auront permis d'attendre l'arrivée de la sève, comme la droicte saison de tel mesnage. Ainsi, par artifice la sève reviendra à tel brancheage, tronçonné et endormi, profitans par ce moyen, toutes sortes de branches de meurier, jusques à la moindre pièce, en quel temps qu'on les couppe, pour bien servir en cest endroit.

Et parce que les diverses qualités des branches, diversifient la valeur de leurs escorces, dont les plus fines procèdent des tendres summités des arbres, les grossières, des grosses branches ja endurcies, les moyennes, de celles qui tiennent l'entre - deux : lors qu'on taillera les arbres, soit en les esmundant, eslaguant ou étestant, le brancheage en sera assorti mettant à part en faisseaux chacune sorte, afin que sans confus meslinge, toutes les escorces soyent retirées et maniées selon leurs particulières propriétés. Sans délai, les escorces seront séparées des branches, employant la faveur de la sève, qui passe tost, sans laquelle l'on ne peut ouvrer en cest endroit : et ayant embotelé les escorces, chacune des trois sortes à part, l'on les tiendra dans l'eau claire ou trouble, comme s'accordera, trois ou quatre jours, plus ou moins selon leurs qualités et les lieux où l'on est, dont les essais limiteront le terme : mais en quelque part qu'on soit, moins veulent tremper dans l'eau les minces et tendres

escorces, que les grosses et fortes. Retirées de l'eau, à l'approche du soir seront
estendues sur l'herbe de la prairie, si
l'avés à commodité; où ailleurs exposées
à l'aer, ayant délié leurs faisseaux, pour
y demeurer toute la nuict, afin d'y boire
les rozées du matin : puis devant que le
soleil frappe, seront ammoncellées jusques
au retour de la vesprée : lors remises au
serain, de là retirées au lever du soleil,
comme dessus, continuant cela dix ou
douze jours à la manière des lins, et en
somme, jusqu'à ce que cognoistrés la
matière estre suffisamment rouie, par
l'espreuve qu'en ferés, desséchant et battant une poignée de chacune des trois
sortes d'escorces, remettant au serain
celles qui ne seront assés appareillées, et
en retirant les autres, comme le recognoistrés à l'œil.

Il a esté veu ci-devant, que pour avoir
profit de la nourriture des vers-à-soye,
à moins de deux à trois mil pieds d'arbres,
la meurière ne se doit entreprendre : et
que pour la bien gouverner, afin d'en
tirer long service, requiert d'estre chastrée
chacun an, de la dixiesme ou douziesme
partie; par ainsi, peuvent estre estestés
tous les ans, de deux cens cinquante, à
trois cens meuriers, qui rendront tous-
jours, de trois à quatre cens charges de
bois et davantage. A laquelle quantité,
s'ad-joustant ce qu'on oste des arbres incontinent les avoir effueillés, en les esmundant et eslaguant, y aura abondance
de brancheage, et par conséquent, abondance d'escorces chacune année, d'où
sortira beaucoup d'ouvrage de diverses
sortes selon les assortissemens requis.

Mais encores ne s'arrestera-là nostre
mesnager, ains se dressera-il des taillis
de meuriers blancs, pour en coupper,
bassement, la moitié chacun an, à telle
cause divisant en deux ses taillis, dont
il tirera le brancheage, délicat et jeune,
duquel l'escorce se rendra propre à faire
des exquises et deshées toiles. Et seront
ces taillis-ci, non seulement utiles à fournir chacune année abondance de nouvelle
escorce, ains du fagotage à brusler : des
perches pour treillis aux jardins et à faire
des cercles pour les tonneaux et barrils,
à ce choisissant les plus grosses branches.
Aussi, à donner de la fueille pour nourrir
les vers-à-soye, la cueillant aux endroits
des arbres les plus soleillés et esventés.
Et pour comble de bon mesnage, à nourrir nombre infini de connins, pourveu
que les taillis soyent fermés pour garenne, à la manière enseignée ci-devant.
Ainsi seront quatre notables commodités
que le père-de-famille tirera de ses taillis :
ausquels pour le dégast que les connins
y pourroient faire, rongeans en hyver les
pieds des meuriers, comme ils font toutes
sortes de plantes, peu exceptées, ne laissera de se meubler de tant profitable bestail. Car pour corriger aucunement tel
vice, aidant au vivre des connins, ne
faut que semer de l'avoine en certaines
places et grandes allées, qu'à telle cause,
aura laissées vuides dans les taillis, où
les connins se repaistront durant les froidures, d'autant espargnans les meuriers :
pour le support desquels, en outre, fera
jetter aux connins, des despouilles du
jardin, du foin, des rameaux de vigne et
autres drogueries, en hyver lors que les
neges contraignent ce bestail de s'attacher aux arbres, par faute d'autre mangeaille. Encores pour cinquiesme commodité, j'ad-jousterai ici, que la fueille

des meuriers, en quelque part qu'ils soyent plantés, chéant d'elle-mesme à terre à la fin de l'esté, serrée en grenier séparé, là prise de jour à autre, et donnée bouillie aux pourceaux, les tient en bon poinct, commençeant de les mettre en chair : ce que leur vient très à propos, quand, en suite, se rencontre bonne glandée, dont ils parviennent au superlatif degré de graisse.

Je coucheroi ici pour sixiesme commodité les meures, fruict de ces arbres, tant aimées de la poulaille pour leur grande douceur, si le cueillir de la fueille des meuriers pour les vers, ne nous estoit le moyen d'en faire profit : lesquelles arrachées de l'arbre, quand-et la fueille, encores vertes, beaucoup devant leur maturité, restent de nulle valeur, dont n'en peut estre faict estat certain.

Toutes lesquelles choses, mettent à jour la valeur du meurier, arbre rempli de la bénédiction de Dieu, qui en ceste seule plante, donne à toutes sortes d'hommes et estats, ces belles matières pour les vestir et meubler, selon leurs affections. La terre propre au meurier pour porter digne nourriture au ver, est celle mesme que la vigne désire. Le vin est salutaire au ver, le fortifiant, le préservant et le guérissant de maladie. Et comme la vigne commence à produire bon vin, en sa cinquiesme ou sixiesme année, aussi en semblable aage, le meurier commence à porter fueille, très-bonne à bien nourrir le bestail, observation ja marquée ci-devant. Ayant faict marcher de compaignie ces deux excellentes plantes-ci, ne sera mal à propos, en continuant de représenter leurs sympathies, de dire, que comme l'esprit du vin, par distillation, se convertit en eau-de-vie : aussi la quint-essence du meurier, se rapportant à la fueille, est de là alambiquée par le ver, qui la convertit en soye : restant le terrestre dans le bois, duquel, encores la plus cuite partie, se rend à l'escorce, d'où elle est retirée, comme a esté veu. Or d'entrer plus avant en la considération de tels secrets de Nature, ce seroit surpasser les limites de ma délibération, qui est, de ne traicter en cest endroit, que de l'escorce du meurier blanc, pour en recueillir le bien qui y est caché. Ainsi mes discours ne s'enfonçeans jusques au centre, s'arresteront à la superficie.

NOTES DU CINQUIESME LIEU.

SOMMAIRE.

Page 2,
ligne première.

(1) Cᴇ chapitre XVI ne se trouve point dans l'édition de 1600 ; il forme l'échantillon de la deuxième, qui a paru en 1603, et il y a été inséré, ainsi que dans toutes les suivantes ; mais il est bon d'observer qu'il ne se trouve indiqué dans le sommaire de ce Lieu d'aucune édition, pas même de celle de 1603, où il a été mis pour la première fois ; tous finissent au chapitre XV.

L'édition du *Théâtre d'Agriculture*, en quatre volumes in-8º. , donnée en françois par M. *Gisors*, ayant été faite sur celle de 1600, on n'y trouve point non plus ce chapitre, ni aucune des additions assez nombreuses qui ont été ajoutées aux éditions suivantes, et dont j'ai indiqué les principales dans la Notice bibliographique placée en tête de ce volume. (*H.*)

CHAPITRE PREMIER.

Page 4,
colonne 1,
ligne 4.

(2) Avant de songer à composer sa basse-cour, il faut consulter les usages du canton qu'on habite, et la nature des produits qu'on récolte ; savoir proportionner le nombre et la qualité des volailles à l'étendue de l'emplacement, à la nature du sol, et aux débouchés que l'on a pour s'en défaire avantageusement. Toutes les localités, en effet, ne sont pas propres à l'éducation des oiseaux que nous avons soumis à la domesticité ; mais il n'y en a point où l'on ne puisse entretenir des poules : fidèles à la maison qui les a élevées, et non contentes de l'enrichir tous les jours de leurs œufs, elles ne s'en écartent jamais ; de sorte qu'en apercevant une poule, le voyageur qui chercheroit une habitation, est assuré qu'elle est près de lui. Les canards, quoique très - voraces dans leur premier âge, ne sauroient prospérer que dans les endroits aquatiques : l'humidité est leur élément, en vain l'on s'obstineroit à vouloir en élever dans les lieux secs et arides ; leur chair auroit infiniment moins de délicatesse. Il en est de même des oies, elles sympathisent bien avec les canards ; mais comme elles aiment mieux pâturer que barboter, on ne peut, sans prairies naturelles, où elles trouvent une grande partie de leur nourriture, en retirer aucun profit. Pour les dindons, à moins qu'on n'ait un bois, des buissons, des pelouses, et des champs sur lesquels on puisse les conduire après la moisson, pour consommer les grains que la charrue enterreroit ou que les oiseaux enleveroient, leur éducation, jusqu'au moment de les engraisser, deviendroit trop coûteuse.

Une vérité qu'on ne sauroit trop souvent mettre sous les yeux de la fermière, c'est que, si dans une grande métairie elle dédaigne de s'occuper spécialement de sa basse-cour, si elle n'adopte pas, pour les oiseaux qu'elle y rassemble, une méthode d'éducation réglée sur leur constitution physique, et que, dans le nombre de ses servantes, elle ne s'applique pas à en former une, qui soit en état de la seconder et même de la suppléer dans les détails de ce gouvernement, l'entretien des volailles deviendra pour le ménage une occasion d'embarras et de dépense, plutôt qu'une source de profit et d'utilité. (*P.*)

Page 5,
colonne 2,
ligne 28.

(3) I. *Olivier de Serres* en donnant au dindon le nom de méléagride, que *Linné* lui a conservé depuis, paroîtroit avoir adopté l'opinion de *Belon* et de quelques autres, qui prétendent que cet oiseau étoit connu des Anciens, s'il n'ajoutoit pas de suite qu'il n'est naturalisé en ce royaume que depuis peu de temps ; et en effet, on ne voit pas qu'il en soit fait mention dans les ouvrages des naturalistes et des économes modernes, publiés avant la découverte de l'Amérique. *Léonicer*, et quelques autres, dont les ouvrages sur l'histoire naturelle, l'hygiène et les alimens, ont été imprimés à Francfort et dans d'autres endroits de l'Allemagne, vers le milieu du seizième siècle, n'en parlent point encore.

encore. Je ne répéterai pas ici ce qui a été dit à ce sujet par notre collègue M. *Grégoire*, dans l'Essai historique sur l'état de l'agriculture en Europe, à l'époque d'*Olivier de Serres* (tome I, page clix); je me contenterai d'observer, 1°. que les auteurs de la *Zoologie britannique* (*British Zoology*, page 213) avancent comme un fait notoire, que le dindon a été apporté en Angleterre sous le règne de Henri VIII, contemporain de François Ier., et qui vivoient, l'un et l'autre, au commencement du seizième siècle ; 2°. et qu'*Aldrovande*, dont le second volume d'ornithologie a été imprimé à Bologne en 1600 , dit qu'il y a à peine quatre-vingts ans que cet oiseau a été apporté en Europe (lib. XIII , cap. IIII , pag. 36 , 20).

On en trouve une assez bonne figure en bois, et je crois que c'est la première, dans un ouvrage écrit avant 1550 , et imprimé cette année à Lyon , intitulé : *Second livre de la description des animaux, contenant le blason des oiseaux , composé par G. Gueroult*, in-8°.; cette figure est antérieure à celles de *Belon* et de *Gesner*.

II. La peintade, ou poule de Numidie, qui faisoit chez les Romains les délices des meilleures tables, est aujourd'hui assez commune dans plusieurs de nos basses-cours , pour espérer que, moyennant les soins de l'éducation, on parviendra à empêcher cet oiseau de crier, à calmer son ardente impétuosité , à adoucir son humeur irascible, et à affoiblir ses dispositions à faire la guerre aux autres volailles. Cette conjecture est d'autant mieux fondée , que déjà on a pu , dans quelques endroits , le familiariser au point d'accourir de très-loin à la voix qui l'appelle , et de venir, aux heures du repas, manger jusques sur la table.

III. L'outarde présenteroit un bien plus grand intérêt que la peintade : quelques tentatives infructueuses, entreprises à dessein de l'apprivoiser, n'ont pas été soutenues assez long-temps pour nous faire perdre l'espérance d'un meilleur succès; nous ne doutons pas qu'un jour ce grand oiseau, si précieux par la bonté de sa chair et par sa fécondité, ne perde de son caractère sauvage, et ne vive en société avec les autres volailles. Notre collègue M. *Chaptal*, pendant

son Ministère , a écrit aux Préfets des départemens à travers lesquels les outardes passent deux fois l'année, pour nous en procurer , soit à la faveur des filets , ou en s'emparant de leurs œufs, lesquels, couvés par une de nos poules ordinaires, donneroient des petits plus propres encore à la naturalisation.

IV. Pourquoi la gélinotte ne pourroit-elle pas être également admise dans nos basses-cours ? Il a fallu peu d'efforts à un habitant de la Silésie , pour en fixer de grandes quantités dans ses domaines. Ne bornons jamais nos recherches en ce genre : l'exemple du dindon transporté de si loin , et qui s'est multiplié parmi nous comme dans sa terre natale, ne devroit-il pas être pour les voyageurs un motif puissant de faire à l'Europe de pareils présens ?

V. *Le Vaillant* dit avoir vu dans les basses-cours des Hollandois , au cap de Bonne-Espérance , plus de vingt espèces de canards et d'oies sauvages , qui nous sont inconnues ; elles s'y multiplient comme les autres oiseaux domestiques de nos climats. L'oie de la Chine, de Norvège , de Guinée, d'Égypte , de Barbarie, du Canada , de la Frise ; les différens canards du cap de Bonne-Espérance, la sarcelle de la Caroline , les hoccos d'Amérique, prospérent non seulement sur les marais glacés de la Hollande , mais dans d'autres États du nord de l'Europe , et où on en obtient des métis, en croisant leurs races. (*H. et P.*)

(4) On trouve cette opinion dans presque tous les auteurs d'ouvrages sur l'économie rustique , et dans tous ceux qui ont écrit sur l'hippiatrique. Les propriétaires, les écuyers et les gens d'écurie ne manquent pas d'assigner encore pour principale cause de la toux des chevaux , d'avoir avalé quelques plumes. Je ne sais jusqu'à quel point cette opinion est fondée ; mais voici ce que j'ai été à portée d'observer relativement aux excrémens :

Les volailles juchées dans les écuries , dans les étables, dans les bergeries , salissent, par leurs excrémens, tout ce qui se trouve au-dessous d'elles.

Les cuirs des harnois qui s'y trouvent exposés sont bientôt séchés , gercés, et pour ainsi

Page 4, colonne II, ligne 17.

dire brûlés, à la place où les excrémens ont séjourné.

Lorsqu'ils tombent frais sur les animaux, le poil se détache quelquefois, et laisse une trace sèche et dartreuse sur la peau.

L'extrémité de la laine des moutons est séchée et pour ainsi dire calcinée à l'endroit exposé à l'action de ces excrémens.

Lorsqu'ils tombent dans les auges, et qu'ils se mêlent frais aux fourrages et aux grains, l'odeur fade et particulière qu'ils exhalent, dégoûte les animaux; cette odeur devient ammoniacale ou urineuse en séchant, les alimens s'en imprègnent, et les animaux les refusent également: ils les rejettent aussi, lorsqu'ils les rencontrent sous les dents avec les fourrages.

Olivier de Serres a déjà dit que la fiente de la volaille étoit nuisible aux pourceaux (tome I, Lieu IV, chap. XV, page 575, colonne I.)

Quant aux plumes, j'avoue que, malgré le préjugé, je ne les crois pas aussi nuisibles: peut-être l'idée de la toux que l'on croit qu'elles occasionnent, vient-elle de ce que quelquefois, en passant une plume dans le fond de la gorge, on excite les animaux et l'homme à tousser et à vomir.

J'ai vu souvent des chevaux manger des fourrages dans lesquels il y avoit des plumes, sans en être incommodés, et j'y en ai quelquefois introduit exprès moi-même; lorsqu'elles sont un peu fortes, ou qu'ils les sentent sous les dents, ils les rejettent, ainsi que la bouchée de fourrage qui les contient; mais ils les avalent lorsqu'elles sont petites, parce qu'alors elles se mêlent et se mâchent facilement avec les autres alimens.

Au reste, les plumes ne pouvant servir d'alimens, même aux animaux carnivores, qui les rejettent, et à plus forte raison aux herbivores, qu'elles peuvent dégoûter, et salissant les fourrages, dont la propreté est une des conditions essentielles, il est bon d'éviter qu'elles s'y trouvent mêlées d'une manière quelconque.

Toutes ces considérations suffisent sans doute pour éloigner les volailles des écuries, étables, bergeries, fénils et greniers, et pour ne point permettre qu'elles juchent sur les râteliers et sur les auges, comme il arrive dans beaucoup d'endroits. (*H.*)

(5) Les œufs sont en effet le revenu principal de l'entretien des oiseaux domestiques, dans une basse-cour; ils présentent, comme aliment, comme assaisonnement et comme médicament, une ressource infiniment précieuse dans toutes les circonstances de la vie; apprêtés sous une multitude de formes, et sous toutes également utiles et salutaires, ils figurent sur la table de l'homme riche comme sur celle du pauvre, du citadin comme de l'habitant des champs, de l'homme robuste comme du convalescent. Mais, combien cet objet est négligé, sur-tout dans les grandes exploitations! on ne s'y donne pas même la peine de compter le nombre des poules et des coqs qu'on entretient, et d'examiner s'ils réunissent les conditions propres à remplir le but auquel on les destine. Le poulailler mal situé, dans l'état le plus incommode et le plus malpropre, n'attache nullement les poules à leur demeure; elles vont pondre dans tous les coins et recoins de la ferme, et souvent au-dehors, dans les terres cultivées, où elles font en même temps beaucoup de dégâts; enfin, aucun de leurs produits n'est soumis au calcul et à la moindre surveillance: faut-il être étonné que la volaille ne présente souvent qu'une source de dépenses et de médiocres résultats? Il m'est arrivé plusieurs fois de parcourir quelques - unes de ces grandes fermes, avec l'intention de vérifier par moi-même dans quelle proportion les femelles se trouvoient respectivement aux mâles: après m'être assuré que le nombre des premières s'élevoit à cent cinquante environ, et celui des seconds à vingt-cinq, et qu'il y avoit par conséquent un coq pour le service de six poules, lorsque quatre mâles au plus suffisoient pour féconder toute cette peuplade volatile, je questionnai la fille qui en avoit le gouvernement, pour savoir à combien s'élevoit la quantité d'œufs qu'elle recueilloit par jour, et c'étoit au mois de Mai (Floréal), époque où la ponte est dans la plus grande activité; elle me répondit que la quantité alloit de trente à quarante, ce qui me fit juger que le maître perdoit journellement, par aperçu, soixante à soixante-dix œufs. Cette fille fut de mon avis; mais elle m'ajouta que le logement des poules étant incommodément placé, elles se rendoient par toutes les ouvertures

de la cour aux champs, et qu'il lui étoit impossible de se charger d'aller ramasser les œufs. J'engageai la ménagère à donner au poulailler un autre aspect, plus commode et plus attrayant pour les poules; à exiger qu'on leur jetât, dans le lieu qui en seroit le plus voisin, leur manger, et en attendant, à faire suppléer la fille de basse-cour par des enfans auxquels il seroit accordé deux sols (dix centimes) par quarteron d'œufs ramassés hors de la cour. Ce conseil, mis à profit, a eu son plein effet; et quoique ce soit un foible accessoire à la masse des productions d'une grande ferme sagement administrée, que les œufs, je ne saurois assez inviter ceux qui se trouveroient dans le cas précité, de mieux soigner le poulailler, s'ils veulent attacher les volailles à leur demeure, et les déterminer à venir y pondre; et en attendant qu'elles s'y accoutument, d'intéresser, par une récompense, quelqu'un à la recherche et à la collecte des œufs; car ce qui s'en perd journellement suffiroit au-delà pour la table du maître et des gens de la ferme. Cette précaution, de lever les œufs pondus çà-et-là dans la cour et dans les champs, est d'autant plus avantageuse pour faire perdre à certaines poules leur disposition naturelle à pondre à l'aventure, que, pendant la nuit, les animaux de proie découvrent la touffe ou le buisson dépositaire des œufs, et les mangent, ce qui porte les femelles à continuer d'y pondre, et les expose à s'épuiser inutilement, parce qu'elles n'en trouvent jamais dans leurs nids un nombre suffisant pour couver. (*P.*)

<hr>

CHAPITRE II.

Page 6, colonne II, ligne 15.

(6) En entrant dans un poulailler, il est facile de voir que, malgré son étendue, les poules, coqs, peintades et poulets qui y passent la nuit, n'occupent qu'un certain espace; qu'ils se trouvent les uns à côté des autres, de manière à s'échauffer et à s'électriser réciproquement. J'ai remarqué que leur habitation devoit être plutôt trop petite que trop grande, mais toujours proportionnée au nombre des volailles; car il paroit constant qu'il y a peu d'œufs à espérer des poules qui demeurent dans un grand poulailler. (*P.*)

Page 8, colonne II, ligne 5.

(7) Que le coq, de ses sœurs et l'époux et le roi,
Toujours marche à leur tête, et leur donne la loi.
Il peut dix ans entiers les aimer, les conduire;
Il est né pour l'amour, il est né pour l'empire.
En amour, en fierté, le coq n'a point d'égal.
Une crête de pourpre orne son front royal;
Son œil noir lance au loin de vives étincelles;
Un plumage éclatant peint son corps et ses ailes,
Dore son cou superbe, et flotte en longs cheveux:
De sanglans éperons arment ses pieds nerveux:
Sa queue en se jouant du dos jusqu'à la crête,
S'avance et se recourbe en ombrageant sa tête.

. . . .

Sa tendresse, toujours active et vigilante,
Défend le peuple heureux qu'il conduit par ses soins.
Roi sensible, époux tendre, il veille à leurs besoins.
Il aime à leur offrir la pâture cachée
Que son pied scrutateur sous la terre a cherchée.

(ROSSET, *Poëme de l'Agriculture*, Chant VI.)

On voit quelquefois des coqs, parmi ceux de l'espèce commune, qui au lieu d'avoir la crête simple et élevée, l'ont divisée en deux ou plusieurs pièces, de manière qu'elle ressemble, pour ainsi dire, à une grenade double. Dans plusieurs endroits on rejette ces coqs comme moins vigoureux que les autres; mais *Rozier* observe que c'est une erreur, si le coq a d'ailleurs toutes les autres qualités requises.

On voit aussi quelquefois des saltinbanques, ou des banquistes, promener des coqs cornus qu'ils montrent comme des monstruosités de la Nature, et on en trouve même la figure dans quelques ouvrages sur les monstres; c'est au moyen d'un tour-de-main bien simple qu'on parvient à produire cet effet, qui n'est véritablement qu'une greffe animale. On coupe la crête d'un jeune coq, on y insère, entre les deux membranes qui la composent, un ou deux ergots fraîchement coupés aussi à un jeune animal; on les fixe dans la direction qu'on veut leur donner, par quelques points de sutures, et on laisse l'animal tranquille: la reprise se fait promptement, l'ergot pousse quelquefois vigoureusement; s'il n'y en a qu'un, le coq est montré comme licorne; s'il y en a deux, on l'annonce comme coq-chèvre, etc.; et le peuple, toujours crédule et toujours trompé, répète, de bonne foi, toutes les erreurs qu'on lui débite pour le duper. Il en est ainsi des prétendus œufs de coqs, auxquels on croît encore dans beaucoup d'endroits, quoique cette erreur soit tellement reconnue aujourd'hui, que je crois inutile d'en parler ici. (*H*.)

Page 8, colonne II, ligne 14.

(8) La poule qu'on appelle commune, à cause de la préférence qu'on lui donne presque partout, est celle qu'on doit s'attacher à multiplier: sa fécondité est intarissable, hors le temps de la mue; elle pond sans s'arrêter, jusqu'à l'apparition des froids : elle a encore l'avantage d'être la plus vigoureuse et la moins difficile sur le choix de la nourriture; quand la cour, la grange, les écuries, les fumiers, sont insuffisans pour fournir à sa subsistance, elle trouve, le long des haies et des chemins, des insectes et des grains pour y suppléer. C'est donc principalement de cette race qu'il faut peupler les basses-cours, sur-tout lorsque les soins et les dépenses ont pour objet les œufs. Nous ignorons à qui nous sommes redevables de cette conquête: l'époque de son acquisition se perd dans la nuit des temps; mais on peut l'envisager comme un vrai bienfait pour l'humanité.

On connoit des races de poules qui donnent d'aussi gros œufs que les dindes et les oies de la grande espèce; mais la ponte n'en est pas aussi considérable. Les variétés dans la couleur des plumes et des pattes, dans le volume et la forme du corsage, sont nombreuses; mais les poules à plumage frisé et à pattes emplumées, doivent, malgré les éloges qu'on leur a prodigués, être proscrites d'une basse-cour utile: les premières, parce qu'ayant la peau à découvert, elles sont plus facilement affectées du froid et moins empressées à pondre; les secondes, à cause de l'humidité qu'elles rapportent au poulailler, et qui les rend inhabiles à la ponte et sujètes à la vermine. Le pays de Caux possède deux variétés de poules, l'une huppée, d'un plumage varié, qui produit de gros œufs, mais peu; l'autre, noire, portant une petite crête, pondant beaucoup et de beaux œufs. L'une et l'autre sont également bonnes pour élever des poulets, dont on fait, suivant le sexe, des poulardes et des chapons; mais M^de. *Chaumontel* a observé, relativement aux huppes et aux crêtes, que plus la Nature s'est mise en frais pour décorer les poules, moins elles pondent. Mes efforts ne tendent qu'à augmenter la production des œufs sans augmenter le nombre des poules. Je voudrois retrouver la poule d'Adria, qui, selon *Aristote*, pondoit régulièrement tous les jours, et quelquefois deux œufs par jour; c'est sur cette poule que j'appellerois tous les soins, en supposant cependant que ses œufs se rapprochassent, par leur volume, de ceux de la poule commune ; car il paroît que la ponte est d'autant plus considérable, que les œufs sont moins gros.

La poule de soie, si jolie et si mignone à cause de sa forme et de la finesse de ses plumes, si attentive à pondre, si assidue à couver, qui a pour ses poussins tant de tendresse et de sollicitude, seroit à coup sûr ma poule favorite et celle que je proposerois de substituer à toutes les autres; mais malheureusement deux de ses œufs n'en valent pas un de la poule commune, et c'est à regret que je la relègue dans la basse-cour des curieux, où elle peut cependant servir d'exemple aux mères coquettes et dépensières. Ce ne seroit pas la première fois que l'orgueilleuse raison auroit reçu des leçons de l'instinct. (*P*.)

Page 8, colonne II, ligne 16.

(9) Il est suffisamment constaté que la poule n'a pas besoin du concours du coq pour produire des œufs. On a vu une poule, en cage pendant deux ans, pondre régulièrement tous les deux jours, depuis le mois de Ventose (Mars) jusqu'à la fin de Fructidor (Septembre), sans jamais manifester le désir de couver, et sans que les œufs eussent moins de qualités que ceux de poules en liberté, ayant eu communication avec les coqs. Ils naissent naturellement sur cette grappe qu'on nomme l'ovaire, et peuvent y grossir, mûrir, se perfectionner, sans être fécondés; ce sont ce qu'on appelle des *œufs clairs*: le principe de vie communiqué par l'acte du mâle pour le but que la Nature se propose, n'a aucune influence sensible sur le goût et la propriété alimentaire des œufs.

Pour appuyer cette vérité, il me suffira de dire que, pendant deux hivers, on n'a mangé chez moi que des œufs clairs; qu'on n'a pas remarqué qu'ils fussent différens, pour le goût, des œufs fécondés; et que qui que ce soit n'a été incommodé de leur usage. Combien d'œufs clairs circulent dans le commerce, sans qu'on s'en doute! Il y a des années où la plupart des poules n'en pondent pas d'autres; et les marins, qui n'embarquent des poules que pour avoir des œufs frais, ne songent pas à leur procurer de coqs. Transportons-nous, d'ailleurs, dans les petits ménages qui, de temps immémorial, sont dans l'habitude d'entretenir quelques poules sans mâle; en consomment-ils moins les œufs avec plaisir et sécurité? Que les particuliers qui veulent avoir quelques poules, pour les nourrir avec les miettes de la table et les débris de la cuisine, cessent de croire qu'elles ne pondroient pas s'ils ne leur procuroient la société d'un coq; et qu'ils soient bien convaincus qu'en le supprimant comme inutile, le grain qu'ils épargneroient les mettroit dans le cas de nourrir une poule de plus. (*P.*)

(10) Le mil sarrasin est le sarrasin ordinaire, ou blé noir (*polygonum fagopyrum*, *L.*); on lui donnoit ce nom, comme on appeloit le maïs ou blé de Turquie (*zea mays*, *L.*), gros millet, et pour le distinguer du mil ou millet ordinaire (*panicum miliaceum*, *L.*), et du grand millet noir (*holcus sorghum*, *L.*), ou millet d'Afrique. (*H.*)

(11) Les poules sont les oiseaux les plus faciles à nourrir: toutes les substances alimentaires leur conviennent, même lorsqu'elles sont enfouies dans le fumier. Rien n'est perdu avec elles: on les voit, pendant toute la journée, occupées sans cesse à gratter, à chercher et à ramasser, pour vivre. La semence la plus fine, la plus imperceptible, ne peut échapper à leurs regards perçans; la mouche, dont le vol est le plus rapide, ne sauroit se soustraire à la promptitude avec laquelle elles dardent leur bec; le ver, qui vient respirer à la surface de la terre, n'a pas le temps de se replier sur lui-même, il est aussitôt saisi par la tête et déterré, passe de bec en bec, jusqu'à ce qu'enfin il soit porté assez loin de la foule, par la dernière qui l'a obtenu, pour avoir la liberté de le manger à son aise. Mais relativement à la nourriture qu'on leur donne, l'expérience a appris qu'il étoit essentiel:

1°. Que la pâtée fût chaude lorsqu'on la leur distribuoit, parce que dans cet état elle contribuoit à mieux conserver leur santé, à les rendre plus fécondes, et à les nourrir davantage;

2°. Qu'on pouvoit remplacer la distribution des grains cuits ou crus, par celle de la pomme de terre cuite, même à une certaine quantité de farine de ces grains, ou mieux encore par ce mélange converti en pain, puis mis sous forme de panade;

3°. Que les grains étoient, en général, meilleurs lorsqu'ils avoient éprouvé la cuisson, et encore plus nutritifs lorsqu'ils avoient subi la panification;

4°. Que la plus excellente nourriture pour les poules, étoit ce même pain trempé et mêlé avec de la viande bouillie et hachée;

5°. Que, quand on employoit les os pour varier la nourriture des poules, il falloit les concasser, si on vouloit qu'elles les digérassent avec autant de facilité et de promptitude que les noyaux des olives, qu'on ne retrouve plus dans la fiente des volailles; en quoi elles diffèrent des animaux ruminans, qui les rendent entiers;

6°. Enfin, que la digestion des poules se faisant principalement par trituration, leur instinct les portoit à avaler des petites pierres ou des petits cailloux, pour aider les forces musculaires de leur gésier; mais que souvent il arrivoit que, rencontrant du verre, elles l'avaloient comme corps dur, sans s'embarrasser de la faculté qu'il a de couper et de piquer; que les effets funestes de cette substance, qui ont eu lieu sur plusieurs poules, devroient déterminer les cultivateurs à ne pas souffrir que, parmi les débris de la cuisine qu'on jette sur le fumier, il s'y trouvât du verre, des écailles de moules, des débris de faïance, etc. (*P.*)

(12) Plusieurs économes ont fait usage, avec grand profit, des verminières qu'indique *Olivier de Serres*, et elles ont très-bien réussi à *Rozier*, qui les a aussi essayées; mais il est bon d'observer que, si la volaille les a à discrétion, elle s'engraisse à vue d'œil, et pond beaucoup moins; le trop, dans tous les cas, est toujours nuisible. *Olivier de Serres* les regarde comme très-

utiles pendant l'hiver, et il a raison ; mais lorsqu'il gèle bien serré, les vers s'enfouissent profondément, et les poules n'en trouvent plus :
d'ailleurs, quand ils y resteroient, ils y seroient engourdis par le froid, et la terre, endurcie par la gelée, ne sauroit être divisée par les
poules. Il convient donc, vers l'époque du froid,
d'entourer et de couvrir la verminière avec du
fumier, afin de la préserver des effets de la gelée ; d'en retirer chaque jour la quantité dont on
a besoin, et de reboucher l'ouverture aussi avec
du fumier ; mais comme les poules iroient gratter ce fumier et celui du pourtour, le tout doit
être recouvert par des fagots d'épines, comme
le dessus, et assez serrés pour que les poules
ne puissent les pénétrer. (*H.*)

Page 17,
colonne II,
ligne 17.

(13) Je ne puis partager à cet égard l'opinion
de l'auteur ; les œufs doivent être recueillis deux
fois par jour, et je me fonde sur cette observation : Supposons que douze poules se soient
succédées dans le même pondoir, et que chacune, pour déposer l'œuf, ait employé à son
opération une demi-heure, n'est-il pas vrai
que le premier œuf pondu aura éprouvé une
incubation de six heures, temps suffisant pour
éveiller la vitalité du germe et déterminer un
développement assez frappant pour être sensible à la lumière d'une chandelle et à l'organe du goût ? Qu'on cesse maintenant d'être
étonné, si les œufs de la même date, pondus par
les mêmes espèces de poules, et dans une même
basse-cour, présentent tant de différences
entr'eux ; si, dans la couvaison, tous les poussins n'ont pas le même succès et la même vigueur ; enfin, si dans l'application du même
procédé pour les conserver, il s'en trouve qui
s'altèrent plus promptement et plus fortement.
L'attention de ramasser les œufs deux fois le
jour, à midi et à cinq heures, de ne pas les
laisser trop long-temps séjourner dans le pondoir, peut donc exercer une certaine influence
sur leur qualité. (*P.*)

Idem,
colonne II,
ligne 28.

(14) Pour sanifier le poulailler, on ne se sert
plus de toutes ces substances résineuses et aromatiques dont les Anciens ont donné des recettes
si variées ; l'expérience a appris que ces fumigations nuisoient aux poules dans plusieurs circonstances ; qu'en général elles ne purifioient
point, qu'elles ne faisoient qu'aromatiser des
miasmes putrides et augmenter l'insalubrité de
l'habitation, et qu'elles ne préservoient pas les
poulets de la pépie, comme notre auteur le dit plus
loin (page 17, colonne II). Aujourd'hui on n'emploie plus que le feu, l'air et l'eau : ces trois agens
sont assez puissans, assez actifs, pour produire les
meilleurs effets ; ainsi, après la sortie des poules,
il faut ouvrir le poulailler, et après en avoir
fermé porte et fenêtres, y promener de temps
en temps une petite botte de paille enflammée,
pour renouveler l'air et détruire les insectes
ou leurs œufs. Au reste, peu importe le corps
combustible dont on se sert ; pourvu qu'il produise une flamme claire, vive et sans fumée,
cela suffit : la fumée masque seulement pour
un temps la mauvaise odeur, et ne neutralise
point les miasmes ; ainsi la paille, les chene-
votes, etc., valent mieux, dans ce cas, que
toutes les plantes odorantes si vantées. On
gratte et on lave à l'eau froide, et quelquefois
même à l'eau bouillante, mêlée avec un peu de
vinaigre, les paniers des nids, les perches, les
abreuvoirs, etc. ; le sol pavé en pierres plates
ou polies, ou en bons carreaux, est fréquemment balayé, ratissé, lavé, et recouvert d'une
couche de gravier, ou de paille hachée menu.

Rozier observe aussi que les murs du poulailler doivent être recrépis ou blanchis souvent, et tous les trous, fentes, crevasses et lé-
zardes, bouchés avec soin, pour que les rats, les
souris et autres animaux, ne puissent pas s'y
introduire. Les poules aiment à jouir d'un sommeil paisible, et ces animaux les troublent et les
épouvantent pendant la nuit. Il en est des poulaillers, dans presque toutes les campagnes,
comme des bergeries, des étables et des écuries,
auxquelles on fait peu d'attention, et qui sont
autant de foyers de corruption et de putréfaction. Si le poulailler est humide, les poules sont
affectées de douleurs rhumatismales ; s'il est
trop froid, elles pondent rarement ; s'il est trop
chaud et humide en même temps, elles l'abandonnent, ou elles deviennent la victime des maladies putrides.

D'après tout ce qui précède, il faut conclure
que le poulailler doit être tenu dans la plus

grande propreté; qu'on doit, au moins deux fois par semaine, en enlever tout le fumier, et laver, s'il est nécessaire, les murs, sur-tout pendant l'été. Ces attentions ne sont pas aussi minutieuses qu'on pourroit le croire, et il ne faut souvent pas attribuer à d'autres causes qu'à la négligence des ménagères, à cet égard, les maladies qui attaquent habituellement la volaille, et qui la détruisent même quelquefois totalement. (*P. et H.*)

(15) On a vu, tome I, notes (21) et (35), pages 591 et 595, que l'on confondoit, du temps d'*Olivier de Serres*, et que l'on confond encore aujourd'hui dans les départemens méridionaux, le sainfoin (*hedysarum onobrychis*, *L.*) et la luzerne (*medicago sativa*, *L.*), c'est-à-dire, que l'on donne à l'une de ces plantes, réciproquement, le nom de l'autre; ainsi, c'est de la graine de luzerne dont *Olivier de Serres* entend parler ici; et déjà, tome I, chapitre V, page 518, colonne II, il avoit indiqué cette graine comme propre à engraisser la volaille, et à la faire fertilement over ou pondre. (*H.*)

(16) Tous les intermèdes employés alternativement à la conservation des œufs, ont plus ou moins d'inconvéniens. Un moyen efficace, mais embarrassant, parce qu'il exige une opération préliminaire, c'est, en les tirant du panier, de les plonger, au moyen d'une écumoire, dans l'eau bouillante, comme pour les manger à la coque, et de les y laisser deux secondes; au sortir de l'eau on les essuie, on les marque, soit à l'encre, soit au charbon, afin de pouvoir, à la faveur d'un numéro, les employer selon leur rang d'âge; puis on les met en réserve dans un lieu frais, où il est possible de les garder pendant plusieurs mois et de leur conserver un caractère d'œufs frais. La chaleur opère la cuisson d'une très-petite couche du blanc ou albumine, le plus voisin de la surface interne de la coquille; dans cet état, les œufs souffrent infiniment moins de déperdition, et quand on veut s'en servir pour les manger à la mouillette, on les fait réchauffer dans l'eau bouillante, à-peu-près autant de temps qu'ils y ont déjà été, c'est-à-dire deux secondes: ils ressemblent alors, pour le goût, à des œufs frais du jour; la partie

appelée improprement le lait, y est si abondante, que les personnes les plus difficiles et les plus exercées, y sont trompées. On a seulement remarqué qu'au bout de quatre à cinq mois, la membrane qui tapisse l'œuf, devient plus épaisse.

Mais ce moyen, praticable seulement dans un ménage, ne convient pas pour le commerce; la paille, comme on sait, est un des plus mauvais conducteurs de la chaleur: les grains et tous les corps sujets à s'altérer se conservent plus facilement dans un grenier couvert de chaume que dans un magasin dont la toiture est en tuile ou en ardoise; on se garde bien de recouvrir les glacières d'une autre matière. Tous ces motifs m'ont déterminé à donner à des paillassons la forme de paniers, dans lesquels j'ai isolé les œufs par couches, avec des balles de grains; et suspendant le panier dans un lieu sec et obscur, c'est à la faveur de ce moyen que je suis parvenu à prolonger le terme de la fécondation des œufs, et à leur conserver, pendant l'été, sinon le caractère d'œufs frais, du moins une qualité propre à les soumettre à tous les procédés de la cuisine.

Plusieurs économes ont dit assez vaguement qu'ils avoient cru remarquer que les œufs qui étoient fécondés ne se gardoient pas aussi longtemps que les œufs clairs, et il seroit bien possible que le succès des procédés indiqués pour les conserver, fût dû plutôt à leur non-fécondation qu'à la bonté de la méthode; mais quels que soient ces moyens, ils ne sont pas assez efficaces pour permettre au cultivateur de former des magasins d'œufs, avec l'intention de les vendre un certain prix dans la saison où on en a le plus besoin pour remplacer les alimens qui manquent: il porte promptement au marché ce qui excède la consommation de sa maison, ne se détermine à faire des provisions que des œufs pondus depuis Thermidor (Août) jusqu'en Vendémiaire (Octobre), parce que l'expérience lui a prouvé qu'en général ces œufs, qui proviennent de la seconde ponte, sont précisément ceux qu'on conserve le plus facilement. A cette époque de l'année, les poules sont nourries de grains, et mangent moins d'herbes: c'est peut-être là une des causes qui rendent la conservation des œufs plus facile; mais il y a tout lieu de

présumer que la principale appartient à l'affoiblissement de la vigueur du coq, et du temps
moins chaud qui règne alors, puisqu'il est reconnu que les poussins d'automne n'ont jamais
la même vigueur que ceux éclos au printemps.

Dans le cas où on auroit à former des magasins d'œufs dans des places fortes, dans des villes
extrêmement populeuses, enfin lorsqu'il s'agiroit d'en approvisionner des vaisseaux, quels
seroient les moyens qu'on pourroit employer
pour les préserver d'altération pendant un temps
assez considérable? *Réaumur* prétend en avoir
trouvé un, aussi simple que facile à exécuter.
Pour avoir, dit-il, dans toutes les saisons, des
œufs constamment frais, et parmi lesquels il
n'y en ait jamais de gâté, il suffit d'intercepter
la transpiration qui se fait dans chaque œuf,
d'empêcher la communication de l'air avec les
matieres qui y sont contenues, et par-là la fermentation qui peut les altérer; il n'est question
pour cela que d'enduire la coquille d'un vernis
imperméable à l'eau, ou plus simplement encore, d'huile ou de graisse, avec la précaution
de passer et de repasser les doigts sur sa surface, afin d'être bien assuré qu'il n'y a aucune
partie de cette coquille qui ne soit imbue d'huile,
de graisse ou de beurre. Les œufs ainsi préparés, ajoute *Réaumur*, ne souffrent point d'évaporation, tout y demeure en repos; ils ont beau
vieillir, ils demeurent toujours frais.

Comment un moyen qui, d'après cet auteur,
auroit empêché la perte de cette énorme quantité d'œufs, qui auroit fait diminuer le prix de
cette denrée, qui auroit donné en abondance des
œufs frais dans la saison où on n'en trouve que
de vieux, qui auroit procuré dans les voyages
de long cours l'avantage inappréciable de manger des œufs excellens; comment un moyen qui
intéresse tous les hommes, a-t-il pu être négligé? C'est que, vraisemblablement, il faut rabattre des magnifiques promesses de *Réaumur*;
car il n'est pas démontré que ces différens vernis, qui remédient très-bien à l'évaporation de
l'humidité contenue dans l'œuf, soient un préservatif assuré contre le germe dont l'existence
est sans contredit un obstacle à la conservation
des œufs. En effet, ils ne se gâtent pas seulement par la perte de leur humidité, qui fait

rompre l'équilibre de leurs principes; mais il
existe une autre cause de corruption, qui n'a pas
échappé aux marchands: l'expérience leur a appris qu'ils ne pouvoient jamais compter sur une
longue conservation des œufs exposés à un transport quelconque. Quelle en est la raison ? C'est
que, dans les voyages par terre, les œufs souffrent des cahots des voitures, et dans ceux par
mer, ils sont maltraités par le roulis du vaisseau;
que ces mouvemens plus ou moins brusques
rompent les vaisseaux par lesquels le germe est
attaché à la membrane du jaune; que ce germe,
privé des organes qui entretenoient sa vie, meurt
et se corrompt avec tout ce qui l'environne. Les
œufs transportés seulement à la distance de trois
à quatre lieues (un ou deux myriamètres), se
conservent bien moins que ceux qui n'ont subi
aucun déplacement. Mais il n'y a aucune se-
cousse à craindre pour les œufs clairs, dans le
transport: le germe peut bien se détacher des
ligamens qui l'attachent au jaune, mais n'étant
pas fécondé, il n'a pas, comme tout ce qui est
animalisé, une propension à s'altérer. Il faudroit donc, par addition au procédé de *Réaumur*, ne transporter les œufs par terre et par
mer, qu'avec la précaution de les suspendre
de manière à ce que tous les mouvemens qui
pourroient leur nuire fussent brisés; encore
n'est-on pas complètement rassuré contre tout
danger, lorsqu'on considère que le germe, sans
éprouver d'accident, peut mourir, et qu'il est
mort dans l'œuf gardé au-delà du temps où il
peut encore être couvé. Peut-être qu'il ne faut
qu'un coup de tonnerre pour faire périr le germe,
même dans les œufs frais ? Il passe pour constant que ce météore produit cet effet sur les
embryons des œufs qu'on fait couver; ne seroit-il pas possible qu'il en produisit un pareil
sur ceux des œufs mis en magasin? On sait que,
dans les corps organiques, la corruption commence toujours par les germes.

D'après toutes ces considérations, le moyen
le plus efficace pour conserver les œufs, seroit
de ne transporter que des œufs pondus par des
poules qui n'ont point eu de communication
avec les coqs; et il est prouvé que ces œufs,
qu'on nomme *clairs*, sont aussi sains, aussi savoureux que ceux qui sont fécondés; qu'ils résistent,

sistent, sans se corrompre, à une température de trente-deux degrés, continuée pendant trente à quarante jours; que seulement ils perdent de leur humidité, par une évaporation qui épuise leur liqueur et l'épaissit. Or, pour avoir des œufs capables de se conserver mangeables sans préparation, depuis le printemps jusqu'à la fin de l'hiver, il faudroit qu'ils eussent été pondus par des poules privées, depuis au moins un mois, de l'approche du coq; et si on les destinoit à être gardés encore plus long-temps, il serait nécessaire de recourir au procédé de *Réaumur*, pour les vernir ou les graisser. (*P.*)

Page 13, col. I, lig. 28.

(17) L'expérience dément cette assertion, que les poules sont caduques à l'âge de quatre ans; elle prouve, au contraire, que, pour avoir de bonnes couveuses, il faut les choisir depuis trois ans jusqu'à cinq; jeunes, elles sont trop vives et trop dissipées pour bien s'acquitter de cette fonction: l'époque de quatre ans est la plus favorable de leur vie, quand elles ne sont pas usées par une ponte excessive, ou par les infirmités. (*P.*)

Page 14, col. I, lig. 25.

(18) *Estaudeau, estoudeau, étoudeau, hestoudeau, hétoudeau, hétudeau, hustardeau, hustaud, hutaudeau.*

Olivier de Serres paroît d'abord faire ce mot synonyme de *chaponneau*; mais ensuite il parle de *chaponner les estaudeaux*, et plus loin il indique les *chapons* et les *estaudeaux*, ce qui annonce bien qu'il y a une différence entr'eux. Et en effet, l'*hétudeau* est le gros poulet, ou le poulet gras, et on voit qu'autrefois, au marché de la vallée, à Paris, et dans les offices de la maison du roi, deux *hétudeaux* passoient pour une pièce de volaille, tandis qu'il falloit trois poulets ordinaires pour faire la pièce; ainsi l'*hétudeau* n'étoit pas aussi fort que le chapon, qui formoit seul une pièce, puisqu'il en falloit deux; et il étoit plus fort que le simple poulet, puisqu'il en falloit trois.

Quant à l'origine de ces mots, les uns les font venir du latin *ustulatus*, dérivé de *ustus*, parce que les Anciens chaponnoient par le feu; d'où nous avons fait *hustaud* et *hutaudeau*, qui étoient des mots très-usités anciennement dans les provinces d'Anjou et du Maine, où l'on engraissoit beaucoup de volaille; comme d'*exustus*, pour signifier un poulet châtré, nous avons fait *hétoudeau ou hétudeau*. Les autres les font venir de la basse latinité du mot *haistaldi*, nom que l'on donnoit aux paysans attachés à la glèbe, et que l'on a donné ensuite peu-à-peu à la volaille qu'ils élevoient et dont ils faisoient le commerce. Il y a plusieurs exemples semblables: c'est ainsi qu'on a appelé long-temps, et qu'on appelle encore, dans quelques endroits, les dindons, *Jésuites*, parce qu'on assure que ce sont ces religieux qui les ont apportés, et leur nom même leur est resté de celui du pays d'où ils viennent. (*H.*)

Page 14, colonne II, ligne 2.

(19) L'expérience m'a convaincu qu'il étoit impossible, d'après seulement les formes extérieures des œufs, de décider le sexe de l'animal que la coquille renferme. J'ai composé des couvées entières d'œufs pointus par un bout, et d'autres obtus aux deux extrémités, et elles ont présenté des coqs et des poules dans les proportions ordinaires; car on sait que les gallinacées sont polygames, c'est-à-dire qu'elles produisent plus de femelles que de mâles. Si une fille de basse-cour pouvoit conserver dans sa mémoire le souvenir de la forme du premier œuf qu'une poule a d'abord pondu, et qu'elle pût la suivre dans le cours de sa ponte, elle acquerroit bientôt la preuve que cette forme, à laquelle on a cru devoir attacher tant d'influence, appartient au moule et à la constitution physique de la poule, et qu'elle ne peut devenir un indice de ce que l'œuf contient intérieurement. (*P.*)

On rencontre assez fréquemment des monstruosités dans les œufs, c'est-à-dire qu'ils affectent quelquefois une forme plus ou moins irrégulière. Nous en avons vu en forme de poires, ou à queue; d'autres, en forme de cornue; quelques-uns déprimés dans leur milieu comme un rein; ceux-ci présentant sur la coquille différens dessins, quelquefois même en relief, ou couverts de tubérosités semblables à des porreaux ou à des verrues, ce qui annonce l'abondance de la matière crétacée, ou carbonate calcaire, qui sert à la composition de la coquille, et indique qu'il faut donner aux poules des alimens propres à la diminuer, ou les empê-

X

cher de manger cette matière elle - même en aussi grande quantité; ceux-là, au contraire, sont enveloppés d'une membrane molle, plus ou moins épaisse et solide, semblable à du parchemin, qui annonce le défaut de cette matière crétacée, et indique le besoin qu'en a la volaille; ceux-ci sont connus sous les noms d'*œufs hardés* (*). Enfin, on en trouve deux l'un dans l'autre, et tous deux bien conformés, ou plus ou moins incomplets; quelquefois un œuf a deux jaunes, et produit, lorsqu'il est couvé, des poulets également monstrueux, ou il en manque totalement, etc., etc. (*H.*)

Le moyen de plonger les œufs dans l'eau, pour juger s'ils sont bons à manger et à couver, n'est rien moins que certain, car tous les œufs de ma basse-cour, qui vont constamment au fond de l'eau, sont cependant des œufs clairs. La proposition de les laisser séjourner un moment dans l'eau froide, préalablement à la couvaison, pour les mettre tous à la même température, ne paroît pas plus fondée. Il suffit qu'ils soient une heure environ dans le même milieu, pour éclore ensemble; la différence dépend plutôt de l'époque où ils ont été pondus. Je crois bien qu'un œuf, assez léger pour surnager, ne seroit propre ni à la couvaison, ni aux usages qu'on en fait dans la cuisine et dans les arts. (*P.*)

Page 14, colonne II, ligne dern.

(20) Malgré ce qu'ont dit *Olivier de Serres* et quelques autres, on a droit d'être étonné de ce qu'on recommande toujours, comme une circonstance nécessaire au succès de la couvaison, de mettre les œufs en nombre impair, et de ce que beaucoup d'auteurs aient insisté sur cette

(*) Dit-on des œufs *hardés* ou *ardés*, et d'où vient l'origine ou l'étymologie de ces mots, qu'on ne trouve nulle part?

Vient-elle de *arder*, *brûler*, du latin *ardere*, d'où l'on a fait le vieux verbe *ardre* ou *ardoir*, et d'où nous avons conservé *ardent*, parce que l'on prétend que les poules qui pondent ces œufs sont trop échauffées?

Vient-elle de *hardelle*, ancien mot, qui signifioit *jeune fille*; parce que l'on dit que les jeunes poules sont plus sujettes à faire des œufs *hardés*?

L'*Encyclopédie œconomique d'Yverdon*, imprimée en 1771, appelle ces œufs *hérdes* (voyez tome XIII, page 58). (*H.*)

précaution, sans appuyer leur opinion d'aucun fait positif. C'est un préjugé que j'ai cherché à combattre avec les armes de l'expérience: pendant deux ans j'ai eu soin que les œufs soumis à la couvaison, fussent constamment en nombre pair, et ils n'en sont pas moins venus à bien; j'ai aussi acquis la preuve, contre l'opinion des Anciens, que les phases de la lune étoient indifférentes pour le succès de cette opération.

On ne peut nier, sans doute, les effets d'une forte action électrique sur les œufs en incubation; mais il arrive souvent que la poule, effrayée par un coup de tonnerre, les abandonne, les laisse refroidir; alors les poussins périssent par cette cause, plutôt que par la commotion. On prétend que de la féraille placée sous le nid, en préserve la couvée: *Rozier* même a fait quelques expériences qui semblent prouver que ce moyen n'est pas à négliger; il seroit utile d'examiner de nouveau jusqu'à quel point il est efficace. Mais il suffit que la fermière sache que le nombre des œufs qu'il faut donner à la couveuse doit seulement varier en raison de la grosseur et de l'ampleur de ses ailes, et, comme le dit notre auteur, relativement aussi à la température de la saison. (*P.*)

(21) Toutes les fois qu'on se livre au commerce d'œufs frais et à l'éducation des poulets, il faut bien nécessairement recourir aux moyens les plus propres pour obtenir ces deux produits dans la saison où ils ont la plus grande valeur. La température du local où l'on tient les poules, est le premier de ces moyens: on profite, pour cet effet, du voisinage d'un four, d'une étuve, ou de la cuisine, de l'intérieur des écuries et des étables, pour accélérer la couvaison. On sait que les ménagères du pays d'Auge font jucher leurs poules sur le massif du four, et les font couver dessous, dans des niches pratiquées exprès; par ce moyen, elles ont des poulets assez gras dès le commencement d'Avril (Germinal). Mais la température du local ne suffit pas, il est encore nécessaire que les alimens qu'on leur administre soient chauds et cuits. La chaleur a une si grande influence sur la ponte, que *Rozier* a vu une pauvre femme, qui, n'ayant qu'une seule poule, avoit soin, le soir, lorsqu'elle se juchoit,

de lui chauffer fortement le derrière, et chaque jour elle donnoit son œuf. Ces couvées d'hiver, à la vérité, ne réussissent pas aussi constamment que les autres ; mais si déjà les couvées du printemps sont beaucoup plus lucratives que celles de l'été, à cause de la cherté de la jeune volaille dans cette saison, quel bénéfice celles d'hiver ne procureroient-elles pas ? Et n'est-il pas évident qu'on seroit amplement dédommagé des dépenses plus considérables qu'elles exigeroient, en risquant un plus grand nombre d'œufs pour avoir un même nombre de poulets ? (P.)

(22) Ce moyen, qui présente quelques difficultés dans son exécution, est plus curieux qu'utile. La proposition de faire couver les œufs de poule par des pigeons, entraîneroit dans des frais plus considérables ; ils exigent une bonne nourriture, et les pigeonneaux, au bout de quinze jours, rapporteroient beaucoup plus de profit que des poulets de trois à quatre mois : ce seroit donc acheter trop chèrement l'avantage d'avoir des poulets d'hiver. D'ailleurs, on est trop occupé dans les fermes, pour recourir à un pareil procédé, moins praticable que le précédent, qui est plus conforme à la Nature. (P.)

(23) Le précis que donne *Olivier de Serres*, de l'incubation artificielle des canards à la Chine, m'a paru trop succinct, pour qu'on puisse apprécier cette méthode, et j'ai pensé qu'on liroit avec plus de plaisir le texte même de la traduction françoise de l'ouvrage de *Gonzalès*, qui a paru la même année que le *Théâtre d'Agriculture* ; il contient plus de détails, quoiqu'il laisse néanmoins encore quelque chose à désirer.

« Ils ont de grandes cages (les Chinois), faites de cannes de roseau, qui sont aussi longues que tout le couvert de derrière leurs barques, où il peut tenir aisément quatre mille canars ; lesquels estant là dedans y pondent leurs œufs le plus du temps en des nids, qui sont arrangez pour cest effet en plusieurs endroits de la cage. Ces œufs là le nourrissier les oste du nid, et si c'est en temps d'esté, les met dedans du fumier de bufles, ou de celuy mesme des canars (qui est fort chaud) auquel lieu il les laisse autant de jours, qu'il sçait par expérience qu'il les y faut tenir pour les faire esclore : au bout desquels il les tire dudit fumier, et les casse un à un, et de chacun œuf sort un petit canarton : ce qu'ils font de telle industrie, qu'il ne leur en meurs presque pas un : qui est la chose qui fait le plus esbahir ceux qui les vont veoir faire par curiosité (combien qu'il n'y en aye pas beaucoup qui y vaisent, à cause que telle coustume est ancienne et fort ordinaire par tout le royaume). Et d'autant qu'ils font cette mesnagerie là tout le long de l'année, et que durant l'hiver le fient a mestier d'estre aydé de quelque chaleur extérieure, pour faire esclore lesdits œufs, ils usent d'une autre invention qui est d'aussi grande industrie que la première, et est de la sorte qui ensuit.

« Ils prennent une grande cannissade, ou cage de roseau, sur laquelle ils estendent le fumier, puis mettent tous les œufs dessus, et les couvrent bien chaudement du mesme fumier. Cela fait, ils posent sous ladite cage de la paille, ou quelque autre matière aisée à brusler, à laquelle ils mettent le feu, lequel dure tout le temps qu'ils sçavent y devoir estre pour faire esclore lesdits œufs : et alors ils les cassent de la façon que dessus, et d'iceux sortent et s'esclosent de petits canartons en si grand nombre, qu'il semble à voir des fourmillières (il advient le plus souvent y en avoir plus de vingt mille). Estant esclos, ils les mettent et posent en une autre cage qu'ils tiennent preste pour cet effet, dans laquelle il y a plusieurs grans canars, qu'ils ont instruits à couvrir et coëtiver les petits dessous leurs ailes : et là leur donnent à manger en temps et lieu, jusques à ce qu'ils se sachent prouvoir par leur bec, et sortir dehors (des barques) pour aller herber aux prez, ou aux terres ensemencées, en la compagnie des grans. » (*Histoire du grand royaume de la Chine, faite en espagnol par R. P. Juan Gonzalès de Mendoce, et mise en françois par Luc de la Porte. Paris*, 1600, in-8º., chap. XXII, fol. 96.)

Tout ce que dit *Olivier de Serres*, de l'incubation à la Chine et en Égypte, ne se trouve point dans la première édition de son *Théâtre d'Agriculture*, de 1600 ; il l'a ajouté dans les éditions suivantes. (H.)

(24) Rien, en apparence, n'étoit plus facile que de créer l'art de faire éclorre les œufs sans

le secours des poules; il ne s'agissoit que d'imiter le procédé que le hasard avoit indiqué aux hommes, et qui se réduisoit à choisir un local dans lequel des œufs recevroient la même température que sous la femelle qui les avoit pondus, et pendant un temps égal à celui dont ils auroient eu besoin pour éclorre sous ses ailes. Toutes les Nations sembloient intéressées à diriger leurs recherches vers cet objet, et cependant ce n'est qu'en Égypte et à la Chine qu'on a pu parvenir à en tirer un parti aussi avantageux. En effet, les fours, ou couvoirs inventés par les prêtres de l'Égypte, fournissoient autrefois cent millions de poulets par année; et maintenant que la population y est moindre, ils en produisent encore trente millions dans le même espace de temps, tandis que chez les autres peuples on ne cite que quelques œufs éclos de loin en loin, par des méthodes différentes de celle des Égyptiens. Les tentatives pour découvrir leurs secrets, n'ont abouti qu'à nous laisser quelques recettes trop informes pour mériter d'être transcrites dans cet ouvrage; mais je crois qu'une notice des méthodes qui ont été proposées depuis *Olivier de Serres*, doit trouver ici sa place.

Méthode de Réaumur.

En même temps que des savans voyageurs revenoient d'Égypte, rapportant les dessins fidèles des fours à poulets, et la description des procédés qu'ils avoient vu employer dans ce pays, un physicien célèbre, qui venoit d'inventer le thermomètre, c'est-à-dire l'instrument le plus propre à diriger la température nécessaire à l'opération de la couvaison artificielle, *Réaumur*, se chargeoit de recueillir tous les renseignemens, de les comparer entr'eux, de les accorder, de répéter tous les procédés de cet art, afin de pouvoir l'établir définitivement en France. Malheureusement il s'étoit glissé dans toutes les descriptions des voyageurs, des erreurs que *Réaumur*, et les autres physiciens après lui, prirent pour des défectuosités de l'art lui-même. *Réaumur* ne pouvoit révoquer en doute les succès qu'on obtenoit en Égypte; mais il se persuada qu'ils étoient dus à la température de ce pays, il jugea qu'il seroit impossible d'en obtenir de pareils en France, où le climat ne pourroit, comme en Égypte, corriger les prétendus vices des procédés : en conséquence, au lieu de suivre sa première intention, celle de perfectionner la méthode égyptienne, il en chercha une autre; il en trouva deux, qu'il présenta au public, comme plus commodes, moins coûteuses, et plus sûres que celle des Égyptiens.

La première consistoit à plonger debout, dans une masse de fumier en fermentation, des tonneaux plâtrés intérieurement, dans lesquels il plaçoit des œufs rangés dans des corbeilles suspendues; ou bien, à couvrir, à envelopper de fumier, de grandes et longues caisses couchées, peintes ou goudronnées à l'extérieur, garnies en plomb à l'intérieur, ayant une de leurs extrémités enchâssée dans un mur, et s'ouvrant dans une pièce que ce mur séparoit du fumier. C'est par cette ouverture qu'il glissoit de petits charriots à roulettes, contenant des œufs.

Il tenoit toujours dans ces fours horizontaux, comme dans les verticaux, des thermomètres, pour juger de la température qui y régnoit, pour savoir quand il étoit nécessaire de l'élever ou de l'abaisser.

La seconde méthode consistoit, ou à convertir en étuve le dessus des différens fours qui travaillent continuellement, comme ceux des boulangers, des pâtissiers, etc., ou à préparer des chambres, qu'il échauffoit par un poêle, en observant, dans le premier cas, de modifier la chaleur; dans le second, de régler le *feu*, à l'aide de ses thermomètres, de manière que, pendant les vingt-un jours nécessaires à l'incubation, la température n'y fût pas au-dessous de vingt-huit degrés, et au-dessus de trente-quatre.

A force de persévérance, d'adresse et de soin, *Réaumur* est parvenu à faire réussir assez bien ses procédés; mais ils présentent tant d'inconvéniens et de difficultés pour les gens auxquels on doit naturellement en confier l'exécution, que, depuis sa mort, personne encore n'a cru devoir les adopter.

Il a au moins ouvert la carrière et déterminé d'autres physiciens à en chercher de moins défectueux, et sur-tout de plus propres, sous le point de vue d'un établissement considérable. Ses observations sont consignées dans deux ou-

vrages intitulés : *Art et Pratique de l'Art de faire éclore en toutes saisons des oiseaux domestiques de toutes espèces*, etc. Paris, *Imprimerie Royale*, 1749 et 1751, 3 vol. in-12, avec figures.

Méthode de Copineau.

Celui qui nous paroît avoir travaillé le premier sur cet objet, avec le plus d'intelligence et de sagacité, est l'abbé *Copineau*, auteur de l'ouvrage ayant pour titre : *Ornithotrophie artificielle*. Paris, 1780, in-12, avec figures. Il est, après les prêtres égyptiens, celui qui a le mieux connu les principes de l'art, et qui pouvoit le conduire plus rapidement à sa perfection, si les circonstances eussent favorisé ses efforts. Son couvoir est sur-tout très-ingénieux ; il consiste en un bâtiment rond, dont le faîte est une voûte percée de quatre fenêtres triangulaires, chacune ouvrant à volonté, à l'aide d'une corde passée dans une poulie ; l'entrée de ce couvoir est fermée de deux portes vitrées, l'une intérieure, l'autre extérieure ; toutes deux, ainsi que les fenêtres, sont garnies de bandes de peau d'agneau : sur la dernière porte vient se rabattre une portière formée d'une grosse étoffe de laine. L'extérieur de ce petit bâtiment, jusqu'aux trois quarts de sa hauteur, est aussi revêtu de couvertures de laine ; dans l'intérieur sont disposées des tablettes circulaires sur lesquelles sont rangés les œufs, qui peuvent y tenir au nombre de huit mille ; il y a dans l'entre-deux de chaque tablette, pour y distribuer de l'air, quatre tuyaux opposés entr'eux, et qui ouvrent et ferment au dehors. Dans une pièce inférieure à celle de ce couvoir, est construit un fourneau dans lequel plonge de deux pieds (soixante-six centimètres) la base d'une colonne de cuivre remplie d'eau chauffée au degré convenable par le feu du fourneau ; cette colonne perce le plancher du couvoir, s'élève dans son intérieur, dont elle occupe le centre, et sort par le faîte.

La chaleur que donne cette colonne d'eau, est plus constante et plus régulière que celle qu'on avoit obtenue jusqu'alors. Il la dirige encore par des thermomètres ; il la modère dans la partie supérieure du couvoir, en introduisant, au besoin, l'air extérieur, par les fenêtres et par les tuyaux de l'entre-deux des tablettes. Cette chaleur, dans la partie basse, où elle tend à être moindre, est conservée par l'épaisseur du mur, par l'étoffe de laine dont il est couvert ; enfin, pour la rendre moins desséchante, il a l'attention de mettre dans le couvoir, de l'eau, dont la vapeur, appréciée par un excellent hydromètre de son invention, rend la chaleur aussi humide que celle qui s'exhale d'une poule couvante.

Méthode de Dubois.

Ses procédés sont très-simples, exigent peu de frais, et peuvent être mis en pratique dans toutes sortes de locaux.

Un petit cabinet semblable à une pièce d'entresol de dix pieds (trois mètres trente centimètres) de longueur, sur six pieds (deux mètres) de largeur, dont le plafond est fort bas, fait l'office du couvoir ; une porte de grandeur ordinaire, couverte par une vieille tapisserie, sert d'entrée à cette pièce, qui est éclairée par une petite fenêtre garnie d'un châssis, avec quatre grands carreaux de vitre.

Au milieu du cabinet est un poêle de fonte, dont le tuyau s'élève perpendiculairement, et va échauffer la pièce qui est au-dessus ; l'intérieur du poêle est rempli, dans la partie supérieure, de grosses boules d'argile, destinées à conserver la chaleur ; et pour en rompre la vivacité à l'extérieur, le poêle est recouvert de tuiles courbes.

Toutes les cinq à six heures, deux livres (un kilogramme) de charbon qu'on met dans le poêle, suffisent pour élever la température au degré convenable.

Des tringles de fer fixées au plafond, et disposées de manière qu'elles forment autant de rayons divergens autour du poêle, supportent des corbeilles d'osier dans lesquelles sont placés les œufs ; chacune en contient trois cent : elles sont suspendues au moyen de cordes réunies à un crochet de fer, qui permet de les placer sur les tringles à différentes distances du poêle ; chaque corbeille porte la date du jour où a commencé l'incubation. Ce n'est qu'au bout de quatre ou cinq jours qu'on enlève les œufs inféconds. Des thermomètres placés dans différentes parties du couvoir, guident pour l'entretien du feu ; on obtient le même service de fioles remplies d'un fluide gras qui se fige lorsque la température est au-dessous du trentième degré, et que *Réaumur* a imaginé de faire avec un mélange de beurre et de suif.

L'intensité de chaleur n'est pas la même dans toutes les parties de la pièce, elle va jusqu'à trente-deux et même trente-trois degrés autour du poêle ; mais dans la partie la plus éloignée, elle ne passe pas trente : elle est d'ailleurs moindre dans la région inférieure.

Dubois ayant reconnu que, vers le douzième ou quinzième jour de l'incubation, il falloit un degré de chaleur moindre que celui qu'on avoit donné d'abord, il alonge graduellement les cordes qui tiennent suspendues les corbeilles, afin de les rapprocher du sol où la chaleur est moindre, et il les éloigne successivement du poêle, ou bien il place, à cette époque, les œufs dans des tiroirs posés les uns sur les autres, et un peu éloignés du poêle, ayant soin de remuer plusieurs fois par jour tous les œufs, afin que toutes les parties de l'œuf soient également échauffées.

Méthode de Bonnemain.

L'étuve de *Bonnemain* est située au-dessus du *rez-de-chaussée*, elle a douze pieds (quatre mètres) de long, sur six pieds (deux mètres) de large, et six pieds (deux mètres) de haut ; il y existe quatre corps de tablettes à quatre étages : un, contre le mur, à droite ; deux, au milieu, et un, contre le mur, à gauche. Ces tablettes portent des tiroirs dont le fond, qui est une toile claire soutenue par des barreaux de bois, est couvert d'œufs sur un seul lit. Tous les tiroirs ensemble pourroient en soutenir dix mille. Sous chacun des tiroirs (ils sont tous élevés sur des pieds) est une cuvette de plomb, tenant de l'eau ; au-dessus de chaque rangée de tiroirs, règnent horizontalement six tuyaux remplis d'eau chaude ; ils sont fixés aux tablettes. Ces six tuyaux, pour échauffer successivement les œufs distribués sur les quatre étages des tablettes, ont besoin de se relever à l'extrémité de la première, de reprendre la situation horizontale au-dessus de la seconde rangée de tiroirs, puis au-dessus des autres, et ensuite d'aller se décharger dans l'évasement supérieur d'un tuyau qui ramène l'eau au vaisseau qui l'avoit fournie aux tuyaux de l'étuve.

Ce vaisseau est dans une pièce inférieure à celle du couvoir ; il est formé de deux cylindres soudés ensemble, chacun est de trois pieds (un mètre) de hauteur : l'un, qui est extérieur, a sept pieds et demi (deux mètres cinquante centimètres) de circonférence ; l'autre, qui est intérieur, n'a que dix-huit pouces (cinquante centimètres) de diamètre ; tous deux sont également terminés par un cône tronqué.

L'espace qui existe entre les deux cylindres donne à ce vaisseau une assez grande capacité pour contenir l'eau, et la cavité que présente l'intérieur du second cylindre le rend propre à faire les fonctions du fourneau : pour cet effet, il y a dedans une grille pratiquée à l'endroit où commence la base du cône. Dans le dessin de rendre plus durable le feu qu'on fait sur cette grille, *Bonnemain* renverse dessus une boîte cylindrique en cuivre, remplie de charbon, et qui est fermée à sa partie supérieure par un couvercle luté, c'est-à-dire qu'il fait de son fourneau un athanor ; et pour avoir une température plus uniforme, il bouche l'extrémité du cône qui reçoit et par où l'on retire les cendres, et il ajuste à une porte latérale placée plus bas que la grille, le régulateur du feu, dont il est l'inventeur, et que tout le monde connoît.

Les choses ainsi disposées, *Bonnemain* expose les œufs à une température de quinze à seize degrés, et les place aussitôt dans les tiroirs de son étuve déjà échauffée à trente-deux degrés, à l'aide de l'eau en circulation dans les tuyaux dont nous avons parlé ; malgré la température à laquelle sont élevés ces œufs avant d'être introduits dans l'étuve, ils se chargent, aussitôt leur entrée, d'une vapeur humide qui ne se dissipe qu'au bout de vingt-cinq à trente minutes, et qui annonce que l'air n'y est point trop desséché. Deux ou trois jours après l'introduction des œufs, *Bonnemain* les passe à la lumière, et reconnoît, à une ombre qui y flotte, s'ils sont fécondés ; au bout de dix jours il sent, à la chaleur généralement répandue dans les œufs, que les germes sont en vie ; il retourne souvent les œufs pendant le temps de l'incubation ; mais il aide le moins possible les poussins à sortir de leurs coquilles.

Le couvoir de *Bonnemain* paroît bien plus compliqué que les précédens ; mais cependant il est plus facile à diriger ; il offre sur eux quatre avantages remarquables :

1°. Celui d'une chaleur infiniment plus constante, à l'aide de son régulateur ;

2°. Celui d'une chaleur humide plus parfaitement semblable à celle de la poule couvante ;

3°. Celui d'appliquer principalement cette chaleur à la surface des œufs, c'est-à-dire de l'appliquer presque immédiatement aux germes des œufs eux-mêmes, qui paroissent, d'après l'intention de la Nature, se diriger toujours de manière à recevoir ainsi la chaleur de la poule ;

4°. Celui de ne pas produire une aussi grande évaporation des liquides contenus dans les œufs, et par-là, de n'occasionner aucun empêchement à l'exclusion des poulets non retenus à leurs coquilles par un reste de blanc d'œuf desséché.

Aux procédés de *Réaumur*, de *Copineau*, de *Dubois* et de *Bonnemain*, on en pourroit encore joindre beaucoup d'autres qui ont été imaginés en France ; mais c'en est assez pour avoir l'idée des efforts tentés pour établir dans ce pays un art capable de rivaliser avec celui des Égyptiens. Tous ces procédés ont réussi plus ou moins. Il est sorti quelques poulets des différens établissemens où on les a mis en pratique. Mais, il faut l'avouer, la quantité qui y sont éclos n'est guère plus considérable que celle obtenue par les Grecs et les Romains ; elle n'est rien en comparaison de celle qui sort annuellement des couvoirs d'Égypte, et nous avons toujours à regretter que nos savans, au lieu de vouloir inventer un art nouveau, ne se soient pas plutôt appliqués à perfectionner celui des Égyptiens, et à l'approprier à notre climat. Nos regrets seront encore bien plus grands, lorsque l'ouvrage sur l'Égypte, qu'on prépare en ce moment, nous apprendra qu'il n'est pas aussi défectueux qu'on l'a imaginé sur les faux rapports des voyageurs ; lorsqu'on verra qu'il n'est pas impossible de l'établir en France, tel qu'il est, sans avoir besoin de le perfectionner, comme on peut en juger par l'extrait que je vais donner de ma correspondance avec M. *Boudet*, pharmacien en chef

de l'armée d'Orient, et de celle de M. *Rouyer*, pharmacien de première classe de la même armée, tous deux réunissant les talens pour bien observer.

Fours à Poulets, ou Couvoirs de l'Égypte.

Ce sont des bâtimens faits en briques non cuites, mais séchées au soleil ; on peut voir le détail fidèle et exact de leur construction et de leurs dimensions dans les ouvrages de *Veslingius*, de *Niebuhr* et d'autres voyageurs. L'intérieur de ces bâtimens est coupé, dans sa longueur, par une galerie ou corridor qui sépare deux rangées parallèles de fours, dont le nombre varie depuis trois jusqu'à huit de chaque côté. Chacun de ces fours est à double étage ; la pièce supérieure a une porte donnant sur le corridor, un trou à sa voûte, qu'on bouche et qu'on ouvre à volonté ; des fenêtres latérales, qui ne sont jamais fermées, et qui communiquent avec les pièces supérieures des fours voisins ; une ouverture circulaire, au centre de plancher, par laquelle on peut descendre dans la pièce inférieure, et autour de laquelle est ménagée une rigole destinée à recevoir et à contenir de la braise allumée, dont la chaleur se rend, par l'ouverture ci-dessus, dans la pièce inférieure : celle-ci a, comme la première, une porte qui s'ouvre sur le corridor ; c'est sur le sol de cette pièce que l'on place les œufs.

En avant du bâtiment principal dont ces fours font partie, sont plusieurs pièces : l'une moins vaste que les autres, sert de fourneau à convertir les mottes de fumier en braise, à leur ôter la faculté de répandre dans les fours où on les met, une fumée qui nuiroit aux œufs ; une autre pièce est destinée à recevoir les poussins qui doivent éclorre ; dans une troisième, on y dépose les œufs qu'on doit mettre dans les fours : dans la quatrième logent les gens chargés de diriger toutes les opérations du couvoir.

Les bâtimens qui contiennent les fours et tous leurs accessoires, sont toujours construits au niveau du terrein ; jamais on n'est obligé de descendre pour y entrer : seulement ils sont assez généralement adossés contre de petits monticules très-fréquens en Égypte, et qui sont formés près des villes et des villages, par des terres, par des déblais que, dans ce pays, on est obligé d'amonceler dans certains endroits, parce que, si on les répandoit comme ailleurs, ils rendroient le terrein inégal, et l'irrigation difficile et même souvent impossible.

Service des fours à Poulets.

Vers le milieu de Janvier (Nivose), on visite ces fours, on les répare, et comme ils sont banaux et que chacun d'eux a un arrondissement de quinze à vingt villages, on en avertit les habitans, afin qu'ils viennent apporter leurs œufs.

Aussitôt qu'il en est arrivé une quantité convenable, on la met dans les chambres qui doivent servir à la première couvée. Il est à remarquer qu'on n'emploie jamais, pour la faire, la totalité des fours, mais seulement la moitié de ceux que contient le bâtiment; et que, s'il y en a une douzaine, par exemple, on les prend dans l'ordre suivant: le premier, le troisième, le cinquième, le septième, le neuvième et le onzième.

Les œufs rangés à trois d'épaisseur dans les chambres inférieures de chaque four, sur un lit de paille hachée et de poussière, mélange qu'*Aristote* a peut-être pris pour du fumier, on place dans les rigoles des pièces supérieures la braise allumée résultante de la combustion des mottes de fumier, et qu'on retire du fourneau où nous avons dit qu'on la préparoit.

Après quelques instans, on ferme les portes des deux pièces, et seulement les ouvertures qui sont aux voûtes des chambres supérieures; la braise achève de se consumer: on la renouvelle deux ou trois fois le jour, et autant la nuit, avec la même précaution, à chaque fois, de déboucher un instant le trou de la voûte, soit pour renouveler l'air, soit pour garantir les œufs de la première impression de la chaleur.

On continue ainsi le feu pendant dix jours: une longue expérience, un tact exercé, l'application des œufs contre les paupières, voilà les thermomètres dont on se sert en Égypte pour le diriger, pour avoir toujours la même température.

Pendant cet espace de temps, on retourne souvent les œufs, on les examine, on sépare ceux qui sont gâtés et ceux qui sont clairs.

Le onzième jour on organise la seconde cou-

vée, c'est-à-dire qu'on place de nouveaux œufs dans les loges inférieures des six fours laissés vides lors de la première couvée, et qu'on remplit de braise allumée les rigoles de leurs loges supérieures; mais aussitôt que le feu est allumé dans ces fours, on le cesse dans les autres, de manière que les œufs de ceux-ci ne sont plus échauffés que par le feu nouvellement allumé dans ceux-là, et qu'ils n'en reçoivent la chaleur que par les fenêtres latérales que nous avons dit exister dans les chambres supérieures des fours, et rester toujours ouvertes.

La seconde couvée étant ainsi organisée, on retire des chambres basses des premiers fours employés, la moitié des œufs, pour l'étendre sur le plancher des chambres hautes. On fait ce changement, parce que les œufs exigeant d'autant plus de soins qu'ils approchent du terme où les poulets doivent en sortir, on peut les visiter, les retourner, les déplacer avec plus de facilité.

Lorsqu'on a gagné le vingtième jour de l'incubation, on voit déjà quelques poussins briser leurs coquilles; le plus grand nombre éclot le lendemain avec ou sans aide: il en est peu qui attendent le vingt-deuxième jour.

Les plus forts poussins sont portés dans la chambre destinée à les recevoir, pour être distribués à ceux qui ont fourni les œufs, et qui en obtiennent deux pour trois; les plus faibles sont conservés quelques jours dans le corridor.

Cette première couvée ainsi terminée, on procède à la troisième, et en même temps on se conduit pour la seconde comme l'on avoit fait pour la première, c'est-à-dire que, dans les fours nos. 2, 4, 6, 8, 10, 12, on déplace une partie des œufs, on supprime le feu, et on n'y reçoit plus de chaleur que celle qui leur est communiquée par les fours à nombre impair.

On continue la même manœuvre sur toutes les couvées successives qui ont lieu pendant la saison.

D'après cette description des procédés pratiqués en Égypte, nous croyons qu'on n'attribuera plus les succès qu'on en obtient dans ce pays, à la bonté du climat. En effet, au lieu de ce feu de paille dont parlent nos voyageurs, au lieu de cette flamme momentanément considérable, capable de produire une chaleur irrégulière, et,

comme

comme dit *Copineau*, de causer un flux et re-
flux de variations perpétuelles, on ne voit que
de la braise, qui ne donne point de flamme ; au
lieu d'un combustible fournissant cette énorme
fumée qui, disoit-on, inondoit tous les fours,
et qui auroit dû pénétrer tous les œufs, étouffer
tous leurs germes, aveugler tous les gens occupés à les soigner, on ne voit qu'une matière
à demi-consumée, mise en état de ne pouvoir
plus donner de fumée ; et on apprend que toute
celle que les voyageurs ont aperçue au-dessus
des fours en activité de service, ne sortoit que du
fourneau uniquement employé à les en garantir.

Enfin, au lieu de cette chaleur impossible à
concevoir, qui, alimentée pendant les dix premiers jours, sans pouvoir passer de beaucoup
le trente-deuxième degré, se conservoit, disoit-
on, sans aliment pendant les onze derniers, de
manière à procurer la même température, on
voit les œufs chauffés, pendant tout le temps de
l'incubation, par un feu constamment entretenu
au même degré ; seulement on a cru devoir le
tenir plus voisin des œufs les dix premiers jours,
et plus éloigné les onze derniers.

La seule objection un peu valable est celle
qu'on a faite contre le peu d'élévation des pièces
inférieures des fours, ce qui doit rendre très-
pénible l'opération journalière du retournement,
du déplacement des œufs ; mais on pourroit remédier ici à cet inconvénient, qui, d'ailleurs,
n'en est pas un en Égypte, où les habitans se
recoquillent plus facilement que nos Européens.

Poussins élevés sans le secours des Poules.

Il ne suffit pas de faire éclorre des poussins
sans le secours des poules, il faut encore pouvoir
les élever sans elles. Cette dernière partie de
l'art présente plus ou moins de difficultés, suivant le climat et la saison dans lesquels on veut
l'exercer.

En Égypte, ce ne sont point les Berméens,
les conducteurs des fours, qui prennent ce soin :
presqu'aussitôt que les poussins sont sortis de
leurs coquilles, on les remet, par bandes de
quatre à cinq cents, à ceux qui ont fourni les
œufs ; et les femmes, dans chaque maison, se
chargent d'élever cette quantité de poussins.

Dans ce pays, où il pleut très-rarement, les

maisons, au lieu de toits, ont des terrasses
bornées par des petits murs de quatre à cinq
pieds (un mètre trente-six à soixante-dix centimètres) de haut. C'est dans ces enclos, sur le
sol desquels est répandue une couche de terre
fine, que les poussins passent la journée ; ils y
sont surveillés pour les garantir des milans, et
pour leur distribuer du blé, du millet et du riz
concassés : à l'approche de la nuit, on les renferme dans des cages faites de branches de palmiers et garnies intérieurement de grosse toile,
et on les retire dans les appartemens. Un mois
suffit pour les mettre en état d'être aggrégés à
la volaille de la basse-cour.

Dans nos climats, lorsque les poussins sont
éclos, ils ont besoin de rester pendant quatre à
cinq jours dans le couvoir, exposés à une température à-peu-près égale à celle qui étoit nécessaire pour l'incubation des œufs. Il leur faut en
outre des mères artificielles ; ce sont des espèces
de cages peu élevées, garnies intérieurement de
peaux de moutons, et disposées de manière à
rendre aux poussins le même service que celui
qu'ils recevroient en se cachant sous les ailes et
le ventre d'une poule.

Les quatre ou cinq premiers jours expirés,
on les transporte, avec leurs cages, dans une
chambre exposée au midi et chauffée par un
poêle construit et alimenté de manière à entretenir une chaleur de dix-huit à vingt degrés ; ou
bien, en suivant le procédé de *Bonnemain*, on
les met dans une pièce où règnent, à des distances égales et à très-peu d'élévation au-dessus
du sol, quatre tuyaux fixés sous des planches ; à
ces tuyaux remplis d'eau chaude, sont attachées
des flanelles lâches et chargées de légers poids,
de manière à faire présenter aux poulets des
corps mollets qui puissent échauffer principalement leurs dos.

Dans l'une ou l'autre de ces étuves, les poulets se tapissent ou courent à leur gré. Pour
qu'ils y soient proprement, le sol est couvert
d'une couche de sable fin, qui reçoit les excrémens, et qu'on enlève tous les jours à l'aide
du balai : les mères artificielles sont nettoyées,
les peaux sont battues, la laine poignée, les
poulets salis lavés à l'eau tiède, les murs blanchis à la chaux ou tapissés de nattes.

Là, pour qu'ils y fussent plus sainement, l'air devroit être sans cesse renouvelé : on rempliroit complètement ce but, en conduisant le tuyau de poêle dans une espèce de cheminée dont l'ouverture inférieure commençant au niveau du plafond de la chambre, présenteroit une vaste issue à l'air qu'elle contient ; et afin que celui qui viendroit du dehors pour le remplacer, ne produisît pas de froid, il seroit bon de le faire arriver dans un réservoir ménagé dans le poêle, où il seroit d'abord échauffé, et d'où il se répandroit ensuite dans la pièce par des bouches de chaleur.

Là, pour qu'ils puissent se fortifier, il faut leur procurer un promenoir ; c'est un petit terrein attenant à l'étuve, un petit enclos où on lâche les poussins pour s'y ébattre au soleil, et s'y accoutumer insensiblement aux impressions de l'air.

Là, enfin, on leur sert une nourriture appropriée à leur âge : d'abord, de la mie de pain humectée d'un peu de vin, de la mie de pain et des œufs durs, de la mie de pain et du millet ; puis, de la pâtée avec de l'orge concassée et des pommes de terre cuites, dans laquelle on ajoute les restes de cuisine, des os broyés, des poireaux hachés, etc. ; le tout est mis, en petite quantité, souvent renouvelé, dans des augets, mangeoires ou trémies exactement nettoyés tous les jours, ainsi que le vase qui contient de l'eau très-nette ; ce vase est disposé de manière à laisser seulement aux poussins la faculté de passer la tête ou le cou pour boire.

Pendant le second mois, on diminue la chaleur de leur étuve ; on les tient plus long-temps exposés à l'air, et on leur ôte leurs mères artificielles.

Sur la fin du troisième mois, on les engraisse en dix à douze jours, dans des mues ou épinettes, avec une pâtée formée d'un mélange de deux parties de farine de sarrazin, d'une partie de farine d'orge, et autant de celle d'avoine, ce mélange bien pétri avec de l'eau, ou mieux encore avec du lait.

L'on conserve les plus grands et les plus gros pour en faire des chapons et des poulardes ; les plus vifs et les plus forts pour repeupler la basse-cour.

Avantages des méthodes artificielles.

Pour les apprécier, il suffit de considérer les résultats qu'elles donnent, tant en Égypte qu'en France, et de les comparer ensuite à ceux qu'on obtient de la couvaison naturelle.

En Égypte, les fours rapportent constamment plus des deux tiers en poulets, puisque le conducteur rend toujours deux mille poussins pour trois mille œufs qu'il a reçus, et qu'il se contente, pour son salaire, des poulets qui éclosent du troisième mille.

En France, il seroit très-possible d'obtenir un produit équivalent, puisque *Réaumur*, malgré la défectuosité de sa méthode, comptoit sur le succès des deux tiers des œufs fécondés, et qu'une fois il a vu éclorre quatre-vingt-seize poulets de trois cents œufs mis dans un de ses fours verticaux ; puisque *Bonnemain*, quand il opéroit sur les œufs de ses poules, avoit presque toujours autant de poussins qu'il avoit mis d'œufs dans son couvoir.

Or, tout le monde sait que le cultivateur qui fait couver ses poules, se trouve en général très-heureux quand il voit réussir moitié de ses couvées, tant il est commun de rencontrer de mauvaises couveuses. En effet, les unes cassent les œufs en se mettant dessus trop pesamment ; les autres les brisent en voulant les changer de place : celles-ci les mangent ; celles-là, après les avoir couvés un certain temps, les abandonnent. Il en est qui, après avoir conduit leurs couvées presqu'au terme, s'impatientent, ouvrent les œufs à coups de bec, et tuent les poulets tout formés : il en est encore qui, par trop d'affection, étouffent les poussins à leur sortie des coquilles.

Tant d'avantages d'un côté, tant d'inconvéniens de l'autre, doivent engager les Européens à redoubler d'efforts pour former des établissemens qui puissent soutenir la concurrence avec ceux d'Égypte.

Formons des vœux pour voir reparoître en France un autre *Réaumur*, un propriétaire savant et riche, zélé pour l'intérêt de son pays, qui examineroit tous les procédés de l'art de faire éclorre et d'élever les poulets, porteroit cet art à sa perfection, l'enseigneroit aux habi-

tans du village voisin de son établissement ;
bientôt ces paysans deviendroient tous d'aussi
habiles conducteurs de fours que les Berméens,
ce qui ne seroit pas plus difficile pour eux,
qu'il ne l'est, pour les habitans de Montreuil,
de devenir de bons jardiniers. (*P.*)

(25) Tous les ovipares, dans leur couvaison,
paroissent retourner régulièrement leurs œufs,
et ramener ceux du centre à la circonférence.
Plusieurs ménagères sont dans l'usage de saisir
le moment où les poules prennent leur nourriture et un peu d'exercice, pour partager avec
elles ce soin, afin que la chaleur se communique plus uniformément ; mais il appartient
exclusivement à la couveuse. Gardons-nous de
toucher aux œufs qui sont en incubation, à
moins qu'ils ne se trouvent hors du nid ; pour
lors il faut les y replacer avec précaution.
Combien de couvées ont manqué à cause de
ces soins mal entendus ! Rien ne contrarie et ne
dérange autant les femelles, que de se mêler
de leur couvée jusqu'au moment où les petits
sont éclos. (*P.*)

(26) Dans le nombre des moyens imaginés
pour multiplier les œufs sans augmenter le
nombre des poules, celui de réunir plusieurs
couvées sous la conduite d'un chapon, paroît
être, jusqu'à présent, le plus utile, puisqu'il
ramène tout naturellement les poules à recommencer à pondre ; mais il falloit chercher et
trouver un procédé moins cruel que celui indiqué
par l'auteur, et c'est précisément ce qu'a fait
Réaumur : il a pensé qu'il n'étoit pas nécessaire
d'enivrer le chapon pour lui apprendre le métier
de conducteur, encore moins de lui arracher des
plumes qui pouvoient contribuer à mieux réchauffer les poulets, et il a prouvé qu'il suffisoit
de le mettre seul, d'abord, dans un baquet peu
large et assez profond, de le couvrir pour lui
laisser peu de lumière, de le retirer deux ou
trois fois par jour du baquet, pour le placer sous
une cage où il trouvoit du grain ; puis, de lui
donner deux ou trois poulets, qu'on porte et
qu'on fait manger avec lui sous la cage, pour
l'accoutumer non seulement à les souffrir, mais
encore à en recevoir d'autres, dont on augmen-
toit successivement le nombre jusqu'à quarante

ou cinquante, comme dans le premier procédé,
et qu'il conduisoit de même.

Le chapon devenu conducteur de poulets,
reparoît à leur tête dans la basse-cour, non
comme il étoit avant, triste, honteux et humi-
lié, mais fier, altier et triomphant ; et telle est
l'influence de l'audace sur tous les animaux,
que cet air emprunté en impose tellement aux
coqs et aux poules, qu'ils ne cherchent point
à le troubler dans l'exercice de sa charge. D'a-
bord il est un peu gauche ; l'envie qu'il a de
prendre, dans sa démarche, la dignité, la majesté du coq, fait qu'il tient sa tête trop élevée
et trop roide, et qu'il ne voit pas les poussins
qui se pressent sous ses pattes et qu'il écrase ;
mais bientôt instruit par ce malheur, il prend
garde à lui, et de pareils accidens ne se renouvellent plus. Comme la voix du chapon n'est
pas aussi expressive que celle de la poule, pour
engager les poussins à le suivre et à se réunir
près de lui, on y a suppléé, en lui mettant au
cou un grelot. Une fois instruit à mener les
poussins, il l'est pour toujours, ou du moins
n'éprouve-t-on pas de grandes difficultés pour
le remettre sur la voie.

Quand on a obtenu des services d'un individu
quelconque, il est rare qu'on le tienne quitte,
et qu'on n'essaie pas d'en tirer de nouveaux.
C'est ce qu'on fait à l'égard du chapon. On a
voulu voir s'il consentiroit à couver, et cette
nouvelle expérience a encore réussi : après des
préparations préliminaires analogues à celles qui
le disposent à conduire les poulets, on est parvenu à le faire couver ; et cette faculté, dans le
chapon, est d'autant plus avantageuse, qu'on
peut mettre sous lui jusqu'à vingt-cinq œufs ;
qu'après l'incubation il conduit les poulets,
et qu'on peut lui faire recommencer la même
besogne deux à trois fois, sur-tout lorsqu'on a
l'attention de le bien nourrir. Si cette pratique
étoit généralement adoptée, les poules pondroient sans distraction et sans interruption
jusqu'à la mue. (*P.*)

(27) Ce que dit ici *Olivier de Serres*, des poules
chaponnées, qui deviennent ainsi plus fécondes
en œufs non propres à faire éclorre, ne paroît
pas confirmé par l'expérience de nos jours, où

les poules qu'on chapoune pour en faire des poulardes, ne pondent plus dès que l'opération est faite.

Il y a, en général, deux manières de faire les poulardes, ou, en enlevant l'ovaire, ou en faisant une incision dont la cicatrice obstrue le canal et empêche les œufs de se former et de descendre. Si, dans l'un ou l'autre cas, l'opération étoit mal faite, il n'y auroit rien d'extraordinaire que la poule produisît encore des œufs : il en seroit en cela comme du coq, à qui quelquefois on ne peut enlever les deux testicules ; s'il en reste un, cela suffit pour qu'il conserve un reste de voix, et qu'il coche encore les poules ; alors on le nomme *coquâtre* : il n'est ni chapon, ni coq, et il est rare qu'il acquière l'embonpoint du chapon ordinaire.

Les Romains avoient défendu la castration des poules, quoique cette opération leur procurât des poulardes qui pesoient quelquefois quinze à seize livres (sept à huit kilogrammes) et d'une très-grande délicatesse : sans doute cette défense n'avoit été faite que parce qu'ils trouvaient beaucoup plus d'avantage à en obtenir des œufs ; et elle auroit été inutile, si la castration ne les avoit pas empêchées de pondre. Il nous paroit difficile, d'ailleurs, que les poules puissent pondre et s'engraisser à-la-fois ; car ce n'est que leur stérilité, quand elles sont bien nourries et bien soignées, qui leur fait prendre l'embonpoint surnaturel qu'elles acquièrent, et qui donne à leur chair plus de délicatesse.

Au reste, nous nous proposons de répéter quelques expériences à ce sujet ; nous serons secondés par des propriétaires placés sur divers points de la France, et qui sont aussi intelligens qu'instruits. (*P. et H.*)

Page 59, colonne II, ligne 14.

(18) Voyez ce qui a été dit de contraire à cette opinion d'*Olivier de Serres*, sur l'âge où les poules cessent d'être bonnes à pondre, ci-devant, note (17), page 161, colonne I. (*H.*)

Page 60, colonne II, ligne 21.

(19) La manière d'engraisser la volaille semble devoir être extrêmement simple. On pourroit croire qu'il suffit de lui distribuer, à des heures réglées, une nourriture saine et abondante, capable de la rassasier : à la vérité ce procédé lui seroit très-salutaire, il augmenteroit sa force et sa vigueur ; mais pour remplir le but qu'on se propose, il n'est point nécessaire de la fortifier, de lui procurer une santé vigoureuse ; on veut, au contraire, lui donner une véritable maladie, une sorte de cachexie, dont l'effet est un embonpoint extraordinaire, si supérieur à celui qui lui convient pour qu'elle jouisse de ses facultés dans toute leur énergie, qu'elle ne manqueroit pas de mourir de gras-fondu, si on ne la tuoit pas à temps. On veut l'engraisser, non pour son avantage, mais pour le nôtre ; et, pour y parvenir, on emploie des moyens qu'elle ne choisiroit pas elle-même.

Une méthode plus expéditive que celles indiquées par *Olivier de Serres*, consiste à mettre les volailles dans une cage ou épinette placée dans un endroit chaud, à les empâter deux ou trois fois par jour, au moyen d'un entonnoir, avec de la farine d'orge, d'avoine, de petit millet, de mays, détrempée dans du lait ; à leur donner d'abord une petite quantité de ce mélange un peu liquide, par la raison qu'on ne leur donne point à boire ; puis, à augmenter successivement la dose jusqu'à leur remplir entièrement le jabot, leur laissant tout le temps de se vider à l'aise, avant de recommencer la même manœuvre, pour ne pas troubler leur digestion. L'épinette employée dans ce procédé est une suite de petites loges dans lesquelles chaque volaille est séparée, comme emboîtée, et tellement resserrée, qu'elle ne peut se remuer que très-difficilement : tout ce qui lui est permis de faire, c'est de passer sa tête par un trou, et de rendre ses excrémens par un autre.

L'entonnoir, à la faveur duquel un homme peut empâter une cinquantaine de poulets en une demi-heure, est ainsi décrit : Sur un escabeau à hauteur de bras, s'élève une espèce d'entonnoir, dans lequel on verse la mangeaille ; du bas de cet entonnoir sort un tuyau courbe, à-peu-près comme celui d'une théière ; on fait descendre en dedans de l'entonnoir, jusques vers le bas, un secret garni d'une soupape, à côté de laquelle la mangeaille passe dans le fond de l'entonnoir : ce secret est suspendu par une petite verge de fer, attachée à une languette aussi de fer, qui fait ressort, et qui s'élève depuis l'escabeau jusqu'au-dessus de l'entonnoir ;

à cette même languette tient une corde qui descend jusqu'au pied de l'escabeau : là, elle est arrêtée par une petite planche mobile, que l'empâteur peut presser du pied ; par ce mouvement la corde tire la languette de fer, qui, en s'abaissant, force le secret, dont la soupape se ferme, à descendre plus bas dans le fond de l'entonnoir ; et par-là, ce secret faisant les fonctions d'une pompe foulante, presse la pâte, et l'oblige à sortir par le bout du tuyau courbe, que l'engraisseur tient dans le bec de l'oiseau, au-dessus de sa langue. Il a soin de retirer le poulet à l'instant qu'il sent qu'il a pris assez de nourriture ; s'il a dépassé la dose convenable, il le fait dégorger dans un vaisseau placé au-dessous de la machine, pour l'empêcher d'étouffer. Chaque fois qu'on se sert de l'entonnoir, on a soin de le laver à l'eau fraîche, dans la crainte qu'il n'y reste de la mangeaille qui s'aigriroit. Les poulets nourris de cette manière, qui convient sur-tout aux marchands de volaille, sont, au bout de huit jours, bien blancs, et d'un goût excellent : en quinze jours ils ont acquis leur plus haut point de graisse. Il y a des personnes qui ajoutent à la nourriture prescrite un peu de semences de jusquiame (*hyoscyamus niger*, *L.*), dans la vue de la rendre somnifère, et de faciliter ainsi l'engrais en faisant rester l'animal parfaitement tranquille ; mais il reste à savoir si cette semence partage réellement les propriétés de la plante d'où elle provient. D'autres y mêlent des feuilles et graines d'orties (*urtica dioica*, *L.*), séchées et réduites en poudre.

Je ne dirai rien de l'inutilité d'arracher à la volaille qu'on veut engraisser, les plumes de dessus la tête, de dessous le ventre, et des ailes ; elle doit être aisément sentie : il en est de même de la méthode de leur crever les yeux. Ces opérations ne contribuent en rien à l'embonpoint des malheureuses victimes de la plus détestable sensualité.

Dans le temps où la Nation avoit un goût décidé pour les épices et les aromates, on imagina de varier à son gré la saveur et le parfum de la chair de la volaille, et de mêler à la pâtée destinée à l'engraisser, plusieurs semences très-odorantes ; mais on sent que cette méthode, qui ne pouvoit guère être employée que par des gens très-riches, ne fût pas fortune chez les cultivateurs, et qu'elle dût passer comme une fantaisie. Cependant nous croyons qu'il faudroit reprendre cette ancienne idée, en mettant seulement plus de sagesse et d'économie dans son exécution ; nous croyons qu'il seroit très-important de rechercher et de reconnoître les substances communes qui, ajoutées à la nourriture de la volaille, peuvent la rendre plus fine et plus savoureuse. En effet, si les grives sont excellentes dès qu'elles mangent du raisin, et leur chair aromatique et un peu amère quand elles ne trouvent que des baies de genièvre ; si les merles sont moins bons lorsqu'ils vivent de graines de lierre ; s'il y a tant de différence entre le lapin casanier, mangeur de choux, et celui qui broute le serpolet, que ne doit-on pas espérer en faisant entrer dans la nourriture des poulets des substances capables de modifier avantageusement la saveur naturelle de leur chair ! Ne sait-on pas déjà que des dindes qui avoient mangé beaucoup de feuilles d'oignons, se sont trouvées d'un goût exquis, tandis que d'autres qui, ayant passé par la forêt de Fontainebleau, avoient mangé du genièvre, en avoient un très-désagréable ? Que ceux du ci-devant Gâtinois, qui mangent la graine du carthame ou safran bâtard, ont la chair jaune et amère ? Ne sait-on pas encore que l'ortie grièche, le persil, le fenouil, la chicorée sauvage, la mille-feuille, l'ail, toutes ces plantes hachées et mêlées à la pâtée des dindonneaux, ont changé avantageusement la saveur de leur chair ? Enfin, ne sait-on pas que les poulets, dans la subsistance desquels entre du phosphate calcaire, deviennent plus forts et leurs os plus solides ? (*F.*)

Il me semble que l'on n'a pas encore réuni des données suffisantes en théorie et en pratique sur ce qui constitue l'engraissement des animaux, ni sur les effets différens qui résultent à cet égard, au moins dans le nord de l'Europe, 1°. de la température, 2°. du choix des alimens et de leurs préparations, 3°. et enfin, des boissons.

Je ne parle pas du mérite que la castration donne à la chair et à la graisse de ces malheureuses victimes, c'est une invention des pays du midi ; je parle de l'engraissement obtenu par des moyens simples dans les contrées du nord. J'ai recueilli à ce sujet quelques renseignemens qui peuvent mettre sur la voie.

Les temps froids et les pays froids paroissent favorables. Au nord de l'Allemagne, la race des cochons est bien plus grande que les nôtres : celui qui les conduit aux champs, revient quelquefois à cheval sur un des porcs de son troupeau. Il en est dont le poids s'élève à quinze ou vingt quintaux (soixante-quinze à cent myriagrammes); mais ce n'est pas uniquement le climat, ni la race, qui contribuent à cette graisse vraiment prodigieuse, c'est sur-tout la méthode qu'on suit pour les nourrir, lorsque l'on veut développer leurs parties adipeuses. En France, pour les porcs, on ne connoît que la glandée; c'est autre chose en Allemagne.

La base de l'engraissement est une nourriture farineuse et acide. Les farineux et les acides, ou les farineux fermentés, passent pour engraisser, et les alkalis pour maigrir : les farineux et les acides sont combinés ensemble, et cuits ; puis on les donne refroidis.

J'ai cité les cochons, parce que c'est cet animal qui est, en quelque sorte, le type de la graisse ; mais c'est sur les mêmes principes que l'on compose les boulettes qu'on fait manger, en Saxe, aux canards et aux oies. Toute la volaille en profite; mais les oies spécialement deviennent monstrueuses : leur graisse est préférée même à l'huile d'olive; on en fait des tartines, etc.

Leur boisson est de l'eau dans laquelle on a fait bouillir toutes sortes d'herbes acides.

L'effet que produit le mélange des farineux et des acides paroît confirmé par l'exemple des cultivateurs Irlandois : nulle part on ne voit d'aussi belles carnations; et cependant ce peuple ne vit que de pommes de terre et d'une bière inférieure. Nos montagnards des Vosges sont dans le même cas ; il est vrai qu'ils ne boivent point

La cervoise engraissante
Que donne aux gens du nord l'orge rafraîchissante,
(LAFONTAINE, *Psyché.*)

Mais l'acide du petit-lait, ce qu'on nomme le lait de beurre, remplace la bière pour eux. Nos pauvres montagnards boivent ce lait de beurre, et mangent des pommes de terre, ou bien du pain de seigle, qui est aussi un farineux extrêmement acide, et leur coloris fait envie.

Obligés de se ménager des vivres pour leurs longs hivers, les habitans du nord ont été plus industrieux que ceux des climats tempérés, dans l'art de la nutrition des hommes et des animaux. Ce sont eux qui ont inventé, ou du moins perfectionné la dessiccation des plantes potagères, les confitures au vinaigre, la salaison, soit des viandes, soit des poissons et de leurs œufs; la distillation des grains, et beaucoup d'autres procédés qui ne nous sont pas tous connus. Je suis persuadé qu'un voyageur instruit pourroit rendre service à notre économie rurale, s'il visitoit le nord avec l'intention d'observer les pratiques introduites dans ces contrées, pour la diététique humaine et pour celle des bestiaux; mais ces objets utiles occupent rarement ceux qui courent la poste : quand ils rencontrent à l'auberge une poularde succulente, ou bien d'énormes cuisses d'oie, ils ne s'informent guère du procédé qu'on a suivi pour les leur procurer. Ils pourroient en trouver par-tout, si par-tout on savoit comment il faut s'y prendre. (*F. D. N.*)

CHAPITRE III.

Page ... colonne ... ligne 27.

(30) Quoique le dindon ait maintenant un grand nombre de partisans, il a trouvé par fois des détracteurs, dont les assertions, plus ou moins hasardées, pourroient préjudicier à la propagation de son espèce, si on laissoit sans réplique les objections faites, en différens temps, contre les avantages qu'il peut procurer à ceux des habitans des campagnes, situés les plus favorablement pour tirer un parti avantageux des dindons. On s'est plu à répéter que, dans leur éducation, ils présentoient des difficultés extrêmes, et qu'on n'étoit parvenu à les sauver de tous les accidens qui les menacent jusqu'au moment où ils ont poussé le rouge, qu'à force de travail, et que les dépenses qu'on étoit obligé de faire ensuite pour les amener à l'état d'embonpoint désiré, excédoit le produit de la vente : il n'en a pas fallu davantage pour détourner les fermiers d'admettre cet oiseau dans

leurs basses-cours ; ils ont été privés, par conséquent, d'un moyen assuré d'augmenter la masse
des ressources de la maison, et d'ajouter en
même temps aux revenus du domaine rural.

Je me bornerai à observer, avec M. *Chais-
neau*, qui a publié d'excellentes vues sur cette
partie de l'économie domestique, que, si les essais tentés jusqu'à présent pour élever des dindons, n'ont été couronnés d'aucun succès, on
doit en rejeter la faute sur la mal-adresse ou
l'inexpérience de ceux auxquels on les a confiés.
Ce n'est pas du travail qu'il faut ici, mais des
soins et un peu de patience : il n'est pas douteux que tant qu'on s'obstinera à contrarier
les femelles pendant qu'elles couvent, à ouvrir
les coquilles des œufs pour favoriser le passage
des poussins tardifs à éclorre, et les comprimer
dès qu'ils sont nés, pour les faire manger ; à les
laisser exposés à toute l'ardeur du soleil, ou à
l'action insensible de l'humidité froide, on ne
parvienne à les tuer avant qu'ils aient atteint
un mois ; il en coûte moins alors de dire que cet
oiseau est difficile à élever, plutôt que de s'accuser soi-même de négligence, d'ineptie et de
barbarie tout-à-la-fois.

Cependant il faut convenir que, si on ne donnoit que du grain à manger aux dindons, gou-
lus comme le sont ces oiseaux, ils ne mériteroient
le nom de coffres à avoine, qu'ils portent dans
certains cantons ; mais n'y a-t-il pas d'autres
subsistances à meilleur compte pour les nourrir ?
Combien de matières, inutiles aux champs ou
dans l'intérieur de la ferme, qui seroient en
pure perte, si elles n'étoient consommées par ces
oiseaux ! Doit-on toujours les rassasier avant
le terme où il s'agit de les engraisser pour les
vendre ? On se tromperoit encore en imaginant
que ces soins, dont on s'effraye, fussent aussi
multipliés et assujettissans qu'on l'a prétendu ;
ils se réduisent, dans les premiers jours de la
vie du dindon, à mettre cet oiseau à l'abri des
alternatives de chaud et de froid, de sécheresse
et d'humidité ; à lui administrer une nourriture
appropriée et économique, et à ne pas le perdre
de vue jusqu'à ce qu'il ait poussé le rouge : c'est
alors seulement que son tempérament est formé,
qu'il brave la rigueur des saisons et toutes les
influences des localités. (*P.*)

(31) Quoiqu'en général les œufs de dindes
soient peu employés dans la cuisine, parce que
ces femelles n'en pondent guère au-delà de ce
qu'elles peuvent couver, ceux de la seconde
ponte étant rarement consacrés à la reproduction de l'espèce, forment la base de la nourriture des poussins dindes dans leur premier âge,
ou quand, plus forts, ils ont été surpris par le
froid. On les mange à la coque, et ils entrent
dans la plupart de nos mêts ; ils sont même préférés à ceux des poules pour la pâtisserie, et leur
mélange avec ceux-ci rend les omelettes plus
délicates.

Il n'y a cependant pas de doute que les
œufs, quoique composés des mêmes principes,
ne possèdent quelques qualités intérieures ou
extérieures, propres à en caractériser la source ;
mais ce sont de ces nuances trop légères pour
déterminer leurs différences comme aliment :
ce que nous savons de bien positif, c'est que,
dans un grand nombre de cas, l'odeur et le
goût particulier de la chair des oiseaux ne se
communiquent nullement à leurs œufs. Plusieurs auteurs de matière médicale observent
qu'il existe certaines poules de mer dont les
œufs ne diffèrent en aucune manière de ceux
de nos oiseaux de basse-cour, malgré que leur
chair ait une odeur et un goût extrêmement
forts. Enfin, les œufs de la tortue caret ne participent point à la malfaisance de sa chair, ils
passent même pour être plus délicats que ceux
des autres espèces de tortues marines, qu'on
mange également. (*P.*)

(32) La couleur la plus commune de cet oiseau est noire ; cependant, les dindons blancs
ont été très-multipliés, et leur mélange a produit un grand nombre de bigarrures. Beaucoup
de personnes croient que les dindons blancs sont
les plus faciles à élever et à engraisser ; c'est
pour cette raison que, dans quelques-uns de nos
Départemens, on en voit de grands troupeaux de
cette couleur : d'autres, au contraire, prétendent que ce sont les dindons noirs qui réunissent
ces qualités ; mais il ne paroît pas, jusqu'à présent, que l'expérience ait fait reconnoître une
très-grande différence entre les uns et les autres.
Cependant une opinion assez généralement adop-

Page 92, colonne 1, ligne 11.

Idem, ligne 17.

tée, c'est que ces derniers ont communément la peau plus blanche, la chair plus fine, plus savoureuse; que les mâles sont plus volumineux, et les femelles plus fécondes; aussi sont-ils toujours préférés, dans nos marchés, aux dindons blancs ou panachés, que nos ménagères les plus intelligentes refusent même d'élever, bien persuadées que les premiers rapportent plus de profit. Mais un fait assez constant, c'est qu'il se reproduit toujours plus de dindons noirs que des autres couleurs, et que, dans le ci-devant Dauphiné, où il en existe de toutes les nuances, depuis le noir foncé jusqu'au blanc, on ne remarque pas de grandes différences dans leur éducation et dans les résultats. Ces nuances, plus ou moins prononcées, sont-elles réellement une dégénérescence opérée par le croisement ou par le climat? c'est ce que l'expérience n'a pas encore décidé: ce qu'il y a de constant, c'est que M^{de}. *Clavier*, qui faisoit autrefois de l'économie rurale un objet spécial de ses délassemens, et qui a été, pour son canton, un exemple bien recommandable, a eu long-temps, dans le ci-devant Gâtinois, un coq dinde blanc, qui servoit dix femelles à plumage noir, et qu'il n'a jamais donné un poussin de sa couleur, ou tant soit peu nuancé. Une dernière remarque, c'est que, pendant mon séjour en Angleterre, j'ai observé que tous les dindons sauvages conservés dans les cabinets des curieux, sont noirs, et que ceux que les oiseleurs, à Londres, vendoient pour sauvages, étoient également d'un beau noir. (*P.*)

Page 22, colonne 3, ligne 28,

(33) Ceux qui ont écrit l'histoire naturelle du dindon, paroissent avoir eu de fausses idées sur sa fécondité; ils n'ont pas cru qu'en affirmant qu'un coq étoit tout au plus en état de servir six poules, et qu'il étoit le moins fécond des oiseaux domestiques, ils en rendoient l'éducation plus rare. M. *Cazeaux* a pensé qu'il convenoit de rétablir la vérité, dans un excellent mémoire qu'il m'a communiqué, relativement à cette éducation, et qu'il se propose de publier.

A la campagne tout le monde sait que la dinde, comme les femelles de tous les autres oiseaux, n'a besoin de souffrir l'approche du mâle qu'une seule fois pendant tout le temps que dure la ponte, pour que ses œufs soient fécondés: c'est donc à tort qu'on a cru que le dindon, semblable à quelques quadrupèdes, ne pouvoit que rarement donner des signes de sa puissance; il est en état de signaler chaque jour ses forces. J'en ai vu un, dit M. *Cazeaux*, qui traitoit chaque jour noblement ses poules; on l'envoya chercher d'une lieue (un demi-myriamètre), on le présenta à trois dindes réunies, qui appartenoient à trois différens particuliers, et qui étoient dans le temps de leurs amours: les femelles se couchèrent, et le mâle les satisfit de suite toutes trois, d'une manière bien propre à détruire l'offensante réputation qu'on voudroit lui donner. Les trois dindes n'ont pas vu de mâle, puisque le coq d'emprunt fut rendu de suite, et qu'il n'en existoit pas d'autres dans le village; cependant tous les œufs de la première ponte de ces dindes ont été fécondés, expérience qui prouve d'une manière bien frappante la fécondité du mâle et de la femelle. Mais les expériences que M. *Cazeaux* a faites pour constater l'extrême fécondité des dindons, lui ont fait concevoir une idée heureuse, et dont il donne les développemens dans son mémoire.

Puisque tous les œufs d'une ponte sont fécondés si la dinde souffre une fois l'approche du mâle, et que le mâle est en état de rendre plusieurs fois par jour ses devoirs à plusieurs femelles, il n'est pas douteux que, si pendant trente jours on présente chaque jour au coq dinde trois femelles différentes, il n'ait fécondé, dans un mois, tous les œufs de la première ponte de quatre-vingt-dix dindes, c'est-à-dire quatorze cent quarante œufs. D'après ce calcul, fondé sur des expériences, M. *Cazeaux* croit pouvoir affirmer qu'un seul mâle suffit pour tout un village où il y aura quatre-vingt-dix dindes, en supposant même qu'on veuille faire couver les œufs de la seconde ponte, suivant un des moyens de l'auteur, et qu'il seroit superflu d'indiquer ici. Or, dans ce moment, l'espèce de ces oiseaux est si peu multipliée dans certains cantons de la France, qu'on peut à peine compter quatre poules dindes par village; un coq suffira donc aux femelles de chaque canton.

J'ajouterai encore à cette note, que, pour mettre à profit le temps où le coq se repose, et

laisser

laisser à la dinde la faculté de pondre plus d'œufs, j'ai essayé de le faire servir, comme les chapons, à la couvaison : les expériences suivies que j'ai faites, m'ont bien prouvé que, quand on l'avoit contraint par tous les stratagèmes connus à remplir cette fonction, il s'en acquittoit de manière à mériter d'être comparé, pour l'assiduité à rester constamment sur les œufs, à la véritable mère couveuse; mais lorsque les poussins paroissent, leurs cris, leurs mouvemens l'effrayent, il les tue, ou les abandonne sans rémission. (*P.*)

(34) L'état de foiblesse du premier âge des poussins dindes se prolonge l'espace de deux mois, c'est-à-dire jusqu'à ce que les mammelons dont leur tête et leur cou sont revêtus, se colorent en rouge plus ou moins foncé. Cette époque remarquable dans l'histoire naturelle du dindon, est réellement pour lui une époque critique : les périls dont il est environné pendant sa débile jeunesse, s'affoiblissent, et il perd le nom de poussin, pour prendre celui de *dindonneau.* La Nature, en colorant ces mammelons, semble annoncer que cet oiseau n'a plus besoin des soins multipliés qui lui ont été prodigués ; mais, pour favoriser cette éruption, il faut encore continuer les mêmes soins, augmenter la nourriture, et la rendre plus tonique, en y ajoutant quelques jaunes d'œufs, du vin avec du pain émietté, de la farine de froment, du chenevis écrasé, etc. : ce n'est qu'alors qu'on doit le regarder comme véritablement acclimaté. Les dindonneaux vont ensuite aux champs avec leurs mères, qui ne tardent pas à s'occuper d'une nouvelle ponte; ils se mêlent, sans difficulté et sans danger, avec les dindons des années précédentes. Ils logent en plein air, sur les arbres, ou sur le juchoir qui leur est destiné : ils peuvent, jusqu'au mois d'Octobre (Brumaire), être conduits dans les guérets, les prairies et les vignes, après la moisson, la fauchaison et la vendange; au bois, après la chute du gland et de la faine; enfin, dans tous les lieux où il y a des fruits sauvages, des insectes et des grains à ramasser; mais il faut sur-tout les éloigner des vignes lorsque le raisin est mûr, car la grêle n'exerce pas plus de ravages. Ils rentrent le soir à la ferme, bien gorgés de tout ce qu'ils ont

mangé, d'insectes dont ils ont délivré les champs, des grains qui ont échappé à la main du glaneur, et d'une quantité de subsistances qui seroient, sans cet emploi, absolument perdues pour le propriétaire.

Une fille de douze à quinze ans, peut facilement conduire une centaine de dindonneaux ; mais il faut lui recommander de ne pas oublier que, n'ayant pas encore acquis le plus haut point de leur croissance, ils seroient fatigués par des courses trop longues.

Aucune nourriture ne leur donne une chair plus blanche ni plus délicate que le pain de creton ou marc de suif : on en fait bouillir plus ou moins, suivant la quantité d'individus à nourrir ; quand ce creton est bien divisé, on le délaye dans une chaudière, ou y mêle des plantes, et sur-tout l'ortie hachée, des racines potagères ; le tout étant bien cuit, on y ajoute de la farine d'orge ou de mays, dont on forme une espèce de pâtée, qu'on distribue aux dindonneaux deux fois par jour au moins, le matin et à une heure, quand on veut qu'ils deviennent gras. Mais comme on ne peut se procurer du pain de creton par-tout, les tourteaux ou marcs d'huile de noix, de lin ou d'amandes douces, le suppléent : il faut éviter soigneusement de les engraisser avec cette nourriture, car leur chair s'en ressentiroit. On ne doit pas moins éviter les gâteaux ou tourteaux provenant des amandes amères, ils sont un véritable poison, non seulement pour les dindonneaux, mais pour toutes les autres espèces d'oiseaux domestiques.

Indépendamment de l'ortie grièche et du persil, toutes les plantes auxquelles on reconnoît une propriété tonique et stomachique conviennent singulièrement bien aux dindons de tous les âges : le fenouil, la chicorée sauvage, la millefeuille, peuvent entrer dans la composition de leur nourriture. Un soleil ardent est funeste à ces oiseaux autant que la pluie ; aussi les dindonniers intelligens ont-ils soin de ne conduire leurs jeunes troupeaux au pâturage que pendant les heures du jour les plus tempérées, savoir, le matin après que la rosée est dissipée, depuis huit heures jusqu'à dix ; et le soir avant qu'elle paroisse, depuis quatre jusqu'à sept. Il est bon que les dindonneaux trouvent de l'ombrage dans leur promenade, et au moindre signe de pluie on doit se hâter de les rentrer dans leur habitation et de les garantir des mauvais effets que produit sur eux l'humidité froide à laquelle ils sont exposés immédiatement. (*P.*)

Page 51, colonne II, ligne 7.

(35) J'ignore si l'opération de chaponner les dindons est pratiquée quelque part; mais en supposant qu'elle le soit, elle doit être accompagnée d'accidens nombreux. On sait qu'avant l'apparition du rouge, c'est-à-dire avant d'avoir atteint l'âge de deux à trois mois, les poussins d'indes sont si délicats, que la moindre lésion qu'ils éprouvent, devient mortelle : comment donc résisteroient-ils à l'opération la plus douloureuse que la Nature puisse supporter? Passé cette époque, je ne sais si l'opération seroit heureuse ; c'est à l'expérience à résoudre ce problème : plusieurs fermières intelligentes m'ont promis de s'en occuper. J'observerai, en attendant leurs résultats, qu'une ménagère très-instruite dans l'art de chaponner les oiseaux de basse-cour, a tenté plusieurs fois cette opération, sans pouvoir y réussir, vu que cet oiseau est très-grand, que les doigts ne sauroient atteindre les testicules sans faire une grande ouverture, et par conséquent une large plaie. Naturellement glouton, le dindon s'engraisse facilement avec toute espèce de nourriture donnée abondamment, sans qu'il soit nécessaire de recourir à cette opération. (*P.*)

Idem, ligne 16.

(36) Ce n'est que quand le froid arrive, et que les dindonneaux ont atteint environ six mois, qu'on doit songer à leur administrer une nourriture plus ample et plus consistante, afin d'augmenter promptement leur volume et leur embonpoint : les mâles sont connus alors sous le nom de *dindon*, et les femelles sous celui de *dinde*. Pour les engraisser, on se sert de leur appétit, qu'on met en jeu ; mais s'il n'est pas assez violent, il faut les gorger, les tenir dans un lieu sec et obscur, bien aéré ; ou mieux, les laisser roder autour des bâtimens, mais sans sortir de la cour de la ferme. Pendant un mois, tous les matins, on leur donne des pommes de terre cuites, écrasées et mêlées avec de la farine de sarrasin, de mays, d'orge, de fèves grises, suivant les ressources locales ; on en forme une pâtée solide, qu'on leur laisse manger à discrétion. Tous les soirs il faut avoir l'attention d'ôter ce qui reste de cette pâtée, de laver parfaitement le vase dans lequel elle avoit été mise le matin ; car, pour cet oiseau comme pour les autres, il convient de tenir propre leur manger ; et de se garder de donner le lendemain le restant de la pâtée de la veille, parce que, s'il fait chaud, elle contracte de l'aigreur et pourroit leur déplaire et les dégoûter. Un mois après l'usage de cette nourriture, on y ajoute tous les soirs, lorsqu'ils vont se coucher, une demi-douzaine de boulettes composées de farine d'orge, qu'on leur fait avaler, et cela seulement pendant huit jours, au bout desquels on a des dindes excessivement grasses, délicieuses, du poids de vingt à vingt-cinq livres (dix à douze kilogrammes).

Dans beaucoup d'endroits on ne prend pas le soin d'élever des dindons, on les achète maigres au marché lorsqu'ils ont poussé le rouge, et on les engraisse insensiblement, en leur donnant tous les résidus dont on peut disposer. Les femelles s'engraissent plus facilement que les mâles. Une autre pratique pour engraisser les dindons consiste à leur faire avaler des boulettes composées de coquilles de noix et de pommes de terre, qu'ils digèrent à merveille : on commence par un petit nombre, et l'on va toujours en augmentant, en leur fourrant par force, dans le gosier, les alimens qui peuvent leur convenir.

Chaque canton a sa méthode pour engraisser les dindons, et toujours elle dépend des ressources locales : tantôt c'est le gland, la faîne ou la châtaigne qu'on fait cuire, et qu'on broie avec la farine du grain le plus commun; tantôt, comme dans la ci-devant Provence, ce sont des noix entières qu'on leur fait avaler une à une, en leur glissant la main le long du cou, jusqu'à ce qu'on sente qu'elles ont passé l'œsophage : on commence par une noix, et on augmente insensiblement jusqu'à quarante; mais beaucoup de personnes n'estiment pas ce genre d'engrais pour les dindons, à cause du caractère et du goût huileux qu'il communique à la chair. (*P.*)

CHAPITRE IV.

Page 26, Tome II, ligne 31.

(37) Ce bel oiseau, destiné par la Nature à être l'ornement des lieux qu'il habite, rappelle les honneurs dont il a joui dans les jours brillans de notre chevalerie. Aux Cours d'amours la récompense que recevoient les poëtes qui avoient remporté les prix, étoit une couronne faite de plumes de paon, qu'une dame posoit sur leur tête. Chez nos vieux romanciers, le paon est qualifié du titre de noble oiseau, et sa chair y est regardée comme la nourriture des amans et des preux. Il y avoit alors très-peu de mets qui fussent plus estimés: un de nos poëtes du treizième siècle, voulant peindre les fripons, dit qu'ils ont autant de goût pour le mensonge qu'un affamé en a pour la chair du paon. Les grands seigneurs donnoient très-peu de festins d'appareil, où cet oiseau ne parût comme un mets très-recherché; l'honneur de poser le plat sur la table, étoit déféré à la dame la plus distinguée par sa naissance, son rang et sa beauté.

Aux noces de Charles-le-Téméraire, duc de Bourgogne, avec la reine Marguerite d'Angleterre, en 1468, on servit cent paons tous les jours, pendant une semaine. Ce qui paroîtroit prouver, au reste, que ce mets tenoit plus à l'ostentation qu'à la bonté de la viande, c'est l'attention qu'on avoit de ne servir le paon qu'avec tout l'appareil de sa beauté. On le dépouilloit avec soin, on lui coupoit la tête, on le faisoit rôtir entier; on le recouvroit ensuite de sa peau et de ses plumes, développées et maintenues avec des fils d'archal, de même que la tête et l'aigrette que l'on replaçoit également, et on l'apportoit ainsi sur la table. On l'y voit dans plusieurs de nos anciens tableaux et de nos anciennes tapisseries, qui représentent ces sortes de repas.

Il y a tout lieu de croire qu'insensiblement le paon a perdu de cette célébrité, et qu'on a renoncé à en faire usage comme aliment; le plaisir qu'il procure aux yeux ne dédommage pas toujours de son cri aigu et perçant. Si on en entretient encore quelques-uns, c'est moins à cause de leurs œufs et de leur chair, que pour contempler les beautés dont ils brillent; mais ils tyrannisent et maltraitent les autres volailles, dégradent les combles sur lesquels ils aiment à s'élever, et dévastent les potagers et les vergers. (*H. et P.*)

Page 27, colonne I, ligne 3e.

(38) Cette circonstance des paons servant de sentinelle à la maison de notre auteur, et l'avertissant du danger dans le cours des guerres civiles, est un trait curieux, et qui eût dû être noté dans la vie d'*Olivier de Serres*. On a beaucoup parlé des oies du Capitole : l'histoire ne doit pas oublier les paons du Pradel. Au milieu des guerres civiles, *Olivier* faisoit des remarques qui devoient enrichir le *Théâtre d'Agriculture*. Quel prodige qu'un tel ouvrage composé dans un pareil siècle, au milieu du chaos affreux dont la France ne fut tirée que par le règne d'Henri IV ! (*F. D. N.*)

Page 29, colonne II, ligne 21.

(39) Le paon est originaire des Indes-Orientales; il passa de-là dans l'Asie-Mineure et dans la Grèce, où il étoit encore rare et très-cher du temps de Périclès. Il commença à paroître à Rome lors de la décadence de la république. *Pline* dit que Hortensius, homme magnifique dans ses dépenses, fut le premier qui fit manger des paons à Rome ; Hortensius vivoit du temps de *Cicéron*, et étoit son émule dans la carrière du barreau.

De proche en proche le paon fut transporté dans nos climats, où il a multiplié. *La Bruyère-Champier*, qui écrivoit au milieu du seizième siècle, en a trouvé de nombreux troupeaux en Normandie, près de Lisieux; on les y engraissoit avec du marc de pommes, et on les vendoit aux marchands poulaillers, qui les portoient aux marchés des grandes villes, pour les repas d'appareil (*de Re Cibariâ, lib. XV, cap. XXVIII*). Il paroît qu'ils étoient encore assez communs du temps d'*Olivier de Serres*, qui en élevoit au Pradel; et c'est faute d'avoir lu avec attention le chapitre de notre auteur sur cet oiseau, que *le Grand d'Aussi* met en question, dans la *Vie privée des Français*, si c'est dans le Vivarais, à Paris, ou ailleurs, qu'il a mangé du paon. (Voyez la note précédente.)

Il a été aussi transporté en Amérique, et il y a fort bien réussi; il y vit comme chez nous, dans la domesticité. Sa constitution robuste lui permet de résister dans les pays froids, lorsqu'il y est acclimaté; il a cependant de la peine à vivre en Suède, et *Linné* observe que ce n'est qu'à force de soins, et non sans altération de son plumage. Les papiers publics rapportent qu'en 1776 un paon fut enseveli sous la neige pendant plusieurs jours, dans une cour de la ville de Dunkerque; qu'on le retira vivant, et qu'il continua à se bien porter. Le dindon a fait peu-à-peu disparoître le paon de nos basses-cours : celui-ci, peu fécond, plus sauvage, par conséquent plus difficile à multiplier, ne pouvoit guère être que l'oiseau des gens riches et des grandes tables; le dindon, plus domestique et plus productif, est devenu un aliment pour toutes les classes, et un mets pour toutes les tables. (*H.*)

CHAPITRE V.

Page 29, colonne II, ligne dern.   (40) Ce n'est pas par une qualité venimeuse particulière que les volailles, et sur-tout les oiseaux aquatiques, qui ont le bec large, comme les oies, nuisent aux prairies sur lesquelles ils pâturent; mais parce que, comme l'a observé M. *Tessier* à l'égard des bestiaux, en pinçant les plantes ils les arrachent ou les ébranlent, et détruisent ou retardent la végétation. (Voyez la note (39) du quatrième Lieu, tome I, page 595, colonne II.)

Quant à leurs excrémens, *Olivier de Serres* a déjà dit (tome I, second Lieu, chapitre III, page 126, colonne II) que, pour leur grande froidure, ils ne sont d'aucune ou d'une bien petite utilité; mais ces reproches, qui paroissent être confirmés par plusieurs arrêts de Cours souveraines, méritent d'être examinés et appréciés. Ces arrêts fixent le nombre d'oies que les communes peuvent posséder, et indiquent des lieux particuliers où elles doivent pâturer, attendu, y est-il dit, que ces animaux occasionnent beaucoup de dommages dans les pâturages, par la fiente qu'ils y déposent, en sorte qu'on ne peut tirer aucun avantage de ces pâturages pour la nourriture des bestiaux.

On ne peut se dissimuler que l'opinion d'*Olivier de Serres*, qui est la même que celle qui a motivé les arrêts, ne soit en partie fondée; et l'expérience a prouvé que non seulement les plantes sèches sur lesquelles les excrémens de la volaille ont été déposés, sont refusées par les animaux, qui s'en dégoûtent (voyez la note (4) de ce Lieu, page 153, colonne II), mais encore que ces mêmes plantes vertes ne tardent pas à jaunir, à se flétrir, à se dessécher jusques dans la racine, et à mourir. Ces effets ne sont pas particuliers aux excrémens des oiseaux et des oiseaux aquatiques, ils sont produits aussi par les urines de tous les autres animaux, par le sel, les cendres, la chaux, la poudrette, le plâtre, etc., toutes substances néanmoins auxquelles on ne dispute point d'être d'excellens engrais, lorsqu'elles sont employées à propos, c'est-à-dire lorsque l'eau les a suffisamment atténuées, détrempées, et fait pénétrer dans l'intérieur de la terre.

La fiente des oiseaux est composée, comme celle de tous les autres animaux, du résidu des alimens; elle contient en outre, une petite quantité d'urine, et une partie blanche qui est toute différente, et que nos collègues MM. *Fourcroy* et *Vauquelin*, auxquels l'agriculture a plus d'une obligation, ont trouvé avoir tous les caractères d'un mélange de carbonate, de phosphate de chaux, et d'albumine. C'est la même substance que celle qui constitue la coquille d'œuf; par conséquent elle doit produire sur les terres les mêmes effets, bons ou mauvais, qu'y produiront tous les engrais crétacés ou calcaires.

Ainsi, la nature des excrémens des oies bien connue, et c'est un service que la chimie a rendu à l'agriculture, il n'est pas difficile d'assigner les terres qui leur conviennent, et de rendre compte des mauvais effets qu'ils peuvent produire sur les prairies, lorsqu'ils y sont déposés par ces animaux et qu'ils s'y dessèchent; mais il n'en est pas de même lorsqu'ils sont mêlés avec d'autres engrais, ou délayés dans l'eau, ou étendus par les pluies immédiatement après avoir été répandus sur les terres : dans ces cas, on n'a jamais rien à redouter de leurs effets, et ils produisent toujours, au contraire, ceux qu'on a lieu d'attendre des meilleurs engrais de ce genre, si, du reste, le terrein est de nature à en avoir besoin. (Voyez les notes de M. *Yvart*, sur le chapitre III du second Lieu, tome I, page 171 et suivantes.) (*H.*)

(41) C'est sur-tout dans le ci-devant Haut-Languedoc que les oies sont d'une belle venue, et aussi grandes que les cygnes; leur marque distinctive est d'avoir sous le ventre une masse de graisse qui touche à terre lorsque ces oiseaux marchent; cette graisse, à la vérité, n'est bien sensible qu'au mois d'Octobre (Vendémiaire), et elle augmente à mesure qu'ils prennent de l'embonpoint.

Dans le Bas-Languedoc, le moindre métayer élève des oies, mais il ne conserve qu'une ou deux femelles, et point de jars, à cause de la nourriture que ceux-ci coûtent, et de leur méchanceté au printemps; moyennant une légère rétribution il conduit la femelle au mâle, qu'on a garde dans les fermes un peu considérables, et l'expérience a appris que ce mâle pouvoit, sans se fatiguer, servir beaucoup de femelles.

Notre collègue M. *Saint - Genis* s'est assuré que les oies s'apparient comme les pigeons et les perdreaux; il a même remarqué que, quand le nombre des mâles excédoit celui des femelles, de deux et même de trois, en y comprenant le père commun, il n'est arrivé aucune rixe entre les mâles; les accouplemens se sont faits sans bruit. Il est resté, outre le père, deux mâles qui n'étoient pas pourvus; les couples étoient continuellement ensemble, sauf quelques écarts momentanés, pendant lesquels les autres mâles, même les deux célibataires, ne se permettoient pas d'approcher la femelle avec laquelle ils n'étoient pas accouplés. Les deux jars alloient toujours de compagnie, ce qui faisoit présumer que l'un d'eux pouvoit être une femelle, quoiqu'ils fussent l'un et l'autre blancs; mais M. *Saint-Genis* s'est encore bien assuré qu'ils étoient tous deux mâles, et il a constaté par-là, qu'en général les mâles sont blancs, tandis que les femelles ont toujours quelques plumes grises. Cette distinction, que l'on croit certaine, n'a été faite par aucun naturaliste; c'est en vain qu'on chercheroit dans leurs ouvrages les signes caractéristiques des oies mâles et des oies femelles. Il existe, du côté de Toulouse, beaucoup de mâles panachés; ils ont sur la tête des plumes qui se hérissent quand ils sont en colère, et semblent former une petite huppe. (*P.*)

(42) Il en est de l'oie comme de tous les animaux qu'on fait passer à la graisse; il faut saisir l'instant où, parvenue à peine à l'obésité complète, elle maigrit, et finiroit par périr si on ne se hâtoit de la tuer. On a calculé qu'il falloit, pour compléter cet engrais, environ quarante à cinquante livres (vingt à vingt - cinq kilogrammes) de mays, dans les cantons où l'on en a abondamment. Ce grain est remplacé ailleurs par l'orge.

M. *Puymaurin* m'a assuré que, dans la seule ville de Toulouse, depuis le mois de Juillet (Messidor) jusqu'en Octobre (Vendémiaire), il se nourrit cent vingt mille oies, qui se débitent la plupart par quartiers. Ces oies sont jeunes et point engraissées; elles coûtent deux livres dix sous et trois livres (deux francs cinquante centimes à trois francs); elles fournissent, outre les quatre quartiers, les abattis, de manière que la soupe et le dîner de l'artisan ne lui coûtent, au plus, que douze sous (soixante centimes).

Le canton où l'engrais des oies se pratique avec le plus de succès, c'est le Lauraguais, dans le département de l'Aude; le mays y est généralement cultivé. M. *Villèle*, placé entre Toulouse et Carcassonne, a fait, en différens temps, des expériences très-intéressantes, dont le résultat, qu'il m'a communiqué, sert à prouver que les plus belles oies ne pèsent guère au-delà de dix à douze livres (cinq à six kilogrammes), lorsqu'on se borne à les laisser manger à discrétion, sans ensuite les empâter; que, si cette opération s'exécute trop promptement, et qu'on cherche à épargner le grain, on n'obtient que des oies demi - grasses, de douze à seize livres (six à huit kilogrammes), tandis que celles méthodiquement et parfaitement engraissées, pèsent jusqu'à vingt livres (dix kilogrammes). Or, cet excédant consistant en graisse, et cette graisse valant seize sous la livre (quatre - vingt centimes le demi - kilogramme), chaque oie entièrement grasse vaut au moins six francs de plus que celles à demi-grasses.

C'est au mois de Novembre (Brumaire), et quand le froid s'est déjà fait sentir, qu'il faut songer à engraisser les oies; plus tard on courroit les risques de les nourrir en pure perte, elles entreroient en rut, et l'opération alors n'auroit pas le même succès. Pour y parvenir, on met en usage plusieurs pratiques que je crois devoir faire connoître. L'oiseau dont il s'agit est d'une ressource trop avantageuse dans nos Départemens de l'ouest et du midi, pour omettre sur ce point le moindre détail.

Première pratique.

Lorsqu'on n'a que quelques oies à engraisser, on les met dans une barrique à laquelle on a pratiqué des trous par où elles passent la tête pour prendre leur nourriture; mais comme cet oiseau est vorace, et que chez lui la faim est plus forte que l'amour de la liberté, il s'engraisse facilement, pourvu qu'on lui fournisse abondamment de quoi avaler. C'est ordinairement une pâtée composée de farine d'orge, de blé de Turquie ou de sarrasin, avec du lait et des pommes de terre cuites. Le procédé usité par les Polonois pour engraisser promptement les oies, est à-peu-près le même; il consiste à faire entrer l'oison dans un pot de terre défoncé, d'une cavité telle, qu'il ne permette pas à l'animal de s'y remuer d'aucun côté; on lui donne à discrétion la pâtée dont il vient d'être question: le pot est disposé dans la cage, de manière à ce que ses excrémens n'y restent pas. A peine les oies ont-elles séjourné quinze jours dans une pareille prison, qu'elles acquièrent tant de volume, qu'on est forcé de briser les pots pour les en tirer.

Deuxième pratique.

Aussitôt que les oies ne trouvent plus à glaner dans les chaumes, et qu'elles ont ramassé les grains restés sur l'aire, elles sont renfermées douze par douze dans des loges étroites, et assez basses pour qu'elles ne puissent se tenir debout ni faire beaucoup de mouvemens; on les entretient proprement, en renouvelant souvent leur litière. On enlève à chacune quelques plumes sous les ailes et autour du croupion; on met dans une auge tout le mays préalablement cuit qu'elles peuvent consommer, et dans une écuelle, de l'eau en abondance. Dans les premiers jours elles mangent beaucoup, et à tout moment; mais leur appétit diminue au bout de trois semaines environ; et dès qu'on s'aperçoit qu'elles commencent à le perdre tout-à-fait, alors on les empâte d'abord deux fois par jour, et ensuite trois fois. Pour cet effet, on introduit dans le jabot de l'animal, du grain, à l'aide d'un instrument; c'est un entonnoir de fer-blanc, dont le tuyau, long de cinq pouces et demi (seize centimètres), et de dix lignes (vingt millimètres) de diamètre dans toute sa longueur, a le bout coupé en bec de flûte et arrondi, formant un petit rebord soudé et uni pour prévenir toute écorchure nuisible à l'animal; à ce tuyau s'adapte un petit bâton pour en faire couler la graine: la ménagère, accroupie sur ses genoux, après avoir mis l'instrument dans le cou de l'oie, qu'elle tient d'une main, prend, de l'autre, du grain qui est à sa portée, le laisse tomber doucement, et le baguette à fur et mesure, afin qu'il n'en reste pas dans l'entonnoir; lorsqu'elle s'aperçoit que le jabot est à-peu-près rempli, elle reprend une autre oie: par intervalle elle met sous le bec de l'animal une écuellée d'eau fraîche. Dans la ci-devant Alsace, on recommande d'ajouter au fond de l'écuelle une poignée de gravier fin, et un peu de charbon pulvérisé, persuadé que cette boisson contribue à engraisser plus vite l'oie, à faciliter le passage du mays, et à faire grossir davantage le foie; d'autres indiquent des lavures de vaisselle. Cette opération, quoique praticable par toute personne, est cependant assez délicate pour n'être confiée qu'à des mains adroites. Il faut tenir de l'eau dans la loge, car une nourriture forcée et surabondante altère beaucoup les oies, et les suffoqueroit sans cette précaution. Douze oies occupent ainsi une femme pendant une heure, soir et matin. On peut les gorger trois fois le jour, si elles digèrent facilement; mais il seroit dangereux d'y revenir tant que leur digestion n'est pas achevée. En moins d'un mois, les oies prennent une graisse prodigieuse, et acquièrent le double de leur poids, c'est-à-dire de dix-huit à vingt livres (neuf à dix kilogrammes) chacune.

Troisième pratique.

L'objet de celle-ci est pour augmenter le volume du foie. Personne n'ignore les recherches de la sensualité pour faire refluer sur cette partie de l'animal toutes les forces vitales, en lui donnant une sorte de cachexie graisseuse. En Alsace, le particulier achète une oie maigre, qu'il renferme dans une petite loge de sapin assez étroite pour qu'elle ne puisse s'y retourner ; cette loge est garnie, dans le bas-fond, de petits bâtons un peu écartés, pour le passage de la fiente, et on avant, d'une ouverture, pour sortir la tête; au bas, une petite auge est toujours remplie d'eau, dans laquelle trempent quelques morceaux de charbon de bois. Un boisseau (douze litres) de mays suffit pour la nourriture pendant un mois, à la fin duquel l'oiseau se trouve suffisamment engraissé : on fait tremper dans l'eau, dès la veille, un trentième du grain qu'on insinue dans le gosier le matin, puis le soir ; le reste du temps l'oie boit et barbotte. Vers le vingt-deuxième jour, on mêle au mays quelques cuillerées d'huile de pavot ou d'œillette; à la fin du mois, l'on est averti, par la présence d'une pelotte de graisse sous chaque aile, ou par la difficulté de respirer, qu'il est temps de la tuer; si l'on différoit, elle périroit. Son foie alors pèse depuis une livre jusqu'à deux (cinq à dix hectogrammes). L'animal se trouve excellent à manger, fournissant pendant la cuisson, depuis trois jusqu'à cinq livres (deux à trois kilogrammes environ) de graisse. Sur six oies il n'y en a ordinairement que quatre (et ce sont les plus jeunes) qui secondent l'attente de l'engraisseur ; il les tient à la cave ou dans un lieu peu éclairé. Les Romains, friands de ces foies, avoient déjà observé que l'obscurité étoit favorable à ce genre d'éducation, sans doute parce qu'elle éloigne des oies toute distraction, et détermine les différentes facultés vers les organes digestifs. C'est pour concourir à ce but, qu'il est nécessaire que les oies à l'engrais ne puissent entendre les cris de celles qui restent en liberté; le défaut de mouvement et la gêne qui survient dans la respiration, peuvent aussi être ajoutés à toutes ces causes.

On parle souvent de la maigreur des oies soumises à ce régime : elle n'a pu avoir lieu que sur celles à qui l'on clouoit les pattes après leur avoir crevé les yeux, par suite des souffrances qu'une méthode aussi barbare devoit exciter. Sur cent engraisseurs, à peine s'en trouve-t-il maintenant deux qui la suivent ; encore ils ne leur crèvent les yeux que deux ou trois jours avant de les tuer. Aussi les oies d'Alsace, exemptes de ces cruelles opérations, prennent une graisse et un embonpoint prodigieux. (*P.*)

(43) Ce n'est pas seulement pour leur chair, pour leur graisse et pour leurs œufs, c'est encore pour leurs plumes, qu'on fait la chasse aux oiseaux, et qu'on les élève dans les basses-cours. Une grande partie du duvet et des plumes qui se consomment en Europe, se prend sur les oies. Long-temps on a été dans l'opinion, que c'étoit préjudicier directement à leur santé, que de dérober ces dépouilles que la Nature a données aux oiseaux pour les vêtir et en faire le principal instrument du vol; mais l'opération ayant lieu avant la mue, elle n'est suivie d'aucun accident, sur-tout quand elle s'exécute à propos et avec adresse. Aussitôt que les oiseaux ont atteint l'âge de deux mois, on les conduit, à plusieurs reprises, dans une eau claire ; on les expose ensuite sur un lit de paille nette, afin qu'ils s'y ressuyent; on les plume promptement pour la première fois, et une seconde fois au commencement de l'automne, mais d'une manière modérée, à cause des approches du froid, qui pourroit les incommoder. Le bénéfice qu'on peut retirer des plumes d'oies n'est à dédaigner nulle part; elles forment un article important du commerce en Angleterre, dans la province de Lincolnshire, soit en duvet, soit en plumes à écrire. Une précaution qu'on doit toujours avoir, c'est que, quand les oies viennent d'être plumées, il faut empêcher qu'elles n'aillent à l'eau, et se borner à les faire boire pendant un ou deux jours, jusqu'à ce que la peau soit raffermie. On les plume enfin une troisième fois, quand après les avoir engraissées on les tue. Ainsi cet oiseau, qui a vécu environ neuf mois, peut fournir pendant sa vie trois récoltes de plumes : ce produit varie selon l'âge. On a estimé qu'une oie mère donnoit communément sa livre (cinq hectogrammes) de plumes, et la jeune à-peu-près la moitié. Les oies destinées à peupler la basse-cour, et qui sont ce qu'on nomme les vieilles oies, peuvent, sans inconvéniens, être plumées trois fois l'année, de sept semaines en sept semaines; mais il faut attendre, comme je l'ai

Page 33, colonne I, ligne 5.

déjà dit, que les oisons aient atteint treize à quatorze semaines pour subir cette opération, sur-tout ceux qui sont destinés à être mangés de bonne heure, parce qu'ils maigrissent et perdroient de leur qualité.

La nourriture a une grande influence sur la qualité du duvet et la force des plumes; les soins qu'on prend des oies n'y contribuent pas moins. On a remarqué que, dans les endroits où ces oiseaux trouvent beaucoup d'eau, ils sont moins sujets à la vermine, et fournissent une plume qui est plus estimée. Mais il y a aussi une sorte de maturité pour le duvet, qu'il est facile de saisir; c'est lorsqu'il commence à tomber de lui-même; car si on l'enlève trop tôt, il n'est pas de garde, et les insectes y déposent leurs larves: on a remarqué que les oies maigres en fournissent davantage, et de meilleure qualité que les grasses. Il ne faut point arracher les plumes des oies après qu'elles sont mortes; elles sentent ordinairement le *relan*, et se pelotonnent; il est prudent de ne mettre dans le commerce que les plumes arrachées sur les oies vivantes, ou qui viennent d'être tuées. Dans ce dernier cas on doit se hâter de plumer, et faire en sorte que l'opération se termine avant que l'oiseau soit entièrement refroidi. Il y a encore des précautions à employer pour conserver en bon état les plumes: comme elles emportent toujours avec elles une matière grasse et lymphatique qui les feroit gâter et leur communiqueroit une odeur désagréable, il faut prévenir cet inconvénient en les exposant au four après que le pain en est retiré, et les transportant ensuite dans un lieu sec et aéré. Il est aisé de reconnoître les plumes recueillies sur l'animal vivant, en ce que leurs tuyaux étant pressés sous les doigts, donnent un suc sanguinolent; celles qui ont été arrachées après la mort, sont sèches, légères, et sujètes à être attaquées par les insectes et les mites. La dessiccation au four doit être portée plus loin, quand il est question des plumes des oiseaux aquatiques, à cause de leur nature huileuse. On aura soin de les remuer tous les jours; par ce moyen on dessèche la moëlle que contiennent intérieurement les tuyaux: les parties graisseuses et membraneuses de leur surface se dissipent en poussière, alors la plume

peut se conserver pendant des siècles; mais si on néglige ces précautions, si elle n'est pas réduite à un état de pur parenchyme, et qu'elle contienne des sucs à moitié desséchés, elle deviendra bientôt la proie des insectes; dans ce cas, il faut la blanchir dans une eau de savon, et la laver ensuite à plusieurs eaux, opération secondaire qui détériore la qualité élastique de la plume, et occasionne des déchets.

Les pennes, c'est ainsi qu'on nomme les plumes des ailes et de la queue des oiseaux, pour les distinguer des plumes proprement dites, qui recouvrent le corps; les pennes sont les plus longues et les plus fortes de toutes les plumes: celles des cygnes, des oies et des corbeaux, sont employées de préférence à toutes les autres, aux usages économiques, et cela suivant les qualités reconnues aux tuyaux de chacune d'elles. Les pennes de cygne sont les plus estimées pour écrire et pour former des pinceaux; les pennes d'oie, plus abondantes et presqu'aussi bonnes que celles de cygne, sont plus généralement employées pour l'écriture: celles de corbeau servent plus particulièrement aux facteurs pour emplumer les sautereaux des clavecins, et aux dessinateurs pour le dessin dit à la plume. Une seule oie peut donner dix plumes de différentes qualités; mais il reste à leur surface une matière grasse, dont il faut les débarrasser pour les rendre pures, transparentes et luisantes, par un procédé qu'on appelle *hollander les plumes*: ce procédé paroît être la possession exclusive des Bataves. J'ai écrit à plusieurs pharmaciens françois, que la circonstance de la guerre appeloit dans la Hollande, pour les inviter à prendre sur les lieux quelques renseignemens; ils m'ont adressé un procédé, qui n'est pas encore bien connu: s'il n'est pas exactement celui des Hollandois, il peut au moins très-bien réussir; il consiste à plonger la plume arrachée de l'aile des oiseaux dans l'eau presque bouillante, à l'y laisser ramollir suffisamment, à la comprimer en la tournant sur son axe, avec le dos de la lame d'un couteau: cette espèce de frottement, ainsi que les immersions dans l'eau, se renouvellent jusqu'à ce que le cylindre de la plume soit transparent, et que la membrane, ainsi que l'espèce d'enduit gras qui

la

la recouvre, soit entièrement enlevé; on la
plonge une dernière fois pour la rendre parfaitement cylindrique, ce qui s'exécute avec l'in-
dex et le pouce, et on la fait ensuite sécher à
une douce température. (*P.*)

(44) Avant la découverte du Nouveau-Monde
les oies étoient extrêmement communes en
France et dans les autres parties de l'Europe, il
n'y avoit guère de repas un peu splendide où cet
oiseau ne parût avec intérêt sur nos tables. En
Angleterre, on mangeoit une oie rôtie le jour
de Noël, en mémoire de ce que la reine Élisabeth
en avoit une sur sa table au moment où elle reçut
la nouvelle de la destruction de la fameuse armada de Philippe II, roi d'Espagne, qui vouloit
envahir l'Angleterre et détrôner cette reine. Il
y avoit autrefois à Paris un marché particulier
affecté au commerce des oies; ceux qui les vendoient se nommoient *oyers*. Long-temps en
France et ailleurs on a mangé l'oie de la Saint-
Martin, et *J. C. Frommann* a écrit un ouvrage
exprès sur cette dernière coutume (*Tractatus
curiosus de Ansere Martiniano. Editio secunda.
Lipsiæ*, MDCCXX. In-4°.). L'importation
du dindon en Europe a pris la place de l'oie,
à cause de son volume à-peu-près égal, et de sa
chair beaucoup plus fine et plus délicate. A la
vérité les poussins d'indes, moins faciles à élever
que les oisons, ne sont pas à l'abri de tous les
événemens qui menacent leur existence, jusqu'à
ce qu'ils aient poussé le rouge: l'oie est donc,
de ce côté, supérieure au dindon, et même pour
ses différens produits; aussi, dans les Départemens où la culture du mays est en considération,
et où il y a des pâturages, l'oie est encore ce
qu'elle étoit il y a un siècle, et il faut convenir
que sa chair, ses plumes, son duvet, sa graisse,
sa fiente, ne sont à dédaigner en aucun endroit
où les circonstances favorisent sa propagation.

Mais on n'achète pas toujours les oies dans la
vue de les engraisser: les gros cultivateurs de la
ci-devant Beauce sont dans l'usage de les acheter
au moment de la moisson, et de les faire conduire sur les pièces de blé après que les gerbes
sont enlevées; là elles ramassent tout le grain
qui seroit perdu sans cette espèce de glanage,
et c'est à-peu-près l'affaire d'un mois, jusqu'aux

labours d'automne. Quoiqu'on ne les vende ensuite guère plus cher qu'on ne les a achetées,
elles n'ont occasionné aucune dépense, et laissent cependant pour profit à la ferme ce qu'on
appelle le trousseau de la fille, c'est-à-dire leurs
plumes et leur duvet, et sur les champs où elles
ont pâturé, l'engrais de leurs excrémens, outre
celui des étables où elles ont passé les nuits.
C'est ainsi que les moutons, qu'on n'achète que
pour le parc, sont revendus à-peu-près ce qu'ils
ont coûté, n'ont donné lieu qu'à peu ou point
de frais pour leur nourriture et l'entretien du
berger, et laissent sur les terres où ils ont par-
qué, un engrais excellent, que le cultivateur ne
remplaceroit que difficilement et en dépensant
beaucoup d'argent. (*H. et P.*)

CHAPITRE VI.

(45) La grosseur du canard varie infiniment;
il y en a qui, dans le cours de huit à neuf semaines, pèsent jusqu'à sept à huit livres (trois à
quatre kilogrammes), tandis que d'autres, du
même âge et de la même race, acquièrent à
peine la moitié de ce poids. On sait qu'il n'est
pas nécessaire de les chaponner pour les engraisser. Mais quoique cet oiseau chérisse sa liberté
au-dessus de tout autre bien, et qu'on ait remarqué qu'il pouvoit aisément s'engraisser sans
être renfermé, l'expérience a cependant prouvé
qu'on y parvient plutôt en le mettant sous une
mue, en lui administrant une quantité suffisante de grain ou de son gras, et un peu d'eau
pour seulement mouiller le bec de l'oiseau, autrement il pourroit s'étouffer. En Angleterre,
on engraisse les canards au moyen de la drèche
moulue et pétrie avec du lait ou de l'eau. Dans
la ci-devant Basse-Normandie, où l'on en fait
commerce, parce que le terrein y est humide,
on prépare une pâte avec de la farine de sarrasin, et on en forme des gobes, avec lesquelles on
les gorge trois fois par jour, pendant huit à dix
jours, après quoi ils sont bons à vendre à un
prix qui dédommage des soins et des frais, sur-
tout si on saisit l'à-propos pour s'en défaire. Dans
le ci-devant Languedoc, quand les canards sont
assez gras, on les enferme de huit en dix, dans

un endroit obscur ; tous les matins et tous les soirs, une servante leur croise les ailes, et les plaçant entre ses genoux, elle leur ouvre le bec avec la main gauche, et avec la droite leur remplit le jabot de mays bouilli. Dans cette opération plusieurs canards périssent suffoqués, mais ils n'en sont pas moins bons, pourvu qu'on ait soin de les saigner au moment. Ces malheureux animaux passent ainsi quinze jours dans un état d'oppression et d'étouffement qui fait grossir leur foie, les tient toujours haletans, presque sans respiration, et leur donne enfin cette maladie appelée la cachexie hépatique. Quand la queue du canard fait l'éventail, et ne se réunit plus, on connoît qu'il est assez gras ; alors on le fait baigner, après quoi on le tue.

M. *Paymaurin* a ouvert deux canards, dont l'un n'avoit pas été ainsi empâté : le foie de celui-ci étoit de grandeur naturelle, la peau également épaisse, et les poumons parfaitement sains ; mais celui qui avoit été gorgé avoit un foie énorme, qui, recouvrant toute la partie inférieure du ventre, s'étendoit jusqu'à l'anus (les canards sont ordinairement suffoqués, quand, par la pression du foie, l'anus s'ouvre et le foie paroît à son orifice) ; les poumons étoient gorgés de sang ; la peau du ventre, qui recouvroit le foie, étoit plus épaisse que dans l'état naturel. Les canards surabondamment nourris de cette manière, semblent des boules de graisse. Deux jours après qu'on a tué les canards engraissés, on les fend par la partie inférieure, et on enlève à-la-fois les cuisses, les ailes, et la chair qui recouvre le croupion et l'estomac ; on met le tout, avec le cou et le bout du croupion, dans un saloir, et on le laisse couvert de sel pendant quinze jours, après quoi on le coupe en quatre quartiers, et on les met dans des pots : on a soin auparavant de les piquer de clous de gérofle, et d'y jeter quelques épices. On a mis précédemment, dans la saumure, quelques feuilles de laurier et un peu de nitre, pour donner à la viande une belle couleur rouge. (*P.*)

Page 34, colonne II, ligne 14.

(46) Les canards ont encore d'autres ennemis : il faut prendre garde que les eaux où ils ont la liberté d'aller, ne contiennent pas de sangsues, qui occasionnent la perte des canetons en s'at-tachant à leurs pattes. On parvient à détruire ces sangsues, au moyen des tanches et des autres poissons qui en font leur pâture. On ne sauroit trop s'empresser aussi de détruire, dans tous les endroits que les canards fréquentent, la jusquiame (*hyosciamus niger*, *L.*) ; cette plante est vénéneuse pour eux et pour les autres volailles, elle leur cause bientôt la mort. (*P.*)

(47) Voyez cette manière de faire éclorre et *Page 5, colonne II, ligne 7.* d'élever les canards à la Chine, ci-devant, chapitre II, page 16, colonne I, et la note (23), page 163, colonne I. (*H.*)

(48) On nomme, dans les parties méridionales *Page 3, colonne..., ligne 16.* de la France, les canards qui proviennent du canard d'Inde avec la cane ordinaire, *mulards* : leur plumage est d'un vert très-foncé, et leur grosseur moyenne entre celle du canard d'Inde et du canard commun ; mais ils n'ont pas ces excroissances qui distinguent les premiers, et ils perdent presqu'entièrement cette odeur musquée qui les caractérise. Plusieurs observateurs prétendent que le mâle de cette espèce étant très-chaud, il faut bien se garder de ne lui donner qu'une cane, sans quoi on courroit les risques de n'avoir que des œufs clairs et de nul rapport ; mais ces canards étant le produit d'animaux de races différentes, ils sont rarement féconds. A peine, suivant la remarque de M. *Paymaurin*, sur cent œufs obtient-on vingt individus ; mais si ces canards métis se régénèrent difficilement entr'eux, ils peuvent, en s'appariant avec les canes ordinaires, fournir une excellente postérité, ainsi qu'*Olivier de Serres* l'a très-bien observé. (*P.*)

(49) Il n'y a presque point de Nation qui ne *Libre..., ligne des...* fasse commerce de canards. Les Chinois sur-tout, comme on l'a vu, note (23), sont fort ingénieux pour les élever. Quelques Anglois se sont aussi attachés à perfectionner cette éducation : leur méthode consiste à entretenir un petit nombre de vieilles canes, et à donner des œufs à couver à une poule pendant huit à dix jours seulement, après quoi ils les enterrent dans du fumier de cheval, ayant soin de les retourner sens dessus dessous, de douze en douze heures, jusqu'à ce qu'ils soient éclos. C'est ordinairement depuis le mois de Novembre (Brumaire) jusqu'en Fé-

vrier (Ventose), qu'on apporte les canards à
Paris, plumés et effilés, pour les mieux conserver. Le canard de Rouen payoit aux entrées le
double de ce qu'on exigeoit pour le canard bar-
botier : cette différence ne venoit pas seulement
de son volume, qui est en effet plus considérable, mais encore relativement à la qualité de
sa chair plus estimée ; le premier se rapproche
de la volaille de ferme, engraissée, et le second
tire sur le gibier aquatique et sauvageon.

Les canards de la grande race sont plus beaux
dans la ci-devant Normandie que dans tout autre
canton de la France : les Anglois viennent souvent en acheter dans les environs de Rouen,
pour enrichir leurs basses-cours et perfectionner
leurs races dégénérées ou abâtardies. Ils sont
un objet de commerce pour les capitaines cabo-
teurs de cette Nation. Le profit des exportateurs
dépend de la brièveté et du beau temps de leur
trajet, qui préviennent plus ou moins la mortalité de leurs passagers.

Le canard d'Inde, connu aussi sous le nom de
canard de Guinée, de Barbarie, ou musqué, est
un assez médiocre manger, à cause de la forte
odeur de musc qu'il répand ; il faut lui supprimer, lorsqu'il est tué, le croupion, qui est le
foyer où réside cette odeur : les métis la perdent
presqu'entièrement. Peut-être est-ce cette odeur
qui empêche que les canards mâles domestiques
ne s'apparient avec les canes musquées. Le canard sauvage ou domestique, au contraire, est un
excellent manger ; mais il faut qu'il soit jeune,
et plutôt étouffé que saigné : les cultivateurs qui
en élèvent pour les vendre, sont forcés de les
saigner avant de les exposer au marché, parce
qu'ayant la peau rouge, on croiroit qu'ils sont
morts naturellement. Dans plusieurs cantons de
la France, il est le mets le plus ordinaire des
gens aisés, et par conséquent l'objet d'un commerce d'autant plus lucratif, qu'il s'accommode
de tout, qu'il n'est pas susceptible de maladie,
et que, s'il mue, comme tous les autres oiseaux
de la basse-cour, cette crise périodique lui est
moins funeste, elle ne dure quelquefois qu'une
nuit. Chez le mâle c'est après la pariade, et
chez la femelle, après la couvée ; ce qui paroîtroit indiquer que la mue est l'effet de l'é-
puisement, du moins pour ces oiseaux.

La cane aime les plumes, au point que si l'on
n'y prend garde, elle en enlève des paquets aux
poules. J'en ai vu, dont le croupion étoit dé-
plumé par ce manége. Il faut avoir soin d'empêcher qu'elle n'en approche. (P.)

CHAPITRE VII.

Page 34, colonne 11, ligne 17.

(50) La femelle du cygne ne pond que de deux
jours l'un ; sa ponte est de cinq à huit œufs, ils
sont gros, blancs et bons à manger ; elle les
couve pendant cinquante jours : les petits, à
leur naissance, sont recouverts d'un simple duvet ; ce n'est qu'à deux mois que les plumes
commencent à pousser. On nourrit les jeunes
cygnes avec de l'orge moulue, du pain trempé
dans du lait, de la laitue cuite, coupée par morceaux ; leur chair est bonne.

Quelques auteurs ne sont pas de l'avis d'*Olivier de Serres* sur les dégâts qu'il prétend que
les cygnes font de poissons ; ils pensent, au
contraire, que non seulement ils n'en mangent
pas, mais qu'ils les protègent contre les oiseaux
pêcheurs, qu'ils empêchent d'approcher des eaux
où ils sont. Nous pouvons ajouter que nous avons
eu occasion d'observer souvent des cygnes placés dans des pièces d'eau où il y avoit beaucoup de poissons, et entr'autres des dorades, et
que nous ne les avons jamais vus en manger ;
mais nous les avons vus chasser à coups de bec
et poursuivre des carpes qui venoient partager
la nourriture qu'on leur jetoit.

Les cygnes étoient bien plus communs en
France autrefois que dans ces derniers temps ;
la Seine en possédoit sur ses bords, au-dessous
de Paris, et une petite île en avoit pris le nom
d'*Ile des Cygnes*. En Allemagne on en élève encore beaucoup, aux environs de Postdam, de
Spandaw et de Berlin, sur la Sprée et le Havel.

La chair du cygne est un assez mauvais aliment, quoique pendant les noces de Charles-le-
Téméraire, dont nous avons déjà parlé, note
(37), et qui durèrent une semaine, on mangeât
deux cent cygnes par jour ; elle est noire, sèche,
dure et insipide : il faut la laisser faisander ou
la faire mariner comme celle des bêtes fauves.
Le cygne sauvage devient quelquefois très-gras,

et est alors fort bon à manger. On assure que le cygne noir apporté de la nouvelle Hollande par l'expédition du capitaine *Baudin*, et qui est dans les jardins de la Malmaison, a la chair tendre et un duvet plus fin que nos cygnes d'Europe. Ce seroit une excellente acquisition pour nos basses-cours, cet oiseau étant le plus fort de tous ceux que nous y élevons.

Nous avons déjà fait observer précédemment (chapitre V, page 183, note 43) que les plumes des ailes de cygne étoient les plus estimées pour écrire et pour servir de pinceaux; on les en dépouille deux fois l'année, comme les oies; ils fournissent aussi un duvet recherché, extrêmement fin, plus doux que la soie, qui sert pour les lits, pour les coussins, pour faire des houpes à poudrer, de beaux manchons, et des fourrures aussi délicates que chaudes.

Ces oiseaux ont passé, dans la plus haute antiquité, pour avoir un chant mélodieux, dont les accens devenoient plus doux encore quand ils étoient prêts de mourir, et *Olivier de Serres* est de cet avis; mais il paroît que c'est une vieille fable démentie par des observateurs: le cygne est un oiseau silencieux, et l'oreille est désagréablement affectée par les sons rauques et bruyans qu'il fait entendre quelquefois. Au reste, cet objet est étranger à notre ouvrage, et nous renvoyons ceux de nos lecteurs qui voudroient éclaircir ce point d'histoire naturelle, à la dissertation de *T. Bartholin*, intitulée: *Cygni Anatome ejusque Cantus. Hafniæ*, 1650, in-4°., avec figures; réimprimée in-8°. en 1668, avec des notes de *C. Bartholin*, son fils; et au *Mémoire sur les Cygnes qui chantent*, par *M. A. Mongez. Paris*, 1783, in-8°. *M. Mongez* ne connoissoit pas la dissertation de *T. Bartholin*.

Quant à l'étymologie de Valenciennes, qu'*Olivier de Serres* fait sans doute venir de *Valens cyenis*, il paroît que les géographes ne sont pas de son avis. Le nom latin de cette ville est *Valentianæ*, parce que l'on croit qu'elle fut fondée par *Valens*. (Voyez *Cellarius, Notitia Orbis antiqui. Cantabrigiæ*, 1703, in-4°., tome II, page 232.) (*P. et H.*)

CHAPITRE VIII.

(51) C'est absolument le contraire pour le poulailler: les poules serrées les unes à côté des autres, s'échauffent, s'électrisent, et exigent, pour faire beaucoup d'œufs, un poulailler plutôt petit que grand; mais les pigeons vivent en ménage, ils ont besoin de trouver dans le colombier une grande masse d'air, et de l'espace pour pondre, couver et élever leurs petits séparément; si les mâles se trouvoient une fois mêlés et confondus, ils se battroient, et leur postérité s'en ressentiroit beaucoup. (*P.*)

(52) La nourriture la plus ordinaire des pigeons est la vesce, l'orge, le sarrasin, les lentilles, les pois, les féveroles, le petit mays, les criblures, et quelquefois du chenevis pour les échauffer et les faire couver de bonne heure; mais lorsqu'ils ne peuvent pas aller aux champs chercher leur pitance, c'est sur-tout la vesce qui semble leur convenir de prédilection: il faut seulement prendre garde qu'elle ne soit trop nouvelle, et dans ce cas ne la donner qu'avec beaucoup de réserve, principalement aux jeunes pigeons. On a aussi remarqué qu'une certaine quantité leur causoit de funestes dévoiemens, et rendoit le produit presque nul; c'est ce qui arrive encore lorsqu'on les nourrit uniquement avec de l'orge et du froment. Il est nécessaire de varier, autant qu'on le peut, toutes ces sortes de graines, et même de les mélanger; car l'usage continué d'une seule pourroit préjudicier à la propagation et à la vigueur de ces oiseaux. Les pigeons, et sur-tout les bisets, se nourrissent de toutes les espèces de vesces sauvages ou cultivées, et d'insectes: si, à leur retour des champs, on les ouvre, il est facile de voir que leur jabot est gorgé de graines étrangères aux graminées; que la plupart appartiennent à la famille des crucifères, lesquelles seroient devenues, pour les terres cultivées, une espèce de fléau. Nous avons donc eu raison d'avancer que cet oiseau valoit quelquefois un bon sarclage; qu'il ne nuisoit pas tant aux semailles qu'on le prétendoit, et qu'on en rappelleroit un jour de l'arrêt de son bannissement trop légèrement prononcé. (*P.*)

(53) Le sel est regardé, avec raison, comme un des préservatifs des maladies des pigeons; aussi est-ce plutôt dans cette vue qu'on recommande de leur en donner, que comme un moyen de les retenir au colombier ou d'en attirer d'autres. Ces oiseaux ont un goût tellement décidé pour cette substance, qu'après cinq à six lieues (deux ou trois myriamètres) de trajet, on les voit gagner les bords de la mer, en chercher dans les falaises, et rester des heures entières sur les détritus des efflorescences des pierres salines. Quel est donc cet instinct qui les maîtrise avec tant de force, si ce n'est l'attrait pour le sel dont ils sentent l'impérieuse nécessité? Or, dans les pays où il n'existe pas de fontaines d'eau salée, on fera bien, pour les maintenir en santé, de leur préparer des pains composés comme l'indique *Olivier de Serres*, ou seulement de la manière suivante :

Prenez, par exemple, dix livres (cinq kilogrammes) de vesce moulue, ou telle autre semence farineuse que vous voudrez; ajoutez-y une ou deux livres (cinq à dix hectogrammes) de cumin; jetez-les dans un vase quelconque; ayez de la terre franche, bien corroyée et assez molle pour pouvoir être pétrie, et rendue telle par une eau dans laquelle vous aurez fait dissoudre deux livres (un kilogramme) de sel de cuisine (muriate de soude); mêlez et pétrissez le tout, de manière à ce que le mélange soit égal et les grains bien séparés; faites, avec cette espèce de pâte, des cônes que vous exposerez à l'ardeur du soleil, ou dans un four modérément chaud, jusqu'à ce que l'humidité soit entièrement évaporée; tenez ensuite ces cônes ou pains dans un lieu bien sec : on en place plusieurs dans le colombier et dans la volière, les pigeons viennent les béqueter. On a remarqué que la saison pendant laquelle ils en mangent le plus est l'hiver, pendant les pluies de durée, lorsqu'ils nourrissent leurs petits, et beaucoup plus encore lorsqu'ils sont dans la mue. (*P.*)

(54) C'est avec grande raison que l'auteur qualifie la fiente des pigeons, d'être un des plus puissans engrais que nous possédions; en effet, il fertilise promptement les prairies humides et les terres fortes; il double la récolte des plantes légumineuses, et sur-tout celles du chanvre et du lin, quand on sait l'employer à propos. Facile à transporter, cet engrais est sur-tout précieux dans les pays de montagnes, où les terres, morcelées et éloignées des habitations, ne présentent qu'un accès difficile aux voitures.

La *colombine*, car c'est sous ce nom qu'elle est vulgairement connue, se trouve tellement remplie de matières salines et extractives, que, si on ne l'exposoit pas un certain temps à l'air, sur-tout dans un temps pluvieux, on courroit les risques, en la répandant trop précipitamment et trop abondamment, ou sous la mélanger avec un terreau végétal, d'altérer les semailles et de détruire les premiers principes de la germination. Il est possible de la disséminer à claire-voie sur les terres compactes, toutes les fois qu'on sème quelque grain, ou même conjointement avec la semence. Mais la propriété énergique qu'on observe dans la colombine, comme engrais, vient sans doute de l'ammoniaque qu'elle contient en abondance. Dans quelques Départemens on mitige son activité en la mêlant avec du crottin de cheval ou du fumier de vache pourri : on l'éparpille sur les pièces de blé après les gelées; mais cette méthode ne réussit qu'autant que le printemps est humide et que les terres sont fortes; car si le printemps est sec et le terrein léger, cet engrais devient préjudiciable : il vaut mieux le répandre en automne avant le dernier labour. Les pluies modèrent sa chaleur : dans les chenevières et dans les prés il détruit la mousse, le jonc, et fait pousser la bonne herbe abondamment.

Quelques jardiniers, suivant l'observation judicieuse de M. *Thouin*, font entrer la colombine dans la composition des terres qui doivent servir à la culture des plantes étrangères qu'on élève dans des vases; mais il faut avoir l'attention de ne l'employer que dans la proportion d'un sixième, et lorsqu'elle est réduite à l'état de terreau ou poudrette, parce que, si on l'employoit plus fraîche et dans une quantité plus forte, il seroit à craindre qu'elle ne desséchât les racines des plantes, au lieu de concourir à leur développement.

L'usage de la colombine est encore recommandé pour diminuer la crudité des eaux de puits

destinées à l'arrosage, pour décomposer le sulfate de chaux (sélénite) qu'elles contiennent
quelquefois, et pour les rendre moins susceptibles de s'évaporer. Pour cet effet, on jette au
fond des tonneaux qui reçoivent ces eaux, une
trentaine de livres (quinze kilogrammes) de cet
engrais, et chaque fois qu'on est sur le point
d'arroser on remue le mélange, afin que l'eau
se charge de cette substance et la transporte
avec elle au pied des plantes qui ont besoin d'eau.
Ce fluide, ainsi chargé de colombine, est employé dans les potagers, pour arroser les arbres
fruitiers qui sont jaunes ou malades; il produit
souvent un très-bon effet. Voyez, au reste, ce qui
a été dit de la fiente d'oie, ci-devant, chapitre V,
note (40), page 180. (*P.*)

Page 55, colonne II, ligne 11.

(55) Parmi les moyens proposés pour assainir
le colombier, le plus efficace consiste à blanchir
l'intérieur au lait de chaux; les autres sont les
mêmes que ceux indiqués ci-devant, chapitre II,
note (14), page 158, pour assainir le poulailler.
Mais ce n'est pas assez d'employer la ratissoire
pour enlever les ordures, il convient de passer
dans le boulin une brosse à poil rude pour entraîner la vermine. *Rozier* observe que les amas
de tiges de lavande destinées aux nids, n'ont pas
un mérite plus réel que des brins de paille non
écrasée, et que les pigeons choisissent indifféremment les uns et les autres; enfin, tout ce qui
peut prévenir le méphitisme et écarter les insectes, contribue essentiellement à conserver ces
oiseaux en état de vigueur et de santé, et à les mettre à l'abri d'une foule d'accidens et de maladies.

Le pigeon fuyard est un oiseau à demi-domestique, un esclave libre, qui, pouvant nous
quitter, est retenu par les avantages qui lui
sont offerts. Ainsi, dès qu'il trouve dans le
colombier un gîte commode et spacieux, un
abri salutaire, il s'y établit avec sa femelle pour
élever ensemble leurs petits; il faut donc, pour
que l'habitation leur plaise, y entretenir une
grande propreté : l'observation qui suit servira
à démontrer combien elle a d'influence sur la
prospérité d'un colombier.

Lorsque des propriétaires se déterminèrent à
venir habiter leur domaine, qui avoit été entre
les mains d'un fermier pendant un bail de neuf

années, ils trouvèrent le colombier, qu'ils
avoient laissé amplement garni, abandonné,
sale et occupé par tous les ennemis des fugitifs;
leur premier soin fut de faire blanchir le colombier en dehors et en dedans, de réparer les
dégradations de l'intérieur, de le nettoyer parfaitement, de le pourvoir d'eau et de sel en
abondance; avec ces seules précautions, le colombier se repeupla comme par enchantement,
au point que, quand ils quittèrent de nouveau
leur domaine, il s'y trouvoit plus de cent cinquante paires de pigeons, auxquels on ne donnoit pourtant presqu'aucune nourriture. Trois
années avoient suffi pour opérer ce changement
et attirer même les déserteurs des colombiers
d'une lieue (un demi-myriamètre) à la ronde. (*P.*)

Page 55, colonne II, ligne 2.

(56) Le procédé indiqué pour châtrer le colombier, c'est-à-dire pour le purger des vieux
pigeons, nous paroît bien difficile dans son
exécution; on peut même avancer avec *Rozier*,
que ceux qui l'ont imaginé connoissoient mal
la manière d'être du pigeon : leur ton affirmatif
a déterminé l'auteur du *Cours complet d'Agriculture* à répéter ces expériences; en voici le
résultat : « Le sommeil du pigeon n'est pas profond, peu de chose l'éveille, il s'effraye au
moindre bruit, et si un ou deux d'entr'eux se
déplacent, tous les autres s'enfuyent, en se
heurtant à droite et à gauche contre les murs du
colombier; la mère qui couve les œufs les entraîne avec elle, et tout est bientôt dans le désordre et dans la confusion. » Un pareil procédé
est tout aussi praticable que le moyen proposé
aux enfans pour prendre les moineaux-francs,
celui de leur mettre un grain de sel sur la queue;
au surplus, on a vu, et on voit encore tous les
jours, des colombiers vastes et peuplés, où les
pigeons, livrés à eux-mêmes, y vivent autant
de temps qu'ils peuvent; et rarement trouvet-on de vieux pigeons morts dans le colombier,
parce que, vraisemblablement, les plus foibles
tombent sous la griffe des oiseaux de proie. (*P.*)

Page 55, colonne II, ligne 34.

(57) Mille *nummûm*, ou mille petits sesterces,
valoient 200 livres, ou 197 francs 53 centimes,
au commencement de l'ère vulgaire, selon *Romé
de l'Isle*, le meilleur métrologue.

Ainsi, la paire de pigeonneaux, qui se vendoit, du temps de *Varron* (mort vingt-huit ans avant l'ère vulgaire), deux cent *numi*, valoit 40 livres, ou 39 francs 51 centimes : sa valeur s'éleva jusqu'à mille *numi*, 200 livres, ou 197 francs 53 centimes.

On la vit monter, du temps de *Columelle* (dans le premier siécle de l'ère vulgaire), à quatre mille sesterces, 800 livres, ou 790 francs 12 centimes.

La distinction des grands et des petits sesterces, et leurs valeurs, n'ont été bien établies que depuis un demi-siècle. Voici un exemple des variations qu'elles ont éprouvées : *Claude Cottereau*, traducteur de *Columelle*, évaluoit, en *1555*, mille sesterces à 43 livres tournois 15 sous, et quatre mille sesterces à 170 livres tournois. La livre d'alors valoit un peu plus de 3 livres tournois d'aujourd'hui, ce qui donneroit pour les évaluations de *Cottereau*, 144 livres 7 sous, et 561 livres tournois.

Voici un second exemple : *Olivier de Serres*, en 1600, évaluoit deux cent *numi* à 2 écus 55 sous; mille *numi*, 14 écus 55 sous; et quatre mille sesterces, 58 écus 10 sous : l'écu d'alors valoit 65 sous, et vaudroit aujourd'hui un peu plus de 10 livres tournois. Par conséquent, selon *Olivier de Serres*, deux cent *numi* auroient valu 30 livres 14 sous d'aujourd'hui; les mille, 153 livres 12 sous, et les quatre mille, 614 livres 10 sous. (*M. et H.*)

* * *

CHAPITRE IX.

*Page 61,
volume I,
ligne dern.*

(58) Il faut avoir soin, lorsqu'on peuple une volière, de n'y tenir que des ménages assortis; un ou deux mâles non appareillés suffisent pour porter le trouble dans toute l'habitation et déranger les pontes : aussi quelques amateurs ont-ils la précaution de retirer de la volière, aussitôt qu'ils mangent seuls, tous les jeunes pigeons qu'ils destinent à augmenter le nombre des nids ou à remplacer ceux dont l'âge annonce la prochaine stérilité; ils les réunissent dans un endroit qu'ils nomment l'*appareilloir*, et les y laissent jusqu'à l'époque où le roucoulement des mâles et la coquetterie prononcée des femelles ne laissent aucun doute sur le sexe

des individus : alors, à moins qu'on n'en ait de différentes races que l'on soit dans l'intention de croiser, on ne gêne point leurs inclinations, on les laisse faire leur choix. Il est aisé d'apercevoir bientôt les affections mutuelles; on transporte alors dans la volière les paires qu'un même sentiment a déjà unies. Si l'on vise au produit, les pigeons communs, et en général ceux de moyennes races, sont ceux qu'il faut multiplier par préférence aux gros mondains, pourvu toutefois qu'on les ait choisis beaux et bien forts, qu'ils aient l'œil vif, la démarche fière, le vol roide, ce qu'on reconnoît en étendant leurs ailes et en les agitant; s'ils les retirent avec roideur, c'est signe de force et de vigueur; mais si ces parties sont foibles dans ce mouvement, c'est la marque d'un tempérament foible et délicat. Ces pigeons font jusqu'à dix pontes par an, dans le temps de leur plus grande vigueur; aussi, dans le cercle de quarante jours, la femelle pond, nourrit sa progéniture, et est déjà occupée d'une autre couvée. Ils sont aptes à se reproduire dès l'âge de six mois. On a observé que le principe de la reproduction étoit plus promptement développé dans les mâles que dans les femelles. Ce n'est guère qu'à la fin de la seconde année qu'ils sont dans leur plus grande vigueur; ils la conservent jusqu'à six et même huit ans, après quoi le nombre des pontes commence à diminuer.

Le temps de la ponte arrivé, le mâle choisit le boulin qui lui convient le mieux, et s'occupe à rassembler quelques menues branches, ou des brins de paille, pour en composer un nid plus ou moins travaillé, suivant les races; le mâle a coutume de le garder le premier et d'inviter la femelle à s'y rendre; celle-ci garde le nid dans la journée et y couche une ou deux nuits avant de pondre : le premier œuf étant pondu, elle le tient chaud, sans néanmoins le couver assiduement; elle ne commence à montrer de la constance dans cette opération qu'après la ponte du second œuf. La durée de l'incubation est de dix-sept ou dix-huit jours, suivant la saison.

Malgré tous les soins qu'on prend, il arrive quelquefois que les œufs sont clairs, c'est-à-dire qu'ils ne sont pas fécondés; il faut les ôter de dessous les couveuses, leur substituer, si l'on veut, ceux d'une autre paire dont on désireroit multiplier la race, sans quoi le temps qu'elles employeroient à couver ces œufs, seroit entièrement perdu; tandis que ceux dont on a enlevé les œufs, pondent de nouveau au bout de huit à dix jours. Il faut donc s'assurer, aussitôt la ponte, si les œufs sont fécondés; s'ils le sont, on apercevra intérieurement, en les regardant à la lumière et du côté du bout le moins alongé, une petite tache ronde, de couleur un peu foncée; quatre jours après, on verra adhérentes à cette tache, qui n'est autre chose que le germe, plusieurs ramifications sanguines, signes certains de la bonté de l'œuf: deux jours plus tard, il prend une couleur tant soit peu plombée, et perd de sa transparence.

On sentira facilement que ces précautions ne sauroient avoir lieu à l'égard des pigeons de colombier : le foible avantage qu'il y auroit d'enlever les œufs non fécondés, qui sont toujours en petit nombre, ne sauroit balancer les inconvéniens et les pertes considérables qu'occasionneroit une semblable opération.

Pigeonneaux.

Dès que les pigeonneaux sont en état de voler, on sait que le père et la mère les chassent du nid et les obligent de pourvoir eux-mêmes à leur subsistance; mais ils sont long-temps à se familiariser avec l'art de ramasser le grain : il faut, pour leur en faire contracter l'habitude, que leurs parens soient occupés d'une nouvelle couvée; alors le besoin les instruit.

Lorsque les pigeonneaux sont destinés à paroître sur la table, on ne doit pas attendre qu'ils mangent seuls pour en faire usage, parce qu'alors ils maigrissent, et leur chair n'a plus le goût et la délicatesse qui caractérisent les bons pigeonneaux. S'ils sont bien nourris, et qu'on les prenne dès qu'ils sont sur le point de sortir de leur nid, c'est-à-dire quand ils ont trois semaines ou un mois, ils seront suffisamment gras pour qu'il soit inutile de recourir à des moyens semblables à celui indiqué, de leur casser les pattes : cette opération révoltante, inventée par la plus détestable sensualité, ne contribue en aucune manière à leur embonpoint; elle ne peut au contraire que s'y opposer, puis-

qu'elle ne sauroit avoir lieu sans occasionner des douleurs très-vives. Ainsi disloqués, les pigeonneaux maigrissent, sont maltraités par les autres pigeons, dont ils deviennent la victime, si malheureusement ils se traînent hors de leur nid, à cause de l'impuissance dans laquelle ils se trouvent de se défendre ou de se soustraire à leurs coups.

Mais si l'on veut manger d'excellens pigeonneaux de volière, il convient de les engraisser de la manière suivante :

Lorsque les pigeonneaux seront parvenus au dix-neuvième ou vingtième jour, que le dessous de leurs ailes commencera à se garnir de plumes ou de canons dans la partie des aisselles, retirez-les de la volière, placez-les ailleurs dans un nid que vous couvrirez avec une corbeille, ou un panier qui refuse l'accès à la lumière et laisse le passage à l'air (tout le monde sait qu'on doit, en général, tenir dans l'obscurité les animaux qu'on a l'intention d'engraisser artificiellement); ayez des grains de mays qui auront trempé dans l'eau environ vingt-quatre heures; retirez deux fois le jour, le matin de bonne heure, le soir avant la nuit, chaque pigeonneau de son nid; ouvrez-lui le bec avec adresse, et faites-lui avaler chaque fois, selon sa grosseur, depuis cinquante jusqu'à quatre-vingt et même cent grains de mays humecté : continuez dix ou quinze jours de suite, et vous aurez des pigeons d'une graisse aussi fine que celle des plus belles volailles du Mans; il n'y aura de différence que dans la couleur. Le succès de cette méthode est constaté par beaucoup d'expériences. (*P.*)

CHAPITRE X.
Des Faisans et des Perdrix.

Olivier de Serres, dans ce chapitre, a oublié les faisans et les perdrix, oiseaux demi-sauvages, que l'on est parvenu à rendre presqu'entièrement domestiques, et qui, vraisemblablement, de son temps, n'étoient pas aussi multipliés qu'ils l'ont été depuis; je réparerai cette omission, pour ne pas laisser de vide dans notre basse-cour, et, comme le dit très-bien notre auteur, autant pour la commodité des vivres, que pour les plaisirs honnêtes du Père-de-famille.

Page 6, colonne 1, ligne 18.

Le

Le *faisan* a été apporté des bords du Phase, de la Colchide, dans la Grèce, par les Argonautes, lorsqu'ils revinrent de la conquête de la Toison d'Or; il fait l'ornement de nos parcs, comme il est l'honneur de nos tables par son goût délicieux et la délicatesse de son fumet: son plumage a beaucoup d'éclat; il est ordinairement d'un jaune doré, mêlé de vert, de rouge, de bleu et de violet. Avant la révolution il étoit devenu très-commun, même dans les parties septentrionales de la France; les forêts commençoient à en être peuplées, et on en trouvoit dans presque tous les parcs des grands seigneurs. C'est un oiseau dévastateur pour les terres ensemencées, si on n'a pas le soin de le nourrir abondamment, ou si on le laisse trop multiplier. La perdrix se contente de couper les premières feuilles du blé, lorsqu'il sort de terre: le faisan arrache le grain pour le manger.

Il y a plusieurs variétés ou races de faisans; mais je n'entends parler ici que du faisan ordinaire, celui qu'on élève communément; le faisan doré de la Chine et les autres n'étant que des objets de curiosité ou d'histoire naturelle.

Cet oiseau est extrêmement farouche, il est presqu'impossible de l'apprivoiser entièrement: il aime à vivre isolé, et ne se rapproche même de ceux de son espèce, que dans la saison des amours, au printemps. Il vit six à sept ans. Le faisan se plaît dans les bois, dans les taillis, d'où il ne sort que pour gagner les chaumes et les terres nouvellement ensemencées. L'état de demi-liberté dans lequel on élève les faisans, les a peu-à-peu habitués à se réunir en troupes pour chercher leur nourriture, qui est la même que celle des autres volailles.

La poule *faisane* ou *faisande* pond douze à quinze œufs, plus petits que ceux de la poule ordinaire, et d'un gris verdâtre, tacheté de brun. L'incubation dure vingt-trois à vingt-cinq jours. La faisane a beaucoup moins d'empressement que la perdrix pour rassembler ses petits et les retenir près d'elle; elle abandonne assez facilement ceux qui s'égarent, mais, d'un autre côté, elle se charge volontiers de ceux qui ne sont point à elle, et il suffit de la suivre pour avoir droit à ses soins. Le *faisandeau* est un mets exquis et fort recherché des gourmets, qui le

payent quelquefois fort cher; aussi l'art d'élever les faisans est-il devenu très-important, et même assez difficile.

La *faisanderie* est le lieu destiné à élever et à loger les faisans; elle doit être close de murs assez hauts pour que la volaille y soit à l'abri des ennemis qu'elle a à redouter, et d'une étendue proportionnée à la quantité d'oiseaux qu'on veut y élever. Cinq hectares (dix arpens) suffisent pour le nombre qu'un *faisandier* peut soigner et élever; il est nécessaire que les bandes qu'on élève soient assez éloignées les unes des autres, pour que celles d'âges différens ne puissent se confondre, les plus fortes fatigant les plus foibles: l'herbe doit y croître à-peu-près par-tout, et il doit y avoir un assez grand nombre de buissons épais et fourrés, afin que chaque bande en ait un à sa portée, pour se mettre à l'abri pendant les chaleurs.

Pour multiplier les faisans, on donne communément six ou sept poules à un coq; on les tient enfermés toute l'année dans de petits parquets gazonnés, d'environ dix mètres (cinq toises), abrités au nord et exposés au midi: ils doivent être séparés les uns des autres par une cloison assez épaisse, en maçonnerie, en planche, en roseau ou en paille de seigle, pour que les bandes ne se voyent pas; la rivalité troubleroit les coqs, et elle nuiroit à la propagation. On les couvrira d'un filet, si on craint les animaux destructeurs, comme renards, fouines, chats, etc.; dans le cas contraire, on se contentera d'*éjointer* les faisans. On les nourrit de toutes sortes de grains comme les autres volailles, même de mays, de millet; on y joint les carottes, les pommes de terre, les choux pommés, l'oseille, les pois, les fèves, etc. Vers le milieu de Ventose (Mars) on ajoutera à leur nourriture, pour les échauffer et hâter la ponte, du blé, du chenevis, du sarrasin, du persil et des panais hachés; on choisira de préférence les poules de deux ans jusqu'à quatre.

La ponte a lieu de deux jours l'un, au commencement de Floréal (vers la fin d'Avril), ordinairement vers les deux heures après midi; on ramasse les œufs tous les soirs dans les parquets, et on les conserve dans des vases remplis de son, jusqu'à ce qu'on en ait assez pour les faire couver. On en met dix-huit ou vingt sous une poule couveuse ordinaire, dont on est sûr, et on la soigne comme dans l'incubation ordinaire ; il faut seulement avoir l'attention de passer la main sous les poules, en les levant pour manger, afin de s'assurer si quelques œufs ne sont pas restés entre leurs ailes ou leurs pattes, s'il n'y en a pas de cassés ; et, dans ce cas, on les enleveroit et on nettoyeroit les plumes, ainsi que les œufs salis par les cassés, avec de l'eau tiède.

Lorsque les petits sont éclos, on les laisse encore vingt-quatre ou trente heures sous la couveuse, pour les ressuyer ; ensuite on peut leur donner à manger des chrysalides de fourmis, connues vulgairement sous le nom d'*œufs de fourmis*, et du jaune d'œuf émietté ; on les met alors avec la poule, dans un parquet, dans une boîte ou caisse d'un mètre (trois pieds) de long, sur un demi-mètre (dix-huit pouces) de large, divisée en deux parties, par une grille de bois dont les barreaux seront assez larges pour laisser passer les petits : la poule habite la partie postérieure et couverte de cette boîte ; les petits vont et viennent à travers la grille, dans la partie découverte, qui sera seulement abritée par un toit de planches ou de claies légères, placées à une distance convenable, pour les empêcher de sauter par-dessus, et les mettre à couvert du soleil : au bout de quinze jours on les laisse tout-à-fait libres dans le parquet, la poule enfermée leur servant de point de ralliement, en les appelant par ses gloussemens. On a soin de sortir tous les jours, la poule, un moment de la boîte, pour la nettoyer ; à deux mois ils peuvent se passer de mère.

Les œufs de fourmis, le jaune d'œuf émietté, le son blanc, la mie de pain, la larve de la mouche carnassière, connue sous le nom de ver de charogne, ou le ver de terre coupé par petits morceaux, les œufs durs, hachés avec de la laitue, sont la nourriture ordinaire des faisandeaux pendant le premier mois ; il faut leur en donner souvent et peu à-la-fois : le second mois on y substitue le blé, le sarrasin, le chenevis. On peut aussi semer de l'orge, de manière à en avoir en vert depuis le milieu de Messidor jusqu'au milieu de Fructidor (premier Juillet au premier

Septembre) ; on coupe tous les jours de petites gerbes de cette orge verte, qu'on met devant les faisandeaux ; ils se jettent avec plaisir dessus, et piquent les tiges tendres remplies d'un lait qui leur est très-bon. Leur boisson doit être renouvelée souvent. On doit aussi avoir l'attention de ne les laisser sortir le matin que lorsque la rosée est en grande partie dissipée.

Ce n'est que dans le commencement de Brumaire (vers la fin d'Octobre) qu'on peut donner la liberté entière aux faisandeaux ; mais avec un peu de grain, et sur-tout, dans les pays à vignes, avec le marc de raisin, que les faisans aiment beaucoup et qu'on a soin de jeter dans le premier lieu de leur éducation, on est sûr de les retenir ; et fidèles au séjour de leur enfance, ils ne manqueront pas d'y revenir faire leur ponte au printemps suivant, de préférence à tout autre lieu. On peut même, par ce moyen, éviter de nourrir des poules faisanes l'hiver : il suffira, un peu avant l'époque de la ponte de l'année suivante, d'en rattraper quelques-unes, ce qui se fera aisément en mettant le grain qu'on leur donne, sous de grandes mues élevées au moyen d'une corde qui y est attachée, et qui passe dans une petite poulie suspendue à une branche d'arbre ; on tient l'autre extrémité de la corde à la main, restant caché derrière l'arbre, et on la lâche lorsque les faisans sont sous les mues.

Les faisandeaux, pendant leur éducation, sont sujets à deux maladies : la première, qui leur est commune avec la volaille, et qui, le plus souvent, leur est communiquée par la poule couveuse, est la vermine ou les poux : ces insectes se multiplient quelquefois au point de les faire maigrir et périr ; ils les attaquent principalement pendant leur séjour dans les boîtes. Le moyen d'y remédier est la très-grande propreté des boîtes dans lesquelles les jeunes faisans passent la nuit : s'il ne suffit pas, on supprime entièrement la caisse, on leur laisse seulement le toit ; la poule est attachée à un piquet, et reste exposée à l'air et à la rosée, qui ont bientôt fait disparoître la vermine. Le faisan étant un oiseau pulvérulateur, c'est-à-dire qui aime à gratter la terre et à se rouler dans la poussière, on pourra aussi mettre des cendres, du sable ou de la terre légère, à leur portée, pour qu'ils puissent s'y rouler à l'aise, et s'y nettoyer.

La maladie qui est la plus dangereuse pour les faisandeaux est le dévoiement; elle est occasionnée par le froid, l'humidité, une nourriture trop aqueuse, trop relâchante, ou par la boisson de mauvaise qualité: les faisandiers la regardent comme contagieuse, et se hâtent de séparer les malades des sains. On doit détruire ou faire disparoître d'abord, s'il est possible, les causes qu'on croit y avoir donné lieu; on donnera aux jeunes faisans un peu plus de jaune d'œuf et de chenevis, de la mie de pain trempée dans du vin, du marc de raisin, dont ils sont très-friands; on maintiendra la plus grande propreté dans les parquets et dans les boîtes; on renouvellera souvent la boisson, dans laquelle on fera fondre un peu de sel de cuisine (muriate de soude), ou dans laquelle on mettra du mâche-fer, ou, ce qui vaudra mieux encore et agira plus efficacement, dans laquelle on aura éteint un fer rouge. Cette maladie, qui, à l'exemple de beaucoup d'autres, est bien plus facile à prévenir qu'à guérir, dévaste quelquefois des faisanderies entières, soit par l'effet de la contagion, comme on le croit, soit par l'influence générale de la cause qui l'a occasionnée, qu'on n'examine jamais assez attentivement, et qu'on ne cherche point à atténuer ou à détruire; observation qui peut s'appliquer également à d'autres maladies des animaux, qu'on a aussi jusqu'à présent regardées, peut-être trop légèrement, comme contagieuses.

Il est encore pour les jeunes faisans une circonstance critique, qui, sans être une véritable maladie, les fatigue quelquefois beaucoup; c'est la première mue, sur-tout celle des grosses plumes de la queue, et leur poussée; elle a lieu à deux mois et demi environ: on en diminue le danger, en augmentant, à cette époque, les œufs de fourmis et les œufs durs hachés.

Il y a en France deux races de *perdrix*, la *grise* et la *rouge*; elles y sont généralement multipliées par-tout: plusieurs Départemens, sur-tout au midi, possèdent exclusivement la rouge, qui est la meilleure. Ces deux races ne se mêlent point ensemble, quoiqu'elles habitent quelquefois les mêmes campagnes. Les perdrix grises sont d'un naturel plus doux, s'apprivoisent plus facilement, et se familiarisent aisément avec l'homme. Nous avons déjà vu, dans l'*Essai historique sur l'État de l'Agriculture au seizième siècle*, par notre collègue M. *Grégoire*, que l'on étoit parvenu, depuis long-temps, à rendre cet oiseau domestique (tome I, pages clix-clx).

Les perdrix grises se plaisent dans les pays à blé, aiment la pleine campagne, et ne se réfugient dans les taillis ou les vignes, que lorsqu'elles sont poursuivies: comme les faisans, elles restent assez constamment dans les lieux où elles sont nées; on facilite ce goût naturel, en établissant sur le terrein des remises où elles se retirent. Elles vivent moins long-temps dans nos climats que dans ceux du midi, d'où elles sont originaires; elles ne passent guère sept ou huit ans. Elles s'apparient dès la fin de l'hiver, s'accouplent un mois après, vers le commencement de Germinal (fin de Mars), et pondent le mois suivant: la ponte est de quinze à vingt-cinq œufs, de la grosseur de ceux de pigeons, et d'un gris verdâtre; ceux des perdrix rouges sont blancs. C'est à l'âge de deux ou trois ans que la ponte est la plus abondante. L'incubation est de vingt à vingt-un jours.

Tout ce que j'ai dit de la manière d'élever et de nourrir les faisans est commun aux *perdreaux*, mais il ne faut pas compter sur les œufs de perdrix domestiques; elles ne couvent pas dans cet état; il faut faire ramasser des œufs dans la campagne, et les mettre sous une poule couveuse; on peut lui en donner deux douzaines. Les perdreaux s'accoutument plus facilement à la basse-cour que les jeunes faisans: on en a vu revenir très-exactement, même du dehors, au son du tambour ou au sifflet du gardien, pour chercher leur nourriture. Lorsqu'on veut les conserver dans la domesticité, il faut leur arracher de bonne heure les deux plus fortes plumes de chaque aile, et leur couper l'extrémité des autres. La perdrix rouge, moins sociable, est plus difficile à apprivoiser: les perdreaux de cette espèce demandent aussi plus de soins que les autres.

Vers l'âge de six semaines, lorsque la tête achève de se couvrir de plumes, ils sont exposés à une enflure inflammatoire de la tête et des pattes, qui les tue promptement, et qu'on regarde aussi comme contagieuse ; on ne la prévient qu'en les laissant courir librement dans la campagne : c'est même ordinairement à cet âge qu'on leur donne la liberté. Il faut avoir l'attention, pendant quelque temps, de leur porter de la nourriture; on la diminue chaque jour, pour qu'ils s'accoutument peu-à-peu à la chercher eux-mêmes.

On engraisse les faisans et les perdrix comme les autres volailles, en les tenant dans un endroit clos, sombre, et en les nourrissant abondamment ; un mois suffit pour cette opération. La chair de ces oiseaux participe du goût des alimens dont ils se sont nourris ; c'est pourquoi il est des cantons où ils sont d'un goût exquis, et d'autres où ils sont un très-mauvais gibier. Ceux qu'on engraisse dans la basse-cour, ont la chair plus tendre et plus succulente, mais elle a moins de goût. (*H.*)

CHAPITRE XI.

Page 6, volume I, ligne 19.

(59) *Olivier de Serres* est dans l'erreur, en attribuant seulement à la nourriture les différences qu'on observe dans la forme et le poil des lapins. Il y a en Europe trois races bien distinctes de ces animaux, dont les caractères se perpétuent par la génération : le lapin commun, le lapin riche, et le lapin d'Angora. Le lapin riche (*cuniculus argenteus, L.*) est d'un gris noirâtre argenté, son poil est plus long, plus doux et plus soyeux que celui du lapin gris ordinaire; sa peau est employée comme fourrure, dans plusieurs pays du nord de l'Europe: il seroit avantageux de le multiplier en France, où sa race est encore peu répandue. L'éducation des lapins Angora (*cuniculus Angorensis, L.*) est plus commune en France; mais la délicatesse de cette race et l'infériorité de sa chair empêchent l'extension de cette pratique. Le poil long et touffu du lapin Angora est d'un excellent usage pour la bonneterie; la mue seule de l'animal fournit un produit assez considérable. On retire son poil, soit en le peignant souvent, soit en l'arrachant presqu'en-

tièrement deux ou trois fois dans le cours de l'été, particulièrement sur le dos, les côtes et les cuisses; on a soin de laisser aux mères le poil du ventre, qui leur sert à faire leurs nids ; ce poil est d'ailleurs d'une qualité inférieure. Dans l'emploi du poil de lapin Angora pour tricots, on peut avec succès ajouter du coton ou de la soie, pour donner plus de force à l'étoffe. (*S.*)

Page colonne ligne

(60) La différence de la saveur de la chair des lapins de garenne avec celle des lapins domestiques, n'est pas aussi grande qu'*Olivier de Serres* le dit ici : lorsque les lapins de clapier sont convenablement traités et nourris, leur chair est presqu'aussi bonne que celle des lapins sauvages. (*S.*)

Page colonne ligne

(61) La superfétation dans les lapins est un préjugé qui est encore assez répandu, et qui n'est pas mieux fondé pour cette espèce que pour les autres espèces animales. Il faut aussi se garder de donner les lapines aux mâles aussitôt après qu'elles ont mis bas, parce que, pour obtenir plus promptement une autre portée, on risque de perdre la première : lorsque les mères ont quitté le mâle, avec lequel elles doivent avoir passé une nuit entière, elles sont fatiguées, leur lait est échauffé, et elles ne peuvent donner qu'une mauvaise et chétive nourriture à leurs petits encore si débiles ; souvent même, dans ce cas, elles les abandonnent ou les tuent. Pour conserver les lapines en bon état, il faut ne les livrer au mâle que trois semaines après qu'elles ont mis bas; à cette époque, elles n'ont plus qu'une huitaine de jours à allaiter leurs petits, qui commencent à manger avec leur mère, et qui, à six semaines, peuvent tout-à-fait se passer d'elle. (*S.*)

Page colonne ligne.

(62) L'opération de châtrer les lapins, sans être difficile, n'est pas aussi simple que l'expose *Olivier de Serres*, parce que les testicules de ces animaux, lorsqu'ils sont jeunes sur-tout, sont très-intérieurs et difficiles à saisir par celui qui opère. Le lapin étant couché sur le dos et bien arrêté, le praticien doit saisir avec le pouce et les deux premiers doigts de la main gauche l'un des testicules, que l'animal cherche à faire rentrer

intérieurement; lorsqu'il est parvenu à le saisir, il fend la peau longitudinalement avec un instrument très-tranchant, il fait sortir le corps ovale qu'il a saisi, l'enlève, et le jette: après en avoir fait autant de l'autre côté, il lâche l'animal, et laisse agir la Nature, qui guérit promptement cette plaie toujours simple, lorsqu'elle a été faite avec adresse. Cette opération doit être faite aux lapins à l'âge de six semaines ou deux mois, avant de les lâcher dans la garenne.

Au reste, elle n'a pas plus besoin de traitement particulier que celle des autres animaux domestiques. Voyez ce que dit à ce sujet notre collègue M. *Huzard*, tome I, Livre IV, chapitre IX, note (97), page 624. (*S.*)

(63) *Olivier de Serres* ne parle point ici des clapiers ou garennes domestiques; ce sont les seules garennes qui conviennent au commun des cultivateurs, et nous croyons devoir réparer cette omission.

La forme des clapiers peut varier autant que les localités que les cultivateurs veulent y destiner: lorsque les lapins sont tenus séchement et séparés les uns des autres, ils sont toujours disposés à pulluler, et les mêmes soins peuvent leur être administrés. La meilleure exposition du clapier est au levant ou au midi; il faut qu'il soit entouré de murs et couvert d'un toit qui le garantisse des injures de l'air et des attaques des fouines, des chats et des renards, qui sont des ennemis dangereux pour les lapins. Lorsque le clapier n'est pas fermé, on doit en couronner le pourtour avec des ardoises saillantes à angle aigu et très-avancées en dehors.

Les fondations des murs environnans doivent s'enfoncer à quatre ou cinq pieds (un mètre trente à soixante-trois centimètres) de profondeur, et le clapier doit être pavé ou ferré à cette profondeur, afin que les jeunes lapins puissent fouiller la terre et être arrêtés par cette barrière insurmontable, l'expérience ayant prouvé, contre l'assertion de *Buffon*, qu'ils fouillent à l'état d'esclavage comme dans celui de liberté. Ce sol pierreux, recouvert de terre, il faut y placer des cabanes pour les mères: ces cabanes doivent être élevées à un demi-pied (seize centimètres) de terre, et construites en lattes ser-

rées ou en planches fortes, qui résistent à la dent des lapins et laissent un libre passage à l'air; leur grandeur doit être environ de deux pieds et demi ou trois pieds (environ un mètre) en tout sens; le fond doit être plein, soit en plâtre, soit en planches; il faut y ménager une inclinaison douce d'avant en arrière, et quelques trous de distance en distance, pour faciliter l'écoulement de l'urine: leur porte latérale, ou supérieure, doit s'ouvrir facilement et donner un libre passage à la litière, qu'il faut renouveler de temps en temps. Chacune des cabanes doit être garnie d'un petit râtelier, de la forme de ceux qui sont en usage dans les bergeries; il sert à recevoir les fourrages verts ou secs qui sont destinés aux lapins, et à les empêcher de les fouler et de les perdre; il faut aussi qu'elle soit garnie d'une petite sébile, dans laquelle on mettra le son et le grain qu'on doit donner particulièrement aux mères-nourrices. Il faut avoir grand soin que les cabanes soient assez bien fermées pour que les jeunes lapins ne puissent pas sortir à travers les barreaux; souvent ils s'y étranglent et périssent dans le commun général.

Une garenne de trente-six à quarante pieds (douze à treize mètres) de longueur, et de douze pieds (quatre mètres) de large, peut contenir vingt à vingt-quatre loges, dont deux seront destinées pour les mâles; et deux autres, qui devront être le double des premières, serviront de commun aux *lapereaux* de six semaines, lorsque leurs forces ne permettent pas encore de courir en liberté dans le clapier, dans lequel on doit sur-tout conserver un courant d'air continu, au moyen de croisées grillées à claires-voies, et d'une porte toujours ouverte dans la cour et qui communique dans une galerie extérieure; l'air se renouvelle ainsi et suffit à y entretenir la salubrité. Ce moyen est préférable aux fumigations de vinaigre et de plantes aromatiques, qui ont été recommandées, et dont l'usage est au moins inutile avec cette précaution.

Ce nombre de loges peut être considérablement augmenté; on en met plusieurs rangs placés les uns sur les autres, en observant d'éloigner les inférieurs toujours davantage du mur de clôture, afin que ces animaux ne soient pas incommodés de l'urine qui coule des cabanes supérieures; mais il ne faut pas, sur-tout dans le commencement de l'établissement, trop multiplier les mères, parce qu'alors cette occupation, qu'on s'obstine trop à regarder comme secondaire, et qui, par son produit, pourroit tenir une place distinguée dans l'éducation des animaux domestiques, deviendroit trop étendue, et que la négligence qui suivroit nécessairement, entraîneroit le découragement du propriétaire et la ruine du clapier.

On peut ajouter au bâtiment qui renferme ces cabanes, une galerie extérieure et couverte en bois ou en pierre, dans laquelle les lapins iront prendre l'air et jouir du soleil, et d'où ils rentreront en passant par des trous ménagés exprès dans la garenne.

Il faut avoir soin de porter deux fois par jour de la nourriture, soir et matin; cette nourriture, si elle est verte, doit être bien ressuyée avant de la mettre dans les râteliers ou sur le sol du clapier; il faut y joindre des débris de tous les légumes de jardin, en observant de donner peu de salade, et généralement de toutes les plantes aqueuses et froides. On y joint un peu de son pour les mères et leurs petits, et particulièrement de l'avoine lorsqu'il est possible de s'en procurer.

On accuse mal à propos les lapins de consommer une énorme quantité de fourrage. Quelques auteurs ont annoncé que dix animaux de cette espèce mangeoient autant qu'une vache; mais il paroît prouvé qu'il en faudroit au moins cinquante ou soixante pour faire une semblable consommation. Probablement les observateurs qui ont avancé ce fait ont compté la surabondance qu'ils avoient donnée, et que les animaux avoient réduite en mauvaise litière.

C'est une erreur aussi de croire qu'il faut leur donner une nourriture plus substantielle à midi; la Nature et l'observation indiquent, au contraire, qu'il faut les laisser reposer à cette heure, à laquelle ils sont presque toujours endormis: leur nourriture doit leur être donnée de très-grand matin, et le soir, vers le coucher du soleil; il faut leur donner le son et la graine avant la grande chaleur du jour. C'est ordinai-

rement pendant la nuit qu'ils mangent le plus avidement.

Toutes les herbes de jardin ne leur sont pas également bonnes; les salades, le mouron, toutes les plantes aqueuses et froides ne leur conviennent pas; l'herbe mouillée leur est funeste. Mais une foule d'autres plantes des champs peuvent les nourrir; les liserons, les pissenlits, les moutardes, la bourse-à-pasteur, toutes les plantes aromatiques, dont pourtant ils ne mangent qu'une petite quantité.

Dans les jardins, la chicorée sauvage, le persil, la pimprenelle, les feuilles et les racines de carottes, toutes les plantes légumineuses, les feuilles et les branches d'arbres de toute espèce, peuvent former leur nourriture d'été. On garde pour l'hiver, les regains, les pommes de terre, les turneps, les betteraves champêtres, le fourrage du blé de Turquie, etc., etc. Il faut ne leur donner des choux que très-modérément. Le sel leur est aussi avantageux qu'à tous les autres animaux, il leur donne de l'appétit, et semble contribuer à entretenir leur bonne santé. Le son, les grains, et sur-tout l'avoine, doivent faire aussi partie de leurs repas; ils en mangent avec plaisir, et cette nourriture est utile sur-tout aux mères qui allaitent leurs petits. On doit aussi varier leur nourriture, toujours la même herbe ne provoque pas leur appetit.

La qualité de la litière qu'on donne aux lapins domestiques est une des considérations les plus essentielles de leur éducation; souvent elle est la cause de leur maladie: elle doit être sèche et fréquemment renouvelée. L'époque de ce changement doit avoir lieu en totalité toutes les trois semaines, environ huit jours avant le moment où les mères doivent mettre bas, et quinze jours après la naissance des petits; il faut même, avant cette dernière époque, rechercher avec soin si la mère ne les a point déposés dans l'humidité, où ils périroient certainement; on doit alors les enlever avec précaution, et les remettre dans un endroit sec de la cabane. L'expérience a prouvé que cette opération ne nuisoit en aucune manière aux petits, et n'en dégoûtoit pas la mère; mais il faut user modérément de ce moyen, et tâcher d'éviter l'inconvénient qui oblige d'y avoir recours, en nettoyant les cabanes à des époques fixes, et se mettre en état de ne point les déranger dans les premiers jours de leur portée. Pour cela, il est de première nécessité de remarquer avec soin les époques où les mères ont été mises au mâle, afin de pouvoir les changer à temps, et leur enlever la première portée, qui les détourneroit lorsqu'elles voudroient mettre bas la seconde.

Quelques mères font périr leurs petits. On peut les corriger de ce défaut, qui vient souvent de la faute de la ménagère, en leur donnant abondamment à manger la nourriture qui leur est la plus agréable, en les dérangeant le moins possible, et en ne les mettant jamais au mâle que pendant la nuit; lorsqu'elles en sortent le matin, elles mangent et dorment, et ne maltraitent pas leurs petits, comme lorsqu'on les fait rentrer le soir dans leurs cabanes.

Il ne faut faire couvrir les femelles qu'à l'âge de six mois; elles portent trente ou trente-un jours, et leurs portées sont depuis deux ou trois, jusqu'à dix et douze petits. Il est plus avantageux qu'elles ne soient que de cinq ou six, ils en sont plus forts et mieux nourris; aussi quelques cultivateurs enlèvent-ils l'excédant de ce nombre dans les portées trop considérables: ce procédé est convenable lorsque les mères sont foibles, et qu'elles ont déjà perdu ou détruit leurs portées antérieures. *Bradley* recommande d'en faire toujours usage.

Chaque lapine peut donner environ huit portées par année. J'ai déjà dit qu'il ne falloit remettre les mères aux mâles que trois semaines après qu'elles ont mis bas, et qu'il falloit seulement les y laisser passer la nuit; lorsque l'un et l'autre sont en bon état, que le mâle et la femelle n'ont pas plus de quatre à cinq années, il est rare que la lapine ne soit pas remplie: elle revient ensuite à ses petits, et continue à les nourrir encore une huitaine de jours. A l'âge d'un mois, les petits mangent seuls, et la mère partage avec eux sa nourriture. A six semaines, ils peuvent se passer de leur mère, et doivent entrer dans le premier commun, pour aller ensuite, à deux mois ou deux mois et demi, dans la garenne, avec ceux qui sont destinés pour la table.

Il faut, avant de les y laisser en liberté, châtrer les mâles, afin qu'ils ne fatiguent pas les femelles, qu'ils ne se battent pas entr'eux, et qu'ils deviennent plus gros et plus tendres. Cette opération les grossit considérablement, et donne du prix à leur peau.

Il faut éviter de donner trop d'herbes vertes et succulentes aux lapins. Un grand nombre meurt d'indigestion, d'autres sont attaqués d'une maladie qui leur est très-commune, qui est occasionnée par un amas d'eau assez considérable dans la vessie, et les fait périr. Cette maladie est appelée *daze*, ou *gros ventre*; dans ce cas il faut leur donner de la nourriture sèche, du regain, de l'orge grillée, des plantes aromatiques, telles que le thym, la sauge, le serpolet, etc., et leur fournir de l'eau à discrétion.

Il faut séparer les malades de ceux qui se portent bien: c'est aussi ce qu'il faut pratiquer lorsqu'ils sont attaqués d'une espèce d'éthisie dans laquelle ils deviennent d'une maigreur extrême, et se couvrent d'une gale contagieuse dont il est très-difficile de les guérir. Cette maladie, qui les attaque dans leur jeunesse, arrête leur croissance, les rend tristes, leur ôte l'appétit, les fait enfin mourir dans de fortes convulsions; et si elle n'est pas arrêtée à temps, peut gagner toute la garenne: on l'attribue à l'humidité, qui semble être le plus mortel ennemi des lapins. On croit que l'usage de la nourriture mouillée donne naissance aux douves et aux hydatides, dont leur foie est quelquefois entièrement couvert. Les remèdes sont à-peuprès les mêmes pour ces différentes maladies intérieures, qu'on ne peut reconnoître qu'à leur dernier période; il faut se hâter de couper court à la seconde, en faisant périr les animaux qui en sont attaqués.

Les petits sont aussi sujets à une maladie d'yeux, qui les fait périr en peu de temps, et qui les attaque vers la fin de leur allaitement. Il est probable que cette maladie est occasionnée par les exhalaisons putrides de la loge mal soignée: lorsqu'on s'en aperçoit à temps, on peut les sauver, en les transportant dans une cabane propre avec de la paille fraîche. Cette maladie est inconnue dans les garennes bien soignées.

Le but du travail de la garenne domestique doit être aussi la vente et la consommation des lapins. La chair de cet animal, qui est comptée

presque pour rien dans les grands établissemens, doit faire, pour les petits cultivateurs,
l'objet d'une utile spéculation. Nos paysans,
réduits, la plus grande partie de l'année, à ne
vivre que de pain et de légumes, mangent rarement un morceau de porc salé, qui seul garnit
leur garde-manger; et la viande fraîche, plus
utile encore à l'homme laborieux qu'un citadin
oisif, ne contribue jamais à réparer leurs forces
affoiblies. L'expérience a prouvé que la chair du
lapin seule fournissoit un bouillon aussi succulent et aussi considérable qu'une égale quantité
de bœuf ou de mouton; et cette viande, après
avoir fourni au bouillon une partie de son suc,
est encore tendre et savoureuse, et peut s'accommoder de toutes les manières usitées.

Peu de temps avant de les prendre, il faut
faire manger aux lapins quelques plantes aromatiques, pour leur donner le fumet des lapins
sauvages. On peut aussi mettre dans leurs corps,
après les avoir vuidés, ou dans leur assaisonnement, quelques feuilles de bois de Sainte-
Lucie (*prunus Mahaleb*, *L.*), et cette préparation leur donne un goût qui trompe les connoisseurs les plus exercés.

Feu *Costel*, qui s'est beaucoup occupé de
l'éducation des lapins, employoit avec succès
un mélange de feuilles de bois de Sainte-Lucie,
réduites en poudre, avec des fleurs de mélilot,
de thym et de serpolet; il en mettoit la grosseur
d'une noisette avec autant de beurre frais et de
lard, et il en frottoit l'intérieur du ventre et les
cuisses de l'animal.

Les lapins vivent six ou huit ans dans les
garennes domestiques; les mâles perdent une
partie de leur vigueur vers l'âge de six ans : ils
peuvent alors être engraissés et servir pour la
nourriture; il faut en faire autant des femelles
à l'âge de cinq ou six ans. La manière de les
tuer est vicieuse : on leur donne un coup derrière les oreilles, et le sang se fige en abondance dans le cou; il faudroit les tuer comme
les dindons, et les suspendre par les pattes de
derrière, alors tout le sang coule, et la chair
est très-blanche.

Lorsqu'on veut garder des lapins pour faire
race, il faut unir constamment ensemble les
plus beaux individus, sans jamais souffrir de
mésalliance, ni qu'ils s'accouplent avant leur
accroissement parfait, c'est-à-dire vers six ou
huit mois. Pour renouveler les mères, on doit
préférer les lapines qui sont nées vers le mois de
Mars (Ventose), elles prennent le mâle vers
le commencement de Novembre (Brumaire),
et on peut vendre leur première portée dans le
courant de l'hiver. Enfin, le fumier du lapin
est d'une grande utilité dans les terres glaiseuses
et fortes. (*S.*)

(64) Le lapin d'Inde (*cuniculus Indicus*, *B.*) *Voyez planche, figure 2.*
plus connu sous le nom de cochon d'Inde (*por-
cellus Indicus*), n'est ni un lapin ni un cochon;
c'est un rongeur, de la famille des cabiais, dont
le véritable nom, au Brésil, d'où il est originaire,
est *cavia cobaya*. Il paroît qu'il étoit plus commun, plus domestique, et qu'on en élevoit pour
la table, du temps d'*Olivier de Serres*; aujour-
d'hui on n'en mange presque plus, et on n'en
élève guère que par curiosité. Il y a tout lieu de
croire que quelque hiver rude, comme celui de
1709, aura fait disparoître le plus grand nombre
de ces animaux, et que la facilité d'élever des
lapins, qui résistent mieux à nos hivers que le
cabiai, aura fait renoncer à élever celui-ci,
dont la chair, au reste, n'est point mauvaise,
et ressemble assez à celle du cochon de lait,
qui, comme on sait, a besoin d'être relevée.

Les cabiais multiplient beaucoup, mais ils
craignent le froid et l'humidité, dont il faut les
garantir, ainsi que des animaux destructeurs
de nos basses-cours, dont ils ne savent pas se
défendre. La femelle porte trois semaines, et
allaite ses petits pendant une quinzaine de jours;
chaque portée est de sept ou huit petits, ils s'engraissent facilement et promptement, ne sont
pas difficiles sur la nature et le choix des alimens, mangent à toute heure, et dorment beaucoup, quoique leur sommeil soit souvent in-
terrompu pour manger, même la nuit. La grande
multiplication de ces animaux et la facilité de
les nourrir pourroient en faire une ressource de
plus pour nos Départemens méridionaux, s'ils
ne possédoient pas d'excellent gibier de tout
genre. (*H.*)

CHAPITRE

CHAPITRE XII.

(65) Le parc destiné à élever des bêtes fauves n'est pas seulement un objet de luxe et de dépense pour le grand seigneur, comme le dit *Olivier de Serres*, il peut encore être pour lui un objet de revenu considérable et assuré. J'ai vu de grands propriétaires, en Angleterre, qui ont dans leurs vastes parcs de nombreux troupeaux de daims qu'ils élèvent et qu'ils multiplient avec soin. Ces animaux sont, pour ainsi dire, devenus domestiques ; ils viennent, à des heures réglées, pâturer sur la grande pelouse, devant le château, ou y chercher les débris du dessert, qu'on y a jetés exprès. On en tue toutes les semaines, ou tous les mois, quelques-uns, que l'on vend dans les grandes villes, et même dans les campagnes. Cette viande, très-recherchée et très-bonne, est connue sous le nom de *venaison*, et se vend un prix assez élevé. Chaque partie de l'animal a son mérite et son prix particulier : la hanche et la cuisse (le gigot) forment la première pièce et la plus chère ; viennent ensuite le dos et les reins (le filet) ; puis l'épaule, la poitrine, le ventre, le cou, etc. La daine, qu'on ne tue jamais bien jeune, parce qu'on la conserve pour la propagation, se vend moitié moins que le mâle. Il ne se fait pas de dîners de réunion, qui, comme on sait, sont très-fréquens en Angleterre, sans qu'une pièce de venaison figure sur la table ; on la sert ordinairement rôtie, et on la mange avec de la gelée de groseille. (*H.*)

CHAPITRE XIII.

(66) Dans les pays où la tourbe est commune, elle peut être employée avec grand avantage dans ces sortes de constructions.

La tourbe, formée du détritus de substances végétales, est spongieuse et compressible : elle est susceptible de se gonfler lorsque l'eau la pénètre ; et si, dans cet état, elle est comprimée, elle devient imperméable à l'eau, et par conséquent elle est une barrière insurmontable à son passage. On avoit déjà aperçu que les massifs de tourbe qu'on laisse subsister dans les tourbières en exploitation, empêchoient la communication des eaux ; mais on n'avoit pas fait usage en France de cette observation, pour employer la tourbe à la construction des digues et des canaux, tandis que cette méthode économique est très-répandue en Suède et en Norvège. On s'en sert de plusieurs manières : après avoir coupé en couches minces la tourbe la plus pure et la moins mélangée de terre, on élève un mur, ou massif de moëllons ; on donne à sa partie supérieure la forme d'une rigole, on revêt ensuite l'intérieur de cette rigole avec deux couches de tourbe posées l'une sur l'autre, de manière que les joints des mottes inférieures soient recouverts par les mottes supérieures : il suffit alors de répandre sur la tourbe un peu de gravier, pour la charger et empêcher qu'elle ne soit délayée et entraînée par l'eau. Ces rigoles ont une extrême solidité, et durent pendant très-long-temps, sans qu'on y découvre aucune fente qui puisse donner passage à l'eau. On emploie également la tourbe dans la construction des digues en pierre. Après avoir élevé deux murs en moëllons, et peu distans, sur un fond solide, on remplit l'intervalle qui se trouve entr'eux, avec des mottes de tourbe, que l'on tasse avec soin, et qu'on charge ensuite de pierres, afin qu'elles soient toujours comprimées : de cette manière, on n'a pas besoin d'employer des pierres de taille dans ces constructions, qui sont de la plus grande solidité, et qui peuvent aussi bien se pratiquer sur des montagnes et des rochers, que sur tout autre sol. En Norvège, on se sert aussi de la tourbe dans les ouvrages de ce genre. On vient d'y perfectionner encore cette méthode, et d'en faire une application avantageuse aux ouvrages du canal de Trollhætta : une digue est destinée à contenir l'eau dans le canal, à la hauteur de trois ou quatre mètres (dix à douze pieds) ; elle est composée d'un mur de granit brut, et de fragmens de rochers, posés sans mortier ; on a appliqué, dans toute la longueur de cette muraille, une couche de tourbes bien sèches, superposées, et taillées en forme de briques : une masse d'argile ou de terre grasse, battue avec des pilons, disposée en plan incliné, et couverte d'une couche de sable ou gravier, empêche que le cours de l'eau ne fatigue la construction. C.

procédé très-simple, dont on trouve une description détaillée, avec figures, dans les *Mémoires de l'Académie royale des sciences de Stockholm*, et dans le *Journal des Mines*, n°. 65, Pluviose an X, mériteroit d'être employé en France, dans ces ouvrages d'une construction dispendieuse, et qu'il est si difficile de rendre très-solides. (*S.*)

Page 24, colonne 1, ligne 2.

(67) *Rozier* ajoute quelques observations sur le vivier, qu'il est bon de faire connoître ici : « S'il peut être formé dans une eau courante, à une exposition aérée, le poisson en sera meilleur ; le brochet sur-tout en tirera de grands avantages. Cependant on n'est pas toujours voisin d'une rivière, d'un ruisseau ou d'une fontaine ; alors on est forcé d'établir sa carpière dans des fossés ou dans des pièces d'eau dormante : non seulement les carpes et les tanches y réussissent, mais elles s'y multiplient mieux que par-tout ailleurs. Ces sortes de viviers sont d'autant plus utiles, qu'on en peut aisément tirer le frai, soit pour peupler des étangs, soit pour nourrir les brochets et les truites qu'on entretient ailleurs. Au reste, que ce vivier soit formé dans une eau courante ou dormante, il est désirable qu'il soit à portée de l'évier de la cuisine, qu'il en reçoive les eaux, les lavures et les immondices : les urines des étables et des écuries, qui y seroient conduites par des canaux, communiqueroient à la chair du poisson une qualité, un goût, une saveur très-remarquables. »

Il est bon d'observer, cependant, que, si l'eau du vivier est dormante et que ces immondices y soient accumulées en trop grande quantité, elles finiroient, sur-tout pendant les grandes chaleurs de l'été, par occasionner la putréfaction de l'eau et la perte du poisson, ou, au moins, par lui communiquer un goût qui cesseroit d'être aussi savoureux ; d'ailleurs, encore, le poisson élevé dans ces sortes de viviers est de peu de garde et se putréfie promptement.

« Quand vous creuserez un réservoir, donnez à ses bords une pente imperceptible ; non seulement cette précaution empêchera l'éboulement des terres, mais les poissons que vous y mettrez, auront plus de facilité pour frayer, pour paître l'herbe qui y croîtra, et pour saisir les insectes qui s'y réuniront en nombre infini. Quelles que soient sa forme et son étendue, il est nécessaire, avant d'y introduire le poisson et même d'y faire couler l'eau, que la terre reste exposée à l'air au moins pendant un an ; sans cette précaution de rigueur, vous vous exposeriez indubitablement à perdre votre poisson. On peut profiter de cette année pour y semer de la graine de foin, qui donnera de la solidité à la terre des talus, et qui formera, dès l'année suivante, une bonne nourriture au poisson.

» Lorsqu'on prévoit un hiver long et dur, il faut s'occuper de prévenir les accidens dont le poisson seroit frappé pendant le séjour des glaces ; il mourroit de faim si on ne l'approvisionnoit d'avance. Remplissez un ou deux tonneaux, suivant la grandeur du réservoir, de terre glaise pétrie avec de l'orge, et assez battue pour se maintenir dans chaque tonneau, quoique défoncé par les deux bouts ; ces tonneaux descendent au fond de l'eau ; et quand la glace les a recouverts, la carpe, la tanche, le poisson blanc, ne manquent pas d'en aller gratter la terre, et d'en avaler le grain, à mesure qu'il s'en sépare. Le poisson se conserve ainsi à l'abri de tout danger, quelque longue et quelque dure que soit la saison des gelées et des glaces.

» En été, il ne faut pas négliger de jeter fréquemment dans le vivier, des salades, des racines hachées, des morceaux de pain et des boulettes de pommes de terre, cuites et pétries avec de la farine d'orge, ou de froment, ou de mays, ou de sarrasin : mieux on nourrit les poissons, plus leur chair est grasse et délicate. Si on veut entretenir des truites dans des viviers d'eau courante, ou du brochet dans l'eau dormante ou courante, il faut bien se garder de réunir ces espèces voraces avec les carpes et les tanches ; celles-ci seroient bientôt dévorées par les premières. Dans ce cas, on est indispensablement obligé de former dans le vivier plusieurs compartimens en claires-voies. »

Dans le huitième Lieu, nous aurons occasion de parler de quelques maladies et de la mortalité du poisson, ainsi que des moyens d'y remédier. (*H.*)

CHAPITRE XIV.

(68) Jusqu'à présent on a cru que les abeilles recueilloient la cire et le miel, tout formés, sur les fleurs. La poussière des étamines leur fournit la matière dont est composée la cire, et elles trouvent au fond du calice des fleurs la substance qui fait la base du miel : ces matières, dont elles se nourrissent, deviennent cire et miel dans leurs différens estomacs, et elles les dégorgent ensuite. Les alvéoles sont faites avec la cire, et une partie des alvéoles est destinée à recevoir le miel façonné dans l'estomac des abeilles. Il paroît qu'*Olivier de Serres* connoissoit cette manière dont se forment la cire et le miel dans les estomacs des abeilles, puisqu'il dit : *du restant de laquelle nourriture sort le doux miel et la cire avec.* Telle a été l'opinion des naturalistes, jusqu'à l'époque où M. *Huber*, de Genève, a publié ses nouvelles observations, dans un mémoire lu à la Société des arts de Genève, en Nivose an XII (Janvier 1804), et inséré dans la *Bibliothèque Britannique* (tome XXV de la partie des Sciences et Arts). Voici le précis de ses nouvelles observations :

1°. La cire et le pollen des fleurs sont deux matières essentiellement différentes.

2°. Le pollen n'est point la matière première de la cire.

3°. C'est la partie sucrée du miel, qui produit la cire dans le corps des abeilles.

4°. Cette cire sort de leur corps en très-petite quantité à-la-fois, par les vides que laissent entr'eux les anneaux écailleux dont le ventre de ces insectes est composé en-dessus et en-dessous. Ils recueillent cette cire en brossant leur corps avec leur seconde paire de pattes : la troisième paire leur sert à dépouiller la seconde de cette cire.

5°. La cire sort de leur corps un instant après qu'ils ont mangé du miel.

6°. Le pollen des fleurs, que les abeilles recueillent, est destiné exclusivement à faire la base de la pâtée dont elles nourrissent leurs larves ; cette pâtée se prépare dans un des estomacs des abeilles, elles savent l'approprier aux différens âges de ces larves et au sexe de l'animal parfait qui doit en résulter.

7°. Le miel est la seule nourriture qui convient à l'insecte parfait.

Quelque confiance que nous ayons dans les découvertes de MM. *Huber*, père et fils, nous croyons que celles-ci ont encore besoin d'être confirmées par de nouvelles observations.

Les abeilles recueillent aussi la matière du miel sur les feuilles de certains arbres, qui, dans le temps des chaleurs, sont couvertes d'une espèce de manne sucrée, connue sous le nom de *miellée* ou *miélat*, que les Anciens prenoient pour la rosée tombée de l'atmosphère, et qui n'est autre chose que la sève de l'arbre extravasée sur la surface extérieure des feuilles.

A l'égard de la propolis, on croit que les abeilles la trouvent sur les boutons des peupliers, des marronniers d'inde, et de quelques autres arbres, qui sont couverts, au printemps, d'une substance visqueuse et tenace. (*C.*)

(69) Il y a des lois et des coutumes locales, qui autorisent le possesseur d'un essaim qui a pris la fuite, à le suivre et à le recueillir, et il peut forcer celui qui s'en seroit emparé, à le lui restituer : il n'appartient donc pas toujours et par-tout au premier occupant, comme le dit *Olivier de Serres.* (Voyez, ci-après, la note (93), page 207.) (*C.*)

(70) *Ægolethron*, pernicieux aux chèvres. *Pline* dit que les Grecs nomment *ægolethron*, une plante qui croît dans les environs d'Héraclée du Pont, qui est vénéneuse et mortelle pour les chèvres, la muletaille et les chevaux ; que ses fleurs ont une odeur vireuse, et que, lorsque le printemps est humide, elles acquièrent une qualité très-dangereuse : il ajoute que le miel que les abeilles y recueillent est également de mauvaise qualité ; qu'il demeure toujours clair, est rouge, plus pesant que le miel ordinaire, a une forte odeur qui excite à éternuer, est extrêmement âcre, etc. (*Histoire Naturelle*, livre XXI, chap. XIII.)

Héraclée, de l'ancienne Bithynie, sur les bords de la Mer-Noire, dans l'Asie-Mineure, est maintenant Erékli, vers le quarante-unième degré de latitude et le cinquante-unième de longitude.

Pline rapportoit seulement ce qu'on lui avoit

dit, il ne connoissoit pas la plante dont il parloit, et il paroît impossible de savoir quelle est celle qu'il désigne sous le nom d'*ægolethron*. Dans un ouvrage de la nature de celui-ci, il est inutile de rapporter à ce sujet de simples conjectures, telles que celles de *Dodoens*, de *C. Bauhin*, etc.; l'opinion de *C. Gesner* est de toutes la moins plausible : il peut seulement paroître assez vraisemblable que le miel recueilli par les abeilles sur l'*azalea Pontica* et sur le *rhododendron Ponticum*, étoit dangereux, surtout celui de l'*azalea* ; mais rien ne prouve que ces arbustes fussent mortels aux chèvres. Au reste, ils existent à Paris, dans les jardins botaniques, et on peut aisément constater leurs mauvais effets.

On pourra consulter sur l'*ægolethron* de *Pline*, une dissertation de *Gleditsch*, insérée dans les *Mémoires de l'Académie royale des sciences de Berlin*, pour l'année 1759. On prépare en Angleterre la publication des travaux considérables de *Sibthorp*, sur les plantes des Anciens, qui fera disparoître sans doute une partie de l'obscurité dont elles paroissoient devoir être pour toujours couvertes à nos yeux. (*H. et Cx.*)

Page 87, colonne II, ligne 17. — (71) Voyez ce que nous avons dit note (68), ci-devant, page 202, sur la matière de la cire et du miel. La rosée est plutôt préjudiciable qu'utile à la récolte des abeilles. (*C.*)

Idem, ligne 37. — (72) La meilleure manière de procurer de l'eau aux abeilles, sans danger pour elles de se noyer, c'est de disposer près du rucher plusieurs petits baquets de huit à dix pouces (vingt-deux à vingt-sept centimètres) de profondeur ; on y met cinq à six pouces (quatorze à seize centimètres) de terre, on les remplit d'eau pure, on y plante quelques brins de cresson de fontaine avec leurs racines ; le cresson couvre bientôt le baquet : les abeilles viendront sans danger se poser sur les feuilles pour se désaltérer, et ce cresson pourra servir dans le ménage. A défaut de cresson, on peut mettre de la mousse dans les baquets pleins d'eau. (*C.*)

Page 88, colonne I, ligne 14. — (73) Cette manière de placer les bancs dans le rucher est défectueuse. Il est de fait, que le premier rang, qui est le plus bas, profite plus que les bancs mis en arrière et plus élevés : d'ailleurs, l'approche des ruches ainsi placées est difficile pour les soins et la dépouille. Les ruchers à deux rangs de ruches, l'un au-dessus de l'autre, réussissent mieux ; mais le banc du bas profitera toujours plus que celui du haut.

Comme les abeilles prospèrent très-bien en plein air, on peut se dispenser d'avoir des ruchers couverts et d'établir plusieurs bancs les uns au-dessus des autres pour placer les ruches : trois pieux enfoncés en terre et saillans d'un pied (trente-trois centimètres), posés en triangle ; une planche de chêne de deux pouces (six centimètres) d'épaisseur, taillée en octogone, de dix-huit pouces (cinquante centimètres) de longueur, sur quinze pouces (quarante-deux centimètres) de largeur, d'une seule pièce, clouée sur les pieux, voilà tout l'appareil nécessaire pour recevoir les ruches, qui seront isolées et assez distantes pour qu'on puisse circuler autour. On les garantira des voleurs, en les fixant à un des pieux avec une chaîne qui les assujettit sur le support : chaque chaîne est garnie d'un cadenas. (*C.*)

(74) L'expérience a appris que la paille tressée est préférable au bois et à toute autre matière, pour la construction des ruches, même de celles qui sont à hausses ou à tiroirs. Nous n'entrerons point ici dans le détail de leur fabrication ; on peut consulter le *Manuel pour soigner les Abeilles*, publié par notre collègue M. *Lombard*, ainsi que l'extrait des Mémoires qui ont concouru pour le prix proposé par la Société d'agriculture du département de la Seine, sur l'éducation des abeilles, et qui se trouve dans le tome V des Mémoires de cette Société. Nous recommanderons sur-tout la forme de la ruche de M. *Lombard* : elle est composée du corps de la ruche, qui est cylindrique, et d'un couvercle dans lequel les abeilles placent leur miel, et qu'on enlève lorsqu'il est plein, pour lui en substituer un vide. Le modèle de cette ruche extrêmement commode, a été déposé par son auteur au Conservatoire des Machines, maison du ci-devant prieuré de Saint-Martin-des-Champs, à Paris.

Les ruches dont parle *Olivier de Serres* étoient

aussi construites de manière qu'on pouvoit ouvrir le haut pour faire passer les abeilles d'une ruche dans une autre, lorsqu'on vouloit les changer de ruches ou bien recueillir leur cire et leur miel. (*C.*)

(75) L'usage de faire voyager les abeilles subsiste encore dans plusieurs Départemens où l'on cultive le sarrasin : les voyages se font par eau, quand on le peut, ou à dos de cheval ou d'âne, ordinairement pendant la nuit. Dans quelques endroits on paye même aux propriétaires des fonds un droit de pâturage. (Voyez, ci-après, la note (93), page 207.) (*C.*)

(76) On connoît encore aujourd'hui les quatre sortes d'abeilles qui vivent en société, et l'on préfère, comme faisoient les Anciens, la petite espèce appelée petite flamande, petite hollandoise ; elle est la plus laborieuse, celle qui ménage le plus ses provisions, et la plus facile à soigner. Les naturalistes modernes en comptent plus de cent vingt espèces. (*C.*)

(77) Tout ce que dit ici *Olivier de Serres* est plus curieux qu'utile : il est bien plus aisé de se procurer des essaims sortis des ruches domestiques, dont on connoît la bonté et le travail, que d'aller chercher, dans les forêts, des abeilles, souvent d'une mauvaise espèce, pour peupler ses ruches. (*C.*)

(78) Il est bien reconnu que le chef de la république, ou plutôt de la monarchie des abeilles, est une femelle, une reine, qui est la mère de tous ses sujets ; puisqu'elle est la seule qui ait la faculté d'engendrer, les autres abeilles étant ou des mâles ou des mulets. S'il se trouve dans la ruche d'autres reines, ou elles sont mises à mort, ou bien elles sont destinées à conduire les essaims, pour aller fonder ailleurs une nouvelle monarchie.

Il paroît qu'*Olivier de Serres* avoit bien observé les mœurs des abeilles, car tout ce qu'il en dit ici est exactement conforme aux observations modernes ; il faut en excepter la description qu'il fait du convoi des abeilles mortes : elles sont transportées hors de la ruche sans cérémonie, ainsi que tous les corps étrangers qui se trouvent sur l'appui de la ruche ; s'ils sont

trop lourds pour les abeilles, elles les mastiquent ou les embaument avec de la cire, pour empêcher la mauvaise odeur. Telle est la manière dont elles préviennent les inconvéniens du séjour d'un limaçon dans leur ruche. (*C.*)

(79) Les abeilles, comme tous les animaux en général, savent très-bien distinguer les nourritures qui leur conviennent et celles qui leur sont nuisibles ; le flux de ventre, ou la dysenterie, chez les abeilles, a donc une autre cause que celle indiquée par *Olivier de Serres*. Cette maladie se manifeste ordinairement en Février et Mars (Ventose et Germinal), dans les ruches où la cire brute ayant été consommée, les abeilles n'ont eu que du miel pour nourriture : la propriété laxative du miel cause cette maladie ; elle se reconnoît à des taches jaunes, larges comme des lentilles, qu'on aperçoit sur le support de la ruche. Le remède consiste à enfumer les abeilles, pour pouvoir nettoyer le support, en les faisant monter au haut de la ruche ; on leur donnera ensuite d'un syrop composé de miel commun dissous dans du vin nouveau, ou dans du cidre, ou du poiré : la proportion est d'une livre (cinq hectogrammes) de miel par pinte (litre) ; on fait bouillir doucement ce mélange jusqu'à consistance de syrop, que l'on met dans des bouteilles pour le conserver à la cave : on le donne aux abeilles dans des assiettes couvertes entièrement avec un papier qu'on pique pour leur en faciliter l'usage, sans courir le risque de s'engluer le corps et les ailes. (*C.*)

(80) Tout cet article prouve qu'*Olivier de Serres* ignoroit la manière dont les abeilles se reproduisent. Il paroît qu'il les croyoit toutes propres à la génération. Cette partie de l'histoire naturelle des abeilles est aujourd'hui trop connue, pour que nous nous y arrêtions ; d'ailleurs, nous en avons déjà dit quelque chose dans les notes (78), (85), (88), auxquelles nous renvoyons. (*C.*)

(81) *Olivier de Serres* ignoroit sans doute que les insectes qui passent par divers états, celui de ver ou de chenille, de nymphe ou de chrysalide, et d'insecte parfait, ne croissent et ne changent de dimensions que dans leur pre-

mier état ; parvenus à celui d'insecte parfait, ou de mouche, ou de scarabée, ou de papillon, ils ne croissent plus, et conservent les mêmes dimensions, depuis leur métamorphose jusqu'à leur mort. S'il existe quelqu'exception à cette loi de la Nature, elle est fort rare, et elle n'a pas lieu pour les abeilles. Les vieilles diffèrent des jeunes, en ce qu'elles sont d'une couleur plus terne, et que leurs ailes sont souvent déchiquetées. La différence de grosseur n'existe qu'entre les espèces différentes.

Il paroît que les anciennes restent en possession de la ruche, et que les essaims qui sortent sont composés de jeunes abeilles. A l'égard de la reine qui conduit l'essaim, plusieurs croyent que c'est l'ancienne ; mais comme il n'y en a qu'une ancienne dans la ruche, lorsqu'il sort plusieurs essaims, il faut bien qu'il y en ait de confiés à de jeunes reines. (*C.*)

Page 96, colonne I, ligne 6.

(82) L'observation dont parle ici notre auteur n'a été faite que par un très-petit nombre de ceux qui ont écrit sur les abeilles. Parmi les François, qui sont assez multipliés, on ne trouve qu'*Alexandre de Monfort*, dans son *Pourtrait de la mouche à miel*, imprimé à Liége en 1646 ; *Lapoutre*, dans son *Traité économique sur les abeilles*, imprimé à Besançon en 1763, et M. *Lombard*, dans son Manuel cité, note (74), qui parlent de l'humidité ou de la rosée qui accompagne les environs de l'entrée de la ruche, en bas, lorsque les essaims se disposent à sortir. (*H.*)

Idem, ligne 21.

(83) Le roi, ou plutôt la reine étant l'ame de l'essaim, si elle le quittoit, l'essaim partiroit aussitôt. Le départ n'est pas précédé de délibération, il se fait spontanément, et l'essaim se fixe à l'arbre ou au buisson sur lequel la reine s'est arrêtée, sans que le but du voyage ait été prévu d'avance. S'il arrive quelquefois que l'essaim se partage en deux, la portion qui manque de reine ne tarde pas à se réunir à celle qui a le bonheur de la posséder. (*C.*)

Page 97, colonne II, ligne 30.

(84) Le conseil que donne *Olivier de Serres*, d'aller chercher les rois dans chaque bande, de les tuer, et de n'en laisser qu'un seul, est facile, mais l'exécution n'en est pas aussi aisée. On le retrouve dans tous les ouvrages sur les abeilles, sans doute on aura copié notre auteur. Le mieux est de recueillir les différentes bandes dans un même panier, de laisser aux abeilles le soin de choisir elles-mêmes leur reine parmi les contendantes, et de tuer celles qu'elles auront dépouillées de la souveraineté. (*C.*)

Page 9, colonne 1, ligne 2.

(85) Notre auteur décrit très-bien les alvéoles d'où sortent les reines ; mais il a pris la pâtée qui sert de nourriture à la larve placée au fond de l'alvéole, pour la semence d'où elle provient. La larve est sortie de l'œuf déposé dans cette alvéole par la reine-mère ; et, soit la différence de nourriture, soit celle de l'alvéole plus grande que les autres, soit toute autre cause que nous ignorons, la mouche qui proviendra de cette larve privilégiée sera propre à la génération, tandis que toutes les autres abeilles connues sous le nom d'*ouvrières*, et élevées dans de plus petites alvéoles, en sont privées. Celles qui servent de berceau aux mâles ou faux-bourdons, sont plus grandes que celles des ouvrières. (*C.*)

Idem, ligne 13.

(86) On trouve, à la vérité, plusieurs reines dans la ruche, vers le temps de la sortie des essaims ; mais elles ne viennent point du dehors : elles se ressemblent toutes, et n'ont pas cet extérieur difforme et hideux qu'*Olivier de Serres* leur attribue. (*C.*)

Idem, ligne 16.

(87) Les frêlons, que notre auteur confond ici avec les bourdons, ne sont pas des abeilles, c'est la plus grosse espèce de guêpes, ennemies jurées des abeilles, et qui n'entrent dans les ruches que pour massacrer et piller. (*C.*)

Idem, colonne 1, ligne 18.

(88) Les œufs sont en quelque sorte couvés par toutes les abeilles, puisque la chaleur qu'elles produisent dans la ruche contribue à les faire éclorre. La fonction des bourdons est de féconder la reine, et cette fécondation s'opère non dans l'intérieur de la ruche, mais dans le vague de l'air, où la reine se rend pour faire leur rencontre ; c'est la seule sortie qu'elle se permette, et elle est fécondée pour deux ans et peut-être plus. (*C.*)

Page 9, colonne 1, ligne 16.

(89) Nous avons déjà relevé dans les notes (68) et (71) l'erreur répétée ici sur l'origine du miel,

attribuée à la rosée; il est inutile d'y revenir.
(Voyez ces notes, pages 203, 204.) (C.)

(90) Il n'en est pas du miel comme des fruits; du moment où il est déposé dans les alvéoles, il pourroit être recueilli et employé : ce n'est donc pas le défaut de maturité qui s'oppose à une récolte prématurée; le climat, la température des saisons font varier les époques de la récolte. En général, on doit choisir celle qui permet encore aux abeilles de faire des provisions pour l'hiver, et partager avec elles le fruit de leur travail. Les deux ouvrages cités plus haut, note (74), indiqueront les époques favorables à la récolte, et la manière la plus avantageuse de récolter le miel et la cire, sans faire périr les abeilles. Les ruches que décrit *Olivier de Serres* étoient fort propres à obtenir ce but, et tous les procédés qu'il indique pour cette opération tendent à la conservation de ces précieux insectes. Si on détruisoit quelques ruches pour en avoir la dépouille, on choisissoit les plus anciennes, et toujours, sans doute, celles qu'on désespéroit de pouvoir conserver, soit qu'elles fussent dévorées par les teignes, soit qu'elles ne fussent pas suffisamment peuplées. (C.)

(91) Depuis l'époque où écrivoit *Olivier de Serres* jusqu'à nos jours, l'art de blanchir la cire a été simplifié de manière à éviter une foule de manipulations au moins inutiles, et qui employoient un nombre plus considérable de bras, en pure perte. Ceux qui désireront quelques détails sur ce sujet important pour beaucoup de propriétaires qui veulent jouir de tous les fruits de leur propriété, les trouveront dans l'*Art du Cirier*, publié par *Duhamel du Monceau*, en 1762, in-folio, avec figures, dans le *Dictionnaire des Arts et Métiers* de l'*Encyclopédie méthodique*, etc. (H.)

(92) Cette merveille est la résurrection des abeilles soi-disant mortes de la dysenterie, et rendues à la vie, dit notre auteur, en les exposant au soleil pendant trois heures, après les avoir couvertes de cendres de figuier. Il en est, de ces abeilles rendues à la vie, comme de celles que *Réaumur* noyoit pour pouvoir les manier et

faire les observations qu'il avoit projettées : ces abeilles, qui n'étoient qu'engourdies, comme celles dont parle *Olivier de Serres*, exposées à l'ardeur du soleil ou approchées du feu, dans des poudriers, se ranimoient et paroissoient recouvrer une nouvelle vie.

Nous ne dirons rien de l'opinion absurde des Anciens, qui croyoient à la reproduction des êtres par la corruption; nous sommes fâchés, pour notre auteur, de voir qu'il ajoutoit foi à la possibilité de se procurer des abeilles, en suivant les procédés que *Virgile* a décrits en si beaux vers (*Géorgiques*, liv. IV), mais dont le fond est une fable fondée sur le préjugé et l'ignorance. Les meilleurs esprits ont souvent payé tribut à leur siècle. (C.)

(93) *Abeillage, aboillage, aurillage.*
Avant l'introduction du sucre en Europe, le miel étoit un objet considérable de commerce, et l'éducation des abeilles une des branches principales de l'économie rurale ; non seulement on employoit le miel dans toutes les compositions où l'on a fait entrer depuis le sucre, mais il se servoit encore en nature sur les tables, comme un mets délicieux ; et les poëtes l'ont chanté, comme on a chanté depuis son successeur, qui, au reste, ne le remplace pas toujours avantageusement, et a le très-grand inconvénient de ne pouvoir être récolté dans nos climats, quelques efforts qu'aient faits à ce sujet plusieurs savans modernes ; et si, comme le miel, il nous donne une liqueur spiritueuse, qui peut remplacer quelquefois celle du vin, l'éducation des abeilles a sur la culture de la canne à sucre, l'avantage de nous donner de la cire, que nous vendions autrefois à nos voisins en assez grande quantité, malgré la consommation immense qu'en entraînoit le luminaire des églises catholiques, et que nous sommes obligés de tirer à notre tour de l'étranger, depuis que la consommation en est devenue plus générale et la récolte moins abondante.

Alors le droit d'*abeillage* étoit important, et faisoit une partie essentielle du revenu foncier; il se percevoit pour le roi, pour les seigneurs châtelains ou suzerains, pour les abbayes, etc.; il consistoit dans le privilége de recueillir exclusivement le miel, la cire, les essaims ou les ruches sauvages ou échappées, qui se trou-voient dans les forêts et dans les bois dépen-dans de leurs seigneuries. On peut juger de l'importance de ce droit par tout ce qu'on trouve à ce sujet dans les anciennes chartes.

Le maître des abeilles, le gouverneur des ruches, s'appeloit *apifer*.

L'exercice du droit s'appeloit *l'aurillerie*, comme on a dit, depuis, la ferme générale, la gabelle.

Ceux qui l'exerçoient et qui en étoient les fermiers, se nommoient *aurilleurs*, *aurilleors*; ils étoient autorisés non seulement à écorcer les arbres pour tirer le miel et la cire qui se trou-voient dans leurs troncs; mais encore, s'ils ne pouvoient faire autrement, à les couper à douze pieds (quatre mètres) de hauteur; à mettre à l'amende ceux qu'ils trouveroient *emblant des* (volant les abeilles), à saisir les abeilles, etc.

Lorsque les seigneurs exerçoient ce droit eux-mêmes, ils le confioient à leurs gardes-fores-tiers, qui alors étoient appelés *bigres*; il y avoit les *bigres du roi*; ils étoient assermentés, et avoient, comme les *aurilleurs*, le droit de marquer et de couper; mais, de plus encore, celui d'abattre les arbres où étoient les abeilles.

Le droit d'*abeillage* s'étendit peu-à-peu sur les ruches des propriétaires, parce qu'on sup-posa (et qu'est-ce que la féodalité ne supposoit pas?) qu'elles étoient originairement sauvages ou prises dans les bois; il se payoit ou en ruches garnies d'abeilles, ou en miel, ou en cire; et le lieu où l'on payoit, où l'on rassembloit et où l'on tenoit les ruches, le miel, la cire, etc., étoit appelé *la bigrerie* ou l'*hôtel aux mouches*. Peu-à-peu il fut converti en argent, et ce droit, qui étoit devenu un véritable impôt, contribua sans doute, avec l'introduction du sucre en Eu-rope et la coutume barbare de tuer les mou-ches pour récolter le miel et la cire, à faire diminuer et même disparoître de beaucoup d'en-droits les abeilles; on aima mieux acheter du sucre, dont l'impôt n'étoit qu'indirect, que de payer un impôt foncier, en élevant des mouches à miel, dont l'éducation, comme toutes les autres cultures, laissoit courir des chances quel-quefois assez défavorables.

Un autre droit est celui de pâturage ou de nourriture, connu aussi sous le nom de *pico-rage*, ou de *picorée*; il subsiste encore dans quelques pays. On transporte ou on déplace les abeilles, plus ou moins loin de leur domicile habituel, pour les aller faire pâturer dans des communaux, dans des bois, le long des rivières, dans des jardins, etc.; les propriétaires se font payer un droit, soit en miel, soit en argent. Un pareil usage, qui a plusieurs fois donné lieu à des réclamations de la part des riverains et des voisins, n'est peut-être pas sans quelques in-convéniens; on n'a pas calculé encore les dégâts que les abeilles pourvoient occasionner dans les jardins potagers, fruitiers et à fleurs; on ne sait pas jusqu'à quel point elles peuvent dénaturer les espèces et les variétés par leur récolte, et combien elles peuvent occasionner d'accidens, ou faire naître d'hybrides, en portant les pous-sières fécondantes ou le pollen d'une fleur sur une autre. Ces observations mériteroient bien d'occuper les botanistes et les naturalistes, et peut-être plus encore les économes.

Quant au droit de suite des essaims, voici ce qui est plus généralement suivi à cet égard: les abeilles étant naturellement sauvages et ne s'ap-privoisant que par le logement qu'on leur four-nit, les essaims qui quittent une ruche doivent être regardés comme les petits ou les accessoires d'une femelle sauvage apprivoisée, avec la-quelle ils peuvent retourner; tant qu'ils restent en grouppe à la proximité de la ruche, ils sont, par fiction de droit, en présence du propriétaire de la ruche qui les a produits, lequel est censé ne les avoir point abandonnés, et peut aisé-ment en faire et en suivre le recouvrement: dès le moment qu'on cesse de les suivre, et qu'on est réputé les délaisser, on en perd la propriété (§. XIII, *Inst. de Rer. div.*); qu'on ne peut pas acquérir par une découverte purement oculaire.

Les abeilles n'ayant d'autre maître que le possesseur de la ruche, on n'en est le maître qu'en les tenant: celles qui se seront attachées à une branche d'arbre, ou qui se seront éta-blies dans son tronc, ne sont pas plus sa pro-priétaire du fonds que l'oiseau qui auroit fait son nid sur ce même arbre; le propriétaire n'a que le droit d'empêcher l'entrée sur sa propriété, ou celui d'exiger des dommages-intérêts pour les dégâts qu'occasionne toujours une pareille recherche. Il en est de même des essaims, et la raison qu'en donnent les lois, c'est que ce ne sont ni l'intention, ni l'espérance de posséder, mais bien la prise et la détention actuelles, qui rendent propriétaire de tout animal d'une nature sauvage, comme le sont constamment les abeilles; ce qui doit engager à veiller sur leur inclination coureuse et vagabonde.

On appeloit anciennement les *abeilles*, *aboilles*, d'où sont venus *abeillage* et *aboillage*; *appettes*, *aveilles*, d'où est venu *avrillage*; *avettes*, *ceps*, *ées*, *eps*, *eptes*, *èves*, etc. (*H.*)

CHAPITRE XV.

(94) Les *bombix* sont un genre d'insectes de l'ordre des lépidoptères, ou qui ont des ailes à écailles; les naturalistes modernes les ont divisés en quatre familles. Les larves de ces insectes sont connues sous le nom de *chenilles*. Le ver à soie, qui fait partie de la seconde famille des bombix, n'est donc point un ver proprement dit, qui, comme on sait, ne change point de forme, mais la chenille ou la larve du bombix à soie (*bombyx mori*).

La chenille du mûrier, ou le ver à soie, a le corps alongé, cylindrique, lisse; deux mâchoires pour couper les feuilles, et au-dessous de ces mâchoires, à la partie inférieure de la tête, une ouverture appelée la *filière*, par où passe la soie qu'il emploie à la construction de sa coque; il a seize pattes, une petite éminence ou une espèce de queue sur le dernier anneau du corps; sa couleur est d'un gris cendré, ou d'un blanc sale ou jaunâtre; il a derrière la tête quelques plis ou rides formés par la peau.

La domesticité a tellement dénaturé le papillon du ver à soie, qu'il ne peut plus voler; et le mâle ne se fait le plus souvent connoître, comme la femelle, que par le frémissement continuel de ses ailes; il ne quitte point le lieu sur lequel il est sorti de sa coque, et son corps est dans des proportions trop fortes pour que ses ailes puissent le supporter dans l'air; mais peu importe à l'économe que l'insecte soit plus ou

moins parfait, pourvu qu'il lui donne les œufs qui doivent produire la récolte de l'année suivante. (*H.*)

(95) Voyez, relativement à ce que dit ici *Olivier de Serres*, sur les premiers mûriers plantés en France, la lettre de M. *Faujas de Saint-Fond*, imprimée parmi les pièces à la suite de l'Éloge de notre auteur (tome I, N°. VIII, page lxxx).

J'ajouterai ce que *Boissier de Sauvages*, qui écrivoit ses *Mémoires sur l'Éducation des Vers à soie*, avant 1763, dit à ce sujet dans son troisième mémoire : « J'ai vu quelques mûriers noirs dans notre voisinage, qui jouissent d'une vieillesse saine et passablement vigoureuse, et j'ai de bonnes raisons de croire qu'ils sont du commencement du règne de Charles IX, c'est-à-dire, qu'ils sont âgés d'environ deux cents ans. Un citoyen respectable, mort il y a plus de quarante ans, âgé de quatre-vingt-quatre, à qui ces arbres appartenoient, disoit qu'ils lui avoient toujours paru aussi vieux qu'ils l'étoient alors, quelques années avant sa mort, et il ajoutoit que son père, qui avoit poussé aussi loin que lui sa carrière, lui avoit dit ne les avoir jamais vu planter. Ceux des Hautes-Cévenes, où cette espèce est encore la plus commune, sont à-peu-près de cet âge. » (*H.*)

(96) On trouve cette lettre de Henri IV à *Olivier de Serres*, et tous les détails qui y sont relatifs, dans son Éloge, par notre collègue M. *François* (*de Neufchâteau*), tome I, page xxxiij et suivantes. Voyez, pour ce qui concerne l'introduction du mûrier et la récolte de la soie en France, l'*Essai historique sur l'État de l'Agriculture en Europe au seizième siècle*, par M. *Grégoire*, dans ce même volume, pages cxlvj, cxlvij. (*H.*)

(97) Presque tout ce qui précède, de ce chapitre, ne se trouve point dans le petit ouvrage publié en 1599, sous le même titre, et ne pouvoit s'y trouver, puisqu'*Olivier de Serres* parloit de choses postérieures à cette date, et qui s'étoient passées en 1602 et 1603. On ne le trouve point non plus, par conséquent, dans l'édition du *Théâtre d'Agriculture*, in-folio, de 1600;

dont *la Cueillète de la Soye* étoit un échantillon; et il manque également dans l'édition de M. *Gisors*, faite sur celle de 1600. (Voyez la Notice bibliographique qui est en tête de ce volume.) (*H.*)

Page 117,
volume II,
ligne 1.

(98) Tout ce qu'*Olivier de Serres* vient de dire sur les mûriers est aussi exact que précis ; cependant j'observerai, relativement à la préférence qu'il semble accorder à la feuille du mûrier blanc à fruit noir, qu'elle ne me paroit point fondée, parce qu'on trouve des variétés de couleurs dans les fruits de mûriers, sur des races dont les feuilles doivent être regardées comme étant de même qualité. Chaque race peut donner des fruits qui varient depuis le blanc jusqu'au noir. Il sembleroit, au contraire, que les variétés à fruit blanc devroient donner des feuilles plus délicates : jusqu'alors, au moins, regarde-t-on comme une règle assez certaine, que les végétaux dont quelques parties tirent sur des couleurs pâles, sont en général plus doux et plus tendres, soit au tact, soit relativement à la saveur et à la facilité de les broyer.

Voici les espèces du genre mûrier, telles qu'elles sont maintenant le plus généralement adoptées :

Morus.	*Murier.*
1°. — *alba.*	— blanc.
2°. — *tinctoria.*	— des teinturiers.
3°. — *nigra.*	— noir.
4°. — *rubra.*	— rouge.
5°. — *papyrifera.*	— à papier.
6°. — *Indica.*	— de l'Inde.
7°. — *Tatarica.*	— de Tartarie.
8°. — *xanthoxylum.*	— épineux.
9°. — *Mauritiana.*	— de l'Isle-de-France.

Plus :

10°. *Morus Constantinopolitana.*	Mûrier de Constantinople.
11°. — *Italica.*	— à bois rouge.
12°. — *Australis.*	— de Bourbon.
13°. — *ampalis.*	— râpe.
14°. — *latifolia.*	— à larges feuilles.
15°. — *laciniata.*	— à feuilles laciniées.

Le *papyrifera* et le *tinctoria* sont maintenant

retirés du genre *morus*, et forment le genre *Broussonetia*. Peut-être quelques autres espèces y rentreront-elles encore. Les quatre dernières espèces sont peu connues, et sont extraites du *Dictionnaire de Botanique* de l'*Encyclopédie méthodique.* Restent neuf espèces, qui le sont davantage, parmi lesquelles le *rubra*, le *xanthoxylum* et le *Mauritiana* ne paroissent pas propres à être employés à la nourriture des vers à soie. On ne doit donc considérer comme utile à cet emploi, que les

$$
Morus \ldots \left\{
\begin{array}{l}
\textit{alba.} \\
\textit{nigra.} \\
\textit{Indica.} \\
\textit{Tatarica.} \\
\textit{Constantinopolitana.} \\
\textit{Italica.}
\end{array}
\right.
$$

De ces six espèces, le mûrier noir, *morus nigra*, celui dont on sert le fruit sur les tables, est assez bien connu : c'est celui dont *Olivier de Serres* parle.

Examinons maintenant ce qu'on doit penser des espèces restantes.

I. Dans le genre du mûrier on n'est point d'accord sur les espèces. Je serois tenté de penser que le mûrier de Tartarie (*morus Tatarica*) n'est qu'une variété principale du mûrier blanc (*morus alba*), parmi les races à fruits colorés. *Pallas*, lui-même (*Flora Rossica*), ne fait consister la différence entre ces deux espèces, que par des pétioles moins longs, et par des feuilles plus rudes dans le mûrier blanc ; mais ces différences applicables au mûrier blanc, dans l'état de nature, ne le sont plus pour les variétés cultivées. Je dois cependant avouer que j'ai obtenu de graines, d'une race de mûrier blanc à fruits noirâtres, la même race, sans altération de couleurs, et qu'alors elle se rapporteroit très-bien au mûrier de Tartarie.

Pallas ne sait pas si ce mûrier est de Tartarie, ou s'il y a été introduit : il cite l'édition du *Systema Naturæ* de *Linné*, par *Reichard* ; mais il ne s'est pas aperçu que la phrase de *Miller (Dictionnaire des Jardiniers,* tome V, article *Morus*, n°. 7), adoptée par *Reichard*, appartient au *morus Indica*, et non au *morus Tatarica. Linné* lui-même a varié dans la synonymie du *morus Indica*, et il me paroît certain qu'une partie de celle qu'il a citée, convient très-bien au *morus Tatarica*: d'où je pourrois conclure que le *morus Tatarica* et le *morus Indica* doivent rentrer dans ce qu'on croit être des races du *morus alba*; cela est d'autant plus croyable, que ces *morus Indica* et *Tatarica* sont regardés comme excellens pour nourrir les vers à soie.

II. Il n'est pas certain que le *morus Constantinopolitana* et le *morus Italica* soient des espèces; elles sont très-voisines de celle du mûrier blanc. Les fruits du *Constantinopolitana* sont gros et blancs, ceux de l'*Italica* sont petits et rougeâtres; le premier des deux a de grandes feuilles très-rapprochées les unes des autres; et, sous ce rapport, il seroit un des plus profitables pour le produit de la feuille.

Mais ce n'est pas ici le lieu de démêler toutes ces incertitudes; j'ai voulu seulement prouver qu'on est peu sûr des espèces dans le genre mûrier, et qu'alors on sera moins étonné de ne trouver que confusion dans la nomenclature des variétés du mûrier blanc, seule espèce qui doive nous occuper maintenant.

Les noms varient, pour ces variétés, suivant les lieux; souvent les mêmes noms sont donnés à des variétés différentes. Les races ne sont point distinguées d'une manière claire et précise; il faudroit des expériences bien faites, et long-temps continuées par les semis, pour les reconnoître. Les difficultés augmentent, parce que l'on est obligé de considérer à-la-fois, dans le même individu, la forme de la feuille, son abondance, sa qualité, la forme, la grosseur et la couleur du fruit; il faut encore estimer ce que l'âge, l'exposition, le sol, le climat, peuvent apporter de différence dans les caractères qu'on aura observés dans chaque individu: il me paroit donc impossible, dans l'état actuel de nos connoissances botaniques sur ce sujet important pour l'économie rurale et domestique, de donner une nomenclature tant soit peu sûre des races et variétés du mûrier blanc.

On convient, en général, d'appeler *mûrier sauvage*, tout mûrier blanc à petites feuilles découpées, et *mûrier franc*, tout mûrier à grandes feuilles, soit qu'ils soient greffés, soit qu'ils ne le soient point. La forme des feuilles varie, même sur les arbres greffés, à cause de l'âge, du terrein, etc., lorsqu'au contraire la couleur des fruits est constante par la greffe.

La qualité de la feuille, pour la nourriture des vers à soie, est indépendante de sa forme; c'est la nature de son suc qui fait principalement la qualité de la soie: c'est ainsi que la feuille du mûrier noir fournit une soie plus grossière, comme l'a fort bien observé *Olivier de Serres*. Dans certaines parties du Levant et aux Canaries, les vers à soie sont nourris exclusivement avec cette feuille; dans les pays froids, dans les lieux frais, on doit préférer les variétés les moins vigoureuses, celles qui produisent moins volontiers des feuilles trop herbacées: sous ce rapport, la greffe est utile, parce qu'elle maîtrise, au bout de peu de temps, la trop grande vigueur des arbres. Ainsi, la première considération, c'est la qualité de la feuille, suivant la soie qu'on veut ou qu'on peut avoir; la seconde, c'est l'abondance de la feuille: mais ces deux considérations sont toujours subordonnées et relatives aux circonstances qui accompagnent la végétation des diverses races ou variétés qu'on cultive.

Voici des noms de divers mûriers blancs (*morus alba*):

En Syrie,

Baruthin.... { Fruit rouge,
           { — blanc.
Marsally.
Calmouni..... — précoce,
Sultani.

En France, dans les départemens méridionaux, la nomenclature de *Castelet*, dans son *Traité sur les Mûriers blancs*, publié à Aix en 1760, me paroît la meilleure; la voici:

I. *Mûriers sauvages.*

Feuille rose..... { Feuille rondelette, semblable à celle du rosier, d'où il a tiré son nom, mais plus grande.
           { Fruit petit, blanc.

Feuille dorée.... { Feuille luisante, s'alongeant dans son milieu.
           { Fruit petit, purpurin.

Reine bâtarde .... { Feuille deux fois plus grande que la feuille rose, dentée, la dent de l'extrémité supérieure s'alongeant plus que les autres. / Fruit noir. }

Femelle .... { Feuille de la forme d'un trefle. / Fruit avant la feuille. / Arbre épineux. }

II. *Mûriers greffés.*

Reine .... { Feuille luisante, plus grande que toutes les précédentes. / Fruit cendré. }

Grosse reine .... { Feuille d'un vert foncé. / Fruit noir. }

Feuille d'Espagne. { Feuille fort grande, matte, grossière. / Fruit blanc, très-alongé. }

Cette description ne convient point entièrement à celle que *Boissier de Sauvages*, dans ses *Mémoires sur l'Éducation des Vers à soie*, publiés à Nismes, en 1763, nomme espagnole; elle paroît en différer, sur-tout par la grandeur. Ni l'une ni l'autre ne conviennent à une espèce (ce nom n'est pas pris ici dans le sens rigoureux) que je cultive sous le nom de mûrier d'Espagne, dont la feuille est assez belle.

Plusieurs auteurs confondent mal-à-propos le mûrier d'Espagne avec le mûrier rose.

Feuille de flocs .... { Feuille d'un vert foncé, à-peu-près semblable à la feuille d'Espagne, mais moins alongée; elle forme des bouquets sur les tiges. / Fruit très-multiplié, ne mûrit jamais. }

A cette nomenclature il faut ajouter deux autres espèces indiquées par *Boissier de Sauvages*, dans ses Mémoires cités:

Colomba .... { Feuille mince, lisse, sèche, trois à quatre fois plus petite que la suivante. / Fruit blanc, purpurin, ou gris et noir. }

Il regarde cette feuille comme la plus saine et la plus soyeuse.

Romaine .... { Feuille large, très-succulente; mais l'arbre étant âgé et planté dans un terrein aride, elle rentre dans la précédente. }

Espagnole ...... { Feuille la plus forte, d'un vert plus foncé, moins large, plus dure que la romaine. / Voyez ci-dessus la feuille d'Espagne. }

D'autres auteurs ont divisé ces variétés

En feuilles ..... { grandes.. { simples, lobées. } / petites ... lobées. }

En fruits ..... { gros .... { blancs, verts, } / petits ... { gris de lin, noirs. } }

Que conclure de tout ce qui a été dit sur ce sujet? Seulement que, pour la qualité de la soie et la santé des vers à soie, le mûrier blanc sauvage est préférable, mais qu'il est inférieur à ses bonnes variétés pour l'abondance de la nourriture, et que le choix de ces variétés, sous le rapport de la qualité de leurs feuilles et de leur produit, doit encore être subordonné au climat qu'on habite et au terrein dans lequel on plante. (Cr.)

(99) Depuis qu'*Olivier de Serres* a publié son *Théâtre d'Agriculture*, il a paru, de temps en temps, dans les pays où on élève des vers à soie, des charlatans qui vouloient faire croire qu'ils possédoient des méthodes particulières pour avoir plusieurs éducations de ces animaux, et par conséquent plusieurs récoltes de soie

dans la même année ; nous en avons vu à Paris, et quelques auteurs modernes ont soutenu que cette pratique avoit lieu en Italie, et sur-tout en Toscane : aucuns ne citent notre auteur, qui a dit, à ce sujet, tout ce qu'il étoit raisonnable de dire ; et le rédacteur de l'article *Vers à soie*, dans le *Dictionnaire universel d'Agriculture* de *Rozier*, n'auroit pas perdu six pages à montrer les inconvéniens et presque l'impossibilité de suivre une pareille pratique, s'il avoit lu les dix lignes d'*Olivier de Serres*, que l'auteur de cet ouvrage se plaisoit si souvent à citer. (*H*.)

(100) Dans notre climat on substitue avec avantage des poêles à demeure, aux bassines remplies de braise allumée qu'*Olivier de Serres* cite ici, et qui sont employées dans les pays méridionaux. Il est bon que le poêle soit construit hors de l'attelier, et que cet attelier ne soit échauffé que par des conduits pratiqués exprès dans l'intérieur du mur ou du plancher. Quel que soit, au reste, le procédé qu'on emploie pour corriger les variations de température de l'atmosphère, il est nécessaire de se servir de plusieurs thermomètres comparables, et de maintenir, autant qu'il est possible, cette température, entre quinze et vingt degrés du thermomètre de *Réaumur*, pendant tout le temps que dure l'éducation. (*S*.)

(101) Les maladies qui enlèvent souvent les vers à soie au moment où la récolte du produit de ces insectes s'annonce avec les plus belles apparences, sont un des principaux obstacles qui s'opposent à l'extension que pourroit avoir cette branche précieuse de notre économie rurale. La cause la plus commune de ces maladies tient à la méphitisation de l'air, dans les salles où ces animaux sont élevés : c'est aussi à trouver les moyens de renouveler l'air dans les atteliers, et à neutraliser l'effet des gaz délétères, qu'il est nécessaire de s'appliquer. L'usage d'allumer du feu dans les atteliers, d'y pratiquer des ventilateurs, d'y brûler des plantes odoriférantes, a de graves inconvéniens : les premiers moyens détruisent l'uniformité de température, si nécessaire aux progrès de cette éducation ; le dernier ne produit aucun bien, souvent même l'odeur de certaines plantes en combustion in-

commode les vers à soie. Les fumigations de vinaigre et les immersions dans ce liquide, conseillées par notre auteur, par *Boissier de Sauvages* et par *Fontana*, ont ordinairement plus de succès : dans plusieurs circonstances, des vers à soie malades et immergés pendant deux ou trois minutes dans un bain de vinaigre étendu d'eau, ont été guéris ; on voyoit, dans ce cas, les chenilles se débattre, de petites bulles d'air sortir de leurs corps : on les retiroit presque sans vie ; mais bientôt elles reprenoient leurs forces, mangeoient avec avidité ; après des sécrétions liquides, séreuses et verdâtres, le sommeil s'emparoit d'elles, et en sortant de la mue rien ne marquoit plus l'état passé de leur maladie. Mais un procédé plus simple et plus rapide, dont notre collègue M. *Modeste Paroletti* dut l'idée à M. *Guyton-Morveau*, sur les moyens de désinfecter l'air, lui procura des succès constans et une méthode nouvelle d'une très-facile exécution. Ce procédé consiste à répandre dans les atteliers, de la vapeur du gaz acide muriatique oxigéné. Dans une des expériences qu'il rapporte à l'appui de cette assertion, il s'étoit aperçu que les vers à soie d'un de ses atteliers, après leur quatrième mue, étoient affectés de langueur, refusoient la feuille qu'on leur présentoit ; plusieurs rendoient des excrémens d'une liquidité gluante et d'une couleur olivâtre ; d'autres avoient des taches rouges sur la peau ; beaucoup d'entr'eux mouroient, et leurs cadavres, au lieu de pourrir, se durcissoient, se couvroient d'une moisissure cotonneuse, et prenoient l'aspect d'un morceau de plâtre. Il prit une capsule de verre, dans laquelle il mit trois décagrammes (environ une once) d'oxide de manganèze noir pulvérisé ; il versa dessus de l'acide nitro-muriatique, en remuant avec une spatule de crystal : il promena ainsi cette capsule dans tous les angles de la salle, en versant de ce nouvel acide lorsque les vapeurs diminuoient, et continua cette opération pendant un quart d'heure, après avoir eu soin d'établir la circulation de l'air, en ouvrant les portes et les croisées. Dès le jour même, le nombre des morts diminua considérablement, et en deux jours la maladie disparut tout-à-fait. Dans une autre circonstance, M. *Paroletti* se borna à mettre un flacon d'acide muriatique oxigène ouvert, sur une table où des vers à soie malades étoient réunis ; leur guérison fut parfaite, et le succès de leurs travaux, complet. Il est à désirer que ces expériences, très-peu dispendieuses et très-faciles à faire, soient répétées par les cultivateurs, et qu'elles amènent une pratique qui non seulement auroit une grande influence sur une branche importante de nos richesses territoriales, mais encore qui feroit cesser des fièvres dangéreuses, dont les hommes qui se livrent à l'éducation des vers à soie sont souvent la victime. (*S.*)

Page 141, colonne I, ligne 18.

(102) Il auroit été à désirer qu'*Olivier de Serres* n'eût pas inséré dans son excellent livre, ces récits mensongers de générations spontanées, auxquels il déclare lui-même n'ajouter aucune foi, et contre lesquels il paroît inutile de prévenir longuement les lecteurs du dix-neuvième siècle. (Voyez la note (92), ci-devant, page 207, colonne I, relative à la même opinion eu égard aux abeilles.) (*S.*)

Page 147, colonne I, ligne 16.

(103) Depuis *Olivier de Serres*, l'art de tirer et d'apprêter la soie, a fait de grands progrès, et cet art est peut-être aujourd'hui poussé au degré de perfection où il peut atteindre. C'est sur-tout dans les campagnes du ci-devant Piémont, où sont les grands atteliers de nourriture de vers à soie, qu'il faut voir les moulins et les machines dont on ne se fait qu'une idée très-imparfaite dans nos livres. Les Italiens ont beaucoup écrit sur cette branche d'économie. Nous n'avons point en France d'ouvrage où elle soit traitée en détail, quoiqu'il en soit question dans tous ceux sur les vers à soie ; je me bornerai seulement à indiquer les suivans :

1°. Les Mémoires de M. *de Vaucanson*, insérés dans les volumes de l'Académie royale des sciences de Paris, pour les années 1749, 1751 et 1770.

2°. L'article *Soie*, de l'ancienne *Encyclopédie*, 1765, tome XV, édition in-fol.

3°. *Essai sur les Moulins à soie, et description d'un Moulin propre à servir seul à l'organsinage et à toutes les opérations du tord de la soie. Par M. le Payen. Metz, 1767, in-4°.,* avec figures.

4°. L'article *Soie et Soierie*, du *Dictionnaire des Manufactures et Arts* de l'*Encyclopédie méthodique*, tome II, et les planches. (*H.*)

CHAPITRE XVI.

(104) Les cultivateurs qui désireront des renseignemens plus étendus sur les plantes et arbustes textiles, ou propres à faire du fil et de la toile, les trouveront dans un mémoire de notre collègue M. *Yvart, sur les Végétaux qui fournissent des parties utiles à l'art du cordier et du tisserand*, qui a été couronné par la Société royale d'agriculture de Paris, dans sa séance publique du 28 Novembre 1788, et qui est inséré dans le trimestre d'été des Mémoires de cette Société, pour la même année.

On pourra consulter aussi les articles *Cordes et Cordages, Corderie, Toile et Toilerie*, dans le *Dictionnaire des Manufactures et Arts* de l'*Encyclopédie méthodique*. (*H.*)

SIXIESME LIEU

DU THÉATRE D'AGRICULTURE,

ET

MESNAGE DES CHAMPS.

DES JARDINAGES,

Pour avoir des Herbes et Fruicts Potagers : des Herbes et Fleurs odorantes : des Herbes médecinales : des Fruicts des Arbres : du Saffran, du Lin, du Chanvre, du Guesde, de la Garance, des Chardons-a-draps, des Rozeaux : en suite, la Manière de faire les Cloisons pour la conservation des Fruicts en général.

SOMMAIRE DESCRIPTION
DU SIXIESME LIEU, CONTENANT

SIXIESME LIEU

DU THÉATRE D'AGRICULTURE,

ET

MESNAGE DES CHAMPS.

CHAPITRE PREMIER.
Les Jardins en général.

Ce sont les jardinages, qui fournissent à l'ornement utile de nostre mesnage, innumérables espèces de racines, d'herbes, de fleurs, de fruicts, avec beaucoup de merveille. Aussi merveilleux en est le Créateur, donnant à l'homme tant de sortes de viandes, différentes en matière, figure, capacité, couleur, saveur, propriété, qu'impossible est de les pouvoir toutes discerner ni comprendre. Et comment telles largesses de Dieu pourroit l'homme représenter naïfvement, veu qu'il n'est encores parvenu à leur entière cognoissance, se descouvrans tous les jours des nouvelles plantes, non seulement estrangères, ains mesme croissans parmi nous? Le jardin excelle toute autre partie de terre labourable, mesme en ceste particulière propriété, qu'il rend du fruict chacun an et à toutes heures : là où en quelque autre endroit que ce soit, le fonds ne rapporte qu'une seule fois l'année; ou si deux, c'est tant rarement, que cela ne doit estre mis en ligne de conte.

A bonne raison, donques, les antiques Romains préposoient le revenu du jardin à tout autre, le tenans pour le plus certain. Aussi appelloient-ils le jardin, *hæredium*, c'est à dire héritage : et passans plus outre, par ce mot, *hortus*, qui signifie, jardin, entendoient la métairie. Le possesseur d'un jardin estoit tenu pour riche homme, et à telle seule cause, assés solvable, sans avoir besoin de cautionner ni pleger. La plus grande gabelle qui fust lors à Rome, estoit imposée sur l'herberie qui s'y vendoit, laquelle par importunité populaire, le sénat supprima : par ce moyen le publiq puisant dans les jardins des particuliers, monstroit iceux estre en grande estime. La place où les herbes se vendoient, estoit appellée *Macellum*, nom commun avec la boucherie, mettans les herbes et les chairs en mesme reng. Quand on vouloit louer un homme, on l'appelloit, bon laboureur, tel estant cogneu à son jardin bien cultivé : et celui qui l'avoit mal en poinct, estoit moqué, sa femme mesme communiquant à l'opprobre, estoit tenue pour pauvre mesnagère et paresseuse.

Les Grecs aussi avoient en grande réputation les jardins, du fruict desquels, superstitieusement, chacun an faisoient présent à Apollo de Delphes, assavoir, la raifort d'or, la poirée d'argent, et la rave de plomb : en quoi aussi peut-on recognoistre, en quel degré ils tenoient ces fruicts-là.

A l'imitation de telles Nations, des plus excellentes du monde, toutes sortes de gens ont honoré les jardinages Empereurs, rois, princes et autres grands seigneurs, ont esté vous travailler à ordonner de leurs propres mains, leurs jardinages, eslisans telles peines pour soulagement en leurs grandes affaires. Leurs noms qu'ils ont engravés en plusieurs herbes et fruicts, pour en perpétuer la mémoire, monstrent combien agréables leur ont esté tels exercices. Nous les lisons en l'herbe dicte lysimachie, du roi Lysimachus : en la gentiane, de Gentius, roi d'Illyrie : en l'armoise, d'Artemisia, roine de Carie : en l'achileia, d'Achilles : en l'eupatoire, du roi Eupator : au scordium, autrement dicte l'herbe mithridates, de Mithridates, roi de Pont et de Bithinie, et en plusieurs autres. Dont est venu, qu'aujour-d'hui les jardinages sont en autant grand crédit que jamais par toute l'Europe, mesme en France, Alemagne, Angleterre, Italie, Espaigne, sont-ils cultivés avec beaucoup d'art et de diligence.

Suivant les exemples antiques et modernes, nous - nous accommoderons de jardinages ainsi qu'il appartient, observans les règles suivantes. Que le lieu que désirons convertir en jardinage, soit prochain de la maison, tant pour le plaisir que pour le profit, n'estans ni l'un ni l'autre tels qu'on les désire, s'ils en sont esloignés. En telle proximité, ceste seule incommodité se trouve, que les poulailles les dégastent fort : mais aussi est-il aisé à remédier à cela, puis qu'autre mystère n'y est requis, que d'en chasser cest importun bestail, en l'effarouchant rudement. Ce qu'un enfant fera en se jouant, lui jettant de la poussière ou des menues pierres contre, et sifflant tout ensemble. Par ce moyen, la poulaille à cela accoustumée, oyant seulement siffler, ne faudra tant aussi tost à sortir du jardin moyennant que ce remède soit souvent réitéré, de peur d'estre oublié. Que la terre soit fertile et grasse, aisée à labourer, plus sablonneuse, qu'argilleuse : qu'il y aie de l'eau coulante, de fontaine, de rivière ou de ruisseau, pour arrouser le jardin : ou au défaut d'icelles, de puits ou de cisterne, selon leur ordre, si toutes-fois le climat requiert l'arrousement. Au dessous de la maison tendant au midi, est la droicte situation des jardins, tant par estre en abri de ce costé-là par le bastiment, que pour le plaisir d'estre veu des principales fenestres de la maison. Telle situation est pour les lieux frès et tempérés : car pour les chauds, sera plus convenable poser les jardinages vers le septentrion. Et de quelque endroit que ce soit qu'on les asseé, se faudra prendre garde que de l'aire à battre le blé (le pays ainsi le requérant) la bale n'en puisse estre portée par les vents sur les jardins, de peur d'importuner et herbes et fruicts, s'y attachant contre.

Le jardinage se distingue en quatre espèces, assavoir, en potager, bouquetier, médecinal, fruictier (1). Le potager fournit toutes sortes de racines, herbes, fruicts rempans sur terre destinés à la cuisine, et autrement bons à manger, cruds et cuits. Le bouquetier est composé de toutes sortes de plantes, herbes, fleurs, arbustes, ageancés par compartimens ès parterres, et eslevés en vouçeures et cabinets, selon les inventions et fantasies des seigneurs, plus pour plaisir que pour profit. Pour la nécessité est inventé le médecinal, encores que plusieurs herbes et racines pour remède aux maladies se cueillent indifféremment sur toutes sortes de possessions. Mais pour estre nostre mesnage accommodé ainsi qu'il appartient, nous le fournirons de tout ce qu'on estimera utile, afin de ne se donner peine d'aller cercher loin ce dont l'on a besoin. Joinct que, puis que le plaisir tient reng ès jardinage, ce sera faire de cestui-ci, ce qu'on désire, qui est de le rendre plaisant : comme tel se représentera-il, par les diverses plantes, rares et exquises, qu'on y verra eslevées. Le fruictier autrement appellé, verger, est celui qui estant complanté de toutes sortes d'arbres, rapporte richement avec grande délectation, des fruicts d'infinies espèces. Les chanvres, lins, guesde ou pastel, garance, gaude, chardon-à-bonetier, rozeaux, et autres matières servans à faire des toiles, à teindre et à préparer et draps et peaux, et autres services, se logeront dans l'enceint des jardinages, si mieux l'on n'aime les renger séparément ès autres endroits du domaine ; comme l'on faict en certains lieux, où selon la faculté du climat, propriété du fonds, et débite pour marchandise en grand volume, l'on s'employe à ces mesnages. Tous lesquels jardins, contigus et unis ensemble, seront enfermés dans un clos, entr'eux divisés par allées descouvertes

ou couvertes en treillages, plats ou voutoyés, ou autrement, ainsi qu'on les voudra disposer. De leurs cloisons en sera traicté ci-après, pour les faire telles qu'il appartient, communiquables à toutes sortes de possessions, afin d'en préserver les fruicts. Ad-joustant la vigne à tel clos, pour n'en faire qu'un grand et ample, ce sera marier le plaisir au profit, d'avoir assemblés en un lieu, les plus exquis fruicts du mesnage, pour commodément les conserver. La largeur des allées, sera de douze à quinze pieds, plus ou moins selon les lieux et désir du seigneur. L'on les tirera à ligne droicte, l'assiete le permettant, mais quelle qu'elle soit, le parterre en sera uni en perfection pour l'aisance, et beauté du pourmenoir.

Plus grand sera le seul jardin potager, que les bouquetier et médecinal ensemble, estant en cest endroit plus requis le profit, que la simple délectation. Son estendue ne se peut bonnement restraindre à certaine mesure, icelle ne procédant d'ailleurs, que du seul profit. Si estes près de quelque bonne ville pour débiter les fruicts des jardinages, ne craignés de faire trop grand vostre potager, pourveu qu'ayés l'eau à commandement, vostre climat vous contraignant de l'arrouser, et que sans intérest de vos terres-à-grains, vignobles, prairies, les fumiers n'y défaillent : car à plus profitable mesnage ne pourroit estre employé ce peu de fonds, qu'en jardin, duquel, ainsi qualifié, comme d'une source vifve, continuellement découle argent. Mais ne pouvant tirer deniers de telles choses, gardés-vous de prendre trop de jardin à cultiver : ains faictes-le justement de capacité convenable à vostre famille, pour, à suffisance, la fournir d'herberie. En sa figure n'y a aucune sujection, car toutes sont agréables, pourveu que le jardin soit profitable: voire la plus bigearre, est la plus souhaittable pour le plaisir: comme ceux qui estans en pente, et retenus par bancs et murailles traversantes, sont fort prisés, ainsi qu'avec beaucoup de lustre, paroissent les jardins du roi à Sainct-Germain en Laïe. En lieu du tout plat, le meilleur sera tenir le jardin un peu plus long que large, non en quarré parfaict: afin que les allées se treuvans différentes en longueur, donnent grace au jardin, pour la raison de la diversité. Lequel se rendra de belle représentation, si ses allées sont proportionnées de trente à cinquante, c'est à dire, estant la largeur du jardin de trente mesures, la longueur en sera de cinquante: et si ce sont des toises, le contenu du jardin bien cultivé, satisfera largement à la fourniture d'une grande et honorable famille.

Du bouquetier. Le bouquetier se taillera aux revenus et plaisirs du seigneur, car puis qu'il est destiné pour le seul contentement, est raisonnable que ce soyent ces deux-là, qui y plantent les limites. Il sera disposé et sis à l'entrée principale du jardinage: à ce qu'ayant pour premier objet és parterres, les beaux compartimens, le plaisir s'en rapporte plus grand à la veue, le rencontrant d'abord, que s'ils en estoient plus esloignés. Ce n'est toutes-fois de l'avis d'aucuns, qui, avec raison, tiennent le bouquetier reculé et comme caché: à ce que veu le dernier, il soit estimé, à la manière que les marchands font admirer les fines estoffes, après avoir faict monstre des grossières.

Du médecinal. Le médecinal joindra d'un costé le bouquetier. Il sera petit, puis que peu d'estendue peut suffire à ce en quoi il est destiné. Ou ce seroit que fussiés en lieu, auquel les graines médecinales sont de facile venue et bonne débite: comme cela se void en plusieurs endroits, dehors et dedans le royaume, mesme en Languedoc, vers Nismes et ailleurs.

Du fruictier. Quant au fruictier ou verger en quelque part que soyés assis, ne doubtés d'exceder en grandeur: car trop ample ne pourroit-il estre (moyennant que les arbres se plaisent en vostre lieu) pour y loger abondance de toutes sortes d'arbres: d'où tirerés deniers, estant près de bonne ville, ou de rivière navigable pour la débite de leurs fruicts. Et bien-que telles commodités vous défaillans, ne peussiés vendre vos fruicts, ne seront néantmoins que très-bien mesnagés, de les faire manger à vostre famille, cruds ou cuits, en diverses sortes: comme meslés au pain du mesnage, pour l'allongement des blés, et pour corriger la malignité de l'yvroie. D'en convertir en boisson quelque partie, selon leurs diverses espèces et usage des pays. D'en donner aux amis, mieux employer ne pouvant ses précieux fruicts, le noble mesnager. Le verger sera disposé de telle sorte, que lui et le bastiment de la maison, tiennent en abri le reste du jardinage, tant que faire se pourra. Mais d'autant que telle particularité dépend du plan du lieu, faudra laisser cela à la disposition du prudent père-de-famille, pour accommoder les jardinages, le plus approchant de la raisonnable bien-séance qu'il sera possible.

CHAPITRE II.

Préparer la Terre pour les Jardins, Potager, Bouquetier, Médecinal.

ENCORES que la terre, pour jardins, ne soit d'elle-mesme si maniable comme désirerions et l'avons choisie, estant plus argilleuse, que sablonneuse, ou au contraire, ne laisserons pourtant de nous en servir en ce mesnage, utilement, ayans la commodité de l'eau : moyennant laquelle, quel que soit le plus prochain fonds de la maison, quand mesme les rochers y abonderoient, se pourra convertir en jardinage. La considération de l'eau est pour le pays contraint d'arrousage ; en libre, n'estant assujetti à telle nécessité. Or puis qu'il ne s'agit qu'à façonner jardins, leur peu de contenue se pourra accommoder sans excessive despence, par fumiers, par sablons, par forts terriers, par espierremens et autres amendemens, dont ils serviront très-bien à tel usage. Mais si cas est que ce soyent prairies ou autres herbages, meilleure chose ne pourriés souhaitter pour avoir des excellens jardins. Tels herbages pour un préallable seront bruslés à la manière ja monstrée, dont la terre se rendra très-propre (z). Le temps en est limité en l'esté, passé lequel, la terre ainsi apprestée, sera meslée avec l'autre du fonds, pour, incorporant la cuite avec la crue, mettre les deux ensemble au poinct que les désirés. Le seul brusler ne suffit à l'entière préparation de la terre du jardinage, pour n'en prendre que deux ou trois doigts de la superficie : ains de nécessité convient en cest endroit, rompre profondément le fonds, pour donner lieu aux raiforts, raves, pastenades et autres racines qui entrent avant dans terre. Et soit la superficie bruslée ou non, tous-jours en faut-il rompre du fonds, deux bons piéds, à moins de laquelle mesure ne pouvans en bon poinct estre mis nos jardins. Estant le fruict du jardinage, par manière de dire, la quint-essence du rapport de la terre : aussi est-il nécessaire d'en manier le fonds avec une particulière agriculture, plus exquisement que de nulle autre portion du domaine. De là vient, que le jardinier est appellé l'orfèvre de la terre : parce que le jardinier surpasse d'autant plus le simple laboureur, que l'orfèvre le commun forgeron. Ainsi qu'il appartient mettrés vostre jardin, si en deffrichant entièrement le lieu, en faictes oster et pierres et racines s'y rencontrans, à ce que la terre deschargée de telles nuisances, se rende souple à manier, comme par tel ordre sera, y ad-joustant tout-d'une-main, abondance de bons fumiers pour l'engraisser. Si le fonds est de terre forte, avec le fumier y sera aussi mis du sablon deslié, en telle quantité, qu'il suffise à dompter l'imperfection du lieu. Comme au contraire, par quelque fort terrier, amenderés la trop grande légèreté du sable. Par ainsi, aurés le jardin qualifié et tel qu'il appartient, duquel le facile cultiver vous contentera. La saison favorise beaucoup ce premier préparatif : par quoi est requis employer en cest endroit, la plus utile. Telle à l'expérience est-elle recogneue au mois d'Octobre et de Novembre, pour les prochaines froidures de l'hyver qui cuisent la terre ja remuée.

Plus efficacieusement les gelées pénétre-
ront la terre, estant laissée en monticules en la deffrichant (comme l'on faict
le fonds des nouvelles vignes) que si elle
estoit unie et plaine : duquel moyen
vous-vous servirés, pour tant plustost et
mieux, accommoder vos jardins.

Passé que soit l'hyver, pourra-on
mettre au jardin les semences et plantes
du printemps et de l'esté : mais le meilleur sera avoir patience d'y rien faire
d'un an, pour donner loisir aux quatre
saisons d'y contribuer chacune ses facultés : dont la terre s'en accommodera si
bien, que sans plus y retourner, elle deviendra du tout obéissante et propre.
Aussi est-ce la vraie saison de commencer à jardiner que l'automne, à ce que
sans emprunter d'ailleurs, le jardin se
treuve fourni de tout ce qu'il appartient :
ne pouvans aussi plusieurs semences et
plantes, estre logées au jardin en autre
partie de l'année, qu'en celle-là. En attendant ce terme, se faudra soigner que
les malignes herbes ne s'y logent, de
peur d'ensalir le fonds, et d'en tirer la
substance : et ce en le labourant souvent,
en quoi peu de peine y aura-il, pour la
souplesse de la terre, qui très-facilement
se laissera manier.

CHAPITRE III.

Ordonnance du Jardin Potager, tant de celui d'Hyver que d'Esté.

METTANT la première main pour façonner nostre jardin, le diviserons par
planches, couches, quarreaux, vazes,
diversement nommés, pour commodément et sans confusion, y loger la potagerie selon leurs espèces. Est ici à noter
que très-diverses sont les façons de jardiner, discordantes non seulement de nation, de climat à climat, ains de ville en
ville, comme a esté touché, ce que principalement l'on recognoist à la disposition des planches, et au maniement de la
terre. Partie de telles diversités, provient
bien d'accoustumance, mais aussi la nécessité y impose loi. Car d'une sorte faut
disposer les planches du jardin qu'on arrouse, et d'une autre celui qui n'a besoin
d'eau. Les outils de ce mesnage, les saisons, les lunes, diverses en façon et application aussi, monstrent combien peu
de correspondance y a entre les jardiniers
qui ne sont prochains voisins : n'estans
d'accord par-ensemble qu'en ce poinct,
de retirer chacun le fruict de son jardin,
tel qu'il se le promet, à quoi (bien-que
par divers chemins) parviennent-ils,
moyennant le bénéfice du ciel. De telle
contrariété d'avis tirerons ce profit, que
de nous asseurer, qu'en quelque part que
soyons logés, aurons des beaux jardins,
le climat ne leur contrariant, parce que
le jardinage souffre toutes sortes de gouvernement. Cela mesme nous donnera

courage d'entreprendre nouvelles façons de jardiner, y voyans du jour : n'estant tant louable de s'arrester constamment en ceste espèce de mesnage, sur ses accoustumances, que profitable, de les changer avec raison. Joinct, que puis-que le jardinement n'est qu'accessoire du labourage des terres-à-grains, vignobles, et gouvernement du bestail, principales parties du mesnage ; n'est à craindre, ni la conséquence, ni le hazard au préjudice de nostre générale agriculture. D'autant qu'en cest endroit, sont très-bien employées les nouvelles inventions, desquelles est presques nécessaire de s'abstenir en toute autre œuvre des champs, crainte de tout gaster ; veu que les vieilles suffisent pour le maniement de nos affaires, estans bien entendues et diligemment exécutées (3).

En certains endroits de la France, voire en plusieurs de ses provinces, les jardins ne s'arrousent aucunement, à cause de la frescheur de leurs climats, qui à suffisance en humectent la terre, là seulement se servant de l'eau pour les semences et menue herberie, la leur jettant doucement dessus, comme contrefaisant la rozée. Au contraire, ne peuvent de rien servir les jardins durant l'esté sans fréquent arrousement, en Languedoc, Dauphiné, Provence, Gascongne, et autres quartiers méridionaux, dont diversement sont-ils disposés. Encores les arrousables, ne sont gouvernés tous de mesme. Car d'une façon dresse-on le jardin où l'eau coule : et d'autre, où elle n'est que sousterraine, qu'on jette par dessus comme pluie. Mesme par tout où y a de l'eau coulante, indifféremment ne se manie-on. Aucuns de ceux qui ont

l'eau vifve, la font courir par petits canaux qu'ils rayonnent à travers les planches. Autres, la conduisent sur les quarreaux, comme dans des petits prés, environné de petites chaussées relevées, afin d'y conserver l'eau. Ceste-ci, est la façon d'Avignon, où l'on jardine avec la poincte de la grande et large aissade : et ceste-là, de Nismes, où le jardinier n'a que l'aissade petite et estroicte, que toute il employe en ouvrant (4). A Lion ne se sert-on des arrousemens qu'à la manière de Paris, assavoir, pour les menues choses du jardin, ou ce seroit que la sécheresse pressant, par excès, l'on y arrouse indifféremment toute viande : et coustumierement les melons, concombres et courges, qu'on esleve sur couches de fumier : mais c'est tous-jours leur jettant l'eau par le dessus. Le jardin aussi comme en France, y est labouré avec la besse ou paesle ferrée, presques seul outil du jardinier. Cela soit dict pour exemple, sans recercher les autres manières de jardiner, diversement usitées par les provinces : les conduictes des eaux vifves : les instrumens pour tirer des puits les sousterraines, à peu de peine et grand service pour l'arrousage, comme l'on faict des pouzaranques de la Provence et du Languedoc (5) : les mesures des planches ou couches : si on les taille grandes ou petites, longues ou estroictes : si elles sont enfoncées, ou eslevées au respect des chemins les environnans, estans ces choses indifférentes et à volonté, ainsi qu'il a esté représenté.

Seulement dirai-je avoir presques limité la largeur des allées et grands chemins, à douze ou quinze pieds : en cest endroit, ordonnant de la largeur des sentiers divisans les couches, je ne leur donnerai qu'un pied et demi ou deux au plus, telle mesure suffisant au service du jardin. Touchant les planches ou couches, leur longueur ira du septentrion au midi, afin que la potagerie se treuvant posée en lignes traversantes la planche, tende du levant au conchant, et par conséquent exposée à la chaleur du soleil le long du jour, tenue en abri de la bize par le relévement de la creste du rayon, soit en lieu propre pour bien fructifier. Telle particularité appartient au jardinement de Nismes, où pour loger toute viande de jardin, le rayon, eslevé, est en usage. Si pour ornement nostre père-de-famille, surpassant l'ordinaire, y veut ad-jouster quelque chose de seul plaisir, le pourra faire sans grande tare du revenu. En ce cas, disposera-il ses planches en diverses figures, sans s'arrester totalement à la quadrangulaire : comme en trigonne, pentagonne, hexagonne, heptagonne, octogonne, en compartimens simples comme il voudra : lesquelles planches fera border de lavande, d'absynte, du trufemande, de rosmarin, de thym, et semblables plantes : ou d'autres de profit, comme d'ozeille, de persil, d'hyssope, dont la diverse bigearreure contentera la veue, demeurant vuide leur milieu pour y loger de la potagerie de mesnage. Ainsi porteront vos jardins avec la gaieté requise, abondance de viande, qui leur causera bon et long entretenement, pour de l'ouvrage mesme procéder la despence de leur culture (6).

Comme il y a deux sortes de jardin potager, assavoir, de l'hyver et de l'esté, aussi en deux saisons de l'année se fournisseut-ils : voulans ceux de l'hyver estre commencés de semer en l'automne, et ceux de l'esté, au printemps. Ne peut néantmoins telle distinction les desunir aucunement, l'un faisant valoir l'autre, estant nécessaire au blot du jardinage, d'estre accommodés des deux ensemble. D'autant que plusieurs plantes se nourrissent au jardin d'hyver, qui meurissent en celui d'esté : d'autres en cestui-ci, qui se cueillent en celui-là, ainsi se communiquans par-ensemble leurs particulières facultés (7).

La fourniture des deux jardins potagers, se distingue par racines, herbes, et fruicts. Les racines sont, les oignons, pourreaux, aulx, raiforts, raves, naveaux, pastonnades, carrotes, chervis ou giroles. Les herbes, choux, laictues, poirées, espinars, persil, roquete et infinité d'autres menues. Les fruicts, artichaux, cardons, melons, concombres, courges, pois, féves et autres légumes. Toutes lesquelles viandes, on loge ès jardins d'hyver et d'esté, diversement, selon leurs diverses propriétés.

Noterons ce outre, que puis que les astres par leurs influences gouvernent toutes choses humaines, et que les effects de la lune pour sa proximité, nous sont plus notoires que d'aucune autre planète, tascherons à nous instruire de ses vertus particulières, pour les aproprier aux ouvrages de nostre jardinement, auxquels se manifestent plus apparemment, qu'en autres de l'agriculture, pour le grand nombre de racines, d'herbes, de fruicts de diverses espèces et naturels, dont ils sont composés. Mais d'autant que l'ignorance des hommes est très-grande, ignoramment aussi plusieurs employent les termes de la lune, comme a esté dict. Et cela

cela mesme faict, qu'au contraire, plusieurs la rejettent en jardinant sans nullement y regarder. En quoi comme les uns faillent excédans en curiosité, aussi les autres se desçoivent ne recerchans avec raison chose tant remarquable. Pour le profit, regarderons plustost à la coustume des lieux où l'on est, qu'à autre considération, sans s'y dispenser que bien à poinct. Car qu'est-il besoin vouloir entreprendre en la lune nouvelle, ce dont heureusement de tout temps, l'on est venu à bout en la vieille, et au contraire? Et qui sçait si l'assiete des lieux, la vertu du soleil intervenant, cause ici jardiner, tailler la vigne, ensemencer les terres, et faire tous autres ouvrages des champs en la montée de la lune, et ailleurs en sa descente? Par ainsi n'est requis se morfondre sur cest article : ains, crainte de se tromper, suivre en ce mesnage ses accoustumances, sans y changer que par contrainte, ou asseurance de certain profit. La pluspart des experts jardiniers ès quartiers méridionaux, tiennent que généralement tout ouvrage de jardin, dont le principal consiste en la racine, comme raiforts et semblables : aussi tout ce que du fueillage se resserre en pomme, chouscabus et laictues, ensemble melons, concombres, courges, doit estre semé, et le replantable replanté, la lune estant plaine ou en decours. Et le reste, dont le fueillage et l'herbage, faict le total de ses commodités, en sa montée; exceptés les pourreaux qui sont semés et plantés la lune estant nouvelle, bien-que le plus de leur viande consiste en racine. Avis que je suivrai en ce jardinement, comme le plus receu en ma patrie, sous toutes-fois les protestations sus-dictes pour ne m'y assujettir (8).

CHAPITRE IV.

Culture du Jardin Potager d'Hyver,
premièrement, des Racines.

J'AI monstré toutes sortes de jardins estre tellement unies ensemble, que plus facilement les peut-on distinguer que séparer. Cestui-ci, est dict hyver, bien-qu'il se commence en esté, se continue en autonne, se parface en hyver, et qu'il serve au printemps et en esté, mais c'est pour l'ordre, à ce que sans confusion l'on ouvre en ce mesnage. Ce sera par ce jardin-ci, que commencerons à jardiner dès la fin de l'esté, le fondans par racines, pour estre tant plus ferme, puis aussi que les racines sont données pour baze à toutes plantes. Entre les racines nous choisirons l'oignon, pour tenir le premier reng au jardin, tant pour estre celle qui la première veut estre mise en terre, qu'à cause de son advancé et continuel service:estant utile au manger dès sa première jeunesse, y durant bonne l'année entière. Les aulx suivront de près les oignons : mais de loin les pourreaux, comme sera veu.

En terre donques, souple et desliée, par la main, par le fumier et par la faveur du temps, semons la graine des oignons, au mois d'Aoust, estant la lune plaine ou en sa descente, à ce qu'avant l'arrivée de l'hyver, les nouveaux oignons soyent fortifiés pour résister à l'injure de la saison : et en suite, puissent estre transplantés dès le mois de Décembre, ou plustost le pays le requérant. Ils craignent le froid, mais l'on les en préservera, les

Semer des oignons.

tenant couverts durant le mauvais temps:
ce que toutes-fois se fera sans destourner
le libre accés du soleil, pour le besoin
que ces délicates plantes ont de sa faveur.
À l'aspect du midi, ayans une muraille
en doz leur parant la bize, les oignons
seront logés. Leur couverture se composera de paisseaux fichés dans terre supportans des perches traversantes, et par
dessus icelles, sera mis du chaume, des
cossas de féves, des fueillars de melons,
de courges, et semblables choses pour arrester les gelées : sous lesquelles couvertures, demeureront seurement les tendres
oignons. La plus désirable semence, est
la plus noire, la plus poisante, la mieux
nourrie, ainsi qualifiée l'on se la choisira, rejettant toute autre. Durant le
mois de Septembre, pourra-on semer
aussi des oignons, non plus tard en telle
saison de l'automne, de peur de l'approche de l'hyver, estans ces deux divers
temps, profitables en ceci, que si l'un
ne rencontre, si fera bien l'autre, n'avenant presques jamais les deux défaillir
en mesme année.

Voilà le temps de semer les oignons.
Les planter. Celui de les planter n'est restraint à certain terme. En pays méridional, tout ce
qu'on met au jardin vient tost, mais non
tous-jours bien : plusieurs plantes se perdans par hastiveté, comme oignons,
choux, raiforts, s'en montans trop tost
en tige pour faire graine. C'est pourquoi
plus s'advance-on à Lion à planter les
oignons, qu'en Avignon ni à Nismes,
comme aussi à plusieurs autres choses :
dont est nécessaire, le jardinier estre instruit de la faculté de son climat, pour
s'y assujettir, d'autant que c'est l'un des
principaux articles de sa maistrise, sans

lequel bien entendre, incertainement et
à l'aventure il ouvrera. Despuis le commencement d'Octobre, jusques à la fin de
Janvier (les froidures n'empeschans, et
sous la distinction des climats, selon les
lieux) est bon de planter les oignons, en
plaineur ou decours de lune, à telle cause
doucement les arrachant du seminaire.
La terre où l'on les transplantera, dès
les deux ou trois mois précédens, aura
esté profitablement préparée et amendée
par réitérées cultures et bons fumiers, à
ce qu'elle reçoive et nourrisse les plantes
ainsi qu'il est convenable. Les oignons
seront arrengés en lignes droictes, non
tant pour le respect de la beauté, bien-
que considérable, que pour l'aisance du
jardinier : et pour le profit avec, car la
viande qui s'esgare de la droicture de la
ligne, est facilement rompue par le rencontre de la besche du jardinier passant
par là en travaillant. De la façon de
fourrer les oignons en terre, n'est besoin
de traicter : si ce doit estre par rayons
ouverts, ou à la fiche ou fuzeau, en persant la terre par le dessus après l'avoir
ageancée, chacun ayant son stile. Prévoyant l'injure des froidures, meslera-on
avec la terre tant de bon fumier qu'il surmonte telle importunité, et ainsi le fonds
eschauffé, y seront les oignons bien à
leur aise, en y jettant aussi par dessus
quelques grosses pailles ou fueillars pour
aucunement les parer de la violence du
mauvais temps. Au mois de Mars commencent ces oignons à estre bons à manger, et de là jusqu'à la fin de Juin,
qu'ayans attaint leur parfaicte meurté,
sont recueillis, pour estre conservés le
reste de l'année. Toutes sortes d'oignons
désirent la bonne culture et opportu

arrousement ; traictement qu'il ne leur faut espargner , si on désire en avoir contentement.

En la lune vieille de Janvier , sous la bonasse de quelque beau jour , en terre doucement préparée , semerons de-rechef de la graine d'oignons , pour les planter vers le mois d'Avril ou celui de Mai : afin de s'accroistre en esté , pour les recueillir au mois d'Aoust, ou au commencement de Septembre (9).

Les cibouilles ou civots participent de l'oignon et du pourreau, tenans de l'un la figure , et de l'autre , la saveur : dont dirons iceux dégénérer des oignons, plustost qu'estre espèce de pourreaux. Ils s'eslèvent et entretiennent , où , et ainsi que les oignons. Durant l'hyver on les mange et cruds et cuits en diverses viandes , les arrachant du jardin à mesure de l'usage. Les oignons qui pour leur langueur et foiblesse, n'auront peu grossir ne meurir comme les autres , séparés des bons , seront replantés en un coin du jardin , où durant l'hyver l'on les prendra , servans de cibouilles et civots ; ainsi rien ne se perd au mesnage (10).

Les pourreaux se sèment en mesme terroir que les oignons , non en mesme temps : car c'est après les grandes froidures , et la lune estant nouvelle , qu'on met leur graine en terre. Leur plus propre saison en est au commencement de Février , vers la Saincte-Agathe , suivant l'observation des jardiniers. Curieusement seront sarclés les jeunes pourreaux, afin que les malignes herbes ne les oppriment : aussi craignent-ils la sécheresse, dont ils désirent l'opportun arrousement, et quelques-fois d'estre traictés avec du subtil fumier qu'on leur jette par dessus

pour les ravigourir. Jusques à la mi-Juin, demeureront-ils au seminaire, que tirés de là seront plantés en planches pour y achever leur service. Ce sera la lune croissant, comme du semer, leur ayant au-paravant roigné les bouts de l'herbe et des racines. L'on les recourbe dans terre en les plantant : puis au bout de quelques mois, comme si on les vouloit replanter, recouvert le rayon , l'on les y enfonce plus profondément qu'au-paravant , à la mode du provigner, afin de blanchir beaucoup de leur racine où consiste leur valeur : par ce moyen s'en faisant demi-pied de blanc et davantage (11). Avec modéré entretien se maintiennent les pourreaux : seulement convient se prendre garde que les malignes herbes ne se fourrent parmi eux , ce que quelque œuvre de besche fera, et qu'ils n'endurent la soif en esté. Moyennant ces choses, dans peu de temps se rendront bons à manger : et fourniront de viande durant toute l'année, automne, hyver , et printemps, jusques à ce que la sève du renouveau , les rende inutiles au manger. A cela y a encores du remède , pour les faire servir à la table du grossier mesnage. C'est de les descouvrir profondément , comme si on les vouloit du tout arracher : et après les recourber dans la fosse et recouvrir de terre, jusques à la racine de la fueille : car par tel destourbier, sont-ils arrestés de produire , sans faire semblant de rebourgeonner , se laissans cependant manger : et jusques à ce que, pressés du temps , enfin s'en montent en tige.

Dix-huict ou dix-neuf mois demeurent les pourreaux en terre, contant despuis qu'on y jette la semence, jusques à ce qu'on la retire : laquelle ils font sur la fin de leur second esté, non devant ; du semer, qui se faict au commencement de Février, jusques au grainer, qui avient au mois d'Aoust de l'année d'après, ainsi se passant ce long terme.

Aulx.   Les aulx se sément durant tout l'hyver, n'estant la terre ne gelée ne trop humide : mais plus proufitablement en l'automne, que plus tard, la vraie saison en estant celle des fromens. En certains endroits de la France, de l'Italie, ou du Piedmont, observent la lune nouvelle pour faire grossir les aulx : contre l'usage de la pluspart des jardiniers de Languedoc et de Gascongne, d'où vient l'abondance de telle viande, qui à tel effect choisissent la vieille, croyans leur peine estre perdue si en cela ils se mescontent. Toutes-fois, par ma propre expérience, tiens-je se rendre bons les aulx semés en croissant, pourveu que la terre soit bien préparée, ainsi par nécessité l'ayant faict pratiquer : par laquelle addresse, plus curieusement visera-on au

Qu'est-ce que semer et planter?   fonds, qu'à l'estat de la lune. Ce qu'en cest endroit j'appelle semer, aucuns le disent planter, mais improprement : d'antant que rien ne se plante qui ne ressorte de terre, par cions ou plant enraciné. Soyent donques semés tous grains, pepins, noyaux et fruicts, quoi-que gros, puis que pour engeance les mettant en terre, aucune partie n'en ressort.

La semence des aulx.   L'eslection de la semence, est le plus nécessaire article de ce mesnage. Une teste d'ail, se divise en plusieurs dausses, et chacune dausse refaict une teste, par le bénéfice de la génération : c'est à dire, d'une dausse d'ail, vient une teste, petite ou grande selon le corps de la dausse. Donques, curieusement sera pourveu à ceste semence, afin d'en avoir contentement. Les plus grosses testes d'ail que pourrés recouvrer, seront employées : et d'icelles seulement les dausses croissans à l'entour de la teste estans en veue en dehors, destinans les menues du dedans, pour en estre mangée l'herbe : ou les laissant achever, tenir reng entre les petits aulx ainsi distinguant vos semences.

Ne faut mettre les aulx en une terre, deux ans de suite.   La terre ne peut porter des aulx, des oignons, ne des pourreaux, deux années de suite, haïssans ces plantes-ci de succéder à elles-mesmes les unes aux autres, pour leur maligne senteur, dont elles infectent le fonds avec beaucoup d'intérest pour les aulx, les oignons, ou les pourreaux, s'entre-succédans l'une l'autre. Bien y pourra-on loger les chouscabus, et autres destinés pour l'hyver, pour ne se soucier de la forte senteur de ces choses. Et les aulx, après les féves, pois, melons, courges, chous-cabus primerains, et semblables matières douces, ou pour le meilleur, en terre neufve reposée. La terre sera très-bien préparée par bonne culture, et engraissée avec des vigoureux fumiers, à ce que devenue douce, reçoive et pousse vigoureusement

Comment soient les aulx.   la semence. Les dausses seront séparément mises en terre la poincte contremont, couverte de deux doigts, esloignées l'une de l'autre, de trois, et arrengées en lignes droictes équidistantes d'un pied peu davantage, afin de pouvoir à l'aise cultiver les aulx.

Quel leur bon avantage.   Despuis leur ensemencement, jusques au mois de Mars, ne leur convient faire aucune despence : mais aussi venu que soit le printemps, ne leur faut espargner la culture, sans laquelle ne pourriés beaucoup espérer de telle viande, ne souffrant le voisinage des autres plantes, qu'avec apparente perte. Dont se trompent les jardiniers, qui par dessus les aulx, jettent confusément de la graine d'espinars (qu'en Languedoc disent *espousca*) car cuidans mesnager, ne se donnent de garde que les espinars s'accroissent au détriment des aulx. Quatre ou cinq fois avant leur meurté veulent estre accoustrés (c'est à dire, serfoués, parlant en termes de l'art) et en temps sec, arrousés pour les rendre du tout bons. La vermine dégaste quelques-fois les aulx, quand au printemps elle s'engendre dans leurs tuyaux. A ce mal autre reméde n'y a-il, que de recercher curieusement telles bestioles, pour les en desengeancer: mais il y faut mettre la main de bonne heure devant que la guérison soit désespérée. Autant que les fromens, demeurent en terre les aulx, ayans de commun avec eux, et le semer *Leur utilité.* et le cueillir. C'est environ la mi-Juin, en pays approchant la chaleur, qu'ils attaignent leur parfaicte meurté, laquelle l'on recognoist au fener de leurs fueilles. Aucuns par artifice l'advancent, en tordant, liant, foulant aux pieds leur ramage : mais telle précipitée contrainte, ne leur est salutaire, les destournant d'achever à l'aise, dont ils sortent plus minces et de plus doubteuse garde, que si avec patience, l'on laissoit parfaire à Nature.

Ainsi communément les aulx sont gouvernés, où pour marchandise grande quantité en est faicte. D'y ad-jouster autre curiosité pour leur rabbattre de leur violente senteur, me semble n'estre chose aisée, cela dépendant directement du fonds : en quoi aussi l'on ne se doit beaucoup peiner, puis que la valeur des aulx consiste en leur force. L'on remarque bien, que ceux qu'on aura tenus bien arrousés, auront la senteur moins importune que les autres qui n'auront eu autre eau que de la pluie. Tirés qu'on les aie de terre, incontinent seront mis au soleil, pour les rendre de bonne garde : car sans leur oster l'humeur sur-abondante, dans peu de temps se pourriroient au grenier. Aucuns les accommodent en petits faisseaux, qu'ils appellent, *rés* (12), chacun de deux douzaines, enchaînés en deux branches, par le moyen de leur fueillage, qu'encores tendre, l'on entrelie ensemble. Autres les despouillent entièrement de leur rameure, et après exposent à l'aer leurs testes nues : d'où retirées, au bout de quelques jours, les mettent reposer sur des planchers pour s'y achever de sécher.

Qui désire d'engrossir ses aulx, en engrossisse la semence, par nécessaire conséquence, l'un suivant l'autre. Ce secret *Artifice pour engraissir les aulx.* ai-je treuvé par accident, lequel rédigé en art, est aujour-d'hui receu et pratiqué par plusieurs habiles jardiniers. Les aulx mis en terre après l'hyver, ne daussent nullement, ains demeurent ronds comme cibouilles, par faute de temps, n'en ayans assés pour se parfaire en dausses : car pressés de la chaleur de la saison, ils sont aussi tost meurs que les primerains. Ces aulx ainsi arrondis, font la semence requise en cest endroit, laquelle employée en automne, produit les effects que désirés, c'est assavoir des aulx merveilleusement gros, et daussés comme les autres. Mais encores les rendrés-vous de grandeur presques monstrueuse, si comme par l'alambic, repassés dans terre trois ou quatre fois, ceste mesme semence ainsi arrondie, pour avec l'augmentation de son corps, la valeur en estre augmentée. Ainsi y ouvre-l'on. Au mois de Mars ou d'Avril les aulx arrondis comme dessus, sont mis en terre, d'où l'on les retire au mois de Juin estans meurs, engrossis non daussés. Aprés, deux ou trois autres années de suite, le mesme est réitéré, c'est à dire, les mesmes aulx sont remis en terre en ladicte saison, en chacune s'augmentans de quelque chose : dont finalement devenus gros comme oignons, sans estre nullement daussés, par les raisons dictes, avient, que telle semence mesnagée en ceste sorte (c'est assavoir, mise en terre au mois d'Octobre) rend des aulx trés-gros : telle grosseur se manifestant à la fueille, à l'honneur du jardin, pour n'estre moindre que celle du glayeul ou du rozeau. En ce réitéré enterrement, tous-jours se perd quelque ail, de pourriture ou d'autre événement : mais pour cela ne se faut priver de telle gentillesse. Sur la plaineur de la lune est le poinct de mettre ces aulx en terre, si l'expérience ne faict croire la lune nouvelle estre bonne en ce mesnage. Ce semer d'aulx aux mois de Mars ou d'Avril, pour en faire de belle semence, n'est propre que pour les climats de quarante-quatre et quarante-cinq degrés, car pour les autres jusques au quarante-neufviesme, pour faire que les aulx destinés à la semence s'engrossissent sans dausser, est de besoin retarder de les mettre en terre jusques à ce que le mois de Juin soit entré bien avant la lune estant nouvelle, car par tel délai, aurés ce que désirés (13).

CHAPITRE V.

Des Fueilles du Jardin Potager d'Hyver.

LA laictue se sème quand - et où l'oignon. Au mois d'Aoust donques, ou de Septembre, la lune estant plaine ou en décours, en terre douce et deslée suffisamment fumée, l'on logera telle semence : laquelle craignant les froidures, comme l'oignon, avec lui, est-elle tenue couverte durant l'hyver. Pour le laict que la laictue rend du tronc en la couppant, est-elle ainsi appellée. De trois ou quatre espéces de laictues remarque-on, plus grosses, plus vertes, plus blanches et plus cabusses ou pommées les unes que les autres : dont les plus prisées sont celles qui le plus tiennent de la blancheur et pommeur, pour les salades et potages : aussi sont-elles les plus difficiles à eslever, comme les plus délicates : demeurans les grosses vertes, propres, pour leur tronc estre confit, et leur fueillage à servir au mesnage, résistans, pour leur grossesse, assés facilement contre les injures de l'hyver (14).

Environ le commencement de Novembre, plantera-on des laictues, pour en manger quelque peu dans l'hyver, en pays tempéré, le temps n'ayant esté extraordinairement rigoureux : mais plus abondamment au printemps, pour lequel sont-elles principalement destinées. Au planter, l'on choisit la descente de la lune, pour la considération du pommer, tant mieux se resserrans, que plus prochain l'on est de la plaineur de telle planete, quand elles sont mises en terre. Observera-on aussi, en telle action, le temps, qu'il convient estre calme, un peu humide, tel l'attendant pour les arracher du seminaire et les transplanter, car en venteux et sec, ne se reprendroient nullement. Sans séjourner, de peur de l'esvent, seront les laictues incontinent estre arrachées, mises en terre quatre doigts de profond, au préalable leur ayant roigné le bout des racines. Près des racines sera mis du bon fumier, tant pour amender la terre, que pour corriger la froidure de la saison. Résistent aucunement au froid, pour peu qu'on les en défende, quand ce ne seroit qu'en jettant par dessus des fueillars de chesne ou de noyer. Veülent estre souvent accoustrées, pour en oster d'entour le pied, toutes herbes y parcroissans, qui destournent l'advancement. Ne vous mettés en peine d'arrouser vos laictues durant l'hyver, seulement en sera la terre ramolie avec un peu d'eau, avenant que par trop de sécheresse, elle soit réduicte en poussière, l'arrousant doucement par dessus, et après la serfouant de mesme : mais ce sera en beau jour, et fort rarement, de peur d'attirer les froidures sur les racines des laictues. Encores choisit-on l'heure de midi pour tel arrousement, tant mieux évitant la frescheur de la nuict, que plus d'icelle, est esloignée telle partie du jour. Aucuns aidans au cabusser ou pommer des laictues, les couvrent pour leurs sept ou huict derniers jours avec des pots de terre, en mettans un à chacune par presse et occupation d'aer, les contraignans à se resserrer et blanchir. A faute des pots, l'on se contente d'appliquer sur leurs

tiges, des tuilleaux : et plus sommairement d'autres y vont, car ils ne font que les lier avec un petit ozier, et leur chausser le pied avec du sable, pour les faire pommer, et blanchir. Estant la graine des laictues du tout bonne, et le pays agréable à ceste plante, n'est besoin de se donner aucune de ces peines, ains laisser faire à Nature, laquelle sans autre artifice que de l'ordinaire, en viendra très-bien à bout.

Au croissant de la lune du mois d'Aoust ou de Septembre, est le bon semer des espinars, pour en manger durant l'hyver et le printemps. Ils sont ainsi appellés à cause de leur graine qui est espineuse, bien-qu'il y en aie de ronde sans piqueron : et des deux, masle et femelle. L'espinar masle, seul, produit la graine : demeurant stérile la femelle, sans faire semence. Désirent la terre fort subtile et bien fumée : d'estre tenus nettement par sarcler, et opportunément arrouser. Tremper la graine des espinars vingt-quatre heures, dans de l'eau, en laquelle du bon fumier aura esté dissout, en fera produire la fueille de monstrueuse grandeur ; pourveu que la graine soit semée toute humide. De telle eau engraissée, est parlé ci-devant au discours des semences des blés, où treuverés le moyen de la préparer. Au cueillir des espinars se faut abstenir de les arracher, mais convient les tondre avec un cousteau bien trenchant, les fauchant d'un costé, comme prairie, dont rejettent herbe tous-jours treuvée tendre (15).

Les eschalotes semblent estre espèce d'aulx, estans de mesme saveur et odeur. Tiennent aussi quelque chose de l'oignon, si qu'on les peut dire participer de l'une et de l'autre plante, tenans le milieu entre l'ail et l'oignon. Leur teste est fort petite, se divisant en menues dausses. Leur fueillage est subtil et rond, sortant sur terre par petits touppets, chacun de six ou sept fueilles ensemble, belles et verdoyantes tout l'hyver et le reste de l'année. C'est des fueilles qu'on tire la principale commodité des eschalotes, les mangeant crues en salades, et cuites en plusieurs viandes où elles sient très-bien, dont portent aussi le nom d'apétits. A Castre l'on les nomme, *escurs.* Elles sont mises en terre en l'automne, la lune estant nouvelle. Par plant enraciné comme pourreaux, l'on les loge, assés au large toutes-fois, pour leur donner moyen de multiplier, comme c'est leur naturel de s'augmenter en nombre. Désirent la terre subtile, légére, vigoureuse, et fumée : souvent d'estre sarclées pour les garentir d'importun voisinage : quelques-fois arrousées, les préservans de la sécheresse de l'esté : au besoin serfouées. Moyennant tel traictement, demeureront les eschalotes en bon estat, un an, au bout duquel conviendra les remuer : voire sans tant attendre dans six ou sept mois, si bon vous semble, le temps le permettant. Comme espinars est tondue l'herbe des eschalotes, pour l'usage : aussi se sert-on des racines, en l'appareil des viandes, qu'au besoin l'on arrache de terre sans autre mystère (16).

*Chous-cabus.*Pour avoir des chous-cabus ou pommés primerains, en faut semer de la graine despuis le commencement de Septembre jusques à la fin d'Octobre, en decours de lune, le plus approchant de la plaineur qu'on pourra. C'est une semence assés difficile à recouvrer en Languedoc et Provence, dont les jardiniers la font apporter de Tourtouze en Espaigne, et de Savonne, ne tenans grand conte de celle qui croist en leurs propres jardins. Ils en tirent aussi de Briançon, mais les chous sont plus petits, que des autres lieux. Presques par toutes les provinces de ce royaume ces chous sont familiers ; par sus toutes les autres, l'Isle-de-France en produit des plus gros, vers Aubervilliers près de Sainct-Denys, d'où la semence se treuve très-bonne en Languedoc, ainsi que je l'ai expérimenté. Pourveu qu'on loge ceste semence en terre subtile, bien engraissée, à l'abri de la bize, exposée à l'aspect du midi, et qu'on lui pare les gelées avec quelque légére couverture, elle passera gaiement l'hyver. A la fin duquel, mesme en Décembre ou Janvier, en la bonasse de quelque beau jour, l'on transplantera les chous provenans de telle semence, assés profondément, en terre bien beschée et amendée avec du gras fumier, en endroit soleillant : et s'il est besoin, pour la longueur ou renforcement des froidures, l'on les couvrira légèrement, ainsi les sauvant du mauvais temps. Après, soigneusement l'on les accoustrera, et opportunément arrousera, pour les solliciter à s'accroistre, dont par tout le mois de Mai parviendront en parfaicte grandeur. De tels primerains et advancés chous-cabus ne se sert-on indifféremment par tout, pour la difficulté de leur eslèvement : plus grande la treuvant, plus le pays est chaud, contre les plus communs événemens, comme a esté dict, d'où avient les jardiniers d'Avignon et de Nismes, ne tenir grand conte de ces chous advancés. En pays chaud les chous-cabus sortent aisément de l'hyver, mais ne

passent

passent guières plus outre, se perdans par faire graine, à la première chaleur du printemps. En tempéré ne sont sujets à telle presse de s'en monter en tige, le temps les attendant à l'aise pour les advancer et meurir : ayans, jeunes, seurement passé l'hyver, quoi-que rigoureux, par le moyen des couvertures, sous lesquelles auront séjourné durant le mauvais temps. Pour lesquelles difficultés, néantmoins, ne laissera nostre jardinier d'eslever de ceste sorte de chous advancés, ou pour le moins de l'essayer, afin qu'en son jardin ne manque chose aucune que sa terre et son climat souffriront. Le tige de ces chous s'en montant en haut, est aucunement rabbattu en le roignant avec l'ongle, par tel moyen contraignant le chou à se resserrer en pomme (17).

CHAPITRE VI.

Des Fruicts du Jardin Potager d'Hyver.

PAR semence et plant enraciné s'édifient les artichaux, mais avec plus d'avantage, par planter que par semer, n'estant employée la semence qu'au défaut de plant chevelu prins au pied des vieux artichaux. De la semence n'en peut-on espérer fruict devant un an, pour laquelle tardité, est-elle postposée au plant. Si par nécessité l'on sème l'artichau, ce sera en terre desliée, bien fumée, en lieu exposé au soleil, en Septembre ou Octobre : à la charge de tenir couverts les nouveaux jettons qui en sortiront, pour leur parer la rigueur de l'hyver. En la primevère et jusqu'au mois de Mai en peut-on bien

aussi semer de la graine, tous-jours en decours de lune, comme de mesme en tel poinct veut estre le planter. Pour donques avoir tost plaisir de l'artichaulière, ce sera par rejects enracinés (si en avons commodité) que nous la dresserons, les prenans au pied des vieux artichaux. Le lieu sera choisi en abri, couvert de la bize, à l'aspect du midi, en bon fonds, et encores très-bien amendé avec du nouveau fumier, de cheval, plustost que d'autre, pour sa chaleur, aimée de ceste plante, laquelle ne profite sans grande graisse et bonne nourriture. Après l'hyver aussi plante-on des artichaux, mesme sont-ils de tel naturel qu'ils souffrent d'estre plantés tous les mois de l'année : peu exceptés, qui sont les trop chauds et les trop froids, et c'est le moyen pour en avoir du fruict presques en toutes saisons. En plantant l'artichau, convient coupper tout son ramage, jusques à l'œil et tendre jetton, réservé pour tige : car y laissant toutes les fueilles, avant qu'elles soyent fenées d'elles-mesmes, comme de nécessité cela avient, le jetton en souffre, souvent jusques au mourir. Les artichaux désirent d'estre bien cultivés et arrousés en esté, ne souffrans la soif qu'en langueur. Par tel traictement, abonderont en fruict et demeureront longuement en service, si après avoir cueilli les pommes d'un pied d'artichau, les jettons qui les ont portées, sont incontinent couppés rés de terre, par ce moyen contraignant la plante, presques recreue pour son grand port, à se remettre par nouveaux rejects, qu'elle reproduira plus forts que devant, pourveu que sans délai, le fruict enlevé, aussi tost la couppe s'en ensuive : ce qui n'aviendroit, laissant endurcir

tels jettons , ains sans profit , d'eux-
mesmes se feneroient.

Chastrer l'artichau-liere. Aussi cause longue durée au pied de
l'artichau, le chastrer chacun an , c'est à
dire , le descharger ou retrancher des
jettons inutiles qui s'y multiplient : lesquels laissans aller à volonté, causeroient
l'abastardissement de toute la plante. Au
commencement de l'hyver l'artichau est
ouvert et profondément deschaussé, d'auprès duquel tous rejettons ostés, demeure
seul en terre , pour à l'aise y fructifier :
ce qu'il faict tant plustost et plus abondamment, que plus advancé est tel traictement. Moyennant aussi que la fosse soit
remplie de bon et récent fumier de cheval,
pour les raisons dictes, tel choisi entre les
autres , et que parmi iceluy on mesle de
bonne et vigoureuse terre. Les réjettons
tirés de là , sont plantés ailleurs pour en
faire des nouvelles artichaulières: ou mis
blanchir, à la manière des cardes, comme
sera monstré , dont tout s'employe en ce
mesnage. Ainsi sont préservées de froid
Fuser du froid les ar- tichaux. les racines de l'artichau , selon que son
chaud naturel le requiert. Par le fumier
aussi conservera-on son ramage, à l'utilité du fruict à venir, lequel sans cest artifice, en vain attendroit-on au printemps,
les gelées à leur première venue , emportans tout ce où elles peuvent attaindre.
Un rempar donques sera dressé du costé
de la bize , à l'abri de laquelle , l'artichau
estant à couvert , passera gaiement le
mauvais temps. Il sera composé de fumier seul, mais grossier et mi-pourri ,
dont la chaleur fera ce qu'en cest endroit
l'on désire. Le moins qu'on peut tenir
emmentelées ces plantes-ci , est le meilleur, par aucunement leur nuire tel embarras. C'est pourquoi le plus tard qu'on

peut, l'environne-on de ce fumier , et
seulement en la nécessité , afin que par
le prompt retour du beau temps, tost
elles soyent remises en liberté. A telle
cause choisit-on le quinziesme de Décembre peu plustost ou plus tard selon le
pays, comme estant la veille des rudes
froidures , lesquelles par tel artifice , les
artichaux passent gaiement pour fructifier à la primevère (18).

Carde ou espine... Ne se pouvans perdre les picquerons de
la carde , manifeste clairement ce estre
une espèce de fruict séparé, non l'artichau
sauvaige , comme aucuns estiment. Car
contre ce qu'on void ès pommiers, poiriers,
pruniers et autres arbres sauvaiges , lesquels par exquise culture s'apprivoisent,
la carde comment qu'on la manie , demeure tous-jours en son estat , garnie
de forts et aigus piquerons : symbolisant
néantmoins avec l'artichau en figure et
couleur de fueille et de fruict , ayans
ensemble commun leur gouvernement.
L'une et l'autre plante se blanchissent par
artifice , leurs costes se rendans mangeables. Mais comme en telle utilité, la carde
surpasse l'artichau, au contraire, la pomme
de l'artichau excède en bonté d'autant
celle de la carde, qu'il y a de différence
des fruicts bastars , aux légitimes. Rien
plus aussi n'en convient-il espérer que la
coste, car le peu de fruict qui en provient,
n'est d'aucune valeur : sa pomme, sèche,
ridée et piquante , monstrant n'en devoir tenir nul conte pour manger. C'est
donques tout ce qu'on cerche de bon en
ceste plante, que ses costes et fueilles, où
y a de quoi se contenter : par, accommodées ainsi qu'il appartient , tenir reng
entre les viandes délicates du jardin, voire
surpasser en valeur plusieurs fruicts d'i-

celui, entre lesquels, avec raison, est ceste plante contée.

Par graine s'édifie la carde ou cardon, la semant au printemps en terre bien préparée, avec toutes-fois distinction des lieux, plus estant requis de s'advancer, que plus froid est le climat, pour les raisons représentées ci-devant. A Lion, vrai pays de cardes, le temps en est vers la Sainct-George en Avril : au bas Languedoc, convient retarder jusques bien avant dans le mois de Mai, de peur de perdre la plante, par trop se haster s'en montant en tige pour faire graine. De regarder à l'estat de la lune, ne se faut soucier : car en quel poinct que ce soit, les cardons sortent tous-jours beaux. Bien est vrai que semés en croissant, produisent-ils quelque peu plus de ramage, qu'en decours, mais c'est à l'intérest de leurs costes qui en demeurent minces. Pour lesquelles considérations, ce sera seulement au beau temps, et à la bonne disposition de la terre, qu'on s'arrestera, sans autre recerche. Ne se faut non plus donner peine de replanter le cardon, attendu qu'en parfaicte grandeur et bonté sort-il directement du seminaire. Là donques le laissera-on achever.

Et d'autant qu'à telle plante est requise grande place, pour l'abondance et estendue de son ramage, opprimant les herbes voisines, au large l'on la semera, lui donnant lieu de s'accroistre sans contrainte, jusqu'à sa naturelle grandeur. Avec mesnage et espargne, le jardinier la renge entre ses oignons lors qu'il les plante, par s'entre-accroistre ensemble avec commune culture : puis les oignons enlevés de maturité, restent seuls les cardons en la terre, qui l'occupent toute,

pour leur grandeur : et là finalement couchés pour blanchir, les y fourrant et sortant, sans autre despence, la terre se treuve très-bien remuée, à l'avantage de la potagerie qui en suite y est logée. Quatre ou cinq rayons d'oignons sont plantés, après est laissé un vuide d'un pied et demi de largeur, pour y semer les cardons en saison : lequel suivi d'autres quatre ou cinq rayons d'oignons, à iceux joinct autre vuide pour les cardons, ainsi continuant, est par tel ordre disposée toute la planche. Tels vuides par les jardiniers de Languedoc, sont appellés, *means*, esquels est semée la graine de cardons, deux doigts dans terre, de trois en trois grains, joignans l'un l'autre : et tels assemblages, pose-on équidistamment de deux en deux pieds en ligne droicte parmi les oignons. Avenant qu'aucuns des premiers grains semés se perdent en terre, faudra y en ressemer pour la seconde fois, voire pour la troisiesme, s'il en est besoin, afin que le carreau se treuve rempli, quand ce ne seroit que pour la bien-séance. Et encores que les cardons, par ce moyen, sortent en divers temps, et par conséquent se diversifient en grandeur, n'importe, estant beaucoup meilleur d'en voir la terre couverte, quoi-que d'inégaux, que défectueuse. De ce défaut procéde la commodité d'avoir au jardin des cardes bonnes à manger jusques au mois de Mai, chose qui ne s'accorderoit, si estans les cardes de pareille aage, l'on estoit contraint de les mettre blanchir presques toutes à la fois : et par conséquent, ne pouvoir servir que bien peu de temps. Ou bien, en attendant vos apétits, forcer ces plantes-ci, contre leur naturel : lesquelles

(comme toutes autres viandes, peu exceptées) ont leur certain poinct et saison
d'estre prinses, passé lequel elles s'endurcissent.

Estans demeurés seuls les cardons
après la cueilléte des oignons, leur fonds
en sera cultivé d'une bonne œuvre qu'on
lui donnera, pour oster toute l'amertume
que les oignons y pourroient avoir laissée : dont ils s'acheveront d'aggrandir,
pour en peu de temps, se rendre capables d'estre blanchis : ce qui sera vers le
commencement de Septembre. S'entend
des premiers nés et sortis de terre, ayans
gaigné l'avantage par dessus les autres,
qui les suivent à leur tour. En ce temps-
là donques commencera-on à les coucher
en terre pour s'y blanchir et préparer,

par tel ordre. La plante qu'on veut blanchir, composée des trois grains ensemble
semés sans desunion, est premièrement
deschargée du superflu de son ramage,
couppant ses sumnités à la serpe, et du
reste faict un botteau, lié estroictement
avec des oziers en trois divers endroits.
Après creusera-on une fossette longue,
estroicte, profonde d'environ un pied et
demi, au devant de la plante d'icelle descouvrant les racines, ou sans aucunes en
arracher, le botteau sera couché, seulement enfoncera-on celles qui empescheront l'ageancement. Des roigneures du
ramage, le botteau est couvert, et sur
icelles, est finalement remise la terre sortie
de la fosse, la pressant avec les pieds
pour engarder d'esventer la carde : laquelle, par ce moyen, se blanchira dans
trois sepmaines ou un mois. Si l'on veut
racourcir ce terme, au lieu des roigneures,
l'on couvrira la carde avec du marc de
raisins, sorti de la cuve après en avoir

tiré le vin. Aucuns y mettent de la paille :
autres, rien que la simple terre. Si le
temps est pluvieux, les cardes sont en
danger de pourrir dans terre, par l'eau
croupissante au fond de la fosse. Pour
laquelle perte éviter, aucuns arrachent
du tout les cardons, et les enterrent en
lieu eslevé où l'eau vuide par bas sans
s'y arrester, voire dans les caves. Mais
plus difficilement s'y préparent-ils qu'en
leur seminaire. Oui les costes d'artichau,
qui se blanchissent par tout où l'on les
veut enterrer, sans craindre le transplacer. Sans arracher, n'enterrer, très-
bien se blanchissent et cardons et artichaux, estans enfermés dans des rusches
d'abeilles : lesquelles rusches, vuides et
défoncées des deux costés, sont posées
sur les plantes, icelles au-paravant em-
bottelées et liées comme dessus : pour le
remplage y est mis du fumier meslingé
avec de la terre, et finalement est la rusche
couverte pour empescher l'eau et les vents.
En pays d'abeilles, le ruschier y estant
dressé, telle curiosité pourra estre pratiquée, pour la commodité des rusches
vuidés qu'à tel usage l'on employera sans
grand destrac de l'apier : parce qu'elles
se retreuveront prestes à recevoir les
mousches en leur saison, après avoir servi
à ce dessus. Non toutes-fois si salutaires
aux abeilles, qu'au-paravant pour la senteur du fumier qu'y sera restée. Mais
non ailleurs, pour n'estre raisonnable de
se constituer en despence d'envoyer loin
cercher des rusches, puis qu'avec peu de
peine et petits frais l'on ouvre en cest endroit. Couvrir le dessus de la terre, dans
laquelle sont enfouies les cardes, avec de
la paille menue, ou de la bale de blé,
les préserve aucunement de la nuisible

humidité : et avec efficace advance cela leur blanchiment : moyen qu'on employera, pour tant plus seurement conduire l'artifice.

Ainsi blanchit-on les cardes, et le ramage des artichaux, les fourrant dans terre à bouttées, en divers temps, pour s'en servir durant tout l'hyver, lors estant la vraie saison de les manger, comme viande chaude. Pour laquelle cause, entre les fruicts du jardin d'hyver, est logé le cardon. Au printemps sont-ils aussi de requeste, et jusqu'à ce que l'abondance des pommes d'artichau les oste de quartier (19).

Les pois hyvernaux se sément durant l'automne, en plusieurs fois, et tousjours la lune estant vieille. Aucuns jardiniers les sément trois à trois ensemble joincts : esloigné tel assemblage, de quatre doigts l'un de l'autre. Cela se faict pour l'espargne des appuis, supportans la rameure des pois : d'autant qu'ainsi unis, se maintiennent-ils assés bien d'eux-mesmes, s'en montant pour fructifier. Toutes-fois, avec avantage les void-on s'advancer, le bois y estant ad-jousté, sur lequel s'arrestans les débiles pieds des pois, à l'aise ils florissent et grainent. En ce cas suffira de mettre en terre les pois, un à un, équidistans de trois doigts. La terre où l'on les loge, sera bonne et facile à labourer, couverte des injures de l'hyver, arrousée au besoin. Là, et bien cultivés, les pois donneront de la viande à manger vers Pasques, et plustost, si la curiosité du jardinier intervenant, les sollicite à s'advancer par renouvellement de fumier, par réitérée culture, et par soin de les parer du froid (20).

En mesme terre, temps, et poinct de lune, que les pois, se logent les féves de l'hyver. Estans préservées des froidures, produiront du fruict mangeable fort primerain, moyennant aussi qu'on les cultive diligemment, qu'on les eschauffe souvent avec des nouveaux fumiers, et qu'on les abbruve en la nécessité. Le roigner de la cime de ses jettons, faict qu'elles fructifient abondamment : sans lequel remède, s'amusent à faire de la rameure inutilement : mesme tant mieux logées sont-elles : car, quelques-fois, les féves se perdent par estre trop bien à leur aise, laissans lors à fructifier, quand elles despendent toute leur substance à produire de l'herbe ou des branches. De quel naturel que soyent les féves, ne de quelle saison, de l'hyver ou du printemps, se rendront de facile cuite, si les prenant un peu verdelettes, sans attendre qu'elles soyent du tout endurcies de maturité, l'on les cueille et arrache de terre la lune estant nouvelle. Faute de laquelle observation, plusieurs féves sont rejettées comme incuisables, à cause de la durté de leur peau : moyennant quoi, de toutes sortes de féves utilement se servira le père-de-famille (21).

CHAPITRE VII.

*Culture du Jardin Potager d'Esté,
et premièrement des Racines.*

Passées que soyent les excessives rigueurs de l'hyver et paroissans les premières douceurs du printemps, la porte sera ouverte à l'ensemencement de toute sorte d'herberie et potagerie, pour le remplage des jardins d'esté : ainsi appellés, pour en icelle saison rendre le plus de leur service, encores que dès la primevère, commencent d'estre utiles. Sans plus tarder donques, mettra-on la main à l'œuvre, afin d'avoir des fruicts les plus primerains qu'on pourra, selon le commun désir de toutes personnes.

Ès pays plus chauds que froids, sans attendre l'issue de l'hyver, dès le mois de Janvier l'on commence ce mesnage : ès froids, seulement à l'entrée de Mars : mais ès tempérés, l'entre-deux de ces termes, est le vrai temps de mettre en train les jardins. Ces distinctions ne s'accordent généralement par tout, pour les diverses situations des provinces, imposans loi à ce mesnage, ainsi que j'ai monstré à Lion se haster plus qu'en Avignon à l'eslèvement d'aucunes plantes, bien-que plus froid l'un que l'autre. Pour laquelle cause, le jardinier s'estudiera à la recerche du naturel de son ciel, et de sa terre : afin que négotiant certainement, il reçoive autant plus d'honneur et de profit de sa charge, que moins il les aura forcés. Noterons aussi, que comme les froidures sont contraires aux semences

des jardins, de mesme les pluies, lesquelles tumbans violemment dessus la terre de nouveau ensemencée, la tapissent si fort, que les semences n'en peuvent lever ne sortir, par tel endurcissement s'y estouffans. Dont avient, que les bons jardiniers content pour néant et non faictes, les semailles surprinses des grosses pluies, que par-après ils refont, à telle occasion gardans des graines à suffisance, par certaine prévoyance acquise de loin. Sert aussi telle provision, pour ressemer ce qui n'aura voulu naistre, ou né, voulu profiter : souvent avenant, les semences se perdre dedans ou dehors la terre pour diverses causes, et ce seroit s'abuser de ne les vouloir refaire. Ces trois mois de suite, Janvier, Février, Mars, sont les meilleurs pour servir l'un au défaut de l'autre, à meubler les jardins de leurs principaux ornemens, quelques-fois, pour la longueur des froidures, y estant employé Avril. Ès suivans, et durant tout l'esté, sème-on aussi quelque chose au jardin, mais peu, tant par n'en estre lors la saison, qu'à cause de l'importunité des grandes chaleurs.

De l'herberie des jardins, une grande partie y a-il ne pouvoir convenablement profiter sans estre transplantée, à tel défaut, restant presques sauvaige. L'autre, au contraire, désire pour la perfection de bonté, de demeurer au lieu où premièrement aura esté semée. De telles plantes, distinction sera faicte, pour les manier toutes selon leur particulier naturel ; à ce que sans confusion, soyent nos jardinages profitablement gouvernés. Les plantes des jardins transplantables, sont les oignons, pourreaux, artichaux, chous de toutes sortes, laictues, cichorées, bettes ou poirées ; demeurant généralement tout le reste , en son premier naturel , sans vouloir estre remué du seminaire : hors-mis les cardons , melons , concombres , courges et semblables , qui souffrent le transplantement , bien-que mieux ils se treuvent au lieu où auront esté semés , que remués en autre.

Les semences des jardins sont en leur parfaicte bonté au bout d'un an , deschéans de leur valeur passé ce temps-là , à mesure de leur envieillissement. Ce n'est toutes-fois une tant générale règle , qu'elle ne souffre quelque exception , pour certain petit nombre de graines , qui ne sont bonnes de leurs trois premiers ans , et d'autres produisans divers et extravagans effects. Comme l'on tient la semence de chou envieillie , produire des raves : et celle des raves longuement gardée , des chous (22) , en quoi ces semences-ci dégénèrent à la longue , non toutes-fois que cela avienne de quatre ou cinq ans , durant lesquels presques toutes graines peuvent estre conservées en leur première qualité. La pluspart des jardiniers croyent que la vieille semence de melon n'est d'aucune valeur : et j'ai expérimenté , que gardée vingt-deux ans et plus , demeure encores très-bonne , telle ayant plantureusement profité chés moi et en quantité et en bonté de fruict. Sans tirer ces choses en conséquence nous préférons néantmoins les graines récentes aux rances , les belles aux laides , les bien nourries aux ridées , les poisantes aux légères.

Se preuve par tout , que le changer souvent de semence est un bon secret de jardin , pour un profit évident qu'il y cause , faisant très-bien fructifier ce qui

en provient : car la Nature se délecte en la matation. Il est vrai que le deschet en la menue herberie ne se cognoist tel en cest endroit , qu'en la grosse , se rapportant ussés bonne de la semence cueillie en son lieu mesme , comme sont le persil , l'ozeille , pareillement toutes sortes de salades d'hyver et semblables. Mais les chous , la poirée , les laictues , désirent d'estre souvent remués , sur tout les chous-cabus , chacun an s'il est possible. Les melons et raiforts aussi. Quant aux concombres , courges , citrouilles , encores souffrent-elles le demeurer quelques années en leur propre jardin sans grande tare. Le meilleur seroit bien toutes-fois , d'en changer entièrement de semence chacune année , si faire se pouvoit. Telle science est très-bien entendue en Languedoc. Les jardiniers de Nismes tirent argent de leurs graines , et en acheptent ailleurs pour semer en leurs jardins , comme vers Montpellier : ceux de Montpellier , à Narbonne : ceux de Narbonne en prennent à Thoulose ; et ceux-ci en font venir d'Espoigne , à tout le moins des principales , tenans de père à fils , que les semences montans du midi au septentrion , sont très-profitables (23). Cela mesme avons-nous remarqué sur le propos des blés , où le père-de-famille s'arrestera , si la preuve du contraire ne l'en destourne.

Estans les jardinemens divers , comme j'ai monstré , faict que diversement l'on jette les semences en terre : à lignes droictes , en crestes eslevées , et uniment comme prairie selon les usages. A plaisir se cultivent les semences rayonnées , s'en pouvant la terre aisément remuer sans importuner l'herberie. Mais estans uniment semées, autre moyen n'y a-il de les cultiver, que par sarcler : et touchant l'arrouser, c'est en y jettant l'eau par dessus, ou l'y faisant courir à la manière des prés, si à ce le plan est façonné. En l'une ou en l'autre de ces façons-ci, esle-vera-on les semences, indifféremment, selon qu'il vous plaira, en automne et au printemps, pour jardin d'hyver ou d'esté. De-rechef, mettra-on en cestui jardin d'esté, des viandes du jardin d'hyver : estant commune fourniture de tous jardins, sans distinction, toute sorte de potagerie et herberie.

Oignons Reprenant l'oignon, ici nous lui baillerons semblable place que ja avons faict en l'autre jardin, le logeant premier de *Les semer.* toute la potagerie. En terre desliée, et bien engraissée avec menu fumier, la graine d'oignon en sera semée, la lune estant en decours : puis les oignons en provenans, par serfouer et sarcler nettement tenus, seront deschargés d'importun voisinage : à l'accroissement desquels aidera beaucoup l'arrouser au besoin, *Les planter.* sans souffrir qu'ils endurent soif. Au mois de Mars ou d'Avril, se rendront propres à transplanter (24) ; ce qu'en fera en la manière susdicte : à quoi sera ad-jousté cest avis, que de les fourrer en terre le moins qu'on pourra ; seulement en couvrira-on la teste pour la faire engrossir, cela n'estant à espérer profondément enterrés : au contraire des pourreaux, comme sera veu. Ainsi plantés les oignons, moyennant bonne culture et requis arrousement, vers le mois d'Aoust ou au commencement de Septembre, attaindront-ils leur parfaicte meurté : laquelle recognoistrés à leur fueillage, se fenant et abbattant de *Les cueillir.* soi-mesme. Alors les arracherés de terre,

et tout aussi tost les embottelerés en petits faisseaux, comme les aulx, pour en les suspendant les faire sécher et servir de provision durant l'année. Si à meurir les oignons tardent par trop à vostre gré, les advancerés en leur estant l'eau et faire endurer la soif, en les trépignant, et tordant le col ; dont emmatis, se rendront tost au poinct que voudrés. Sans nécessité, en autre temps qu'en decours de lune, ne sera l'oignon ne semé, ne planté, ne cueilli, pour le respect principalement de sa conservation : plus asseurée estant en tel terme de lune, qu'en autre.

En certains endroits où la garde des oignons est difficile, se perdans par pourriture, pour les conserver sainement, on les tient dans le vinaigre, les y prenant durant l'année à mesure de l'usage. Autres, après les avoir eschaudés dans l'eau bouillante, puis séchés au soleil, les gardent sur la paille, les y arrengeans sans se toucher l'un l'autre. *Columelle* veut qu'on les tienne dans des vazes parmi certaine saulce composée de thym, de sarriète, trois parts de vinaigre et une de saumure (25). Mais j'estime n'estre besoin de se donner tant de peine en aucun endroit de ces provinces, par en toutes celles de ce royaume, la garde des oignons se rendre assés facile. De diverses couleurs d'oignon y a-il, dont les blancs sont les plus prisés presques par tout, pour leur douceur, que plus agréable ils ont, que les rouges.

Pour avoir de la semence d'oignon, faudra replanter des oignons bien choisis, sains et entiers, de la sorte que mieux vous agréera, et en quantité requise pour vostre fourniture, comme de quatre à cinq douzaines. Ce sera au mois de Février, la lune estant vieille, et en terre bien préparée et fumée, où, moyennant bonne culture et opportun arrousement, graineront très-bien ; pourven aussi que le lieu et le solage leur agréent ; tous indifféremment n'estans propres à ce particulier mesnage. Les tiges des oignons grainans montent hautement, comme de trois à quatre pieds, dont ils sont fort tourmentés par les vents, qui les esbranlent, à la ruïne de la graine. A telle tempeste, l'on remédie avec des paisseaux et perches, leur en faisant des barrières à l'entour pour tenir les tiges en union, et les garder de rude approche, icelui tous-jours leur estant préjudiciable.

Ennemis du jardin.

Le plus dangereux ennemi qu'ayent les jardins est la courtillière, laquelle ronge entre deux terres les racines des herbes, despuis la plus petite jusques à la plus grande plante, les dégastant toutes sans en espargner aucune. Elle est ainsi appellée à Paris, en Languedoc, *sterpi* (*scirpë*), et *taille-sebe* (*tâlio-cébo*), de l'oignon qu'on y nomme *sebe* (*cébo*), que ceste meschante beste aime par dessus toute autre viande, cruellement la troictant. Ceste beste est assés grossète, de couleur jaunastre, marche à plusieurs jambes, à le groin fourchu dont elle faict ses dégasts. En beschant la terre où elle se tient continuellement, l'on en treuve les nids façonnés en rond avec de la terre endurcie, ayans plusieurs trous semblables à ceux des abeilles : là ces bestes font leurs œufs en grande quantité, lesquels attrapant lors, c'est pour en desengeancer le jardin. Le moyen en est assés aisé : car il ne faut que creuser, au commencement de l'hyver, plusieurs fossettes en divers endroits du jardin, et les remplir de fumier nouveau, où ces bestes se retireront recercheans leur chaleur, pour se sauver des froidures de la saison, qu'elles craignent fort : ainsi assemblées ces bestes, à l'approche du printemps les irés prendre, et en treuverés les nids avec leurs œufs, ou iceux de nouveau esclos avec nombre infini de bestioles dont facilement vous defferés de telle tempeste. Ne suffit d'emmonceller le fumier au jardin, car pour ne sortir ces bestes que rarement à l'aer, plus aisément se retireront-elles au fumier estant dans terre, que dessus icelle. Autre. Enterrés des grands vazes de terre ou de bois, jusques à la gueule fleurans le plan de la terre, et mettés-y de l'eau au fond, dans laquelle ces meschantes bestes iront boire la nuict, et s'y précipiteront sans en pouvoir ressortir : pourveu que le vaze ne soit rempli d'eau. Mais par sur tout autre remède, cestui-ci est le plus efficacieux. Semés au jardin du chanvre duquel recueillirés le rapport en saison, laissant au fonds sa naturelle odeur qui est forte, et tant contraire aux sterpis, qu'elle les bannit du jardin pour quelques années. Pour commodément employer icelui remède, seront faictes trois ou quatre portions esgales du jardin, afin d'en faire servir une en chenevière chacune année : dont par tel ordre sans importunité, le jardin se maintiendra en bon estat (26).

Pourreaux.

Les pourreaux suivent pied à pied les oignons : mais avec l'observation de la lune, car soit dedans ou près de l'hyver, c'est tous-jours en croissant qu'il les faut semer, et en suite planter. Profondément l'on les met en terre, pour les garder de grossir en teste, et afin de les faire allonger en col, tout-d'une-venue se blanchis-sans. Mais ce n'est droictement, ains en les couchant à demi, à ce que chargés de terre, ils se façonnent à plaisir, ainsi qu'a esté monstré, avec leur requise culture (27).

Pour en cueillir la graine. — La cueillète des pourreaux est journa-lière, c'est à dire, de jour à autre, durant l'année l'on en arrache à mesure de l'u-sage. Touchant le moyen d'en avoir de la graine, l'ordre est semblable à celui des oignons : car curieusement avec des per-ches les faut environner, pour les préser-ver d'estre brisés en s'entre-heurtant par la violence des vents, desquels ils sont fort tourmentés, à cause de la hauteur de leur tige. En ceci diffèrent-ils des oi-gnons, qu'il n'est besoin de les replanter pour faire graine, ains est à vostre vo-lonté de les laisser achever au mesme lieu, auquel premièrement auront esté plantés, ou de les remuer, si bon vous semble.

Raiforts. — Toute la sympathie qui est entre les raiforts, raves, et naveaux, provient de ce que leur commune valeur consiste en racines : ayans au reste leurs propriétés distinctes, et chacun ses particulières figures et gousts. Par ce mot, rave, sont entendues et la rave commune, et le rai-fort, telle appellation confondant ces deux racines. *Raphanus* en latin est ce qu'en françois l'on appelle raifort et ravanet, particulièrement à Paris, rave-douce : *rapum*, la rave : *napi*, les naveaux (28). En ces termes nous-nous arresterons. Ces trois racines, désirent la terre légère, toutes-fois vigoureuse : plus sablonneuse qu'argilleuse ; amendée de menu fien quelques mois devant que leur semence y soit jettée, pour tant plus facilement s'y engeancer. Estant le fonds trop argil-leux, il sera corrigé avec du sablon, principalement le destiné pour les rai-forts, attendu que plus profondément entrent-elles dans terre, que ne les raves, ne les naveaux : dont aussi est nécessaire si bien rompre et cultiver le lieu, que durté aucune ne s'oppose au passage de telle racine. Le raifort désire d'estre sou-vent arrousé et cultivé, à ce que sans sen-tir aucunement la soif, ne l'importunité du voisinage d'aucune autre plante, bonne ou mauvaise, provenant de la négligence du jardinier, puisse tost s'accroistre ; comme, moyennant tel traictement, fera dans peu de sepmaines. Ceci sera noté pour les arrousemens des jardins, que toutes plantes ayans besoin d'eau, seront arrou-sées sur le midi, le jour estant frés : et au matin et soir, estant chaud : à ce que la chaleur du soleil venant à propos, tempère la frescheur de l'eau, à l'utilité de la plante.

En decours de lune, près de son dé-faut, l'on sème les graines de raiforts, une à une, de trois à quatre doigts de distance l'une de l'autre, et de trois en profondeur. Le temps en est despuis le commencement d'Avril jusques à la fin d'Aoust, pour en semer à toutes les lunes, dont durant six mois l'on aura tous-jours de nouveaux et tendres raiforts. Devant le mois d'Avril, à difficulté viennent à bien les raiforts, par espier presques aussi tost qu'ils sont sortis de terre, s'en mon-tans en tige pour faire graine à l'approche de la primevère. Désirant avoir des rai-forts en telle advancée saison, par artifice l'on se satisfera : mais ce sera en y met-tant la main dès devant l'hyver. Une fosse tant large et tant longue qu'on voudra sera faicte, à l'abri de la bize, profonde de trois pieds, pour le moins : au fond de la fosse, mettra-on du récent fumier de cheval, un bon pied et demi, despuis le restant d'icelle sera rempli de terre subtile et amendée avec du fumier vieux et bien pourri : finalement là dessus au mois de Novembre la lune estant en decours, semera-on la graine de raiforts, l'arrousant un peu au commencement. Là pousseront les raiforts, à cause du fumier qui en eschauffera la terre, mais par la froidure de l'aer, n'advanceront beaucoup, comme aussi n'en est besoin, ains seulement de se conserver jusques au premier beau temps, pour s'achever d'accroistre. Et à ce qu'ils ne se perdent en chemin, faudra les tenir couverts durant l'hyver, à la manière ja dicte : et lors les serfouer quand les herbes repulluleront en la terre, et arrouser, l'hyver estant passé, à toutes les fois qu'on s'appercevra en avoir besoin, sans souffrir leur laisser endurer la soif. Pour engarder les raiforts de monter en tige, et par conséquent de se perdre, comme à ce sont-ils sujets au commencement du printemps, aucuns les transplantent, dès aussi tost estre nés et sortis de terre, pour petits qu'ils soyent, moyennant qu'on les puisse tenir entre les mains, les destournant de germer pour faire graine. Par tel moyen, a-on des primerains raiforts, sans leur faire passer l'hyver. Mais tous aers ne favorisans l'entreprinse, là seulement se servira-on de ceste subtilité, où l'expérience l'aura authorisée. Transplanter indifféremment tous raiforts en leur première jeunesse, est peine mal employée : puis que sans icelle, ils viennent en perfection de bonté, par le seul semer. Cela

Pour en cueillir de la graine.

sera réservé pour les seuls raiforts, dont la bonté en faict désirer la conservation de la race, lesquels pour faire grainer, l'on replante sur la fin de Septembre, les laissant en terre tout l'hyver, et jusqu'à la fin du printemps, lors rendant meure la graine. Pour lesquels préserver, à ce qu'ils ne se perdent par les froidures, conviendra les loger en terre couverte de la bize, en bon abri : voire s'il en est besoin, y ad-joustera-on au dessus quelque légère couverture pour leur parer les gelées. Les raiforts tardifs surprins de l'hyver, se gèlent communément dans terre : c'est pourquoi on les en tire avant l'arrivée du mauvais temps, pour les conserver dans des caves sèches parmi du sablon, où l'on les prend durant l'hyver : mais la grossesse de telle viande, faict tels raiforts estre réservés pour le commun du mesnage.

Les raiforts souffrent tout aer, bien-que froid : mais c'est sur la fin de l'esté, comme l'on void en Alemagne et Suisse se treuver plus souvent des raiforts d'esmerveillable grandeur, qu'en Languedoc ne Provence. Cela a remarqué *Pline* de son temps : car il dict croistre en Alemagne des raiforts de la grandeur d'un petit enfant, procédant de la froidure du climat, propre à telle plante (29).

Rave.

La rave se distingue en diverses espèces, dont les aucunes ont la racine entièrement ronde : autres plate ou en ovale. Nulle ne ressemble au raifort, ni en figure ni en saveur. Le raifort ne se mange communément que crud : au contraire la rave, que cuite, excepté en Limosin, Auvergne, Savoye, et en peu d'autres endroits, où les pauvres gens s'en paissent, les mangeans crues comme pommes.

Outre la nourriture des personnes, servent de beaucoup les raves à engraisser les beufs, vaches, et autre bestail selon l'usage des Limosins, Auvergnats, et Savoyars, pour l'abondance de raves qu'ils cueillent, à cela employans et racines et fueilles. *Temps de les semer.* En divers temps de l'année, sème-on les raves, non toutes-fois plustost, que sur la fin de Mai ou commencement de Juin, pour en avoir des primeraines, les mettant en terre quand-et les millets pour moindre frais. Mais de telles tant advancées raves, grande quantité ne s'en faict, ains seulement quelque peu pour en passer la fantasie, à cause que difficilement elles naissent; et nées, s'endurcissent aisément ès grandes chaleurs de l'esté. Au mois de Juillet et d'Aoust, est la droicte saison de les semer. Ce sera sur terre emmenuisée par réitéré labourage, de longue main engraissée avec abondance de bon fumier, qu'on logera la graine de raves, la lune estant en decours; et avec ceste nécessaire observation, que le fonds aie été humecté par pluie précédente, de peur de la perdre en la sécheresse, principal ennemi de telle graine. *Avec quelque observation.* Au sec, à la herce, au râteau, ou avec tel autre instrument qu'on voudra, sera couverte ceste semence, quelques deux doigts de terre, pour plus facilement naistre, que si de plus elle se trouvoit chargée. Estans les raves levées et sorties de terre, aussi tost l'on les sarclera, à ce que par tels es-herbemens, elles demeurent en plaine liberté. Naissans trop rarement, par s'estre perdue en terre la plus-part de la semence, faudra en ressemer de nouveau par dessus, sans toutes-fois en oster ce qu'y paroistra, ains en remuant un peu de vuide, comme en

esgratignant, avec quelque petit serrement, couvrir ce que de-rechef y aurés mis : et pourveu que cela soit faict à temps, sans attendre par trop longuement, et favorisé de la pluie, ne doubtés que vos ravières ne se treuvent très-bien remplies. De là en hors, autre peine n'est requise pour la ravière, que de la tenir bien close, afin qu'aucun bestail n'y entre, spécialement les pourceaux, de peur de dégaster les raves, les fouillans avec le groin de grande affection. Ainsi, dans peu de temps vous-vous treuverés bien accommodé de raves. Mais à ce que la provision vous en demeure pour tout l'hyver, à l'entrée des froidures ferés arracher vos raves et après leur avoir osté l'herbe, les enfermerés dans une cave sèche parmi du sablon : car les laissant dans terre à l'aer, s'y geleroient à la survenue des glaces de l'hyver, comme j'ai dict des raiforts (30).

Navets. Les naveaux et navets ont de commun avec les raves l'usage en la potagerie, et nourriture du bestail, ne tenans des raiforts que ce qui en a esté touché. Plus grands sont les naveaux que les navets, leur commune bonté surpassant de beaucoup celle des raves. De plusieurs sortes de l'un et de l'autre y a-il, distinguées par leurs diverses qualités. S'en voyent de grands, de petits, de blancs, de noirs, de gris, de jaunes, et de tous s'en treuve de bons et délicats, entre lesquels, communément, les petits et noirs, sont les plus prisés. Telles diversités viennent principalement des races et espèces, et après de la propriété et faculté du fonds et de l'aer, très-apparentes en ceste sorte de potagerie : à quoi curieusement sera avisé, afin de se pourvoir de bonne graine, et la loger en lieu convenable. Le temps de semer les naveaux et la façon, sont les mesmes des raves : avec ceste commune observation, que de les jetter en terre fort rarement, pour la petitesse de leur semence. Diligemment et curieusement seront les naveaux sarclés en leur commencement, et arrousés si la sécheresse les presse. Voilà aussi toute la culture qu'ils désirent, et d'estre bien clos, afin qu'aucun bestail ne les importune. Ne craignent tant le froid que les raves, dont assés facilement passent-ils l'hyver, bien-que dans terre en la campagne. Néantmoins, ne laisse-on d'en loger ès caves avec du sablon, pour tant plus seurement les conserver durant le mauvais temps (31).

De la semence de toutes sortes de naveaux se tire de l'huile, mais plus facilement et plus abondamment d'une particulière espéce dicte navete, que d'aucune autre (32). Le mesnage de cest huile de navete est très-profitable, comme il se pratique heureusement en plusieurs provinces de ce royaume et voisinage, en Angleterre et Flandres, où ils s'en servent utilement, à brusler à la lampe, à l'ouvrage de la laine, aussi à manger, mais c'est pour pauvres gens et grossiers, ne craignans sa senteur un peu extravagante. Pour la commodité de l'huile d'olive, n'est raisonnable se priver à escient du service de celui de navete, ainsi qu'on void en Provence et Languedoc n'en tenir nul conte : souventes-fois mal à propos, quand par l'infertilité des saisons, les oliviers défaillent. Faute que le prudent père-de-famille corrigera, afin d'estre tous-jours pourveu d'huile à tout le moins pour la lampe et pour la laine : n'estant

si prochain ne si certain le secours des oliviers et noyers, que celui de la navete ; laquelle chacun an, rend de la graine, dont beaucoup d'huile se tire à la manière des noix, le climat s'y addonnant, de quoi dans peu de temps, se résoudra nostre mesnager.

Pour l'espérance de la graine, et en suite de l'huile, est de besoin laisser plus longuement en terre la navete, que les raves et les naveaux. C'est pourquoi la graine en est semée, ou devant l'hyver ou incontinent après icelui, à la manière des blés, afin qu'à la longue, la plante aie moyen de monter en tige et grainer : ce qui plustost avient, que plus advancé en aura esté le semer. L'effueiller de la navete aide beaucoup au grainer, c'est en ostant les fueilles croissans au tige en bas pour tant mieux et plustost faire monter la plante, à ce que, comme arbrisseau, elle abonde en graine. Et telle fueille ostée de jour à autre, sert en potage prinse encores tendre, car aussi ne la faut-il pas laisser endurcir. La propriété des lieux cause quelque diversité de temps au semer de ceste graine, ce que curieusement l'on observera : et ce sans longue attente, veu qu'un couple d'années satisferont à telle instruction ; comme ainsi aviendra pour le regard de la lune, telle la choisissant que l'expérience aura manifesté sa faculté s'accommoder à ce mesnage.

Les pastenades et carrotes, ne différent par-entr'elles presques en autre chose, qu'en la couleur : celle de l'une estant rouge et de l'autre blanche, de faict, en Languedoc et ailleurs n'appellent autrement les carrotes, que pastenailles blanches : ces deux noms estans confondus en plusieurs quartiers de ce royaume, mesme à Paris, où sans distinction, l'on appelle ces racines, pastenades et carrotes. Convient les semer en terre profondément labourée, pour les rendre tant plus longues, que moins treuveront d'empeschemens à pénétrer avant dans terre selon leur naturel. Désirent aussi la terre bien engraissée, mais de longue main et de vieux fumier : afin qu'estant incorporé avec la terre avant qu'y jetter la semence, la semence n'en soit bruslée, comme cela lui aviendroit estant le fumier de nouveau et freschement employé. En la lune vieille du mois d'Avril, semera-on les pastenades et carrotes : estant aussi bon par tout echai de Mai. Mais d'autant que c'est une graine assés difficile à naistre, et née, de profiter, attendu que les pastenades incontinent estre levées se mettent à faire tige, montans en haut : les jardiniers font leur conte d'en semer en divers temps, pour retenir celles de meilleure espérance. Le jour de Sainct-Marc vingt-cinquiesme d'Avril, est marqué pour bon à cest ensemencement, par l'observation de plusieurs jardiniers de Dauphiné, toutesfois autant ridicule, que vaine. C'est à la vérité que lors le temps s'aproprie au naturel de telle racine, retenant de la frescheur du passé, et sentant ja l'approche de la chaleur à venir, l'un et l'autre nécessaires à l'eslèvement des pastenades. La difficulté de les faire profiter cause qu'on les sème fort druement, sans espargner la graine en intention d'en arracher le superflu, cas avenant que tout pousse : ou s'en perdant dans terre, ou dehors, montant en tige, en demeure à suffisance pour le remplage du lieu. De celles qu'arracherés, les plus grosses se-

ront incontinent plantées en terre bien préparée, où moyennant bonne culture et opportun arrousement, profiteront : encores que leur naturel requière plus de demeurer en leur seminaire, que le transplantement. Sera bon en semant les pastenades, semer en mesme terre, des raiforts : non confusément, ains par rayons distincts l'un joignant l'autre, pour s'accroistre de compaignie. Et reviendra tel voisinage à l'utilité des pastenades, quand elles se treuvent bien cultivées par l'arracher des raiforts : lesquelles à cause de leur prématurité, l'on tire de la terre en l'eslevant profondément, y laissant seules les pastenades, où à l'aise s'achèvent de nourrir. Ce mesnage se pratique par plusieurs bons jardiniers, dont ils font servir la terre à double usage. Toutes-fois, le meilleur est de semer ces diverses racines séparément, profitans mieux seules qu'accompaignées, pourveu qu'elles soyent bien cultivées. Particulièrement dirai-je de la pastenade, que sans perte, elle ne peut souffrir la négligence du laboureur, à ce que le jardinier se résolve de ne lui espargner la culture, ne l'arrouser au besoin. Quelques-fois avient les longues pluies et gelées de l'hyver, pourrir les pastenades dans terre : laquelle perte prevenant, par l'arrivée du mauvais temps, conviendra arracher toutes les pastenades, et après les avoir effueillées, les reposer en caveau sec parmi du sablon, comme j'ai dict des raves, et là se conserveront tout l'hyver (33).

Une espèce de pastenades est la bette-rave, laquelle nous est venue d'Italie n'a pas long temps. C'est une racine fort rouge, assés grosse, dont les fueilles sont des bettes, et tout cela bon à manger, appareillé en cuisine : voire la racine est rengée entre les viandes délicates, dont le jus qu'elle rend en cuisant, semblable à syrop au succre, est très-beau à voir pour sa vermeille couleur. Participant ceste plante-ci, plus de racine que de fueille, ce sera comme la pastenade qu'on la traictera : excepté du temps de l'ensemencement, lequel plus advancé sera pour elle, que pour la pastenade. Sur tout se soignera-on d'en tenir le fonds bien labouré, pour inviter la racine d'y entrer profondément, puis que là gist sa principale valeur. Tenant pour accessoire la fueille, pour en prendre ce que nous y treuverons, bien-que pour l'avoir grande et large, fust besoin la semer en croissant de lune, comme sera veu au discours de la bette (34).

Une autre racine de valeur est aussi arrivée en nostre cognoissance despuis peu de temps en çà, tenant reng honorable au jardin. C'est le sercifi, dont la graine estant fort menue, ne peut-on semer que trop espessement : pour laquelle cause, estant levée, convient en arracher le superflu, comme l'on faict des pastenades ; pour, à l'aise, faire croistre le restant sans importun voisinage. Ès mois d'Aoust et de Mars, met-on ceste graine en terre, pour en manger de la racine, et en l'hyver et au printemps. La graine du sercifi semée devant l'hyver est celle qui produit en l'esté, la bonne semence, pour en conserver la race : par quoi, pourveoyés-vous de celle-là, sans faire estat de l'autre. Le serfici désire la bonne culture ; non beaucoup d'eau, seulement sera-il arrousé en la sécheresse : moyennant lequel traictement, aurés plaisir de son service, consistant en racine qui est

jaune, dont la délicatesse la faict curieusement recercher (35).

Chervis.

La plus asseurée manière de se pourveoir de chervis ou giroles, est par racines, la semence, pour sa tardité, n'estant employée qu'à faute de plant. Ès mois d'Avril et de Mai, est le temps de les mettre en terre tous-jours la lune estant en décours. Requièrent la terre légère, toutes-fois engraissée et bien préparée : aussi l'arrousement, et d'estre souvent serfoués jusqu'à ce qu'ayans prins terre, par leur propre force chassent d'autour d'eux les nuisantes herbes. Les chervis tronchent fort, se multiplians tant, que d'un pied qu'en planterés, en viendront sept ou huict tiges, sans autre artifice que de les enterrer profondément, en laissant ressortir dehors quelque peu de la plante pour prendre aer et vie. Durant l'hyver, et jusques au milieu du printemps, en mange-on, les tirant du jardin à mesure de l'usage, dont la douce délicatesse les rend recercheables. Ne craignent presques rien, ne froid ne pluies, contre lesquelles intempéries résistent sains tout l'hyver. Aussi sont les chervis originaires de pays septentrional, car c'est d'Alemagne, d'où l'empereur Tybère en fit transporter la race en Italie (36).

Réponses.

Quant aux réponces ou raiponces, bien-que leur naturel soit de venir d'elles-mesmes sans artifice, près des bouis, buissons, et autres arbustes sauvaiges, si est-ce qu'il ne sera que bien à propos, d'en apriivoiser au jardin pour en avoir de réserve, à cause de la bonté de telle plante : désirable avec raison, se mangeant avec apétit, tout ce qu'elle produit et de racine et de fueille, et crud et cuit, comme bonne viande. Le moyen de s'en pourveoir gist en curiosité, recerchant par des déserts et le plant en hyver, et la semence en esté, pour employer et l'un et l'autre en la saison, de peur de faillir de s'accommoder de chose tant requise (37).

CHAPITRE VIII.

Des Fueilles du Jardin Potager d'Esté.

Espinars.

Le plustost qu'on pourra, l'hyver estant passé, semera-on des espinars, en lune nouvelle, pour le peu de profit que font les tardifs, s'en montant en tige dès estre levés de terre, quand l'on les sème passé le quinziesme de Mars. C'est pourquoi après ce temps-là aucun conte n'en doit-on tenir, que la saison n'en soit revenue propre, qui est vers la fin du mois d'Aoust. Dans le cueur de l'esté, en sème-on aussi, mais si peu, que c'est plus pour curiosité, que pour service, comme sera monstré.

Chou, cabus, blancs et verts, quand sèmer.

En chacun de ces trois mois, Janvier, Février, Mars, la lune estant en decours, semerons les chous, cabus ou pommés, blancs et verts : non tous à la fois, ains en divers jours; assavoir, les cabus en la plaineur de la lune, et les blancs et verts, au dernier quartier (38). Les blancs et verts se rapporteront fort beaux semés en croissant, à cause que leur principale viande consiste en fueillage, selon les raisons dictes. Mais par ce aussi, que souventes-fois avient, ces deux espèces-là de chous, se resserrer dans leur milieu à l'imitation des cabus, faict qu'avec eux l'on les loge en terre, en mesme poinct

de lune. Et à ce qu'on soit accommodé de ces deux sortes de chous, indifféremment l'on en semera à toutes lunes, par là aura-on des chous blancs et verts, qualifiés comme l'on désire. Estans les chous levés de terre, diligemment et curieusement seront cultivés, ne souffrant le jardinier, par sarcler et serfouer, que les malignes herbes les oppressent, les tendres chous ne pouvans vivre parmi l'embarras des plantes sauvaiges, sur tout, en leur commencement : ni aussi lors endurer la soif : pour laquelle cause les tiendra-on arrousés en leur première jeunesse : voire et après, et jusqu'à ce que les frescheurs de l'automne auront délivré le jardinier de telle peine. Par tel traictement, dans peu de temps, se rendront les nouveaux chous, propres à estre transplantés : ce que nullement l'on ne différera, le temps estant beau, et qu'ils auront attaint la grandeur convenable pour pouvoir estre maniés, car tant plus jeunes ils sont, tant plus facilement se reprennent-ils et plustost s'accroissent. Faut profondément bescher la terre à chous, pour donner place à leurs racines, qui sont grandes comme celles de petits arbres : et aussi convient tout-d'une-main, les fumer profitablement, pour les faire tost aggrandir. Veulent estre plantés au large, comme d'un pied et demi de quarreure, estimant ce estre la moindre espace que leur sçauriés donner, car trop grande ne pourroit-elle estre : ains au contraire, par trop de presse, s'estoufferoient sans profit. Voilà pourquoi, grands et amples se rendent les chous logés à l'entour et bords des planches du jardin : car par n'y en avoir qu'une rengée, sans estre pressés des costés, à leur aise s'accroissent-ils en perfection. C'est donc le non-presser, le fort-fumer, et le bien-labou-rer, avec l'opportun-arrouser, qui advance les chous, traictement qu'on ne leur es-parguera, pour avoir plaisir de la chau-lière. Aussi est requise l'observation de l'estat de la lune en plantant les chous, toute telle la désirant qu'en les semant.

Chous en premier creus. De ces trois espèces de chous, les pre-miers meurs sont les cabus ou pommés, estans bons durant tout l'esté, et l'au-tomne, voire et l'hyver, n'estant le pays trop froid. Encores y a-il du remède contre les froidures, qui est de les enve-loper parmi de la paille, sans se joindre l'un l'autre, et les loger dans une cave sèche, modérément esventée, après les avoir arrachés du jardin en temps beau et serain. Des cabus primerains ou hyver-naux dont a esté parlé, en mange-on, dès la fin du mois de Maî ou commence-ment de Juin, viande lors rare et prisée : les blancs et verts ne sont bons que le froid ne les aie touchés, pour les atten-drir ; sans tel remède, demeurans durs *Chous blancs verts.* et mal-plaisans au goust. Plusieurs des blancs se resserrent au milieu, ainsi que cabus, dont se rendent délicats : mais leur durté, est communément en lon-gueur, non en rondeur. De mesme avient de certains verts et crespés, s'affermissans vers le milieu ; et de telle sorte se pres-sent-ils là, que le dedans se blanchit au-cunement à faute d'aer, tellement que de couleur vert-obscur, que naturelle-ment ils sont, une portion s'en convertit en blanche.

En divers temps sont semés les chous. Trois ou quatre mois pour semer les chous y a-il : de mesme autant de temps pour planter : la raison voulant, que les premiers semés, soyent les premiers plantés. Ces longs et divers termes, don-nent au jardinier de la besongne en sa chaulière presques tout l'esté ; pourveu qu'il arrouse ses chous en les plantant (ainsi le requérant son climat) ne faut doubter de leur reprinse quel chaud qu'il face. La meilleure partie du jour pour ce mesnage durant le grand esté, est sur le soir, la frescheur de la nuict prochaine gardant les nouveaux chous de s'eston-ner, dont la reprinse en est rendue plus facile. Encores que les premiers chous viennent à souhait, ne laissés d'en édi-fier des subséquens, pour en fournir vostre jardin de toutes aages, à ce qu'en toutes saisons en soyés accommodé de bien qualifiés.

Autres sortes de chous. Plusieurs autres espèces de chous y a-il desquels ne parlerons en cest endroit, presques sauvaiges, dégénérans des bons : comme, rouges-tannés, griseastres, chous-raves ; servans plus pour méde-cine que nourriture. Suffisent les cabus, blancs, et verts, à la fourniture des jar-dins, comme aussi les principales et re-marquables espèces pour leur franchise, dont ils se rendent d'agréable service. Outre lesquels les *cauli-fiori*, ainsi dicts des Italiens, encores assés rares en France, tiendront reng honorable au jardin pour leur délicatésse, desquels l'on fera estat comme de chose bien-séante et utile. Aussi de certains chous pommés rouges, fermes et fort durs, qui estans de telle couleur dehors et dedans icelle entre-mes-lée de blanche, estans couppés, ressem-blent à porphire ou jaspe ; au reste, très-délicats au manger. Parmi icelles toutes-fois se treuve quelque différence comme en grandeur, couleur, facilité de résis-ter ès froidures mieux les uns que les autres. Cela provient, ou des lieux desquels l'on tire la graine, ou du fonds, ou du climat, ou de la constellation de l'année, ou de la culture : à quoi le sçavant jardinier pourvoira, retenant les meilleures races, les plus asseurées, et qui le mieux profitent en son jardin.

Les poux et autres bestioles, comme certaines rouges, plates au-dessus ainsi que tortues, tourmentent les chous, quand par faute de pluie leur fueillage n'est quelques-fois lavé, dont ces bestes s'engendrent. A cela le remède est, d'asperger sur les chous de l'eau fresche au matin contrefaisant la pluie, pour les rafreschir et nettoyer, après avoir osté telle vermine avec les mains le plus curieusement qu'on aura peu.

Pour l'ordinaire usage des chous, convient prendre entièrement toute la plante, soit ou en l'arrachant ou en la couppant, afin de se servir de tout le bon d'icelle, dont le meilleur est en son milieu. Ce que le vulgaire grossier ne faict, quand cuidant bien mesnager se contente d'effueiller le chou à mesure du besoin, mais par tel ordre, n'en mange-il rien que d'endurci et presques sauvaige. Et se trompe aussi en ce poinct, qu'ainsi cueillant ses chous moins en a-il, que les retirant entiers comme dessus : car sa chaulière demeure plaine d'un costé, pendant que l'autre se vuide, d'où au bout de la saison, treuve-on, tout bien conté, plus de viande en estre sortie, que si généralement l'on en avoit prins par tout. Et ceste utilité finalement s'y adjouste, que le fonds de la chaulière se cultive à mesure qu'on le descharge d'un costé s'apprestant pour nouveau service. Les chous cabus s'arrachent en les cueillant, non les

blancs et verts, lesquels l'on couppe quatre doigts sur terre, si on désire les faire jetter de nouveau, chose venant à propos pour en manger des tendrons à l'issue de l'hyver en potage ou salade.

La graine de toute sorte de chous se retire en ceste sorte. Quelque douzaine de chous des mieux choisis sera réservée à cest usage, qu'on arrachera la lune estant en décours, et incontinent après replantera en quelque bon lieu, chaud et arrousable, assés profondément, comme jusqu'au milieu des fueilles ; là les tenant beschés et arrousés, s'en monteront en tige et graineront, environ la fin du mois de Juin, ou plustost, ou plus tard selon les pays (39). Toute autre sorte de plantes de jardin, ainsi replante-on pour faire grainer, jusqu'aux plus petites, comme ozeille, persil, et semblables : excepté les melons, concombres et citrouilles, pour desquels retirer la semence, convient laisser en leur première terre.

En croissant de lune est semée la poirée, bette, blette, ou réparée, estant le fueillage tout son rapport. A cela sont bons plusieurs mois de l'année : c'est pourquoi, trois ou quatre semées en faut faire, ou en semer à trois ou quatre diverses fois, pour avoir tous-jours de tendre poirée. Est nécessaire la replanter, arrachée du seminaire, comme a esté dict, pour la rendre tendre et de longue durée au jardin. Il y a de trois couleurs de bettes, de blanche, de verte, et de rouge : non pour cela sont-elles de beaucoup différentes en naturel, dont la plus désirable sorte est la blanche. Pour l'usage, l'on cueille les blettes, en les tondant non en les arrachant, afin de leur faire rejetter nouvelle viande. Ceste po-

tagerie tient reng entre les nécessaires et
notables du jardin, pour son utilité, pour
son facile accroissement, pour sa longue
durée (40).

Persil   Le persil ne désire estre transplanté,
se contentant de demeurer en son premier
lieu et seminaire. En toutes lunes, nouvelle et vieille, le sème-on, mais pour
diverses considérations. Semé en croissant, produit l'herbe belle et gaillarde en
perfection, toutes-fois de peu de durée,
car au bout de l'an il achève son cours en
grainant. En decours, avec moins d'herbage il se maintient au jardin sans faire
tige, trois ou quatre ans, à quoi a-on
à choisir. Le persil souffre plus aisément
les ombrages, que les sécheresses ; parquoi, délibérés de l'arrouser souvent
en esté, pour le rendre plantureux : et
sans regret, logés-le dessous les arbres et
treilles, et en autre endroit non exposé
au soleil. Résiste facilement aux injures
de l'hyver, pour son peu de délicatesse.
Ne veut estre cueilli qu'en tondant, à ce
que rejettant comme prairie, fournisse
tous-jours nouvelle et tendre viande (41).

Ozeille.   Plus facilement aurés-vous de l'ozeille
par racine que par semence, les plantes
de laquelle recouvrés commodément des
prairies fresches, non toutes-fois arrousées, où ceste plante croist naturellement. Cela défaillant, faudra recourir à
la graine, la semant fort espessement :
parce que d'icelle s'en perd beaucoup dans
terre, pour sa foiblesse : pour laquelle
cause aussi, soigneusement la doit-on
conduire par sarcler et arrouser en son
commencement. Estant levée et un peu
fortifiée, on la transplantera en terre
desliée, bien labourée, et modérément
fumée. Il y a deux remarquables espèces

d'ozeille, longue et ronde, ceste-ci estant
la plus délicate. L'ozeille dure quatre ou
cinq ans en terre, sans grainer, pourveu
qu'on l'en destourne par souvent tondre,
qui est aussi la façon de la recueillir (42).

Pimprenelle.   Sans artifice ès champs non labourés,
croist la pimprenelle : d'où l'on se fournit
de plant pour mettre ès jardins, ausquels
elle s'affranchit par culture. Elle faict de
la graine en son temps, laquelle ramas-
sée, est semée, puis transplantée, cas
estant que d'ailleurs n'en puissiés recouvrer du plant enraciné. Comme la précédente herbe, ceste-ci reproduit nouveaux
brins à toutes les fois qu'on la couppe,
pour servir ès salades et à autres usages,
ce qu'aussi la faict durer en service plusieurs années (43).

Bourrache.   Semer, puis transplanter la bourrache,
est son vrai gouvernement. Elle n'est
guières délicate, surpassant aisément les
froidures et chaleurs : endurant aussi patiemment la négligence du jardinier.
Toutes-fois, tant plus grandes et larges
en seront ses fueilles, que mieux l'en
fraictera la plante, la labourant et arrousant ainsi qu'il appartient (44).

Pourpier   Quant au pourpier, encores que plusieurs jardiniers ne se peinent beaucoup
de l'eslever au jardin, y croissant naturellement sans artifice : si est-ce qu'il sort
plustost et plus franc, semé et cultivé,
que le laissant venir de lui-mesme. Parquoi, sera bon d'en mettre au jardin en
lieu distinct, et là gouverné selon l'art,
par sarcler et arrouser : sans se soucier de
la transplanter, si on n'en veut retirer
de la graine (45).

Corne-de-cerf, cerfueil, etc.   La corne-de-cerf, le cerfueil, le nazitor ou cresson alenois, targon, coq,
senemonde, baume, trippe-madame,

ache, chreste-marine, pied-d'alouette, basilic et autres menues herbes, se sément à plusieurs boutées, comme ès mois de Mars, d'Avril, et de Mai, tous-jours la lune estant nouvelle. Servent à divers appareils de viandes en tous temps, mesme en salade en hyver. Sont gouvernées comme les précédentes, au semer, au labourer, à l'arrouser, ayans aussi de commun le cueillir par tondre, dont elles fournissent nouvelle herbe à mesure de l'usage (46).

Cichorée. La cichorée ou endivie est espèce de laictue, néantmoins de goust différent à elle, car de son naturel il est amer, immangeable, sans estre addouci dans terre par blanchir. L'on la séme en lune nouvelle ès mois de Juin et de Juillet, le plustost estant le meilleur, pour leur donner temps de s'accroistre devant l'arrivée de l'hyver. En mesme poinct de lune, l'on les transplante dès incontinent qu'on les peut manier, et ce en terre bien fumée et cultivée, un pied l'une de l'autre, et lignes droictes, équidistantes d'un pied et demi, afin de pouvoir s'accroistre en grand fueillage, où consiste le total de telle viande. A ceste cause seront les cichorées curieusement cultivées et opportunément arrousées, la soif les destournant de s'aggrandir. Pour les blanchir convient les enterrer en leur propre lieu sans les arracher, comme les cardes après les avoir liées avec un ozier, où dans douze à quinze jours, plus ou moins selon le naturel du terroir (à cela estant plus propre l'un que l'autre) attaindront le poinct que désirés. La saison de tel blanchiment est l'hyver, pour y servir de salades : et aussi sont-elles bonnes en potage. Si les pluies les pourrissent dans terre en la campagne, les pourrés mettre blanchir dans la cave enfouies en terre desliée à la manière des costes d'artichau. Ce blanchir est facilité par la paille, si on en met par dessus la fosse en la campagne un demi-pied d'espès, icelle fosse estant au-paravant remplie de terre. Et à ce que durant tout l'hyver soyés accommodé de cichorée blanche, en ferés préparer comme dessus, toutes les sepmaines, la quantité qu'il vous plaira (47).

Bazilles. Ceste plante ne pouvant vivre en aer froid, sera logée en chaud, ou du moins en tempéré tendant à la chaleur. Le plus asseuré moyen d'édifier les bazilles, est par racine. Veulent estre plantées en beau solage, en terre desliée et grasse, la lune estant nouvelle. Leur traictement est, le souvent serfouer, sarcler, et quelquesfois arrouser. Leur service consiste en la fueille, laquelle l'on confit dans le vinaigre avec du sel pour conserve toute l'année, ainsi préparée la mangeant comme capres. Pour ce faire l'on la tond plusieurs fois en la primevère et en l'esté, tousjours en croissant de lune, pour tant mieux la faire rejetter, dont sort abondance de telle viande (48).

Asperges. En la nouvelle lune du mois de Mars, met-on en terre les asperges, par semence ou par racine : mais avec plus d'advancement par cestui-ci, que par cestui-là. C'est une plante désirable, pour son utile usage et longue durée. Elle demeure long temps en bon estat, jusqu'à se perpétuer au jardin : car elle s'augmente en tiges, clossant ou tronchant comme rozeaux, posée en lieu qui lui agrée. Le terroir gras, toutes-fois léger, plus sablonneux, qu'argilleux, est celui que les asperges desirent : et le ciel, plus chaud, que froid : à telle cause seront logées en lieu exposé au soleil de midi, couvert de la bize. Quant à leur traictement, d'autant que tant mieux les asperges profitent, et en nombre de tiges, et en bonté de fruict, que plus avant sont dans terre, est à souhaitter de les y enfoncer beaucoup en plantant. Mais ne pouvant lors satisfaire à cela ainsi qu'il appartient, pour la foiblesse de la plante, faict qu'on attend deux ou trois ans, qu'estans fortifiées, l'on les replante plus bas. Et à ce aussi qu'elles affermissent bien leurs racines, on est contraint de les fonder profondément, en ne recomblant de la fosse, que la moitié, quand l'on les replante, réservant à l'année d'après, à la remplir entièrement. Tout-d'une-main on y met de bon fumier, et chacun an, on les refume en les cultivant, pour le besoin qu'elles ont d'engraissement. De pied en pied sont plantées les asperges, afin que par telle raisonnable distance, à l'aise, elles se puissent accroistre : ce que pressées ne pourroient faire, ains s'opprimans par sur-croissance de rejettons, demeureroient toutes langoureuses. Et de là est venu que chacun an, estans fortifiées, l'on chastre l'aspergerie, ostant des tiges ce qu'y est treuvé de superflu, à l'usage des artichaux, et pour en manger, et pour en planter de nouveau : dont les restantes demeurans nettes et deschargées, en fructifient copieusement. Est remarquable la naturelle amitié de ceste plante avec les cornes de la moutonnaille, pour s'accroistre gaiement près d'elles : qui a fait croire à aucuns, les asperges procéder immédiatement des cornes. Pour laquelle cause, au fond de la fosse met-on un lict de cornes, qu'on couvre de quatre doigts ou demi-pied de terre, et par dessus les asperges sont plantées (49).

 Amitié des cornes.

CHAPITRE IX.

Des Fruicts du Jardin Potager d'Esté.

CE n'est sans difficulté, que le gouvernement des melons et poupons, pour leur grande délicatesse, estant ce la plante de jardin le plus craindre le froid, sous lui ne pouvant vivre. Mais tant curieux est l'homme des choses rares, que par artifice, il a aprivoisé ceste estrangère plante, l'ayant tellement domestiquée en ce royaume, que presques par toutes ses provinces, on la faict fructifier. Et sans parler de la Provence, du bas Languedoc, ne d'autres endroits méridionaux, esquels elle s'est naturalizée de nos prochains père-grands, là au-paravant incogneue, elle s'accroist, néantmoins, en pays froid assés bien, moyennant exquis labourage procédant d'artificielle invention : dont et ciel et terre sont domptés et rendus favorables à l'accroissement de ceste plante, comme sera monstré. Des melons ou poupons, et de leurs différentes espèces et qualités, n'est-on parvenu à la parfaicte cognoissance de fort long temps. Et encores pour le jour-d'hui, ne les pouvons-nous discerner, que par les apparentes qualités, de grandeur, de couleur, de saveur, et semblables : ni presques les nommer que par les lieux de leur origine, comme de Turquie, des Indes, d'Espaigne, d'Italie et d'autres endroits d'où en recouvrons les races. *Pline* prend le

 Melons et poupons.

Longueur de nos ancestres.

plus souvent le concombre pour le melon , confondant ces deux fruicts sous mesme appellation : monstrant par là, le melon estre de son temps en Italie , nouvelle viande ; nul autre ancien autheur de rustication n'en ayant faict mention.

Pour conduire ceste plante comme il appartient, est à noter que les melons doivent estre meurs pendant les grandes chaleurs de l'esté : parce que servans de rafreschissement , sont lors mangés en temps convenable. Passé lequel, et les froidures et pluies arrivées, ne peuvent bien meurir, dont ils sont rejettés comme de pauvre goust , mols, sentans l'eau. Despuis la naissance de la plante, jusqu'à la perfection du fruict, quatre ou cinq mois sont employés, peu davantage , dont se faut résoudre de les faire naistre en Mars , afin d'en avoir le fruict en Juillet , ou bien en Avril, pour en manger en Aoust, plus tard, peu d'espérance y a-il de ce mesnage , comme a esté dict. Quelques-fois , en Septembre recouvre-on des bons melons , mais pour l'incertitude de la chose , peu d'estat doit-on faire de ceux qui viennent en l'arrière-saison. Ce qui le plus faict languir en cest endroit, est la naissance de la graine, demeurant en terre long temps devant que pousser, si elle n'est à propos solicitée. A cela plusieurs moyens y a-il , ainsi qu'on verra ci-après , tous inventés pour corriger l'aspreté des froidures, qu'on employera, mesme ès lieux teinpérés , selon les occurences. Non indifféremment par tout, car où le ciel et la terre favorisent entièrement ce fruict , n'est besoin se donner tant de peine , de là sortant d'autant meilleur, que moins l'artifice aura forcé le naturel. De l'ordre requis à ce jardinement pour le pays plus chaud que froid, sera ici discouru : et en suite , pour le plus froid que chaud , afin que par tout l'on s'accommode de telle viande.

La partie de vostre jardin la plus chaude et moins exposée aux vents , sera choisie pour la melonnière , en lieu auquel le soleil aie plain pouvoir, dont la terre soit menue, desliée, subtile, néantmoins fertile. Les planches en seront disposées à la manière des autres du jardin , afin que l'eau y découle aisément par tout. Là seront faictes plusieurs fossettes d'un pied de quarreure, et peu plus de profondeur , équidistantes de quatre à cinq pieds , posées en ligne droicte, traversantes la planche , au fond desquelles mettra-on du bon fumier récent , la hauteur de demi-pied : puis recomblées de terre , le restant d'icelle sera laissé en monticule ou relèvement près de chacune fossette du costé de septentrion, pour servir d'abri et parer la bize aux tendres plantes sortans de la graine de melon qui sera là semée. Prévoyant l'abondance de ramage que ces plantes-ci produisent, faict qu'ainsi au large l'on les dispose , donnant si grande distance d'une fossette à l'autre. Car petit à petit leurs jettons gaignans terre , à la longue couvrent toute la planche. Mais à ce que par telle attente rien ne se perde du jardin, les vuides de l'entre-deux des rengs des fossettes, appellés, meyans, sont remplis de viande , dont la prématurité n'empesche l'allongement du ramage des melons : comme sont laictues , raiforts , féves, et semblables qu'on y eslève pendant l'accroissement des melons : lesquelles viandes, pour leur hastive préparation, sont enlevées de là , avant que le ramage des

melons les opprime , qui par - après re-
gaignans la place, à l'aise y fructifient ,
n'ayant leur fueillage aucun empeschement.

ment
er la   Sur la terre remise ès fossettes sera semée la graine de melon , deux ou trois
jours après la plaineur de la lune, un ou
deux doigts de profond , et ce fort espessement comme vingt-cinq ou trente grains
en chacune fossette, non en intention d'y
laisser tous les jettons qui en provien-
dront , ains seulement trois ou quatre des
plus vigoureux , après en avoir arraché
les autres. Pour la difficulté du naistre
de la graine, provenant de l'infélicité de
la saison , du dégast des rats , et autres
bestioles la mangeans dans terre, et pour
les divers accidens qui aviennent à leurs
jettons levés de terre , par limaçons ,
coussons, et semblables ennemis qui les
rongent , a-on accoustumé de n'espargner la semence : à ce que telles pertes
préveues, et par ce moyen payées , en
puisse rester à suffisance pour le remplage du lieu. Au semer des melons , aucuns ad-joustent les bonnes senteurs et
liqueurs , pour en odorer et savourer le
fruict, croyans que moyennant cest artifice , s'acquièrent par dessus leur naturel , diverses précieuses qualités. Et si
bien telle recerche n'est généralement approuvée de tous, comme estimée trop
curieuse, à tout le moins par jugement
universel , ce bien y reste , qu'ayant la
graine esté trempée et après semée toute
humide , lève plustost de terre que si on
l'y jettoit sèche ; tel ramolissement advanceant l'œuvre : comme en pareil cas , apparemment , se remarque utile, le tremper dans l'eau des pois et fèves avant que
de les semer. Et sert aussi telle subtilité,

à corriger la mauvaise senteur des fumiers , dont la terre à melon est nécessairement engraissée , de peur d'en estre
les melons empuantis, pour s'attirer à eux
toutes senteurs , bonnes et mauvaises ,
près desquels ils s'accroissent. C'est pourquoi pour ce mesnage choisit-on les fumiers les moins puans, et encores pour
les exhaler sont meslés en la terre de la
planche , long temps avant qu'y semer la
graine de melon : n'entendant de celle de
la fossette , au fond de laquelle est nécessaire le fumier estre séparé , pour tenir
la graine en chaleur.

Et avec
quelles ma-
tières.   Ainsi à tel effet est la graine préparée , tout-d'une-main y donnant la senteur et la saveur , différentes , selon la
diversité des matières dont l'on se sert en
cest endroit. L'on infuse les rozes sèches,
dans le laict : le benjouin , dans l'hypocras : le succre et la canelle, dans le vin-
cuit : le girofle , dans le vin-muscat : la
noix muscade , dans le miel , et semblables matières (y ad-joustant du musc , de
l'ambre-gris, de la civete , si tant l'on
veut despendre) séparées ou meslingées,
comme l'on veut. Dans l'infusion en vaisseaux séparés , met-on tremper la graine
de melon , pour vingt-quatre ou trente
heures , sortant de là , est incontinent
jettée en terre avec le reste de la liqueur.

La malice à
plusieurs d'a-
chever leurs
cours au se-
minaire, non
d'estre trans-
plantées.   Le naturel des melons ou poupons est
de n'estre transplantés , ains d'achever
leurs cours en leur seminaire , pour le
profit , plus grand et plus advancé , qu'ils
font là , que remués ailleurs ; aussi le
transplanter n'est que pour les endroits
septentrionaux , comme sera veu. Pour
laquelle cause , ne se souciera le jardinier,
de changer aucunement ses melons de lieu
en autre , mais les laissant où il les aura

Le jardinier combattre les bestes nuisibles.

semés jusqu'à leur fin, taschera de les préserver des ordinaires tempestes qui les perdent, et en graine dans terre, et dehors en avoir poussé; et après par culture, d'en faire aggrandir leurs jettons, pour tost fructifier, selon le commun désir des jardiniers; qui jouent à qui aura le premier poupon, faisant gloire de leur diligence. Par tous les moyens que le jardinier pourra excogiter, fera la guerre aux rats, souris, fourmis, vermisseaux, limaçons, et autres ennemis, y veillant continuellement, de peur que par faute de bonne sentinelle, il ne mésavienne en ce négoce. Aux rats chassera-il avec ratoires et autres engins propres à les prendre, dont il se deffera de telles bestes. Ce moyen est très-bon et approuvé, non pour prendre les rats, ains pour les garder de nuire: c'est en semant sur la terre, sans le couvrir, du pur blé-froment, et ce à l'entrée de la nuict, durant laquelle les rats viendront pour le manger, sans nullement toucher aux grains de melon tant que le froment durera. Par ainsi leur tenant de telle viande pour quelques jours, donnerés loisir à vos melons de naistre et de ne craindre par-après les rats. Les cendres, les suies de cheminée, les cieures de chesne, destournent les autres bestioles d'approcher des poupons, si l'on en couvre leur parterre, espargnant leurs fueilles, afin de ne les en offencer: mais mieux en sont-elles destournées, par des pots de terre dont l'on couvre les tendres plantes de melon durant la nuict, et le jour venu, en les descouvrant, tuer de ces bestioles tout ce qu'on y treuvera à l'entour; estant le silence de la nuict ce qu'elles espient, pour faire leurs dégasts. Se garde-on aussi du ravage de ces ani-

Moyen à l'encontre par si fonçé rats.

maux, sur tout des rats, par des cages d'ozier ou de fil-d'archail druement tissues, desquelles le lieu est environné, où l'on aura semé les graines y demeurans à sauveté à cause de tel rempart. On faict ces cages sans couverture ne fond, de la mesure des fossettes, qui est d'un pied de quarreure, et en les fourrant quelques quatre doigts dans terre, gardent que les rats ne les peuvent transpasser pour venir jusques aux semences: dont les jettons ne laissent de jouir du soleil, la clarté d'icelui passant à travers les cages.

Quelle meilleur fumier pour melons.

Le jardinier serfouera curieusement ses nouvelles plantes de melon, eslevant leur terre avec quelque petit instrument, ou en l'esmiant entre les doigts et l'esgratignant avec les ongles. Tout-d'une-main y ad-joustera-il quelque subtil et gras terrier pour les ravigourir. Sur tous lesquels engraissemens, le meilleur est le fumier de brebis, employé ainsi, et au temps qu'il appartient. La manière en est, de le mettre non joignant les racines, mais près d'icelles: et le temps, la plante estant un peu fortifiée, non devant, car trop jeune ne pourroit souffrir la chaleur de tel fumier. Les arrousera lors qu'elles auront soif: mais en leur donnant l'eau avec discrétion, attendra de les faire boire leur saoul lors qu'elles seront un peu fortifiées, et tous-jours en espargnera-il les fueilles, afin de ne les mouiller aucunement si possible est, à tout le moins de leurs deux premiers mois. Les tiendra couvertes la nuict, durant le temps de leur plus tendre jeunesse, mesme en pays chaud, de peur qu'il ne leur mésavienne par les gelées du printemps, qui quelques-fois sont tant importunes, qu'elles tuent, non seulement les tendres melons,

ains

ains et vignes et arbres robustes, à quoi il pourveoira selon les occurences. Ce traictement et la culture qu'on donnera aux raiforts, laictues et autres viandes mises dedans la melonière, servira aux melons de grand advancement, pour inviter leurs racines à s'accroistre, selon leur naturel, qui est de s'allonger autant dans terre, que leur fueillage par dessus icelle. Et lors qu'on verra chargé de fleurs le ramage des melons et s'accroistre copieusement, avec l'ongle en seront roignés les bouts et cimes des jettons, pour, engardant la substance de la plante de se perdre en herbe, l'employer au fruict. L'arrousement y sera ad-jousté en temps opportun, et continué jusqu'à ce que le fruict soit parvenu aux trois quarts de son accroissement, estant autant nécessaire de le faire achever par sécheresse, comme requis de le commencer par l'humidité, afin de le rendre savoureux et sain. Pour laquelle cause, lors qu'on s'appercevra les melons estre ja assés grands, on leur ostera entièrement l'eau, la bannissant de la melonière : voire pour l'assécher tant mieux, la laissera-on sans culture. Mais ce sera sur la fin du fruict, ayant au-paravant (dès avoir enlevé de maturité les raiforts, laictues et autres drogueries nourries dans la melonière) esté trèsbien marré le fond de la planche, quoique vuide en la plus-part, et icelui rayonné pour y faire courir l'eau : et par dessus les crestes des rayons, mis des petits bastons traversans pour supporter le ramage des melons, lors que peu à peu s'accroissant, il s'allonge courant et couvrant toute la planche, à ce qu'il ne touche à l'eau découlante par dessous au fond des rayons, non plus au fruict: estant supporté par

tels appuis ; par en tout temps, tel fruict, craindre la mouilleure. Aussi mettra-on dessous les melons approchans la maturité, des tuilleaux, des pierres plates, des aix, et autres choses pour les esloigner de la terre, et faire qu'ils ne communiquent nullement à sa naturelle humeur. De mesme, par couvrir la nuict, les gardera-on d'estre humectés des rozées chéans lors. Ainsi n'estans touchés d'aucune humidité procédante, ne du ciel, ne de la terre, les melons en meurissent plustost, et mieux, et en est rendu leur goust plus délectable que plus fort, sur leur fin, ils se cuiront par chaleur. Le coupper des cimes de leur ramage est tant utile en cest endroit, que la maturité du fruict en est advancée : car deschargés, les melons, de telles superfluités, ensemble de la plus-part des fueilles, la substance de la plante leur reste entière, dont ils se rendent d'autant meilleurs, que moins sur leur fin leur aura-on laissé à l'entour d'empeschemens.

Les melons ne pouvans souffrir retardement aucun en leur cueillète, contraignent le jardinier de les visiter à tous momens sur leur dernière aage, pour les prendre justement au poinct de leur parfaicte meurté, devant ni après, n'estans au manger ni plaisans ni salutaires. En quoi ils sont singuliers, car il n'y a autre fruict que la terre produise, ne se ployer sans grande tare, à estre cueilli quelque peu verdelet, ou trop meur. La maturité des melons, se prévoid dès quelques jours au-paravant. Ils s'approchent de leur poinct, à mesure qu'ils s'acquièrent lustre quelque peu reluisant, qu'ils s'appoisantissent, et qu'ils commencent de sentir bon. Mais lors sont-ils parvenus au poinct

K k

désiré, quand avec l'odorement, la queue
fait semblant de se séparer du corps du
fruict, en la pressant avec les doigts. Si
par nécessité cueillés des melons devant
ce terme-là, laissés-leur la queue assés
longue, et après serrés-les en lieu chaud,
ou exposés-les au soleil, où ils s'achèveront de meurir, ce qui ne pourra servir
qu'un couple de jours, encores ce sera
d'une meurté contrainte, qui leur rava-
lera beaucoup de leur bonté. Par le contraire, les arresterés de se trop faire ou
meurir, en leur couppant la queue rés du
fruict; ou pour le mieux, en leur donnant une taillade au ventre; car par telles
ouvertures, et les séjournant en lieu frès,
les gardés de passer outre. Ainsi sont
gouvernés les melons en pays du tout
leur agréant.

Mais avec plus de mystère les eslève-
on, où les froidures s'opposent à ce mesnage : car c'est par fumiers et couvertures
qu'on y exempte de péril ces précieux
fruicts, voire en y ad-joustant la chaleur
du feu pour en eschauffer l'aer. Par degrés l'on employera tels moyens. Les
fumiers et les couvertures, ès endroits,
quoi-que tempérés, s'escartans tant soit
peu des méridionaux : et ès du tout septentrionaux, avec ces choses, se servira-
on du feu, comme sera représenté au
Chap. xxx. discours des orangers. En trois distingue-
rons-nous donques les lieux à melon ; en
chaud, en tempéré, en froid. Pour le
premier, il a esté discouru, restent les
La con-
duicte des
melons en
pays tem-
péré. autres. En pays tempéré, toutes-fois,
importuné aucunement de froidures, un
lieu sera choisi exposé au soleil, auquel
eslevera-on une grande couche de pur et
récent fumier, et sur icelui deux ou trois
doigts de bonne et légère terre seront

escartés pour y faire naistre la graine de
melon. Le fumier de cheval pour sa
grande chaleur, est employé en cest endroit, à ce choisi par dessus tout autre.
La hauteur de la couche appellée, couvoir, montera jusqu'à deux ou trois pieds
sur terre : en longueur et largeur, s'estendra à volonté ayant esgard à la quantité de graine qu'on y voudra faire naistre.
La couche sera au-devant d'une muraille
sans la joindre, de peur des bestioles
s'y nourrissans, nuisantes aux graines
de melon, estant à l'abri de la bize regardant le midi : et au défaut de telle
commodité, y dressera - on un rempart
avec des aix de charpenterie, ou avec
des claies tissues de paille qu'on affermira moyennant des bons paux fichés
dans terre : et non seulement de ce costé-
là, sera fermé le couvoir, ains des autres
trois, avec telle condition, néantmoins,
qu'on les puisse ouvrir et fermer aisément
pour donner entrée au soleil aux bonnes
heures du jour, et en repousser les froidures. De mesme matière sera couverte
la couche, afin d'engarder les gelées d'y
tumber : et pareillement à volonté, et
en pourra-on hausser et baisser la couverture, à l'utilité des tendres jettons de
melon, qui, par ce moyen, recevans
opportunément l'aer et le soleil, s'en advanceront mieux, qu'estans tous-jours
enfermés. Au couvoir, en telle manière
dressé et accommodé, sera semée la graine
de melon, sèche ou humide, comme l'on
voudra, au poinct de la lune, autant
espessement et profondément dans terre,
que ci-devant a esté marqué. Dans six ou
sept jours de l'ensemencement, leveront
de terre vos graines : et dans douze ou
quinze autres suivans, les jettons en pro-

venans se rendront propres à estre transplantés , moyennant qu'on les arrouse
souvent pour corriger la grande chaleur
du fumier , sans toutes-fois mouiller leurs
fueilles , comme a esté dict , et les esherber soigneusement. Sans autre attente
que du beau temps , ne d'aucune observation de l'estat de la lune , n'en délayerés
le transplantement : ayans les melons
attaint l'aage susdicte : tant pour le
danger d'estre bruslés par la grande chaleur du fumier , y séjournant plus long
temps , que du retardement de leur accroist ; plus s'advanceans , que plustost
sont remués en leur dernière terre. La
maistrise de ce remuement consiste à
l'arracher du seminaire , tant ces plantes-ci craignent d'estre offencées en leurs
racines. Trois ou quatre ensemble en
enleverés avec leur terre , l'ayant au
préallable couppée avec un long cousteau
poinctu , duquel sera faict un cerne à
l'entour assés profondément : et avec
icelle terre , les planterés (sans nullement
séjourner) ès fossettes dont ci-devant a
esté faicte mention. Avec curiosité , on
ouvrera en cest endroit , serrant si bien
de tous costés les plantes de peur de
l'esvent , que ne se prenant garde du
remuement , elles se puissent bien reprendre et en leur temps fructifier : comme
feront , moyennant la conduicte requise ,
de laquelle a esté parlé , et la bénédiction du ciel.

Avec moindre altération transplante-on
les melons , si on en faict naistre la semence dans des pots de terre , enfouis
dans le fumier en la couche jusqu'à la
gueule , pour de là tirés en temps convenable , avec les pots , estre plantés en la
melonière. Par ce moyen les nouvelles

plantes sans s'appercevoir du changement
demeurans en leur mère-terre , ne pourront faillir de faire bonne fin , estans en
suite bien cultivées. Mais d'autant que
la matière du pot empescheroit les racines
de prendre terre , l'ou casse doucement
le pot , l'ayant assis en son lieu , et de
mesme en retire-on les tests et pièces.
Et à ce que ce soit sans altérer la plante ,
l'on façonne des pots de terre à ce propres , qui s'ouvrent sans violence : et
par ce moyen , s'en retirent toutes les
pièces et des costés et du fond.

A Paris , et en plusieurs autres endroits
de la France , pour la froidure du climat ,
font naistre , croistre et meurir les melons
sur le fumier , sans craindre que sa puanteur cause mauvais goust au fruict , d'où
avec l'advancement de leur maturité , ils
sortent fort bons. Ainsi l'on se manie à
ce mesnage. Une couche de fumier de
cheval , freschement tiré de l'estable , est
faicte de la hauteur de trois pieds , de pareille largeur , de la longueur qu'on voudra , posée en abri comme dessus. Elle
est couverte de trois doigts d'espesseur
d'un subtil , menu , et vieux fumier , pourri
d'un an , escarté par dessus et uni avec un
balai. La couche est laissée en tel estat ,
quatre ou cinq jours , pour donner loisir
au fumier de s'exhaler , afin que sa trop
grande chaleur , ne brusle la graine de
melon qu'on y sème dessus. Ce temps ex-
piré et la chaleur diminuée , la graine y
est mise en ceste sorte. Le travers de la
couche est rayonné , de quatre en quatre
doigts , avec un gros baston enfonceant
d'un doigt le rayon , dans lequel la graine ,
toute humide ayant trempé vingt-quatre
heures , est mise , trois grains joincts ensemble , esloigné , tel assemblage , de

quatre doigts l'un de l'autre : aprés doucement couverte avec deux ou trois brins de balai , et tant qu'il suffise pour la défendre du halitre et mauvais vent. La saison la plus propre pour dresser et semer telles couches, est la fin du mois de Mars; parce que jusques alors, bien - que les graines levassent heureusement, les froidures et les mauvais temps les retardent tellement, que bien souvent avient que ceux qui font leurs semences de melon dans le mois d'Avril, favorisés du temps, advancent davantage, ayans aussi tost des bons melons, que les plus hastifs. L'on void ordinairement que s'il n'arrive quelque grande intemperature d'aer, la bonne graine posée sur une bonne couche, commencera à lever le troisiesme ou quatriesme jour d'aprés qu'elle aura esté semée. Lors conviendra que le jardinier aie grand soin de ses nouvelles plantes, les tenant à couvert du mauvais temps, les reschauffant de délicat et menu fumier , sans nullement les arrouser en ce commencement. Et d'autant qu'au bout de dix ou douze jours la couche commencera à se refroidir, il la faudra reschauffer par nouveau fumier , qu'on y ajoindra de deux pieds tout à l'entour, et de sa mesme hauteur.

Voilà l'ordre qui s'y doit tenir, jusqu'à ce que les plants ayent poussé leur cinquiesme ou sixiesme fueille : lors si la saison est douce , faudra préparer une ou plusieurs autres couches selon la quantité de vostre plant, avec du récent fumier de cheval, comme dessus, seulement hautes de deux pieds de largeur, comme la première. L'on les laissera reposer neuf ou dix jours , pour en oster le trop de chaleur du fumier, avant qu'on y remue le plant, pour s'y achever de faire. Ne faudra mettre aucune terre par dessus la couche, ains planter les jettons de melon sur le pur fumier , dans lequel , voire grossier comme paille mi-pourrie , seront faicts des trous ronds , larges d'un pied en diamètre et autant profonds , en rengées et lignes droictes , équidistans d'un pied et demi ; dans lesquels , les plants seront remués , arrachés du seminaire sans violence, prenant l'assemblage des trois grains avec toutes leurs racines et terre y attenante : là ils seront bien logés , bien serrés de peur de l'esvent, et arrousés si le temps s'addonne à la sécheresse, pour les faire reprendre plus facilement : comme aussi sera très à propos, de tenir couverts les plants avec des pots de terre pour un ou deux jours, avenant que le soleil soit chaud, car par tel ombrage, leur reprinse s'en asseurera. Ainsi plantés seront entretenus durant dix ou douze jours , bien couverts, sur tout la nuict , pour les préserver des gelées et frimats restans de l'hyver, jusques à ce que l'on voye qu'ils soyent parfaictement bien reprins, et qu'ils commencent vouloir allonger leur premier tige , duquel il faut coupper le bout, pour contraindre la substance de la plante, à jetter des branches de tous costés du principal tronc, parce que desdictes branches vient principalement le fruict , non du premier tige. Puis venans les branches à s'estendre, il faut que le jardinier aie la cognoissance de celles qui sont propres à porter fruict, et des autres qui ne produisent que la fole et inutile fleur , afin de coupper du tout les unes et roigner les autres à la juste longueur qui leur est nécessaire pour fructifier. Ceste forme de retailleure, qui s'appelle proprement, chastrer, se continuera de deux jours l'un, jusques à ce que le fruict soit en parfaicte maturité. Car par cest ordre, vous obligés toute la substance de la plante, à nourrir son fruict, non à s'estendre inutilement à l'entretien de plusieurs branches et fueilles de nulle valeur : moyen qui apporte tel et si grand advancement à la nourriture de ce fruict, que telle curiosité observée aux climats de quarante-huict à quarante-neuf degrés, les melons se rendent pareils en bonté et promptitude de maturité, qu'en ceux de quarante-quatre et quarante-cinq : car c'est dans la mi-Juillet qu'on mange de bons melons à Paris, aussi bien qu'en Avignon et à Nismes. L'arrouser y sera continué une fois de deux en deux jours, si le temps est ordinaire, mais la chaleur pressant, ce sera tous les jours qu'on fera boire ces plants, jusques à ce que les melons soyent presques meurs. Ceste science et l'expérience combattent l'ignorance et la paresse de ceux qui ne veulent employer l'artifice et la peine pour avoir de ces beaux fruicts, et plusieurs autres singularités, en domptans par là l'intempérence de l'aer de leur pays, et se privans volontairement de mille commodités exquises, dont les effects de telle curiosité, rendent tout le monde certain de la récompense asseurée d'un honneste travail. Car non seulement les concombres et courges, symbolisans aux melons, ains toute sorte d'herberie, grosse et menue, est heureusement produicte sur telles couches.

Pour faire naistre les melons dans vingt-quatre heures, convient en semer la graine dans des paniers ou pots de terre, parmi de subtile et bien engraissée terre,

au-paravant ayant trempé la semence dans du vin ou autres liqueurs, un ou deux jours. Et après fourrer les paniers ou pots dans le four, après en avoir tiré le pain, ou pour la chaleur restante de la fournée, dans un jour et une nuict, les graines pousseront et leveront de terre. Ce que voyant les remuerés en cabinet bien serré sans sentir l'aer, et le lendemain les exposerés au soleil de midi, un couple d'heures, non plus : et le jour suivant, les y tiendrés quatre ou cinq heures, ainsi continuant de jour à autre en augmentant le séjour au soleil de la moitié du temps. Pour leur faire accoustumer l'aer peu à peu, cependant les humecterés selon qu'en verrés le besoin, en les arrousant avec d'eau tiède. Sans ces observations, en vain telle curiosité : car par craindre estrangement le froid, ces plantes forcées par chaleur artificielle, se perdent à peu d'occasion en leur première aage. C'est pourquoi l'on attend que le temps se soit bien eschauffé, avant qu'employer tel ordre. Finalement seront logés en la melonière, et en suite cultivés comme dessus.

Ceci est propre pour le pays froid, que de faire naistre, croistre et meurir les melons dans des grandes quaisses portées sur roues : pour, des caves où l'on les tient durant les froidures, les traisner au soleil des beaux jours : et de là és caves, alternativement, selon les nécessités, à la manière qu'on gouverne les orangers en France.

Aucuns, avec plus de subtilité et moins de peine, gouvernent ceste plante, sous aer septentrional. Cela se faict en lui parant les froidures avec couvertures de verre, lesquelles tant s'en faut d'empes-

cher la vertu du soleil, qu'elles la fortifient, à l'utilité de la plante, selon le naturel de telle matière, comme tous les
jours s'expérimente, le soleil passant à
travers le verre, mettre le feu, en esté,
au bois sec, à la paille, et à toute autre
légère matière, sur lesquelles il frappe.
Ces couvertures, sont grands chapeaux
façonnés comme cloches par bas, ou
comme chappes d'alambics, n'ayans bord
en l'extrémité. Leur grandeur est d'un
pied de diamètre pour enveloper la fossette de la melonière, en laquelle sont
semées les graines, et l'espesseur tant
grande qu'on peut, pour estre moins
sujets à se rompre. Touchant la fossette,
il en a esté dict ce qu'il convient : et comment le fond en est eschauffé par récent
fumier de cheval, qu'on met dans terre :
aussi de l'ordre de semer la graine. Donques, estant la terre eschauffée, et les
froidures rabbattues par le rencontre du
verre, les melons y fructifient à plaisir,
pourveu qu'avec patience l'on tienne les
couvertures sur les plantes tant qu'on
pourra, c'est assavoir, aussi long temps
que leur accroissement le permettra, que
les chapeaux pourront contenir le ramage,
et que les chaleurs du temps arrivées,
ayent chassé la crainte des froidures.
Outre lequel service, telles couvertures
préservent et graines et jettons de tous
leurs ennemis : estans par le rempart du
verre, empeschés d'y toucher les rats,
les limaces, chenilles, fourmis, et autres
bestioles, qui les dégastent quand elles y
peuvent attaindre.

Touchant le feu duquel l'on se sert en
certains lieux pour avoir des melons, et
le moyen de l'employer, nous en avons
Chap. xxvi. renvoyé la pratique ci-après au discours
des orangers : où le seigneur estant en
pays froid (car ce n'est ouvrage de simple
mesnager) s'instruira de l'ordre qu'il a à
faire tenir, pour se pourveoir d'un si
précieux fruict : sans regarder à la grande
despence, puis que le seul plaisir est le
total de ce qu'il peut espérer de telle
forcée culture (5c).

Le gouvernement des concombres et
courges, est le mesme que celui des melons, par symboliser en naturel : qui est
de craindre communément le froid. Mais
comme le melon est le plus délicat fruict
de ces trois sortes-ci, aussi pour lui le
plus spécial soin est réservé. Selon les
lieux, chauds, tempérés, ou froids, sera
ordonné de la conduicte de ces plantes,
pour les loger dès l'ensemencement, ou
en plaine campagne, ou sur couches de
fumier, ou sous couvertures : dont le plus
désirable est celui auquel elles se peuvent
parfaire, sans nécessité de transplanter,
pour les raisons dictes.

Des concombres communs y a-il, blancs,
verts, griseastres : grands, moyens, petits, discernés par telles qualités. Tous
lesquels finalement deviennent jaunes,
ayans outrepassé le poinct de leur parfaicte
meurté. Ils désirent fort l'eau, sans laquelle ne peuvent vivre : aussi moyennant
le fréquent arrousement, avec merveille
s'accroissent-ils de jour à autre. Au contraire, ils haïssent l'huile, duquel s'esloignent si on les en approche. Par artifice peut-on avoir des concombres en
toutes saisons et tous-jours frès, comme
on lit de l'empereur Tybère César, qui
tant aimoit ce fruict-ci, qu'il s'en faisoit
ordinairement servir, le recueillant de
ses concombrières portées sur roues, des
caves au soleil, et remuées d'un lieu en

autre selon les nécessités des temps. *Pline* après *Columelle* donne la recepte d'avoir des concombres durant toute l'année. C'est en fourrant la graine de concombre, dans la moüelle des grosses orties, dont le tronc aura esté couppé rondement dans terre deux doigts, d'où prenant nourriture, comme ente, fructifie en toutes saisons, moyennant la faveur du soleil, du fumier, de la culture, et de l'arrousement.

Autre race de concombres que de la commune, se void non sans esbahissement, pour son estrange figure, ressemblante celle du serpent autant naïfvement qu'on diroit que Nature a voulu là refaire son propre ouvrage. Ces concombres croissent entortillés de la longueur de quatre à cinq pieds, et davantage, ayans la teste, les yeux, la bouche, comme les vrais serpens; toutes-fois les yeux et la bouche points, sans enfoncement qui descouvre la chose y regardant de près. La couleur est universellement barrée en veines grises, vertes, et jaunes. Ils tiennent à la plante par le bout de la queue. Ce sont ceux dont *Pline* faict mention, qu'il appelle concombres scorpionistes et serpentins, les tenant estre sauvaiges. L'horreur de leur figure les rend plus admirables que mangeables, encores que leur goust, de lui-mesme, soit aussi bon que des autres concombres. Leur semence est venue d'Espaigne à Tholose, et de là plus avant en certains lieux de Languedoc, où néantmoins elle y est encores très-rare. Ils ont au reste de commun avec les autres concombres, la culture en toutes sortes, par quoi aucun particulier traictement n'est requis pour les eslever (51).

Quant aux courges, de trois principales sortes en avons-nous, distinguées par ces mots, courges, cougourdes, citrouilles. Les courges et cougourdes ne diffèrent qu'en figure, estans de couleur blanche, et de semblable goust. Les courges sont longues, y en ayant attaindre jusqu'à cinq ou six pieds. Elles sont plus délicates et plus propres à confire pour en faire du carbassat, que les cougourdes : et celles-ci, sont rondes, commodes à estre asséchées pour en faire des bouteilles à tenir vin, huile, et autres liqueurs. Je ne doubte qu'en plusieurs endroits, ces deux espèces-ci ne se confondent en leurs appellations, pour la conformité de leur service. Leur race n'est estrangère, ains originaire de certaines provinces de ce royaume, aussi en la plus-part d'icelui, sont-elles dictes cougourdes de pays. Des citrouilles n'est de mesme, car l'engeance nous en est venue des royaumes de Naples et d'Espaigne, de différentes espèces, dont les aucunes sont de monstrueuse grosseur et poisanteur. Tant de sortes de ces fruicts-ci nous ont esté apportées d'outre-mer, de Barbarie, de Maroc, de Turquie, et d'autres parties lointaines, qu'il seroit impossible les représenter toutes exactement. Il y en a de grandes, de petites, de goderonnées, ressemblantes à citrons et poncires, diversement colorées. Généralement les ramages de ces fruicts-ci aiment à grimper en haut ès treilles et tonnelles. Mais par la grande poisanteur des citrouilles, l'on les laisse remper sur terre, donnant quartier ès autres en haut, pour s'y agrafer selon que leur légèreté le permet; bien-que l'usage du commun des jardiniers, soit de les faire, sans distinction, toutes accroistre et fructifier en bas traisnans sur la terre.

Citre.

Le citre est une autre espèce de citrouille qu'on eslève, principalement pour la graine, servant en médecine, et sa chair pour viande aux pourceaux, autre espérance n'en ayant. Elle est noire, et pour la grossesse de son naturel, facile à eslever (52).

Comment tirer la graine de ces fruicteries.

Du ventre de tous lesquels fruicts, symbolisans ensemble, melons, concombres, courges, cougourdes, citrouilles, tire-on leurs graines et semences pour conservation de l'engeance, quand parvenus en parfaicte meurté, l'on en vuide les entrailles pour les conserver, séchées à l'ombre, jusqu'au printemps, et plus longuement si l'on veut.

Légumes.

En ceste prenuère saison du printemps, conviendra semer les légumes qu'on voudra eslever au jardin d'esté, exceptés les pois ciches qu'on réserve pour le commencement d'Avril. Et bien-que de ce aie esté traicté ailleurs, si sera-il ici à propos de dire, que si l'on en veut mettre en ce jardin-ci, on le pourra faire en ceste saison; avec l'observation de la lune vieille, de la culture, de l'arrousement, du tondre de l'herbe des féves, du brancher des pois, pour les faire fructifier, comme a esté dict. Les pois et féves seront ramolis dans l'eau pour douze ou quinze heures, devant qu'on les séme, pour tant plustost les faire lever de terre. La cueillète des pois et féves, se faict de jour à autre despuis que les grains sont formés, dans les gousses jusqu'à leur entière meurté, pour en manger des tendres en potage et autrement. Et les restans parvenus à leur dernier poinct, seront cueillis en les arrachant de terre (la lune estant nouvelle, pour les raisons dictes ailleurs) après battus et serrés. Les

Au Liure II, chap. IV.

pois et féves, entre les légumes sont ceux de plus de réputation ès beaux jardinages. Ils seront accompaignés des ciches, faziols, et autres de mérite, selon la qualité du lieu et autres circonstances le requérans: desquels ne sera en cest endroit plus avant discouru, en ayant dict ailleurs autant que de besoin (53).

Capres.

La caprière s'édifie comme la vigne, c'est assavoir par maillots ou crocètes s'enracinans dans terre les branches des capres, de mesme que les sarmens de vigne: non toutes-fois tant facilement qu'eux, dont du mystère y a-il à les faire reprendre, afin de les garder d'esventer; mal qu'ils craignent plus que nul autre, et devant et après leur plantement rendant doubteuse leur reprinse. Mais très-asseurée est-elle par margotes ou plant enraciné prins au pied des vieilles capres, à telle cause estant ceste voie-ci, préférable à toute autre. Seule aussi seroit-elle employée, si on y treuvoit du plant à suffisance, ce que défaillant, conviendra faire cheveler ou enraciner les maillots, pour en-après les replanter en la caprière. La semence n'est de grande efficace en cest endroit, pour son tardif accroissement: de laquelle néantmoins se servira-on défaillant autre voie; ainsi qu'à l'extreme curiosité, eschéant d'eslever quelque excellentissime race de raisins, l'on en séme des pepins. Au mois de Novembre ou de Mars, selon la propriété du climat, les ceps des capres sont taillés, en leur ostant tous les jettons de l'année précédente, excepté un œil du nouveau bois qu'on y laisse à chacun, pour plus facilement reproduire de ce costé-là, que de l'endurci du cep: et que le fruict en sorte comme les raisins des jeunes pampres

de

de la vigne : icelle et les capres marchans
de compaignie jusques-là. Les maillots
ou crocètes tronçonnés de la longueur
d'un pied, seront tout aussi tost mis en
terre, en les recourbant dans la fosse,
d'où ressortiront seulement un doigt : et
à ce que moins s'esventent, la trenche du
bout du maillot estant dehors terre, sera
couverte de fine argille ou de poix fondue,
pour engarder la vertu de s'exhaler par
telle issue. Duquel remède doubtans aucuns, enterrent du tout les maillots, sans
rien en faire ressortir, les couvrans entièrement de terre, d'où repoussent les jettons en haut. Il est nécessaire en ce premier acte, de tenir arrousés les maillots,
autrement ne pourroient-ils prendre racine, aimans lors autant l'eau, que après
estre remués en la caprière, ne s'en soucient que bien peu, se plaisans plus en la
sécheresse, qu'en l'humidité. Veulent
aussi estre logés sous aer chaud, non
importunés des vents, et en terre fertile,
bien fumée, bien cultivée, pour n'estre
chargés d'aucune nuisance. Moyennant
tel traictement, dans un an ou deux, se
rendront propres à estre replantés, ce
que ferés faire au mois de Mars moyennant le beau temps.

Estans les capres originaires des parties méridionales, faict qu'elles ne peuvent
vivre en pays septentrional, qu'avec quelque artifice, pour addoucir l'aigreur des
froidures. C'est pourquoi, plusieurs font
leurs caprières dans les murailles regar-
dantes le midi, où ayans laissé des trous
ou armoires, y logent ces plantes-ci sur
la terre que pour leur nourriture on y accommode. Avec plus d'efficace s'y logent-
elles, si la muraille est accompaignée de
terre en dehors jusques au droict des ar-

moires et trous, pour leurs racines, s'y
pouvoir nourrir et pourmener à l'aise.
Les trous seront eslevés sur terre, pour le
moins, trois ou quatre pieds, afin de
donner place aux jettons et brancheage
des caprières sortans de leurs trous, de
s'allonger raisonnablement en bas, devant qu'attaindre à terre pour la conservation du fruict, ne faisans guières bonne
fin ceux qui touchent à terre.

N'ayant la commodité de lieu, estant
entièrement plat sans relèvement, l'on ne
laissera de commodément y dresser la caprière. Une muraille de bonne maçonnerie sera faicte, haute de neuf à dix pieds
ou davantage, et au devant d'icelle du
costé de midi, deux ou trois pieds de distance, en ligne paralelle, sera dressée
une autre muraille de mesme estoffe, de
la hauteur de trois à quatre pieds. Leur
entre - deux sera rempli de bonne terre
bien fumée et sur icelle plantera-on les
caprières, qui en s'accroissans, verse-
ront leur ramage en hors passant par dessus la basse muraille tendant en bas vers
terre, selon son naturel, qui est de fondre
en s'abbaissant. Et à ce qu'en ce passage,
les tendrons ne soyent offencés pour la
durté du rencontre des pierres angulaires,
dont presques toutes murailles sont composées, l'on couvre l'extrémité de ceste
muraille en rond, de pierre ainsi taillée,
ou de brique de telle figure. Dont estant
le chemin des rameaux facile, facilement
porteront-ils aussi le fruict jusqu'à terre.
Moyennant que les caprières soyent nettement tenues par sarcler et serfouer : à
ce que les meschantes herbes n'en tirent
la substance : que, pour les fortifier,
chacun hyver soyent amendés avec des
gras et nouveaux terriers : en esté, quel-

ques-fois les extremes sécheresses pressans , arrousés : et en l'automne ou printemps , tondus et taillés comme a esté monstré.

Ce n'est seulement en ces lieux ainsi préparés, où les caprières s'édifient , ains aussi ès du tout plats, leurs rameaux y rempans comme concombres , mais non avec telle utilité qu'ès endroits eslevés , pour l'intérest du fruict qui touche à terre, ainsi qu'a esté dict. Joinct que les racines des caprières divagans par le jardin ayans le large , par leur particulière humeur, incommodent les autres plantes du jardin. Ce qu'elles ne peuvent faire, estans ci-dessus resserrées à l'estroict, où néantmoins ont-elles place suffisante pour leur entretenement.

La cueillette du fruict.

Le fruict des caprières est cueilli de jour à autre , sans en attendre certain poinct de maturité ; car comment qu'on prenne les capres , sont tous-jours propres à confire. Mesme tant plus vertes l'on les cueille , tant plus apétissantes en restent-elles : dont avient , que plus prisées sont les capres, que plus petites on les treuve. De jour en jour donques, l'on retire de la caprière tout le fruict qui se présente durant la saison , et tout-d'unemain , pour le conserver est-il confit à la manière enseignée ci-après. La qualité du caprier estant du genre des arbustes vivans longuement , faict sembler n'estre ici couché en son reng, ains devoir estre mis au jardin fruictier. A cela est respondu, que , désirans les capriers d'estre exposés en plain soleil, et que pour leur bassesse seroient en danger d'estouffer parmi les arbres du verger , leurs brancheage et ombrage les opprimans, avec plus de profit sont-ils logés au jardin po-

Au Lieu VIII, ch. 11.

tager , qu'ailleurs : joincte leur culture, commune avec celle de la potagerie.

CHAPITRE X.

Du Jardin Bouquetier ou à Fleurs, premièrement des Arbustes (64).

L'ORDONNANCE de *Caton* est d'enrichir le jardin potager par fleurs , afin de joindre le plaisir au profit , selon le commun désir : tenant pour manque et défectueux le potager , auquel défaut l'ornement qui procède des belles et florissantes plantes. Et de faict , le grand estat que les Antiques faisoient de la bouqueterie, des chapeaux de fleurs , des herbes et des racines de bonne senteur , des perfums, et semblables choses précieuses croissans ès jardins , monstre qu'ils accontoient pour article notable , ces excellentes matières , comme servantes de l'homme , le tenans joyeusement , le conservans en santé , pour devoir estre soigneusement recerchées. Mais le grand nombre de telles exquises plantes créées de Dieu pour le plaisir de l'homme, ne peut estre représenté par le jardinier, tant s'en faut que de toutes il s'en puisse pourvoir. En quoi se veid estre plus facile à la Nature de tapisser la terre de la variété de ses fleurs , d'infinies couleurs, et odeurs , que par discours humain les mettre toutes en évidence.

Nous embellirons donques nostre jardin bouquetier de tout autant de ces gentillesses dont Dieu nous aura donné la cognoissance, de partie desquelles , comme pour double commodité , nous-nous servirons en autre usage que de plaisir selon les occurrences : y laissans place pour les nouvelles plantes, que de jour à autre pourrons recouvrer. Pour la diversité des ouvrages de ce jardin-ci, diverses plantes sont employées, hautes et basses. Ès tonnelles et cabinets, serviront les arbustes : et ès compartimens et autres mignardises du parterre, dont la qualité requiert de demeurer bassement, les herbes à ce ployables, comme en lieu convenable sera particularisé.

rosiers. Commençant par les arbustes dirai que d'iceux les plus remarquables sont les roziers, distingués en quatre principales espèces : une de rouges, autre d'incarnates ou escarlatines, et deux de blanches. Les rouges sont celles de Provins propres à faire la conserve, les incarnates, dictes de Provence et par d'aucuns *zebedées*, celles d'où distille la bonne eau roze et servans aux apoticaires ès syrops et autres choses : l'une des blanches, outre la couleur, est au reste semblable à l'incarnate : l'autre est la damasquine ou musquate, ainsi dicte pour sa précieuse senteur. Ceste-ci est fort petite, composée de cinq fueilles, les autres en ayans beaucoup davantage, plus toutes-fois tant mieux le terroir leur agrée. Outre ces rozes-ci, y en a des jaunes et rouges plaisantes à voir, non à flairer : mesme la jaune, dont la senteur est plus mauvaise que bonne : la rouge n'estant d'importune odeur, ains seulement est-elle tant foible et petite, que presques l'on n'y en recognoist aucune. En nombre et grandeur de fueilles, comme aussi en ramage, s'accordent ces deux rozes-ci, avec les damasquines, ce qui les faict accoupler ensemble pour communément servir en ca-

binet, dont pour telle diversité le cabinet se rend de plaisante representation. Touchant les sauvaiges appellées canines, de plusieurs espèces s'en treuve-il par les hayes et buissons qui ont de la valeur : sur toutes lesquelles, les esglantines emportent le prix, approchans des damasquines. *Quel terroir requièrent, et comment les planter.* Tous roziers requièrent le terroir bon et vigoureux, toutes-fois, plus léger, que poisant : plus sec, qu'humide, le fréquent arrousement ostant la force de la roze. Et par racines et par branches, on les plante : par branches ou bouteures, au défaut de plant enraciné pour advancement d'œuvre, préférant l'un à l'autre. Le temps en est divers, selon les diverses situations. Si c'est en pays chaud et sec, en Octobre ou Novembre l'on les mettra en terre : si en froid et humide, en Février et Mars. Ne les faut profonder en terre plus d'un pied, et de pareille mesure seront arrengés en la fosse équidistamment. Vous servant en cest endroit des branches de rozier, les recourberés en la fosse en les estordant, pour tant mieux les faire enraciner, mais si de plant chevelu, le mettrés droictement en terre comme arbres fruictiers. Deux ou trois fois chacune année, seront marrés *Pour tenir,* les roziers, afin de les descharger des ronces, buissons, et herbes nuisibles qui se meslent parmi eux par la négligence du jardinier. Convient aussi souvent les curer et esmunder, comme de deux en deux ans ; leur ostant avec la serpe, du bois tout ce qu'on verra s'y envieillir et le superflu aussi. A ce que par nouveaux jettons, l'on aie abondance de rozes bien qualifiées, telles n'estans jamais les croissantes sur rameaux vieils et endurcis tendans à leur fin. Sera en outre très-bon en les beschant, les fumer quelques-fois s'ils sont en terre légére, car plantés en bon fonds, n'est besoin prendre telle peine, la fertilité du terroir leur fournissant assés de vigueur.

Faire tost florir.

Pour avoir des rozes de hastiveau ou fort primeraines, convient advancer les roziers par chaleur de fumier. Le moyen est, qu'estans les roziers plantés joignans quelque muraille au regard de midi, et par là à l'abri de la bize, soyent au mois d'Octobre ou de Novembre, deschaussés profondément, et la fosse remplie de bon fumier de cheval, meslé parmi un peu de bonne terre. Après, durant l'hyver tous les huict jours une fois, seront arrousés avec de l'eau tiède expressément eschauffée sur le feu, plus souvent si le temps se rencontre sec et venteux, rien du tout estant pluvieux et humide. Par telle addresse, dans l'hyver aurés des rozes, pourveu que les préserviés des gelées, les tenant couvertes. Mais ce sera aussi au détriment des roziers, qui pour tel pressé advancement, ne pourront estre de longue durée : car leurs racines se cuisans en la chaleur du fumier, défaillent dans peu de temps. Perte non beaucoup considérable, eu esgard au contentement de telle gentillesse, et la facilité de faire accroistre des nouveaux roziers, pour les surroger en la place des morts. L'advancé planter des roziers, en advance aussi le florir. A telle cause, seront les roziers enracinés, plantés vers la fin d'Aoust ou commencement de Septembre, la lune estant nouvelle : lesquels logés et traictés comme dessus, ne faudront de rendre des rozes en hyver.

Et les enter.

Toutes sortes de roziers se peuvent enter en escusson pour meslinger leurs couleurs : toutes-fois avec moins de peine en recouvre-on de diversement colorés par le seul plant. Car en assemblant deux ou trois jettons de rozier, différens en telle qualité, et là les contraignant par subtile union à s'accroistre ensemble, à la façon que j'ai monstrée d'unir les sarmens de vigne, rapporteront avec esbahissement des rozes, dont la bigearreure contentera la veue. Aucuns pour avoir des rozes vertes entent des roziers blancs sur des lauriers, en persant le tronc de l'arbre, et y fourrant à travers un jetton de rozier, ainsi qu'il sera monstré ci-après, croyans que les roziers nourris de la substance du tronc de l'arbre, rapporteront à leurs fleurs, la couleur des fueilles de laurier. Curiosité, dont ferés faire l'expérience, si la patience de vostre jardinier vous en donne le moyen (55).

Jesse-min.

Ainsi que le rozier, s'édifie le jessemin, de racine et de branche, ayant aussi de commun le non-désirer trop l'arrousement (pour l'intérest des fleurs) et la facilité de service en berceaux, par estre ses jettons ployables à volonté. Il y a de quatre sortes de jessemins remarquées en la couleur des fleurs, blanches, jaunes, rouges et bleues. A cause de la senteur, les blancs sont les plus prisés, n'estans les autres eslevés que pour la couleur. C'est avec bonne raison, car estans mis ensemble et accompaignés du rozier de Damas blanc, pour sa précieuse senteur, qu'en abondance il communique avec celle des jessemins, le cabinet composé de telles plantes, se rend magnifique. Le plus de l'entretenement des jessemins consiste au tailler, estant nécessaire les esmunder souvent, pour les descharger de la rameure superflue dont ils se revestent : laquelle ostée, par renouvellement de brancheage, se renouvelle aussi la grace de ces plantes (56).

Romarin. En plusieurs endroits de la Provence et du Languedoc, le rosmarin (appellé aussi, *libanotis*, pour la senteur d'encens qu'il représente) vient naturellement par les déserts, et en telle abondance, que les fours à cuire pain en sont eschauffés. Là ne se doit-on travailler à les eslever ès jardins, ains seulement où le climat ne favorise si avant telles plantes. Souffrent néantmoins aisément l'aer freid, mais plus gaiement viennent-elles en tempéré. Par bouteures ou branches, est le vrai planter du rosmarin, par là faisant plus ject, que par racines ne par semence, employée au défaut des autres, et la vraie saison, l'automne, ne se reprenant guières bien au printemps. C'est l'arbuste le plus agréable aux abeilles que nul autre, pour la bonté de sa fleur, qui est aussi fort primeraine, abondante, et de longue durée, dont tel bestail s'accommode très-bien. Il tient reng honorable au jardin, employé en bordures, en cabinets et tonnelles (57).

Murte. En pays chaud, le murte ou myrte vient gaiement sans nulle culture ; en froid, ne peut vivre qu'avec souci et peine ; mais en tempéré gaiement s'édifie-il. Pour la beauté de ses fueilles, il est recerché, et pour autres utilités avec. Il pare très-bien le jardin bouquetier avec beaucoup de lustre. De deux principales sortes de murte y a-il distinguées par ces mots, noir et blanc, pour la différence de leurs fueillages, l'un l'ayant de vert-brun, et l'autre de vert-gai, les deux gardans toute l'année la naïveté de leurs couleurs. En la diversité de leurs fleurs, se recognoist aussi y avoir de deux espèces de murte, l'un la produisant blanche, l'autre jaune. De toutes lesquelles nous meublerons nostre jardin, mais plus d'estat ferons-nous de ceste-là, que de ceste-ci, pour recognoistre quelque cas de plus exquis en la fleur blanche, qu'en la jaune. Le murte, outre la faveur de l'aer, désire la terre subtile et douce, plus légère que poisante, et d'estre mignardé avec du vieux fumier et bonne culture.

Leur conduicte. C'est par semence qu'on s'engeance de murtes, quand le plant enraciné et la branche défaillent ; ce qui avient, lors qu'on est contraint les envoyer prendre trop loin, par s'esventer en chemin. Encores préfère-on la racine, à la branche, pour l'advancement plus grand que faict l'une que l'autre. Estant question de se servir de la semence, l'on la mettra en terre deux doigts de profond, le lieu au préallable dès plusieurs mois proprement disposé. Au mois de Mars et croissant de lune, en est la droicte saison, non devant, pour crainte des froidures : desquelles faut préserver les nouveaux jettons sortans de ces semences-ci, par couvertures qu'on leur tiendra au dessus, jusqu'à ce que la peur des gelées passée, on les expose au beau temps. La difficulté du naistre et d'en conserver après les jettons en leur première aage, cause qu'aucuns logent premièrement ces semences-ci, dans des vazes de terre, d'où les plantes fortifiées, sont en suite remuées en autre endroit : ou bien tenues ès vazes, pour tant plus aisément les préserver des froidures durant leurs importunités. Eschéant de les transplanter, le climat le souffrant, au bout de deux ans de leur naissance, seront les murtes ar-

rachés de leur seminaire, sans retardement, et incontinent plantés un pied
dans terre droictement, comme fruictiers, en escartant doucement leurs racines, et après en avoir recomblé la fosse
uniment sur terre, le tronc sera couppé
quatre doigts par dessus. Quant à la distance d'une plante à l'autre, le naturel
de l'œuvre en ordonnera. Si c'est pour en
composer un cabinet, ou des bordures és
allées, conviendra les arrenger, plus près
l'an de l'autre que si on les vouloit escarter par le jardin, qui sera toute l'addresse
que je vous donnerai là dessus. Gaignerés
une couple d'années de temps, si édifiés
les murtes par plant enraciné ou de branche, et éviterés le hazard d'en faire lever la graine de terre, pour sa foiblesse
s'y estouffant aisément. Et bien-que le
plant n'aie presques point de racines,
n'importe, pourveu qu'il s'y trouve au
bout quelque peu de bosse, par le moyen
de laquelle se reprend facilement, en
cela imitant les oliviers. Touchant la
branche, pour la faire marcoter ou cheveler dans terre, convient la cueillir és
cimes des jettons des vieux murtes, la
choisissant fertile et polie : puis l'ayant
estorse et recourbée, la logerés en la
fosse, et icelle recomblée de terre et unie
au plan, le bout de la branche en ressortira deux ou trois doigts. Par tel ordre,
s'enracinera et accroistra-elle fort bien,
moyennant que souvent la terre d'alentour soit beschée, en temps sec arrousée,
en hyver fumée avec fien menu, et tous-
jours tenue nettement par sarcler et esherber : comme de mesme faudra prendre
garde de si bien traicter les semences où
l'on les aura logées, qu'aucune maligne
plante ne leur nuise. Des murtes se dressent des excellens cabinets au jardin bouquetier, à l'aide des roziers de damas et
des jessemins meslés ensemble, lesquels
faisans la couverture du cabinet et face
du septentrion, tiendront en abri les
murtes estans plantés és autres trois endroits : et ne pouvans les murtes pour
leur bassesse monter guières hautement,
serviront là convenablement de muraille.
Ainsi estant le cabinet composé de cest
assemblage, la diversité de telles gentilles
plantes le rendra très-plaisant, pourveu
que la disposition et proportion du cabinet respondent à la matière, que je réserve
à l'engin du jardinier, en attendant qu'à
plus de loisir je vous fournisse de plusieurs et divers pourtraicts de cabinets et
treillages, pour vous reposer et pourmener au jardin, afin de vous relever de
peine touchant l'invention.

Le fruict du murte appellé mirtil,
sont des baies enfermans la graine, qu'on
ne retire des branches, que les gelées
n'ayent touché dessus, pour leur maturité. Elles servent à plusieurs choses de
médecine : aussi est utile tout ce que le
murte produit, racines, bois, fueilles,
fleurs. C'est la viande des grives et tourdres en certains endroits de la Provence,
que les baies de murte ; dont tels oiseaux
s'y engraissent et en devient leur chair
très-agréable, à cause de la bonne senteur qu'elle en retire (58).

An défaut de murte, en pays froid
l'on se sert du bouis, pour la conformité
de leurs fueilles symbolisans ensemble :
l'ayant le bouis, ainsi que le murte, perpétuellement verte et lice, comme satin.
Aux injures des temps résiste le bouis,
sur lui n'ayans aucun ou peu de pouvoir,
ne froidures, ne gelées. C'est pourquoi est-

il employé en climat septentrional, à l'embellissement des jardins, mesme à cause
de sa grande durée, vivant fort longuement sans beaucoup de culture, dont les
ouvrages s'en rendent comme perpétuels,
et tous-jours magnifiques. Les bancs du
jardin de Gaillon preuvent ces choses:
aussi en plusieurs autres beaux jardins de
la France se voyent avoir duré longues
années des beaux ouvrages façonnés de
bouis: comme siéges, bancs, bastimens,
pyramides, colomnes, hommes, bestes,
que de telle matière, tant elle est ployable, l'habile jardinier contrefaict, au
contentement de la veuë. Ne défaut au
bouis, que la bonne senteur, pour le
rendre du tout bien qualifié; au lieu de laquelle, l'ayant forte, importune, et mal
plaisante, causant mal de teste, est-il rejetté d'aucuns sans le vouloir esleyer au
jardin.

Parmi les pierres, déserts et terroirs de
peu de valeur, sans artifice croist le bouis
en plusieurs endroits de ce royaume,
mesme en merveilleuse grandeur, comme
grosses poultres, en certains endroits de
Normandie et Picardie, qu'on transporte
à Paris pour faire des peignes et autres
choses. Au pays de Vivaretz aussi, mais
non guières hautement, et avec telle propriété, que son fonds se méliore tellement par la cheute de ses fueilles, s'y
pourrissans à la longue, qu'il en demeure
propre à porter beaux blés, quand deschargé de tels arbustes, bruslés sur le
lieu, l'on le réduict en labourage. Engraissent aussi les jettons de bouis prins
en la cime des branches, toute sorte d'arbres fruictiers, et spécialement les oliviers, estans mis auprès des arbres, iceux
au préalable deschaussés un pied dans

terre et d'icelle recouverts. Car par le long
temps que le bouis, pour sa durté, met
à se consumer dans terre, tient la terre
crave et eslevée au grand profit des racines des arbres: qui ayans par ce moyen,
libre passage, s'allongent à volonté, et
en sont humectées par la naturelle frescheur de la matière. Tel engraissement
res-jouit, en outre, les vignes, et par
sur toutes, les musquates, dont elles se
rendent très-fertiles, comme a esté veu.

C'est toute l'utilité de la fueille que
cela, estant au reste immangeable, généralement les bestes abhorrans son extreme amertume et durté. Mais du bois
n'est de mesme, car il s'en façonne plusieurs beaux ouvrages mesmement de la
racine, de laquelle grande trafiq est
faicte en Vivaretz par les marchands Alemans, lesquels de là, preste à mettre en
œuvre, la font transporter en leur pays.
L'on arrache la plante du bouis, et après
avoir couppé toutes les branches, la racine est laissée tant grande qu'il est possible (pour le naturel de la chose, ne
pouvant communément excéder les deux
poingts d'un homme robuste, joincts ensemble), après est esquarrie ou arrondie
comme pierre de taille, selon que mieux
s'accorde: finalement est bouillie dans
l'eau claire en grand chauderon, pour la
rendre propre à ouvrer, préparation accomparable au rouir ou naiser des chanvres et lins, à ceci nécessaire, pour rendre
la racine solide et lui confirmer la beauté
de sa blonde couleur et bigearre madreure.
Ainsi préparée la racine du bouis, est
appellée, *brouze*, employée en excellentes menuiseries, de marqueterie, de
manches de cousteau, de cueillers, de
peignes, et à autres diverses besongnes

à l'honneur de l'Alemagne, mère des ingénieux entendemens. Du branchenge, l'on en retire les perches qu'on y treuve druictes, pour servir à l'appui des vignes: le restant employé en chauffage, à cuire du pain, des tuilles, de la chaux, et semblables choses. Eschéant à vous meubler de bouis, faictes-en planter des rejettons enracinés prins au pied des vieux, un pied dans terre, en rayon ouvert, sans vous soucier de les engraisser aucunement, veu leur facile reprinse et accroist. Les branches s'enracinent aussi, non avec beaucoup d'advancement à cause de leur peu de mouëlle, et de la durté du bois. Par quoi, défaillant le plant chevelu, servés-vous de semence, de laquelle ferés une pépinière, pour de là au bout d'un an en tirer le plant qualifié de mesme aage et grandeur, afin de le transplanter où il vous plaira. Le temps de ce mesnage est le mois d'Octobre et de Novembre, en lune nouvelle. Le plus curieux du gouvernement du bouis, est le maniement de la serpe, pour le tailler et tondre à propos et avec l'engin requis, pour lui faire tenir honorable place au jardin.

Au reng des plantes tous-jours verdoyantes, nous logerons le garrobier, ainsi appellé en Provence, par d'aucuns *silique*. Pour son robuste naturel, il s'accroist en tout aer tempéré et froid, bien-que la Provence soit le pays où naturellement il vient. Il est bien-séant en tonnelles et cabinets, fournissant en abondance du ramage, flexible, de couleur verte et reluisante. A la beauté de ses fueilles donnent grand lustre les garrobies, fruict de ceste plante, qui estans enfermées dans des longues gousses, comme celles de la casse ou des faziols, colorées

d'incarnat cramoisi, faict très-beau voir pendantes parmi le fueillage, dont l'artifice est rendu agréable, et d'autant plus belle représentation, que plus artistement sera disposé le cabinet que le garrobier couvrira. Par nouveaux rejettons enracinés arrachés du pied des vieilles plantes, la lune estant nouvelle, l'on s'engeance des garrobiers, les plantant à la manière ja monstrée : lesquels jettons défaillans, l'on recourra à sa semence, qu'on semera en terre bien préparée environ le mois de Février ou de Mars : non toutes-fois avec asseurance de bien faire, par l'incertitude du naistre, toutes-fois par bon traictement pourra-on vaincre l'infertilité de telle semence. Il n'est requis grand soin au restant de son gouvernement, dont le principal, estant reprins en terre, est l'addresse de la rameure pour la faire grimper en lieu convenable, et d'en tondre le superflu pour la bien-séance et la durée de la plante, à temps et ainsi qu'il appartient (59).

Bien-que la plus-part ne tiennent conte du lierre, par s'engeancer plus qu'on ne veut, si est-il néantmoins agréable à la veue, à cause de sa belle et reluisante verdure qu'il garde, entière, en toutes saisons. Il ne craint ne froidures, ne gelées, ne chaleurs, ne sécheresses, ne humidités, ne ombrages, s'accroissant par tout où il se peut loger, avec tant d'opiniastre résolution, qu'à la longue il cause la ruine des arbres et murailles sur lesquels il se nourrit et soustient. Tapisser avec du lierre l'intérieur des murailles du jardin, est à propos employer ceste plante : ainsi qu'ingénieusement cela se void approprié en l'allée de Sainct-Privat, laquelle bordée de l'autre costé (limitant sa largeur) d'une palissade de laurier, demeure, maugré le temps, tous-jours verdoyante avec belle représentation. Ès tonnelles, berceaux, cabinets et autres lieux couverts s'accommode aussi le lierre, s'y employant à volonté ; et y continuera son service, autant longuement que durera le bois que lui aurés baillé pour appui. Ès jardins de Chante-loup, en ceux de Cluny aux faux-bourgs Sainct-Jaques à Paris, et en divers autres de la France, les belles tonnelles et berceaux de lierre y font des agréables pourmenoirs pour l'esté tellement ombragés, que le soleil n'y a aucune entrée dedans. Le lierre s'agrafe très-bien contre la muraille, et s'y maintient fermement sans autre dospence que du planter : n'estant requis aucun bois pour l'y retenir, ni paux ni perches, d'autant que de lui-mesme s'y choisit des soustenemens asseurés. Et par semence et par plant enraciné, l'on s'engeance de lierre, mais avec plus d'advancement, par cestui-ci, que par cestui-là. Soit semence ou plant, l'on le mettra en terre durant tout l'hyver, la lune estant nouvelle. Après par quelque petit beschement l'avoir faict naistre, ou reprendre, le laisserés-là, sans autre soin pour son entretenement, tant il est robuste et peu délicat.

Le savinier par d'aucuns *sabina*, se reprend de branche, mais plus facilement de plant enraciné, et avec plus d'advancement aussi. Un pied dans terre, est-il planté : désire d'estre bien cultivé, quelques-fois fumé, et arrousé. De deux sortes de savinier y a-il, dont la plus prisée, a le fueillage approchant de celui du cyprès, à telle cause appellé des Anciens, cyprès de Candie. Les deux sont tous-

jours verdoyans, sans craindre beaucoup les froidures, dont les cabinets et berceaux sont convenablement façonnés (60).

Le troesne, appellé en latin *ligustrum*, bois-blanc, à Lion, et à Fontainebleau, coigneau, est bien-séant en barrières ou palissades bornans les allées du jardin, pour la verdeur de ses fueilles, pour la fermeté de son bois, de lui-mesme s'appuyant sans autre artifice, que d'en entortiller le ramage, et pour demeurer long temps en service. A faute de plant enraciné, l'on l'édifie de semence, par l'un et l'autre fort facilement, voire se reprend-il de branche assés bien. Il graine tous les ans, jettant sa semence dans des petites bouteilles noires à touppets, qu'il se conserve en hyver, lesquels meslés parmi le vert de fueillage, augmente la grace des barrières : ausquelles le troesne se représente bien, ne pouvant servir ni en cabinets ni tonnelles, à cause qu'il ne peut monter hautement.

L'arbre de Judée sera mis ici, pour servir et en palissade et en cabinet. Il est par d'aucuns appellé, gueinier, parce, à mon avis, qu'il jette des longues goustes comme gueines à cousteaux, où sa graine s'engendre. C'est un arbre plustost petit que grand, de la taille du premier, rejettant abondamment du pied. Il est ployable à tout, car il se laisse manier à la trenche comme l'on veut. Sa fueille est assez large, de figure pareille à celle du lierre, mais plus grande de la moitié, de couleur vert-gai, pousse tost après l'hyver, qualités causans advancé et agréable ombrage. Ses fleurs colombines, ressemblantes à celles de fleur de pescher, augmentent la grace de l'arbre, mesme qu'elles naissent indifféremment sur le tronc de l'arbre, aussi bien ès endroits endurcis des branches, que sur leurs bouts et cimes, précédentes de trois sepmaines la naissance de la fueille, et se rendent utiles en ce qu'elles sont mangeables en salade, tenans quelque chose de la saveur des capres. Il s'édifie par rejets enracinés prins ès pieds des vieux arbres, à faute desquels, satisfera la graine employée au mois de Mars ou d'Avril.

Lilac. De semblable corps et service que le précédent, est cestui-ci, dict, lilac: son fueillage est plaisant à voir. Ses belles et grandes fleurs de couleur grix violent, sentans bon, parent longuement le jardin. Produit abondamment du pied, dont les rejettons renouvellent la plante; défaillans, ce sera la semence qui satisfera à cela, l'employant au mois de Mars ou d'Avril, en terre grasse et desliée (61).

Seringa. Le seringa porte la fleur blanche et petite, très-agréable à voir et à sentir, vient après celle de lilac. Est de longue durée au jardin y servant de plaisant ornement. Sert commodément en palissades et cabinets. S'edifie de branche, aussi de semence dont il est rendu de facile eslèvement, pourveu qu'il soit mis en bonne terre (62).

Quelles plantes bonnes pour cabinets, semblables, etc. entre les precedentes. Pour l'ombrage sont employés aux cabinets, berceaux, tonnelles, treilles, et autres lieux couverts du jardin de plaisir, non seulement, les arbustes, ains toutes sortes d'arbres fruictiers, et autres ayans les branches flexibles, si à ce l'en se résoud. Mais par lascher la fueille en hyver tous les fruictiers, peu exceptés, faict les postposer aux autres qui ne se despouillent qu'à mesure de la naissance de la nouvelle fueille: laquelle ve-

nant pour les revestir, tient tous-jours les arbres fournis de ramage. D'entre tous les fruictiers qui se despouillent, nous choisirons, comme à ce les plus propres, les coudriers, cerisiers, meuriers, et grenadiers: lesquels par estre bois de couppe rejettans facilement, satisferont à vostre intention: et pour la diversité de la matière, en sera le service agréable, ainsi que communément tel se représente-il de choses diverses. Quant à la vigne, c'est de l'ordre commun, que d'en couvrir toutes sortes de treillages; où pour double utilité, elle est bien-séante. Des fruictiers vestus, deux seulement se treuvent utiles à ce service, assavoir l'olivier, et le pin, dont la beauté de l'ombrage sera accompaignée de la commodité du fruict. La chose n'est toutes-fois sans difficulté, pour le naturel des plantes, d'elles-mesmes non guères obéissantes et ployables. Touchant aux orangers, citromers, et semblables arbres précieux ne se despouillans, n'est raisonnable de les employer en cest endroit, pour leur grande délicatesse: ou seroit que le pays les favorisast entièrement, comme en la basse Provence près de la mer Méditerranée, où pour les parer des froidures, l'on n'est contraint de les tenir couverts en hyver. Les plus dignes arbres de tout le général des autres, vestus et despouillés, et plus propres aux couvertures, sont les cyprés et lauriers: desquels les bonnes qualités, de couleur, de senteur, et d'obéissance, rendent les ouvrages magnifiques.

Cyprés. Le cyprés ne se peut édifier que par semence, estans leurs branches inracinables, et leurs tiges vuides de rejettons: dont les vieux cyprés meurent tous-jours sans héritiers, contre le commun naturel des arbres. C'est pourquoi, les anciens poëtes représentoient leurs Champs Elizéens, complantés de cyprès, et que cest arbre, par les Payens, a esté dédié à Pluton. Aussi se servoient-ils de rameaux de cyprès aux funérailles de leurs morts, desquels ils couvroient les corps les portans au sépulchre. Aujour-d'hui void-on dans les cloistres des moines abondance de cyprès, marque de leur célibat. Le cyprès désire l'aer, plustost chaud que froid, venant aussi assés bien sous ciel temperé, pourveu qu'il soit aucunement couvert de la bize. La graine sera semée au mois de Février ou de Mars, la lune estant nouvelle, en terre curieusement préparée dès l'hyver précédent, à la main et avec du menu funier : afin d'estre consumé avant que la semence y soit mise auprès, cela estant nécessaire pour la faire naistre, car le voisinage du nouveau funier, pour sa grande chaleur, la brusle. Elle sera couverte de deux doigts de terre bien desliée, puis subtilement arrousée tous les jours, jusqu'à ce qu'elle soit levée : car après, n'a besoin d'eau, qu'en temps de grande sécheresse. Est necessaire de la tenir bien sarclée, à ce que les malignes herbes ne la suffoquent, solicitant aussi par bonne culture, les racines des jettons en provenans, à s'accroistre et fortifier. Dans trois ou quatre ans, en seront les arbrisseaux propres à transplanter, car d'attendre davantage, leur reprinse seroit doubteuse, ne voulans estre desracinés beaucoup advancés en aage, ains d'estre prins et maniés encores jeunes. Requièrent la fosse large, pour, à l'aise, y estendre leurs racines, qu'ils jettent plus largement que profondément. Un

bon pied et quart suffira pour tout enfoncement, ou ce seroit que le lieu fust plus sec, qu'humide, auquel conviendroit aller plus avant. Et comme la semence craint la chaleur du funier, de mesme font les racines : par quoi, leur mettra-on auprès en les recouvrant, plustost de terre nouvelle et vigoureuse, que d'autre amendement. Si c'est pour le faire monter en tige, comme bois de haute fustaie, avec l'ongle en seront curés les jettons croissans en bas au tronc, qu'on treuve encores tendres (n'y touchant avec le fer que le moins qu'on pourra, car cest arbre le craint), ainsi conduisant le tronc. S'en voulant servir en palissades ou barrières, en tapisseries contre les murailles, en cabinets, en berceaux, de mesme l'on le dressera, et y seront ad-joustés des paux et perches, pour, servans de moule, en retenir les branches nouvelles, leur faisans prendre pli, selon que l'ouvrage le requerra. N'y touchant du tout rien, le cyprès croistra en pyramide, large en bas et poinctu en haut, avec beaucoup de grace : mais il occupe grand lieu, à cause que ses rameaux bas, s'estendent sur la terre. Incommodité qui n'empeschera pourtant de disposer des cyprès, et par ceste ordonnance, et par les autres, à fin de tirer tout le plaisir de ces arbres.

Les masle et femelle du cyprès se discernent facilement. Le masle, seul, porte des coques semblables à petites pommes de pin, dans lesquelles la graine est enfermée, et produit son ramage plus serré et en plus grande abondance, que la femelle. D'une mesme semence, sortent les deux sexes, toutes-fois, par grains distincts, selon le particulier naturel d'un chacun d'iceux. Au printemps et en l'automne, retire-on les coques ou noix contenans la graine, qui est fort menue et petite. Sa meurté se recognoist à la couleur et poisanteur, tant plus forte estant l'une et l'autre, que plus la graine approche de la perfection. En ces deux saisons de l'année, treuve-on des coques sur l'arbre, toutes-fois, d'inégale bonté selon la nourriture de l'arbre, qu'on recognoist aux marques susdictes (63).

Laurier. Au contraire du cyprès, le laurier se perpétue par rejettons succédans les uns aux autres, si que le tige ne meurt qu'à fine force de mauvais traictement. Aux pieds des vieux lauriers, en treuve-on abondance de jeunes, pour faire des nouvelles laurières. La manière de les eslever est la précédente, excepté qu'il faut que la serpe joue au laurier, pour l'aproprier au service qu'on désire de lui. Ainsi qu'au cyprès, remarque-on au laurier, masle et femelle, les deux, néantmoins, gardans la beauté de leur fueillage toute l'année, ressemblant celui de l'oranger. Auprès d'un masle, sera plantée une femelle pour les faire accroistre par-ensemble en perfection : ce qu'on ne pourroit espérer, les logeant par sexes séparés. De mesme aussi que les cyprès, le seul laurier masle porte la semence : la femelle estant stérile, bien-qu'elle florisse aussi bien que le masle, ayant commune la couleur du fueillage. Ces particularitésse recognoissent naïvement à Cauvisson, entre Nismes et Montpellier, où tels arbres abondent, y croissans naturellement. Le masle y est appellé, bagnier, et la femelle laurier, ainsi discernant les sexes. Plus d'advancement sont les lauriers par semence, que par plant enraciné ; pour laquelle cause estant question d'édifier la laurière, ne vous souciés que du semer, sans vous donner la peine du transplanter. Mais il faut se résoudre en ce commencement, du lieu où destinés les arbres pour tousjours, afin de n'estre contraint, par changement d'avis, à les remuer d'un lieu en autre. La semence, qui sont les baies de laurier, est mise en terre comme glands ou chastaignes, par rayons, ou à la fiché, quatre doigts profond, et de pied en pied de distance. Là elles seront entretennes par bonne culture, jusqu'à ce que le plant en sortant, soit parvenu à la grosseur du poulce, pour estre transplanté, si transplanter on le veut, vrai poinct de le prendre, plus jeune et plus vieil, n'estant de si bonne espérance (64).

Rhododen-dron. Voici une autre sorte de laurier, mais fort petite et basse, tenant lieu entre les arbustes. Elle porte des rozes, et pour ce appellée, rododendron, ou *rosago* ; florit à la fin de l'esté ; s'eslève de semence ; craint le froid : pour laquelle cause, et pour sa petitesse, est ceste plante nourrie dans des petites quaisses ou pots de terre, dont la facilité du transport, lui pare les froidures, et à propos lui faict jouir de la chaleur du soleil (65).

Monon. En semblable lieu et pareille façon que le rododendron, se sème et nourrit le monon, petit arbrisseau plaisant à la veue, pour la couleur verte de son fueillage, et pour son fruict, qu'il produit semblable à une petite cerise rouge, non toutes-fois mangeable (66).

Griotier à rozes. Parmi ces arbres de plaisir, nous logerons le griotier à rozes. C'est un grand arbre semblable en bois et fueilles au cerisier aigre, ne produisant aucun fruict, ains seulement des rozes incarnates presques semblables à celles des roziers communs, demeurans en l'arbre une grande partie du bon temps. Au Lionnois des cerisiers aigres fort tardifs, ne rendans le fruict que sur la fin de Septembre, dont les greffes portées en Provence et en Languedoc, et là insérées sur des autres cerisiers, pour la différence des climats, ne fructifient nullement, ains seulement florissent, et c'est de ceste fleur sus-mentionnée dont la merveille n'est petite. Par enter, l'on s'engeance de telles rozes, les greffant sur des cerisiers communs, aigres ou doux. Et selon le naturel de tout cerisier, le bois se ploye très-bien en vouçeure, dont le cabinet s'en rend fort beau (67).

Aussi en ces ouvrages eslevés, servent quelques autres plantes franches et sauvaiges, arbustes et grandes herbes, comme genest d'Espaigne, sureau, groseiller, framboisier, houblon, chèvrefueil, pommes d'amour, de merveille, dorées, etc., que l'ingénieux jardinier employera selon leurs propriétés.

Quant au genest d'Espaigne ou gaude, la beauté de ses fleurs jaunes le faict désirer au jardin de plaisir, y estant propre en palissade. Mais parce qu'on l'esléve principalement pour le profit, servant aux teincturiers de draps de laine, le mesnager en séme abondamment, comme sera veu, où je vous renvoye pour apprendre le moyen de le faire par-croistre (68).

Le sureau, pour sa grosse moëlle, s'enracine très-facilement de branche, dont autre mystère n'y a-il, qu'à en fourrer des bastons dans terre. Il demande les lieux humides. Estant une fois reprins, ne lui destinés aucun particulier traictement, car il se maintiendra sans culture, vigoureusement longues années. L'on le

tient au jardin principalement pour sa fleur blanche, laquelle meslingée avec son vert fueillage, donne grace au cabinet qui en est couvert. Sa fleur est utile en plusieurs choses, mesme à odorer les nouveaux vins, ainsi qu'a esté monstré : mais au contraire, sa forte senteur est importune, dont plusieurs bannissent du jardin toute la plante.

Ici sierra bien le groseiller ou vinetier appellé aussi espine benoite, non pour couvertures, par faute de ramage, ains pour barrières ou palissades, en quoi il se plaist, s'y maintenant plusieurs années. Le fruict qu'il produit appellé, groselle, est apétissant, servant en plusieurs viandes de cuisine, dont double utilité tire-on de ceste plante. S'engeance de branche, s'enracinant aisément dans terre : mais encores de plus facile reprinse en est le plant chevelu. Le groseiller désire la bonne culture de la main, du fumier, de l'opportun arrousement, et d'estre souvent tondu, lui roignant la summité de ses jettons, pour l'arrester de monter trop hautement. Se reprend et accroist très-bien en tout aer, car il ne craint extraordinairement, ne froidures ne chaleurs (69).

Au groseiller nous accouplerons le framboisier, pour la sympathie de leurs services, servans communément en palissades, et donnans du fruict à manger. C'est un arbuste plustost de montaigne, que de plaine ; aussi vient-il facilement en aer froid. Son fruict approche aux fraizes, et en figure, et en temps de maturité, ces deux estans les premiers qui paroissent à la fin de Mai. Par jettons enracinés est le vrai moyen de se meubler de telle plante. En l'automne l'on le plantera la lune estant vieille. Et bien-que de lui-mesme vienne ès forests agrestes, si est-ce qu'aprivoisé au jardin par bonne culture, manifeste et en bois et en fruict, combien il se plaist d'estre bien cultivé et caressé (70).

Aulonier.   L'aulonier symbolise avec le framboisier, par estre arbrisseau portant fruict ressemblant aux framboises et fraizes, mais plus gros qu'aucunes d'elles. Il se plante par rejettons enracinés, ès deux saisons, de l'automne et du printemps, et s'entretient avec modéré labeur, comme aussi vient bien en terre de passable bonté (71).

Houblon.   Aucune plante n'y a-il au jardin plus aisée à s'engeancer et à se maintenir, que le houblon, lequel tiré des hayes et buissons (où il croist sans artifice) par jettons enracinés, se reprend très-facilement en toute terre. Aussi par semence vient-il aisément, dont toutes-fois l'on s'abstiendra ayant commodité de plant, pour advancement d'œuvre. L'automne en est la vraie saison, beaucoup plus propre que le printemps, par estre le houblon fort primerain à pousser : ce qu'il faict dès incontinent les froidures de l'hyver estre passées. Sa facilité à hautement grimper, le rend propre ès couvertures des berceaux et cabinets, où par estre flexible et assés abondant en fueillage, est sa droicte application. Du houblon, outre le plaisir de la rameure pour ombrage, tire-on ce profit, que d'en manger, en la primevère, les tendres cimes des jettons en divers appareils. Sa fleur et sa semence sont aussi utiles à la bière : pour laquelle cause, ès pays où telle artificielle boisson est en usage, au défaut de la vigne, avec soin, est le houblon eslevé et entretenu.

Chevrefueil.   En palissades et pour accompaigner les costés des cabinets et berceaux s'employera le chèvrefueil, où il sera bienséant, à cause de sa bonne senteur et beauté de ses fleurs, plaisantes à voir : estant en outre, salutaire en diverses applications de médecine. L'on se pourvoit de chèvrefueil, et par racines et par bouteures, les mettant en terre à l'issue de l'hyver. Et avec fort petit labourage il s'entretient, dont peu de peine donne-il à en tirer service (72).

Pommes d'amour, merveille, dorées.   Les pommes d'amour, de merveille, et dorées, demandent commun terroir et traictement, comme aussi communément servent-elles à couvrir cabinets et tonnelles, grimpans gaiement par dessus, s'agrafans fermement aux appuis. La diversité de leur fueillage, rend le lieu auquel l'on les assemble, fort plaisant : et de bonne grace, les gentils fruicts que ces plantes produisent, pendans parmi leur rameure. A l'issue de l'hyver les graines en sont semées, seul moyen de s'engeancer de ces plaisans arbustes, dont la délicatesse ne souffre les rudes froidures : pour laquelle cause, ne durent-ils qu'une saison, se mourans, comme les melons et concombres, à l'approche de l'hyver. Leurs fruicts ne sont bons à manger : seulement sont-ils utiles en la médecine, et plaisans à manier et flairer (73).

Campanula.   La *campanula*, ainsi dicte en italien, et *volubilis major*, en latin, servira très-bien en cest endroit, couvrant les cabinets, où elle grimpera hautement, s'entortillant ès bois et perches que lui baillerés pour appui. Elle croist durant trois mois continuels, florit tous les jours, chacun produisant abondance de fleurs nouvelles, de couleur bleue, de la figure et grandeur d'un cul de verre: Jette sa graine dans un estui , de la figure et grandeur d'un gros bouton de pourpoint. La graine est poincue au milieu ; on la sème au printemps , en terre bien cultivée et engraissée (74).

Les pois de merveille seront ici employés. Ils naissent dans une vessie de la grosseur d'un esteuf, trois en chacune vessie. Les pois sont noirs, ayans une marque blanche au milieu , de la figure du cueur. Son ramage monte en haut , à cela estant guidé. Les pois pour semence , seront mis en terre au temps que dessus, et là bien cultivés. Ne durent qu'une saison non plus que les précédentes plantes (75).

Cest arbuste , dict cartoufle , porte fruict de mesme nom, semblable à truffes , et par d'aucuns ainsi appellé. Il est venu de Suisse , en Dauphiné , depuis peu de temps en çà. La plante n'en dure qu'une année , dont en faut venir au refaire chacune saison. Par semence l'on s'en engeance, c'est à dire, par le fruict mesme, le mettant en terre au commencement du printemps , après les grandes froidures , la lune estant en decours , quatre doigts profond , désire bonne terre, bien fumée, plus légère que poisante : l'aer modéré. Veut estre semé au large , comme de trois en trois , ou de quatre en quatre pieds de distance l'un de l'autre , pour donner place à ses branches de s'accroistre, et de les provigner. De chacun cartoufle sort un tige , faisant plusieurs branches , s'eslevans jusqu'à cinq ou six pieds , si elles n'en sont retenues par provigner. Mais pour le bien du fruict, l'on provigne le tige avec toutes ses branches , dès qu'elles ont attaint la hauteur d'un

couple de pieds ; d'icelles en laissant ressortir à l'aer , quelques doigts , pour là continuer leur ject: et icelui reprovigner , à toutes les fois qu'il s'en rend capable, continuant cela jusques au mois d'Aoust: auquel temps les jettons cessent de croistre en florissant , faisans des fleurs blanches, toutes-fois, de nulle valeur. Le fruict naist quand-et les jettons, à la fourcheure des nœuds , ainsi que glands de chesne. Il s'engrossit et meurit dans terre, d'où l'on le retire en ressortant les branches provignées , sur la fin du mois de Septembre , lors estant parvenu en parfaicte maturité. L'on le conserve tout l'hyver parmi du sablon deslié en cave tempérée ; moyennant que ce soit hors du pouvoir des rats, car ils sont si friands de telle viande, qu'y pouvans attaindre, la mangent toute dans peu de temps. Aucuns ne prennent la peine de provigner ceste plante, ains la laissent croistre et fructifier à volonté , cueillans le fruict en sa saison : mais le fruict ne se prépare si bien à l'aer , que dans terre , en cela se conformant aux vraies truffes , ausquelles les cartoufles ressemblent en figure ; non si bien en couleur, qu'elles ont plus claire que les truffes : l'escorce non rabouteuse , ains lice et desliée. Voilà en quoi tels fruicts diffèrent l'un de l'autre. Quant au goust, le cuisinier les appareille de telle sorte , que peu de diversité y recognoist-on de l'un à l'autre (76).

Aux truffes , nous accouplerons les mousserons, potirons ou boulets , pour cueillir en nostre jardin ces fruicts passagers et volontaires. Au temps passé, estimé l'artifice , n'avoir aucun pouvoir de les contraindre de s'accroistre en lieu certain ; mais tant grande est la curiosité de l'homme, que faisant profit de tout, par accident a-il rédigé en art ceste science. Le pur fumier de brebis, de lui-mesme engendre des mousserons assés bons : mais avec de la terre, des meilleurs et plus délicats. Ce sont ceux qui estans blancs au dehors, vineux au dedans, non guières grands, sont les plus prisés. Sera faict un lict de quatre doigts de haut avec terre fort desliée, comme celle que les taupes poussent à l'aer, et par dessus mis du fumier, de pareille hauteur ; après, de la terre, en suite du fumier, ainsi par littes faisant une couche de deux à trois pieds de haut. La couche est finalement arrousée de la décoction de mousserons bien choisis ; c'est assavoir, de l'eau où l'on aura bouilli des mousserons, que, tiède, on jettera par dessus soir et matin. Par lequel moyen, la couche produira en abondance, des mousserons très-bien qualifiés : non toutes-fois en autre saison qu'en l'automne et printemps, comme propre à telle viande. Par autre artifice, l'on se fournit de mousserons par tout où l'on veut, et ce avec beaucoup de facilité : car il ne faut qu'y transplacer de la terre en laquelle ce fruict-ci croist naturellement, que choisirés selon les races qui mieux vous agrééront (y en ayant des bonnes de diverses couleurs, comme jaunes, rouges, noirs) et l'affermir doucement sans la presser. Mais ce sera terre non emmenuisée, ains enlevée en grandes pièces, comme gazons, afin de ne destraquer la semence. Y ad-joustant l'arrouser avec la décoction susdicte, servira à advancer le fruict, non qu'il y soit nécessaire. Il semble n'estre ici le lieu de parler de telle matière, veu qu'il est destiné pour les arbustes du jardin bouquetier. Mais y ayant logé la cartoufle, avec raison, par estre arbuste, je l'ai voulu accompaigner du mousseron, pour la sympathie de ces deux fruicts : dont la provision est agréable, pour leur utile nouveauté, contentement accouplable avec la plaisante odeur des belles plantes du jardin (77).

Revenons aux plantes. Ceste-ci se façonne en arbrisseau, montant à la hauteur d'un homme, avec la proportion requise à un grand arbre : à laquelle beauté, estant joincte la plaisante couleur verte de son ramage, ressemblant à l'hyssope, lui faict tenir reng honorable au jardin. Elle est venue des Indes. S'eslève par semence et par racines. Craint le froid : c'est pourquoi on la loge en abri de la bize regardant le midi : ou, pour plus de seurté, en pots de terre ou quaisses, la tenant à couvert durant les froidures (78).

Aussi des Indes est abordée une herbe en Hollande, dont la nouveauté et la qualité la font recercher. Elle ne se nourrit, ni dans la terre, ni dans l'eau, ni à l'aer, ains dans la maison suspendue sous les planchers, près ou loin du feu comme l'on veut. En Hollande elle est appellée, *grunal*, au langage du pays, qui signifie tous-jours verdoyante. La manière de l'eslever est d'en rompre un jetton avec les doigts, non le coupper par aucun ferrement, puis l'envelopper de terre grasse et argilleuse, dans laquelle aura esté mis de l'huile, faisant ressortir la cime du jetton. L'argille est couverte d'un linge, cest envelopement lié avec une cordelete, et icelle attachée au plancher le jetton regardant en bas. Là il produit des nouveaux jettons presques plats, gros, environ comme le poulce, s'allongeans

d'un

d'un pied et demi. Sont tous-jours verdoyans, mais d'une verdeur sans fueilles. L'on y void continuellement nouveaux jettons qui poussent et croissent, et des vieux qui tarissent et meurent. Ceste herbe ne porte ne fleur, ne fruict, ne graine. L'on tient son jus estre venimeux. J'ai estimé à propos de faire ici mention de ceste plante, pour sa rarité (bien-qu'elle ne serve à nostre jardin), l'accouplant avec la cartoufle et les mousserons, puis que communément s'extravaguent en quelque sorte de nostre matière (79).

CHAPITRE XI.

Herbes pour Bordures et Compartimens du Parterre (80).

L es herbes de bonne senteur, propres à faire bordures, sont les suivantes et *Lavande.* ainsi maniées. La lavande tient reng honorable en cest endroit, pour la beauté de ses fleurs bleues, bonne senteur, et facile gouvernement. Elle se plante et par rejettons enracinés, et par bouteures ou branches, ès mois de Février et Mars, la lune estant nouvelle. Souffre la légèreté du terroir, la sécheresse, la négligence du jardinier : se plaist à estre souvent tondue, dont se rend propre à border l'entour des quarreaux du parterre, où elle dure en vigueur quelques années, sans par trop craindre les mauvais temps.

Hysope. En la lune vieille de Mars, sera semée l'hyssope, pour estre transplantée au mois suivant en semblable poinct de lune. Elle vient très-bien en terre légère, mais vigoureuse, pourveu qu'elle

soit exposée au soleil. Ne veut estre arrousée, qu'en temps sec et aride, en tout autre haïssant l'humidité. Le tondre à la fin de l'esté, la faict rejetter copieusement, la bouasse de l'automne lui en donnant le loisir : ce que plus tard ne feroit-elle, pour le destourbier des froidures. Encores en mesnage on les retailleures, car les brins des sommités couppés et séchés, servent à faire poudre pour la potagerie de l'hyver.

Aluine ou De plant enraciné et de semence s'é*absynte.* difie l'aluine ou absynte, autrement appellé, fort, en lune nouvelle d'Octobre, de Février ou de Mars. L'on en remarque de trois principales sortes, de romain ou pontique, de marin, et de commun. Aucunes desquelles ne requerrans le terroir beaucoup fertil, s'accroissent en terre sablonneuse et pierreuse, où avec peu de culture, l'on l'entretient très-bien.

Trufemande. Par bouteures ou branches se fournit-on de trufemande, dicte *abrotanum fœmina*, les recourbant en terre demi-pied profond, et les en faisant ressortir à l'aer, deux doigts. En l'une des deux saisons, et de l'automne et du printemps, telle qu'on voudra choisir, cela se fera la lune estant nouvelle : comme aussi s'accroistra-elle, en telle terre que lui donnerés, avec modérée culture de la main, du fumier et de l'eau. La trufemande se jette fort en rameaux, d'un brin s'en faisant tost une grosse touffe. Se res-jouit d'estre tondue, dont l'on la rend très-propre en bordures ; sa griseastre couleur, telle la gardant toute l'année, et ses fleurs jaunes durant le printemps, avec leur bonne odeur, la rendans recommendable (81).

Thym. Deux espèces de thym y a-il, qu'on discerne à la fleur, la plus blanche estant la meilleure. Les deux viennent naturellement ès cousteaux secs et arides, dont ils ont la racine fort dure. Par plant enraciné et par boutcures l'on se meuble de thym. L'un et l'autre défaillans, l'on recourra à la semence : laquelle mise en terre en la lune du mois de Février, satisfera à vostre désir. Le thym se plante commodément en l'automne et au printemps, au croissant de la lune, pourveu que la terre ne soit trop humide. Requiert la chaleur du soleil, et d'estre couppé et tondu en saison. Ainsi traicté, et caressé par la générale culture du jardin, ceste plante s'augmentera en beauté : mais elle deschorra de senteur, ses fleurs n'estans tant odorantes en lieu labouré, qu'en désert. La graine de thym est si menue, qu'à peine la peut-on recognoistre parmi la fleur, qui la retient et l'accompaigne jusques à sa parfaicte meurté, dont pour ne se desceuoir, sans autre recerche, la fleur sera amassée lors qu'on la verra commencer à deschcoir, et sans se soucier d'en séparer la graine, tout cela ensemble sera semé. Les abeilles et les connins aiment fort la fleur du thym, aussi leur acquiert-elle bonté de miel et de chair, accompaignée d'odorante senteur, ainsi qu'apparemment se remarque en divers endroits de Languedoc, où les abeilles et les connins se paissent de thym (82).

La sarriète, par d'aucuns appellée sadrée, est fort approchante du thym. Elle s'accroist aisément aux lieux sablonneux et maigres, parmi les cailloux des ruisseaux. Tirée de là par ses rejets, et cultivée en jardin, reprendra très-bien et se rendra bonne. Sa graine aussi sert en cest endroit semée au temps, où, et ainsi,

comme le thym, et par-après de mesme gouvernée (83).

Pour l'affinité du serpoulet aux deux précédentes herbes, comme elles il est eslevé : aussi communiquent-ils ensemble leur bonne senteur de fueille et de fleur ; et le service des cimes de leurs jettons à estre réduictes en poudre pour la potagerie, où elles se rendent propres. De mesme donques que lesdictes plantes, le serpoulet se loge en terre, et s'y conserve. En ce qu'il désire l'eau toute l'année, approche plus du naturel de la sarriète, que de celui du thym, qui se plaisant ès lieux secs, ne peut profiter ès trop humides (84).

Ceste plante-ci, a quelque correspondance en l'odorement avec les autres. Demeure néantmoins la fabrègue plus délicate que ni le thym, ni la sarriète, aussi ne souffre-elle d'habiter ailleurs qu'en jardin bien cultivé. L'on en sème la graine, et après en transplante-on les jettons, l'hyver estant passé, tous-jours en croissant de lune. Ceste particularité s'y treuve, qu'aimant fort l'eau, arrachée du seminaire, après mise dans une fiole de verre plaine d'eau, ses racines se prennent dans l'eau, et s'y nourrissent comme dans la terre : pourveu que la fiole soit exposée au soleil partie du jour, non continuellement, c'est assavoir, despuis le levant jusqu'à midi : d'où retirée sur le chaud du jour, de peur d'eschauffer par trop l'eau, au détriment de la plante, la fiole soit laissée à l'aer le reste du temps : Ainsi avec merveille, void-on la fabrègue se nourrir en lieu si foible, et ses racines s'escarter à volonté en l'eau, qu'à loisir l'on remarque au travers du verre.

Par racines et branches, nous-nous fournirons de mente, lui donnant terre

sablonneuse , toutes - fois vigoureuse ,
fumée et arrousée. On la met en terre
environ demi-pied , devant ou après l'hyver , la lune estant nouvelle. D'en semer
la graine, ne se faut soucier , puis que la
racine et la bouteure sont de si facile reprinse : ce sera seulement à leur défaut,
qu'on employera la semence. La mente
se maintient longuement au jardin , s'y
peuplant et renouvellant d'elle-mesme
par rejettons, y estant une fois logée. A
en horreur l'attouchement du fer : par
quoi n'en faut jamais cueillir les brins
qu'à l'ongle , rejettant tous autres instrumens. Est de bonne odeur , telle, avec
sa couleur , sans deschet , se les conservant toute l'année , maugré les froidures.

Pouliot.   Le pouliot a grand rapport avec la
mente, à cause de leur commun eslèvement et service. En ceci sont contraires ces
plantes, que ceste-ci désire d'estre esmun-
dée et souvent retaillée avec cousteaux
trencheans , pour la faire profiter (85).

Sauge.   Le semer et le planter sont familiers à
la sauge , venant fort bien par quel qu'il
soit de ces deux chemins-là. Mais encores
mieux par branches entorses , fichées
quatre doigts dans terre, les recourbant.
L'automne et le printemps en sont les
saisons , en croissant de lune. Désire
d'estre exposée en plain soleil. Profite en
terroir maigre et sec , moyennant qu'on
la descharge d'importun voisinage, d'herbes et d'autres empeschemens. Ne veut
estre arrousée qu'aux extremes sécheresses de l'esté , ni amendée , qu'avec
des cendres, pour tout fumier. Le tondre
plusieurs fois l'année, la faict rejetter
gaillardement : pour laquelle cause ne
lui laissera-on jamais , ni les fueilles flestries , ni les trop vigoureuses s'en mon-

tans en haut. Pour plusieurs bonnes qualités , est recerchée la sauge. Elle est
très-profitable à la santé , plaisante à la
veue , et au flair , utile à la cuisine. Ne
craint par trop les mauvais temps , dont
assés longuement se maintient-elle au
jardin , saine et entière.

L'on manie diversement la marjolaine. *Marjolaine.*
Ceux qui le mieux s'entendent à ce mesnage , après l'avoir eslevée par semence,
la transplantent ailleurs : les autres la
laissent au seminaire. C'est une excellente plante , des plus exquises du parterre : mais pour sa grande délicatesse,
ne peut vivre sous aer beaucoup froid, et
encores quel qu'il soit, n'y dure-elle que
quelques années. Outre sa bien-séance ,
elle est utile en plusieurs choses , voire se
sert-on de tout ce qu'elle produit (sans
toucher aux remèdes des maladies, où
elle est opportunément employée). Pour
donner goust au pain , on l'en saupoudre,
l'envoyant au four , selon l'usage de plusieurs lieux de l'Italie , de Naples, de la
Sicile , et de Malte , là n'espargnant la
graine de ceste exquise plante. La bale
restante de la graine, et les tendres brins
de leurs jettons , sont convertis en poudres pour la potagerie. Et ces poudres-ci,
et la graine de marjolaine , sont meslées
parmi les matières dont certains Alemans composent leurs boissons , qu'à
telle cause vont-ils prendre au Milanois,
où s'en faict marchandise. Ainsi que les
jardiniers de Nismes envoyent la graine
de ceste herbe aux foires de Lion, d'où
elle est distribuée par toute la France.

En terre desliée et vigoureuse , sera
semée la graine de la marjolaine , la lune
estant nouvelle , le jour beau , et l'hyver
du tout escoulé , pour en transplanter

l'herbe au mois de Mai en semblable lieu et poinct de lune, si toutes-fois transplanter l'on la veut. Transplantée ou non, l'on la cultivera selon son mérite, c'est assavoir, avec tel soin qu'elle ne souffre du voisinage d'autre plante, ni de la sécheresse, afin que gaiement elle s'accroisse. En la transplantant, elle sera mise quatre doigts dans terre, de demi en demi-pied de distance, l'une de l'autre, deux tiges joignans ensemble. Si la graine semée sort de terre inégalement, ainsi que cela avient fort souvent, l'on arrachera le superflu des lieux esquels elle se treuvera trop espesse, pour le planter ès places vuides, où la semence aura rarement poussé; par ce moyen, un endroit sera réparé par l'autre. Ainsi faisant, seront suivis les deux avis de la conduicte de ceste plante : et par telle diversité, ne pourra-on faillir d'en avoir contentement. La graine, principal revenu de la marjolaine, s'en retire en couppant les cimes des jettons qui la contiennent, et ce, plusieurs fois chacun, à mesure qu'on apperçoit la graine se meurir : demeurant le tronc de la marjolaine, vif en terre quelques années, comme j'ai dict.

Basile. Le basilic souffre d'estre semé en l'automne, hyver, et printemps : mais avec plus d'advancement est-il eslevé en ceste saison-ci, qu'en autre de l'année, le semant en lune nouvelle. De l'édifier par racines et bouteures, l'on ne se souciera, car plus seurement vient-il semé, que planté. Requiert le terroir bon, et d'estre souvent arrousé, plustost sur le chaud du jour, qu'en la frescheur du matin ne du soir, contre le commun naturel de toute herberie. Le coupper souvent avec l'ongle le faict rejetter abondamment, voire mieux que le tondant avec le fer, duquel l'on s'abstiendra en cest endroit. Les Anciens tiennent que la plante de basilic envieillie, se convertit en serpoulet (86).

Auronne. L'auronne, dicte menu cyprès, pour le grand rapport qu'elle a avec cest arbre, autrement appellée, garderobe, se plante par rejettons enracinés, à faute desquels suppléera la semence, la mettant en terre bien préparée au printemps, la lune estant nouvelle. Ceste herbe se perd par l'extrémité des froidures et des chaleurs : pour laquelle délicatesse, lui choisit-on lieu fort tempéré. Aucuns l'eslèvent dans des vazes, pour facilement la préserver des importunes froidures et chaleurs, remuans les vazes de lieu en autre, selon les occurrences. Difficulté qui rend impropre l'auronne à servir ès bordures du parterre : ne laissant, toutesfois, d'estre bien-séante au jardin avec plusieurs autres herbes, qui pour tout logis n'ont que des quaisses ou autres vazes.

Fenoil. Encores qu'il n'y aie aucun fenoil aigre, si est-ce que des deux principales espèces que nous en avons, l'un est appellé doux, à la différence de l'autre. Pour la saveur et l'odeur, le doux est le plus désirable : aussi a-il les grains plus gros que l'autre, par là manifestant sa franchise. Tout fenoil vient bien de plant enraciné, mais mieux de graine, la semant au printemps, la lune estant nouvelle. Le fenoil désire bonne terre, et bonne culture, pour le descharger d'importun voisinage : et d'estre quelques-fois arrousé en la sécheresse : moyennant lequel traictement, tost s'aggrandira-il. Mais quelque diligence qu'on y mette, si ne le peut-on faire monter guières plus hautement, que de quatre à cinq pieds. Outre le reng honorable que le fenoil tient ici, ceste commodité en sort, que sa graine est bonne en plusieurs viandes et médecines ; et sa fueille en salade exquise, quand estant blanchie elle est tondue encores tendre. Le moyen de la blanchir, est, qu'estant l'herbe du fenoil nouvellement sortie de terre, de la semence qu'au-paravant y aurés jettée, et attaint la hauteur de quatre-doigts, sera couverte avec des pailles, fueillars, ou autres drogueries, sous-lesquelles couvertures, à faute d'aer, l'herbe se blanchira, comme endivies : lors couppée, se remettra à produire nouvelle herbe fournissant des salades durant l'esté, en recouvrant de jour à autre ce qu'en coupperés. Une espèce de fenoil nous est venue de Barbarie, qui excède de beaucoup la mesure susdicte, car il s'allonge jusques à quatorze et quinze pieds : et ce qui augmente la merveille, est la grosseur et la légèreté de son tige, l'ayant gros comme le bras d'un homme robuste, ne poisant que très-peu : dont est rendu propre à faire bastons pour l'appui des boiteux. C'est le fenoil sauvaige de *Pline*, comme on le recueille de son discours (87).

Anis. Il y a grande affinité entre le fenoil et l'anis, pour leur commun service : aussi désirent-ils commun traitement. L'anis donques sera semé en mesme temps, poinct de lune, et terre, que le fenoil. Mais par le surpasser en délicatesse, plus curieusement que lui sera-il cultivé.

Coriandre. Ce n'est la bonne odeur de la fueille du coriandre, qui le faict loger au jardin bouquetier : mais le respect de ses graines, utiles à plusieurs services. Car touchant ses fueilles, frottées entre les mains, puent

comme punaises, chose donnant lustre à la bonne senteur des autres herbes. Il est semé et gouverné comme l'anis, desquels, ensemble du fenoil, tire-on les graines en leur parfaicte maturité, ainsi communiquans leurs services.

Palma-Christi. S'édifie facilement par graine, la semant en la nouvelle lune du mois de Mars ou d'Avril. Il aime terre bien labourée, desliée, plus légère que poisante. Tient reng honorable au jardin, ses fleurs bleues estans de plaisant aspect. Le palma-christi se perpétue au lieu où une fois l'aurés semé, par sa graine qu'il y laisse : dont croissent plusieurs nouvelles plantes, propres à estre remuées ailleurs.

Mandra-gorre. Ceste plante désire bonne terre : se plaist à l'ombrage, et en lieu chaud, couvert de la froidure. Tel nous le lui choisirons, y semant la graine au mois de Mars ou d'Avril. La mandragorre est bien-séante au jardin, pour la beauté de son ramage et de ses belles pommes, non pour sa senteur qui n'est guières agréable. Il y a masle et femelle, ce qu'on recognoist à la diversité de leur fueillage, et des pommes, le masle les portant plus grosses et plus hautes en couleur que la femelle (88).

Ce sont les principales herbes du parterre, desquelles sont faictes les bordures des quarreaux et compartimens du jardin, qu'on pourra accompaigner d'autres à ce jugées propres, bien-que l'usage ne les aie encores authorisées. Mais comme l'on faict tous-jours quelque chose de nouveau, telle curiosité ne pourroit estre que convenablement employée en cest endroit, où aucune nouvelleté n'est suspecte : comme au contraire, toutes sont dangereuses de mettre en œuvre, au reste de nostre agriculture. Attendu que ce jardin-ci ne vise qu'au plaisir, qu'on augmente par nouvelles inventions : et le labourage des champs, principalement au profit, pour lequel est plustost préjudiciable qu'utile de changer ses accoustumances.

Aprés suivent les fleurs, partie des plus exquises : dont la rarité et excellence rendent le jardin magnifique. Aussi tout jardin de plaisir a esté appellé par les Anciens, bouquetier à fleurs, pour monstrer que d'icelles il reçoit le plus de ses ornemens et beautés. Il ne seroit possible de rédiger par escrit toutes les fleurs bienséantes au jardin, ni la manière de les gouverner, pour la richesse de telle matière, l'entendement humain n'en pouvant voir le fond. Seulement meublerons-nous nostre bouquetier, des plantes et fleurs les plus cogneues, en attendant plus ample cognoissance des autres, pour les loger à leur tour, comme j'ai dict. Et dès à présent, y affranchirons-nous plusieurs sortes de fleurs sauvaiges, naissantes par les prairies et autres lieux non cultivés ; à ce incités par leur beauté : lesquelles domestiquées au jardin, sans doubte y tenans reng honorable, s'y représenteront très-bien, ainsi que sans grande peine ne frais, en pourrés venir à l'expérience.

CHAPITRE XII.

Fleurs pour le Jardin Bouquetier.

Avec raison, appelle-on les œillets, giroflées, pour leur senteur tenir beaucoup de celle du girofle, qui a faict croire à aucuns, cela estre venu par la vertu du girofle, et d'en pouvoir augmenter l'odeur des œillets, en les arrousant avec de l'eau tiède, en laquelle l'on auroit infusé de telle espiecrie. Les pieds et rameaux des œillets sont tous-jours verdoyans, leur non-mourante couleur servant d'ornement au jardin toute l'année, en aucuns temps ces fleurs l'embellissent autant qu'autre plante qui soit. Les œillets rejettent abondamment, d'un pied en sortans plusieurs, dont l'on a du plant à suffisance. Ceste facilité cause ne tenir conte de la graine des œillets pour semer : aussi pour sa foiblesse, est-elle mesprisée, comme de petite valeur. Ce sera donques par plant enraciné que nous-nous meublerons d'œillets, dont le planter est bon durant toutes les saisons de l'année, pourveu que le temps ne soit abandonné à l'extrémité de froidure, de chaleur, d'humidité, de sécheresse : et que la lune soit en son plain, si on désire d'avoir des gros œillets : auquel cas, le nombre n'en sera grand ; comme par le contraire, en abondance, de petites fleurs sortiront des pieds plantés en croissant de lune. Requièrent la meilleure terre, languissent en la moyenne, ne peuvent vivre en la maigre. La culture semble changer les espèces des œillets, parce que notoirement ils s'augmentent en grandeur de fleurs , à mesure du traictement , et deschéent par négligence. C'est pourquoi convient les amignarder par engraissemens , dont le meilleur pour eux , est le fumier qui s'engendre de la pourriture du bois de saule , qu'on treuve dans les creux des arbres défaillans par vieillesse , que curieusement l'on recerchera , pour avoir des œillets , gros et odorans. Veulent estre arrousés , mais modérément : le peu et le trop d'eau leur estans préjudiciables , l'un en l'accroist , l'autre , en l'odorement. Craignent le froid excessif , duquel estans préservés , en hyver mesme les fera-on florir plusieurs fois. A telle cause tient-on les girofliers dans les quaisses, qu'on transporte de lieu en autre , cerchant les soleils et les abris , selon les saisons. A la grandeur des fleurs sert aussi et est fort convenable ce troisiesme moyen , que de descharger la plante des fleurons superflus, avant qu'estre espanouis : ainsi ceux qui restent , se rendent tant plus remplis et odorans , que moins à nourrir l'on en aura laissé au tige.

Se voyent plusieurs espèces d'œillets ou giroflées. Les principales sont les blancs , rouges , et meslingés , tenans ceux - ci des deux précédentes couleurs bigearrement dispersées , chose qui leur donne grande gaieté. Aucuns appellent de Provence, ces trois sortes-ci d'œillets , pour l'abondance qui en croist en icelle province : les autres et plus petits, estans dicts de Rozete. Quant aux œillets d'Inde, appellés aussi de Turquie , l'on ne les tient au jardin que pour la couleur , qui est belle , ressemblant au velours orangé: mais tant plus laide en est la senteur ,

puante , et qui pis est mal saine , causant le haut mal , mal de teste , très-dangereuse en temps de peste comme vénimense : par le tesmoignage de M. *Liebaut* en sa *Maison rustique* (89). Pour lesquelles mauvaises qualités , ne lui sera donnée place en nostre jardin , ains sans avoir esgard à sa beauté , la race en sera bannie.

Pour meslinger et changer les œillets , l'on les ente en escusson; en fente aussi ; en ceste façon , très - rarement : et en quelque manière que ce soit , est nécessaire d'y apporter de la curiosité , pour la foiblesse de la plante. Moyennant lequel ordre , recouvre - on des œillets verts , insérant sur des lauriers des jettons d'œillets blancs : des bleus , sur des buglosses , ou sur des troncs de cichorée, faisant l'enture un peu dans terre. Plus facilement néantmoins que par enter les meslinge-on , par l'assemblage de plusieurs jettons de diverses espèces joincts et plantés ensemble , comme j'ai dict des vignes et des roziers. J'estime que de tel artifice , sont sortis les œillets meslingés qu'à Paris l'on appelle de Rozete , et en Provence et Languedoc , *piquassats* , tenans du rouge et du blanc , ces deux couleurs y estans distinctement exprimées. Les œillets de poëte sont petits , de couleur incarnate , ayans un peu de blanc au milieu. En la campaigne treuve-on des petits œillets sauvaiges , blancs et rouges, qui tiennent beaucoup de bonne senteur , en laquelle ils augmentent et encores plus en grandeur et beauté , estans transplantés et cultivés au jardin (90).

L'on treuve plus grand nombre de violiers de diverses couleurs , que d'autres fleurs qu'on aie aprivoisées: y en ayant de blancs, de rouges, de violets, de jaunes, de vineux. Leur reprinse est très-aisée en quelque part qu'on en sème la graine, tant peu délicate est ceste plante : voire se plaist-elle contre les murailles ès vieilles mazures, où s'estant une fois attachée, difficilement l'en peut-on desengeancer. En lune nouvelle du mois d'Octobre ou de Novembre, est le poinct d'en espardre la graine en terre, et d'en transplanter les jettons pour petits qu'ils soyent, pourveu qu'on les puisse manier, si toutes-fois transplanter on les veut ; chose non nécessaire, car sans se donner telle peine, ne laissent de vous satisfaire. Le lieu sec agrée mieux aux violiers, que l'humide, ne se soucians de l'arrousement qu'en l'extreme sécheresse. Profitent à estre beschés, bien-que très-aisément souffrent la négligence du jardinier. Durent trois ou quatre années en beauté, non guières plus ; passées lesquelles, s'abastardissent, s'endurcissans leurs racines, tiges, et brancheages, comme dégénérans en arbrisseaux. Les violiers sont les plantes qui d'elles-mesmes sans artifice florissent les premiers au printemps, bien-que le climat soit assés froid. Mais estans en lieu tempéré tendant à la chaleur, assis en abri de la bize, dès l'hyver donnent le plaisir de leurs fleurs, lesquelles ils gardent fort longuement, pourveu qu'on les destourne de grainer, leur tondant souvent la cime des jettons (91).

Muguet. C'est une espèce de violier que les muguets, désirables en ce, qu'estans beaux à voir pour leur parfaicte blancheur, ils sont aussi de très-bonne senteur, la rendans très-suave et douce, mais foible. Il se treuve de deux sortes de muguets, de grands et de petits. Se sèment et transplantent comme les violiers, requérans mesme terre et traictement (92).

Violettes de Mars. Les violetes produisent leurs fleurs bien tost après que les premières des violiers ont paru. Ce qu'on les appelle de Mars, vient de la France, où devant ce mois-là n'en void-on que bien peu : mais en Languedoc et autres lieux méridionaux, communément lors elles ont passé leur force, commenceans de jetter leurs fleurs, dès le mois de Janvier. Elles viennent naturellement en lieux incultes exposés au soleil, et à l'ombre aussi : en telle sorte, toutes-fois qu'ès plus eschauffés, monstrent plustost leurs fleurs, qu'ès autres : observation requise afin d'en loger au jardin, et en l'un et en l'autre endroit, pour en avoir longuement. On sème et transplante les violetiers, mais avec moins de peine s'en pourveoid-on par plant enraciné, que par graine. Près des hayes treuvera-on abondance de plant, qu'on mettra en terre en l'automne ou au printemps, selon que mieux s'accordera, et en divers endroits du jardin, soleillés et ombreux, afin qu'on aie longuement de ces fleurs. De plusieurs couleurs de violetes y a-il, de blanche, de jaune, de vineuse, et de violete, ceste-ci, comme la plus odorante et meilleure, donnant nom aux autres, estans au reste, toutes de mesme figure en fleurs et fueilles. Par le meslinge de leurs graines sortent des violetes de diverses couleurs : aussi par la communication de leurs jettons, les estordant au planter, ainsi les faisant ensemble reprendre, selon l'ordre ja représenté. La culture exquise leur engrossit la fleur, mais leur diminue la senteur. Sur le matin devant que le soleil aie eschauffé

chauffé la terre, est le droict poinct de cueillir les violetes, car sur le chaud du jour, l'on ne treuve en elles que peu de senteur (93).

Pensées. Les grosses et menues pensées, outre le nom qu'elles ont de commun avec les violetes, par d'aucuns appellées, violetes d'automne, se ressemblent en ceci, que par mesme gouvernement on les eslève, désirans mesme terre. Ces fleurs-ci n'ont que la beauté sans aucune senteur, en récompence de laquelle, sont-elles de fort longue durée, voire jusques bien avant dans l'hyver, moyennant qu'on les arrouse en temps sec : ce que sans regret ferés, puis qu'il n'est à craindre l'humidité leur oster la bonne senteur, par n'en avoir aucune (94).

Marguerites. Elles marchent avec les précédentes fleurs, ayans ceci de plus particulier, que par le seul planter l'on les eslève. Du pied des vieilles marguerites, le nouveau plant est tiré, et ainsi enraciné est mis en terre. Ceste fleur ne sent non plus que la pensée : mais sa beauté récompence tel défaut, pour sa figure et diversité de ses couleurs meslingées et distinctes, selon leurs espèces. Une sorte de marguerites y a-il ayant la fleur large et espesse, de laquelle cinq ou six margueritons sortent ; chacun porté par sa petite queue d'un doigt de long, faisans tous ensemble un beau bouquet : qui estant composé d'une seule fleur, s'en rend d'autant plus désirable, que la plante est assés rare (95).

Souci. Encores que le souci vienne en tout terroir sans culture, si est-ce qu'estant mis en bonne terre et soigneusement labourée, change bien de visage : comme l'expérience monstre ses fleurs en devenir plus belles, grandes et espesses, estant caressé, que laissé sans soin. Il y a plusieurs espèces de ceste fleur, toutes l'ayans jaune, plus ou moins haute en couleur, avec quelque peu de bonne senteur, leurs tiges se haussans selon la diversité de leurs races, en telles qualités discordantes de quelque peu les unes des autres. Et notoirement en ceste-ci, que d'une sorte de souci se treuve le pied monter de trois à quatre pieds, produisant une large et espesse fleur, jaune, grande comme une roze, sans nulle senteur, par d'aucuns appellée, passe-velours, à cause que ses fueilles sont veloutées. Tous lesquels soucis, parent longuement le jardin, gardans leurs fleurs jusques bien avant dans l'hyver. L'on les édifie par semence, souffrent le remuement et transplantement, comme aussi d'estre maniés ès saisons d'automne et du printemps. Le plus requis de leur culture, est le tondre souvent de leurs rameaux superflus, car ainsi deschargés, produisent gaiement leurs belles fleurs grosses et doubles (96).

Passe-velours. Voici une fleur qui ne sent du tout rien non plus que les précédentes, c'est le passe-velours, dont la seule beauté, avec raison, la faict loger au jardin en lieu apparent. Elle est fort belle à voir, faicte en pyramide, de couleur incarnat esclatant : et qui plus est, séchée, ne deschoit que bien peu de son lustre. Qualité qui a faict ceste plante estre par d'aucuns appellée, passe-velours immortel. Il se sème ès mois de Mars et d'Avril en lune nouvelle. Et bien-que la plante monte assés hautement, comme de quatre à cinq pieds, et s'affermisse ainsi que bois, si est-ce qu'elle a faict son cours dans un esté : au bout duquel,

fenée, l'on en retire la graine en sa maturité, laquelle est fort menue et noire
comme jayet.

*Passe-
velours bran-
chu.*

C'est une autre sorte de passe-velours,
s'eslargissant en brancheage ; dont il
porte l'épithête de branchu : au contraire
du précédent, qui s'en monte droictement
en un seul tige. On l'appelle en latin,
amaranthus maximus. Sa graine est
menue comme celle de l'autre, mais
presques blanche : ayans les deux de
commun la couleur rouge de leurs fleurs,
la manière et le temps de les eslever, et
la durée de leurs plantes. Voilà leurs
conformités et différences (97).

Passe-roze.

La passe-roze, se sème au printemps,
en lune nouvelle, et terre souple et desliée. Son tige s'eslève jusqu'à dix ou douze
pieds et davantage. Sa fleur est assés
grande, de la figure d'une cloche, faicte
à pans, de couleur rouge-pasle, demeurant en sa beauté tout l'esté : sans plus,
lors faisant graine, se fone et dessèche
avec son tronc. Il y a aussi des passe-
rozes jaunes et blanches, plus espesses
que les rozes mesmes : sont de diverse
hauteur en tige, mais semblables au
grainer, dont elles s'eslèvent au jardin
par commun ordre, qui est l'ensemencement (98).

*Herbe-au-
soleil.*

Quelque sympathie a l'herbe-au-soleil,
avec la passe-roze, par monter fort hautement. C'est une espèce de *heliotrophon*,
appellée aussi, *vire soli*, d'autant que sa
fleur regarde tous-jours le soleil, se tournant comme lui. Communément chacun
pied ne produit qu'une fleur, mais fort
grande, car elle a plus de demi-pied de
diamètre. Elle est ronde, plate, façonnée
comme carde de montaigne, environnée
de fueilles jaunes hautement colorées.

Au milieu de la fleur, s'engendrent ses
graines, lesquelles en leur maturité,
sont semblables à celles des courges,
grandes, blanches, et plates : d'où procède
la semence de ceste plante, seul moyen
de l'eslever. L'on la sème au printemps,
la lune en decours. Son tronc estant desséché, quoi-que gros et long de douze à
quinze pieds, est admirablement léger,
pour n'estre que mouëlle envelopée d'une
escorce de bois solide, qui en rend le baston
assés ferme, et propre à faire des appuis,
comme j'ai dict du fenoil de Barbarie (99).

Seulement par racine s'édifie le lys, *291*
icelle estant en bulbes et oignons : qu'on
met en terre bien préparée et fumée au
mois d'Octobre ou de Mars, la lune estant nouvelle. Ses petits oignons se multiplient fort dans terre, d'un en venans
plusieurs pour la conservation de la race.
Le lys demande bonne terre, bonne culture, et fréquent arrousement. Aussi
est-ce plante plus aquatique que sèche,
comme de diverses sortes la Nature en
produit par les marescages. C'est l'une
des plus excellentes fleurs qu'on puisse
eslever au jardin, dont la blancheur est
incomparable, et la plante propre à plusieurs services, qu'elle faict en la médecine. Pour lesquelles bonnes qualités, nos
anciens rois ont choisi ceste fleur, pour
leurs armoiries. Son tige est eslevé sur
terre, trois ou quatre pieds et davantage :
sa fleur est grande, de la figure d'une
cloche, dont les fueilles sont recourbées
en hors, du milieu desquelles sortent des
filamens droicts et jaunes, portant chacun une graine au bout. Comme en ceste
fleur-ci, se treuvent diverses couleurs,
de mesme y remarque-on diversité d'o-
deurs, le blanc en rendant une, le jaune

l'autre. D'autres couleurs que de blanche y a-il des lys, venans d'eux-mesmes sans artifice, comme des rouges et violets, aucunement dissemblables en figure aux francs. De colorer par artifice les lys, *Pline* l'a voulu enseigner, mais avec tant peu de vérisimilitude, qu'il vaut mieux laisser là l'invention, que d'essayer de s'en servir, pour la foible espérance qu'il y a d'en tirer plaisir (100).

Bien-que ce discours ne contienne que fleurs pour l'ornement du parterre, si ne sera-il mal à propos, pourtant, de loger en ce reng, les fraizes : lesquelles donnans et de l'herbe verdoyante plusieurs années, et des belles fleurs blanches bonne partie de la primevère, avec raison pourront-elles tenir honorable reng en cest endroit. Car les vuides du parterre comme quarrés, ronds, triangles, pentagones et semblables parties des compartimens, estans remplis de fraizes, s'en représenteront plaisans à la veue, pour le naturel de leur herbe, se tenant tous-jours bassement, rempant à terre, et souffrant d'estré ageancée par retailleures, ainsi qu'on désire. Et ceci est de plus, seule suffisante cause de les eslever, que le fruict qu'en abondance elles produisent, bon, salutaire, plaisant, primerain, avant-coureur de tout autre, rend la plante recommendable. De plant enraciné l'on se pourveoid de fraizes, non de semence, pour sa foiblesse. Mais ce plant-ci, est tant aisé à reprendre, qu'il n'en faut que des menus jettons ayans quelques filamens subtils, pour s'en engeancer. Souffrent tout aer, bien-que froid, aussi l'ombrage. C'est pourquoi naturellement sans culture, viennent-elles par les forests agrestes, parmi la touffe des arbres. Toutes-fois, elles s'engrossissent à mesure du traictement : dont avient que, pour avoir des grosses fraizes, convient les transplanter au jardin en lieu soleillant, et là les bien traicter par sarcler, sans souffrir les malignes herbes les importuner, et en la sécheresse les arrouser : à laquelle curiosité intervenant l'exquis choix de la race, ce sera pour avoir des fraizes du tout agréables. Ceci aussi est observable, qu'estans les fraizes en pays leur agréant, gaignans terre, elles rempent au détriment du voisinage qu'elles couvrent et oppriment de leur ramage. Pour auquel mal obvier, est nécessaire terminer leurs limites, couppant des jettons ce qui s'esgarera hors d'iceux, sans leur permettre passer plus outre : ainsi l'on les contraindra à demeurer dans leur logis, sans nuisance. Mais pour avoir des fraizes plus grosses et en plus d'abondance que le commun, les fraiziers en seront conduicts d'un particulier traictement : c'est, en ne leur permettant de grimper à terre, ains les contraignant à s'eslever en haut, se façonnans comme en petits arbrisseaux. Cela se faict en leur couppant de jour à autre, avec l'ongle, les jettons voulans grimper à terre, selon leur naturel. Pour laquelle cause, les plantes seront mises à terre par séparations distinctes (non confusément), c'est assavoir, de demi en demi pied de distance l'une de l'autre, par rengées. Dont la terre après cultivée, rapportera des fraizes excédans en grandeur, bonté, et abondance, les communes. Et en telles qualités se rendront presques admirables, si la race d'elle-mesme en est bonne : veu que par tel traictement, les du tout sauvaiges s'affranchissent (101).

Glaïeul. Dict aussi, iris, s'eslève par bulbes ou racines sans filamens. L'on les met en terre après l'hyver, en lieu plus sec qu'humide, ayant esgard à la racine (où consiste le plus de sa valeur), d'où elle sort plus abondante en bonne senteur que d'aquatique. Ses fleurs bleues sont agréables à la veue. La plante du glaïeul demeure en terre plusieurs années (102).

Herbe de la nuict, Pour l'abondance de belles fleurs sortans de ceste plante, elle sera ici enrollée. On l'appelle de la nuict, parce que ses fleurs demeurent espanouies durant la nuict, et la matinée, jusques à ce que le soleil aie frappé dessus quelque peu, lors se resserrans comme une bource, et se recouvrans à soleil couché. Ses fleurs sont de diverses couleurs, y en ayant de blanches, rouges incarnadines, et jaunes; des mi-parties, et par autres portions tachetées de distinctes couleurs. La rameure de ceste plante s'accommode en couverture de cabinet, lequel avec plaisir l'on contemple le matin, couvert comme d'une grande tapisserie. Et ce qui en augmente la merveille, est, que les fleurs, quoique diverses en couleur, procédent toutes d'un mesme tige, sans autre artifice que du semer de la graine au mois de Mars en croissant de lune et terre bien fumée. A la fin de l'esté, ceste plante commence de florir et continue bien avant dans l'automne, faisant lors graine pour en renouveller la semence (103).

Sandalida Cretensis. Ceste petite fleur, dicte, *sandalida Cretensis*, est agréable pour sa couleur naïfve de sandal, d'où elle a tiré son nom. Elle jette un petit estui quarré, longuet comme un canon d'escritoire, dans lequel faict sa graine, qui est de la grosseur d'un pois. On la sème au mois de Mars, en lune et terre que dessus (104).

Tulipan. Le tulipan est une plante haute de deux à trois pieds, produisant à la cime un gros bouton, d'où sortent des agréables fleurs; mais c'est au troisiesme an de son aage, non devant. Il s'édifie par bulbes, comme le lys, les mettant en terre après l'hyver, en lune nouvelle. La première année, ne jette qu'une seule fueille, verte et grande, qui rempe à terre sans prendre le haut: la seconde année, en produit deux: la troisiesme, trois, les fueilles avec le tronc se fenans chacun an à l'approche de l'hyver. Les trois fueilles naissent près de terre, environnans le tige, qui s'en monte sans fueille, nud comme un baston, jusques à la hauteur susdicte. Il y a plusieurs sortes de tulipans, discernées à la couleur de leurs fleurs, différentes les unes des autres, les aucuns les portans blanches, autres rouges, bleues, jaunes, orangées, violetes, voire de toutes, excepté de vertes. Ce sont les communs tulipans; mais les singuliers et plus rares, produisent leurs fleurs teinctes de diverses couleurs, comme celles de l'herbe de la nuict, au contraire desquelles, ces fleurs-ci s'ouvrent au lever du soleil, et se resserrent à son coucher, demeurans espanouies toute la journée. Chacune année paroist en ceste plante, quelque fleur de nouvelle couleur, non sans esbahissement. Aucun tulipan ne faict monstre de ses fleurs, que durant douze ou quinze jours de l'année, après lesquels cessent de florir. Mais ne commenceans tous à la fois, ains les uns après les autres, selon leurs particuliers naturels, comme s'entre-entendans, faict que le jardin se treuve paré de ces belles fleurs, cinq ou six sepmaines continuelles, à conter de la fin de Mai. La figure de ces fleurs, est en clochette, regardant en haut vers le soleil. Leur bien-séance pour leur figure et couleur, est tout ce qu'on requiert d'elles, car quant à la senteur, elle n'est nullement agréable. Les tulipans craignent le trop d'humidité ès racines, dont on les pose en lieu où telle importunité n'est à craindre, environnant leurs racines de fumier modérément eschauffé, pour leur faire passer l'hyver, leurs plantes estans fenées et desséchées. Demeurent vivans en terre, six ou sept années, en chacune leurs racines s'augmentans en bulbes ou oignonets, comme les lys et le saffran, où l'on en prend pour la conservation de la race (105).

Martagon de Constantinople. Ceste plante produit des rares fleurs de la grandeur et figure comme celle du lys, fort recerchées pour leur excellente couleur d'orangé rouge. L'on l'edifie par graine, la semant au printemps, en croissant de lune. Faict un seul tige, droict, de la hauteur de deux à trois pieds sans aucunes branches, icelui garni dès terre, de plusieurs fueilles vertes, longuetes et poinctues, se renversans en hors, leur poincte regardant la terre. Au bout du tige faict ses fleurs, en sept ou huict boutons ou touppets, qu'elle ouvre en divers jours, de chacun desquels boutons sort une fleur qui dure quelques trois ou quatre jours, laquelle, fenée, laisse un petites-tui où croist la graine.

Fleur. Il y en a de simples et de doubles (ce qui est dict pour le respect des fleurs) s'edifians indifféremment par bulbes, qu'on met en terre après l'hyver. De là bulbe sort un tuyau de matière molle et frangible, sujet à estre cassé à peu d'oc-casions, dont l'on est contraint de l'appuyer fermement. Il est de couleur verte, comme celle de vessie servant aux peintres. Ayant monté demi-pied sur terre, faict plusieurs branches s'eslargissans en hors, au bout desquelles jettent des gros boutons, d'où sortent les fleurs qui sont rondes et fort grandes comme environ d'un tiers de pied en diamètre. Ne sont que d'une couleur, rouge, blanche, purpurée, ou autre selon le naturel de la plante, y en ayant de plusieurs, comme des tulipans : non qu'aucun pion produise fleur diversement colorée, ains distinctement, chacune plante la sienne propre (106).

Anemone. Aussi par bulbes vient ceste plante. La bulbe au pousser faict des petites fueilles comme celles de la pimprenelle, rempans à terre en rond. De là sort le tige, montant de la hauteur d'un pied; et à la cime portant une belle fleur, colorée d'incarnat esclatant. Mais c'est l'anemoné double qui la produit telle, et aussi plus abondante en fueillage, que le simple, duquel la fleur composée de moins de fueilles que du double, est communément de couleur violete ou bleue (107).

Coronne impériale. Pour la disposition des belles fleurs sortans de ceste plante, elle est dicte, coronne impériale. On l'eslève par graine, la semant au printemps en lune nouvelle. Le tige monte sur terre trois ou quatre pieds, garni tout le long, de fueilles longues sans aucunes branches. Vers la cime, produit huict ou neuf fleurs, portées par petits branchillons, chacune le sien, sortans tous à une mesme hauteur du tige, l'environnans en rond. Les fleurs sont comme petites clochettes pendantes regardans en bas : leur couleur est de rouge pasle : dans chacune y a des gouttes d'eau, attachées à l'intérieur, s'y tenans fermement autant que la fleur demeure en estat, qui peut estre quinze ou vingt jours, lors desséchant, que l'eau s'en est allée, ou d'elle-mesme, ou qu'on l'en aura ostée. Ceci est aussi remarquable, que la fleur estant desséchée de maturité, changeant son maintien, se renverse en haut au regard du soleil, où la graine se meurit. La graine est dentelée, ressemblant aucunement le rouet d'un moulin. La fleur n'a aucune senteur non plus que les précédentes. La plante de la coronne impériale, ne produit aucune fleur qu'elle n'aie attaint la quatriesme année. Le tronc se fene toutes les automnes, en demeurans vifves les racines dans terre plusieurs années, estans préservées du froid. Ceste plante se renouvelle par la graine chéant de maturité à terre, d'où sort du plant à suffisance, propre à transplanter ailleurs (108).

Pivoine. La pivoine faict une grande fleur rouge de belle représentation, approchant celle du tulipan. S'édifie de racine et de graine, par l'un de ces deux moyens l'engeançeant au jardin, la y plantant ou semant au printemps. Tout ce qui est de ceste plante, est bon en médecine, spécialement la racine, comme il se void ci-après au discours des herbes médecinales, où je l'ai enrollée entre celles du midi (109).

Nous devons la cognoissance et le gouvernement de plusieurs rares et excellentes fleurs, à M. *Charles de l'Escluse,* qui avec soin exquis, en a eslevé grand nombre dans son jardin de Leiden en Hollande ; où il en a faict transporter les rares des Indes, et de divers autres pays lointains. Pour laquelle gentille dextérité, il a mérité le tiltre de père des fleurs, et aussi pour ses autres vertus, beaucoup de louange (110).

CHAPITRE XIII.

Emploi des Herbes et Fleurs, pour Bordures et Compartimens ; et Pourtraicts de Jardinages.

En parlant des arbustes, nous avons tout-d'une-main presques pourveu au moyen de les renger convenablement : n'y ayant autre mystère, qu'à les conduire avec des paux et perches, pour les dresser en cabinets, tonnelles, berceaux, treillages et autres œuvres de diverses façons et figures, selon les desseins qu'en aurés faicts par la guide de la fantasie, et la commodité des lieux. Ici sera moustré comme l'on se doit servir des herbes et les employer, ayant esgard à leurs facultés, pour l'ornement du parterre, afin de le rendre magnifique : ainsi qu'avec admiration, plusieurs excellens jardins de plaisir se voyent disposés en ce royaume. Mesme ceux que le roi faict dresser en ses royales maisons de Fontainebleau, Sainct-Germain en Laie, des Tuilleries, de Monceaux, Blois, etc. Ce ne pourroit voirement estre sans merveille, que la contemplation des herbes parlans par lettres, devises, chiffres, armoiries, cadrans : les gestes des hommes et bestes : la disposition des édifices, navires, bateaux et autres choses contrefaictes en herbes et arbustes, avec merveilleuse industrie et patience : comme de telles gentillesses, l'on remarque à Chante-loup, où ont esté assujettis et arbustes et herbes (111). Il ne faut voyager en Italie ni ailleurs, pour voir les belles ordonnances des jardinages, puis que nostre France emporte le prix sur toutes Nations, pouvant d'icelle, comme d'une docte eschole, puiser les enseignemens sur telle matière. Et parce que telles magnifiques ageancemens, ne sont généralement communiqués par tout ce royaume, ces instructions-ci, vous serviront à disposer vos jardins comme il appartiendra, si estes en lieu où telles oculaires addresses défaillent.

Noterés pour un préallable, qu'indifféremment toutes plantes ne servent en tous les endroits de nostre parterre : la raison voulant que les plus grandes et eslevées, soyent employées ès lieux les plus robustes, et les petites et basses, ès plus délicats. Les premières serviront à border les entours des quarreaux, le long des grands chemins et allées : les secondes, à façonner les compartimens et autres mennes choses du parterre, dont par telle proportionnable disposition, le tout se présentera très-bien, ressemblant à un accoustrement orné de passement de grande monstre, ou à un tableau enrichi de sa cornice, dont l'eslèvement donne lustre à ce qu'elle enferme. Les bordures seront assés hautes, pour tout grand lieu, d'un pied et demi au plus, sur un pied d'espesseur, encores qu'elles soyent faictes de la plus grossière plante de laquelle l'on se serve en cest endroit. Elles seront façonnées toutes d'une mesme matière, pour éviter la deformité procédante du meslinge des plantes : s'entend en un mesme reng et bord, car y en ayant plusieurs, pour embellissement, faudra que chacun soit faict d'une particulière espèce, afin de se distinguer les uns des autres.

Les murtes, la lavande, le rosmarin, la trufemande, et le bouis, sont les plus propres plantes pour bordures, et qui plus longuement durent. Et aux compartimens simples, doubles, entrecouppés et rompus, la marjolaine, le thym, le serpoulet, l'hyssope, le pouliot, la sauge, la camomille, la mente, la violete, la marguerite, le basilic et autres herbes demeurans tous-jours vertes et basses, comme l'ozeille et le persil, qui en cest endroit se laissent manier, et aussi celles qui avec ces qualités-là, ont quelques attrayantes senteurs. La rue y est employée, quoi-que de senteur forte, mais c'est pour sa facilité à se ployer à ce service.

Ce sont les plantes, dont de tout temps l'on s'est servi en ces beaux jardins. Mais parce que la plus-part d'icelles défaillent tost, ne pouvans souffrir les extremes froidures, moins durans en service, que plus elles sont délicates, si que c'est entièrement à refaire, au plus tard, dans trois ans : l'on s'est avisé, pour faire durer longuement les compartimens du parterre, de les dresser, ou la plus-part, avec le seul bouis, dont la beauté de la verdure est, maugré le temps, glaces et neges, tous-jours une, telle sienne nondélicatesse, lui causant grande durée, avec facile entretien. Pour laquelle cause, sans avoir esgard à sa forte et mal-plaisante senteur, est le bouis employé ès choses plus délicates du parterre. Et comme ayant gaigné l'avantage par dessus les autres plantes, on se sert de ceste-ci, à tout faire au jardin. A border les allées grandes et petites, le tenant bassement ou hautement, comme on veut. On en façonne des bancs, chaires, statues, etc., comme j'ai dict ci-devant, par le moyen de la trenche qu'il souffre, dont il est disposé à volonté. Ces herbes-ci, non plus que celles des bordures, ne seront posées confusément, ains suivant le naturel de l'œuvre seront rengées par espèces distinctes : afin de demeurer les compartimens uniformes par ses costés, tant en figure qu'en couleur. Observant ceci, que, comme religieusement le peintre tasche de faire ressembler un costé de son escusson ou compartiment à l'autre, de mesme fera le jardinier en cest endroit, rengeant si bien ses herbes, qu'avec raisonnable assortiment elles soyent dispersées par tel ordre, qu'en figure, grandeur, couleur, rapportent le mesme. Pour exemple, estant une corne, un rouleau, un quarré, un rond, un ovale, ou autre portion de compartiment de la main dextre, façonné de marjolaine et au dedans enrichi de marguerites, tout ainsi sans augmentation, diminution ne changement aucun, faut que soit de la senestre, pour rendre nostre ouvrage sans vitupère. Aussi seront les herbes posées en rengées équidistantes, et convenablement esloignées les unes des autres, afin d'éviter la confusion que le trop de presse causeroit à l'œuvre, s'entre-couvrans : laquelle œuvre l'on ne pourroit discerner par rengées distinctes, ainsi qu'il appartient ; sans telle curiosité, ains comme prairie, confusément s'uniroient les herbes ensemble. Donques, à ce poinct sera avisé, et à tenir les herbes fort basses, maistrise de cest art, pour faire voir le vuide du fond, lequel avec soin sera maintenu nettement, sans permettre s'y loger aucune herbe maligne, le deschargeant aussi de toute autre s'es-

cartant de son reng, à ce que, et la terre et les rengs des herbes se puissent nettement discerner, et par là juger de l'ordonnance de l'œuvre. Et à ce que telles distinctions se voyent avec plus de contentement, y sont adjoustées des terres de diverses couleurs, dont l'on couvre le fond de l'entre-deux des rengées des herbes, auxquelles, par ce moyen est donné grand lustre, ressemblant, tout le compartiment du parterre, à un tableau d'exquise peinture, sorti de la main d'un bon maistre. Les terres de couleur seront choisies propres à tel service, non toutesfois de maligne nature, afin de n'offencer les herbes. Il se treuve de terre naturellement rouge : aussi de jaune, de blanche, n'ayans autres mauvaises qualites que l'infertilité : laquelle en cest endroit est utile, parce que ne produisant aucun herbage, le parterre en demeure net, au soulagement du jardinier. Touchant la couleur noire, elle se fera avec de l'ardoize brisée. De la verte ne vous souciés, attendu que les herbes du parterre n'estans d'autre couleur, n'ont besoin de tel voisinage, ains de celui dont la diversité les faict discerner. Ceci est notable, qu'estant question de regarder de loin les compartimens, pour l'assiete du jardin, convient faire les rengées d'iceux, plus loin l'une de l'autre, qu'estans près : au contraire, plus l'on les approchera, que plus prochaine en sera la veue, pour la bien-séance : s'apétissant la chose regardée, à mesure de l'esloignement, par la raison de perspective. Par icelle mesme raison, s'entre-couvrent les rengées des herbes du compartiment, quand on les regarde du plan du jardin, se pourmenant par les allées : parce que la veue estant

basse,

basse, est occupée par les premières ren- gées d'herbe qu'elle rencontre, qui ne permettent d'aller jusques aux autres. Pour laquelle cause, est à souhaitter les jardins estre regardés de haut en bas, soit ou des bastimens prochains, ou des ter- rasses rehaussées à l'entour du parterre. Ainsi que par artifice le roi a faict faire aux Tuilleries, en sa belle allée de meu- riers. Et à Sainct-Germain en Laïe aussi, où la Nature a beaucoup fourni du sien, par l'assiete du lieu, du tout favorable.

L'espesseur des rengs, non plus que la distance de l'un à l'autre, ne se peu- vent bonnement limiter, cela dépendant du lieu, qui requiert les compartimens à lui proportionnés selon sa grandeur ou petitesse. Lequel article bien entendu, causera aux compartimens celle grace tant recerchée pour tous ouvrages, pro- cédante de la raisonnable disposition. Aucuns, au milieu et aux angles des compartimens plantent des arbrisseaux sursaillans en haut, en quoi ils se trom- pent, car cuidans donner grace au com- partiment, ils en obfusquent le lustre par telles couvertures. Si toutes-fois l'on y en désire, y seront plantés les arbres les moins fueilleux, et dont le tige monte hautement et droictement : comme le cy- près, par dessus tout autre à ce service estant le plus propre, et convenablement est posé pour esguille au centre d'un ca- dran dressé en herbage au parterre mar- quant les heures. Au lieu des arbres pourra-on appliquer quelques rares an- tiquités, statues, colomnes, pyramides, obélisques et semblables pièces de marbre, jaspe, porphire et d'autres précieuses matières de diverses couleurs dont la ri- chesse rend le jardin très-magnifique.

Théâtre d'Agriculture, Tome II.

Ces choses estans contrefaictes en herbe, seront aussi de fort belle monstre, déco- rans le lieu avec la louange du jardinier. En suite, sera besongné avec semblables considérations, où l'homme d'entende- ment pourvoira par son bon sens, pre- nant avis de l'œuvre mesme, selon les occurences : car aussi c'est à lui à qui telle besongne s'addresse, non aux igno- rans et grossiers du vulgaire. Et d'autant que peu se treuvent de jardiniers avoir en leur cervelle les inventions des exquis compartimens, et autres précieuses dis- positions pour le décorement du jardin de plaisir, ains proceder du sçavoir des hommes entendus en la pourtraicture : ce sera de là d'où nos jardiniers prendront leurs desseins, en quoi ils acquerront tant plus de louange, que mieux les sçauront mettre en œuvre.

Et à ce que le jardinier n'aille re- cercher loin des desseins pour ses par- terres, j'ai mis ici quelque nombre de compartimens de diverses façons : d'entre lesquels, y en a de ceux que le roi a faict faire à Sainct-Germain en Laïe, et en ses nouveaux jardins des Tuilleries et de Fontainebleau, au dresser desquels M. *Claude Mollet*, jardinier de sa ma- jesté, a faict preuve de sa dextérité (112). Aucuns de ces pourtraicts contiennent des jardins entiers, autres, des portions : comme quarrés, bordures, et semblables, que l'habile jardinier employera avec jugement, selon son lieu, l'agenceant par les susdictes addresses, dont il pren- dra des portions comme il verra à faire. Le moyen est, de rapporter la chose du petit au grand. Prendra curieusement ses mesures, gardant de se descevoir : et sans se haster, ne lui suffira de mesurer une fois son œuvre, ains y retournera plusieurs. Dont s'instruisant lui-mesme, avec les observations suivantes, dressera ses compartimens au contentement de son maistre, et à son honneur.

Résolu donques que soyés de l'ordonnance de vos compartimens et autres dispositions, et le parterre au-paravant très-bien uni et mis au niveau, et proprement ageancé et engraissé, si que la terre soit devenue facile à gouverner et fertile, les tracerés à la manière suivante. Premièrement tendrés des cordeaux fort roidement (dont, et des fiches de fer ou de bois dur et solide, serés abondamment pourveu) le long des grands chemins et allées, lesquelles serés tant larges et longues qu'il vous plaira. Après, diviserés l'entre-deux des allées par portions esgales, en quarrés parfaicts, triangles, pentagones, exagones, heptagones, octogones, et en autres telles figures que voudrés, les enfermant avec des cordeaux, pour, dans icelles, loger les compartimens. Telles portions ne seront toutes de mesme sorte, ains de plusieurs: toutes-fois compatibles les unes les autres, pour le plaisir de la diversité, dont les compartimens s'en rendent agréables. Toutes ces figures-là souffrent la ligne droicte en leurs extrémités: les corps desquelles seront divisés par mesmes lignes, pour treuver les centres, sur lesquels l'on fera les ronds, ovales, et autres lignes curves convenables à l'ouvrage. Au quarré parfaict, cela se représente mieux qu'ès autres figures: car tendant deux cordeaux en ligne diagonale, d'un angle à l'autre, là où s'entre-croiseront, là sera le centre qui vous servira pour tracer un grand rond dans le quarré, si

rond désirés faire vostre compartiment. Aussi par mesme addresse, facilement diviserés les portions requises pour les ouvrages qu'aurés en main, selon la guide des pourtraicts: rapportant les mesures du petit au grand, comme j'ai dict, par la toise racourcie, par le pied, par la canne, par le pam, par l'aulne, et par autres mesures diverses à l'usage des pays. Les centres demeureront marqués avec des fiches qu'on affermira dans terre: et seront aussi les cordeaux laissés tendus, jusqu'à ce que les herbes soyent toutes plantées, pour servir de guide asseurée, autrement ostant par impatience et avant le terme, ces marques-là, seroit-on en danger de se confondre en ouvrant, par faute de conduicte: autre tant asseurée ne pouvant estre, que la susdicte.

Joignant les cordeaux, seront plantées les herbes, les fourrant dans terre avec la fiche, à l'imitation des vignes: ce qu'ainsi se faict fort nettement, comme l'on désire. Mais aucuns treuvent plus profitable d'ouvrir la terre avec la serfouete, pour l'aisance d'arrenger à volonté les herbes dans le rayon, soyent-elles enracinées ou non: cela se pouvant faire, sans contrainte, en eslargissant leurs racines, ou en estordant et recourbant les branches, pour les faire reprendre: toutes-fois, ne s'accommodent jamais si bien en ceste façon-ci, que par la précédente. Ne pouvant cest ouvrage souffrir délayement aucun, ains est nécessaire l'achever, suivre pied à pied, le commencer, de peur de des-former l'entreprinse: sans avoir esgard au particulier naturel de chacune herbe, toutes ensemble seront plantées à une venue sans nullement séjourner, par ce moyen hastant les tardives, et retardant les hastives. Le temps de mettre la main à ces compartimens-ci, pour les planter, sera prins et dans l'automne et dans le printemps, selon que le pays est sec ou humide, plus s'advanceant en cestui-ci, qu'en cestui-là, la terre estant bien disposée, ce que s'accordant avec la douceur de la saison, rendra très-asseurée la reprinse des herbes. Comme j'ai monstré, la plus-part des herbes dont se façonnent les compartimens, souffrent le planter par bouteures, bien-que par racines elles viennent asseurément : mais d'autant qu'en cest endroit, pour la délicatesse de l'œuvre, les branches sont plus convenables que les herbes entières, mieux qu'elles se laissans arrenger, et qu'on n'a à doubter de leur reprinse, fera les préposer aux herbes enracinées : joincte ceste raison, que plus facilement treuve-on des bouteures ou branches, la grande quantité requise, que des herbes entières, saines, d'esgale grandeur, telles que de nécessité convient les avoir.

Le bouis ne se pouvant reprendre par bouteures qu'à grande difficulté, faict qu'on ne l'employe au jardin, que par racines, pour laquelle cause est-on contraint d'aller par les bouissières cercher du petit plant enraciné, et tel le loger au lieu destiné : mesme est-il mis en terre à la fiche quoi-qu'avec racines, sans estre contraint d'ouvrir la terre à la serfouete, à tout laquelle, le parterre ne se dresse jamais si bien qu'à la fiche, comme a esté dict. N'ayant moyen d'avoir du plant enraciné de bouis tel que désirés, conviendra en faire une pépinière : semant des grains de bouis au mois de Février ou de Mars, d'où sortira du plant en abondance tel que désirerés (113).

Quant aux semences, l'on ne s'en doit servir qu'ès endroits les plus subtils et délicats, et où les herbes ja parcrenes ne se peuvent bien accommoder : comme en lettres, chiffres, devises, armoiries, et autres mignardises, où la graine se loge ainsi qu'on veut, la fourrant dans les fossettes qu'aurés creusées en terre plaine, souple et desliée, et en sa superficie, tracé ce que vous aura pleu, après réuni si bien le plant, y remettant la terre, que monticule ne valon aucun n'y restent. Ces traces se feront avec quelques instrumens de fer, ou de bois dur, à ce appropriés, desquels escrirés sur la terre, en y profondant un doigt : ou en y imprimant ce que voudrés, avec des grandes lettres de bois servans de moule, qu'en pressant enfoncerés dans terre. Ainsi des chiffres, ainsi des armoiries, et autres subtilités, dont recevrés contentement, si tels moules ont passé par bonne main, et que le jardinier très-curieusement ensemence toutes les parties de ses traces, sans obmettre angle ne recoin aucun. Plustost y mettra-il trop de semence, que peu : à la charge qu'estant levée, aussi tost il en arrache le superflu, pour, librement, laisser accroistre le restant sans estouffer par trop de presse. Comme au contraire, y laissera des jettons à suffisance, sans s'oublier à l'arracher : afin que par rarité, l'œuvre ne se treuve desliée et desjoincte, par conséquent, imparfaicte. Pour prendre ses mesures, sera le jardinier pourveu de perches longues et droictes, de bois léger, afin de les manier facilement, avec lesquelles il prendra ses distances , longueurs , largeurs et autres portions : ensemble aura-il des minces chaisnes de fer , pour tracer les ronds, grands et petits, qu'il marquera ès endroits convenables : lesquelles chaisnes , sont à tel service meilleures de telle matière, que de cordages, ne de boyaux, demeurans tous-jours en un estat sans s'allonger ne racourcir , par humidité , ne sécheresse , ne par trop ou peu tirer et tendre , comme font toutes autres matières , à l'intérest des mesures.

Comment seront couppées les herbes quand on les plante.

Les herbes ainsi disposées , et chaussées de terre , le plus uniment que faire se pourra , seront de mesme couppées justement quelques deux doigts sur de la terre , pour là s'accroistre par-ensemble. Elles seront cultivées fort soigneusement, sans souffrir qu'aucune herbe estrangére se fourre parmi , ni auprès d'elles , les sarclant souvent avec toute curiosité , sans pardonner à aucune plante s'escartant hors de son reng , par-ainsi paroistra le vuide et fond de la terre , comme est requis ; et y ad-joustant l'embellissement des terres de couleur , dont j'ai parlé , le compartiment s'en représentera très-

Les faut arrouser.

agréable à la veue. Seront aussi arrousées les herbes , sans qu'elles endurent la soif, autrement elles dessécheroient , mesme la première année de leur plantement. La commodité ne sera petite , si l'eau y découle par rayons faicts aux bords des rengs des herbes , ou sans y en faire aucun , arrouser le compartiment comme prairie unie.

Du tondre des herbes.

Le restant de la culture des compartimens et de leurs bordures , des devises, chiffres , armoiries , passemens , guirlandes et semblables délicatesses , ne consiste qu'au tondre et roigner des herbes, lesquelles il convient tenir tous-jours en mesme estat , c'est assavoir , bassement, passée que soit la première année qui leur est donnée pour reprinse. Pour tondre les bordures, passemens, et autres parties estans en ligne droicte , convient retendre le cordeau joignant l'endroit qu'on voudra roigner , et là justement avec des grands cizeaux emmanchés de bois , coupper des herbes , tout ce qui excédera la ligne. Quant aux ronds , et autres lignes curves , corps esleves , figures , et semblables gentillesses , plus difficilement y ouvre-on , parce que c'est le seul œil qui gouverne cela : en quoi faut qu'intervienne la dextérité du jardinier , refaçonnant la besongne , comme de nouveau, à toutes les fois qu'il y mettra la main ; autrement , la beauté de l'ouvrage se perdroit. Le temps de ce roignement n'est restreint à autre terme, qu'à la sérénité du ciel, estant défendu toucher aux herbes en temps de pluie , de chaleur , et de froidure , de peur de les faire mourir, ou du moins, par langueur , leur faire perdre le lustre : toutes-fois, le printemps en est la meilleure saison. Ce sera donques qu'on tondra ces gentillesses , quand les herbes sur-hausseront leurs limites, les tenant tous-jours basses et quarrées par le dessus et ès costés , joignans la terre pour maintenir leur bien-séance.

Compartiment de sa device.

Planche I.

C'est un compartiment de ceux des nouveaux jardins du roi , aux Tuilleries , faisant un quarreau, dont les vuides sont remplis d'enrichissemens , au centre duquel est une devise du roi.

Planche II.

Ce compartiment - ci , enrichi en ses vuides, est aussi un quarreau des jardins des Tuilleries.

Planche III.

De mesme cestui-ci est des compartimens

PROTEGET
DVO
VNVS

mens des Tuilleries, enrichi en ses vuides comme les précédens, portant en son centre une devise du roi.

La mesme devise du roi, mais en grand volume, estant dans un quarré ès jardins de Sainct-Germain en Laie, avec ses bordures de compartimens, qui serviront à divers jardinages.

Autre devise du roi, estant en un quarré des jardins de Sainct-Germain en Laie; dont les bordures faictes en compartiment rompu, serviront à divers jardins.

C'est un compartiment de ceux qui sont au jardin neuf des Tuilleries, rempli d'enrichissemens, mesme aux quatre coins des armoiries de France et de Navarre.

Ce rond est à Sainct-Germain en Laie, enrichi en son intérieur. Il est accompaigné, ès deux bouts, de bordures, qui rendent la planche longue: dont l'on pourra tirer l'addresse de faire un jardin entier, ayant des allées droictes, des costés droicts, des diagonales, et des curves.

Ce compartiment-ci est à Fontainebleau; il y a des allées droictes et curves: et avec des bordures ès deux costés, s'en pourra dresser un jardin entier, plus long que large.

Ce compartiment, meslé de rond et de quarré, enrichi en l'intérieur, faict un bar-long: dont se dressera un jardin entier, ayant trois allées en sa longueur, et cinq en sa largeur, y comprenant celles des extrémités.

Ce compartiment quarré, avec les bordures des deux costés, se convertit en bar-long: dont sera dressé un jardin entier, et estans vuides ses parties, et icelles assés au large, serviront à y mettre de la potagerie de mesnage: laquelle bordée d'herbes de bonne senteur, toutes ensemble cultivées de mesme main, rendront le jardin de profitable beauté.

Ce compartiment est un bar-long pouvant servir pour jardin entier: voire et pour potager, parce que ses vuides sont capables, à cause de leur largeur, de recevoir des herbes de mesnage qui seront bordées de celles de plaisir, dont toutes ensemble se rendront de plaisante utilité. Aussi s'y peut dresser au milieu un petit jardin médecinal quarré, dont le modelle se treuvera ci-après.

De ce compartiment bar-long, se pourra dresser un jardin entier: et comme le précédent, servira en potagerie pour la capacité de ses vuides, que pour ornement, l'on bordera avec herbes de plaisir. De mesme son milieu, à y eslever un petit jardin médecinal, mais rond, à la manière ci-après monstrée.

Ce sont les ornemens du jardin de plaisir, destinés au contentement de la veue. Recréent aussi l'esprit, les précieuses et douces senteurs, procédantes d'une infinité d'herbes et de fleurs qu'on y eslève. Auquel délectable labeur, l'homme d'entendement s'employe de grande affection, pour soulagement en ses sérieuses affaires. Et comme la bonne musique ne saoule l'aureille de ceux qui l'aiment, ains, cessant, la laisse affamée: aussi le plaisir qu'on prend à voir et odorer les herbes et fleurs de belle représentation et de bonne senteur, n'est jamais parfaict. Dont avient, que c'est tous-jours à recommencer, que le jardin à fleurs, où à toute heure l'on treuve de la besongne, soit ou pour y ad-jouster de nouvelles plantes, soit on à agencer et entretenir les vieilles. De mesme en est-il du jardin médecinal, où le plaisir n'est petit, d'y voir infinité de plantes de diverses sortes et propriétés, qu'on eslève et entretient avec continuelle solicitude. Mais comme le bouquetier a pour premier but, le plaisir; le médecinal vise principalement au profit et à la nécessité, pour le soulagement de nos infirmités. Néantmoins, ont-ils de commun ces deux jardins-ci, et le plaisir et le profit : dont la maison se treuvera de tant mieux accommodée, qu'avec plus d'affectionnée curiosité, l'on s'employera à ce plaisant mesnage (114).

CHAPITRE XIV.

Le Jardin Médecinal et son Ordonnance.

Entre les beautés du mesnage, les plantes et herbes médecinales paroissent, tenans honorable reng au jardin; à l'honneur du noble père-de-famille, qui adjouste au vivre des hommes, le moyen de les maintenir en santé et délivrer de maladie. Telle vertueuse affection, est profitable au publiq, d'autant que par icelle, nous sont domestiquées des simples et herbes estrangères, rares et exquises, de grande utilité et service, incogneues à nos Ancestres. Plusieurs princes et républiques, ont dressé des jardins médecinaux, avec grandes despences, pour mettre en évidence, à l'utilité commune, des profitables remèdes. A Florence, Pize, Padoue, Gennes, et en autres divers endroits de l'Italie,

et ailleurs, se voyent des beaux jardins médecinaux dressés avec beaucoup de frais, au contentement de tous ceux qui les voyent : et encores plus, de ceux qui opportunément ont esté secourus des profitables remèdes qu'ils produisent. Desquelles choses, estant incité nostre père-de-famille, se dressera un jardin médecinal, afin que sa maison ne soit despourveue d'aucune commodité, recouvrable en sa terre et en son aer.

La matière de ce jardin-ci est tant riche, qu'il est impossible de la représenter entièrement, à cause de l'infinie quantité de semences, racines, herbes, arbustes, dont il est composé : n'estant mesme entré en la cognoissance de l'homme, tout ce qui le peut rendre recommendable; parce que de jour à autre, paroissent des nouvelles plantes estrangères, voire des domestiques (incogneues par nous le temps passé), pour y estre logées. De tous lesquels utiles ornemens, nostre père-de-famille ne se peinera d'agencer son jardin médecinal, puis que les plus doctes et curieux personnages n'ont pénétré au fond de cest abysme, estans continuellement en telle perquisition. Ains se contentera de dresser un jardin, où soyent eslevées les plantes médecinales, qu'avec modérés soins et despences, il pourra recouvrer et entretenir : à ce qu'au besoin, il les treuve assemblées, comme dans un magazin, et qu'à l'occurrence des maladies, de lui et des siens, la mère-de-famille les employe, en attendant plus de secours du docte médecin en la nécessité : à l'exemple de plusieurs dames et damoiselles, qui avec beaucoup de louange, ont la cognoissance des vertus des herbes et sim-

ples , dont elles secourent opportunément leurs familles et les pauvres. Et
telle provision, sera treuvée à propos par
le médecin, quand arrivé à la maison des
champs, son apoticaire n'aura la peine
d'aller loin , cercher les simples par la
campagne , ains ne fera que les cueillir
au jardin , pour ses remèdes.

Et à ce que nostre jardin médecinal
soit disposé comme il appartient, pour
recevoir et nourrir le grand nombre de
plantes requis à sa fourniture , de tant
de sortes , diverses en qualités et naturels, est nécessaire d'en préparer le fonds,
par tel ordre , que toutes s'y maintiennent sans contrainte. Cela dépend des
facultés du ciel et de la terre, lesquelles
apropriées au naturel des plantes, toutes
ensemble s'y reprendront et accroistront
très-bien , avec contentement : voire et
esbahissement , pour l'assemblage de tant
de plantes vivans ensemble , comme en
union, bien-que de divers et extravagans
naturels. Mais d'autant qu'au rencontre
du lieu dont est question , gist la difficulté (très-rarement s'en treuvant aucun
du tout ainsi qualifié), est de besoin, tel
le préparer et dresser par artifice , suppléant au défaut de la situation. Chose
faisable , avec moyens dignes de telle entreprinse. Le lieu du tout plat , tel que
communément est le jardinage, non plus
le pendant , ne peuvent satisfaire à ce
dessein : parce que n'estant leur situation
que d'une seule sorte, plate ou pendante,
ne peuvent recevoir convenablement ,
plantes, que d'un seul naturel , au lieu
de plusieurs , dont nous avons besoin.
Lesquelles plantes, estans de divers et
différens naturels, comme a esté dict ,
pour elles nous dresserons un parterre de

divers et différens aspects ; et le compo-
serons aussi de matière tant diverse , que
chacune plante y treuvera sa particulière
assiete : à ce qu'ayans le ciel et la terre
favorables , toutes s'y puissent commodément loger et nourrir.

Or pour dresser tel jardin ainsi qu'il Disposition du jardin médecinal.
appartient, afin de le rendre capable de
recevoir et nourrir toutes sortes de plantes
médecinales, domestiques et estrangères ;
et qu'à telles commodités , soyent ad-
joustés les beaux pourmenoirs , il est nécessaire d'y faire grande despence , laquelle les seuls princes et grands seigneurs
entreprendront ; non nostre père-de-famille , qui se dressera un petit jardin médecinal : duquel il prendra ici le modelle,
rapportant la chose du petit au grand ,
et racourcissant le dessein selon la capacité de son lieu , et la despence qu'il y
voudra employer. Le service que je dois
aux grands , me faict un peu sortir hors
des limites de mon intention , qui n'est
que mesnage , pour représenter quel
pourra estre le jardin médecinal , dont
j'entends parler. L'artifice en sera une La montaigne des relevés.
montaignete relevée de terre portée , la-
quelle composée d'argille et de sablon ,
engraissée par fumiers , sera apropriée
aux plantes qu'on y voudra loger , chacune selon son particulier naturel : de
mesme touchant le solage , puis que le
relèvement de la montaignete fournit les
quatre aspects du ciel , desquels aurés à
choisir. Ainsi en la montaignete se treuvera tout ce qu'on désire en cest endroit,
assavoir, fonds du tout propre pour chacune plante , à ce expressément et sans
sujection accommodé : et aer , chaud ,
froid , tempéré , selon les quatre parties
du ciel , esquels la montaignete diverse-

ment regardera par son relèvement. Les plantes chaudes seront posées à l'aspect du midi, à l'abri de la bize, pour lesquelles mieux garentir des froidures, en seront parées en hyver, par couvertures qui avec beaucoup d'aisance y seront dressées. Les froides, à celui du septentrion. Les tempérées, de l'orient et occident. Les humides, en lieu arrousé par le moyen de la fontaine sourdant au coupeau de la montaignete, dont l'eau se deschargera où en sera le besoin. Les sèches, en lieu sec, laissé sans arrousement. C'est le principal project.

Pour en particulariser le dessein, dirai que la montaignete sera ronde, de la grandeur en diamètre et hauteur, comme l'on voudra, au sommet de laquelle on montera, en la tournoyant dehors par un grand chemin semblable à celui qu'on remarque peint, en la tour de Babel; et qu'encores l'on void, à celle du far d'Alexandrie d'Égypte, basti au port dans la mer. Entre les antiquités de Nismes, y a une mazure qu'on appelle, *Tourré-magne*, qui semble avoir esté bastie à la manière susdicte. Le grand chemin sera large de quinze pieds, l'on en prendra quatre pour les jardinets, où seront logées les herbes joignans le terrain : resteront onze pieds de passage et pourmenoir. Les jardinets demeureront justement à niveau, afin d'y loger et nourrir commodément les plantes, et ce par le moyen de certains petits murs dont ils seront environnés, de deux costés, qui en retiendront la terre, le chemin restant en sa douce pente. La montaignete sera toute de terrain, sans aucun bastiment, si on veut. Mais le jardin ne s'en rendra de si bon service, ne si plaisant, que si l'on environne le chemin, d'une muraille, laquelle retenant la terre, le jardin demeurera en son entier, sans deschet, maugré les pluies et gelées. Si le bastiment y est ad-jousté, l'on espargnera au bas de la montaignete, un grand cabinet rond, vouté, pour y estre au frès en esté, qui sera esclairé par quatre lucarnes, qu'on fera à travers du terrain pour y prendre jour. On entrera dans ce cabinet, par quatre allées équidistamment posées, qui auront leurs portes à la plus basse muraille, au rés de chaussée.

Voici une autre ordonnance de jardin médecinal. Il est quarré, faict à plusieurs chemins et replats, montant des uns aux autres par eschaliers, estans aux angles, faisans les replats ensemble, comme un théâtre, dont les degrés s'excedans les uns les autres, rendent le jardin de très-belle représentation. Il peut estre dressé sans bastiment, avec le seul terrain, non toutes-fois si bien qu'en y ad-joustant de la maçonnerie, laquelle donnera à l'édifice, et lustre et moyen de grand service. Et parce qu'il est très-difficile, de représenter ces jardins-ci, par le seul discours, j'ai dressé des pourtraicts de l'un et de l'autre, mesurés selon ce que j'ai estimé tels jardins se pouvoir raisonnablement faire. J'ai dressé le plan et le corps relevé d'un chacun desdicts jardins, par où se voyent des particularités de tels édifices, autant que l'art le peut permettre.

Ichnographie ou plan du jardin médecinal rond, contenant en diamètre, quarante-cinq toises. La place vuide du milieu, en laquelle l'on entre par quatre allées posées aux quatre divers aspects du ciel, est de vingt toises, où se fera un

cabinet

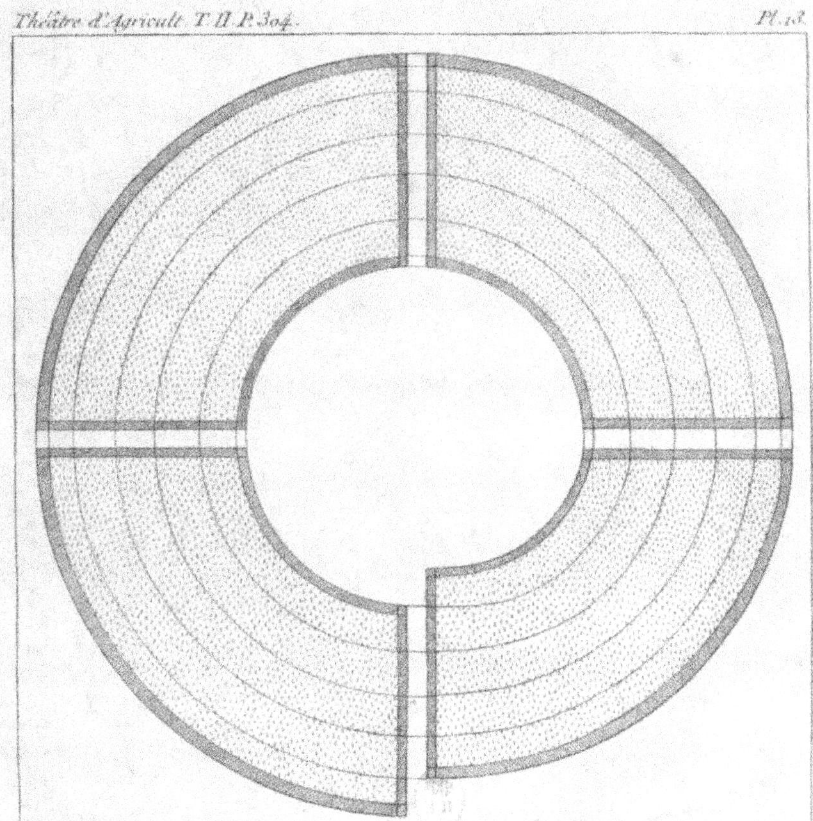

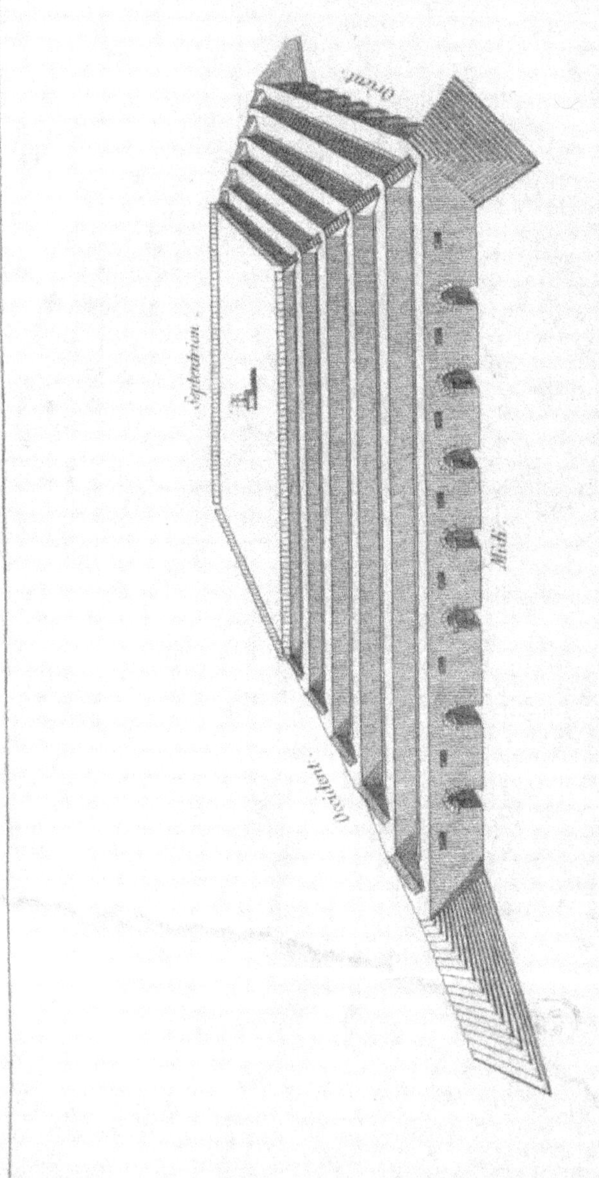
Septentrion
Orient
Midi
Occident

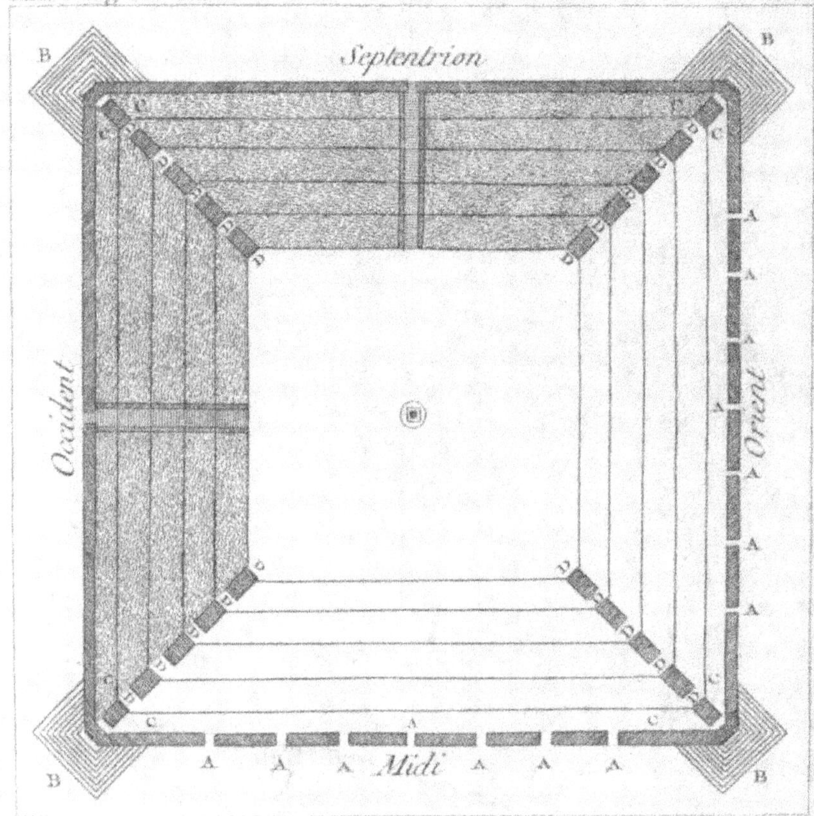
Septentrion
Occident
Orient
Midi
B
B
B
B
A
C
C
C
C
D
D

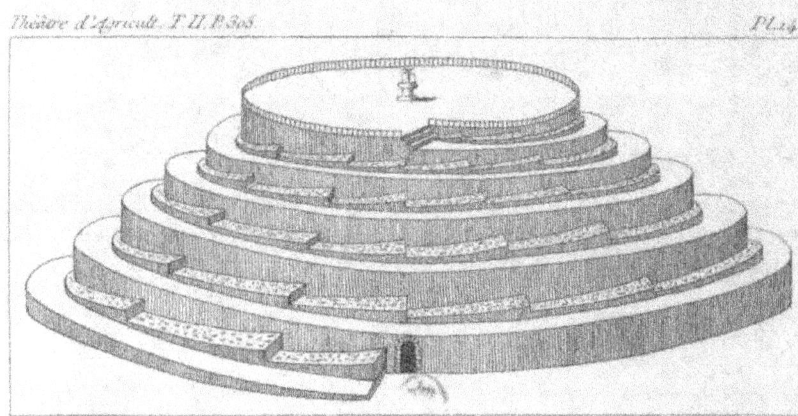

cabinet rond, porté par des pilastres, ou sans iceux, si on le prend petit, en cela n'y ayant aucune sujection; restent douze toises et demie de chacun costé, faisans, les deux, vingt-cinq toises pour le terrain et logis des herbes; sur lequel l'on monte, tournoyant en volute l'entour de la montaignete, de la main gauche à la droicte, jusques au sommet, où se trouve la place ronde, de ladicte mesure de vingt toises. Les chemins sont de quinze pieds de large, dont les quatre prins pour les jardinets, restent onze de passage et pourmenoir, comme a esté dict.

PLANC. XIV.   Le corps de ce jardin-ci est relevé en schenographie ou perspective. Il monte jusques à la hauteur de six toises, par six retours de la montaignete, dont le chemin l'environnant est porté par une muraille comme banc, haute de six pieds. L'espesseur de la muraille ne diminue aucunement le chemin, parce qu'on marche sur icelle, dont le chemin reste de onze pieds pour l'allée, joignant lequel les jardinets de quatre pieds de large sont dressés pour les herbes, comme a esté dict. Le chemin en tournoyant en rond la montaignete, porte finalement à la place ronde estant au sommet d'icelle. Elle est environnée de parabandes et accoudoirs sur des balustres qui toutes-fois ne se peuvent discerner à cause de la petitesse du pourtraict. Au milieu de la place sourd la fontaine, pour les arrousemens des herbes qui désirent l'eau.

PLANC. XV.   Ichnographie, ou plan du jardin médecinal quarré, contenant en chacune face, cinquante toises outre les quatre perrons, un à chacun angle, servans de première montée, qui saillent en hors, quatre toises. L'intérieur est vuide par le bas,

pour servir à tenir en hyver, des orangers et autres arbres précieux. Il est vouté, et les voutes portées par des pilliers équidistamment posés selon la disposition de l'architecte, et naturel de l'œuvre, pour laquelle cause et de peur de confusion, je ne les ai marqués ici. Et à ce que les arbres soyent là conservés plus chaulement, une grande partie de tel vuide, assavoir, les deux du septentrion et occident, seront remplies de terre, comme il se void au dessein par les picoteures. On y entre par quatorze portes, sept estans à l'aspect du midi, les autres à celui de l'orient, marquées A, par icelles tirant les arbres à l'aer après les froidures. Il y a deux allées au travers du terrain, pour issue vers le septentrion et occident, dont les portes sont tenues closes en hyver. Les perrons marqués B, servent de montée au premier replat marqué C, lequel et les autres aussi, ont chacun de largeur quinze pieds, dont les quatre servent de jardinets pour loger les herbes joignans les murailles; les onze restans, sont donnés pour pourmenoir, environnans le corps du jardin à niveau, sans nulle pente. Desquels replats ou allées, il y en a cinq, montans de l'un à l'autre par des eschaliers aux angles, marqués D. Le dernier replat porte à la place quarrée, qui est au dessus de la montaignete, icelle place estant de vingt-cinq toises en tous sens: au milieu de laquelle y a une fontaine pour arrouser les herbes du jardin, ayans besoin d'eau. La place pourra estre complantée de pins, ou sapins, ou d'autres arbres de montaigne.

C'est le corps du jardin médecinal PLANC. XVI. quarré, relevé en schenographie ou perspective. Il contient comme cinq estages, qui sont les chemins environnans la montaiguete, soustenus par des murailles, chacune haute de huict pieds; hors-mis la première au rés de chaussée où sont les portes, ès faces d'orient et de midi, qui est de trois toises: toutes les murailles ensemble montans à neuf toises quatre pieds. Les chemins se diminuent en longueur, à mesure qu'on les pose les uns sur les autres; le premier estant plus long que le second; cestui-ci, que le troisiesme; ainsi des autres: et ce par degrés, dont tout le corps du jardin semble estre en théâtre. Les chemins et pourmenoirs, comme est dict en l'ichnographie, sont à niveau sans aucune pente: leur largeur est d'onze pieds, marchant sur le bout et espesseur des murailles; et les jardins longs, joignans icelles murailles, ont quatre pieds en largeur, de mesme que les précédens du jardin rond. Les degrés des perrons, et ceux d'un chemin à l'autre, estans aux angles, se remarquent assés au pourtraict, aussi la place vuide qui est au dessus de la montaiguete, avec ses accoudoirs et fontaine, sans autre description. Touchant l'intérieur voutoyé pour logis à orangers, et à semblables arbres précieux, il sera à deux estages, la grande hauteur de la montaiguete donnant telles commodités. Pour laquelle cause seront faictes deux voutes, l'une sur l'autre, portées par des piliers, à la manière dicte. En la plus haute voute, on entrera par des portes qui seront au troisiesme replat ou pourmenoir, ès aspects susdicts, d'orient et de midi, où les orangers et telles autres plantes seront posés au bon temps, dont le théâtre sera environné avec belle représentation.

Plusieurs petits cabinets pourront estre espargnés dans l'espesseur du terrain sur chacun replat, esquels les fontaines découleront en plusieurs sortes avec beaucoup de plaisir, selon les diverses inventions des gens d'entendement (115).

CHAPITRE XV.

La Fourniture du Jardin Médecinal.

C'est voirement ouvrage de grands, que le dresser des jardins médecinaux, ainsi projettés, pour la despence nécessaire à leur fabrique. Néantmoins se pourra-elle rendre modérée, en racourcissant le dessein, le mesurant au petit pied à la proportion des moyens, comme j'ai dict. A telle entreprinse, servira d'oculaire addresse le jardin médecinal, qui par commandement du roi, a esté dressé de nouveau à Montpelier, par M. *Richier de Belleval*, médecin du roi et professeur anatomique et botanique en l'université de ladicte ville, lequel il a heureusement mis en si bon estat, qu'ayant avec très modérés accommodé le lieu à tel usage, divers en sa situation, il l'a finalement rempli de simples et herbes médecinales de toutes sortes, domestiques et estrangères, recerchées et près et loin, et en si grande abondance, que sa docte curiosité et grande diligence méritent beaucoup de louange, pour le profit qui en revient au publiq (116).

Après avoir dressé le logis, convient le meubler. Les meubles de nostre jardin médecinal seront les simples et herbes médecinales, telles que ci-après je les ai

enrollées, qu'on peut aisément recouvrer : laissant place au jardin, pour y
loger celles qui de jour à autre pourront
venir de nouveau à nostre cognoissance,
des pays lointains, rarés et exquises, et
autres servans à nostre intention. Je les
ai distinguées selon leurs naturels, à ce
que sans confusion toutes soyent bien logées, chacune avec sa semblable, en l'aspect du ciel qu'elle désire. J'ai aussi noté
le moyen de les eslever : de mesme les
propriétés et vertus de chacune plante,
escrites au texte, sans les vouloir marquer par annotation au marge, afin d'é-
viter telle importune redicte. Au discours desquelles herbes y a grande matière de remercier Dieu, du soin qu'il a
des hommes, pour la conservation de la
vie desquels, et pour les délivrer de maladie, il leur a donné infinies herbes et
plantes, dont les admirables vertus ra-
vissent l'entendement humain.

Angélique, tel nom a esté donné à
ceste plante, à cause des vertus qu'elle a
contre les venins. S'en treuve de deux
sortes, l'une sauvaige, l'autre domestique. La sauvaige croist par les lieux
moites ; et la domestique se sème devant et après l'hyver, en jardin cultivé et
arrousé en la sécheresse. Ceste herbe
contrarie à toutes infections : est très-
utile en temps de peste, tenant en la
bouche de sa racine ; et à ce que cela
soit agréablement, on la confit avec
succre, au sec, corrigeant par ce moyen,
la sauvaigine de son goust : guérit les
morsures des serpens et chiens enragés :
faict cracher les humeurs superflues, nettoyant l'estomach. L'eau qui en est distillée, sert aux choses susdictes, et à
tenir la personne joyeusement. Ses fueilles

appliquées au front, chassent le mal de
teste.

Valeriane, se délecte en bonne terre,
bien labourée et fumée, aussi arrousée.
L'on s'en engeance plus facilement par
plant enraciné, que par semence, laquelle sera employée, défaillant le plant.
Le printemps et l'automne en sont les
saisons : moyennant lequel traictement,
s'en montera hautement en tige, comme
l'on désire en ceste plante. Est propre
contre la douleur de costé : à provoquer
les urines, et les fleurs des femmes. Le
goust de ceste herbe est agréable aux
chats, la mangeans avec apétit.

Pain-de-pourceau, ceste herbe est ainsi
dicte, parce que les pourceaux se paissent de ses racines, les fouillans dans
terre avec affection, pour le goust qui
leur en agrée. En latin est diversement
nommée, *rapum*, *tuber*, *umbiculus
terræ*. Elle demande terre grasse et humide, bien labourée, afin de nourrir
ses grosses racines, ressemblants à la rave.
La grande chaleur nuit à ceste plante,
c'est pourquoi elle cerche les ombrages,
et perd ses fueilles au mois d'Aoust. Le
jus de ceste herbe sert contre la colique : contre l'hydropisie : purge le cerveau : lasche le ventre : esclarcit la
veue : ouvre les hémorroïdes : arreste le
siége lasche et pendant : désopile le foie
et la rate. Son eau est bonne contre les
venins et poisons : contre le flux de sang.
Sa racine trempée en huile rozat, et
icelui instillé dans l'aureille, en petite
quantité, guérit la surdité, et aussi les
ulcères vieilles, et des aureilles et des autres parties du corps. La décoction de sa
racine, beue, provoque les mois aux
femmes : oste taches du visage, causées

par le soleil : faict revenir le poil ès lieux pellés de la teste.

Queue-de-cheval, a prins ce nom à cause que son herbe ressemble aucunement le poil de la queue d'un cheval. Aucuns nomment ceste herbe, *aspresia*, pour sa grande aspreté et rudesse du manier, dont les ouvriers imagers, peigners, et autres faisans choses délicates, se servent pour polir leur ouvrage, l'en frottans. Il y en a de deux espèces, l'une plus grande que l'autre. Toutes deux demandent terre grasse et marescageuse, sans se soucier de culture. Son jus mis dans le nés, estanche le sang qui en sort : de mesme faict des menstrues des femmes, mis en pessaire. Sa décoction faicte en eau ou vin, guérit la dissenterie : provoque l'urine. Ses fueilles broyées, appliquées sur les plaies, les consolident très-bien. Son herbe et sa racine soulagent ceux qui sont travaillés de la toux.

Argentine, les fueilles de ceste herbe sont comme argentées en leur renvers, d'où est venu le nom de la plante. Elle souffre plus aisément la négligence du jardinier, que la maigreur de la terre : pour laquelle cause, se loge naturellement ès prés herbus, gras et humides, d'où la plante se retirera au printemps, pour la loger au jardin médecinal. Sa décoction prinse par la bouche, sert contre la dissenterie : à rompre la pierre : à guérir les ulcères estans dans le corps. Et son eau, à nettoyer la face et les mains.

Dent-de-chien, en latin, *gramen*, l'appellation prinse à *gradiendo*, d'autant que ceste plante, pour sa fécondité, advance tous-jours comme en marchant, prenant racine par tous ses nœuds seulement en touchant terre. Ne vient qu'en

bon fonds, bien cultivé : mais aussi y estant une fois logée, l'on ne l'en peut desengeancer, les bons jardins et les vignobles en estans importunés. La décoction de ses racines bouillies en eau rafreschit les febricitans : chasse la vermine des enfans : désopile : faict uriner : rompt le calcul.

Sophia, ou *talictrum*, en grec *thalicticum*, s'eslève en terre sèche avec peu de culture, par semence ou plant enraciné. Sa graine pulvérisée, prinse en vin, est singulière contre toutes évacuations desordonnées de sang, soit du nés, de la bouche, ou d'ailleurs, mesme contre la dissenterie : lasche le ventre : faict porter gaiement les enfans aux femmes.

Pisse-en-lict, autrement, œil-de-bœuf, pour la ressemblance que ses fleurs ont avec l'œil de tel animal : ressemblent aussi à celles de la camomille, mais sont plus grandes. Ceste herbe croist d'elle-mesme à l'entour des maisons. S'édifie par semence et par plant enraciné, au printemps ou en l'automne. Les fleurs de ceste plante, prinses en bruvage, sont bonnes contre la jaunisse. En cataplasme, résolvent les durtés. La décoction de ses fueilles en eau, beue, faict uriner : le mesme font, bouillies en huile, appliquées chaudement sur le petit ventre.

Numilaire, d'elle-mesme s'engence en lieu bas et aquatique, sans aucune culture. Néantmoins l'on la transplantera par rejettons enracinés et par semence avec, comme viendra mieux à propos. Ceste herbe est ainsi appellée, à raison que ses fueilles ressemblent à déniers, en latin dicts, *nummi*. L'eau qui en est distillée est singulière pour retirer le boyau avalé : aux dissenteries : aux vomissemens de sang : aux fleurs de femmes ; à ces maux estans propres sa décoction et la poudre de ses fueilles et racines desséchées. Les fueilles et fleurs, broyées, dessèchent et resserrent aussi, conglutinans et consolidans toutes ulcères.

Bouillon-blanc, la terre sablonneuse et pierreuse est celle où ceste herbe se délecte le plus, bien-qu'elle s'eslève assés facilement en autre endroit. De plusieurs sortes de bouillon y a-il, qu'on eslève par graine, la semant au printemps. Les racines de ceste herbe, pilées et beues avec du vin, arrestent le flux de ventre. La décoction de toute la plante, sert contre la vieille toux : spasmes : douleurs de dents : venims. L'eau qui est distillée de ses fleurs, oste la goutte-roze de la face : gratelles : marques de bruslure. Ses fleurs appliquées sur les hémorroïdes, avec jaune d'œuf, les arrestent. Le jus de l'herbe et des fleurs, exprimé, appliqué sur les verrues, les esteint et faict perdre : chasse la fièvre quarte.

Centaurée, ceste herbe a prins son nom de Chyron, centaure, qui en fut guéri de la blesseure qu'il avoit receue en un pied, par une flesche empoisonnée qui lui tumba dessus, maniant les armes de Hercules son hoste. Elle est aussi appellée, fiel-de-terre, pour sa grande amertume. Ne vient qu'avec beaucoup de culture et bon traictement, requérant d'estre logée en terre bien fertile. Et par semence et par plant enraciné, l'eslève-rés, ainsi qu'il viendra mieux à propos. Ceste herbe freschement cueillie, pilée et appliquée sur grandes plaies, les referme, et toutes vieilles ulcères en sont consolidées. Sa poudre a vertu d'amollir vieilles durtés, et guérir malingnes ulcères. Sa

décoction est bonne aux rheumes et fluxions : provoque les fleurs des femmes : faict sortir du ventre l'enfant mort : purge les humeurs phlegmatiques causans la sciatique : faict uriner : esclarcit la veue : tue les vers : profite aux paralysies et convulsions.

Sanicle, l'on s'engeance de ceste herbe, par graine, la semant au printemps : demande bonne terre et bonne culture. Restreint la dissenterie, et le crachement de sang : consolide les plaies.

Mille-fueille, s'accroist gaîement en bon fonds, plus humide que sec, non cultivé, comme prairie, d'où l'on en tire la plante, pour la loger au jardin après les froidures. A cause de l'abondance de ses petites fueilles, qui sont sans nombre, elle est ainsi nommée : et par les Grecs, *stratiotes*, c'est à dire, militaire, à cause qu'elle guérit toutes plaies faictes par le fer : donques estant fort utile en une armée. Ceste herbe rejoinct avec beaucoup d'efficace les nerfs des beufs, couppés par la charrue en labourant : est bonne contre la dissenterie : contre toute excessive évacuation de sang, du nés, de la bouche, des menstrues des femmes : guérit la chaude-pisse aux hommes, et les fleurs blanches aux femmes. Avenant qu'on s'en serve pour estancher le sang fluant du nés, l'herbe sera fourrée dans le nés, le tronc couppé près de la racine, le premier : et désirant le provoquer, ce sera par le contraire : car la poincte de l'herbe sera là employée ; la diverse application d'icelle produisant effects divers. La poudre de ceste herbe desséchée, est très-bonne contre la vieille toux.

Reprinse, ou orpin. Ceste herbe est

aussi appellé, *telephium*, et *brassula major* et *minor*. Elle croist facilement par tout où l'on désire la loger, jusques aux fentes et crevasses des murailles, mais vient plus grande près des eaux, qu'en lieu sec et aride. Là donques nous la logerons au printemps, par semence, à faute de plante. Arreste le flux de sang: consolide les plaies, mesme les ulcères intérieures. Elle est aussi un souverain et singulier remède, pour ceux qui sont tourmentés de hergne ou descente de boyau.

Chardon-nostre-dame, ou chardon-argentin, ou espine-blanche, est appellé en latin, *bedegaris*. Il demande bonne et grasse terre. Par semence l'on l'eslève au jardin, la jettant en terre au printemps. Sa décoction est bonne contre la douleur des dents: contre mal d'estomach: crachement de sang: colique passion: mal et flux de ventre.

Crespinete, espèce de renouée dicte, *polygonon*, croist par tout lieu non cultivé, toutes-fois mieux en terre humide que sèche, y estant plantée par racine, et après entretenue par labourage. Profite à ceux qui crachent le sang: qui difficilement urinent et goute à goute: qui ont flux de ventre: qui ont douleur d'aureille, guérissant leurs ulcères, et desséchant la matière boueuse qui s'y engendre. Aussi est bonne ceste herbe, contre les inflaxions et inflammations: la dissenterie, et autres évacuations des-ordonnées.

Consire, ou grande consoulde, est plante de terroir humide. Tel nous le choisirons, l'y semant au printemps, par faute de plant enraciné. Par d'aucuns est appellée, pasquete, d'autant que communément elle florit vers Pasques. Sui-

vant l'étymologie de son nom, ceste herbe à vertu de consolider les plaies. En cataplasme appaise la douleur des gouttes. La poudre de sa racine remet le boyau avalé des enfans, et appaise leur flux de ventre.

Elatine, ou velvoté, croist communément parmi les blés, estant grande quand l'on les moissonne. Aucuns estiment que ce soit le concombre sauvaige, dont le suc est par les Grecs appellé, *elaterion*. Nous en prendrons là du plant, et le logerons en nostre jardin, en l'automne ou au printemps. Ceste herbe est singulière à guérir les blesseures faictes en trencheant, s'en servans heureusement les moissonneurs, quand ils se blessent avec leurs faucilles, qui l'ont mise en réputation, ainsi que par accident plusieurs belles sciences ont esté mises en évidence. L'eau qu'on en distille, est singulière pour esteindre toutes rongnes, gratelles, dartres, voire le cancer des mammelles des femmes: guérit les yeux larmoyans et les esclarcit: arreste les flux de ventre, vomissemens: dessèche l'eau des hydropisies: guérit les fièvres tierce et quarte: restraint les fleurs des femmes, et tous autres flux de sang: et est propre à oster la noirceur de la langue des travaillés de fièvre continue, estant lavée d'icelle eau.

Hieble, est espèce de sureau, en latin appellée, *ebulus*. Ceste herbe a fleur presques semblable à celle du sureau, mais plus tardive. Elle s'engeance presques par tout, toutes-fois mieux en terre grasse qu'en maigre: et facilement par bouteures et rejettons sans nulles racines. Elle purge la cholère et le flegme, cuite et mangée en potage comme chous ou bettes. La poudre de sa graine, aussi prinse avec vin, a beaucoup d'efficace; et encores plus l'huile de ladicte graine. Sa racine cuite en vin, et mangée avec les viandes, secourt les hydropiques: ramollit et ouvre le conduict de la matrice. La décoction de l'herbe appaise les douleurs de la goutte et de la vérolle.

Mercuriale, masle et femelle, demande terre bien cultivée, et se plaist ès vignobles, où toutes-fois elle nuit beaucoup, donnant au vin senteur des-agréable, pour laquelle cause, les bons mesnagers taschent de s'en desengeancer avec pareille affection, comme ils désirent l'eslever au jardin médecinal, l'ostant d'où elle importune, pour la mettre où elle sert. Sa décoction purge la cholère et superfluités: lasche le ventre, employée principalement en clystère. Le jus de ceste herbe faict perdre les verrues: aide à la conception: provoque les mois des femmes, et les délivre de l'arrière-faix.

Chausse-trape, ou *calcitrapa*, autrement, *carduus stellatus*, est plante peu délicate, venant sans culture ès lieux aspres. Par racine et par semence l'on s'en engeance avec facilité, au printemps et en l'automne. La principale vertu de ceste plante consiste à la graine, laquelle pulvérisée, beue en vin, faict uriner et sortir la gravelle: et ce avec violence jusques au sang, si l'on n'est modéré à son usage. Mesme opération faict la décoction de telle graine, mais doucement, sans importunité.

Plantain, il y en a de trois espèces, à fueilles rondes et longues plus ou moins les unes que les autres, et toutes de si facile eslèvement, que par tout où voudrés les ferés croistre, et par plante et par semence. Ceste herbe est propre contre la fièvre tierce: contre la bruslure: et à restraindre le sang fluant par le nés, se servant et des racines et des fueilles de ceste plante, séparément et meslées.

Dictam, est plante de terroir sec et aride: en tel choisi l'on la logera et par plante et par semence, ainsi que mieux s'accordera, soit au printemps soit en l'automne. Ceste herbe avec sa racine, est bonne contre la peste et autres venins: nettoye les reins et la gravelle: provoque l'urine, et les mois des femmes: faict sortir l'enfant mort et l'arrière-faix: tue les vers des enfans.

Bource-à-pasteur, est herbe peu délicate, car sans nul soin, elle s'engeance par tout, jusques sur les murailles. Sa décoction employée en clystère, sert pour arrester le flux dissentérique: appaise les crachemens. Bain faict de ceste herbe, retient le flux excessif des mois des femmes. Son jus est utile à la guérison des ulcères ès aureilles: arreste le sang coulant du nés. Sa seule herbe portée à la main a aussi semblable propriété, tant est-elle efficacieuse en cest endroit.

Cheveux-de-Vénus, d'autant que ceste herbe embellit les cheveux; parce que les Anciens peignoient leur déesse Vénus avec belle chevelure, ce mot de *Vénus*, y est ad-jousté. Elle est appellée en latin, *adianthum*, *callistricum*, *polytricum*, et autrement; mais les apoticaires ne la nomment que, *capilli-Veneris*. Ceste herbe croist joignant les fontaines, en pays plus chaud que froid. Auprès donques de la fontaine, nous logerons ceste exquise et plaisante plante, en lieu couvert du soleil, non toutes-fois exposé au froid ni au vent, ès trous et murailles de la fontaine, comme estant ce, son plus agréable logis, à cause de la frescheur de l'eau, qu'elle attire à soi. Par plant enraciné est le seul moyen de s'en engeancer, ne faisant aucune graine. Ceste herbe est fort recerchée pour l'abondance de ses vertus. Elle est employée aux apozèmes purgatifs : elle brise la pierre, et la gravelle : faict uriner : est bonne contre les morsures des bestes venimeuses : provoque les fleurs des femmes : estanche le flux de sang coulant du nés : remplit les places vuides de poil : guérit la teigne : consume les lendes qui viennent en la teste, et ce avec lexive faicte de son herbe. Sa décoction, beue, est souveraine pour conforter les asthmatiques : ceux aussi qui ont la jaunisse.

La renouée, ainsi dicte à cause de ses branches ayans plusieurs nœuds près à près l'un de l'autre, en grec, *polygonon*. Il y en a de trois espèces, dont l'une est appellée, crespinete. Ceste herbe abonde en brancheage, mais fort débile dont il traisne par terre. Est de facile eslèvement, car soit ou de plant enraciné, ou de branche, ou de graine, et en quelle saison, printemps ou automne, se reprend très-bien : vient aussi en toute terre, mieux toutes-fois en humide qu'en sèche, et s'entretient avec peu de culture. La vertu de ceste herbe est d'arrester le flux des menstrues des femmes, celui des dissenteries, du nés, de la bouche, et autres des-ordonnées évacuations de sang : est de grande efficace contre les ulcères des aureilles, les desséchant : contre les plaies récentes et saigneuses : contre le venim : contre l'ardeur d'estomach : contre la rétention d'urine.

Scabiense, demande lieu non cultivé, plus sablonneux qu'argilleux, plus humide que sec. Estant logée au jardin en endroit approchant à son naturel, y profitera très-bien, bien qu'en lieu ombreux. Ce sera par semence ou par plant enraciné, ainsi que mieux viendra à propos, qu'on s'en engeancera et entretiendra avec peu de culture. Le printemps est la saison de la mettre en terre, où elle dure plusieurs années, pourveu qu'en cueillant le tige pour s'en servir à distiller et à autres usages, l'on n'en arrache les racines (comme aucuns mal-avisés font), ains les laisse dans terre pour rejetter de nouveau. Tout ce qui est en ceste plante, est profitable : sa racine, ses tronçons, ses fueilles, ses fleurs, son jus, son eau, sa décoction. L'eau distillée de toute la plante, beue avec thériaque, est salutaire contre tous venins, deschargeant l'estomach ; seule, chasse la fièvre dès son commencement. Le jus a mesme vertu, voire jusques à chasser la peste ; aussi la conserve de ses fleurs faicte au sucre. Liniment faict avec jus de scabieuse et beurre frais, est bon contre les gratelles, dartres, lentilles, et autres maux s'attachans au cuir. Poudre de la racine de ceste herbe, se garde long temps, laquelle utilement l'on employe au défaut du jus et de l'eau.

Aigremoine, est appellée, *eupatorium*, d'Eupator, roi, qui premier la mit en réputation : et parce aussi, que le foie est nommé, *hepar*, auquel ceste herbe sert de singulier remède. Ceste plante se délecte en bon fonds, non sec, ni trop humide, ni trop exposé au soleil. Et par semence, et par plant enraciné, facilement l'on s'en engeance au printemps et en l'automne. Sa décoction est bonne contre

contre la dissenterie : morsure de serpens : contre la gratelle et démangeson : désopile le foie : tue les vers : guérit les chevaux poussifs, et la toux des brebis : guérit efficacieusement et avec promptitude admirable, les meurtrisseures des yeux, appliquant l'herbe et le jus sur le coup, là avec une bande la retenant pour quelque peu de temps. Sa racine appaise le mal des dents, seulement la tenant entre les dents douloureuses. Sa graine, bene en vin rouge, sert à la guérison de la dissenterie ; et l'eau distillée de toute la plante, racine et fueille, à celle des maladies susdictes.

Fumeterre, en latin, *fumaria*, parce que son jus faict pleurer les yeux comme la fumée. Elle est semée en bonne et grasse terre, au printemps, désire la bonne culture, et l'arrousement en la sécheresse. Par le seul frotter les yeux, de ceste herbe, la vene en est esclarcie. Sa décoction purge la cholère, par les urines : désopile le foie : nettoye les humeurs adustes : est bonne contre la gravelle.

Fougère, vient en terre sablonneuse, toutes-fois humide. Il y a masle et femelle. Ne florit ne graine, contre la commune créance du vulgaire ignorant, qui tient ceste herbe florir et grainer la veille de la Sainct-Jan d'esté. Par plant est le seul moyen de s'en engeancer. Sa décoction est bonne contre la vermine : sert aux femmes à enfanter, et à provoquer leurs mois. La poudre de ceste herbe dessèche les plaies.

Mourron, désire bonne et grasse terre, humide, non sèche. En ceste plante se voyent masle et femelle, qu'on distingue par la couleur de leurs fleurs, le masle les portant incarnates, et la femelle

bleues. Par semence l'on s'en engeance, mais plustost par racine, dont l'on treuve en abondance par les prairies. Comme diverses en sont les fleurs, aussi diverses propriétés a ceste herbe. Les inflammations et obscurité des yeux, aussi les inflammations des parties honteuses, sont guéries par le mourron à fleurs rouges ; lequel faict avaler le boyau du fondement quand on l'en frotte : comme par le contraire, icelui boyan est retenu par le mourron à fleurs azurées ; qui en outre, tue les cirons des mains, et en guérit la gratelle, quand on lave les mains de l'eau où telle herbe aura bouilli.

Serpentaire. Il y en a de deux sortes, l'une grande, l'autre petite. Ceste herbe a esté ainsi appellée à cause du serpent qu'elle représente en sa figure, le sommet de la plante semblant la teste d'un serpent, et son tige moucheté et tacheté de rouge et de jaune, lui en marque presques la couleur. Deux autres causes lui donnent aussi tel nom : l'une, que ceste plante sort de terre au printemps, et se recache en l'automne, comme faict le serpent : l'autre, que les serpens fuyent celui qui porte ceste herbe, et que son suc donné à boire, est singulier remède contre la morsure des serpens. Ceste plante demande bonne terre et humide, ne se logeant jamais en mauvaise et sèche. Semblable lieu lui appresterons-nous au jardin, l'y plantant ou semant, selon la commodité qu'aurons de plant ou de semence. Ses racines sont bonnes contre la courte haleine, et toux difficiles : contre les ulcères malingnes. La décoction de ses fueilles arreste les fleurs des femmes. Leur suc esclarcit la veue, et faict fondre les verrues ; et le fruict, les chancres. Les fueilles de ceste plante préservent les fourmages de corruption, quand l'on les en envelope.

Gleteron ou glouteron, dict aussi bardane, et *personata*, en Languedoc, lampourde (*lampoûrdo*), vient facilement de racine et de semence, en terre sèche et maigre, sans beaucoup se soucier de culture. Contre les flegmes pourris, et crachement de sang, est bonne la graine de ceste herbe, beue en vin ou potage : appaise les douleurs des joinctures, causées de coup : rompt le calcul : arreste la dissenterie. Sa fueille broyée et appliquée sur vieilles ulcères, les guérit, et aussi oste le venim procédant de morsure de chien enragé, de serpent, et d'autres bestes malingnes. Et y ad-joustant la graine et les racines, le tout appliqué sur les escrouelles, y sert de bon remède.

Scrophulaire, a prins ce nom des escrouelles, nommées scrophules, qu'elle guérit. Est herbe de terre humide et marescageuse, ne pouvant vivre en sèche. Tel lieu donques nous lui préparerons, et dont le fonds sera fertil, l'y semant au mois de Mars, si n'avons la commodité de plant enraciné. Sa principale vertu est de guérir les escrouelles, comme a esté dict, les frottant d'un unguent qui se faict des racines de ceste herbe.

Arreste-beuf, herbe cogneue des laboureurs, par eux ainsi premièrement appellée, pour l'empeschement que ses racines lui donnent en labourant, jusques à arrester ses beufs. Elle est des Grecs dicte *ononis*, à cause que les asnes, appellés *onos*, en ladicte langue, se veautrent agréablement sur ses racines. Vient en toute terre, mais non tant forte en maigre et sèche, qu'en grasse et humide,

désirant aussi le fréquent labourage. Par racine l'on s'en engeancera, au printemps ou en l'automne. L'escorce de sa racine nettoye la gravelle : rompt la pierre : provoque l'urine. La décoction de sa racine oste les douleurs des dents : advance les mois des femmes : désopile la rate et le foie. L'eau qui est distillée de ceste herbe avec sa racine, sert à tous ces remèdes-là, et trés-opportunément durant l'année, défaillans les herbes.

Piloscle, se plaist en terre sablonneuse et sèche, et de n'estre beaucoup cultivée. Là donques nous la logerons, et ainsi la traicterons; mais ce sera plustost par plant enraciné que nous-nous en engeancerons, que par semence ; et au printemps qu'en l'automne. Ceste herbe sert à guérir la dissenterie, et le flux de la matrice : aussi à consolider les plaies. Elle constipe tellement les bestes à laine qui en mangent, que le plus souvent elles en meurent. Le jus de ceste herbe est employé à la composition d'une trempe pour espées et cousteaux, si excellente, que les instrumens qui en sont préparés, couppent le fer comme bois, tant il est efficacieux.

—Absinte romain ou pontique, marin et vulgaire, est dict aussi, aluine, pour sa grande amertume, comme celle de l'aloës : aussi, fort, c'est à dire, fort amère, ainsi distingué et appellé. Le pays de Xainctonge est remarqué pour la production de telle plante, où elle croist en perfection de bonté. Ceste herbe veut terre de moyenne fertilité, plus sablonneuse qu'argilleuse. Se sème et se replante assés facilement en la primevère, et demeure au jardin plusieurs années en estat, sans ressemer. Elle est souveraine pour conforter l'estomach, appliquée dessus, l'ayant au préallable un peu amortie sur une tuille eschauffée. L'usage du vin où la vertu de ceste plante aura esté infuse, est de mesme efficace : sert aussi contre le venim de mauvaises viandes et corrompues, comme champignons, poissons, chairs, fruicts mal qualifiés. Sa graine tue les vers dans le corps des enfans, et des grands avec : spécialement celle de Xainctonge, commé dict est, à telle cause appellée aussi, la mort aux vers, et des apoticaires, *semen contra;* voulans dire, *contra vermes,* pour l'excellente vertu qu'elle a contre la vermine. La conserve qui se faict des tendrons de ceste plante avec du sucre, est merveilleusement bonne contre la vieille hydropisie. L'unguent qui en est composé guérit les nouvelles plaies et les ulcéres de la teste. La décoction de son herbe provoque l'urine et les mois dés femmes. Son jus guérit le venim de la piqueure du scorpion, du serpent, de la museraigne; son perfum, le mal des aureilles.

Quinte-fueille, ce nom procéde des cinq fueilles que ceste herbe porte en chacune queue. Elle croist en tous lieux, mieux toutes-fois, en terre de passable bonté et humide, qu'en trop maigre et sèche. Là nous l'esleverons par plant enraciné, plustost que par semence, au printemps ou en l'automne. Sa décoction bouillie jusqu'à la consomption du tiers, tenue en la bouche, appaise la douleur des dents : arreste les ulcéres pourries de la bouche, et les aspretés du gosier : guérit le haut-mal : arreste le flux de sang dissenterique : est bonne contre la poison et aer pestilent : contre la jaunisse et opilation du foie.

Eufraize, vient de racine, plus facilement et plus seurement que de semence : se plaist en terre légére et humide, non exposée au soleil. Elle est aussi appellée, luminete, pour estre sa vertu d'illuminer et esclarcir les yeux. Aussi sont-ce ses principales utilités, que de chasser l'obscurité et esblouissement de la veue : à cela estant fort propre la poudre de son herbe desséchée. En outre, ceste herbe conferme la mémoire.

Esclaire, en latin, *chelidonium.* Ce nom d'esclaire est donné à ceste herbe, à cause que d'icelle les arondelles guérissent leurs petits de l'esborgnement, selon la commune créance. Elle demande d'estre semée vers la fin de l'hyver; et sortie de terre, son tige estre couppé rés de terre, après couvert d'une tuille, pour contraindre ses racines à se renforcer : moyennant cela, demeurera en bon estat quelques années, pourveu qu'elle soit en terre de moyenne bonté, non trop exposée au soleil. De deux esclaires y a-il, petite et grande; ceste-là aussi dicte herbe aux escrouelles, pour estre propre à la guérison de tel mal. La grande esclaire est singulière pour la veue, pour la conforter, pour l'esclarcir, pour la retenir, ostant la taie des yeux et autres empeschemens: guérit les dartres: les gratelles: les ulcéres : la teigne des petits enfans : la jaunisse : appaise les douleurs de la matrice. Son jus instillé dans les dents caves, les faict tumber. La petite esclaire guérit les hémorroïdes: les chancres : les porreaux : les scirres.

Bistorte ou serpentaire masle, se plaist en l'ombre et en l'humidité, en terre plus grasse que maigre. Il y en a de deux sortes, grande et petite, les deux ayans les racines entortillées , d'où est venu leur nom. En tel lieu donques nous la planterons ou semerons , selon que mieux viendra à propos. Ceste herbe est bonne aux plaies : à la dissenterie : à restraindre le vomissement bilieux : à retenir le flux d'urine , et celui de sang d'une plaie : contre les venims, mesme contre la peste : contre les vers des petits enfans : contre la douleur des dents.

Herbe-aux-pouilleux, en latin, *staphis-agria*, veut estre en bonne terre, cultivée et arrousée, non trop soleillée, le modéré ombrage lui agréant. On la sème au printemps : la graine s'en recueille au commencement de Juillet. Outre la vertu que ceste herbe a de chasser les poux, d'où elle a tiré son nom, elle guérit les gratelles : les dents douloureuses : arreste le rheume des gencives : et mise parmi les accoustremens, empesche les poux de s'y arrester aucunement.

Herbe-aux-pulces, dicte *psillium*, en latin, sera semée au printemps, en bonne terre, bien cultivée, fumée , et arrousée au besoin ; sans lequel traictement ne pouvant profiter. Son herbe espandue par la chambre, en chasse les pulces, son nom manifestant telle propriété : appliquée sur le front, appaise la douleur de teste, et celle des yeux , de mesme employée sur iceux ; mais avec beaucoup plus d'efficace, l'eau qui en est distillée, mise dans les yeux en petite quantité.

Herbe-aux-teigneux, *petas-tes*, en latin ; nous en prendrons le plant ès lieux ombreux , frès et aquatiques , où elle croist naturellement, pour la planter au printemps ou en l'automne. Est bonne contre la peste : contre les suffocations de la matrice ; contre les trenchées de ventre :

ulcères malingues: la vermine des enfans: difficulté de respirer et d'uriner , et la rétention des menstrues. La poudre de ses fueilles desséchées , beue avec du vin , provoque efficacieusement la sueur, pour chasser tout venim et poison.

Pervenche , nous logerons ceste herbe en bonne et grasse terre , non sèche , ne trop exposée à la chaleur du soleil , car c'est le lieu qu'elle demande. Ce sera au printemps , par semence , défaillant le plant enraciné. Est bonne contre la dissenterie et autre flux de ventre : à arrester le sang coulant par le nés et par la bouche : à guérir les douleurs de la matrice : à appaiser celles des dents : est salutaire contre les venims.

Senesson , garde sa fueille verte presques toute l'année , florit plusieurs fois , croist facilement en tous lieux , mesme ès vieilles murailles , sans nul soin ; pour lequel naturel , nous en prendrons le plant, l'esleverons et entretiendrons avec peu de peine. Ceste herbe ouvre les hémorroïdes , et les menstrues retenues : guérit les enfleures et amas d'humeurs: est bonne contre la gravelle et difficulté d'uriner.

Bacinet ; comme il y a de six à sept espèces de ceste herbe , aussi lui sont donnés plusieurs noms. En françois est appellée, pied-de-courbin , pied-de-coq , pas-de-loup , flammete : en grec, *batra-chium* : en latin, *ranunculus*. Selon ses diverses espèces, diverses en sont les couleurs de leurs fleurs, les unes jaunes , les autres rougeastres. S'accordent néantmoins toutes en ceci , que d'aimer communément l'humidité , et d'attirer à elles les grenouilles, où ces bestes se retrayent agréablement. Moins toutes-fois désire l'eau que nulle autre, celle qui porte double fleur, non beaucoup jaune, ains rougeastre. Pour eslever ceste herbe au jardin, nous en distinguerons les espèces, à ce que sans confusion les puissions toutes loger distinctement, et à toutes donner bonne terre. Là donques après les froidures de l'hyver nous les planterons. Ceste herbe est bonne contre la peste : contre les fièvres, tierce et quarte : contre les verrues, porreaux larges et ronds : les mules des talons : sert de caustique, ulcérant efficacieusement jusques au brusler, ainsi que mal heureusement les gueux s'en servent pour ulcérer leurs bras et jambes, se contrefaisans malades. La poudre de sa racine, sèche, faict esternuer : guérit le mal des dents, les mettant en pièces.

Chèvre-fueille, en latin, *caprifolium*, croist par tout où l'on veut : son naturel est, néantmoins, de se loger près des hayes et buissons, pour s'y agrafer. De là nous-nous pourveoirons de plant pour le mettre au jardin, au printemps ou en l'automne, lui donnant quartier selon qu'il le désire. Ceste herbe désopile la rate : résoud la lasseté : provoque l'urine : sert à ceux qui ne peuvent avoir leur haleine qu'avec difficulté.

Lierre-terrestre, dicte en latin, *hedera-terrestris*, vient de soi-mesme parmi les buissons, sans culture. Ceste herbe a les fueilles semblables au lierre, un peu moindres et plus deslicées, rempe à terre sans beaucoup s'eslever. Avec peu de peine, nous la planterons et esleverons au jardin, sa non-délicatesse le permettant. Le beaume qui est faict des fueilles de ce lierre, est excellent pour coupeures et plaies récentes, pour toutes ci-

catrices, escorcheures, ulcères malingnes, bruslures. En clystère, guérit les coliques. Ses fueilles cuites en vinaigre et mangées en salade, désopilent la rate. Son jus, le prenant par le nés, guérit la puanteur et la défluxion d'icelui, et celle de l'aureille : purge aussi le cerveau. Sa gomme tue les poux, et oste le poil.

Pas-d'asne, *tussilago* et *farfaria*, en latin, aussi est ceste herbe dicte, *angula cabalina*, croist en lieu aquatique ès palus. Tel logis lui ferons-nous au jardin, où nous la transplanterons au printemps ou en l'automne. Conforte le poulmon : est bonne contre la peste : contre la toux : la difficulté d'haleiner ; principalement c'est le perfum receu par la bouche avec un entonnoir, qui effectue tels remèdes.

Lysimachie, a prins son nom du roi Lysimachus, son inventeur. Elle est aussi appellée, *salicaria*, pour la ressemblance de ses fueilles, à celles du saux. L'on la nomme en françois, corneolle ou chasse-bosse. Elle s'engeance ès sausaies près des rivières. Le printemps ou l'automne sont les saisons de la planter : défaillant le plant nous-nous servirons de la graine pour l'eslever. Ceste herbe est bonne pour les dissenteries : crachement de sang : contre le flux de sang, du nés, des menstrues des femmes : arreste aussi le sang des plaies. La poudre de ceste herbe, desséchée, sert aux remèdes susdicts, et à guérir les escorcheures, mesme celles des pieds, faictes par souliers malaisés.

Barbe-de-chèvre, pour la ressemblance que les fleurs de ceste herbe ont à la barbe de cest animal, la plante est ainsi appellée : on la dict aussi, *ulmaria*, à cause que ses fueilles ressemblent celles de l'orme. Elle se plaist ès vallées ombreuses, plus humides que sèches, d'où en tirerons le plant pour l'aprivoiser au jardin. Sa décoction purge et esmunde le flegme gros et espès : est salutaire au mal caduc. La poudre de ses racines et fueilles guérit le flux de ventre, et de sang. L'eau distillée de ceste herbe, beue, sert aux plaies intérieures et extérieures.

Gentiane, de Gentius, roi d'Illyrie, qui premier la mit en réputation. Est herbe de montaigne : souffre l'ombrage : aime l'humidité. Ses fueilles sont presques rouges, sortans près de ses racines. Elle s'édifie, et par semence et par plant enraciné : florit et graine dans l'esté : ne se soucie pas beaucoup de culture, bien-que plus grande vient-elle estant labourée, que laissée en friche. Est bonne contre les fièvres : contre les vers : sert à faire collyres pour les yeux malades d'inflammation. Sa racine est bonne contre la peste : contre la morsure des bestes venimeuses : contre la douleur d'estomach et de foie, prinse avec de l'eau en bruvage : aide à l'enfantement.

Cabaret, en latin, *asarum*, ne vient si bien, ne si tost, par semence, que par plant enraciné, à faute duquel, l'on se servira de la semence. Ne désire ni la culture ni l'arrousement : florit ès deux saisons de l'année, printemps et automne, et en ceste-ci, en recueille-on la graine pour semer. Sa fueille sert à faire dormir : à guérir les enfleures que les femmes de nouveau accouchées, ont aux mammelles : la douleur de teste : les inflammations et rougeur des yeux : les fistules du conduict du nés : la goutte sciatique. Et sa racine, à provoquer l'urine :

les menstrues des femmes : aux hydropiques : à chasser les fièvres tierce et quarte : à la difficulté de respirer et d'uriner.

Verge-d'or, s'édifie par semence, au printemps, en terre grasse et bien cultivée, et lieu ombreux. Ceste herbe est propre à la dissenterie : faict uriner : comminue le calcul : conglutine les ulcères et fistules.

Mors-du-diable. Les apoticaires la nomment en latin, *morsus diaboli*, parce que la racine de ceste herbe est tronquée de telle sorte, qu'on diroit en avoir esté prins un morceau avec les dents. Ce nom lui a esté donné, croyant le vulgaire superstitieux, que c'est le diable qui l'a faict, qui, envieux du bien que ceste plante cause au genre humain, le secourant en diverses maladies, y a laissé les marques de son venim. Ceste herbe demande terre de moyenne valeur, plus humide que sèche, où l'on la semera, défaillant le plant, au printemps plustost qu'en l'automne. Est bonne contre les douleurs de l'amarri : contre les tumeurs pestilentes : contre la vermine des petits enfans : pour dissoudre le sang figé et grumelé.

Betoine, nommée en latin, *betonica*, de ceux qui les premiers l'ont treuvée, nommés, *Vetones*, peuple d'Espaigne. Se sème à faute de plant, mais veut bonne terre, moite et ombragée, non trop exposée en plain soleil, où s'entretient à petit soin. Ceste herbe est fort recerchée pour l'abondance de ses vertus. Appliquée en cataplasme, est bonne contre les morsures des bestes venimeuses : guérit les plaies de la teste, et autres ulcères caves et chancreuses : faict suppurer les foruncles. Sa décoction faicte en vin blanc, provoque l'urine : rompt le calcul : appaise les douleurs de reins : celles de la matrice. En apozéme, purge le poulmon et le foie. Aussi est salutaire ceste herbe à la digestion : contre le haut-mal : le crachement de sang : l'hydropisie : le venim et poison, y servant de singulier préservatif. Sa racine faict vomir les flegmes, deschargeant l'estomach.

Seau-de-Salomon, autrement dit, *polygonatum*, se loge en lieu haut, loin d'humidité, en terre toutes-fois de passable bonté, où, à faute de plant, sera employée la graine. Les meurtrissures, les lentilles du visage, aussi les taches et macules du hasle du soleil, sont guéries par la racine ou jus de ceste herbe. L'eau qui en est distillée, est propre à tel service, et à nettoyer la face.

Scolopendre, appellée aussi, langue-de-cerf, s'eslève seulement par plant enraciné ; ne faict ne fleur ne semence, non pas mesme tige eslevé hors de terre, car ses fueilles sortent immédiatement de ses racines, lesquelles convient arracher pour estre transplantées. Nous la planterons au mois de Mars ou d'Avril, en terre sablonneuse, toutes-fois humide : désirant ceste herbe, estre souvent arrousée, presques autre soin ne lui estant requis pour son entretien. Elle guérit l'opilation et enflure de la rate : aussi soulage ceux qui sont tourmentés de fièvre quarte.

Langue-de-chien, désire la terre sablonneuse et légère, et se contente de peu de culture, sans se soucier de beaucoup d'arrousement. Est de grande efficace pour la guérison des hémorroïdes : des brushures : des feux volages : vieilles plaies, appliquant ceste herbe, avec son

jus, sur les lieux dolens : comme aussi appaise les douleurs et inflammations des membres.

Langue-de-serpent, ceste herbe ressemble assés bien la langue de tel animal, dont elle a tiré ce nom ; ne se loge jamais qu'en bonne terre, grasse et humide ; se plaist à la culture et à l'arrousement : mais comment qu'on la manie, si ne peut - elle endurer les chaleurs de l'esté, à l'approche desquelles elle défaut et se perd. Par plant enraciné, nous l'édifierons au jardin, au commencement de la primevère. Ceste herbe a beaucoup de vertu à résoudre les tumeurs : à guérir les brushures, ulcères et plaies malingnes, et inflammations : et arrester les défluxions des yeux.

Germandrée - d'eau, ou chamarras, aime lieu plus froid que chaud, plus humide que sec, et gras que maigre. A cause de la senteur des eaux sortans des fueilles broyées de ceste plante, elle est appellée des Grecs, *scordion*, des Latins, *tixagro palustris*. Florit au mois de Juin et de Juillet, mais de telle sorte, qu'il semble que ses fleurs ne durent qu'un jour, d'autant qu'à mesure que les unes s'en vont, les autres viennent, ainsi alternativement paroissans et se cachans, sur-naissans les unes aux autres. Par plant enraciné l'on s'en engeance, au mois de Février ou de Mars. Contre toutes poisons est bonne ceste herbe, mesme contre la peste : contre la dissenterie : provoque l'urine et les fleurs des femmes : purge les ulcères : restraint les excroissances de la chair : réchauffe les membres refroidis.

Tourmentille, ainsi dicte de ce qu'elle appaise le tourment des dents : en latin on l'appelle, *septifolium*, à cause du nombre de ses fueilles. Se loge en lieu aquatique et ombrageux, toutes-fois, elle choisit bonne et forte terre. Par semence, à faute de plant, la logerons au jardin, au printemps ou en l'automne. Ceste herbe sert aux difficultés d'uriner: aux vieilles fistules: résiste aux venims: appaise les dissenteries: crachement de sang: les menstrues des femmes: soulage les maladies de rage et de cholère: guérit le mal des dents: est singulière contre la peste.

— Campane, ou aulnée, en latin, *enula-campana*, se plante par rejettons enracinés, et ce, au mois de Février ou de Mars, fort largement l'un de l'autre, pour donner place à son herbe, de s'estendre en largeur et hauteur, selon son naturel. Est bonne à la colique passion: à l'estomach: à la difficulté d'haleine: aux convulsions et spasmes: aux enfleures: aux sciatiques: à faire cracher. La décoction de sa racine res-jouit: provoque l'urine, et les fleurs des femmes.

Curage, s'eslève mieux et plustost plantée de racine, que par semence, et en terroir humide, qu'en sec. En latin s'appelle, *persicaria*, à cause que ses fueilles ressemblent aucunement celles du pescher. Elles ont une tache noire en l'un des costés. En unguent, est propre pour les plaies, mesme pour celles du fondement: en clystère, pour la dissenterie. Toutes sortes de blesseures des bestes bouvines et chevalines, sans fraction des os, sont guéries par le lavement de la décoction de ceste herbe. Mais avec plus d'efficace, l'herbe mesme cause ces remèdes, appliquée sur les plaies, l'ayant au préallable froixée entre les mains. Sa fueille arreste le sang fluant du nés, la tenant au plat de la main, la tache la joignant; au contraire, renversée de l'autre costé, provoque le sang: ainsi, avec merveille, void-on en ceste herbe deux effects divers, par la diverse application. Le jus de ceste plante chasse les punaises des chalits, et tue les vers des blesseures. Les chairs de mouton, de beuf, et de veau, se conservent fresches plus que de leur naturel quelques jours, par la vertu de ceste herbe, en estans envelopées.

Pied-de-lion, ne peut vivre qu'en bonne terre, grasse et humide, plus argilleuse que sablonneuse. Là donques nous la logerons par semence, à faute de plant enraciné, au mois de Mars ou d'Avril. Ceste herbe est singulière, pour la grande vertu qu'elle a de réunir et guérir toutes hergnes et rompures de petits enfans: comme aussi profite merveilleusement à toutes plaies, les lavant de sa décoction. Un linge trempé dans icelle décoction et appliqué sur les mammelles des femmes qui les ont lasches et molles, les endurcit et affermit.

Gremil, autrement dict, herbe-aux-perles, et en latin, *milium solis*, et *litospermon*, se plaist en terroir sec et aéré, où il vient de lui-mesme: mais avec plus d'advancement, estant semé et cultivé au jardin. Ce sera par semence que l'édifierons, la jettant en terre au mois de Mars ou d'Avril. Ceste herbe provoque l'urine: rompt la pierre en la vessie: est bonne contre la chaude-pisse: donne grande aide aux femmes qui sont en travail d'enfant.

Chardon-à-cent-testes, en latin, *eryngium*, vient ès lieux aspres et non cultivés. De là nous en tirerons la graine

en

en esté, et la semerons au jardin, au printemps ou en l'automne. Sert contre la colique: la gravelle: la difficulté d'uriner: l'indisposition des reins: contre la morsure des bestes venimeuses, et venim de poison: la rétention des menstrues. L'eau qui en est distillée, est bonne contre les fièvres quotidiane et quarte: contre l'infection de la vérolle: confortant le foie.

Peucedane, appellé, *feniculus porcinus*, en latin; vient mieux en lieu ombragé que soleillé: tel nous lui choisirons, pour le planter au printemps ou en l'automne, comme viendra mieux à propos, ne s'arrestant à la semence qu'à faute de plant enraciné. Le suc de ceste herbe sert à la guérison de la douleur des nerfs: des maladies du poulmon, des reins et de la poictrine, engendrées d'humeurs grosses et visqueuses: donne allégeance aux durtés de la ratèle: à toutes passions de nerfs: aux douleurs des dents. Perfums faicts de sa racine, récréent les femmes tourmentées de la suffocation de l'amarri.

Grateron, dict aussi, rieble et aspertule, à cause que par son aspreté, elle s'attache aux habillemens de ceux qui l'approchent. Ceste plante se loge en terre presques déserte, n'ayant besoin de culture. Avec donques peu de peine la logerons-nous: seulement en semerons la graine au printemps. Les fueilles de ceste plante, broyées sur la piqueure des serpens et des araignes, en chassent le venin, pourveu aussi qu'on boive avec du vin de la semence pulvérisée de ceste herbe. Son jus guérit les douleurs des aureilles. L'eau distillée de ceste plante, est singulière contre la pleurésie et autre mal de costé.

–Pariétaire, avec beaucoup de facilité vient ceste herbe, car elle croist sur les murailles sans nul soin, d'où elle a prins le nom. On l'appelle aussi, *perdicum*, d'autant que les perdris en mangent volontiers: *helxine*, parce qu'elle a rude semence, s'attachant aux habits. Par semence nous la logerons au jardin, en lieu le plus approchant de son naturel: ce sera au printemps plustost qu'en l'automne, pour tant plus asseurément la faire reprendre, que moins aura à craindre l'importunité de l'hyver. Ceste herbe est bonne pour ouvrir les hémorroïdes, broyée et appliquée en cataplasme: aussi pour retenir le boyau avalé: appaiser la colique: les gouttes: résoud les apostumes de la pierre, appaisant ses douleurs.

Chardon-bénit, est semé en bonne et grasse terre, au mois d'Avril ou de Mai, la lune estant nouvelle: désire la culture et l'arrousement: faict graine au mois d'Aoust, ou bien au commencement de Septembre, plustost ou plus tard, selon le pays. Plusieurs vertus a ceste plante. La décoction de son herbe appaise la colique, et la douleur des reins: tue les vers des enfans: sert à désopiler: à faire uriner: à briser la pierre: à guérir les ulcères du poulmon. L'eau qui est distillée, sert contre toutes sortes de fièvres. Sa graine prinse du poids d'un escu avec du vin blanc, conforte la mémoire.

–Vervaine, de deux sexes y en a-il, le masle a le tige plus haut que la femelle. Tous deux veulent estre plantés par racine, se rendans tant plus beaux, que mieux cultivés ils sont, et tant meilleur en est le fonds. On la plante par racine, au printemps et en l'automne. Ceste herbe a esté en grande réputation entre

S 3

les anciens Romains, l'appellans sacrée. L'autel de leur dieu Jupiter en estoit baloyé avant que d'y sacrifier. Les ambassadeurs vers les ennemis, en estoient coronés. Leurs maisons particulières purgées, tant ces pauvres payens estoient sujets à superstitions. D'eux les sorciers modernes ont apprins à se servir de ceste herbe en leurs enchantemens, comme escholiers de mesme maistre, Satan, ennemi du genre humain, ainsi qu'on dict. Ceste herbe appaise la douleur des dents, et les affermit : guérit les ulcères de la bouche : le mal de teste : y affermit les cheveux, les gardant d'en tumber : est bonne contre les fièvres tierce et quarte : contre la colique et gravelle, beue en décoction, laquelle soulage ceux qui commencent d'estre ladres, et les travaillés du haut-mal. Si l'on s'en sert en bain avec fumeterre, eau et vinaigre, sert contre gratèles, dartres, feu volant.

Mauves et guimauves, pour leur vertu amolissante, sont ainsi appellées des Grecs et des Latins. De plusieurs espèces y en a-il, plus haut montans les tiges des unes que des autres, comme aussi diverses en sont leurs fueilles. Les mauves, qui croissent d'elles-mesmes en campagne, ne sont non plus toutes d'une sorte, ains se divisent en deux, les unes traisnans à terre, les autres montans en haut, comme arbrisseaux. Demandent bon fonds. L'on les eslève au jardin, par semence, la mettant en terre au mois d'Aoust, puis en transplantant ses jettons, comme choux, vers l'issue de l'automne, afin que la proximité de l'hyver les arreste de croistre trop hautement, les plus basses plantes estans celles qu'on désire le plus, pour en faire engrossir les racines, où

consiste beaucoup de leur vertu. La blancheur aussi est désirable en ceste herbe, la mauve blanche, particulièrement dicte guimauve, estant fort prisée. De toutes lesquelles espèces, tire-on beaucoup d'utilité, selon leurs diverses facultés. Tout ce qui est en elles est bon ; car et racines, et troncs, et fueilles, servent à plusieurs remèdes. A faire uriner : à amolir le ventre : à empescher les inflammations : à oster les durtés de la matrice : à guérir les piqueures des mousches-à-miel et guespes, mesme à les empescher de nuire, se frottant les mains de leur jus : à préserver la personne du venim de la morsure de mauvaises bestes. La racine de la mauve blanche est singulière pour nettoyer les dents, les en frottant avec un tronçon d'icelle à ce accommodé.

Véronique, masle et femelle, diffèrent en ce, que le masle a la fleur tendante à la couleur rouge, et la femelle, à la jaune ; les deux ont l'herbe rempant à terre, plus verte l'ayant la femelle, que le masle. Ceste herbe se sème au printemps, en bonne terre, bien cultivée, où pour ses excellentes vertus, la conserverons chèrement. Elle est bonne contre la ladrerie, un roi de France en ayant esté anciennement guéri, ainsi que plusieurs l'ont escrit : contre les blessoures du loup, telle propriété descouverte par un veneur d'un roi de France, qui vit un cerf s'eschappant des dents d'un loup, blessé, aller manger de la véronique, et s'y veautrer dessus : contre toutes autres blesseures. Est souveraine en clystères, pour la dissenterie : en bruvage, pour les fièvres pestilentes, et ulcères des poulmons.

Saxifrage, de deux sortes y en a-il,

grande et petite, diverses aussi sont à la fleur; car l'une l'a jaune, l'autre blanche, Ils se sèment par certains grains venans près des racines de la plante. Ce sera au mois de Mars, en terre légère et sèche, sans se soucier de lui donner grande culture, ayant assés de peu de soin. La vertu de ceste herbe est de rompre la pierre : de provoquer l'urine, et le flux menstrual des femmes : de jetter hors de l'estomach les grosses humeurs.

Pivoine, en latin, *peonia*, de Peon, son inventeur. Elle vient naturellement en terroir sec et aride, chaud, et exposé au soleil. L'on s'en engeance par graine et par plant, sans grande culture. La Gorce, petite villete près Ville-neufve de Berc, pays de Vivaretz en Languedoc, abonde en telle plante, dont le meilleur consiste en sa racine : de là les marchands l'envoyent aux foires de Lion, pour la fourniture de toute la France. Est bonne contre la jaunisse : contre le haut-mal : la douleur des reins et de la vessie : sert de bon remède aux morsures et piqueures venimeuses, et au recouvrement de la parolle presques perdue. La racine, pendue au col des petits enfans, chasse le venim : estant aussi salutaire pour leurs dents, s'en frottans les gencives.

Herbe-au-turc, appellée aussi, hermole, aime terre sablonneuse et sèche : par semence ou par plant enraciné, l'on s'en engeance, comme mieux vient à propos, sans grande culture, pour sa non-délicatesse. La vertu de ceste herbe est de provoquer l'urine retenue, et de comminuer le calcul, beuvant la poudre d'icelle herbe, avec potage ou vin blanc.

Branche-ursine, en latin, *acanthus*. Des antiques architectes est venue la coustume d'entailler les fueilles de branche-ursine és chapiteaux des colomnes corinthiennes, pour laquelle cause, a esté ceste herbe anciennement appellée par les Romains, *marmoralia*, d'autant que communnément les colomnes estoient de marbre. On la sème au mois de Mars ou d'Avril, en jardin bien cultivé et arrousé, lui donnant terre plus sablonneuse qu'argilleuse. Ses racines et fueilles servent à faire uriner : à arrester le flux de ventre, aidant aux hydropiques : sont bonnes aux extorsions de nerfs.

Aristolochie, de deux sortes, longue et ronde, désire bonne terre, l'aer plus chaud que froid. L'on la sème au printemps. Est bonne à la courte haleine : à faire cracher : à purger les poulmons : aux convulsions : spasmes : douleurs de costés : à nettoyer les plaies : les gencives : les dents : à provoquer l'urine. A plusieurs maladies des femmes sert aussi ceste plante, à esmouvoir leurs mois : à pousser l'arrière-fais, l'enfant mort, et à nettoyer la matrice de toutes superfluités.

Mille-pertuis, en latin, *perforata*, ainsi appellée ceste herbe, parce que regardant ses fueilles à la lueur du soleil, semblent estre persées de plusieurs petits trous. On la sème au printemps, en terre légère et pierreuse. Sa graine, pulvérisée et beue en vin blanc, guérit la fièvre tierce : soulage ceux qui sont tourmentés de goutte sciatique. La seule poudre, mise sur les ulcères pourries et humides, les guérit. La décoction de toute l'herbe provoque l'urine, et lés fleurs des femmes.

Pied-de-veau, autrement, *jarrum*, ou *arum*, en latin, se loge communément en bonne terre, plus humide que sèche. Ceste herbe paroist des premières après l'hyver, estans lors ses larges fueilles, viande secourable aux pourceaux : florit en Juin, ses graines emmoncellées et envelopées d'une pellicule, comme millet de Turquie, à leur maturité estans jaunes, comme saffran. Se sème au mois de Mars. Ceste herbe est bonne contre les gouttes podagres : à chasser les phlegmes : esmeut l'urine, et les fleurs des femmes. Le suc guérit toutes sortes d'ulcères, mesme les brebis blessées et escorchées du loup, ou par autre événement. Les fueilles, cuites en vin et huile, servent à la guérison des bruslures : profitent ès membres disloqués : aux hémorroïdes aussi. Sa décoction, à la respiration, guérissant la vieille toux. Ses racines empèsent le linge, à tel usage estans employées par les villageoises de plusieurs endroits de la Normandie, avec non guières moins de blanche délicatesse, que les damoiselles font leur subtil empois. Après avoir raclé les racines, les escachent et bouillent, puis la décoction passée à travers d'un linge, en cuisant sur le feu, est espessie à suffisance. En esté, elles font provision pour l'hyver de telles racines, les raclans, comme naveaux, tronçonnans, et enfilans ainsi que patinostres, afin de les faire sécher, et par ce moyen les garder longuement sans corruption.

— Ivé-atritique, nous planterons ceste herbe en l'automne, en terre sablonneuse, pierreuse et sèche. Elle guérit la goutte sciatique : faict uriner : provoque les mois des femmes : aide à l'enfantement.

Bugle, ceste herbe est des Latins appellée, *consolida-petra*, à cause qu'elle croist facilement en lieu pierreux et sec. Désire d'estre plantée par racine, non semée, et de n'estre beaucoup cultivée.

Tout ce qui est en ceste plante est propre pour consolider plaies, tant intérieures qu'extérieures, de telle vertu ayant prins son nom latin.

Carline, ce nom vient du roi Charlemagne, parce que de ceste herbe, son exercite fut guéri de la peste, qui le travailloit fort. Le terroir sec et pierreux, exposé en plain soleil, est son vrai pays. Là nous la semerons au printemps, à faute de plant enraciné. La poudre de ceste herbe dessèche les plaies : chasse la peste : est bonne contre la rétention d'urine : contre les convulsions : fortifie le cueur, en cataplasme. Son herbe, trempée en vinaigre, profite à la goutte sciatique, appliquée sur la partie dolente.

Franxinelle, ceste plante veut estre logée en terroir gras, à l'abri de la bize, par plant enraciné, au printemps : la semence s'employera au défaut du plant : là elle sera diligemment cultivée, et arrousée au besoin. Elle est aussi appellée, dictam bastard. Sa vertu est, de faire uriner : de rompre la pierre : de provoquer les menstrues des femmes : de faire sortir l'enfant mort et l'arrière-fais : de tuer les vers des petits enfans.

Germendrée, de deux sortes, l'une dicte, d'eau et *scordion*, l'autre, *chamadris*, ou petit-chesne, à cause de la semblance de ses fueilles à celles du chesne. Vient en pays sec et pierreux, en aer plus chaud que froid, exposé au soleil, plustost de plant enraciné que de semence. Ce sera au printemps ou en l'automne, comme mieux s'accordera. La germendrée est bonne contre la peste : contre la fièvre tierce : la jaunisse : la morsure des serpens : la vieille toux : la dissenterie : difficulté d'uriner : l'épilepsie : douleurs de

teste, autres maladies du cerveau : guérit les convulsions « le mal de costé : la
podagre : les grandes plaies : eschauffe
les entrailles : provoque les urines, et les
fleurs des femmes.

Nicotiane, ceste herbe a tiré son nom
de maistre *Jan Nicot*, natif de Nismes
en Languedoc, jadis ambassadeur en
Portugal pour le roi Henri second : ayant
faict venir ceste rare plante des Indes, en
Portugal, l'envoya après en France, où
elle s'est naturalizée, et pour ses excellentes vertus, est soigneusement conservée par les jardins, y tenant reng honorable. On tient que c'est le petum des
Américains. Il y en a de deux sexes,
masle et femelle : le masle ayant grandes
fueilles, et la femelle petites, au respect
de celles du masle. Estant originaire de
pays chaud, est nécessaire de la loger à
l'aspect du soleil de midi, ayant en doz
une muraille pour abri, et la couvrir en
hyver de quelque légère couverture, afin
de lui parer le froid. L'on la sème en
terre bien desliée et engraissée, et ce
après l'hyver, au mois de Mars ou d'A-
vril, puis les jettons en provenans, doucement arrachés, sont transplantés en
lieu convenable : où moyennant bonne
culture et convenable arrousement, avec
requise couverture, la plante se renforce, et dure plusieurs années, chacune
faisant de la graine pour en ressemer
de nouveau. Les vertus de ceste plante
sont si grandes, et en si grand nombre,
qu'à bon droict l'a-on appellée, l'herbe
de tous maux. Est souveraine pour guérir toutes sortes de plaies, en quelle
partie du corps qu'elles soient, vieilles
et nouvelles : bruslures : cheutes : rompures : mal de teste, de dents, de la ma-

trice : douleurs de bras et de jambes :
gouttes : enflures : roignes : teignes : dartres : nolimetangere : mules ès talons :
difficultés d'uriner, d'haleiner : vieille
toux : colique. Son eau distillée a les
mesmes vertus, sa poudre aussi ; mais
sur tout, son huile, comme ayant tiré la
quint-essence de la vertu de la plante. Des
excellens unguens en sont composés,
pour servir à plusieurs remèdes. Les punaises sont tuées et bannies des chalits
pour long temps, par le seul frotter avec
ceste herbe, mesme de la grande. La fumée du petum masle, dict aussi, tabac,
prinse par la bouche, avec un cornet à ce
aproprié, est bonne pour le cerveau, la
veue, l'ouïe, les dents : pour l'estomach,
le deschargeant de flegmes, s'en servant
le matin à jeun.

—Quoquelicoq, est espèce de pavost. Il
croist en terre grasse et bien labourée, estant en fleur un peu devant la maturité
des blés, parmi lesquels se mesle-il. Là
nous en prendrons le plant, pour le loger
au jardin, en l'automne. Sa décoction
est propre pour faire dormir : appaise les
phrénétiques : ramolit le ventre : des-
euffe les apostumes des parties honteuses : faict cracher. L'eau distillée de ceste
herbe, donnée à boire avec quelque syrop, est singulier remède contre la phré-
nésie.

Passerage, pour le goust de poivre
qu'on recognoist en ceste herbe, est appellée en latin, *piperitis*. L'on la plante
incontinent après l'hyver ; et moyennant
bonne culture, et qu'on ne la tonde trop
souvent, dure plusieurs années au jardin. Guérit la goutte seiatique, appliquée
en cataplasme avec graisse de pourceau :
nettoye les taches et macules du visage.

L'herbe frottée entre les doigts, a quelque senteur de moustarde.

Buglose, ou langue de bœuf, demande terre de froment bien cultivée, plus argilleuse que sablonneuse, plus humide que sèche. Nous la semerons à la fin du mois de Février, ou commencement de Mars. Ceste-ci a ses vertus plus fortes que la buglose ou bourrache des jardins, quoi-que symbolisans presques en toutes propriétés. Sa fleur res-jouit quand on en met dans le vin en le beuvant. Sa racine mise bouillir dans le moust, laisse au vin telle vertu pour toute l'année. Ses fueilles tendres, mangées en potage, causent le mesme, et laschent le ventre. Sa décoction aide aux femmes accouchées, pour leur faire sortir l'arrière-fais. Son jus est bon contre les venins : contre la fièvre tierce. Son eau distillée, est bonne contre la resverie qui survient aux fébricitans : estaint les inflammations des yeux : faict abonder en laict les nourrices : aide à ceux qui sont mordus des serpens, et aussi engarde d'en estre frappé, ayant beu de ladicte eau.

Camomille, il y a de trois sortes de ceste herbe, différentes en leurs fleurs, aucunes les ayans blanches, les autres jaunes, purpurées. Aussi en divers terroirs s'engeancent-elles, humides, secs. Par plant enraciné, nous les placerons au jardin, en automne ou printemps, comme mieux viendra à propos. Le jus des fueilles de ceste plante est bon à la fièvre tierce. Le bain auquel l'on met abondance de camomille, est singulier pour renforcer les membres débilités : adoucir les joinctures des bras et jambes : adoucir les reins et les nerfs. Son eau distillée, est très-propre contre les fièvres.

Son huile, à oster la douleur des joinctures des membres. Ses fueilles mortifiées sur une paesle ou brique chaude, appaisent la douleur de teste.

Agripaume, appellée en latin, *cordiaca*, vient sans nul soin, ès lieux mal cultivés. Par plant enraciné, la logerons au jardin, au printemps ou en l'automne. Désopile : faict cracher : tue les vers : descharge de pituite les poulmons : provoque les mois des femmes : leur aide au travail d'enfant : est profitable contre le haut-mal.

Ortie, en latin, *urtica*, du mot signifiant, brusler ; d'autant que telle herbe, en la touchant, faict cuire comme feu. Il y en a de plusieurs espèces, lesquelles nous rapporterons à deux, assavoir, à une ortie dicte morte, et à autre griesche, pour grecque, par mot corrompu. L'une et l'autre sont fort faciles à eslever, d'elles-mesmes s'engeanceans sans nulle culture, et ce, en terre plus sèche qu'humide. Nous-nous en meublerons par semence, la jettant en terre au printemps, avec fort peu de labeur, à cause de son facile accroissement. Le jus de ceste herbe, beu, provoque l'urine : rompt le calcul : arreste le sang fluant impétueusement du nés, si on en frotte le front ; comme le mesme font les fueilles pilées, appliquées sur le nés, et sur l'entre-deux des espaules : advancent les menstrues des femmes : appaisent l'ardeur de la fièvre. La graine de ceste plante, pulvérisée et beue avec du vin, est bonne contre la courte haleine : la pleurésie : l'inflammation du poulmon : appaise la toux violente : faict abondamment cracher. La décoction de leurs fueilles provoque les fleurs des femmes : amolit le ventre : faict uriner. Le jus de l'herbe, gargarisé, appaise la luete enflammée.

Manrube, en latin, *marrubium* et *pressium*, vient en tous lieux, mais gaiement sans culture ès mazures des vieux bastimens. L'on s'en engeance par semence. Le jus des fueilles de ceste herbe avec miel, est bon contre la courte haleine, faisant cracher, au grand soulagement des asthmatiques : aide aux femmes à attirer l'arrière-fais après l'enfantement. Ceste herbe sert contre la douleur des costés : purge les vieilles ulcères : aiguise la veue. Son jus, mis dans le nés, guérit la jaunisse : et avec huile rozat, mis dans l'aureille, en appaise les douleurs (117).

CHAPITRE XVI.

Le Jardin Fruictier en général.

Ensuit le jardin fruictier ou verger, lequel j'ai délibéré vous représenter naïfvement, pour vous accommoder de précieux arbres fruictiers, avec autant de facilité, et aussi tost, que le naturel de la chose le permet. Mesnagerie, pour sa noblesse, pour la variété et richesse de ce qu'elle contient, très-requise d'un chacun, et recerchée de toute sorte d'hommes habitans des villes et des champs. En la cognoissance desquelles qualités, tant plaisantes et utiles, l'homme de gentil esprit se délectera, considérant les arbres fruictiers dès leur origine. Car despuis leur première jeunesse, jusques à leur dernière vieillesse, en tous temps et toutes saisons, vestus et despouillés de fueille, donnent matière de contentement : pour leurs salutaires ombrages de l'esté, asseuré rempart contre les vents de l'hyver, et joyeuse retraicte des oiseaux durant l'année. Les jettons qu'ils repoussent à la primevère, comme reprenans nouvelle vie, sortans du profond sommeil de l'hyver : les fleurs dont ils se parent, avant-coureuses de leurs richesses : en somme, tout ce qui est en eux, jusques à la cheute des fueilles, est agréable. Du fruict, est-il possible de dire tout ce qui en est ? Ne se peuvent publier, ne de vifve voix, ne par escrit, toutes les races des fruicts, leurs espèces, leurs différences, en matières, figures, couleurs, gousts, senteurs, ne les discerner exactement par leurs noms, estant ce un abisme de bien dont Dieu nous comble. Seulement dirons-nous à leur louange, qu'ils surpassent tous autres de la terre en ceste qualité, que de sortir immédiatement des arbres, prests à mettre dans la bouche, sans aucune sujection, ains seulement de ce soin, que de les retirer des bras de leur mère. Et si encores le cueillir semble trop importun, le fruict cherra de lui-mesme, relevant l'homme de telle peine. Plusieurs peuples imitans nos premiers pères, tirent leur vie des seuls arbres : les pommes, poires, cormes, prunes, et semblables fruicts, donnent aussi et à manger et à boire à aucuns. Bref, il semble que la Nature aie ici publié son chef-d'œuvre, voulant que toute autre victuaille cède aux fruicts des arbres. Car ni le pain, ni la chair, ni le poisson, ne sont présentés à manger, que cuits et appareillés en cuisine, là où les fruicts comparoissent sur la table des rois et princes, tout cruds, sans fard, ne desguisement aucun : encores en leur simplicité, emportent-ils le prix, tant leurs gousts sont treuvés précieux, surpassans toute autre délicatesse. Plus rare présent ne pourriés-vous faire à vos amis, que de fruicts exquis : voire les plus grands seigneurs ont accoustumé de recevoir humainement le plain panier d'abricots bien choisis, et la douzaine de poires ou prunes de remarque, que l'homme vertueux leur offre, tant petit soit-il.

Le verger est article remarquable pour un beau lieu.

Or comme soigneusement nous recerchons les moyens de faire paroistre nostre logis des champs en le décorant de tout ce qu'estimons appartenir à tel dessein, ce ne sera petit ornement, si le fournissons de grande abondance de bons fruicts. Moyennant laquelle commodité, se rendra nostre habitation passable, encores que d'autres parties utiles défaillent : l'aspreté naturelle des lieux estant corrigée par les fruicts. S'arrester à ceux du pays, et n'en vouloir prendre les races que chez les voisins, c'est tous-jours en venir là, que de n'avoir autres fruicts que des communs et ordinaires, au lieu de s'efforcer d'exceller par dessus tous autres en cest endroit. En quoi, outre le profit, il y a de l'honneur pour vous, et du plaisir pour toutes personnes gentilles, voyans vostre labeur. Aussi de là vient, que pour louer un verger, l'on dict, l'engeance des arbres en estre venue de loin.

Où prendre les races des bons fruicts.

Il est donques nécessaire tirer la matière de vostre verger, de là où elle sera, de près ou de loin, sans y esparguer ne la peine, ne la despence. Ne craignés d'importuner ceux qui ont des bons fruicts, pour vous en fournir des races : car puis que les arbres précieux ne logent communé-

nément que chés les hommes vertueux, ils sont tous-jours bien aises de les communiquer à leurs semblables.

Entrans donques en matière, noterons ceci, du général naturel des arbres : que les sauvaiges rapportent leur fruict tard, et les privés d'autant plustost, que plus ils sont francs, et mieux cultivés. Cause cela mesme, la longue et courte vie de leurs bois : car tant plus les arbres ont de délicatesse, d'eux-mesmes, ou par artifice, et plus fructifient, tant moins résistent-ils aux orages. Comme cela notoirement se recognoist ès forests agrestes, où les arbres vivent plus qu'ès vergers cultivés. Que toutes sortes d'arbres, ni en toutes aages, ne portent indifféremment autant les uns que les autres : estant le propre des arbres à gland, des poiriers, et amandiers, de se charger plus en vieillesse, qu'en jeunesse. Au contraire, les pommiers, abricottiers, peschers, et autres à noiau, ne rapporter tant, ne de si bons fruicts, vieux que jeunes. Que selon le commun des choses précieuses, le dresser d'un verger n'est sans difficulté, principalement pour le long temps qu'il convient employer avant que de l'avoir rendu au poinct d'en cueillir le fruict. En quoi est requis de faire provision de longue patience, se plaisant cependant à eslever les jeunes plantes, pour l'espérance de l'avenir : car sans la délectation qu'on prend à ceste œuvre, peu de gens l'entreprendroient. Ce qu'attendant, ne serés entièrement despourveu de bons fruicts, si à l'advance faictes enter quelque nombre de vieux arbres, sauvaiges ou francs, que ja avés escartés par-ci par-là, en vostre domaine, par l'une des manières ci-après monstrées, qui mieux

mieux vous agréera : lesquels arbres, pour leur robuste force et abondante vigueur, vous donneront contentement dans peu de temps.

Puis qu'il est ainsi, qu'il y va de la longueur avant que les arbres soyent de suffisante force, pour produire des fruicts, il s'ensuit, que tant plus gros seront les arbres, quand les ferés planter au verger (pourveu qu'ils s'y puissent reprendre), tant plustost satisferont-ils à vostre intention. Par quoi c'est chose bien entendue, de vous fournir de plant, dont la grosseur du tige advance le fruict, à ce que sans trop ennuyeuse attente, voyés l'effect de vostre labeur. C'est la coustume des grands, de n'espargner l'argent pour recouvrer des arbres advancés, quand il est question de l'édifice des vergers, marians par la despence, l'exécution à l'invention. Or n'estans tels moyens communiqués à tous ceux qui désirent avoir bons fruicts, ou ne pouvans commodément recouvrer des arbres entés de suffisante grosseur, et autrement qualifiés ainsi qu'il appartient, nous-nous contenterons des sauvaiges, les envoyans arracher ès forests et taillis, afin de les transplanter en nos vergers, pour là reprins, après les enter en la teste, quatre ou cinq pieds sur terre. Ainsi, ne touchant rien au bas du tronc, l'arbre s'en treuvera d'autant plus advancé, que plus gros aura esté transplanté. Telle grosseur se limitera à la mesure du bras d'un homme, des plus grands et robustes : n'estimant que l'excédant, le planter de l'arbre fust sans hazard. Encores faut-il que l'escorce de l'arbre manifeste la jeunesse de la plante : ne tenant conte de l'arbre dont l'escorce sera dure et ridée, monstrant par là, estre ja envieilli : non plus de celui qui sera tortu, ayant peu de racines, mal-plaisant à voir, ains seulement ferés estat du jeune sauvaigeau, dont les bonnes marques vous donnent espérance de bien fructifier. L'on se dispense là dessus, néantmoins, replantant des grands et vieux arbres avec bon succès : mais c'est avec grande despence, et certaines observations particulières, comme sera veu ci-après.

Mais s'il est cas, que trop de difficultés se présentent au recouvrement de tel plant, soit, ou pour estre contraint d'en envoyer cercher les arbres par trop loin, en danger de les faire mourir en chemin, ou que n'en puissiés assembler le nombre que désirés d'esgale grandeur et vigueur requise, aurés recours aux semences et branches, par le moyen desquelles serés pourveu de plant à suffisance. Et si bien telle voie est plus longue que nulle autre, aussi de toutes est-elle la meilleure : par le moyen de laquelle, sortent immédiatement arbres presques domestiques, très-capables de recevoir toutes sortes d'affranchissemens : que sans regret l'on employera, avec asseurance de contentement, moyennant la faveur céleste (118).

CHAPITRE XVII.

La Pépinière.

Est inventée pour commencer à l'origine des arbres du verger, lors que le plant enraciné défaut. Sur quoi noterons, que tous arbres généralement font semence, n'estant plante tant misérable, qui ne contienne quelque grain en lieu apparent ou caché, tendant à la conservation de sa race. Mais d'aucuns rendent la semence tant foible, qu'elle est presques inhabile à l'engeancement. Que particulièrement aucuns arbres, doublement féconds, s'édifient et par semence et par enracinement de branches : voire y en a-il de tant facile eslèvement, que sans refuser aucun moyen, tous peuvent estre asseurément employés ; c'est assavoir, et la racine, et la branche, et la semence. De tous lesquels moyens, sera faicte distinction, et représenté le naturel de chacun arbre, pour selon iceux, les manier tous ainsi qu'il appartient. Par semence, nous esleverons les arbres que par autre voie ne pourrons faire commodément ; et par branche, ceux dont la facilité de l'enracinement nous incite n'employer autre moyen, encores qu'ils viennent aussi par semence. Ceux-là sont, poiriers, pommiers, cormiers, abricottiers, aubergers, toutes sortes de peschers, cerisiers, pruniers, junjubiers, mesliers, cornoüillers, amandiers, noiers, pins, chastagniers, coudriers. Et ceux-ci, coigners, grenadiers, coudriers, figuiers. Les premiers subdiviserons-nous en arbres à pepin, à noiau, et à fruict, les logeans ensemble en la pépinière : toutes-fois par planches séparées, pour éviter confusion. Et les derniers, en la bastardière, pour chacun en sa place, s'eslever et accroistre jusqu'à convenable grosseur, pour pouvoir estre transplantés au verger : réservant en lieu requis, à particulariser le naturel d'aucuns arbres, pour les traicter selon qu'ils désirent. Et bien-qu'avec raison peussions appeller, noiaillière et fruictière, la terre de l'assemblage de

telles semences, aussi bien que pépinière : néantmoins, pour l'ordre, lui laisserons-nous son nom accoustumé, mesme pour ceste cause, que plus de pepins communément y loge-on, que, ne de noiaux ne de fruicts. Dirons aussi, semer, mettre en terre tous pepins, noiaux, et fruicts, desquels désirons avoir des arbres : par meilleure raison que ceux qui appellent, planter, la mesme chose, ne pouvans user de tel mot, que là où s'agit de plant enraciné ou non, comme j'ai dict ailleurs. Dans l'enceint des jardinages ordonnerons nostre pépinière, en lieu couvert de la bize, et terre tempérée, facile à cultiver, et exempte de l'importunité de la poulaille, pour les grands maux qu'elle y faict, sur tout au commencement, lorsque de nouveau l'on a mis les semences en terre, et que les arbrisseaux en provenans, repoussent. Les pepins seront prins en leur parfaicte maturité, choisis pesans et de belle couleur, tous-jours préférant les pepins des bons fruicts, à ceux des mauvais, et des meilleurs, aux bons, pour l'avantage qu'on tire de telle curiosité, espargnant quelques-fois l'enter, quand par heureux rencontre, les arbres en provenans, rapportent fruicts du tout francs : ce qu'on n'oseroit espérer de pepins sortis de fruicts de mauvaise nature. Ès provinces où pour boisson l'on se sert des fruicts, le recouvrement de leurs pepins est facile, car il ne faut qu'en prendre le marc à l'issue du pressoir, après le sécher, froisser entre les mains, et en soufflant, retirer les pepins de leur poussière. Mais où telle commodité défaut, l'on se pourveoira de pepins le mieux qu'il sera pos-

sible, avec exquise recerche, comme il
a esté dict.

quel... ...ment Le temps de mettre les pepins en terre,
est le mesme des semences des fromens,
ayans cela de commun, que de profiter
bien estans semés en beau jour, non froid,
ne pluvieux, ne venteux, la lune estant
en decours. Le lieu de la pépinière sera
desparti en planches et quarreaux, tant
longs qu'on voudra, mais seulement
larges de quatre à cinq pieds, afin que
par tel estroicissement, des costés l'on
puisse attaindre avec la main jusqu'au
milieu de la planche, pour sarcler, curer, cultiver les nouvelles plantes et arbrisseaux provenans des semences, sans
les fouler aux pieds, comme l'on seroit
contraint de faire, marchant dessus, par
le trop de largeur de la planche. Les pepins seront semés assés rarement et uniment, puis l'on les couvrira de deux
doigts de terre, qu'on y criblera par dessus, afin que sans presse, les arbrisseaux
en repoussent à volonté. Les espèces seront séparées par quarreaux, à ce que
distinctement l'on voie les poiriers, pommiers, cormiers, pour les cultiver selon
leurs naturels. Si telles semences sont
faictes en Septembre ou en Octobre, sortiront de terre dans l'hyver : pour des injures duquel les engarder, sera besoin
leur faire par dessus quelque légère couverture avec des paux, perches, et
pailles; par ce moyen, à l'arrivée du
printemps, se treuveront les jeunes arbrisseaux avoir grand avantage par dessus les autres, qui semés à l'issue de
l'hyver, ne feront lors que naistre : et
partant plus tardifs, ne les pourront attaindre de tout l'esté. Donques mieux vaudra s'advancer que reculer, en ceste ac-

tion, si la saison le porte et favorise l'entreprinse. Levés qu'en soyent de terre les
jettons, aussi tost curieusement les sar-
clera-on, pour gaiement et sans destourbier, les faire croistre : y retournant à
toutes les fois qu'ils en auront besoin,
sans souffrir qu'herbe aucune par-croisse
quand-et eux. Seront aussi, et pour la
mesme cause, beschés, ce qui leur servira, en outre, à leur esgayer la terre
pour l'allongement des racines : mais ce
sera en y allant retenu, à ce que par trop
profonder en ce commencement, les racines n'en fussent offencées : ainsi faisant, s'advanceront sans destourbier,
profitans toute la substance de la terre.

*Les arbris-
seaux ne se-
ront esclair-
cis durant en
la pépinière.* Se faudra abstenir de coupper aux arbrisseaux aucun rejetton, pendant qu'ils
sont en la pépinière, ains les laissera-on
croistre à leur gré, attendant de les curer
en temps convenable, leurs troncs estans
affermis. Ce traictement les advancera
de tant, que dans la mesme année de
l'ensemencement, se rendront propres à
estre remués en la bastardière, pour là
s'achever de faire, pourveu qu'on les
tienne arrousés durant les grandes chaleurs de l'esté, desquelles ne pourroient
sortir sans le secours de l'eau. Voilà quant
aux pepins, d'autres espèces ne s'en treuvans que de poires, de pommes, de
cormes ou sorbes, si on ne veut mettre
en ce reng le meurier, ce que toutes-fois
ne me semble à propos, veu que de tel
arbre est traicté avec les sauvaiges : et
que pour la grande abondance requise
pour la soye, l'on ne le resserre dans le
verger, ains en compose-on des forests
toutes entières.

*De mesme
que les pe-
pins, noyaux* Les noiaux et fruicts, pour en avoir
des arbres, seront semés en mesme temps

que les pepins ; mais diversement, car il convient les mettre en terre, par rayons, quatre doigts de profond, et autant de distance l'un de l'autre. Les rayons seront faicts en ligne droicte, avec la serfouete, et au fond d'iceux posera-on les noiaux et fruicts, la poincte contremont, non jamais au contraire, pour la commodité des germes, lesquels sortans par cest endroit là, facilement poussent. Mais parce qu'en telle observation, par aventure, se pourroit treuver par trop de curiosité, ne sera que bon, de coucher de plat les noiaux et fruicts, car ainsi sans hazard, ne laisseront-ils de commodément produire leurs jettons. Amandes, noix, noisetes ou avelaines, et chastagnes, sont les fruicts semables, lesquels il convient employer tout entiers, sans nullement les offencer, ne rompre, demeurans au reng des noiaux, les ossemens des autres fruicts, comme des abricottiers et peschers : de la chair desquels l'on les despouillera, pour, estans

nuds, les semer. Tous lesquels fruicts et noiaux, avant que de les mettre en terre, seront ramolis dans l'eau par trois ou quatre jours, afin de faciliter leur naissance : et moins demeurer en terre, à la merci de la vermine, qui à la longue, les y ronge. Et si on désire augmenter le goust et l'odeur des fruicts qu'on espère de ce mesnage, au lieu de l'eau pure, l'on trempera les noiaux et fruicts dans des précieuses liqueurs perfumées à l'usage des poupons : curiosité si vaine n'est pourtant nuisible. Semés que soyent dans le mois d'Octobre ou de Novembre, germeront à l'issue de l'hyver, ne poussans leurs tendrons de long temps, pour la durté des coques qui les contiennent:

lesquelles à la longue, attendries, s'entrebaaillans, les laissent sortir. Et ceste tardité revient au profit de l'œuvre, quand escoulées les froidures, les nouveaux jettons sans crainte d'estre offencés du mauvais temps, vigoureusement repoussent à la primevère : employans de là en hors si bien la douceur des saisons, que dans le prochain esté, se rendent suffisamment fortifiés pour l'enter, ou le transplanter en la bastardière l'automne ou le printemps suivant (si toutes-fois désirés faire ou l'un ou l'autre, ou tous les deux). De semer les noiaux incontinent après en avoir mangé les fruicts, est se mettre en danger de perdre la pluspart de son espérance : d'autant que difficilement naissent-ils en telle saison, tenans encores beaucoup de la chaleur précédente, et qu'à peine sortent de l'hyver les arbrisseaux nés devant les froidures, pour la délicatesse de ces tendres plantes : si qu'il n'est de merveille, d'en voir profiter la seule dixiesme partie. Si désirés semer des noiaux et fruicts ès lieux destinés pour y fructifier, sans vous donner la peine de les transplanter, le pourrés faire avec espoir de bonne issue, quelques-fois cela rencontrant: mais c'est à la charge d'en semer quatre ou cinq ensemble en chaque lieu où désirés un seul arbre ; à ce que, pour le moins, un, de plusieurs, vienne à bien pour satisfaire à vostre intention. Estans sortis de terre ces arbrisseaux-ci, à la manière de ceux à pepin, seront gouvernés au serfouer, au sarcler, à l'arrouser, et sur tout à l'esmonder, pour s'en abstenir entièrement durant le temps défendu: car les arbres à noïau craignent plus la trenche, que nuls autres.

En général, ni les pepins, ni les noiaux, ne rapportent immédiatement arbres du tout francs, pour produire fruicts du tout semblables à leur origine : ce qu'est besoin de prévoir pour en venir au remède. Les seuls pepins de meurier et de cormier, à la longue fructifient sans changement. De mesme les noiaux de menus abricots, des auberges, et des pesches, si on les met en aussi bonne terre, pour le moins, que celle dont on les aura tirés, et qu'ils soyent profitablement cultivés. Ainsi respondent ceux des cornoailles, en quel terroir qu'on les loge, pour leur robuste force. Des noiaux des gros abricots, des prunes, des cerises, ni des olives, n'espérés, par le seul semer, que fruict sauvaige, comment qu'on les gouverne. Touchant les noiers, amandiers, et pins, par leur fruict seulement semé viennent-ils grands et francs arbres, pourveu qu'ils soyent en terroir leur agréant, et à propos cultivé. Par la semence des chastagnes en aurés-vous des bons arbres : mais sans comparaison, meilleurs se rendront-ils par enter, que les laissans en leur naturel, comme sera veu.

Ceste-là est la voie la plus usitée, à tirer arbres de noiaux et de fruicts, mais non la meilleure : car un plus asseuré moyen y a-il pour y parvenir, dont l'invention est d'autant plus louable, que moins se perdent des noiaux et fruicts dans terre, sans hazard venant à bien tout ce qu'on employe en cest endroit. A l'entrée de l'hyver, la lune estant vieille, meslerés des noiaux et des fruicts dont est question, parmi de la terre desliée que mettrés ensemble par littées dans des larges paniers, et iceux reposerés pour tout l'hyver, dans des caves, les humectans avec un peu d'eau tiède, dont parfois leur jetterés dessus. Au commencement du printemps, treuverés les noiaux et fruicts avoir germé dans la terre quatre doigts, ou demi-pied de long, lors ostés de là, les ferés loger en la pépinière, les y arrengeant comme quand l'on plante des pourreaux, c'est assavoir, par rayon ouvert, mettant le noiau ou fruict au fond du rayon, et faisant ressortir à l'aer, un peu de son germe, pour là s'achever d'accroistre ; comme ils feront moyennant bonne culture et requis arrousement. Ainsi sans jamais avoir senti aucune importunité des temps, s'advanceront gaiement et si bien, que dans peu d'années se rendront beaux arbres.

Quinze ou seize mois, les arbrisseaux séjourneront en la pépinière, non davantage, au bout duquel temps, doucement arrachés, de là, seront transplantés en la bastardière, pour s'y achever de fortifier. Ce changement leur est salutaire, ne pouvans en la pépinière, ces jeunes plantes, se parfaire ainsi qu'il appartient : tant par trop de presse, s'oppresser les uns les autres, que par n'estre assés profondément dans terre, ne pouvoir convenablement s'enraciner : joincte ceste troisiesme raison, que chaque replantement vaut un demi-enter, aidant beaucoup à l'affranchissement des plantes sauvaiges. Les arbres à noiau pourront estre exempts de ce remuement, si l'on veut, les laissant à la pépinière, jusqu'au transplanter au verger. Mais qui désirera d'exceller ses voisins en la bonté de ces fruicts-ci, les surpassera aussi en ceste despence, petite pour l'importance de la chose. De ceux à fruict n'est besoin se

donner telle peine , d'autant qu'ils viennent bons directement de la pépinière ,
comme a esté dict. Ceste particularité se
remarque aux pins , que très-difficilement
souffrent-ils le transplantement, pour la
tendreté de leurs racines, qui se meurent,
si on les offence tant soit peu. Pourtant,
le meilleur est de faire son conte, de les
laisser, pour tous-jours , au lieu auquel
premièrement l'on les aura semés , afin
qu'avec l'espargne du transplanter, l'on
évite le hazard de les perdre par trop
rude maniement. Et ce sera en semant
cinq ou six pignons ensemble, à ce que,
de tel nombre, un arbre en puisse sortir ,
ainsi qu'a esté veu des noiaux. Si toutes-
fois la nécessité contraint de transplanter
le pin , ci-après sera monstrée la maniere
de s'y conduire (119).

CHAPITRE XVIII.

La Bastardière.

La
bastardière. Pour le profit des arbres, ayant esgard
à l'avenir , est requis le fonds de la bastardière estre de moyenne bonté: à ce
que les arbres nourris plus profitablement que délicatement , après estre fortifiés , tirés de là, se puissent facilement
reprendre en tous terroirs. Comme très-
bien ils feront , si de moyenne ils sont
transplantés en grasse terre : ce qu'on ne
pourroit espérer , si estans eslevés en lieu
fécond , l'on les logeoit en maigre, selon
ce que souventes-fois l'on est contraint
de faire. Pour un préallable , la bastardière sera bien close (si mieux l'on n'aime
la faire joignant la pépinière , les deux

estans dans l'enceint des jardinages), à
ce qu'aucun bestail ni autre rude approche n'importunent les jeunes arbres : et
après , très-bien cultivée par réitérés labourages.

Au mois de Février, et en jour choisi,
beau et serain , non venteux ne pluvieux,
toutes - fois tendant plus à l'humidité
qu'à la sécheresse, les arbrisseaux seront
arrachés de la pépinière , le plus doucement qu'on pourra , afin que leurs racines en sortent entières, si possible est.
Et après en avoir retranché tout ce qui y
sera treuvé d'offencé et rompu par mesgarde, et roigné la poincte des plus longues racines, bien-que saines , les arbrisseaux seront incontinent mis en terre sans
nullement séjourner , de peur de l'esvent. Ce sera dans des rayons ou petits
fossés tirés à ligne droicte , larges de
deux pieds , profonds seulement d'un,
qu'on les plantera : au fond desquels ,
premièrement jettera-on demi-pied de la
meilleure terre du lieu , prinse en la superficie, pour sur icelle asseoir les racines
des arbres , et les en recouvrir aussi. Ces
racines seront escartées sans s'entre-toucher , n'entre-croiser l'une l'autre , afin
que tant mieux elles prennent terre, que
mieux se treuveront à leur aise : après ,
le reste du rayon sera rempli et réuni au
plan de la bastardière, par dessus lequel
ne ressortiront les arbres qu'environ deux
doigts , là estans justement couppés ,
tout doucement sans les esbranler , de
peur de les destourner : ce que prevenant , faudra avec la serpe bien tren-
chante, coupper l'arbre poussant en bas,
non en tirant en haut. Le poinct de la
lune n'est observable en cest endroit, estant bon de planter ces arbres-ci, et en

croissant et en decours, en l'un et en l'autre terme se pratiquant heureusement, pourveu que la terre et le ciel soyent bien disposés. Quant à la saison, celle d'après l'hyver est à préférer à toute autre, pour le profit des arbres. Car craignant estrangement les froidures en ceste leur tendre jeunesse, servira de beaucoup à leur advancement, de ne les exposer lors à la merci du mauvais temps : et par ce moyen, engarder que les gelées et glaces n'ayent entrée dans la mouëlle des arbres, par la trenche qu'on est contraint de leur faire, les roignant quand l'on les plante. Il est vrai qu'en pays chaud et sec, commodément l'on les pourra planter en l'automne, leur fucille estant cheute ; mais à telle condition, que de les coupper quelques doigts plus haut que si on les plantoit au printemps, pour empescher l'entrée aux froidures, en intention de les retailler plus bas, le beau temps estant revenu. Les arbrisseaux seront posés équidistamment d'un pied et demi, par rengées alignées de trois pieds de distance l'une de l'autre : trop grande n'estant-elle, pour là, à l'aise, se pouvoir manier, entant et cultivant les arbres. Et pour ceste considération aussi, que mieux et plustost s'accroistront-ils largement qu'estroictement disposés. Voire et avec tant d'advancement, que plus de bois feront les arbres estans ainsi à leur aise, dans trois ans, qu'ils ne ferdient de six, logés à l'estroict, la presse leur destournant tous-jours l'accroist, et quelques-fois leur causant la mort.

A ces arbres seuls ne servira la bastardière, ains à y enraciner des branches à ce propres pour en faire des arbres. Comme de celles de figuier, grenadier,

coigner, coudrier, qu'en tels arbres l'on couppera, ès cimes et bouts des branches les plus droictes et polies, de la longueur de deux pieds, plus ou moins : puis on les plantera dans les fossés creusés à la manière susdicte, et ce sera en recourbant les branches au fond du fossé, pour en ressortir sur le plan de la terre, quelques deux doigts, après avoir rempli le fossé. Sur cela on avisera de ne roigner aucunement les branches de figuier, de peur d'attirer dans leur grosse mouëlle les froidures, que ceste espèce d'arbre craint tant : mais à ce que les branches ne sortent dehors plus que de la mesure susdicte, l'on les enfoncera dans la fosse, les y recourbant tant qu'il suffise. Un mesme temps n'est sans distinction propre pour les quatre espèces d'arbres susdictes, à cause de la diversité de leurs naturels, ausquels convient s'assujettir. Le figuier et le grenadier, pour estre arbres de pays plus chaud que froid, seront mis enraciner au mois de Février ou de Mars, pour crainte des froidures : le coigner et le coudrier, par raison contraire, devant ou dans l'hyver. Ainsi en nous accommodans à leurs propriétés, leur causerons heureux accroissement : autre que contraint ne pouvant avenir, les manians au rebours de ce qu'ils requièrent. Quant à la distance de leur assiete, autre ne leur sera donnée que la précédente, comme la plus raisonnable, pour tost les faire reprendre et advancer.

Voilà nostre bastardière remplie, maintenant n'est question que de la cultiver soigneusement, afin qu'aidant à la jeunesse des arbres, l'on les solicite à s'accroistre. Trois fois l'année, pour le moins, convient la marrer, pour tenir le fonds en

guerest et deschargé de toutes herbes, à
l'utilité des bonnes plantes. Au labourer
convient aller retenu, sur tout la première année, c'est à dire, ne profonder
beaucoup en terre, en la marrant, de peur
d'offencer les racines des arbrisseaux : à la
seconde, y aller un peu plus avant; ainsi
continuant par discrétion jusqu'à ce que
fortifiées et ayans prins terre, aucun la-
bourage ne leur soit espargné. L'arrou- *Comment arrouser les jeunes arbris-seaux.*
ser est aussi requis à l'advancement de
ces arbres, sur tout en leur commencement, ne pouvans lors que mal aisément
souffrir la sécheresse, plus la craignans,
que plus chaud en est le pays. Si avés
l'eau à commandement, faictes-la doucement couler près des arbres en temps
opportun : mais gardés d'abuser de telle
commodité, soit ou en la faisant croupir
sur le lieu, soit ou en les arrousant trop
souvent, car par l'une et l'autre voie,
tost ou tard, les arbres périssent. Le
moyen de se servir utilement de l'eau,
est de l'employer seulement en la nécessité, qui est lors que par les grandes chaleurs l'on void la terre altérée, laquelle
en tel poinct, abbruvée, causera tel rafreschissement aux arbres, qu'avec la chaleur de l'esté, à souhait, s'accroistront-
ils. Tel arrousement, toutes-fois, ne sera
employé indifféremment toutes les années, afin de n'accoustumer les arbres
par trop à boire, et par là, rendre incertaine leur reprinse en lieu sec, auquel
souvent l'on est contraint de les replanter
et loger pour la dernière fois. Ains leur
donnera-on l'eau plus souvent ès premiers
qu'ès derniers ans de leur séjour en la
bastardière, pour, petit à petit, les se-
vrant de boire, par manière de dire, les
desaccoustumer de l'eau, pour aisément
s'en passer (icelle défaillant), après estre
replantés au verger.

Or comme il est requis d'estre modéré *Comment les curer.*
à l'arrouser des arbres, aussi est néces-
saire beaucoup de discrétion au curer et
nettoyer, pour les faire croistre, ainsi
qu'il appartient, en ceste leur tendre
jeunesse : car estant ce poinct mal entendu, c'est procurer la mort aux jeunes
plantes, ou du moins les advancer mal à
propos, pour après ne pouvoir faire bonne
fin. Il est certain que tout jeune arbre
s'efforce à vous obéir, quand se sentant
deschargé de brancheage, s'en monte haut-
tement : mais c'est à sa ruine, si trop tost,
on ignoramment, l'on l'a esmundé, dont
finalement par la foiblesse de son tige,
le pied estant curé, demeurant mince,
l'arbre se recourbera par le haut, et sans
pouvoir passer outre, languissant, desséchera. Pour laquelle perte prevenir, et
tout-d'une-main rendre l'arbre bien façonné, faudra s'abstenir patiemment
d'en coupper rien avec le fer, de ses deux
ou trois premiers ans : ains seulement
avec l'ongle, oster ce que sans surcharge,
l'on ne lui pourroit laisser, comme le
bout des branches des costés s'escartans
par trop, sans s'oublier d'en coupper aucune rès du tronc, avant le susdict terme.
Cela se fera de jour à autre, à mesure
qu'on verra les jettons s'allonger, desquels
la cime sera roignée entre les deux ongles:
laissant croistre amont celui du milieu,
qui se treuvera le plus droict, pour servir
de maistre pied, ou tige. Toutes-fois,
ce sera avec un jusques-où, qui pourra
estre limité à six pieds, pour là, faire la
fourcheure de l'arbre. Aussi quoi-qu'il
tardast, coupperoit-on telles branches,
quand ce ne seroit qu'en transplantant

l'arbre,

l'arbre , et ce après avoir tiré beaucoup de substance au détriment du tronc : lequel , par ce moyen , s'engrossira bien, tant et si tost , qu'on ne le pourra contempler qu'avec esbahissement. Jusqu'à telle mesure donques laissera - on s'en monter le tige : non davantage , là le roignant , dès incontinent qu'on s'appercevra y estre parvenu , pour jeune que soit l'arbre. Et en suite , estant engrossi , coupper bien rés toutes les branches du tronc, l'en deschargeant despuis terre jusqu'à la fourcheure , là prenant sa forme. Par ainsi demeurera l'arbre plus gros par le bas , que par le haut , par conséquent très-ferme pour durer longuement. Auquel poinct se rendra-il , quand par le tempérament des branches costières , aura esté retenu de verser en hors, résistant aux vents : et que , comme a esté dict , la vertu des roigneures supérieures, rétrogradant , aura esté réservée pour la nourriture du pied , sans l'avoir inutilement communiquée à la teste.

En quel
temps. Le temps de curer les jeunes arbres est lors qu'ils sont en sève , pour tant plus facilement en estre leurs plaies recouvertes , et en moins de temps consolidées , ce qui avient par le prompt secours d'icelle sève : chose qu'on pourra faire , despuis la fin de Mars , jusqu'à celle de Juin. De plusieurs années ne pourriés espérer l'entière guérison de telles ulcères , esmundant les arbres avant tel secours-là , comme aucuns mal - expérimentés font , qui , au contraire , ne mettent jamais la serpe ès arbres que lors qu'ils sont endormis ; invétérée ignorance. Ayant curé les troncs des arbres , convient les entretenir en tel estat, sans souffrir s'y accroistre par-après aucun bois ,

ains en oster curieusement tout ce qu'y pourroit revenir , non seulement comme superflu , ains nuisible , aucun jetton n'y pouvant renaistre qui ne difformast le pied de l'arbre , au préjudice de toute la plante. Par tel ordre , et bénéfice de la culture du fonds , les arbres se façonneront très-bien, soyent-ils entrés en la bastardière ou non , sans distinction , ainsi estant convenable de les gouverner tous : et se rendront prests à estre replantés dans cinq ou six ans (ou plustost , le pays leur agréant) , à conter de l'ensemencement , qu'auront attaint la grosseur du bras d'un homme robuste , ou celle du manche du hoyau ; telle , pour la reprinse et accroissement , estant nécessaire : d'autant que moindre ne pourroit estre, que de trop tardif et ennuyeux advancement, et plus grande , que de hazardeuse reprinse.

Les arbres
d'origine sau-
vage ne pro-
duisent ja-
mais si bons
fruicts , que
les venus par
semence. Pour gaigner quelques années , aucuns ne passent par la pépinière , ains seulement par la bastardière , en laquelle ils replantent des arbrisseaux bien choisis, arrachés ès taillis et forests , pour là les nourrir et eslever , comme dessus. Cela est bon , où l'on a à suffisance de plant , qualifié comme il appartient. Mais comment qu'on manie le plant sauvaige de son origine , jamais n'en peut-on tirer fruict si exquis , que par la voie de la semence , pour les raisons dietes.

Toutes les
arbres en la
bastardière , Plusieurs arrachent de la bastardière les arbres encores sauvaiges , pour les replanter au verger , et là finalement les entent : d'autres et mieux entendus en cest art , les entent en la bastardière mesme , avant que de les en retirer , à ce que francs soyent logés en leur dernier lieu , sans estre contraints par nécessité , de les enter après. Voire passans plus outre, ne se contentent de les enter une seule fois, ains y retournent plusieurs, pour faire rapporter aux arbres fruict très-précieux. Car il est certain que, comme les métaux se raffinent tant mieux que plus souvent l'on les refond : ainsi les arbres, par réitérés entemens parviennent à celle perfection de bonté tant souhaittée pour la production des excellens fruicts ; mesme, par telle curiosité, les fruicts s'en diversifient et bigearrent avec utile et plaisante admiration. Et d'autant que c'est l'un des principaux secrets de la conduicte des fruictiers, ignoré des Anciens, ne faut laisser en arrière de représenter l'ordre à cela convenable, sans toutes-fois toucher aux particulières façons d'enter, réservées en leur lieu,

qui est tel. Un an après le remuement des arbres en la bastardière, vers le mois de Mars ou d'Avril, les jeunes arbres, quoi-que minces, seront entés en fente, un peu sur terre ou dedans icelle, si mieux vient à propos. Pour la petitesse du tronc, un seul greffe y sera mis, joignant par ses deux escorces, des deux costés, le tronc de l'arbre, icelui et le greffe estans de mesme grosseur. Là, le greffe justement inséré, se reprendra très-bien, jettant du bois à suffisance pour recevoir un autre greffe l'année suivante. De mesme en ferés pour la troisiesme fois, la troisiesme année, c'est assavoir, entérés comme dessus, mettant le greffe sur l'enté : en suite pour la quatriesme, faisant tous-jours une enteure sur l'autre, quatre doigts en montant : par ce moyen, le dernier greffe logé en lieu du tout purifié, par son exquise eslection et des précédens, rapportera en son temps fruict très-parfaictement bon. Ainsi dans quatre années, l'on ente quatre fois un arbre, en chacune le greffant sur le franc. Mais qui voudra gaigner la moitié du temps, chacun an entera deux fois un mesme arbre, un en fente, au mois de Mars ou d'Avril, et l'autre en escusson ou canon, en Mai ou Juin, sur le jetton sorti de la précédente enteure. Peu de difficulté se treuvera-il à ceci, estant l'arbre de soi-mesme vigoureux et bien cultivé, pour souffrir les entemens. De l'enter à l'escusson et canon, se pourra-on servir presques en toutes sortes d'arbres, mais plus expressément ès abricottiers, aubergers et peschers, leur naturel aimant plus ces façons-ci d'enteure, que les autres.

Tant s'en faut que l'enter plusieurs fois recule les arbres de croistre, comme aucuns estiment, qu'au contraire, les contraint à s'advancer davantage. Cela ne provient toutes-fois du naturel de l'enter, ains de celui du coupper, lequel a telle vertu, qu'estans les jettons de l'arbre ostés, leur substance en revient aux racines, qui la redonnans au tronc, icelui s'en engrossit d'autant plus que plus de fois l'on l'aura recouppé : comme de nécessité à chacun entement convient faire. Par ainsi, l'arbre en s'en montant peu à peu, acquiert cest avantage, que d'estre plus gros par le bas, que par le haut, selon que raisonnablement l'on le souhaitte, pour estre capable de supporter en son temps, comme ferme baze, grande quantité de branchage, et pouvoir résister à la violence des vents. En quoi ne court si long terme, que dans cinq ou six ans, voire plustost, par le bénéfice du terroir, les arbres ne soyent parvenus à la grosseur convenable pour estre replantés pour la dernière fois ; moyennant gouvernement requis, et du hoyau et de l'arrousement : sur-tout de la conduicte du ramage, ci-devant marquée, prinse de la première jeunesse des arbres, laquelle, comme la plus subtile maistrise de cest art, doit estre bien entendue, pour la mesnager en toutes sortes d'arbres, sauvaiges et francs, estans en la bastardière et ailleurs. Et qu'en outre, l'on adjouste un fort paisseau à chaque arbre, pour là fermement attaché, les commissures des entemens se pouvoir bien reprendre et aisément ressouder, sans craindre le destourbier des vents, ni autres accidens, renverser les arbres, ainsi qu'à plusieurs sont-ils sujets, mesme d'estre rompus plus en l'endroit des enteures, qu'ailleurs. Eschéant d'enter les arbres ja grossets, conviendra en chacun arbre loger deux greffes, un seul n'en pouvant occuper le tronc : à la charge (estant l'enteure faicte en bas prés de terre) d'en coupper un greffe, les deux ayans reprins, assavoir, le plus mince, laissant l'autre s'en monter et grossir, pour le pied et tige de l'arbre. Mais ce sera un mois ou six sepmaines aprés avoir enté, non devant, pour avoir temps à convenablement se résoudre sur telle eslection. Observerés au reste, tout ce qui est requis au gouvernement des nouveaux arbres entés, selon leurs particulières propriétés et manières d'enter, comme ci-aprés sera amplement discouru : ayant au préallable monstré la façon et moyen de planter et accommoder les arbres (120).

CHAPITRE XIX.

Planter les Arbres au Verger et ailleurs.

Pour un préallable, sera prins avis sur l'entre-fossé, afin de poser les arbres de raisonnable distance l'un de l'autre, ayant esgard à l'ouvrage où l'on les destine, au particulier naturel de chacun arbre, et au lieu où l'on est. Si on désire faire des allées, où soyent requises deux rengées d'arbres, faudra planter les arbres plus serrément qu'ès vergers universellement complantés, et encores plus, s'il n'est question d'en planter qu'un reng pour border quelque possession. D'autant que ayans des costés la faveur du soleil, plus facilement fructifieront-ils, qu'estans pressés les uns des autres. Les plus grands arbres, comme noiers et chastagniers, seront convenablement posés de huict à dix toises l'un de l'autre, n'en plantant qu'une rengée : mais si deux, pour servir d'allée, leur en faudra dix ou douze. Les plus petits, comme pruniers et semblables, plantera-on de deux toises et demie l'un de l'autre, en un seul reng, leur donnant demi-toise davantage, estant question d'en faire deux. Les moyens seront disposés à l'équipolent de ces deux mesures. Pour les chasteneraies et nojeraies, c'est à dire, pour les lieux complantés universellement de ces arbres-là, conviendra l'entre-deux des fosses estre de quinze à seize toises, à cause de la grandeur de telles plantes, dont les racines et branches occupent beaucoup de terre et d'aer. Ès olivetes, amandaies, et coudraies, cinq ou six toises satisferont. Touchant les fruictiers du verger (parmi lesquels peu de ces arbres-ci, ni de noiers et chastagniers, sont meslés, attendu que selon les climats, eu esgard au revenu, en sont faictes des forests séparées), nous leur donnerons quartier en la manière suivante. Les pommiers, poiriers, pruniers, cerisiers, abricottiers, peschers, figuiers, grenadiers, coigniers, sont la plus commune fourniture des vergers : esquels arbres, ad-joint-on quelque nombre de cormiers, cornoaillers, meuriers, pins, plus pour en passer la fantasie, que pour le profit ; mesme que la plus-part d'iceux viennent d'eux-mesmes par les forests agrestes, sans artifice, selon les pays. Aux pommiers, comme aux plus grands arbres de la trouppe, nous donnerons le plus de place. Nous la limiterons à six ou sept toises, équidistamment les plantans en plusieurs rengées : aux autres la moitié moins, revenant à trois, ou à trois toises et demie l'un de l'autre. Et bien-qu'en l'accroist de ces arbres y aie de la différence, si n'est-elle tant grande, pourtant, qu'il falle donner à aucun d'eux autre particulière portion, ceste-ci estant raisonnable. Tout ce dessus s'entend si on est en pays tempéré, car en endroit fort battu des vents, faudra plus serrément planter les arbres, afin qu'unis ensemble, puissent aucunement résister à telles violences. D'ordonner ici de la distance qui doit estre par-entre les orangers, limoniers, et semblables arbres précieux, n'est à propos, leur delicatesse requérant gouvernement séparé, comme sera veu. Donques, poursuivant nostre verger, dirai plusieurs s'estre desceus en

la disposition de leurs arbres, par trop de presse ayans tost défailli. Sous le crédit desquels, m'estant laissé conduire en mes premiers plantemens, ai trouvé, par le refaire, que mieux vaut planter les arbres trop largement, que trop estroictement. La faculté du fonds est aussi à considérer, d'autant que plus grasse est la terre, tant plus au large convient y planter les arbres, pour l'accroist plus grand qu'ils y font, qu'en maigre. Après, faut pourveoir à leur situation, mettant les plus petits arbres du costé de midi, pour en tel endroit jouir à l'aise de la faveur du soleil, et estre tenus en abri par les grands, plantés vers le septentrion. La plus-part disposent leurs vergers à la quinqu'once, pour le plaisir de voir les arbres alignés droictement en tout sens, et les diverses allées qui en tel ordre se présentent à l'œil, où l'on trouve du contentement, et du profit avec, pour l'aisance du labourage, y pouvant la charrue joüer sans destourbier, et le soleil passer librement à travers les rengs des arbres, pour la maturité des fruicts : commodités n'estans ès vergers confusément complantés. Toutes-fois les confus ne laissent d'estre recommendables, et pour le profit, et pour le plaisir, pourveu que les arbres ne soyent par trop pressés. En voici les raisons, plus au long représentées sur semblable article en l'édifice de la forest, que le verger paroist à la veue plus toufu, dont les arbres sont confusément plantés, qu'estans alignés : qu'il résiste mieux aux vents, et n'y paroist tant la defectuosité des arbres qui meurent, qu'estans plantés en ligne droicte. Or afin qu'en nos vergers rien ne défaille, différemment les ordonnerons, c'est assavoir, et en alignement, et en confusion ; faisans des vergers séparés et de l'une et de l'autre sorte, pour avoir le contentement qu'on reçoit communément de l'assemblage des choses diverses. Ces vergers ainsi disposés, seront divisés par-entr'eux en larges et droictes allées, autant longues que le lieu le permettra. A quoi pour augmenter le plaisir du pourmenoir, sera ad-jousté cecy, que de distinguer les races des arbres, pour distinctement les planter, chacune selon son espèce, dont en outre, plus de fruict proviendra, que si elles estoient confusément meslingées, chacun aimant son semblable. Les arbres qui le plus rejettent du pied, sont les plus propres à planter confusément : les autres, à estre alignés, pour de tous ensemble tirer ce qu'en cest endroit l'on désire, assavoir, passage et arrest de la veue ; telle diversité rendant le verger agréable. A ceste cause, planterons confusément les coudriers, grenadiers et coigners, et les autres en ligne droicte, laissans néantmoins à la disposition d'un chacun, d'en faire, et des uns et des autres arbres, des vergers confus et alignés, voire d'en meslinger les arbres par-ensemble, comme l'on voudra ; en cecy n'y ayant aucune sujection.

Après ces résolutions, préparera-on le logis des arbres. Les fosses en seront creusées fort grandes, c'est à dire, larges, pour à l'aise s'y pouvoir loger et allonger les racines des arbres : non beaucoup profondes, par n'en estre nul besoin, attendu que les racines ne pénètrent guières avant en bas, pour l'amertume et crudité de la terre, qu'elles refusent. C'est pourquoi par dessus toutes autres fosses, sont plus prisées celles qui sont faictes en

rayons longs, comme ceux ausquels l'on plante la vigne, où les racines des arbres s'estendent à volonté, pour le facile accès qu'elles trouvent dans la terre de nouveau retunée le long du fossé ou rayon. De telles fosses néantmoins ne nous servirons-nous en cest endroit, les réservans au plantement des arbres du taillis, où l'on les dispose près à près l'un de l'autre : ains pour l'espargne, ferons - nous des trous et fosses séparées, non moindres en largeur, que de six pieds, en terre argilleuse et forte, et de quatre, en sablonneuse et foible. Moyennant laquelle espace, les racines des arbres auront du lieu assés pour s'esgayer à l'aise, avant que rencontrer la terre des extrémités de la fosse, dont la durté ne permet aux racines de s'y fourrer guières avant. Ces mesures-ci sont pour les fruictiers du verger : aux autres estant nécessaire de l'amplifier selon leur portée, comme noiers, chastaguiers, et autres de la campagne. Touchant leur profondeur, outre ce que j'en ai esté touché, ceste cause sera ad-joustée, pour ne fourrer trop avant les arbres en terre, que la poisanteur de la terre, singulièrement de celle qui se rencontre estre argilleuse, estouffe des racines des arbres, dont tost ils périssent. Suffira en tel endroit, creuser les fosses un pied et demi, en intention d'y remettre au fond environ demi-pied de terre assaisonnée, pour sur icelle asseoir les racines des arbres en les plantant. En terroir sablonneux et léger, quelque demi-pied davantage y enfoncera-on, comme aussi la raison veut faire les fosses quelque peu plus profondes en lieu pendant et sec, qu'en plat et humide. En creusant les fosses, sera faicte distinction des terres, pour convenablement les employer selon leurs particulières facultés. La première, de la superficie, sera reposée d'un costé, pour la mettre au fond de la fosse à l'entour des racines de l'arbre, comme Et pourquoi. la meilleure et plus substantielle : l'autre jettera-on de l'autre part de la fosse, pour finalement l'en achever de remplir, dont ayant essor par l'aer, à la longue elle s'assaisonnera : ainsi d'amère et crue, se rendra douce et cuite, pour finalement, en labourant, meslée avec celle du fond, les deux soyent salutaires pour les arbres. Quant à la figure des fosses, aucune subjection n'y a-il, car creusées rondes ou quarrées, n'importe, pourveu qu'elles soyent larges et spacieuses, en quoi ne pourroit-on excéder, pour les raisons dictes.

Aussi à moindre fin, faire séjourner les fosses avant que de les employer. Les fosses veulent estre faictes long temps devant que planter les arbres : afin que tant plus facilement reprennent les arbres, que mieux préparée s'en treuvera la terre quand l'on les y logera : ce qui ne se peut faire qu'à la longue, pour donner loisir aux saisons de cuire la terre du fond et des costés de la fosse, et par là, la rendre apte à recevoir et nourrir les racines des arbres. Si on ne leur veut donner un an de terme, comme les Antiques l'ont commandé, pour le moins leur faut-il trois mois pour se préparer, à moindre temps ne le pouvans commodément estre. Mais si on est contraint de les creuser à mesme instant qu'on y veut planter les arbres, en ce cas, faudra brusler dans la fosse quelque bois léger, ou des brossailles et pailles, afin que le feu suppléant au défaut du soleil et des gelées, en prépare la terre. Ou bien en plantant les arbres, ne remettre dans la fosse aucune terre de celle qui en aura esté tirée en la creusant, ains la recombler d'autre assaisonnée, prinse en la superficie du lieu.

Quand planter arbres, et quelques observations. Tels projects faicts, les fosses prestes, et le temps convenable à planter, arrivé, mettrons la main à l'œuvre, de l'affection requise et particulière à tant noble mesnagerie. J'ai ja monstré quel advancement c'est que d'estre fourni de plant de raisonnable grosseur, et combien à cela l'on se doit affectionner. L'ayant tel qu'il appartient, prins ès taillis et forests, ou nourris ès pépinières et bastardières, entés ou non, seront plantés en la manière suivante : avec ceste distinction, qu'ès pays chauds et secs, l'on les plantera devant ou dans l'hyver, afin que l'humeur de la saison les favorisant, ayent moyen de se reprendre, pour vigoureusement repousser au renouveau : ès froids et humides, après les froidures, pour éviter que le trop de telles importunités procédantes de la longueur du temps, ne leur empesche et la reprinse et l'accroissement. Encores faudra-il distinguer les arbres, pour planter les premiers ceux qui plustost florissent, et en suite, les autres, selon que plustost ou plus tard ils bourgeonnent. Pour un préallable, seront les arbres retirés de la terre et arrachés avec curiosité, à ce que toutes leurs racines en sortent saines et entières, si possible est : et pour ce faire, n'espargner ni la despence ni la peine requises, ni aussi la patience nécessaire en ceste action, de peur que par précipitation, les arbres mal arrachés, se rendent inutiles. Le temps à ce le plus propre est celui qui est sans froidures, sans chaleurs, sans pluies, tendant plustost

toutes-fois à l'humidité qu'à la sécheresse. Mais si d'aventure estes surprins
ou du vent ou de la pluie, faudra avec patience attendre changement de temps :
principalement si la pluie chet, pendant
laquelle n'est possible loger commodément les arbres, à leur ruine la terre
s'embourbant à l'entour des racines. Du
vent n'est de mesme, car son importunité se peut aucunement dompter par artifice : c'est en plongeant les racines des
arbres dans l'eau, sur l'instant qu'on les
met en la fosse, par le moyen de quoi la
terre sèche s'attache incontinent aux racines, par estre mouillées, dont sont
préservées de l'esvent. Pour cela faire aisément, de l'eau sera charriée sur l'œuvre
mesme, avec quelque petit vaisseau portatif, assés large par le haut, dans lequel
l'on plongera les racines. Touchant au
poinct de la lune autre enqueste n'en
sera faicte, que s'arrester à ce qu'en a ja
esté dict.

Comme garder arbres. L'un des plus difficiles articles de ce
gouvernement, est le transport des arbres
d'un lieu en autre, pour le danger émi-
nent d'en esventer les racines. Par quoi si
on est contraint de les envoyer cercher
loin, conviendra après qu'ils seront arrachés, empaqueter bien leurs racines,
les couvrant avec des drappeaux pour les
conserver trois ou quatre jours, qui est
le plus qu'on les puisse sainement garder : ou seroit qu'ils fussent conduicts par
batteaux ou charrettes, où avec de la
terre on les accommode presques aussi
bien que dans un jardin : mais charriés
à doz, autre moyen n'y a-il que le susdict. Le meilleur sera, de ne garder du
tout rien les arbres arrachés, ains, si
faire se peut, les replanter à mesure

qu'on les tire du lieu de leur origine,
leur laissant attaché aux racines quelque peu de leur mère-terre, et avec icelle
les loger en la fosse pour le reste de leur
vie. Telle commodité ne peut estre ailleurs que où l'on aura nourri et eslevé
les jeunes arbres, ou joignant icelui,
auquel l'on les replantera, ainsi que très-
profitablement se pratique par la voie des
pépinières et bastardières. Aucuns, par
curiosité, marquent les arbres avant que
les arracher, pour les remettre à l'aspect
du ciel sous lequel ils sont nés, croyans
que par tel moyen est adoucie l'altération qu'ils souffrent au changement, et
que, replantés sous la mesmo situation de
leur nourriture, se reprennent mieux,
et s'aggrandissant plus vigoureusement
qu'en autre. Toutes-fois par les ordinaires
expériences recognoist - on que telle primeur, bien-qu'utile, n'est pourtant nécessaire : ne laissans les arbres de profiter, quand poûr les renger droictement
en la fosse, l'on est contraint de n'avoir
esgard à telle observation.

Faut hoster les arbres, quand on les plante. Est nécessaire d'ôter les arbres devant que les replanter, sans leur laisser
en la fourcheure que des chiquots longs
comme les doigts : par ainsi les vents
n'ayans sur eux point ou peu de prinse,
leurs racines s'agraferont plus aisément
en terre, et leurs rejettons s'accroistront
plus vigoureusement que si on les plantoit avec les branches. Cela sera sur terre,
Quelle hauteur donner à leur tige. la hauteur d'un homme de moyenne
taille, pour là former la naissance des
branches, le pays n'estant par trop battu
des vents ; auquel cas, conviendra tenir
les arbres plus bas d'un pied, et davantage, comme s'accordera pour le mieux.
Et soyent les arbres gros ou menus, ainsi

veulent-ils estre gouvernés, pour de bonne heure les façonner comme il appartient. Aux arbres minces ad-joindra-on des bons paux, pour supporter leur foiblesse : sur lesquels se reposans, garentis de la violence des vents, se reprendront et s'accroistront vigoureusement. Là on les attachera fermement avec des liens doux et flexibles, le plus que faire se pourra, de peur d'en offencer l'escorce, ce que prevenant, mettra-on entre la ligature, l'arbre et le pau, quelque coussinet d'herbe, de vieux drappeaux, ou d'autre matière à ce propre.

Comment recevoir leurs racines.

Revenant aux racines : au fond de la fosse rejettera-on quatre doigts ou demi-pied de la première et meilleure terre qu'en aura esté tirée au-paravant, et reposée, comme a esté dict, sur laquelle l'arbre sera assis et ses racines escartées de tous costés, sans violence, les accommodant au plus près de leur naturel qu'on pourra, les gardant de s'entre-toucher, n'entre-croiser l'une l'autre. A telle cause sera mis par-entr'elles de souple et desliée terre, dont toutes les racines seront couvertes, les unes après les autres, avec patience ainsi les accommodant. Pour cela proprement faire, l'on commencera aux plus basses, puis on viendra aux moyennes, et finalement aux plus hautes, selon que communément elles se treuvent dispersées ès arbres, comme par estages : par ce moyen seront toutes couvertes, sans qu'il y demeure aucun cave par dedans, dont sera évité l'esventer de l'arbre par l'aer, qui de nécessité se treuve tous-jours enclos où il y a du vuide. Ce qui des racines se treuvera escorcé, froissé, ou rompu, provenant du rude arracher ou transport, sera ra-

freschi et osté avec la serpe, avant que loger l'arbre en son dernier lieu : mais ce sera avec ceste observation, que de faire rencontrer la plaie joignant la terre, les racines estans couchées : tant pour en éviter la pourriture par l'eau, y ayant plus d'entrée estant la plaie en haut qu'en bas, que pour la naissance des nouvelles racines, lesquelles plus facilement sortent des bords de la plaie ainsi posée, qu'autrement. En logeant les racines, prendra-on garde à ce poinct, que de les faire pendre en bas, et jamais regarder en haut ; estant ce, chose fort préjudiciable à la reprinse de l'arbre : d'autant que l'humeur de l'arbre, selon le naturel et propriété des choses graves, tendant en bas, porte par conséquent sa nourriture en tel endroit. Par quoi se treuvant le bout des racines logé là, là aussi avec l'humeur descendra la vie ès racines de l'arbre, et d'elles à son trone et à son brancheage, ce qui ne se pourroit faire estans les racines autrement posées. La commodité de la terre mise dans la fosse avant que l'arbre, facilitera ceci, attendu que s'y treuvant emmoncellée au milieu, l'arbre s'y asserra par dessus ainsi qu'on désire. Les racines estans couvertes, l'on les affaissera doucement avec les mains, sans les poiser ne presser avec les pieds, de peur d'en rompre aucunes, comme cela est très-dangereux, y allant trop rudement. En quoi sont à reprendre ceux qui y ad-joustent les coups, avec battoirs semblables à ceux des paveurs de rue. Il est néantmoins requis tant mieux affermir les arbres, que plus sablonneux et foible est le terroir : comme au contraire, la poisanteur de la seule terre argilleuse et forte satisfaict à ceci. Ad-jouster

Comment les couvrir.

à

à la terre du fonds , quelques subtils engraissemens , est chose très-bonne pour les arbres : par quoi , après en avoir couvert les racines avec la première terre , avant que passer outre , pourrés mettre par dessus , non des fumiers , ains des neufs terriers , qui meslés avec la terre restante , de tout cela la fosse s'achevera de remplir. Les gazons des prés sont à ceci fort bons , desquels l'herbe se pourrissant dans terre , aide beaucoup à l'advancement des arbres , pourveu qu'elle ne touche à leurs racines , lesquelles par trop de chaleur provenante de ladicte herbe , s'en pourroient offencer. Les tendres brins du bouis couppés ès summités des branches , sont ici utilement employés , pour le naturel de telle matière , long temps se maintenans dans terre sans s'y pourrir , dont la terre est tenue crave et fresche. Tout-d'une-main , en achevant de remplir la fosse , l'on l'aggrandira de quelque peu par les bords : de l'entour desquels en rompra-on un bon demipied avec le hoyau , en recomblant la fosse : ce qui facilitera le chemin aux racines des arbres , pour s'y esgayer , s'allongeans d'autant plus , que plus treuveront de terre mouvée de nouveau.

En remplissant la fosse , l'on la remettra en son premier estat , c'est à dire , l'on l'unira par dessus au plan de la terre , sans relèvement ni enfoncement aucun , l'un et l'autre estans préjudiciables à l'arbre , quoi-que plusieurs pratiquent le contraire. D'autant que par cestui-ci , les eaux sont trop attirées sur les arbres , en danger de les pourrir , et par cestui-là , les racines ne s'accroissent profondément , comme avec raison l'on désire : ains s'approchans par trop de la superficie de la terre , le plus souvent c'est à leur ruine , quand par la véhémente chaleur du soleil pénétrant facilement le travers de la monticule du relèvement , les racines sont bruslées : pour laquelle cause , en aucun lieu , ne doit-on se servir de tels relèvemens. L'enfoncement n'est tant pernicieux , estant pour le moins utile ès lieux secs , par le moyen duquel , l'humidité parvient jusques aux racines , dont elles sont nourries et contraintes à se profonder avant dans la terre , en la première jeunesse des arbres : lesquels un peu fortifiés , qui pourra estre dans deux ou trois ans , les fosses seront du tout remplies. Les nouveaux arbres sont quelques-fois incommodés par les vers , rongeans leurs racines dans terre. Cas estant qu'en plantant vos arbres, voyés parmi le terrain , de ces bestioles-là , faudra curieusement en sortir tout ce qu'en pourrés attrapper : et en outre , mesler avec la terre de la fosse , quelque quantité de cendres de buée , lesquelles non seulement tueront les vers restans , ains adouciront la terre , et par là sera rendue propre à recevoir les racines des arbres.

Je n'ai tellement limité le corps des arbres, qu'on n'en puisse planter de plus gros que de la mesure que je leur ai donnée, voire des vieux et du tout aggrandis ; mais , comme j'ai dict , avec despence , et beaucoup plus grande que celle qu'on employe au dresser des communs vergers. Eschéant de replanter des grands et gros arbres, soit ou pour le désir de voir tost un verger de port , au lieu que désirés , soit pour surroger des arbres de pareille grosseur à ceux qui sont morts au vieil verger , afin de corriger la défectuosité des rengées , le moyen sera d'apprester aux arbres logis grand et ample, c'est à dire, de leur creuser des fosses fort spacieuses, larges et profondes, à ce que leurs racines s'y puissent estendre à l'aise sans toucher la terre dure. Puis les étester entièrement, les deschargeant de toutes leurs branches : après, les arracher avec tant de patience, qu'aucune racine ne s'en rompe, et avec icelles, entières, les planter au lieu préparé. Avec patience aussi l'on estendra les racines comme elles estoient en leur premier lieu, sans les forcer à autre assiete, ni aussi poser les arbres, plus ou moins profondément ni en autre aspect du ciel, qu'ils estoient au-paravant, afin que mieux ils se reprennent, et moins se ressentent du changement, que moins aurés altéré leur naturelle habitude. Les racines seront envelopées et couvertes de terre desliée, engraissée long temps au-paravant avec des vieux et menus fumiers : et si bien les ageancerés, que par-entr'elles n'y aie aucun vuide, ains que le tout soit rempli. Ainsi achevant de remplir la fosse, elle sera réunie au plan de la terre. Et à ce que la chaleur du soleil n'offence les racines des arbres, les desséchant, l'on l'empeschera d'y pénétrer, quoi-que la terre par dessus icelles soit remuée de nouveau, par des ramages, pailles, et autres choses dont tout le lieu sera couvert durant l'esté après le plantement. L'on préserve aussi les racines de tel mal, en y semant dessus de l'avoine ou de la vesse, dont l'ombrage tient en quelque humeur le fonds, au profit des arbres. L'arrouser y sera ad-jousté en la grande sécheresse pour leur première année : passée laquelle, ayans prins terre, ne leur sera requis aucun particulier traictement. Le

temps de planter tels arbres sera plus propre au printemps qu'en l'automne, et ce pour le respect de la trenche des branches, de peur que les froidures de l'hyver ne tuent les arbres : bien-que les racines requissent plus l'automne que le printemps, pour la crainte des prochaines chaleurs ; mais à tel danger est pourveu par les moyens susdicts. A la science du planter des arbres, sera ad-jousté l'œil *La présence du maistre est nécessaire au planter des arbres.* du père-de-famille, sans lequel peu de plaisir aura-il de ses vergers : pour l'ignorance des mercenaires, et encores plus pour leur paresse, n'ouvrans (la pluspart) en l'absence du maistre, que desloyaument. Or s'il est question de tenir de près les serviteurs au labourer des terres, des vignes, des jardins, à plus forte raison telle solicitude est à propos en cest endroit, où se jettent les fondemens de la provision des précieux fruicts, non pour une année seulement, ains pour plusieurs anges. Tous les arbres que j'ai faict planter en ma présence, sont venus à bien, peu exceptés ; au contraire, tous ceux sont morts ou languissent, dont j'ai commis le planter à mes serviteurs. Duquel avis se pourra servir nostre père-de-famille ; et des expériences que pour lui j'ai faictes en ceste espèce de mesnage : à ce que n'estant contraint d'en venir au refaire, il s'asseure jouir tost du fruict de son plaisant labeur, moyennant la bénédiction de Dieu (121).

CHAPITRE XX.

L'Espalier ou Palissade.

AINSI dés toute ancienneté a-on eslevé et façonné les fruictiers: à laquelle disposition ad-joustant de siécle à autre tous-jours quelque chose de nouveau, selon que les hommes sont entreprenans, est-on finalement venu à ce poinct, que de faire produire des fruicts plustost que ne faisoient nos Ancestres. Dont l'invention est d'autant plus louable, que plaisant et profitable en est l'usage. Telle ordonnance de fruictiers est appellée, espalier et palissade, par laquelle les arbres plantés en haye s'entre - embrassent et s'entre-lient les uns les autres, sans distinction d'espèce, jettans en toute liberté leur bois, leur fleur, et leur fruict, despuis terre jusqu'à la hauteur qu'on leur veut donner : sans par trop craindre, ni les vents, ni les sécheresses (principaux ennemis des fruicts), de l'importunité desquelles injures, estans de beaucoup exempts par leur basseur, achévent leur port à l'aise, rapportans abondamment des fruicts très-bien cuits et préparés. Plaisante est aussi telle ordonnance, par laquelle les arbres s'accommodent fort proprement en murailles et barrières, droictes, curves, en toutes figures, selon que diversement l'on les désire, où paroist une gaie et perpétuelle tapisserie, couverte au printemps, de fleurs, en esté et automne, de fruicts, enrichie de verdure : mesme en hyver ne sont ces arbresci, vuides de beauté, quand leur brancheage nud, entrelassé par art mesuré, s'ageance avec grande grace.

Que les fruicts de l'espalier soyent plus beaux et meilleurs que ceux qui procèdent des autres arbres, la raison le veut et l'expérience le preuve. D'autant que ces arbres ainsi disposés se treuvent abonder plus en racines qu'en rameaux: à raison que, selon le naturel de l'œuvre, souvent l'on en retranche du bois en les eslaguant, comme sera monstré: celà revenant à l'utilité des fruicts, qui nourris avec libéralité, en sortent parfaictement bien qualifiés. Ce que tous-jours n'avient de ceux des arbres des vergers communs, qui souventes-fois par sur-charge de brancheage, langoureusement les produisent. A la bonté des fruicts, est nécessaire le beau solage, sous lequel estant l'espalier dressé, pour la libre jouissance du soleil et de l'aer, produit des fruicts très-bien qualifiés. Touchant la quantité, pour le peu de branches que chaque pied d'arbre supporte, à la vérité elle est petite : mais laissant la particularité, pour en général prendre tous les arbres de l'espalier, c'est sans doubte qu'elle est grande, mariés ensemble rapportans beaucoup plus de fruict, que les autres des vergers ordinaires. Le prenant, non en conte, ains en mesure : d'autant que l'espalier occupe très-peu de terre, au regard des vergers communs, qui est ce qui faict tumber la balance pour l'espalier. Concluant là-dessus, qu'un arpent de terre employé en l'espalier, rapporte plus de fruict que trois en verger ordinaire. Et ce peu de terre se cultivant par conséquent avec espargne, recommende d'autant plus l'espalier, que plus de labeur convient employer à l'entretenement des

autres arbres. Joinct ce très-notable article, que les fruicts paroissent dans trois
ans en l'espalier, après en avoir enté les
arbres, parce que n'ayans besoin que de
branches pour produire des fruicts, en
estans les arbres raisonnablement pourveus, dans tel terme commencent dès
lors à bien fructifier. Ce que l'on ne peut
espérer dans si bref délai des autres
arbres, par leur estre nécessaire d'avoir
des tiges hauts et gros pour fondement
du branchage, lesquelles ne peuvent
s'accroistre et façonner qu'avec longueur
de temps.

S'il y a aucune liberté au cours du jardinage, c'est à l'entreprinse de l'espalier
où s'en treuve le plus : car là où l'on veut,
peut-il estre dressé, haut ou bas, et en
la figure qu'on désire. Au lieu donques
où l'aurés destiné, soit aux orées des jardins, soit à l'entre-deux d'iceux, divisant le potager d'avec le bouquetier, le
médecinal d'avec le fruictier : soit en
traversant aucun desdicts jardins, par
croisades et autrement ; ou posé ailleurs
pour en faire des longues allées, droictes,
curves, et d'autres figures, telles qu'on

désire ; seront faicts des petits fossés semblables à ceux où l'on plante la vigne,
profonds d'environ deux pieds (tant les
enfonceant pour la raison ci-après marquée), et larges à discrétion, trop ne le
pouvans estre. Les fossés demeureront
ouverts long temps, pour avoir loisir de
se cuire ès costés et au fond, où lors
qu'on y plantera les arbres, rejettera-on
quatre doigts de la meilleure terre, prinse
en la superficie du lieu, et à telle cause
gardée à part, sur laquelle seront assis
les arbres, accommodés et chaussés comme
dessus a esté dict. Là au cordeau, si c'est

en ligne droicte, seront les arbres équidistamment rengés de pied et demi l'un
de l'autre : estant question de les poser
en rond ou en autre ligne curve, ce sera
par l'addresse de l'œil, et par autres
guides et mesures qu'on prendra selon
l'art, gardant tous-jours la distance et
esgalité par-entre les arbres, susdictes.
De la grosseur des arbres du verger seront choisis ceux-ci, c'est à dire, de la
grosseur qu'on les plante au verger, pour
advancement d'œuvre, car les plantant
trop minces, le plaisir de ce mesnage en
seroit importunément retardé. En plantant les arbres, le fossé ne sera du tout
recomblé, ains y sera laissé un vuide de
demi-pied, pour donner moyen d'enter
les arbres entre deux terres : où reprinses
les enteures, et leur plaie consolidée, lors
le fossé sera entièrement rempli et réuni
au plan : ce qui pourra estre au bout de
deux années, à conter du plantement,
et autant longuement demeureront les
fossés ouverts par le dessus. La cause de
ceste particularité, et le profit qui en revient représenterai-je ci-après : pour vous
dire ici qu'incontinent avoir planté vos
arbres, les coupperés sur terre un pied
et quart, plus ne les en ferés ressortir :
afin que tant mieux s'affermissent par racines, que moins de bois leur donnerés à
nourrir. Ainsi les arbres accommodés, se
reprendront très-bien, faisans nouveaux
jettons, sous lesquels recouppera-on le
tronc, lors qu'il sera question d'en enter
l'arbre, si ja ne l'a esté dès la bastardière,
ou de le réenter pour plus d'affranchissement. Ici, sans distinction de race ne
d'espèce, employe-on la pluspart des
arbres domestiques, meslans ensemble
ceux de noiau et à pepin, sans crainte que

leurs différentes qualités les entre-incom-
modent. D'autant qu'ayans par les costés
et de soleil et d'aer à suffisance, chacun
pour sa nourriture en tire abondamment.
De telle assemblée d'arbres, toutes-fois,
ostera-on le figuier, à cause qu'il ne
souffre d'estre taillé qu'avec difficulté,
comme de nécessité tous ceux de l'espalier faut qu'ils le soyent. Le coudrier aussi
en sera banni, à cause que son ramage
abonde trop à l'équipolent du commun
des autres, ausquels convient s'assujettir : et pour la mesme cause, le noier et
chastagnier. Très-bien pourra-on de chacune de ces espèces-là, faire des espaliers séparés, qui se représenteront de
bonne grace, mesme les coudriers, par
dessus tous autres arbres, se ployans
comme l'on veut, et se plaisans à la
couppe : dont l'on les agence à volonté,
tant leurs rejects sont flexibles et obéissans,
reproduisans vigoureusement. Aussi, des
seuls oliviers se pourra-on servir en cest
endroit, dont l'on aura plaisir et profit,
pour la beauté de la couleur immortelle
de ses fueilles, et richesse de son fruict.

En quel temps les planter,

Comme l'espalier est composé de diverses natures d'arbres, aussi en divers
temps convient-il les planter, selon les
précédentes addresses. Ce qui sera aisé
à faire, n'estant question, lors qu'on
plante les primerains et hastifs, que de
laisser place pour les dernerains et tardifs : par-ci par-là au fossé par ouvertures, selon les endroits esquels vous leur
aurés marqué logis, pour les y planter
en saison. C'est toute la peine que donne
l'espalier la première année, car sans y
ad-jouster aucun bois, convient en laisser
pousser et croistre les arbres, à quoi l'on
les solicitera par serfouer et sarcler, ainsi

les deschargeant d'importun voisinage,
s'advanceront gaiement. L'année d'a-
près, généralement seront entés tous les
arbres, francs et sauvaiges, par ce moyen
rendant ceux-ci bons, et ceux-là meilleurs. Ce sera en temps et façons convenables à leur particulier naturel, ailleurs
représentés. Tout-d'une-main, ad-joindra-on au nouveau espalier le bois nécessaire pour le façonner, servant de
moule pour faire prendre pli convenable
aux nouveaux jettons provenans des
entes (comme les ceintres servent aux
maçons, bastissans leurs voutes), lesquels
se laisseront manier selon vostre désir,
à cause de leur ployable jeunesse. Ainsi
l'on y procède.

Et de quel les sortes.

Le bois rogné à l'appuy des nouveaux jettons.

Entre deux arbres, un pau droict est
fermement fiché dans terre, l'en faisant
autant ressortir en haut, qu'on délibère
faire monter l'espalier : ageanceant si bien
ces paux, que droicts en perfection, tous
d'une hauteur et équidistamment plantés, ressemblent à un reng de colomnes
posées par vrai art d'architecture. Puis,
avec des bons oziers, seront fermement
attachées aux paux, des perches ou lates
droictes, qu'on disposera en quatre ou
cinq rengées traversantes les paux, assavoir, l'une au plus haut des paux, l'autre
en bas, à quatre doigts sur le plan de la
terre, au-dessus de l'enteure des arbres,
et entre deux, les autres par distances
égales. Ces appuis préparés, l'on attendra l'effect des entes, pour y attacher les
jettons à mesure qu'ils s'allongeront. A
la manière qu'on lie les vignes à lignolot, sont ces nouveaux brins attachés à la
première perche près de la terre, les y
recourbant en archet d'un costé et d'autre.
Les ligatures seront oziers doux et flexi-

Comment l'employer.

Comment y attacher les nouveaux jettons des entes.

De quel les liez.

Leur disposition.

bles, afin qu'elles n'escorchent les tendres branches, ains que sans les offencer, les retiennent en office. Ces jettons-ci seront escartés les uns des autres tant esgalement qu'on pourra, pour leur faire occuper le vuide par proportionnée mesure: retranchant des brins tout ce qui par trop de presse empesche l'ageancement de l'ouvrage : n'estant convenable de s'entasser les uns sur les autres. Mais en ce retranchement, est nécessaire d'estre fort retenu, n'en couppant des jettons avec le fer, pour la première année, que le moins qu'on pourra, pour les raisons dictes. Seulement se contentera-on, en ce commencement, de ployer les jettons sur la perche, des deux costés, comme a esté monstré, attendant plus d'advancement l'année suivante : en laquelle fera-on jouer la serpe, couppant du brancheage des entes, tout ce qui s'escartera dedans et dehors l'allée, afin de le contraindre à fournir la barrière selon l'ordonnance de l'espalier. Après avoir occupé la première barrière ou perche, l'ente produira nouvelle matière pour la seconde, puis pour la troisiesme, et suivantes, rejettant puissamment en haut et tant hautement, qu'il faudra l'arrester en luy couppant les summités, ayant attaint la mesure qu'aurés donnée à l'espalier. Chacune année sera réitéré l'attachement des jettons, les ageanceant, couppant, recourbant, par la guide de la besongne : et sans s'assujettir de les lier tous aux perches, en pourra-on attacher aussi quelque partie sur leur bois mesme, selon que mieux s'accordera, se gardant cependant d'en rien rompre par trop rude maniement. En quelque lune que ce soit est bon d'ouvrer en ceci, pourveu

Plusieurs sortes de bois sont bonnes à l'appui de l'espalier.

que le temps soit beau et serein, sans pluie, ni excessifs vents et froids. Les paux et perches seront faicts de bois non tortu, ains du plus droict qu'il sera possible de treuver : de chesne de refente, de chastagnier, ou d'autre à cela propre. Ici se ploye très-bien le saule, mais son peu de durée le faict postposer aux chesne et chastagnier : à faute desquels l'on l'employera, toutes-fois ce sera à la charge du refaire, la nécessité y eschéant : laquelle ne sera par trop importune, puis que l'espalier n'a besoin d'appui que durant quatre ou cinq ans, dans lequel

L'espalier ne sera appuyé que ... peu que ... ront les quatre ou cinq premières années.

temps, ces arbres se rendront si bien fortifiés, que sans autre aide que d'eux-mesmes, par-entr'eux se supportans et s'entre-tenans, demeureront au lieu et en la manière que leur aurés ordonné. Ce qui espargne et la peine et la despence, par n'estre nécessaire d'y remettre aucun bois pour l'avenir : ou seroit que défaillant l'espalier par vieillesse, recouppant ses arbres, il falle le renouveller entièrement. Si c'est bois de saule ou de peuple qu'on employe en cest endroit, sera requis de le blanchir en l'escorceant et pellant, pour la beauté et durée : principalement pour garder que les paux fourrés dans terre ne s'y reprennent et enracinent, au détriment des entes.

Moyen de réparer les défectuosités.

Eschéant qu'aucun arbre défaille, soit ou par n'avoir voulu reprendre en plantant, ou se mourir en entant, aussi tost la saison revenue, d'autres arbres seront surrogés en leur place, des entés s'il est possible. Aussi réentera-on ceux qui n'auront bien rencontré la première fois, afin de réparer les défectuosités qui pourroient estre en l'œuvre. Au cas que les arbres voisins des morts, pour l'abondance

de leur ramage, ayent occupé la place
de ceux qui ont défailli, ne vous mettés
en peine d'y en replanter d'autres, tant
pour la difficulté de leur reprinse parmi
telle presse, que pour n'estre la chose
nécessaire : attendu que ces voisins-là satisferont largement à telles défectuosités.

Est laissé à la liberté du jardinier, s'il
void que ses espaliers ne se fournissent
uniment et à suffisance, d'en coupper
universellement un ou plusieurs quartiers, demi-pied dessus l'enteure de chacun arbre, par où rejettans copieusement, il réparera les lieux qu'il désire,
les remettant tout de nouveau avec plus
de lustre qu'au commencement ; joinct
que, par tel renouvellement, les fruicts

s'en augmenteront en bonté. Et si tout-
d'une-main il réente généralement tous
les arbres de l'espalier, tant soit peu sur
l'enteure, ou de ses propres fruicts, ou
d'autres meilleurs, ce sera pour lui faire
produire des fruicts du tout excellens en
bonté et beauté. Par tel ordre aussi se
rajeunira l'espalier, quand par vieillesse
se treuvera surchargé de brancheage,
dont la trop grande abondance lui oste
et le lustre et le fruict. Pour lequel renouvellement faire à propos, a esté pourveu
dès le fondement de l'espalier, ayant ordonné les arbres en estre plantés assés
profondément, afin de les pouvoir par-
après commodément enter entre deux
terres sur le franc, eschéant réformation.
Ainsi ne paroistra en l'espalier que nouveau bois, tout le vieil demeurant caché
dans terre, icelle réunie au plan du lieu :
dont se remettra à fructifier à son accoustumée, voire produira-il fruicts plus exquis qu'au-paravant, par l'artifice du
réenter.

J'ai dict en l'ordonnance de l'espalier
n'y avoir aucune sujection. Suivant laquelle liberté l'homme d'esprit sé maniera
diversement en cest endroit, dressant des
espaliers de différentes sortes, pour ornemens de son lieu. En allées de deux
rengées équidistantes de douze à quinze
pieds : les unes droictes, les autres
curves, à l'entour de ses jardins, en travers, s'entre-croisans les unes les autres,
comme mieux se pourra accommoder.
Aussi en environnera-il des jardins séparés, taillés de diverses figures, triangulaires, quadrangulaires, pentagones,
rondes, ovales, et autres par la guide de
la fantasie. Pour en aucuns de tels jardins
mettre du saffran, en d'autres des légumes, des chardons-à-bonetier, du
gaude, de la garance, et semblables
choses plaisantes à l'œil et profitables à
la bource. Des riches labyrinthes dresse-
on avec des espaliers, pour l'abondance
du fruict qui en sort, et très-plaisans
avec, pour la gentillesse de l'entrelas de
leurs diverses plantes. Ainsi qu'un ingénieusement composé de cerisiers, se void
au jardin de monseigneur le Connestable,
à Alés, joignant une très-belle tonne de
meuriers blancs.

Les bouts et cimes des arbres seront
roignés à toutes les fois qu'on s'appercevra excéder la mesure donnée, qui pourra
estre de quatre à cinq pieds pour les plus
bas, et de neuf à dix pour les plus hauts.
Sur lesquels ne souffrirés sur-saillir aucuns jettons, ains là justement et uniment les ferés coupper. Si toutes-fois y
voulés laisser quelques arbres sur-sail-
lans les autres, le pourrés faire, pourveu
que ce soit par mesure limitée, en ornement de l'espalier, qui sera, si de trois

en trois, ou de quatre en quatre toises laissés sur-croistre un arbre autant l'un que l'autre : et les taillés tous de mesme façon, en rond, en pyramide ou autrement : car telle rengée d'arbres ayant pour fondement l'espalier, se représentera très-agréable. Aussi pourra-on espargner en l'extrémité de l'espalier des créneaux ou merlets : façonner le bout en poinctes à ondes et autrement, comme l'on voudra : en bas, faire des portes en arcade ; au milieu, des fenestres quarrées, rondes, ovales. D'en faire des berceaux voutoyés, est chose préjudiciable aux fruicts, pour n'y pouvoir meurir à cause de l'ombrage : toutes-fois si telle considération n'a lieu, l'on se pourra satisfaire en cest endroit, avec asseurance d'avoir des bons fruicts, au moins en l'extérieur de l'espalier, à l'aspect du soleil. Quant à l'espesseur convenable aux murailles ou barrières de l'espalier, certaine mesure n'en peut-il estre donnée, cela dépendant de la faculté des arbres et de leur aage : tant y a que la plus désirée est la plus petite, comme d'un pied, ou d'un pied et demi. A laquelle mesure et à celle de la hauteur prescrite conviendroit s'arrester, si l'obéissance des arbres le permettoit. Mais leur grand accroissement, à la longue, comme chevaux eschappés, les faisant sortir de leurs limites, contraint d'en venir au refaire par retaillemens, comme a esté monstré.

Les premiers espaliers ont esté faicts de pommiers nains, dicts de Sainct-Jan, pour l'opinion qu'on avoit, telle seule espèce de fruict souffrir d'estre ainsi bassement maniée. Après s'y servit-on des petites poires musquées : et finalement par essai a-on treuvé presques tous fruicts se ployer en telle sorte de verger. Ce que pour un temps aucuns ont caché, donnans à entendre que c'estoit espèces de fruict particulières, dont l'on composoit l'espalier, par singularité les greffes en estans transportés des Indes. Est nécessaire

tenir curieusement cultivés les deux costés de l'espalier, un couple de pieds d'un chacun, l'amender de bons terriers selon le besoin ; et utile l'arrouser quelques-

fois en esté, ès grandes sécheresses. Aussi c'est toute la despence qu'il y convient faire pour son entretenement, petite pour le fruict qui en sort.

C'est la conduicte de l'espalier, auquel nostre mesnager ad-joustera ce qu'il jugera le pouvoir rendre du tout magnifique, selon les journalières inventions des gens d'esprit. Estimant pour fin de ce discours, n'estre besoin d'en défendre l'approche aux bestes, la chose parlant d'elle-mesme. Joinct que, puis que l'espalier ou palissade est logé dans l'enclos des jardinages, il ne pourra estre qu'en bonne et seure garde, et pour les arbres et pour les fruicts (122).

CHAPITRE

CHAPITRE XXI.

De l'Enter en général.

Aprés avoir planté les arbres, convient les enter pour les affranchir, si ja ne l'ont esté, dès la bastardière, ou qu'on les vueille réenter pour le raffinement du fruict : ce qu'en plusieurs manières l'on faict, comme sera monstré. Science, par jugement universel, estimée la plus excellente de l'agriculture, comme celle qui donnant lustre au reste du gouvernement des champs, a esté, non seulement chérie, ains presques adorée de plusieurs grands personnages arrestés à la contemplation de ses supernaturels effects. Cyrus, roi de Perse, est célébré ès histoires, pour avoir, avec beaucoup d'artifice, de ses propres mains, dressé des beaux vergers. Parmi les vertueux exercices du grand roi François, est couché le temps qu'il employoit à enter luimesme des fruictiers. Aux grands capitaines, sénateurs, préteurs de l'antiquité, avons-nous de quoi ad-joindre des excellens seigneurs gentils-hommes et autres vertueux personnages, de toutes robes et diverses nations, qui aujour-d'hui prisent l'admirable science d'enter, par la douceur de laquelle, comme par un fort hameçon, plusieurs sont attirés à l'universel exercice de l'agriculture. Et de faict, ce n'est pas sans cause que la science d'enter ravit l'entendement humain. Car quelle chose peut faire l'homme plus approchante du miracle, que d'insérer le bout d'une branche d'arbre, longuement gardé,

transporté de lointain pays, sur le tronc d'un autre arbre, là lui faire prendre vie et accroissement, et avec communication de substance, ensemble fructifier ? De contraindre, par ce moyen, un poirier, de produire des pommes : un prunier, des abricots : un coignier, des mesles : un aubespin, des poires, et semblables ? D'en diversifier les naturels, changeant leurs figures, grandeurs, couleurs, odeurs, saveurs ? D'advancer les fruicts tardifs, retarder les hastifs ? Et en somme, faire des fruicts tout nouveaux, mestifs, voire monstrueux ? Ces choses aviennent par enter, mesme avec facilité, comme s'expérimente tous les jours. Saturne a monstré la science d'enter les arbres, par le tesmoignage de *Macrobe*. *Pline* en donne l'invention à un berger, qui accommodant sa logete, sans y penser, fourra le bout d'une branche vifve de fruictier, dans le tronc d'un arbre freschement couppé, où se reprenant et s'accroissant, par nouvelle vie, manifesta la merveille de l'œuvre. Duquel accident l'art d'enter estant sorti, et à la longue raffiné par nouvelles additions, selon le naturel des choses inventées, finalement l'a-on réduict en tel poinct, que par diverses manières, avec esbahissement, l'on ente aujour-d'hui les arbres. Sur toutes lesquelles, en a-on choisi quatre pour principales, dont la facilité en a faict retenir l'usage ; sçavoir, en fente, en petite coronne, en escusson, en canon. Des autres, pour y avoir plus de curiosité que d'asseurance, n'en ferons grand estat : néantmoins, pour contenter les personnes, sera monstré en son lieu, comment l'on s'y gouverne. Et en cest endroit, traicterai amplement des précédentes, comme des plus faciles et plus asseurées à tirer service.

L'enter en fente ou en coin, par d'aucuns en poupée, et en petite coronne ou entre l'escorce et le bois, sont en mesme prédicament, parce qu'en l'une et l'autre sorte se sert-on de greffes, les insérant sur arbres sauvaiges ou francs. Aussi grande sympathie ont ensemble l'escusson et le canon, puis que c'est communément par jettons nouveaux qu'on ouvre en cest endroit, au printemps et en esté, tandis que la sève dure ès arbres. Par quoi ces quatre manières d'enter peuvent estre réduictes à deux, mettant les deux premières en un ordre, et les dernières en un autre. Indifféremment, sur tous arbres ni en tous temps, ne doit-on employer toutes façons d'enter, ains distinguer ces choses, et les espèces des arbres, pour convenablement marier les francs avec les sauvaiges. Par l'escusson et canon beaucoup plus d'arbres sont entés que par greffe, d'autant que la délicatesse de l'escorce de quelques-uns ne peut souffrir le greffe, soit en fente, soit entre l'escorce et le bois, mais l'escusson et le canon s'accommodent presques par tout. Ces façons-ci d'enter ne sont néantmoins tant utiles que celles-là, à cause que les jettons dont l'on tire les escussons et canons ne peuvent estre gardés que quelques heures avant que d'estre mis en œuvre, se flestrissans en peu de temps : au lieu que plusieurs mois conserve-on les greffes, sains et entiers, sans estre employés. Et c'est telle commode garde, qui donne moyen de se fournir de fruicts excellens prins de loin, comme a esté dict : chose en laquelle l'on ne peut venir par la voie de l'enter en canon et escusson, dont d'autres fruicts ne peut-on recouvrer que du voisinage.

Aussi convient nécessairement aviser à la concordance des naturels des arbres, pour les apparier ensemble le plus proprement que faire se pourra : sans laquelle curiosité, en vain travaillera-on. Car posé qu'un arbre reprenne, en estans le franc et le sauvaige de contraire naturel, en leurs escorces, sèves, bois, fleurs et fruicts, comme cela se void quelquesfois, mais rarement, si est-ce que telle antipathie ne leur permettra vivre longuement ensemble, ains tost les fera défaillir. Tous arbres seront entés ainsi qu'il appartient, si faicte distinction de ces trois espèces, à pepin, à noiau, à fruict, chacune est joincte à son semblable : sans se dispenser de mettre sur un poirier, un abricottier ; sur un prunier, un pommier ; sur un figuier, un amandier ; ainsi des autres, ou ce seroit de quelques-uns qu'on excepte de ceste régle, comme sera particulièrement monstré. Par quoi, à cela l'on avisera curieusement : et de ne sur-charger un arbre, c'est à dire, de ne lui donner à nourrir aucune sorte d'arbre produisant naturellement plus de bois que lui, ains plustost faire le contraire, logeant sur un arbre robuste, un de foible complexion, lequel estant abondamment nourri par le sujet sur lequel sera inséré, ne pourra que bien faire. C'est la preuve de plusieurs siècles que telles observances, où estant joincte la raison qui veut, *chacun estre avec son pareil*, comme notable maxime les retiendrons ; et ce d'autant mieux, que plus fermement l'on s'arreste aux expériences. Par cela appert combien se trompent ceux qui ne se contentans de la libéralité de Nature, entent des pommiers, poiriers, pruniers, sur troncs de chous, sur des chesneaux, ormeaux, branches de saux et semblables drogueries du tout discordantes des fruictiers ; dont, comment qu'on puisse faire, ne peut-on tirer contentement, s'y perdans et peine et espérance. Et quand bien en sortiroient des fruicts, pour l'insuffisance de tels sujets, autre nourriture qu'extravagante ne leur pouvant estre donnée, ils se treuveroient de saveur fade et des-agréable, ou possible de maligne et pernicieuse. Toute l'utilité qu'on pourroit tirer de tels meslinges, s'arreste au plaisir de l'œil, admirant la singularité de voir dés fruicts monstrueux et inusités. Se trompent aussi ceux qui entent les arbres, puis les plantent, faisans ces deux choses presques à la fois, pour la sur-charge de ces actions-là ; n'estant esmerveillable, si les arbres se perdent à telle cause, ou du moins, s'ils languissent avec peu d'advancement. Donques, estans les arbres assés travaillés de l'une d'icelles, pour la première année l'on se contentera du seul planter, afin qu'en la seconde, bien reprins et fortifiés, commodément l'on les puisse greffer, avec espérance de bien fructifier : cela s'entend de l'enteure en coin, non de celles de l'escusson et canon. Avis salutaire à celui qui désire avoir de bons fruicts, à ce que sans s'amuser aux vaines et inutiles curiosités, il s'arreste aux addresses susdictes et suivantes, procédans de la raison et de l'expérience (123).

CHAPITRE XXII.

Enter en Fente ou au Coin : et en petite Coronne, c'est entre l'escorce et le bois.

La plus requise observation en ceste partie de mesnage, est la recerche de bons fruicts, dont chacun désire se pourveoir : mais là gist la difficulté, que souvent les fruicts ne viennent tels en nostre lieu, qu'en celui d'où en avons tiré les greffes, à cause de la différence de climats. Pour lequel obstacle, pourtant, ne laisserons d'édifier dés arbres des plus exquises races que pourrons recouvrer (bien-que ne soyons asseurés de leur fécondité), à ce que ne soyons du tout privés de fruicts précieux : mais sous ceste condition, que ce sera en petit nombre qu'en planterons, tenans lieu d'accessoire au verger ; réservant le principal pour les arbres portans abondance de fruicts de passable bonté : car il vaut mieux en recueillir grande quantité de tels, que trop peu de singulière délicatesse. Quelques-fois les arbres estrangers consentent de vivre parmi nous, avec profit, contre plusieurs raisons naturelles apparentes : lesquelles estans desmenties par l'expérience, nous incitent de nous pourveoir de races de fruicts excellens, és nations estrangères. Ainsi dés long temps s'est pratiqué en ce royaume, où des Indes, de la Grèce, de l'Italie, et d'autres pays lointains a-on apporté des races de divers arbres avec bon succés, pour les beaux fruicts qui s'en voyent en plusieurs quartiers des provinces. Sur ces considérations, nous bastirons : et puis que la principale matière dés vergers sont les greffes, nous les choisirons, cueillirons, et employerons ainsi qu'il appartient, par ces addresses.

Les extrémités des branches sont ce qu'on appelle, greffes, lesquelles estans de bois tendre se reprennent aisément, insérées sur les arbres. Ce sera en arbres recommendables pour leur asseurée bonté, que nous cueillirons les greffes : autrement ce seroit préjugé de mal besongner, veu que mauvais arbre ne produit jamais bon fruict. Sur le cueillir des greffes, les Anciens ont commandé d'y laisser quelque peu de bois de l'année précédente, et avec icelui, les insérer sur les sauvaigeaux. Par cela ils nous ont voulu enseigner que les plus prochains bourgeons de ce vieil bois sont les plus fertils, par raison semblable à celle des crocètes des vignes, ce que toutes-fois ne se pratique aujour-d'hui tant exactement par les meilleurs enteurs, qui tronçonnent un long greffe en deux ou trois pièces, desquelles ils font des arbres très-féconds, ce qui nous dispense en cest endroit. Comme aussi l'expérience de tous les jours nous permet de prendre des greffes sur arbres qui, pour leur jeunesse, n'ont encores porté fruict, quoi-que de tout temps cela aie esté défendu. Par quoi, si désirés avoir de la race d'un arbre qui vous agrée pour l'asseurance de sa bonté, quoi-qu'il n'aie jamais fructifié pour son peu d'aage, ne craignés d'en prendre des greffes ès premiers jettons de son enteure, car ils ne faudront de vous donner contentement en saison : voire quelques-fois rapporteront-ils fruict, plustost que les arbres desquels en aurés tiré les greffes. Cela m'est avenu plusieurs fois, voire ai-je enté heureusement en escusson, au mois de Juin, des abricottiers, des poiriers, et autres arbres, dont j'avois tiré les escussons en arbres entés au coin, au précédent mois de Mars. Telle précipitation est très-opportune pour l'affranchissement des vergers, parce que souvent avient que, pour la rareté de quelque nouveau et excellent fruict, n'en pourrés recouvrer qu'un ou deux greffes, dont n'aurés qu'un seul arbre, lequel par la voie susdicte, dans la mesme année, vous produira des greffes à suffisance, pour en faire plusieurs entes.

Eslirés les greffes plustost de moyenne grosseur, que trop fournis de bois par abondance d'humeur, ne langoureux par faute de nourriture, l'une et l'autre de ces extrémités estans contraires à la fructification : faisans seulement bonne fin, ceux qui tiennent le milieu en cest endroit, moyennant qu'ils ayent les oeillets près à près l'un de l'autre, qui est signe évident de fertilité. Touchant la lune, il n'y a aucune action en l'agriculture, où tant estroictement l'on se soit assujetti, qu'au cueillir des greffes : ayant esté creu de père à fils, despuis plusieurs siècles, qu'autant de jours qu'il restoit de la lune lors qu'on cueilloit les greffes, autant d'années demeuroient à fructifier les arbres en provenans ; qu'avoit faict tenir pour loi à nos Ancestres, de ne tirer les greffes des arbres, jamais en autre temps qu'ès derniers jours de la lune. A laquelle défense scrupuleuse, ad-joustoient les aucuns ceste ridicule, que ce ne fust en aucun jour de la sepmaine y ayant des R, notamment le mercredi, à ce mesnage n'estans bons, selon eux, que les lundi, jeudi et samedi. Mais le temps maistre des arts, a monstré la vanité de telles observances : car en quel poinct de la lune que ce soit, nouvelle ou vieille, et jour de la sepmaine qu'on veut, les greffes peuvent estre cueillis avec bon espoir pour la reprinse et fructification, pourveu que l'aer soit beau et serain, s'il est possible tel le choisir : à quoi seulement regardent les meilleurs ouvriers en cest art. Les endroits de l'arbre sont bien plus observables, pour la différence qu'il y a de l'un à l'autre. Ce sera ès bouts des principales branches, où nous cueillirons les greffes, du costé du levant et midi, non d'autre aspect : ni aussi en dedans les arbres, parmi l'embarras des branches, si ce n'est à faute d'autres. Le temps en est propre dès que les fueilles sont cheutes des arbres, jusqu'à ce qu'ils bourgeonnent : dont le meilleur est, dix ou douze jours, ains que les mettre en œuvre, devant lequel terme, sans nécessité ne seront employés. Mais aussi si avés à faire venir des greffes de lointain pays, ou que vous treuvant en lieu de bons fruicts, desquels désirés avoir de la race, ne différés d'en tirer des greffes (quoique ce soit avant la saison susdicte), dès que le mois de Novembre sera entré : car les conserverés sains et entiers, jusqu'au poinct qu'il les falle enter : moyennant que les gardiés dans un fossé profond d'un pied et demi, et là soyent enterrés du tout sans sentir nul vent ne aer. Pour les transporter loin, convient les enfermer dans des barrils avec de la terre desliée, dont ils seront remplis, et après bien bouchés, afin qu'ils ne respirent au-

cunement, contre-faisant le fossé. Et à ce qu'ils ne dessèchent par faute d'humeur, comme à la longue cela seroit à craindre, par-fois l'on mettra de l'eau dans le barril, par un trou qu'on y laissera à l'un des bouts, se fermant avec du liége, à la manière des barrils d'anchoies. Ainsi les garderés sans tare, quatre ou cinq mois et davantage, ce long terme vous donnant loisir de recouvrer des précieux fruicts de pays lointain. Se faut prendre garde, en enterrant les greffes, que ce ne soit près des murailles, pour le doubte de certaines bestioles qui en tels endroits les importunent. Aussi, que le lieu ne soit aquatique, ne plainement exposé au soleil, en abri, parce que l'eau pourriroit les greffes : et la grande chaleur du soleil transpassant la terre jusqu'à eux, au commencement du printemps les feroit pousser, mesme n'estans suffisamment profondés, qui est le plus à craindre sur cest article. D'autant que les greffes ne peuvent estre incisés pour enter, s'ils font semblant de bourgeonner, pour à leur ruine s'enlevant l'escorce en les maniant ; et ne peuvent reprendre qu'avec langueur, si les sauvaigeaux n'ont la sève preste pour les recevoir : dont pour faire bonnes enteures, est requis avoir deux choses contraires à la fois, assavoir le sauvaigeau advancé, et le greffe reculé : ce qui avient à cestui-là, par la patience de le laisser commencer de bouter par l'ordre de Nature, et à cestui-ci, par l'artifice susdict. Ainsi s'accordans ces choses, les enteures s'en asseurent avec grand advancement, et tel que dans peu de jours l'on les void repousser sans crainte du dessécher, comme souvent avient de celles qu'on faict inconsidérément. A telle

Les noms des greffes se-ront escrits en billets, & chacun pa-quet le sera.

cause est nécessaire la terre du fossé où séjourneront les greffes, estre plus sèche qu'humide, et plus froide que chaude, partant le fossé estre creusé profondément. En cueillant les greffes, les disposerés par petits paquets séparés, chacun selon son espèce, dont le nom sera escrit en billets de parchemin, pour conservation de la mémoire, non en papier, pour estre plus facile à se pourrir que le parchemin. Par tel ordre, sans confusion et à loisir, tirerés vos greffes de la fosse, ayant dès le commencement marqué le lieu où l'aurés faicte, afin de ne vous descevoir. Aucuns, quelques-fois avec bon rencontre, entent les greffes incontinent les avoir cueillis sans nullement séjourner: ce que pourtant ne faut tirer en conséquence, n'estant le meilleur, pour le hazard qu'il y court. Car cela est trés-asseuré, que tout greffe se retire de quelque peu, comment qu'on le garde, estant séparé d'avec sa mère, lequel mis sur le sauvaigeau tout frès et rempli d'humeur, s'y restressissant, est en grand danger d'y mourir, par le vuide qui à telle occasion se faict entre le sujet et le greffe, dont le vent là enclos dessèche le greffe, et souventes-fois aussi le sauvaigeau. Mais par l'attente de dix ou douze jours eschevirés tel danger, parce qu'estant le greffe convenablement resserré avant que l'insérer sur le sauvaigeau, après ne s'y retire plus, ains sans délayer s'unit très-fermement avec le sujet, par le prompt secours de la sève, si que par ce moyen ne peut faillir de faire bonne fin.

Quel temps ou requis pour enter.

Maintenant convient greffer les arbres, c'est à dire, y loger les greffes. Est très-nécessaire en ceste action prendre le temps à propos, afin d'ouvrer comme il

appartient. Les vents, les pluies, les neges, les grandes chaleurs aussi, contrarient à ce mesnage. Pour icelui, nous choisirons des jours calmes et frès: mais n'y pouvans du tout avenir, préférerons le temps humide et modérément exhalé du costé de midi, à tout autre: mesme nous-nous garderons d'entreprendre telle besongne, lors que la bize souffle rudement, par estre ennemie mortelle des entes, sa violence et siccité les desséchans. Les outils pour enter, sont petites cies, haches, serpes, serpillons, cousteaux grands et petits, des coins de fer ou de bois solide, et un marteau: les matières, cire ou argille, escorces de saule ou drappeaux, et oziers. De tout cela convient estre abondamment pourveu, faisant transporter ces choses sur l'ouvrage, dans des paniers. Plusieurs ne se servent de la cie en ceste action, ains seulement de la hache ou de la serpe, craignans l'esbranlement du cier nuire plus aux racines des arbres, que les coups des haches et des serpes. Cela est bien asseuré au regard des jeunes arbres, pour la foiblesse de leurs racines, dont facilement elles se rompent; mais des gros, ce danger n'est tant à craindre, pour lesquels tailler, est indifférent l'instrument duquel l'on se doit servir: et quel qu'il soit qu'on employe, convient raffiner et adoucir la trenche par le dessus, et si bien, que le greffe s'y puisse commodément joindre. Pour un préallable, seront deschaussés en pied les arbres qu'on désire enter, et d'iceux ostés tous rejects et cions, afin que leur substance soit entièrement laissée pour les greffes: après, les couppera-on en lieu droict et poli, autant plus bas et près de terre, que plus minces et

plus petits seront les arbres. Les arbres ja
fortifiés du tronc, ensemble les vieux et aggrandis de long temps, entera-on quatre
ou cinq pieds sur terre, là façonnant leur
fourcheure. Touchant ceux de l'espalier,
ailleurs qu'en bas ne seront-ils entés,
pour le naturel de l'œuvre, comme a esté

monstré. A tous autres arbres, l'enter
entre deux terres est défendu (bien-qu'aucuns hazardeusement le pratiquent), parce que l'eau, soit de la pluie, soit du
propre de l'assiete, pourrit et arbres et
greffes, entrant dedans les arbres par la
fente de l'enteure, en laquelle toute autre
humeur que celle provenante de la sève,
cause la mort ès arbres. Partant, l'on se
gardera de se descevoir en ce poinct. Mais
si par contrainte l'an faict quelque ente
entre deux terres, conviendra en tenir ouverte la fosse une couple d'années, et
l'enteure deschaussée, jusqu'à ce que sa
fente par l'accroist des greffes soit reclose
et la plaie consolidée, pour ne craindre
plus les eaux à l'usage de l'espalier, inventé pour la considération du renouvellement de ces arbres en leur vieillesse,

ainsi qu'a esté dict. L'enter sur terre, en
outre, sert en ce cas, que ne se reprenans les greffes pour la première fois,
l'on y retournera pour la seconde, voire
pour la troisiesme, en réentant les arbres
plus bas au dessous des enteures, ce
qu'on ne pourroit faire le prenant trop

bas la première fois. Ayant couppé l'arbre,
avant que passer outre, l'on taillera les
greffes, non du tout, ains seulement en
les esbauchant, attendant de les achever
de préparer, lors que le sauvaigeau sera
fendu, afin que, selon la mesure de la
fente, l'on accommode le greffe, tandis
demeurant la trenche de l'arbre couverte

d'une pièce d'argille, de peur de l'esvent. Après le tronc sera fendu avec un

ferme cousteau, en frappant par dessus à
tout un martelet, doucement, de peur
que la fente ne se face trop grande par
trop rude frapper, laquelle fente l'on
entre-ouvrira à l'aide d'un coin de fer ou
de quelque bois dur et solide, qu'on y
fourrera par dessus, en frappant aussi
avec le marteau, à mesure que par dessous l'on retirera le cousteau. Espargnés
la mouëlle de l'arbre, en le fendant, pour
n'y toucher avec le cousteau, si possible
est : et encore qu'à telle cause l'arbre ne
se fende justement par le diamètre du
tronc, n'importe de rien pour la reprinse
des greffes, pourveu qu'on les assée en
endroit de l'arbre où l'escorce soit tendre
et unie. Lors que par le moyen du coin
la fente entre-baaillera, l'on parfera la
préparation des greffes, et cela si proprement, qu'ils puissent joindre au sauvaigeau, faisant s'entre-rencontrer leurs
escorces, à ce que des deux s'en face une
seule, se conglutinans ensemble par leurs
sèves. Et à ce que cela avienne plus par-
faietement, est nécessaire prendre garde
à ce poinct, que, selon la grosseur de
l'arbre, l'on y fourre les greffes : plus
avant dans le bois, de celui qui est vieux
et grossier, ayant l'escorce rude et rabouteuse, qu'au jeune et délicat, d'escorce desliée et lice. Ainsi convenablement ouvrerés en cest endroit, d'autant
que la plus subtile sève est tous-jours
auprès du bois, dont n'est question faire
esgaler extérieurement les escorces du
franc et du sauvaige, l'arbre estant ja
fort et robuste, ains que le greffe, qui
est tout de subtile sève, soit mis joignant la sève subtile du sujet, quoi-qu'en-

foncé, comme a esté dict. Oui en l'arbre jeune et tendre duquel l'escorce et celle du greffe proprement ajustées, floriront en dehors. Faictes que l'incision du greffe soit quarrée par le haut, d'un costé et d'autre, pour joindre au dessus du tronc de l'arbre, afin de recevoir la sève, qui des racines s'en montant en haut, s'arreste en tel endroit par le rencontre de la quarreure du greffe, et là cause bonne et seure reprinse. Telle incision en quarré s'entend estre faicte sans détriment aucun, ni préjudice de la mouëlle du greffe, à laquelle ne faut toucher en taillant telle vuidange, ains seulement en oster l'escorce, et du bois, le moins qu'on pourra. Si les greffes sont menus, ne les vuiderés que d'un costé, laissant l'autre en coin, sans aucun entre-taillement, de peur de les affoiblir par trop à leur ruine : car en telle sorte accommodés, ne se porteront que bien. En taillant les greffes, soignés-vous de ne les escorcer nullement, parce que ce seroit perdre temps de les insérer au sauvaigeau avec l'escorce enlevée. Cela se previendra, en gardant les greffes dans terre à la manière ja dicte, et en les taillant doucement avec un constelet, subtil et bien trencheant, les prenant tous-jours par le dessus de l'escorce, en pressant sur le bois, non au contraire. Avis qui servira aussi pour coupper le sauvaigeau, duquel faut avoir semblable crainte. Ce qui du greffe entre dans l'arbre, sera façonné en coin par le bout, selon la figure de l'ouverture de la fente, dont la partie extérieure sera plus grosse que l'intérieure, afin que l'arbre, en se resserrant, retienne en office le greffe. En l'autre regardant l'intérieur du sauvaigeau, lais-

serés de l'escorce, si bon vous semble, pour en cela n'y avoir aucune sujection : non plus que de faire parfaictement joindre le greffe au sauvaigeau, en tout et par tout, comme les menuisiers font leurs pièces rapportées : car, par quelque petit vuide qui se rencontre entre les deux escorces, la sève se retrayant là, comme par l'ouverture du tonneau le moust en sort, cause l'union entre le franc et le sauvaige, telle qu'on désire, ensemble se marians. Quand les greffes seront assis, l'on retirera le coin tant légèrement qu'on pourra, de peur de les desplacer, ce qu'aisément se fera, empoignant d'une main l'arbre avec les greffes, et de l'autre, arrachant le coin. Incontinent après, enduirés les commissures ou fentes, pour garder d'esventer l'ente, ou avec de la cire ou de l'argille desliée, puis y seront mises des petites escorces de saule ou d'autre arbre, comme emplastres pour couvrir les plaies, faisant tenir les escorces des deux costés avec un ozier refendu, duquel l'arbre sera estroictement lié, le contenu en la partie blessée pour fermement retenir les greffes, et ce à la façon des ligatures des cercles des tonneaux. Par dessus, ad-joustera-on un rempart d'argille, pour engarder l'eau, les vents, la chaleur, d'entrer dedans, l'empastant proprement, et par ce moyen en couvrir toutes les joinctures. Et afin que l'argille tienne bon, l'on l'environnera par le dessus et des costés, avec des escorces de saule, ou avec des drappeaux, qu'on liera à tout des oziers, autant fermement que la chose le requerra, faisant de l'ente comme une poupée, dont le nom est venu à l'ente. De telle torqueure, les greffes ne sur-sailliront beaucoup,

ains

ains seulement d'autant que deux ou trois œils pourront occuper de place, le reste sera là justement couppé, pour tant mieux préserver l'ente de l'injure des vents, lequel tant plus vigoureusement bourgeonnera-il, que moins d'œillets lui aura-on laissé à nourrir. Aucuns adjoustent de la mousse à ce rempart, pour tant mieux le fortifier contre la pluie : mais telle curiosité n'est nullement nécessaire, veu que l'argille avec l'escorce de saule, seules, suffisent à préserver les entes de toutes injures.

Ne vous mettés non plus en peine d'enveloper vos entes avec de la paille longue, pour y retenir de la terre, afin de les garder freschement, comme aucuns font : car cela leur nuit plus que ne leur aide, en attirant sur les entes, ainsi que par un entonnoir, les eaux de la pluie, en lieu de les en destourner pour les raisons dictes. Mais pour catastrophe et closture de l'enter, convient affermir au nouveau ente, des paisseaux, pour soustenir les tendrons et brins qui viendront des greffes, pour pouvoir résister contre les vents, dont la violence souventes-fois les rompt : et ce sera sans nulle attente, de pour que le délayer ne rende vain vostre labeur, quand par négligence aurés obmis d'y ad-jouster tels appuis. C'est la vraie façon d'enter en coin ou en fente : car, comme a esté dict, pour minces que soyent les arbres, souffrent d'estre ainsi maniés, à chacun insérant un ou deux greffes selon la capacité de l'arbre. Les plus gros que la jambe, ne convient du tout ainsi manier, parce que les greffes par trop restraints dans si fort bois, s'y estouffent : et aussi que pour la grosseur du tronc, les greffes n'en peuvent entiè-

rement recouvrir la trenche, où les pluies attirées font perdre l'arbre de pourriture. A ces maux le remède est, de laisser dans la fente de l'arbre, y asséant les greffes, un petit coin de bois sec, lequel engardant l'arbre de se resserrer importunément, préservera les greffes de ruine. Et pour tant plustost consolider la plaie du dessus, au lieu de deux greffes que communément l'on met à chacun arbre, en cest endroit, quatre seront employés, en fendant l'arbre en croix. Ou bien, et pour le meilleur, l'on logera deux greffes en fente, et deux autres entre l'escorce et le bois, ou davantage, selon la capacité de l'arbre, à la manière ci-après enseignée. Par ainsi, sera satisfaict à ce dessus, au profit de l'arbre, qui se treuvera mieux de ce traictement, qu'estant refendu en plus que d'un endroit.

L'enter entre l'escorce et le bois, qu'on appelle, à petite coronne, ne diffère en autre chose de la susdicte manière, qu'au fendre de l'arbre, tout le reste leur estant commun : excepté qu'en l'une est nécessaire la sève de l'arbre, pour faire séparer l'escorce d'avec le bois, afin d'y loger le greffe ; et en l'autre, n'est-on restraint en terme tant pressis, qu'on ne face des entes devant que la sève paroisse. Aussi ceste façon-là d'enter appartient proprement aux grands arbres, les petits, pour la tendreur de l'escorce, ne pouvans souffrir la séparation d'avec le bois, pour recevoir le greffe. Pour donques enter en petite coronne, pour un préallable l'arbre sera couppé en sa fourcheure, sur terre la hauteur d'un homme, pour le moins, au tronc ou ès branches, ainsi que mieux s'accordera. Ce sera avec la cie ou avec la hache, pourveu que la trenche soit après adoucie avec la serpe, pour commodément recevoir les greffes. Puis joignant le lieu où aura esté couppé, sera fermement lié avec une forte ligature de cuir, de chanvre, ou de laine, afin qu'aucune partie de l'escorce ne s'esclate, lors que l'ouverture pour le greffe se fera. Un petit coin ou cizeau de fer, d'os, ou de quelque bois dur et solide, sera l'instrument qu'on employera ici, façonné en applatissant, non du tout en poincte, ains un peu mousse, comme le bec d'un canard, presques droict d'un costé, courbe et voussé de l'autre, selon la rondeur de la circonférence de l'arbre, esguisé par le bout, pour facilement entrer dans l'arbre, et un peu plus gros que le greffe, pour lui faciliter la voie, à la figure duquel le greffe sera façonné. En endroit uni et solide, entre l'escorce et le bois, fera-on l'entrée du greffe, en y fourrant l'instrument doucement sans rien rompre, quelques deux doigts de profond : là on le laissera jusqu'à ce que le greffe soit accommodé pour estre mis dans le trou : à telle cause l'on le taillera, en lui enlevant l'escorce d'un costé, et du bois autant qu'on verra le trou le requérir. Ce faict, l'instrument sera osté, et à mesme instant le greffe fourré en sa place, autant profondément qu'on pourra, pour le bien affermir. Et si d'aventure le greffe s'enfonce plus que ne cuidiés, sans le retirer culeverés encores de l'escorce avec la poincte du cousteau, ce qui sera requis, sans coupper l'escorce, ains l'y laisserés pour servir de couverture en tel endroit; à ce que retenant la sève venant du tronc de l'arbre, le greffe en soit tant mieux accommodé pour tost reprendre et bourgeonner.

Après, la corde sera ostée, et en son lieu mis un fort ozier refendu, dont l'arbre sera lié au bord de sa trenche, joignant l'entrée des greffes, pour iceux retenir en leur place sans esbranlement. Et à ce que cela se face ainsi qu'il appartient, la ligature choisie longue, donnera trois ou quatre tours à l'arbre, lequel ainsi environné et lié, maintiendra les greffes en estat pour recevoir nourriture du tronc, telle que désirés. Il est nécessaire parer ces entes-ci des injures des temps, assavoir, de la pluie, du vent, du froid et du chaud : pour lesquelles causes, autant curieusement qu'on pourra, seront-elles couvertes avec de l'argille ou de la cire, et des escorces, et le tout si bien lié avec des bons oziers, que mal aucun n'en puisse arriver. Les greffes ressortiront de la torqueure deux ou trois œillets, pour là faire leurs nouveaux jettons, lesquels, pour la foiblesse du fondement, n'estans asseurés que sur l'escorce, l'on ne laissera sans bons appuis, et jusqu'à ce que par l'aage du tout fortifiés, n'ayent à craindre aucun esbranlement. Par ceste manière, toutes sortes d'arbres, à pepin et à noiau, pourront estre entées, peu exceptées (124).

CHAPITRE XXIII.

Enter en Escusson, et Canon ou Flusteau.

COMME les entes à escusson et canon se font de nouveaux jettons, aussi sur nouveaux arbres ou renouvellés par esbranchemens, l'on employe ceste sorte d'affranchissement : à raison de la sève, qui, seule, gouverne l'œuvre par son abondante force dans peu de temps, conglutinant le franc avec le sauvaige. C'est pourquoi autre saison pour ce mesnage n'est bonne, que la fin du printemps et le commencement de l'esté, tandis que les arbres croissent estans en grande vigueur : lors défaillant la faculté de tel enter, que défaut la sève ès arbres, soit par trop de chaleur, soit par trop de froidure. De la généralité des arbres nous excepterons le figuier et le chastagnier, et quelque peu d'autres qui se laissent enter, et dès l'entrée du printemps, lors que la sève commence, et en esté, lors qu'elle a plus de force, prenans les jettons de l'année précédente, avant qu'ils ayent bourgeonné, s'il est question d'enter au mois de Mars ; et après avoir faict nouveau bois, pour enter en Juin ou Juillet. Le plustost qu'on peut enter, par quelle que soit de ces deux sortes, de l'escusson et du canon, est le meilleur, pour le profit des enteures : par quoi, dès qu'on s'appercevra les arbres desquels désirés avoir de la race, avoir raisonnablement rejetté, et dont le bois soit ja affermi et fortifié, ne délayerés d'en coupper des brins et jects nouveaux, les pre-

Quelle saison propre pour ces manières d'enter.

Et autres observations.

nans à la cime des principales branches, du costé d'orient et de midi, dont serés escussons et canons, comme sera monstré. Mais afin de ne se confondre en ces deux manières d'enter, est de besoin, les distinguant, traicter de chacune à part. La lune, non plus qu'ès précédentes enteures, n'est nullement considérable, en celles-ci, seulement doit-on aviser au temps, pour le choisir beau et clair, sans excessives chaleurs ni vents, plus tendant à l'humidité qu'à la sécheresse, et plustost sur le soir qu'en autre partie du jour : la frescheur de la prochaine nuict favorisant l'ouvrage. Avis commun pour toutes sortes d'enter. De garder longuement les jettons dont l'on tire escussons et canons, n'est possible, par se flestrir en peu de temps : pour lequel défaut, d'ailleurs que de chés vous ou du voisinage, ne vous pouvés accommoder en cest endroit. Toutes-fois, d'une journée loin de vous en pourrés faire transporter sans tare, pourveu que les jettons soyent serrés dans un vaze longuet, plain d'eau, et bien estoupé, de peur de l'esvent : ou envelopés avec du linge, soyent mouillés d'heure à autre, pour la conservation de leur humeur.

Touchant l'enter à escusson, appellé aussi, emplastration, morceau et bouton, est à noter n'y estre propres indifféremment tous les œillets et bourgeons estans aux nouveaux brins ou jettons servans pour greffes : ains seulement ceux qui pour leur grosseur, manifestent leur force, rejettant les autres, minces et langoureux, comme inutiles. Un seul œillet suffit à faire un ente : lequel œillet avec son escorce, est attaché, par le moyen de la sève, sur l'arbre qu'on désire affranchir

par enter. Là se reprenant, bourgeonne,
et produit des vergettons, dont l'arbre
se façonne, se légitime, se fertilie selon vostre intention. Tel œillet choisi
comme dessus, sera enlevé avec un morceau d'escorce, taillé à la figure d'un
simple et commun escusson à armoiries
(dont aussi ceste façon d'enter porte le
nom), au milieu duquel escusson sera
l'œillet ou bourgeon, avec le bout de la
queue de la fueille au-paravant tronçonnée : après, appliqué sur la partie de
l'arbre, la plus droicte et unie, où s'accordera le mieux. En l'ordre de retirer
l'escusson du bois, gist la maistrise, auquel défaillant, défaudra aussi l'espérance de ce mesnage : parce que la plus
commune faute qui se faict en ceci, procède de ce que l'escusson ne porte, quand-
et l'œillet, le germe nécessaire pour la
vie de l'ente, demeurant attaché au bois,
par faute de l'en sçavoir arracher. Pour
cela commodément faire, le moyen est
tel. Après que sur le jetton duquel désirés
tirer l'escusson pour enter, aurés tracé
vostre escusson, et de l'escorce d'icelui,
sans toucher au bois, avec un cousteau
bien trenchant, couppé ce qu'il y en
faudra, le manierés entre les doigts, en le
pressant pour l'emmatir, afin de faire
séparer l'escorce d'avec le bois, sans
toutes-fois toucher à l'œillet ou bourgeon,
pour ne le corrompre. Puis le prenant
avec le poulce et l'autre doigt joignant,
l'arracherés un peu de force, en tordant,
afin que le germe se sépare du bois, et
adhérant à l'œillet, les deux ensemble
sortent avec l'escorce. Ce que cognoistrés
estre faict comme il appartient, quand
par dedans l'escusson, verrés n'y avoir
au renvers de l'œillet, aucun creux ni

enfoncement, car y appercevant du vuide,
ce sera signe manifeste que le germe est
demeuré au bois, à la ruine de l'ente.
Ce qu'estant, conviendra en venir au refaire, et par tant de fois, que finalement
l'escusson demeure parfaict et accompli.
Mais si en cela trenvés trop de difficulté,
le germe ne se voulant séparer nettement
du bois, faudra laisser un peu de bois attaché au germe, qu'on couppera de la
branchette, et ainsi l'enter : chose qui ne
nuira aucunement à la reprinse de l'ente,
ains s'en fera-elle très-bonne. Ayant
ainsi levé et préparé vostre escusson, le
tiendrés entre vos lèvres par le bout de
la queue qu'y aurés laissé, pendant que,
pour le loger, inciserés le sauvaigeau,
vous gardant toutes-fois de le mouiller
avec vostre salive, toute autre humeur
lui estant contraire, que celle de la naturelle sève. En la partie du sauvaigeau la
plus droicte et unie, et où l'escorce est
tendre et desliée, ferés l'incision pour
vostre escusson, en la figure de ceste
lettre T, un peu plus grande que l'escusson : puis ouverte des deux costés, dans
icelle appliquerés l'escusson. En cest endroit l'on se sert d'un petit instrument
appellé, bec-de-cane, pour la ressemblance du bec de tel animal, se rapportant aussi à la figure de l'espatule de chirurgien, faict non de fer, ains d'os, de
brésil, de bouis, ou d'autre bois ferme et
lié. Avec icelui ouvrirés la partie inci-
sée, par l'endroit où la ligne perpendiculaire joinct la traversante, en levant l'escorce des deux costés subtilement, sans
la rompre, pour faire passage à l'escusson, lequel y sera mis incontinent après
en avoir retiré le bec-de-cane. Là sera
ajusté et ageancé de telle sorte, que

l'escorce de la partie supérieure de l'escusson baise la ligne traversante de l'incision de l'arbre, et que le corps de l'escusson joigne entièrement le bois escoré, ce qu'il fera en l'y pressant contre avec le bec-de-cane. L'escusson sera couvert par les escorces des deux costés, excepté l'œil, qui demeurera libre pour bourgeonner par la fente d'entre les deux escorces, et là prendre nouvelle vie. Ce faict, convient lier l'ente pour l'affermir et garder d'esventer. L'ozier n'est à cela propre, à cause de sa durté, ains est de besoin telles ligatures estre de matière souple et molle, afin de n'offencer les entes. Par dessus toute autre la meilleure est le chanvre, lequel, en outre, est fort pour fermement tenir, qualités qu'on ne treuve ès escorces dont quelques-fois l'on se sert en ces enteures. A telle cause employerons-nous le chanvre en cest endroit, dont nous ferons nos ligatures, non en manière de corde retorse, ains applaties, sans aotre mystère, que de prendre un peu de chanvre long, et d'icelui environner et entortiller l'enteure, jusques à couvrir toutes les commissures et fentes. L'ente sera lié tant proprement qu'on pourra, en espargnant l'œillet, à ce que sans estre pressé, à l'aise il puisse bourgeonner. Se faut soigner que telle ligature soit modérément serrée, non par trop, de peur de guster l'ouvrage: car cuidant lier l'ente à profit, par trop estraindre l'on empesche la sève de l'arbre de s'arrester sur l'enteure, comme en lieu convenable, ains par là l'on la contraint de passer outre, au détriment de l'œillet qui en tarit. Et à ce que la chaleur de la saison ne dessèche l'ente, dès estre faict, aussi tost le couvrira-on avec des gros fucillars, pour quatre ou cinq jours, durant lesquels, exempt de l'importunité du soleil et des vents, en tel temps plus à craindre qu'en autre, ainsi ombragé, les sèves du franc et du sauvaige se joindront ensemble, pour à l'aise l'ente bourgeonner et faire nouveau bois. L'arbre sera couppé quatre doigts ou demi-pied par dessus l'enteure, ensemble tous rejects et rameaux du pied d'icelui, à ce qu'il n'y aie rien qui en désrobe l'amour, ains que toute la substance demeure pour l'ente, dont tost il s'aggrandira. Ceci est aussi nécessaire, que de faire ces entes-ci, plustost en la partie de l'arbre regardant le septentrion ou l'orient, qu'en autre, pour la frescheur de tels aspects, qui retiennent de ce costé-là l'escorce de l'arbre, plus subtile et humide, que ne font ni le midi, ni l'occident, leur grande chaleur desséchant par trop le tronc de l'arbre, si que presques cuit, les escussons n'y peuvent profiter. Autre commodité sort de telle curieuse recerche, que les jettons provenans des entes, ne sont tant tourmentés des vents, estans posés au regard du septentrion, que s'ils estoient vers le midi, parce que la bize donnant contre, les pousse droict à l'arbre, qui les retient et garde d'esclater: et estant la bize du tout à craindre pour sa violence, contr'elle avons-nous aussi plus à nous couvrir que contre autre vent. N'empeschera tel aspect, que le soleil, dès son lever, ne donne, en esté, à l'ente, lequel tant plus d'utilité retirera du soleil, que plus salutaire il est en telle partie du jour qu'en autre. Eschéant de faire plusieurs entes en un mésme tronc, conviendra se prendre garde de ce poinct, que de ne poser perpendiculairement les

escussons les uns sur les autres, ains in-
directement : à ce que sans s'entre-em-
pescher, chacun puisse tirer sa part de
la sève de l'arbre, et tous ensemble, façonner l'arbre, mieux que s'ils estoient
posés tous d'un costé. Au bout de sept ou
huict jours l'on cognoistra si l'arbre
bourgeonnera, et ce, à la cheute du tronçon de la queue laissé près de l'œillet,
parce que le germe s'engrossissant par
la nourriture provenante de la sève de
l'arbre, expulse en hors le bout de la
queue, pour faire faire place au nouveau
bourgeon, ce qui n'aviendra, l'escusson
mourant ; auquel cas le tronçon flestri y

restera attaché. Dans vingt ou vingt-cinq
jours suivans, le jetton commencera à
paroistre, poussant en hors, et lors sera
arrivé le temps de coupper le lien pour
esgayer l'ente : sans lequel moyen, l'ente
seroit en danger de s'estouffer, pour trop

estre serré. Non plus délayera-on à
mettre à l'arbre des bons appuis, pour supporter les nouveaux vergettons à venir,
de peur d'oublier chose tant nécessaire :
car sans cela les vents en dégasteroient
plus en un jour, que n'en sçauriés édifier dans plusieurs années. Ainsi escus-
sonne-on les jeunes arbres au tronc, et les
vieux ès branches : estans capables de
telle façon d'affranchissement, tous arbres
ayans l'escorce tendre et nouvelle, peu
exceptés, comme sera monstré ci-après.

Ad-jouster un peu de cire gommée, ou
d'argille bien subtile, pour couvrir les
fentes, ce seroit aider à la reprinse des
entes : ce que je conseille, bien-que ce
ne soit la plus commune façon. Car la
raison est toute apparente, que les entes
s'esventent par leurs commissures, si elles
ne sont bien closes, et par conséquent se

perdent, à quoi le seul lien ne peut parfaictement satisfaire. Par quoi l'on n'espargnera ce peu de peine, que de luter
proprement les entes, en y ad-joustant
par dessus une placque quarrée, faicte
d'escorce de saule ou d'autre arbre, envelopant toute l'enteure, par le trou de
laquelle, faict au milieu, l'œillet et le
bout de la queue sortiront, dont l'ente
en la manière susdicte, curieusement empaquetée, ne pourra faire que bonne fin.

Voici une autre sorte d'enter à escusson, un peu différente de la précédente,
mais de plus facile reprinse. Ès figures
de l'escusson et incision de l'arbre, gist
toute la diversité. En quarré parfaict est
taillé cest escusson-ci, portant au milieu
le bourgeon avec le bout de sa queue, et
à sa mesure est faicte l'ouverture du sauvaigeau, pour l'y insérer, revenant à la
figure de ceste lettre grecque Π. Là est
emplastré l'escusson, de telle sorte qu'il
joinct l'escorce de l'arbre de trois divers
endroits, s'entre-baisans parfaictement
les escorces du franc et du sauvaige, du
dessus et des costés, laissant l'escorce du
quatriesme pendante en bas, pour d'i-
celle, la renversant en haut, couvrir de
l'escusson jusqu'à l'œillet, sans toutes-
fois le presser, pour, libre, pousser sans
destourbier. Puis luté, ou avec de l'argille ou de la cire, après couvert d'une
placque d'escorce persée comme dessus,
finalement lié, se reprendra très-bien,
par le moyen du rencontre des sèves con-
joignans les diverses escorces. Ce que tant
asseurément ne peut avenir des autres
escussons, par ne joindre à l'arbre, de
leur escorce, que le bout supérieur : des
costés estans seulement couverts de l'escorce du sauvaigeau, souvent à leur ruine

Autres plantes que arbres, entés raisonnables.

s'esventans par le vuide, qui de nécessité s'y laisse, ainsi les gouvernant.

Par escusson aussi se sert-on à enter plusieurs plantes à fleurs, à bouquets, à la médecine, estans un peu fortes: comme roziers, œillets, violiers, passe-velours, passe-rozes, buglosses, cichorées et semblables, pour les bigearrer et diversifier: moyen que l'expert jardinier employera, y ad-joustant tous-jours quelque chose de son industrie, selon les occurences, pour l'illustration de ceste excellente science.

En canon.

Aussi sont très-proprement entés plusieurs arbres en canon, cornuchet, tuïau, flusteau, ainsi dicte telle sorte d'enter, des instrumens de ces noms, laquelle a esté ignorée par les Antiques, qui d'autre manière que des précédentes, ne se servoient à l'affranchissement de leurs arbres, aujour-d'hui familiarisée et utilement employée. Est nécessaire en cest endroit, aproprier entièrement le greffe au sujet, c'est à dire, les deux estre d'une mesme mesure, ne pouvant, ceste sorte d'enter, souffrir l'inégalité. C'est pourquoi, sur nouveaux rejects prend-on les greffes, et sur semblables jettons l'on les insère et canone, afin que mieux se conjoignent ensemble, que moins de disparité se treuvera par-entr'eux.

Où prendre et cueillir.

Les jettons pour canons seront choisis et cueillis comme ceux à escusson, c'est assavoir, au bout des principales branches, gros et vigoureux, ne se pouvant commodément tirer de greffes par trop minces. En tel endroit donques, sera prins le canon, taillé de la longueur de deux à trois doigts, portant autant de bourgeons ou œillets que la Nature y en aura mis, et après en avoir couppé les fueilles et laissé les bouts des queues, comme dessus,

conviendra, en maniant, pressant, roulant entre les doigts la branchette, avec douce force, emmatir l'escorce pour la séparer d'avec le bois, puis coupper l'escorce sur le bois, de la mesure susdicte; finalement sortir le canon. Ce que ferés très-bien, tenant le canon d'une main, et le reste du jetton de l'autre, en tordant avec un peu de violence, pour séparer le canon du bois avec les germes attenans aux œillets, pour, sains et entiers, estre rapportés sur le sauvaigeau.

Moyen de les retourner des branchettes, sains et entiers;

Mais à ce qu'on ne se desçoive, ceci sera observé, que tordre tous-jours d'un mesme costé le canon, car variant en telle action, les germes ne se pourroient séparer du bois, entiers, comme de nécessité tels les faut avoir: ce que vous recognoistrés par semblable addresse que celle de l'escusson, qui est, regardant en dedans le canon. Sorti qu'ayés vostre canon, sans séjourner, de peur de l'esvent, l'appliquerés sur le sauvaigeau, en branche d'esgale grosseur au canon, comme a esté dict, laquelle tronçonnée, l'escorcerés pour faire place au canon.

Et de les appliquer.

Fendrés l'escorce de la branchette, de long en trois ou quatre endroits, la séparant d'avec le bois, d'icelle faisant comme des courróies sans les coupper: puis en la place de l'escorce, sur la branchette nue, mettrés le canon, l'enfonceant tant avant, qu'enfin joignant parfaitement au bois sauvaige, la sève en ressorte en haut par-entre le canon et le bois du sauvaigeau, rendant humeur blanche et gluante, signe certain le canon estre au poinct désiré. Mais à ce que la sève ne s'esvente au détriment de l'œuvre, avec un cousteau raclerés du bois escorcé tout ce qui sursaillira en haut hors du canon, et ce en telle sorte, que la racleure s'arreste au bord du canon, pour y servir de rempart contre le vent, et pour garder que la sève de l'arbre ne se perde par ce costé-là, rejaillissant en haut : ne laissant du bois escorcé et raclé, que deux doigts par dessus le canon, après avoir couppé le reste. Par ainsi, la sève demeurant en son lieu, nourrira très-bien l'ente, moyennant aussi que le canon soit fourré par le bas entre l'escorce et le bois, à ce qu'en cest endroit-là, couvert par l'escorce du sauvaigeau, ne se puisse esventer. Ce sera avec moins de doubte de la reprinse de l'ente, si on enduict les deux bouts du canon avec de la cire, et si l'ente est envelopé avec quelques fueilles ou linges, afin qu'aucune partie de la sève ne se perde, bien-que ce ne soit du commun usage. Ceci est aussi observable, que de faire regarder les principaux œillets de l'ente, vers le septentrion, pour là estre plus asseurés les vergettons en provenans, que croissans en autre aspect du ciel, pour les raisons dictes.

De ces deux façons d'enter, escusson et canon, se sert-on en France durant tout l'esté, pour la continuation de la sève provenant de la frescheur du climat. En climat méridional, la sève s'arreste ès jours caniculiers, leur ardante chaleur la desséchant, laquelle revenue à l'entrée de l'automne, lors on recommence à enter : mais à cause de l'approche de l'hyver, les jettons des entes ne se peuvent guières allonger ; voire l'escusson et canon, en quelque pays que ce soit, ne font en telle saison, que se reprendre sans pousser, ou ce seroit fort peu, attendant de s'advancer au renouveau, les froidures estans passées (125).

CHAPITRE XXIV.

Plusieurs autres Manières d'Enter les Arbres, pour en diversifier les Fruicts.

Pour satisfaire à la curiosité de plusieurs, je coucherai ici en reng diverses autres façons d'enter les arbres, et en meslinger les fruicts, par lesquelles subtilités aucuns s'efforcent de s'accommoder de fruictiers : à ce qu'y treuvant du jour, rejettée toute impertinence, nostre mesnager s'en puisse servir selon le jugement de sa raison. Je ne ferai mention des entes sur troncs de chous, sur des ormeaux, des chesneaux, des fresnes, des obiers et semblables, pour n'estre d'aucune valeur, tant pour la difficulté de leurs reprinses, courte vie, que peu de plaisir qu'on pourroit tirer de la saveur des fruicts sortans de tels moustrueux mariages : dont à bon droict, condamnables, l'on ne s'amusera à telles vanités.

Aucuns, pour avoir abondance de fruictiers, en font enraciner les greffes en une perche de saule, en ceste manière. Avec un foret ou vebrequin ils persent la perche jusqu'à la mouëlle, en autant d'endroits qu'ils désirent avoir des arbres, comme de demi en demi-pied, puis à chacun trou fourrent un greffe à ce accommodé, qu'ils lutent et couvrent, afin que l'eau n'y entre par là. La perche est couchée dans terre de son long, elle est enterrée, et les greffes aussi jusqu'à deux doigts de leurs summités, lesquelles ressortans de terre à l'aer, font là leurs jettons. La perche s'enracine par l'humidité du fonds, arrousé,

arrousé ou non, toutes-fois moite : de sa
substance sont nourris les greffes, lesquels se convertissans en arbrisseaux,
dans trois ou quatre ans sont transplantés au verger. Pour ce faire, la perche
arrachée de terre, avec une cie, est tronçonnée par-entre les arbrisseaux, chacun
portant sa portion de la perche avec ses
racines, et ainsi sont logés pour la dernière fois. Ceste façon d'enter est plus
admirée qu'imitée, pour le peu d'espérance de contentement, tant pour la difficulté de la reprinse, que reprenans,
pour la saveur des fruicts qui en pourroient sortir : d'autre goust que fade et
des-agréable, ne pouvans estre ceux qui
pour fondement ont le saule.

Au foret.   Avec le foret ou vebrequin, ente-on
aussi en plusieurs endroits, mesme en
Piedmont, heureusement : mais c'est sur
sauvaigeaux d'espèce accordante aux
greffes. A l'entour d'un arbre de moyenne
grosseur, duquel l'escorce n'est du tout
endurcie, quoi-qu'affermie, faict-on des
trous profonds de deux à trois doigts, non
en travers du tronc de l'arbre, ains pendans de haut en bas, dans lesquels l'on
fourre tant avant qu'on peut, les greffes
taillés et accommodés au trou. Avec de la
cire ou de l'argille, des escorces et ligatures l'on les asseure, et finalement l'on
les couppe, n'en faisant ressortir de la
torqueure, qu'une couplé d'œillets. Ils
se reprennent fort bien, pourveu que le
sauvaigeau soit étesté, et du pied tous
rejettons ostés, afin que toute sa substance parvienne aux entes.

En perçant   Perser en travers un jeune arbre, de
les arbres.   bas en haut, et par le trou faire passer
(comme en lardant) un vergetton d'arbre
de franche condition, planté et vivant

Théâtre d'Agriculture, Tome II.

auprès, est une manière d'enter dont
aucuns se vantent pouvoir non seulement
aprivoiser les arbres estrangers, ains de
marier ensemble toutes plantes, quoi-
que de contraire et extravagant naturel.
Duquel enter ayant au long discouru au   *Liure III,*
traité des vignes, évitant redicte, n'en   *chap. v.*
parlerai plus avant.

Un autre enter à mesme fin, est des-   *Enter in-*
crit par *Columelle*, dont il se dict l'in-   *difficile, pratiqué*
venteur : non toutes-fois pratiqué pour   *sur tous ar-*
son difficile usage, et le long temps qu'il   *bres.*
convient y employer. Il met pour exemple
un figuier et un olivier, vivans près l'un
de l'autre : veut qu'on couppe le figuier,
qu'on en fende le tronc, et en la fente
qu'on mette un rameau de l'olivier, le
recourbant en archet, dont la cime, là
liée, lutée, et fermement empaquetée,
se puisse retenir, pour se reprendre sur
le figuier ; puis au bout de trois ans, le
coupper de sa mère, afin qu'il tire toute
sa nourriture du figuier. De mesme or-   *Columelle,*
donne-il qu'on face indifféremment de   *liv. 5, c. 12*
tous arbres, si on désire meslinger les
diverses espèces de fruicts.

Pour se fournir de bon nombre d'arbres   *Es petis*
fruictiers, francs en toutes leurs parties,   *verdeaux pour*
ceste manière est receue. Grande quan-   *multiplica-*
tité de bons greffes est insérée en petite   *tion de fruic-*
coronne, sur le tronc d'un gros arbre de   *tiers.*
leur espèce, pommier, poirier, prunier,
cerisier, et semblables, pour s'y enraciner. L'arbre est choisi bon et vigoureux,
non trop vieil : l'on le deschausse un pied
dans terre, là on le couppe rondement,
puis entre l'escorce et le bois, à la façon
ja monstrée, sont les greffes fourrés en
distance l'un de l'autre, de quatre doigts
ou demi-pied environnant l'arbre. Lequel
ainsi rempli de greffes, est rechaussé de

terre jusqu'à deux doigts près de la cime des greffes, après avoir le tout couvert d'argille, et avec des escorces et liens si bien accommodé et empaqueté, que l'eau n'y puisse pénétrer. Les greffes s'y reprennent et accroissent si bien, que dans un couple d'années, se rendent propres à estre provignés selon qu'il est nécessaire pour s'enraciner. Auquel temps, l'entour de l'arbre est deschaussé, descouvrant les arbrisseaux jusqu'à l'enteure. L'on les renverse en hors, les provignant et les fourrant dans terre, recourbant leurs tendres troncs, comme l'on faict les vignes, et de mesme qu'elles, faisant ressortir en haut les bouts des arbrisseaux. Par ce moyen, l'on les contraint à faire nouvelles racines et à se façonner en arbres, moyennant exquise culture et opportun arrousement : et qu'au bout d'autres deux ans, redeschaussés, soyent couppés de leur mère, et comme sevrés, par telle séparation, d'eux-mesmes, sans autre aide, s'achèvent de nourrir et fortifier. Auquel poinct parviendront ils dans autres deux années, pour estre propres à transplanter au verger : où ils seront bonne fin avec telle propriété, que pour jamais tous leurs rejects se treuveront francs, par-en eux n'y avoir rien de sauvaige.

La manière d'enter en pièce rapportée a quelque correspondance avec celle à l'escusson, ayant ceci de commun, qu'un seul œillet suffit à faire un ente. Au temps d'enter en fente (qui est après l'hyver), un bon œil ou bourgeon est prins du greffe où il se treuve plus gros, bois et tout. L'on le couppe rondement, après est refendu par moitié, et la partie en laquelle est l'œillet, comme pièce de marqueterie, est appliquée sur le sauvaigean, en lieu droict et uni, y creusant par dedans autant qu'il est convenable pour l'y ajuster. Ce qui est nécessaire d'estre curieusement accommodé, faisant entre-rencontrer et entre-joindre les escorces du franc et du sauvaigean, si justement, qu'il semble les deux n'estre qu'une seule pièce. Les commissures sont couvertes d'argille, et en suite y met-on escorces et liens, dont l'on forme la torqueure, pour fuir toute l'incommodité qui y scauroit arriver, et parer l'ente des injures des saisons.

Par communication de nouveaux jettons les fruicts communiquent leurs diverses qualités, dont ils sortent mestifs, meslingés en figures, couleurs, odeurs, saveurs. Trois ou quatre jeunes arbrisseaux plantés près à près les uns des autres, seront entés près de terre, par celle façon qui mieux vous agréera ; et à mesure que leurs jettons s'accroistront, les assemblerés dans un tuiau de rozeau, après les avoir subtilement liés, pour là, par contrainte se nourrir, et de plusieurs vergettons s'en faire un seul tige, qui ainsi composé, rapportera en son temps fruict différent aux communs. Ne faut oublier d'asseurer cest artifice avec des bons appuis pour le retenir ferme, à ce que les vents esbranlans l'ouvrage, ne rendent vaine telle gentillesse. Les fruicts à noiau se ployent mieux à ceci que ceux à pepin ; car il ne faut que semer les noiaux pour en venir à bout, et après contraindre les jettons à s'accroistre ensemble dans un tuiau de rozeau, ou à travers d'un trou de pot de terre, à telle cause estant persé par dessus, et icelui pot renversé sur les noiaux, les couvrant. Par ainsi de tous ceux-là se fera un arbre

qui rapportera fruict participant de l'a-
bricot, de l'auberge, de la pesche, du
mire-couton et semblables. Comme d'autres se pourront composer, produisans
fruicts meslingés de nois et d'amandes,
de cerises et prunes, de poires et pommes, de pesches et noirs, et autres,
pourveu qu'on ne se dispense de marier
le pepin avec le noiau, accoupler chacun
avec son semblable, tant que faire se
pourra, avec de tant espérer de ces gentillesses, que moins l'on s'esloignera des
générales maximes.

Enter au bout des branches. Au bout des branches ente-on toutes
sortes d'arbres, par les quatre principales
façons, selon les temps : utile telle curiosité, en ce que divers fruicts pouvés
faire porter à un mesme arbre : par ce
moyen r'affranchissant par réentemens
ceux de vos arbres qui du tout ne vous
agréent.

Arbres nains. Tous arbres dont la branche est enra-
cinable, se convertissent en nains, si on
fourre en terre les summités de leurs
branches renversées sens-dessus-dessous,
où s'enracinans, poussent, mais c'est en
jettant leurs rameaux tendans en bas,
sans toutes-fois laisser de fructifier, reprenans le haut. Et à ce aussi, que les
arbres demeurent plus petits que de leur
naturel, ne leur laissera-on la terre libre,
ains à l'estroict l'on les resserrera, les
plantant dans des quaisses, où ayans
comme leurs morceaux taillés, se maintiennent tous-jours bas et minces. Seront, en outre, plaisans à voir ces petits
arbres chargés de fruicts en leur saison,
transportés d'un lieu en autre jusques
sur la table. Ainsi se laissent manier le
figuier, le grenadier, le coignier, le
coudrier : par-dessus lesquels le figuier

se rend le plus agréable : mesme pour le
respect du fruict, dont la maturité s'advance d'autant plus, que plus curieusement l'on en aura tenu les arbres en
hyver, hors du pouvoir des froidures, et
recerché pour eux l'abri et le soleil (126).

CHAPITRE XXV.

*Provigner les Fruictiers, pour les
augmenter en nombre.*

Dɛᴜx notables utilités procèdent du
provigner des arbres entés : leur nombre
s'en augmente à souhait, et leurs racines
s'en affranchissent entièrement. D'où *De ceu utilitez sort abondance de précieux fruictiers.*
grande quantité de bons fruictiers sort à
la commodité du père-de-famille, qui
se treuve avoir en réserve autant d'arbres
qu'il désire, pour faire nouveaux vergers,
pour refaire les vieux, pour en donner
aux amis, et pour en tirer argent, s'il
est en lieu de vente. Mais, arbres tels,
qu'il n'est nécessaire de plus enter, par
immédiatement sortir de la bastardière
du tout affranchis. Ou bien en les réentant une autre fois ou plusieurs, comme
a esté dict, c'est pour les rendre parfaictement capables à porter fruicts précieux,
d'autant que dès le fondement, affranchis, ne tiennent chose aucune du sauvaige. Et bien-que ce ne soit le plus commun usage, que de provigner les fruictiers, ne laisserés pour cela de vous en
servir, pour les raisons dictes. Sur quoi, *Quels sont les arbres propres à provigner.*
ceste maxime est notable, *que tous ar-
bres qui rejettent en pied, se peuvent
augmenter par provignemens* : par laquelle verrons peu y avoir de fruictiers

ne souffrir le provigner, puis que la plus-
part d'iceux, rejettons du pied, laissent
tous-jours des nevenx après eux, dont à
plus forte raison les arbres enracinables
par branche, se peuvent facilement provigner. Ceux qui le moins rejettent du pied,
sont les noiers et amandiers, qu'à telle
cause nous ne traîcterons de ceste sorte :
mais très-bien indifféremment tous autres
fruictiers, desquels à ce les plus difficiles,
sont les pommiers et poiriers. De ceux-ci
néantmoins vient-on à bout par culture
et arrousement, sans souffrir qu'ils endurent la soif, mesme leur premier esté,
comme de ce, sur ma propre expérience,
Le moyen. vous-vous pouvés arrester. Après donques qu'en la bastardière aurés enté vos
arbrisseaux, et iceux auront jetté beau
bois, en trois ou quatre vergettons que
pour la cause qui s'offre, aurés expressément laissés, coucherés ces vergettons
avec leur mère-souche dans terre, à la
manière de la vigne, et de mesme les
rechausserés, faisant ressortir les bouts à
l'aer pour leur accroissement. Ce qui
reste pour rendre ces arbres-ci au poinct
d'estre transplantés au verger, mesme la
conduicte de leur brancheage, pour à
propos les façonner, a esté enseigné :
par quoi ce ne seroit qu'ennuyeuse re-
L'utilité. diete, d'en continuer le discours. Seulement ad-jousterai-je ceci, que le seul
provigner vaut demi-enter, par le moyen
duquel les arbres se raffinent davantage
à la longue, dont d'autant plus excellens se rendent - ils, que plus de fois,
réitérant le provignement, l'on les aura
recouchés dans terre. Chose qu'il convient refaire à toutes les fois qu'en aurés
arraché des arbres pour transplanter ailleurs, remplissant le vuide de la bastar-

dière, laquelle par ce moyen, comme
une source vifve, fournira avec peu de
labeur, autant de plant d'arbres exquis,
que lui imposerés, voire en telle abondance, qu'elle pourra suffire à l'entière
fourniture de tout un pays (127).

CHAPITRE XXVI.

*Le particulier Logis des Arbres, selon
leurs espèces, et naturel d'un chacun : avec la Cueillète, et Garde
de leurs Fruicts.*

Jusques ici avons-nous discouru généralement des arbres fruictiers, reste à
particulariser leur gouvernement, selon
leur singulier naturel : quand, où, et
comment veulent estre plantés, entés,
cultivés, et leurs fruicts cueillis et gardés.
Afin qu'avec moins de hazard les esle-
vions, que plus près approcherons du
naturel d'un chacun, dont par ce moyen
les fruicts (but de ce négoce) qui en pro-
viendront, seront et meilleurs et en plus
grande abondance, que si à l'aventure et
avec science enveloppée, avions planté,
enté et labouré nos arbres. Ceci a ja esté
dict, que de planter tost, en pays chaud
et sec : et tard, en froid et humide. Sur
laquelle maxime édifierons nos vergers,
présupposans, toutes-fois, que soyons
en climat tempéré, comme seulement de
là devons espérer profit des fruictiers.
Ceux de nos fruictiers qui le plustost désirent d'estre plantés, enrollerai-je ici les
premiers, en suite les autres, selon leur
temps et propre saison.

En premier reng sont mis les abricotiers, aubergers, peschers, pour leur hastif bourgeonnement. En l'automne ou commencement de l'hyver est la droicte saison d'édifier ces arbres, à ce qu'enracinés à temps, poussent à l'issue des froidures, selon qu'à ce leur naturel les incite. La terre douce et fertile, plus légère que poisante, et humide que sèche, est celle qu'ils désirent, pourveu qu'elle soit sous aer tempéré, tendant plus à la chaleur qu'à la froidure. Ils viennent de noiau, comme a esté monstré. S'entent sur eux-mesmes, sur amandiers, sur pruniers, cerisiers et coigniers : en fente, en escusson et en canon, ainsi qu'on désire. Plus facilement toutes-fois par les deux dernières manières, qu'en fente. Eschéant d'enter ces arbres-ci en fente ou au coin, ce sera tost après l'hyver, voire et dans l'hyver mesme, en les couvrant exquisement, pour les parer des injures du temps. Or comme ils précèdent tous autres au planter, aussi à nuls cèdent-ils touchant ceste sorte d'affranchissement : car quant aux autres entemens, la seule sève les gouverne, qu'on employe selon qu'elle se présente.

Les abricottiers entés sur amandiers ne rendent fruict tant gros que sur pruniers, cerisiers et coigniers : à cause que les amandiers haïssent l'eau et l'abondance de fumier, et les abricots aiment l'un et l'autre. Donques, pour préserver le pied, convient s'abstenir de l'arrouser et fumer, mais cela vient au détriment du fruict, qui ne sort jamais que laid, petit et de peu de saveur, de lieu sec et maigre. A l'arrousement et engraissement se délectent les pruniers, cerisiers et coigniers ; partant, ne se faut esmer-

veiller de leur voir rapporter abricots de parfaicte bonté et grandeur. Sur tous lesquels arbres, le prunier est recogneu le plus facile à recevoir et nourrir l'abricottier, par une naturelle amitié qui est entre ces deux plantes-ci. Mais pour peu de temps, à cause que le prunier n'est de guières longue durée. Encores moins dure-il que sur le prunier, enté sur soi-mesme, sur l'auberger ou sur le pescher. Inséré sur le cerisier, y demeure long temps, pour le robuste naturel du sujet, toutesfois pour la difficulté de la reprinse, ce mariage n'est guières pratiqué : non plus sur le coignier, pour la diversité notoire qu'il y a des fruicts à pepin, à ceux à noiau : néantmoins en viendra-on à bout, l'entant à escusson et canon, choisissant à propos le temps, pour la concordance des sèves. Estant une fois reprins l'abricottier sur le coignier, ne faut doubter de sa longue vie, à cause que cest arbre-ci ne craint par trop les froidures, pour double commodité, communiquant la grosseur de son fruict à l'abricot. Des abricots grands, moyens, petits, void-on, différens plustost en telles qualités, qu'en espèce, provenant cela souventes-fois du temps, du terroir, ou de la main du jardinier. Aussi y en a-il de saveurs diverses, comme de musquate. Leurs noiaux mesmes sont divers, car communément ceux des gros abricots sont amers, et les moyens et petits les ont doux au manger, comme noisetes. Les noiaux semés ne produisent directement fruict du tout semblable à celui duquel ils sont venus, car ils deschéent tous-jours de corps, s'apetissans. Estans semés en meilleure terre que celle qui les a nourris, se maintiendront en leur estat : mais en semblable, et leur donnant pareille nourriture, sans augmentation de culture, se diminueront et de corps et de saveur. Les petits s'entretiennent mieux en leur estat par le seul semer, que les gros. Il n'y a que l'enter qui soit à priser en ce mesnage, pour avoir fruict de requeste, et en abondance. Tout abricot despouille nettement son noïau, au contraire l'auberge le tient fermement (128).

Auberges. Il y a diverses qualités d'auberges, toutes symbolisans avec les abricots. Les auberges incarnates d'un costé, jaunes de l'autre, colorées de rouge-brun en la chair attachée au noïau, sont fort prisées : celles aussi de jaune doré, duracines, ayans la chair ferme. Plus ou moins chargées de couleur sont les unes que les autres, selon le fonds et le solage. De compaignie avec les raisins se meurissent les auberges, excepté une espèce qui est plustost meure que les autres, d'environ six sepmaines ; et ce qui, en outre, la rend recommendable, est la saveur musquate qu'elle a particulière : au reste de plus petit corps qu'aucune des autres (129).

Pesches. Encores plus qu'en auberges l'on abonde en espèces de pesches, discernées par leurs diverses grandeurs, couleurs, saveurs. Les grosses jaunes durans, surpassent toutes autres en bonté, pour leur agréable goust et longue conservation, se laissans facilement sécher au soleil : comme c'est aussi du naturel de toutes autres pesches, que d'estre pellées et séchées, pour le facile despouillement de leurs noïaux. Commodité qu'on ne treuve, ni ès abricots, ni ès auberges, difficilement se pouvans long temps garder, qu'en confitures et compostes : pour laquelle cause, convient les manger venans freschement de l'arbre. A autre usage ne sont non plus propres les presses, pavies, mirecoutons, alimpers, groignons, peschenois, pesche-noire et semblables fruicts à noïau, estans tous de mesme parentage avec les sus-nommés : mais par divers entemens, à la longue, se sont eslaignés de leur origine. De ces fruictiers-ci, exacte distinction n'en peut estre faicte qu'avec beaucoup de difficulté, se diversifians encores à toutes les fois qu'on les transmue de terroir ou de climat (130). De se peiner d'enter ces arbres-ci, n'est aucunement nécessaire, à cause que par le seul semer, les fruicts sortent du tout bons : toutesfois meilleurs par la vertu de l'enter. Tous lesquels arbres, abricots, auberges, pesches et leur suite, sont d'eux-mesmes de courte vie, spécialement les entés, pour la délicatesse qu'ils ont plus grande que les autres. De ce nombre, ceux qui le moins durent, sont les abricottiers et aubergers, ne pouvant leur tendreur souffrir grandes froidures. C'est pourquoi qui désire n'avoir faute d'abricots ni d'auberges, se résolve d'en planter des arbres chacun an, comme l'on faict des chous, afin que les nouveaux, substitués aux vieux, fournissent à toutes saisons abondance de fruict. Les peschers résistent un peu davantage, mais non tant qu'il ne falle passer par tel chemin, si en veut avoir continuation de cueillète de pesches. Par autre moyen que par replanter de nouveau, se remeuble-on d'aubergers ; c'est en leur couppant le tronc entre deux terres, quelques quatre doigts, où rejettans, se renouvellent aussi tost, si que dans une couple d'années se remettent à fructifier comme devant, tant ils sont de bonne volonté. Le temps en est à l'issue de l'hyver, en temps beau et serain, et la lune en son premier quartier. Les peschers aussi, se remettront par tel moyen, pour la sympathie qui est entre telles plantes, lesquelles ont aussi de commun, le mourir plustost par le bas des branches (ou au moins d'en faire le semblant), que par leurs bouts et cimes : dont à voir, ces arbres sont rendus mal-plaisans, passé qu'ils ayent leurs six ou sept premiers ans (131).

Tout-d'une-main a esté pourven à la cueillète des fruicts de ces arbres, leur seul discours nous ayant suffisamment instruits à cela. Seulement avisera-on de ne les tirer jamais des arbres qu'en bonne maturité. Des gardables et propres à sécher, pour en faire provision pour l'hyver : et des autres, s'en servir à manger au jour la journée durant la saison : et d'en appareiller aussi en confiture et composte, où ils se ployent très-bien : mesme l'abricot confit au succre, paroist entre les exquises confitures.

Estant l'amandier arbre primerain, aussi sera-il mis des premiers en terre, voire dès le commencement de l'hyver, la lune estant en decours, le temps non venteux, ne pluvieux. Il se plaist en lieu exposé au soleil, chaud et sec, plus pierreux et sablonneux qu'argilleux : haïssant les humides et fortes terres. Est de petit entretien et de bon rapport : et le seroit meilleur, s'il ne se hastoit tant à florir, avenant très-souvent que n'estans escoulées les froidures de l'hyver, lors qu'il produit ses fleurs, toutes sont emportées par le mauvais temps, et avec elles, l'espérance du fruict. C'est le vice de l'amandier, pour lequel corriger on a recours au planter, qui gouverne le florir : car en semblable temps il florira,

qu'au-paravant l'on l'aura planté, ayant attaint l'aage de porter : et à cela continuera-il durant toute sa vie, selon que par accident ce remède a esté treuvé salutaire. Pour donques faire florir l'amandier, comme à poinct nommé et temps asseuré, nous le planterons vers la fin du mois de Février, ou au commencement de celui de Mars, et lors florissant, la tardité de la saison conservera la fleur pour le fruict. En ce tardif planter, la reprinse de l'arbre est très-doubteuse, pour son naturel hastif à bourgeonner, qui avoit faict ordonner à nos Ancestres, de le loger en terre des premiers, comme a esté dict : mais elle s'asseurera par l'arrouser quelques-fois en son premier esté, ès plus importunes chaleurs, mesme n'ayant le printemps esté suffisamment pluvieux. Ne craignés que la sève de l'amandier (qui en telle saison est fort apparente) empesche sa reprinse, car plustost elle la favorise, pour le naturel de tous arbres, dont le fruict fournit de l'huile au mesnage, voulans estre plantés en la primevère, comme l'olivier et le noier. Le mesnager estant favorisé du climat, fournira d'amandiers ses légères terres, aux blés desquelles ne nuiront-ils beaucoup, n'estans par trop fournis ni de racines ni de rameaux. C'est sans doubte que l'abondance de fumier tue les amandiers, qui sera pour avis, afin d'en esloigner des racines tous engraissemens, estant question d'amender les terres complantées de tels arbres. Ne convient de nécessité enter l'amandier, d'autant que franc, sort immédiatement de la semence : toutes-fois telle curiosité aide beaucoup à en affiner le fruict, et à l'adoucir avec : car d'amer, il devient doux par enter, seul remède à tel changement ; quoi-que certains Antiques nous ayent laissé par escrit cela se pouvoir faire en vuidant l'humeur amère de l'arbre, par un trou faict près de ses racines, après l'avoir profondément deschaussé. Eschéant d'enter l'amandier, ce sera en canon plustost que par autre manière, bien-qu'il souffre passablement l'escusson, mais non l'enter en fente, à raison, tant de la durté de son bois, qui, par trop restraindre, estoufferoit le greffe, que par ne se vouloir fendre à propos. Pour convenablement ouvrer en cest endroit, est de besoin étester les amandiers qu'on veut enter, et celui duquel l'on désire tirer des greffes : et ce un an devant, afin que, et canons et sujets estans de mesme aage et grosseur, se puissent parfaictement bien conjoindre ensemble. Devant ou après avoir bourgeonné, seront faicts ces entes-ci : pourveu que les arbres et les greffes soyent entrés en sève, ainsi qu'on le pratique ès chastagniers, ci-après noté. Peu d'amandiers se treuvent ne tenir quelque chose de l'amer, auquel vice les arbres augmentent, à mesure qu'ils s'advancent en aage, tendans plus à l'amertume, les vieux que les nouveaux amandiers.

La cueillète des amandes sera lorsqu'elles commenceront d'elles-mesmes à cheoir des arbres, nues et despouillées de leur première couverture : lesquelles l'on abbattra avec des perches, sans offencer les arbres que le moins qu'on pourra, choisissant pour ceste œuvre un beau jour et chaud. Puis, du tout desvelopées, leur ayant osté par force ce qui de leur peau ne se sera voulu ôster par gré, seront exposées au soleil pour deux ou trois jours, afin de s'y sécher. Après les re-

tirera-on à couvert sur des planchers, les y tenant escartées, et les remuant souvent, pour s'y achever d'apprester : à ce que vuides de toute nuisible humidité, soyent finalement retirées au grenier, et là emmoncellées, estre conservées saines plusieurs années (132).

En mesme saison que l'amandier sera planté le coudrier, c'est à dire de bonne heure, à cause de son advancé bouter : n'estant tant à craindre le dégast de ses chatons par les froidures, que pour les en préserver l'on en falle reculer le planter de l'arbre, ainsi qu'on faict de l'amandier pour le respect de ses fleurs, comme a esté représenté. Il requiert terre de moyenne bonté, plus légère que poisante, plus humide que sèche. Quant à l'aer, quel qu'il soit, chaud ou froid, ne s'esloigne beaucoup de son naturel : car on le void s'accroistre et ès montaignes froides, et ès campagnes chaudes, mais spécialement en certains quartiers du Vivaretz, esquels pour l'eslévation du pays la vigne ne peut croistre, où toutes-fois le coudrier vient naturellement : et à la coste de la mer Méditerranée, vers Marseille, climat chaud, d'où l'abondance des noisetes est distribuée par toute la France. Le fruict du coudrier est diversement appellé, avelaines et noisetes, aussi y en a-il de diverses figures et conditions, rondes et longues, franches et sauvaiges. Touchant la figure des noisetes, il y a peu d'arrest, car de toutes s'en treuvent de bonnes, toutes-fois moins de fausses, des longues que des rondes : mais à la condition faut aviser soigneusement, pour n'en prendre que des franches. Il n'est question de s'amuser à affranchir les coudriers sauvaiges, puis que les branches des francs s'enracinent

racinent avec autant de facilité que les
sarmens de vigne. Et comme la vigne
avec plus d'advancement s'édifie par plant
chevelu que par simple sarment, aussi
en cest endroit préférerons-nous les rejettons enracinés, prins ès pieds des vieils
arbres, aux seules branches, desquelles
néantmoins ne ferons difficulté de nous
servir, en cas de nécessité. Or, soit plant
enraciné ou non, nous le choisirons de la
meilleure race qu'il sera possible, authorisée par l'expérience. Les plus remplies
noisetes sont le plus à priser, à laquelle
marque nous-nous arresterons, sans avoir
esgard au corps : car souvent avient que
les plus grosses noisetes sont les moindres en valeur, le dedans de leur fruict
estant léger, langui, ridé, de mauvais
goust, dont la débite est d'autant plus
avilée, que moins l'on tire d'argent des
choses légères que des poisantes se ven-
dans au poids, ainsi que d'ordinaire l'on
faict de ce fruict-ci : préférant néantmoins
les grandes aux petites noisetes, les deux
estans bien qualifiées. C'est aussi marque
de bonté aux noisetes, que la couleur de
leur coquille, laquelle tant plus approchera de rouge, tant mieux vaudra : pourveu aussi que la coquille ne soit trop grosse
et dure, ains modérément espesse et ferme. Sous ces addresses nous édifierons la
coudraie, soit, ou par plant enraciné, ou
par branche : ou par un troisiesme moyen,
de semence : laquelle facilement et avec
beaucoup d'utilité l'on employe ès endroits où le plant défaut. Les jettons
venus de la semence, sans les transplanter, se convertissent en bons arbres,
pourveu que la semence soit mise environ
un pied dans terre, à ce que les arbres
en provenans se treuvent sortir d'assés

profond, pour leur affermissement. Ainsi
aviendra, pourveu qu'on ne remplisse la
fosse, y mettant la semence : ains on en
laisse demi-pied de vuide, attendant de la
combler l'année d'après, les jettons s'estans haussés. Ce sera avec espoir de bon
et certain revenu, si, sans nous restraindre
à nombre certain de coudriers, nous en
plantons grande quantité (à l'exemple de
Marseille, où la terre est fructueusement
employée à la nourriture de ces arbres-ci
et des figuiers). D'autant que les noisetes estans de très-facile récolte et de
semblable conservation, se gardent plusieurs années : et toutes entières, non
cassées comme amandes, se vendent aux
marchands, qui ainsi les transportent par
toutes les provinces, dont le mesnager
tire argent, et du bon et du mauvais de
ce fruict-ci.

Sur la cueillète, ceste observation est
notable, par prévoyance, que de loger les
coudriers dans l'enceint des jardinages,
ou ailleurs, d'où l'on en puisse aisément
et sans perte, retirer le fruict de lui-
mesme chéant des arbres ; car c'est ainsi
qu'il convient le recueillir, sans se donner
peine de l'abbattre. Attendu qu'il désire
estre serré en parfaicte maturité, pour
estre et rempli en dedans, et roux en
dehors : qualités venantes par le seul bénéfice du soleil, avec la patience du laisser
le fruict sur l'arbre, jusqu'à ce poinct-là,
qu'il s'achève de préparer. Après qu'on
aura amassé les noisetes presques nues,
avec peu de peine le reste de leur despouille sera enlevé, s'en allant en poussière : puis le fruict mis au soleil pour
quelques jours, s'y préparera, pour en-
après le serrer au grenier, l'emmonceller
en lieu sec, toutes-fois peu aéré, et là

le garder tant qu'en voudra, attendant l'usage et la vente.

Cerisiers.   Nous planterons les cerisiers et guiniers environ le plus court jour de l'an, si nous voulons suivre la doctrine des Antiques : lesquels arbres, pour la rarité, ils traictoient curieusement. L'on donne à Lucullus l'aprivoisement des cerisiers en Italie, où il les fit transporter de Pont, après ses victoires contre le roi Mithridates, le nommant *cerasium*, d'une cité dicte *Cerasos*, d'où il les tira. Despuis ce temps-là, l'Italie non seulement s'en est treuvée fournie, ains par son entrepost, le reste de l'Europe, si qu'il n'y a aujour-d'hui province desgarnie de tels arbres. Le lieu propre pour le cerisier et guinier, est celui qui plus participe du sablon que de l'argille, de l'humide que du sec, estant sous climat tempéré, plus chaud que froid, bien-qu'il souffre assés patiemment les injures des froidures. Comme il y a plusieurs sortes de cerises, aussi diversement sont - elles nommées selon les pays : non toutes - fois sans quelque confusion ; car en France on appelle, cerise, le fruict qu'en Languedoc on dict, agriote, et la cerise de telle province est nommée en France, guine. Toutes lesquelles cerises se discernent par leurs grandeurs, figures, couleurs, gousts : s'en voyant des grosses, moyennes, petites : rondes, longues, plates, refendues : des rouges, blanches, noires : des aigres, des douces : des molles, des dures : et des autres meslingées de diverses qualités. La cerise, ou agriote, est plus aigre que douce, comme tirant son nom de là : au contraire, la guine, plus douce que aigre. Plus de sortes y a-il de la douce que de l'aigre, de ceste-ci ne

s'en treuvant que de deux ou trois sortes, desquelles la grosse agriote, ayant la queue courte, le noiau petit, estant de couleur rouge-brun, surpasse les autres en valeur : mais de ceste-là, le nombre en est beaucoup plus grand : parmi lequel paroissent pour les plus prisées, les duracines, appellées aussi, graffions ; mot prins en Dauphiné, généralement pour toutes sortes de guines. Ce seroit non seulement trop entreprendre, ains se confondre, de rapporter les noms que les Italiens, Piedmontois et Espaignols donnent à ces fruicts-ci ; suffira d'en représenter quelques-uns des plus usités ès provinces de ce royaume, pour les aproprier ès lieux esquels l'on est.

Noms des cerises.   Merises, sont guines presques sauvaiges et petites, tenans de l'amer, dont elles portent le nom. Cueurs, sont assés grosses, poinctues et fendues, ainsi dictes à cause de leur figure ressemblant, et en leur chair et en leur noiau, aucunement le cueur d'une créature humaine, par aucuns, sans grande raison, appellées aussi, cerises heaumées, et leurs arbres, heaumiers. Non plus pouvons-nous dire pourquoi d'autres cerises sont dictes, pinguereaux, rodanes, graffions et semblables : très-bien des musquates ; dont le goust rend raison de leur appellation : l'on les peut accoupler avec les cueurs, pour la conformité de leurs communes et exquises qualités. Ces noms sont donnés aux guines, non aux agriotes, qui ne se discernent autrement que par les marques susdictes.

Les cerisiers et guiniers se délectent d'estre entés. Si c'est en fente qu'on désire de les affranchir (car ils reçoivent tous entemens), le plustost sera le meilleur, après les grandes froidures, sans attendre que les sauvaigeaux poussent, à cause de leur hastiveté à bourgeonner à l'approche du printemps. Sur eux-mesmes est leur droict enter, mettant des greffes de fruict aigre, sur arbres le portans doux, et au contraire, pour les meslinger : ce qui revient tous-jours à commodité, rendans par tel moyen, des fruicts agréables à la veue et au goust. Le prunier reçoit aussi le greffe du cerisier et du guinier, et ce sans extravaguer : veu que ce sont tous-jours arbres de fruict à noiau; mais tel entement n'est de longue durée, pour la foiblesse du sujet.

Leur cueillète et usage. La cueillète des cerises et guines se faict de jour à autre, selon le cours de leur maturité, pour les manger fresches et confire au sucre et au miel, principalement les agriotes, comme à ce les plus propres. Aussi de toutes les espèces des mieux qualifiées, en séchera-on au soleil ou au four, pour servir durant l'année à l'appareil des viandes, en saulces, pastés, tartellages (133).

Prunier. Si le prunier estoit autant rare, comme précieux en est le fruict, il seroit rengé entre les choses les plus prisées des champs, suivant la maxime, *que le plus désirable est ce dont l'on jouit le moins :* mais pour son facile accroist, cest arbreci est accouté entre les plus communs. Autre viande que prunes, ne sont les dattes et mirabolans, et toutes-fois pour merveille l'on nous les apporte des pays orientaux et méridionaux; pour le respect d'aucunes poires ne pommes, telle peine n'estant prinse. Comme les excellens vins rendent célèbres les lieux de leurs origines, ainsi en est-il des pruneaux, qui donnent nom à plusieurs endroits d'où l'on les tire. Tout ce royaume faict cas des pruneaux de Brignole, de Valebregue, de Tours, de Reims, de Sainct-Antonin, de Privas, de Sainct-Trufemus, pour leurs précieuses qualités. Et là et ailleurs, mesme en Provence et Languedoc, *Les diverses espèces de prunes.* plusieurs prunes se recueillent de diverses sortes, dont les principales sont, les trois perdigones, les impériales, les deux royales, les dattes, de Chypre, de Jérusalem; les deux brignons, gros et petit; des quatre damas, blanc, noir, violet, rouge; des trois cathelanes, vertes, blanches, violetes; des médecinales, des damaisines; par ces noms presques cogneues par-tout. Outre lesquelles, infinies espèces s'en voyent différentes entr'elles en toutes sortes. Le prunier s'édifie facilement, car soit devant ou après l'hyver qu'on le plante, sous les générales observations, tous-jours il vient bien. Mesme facilité treuve-on pour le respect du terroir, aimant toutes-fois mieux estre logé en fonds léger et humide, qu'en poisant et sec. Quant à l'aer, sous quel qu'il soit, néantmoins tempéré, toutes sortes de prunes de moyenne bonté viennent bien : mais les exquises et précieuses ne sont propres qu'ès climats chauds, esloignés des excessives froidures. Sur lui-mesme s'ente le prunier, plus profitablement que sur aucun autre sujet. Convient s'advancer à faire ces entes-ci, pour les raisons dictes des abricottiers et cerisiers ; ainsi par degrés conduisant ces arbres (134).

Leur appareil pour les conserver. Touchant la cueillète et garde des prunes, comme leurs qualités sont diverses, diversement aussi les conserve-on : car aucunes sont séchées entières, sans peller ne trencher, autres sont pellées

ou trenchées, et en tel estat exposées à
la chaleur du soleil pour sécher, lequel
défaillant, sont mises dans le four modérément eschauffé. Au pellery a aussi
de la diversité, car aucuns pellent les
prunes avec des cousteaux, autres pour
gaigner temps les plongent dans la lexive
à ce préparée, qui leur enlève la pellicule. Celles qu'on transporte de la Provence, sont plus mignardement gouvernées, selon aussi la délicatesse du
fruict. L'on les met sécher sur des poinctes
d'espine, les y fichant l'une après l'autre
sans s'entre-toucher, après est le buisson
suspendu à l'aer, par une corde attachée
à un baston. Mais c'est après les avoir
deschargées de leur pellicule, laquelle
on leur oste avec des cousteaux faicts de
rozeaux ou de canne, afin que la rouille
du fer n'ensalisse les prunes. Incontinent
après on les pique au buisson, où elles
demeurent un couple de jours exposées
à l'aer, non à la nuict, de crainte des
rozées, à telle cause les retirant dans le
logis sur la vesprée. Touchant au noiau,
on ne l'oste pas quand-et la pellicule,
mais c'est deux jours après, qu'estant
la prune emmatie, avec les mains bien
nettes l'on le faict sortir du costé poinctu,
en le pressant entre les doigts, sans autre
incision que celle que lui-mesme se faict
en persant la prune, d'où il se faict voye
pour sortir. Ainsi la prune demeure entière, et ronde comme une figue, pourveu
aussi qu'elle soit après ageancée entre les
mains. Ce faict, on ne remet plus la
prune au buisson, ains on la repose sur
des tables ou claies bien nettes, exposées
au soleil encores pour un couple de jours.
Puis estans modérément séchées, et sans
attendre que leur humeur soit du tout

tarie, on les met dans des boistes bien
serrées, pour là s'achever de confire : à
la charge, toutes-fois, de les visiter souvent durant leur premier mois, pour les
esventer lors qu'on s'apperçoit en avoir
besoin. Ainsi en général l'on se gouverne
en ce mesnage, ce qu'on ne peut plus
particulièrement spécifier, chacun ayant
ses observances singulières, selon la propriété de son lieu. Tous néantmoins s'accordent à ce poinct, que de ne cueillir
jamais ce fruict-ci, que parfaictement
meur, pour le peu de plaisir qu'il y a de
le manger vert. Et pour l'impossibilité
aussi de le conserver prins mal qualifié :
joinct que, posé qu'il se conservast, le
pauvre goust de telle confiture manifes-
teroit l'impatience de ne l'avoir laissé
convenablement appareiller sur l'arbre.

Les antiques payens adoroient leur Pommier.
déesse Pomona pour tutrice des vergers,
ainsi appellée de ce nom de pomme,
presques général, et donné à plusieurs
fruicts : lequel par succession de temps,
restraint à un seul, par icelui sont aujourd'hui seulement entendues les pommes vulgaires cogneues par tout le monde.
Desquelles entendans parler en cest endroit, laisserons les pommes de coin, les
pommes de grenade, d'orange, de pin,
et autres portans ce tiltre, pour estre remarquées à leurs spéciales appellations.
Or comme ce nom-là estoit le temps passé
communiqué à divers fruicts, aussi à
présent nostre pomme en comprend sous
elle plusieurs espèces, voire très-différentes, lesquelles l'on ne peut représenter
sans s'esbahir, tant pour leur grand nombre, que diversité de leurs louables facultés et agréables saveurs. Aussi c'est
l'honneur du verger, que le pommier,

accouplé avec le poirier, faisans, ces deux arbres-ci, le gros des fruictiers, et fournissans pour toutes les saisons de l'année des fruicts en abondance : n'estant repas, que sur table l'on ne puisse servir des pommes et des poires. Mais afin de ne se confondre, je traicterai premièrement du pommier, et en suite de l'autre.

Le pommier est arbre assés grand et touffu, tel se rendant planté en saison, et logé en fonds et aer agréables. Devant ou après l'hyver (selon les distinctions ja faictes) le mettra-on en terre choisie, plus sablonneuse qu'argilleuse, un peu pierreuse, néantmoins fertile, et telle qu'il la faut pour les meilleurs seigles : non sèche, ains un peu humide et l'aer approchant plus du froid que du chaud,

toutes-fois tempéré. Le pommier sera enté en fente, lors qu'il commencera à bourgeonner, non devant, quoi-que ce terme eschée vers le mois de Mars ou d'Avril, estant ce le secret de le faire asseurément reprendre, comme a esté dict. Il s'entera sur lui-mesme, et aussi fort commodément sur le poirier, pour la conformité de leurs naturels, dont le fruict en sortira très-bon, et y sera l'arbre plus asseuré du ver que sur son propre tige, pour n'avoir le ver tant de prinse sur le poirier que sur le pommier. Le coignier le reçoit aussi volontiers, mais n'y dure pas longuement : ne pouvant la foiblesse du tronc supporter la poisanteur des branches, dont à la longue le coignier se treuve opprimé. En l'aubespin, le pommier est de bonne durée, pourveu qu'il soit enté devant que le planter, pour fourrer l'enteure dans terre : et dès-là, l'arbre prendre le fondement de son tige, d'autant que l'aubespin ne s'engrossit si

tost, ne tant, que le pommier. Et en petite coronne et en escusson et canon profitablement ente - on le pommier : en somme, tant cest arbre est de facile maniement, on l'affranchit par toutes les manières à ce receues.

Encores qu'il ne soit nécessaire de s'arrester aux particuliers noms de chacune espèce de pommes, estant plus question d'avoir des bons fruicts, que de magnifiquement les nommer : si est-ce qu'il y a du contentement de sçavoir comment on les appelle, par-ci par-là, afin aussi que de la généralité de telles appellations, nostre mesnager puisse discerner ses fruicts, sans toutes-fois par trop s'y asseurer, pour la foiblesse du fondement ; procédant cela du climat et du terroir, qui changent les noms des fruicts, comme a esté dict. J'entends me contenir dans les limites de ce royaume et de son voisinage. Car quel besoin est-il de parler des *pommes pelusianes, sirices, marcianes, amerines, scaudianes, sextianes, manlianes, claudianes, marianes*, et autres de l'antiquité, veu que le temps a rendu vaine telle curiosité ? Les noms suivans, comme les plus remarquables de ce siècle et en ces climats-ci, nous serviront de guide : *la melle* ou *pomme-appie*, ainsi dicte de Claudius Appius, qui du Péloponnèse l'apporta à Rome, *la roze, le court - pendu, la reinete, le blanc - dureau, la passe-pomme, la pomme - de - paradis, la pomme - de - curtin, de rougelet, de rambure, de chastagnier, de franc-estu, de belle - femme, de dame - jane, de carmaignolle, la sandouille, la pomme-de-souci, la pomme-cire, courdaleaume, turbet, bequet, camière, couet,* germaine , blanc - doux , mennetot , fueillu, sapin, coqueret , cappe , re- nouvet , escarlatin , espice , peau-de- vieille , pommé-poire , ou oignonet , barberiot , girandete , la longue , la calamine, la musquate, la boccabrevé, la couchine , la bourguinotte , la pu- pine, la pomme-de-george , de Sainct- Jan , d'heroet. Sur toutes lesquelles pommes , nous choisirons les races les plus remarquables en bonté de goust et de conservation , pour la fourniture de nos vergers : n'y en mettant des autres , que pour en passer la fantasie. Ainsi par exquise eslection prendra très-bon fon- dement nostre jardin fruictier , pour du- rer longuement en réputation , à l'hon- neur de son fondateur. Dans ce grand roolle de pommes , s'en treuvent de di- verses sortes : des grosses , moyennes , petites : des longues , des rondes : des rouges , des jaunes , des blanches , des vertes , voire des noires , comme la pomme de calvau , noir en l'escorce , blanc en la chair : des douces , et des aigres : des mangeables crues et cuites , augmentans ou diminuans en ces quali- tés-là , selon les situations. Il y a peu de pommes d'esté , ne s'en recognoissant guiéres plus que de deux espèces, l'une est la petite pomme Sainct-Jan , meure environ le commencement de Juillet , l'autre est du mois d'Aoust , dicte de grillot. Celles qui restent sont toutes de l'automne , qu'on recueille en telle sai- son , toutes - fois en divers jours , par l'ordre de leur maturité , à ce plus s'ad- vanceans les unes que les autres , pour la variété de leurs naturels, non tant, néant- moins, qu'aucune précède les raisins (135).

Cueillir et La maistrise de la conservation des

conserver les pommes. fruicts gist au meurir. Par quoi est re- quis d'attendre que les pommes soyent meures en perfection , avant que de les recueillir pour les garder. Car prevenant ce poinct , c'est sans doubte qu'elles des- cherroient tost au grenier , ou par pour- riture , ou flestrisseure , et si demeure- roient de pauvre saveur : excepté quel- que petit nombre de certaines grosses , farineuses en leur chair , et de peu de li- queur , qui veulent estre cueillies un peu verdelettes. Les premières meures se- ront donques celles que premièrement tirerons des arbres , après les autres , se- lon leur ordre , sans distinction d'espèce. Les tardives à meurir seront laissées sur l'arbre , jusqu'à ce que les gelées d'au- tomne les ayent touchées , trois ou quatre fois , pour accroistre et fortifier leur bonté et garde. Pour en général cueillir toutes pommes , faut choisir les jours beaux et serains, eschauffés du soleil, sans brouillards ne pluies , sur les dix heures du matin , pour donner loisir au soleil d'a- voir passé dessus , afin que moins elles se ressentent de la frescheur de la nuict pré- cédente. A telle observation sera joincte ceste-ci , que de cueillir en l'arbre , les pommes à la main , l'une après l'autre , la queue attachée au fruict : se donnant garde de ne casser rien , s'il est possible , par heurt ni autrement. Puis mettra-on à part les intéressées , pour estre man- gées les premières : et les saines et en- tières seront tout doucement portées au grenier , où elles reposeront par races distinctes , sans meslinge. Aucuns gardent les pommes estendues sur des aix , avec ou sans paille , ne souffrans qu'elles s'en- tre - touchent. Autres , par contraire usage , les emmoncellent comme blé ,

sans les remuer que pour en prendre à
manger : croyans que la curiosité de les
revoir, pour en séparer les pourries d'a-
vec les saines ou autre occasion, gaste
tout le monceau. Ceste façon-ci est aussi
receue par aucuns : les pommes sont enfermées dans des tonneaux défoncés d'un
bout, assis sur l'un de leur fond, l'autre
regardant en haut ; et parmi elles, est
mise de la paille pour les garder de s'entre-
froisser : le tonneau est après renfoncé
si justement, que l'aer n'y puisse entrer,
non plus que s'il estoit rempli de vin ; là
les pommes se gardent saines et entières,
jusqu'au printemps. Mais plus asseurément et plus longuement se gardent les
pommes dans les tonneaux, en ceste manière : sans y mettre aucune paille, l'on
les emmoncelle dans le tonneau, les y arrengeant doucement l'une après l'autre,
sans les presser : puis est le tonneau fermé assez grossièrement, sans se soucier
de respirer ou non. Ceste curiosité y est
ad-joustée, que l'humeur que les pommes
ainsi pressées rendent en suant, est séchée avec un linge blanc, avec la sueur
ostant la cause de leur pourriture. De dix
en dix jours l'on les visite, une à une,
curieusement les essuyant, sans les presser, tout doucement les remuant de lieu
en autre : ce que réitéré par trois ou quatre
fois, et en somme jusqu'à ce qu'on recognoistra les pommes ne suer plus, dont
deschargées de telle humeur nuisible, se
garderont sainement de là en hors tant
qu'on voudra.

Chacun consent à ceci, que le lieu auquel l'on garde les pommes, doit estre
tempéré de chaleur et froidure, non humide, ains sec et modérément aeré. Les
pommes qui se treuveront cassées quand
l'on les cueillira, non toutes-fois pourries,
seront employées en la boisson, l'usage
du pays le portant, ou à tel défaut l'on
les couppera à quartiers, puis séchées au
soleil ou au four, serviront au mesnage
durant l'année, les faisant manger par
les valets, trempées en vin, ou en potages,
ou meslées au pain, avec le blé, réduictes
en farine, si l'abondance de tel fruict
n'en faict réserver pour les pourceaux.
N'est convenable de confire des pommes
pour la table du seigneur, ni au sucre,
ni au miel, ni au vin-cuit : parce que ce
fruict ne se peut guières bien accommoder
à aucune sorte de confiture : très-bien en
tartellages, buignets et semblables gentillesses de cuisine, pour estre mangé
incontinent, qui est tout le desguisement
qu'il souffre (136).

En mesme saison que le pommier est
planté le poirier, en mesme sorte : et en
mesme façon et temps, est enté et
affranchi, pour la sympathie de leurs
mœurs. En ce peu discordent-ils par-entr'eux, que le poirier ne monte si hautement que le pommier ; qu'il aime plus
l'aer chaud, que le froid, toutes-fois
tempéré ; qu'il profite plus en terre tendante à l'argille, qu'au sablon, telle que
les fromens la désirent. Sur luy-mesme
s'ente le poirier, sur le pommier aussi,
en change de pareille facilité : et en
somme, sur mesmes sujets que le pommier se reprend et vit le poirier, comme
semblable soin est requis au recueillir et
garder les poires que les pommes : toutes-
fois, sous les diversités ci-après représentées. Il n'y a arbre, entre tous les privés, qui tant abonde en espèces de fruicts,
que le poirier, dont les diverses sortes
sont innumérables, et leurs différentes

qualités esmerveillables. Car despuis le mois de Mai jusqu'à celui de Décembre, des poires bonnes à manger se treuvent sur les arbres. En considérant particulièrement les diverses figures, grandeurs, couleurs, saveurs et odeurs des poires, qui n'adorera la diverse sagesse de l'ouvrier ? Des poires se voyent rondes, longues, goderonnées, poinctues, mousses : des petites, moyennes, grandes. L'or, l'argent, le vermillon, le satin vert, reluisent aux poires. Le sucre, le miel, la canelle, le girofle, y sont savourés; et flairés, le musq, l'ambre, la civete. Bref, c'est l'excellence des fruicts que les poires, et ne seroit digne verger, le lieu auquel les poiriers et pommiers défaudroient, selon qu'ensemble les avons accouplés. Les antiques Romains se sont plus arrestés aux poiriers qu'à nul autre fruictier : et des estrangères nations non seulement en ont-ils transporté les races en leurs vergers, ains leur ont faict porter les noms, comme tesmoignent ces tiltres tirés de l'antiquité, *poires pompeïanes*, *coriolanes*, *dolabellianes*, *decumianes*, *licerianes*, *severianes*, *amphorines*, *volesmes*, *nevianes*, *tarentines*, et semblables, qui seroient trop longs à réciter. Lesquels noms, par la révolution des siècles, ne sont plus cogneus aujourd'hui, non plus que plusieurs autres imposés aux fruicts pour diverses causes, prinses, ou des lieux d'où premièrement ont esté tirés, ou de leurs marques particulières, ou du temps de leur maturité, et semblables, qui ont confondu leurs appellations. Et quand mesme en ce temps-ci demeureroient telles, ne les pouvons-nous pourtant rapporter à nos poires, pour icelles appellations n'avoir esté pa-

reilles généralement par tout : à quoi de nécessité eust fallu que tous peuples eussent consenti, si on les eust voulu conserver, et sans confusion s'en servir. Mais tout le rebours s'est pratiqué despuis plusieurs siècles, car non seulement chacune province, ains presques chaque privé enteur a donné à ses fruicts noms selon sa fantasie. Aux noms suivans, plusieurs de ce royaume recognoissent leurs poires, non toutes-fois que j'estime cela estre sans dispute : d'autant qu'ici une poire aura un nom, là un autre, voire telle sera appellée diversement, comme je l'ai remarqué estant à Paris, où la poire appellée, de *messire-jan*, est celle qu'en Dauphiné et Languedoc, l'on nomme, de *coulis* : et la pomme qui en telle province est dicte de *george*, est celle de *chastagnier* en France. C'est néantmoins peu de cas que cela, au prix de la bonté des fruicts, où principalement faut tendre. Ainsi donques nommerons-nous nos poires, et d'aucunes représenterons les qualités, pour satisfaire à la curiosité de plusieurs. *La petite musquateline*, ceste-ci est la plus petite, la plus musquate, et la plus primeraine de toutes les autres. *La dorée*, ainsi dicte pour l'or dont elle est peinte du costé regardant le soleil : elle est assés grossète, de figure tendant à la rondeur, de précieux goust, et de meurté contemporaine à la musquateline. *Les blanquetes*, sont de diverses grandeurs, la plus grosse est surnommée de Florence, estans toutes de semblable couleur, assavoir, fort blanche, dont elles portent le nom, meurissans presques de compaignie dans le cueur de l'esté. *Les musquateles*, sentent toutes le musq, au reste

son

sont beaucoup différentes par-entr'elles ; y en ayant de plusieurs grandeurs, figures, couleurs, et temps de meurté, dont la plus grosse est presques ronde et rouge, un peu tardive. *La brute-bonne* porte le nom de sa figure mal-plaisante, et de son goust très-bon ; elle est grosse, meure au mois de Juillet : *le caillon-rozat* est de mesme mois, assés grosse, presques ronde, de couleur verte, de goust agréable : *la poire de rousselet, d'orange, de hastiveau ; la cramoisie, la camessine, la jassola, la fadoche, la sabatière ; la poire de fin-or*, ou de *poulini, la nazarde, la bergamote ; les poires de bon-chrestien d'esté et d'hyver, la poire chat, la poire du printemps, d'angoisse, d'amiot, de molard, de nostre-dame, de tahou, de coulis, de parmin, de sainct-rigle, de verdelet, de rozete, de renoult, de lurdi, de pucelle, de calvau*, noire en dehors, non en dedans ; *ris-de-loup, vinot, milan, citron, cueur de roi, de jargonet, de franc-réal, d'amiral, de messire-jan, d'angoubert, de lombardie, de bel-œil ; la poire sementine*, ainsi dicte par venir au temps des semences, *de certeau, de cigoigne, de dame-jane, d'espine, de deux-testes, de valée, d'eau-roze ; la bazilique*, ou *royale, la nompareille, la succrée, la gelée, la gentille, la miellée, la cuisse-dame, la frumentelle, la joatane, l'estranguillonne, la campanete* (137).

Voilà une grande partie des noms des poires, usités en plusieurs endroits de ce royaume ; non tous, pour l'impossibilité de les pouvoir entièrement représenter, aucuns desquels, mais peu, sont reco-

gueus d'un bout de ce royaume à l'autre, assavoir, le bon-chrestien et la bergamote, leur exquise bonté leur ayant acquis réputation. Sous telle généralité sont comprinses toutes sortes de poires de l'esté, de l'automne, de l'hyver, ainsi distinguées par saisons, afin de ne se confondre. Mais c'est selon les climats, car il peut eschoir que des poires seront en un endroit hastives, qui en l'autre se treuveront tardives, par la faculté du ciel, plus chaud ou plus froid en un lieu qu'en l'autre, ce que l'homme d'entendement discernera pour son utilité. Et comme ces fruits-ci se précèdent en valeur l'un l'autre, on remarque cela, que des poires d'esté l'honneur est donné à la dorée : de celles de l'automne, à la bergamote : et de l'hyver, au bon-chrestien. Chacune desquelles poires est néantmoins accompaignée de quelque petit nombre d'autres de mérite, pour leur précieuse valeur. Outre icelles, s'en treuve dont la tardité les rend très-recommendables, arrivans non seulement jusqu'au printemps, ains saines, passent en l'esté, y estans mangées et crues et cuites pour les malades.

Il a esté dict que la cueillète et garde des poires est semblable à celle des pommes : à quoi l'on s'arrestera, pour retirer des arbres les poires en parfaicte meurté, et ainsi que les pommes, les serrer au grenier. Mais en ce poinct les poires surpassent les pommes, que de souffrir toutes sortes de confire, au succre, au miel, au vin-cuit, et autrement les conserver en délicate viande pour toute l'année. Sèches, sans moyen se gardent longuement toutes sortes de poires, voire plusieurs années, mais

La cueillette, garde et usage des poires.

plus asseurément que nulles autres, les frumentelles et les estranguillonnes. Aussi en tartellages et autres appareils de cuisine, généralement employe-on tout ce fruict, presques sans distinction, tant il est ployable et plain d'utilité.

Coignier.

Durant l'automne et l'hyver, est planté le coignier, de plant enraciné ou de branche, pourveu que le jour ne soit importuné de froidure ne d'humidité. Sa droicte situation est en bonne terre, toutes-fois plustost sablonneuse qu'argilleuse, humide que seiche; sous ciel plus froid que chaud, néantmoins tempéré. Il y a des coins de trois espèces, *Les espèces de ces fruicts.* distinguées plus par la veue que par noms particuliers, n'en treuvant autre que, *struthies*, ainsi par *Columelle*, *Dioscorides* et *Galien* estans nommés. Les coins de la plus grande sorte, tenus en second reng de bonté: les moyens, ayans la couleur d'or, sont les plus prisés, demeurans les petits pour les moins valenreux, comme sauvaiges. Tous lesquels coins sont cottonnés, mais plus les moyens et dorés que les autres, comme marque de bonté. Les petits se rendent bons par enter, et plus fertils avec; affranchissement que tous coigniers reçoivent gaiement, voire ne refusent aucun greffe de fruicts à pepin, ne les abricottiers, comme a esté dict. Sur poiriers, pommiers et aubespin, s'ente profitablement le coignier. Le coin est couché en reng avec les fruicts de marque, pour ses bonnes qualités: se ployant à estre confit en diverses sortes, et à plusieurs appareils de gelées, cotignac, et semblables gentillesses: comme aussi en cuisine est utilement employé parmi beaucoup de viandes (138).

Quand les cueillir.

Le plus tard que l'on pourra, les coins seront cueillis, pour donner tant plus de loisir aux gelées de les toucher sur l'arbre, sans laquelle préparation se pourriroient tost au grenier. Et quelque meurs qu'ils soyent, ne se peuvent conserver sans moyen, que jusques à Noël: mais dans la lie du vin, tant longuement qu'on désire. Après avoir beu le vin, faictes-en deffoncer le tonneau, et dressé sur un des bouts, la lie demeurant au fond, mettés-y les coins dedans: y adjoustant, s'il est besoin, de la lie d'autres tonneaux, bonne et franche, selon la quantité des coins, afin qu'ils trempent continuellement: puis faictes refermer le tonneau avec semblable curiosité que pour le vin, le laissant séjourner en la cave, pour y prendre des coins au besoin. Mais d'autant que difficilement le tonneau se peut ouvrir et fermer, comme il est nécessaire à toutes les fois qu'on en tire des coins; pour éviter telle peine, le meilleur sera d'avoir plusieurs petits tonneaux ou barrils, qu'un seul grand: lesquels, l'un après l'autre, l'on ouvrira sans les refermer, prenant à une seule fois la petite quantité de coins y séjournant, les autres barrils demeurans entiers pour estre ouverts à leur tour. Là se conserveront les coins sains et entiers, jusques aux nouveaux, sans autre changement que de la senteur, qu'ils communiquent avec celle du vin et de l'eau de vie, qui toutes-fois s'en va par bouillir dans l'eau, en les confissant, soit en quartiers, en cotignac, ou en gelées, pour lesquels services principalement, telle curieuse garde est inventée. *Leur odeur nuisible aux autresfruicts.* L'odeur des coins pourrit toutes sortes de fruicts, quand par trop de voisinage la leur com-

muniquent : pour laquelle perte prevenir, convient serrer les coins en grenier
séparé, esloigné des poires, pommes,
raisins, et semblables fruicts de réserve.

Arsicole.

Sans m'esloigner du propos des coins
dirai qu'entant le greffe de l'aubespin
blanc sur le tronc du coignier, de ce mariage sort un fruict nommé, arsicole. Il
est petit, de la figure d'une poire poinctue, de couleur rouge. Son goust est
aspre, ne pouvant estre mangé que préparé en confiture au succre ou au miel:
ou bien dans le vinaigre avec du sel, pour
servir de mesme que les cappres (139).

Chastagnier, lieu VII.

En la générale description des arbres
sauvaiges, est ci-après monstré comment
le chastagnier veut estre planté, estant la
forest son principal lieu, pour le reng
honorable qu'il y tient. Par quoi en
cest endroit seulement enseignerai-je le
moyen de l'enter, pour lui faire produire
fruict du tout agréable, à ce que, soit en
la forest et ailleurs, par tout estant beau
et profitable, l'on puisse avoir abondance
de bonnes chastagnes, autres que bas-
tardes, appellées, bouchasses, ne pouvant attendre des arbres non entés, les
produisans petites, ridées, de difficile

Quelques sortes de chastagnes.

despouillement. De plusieurs espèces de
chastagnes franches y a-il, dont les meilleures sont les sardonnes et tuscanes, ainsi
dictes des pays d'où les races nous en
sont venues de par-deçà. Les sardonnes
sont celles qu'on appelle, à Lion, mar-
rons, cogneues par toute la France, pour
le trafiq de tel fruict. Diverses contrées de ce royaume abondent en chastagnes. Le Dauphiné, la haute Provence, partie du Languedoc, comme en
Vivaretz, Gevaudan, le Velai. Aussi
l'Auvergne, le Limosin, le Périgord,

la Guienne, la Gascongne en plusieurs
endroits. En France y en a aussi en quelques quartiers. Le plus propre moyen
d'enter le chastagnier est par canon ou
tuiau, non en l'esté, comme en ceste
sorte l'on faict tous autres arbres fruictiers, ains au printemps, avant qu'ils
ayent faict ject nouveau. Estant le chas-

Quand et comment enter le chastagnier.

tagnier ja entré en sève, avant toutes-fois
avoir poussé, est le poinct de mettre la
main à l'œuvre, parce que lors les canons
se despouillent fort nettement, et avec
mesme facilité s'appliquent sur le sauvaigeau. Il convient à cela préparer, un an
devant, et sujets et arbres francs desquels désirés avoir des greffes, en étestant et les uns et les autres, pour les faire
rejetter de nouveau, et tout-d'une-main
s'entre-accorder et jettons et canons, si
justement, proportionnément et d'accordante égalité entr'eux, qu'estans de pareille aage et grosseur, s'unissent très-
bien ensemble. Par ce moyen, ne faudrés d'avoir des entes tels que désirés;
ceste observation estant semblable à celle
ja notée, sur les propos des amandiers.
Aucuns entent le chastagnier sur le chesne,
où il se reprend; mais le peu de profit
qu'il y faict, nous incite de ne tenir nul
conte de telle curiosité. Sur lui-mesme,
non ailleurs, veut estre inséré le chastagnier: non plus reçoit-il aucun autre arbre,
tout meslinge lui des-agréant.

Cueillete des chastagnes.

La cueillète des chastagnes est de
grande importance ès lieux esquels elles
tiennent reng entre les principaux fruicts,
là réputée pour un moissonner. Aussi
avec grande diligence et curiosité y ra-
masse-on tel fruict estant parvenu en parfaicte meurté, qui est lors qu'on void
entre-baailler les bources des chastagnes,

qui sont leurs premières robes garnies de piquerons, desquelles ouvertures les chastagnes sortent. Si on ne veut attendre qu'elles chéent d'elles-mesmes des arbres, on les en abbattra tout doucement avec des perches, sans offencer les jettons des arbres que le moins qu'on pourra : après seront serrées ès greniers, pour y estre conservées jusqu'au besoin. *Et garder la chastagne.* Pour garder longuement les chastagnes, saines et entières, divers moyens y a-il. Aucuns, pour les garder fresches, ne les sortent des bources qu'à mesure qu'ils en veulent manger, les tenans en lieu frès, non humide, ni esventé. Autres, après les avoir tirées des bources, les tiennent dans du sable, meslées ensemble, ou parmi de la feugère, par lictées. Mais ceux qui ne se soucient de les avoir fresches, les sèchent à la fumée, sur des claies à ce accommodées, après les battent pour les despouiller de leurs pellicules : finalement les vannent comme blé, dont devenues blanches, ainsi deschargées de poussière et ordure, nettes et saines, sans crainte de la pourriture, se conservent jusques aux nouvelles.

Meurier. N'estant en cest endroit question que de fruicts, laissé le meurier blanc pour la soye, traicterai du noir, puis que de lui seul proviennent les bonnes meures. Fruict recommendable pour estre sain, plaisant au manger, et hastif au meurir. Par les Antiques le meurier a esté estimé le plus sage de tous les arbres, à cause qu'il ne bourgeonne que la rigueur des froidures ne soit passée, donnant, telle tardité, loisir de le loger comme l'on veut. Le temps pour planter cest arbre est despuis le commencement d'automne jusqu'à la fin de l'hyver, les froidures et les pluies ne l'empeschans. Désire bon *Où planter.* fonds, plus sablonneux qu'argilleux, plus humide que sec, et l'aer tempéré, plus frès que trop chaud. Se délecte d'estre souvent fumé, et quelques-fois arrousé. Il vient de semence, de branche et de racine, mais avec beaucoup plus d'advancement par cestui-ci, que par branche : dont le meilleur est de transplanter au verger l'arbre ja gros et chevelu, prins à la pépinière, où il aura esté semé, que de s'amuser à le commencer par branche. L'enter n'est nécessaire au meurier, puis que, s'édifiant par branche, tout affranchi sort de la bastardière. Mais eschéant qu'ayés des meuriers ja avenus, dont le fruict ne vous agrée, les pourrés enter en canon ou escusson, ainsi réformant leurs défauts à la bonté du fruict, qui s'en engrossira : à quoi servira de beaucoup la bonne culture du fonds, le fumer, l'arrouser, et l'esmunder en son brancheage. Le meurier ne reçoit autre greffe *Et enter.* que de sa race, on seroit de blanc en noir, et au contraire, aussi n'est-il receu d'autre plante que ce soit. Contre ces avis, néantmoins, ente-on le pommier sur le meurier blanc, pour avoir des pommes trèsdouces : mais la difficile reprinse de tels entes, provenant du laict que jette le meurier en l'incisant, qui, contraire à la sève du pommier, faict ne tenir grand conte de telle subtilité (140).

Les meures ne se pouvans que bien peu *Sa façon.* garder, convient les manger freschement cueillies : c'est pourquoi ne mettrousnous au verger que trois ou quatre meuriers noirs, nombre suffisant pour satisfaire à ce qu'en cest endroit nous désirons de tels arbres.

Bien-que la corme ne soit fruict rare, *Cormier.*

*Mot be-
soin d'enter
les cormes.*

ains abonde par tout, venant mesme naturellement par les forests agrestes, si
ne sera-il mal à propos, pourtant, de
mettre dans le verger quelque petit nombre de cormiers, qui tant meilleur fruict
rapporteront que plus curieusement seront cultivés. Les cormes sont aussi appellées, sorbes, du mot latin, *sorbus*,
et leur arbre, sorbier. Le cormier ou
sorbier sera planté en mesme temps, en
mesme lieu, sous mesme aer que le pommier. De l'enter ne se faut mettre en
peine, pour le peu d'avantage qu'il y
auroit, car pour avoir de belles cormes,
il ne faut qu'en bien cultiver les arbres.
Non plus sur icelui se soucier d'insérer
aucun autre fruictier, pour la dureté de
son bois rendant difficile l'enter, et doubteuse la reprinse du greffe. Il y a cormier
masle et cormier femelle. Cestui-ci
est seul fertil, l'autre ne faisant aucun
fruict. Aussi différentes par—entr'elles
sont les cormes, dont les meilleures sont
les presques rondes et niousses du costé
de la queue; les poinctues par tel endroit,
estans estimées sauvaiges, et les autres
de franche condition, bien-que toutes
viennent sans artifice, comme a esté dict.

Pour cueillir les cormes, n'en faut attendre la maturité, ains convient les tirer
de l'arbre estans encores jaunes et dures
pour les faire achever de meurir sur la
paille, où seront tenues extendues jusqu'à
ce poinct-là, qui sera lors que devenues
noires et molles, se pourront manger;
et ce sera dans peu de temps, ce fruict
ne souffrant la longue garde. Les cormes,
avant leur maturité, couppées, et séchées
au soleil, ou au four, sont facilement réduictes en farine, moulues avec le blé,
pour le pain du mesnage, auquel ce fruict

Leur mûre.

est utile: tant pour allongement, que
pour abbattre la malignité de l'yvroie.
Aussi s'en faict de la boisson, quand, défaillans les raisins, on l'employe avant sa
maturité, encores jaune, comme en tel cas
l'on faict des pommes et poires (141).

Aussi quelque petit nombre de cornoaillers serra bien parmi les précieux
fruictiers (encores que ce soyent arbres
desquels la Nature, seule, fournisse les
forests), à cause de la beauté des cornoailles, pour leur excellente couleur es-
carlatine, plaisantes à voir. Durant tout
l'hyver se plante le cornoailler, vient en
toute terre, bien-que sèche, mais à souhait sous aer plus froid que chaud. Son
bois est ferme et solide, comme corne
de beste, d'où il tire son nom. Avec le
cormier a de commun le cornoailler, le
non-vouloir estre enté, ne sur lui-mesme,
ne sur autre plante: ni aussi recevoir aucun greffe. Car sans autre mystère que
de le planter et cultiver, rend fruict tel
qu'on désire. Par masle et femelle se distingue cest arbre, plus de fruict et meilleur rendant cestui-là, que cestui-ci: dont
est requis distinguer les sexes de cest arbrisseau, pour ne s'en charger que du
plus profitable (142).

La cueillête des cornoailles se fera lors
qu'elles auront attaint le dernier poinct
de maturité, qu'on recognoistra à la couleur. C'est pour corriger l'aigreur naturelle de ce fruict, afin d'estre rendu propre à estre employé en bruvage, la nécessité y eschéant. Et aussi pour le laisser manger aux pourceaux, principale de
ses utilités. Car quant à la réserve, aucune n'en est faicte que pour plaisir, en
confiture au succre, à la manière des
agriotes, et en gelées, pour rafreschisse-

ment aux felicitans, où il se rend très-propre.

Meslier ou nefflier.

Dans l'hyver se plante le meslier ou nefflier, en terroir de moyenne bonté, non trop humide ni sec: comme de mesme désire l'aer tempéré, toutes-fois plus froid que chaud. Cest arbre se plaist d'ostre enté, voire sur divers estocs: sur soi-mesme, sur poirier, sur pommier, sur coignier et sur aubespin: sur tous lesquels arbres profite très-bien, mais diversement, pour la diversité des sujets. Les mesles croissans sur tronc de meslier, demeurent petites, quoi-que franches, de bon goust, sans changement. Sur poirier et pommier, d'autant plus grandes, que plus les fruicts des troncs tiennent de telle qualité, leur communiquans aussi leur saveur et figure. Sur coignier se forment les grosses mesles et plates, douces en saveur. Au contraire, petites et poinctues en l'aubespin, duquel elles tirent une petite et agréable aigreur. En fente est le seul enter des mesliers, n'en pouvans souffrir les autres façons, pour la subtilité de leur escorce (143).

Les mesles ou neffles se meurissent par les gelées de l'hyver: pour laquelle cause les tient-on ès arbres fort long temps, jusqu'à près de leur parfaicte meurté, à laquelle elles parviennent par la garde sur la paille, de quelques sepmaines, lors les mangeant que de jour à autre elles s'en rendent propres. Autre réserve n'en est faicte, qu'en confiture et composte, qu'on prépare au succre, au miel, au vin-cuit, et autrement.

Le noier sera l'entrée des arbres qu'on plante au printemps, car bien-qu'il ne soit autrement délicat, si est-ce que pour le plus asseuré, convient le mettre en terre après les froidures: pour crainte qu'elles ne pénétrent dans l'arbre, par sa grosse mouëlle, qu'on descouvre, lui couppant la teste quand on le plante. Joinct que la sève de l'arbre aidant à sa reprinse, est requis de l'attendre, pour le planter. Icelle donques venue, en la vieille lune du mois de Mars sera la vraie saison de mettre les noiers en terre. Le meilleur fonds, tel que pour les fromens, est celui que plus les noiers désirent, où ils s'accroissent en superbe grandeur: pourveu que l'aer les favorise, qui est le tempéré, plus froid que chaud. Mais d'autant que, selon l'étymologie de son nom, le noier nuit, principalement aux bons labourages, ses racines occupans importunément le fonds; et ses rameaux par grands ombrages, l'aer, au détriment de toutes sortes de grains, faict qu'avec grande raison les meilleurs mesnagers ne logent les noiers ailleurs que là où ils ne peuvent beaucoup nuire. Tel lieu se prend ès orées des champs joignans les chemins, ès valons près des ruisseaux, et autres pareils endroits, où la terre estant bonne, ne peut, à cause de son assiete, servir à autre chose. Le plus gros plant est le meilleur, pour tost s'aggrandir, de la reprinse duquel ne faut doubter, encores que, pour sa poisanteur, fallust quatre hommes à manier un seul arbre: à la charge que la fosse soit grande à suffisance, en largeur et profondeur, pour, à l'aise, recevoir ses racines. Pour advancement d'oeuvre, fournissés-vous de plant de noiers, le plus gros que pourrés recouvrer: à telle cause, l'ayant laissé bien nourrir en la bastardière: ne tenant conte du mince et menu, dont la foiblesse ne peut donner espérance que de tardif advancement, ni résister ni à la violence des vents, ni à l'importunité des bestes, qui souventes-fois en frottant et broutant, dégastent les jeunes arbres de nouveau plantés, les treuvans exposés à la campagne, où est leur droicte situation, non és vergers resserrés, tant pour la grandeur des arbres qui opprimeroient les autres fruictiers, que par n'estre la nois, fruict duquel l'on doive faire autre estat, que des choses communes de mesnage. Cest arbre ne florit aucunement, comme la pluspart des autres, seulement jette-il des chatons pour avant-coureurs des nois prochaines, ainsi que font les coudriers et chesnes. On ente les noiers en canon, sur nouveaux jettons de l'année précédente, dans le printemps ou l'esté, comme j'ai dict des amandiers : toutesfois rarement prend-on telle peine, ou ce seroit pour affranchir ceux qui ja avenus, ne produisent fruict de valeur, qu'ainsi l'on corrige. Car des autres qu'on eslève dès leur origine, en semant les nois bien choisies en la pépinière, pourveoyés à ceci, comme il appartient, d'où les arbres sortent parfaictement francs. Le noier est fort utile au mesnage, le fournissant pour toute l'année, de nois et d'huile, tant pour manger en la grosserie de la famille (et en certains lieux esquels celui d'olive défaut, pour la table du maistre, à cela estant approprié), que pour brusler à la lampe : outre autres infinis servíces, que, et nois et huile font, à la médecine, à la peinture, aux cimens. Estant, en outre, la confiture de la nois faicte au sucre, des plus prisées : et au miel, de passable bonté. Le bois du noier est très-propre à tout

ouvrage de menuiserie : sert aussi pour le chauffage. Lesquelles commodités compensent aucunement les nuisances de cest arbre, dont il tire le nom : où s'adjoustent celles de l'ombrage, enmaladissant et hommes et bestes, s'y retrayans dessous, ayans chaud en esté, et que les nois offencent la bouche, l'estomach et la teste de ceux qui en mangent, sans estre confites, moins toutes-fois les fresches que les sèches (144).

La cueillète et garde des nois est du tout semblable à celle des amandes, où vous renvoyant, n'en sera ici parlé plus avant. Si ce n'est pour vous donner avis, que plustost ferés exprimer l'huile des nois à ce destinées, et meilleur il sera : mais en moindre quantité en aurés-vous, que si attendés longuement : estant ce de l'usage de plusieurs bons mesnagers, que de ne faire tirer leur huile d'autres nois que des vieilles, à telle cause gardans leurs nois une année, jusqu'aux nouvelles.

La jujube, ou guindoule, ressemble la cornoaille, en figure, en couleur, et en ce qu'elle a un noiau dedans, comme aussi l'olive. En goust discordent-elles, par estre l'un doux et l'autre aigre, ne tenant la jujube, rien de sauvaige, comme la cornoaille, qui a la couleur plus claire, que la jujube. Par ces ressemblances, aucuns tiennent la jujube estre la cornoaille franche : on la cornoaille, la jujube sauvaige ; mais ils se desçoivent, car ce sont deux fruicts distincts et séparés, de diverses espèces, discordantes aussi en ceci, que la cornoaille est de pays froid, et la jujube, de chaud. Pour laquelle cause, plante-on le jujubier après l'hyver, vers le mois de Mars, de peur des froi-

N'est besoin de l'enter.

dures, en terre douce et fertile, sous aer chaud, et en endroit non trop battu des vents. Estant esloigné de son naturel, avec soin convient le cultiver, en le beschant, fumant et arrousant au besoin : mais en autre, il souffre patiemment la négligence du jardinier. N'est nécessaire de l'enter, puis que par le seul semer des noiaux, les arbres viennent bons, et par les rejettons des vieux aussi. Ne veulent estre plantés trop gros, suffira qu'ils ayent attaint la grosseur du manche du hoiau.

D'où vient la race.

Columelle marque deux couleurs de jujube, l'une blanche, l'autre rouge. La race de ce fruict a esté premièrement apportée de Syrie en Italie, par Sextus Papinius, d'où, à la longue, est parvenue jusqu'à nous. Les Anciens ont appellé la jujube, *poma serica*, ou *syrica*; particulièrement *Columelle* et *Galien*, *zizipha*.

Utilité des jujubes.

Vers la fin du mois de Septembre les jujubes sont recueillies, comme estans lors parfaictement meures : après, serrées en lieu non humide, pour estre mangées durant quelques mois, ou estre employées en médecine le long de l'année.

Grenadier.

En mesme temps que le jujubier, faut planter le grenadier, en semblable terre, et sous pareil aër, pour la conformité de leurs naturels. De la bastardière retirera-on le plant des grenadiers, où de branche aura esté mis enraciner quelques années au-paravant. Le plant sera choisi un peu plus mince que le manche du hoiau, parce qu'il ne se reprend si aisément, gros que menu. Cest enracinement de branche espargne la peine de l'enter : toutes-fois si on désire de l'enter, on le pourra faire en canon ou escusson, non en autre manière, à cause de la durté de son bois. De trois espèces de grenades y

a-il, des douces, des aigres, et d'autres participans des deux gousts, nommées, aigre-douces; différentes aussi sont-elles en grandeur, selon leurs particulières races. Toutes-fois, à cela aide fort la culture, laquelle immédiatement aggrandit ce fruict : car une race de grenades petites, mise dans un jardin bien cultivé, rapportera fruict plus gros qu'une de grande, plantée en lieu laissé en friche. Cela se remarque tous les jours, à la différence des grenades croissans ès arbres cultivés au verger, à celles que portent les hayes, qu'en plusieurs lieux l'on dresse pour closture, celles-ci demeurans petites, au respect de celles-là. Ce qui sera pour avis : et telle bonne culture servira aussi de corriger aucunement l'aigreur importune des grenades : non l'adoucir entièrement, cela ne se pouvant faire par artifice, quoi-que par divers remèdes aucuns s'en efforcent, non plus que d'en garder d'esclater les esclatables. Tout ce qu'à ces défauts on peut, est de ne se fournir des races trop aigres, et des sujettes à crever sur l'arbre, quand il sera question d'édifier la grenadière, estant lors le remède d'autant plus asseuré, que plus facile il est de prevenir les maux, que de les guérir estans avenus. La grenade est ainsi dicte, pour le grand nombre de grains dont sa pomme est composée. Elle est venue de Carthage en Italie, partant appellée des Latins, *malus punica*.

Les grenades seront cueillies fort meures, car tirées de l'arbre devant ce poinct-là, tost après se perdent par moisisseure, ou se rident et dessèchent : mais prinses en leur parfaicte meurté, sont de longue garde : pourveu aussi qu'on qu'on les tienne pendues sous des planchers, en lieux moyennement aérés, non humides. Aucuns au contraire, par ne sentir aer, les conservent sainement un an. Ils enferment les grenades dans des grands vazes de terre, curieusement couverts et cimentés avec de l'argille ou de la poix, si bien, que vent ne aer n'y entrent. A la charge, toutes-fois, avant qu'enclorre les grenades, de les bien sécher au soleil, en les y tenant deux ou trois jours : avec aussi ceste subtile observance, que d'engarder de fener la fleur de ce fruict : ce qu'on fera, si dessus icelle l'on pose les grenades lors qu'on les soleille, pour garder que le soleil ne frappe dessus. Ainsi que de plusieurs autres fruicts, de cestui-ci se faict du vin, en exprimant son jus au pressoir, en ayant au préalable retiré nettement ses grains, pour les descharger d'escorces et pellicules. Les apoticaires ont accoustumé de conserver longuement le jus de grenade dans des vazes de terre vitrée, ou de verre, après estre espuré et escumé, y versant par dessus de l'huile d'olive, pour le garder d'esventer.

Figues.

La bonté de la figue n'est mise en dispute, chacun tenant ce fruict-là estre des plus exquis, lequel et le raisin, par jugement universel, sont estimés la corenne de tous autres. *La figue, fruict excellent.* De faict, à l'arrivée des figues et des raisins, marchans presques de compaignie, on void disparoistre la plus grande partie des autres fruicts, comme cédans à leur délicatesse. Aucuns ad-joustent à ce roole, la pesche, mais ils se trompent : car bien-qu'elle soit bonne, s'entend des bien choisies, si est-ce que meilleures sont plusieurs poires, pommes et prunes, partant indigne

d'estre couchée en si haut degré. Revenant à la figue, dirai qu'admirable est la contemplation de tel fruict, pour l'abondante variété de ses espèces et leurs diverses qualités, duquel, ainsi que des poires, les Anciens ont faict très-grand estat, tesmoin les figues de Carthage, portées au sénat de Rome par *Caton*. Laquelle bonne opinion, conservée jusqu'à présent, pour l'utile usage de ce fruict, faict beaucoup priser les figues. On en void des blanches, des noires, enfumées, grises, tannées, vertes ; des grandes, moyennes, petites ; des hastives et tardives ; des saveurs très-diverses et précieuses. Quant aux noms des figues, il est à propos d'en représenter les plus usités, et de mesme pour l'honneur de l'antiquité, renouveller ceux qu'elle a voulu donner à ce bon fruict, que le temps n'a peu enterrer, non pour autre avantage, que pour contenter nostre curiosité. Car en vain les voudrions-nous rapporter aux nostres, pour la difficulté de l'entreprinse. *Columelle* commande au mesnager de se meubler principalement des *figues livianes, afriquaines, chalcidiques, sulques, lydianes, callistruties, topies, rhodianes, libycques, hybernales*, et de toutes celles qui florissent deux ou trois fois. *Antiques noms des figuiers.* Ès endroits de ce royaume où la figue croist gaiement, on faict cas de celles qu'on nomme ainsi : *aubicons, bourjassotes, blanquetes, brunessenques, quotidianes, œil-de-perdrix, blavetes, coucourelles, bouvaux, douces, hospitalières, coquines, roussaux, pel-duro, marseilletes, angéliques*, qui sont *Modernes.* blanches, longues et grosses, *pourquines*, noires et petites ; pour brefveté

Fleur de figue, que c'est. obmettant les autres. De toutes lesquelles espèces, les figuiers florissent une ou plusieurs fois : non à la manière des autres arbres, ains en produisant des petites figues de nulle valeur, qui comparées à l'escume, comme avant-coureuses des bonnes, sans parvenir à maturité, sont par les bonnes expulsées de l'arbre. Exceptées quelques particulières espèces, dont la figue de fleur se meurissant très-bien, pour bonne est receue, et pour sa hastive meurté, fort estimée.

Or combien qu'il y aie plusieurs espèces de figues, selon leurs différentes qualités, si est-ce que les figuiers veulent indifféremment estre plantés en mesme temps, qui est après les froidures, vers le mois de Mars et d'Avril, afin d'éviter le péril d'estre tués par le mauvais temps, qu'ils craignent tous-jours beaucoup, mais plus en leur première jeunesse, *Quel aer desire le figuier.* qu'advancés en aage. C'est selon le général naturel de ceste plante, à laquelle autre aer n'est convenable que chaud, ou du moins tempéré, se reculant des froidures. Pour toutes sortes de figuiers, donques, nous choisirons tel aer : mais du fonds n'en sera de mesme, qu'on distinguera pour l'aproprier au *Quelle terre.* particulier naturel de chaque arbre. Les figuiers portans grosses figues désirent bon fonds, gras et humide ; les autres se contentent de moyenne terre, plus sablonneuse qu'argilleuse, non toutes-fois trop légère et sèche : car aucune sorte de figuiers, ou n'y vient, ou n'y fructifie. Il est vrai que naturellement le figuier sauvaige s'agrafe parmi les pierres, ès vieilles mazures et ruines des bastimens, dont néantmoins ne peut-on espérer fruict *d'avoir l'eau.* d'aucune valeur. Ayant l'eau à comman-

dement, ce sera le comble de leurs souhaits, que de faire boire les figuiers en esté, quelques-fois durant les grandes chaleurs ; leur aidant autant l'eau opportunément donnée, qu'elle leur nuit, croupissant près d'eux, de quoi se faudra donner de garde, afin de ne les planter en lieu marescageux. Le fumer et labourer advancent l'abondance de bonnes *Le graisser et la culture.* figues : traictement qu'on ne leur espargnera. Ce ne seront pas des gros fumiers qu'on employera en cest endroit, ains des terriers vieux, et semblables engraissemens. Marseille abonde en précieuses *Lieux et royaumes auquels la bonne figue croissent.* figues, cogneues par toute la France. Aussi en autres divers endroits de la Provence en croissent de fort bonnes : en plusieurs lieux du Languedoc avec, comme à Montpellier, Nismes, au Pont Sainct-Esprit, au Bourg Sainct-Andéol, ma patrie, à Aubenas et ailleurs. Le figuier s'advance tost planté en grande fosse, donnant lieu à ses racines où s'estendent à plaisir : pour laquelle cause, l'on la creusera fort ample et large, sans crainte d'excéder, si mieux l'on n'aime planter la figuerie au rayon, à la manière des taillis, pour du tout à l'aise en mettre les racines. En ceci discordent les *La figue desire d'estre plantée menu.* figuiers des autres arbres du verger, que de ne vouloir estre plantés guières gros, mieux se reprenant et advanceant le petit, que le gros plant : dont conviendra le tirer de la bastardière encores mince, sans l'y laisser beaucoup engrossir. Suffira d'avoir attaint la grosseur du poulce d'un homme robuste, et tel le planter, non droictement, comme les autres fruictiers, ains couché de long en la fosse, le recourbant par le bout, pour en faire ressortir à l'aer seulement quatre doigts ou demi-pied, à la manière des provins. C'est pourquoi le rayon long est plus propre à ce service que la fosse ronde ni quarrée, ou seroit qu'on la creusast avantageusement grande, comme de nécessité convient telle estre, car petite et serrée demeureroit inutile. La raison de ce recourbement vient de ce que si le figuier estoit ésté en le plantant, comme les autres arbres, le froid, que tant il craint, entreroit dedans son tronc, par la plaie de l'ouverture, sa grosse moëlle l'y attirant, dont il mourroit. Mais le plantant ainsi recourbé, et pour ce faire le prendre jeune et mince, n'est nécessaire de le roigner aucunement : par quoi estant entier sans nulle ouverture, les froids n'ont beaucoup de prinse sur lui. Joinct que le reste du tronc se convertissant en racines, sert de bon fondement à l'arbre pour en peu de temps le faire aggrandir. Ne pouvant, le figuier, pour la grossesse de son tronc, estre recourbé en la fosse, ne sera inutile pourtant, moyennant qu'il n'excède la grosseur du bras d'un homme, ains profitera, le plantant droict comme les autres arbres : à la charge aussi de ne lui coupper entièrement toutes les branches, ains celles qui notoirement destourneroient la reprinse, et de le soustenir avec un pau, qu'on lui plantera auprès, auquel attaché, pourra résister aux vents. Aucuns plantent les figuiers directement de branche, sans se soucier de la faire enraciner en la bastardière, ni d'en tirer des jettons du pied des vieils arbres : mais c'est avec beaucoup moins d'avantage, et pour la reprinse et pour la durée, que se servant de plant chevelu. S'il eschet d'employer ici la branche, n'en faudra recombler du tout la fosse de-

vant un an, afin d'en faire profonder les racines avant dans terre, par les raisons dictes : ou bien, la branche estant enracinée au bout d'un couple d'années, la replanter plus bas. En plantant les figuiers, sera à propos (à cause de leur délicatesse) de leur donner quelques engraissemens, lesquels profiteront beaucoup à leur reprinse, meslés avec la terre du fonds : ici seront employés vieux et subtils fumiers, ou nouveaux et vigoureux terriers : et avec beaucoup d'efficace, l'arrousement durant leur premier esté. En canon et escusson est le seul enter de ces arbres, dont l'on se sert plus par curiosité que nécessité, lors qu'on veut affranchir quelques vieux figuiers qui ne vous agréent, puis que du tout francs ils viennent directement de branche, comme a esté veu. Nous avons représenté le moyen de faire des figuiers nains, gentillesse dont l'on se servira avec contentement, de laquelle, pour obvier redicte, n'en sera ici plus avant parlé (145).

D'autant que les figues se meurissent petit à petit, leur cueillète dure longuement : c'est pourquoi de jour à autre, durant quelque temps, l'on les retire des arbres selon qu'elles se présentent meures. Les aubicons sont les plus advancées figues, venans vers le mois de Juin et de Juillet, prisées tant pour celle leur hastiveté, que pour leur grosseur et passable bonté : au reste, ne se peuvent longuement garder, pour laquelle cause l'on les mange fresches. Les figues qu'on désire conserver pour provision, seront cueillies parfaictement meures, et tout aussi tost, sans autre mystère, portées sécher au soleil sur des aix, des claies bien tissues, on des canisses proprement faictes avec des rozeaux. Là souvent l'on les visite, et en les remuant et renversant seus-dessus-dessous, on les haste de se préparer au soleil, qui les frappe de tous costés, et si bien, que dans sept ou huict jours, les rend suffisamment desséchées. Lors elles sont serrées dans des quaisses reposans en lieu fres, nullement esventé, toutes-fois plus sec qu'humide, afin d'y estre conservées jusqu'à l'usage, pour le manger et pour la vente. Mais c'est après les avoir reveues et assorties, distinguant les petites d'avec les grandes, les bonnes des mauvaises, mettant chacune sorte à part dans des cabas ou des sacs, comme l'on désire. Le plus important de ce mesnage est le sécher des figues, auquel s'augmentent les difficultés à mesure que le soleil décline, souventes-fois à la ruine de l'ouvrage : dont les figues se pourrissans, deviennent pasture aux pourceaux, quand par la survenue des pluies l'on n'a moyen de les sécher. Au défaut de la chaleur du soleil, l'on se sert de celle du four moyennement eschauffé, mais cela se faict avec peu de profit, n'estans ne belles ne bonnes, autres figues que celles qui sans destourbier s'achèvent d'apprester au soleil, dans peu de jours. En somme, le figuier est arbre riche, rapportant bon revenu, s'il se rencontre planté en lieu chaud et advancé, afin de faire tost meurir les figues, pour de mesme estre séchées durant les grandes chaleurs : par ce moyen, évitans la fascherie des pluies primeraines, contrarians à leur appareil. Par quoi, qui n'aura le climat favorable, ne se souciera plus avant des figuiers, que pour en planter sous ceste seule espé-

rance, que d'en avoir des figues fresches pour manger de jour à autre durant la saison : puis que l'appareil des figues est plus incertain que le rapport des arbres, lesquels, tant sont fructifians, ne faillent jamais de produire, ou ce seroit quelque année, mais à tard, par la malice des extraordinaires sécheresses du mois de Juillet, bruslans leurs fueilles.

C'est marque certaine d'agréable séjour que l'olivier, d'autant qu'il ne s'accroist ne profite qu'en lieu tempéré, haïssant les extrémités de froidure et de chaleur : il est vrai que selon le commun naturel des plus précieuses plantes (parmi lesquelles ceste-ci tient honorable reng), l'olivier tend plus au midi qu'au septentrion, aimant mieux la chaleur que la froidure. Et bien-que directement il ne donne sans appareil son fruict à manger, comme font la plus-part des arbres, pour cela n'est-il postposé à autre fruictier, aucun desquels ne le précède en valeur, pour la richesse qui provient de son huile (par excellence à ce seul mot, huile, estant recogneue celle d'olive), et gentillesse de la confiture de ses olives. Au profit sortant de l'olivier est joincte ceste cause de plaisir, que la beauté de sa rameure, de non-vulgaire couleur verte, est d'autant plus agréable, que maugré l'hyver, telle se la conserve toute l'année. Le rameau d'olivier porté à Noé par la colombe, lui fut annoncement de bonne nouvelle. De là les Antiques ont prins la branche d'olivier pour signal de paix, comme de laurier, la victoire. En quoi on peut remarquer combien cest arbre-ci, dès tous temps, a esté souhaittable, puis qu'il estoit employé à représenter le repos du genre humain. De dix espèces d'olivier faict

Les antiques.

mention *Columelle*, qu'il nomme *olivier pausian*, *algian*, *licinian*, *sergian*, *nevian*, *culminian*, *orchite*, *royal*, *circite* et *murtée*. Aujour-d'hui se treuve bien complet ce nombre, voire et plus grand ès pays où cest arbre abonde : mais le temps a changé telles appellations : en certains endroits, ainsi estans *Les modernes.* nommés les oliviers, *boutignan*, *bequerut*, *daurades*, *verdales*, *pommaux*, *sauzins*, *d'Espaigue*, *rouvières*, *glandaux*, *royales*, *gentiles*, *coliaux*, *longuetes*, *negraux*, *boubaux*, *salliernes*, *morengues*.

Estant l'olivier arbre de pays chaud, nous ne l'exposerons en son commencement à la merci des froidures, ains attendrons de le planter jusqu'à ce que l'hyver se soit du tout deschargé, à ce qu'exempt de telles injures, puisse se reprendre sans destourbier. A cela aide fort la sève, selon les communes expériences ; pour lesquelles causes, ne mettrés la main à ceste œuvre, devant l'arrivée du mois de Mars, lequel et le suivant employerons à ce mesnage, comme en estant la plus propre saison de l'année. En plusieurs endroits néantmoins, voire approchans les froidures, l'on n'attend le printemps pour planter l'olivier, car c'est dès l'hyver mesme qu'on le met en terre, comme les autres arbres, sans distinction, toutes-fois mal à propos, pour les raisons dictes. A la disposition du ciel convient ad-jouster la qualité de la terre, pour la donner à l'olivier toute telle qu'il désire, sans laquelle concordance ce seroit perdre temps que de cuider l'eslever. Car comme il requiert perfection d'aer, de mesme faict-il de la terre, ne se plaisant, ni en trop grasse, ni en trop maigre, ni en trop poisante, ni en trop légère, ni en trop humide, ni en trop sèche, ains seulement en celle qui, tenant le milieu, s'esloigne des deux contraires. Si tel lieu se peut rencontrer, ne doubtés que vos oliviers ne soyent très-bien logés. Mais d'autant que très-rarement avient ès affaires du monde, s'arrester au droit milieu, sans cheoir en quelque extrémité, pour olivete nous prendrons plustost le fonds maigre, que le gras : le léger, que le poisant : le sec, que l'humide, pourveu que le climat soit favorable. Ainsi choisie la terre, elle sera facile à labourer, partie très-requise, et n'estant sise ni en plaine ni en montaigne, sera par conséquent en cousteau relevé, digne repos de tout précieux arbre. Au reste de son édifice, grande difficulté n'y a-il, parce que son plant est aussi facile à recouvrer qu'aisé à loger en terre. Dont *S'eslice facilement.* s'ensuit modéré entretenement ; et celle patience tant célébrée en ceste plante, quoi-que précieuse, qu'elle endure la négligence du laboureur, ne pouvant l'olivier périr par faute de culture, encores que pour plusieurs années on la lui dénie : laquelle à la longue redonnée à propos, avec renouvellement de vigueur, lui void-on reprendre nouvelle vie, se perpétuant par ses neveux, qu'en abondance l'olivier rejette du pied. De là commodément *Quel est le bois plant d'olivier, et où prins.* l'on se fournit de plant, car sans se donner peine d'en faire venir par pépinière, ni autrement, on le treuve tout advancé joignant les grands arbres : d'où les jeunes oliviers, arrachés avec leurs souchetes portans des racines, sont heureusement plantés en l'olivete.

Mais défaillant le moyen de treuver à *Moyen d'avoir abondance de* suffisance des rejettons aux pieds des vieux arbres, et qu'on délibère de faire comme un magazin de jeunes oliviers, à l'imitation des autres arbres, on le pourra faire par branches, lesquelles s'enracinans en terre se convertissent en arbres. Ceste est l'ordonnance des Antiques (improprement appellée, pépinière, veu qu'il ne s'agit, ni de pepins, ni de noiaux, comme à ce estans les noiaux inutiles), pratiquée par aucuns de nostre temps, pour en abondance avoir du plant d'oliviers. Une jeune branche d'olivier grosse comme le bras, ayant l'escorce lice et polie, est couppée d'un arbre de bonne race et fertil : avec la cie est mise en pièces par tronçons d'un pied, ou d'un pied et demi de long ; l'on enfouit ces tronçons dans terre, bien fumée et labourée, jusques-là que par dessus y en aie quatre doigts ; avec telle observance, que de poser les tronçons debout, la partie d'en haut tournée vers le ciel, comme elle estoit creue en l'arbre, afin que les jettons en provenans, suivent leur naturel. Là, ces tronçons prennent racines, moyennant que le lieu soit tenu arrousé en esté, et par marrer et sarcler, deschargé d'herbes malingnes. Et à ce que par mesgarde, le bescheur n'offence les tendres jettons dans terre, l'endroit où sont enterrés les tronçons est marqué, ainsi demeurans en asseurance. D'un couple d'années l'on s'abstiendra d'en oster aucun rameau, quoi-que plusieurs en sortent : passé ce terme-là l'on cure le superflu pour façonner les plantes, à ce que dans trois ou quatre ans après elles soyent propres à transplanter en l'olivete. Voilà l'ordre de tel mesnage. Mais avec plus de facilité, non toutes-fois sans esbahissement, void-on par expérience une bille d'olivier n'ayant escorce que d'un costé, s'enraciner très-bien, plantée droictement dans terre, et là devenir arbre sans autre mystère. De là est sortie la science de refendre les vieux et gros oliviers, d'un en faisant plusieurs avec la cie, les prenant de leur long despuis le haut jusqu'en bas, racines et tout, comme s'accorde le mieux, ainsi que communément se pratique en Languedoc et Provence, où transplantant les oliviers avec escorce d'un seul costé, la Nature les achève de revestir à la longue. Or de quelque lieu qu'on tire le plant d'oliviers, c'est chose asseurée que, tant plus gros il est, tant plustost et plus vigoureusement repousse et s'aggrandit-il, en la mesure duquel ne peut-on excéder, encores qu'il fallust quatre hommes à manier un seul arbre, ayant l'olivier cela de commun avec le noier. Par quoi, pour tost voir vostre olivete grande et fructueuse, édifiés-la d'estaques (ainsi appelle-on en Languedoc et Provence le plant d'oliviers) fortes et grandes, non de petites et minces, pour le naturel de cest arbre assés tardif à croistre, et par conséquent de longue vie et durée.

Ès provinces où cest arbre abonde, on ne le loge parmi les autres fruictiers ès vergers : ains, pour les grands deniers qu'on tire de son rapport, des grands vergers séparés, comme forests, en sont faicts : ce qui n'est de l'usage des régions où l'aer ne favorise entièrement ce mesnage, esquelles l'on se contente d'eslever quelque petit nombre de ces arbres dans les jardins, pour le plaisir d'en voir la rameure et d'en tirer du fruict seulement pour confire.

En plantant l'olivier, l'on lui couppe

la teste , à la manière des autres arbres ,
afin de les faire beaucoup rejetter. Désire
d'estre curieusement rembouché de terre ,
de peur de l'esvent , qu'il craint fort : à
quoi avisant de près , lors qu'on le plante ,
comme à la maistrise de ce mesnage , la
terre est escartée si bien de tous costés ,
que vuide aucun n'y reste ; et tant à
profit est foulée avec les pieds , voire en
la battant avec un battoir , que l'aer ne le
vent n'y puissent entrer. Sera bon , en
rabaissant la terre des bords de la fosse ,
lors qu'on la réemplit , tout-d'une-main
mesler du fumier parmi la terre , pour le
plaisir que cest arbre prend d'estre engraissé : car quel que soit le fumier , est
receu de l'olivier , mieux , toutes-fois ,
tant plus vieil et pourri se treuve : les
gras terriers leur estans aussi très-agréables. L'olivier ne sera planté près du
chesne , ni en fosse de laquelle l'on aura
tiré le chesne , à cause de l'inimitié naturelle qui est entre ces deux plantes ,
dont l'olivier languit et périt. Cela n'a-
vient du voisinage du figuier , ni de celui
de la vigne , par-entre lesquels se com-
porte-il assés bien. Le meilleur , toutes-
fois , est de ne démentir le nom de l'olivete , en n'y meslant aucun arbre d'autre
espèce ; ains la composant des seuls oliviers , les plus remarquables en fertilité.
En la disposition de l'olivete , ceci est
notable , estant le pays importuné de
chaleur , de la planter à l'aspect du septentrion ; et si de froidure , du costé de
midi , afin d'adoucir aucunement telles
intempéries. *Columelle* n'approuve l'o-
pinion de plusieurs de son temps , qui
tiennent l'olivier n'estre fertil , ou se
mourir , estant esloigné trente lieues de
la mer. En Provence et Languedoc cela

est manifeste , que l'abondance des oliviers se treuve enfermée dans pareille espace de terroir. Il est vrai que de siècle
à autre se recule-on heureusement de la
mer , faisant fructifier ces arbres-ci en
divers lieux , pour leur froidure estimés ,
le temps passé , impropres à leur accroissement , pratiquant la maxime : *que
beaucoup de bonnes choses se perdent , par faute de les recercher.*

Après le planter convient parler de
l'enter. Plusieurs ne se donnent telle
peine , laissans produire à leurs oliviers
fruict selon leur naturel , sans artifice ,
ce qui souventes-fois rencontre bien :
mais pour bonne qu'en soit la race , tous-
jours meilleure se rend-elle par enter , et
pour la qualité et pour la quantité du
fruict. Le vrai enter de l'olivier est sur
lui-mesme , en vain s'estans aucuns efforcés d'affranchir les oleastres , comme
aussi c'est abus de cuider insérer l'olivier
sur autre arbre , ne de lui faire recevoir
aucun fruictier. Le seul mois de Mai en
est la saison ; l'escusson la seule manière ;
et le poinct le meilleur pour la reprinse
des entes (sans observation d'aucune
lune) est quand les sujets sont en fleur :
terme qu'il faut prendre par les cheveux ,
sans le laisser passer. Mais c'est pour le
regard des arbres ja avenus , dont l'aage
les rend capables de florir : car des plus
jeunes ne convient attendre telles addresses , ains de les enter dès la seconde
année de leur replantement. L'incision se
faict en quarré , selon la figure de ceste
lettre grecque Π , dont ci-devant j'ai
parlé : et ce , és endroits les plus unis et
solides des principales branches , n'excédans sur terre guières plus que la hauteur d'un homme. Là seront appliqués

les escussons, tant proprement qu'on pourra, et encores qu'ils ne joignent parfaictement de tous costés le bout de l'escorce de l'arbre (comme ès autres fruictiers cela est nécessaire), n'importe, estans ceux-ci plus faciles à reprendre qu'aucuns autres entes. Deux ou trois escussons mettra-on à chacune branche, et davantage selon sa grosseur, non perpendiculairement l'un sur l'autre, ains en environnant la branche des costés en tournoyant. Par dessus lesquels, quatre doigts ou demi-pied, enlevera-on de l'escorce de la branche, une courroie large de deux doigts, environnant l'arbre en ceinture, pour aucunement arrester la substance du tronc, à l'avantage des entes, sans du tout l'oster aux branches, à ce qu'elles achèvent de nourrir les olives dont les fleurs font démonstration : et que cas avenant que les entes ne prennent, les arbres demeurent encores entiers, soit ou pour les réenter par-après, soit ou pour les laisser en leur premier estat, si bon vous semble. Ainsi sans grand hazard, l'on attend les entes avoir bourgeonné, lesquels posséderont entièrement l'arbre, quand au bout d'un an les branches ciées en la partie ja escorcée, toute la nourriture du tronc sera laissée pour eux. Toutes-fois, si on ne se soucie du fruict de ceste année-là, ce sera en plus grande asseurance de la reprinse et advancement des entes, si tout-d'une-main en entant les arbres, l'on les descharge de leurs branches, en les étestant entièrement ; car par ce moyen, aurés l'utilité requise de ceste nourriture, en ce qu'aucune partie de la vigueur de l'arbre ne se perdra, ains toute parviendra au profit des entes.

Sans abuser de la patience des oliviers, l'on les cultivera soigneusement, afin de leur faire produire du fruict en abondance, selon qu'il se recognoist, à veue d'œil, leur rapport manifester la diligence de leur maistre. Voire requièrent-ils gouvernement particulier, pour la particularité de leur naturel : ce qui me dispense de n'en renvoyer ailleurs le discours, c'est assavoir, au général des autres arbres, ains d'en traicter en cest endroit. La culture qu'ils désirent est d'estre profondément deschaussés, sinon chacun an, à tout le moins de deux ou trois l'un : et après avoir couppé des racines tout ce qui paroistra à descouvert, réemplir la fosse de bon fumier meslé avec de la terre du fonds, en réunissant le plant sans relèvement, comme aucuns ignorans font, cuidans bien besougner, qui en emmoncellant la terre au pied des arbres, en font tarir les racines. D'autant que les racines cerchans la terre mouvée et engraissée, se logent en la superficie, et se treuvans au-dessus de la monticule du relèvement, vuides d'humeur, en temps de sécheresse défaillent, au détriment de l'arbre, qui à la longue en périt. Le reste du champ sera tenu labouré, afin que les herbes ne s'y logent. Et à ce que la despence sorte du fonds mesme, sur icelui seront semés des légumes ou des blés, qui payans la culture, l'olivete s'entretiendra d'elle-mesme. De deux en deux ans on chargera le fonds de l'olivete à la manière des autres labourages, pour avoir tant plus de loisir de le guerester, pour le rendre tant plus capable à ce service. Les oliviers s'accordent en ceci, avec plusieurs autres arbres, que de ne produire indifféremment tous les ans du fruict ;

fruict; ains de deux l'un, à tout le moins
fort rarement : auquel naturel est de besoin les entretenir , pour le profit de ce
mesnage : car mieux vaut de deux en deux
ans l'un, avoir bonne cueillète d'olives ,
que chacun an , une maigre et chétive. A
celà l'artifice utilement intervient. L'expérience monstre que quand la terre est
ensemencée, les oliviers portent du fruict;
et estant vuide , s'amusent à faire du
bois, pour l'abondance de nourriture que
le fonds donne aux arbres : dont s'advanceans en rameure , se rendent capables, par-après , à fructifier. C'est de
l'antiquité, qu'on a tiré telle primeur ,
Columelle l'ayant ainsi escrit. Pour
donques avoir esgalement du fruict chacune année , le père-de-famille par-
tira en deux ses olivetes, lesquelles, alternativement par années , il labourera
et ensemencera : moyennant lequel ordre , et la faveur du ciel , aura tous-jours
abondance d'huile. Pourveu aussi qu'il
tienne nettoyés ses oliviers , les esla-
guans à propos et par art ; voire les étes-
taus en la nécessité , en les deschargeans
du bois superflu : partie des plus requises à l'entretenement de ces arbres-
ci , en vain attendant fruict , bon , ni en
abondance, d'aucun arbre sur-chargé de
brancheage.

La cueillète des olives donne grande
fatigue , aussi tient-elle reng entre les
plus importantes des pays d'oliviers. Cela
avient du temps , qui est l'hyver , aux
jours courts : et pour le naturel de la
chose , l'ouvrage en est long , puis que
c'est à la main qu'on tire les olives des
arbres. Aucuns, pour l'espargne, les ab-
battent avec des perches : autres croyent
que c'est ruiner les arbres : auquel avis

estant joincte la raison , pour le profit
des arbres , faict préférer le cueillir des
olives à la main , au battre ; et laissée à
chacun sa coustume , dirai le temps de
ceste récolte estre arrivé , lors que les
olives sont devenues noires , lequel poinct
l'on attendra avant que de les cueillir (ou
seroit celles qu'on destine à confire, qu'il
convient prendre encores vertes et fermes).
Avec diligence , l'on mettra la main à
l'œuvre , de peur des froidures tallonnans
la saison. Dès le mois de Novembre , peu
devant, la besongne est ouverte , continuant tout l'hyver, et plus tard , selon
l'abondance de tel fruict. Sur des linceuls
estendus és pieds des arbres , l'on faict
cheoir les olives, d'où aisément ramassées,
sont après portées au grenier pour y reposer , attendant le moyen d'en faire exprimer l'huile. De peur d'offencer les
arbres, en y montant dessus , on accommode des eschelles à ce particulier service , par le moyen desquelles , les arbres
environnés de tous costés , sans presser
leurs branches, avec beaucoup d'aisance,
sont despouillés de leur fruict. Est défendu de toucher aucunement aux oliviers , pendant qu'ils sont baignés , ou
de pluie ou de gelée , de peur de les incommoder pour plusieurs années. Partant, la pluie survenant , on les gelées
chéans dessus , faut avec patience chom-
mer de ce labeur , en attendant que par
le retour du beau temps , les arbres séchés , l'on retourne amasser les olives
comme devant : car de cuider remettre les
arbres en estat de pouvoir estre vendan-
gés sans leur nuire , par escourre et esbranler , c'est accroistre leur mal. Le grenier pour l'entre-pos des olives , sera à
couvert , en lieu très , sec , plus esventé

qu'humide, pavé de bois, un peu en pente, pour vuider l'humeur qu'elles rendent estans amoncellées. Avant que les y loger, elles seront curieusement nettoyées, les deschargeant de toutes ordures, de pourriture, de pierres, de terres, de buschetes, et semblables drogueries, pour, nettes, se conserver sans s'acquérir aucune mauvaise senteur. *Quand on exprime l'huile.* Le moins garder les olives est le meilleur, pour la bonté et pour la quantité d'huile : car, sans doubte, des freschement envoyées au moulin, l'huile en sort et plus doux et plus abondant, que des longuement gardées : se recognoissant très-bien cela à l'œil, l'huile s'augmenter en telles bonnes qualités, à mesure qu'on s'advance à l'exprimer des olives ; ayant estimé estre à propos, par cest avis, oster l'erreur de la contraire opinion, pratiquée par plusieurs (146).

Orange, citronier, limonier, etc. Voici des plantes et des fruicts qui servent beaucoup au décorement des jardinages, lesquels l'homme d'esprit employera, pour rendre son lieu du tout beau et plaisant. Ce qu'il treuvera faisable, puis que les oranges, citrons, limons et semblables fruicts précieux, viennent en tout aer, moyennant despence condigne. *Considérations sur l'eslevement de ces arbres.* Pour un préallable, doit-on se résoudre à quelles fins l'on désire eslever ces rares plantes, pour de mesme s'y affectionner. Car si c'est pour le profit, il faut venir à l'espargne, de laquelle en nul autre endroit de ce royaume l'on ne peut user, qu'ès parties méridionales, près la mer Méditerranée, en certains recoins de la Provence et du Languedoc, pour la chaleur du climat, *S'accordent par tout,* du tout nécessaire à leur nourriture. Mais ne regardant qu'au plaisir, par tout où l'on voudra les édifier, on le pourra faire *accommodez sont requis* avec de l'argent : n'estant aer ne terre tant difficiles et rebours, qui, par artifice, ne soyent à ce domptés et apropriés. Il semble que les Antiques n'ayent cogneu de ces arbres-ci que le seul citronier, pour ne faire mention aucune des oranges, limons, ne ponciles, qui aujour-d'hui nous sont tant familiers. Par le moyen de *Palladius*, l'Italie fut anciennement peuplée de citroniers, les y ayant apportés de Medie, d'où ils ont tiré leur nom, encores des Latins appellés, *medica malus*. Des autres, l'on est incertain par qui, ni en quel temps, furent premièrement naturalizés de pardeçà. Tant y a que, et le soin que communément il convient avoir pour l'eslevement de toutes leurs plantes, et la conformité des fruicts, monstrent ces arbres-ci avoir tous-jours esté de mesme origine. *Eaux délicatures.* Tous ces arbres sont fort délicats, craignans merveilleusement le froid, duquel battus ne peuvent subsister. C'est pourquoi, pour leur conservation, plus d'artifice est nécessaire, que plus l'on les recule des endroits esquels le temps les a naturalizés. Premièrement, est requis, pour les défendre du froid, qui tant leur est contraire, d'avoir l'œil à ce, en les tenant légèrement couverts, ès plus rigoureux mois de l'hyver : puis les approchant des parties septentrionales, avec des exquises couvertures, se servir du feu pour les eschauffer. Car seulement ils ne désirent d'estre préservés des froidures, ains veulent estre ravigouris par chaleurs naturelles ou artificielles. Or comme ces choses sont ordinairement de grande despence, aussi ne se laissent-elles manier que par les grands, selon la

Description d'un beau jardin d'orangers, etc.

pratique des princes et grands seigneurs, en France, en Alemagne, et ailleurs, où, non sans merveille, void-on croistre et meurir ces précieux fruicts, quoi-que sous aer contraire à leur inclination. Avec beaucoup d'esbahissement, cela paroist à Heilderbeg, maison de l'électeur palatin, de laquelle le jardin nourrissant telles précieuses plantes, est environné d'une grande cloison de charpenterie, et couvert de mesme durant le mauvais temps : pendant lequel, les arbres y sont tenus chaudement, par des poiles qu'on y eschauffe : et par le moyen des grandes fenestres, dont le logis est esclairé, qu'on ouvre et ferme à volonté, le soleil y entre ès beaux jours pour resjouir les arbres. Finalement, le beau temps venu, et la crainte des froidures passée, sont les arbres desvelopés de leurs couvertures et cloisons, et laissés au pouvoir de l'esté, si que, moyennant ces magnifiques sumptuosités, continuellement la douceur du printemps et de l'esté règne en ce logis-là, et jamais n'y est sentie la rigueur de l'hyver.

La manière de tendre les arbres.

Le gouvernement de ces arbres requérant soin particulier, non communicable en tout avec celui des autres fruictiers, requiert aussi particulière démonstration, pour enseigner à les eslever, les faire parcroistre et fructifier. Est besoin entendre que de ces rares plantes, qui des terres lointaines sont ja parvenues à nostre cognoissance, l'on en remarque, en Italie principalement, quatre espèces, nommées, orangers, citroniers, limoniers et limones, celles-ci aussi dictes ponciles : et en outre, pour cinquiesme espèce, une autre appellée, pomme-d'Adam. Le fruict de tous lesquels arbres se mange crud et confit, escorces, jus et grains, excepté la pomme-d'Adam, qui ne sert presques qu'à estre regardée, maniée, flairée, et à s'en laver les mains, pour sa beauté et bonne senteur, estant au reste de peu de valeur. Les grains de ces fruicts produisent des arbres, toutes-fois lentement, à raison de laquelle longueur, sont les rejettons chevelus prins ès pieds des grands arbres, préférés à la semence. Aussi leurs branches s'enracinent assés bien, hors-mis celles de l'oranger, qui pour la durté de son bois, ne prend racine que très-difficilement et rarement. Au contraire, la branche du poncile s'enracine plus facilement et mieux que de nul autre. Le transport de telles plantes, d'un lieu en autre, est fort fascheux, ne le pouvant souffrir leur délicatesse, qu'avec imminent péril de les perdre : sur tout si on est contraint de les faire porter de loin, car encores pourroient-elles endurer quelques journées, ayant curieusement couvert et empaqueté leurs racines. Dont convient prendre ceste résolution, qu'estant en lieu fort esloigné de tels arbres, laissé le plant, le meilleur sera de se servir de la semence, ce qu'on fera avec espérance de bon succès, en la manière suivante.

Des vazes de terre de potier, ou des petites quaisses de bois, seront remplis de la meilleure, plus subtile et maléable terre qu'on pourra recouvrer, qu'à cela on préparera en la criblant et fumant dès l'hyver précédent, afin que sous les efforts des froidures, elle se cuise et adoucisse. Le fumier qu'on employera ici sera *Quel fumier leur est bon.* de cheval et de brebis, vieux et pourris ; toutes sortes de cendres y sont aussi bonnes, mais par-dessus les autres, celles pro-

venantes des courges et concombres bruslés, comme très-délicates. Après, dans le
mois d'Avril, que les fruicts sont parfaictement meurs, les semences en seront
tirées, et aussi tost mises en terre quatre
doigts de profond, posées de leur plat,
deux doigts de distance l'une de l'autre,
et distinctement séparées par vazes, afin
qu'elles s'accroissent tant mieux que
chaque espèce aime son semblable. De
deux en deux jours les arrouserés, premièrement avec de l'eau tiède, après
avec de la fresche, selon que le temps
s'eschauffera, et tous-jours par mesure :
à ce que les semences n'en soyent noyées,
ains seulement humectées : vous prenant
garde de ce poinct, que de tenir à couvert vos vazes et quaisses, toutes les
nuicts du mois d'Avril, et la pluspart de
celles de Mai : aussi en tous autres temps,
soit jour, soit nuict, importunés des frescheurs restantes de l'hyver, ou des tempestes et gresles de l'esté. Ainsi agean-
cées, ces semences leveront tost de terre,
s'en montans en haut : et encores qu'elles
naissent par trop espesses, ne faut pourtant se dispencer d'en arracher aucune
plante sur-abondante, qu'un an ne soit
passé, pour avoir loisir de discerner les
fortes des foibles. Mais après ce terme-là,
sans autre délai, en osterés tout le plus
mince, pour faire place à deux ou trois
plantes que laisserés à chaque vaze, tant
esloignées les unes des autres, que le
lieu le permettra, afin qu'à l'aise elles
s'accroissent et fortifient. Aussi est dangereuse la précipitation à esmunder les
nouvelles plantes, estant ce le vrai moyen
de les perdre (comme a ja esté monstré
ailleurs), non de les faire advancer, quoiqu'aucuns l'estiment. Le mois de Mai de

la troisiesme ou quatriesme année, selon
l'advancement, sera le temps d'en coupper les rejettons superflus, naissans au
pied et au tronc des arbrisseaux, pour
commencer à façonner les tiges : et de là
en hors, à les entretenir convenablement,
et à la serpe et au hoiau, afin de les advancer à s'accroistre pour les rendre propres à estre transplantés.

Telle est la façon de faire venir ces
arbres par semence : mais plustost par
branche en estes-vous pourveu, pour son
facile enracinement. Des cimes des principales branches des arbres, ayans l'escorce unie et tendre, sont couppées demi
pied de long, et après en avoir osté de
l'escorce de chaque tronçon, quelques
deux ou trois doigts, seulement du costé
joignant la partie de l'arbre, couppée,
laissant l'autre bout entier, sans aucunement le roigner, sont fourrés droictement
dans terre, jusqu'à deux doigts près d'i-
celui bout, par lequel ils rejettent, moyennant les racines croissans en la partie escorcée. Le temps en est vers la fin de
Mars, et plus tard, la saison estant tardive, pour crainte des arrière-froidures :
et le poinct de la lune, son decours. La
chose parle d'elle-mesme, que la terre
doit estre fertile, bien fumée, bien labourée, et opportunément arrousée en
esté, pour l'advancement de ces arbrisseaux : aussi moyennant ces choses, dans
peu d'années se rendront-ils au poinct
désiré. Le provigner s'employant généralement en toutes plantes enracinables
de branche, en cest endroit est recognu
très-utile, tant pour l'augmentation du
nombre, que pour gaigner temps : estant
plus hastif que ne la semence, ne la
branche, et plus asseuré que nuls d'eux :

attendu que les rejettons provignés dans terre, y sont nourris avec toute abondance de la substance de la mère : soyent, ou vieux arbres, ou nouvellement enracinés de branche en bastardière, qu'en aurés dressée pour la provision du plant. Desquelles deux manières, comme d'une source inexpuisable, tirerés du plant excellent, pour transplanter, donner, et vendre tant qu'il vous plaira. Le transplanter est plus utile que nécessaire, parce que les arbres se treuvent bien d'achever leurs cours où ils l'ont commencé, voire quelque peu mieux, qu'estans ailleurs remués. Mais d'autant qu'on s'en accommode en divers lieux, l'usage porte d'arracher du plantis les sur-abondans, pour les renger au verger. En convenable grosseur, comme pourra estre celle du bras d'un homme, ou bien peu moindre, seront ces jeunes arbres tirés de leur première terre, avec soin d'en préserver les racines, et tout aussi tost plantés aux lieux destinés. Le moins qu'on les peut garder est le meilleur, de peur de l'esvent. S'il est question de les transporter hors de leur origine pour planter, ils seront curieusement empaquetés : et si bien leurs racines couvertes et liées avec des linges, paille et cordage, que mal ne leur avienne. Ne faut entreprendre ceste action qu'en beau jour, serain, sans vents, sans pluies, par craindre ces arbres-ci, encores plus que nuls autres, toutes intempéries. Après l'hyver, vers la fin de Mars, ou commencement d'Avril, en est la saison, la lune estant en decours. L'endroit auquel désirés loger vos arbres pour la dernière fois, sera curieusement choisi, exposé au soleil, couvert des vents, principalement de la bize, pour sa grande

importunité : et de terre douce, fertile, aisée à cultiver, comme a esté dict. Si la Nature ne le donne tel, à tels défauts sera suppléé par artifice, bastissant une muraille du costé du septentrion, servant d'espallière aux arbres, afin de les tenir en abri ; et en amendant le fonds par vigoureux engraissemens et excellent labourage. Près de la mer Méditerranée et autres quartiers, où ces belles plantes se plaisent entièrement, ne prend-on communément tant de peine, ains les loge-on avec les autres fruictiers, sans soin particulier. Les trous ou fosses pour ces arbres-ci, seront faictes au mesme temps et de semblable capacité que celles des autres du verger, et de distance raisonnable selon le lieu. Un bon pied dans terre est là droicte profondeur que ces arbres désirent : l'oranger seul y veut estre planté un peu plus avant, d'autant qu'il produit ses racines plus bas que ses compaignons. En plantant ces arbres, l'on ramollira la terre de la fosse, au fond et és costés, la relevant avec le hoïau : et tout-d'une-main y ad-joustera-on quelques subtils et gras terriers, pour en couvrir les racines, meslés avec la terre du lieu. Si ces arbres sont de la grosseur marquée, seront estestés quand on les plantera : mais estans minces et tendres, ne veulent estre beaucoup taillés. On avisera à ce poinct, que de les remettre au mesme aspect du ciel qu'ils estoient en leur première terre : afin que plus facilement ils se reprennent, que moins d'altération ils treuveront au changement. Après cela, tous les mois une fois, sera la terre d'alentour légèrement serfouée, pour en extirper toutes sortes d'herbes ; à ce qu'aucune n'en succe la substance deue aux arbres, et pour eux destinée. Deux fois l'an, l'une en l'automne, et l'autre au printemps, tel labourage sera profondé jusqu'aux racines : tout-d'une-main sera ad-jousté au fonds quelque bon engraissement, pour, meslé avec la terre, augmenter la vigueur des arbres. Mais, principalement, ce sera en l'automne qu'on fumera ces arbres, ou en l'hyver, par profiter beaucoup plus toute sorte d'amendement en telles saisons, qu'approchant les chaleurs, pour les raisons ailleurs représentées. Aussi est de besoin d'arrouser ces arbres en esté, la soif leur estant par trop ennuyeuse, jusqu'à les faire mourir. Ne souffrés leurs troncs estre mouillés, ains destournés en l'eau, pour le mal qu'elle leur pourroit causer : suffit que leurs racines soyent bien humectées. A faute d'eau coulante, suppléera celle du puits, ou de cisterne, *Le soin de leur ramage.* qu'on employera en la nécessité. Désirent aussi ces arbres-ci, d'estre souvent curés et esmundés, estans parvenus en leur parfaicte grandeur : par quoi, chacune année, l'hyver estant du tout escoulé, on les eslaguera curieusement, couppant d'entre les branches tout le superflu : afin que par-entr'elles ne s'entre-touchent, ni aussi s'excèdent l'une l'autre. Sera roigné des cimes le sur-croissant, qui empesche la bien-séance : et leur causera aussi tel ageancement, ce profit, que le tronc de l'arbre s'en engrossira, pour gaiement nourrir le fruict, et long temps durer en service.

En enter. Maintenant convient enter ces arbres, pour leur faire produire fruicts du tout bons et délectables : sans lequel moyen, ne le pourroient-ils faire. Les orangers, citroniers, limoniers et ponciles, ne souf-

frent d'estre entés sur autres arbres que sur eux-mesmes : en quoi se trompent ceux qui les insèrent sur des lauriers, meuriers, pommiers, poiriers et grenadiers, où ne font jamais bonne fin. Non plus reçoivent-ils aucun greffe d'autre fruict, estant ceste race d'arbres, particulière et discordante à toutes autres, en bois et en sève. Orangers, donques, seront entés sur orangers : citroniers, sur citroniers : ainsi des autres. Toutes-fois, se dispense-on en cest endroit, avec heureux succès, d'entre-mesler ces fruicts-ci, dont ils sortent très-bien qualifiés : mais c'est avec ceste particulière observation, que de mettre plustost le limonier sur le citronier, qu'au contraire : l'expérience ayant apprins le fruict sortir plus nourri ainsi, qu'autrement : par abonder plus en humeur le citronier que le limonier. Mais par sus tous ses compaignons, le cédriac (espèce de limon ainsi appellé en Provence) est le plus propre à recevoir les escussons des autres, à cause de sa douce et grosse escorce : car sans distinction d'espèces y reprennent-ils tous, fructifient très-bien, et y durent longuement. Les orangers entr'autres, y profitent merveilleusement, portans fruict dans deux ans, à raison de la conformité des fleurs de ces deux arbres, qui communément les produisent plaines et fortes : et par conséquent, fruict beau et bien nourri. La manière d'enter généralement tous ces *En quelle sorte.* arbres, est l'escusson : la saison, le printemps et l'esté, durant la sève, devant et après avoir faict nouveaux jettons : aussi quelques-fois au commencement d'automne, et le poinct de la lune, sa montée. L'escusson quarré, semblable à celui des oliviers, est meilleur que le poinctu, l'on l'employera donques ; et pour tout-d'une-main advancer les enteures, ostera-on les rejects du pied des arbres, à ce que toute la substance des tiges leur soit réservée. De chacune de ces quatre races de fruicts, oranges, limons, citrons, limones ou ponciles, y en a de diverses sortes, différentes par-entr'elles plustost de grandeur et goust que d'espèce : demeurans leur forme et couleur presques tous-jours semblables. Entre les espèces d'oranger croissans en Provence, est le *cornut* ou *bigarrat*, là ainsi appellé, et fort prisé pour son facile accroist. Se treuvent des oranges douces, aigres, d'autres participantes de l'une et l'autre saveur. De mesme des limons, citrons et ponciles : à quoi, en entant, convient prendre garde, pour se fournir des races que mieux l'on aime, et qui plus produisent au lieu auquel l'on est.

Nous avons parlé de couvrir ces précieux arbres en hyver, pour les parer des froidures : sans laquelle curiosité, ce seroit peine perdue que de s'efforcer de les eslever ailleursqu'ès parties méridionales. Cela eschéant, ainsi l'on s'y conduira : que près de la muraille dressée au lieu ja marqué, les arbres soyent plantés du costé regardant le midi, au-devant de laquelle, dix ou douze pieds loin, un reng de colomnes ou de pilastres, de pierre ou de bois, sera eslevé de la hauteur de douze à treze pieds, équidistantes de sept à huict pieds : elles porteront un soliveau régnant pour architrave, et icelui avec la muraille, excédant la hauteur des colomnes de trois à quatre pieds, la couverture dont est question, pour conserver les arbres. Icelle couverture sera composée de chevrons et des aix, légèrement,

pour, avec aisance, la pouvoir oster et remettre selon le besoin : et toutes-fois, si bien à profit, qu'elle puisse engarder les pluies et les froidures de donner jusques aux arbres estans à couvert sous elle. De paille aussi la pourra-on faire, et d'autres matières que l'on recouvrera à bon marché, selon le pays, comme joncs d'estang et semblables broussailles. Conviendra fermer les deux bouts de ce logis, à ce que les arbres ne soyent exposés qu'à un seul aspect du ciel, assavoir, du midi : lequel logis demeurant là ouvert, les arbres seront eschauffés le long du jour, y luisant le soleil dès son lever jusques à son coucher, durant tout l'hyver : au matin y donnant en biais d'un costé, de mesme au soir, de l'autre, et sur le jour, au milieu, y pénétrant dedans jusqu'au fond. Encores mieux entrera le soleil sous ceste couverture, si on accommode au toict quelques lucarnes, qui facilement se puissent ouvrir et clorre, par où, ès belles heures du jour, on donne entrée au soleil : lequel soulageant les arbres, leur fera gaiement passer les mauvaises saisons, estant le pays non du tout abandonné aux froidures, pour lequel seul, ceste manière de couverture est inventée. Mais ès lieux septentrionaux, plus froids que chauds, convient y ad-jouster plus d'artifice : c'est de fermer ce logis-ci, de tous costés universellement, aussi bien du midi que d'ailleurs, en y laissant des grandes fenestres qu'on bouchera avec des vitres ou des chassis de toile cirée, pour autant de temps que le soleil ne pourra servir aux arbres : demeurant cependant le lieu suffisamment esclairé. Pour lesquels arbres eschauffer, lors que les froidures se renforcent, est besoin leur faire du feu de charbon , ou de quelque bois sec et léger, à ce que la fumée trop grande n'importune les fueilles des arbres, des-quelles , encores plus curieusement, en faut aussi esloigner la flamme , de peur de les brusler : si mieux l'on n'aime se conformer à la magnificence du logis des orangers de l'électeur palatin , ci-devant représenté.

Oster et remettre tous les ans ces cou-vertures , est ennuyeuse despence, princi-palement és endroits où le plus curieuse-ment convient aller. Pour laquelle cause, par la nécessité , mère des arts , a esté trouvée l'invention de nourrir ces précieux arbres dans des quaisses : très-louable en ce qu'à cela se ployent volontairement ces délicates plantes ; et si bien , qu'il semble que pour donner contentement à l'homme , elles s'accommodent par tout où l'on les met, se resserrans leurs ra-cines , tant à l'estroict qu'on veut. Et qu'aussi ces arbres ainsi logés , sont aisé-ment transportés d'un logis à l'autre, se-lon les nécessités des temps et plaisir des seigneurs, par là espargnant la peine de réaccommoder de nouveau , chacun an , leurs couvertures. Seulement leur doit-on pourveoir, pour une seule fois , de logis convenable , pour les tenir à couvert du-rant l'hyver , où facilement seront char-riés , par le moyen des rouelles mises dessous les quaisses , rendans la charge moins poisante : et aussi, que le lieu auquel ces arbres séjourneront en esté, soit joignant celui de l'hyver , si faire se peut, pour avoir tant moins de peine de les remuer de l'un à l'autre. Tels lieux sont communément voutés , pour la na-turelle chaleur que la voute se conserve en hyver, au contentement de ces arbres.

En la façon des quaisses n'y a nulle su-jection , non plus qu'en la capacité : car de quelle figure qu'elles soyent , petites ou grandes , demeurent tous-jours bon-nes , pourveu que leur matière soit de longue durée, en quoi convient s'arrester : estant ce tous-jours à recommencer, quand on les compose de bois facile à pourrir , mesme à cause de l'arrousement qui en advance la ruine. Si on désire d'avoir des grands arbres , en faudra faire les quaisses grandes , la raison voulant que leurs ra-cines soyent logées au large, et ayent plus de terre pour leur nourriture , que les petits. Ainsi des moyens , ainsi des petits , tant ces arbres s'accordent à tout ce qu'on veut faire d'eux. Voire , en void-on se nourrir et fructifier dans des pots de terre , et petits vazes de bois , que pour leur légèreté , un homme porte où il vent, dans les maisons , és porches , salles , fe-nestres , les remuant de lieu en autre à volonté : dont l'excellence de telle plante se représente avec beaucoup de plaisir , quand avec telle facilité l'on void les beaux fruicts et en grande abondance , s'accroistre sur si petits rameaux y par-venans en perfection de bonté. L'entre-tenement de ces arbres , ainsi enfermés dans des quaisses ou vazes , grands et pe-tits , n'est autre que des précédens ; ex-cepté qu'en ceux-ci convient ad-jouster, chacun an , de nouvelle et fertile terre , ostant de la vieille le sur-abondant : car puis que leurs racines ne peuvent aller paistre loin , est de besoin les nourrir de bonne substance. Faut arrouser ces ar-bres-ci souvent en esté : mais nullement en hyver , de peur de fortifier la naturelle froidure de la saison au détriment de l'ar-bre , lequel se maintiendra en bonne hu-

meur

meur par le seul traictement susdict. Les vazes grands et petits, seront persés au fond, pour vuider l'eau que la terre ne pourra humer en arrousant les arbres. L'esmunder leur est nécessaire, pour les tenir tous-jours bassement : parquoi, outre les branches mortes ou flestries, l'on leur en ostera des vifves tout ce qui s'entrepressera et excédera la convenable hauteur de l'arbre, les couppant et roignant avec des serpes bien esmoulues, durant le printemps et l'esté, pendant qu'ils sont en sève. Avec l'ongle aussi, leur ostera-on les bourgeons superflus, croissans en mauvais endroits ; par ce moyen les arbres deschargés d'oppresse, fructifieront vigoureusement.

Ceci est observable, que de se haster de couvrir ou d'enfermer les arbres, sans attendre l'arrivée des froidures ; pour le danger qu'il y a, qu'à l'impourveu, elles surprennent les arbres en campagne : dont est beaucoup meilleur s'advancer trop, que retarder tant soit peu. Cela est néantmoins restraint à la saison : car quelques-fois avient, que l'automne est fort tempéré, voire y reste-il beaucoup de la chaleur du précédent esté, dont par d'aucuns elle est dicte, en Octobre et Novembre, l'estivet de Sainct-Martin. En ce cas, l'on laissera les arbres à descouvert, jusques à apparence de changement de temps ; par ce moyen, raccourcissant le terme de l'emprisonnement des arbres à leur utilité : car ils s'en treuveront tant mieux au bout de l'année, que moins en hyver auront demeuré sous les couvertures. Pour la mesme cause, du froid, bien-que le printemps soit ja arrivé, faut délayer à remettre ces arbres-ci à l'aer, jusqu'à ce que, la crainte du péril passée, par le rétrograde des froidures et gelées, ils demeurent en toute asseurance. Quand l'on couvrira ou enfermera ces arbres, sera prins garde que leurs fueilles soyent bien sèches : partant, choisira-on un jour clair et serain, non pluvieux ne bruineux ; car en tel estat, se conservent-ils mieux sous les couvertures, que s'ils estoient chargés de rouille. Avisera-on à les remettre en leur premier regard du ciel, pour ne les esloigner de leur naturel que le moins qu'on pourra. Seront lors les arbres deschargés de partie de leurs fruicts et fleurs, c'est assavoir, de tout le langui et de peu d'espérance, pour donner tant plus de moyen au restant de faire bonne fin.

Ne se peut exprimer la grande beauté de ces précieuses plantes, provenante, et de l'immortelle et esclatante couleur verte de leur ramage, et des bonnes qualités de leurs fruicts, qui, contre le naturel de tous autres, demeurent attachés aux arbres la plus grande partie de l'année : et ce qui en augmente la grace, est, qu'on en void, à la fois, sur mesme tige, des petits, des moyens, des grands, voire leurs fleurs les accompaigner très-longuement, causans très souefve senteur ès lieux où ils sont enfermés. Ce sont voirement délices de princes et grands seigneurs, que d'eslever ces excellens arbres sous aer contrariant à leur naturel : en quoi leur magnificence est plus aisément admirée qu'imitée. Mais ès endroits où sans excessive despence, ces arbres peuvent s'accroistre et fructifier : avec le plaisir, le profit y est recogneu très-bon, pour les deniers qu'on tire de leur despouille, dont rien ne se perd. Car soyent les fruicts

meurs, ou non, les marchands acheptent

tout, jusques aux mi - pourris et fleurs superflues chéans d'elles - mesmes. Les fruicts parfaictement meurs sont employés à l'ordinaire usage : les plus minces et menus, pour leur trop d'abondance tumbans à terre, sont enfilés pour chaisnes et ceintures : les grossets non encores meurs, à confire tous entiers : ce qui se treuve de bon ès mi-pourris, à estre mis en subtiles rascleures, puis converti en confiture : les fleurs, à estre distillées, pour eaux de bonne senteur. De toutes lesquelles choses, tout François tesmoignera, s'il considère la grande abondance d'oranges, de citrons, de limons, de ponciles, qu'on transporte par tout ce royaume, mesme à Paris, à grandes batelées (147).

Palmier. Ces précieux arbres seront suivis d'un autre de leur qualité, c'est assavoir, du palmier, produisant l'exquise prune datte, qu'on nous envoye de la Barbarie. Le fondement en est le noiau de la datte, semé à la manière des autres, et sous ces particularités, que de le choisir nouveau, nou de fruict longuement gardé ; tel ne voulant sortir à l'aer : et de l'enfoncer quatre doigts dans terre, souple, desliée, et de long temps engraissée avec des subtils fumiers. Ce sera au mois de Février, en lieu regardant le midi, ayant une muraille en doz pour espaulière, lui faisant abri. L'on mettra quatre ou cinq noiaux joincts ensemble, afin que de deux ou trois qui auront bouté, se compose le tronc de l'arbre ; car un seul, pour sa foiblesse, ne peut satisfaire à cela. Ainsi unis et comme colés ensemble, communicans leurs vertus, formeront le tige du palmier, qui s'en rendra bien asseuré. Ne le laisserés en la pépinière plus de

trois ans, ains au bout de ce terme-là, le transplanterés au lieu où l'aurés destiné pour tous-jours, et là le traicterés avec soin, selon son mérite mesme, en le parant du froid par couvertures. C'est un arbre fort tardif à croistre, aussi dure-il longuement ayant une fois prins terre. Il ne fructifie qu'au bout de cent ans, selon *Pline* et la commune opinion. Pour laquelle tardité, néantmoins, ne laissera l'homme d'esprit d'en parer son jardin, tant pour le plaisir de voir les rameaux de cest excellent arbre, que pour l'espérance du fruict qu'il en laisse à ses successeurs. Il y a en la palme, masle et femelle, s'entr'aimans tellement, que séparés l'un sexe de l'autre, ne fructifient poinct, mais assemblés portent en leur temps abondance de dattes, plus toutesfois la femelle que le masle. Les dattes sortent des rameaux des arbres sans moyen, c'est à dire, sans queue, comme font toutes autres prunes ; ce fruict ayant cela de particulier : et l'arbre, de n'avoir aucun brancheage, ains seulement des grandes fueilles longues sortans directement de la teste de l'arbre, eslevée sur son tige, de cinq à six pieds, dont il se façonne grand et beau à voir. Aussi, mais par le temps, son tige vient fort gros, qui cause planter le palmier dans terre ferme, non dans des quaisses, comme les orangers : ou ce seroit pour le seul plaisir des rameaux, sans se soucier du fruict avenir (148).

Cannes à sucre. Pour faire bonne bouche, finalement j'ad-jousterai à ce roole, les cannes de sucre, afin aussi qu'accouplées avec les orangers et ses compaignons, le jardin soit parfaictement ennobli, et rendu du tout magnifique. Ceste excellente plante, s'est despuis peu d'années en çà domestiquée en Provence, où elle a esté apportée des Isles Canaries et de Madère. Les pays chauds, dont ces cannes sont originaires, nous donnent avis d'en tenir tel conte que des arbres susdicts, pour les loger et traicter en mesme lieu et sous mesme artifice qu'eux, puis que communément telles plantes craignent les froidures. Leur culture. Ces cannes aiment la terre très-fertile, légére et douce, et d'estre souvent arrousées. Tel fonds leur appresterons-nous, sans leur espargner l'eau au besoin. Aussi avec semblable facilité, leur parerons-nous les injures du ciel, comme sera monstré. La culture de ces cannes estant de par deçà, plus nouvelle que difficile, donne courage à tout gentil esprit de se meubler de si précieuse matière, qui est le succre, lequel croissant par son industrieux labeur, dans son propre jardin, en recevra d'autant plus de contentement, que plus chacun prise les choses provenantes de sa dextérité que d'ailleurs. Ces cannes ressemblent aux autres communes, qu'on appelle aussi, rozeaux, et en tige et en fueille, hors-mis qu'elles ne montent si hautement. L'une et l'autre canne s'édifie par racines et bulbes, ce qui rend la chose assés aisée: d'autant que les bulbes, pour leur durté, se peuvent conserver saines plusieurs journées, donnans, par ce temps, loisir de les transporter assés loin, comme de la Provence à Paris, en les empaquetant ingénieusement. Plantées et reprinses qu'elles soyent, au bout d'un an on les pourra provigner, pour en augmenter la race, non que cela soit nécessaire. Cela s'entend si elles sont plantées en terre ferme, car estans dans des quaisses, la petitesse du logis ne permettroit cest eslargissement. Le succre croist En quel endroit de la canne croist le succre. dans le tuiau de la canne, lui servant de mouëlle; pour lequel recueillir, les cannes sont couppées près de terre, vers la mi-Septembre, après hachées par tronçons de quatre doigts, ou demi pied chacun, puis bouillies en eau claire dans des chauderons, jusqu'à ce que la substance en soit du tout sortie, laquelle demeure seule, par la patience d'en faire exhaler l'eau, par longue ébullition, dont le succre s'affermit. Pour en manger de frès, ne faut que le succer des tronçons de la canne, comme l'on faict du miel avec la cire freschement tirée de la rusche. Ce coupper rés de terre, facilite la conservation des cannes, car par dessus leurs tiges, qui restent presques tous dans terre, est très-aisé de faire des couvertures portées par des petits paux eslevés sur terre, seulement de deux ou trois pieds, qui tenans les racines couvertes contre les mauvais temps, des froidures, des neges, des gelées, des pluies impórtunes, demeureront asseurées, et icelles estans eschauffées par fumiers, ne pourront aucunement sentir telles injures. Dont plus asseurément passeront l'hyver ces plantes-ci, n'en ayant qu'à défendre les racines, que si on estoit contraint leur parer, et racines et rameaux tout ensemble, comme l'on faict des orangers et semblables arbres. Après l'hyver, au retour du beau temps, sont ostées ces couvertures, et les plantes se remettent à rejetter comme devant, s'accroissans en haut durant l'esté, selon leur naturel (149).

L'arbrisseau portant le cotton sera ici Coton. enroolé, parce qu'estant do pays chaud, désire communication de traictement avec les précédentes plantes. L'isle de Malte abonde en tel arbrisseau. S'édifie par graine, laquelle l'on treuve dans le cotton que les marchands vendent par toute la France. Désire terre plus sèche qu'humide, toutes-fois vigoureuse. Convient la semer en automne. La plante monte de trois à quatre pieds sur terre. Jette des petites pommes, lesquelles s'approchans de maturité, s'entr'ouvrent en croix à la poincte, comme la grenade, par là faisant jour au cotton, qu'on void blanchir le long des fentes de l'escorce. Puis estant du tout meur, on y treuve quatre petits paquets de cotton, si bien ageancés et si fort serrés, qu'en chacun y a une poignée de cotton, lequel par-après seroit impossible de remettre en si petit lieu qu'il occupoit au-paravant, tant la Nature est industrieuse (150).

CHAPITRE XXVII.

Le général Gouvernement et Culture des Arbres Fruictiers.

En vain l'on plante et ente les arbres, si on ne se résoud à les entretenir : car comme après avoir faict naistre le bestail, se faut soigner de lui donner le laict en son commencement, et après des herbages pour le nourrir et fortifier, ainsi est de besoin, ayant fourni le verger, d'en advancer les arbres par opportun labourage : afin que tost ils produisent des fruicts, et longuement subsistent en bon estat ; ne pouvans que maigrement et avec langueur, faire l'un, ne parvenir aucunement à l'autre, si par paresse, avarice,

ou ignorance, l'on ne les traicte ainsi qu'il appartient. Par quoi, qui n'a grande affection à ce mesnagement, ne doit penser seulement à eslever un arbre, pour le soin continuel nécessaire d'accompaigner celui qui souhaitte de voir sa maison abondamment pourveue, en toutes saisons, de toutes sortes de bons fruicts. Le laboureur à la charrue, ou le houer à la main, et le fumer, sont le vrai traictement du fonds des fruictiers : lesquels deschargés du superflu brancheage, le couppant à propos et à temps, ne peuvent faillir à rapporter contentement. De l'esbrancher des arbres est sorti cest antique proverbe, selon *Columelle*, parlant des oliviers, *que qui les laboure, les prie de porter : qui les fume, les supplie : et qui les esbranche, les contraint.* L'arrousement venant par dessus, et opportunément distribué, est ce qui oste aux arbres toute excuse de fructifier. Car souvent il avient que la sécheresse intervenant, ravit toute l'espérance du laboureur, pour bien et curieusement qu'il aie préparé et la terre et les arbres : mais où il y a de l'eau, et donnée à propos, ne peut-on craindre telle perte, le ciel estant favorable (151).

C'est un article de beauté utile, que de tenir le verger rempli d'arbres, ne pouvant estre que difforme, défaillant en nombre : ne fructueux, n'estant fourni de plantes requises. Joinct qu'autant couste de labourer le parterre, mal, que bien meublé. Donques ayant planté le verger, tascherés par bon traictement à faire vivre les arbres, à ce que, s'il est possible, aucun ne défaille : remarquant soigneusement les plantes qui n'ont voulu se reprendre ; ou qui estans reprinses,

sont, par accident, despuis mortes, pour
après en leur place y en surroger des
vifves. Le plustost qu'on peut réparer
telles défectuosités est le meilleur, pour
la difficulté, ou plustost impossibilité, de
faire croistre des nouveaux arbres, parmi
la foule des vieux; ceux-ci au détriment
de ceux-là occupans et la terre et le ciel,
si que passées les trois premières années,
ne vous en reste par-après grande espérance de contentement. C'est pour les
vergers estroictement plantés, car où les
arbres sont posés au large, plus de loisir
a-on de pourveoir à tels défauts : non
toutes-fois tant, que le retardement ne
soit tous-jours préjudiciable, pour l'avantage que les premiers arbres ont par dessus ceux qui viennent après; leur inégalité rendant le verger, et moins plaisant,
et moins fructueux.

Tous arbres généralement désirent la
culture, plus ou moins s'y délectans les
uns que les autres, selon la diversité de
leurs naturels. Nous avons veu l'olivier,
quoi-qu'arbre délicat, attendre patiemment le loisir du laboureur, et qu'après
avoir longuement langui, la bonne culture redonnée à propos, le remet en vigueur. Au contraire, le noier (bien-que
du reng des grossières plantes) ne pouvoir souffrir la négligence, ni par renouvellé bon traictement estre remis; si la
culture qu'on lui a accoustumée en sa jeunesse lui est déniée tant soit peu, voire la
première interruption lui causer la mort.
Pour donques ne se descevoir, le mieux
qu'on pourra cultiver les fruictiers sera
le meilleur, et le plus désirable et louable,
que ce soit avec modérée despence : d'autant qu'en cest endroit est question d'accoupler le profit au plaisir, non s'arrester

au seul contentement. Ainsi que le désirés, aviendra, si avés l'eau à commandement, et que soyés près de quelque
bonne ville, pour débiter la potagerie
que le fonds de vostre verger, servant en
jardinage, rendra : d'où sortira argent à
suffisance pour satisfaire largement à
tous frais, si que pourrés dire entretenir
vos arbres pour néant. Mais d'un entretenement exquis et nompareil, le rapportant aux fruicts, lesquels en sortiront
d'autant plus gros, beaux, et exquis,
que les autres n'estans cultivés avec tel
soin, qu'il y a de différence entre les
francs et sauvaiges. Si ne voulés entretenir tant de jardin, comme vostre verger
est grand, pourrés user de retranchement : divisant tout le lieu en trois ou
quatre parties, plus ou moins, pour l'une
d'icelles estre seule, jardinée un couple
d'années de suite : après sa voisine de
mesme accommodée, ainsi des autres,
faisant par ce moyen courir le jardin par
tout le verger, comme si c'estoit parc à
brebis : de telle sorte qu'il n'y aie recoin
en tout le verger, qui au bout d'un
temps, ne se ressente de la faveur du jardinage. Ayant le jardin faict la ronde par
tout le verger, repassera par son premier chemin : dont, et les arbres se treuveront parfaictement bien cultivés, et le
jardin mesme mieux accommodé qu'ailleurs : désirant, ceste espèce de domaine, tous-jours terre nouvelle, pour
estre deschargé de l'importunité de plusieurs bestioles qui dégastent la potagerie dans terre, sur tout les oignons, mesme
la courtillière, ainsi dicte en France, et
sterpi en Languedoc, plus aux vieux jardinages qu'aux nouveaux. Sera continué
ce jardinement, jusqu'à ce que, par l'ac-

croissement des arbres, sous leur ombrage, la potagerie se treuvera opprimée : auquel cas, cédant le jardin aux arbres, les arbres demeureront fortifiés suffisamment, pour se passer de tant exquise culture, se contentans de moindre traictement (152).

Divers usages de l'entretenement du fonds du verger.

De là en hors, diversement manie-on les arbres du verger, selon les lieux et fantasies. Aucuns abandonnent les arbres à la prairie, ne les cultivans du tout rien, ou si peu, que le houer à l'entour des tiges ne leur peut servir de beaucoup, attendu l'estendue des racines se paissans au loin. Autres leur continuent la culture jusqu'à leur extreme vieillesse, semans au parterre quelques grains ; pour, comme d'une imposition, tirer la despence du labourage. Et bien-que ceux-là quelquefois rencontrent bien, c'est par le bénéfice du fonds et de l'aer, que cela procède : et particulièrement pour certains arbres supportans assés bien le non-labourer, comme entr'autres, les pommiers et poiriers. Mais tous-jours, pour la générale bonté des fruicts, ceux-ci se treuvent mieux fondés, d'autant que toute sorte de fruicts sortent meilleurs de terre labourée que de la délaissée, comme a esté dict. En ceci est utile le parterre du verger empréé, que d'engarder les fruicts de se froisser, chéans de maturité sur l'herbe : et que sans grande tare du foin, plaisamment, l'on se pourmène en tous temps, sous les arbres. Sur lesquelles commodités, balancées avec leurs contraires, le prudent et sçavant mesnager prendra avis selon son lieu.

Quelle prairie est la moins nuisible aux arbres.

S'il esclet de convertir le fonds du verger en prairie, à la commune préférera-on la luzernière, pour le naturel de la luzerne ou sainfoin, qui, non plus que les arbres, ne veut estre broutée par les bestes ; et qui au bout de dix ou douze ans veut estre arrachée, comme a esté monstré : chose qui revient au grand avantage des arbres, lesquels après long séjour se treuvent ravigouris, comme renouvellés par ce deffrichement. A la luzerne nuisent les ombrages des arbres, desquels elle est empeschée, et de s'accroistre au pré, et de se sécher, estant fauchée : et aux arbres la luzerne cause ceste incommodité, que de leur faire endurer la soif en esté, elle ne voulant estre arrousée. Lesquelles difficultés seront adoucies, en fumant le fonds pour advancer l'herbe, et après l'avoir couppée, l'emporter dehors le verger, au plain pouvoir du soleil, pour s'y sécher et préparer : et touchant l'arrousement, y aller retenu, afin que seulement pour rafreschissement ès grandes chaleurs, l'on leur face courir un peu d'eau, dont en ce cas, la luzerne n'en sera qu'accommodée, ainsi qu'a esté représenté ailleurs (153).

Au livre IV, Chap. 11.

Quels grains moins importuns.

Qnant aux grains, les moins nuisibles aux arbres, sont les légumes, excepté les ciches, que bannirons du verger avec les orges et millets, pour leurs naturels dessicatifs, importunans par trop les arbres, de mesme les chanvres et les lins : retenans les fromens, seigles et avoines, pour y estre semés, ainsi que mieux s'accordera ; non toutes-fois avec espérance de grand rapport, pour l'embarras des ombrages, ains seulement pour en retirer ce qu'on pourra à la descharge du labourage. Ici se représente le dégast qu'on faict des blés en les trépignant, pour cueillir des arbres les fruicts primerains ou de hastiveau, comme cerises, poires musquées, abricots, et semblables : afin que ce mal préveu de loin, soit destourné dès la fondation du verger mesme. Cela se fera en rengeant à part les arbres dont la maturité des fruicts précède celle des grains, sous lesquels semerés autre chose que blé de telle sujection : où y en semant, la perte s'arrestera en peu d'espace de terre que tels arbres contiendront, plus supportable que s'ils estoient escartés par le verger. Les pommiers, très-petit nombre excepté, ne causent tel desordre, ni aussi généralement les poiriers d'automne et d'hyver : non plus les figuiers, coigniers, mesliers, dont la tardité des fruicts donne loisir de retirer entière la despouille du fonds.

Le saffran y peut estre mis, souffrant et le trepis en herbe, et le cueillir de son poil, sans autre deschet que général, venant de l'ombrage des arbres, sous lesquels ne rapporte tant la saffranière, qu'exposée en plain soleil. La chaleur du saffran altère aucunement les racines des arbres, mais l'eau intervenant là-dessus, corrige telle intempérie sans nuire au saffran, qui en est accommodé, opportunément distribuée. Le remuer du saffran revient au soulagement des arbres, quand pour icelui de quatre en quatre ou de cinq en cinq ans, la terre est de nouveau rompue et remuée, sens-dessus-dessous, dont les racines des arbres reprennent nouvelle force. Utilement aussi

fera-on des raves et naveaux sous les arbres ; leurs labour et cueillète (qu'on faict en les arrachant) accommodans les arbres.

Reste un autre moyen, pour, à bon marché, cultiver le verger : c'est de planter quand-et les arbres, de la vigne, parmi laquelle s'accroissans les arbres,

avec eux, elle rapportera du fruict pour satisfaire aux frais du commun entretenement de ces plantes, ainsi meslingées. Non toutes-fois pour guières plus long temps, que pour une vingtaine d'années, passées lesquelles, la vigne opprimée sous l'ombrage des arbres accreus en perfection, sera arrachée : quittant la place aux arbres, qui seuls l'occupant, de là en hors, s'y maintiendront en bon estat, autant longuement que le naturel des plantes le permettra, à cause de la provision de bonne nourriture, que par le moyen susdict, les arbres auront faicte.

L'excès de chaleur et d'humidité causant la ruïne des fruictiers, faict que plusieurs condamnent du tout le fumer et l'arrouser des arbres. Monstrant l'erreur de telle opinion, dirai au contraire, que pour avoir abondance de bons fruicts et précieux, le fumer et l'arrouser sont trèsrequis aux arbres, comme l'excellence de leur nourriture : pourveu qu'avec juste proportion l'on se serve de l'un et de l'autre. Et de faict, où treuvera-on les fruicts exquis, qu'és lieux engraissés et arrousés ainsi qu'il appartient ? Non és importunés du trop maigre, gras, sec, et humide. Ce sera donques avec un jusques-où, qu'employerons ces commodités, à ce que nos arbres se maintiennent en bon estat. Ceste restriction se rapporte à la qualité des fumiers et des eaux ; à leur quantité ; au temps et moyen de leur emploi ; mesme au pays où l'on est. Le meilleur fumier pour les arbres, est le plus vieux et mieux pourri, ou neufs et vigoureux terriers : les eaux, celles de fontaine ou autres salutaires, telles qu'avons choisi pour la prairie. Convient modérément user de l'un et de l'autre, car mieux vaut fumer et arrouser, peu et souvent, que trop à la fois. Le temps en est divers, pour la diversité de ces deux matières. Le fumier pour eschauffer les arbres, sera employé en hyver : et l'eau pour les rafreschir, en esté ; ainsi l'on corrigera, et les froidures et les chaleurs. Les racines des arbres seront deschaussées : après l'on les recouvrira avec les engraissemens meslés parmi de la terre du fonds, à ce que le pur fumier ne joigne aux racines des arbres, de telle matière réemplissant la fosse, en la réunissant au plant sans aucun relèvement. L'on destournera l'eau des racines, afin de n'y croupir jamais, ains seulement y découlera-elle en passant ; en cest endroit se servant de l'addresse du jardinier, qui n'arrouse jamais l'herberie qu'en la nécessité. Ayant mis le fonds de vostre verger en légumes, blés, saffran, naveaux, ou raves, ne ferés difficulté d'y faire couler l'eau au besoin, par des petits canaux qu'à cela aurés faict aproprier. De mesme ferés de la vigne, parmi laquelle seront plantés vos arbres, sans avoir tant d'esgard au deschet du vin (qui ne sort jamais si bon de lieu humide, que de sec) qu'au profit des arbres, lesquels aussi tiennent ici lieu de principal, et la vigne d'accessoire. Ainsi maniés les fruictiers, et suivant les instructions suivantes, ne doubterés de leur bon et long service.

Conduicte de leur branchéage. Ce n'est pas tout que de cultiver le fonds des arbres, il se faut soigner de leurs branches, où gist la plus subtile maistrise de leur gouvernement : pratiquée par tous pays, non restrainte en aucuns, comme l'arrousement, qui n'est employé pour les arbres, qu'ès endroits fort eschauffés du soleil. Les arbres ne peuvent beaucoup fructifier, ne long temps demeurer en service, estans sur-chargés de brancheage. Pour laquelle cause, il ne faut cercher l'abondance des gros fruicts, bien nourris et bien qualifiés, ès grands arbres, touffus, abondans en ramage ; parce que le tronc de l'arbre ne peut satisfaire à la fois à ces deux charges : ni aussi de tels arbres sur-chargés espérer longue durée, ains de succomber sous le fardeau, et se ruiner eux-mesmes. Ces maux se previendront en eslaguissant les arbres du superflu, leur laissant à nourrir peu de branches : lesquelles tirans leur vie des racines, qui demeurent entières, la redonneront aux fruicts avec beaucoup de vigueur, dont ils sortiront, et en abondance, et qualifiés ainsi qu'il appartient. Et si en demeureront les arbres, sains et robustes, pour longuement durer en service, quant ayans gaiement nourri les fruicts, résisteront fermement aux tempestes, vents, brouter des bestes, vermines et autres accidens, ausquels ils sont sujets : par ce moyen évitans de s'envieillir trop tost, et en suite, de périr langoureusement. Or sans redire ce qui a esté enseigné sur le dresser des jeunes arbres, ici sera monstrée la continuation de telle doctrine, pour l'appliquer selon l'aage des arbres et les circonstances. ESMUNDER, ESLAGUER, ÉTESTER, sont les œuvres convenables à la rameure des arbres advancés, qu'on employe pour abaisser l'orgueil des jeunes et luxurieux arbres, et hausser le cœur aux vieux et langoureux : par ce moyen, reculant et advançant les arbres, qui par jeunesse, vieillesse, accident, ou autre cause, défaillent. Esmunder, est oster le Esmunder mort

Eslaguer. mort et rompu : eslaguer, les branches inutiles et nuisantes croissans en mauvais endroit, empeschans la grace de l'arbre : *Etester.* étester, coupper généralement toutes les branches pour faire reprendre nouvelle vigueur à l'arbre, et comme nouveau mesnage, lors qu'on le void succomber. Tous-jours avec instrumens bien trencheans taillera-on les arbres, tant rondement qu'on pourra, sans en rien esclater ni escorcer, faisant la trenche fort unie et pendante d'un costé, pour rejetter les eaux de la pluie. Le temps en est après l'hyver, lors que les arbres sont en sève, afin que par icelle la plaie de la couppe soit tost recouverte : ce qu'on ne pourroit espérer, prenant les arbres encores endormis, comme plusieurs ignorans font, ce que je redis pour l'importance de ce mesnage. Car les taillant en hyver, avant qu'ils facent semblant de pousser, la trenche se sèche en se noircissant, sans se pouvoir jamais recouvrir, ou bien à tard, souventes-fois à la ruine de l'arbre. Mais par le contraire, l'humeur de la sève se treuvant preste, secourt subitement la plaie, quand on la faict au temps nouveau ; chose qui se preuve par l'expérience, et bien apparemment par les entes faicts à l'escusson, qui faillent à se reprendre, desquels en très-peu de temps la cicatrice de l'incision faicte au sauvaigeau, est très-bien consolidée par la sève intervenant là-*En quel temps.* dessus. Dans le mois de Mars cela se pourra commencer, sans aucun regarder de lune, et continuer jusqu'à la fin de Mai ; et en somme, tant que la sève vous accompaignera : cessant lors, que la sève tarira par trop de chaleur. Et si on désire de se servir en hyver du bois des vieux

fruictiers, l'on les étestera en Octobre ou Novembre, à la charge, toutes-fois, de laisser aux branches des longs chicots pour les retailler plus bas en endroit vif au renouveau, pour les raisons dictes. Tous *Common naturel des arbres.* arbres veulent estre esmundés et eslagués chacun an, les deschargeant, premièrement, de tout bois mort ; puis des branchètes superflues ; en suite, leur roignant les cimes des principales branches excédantes les autres ; tout ce qui fondroie et recourbe en bas, couppant ce qui s'accroche et entortille par dedans l'arbre, et en somme, tout ce qui lui oste sa grace et le difforme : afin que, façonné ainsi qu'il appartient, il s'en représente beau à la veue, et desvelopé d'empeschement, puisse gaiement fructifier. Sou-*Ceci est à remarquer.* ventes-fois, par dedans l'arbre s'accroist une ou deux branches plus fertilement que les autres, qui engloutissent toute l'amour de l'arbre, comme à cela par dessus tous, sont sujets les oliviers et pruniers. Telles branches seront entièrement couppées, dès qu'on les descouvrira, de peur que ne remédiant à temps à ce mal, l'arbre ne s'en anéantisse à la longue. Aussi toutes autres branches malplaisantes et importunes, dont l'arbre eslagué, demeurera à délivre, pour, avec lustre, tenir tous-jours au verger reng plaisant et profitable. Quant à l'étester, on ne sçauroit dire quels sont les arbres en avoir plus de besoin, les vieux ou les nouveaux. Le plus souvent ceux-ci périssent par trop abondante humeur (comme les hommes sont sujets à se perdre par trop grande prospérité), causant plusieurs rameaux aux arbres, se jettans en haut, lesquels attirans à eux toute la substance des racines, les troncs en demeurent minces et mal fondés : qui ne pouvans supporter la charge de la rameure, et icelle la violence des vents, ayans grande prinse sur elle, les arbres entiers en sont facilement renversés à terre. A cela l'unique remède est de coupper la teste de l'arbre qu'ainsi l'on void tenir le chemin de sa ruïne, et ce entièrement et rondement, comme à un saule, en y laissant des chicots longs de demi pied, plus ou moins, sur lesquels l'arbre rejettant de nouveau, en augmentera ses racines, les allongera, prendra terre, et s'y affermissant, renforcera son tronc, et dans peu d'années refaçonnera son ramage plus beau que devant. Touchant les vieux, par le mesme ordre on les renouvellera, dont deschargés de leur fardeau, font nouvelles branches, et par ce moyen, se remettent très-bien ; servant mesme remède à contraires maladies des arbres, à réprimer la jeunesse des uns, et à supporter la vieillesse des autres. Mais c'est à la charge de les eslaguer l'année d'après, ostant les rejects superflus dont abondent tous arbres étestés de nouveau : car les y laissant tous, ce seroit opprimer l'arbre par sur-charge, lui ostant, et la grace, et le moyen de bien fructifier. Ainsi vos fruictiers tenus nettement, par esmunder, eslaguer et étester (ces remèdes employés selon les occurrences), se conserveront très-bien, avec requise bien-séance. Auquel mesnage vous-vous affectionnerés d'autant plus, que plus verrés de bons fruicts sur les arbres conduicts par cest ordre, qu'ès autres accablés sous le fardeau de leur vieil ramage : lesquels ne pouvans fournir à tant de nourriture, ne rapportent fruicts que mal qualifiés, et encore en petite quan-

tité. Avec ceste distinction ouvrerés ici, que de n'étester beaucoup d'arbres à la fois, bien-que nécessaire, ains en prendrés quelque petit nombre chacun an, afin de ne vous priver, tout à coup, de grande abondance de fruict, de la faute duquel, par tel ordre, ne vous sçauriés recognoistre. Tout-d'une-main seront réentés les arbres qu'étesterés, vieux et jeunes, afin qu'avec le renouvellement de leurs branches, le fruict s'en affranchisse davantage. Et encores que le fruict en soit bon, meilleur se rendra-il quand mesme ce ne seroit que d'y remetre de leurs propres greffes, comme ailleurs ai monstré l'efficace de telle curiosité. Mais ce dernier réentement vise là première-ment, qu'eschéant d'avoir dans vostre verger quelques arbres, dont le fruict ne vous agrée de tous poincts : ou qu'ayés trop grand nombre d'arbres d'une mesme sorte, quoi-que bonne, par ce moyen les augmenterés, diversifierés, et changerés à vostre plaisir. Et ne doubtés que cela recule aucunement vos arbres, car les jettons, de nouveau réaffranchis, s'en aggrandiront aussi tost : voire et plus vigoureusement repousseront-ils, que procédans directement de l'arbre. Tout le retardement qu'y pourroit avenir, c'est de l'attente des nouveaux jects, pour sur iceux enter en fente l'année d'après, si tant voulés attendre. Car si désirés d'enter en petite coronne, le pourrés faire à mesure de l'étestement : ainsi qu'a esté représenté. Ou bien, en canon ou escusson, dans le mois de Mai, ou celui de Juin ensuivant, sur les premiers jettons que les arbres feront : dont sans nulle attente, vos arbres étestés, se revestiront de ramage réaffranchi en perfection. Ce réentement donne aussi lieu aux nouveaux fruicts , qui d'année en autre surviennent : sans laquelle commodité ne pourroient-ils estre logés au verger ja rempli , au grand mescontentement de tout homme d'esprit, qui désire son verger estre fourni de toutes sortes et espèces de fruictages, et qu'aucun de ses voisins ne le devance en ceste exquise mesnagerie (154).

Contre les maux de la jeunesse et de la vieillesse des arbres, est le remède susdict : lequel servant aussi à la guérison de la stérilité, se rend admirable en cest endroit. Il eschéoit bien souvent qu'après avoir eu prins beaucoup de peine au dresser du verger , aucuns arbres se treuvent ne vouloir nullement florir, ni par conséquent fructifier : bien - que marqués pour le contraire, beaux et grands, s'estendans en branchéage, par là trompans l'espérance de leur eslèvement. La correction de ce vice se faict en roignant les cimes des branches de l'arbre , jeune, advancé en aage et en rameau, qui n'a jamais rien porté, tenu pour stérile. Mais c'est sous l'estroicte observation du dernier jour de la lune finissant en Janvier, que seul convient employer en ceste action, sans s'y dispenser. Icelui donques tel choisi, l'arbre sera universellement tondu en toutes ses branches , d'icelles en couppant , tant ou si peu , que la bien-séance de l'arbre le permettra. Après laisserés faire à la Nature, car sans vous faire languir, à la prochaine primevère vous fera paroistre la vertu de ce secret , par les fleurs dont l'arbre sera revestu, en suite par le fruict. Et à ce que soyés asseuré de cest admirable traict de mesnage, sans estimer que nonobstant l'artifice l'arbre

n'eust laissé alors de florir éstant arrivée son année de porter , ad-joustés-y, comme pour essai, ceste subtilité, c'est de n'en roigner de l'arbre qu'une portion , la moitié, le tiers , ou le quart : et verrés que la partie roignée, sera seule florie, au restant de l'arbre , n'y ayant aucune fleur. Par mon exemple particulier, plusieurs de mes amis se sont instruits de cest exquis et utile jardinement, avec beaucoup de plaisir, contemplans les merveilles du Créateur, en l'ordre qu'il a ordonné à la conduicte des choses de ce monde (155).

Les chenilles , les vers, et les fourmis , sont les plus communs ennemis des fruictiers , dont ils reçoivent beaucoup d'importunité. Le plus asseuré moyen de garder les arbres des injures des chenilles, est d'en recercher diligemment l'engeance durant l'hyver , pour s'en despestrer. Chose lors fort aisée à faire , n'estant question que d'en prendre les œufs, et les casser. L'on les treuve assemblés dans des paquets envelopés avec des fueilles sèches , liés à-tout de la toile de ces animaux , comme ouvrage d'araigne , et iceux paquets suspendus dans les branches des arbres. Il ne faut que se résoudre à telle recerche , pour en venir à bout, y commettant un homme curieux , qui , toute œuvre laissée , travaille à ceste-ci, la saison en estant venue, qui est durant tout l'hyver jusques au printemps. Si la curiosité et la patience du recercheur n'ont loyalement esté employées , se recognoistra au renouveau, quand les chenilles, qui auront eschappé la main de l'homme, à sa honte, se pourmeneront par l'arbre : et ce sera alors au refaire , chassant après ces laides et nuisibles bestioles : mais aussi s'il n'y use de diligence, les prenant dès aussi tost qu'elles seront escloses (ce qui sera alors assés facile, les treuvant encores assemblées), et leur donnant loisir de s'escarter par-après, ne seroit que perdre sa peine de cuider les attraper. Aucuns, avec du filé, pendent dans l'arbre, en divers endroits, des escrevisses, vifs ; où mourans et se pourrissans, rendent odeur tant puante et contraire aux chenilles, qu'elles en tumbent mortes à terre. Autres, aspergent dessus les branches de l'arbre, de l'eau en laquelle l'on aura faict mourir et pourrir des escrevisses : desquels remédes avec peu de frais pourra-on faire l'expérience (156).

Les vers, Les vers se fourrent dans le bois des arbres, et ès troncs et ès branches, entre l'escorce et le bois, plus fréquemment toutes-fois ès pommiers qu'ès autres fruictiers : et ce à leur extreme ruine, si de bonne heure n'y est remédié. Cognoissant le mal par l'enfleure de l'escorce, et certaine liqueur distillante de tel endroit, là inciscra-on l'escorce, et du bois sera osté tout ce qu'on y treuvera de pourri, le couppant jusqu'au vif : et après avoir tué la beste, et faict vuider son venim, pour consolider la plaie, sera mis sur icelle un emplastre composé de fumier frès, de bœuf ou de pourceau, de la chaux neufve, et de la sauge, l'y attachant avec du linge et des oziers, pour y demeurer tant qu'il y pourra tenir, et jusqu'à ce que l'incision soit réparée.

Et les fourmis. Si les fourmis tourmentent l'arbre, ne faut qu'en le secouant les abbattre à terre : et pour les engarder de remonter, oindrés du tronc de l'arbre quatre doigts sur terre, demi pied de large comme un cercle, avec de l'huile d'olive, ou de nois, et par dessus saupoudrerés de poussière de charbon, de quel bois que ce soit, laquelle s'attachant à l'huile, arrestera tout court le passage des fourmis, si que demeurans en bas, ne pourront nuire, ni aux tendrons des arbres, ni à ses fruicts. Mais si désirés les chasser du tout des arbres, par le moyen de la suie de cheminée, de la cendre, du charbon, de la cieure de chesne, ensemble ou séparés, mises au pied de l'arbre, en viendrés à bout, en deschaussant un peu l'arbre : car quelle que soit de telles matières, tue, ou chasse les fourmis au loin, mesme à la première pluie tumbant dessus : au défaut de laquelle suppléera l'arrousement (157).

Oster la mousse des arbres. Outre lesquelles nuisances, la mousse surprend quelques-fois les arbres, avec semblable incommodité que la gale les enfans. Pour les guérir de telle maladie, la patience d'oster la mousse en fera la raison : ce dont on viendra facilement à bout sans offencer l'arbre en son escorce, en abbattant la mousse avec un consteau rabbattu, non trencheant ; ou, et avec moins de danger de blesser l'escorce, avec une pièce de bois fort et solide, à ce apropriée. Sur quoi intervenant l'étester, fortifiera tellement le reméde, que l'arbre s'en renouvellera ; parce que la vigueur qui saouloit estre employée à la nourriture et du tronc et des branches, donnée au seul tronc, par son abondance, expulsera d'icelui toute langueur, le faisant rejetter plus copieusement que devant : si que reprenant nouvelle force, se représentera comme planté de nouveau (158).

Descharger l'arbre de trop de fruicts à son utilité. Quelques-fois avient que par excessive fertilité les arbres succombent, et sont opprimés sous le fardeau des fruicts accreus en trop grande abondance ; dont eux-mesmes demeurent languis et de peu de mérite. A cela sera remédié, premiérement, en mettant des bons appuis sous les branches des arbres pour les garder d'esclater et rompre ; après, en deschargeant l'arbre d'une partie des fruicts, la moins valeureuse, n'y laissant que ce qu'il vous semblera l'arbre pouvoir achever de nourrir à l'aise. Pour cela commodément faire, estans les fruicts ja fortifiés, l'on escourra et esbranlera l'arbre assez rudement, dont cherront les fruicts, et sur-abondans, vermoulus, et langoureux, restans les autres mieux qualifiés pour se meurir en perfection avec le soulagement de l'arbre.

deslasser. Le deslasser de l'arbre, est le dernier article de son gouvernement, autant nécessaire, comme l'on désire continuation de bons fruicts. Après avoir cueilli le fruict, l'arbre sera esmondé, lui ostant tout le cassé et rompu, et de la cime des branches, tout ce qui s'esgare en haut, et fond en bas pendant vers terre : par ce moyen, l'arbre deschargé de fardeau, par nouvelle vigueur rejettera incontinent, employant ce peu d'esté qui lui reste, pour faire nouveaux jettons, lesquels, par telle contrainte, il posera en bon endroit, dont il se réparera et fournira, pour la bien-séance et fructification de l'avenir (159).

CHAPITRE XXVIII.

Le Saffran.

PRÈS des vergers, dans l'enceinte des jardinages, ou parmi les fruictiers, ainsi qu'a esté dict, sera mis le saffran : si mieux on n'aime faire des saffranières entières, comme se faict en plusieurs pays, mesme en Albigeois, où tel fruict tient reng entre les plus clairs revenus de la contrée. La terre que le saffran *Quelle terre* désire, est la moyenne en fertilité, plus *est propre au* poisante et forte, que légère et foible : *saffran.* l'aer exposé au soleil et tempéré ; toutes-fois vient-il bien en climat froid, comme en Alemagne et en Hongrie. Du temps de *Columelle*, le saffran estoit *Liv. 9, ch. 4.* rare à Rome, selon qu'on le tire de son discours. Le saffran s'engeance par ses oignonets, les fourrant en terre quatre doigts, et autant esloignés l'un de l'autre par lignes droictes, équidistantes peu moins de demi pied, en terre curieusement espierrée, profitablement labourée, et grassement fumée dès devant l'hyver. Deux saisons y a-il pour semer le saffran, en Mai et Septembre, tous-jours en décours de lune. Celui du mois de Mai commencera à jetter du fruict au commencement de l'automne : et l'autre avec, mais en petite quantité, seulement quelques fleurs produira-il pour monstre de sa bonne volonté. Après l'avoir semé, convient le couvrir avec des légers ramages, comme brins de bouis, fueillars, buissons et semblables matières, afin de lui parer la chaleur du soleil, que lors il craint fort : lui laissant telle couverture, jusqu'à ce que reprins, il commence de pousser son herbe hors terre. C'est toute la despence de l'édifice de la saffranière que cela : car de là en hors, ne faut que prendre, ou si peu de chose y faire, qu'on peut presques dire le saffran en sortir de liquide revenu. Ne vous souciés de faire passer l'eau à la saffranière, celle de la pluie suffisant pour tout arrousement. Aussi n'en rejettés la commodité, si elle se présente, estant utile au saffran de le faire boire ès grandes chaleurs de l'esté, sur tout en pays qui tend au midi.

La saffranière est verdoyante presques toute l'année, comme prairie, à raison de son herbe, dont elle abonde, et d'autre qui s'y mesle parmi. A cause de quoi elle est fauchée à la fin de Mai, et acconté le foin qu'on en tire, en augmentation de revenu. Mais ce mesnage n'est approuvé de tous, plusieurs ne souffrans aucune herbe estrangère par-croistre avec le saffran, l'en deschargeans par serfouer (à la manière que les jardiniers accoustrent les oignons), afin d'avoir du saffran en plus grande abondance, que par la précédente voie. Les diverses raisons qui se représentent en ce mesnage, donnent matière d'en discourir. D'un costé est mis du saffran et du foin, nettement retirés sans despence de culture : de l'autre, plus de saffran sans aucun foin, avec les frais du serfouer. A l'expérience se treuvera, si le plus du saffran surpassera en valeur le foin et la despence, pour là-dessus se résoudre le mesnager : lequel n'oubliera de mettre en ligne de conte, le soin de la culture, qu'il employe ou espargne en cest endroit.

Vers la fin du mois d'Aoust, convient parer la saffranière, c'est à dire, l'applanir entièrement, comme si c'estoit aire à battre le blé, en ostant tout l'herbage paroissant sur terre : et de la terre mesme en incruster un peu de la superficie. Après, pour garder que la chaleur du soleil ne face mal au saffran, ainsi despouillé, toute la saffranière sera recouverte, comme la première fois, et avec semblables matières, y ad-joustant d'autres drogueries de la saison, telles qu'on peut commodément recouvrer, portans de l'engraissement au saffran, comme cossats de fèves, de pois, des premières escorces de noix et d'amandes, de la bale du blé et semblables. Outre lequel amendement, la saffranière sera fumée chacun an, quelque peu avec du fumier bien pourri et menu, qu'on mettra par dessus, à l'entrée de l'hyver, après en avoir retiré le poil du saffran. Le saffran ne se treuve que bien d'estre trépigné et foulé aux pieds, en tous temps : excepté, lors que la terre est molle : quand l'herbe s'approche d'estre fauchée, et que la fleur paroist : en ce poinct est convenable de l'espargner. Ne voulant l'herbe du saffran estre aucunement rongée, faict bannir de la saffranière toutes sortes de bestes, pour n'y avoir jamais entrée, spécialement le pourceau, comme le plus contraire au saffran qu'autre animal.

Un mois demeurera la saffranière ainsi couverte : passé lequel temps, avec des rasteaux, en sera enlevé des susdictes matières, le plus grossier qui ne se sera voulu consumer : pour faire place au saffran, qui sentant l'approche de l'automne, repousse ses fleurs, et par conséquent commence à fructifier, son aage le permettant. Sur le matin et le soir, les fleurs en sont cueillies à la main, les couppant sans arracher, et d'icelles incontinent le poil est retiré avec les doigts sans autre mystére. Lequel saffran aussi tost est mis sécher au soleil, sur des papiers et linges blancs et nets, puis serré dans des boistes, après l'avoir oinct avec de l'huile d'olive, l'en frottant legérement entre les mains, pour lui augmenter la couleur : finalement est gardé en lieu temperé, non humide ni esventé. Ceste cueilléte dure quelques sepmaines, reflorissant la saffranièce de jour à autre, jusqu'à avoir parfaict son port. Donnant telle tardité, loisir de commodément retirer le revenu de ce mesnage : ce qu'on ne pourroit faire sans perte, si on estoit contraint de le prendre à la fois, comme la pluspart des autres biens de la terre : attendu le naturel des fleurs du saffran, sujettes à pourriture pour peu qu'on les garde.

Ainsi gouvernée, la saffranière durera en bon estat, quatre ou cinq ans, quelque peu davantage, selon la proprieté des lieux, au bout duquel temps elle commencera à deschoir, pour l'accroist et multiplication de ses oignonets : dont évitant sa ruïne, qui par telle presse aviendroit, en faut venir au renouveller. Ce qu'on faict en desrompant universellement et profondément le fouds, pour d'icelui tirer la semence du saffran contenue en ses oignonets, désquels sera faicte nouvelle saffranière comme dessus. Et à ce que sans interruption ayés tousjours du saffran à suffisance, diviserés le lieu destiné en saffranière en quatre ou cinq portions, pour l'une estre des-ensaffranée, lors que l'autre s'ensaffranera, faisant ainsi, chacun an, sans interruption : par lequel ordre, en mesme estat

demeurera continuellement vostre saffranière.

La facilité du recouvrement de la semence du saffran, le non-cultiver de la saffranière, son continuel port sans semer chacun an, authorisent fort ce mesnage. Et ce aussi que le saffran se recueille à une seule venue dans peu de jours, par gens de petit prix, femmes et enfans, y employans et jour et nuict, le bon et le mauvais temps, dehors et dedans la maison. Commodité qu'on ne treuve, ni au blé, ni au vin, lesquels avant qu'arriver dans les greniers et caves, durant plusieurs bons jours, passent par diverses mains, la pluspart hommes de grand prix. Dont le revenu du saffran s'en rend plus net, et partant très-recercheable (160).

CHAPITRE XXIX.

Chanvre, Lin, Guesde ou Pastel, Garence, Gaude, Chardon-à-draps, Rozeaux.

JUSQU'ES ici avons-nous travaillé à recouvrer les principaux alimens nécessaires pour nourrir l'homme : maintenant ce sera pour lés destinés à le vestir et servir. Et d'autant qu'il semble que les plus importans sont les chanvres et les lins, désquels continuellement, et sain et malade, voire et vif et mort, il est servi, ce sera par là que je commencerai.

La terre pour le chanvre sera choisie grasse, fertile, et aisée à labourer, sous aer temperé : laquelle cultivée dès l'automne, par les gelées de l'hyver, se rendra propre à recevoir le chenevi (qui est la semence du chanvre) dans la fin du mois de Mars, et de là, par tout celui d'Avril, droicte saison pour le semer. Le *Quelle culture.* moyen de bien préparer la terre à tel usage, est à la main, avec hoiaux, la marrant profitablement: non en unissant le plan, ains en le relevant en monticules, afin que les saisons les pénétrans à travers, en cuisent bien la terre. Au mois de Janvier seront ces relèvemens abbattus, après avoir mis entre-deux, bonne quantité de subtil fumier, pour tant plus facilement s'incorporer avec la terre, la *En quel temps est bon semer le chenevi, et comment.* rendant propre à ce mesnage. Ès derniers jours de Mars ou ès premiers d'Avril, la lune estant en decours, sera semé le chenevi, et incontinent couvert deux ou trois doigts de terre, non plus: ce qui se fera au hoiau à lignes droictes contre-faisant le soc, mais plus subtilement et mieux, à la herce, l'y repassant plusieurs fois. Si après on ad-jouste par dessus, du fumier de pigeon, servira de beaucoup au chanvre, pourveu que ce soit à la veille de la pluie, car sans humidité, la grande chaleur de tel fumier brusleroit *De l'arrouser.* la semence. Plus utile que nécessaire au chanvre, est l'arrouser: pour laquelle cause ne mesprisera-on telle commodité, estant favorisé de l'eau. Pour semence, choisissés le chenevi récent, ne voulant que très-mal naistre, celui de l'année précédente, et se perdre du tout dans terre, *D'où procède le fin poil du chanvre,* le plus envieilli. La teille ou poil du fin chanvre, pour les exquises toiles, procède des pieds du chanvre, estans prins et desliés, et tels sortent-ils de terre, quand avec le naturel de la semence, druement semée, sont contraints s'entre-presser, naissans et croissans ensemble. Au con-

traire, ne sert que pour cordages et autre grossière besongne, le chanvre venant *Et la graine.* des tiges esloignes l'un de l'autre, quoique de délicate race; pour l'abondante nourriture qu'il tire de la terre, l'ayant à commandement, le trop lui estant nuisible. A quoi l'on avisera pour semer le chenevi druement, ou rarement, selon les ouvrages qu'on désire. Le rare, soit ou par artifice, soit ou par n'en avoir voulu naistre la semence, sera curieusement serfoué, afin que deschargé de l'importunité des herbes se fourrans parmi dans leur vuide, s'accroisse à son aise: tant pour la teille, bien-que grossière, que principalement pour la graine. Or la graine ne vient que du chanvre *De la graine.* masle (en telle plante se recognoissans les deux sexes), et icelui ainsi se rencontrant au large, produira abondance de graine, moyennant la culture. En change de laquelle commodité, la femelle donne le fin poil du chanvre, chose plus recerchée que la graine, comme but de son eslèvement. D'où avient, que contre le naturel du genre humain, le chanvre femelle surpasse le masle en valeur (161).

Le chanvre sera cueilli en sa maturité, *La cueillette du chanvre.* qu'on recognoist à la blancheur de la jambe, et autres addresses apprinses par usage. Mais ce sera en distinguant le masle de la femelle: tirant premièrement cestui-ci, et laissant cestui-là en terre, jusqu'à ce que la graine soit meure. Et non seulement pour la stérilité de la femelle, son cueillir précède celui du masle, ains à ce que le poil en demeure plus subtil que si on la laissoit endurcir en terre. Au contraire, l'attente de la graine cause au masle le poil plus rude que de son naturel. L'arracher de terre, est

est la façon de cueillir le chanvre, comme on faict les légumes, avec ce mesnage qu'on y ad-jouste, que d'y semer de la graine de raves : laquelle, favorisée de quelque pluie survenant, ou des eaux des arrousemens, ne peut faillir de fructifier en terre si bien préparée par le chanvre, dont la force aura tué toutes malingues herbes et bestioles. Autre frais pour ces raves ne convient-il faire, que d'en jetter la semence par dessus le chanvre, devant que de l'arracher : car en l'arrachant, la terre se souslève, qui est pour tout labourage aux raves, moyennant qu'après en avoir retiré le chanvre, l'on en réunisse le fonds avec le rasteau. Et bien-que toute la chenevière ne se descharge à la fois, y restant le masle après la femelle, n'importe ; car pour cela, l'on ne laissera d'y en ressemer encores d'autres, lors qu'on arrachera le masle. Par ainsi l'on aura des raves et naveaux de divers aages ; et en suite, meilleures que si on n'en semoit qu'à une seule vénue ; tant pour la qualité du fruict, que pour l'abondance. Joinct, que souventes-fois avient que toutes les saisons ne se rencontrent pas : mais presques tous-jours se treuve que si la première ne prend, si fera bien la seconde, ou au contraire. Par tel ordre, il semble de ne pouvoir faillir en cest endroit. Arraché que soit le chanvre, l'on l'embotellera, et aussi tost en seront les faisseaux portés à l'eau pour rouir ou naiser : ce qui aviendra dans sept ou huict jours, plus ou moins, selon le naturel de l'eau, et chaleur du temps, nécessaires à telle préparation. C'est pourquoi choisit-on le lieu auquel le soleil frappant le long du jour sur l'eau, advance l'œuvre : et à mesme fin, se haste-

on en cest endroit, de peur que par tarder, la commodité de l'esté s'escoulant, l'on ne chée en l'incommodité de l'automne, dont les froides humidités contrarient à ce mesnage. Mais cas estant que, ou pour le naturel du climat, ou pour la froidure de la saison, ne peussiés commodément rouir vostre chanvre, abstenés-vous lors de le mettre dans l'eau, ains gardés-le pour une autre année ; et jusques à ce que la chaleur du soleil, au mois de Mai ou de Juin, favorise ce mesnage. Auquel temps, vostre chanvre se naisera très-bien : à quoi aura servi la longue garde ; pourveu qu'il aie esté tenu, durant telle attente, en lieu sec nullement humide. Ainsi gouverne-on le chanvre femelle. De mesme le masle : mais pour donner au masle loisir de meurir sa graine, plus tard le tire-on de terre ; et en suite, plus tard le met-on en l'eau, ce qu'on faict après l'avoir despouillé de sa graine. Estant sorti de l'eau, est porté sécher au soleil : finalement est assorti, pour les divers ouvrages où l'on le destine : et selon iceux, braié, serancé, peigné, filé, et converti en toiles et cordages.

La terre ne se fasche de porter du chanvre plusieurs années de suite, comme elle faict de presques toute autre chose, pourveu qu'on ne lui espargne ses façons du labourer et fumer : car, moyennant icelles, continuera ce service-là, tant longuement qu'on voudra. La forte odeur du chanvre chasse de la terre plusieurs herbes nuisibles, et besteletes importunes. Chose très-utile aux jardins, quand ensallis de telles nuisances, on y faict du chanvre un couple d'années de suite, qui aussi radoucit et renouvelle la terre,

Lin.

à la grande utilité de l'herberie désirant terre neufve.

Comme le lin précède le chanvre en délicatesse, aussi plus délicatement que lui veut-il estre logé et gouverné : par quoi désirant avoir grande quantité de *Fort bonne terre y aime l'eau,* fin lin, destinés à le produire le plus fertil terroir qu'ayés, et que, si possible est, il soit arrousable. Il se passera bien de l'eau, mais au recueillir verrés de combien l'arrouser surpassera en valeur celui qui aura enduré la soif en esté : tel rarement n'estant beau, ni abondant. *Et pour fleu.* Quant à l'aer, le tempéré, approchant plus du froid que du chaud, est celui qui mieux lui agrée. Il dessèche la terre où il croist, en cela aussi discordant d'avec le chanvre, laquelle terre, à telle cause, convient fort fumer et soigneusement cultiver. Sur les prés de nouveau deffrichés, s'accroissent à plaisir les lins, mesme s'il y a eu beaucoup de trefle, sur les racines duquel, pourries dans terre, se nourrissent très-bien. Quel que soit le fonds, pour le rendre propre au lin, sera profitablement cultivé avec le hoiau, en relevant la terre comme celles des chanvrières : et ce dès devant l'hyver, afin de donner tant plus de prinse aux gelées, et tant mieux faire profiter les fumiers (162).

Lin hyvernal et printanier ; et leurs differences. Deux saisons pour semer le lin y a-il, l'une devant, l'autre après l'hyver. Le lin printanier rapporte moins de poil et de graine que l'hyvernal, mais poil plus fin et plus subtil, dont pour telle qualité, cestui-là est à préférer à cestui-ci. Tous lins indifféremment portent graine (ne se discernant par-entr'eux, ne masle ne femelle), exceptées quelques plantes qui en sont engardées, ou estans trop pressées, ou par autre cause. An mois de Septembre ou d'Octobre, en semera-on l'un, et en Mars l'autre, tous deux la lune estant vieille, et ce à la manière des chanvres. La plus-part tient y avoir deux races de lins, chacune ayant sa particulière saison, comme l'on void des blés : mais d'autres asseurent tous lins souffrir d'estre semés et en l'automne et au printemps. Si le temps est fort rigoureux, les lins hyvernaux endureront beaucoup, tourmentés des excessives froidures, jusqu'au mourir : à quoi le premier remède est, de les loger en lieu couvert de la bize, pour y estre en abri : aussi de les semer de bonne heure, afin que fortifiés devant l'arrivée de l'hyver, puissent d'eux-mesmes aucunement résister aux injures de la saison : puis de les tenir couverts durant les grandes froidures : moyennant lesquelles solicitudes, ne craindront ne froids ne gelées, ains sortiront gaiement de l'hyver. Les couvertures seront faictes à la légère, avec des petits paux et lattes traversantes, et par dessus, mise de la paille (ou pour le meilleur, de la feugère, qui après le service engraissera le fonds), et accommodées de telle sorte, qu'entr'ouvertes du costé du midi, l'aer puisse donner jusques au lin pour son aggrandissement. Ceste plante a ses particuliers ennemis, comme toutes autres, aussi ses remèdes. Ce sont des menues bestioles qui les rongent estans nés et sortis deux doigts sur terre : de tel mal l'on garantira le lin, en lui jettant par dessus, ainsi advancé, des menues cendres, pourveu que ce soit à la veille de la pluie, pour en faire pénétrer la vertu dans terre, à laquelle serviront-elles aussi d'engraissement. Autre soin n'est requis *Principal du lin estant en terre.* aux lins de là jusques à la cueillète, que de

les descharger d'une meschante herbe, appellée, goutte de lin ou pialet, en latin,
cassutha (*cuscuta*), qui s'entortille en
leurs tiges, les suffoquant et gardant de
s'accroistre. Et de les tenir arronsés ayant
la commodité de l'eau, à ce apropriant
le plan, comme j'ai monstré ès ris, pour
la donner à propos à la ligneraie.

La cueillète du lin sera quand sa
graine, devenue noire, manifestera la
maturité de la plante. Comme le chanvre,
s'arrachera le lin, mettant à part les
plantes qui n'auront grainé, pour les
destiner, comme le plus précieux de telle
matière, à faire du filé très-blanc, semblable à celui de Florence, et autres exquises choses. En petits faisseaux le lin
sera embottellé, chacun botteau de plain
poing, après séché, puis battu pour en
retirer la graine, à quoi conviendra dili-
genter, tant pour la crainte des rats, laquelle ils rongent savoureusement, que
pour ne laisser escouler la bonne saison
du naiser ou rouir, qui est tous-jours durant les plus grandes chaleurs : en vain
l'attendant après, les eaux s'estans rafreschies, par l'approche de l'automne.
En la fin de Juillet ou au commencement d'Aoust, mettra-on le lin dans
l'eau dormante, toutes-fois claire, pour
y séjourner deux ou trois jours, plus ou
moins, selon le naturel des lieux, passé
lequel temps, on l'en retire, et tout bai-
gné est le lin emmoncellé et chargé d'aix
et de pierres poisantes, pour s'y confire
et boire son eau durant autres deux ou
trois jours : puis est estendu au soleil pour
s'y sécher, et de là estre rendu propre à
accoustrer et mettre en œuvre. Aucuns
recognoissans telle voie obscurcir la couleur du lin, la faisant comme grise ; par

autre moyen le rendent très-blanc. C'est
qu'en lieu de deux ou trois jours de séjour en l'eau dormante, y en employent
sept ou huict, en la courante, et rien
plus : car après l'avoir séché au soleil, le
trouvés tel que désirés. Autres, sans aucunement passer le lin par l'eau, le
naisent au seul serain. Dix ou douze
nuicts le tiennent estendu à l'aer, pour
y boire les rozées chéans dessus, d'où au
matin retiré avant que le soleil frappe,
est porté à couvert, là emmoncellé tout
humide pour tout le jour : au retour de
la nuict, est remis au serain : puis retiré
comme dessus, ainsi continuant le terme
susdict, le lin s'en naise et emmolit autant
bien que dans les eaux, et avec délicatesse. Ce sera advancement d'œuvre, si
l'on repose le lin sur la prairie pour boire
là mieux à propos la rozée, qu'ailleurs.
Or soit, ou en la prairie, ou en autre
part, qu'on repose le lin aux fins susdictes, seurement s'y conservera-il, sans
crainte des ravines des eaux, qui survenantes grosses à l'impourveu, souventes-
fois emportent et chanvres et lins qu'on
y aura mis rouir, au grand regret de la
mesnagère (163).

Le guesde ou pastel, désire l'aer tempéré, et la terre très-bonne et grasse,
ne pouvant vivre en la maigre et légère.
C'est pourquoi on le loge plustost ès
lieux de nouveau despréés, qu'en terre
de commun labour, les herbages deffrichés causans grande substance au fonds,
y provenant la graisse, par la longueur
du temps que la terre a demeuré entière.
Il est semé et couvert à la herce ou au
soc, au commencement du printemps,
après plusieurs bons labourages précédemment faicts au fonds. Le pastel ainsi

agencé, par la faveur du beau temps, avec les pluies de la saison, se lève tost et sort de terre s'en montant en tige. *Pline* met le pastel au nombre des laictues sauvaiges, bien-que ses fueilles resemblent au plantain. La Calabre, l'Italie, principalement la Marque d'Ancone, abondent en guesde. Il y en a aussi en certains endroits d'Alemagne, mesme au terroir d'Erphord : mais de par deçà, en tout ce royaume ne vient bon, qu'en l'Auragois, comme les réitérées expériences de plusieurs bons mesnagers le font croire. Lesquels s'estans efforcés d'eslever ceste plante en divers endroits, avec soin et observations requises, du terroir, de la culture, et du maniement de l'herbe, ont treuvé le pastel en provenant, si foible et petit, que comme vin de peu de valeur, ne sert presques de rien en tainture, but de son service. Si que la despence surpassant le gain, faict laisser le maniement de ceste riche herbe à l'Auragois, sa naturelle terre, ailleurs du royaume n'estant eslevée que par curiosité, et espérance de s'en servir en médecine.

Le revenu du pastel consiste en son herbe, qu'on recueille à plusieurs venues, selon l'ordre de leur maturité. Quand on s'apperçoit que les fueilles commencent à prendre couleur ès bords, sans attendre davantage, tant pour crainte de la laisser trop meurir, que pour ne retarder la cueillète subséquente, on les arrache du tige, puis sont portées à l'ombre, pour s'y emmatir. Quatre ou cinq fois durant l'esté, ainsi est effueillé le pastel à mesure qu'il rejette. Finalement, les fueilles emmaties, sont escachées sous les meules tournantes en moulins à ce

appropriés, et converties en pelotes entre les mains ; lesquelles pelotes séchées au soleil, de là sont transportées au grenier posé en lieu frès, pour y estre gardées jusqu'à la vente. Le pastel craint l'eschauffer en son commencement, à cause de la grande humidité restante dans les pelotes. A ce danger est remédié, en remuant souvent les pelotes d'un lieu en autre, afin qu'en les esventant, toute l'humeur nuisible s'exhale : et y retourne-on si souvent, qu'on n'aie plus à doubter de ce costé-là. Ainsi accoustré, le pastel est rendu propre à ce en quoi il est destiné, assavoir, en diverses taintures de draps à laine. Naturellement, sans moyen, le pastel faict la couleur bleue, et par meslinge avec d'autres drogues, la noire, la tanée, la violete, la grise, la verte : en somme, il est employé à toutes couleurs obscures, de lui-mesme aussi seul, en causant des claires, comme célestes plus ou moins chargées. Et ce qui est notable, rend toutes les couleurs esquelles il est employé, bonnes et asseurées, sans nul fard. Pour laquelle cause, en telle réputation est le pastel parmi les tainturiers de draps à laine, comme presques le blé entre les mesnagers, d'autant qu'ils ne se peuvent passer de telle drogue. Le pastel en ouvrant jette certaine escume bleue, laquelle par inavertance ou paresse laissée dans la cuve, tache et macule les draps : ce que craignans les tainturiers, curieusement l'en retirent : puis séchée, est convertie en poudre, qu'on appelle, *florée*, servant à certaines taintures de soye. Aussi les peintres employent la florée en une couleur violete par eux nommée, *inde* ; ainsi void-on que ce qui nuit en un endroit, aide en un autre. C'est l'utilité du riche pastel, duquel, à telle cause, grande trafiq est faicte en l'Europe, mesmes en ce royaume, spécialement és quartiers de Tholose, là très-bien cogneu (164).

Garance. Nous avons veu la vertu du pastel consister en ses fueilles : au contraire, ici treuverons celle de la garence estre és *Est facile à eslever,* racines. La garence pour sa facilité croist bonne en plusieurs endroits, mais la meil- *Son naturel pays.* leure vient de Flandres, comme de son propre terroir, où elle se plaist par sus *Comment semée ;* tout autre. Avec utilité donques, en pour-ra l'on semer en quelque lieu que ce soit, en terre toutes-fois fertile, aisée à labou-rer. A la main, la terre sera profondé-ment rompue au commencement de l'hy-ver, et lors profitablement fumée : à ce que les gelées aident à sa préparation, et que la semence treuve le fumier dissout *Et quand.* et incorporé avec la terre. Au mois de Mars, la lune estant vieille, on semera la graine de la garence, assés espessement, puis avec la herce ou le rasteau, sera proprement couverte, pour tant plus ai-*Le reste de sa culture.* sément prendre terre. Estant levée aussi tost sera sarclée, pour bannir de la ga-rencière toutes autres herbes, ne souf-frant dès le commencement, que aucune y prenne place : et à cela aller plusieurs fois, et tant curieusement, que la seule garence demeure. Ces premiers sarcle-mens se feront à la main, sans s'y servir d'aucun ferrement, pour n'incommoder les tendres racines. C'est toute la des-pence de la garencière, ou peu s'en faut, pour huit ou dix ans que la garence de-meure en terre, comme sera veu.

Le moyen d'en tirer le rapport. Pour en arracher les racines, où gist le revenu de ceste plante, convient avoir patience de les laisser engrossir en terre, ce qui pourra estre dans deux ans, non devant, que la garence aura acquis quel-que force. Passé lequel temps, on com-mencera d'en arracher, continuant d'an-née à autre, jusqu'à ce que la garence aie achevé son service. La saison en est au mois de Septembre, lors les racines estans venues en leur parfaicte grosseur ; tirées de terre, sont portées sécher au soleil, puis mises en poudre sous la meule, pour plus d'aisance. La garence ainsi pré-parée, sert à taindre des draps de laine en orangé, se ploye aussi en rouge, et ad-joustée au pastel, faict le plus beau noir et plus durable de tous autres, et rend bonnes et asseurées lesdictes cou-leurs. Indifféremment l'on n'arrache tou-tes racines, ains l'on distingue les grosses d'avec les petites : prenant celles-là, et lais-sant celles-ci, jusqu'au poinct requis qu'on recognoist au fueillage, tous-jours choi-sissant le plus grand ; et tout-d'une-main, couppant universellement rés terre, toutes les fueilles du restant, pourveu que la graine de la garence soit meure, que par ce moyen l'on recueille après avoir séché, puis battu la fueille. Ce faict, l'on re-couvre les racines qui demeurent au fond, et ce de deux ou trois doigts de terre, qu'on y met par dessus, laquelle l'on prend, ou és endroits desquels ja les ra-cines auront esté tirées, ou ailleurs, comme viendra mieux à propos. Cela leur sert de rempart contre les froidures de l'hyver, dont plus gaiement se remettent-elles à rejetter au renouveau, que si on leur es-pargnoit ce peu de peine. Ainsi continue-on, chacun an, d'en tirer, et des ra-cines et de la graine, huit ou dix de suite : au bout desquels, conviendra ar-racher tout ce qui y sera de reste et trop engrossi, pour de nouveau en ressemer de la graine et faire autre garencière. Et à ce que vostre garencière marche continuellement son train sans interruption, le moyen est, de se résoudre là, que d'en arracher, chacun an, la huictiesme ou dixiesme partie, et autant en semer de nouveau : dont cueillirés de garence autant une année que l'autre, s'entretenant vostre garencière avec frais modérés. Par plant s'édifie aussi la garencière. Par quoi lors qu'en desromprés le fonds pour le renouvellement, retirés les petites racines que treuverés de reste, comme jeunes oignons ou pourreaux; et les replantés à la nouvelle garencière, où se reprendront avec advancement. La garencière veut estre tenuë nettement, comme a esté dict : c'est pourquoi chacun an la faut curieusement esherber, et marrer autant que de besoin, sans souffrir la terre se charger d'aucune plante estrangère, ni de s'endurcir. N'est besoin de l'arrouser, estant le lieu de soi-mesme gras et bien fumé. Car l'eau y apporteroit plus de perte que de gain; tant peu que ce fust n'y pouvant séjourner sans intérest, attendu que par extraordinaire humeur, facilement se pourrissent ces racines. La terre deschargée de la garence, en reste, non lasse ne recreuë (comme pour le port de presques toute autre chose), ains très-vigoureuse et fertile, pour produire ce que par-après luy voudrés commettre, mesme des blés, non tant pour le naturel du fonds, qui de nécessité doit estre bon pour la garence, que pour la propriété engraissante de telle plante (165).

Le gaude ou genest d'Espaigne croist naturellement en ces pays-là, d'où, comme de sa propre terre, il emporte le nom. Il profite, néantmoins, en plusieurs autres endroits, voire ne refuse-il aucune terre ne aer, pourveu qu'ils soyent tempérés en leurs qualités. On sème le gaude en semblable terre, sous les mesmes façons et temps, que les chanvres, mais le plus rarement qu'on peut, pour la petitesse de sa graine, n'estant guières plus grosse que celle du pourpier. Après, l'on le sarcle diligemment, à ce qu'aucunes malignes herbes ne se fourrent parmi : en temps sec on l'arrouse ayant l'eau commode, et chacune année on le serfoüe, pour tenir la terre en guerest. Ceste plante demeure plusieurs années en terre, servant outre le profit, au plaisir des jardins, pour la bien-séance de ses belles petites fleurs jaunes, ainsi que ci-devant a esté représenté.

Le gaude est couppé rés de terre lors que sa graine est meure, ce estant communément au mois de Juillet ou d'Aoust. La graine est mise à part pour semer de nouveau; et son bois recueilli, pour principal revenu de ceste plante : lequel sert aux tainturiers de draps à laine, pour faire la couleur jaune, la rendant bonne et asseurée, de lui-mesme, sans moyen : et icelle mise dans la couleur bleuë du pastel, c'est à dire, le drap taint en jaune, icelui en sort vert; la couleur verte se composant du bois de gaude et de l'herbe du pastel (166).

La Bourgongne fournît plusieurs provinces de chardons à draps, dicts aussi à foulon et à bonnetier, où ils viennent gaiement : si est-ce qu'ailleurs ne refusent à profiter; logés en terre assés fertile, aisée à manier, plus sèche qu'aquatique. Non qu'en la moite ils ne s'accroissent bien : mais mal propres au service où ils sont destinés, pour la foiblesse de ses crochets ; car la terre aquatique les produit mols et lasches, au lieu de durs et roides qu'on les désire, tels sortans de lieu sec. Mais d'autant qu'en terre trop aride, ceste plante n'advance beaucoup, y languissant par faute de nourriture, est requis l'arrouser ès extremes chaleurs : avec toutes-fois retention, de peur que trop d'eau croupissante ne la pourrisse, ou du moins la jambe n'en sorte creuse, partant foible. Au contraire de celle croissant en lieu plus sec qu'humide, qui remplie de mouëlle, est forte comme l'on désire. On sème le chardon au commencement du printemps, sur terre bien préparée, à la main et au fumier, dès devant l'hyver. Sa meilleure graine est celle qui croist à la summité des chardons, car estant là mieux nourrie qu'ailleurs, aussi mieux qu'autre fructifie-elle. Se faut soigner, estans les chardons levés de terre, de les sarcler curieusement, à ce qu'aucune herbe ne se fourre à la chardonnière. Les rejettons inutiles des chardons, qu'aisément l'on recognoist à la veue, seront aussi ostés, pour laisser aux bons toute la substance du fonds, lequel sera serfoué toutes les fois qu'on s'appercevra en avoir besoin, et que la nécessité le requerra, pour le tenir en guerest. De la première année, les chardons ne produiront que bien peu de testes, encores de peu de valeur ; ains ce sera à la seconde qu'ils commenceront à bien faire : à la charge toutes-fois de les remuer du seminaire, les transplantant ailleurs comme si c'estoient petits raiforts, en terre profondément beschée, au mois de Mars ensuivant, la lune estant

en decours. Un pied loin l'un de l'autre on les asserra, pour tant mieux estre à leur aise : après conviendra les cultiver à la main et arrouser opportunément et modérément, comme a esté dict. Les bonnes testes de chardon croistront hautement tost après, et seront prestes à cueillir lors qu'elles commenceront à expulser leur fleur, qui pourra estre vers le mois de Juillet ou d'Aoust, selon le climat advancé ou retardé. On leur laissera longue queue, pour la commodité du service : et freschement cueillis, l'on les entassera en monceau les uns sur les autres ; afin qu'en s'eschauffant, changent leur couleur verte en jaune. Puis retirés de là, mis en trousseaux, seront gardés suspendus en lieu sec, moyennement esventé, attendant leur vente. Les marchands qui les acheptent, les assortissent pour divers ouvrages de draperie et bonneterie, où ils les employent. Les pieds des chardons transplantés, demeurent en terre un couple d'années, à chacune desquelles convient les tailler, comme la vigne, en leur ostant le superflu plus ou moins, selon les plantes, ainsi qu'on verra à faire. A cause de telle petite durée, est nécessaire, chacun an, semer et transplanter des chardons, en les gouvernant comme dessus, si on désire leur cueillète marcher, ainsi qu'il appartient, sans destrac.

De plusieurs autres matières servans à la tainture, à préparer draps à laine et à soye, à tanner et affaiter cuirs, et semblables services, s'accommodera le diligent mesnager, selon son lieu et naturel de sa terre : à laquelle il fera rapporter tout ce qu'il cognoistra estre faisable et profitable sans rien obmettre : faisant son conte, que le faillir à gaigner honnestement, est cousin-germain de perte. Aussi y voyant du jour, se servira des minéraux qui se pourront treuver chez luï : sans laisser en arrière les plastres, marnes, charbons, et autres matières dont la terre est riche par ses diverses propriétés, qu'il fera fouiller avec peu de hazard, et apparente espérance de gain. A la charge, aussi, de n'outrepasser les limites de raison (comme chemin périlleux), en se promettant des montaignes d'or, sous les frauduleuses addresses et inventions des pippeurs et affronteurs, qui souventes-fois abusent de la trop grande patience et affection immodérée des hommes curieux. Mais en cest endroit nostre père-de-famille négociera retenu, suivant la raison et les avis salutaires de ses amis. Le vert-de-gris se faict à Montpelier, du marc des raisins, comme de chose perdue, et par manière de passe-temps, ouvrage de femmes et filles. La matière du verre abonde à Narbonne, Aiguemortes, Xaintonge, et ailleurs, qu'on tire de certaines pierres, de quelques herbes, comme soude, feugère, salicor, par les Arabes dict, *salcoran* : desquelles choses, les gens d'esprit font profit, selon les propriétés de leurs lieux, ausquels Dieu a donné telles facultés, incognues aux ignorans et paresseux.

Rozeaux ou cannes.

Pour l'utilité qu'on tire du service des rozeaux ou cannes, joincte la facilité de leur entretenement, sera le père-de-famille incité à se pourvoir abondamment *Utilité des rozeaux.* de telles plantes. Des cannes, très-proprement, l'on dresse ès jardins mille gentillesses, treilles, cabinets, barrières, et autres mignardises. On en faict des tables pour sécher dessus toutes sortes de fruicts, et y nourrir des vers-à-soye, lesquelles tables, en Languedoc et Provence on appelle, *canisses*. Les cannes sont employées ès couvertures de maison, à faire des instrumens pour les tisserans à tistre et draps de laine et de soye, et toiles, et à plusieurs autres usages. Les rozeaux *Sont de facile nourriture.* viennent en tout aer, pourveu qu'il ne soit trop froid : désirent la terre grasse, humide ou arrousée : craignent les vents et la morsure des bestes. C'est pourquoi leur droict logis est dans l'enceinte des jardinages, en endroit couvert de la bize : non tant pour la crainte de la froidure, que de la fraction des cannes, avenant par l'esbranlement des vents. Par racine *Comment s'édifient.* on édifie les cannes. Les racines sont en bulbes, comme oignons, qu'on met en terre quatre doigts profond, esloignés l'un de l'autre un bon pied. Le temps à *Quand.* ce le plus propre, est le commencement de Janvier, en decours de lune, la terre ayant esté bien marrée et fumée dès l'entrée de l'hyver. Durant le premier esté *Les culture.* de leur plantement, conviendra les serfouer diligemment, à ce qu'aucune herbe ne paroisse quand-et les cannes, et que cependant sans destourbier, leurs racines gaignent le fonds. Autre culture ne désirent-elles de là en hors, ni autre soin, que de leur donner de l'eau quelquesfois, si en ayés, et tous-jours les préserver de la morsure des bestes et de leur trépis. De la première année, les cannes ne font grand ject, s'amusans à se bien fonder : mais après sortans à l'essor, rendent beaucoup de bois : comme aussi leurs pieds se multiplient en nombre, un produisant plusieurs tiges chacun an, par nouveaux rejettons, si que pour large distance qu'ayés donnée à vos cannes, en

les

les plantant, au bout de quelques années, se treuveront tant pressées, que,
pour les esgayer, faudra, ou en oster
d'entr'elles quelques - unes, ou arracher
du tout la cannelière, pour la refaire de
nouveau, à l'imitation de la saffranière.
Si par faute de plant, ne pouvés faire
tant grande la cannelière que désirés, et
que ne vueillés attendre que Nature la
remplisse, plantés plus au large le peu
de plant qu'aurés, en lui faisant occuper
tout le lieu imaginé : et à l'entrée de
l'hyver suivant, sans attendre la maturité
des nouveaux jettons, provignés iceux
jettons dans terre, ès places vuides, et
par ce moyen, se remplira tout vostre
lieu : car de chaque nœud de la canne,
sortira un jetton pour servir incontinent
de maistre tige.

*Tant
cueillir.*   Les cannes ne se cueilleront devant leur
parfaicte meurté, qui est lors qu'elles
sont du tout endurcies, cela ne pouvant
estre devant que les froidures les ayent
touchées. Par quoi, aux mois de Novembre ou Décembre, en decours de lune, les
couperés universellement, le plus près de
terre que pourrés, et ce fort uniment
sans rien esclater. Puis mettrés les cannes
par faisseaux séparés et assortis : desti-
nant les plus grosses aux couvertures des
logis, et les autres, ès autres œuvres où
mieux elles s'aproprieront (167).

CHAPITRE XXX.

Les Cloisons des Jardinages et autres Propriétés.

FERMERONT ces discours. En vain au-
roit-on prins la peine d'ageancer telles
commodités, si on ne taschoit de les préserver du dégast des bestes et des larrons.
Or combien qu'il semble que la raison
vueille de clorre les pièces avant que de
les cultiver, si est-ce que pour convenablement ordonner sur telle matière, le
plus certain est de prendre avis des jardins, et des arbres mesmes ja disposés et
plantés, des endroits où doivent estre
posées les murailles et autres défences.
Sans laquelle addresse, difficilement y
pourroit-on avenir, estant très-incertain
ce qui est projetté sur la simple imagination. Joinct qu'avec plus de courage et
d'affection s'employe-on à telles choses,
quand on void devant les yeux le mérite
de l'œuvre, que si on travailloit avec
grands frais, à clorre un désert et terre
inculte : laquelle, bien-que fermée, par
aventure ne sera-elle jamais plantée,
pour l'incertitude des choses du monde.
Ce n'est pas mon intention, pourtant,
de retarder beaucoup ceste besongne,
ains au contraire, je conseille d'y mettre
la main dès aussi tost que les principales
ordonnances auront esté effectuées ; afin
que rien ne se perde de nostre labeur, et
qu'enfermées sous clef, telles beautés,
elles nous donnent plus de contentement,
que demeurans ouvertes et exposées à
tous venans. Ceci soit dict, non seule-

ment pour les jardinages, ains aussi pour les vignobles, qui symbolisans ensemble, est requis de mesme conserver : voire, comme j'ai monstré ailleurs, seroit à souhaitter pour le profit et plaisir des jardins et vignes, n'en estre faict qu'un grand clos. Toutes autres propriétés, pour la mesme cause, convient qu'on les ferme : et soyent terres à grains, prairies, pasturages et bois, rapportent plus de revenu closes, qu'ouvertes : spécialement le pré qui, fermé, est appellé la pièce glorieuse de la maison, surpassant d'autant l'ouvert, qu'il y a de différence entre les choses qu'on conserve chèrement, à celles qu'on abandonne à la négligence. En ces cloisons néantmoins, doit-on aller retenu, distinguant les lieux et les moyens de despendre, à ce qu'inconsidérément l'on n'entreprenne d'enceindre trop grand terroir : ains qu'avec le plus d'espargne qu'il sera possible, les fruicts de chacune partie de la terre, selon leurs particuliers mérites, soyent conservés.

Quatre sortes principales de cloisons y a-il, assavoir, murailles, pallissades, hayes, fossés, et de chacune plusieurs manières, selon qu'à ce l'on se résoud : estant en la liberté d'un chacun de les disposer à sa fantasie, tant à profit ou tant légèrement qu'il veut, par là réglant la despence. De toutes lesquelles cloisons, peut-on tirer service en peu de temps, excepté des hayes vifves, pour le terme requis à l'accroissement des buissons dont elles sont composées.

La muraille à chaux et sable, de bonne maçonnerie, de raisonnable hauteur, comme de neuf à dix pieds, est la plus parfaicte cloison, plus noble et plus serviable que nulle autre : d'autant qu'elle s'applique commodément partout, quelle assiete que ce soit, platte ou pendante, sèche ou humide, qu'elle conserve en abri les arbres, fruicts, et herbes des jardins, n'ayans les vents aucun passage à travers icelle. Demeurent aussi par la muraille les jardins asseurés des larrons, couverts de la veue des passans, selon que raisonnablement chacun le désire, pour seurement et secrètement y séjourner, seul, en compaignie d'amis, s'y pourmenans, devisans, banquetans, lisans, chantans, sans estre apperceus ne controlés. Joinct que la muraille estant de bonne matière et bien faicte, est de très-longue durée. Par quoi fermés ainsi vos jardinages, si la trop grande cherté du bastiment ne vous en destourne, ayant les matières, pierre, chaux, et sable, par trop esloignés : car quant à la main des maçons, n'est raisonnable s'arrester, veu qu'ès autres sortes de cloison, aussi bien qu'en ceste-ci, court de mesme la despence de la manufacture. En la supputation de la despence de ces murailles-ci, coucherés en descharge le fonds qu'espargnés, duquel n'occupés plus d'un pied et demi ; au lieu que pour les fossés, au moins faut prendre sept ou huict pieds de terre, presques autant en occupant aussi la haye vifve, d'autant que ses racines des costés dégastent tout ce qui est prochain. Ce que calculant comme il appartient, on treuvera en l'estendue de quatre ou cinq cens pas, se gaigner plus d'un arpent de terre ; chose très-considérable, pour là dessus faire son conte : car il vaut autant que despendions nostre argent en pierre, chaux, et sable, qu'en terre, laquelle se perd ès hayes et fossés, comme il a esté monstré. On pourra espargner la chaux et le sable, faisant la muraille sèche, sans mortier, mais cela est restraint ès seuls endroits où la pierre favorise l'œuvre, estant large, platte, mordante de grés (*grés*) atte-nante l'une à l'autre, car la ronde et glissante est à cela mal propre : de laquelle estant contraint de bastir à sec, ne peut-on faire murailles que basses, et encores fort larges du fondement pour les faire tenir. Par ainsi s'occupant la terre comme dessus, et s'y employant autant de pierre comme aux murailles à chaux et sable, minces et hautes, on peut voir qu'avec peu de despence davantage, la muraille s'en fera du tout bien et à propos. Dé-faillans les commodités et de la pierre et du mortier, en plusieurs lieux se servent de l'argille et terre grasse, dont ingé-nieusement se font des murailles, lesquel-les enduictes et crespies de bon mortier à chaux et sable, ainsi blanchies ressem-blent estre de bonne maçonnerie (168).

Pallissades. Après les murailles, viennent les pal-lissades, en ceci plus requises que nulle autre cloison, que d'occuper peu de place, voire moins qu'aucune muraille. Ces pal-lissades ne sont d'arbustes vifs, comme celles des jardins de France : ains de bois mort de refente, chesne, chasta-gnier, ou autre, une pièce joignant l'autre, fichées dans terre par un bout, et l'autre regardant en haut, poinctu : unies ensemble par une pièce de bois persée, traversant l'ouvrage. Elles s'a-proprient en tous lieux : mais en autres ne peut-on commodément dresser pallis-sades, que près des forests, pour en ti-rer le bois requis, duquel de nécessité convient estre largement pourveu, pour les faire telles qu'il appartient, hautes et

droictes, et pour tous-jours fournir nou-velle matière à leur réparation, selon qu'elles sont sujettes à ruine. Seront, et les murailles et pallissades, en leur inté-rieur, tapissées de verdure, si bon vous semble, pour l'ornement des jardins : y plantant contre icelles, des ceps de vigne, des roziers, des grenadiers, des coudriers, et semblables plantes flexibles, qui s'y agrafans et rampans, par tel artifice rap-portent utile contentement. Ne regar-dant en cest endroit qu'au plaisir, le seul lierre y satisfera, couvrant continuelle-ment le dedans des murailles et pallis-sades, dont la couleur verte et lice, ré-sistant aux injures des saisons, rendra en tous temps le lieu agréable et de plai-sante représentation.

Hayes. Touchant les hayes vifves, à toutes cloisons seroient-elles à préférer, sans les défauts ja remarqués, à cause des bonnes qualités qui sont en elles. Tous-jours les hayes sont de grand service, défendans par leurs piquerons, le passage à gens et à bestes : d'autant qu'à travers ne peut-on passer, ne par dessus aucunement monter. Elles sont de longue durée, vi-vans les plantes, dont elles sont compo-sées, autant que les fruictiers : causans bonne et longue conservation aux choses qu'elles enferment. Leurs jettons agean-cés par entortillemens et entre-las, les rendent de belle représentation : dont la haye, ainsi disposée, ressemble à une muraille verdoyante : en hyver mesme, est-elle plaisante à regarder, quoi-que despouillée de rameure, ayant quelque sympathie avec l'espalier, quand tirée à ligne droicte, l'allée s'en façonne très-plaisante : ainsi que telles on les void en Dauphiné, vers Valence et Romans, où gist la maistrise de telles hayes : mais par sus toutes saisons, la faict beau voir en la primevère, lors qu'elle est chargée de fleurs. Qui donques désirera de se servir de hayes, le pourra faire en tous endroits de sa terre, pourveu qu'elle soit bonne et fertile, car en maigre et légère, les buissons ne viennent qu'en langueur, partant en cest endroit inutiles. Supposé que de toutes sortes de buissons et de ronces se puissent composer des hayes, néantmoins, les plus utiles plantes en cest *Aubespin.* œuvre, sont les aubespins blancs, ou espine blanche, pour leur force et roideur, dont les jettons se rendent très-piquans; abondent aussi en rameure, et sont de longue vie. On plantera les aubespins au temps des arbres fruictiers, en rayon ouvert comme la vigne, un pied de profond, et autant de distance l'un de l'autre, après l'on les couppera sur terre quelques trois doigts. Le plant sera chevelu (de branche ne se reprenant), et choisi de la grosseur du poulce. Au bout de deux ans, l'on les retaillera, afin de les faire renforcer du pied, pour rejetter vigoureusement. Ce retaillement se fera en leur couppant tous les nouveaux jettons, hor-mis quelques deux doigts qu'on leur laissera, à ce que sur ce tendre bois, ils repoussent plus facilement qu'estans les rejects contraints sortir du tronc de l'arbre et bois endurci. Le mois de Mars est la saison de ce coupper : et l'automne en suivant, de conduire les nouveaux jettons que les aubespins auront faicts, pour les faire entre-lier ensemble : lesquels à mesure de leur accroissement, l'on recourbe et replie des costés en les faisant entre-brasser, ainsi s'unissans si bien par-entr'eux, que de plusieurs plantes s'en faict comme une muraille. Et à ce que cela se face du tout bien pour donner force à la haye, les jettons qui s'escartent du reng dedans ou dehors le jardin, seront rondement couppés, et aussi ceux qui s'en montent trop hautement, roignant la haye à la mesure que lui aurés donnée, pour ne passer ses limites, sur-saillant en haut. Ainsi la haye maintenant sa bien-séance, et de bas et de haut, et comme muraille unie, n'aura nul trou par lequel aucune beste nuisible passe, jusques aux poulailles, *La conduite des* qu'elle arrestera à faict. Tous les ans l'on *aubespins.* couppera quelque chose à la haye, et entortillera-on des jettons à ce propres, ès endroits nécessaires pour la conserver en bon estat : mesme ne faudra-on de la roigner chacun an, par le haut, universellement, à la mesure prinse touchant la hauteur, comme a esté dict, afin de l'arrester là, et par mesme moyen contraindre les buissons se fortifians, à remplir les vuides du bas, pour la faire demeurer au poinct que la désirés. A cela aidera beaucoup le marrer un couple de fois l'année, et le fumer aussi, qu'on ne lui espargnera, cas estant que la légèreté du fonds ne donne assés de force aux aubespins. Est nécessaire de préserver les aubespins de la morsure des bestes, sur tout en leur commencement : sans lequel soin, ne pourroient-ils fournir à la haye, par se rabougrir, mesme du tout flestrir, estans rongés en leur jeunesse. Par le moyen d'une haye morte faicte auprès de la vifve, on préservera les aubespins de ces dangers, laquelle l'on leur entretiendra quatre ou cinq ans, et en somme autant longuement qu'on verra par effect n'avoir besoin de contre-défence (169).

Aucuns pour faire des hayes employent *Planter ruellages.*

toutes matières qu'ils estiment servir pour défence, les mettans dans terre par graines meslingées par - ensemble : et ainsi en composent des hayes confuses, murians par là, toutes sortes de buissons, de ronces, de roziers sauvaiges. Autres, sans prendre la peine de semer ces graines-là, les incorporent ensemble dans la terre clairement destrempée avec de l'eau, y meslans du fumier : et de telle composition frottent une longue corde de jong, qu'après avoir séchée, ils plantent quatre doigts dans terre en lieu convenable, la tendans roidement ; et là laissent lever les semences, desquelles se faict la haye, laquelle par ageancement à la serpe et au hoiau, taschent de la faire croistre et fortifier. Mais quelque traictement qu'ils y facent, jamais n'approche en valeur celle de l'aubespin, tant par n'estre si forte, ne si grande durée, que pour occuper trop de place, ne pouvant se contenir en peu de lieu, comme l'aubespin (170).

Houx. Le houx s'accommode aussi trés-bien en haye, par avoir toutes les qualités requises à tel service : de force, pour conserver ce qu'il enceint, à cause de l'abondance des piquerons estans en ses fueilles : de longueur de vie, résistant contre la violence des temps : et au bout de cela, estant plaisant à la veue, pour la verdeur luisante et perenne de ses fueilles. Il aime l'aer froid, et la terre non trop forte : vient mieux de plant enraciné que de semence : s'entretient avec modéré labeur : se laisse gouverner à la serpe, dont on le ploye comme l'on désire (171).

Voici d'une autre sorte de haye, et belle et serviable, toutes-fois tenant plus

de ceste qualité-là, que de ceste-ci. C'est pourquoi principalement l'on l'employe dans les jardinages, pour la division des propriétés, comme quand il convient séparer les vignes d'avec les vergers : les saffranières, d'avec les chenevières : les jardins potagers, d'avec les bouquetiers ou médecinaux : de dresser des allées ou pourmenoirs, et autres gentillesses. De toutes sortes d'arbres, dont la tige est long et droict, sans tortuosité, dresse-on ceste haye, comme de meuriers blancs, de pruniers, de guiniers, et sur tous autres de saux. Pour planter ces arbres, un fossé comme celui de la vigne est faict, puis dans icelui deux arbres joignans ensemble sont posés distans tels assemblages l'un de l'autre, d'environ deux pieds, et après en avoir couvert les racines avec de la terre, les troncs sont escartés des deux mains, les faisans pendre des costés, afin de s'entre-croiser à la manière du plomb des vitres (en ceci vous servant de modelle), et de mesme qu'en elles, causer en cest endroit des quarrés vuides en rhombe ou lozange. Où les arbres s'entre-couppent, conviendra les inciser un peu, ostant de l'escorce et un peu de bois de chacun, et là les lier avec un ozier pour les faire reprendre, comme ente : ce qu'ils feront certainement, pourveu que les arbres soyent en sève : commodité qu'on observera en cest endroit. Par ainsi, estans comme soudées les sections des arbres, iceux mariés ensemble, feront un corps tout-d'une-pièce, unis par leurs troncs, seulement se séparans ès extrémités, et là rejettans selon leur naturel, vivans en telle union, autant longuement que séparés, moyennant raisonnable culture. L'on pourra enter tels arbres au dessus , si ainsi l'on le désire. Et à ce que l'œuvre ne se confonde , est nécessaire tenir curieusement nets les troncs, sans souffrir aucuns rejects y prendre place. A mesure de l'engrossissement des arbres , les trous ou vuides des lozanges s'appetisseront : ce que prévoyant dès le commencement , sera prins avis là dessus comme il vous viendra à gré : avec ceste asseurance, qu'estans les arbres plantés fort près l'un de l'autre , à la longue s'entre - joindront entièrement , fermans tous leurs vuides en s'accroissans.

Fossés. Les fossés pour cloison ne peuvent servir que bien larges et profonds , la chose parlant d'elle-mesme. Huict ou neuf pieds d'ouverture, et six ou sept d'enfoncement est leur droicte mesure, à moindre n'estans de la valeur requise pour ces cloisons. En platte campagne et lieu humide , sont convenablement employés les fossés , où ils servent aussi à vuider les eaux importunes, non en pays montaigneux , comme il a esté dict. Ils seront creusés en talussant , les faisant pendre des deux costés , afin que la terre ne s'esboule par les pluies et gelées, comme elle feroit, si les fossés estoient taillés à fond de cave et droicte pente. Par ce moyen se rendront les fossés plus estroicts par le bas que par le haut ; mais n'importe , n'estans pour cela de moindre service. Comment qu'on les face , convient les tenir nets et curés, leur ostant chacun an, quelque chose: voire se faut résoudre là , que de les refaire presqu'à neuf de quatre en quatre, ou de cinq en cinq ans , sans laquelle diligence, vos fossés à la longue se recombleroient , telle sujection les accompaignant. Si ès murailles, pallissades et hayes sont ad-joustés les fossés en dehors, sans avoir égard ni à l'occupation de la terre ni à la despence de l'œuvre, et les fossés remplis d'eau, ce sera pour rendre du tout magnifiques telles cloisons, selon leur ordre et différence de leur service, se surpassant l'une et l'autre, comme il a esté monstré (172).

NOTES DU SIXIESME LIEU.

CHAPITRE PREMIER.

Page 228, colonne II, ligne 59.

(1) Cᴇs distinctions, convenables peut-être dans un traité complet de jardinage, ne sont cependant pas absolument rigoureuses ; on sent qu'elles ne peuvent être admises dans la pratique que quand on a à sa disposition un terrein d'une certaine étendue. Par-tout on voit des jardins qui sont à-la-fois *potagers*, *fruitiers* et *bouquetiers*, et nous ne pensons pas que cette pratique puisse être absolument condamnée, sur-tout pour les petites propriétés : son adoption exige toutefois des précautions et des soins bien entendus dans les distributions, afin d'éviter que les arbres nuisent aux autres productions, etc. (*V.*)

CHAPITRE II.

Page 221, colonne I, ligne 26.

(2) Voyez, sur l'écobuage, ou le brûlement des terres, la note (8) du second Lieu, par M. *Yvart*, tome 1, page 168. Les autres débris de plantes, provenant du défoncement, pourront être ramassés dans une fosse à ce destinée, et disposée de manière à recevoir l'écoulement des eaux des terreins adjacens. En ayant soin de jeter dans la fosse les immondices de la maison, balayures et débris de toutes espèces, on se procurera, par la décomposition de ces différentes matières, un fort bon engrais : il faudra seulement éviter que les sarclages des mauvaises herbes déjà montées en graine, ne soient compris dans cet amas, sans quoi on y déposeroit des germes nuisibles que l'on ne sauroit, au contraire, détruire avec trop de soin. Il vaut mieux, en pareil cas, brûler le produit de ces sarclages. (*V.*)

CHAPITRE III.

Page 223, colonne I, ligne 22.

(3) Nous ne pensons pas que les partisans de la routine, et ceux qui prétendent que toute innovation en agriculture doit être rejetée sans examen, veuillent s'étayer de ce passage d'*Olivier de Serres*, pour appuyer leur opinion. Il suffiroit, pour leur répondre, de leur rappeler les écrits, et encore plus les travaux de ce célèbre agronome. Certainement il n'a voulu ici que mettre les cultivateurs en garde contre ces enthousiastes non moins dangereux, qui, sans se donner la peine d'examiner, prétendent que leur théorie doit tout réformer, et qui se mettent fort peu en peine de tout gâter, pourvu qu'ils fassent un peu de bruit. (*V.*)

Page 223, colonne II, ligne 11.

(4) *Aissade*, *aissádo*. *Marre* et non *bêche*, qu'*Olivier de Serres* appelle quelquefois *besse*. La *marre* est un outil de labour qui est de même forme que la *maille* ou la *maigle* de Bourgogne, ou la *chèvre* de Lorraine : c'est une plaque de fer triangulaire, qui fait un angle d'environ quarante-cinq degrés avec le bâton dont elle est emmanchée ; au lieu que la *bêche* est une pelle de fer carrée, dont on se sert dans beaucoup de parties de la France, comme du *louchet* (qui n'est qu'une bêche plus étroite), dans les parties méridionales, c'est-à-dire en poussant verticalement l'instrument en terre avec la main et avec le pied, tandis que le mouvement qu'on donne à la *marre* est pareil à celui de la *pioche* (*trénco*), du *hoyau* (*trénco-largo*) et de la *houe* (*aissádo-jhardiniéiro*). Le manche est reçu dans un œil et non dans une douille, comme celui de la *bêche*. (*H.*)

Idem, ligne 31.

(5) *Pouzaranques*, *pouzaránco*, *puits-à-roue*. La machine des puits-à-roue, fort commune dans tous les jardins et les établissemens du ci-devant Languedoc, consiste en une lanterne ou une sorte de pignon à jour, garni de ses fuseaux, dans lesquels s'engrènent les dents de la roue dentée, ce qui fait tourner la grande roue de champ, dont l'axe est commun avec la roue dentée. La grande roue porte sur ses chevilles le chapelet garni de ses godets, qui versent

dans l'auge l'eau qu'ils puisent tour-à-tour. Toute la machine est mue par un manège à cheval. (*H.*)

Page 204,
colonne I,
ligne 6.

(6) Quelle que soit la forme des planches, il est avantageux, dans les climats chauds et les terreins légers qui exigent des arrosemens fréquens, de tenir les sentiers plus élevés que les planches, afin que celles-ci retiennent et profitent de toute l'eau des arrosemens, dont une partie, dans le cas contraire, s'écoule dans les sentiers, en pure perte. En général, il est à remarquer que, dans la distribution des anciens jardins, on sacrifioit trop à la largeur des allées : cet excès est sans conséquence pour un jardin de pur agrément, mais on doit l'éviter dans la distribution d'un potager.

Nous observerons, au sujet des bordures, que toutes les planches ne doivent pas en recevoir indistinctement ; il convient de n'en donner qu'aux plates-bandes qui entourent les carrés : les planches de l'intérieur ne pourroient en recevoir (sur-tout de plantes aussi grandes que la lavande, l'absynthe, etc.), sans que cela nuisît à l'objet essentiel de la culture. (*V.*)

Idem,
colonne II,
ligne 12.

(7) On ne peut s'empêcher de reconnoître, sur-tout en lisant les chapitres qui suivent, que cette distinction du potager en *jardin d'hiver* et *d'été*, est vraiment défectueuse. *Olivier de Serres* en convenant lui-même en plusieurs endroits, on sera sans doute étonné qu'il l'ait adoptée. Outre son défaut d'exactitude, elle a encore l'inconvénient de le forcer à revenir deux fois sur la même plante. (*V.*)

Page 215,
colonne I,
ligne dern.

(8) On trouvera dans ce Lieu de nombreuses indications relatives aux phases de la lune à observer pour les différentes opérations du jardinage. Ce passage d'*Olivier de Serres*, touchant l'observation de la lune, donne assez la mesure du degré de foi qu'il ajoutoit à cette croyance vulgaire de son siècle, pour qu'il ne soit pas nécessaire d'entrer à ce sujet dans d'autres explications. On peut d'ailleurs consulter les notes (25), (27), (28) et (30) du premier Lieu ; (30) et (45) du deuxième Lieu ; (21), (97) du troisième ; et (94) du quatrième, tome I. (*V.*)

CHAPITRE IV.

Page 221,
colonne I,
ligne 11.

(9) Il paroît que du temps d'*Olivier de Serres* on ne distinguoit pas (au moins sous le rapport de la culture) les différentes variétés d'oignons cultivées aujourd'hui ; il dit seulement, au chapitre VII, jardin d'été : qu'il y a des oignons de diverses couleurs, et que les blancs sont les plus prisés ; mais il ne touche rien des autres différences réelles qui existent entr'eux. Ces distinctions étant cependant inséparables du sujet de leur culture, nous les indiquerons ici succinctement.

L'*oignon blanc ordinaire*, ou *grosse espèce*, est celui qu'on sème le plus ordinairement à l'automne, parce qu'il supporte mieux le froid que les autres. C'est particulièrement à cette espèce que se rapportent les détails de culture donnés par l'auteur dans ce chapitre, détails sur lesquels il n'y a rien à observer, si ce n'est qu'on ne commence guère à replanter qu'à la fin de Brumaire (mi-Novembre), et qu'on peut se contenter de couvrir le plant, en hiver, avec un lit léger de litière.

L'*oignon blanc hâtif* est une variété du précédent, plus précoce, et d'un moindre volume : peut-être ne dépend-elle uniquement que de la culture, car il est certain que l'on peut se procurer des petits oignons hâtifs avec toutes les espèces, en semant très-dru, et n'arrosant presque point. Ces très-petits oignons, si ronds et si fermes, que l'on voit en grande quantité dans les marchés de Paris, proviennent presque tous de graines des grosses espèces qui ont été traitées de cette manière. Cette espèce, ainsi que la précédente, se sème ordinairement en Fructidor (fin d'Août et commencement de Septembre) : l'une et l'autre peuvent aussi être semées en Pluviose et Ventose (depuis la fin de Janvier jusqu'au milieu de Mars).

L'*oignon blanc de Florence* est le plus petit et le plus précoce de tous ; il se conserve peu, mais il est agréable par sa douceur. Comme il est délicat, on ne le sème pas ordinairement à l'automne, mais depuis le milieu de Pluviose jusqu'au milieu de Thermidor (Février jusqu'en Juillet), en renouvelant le semis de mois en

mois,

mois, pour l'avoir toujours bon. Il dégénère promptement dans notre climat.

L'*oignon blanc d'Espagne*, très-gros, applati et doux, se sème en Pluviose et Ventose (Février et Mars); il n'est pas d'une longue garde; il perd sa douceur et une partie de son volume après quelques années de culture en France, pourquoi il est nécessaire de renouveler souvent sa semence en la tirant d'Espagne, de Portugal ou d'Italie, où il est fort répandu. Dans le midi on le mange souvent cru. Il y en a une variété *rouge*, qui n'en diffère que par la couleur et un peu moins de douceur. Deux autres variétés, l'une *blanche* et l'autre *rouge*, d'une forme alongée, ont à-peu-près les mêmes qualités et les mêmes inconvéniens; leur culture est semblable.

L'*oignon pâle* est l'espèce la plus commune, sans doute parce qu'elle est la plus avantageuse et la plus utile. Cet oignon, d'un rouge très-pâle, ou plutôt jaunâtre, est de bonne grosseur, applati, très-ferme, et se conserve plus long-temps qu'aucun autre; il est rustique, réussit presque toujours, et en tout terrein. On le sème depuis le 25 Nivose jusqu'à la fin de Ventose (depuis la mi-Janvier jusqu'en Mars.)

L'*oignon rouge*, plus foncé, est très-bon aussi; sa nuance varie jusqu'au violet; il est d'une forme plus oblongue que le précédent, d'un goût plus fort qu'aucun autre oignon, et se garde très-bien : c'est celui qui réussit le mieux dans les terres fortes. On le sème dans la même saison que le pâle.

Nous ne parlerons pas de quelques autres variétés plus curieuses qu'utiles, qui ne peuvent figurer avantageusement dans un potager.

Une recommandation plusieurs fois répétée dans le cours de cet article, est que la terre destinée à recevoir les oignons soit bien fumée et engraissée : cela exige explication : l'oignon hait le fumier, si la terre où on le sème en contient qui ne soit pas entièrement consommé, il est très-exposé à *graisser*, comme disent les jardiniers, et à périr; il est donc nécessaire que les planches où on veut en cultiver, aient été préparées dès l'année précédente, et même qu'elles aient porté, après la fumure, une récolte d'autres plantes potagères, comme des choux, pois, haricots, etc.

Théâtre d'Agriculture, Tome II.

La seule culture pratiquée dans ce temps, étoit celle où la transplantation a lieu. *Olivier de Serres* n'indique nulle part le semis de l'oignon en place, très-usité aujourd'hui; nous en parlerons au second article sur cette plante, Chapitre VII, jardin d'été, note (24), page 446. L'oignon d'automne se replante presque toujours. (*V.*)

(10) Il existe, cependant, entre la culture de la ciboule et celle qui vient d'être indiquée pour l'oignon, deux différences essentielles; la première, que la ciboule se sème plus ordinairement au printemps qu'en automne; la seconde, qu'on peut se dispenser de la replanter : dans les environs de Paris, on en sème beaucoup en place; à la vérité elle ne devient pas aussi forte que celle replantée. Page 227, colonne I, ligne 27.

Il y a deux variétés de ciboule, l'une blanche et l'autre rouge. Ceux qui veulent en avoir toujours de petite et tendre, en sèment plusieurs fois dans le courant de l'été.

Olivier de Serres ne parle pas de la *ciboule vivace*; c'est une très-bonne espèce, plus douce que l'annuelle : on la multiplie en séparant ses bulbes au printemps ou en automne.

Nous dirons aussi un mot de la *civette*, *cive*, ou *ciboulette*, très-petite et vivace. On la multiplie comme la précédente, par la séparation de ses touffes : l'une et l'autre font très-bien en bordures, qui doivent être replantées tous les deux ou trois ans. (*V.*)

(11) Dans quelques cantons on employe, pour *ravigourir* les poireaux et leur donner une végétation extraordinaire, le marc de raisin, que l'on répand dessus en place de terreau : aucun amendement ne leur convient mieux. Idem, colonne II, ligne 16.

Il est assez ordinaire de ne planter les poireaux qu'à la fin de Prairial (mi-Juin); mais on pourroit le faire beaucoup plutôt; à Paris ceux du semis de Pluviose (Février), sont déjà bons à manger à cette époque; pour cela on les a mis en place en Germinal (Avril).

On peut s'éviter la double culture que nécessite le mode de plantation indiqué par l'auteur, en plantant droit, ainsi qu'on le fait presque par-tout aujourd'hui. On obtient, de cette manière, des poireaux tout aussi beaux et aussi blancs que de l'autre ; il ne s'agit que d'enfoncer le plant très-profondément. (*V.*)

Page 229,
colonne II,
ligne 10.

(12) *Rés.* C'est une *tresse* ou une *cordée* d'ail ou d'oignon ; la tresse est double ; les oignons ou les aulx y sont attachés par la fanne qui est tressée avec du glui (*clé*), et forment une espèce de chapelet. C'est une façon d'empaqueter l'ail ou l'oignon, qui approche de la torche d'oignons de Paris, où on les vend à la torche, à la glane, à la botte et au décalitre (boisseau).

Ce mot *rés* vient du latin *restis*, corde ; et *Pline* a dit *restis alliorum*, botte d'ail ; les Espagnols disent, dans le même sens, *ristra*, tresse d'aulx. (*H.*)

Page 230,
colonne I,
ligne dern.

(13) Au-delà du quarante-cinquième degré, non seulement les aulx mis en terre après l'hiver daussent parfaitement, mais encore c'est la saison ordinaire de les planter, et non l'automne. On en plante aussi quelque peu vers la fin de Frimaire (mi-Décembre), et pendant l'hiver.

C'est beaucoup de laisser trente-trois centimètres (un pied) d'intervalle entre les rayons, quinze à seize centimètres (cinq à six pouces) suffisent ; mais on éloigne chaque bulbe de neuf à douze centimètres (trois à quatre pouces). L'ail craint au moins autant que l'oignon les fumiers qui ne sont pas parfaitement consommés : il ne réclame d'arrosemens que dans les sécheresses excessives.

On cultive dans quelques cantons *l'ail à rocamboles* (*allium scorodoprasum*, *L.*), qui se multiplie par les petites bulbes qui naissent en groupe au sommet de sa tige. Ses usages et sa culture sont les mêmes que ceux de l'ail ordinaire.

Il me semble que, dans l'emploi des mots *semer* et *planter*, il seroit préférable d'appliquer exclusivement le premier à toute graine ou semence, grosse ou petite ; et le second, à toutes les autres parties des plantes, comme *Olivier de Serres* l'indique lui-même plus loin, pour les arbres. (*V.*)

CHAPITRE V.

Idem,
colonne II,
ligne 23.

(14) Depuis le temps d'*Olivier de Serres*, les progrès de la culture, les mélanges occasionnés par la communication accidentelle des poussières fécondantes, l'introduction d'espèces étrangères, ont accru à un tel point le nombre des espèces ou variétés jardinières, dans beaucoup de nos plantes potagères, que, dans quelques-unes, on peut à peine aujourd'hui les compter, ou du moins les reconnoître toutes bien distinctement. C'est ainsi qu'au lieu de trois ou quatre sortes de laitues dont parle notre auteur, nous en avons aujourd'hui plus de quarante, en y comprenant les différentes variétés de *romaines* ou *chicons*, race qui paroît lui avoir été inconnue. Il seroit tellement long d'entrer dans le détail de toutes ces espèces, que nous croyons devoir nous en abstenir : nous renverrons, pour cela, le lecteur au *Traité des Jardins*, ou le *nouveau de la Quintinye*, au *Cours d'Agriculture de Rozier*, etc., où ce travail est fait d'une manière satisfaisante. (*V.*)

Page 231,
colonne II,
ligne 8.

(15) *Olivier de Serres*, qui n'avoit pas d'autres connoissances botaniques que celles que l'on possédoit de son temps, prend ici l'épinard mâle pour la femelle, et *vice versâ*. On sait que ce n'est que depuis que les observations et les expériences de *Linné* ont porté le jour sur cette branche si importante de l'histoire naturelle, que les organes sexuels et les lois de la génération dans les végétaux ont été reconnus d'une manière claire et positive. Malheureusement les lumières sont si lentes à se répandre, qu'encore aujourd'hui presque tous les habitans des campagnes prennent le chanvre mâle pour le chanvre femelle, et que les jardiniers ne reconnoissent pas mieux les sexes dans l'épinard et dans les autres plantes dioïques qu'ils ont tous les jours sous les yeux.

La recette que donne ici notre auteur, pour avoir des épinards d'une grandeur extraordinaire, est encore un de ces préjugés tel que ceux dont la pratique de tous les arts est encombrée, tant qu'ils ne sont pas éclairés par une saine théorie. (La note (35) du second Lieu a déjà parlé de la même recette appliquée aux blés). Aujourd'hui, on peut avoir, sans ce soin, des épinards extrêmement larges, grace à une nouvelle variété acquise depuis peu d'années, et cultivée sous le nom d'*épinard anglois*, variété dont les feuilles sont beaucoup plus étendues et plus épaisses que celles d'aucune autre.

J'observerai, au sujet de la cueille des épinards, que la méthode de casser le pétiole ou la queue des feuilles est préférable à celle de les couper au couteau, au moins pour ceux de l'automne et de l'hiver, qui en repoussent mieux : on ne doit pas y regarder pour ceux de l'été, dont on n'attend ordinairement qu'une coupe. (V.)

Page 280, colonne I, ligne 34.

(16) Ainsi que l'ail, les échalottes se plantent, sous la latitude moyenne et nord de la France, presque toujours en Ventose (Mars) : on en plante, mais rarement, quelques pieds en Frimaire (Décembre), pour en avoir en Floréal (Mai). Si *Olivier de Serres* ne parloit pas des têtes de cette plante et de leurs *menues dausses*, on croiroit presque qu'il a voulu désigner ici la civette ou ciboulette. Il paroît, au moins, qu'autrefois on faisoit des échalottes un usage différent de celui auquel nous les employons communément. On se sert encore, il est vrai, de leurs feuilles crues et cuites; mais c'est sur-tout de leurs bulbes que l'on fait aujourd'hui une grande consommation, et on tâche de les obtenir aussi grosses et arrondies que possible. Leur culture, dans ce cas, doit être la même que celle de l'ail, si ce n'est qu'on les plante un peu plus clair quand on veut les avoir fortes, et qu'on employe ordinairement pour semence les petites échalottes qui n'ont pas grossi (lesquelles on plante entières), plutôt que les dausses détachées des grosses bulbes. Une terre nouvellement fumée est tout aussi contraire à l'échalotte qu'à l'ail et à l'oignon.

On distingue une variété longue et une autre ronde qui ne diffèrent que par leur forme, et un peu plus de volume dans la première. (V.)

Page 283, colonne I, ligne 19.

(17) Aujourd'hui les choux pommés hâtifs les plus estimés, sont ceux qui nous viennent d'Angleterre, et particulièrement le *chou d'Yorck*, qui, quoique petit, mérite cependant la réputation dont il jouit, par sa grande précocité et son excellente qualité. Après lui on distingue la très-petite variété, appelée improprement *chou cabbage*; le *chou en pain de sucre*; le *cristollet du Dauphiné*; celui nommé *cœur de bœuf* par les jardiniers de Paris et d'autres lieux; enfin

quelques autres variétés particulières à certains cantons.

L'époque du semis pour toutes ces espèces, est celle indiquée par *Olivier de Serres*, à cela près que, dans le nord de la France, on peut et l'on doit préférer la mi-Fructidor (fin d'Août), à une époque plus reculée. On notera aussi, qu'au lieu de les transplanter immédiatement du séminaire dans le lieu où ils doivent pommer, il vaut mieux les repiquer une première fois ou pépinière, à plusieurs centimètres (quelques pouces) de distance, et ne les mettre en place que par une seconde transplantation. Le premier repiquage a lieu à la mi-Vendémiaire (commencement d'Octobre), pour les choux semés, à la mi-Fructidor (dans les premiers jours de Septembre); et la mise en place, de Frimaire en Ventose (de Décembre en Mars), suivant que le temps le permet.

J'ajouterai, pour completter cet article, que tout ce qui a été dit ci-dessus des choux pommés hâtifs, s'applique également aux gros choux cabus d'été et d'automne : le temps de leur semis, les soins et la culture à leur donner, sont les mêmes, si ce n'est qu'ils ne doivent pas être mis en place plutôt qu'en Ventose (Mars); qu'il faut leur donner un espace proportionné à leur volume, et les mettre de préférence dans la terre forte, si on le peut. Plusieurs cantons sont en réputation pour produire de beaux choux pommés : ceux d'Aubervilliers et de Saint-Denis, qui étoient déjà renommés du temps d'*Olivier de Serres*, le sont encore aujourd'hui. Tours, Lyon, et d'autres lieux en cultivent de très-beaux, mais c'est sur-tout l'Allemagne et les départemens du Haut et du Bas-Rhin (l'Alsace) qui sont en possession de produire les plus gros et les plus beaux choux cabus, dont ces pays font une immense consommation en *saüer-kraut*, que nous appellons *chou-croûte*. (V.)

CHAPITRE VI.

Page 284, colonne II, ligne 10.

(18) Si la méthode de semer, œilletonner et planter les artichaux avant l'hiver est praticable en France, ce ne peut-être que dans les

parties les plus méridionales : dans toutes les autres, ces opérations doivent être faites au printemps, de Ventose en Floréal (de Mars en Mai), suivant le lieu et la saison.

La multiplication par les semences, négligée tant qu'on ne manque pas d'œilletons, devient intéressante dans les années où presque tous les plants ont péri par la rigueur du froid. Obligé d'y recourir, on pourra obtenir du fruit dès l'année même, par la méthode suivante: En Pluviose (Février) on sèmera la graine d'artichaux dans de très-petits pots, à raison de deux ou trois grains dans chaque ; ces pots seront enterrés dans une couche et abrités sous un châssis, ou, à défaut, sous des cloches. La graine levée, et les jeunes plants développés, on ne laissera subsister dans chaque pot que le pied le plus vigoureux ; on donnera graduellement de l'air aux châssis ou cloches, toutes les fois que le temps le permettra, pour fortifier les jeunes plantes, et les préserver de l'étiolement. En Ventose ou Germinal (Mars ou Avril) suivant, elles seront bonnes à mettre en place, ce qui se fera dans une terre bien amendée et préparée, et en les plantant avec toute leur motte, autant que possible. En continuant de leur donner tous les soins qu'exige une nouvelle plantation d'artichaux, on sera assuré que la plupart des pieds porteront fruit en automne. Si on ne tient pas à s'avancer ainsi, on traitera le semis d'artichaux comme on fait ceux de cardon. (Voyez cet article dans la note suivante.)

Une des objections contre les semis d'artichaux, c'est que très-souvent les plants qui en proviennent sont dégénérés ; cela a lieu, en effet, pour les semis faits avec la graine des petits artichaux du midi ; mais quand on peut obtenir de celle du gros artichaux de Paris, le résultat est tout différent : un pareil semis produit de très-beaux et bons fruits, et presqu'aucun des pieds qui en proviennent ne dégénère. Le malheur est qu'il soit si difficile d'obtenir de cette semence ; on est quelquefois plusieurs années sans en récolter, et on n'y parvient qu'avec des soins et à la faveur d'un été extrêmement chaud. Comme les petites variétés du midi, au contraire, grainent assez facilement, c'est de celles-là que l'on sème presque toujours, et

c'est ainsi que les semis d'artichaux sont en discrédit.

Avant de couvrir les artichaux, pour les garantir de la gelée, il est bon de butter chaque pied de seize à vingt-deux centimètres (six à huit pouces) de terre, autour desquels on dispose ensuite son fumier : les feuilles sont préférables à ce dernier, quand on peut les y substituer. Dans ce cas, on termine la couverture par une espèce de chapiteau ou de calotte en grand fumier, qui recouvre le tout.

On sait qu'il y a plusieurs variétés d'artichaux. Celle dite *de Laon*, qui est la même que l'on cultive dans les environs de Paris, est très-grosse, et généralement préférée. Les artichaux du midi, plus petits, ont plus de goût à ce qu'on assure. Parmi ceux-ci, les violets sont les plus estimés pour la poivrade. (*V.*)

Page 267, colonne 2, ligne 15.

(19) Pour avoir de beaux cardons, au lieu de les cultiver trois ensemble, comme le conseille l'auteur, il faut n'en laisser qu'un à chaque place ; et encore que ces places soient plutôt espacées d'un mètre (trois pieds) que de soixante-six centimètres (deux pieds). On sèmera toujours, cependant, deux ou trois grains par trou ; mais après la levée on ne laissera subsister que le plus beau pied. Comme les semis de ce légume sont souvent exposés aux ravages du ver blanc ou ver du hanneton, et de la courtillière, il est bon de se procurer de quoi regarnir, en faisant un semis supplémentaire dans de petits pots : les pieds élevés ainsi, mis en place au besoin, avec toute leur motte, remplacent ceux qui ont péri, sans qu'il y ait aucune inégalité dans le plant.

La manière de faire blanchir les cardons, en les couchant dans des fossettes creusées devant chaque pied, n'est pas si commode que celle plus généralement pratiquée aujourd'hui, de les empailler sur place, et de rapprocher la terre en butte autour du pied empaillé. Ce moyen fournit des cardons jusqu'à l'approche des grandes gelées, époque à laquelle il devient nécessaire d'enlever du jardin tous ceux qui restent, et de les abriter dans une cave, serre, ou cellier, où on les prend à mesure du besoin.

Dans les espaces laissés vides entre les rangs de cardons, on peut cultiver non seulement des oignons, mais encore toutes autres espèces de légumes qui ne doivent occuper la terre que peu de temps. Quand à l'amertume qu'*Olivier de Serres* dit que les oignons laissent à la terre, ce ne doit pas être regardé comme une assertion rigoureuse, mais plutôt comme une manière d'engager le jardinier à bien remuer son carré de cardons après cette récolte faite.

Il paroît, d'après ce que dit l'auteur, que les cardons sans piquans ne nous sont venus d'Espagne que depuis son temps. On leur a toujours reproché d'avoir la côte creuse et un peu filandreuse, mais aujourd'hui nous avons de quoi les remplacer bien avantageusement ; une variété gagnée depuis peu d'années par la culture ou le hasard, réunit au mérite de n'avoir point de piquans, toute la qualité et la succulence des beaux cardons épineux de Tours. On l'a nommée *cardon plein inerme*. (*V.*)

Page 237, colonne I, ligne pénult.

(20) Les variétés de pois cultivées aujourd'hui, sont très-nombreuses. Entre celles que l'on sème avant l'hiver, il n'en est pas qui l'emporte sur le *pois michaux*, très-sucré et productif : on ne le rame pas, quoiqu'il s'élève à un mètre (trois pieds), et quelquefois plus, dans les terres fortes ; mais quand il commence à montrer fleur, on le pince ; cela l'empêche de s'élever, et le fait fructifier plutôt.

Le renouvellement du fumier, et les cultures réitérées qu'*Olivier de Serres* conseille pour hâter le produit des pois, ne sont rien moins qu'efficaces pour cela ; on leur donnera bien ainsi une végétation plus forte et plus vigoureuse, mais ce sera au détriment de leur précocité ; car il est certain qu'alors ils se mettront plus tard à fleurir et à grainer.

La manière la plus ordinaire de semer les pois, est de les répandre également et clair, par rangées ou rayons faits avec une binette, et distans les uns des autres de seize à vingt-deux centimètres (six à huit pouces). On les sème rarement par poquets.

On trouvera dans *Le nouveau de la Quintinye*, que j'ai déjà cité, et dans d'autres ouvrages de jardinage moderne, la méthode de se procurer des pois de très-bonne heure, au moyen de châssis, bâches, etc. (*V.*)

Page 237, colonne II, ligne dern.

(21) Le semis des fèves en pleine terre, dès l'automne, n'est guères praticable que dans le midi de la France. Dans le centre et le nord, on ne sème les premières qu'en Frimaire (Décembre), et plus souvent en Nivose (Janvier). La petite fève, dite *julienne*, est celle à préférer pour ce premier semis. Il y a une variété tout-à-fait naine pour les châssis ; et pour la pleine terre, plusieurs autres qui diffèrent plus par la forme et la couleur que par la qualité. (*V.*)

CHAPITRE VII.

Page 239, colonne I, ligne 31.

(22) Cette étrange assertion n'a pas besoin d'être réfutée ; il n'est personne aujourd'hui qui soit disposé à ajouter foi à un fait semblable ; et il est très-probable qu'*Olivier de Serres* ne croyoit pas lui-même à sa possibilité. La note (54) du second Lieu s'explique déjà sur une erreur analogue à celle-ci.

Il ne faut pas prendre à la lettre ce qu'il dit encore, que certaines graines *ne sont bonnes de leurs trois premiers ans*. Plusieurs, à la vérité, comme celles de choux, et sur-tout de choux-fleurs, celles de chicorées, de laitues, de melons, etc., sont généralement préférées à leur seconde et troisième année, mais cela n'empêche qu'elles ne soient bonnes aussi étant nouvelles, et qu'on ne doive les semer telles sans aucun scrupule, quand on manque de vieilles. On trouvera dans *Miller*, dans les *Annales d'Agriculture*, dans le *Nouveau Dictionnaire d'Histoire naturelle*, etc., quelques détails sur la durée des graines. (*V.*)

Idem, colonne II, ligne 19.

(23) Je dois dire, à ce sujet, que l'opinion de mon père, fondée sur une longue expérience, étoit tout-à-fait opposée à celle des jardiniers languedociens, rapportée ici par *Olivier de Serres*. Les essais nombreux qu'il faisoit chaque année de graines potagères venant de tous les pays, lui avoient donné lieu de se convaincre que la transmigration du nord au midi étoit plus avantageuse que celle du midi au nord. Les épreuves du même genre, que j'ai

continué de faire, m'ont confirmé jusqu'à présent dans l'opinion que je tenois de lui. Cette question, au reste, sans être d'une extrême importance, est du nombre de celles qui ne peuvent être résolues que par une grande réunion de faits et d'observations recueillis sur différens points. Voyez la note (32) du second Lieu, relative à cet objet, par M. *Yvart*. (*V.*)

Page 240, colonne I, ligne 23.

(24) C'est sur-tout dans cette saison que le semis de l'oignon en place est pratiqué. On le fait beaucoup plus clair que celui en pépinière, dans une terre également bien préparée. Il faut l'éclaircir quelque temps après la levée, et ensuite lui donner les mêmes façons qu'à l'oignon replanté. Il devient généralement moins gros que celui qui a subi la transplantation, mais la méthode est beaucoup plus économique, plus expéditive, et par conséquent préférable pour les cultures en grand, telles qu'il en existe dans plusieurs Départemens de la France. Le pâle et le rouge étant les variétés les plus cultivées au printemps (voyez la note (9) ci-devant, page 440), c'est à eux aussi que cette méthode s'applique le plus souvent. (*V.*)

Idem, colonne II, ligne 27.

(25) N'est-ce pas cette sauce de *Columelle*, pour conserver les oignons, qui aura donné l'idée de la *saüer-kraut*? Ceci n'est qu'un doute que je laisse à éclaircir aux savans. (*F. D. N.*)

Page 241, colonne II, ligne 24.

(26) On trouve dans presque tous les ouvrages de jardinage, des détails sur les animaux et les insectes dévastateurs des jardins; quelques-uns même en ont donné les figures, entr'autres l'abbé *Roger Schabol*, dans la troisième édition de *la Pratique du jardinage*; *Paris*, 1782, in-12, tome II. Il dit peu de chose de la courtillière, et indique pour la détruire, l'eau et l'huile de navete, versées dans les trous, ou avec un arrosoir.

On trouvera de plus grands détails sur cet insecte, connu aussi sous les noms de *courtille, taupe-grillon, avant-taupe*, et sur les différentes manières de le détruire, dans l'article que M. *Latreille* a inséré, tome VI du *Nouveau Dictionnaire d'Histoire naturelle*, publié par *Déterville*, en l'an XI; dans des observations sur le genre de vie de cet insecte, par M. *Fé-*

burier, insérées tome XXI des *Annales de l'Agriculture françoise*, par M. *Tessier*; et enfin dans un petit ouvrage italien de M. *Diodato Raniery*, qui paroît avoir été inconnu aux auteurs que je viens de citer, et qui est intitulé : *Memoria sopra due insetti finora indescritti, ed in fine la maniera di scacciare dai campi, e distruggere negli orti il grillo-talpa. Torino*, 1784, petit in-8°. avec fig. (*H.*)

(27) Voyez, sur ce que répète ici *Olivier de Serres* de la plantation des poireaux à demi-couchés, la note (11) de ce Lieu, ci-devant, page 441. (*V.*)

Page 242, colonne I, ligne 6.

(28) Il est nécessaire de bien déterminer ce qu'*Olivier de Serres* désigne sous ces trois noms.

Idem, colonne I, ligne 23.

1°. Par celui de *raifort*, on doit entendre toutes les variétés (ou les espèces, jardinièrement parlant) du *raphanus sativus* de *Linné*, ce qui comprend les *radis* proprement dits, petits ou gros, blancs, rouges, roses et noirs, et les radis longs, appelés *raves* à Paris, dont il y a aussi de plusieurs couleurs. Toutes racines qui se mangent crues, ont une saveur plus ou moins piquante, et dont les semences sont d'une couleur rougeâtre et beaucoup plus grosses que celles des choux et des navets.

2°. Ce qu'il appelle *rave*, est le *brassica rapa* de *Linné*; ce très-gros navet plat, appelé encore aujourd'hui rave d'Auvergne, rave du Limousin, rabioule, rabiole. Le fameux navet de Norfolck des Anglois, que nous nommons improprement turnep, navet turnep (*turnip*), est précisément la même chose que cette rave.

3°. Le mot *naveaux* comprend toutes les autres sortes de navets, *brassica napus* de *Linné*, dont on sait qu'il y a un très-grand nombre de variétés de toutes grosseurs, formes et couleurs. (*V.*)

(29) Nous venons de dire que sous le nom de raifort on devoit entendre toutes les espèces de radis, mais seulement pour fixer le sens du mot, et sans prétendre insinuer qu'*Olivier de Serres* connût toutes les variétés que nous avons aujourd'hui. Il sembleroit même, d'après ce qu'il dit, qu'ils s'enfoncent plus profondément que les navets, qu'il n'en cultivoit que de longs.

Page 243, colonne II, ligne 31.

Dans tous les cas , il est nécessaire de distinguer les différentes sortes pour bien indiquer leur culture.

Les *petits radis ronds* , de toutes les couleurs , et les *petites raves longues* , peuvent être semés en pleine terre , depuis la fin de Pluviose (mi-Février) jusqu'en Fructidor (Septembre). On les sème clair , à la volée ; on les recouvre peu : deux doigts de terre par-dessus sont plus que suffisans , sur-tout si on peut terreauter le semis , ce qui est très-bon. Dans les chaleurs de l'été , il faut en semer peu à la fois et souvent , et arroser beaucoup : c'est dans cette saison qu'ils sont extrémement sujets à monter. Les semis du premier printemps , au contraire de ce que dit *Olivier de Serres* , sont ceux pour lesquels cet inconvénient est le moins à craindre. Les différens moyens pour en avoir de très-hâtifs , sont : 1°. celui indiqué par l'auteur ; 2°. un autre à-peu-près analogue , qui consiste à en semer à la mi-Vendémiaire (fin de Septembre) sur les vieilles couches à melons ou autres , après leur avoir donné une petite façon à la fourche. Ces radis se forment tout-à-fait , ou à moitié , avant les grandes gelées , à l'approche desquelles on les arrache et on les replante très-près les uns des autres , sur un ados exposé au midi ; il est facile ainsi de les couvrir et d'en conserver beaucoup sur un petit espace ; c'est par ce moyen qu'on en a presque tout l'hiver ; 3°. en en semant à la mi-Nivose (commencement de Janvier) sur les couches nouvelles et sous châssis ; puis de la mi-Pluviose (fin de Janvier) jusqu'à la fin de Pluviose (mi-Février) également sur couche , mais sans châssis , avec une simple couverture en paillassons. Dans les terreins légers on en risque quelques semis en pleine terre dès la mi-Pluviose (commencement de Février) le long des costières ou plates-bandes du midi , mais on compte peu sur ceux-là. Il est bon d'observer que , pour les semis sur couche , le lit de terre qui recouvre le fumier doit - être très-peu épais , les radis en tournent plus vite. La semence doit aussi être très-peu recouverte.

Ce sont les *gros radis noirs* et les *gros blancs d'Ausbourg* que l'on sème grain à grain et à quelques doigts de distance ; mais ce sera assez de les enterrer de trois à six centimètres (un à deux pouces). La saison est de Prairial en Thermidor (depuis Juin jusqu'en Août) : on peut semer de ceux d'Ausbourg un mois plutôt. Ces radis , sur-tout les noirs , se conservent très-bien l'hiver , enterrés dans le sable , dans une cave ou autre lieu à l'abri de la gelée.

Pour avoir de bonne graine de toutes les variétés de radis et raves , il ne suffit pas de laisser monter à graine un bout de planche de celle que vous voulez récolter , mais il faut choisir avec soin un certain nombre de racines les plus franches , chacune dans leur variété , et les replanter isolément , à une assez grande distance , pour qu'à la floraison il ne puisse y avoir aucune communication entre les poussières fécondantes. Les radis semés en Fructidor (Septembre) , qui ont été conservés l'hiver sur un ados , sont les porte-graines préférés. On les replante alors en Ventose (Mars). (*V.*)

(3o) Il y a quelques variétés dans la *rave* , lesquelles diffèrent par le plus ou moins d'applatissement de la racine , et par la couleur du collet , qui est verte dans les unes , rouge dans les autres , etc. ; mais ce nom ne doit s'appliquer ici à aucun des navets longs , quoique dans quelques cantons , on nomme aussi *raves* certains d'entr'eux.

La culture de cette racine est si importante , qu'elle ne peut être trop recommandée. Ses avantages sont développés dans une instruction publiée par la Société royale d'Agriculture , en 1785 , réimprimée et répandue par ordre du Gouvernement , in-8°. et in-4°. , en 1786 , 1787 , et en l'an XI , que nous invitons les lecteurs à consulter : ils trouveront encore d'autres instructions sur cette racine , dans les Mémoires publiés par cette Société.

Il est important d'observer que , déjà du temps d'*Olivier de Serres* , et peut-être long-temps avant lui , on cultivoit ces racines en grand pour la nourriture des bestiaux. (*H. et V.*)

(31) Les navets très-fins ne s'obtiennent que dans les terres douces et sablonneuses ; ceux de Freneuse , de Saulieu et des autres crûs les plus renommés , semés dans une terre forte , dégénérent au point de n'y être pas reconnoissables.

Page 444 , colonne II , ligne 20.

Page 44? , colonne I , ligne 18.

Aucune de nos espèces ne supporte les gelées de nos hivers un peu rigoureux ; le seul navet de Suède ou *rutabaga*, introduit en France depuis quelques années , a la propriété de résister aux plus grands froids. Sous ce rapport, sa culture est infiniment intéressante, et méritoit bien l'attention que la Société d'Encouragement lui a donnée , en proposant cette culture en grand pour sujet d'un prix. On a imprimé à tort , dans quelques ouvrages modernes , que cette plante étoit la même chose que le chou de Laponie ou chou-navet ; la Société d'Agriculture de Paris , dans un rapport authentique , a démontré la fausseté de cette assertion.

Parmi les navets cultivés en grand pour la nourriture des bestiaux , on doit distinguer une très-grosse espèce fort répandue dans les départemens du Rhin (en Alsace) , dans le Palatinat , et dans une partie de l'Allemagne , sous le nom de *navet de campagne*, et désignée plus souvent , dans les ouvrages de jardinage , sous celui de *gros navet de Berlin*. Ce navet, très-long et en partie hors de terre , devient énorme dans les terreins profonds qui lui conviennent, et est d'un très-grand produit. (*V.*)

Page 245, colonne 1, ligne 23.

(32) La navette, que l'on ne peut rapporter qu'au *brassica napus* de *Linné*, paroît être l'espèce sauvage, souche primitive de tous nos navets cultivés. Elle se sème le plus souvent en automne , ainsi que le dit l'auteur ; mais quelques cantons en ont aussi une variété particulière pour le printemps, appelée navette de printemps et navette d'été. On peut consulter sur cette culture , ainsi que sur celle du colsa , autre plante oléagineuse très-utile, dont *Olivier de Serres* n'a pas parlé , l'ouvrage que l'abbé *Rozier* a publié, et qui est intitulé : *Traité sur la meilleure manière de cultiver la navette et le colsa, et d'en extraire une huile dépouillée de son mauvais goût et de son odeur désagréable ; Paris, 1774, in-8°. ;* dont il a reporté l'extrait dans son *Cours d'Agriculture*.

La Commission d'agriculture et des arts a aussi publié une *Instruction sur la culture de la navette d'été*, dans laquelle cette plante est considérée relativement à ses avantages pour les animaux. (*H. et V.*)

Page 245, colonne II, ligne 36.

(33) Aujourd'hui le nom de carotte a prévalu presque par-tout, et on distingue les différentes sortes par la désignation de leur couleur , ce qui est préférable. Il seroit à désirer que l'on renonçât entièrement au mot *pastenade*, qui peut faire confusion, en ce qu'il se rapproche du nom du panais (*pastinaca.*)

Outre la carotte blanche et la rouge , on en a aujourd'hui de jaunes , et aussi une petite variété courte et hâtive , qui est excellente. On peut semer des carottes en Germinal (Avril) et même plus tard ; mais il est préférable de s'y prendre dès le mois de Ventose (Mars), surtout dans les terres légères. Quand la graine est bonne et nouvelle , on auroit tort de semer dru , car quoiqu'on ait la facilité d'éclaircir, il arrive presque toujours qu'on en laisse trop. On sème aussi des carottes en Fructidor (Septembre) , pour en avoir de bonne heure au printemps ; il faut qu'elles soient couvertes dans les gelées un peu fortes. Enfin on peut en semer sur couche à la mi-Pluviose (fin de Janvier), et en pleine terre , sur les plates-bandes du midi , en Pluviose (Février) ; dans ces deux cas , c'est la courte hâtive qui est préférable.

C'est ici le lieu de dire un mot du panais (*pastinaca sativa, L.*) que sans doute *Olivier de Serres* n'a pas connu, puisqu'il n'en parle pas. Cette racine très-nourrissante , et d'une saveur aromatique , demande, comme la carotte , une terre bien ameublie et défoncée profondément. Elle se sème clair en Ventose (Mars), et toute sa culture consiste à être éclaircie après la levée, s'il y a lieu, et ensuite à être sarclée et arrosée au besoin. Le panais le plus ordinaire est long ; il y en a une variété à racine ronde, qui n'est pas moins bonne, et que l'on doit préférer dans les terreins qui n'ont pas assez de profondeur pour l'autre. (*V.*)

Les racines potagères , dont nous connoissons aujourd'hui un grand nombre de variétés, n'étoient cultivées autrefois que dans les jardins ; mais dès qu'on en eut apprécié les avantages pour la nourriture des hommes et des bestiaux , on destina à ce genre de culture des terreins d'une plus grande étendue : on les sema en plein champ, et il est prouvé maintenant qu'elles y viennent aussi parfaitement lorsqu'on

leur

leur donne les mêmes façons, un fonds qui leur est propre, et qu'on les espace suffisamment; car, trop écartées, les racines sont spongieuses et creuses; trop rapprochées, au contraire, elles sont minces et fibreuses. J'ajouterai, sans craindre d'être démenti, que, toutes circonstances égales d'ailleurs, plusieurs de ces racines, cultivées ainsi, sont d'un goût supérieur, à cause du fumier qu'on y emploie en moindre quantité. On sait que les parties des plantes dont l'odeur et la saveur se ressentent davantage de la nature du sol et des engrais, sont les racines, qui, provenant des jardins, ont, à la vérité, plus d'embonpoint que celles des champs, mais en revanche moins de qualité.

Il faut convenir que les racines ont toujours joui d'une grande célébrité: il existe encore des peuplades qui font consister leurs ressources alimentaires dans cette partie des végétaux. *Démocrite*, *Columelle*, *Varron et Caton*, tous ces patriarches de l'agriculture leur attribuoient des propriétés merveilleuses; ils pensoient qu'un jardin potager étoit ce qui rapportoit le plus dans une ferme, et que le produit suffisoit au-delà pour les besoins du colon. On ne sauroit même douter que l'usage de ces racines ne fût étendu jusqu'aux bestiaux, puisque, dans la distribution de la métairie, les mangeoires sont indiquées pour la subsistance des bœufs pendant l'hiver; et on voit que, du temps d'*Olivier de Serres*, plusieurs de ces racines se cultivoient en grand, dans quelques provinces de France, pour cet objet spécialement.

Une vérité que l'on ne sauroit assez reproduire, c'est que les racines charnues, soit farineuses, soit muqueuses, doivent être, immédiatement après les graines, placées au nombre des substances végétales les plus chargées de parties nourricières; qu'elles renferment tous les principes qui constituent le corps alimentaire; que la plupart portent leur assaisonnement avec elles, et n'ont besoin que de la simple cuisson dans l'eau, ou sous les cendres, pour devenir un comestible salutaire; qu'enfin, réunies plusieurs ensemble, elles fournissent des potages et des purées, que le suc de nos viandes et la farine de nos semences légumineuses peuvent à peine imiter: c'est donc sous le double rapport de la nourriture qu'elles peuvent procurer aux hommes et aux animaux, qu'il faut les considérer; elles favorisent la multiplication des bestiaux, le nettoyement des mauvaises herbes et l'abondance des engrais. Il n'y a pas de terreins, de climats et d'aspects où elles ne puissent prospérer: les unes, dans les fonds bas et humides; les autres, dans les terres qui vont en pente et qui sont d'une qualité légère: mais en général c'est dans les terreins chargés de sable et de gravier qu'elles réussissent le mieux, quelle que soit leur aridité; elles peuvent y être appropriées, sans nuire à la culture des grains, toujours plus abondans quand ils leur succèdent. La plaine de Saint-Denis, près Paris, dont parle *Olivier de Serres* (voyez la note (17) de ce Lieu, ci-devant, page 443), comparable autrefois à la plaine des Sablons, n'offre-t-elle pas aujourd'hui le tableau le plus intéressant du plus riche potager? Bornons-nous à citer deux circonstances qui, vers la fin du dernier siècle, m'ont fait connoître d'une manière frappante les avantages incalculables de la culture en grand des racines potagères.

Les effets de la disette des fourrages qu'on a éprouvée par l'extrême sécheresse de 1785, qui n'épargna aucun de nos Départemens, ont été moins funestes à ceux de leurs habitans qui avoient coutume de cultiver en grand les racines potagères. La grêle désastreuse du 13 Juillet 1788, qui a changé le tableau de la plus riche moisson en un spectacle de la plus affreuse calamité, n'auroit pas enlevé toutes les ressources aux cantons qui l'ont essuyée, s'ils eussent couvert quelques arpens de ces racines. *Nous n'avons sauvé*, m'ont écrit à cette époque critique plusieurs petits cultivateurs désolés, *que le produit des pommes de terre que vous nous aviez données à planter.*

Mais lorsqu'il s'agit de nourrir avec des racines un grand nombre de bestiaux, comme il s'en trouve dans les exploitations d'une certaine étendue, les difficultés de couper ces racines, une à une, ont fait chercher les moyens de simplifier et d'abréger l'opération; on y est parvenu, au moyen d'une machine armée de dix lames tranchantes, ou de dix couteaux, qu'on peut faire mouvoir par un enfant, et qui hachent promptement et beaucoup de racines à-la-fois. Cette machine se trouve gravée dans plusieurs traités d'économie rurale ; *Cretté-Palluel*, *Chanorier*, et notre collègue M. *Bourgeois*, directeur de l'Établissement de Rambouillet, l'ont fait exécuter pour le service de leurs bergeries et de leurs vacheries. (*P.*)

Page 217, colonne I, ligne 19.

(34) On connoît aujourd'hui plusieurs autres variétés de betteraves : la jaune, la blanche, celle de Castelnaudary, qui est plus petite, d'un rouge très-foncé et d'une forme plus turbinée que les autres ; la betterave champêtre ou racine de disette, dont il sera parlé plus bas. Enfin nous avons reçu depuis peu, d'Allemagne, sous le nom impropre de *steck-rüben*, une variété qui paroît prendre beaucoup de faveur dans ce pays pour la culture en grand ; elle a des rapports avec la betterave champêtre, de laquelle elle vient probablement ; mais sa racine est d'une forme plus cylindrique, plus allongée, et sort d'avantage de terre. (*V.*)

On cultive en Allemagne, exclusivement pour la nourriture des bestiaux, la variété de betterave connue sous le nom de *racine de disette*, et que nous appelons aussi *betterave champêtre*. Elle diffère des betteraves ordinaires, en ce que sa racine ne s'enfonce pas toute entière dans la terre, qu'une partie s'élève à la surface et acquiert beaucoup de volume ; que son feuillage détaché à propos et successivement, donne plusieurs récoltes de fourrage pour les vaches et pour les cochons.

Introduite en France, en 1775, par *Vilmorin*, cette plante ne prit pas d'abord la faveur qu'elle méritoit ; elle fut bornée, pendant plusieurs années, à de petites cultures : mais, vers 1784, *Cammerell*, témoin dans la Souabe du produit considérable qu'on retiroit de cette plante, en fit venir une assez grande quantité de graine, multiplia les essais, publia des instructions, et débarrassa cette culture des gênes et des soins qui font rejeter, à la campagne, les meilleurs procédés.

Comme la betterave champêtre est la variété qui a servi aux expériences faites à Berlin et à Paris, dans la vue d'opérer en grand l'extraction du sucre, de suppléer la canne, et de subvenir par ce moyen aux besoins de la consommation d'une matière pour ainsi dire exotique, devenue aujourd'hui parmi nous une denrée de première nécessité ; nous nous permettrons d'examiner ici rapidement jusqu'à quel point les espérances qu'on a conçues à cet égard sont fondées.

De toutes les parties des plantes cultivées dans nos climats, ce sont les fruits succulens qui renferment une plus grande quantité de sucre ; et dans ce nombre les raisins occupent le premier rang, comme parmi les graminées d'Europe, c'est le mays : après les fruits, on pourroit croire que ce sont les racines charnues qui devroient être les plus riches en sucre ; mais la racine, cet organe qui s'enfonce presque toujours dans la terre, étant destinée à servir la plante dans l'obscurité, ne peut recevoir les influences immédiates de la lumière solaire, dont l'absence est si souvent préjudiciable à la couleur et à la saveur exquise de nos fruits ; les principes qu'elles renferment ne sauroient éprouver une élaboration favorable à la saccharification ; la végétation intérieure paroît plus occupée à former la substance fibreuse ou parenchymateuse, qu'à transformer la matière muqueuse extractive en un véritable sucre. Sans doute qu'au midi de la France, la betterave deviendroit susceptible de fournir une plus grande quantité de sucre, sur-tout si elle étoit cultivée dans un fonds sablonneux, le plus propre à la génération de l'un de ces matériaux immédiats des végétaux ; et si, dans les autres variétés de cette plante, on choisissoit de préférence la jaune, qui, à plus juste titre que la betterave champêtre, mérite le nom de betterave à sucre, en supposant que, toutes choses égales d'ailleurs, elle produisît autant de racines, ne coûtât pas plus de frais de culture, et ne fût pas plus difficile sur le choix du terrein.

A la vérité il faudroit, avant d'entreprendre un travail de cette importance, connoître, par des essais préliminaires, le résultat effectif qu'on obtiendroit ; car on sait que le sucre existe partout où la saveur qu'on lui connoît se manifeste. Il n'est pas nécessaire, pour s'assurer de sa présence dans un corps quelconque, qu'on puisse l'en retirer sous forme sèche et cristallisée ; l'état concret n'est le caractère distinctif que d'une partie de celui qui abonde dans le nectaire des fleurs, dans la séve des frênes et des mélèzes de la Sicile, dans celle de l'érable de l'Amérique, dans les sucs des fruits, des tiges et des racines; souvent même dans le suc de la canne non parvenue à une maturité convenable; en sorte qu'outre les autres principes immédiats auxquels celui du sucre est plus ou moins fortement uni, il a reçu, dans chacun, des modifications différentes, tant de la puissance qui y réside et qui concourt à sa formation, que de tous les agens extérieurs qui influent sur son élaboration. De-là la nécessité d'admettre plusieurs variétés de sucre; de-là la difficulté, peut-être insurmontable, de faire disparoître toutes ces variétés, pour obtenir une seule et même espèce de sucre; de-là il suit qu'on ne doit pas estimer le miel, le mucoso-sucré, placés au nombre de ces variétés, seulement à raison de la petite quantité de sucre sec et pur qu'ils fournissent, et qu'ils doivent leur manière d'être, uniquement à des substances étrangères; mais qu'on doit les regarder comme des sucres mous, qui sont au sucre concret ce que les eaux-mères incristallisables d'un sel sont à ce même sel cristallisé. La faculté de cristalliser est aussi difficile à communiquer aux différentes variétés de sucre, qu'il est facile de l'enlever au sucre lui-même: des solutions, des évaporations, des cristallisations réitérées, suffisent pour produire cet effet; mais que perd-il dans cette occasion? que faudroit-il ajouter aux autres? Tel est le problème à *résoudre*.

Il n'y a donc pas lieu de présumer que nos plantes d'Europe, particulièrement les racines potagères, puissent jamais valoir la peine et les frais de l'extraction en grand du sucre, en supposant même que la betterave soit celle qui en donne le plus, et que, par des procédés particuliers, on vienne à bout de doubler sa quantité, parce qu'il faudra toujours, pour le débarrasser de ses entraves muqueuses et extractives, déchirer les réseaux fibreux où il est renfermé, employer les dépurations, les clarifications, les filtrations, les évaporations; toutes opérations qui ne manqueront pas de détruire une portion notable du principe sucré, et réduiront toujours les tentatives de ce genre à un travail de pure curiosité. Mais, dira-t-on, la présence du sucre dans les végétaux étant une condition sans laquelle on ne peut obtenir de fermentation vineuse, et par conséquent d'alcool, si l'on est forcé de renoncer à l'extraction en grand du sucre de la betterave, il sera toujours possible de retirer de cette racine, à l'instar de la carotte, de l'eau-de-vie. Mais des expériences authentiques viennent de répondre encore à cette objection; elles prouvent sans réplique que cette eau-de-vie reviendroit constamment à des prix trop élevés, pour jamais entrer en concurrence, même dans les pays où le combustible, la main-d'œuvre et les frais de transport sont au taux le plus modéré: d'ailleurs, il seroit difficile de lui enlever le goût particulier qu'elle conserve dans les combinaisons et les usages étendus qu'on pourroit en faire. N'envions pas au Nord l'avantage de préparer des eaux-de-vie avec les semences farineuses, les fruits pulpeux et les racines potagères; celles que nous retirons de nos vins leur sont si supérieures sous tous les rapports! Perfectionnons-en, s'il est possible, la fabrication; c'est une branche de commerce qu'aucune nation n'est en état de nous disputer. Mais laissons à nos colons le soin d'extraire de la canne ce sucre, ce sel que la Nature y a déposé avec une si grande abondance; propageons les pommes de terre, les betteraves, la carotte, et ne les cultivons sur-tout que pour la nourriture des hommes et des animaux. (*P.*)

(35) On sème très-rarement le scorsif ou salsifi (*tragopogon porrifolium*, *L.*) en Thermidor et Fructidor (Août); la vraie saison est en Ventose et Germinal (Mars et Avril). La graine est loin d'être aussi menue que le dit *Olivier de Serres.*

Il paroît qu'il n'a pas connu le scorsonère ou salsifi noir (*scorzonera hispanica, L.*); sa culture ne diffère presqu'en rien de celle du salsifi blanc: seulement il est un peu plus pratiqué d'en semer en Thermidor et Fructidor (Août), quoique la saison la plus ordinaire soit au printemps. Une différence plus sensible entr'eux, c'est que le scorsonère ne se mange communément que la seconde année. (*V.*)

Page 617, colonne II, ligne 1.

Page 247.
colonne II,
ligne 30.

(36) Le chervi (*sium sisarum*, *L.*) se multiplie à la vérité très-facilement, en séparant ses pieds; mais cette méthode ne fournit pas des racines aussi charnues ni aussi bonnes que le semis. Ce dernier, en revanche, exige beaucoup plus de soins. Il faut que la terre où on veut semer le chervi soit parfaitement meuble et bien préparée, qu'elle soit naturellement douce, et, pour le mieux, un peu fraîche. En Germinal (Avril) vous y répandez votre graine, après l'avoir préalablement fait tremper pendant trente-six ou quarante-huit heures, dans une eau douce (celle de pluie est la meilleure), vous la recouvrez peu, et vous terreautez légèrement le semis. Il faut ensuite bassiner fréquemment, si le temps l'exige, de manière à entretenir toujours une légère humidité. Avec ces soins on est assuré de réussir, si on a semé de la graine nouvelle. On peut aussi pratiquer ce semis en Fructidor (Septembre), aussitôt après la maturité de la graine; la levée alors est plus facile. Quand le plant est assez fort, on l'éclaircit, ensuite on le cultive comme il est dit au texte. Les racines sont bonnes l'hiver suivant. (*V.*)

Page 248,
colonne I,
ligne 4.

(37) Les semences de la raiponce (*campanula rapunculus*, *L.*) étant excessivement fines, il faut des soins particuliers pour assurer leur succès. La terre doit être très-divisée, ameublie et parfaitement unie, la semence presque point recouverte; il suffit de répandre dessus une ligne de terreau bien menu, ou d'une terre douce et fine, ou bien de passer très-légèrement un rateau à petites dents sur le semis. On finit par disperser sur le tout, quelque peu de mousse ou de paille courte, destiné à empêcher les arrosemens de battre la terre. On doit ensuite bassiner souvent avec un arrosoir à trous très-fins, et aussi légèrement que possible. Ces semis se font du commencement de Messidor (fin de Juin) au milieu de Thermidor (commencement d'Août), à une exposition ombragée. (*V.*)

Depuis la publication du *Théâtre d'Agriculture*, nos jardins potagers ont fait quelques acquisitions utiles; de ce nombre, sont la *pomme de terre*, la *patate* et le *topinambour*, trois plantes absolument distinctes, que l'on réunit tous les jours sous la même dénomination, malgré les efforts de plusieurs naturalistes qui ont fixé d'une manière irrévocable leurs caractères botaniques. La *pomme de terre*, originaire du Pérou, appartient à la classe des *solanum*; la *patate*, indigène aux Deux-Indes, est un *convolvulus* ou *liseron*; enfin, le Brésil a fourni le *topinambour*, qui est un *helianthus*. Les seuls rapports que ces plantes ont entr'elles, c'est la même origine; c'est qu'elles exigent la même qualité de sol et les mêmes soins de culture, qu'elles se multiplient par bouture et par marcotte, que leurs tiges et leurs feuilles peuvent servir de fourrage; qu'enfin leurs tubercules deviennent, sans presqu'aucun apprêt, une nourriture salutaire pour l'homme et les animaux.

Mais c'est spécialement la *pomme de terre* qui mérite d'occuper le premier rang, elle présente le moyen de tirer parti des terreins les plus ingrats, et les dispose à rapporter d'autres productions. Sans être supérieure aux accidens, qui souvent préjudicient aux autres végétaux, elle brave les premières gelées du printemps; son produit est d'autant plus abondant, que celui des grains l'est moins; elle se plante après toutes les semailles, et se récolte après toutes les moissons; elle nettoye, pour plusieurs années, le champ infecté de mauvaises herbes, détruit les chiendents si abondans dans les vieilles luzernières, donne sans engrais de riches récoltes dans les prairies artificielles retournées, et dispose favorablement certains fonds à recevoir les grains qui lui succèdent. En faut-il davantage pour déterminer les habitans des campagnes à tourner leurs regards vers cette culture, sur-tout s'ils peuvent se convaincre qu'en allant aux champs déterrer ces racines à onze heures, ils auront à midi, moyennant la cuisson dans l'eau ou sous les cendres, une sorte de pain tout préparé par la Nature?

Les espèces ou variétés de pommes de terre, dont le nombre connu se monte à douze, peuvent servir aux mêmes usages, parce que toutes contiennent les mêmes principes; elles ne diffèrent que par leurs proportions, ce qui admet des nuances plus ou moins sensibles dans la forme, l'aspect et le goût. Les blanches sont, en général, plus hâtives que les rouges, et demandent à être plus espacées. Il faut aux premières, une terre à seigle, et aux secondes, une terre à froment : la grosse blanche, veinée de rouge, réussit dans tous les fonds. En appliquant avec discernement ces variétés aux terreins du canton qu'on habite, il n'y a pas un coin en Europe, où la pomme de terre ne puisse prospérer.

De tous les moyens qui ont été proposés pour maintenir les pommes de terre dans leur qualité, en augmenter les variétés, et empêcher qu'elles ne s'abâtardissent, il n'y en a point de plus efficace que les semis. Il faut de temps en temps les renouveler par cette voie, en cueillant, la veille de la récolte des racines, les fruits de l'espèce qu'on a dessein de propager, en les conservant pendant l'hiver dans du sable, ou suspendus à des cordes, en les mêlant au printemps avec de la terre, et les répandant sur des couches ou sur un bon terreau. Une fois la plante levée de semences, on la sarcle quelquefois, on la butte et on la récolte comme celle qui vient de boutures : replantée dès la seconde année, elle donne déjà d'assez grosses pommes de terre pour offrir une ressource ; mais la production n'est véritablement complète que la troisième année. Cette voie de la Nature, si facile, procure une nouvelle génération pendant une longue succession d'années, conserve sa fécondité et tous ses caractères ; elle a souvent été tentée, mais toujours sans but : jamais on n'a songé à en suivre les effets, ni à en développer les avantages, dans la conviction où l'on étoit que les pommes de terre *régénérées* ainsi, étoient douteuses, de difficile et trop longue venue pour atteindre le produit ordinaire. Cet objet m'a paru assez important pour en faire le sujet d'un mémoire inséré dans ceux publiés par la Société royale d'agriculture, pour l'année 1786, trimestre d'hiver. L'utilité dont il a déjà été à l'Europe, ne me permet pas d'oublier de l'indiquer ici.

La *patate* est également susceptible d'offrir beaucoup d'espèces ou variétés, dont le nombre ne fera qu'augmenter à mesure que la plante éprouvera de l'extension dans sa culture. Il y a des patates blanches et rouges, des patates hâtives et tardives ; c'est l'aliment ordinaire des nègres dans nos îles, pendant plusieurs mois de l'année. On a essayé d'en faire du pain ; mais,

ainsi que la pomme de terre, elle réunit tant de bonnes qualités en substance, qu'il n'est pas nécessaire de la décomposer à grands frais pour la soumettre aux opérations du boulanger, et lui concilier les propriétés d'une nourriture saine, commode et agréable. Cette plante, déjà naturalisée par les Espagnols sur leurs côtes maritimes, n'a plus qu'un pas à faire pour l'être parmi nous. On connoît, à cet égard, les tentatives des botanistes. J'ai cherché à les seconder en tirant directement de Malaga, des patates, en les confiant à MM. *Broussonet* et *Puymaurin*, pour les planter au Jardin Botanique de Montpellier, et à celui de l'Académie de Toulouse ; déjà elles commençoient à laisser entrevoir les plus heureuses espérances, lorsque le froid de 1788, qui, dans ces cantons, a été de neuf degrés, est venu les anéantir. M. *Puymaurin* ne s'est pas découragé, il a fait venir des patates d'Espagne, et en a couvert jusqu'à douze ares (environ un quart d'arpent) ; il en a distribué à différens particuliers, et même à des créoles, qui les ayant trouvées comparables à celles de nos îles, ont demandé à les cultiver.

M. *Ferrière*, jardinier en chef du Jardin des Plantes à Toulouse, a une méthode pour cultiver la patate, dont le mérite reconnu ne permet pas de la taire ici. Vers le commencement de Ventôse (fin de Février), il établit une couche de douze à quinze degrés de chaleur ; il a des pots du diamètre de vingt-quatre à vingt-huit centimètres (huit à dix pouces), qu'il remplit de terre composée de deux tiers terre franche, et d'un tiers terreau de fumier de cheval, bien consommé, mêlés et passés au crible : ces pots sont ensuite enfoncés dans la couche ; il plante, dans chacun, trois ou cinq tubercules de patates, recouverts de quatre à six centimètres (un pouce et demi à deux pouces) de terre : il établit au-dessus des châssis, dont les vitraux sont distans de la surface des pots, d'environ vingt-huit à trente-trois centimètres (dix à douze pouces). Cinq à six jours après, les patates ayant commencé à pousser, il leur donne un léger arrosement ; il le réitère ensuite aussi souvent qu'il juge qu'elles en ont besoin. Vers le 15 Germinal (commencement d'Avril), les patates ont acquis seize à vingt-quatre centimètres (six à huit pouces) de hauteur. Il leur donne alors de l'air insensiblement, jusques vers le 10 Floréal (premier Mai); époque à laquelle il les transplante en pleine terre. Il obtient de chaque tubercule de patate, suivant sa grosseur, six, dix, quinze, jusqu'à vingt rejettons.

Le terrein du jardin de M. *Ferrière* est graveleux, mêlé de sable; c'est celui que les patates préfèrent. Il l'ameublit au moyen d'un labour de vingt-quatre centimètres (huit pouces), que l'expérience lui a appris être suffisant; plus profond, au lieu de donner des tubercules, elles ne pousseroient que du chevelu; tandis qu'arrêtées par un terrein ferme, elles en produisent abondamment. La distance à laquelle il les plante, est celle de quarante à cinquante centimètres (quinze à dix-huit pouces) l'une de l'autre, en les enfonçant de neuf à douze centimètres (trois à quatre pouces), et en laissant six centimètres (deux pouces) au-dessus de terre. S'il a de très-longs rejettons qu'il veuille planter, il les couche horizontalement, et le nombre et la grosseur des tubercules sont en raison de la quantité des nœuds qui sont dans terre. Il s'est convaincu que les transplantations en pleine terre faites plus tard que les premiers jours de Messidor (vers le 20 Juin), ne donnent presque plus de tubercules, mais seulement du chevelu. Des premières plantations en pleine terre, il obtient des boutures qui valent autant pour planter que les rejettons. Si elles sont très-longues, il les roule en petites cordes, qu'il plante à douze centimètres (quatre pouces) de profondeur, en ayant soin que le bout de la bouture soit toujours hors de terre de six centimètres (deux pouces). Il a sur-tout l'attention de les débarrasser des herbes par des sarclages réitérés, et de leur donner de légers labours au commencement de la plantation, et jusqu'à ce qu'elles aient couvert le terrein. Un ou deux bons arrosemens par semaine suffisent. Il s'est apperçu qu'un plus grand nombre deviendroit nuisible. Il a reconnu que, passé les premiers jours de Messidor (vers le 20 Juin), il falloit s'abstenir de couper des boutures pour ne pas nuire à leur propagation. Du 20 au 30 Vendémiaire (du 10 au 20 Octobre), lorsque les gelées arrivent, il procède à l'arrachage.

Dans les premiers jours de Messidor (vers le 20 Juin), il ne laisse plus dans les pots qu'un rejetton par tubercule. Ces pots passent l'été dans les couches, sans vitraux. Il en résulte une végétation très-vigoureuse, et des pousses, qui, vers la fin de l'été, ont acquis une longueur d'environ deux mètres (six pieds), qui s'entrelacent dans les châssis et les recouvrent en entier. Du 20 au 30 Vendémiaire (du 10 au 20 Octobre) il remet les vitraux, et réchauffe tout autour les châssis avec du fumier, de manière à produire une chaleur de dix à douze degrés, qui suffit pour leur conservation. Dans le mois de Ventose (Mars) suivant, ces pots lui fournissent à profusion des tubercules qui peuvent servir à être replantés comme ceux qui l'avoient été l'année précédente; des rejettons et des boutures qu'il coupe de la longueur de neuf à douze centimètres (trois à quatre pouces), et qui sont placés un à un dans des pots de neuf centimètres (trois pouces) de diamètre, sous châssis et sur couche, pour être replantés en motte en pleine terre, à l'époque déjà indiquée.

Le moyen auquel M. *Ferrière* s'est arrêté, après en avoir essayé plusieurs, pour conserver les patates, c'est celui de les placer dans un coin de serre chaude, et de les recouvrir de vieux tan sec. Par ce moyen on les garde pendant tout l'hiver, soit pour l'usage des tables, soit pour les plantations à venir. Ainsi il y a tout lieu d'espérer que les efforts de M. *Puymaurin*, pour propager en France les patates, ne seront pas sans fruits, à mesure que la méthode de M. *Ferrière*, pour les cultiver, sera mieux connue; car les naturalisations de ce genre, doivent être distinguées de celles qu'on propose tous les jours, sans trop faire attention aux conséquences fâcheuses qui pourroient en être la suite. Quand bien même les essais tentés jusqu'à présent pour acclimater parmi nous la canne à sucre, le coton et l'indigo, auroient obtenu quelques succès, il seroit peut-être d'une sage politique d'y renoncer. Et ne faut-il pas se ménager des moyens d'échange contre les produits de notre industrie!

À l'égard du *topinambour*, on ne sait pas encore bien positivement si la plante est originaire du Brésil ou du Canada; ce qu'il y a de certain, c'est qu'elle étoit connue du temps d'*Olivier de Serres*, et que le peu qu'il en a dit, a suffi pour faire croire qu'il s'agissoit des pommes de terre. Mais en réfléchissant, et surtout en comparant ces deux plantes, on verra bientôt, d'après la description qu'il en a donnée, qu'on a pris une plante pour une autre.

Au reste, les avantages économiques des trois plantes qui sont l'objet de cette note, se trouvent développés dans un *Traité sur la culture et les usages des pommes de terre, des patates et des topinambours. A Paris, chez Barois l'aîné*, 1789, in-8°. (*P.*)

CHAPITRE VIII.

(38) Le nom de chou blanc étant pris assez généralement comme synonyme de chou pommé ou cabus, il convient d'expliquer, pour l'intelligence de l'article, que ce qu'*Olivier de Serres* désigne sous ce nom, est le chou blond à grosse côte non pommé. (*V.*)

(39) Aujourd'hui, plusieurs de ces choux qu'*Olivier de Serres* qualifioit de *presque sauvages, dégénérans des bons*, sont comptés au nombre des articles les plus essentiels de la fourniture d'un potager. Les choux de Milan, surtout, ou choux frisés et pommés, sont devenus d'une culture aussi générale que les choux cabus et les verts. Quelques autres, comme les choux-raves, en Alsace et en Allemagne, les choux frisés rouges et verts dans tout le Nord, le chou à jets du Brabant, etc., sont comptés au nombre des productions les plus utiles ou les plus agréables. Chacun sait combien le choufleur, qui étoit alors une nouveauté, est aujourd'hui répandu. Les brocolis sont également un légume précieux, pour l'amateur qu'une culture soignée et une attente un peu longue ne rebutent pas.

Mais ces notes ne pouvant présenter un traité complet, je n'entreprendrai pas de parler en détail de toutes les sortes de choux, et de leur culture différente. Je ne pourrois que répéter, en grande partie, ce qui est déjà imprimé dans plusieurs bons ouvrages, tels que *l'École du Jardin potager, par de la Bretonnerie*; le *nouveau de la Quintinye*; le *Dictionnaire d'agri-*culture *de Rozier*; le *Dictionnaire d'agriculture de l'Encyclopédie méthodique*, etc., ouvrages auxquels on pourra avoir recours, cette matière y étant traitée en détail.

Je dirai seulement un mot du *chou-marin* (*crambe maritima, L.*), qui paroît devoir enrichir nos jardins d'un légume de plus. Cette plante indigène sur nos côtes, et sur celles de l'Angleterre, est cultivée dans ce dernier pays, depuis quelques années, avec succès. On en mange à la fin de l'hiver les pousses tendres, blanchies sous un pot ou sous une petite butte de terre. On dit que leur goût est très-délicat, et tient de celui de l'asperge et de l'artichaut. (*V.*)

La bestiole rouge, plate au-dessus, ainsi que tortue, dont parle l'auteur, est le *cimex ornatus* de *Linné*, la punaise rouge du choux, n°. 69, de *Geoffroy*.

Les autres insectes qui font le plus de tort aux choux, sont les chenilles des papillons, désignés par les naturalistes sous le nom de papillons du chou, ou brassicaires, tels que :

1°. Le grand papillon blanc du chou, de *Geoffroy*; *papilio brassicæ*;

2°. Le petit papillon blanc du chou, du même; *papilio rapæ*;

3°. Le papillon blanc veiné de vert, du même; *papilio napi*.

On y trouve encore deux altises :

1°. *Altica oleracea* d'*Olivier*, altise bleue, n°. 1, de *Geoffroy*; *chrysomela oleracea* de *Linné* et de *Fabricius*;

2°. *Altica fuscipes* d'*Olivier*; altise bedaude, n°. 3, de *Geoffroy*.

M. *Geoffroy*, et M. *Brez*, dans sa *Flore des insectophiles*, en indiquent encore quelques autres. On peut y ajouter la larve du hanneton, connue sous le nom de ver blanc, man, etc., qui détruit les racines et tue la plante.

Enfin M. *L. Bosc*, y a trouvé, en l'an XII (1804), le charanson chlore, *curculio chloris* de *Fabricius*, qui a dévasté les plans de choux dans le département de Seine et Oise. (*O. et H.*)

(40) Il faut distinguer, dans la culture, les deux sortes de poirée : l'une, la petite poirée, ou poirée commune, dont le produit consiste dans ses feuilles, que l'on emploie pour les

herbes cuites, etc., ne se replante point : l'autre (poirée à carde, ou bette-carde), cultivée pour ses larges côtes qui se mangent fricassées comme celles du cardon, a besoin, au contraire, de la transplantation. Pour qu'elle fasse de fortes touffes, et que ses côtes deviennent larges et succulentes, il lui faut beaucoup de place, et des arrosemens, quand l'été est sec.

L'auteur vient de dire plus haut, que le persil, l'oseille, et autres menues herbes, devoient être transplantés pour faire graine; les jardiniers ne prennent ce soin pour presqu'aucune de ces plantes, et il ne paroît pas qu'il soit nécessaire. (V.)

Page 251, colonne I, ligne 26.

(41) Ce que dit là *Olivier de Serres*, de la différence du persil semé en croissant ou en décours, peut fournir aux curieux une occasion facile de s'assurer de la réalité de l'influence de la lune en pareille matière. A Paris, le persil périt par les gelées très-rigoureuses, s'il n'est couvert. On connoît plusieurs variétés de persil, dont une à feuilles frisées, très-jolie; une autre à grosses racines, qui est cultivée en grand dans quelques pays, pour aider à la nourriture des moutons pendant l'hiver. (V.)

Idem, colonne II, ligne 6.

(42) L'oseille vient parfaitement de graine, à l'exception de l'espèce blonde à grandes feuilles, dite *oseille vierge*, qui ne produit point de semence, ou très-rarement. Celle-ci se multiplie par ses pieds éclatés. L'oseille ordinaire des jardins se sème en place, et ne se replante pas; elle monte la seconde année, et il est ordinaire de la renouveler alors, quoiqu'elle pût vivre plus long-temps, la jeune étant meilleure et plus productive. On ne devroit avoir recours à celle des champs, qu'au défaut absolu d'une race cultivée, qui est toujours préférable. Celle de Belleville, près Paris, est fort belle, et renommée. (V.)

Idem, ligne 15.

(43) La graine de pimprenelle cultivée sera préférable à celle que l'on ramasseroit dans les champs. Il est plus usité de la semer en place que de la replanter; son emploi est ordinairement en bordures.

On sait que la pimprenelle est une des bonnes plantes à cultiver en prairies artificielles, sur les terreins maigres et secs. (V.)

Page 252, colonne II, ligne 27.

(44) La bourrache n'est plante potagère que par ses fleurs, qui s'employent en fourniture de salade. Comme elle vient tout aussi bien semée en place que transplantée, la première méthode est plus usitée; elle doit être couverte dans les fortes gelées. (V.)

Idem, ligne 32.

(45) Le pourpier blond, et sur-tout le doré, l'emportent infiniment sur le vert, et méritent seuls d'être cultivés. On peut les récolter très-francs et beaux, sans les replanter; on évitera seulement que quelque pied de vert, venu là naturellement, ne fleurisse à côté d'eux. (V.)

Page 253, colonne I, ligne 12.

(46) Le targon, estragon (*artemisia dracunculus*); le coq, menthe-coq (*tanacetum balsamita*); le baume (*mentha sativa*); la trique-madame (*sedum reflexum*), et la chreste-marine (*salicornia herbacea*), se multiplient plus ordinairement et mieux de pieds éclatés, ou de boutures, que de semence.

L'ache est le céleri (*apium graveolens dulce*). C'est du petit céleri employé pour fournitures de salades qu'il est question ici; il paroît qu'on ne cultivoit pas alors la grande variété à côtes pleines. Quoique le pied-d'alouette (*delphinium ajacis*) soit rangé ici au nombre des fournitures, il est d'un très-petit usage : on met quelquefois ses fleurs sur la salade, avec celles de capucine, de bourrache, etc.; mais on doit éviter de se servir de ses feuilles, cette plante appartenant à une famille suspecte, celle des renonculacées.

Il paroît fort difficile de déterminer quelle plante *Olivier de Serres* a voulu désigner sous le nom de *senemonde*; on trouve bien dans *Bauhin*, dans *Clusius*, et dans d'autres auteurs anciens, plusieurs plantes sous le nom de *sanamunda*, duquel il semble bien probable que senemonde soit dérivé; mais ces plantes appartiennent toutes aux genres *daphne*, *passerina*, ou à d'autres dans lesquels nous ne connoissons aucune plante mangeable. (V.)

Idem, colonne II, ligne 21.

(47) La chicorée blanchit parfaitement sans être enterrée, il suffit de la lier sur place quand elle a le coeur suffisamment garni; et je ne sache pas que nulle part les jardiniers s'y prennent aujourd'hui d'une autre manière. *Olivier de Serres*

Serres ne fait point de distinction entre les diverses espèces de chicorée; mais ce qu'il dit de la culture, peut également s'appliquer à la *chicorée frisée*, ou *endive* fine ordinaire d'automne, et à la *scarolle* ou *chicorée large*. Il y a plusieurs autres variétés, sur-tout dans la chicorée frisée; celle appelée fine d'été, ou d'Italie, est très-cultivée à Paris, où on la sème en pleine terre, dès le mois de Floréal (Mai), pour la manger en Messidor et Thermidor (Juillet et Août), et plus tard. Il s'en fait aussi beaucoup de semis sur couche, qui commencent dès le mois de Nivose (Janvier); ces premiers se font sous châssis, et fournissent de la chicorée blanche tout le printemps et l'été.

Tout le monde connoît la chicorée sauvage, et l'utilité dont elle est, soit pendant la belle saison, comme petite salade verte, soit en hiver, après qu'on l'a fait blanchir dans des caves. Ses avantages dans la culture en grand, pour la nourriture des bestiaux, commencent aussi à être appréciés des cultivateurs. C'est *Crette de Palluel* qui s'est livré le premier à cette culture en France, et qui en a fait connoître les avantages; on consultera avec fruit les mémoires qu'il a publiés dans les trimestres de la Société royale d'agriculture, printemps 1787, et hiver 1788. (*V.*)

(48) Cette plante est la percepierre (*crithmum maritimum, L.*); on peut la multiplier de graines aussi bien que de racines: pour cela, on la sème en Ventose (Mars), dans une terre douce et bien préparée, et à une exposition chaude; on terreaute le semis, et si la saison l'exige, on le bassine de temps en temps. Il faut couvrir cette plante dans les fortes gelées. (*V.*)

(49) Ce seroit une mauvaise opération que de déplanter ses asperges au bout de deux ou trois ans, pour les replanter plus profondément, on retarderoit par là sa jouissance sans nécessité. La méthode généralement suivie aujourd'hui, et qui consiste à ne recouvrir d'abord sa plantation d'asperges que d'une petite épaisseur de terre, pour la recharger successivement, chacune des trois années suivantes, d'environ neuf centimètres (trois pouces), donne toute facilité de placer d'abord son plant à la profondeur né-

cessaire. Pour les grosses espèces de Hollande et d'Allemagne, il convient d'espacer les pattes d'un demi-mètre (dix-huit pouces).

La pratique de châtrer l'aspergerie ne paroît aucunement admissible. En effet, un plant de ce légume a d'autant plus de valeur que les pieds qui le composent sont plus forts et plus productifs, ce qui dépend du plus grand nombre d'yeux dont leur collet est garni; or, en retrancher tous les ans une partie, c'est se priver à plaisir d'un bien tout venu, et qui doit être d'autant plus précieux, qu'il a coûté une longue attente. L'avantage de se procurer du plant, par cette opération, est bien peu de chose, surtout si l'on considère que ces éclats, pris sur des pieds de plusieurs années, ne peuvent jamais avoir la vigueur ni la longévité de jeunes plants de semence, qu'il est d'ailleurs si facile de se procurer.

La culture de l'asperge se trouvant indiquée dans un grand nombre d'ouvrages, d'une manière fort détaillée, on pourra, au besoin, consulter ceux-ci. Il y a, entr'autres, celui de M. *Filassier*, qui est aussi complet que possible; il est intitulé: *Culture de la grosse asperge, dite de Hollande, la plus précoce, la plus hâtive, la plus féconde, et la plus durable que l'on connoisse; traité qui présente les moyens de la cultiver avec succès en toutes sortes de terre*. Paris, 1783, in-12. (*V.*)

Je ne dois point terminer les notes de ce chapitre sans faire connoître quelques Instructions qui y sont relatives, et qui ont été publiées et répandues gratuitement par la Commission d'agriculture et des arts, et par le Conseil d'agriculture qui l'a remplacé. J'ai déjà eu occasion de citer celles qui sont relatives à la récolte et à la conservation des foins (tome I, Lieu IV, chapitre III, note (19), page 587 et suivantes), et celle qui concerne la culture de la navette d'été (ci-devant, note (32), page 448, je ne les rappellerai point ici.

Moyen économique de multiplier et planter la pomme de terre. — *Observations essentielles sur le temps de semer les haricots*, in-8°. 7 pag.

Instruction sur la culture de la bette-rave champêtre, 8 pages.

— *sur la culture de la carotte*, 8 pages.

— *sur la culture et l'usage des choux*, 32 p.

Instruction sur la culture du navet et de ses variétés, 8 pages.

— *sur la culture et les avantages du panais*, 6 pages.

— *sur la culture et les avantages des plantes légumineuses*, 40 pages.

— *sur la culture du pavot simple, improprement appelé œillet ou œillette, ou oliette, et sur les avantages de sa graine pour faire de l'huile*, 7 pages.

— *sur le sarrazin*, 7 pages.

— *sur la conservation et les usages des pommes de terre*, 38 pages.

— *sur la culture et les usages du mays*, 32 pages.

— *sur les effets des inondations et débordemens des rivières, relativement aux prairies, aux récoltes de foins, et à la nourriture des animaux*, 18 pages.

— *sur les effets des inondations et de la gelée, et sur les moyens d'y remédier*, 14 pag.

— *sur la destruction des hannetons*, in-4°. 4 pages.

— *sur l'échenillage*, 4 pages.

Ces Instructions, ainsi qu'un assez grand nombre d'autres, publiées par les mêmes, sur différentes branches de l'économie rurale et des arts, ont non-seulement été réimprimées plusieurs fois séparément, mais elles ont encore été recueillies dans la *Feuille du Cultivateur*, in-4°., et dans le *Journal d'agriculture*, rédigé par *Borelly*, in-8°. (*). (*H.*)

CHAPITRE IX.

Page 261, colonne II, ligne 3.

(50) Voici quelques observations relatives à la première partie de ce chapitre, c'est-à-dire à la culture du melon dans les pays chauds.

Un mètre et demi et plus (quatre à cinq pieds) de distance entre chaque plante, n'est pas nécessaire; un peu moins d'un mètre (deux pieds et demi) suffit; mais au lieu de cultiver d'autres légumes dans les intervalles, il vaut mieux n'y rien mettre, et laisser tout le terrein aux melons.

Il paroît exagéré de semer vingt-cinq à trente grains dans chaque fossette, si on n'a pas lieu de craindre tous les accidens possibles; mais cela est peu important en comparaison de ce qu'on trouve deux lignes plus bas, qu'il faut arracher tous les jettons qui en proviennent, à l'exception de trois ou quatre des plus vigoureux. Pour avoir des plantes vraiment vigoureuses, et par conséquent de beaux et bons fruits, il est indispensable de ne laisser qu'un seul pied par fosse.

Toutes les recettes pour aromatiser la graine de melon, peuvent être regardées (et elles le sont à-peu-près de tout le monde) comme équivalentes à zéro. Mais de l'infusion il résulte cet effet, comme le remarque *Olivier de Serres*, que la graine lève un peu plutôt, ce qui est utile quand on veut s'avancer.

On observera que la recommandation de ne pas arroser les feuilles, qui convient peut-être là où on arrosera par irrigation, n'est pas applicable aux mouillures qui se donnent avec l'arrosoir. Beaucoup de jardiniers tiennent à cette idée; mais il est bien reconnu qu'il n'y a aucun inconvénient à arroser les feuilles quand la plante est vigoureuse et bien portante, et que la saison réclame une mouillure. Il y a plus, c'est que, quelquefois, un pied de melon ne voudra pas une goutte d'eau à ses racines, qui se trouvera parfaitement bien d'une bassinure sur ses feuilles; cas auquel la pratique est d'accord avec la théorie.

La méthode de retrancher, à l'approche de la maturité du fruit, une partie du ramage, et la plupart des feuilles, pourra bien hâter un peu la maturité; mais, à coup sûr, ce sera au grand détriment de la qualité, car cette opération, et sur-tout l'effeuillement, ne peut avoir un autre effet que d'arrêter la végétation; et dès lors c'est-à-peu près comme si on avoit coupé le fruit avant sa maturité, ce qui n'est pas le moyen de le faire achever en perfection. On peut voir tous les jours qu'il n'y a pas de meilleurs melons que ceux qui ont complètement mûri sur un pied encore bien en sève, et qui, par conséquent, ont reçu, jusqu'au dernier moment, les sucs nourriciers de la plante.

Plusieurs de ces observations sont également

(*) On trouvera la plupart de ces Instructions, ainsi que les Journaux cités, dans la librairie de Madame Huzard.

applicables aux deux méthodes de culture, en pleine terre et sur couche; en voici quelques autres qui sont particulières à cette dernière:

Il est inutile d'élever jusqu'à un mètre (trois pieds) les couches destinées à faire naître la graine, non plus que celles sur lesquelles on transplante: il suffit de leur donner quarante à cinquante-cinq centimètres (quinze à vingt pouces); mais l'épaisseur de terreau répandu sur la couche doit être de quinze à dix-huit centimètres (cinq à six pouces), au lieu de deux ou trois doigts qui sont indiqués. Il convient d'éloigner la couche d'environ un mètre (trois pieds) du mur, pour qu'elle ait tout l'accès possible à l'air et à la lumière. La même raison doit faire rejeter l'emploi des abris en planches ou en paillassons; sur une couche ainsi encadrée de tous les côtés, quoiqu'on donne de l'air autant que possible, on ne peut guères avoir que des plants veules et étiolés. Les cloches dont on se sert presque partout aujourd'hui, remplissent le même objet avec moins d'inconvéniens.

Il vaut mieux mettre les melons en place à leur seconde feuille, que d'attendre qu'ils en ayent cinq ou six, sur-tout si le plant n'a pas été élevé en pots. Comme on ne devra pas les replanter par assemblage de trois ou quatre, mais isolément, il sera bon de faire son semis en conséquence, et de manière à pouvoir enlever chaque pied séparément avec sa petite motte. La couche sur laquelle on met en place doit être, aussi bien que les autres, recouverte de plusieurs centimètres (quelques pouces) de terreau, ou mieux de terre, destiné à recevoir le plant de melon; il ne conviendroit pas de planter dans un trou pratiqué à même le fumier, ainsi que le conseille l'auteur.

De tous les moyens imaginés pour faire réussir les melons dans les pays froids, le plus commode et le plus usité, est celui des châssis, à l'aide desquels on obtient ce fruit de très-bonne qualité dans le nord de la France, en Hollande, en Angleterre, etc.; on les employe aussi dans des pays moins septentrionaux, pour se procurer des melons avant la saison ordinaire.

La taille du melon ne peut être bien apprise que par la pratique; les livres n'en donnent qu'une idée plus ou moins imparfaite, qui a toujours besoin d'être éclairée et rectifiée par l'expérience. Ce qu'en dit *Olivier de Serres*, est conforme à ce que pratiquent encore le grand nombre des jardiniers, qui taillent et retaillent sans cesse à deux yeux, à mesure que la plante se ramifie. Cette méthode devroit être abandonnée, puisqu'il est prouvé que par une taille beaucoup plus simple, et en abandonnant davantage la plante à elle-même, on obtient un résultat au moins aussi avantageux. Après avoir étété au-dessus de la seconde feuille, quand la reprise est assurée (opération toujours nécessaire), on laisse allonger les deux bras ou branches principales qui en proviennent, jusqu'à la longueur de cinq, six ou sept yeux, et à cette longueur on taille une seule fois pour toutes, laissant prendre fruit aux rameaux qui résultent de ces cinq, six ou sept yeux conservés. Lors de la floraison, on doit, comme dans l'autre méthode, pincer la branche ou les branches sur lesquelles on conserve un fruit, un œil au-dessus de ce fruit, et retrancher, s'il est nécessaire, quelques-unes des branches les plus emportées, toutes les fleurs femelles, et une partie des mâles, si elles sont en très-grand nombre.

Les *cantaloups*, et sur-tout les plus grosses variétés, s'accommodent beaucoup mieux d'être traités ainsi, que d'être souvent rognés; mais il est nécessaire aussi de leur donner une nourriture plus substantielle qu'on n'a coutume de le faire; c'est pourquoi, au lieu de les planter dans le terreau, on recouvrira la couche de la meilleure terre végétale que l'on pourra avoir.

On sait à quel point infini les variétés de melon sont multipliées, et combien facilement cette plante joue et dégénère. Les différentes sortes qui tiennent à la race des cantaloups, sont généralement les plus estimées, et c'est à juste titre.

Le melon d'eau ou pasteque (*cucurbita citrullus*), fruit précieux pour les pays chauds, est de peu de ressource en France; dans les départemens méridionaux il n'est que médiocre, et dans ceux du centre et du nord, où il ne mûrit pas, il est tout au plus propre à être confit.

(V.)

Page 263,
colonne 1,
ligne antép.

(51) Il n'est besoin de rien dire sur la recette donnée par *Columelle* pour avoir des concombres toute l'année, en en semant dans la moëlle des orties. L'autre fait rapporté par *Olivier de Serres*, de l'antipathie de cette plante pour l'huile, n'exige pas davantage de réfutation.

Outre les concombres, blanc, jaune et vert, longs, on en distingue une variété petite et hâtive pour les châssis, et une autre spécialement cultivée pour fournir des *cornichons*; ses fruits, pris jeunes, étant plus fermes, plus pleins et plus verts que ceux d'aucune autre sorte, bien que cueillis au même point.

C'est un peu l'amour du merveilleux qui aura fait donner au concombre serpent, une tête, des yeux et une bouche semblables à ceux des serpens; la ressemblance ne va pas jusques-là, mais il n'en est pas moins vrai que ce fruit présente un des jeux de la Nature les plus singuliers. (*V.*)

Page 264,
colonne 1,
ligne 5.

(52) Entre les nombreuses espèces et variétés de plantes de cette famille, cultivées pour leur utilité, on doit distinguer : le *gros potiron jaune* et le *vert*; la *citrouille* de la Touraine et de l'Anjou, employée pour la nourriture des hommes et des bestiaux; le *giraumon turban* ou *couronné*, plus délicat que les précédens; la *courge à la violette*, qui a un goût de violette très-prononcé, sur-tout dans les pays chauds; le *patisson*, ou *bonnet d'électeur*. Beaucoup d'autres de ces fruits sont bons à manger, et parmi ceux-ci, il s'en trouve qui, dans certains cantons, sont préférés à tous les autres.

Ce sont les citrouilles de Touraine qui fournissent presque toutes les grosses semences froides du commerce. Les semences des autres espèces seroient également propres à cet usage. (*V.*)

Il y auroit bien d'autres choses à observer sur la famille des plantes cucurbitacées; mais ce qu'on peut en dire excéderoit ici les bornes d'une note : on se propose d'en former un petit traité spécial. Ce n'est pas seulement pour leur pulpe, ou pour leurs semences, que ces plantes volumineuses intéressent l'agriculteur; les citrouilles lui offrent une ressource précieuse, par l'augmentation d'engrais qui résulte de leur feuillage. Il n'est pas inutile de rappeler ici ce fait qu'on se propose de développer davantage dans le recueil que l'on annonce.

Le fait est déjà ancien. En 1766, M. *Parant de Martigné*, trésorier de France, présenta au Bureau d'agriculture d'Alençon, des principes d'agriculture, où l'on trouve, parmi beaucoup de choses singulières, un moyen de fumer les terres avec des feuilles de citrouilles.

« On a trouvé, dit-il, que les feuilles de
» citrouilles avoient la qualité de l'herbe de la
» mer, qu'on nomme goëmon ou varec. On
» prend ces feuilles, on les met sur le fumier,
» comme on fait de l'herbe de la mer, et on les
» couvre d'une couche de fumier. En quinze
» jours ces feuilles sont pourries. Pour en avoir
» une plus grande quantité, on coupe le fruit à
» mesure qu'il pousse.

» Un arpent (demi-hectare) de terre ense-
» mencé en citrouilles, peut fertiliser six arpens
» (trois hectares) de terre, et le froment viendra
» bien où l'on aura semé les citrouilles. Il ne
» faut que du fumier de cochon pour les faire
» venir ». (*Gazette d'agriculture*, année 1766,
n°. 33.)

Massac a cité ce fait dans son *Traité des Engrais*, et depuis on a su que les habitans du département du Morbihan (Basse-Bretagne), cultivent en grand les citrouilles, pour se servir de leurs feuilles au même usage. (*F. D. N.*)

Page 264,
colonne 11,
ligne 2.

(53) Les pois les meilleurs pour être semés au printemps et en été, sont : celui *de Clamart*, le *carré*, celui *de Marly*, le *sans-pareil*, le *gros-vert*, pour purée; les *sans-parchemin* ou *mange-tout*, le *nain*. On reprend, pour la dernière saison, le *michaux*, ou *petit pois hâtif*, qui a été le premier semé.

Olivier de Serres nomme ici, pour la première fois, les haricots, sous le nom de *faziols*, mais sans en rien dire de plus. Il faut croire que la culture de ce légume, devenue aujourd'hui si générale et si importante, étoit peu considérée de son temps, puisqu'il en fait une si légère mention. Cette culture est trop connue pour qu'il soit besoin de l'indiquer; je me contenterai de nommer les meilleures variétés, parce que quelques-unes sont peut-être moins connues qu'elles ne devroient l'être. Ce sont :

1°. pour manger plus particulièrement en vert, le *nain blanc hâtif* ou *de Laon*, vulgairement dit *flageolet*; les *suisses*, *blanc*, *rouge*, *ventre de biche*, et sur-tout le noir marbré, appelé *suisse gris*; ce dernier est le plus estimé pour confire et faire sécher; il a une excellente variété, connue sous les noms de *suisse gris à touffe*, et *haricot de Bagnolet*, plus hâtive, plus productive, moins sujète à filer; le *schwert*, ou *haricot-sabre*, dont les cosses, très-longues et larges, sont cassées par morceaux, et mises confire, et ainsi préparées, deviennent un objet de grande consommation dans le nord; 2°. pour manger écossés tendres, mais sur-tout en sec, tous les *gros haricots blancs* à rame, et particulièrement le *Soissons*, le *nain blanc hâtif* à grain plat, appelé *Soissons nain*; le *flageolet*, dont j'ai déjà parlé; le *rouge de Chartres ou d'Orléans*; 3°. pour manger tout formés avec la cosse (c'est ce qu'on appelle *haricots sans parchemin ou mange-tout*), le *prédomme*, le *haricot pois-rouge*, dit *de Prague*, qui donne jusqu'aux gelées; le *haricot riz*. Il est inutile de dire que j'ai omis une infinité de variétés; le nombre de celles cultivées en France, s'élève, à coup sûr, à plus de cent, et je n'ai prétendu indiquer que celles que je connois comme très-bonnes.

Le chapitre des légumes doit dire un mot de la *lentille* (*ervum lens*), quoique cette plante soit plus cultivée dans les champs que dans les jardins. On la sème clair, en rayons, dans une terre sèche et de médiocre qualité, en Ventose et Germinal (Mars et Avril); elle ne demande d'autre culture que d'être sarclée. Les lentilles les plus belles et les meilleures viennent de Gallardon, petite ville du département d'Eure et Loir (ci-devant Beauce). Dans quelques pays on ne cultive que la petite lentille rougeâtre, dite *lentille à la reine*.

On trouve encore dans quelques potagers, mais très-rarement, et seulement dans le midi de la France, la *gesse cultivée* (*lathyrus sativus*), vulgairement *lentille d'Espagne*; dont les semences assez grandes, applaties, et à-peu-près carrées, se mangent vertes comme les petits pois: elle se cultive de même que ceux-ci.

La vesce blanche (*vicia sativa alba*), que

quelques-unes ont vanté sous le nom de *lentille de Canada*, ne vaut pas la peine qu'on en parle comme légume. (V.)

Page 208, colonne II, ligne 2.

(34) Il reste, pour compléter le chapitre du jardin potager, à parler de quelques plantes omises par *Olivier de Serres*. Le nombre en sera très-peu considérable; nous avons déjà fait mention de quelques-unes dans les notes précédentes, quand l'occasion s'en est présenté, et il reste peu de choses à dire pour épuiser cette matière.

L'arroche ou belle-dame (*atriplex hortensis*); la capucine grande et petite (*tropœolum majus et minus*); la roquette (*brassica eruca*); la sariette (*satureia hortensis*); la moutarde noire et blanche (*sinapis nigra et alba*); la nigelle aromatique ou toute-épices (*nigella sativa*); le cran ou raifort sauvage (*cochlearia armoracia*); le thym (*thymus vulgaris*); la sauge (*salvia officinalis*), et quelques autres plantes aromatiques servant de fournitures ou d'assaisonnemens, n'exigent que la mention: leur culture ne consiste en autre chose qu'à en semer des graines au printemps, ou, pour les trois dernières espèces, à en planter quelques pieds. La mâche ou doucette (*valeriana locusta*), salade d'hiver, se sème du commencement de Fructidor (fin d'Août) à la fin de Vendémaire (mi-Octobre), dans une terre meuble et bien préparée. Le piment ou poivre-long, des différentes variétés (*capsicum annuum*); l'aubergine ou melongène (*solanum melongena*); la tomate ou pomme d'amour (*solanum lycopersicum*), se sément au printemps, en pleine terre, dans le midi de la France: dans le nord, sur couche, pour être replantés en bonne exposition.

Il a été question (chapitre VIII) du petit céleri, comme fourniture de salade; il reste à parler du *grand céleri à côte pleine*, et du *céleri rave*: le premier a deux variétés principales, le blanc et le rose, qui ont elles-mêmes quelques sous-variétés. Ces divers céleris se sèment de Ventose en Floréal (de Mars en Mai), dans une terre douce et bien meuble, à une exposition ombragée (soin essentiel, sur-tout pour les derniers semis); on recouvre très-peu la graine, et on mouille assidûment jusqu'à la levée. Du milieu de Floréal (commencement de Mai) à la fin de Prairial (mi-Juin), on replante en bonne terre, et à trente-trois centimètres (un pied) environ de distance ; on sarcle, on bine, et on arrose au besoin ; à l'automne, on lie sur place, et on butte les pieds de céleri pour les faire blanchir. A l'approche des fortes gelées, on arrache ce qui en reste, on l'enterre profondément dans des tranchées ou rigoles, où on le prend à mesure du besoin, et que l'on couvre de paille ou de grande litière dans les froids rigoureux. Le céleri rave, dont tout le produit consiste dans sa racine, ne doit pas être lié ni butté. On conserve ses racines l'hiver, dans une serre ou cave, enterrées à la manière des carottes et des autres racines potagères.

L'arachyde (*arachys hypogœa*), et le souchet comestible (*cyperus esculentus*), plantes économiques nouvellement introduites en France, appartiennent plutôt à la grande culture qu'à celle des potagers, et ne seront pas placées ici.

C'est dans un des chapitres subséquens, qu'*Olivier de Serres* parle du topinambour, du champignon, et des fraisiers. (*V.*)

CHAPITRE X.

Page 568, colonne II, ligne 10.

(55) Il seroit difficile de déterminer bien positivement quelles espèces de roses *Olivier de Serres* a voulu désigner sous les noms d'incarnates, blanches, rouges, etc. Cette recherche d'ailleurs seroit plus curieuse qu'utile ; car le nombre des espèces et variétés cultivées pour l'ornement des jardins, s'est tellement accru depuis son temps, que ce qu'il a dit sur cette matière est aujourd'hui tout-à-fait insuffisant, et oblige nécessairement à avoir recours à quelqu'ouvrage plus moderne. Parmi ceux-ci nous citerons le *Botaniste Cultivateur, par M. Dumont-Courset. Paris, an IX-1801, 4 vol. in-8°.*, avec figures ; comme présentant un travail méthodique sur la nomenclature des différentes espèces de rosiers, et de bonnes indications sur leur culture.

Outre les boutures et les drageons enracinés, on emploie encore pour la multiplication des rosiers la voie du couchage ou marcottage. La greffe sur les espèces sauvages est encore une ressource pour la prompte multiplication d'espèces délicates, ou que l'on craindroit de perdre.

L'espèce employée de préférence pour *forcer*, c'est-à-dire pour se procurer des fleurs en hiver, est la *quatre-saisons*. Les jardiniers de Paris, qui en cultivent beaucoup dans cette vue, s'y prennent ainsi : Ils ont des pieds repris en pots, du printemps ou de l'automne précédent ; de Vendémiaire (Septembre) en Pluviose (fin de Janvier), suivant l'époque à laquelle ils veulent avoir des fleurs, ils les taillent ; ensuite ils enterrent les pots sous un châssis exposé au midi, sans autre chaleur artificielle, mais se contentant d'empêcher la gelée d'y pénétrer, au moyen de réchauds de fumier, placés quand le froid l'exige ; ils ont ainsi des roses pendant tout l'hiver. Si on vouloit soumettre au même traitement la *rose à cent feuilles*, il faudroit ne la tailler qu'en Pluviose (Février). On peut aussi forcer les rosiers dans des bâches et serres chaudes.

La greffe du rosier sur le laurier et le houx, pour se procurer des roses extraordinaires, et toutes celles du même genre que l'on trouve indiquées dans les anciens auteurs, ont été de tout temps condamnées par la raison et l'expérience. Celle-ci a prouvé que ces unions bizarres, loin de produire les effets annoncés, ne pouvoient même avoir lieu, ou au moins subsister un certain temps, faute d'analogie entre les sèves ; les épreuves faites et rapportées par *Duhamel*, ne laissent aucun doute à cet égard. Aujourd'hui on greffe beaucoup de rosiers en boule sur des scions droits et vigoureux de rosiers sauvages arrachés dans les bois et transplantés dans les jardins. Cette forme n'est pas sans agrément ; au moins est-elle fort à la mode à Paris, depuis quelques années. (*V.*)

Page 569, colonne I, ligne 3.

(56) Ce que l'auteur nomme jasmins rouge et bleu, sont des plantes étrangères au genre jasmin. Il se pourroit que, sous le premier nom, il eût entendu le *bignonia radicans*, vulgairement appelé *jasmin de Virginie*, ou l'*ipomœa coccinea*, fort jolie plante grimpante annuelle, cultivée encore aujourd'hui sous le nom de *jasmin rouge de l'Inde*. Quant au jasmin bleu,

il me paroît plus difficile de former une conjecture. Seroit-ce la pervenche des bois (*vinca major* et *vinca minor*), ou le grand liseron des Indes à fleur bleue (*convolvulus purpureus*), ou enfin toute autre chose? Je ne crois pas indispensable de déterminer cela, et peut-être faudroit-il de très-longues recherches pour y parvenir.

Outre les jasmins blanc et jaune communs (*jasminum officinale* et *jasminum fruticans*) qui ornent les bosquets, les murs et les tonnelles, on cultive en orangerie et tout le monde connoît les *jasmins d'Espagne* (*jasminum grandiflorum*), *jonquille* (*odoratissimum*) et des *Açores* (*Azoricum*), arbrisseaux aussi agréables par la beauté de leurs fleurs que par leur odeur. Je renverrai, pour leur culture, au *Botaniste Cultivateur*, que j'ai cité dans la note précédente. (*V.*)

Page 569, colonne I, ligne 27.

(57) Dans le nord de la France, le romarin (*rosmarinus officinalis*) n'est pas tout-à-fait de pleine terre; il périt dans les très-fortes gelées; c'est pourquoi on doit le planter à l'exposition du midi, et même le couvrir dans les grands froids. On peut aussi le cultiver en pot, comme arbrisseau d'orangerie; il prend toutes les formes que l'on veut lui donner, et fait de très-jolies boules. Ajoutez à ces différences dans le traitement, celle de la saison des boutures qui, dans le nord, doivent être faites au printemps.

Il y a une variété à feuilles panachées, assez délicate et peu constante. (*V.*)

Page 570, colonne II, ligne 35.

(58) Le myrte commun (*myrtus communis*) a de nombreuses variétés. Il est probable que celle désignée par *Olivier de Serres*, sous le nom de *myrte noir*, est la variété à petites feuilles courtes, nombreuses et très-rapprochées, qui est en effet d'un vert plus foncé que les autres. On peut remarquer aussi quelque différence dans la nuance des fleurs, qui sont d'un blanc plus ou moins net, mais je ne sache pas qu'elle varie jusqu'au jaune.

Cet arbrisseau ne résiste guères en pleine terre au-delà du quarante-septième degré de latitude, si ce n'est dans le voisinage de la mer où on le cultive ainsi, environ deux degrés plus au nord. Il n'en est pas moins recherché dans tous les lieux où on ne peut le cultiver que comme arbrisseau d'orangerie.

Outre les moyens de multiplication indiqués par l'auteur, on emploie avec succès celui des marcottes, sur-tout pour le myrte à fleur double, qui réussit moins bien de bouture que les autres. Si on emploie la semence (pour les myrtes à fleur simple), il faut la recouvrir très-peu; on risqueroit qu'elle ne levât pas en l'enterrant à deux doigts de profondeur.

Indépendamment des différentes variétés du myrte commun, cultivées dans toute la France, on a dans les serres plusieurs espèces du même genre, toutes intéressantes, mais dont ce n'est pas ici le lieu de parler. (*V.*)

Page 570, colonne II, ligne 24.

(59) Le caroubier (*ceratonia siliqua*) ne supporte pas l'air froid; dans le nord de la France, il ne peut être cultivé qu'en orangerie; et comme il n'y acquiert qu'une hauteur médiocre (*), et n'y porte ni fleurs ni fruits, il y présente peu d'intérêt.

Les fruits du caroubier sont extrêmement sucrés, et leur pulpe fort nourrissante. Dans plusieurs pays méridionaux, et sur-tout dans le royaume de Valence, une partie des habitans en nourrissent eux et leurs chevaux. On retire de ces fruits un sirop abondant, que l'on n'a pu, jusqu'à présent, parvenir à cristalliser : enfin M. *Proust*, professeur de chimie à Madrid, dans des expériences récentes, en a extrait de l'eau-de-vie, dans la proportion de près d'un quart. (*Bulletin de la Société d'encouragement pour l'Industrie nationale, Nivose an XIII*). (*V.*)

Page 573, colonne II, ligne 3.

(60) Il est plus avantageux de multiplier la sabine (*juniperus sabina*) de marcottes que de boutures, parce qu'on a plus promptement des pieds forts. Elle peut aussi venir de semence, mais cette voie est longue. Outre les deux variétés à feuille de cyprès et à feuille de tamarin, il y en a une panachée, qui est plus délicate. (*V.*)

(*) On en voit cependant un dans la belle collection de M. *Cels*, à Mont-Rouge, qui a plus de trois mètres (dix pieds) de haut; mais il est rare d'en trouver d'aussi forts dans les orangeries, ou au moins leur faut-il bien des années.

Page 224, colonne I, ligne 101.

(61) Je dois faire mention de quelques lilas autres que le commun, qui sont cultivés et méritent de l'être. Ce sont : la variété à fleur blanche du commun ; le *lilas de Perse*, violet, blanc, et à feuille découpée ; le *lilas Varin*, qui tient son nom de M. *Varin*, directeur du Jardin botanique de Rouen, qui l'a, dit-on, obtenu des semences du lilas de Perse à feuille découpée. Cette variété, qui tient le milieu entre le lilas commun et celui de Perse, est remarquable par la beauté, l'élégance, et la couleur de ses corymbes très-nombreux.

Toutes ces espèces et variétés se multiplient, ainsi que le commun, par leurs drageons enracinés, ou par les marcottes. On peut les greffer sur le troène pour en faire des boules. (*V.*)

Idem, ligne 70.

(62) Le seringa (*philadelphus*) se multiplie aussi par les drageons enracinés, que ses pieds produisent en grand nombre.

Le *seringa inodore* (*philadelphus inodorus*) commence à se répandre dans les jardins ; ses fleurs deux ou trois fois plus grandes que celles du commun, et d'un très-beau blanc mat, doivent le faire rechercher ; il est d'ailleurs très-rustique, et d'une multiplication facile. (*V.*)

Page 276, colonne I, ligne 10.

(63) Dans un climat plus froid que celui où écrivoit notre auteur, on doit différer de semer la graine du cyprès (*cupressus sempervirens*) jusqu'en Germinal (Avril). Ce semis peut se faire en terrines ou en pleine terre ; si c'est en terrines, on rentrera celles-ci l'hiver suivant dans l'orangerie ; si c'est en pleine terre, on couvrira légèrement le jeune plant avec de la litière ou des feuilles sèches, pour l'abriter des gelées. On peut replanter, dès le printemps suivant, ou attendre à la fin de la seconde année ; mais on ne doit pas passer ce terme, parce que la reprise deviendroit douteuse, et que, d'ailleurs, les jeunes arbres, devenus trop forts pour le peu d'espace qu'ils auroient, se nuiroient les uns aux autres. La saison de cette transplantation, ainsi que celle de tous les arbres résineux, est le mois de Ventose et de Germinal (Mars et Avril). Elle aura lieu en pots ou en pleine terre, suivant que l'on jugera nécessaire ou inutile d'abriter encore les cyprès pendant quelques années.

La dénomination de mâle et femelle donnée aux deux variétés pyramidale et horizontale du cyprès, est impropre ; cet arbre étant monoïque, chaque individu, soit de l'une, soit de l'autre variété, porte des fleurs mâles et des fleurs femelles, et par conséquent produit des semences. On ne peut s'étonner que dans un temps où la botanique étoit encore dans le chaos, des erreurs de ce genre eussent lieu ; mais aujourd'hui que les sexes sont aussi évidemment reconnus dans les végétaux qu'ils le sont dans les animaux, on regrette d'entendre dire encore tous les jours, cyprès mâle et cyprès femelle.

Le genre cyprès renferme plusieurs autres espèces, dont une sur-tout, le *cyprès à feuille d'acacia* (*cupressus disticha*), mérite notre attention. Cet arbre, d'un beau port, d'un feuillage léger et charmant, couvre, en Amérique, d'immenses étendues de terreins marécageux. Son tronc y acquiert une grosseur considérable, et son bois liant, léger, et presqu'incorruptible, y sert à une infinité d'usages. Nous pouvons espérer, d'après le succès de plusieurs beaux individus qui existent en France, et entr'autres lieux, dans le parc de Rambouillet, qu'il se naturalisera un jour sur notre sol, et qu'il nous servira à utiliser des terres analogues à celles où la nature le fait croître en Amérique. (*V.*)

Page ... colonne II, ligne 12.

(64) Dans le laurier franc (*laurus nobilis*), il y a en effet des individus mâles et des individus femelles, ou femelles et hermaphrodites ; mais ce sont ces derniers qui portent les semences, et non pas les mâles, comme le dit *Olivier de Serres*. S'il est nécessaire de planter dans le même lieu des sujets de l'un et de l'autre sexe, c'est pour le seul intérêt de la fructification, non pour celui de l'accroissement, à quoi cela ne fait rien.

Dans nos Départemens septentrionaux le laurier souffre en pleine terre, y périt même, si on ne l'empaille dans les gelées un peu fortes ; c'est pourquoi on doit l'élever en pots, et ne le mettre en place qu'au bout de quelques années. Il convient de mettre la graine en terre aussitôt qu'on a pu la recevoir, parce qu'elle est très-sujette à rancir. Dans le nord, ce semis doit

être

être fait en pots ou en terrines, plutôt qu'en pleine terre, et les plants séparés et replantés la première ou la seconde année.

Il y a beaucoup d'autres espèces de laurier, dont les unes, comme le sassafras, le benjoin, peuvent figurer dans les jardins d'agrément; les autres contribuent à l'ornement des serres. Ce sont deux arbres de ce genre (le *laurus cinnamomum*, et le *laurus camphora*) qui donnent la canelle et le camphre; un troisième (le *laurus Persica*) est l'avocatier de nos Iles. (*V.*)

Page 276, colonne II, ligne 29.

(65) L'arbrisseau dont il est ici question, est le laurier-rose (*nerium oleander*), un des principaux ornemens de nos orangeries. Presque tous les anciens auteurs l'ont désigné sous les noms de *rhododendron* et de *rosago*. Il a une variété à fleur blanche, qui est belle. Le *nerium odoratum*, dont les fleurs sont semi-doubles et odorantes, mérite aussi d'être cultivé, mais il est plus délicat que l'autre, demande la serre tempérée, et ne développe parfaitement ses fleurs que dans les étés très-chauds, ou si on le tient en serre dans cette saison. (*V.*)

Idem, ligne 36.

(66) *Monon.* Quoiqu'on ne trouve pas ce mot dans les anciennes synonymies, on ne peut guères douter qu'il ne se rapporte au *solanum pseudo capsicum*, joli arbrisseau connu de tout le monde, sous le nom d'*amomum* ou *amomon*. (*V.*)

Page 277, colonne I, ligne 16.

(67) Sans l'épithète d'*incarnates* donnée aux fleurs de cet arbre, il ne seroit pas douteux que ce ne fût le merisier à fleur double (*cerasus avium plena*). Mais ce mot établit une difficulté qu'on ne peut résoudre qu'en supposant, ou qu'il existoit alors un tel arbre, que nous n'avons plus aujourd'hui, ou qu'*Olivier de Serres* en aura parlé sur ouï-dire et d'après une description embellie. Cette dernière opinion me paroît d'autant plus probable, que l'origine qu'il donne à cet arbre, ce qu'il dit de la longue durée de ses fleurs, laisse croire qu'il ne l'a pas connu, ou qu'il l'a mal connu.

Quoi qu'il en soit, et en rabattant la couleur rose, le merisier à fleur double n'en reste pas moins un des arbres d'ornement les plus agréables que l'on puisse cultiver. Il y a aussi un cerisier à fleur double (*cerasus hortensis plena*), dont les fleurs sont beaucoup moins nombreuses que celles du merisier, très-pleines et souvent surmontées d'un petit cœur vert. (*V.*)

Page 277, colonne I, ligne 23.

(68) Il paroît y avoir ici confusion de noms et de choses. 1°. Le nom de *gaude* n'appartient qu'au *reseda luteola*, plante tinctoriale bien connue; 2°. le genêt d'Espagne (*spartium junceum*) n'est point employé en teinture, c'est le genêt des teinturiers (*genista tinctoria*); 3°. la graine de genêt d'Espagne ne peut être comparée pour la grosseur à celle de pourpier, comme on le lit plus loin, chapitre XXIX, page 430, colonne II. Il est néanmoins croyable que c'est le *spartium junceum* dont *Olivier de Serres* a entendu parler, mais il faut s'en tenir à cela, et ne pas s'attacher au reste de l'article, à cause des contradictions qu'il présente. (*C. et V.*)

Idem, colonne II, ligne 29.

(69) Malgré la vraisemblance qu'il y a qu'*Olivier de Serres* parle ici de l'épine-vinette (*berberis vulgaris*), on ne peut assurer positivement qu'il n'ait pas voulu désigner le groseiller épineux (*ribes uva crispa*), à cause du nom de *groselle* qu'il donne au fruit. (*C.*)

Page 278, colonne I, ligne 6.

(70) On doit recommander la variété de framboisier dite des Alpes ou des deux-saisons (*rubus Alpinus*), qui produit abondamment jusqu'aux gelées. Le *rubus arcticus*, espèce herbacée, pourroit aussi être cultivé pour son fruit, qui est, dit-on, excellent. (*V.*)

Idem, ligne 14.

(71) L'aulonier est l'arbousier ou fraisier en arbre (*arbutus unedo*), joli arbrisseau fort commun dans le midi de la France, mais qui, dans le nord, résiste difficilement en pleine terre, et doit être cultivé de préférence en orangerie. Le meilleur moyen de le multiplier est par les semis qui doivent être faits au printemps, en pots ou terrines, sous un châssis ombragé. On peut repiquer aussitôt après la levée, ou attendre que les jeunes plants aient atteint douze ou quinze centimètres (quatre ou cinq pouces) de haut. Ils ne demandent ensuite pas plus de soins que les arbustes d'orangerie peu délicats. (*V.*)

Idem, colonne II, ligne 1.

(72) Les chèvre-feuilles (*lonicera*), dont il y a aujourd'hui beaucoup d'espèces et de variétés

cultivées dans les jardins, peuvent être multipliés encore mieux par les marcottes que par
les boutures. Celles-ci ne prospèrent que dans
les bons terreins un peu frais. (*V.*)

Page 298,
colonne II,
ligne 30.
(73) La pomme d'amour, pomme de loup,
tomate (*solanum lycopersicum*); la pomme de
merveille (*momordica balsamina*); la pomme
dorée, coloquinte orange (*cucurbita pepo au-*
rantiiformis).

Les deux dernières sont propres à l'usage indiqué. La pomme d'amour (si c'est bien le *so-*
lanum lycopersicum qu'*Olivier de Serres* a entendu) conviendroit moins , parce que ses tiges
traînent plutôt qu'elles ne grimpent. (*V.*)

Page 299,
colonne I,
ligne 5,
(74) La plante dont il s'agit ici n'appartient
point au genre *campanula* ; c'est le grand liseron
des Indes (*convolvulus purpureus*), dont il y a
plusieurs belles variétés quant à la couleur des
fleurs. (*V.*)

Idem ,
ligne 17.
(75) Le pois de merveille est la *corinde* (*car-*
diospermum halicacabum). Le grand nombre de
plantes plus agréables que l'on cultive aujour-
d'hui dans nos jardins, a fait négliger celle-ci ,
et on ne la voit plus guère que dans les jardins
botaniques. (*V.*)

Idem ,
colonne II ,
ligne 24.
(76) Quoique la description de la cartoufle ne
se rapporte pas exactement au topinambour
(*helianthus tuberosus*), tout porte cependant
à croire que c'est lui qu'*Olivier de Serres* a
désigné ici, et non la pomme de terre (*solanum*
tuberosum), comme plusieurs auteurs célèbres
l'ont prétendu ; en effet, la plante que décrit
Olivier de Serres sous le nom de *cartoufle* a le
port d'un arbrisseau, elle s'élève à environ deux
mètres (cinq à six pieds) de haut, pousse une tige
qu'on provigne avec toutes les branches, donne
des tubercules qui ont l'apparence extérieure des
truffes (*tuber*) et naissent à la fourchure des
nœuds , donne des fleurs qui ne fructifient point
et sont de nulle valeur. Or la pomme de terre
n'a aucun de ces caractères, et elle étoit vraisemblablement encore très-peu connue en Europe,
où elle ne faisoit que d'être importée à l'époque
où le *Théâtre d'Agriculture* a paru.

Le topinambour , encore appelé *poire de*
terre, taratouf, est un nouveau présent que nous
devons à l'Amérique. Mais à en juger par quelques-unes de ses propriétés , il paroît venir des
pays situés au nord , car il résiste infiniment
plus long-temps au froid que la pomme de terre
et la patate ; il a, ainsi que ces deux plantes ,
une végétation vigoureuse, et une fois qu'il s'est
emparé d'un champ , on a beaucoup de peine à
le détruire : les endroits bas, humides et un peu
ombragés, ne lui sont pas contraires. Enfin , il
se multiplie par toutes les voies connues de
reproduction. Il n'y a pas même de doute que,
dans les endroits où il est possible d'amener la
graine à maturité , il ne puisse se propager aussi
par semis , et fournir par conséquent des variétés ; ce qui est bien opposé à l'assertion de quelques écrivains, qui ont avancé que la plante
n'étoit vivace que par ses racines et non par ses
tiges ; qu'il falloit prendre garde de laisser ses
tubercules en terre pendant l'hiver, parce qu'ils
périssent si les gelées sont fortes. L'expérience
prouve, au contraire , qu'ils ont sur la plupart
des autres racines potagères l'avantage de pouvoir rester en terre pendant l'hiver , et de n'a-
voir pas besoin d'être déterrés d'avance pour en
nourrir les bestiaux. D'ailleurs , le topinambour n'a d'analogie avec les truffes auxquelles
on l'a comparé, que la couleur de sa surface et
leur forme ; moins fade que la pomme de terre ,
sa saveur se rapproche beaucoup de celle du cul
d'artichaut ; il ne contient ni sucre ni amidon.

Cependant tout en convenant de l'utilité de
la culture des topinambours , je doute qu'elle
l'emporte jamais sur celle des pommes de terre
dans les endroits où cette dernière est bien
établie ; mais il faut l'avouer , elle a certains
avantages qui ne sont pas à dédaigner. Par
exemple, le topinambour est plus tardif que la
pomme de terre, il peut par conséquent profiter des pluies d'automne , dont ces derniers
tubercules sont nécessairement privés par l'o-
bligation où l'on est de les enlever aussitôt leur
maturité , parce qu'à cette époque ils pourroient commencer à germer ou à souffrir du
froid. Or , le topinambour n'est point exposé
à ces inconvéniens ; sa culture , cependant,
bornée à de simples essais , n'a été qu'un objet
de curiosité , et jusqu'à présent il n'y a que

M. *Yeart* qui en ait couvert une certaine étendue de terre. J'en ai vu sur plusieurs hectares du plus mauvais terrein de sa ferme, à Maisons, qui annonçoient la récolte la plus abondante, et j'apprends avec plaisir que cet agriculteur distingué continue à cet égard ses essais, dont on doit attendre les plus heureux résultats (1).

Je dois ajouter ici que la plante dont il s'agit a prospéré dans des fonds où la pomme de terre n'a eu que peu de succès. M. *Chancey* a observé qu'un seul pied avoit donné sept kilogrammes (quatorze livres) de tubercules, dans un endroit où une pomme de terre n'en a rendu qu'un kilogramme et demi (trois livres). M. *Mustel* dit même en avoir vu réussir dans un sol où les pommes de terre qu'il avoit plantées périrent toutes. Dans l'étendue de seize mètres et demi (cinquante pieds) de terrein formé des débris de carrières, situé à Conflans, près Paris, M. *Quesnay de Beaurair* assure avoir retiré quatre décalitres (trois boisseaux) de ces racines, indépendamment des tiges qu'on pourroit, dans les pays privés de bois, employer avec profit au chauffage des fours pour lesquels on consomme tant de paille, si nécessaire à l'agriculture. Les plus belles tiges pourroient servir aussi d'échalas dans les pays vignobles, et dans les jardins, à ramer les pois et les haricots. Si l'on en croit quelques auteurs, il seroit possible que les vers-à-soie trouvassent une nourriture dans la feuille du topinambour. Son écorce, préparée comme celle du chanvre, peut servir aux mêmes usages, et sa moelle, comme celle du sureau. Mais cette propriété n'a pas encore été justifiée par un assez grand nombre de faits, pour les invoquer en faveur du topinambour. (*P.*)

(*) J'ajouterai qu'il a déjà été imité avec un succès qui promet les mêmes avantages, par M. *Bourgeois*, directeur de l'établissement rural de Rambouillet; M. *Bourgeois* cultive aussi plusieurs hectares en topinambours; et, comme M. *Yeart*, auquel il doit l'idée de cette culture, il en emploie la fane pour la nourriture du beau troupeau de bêtes à laine fine d'Espagne qu'il a conservé à la France, et la racine, pour celle des bestiaux nombreux élevés dans cet établissement, et pour la cuisine. (*H.*)

Voyez, au reste, pour ce qui concerne cette plante, dans *Olivier de Serres*, la note (5), page cxlv du tome I, et la note (37) de ce Lieu, page 454 et suivantes. (*H.*)

(77) Il n'est pas possible d'ajouter foi à cette vertu de la décoction de champignons. Mais comme on sait qu'après une certaine durée une couche de fumier finit presque toujours par faire développer de ces singulières productions, on peut croire qu'*Olivier de Serres* aura pris pour l'effet de l'arrosement avec cette décoction, ce qui n'étoit que le résultat naturel du degré de fermentation auquel le temps avoit amené le fumier.

Au reste, cette culture étoit alors dans son enfance, et l'art s'étant depuis attaché à la perfectionner, on a dû nécessairement arriver à des procédés plus assurés et plus prompts. Nous allons indiquer celui que suivent les jardiniers de Paris, et au moyen duquel ils parviennent à fournir les marchés de cette ville, de l'immense quantité de champignons qui s'y consomme pendant toute l'année.

On observera d'abord, qu'il est deux opérations essentielles à distinguer dans la culture du champignon; la première, est la préparation du fumier destiné à former les meules; la seconde, est la formation et la conduite de ces mêmes meules. Cette préparation du fumier est une chose extrêmement essentielle, et à laquelle le succès tient absolument; c'est le plus souvent à l'ignorance de cette particularité qu'est dû le peu de réussite des tentatives que l'on fait pour se procurer des champignons.

Préparation du fumier. En toute saison, mieux au printemps et en automne, le succès étant plus certain alors, prenez une quantité de bon fumier de cheval, proportionnée au nombre de meules que vous voulez établir. Sur un terrein uni et sain, à l'abri des incursions des volailles et des oiseaux de basse-cour, faites disposer ce fumier en toisés ou planchers, de longueur et largeur à volonté, et de soixante-six centimètres (deux pieds) d'épaisseur, le faisant exactement passer à la fourche, pour qu'on en retire tous les corps étrangers, les portions de foin, la grande paille, qui ne seroient point imprégnés de l'urine des chevaux, etc.; faites bien marcher ce tas, qui doit être uni comme un toisé de moëllons. Si c'est en été, et que le temps soit très-sec et chaud, faites mouiller abondamment; dans une autre saison, mouillez moins abondamment ou pas du tout, suivant l'état de l'atmosphère. Au bout de cinq à six jours, ou quelques-uns de plus s'il est nécessaire, le fumier ayant fermenté vivement, ce que l'on reconnoîtra à la couleur blanche qu'il aura prise dans l'intérieur de la masse, tout le tas sera remanié et reconstruit sur le même terrein, avec l'attention de remettre dans l'intérieur le fumier qui étoit sur les côtés et à la superficie, ainsi que les portions qui auroient éprouvé moins de fermentation que les autres, et ayant encore soin de retirer les immondices étrangères que l'on trouveroit. Le tas rétabli, vous le laisserez-là encore cinq à six jours; au bout duquel temps le fumier est ordinairement bon à employer. C'est-là ce qu'il est difficile, mais essentiel de reconnoître, et pourquoi il faut de la pratique; c'est de ce point précis que dépend en grande partie le succès de la meule. Si le fumier a une couleur brunâtre, qu'il soit bien lié et moelleux, que, pressé dans la main, il ne rende point d'eau, mais qu'il y laisse une onctuosité douce et grasse, vous pouvez le juger bon. Si vous le trouvez sec et peu lié, ou gâcheux et mouillé, il ne sera pas en point convenable; dans le premier cas, on pourra, en l'humectant modérément, l'y amener; dans le second, une surabondance d'humidité l'aura probablement gâté (ce qui a quelquefois lieu par l'effet des grandes pluies), il y aura alors peu de succès à en espérer, et le plus sûr sera de recommencer.

Préparation de la meule. Mais, je suppose le fumier amené à son juste point; il faut maintenant procéder à l'établissement de la meule. Au printemps et en été, son emplacement sera à l'ombre; en automne et au commencement de l'hiver, au midi; mieux, en toute saison, dans une cave ou autre lieu abrité, bien clos et obscur, parce que les champignons cultivés dehors ont à redouter, en été, l'influence des météores et sur-tout des orages, et en hiver, celle des gelées. On donnera à la meule cinquante-six à soixante-six centimètres (vingt pouces à deux pieds) de largeur à sa base, et on l'élèvera à la même hauteur, en la rétrécissant régulièrement, de manière qu'elle n'ait plus aucune largeur à son sommet, et qu'elle se termine en arrête ou dos d'âne. On battra doucement ses côtés avec une pelle, pour la régulariser et la consolider, puis on la peignera, c'est-à-dire qu'avec les doigts ou la fourche on ratissera légèrement la surface de ses deux côtés, pour l'approprier et retirer les pailles qui passeroient. On arrangera alors par-dessus une couverture en grande litière, que les jardiniers appellent *chemise*, et on laissera la meule dans cet état pendant quelques jours, la bassinant de temps à autre, si c'est en été. On observera que cette couverture n'est utile que pour les meules élevées dehors, ou dans les lieux abrités où la lumière a accès; car celles établies dans les caves, ou autres emplacemens tout-à-fait obscurs, n'en ont pas besoin.

Après quelques jours, la meule étant parvenue à un dégré de chaleur modéré, ce dont on jugera au moyen de sondes placées dedans, ainsi qu'on le pratique ordinairement pour les couches, il faudra alors la larder ou garnir de blanc. On doit avoir pour cela de bon blanc de champignon (on sait que l'on nomme ainsi des galettes de fumier provenant des couches à champignons, et imprégnées des germes, ou si l'on veut, des semences de ce végétal); avec la main on fait dans les flancs de la meule de petites ouvertures, de la largeur des quatre doigts et profondes d'autant, et on remplit à mesure chacune d'elle, avec un morceau de blanc de champignon de même dimension, enfoncé de manière qu'il paroisse à fleur de la meule. On appuie doucement au-dessus, pour que le blanc se trouve bien en contact avec le fumier. Les ouvertures se font régulièrement à un demi-mètre (dix-huit pouces) l'une de l'autre, sur deux lignes, dont la première règne à onze centimètres (quatre pouces) environ de la base, et la seconde, à treize ou dix-sept centimètres (cinq ou six pouces) au-dessus de la première, les lardons de l'une alternant avec ceux de l'autre en échiquier.

Ce travail fait, on remet sur la meule la couverture qui y étoit auparavant. Au bout de huit à dix jours on visite pour voir si le blanc a pris, ce que l'on connoît à une espèce de fermentation que l'on remarque sur le fumier autour des lardons, présentant l'apparence d'une moisissure naissante; si, au bout de quinze jours, on ne voyoit rien, c'est que probablement le blanc n'étoit pas bon (car il y a du choix), et il faudroit en remettre de meilleur, dans de nouvelles ouvertures pratiquées à côté des anciennes. Le blanc, au contraire, étant bien attaché, on *gobte* la meule, c'est-à-dire qu'on la recouvre de terre. Pour cela il faut d'abord raffermir les côtés, en les frappant doucement avec le dos d'une pelle. Si le temps est sec, on bassine très-légèrement, puis avec la pelle on applique sur toute la surface une couche de terre tamisée très-meuble et légère, ou de terreau fin, de l'épaisseur d'environ trois centimètres (un pouce). On remet encore la couverture aussitôt cette opération faite, et on arrose légèrement par-dessus, si la saison l'exige. Tout le travail est alors fini, il ne s'agit plus que d'entretenir la meule dans un bon état de végétation, au moyen des arrosemens en été (lesquels doivent toujours être donnés par-dessus la couverture, et non immédiatement sur la meule), et en redoublant les couvertures en hiver, à mesure que la température l'exige. On observera encore que la *chemise* ne doit jamais être enlevée, en telle saison que ce soit, son utilité s'étendant à toute la durée de la meule.

Le champignon, dont il est ici question, est l'*agaricus esculentus* de *Linné*, le seul qui soit soumis à la culture. Plusieurs autres espèces se mangent, mais on doit en faire usage avec beaucoup de circonspection, à cause des qualités vénéneuses de certains d'entr'eux, et de la possibilité qu'il y a de les confondre avec les bons. En général, il est prudent de faire macérer les champignons, pendant quelque temps, dans le vinaigre, avant de les employer dans la cuisine. MM. *L. Bosc* et *Parmentier*, dans le *Nouveau Dictionnaire d'Histoire naturelle*, s'étendent avec raison sur les dangers que présente ce genre d'alimens. (*V.*)

Page 280, colonne II, ligne 11. (78) La belvédère (*chenopodium scoparia*) est annuelle, et se multiplie seulement par ses semences. Après l'avoir élevée sur couche, on la replantera en pleine terre plutôt qu'en pots, parce qu'elle se passe bien d'être abritée, et qu'elle devient de cette manière plus belle et plus vigoureuse. (*V.*)

Page 281, colonne 1, ligne 13. (79) *Grunal.* Il paroît impossible d'assigner à cette plante son vrai nom; celui qu'*Olivier de Serres* lui donne est trop vague, et la description trop incomplète, pour qu'on puisse la reconnoître précisément. C'est sans doute quelque plante grasse, comme un *cactus* ou un *sedum*. J'ai vu plusieurs fois des éclats de ces derniers, suspendus au plancher, pousser et fleurir sans le concours de la terre ni de l'eau.

En général, la nomenclature des plantes qui ne sont pas très-connues offre de l'incertitude, parce qu'*Olivier de Serres* ne les a point décrites en botaniste, et qu'il ne les a désignées que par les noms vulgaires qu'on leur donnoit de son temps, ce qui pouvoit suffire alors, mais embarrasse beaucoup aujourd'hui. (*V.*)

CHAPITRE XI.

Idem, ligne 16. (80) On remarquera facilement combien le chapitre précédent, des arbres d'agrément, est incomplet; les robiniers, le cytise des Alpes, les baguenaudiers, l'aylanthe glanduleux (vulgairement vernis du Japon), le tulipier, et une foule d'autres qui sont aujourd'hui dans tous les jardins, étoient alors inconnus ou négligés. Cette lacune ne pourroit être remplie que par un volume entier de supplément, que ne comportent ni le plan ni les bornes de ces notes. Nous ne pouvons donc que renvoyer le lecteur, que cette matière intéresseroit plus particulièrement, aux ouvrages modernes qui en ont traité, et principalement au *Botaniste Cultivateur*, de M. *Dumont-Courset*. (*V.*)

Idem, colonne II, ligne antépé. (81) Deux plantes ont été nommées par les anciens auteurs, *abrotanum fæmina*; la *santolina chamæcyparissus*, et la *santolina rosmarinifolia*. L'une et l'autre sont propres au même usage, et demandent la même culture. Dans le midi de la France, on peut en faire de fort jolies bordures, mais dans le nord elles périssent quelquefois par les gelées, sur-tout dans les terreins frais et très-bons, où elles poussent trop vigoureusement et trop tard. On devra donc ne les planter que dans les terres sèches et légères, et même il sera prudent d'en avoir quelques pieds en pots, que l'on rentrera l'hiver dans l'orangerie ou sous un châssis. (*V.*)

Page 262, colonne I, ligne 33.

(82) Ce que l'auteur nomme ici deux espèces, ne sont que des variétés du thym commun (*thymus vulgaris*). Les botanistes en reconnoissent plusieurs autres, entre lesquelles celle à feuilles panachées est recommandable pour le joli effet qu'elle produit en bordures. (*V.*)

Idem, colonne II, ligne 2.

(83) Il paroît qu'il est ici question d'une sarriette vivace, qui est sans doute la *satureia montana*, d'après ce que dit *Olivier de Serres* de la multiplication par les rejets. L'espèce la plus propre aux bordures, et la seule qui puisse servir à cet usage dans toute la France, est la sarriette commune (*satureia hortensis*), qui est annuelle, et ne se multiplie autrement que par ses semences. (*V.*)

Idem, ligne 12.

(84) L'assertion que le serpolet (*thymus serpillum*) désire l'eau toute l'année semble au moins exagérée, puisqu'il croît naturellement, aussi bien que le thym, sur les lieux secs et élevés. Au reste, cette plante est peu cultivée dans les jardins, on n'y emploie guères que sa variété à odeur de citron, qui est fort agréable en bordures.

La fabrègue (*thymus mastichina*) est une assez jolie espèce de thym, formant un très-petit arbuste, qui ne peut être cultivé qu'en orangerie dans le nord de la France. (*V.*)

Page 263, colonne I, ligne 23.

(85) Plusieurs espèces de menthes sont cultivées dans les jardins; le baume (*mentha hortensis*), la menthe des jardins (*mentha gentilis*), celle à feuille ronde (*mentha rotundifolia*); la poivrée (*mentha piperita*), etc. Il n'est pas bien nécessaire de déterminer si l'auteur a appliqué le nom générique plutôt à une de ces espèces qu'aux autres, toutes ayant de grands rapports, quant à leur culture et à leurs propriétés. La menthe poivrée exige plus particulièrement que les autres un terrein frais; les grandes sécheresses la font souvent périr.

Le pouliot est aussi une menthe (*mentha pulegium*). (*V.*)

Page 264, colonne II, ligne 8.

(86) On a déjà eu occasion de répéter plusieurs fois dans les notes précédentes, qu'une plante ne peut pas se changer en une autre. Ici l'auteur ne présente cette erreur que comme une opinion des Anciens, sans donner à entendre qu'il la partage avec eux.

Non seulement le printemps est préférable à l'automne et à l'hiver pour le semis du basilic (*ocymum basilicum*), mais encore, dans une grande partie de la France, ce semis doit être fait sur couche, cette plante étant sensible au froid. (*V.*)

Page 265, colonne I, ligne 29.

(87) Le fenouil d'Italie à gros grains, dont les semences sont un objet de commerce assez considérable, est une variété du fenouil commun (*anethum fœniculum*). Il est croyable que cet autre de Barbarie, dont parle *Olivier de Serres*, est également une variété de la même espèce, quoique le défaut de description ne permette pas de prononcer là-dessus très-positivement, malgré ce qu'en dit *Pline*, livre XX, chapitre XXIII. (*V.*)

Idem, colonne II, ligne 19.

(88) Il n'y a point de mandragore mâle et femelle, puisque les fleurs de cette plante (*atropa mandragora*) sont hermaphrodites. C'est une dénomination vulgaire que les Anciens appliquoient improprement à beaucoup de plantes, donnant ordinairement le nom de mâles aux variétés de la même espèce dont les fruits étoient les plus gros. (*V.*)

CHAPITRE XII.

(89) *L'Agriculture et Maison rustique de* M. Charles ESTIENNE, *docteur en médecine; parachevée premièrement, puis augmentée par* M. Jean LIEBAUT, *docteur en médecine. Paris,* Du-Puys, *1570. in-4°., livre II, chapitre 86, folio 84, recto.*

Tout ce qui est relatif aux vertus des plantes, dans cette *Maison rustique*, ne se trouve point dans les éditions publiées sous le nom de C. Estienne seulement; il y a été ajouté dans celles publiées postérieurement par *J. Liebaut*. C'est dans cet ouvrage qu'on lit qu'il faut planter la rue, le basilic, etc., en jurant et les chargeant de malédictions, pour que ces plantes croissent plus belles; que la fréquente odeur du basilic engendre des scorpions dans le cerveau; que la femme qui tient dans sa main une racine de basilic et une plume d'hirondelle, engendre incontinent et sans douleurs; que celle qui a malversé de son corps, meurt en touchant la rue; que la roquette, pour être bonne, doit être cueillie de la main gauche; que l'estragon vient de la graine de lin piqué dans un oignon rouge, et autres sottises de ce genre, dont quelques-unes, comme l'observe M. *Grégoire*, se sont propagées jusque dans les éditions des *Maisons rustiques* qu'on a publiées de nos jours. (Voyez son *Essai historique sur l'état de l'Agriculture en Europe*, etc., en tête du premier volume, pages cxxvj et cxxvij.) (*H.*)

(90) Quoique le marcottage soit un moyen de multiplication très-employé pour les œillets (*dianthus cariophyllus*), et le seul qui convienne pour perpétuer telle variété à laquelle on tient, ou celles qui étant entièrement pleines ne donnent pas de graine, cependant la voie du semis n'est aucunement à mépriser; c'est par elle que l'on obtient ces innombrables variétés qui rendent si agréable une collection d'œillets; elle a encore l'avantage de rajeunir les plantes, celles que l'on a multipliées pendant une longue suite de générations par la marcotte finissant par s'user. Aussi les amateurs, et sur-tout les Flamands et les Hollandois, qui se distinguent dans la culture de cette fleur, sèment-ils tous les ans. La graine doit avoir été recueillie sur des plantes de choix, c'est-à-dire sur celles dont les fleurs sont doubles et bien panachées, ou au moins d'une bonne couleur vive. On la sème en Germinal (Avril) en pots ou terrines. Six semaines environ après la levée, on repique les jeunes plants ordinairement en pleine terre; enfin, au printemps suivant, on les met en place, soit en pleine terre, soit chacun dans un pot.

Le marcottage a lieu un peu avant et pendant la floraison; on attend ce dernier moment pour les œillets provenus de graine, afin de ne multiplier que les bonnes variétés. Je ne parlerai pas de la manière de le faire, qui est connue de tous les jardiniers. Si les plantes ont été soignées et les marcottes assidûment arrosées, celles-ci seront bonnes à sevrer au bout de quatre à cinq semaines, ou peu de plus. On les replantera alors, observant (sur-tout si ce sont des variétés précieuses) de leur donner, pour passer l'hiver, une terre plus légère que celle dans laquelle on les planteroit au printemps. Le terreau de marc de raisin, bien consommé, mélangé dans la proportion d'un tiers environ avec une terre douce et substantielle, convient singulièrement aux œillets.

Ce sont ordinairement les vieux pieds qui remontent, et donnent des fleurs en hiver, quand on les tient abrités; mais on doit choisir de préférence, pour cela, certaines variétés qui ont plus particulièrement cette propriété.

La greffe des œillets sur eux-mêmes paroît, si non impossible, au moins difficile à exécuter, et seroit, dans tous les cas, d'une fort petite utilité. Quand à celle de la même plante sur le laurier, la buglose, etc., il n'est pas besoin de dire que c'est un pur préjugé, qui n'a aucune espèce de fondement. Le seul moyen d'obtenir des œillets de couleurs très-variées est de semer, comme nous l'avons dit plus haut.

Les autres fleurs, du même genre que l'œillet des fleuristes, cultivées dans les jardins, sont l'œillet mignardise (*dianthus fimbriatus*), dont il y a plusieurs jolies variétés; l'œillet de poète, ou bouquet parfait (*dianthus barbatus*), celui de la Chine (*dianthus Chinensis*), et celui d'Espagne (*dianthus Hispanicus*), appelé, dans quelques Départemens, œillet de Paris.

L'œillet d'Inde (*tagetes patula*) appartient à une autre famille de plantes. Il y a certainement exagération dans les qualités nuisibles que *Liebaut* attribue à son odeur. (*V.*)

(91) On voit qu'*Olivier de Serres* a entendu, sous le nom de violier, les giroflées vivaces, savoir: la jaune (*cheiranthus cheiri*), et les différentes variétés de la giroflée des jardins, dite grande espèce (*cheiranthus incanus*). On doit y ajouter la carantaine (*cheiranthus annuus*), qui n'est pas moins agréable que les deux autres

espèces, et qui en diffère en ce qu'elle est annuelle, et veut être resemée chaque année. Sa culture est connue de tout le monde. Nous avons encore aujourd'hui la giroflée de Mahon (*cheiranthus maritimus*), petite plante annuelle fort agréable en bordures. (*V.*)

Page 288, colonne II, ligne 5.

(92) Quoique le nom de *muguet* soit bien connu pour appartenir au *convallaria majalis*, et cela, à ce qu'il paroît, depuis fort long-temps, il est probable cependant qu'*Olivier de Serres* a voulu parler ici d'une autre plante. En effet, le muguet ressemble bien peu aux giroflées ; s'il a de commun avec elles la précocité et la bonne odeur de ses fleurs, il en diffère très-sensiblement par son port, ses feuilles, la forme et la disposition de ses fleurs, ses graines, etc., et aussi par sa culture et sa multiplication. Je croirois donc que l'auteur a pu entendre ici la julienne (*hesperis matronalis*), qui a de très-grands rapports botaniques avec la giroflée, et à laquelle l'article dont il est question s'applique au moins aussi bien qu'au muguet. On sait que la simple se multiplie comme les giroflées, par ses semences, et la double par la séparation de ses pieds. (*V.*)

Page 289, colonne I, ligne 4.

(93) Outre ces différentes variétés de violettes (*viola odorata*), il en est encore de doubles de plusieurs couleurs, et aussi une simple, dite des quatre saisons, qui fleurit pendant presque toute l'année. (*V.*)

Idem, ligne 18.

(94) La culture des violettes, c'est-à-dire, la multiplication par la séparation des pieds, convient bien à la pensée vivace (*viola grandiflora*), mais non pas à la pensée ordinaire des jardins (*viola tricolor*), qui, étant annuelle, ne se perpétue que par les semences. (*V.*)

Idem, ligne 34.

(95) La marguerite, dont il est ici question, est la petite marguerite ou paquerette, employée en bordures (*bellis perennis*). Le bel aster, appelé reine marguerite (*aster Chinensis*), qui décore aujourd'hui nos parterres, n'étoit pas encore venu de la Chine à cette époque. (*V*).

Page 289, colonne II, ligne 35.

(96) Le grand souci, appelé *passevelours*, n'est sans-doute qu'une variété du souci des jardins (*calendula officinalis*), plus perfectionnée. Le mot de feuilles paroît employé ici par *Olivier de Serres* pour celui de pétales. Parmi les autres *calendula*, il en est quelques-uns assez jolis pour être cultivés, et entr'autres le souci pluvieux (*calendula pluvialis*), qui possède, à un certain dégré, la propriété d'annoncer la pluie. (*V.*)

Page 290, colonne I, ligne 16.

(97) Le passevelours immortel paroît être notre amaranthe passevelours (*celosia cristata*), et le branchu, ce que nous appelons amaranthe à queue de renard (*amaranthus caudatus*). Cependant le défaut de description bien exacte peut laisser quelque doute sur cette synonymie, aussi bien que sur celle de beaucoup de plantes dont *Olivier de Serres* a parlé. (*V.*)

Idem, ligne 30.

(98) On a aujourd'hui un grand nombre de variétés de passeroses (*alcea rosea*), quant à la couleur des fleurs, et entr'autres une noire, ou au moins très-brune, qui est d'un effet superbe. Celle de la Chine (*alcea Sinensis*), beaucoup plus petite que les autres, et dont les fleurs sont panachées de rouge et de blanc, est aussi fort jolie. Ces plantes ne sont pas annuelles, comme le dit l'auteur, elles durent deux et trois ans, quelquefois même davantage, sur-tout la grande espèce. (*V.*)

Idem, colonne II, ligne 13.

(99) La disposition des fleurs de l'hélianthe annuel ou tournesol (*helianthus annuus*) à suivre les mouvemens du soleil, n'est pas sans quelque fondement, mais elle a été exagérée par les Anciens, et ne peut être regardée comme une loi particulière à l'organisation de cette plante. On sait que toutes les plantes en général recherchent l'air et la lumière, et que par cette raison plusieurs tendent, d'une manière sensible, à se diriger vers le soleil. *Bonnet* a remarqué que presque tous les épis de blé d'un champ, à l'approche de la maturité, s'inclinent vers la partie de l'horison que parcourt le corps solaire, c'est-à-dire depuis le point du levant jusqu'à celui du couchant, et presque jamais vers le nord. La *Physique des Arbres*, de *Duhamel*, et les ouvrages de tous les physiologistes modernes, renferment un grand nombre d'observations et d'expériences, qui ne laissent aucun

cun doute sur cette tendance invincible des végétaux à se porter vers l'air et la lumière. On
peut, en outre, conjecturer que la chaleur du
soleil fait éprouver aux fibres de la partie des
tiges qui y est exposée une plus grande dilata-
tion, d'où résulte, dans ces fibres, plus de flexibilité, et une disposition à s'incliner de ce côté.

Outre son mérite, comme plante d'ornement, le tournesol présente quelques avantages
économiques qui pourroient engager à le cultiver : ses graines sont très-propres à nourrir la
volaille, et fournissent une huile abondante
bonne à brûler ; les vaches mangent volontiers
ses feuilles ; toute la plante contient beaucoup
de nitrate de potasse (nitre), et ses cendres sont
plus propres que toutes autres à la lessive ; enfin
les tiges peuvent faire de bons échalas.

Le soleil vivace (*helianthus multiflorus*) est
aussi très-propre à la décoration des jardins. Il
a été précédemment parlé du topinambour (*helianthus tuberosus*), note (76), page 466. (*V.*)

Page 491, colonne 1, ligne 10.

(100) On peut trouver les lys jaune, rouge et
violet, dans l'hémérocalle jaune (*hemerocallis
flava*) ; dans le lys orangé (*lilium croceum*), ou
dans l'hémérocalle fauve (*hemerocallis fulva*),
dont les fleurs sont d'un rouge orangé, et dans
le *lilium martagon*, qui les a d'un pourpre tirant
sur le violet. Cette famille renferme plusieurs
autres plantes très-belles, comme le martagon de
Canada (*lilium superbum*), le martagon de Pom-
ponne (*lilium Pomponium*), etc.

Le lys blanc a lui-même plusieurs variétés,
mais qui lui sont inférieures en beauté. Ce
qu'*Olivier de Serres* appelle graines, dans la description de la fleur, ne sont que les anthères.
On donne fréquemment le nom de lys à plusieurs
plantes qui n'appartiennent point à ce genre,
telles que le lys Saint-Jacques, le lys rose ou
belladonna, le lys des Incas, etc.; les deux premiers sont des amaryllis, l'autre une alstroë-
mère. (*V.*)

Idem, colonne II, ligne dern.

(101) Les espèces et variétés de fraises cultivées sont très-nombreuses ; parmi elles, la plus
répandue et une des plus estimées, est celle des
Alpes ou de tous les mois (*fragaria semperflo-
rens*) ; son mérite est de produire beaucoup et

long-temps ; elle est d'ailleurs d'une fort bonne
qualité.

Toutes les fraises peuvent se semer, celle-là
sur-tout, parce qu'elle se reproduit très-franche
de cette manière, et se régénère même, si on a
choisi la graine, et qu'on l'ait recueillie sur les
plus beaux fruits de la dernière saison. Le semis se fait pendant tout le printemps et l'été,
mieux en Germinal (Avril), sur une terre
douce, meuble et bien unie, qu'on appuie légèrement avant de semer ; on répand la graine un
peu clair, et aussi également que possible,
l'ayant mêlée, pour plus de facilité, avec un certain volume de terre fine. On tamise par-dessus
une très-petite quantité de cette même terre fine,
puis on recouvre d'un léger lit de mousse, et on
bassine. Il faut que le semis soit ombragé, soit
par l'exposition qu'on lui aura donnée, ou au
moyen de paillassons soutenus sur des perches ;
on devra aussi le bassiner assidûment. La graine
lève en quinze jours à trois semaines, et le plant
se met en place à la fin de l'été. (*V.*)

Page 492, colonne 1, ligne 9.

(102) Cette plante est sans doute l'iris flambe
(*iris Germanica*) ; ses fleurs varient du bleu très-
pâle au violet. Cette famille renferme plusieurs
autres plantes très-propres à la décoration des
jardins, entre lesquelles se distinguent l'iris de
Suze (*iris Suziana*), par le volume et la singulière couleur de ses fleurs, et les iris bulbeux
(*iris xiphium*), par l'éclat et la variété infinie
de leurs nuances. (*V.*)

Idem, ligne 34.

(103) La description des fleurs de l'herbe de
la nuit se rapporte si exactement à notre belle
de nuit (*mirabilis jalapa*), qu'on ne peut croire
que ce soit autre chose ; il faut donc regarder
comme une erreur ce qui est dit ensuite de la
hauteur de ses tiges. Cette plante, du plus bel
effet dans les plates-bandes d'un parterre, n'est
pas du tout propre à couvrir des cabinets. L'espèce à longues fleurs (*mirabilis longiflora*), plus
récemment connue en Europe, mérite d'être
citée pour l'odeur suave que répandent ses belles
fleurs blanches. (*V.*)

Idem, colonne II, ligne 1.

(104) Le *sandalida Cretensis* est le lotier
cultivé (*lotus tetragonolobus*). Ses fleurs sont
jolies ; on peut aussi tirer quelque parti de ses

semences, qui sont mangeables écossées avant leur maturité, comme les petits pois; les Allemands le cultivent, pour cet usage, sous le nom de *pois asperge*. Quelques personnes prétendent que ces mêmes semences torréfiées, peuvent être substituées ou mélangées au café, ainsi que celles du petit lupin bleu (*lupinus varius*), et de plusieurs autres plantes. Il n'est pas probable que tous ces cafés-là fassent fortune aujourd'hui. (*V.*)

Page 203, colonne I, ligne 16.

(105) On sait quelle variété infinie de couleurs et de nuances présente une belle collection de tulipes; sans qu'il y en ait précisément de bleues, comme le dit *Olivier de Serres*, cependant on trouve à-peu-près cette nuance dans les panaches de plusieurs. Cette fleur est trop généralement connue et cultivée, pour qu'il soit besoin de rectifier quelques indications de culture qui ne sont plus conformes à ce que nous pratiquons aujourd'hui; de dire, par exemple, qu'il vaut mieux relever et replanter les oignons chaque année, que de les laisser six à sept ans en terre, etc. Il n'est personne qui ne sache cela, ou qui ne le trouve dans le moindre ouvrage de jardinage qu'il aura sous sa main. (*V.*)

Idem, colonne II, ligne 16.

(106) Martagon de Constantinople. La description de cette fleur se rapporte assez au lys orangé (*lilium croceum*), d'où l'on peut croire qu'*Olivier de Serres* en aura parlé deux fois sous les noms de martagon de Constantinople et de lys rouge, ou bien qu'il a entendu, sous ce dernier nom, l'hémérocalle fauve (*hemerocallis fulva*); voyez ce que j'ai dit à ce sujet dans la note (100), ci-devant, page 473. L'incertitude est inévitable dans cette matière; à peine, aujourd'hui, les botanistes les plus exercés peuvent-ils l'éviter dans leurs ouvrages, malgré des descriptions soignées; à plus forte raison doit-on s'attendre à en trouver beaucoup dans un livre de ce genre, composé il y a deux cents ans, et dans un temps où on n'avoit presqu'aucune idée de la botanique.

Pions. On reconnoît bien à cette description les grosses pivoines ou péones de nos jardins (*pæonia officinalis fœmina*). La pivoine, dont *Olivier de Serres* parle plus loin, doit être l'espèce ou variété appelée pivoine mâle (*pæonia officinalis mascula*). (*V.*)

Page 203, colonne II, ligne 27.

(107) On a obtenu par les semis et par la culture un grand nombre de variétés dans les couleurs et les formes de l'anémone (*anemone hortensis*), qui font aujourd'hui de cette fleur un des plus riches ornemens de nos parterres. Ses bulbes ou pattes se relèvent chaque année, après que les feuilles et les tiges sont desséchées, et se replantent l'automne suivant, ou en Pluviose (Février), dans les terreins froids et humides. (*V.*)

Page 204, colonne I, ligne 12.

(108) Comme toutes les belles fleurs à la culture desquelles on s'est attaché, la couronne impériale (*fritillaria imperialis*) a aussi produit des variétés. Il en est plusieurs qui sont remarquables, et sur-tout la jaune simple, dont le mélange avec celle à fleur rouge fait un très-bel effet. (*V.*)

Idem, ligne 20.

(109) On a vu, note (106), que cette plante étoit la péone, appelée pivoine mâle (*pæonia officinalis mascula*). On observera que les noms de pivoine mâle et femelle, quoique conservés encore à présent, même dans les Écoles, sont impropres, l'une et l'autre variété ayant les fleurs pourvues d'étamines et de pistils, et produisant des semences. (*V.*)

Idem, colonne II, ligne 2.

(110) *Charles de l'Escluse*, plus connu des botanistes et des savans sous le nom de *Clusius*, né en 1525 à Arras, et mort professeur de botanique à Leyde en 1609, étoit contemporain d'*Olivier de Serres*. Pour justifier l'éloge qu'en fait ici notre auteur, il suffiroit, sans doute, de citer ses nombreux ouvrages sur la botanique, à laquelle il a fait faire beaucoup de progrès, en doublant, de son temps, le nombre des plantes connues; mais il a des droits plus incontestables à la reconnoissance des agriculteurs, par l'introduction, sur le continent de l'Europe, de la pomme de terre (*solanum tuberosum*), apportée par *Drake*, en 1586, en Angleterre. *Drake* en donna à *Gérard*, célèbre botaniste anglois, qui la cultiva dans ses jardins à Londres, et en partagea le produit avec *l'Escluse*. Celui-ci, à son tour, la cultiva en Hollande, et en envoya en Allemagne, où il

étoit resté long-temps, et où il conservoit beaucoup d'amis ; de-là elle se répandit peu-à-peu dans les états voisins. (*H.*)

Les chapitres XI et XII de ce sixième lieu du *Théâtre d'Agriculture*, ne sont pas moins incomplets que celui des arbres et arbustes d'agrément, et on sentira également l'impossibilité de les compléter dans ces notes, si on considère combien d'espèces de fleurs sont venues successivement enrichir nos jardins depuis deux siècles qu'*Olivier de Serres* a écrit. Il n'a peut-être pas connu la dixième partie des plantes d'agrément cultivées aujourd'hui ; et il est évident que dans l'état actuel du jardinage, cette matière ne peut plus être traitée d'une manière satisfaisante que dans des ouvrages particuliers. Nous renverrons donc à ceux que nous avons déjà cités, et auxquels doit-être ajouté le *Dictionnaire des Jardiniers*, par *Miller*, un des meilleurs que l'on puisse consulter. (*V.*)

CHAPITRE XIII.

Page 196, tome II, page pénult.

(111) Il s'est fait, depuis environ un demi-siècle, une telle révolution dans le goût des jardins, dans la manière de les distribuer et de les décorer, que l'on trouve à peine aujourd'hui quelques restes de cet ancien genre suivi généralement autrefois, et dont l'auteur donne les règles dans ce chapitre. Ce ne sont plus ces parterres découpés en compartimens de mille figures diverses, ces chiffres, ces devises, ces buis et ces ifs figurés en hommes et en bêtes, etc., tout cela a disparu pour faire place aux bosquets, aux salles vertes, aux allées tournantes, aux rochers, aux ponts, en un mot aux *jardins anglois* (*). Je n'entreprendrai pas de comparer

(*) Ou plutôt aux *jardins chinois*, dont les Anglois ont apporté le goût en Angleterre et en Europe. Au reste, si on a généralement abandonné en France ces figures taillées avec le buis, l'if, etc., je dois dire qu'en l'an X, nous en avons vu encore un assez grand nombre, M. *Parmentier* et moi, dans les jardins en Angleterre, sur-tout dans les environs de Londres, et c'est dans ce pays où l'on trouve, moins que partout ailleurs, ce qu'on appelle en France, *jardins anglois*. (*H.*)

ces deux genres, de rechercher les défauts et les beautés de l'un et de l'autre, cette discussion, sans être étrangère au sujet, mèneroit nécessairement trop loin, et s'écarteroit du but de ces notes. Cette matière, d'ailleurs, a déjà été approfondie dans de très-bons ouvrages, dont je ne pourrois que résumer les principes, et particulièrement dans la *Théorie des Jardins* de M. *Morel*, qu'il suffit de citer. (*V.*)

Page 197, colonne II, ligne 5.

(112) *Claude Mollet*, premier jardinier des rois Henri IV et Louis XIII, prédécesseur de *le Nostre* et de *la Quintynie*, étoit un de ces hommes utiles dont on trouve bien les titres des ouvrages dans les catalogues, mais dont aucun dictionnaire biographique n'a jamais rien dit, quoiqu'ils méritassent d'y tenir une place de préférence à bien d'autres.

Son père, jardinier en chef au château d'Anet, alors le plus beau de France, jouissoit de l'estime et de la confiance du duc d'Aumale, seigneur de ce château. Il y avoit rassemblé une grande quantité de fleurs et d'herbes médicinales les plus rares, et il ne négligeoit rien pour s'en procurer, par des échanges, ou pour de l'argent ; aussi les jardins d'Anet étoient-ils alors en grande réputation, et *le jardinier consulté par plusieurs notables seigneurs qui lui faisoient l'honneur de le croire*.

Claude Mollet marcha sur les traces de son père, et alla plus loin. Il fut le premier qui créa en France, en 1582, d'après les *dessins* du sieur *du Perac*, grand architecte du roi, les parterres à compartimens et broderies dont parle *Olivier de Serres*. En 1595, il planta les jardins de Saint-Germain-en-Laye, de Monceaux, et de Fontainebleau : en 1607, il avoit déjà planté dans ceux de Fontainebleau sept mille pieds d'arbres fruitiers, tant à pepin qu'à noyau, et il y avoit introduit quelques nouvelles espèces ou variétés. Ces arbres, un demi-siècle après, rapportoient encore grande quantité d'excellens fruits. Il avoit fait aussi, dans le jardin des Tuileries de belles plantations de cyprès, que le grand hiver de 1608 fit périr ; ce fut alors qu'on y substitua le buis et l'if, qui résistent mieux aux grands froids.

Son ouvrage, intitulé : *Théâtre des Plans et*

Jardinages, contenant des secrets et des inventions inconnues à tous ceux qui jusqu'à présent se sont meslés d'escrire sur cette matière, avec un Traité d'Astrologie, propre pour toutes sortes de personnes, et particulièrement pour ceux qui s'occupent à la culture des Jardins, parut en 1652, à Paris, chez *Charles de Sercy,* in-4°., avec 22 planches, représentant des dessins et plans de parterre, bosquets, labyrinthes, portiques et palissades, inventés par lui et par ses fils, *André, Jacques et Noël,* qui travailloient sous lui, et qui rappellent de nos jours des frères plus chers encore à l'agriculture et à la botanique.

Cet ouvrage fut réimprimé plusieurs fois à Paris, in-4°. et in-12, et traduit à Stokholm et à Londres, in-folio. Comme l'auteur n'étoit point nommé dans le titre de la première édition, on le trouve quelquefois annoncé sous l'anonyme, et les traductions sous le nom d'*André Mollet,* l'un de ses fils, dont le nom est au bas de plusieurs planches, et qui a publié, en 1659, une *Manière pour élever des melons.*

Le *Théâtre des Plans et Jardinages* est peut-être le premier ouvrage dans lequel on ait cherché à faire l'application de la météorologie, qu'il appelle astrologie, aux travaux du jardinage, d'une manière plus étendue et plus raisonnée qu'on ne l'avoit fait jusqu'alors. Outre les anecdotes que j'ai déjà rapportées, on lit encore, dans cet ouvrage, qu'il y avoit derrière Saint-Thomas du Louvre, à Paris, près l'hôtel de Matignon, où demeuroit *C. Mollet,* une belle et grande place, dans laquelle il avoit élevé des mûriers blancs, dont les émondages seulement lui servirent à nourrir des vers-à-soie, qui lui donnèrent, l'an 1606, douze livres de soie, aussi belle que celle d'Italie, qu'il vendit quatre écus la livre (environ 40 francs d'aujourd'hui), à M. *Sainctot,* l'un des notables bourgeois de Paris, et marchand de soie ; que, vers 1600, M. *de Buhi,* ambassadeur de France en Hollande, nous apporta le pois sans cosse, ou mange-tout, etc. (*H.*)

Page 199, volume II, ligne 2. (113) Quoique le plant enraciné soit de beaucoup préférable aux boutures, cependant si on en manquoit, on pourroit employer celles-ci avec succès, sur-tout dans les bons terreins un peu frais. Si on veut se servir de la semence, il faut cueillir les capsules un peu avant qu'elles s'ouvrent naturellement, parce que les semences s'en échappent avec élasticité : il vaut beaucoup mieux la confier à la terre, immédiatement après l'avoir recueillie, que d'attendre en Pluviose (Février) ou en Ventose (Mars). (*V.*)

Page 300, colonne 1, ligne 15. (114) Outre l'ouvrage de *C. Mollet* dont j'ai parlé dans la note (112), ci-devant, page 475, il en a encore paru dans le même temps et postérieurement quelques autres sur le même sujet, parmi lesquels je dois indiquer seulement ceux qui ont été copiés par tous les autres.

Traité du Jardinage selon les raisons de la nature et de l'art, ensemble divers desseins de parterres, pelouzes, bosquets, et autres ornemens servans à l'embellissement des Jardins ; par Jacques Boyceau, escuyer, sieur de la Barauderie, intendant des Jardins du roi. Paris, van Lochom, 1638, grand in-folio.

Le Jardinier Hollandois, par J. van der Groen, *jardinier de M. le prince d'Orange, avec environ 200 modèles de parterres à fleurs et autres, labirinthes, pavillons, ouvrages trellissés et maillez de lattes, et de quadrans ou horloges solaires.* Amsterdam, M. Doornick, 1669, in-4°.

La Théorie et la Pratique du Jardinage, où l'on traite à fond des beaux Jardins de plaisance et de propreté, contenant plusieurs plans et dispositions générales de Jardins, nouveaux desseins de parterres, de bosquets, de boulingrins, labyrinthes, salles, galeries, portiques et cabinets de treillages, terrasses, escaliers, etc. Paris, Mariette, 1709, in-4°. Cet ouvrage, publié par *A. Leblond,* et dont *Desallier d'Argenville* a revu les dernières éditions, expose les principes de le Nostre.

J. le Pautre, Galimard, Panseron, et quelques autres ont écrit aussi sur l'architecture régulière des jardins ; mais, ainsi qu'on l'a observé dans la note (111), cette partie de l'agriculture d'agrément a fait de grands progrès, et le genre libre, qui écarte la monotonie, paroit avoir été généralement adopté ; il seroit trop long de faire connoître ici les principaux ouvrages sur cet objet, il suffit d'indiquer aux lecteurs les meilleures sources où ils pourront puiser, telles que l'*Art de former les Jardins, traduit de l'anglois,* de Wathely; l'*Essai sur les Jardins,* par Watelet; la *Théorie des Jardins,* par Morel, déjà citée, et celle par *Hirschfeld,* traduit de l'allemand; *De la Composition des Paysages,* par Girardin; *Sur la formation des Jardins,* par l'auteur des *Considérations sur le Jardinage;* l'*Essai sur l'Art des Jardins, traduit de l'anglois* de Walpole; la *Description des Jardins du goût le plus moderne,* par Siegel, etc. (*H.*)

CHAPITRE XIV.

Page 306, colonne 11, ligne 6.

(115) La disposition d'un jardin destiné à cultiver des plantes médicinales, telle que l'auteur la propose, ne seroit certainement pas celle qu'il conviendroit d'adopter aujourd'hui, elle n'est pas assez commode, elle présente même des inconvéniens dont il est facile de s'apercevoir, pour peu qu'on y fasse attention.

Quelques plates-bandes bien dressées et placées les unes à côté des autres suffisent toujours pour contenir les plantes médicinales, dont on a besoin dans une campagne; d'ailleurs, on sait que les plantes usuelles sont d'autant plus pourvues de propriétés, qu'elles croissent sans culture, dans des terreins qui leur sont propres, et dans des expositions qui leur conviennent; c'est donc dans ces endroits qu'il faut les aller chercher, et il est bien rare que dans un rayon de deux ou trois myriamètres (quatre à six lieues) on ne trouve pas celles dont on est dans le cas de faire usage.

Dans une terre où on veut tirer parti de tout, et où, par conséquent, l'économie la plus sévère sur toutes les dépenses doit se faire remarquer, un jardin de botanique ne peut jamais être qu'une affaire de luxe, qui, dans le cas supposé, est toujours déplacée, et cela avec d'autant plus de raison, que l'entretien de ce jardin doit coûter beaucoup, et exiger une surveillance continuelle dont on ne peut jamais être indemnisé par les petits avantages qu'il procure. A la rigueur, si on vouloit s'éviter la peine d'aller chercher au loin les plantes médicinales qui croissent spontanément dans la campagne, on pourroit en élever quelques-unes en même temps que les plantes potagères, et dans les mêmes carrés. La culture des premières se faisant comme celles des secondes, il n'y auroit aucuns frais de plus à faire, et on n'auroit pas besoin d'avoir un terrein destiné à un usage particulier, comme celui que l'auteur demande. C'est même à-peu-près cette marche qu'on suit à présent dans tous les grands potagers où on voit souvent les bordures des plates-bandes formées avec du thim, de la sauge, de la marjolaine, de la lavande, de l'absynthe, de la germaudrée, et d'autres plantes de cette espèce. Toutes croissent très-bien dans ces endroits, on les a avec profusion, elles offrent un coup-d'œil agréable, elles retiennent les terres, elles parfument l'air, elles procurent aux abeilles l'occasion de récolter une grande quantité de miel; enfin elles ne gênent, en aucune manière, la culture des plantes potagères qui les avoisinent. Quant aux autres plantes médicinales, qui par leur nature particulière ne pourroient pas être placées comme celles dont on vient de parler, on leur assigneroit des endroits qu'on croiroit leur mieux convenir; et, comme le nombre de ces plantes ne doit jamais être très-considérable, on conçoit que, sans frais et sans perte de terrein, on suffiroit facilement aux besoins.

En annonçant que le nombre des plantes médicinales qu'un particulier a intérêt de cultiver dans un terrein qu'il habite et qu'il exploite lui-même, doit être peu considérable, on conçoit que je ne suis pas d'accord avec l'auteur, et que par conséquent je suis loin d'admettre qu'il soit nécessaire d'avoir toutes celles qu'il indique. En effet, en parcourant la liste des plantes qu'il veut qu'on cultive dans son jardin médicinal, j'en remarque beaucoup dont les propriétés étant parfaitement analogues peuvent être substituées les unes aux autres; j'en remarque d'autres auxquelles il attribue des propriétés qu'elles n'ont pas, et beaucoup qui sont parfaitement inutiles (voyez la note (117) ci-après). Ainsi, en restreignant le nombre des plantes médicinales à une vingtaine au plus, on auroit à-peu-près toutes celles qui seroient nécessaires; et on voit déjà que pour un si petit nombre il ne faut pas faire exprès un jardin médicinal, tel que celui ou ceux dont l'auteur donne le plan. Aux motifs que j'ai déjà allégués pour proscrire ce jardin, j'ajouterai que pour être bien cultivé, il exige un jardinier qui réunisse plus de talens que n'en ont ordinairement ceux qui n'élèvent que des plantes potagères ; que les plantes médicinales qui peuvent y croître n'y étant jamais que par échantillons, il doit s'en trouver beaucoup qui ne sont pas en assez grande quantité pour suffire aux besoins de la maison; et qu'enfin, dans le nombre de ces plantes, il y en a certainement plusieurs qui sont assez difficiles à remplacer, lorsqu'elles viennent à manquer. Le but de l'auteur ne peut donc jamais être rempli qu'incomplètement, tandis qu'avec le moyen que je propose, on obvie aux inconvéniens, puisqu'on est toujours sûr d'avoir à sa disposition les plantes qui conviennent dans le traitement de presque toutes les maladies, sans avoir à s'occuper des soins qu'exige nécessairement un jardin, dans lequel, au milieu de végétaux utiles, on en élève d'autres dont on peut se passer. (DE.)

Page 306, colonne II, ligne 33.

(116) *Pierre Richier de Belleval*, étoit aussi contemporain d'*Olivier de Serres*, qui en fait un éloge justement mérité. Né en 1564(*), il mourut en 1632, après avoir créé deux fois le jardin botanique de Montpellier, et avoir avancé cent mille livres pour cet objet, ce qui formeroit aujourd'hui plus du double de cette somme. La botanique lui doit *Lobel*, *l'Escluse*, *Lœssel*, et les deux frères *Bauhin*.

Mon collègue et mon ami M. *Broussonet*, qui remplit dignement aujourd'hui la chaire de botanique de *Richier de Belleval*, à Montpellier, et qui, comme lui, vient aussi de recréer le jardin botanique de cette École célèbre, ne s'est pas contenté de proposer successivement les éloges d'*Olivier de Serres* et de *Belleval* à la Société royale des sciences de Montpellier, il a encore rassemblé et publié quelques opuscules de botanique de ce dernier, et les a réunis à celui

(*) On lit sur son portrait, qu'il a gravé lui-même, et dont M. *Broussonet* m'a remis un exemplaire : *Ætatis suæ*, 66, 1630.

d'*Olivier de Serres*, sur l'écorce du mûrier blanc. Voyez la Notice bibliographique des écrits de notre auteur, en tête de ce volume. (*H*.)

CHAPITRE XV.

(117) ANGÉLIQUE. L'angélique sauvage (*angelica sylvestris*) est très-inférieure à l'angélique archangélique (*angelica archangelica*) : la racine de celle-ci est aromatique, tonique, et stomachique; mais on n'a plus maintenant aucune confiance en ce médicament pour prévenir la peste, et pour guérir les morsures des serpens et des chiens enragés. En général, les Anciens ont attribué ces propriétés à toutes les plantes aromatiques et fortement toniques, et on retrouve encore cette opinion chez les peuples sauvages : elle peut avoir quelque fondement ; car on sait bien que l'atonie est une circonstance qui dispose le corps à recevoir les impressions contagieuses ; mais il faut convenir en même temps que l'utilité de ces prétendus antidotes est au moins extrêmement exagérée. Les jeunes tiges de l'angélique servent d'aliment habituel en Laponie, et chez nous on les confit au sucre; peut-être cette plante mériteroit-elle d'être cultivée comme le céleri?

Page 307, colonne I, ligne 17.

—VALÉRIANE. La valériane officinale (*valeriana officinalis*) est un des médicamens indigènes les plus actifs : sa racine, séchée, réduite en poudre, a produit des effets marqués pour guérir l'épilepsie ; *Tissot* va même jusqu'à regarder comme incurable toute épilepsie qui a résisté à ce remède. Il a été aussi employé avec quelque succès dans des maladies analogues, telles que l'hystérie, la danse de Saint-Vit, et même la paralysie : il offre cependant quelques anomalies qui tiennent sans doute moins à la nature du remède qu'à la variété même des maladies nerveuses. Quelques praticiens l'ont substitué au quinquina dans les fièvres intermittentes, et ce remède indigène mérite de fixer de nouveau, sous ce rapport, l'attention des médecins de la campagne. On peut suppléer la valériane officinale, par la *valeriana Phu*, la *valeriana Celtica*, etc.

PAIN-DE-POURCEAU (*cyclamen Europæum*). Cette racine est entièrement hors d'usage; elle purge avec violence, et n'est pas entièrement sans danger. Tout ce qu'en dit *Olivier de Serres* est au moins exagéré.

QUEUE-DE-CHEVAL (*equisetum arvense*). Elle est hors d'usage, et ses propriétés sont encore mal connues.

ARGENTINE (*potentilla anserina*). Cette plante est un peu astringente, et n'est presque plus en usage; on peut cependant l'employer dans les cas de diarrhées ou de foiblesses d'intestins: sa prétendue propriété contre la pierre est aussi idéale que celle de toutes les autres plantes auxquelles on l'a attribuée, ce que je dis ici une fois pour toutes.

DENT-DE-CHIEN. Chiendent. On emploie pour faire les tisanes de chiendent les racines du *triticum repens*, et du *panicum dactylon*; peut-être les racines de toutes les graminées vivaces pourroient elles servir au même usage? Voyez ce qui a été dit de l'emploi économique de cette plante, tome I, lieu troisième, note (113), page 485 et suivantes.

SOPHIA. Talictron des boutiques (*sisymbrium Sophia*). Cette herbe, autrefois vantée, est aujourd'hui inusitée; elle est astringente, et nullement laxative, comme le dit *Olivier de Serres*.

PISSE-EN-LICT (*leontodon taraxacum*). La véritable utilité de cette herbe, c'est que son suc est employé en bouillon dans les maladies de la peau, on l'emploie aussi dans la jaunisse, mais c'est le suc de l'herbe et non de la fleur: au reste, on donne maintenant le nom d'œil de bœuf au *buphthalmum aquaticum*.

NUMULAIRE (*lysimachia nummularia*). Elle est hors d'usage.

BOUILLON-BLANC (*verbascum thapsus*). L'usage de cette plante se continue, quoiqu'on n'ait pas encore des notions bien précises sur ses propriétés; ses fleurs paroissent anodynes, ses feuilles sont employées tantôt comme cataplasme émollient pour résondre les tumeurs, tantôt pour arrêter les diarrhées: la réunion de ces deux propriétés, presque contradictoires, peut inspirer du doute sur leur véritable influence.

CENTAURÉE (*gentiana centaurium*). Les seules propriétés constatées de cette plante, et celles dont *Olivier de Serres* ne fait pas mention, sont d'être stomachique, et même fébrifuge; elle peut ainsi suppléer à la gentiane de montagne (*gentiana lutea*): on doit préférer dans ce but, la racine et l'herbe, aux sommités fleuries que cueillent la plupart des herboristes.

SANICLE (*sanicula Europæa*).

MILLE-FEUILLE (*achillea millefolium*). Cette herbe a quelque utilité comme astringente; mais il faut reléguer parmi les contes de vieilles femmes la diversité de son action, selon qu'on l'applique par le haut ou le bas de la tige.

REPRISE (*sedum telephium*). Elle est hors d'usage. On assure que ses feuilles fraîches, froissées et macérées au vinaigre, sont un bon remède pour les cors aux pieds.

CHARDON-NOSTRE-DAME, plus connu sous le nom de chardon marie (*carduus marianus*).

CENTINETTE (*polygonum aviculare*). Elle est un peu astringente, mais tout-à-fait hors d'usage.

CONSIRE (*symphytum officinale*).

ELATINE. L'élatine (*antirrhinum elatine*) et l'élatérium (*momordica elaterium*) sont deux plantes fort différentes, et dont aucune des deux n'a les vertus mentionnées ici par *Olivier de Serres*.

HIBBLE (*sambucus ebulus*). *Linné* rapporte que les feuilles placées dans les greniers écartent les souris par leur odeur.

MERCURIALE (*mercurialis annua*). Elle est hors d'usage, et paroît même un peu vénéneuse.

CHAUSSE-TRAPE (*centaurea calcitrapa*). L'herbe est très-amère, et a été employée avec quelque succès dans les fièvres intermittentes.

PLANTAIN. *Plantago major*, *plantago lanceolata*, et *plantago media*, sont employés indifféremment.

DICTAM (*origanum dictamnus*). Elle est presque inusitée, et avec raison.

BOURCE-A-PASTEUR (*thlaspi bursa pastoris*). Quoique tous les anciens auteurs répètent les mêmes assertions qu'*Olivier de Serres*, on peut assurer que les propriétés de cette plante pour arrêter les hémorrhagies sont très-exagérées et très-douteuses.

CHEVEUX-DE-VÉNUS. Notre auteur paroît confondre ici plusieurs espèces de fougères douées de propriétés diverses, et plusieurs de celles qu'il indique, doivent être révoquées en doute.

RENOUÉE. Voyez CRESPINETTE.

SCABIEUSE (*scabiosa arvensis*). L'usage de cette plante, autrefois très-fréquent, diminue tous les jours.

AIGREMOINE (*agrimonia eupatorium*). Cette plante est un peu astringente, et sert à ce titre dans les hémorrhagies. Mais on a beaucoup exagéré ses propriétés, et on l'abandonne presque tout-à-fait.

FUMETERRE (*fumaria officinalis*). Cette herbe est véritablement utile à conserver dans les pharmacopées : sa principale propriété est de guérir les diverses affections cutanées ; elle paroît exercer cette action en donnant du ton aux vaisseaux, et en évacuant, soit par les selles, soit par les urines.

FOUGÈRE (*polypodium filix mas et femina*). Le vulgaire, du temps de notre auteur, avoit raison : la fougère porte réellement des fruits qui sont agglomérés à la surface inférieure des feuilles, et qui mûrissent en été. Ses fleurs sont encore mal connues : sa racine sert à l'expulsion du taenia.

MOURRON (*anagallis arvensis*). Les propriétés attribuées à cette plante par *Olivier de Serres*, ne sont admises par aucun praticien moderne, et je ne vois pas même qu'elles aient été autrefois affirmées par aucun médecin distingué ; on a beaucoup vanté le mouron comme remède de la rage, de la manie et de la mélancolie ; mais ces prétendues vertus sont plus que douteuses.

SERPENTAIRE (*aristolochia serpentaria*). Sa racine peut être employée avec économie, contre les fièvres intermittentes, à la place du quinquina, ou mélangé avec lui.

GLETERON (*arctium lappa*). La décoction de la bardane est très-utilement employée pour exciter les urines, et provoquer la transpiration. Sans croire à toutes les propriétés citées par notre auteur, on ne peut disconvenir que cette herbe ne soit d'une véritable utilité.

SCROPHULAIRE (*scrophularia nodosa*). Elle est maintenant hors d'usage ; son introduction dans la médecine date du temps où l'on croyoit que les parties des plantes devoient guérir les maladies avec lesquelles elles avoient quelque ressemblance extérieure : ainsi la racine de la scrophulaire étant noueuse, on a cru qu'elle devoit guérir les tumeurs scrophuleuses.

ARRESTE-BŒUF (*ononis spinosa*).

PILOSELLE (*hieracium pilosella*). Tout-à-fait hors d'usage.

ABSINTE (*artemisia absinthium*). Cette herbe est fort amère, et l'un des stomachiques les plus puissans que l'on connoisse ; mais il faut se défier extrêmement de ses prétendues propriétés contre les ulcères, les maux d'oreille, etc.

QUINTE-FEUILLE (*potentilla reptans*). La seule propriété de cette plante qui paroisse constatée, et la seule que notre auteur omette, c'est de guérir les fièvres intermittentes ; mais sous ce rapport même, elle est inférieure à la plupart des fébrifuges.

EUFRAISE (*euphrasia officinalis*). Elle conserve encore la réputation d'ophthalmique, quoiqu'elle soit presque par-tout hors d'usage, et que son utilité ne soit prouvée que par des exemples douteux : dans quelques cas elle paroît avoir été nuisible.

ESCLAIRE. *Olivier de Serres* confond ici deux plantes très-distinctes : la grande éclaire (*chelidonium majus*) est une herbe à suc jaune, âcre et fétide, qui est en effet douée de la plupart des propriétés qu'il indique, et qui, de plus, est un peu fébrifuge : la petite éclaire (*ranunculus ficaria*), quoique d'une famille suspecte, est si douce, qu'elle peut être employée comme légume ; j'ai moi-même mangé les feuilles de la ficaire, accommodée comme des épinards, et elle m'a paru saine et agréable : cette plante est très-commune au printemps dans les prés humides et sur les bords des ruisseaux.

BISTORTE (*polygonum bistorta*). Sa racine est un astringent très-puissant, et qu'on ne doit employer à l'intérieur qu'avec précaution.

HERBE-AUX-POUILLEUX (*delphinium staphysagria*).

HERBE-AUX-PULCES (*plantago psyllium*).

HERBE-AUX-TEIGNEUX (*tussilago petasites*). Les assertions, sur les vertus de cette plante, répétées dans la plupart des anciens ouvrages, ne sont appuyées sur aucune expérience positive.

PERVENCHE (*vinca minor*). Elle est presque entièrement hors d'usage.

SENESSON

SÉNESSON (*senecio vulgaris*). Elle est tout-à-fait inusitée, excepté pour la nourriture des petits oiseaux.

BACINET. Renoncule (*ranunculus*). *Olivier de Serres* ne comptoit que six à sept renoncules, les botanistes en comptent aujourd'hui quarante-quatre, et les fleuristes un bien plus grand nombre. Au reste, toutes les plantes de cette famille sont suspectes, et on ne les emploie plus en médecine, mais elles font toujours l'ornement de nos parterres, et leur culture a été traitée en détail dans un ouvrage particulier. (*H.*)

CHÈVRE-FUEILLE (*lonicera caprifolium*). Cet arbrisseau, très-agréable dans nos bosquets, n'est plus d'usage en médecine. Voyez ce qu'en dit notre auteur, ci-devant, chapitre X, page 278, colonne II, et la note (72) de ce Lieu, page 465, colonne II. (*H.*)

LIERRE-TERRESTRE (*glechoma hederacea*). Parmi les drogues indigènes et domestiques, celle-ci est encore une des plus estimées, comme vulnéraire et apéritive.

PAS-D'ASNE. Tussilage (*tussilago farfara*). Est peu employée aujourd'hui. (*H.*)

— LYSIMACHIE. Dans cet article, *Olivier de Serres* semble avoir confondu deux plantes ; la lysimachie jaune (*lysimachia vulgaris*), appelée en françois, corneille, qui n'est d'aucune utilité en médecine ; et la salicaire, lysimachie rouge (*lythrum salicaria*), qui est astringente, et encore employée dans quelques pays contre les diarrhées et les dyssenteries.

BARBE-DE-CHÈVRE (*spiræa aruncus*), et la reine des prés (*spiræa ulmaria*). Elles sont un peu astringentes, mais hors d'usage.

GENTIANE. La grande gentiane (*gentiana lutea*). Elle est encore très-employée ; c'est un bon stomachique, amer, fébrifuge, etc. ; les vétérinaires en font un fréquent usage dans les maladies des bestiaux. (*H.*)

— CABARET (*asarum Europæum*). La racine du cabaret doit être sur-tout recommandée comme étant la drogue indigène qui peut le mieux remplacer l'ipécacuanha : ses autres propriétés sont équivoques.

VERGE-D'OR (*solidago virga aurea*). Elle est peu employée maintenant.

MORS-DU-DIABLE. Scabieuse des bois (*scabiosa succisa*). Son usage devient tous les jours moins fréquent.

BÉTOINE (*betonica officinalis*). Les Grecs attribuoient de grandes propriétés à leur βρετος, mais il n'est nullement prouvé que l'herbe dont ils parloient, soit la même que celle à laquelle nous donnons le nom de *betonica* : la nôtre participe aux propriétés communes à toutes les labiées, mais paroit se distinguer, parce que sa racine est un peu purgative et émétique.

SEAU-DE-SALOMON. On confond vulgairement sous ce nom les *convallaria polygonatum, multiflora* et *latifolia*. Ils sont hors d'usage.

SCOLOPENDRE (*asplenium scolopendrium*). Elle est un peu astringente, comme les autres fougères.

LANGUE-DE-CHIEN (*cynoglossum officinale*). Elle est maintenant peu usitée, si ce n'est dans les pillules de cynoglosse, qui doivent probablement presque toute leur vertu à l'opium qu'elles contiennent.

LANGUE-DE-SERPENT (*ophioglossum vulgatum*). Elle est hors d'usage.

GERMANDRÉE-D'EAU (*teucrium scordium*). L'usage le plus précieux de cette plante est de servir dans les cas de gangrène, comme antiseptique et tonique.

TOURMENTILLE (*tormentilla erecta*). Sa racine est astringente au point d'être employée par les tanneurs dans quelques pays : c'est à ce titre qu'elle sert dans les hémorrhagies, les ulcères, les dyssenteries.

— CAMPANE (*inula helenium*). Elle est employée dans les campagnes comme la gentiane ; c'est un remède à conserver. (*H.*)

CURAGE (*polygonum hydropiper*). Son usage est maintenant abandonné. Il est inutile d'ajouter que depuis long-temps on ne croit point à la diversité d'action des drogues, selon le sens dans lequel on les applique.

PIED-DE-LION (*alchemilla vulgaris*). Elle est astringente comme presque toutes les rosacées, mais elle est maintenant peu ou point employée.

GREMIL (*lithospermum officinale*). Elle est hors d'usage.

CHARDON-A-CENT-TESTES. On se sert peu de cette plante, et on emploie indifféremment la racine de l'*eryngium campestre*, et de l'*eryn-*

gium maritimum. Je ne crois pas au reste que jamais aucun médecin l'ait regardée comme anti-siphilitique.

PEUCEDANE (*peucedanum officinale*). Elle est hors d'usage maintenant; il me paroît même qu'on ne connoît pas exactement la plante dont les Anciens ont parlé sous ce nom, et que même les botanistes modernes de divers pays appliquent à différentes ombellifères le nom de *peucedanum officinale*.

GRATERON (*galium aparine*). Il est de peu d'usage aujourd'hui.

— PARIÉTAIRE (*parietaria officinalis*). Ses propriétés sont peu marquantes, et son emploi diminue de jour en jour.

CHARDON-BÉNIT (*centaurea benedicta*). Cette plante est moins employée aujourd'hui qu'elle ne l'étoit autrefois; on reconnoît cependant qu'elle est utile comme amer dans les fièvres intermittentes.

— VERVAINE (*verbena officinalis*). Seroit-ce la *verbena supina*, que notre auteur désigne ici sous le nom de vervaine femelle? L'une et l'autre sont hors d'usage, après avoir eu la réputation de guérir presque tous les maux.

MAUVES. Toutes les malvacées sont émollientes : on emploie de préférence l'*althæa officinalis*, et le *malva sylvestris*.

VÉRONIQUE. La véronique mâle (*veronica officinalis*) est une herbe amère et astringente très-utile, et assez généralement employée. J'ignore de quelle plante *Olivier de Serres* veut parler sous le nom de véronique femelle, car aucune véronique n'a la fleur jaune.

SAXIFRAGE. Cet article paroît désigner la *saxifraga granulata*, dont la fleur est blanche : mais qu'est-ce que cette saxifrage à fleur jaune? Au reste, elles sont toutes hors d'usage, et leur prétendue vertu lithontriptique semble due à une fausse explication de leur étymologie.

PIVOINE (*pæonia officinalis*). Elle a été vantée comme anti-épileptique, mais sa réputation s'est évanouie depuis qu'on a soumis cette plante à des expériences plus exactes : la beauté de ses fleurs lui a fait, comme on sait, accorder une place dans les parterres.

HERBE-AU-TURC (*herniaria glabra*). Elle est un peu astringente, mais tout-à-fait abandonnée.

— BRANCHE-URSINE (*acanthus mollis*). C'est un émollient peu employé maintenant.

ARISTOLOCHIE (*aristolochia rotunda*, et *aristolochia longa*). L'action des racines d'aristoloche comme emménagogue est contestée, comme celle de tous les médicamens de cette classe.

MILLE-PERTUIS. On emploie indifféremment les *hypericum perforatum* et *quadrangulum* ; ces herbes sont un peu amères et vulnéraires. Les Anciens leur ont attribué de nombreuses propriétés, de la réalité desquelles les Modernes sont peu convaincus.

PIED-DE-VEAU (*arum maculatum*). L'usage de cette plante tombe en désuétude ; cependant sa saveur âcre et fortement stimulante indique des vertus qui, bien constatées et bien dirigées, pourroient devenir précieuses. Sa racine contient une assez grande quantité de fécule, et pourroit être employée comme aliment, après que la torréfaction ou l'ébullition l'auroit dépouillée de son âcreté.

— IVE-ATRITIQUE. Il faut lire probablement *ive-artritique* ; nom qui a été donné autrefois au *teucrium chamæpitys*, à cause de son utilité dans les douleurs arthritiques.

BUGLE. On confond sous ce nom les *ajuga pyramidalis*, *Genevensis* et *reptans*, que les botanistes ne distinguent qu'avec peine ; d'ailleurs, ces plantes sont maintenant inusitées.

CARLINE (*carlina vulgaris*). Cette plante est hors d'usage, comme cela arrive à plusieurs de celles auxquelles les Anciens avoient attribué les vertus les plus extraordinaires.

FRAXINELLE (*dictamnus fraxinella*). Cette herbe est plutôt cultivée maintenant comme plante d'ornement, que comme plante médicale; elle mériteroit peut-être de fixer davantage l'attention des gens de l'art.

GERMANDRÉE. Cet article est relatif à deux plantes: *teucrium scordium*, qui naît dans les lieux aquatiques, et dont j'ai parlé plus haut; et *teucrium chamædrys*, qui naît dans les terreins secs, et qui est peu employée.

NICOTIANE. Sous le nom de nicotiane mâle, *Olivier de Serres* paroît désigner la *nicotiana tabacum* ; et sous celui de nicotiane femelle, la *nicotiana rustica* ; l'une et l'autre peuvent servir à la fabrication du tabac, mais la première est préférée : dans le temps de l'introduction du tabac en Europe, elle a été employée contre presque toutes les maladies ; depuis lors son emploi médicinal a diminué. L'usage habituel qu'en font plusieurs Nations entières a contribué encore à diminuer cet emploi, parce que les individus accoutumés à son action cessent d'en être affectés d'une manière énergique : elle réunit des propriétés âcres et stimulantes, avec une vertu évidemment narcotique ; aussi son effet est-il très-variable selon le mode de l'application.

—Quoquelicoq (*papaver rhœas*). L'usage du coquelicot a beaucoup diminué depuis que celui de l'opium s'est répandu : le suc de cette plante possède à un moindre degré les propriétés du *papaver somniferum*.

Passerage (*lepidium latifolium*). Elle est maintenant hors d'usage, quoique sa saveur poivrée semble annoncer des propriétés énergiques.

Buglose. Elle est maintenant hors d'usage. La buglose de France et de presque toute l'Europe tempérée et méridionale est l'*anchusa italica* de Retz, et diffère de l'espèce du nord, à laquelle *Linné* a donné le nom d'*anchusa officinalis*. Cet exemple pourroit servir à confirmer l'analogie des propriétés entre les espèces du même genre ; car ces deux plantes, et l'*anchusa angustifolia*, ont été autrefois employées indistinctement.

Camomille. Ce nom est maintenant appliqué à deux plantes ; savoir : la camomille commune (*matricaria chamomilla*), et la camomille romaine (*anthemis nobilis*) : j'ignore de quelles plantes parle notre auteur, lorsqu'il cite des camomilles à fleurs jaunes ou pourpres.

Agripaume (*leonurus cardiaca*). On ne l'emploie plus aujourd'hui.

Ortie. Notre auteur confond ici deux plantes très-différentes ; 1°. l'ortie morte (*lamium album*) n'est plus employée, et n'a pas de poils dont la piqûre soit cuisante ; 2°. l'ortie grièche ; sous ce nom on confond les *urtica urens* et *dioïca*. La piqûre des poils de ces plantes est très-cuisante, et on l'emploie quelquefois comme un stimulant, pour rappeler la sensibilité dans certaines parties extérieures du corps : ces deux orties sont en outre employées comme astrin-

gentes. Ce qui peut devenir plus utile, c'est de savoir que les fibres de l'écorce peuvent remplacer le chanvre, et sont employées, sous ce rapport, dans le nord de l'Asie, et que l'herbe même est un aliment sain pour les bestiaux, lorsqu'étant à moitié fanée ou un peu humectée, ses poils ont perdu la force de piquer.

Marrube (*marrubium vulgare*) ; paroît être le Πράσιον des Grecs, d'où notre auteur a, par corruption, tiré le nom de *pressium*. (*D. C.*)

CHAPITRE XVI.

Page 309, volume II, ligne 19.

(118) L'Histoire nous apprend que les hommes ont planté des arbres fruitiers dès la plus haute antiquité, mais il ne paroît pas que jusqu'au siècle d'Auguste, leur culture ait été assujétie à des principes réguliers. Il y a tout lieu de croire qu'avant cette époque, on se contentoit de plein-vents, d'espèces peu perfectionnées, greffées sur des sauvageons crus au hasard, à-peu-près comme on le voit encore aujourd'hui dans quelques cantons de la France éloignés des grandes villes. L'espèce de faveur que prit la culture des arbres en Italie, et probablement dans tout l'Empire romain, au moment de la chûte de la république, tenant aux richesses et au luxe qui régnoit alors, cessa, lorsque la perpétuité d'un gouvernement dévastateur, et des guerres sans cesse renaissantes, eurent absorbé les unes et par-là anéanti l'autre. Les invasions des Barbares du nord achevèrent de faire perdre le souvenir des bonnes cultures, et l'abrutissement religieux qui en fut la suite n'étoit pas propre à le rappeler. Aussi ne trouve-t-on dans les auteurs du moyen âge rien qui annonce quelques essais de perfection à leur égard. Il faut arriver jusqu'à François I pour retrouver une culture régulière d'arbres fruitiers ; mais depuis lors on s'en est continuellement occupé, et c'est à *Olivier de Serres* qu'on doit d'en avoir le premier indiqué par écrit la pratique et la théorie.

Cet écrivain, si supérieur à son siècle, a fort bien vu tous les avantages qui résultent de l'établissement des vergers, soit pour la société en général, soit pour les propriétaires en particulier ; mais on voit, en le lisant, qu'alors même il n'étoit pas facile d'en former. On étoit réduit à aller chercher des sauvageons dans les bois, ou à établir une pépinière uniquement pour soi, et forcé de se contenter des greffes des fruits qu'on possédoit déjà, ou qui se trouvoient dans les jardins du voisinage, par la difficulté d'en faire venir de loin. Ce n'est que depuis qu'il est des hommes qui se consacrent uniquement à la culture des arbres fruitiers pour la vente, que l'on trouve par-tout abondance, variété, bonté, et bas prix, que la science enfin a fait de rapides progrès. Aujourd'hui un propriétaire peut se former en un hiver, sur une simple liste, un jardin fruitier des plus étendus : aussi se sont-ils multipliés par-tout ; et le plus pauvre des Français dédaigneroit probablement les pommes et les poires qui faisoient l'ornement des jardins de Charlemagne et de Charles V.

Nos pères recherchoient des arbres fruitiers d'une longue durée, mais aujourd'hui nous savons qu'un arbre greffé sur un sauvageon vigoureux porte moins de fruit, et du fruit moins beau et moins bon, que celui greffé sur un sujet franc, c'est-à-dire provenant des graines d'un fruit déjà perfectionné par la culture ; et on a renoncé à leur mode de planter les vergers avec des arbres crus dans les forêts. D'ailleurs, les sauvageons de cette sorte sont rarement d'une reprise assurée, d'une belle venue, et deviennent d'autant plus rares, que le goût des plantations se multiplie.

De même, autrefois, on aimoit à planter des arbres déjà très-forts, dans l'espérance de leur voir porter plus promptement du fruit ; et on devoit en agir ainsi, puisqu'il falloit attendre, lorsqu'on les plantoit jeunes, dix à douze ans pour en jouir : mais actuellement que nos arbres sur franc donnent des productions dès la troisième ou la quatrième année, et ceux sur doucin ou sur paradis, dès la seconde, on préfère de planter de jeunes arbres dont la reprise est plus certaine, et la greffe plus assurée. De plus, il devient de plus en plus rare de greffer les sujets sur place, on préfère de les prendre tout greffés dans les pépinières. On trouve à cela l'avantage de ne pas courir la chance de voir manquer la greffe, ensuite de gagner une année et quel-

quefois deux ou trois, étant très-rare que ces sortes d'arbres ne donnent pas de fruit l'année qui suit celle de leur plantation. (*L. B.*)

CHAPITRE XVII.

(119) On appelle aujourd'hui *pépinière*, non seulement l'endroit où on sème la graine des fruits, mais encore celui où on élève leurs produits, où on fait les boutures, marcottes, etc.

Page XX, colonne I, ligne 19.

Aux observations d'*Olivier de Serres* sur le choix du local pour établir une pépinière, il convient d'ajouter la facilité d'avoir de l'eau, et de l'eau d'une bonne nature, pour les arrosemens ; car une grande partie des semis manquent par suite des sécheresses du printemps.

Les pépiniéristes, comme l'indique notre auteur, se servent généralement de pepins provenant des pommes qu'on a employées à faire du cidre, mais je ferai voir, dans les notes suivantes, qu'il est quelquefois utile, pour obtenir des arbres plus vigoureux et plus agrestes, de prendre les pepins des pommes sauvages, et pour en avoir dont les fruits soient plus gros et meilleurs, de choisir ceux des espèces déjà très-perfectionnées.

La lune n'influe pas plus sur la réussite ou la non réussite des semences, que sur la plupart des autres opérations agricoles, mais elle détermine la plupart du temps un changement dans la constitution de l'atmosphère, et elle a, par conséquent, sous ce rapport, une action indirecte sur les semis. Il ne faut donc pas faire attention si la lune est en décours, mais bien si l'air est humide ou disposé à la pluie ; car c'est l'eau, aidée par la chaleur, qui détermine la germination des graines. Le conseil que donne *Olivier de Serres* de ne point toucher aux plants du semis de l'année est fondé sur ce que les végétaux se nourrissent autant par leurs feuilles que par leurs racines ; et que, lorsqu'on enlève une portion des premières, la croissance des secondes en est retardée, et par suite celle de la jeune tige.

Il est toujours utile, et quelquefois nécessaire, de faire tremper dans l'eau les graines des arbres dont l'enveloppe est ligneuse, pour déterminer une plus prompte germination, mais jamais leur immersion dans des liqueurs parfumées n'aura d'influence sur l'odeur ou la saveur des fruits.

On appelle *stratifier*, ou *mettre en jauge*, les noyaux ou autres espèces de semences que l'on conserve dans la terre ou le sable pendant l'hiver, pour ne les semer qu'au printemps : toutes les huileuses et les cornées ne peuvent être traitées autrement, lorsqu'on ne les sème pas à leur chute de l'arbre, si on ne veut pas en perdre la plus grande partie par l'effet de la rancidité ou du dessèchement du perisperme, ou au moins en voir retarder la germination d'un ou deux ans. C'est le seul moyen sur-tout d'envoyer en Europe les graines des pays chauds qui sont dans ces deux cas, et la plus grande partie s'y trouve. Il faut éviter d'employer et de la terre trop sèche et de la terre trop humide. Le bois pourri, la sciure de bois, la mousse, peuvent avantageusement suppléer la terre ou le sable, lorsqu'on a intérêt de diminuer le poids à raison des frais de transport. (*L. B.*)

CHAPITRE XVIII.

Page 339, colonne 1, ligne dern.

(120) Le mot *batardière* a vieilli, et ne s'emploie plus ; mais les excellens principes que renferme le chapitre auquel il sert de titre, ne changeront jamais, parce qu'ils sont dans la Nature.

On ne sauroit trop insister, par exemple, sur celui qui exige que le fond du terrain de la pépinière soit de moyenne bonté. En effet, un arbre se trouvant, dans sa jeunesse, en situation de tirer, pour me servir de l'expression vulgaire, une grande abondance de sucs de la terre, prend une amplitude proportionnée à l'abondance de ces sucs, c'est-à-dire que ses vaisseaux acquièrent beaucoup de diamètre, ses pousses une grande longueur, et ses feuilles des dimensions extraordinaires ; mais, lorsque deux ou trois ans après, il est transporté dans un sol moins fertile, la sève ne pouvant plus affluer en même quantité dans ses vaisseaux ne remplit qu'une partie de leur capacité, et par conséquent ne peut s'élever jusqu'aux ex-

trémités de sa tige et de ses rameaux pour leur porter la nourriture qui leur est nécessaire ; cet arbre languit toujours, périt souvent, et ne remplit jamais les vues de son possesseur. Je ne puis donc trop recommander à ceux qui ont intention de faire une plantation, de quelque espèce d'arbres que ce soit, de comparer la nature de leur sol avec celle des pépinières dans lesquelles ils ont intention de se fournir, et de se défier de la trop belle apparence des articles qu'on leur présente. Il est très-certainement plus avantageux pour eux de se procurer des arbres moins vigoureux au premier coup-d'œil, mais plus solidement constitués, dans une pépinière en sol maigre et sec, parce que dès la première, ou au moins la seconde année de leur transplantation dans leur terrein, que je suppose meilleur, ils pousseront avec force, et conserveront leur vigueur pendant tout le temps fixé par la Nature.

Cependant ce principe, quoiqu'appuyé sur le raisonnement et l'expérience, n'est malheureusement pas connu de la majeure partie de ceux qui font faire des plantations ; aussi beaucoup de pépiniéristes spéculent-ils sur leur ignorance, en établissant leurs pépinières dans un sol très-riche et très-fumé, où les arbres acquièrent en une année une apparence qu'ils ne devroient montrer qu'en deux, et ils obtiennent ainsi un débit plus assuré et un prix plus élevé, quoiqu'ils aient produit leur marchandise avec plus d'économie de temps et de terrein. Leur conscience se tranquillise sur cette espèce de tromperie, en disant qu'on étoit libre de venir acheter chez eux, et effectivement la loi ne peut les punir ; mais le résultat définitif de cette conduite n'en est pas moins une perte incalculable pour la société.

Il n'y a rien à ajouter à ce que dit *Olivier de Serres* sur les soins qu'il faut prendre pour arracher le plant, et par suite les arbres faits de la pépinière. Il a observé la Nature, et a reconnu que plus les racines sont abondantes dans chaque espèce, et plus l'arbre est vigoureux ; par conséquent que la pratique, si généralement usitée, d'*habiller* les racines, c'est-à-dire de les couper très-court, est absurde ; mais lorsqu'on conserve, ainsi qu'il le recommande, toutes celles qui ne sont pas endommagées, ou qui ne dépassent pas trop les autres, il faut avoir la plus grande attention à les écarter, et à ne les pas mettre dans une position forcée. C'est de l'oubli de cette pratique que résulte la perte de tant de plants d'arbres; car malheureusement la plupart des planteurs n'y font aucune attention : aller vite est leur seul but.

Olivier de Serres décide, sans la discuter, la grande question de savoir s'il est utile ou nuisible de couper la tige au plant que l'on place dans la pépinière. Il pense qu'il faut la couper, et presque par-tout on la coupe. Cependant il faut distinguer; car cette pratique n'est certainement pas dans la Nature.

Tout plant qu'on vient de transplanter est nécessairement affoibli dans son action végétative par le seul effet du déplacement de ses racines, et encore souvent par leur réduction; aussi pousse-t-il généralement plus tard, et d'abord plus foiblement, que celui qui n'est pas sorti de place. Il faut donc, ou augmenter ses moyens de vie par une terre substantielle et des arrosemens fréquens, ou proportionner sa masse à sa foiblesse en la diminuant. Le premier de ces moyens est coûteux, embarrassant, et doit être suivi pendant un certain espace de temps. Le second n'exige qu'une seule opération, et elle peut être faite promptement. Par cela seul on a dû la préférer, et on la préfère effectivement.

Malgré cela il est des cas où on emploie le premier. Ainsi tous les plants précieux cultivés à grands frais dans des jardins ont rarement la tige coupée, et n'en reprennent pas moins bien; ainsi tous les plants, transplantés d'un terrein sec et aride dans un sol humide et fertile, n'ont pas besoin d'être mutilés; de plus, il est quelques espèces de plants qui ne se prêtent pas du tout, ou se prêtent plus ou moins bien à cette mutilation : les arbres résineux, par exemple, seroient perdus si on les y soumettoit. Certains arbres à bois dur, tels que les chênes, les noyers, etc., souffrent plus lorsqu'on la leur fait subir que dans le cas contraire; d'autres, dont les rameaux sont opposés, et qui ont toujours une flèche, comme les frênes, les érables, etc., perdent souvent leur beauté par la suite de ses effets. Il est donc bon de ne pas établir le principe du *rapprochement* des tiges d'une manière trop générale. Je reviendrai sur cet article lorsqu'il sera question de la transplantation des arbres faits et des grands arbres.

Olivier de Serres pensant qu'il faut conserver toutes les racines qui ne sont pas mutilées, croit par conséquent qu'on ne doit pas couper la plus importante de toutes, c'est-à-dire le pivot. Aujourd'hui les agriculteurs théoriciens, et quelques praticiens, voyant la grande importance dont ce pivot est pour les arbres, qu'il assure contre les efforts des vents, ne veulent pas qu'on le retranche, et les agriculteurs praticiens, et quelques théoriciens, gênés par sa présence lorsqu'il s'agit d'arracher et de planter les arbres, le suppriment sans miséricorde. Les arbres poussent également avec ou sans pivot, mais il paroît qu'ils ne deviennent pas si grands, et ne vivent pas aussi long-temps, lorsqu'on le leur a ôté, sans compter la chance d'être arrachés par les orages, chance qui ne laisse pas que d'être considérable. Je prêche donc pour la conservation des pivots, en avouant qu'il est cependant difficile de ne pas le supprimer à la plupart des arbres qu'on cultive dans les pépinières, et qui sont dans le cas d'être plusieurs fois transplantés. C'est presque toujours à cette suppression qu'on doit la reprise des chênes et des arbres verds.

La manière indiquée par *Olivier de Serres* pour mettre le jeune plant en terre est très-bonne, et doit être employée toutes les fois que le plant est petit : c'est celle qu'on appelle aujourd'hui planter *en rigole*. Mais, lorsque le même plant doit être, comme l'indique notre auteur, espacé de cinquante-quatre à soixante centimètres (dix-huit à vingt pouces), elle n'est rien moins qu'économique : aussi le besoin d'épargner et le temps et l'argent, lui fait préférer celle qu'on appelle planter à *la pioche*. Cette dernière consiste à creuser avec une pioche de neuf à douze centimètres (trois à quatre pouces) de large, à chaque endroit indiqué, un trou de dix-huit à vingt-quatre centimètres (six à huit pouces) de profondeur. Cette opération se fait au cordeau, et demande de l'habitude. Il faudroit plusieurs pages pour détailler ici ce qui y a rapport; et encore le lecteur n'en sauroit-il pas autant qu'il en pourroit apprendre , en regardant travailler un bon ouvrier pendant quelques minutes.

Quant aux plantations *en plantoir* , il ne faut se les permettre que pour les boutures , encore même seulement dans le cas où la terre est bien meuble ; car cet instrument durcit la terre en la tassant , la rend par conséquent moins propre à donner passage aux racines , c'est-à-dire qu'il détruit l'effet des labours.

Ce que dit *Olivier de Serres* de la manière de faire des boutures de figuier , de grenadier , de coignassier et de coudrier , n'a pas besoin de commentaire , mais je ne puis m'empêcher de faire une remarque au sujet de ce dernier arbuste. C'est qu'on a oublié dans les pépinières ce qu'on savoit si bien du temps de notre auteur , c'est-à-dire qu'il se multiplioit par bouture. On l'y regarde aujourd'hui comme un des plus difficiles à reproduire dans ses variétés , attendu qu'on ne connoît que la greffe par approche pour y parvenir. J'ai lieu de croire que l'ancienne pratique s'est perdue, parce que, sans faire attention que le coudrier est l'arbuste de nos climats qui entre le premier en végétation, puisqu'il fleurit au milieu de l'hiver , on a mis en terre ses boutures au milieu du printemps avec celles des autres arbres. J'ai suivi les conseils d'*Olivier de Serres* pour multiplier le coudrier du Levant (*corylus colurna*) , arbre qui s'élève à la hauteur de nos chênes , dont les fruits ont plus de trois centimètres (un peu plus d'un pouce) de diamètre , dont le bois est propre aux bâtisses et aux constructions navales , comme le prouvent la ville et l'arsenal de Constantinople , et qui est encore fort rare dans les pépinières.

Les labours indiqués par *Olivier de Serres* s'exécutent encore en ce moment, et de la même manière , dans les pépinières bien tenues ; mais ce qu'il dit des inconvéniens des arrosemens trop fréquens n'empêche pas certains pépiniéristes d'en surcharger leurs plantations lorsqu'ils le peuvent sans trop de dépense : c'est ce qu'ils appellent *pousser à l'eau*. Cette pratique, lorsqu'elle est outrée , et qu'elle est la suite du projet bien déterminé de donner une fausse apparence aux plants, dans l'intention de tromper les acquéreurs , est une véritable fripponnerie

qui rentre complètement dans celle qui fait choisir un trop bon terrein , ou un terrein trop fumé.

Les progrès de la physique végétale ont amené une modification importante aux conseils d'*Olivier de Serres* , relativement à l'ébourgeonnement des arbres dans la pépinière, ce qu'il appelle les *eprer*. D'après les principes même sur lesquels sont fondés ces conseils , on n'ébourgeonne plus guère les arbres dans les deux ou trois premières années de leur transplantation de la pépinière ; mais on les taille *en crochets* , c'est-à-dire qu'on coupe leurs branches latérales à une distance d'autant moins grande du tronc qu'elles sont plus grosses. La séve arrêtée dans ses déviations par cette opération se porte avec plus de force dans la direction perpendiculaire , fait pousser l'arbre en hauteur , et les portions de branches latérales conservées ne donnent plus que de foibles bourgeons qui s'oblitèrent petit-à-petit , par suite des progrès du tronc et de la tête de l'arbre. Cette manière de traiter les arbres , en *amusant la séve* , pour se servir de l'expression très-juste des jardiniers , n'a aucun des inconvéniens qui résultent du trop ou du trop peu d'ébourgeonnement , ou de l'ébourgeonnement à contre-saison ; de plus , il est presque toujours impossible de soumettre à des principes généraux l'époque de l'opération de l'ébourgeonnement , tandis que celle de la taille en crochet se fait toujours entre les deux séves. Je ne prétends pas pour cela qu'on doive repousser complètement la suppression des bourgeons au moment même de leur pousse ; il est des cas où , malgré la taille en crochet , il faut en enlever quelques-uns : c'est plus la pratique que la théorie qui peut les indiquer.

La raison et l'expérience ont prouvé , comme je l'ai déjà observé plus haut, que plus les arbres à fruit s'éloignoient de leur origine , c'est-à-dire de ceux du même genre qui naissent dans les bois , et plus leurs fruits étoient beaux et bons. Or, lorsqu'on multiplie les greffes sur le même sujet , on produit cet effet. Il semble, d'après cela, que beaucoup d'amateurs , si ce n'est des pépiniéristes , auroient dû se livrer au perfectionnement des espèces par ce moyen si facile à exécuter ; mais, quoiqu'il n'y ait pas de doute qu'on a fréquemment greffé et surgreffé des poiriers, des pommiers, et d'autres arbres déjà très-perfectionnés, il est de fait qu'on n'a pas encore de notions exactes sur les résultats. Cette circonstance avoit déterminé *Rozier* à faire une suite d'expériences sur cet objet, et il les avoit commencées avec cette supériorité qui lui étoit propre; mais des événemens antérieurs à la révolution, non seulement ne lui ont pas permis de les continuer, mais même de tirer quelque profit de ce qu'il avoit déjà fait: c'est donc à recommencer. Il est à désirer qu'un amateur éclairé veuille bien s'en occuper; car les conséquences peuvent en être très-importantes, soit sous le point de vue du perfectionnement de la culture, soit sous celui de la physique végétale. (*L. B.*)

CHAPITRE XIX.

Page 345, colonne II, ligne dern.

(121) Nos pères plantoient chaque année des vergers et conservoient les anciens, et chaque année nous en détruisons sans en replanter. Avoient-ils raison? avons-nous tort? Nos jardins, remplis d'espaliers, de pyramides, de quenouilles, de nains, les remplacent-ils avantageusement?

Il est très-certain que, quand on examine un vaste pommier dont les branches plient sous le poids des fruits dont elles sont surchargées, on est porté à croire qu'il n'y a point de meilleur moyen de se procurer des pommes, que de planter des plein-vents; c'est aussi ce qu'ont d'abord fait tous les peuples lorsqu'ils ont commencé à devenir agriculteurs. Cependant, d'un côté, on a remarqué que les arbres de cette espèce employoient beaucoup de terrein, ne donnoient abondamment du fruit qu'au bout d'un grand nombre d'années, et encore de deux ou trois années l'une, que ce fruit étoit généralement petit et très-sujet à manquer par l'effet de l'intempérie des saisons, etc., etc.; d'un autre côté, on a observé que la même espèce d'arbre, soumise à des procédés particuliers, fournissoit un produit dès la troisième année, et que ce produit étoit beaucoup plus assuré, plus beau, et même, en définitif, plus considérable, ainsi qu'on le prouvera au chapitre suivant: de-là on a été porté à préférer les arbres placés dans les jardins à ceux

des vergers, et c'est ce qu'on fait en ce moment, sur-tout autour des grandes villes, et dans tous les lieux où l'opulence peut payer l'augmentation de dépense qu'une culture plus soignée amène nécessairement.

Je suis loin de blâmer le goût actuel, qui est très-favorable au développement de l'industrie agricole, et auquel on doit le perfectionnement des espèces, mais je voudrois cependant voir conserver les vergers, qui, à côté des inconvéniens annoncés plus haut, présentent des avantages incontestables, dont le principal est d'exister, une fois plantés, sans dépenses, pour plusieurs générations, et de fournir par conséquent annuellement, presque pour rien, des fruits à leurs propriétaires. D'ailleurs, il est beaucoup d'arbres, tels que les cerisiers, les pruniers, les noyers, etc., qui ne se prêtent pas facilement aux caprices du jardinier, et qui demandent par conséquent à être laissés en plein-vent. On dira peut-être que ces arbres, ainsi que tous les autres, pourront être dispersés sur le bord des routes, sur la lisière des champs, dans les vignes, etc., et cela est vrai; mais ils y seront plus battus par les vents, plus exposés aux intempéries de l'atmosphère, aux pillages des malfaisans, etc. On doit conclure de ces réflexions, je crois, qu'il est à désirer, pour l'avantage général de la société, que les trois modes de culture des arbres fruitiers soient simultanément employés par-tout; savoir: celui des jardins, des vergers renfermés, et en plein champ.

Ordinairement on place le verger à côté de la maison, et on l'entoure ou de murs, ou de haies, ou de fossés, pour le mettre à l'abri des bestiaux et des voleurs: c'est le lieu des ébats des enfans, souvent des animaux domestiques, tels que les génisses, les poulains. On calcule rarement son exposition; cependant elle n'est pas d'une petite importance pour la réussite et la vigueur des arbres, l'abondance et la qualité des fruits qu'ils doivent produire: l'ouest et le nord sont les pires, et on doit les éviter autant que possible. Un terrein profond et substantiel est celui qui convient le plus; car on doit éviter également, et la trop grande aridité, et la trop grande humidité.

Depuis François 1, qu'on peut regarder
comme

comme le créateur des vergers en France, jusqu'à *Olivier de Serres*, qui a le premier posé les
bases de leur culture, il ne paroît pas qu'on se
soit beaucoup attaché au perfectionnement des
espèces ; mais, depuis cette dernière époque jusqu'à nos jours, la science agricole a fait des
progrès si rapides, que le nombre de ces espèces
s'est prodigieusement accru.

On trouvera la nomenclature de celles qui,
aujourd'hui, sont les plus communes, dans les
notes sur le chapitre XXVI ; mais, quelque nombreuse qu'en soit la liste, elle est bien loin
d'être complète, même pour la France : d'ailleurs, il est de ces espèces qui se perdent ou
qui se modifient ; d'autres qui se produisent
par l'effet du hasard ou autrement. Aussi l'excellent ouvrage de *Duhamel*, qui sembloit devoir fixer nos connoissances à cet égard, com-
mence-t-il déjà à vieillir, quoiqu'imprimé en
1768. Nos plus savans pépiniéristes ne connoissent plus certaines des espèces qu'il décrit,
quoique figurées de manière à ne pas s'y méprendre ; et nos moins habiles en possèdent,
dans leur collection, qui sont assez caractéri-
sées, pour assurer qu'elles n'ont pas été mentionnées par lui.

J'ai beaucoup voyagé, et par-tout j'ai trouvé
les vergers peuplés d'espèces inconnues dans les
environs de Paris, ou d'espèces portant dans
chaque endroit des noms différens ; chercher à
fixer les caractères de ces espèces avec la précision qu'a apporté *Duhamel* pour celles qu'il a
fait connoître, ou établir une concordance dans
leur synonymie, seulement en France, est, à
mes yeux, chose impossible en ce moment. Ce
n'est qu'au moyen de voyages fréquemment ré-
pétés par des hommes déjà très-instruits, qu'on
pourra obtenir des renseignemens de quelque
certitude à cet égard. Le mode, essayé déjà deux
ou trois fois, et qu'on tente de nouveau à la pépinière du Luxembourg, celui de faire venir des
greffes de toutes les espèces cultivées dans les
Départemens, ne peut produire de résultats
exacts ; car il est prouvé par l'expérience que
cette transplantation des greffes dénature le
fruit, soit par l'effet de la différence du climat, du sol, et peut-être encore plus du sujet
sur lequel on les place.

Théâtre d'Agriculture, Tome II.

Cette dernière considération m'amène à rechercher quels sujets sont les plus convenables
pour greffer les arbres destinés aux vergers.
C'est parmi les *sauvageons*, c'est-à-dire les sujets provenant des graines des arbres crus naturellement dans les forêts, ou parmi les *francs*,
ou ceux qui résultent du semis des espèces déjà
perfectionnées par la culture, à quelque degré
que ce soit, qu'il faut les chercher ; car les
nains, ou ceux fournis par boutures ou marcottes de variétés accidentelles plus foibles, ne
sont point propres à servir dans ce cas.

Les sauvageons ont une surabondance de vie
que ne possèdent point les francs. Ils étendent
plus loin leurs rameaux, durent plus long-temps,
et sont moins délicats sur le choix du terrein ;
mais ils donnent du fruit beaucoup plus tard, et
ce fruit est de qualité inférieure : il s'agit de
choisir, d'après ces données. Nos ayeux préfé-
roient, comme je l'ai déjà observé plus haut, les
sauvageons, parce qu'ils pensoient toujours à
leurs enfans lorsqu'ils faisoient une plantation
quelconque, et qu'ils étoient peu délicats sur la
perfection des fruits ; nous choisissons communément les francs, parce que nous sommes plus
accoutumés aux bonnes espèces. Il me semble
que la raison indique ici le terme moyen comme
le meilleur. En effet, quelques espèces de poires
peuvent être greffées plus avantageusement sur
sauvageons, d'autres sur francs, d'autres sur
coignassiers, et certaines espèces de pommes ne
doivent pas également être indifféremment placées sur sauvageons ou sur francs. Quant aux
autres arbres, tels que les coignassiers, les cerisiers, les pruniers, les amandiers, les abricotiers, les pêchers, les noyers, les châtaigniers,
les néfliers et le cormier, ils ne présentent pas
de différences aussi marquées lorsqu'on les greffe
sur un sujet plutôt que sur un autre ; mais cependant on ne peut se dispenser d'y faire attention, lorsqu'on désire avoir des arbres qui remplissent toutes les conditions requises, ne fût-ce
que sous la considération de l'époque de la maturité des fruits, époque qui varie de plusieurs
mois, selon la préférence qu'on a donné à l'un
et à l'autre sujet.

Les conseils d'*Olivier de Serres* sur la distance à laquelle il convient de planter les arbres

dans les vergers sont basés sur la saine physique. Dans les bons sols on gagne toujours à les espacer beaucoup. Mais je ne puis être, sans modification, de son avis, lorsqu'il ajoute qu'il faut placer les mêmes espèces les unes à côté des autres; car ces espèces soutirant les mêmes produits de la terre et de l'air, elles se nuisent nécessairement. Je préférerois les alterner, avec l'attention, cependant, de ne pas mettre une basse tige près d'une haute tige. Au reste, quand les arbres sont convenablement éloignés, les inconvéniens de la pratique que je combats sont peu sensibles, et on ne doit pas leur sacrifier les agrémens du coup-d'œil, ou toute autre considération. Je n'en dirois pas de même si un de ces arbres, déjà âgé, venoit à mourir; car, dans ce cas, il faudroit le remplacer par un autre d'un genre différent, les assolemens devant être sévèrement pratiqués dans les plantations des arbres, ainsi que je l'ai déjà prouvé autre part.

Il est généralement d'usage de planter les vergers sans en défoncer le terrein; cependant on ne devroit jamais y manquer, même dans les meilleurs. L'augmentation dans la dépense devient beaucoup plus considérable, il est vrai, mais on en est amplement dédommagé par la suite. La largeur des trous produit le même effet les premières années, mais elle n'a aucune influence sur l'amélioration générale du sol; et, lorsque les racines sont parvenues à leurs parois, elles ont toujours, quoique fortifiées par une ou deux années de croissance, plus de peine à pénétrer plus loin que si tout le terrein, ou du moins sa couche supérieure, avoit été remué. Au reste, les préceptes d'*Olivier de Serres* sont excellens, et fondés sur l'expérience de tous les siècles.

Les cultivateurs sont partagés d'opinion sur l'époque la plus avantageuse pour planter les vergers. Les uns veulent qu'on le fasse avant l'hiver, les autres au printemps. Il semble que ce qu'a dit *Olivier de Serres* devroit les mettre d'accord; car on ne peut mettre plus de raisons en moins de mots.

Une cause très-commune de la non réussite des arbres, c'est le desséchement de leurs racines dans l'intervalle de leur arrachis à leur transplantation. On ne sauroit donc trop re-

commander de prendre des précautions contre cet inconvénient. Il ne faut, dans certaines constitutions de l'atmosphère, que peu d'instans d'exposition au vent pour les frapper de mort, ainsi que j'en ai vu fréquemment des exemples. Les tremper dans l'eau, pour remettre leur sève en activité, ne suffit pas toujours. Aux précautions indiquées pour prévenir le mal, j'ajouterai celle de couvrir leurs racines d'un torchis composé de deux parties de bouse de vache, et d'une partie de terre franche délayées dans une suffisante quantité d'eau, torchis dans lequel on les trempe à diverses reprises, jusqu'à ce qu'il y ait dessus une croûte de deux millimètres (une ligne) d'épaisseur. Dans cet état, les arbres peuvent être transportés au loin, et attendre, des mois entiers, le moment d'être mis en terre.

Comme je l'ai dit plus haut, il doit toujours y avoir une proportion entre la force vitale des racines, et la masse du tronc et des branches de l'arbre qu'elles doivent nourrir. Ainsi, lorsqu'on transplante un arbre, il y a tout lieu de croire, qu'à moins de circonstances favorables ou de soins multipliés, la sève ne pourra pas être assez abondamment fournie à ses branches, pour compenser la perte qu'elles éprouvent par l'évaporation. En effet, on voit que, dans la plupart, ces branches languissent et se dessèchent ensuite, ou même se dessèchent d'abord. C'est pour prévenir les efforts inutiles de la Nature, dans ce cas, encore plus que pour ôter prise aux vents qui ne permettroient pas aux racines de se fixer, qu'on est généralement dans l'usage de couper la totalité ou la majeure partie des branches aux arbres que l'on transplante. Le principe est donc bon, mais on en outre souvent trop les applications, ainsi que peuvent le voir ceux qui suivent les opérations agricoles. Je voudrois donc, qu'au lieu d'adopter une marche uniforme, on distinguât les circonstances diverses. Par exemple, un arbre élevé dans une pépinière en bon fonds, et transplanté dans un verger dont le sol est médiocre, doit nécessairement plus souffrir de la transplantation qu'un du même âge pris dans un mauvais terrein, il devra donc être coupé plus court. Un arbre de six ans perdant toujours plus de racines dans l'opération de l'arrachage, et ayant cependant plus de branches à nourrir qu'un arbre de trois , devra donc encore être plus *rapproché*, pour me servir de l'expression technique. Mais, lorsqu'on fait passer des jeunes arbres d'un sol médiocre dans un sol riche et bien meuble , surtout lorsqu'on a la facilité de les arroser pendant le premier mois de leur transplantation , il devient superflu de les mutiler ; car on peut presque toujours être certain qu'ils ne perdront aucune de leurs branches , et qu'ils pousseront avec autant , et peut-être même avec plus de vigueur que s'ils fussent restés en place. Ce seroit peut-être ici le moment de placer quelques observations générales concernant les utiles effets de la transplantation sur l'accroissement des arbres , qui , je crois, n'ont pas encore été développées , mais cela éloigneroit un peu de l'objet principal , et je les réserve pour un autre endroit. (*L. B.*)

CHAPITRE XX.

Page 22, colonne II, ligne dern. (122) On ne peut faire mieux valoir les avantages des espaliers sur les arbres en plein-vent que le fait *Olivier de Serres* dans le commencement de ce chapitre , et cependant ce genre de culture ne faisoit que de naître à l'époque où il écrivoit. Il n'y a rien à reprocher aux principes qu'il met en avant et à tout ce qu'il dit dans la suite de cet article ; mais, comme la théorie et la pratique se sont beaucoup perfectionnées depuis , il faut lui donner un supplément.

Olivier de Serres entend par *espalier* tout arbre à basse tige dont on dirige les branches sur un plan quelconque, et qu'on taille d'après certaines données. Aujourd'hui ce mot est restreint exclusivement à ceux de ces arbres qui sont palissadés contre des murs, et on appelle *contre-espaliers* ou *éventails*, les arbres nains conduits et taillés comme les espaliers , mais non adossés à des murs ; ce sont proprement ceux dont *Olivier de Serres* veut parler, et dont il indique la formation sous le nom d'espaliers. On nomme actuellement *arbres en gobelet*, *en entonnoir*, ceux dont les branches sont disposées circulairement et présentent la forme que leurs noms indique. *Olivier de Serres* les a aussi connus ; mais les arbres en *pyramide*, en *quenouille*, en

buisson, n'existoient pas de son temps : ils sont d'une invention très-moderne.

Il est probable que les premiers arbres qu'on a placés en espalier étoient greffés sur sauvageon ou sur franc ; car on en voit encore de tels dans les jardins établis du temps de Louis XIV ; mais on ne tarda pas à reconnoître que leur vigueur, celle des premiers sur-tout , les faisoit *emporter*, pour se servir du terme technique , c'est-à-dire qu'ils tendoient toujours à s'élever et à pousser des branches stériles d'autant plus fortes qu'ils étoient taillés plus court. Cette importante remarque décida à n'employer que des francs , et parmi les francs les espèces les plus foibles , et on s'en trouva bien. Les arbres furent plus faciles à conduire , produisirent plus de fruit , et du fruit et plus beau et plus savoureux. Bientôt on découvrit que la greffe du poirier sur le coignassier, qui est une espèce botanique du même genre , produisoit les mêmes effets , et on employa ce moyen. Peu après, une variété de pommier, qu'on multiplia par marcotte et qu'on appella *doucin*, servit à greffer, par la même raison, tout ce qu'on désiroit tenir à basse tige dans le genre des pommiers ; et plus tard , une variété de ce doucin, encore plus foible , le *paradis*, fut consacrée à la greffe des arbres nains. Ainsi à l'époque actuelle on ne greffe plus sur franc, et encore sur franc produit par des espèces déjà très-perfectionnées , que les pieds dont on veut faire des demi-tiges, c'est-à-dire des arbres dont l'espalier ne commence qu'à deux mètres ou deux mètres soixante-six centimètres (six ou huit pieds) de terre. Tous les autres , et même souvent ceux-ci , se greffent dans le genre poirier sur coignassier, et dans le genre pommier sur doucin ou paradis, et ce, ou à rez terre, ou à quinze à dix-huit centimètres (cinq à six pouces) de terre. Les autres arbres que l'on cultive aussi en espalier, tels que les pêchers et les abricotiers, se greffent ordinairement sur amandier, à raison de la plus grande rapidité de la croissance de ce dernier, et les pruniers indifféremment sur les sauvageons de toutes les espèces, ou sur les rejettons arrachés au pied des vieux arbres ; mais il est quelques espèces, telles que le perdrigon blanc, la claude, la catherine, le damas rouge et la conetsch, qui se reproduisent par leurs noyaux, sans le secours de la greffe.

Olivier de Serres a donné la manière de former les espaliers qu'on pratiquoit de son temps, et qu'on pratique encore dans une partie de l'Europe ; mais il n'est plus permis à un agriculteur éclairé de l'employer actuellement : car *Roger Schabol*, en faisant connoître le mode usité à Montreuil, près Paris, pour la taille du pêcher, a opéré une révolution dans les principes de la conduite de tous les arbres nains en général, dont les suites ont été des plus avantageuses aux progrès du jardinage.

Aujourd'hui donc on ne cherche pas seulement à arrêter la séve par une taille rigoureuse, on tend encore continuellement à la faire dévier dans des branches plus ou moins obliques, en supprimant toutes celles qui sont perpendiculaires ou trop voisines de la perpendiculaire, et à mettre cette séve en équilibre dans les deux côtés de l'arbre, en taillant long celui qui est le plus fort, et court celui qui l'est le moins ; mais pour remplir cet objet d'une manière complète, il faut commencer à régler l'arbre dès ses premières années : je remonte donc à sa plantation.

Lorsqu'on a planté, avec les précautions requises, un arbre greffé l'année précédente, et destiné à faire un espalier ou un contre-espalier, on coupe sa tige à quatre à cinq yeux au-dessus de la greffe, qui est ordinairement rez terre, ou peu élevée au-dessus de sa surface. L'année suivante on choisit les deux branches opposées qui sont les plus voisines, branches qui, lorsqu'on a supprimé la portion de la tige qui les séparoient, doivent former un V très-ouvert ; lorsque l'arbre est très-fort, on les taille long, et, lorsqu'il est foible, on les raccourcit davantage ; si elles sont d'inégales forces, on les coupe inégalement, d'après les mêmes principes.

Entre les deux séves de l'été suivant, on ôte à la main les bourgeons qui ont poussé sur le devant et sur le derrière de l'arbre, ceux qui sont tortueux, etc., et on palissade les autres ou une partie des autres, lorsqu'ils sont trop rapprochés, ou contre un mur, ou sur des treillages analogues ou semblables à ceux conseillés par *Olivier de Serres*.

A la quatrième année on fait sur les branches tertiaires la même opération qu'on avoit faite précédemment sur les secondaires, et l'arbre est formé. Il ne s'agit plus que de l'entretenir, par des tailles annuelles, dans un état tel qu'à aucune époque de sa vie, la séve n'enfile directement un seul de ses rameaux, et qu'elle soit toujours également distribuée dans ceux des deux courtes branches.

Quand on veut former un arbre en vase, on agit de même, excepté qu'au lieu d'un V on en forme quatre ou cinq, et que chacun se divise et se subdivise toujours de même ; à mesure que l'arbre grandit, ses branches se palissadent sur des cercles qu'on fixe à trois ou quatre gros piquets.

La formation des buissons est moins régulière. Ce ne sont guère que les pommiers greffés sur paradis qu'on y assujétit. Ils ne s'élèvent pas à plus de soixante-six centimètres (deux pieds), et jettent trois ou quatre branches latérales qu'on taille de manière à ce que leurs rameaux fassent des fourches dans toutes les directions.

Les *pyramides* et les *quenouilles* s'éloignent par leur taille des principes ci-dessus ; aussi plusieurs agriculteurs éclairés, entr'autres *Cels*, les repoussent-ils. Cependant ces deux espèces de forme ont des avantages marqués, et relativement à l'utilité, et relativement à l'agrément, aussi les recherche-t-on beaucoup en ce moment (*).

_____

(*) Voici ce qu'en dit un cultivateur dont l'opinion a tant de poids dans cette partie (*Thouin.*)

« Il faut cependant convenir que, lorsque cette taille est adaptée à des arbres à fruits à pepins greffés sur paradis, sur doucin, ou sur coignassier, ils durent long-temps, et produisent beaucoup et plutôt de très-beaux et très-bons fruits. La raison en est qu'étant placés sur des arbres nains peu vigoureux, on les maintient plus facilement, et que la séve circulant à peine dans les branches horizontales s'arrête, et forme des bourses qui ne peuvent manquer de donner beaucoup de fruit. Ils en sont ordinairement si chargés, qu'ils ne poussent plus de boutons à bois ; et comme c'est de la juste proportion qui existe entre le nombre des boutons à bois et des branches à fruits que dépend la durée de l'arbre, il en résulte que ceux-ci s'épuisent très-promptement. L'abondance des fruits qui consomment la séve

Pour les établir, on greffe, rez terre, sur franc ou sur doucin, et on laisse la tige se garnir de bourgeons dans toute sa longueur. Lorsque cette tige est arrivée à treize décimètres (quatre pieds) de haut, on l'arrête, et on taille tous les rameaux plus ou moins longs, selon leur force ou leur foiblesse, mais de manière à ce que, dans la pyramide, ils diminuent toujours de longueur, en partant de la racine, et que, dans la quenouille, ils soient par-tout d'égale longueur. Quelques arbres, tels que les pruniers, les cerisiers, les noisetiers, les mûriers, qui n'aiment point être mis en espalier, s'accommodent de ces deux formes, et la plupart des espèces de pommiers et de poiriers s'en trouvent si bien, qu'ils y portent plus de fruit que lorsqu'ils sont soumis aux autres. Les pyramides s'élèvent fort haut par la suite des années, mais les quenouilles se tiennent toujours à la portée de la main. Le difficile est de les forcer à ne pousser que de foibles bourgeons perpendiculaires, et de porter avec égalité toute la surabondance de leur séve dans leurs rameaux. On y parvient par le moyen de la taille dont *Olivier de Serres* n'a point parlé, parce qu'elle ne faisoit que commencer à être connue de son temps, et qu'elle n'est devenue une véritable science que de nos jours.

Ce que je viens de dire de la formation des arbres en espalier, fait déjà voir une partie des motifs de la taille. Les plus importans des autres sont de maintenir ou rétablir l'équilibre de vigueur entre les racines et les branches, et

d'une part, et de l'autre, le défaut de branches chargées de feuilles qui pourroient fournir aux racines l'aliment nécessaire, en sont les principales causes ».

Je n'ai pu m'empêcher de citer ce morceau, extrait du *Nouveau Dictionnaire d'Histoire naturelle*, édition de *Déterville*, parce que c'est presque un traité de physique végétale, et qu'on en peut déduire des conséquences, ou faire des applications sans nombre.

On s'est beaucoup appuyé sur le peu de durée des arbres en pyramide et en quenouille pour les faire proscrire, et, en effet, ils durent moins que les autres, sur-tout lorsqu'ils sont entre les mains de jardiniers ignorans; mais quinze à vingt ans d'existence pour les premiers, et dix à douze pour les seconds, sont bien suffisans pour dédommager des frais de leur plantation.

de conserver dans leurs rameaux une surabondance de séve qui puisse se porter sur les fruits, et les faire grossir; de ne laisser produire qu'une quantité de fruit proportionnée à la force de l'arbre, et d'en régler la distribution avec égalité sur toutes les branches, etc.

L'époque de la taille des arbres n'est pas la même pour toutes les espèces, ni pour tous les climats; les arbres à fruits à pepins peuvent être taillés tout l'hiver, pourvu qu'il ne gèle pas; mais ceux à fruits à noyaux ne doivent l'être qu'au printemps, à raison de leur disposition à être atteints par la gelée. Le pêcher sur-tout périt souvent par trop d'empressement à lui faire subir cette opération.

Lorsqu'un jardinier doit tailler un arbre bien formé, il n'a, pour ainsi dire, qu'à rabattre à un ou deux yeux les pousses de l'année précédente; mais il est rare qu'il y en ait qui se conservent deux années de suite dans un état d'équilibre parfait. Des branches meurent et des gourmands s'emportent, il faut couper les unes, arrêter ou utiliser les autres, mettre à fruit des boutons à bois, et quelquefois à bois des boutons à fruit, etc.

On appelle *gourmands* des bourgeons qui percent sur le vieux bois, et qui poussent presque toujours perpendiculairement avec une vigueur remarquable. Ils absorbent toute la séve, empêchent la production du fruit, causent la mort d'une partie des vieilles branches, etc. Leur coupe complète amène presque toujours la production de plusieurs autres. On est, en conséquence, forcé, lorsqu'on n'en a pas besoin, de leur laisser quelques yeux pour *amuser la séve* (*),

(*) On dit qu'on *amuse la séve* lorsqu'on arrête, en partie, sa direction naturelle pour la forcer d'en prendre une autre. Ainsi, lorsqu'on veut accélérer la croissance en hauteur d'un jeune arbre qui a beaucoup de branches latérales vigoureuses, au lieu de couper ces branches près du tronc, ce qui occasionneroit, et une grande extravasation de séve, et une grande production de bourgeons, on les coupe à quelques centimètres (pouces) de longueur. La séve, continuant d'enfiler le chicot, se détourne pour faire pousser des bourgeons latéraux qui restent foibles, parce qu'ils sont anglé, et elle ne tarde pas à porter toute son action sur la tige principale, dans laquelle elle ne trouve aucun obstacle à sa circulation.

ou de leur enlever un anneau d'écorce pour les faire périr lentement. Je dis, lorsqu'on n'en a pas besoin, parce qu'un jardinier habile en sait souvent tirer un parti très-avantageux pour renouveler une portion de son arbre, et même son arbre entier. En effet, il suffit presque toujours de l'incliner fortement, en le palissadant, pour le changer en une nouvelle branche à bois qui poussera avec vigueur, et permettra de supprimer celles du voisinage dont la végétation est affoiblie.

Lorsqu'on n'a voulu qu'amuser la sève, on enlève le reste du gourmand, ras de la branche, à la coupe de l'année suivante, ou même entre les deux sèves de la même année, et ce, sans craindre qu'il en repousse d'autres dans son voisinage.

Il faut avoir attention de toujours tailler les branches immédiatement au-dessus d'un œil, soit que la coupe soit en dedans, soit qu'elle soit en dehors, afin d'éviter les chicots et d'accélérer le recouvrement des plaies.

On appelle *taille d'été* celle qui a pour objet de supprimer la surabondance des bourgeons qui affament le fruit, et le privent des influences salutaires du soleil, ainsi que d'arrêter, en pinçant leur extrémité, et de palissader ceux qui sont conservés. Ces opérations doivent être faites avec intelligence; car autant elles sont utiles, autant elles peuvent devenir nuisibles, et à la conservation du fruit de l'année présente, à la production de l'année suivante, et à l'existence même de l'arbre. Ce sont principalement les branches qui ont poussé perpendiculairement au plan de l'espalier, celles qui se sont coulées par derrière, ou celles qui croisent les autres, qu'il convient d'enlever. L'époque est le commencement de la cessation de la première sève; plutôt, il en résulte les grands inconvéniens précités, plus tard, elle ne produit pas autant de bons effets. Celle des arbres à fruits à noyaux

La découverte de ce procédé est dû aux habitans de Montreuil, et les cultivateurs leur en doivent une éternelle obligation; car les applications du principe d'où il découle se rencontrent à chaque instant. Ce n'est que depuis qu'il est connu que l'art de la conduite et de la taille des arbres est réellement devenu une science.

doit presque toujours précéder celle des arbres à fruits à pepins.

Entre tous les arbres à fruits en espaliers, c'est le pêcher dont la culture et la taille sont le plus difficiles; mais elles sont devenues, entre les mains des habitans de Montreuil, et sous la plume de *Roger Schabol*, une science des plus intéressantes. Dans l'impossibilité d'entrer dans tous les détails nécessaires pour en développer les principes, je prends le parti de renvoyer aux ouvrages de ce célèbre agronome, surtout à sa *Pratique du Jardinage*, et au *Cours d'Agriculture de Rozier*, où on en trouve un extrait accompagné d'observations très-importantes; je conseille aussi de lire et de méditer l'article *arbre* du *Nouveau Dictionnaire d'Histoire naturelle*, déjà cité. Cet article, rédigé par *Thouin*, renferme toute la théorie de la conduite des arbres à fruits ou autres, et elle y est développée avec la clarté et la simplicité qui est propre à cet estimable cultivateur, auquel l'agriculture a des obligations dont les effets se feront sentir dans la suite des siècles futurs. (*L. B.*)

CHAPITRE XXI.

(123) Toutes les greffes, excepté celle par approche qu'on ne pratiquoit sans doute pas du temps d'*Olivier de Serres*, peuvent rentrer dans les trois espèces qu'il mentionne; car on nomme aujourd'hui greffe par *juxta-position* ou *en anneau* celle qu'il appelle *en canon*. La seule observation de quelque importance que les progrès de l'art du jardinage forcent de faire sur cet article, a rapport au conseil qu'il donne de *loger sur un arbre robuste un de foible complexion*.

Page 223 volume I ligne dern.

Ce conseil peut être bon, lorsqu'on veut avoir de ces arbres de longue durée; mais, pour en obtenir qui donnent beaucoup de beaux et bons fruits, il faut faire tout le contraire. Aussi n'est-ce que depuis qu'on greffe le poirier sur le coignassier, ou sur des francs provenant de graines de fruits très-perfectionnés, et le pommier sur le paradis, sur le doucin, ou sur des francs semblables aux précédens, qu'on voit sur nos tables des poires et des pommes dont on admire l'énorme grosseur et l'excellente saveur. Cela tient à ce qu'un arbre foible pousse moins en bois, est plus facile à régler par la taille, ce qui permet de diriger toute sa séve dans le fruit, ainsi que je l'ai déjà dit dans la note du chapitre précédent. (*L. B.*)

CHAPITRE XXII.

Page 362, tome II, que dire.

(124) On distingue aujourd'hui cinq espèces de greffes en fente.

La greffe *en fente dans le cœur du bois et en poupée* : c'est la première espèce d'*Olivier de Serres* ; celle qu'on pratique le plus généralement.

La greffe *en fente dans le cœur du bois et en croix* : elle diffère de la précédente, en ce qu'au lieu d'une fente on en fait deux qui se coupent à angles droits, et qu'au lieu de deux greffes on en place quatre.

La greffe *en fente et en couronne* : c'est la seconde espèce d'*Olivier de Serres*, employée, comme il le dit, pour les gros arbres.

La greffe *en fente et en couronne à six bourgeons* diffère de la précédente, en ce qu'on fend le sujet circulairement en dehors, mais pas jusqu'au centre.

La greffe *en fente et en couronne à l'angloise* est une des plus nouvelles, et mérite d'être répandue ; car elle assure la multiplication d'arbres qui ne se prêtent pas aux autres sortes. En effet, offrant une plus grande quantité de points de contact à l'écorce, et son bois se trouvant emboîté, elle est plus sûre et n'est pas sujette à être décolée.

Voici comment, d'après *Thouin*, cette greffe s'exécute :

« On choisit un jeune sujet dont la tige ait depuis la grosseur d'une plume jusqu'à celle du doigt ; on lui coupe la tête le plus obliquement qu'il est possible, ensuite on le fend, dans le milieu de son diamètre, d'environ douze à seize millimètres (six à huit lignes). On prend sur l'arbre qu'on veut greffer une branche de même grosseur que le sujet ; on donne à sa coupe la même forme, mais en sens contraire ; on fend également dans le milieu de son dia-mètre cette greffe, mais en remontant, et dans la même longueur que le sujet. On présente la greffe au sujet pour s'assurer si, étant mise en place, son bois et son écorce coïncideront exactement avec le bois et l'écorce du sujet. Il convient d'enlever, avec le greffoir, au sujet et à la greffe, en sens contraire, une portion d'écorce en prolongation de la première plaie. Cette pratique a pour objet de donner plus de points de contact aux écorces réciproques, et d'assurer la reprise. On écarte ensuite avec la pointe du greffoir la fente perpendiculaire faite au sujet, et on y fait entrer la portion de la greffe qui ferme le coin pratiqué par la fente inverse qui lui a été faite. Il faut ajuster avec beaucoup de soin la greffe sur le sujet, pour que toutes les parties soient exactement en rapport. On ligature à la manière ordinaire, et on forme une petite poupée. »

La manière de disposer l'entaille peut varier beaucoup, comme on peut bien le penser, sans pour cela que cette greffe perde son nom ; mais il faut toujours, je le répète, que la greffe soit de même grosseur que le sujet, pour que leurs écorces coïncident exactement, et qu'il y ait enchevêtrement des deux bois afin d'en solidifier l'insertion.

Quant à la greffe *en fente à oranger*, ce n'est que la greffe en fente ordinaire, ou la greffe à l'angloise, dans laquelle, au lieu d'employer une jeune branche, on a employé un rameau devant donner des fleurs dans la même année. Cette greffe, que l'on pratique uniquement sur des sauvageons d'oranger de deux ou trois ans, donne de petits arbres qui se couvrent de fleurs, et conservent même, presque toujours, quelques fruits. Les produits qui en résultent ne durent pas long-temps, parce qu'il y a trop de différence de densité entre les bois du sujet et de la greffe, et que les racines du premier ne peuvent fournir la sève nécessaire pour nourrir, non seulement des feuilles, mais encore des fleurs et des fruits de la seconde ; mais ils remplissent leur objet pendant trois ou quatre ans.

Olivier de Serres semble hésiter lorsqu'il conseille de choisir, pour la greffe, des pousses de l'année précédente, plutôt que de celles de

deux ans; mais actuellement on n'en emploie
plus d'autres, et même dans la greffe à œil
dormant on ne prend que les boutons de l'année
même. En effet, on sent qu'une moindre densité est une chance très-favorable, puisque la
sève du sujet peut plus facilement entrer dans
de larges vaisseaux que dans ceux qui sont
plus ou moins oblitérés.

Aujourd'hui, il est généralement d'usage dans
les pépinières de couper les greffes plusieurs
jours, quelquefois même quinze jours, avant
le moment de les employer, pour les conserver,
comme le dit *Olivier de Serres*, dans la terre
ou dans la cave. On remplit, par cette pratique,
deux buts d'utilité : le premier, de suspendre
l'action de la sève dans les greffes, et de permettre, par conséquent, de les employer pendant un plus grand nombre de jours ; le second,
de pouvoir attendre que les sujets soient en
pleine sève ; car, plus elle est active en eux,
et plus la réussite de la greffe est certaine.

La poupée, dont on enveloppe toutes les
greffes en fente, a principalement pour but,
ainsi que le dit *Olivier de Serres*, de préserver
la plaie du contact de l'air, de la pluie et du
soleil ; mais elle produit encore l'effet d'entretenir pendant quelques jours une humidité
salutaire autour de l'écorce de la greffe et du
sujet. J'ai l'expérience que beaucoup de greffes
en fente manquent, lorsque le sujet n'est pas
suffisamment en sève, par suite de leur dessiccation ; aussi les greffes entre deux terres
réussissent-elles mieux que les autres, quoique
sans poupées ; et les jardiniers soigneux font-ils
mouiller de temps en temps leurs poupées, sur-
tout si les jours qui suivent leur fabrication sont
secs et chauds.

En général, la greffe des vieilles tiges manque
plus souvent que celle des jeunes, et cela tient
à plusieurs causes, parmi lesquelles la différence d'époque de végétation est la plus importante à considérer ; aussi est-ce pour elles
qu'il est essentiel de garder des greffes coupées
à l'avance, et de faire usage de l'observation
précédente. (*L. B.*)

CHAPITRE XXIII.

Page 368,
volume I,
ligne dix.

(125) De toutes les espèces de greffes, celle
en écusson est la plus généralement pratiquée,
à raison de sa facilité et du peu d'inconvénient
de sa non réussite. Elle ne peut s'exécuter que
sur des arbres dont l'écorce est mince et lisse,
et est principalement affectée à ceux qui ont depuis un jusqu'à quatre à cinq ans ; mais on peut
cependant l'appliquer, et on commence à l'appliquer fréquemment, à ceux qui sont plus
âgés, en faisant usage de leurs jeunes branches.

C'est toujours sur une pousse de l'année précédente que l'on doit prendre l'œil destiné à
être greffé, et les jardiniers expérimentés ont
même remarqué que les yeux pris dans le milieu
de cette branche étoient meilleurs que ceux qui
étoient aux deux extrémités. En général, les
plus gros boutons sont préférables, mais il est
cependant des cas où on doit les repousser : l'expérience en apprend plus à cet égard que des
volumes de préceptes.

Le chanvre qu'*Olivier de Serres* recommande
pour faire la ligature des greffes est aujourd'hui
repoussé des pépinières, comme ne se prêtant
point au grossissement de la tige ou de la
branche, et donnant lieu, par-là, à un étran-
glement qui empêche la réussite de la greffe,
et occasionne même quelquefois la rupture de
la tige ou de la branche par l'effet des vents.
On lui préfère de la laine filée, du jonc, des
feuilles de massette ou de ruban d'eau, qui
cèdent facilement aux efforts du grossissement.

La greffe à *œil dormant*, qui n'étoit probablement pas connue d'*Olivier de Serres*, puisqu'il n'en parle pas, ne diffère de celle décrite
par lui que parce qu'elle se fait à la sève d'automne ; et que l'œil, quoique repris, ou mieux
fixé, dans la même année, ne doit cependant
pousser qu'au printemps suivant, et semble,
pour ainsi dire, dormir pendant cinq à six mois.
Elle est aujourd'hui la plus généralement pratiquée dans les grandes pépinières, parce
qu'elle est la plus sûre, fournit de plus vigoureuses pousses ; et que, lorsqu'elle manque,
elle ne fait perdre ni déformer le sujet sur lequel elle est placée, la tête de ce dernier n'étant
jamais coupée que lorsqu'elle est assurée.

Une

Une précaution importante à prendre lorsqu'on a choisi les branches pour cette espèce de greffe (et elles doivent toujours être de la pousse du printemps, mais bien formées ou *aoûtées*, comme disent les jardiniers), c'est d'en couper sur-le-champ les feuilles à quatre ou six millimètres (deux ou trois lignes) des yeux, afin de diminuer d'autant la dessiccation, qui est la suite de la grande évaporation qui a lieu par leurs surfaces. On peut, par ce moyen, garder plus long-temps ces branches en état de servir; mais, en général, il est bon de les employer dans la même journée; car l'époque de cette espèce de greffe est la plus chaude de l'année, et il ne faut qu'un coup de soleil ou de vent pour frapper leurs yeux de mort.

Lorsqu'avec les précautions indiquées par *Olivier de Serres* on a placé la greffe sur le sujet, on n'a plus, dans le reste de la saison, si, comme on l'a dit, l'ébourgeonnement a été terminé entre les deux séves, d'autre opération à faire que de desserrer la ligature, ou même l'enlever tout-à-fait, et l'inspection des sujets en indique le moment, qui varie selon la plus ou moins grande activité ou durée de la séve.

Mais après l'hiver, avant que la séve commence à s'émouvoir, on coupe la tête au sujet, à neuf ou douze centimètres (trois ou quatre pouces) au-dessus de la greffe, dans tous les pieds où elle annonce vie et santé. La séve, arrivant, se porte avec force sur elle, et lui fait pousser un bourgeon qui étonne souvent par sa grandeur et sa grosseur. On attache ce bourgeon, lorsque son bois s'est suffisamment consolidé, au chicot laissé au sujet, afin de lui faire prendre une direction perpendiculaire et de l'assurer contre les efforts des vents. Au printemps suivant, on coupe ce chicot obliquement du côté opposé à la greffe, et la plaie ne tarde pas à se recouvrir.

Il arrive presque toujours qu'il pousse quelques bourgeons sur le sujet, avant ou après que la greffe s'est développée. Il faut bien se garder de les supprimer trop tôt, et ensuite de les supprimer trop rapidement, comme le font la plupart des jardiniers, croyant que ces bourgeons privent la greffe de la séve dont elle a besoin. L'expérience prouve que, dans l'un ou l'autre cas, on risque de faire périr la greffe, et même quelquefois le sujet. En effet, il y a affluence de séve là où il y a végétation, et affoiblissement de végétation là où il n'y a pas de rapports entre les efforts de la séve et ses effets. En conséquence, on doit laisser pousser tous les bourgeons du sujet, au moins de sa partie supérieure, sur-tout lorsque la greffe pousse foiblement; et ensuite, cette greffe s'étant suffisamment fortifiée, il faut les enlever petit-à-petit, en commençant toujours par ceux du bas, et même encore laisser un de ceux supérieurs à la greffe, pour ne le supprimer que quelques jours plus tard.

J'ai dit, au commencement de cette note, qu'on commençoit à employer la greffe en écusson, même sur les vieux arbres, et en effet il ne s'agit que de les rabattre pour faire pousser du jeune bois, sur lequel on greffe la même année ou l'année suivante. On y a été conduit par la fréquence de la non-réussite des greffes en fente sur ces sortes d'arbres, et sur le long temps qu'il faut attendre pour pouvoir les essayer de nouveau. Les avantages en sont si nombreux et si certains, qu'on ne peut concevoir pourquoi on ne les a pas sentis plutôt.

Quant à la greffe *en canon*, ou *en anneau*, ou *en flûte*, on en fait rarement usage, dans les pépinières, à raison de ses difficultés.

Les rosiers se greffent fréquemment en écusson, mais aujourd'hui on ne greffe plus les œillets ni les violiers, attendu qu'on se les procure beaucoup plus facilement par marcottes ou par boutures. Il est plus que douteux, quoiqu'en dise *Olivier de Serres*, qu'on ait jamais assujéti à cette opération les passe-velours, les passe-roses, buglosses, chicorées et autres plantes à tiges annuelles, attendu que, lors même qu'elle réussiroit, les résultats en seroient nuls, puisque le retard qu'elle apporteroit à la floraison de ces plantes conduiroit jusqu'à l'hiver, époque de la mort de leurs tiges. (*L. B.*)

CHAPITRE XXIV.

(126) Il doit y avoir des analogies de plusieurs espèces entre les arbres qu'on veut greffer, pour que la greffe puisse réussir, et encore

Page 371, colonne II, ligne 6.

plus pour qu'elle puisse durer. Ainsi, il faut que la séve de la greffe et celle du sujet se mettent en mouvement à la même époque, que leurs sucs propres et la densité de leur bois ne diffèrent pas essentiellement, et même qu'il y ait quelques rapports dans le développement de leurs feuilles et de leurs fleurs. Donc, les variétés de la même espèce peuvent se greffer avec certitude sur cette espèce; les espèces du même genre, avec probabilité de succès, les unes sur les autres; les espèces de même famille entr'elles, avec possibilité de réussite; mais jamais des espèces de familles très-éloignées dans l'ordre de leurs rapports ne peuvent donner d'espérance.

Cependant beaucoup de personnes prétendent avoir des roses greffées sur le houx, des pommes ou des pêches greffées sur le saule, etc., etc. Il est probable que ces personnes ont été, ou dupes des charlatans, ou trompées par un examen trop superficiel. En effet, il arrive souvent que lorsqu'on greffe un arbre à bois mou sur un autre abondant en séve et de nature incompatible, cette greffe développe cependant des bourgeons, comme elle en auroit développés si elle avoit été mise en terre, ou dans un vase d'eau. Ce n'est donc qu'une véritable bouture qui ne s'assimile pas la séve du sujet (ou au moins très-rarement), et qui finit par périr aussitôt que la cessation de la circulation de la séve la prive de la surabondance d'humidité qui la faisoit pousser. *Olivier de Serres*, quoique pressentant cette vérité, indique cependant comme possible la greffe des arbres fruitiers sur saule, greffe partout indiquée et jamais montrée. Au reste, c'est la seule erreur de ce chapitre, les autres espèces de greffes qu'il y décrit étant praticables et pratiquées.

La greffe *en perçant les arbres* est celle qu'on appelle aujourd'hui *en cheville*. Sa description n'a pas besoin de commentaire.

Il mentionne ensuite celle *par approche*, dont il a été question dans la note sur le chapitre précédent, greffe dont on fait fréquemment usage aujourd'hui dans les pépinières des arbres d'agrément, pour les espèces dont le bois est dur, mais qu'on n'emploie guère dans celles des arbres fruitiers que pour le coudrier. Seulement l'exemple que cite notre auteur ne peut être reconnu comme exécutable, y ayant trop de différence entre un figuier et un olivier, pour qu'il soit possible de les greffer l'un sur l'autre, de quelque manière qu'on s'y prenne.

La greffe *en petite couronne* sur vieux sujets rentre dans celle qu'on appelle actuellement greffe *à six bourgeons*, dont il a été fait mention plus haut.

Celle *en pièce rapportée* a été renouvelée, dans ces derniers temps, sous le nom de greffe *par inoculation*. Elle se pratique peu, mais elle est fort avantageuse dans certains cas.

Celle *pour avoir des fruits mélangés* est une modification de la greffe par approche, qui est plus curieuse qu'utile, et qu'on pratique encore moins que la précédente.

Olivier de Serres termine ce chapitre par indiquer un moyen de faire des arbres nains, et ce moyen consiste à renverser l'arbre, c'est-à-dire à faire de ses branches ses racines, et de ses racines ses branches. Il est probable que, dans ce cas, la direction de la séve étant bouleversée, la végétation doit être très-foible, surtout la première ou les premières années; mais on peut douter que ses effets se soutiennent. Au reste, cette opération, qui réussit sur bien peu d'espèces, et même ne réussit pas toujours sur ces espèces, mériteroit d'être répétée, avec les précautions convenables. (*L. B.*)

CHAPITRE XXV.

(127) Aujourd'hui on ne provigne (marcotte) *Page 593, colonne II, ligne 6.* plus guère les arbres fruitiers, mais seulement les sujets qui servent à les greffer, tels que les coignassiers, les doucins et les paradis. Pour les arbres en plein-vent, on préfère des sujets venus de semence et ensuite greffés, et en cela on agit d'après les principes d'une bonne théorie et d'une saine pratique; car les racines d'un arbre venu de semence sont toujours plus nombreuses, et, quoiqu'en dise ici *Olivier de Serres* (il a prouvé le contraire plus haut), la greffe améliore l'espèce. Il est certain, à mes yeux, que, si on plantoit de préférence des noyers provenant de marcottes, fort peu résisteroient aux efforts des vents, et que cet arbre précieux

seroit plus rare en France qu'il ne l'est en ce moment. (*L. B.*)

CHAPITRE XXVI.

(128) Aujourd'hui on greffe presque exclusivement l'abricotier (*prunus armeniaca*) sur le prunier et en écusson à œil dormant : il réussit mieux sur les sujets provenant de noyaux , et sur les variétés appelées damas rouge et cerisette, que sur les autres. Quelquefois , lorsque c'est pour espalier , on le greffe sur amandier , mais rarement sur lui-même, non qu'il n'y eût de l'avantage , mais parce qu'il croit lentement de semence. Il est très-rare qu'on le place sur cerisier , et jamais sur coignassier, car si cette dernière greffe réussit , ce ne peut être que pour fort peu de temps.

On connoît une douzaine de variétés d'abricot dans nos jardins , y compris les *alberges* ou *auberges* qu'*Olivier de Serres* en éloigne , sur le fondement que leur chair ne se sépare pas du noyau , comme dans les autres.

Ces espèces sont , dans l'ordre de leur maturité :

L'abricot précoce ou hâtif, musqué; petit et médiocre : il se reproduit par ses noyaux.

L'abricot blanc , qu'on confond quelquefois avec l'abricot-pêche : il se reproduit aussi de noyaux.

L'abricot commun ; c'est celui qui rapporte le plus.

L'abricot angoumois ; petit , mais très-agréable : n'aime point les entraves de l'espalier et demande de la chaleur.

L'abricot de Provence , se rapproche du précédent , mais a la chair plus douce.

L'abricot de Hollande , est petit , et son amande a le goût de l'aveline.

L'abricot violet ; petit et d'une médiocre saveur.

L'abricot alberge, n'aime que le plein-vent et ne se greffe pas ; ne quitte pas son noyau , comme je l'ai déjà observé.

L'abricot de Portugal; petit , mais délicieux.

L'abricot noir , ou du pape , qui tient le milieu entre la prune et l'abricot. Est-ce une hybride ? Est-ce une espèce distincte ? Je penche pour cette dernière opinion.

L'abricot pêche , tient le milieu entre la pêche et l'abricot ; c'est certainement une hybride : c'est le plus gros et le meilleur des abricots ; il n'est connu que depuis une trentaine d'années.

Les abricots verts se confisent au sucre , et mûrs , à l'eau-de-vie. On mange ces derniers cruds ; on en fait des compotes , des marmelades , des confitures et des pâtes sèches. Leurs amandes concassées servent à faire l'excellente liqueur appelée ratafia de noyau. On peut aussi tirer de l'huile de ces amandes. (*L. B.*)

(129) Voyez la note précédente, où j'ai dit , malgré l'opinion d'*Olivier de Serres* , que l'alberge est une espèce d'abricot. (*L. B.*)

(130) Dans mon *Essai historique sur l'état de l'Agriculture au seizième siècle* , qui est en tête du tome I, page cxxix, en parlant du *parciquier*, nommé aussi *perciquier* et *perceguier* , j'ai dit que la description donnée par les auteurs contemporains est insuffisante pour déterminer à quel arbre il correspond dans la nomenclature actuelle de la botanique.

D'ailleurs , la disparité d'usages et d'idiômes dans les ci-devant provinces de France appliquoit peut-être des dénominations presque identiques à des objets très-différens. L'agriculture ne fournit que trop d'exemples de ces bizarreries , sur-tout dans ce qui concerne les espèces de raisins , les fruits à noyaux , les poids et mesures , etc.

Gorgole de Corne et *Landric* distinguent positivement le *parciquier*, celui-là du *pêcher*, celui-ci du *pavie*. Quelle est donc cette variété congénère au *pavie* et au *pêcher*, sans être ni l'un ni l'autre? En transcrivant ici les notes que m'ont envoyées deux hommes instruits , par là même je leur adresse mes remercimens. La première est de M. *Delon* , de Nismes , secrétaire-général de la préfecture du département des Pyrénées-Orientales , et correspondant de notre Société.

« *Perseguié*, *passegrié*, mot patois languedocien , en françois , *pêcher*. On distingue le *passegrié* de l'*aubergé*, celui-ci produit l'*aubergé*, dont la chair adhère au noyau, en françois *pavie*.

» Le fruit du *passegrié* est appelé *passegré*, ou *pessigre*, ou *persec*.

» L'idiôme languedocien n'étant pas écrit, il offre beaucoup d'incertitudes et varie souvent, ainsi que la prononciation, d'un village à l'autre.

» Le *passegrié* est cultivé dans les vignes, et presque abandonné à la Nature ; il vient de noyau, et on ne le greffe pas : son fruit est moins gros que le *pavie*. Sa couleur est ordinairement jaune, quelquefois blanche, même à l'époque de sa maturité ; sa chair est très-juteuse. Dans les pays plus tempérés que chauds, le suc est très-légèrement acide ; le noyau se détache et paroît souvent gâté ou rongé des vers, ce qui provient, peut-être, de l'aridité ordinaire du sol des vignes. Cette espèce s'améliore et change beaucoup dans les jardins arrosables, etc. »

M. *Achard*, secrétaire perpétuel de l'Académie de Marseille, et aussi notre correspondant, à qui on doit plusieurs savans ouvrages, entr'autres un *Dictionnaire de la langue provençale*, m'écrit :

« Les Provençaux appellent *perseguier* toute sorte de *pêcher* ; je l'ai placé dans mon vocabulaire sous le nom de *pesseguier*, parce que nous adoucissons ici les mots dans lesquels il entre des *rs* mais à Avignon on dit *persegnier*.

» A Marseille on donne le nom de *perseguier* aux *abricotiers*. On appelle *persegui* ou *pessegui* les *abricots*. Je crois avoir trouvé là la solution de votre problème, puisqu'il est constant que le *pêcher* s'ente très-bien sur l'*abricotier*, et que ces arbres ainsi entés sont de plus longue durée. »

Les détails qu'on vient de lire sont une preuve nouvelle qu'en écrivant sur les sciences, il est très-important que les descriptions soient exactes, que les définitions aient de la justesse, et que la synonymie soit bien établie. (*G.*)

Il y a tout lieu de croire que le *persiquier* est la variété du pêcher, appelée aujourd'hui par les pépiniéristes *pavie-alberge*, ou *persais* ; et qu'il en est de cette variété comme de l'*alberge* qu'*Olivier de Serres* distinguoit de l'abricot. (*H.*)

Page 375, colonne 2, ligne 12.

(131) Le pêcher (*amygdalus persica*) peut se greffer sur les mêmes sujets que l'abricotier ;

mais comme parmi eux l'amandier croît le plus promptement, on le préfère généralement, du moins pour les espaliers, espèce de culture qui convient le plus à l'arbre dont il est ici question. Lorsqu'on veut le mettre en plein-vent, la greffe sur prunier doit être choisie, comme donnant plus de vigueur et de durée. Au reste, dans ce dernier cas, on aime mieux semer les noyaux de pêche même, dont quelques espèces, telles que les pavies, se reproduisent sans le secours de la greffe.

Les difficultés qui existoient du temps d'*Olivier de Serres*, et dont il se plaint, pour reconnoître les diverses variétés dans les pêches, sont diminuées aujourd'hui, grace à l'important ouvrage que *Duhamel* a publié sur les arbres fruitiers ; mais elles existent toujours, et sur-tout il devient presque impossible de reconnoître qu'elles sont celles dont il a entendu parler sous les noms de *presses*, *mirecoutons*, *alempers*, *groignons*, *pesche-noir*, et *peschenoire*. Il est très-possible que toutes ces variétés soient perdues ou circonscrites dans le canton qu'habitoit notre auteur, et comme les recherches indispensables pour acquérir quelques notions positives à cet égard, seroient incertaines dans leur résultat, et plus longues à faire que l'importance du sujet n'y convie, je me contenterai de présenter ici la nomenclature des variétés qui composent actuellement le catalogue des plus fameux pépiniéristes de Paris, de *Noisette* et de *Vilmorin*, par exemple, rangées selon l'ordre de leur maturité.

Pêcher-franc. Type des variétés produites par le semis des noyaux de toutes, hors celles qui se reproduisent sans le secours de la greffe.

Fruits velus.

Avant-pêche blanche.	Vineuse.
— rouge.	Bourdine.
— jaune.	Chevreuse, hâtive.
Double, de Troyes.	— tardive.
Alberge jaune.	Bellegarde.
Madeleine blanche.	Admirable blanche.
— rouge.	Abricotée.
Pourprée, hâtive.	Teton de Vénus.
— tardive.	Royale.
Grosse mignone.	Belle de Vitry.
Incomparable.	Pavie de Pomponne.

Pavie blanche,	Chancellière.
—alberge, ou persais.	D'Italie.
Teiu doux.	Galande.
Nivette.	Nivette veloutée.
Persique.	— de Pau.
Cardinale.	Sanguinole.
Nain.	Monfrin , tardive.
Amande.	Belle beauté.
Transparente.	Admirable jaune.
Belle bause.	— tardive.
Blanche de Malte.	

Fruits lisses.

Pêche-cerise.	Brugnon musqué.
Violette, hâtive.	Jaune lisse.
— tardive.	

On mange les pêches crues, cuites, confites à l'eau-de-vie, au vinaigre ou au sucre. On en fait du vin dont on retire beaucoup d'eau-de-vie. Leurs amandes sont amères, mais donnent une huile douce lorsqu'on les traite convenablement.

Les fleurs du pêcher sont purgatives : son bois est très-dur, d'un rouge brun mélangé de veines de diverses nuances. On en fabrique de superbes meubles. (*L. B.*)

Page 396, colonne II, ligne 9. (132) L'amandier (*amygdalus communis*) ne réussit bien que dans les parties méridionales de l'Europe ; cependant on en cultive quelques-uns dans le climat de Paris. Il se reproduit par ses noyaux, qui lèvent l'année suivante, lorsqu'on les a mis en terre immédiatement après leur chute de l'arbre, et qui produisent, dans le courant de l'été, des jets de plus d'un mètre (trois à quatre pieds) de haut, et propres à être greffés en automne, en écusson à œil dormant. Il sert presque exclusivement de sujet pour la greffe des pêchers et des abricotiers en espaliers, mais rarement pour lui-même.

Les diverses variétés d'amandes se réduisent aux suivantes :

Amandier commun, à gros fruits ; grosse et petite.

— à coque tendre, ou amandier des dames ; grosse et petite.

— à coque dure et à amande amère ; grosse et petite.

— amande-pêche.

Cette dernière participe de l'amande et de la pêche, son brou étant quelquefois succulent et susceptible d'être mangé, quoiqu'amer ; c'est très-probablement une hybride.

On mange les amandes fraîches ou sèches ; on les emploie pour confectionner des dragées et d'autres sucreries : on les fait entrer dans plusieurs pâtisseries. La pharmacie en compose l'orgeat et autres émulsions rafraîchissantes ; on en tire une huile douce, même des amères, qu'on emploie fréquemment en médecine et dans la parfumerie.

Les amandes amères ne doivent pas être mangées en trop grande quantité à la fois, car elles peuvent produire de dangereux effets. Le principe de leur saveur agit sur les nerfs, de la même manière que celui des feuilles du laurier-amandier (*cerasus lauro-cerasus*), et détruit leur irritabilité, lorsqu'il est concentré jusqu'à un certain point. C'est un poison assez actif pour plusieurs quadrupèdes, et pour les oiseaux.

Le bois de l'amandier est dur, et peut servir à faire de beaux meubles. Ses feuilles sont très-recherchées par les bestiaux, et principalement par les chèvres et les brebis.

Les trois espèces d'arbres ci-dessus, laissent filtrer, soit naturellement, soit par suite de blessures qui leur sont faites, une gomme qui peut servir, et qui sert en effet dans les arts et dans la médecine, comme celle dite arabique. On la connoît dans le commerce, sous le nom de *gomme de pays.* Elle nuit quelquefois beaucoup, par l'abondance de son extravasation, à la conservation des greffes, des fruits, et même des pieds. (*L. B.*)

Page 398, colonne I, ligne 2. (132 *bis.*) Les noisetiers ou coudriers (*corylus avellana*), sont à peine mis aujourd'hui au nombre des arbres fruitiers, à raison sans doute de la grande quantité qu'on en trouve dans les taillis et les haies. Cependant il est peu de jardins où on n'en voie quelques pieds pour l'amusement des enfans, car il est peu de fruits qui leur plaise plus que celui qu'il produit ; et, en effet, sa saveur est extrêmement flatteuse. Actuellement on ne le multiplie que par graines ou par greffe par approche, et on l'accuse d'être difficile à la reprise. Il paroît cependant qu'*Olivier de Serres* le regarde comme pouvant être reproduit très-aisément de boutures. J'ai présenté dans la note (120) quelques observations sur la cause de l'opinion actuelle des pépiniéristes, et j'y renvoie le lecteur.

Les variétés du noisetier ordinaire, sont :
Le noisetier à fruits blancs.
— à fruits rouges oblongs.
— à gros fruits ronds, ou l'aveline.
— à fruits en grappes.
— à gros fruits anguleux, ou d'Espagne.

Cette dernière vient de la grosseur d'une noix, mais rarement son amande remplit toute sa capacité, et souvent elle est complètement vide.

On mange les noisettes fraîches ou sèches ; dans ce dernier cas, la pellicule qui recouvre les amandes excite un picotement désagréable dans le gosier ; on en fait des dragées. On tire de ces amandes une huile très-douce et très-employée dans la pharmacie et dans les alimens.

Le bois du noisetier est flexible et s'emploie à faire des cerceaux, des claies, etc. ; on le tourne facilement. Il est propre au chauffage et fait un assez bon charbon pour la fabrication de la poudre de guerre. (*L. B.*)

<table><tr><td>*Page 399, colonne 1, ligne 25.*</td><td>

(133) Un auteur romain, *Ammian Marcellin*, a dit que Lucullus avoit apporté, de Cerasunte à Rome, l'an 680 de la fondation de cette dernière ville, le premier cerisier qu'on y eût vu, et que de-là cet arbre s'étoit répandu dans le reste de l'Europe ; mais comme nos bois sont remplis de cerisiers sauvages, quelques auteurs, sans nier la vérité du fait, ont nié que ce soit au vainqueur de Mithridate que l'on doive exclusivement l'agrément de manger des cerises. J'ai parcouru beaucoup de forêts fort abondantes en cerises sauvages, mais je n'y ai jamais vu que le merisier (*prunus avium*), type de quelques espèces de cerises à chair dure, et qui diffère du cerisier proprement dit (*prunus cerasus*), type des cerises à chair tendre, par ses ombelles de fleurs sessiles, naissant sur les rameaux de l'avant-dernière année, et par ses feuilles pubescentes en dessous. Il est possible que ce dernier, dont les ombelles de fleurs sont pédonculées, naissent sur les rameaux de l'année précédente, et dont les feuilles sont glabres en dessus et en dessous, croisse en Eu-

</td></tr></table>

rope, mais ce n'est pas en France. Il faut probablement le chercher dans les parties orientales, c'est-à-dire dans la Crimée, ou du côté de la Mer-Noire, par conséquent dans le voisinage de Cerasunte.

Cela dit, on pourra plus facilement distinguer les deux races de cerises, même à l'inspection de l'arbre.

Les cerisiers merisiers, se divisent :
En merisiers proprement dits, à petits fruits ronds et oblongs.
— à gros fruits noirs.
— à petits fruits roses ronds.
— à gros fruits roses oblongs.
En guigniers à fruits noirs.
— à petits fruits rouges.
— à gros fruits blancs.
— à gros fruits rouges, tardifs.
— à gros fruits luisans.
— à rameaux pendans.
En bigareautiers à gros fruits blancs.
— à petits fruits blancs, hâtifs.
— à petits fruits rouges, hâtifs.
— à fruits couleur de chair.
— gros commun.

Les cerisiers proprement dits, ou griottiers,

Précoce.	— gros fruits.
Commun.	— petits fruits.
A noyau tendre.	Ratafia, gros fruits.
A trochet.	— petits fruits.
Montmorency, à gros fruits.	De Varennes.
	De Marasquin.
— ordinaire.	De Sibérie.
De Hollande, à larges feuilles.	Royale, hâtive.
	De quatre à la livre.
— à feuilles de saule.	De la Toussaint.
— Coulard.	Du Nord.
Blanche ombrée, grosse.	Belle rémonde.
— petite.	A bouquet.
Royale, chery-duke.	Grosse, rouge pâle.
— tardive.	Gros fruits noirs.
Guigne.	Petits fruits.
Nouvelle-Angleterre.	De Portugal.
Guindoux.	D'Allemagne.
De la Palembre.	Du comte de Saint-
A feuilles de pêcher.	Maur.

On voit que, dans cette longue nomenclature, il n'y a aucune des variétés mentionnées par

Olivier de Serres. Les observations faites dans la note (131) relative aux pêches, sont encore parfaitement applicables ici, et j'y renvoie le lecteur.

Les cerisiers se greffent sur eux-mêmes, ou pour parler plus exactement, sur merisiers, et en fente ou écusson. On doit préférer, pour sujets, des arbres venus de graines, car les rejettons enlevés au pied des vieux sont sujets à tracer, à s'épuiser de séve par cette cause, et à durer moins long-temps. On les greffe aussi sur prunier lorsqu'on les destine à devenir espalier, pour les rendre moins rebelles à la taille et au palissage, et sur mahaleb (*prunus mahaleb*), espèce botanique du même genre, quand on doit les placer dans un terrein de très-mauvaise nature. En général, le cerisier aime à être abandonné à lui-même, et ne devient jamais plus beau que quand la serpette ne le touche pas.

Les fruits du merisier et du cerisier se mangent cruds, cuits, confits au sucre et à l'eau-de-vie. Ils se conservent secs et servent à faire des ratafias de plusieurs sortes. On en obtient un vin agréable dont on tire une eau-de-vie très-forte, connue sous le nom de *kirschen-wasser* sur les bords du Rhin, dans les Vosges et ailleurs : c'est ordinairement la merise à gros fruits noirs qu'on emploie. Une autre variété de cerise, qui croît naturellement dans la Dalmatie et autres contrées de la Grèce qui longent la mer Adriatique, sert à faire cette liqueur si recherchée et qu'on tire de Venise sous le nom de *marasquin*.

Le bois du merisier est un des plus durs et des plus beaux de nos forêts. On en fait des chaises, des meubles et des petits ouvrages de tour et d'ébénisterie fort agréables. Sa couleur est rougeâtre, veinée de diverses nuancées, et est rendue plus vive par son immersion dans l'eau de chaux. Celui du cerisier lui est inférieur à tous égards. (*L. B.*)

Pag. 577, tome II, no 36.

(134) Le prunier (*prunus domestica*) se multiplie de semences ou de plants enracinés, mais plus avantageusement de la première manière; la seconde donnant des arbres sujets à tracer, et par conséquent à s'épuiser en pure perte. Il se greffe toujours sur lui-même, mais quelques-unes de ses variétés, telles que le damas rouge et la cerisette, sont préférées, peut-être uniquement par l'effet de l'habitude, car la dernière, par exemple, étant fort peu perfectionnée, semble devoir fournir des arbres dont les fruits seront inférieurs à ceux de beaucoup d'autres. Quelques variétés, comme le perdrigon blanc, la reine-claude, la sainte-catherine, le damas rouge, la couetsch, se reproduisent par le semis, quoiqu'il soit toujours plus avantageux de les greffer.

Les espèces de prunes, actuellement connues dans les pépinières des environs de Paris, sont, dans l'ordre de leur maturité, pour chaque division :

Fruits ronds.

Précoce, de Tours.	— dauphine.
Grosse noire, hâtive.	Abricotée blanche.
Monsieur, hâtive.	— rouge.
Damas de Tours.	Mirabelle, petite.
— violet.	— grosse.
— gros fruit blanc.	Hyacinthe.
— petit fruit blanc.	Roche-courbon.
— rouge.	Mirobolan.
— noir tardif.	A feuilles de pêcher.
— musqué.	Cerisette.
— dronet.	Impératrice violette.
— d'Italie.	Prune-pêche.
— de Mangeron.	Prune-datte.
Monsieur, tardive.	De Saint-Martin.
Royale, de Tours.	Brignole.
De Chypre.	Panachée.
Suisse.	De Virginie.
Sans noyau.	Saint-Julien, gros.
Bifère.	— petit.
Virginale.	Belgique.
Du Canada.	De Jérusalem.
Royale ordinaire.	Impératrice.
Reine-claude blanche.	Bricette.
— violette.	Chicasaw.

Fruits longs.

Diaprée blanche.	Perdrigon blanc.
— rouge.	Impériale violette,
— violette.	— grosse.
Perdrigon violet.	— petite.
— rouge.	Dame Aubert, blan-
— normand.	che.

Dame Aubert, rouge. Isle verte.
Couetsch. Sainte-Catherine.

La grosseur des prunes varie depuis douze millimètres (demi-pouce) jusqu'à six centimètres (deux pouces) de diamètre. Leur chair, tantôt douce, tantôt acidule, est fort nourrissante. On les mange crues, cuites, en compote, en marmelade, en confiture, sèches, confites au sucre, à l'eau-de-vie. Elles sont une véritable manne pour certains pays pendant trois ou quatre mois de l'année. Celles qui sont desséchées, s'appellent *pruneaux*, et font l'objet d'un commerce de quelque importance pour plusieurs cantons de la France, entr'autres pour Brignoles, Tours et Reims, lieux déjà fameux du temps d'*Olivier de Serres*, sous les mêmes rapports.

Cet auteur donnant la manière de préparer les pruneaux de perdrigon, à Brignoles, je vais parler de celle usitée à Tours, ou mieux aux environs de Tours, où on préfère la sainte-catherine.

Lorsque les prunes sont parfaitement mûres, on les cueille avec soin, et on les expose sur des claies au soleil, jusqu'à ce qu'elles soient devenues très-molles; ensuite on les met dans un four dont la chaleur est peu élevée, sans les ôter de dessus la claie; elles y restent vingt-quatre heures et y sont remises jusqu'à trois fois, et chaque fois on augmente la chaleur d'un quart: elles sont alors parvenues à la moitié de leur dessiccation.

Les opérations suivantes consistent à arrondir les pruneaux, à en tourner le noyau, souvent à en réunir plusieurs en un, en n'y laissant qu'un noyau, et à les remettre deux fois au four, alors chauffé plus fort et exactement fermé. C'est la dernière fois qu'on les y place qu'ils doivent prendre cette apparence farineuse qu'on estime en eux: s'ils l'avoient prise l'avant-dernière, il ne faudroit pas les ôter du four avant qu'ils ne fussent suffisamment desséchés.

Le bois du prunier est dur et agréablement coloré: on l'emploie dans l'ébénisterie, sous le nom de *satiné de France* ou *satiné bâtard*. (L.R.)

Page 584, colonne I, ligne pénult. (135) Le pommier (*pyrus malus*) est un arbre indigène à la France, qui ordinairement se multiplie par semis. On le greffe presque toujours sur lui-même dans les pépinières des environs de Paris; mais comme il fournit un grand nombre de variétés, on doit savoir choisir selon la destination projetée. Ainsi, si on veut avoir des plein-vents très-vigoureux et de longue durée, on greffera sur véritable sauvageon, c'est-à-dire sur des sujets provenus de pepins, de pomme sauvage. Si on désire des plein-vents moins forts, mais fournissant des fruits plus beaux et meilleurs, on le greffera sur des sujets provenant des pepins des plus excellentes espèces.

Ordinairement dans les pépinières on prend un terme moyen entre ces deux extrêmes, et on greffe toutes les espèces sur des sujets provenant de pommes à cidre dont on se procure facilement et abondamment des pepins.

Les arbres qu'on destine à faire des demi-tiges, des espaliers, des quenouilles et des nains, se greffent sur doucin ou sur paradis, variétés plus foibles, c'est-à-dire dégénérées, qu'on multiplie par marcottes. Ces arbres durent moins que les autres, mais ils sont plus faciles à conduire à la taille, donnent plus promptement du fruit, et du fruit plus beau et meilleur.

Cette amélioration du fruit par la dégénération de l'arbre n'étoit point connue du temps d'*Olivier de Serres*, quoiqu'on fût déjà sur la voie; puisqu'il remarque que les arbres greffés sur francs donnent de meilleurs fruits et durent moins que ceux greffés sur sauvageons: aujourd'hui on l'explique.

Toutes espèces de greffes peuvent être employées pour le pommier, mais on ne fait usage que des deux plus faciles; savoir, de celle en écusson à œil dormant, et de celle en fente. On applique souvent la première de ces greffes au plant dès la seconde année, lorsqu'on veut faire des arbres à basse tige; mais on attend la quatrième ou la cinquième, quand on a besoin de hautes tiges.

Les variétés de pommes sont innombrables. Il suffit d'avoir voyagé seulement en France, pour être convaincu que les espèces décrites dans l'ouvrage de *Duhamel*, et mentionnées sur les catalogues des pépiniéristes des environs de Paris, ne forment peut-être pas le quart de celles qu'on peut y reconnoître. Le sol, le climat, la culture, semblent influer beaucoup
plus

plus sur ce fruit que sur la plupart des autres; aussi je regarde comme presque impossible de faire une nomenclature exacte de ces variétés, et encore plus la concordance de cette nomenclature. Je remarque cependant que, dans la liste publiée par *Olivier de Serres*, on retrouve beaucoup d'espèces que nous connoissons encore sous les mêmes noms ; tandis que les pêches, qui varient beaucoup moins, ne nous en avoient présenté aucune.

Les variétés de pommes les plus fréquemment cultivées dans les pépinières des environs de Paris, sont :

La calville d'été.	Drap d'or.
— blanche d'hiver.	Capendu.
— rouge.	Doux.
— rouge royale.	Étoilée.
Faros, gros.	Pomme figue.
— petit.	Glace.
Fenouillet gris ou anis.	Noire.
— rouge ou bardin.	Passe d'automne.
— jaune.	— rouge.
Pomme d'or.	Portophe d'été.
Naine.	— d'hiver.
Reinette grise.	Rose.
— franche.	Violette.
— de Canada.	Madeleine.
— de Canada grise.	Pepin doré, d'An-
— rouge pictée.	gleterre.
— d'Angleterre.	Vrai drap d'or.
— blanche.	Cœur de pigeon.
— de Bretagne.	Princesse.
— dorée.	De jardin.
— jaune, hâtive.	Glacée rouge.
— grise, de Cham-	Concombre, petite.
pagne.	— longue.
— francatu.	Grosse noire, d'A-
Rambour franc.	mérique.
— d'hiver.	De Jérusalem.
— d'automne.	Royale, d'Angleterre.
— d'été.	D'Astracan.
— suprême.	De bœuf.
Api rouge.	Châtaignier.
— noir.	Gros bondit.
Haute-bonté.	Petit bondit.
Nompareille.	Doucin.
Pigeon.	Paradis.
Pigeonnet.	Craclin.

Outre ces espèces, qu'on appelle *pommes à couteau*, il en est encore beaucoup d'autres, peu agréables à manger, mais très-propres à fabriquer la boisson qu'on appelle *cidre*, boisson qui remplace le vin dans quelques-unes des parties septentrionales de la France.

Les pommes à cidre sont moins perfectionnées que celles à couteau ; mais si elles sont moins agréables au goût et moins belles, elles sont plus juteuses et plus douces. On se les procure par le simple semis de leurs pepins, ou par semis et par greffe en écusson, à deux ou trois ans ; et en fente, à quatre, cinq ou six ans.

Tous les pommiers à cidre sont en plein-vent, et ordinairement bordent les routes et les limites des propriétés. Comme leur énorme tête donne beaucoup de prise au vent, ils sont exposés à être déracinés par les orages, s'ils ont été privés, en les plantant, du bienfaisant pivot dont la sage Nature les a pourvus pour leur résister. On les espace d'environ treize mètres (quarante pieds) : on ne les taille point, mais on les débarrasse de temps en temps de leur bois mort, de leurs branches chiffonnes ou des gourmands qui les épuiseroient. Un arbre est en plein rapport dans sa vingt ou vingt-cinquième année, et peut produire avec la même abondance pendant cinquante ans et plus.

On les divise en trois classes, relativement à l'époque de la maturité de leurs fruits.

La première comprend ceux dont les fruits sont précoces, tels que :

L'ambrette.	Le jaunet.
Le renouvellet.	Le bleuet, etc.
La belle fille.	

La seconde, ceux dont les fruits suivent : on y compte principalement :

La girouette.	Le fresguin.
Le longbois.	La haute branche.
Le gros adam blanc.	L'avoine.
Le rouget.	Le doux évêque.
Le blanc mollet.	L'écarlate.
Le petit manoir.	Le bedan.
Le gros amer doux.	Le Saint-George, etc.
Le petit amer doux.	

La troisième réunit ceux dont les fruits sont tardifs, parmi lesquels se remarquent :

L'alouette rousse.	L'alouette blanche.

Le blaguy. — L'épicé.
L'adam. — Le muscadet.
Le matois. — L'amer mousse.
Le doux vert. — La germane.
La rousse. — La sauge.
La rambouillet. — Le petit moulin à vent, etc.
Le gros coq.

Ces noms sont ceux de la ci-devant Normandie; et il est bon d'avertir qu'ils varient dans quelques cantons, et que ceux de la ci-devant Bretagne, non seulement varient aussi, mais encore supportent rarement une comparaison exacte dans leurs applications; chaque individu franc de pied, c'est-à-dire qui n'a pas été greffé, présentant quelque différence appréciable dans l'une et l'autre de ces provinces.

L'opération de la fabrication du cidre consiste à écraser les pommes lorsqu'elles sont arrivées à leur degré de maturité, à leur donner plus ou moins d'eau selon leur nature et la force qu'on désire à la boisson, à les épuiser de toute cette eau et de tout leur jus par le moyen d'un pressoir, à mettre la liqueur qui en sort dans des tonneaux où elle fermente et devient piquante et susceptible d'enivrer.

Le cidre acquiert d'autant plus de force qu'il reste plus long-temps sur sa lie. Quand on veut l'avoir doux, agréable et délicat, on le soutire dès que la fermentation commence à se calmer. Le fort se conserve un nombre d'années indéterminé, le doux ne se garde guère qu'un an. On peut tirer de l'eau-de-vie et du vinaigre de tous les deux.

Le marc de pomme, après l'avoir laissé quelques jours tremper dans de la nouvelle eau, se repasse au pressoir, pour former une boisson qu'on appelle le *petit cidre*, boisson qui sert aux hommes de peine; ensuite il est donné aux bestiaux qui l'aiment beaucoup et qu'il engraisse promptement.

La pomme à couteau se mange crue, cuite, séchée, confite, en gelée, en compote, en pâte. Elle nourrit légèrement, tempère la soif et maintient le ventre libre. La décoction de sa pulpe est bonne dans les rhumes et dans les maladies aiguës.

Le bois du pommier a un grain fin, et une couleur rougeâtre vergetée assez agréable. Il est recherché par les menuisiers et les tourneurs, quoique sujet à se gercer et à se voiler. (*L. B.*)

(136) Voyez encore tout ce qui a déjà été dit relativement aux pommes, par *Olivier de Serres*, dans le tome I, Lieu troisième, chapitre XV; et les notes sur ce chapitre, par nos collègues MM. *Tessier* et *Cels*; principalement celle (110), par M. *François* (*de Neufchâteau*), sur la culture du pommier, le cidre, etc. (*H.*) Page 3o3, colonne II, ligne 19.

(137) Les rapports qui existent entre les pommiers et les poiriers (*pyrus communis*) sont très-nombreux; aussi leur culture est-elle presque la même, sur-tout pour les arbres de plein-vent et demi-tiges; et tout ce qu'on a dit des premiers à cet égard convient aux seconds. Page 3o3, colonne I, ligne 36.

On n'a pas été obligé de chercher parmi les poiriers des variétés abâtardies, semblables au doucin et au paradis, pour greffer les arbres qu'on désiroit conserver nains, et pouvoir soumettre utilement à la taille, soit en espalier, en vase, en pyramide, ou en quenouille; la Nature a donné à une espèce du même genre, au coignassier, toutes les qualités propres à les remplacer, sur-tout pour les variétés d'été à fruits fondans.

Ainsi donc, il faut se procurer une certaine quantité de jeunes coignassiers pour cette greffe, et on les obtient principalement, ou par marcottes, ou par boutures, car la voie des semis est lente et difficile.

Les variétés des poires sont peut-être moins nombreuses que celles des pommes; cependant comme elles sont mieux tranchées, on a pu les caractériser avec plus de facilité, et les reconnoître, par la seule description, d'un bout de la France à l'autre; aussi l'ouvrage de *Dahamel* et les catalogues des pépiniéristes en mentionnent-ils davantage. On a des observations positives, et *Olivier de Serres* vient à leur appui, qui constatent qu'il s'en perd des variétés, et qu'il s'en présente de temps à autre de nouvelles aux amateurs: il ne faut donc pas être étonné si la nomenclature ancienne ne concorde pas avec la moderne. On distingue avec assez de précision des divisions générales dans ces variétés, sous les noms de poires cassantes et poires fondantes, de poires d'été et poires d'hiver; cependant je préférerai ici de donner, selon l'ordre de leur maturité, sans cependant séparer celles qui portent le même nom, le catalogue de celles qu'on cultive en ce moment dans les pépinières des environs de Paris.

Petit muscat.
Muscat robert.
Aurate.
Madeleine.
Hâtiveaux.
Cuisse madame.
Blanquet à longue queue.
Gros blanquet.
Petit blanquet.
Épargne.
Archiduc d'été.
Salviati.
Orange musquée.
Rousselet d'été.
— de Reims.
— roi d'été.
— d'hiver.
Sans peau.
Martin sec.
Rousseline.
Fondante, de Brest.
Cassolette.
Bellissime.
— d'automne.
— d'hiver.
De jardin.
Martin sire.
Messire-jean.
Robine.
Double fleur.
— panachée.
Bezy, de Quessoy.
— de Chaumontel.
— de la Motte.
— de Montigny.
Épine d'été.
— d'hiver.
— rose.
Ambrette d'été.
— d'hiver.
Échassery.
Sucré vert.

Royale d'hiver.
Muscat l'allemand.
— Fleuri.
Verte longue panachée.
Beurré gris.
— d'hiver.
— romain.
— rouge.
Angleterre d'automne.
— d'hiver.
— des Chartreux.
Orange tulipée.
— d'hiver.
— rouge.
Doyenné blanc.
— gris.
De vitrier.
Bon chrétien d'hiver.
— turc.
— d'été.
— d'Espagne.
— d'Oche.
Franchipanne.
Angélique de Bordeaux.
Marquise.
Colmar.
Virgouleuse.
Saint-Germain.
Saint-François.
Louise bonne.
Impériale à feuilles de chêne.
Pastorale.
Naples.
Lansac.
Mansuette.
Vigne.
Saint-Augustin.
Catillac.
Tonneau.

De livre.
Bourdon musqué.
Franréal d'été, ou milan blanc.
— d'hiver.
De Saint-Jean.
Tarquin.
Parfum d'Août.
D'Auga.
Ah! mon dieu.
De bon dieu.
Fin or d'été.
— d'automne.
Chère à dame.
D'œuf.
De cigne.
Trésor.
Sanguinole.
Vallée.
Deux têtes.
Douville.
Chat brûlé.
Trouvée.
Sarrasin.
Cramoisière.
Saint-Louis.
Angélique de Rome.
Azerole poire.
De pendant.

Deneige, ou bon chrétien d'automne.
Belle de Bruxelles.
Amirale.
De Saint-Père.
Amadote.
De fance.
Caliot rosat.
Vermillon d'été.
Jilogil, ou gros gobet.
De la Chine.
D'Amérique.
Monstrueuse.
Merveille d'hiver.
Figue-poire.
Bergamotte, de Soulers.
— cadette.
— de Hollande.
— de pâques.
Crassane.
Mouille bouche.
— d'automne.
— suisse.
— rouge.
— sylvange.
— d'Angleterre.
— de fougère.

On fabrique une liqueur enivrante avec les poires, comme avec les pommes, et par les mêmes procédés; on l'appelle *poiré*. La variété sauvage et la plupart de celles produites par les arbres qu'on appelle francs, c'est-à-dire produits par le pepin d'une espèce cultivée et non greffée, peuvent y être employées, mais on leur consacre plus communément les suivantes:

Cœur rouge.
Gros carisis blanc.
— rouge.
Grand dauphin.
De Lyon.
De Courcelle.
Picard rouge.

De buisson.
Rouget.
De salade.
Rousselet, de Rideri.
Dufour.
De plâtre.
De fer.

Les poires nourrissent peu, mais elles sont du goût de tout le monde: on les mange crues, cuites, en compottes, en marmelades, on les fait sécher, soit simplement au soleil ou au four, soit après les avoir pelées, et en les trempant à plusieurs reprises dans un syrop aromatisé. Dans ce dernier mode, on les appelle *poires tapées*, parce qu'on les applatit ordinairement : on les fait entrer dans le raisiné.

Le bois du poirier est d'une couleur rougeâtre, et son grain est très-fin. Il est un des meilleurs qu'on puisse employer dans la marquetterie et la gravure en bois : il prend fort bien la teinture ; il est très-propre au tour, quoique sujet à se tourmenter lorsqu'il n'est pas très-sec. (*L. B.*)

Page 566, colonne I, ligne dern.

(138) Le coignassier ou coignier (*pyrus cydonia*), est une espèce botanique du genre du poirier, originaire des bords du Danube, et dont le caractère est d'avoir les feuilles velues et sans dentelures, les fleurs solitaires, les fruits velus et odorans. On le cultive dans nos jardins, non seulement pour son fruit, mais encore pour servir de greffe aux diverses variétés de poiriers qu'on désire tenir nains, et soumettre à une taille rigoureuse, sur-tout à ceux qui fournissent des fruits d'été fondans. Il se multiplie de semis, de marcottes, et de boutures. Ce dernier mode est le plus employé, comme le plus facile, et réussit fort bien.

On laisse presque toujours le coignassier venir en plein-vent, et on ne le greffe que rarement et sur lui-même, quoiqu'il gagne à subir cette opération, et qu'il puisse l'être sur le poirier, l'épine, etc. La variété appelée de Portugal, deux fois plus grosse et plus odorante que l'espèce commune, est la seule que l'on connoisse dans les pépinières des environs de Paris. Les fruits de toutes deux sont beaucoup plus gros, plus savoureux et plus odorans, en terreins secs et dans les parties méridionales de la France, que dans les sols humides et les pays froids. On le cultive peu, et probablement par cette dernière raison, aux environs de Paris.

Ce que dit *Olivier de Serres* de l'époque où il faut récolter les coings, et des moyens de les conserver, n'a pas besoin de commentaire. On ajoutera seulement qu'ils sont si astringens, lors même qu'ils sont parfaitement mûrs, qu'on ne peut les manger cruds, et même souvent simplement cuits ; mais on en fait des compottes, des gelées, aussi agréables au goût que flatteuses à l'odorat. Le *cotignac*, dont on fait un commerce de quelque étendue dans certains cantons de la France, n'est que sa compotte desséchée au four. On en fait aussi une liqueur de table fort suave, un vin et un syrop. Ce dernier ne sert guère qu'à la médecine. (*L. B.*)

Page 587, colonne I, ligne 14.

(139) L'arseirolle, ou comme on le prononce aujourd'hui, l'azerole, n'est pas le produit de la greffe de l'aubepin sur le coignassier, comme le croit *Olivier de Serres*, mais le fruit de l'azerolier (*cratægus azarolus*), arbre du genre des néfliers, qui s'élève jusqu'à dix mètres (trente pieds). On le cultive dans les parties méridionales de l'Europe ; il est commun en Italie et en Espagne, et on en voit quelques pieds dans les départemens de France, voisins de la Méditerrannée. On greffe sur l'aubepin, sur le poirier et le coignassier, les variétés les plus importantes, qui se réduisent à celles à gros fruits blancs, et à longs fruits en forme de poire. On ne cueille ces fruits que lorsqu'ils sont parfaitement mûrs, et on les laisse encore *blossir* sur la paille avant de les manger ; mais, malgré cela, ils ne paroissent pas, à ceux qui sont accoutumés aux bonnes poires, mériter la peine même de les cueillir, tant ils sont âpres et dépourvus d'agrémens. (*L. B.*)

Page 588, colonne I, ligne 27.

(139 *bis.*) Beaucoup de contrées montagneuses du midi de l'Europe perdroient leur population si on les privoit de leurs châtaigniers (*fagus castanea*), car il seroit impossible de les remplacer par d'autres espèces de productions alimentaires. En effet, dans ces contrées, on ne vit que de châtaignes pendant cinq à six mois de l'année, et souvent plus. Il a donc été très-important pour les habitans de s'occuper de la multiplication des bonnes espèces, aussi partout greffe-t-on le châtaignier, mais c'est seulement sur lui-même ; car il n'a pas d'analogue en Europe, le hêtre, quoique du même genre, étant d'une nature fort différente. Cette greffe se fait généralement en fente sur des sujets d'un âge avancé, et quelquefois en écusson, sur les jeunes poussés des mêmes sujets. Je ne sache pas qu'on emploie aujourd'hui la greffe en canon ou par juxtaposition, dont on faisoit usage du temps d'*Olivier de Serres*, et qui est plus difficile et plus incertaine que les précédentes,

quoique le châtaignier soit un des arbres qui
s'y prêtent le mieux.

Le châtaignier se plaît dans les terreins
quartzeux, du moins on en voit peu sur les sols
calcaires. Étant cultivé de toute ancienneté, il
a dû fournir beaucoup de variétés; et, en effet,
j'ai goûté d'un grand nombre de sortes de châtaignes dans les montagnes de l'intérieur de la
France, ainsi que dans celles d'Espagne et
d'Italie, mais ces variétés n'ont pas encore eu
leur historien, et elles sont peu connues. On
en compte quatorze seulement autour de Péri-
gueux, où elles ne m'ont pas paru, pour la
plupart, les mêmes que celles des environs de
Limoges, quelque petite que soit la distance qui
est entre ces deux villes. Parmi ces variétés, la
plus grosse et la plus importante, est celle qu'on
appelle *marron*, et qui, croissant dans les montagnes de la ci-devant Provence et contrées voisines, passe par Lyon avant de se répandre dans
les villes du nord, et principalement à Paris.

Les châtaignes se gardent fort bien fraîches
pendant plusieurs mois, en suivant les méthodes
indiquées par *Olivier de Serres*; mais, pour les
conserver d'une année à l'autre, il faut les dessécher, soit au four, soit à la fumée. Cette dernière manière est généralement employée dans
les Cévennes et en Espagne, mais ce n'est, ainsi
que je l'ai remarqué dans les deux pays, que
dans les cantons les plus élevés, les plus impropres à toute autre culture que celle du châtaignier, qu'on en fait usage. Par-tout ailleurs,
on mange les châtaignes fraîches, et quand
elles sont consommées, on revient au pain et
aux autres subsistances.

La châtaigne est une excellente nourriture pour
les hommes et pour les animaux : on la mange
cuite sous la cendre, rôtie dans une poële à jour,
ou bouillie dans l'eau : on la glace au sucre,
on l'introduit dans les ragoûts de viande, etc.
Sa pellicule intérieure est très-âcre, et il faut
toujours avoir soin de l'enlever avant de la manger. On a en Limousin une méthode fort expéditive pour l'en débarrasser : elle consiste à
mettre les châtaignes dépouillées de leur écorce
dans de l'eau bouillante, et les remuer un instant après avec un rameau très-branchu.

Le bois du châtaignier n'est pas excellent

pour brûler, mais cependant il forme un charbon très-propre aux forges. On n'en emploie
presque pas d'autres dans les fabriques de fer de
la Biscaye. Là, les châtaigniers, même greffés, sont aménagés en têtard, et coupés tous
les sept à huit ans pour cet usage. On fait avec
les gros pieds de châtaignier des poutres et des
solives excellentes, et des douves qui laissent
moins évaporer le vin que beaucoup d'autres;
avec les jeunes, des cerceaux de tonneaux et de
cuves, des échalas, etc. : les treillages qu'on
en fabrique durent plus que ceux d'aucun autre
bois, même de chêne. (*L. B.*)

Pag. 225,
colonne II,
ligne 23.

(140) Le meurier ou mûrier noir (*morus
nigra*) ne peut que difficilement être multiplié de graines dans le climat de Paris, attendu
qu'elles y avortent presque toujours; mais,
comme le dit *Olivier de Serres*, on l'obtient aisément de marcottes. On le greffe rarement.

On fait avec les mûres un syrop que la médecine emploie dans les maux de gorge, et un
vin qui donne, par la distillation, une très-
bonne eau-de-vie, et par la fermentation acide,
un excellent vinaigre. (*L. B.*)

Voyez sur le mûrier ce qu'à déjà dit notre
collègue M. *Cels* dans ce volume, Lieu V,
chapitre XV, note (98), page 210 et suivantes. (*H.*)

Page 229,
colonne II,
ligne 5.

(141) Aujourd'hui qu'il y a abondance d'excellens fruits, on néglige beaucoup ceux que
produisent l'arbre appelé cormier ou sorbier
(*sorbus domestica*), qu'on confond fréquemment
avec l'alizier ou alouchier (*cratægus aria*). En
effet, les cormes ou sorbes, sont âpres et peu
agréables, lors même qu'elles sont arrivées à ce
point de demi-pourriture, qu'on appelle *blos-
sissement*. On ne voit plus que rarement des
sorbiers dans les vergers, et on est d'autant
moins tenté d'y en mettre, qu'ils sont extrêmement lents à croître, et extrêmement difficiles
à conduire à bien dans les premières années de
leur vie. Leurs fruits n'entrent plus dans le
vin, mais quelquefois dans le cidre et le poiré,
qu'ils fortifient, à ce qu'on croit.

Le bois du sorbier est un des plus tenaces et
des plus propres à faire des vis de pressoir, des
alluchons de moulins, et autres objets qui de-

mandent une solidité à toute épreuve. Cet arbre n'est point dioïque, comme le dit *Olivier de Serres*. (*L. B.*)

On cultive aujourd'hui dans les jardins d'agrément l'espèce appelée sorbier des oiseleurs (*sorbus aucuparia*). C'est un arbre droit, rameux, de huit à neuf mètres (plus de vingt-cinq pieds) de haut, dont les fruits d'un beau rouge, en grappes abondantes, font un très-bel effet dans les massifs où ils se conservent tout l'hiver.

Voyez ce que j'ai dit de la boisson dont parle ici *Olivier de Serres*, et de la manière de la faire, dans le tome I, Lieu III, chapitre XV, page 399, à la fin de la note (108.)

Voyez aussi pour plusieurs de ces arbres fruitiers, cette même note (108), et celle qui la précède, par notre collègue M. *Cels*. (*H.*)

Page 389, colonne II, ligne 19.

(142) Le cornoaillier ou cornouillier, improprement appelé mâle (*cornus mas*) puisqu'il est toujours hermaphrodite, se multiplie par semence, par marcotte, par plant enraciné, et par boutures. On ne le greffe que rarement, et presque toujours en fente. Il produit plusieurs variétés, dont l'une à gros fruits rouges (c'est l'aournier des Provençaux), l'autre à fruits jaunes, et l'autre à fruits blancs. On mange ses fruits cruds, ou en compottes, mais il faut attendre qu'ils aient acquis toute leur maturité, même laisser compléter cette maturité sur la paille, car sans ces précautions, ils sont fortement acerbes. On en fait aussi un vin qui fournit de l'eau-de-vie et du vinaigre.

Le bois du cornouillier est très-dur, et sert à faire des ouvrages de tour, des cerceaux, des échalas : il seroit propre à beaucoup d'autres usages, si on en avoit de forts et beaux échantillons, mais on le laisse rarement croître en arbre sans le mutiler. Sa propriété de ne jamais mourir, c'est-à-dire de repousser par ses racines lorsqu'il s'est desséché, le rend très-propre à servir de limite aux propriétés forestières. Aussi l'emploie-t-on fréquemment à cet usage, sous le nom de *pied cornier*. On en connoît qui ont plus de six cents ans constatés. (*L. B.*)

Page 390, colonne I, ligne 26.

(143) Le néflier (*mespilus Germanica*), qu'on ne connoît plus sous le nom de meslier, est moins recherché aujourd'hui qu'autrefois. On en met cependant encore quelques pieds dans les vergers pour faire variété. Il n'y a rien à ajouter à ce qu'*Olivier de Serres* dit de sa culture. Il offre plusieurs variétés, dont la plus intéressante est celle à fruits sans pepins. (*L. B.*)

Page 397, colonne II, ligne 11.

(144) De tous les arbres exotiques cultivés en Europe, il n'en est point qui présente des avantages plus nombreux que le noyer (*juglans regia*); toutes ses parties donnent ou peuvent donner un produit. Comme le dit *Olivier de Serres*, il aime les vallons et la terre argileuse un peu humide, c'est-à-dire qu'il y prospère mieux que dans les plaines et sur les plateaux élevés. On le multiplie presque exclusivement de semence, soit à raison de la facilité, soit par l'importance de donner aux arbres qui en résultent de bonnes racines propres à résister aux orages. Les noix se mettent en terre peu après qu'elles sont tombées de l'arbre, ou bien on les conserve dans la cave jusqu'au printemps. On le greffe en fente, en écusson, et sur-tout en canon ou en flûte, c'est-à-dire par juxtaposition, manière presque abandonnée aujourd'hui dans les pépinières des environs de Paris, mais qu'on emploie encore beaucoup pour lui dans les parties méridionales de la France. On lui forme la tête en le taillant toutes les années, ou toutes les deux années, pendant sa jeunesse, et quand une fois il a acquis sa croissance, le mieux est de n'y point remettre la serpe, à moins qu'il n'y ait des branches mortes à enlever. Lorsqu'il a été gelé, et cela lui arrive quelquefois, même dans les parties méridionales de la France, il faut rabattre jusqu'au tronc, afin qu'il pousse de nouveau bois; car plus on peut le couper court, dans ce cas, et plus on doit être assuré de son rétablissement.

Les variétés les plus communes sont :

Le noyer à gros fruits, dit noix de jauge; cette noix est grosse comme un œuf, mais n'est presque jamais remplie par son amande, qui avorte même souvent.

Le noyer à mésange, ou à bois tendre. Il a deux sous-variétés, à fruit rond, et à fruit long.

Le noyer à gros fruits ronds, qui a également deux sous-variétés de forme.

Le noyer tardif, ou de la Saint-Jean.

Il ne faut pas croire, avec *Olivier de Serres*, que les noyers ne fleurissent pas. Ils sont monoïques, leurs chatons sont les fleurs mâles, et leurs fleurs femelles sortent de l'extrémité des bourgeons.

Les noix, bien avant leur maturité, se confisent au sucre et à l'eau-de-vie, servent à faire d'excellens ratafias. Un peu avant leur maturité, elles se mangent sous le nom de *cerneaux*. Elles se mangent encore après qu'elles sont mûres, et peuvent se garder un an et plus. Comme elles sont exposées à rancir, il faut les placer dans un lieu frais sans être humide.

Mais quelqu'agréables qu'elles soient au goût, ce n'est pas sous ce rapport que les noix sont le plus important, c'est sous celui de l'huile qu'elles fournissent abondamment. En effet cette huile est propre à manger, à brûler, à employer dans la peinture et autres arts, elle fait l'objet d'un commerce de plusieurs millions pour la France. Lorsqu'elle est tirée sans feu, et de noix choisies, elle est presque aussi bonne que celle d'olive, et paroît même meilleure à ceux qui y sont accoutumés. Celle des noix fraiches est préférable par son goût de fruit, mais elle est moins abondante, et d'une moins longue garde. Pour tirer tout le parti possible des noix, sous ce rapport, il faut attendre six mois après leur chute de l'arbre, parce que plutôt toute leur huile n'est pas encore formée, et que plus tard elle commence à rancir.

Les coquilles de noix font un très-bon feu; c'est, dit-on, avec elles, que l'on fait le charbon dont on fabrique la poudre de chasse en Suisse, poudre si estimée, et avec raison. Le brou qui les recouvre fournit plusieurs nuances de couleurs verd-noirâtres à la teinture, nuances toutes des plus solides, et servant souvent de pied pour d'autres couleurs.

Les feuilles de noyer et son écorce, sur-tout celle des racines, donnent également des couleurs solides.

Son bois est facile à travailler, d'un grain fin, et d'une couleur agréable, quoique sérieuse. On en fait une immense consommation en France pour l'armurerie, la menuiserie, l'ébénisterie, la sculpture, etc., etc. Il est quelquefois aussi bien veiné, sur-tout celui des racines, qu'aucun autre bois étranger. Le commerce qu'on en fait est très-considérable; celui qui n'est bon qu'à brûler fournit un excellent chauffage, et des cendres abondantes en potasse.

On voit, d'après le rapide résumé de ce qu'on peut retirer du noyer, qu'il n'est point d'arbre, susceptible d'être cultivé en pleine terre en France, qui donne un plus grand produit à son propriétaire. Qu'ont à dire, contre ce fait, ceux qui prétendent que les efforts que font quelques individus éclairés, et amis de leur pays, pour acclimater des arbres étrangers, ne sont que des amusemens d'enfans ! (*L. B.*)

Page 391, colonne 1, ligne 26.

(144 *bis.*) On peut cultiver le jujubier (*rhamnus ziziphus*) en pleine terre, dans le climat de Paris, en lui donnant une bonne exposition, et le couvrant de paille pendant les plus grands froids de l'année, mais il y porte rarement du fruit, et ce fruit n'y vaut jamais rien. Dans les pays chauds même, les jujubes sont un fort médiocre manger, aussi ne les cultive-t-on presque que pour la médecine qui les emploie, à raison de leur abondant mucilage, dans les tisannes pectorales, et lorsqu'il s'agit d'adoucir l'âcreté des humeurs.

La jujube n'a de commun avec la cornouille que sa forme ovoïde. (*L. B.*)

Page 393, colonne 1, ligne 27.

(144 *ter.*) La feuille, la fleur, et le fruit du grenadier (*punica granatum*), concourent à le rendre un arbre des plus-intéressans pour l'amateur des jardins, aussi le cultive-t-on presque par-tout, même dans les climats où il a besoin de la serre, du moins de l'orangerie, pendant l'hiver, et où il ne porte pas de fruits bons à manger; il se multiplie par semences, par drageons, par marcottes et par boutures. Comme le premier de ces moyens est le plus lent, on ne le pratique guère, et on est dispensé de la greffe par les autres. On l'emploie beaucoup pour faire des haies dans les parties méridionales de l'Europe, et il est très-propre à cet usage par l'abondance de ses rameaux, dont l'extrémité est piquante. Dans les parties septentrionales, on préfère cultiver les espèces à fleurs semi-doubles, ou doubles, qui ont plus d'éclat, et qui subsistent plus long-temps sur l'arbre. Là il est

essentiel de tailler les grenadiers, de renouveler souvent la terre des caisses où on les tient, et de les arroser abondamment pendant l'été.

Les grenades se mangent crues, ou confites au sucre. On les emploie beaucoup en médecine comme rafraichissantes. Leur écorce, connue sous le nom de *malicorium*, est astringente, et est utile pour déterger les ulcères et raffermir les chairs. Les fleurs servent au même usage sous le nom de *balaustes*, qu'elles portent dans le Levant et d'où elles nous sont apportées sèches. (*L. B.*)

Page 595, colonne II, ligne 25. (145) Le figuier (*ficus carica*) étant cultivé de toute ancienneté à raison de l'excellence de son fruit et de la facilité de sa culture, a dû fournir et a fourni, en effet, un très-grand nombre de variétés, selon les lieux et les temps. Les îles de l'Archipel, la Grèce, l'Orient, la côte de Barbarie, etc., en fournissent au voyageur qui ne se trouvent ni en France, ni en Espagne, ni en Italie; et la plupart de celles dont *Olivier de Serres* donne la nomenclature ne sont plus connues. Transportées en Amérique, elles s'y sont modifiées, comme je m'en suis assuré, au point de ne pouvoir plus être rapportées à celles des environs de Marseille; de plus, les mêmes espèces changent de nom selon les pays. Dans l'embarras d'établir une concordance, je me contenterai encore ici, comme je l'ai fait à l'occasion des autres arbres à fruits, de donner la liste des principales de celles qu'on cultive actuellement en France.

Grosse blanche ronde.	Grosse violette longue, ou aulique.
Angélique, ou melette.	
Violette, ou pourpre commune.	Petite violette.
	Grosse bourjassole.
Figue-poire, ou de Bordeaux.	Petite bourjassole.
	Mouïssonne.
Cordelière, ou servantine.	Negrone.
	Graissane.
Grosse blanche longue.	Rousse.
Marseilloise.	Cul-de-mulet.
Petite blanche ronde, de Lipari.	Verte brune.
	Saint-Esprit.
Verte, ou trompe cassaire.	Lévantine, ou de Turquie.
Grosse jaune.	

Les quatre premières de ces espèces, sont celles qu'on peut cultiver dans les parties septentrionales de la France, dans le climat de Paris, par exemple, en les plaçant dans les meilleures expositions, et en les couvrant de paille ou de terre pendant l'hiver, mais elles n'y acquièrent jamais le degré de maturité, ni la saveur de celles du midi.

La figue n'est pas véritablement le fruit du figuier; elle n'est que le réceptacle de ses fleurs et de ses fruits. Son organisation, quoique connue depuis long-temps, n'a été bien développée que dans ces derniers temps par *Bernard*, de Marseille, auteur de plusieurs intéressans mémoires sur le figuier. Dans son intérieur, sous les écailles qu'on appelle l'œil, sont beaucoup de fleurs mâles, consistant en trois étamines; et plus bas, dans son centre, sont un nombre encore plus considérable de fleurs femelles, consistant en un pistil bifide, qui doit se changer en une semence lenticulaire, mais qui avorte souvent.

Les figues-fleurs sont des figues qui ne contiennent que des fleurs mâles, ou dont les fleurs femelles avortent par l'effet des froids tardifs: elles tombent sans mûrir. Quelques espèces, comme l'observe *Olivier de Serres*, n'ont point de figues-fleurs. Ces dernières sont presque les seules qui mûrissent aux environs de Paris; et je crois avoir remarqué, en Amérique, qu'elles ne manquoient jamais. Quelle est la cause de ces faits? On ne la connoît pas encore.

La figue fraîche ou sèche donne une subsistance assurée et un grand revenu à tous les peuples qui entourent la Méditerranée: c'est une nourriture aussi agréable que saine, lorsqu'elle est bien mûre. Le commerce qu'on fait à Marseille de celles qu'on dessèche dans son territoire, ou qu'elle tire des îles de l'Archipel, est très-considérable. Aujourd'hui le figuier se trouve par-tout où les Européens ont établi des Colonies, et où le climat en permet la culture; car il craint également et le trop grand froid et le trop grand chaud.

Olivier de Serres ne parle pas de la caprification, moyen de hâter ou de faciliter la maturité des figues, dont *Tournefort* a cité la pratique avec enthousiasme, et que tous les écrivains

modernes

modernes ont vantée d'après lui , moyen qui consiste à placer sur un figuier qui ne produit pas de figues-fleurs, quelques-unes de celles-ci , ou des figues sauvages. Des insectes du genre *cynips* de *Fabricius* (*diplolepe* de *Geoffroy*) qui sont nés ou qui se sont introduits dans ces dernières, entrent dans les premières, pour y déposer leurs œufs , et en fécondent par ce moyen toutes les graines.

Voici ce qu'en dit notre collègue *Olivier*, dans son voyage au Levant, fort estimé par la justesse des observations qu'il renferme.

« Cette opération dont quelques auteurs anciens et quelques modernes parlent avec admiration ne m'a paru autre chose , dans un long séjour que j'ai fait aux îles de l'Archipel, qu'un tribut que l'homme payoit à l'ignorance et aux préjugés. En effet , dans beaucoup de contrées du Levant, on ne connoît point la caprification; on ne s'en sert point en France , en Italie et en Espagne , on la néglige depuis peu , dans quelques îles de l'Archipel où on la pratiquoit autrefois , et cependant on obtient par-tout des figues très-bonnes à manger ». (*L. B.*)

Page 100, colonne 1, ligne 11.

(146) Il faut encore observer ici , quoique je l'ai déjà fait deux ou trois fois dans les notes précédentes , que les arbres les plus anciennement et les plus généralement cultivés, sont ceux qui fournissent le plus de variétés; or l'olivier (*olea Europæa*) est dans ce cas. Aussi *Olivier de Serres* en cite seize , et aujourd'hui on en connoît vingt-une , qui sont :

L'olivier de Grasse.
— à larges feuilles.
L'araban.
Le caillonne.
Le callas, ou ribiés.
Le figanière , ou caillet rouge.
Le caillet blanc.
Le raymet.
Le caillet roux.
Le bouteillan.
Le ribiés vrai.
Le pruneau de Cotignac.
Le radounau de Cotignac.
Le pardiguière de Cotignac.
Le cayou.
L'espagnol.
L'olivier à fruits noirs et doux.
— à fruits blancs et doux.
— de Salon.
Le cayanne de Marseille, ou aglandau.
Le rouget de Marseille.

Sans compter les nombreuses variétés qui

doivent se trouver en Italie , en Espagne , dans les îles de l'Archipel , dans la Grèce, l'Asie-Mineure, la côte de Barbarie et dans l'Amérique; je dis dans l'Amérique , parce que je sais que l'olivier qu'on a transporté dans le Chili s'y est amélioré au point de produire des fruits gros comme des œufs de pigeons.

On peut multiplier l'olivier par semences, par plant enraciné , par marcottes, par racines, et par boutures : rarement on le fait de la première manière, à raison de sa longueur , et on préfère la dernière comme plus commode : on attend que les pieds aient pris une certaine force, comme le dit *Olivier de Serres* , pour les enlever de la pépinière , et les mettre en place. La facilité de se reproduire , dont jouit cet arbre , est si grande, qu'on dit qu'il est immortel ; et , en effet , il est très-rare que son tronc périsse naturellement , et lorsque cela arrive , ou qu'on le coupe , il repousse toujours du pied. De même, quand on l'arrache , il suffit qu'on laisse en terre la plus petite fibrille pour qu'elle donne naissance à un nouvel arbre , de sorte qu'il faut plusieurs années de soins pour pouvoir détruire ses rejettons dans un terrain où il y en a eu.

On peut greffer l'olivier sur lui-même , ainsi que le dit *Olivier de Serres* , mais on le fait rarement, puisqu'il suffit de mettre une branche en terre pour en avoir de franc, comme je viens de le dire.

Il est difficile de deviner d'où est venu l'opinion que l'olivier ne pouvoit croître au voisinage du chêne , car il y a trop de dissemblance entre ces deux arbres pour supposer qu'ils puissent se nuire réciproquement, en s'enlevant leurs moyens de subsistance. Il est probable que c'est un de ces préjugés dont on ne peut se rendre compte , et même dont il est inutile de rechercher l'origine.

Il est des lieux où on ne taille pas l'olivier, c'est-à-dire où on se contente de le débarrasser des branches mortes; mais , en France , on l'assujétit presque par-tout à cette opération. *Olivier de Serres* n'en disant qu'un mot, il est bon de suppléer à son silence par quelques développemens.

On est divisé sur la question de savoir si on devoit tailler les oliviers tous les ans, ou tous les deux ans, ou moins souvent encore. Il paroît cependant, par les écrits de la plupart des agronomes des parties méridionales de la France, que la taille bienne étoit préférable en ce qu'elle nuisoit moins à la production du fruit, et qu'elle opéroit le même résultat relativement à la production du nouveau bois. En effet, les fruits ne paraissant qu'à la seconde année sur les bourgeons qui ont poussé par suite de la taille, ces fruits, quoique plus gros, ne dédommagent pas du défaut de récolte des deux années précédentes ; il est même des circonstances où on ne doit tailler que tous les trois et quatre ans, et ces circonstances tiennent à la nature des arbres, au terrein où ils croissent, aux accidens qu'ils ont pu éprouver, etc.; de sorte qu'il est difficile de les fixer avec précision dans une simple note.

Les principes d'après lesquels on taille l'olivier varient beaucoup, mais ils ne doivent pas s'écarter de ceux qui guident dans la taille des autres arbres fruitiers de plein-vent, c'est-à-dire qu'il faut couper plus ou moins ses branches sur le vieux bois, le débarrasser complètement de celles qui se gênent, ou qui se croisent, ou qui sont mortes, des chiffonnes, arrêter ses gourmands lorsque cela devient nécessaire, etc. La forme qu'on lui donnera sera, autant que possible, rapprochée d'un cône tronqué, comme étant la plus favorable à la production du fruit et à sa récolte. Il faut, pour la bien faire, de l'expérience, comme dans toute autre chose.

Quant aux tailles sur tronc, c'est-à-dire à un étêtement complet, elles se font lorsque l'arbre annonce souffrir par vétusté, par défaut de culture, etc., ou lorsqu'il a été gelé jusqu'à ses mères branches : elles ne présentent aucune difficulté.

Olivier de Serres, par les détails dans lesquels il entre sur les soins à prendre pour cueillir les olives, annonce assez qu'il repousse la désastreuse méthode de les gauler, c'est-à-dire de les abattre à coups de perches, pour qu'il ne soit pas besoin de faire sentir ses inconvéniens. Il n'y a donc rien à ajouter à ce qu'il dit relativement à cet objet.

Le moins garder les olives est le meilleur pour la bonté et quantité d'huile, observe notre auteur, et cependant, depuis lui, on n'a cessé d'entasser les olives, de les faire fermenter avant de les porter au moulin. Aussi combien sort-il de bonne huile, sur-tout d'huile susceptible d'être gardée, de la plupart de nos fabriques ? Faut-il donc que les préjugés de la routine soient toujours plus forts que la raison et même que l'intérêt !

Je pourrois beaucoup étendre cet article, mais il faut se restreindre dans les bornes d'une note. Je crois donc devoir renvoyer le lecteur qui désireroit de plus grands détails sur la culture de l'olivier et sur la fabrication de l'huile d'olive, aux excellens articles *olivier* et *huile* du *Dictionnaire d'Agriculture* de *Rozier*, et aux ouvrages de *Bernard*, d'*Amoreux*, de *Sieuve*, et autres, sur cet objet.

Le procédé pour rendre les olives mangeables, est de les mettre, un peu avant leur complète maturité, dans une lessive de cendres rendue légèrement caustique par l'addition de la chaux. Lorsqu'elles se sont imbibées de cette liqueur, ce qu'on reconnoît à la facilité avec laquelle la chair se sépare du noyau, elles ont perdu leur âcreté, et on peut les ôter pour les garder dans une nouvelle et légère saumure de sel de cuisine (muriate de soude), à laquelle on ajoute du fenouil, de la coriandre, et autres aromates. Lorsqu'on veut les manger, il est bon de les laisser tremper auparavant, pendant vingt-quatre heures, dans l'eau fraîche. (*L. B.*)

(147) Le nombre des variétés de l'oranger (*citrus aurantium*) et du citronnier (*citrus medica*) est beaucoup plus considérable aujourd'hui que du temps d'*Olivier de Serres* : on en compte plus de quatre-vingt. Les principales sont :

Page 410, colonne 1, ligne 18.

L'oranger de Portugal.	La riche dépouille.
La bigarade.	La mille-rose.
Le poncire.	Le balotin.
Le cedrat.	Le pommier d'Adam.
La bergamotte.	Le citron de la Chine.
La lime douce.	Le citron blanc.
	Le limon.

Parmi les autres espèces botaniques de ce genre, au nombre de sept ou huit, il n'y a que la pamplemousse (*citrus decumana*) que l'on cultive quelquefois en Europe, et ce à raison seulement de la grosseur de son fruit, qui n'a ni une saveur ni une odeur agréable.

Les jardins d'Heidelberg, cités par *Olivier de Serres* comme modèles à suivre dans la culture des orangers, ont été imités en Italie, mais non en France. Tous les motifs cependant concouroient à faire adopter le mode qu'on y suit, de planter les orangers en pleine terre, et de leur faire élever, chaque hiver, un abri en planches et en vitrages. Il est facile à l'architecture de fournir ces moyens, de réduire à l'indispensable le nombre des châssis, et d'en rendre commode l'ajustement ou le jeu. Je ne fais pas de doute que l'orangerie de Versailles, par exemple, eût moins coûté d'entretien annuel, si elle eût été construite sur le plan de celle d'Heidelberg, et qu'elle eût présenté un monument d'un plus grand effet sur l'imagination que celui qui existe, quelque admirable qu'il soit; car la nature eût été réellement vaincue, tandis qu'elle n'est qu'éludée, si je puis employer ce terme.

On ne multiplie guère les orangers aux environs de Paris que par semis, soit de graines de bigarades, soit de graines de citrons, parce qu'on a remarqué que les arbres provenus de marcottes ou de boutures ne prennent jamais une belle tige, donnoient moins de fleurs, et duroient moins. On préfère les bigarades lorsqu'il s'agit de greffer les espèces délicates, comme fournissant des résultats plus assurés.

C'est ordinairement en écusson à œil dormant qu'on greffe les orangers, mais quelquefois on préfère celle en fente. Il est une manière de les greffer en fente, imaginée il y a peu d'années, qui est très-ingénieuse, et donne des résultats fort agréables. Elle consiste à placer sur un élève de deux ou trois ans, un rameau d'oranger fleurissant : ce rameau fleurit, et donne même du fruit, comme s'il n'avoit pas quitté l'arbre d'où il a été coupé. Le résultat présente ainsi un oranger en miniature qui peut se mettre sur une cheminée, sur une fenêtre, mais qui ne vit que peu d'années, à raison de la différence de densité du bois du sujet et de celui de la greffe.

Comme les racines des orangers, en caisse, ne peuvent pas s'étendre pour aller chercher au loin la nourriture qui leur est nécessaire, il faut compenser cette gêne par une terre très-substan-

tielle et par une taille très-rigoureuse. En conséquence, on leur fournira la première très-surchargée de carbonne, c'est-à-dire composée d'un tiers de terre franche, d'un sixième de terreau de fumier de vache, d'un tiers de terreau de fumier de cheval, et d'un sixième de crotin de mouton, de fiente de pigeon et de poudrette, le tout mélangé successivement et à l'avance, selon l'ordre des matières, de telle sorte que la terre franche soit unie au fumier de vache deux ans à l'avance, et les derniers ingrédiens seulement quelques mois avant l'époque de l'emploi.

Outre la taille annuelle dont parle *Olivier de Serres*, il faut encore, lorsqu'on voit que la grosseur de la tête de l'arbre n'est plus en rapport avec ses racines, que ses bourgeons poussent foiblement, rajeunir cette tête en la coupant sur ses grosses branches, la rapprocher, pour se servir de l'expression des jardiniers. Cette opération doit avoir lieu au printemps, avant que la séve soit en mouvement. (*L. B.*)

(148) *Olivier de Serres* n'ayant point cultivé le palmier-dattier (*phœnix dactylifera*) qui demande une chaleur bien supérieure à celle des parties les plus méridionales de la France, commet deux erreurs dans le court article qu'il lui consacre. L'une, lorsqu'il assure qu'en semant plusieurs noyaux de dattes, les tiges, produites par chacun, se réuniront pour former un seul arbre; l'autre, quand il dit que les fleurs mâles produisent des fruits. Énoncer ces erreurs suffit pour les réfuter dans l'état actuel de nos connoissances. (*L. B.*)

Page 410, colonne II, ligne 35.

(149) Je ne sache pas qu'aujourd'hui on cultive la canne à sucre (*saccharum officinarum*) en France, autre part que dans les serres des jardins de botanique. Puisqu'*Olivier de Serres* annonce qu'on la cultivoit de son temps en Provence, il faut le croire, mais cette culture n'a jamais pu y être fort étendue, et on a dû y renoncer par la presque impossibilité de voir arriver les cannes à maturité. (*L. B.*)

Page 411, colonne II, ligne 35.

Quant à ceux qui désireroient connoître la culture particulière de cette plante et les moyens d'en tirer le sucre et ses produits, ils trouveront dans les ouvrages de *Casaux*, de *Dutrone* et de *Cossigny*, des détails très-étendus sur cet objet si important aujourd'hui au commerce en général, et aux besoins de la vie en particulier. (*H.*)

Page 512, colonne I, ligne 20.

(150) La même observation que je viens de faire sur la culture de la canne à sucre, peut être faite à l'égard du cotonnier (*gossipium herbaceum*), quoique parcourant les phases de sa végétation avec plus de rapidité que la première. On a essayé, à diverses reprises, d'en planter en Provence et en Languedoc; il a bien levé, bien poussé, bien fleuri, au moyen des soins et des abris, mais très-peu de capsules sont venues à maturité avant les gelées, et elles ont toujours donné du coton plus court et plus cassant que celui venant de pays plus chauds. Les bénéfices n'ont donc jamais pu couvrir les dépenses, ce qui a fait renoncer à cette culture en France, excepté dans les jardins de botanique et dans ceux de quelques amateurs de culture. (*L. B.*)

CHAPITRE XXVII.

Idem, ligne 29.

(151) La culture des arbres à fruits a éprouvé des changemens notables depuis l'époque où vivoit *Olivier de Serres*; nos vergers sont constamment séparés des jardins légumiers, ou mieux, on n'appelle plus verger un jardin quelque chargé qu'il soit d'arbres à fruits. Ainsi, cultivant dans les jardins les meilleures espèces de fruits, nous sommes déterminés à ne faire que le moins possible de dépense de culture dans nos vergers réservés aux espèces les moins précieuses et les plus rustiques. En conséquence, nous en cultivons moins le sol pour les arbres mêmes, que pour le produit que nous en pouvons tirer. Une partie des sages indications d'*Olivier de Serres* ne leur est donc plus applicables, mais toutes sont bonnes à pratiquer lorsqu'on veut tirer de son verger le plus grand parti possible. (*L. B.*)

Page 512, colonne I, ligne 7.

(152) Quand les arbres sont suffisamment espacés, c'est-à-dire beaucoup, il est toujours possible, comme le dit notre auteur, de remplacer un arbre mort, avec espérance de voir prendre, au remplaçant, rang parmi les autres; mais, pour cela, il faut mettre en pratique le principe des assolemens, c'est-à-dire ne pas le suppléer par un arbre de la même famille, ou du même genre, et encore moins de la même espèce. Un propriétaire éclairé remplacera, en conséquence, celui qui porte des fruits à pepins par un autre portant des fruits à noyaux, et réciproquement, ou s'il ne le peut pas, il substituera un cerisier à un prunier, mais jamais un pommier à un pommier.

La plupart des arbres des vergers, quoi qu'en dise *Olivier de Serres*, et le noyer principalement, n'ont besoin de culture que pendant leurs premières années. Lorsqu'ils ont acquis assez de force pour aller chercher leur nourriture dans les couches inférieures du sol, les labours superficiels ne produisent plus sur eux que des effets insensibles; car leurs résultats pour toute espèce de plante, étant 1°. de diviser la terre pour la rendre plus perméable à leurs racines; 2°. de donner au carbonne de l'air les moyens de se fixer ou de se décomposer; 3°. de faciliter à l'eau l'entrée dans le sol: or, dans les deux premiers cas, les racines n'en profitent pas, et dans le dernier, elles peuvent s'en passer des années entières, du moins dans les parties septentrionales de l'Europe, et dans les sols qui ne sont pas sablonneux. L'arrosement d'un verger est une chose immémorable aux environs de Paris. (*L. B.*)

Page 512, colonne II, ligne 26.

(153) Quoique dans mon opinion on puisse se dispenser de labourer les vergers pour les arbres qui y sont plantés, lorsqu'ils sont parvenus à un certain âge, cependant comme cela ne leur peut faire aucun mal, et au contraire, il est bon, comme le dit *Olivier de Serres*, d'y cultiver alternativement des gros légumes et des plantes fourrageuses, selon la nature du sol. La luzerne ne doit pas être plus proscrite qu'une autre de la rotation de leurs assolemens, du moins dans le climat de Paris, où on est rarement forcé de recourir aux irrigations, comme je l'ai déjà observé dans la note précédente. (*L. B.*)

Page 512, colonne I, ligne 10.

(154) Les pois chiches, les orges, les millets, les chanvres et les lins, qu'*Olivier de Serres* repousse de l'assolement des vergers, sont effecti-

vement des plantes qui passent pour effritantes, ou que l'expérience prouve devoir épuiser le sol plus que les autres ; mais ces plantes, dont les racines ont au plus dix-sept centimètres (six pouces) de long, peuvent-elles nuire à des arbres qui en ont qui se plongent à deux mètres (cinq à six pieds) en terre ? Absorbent-t-elles les mêmes principes nutritifs ? Voilà ce dont il est plus que permis de douter, d'après les données actuelles de la physiologie végétale. Peu de personnes croient aujourd'hui aux sels, aux sucs de la terre s'enfonçant par l'effet des pluies, et revenant à la surface par suite du labourage. On ne voit dans l'acte de la nutrition des plantes, comme dans celui de la digestion des animaux, que l'absorption de l'eau et de fluides aériformes, au moyen de vaisseaux de diverses sortes, et que leur décomposition, dans ces mêmes vaisseaux, par l'effet de la chaleur, joint à un principe inconnu.

Le safran, qui peut venir à bien, sous des arbres, dans les parties méridionales de la France, ne produirait absolument que des feuilles, s'il était planté dans un verger aux environs de Paris. Il demande, pour fournir abondamment des fleurs, toute l'influence de la lumière et de la chaleur solaire.

Il faut qu'*Olivier de Serres* n'ait jamais vu les effets que produit la vigne sur les arbres fruitiers, pour avoir conseillé d'en planter dans un verger. Dans les parties les plus chaudes de l'Italie, pays où on la fait toujours grimper aux arbres, on évite même de la marier à ceux de cette espèce qu'elle empêche de porter fruits et qu'elle déforme. Il n'est pas nécessaire de s'étendre sur l'impossibilité d'y penser dans les parties septentrionales de la France.

Ce que j'ai dit plus haut doit faire présumer que je n'approuve pas qu'on fume et qu'on arrose un verger. Malgré l'opinion de notre auteur, je puis assurer, par l'expérience de tous les agronomes et par la mienne propre, que la qualité des fruits s'en ressent, du moins quand ces deux opérations sont faites sans modération. Qui n'a pas goûté de ces poires nauséabondes que quelques jardins légumiers des grandes villes fournissent ? Qui n'a pas remarqué que, dans les années pluvieuses, tous les fruits en général ont moins de saveur que dans les années sèches ? Je le répète : on peut, on doit même fumer abondamment un verger qu'on plante ; mais le meilleur de tous les engrais qu'on puisse lui donner, c'est un défoncement bien profond, c'est-à-dire dont l'influence se fasse sentir pendant un grand nombre d'années ; et s'il est en mauvais sol, le mélange de sa terre avec une terre de nature opposée : je veux dire que, si le fond est argileux, on y apportera du sable ou de la marne calcaire, et que, s'il est sablonneux ou calcaire, on lui fournira de l'argile, dans l'un et l'autre cas, en suffisante quantité, pour le rendre meuble et susceptible de conserver l'humidité nécessaire. On a aussi remarqué que certaines substances, telles que les peaux, les cornes, les ongles des animaux, se décomposoient dans la terre avec une grande lenteur, et portoient plusieurs années de suite la fertilité sur les arbres au pied desquels on les avoit enfouies. Ce n'est donc que dans les terrains les plus arides et les plus chauds qu'il faut se permettre le fumier et les arrosemens.

Les préceptes que donne *Olivier de Serres*, pour la conduite des arbres relativement à leurs branchages, sont peu susceptibles d'observations ; il faut seulement y ajouter que les pommiers sont sujets, lorsqu'ils sont devenus vieux, ou qu'ils sont plantés dans un mauvais terrein, à cesser de pousser des branches nouvelles : toutes les extrémités des rameaux se changent en ce qu'on appelle des bourses, c'est-à-dire des bouquets de petits chicots ou rameaux obtus, qui, chaque année, se chargent de fleurs et de fruits. Cet état de choses est très-avantageux en apparence, puisque l'arbre produit beaucoup plus qu'auparavant, mais il annonce un affoiblissement dans la force végétative ; et, quoiqu'il puisse durer pendant un certain nombre d'années dans cet état, il est bon, pour empêcher l'arbre de périr, de le faire cesser, en raccourcissant toutes les branches, c'est-à-dire en le taillant sur les grosses, de manière qu'il ne reste plus aucune bourse : l'année suivante, il pousse des gourmands qui renouvellent l'arbre. Cette opération ne diffère de celle des rajeunissemens qu'en ce qu'on laisse les branches beaucoup plus longues. (*L. B.*)

*Page 419,
colonne II,
ligne 14.*

(155) *Olivier de Serres*, qui, dans tout ce
Lieu, éloigne l'idée de l'influence de la lune sur
les opérations de la culture des arbres, retombe
ici dans le ridicule du préjugé dominant.

Il y a, il est vrai, des arbres, et principalement de ceux qui sont greffés sur véritables sauvageons, qui ne portent jamais de fruits ; mais
ce n'est pas l'action de la lune qui produit cet
effet. Plusieurs causes peuvent y concourir
seules ou simultanément : la plus commune est
l'excessive vigueur de l'arbre, qui fait transformer tous les rameaux en gourmands. Dans
ce cas, souvent un simple raccourcissement des
rameaux, fait plutôt en contre-saison qu'à l'é-
poque indiquée par notre auteur, amène l'arbre
à fruit. Quelquefois sa transplantation dans un
autre terrein, ou le retranchement de quelques-
unes de ses principales racines, remplit le même
objet. D'autres fois enfin, il n'y a qu'une nouvelle greffe, soit en fente, soit en couronne,
soit en écusson sur nouveau bois, qui puisse
satisfaire les vues du cultivateur. Parmi les
autres, j'en pourrois citer une qui n'a peut-
être pas encore été remarquée : un pommier
très-vigoureux, de vingt à trente ans d'âge, se
chargeoit tous les printemps de fleurs et ne
portoit jamais de fruits ; je sondai ses racines,
et je trouvai qu'elles étoient baignées par les
eaux d'une source superficielle : je détournai
les eaux par un fossé, et l'arbre se chargea de
fruits l'année suivante. Il est sans doute encore
beaucoup d'autres causes de diverse nature,
qui agissent ensemble ou séparément pour produire cet effet, qu'on peut difficilement deviner, mais qu'un examen attentif fait toujours
trouver à l'homme éclairé. (*L. B.*)

*Page 420,
colonne I,
ligne 16.*

(156) Les chenilles qui nuisent le plus aux
arbres fruitiers, sont :

1°. La commune (*bombix chrysorhœa*, Fab.),
qui éclot en automne, et qui se file à l'extrémité
des rameaux un abri pour l'hiver : c'est celle
dont parle *Olivier de Serres*. Vivant en société
nombreuse, et ses nids étant visibles à tous les
yeux en cette saison, elle peut être facilement
détruite, en coupant les rameaux qui supportent leurs nids et en les brûlant.

2°. La livrée (*bombix neustria*, Fab.) : elle
éclot au printemps. Les œufs qui l'ont produite
restent fixés en spirale régulière autour des
petites branches. Elle ne vit point en société ;
aussi est-il plus difficile de la détruire complètement que la précédente. Il en tombe quelque
peu lorsqu'on secoue l'arbre, ou mieux quand
on frappe ses branches avec un bâton ; mais en
général il faut les tuer une par une pour s'en
débarrasser.

3°. Le zigzag (*bombix dispar*, Fab.) : elle
éclot au printemps ; c'est la plus grosse. Ses
œufs restent appliqués en larges taches sur le
corps de l'arbre ou sous ses grosses branches,
et cachés sous des poils bruns : elle vit solitaire. On peut facilement enlever ses œufs et
les brûler pendant l'hiver ; mais lorsqu'elle est
éclose, il n'y a d'autre ressource que de la rechercher une à une, comme la précédente. Il
est cependant encore facile de la détruire, en
écrasant ses nymphes qui s'attachent ordinairement sous les grosses branches ou sur le tronc.

L'étoilée (*bombix antiqua*, Fab.), plus rare
ordinairement que la précédente, mais se multi-
pliant cependant quelquefois excessivement, a
le même genre de vie, et ne peut être atteinte
que par les mêmes moyens de destruction.

Le psy (*noctua psy*, Fab.) paroît en été, fait
rarement beaucoup de dommages. L'insecte,
parfait, dépose ses œufs sur l'écorce : ne peut
être détruite qu'une à une.

La brumate (*phalæna brumata*, Fab.) paroît
au printemps, et ne laisse quelquefois pas une
feuille sur les arbres. Ses œufs sont déposés
dans les crevasses de l'écorce. Il n'y a d'autre
moyen de la détruire que de frapper sur l'arbre
avec un bâton.

Il y a encore un grand nombre d'autres chenilles qui vivent aux dépens des arbres fruitiers, mais elles sont ordinairement trop peu
abondantes, pour que leurs ravages soient sensibles.

Parmi les autres insectes qui s'attachent aux
feuilles des arbres, il faut mettre au premier
rang le tigre (*acanthia pyri*, Fab.), qui, suçant
la sève à travers l'épiderme des feuilles, les
dessèche, ainsi que les fruits, retarde la croissance de l'arbre, et même quelquefois le fait
périr. Ensuite placer les pucerons, qui pro-

duisent des effets analogues, quoiqu'en général moins graves par leurs suites.

On a indiqué les fumigations de tabac, de vieux cuir, etc., les infusions du même tabac, de suie, de sureau, etc., pour s'en débarrasser : ces moyens ont quelquefois réussi, mais on ne doit pas plus y compter que sur les milliers de recettes, toutes plus ridicules les unes que les autres, qu'on trouve dans les auteurs, et que vendent les charlatans.

Nous voyons souvent les pommes, les poires, les prunes, les cerises, etc., tomber en grand nombre, même en totalité, soit peu après la chute de la fleur, soit peu avant leur maturité par suite de l'introduction, dans leur intérieur, d'œufs de teignes, de pyrales, d'attelabes, de charançons, de tipules, et de mouches, qui donnent naissance à des larves plus ou moins grosses. On ne connoît pas de moyens pour empêcher leurs ravages, qui ne se font ordinairement remarquer que lorsqu'elles sont prêtes à se transformer en insectes parfaits. (*L. B.*)

Page 400, colonne II, ligne 16.

(157) Les vers qui attaquent le tronc des arbres fruitiers sont les larves d'une bombice (*bombix esculi*, Fab.) et de quelques espèces de saperdes, de leptures, et autres coléoptères, dont la destruction n'est pas facile. Le moyen indiqué par *Olivier de Serres* est le seul praticable, mais il est d'un bien petit effet.

Quant aux fourmis, c'est à tort qu'on les accuse de faire du mal aux arbres ; elles n'y sont attirées en bandes si nombreuses, que par le miélat qui s'extravase de l'épiderme de leurs feuilles, soit naturellement, soit par suite des piqûres des tures et des pucerons. (*L. B.*)

Idem, ligne 27.

(158) Sous le nom de mousse, *Olivier de Serres* confond les véritables mousses (*muscus*), les lichens (*lichenes*), et les jungermanes (*jungermaniæ*), qui naissent sur l'écorce des arbres languissans ou très-vieux. Ces plantes ne sont point, comme on le croit communément, de véritables parasites, c'est-à-dire qu'elles ne tirent pas leur nourriture de l'arbre même, mais comme leurs congénères croissant sur les pierres, elles vivent d'eau et d'air, ainsi elles ne font de tort aux arbres qu'en ce qu'elles empêchent leur transpiration, et entretiennent sur leur écorce

une humidité nuisible. On peut, pour s'en débarrasser, les racler, comme le conseille notre agronome, avec un couteau non tranchant. Il ne peut même résulter que du bien de l'enlèvement de la partie supérieure de l'écorce ; en conséquence on ne doit pas craindre de substituer la plane au couteau. Une manière très-avantageuse d'empêcher les mousses et les lichens de s'emparer d'un arbre, c'est d'en fendre l'écorce dans toute sa longueur, à un ou deux endroits différens, du côté du levant et du nord. Cette opération, qui ne se pratique guère qu'aux environs de Paris, accélère prodigieusement la croissance de l'arbre, ainsi qu'on peut facilement s'en convaincre en mesurant sa circonférence, et même seulement en considérant la plaie large souvent de plus de trois centimètres (un pouce). Sa théorie est fondée sur ce que l'écorce doit s'étendre à mesure que le bois s'augmente, et qu'elle oppose toujours une résistance qui est difficilement ou lentement vaincue, lorsque l'arbre n'est pas très-vigoureux. Aussi sont-ce ceux qui croissent dans un mauvais sol qui ont le plus besoin d'être ainsi traités de temps en temps. (*L. B.*)

Page 411, colonne I, ligne dern.

(159) Les arbres fruitiers, ainsi que les forestiers, portent rarement des fruits en même quantité tous les ans ; ils sont presque tous, sur-tout les plein-vents, greffés sur sauvageons, biennaux ou triennaux. La Nature semble avoir besoin de se reposer après avoir fait un grand effort. C'est dans les années de grande abondance que les conseils d'*Olivier de Serres* sont bons à suivre. Les arbres des jardins soumis à la taille, et qui ne portent toujours que la quantité de fruits qu'on leur commande, n'en ont pas besoin. (*L. B.*)

CHAPITRE XXVIII.

Page 401, colonne II, ligne 19.

(160) *Olivier de Serres* répète ici qu'on peut placer le safran (*crocus sativus*) sous les arbres fruitiers, et je rappelle en conséquence les observations que j'ai faites dans la note (154) contre cette pratique. Il faut faire attention que, quand il dit semer le safran, c'est mettre en terre ses oignons ; car nulle part, que je sache, on ne sème les graines de cette plante, qui ne donneroient des oignons utiles qu'après trois à quatre ans de soins et de dépenses.

Dans le Gatinois (voisinage de Nemours) où on cultive aujourd'hui beaucoup de safran, on ne met point en question s'il faut laisser croître l'herbe dans les terreins qui lui sont consacrés, pour en tirer parti comme foin; car on y est persuadé que la récolte de ce foin, quelque abondante qu'elle fût, ne pourroit pas dédommager de la diminution qu'elle occasionneroit dans celle du safran. Là on laboure les safranières quatre fois dans le cours de l'année, mais toujours très-légèrement, de crainte de blesser les oignons, et, dans aucun temps, on ne les couvre de branchages, la chaleur du soleil n'étant pas aussi à craindre dans ce climat que dans celui qu'habitoit *Olivier de Serres*; on ne les fume pas pendant les quatre à cinq ans que les oignons restent en terre. Aussi, après cette époque, la terre est-elle si épuisée, qu'il faut attendre dix à douze ans avant de penser à y remettre du safran.

C'est le pistil seul de la plante, appelé le *poil* par *Olivier de Serres*, qui est le but de la culture du safran. Ce pistil, divisé en trois stigmates, de couleur orangé et d'une odeur suave, fait l'objet d'un commerce fort avantageux, lorsqu'il est desséché convenablement. Ce que notre auteur dit sur cet objet suffit pour les cultivateurs, mais il ne parle pas des maladies du safran, et il convient de suppléer à ce silence.

On distingue dans le Gatinois trois principales maladies du safran.

Le *fausset*, qui est une protubérance monstrueuse, en forme de navet, qui arrête la végétation du jeune bulbe. C'est une véritable exostose qu'on ampute lorsqu'on relève les oignons. Il cause peu de dommages.

Le *tacon*; c'est une carie sèche qui attaque le centre même du bulbe et qui le fait mourir, lorsqu'on ne cerne pas à temps la place où elle s'est fixée. Elle est l'origine de la perte de beaucoup d'oignons.

La *mort*; c'est pour le safran ce que la peste est pour l'homme. Un oignon qui en est attaqué, communique le mal à tous ses voisins, et par suite à tout un champ. On ne peut arrêter ses ravages, qu'en ouvrant des tranchées profondes autour des endroits infestés. Des oignons placés quinze ou vingt ans après dans ces endroits, prennent la même maladie, qui est pro-

duite par une plante parasite du genre des truffes. *Duhamel* et *Bulliard* ont donné de bonnes figures de cette plante. (*L. B.*)

CHAPITRE XXIX.

(161) Le mode de labourage, indiqué par *Olivier de Serres*, pour le terrein destiné au chanvre (*cannabis sativa*), se pratique encore dans quelques cantons, même aux environs de Paris; mais il est trop coûteux pour être employé par-tout, sur-tout dans les pays de grande culture. Il faut donc ajouter à ce que dit *Olivier de Serres* que, lorsqu'on a de grands espaces à semer en chanvre, on doit employer la charrue, et faire au moins trois labours, dont un avant l'hiver et très-profond.

Les engrais répandus sur le sol sont quelquefois utiles, en ce qu'ils conservent l'humidité à la terre; mais ils ne produisent pas le quart de l'effet qu'ils auroient produit s'ils eussent été enterrés, sur-tout la fiente de pigeon, qui n'agit qu'à raison de la grande quantité de carbonne qu'elle contient. La théorie et la pratique commandent donc de les répandre avant le dernier labour.

Par-tout le semis du chanvre ne se fait que lorsqu'on n'a plus de gelées à craindre, car le jeune plant y est très-sensible; mais on doit moins s'inquiéter si la lune est dans son cours ou son décours pour le commencer, que si le ciel est disposé ou non à la pluie; une germination prompte étant fort avantageuse, et n'y ayant point de germination sans eau.

Olivier de Serres partage l'opinion du vulgaire, en disant que ce sont les pieds mâles qui portent les graines. Il est inutile, je pense, après ce qui a été dit à ce sujet dans les notes de *Vilmorin*, de chercher à prouver que c'est une erreur.

On a proposé, dans ces derniers temps, de faucher le chanvre femelle, parce que par-là on évite, et la rupture des tiges, et une moindre perte de graines; mais je ne sache pas qu'on ait mis nulle part ce conseil en pratique.

Les méthodes employées pour rouir le chanvre varient extrêmement. La meilleure est certainement

tainement de le mettre, aussitôt ou peu après qu'il est cueilli, dans une fosse où l'eau entre petit-à-petit et sorte de même. Celui qui est dans les eaux courantes, ou sur le pré, rouit trop lentement ; celui qui est dans des eaux absolument stagnantes, ou enfoui dans la terre, est exposé à noircir et à pourrir. Le temps du rouissage est plus ou moins long, selon la chaleur de l'atmosphère et la nature de l'eau. L'examen des brins du chanvre peut seul faire connoître qu'il est terminé.

Comme le but du rouissage est de décomposer, par un commencement de fermentation, l'espèce de résine qui unit les filamens du chanvre, on peut opérer un résultat semblable, en employant les menstrues qui dissolvent cette résine ; ainsi il y a déjà long-temps qu'on a proposé de le faire bouillir dans une lessive légèrement caustique, et, en ce moment, on répète à Paris des expériences, qui constatent qu'une dissolution bouillante de savon noir produit presque instantanément sur le chanvre l'effet du rouissage le plus complet. On gagne une moindre perte du filasse, du temps, de la force et de la blancheur, à adopter une de ces deux pratiques. (*L. B.*)

Page 406, *colonne* I, *ligne* 30. (162) On cultive le lin (*linum usitatissimum*) pour la filasse de sa tige, ou pour sa graine ; et, dans le premier cas, on désire ou la quantité ou la qualité. Les habitans des parties méridionales de la France recherchent la quantité, et en même temps la graine. On n'y sème que le lin commun, appelé lin chaud, ou tétard, et les procédés indiqués par *Olivier de Serres* suffisent pour eux ; mais dans les parties septentrionales où on a besoin d'une filasse longue et fine pour fabriquer les superbes batistes et les dentelles qui y font affluer tant d'argent, on ne demande que la qualité. On n'y sème que le lin froid, ou grand lin, qui demande une culture plus perfectionnée.

L'expérience a prouvé aux habitans des environs de Lille et de Valenciennes, par exemple, que la graine de lin dégénéroit très-rapidement, et que, pour récolter chez eux de ce lin à filasse en même temps très-longue et très-fine, il falloit semer de la graine venue de Riga. Ils en tirent donc tous les ans de cette ville une

certaine quantité, qu'ils sèment très-épais dans une excellente terre bien labourée et fumée. Ce lin monte si haut et est si grêle, qu'on est obligé de le soutenir avec des perches parallèles au terrein, et fixées à seize centimètres (un demi-pied) les unes des autres sur des pieux de trente-trois à soixante-six centimètres (un à deux pieds) d'élévation. (*L. B.*)

Page 407, *colonne* II, *ligne* 28. (163) Les observations faites précédemment, note (161), sur le rouissage du chanvre s'appliquent complètement à celui du lin ; ainsi on y renvoie le lecteur.

La graine de lin fait l'objet d'un commerce de première importance pour les Hollandois, et il est bien à désirer que la France puisse au moins produire celle qui est nécessaire à sa consommation. On tire de cette graine une huile qui sert à brûler et à peindre, et qui est employée dans quelques fabriques. (*L. B.*)

On trouvera dans un *Mémoire sur la culture, le commerce et l'emploi des chanvres et lins de France pour la marine et les arts, lu à l'Institut national le* 21 *Nivose an VIII, par J. B. Rougier-Labergerie*, des détails intéressans sur ces productions territoriales, qui peuvent remplacer avec avantage celles que nous tirons de l'étranger. (*H.*)

Page 409, *colonne* I, *ligne* 5. (164) Aujourd'hui la culture du pastel ou guède (*isatis tinctoria*) est un peu plus étendue en France que du temps d'*Olivier de Serres* ; mais elle ne l'est pas autant qu'elle mériteroit de l'être et qu'elle le seroit certainement, si elle n'avoit pas dans le commerce un rival avec lequel elle peut difficilement entrer en concurrence, je veux dire l'indigo (*indigofera tinctoria*), qui fournit une teinture un peu moins solide, mais bien plus abondante et même quelquefois à meilleur marché.

Olivier de Serres confond, à la fin de son article, l'emploi du pastel avec celui de l'indigo, qu'on connoissoit à peine à l'époque où il écrivoit.

Une considération importante à ajouter aux motifs de cultiver le pastel, c'est qu'il est vivace, vient passablement dans les terreins médiocres, reste toujours vert, et plaît beau-

coup aux bestiaux. On peut peut-être en tirer
de plus grands avantages sous le rapport de
plante fourrageuse que sous celui de plante
tinctoriale. (*L. B.*)

*Page 430,
colonne I,
ligne neuvième.*

(165) La garance (*rubia tinctorum*), quoiqu'originaire des pays chauds, croît fort bien
dans ceux du nord, et ne craint aucunement
les gelées. Lorsqu'on la multiplie par graine,
on se sert souvent du procédé indiqué par
Olivier de Serres; cependant il vaut mieux la
semer en pépinière, où l'on a la faculté de l'arroser, et d'où, à un an, on peut la transplanter
en quinconce dans le terrein qui lui est destiné. Il est aussi très-avantageux de réserver
dans ce terrein des plate-bandes vides, qu'on
cultive en légumes les trois premières années,
et dont la terre sert à recouvrir le plant pendant
l'hiver qui précède la quatrième, afin d'obliger
les racines à grossir et à pousser de nouveaux
jets.

La nuance de la garance qu'on cultive dans les
pays froids s'affoiblit à la longue, si on ne renouvelle pas le plant avec de la graine tirée des
pays chauds. C'est ce qui avoit déterminé l'ancien Gouvernement à faire venir une grande
quantité de graine de Smyrne, pour être distribuée aux cultivateurs qui en désireroient.
Cette généreuse opération a remonté nos ga-
rances d'une manière très-sensible, mais ses
effets commencent à ne plus se faire sentir, et
l'intérêt de l'Agriculture en sollicite le renouvellement.

La garance sert à donner aux laines une couleur rouge-terne très-solide, et à fixer plusieurs
autres couleurs simples ou composées. Par des
procédés longs et difficiles, on parvient aussi à
l'employer sur le coton, et à y faire ce qu'on appelle le rouge d'Andrinople: elle teint de la même
couleur les os des animaux qui en mangent.

Ses feuilles sont recherchées des vaches, et
peuvent être coupées, sans beaucoup d'inconvéniens, jusqu'à deux fois dans un été; sur-tout
lorsque la garancière est destinée à être détruite
l'hiver suivant. (*L. B.*)

*Idem,
colonne II,
ligne 34.*

(166) Il est assez difficile d'assurer quelle
est la plante dont *Olivier de Serres* veut parler

sous le nom de gaude ou genest d'Espagne. On
peut croire qu'il a rédigé cet article sur des rapports incohérens, et non d'après sa propre expérience. En effet, il semble d'abord qu'il est
question de ce que nous appelons encore gaude
(*reseda luteola*), soit par similitude de nom,
soit par le caractère donné à la graine; mais
ensuite on peut supposer s'être trompé, lorsque
notre auteur ajoute qu'elle reste plusieurs années en terre, et que ses tiges sont du bois,
tandis que la gaude est bisannuelle et que sa
tige est herbacée. Ce n'est pas davantage notre
genêt d'Espagne (*spartium junceum*), qui a de
grandes fleurs et de grosses semences. Il est
présumable qu'*Olivier de Serres* a entendu parler
du genêt des teinturiers (*genista tinctoria*),
plante dont nos pères se servoient fréquemment.
Au reste, ces trois plantes donnent également
une teinture jaune. Si on emploie aujourd'hui
la gaude (*reseda luteola*) de préférence, c'est
qu'elle est facile à cultiver, et qu'elle fournit des
parties colorantes plus intenses et plus abondantes. (*L. B.*)

*Page 430,
colonne II,
ligne 38.*

(166 *bis*.) Le chardon à draps, ou à foulon, ou
à bonnetier, qu'on appelle aussi cardère (*dip-
sacus fullonum*), étant une plante bisannuelle,
ne doit pas être semée au commencement du
printemps, comme le dit *Olivier de Serres*, mais
bien en automne, afin que ses pieds aient le
temps de se fortifier avant et pendant l'hiver,
et puissent, par suite, fournir en été des tiges
fortes et bien garnies de têtes. Peut-être, au
reste, le mode de culture proposé par *Olivier
de Serres*, est-il celui qui convient à cette plante
dans les pays chauds.

La culture du chardon à foulon est une des
plus avantageuses; mais, comme la consommation de ses produits est nécessairement bornée, elle ne peut s'étendre autant que beaucoup
d'autres; aussi est-elle cantonnée dans un petit
nombre de lieux. (*L. B.*)

*Page 431,
colonne I,
ligne 32.*

(166 *ter*.) On pourroit disserter long-temps sur
la liste que fait *Olivier de Serres* des objets dont
un agriculteur peut tirer parti, sans nuire à son
exploitation; on pourroit même beaucoup augmenter cette liste, mais cela meneroit plus loin

que de simples notes ne le comportent. Je ne puis cependant me refuser au désir de solliciter les propriétaires qui font valoir leurs biens, et même les simples fermiers, de s'occuper de la fabrication de la potasse (matière du verre, comme l'appelle notre auteur). En effet, cette substance, d'un usage si général pour la fabrication du verre, du savon mou, de plusieurs sortes de teintures, des lessives, etc., se tire en grande partie de l'étranger, et devient de plus en plus chère. Il est cependant facile à tout habitant de la campagne d'en faire, non seulement pour son usage, mais encore pour le commerce. Pour cela, il ne s'agit que de faire ramasser toutes les plantes à demi-ligneuses, comme chardons, orties, fougères, inules, salicaires, épilobes, bardanes, centaurées, armoises, bidens, cardères, panicauts, eupatoires, anserines, chicorées, digitales, menthes, hélianthes, berces, conyzes, millepertuis, tabacs, marubes, panais, verveines, et de les brûler, quelque temps avant la maturité de leurs graines, dans des fosses pratiquées en terre, de manière à ce que la combustion en soit la plus lente possible. Toutes ces plantes, ordinairement perdues, peuvent en produire plus ou moins; mais toujours assez pour dédommager des frais, dans les lieux où elles sont abondantes, et elles le sont dans beaucoup d'endroits. (*L. B.*)

Page 433, tome I, ne dern.

(167) Les cannes (*arundo donax*) ne viennent en maturité parfaite que dans les parties méridionales de la France. On peut bien en avoir quelques pieds, pour la curiosité, dans le climat de Paris, mais elles ne pourront jamais y faire un article de culture important, sous les rapports de l'utilité. (*L. B.*)

CHAPITRE XXX.

Page 435, tome I, ne 43.

(168) On voit par le texte d'*Olivier de Serres*, que l'utilité qu'on retire de la clôture des propriétés a été sentie par les bons esprits de son temps, comme il l'est de ceux du nôtre, et le sera éternellement. Il est superflu de chercher à prouver une vérité qui est devenue triviale en théorie, mais on ne peut trop en prêcher l'exécution à laquelle l'habitude, les usages locaux, les lois mêmes, s'opposent dans quelques cantons.

Aux clôtures des murailles indiquées par *Olivier de Serres*, il convient d'ajouter celles en briques cuites, ou en briques séchées simplement au soleil, ou celles en pisé. Ces dernières doivent être recommandées par-tout, à raison de la facilité et de l'économie de leur construction, sur-tout dans les parties méridionales de l'Europe, où la sécheresse habituelle de l'atmosphère favorise leur conservation. (*L. B.*)

Page 436, colonne II, ligne pénult.

(169) Les haies sèches sont une véritable espèce de palissade, qui auroit bien mérité un article à part dans le texte d'*Olivier de Serres*. On la fait ordinairement avec l'aubépin, mais on peut y employer tous les bois durs, tels que le chêne, le charme, le frêne, l'orme, etc. Il convient qu'elle soit enterrée de quelques centimètres (pouces), et consolidée des deux côtés par un ou deux rangs de perches attachées avec des amares de bois de chêne ou de châtaignier, à des pieux profondément enfoncés dans la terre, et brûlés par leur pointe. Une telle haie peut, dans un pays pas trop humide, subsister cinq à six ans sans réparations majeures, pourvu que la main de l'homme et les efforts des animaux n'en accélèrent pas la ruine.

Il est une autre espèce de clôture qu'on peut ranger dans la classe des palissades, quoiqu'elle s'en éloigne beaucoup: c'est celle qui est faite avec une, deux, trois, ou un plus grand nombre de perches parallèles au terrein et entr'elles, et fixées, soit dans des mortaises, soit avec des liens, soit avec des chevilles ou des clous, à des poteaux fixés en terre de distance en distance. On l'emploie pour empêcher les gros bestiaux d'entrer dans les champs ou les prés, ou simplement pour indiquer au public que le passage y est défendu. Elles suffisent dans bien des cas, et sans doute elles seroient plus communes, si la facilité d'en voler les matériaux n'en dégoûtoit maint propriétaire.

Certainement l'aubépin (*cratægus oxiacantha*), est le meilleur arbuste qu'on puisse choisir pour faire des haies dans la plupart des cantons de la France, mais il en est encore d'autres qui ne doivent pas être repoussés, et qui sont même *préférables* dans certains sols. Le pommier, le poirier, et le prunier sauvages, ne lui sont guère inférieurs. Il en est de même du néflier et du coignassier. Le charme, l'orme, le hêtre, le chêne, et le mûrier, sont des défenses fort bonnes, lorsqu'ils sont bien conduits : l'érable champêtre et celui de Montpellier, conviennent beaucoup dans les terreins sablonneux et arides : le prunelier, l'ajonc, le groselier épineux, le rosier sauvage, la ronce, y sont souvent employés. Dans les parties méridionales on choisit souvent le grenadier, le nerprun, le jujubier, et le paliure.

J'ai vu en Italie de très-bonnes haies faites avec le thuya ; dans d'autres lieux avec l'if ; enfin il est peu d'arbres et d'arbustes qu'on ne puisse rendre utiles sous ce rapport ; le difficile est seulement de savoir choisir, comme je l'ai déjà dit, selon la nature du terrein, et de bien conduire le semis et le plant dans les premières années. (*L. B.*)

Page 437, colonne I, ligne 24. (170) Il n'est pas possible de soutenir que les haies composées d'une grande quantité d'espèces d'arbres ou arbustes, soient jamais d'aussi bonne défense que celles qui ne sont formées que d'une seule, et ce, par la difficulté de faire coïncider ensemble des branches qui ont une direction différente. Cependant ces haies sont celles de la Nature, et elles durent éternellement, tandis que les autres, épuisant rapidement le terrein, se détériorent, sans pouvoir être regarnies, et finissent par être anéanties souvent même au bout d'un petit nombre d'années. Quel est l'agriculteur qui n'a pas vu cent exemples de ces faits dans les haies de son canton ?

Je ne crois pas qu'il soit nécessaire de faire sentir le ridicule du moyen proposé pour serrer une haie avec une corde. (*L. B.*)

Page 437, colonne I, ligne dern. (171) Le houx (*ilex aquifolium*) est en effet excellent pour faire des haies, aussi l'y emploie-t-on fréquemment dans les pays de montagnes. Il n'est cependant pas juste de dire qu'il vient mieux de plant enraciné que de semence, car peu d'arbres sont plus difficiles que lui à la reprise, sur-tout lorsqu'il a été enlevé dans les bois. Je crois donc qu'il vaut beaucoup mieux conseiller de le semer en place, ce qui conservera au plant le pivot, toujours si important pour le succès de sa croissance. (*L. B.*)

Page 438, colonne II, ligne dern. (172) Le moyen proposé ici par *Olivier de Serres* s'appelle, en langage moderne, greffe en lozange par approche. On ne peut trop conseiller de l'employer, non seulement dans le cas énoncé, mais dans toutes sortes de haies, sur-tout dans celles d'une seule espèce d'arbres. Ce moyen, outre qu'il fortifie singulièrement la défense, assure sa conservation, car il fait un seul pied de tous, et leur donne une vie commune qui supplée à la mort des racines d'un ou de plusieurs d'entr'eux. (*L. B.*)

Nous terminerons les notes sur ce chapitre, en indiquant à nos lecteurs le *Mémoire sur les haies, par M. Amoreux*, couronné par l'Académie des sciences de Lyon en 1784, et imprimé en 1787, *in-8°*. Ils trouveront dans cet ouvrage une foule de détails que ne pourroient comporter de simples notes. (*H.*)

FIN DU SIXIESME LIEU.

SEPTIESME LIEU

DU THÉATRE D'AGRICULTURE,

ET

MESNAGE DES CHAMPS.

DE L'EAU ET DU BOIS.

SOMMAIRE DESCRIPTION

DU SEPTIESME LIEU, OU SE VOID

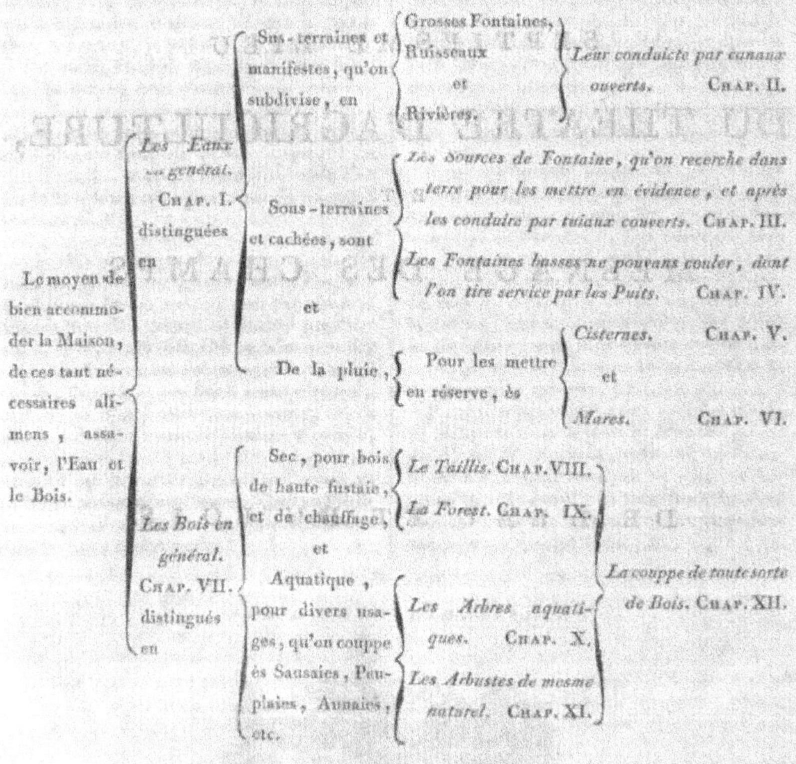

Le moyen de bien accommoder la Maison, de ces tant nécessaires alimens, assavoir, l'Eau et le Bois.

Les Eaux en général. CHAP. I. distinguées en

Sus-terraines et manifestes, qu'on subdivise, en

Grosses Fontaines, Ruisseaux et Rivières.

Leur conduicte par canaux ouverts. CHAP. II.

Sous-terraines et cachées, sont

Les Sources de Fontaine, qu'on recerche dans terre pour les mettre en évidence, et après les conduire par tuiaux couverts. CHAP. III.

Les Fontaines basses ne pouvans couler, dont l'on tire service par les Puits. CHAP. IV.

et

De la pluie, Pour les mettre en réserve, ès

Cisternes. CHAP. V. et *Mares.* CHAP. VI.

Les Bois en général. CHAP. VII. distingués en

Sec, pour bois de haute fustaie, et de chauffage, et

Le Taillis. CHAP. VIII. *La Forest.* CHAP. IX.

Aquatique, pour divers usages, qu'on couppe ès Sausaies, Peuplaies, Aunaies, etc.

Les Arbres aquatiques. CHAP. X. *Les Arbustes de mesme naturel.* CHAP. XI.

La couppe de toute sorte de Bois. CHAP. XII.

SEPTIESME LIEU

DU THÉATRE D'AGRICULTURE,

ET

MESNAGE DES CHAMPS.

AVANT-PROPOS.

De l'utilité de l'Eau et du Bois.

Avec très-grande raison, les Anciens et Modernes, se sont arrestés là, que de préférer à tous autres lieux, celui qui le mieux est accommodé d'eau et de bois: car après la santé de l'aër, qui est le fondement de tout séjour, de l'eau et du bois dépendent, et l'estre et le support de ceste vie, Dieu ayant ordonné l'humidité et la chaleur, pour principales causes de la génération. C'est pourquoi, dès toute ancienneté les rives des remarquables fleuves et orées des grandes forests, ont esté choisies pour la construction des grosses villes, par le moyen de telles aisances, les peuples s'y pouvant commodément habiter et multiplier. Et si bien aujourd'hui se voyent peu de grandes villes avoir en dos la forest, comme plusieurs baigner leurs murailles dans les rivières, faut conclure, que de mesme seroient-elles esloignées de l'eau que du bois, si l'usage l'eust peu consumer, comme par la révolution des temps, les forests se sont désertées. Du soin que

nos rois ont eu, le temps passé, de la conservation de ces deux alimens-ci, est sortie la création des offices de garde des eaux et forests (1). Aussi par les anciens jurisconsultes et législateurs, a bien esté remarquée la vertu de telles nécessaires choses, en la défence qu'ils ont faicte à toutes personnes, d'administrer aux criminels fugitifs, de l'eau et du feu, par le desni de l'usage de tels nécessaires élémens, les punissans rigoureusement. La preuve ordinaire nous faict confesser les hommes ne pouvoir subsister, ne sains ne malades, sans le service de l'eau et du bois: aussi, moyennant lesdictes commodités, sans autres naturelles, une terre ne sera mal assise: ains employant et l'une et l'autre, ainsi qu'il appartient, s'en rendra des plus belles et fertiles, où favorisée du ciel, ne manqueront ne prairies, ne jardinages, ne fruicts des arbres, ne blés, ne vins, ne poisson, ne gibier. En somme, par le moyen de l'eau et du bois, tout abonde en un lieu. Défaillant l'une de telles commodités, défaut de mesme au terroir la moitié de sa beauté et bonté, et comme mutilé de ses principaux membres, demeure manque et imparfaict. Pour telles raisons donques, autant difficilement peut-on discerner laquelle des deux commodités est la meilleure, que d'exprimer les biens qu'on tire des terres ornées des deux ensemble. Il est vrai, que l'eau est à préférer au bois en ce poinct, qu'elle faict produire plusieurs sortes d'arbres, où le bois ne peut moyenner aucune eau. Le bois au contraire, se treuve plus recommendable que l'eau, pour la longueur et difficulté de son accroissement, et la grande despence qui court au charroi du bois pour la provision d'une bonne maison, quand l'on est contraint de l'aller querir loin ; suivant la maxime, que *les choses les plus difficiles à recouvrer, sont les plus précieuses :* cédant l'eau au bois en ce cas, que par tout l'on s'abbruvera dans peu de temps, quand ce ne seroit que par cisternes, défaillans autres moyens, comme sera monstré. Dont il semble estre plus raisonnable, de viser plustost au bois, qu'à l'eau. Mais pour n'entrer plus avant en ceste dispute, la laissant aux philosophes, nous-nous arresterons là, que puis que Dieu a assujéti l'entretenement de nostre vie sous les quatre élémens, desquels l'eau et le feu, nourri par le bois, font la moitié ; nous poserons en mesme reng, l'eau et le bois, pour de mesme main et pareille affection, nous fournir de l'un et de l'autre. Et bien-que pour la nécessité de ces choses, il semble que la recerche de l'eau et du bois doive estre joincte avec l'ordonnance de la maison, avant qu'entrer au discours du labourage des terres : par bonne raison j'ai réservé d'en traicter en cest endroit, ainsi qu'il a esté touché ci-devant.

Liou I, chap. v.

CHAPITRE PREMIER.

Les Eaux en général.

Commenceant par l'eau, je dirai qu'en ceci elle surpasse les autres élémens, que de servir d'aliment : en tant qu'elle abbruve toute sorte d'animaux, ne donnans immédiatement aucune nourriture, ni le feu, ni l'aer, ni la terre. C'est par l'eau que toutes habitations sont rendues agréables et saines, et tous terroirs fertils. Quel plaisir est-ce de contempler les belles et claires eaux coulantes à l'entour de vostre maison, semblans vous tenir compaignie ? Qui rejaillissent en haut par un million d'inventions, qui parlent, qui chantent en musique, qui contrefont le chant des oiseaux, l'escoupeterie des arquebusades, le son de l'artillerie, comme de tels miracles se voyent en plusieurs lieux, mesme à Tivoli, à Pratoli et autres de l'Italie ? Et très-naïfvement à Sainct-Germain en Laie, où le roi a de nouveau faict construire telles et autres magnificences, admirées de tous ceux qui les contemplent. Quant à la santé, les salubres eaux courantes rafreschissent l'aer en esté, en toutes saisons servent à la netteté, lavans les immondices du mesnage : faute de quoi faire, n'ayant l'eau à commandement, souvent l'on tumbe en grandes maladies et langueurs. La peste, à faute d'eau, se fourre quelques-fois parmi les armées. Le bestail aussi n'estant bien abbruvé, ne faict jamais bonne fin : au contraire, tous-jours se porte d'autant mieux, que mieux il est accommodé d'eau. Du profit qu'en dirons-nous ? N'est-ce pas

Utilité de l'eau.

pas l'eau, qui par ses arrousemens, convertit en bonne, la mauvaise terre, la rendant propre à produire abondamment, arbres, fruicts d'iceux, foins, herbes des jardinages, et plusieurs autres biens, mesme blés et vins ? Aussi à telle occasion, est-elle dicte, asseurée alchimie, d'autant qu'en peu de temps elle se convertit en or et argent, par le moyen des choses susdictes : et par les divers moulins qu'elle anime, souventes-fois avec revenu excédant celui de la terre. En l'article du profit venant de l'eau, sera couchée la pesche : autant grand qu'on le pourroit imaginer ; comme ailleurs particuliérement je l'ai représenté.

Liv. V, Chap. XXII.

Affection des hommes à conduire l'eau

Ces choses recogneues de toute ancienneté, les hommes ont tasché de s'accommoder d'eau, selon que leurs esprits et facultés leur en ont suggéré les moyens. La Nature aussi y a travaillé, d'elle-mesme, en plusieurs lieux, mais avec grande merveille, en Égypte, où l'eau du Nil s'enflant, inonde la terre trois mois continuels, passé ce temps-là, l'eau retirée, laisse un gras limon, sur lequel le peuple sème ses grains avec peu de labeur et grand rapport. Mais par ne pouvoir estre unité tel arrousement naturel, je n'en discourrai plus avant, ni de plusieurs autres admirables eaux, dont *Pline*, *Vitruve* et autres Anciens, font mention, pour mettre en évidence l'ingénieuse invention de *Crappone*, gentil-homme Provençal, qui en l'année mil cinq cens cinquante-sept fit conduire à Selon de Craux en Provence, un bras de l'eau de la Durence, par un large canal prins à cinq lieues de ladicte ville. Ceste eau-là, pour avoir faict changer de visage aux terroirs qu'elle arrouse, leur a causé

Propriété de l'eau du Nil

Canal de Selon de Craux en Provence

d'autant plus de profit, qu'au-paravant ils estoient de peu de valeur, à raison de l'importune chaleur méridionale du pays : et si a utilement accommodé de moulins, les peuples de ces quartiers-là, à la louange de l'inventeur, duquel la mémoire se conserve avec la jouïssance du fruict de son patient labeur. La ville d'Arles suivant les traces de Selon, s'est despuis accommodée de la mesme rivière : partie de laquelle, passant par la Craux, terroir de son naturel sec et aride, se rend en ladicte ville, pour les arrousemens et moulins, au grand bien du peuple. Et comme par émulation les uns apprennent des autres, j'ai en mon particulier, suivi l'invention de *Crappone*, en la conduicte d'une petite eau perenne : laquelle passant à l'entour de ceste mienne maison, arrouse ma terre, et finalement se rend à mes moulins. Ayant l'entreprinse au commencement esté jugée autant vaine, que l'effect l'a despuis approuvée utile et profitable (2).

Canal d'Arles

Du Frondel

Infinis autres exemples vous pourrois-je produire sur telle matière, se voyans plusieurs villes de ce royaume, arrousées par des acqueducts traversans et virevoutans leurs terroirs. Et sur tous les peuples de ce temps-ci, les Alemans, Flamans, Anglois, Lombards, excellent les autres en la conduicte des eaux, desquelles leurs villes en mille sortes se voyent parées, sans espargner ni le marbre, ni le bronze, ni le leton, ni l'or, ni l'argent, ni l'azur, qu'on y void magnifiquement reluire. A Francedal, ville nouvellement commencée à bastir près de Wormes en Alemagne, a esté faict un grand canal conduisant de l'eau de la rivière du Rhin jusques en ladicte ville, où après avoir rempli les fossés, servi leurs moulins et foulons, se descharge dans la mesme rivière portant bateau pour leurs trafiques. Nous devons telles magnifiques inventions à la mémoire des anciens Romains, qui extremement amateurs des eaux, avec admirables despences en ont faict conduire ès villes où ils ont commandé, comme en infinis endroits les vestiges s'en voyent. Ès reliques de l'antiquité, dont l'Italie est remplie, spécialement Rome, se remarquent plusieurs excellens aqueducts. En ce royaume aussi en divers lieux : à Arcueil près de Paris (3) : à Authun en Bourgongne : à Poitiers : ès environs de Lion : à Orange : à Arles void-on beaucoup de ruines de pareille estoffe. Mais par dessus telles mazures paroist presques tout entier l'excellent pont du Gar, à Sainct-Privat en Languedoc, rare lieu, et par nature et par artifice, digne séjour de son seigneur. Par les anciens Romains du temps de leur domination en Gaule, ce pont a esté basti sur la rivière du Gardon, expressément pour faire traverser ladicte rivière à une fontaine que du costé d'Uzès ils conduisoient à Nismes, ville et colonie Romaine. Laquelle fontaine le pont recevoit d'une montaigne pour la rendre à l'autre, les deux joignans la rivière, selon que cela se preuve par les vestiges de son ancien chemin. Pour la profondeur de la vallée, le pont est hautement basti, à trois rengées d'arcades l'une sur l'autre, dont la dernière porte le canal, ingénieusement cimenté. Cest ouvrage est d'ordre Tuscan, composé de pierres de merveilleuse grandeur et artifice ; inimitable invention.

N'estant nostre maison des champs assise près de la rivière, ni accommodée naturellement de fontaines, ni de ruisseaux, recercherons curieusement le moyen de nous fournir de bonne eau, en si grande abondance, et à moins de frais que pourrons. Sur quoi noterons que de trois sortes principales d'eaux y a-il : des sus-terraines et manifestes : des sous-terraines et cachées : et de la pluie. Les premières subdiviserons en trois, en fontaines, en ruisseaux, en rivières. Les fontaines et ruisseaux retiennent leur nom tant qu'elles sont modérées en grandeur, à mesure de leur engrossissement, changeans d'appellation : car une grosse fontaine se convertit en ruisseau, et un gros ruisseau, en rivière. Des sources sous-terraines et eaux cachées, estans mises en évidence, le changement de nom n'est à remarquer : non plus que celui des rivières, qui avec leur estat, conservent leurs tiltres. Au reng des sources sous-terraines mettrons-nous les puits estans espèce de fontaine, laquelle se treuvant basse, ne peut couler dessus la terre, dont par artifice on est contraint d'en ramonter l'eau en haut. Quant aux eaux de la pluie, ce sont celles dont, sous le nom de cisternes, l'on se sert, serrées et gardées dans des receptacles ainsi appellés. Les mares, cogneues en plusieurs endroits, participent et des puits et des cisternes, entant que ses sources basses, sont fortifiées des eaux des pluies, qui retenues en un endroit, se conservent pour le mesnage. De toutes lesquelles eaux, tire-on service en diverses sortes, selon leurs diverses valeurs, qualités, et lieux où elles se rencontrent.

CHAPITRE II.

Les grosses Fontaines, Ruisseaux et Rivières, ou Eaux sus-terraines et manifestes, et leur conduicte par Canaux ouverts.

Pour se servir de ces eaux-ci, la considération de leur situation est pour un préallable, très-requise, afin de prendre avis sur leur conduicte, présupposé que soyés asseuré de leur valeur. Car d'attirer à soi des eaux mal-saines, ou infructueuses, ne doit entrer en l'entendement d'aucun. De parler ici des eaux navigables, n'est aussi mon intention, estant ce la Nature elle-mesme qui seule ordonne sur telles matières. Ou ce seroit que pour l'abondance d'eau, la prenant en quelque bonne rivière, et par la facilité du chemin, on fût incité d'en faire le canal tant ample, qu'il suffit à recevoir des bâteaux pour la débite des fruicts de la maison ; à l'exemple des petites rivières de Lion, d'Estempes, et autres, qui se deschargent dans la Seine au-dessus de Paris.

De ces trois sortes d'eaux, la plus souhaittable est celle de fontaine, à laquélle, seule, nous-nous arresterons, si son abondance fournit à toutes nos nécessités, pour la conduire diversement

selon la diversité de ses services. C'est assavoir, partie en tuiaux clos, pour le boire ordinaire, afin d'estre nette et fresche, et partie en canal ouvert pour les moulins, arrousemens, fourniture d'estangs et semblables services. Mais si pour son impuissance, la fontaine ne peut faire

que nous abbruver, et arrouser quelque peu les jardins : et elle et le ruisseau, ou à son défaut la rivière, seront employés, afin d'arrouser en grand volume, et faire moudre les moulins. Or d'autant que pour la conduicte de toutes eaux, soit à couvert, soit à descouvert, le chemin doit estre préparé avec artifice requis, sera en cest endroit donnée l'addresse de faire le canal ouvert, dont l'on se sert généralement en toute sorte d'aqueducts : en attendant qu'ayant mis en évidence les fontaines sous-terraines, avec les autres soyent conduictes en tuiaux clos, ainsi qu'il appartient, et sera ci-après enseigné.

La première œuvre, sera la remarque du lieu de la prinse de l'eau, pour la faire la plus près de vous que pourrés, à ce que moins en couste la fabrique et l'entretenement, que plus court en sera le chemin. Si le naturel de l'assiete vous contraint de prendre l'eau hors de vostre terre, acquerrés du seigneur de fief vostre voisin, le tiltre de telle faculté, par les plus asseurés moyens que trouverés par conseil : afin que sans destourbier, puissiés venir à bout de vostre entreprinse, et que pour l'avenir, muni de bon droict, jouissiés paisiblement du vostre labeur, sans crainte de l'envie, qui communément accompaigne ceux qui font bien leurs affaires. Ce fondement posé, le

chemin que vostre eau a à tenir, sera finement nivelé avec le grand niveau, lui donnant tant de pente qu'il sera possible, pour vistement la faire descendre où désirés, selon qu'il est requis. Cela sera aisé, si le naturel favorise l'œuvre : mais n'ayant à choisir de place pour la prinse de l'eau, mesnageant son chemin, la prendrés en endroit d'où justement elle

Quelle pente luy donner; & vous garder la consolidation.

puisse couler és lieux destinés. Et moyennant que le plomb du niveau pende tant soit peu, ne doubtés que l'eau n'aille par le canal ainsi préparé. Ceci est considérable, que tant plus grande abondance d'eau y a-il, plus viste va-elle, voire ne s'arrestera nullement, bien-que le chemin n'eust aucune pente, parce qu'une eau pousse l'autre avec violence. Pour laquelle cause, plus de liberté a-on de conduire une grande, qu'une petite eau, ceste-là, allant en canal peu ou prou pendant : mais ceste-ci, ne peut découler que par chemin ayant raisonnable pente.

Pendant la largeur du canal.

Aussi sont à noter la largeur et la profondeur du canal, pour les mesurer, par l'eau, et par le chemin : afin que selon la grandeur ou petitesse de l'eau, grande ou petite pente du lieu, le canal se face large ou estroict, et de mesme profond. Encores que l'eau soit abondante, si elle est en lieu fort pendant, estroict canal suffira pour sa contenue : et au contraire, une petite eau estant en endroit peu pendant, requiert d'avoir le canal fort large. A la résolution de cest avis, aidera beaucoup l'imagination du service que désirons tirer de nostre eau. Car si ce sont grandes estendues de prairies ou autres terroirs, qu'en désirons arrouser : si la voulons employer en moulins de remarque : ou à la fourniture de grands estangs, son abondance, pouvant satisfaire à ces choses, plus large et plus profond en faudra tenir le canal, que pour mesnages de moindre importance. Qui sera pour toute

Faut proportionner les grandeurs qu'il l'eau charrie.

mesure, dont à l'œil, nostre père-de-famille ordonnera, par son bon sens : mettant en conte les engraissemens que charrie l'eau en temps de pluie, procédans des laveures des champs labourés, et

fumés, pour n'en perdre aucuns, ains afin de les recevoir tous, faire que le canal, pour mince que soit l'eau, demeure plustost trop grand, que trop petit.

En nécessaire de faire le canal à profit.

Se doit estudier, le père-de-famille, à profitablement disposer cest ouvrage, à ce qu'avec peu de despence il s'entretienne, et que non-sujet à fréquente ruïne, se conserve longuement en bon estat. La prinse de l'eau en est le plus difficile article, ayant à résister à l'impétuosité des eaux, dont souventes-fois avient, qu'elle est emportée par les ravines des pluies. Si avés de reste de niveau, c'est à dire, si pouvés prendre l'eau tant hautement qu'il vous plaira, et que le lieu soit rocher, pourveoirés à ceci dès le commencement : car il ne faut que creuser la prinse de l'eau dès le rocher pour la faire de perpétuelle durée : où parti de là, n'y aura autre chose à réparer, que d'en oster le gravier et terrain qui en bouchent l'entrée, quand les eaux s'engrossissent par les pluies. Et encores que pour sa durté,

Dans le rocher est le meilleur.

le rocher couste beaucoup à tailler; si est-ce que le non-refaire rendra l'œuvre à bon marché : et causera davantage grand repos, n'estant à tous coups en pensement d'y remettre la main ; comme il avient à toutes autres prinses d'eau, ausquelles y a tous-jours de la besongne, et souventes-fois, est-on contraint à les réédifier de nouveau.

Hausser la prinse de l'eau lors qu'il lieu, dans le rocher.

S'il eschéoit que pour la bassesse du lieu, il falle hausser la prinse, afin de ramonter l'eau la jettant dans le canal, la chose se fera à profit, pourveu que le fonds soit rocher: dans lequel fourrera-on droictement des gros bois, qui portans des pièces traversantes, feront la prinse de l'eau. Telle prinse durera longuement,

non plus toutes-fois que le requiert la qualité de la matière, qui sujette à pourriture,
à la longue se consume : et quelques-fois ne
pouvant souffrir l'impétuosité des eaux,
par icelles est le tout renversé.

Moins encores durent les prinses d'eau,
quand, par faute de rocher, ne peuvent
estre fondées que sur le sablon, ou gravois, où l'on fourre des pilotis, y entre-
lardant des pièces traversantes attachées
avec crampons de fer et grosses chevilles,
car par l'insolidité du fondement, et
violence des eaux, l'artifice se déserte
dans quelque temps.

D'autres, avec moins de mystère, œu-
vrent en cest endroit, ne se servans que
de la pierre, dont ils composent leurs
prinses en l'eau, avec un peu de terre
qu'ils y ad-joustent au-dessus : mais c'est
par la faveur du lieu, qui continuellement
leur fournit nouvelle matière. Et si bien
telles prinses ne coustent guières, aussi
leur durée est très-petite, se ruinans presques du tout à chaque fois que les eaux s'engrossissent. Ainsi void-on qu'il n'y a que
le seul rocher, qui résiste contre le temps
et les eaux, pour estre de durée requise.

Quant au canal, il est certain que le
taillé dans le rocher, surpasse tous autres, et pour la durée, et pour la conservation de l'eau, la gardant de se perdre
en chemin : mais cela n'est à souhaitter
pour la longueur de l'ouvrage, causant
trop grande despence en sa fabrique. Parquoi, suffira de le faire passer en terre
solide, plustost argilleuse que sablonneuse, ceste-là ne consumant tant d'eau
que ceste-ci. Et pourveu que le canal soit
de bonne profondeur, ne doubtés de son
service : à la charge aussi, d'estre tenu
net, sans souffrir que par négligence il
se comble, comme à la longue de soi-
mesme il feroit, si quelques-fois l'année,
il n'estoit curé. Avenant qu'en chemin se
rencontrent des vallons et enfoncemens
par où passent des torrens : afin que leurs
eaux ne desrompent vostre canal, ou le
comblent, quand avec violence elles descendent des montaignes emportans de la
terre, faudra, remédiant à tels maux,
bastir des ponts de maçonnerie à travers
iceux vallons, pour porter vostre eau claire
et nette : passant cependant dessous les
ponts, celle des torrens. Ou au contraire,
si mieux l'aimés, le lieu s'y accommodant,
ferés des ponts à travers vostre canal,
pour recevoir l'eau des torrens et la rejetter en hors : ainsi sans destourbier
vostre eau fera son chemin. Si pour quelque graisse que les eaux des torrens pourront charrier en temps de pluie elles se
rendent recommendables, comme cela
avient passans par quelques bons labourages, ne mesnagerés que bien, de les
profiter en les assemblans avec celle de
vostre canal. Mais en ceci irés retenu,
afin de leur donner entrée dans vostre
canal, avec ce jusques-où, qu'elles n'y
puissent nuire ne rien dégaster (4).

* * *

CHAPITRE III.

*Les Fontaines sous-terraines et Eaux
cachées : la manière de les mettre
en évidence, leur conduicte par
tuiaux couverts.*

La recerche des sources sous-terraines,
dont j'entens parler, n'est celle incertaine, d'où les trompeurs tirent l'argent
de la bource de ceux qui, immodérément

désireux de belles fontaines, croyent trop
à leurs paroles. Ains la vraie addresse
de mettre en évidence les eaux que nostre
père-de-famille a cachées dans son terroir, telles que la Nature y a mises,
pour les convertir à ses usages : sans lui
promettre autre chose, ne lui faire espérer
des montaignes d'or, de quoi il aura raisonnable occasion de se contenter. Ne
s'arrestera donques aux vanités des charlatans, ni aux signes frauduleux dont
plusieurs ont escrit : remarquans les
fontaines par nombre infini d'herbes,
par-entr'elles presques contraires en qualités : par vapeurs sortans de terre : par
fossés creusés, y fourrant des vazes de
terre, ou des bassins oingts d'huile, après
mettant dans iceux du cotton, de la
laine, ou des esponges, pour en tirer
l'humeur, et par là juger de l'eau du
fonds ; telles farfanteries inventées pour
confondre l'œuvre, et se rendre admirables. Mais seulement se fondera ès
choses asseurées, et sur lesquelles, comme
presques les touchant au doigt, l'homme
d'esprit asserra solide jugement.

De discourir de l'origine des fontaines,
de leurs essors, de la propriété de leurs
eaux, médecinales, malingues, voire
miraculeuses, n'est ici à propos ; telle
curieuse philosophie surpassant l'entendement de l'homme des champs, qui a
plustost besoin d'eau pour sa maison,
que de paroles pour repaistre son entendement. Bien s'enquerra-il de la bonté
et de la malice de l'eau, pour se servir
de la bonne, et rejetter la mauvaise.
Premièrement considérera le père-de-famille, le lieu de sa situation, s'il est
montaigne ou plaine, si son terroir est
de soi-mesme humide ou sec, pour plus

se promettre de l'un que de l'autre. Les
montaignes et lieux relevés sont communément plus fournis d'eaux, que les
grandes plaines, au pied desquelles montaignes plus sourdent de fontaines, qu'ès
razes campaignes, qui demeurent sèches,
si elles ne sont arrousées de rivières venantes d'ailleurs. Les terres chargées
d'arbres, quels qu'ils soyent, ne sont
sans humidité, mais en plusieurs endroits
elle est tant petite, qu'elle ne peut servir
qu'à la seule nourriture des arbres :
mesme s'ils sont d'espèce, autre que de
celle qu'on appelle aquatique. De mesme
en est-il des herbes : car aucune ne ver-
doyera gaillardement sans le secours de
l'humeur sous-terraine. Néantmoins ne
se peut-on servir en cest endroit, de l'addresse de toutes herbes indifféremment ;
car en vain creuseroit-on pour avoir de
l'eau sous autres que celles qu'on sçait
certainement ne pouvoir vivre sans grande
humeur : comme sont toutes espèces de
joncs, de lis d'estang, d'aune, et semblables tirées du grand nombre, que pour
la recerche des sources, certains Antiques
et Modernes ont enroollé, comme j'ai dict.
Les lieux moites, y apparant l'eau tant
peu que ce soit, ès grandes sécheresses
d'esté, vous en fourniront beaucoup : mais
plus abondamment si le fonds est terrain,
que rocher. Attendu que de nécessité faut
que la fontaine soit grande pour abbruver
la terre où elle sourd, avant que paroistre
à l'aer regorgeant au-dessus de la superficie. Au contraire, celle sortant directement du roc, toute entière se rend en évidence, pour la durté du rocher qui n'en
consume aucune partie : ou ce seroit que
dans l'intérieur par quelques veines cachées du rocher, l'eau se perdist. Ce qui

est bien difficile à juger, et encores plus périlleux à remédier, comme sera monstré.

En tel lien donques avant tout autre, rechercherés la fontaine, par fossés tirés de l'endroit où désirés faire le receptacle de vos eaux, en haut : embrassant beaucoup de terroir, à la manière ja monstrée sur l'espuisement des marés et lieux marescageux, pour les convertir en bons labourages, où je vous renvoye, évitant prolixité. Car puis après que là j'ai amplement traicté de ces choses, ce seroit en cest endroit ennuyeuse redicte, de discourir le mesme. Veu qu'autre différence n'y a-il du dessécher les terroirs aquatiques, à la perquisition des fontaines, si n'est, que par cestui-là, on se descharge des eaux nuisibles, et par cestui-ci, on s'attire les serviables. Ainsi œuvrant, fontanelle aucune ne restera au fond du terroir, que par les trenchées, dont l'aurés environné et chamarré de tous costés, les sources ne se ramassent en une, qui se rendra d'autant plus grande que plus humide sera le pays, et plus de terroir aurés embrassé. Et à bon droict se peuvent comparer les moyens dont se forment les arbres, à celui des fontaines, desquelles nous traictons à présent. Car comme les racines des arbres sont escartées dans terre en divers endroits, et de toutes ensemble s'en forme le tronc : ainsi avient des fontaines, se composans de plusieurs racines ou veines esparses dans terre, par-ci, par-là ; dont les aucunes sont si petites et foibles, que séparées, sont de nulle utilité, mais unies ensemble, font ce que désirés. Cependant est à noter, que comme la fontaine excède en délicatesse toutes autres eaux, aussi plus délicatement veulent estre faicts ses

pieds de geline (ainsi appellées les trenchées ou fossés dont est question) que si seulement on les entreprenoit pour le respect du labourage. Car afin que pour aucunes pluies survenantes, l'eau de nostre fontaine ne se trouble, sera bon de mettre sur les pierres des fossés quelque demi-pied d'argille pestrie, laquelle engardant que les laveures des terres ne se meslent avec l'eau du fons, icelle eau se maintiendra en sa bonté. Demeurera aussi l'eau, et plus nette et plus abondante, que plus profondément en seront creusés les fossés : donques, sans crainte d'excéder en mesure, les enfoncera-on dans terre tant que faire se pourra, n'espargnant les rochers qui se présenterent en chemin. Pour la mesme cause, est à souhaitter le terroir ainsi fossoyé et retranché, demeurer en prairie ou autre herbage : car estant la terre, de coup à coup, recouverte pour la culture, exhale plus ses humidités au détriment de la fontaine, que celle qui demeure entière. En cest endroit est notable la raison des puits, que bien-que là où l'on creuse n'y ait aucune apparence d'humeur : si est-ce qu'après les avoir convenablement enfoncés, l'eau se rend au fons par le vuide de l'ouverture. Ainsi l'essor attire les eaux, comme par une siringue. Les trenchées de nostre fontaine, attirent de mesme les humidités de la campaigne, se convertissans en sources : toutes-fois tant plus efficacieusement, que plus de vuide reste dans les fossés, non tant pour avoir l'eau grande place à se retraire, que pour le vent enclos dans le vuide, qui arrache (par manière de dire) les eaux des environs, pour les rendre dans ses enfoncemens. C'est pourquoi plus d'eau sourd des pieds de geline couverts avec de la paille, par faute d'avoir des menues pierres, que de ceux dont la commodité des pierres les faict disposer à la manière dicte. De laquelle faute sera profit le père-de-famille, pour couvrir ses fossés destinés à ce dessus, avec des grandes pierres plattes : ou, à leur défaut, avec de la paille comme dessus. Mais avec tel si, d'enfoncer tant profondément les fossés, qu'au fons reste grand vuide, et au-dessus du plancher faict de pierres plattes ou avec de la paille, après y avoir mis un peu d'argille pestrie pour les raisons que dessus, y ait place à suffisance pour loger beaucoup de terre, pour freschement tenir le fons, sans pouvoir estre exhalé par le labourage (5).

Les fossés ainsi disposés, contribueront à la fontaine, chacun la part de son eau, selon sa faculté : se la rapportant des uns aux autres, pour finalement l'assembler en un lieu, auquel, comme en un centre, tous les fossés viseront. Là sera bastie la mère de la fontaine, pour recevoir l'eau venante de plusieurs costés, et de là la rendre dans les tuiaux, pour la conduire ès lieux destinés. Mais s'il avient que la mère de la fontaine, ou aucune de ses branches ou avenues, soyent par trop basses selon vostre désir, comme cela se rencontre souvent : en ce cas, par artifice, faudra suppléer au défaut du lieu en ramontant les eaux. A quoi on parviendra très-bien, pourveu que le naturel du lieu souffre tel amendement, estant relevé du costé de la venue de l'eau pour tenir bon, afin que le rempar nécessaire haussant l'eau, ne la fasse rétrograder ou reculer, et par conséquent perdre. Estant l'assemblage des eaux en platte campai-

gne, n'est possible de les ramonter aucunement y défaillant le naturel, contre lequel ne se faut aheurter : par quoi sans autre effort, dresserés-là la mère de vostre fontaine pour la poursuitte de son chemin, l'approchant le plus près que pourrés de vostre maison, et autres lieux recommendables, selon la mesure de vostre niveau.

Or pour ne laisser rien en arrière de ce qui appartient à ce mesnage, avant que passer plus outre sera monstrée la façon de ce ramontement d'eau, pour s'en servir au besoin. Des moulins à petite eau, en est procédée l'invention. Car comme par nécessité l'eau s'assemble au-dessus du moulin dans un grand receptacle, par d'aucuns appellé, *escluse*, qui après estre rempli verse l'eau par le dessus, estant fermée la bonde d'en bas, laquelle on ouvre quand il est question de faire moudre le moulin. Ainsi en est-il de nos rempars, lesquels faisans enfler l'eau des sources, la ramontent tant hautement que les rempars sont bastis, la versant dans la mère qu'on asseoit selon la commodité du lieu le mieux qu'il est possible. Quelques-fois la mère mesme est haussée, mais le plus souvent ce sont les branches de la fontaine qui ainsi sont maniées. S'entend, celles qui se rencontrent basses, perdans leur eau : pour laquelle profiter, ainsi on s'y gouverne. Un canal sera faict de telle longueur qu'il embrasse toute l'eau dont est question et profondément creusé, sans crainte d'aller trop avant, soit terrain ou rocher, afin de coupper toutes les veines de la fontaine, les mettans à jour, qu'on verra esparses par diverses veines et filets sortans du costé du terrain, le plus eslevé,

et

et s'escoulans par la descente. Le fossé sera large de six pieds, creusé droictement à plomb des deux mains, sans nulle pente, duquel la terre en sortant sera mise reposer sur l'un de ses bords, du costé d'en bas. Pour retenir la terre de crouler dans le fossé, une muraille y sera faicte dès le fons, contre et joignant le terrain, en la partie supérieure d'où vient l'eau, qu'on bastira à pierre sèche, sans aucun mortier, pour n'empescher le libre passage de l'eau : et ce de la hauteur que désirés vostre eau ramonter et un peu davantage, pour la faire aller plus gaiement. Coste muraille n'attaindra pas, toutes-fois, le bord d'en haut du fossé, car d'icelui faut qu'il reste plus de deux bons pieds, pour donner place à la terre qu'on y mettra par dessus afin de le recouvrir, et ne destourner l'agriculture, revenant aussi à profit à la fontaine, ce qu'on préverra dès le commencement en prenant les mesures. En suite, une autre muraille de pareilles estoffe, façon, et hauteur, sera dressée dans le fossé, un pied près de la précédente, en ligne paralelle, à ce qu'elles ne s'entre-touchent, chacune ayant d'espesseur un pied et demi. Ces deux murailles causent deux vuides, l'un par-entr'elles, et l'autre entre la seconde muraille et le terrain d'en bas. Ce vuide-ci sera rempli d'argille, bonne et bien choisie, sans aucune pierre. On mettra l'argille dans le fossé, petit à petit, en la pestrissant et affermissant si bien et fidellement, qu'aucune ouverture n'y reste parmi, afin de fermer du tout le passage de l'eau, la destournant de son cours ancien, pour lui en faire prendre un autre. Comme par telle contrainte, certainement fera : car ayant

l'eau rempli le vuide d'entre les deux murailles, ramontera en haut, et s'enflant pour eschaper de quelque part, s'escoulera par le plus bas endroit qu'elle treuvera, qui sera l'issue que lui aurés donnée vers la mère, pourveu que, comme a esté dict, le dos du général terroir favorisant l'œuvre, tienne bon, pour engarder de perdre l'eau, en rétrogradant, car en campaigne platte de tous costés, l'eau ne pourroit estre ainsi contrainte. Après, ce vuide ou repositoire d'eau, sera couvert avec des larges pierres plattes, traversantes d'une muraille à l'autre, et sur icelles mettra-on de l'argille pestrie, un pied, afin d'empescher de se mesler les eaux des pluies, avec celle de la fontaine, pour icelle demeurer nette. Finalement, ce qui restera de la fosse, sera comblé avec de la terre du lieu, dont on recouvrira tout l'artifice, rempar et murailles, et tant à profit, que l'eau ne se puisse consumer par exhalaison : ains, entière, demeure fresche en esté, et chaude en hyver, selon son naturel. Ce qui plus asseurément aviendra, estant le dessus converti en herbages, prairie ou autres, pour les raisons dictes. Ce rempar, curieusement faict, sans précipitation, est de perpétuelle durée, non sujet à ruine provenante de vieillesse, qui l'assujettisse à réparation. Seulement a-on à prévenir à temps les ravines des eaux, torrens, et autres cheutes de pluies, pour les divertir en lieu qu'elles n'ayent aucune prinse sur nostre fontaine, en tout ou en partie. Aucuns font ces rempars-ci, de maçonnerie qu'ils enferment dans terre : d'autres avec des ais de chesne, joinctes ensemble ; mais en l'un ne l'autre, quoique de plus grand prix, ne sont si propres à retenir l'eau, que l'argille, de laquelle ainsi couverte et employée, ne sortira une goutte d'eau; ce que tant ne s'ose-on promettre des autres matières. Supposé que durant toute l'année l'on puisse travailler à ceste œuvre, si est-ce qu'il est plus désirable cela estre lors que la terre est sèche, qu'humide. Tant pour la facilité du labeur, que pour la bonne opinion qu'on a de l'issue: parce que l'eau qui vous apperra par telle recerche, durant la sécheresse, pour le moins vous demeurera sans deschente: ce que n'espéreriés, fouillant la terre estant humide, vous monstrant lors plus d'eau, que par-après ne vous en laisseroit. Pour laquelle cause, *Quel temps propre à telle route.* choisissés le mois de Juillet et d'Aoust: car comme le plus sec temps de l'année, en cest endroit, aussi vous est-il le plus utile.

C'est le plus difficile de la fontaine, que ce qui en a esté dict, comme aussi le plus important, voire le fondement de l'œuvre, et qui a donné grande peine à plusieurs, avec peu d'effect et beaucoup de despence, par faute d'entendre ce qu'ils entreprenoient: car souventes-fois, une fontaine est cerchée où elle n'est pas, sous des faux indices et guides, où opiniastrement on s'aheurte avec moquerie; mais nostre recerche est du tout asseurée, moyennant laquelle serés résolu de vostre faict, et par-là ne pourrés faillir de ramasser en un lieu, toutes les eaux de plusieurs: en somme, d'assembler toutes celles qui sont dans le terroir que fouillerés, et ce, sans aucun hazard: qui est ce que tout homme d'entendement peut raisonnablement désirer. Et si bien il semble telle si générale recerche estre trop pénible, et meilleur fouiller seulement où sont les sources, en laissant les autres parties du terroir; la response est, ceux-là se treuver fondés en raison, qui ne voudront ouvrir la terre que où certainement est caché ce qu'ils y cerchent. Mais peu de gens le rencontrent. Pour à laquelle incertitude remédier, l'invention du général fouiller est treuvée, par où l'on ne peut estre déceu. Et comme à quelque chose malheur est bon, de l'ignorance de la pluspart de ceux qui se meslent de ces choses, est procédée la vraie science de mettre les sources en évidence, par ceste manière-ci. N'estant tant de perte à prendre trop de terre, que peu, puis que par ce moyen-là, en n'oubliant rien, on vient asseurément à bout de ce qu'on désire: et que par cestui-ci, souventes-fois on se treuve déceu, laissant en arrière et faillant de peu la source, par faute d'avoir embrassé assés de terre. Joinct que c'est tous-jours mesnage, de manier ainsi le terroir qu'on désire descharger des eaux et pierres nuisibles, ou de l'un d'eux, selon les nécessités, comme a esté monstré. Par tel ordre, aussi augmenterés vos vieilles fontaines: à quoi convient aller retenu, en ne fouillant inconsidérément, ains avec l'art requis, jettant les branches nouvelles dans la source. Sur tout, aviserés à ceci, de ne *Ne faut inconsidérément rompre les rochers.* rompre les rochers que bien à poinct, car souventes-fois cuidant augmenter la fontaine, on la diminue. D'antant qu'un *Pourquoi.* rocher rompu aussi tost vous peut-il oster de vostre vieille eau, que de vous en donner de nouvelle. Par-quoi ou contentés-vous de vostre eau, telle que l'avés, sans y rien altérer, ou s'il eschoit de l'augmenter, que cela soit avec raisonnable apparence d'utilité et sans nul hazard, qu'y mettiés la main.

Experience de la bonne eau.

Si dès le commencement de cest ouvrage, n'avés peu faire la preuve de la suffisance de l'eau de vostre fontaine, pour prendre avis de la retenir ou rejetter : à tout le moins, ayant recueilli vos eaux en un lieu, ne vous enfoncés plus avant en despence, sans vous résoudre sur ce notable article, pour le bien ou le mal qui en peut avenir, estant bien ou mal entendu.

Remarque.

L'eau sera telle que la désirons, si elle est belle à voir, claire et nette, sans couleur, sans odeur, sans saveur : attirant à elle soudainement toutes couleurs, toutes odeurs, et toutes saveurs qu'on lui jette dedans. Si elle est fresche en esté, chaude en hyver : si elle s'eschauffe facilement et se rafreschit de mesme : si elle cuit bien tost, toutes sortes de légumes : si elle ne laisse aucune tache, ne rouille, ne gravois au fons des vaisseaux, ausquels elle séjourne : si elle est légère : si elle est douce et non rude aux mains : si elle n'estaint beaucoup la force du vin. Estant vostre eau ainsi qualifiée, serés très-bien abbruvé : et le plaisir et profit qui en proviendra à vostre mesnage, paroistra tel, qu'on se le promet des choses les plus utiles et nécessaires.

La mère de la fontaine.

Ainsi de nouveau treuvée la source de vostre fontaine, ou celle qu'aviés auparavant augmentée, en dresserés la mère pour recevoir toutes vos eaux, et après le vuider selon vostre désir. La mère sera une maisonnette bastie de bonne matière, bien maçonnée à pierre, chaux et sable, ayant la muraille fort espesse pour retenir l'eau. Ce bastiment se fera de figure quarrée, ou autre, telle qu'on voudra, propre au lieu, de dix à douze pieds dans œuvre en chacune face, estant quarré, et d'autre figure, à l'équipolent : de six à sept pieds de hauteur sur terre, et dedans icelle autant qu'il suffira, pour au besoin en vuider l'eau par le fons. Elle sera voustée par le dessus, et pour couverture en la vouste bastira-on des pierres plattes si proprement, que les pluies en soyent repoussées. En la face du costé de la montée, ou venue des eaux, laissera-on des trous pour l'entrée des eaux des sources venantes de la campaigne, estant le demeurant si bien cimenté, qu'eau aucune ne s'en puisse escouler que par les issues que lui donnerés. En l'une des autres faces, sera faicte la porte pour entrer et sortir dans la mère, afin de la visiter et nettoyer. Deux issues y aura-il aussi, l'une pour verser l'eau dedans les tuiaux, qui despartans de là, la conduisent ès lieux destinés, l'autre pour vuider l'eau sur-abondante, venante extraordinairement par les pluies, la rejettant en hors, que les tuiaux ne peuvent contenir, ou que par quelque destrac, ne pourront faire leur charge. Au fons de la mère laissera-on un trou rond, comme celui d'une cuve à vin : pour en escouler l'eau, lorsqu'il escherra de la nettoyer, et de la raccoustrer, qui pourra estre de deux en deux ans, une fois, plus rarement ou plus fréquemment, si on veut : en la deschargeant du limon que l'eau, pour bonne qu'elle soit, traisne à la longue, le laissant au fons de la mère, et toutd'une-main, la reblanchissant en son intérieur, s'il en est besoin. Demeurant le reste du temps le trou bouché : afin qu'en contraignant l'eau de verser par le haut, en s'enflant, se jette dans les tuiaux préparés pour son chemin. Ce trou se fermera avec du gros liége : matière de perpétuelle durée, demeurant dans l'eau et sans aer. Et à ce que, par malice ou sottise, le trou ne s'ouvre que lors qu'il vous plaira, sur icelui par le dehors, sera jettée bonne quantité de terrain, de pierres, ou autres choses qu'ageancerés pour empescher ce désordre, qu'au besoin ferés oster : et quoi-que cela soit avec peine, icelle ne causera pourtant trop grande despence, pour la rarité de ce remuement. La porte de la mère demeurera aussi continuellement fermée à clef, avec son huis pour l'ouvrir et fermer lors que pour plaisir on visitera la fontaine, ou qu'il y aura quelques cas à rabiller.

A l'un des costés de la mère, celui regardant l'endroit auquel vostre fontaine découlera, sera laissée la vuidange de la fontaine ; d'où l'eau claire et nette se deschargera, versant en haut, après avoir laissé en bas tout le terrestre, et la crasse que l'eau traisne quand-et-elle. En Naissance des tuiaux de la fontaine. tel endroit commenceront les tuiaux, le premier desquels sera creusé dans une grosse pierre de taille bastie au travers du mur. Ceste pierre sera choisie fort longue, car non seulement faut qu'elle traverse la muraille, mais qu'elle la sursaille des deux endroits : en dedans quelques trois quarts de pied, en dehors tant que la longueur de la pierre fournira dequoi. L'on persera la pierre de son long, commençant d'un bout, jusqu'à quatre doigts près de l'autre, et d'icelui l'achevant non à ligne droicte, ains à l'esquière ou de la figure du conde. Après l'on posera la pierre en lui faisant traverser la muraille et sur-saillir en dedans, comme a esté dict : mais ce sera du bout ainsi persé en angle droict, et de telle sorte ageancé, que l'ouverture regarde en haut vers la vouste de la mère, afin que l'eau de la fontaine se vuidant, tumbe perpendiculairement dans le trou, pour de là prendre son droict chemin selon le niveau qu'on lui aura donné, en sortant de la mère par l'autre bout de la pierre, entrant dans le tuiau, là cimenté : et à ce que rien de sale et d'importun ne soit porté dans les tuiaux, le trou susdict faisant l'entrée de l'eau, sera couvert d'une grosse boiste de plomb persée dru et menu comme un crible, où le nuisible s'arrestera. Pour laquelle faire tenir, oster, et remettre à volonté, sera la pierre accommodée à la boiste, de telle sorte que la pierre entrant dans le plomb, en soit envelopée comme la teste du chapeau, ou comme un massepain de son couvercle : ayant pour ce faire, la boiste, quatre grands doigts de bord.

La matière dont les tuiaux sont façonnés est diverse, selon les pays et fantasies. Ils peuvent estre faicts de pierre de Les tuiaux en leurs diverses matières. taille, de plomb, de bois, et de terre de potier, de chacune desdictes matières bien à profit.

L'usage de la pierre en tuiaux de fontaine, est fort ancien, comme on le remarque par les ruines des bastimens antiques : délaissé toutes-fois puis long-temps De pierre. en çà, à cause de la cherté de l'œuvre, telle matière n'estant employée qu'en petite estendue de canal, et encores ès lieux esquels elle abonde.

Le plomb est encores en service en plusieurs endroits, contre l'avis des medecins qui tiennent l'eau passant par icelui De plomb. n'estre saine, à cause de la céruze s'engendrant dans ce métal. Ce doubte, quoique vain, attendu que la céruze ne se faict sans vinaigre, avec la cherté du plomb, et le danger d'estre desrobé, fera le réserver à choses plus nécessaires.

De bois. Touchant le bois, de plusieurs sortes y a-il, bon à faire tuiaux de fontaine, d'aune, de pin, de sapin, de chesne. Le bois est choisi sain et entier du cueur de l'arbre, sans aucun aubour : est esquarri, et cié par tronçons de la longueur de cinq à six pieds chacun; puis sont les tronçons persés de leur long, pour le passage de l'eau. Premièrement on y passe un long taraire, et après, avec une gouge le trou est aggrandi jusqu'à deux ou trois poulces de diamètre; mesure suffisante pour toute fontaine, ayant raisonnable quantité d'eau. Le moyen de marier ensemble ces tuiaux-ci, n'est pas en les faisans entrer l'un dans l'autre, ains seulement en s'entre-baisans et joignans des commissures; et là assemblés avec un anneau de fer, de deux doigts de large, plat, et trencheant des deux costés, qu'on fourre dans le bois. Sur le milieu de l'espesseur des tuiaux est prins le rond de la circonférence des anneaux : et là mesme, avec une gouge de semblable mesure, on incise la voie de l'anneau, lequel y estans mis, est achevé d'enfoncer à coups de masse, frapant de l'autre bout du tuiau, et si bien, que se perdant l'anneau dans l'espesseur du bois, se treuve caché moitié dans un tuiau, et autant dans l'autre, sans rien paroistre, les deux bouts des tuiaux s'entre-baisans et s'entre-joignans parfaictement (6). Ainsi tenant le fer, lieu de ciment, les tuiaux retiennent très-bien l'eau : lesquels posés dans terre, au lieu préparé pour le chemin de la fontaine, se

rendent de bon service, où ils durent assés longuement. Non toutes-fois tant, que, ne la pierre, ne le plomb, ne mesme que la terre de potier, par le jugement qu'on en faict ès masures de l'antiquité : car de toutes telles matières, se treuvent des reliques des tuiaux de fontaine, encores entiers : mais aucun ne s'en void de bois, par à la longue, avoir péri de pourriture : comme il est vraisemblable, les Antiques s'estre servis, en cest endroit du bois, ayans les grandes forests entières à leur commandement. Outre le péril de courte durée, ce mal se treuve aux tuiaux de bois, que l'eau ne s'y conserve tant freschement en esté, qu'ès autres : au contraire ce bien, qu'ils ne craignent les glaces de l'hyver, résistans contre leur impétuosité : ce que ne font les tuiaux de terre, s'ils ne sont logés en la manière ci-après enseignée. Quant au prix des tuiaux de bois, j'estime qu'à autre que grand ne les peut-on faire, si on est esloigné de forest bien pourveue, pour le grand nombre d'arbres qu'il convient employer à la fabrique d'une nouvelle fontaine, et à l'entretenement d'une vieille, dont le degast n'est petit, d'autant que d'autres bois ne s'y sert-on, que gros, pour le moins, d'un bon pied de quarreure. Le fer qu'on y met est aussi considérable, tant pour l'achapt que pour la rouille qui le consume dans l'eau, dont en la fontaine y a, tous-jours quelque chose à réparer. Toutes lesquelles choses pesées, et joinctes à ce que j'ai remarqué des tuiaux de pierre et de plomb, fera préposer ceux de terre de potier, à toutes autres, comme matière où se treuvent toutes bonnes qualités, de service, de durée, et de prix.

De tuiaux. Les potiers choisiront curieusement la terre des tuiaux, pour les rendre bons en perfection, comme article fondamental; de mauvaise matière ne pouvant jamais faire bon ouvrage. Et délaissé à chaque ouvrier son stile touchant le maniement de la terre, j'instruirai le potier de faire les tuiaux d'un pied et demi de longueur chacun, les quatre faisans la toise; d'ouverture ou vuide pour le passage de l'eau, de deux ou trois poulces en diamètre: d'espesseur, un poulce: poinctus par l'un des bouts, avec un bord ou retenail deux doigts près, pour de telle mesure, entrer l'un dans l'autre. Seront ronds dedans et dehors: si mieux on n'aime les tenir quarrés seulement par le dehors, à l'imitation des Antiques, qui de telle figure nous en ont laissé en leurs vieux bastimens (fondés, à mon avis, sur ce que plus ferme se tient dans terre le quarré que le rond, et partant mieux s'attachant le ciment en ceste figure-là, qu'en ceste-ci). Par le dedans vitrera-on les tuiaux, afin de nettement et bien retenir l'eau, et que par telle polissure, les vices de l'eau en glissant, peu ou poinct s'y attachent, comme sont le tuf, et certaines racines subtiles qui s'accroissent dans les tuiaux, quand elles s'y peuvent arrester, à la ruine de la fontaine. Ainsi façonnés, les tuiaux seront de perpétuelle durée, causée par la grossesse de l'ouvrage: car quoi-que plusieurs les requièrent plus minces, la raison veut tumber plustost de les faire trop espès que peu. Sur tous lesquels articles, à cestui-ci, très-curieusement avisera le potier, que de cuire en perfection les tuiaux: à faute de quoi faire, en vain édifieroit-on la fontaine, avec l'eau se perdant, et argent et labeur.

Preparer le chemin de la fontaine. Telle provision faicte, le chemin que la fontaine a à tenir, sera nivelé, comme devant celui du canal. Une fosse sera faicte, large de deux pieds, et profonde de quatre à cinq, sans espargner les rochers; on la creusera d'esgale largeur, pour à l'aise y asseoir les tuiaux. *Bastir la muraille, y enfermer les tuiaux dedans.* Comme si on vouloit jetter les fondemens d'une maison, commencera-on à bastir une bonne muraille à chaux et sable, qui remplissant tout le vuide de la fosse, se rendra suffisante pour commodément recevoir les tuiaux. Sur un pied de bastiment, au milieu de la muraille, posera-on les tuiaux; et là noyés, dans le bon mortier bien gras, seront environnés de bonne maçonnerie, un pied de chacun costé, dont le dessus et extremité de la muraille seront finalement couverts, avec des pierres plattes bien maçonnées, pour rejetter les pluies: et le reste de la fosse recomblé de terre. Mais ce sera après avoir marié les tuiaux l'un avec l'autre, et si bien joincts par-entr'eux, que tous ensemble ainsi unis, comme semblans estre une seule pièce, retiennent l'eau parfaictement bien, pour n'en perdre une goutte en chemin.

Cimenter les tuiaux. Tan à l'autre. Par exquis cimens cela se faict, notable science du fontanier, laquelle ignorant, en vain attendra-on l'eau en la maison: car se perdant en chemin, l'entière œuvre deviendra inutile. Diverses sortes de ciment y a-il, qu'on compose selon la diversité des ouvrages. En la conduicte de la fontaine, heureusement, se sert-on de deux sortes de ciment, l'un chaud, l'autre froid, tous deux estans fort valeureux, mais de prix différent, cestui-là, se faisant à meilleur marché que cestui-ci. Pour l'espargne, le ciment chaud, seul, seroit employé sans sa difficile application : qui bouillant est mis en œuvre, sur laquelle il gèle promptement, comme la cire d'Espaigne en cachetant des lettres. Dont avient, que pouvant à l'aise et entre les mains, tenir les tuiaux en les cimentant, lors seulement l'on se sert de ce ciment-ci : non en bastissant les tuiaux sur la muraille, pour l'impossibilité d'appliquer le ciment, ainsi fondu et bouillant, en tel endroit ferme, et qui ne peut souffrir tenir les tuiaux en l'aer pour faire jouer le ciment liquide, le jettant dans le tuian avec une cueiller de fer, par tous les endroits nécessaires. Auquel défaut, supplée le ciment froid : car après avoir joinct ensemble, quatre, cinq, ou six tuiaux avec le ciment chaud (et en somme autant que, sans rompre, commodément on peut porter ainsi unis) est tel assemblage doucement porté sur la muraille, pour y estre basti, puis est joinct avec l'autre assemblage de pareil nombre de tuiaux ja posé, par le moyen du ciment froid, duquel, à l'aise, entre les doigts, et comme l'on veut, la commissure et joincte, est profitablement couverte. Ainsi compensant ces choses, de hastiveté, de tardité, de bon marché et de cherté, les deux cimens sont retenus chacun en son reng, où ils se rendent de si bon service, que convertis en pierre, tant ils s'affermissent, sont de perpétuelle durée. Moyennant lesquels cimens, et que d'eux-mesmes les tuiaux soyent de bonne matière et bien cuits, profitablement maçonnés, enfoncés dedans la terre de la mesure monstrée, et toute la fontaine entretenue ainsi qu'il appartient, ne doubtés qu'elle ne serve plusieurs générations, sans craindre, ni les froidures,

ni les chaleurs, et qu'en toutes saisons, l'eau n'en soit bien qualifiée ; froide en esté, et chaude en hyver, ainsi que raisonnablement chacun la désire.

Et à ce que nostre père-de-famille ne se mette en peine d'envoyer loin cercher des cimens pour sa fontaine (selon que la farfanterie des fontaniers en tienne chères les receptes, ne les donnans que rarement, et encores sous promesse de ne les publier), je lui monstrerai le moyen de faire composer en sa présence, les deux cimens susdicts. Pour le ciment chaud, est requis bolus, caillou de rivière, verre, escume de fer des mareschaux, autant de l'un que de l'autre, tuilles vieux, ou à leur défaut des nouveaux, en telle quantité, seul, que de toutes les choses susdictes ensemble : tout cela sera mis en poudre subtile, sassée à travers d'un bluteau, et meslé ensemble. Puis de poix-rexine, sera mise fondre, le double du poids des choses susdictes, dans un pot de fer, sur feu de charbon, avec un peu d'huile, plustost de nois que d'autre, et de graisse quelle que soit ; et lors que cela bouillira, jetterés dedans les poudres susdictes petit à petit, en les meslant et remuant sans cesser, jusqu'à ce que verrés avec la spatule, cela filer, comme térébentine, et s'endurcir promptement dans l'eau, y en ayant jetté une goutte pour essai. Lors osté du feu, sera le tout versé dans une terrine vernie, y ayant au fons un peu d'eau, pour engarder que la matière ne s'y attache, où soudainement s'affermira, comme métal, que garderés pour provision, tant qu'il vous plaira. Le voulant mettre en œuvre, le ferés briser à coups de gros marteaux de mareschal, et fon-

Froid. dre comme dessus, en le reschauffant toutes les fois qu'il vous plaira vous en servir. Le froid se compose des poudres ci-dessus notées, et en semblable proportion, aussi subtilement sassées. On les destrempe dans de l'huile de nois, mais fort clairement, les meslant ensemble à force de battre et remuer avec une spatule de bois. Sur quoi on ad-jouste quelque peu de fines estouppes de chanvre, couppées menu, et un peu davantage de graisse de bouc ou de chèvre, crue, hachée subtilement, qu'on incorpore tout ensemble fort proprement. Après, est ce meslinge ainsi clair, à raison de l'abondance d'huile, endurci avec de la chaux neufve fusée sans eau, et blutée comme fine fleur de farine, en y mettant peu à peu, battant et remuant tous-jours, jusqu'à ce que le ciment ne tienne plus, ni à la terrine ni à la spatule, non pas mesme aux mains, ains que sans en estre embarbouillé, on le puisse manier, comme cire ou paste douce et glissante. A telle cause aussi est appellé, ciment de paste, comme l'autre, de fonte, pour sa qualité refondante toutes les fois qu'on s'en veut servir.

Pourrez mettre l'eau de la fontaine dans les tuiaux, puis continuant après les avoir posés. Reprenons le cours de nostre fontaine. Si pour vostre bastiment, l'eau de la fontaine vous accommode, vous-vous en pourrés servir, en la faisant couler par les tuiaux ja posés : quoi-que cela soit freschement, sans crainte d'aucune tare, pourveu que la vuidange n'offence l'édifice, ce qu'accommoderés en la destournant. Et ne doubtés que les cimens ne résistent à l'eau dès-incontinent estre posés, mesme le froid, quoi-que tardif à sécher. Touchant le chaud c'est sans doubte qu'il se treuve en sa perfection de bonté, dès-incontinent estre posé, pour son naturel soudain à s'endurcir. Ainsi, si bon vous semble, vous-vous ferés suivre à l'eau, pour la fabrique de la fontaine, jusqu'à perfection d'œuvre. Noterés que la porte de la mère sera posée un pied et demi plus hautement que le niveau du premier tuiau faict dans la pierre, par où l'eau s'escoule, et demi-pied au-dessous, fera-on le trou duquel ja j'ai parlé, pour vuider au besoin, ou l'eau sur-abondante, ou l'ordinaire ne pouvant couler par son chemin préparé, pour les destourbiers survenans. *Larron d'eau.* Ce trou est appellé, *larron*, comme desrobant l'eau, très-nécessaire en cest endroit, retenant de ruine la mère, laquelle seroit en danger de crever par trop d'eau, sans telle issue.

Les serves ou reposoirs. De quarante en quarante toises, y aura une autre maisonnette de trois ou quatre pieds en quarreure, bastie de semblable matière, et en la forme de la mère, ainsi comme elle, voustée et couverte de pierres plattes. Telle maisonnette est appellée, *serve* ou *reposoir*, à cause de l'eau de la fontaine qui s'y arreste, pour le profit du conduict. Ces reposoirs sont inventés pour, sans trop de despence, raccoustrer l'aqueduct lors qu'il en a besoin. Car quand il avient que la fontaine s'arreste, on va visiter les serves commenceant à la plus prochaine de la mère, où est prins avis de l'endroit auquel le mal est caché, pour y remédier, sans estre contraint de débastir par trop de canal, comme sans telle adresse, allant incertainement, conviendroit faire. En la serve l'eau de la fontaine entre d'un costé, et s'en sort d'un autre par une pierre persée, qui la vuide dans un tuiau, laquelle est grillée d'une boiste de plomb, comme celle de la mère.

La

La serve a aussi sa petite porte formant à
clef, qui s'ouvre et ferme pour visiter
l'intérieur : et au-dessous d'icelle, un peu
à costé, un trou ou larron, pour vuider
l'eau importune, afin de garder de crever
les tuiaux, pour les raisons dictes.

Esventoir. Entre deux serves, qui pourra estre de
vingt en vingt toises de distance, un esventoir sera faict pour donner aer au
conduict, afin de faire aller l'eau : à faute
de quoi aucunes fois, la fontaine cesse de
tirer (comme souvent pour mesme faute
d'aer, avient que le vin ne veut sortir
du tonneau), prenant son chemin par les
larrons, en rétrogradant. L'esventoir se
faict d'une seule pierre de taille persée
de son long, avec un gros taraire : il est
posé debout sur le chemin de la fontaine,
en un tuiau à ce préparé, entrant par une
branche expressément faicte dans la pierre, laquelle attaignant de là jusqu'au-
dessus de la terre, comme une cheminée,
faict voir le jour à l'eau de la fontaine,
et lui donne l'aer requis. Mais d'autant
que tous-jours n'est de besoin d'esventer
la fontaine, et que, demeurant ouvert
l'esventoir, par icelui quelque saleté ou
empeschement seroit en danger de tumber
dedans, à la ruine de la fontaine : le trou
de l'esventoir demeure continuellement
bouché, avec du ciment froid ou de paste,
pour l'ouvrir seulement en la nécessité,
qui est lorsque la fontaine s'arreste : ce
que voyant, sans prendre l'allarme plus
avant, ne faut qu'aller visiter les serves
et ouvrir les esventoirs, qui seront despuis
l'endroit où la fontaine a accoustumé de
couler, jusqu'au plus prochain reposoir
qui vuidera l'eau par son larron : et si le
mal ne vient qu'à faute d'aer, l'eau reprendra incontinent son cours sans autre

mystère : auquel cas, conviendra refermer les esventoirs avec du ciment comme
dessus. Le moyen d'oster le ciment du
trou de l'esventoir, est avec un taraire,
neuf et bien trencheant, comme si on
vouloit perser de nouveau la pierre, pour
la durté duquel ciment, le taraire se
gastant, ne peut plus servir avant qu'estre
refaict. Ne profitant ce remède, vous-
vous asseurerés y avoir des tuiaux mal
qualifiés, qui perdent l'eau, soit ou par
n'avoir jamais esté bons, ou rompus en
les posant, ou bien mal cimentés : lors
l'unique reméde gist au refaire, à quoi
l'addresse des serves vous servira à ce que
ne desbastissant de l'aqueduct, que ce
qu'il sera force, la réparation nécessaire
en soit de moindre despence.

Le transporter des torrens. S'opposant au chemin de vostre fontaine, quelque fascheux enfoncement,
et qu'il falle traverser des torrens et petites riviéres : le moyen de passer telles
difficultés, est double, ou dessus les eaux
par des ponts, à la mode antique : ou par
dessous, dans des gros bastimens bien
maçonnés. Le lieu vous guidera sur l'é-
lection de l'une de ces deux voies, pour
prendre la plus durable, et la moins despensière. Résolvés-vous néantmoins, de
ne bastir sous les eaux sans la faveur des
rochers, pour conserver vostre édifice :
car cuider faire en terrain le passage de
vostre fontaine, quoi-qu'avec l'aide du
bois, ayant en dessus le ruisseau ou torrent, c'est par trop hazarder, voire jetter
l'argent dans la rivière, en exposant vostre
ouvrage à la merci du premier ravage
de pluie. Si au contraire, se présente en
Transporter des rochers. front quelque importun et dur rocher, qui
ne puisse estre ne destourné ne rompu,
qu'avec excessive despence : laissés-le là,

sans vous amuser par esplanades à accommoder tous tels défauts, ains faictes-lui passer par dessus, vostre fontaine, qui coulera en tel endroit, aussi bien qu'ailleurs. Par l'instrument appellé, *chante-pleure*, l'eau ramonte tant qu'on veut ; mais cela ne se peut faire autrement, qu'à telle condition, que l'eau ne se peut arrester en endroit, plus haut que justement où l'instrument la prend, ains est rendue en mesme plan, ou plus bas : demeurant, pendant qu'elle ramonte, enfermée dans l'instrument ; dont telle invention ne peut servir à ramonter l'eau d'un puits ou d'autre bas endroit, pour les arrousemens : ains seulement à remuer une liqueur d'un vaisseau à l'autre, pour, sans peine, du plain se transvaser au vuide, et très-commodément en cest endroit de la fontaine. La chante-pleure n'est autre chose que deux tuiaux d'estain, ou d'autre matière, d'esgale longueur et grosseur, telles qu'on veut, joincts ensemble, faisans deux branches de telle figure que ceste lettre grecque Λ. Pour le faire jouer, l'on met de l'eau dans l'une de ses branches, puis l'ayant estouppée, pour garder que l'eau ne s'espanche, l'autre branche est mise plonger d'un bout dans un seau plain d'eau : après est destouppée la branche remplie d'eau, regardant en bors, pour la vuider ; ce que faisant, l'eau en sortant attire à elle celle du seau passant par la branche, qui, vuide, y avoit esté plongée : et ce par la vertu du vent enclos, sans autre mystère, dont toute l'eau en est espuisée. Ainsi accommode-on la chante-pleure à nostre fontaine, mais c'est en grand volume : cest instrument servant de modelle en cest endroit. Il ne faut que continuer

la fabrique de la fontaine en la manière commencée, passant les tuiaux par dessus le rocher, quelque haut qu'il soit, à la charge de laisser un trou, comme un bondon de tonneau, au faiste et plus haut endroit du rocher, pour d'icelui remplir d'eau la partie des tuiaux vers la descente et cours de la fontaine, pour attirer l'eau de la fontaine séjournant en l'autre partie près du rocher. Et à ce qu'utilement l'on se puisse servir de telle invention, sera de besoin faire une serve joignant le rocher du costé de l'issue de l'eau, et lors qu'il conviendra se mettre en œuvre, le trou de l'issue de l'eau dans la serve, sera fermé : puis par le trou estant sur le rocher, on remplira d'eau avec des vazes et entonnoirs, la partie du canal attenante à la serve, qui sera là retenue, par la boucheure du trou. Après, très-curieusement, sera fermé le trou du rocher, et si bien, qu'aucun aer n'en respire, finalement ouvert celui de la serve, pour vuider l'eau mise en ceste partie-là, qui en s'en allant en bas le chemin de la fontaine, attirera l'autre eau séjournante près du rocher, venant de la source. Ainsi par le vent enclos, comme se void en la chante-pleure, une eau tire l'autre sans intervalle, ayant une fois prins son train. Pourveu que le trou du haut demeure tous-jours fermé, et qu'au canal enveloppant le rocher, montant et descendant n'y aie aucune respiration. Car s'esventant là, pour peu que ce soit, la fontaine cessera tout à faict aussi tost de courir : à quoi seulement aura-on à tenir l'œil, pour le respect de ce passage.

Avec plus de raison ramonte l'eau poussée par celle qui descend, qu'elle ne descend attirant à soi celle qui monte.

Cestui-ci est l'effect de la chante-pleure, représenté ci-dessus, où, avec merveille, le vent enclos ouvre immédiatement. Et cestui-là, ce qu'on void journellement au cours des fontaines qui rejaillissent en haut, dont la chose, comme ordinaire, n'en est beaucoup admirée : joincte ceste cause contemplée de près, qu'une eau poussant l'autre, faict en cest endroit que l'eau descend premièrement, autant ou plus qu'après elle ne monte : dont nulle commodité, sans moyen, ne se treuve pour les arrousemens, non plus que par la chante-pleure, ainsi qu'a esté monstré. Or comme au ramontement du rocher est nécessaire le canal de la fontaine estre sans aer, pour animer le cours de l'eau : de mesme eschéant faire renfler l'eau, pour le rejaillissement, de nécessité convient, que tant que le renflement dure, au conduict de la fontaine, n'y aie ni serve, ni larron, ni esventoir, ni autre ouverture par où l'eau puisse respirer ; autrement l'eau s'escoulera au premier jour de son rencontre. Et bien-que le renflement travaille fort les tuiaux, ne doubtés que ceux de terre cimentés, et bastis comme dessus, ne satisfacent à ce service-ci, sans se mettre en peine d'en faire, pour ces mauvais pas, de plomb, de bois, de fer-blanc, ou d'autre matière, selon l'usage d'aucuns, se desfians de la terre, par ne la sçavoir manier ainsi qu'il appartient (7).

Il est à souhaitter, le chemin de la fontaine estre en droicte ligne (non que nécessaire, l'eau ayant le doz ployable, pour s'accommoder partout), à cause qu'il est plus court qu'en oblique, moins que nul autre, sujet à recevoir les importunités qui lui causent ruine, et plus facile aussi à nettoyer, dont il s'en rend et de moins de coust, et de plus de durée. Est nécessaire esloigner l'aqueduct de toutes sortes d'arbres, pour le danger que leurs racines se fourrent dans le canal : comme de si subtiles y en a-il, qui traversent, et bastiment et tuiaux, sentans l'humeur de l'eau, et s'accroissent tellement dedans les tuiaux, que remplissans le vuide, bouchent le passage de l'eau, à la ruine de la fontaine : tel engrossissement est, par les fontaniers, appellé, *queue de renard*.

La fin de ce travail, est de donner issue à la fontaine, pour en tirer service. En cest endroit l'on despend tant qu'on veut, comme aussi, ainsi le désirant, à très-vil prix, se faict le receptacle de l'eau. Donques laissant au père-de-famille, la liberté de se faire faire des vazes à recevoir l'eau de sa fontaine, de jaspe, de porphire, de marbre, de leton, ou d'autre matière, riche ou pauvre, artistement élabourés, ou autrement, ainsi qu'il lui plaira, et selon le rencontre des ouvriers : aussi de disperser sa fontaine par les endroits de sa maison, ès portiques, basse-courts, cuisines, caves, et de ses jardinages, selon l'eau et les nécessités : pour le dernier avis, lui monstrerai le moyen d'entretenir sa fontaine, afin d'en tirer longuement plaisir et service.

La plus certaine ruine de la fontaine, vient de paresse, quand par faute d'en tenir bien closes la mère et les serves, les grilles s'escartent, et à telle cause, des brossailles se fourrent dans les tuiaux arrestans l'eau ; dont estant contrainte de rétrograder, se perd par nouvelles issues qu'elle se faict dans terre, crevant le tuiau, sans laquelle imprudence la fontaine dureroit un monde d'ans. A quoi nostre mesnager avisera de bonne heure, pour, aussi tost que la mère sera faicte, en saisir la clef, et la conserver tant chèrement, que par mesgarde ou malice, ne mes-avienne aux tuiaux, et que par retarder, tant soit peu, ne le contraigne de refaire de la fontaine, demain, ce qu'en aura esté achevé aujour-d'hui. Ainsi des serves, tenans toutes les grilles ou boistes de plomb persées, tous-jours en leurs places, sans souffrir de les escarter aucunement. Les esventoirs seront aussi rebouchés dès-incontinent qu'ils auront servi, pour demeurer le reste du temps du tout estouppés. Moyennant ce petit soin, se préviendra la perte de la fontaine, laquelle ainsi profitablement bastie, demeurera très-longuement en bon estat, voire autant qu'on le sçauroit désirer d'aucun édifice : à raison que la plus-part de cestui-ci est caché dans terre, hors la vene, exempt des injures des saisons. Quant au nettoyer de la mère et des serves, cela se peut faire en perfection, destouppant les trous bas pour en vuider avec l'eau, le terrestre qui à la longue s'y amasse au fons, et tout-d'une-main, radouber ce qui s'y treuve de gasté : mais des tuiaux, la chose n'est si aisée, à cause qu'on n'y peut *Moyen de* pénétrer guières avant. Bien est vrai, *nettoier les* *tuiaux de la* que si les serves sont près à près l'une de *fontaine.* l'autre, et le canal en droicte ligne, on y pourra passer de long en long, des troncs de vigne sauvaige, qui sont longs comme cordes, ou un fil d'archail : les fourrant par une serve et les en retirant par l'autre : pour, à la manière qu'on racle les cheminées en aucuns endroits, curer la fontaine, sortant des tuiaux tout ce qui s'y sera arresté ; comme terre, brossail-

les, tuf, menues racines, qui à la longue s'accroissans, désertent finalement la fontaine, dont elle se deschargera très-bien. Telle commodité ne s'offre indifféremment en toutes fontaines, ains à celles, seules, dont le peu de chemin et sa facilité, donnent moyen de bastir autant de serves qu'il est requis pour telle aisance, qu'on prendra en édifiant. Si vous attachés un cordeau à la queue d'un gros rat vif, et fourrés le rat dans le tuiau de la fontaine joignant la serve, le rat s'enfuyant le long du tuiau, vous portera le cordeau à la prochaine serve, quelque tortueux et long qu'en soit le chemin : duquel cordeau vous-vous servirés plus proprement que d'aucune des susdictes matières ; à ce service estant utile ce meschant animal. Tant plus pendant est le cours de la fontaine, tant moins s'y arrestent les empeschemens, la violence de l'eau peu à peu les emportant en bas : ce qu'on observera dès le commencement, pour faire pendre le canal de la fontaine tant qu'on pourra. Ceste est la plus désirable manière de conduire fontaines, qui soit en usage, pour toutes qualités requises, dont entr'autres la longue durée de sa fabrique la rend très-recommendable. Dequoi plusieurs ne se soucians, ne mettent tant de façon en leurs fontaines, ains y allans sommairement, pour éviter la despence, qui à ce faire conviendroit, posent simplement leurs canaux dans la fosse, sans aucun bastiment. Mais les réitérées réparations qu'ils sont contraints de faire à leurs fontaines, s'ils en veulent avoir de l'eau, leur font confesser estre meilleur mesnage, despendre un peu plus à la fois, que d'y retourner souvent : ce qui ne peut estre qu'avec coust, souci, et destrac (ó).

CHAPITRE IV.

Les Puits.

La fontaine dégénère en puits, quand pour la bassesse du lieu, perdant sa bien-séance, elle ne peut couler. Alors l'on se résoud de creuser le puits, ne se donnant telle peine tant que dure l'espérance d'avoir la belle fontaine coulante : non plus que se bastir des cisternes, pouvant jouir des puits. Voilà les degrés des eaux employées l'une au défaut de l'autre. L'usage des puits est fort ancien, comme il se lit au Genèse, Abraham et Isaac en avoir faict creuser plusieurs en la terre des Philistins, où ils habitoient comme estrangers, pour lesquels puits, ces bons pères eurent diverses disputes avec les gens du pays. L'addresse du puits est celle mesme de la fontaine, de-quoi vous servant, ne pourrés faillir de voir vostre puits abondant en eau : d'autant que ce sont les sources basses qui le fournissent, comme a esté dict. Défaillant tel avis, ne laissera-on pourtant de creuser le puits où s'accordera le mieux, pour la commodité de la maison, sous le seul jugement du caver ; s'asseurant de trenver l'eau, avec la patience de caver profondément. Car tous-jours l'eau s'assemble ès ouvertures de la terre des environs, traversant les pores, y attirée par l'aer, comme par une siringue. Ainsi, avec raison, préférant le père-de-famille, la commodité d'avoir l'eau dans sa maison, quoi-que profondément, à l'aisance de la puiser prés de la superficie de la terre en quartier esloigné : se cavera des puits, et dans ses basse-courts et dans ses jardinages, és endroits où mieux s'accordera pour son service. En quoi il mesnagera très-bien : car il vaut mieux que pour une fois, il despende beaucoup à façonner ses puits en lieux du tout commodes ; et chacun an, en cordages pour en puiser l'eau, quelque peu plus, qu'ès autres moins creusés : qu'à l'entretenement de gens de service, pour aller à l'eau, comme de nécessité l'on est contraint de faire, icelle estant loin. Joinct que tout homme d'esprit faict cas de n'estre contraint d'ouvrir sa porte à chaque fois qu'il veut boire. Ceci n'est sans exemple, se voyans des puits de grand service et profondeur admirable, sur des coupeaux de montaigne en plusieurs chasteaux antiques et modernes. De nostre temps, au chasteau d'Orange, estant sur une montaigne déserte, toute de rochers, en a esté faict un de grande largeur et profondeur, enfonçant dans la roche plus de trente toises, jusques à attaindre le plan de la plaine. Aussi la despence de sa fabrique fut grande, ayant cousté environ trois mil escus ; mais bien employée, s'estant rendu tant abondant en bonne eau, que despuis n'en a peu estre espuisé. Si vostre assiete est en planure, pourrés de plusieurs endroits faire assembler les eaux dans vos puits, et ce par trenchées souterraines, à la mode des fontaines ci-devant monstrée, dont ils se rendront très-abondans. Ceste considération est de très-grande importance, que de faire les puits loin des retraits, des estables, des funiers, et d'autres lieux puants, dont les malingnes qualités puissent estre communiquées à l'eau ; afin que tant plus nette l'ayons, que plus esloignés d'ordure en seront les puits. On les bastira de bonne matière, en laissant en bas plusieurs trous pour l'entrée des eaux des sources. De les cimenter ne vous mettés en peine, n'en estant nullement besoin. *Leur figure.* Leur figure sera à volonté ; car quelle qu'elle soit, ronde, quarrée, ou autre, l'eau s'y amasse, et y est conservée tousjours de mesme. *Leur capacité.* La contenue demeurera aussi à liberté, pour faire les puits grands ou petits : toutes-fois, la raison voulant, que plus contienne le grand que le petit vaze, nous ferons les puits plustost grands que petits. Ce qui servira aussi à la qualité de l'eau, d'autant qu'on tient que meilleure sort-elle de grande abondance, que de petite quantité. Comme j'ai dict du receptacle de la fontaine, au bord du puits se despend tant qu'on veut, selon la richesse de la matière et de l'ouvrage : sur quoi certaine ordonnance ne peut estre baillée en cest endroit, d'autant qu'elle despend des moyens et désir du seigneur.

Comment en tirer l'eau. Pour puiser l'eau du puits, au service ordinaire, divers instrumens sont employés, dont les plus communs sont seaux de cuivre, de cuir, de bois : avec des cordes, chaisnes et polies accommodées diversement, selon les inventions des ouvriers. Aucuns se servent de siringues, soupapes, bassecules, et autres ingénieux instrumens pour ramonter l'eau des puits découlant en grande abondance, à mode de fontaine, avec peu de force, faisans mouvoir telles machines. Autres, avec de grandes roues tournantes par une beste, ayans des quaisses ou des barilles, puisent l'eau pour l'arrousement des jardins. De telle roue, comme les choses s'affinent de jour à autre, pour l'espargne,

aucuns ont cassé la beste, et au lieu d'icelle, ont mis un homme, qui estant assis avec beaucoup d'aisance, comme en se jouant, avec les pieds et les mains, faict ce service-là. Et passant plus outre, par autres inventions l'on faict ramonter l'eau, rejaillissant hautement, comme cela se void à Sainct-Germain en Laie parmi les merveilles des fontaines du roi (9). Près du puits, l'on bastira les auges requises, pour abbruver le bestail, et servir *Des auges joignant le puits.* aux arrousemens, qu'on dressera selon les lieux et les nécessités. A l'entretenement du puits n'y a autre besongne, qu'à *Pour tenir nettement le puits.* le tenir bien net : à telle cause, le curant une fois l'année, et gardant d'y laisser jetter aucunes immondices. Pour conserver le puits nettement, aucuns en tiennent les gueules fermées ; mais plusieurs, au contraire, les laissans descouvertes, s'asseurent que l'aer entrant dedans le puits, en repurge l'eau. Comme aussi servira à la bonté de l'eau, le fréquent tirer, tant plus agréable et plus saine se rendant elle, que plus on en puisera, et en ce faisant l'on la battra et rompra.

CHAPITRE V.

Les Cisternes.

MAIS si trop de despence vous refroidit de caver des puits d'extraordinaire profondité, forcé par le naturel du climat, ne favorisant que bien peu l'œuvre, recourrés à l'extreme remède d'avoir de l'eau, qui est aux cisternes, tant asseuré, néantmoins, que par tout où il vous plaira, vous-vous accommoderés d'eau avec frais modérés. Peu ou point de cisternes treuve-on ès mazures de l'antiquité, parce, à mon avis, que les Romains préposoient aux cisternes, les belles fontaines, qu'à quelque prix et labeur que ce fust, ils faisoient conduire chés eux ; et à faute de les pouvoir avoir, n'espargnoient rien à creuser des puits. Bien, ès vieux bastimens des Gots, depuis sept ou huict cens ans en çà, en void-on sur des couppeaux des rochers. Plusieurs lieux de nostre temps, n'ont autre eau que de cisterne ; teamoin Aubenas, ville de Vivaretz en Languedoc, où, par les seules cisternes, le peuple y est bien abbruvé, et soit hyver ou esté, jamais n'y a faute d'eau. Venize, qui est une des merveilles du monde pour l'abondance de son peuple, n'a autre eau que de cisterne : qui sera le seul exemple prins hors ce royaume, entre plusieurs autres, que je vous représenterai sur ce mesnage. Sans aucune sujection donques, nous dresserons des cisternes ès endroits du logis qui mieux nous aggréera, soit au bas, au milieu, ou au haut : en cela imitant nos Ancestres, qui nous en ont laissé au plus eslevé endroit des chasteaux, dans les espesseurs de leurs grosses murailles. Deux telles cisternes se voyent encores toutes entières en Vivaretz, l'une à Baix-sur-Baix, l'autre à Mirabel, basties au faiste des chasteaux desdicts lieux, où pour leur fourniture, l'eau de la pluie découloit des terrasses supérieures.

La cisterne est un receptacle d'eau de pluie, où pour tous usages, elle se conserve sainement et tant longuement qu'on veut. A la dresser, convient aviser au lieu ; car bien-que la liberté soit grande, le pouvant choisir à plaisir, cela est toutes-fois sous condition, que ce soit en endroit exempt de toute saleté, afin que l'eau n'en tienne seulement l'apparence, le voisinage en estant suspect, autant que la netteté est en cest endroit recommendable. Que la cisterne ne soit exposée au soleil, ni au vent, ains couverte de l'un et de l'autre, pour tant mieux s'y conserver l'eau sans estre exhalée. Car, pour la mesme cause, la cisterne veut estre continuellement tenue close, sans permettre l'aer, par exhalaison, en retirer le plus subtil, laissant au fons le terrestre. A quoi pour sa légèreté ceste eau-ci de pluie, est plus sujette que celle du puits, qui tenant du terrestre quelque chose, et ses sources fournissans à la file nouvelle matière, faict les puits demeurer presques tous-jours en mesme estat. Dont n'importe beaucoup de les tenir clos, ou ouverts : comme aussi n'est-on encores tumbé d'accord sur cest article. Pour l'aisance d'en faire vuider l'eau par le bas, parmi les bastimens en lieu eslevé, asserra-on la cisterne, sans toutesfois la faire joindre à aucune face de l'extérieur du logis : afin que l'eau soit, et plus abondante, et plus fresche qu'en autre endroit. La voulant dans terre, comme le puits, ce sera en l'endroit qu'il vous plaira, que l'édifierés, à la charge de lui faire un couvert par dessus, pour les raisons dictes ci-après. Et comme l'on tasche de conserver dans la cisterne l'eau qu'y voulés enfermer, aussi avec mesme soin, pourveoirrés qu'aucune autre n'y entre par le dehors, de peur que ce meslinge ne corrompe la provision. Cela se rapporte à la cisterne enfouie dans terre, où les eaux des champs s'efforcent de pénétrer ; selon le naturel de toutes eaux, qui est de se retraire aux parties basses : mal dont l'on se gardera, en bastissant la cisterne bien à profit, de bonne estoffe, et par dehors en remparant les murailles avec de fine argille pestrie, dont elles seront chaussées et revestues autant hautement qu'elles se treuveront dans terre pour résister à telles injures. A ceste cause, en faisant la fosse pour la cisterne, on la creusera si grande, qu'elle suffise à toutes ces choses. Premièrement, pour le rempar d'argille, puis pour l'espesseur de la muraille, et finalement, pour le vuide de la cisterne. Quant à la cisterne eslevée sur le plan de terre, n'est besoin d'y faire aucun autre rempar, que la muraille de bonne maçonnerie, ne craignant nulle estrangère humidité venant du fons et des costés.

De quelle espesseur seront les murailles. Les espesseurs des murailles de l'une et de l'autre cisterne, ne pourroient estre trop grandes, pour trop bien servir en cest endroit : toutes-fois, afin d'y observer quelque ordre, je dirai quatre ou cinq pieds en estre la raisonnable mesure. Le *Quelle est capacité.* mesme tien-je touchant la capacité de la cisterne : car trop grande ne pourroit-elle estre, mesme si on la destine à fontaine simulée. Mais aussi pour la provision d'une honorable maison, tirant l'eau par le dessus comme du puits, sans l'employer aux arrousemens, j'estime que la mesure de trois à quatre toises en tous sens dans œuvre, et deux de hauteur, satisfera à rendre la cisterne de tel service. Sur quoi l'on pourra faire son conte, retrenchant ou amplifiant ce dessein, selon les occurences, qui aussi ordonneront de la figure, en icelle n'y ayant aucune sujection. Par ce moyen se treuvera la cisterne large en bas. On la voustera par le dessus, laissant à la vouste un trou pour servir d'entrée dans la cisterne, pour en puiser l'eau. A la manière de la gueule du puits, se façonnera celle de la cisterne : y ad-joustant ceste nécessité, que d'y accommoder un couvercle, afin de la tenir close, autant curieusement qu'un cabinet, pour les raisons dictes.

L'intérieur de la cisterne vers cimenté. Non seulement bastira-on à profit les murailles de la cisterne, ains pour oster à l'eau toute espérance de se perdre, sera l'intérieur de la cisterne universellement cimenté, le bas et les costés, sans toucher à la vouste, l'eau ne la pressant jamais. Le ciment ne sera d'aucun des deux de la fontaine, l'un ne l'autre ne séant bien à la cisterne : le chaud, pour la difficulté de l'application, et le froid, pour la cherté. Toutes-fois, si ceste cause-ci n'a lieu, c'est bien le ciment froid ou de paste qui servira beaucoup en cest endroit, pour son excellente valeur et longue durée. Le prix engardant de s'en servir, un troisiesme ciment sera *Façon du ciment pour la cisterne.* employé, de bonté suffisante, authorisé par l'expérience. Il se compose de bolus, d'escume de fer, de verre, de cailloux de rivière, chacune de ces matières en esgale portion ; des tuilles, en faut autant que des autres choses ensemble. Tout cela sera mis en subtile poudre, qu'on sassera et meslera avec du bon vinaigre, ou à son défaut, avec du vin, et ce fort clairement : puis en y mettant petit à petit de la chaux neufve fusée sans eau, et finement sassée comme fleur de farine, on endurcira ce meslinge, en le remuant tous-jours. Si on y veut ad-jouster des glaires d'œufs, on le pourra faire, et bien à propos, pourveu que ce soit sur le poinct de mettre le ciment en œuvre : car à cause que les glaires gèlent tost, est

requis

requis ne les laisser nullement séjourner dans le ciment avant qu'estre employées; ains sur l'instant mesme de l'application du ciment, y en mesler peu à peu, et par ce moyen aurés du ciment de très-bon service. Ainsi que mortier commun, sera qualifié le ciment, c'est à dire, ne dur, ne mol, afin qu'avec pareille facilité que le mortier puisse estre manié tenant contre le mur. On en fera une incrustation espesse environ d'un poulce, afin qu'ayant corps raisonnable, puisse mieux résister à l'eau, que si par avarice restoit trop mince. J'entens notamment de cimenter le bas, pour le danger de se perdre l'eau par là, aussi bien que des costés, mesme quand ce seroit tout rocher. Si c'est roche ferme, sur icelle se mettra le ciment comme dessus : si terrain, premiérement on y fera un pavé de pierre menue et gros gravois, le maçonnant avec du bon mortier, composé de chaux neufve, et gros sablon, sans tenir autre ordre à l'assiete des pierres, ains comme fonte confusément jetter ce meslinge au fons, et en faire le pavé, de l'espesseur d'un couple de pieds, et par dessus le ciment y sera appliqué, avant que le pavé soit du tout sec (10).

Quelle eau mise pour fournir la citerne.

Voilà le logis de l'eau préparé, maintenant il convient parler de l'eau mesme. Toute eau, quoi-que de pluie, n'est bonne pour réserve en cisterne ; c'est seulement celle qui vient en saison, tempérée de froidures et chaleurs, toute autre estant rejettable. Car en l'eau des glaces, des neiges, des tonnères et tempestes, s'engendre de la vermine, pour peu qu'on la garde : faisant aussi corrompre la bonne estant dans la cisterne, si on y en met par dessus, tant peu que ce soit. Au reng des eaux de mauvaise garde, sont

celles qui chéent en petite quantité durant les chaleurs, et aussi les premiéres des grandes pluies venans après longues sécheresses. D'aucunes desquelles, comme sujettes à s'empuentir, ne nous servirons en cest endroit : les pluies d'automne et du printemps sont bonnes pour fournir eaux franches et de longue garde, de l'hyver aussi, pourveu que le temps ne soit aspre : peu de l'esté y en a-il qui vaillent le retirer, à cause de l'extrémité des chaleurs. Sur toutes, les meilleures sont les eaux du mois de Mai, lesquelles, soigneusement, convient retirer pour la provision de l'année. Le moyen de recueillir les eaux des pluies est par canaux, qui attachés au bord des couvertures du logis, ou autres, desquelles on se veut servir en ce cas, les conduisent par un tuiau jusques dans la cisterne. De diverses matières faict-on ces canaux et tuiaux-ci, de plomb, de fer-blanc, de bois, de pierre, de terre cuite, qu'on accommode selon les lieux, et le désir de despendre. La netteté est très-recommendable en cest endroit, pour avoir eau d'agréable et long service ; c'est pourquoi, nécessairement, convient aviser à ce poinct, que de faire les avenues de la cisterne si aisées qu'elles se puissent facilement visiter, pour les nettoyer à tout besoin. Peu de saletés s'arrestent ès couvertures des maisons de France, à cause de leur figure poinctue : au contraire, beaucoup ès autres qui sont plattes, mais aussi plus aisément, pour les nettoyer, monte-on sur celles-ci, que sur celles-là. Le meilleur, toutesfois, est d'en oster, tant que faire se peut, les causes de saleté : dont non petite est donnée aux pigeons, qui s'arrestans sur les couvertures, par leur fiente les ensa-

Conduire la pluie dans la citerne.

Faire tenir nettement la citerne.

Les pigeons gastent les citernes.

lissent, au détriment de l'eau passant par-là, qui s'en rend très-mauvaise. Partant soyent bannis les pigeonniers des lieux de cisterne, ces deux commodités n'estans en mesme prédicament, et ne pouvans compatir ensemble. Mesme n'y est permis nourrir un seul pigeon patté, ou ce seroit en estroicte servitude, pour le grand mal, que peu de ces bestes font aux cisternes. Les couvertures du logis, donques, desquelles l'eau est recueillie, seront nettement tenues, voire et lavées à toutes les fois qu'il pleuvra avant qu'enfermer aucune eau dans la cisterne, afin d'avoir l'eau nette en perfection, à cela disposant les avenues. Un tuiau fermé est attaché aux canaux des couvertures, d'où il reçoit l'eau, la conduisant en bas dans la cisterne. Premièrement, il la descharge dans une petite auge bastie joignant la cisterne, laquelle auge remplie, en versant en haut, vuide l'eau dans la cisterne, par un passage grillé, pour arrester les ordures de passer outre. L'auge est persée au fond, pour de ce trou bas, perdre l'eau, la rejettant en hors quand on ne la veut recueillir : soit, ou à cause qu'on n'en a pas faute, ou l'eau n'estant de saison, ou en attendant que la pluie aie suffisamment lavé les couvertures, afin que l'eau en soit plus nette : ainsi autre que bonne eau ne serrerés, dont elle se treuvera de bonne garde. Et à ce que ne soyés surprins, par pluies survenantes à l'impourveu, tiendrés continuellement ouvert le trou de l'auge, vuidant en hors, sinon quand il sera question de retirer la bonne eau, sous les qualités susdictes, qu'on le fermera. Demeurant aussi l'auge close par un huis, comme celui d'un armoire ou d'un coffret, fermant à clef, afin qu'aucun destrac n'avienne à ce mesnage, comme presques tous-jours faict des choses dont l'on ne tient conte. Reprenant ce que dessus j'ai dict, touchant le meslinge des eaux, il sera pourveu qu'aucune autre de la pluie, que celle venant par l'ordre susdict, soit bannie de la cisterne, pour le bien de ce mesnage : car pleuvant par dessus la vouste de la cisterne, la pluie se distilleroit dans la bonne eau, à son détriment : ce qu'on préviendra, en faisant un bon couvert dessus la cisterne, comprenant, pour le moins, toute sa grandeur ; cas estant que la cisterne soit bastie à descouvert en la basse-cour, au jardin : car de celle qui est enfermée dans la maison, n'est besoin de donner ni suivre tel avis.

Ces choses sont communes à toutes sortes de cisternes, basses et hautes ; mais de tirer de l'eau par le bas, est particulier à celles hautement édifiées, pour l'aisance de les faire vuider du fons. Les fontaines simulées dont j'ai parlé, viennent de là, qu'on ageance avec tant d'artifice, qu'autres que ceux qui en sçavent le secret, ne les discernent d'avec les vraies sources. La cisterne enfermée dans le logis en lieu caché sert de mère, de laquelle dérivent les tuiaux qui conduisent l'eau, en la propre manière monstrée en la fabrique de la fontaine. Dans des vazes et receptacles richement et mignonnement élabourés (puis que c'est pour le plaisir), vuidera l'eau, en la basse-court, ou en tel autre endroit du logis qu'il vous plaira, et l'esgoust, par autres tuiaux, dans autre cisterne, pour servir aux abbruvoirs des bestes et arrousemens des jardins. Ainsi rien ne se perd : car après que l'eau aura paru en plusieurs parts,

avec plaisant rencontre, pour double service, les restes s'en réservent utilement,
selon que l'homme d'esprit l'ordonnera,
et aura le lieu propre, comme le pendant
est à ce le plus commode. Pour l'espargue,
l'eau ne tirera que le jour, la tenant fermée la nuict : et encores du jour, si ne
voulés, que lorsque vos amis vous viendront voir, et à autres bonnes heures qu'il
vous plaira. Il est nécessaire pour fournir
à ces belles aisances, d'édifier la cisterne,
tant ample, qu'elle puisse contenir grande
abondance d'eau, tumbant plustost du
Subtilité *utile.* costé du trop, que du peu. Et si on y
veut aller à peu près que de la juste proportion, mesurerés combien de vazes
plains d'eau sortent de vostre fontaine
fainte, chaque heure ; conterés combien
d'heures on la tient ouverte, dans cinq ou
six mois ; durant lequel temps, l'on ne
peut estre reprovisionné d'eau, à cause
de la sécheresse, quelques années telles se
rencontrant par faute de pluvoir : pour
là dessus édifier la cisterne, laquelle aura
l'amplitude requise, et tellement proportionnée, par arithmétique et géométrie, qu'elle contienne d'eau, autant qu'il
en fera besoin, pour le service susdict.
Si le mesnager ne veut user de telle magnificence, se contentera de vuider l'eau
de sa cisterne, pour l'ordinaire service
de sa famille, par un robinet fourré en
bas, en l'ouvrant et fermant au besoin.
Se prenant garde de si bien tenir clos tel
robinet, qu'imprudemment ou malicieu-
sement il ne soit ouvert mal à propos,
de peur non seulement d'en perdre l'eau,
ains d'en estre incommodé par sa vuidange (11).

Autre façon *de cisterne.* Une autre sorte de cisterne est venue
en usage par la dextérité d'un gentil-

homme de la chambre du roi, le seigneur
Manfredo Balbani, gentil-homme Lu-
quois, qui en est l'inventeur, l'ayant
faicte heureusement pratiquer en la maison du seigneur Sébastien Zamet, à Paris,
l'année mil cinq cens nonante - neuf,
comme j'ai veu. Ceste cisterne se faict
sans aucune maçonnerie, ne ciment, dont
la despence en est rendue beaucoup moindre, que des cisternes ordinaires. Ce nonobstant, l'eau s'y conserve très-bien,
et en telle abondance qu'on veut, icelle
dépendant du receptacle. Ce qui se void
de ceste manière de cisterne, ne marque
autre chose qu'un puits, dans lequel l'eau
est puisée comme ès puits communs. La
Cisterne *qu'on y tient.* fabrique en est telle. L'on creuse une
fosse en figure quarrée, de cinq toises en
chacune face, profonde de trois à quatre.
A une toise près de l'une des faces, la
plus esloignée des couvertures, d'où l'eau
de la pluie doit venir, est faict le puits,
ainsi appellé pour la conformité qu'il a
avec les ordinaires : il est enfoncé dans
terre, quatre pieds plus avant que le
plan général de la grande fosse, au fond
duquel est mise de l'argille pestrie, un
pied d'espesseur, et au dessus demi-pied
de sablon. Tout-d'une-main, l'on commence à bastir le puits avec de la brique
ou pierre sèche, sans mortier ne ciment,
mais pierre plate, pour tant mieux tenir
ensemble, sans crouler : la figure en est
ronde, de quatre à cinq pieds de diamètre : l'espesseur de la muraille est
d'un pied. Le fons de la grande fosse
est universellement couvert d'argille pestrie, d'un pied d'espesseur, afin de retenir l'eau sans se perdre par le bas, et
au-dessus d'icelle, est mis du sablon grossier, fort net, et sans terre. Le sablon ne

touche à la terre ferme du fossé ès costés, ains à iceux est ad-joincte une muraille ou rempar d'argille, d'un pied d'espesseur, pour retenir l'eau. Ces trois choses se font à la fois, ne souffrans le prémarcher l'une de l'autre ; c'est assavoir, le hausser de la muraille du puits, tous-jours avec pierre sèche ou brique ; celle des costés ou le rempar, avec de l'argille ; et le combler de l'entre-deux, qui est le général de la cisterne, avec du sablon, haussant le tout à niveau, jusqu'à perfection, qui est le bord de la fosse, laquelle, par ce moyen, est recomblée. Lors le puits est achevé de bonne maçonnerie, c'est à dire, ce qui sursaille hors de terre, est basti à chaux et sable, où la gueule ou bord est posée, façonnée en pierre de taille, tant richement qu'on veut.

L'eau de la pluie se recueille à la manière des autres cisternes, par canaux attachés ès couvertures du logis, et icelle eau est conduicte dans la cisterne remplie de sablon ; parmi lequel elle se mesle et se distille dans l'ouverture du puits, par le travers des joinctes des pierres ou briques non cimentées : pour laquelle cause la muraille du puits est bastie sans mortier. L'eau se conserve très-bien dans le sablon, bonne et fresche, à travers duquel passant, comme par un alambic, se purifie. L'on la tire du puits comme des autres communs ; et à ce que les seaux employés à ce service, n'enlèvent le sablon estant au fons du puits, au détriment de l'eau, faut là accommoder des pierres, par le rencontre desquelles les seaux ne puissent toucher au sablon, dont l'eau sortira claire et nette. L'argille pour ces usages-ci, est choisie bonne, sans aucunes pierres, pestrie et battue à la

manière des tuilliers. L'on en faict des grosses boules, pour en faciliter l'application, lesquelles on jette sur l'œuvre avec violence, ainsi escartant l'argille pour l'affermir au lieu ; puis à-tout les mains, l'on achève de l'ageancer, tant curieusement qu'aucune ouverture n'est laissée, ni en bas, ni ès costés, à ce que l'eau ne se puisse perdre : et par mesme moyen, engarder que les eaux estrangeres venans de dehors, n'entrent dans la cisterne. Si le lieu de la cisterne est terre ferme, la fosse est creusée à plomb, à fons de cuve : si mouvante ou sablon, en pente ou en talus, pour s'accommoder où l'on est. A trois pieds de la superficie du plan de la court, du costé de la venue de l'eau, est laissé un petit puits rond, large en son diamètre de deux pieds et demi, profond de quatre à cinq pieds, basti à pierre sèche, comme le grand, ou avec de la brique, dans lequel les tuiaux des couvertures du logis, vuident l'eau de la pluie : où estant, elle s'eschape, par l'entre-deux des pierres et briques s'allant rendre parmi le sablon, qui la reçoit, ou elle est retenue par le rempar d'argille, comme a esté dict. Ce petit puits est appellé, *cisternon*. Il demeure tous-jours couvert d'une pierre de taille, excepté lors que pour le nettoyer des brossailles que l'eau y peut emmener, l'on le descouvre, y remettant aussi tost la pierre qu'on en a tiré les ordures. Est aussi à noter, que le rempar d'argille des costés de la fosse n'est du tout si haut que le sablon du corps de la cisterne, ains demeure bas, de demi-pied, afin que l'eau sur-abondante, après avoir rempli la cisterne, verse par dessus, et se perde parmi le terrain : autrement, au temps

des longues pluïes, tout le lieu demeureroit inondé, avec beaucoup d'importunité. Le dessus du sablon (sans y ad-
jouster aucune argille) est universellement pavé avec toute fermeté, comme le
reste du plan de la basse-court. J'ai marqué la figure quarrée, comme pour exemple, à laquelle n'estans astraints de s'assujettir, l'on peut faire la cisterne de
toute autre figure qu'on veut, ronde,
triangulaire, pentagonne, etc., selon
le lieu où l'on est. Ainsi de la capacité,
bien-que la plus grande cisterne est tous-
jours la meilleure; mesme ceste-ci veut
estre plus grande que les communes,
attendu le sablon qui occupe de la place,
dont de nécessité convient le receptacle
estre grand, si l'on désire avoir abondance d'eau. Mesme liberté est donnée
au puits, touchant la figure et largeur
de son ouverture, pour en disposer à
volonté. Voilà la cisterne du seigneur
Balbani, qu'il a mis en évidence, à
la commodité du publiq : ce que le roi
ayant recogneu, par privilége exprès,
lui a permis l'édification des cisternes de
telle invention, durant vingt-cinq ans,
privativement à tous autres n'ayans permission de lui.

CHAPITRE VI.

Les Mares.

SONT en service, ès endroits où défaillent les eaux coulantes, et où y en a de
sous-terraines non guières profondes :
avec lesquelles s'ad-joignent, sans artifice, celles des pluies, s'assemblans dans
une fosse, pour la provision de toute

l'année : non pour le boire ordinaire des
personnes, car ce sont les puits qui en
font le service. La mare donques est une
large fosse, cavée, non à plomb, ains
en douce pente de tous costés, afin que
(pour aller boire) le bestail y puisse descendre aisément, comme par le bord
d'une rivière. Elle est enfoncée au milieu, toutes-fois modérément, où l'eau
des sources s'assemble avec celle de la
pluïe. De nécessité la mare veut estre
grande, tant pour l'abondance de l'eau,
que pour la qualité : ne pouvant, petit receptacle, contenir tant d'eau, ne si bonne,
qu'un grand. Car mieux se conserve en
bonté, la grande que la petite quantité
d'eau, attendu l'aer et les vents, qui
mieux l'agitent en place ample, qu'en
serrée. Donques, sans crainte d'excéder,
nous ferons la mare tant grande que pourrons, ressemblant à un petit estang, sans
espargner, ne le fons, ne la peine de le
caver. Incontinent l'avoir creusée, nous
en paverons des bords à l'entour, tant
avant qu'il sera possible, afin d'éviter
d'ensalir l'eau, par le trépis des bestes
allans boire : lesquelles marchans sur la
terre nue et mouillée, en l'enlevant avec
les pieds, gasteroient la mare, s'il n'y
estoit obvié par le pavé ; mais avec icelui
quelque bestail qui aille et vienne à la
mare, l'eau en demeurera tous-jours en
mesme estat. Ceste mare sera dressée
loin des fumiers, pour la netteté de l'eau :
car comme avons dict des puits et cisternes, le voisinage des ordures est tous-
jours préjudiciable, et à gens, et à bestes.

Outre ceste mare-ci, une autre en sera
faicte pour le service des canars, oies,
et autres bestes aquatiques, qu'on nourrit
en la maison : et pour y mettre tremper

des cercles, oziers, bois des charrues et semblables de mesnage. Aussi y rouir et naiser du chanvre et du lin, et faire autres services. On la prendra grande, pour pouvoir satisfaire à toutes ces choses : seulement pour l'abondance de l'eau, car quant à la bonté, n'est besoin d'y aviser, veu qu'elle n'est destinée pour boire. La figure des mares sera à la volonté, en cela n'y ayant autre sujection que le lieu, auquel convient s'accommoder : car quarrées, rondes, ou autres, se rendront-elles tous-jours de bon service (12).

CHAPITRE VII.

Les Bois en général.

Discours sur telle matière.

Nous avons veu que c'est que l'eau, en combien de sortes, et comment l'on s'en accommode : maintenant traicterons du bois, pour nous en fournir autant abondamment, et aussi tost que la Nature le permet : dont la maison s'en rendra très-bien accommodée. Il est certain que la terre pourveue d'eau et de bois, est la plus désirable habitation de toutes autres, approchante de la perfection. Mais s'il est question de clocher, comme rarement void-on les choses de ce monde aller droict, sans toutes-fois toucher à l'honneur de l'eau ci-devant représenté ; je dirai, sous le jugement des gens d'esprit, plus supportable estre le défaut de l'eau, que du bois. Et pour mieux m'expliquer, j'ad-jouste, que plus passable est l'habitation dans la forest, meublée de toutes sortes de bois, sans y avoir autres eaux que de cisterne, que celle qui est excellemment bien pourveue de fontaines,

ruisseaux, rivières, et semblables eaux agencées à plaisir : où pour tout chauffage, on n'a que maigrement des arbustes, des racines, des pailles, des gazons, d'herbe, de terre, de fiente de beuf, du charbon de pierre, des ossemens, comme en certains endroits d'Angleterre, de Flandres et ailleurs, où les peuples ne se chauffent que de telles drogueries ; mesme en Frise, et Hollande, où les mottes qu'ils appellent, *torf* (13), sont employées à tel usage. Cela s'entend pour la commodité de l'habitation particulière, car à la richesse du trafiq, je ne touche, estant ce chose sans fons, que la navigation sur les grandes eaux. Si ès forests l'on n'a le plaisir de voir les mignardises des fontaines, on a celui des ombrages, et l'agréable séjour dessous les arbres en toutes saisons, mesme en hyver parans les froidures. Au lieu du contentement de la pesche et du service du poisson, est la délectation de la chasse et le profit des bestes sauvaiges qu'on y prend. Il semble que les grands seigneurs, par leurs continuels exercices, facent plus de cas de la chasse, que de la pesche. Que les rois mesme consentent à telle opinion, en ce qu'ils passent plus souvent le temps à chasser, qu'à pescher, faisans estat d'aller ordinairement à l'assemblée : et tenans en reng honorable près de leurs personnes le grand veneur, sans parler de grand pescheur. Aussi pour ces choses, plus de grandes maisons se treuvent basties dans les forests, que dans, ou joignant les rivières : et pour la commodité du chauffage avec, qui pour tous hommes est très-grande, voire en telle réputation est le feu en hyver, qu'il est estimé la moitié de la vie de l'homme.

Plus de bonnes maisons sont dans les forests, que joignant les rivières.

Ce sont les forests qui fournissent du bois, pour l'appareil des viandes, pour se bastir et meubler, pour faire du charbon, de la chaux, des tuilles et briques, des ustenciles de terre et de verre, à fondre les minéraux, et à mille autres choses utiles, nécessaires, et plaisantes, comme à retirer infinité d'oiseaux. Nul ne doute de la santé du séjour ès forests, estant, au jugement d'un chacun, plus salutaire le sec, que l'humide. En somme, sans nombre sont les services du bois, duquel nostre père-de-famille se pourvoira, cas estant que son domaine n'en soit meublé. Et quoi-qu'en cela y ait de la longueur, si est-ce, que pour telle considération, ne doit-il désister d'y mettre la main, avec diligence, s'asseurant que l'attente du secours n'en sera tant grande, que dans huit ou dix ans, ne la voye avec contentement. Sans délai donques, commencera à ouvrer en cest endroit, à ce que tant plustost il jouisse du fruict de ses labeurs, que plus diligent aura esté à planter et eslever ses arbres.

Quand on parle du bois en général, s'entend du sauvaige : nom appartenant à toutes espèces d'arbres qui n'ont esté apprivoisés par artifice, lesquels la terre produict naturellement : dont se forment les grandes forests, quand par longues guerres, pestes, famines, et autres changemens, esquels les hommes sont sujets, les pays se des-habitent, et demeurans les terres désertes, se revestent des plantes susdictes ; mais avec distinction des lieux et des races : car la Nature accommodant les plantes, donne quartier aux sèches et froides, ès montaignes eslevées : aux humides et chaudes, ès vallons enfoncés : et ès autres composées de ces deux qua-

lités là, ès plaines tempérées. A quoi la propriété du fonds intervenant, cause ici la production d'une sorte de plantes, et là d'une autre, selon que la terre se rencontre diversement sablonneuse ou argilleuse. Ainsi par juste despartement, chacune est mise en son reng. Or n'estant question en cest endroit, que de se façonner des forests, principalement pour l'espérance des bois de haute fustaie, du chauffage, et du taillis, avec leurs dépendances, sans regarder aux fruicts que pour accessoire : laissant toute autre considération, je monstrerai le vrai moyen d'y parvenir.

Ce sera en imitant la Nature que fonderons nostre intention. A telle cause, choisirons d'entre l'infinie multitude des arbres de ses thrésors, les plus propres à nostre dessein : pour, seuls, estre employés, logés et gouvernés, ainsi qu'il appartient. N'estans que vains efforts, de cuider eslever des arbres sauvaiges, ailleurs et autrement, que leur naturel ne porte, à tout le moins, pour en avoir profit. Pour à cela parvenir, est aussi

nécessaire d'employer en bois une partie de vos meilleures terres : ce que sans regret ferés, quand considérerés, quel bien procurés à vostre maison, la rendant, par ce moyen, de noble et agréable représentation, et pour tous-jours, remplie de bois, au lieu de déserte qu'elle en estoit auparavant, estant contraint pour la cuisine et pour le chauffage, d'aller cercher loin le bois, escharcement et à frais excessifs. Par lequel changement, apperra le fonds employé en bois, servir autant que celui qui travaille en blés, ou en vins, veu que sans aucune despence, cestui-là donne son revenu, ou cestui-ci, ne rapporte rien sans emploi de semence et grande culture. Parlant des meilleures terres, je n'entens qu'ès moyennes les arbres ne vinssent: mais non tant abondamment, ne si tost produiront-ils en fonds de moyenne bonté, qu'en du tout vigoureux. Chose très-notable pour advancement d'œuvre: car estant vostre lieu desnué de bois, pour vous en fournir cerchés le chemin court (non celui de l'eschole, comme l'on dict), pour tant plustost avoir plaisir de vostre labeur. Ce qu'aviendra à souhait, et sans ennoyeuse attente, si, sans regarder à l'espargne, préférés en ce mesnage, les grasses aux moyennes terres: car des maigres, ne faut en cest endroit faire nul estat, parce que les arbres n'y pourroient venir, ou y venans, n'y vivroient qu'en langueur et peu d'advancement. Bien est vrai que comme tous arbres ne sont de mesme naturel, aussi y en a aucuns supporter mieux que les autres, l'insuffisance du fonds, lesquels arbres distinguerons, pour loger chacun en endroit convenable. De la quantité de la terre ne peut-on bonnement parler, veu que cela despend de la volonté d'un chacun, de faire grandes ou petites ses forests et *De quelle conténance sera le taillis.* taillis. Néantmoins, dirai-je, que laissant la forest à discrétion, le taillis doit estre de vingt-cinq ou trente arpens, pour, dans peu de temps, secourir la maison: ce qu'il fera dans sept ou huict années, la fournissant de fagottage pour sa provision, estant de telle mesure, et cultivé *Où dresser les bois.* comme je monstrerai. L'endroit le plus propre pour asseoir les bois, est la partie de vostre domaine la plus eslevée, du costé de septentrion, au regard de vostre maison, pour, n'en estans guières es-

loignés, la tenir en abri, et la parer des violences des vents, des froidures en hyver, et pour vous y aller rafreschir en esté, par leurs umbrages. Ne pouvant justement rencontrer, pour les difficultés, qui communément se présentent, poserés vos bois ès autres endroits les plus approchans de ce dessein, comme s'accordera le mieux.

Ces choses expédiées, convient en venir *Noms d'aucuns arbres sauvaiges.* aux arbres. De la généralité des arbres, selon nostre dessein, osterons les fruictiers, c'est à dire, ceux qui souffrans l'affranchissement par dessus les autres, sont employés ès vergers, retenant pour la fourniture de nos forests et taillis, les autres sauvaiges, qu'on ne peut, ou veut apprivoiser. C'est assavoir les *chastagniers*, *chesnes*, *lidges*, *ormes*, *fresnes*, *érables*, *fousteaux* ou *hestres*, *sapins*, *melèzes*, *pins*, *sycomores*, *ifs*, *charmes*, *tillets*, dont l'escorce est propre à faire des cordes, comme celle du meurier-blanc. C'est arbre a donné nom à Chantilli, belle maison de monseigneur le Connestable, comme qui diroit, champ de tillet, pour son abondance. *Aliziers* ou *micacouliers*, *coudriers*, *meuriers*, *cormiers* ou *sorbiers*, *cornouaillers*, *sureaux*, *bouis*, *genèvres*, *caddes*, *houx* ou *agrifolium*, *bruscs* ou *houssons*, *genests*, *blaïs*, *arboisiers*, *lentisques*, et plusieurs autres espèces d'arbres et d'arbustes sauvaiges, croissans dans les forests agrestes, à nous incogneus de nom, se diversifians autant qu'il y a des particuliers orizons en la terre: lesquels arbres seroit impossible de discerner entièrement par leurs communes appellations, si ce n'est ès mesmes lieux de leur origine. En

ee

ce reng pouvons-nous mettre le *plane*, arbre grand, plus cogneu en Suisse et ès quartiers d'Alemagne, qu'en France, pour la beauté de son umbrage, la blancheur de son bois, et sa facilité à parcroistre, dont il se rend recommendable. Toutes lesquelles plantes viennent ès endroits secs, et tempérés de sécheresse et d'humidité, bien-que d'aer froid et chaud, toutes-fois avec requise distinction, n'estans indifféremment tous d'un mesme naturel. Non ès aquatiques ni marescageux, qui sont donnés aux *saules*, *peuples*, *trembles*, *aubeaux*, *aunes*, *oziers*, *bouleaux*, *véges*, et semblables, dicts arbres aquatiques, à la différence des autres appellés secs. Ainsi par ces mots, sec et aquatique, entendrons la fourniture de nos forests, taillis, sausaies, ramées, et ozeraies, à ce que, sans confusion, les disposions à propos (14).

En l'édifice du verger, j'ai monstré la difficulté de l'ouvrage, pour la longueur qu'il y eschet, avant qu'en avoir contentement. Le mesme pouvons-nous dire de la forest et du taillis : et tout cela provient du plant, qui advance ou recule ce mesnage, selon qu'il se treuve grand ou petit. L'avis donques de l'un, servira pour l'autre : c'est que, comme pour le verger recerchons le plus gros plant, et autrement qualifié ainsi qu'il appartient, sans beaucoup nous soucier du mince : de mesme ferons-nous pour la forest et pour le taillis. Car défaillant le plant en qualité ou quantité requise, ce sera aussi aux semences et branches que recourrons pour en avoir provision, dont dresserons des pépinières et bastardières, à la manière ja monstrée, où je vous renvoie pour en estre instruit. Cependant noterons, que bien qu'au roolle des arbres secs, peussions ad-jouster les poiriers, pommiers, cerisiers, pruniers, et coigniers, aussi bien que les chastagniers, coudriers, meuriers, cormiers, et cornouaillers, qui communément portent fruict : si est-ce, qu'il m'a semblé n'estre bon de les édifier ès forests et taillis, parce qu'ils appartiennent proprement aux vergers : joinct que l'abondance du bois qu'ils donnent, n'est tant grande, qu'elle les doive faire recercher pour la forest et le taillis, ainsi qu'à telle cause, principalement, faict-ou des autres. Mais si, par la propriété du fonds, les poiriers, pommiers, cerisiers, pruniers et coigniers, naturellement s'ageancent en la forest et au taillis, je suis d'avis de les y laisser, pour la bien-séance, sans s'en donner autre peine : la diversité estant tous-jours agréable. N'est incompatible, toutes-fois, que parmi les plantes sauvaiges soyent logés les chastagniers, coudriers, meuriers et cormiers, non pour le respect de leur fruict, ains pour le bois qu'ils donnent en abondance : leur faisant ces deux qualités-là, tenir reng, et au verger, et en la forest, en se rendant de double utilité. N'estant en ce mesnage, qu'accessoire ou parties casuelles, les fruicts que ces arbres donnent, dont aussi grand estat n'en est faict : excepté des chastagnes, servans, et pour les hommes, et pour les bestes, telles toutes-fois, ne sortans, ni en si grande quantité, ne si bonnes, des forests, que des labourages ; parce qu'en la forest, les chastagniers ne sont ni affranchis ni cultivés à mode de fruictiers, ains tenus en arbres sauvaiges. La hastiveté, en cest endroit, est très-recommendable, pour choisir les arbres de

Bbbb

Distinguer les arbres par ces mots, sec, et aquatique.

Liv. VI, chap. XII.

Ès forests et taillis, le bois est le principal, et le fruict l'accessoire.

Les meuriers
et coudriers
croissent tost.

meilleure volonté, et de plus de faculté à produire abondance de bois, pour tost rendre service. Entre tous les sauvaiges, à ceci les plus propres sont les meuriers blancs, après les coudriers, pour arbres de leur taille. De ces deux plantes, comme pour avant-coureuses, en attendant d'employer les autres espéces d'arbres sauvaiges, sera dressé un taillis, lequel posé en bon fonds, planté et cultivé en son commencement, comme sera monstré, dans peu d'années satisfera à vostre intention.

Distinction
requise.

Ceci sera pour maxime, fondée sur la raison, *que plus de bois produisent les arbres, et plus longuement vivent: plus aussi de nourriture requiérent-ils.* A quoi est ad-jousté, *que ceux qui tard croissent, tard meurent ou défaillent.* Partant, ce sont ceux-là qu'il convient loger ès meilleurs fonds : aux autres sera donné quartier, à mesure que plus approcheront ou reculeront des qualités susdictes. Les *chesnes, chastagniers, ormes, sapins, pins, hestres* ou *fousteaux, charmes,* et *érables,* sont les arbres qui, sous ceste loi, seront posés ès plus féconds terroirs, parce qu'ils abondent plus en bois, et plus durent que les autres espéces. Sur tous lesquels, les chesnes emportent le prix, mesme en longueur de vie, laquelle les Anciens tiennent estre, communément, de trois cens ans : assavoir, cent à croistre, cent en estat, et cent à descheoir ; ce qu'aisément se croid, par leur monstrueuse grandeur, dont l'accroist n'a peu estre, qu'à la longue, veu qu'il se pousse assés

Discours du
chesne et du
chastagnier.

lentement chacun an. Les chastagniers n'attaignent ce terme-là, ni aussi leur bois n'est à comparer en bonté, pour le chauffage, à celui des chesnes : ne ces-

tui-ci, pour la charpenterie, au bois de chastagnier, ainsi en telle qualité se compensans l'un l'autre. Mais non en fruict, les chastagnes surpassans d'autant les glands, qu'il y a de différence entre la nourriture des hommes à celle des bestes. L'un et l'autre arbre veulent le bon terroir. Le chastagnier toutes-fois se contente de moins que le chesne, profitant assés bien en terroir sablonneux, pourveu qu'il y ait de l'humidité : et les deux veulent que le climat tienne un peu plus du froid, que du chaud, qui est leur naturelle situation (15). Les *pins, sapins, hestres* ou *fousteaux,* dicts aussi *faux,* et les *charmes,* sont arbres de montaigne froide, où ils parviennent non seulement en grande, ains en merveilleuse hauteur : dont ne se faut esbahir, si estans contraintement posés en quartier chaud, ils demeurent petits avec peu d'accroissement ; exceptés les pins, qui par bénéfice de la Nature, s'advancent très-bien, sous quel aer que ce soit, froid, tempéré, chaud : comme les pinettes de la Provence et du Languedoc, près de la mer Méditerranée, mesme celles d'Aigue-mortes, le preuvent suffisamment (16). Les *meuriers, coudriers, ormes, fresnes,* et *érables,* s'édifient assés bien ès moyennes terres, et lieux tempérés de froidure et de chaleur : dont, tant pour telle louable qualité, que pour leur volontaire accroissement, par dessus tous autres, seront choisis pour estre employés à peupler les nouvelles forests et taillis, y ad-joustant les chastagniers, pour leur ployable naturel. Desquels arbres, généralement encores, fera-on ceste subdivision, qu'ès endroits plus froids et humides, soyent mis les chastagniers, ormes, fresnes, et érables ; ès plus chauds et secs, les meuriers et coudriers. Par ce raisonnable assortiment, jouira tost le père-de-famille, de son labeur : préposant pour sa prochaine utilité, la hastiveté de ces arbres-ci (notamment des meuriers et coudriers, comme a esté dict, d'entre tous autres ceux-ci estre de meilleure volonté) à la future commodité de ses successeurs (17) : pour lesquels ne lairra, toutes-fois, selon son climat, de semer et planter des chesnes, des hestres, des pins, des sapins et autres arbres tardifs, desquels lui-mesme, sous la bénédiction de Dieu, pourra voir de beaux commencemens.

Touchant l'article du plant des arbres sauvaiges secs, trois chemins y a-il pour en avoir de toutes sortes : assavoir, de reject, de semence, et de branche, qui est le semblable moyen représenté au discours des fruictiers. Le reject est le plus commun et hastif ; la semence, le plus rare et plus tardif, demeurant la branche entre ces deux extresmes. D'ailleurs que de rejects des vieux arbres, croissans en leurs pieds ou sortans de leurs racines, n'en prendrons-nous des nouveaux (pour advancement d'œuvre, s'y gaignant quatre ou cinq années de temps), si y treuvons le fournissement requis, en qualité et en quantité. Mais cela ne se rencontrant que très-rarement, faict que pour le profit et la bien-séance, recerchons ailleurs qu'ès vieilles forests, des nouveaux arbres tels qu'il appartient : lesquels de nécessité, convient estre de pareil aage et grandeur : à ce que, par telle esgalité, la forest et le taillis, esgalement s'accroissent. Autrement la difformité y seroit grande, et avec icelle, ceste perte, que les petits arbres opprimés par les grands, succom-

berorient sous ce voisinage. Le taillis supporte mieux telle inégalité de plant, que la forest, s'y confondans les pieds des arbres, à cause de leur bassesse, n'estans en veue : où ès forests, l'une de ses beautés est la distinction des tiges, se représentans d'esgale grandeur, dont nécessairement convient ainsi disposer la forest. Des pépinières et bastardières, sortent arbrisseaux ainsi qualifiés, et en nombre désirable, pour en faire des forests et taillis tant amples qu'on veut. Telle commodité a esté représentée ailleurs, et la manière de dresser la pépinière et la bastardière, aussi de cultiver et arrouser les arbres, qui me gardera de retoucher ceste corde. Aucuns arbres sauvaiges, du despartement des secs, s'eslèvent par la pépinière, et ensuite par la bastardière : autres ne passent que par la seule bastardière. Ceux-là sont les arbres venans par pepins, noiaux, et fruicts, qu'à telle cause, l'on sème en la pépinière, comme chesnes, chastagniers, fousteaux, pins, sapins, ormes, cormiers, cornouaillers, aliziers, meuriers, bouis, genèvres. Et ceux-ci, desquels la branche s'enracine sans moyen, estant fourrée en terre, provenant telle facilité, de la grosseur de la mouëlle, coudriers, meuriers, sureaux et semblables. De la généralité des arbres, aucuns se treuvent mieux s'édifier par rejectons enracinés prins ès pieds des vieux, que par autre voie : lesquels, quelques minces qu'ils soyent, seront plantés en la bastardière, pour là s'accroistre jusqu'au poinct de souffrir le replantement en la forest ou au taillis. Le meurier et le coudrier, pour leur volontaire accroissement, s'édifient par toutes les trois manières dont on re-

couvre des arbres : assavoir, par rejectons, par branches, et par semences,
l'une desquelles l'on choisira comme il
viendra le mieux à propos.

La manière d'eslever le meurier.

Quant au meurier, son plus asseuré
fondement, est la semence, préférable
à tout autre agencement (18). Et parce
que cest arbre est de très-grande valeur,
non seulement pour le bon bois, dont il
abonde, qui lui faict tenir reng honorable
en la forest et au taillis, mais principalement pour la soye sortant de sa fueille,
pour laquelle il est fort recerché : je m'ar-
resterai, en cest endroit, à dire comment
on doit gouverner sa graine, pour en
avoir des arbres. J'ai monstré au discours
des vers-à-soye, la différence du meurier
blanc au noir, quel des deux est le meilleur, et quelle résolution doit là dessus
prendre le père-de-famille : aussi que
parmi les meuriers blancs, s'en treuvent
de trois sortes, distinguées par le seul
fruict, blanc, rouge, noir : et que par
le jugement d'aucuns, l'arbre d'entre
ceux-là, produisant la meure noire,
donne la meilleure soye. Selon telle subtile recerche, par dessus les autres, nous
eslirons la graine venant de ces meures
noires, pour l'engeance de nostre meurière.

Au Liure V, chap. XV.

Comment retirer la graine du fruict.

Des meures prinses en parfaicte
maturité, seront jettées en l'eau dans
quelque large vaze, et là dissoutes en les
frottant entre les mains, pour en retirer
la graine ; ce qu'on fera après avoir vuidé
l'eau du vaze, et mis sécher la graine
avec son marc, à l'ombre, non au soleil,
de peur que par sa chaleur, la graine
(qui est fort tendre) n'en fust offencée :
laquelle graine, séparée, d'avec la poussière, sera retirée pour la semer en saison.

Quand la semer.

La saison de la semer sera dès incontinent
que l'aurés recueillie, si l'année est advancée : mais estant reculée, conviendra
attendre les mois de Mars ou d'Avril en-
suivans, pour la mettre en terre : car en
l'automne n'est à propos, à cause des
prochaines froidures qui en tueroient les
arbrisseaux, lors estans par trop tendres.

Comment la conduire en l'iettant en terre.

La semant sur l'esté, se faudra soigneusement prendre garde de préserver les
semailles, avant qu'elles lèvent, de la
grande chaleur, en les tenant couvertes,
aux plus importunes heures du jour. On
les descouvrira à l'approche de la nuict,
afin de leur faire sentir la frescheur du
serain, pour les recouvrir environ les
sept heures du lendemain ; ainsi continuant sept ou huict jours, et en somme
jusqu'à ce que verrés qu'elles auront
poussé : car moyennant tel ordre, elles
sortiront tost de terre ; et par l'opportun
arrousement, en les deschargeant des
mauvaises herbes, les arbrisseaux s'en
advanceront, dont ils passeront gaiement
le prochain hyver. Jettant la semence en
terre au mois de Mars ou d'Avril, ne sera
besoin de la couvrir aucunement, ains la
laissant à la merci du temps, se contentera-on de la bien traicter, par artifice
requis.

Quand on transplantera les arbrisseaux en la bastardière.

A l'autre mois de Mars d'après,
les nouveaux meuriers de la pépinière seront remués à la bastardière, pour s'y
achever de nourrir, jusques à se rendre
propres à estre replantés pour la dernière
fois, qui sera ayans attaint la grosseur
du bras d'un homme robuste.

Lieu VI, chap. XVIII.

Au discours
des fruictiers, a esté amplement monstré
comment les arbrisseaux se gouvernent
en leur tendre jeunesse : qu'il les convient
mettre demi-pied dans terre, équidistamment d'un et demi en ligne droicte,
les coupper deux doigts par dessus, com-

Moyen as-/suré pour les/[...] tout as-/vair en la/bastardière.

ment serfouer, sarcler, arrouser et esmunder. Tout de mesme traicterés ces
meuriers-ci : pour lesquels tost faire advancer, le vrai secret consiste au loger
en la bastardière, et au coupper de leurs
rameaux en leur commencement. C'est,
de les poser au large pour s'accroistre à
l'aise, et de s'abstenir de les curer avant
qu'estre fort engrossis du pied. Et cependant, leur roigner de la cime de toutes
les branches, quelques deux doigts : no-

Curé et/meuble.

tamment, ne faillir de coupper le maistre
tige à six ou sept pieds de terre, ne souffrant de s'en monter plus hautement :
car par ce moyen, la substance en rétrogradant, s'employera à nourrir le
tronc : laquelle laissée à volonté, inutilement, se convertiroit en bois, que par-
après aussi faudroit coupper en plantant
l'arbre, pour la dernière fois. De ce

Liv. V,/Chap. XV.

planter aussi, a esté veu comment l'on a
à s'y conduire ; et quelle terre le père-de-
famille doit employer en ses meurières,
j'ai monstré estre celle jugée la plus propre pour le vignoble.

Des semences/des cormiers,/ormes, etc.

Toute autre semence d'arbres sauvaiges, est grosse, excepté celle des cormiers, des ormes, et de quelques autres.
Car ce sont chastagnes, glands et noiaux,
qu'on met en terre, au raion ouvert ou
à la fiche, comme a esté dict. Pour la
grandeur de ces semences-ci, on ne remuera les arbrisseaux en la bastardière,
si ainsi on se résoud, ains ce sera en la
pépinière mesme, qu'on achévera de les
eslever jusqu'au poinct d'estre propres à
estre logés ; pourveu qu'on les sème assés
au large et raisonnablement profond,

Comment/[...] loger en/terre.

pour prendre bon fondement. Ceste profondeur sera d'environ demi-pied : et à
ce que la semence ne soit estouffée par la

pésanteur de la terre, le raion ne sera
achevé de remplir, qu'au préallable les
jettons ne soyent sortis à l'aer, et lors en
les chaussans, cela se fera commodément (19). Les branches enracinables seront posées en la bastardière, comme
celles des fruictiers, et de mesme gouvernées pour en avoir des arbres : par lequel

Comment/faire enraci-/ner les bran-/ches à ce/propre.

moyen, et le précédent des semences,
aurés grande quantité d'arbres de plusieurs espèces, pour remplir vos forests
et taillis, dont pourrés choisir le plant
qualifié ainsi qu'il appartient, sans estre
contraint d'employer un seul arbre qui
ne vous aggrée, tant en abonderés :
voire pour rendre vostre provision ines-
puisable, comme fontaine perenne, si
provignés les arbres provignables à l'u-
sage d'aucuns du verger. La distinction

Distinguer/les races,/pour loger les/arbres selon/leur naturel.

des races et espéces des arbres, et en la
pépinière et en la bastardière, est nécessaire pour leur advancement : chacun
se treuvant mieux avec son semblable,
que s'ils estoient confusément meslingés.
Aussi distinctement maniera-on à la
serpe les arbres sauvaiges, c'est assavoir,
en tenant curé le pied de ceux qu'on des-

Et abrevia-/ment les con-/duire à la/serpe, selon/ce à quoi ils/sont destinés.

tine en la forest : et bien peu toucher aux
autres pour le taillis, lesquels n'ayans
besoin que de brancheage, suffit qu'on
leur laisse du tronc, seulement pour sortir de terre : dont ils s'advancent d'autant plus, que moins de temps ils employent à se rendre replantables, au respect de ceux de la forest, qui ne peuvent,
qu'avec le temps, avoir le tige tel que de
besoin.

Après avoir appresté la matière des
bois, convient l'employer. En deux manières principalles cela se faict, comme a
esté touché, en taillis et en forests. Pour

Le taillis vient donc peu de temps.

l'advancé secours des taillis, c'est à telle sorte de bois, que premiérement l'on s'employe, attendant plus ample service du lent accroissement des forests. Toutes sortes de bois désirent d'estre exemptes du ravage des bestes, en leur commencement. Par quoi, curieusement convient clorre les jeunes arbres, à ce qu'aucun bestail nuisible n'y ait accès; de l'importunité duquel, par ce moyen, non seulement l'on les préservera, ains du mal que la trop grande fréquentation des hommes apporte aux nouvelles plantes, dont le souvent manier les faict averter, et en suite mourir.

CHAPITRE VIII.
Le Taillis.

Pour un préalable remède faut fermer le taillis.

L'ARTICLE du clorre donques sera le premier recommandé pour le taillis, lequel sans estre fermé ne peut subsister, à cause de la bassesse de ses arbres donnant grande prinse au bestail. De quatre en quatre pieds, ou de cinq en cinq, seront plantés les arbres, afin que par telle petite distance, le taillis se rende touffu, *Trouble qui se faict du taillis.* pour rapporter bois en abondance, et servir de retraicte aux connils, s'en formant la garenne : dont le taillis est d'autant plus désirable, que plus on recerche *Sa disposition; et la manière d'en planter les arbres.* les choses diversement utiles (20). A la manière des vignes, l'on plante ces arbres-ci; c'est assavoir, en rayon ou fossé ouvert, comblant l'un à mesure qu'on creuse l'autre, dont le fons se rompt universellement, sans y rester rien de ferme, à l'utilité des arbres, estendans leurs racines avec grand advancement, dans la terre mouvée de nouveau. Mais cela engarde d'en faire cuire la terre par le temps, selon la pratique des fruictiers, pour tant mieux recevoir les arbres : à cause que la place défaut, pour séjourner la terre sortie du fossé, pendant qu'icelui demeure ouvert pour se préparer. Si toutes-fois l'on veut préférer la préparation de la terre, à son universel remuement, ainsi se pourra faire, mais à telle condition, que d'esloigner les rayons ou fossés l'un de l'autre, de sept à huict pieds, pour, sur ce vuide, reposer la terre pour autant de temps qu'on voudra laisser ouverts les rayons, afin de se cuire par les froidures et chaleurs. Telle distance espargnera presques la moitié du plant des arbres, qui pourra estre commodité, où on l'a escharcement. Et à ce que le taillis ne demeure défectueux, par estre trop rarement planté, au bout d'un couple d'années, les nouveaux jettons des arbres seront provignés dans ce vuide-là, et couchés comme la vigne : lequel rempli, le taillis s'en treuvera suffisamment fourni. La terre aussi de tel entre-deux des fossés, par ce moyen, se rompra entièrement, sans qu'aucune durté y demeure, empeschant le chemin des racines, ains sans destourbier, commodément se logeront-elles dans terre. Cela *Quels arbres peut-on provigner ici.* s'entend des arbres provignables, comme meuriers, coudriers et autres : car des chesnes et semblables, qui ne souffrent tel maniement, ne se peut-on servir en cest endroit. Pour laquelle restriction, et autres raisons suivantes, meilleur est de dresser le taillis tout d'une venue en le remplissant au commencement, que de délayer en espérance de l'achever de fournir par le provignement au bout de quelques années. Car, ne l'espargne du plant, ne la cuisson de la terre, ne sont tant considérables, que le retardement de l'œuvre : ne pouvant le taillis si tost s'aggrandir en recouchant au bout d'un couple d'années le premier ject de ses arbres, que si, sans les destourner, on leur laisse parfaire leur cours. Quant au plant, c'est bien folie de l'espargner, veu la facilité d'en recouvrer abondamment par l'ordre que j'ai monstré : et touchant à la préparation de la terre, la crudité en sera aucunement corrigée, mettant près des racines des arbres, en les plantant, de la terre prinse en la superficie du lieu, qui, cuitte par les saisons, suppléera au défaut de n'avoir tenu quelque temps ouvertes les fosses, comme se pratique aux vignes, et aux fruictiers, qu'on est contraint de planter précipitamment (21).

Or, par quel que soit de ces deux moyens-là, qu'on édifie le taillis, ce sera sous la distinction des lieux esquels l'on est, chaud ou froid : pour tost y mettre la main en climat chaud, et tard en froid, retardant plustost qu'advanceant le planter de ces arbres, à cause de leur sauvaigine, qui leur retarde la séve. Le vrai temps pour le pays chaud, se marquera dans l'hyver : pour le froid, au commencement du printemps : et pour le tempéré, dix jours de Janvier, et autant de Février, la lune estant nouvelle, le temps tendant plus à l'humidité qu'à la sécheresse, non toutes-fois pluvieux, ni aussi venteux (22).

Ceste observation est très-requise, que de ne confondre les espèces des arbres, ains de les renger à part au taillis, en quartiers séparés, ainsi que dès leur origine aura esté faict, et en la pépinière et en la bastardière : Car par ce moyen, les arbres s'en portent mieux, et la beauté y sera tant plus grande, que meilleur ordre aura esté establi en la disposition du taillis. Pourra-on néantmoins, se dispenser en ce poinct, si on veut bigearrer le taillis, en y entremeslant diverses espèces d'arbres pour le décorement, selon le sujet : mais avec le moins de discordance que faire se pourra, en assemblant les arbres qui plus symbolisent en qualités. Comme aussi espargnera-on des allées au taillis, des labyrintes, et autres pourmenoirs de plusieurs sortes, pour tant plus plaisant rendre le lieu, qui ne laissera, pour ses gentillesses, d'estre profitable.

Un pied et demi dans terre, seront plantés les arbres (23), au-paravant ayans esté curieusement arrachés, afin d'en retirer, entières, les racines, s'il est possible : desquelles la poincte des plus longues, sera un peu roignée, et des estorces et estorcées, couppé tout ce qui s'y treuvera de corrompu, à ce qu'on n'en enterre rien que de franc et bien qualifié.

Après avoir applani le rayon avec de la terre du lieu, les arbres en seront couppés, quatre doigts au dessus, ne souffrant qu'ils sortent de terre plus avant que cela, où faisans leurs jettons, se façonneront à plaisir, pour rendre du bois abondamment, dont toutes les parties du taillis en seront remplies.

La maistrise pour tost avoir plaisir et profit du bois nouvellement planté, est de le haster à s'accroistre par bon et fréquent labourage, ne souffrant habiter entre les arbres, aucune herbe ne racine nuisible, de peur de succer la substance de la terre destinée pour le bois. Et à ce que cela se face à frais modérés, pour une seule fois,

le fonds sera entièrement rompu , renversant toute la terre sens-dessus-dessous ,
si ja n'a esté faict en plantant les arbres.
Par ce moyen la terre du fons sortant
au dessus , pour sa crudité , ne pourra
engendrer herbages qui puissent nuire
devant qu'estre cuite par l'aer , où y va
du temps : pendant lequel , les arbres
accreus , leurs rameaux occupans tout le
vuide , opprimeront toutes plantes estrangères qui se voudroient fourrer au
taillis. Les engardera aussi de s'y engeancer , le marrer trois fois l'année , une
en hyver , deux au printemps et commencement d'esté. Despence qui ne sera
ennuyeuse , puis qu'elle ne s'employera
que durant quatre ou cinq années : au bout
desquelles , cessant , cessera aussi tout
autre soin pour le taillis , que le requis
pour sa conservation , afin que par aucun
événement le bois ne se desgate (24).

CHAPITRE IX.

La Forest, ou Bois de haute fustaie.

La diverse situation des bois , met diversité entre ceux du taillis et de la forest ,
car selon que les arbres sont plantés près
ou loin l'un de l'autre , peu ou prou s'accroissent-ils. Tous les sauvaiges se ployent
en taillis , mais c'est du particulier naturel d'aucuns de se convertir en forest ,
qu'à tel effect l'on choisit et employe.
La forest se distingue en bois de chauffage et de haute fustaie , l'un et l'autre
se façonnant d'arbres de mesme race ,
toutes-fois de diverses espèces , selon qu'à
cela se treuvent diversement ployables.

Entre les arbres sauvaiges , les chesnes
abondent en espèces , desquelles les trois
plus apparentes , sont les suivantes , dont
parlerons sans nous arrester au grand
dénombrement des arbres à gland de
Pline. Quercus , *robur* , et *ilex* , sont
ainsi en latin dictes ces trois espèces de
chesne , et ce nom-ci , particulièrement
donné au *quercus* , estant le *robur* , appellé *roure* , et l'*ilex* l'*yeuse* , (25). Le
chesne jette ses forces plus en tige , qu'en
branches , montant en droicte et grande
hauteur. De telle engeance en remarque-on encores deux espèces , différentes
seulement en ce , que le tronc de l'une
attaint jusqu'à sept ou huict toises , estant en fonds qui lui aggrée , et l'autre
ne passe plus outre que de quatre à cinq.
De ces deux sortes , celle-là produit moins
de branches , que plus s'allonge en tige ,
ressemblans à bouquets sortans à la cime
du tronc. Ce sont aussi ceux-là , le moins
occupans de place , et qui plus serrément
veulent estre plantés : voire désirent-ils
estre pressés en la forest , et par là , contraints de monter en haut cerchans la faveur du soleil , selon leur naturel. Et
l'une et l'autre sorte , à bon droict , appellées bois de haute fustaie , sont propres en bastimens , pour couvertures ,
planchers , en meubles et autres ouvrages
de charpenterie et menuiserie : aussi ès
appuis des vignes , leurs perches et es-
chalats sont fort serviables. Les forests
de la France sont plus fournies de ces
deux sortes-ci de chesne que des autres :
d'où à plaisir tire-on de tel bois , pour
tous usages : désirable pour sa blancheur ,
madreure , facilité à mettre , et à se conserver en œuvre (26). Le roure est le vrai
bois de chauffage , arbre plus abondant en
brancheage ,

brancheage, que nul autre. Il a pour fondement, de grosses et fortes racines, rampans à fleur de terre. Le tronc fort et robuste, duquel mot son nom est tiré, massif, dur, grossier, assés court; est garni de bon nombre de grandes et puissantes branches, noueuses, tortues, escartées, et espandues par dessus la fourcheure de l'arbre, occupans grande place. *De l'yeuse, ou chesne vert.* L'yeuse ressemble plus au roure qu'au chesne, estant son bois dur et solide, et s'estendant plus en brancheage, qu'à monter droictement en haut : en fœillage, rien du tout à aucun d'eux, car il se le conserve vert toute l'année, comme l'olivier, pour laquelle cause est-il aussi appellé, en France, chesne vert ; au lieu que, et le roure et le chesne, le laschent fené, comme la pluspart des autres arbres. En ce symbolisent-ils par-ensemble, que de produire du gland, mais plus petit le rend l'yeuse, que, ne le roure, *Il y a plusieurs es- peces d'ilex.* ne le chesne. Par ce mot, *ilex*, est aussi entendu l'arbrisseau portant la graine d'escarlate, ou vermillon, dont telles plantes sont dictes *cocciferæ arbores*, et par les taincturiers, *cochenille*. Les Arabes en appellent la graine, *kermes*, et le vulgaire, *cramoisie*, la couleur qu'elle faict, comme voulant dire, *kermesie* (27). Le houx ou mesplier sauvaige, autrement, *aquifolium*, est de ce reng (28). De ces trois espèces d'*ilex*, s'en void abondamment en Languedoc, mesme de la première en plusieurs endroits des grandes forests : et de la seconde vers Montpellier ès lieux déserts laissés en friche, où les pauvres gens cueillent en saison la graine de vermillon. Le plus grand desquels yeuses, tiendra reng en la forest, qui s'en rendra très-belle, pour

la verdeur continuelle de ses fueilles : comme aussi le taillis composé de tels arbres, ne peut estre que très-plaisant et profitable avec, recevant en hyver, toute sorte de chasse y estant en abri, à cause de telle perenne rameure. Plusieurs sortes de gland se remarquent ès chesnes en général, lesquelles *Pline* met en nombre de quatorze, contant pour une la faine, produicte par le hestre ou fousteau, dict en latin, *fagus*. Telle différence de glands est remarquable en toutes qualités : de grandeur, couleur, figure, poisanteur : l'abondance duquel fruict, agreste, provient plus grande des arbres femelles, que des masles, à telle occasion, leur sexe ayant esté distingué par les Anciens, comme aussi de tous autres arbres portans fruict, dont les stériles ou de peu de rapport, ont esté estimés, masles, et les fertiles, femelles (29). Au reng des glands, a esté mise la chastagne, par *Dioscorides*, *Galien*, et autres Antiques, appellée *gland sardienne* et *lopime*, ou *gland de Jupiter*. Ce ne *Mathiol. liv. 1, chap. 123.* sera guières s'esloigner de ce discours, de faire entendre au mesnager, que le signe asseuré de bonne cueillète de gland, est, quand tel fruict se treuve court en son commencement, ne faisant jamais bonne fin, celui qui est long en ce temps-là (30).

Le chastagnier abonde en fruict sauvaige, demeurant en son naturel : et en *Du chastagnier.* privé, estant enté, où il se plaist autant qu'autre arbre, se rendant par ce moyen très-fécond. Et bien-que cela soit excéder en cest endroit, convertissant la forest en verger, n'y a que profit néantmoins, et beaucoup de plaisir de voir les forests chargées de chastagniers rapportans bon fruict, et pour les hommes et pour les bestes. Joinct, que l'affranchissement passant plus outre, se rapporte au bois, qui pour tous ouvrages, de charpenterie et menuiserie, surpasse autant celui qui n'aura esté enté, que faict le fruict légitime, le bastard. Ce que le père-de-famille ne mesprisera, veu mesme la facilité d'enter ces arbres-ci, plus grande et moins pénible que de nuls autres, comme a esté veu. Pour laquelle cause, fera-il enter de ses chastagniers, bien-que dans la forest, autant qu'il pourra : tant pour le respect du fruict et du bois, que pour la beauté du ramage, qui se représente tousjours plus beau à la veue, et en est l'ombrage plus agréable, que de ceux esquels telle curiosité n'aura esté adjoustée (31). Indifféremment, tous chastagniers ne produisent bois de mesme sorte, montans en tige et s'eslargissans en brancheage, ains diversement, selon qu'ils sont plantés. Car les chastagniers de bon naturel, et plantés en fonds qui leur aggréo, estans pressés, s'en montent fort hautement, comme de six à sept toises et davantage : dont sont faictes des poultres pour bastimens ès planchers, et couvertures, du tout bonnes : ne cédans pas mesme au sapin, ni à autre arbre, de quelle espèce que ce soit, principalement, pour la durée ; car quant à la beauté, le sapin le précède, à cause de la blancheur de son bois. Et touchant au brancheage ils en rendent en grande abondance, la terre et l'aer leur aggréans (32). Ainsi avient des ormes, des pins, des sapins et semblables grands arbres, qu'on loge en la forest, tant plus serrément, que plus l'on les veut faire allonger en tige, pour bois de haute fustaie. Entre lesquels arbres, le sapin, en latin dict,

abies, surpasse tous autres en hauteur, et à servir en bastiment, ne ployant jamais sous le fais. En plus large distance les conviendra planter, si on ne regarde qu'au chauffage, pour avoir abondance de branches, qu'on couppe à telle occasion. Tous ces plantemens se font à volonté, toutes-fois, sous la particulière propriété des arbres, et remarque du terroir, qui imposent loi à ce mesnage, pour s'y assujettir ; de peur que voulant efforcer le naturel de l'un et de l'autre, on ne rende vaine l'entreprinse du dresser la forest. Au fonds bien choisi, les roures et yeuses seront convenablement plantés, de quatre à cinq toises de distance, pour donner lieu aux branches de s'accroistre et eslargir. Aux chesnes les plus hauts, suffira de huict à neuf pieds d'entre-deux : les autres tenans le milieu, seront moyennement serrés, comme de douze à treize pieds de distance. Cela soit dict pour tous arbres, desquels l'on se veut servir en la forest, afin de les poser tant près, ou loin l'un de l'autre, qu'on verra estre à propos. A quoi l'homme d'entendement pourveoira par sa prudence, comme aussi choisira-il les arbres dont il composera sa forest, les plus sortables pour son terroir.

De renger séparément les espèces des arbres, a esté monstré combien telle singularité cause de beauté et d'ageancement ès taillis. En cest endroit, telle distinction n'est moins louable que plaisante, voyant les belles chesnaies d'un costé : de l'autre, les chasteneraies, les ormaies, les coudraies, les fresnaies : et si le pays le porte, les pinnettes et sapinnettes, et autres assemblées d'arbres, par races faisans des corps séparés : divisés seulement par grandes et droictes allées, pour s'y pourmener à pied, à cheval, et y dresser des jeux de pallemail, et autres gentillesses. Et afin d'avoir des forests de toutes sortes, pourra-on meslinger, en aucuns endroits, des arbres de diverses espèces, pour rendre la forest plus agreste, selon que la qualité de telle partie de domaine le requerra. Mais ce sera en avoisinant les arbres avec le moins de discordance que faire se pourra, recerchant ceux qui mieux symbolisent par entr'eux, pour les planter par-ensemble avec profit. Les yeuses pourront estre parmi les chesnes : les charmes avec les hestres : les ormes avec les érables et fresnes : les coudriers avec les meuriers : les pins avec les sapins et melèzes ; et ainsi meslingera-on quelques autres, qu'un chacun pourra remarquer selon son lieu, en esgard à l'expérience que la Nature mesme en faict tous les jours. Les arbustes d'infinies espèces, de nom et sans nom, sierront bien parmi les grands arbres, rendans touffue la forest, à la commodité de la chasse, et du fagotage qu'on en tirera pour la maison. En certains quartiers, les arbustes s'ad-jousteront, non universellement par tout, afin que disposant la forest de diverses sortes, elle s'en représente plus plaisante que d'une seule ordonnance, selon la raison de la diversité. Planter les arbres à la quinconce et droictement alignés par rengées, est chose magnifique : mais aussi il semble que ce soit excéder en délicatesse ; cela appartenant plustost aux arbres fruictiers et privés qu'aux stérils et sauvaiges, pour la rusticité requise ès boscages et forests ; lesquelles, plus se peuplent de gibier, que plus espessement et dru y sont les arbres. Or quelque petite distance qu'ayent les arbres par-entr'eux, estans alignés en tous sens, ne se monstrent-ils tant serrés, que confusément plantés, quoi-que largement. D'autant que la veue passant par les allées d'entre-deux rengs, ne s'arreste par le rencontre des arbres, lesquels lui faisans place, se couvrent le tronc l'un de l'autre. Chose qui n'avient ainsi en l'assemblage des arbres confusément plantés : car par l'opposition des arbres, la veue est arrestée tout court, dès l'entrée de la forest, et de telle sorte, que n'y pouvant pénétrer avant, il semble que la forest soit fort touffue et espessement plantée, bien-que ses arbres soyent mis par grande distance, et fort esloignés l'un de l'autre. Eschéant perte de quelque arbre de la forest alignée (comme toutes choses sont périssables), elle se recognoist incontinent qu'un seul arbre aura défailli, avec autant de difformité, que quand une dent de la bouche saulte hors de son reng. Ce qui est sans remède aucun, d'autant qu'il n'est possible de replanter des nouveaux arbres en leur place, ne se pouvans reprendre parmi les vieux. Tels défauts se remarquent notoirement ès belles chesnaies de plusieurs grandes maisons de ce royaume, qu'avec soin les Ancestres ont faict aligner, ayans demeuré en parfaicte beauté, autant longuement que leurs arbres se sont comportés, unis et vivans ensemble, non davantage : car dès aussi tost qu'aucuns d'eux ont quitté leurs rengs, ç'a esté dès lors mesme, que les chesnaies ont commencé à descheoir de leur lustre, augmentans en laideur par le temps, à mesure de la descheute des arbres. Perte qu'on ne craint en la forest confusément plantée, par n'y paroistre telles défectuosités, dont le plaisir s'y entretient plus longuement qu'ès autres. Pour laquelle cause, plantera-on la forest confusément, distinguant toutes-fois les races et espèces des arbres : car outre la susdicte considération, s'espargne le soin continuel d'en entretenir les arbres en leur parfaicte vigueur. De là sort ceste liberté, que sans grande tare, ne toucher à l'honneur de la forest, pour bastir, et autres causes, l'on y pourra coupper des arbres, par-ci, par-là, ès endroits les plus touffus. Ad-joustant à ce profit, le plaisir du pourmenoir par des grandes allées qu'on espargnera à travers de la forest en divers endroits, comme a esté dict ailleurs. Et à ce qu'aucune partie d'ornement ne défaille en la forest, sera bon d'en aligner les arbres en certains quartiers les plus plats : car par telle diversité, la forest se rendra du tout magnifique, en laquelle ayant à choisir de pourmenoir, y treuvera-on plus de plaisir que si elle estoit toute disposée d'une seule sorte. Ce sera, néantmoins, sous telle sujection, que de conserver chèrement les arbres plantés à la ligne, pour la bien-séance, les tenans curés par le pied, et modérément eslagués par les branches. Dès le commencement de la forest, se prendra-on garde d'en faire vivre les arbres, c'est à dire, durant leurs trois premières années, donner ordre, par bonne culture, de les garder de mourir, ou d'en remettre des vifs en la place des morts : pour la vanité du remède, passé ce temps-là, ne se pouvans reprendre les jeunes arbres, parmi la foule de ceux de plus grand aage.

Quant au planter des arbres, il a esté ja monstré comment il se doit faire. Par

trous séparés les fosses seront faictes, et de grande largeur, pour donner place aux racines des arbres, de s'estendre à l'aise. De cinq à six pieds est leur droicte mesure, cela s'entend pour les arbres qu'on veut planter au large, car pour les serrés, le rayon est plus commode et de meilleur prix que les fosses séparées, dans lesquels rayons ou fossés longs, se logent les racines des arbres, et avec beaucoup d'advancement. Plus profondément seront les arbres plantés en terre pendante et sablonneuse, qu'en platte et argilleuse, dont le moins les profonder dans terre, sera d'un pied et demi, et le plus, de deux (33). La plus raisonnable grosseur du plant de ces arbres-ci, est comme du bras d'un homme robuste, moindre n'estant de grande utilité, pour sa foiblesse, qui causeroit trop de retardement ès arbres; dont le planteur n'en pourroit avoir plaisir, par s'escouler l'aage de l'homme, avant que les arbres soyent parvenus à quelque modéré advancement. Plus grande sera-elle bonne, voire jusques à la jambe, pourveu que l'arbre aie l'escorce tendre, manifestant sa jeunesse : car d'en planter des envieillis, ne seroit qu'autant de perte (34).

Ainsi qualifiés, les nouveaux arbres n'auront besoin d'appuis, car d'eux-mesmes résisteront aux vents : outre laquelle espargne, s'évite aussi le mal que leur cause souventes-fois l'approche des paux, quand par trop rude attouchement et violence des vents, les arbres sont escorcés. Cinq ou six pieds sur terre seront couppés les arbres en les plantant, pour là jetter leur premier brancheage : duquel rien ne sera osté de trois ans, de peur que contraignant les arbres de s'en

monter trop tost, leur pied n'en restast
foible, à la ruine de la plante. Mais
passé ce terme-là, l'arbre ja fortifié, en
sera le tronc curé, et en suite nettement
tenu : comme aussi seront eslaguées ses
branches, deschargeant l'arbre du superflu. Diversement on esmunde ces arbres-ci, selon leurs diverses fins. Si ce
sont arbres dont l'on désire faire haute
fustaie, à fine force de nettoyer on les
fera allonger, sous toutes-fois, le naturel de la plante et la presse du lieu. Si
de chauffage, de quelque espèce que ce
soit, en laissant les branches, et que les
arbres soyent posés au large, on se satisfera : et ainsi tirerés de vos arbres le
service espéré.

Non plus que les fruictiers, ces arbres
sauvaiges ne peuvent beaucoup advancer
sans culture. Pour laquelle cause, nous
les cultiverons diligemment durant leurs
premières années, et jusqu'à ce, qu'a-
grandis, ils oppriment toutes herbes et
plantes contrarians à leur accroissement.
Le moyen de parvenir à telle culture avec
espargne, est celui mesme des fruictiers,
représenté en plusieurs sortes, comme
des jardinages, des grains, des vignes :
aucuns desquels l'on employera en cest
endroit selon que le mieux s'accordera,
pour avoir tost plaisir des forests. La
vertu de la culture se manifestant, non
seulement aux bois des arbres sauvaiges,
ains à leurs fruicts : mesmement aux
glands, qui en plus grande abondance et
plus grosses sortent des chesnes du labourage, que des forests agrestes.

Encores que les arrousemens ne soyent
nécessaires, ni ès taillis, ni ès forests,
pour le naturel de leurs arbres, si leur
servent-ils de grand ornement, voire et

d'accroist, quand ils sont opportunément
arrousés : n'attaignans jamais en parfaicte
grandeur, les plantes endurant la soif
au cours de leur vie, ains seulement
celles, qui, par bon tempérament, sont
entretenues. Qui aura donques son terroir tant félice, que de le pouvoir arrouser à volonté, en cest endroit se servira
de l'eau, la faisant découler auprès des arbres, par petits canaux à ce appropriés,
lors que par la sécheresse de la saison,
toutes plantes désirent l'humeur. Non
en autre temps les ferés boire, ne jamais
permettrés l'eau croupir ès pieds des arbres, de peur d'en pourrir les racines.
Ne ferés aussi ceste faute, que d'arrouser
les vieilles forests n'ayans accoustumé
l'eau, pour le danger d'en faire mourir
ses arbres, cuidant les bien traicter en
forceant leur nourriture : avis, que par
ma propre expérience, vous puis hardi-
ment donner : ains seulement abbruverés
les arbres que dès leur jeunesse aurés
eslevés par tel traictement.

CHAPITRE X.

Les Arbres aquatiques.

Pour l'utilité de son divers service, et
son facile accroissement, le bois aquatique
est fort recerché. C'est aussi là où l'on
recourt, pour, plustost que d'ailleurs,
estre secouru de chauffage : car, moyennant l'eau, dans peu de temps se rendent
les arbres aquatiques, propres à ce service. En appuis de vignes, en gentillesses des jardins, en cercles pour vaisseaux à vin, en poultres, soliveaux, ais,

Avis de Caton.

et à autres usages de bastiment, s'approprient aussi ces arbres : voire c'est sans fin qu'on en tire des commodités, comme d'une source, sortant tous-jours bois après bois, quand fréquemment couppé, les arbres ne cessent de rejecter. Entre les principaux revenus de la terre, *Caton* couche le bois aquatique, qu'il commande de bien gouverner, mesme le saule ou saulx, au tailler, comme en l'article le plus requis de sa culture.

Saule.

Cinq sortes principales d'arbres aquatiques y a-il, *saules*, *peupliers*, *aunes*, *bouleau*, *oziers*. Les diversités des *saules*, se remarquent à la couleur, aucuns estans blancs ; les autres tendans sur le rouge et tané, en leurs fueilles ; quant au bois, n'y ayant grande différence.

Aubeau, peuplier, tremble.

En trois espèces est divisé le *peuplier*, distinctes par ces mots latins, *populus alba*, *nigra*, et *lybica* ; et en françois appellés, *aubeau* (35), *peuplier*, et *tremble* (cestui - ci, dict aussi, *niespe* (*niespen - boom*), en aucuns endroits de la Gaule Belgique), se discernans par leurs couleurs et grandeurs. Ce qu'on l'appelle *tremble*, vient du continuel mouvement de sa fueille ; causé, tant de sa figure poinctue, fendant l'aer, que de la longueur de la queue d'icelle, bien-que telle qualité se voye aussi en celle des autres peupliers ; ayans la fueille cottonnée d'un costé, mais plus les uns que les autres. Tous lesquels arbres montent hautement, si à ce on les ploye, plus toutes-fois l'aubeau et le tremble, que ni le peuplier ni le saule. Autant qu'autre

Aune.

arbre aquatique, s'allonge l'*aune*, en d'aucuns endroits appellée, *verne* : aussi c'est toute la conformité qu'elle a avec eux, estant singulière en toutes autres

choses, excepté à produire des chattons qu'elle communique avec le saule. Ressemble au coudrier en fueilles, et à rejecter abondamment du pied. Son bois de nouveau couppé, est rouge, se blanchissant à l'aer tost après. Est fort propre à supporter les édifices dans l'eau, où il est de perpétuelle durée, s'y endurcissant comme pierre : moyennant qu'il y demeure continuellement sans plus sentir l'aer, auquel se pourrit dans peu de temps. De l'escorce de cest arbre, les chapeliers et tanneurs se servent à taindre leur ouvrage en couleur noire. Le *bouleau* se *Bouleau.* maintient en modérée hauteur. Il s'édifie et joignant les eaux, et un peu esloigné d'icelles, ainsi que le peuplier : duquel, selon aucuns, il est espèce, appellé *betula*, en latin. Des jettons de bouleau, se servoient les anciens consuls Romains, en leurs *fasces*, c'est à dire, petits faisceaux de verges, qu'ils faisoient porter devant eux ; signe de souveraineté, par le tesmoignage de *Pline*.

Quant aux *oziers*, ils peuvent estre *Osier.* logés, et entre les arbres, et entre les arbustes aquatiques, pour les diverses grandeurs de leurs bois, selon leurs espèces, qui sont sans nombre. Y en ayant de plusieurs corps, de grands, de moyens, de petits : de plusieurs couleurs, de noirs, blancs, jaunes, dorés, rouges, tannés, verts : de doux et flexibles, les uns plus que les autres : de francs et de bastards. Le *vège*, *tamaris* (36), *saules bastards*, *Vège, tamaris, etc.* et autres arbustes aquatiques que la terre produict selon le naturel de son fonds, de son aer, et de ses eaux, seront couchés en ce roolle, estans de sympathie avec les précédentes plantes. De tous ces arbustes-ci, tire-on beaucoup de service au mesnage ; mesme outre le chauffage, sont employés à faire des verges à battre la laine et le chanvre, pour ouvrer : à faire des paniers et corbeilles, vans, nasses à prendre du poisson, des cages à tenir oiseaux et autres ustenciles de tel calibre. Résistent à la violence des rivières, plantés en leurs rives, à cause de leurs racines fortes et rameaux flexibles, qui se rendent souples, et obéissent à l'eau, leur passant par dessus sans les rompre.

De tous les arbres aquatiques, celui qui le plus désire l'eau, est l'aune, le moins, sont les peupliers, trembles et bouleaux, demeurans les autres, faciles à eslever par tout, pourveu que le lieu ne soit sec : ne pouvans vivre sans grande humeur, pour leur naturel aquatique, dont ils *Où loger arbres.* portent le nom. Près des rivières, estangs, palus et semblables endroits, est donques la situation de tels arbres, choisissant les quartiers les plus eslevés pour les peupliers et trembles, laissant les plus enfoncés, aux aunes, et les modérés, aux saules. Les aunes, aubeaux, peupliers, et trembles, seront bannis des prairies, pour l'empeschement qu'ils y font (leurs grosses racines et grands ombrages succans la substance de l'herbe) : mais ce seront les saules qu'on y logera, et sur les bords des canaux des arrousemens, comme d'entre toutes ces plantes-ci, les moins importunes, n'estans leurs racines ne brancheages importunément grandes. Aux saules joindra-on les oziers, pour leurs naturels symbolisans ensemble : j'entends les plus grands, car ceux de la moyenne et petite sorte, ne veulent estre exposés tant au large que cela, ains estre resserrés, afin qu'exempts de l'approche des bestes, sans destourbier, puissent

donner leur revenu. Seront aussi tous ces arbres aquatiques, convenablement logés au long des acqueducts des moulins et arrousemens, et par tout ailleurs où l'eau découle : ausquels endroits ne peuvent faillir de faire bonne fin. Et ce sera profiter une chose perdue, car sans ce mesnage, ne sçauroit-on où employer le fonds. *Plaisir et profit d'en séparer les races au planter.* D'en faire des particulières sausaies, peupleraies, aunaies, ozeraies, est chose très-belle et requise : car avec le plaisir de voir l'assemblage de grand nombre d'arbres par races séparées, tirés ce profit, que sans hazard ne confusion faictes tailler chacune espèce d'arbres selon son particulier naturel : en quoi consiste la maistrise de leur gouvernement : pour l'accroist n'y ayant grand intérest, à cause de leur sympathie, dont ils se comportent bien par-ensemble. Les ramées ou taillis d'arbres aquatiques, sont désirables, attendu leur double utilité. Outre le profit de la couppe, d'où procède abondance de bois, est celui des connils, où ils se retrayent, et multiplient abondamment, ainsi qu'on le void ès isles des rivières ; bien-qu'ils n'en sortent si bons, que des garennes sèches.

Comment les planter. Le moyen le plus propre pour planter arbres aquatiques, est de branche, si ce n'est l'aune, qui s'édifie mieux par racine, comme sera monstré. La branche sera choisie droicte, polie, grosse comme le col du pied, de la longueur de huict à neuf pieds, pour en fourrer un couple dans terre. En piquant la terre, avec la *A la fiche.* fiche, deux pieds de profond, commodément loge-on les plantats, remplissant le trou de terre deslice, afin que le vent n'y entre, et les affermissant si bien, qu'ils ne puissent estre esbranlés par aucun événement. Avec plus d'advancement, se plantent-ils au rayon ouvert, qu'autrement, mesme si le terroir est importuné de pierres : auquel cas, le seul moyen de planter ces arbres, est en faisant un petit fossé ou rayon d'un pied et demi de large, et de deux de profond : et là, sans rien roigner des plantats, les fourrer dedans, remplissant le rayon de bonne terre, en laquelle les racines des plantats, s'estendront dans peu de temps. Estant question de planter à la fiche en piquant, faudra accommoder au trou le plantat, en lui roignant un peu de ce qui entre dans terre, seulement d'un costé, lui laissant l'autre entier avec son escorce, pour là prendre racines. La ca-

pacité du fonds ordonne de la distance requise par-entre ces arbres aquatiques, afin de la bailler plus petite tant plus fertile est la terre : pour plus de bois produire, que l'autre. C'est pourquoi, près à près, comme de quatre à six pieds l'un de l'autre, pose-on ces arbres-ci, joignant les rivières, en certains endroits, où la terre n'estant que graisse, portée par les ravines, donne grande abondance de bois. Est de besoin aussi aviser com-

ment l'on a à disposer ces arbres, ou par lignes droictes ou curves, par distances distinctes ou confuses, afin que selon les lieux l'on aproprie les arbres, avec utile mesnage. Si c'est sur fossés et chaussées, c'est sans dispute qu'il convient suivre l'ordonnance ja faicte. En endroit non importuné des eaux, ce sera par alignemens et allées droictes, où avec le plaisir des beaux pourmenoirs, les arbres par juste distribution du fonds, s'accroissans presques également par-ensemble, donnent nettement leur revenu.

Mais joignant les rivières, ne se faut amuser à ces choses, pour le danger de perdre et les despences du planter, et l'espérance de l'avenir, quand les rivières en cholère treuvans le chemin droict dans les allées entre les rengs des arbres, y entrans, emportent à-van-l'eau, les sausaies et peupleraies ; chose bien expérimentée chés moi. Là confusément seront mis les arbres, pour tant mieux résister aux ragas et inondations, que moins de prise auront les eaux sur eux, ainsi unis ensemble. Qu'aucun bestail ne se fourre parmi ces arbres, nouvellement plantés : tant pour le mal du brouter que du frotter, l'un et l'autre les faisant dessécher dès le commencement : plus certainement néantmoins, cestui-ci, que cestui-là ; car le trop rude approche des bestes, sur tout des grosses, esbranle tellement les jeunes arbres, que leurs racines s'en rompent.

Ne faire sur-saillir de terre ces arbres aquatiques, que six ou sept pieds, comme a esté dict, appartient proprement à ceux de couppe ordinaire pour le chauffage et autres services. Car les destinés à haute fustaie pour bastimens, sont plantés avec toute leur longueur, sans leur roigner rien de la cime, dont ils s'en montent à plaisir : pourveu aussi qu'en les tenant curés le long du tronc, on laisse toute la substance d'icelui à ce seùl ject là, sans espoir d'en tirer autre bois, que ce peu sortant de tels esmundemens. En somme, du maniement de ces arbres-ci, dépend leur service. Si on en veut faire des ramées, comme taillis, l'on les plantera espessement : et après, par la couppe, seront tenus bassement. Si des arbres de haute fustaie, l'on les plantera un peu

plus

plus largement ; et en les tenant curés, comme a esté dict, prendront la montée. Si du bois de chauffage, et pour en tirer des perches et lattes au support des vignes et ornement des jardins, un peu plus de place leur donnera-on qu'aux précédens, en leur façonnant la teste de la hauteur dicte, d'où sera tiré le revenu par années : ausquels desseins conviendra se résoudre dès le fondement, pour ne faire rien mal à propos. Ces arbres seront tenus nettement leurs deux premières années, en les deschargeant de tous jettons croissans en mauvais endroits, qu'on ostera à la main, sans ferrement, durant le printemps, avant qu'ils soyent endurcis.

Aune. Avec plus d'advancement s'édifie l'aune par racine, que par branche : dónques préférant l'un à l'autre, du pied des vieilles aunes, tirera-on des jettons enracinés, de la grosseur du bras, qu'on plantera un pied dans terre, non plus avant : sur laquelle les ayant rondement couppés demi-pied, s'accroistront à plaisir. Ce sera en lieu choisi selon le naturel de ceste plante, c'est assavoir, aquatique ou marescageux, ne pouvant souffrir la faute d'eau. Moyennant cela, et que le bestail soit pour jamais banni de l'annaie, ne doubtés que les aunes ne s'y accroissent et multiplient très-bien : chose qu'on ne pourroit espérer, si les bestes rongeoient les jettons sortans des entours des grandes aunes, dont y en ayant tousjours abondamment, est nécessaire de les conserver ; non tant seulement pour l'espérance d'en tirer du plant, que du bois pour plusieurs usages.

Le naturel des aunes, est de s'accroistre droictement en haut, pour à quoi leur aider, sera bon de les curer par bas, en leur ostant tous les rejects superflus : non que cela soit nécessaire, d'autant que les arbres d'eux-mesmes, sur tout estans plantés près à près selon leur désir, les expulsent en les faisant desséchera mesure que le tige s'en monte en haut. Se prendra-on toutes-fois garde, de n'y mettre le fer devant que les arbres ayent attaint la grosseur du bras ou de la jambe, de peur de les faire verser par terre, comme a esté dict ailleurs, sur le propos du gouvernement des arbres de la forest.

CHAPITRE XI.

Les Arbustes aquatiques.

ESTANS de diverses espèces, diversement aussi les logera-on. Les grands oziers pourront estre parmi les saules ; mais les moyens et petits, non ailleurs qu'en endroit clos, afin de n'estre exposés au bestail, dont la morsure les faict du tout périr, leur bon service méritant bien tel petit soin. Diverse situation souffrent aussi les oziers, car et en lieu sec et en humide s'accroissent-ils, toutes-fois avec plus de rapport en cestui-ci, qu'en cestui-là, selon l'expérience de tous les jours. Les oziers moyens et petits, sont les plus désirables, à raison des bons liens qu'ils produisent, nécessaires à l'attache des vignes, des treilles, des arbres, des cercles à tonneaux, et à autres divers et utiles usages : ne les rendans si francs ceux de la grande sorte, qu'on loge avec les saulx, comme estans de leur race. *Columelle* comprend tous les oziers sous le nom de saulx, et en faict trois principales espèces, qu'il appelle, *Grecs, Gaulois, Sabins* ou *Amerins* (37) : donnant au premier la couleur blonde ou jaune, au second celle de pourpre, et au dernier la rouge. De plus de couleurs en voyons-nous aujourd'hui, comme a esté representé, selon que toutes choses s'affinent par le temps : se diversifians aussi les autres qualités par artifice. Les oziers entretenus bassement, ayans leur teste près de terre, comme vigne de telle sorte, sont de meilleur rapport que les eslevés, par produire les liens plus longs qu'eux, et en plus grande abondance.

Ainsi accommoderons-nous les plus doux, plus flexibles, et plus forts, qui sont les qualités requises à tous oziers : sans entièrement s'arrester à la couleur, de toutes y en ayant de bon service, pour les rendre, par ce traictement, encores plus valeureux. Des jaunes dorés et des blancs, s'en treuvent communément de fort bons, lesquels l'on recerchera soigneusement pour s'en engeancer : distinguant aussi ceux qui sont propres à lier les vignes, arbres, et autres plantes vifves, d'avec ceux qui ne sont bons que pour les choses mortes, comme perches, paisseaux des vignes, treillages, cercles à tonneaux, et semblables, qui n'ayant besoin que d'estre fermement attachés, ne se soucient pour serrés qu'ils soyent : au lieu que les plantes vifves s'offensent par estre trop estrainctes. Le peu ou le trop estraindre, ne procédant tous-jours de la main du lieur, ains le plus souvent de la vertu du lien, se resserrant ou se laschant à mesure qu'il se dessèche, faict qu'on recerche les divers naturels des oziers, pour diversement les employer

selon les ouvrages. De toutes sortes d'oziers, donques, nous-nous pourveoirons, puis qu'en mesnage on a besoin de tout : les distinguans en l'ozeraie, par races séparées, tant pour l'utilité, que pour la bien-séance. Et s'accommodera l'ozeraie non seulement pour le service, ains pour le plaisir, si à ce l'on destine les oziers, les disposans en espaliers, tonnelles, berceaux, cabinets, et semblables gentillesses du dessein de l'habile jardinier, tant l'ozier est ployable. Ce que l'ozier s'accroist dans les vignes et terres plus sèches qu'humides, provient de la facilité de son vivre, s'accommodant par tout : bien-que selon le nom d'aquatique qu'il porte, difficilement endure-il la soif. Pour laquelle cause, ne nous affectionnerons après les oziers, si n'avons l'eau à propos, afin de ne forcer leur naturel : ains seulement nous en fournirons pour la nécessité. Au contraire, estant en lieu moite ou arrousé, ferons estat de ce mesnage, et pour le service de la maison, et pour les deniers qu'on tire chacun an, de la vente des oziers. La manière de planter les oziers, est celle mesme des autres plantes aquatiques, assavoir, par branches, les fourrans dans terre à la fiche ou au rayon. En lieu pierreux et sec, c'est de nécessité que le rayon faut que joue, en autre endroit, ce sera à volonté, pour employer l'une ou l'autre sorte : y ayant toutes-fois du choix, pour le profit des oziers, qui se reprennent mieux, et jettent plus de bois, plantés en fossé, que seulement piqués dans terre avec la fiche. Sur toutes les plantes aquatiques, les oziers craignent la morsure des bestes ; c'est pourquoi on les loge en lieux fermés, jardinages, vignobles et semblables.

Par mesme ordre plantera-on le vége, le tamaris, l'ozier sauvaige et autres arbustes aquatiques servans à plusieurs choses. Mais ce sera en leur donnant quartier, selon leurs particuliers mérites : mesme au bord des eaux pour retenir leurs ravages.

Quand planter les arbres et arbustes aquatiques.

Le temps le plus propre à planter toute sorte d'arbres et arbustes aquatiques, est à la fin du mois de Janvier, et par tout celui de Février, passées les grandes froidures, qui les endommagent, quand par nouvelle trenche, treuvent entrée dans leur grande mouëlle (38).

Quelle est leur culture.

Touchant leur culture, grande peine n'y est requise. Car les saules et oziers qui sont dans les prés, n'en ont besoin d'aucune, non plus que les autres arbres plantés près des eaux ; la fertilité du fonds suppléant à leur nourriture. Joinct que le labeur ne pourroit là estre que préjudiciable, pour l'intérest du foin du pré, et pour le danger de donner prise au ravage des eaux, treuvans leurs bords eslevés par la culture. Ce seront seulement ceux que labourerons, qui sont logés ès entours des terres à grains, et en autres semblables endroits : ce qu'on fera sans expresse despence, puis que tout-d'une-main, le fonds se cultive pour les semences. De s'opiniastrer à dresser les saussaies, peupleraies, et aunaies en lieux montaigneux et secs, est chose trop curieuse, pour le peu de profit qu'on auroit à en espérer. N'estant possible faire par aucun artifice que cent arbres plantés en endroit contraint, rapportent tant de bois, que seulement dix, estans en lieu convenable à leur naturel. Ce qu'aussi ne pourroit-on essayer sans grande et importune despence, à cause du continuel

Ne faut planter les arbres en lieux secs.

arrousement, et fréquent labourage, que de nécessité y conviendroit employer. Laquelle pénible diligence, discontinuée pour peu que ce fust, précéderoit de bien près la mort certaine des arbres. Le père-de-famille avisera donques, que trop de curiosité ne le déçoive en cest endroit : afin d'employer tous-jours ses labeurs en choses utiles. Comme aussi ne laissera vuide aucune partie de son héritage, propre au bois aquatique : ains en remplira tout le trop humide et marescageux de sa terre, ne pouvant estre espuisé pour le labourage. S'asseurant qu'à autre plus profitable usage, tels fonds ne pourroient estre employés.

Le bon mesnager remplira tous les lieux aquatiques des arbres.

CHAPITRE XII.
La couppe des Bois.

Comme il y a de la différence à édifier généralement les arbres, pour leurs divers naturels, aussi diversement en tirons-nous la despouille. De là vient que plus librement couppe-on, durant l'année, du bois des arbres secs, que des aquatiques, ausquels n'ose-on toucher qu'à certain terme préfix, de peur de les offencer, tant ils craignent d'estre taillés mal à propos : au lieu qu'ès secs l'on va sans grande rétention. Avec toutes-fois moins de respect que la chose ne mérite, sont-ils étestés ; d'où souvent avient, que les arbres en sont lourdement secous, jusqu'au mourir. Laquelle grande liberté, ne faut tirer en conséquence, ains en la réformant, ordonner les vraies saisons, esquelles, seules, le père-de-famille aie à faire ses provisions de bois : non jamais en autre temps de l'année, mettre le fer dans ses taillis et forests, ou ce seroit par nécessité, pour en tirer quelques pièces de bois, chevrons, perches, et semblables : par ce moyen, maintiendra-il ses arbres en bon estat, pour durer plusieurs générations. Les extrémités des froidures et chaleurs, sont à éviter en cest endroit : aussi les neiges, bruines et pluyes, pour n'entreprendre de coupper aucun bois pendant telles intempéries. C'est pourquoi, trois saisons de l'année a-on remarqué propres à ce mesnage, qu'on emploiera. Le commencement de l'automne, le commencement de l'hyver, et le commencement du printemps, en jours calmes et non importunés des injures des temps (39). Ausquelles saisons, ferés coupper des bois en vos forests, ce qu'il faudra pour vos provisions. Aviserés aussi de ne coupper indifféremment par tout, ains ès arbres surchargés de brancheage, esquels l'esmunder est profitable. Le poinct de la lune est remarquable, pour en croissant tailler le bois de chauffage, et en décours, celui des bastimens. Le croissant vise au profit de l'arbre, rejectant mieux par-après, que s'il estoit couppé en décours. Et le décours, à la durée du bois couppé, qui plus longue demeure-elle en œuvre, et moins suject est-il à vermoulisseure, que prins en croissant, comme a esté touché ailleurs. Donques, puis que le bois de chauffage se doit bien tost consumer au feu, la considération de l'arbre est plus requise que celle des branches couppées. Comme aussi avec raison, doit-on aviser à la durée des bois du bastiment, par l'observation du poinct de la lune, puis

qu'ainsi l'ont ordonné nos Ancestres. Auquel reng seront mis les bois servans ès cercles à tonneaux, appuis des vignes et treillages, si toutes-fois d'eux-mesmes sont de durée, comme par la France, le chesne y sert fort longuement. Telles restrinctions de lune n'ont lieu pour le bois-mort, ne pour le bois-chablis, qui est le presques abbatu par le vent, car on les peut prendre en tous temps, couppant à pied les arbres qui ont défailli. De mesme, les branches qu'on void sécher au bout des arbres, seront ostées à mesure qu'on s'en appercevra. Toutes-fois, ce sera profiter à l'arbre, si avec le mort, l'on couppe un peu de vif : d'autant que par ce moyen l'arbre sera incité de se réparer, rejectant de nouveau. Ausquel cas, conviendra s'assujettir aux saisons et lunes remarquées (40). Il n'est besoin, pour l'ordinaire chauffage, étester entièrement les arbres, ains seulement les curans, en prendre des branches superflues: lesquelles satisferont à la provision d'une bonne maison, estant médiocrement accommodée de forests : dont les arbres ne souffrans changement aucun, se représenteront tous-jours en mesme estat, pourveu aussi, que les branches en soyent également couppées; c'est à dire, autant d'un costé que d'autre, pour également faire recroistre l'arbre en se réparant. A telle cause, généralement par toute la forest, prendrés du bois ès arbres qui auront besoin d'estre nettoiés, afin de faire d'une pierre deux coups : par-ainsi les arbres en vous donnant du chauffage, s'en aggrandiront tant plus, pour tousjoursfournir nouvelle matière. Les arbres qui sont parmi le labourage, seront espargnés, tant que le blé semé demeurera au fons, de peur de l'offencer, par le trépis, en attendant de servir leur quartier, tel empeschement osté. Pendant lequel temps, vous-vous fournirés de bois, outre celui de la forest, ès arbres qui se treuveront ès terres de relais ; et par ce moyen, sans aucune perte serés satisfaict en cest endroit. *Esmuer les arbres de la forest.* Si estes maigrement fourni de bois, faudra manier vos arbres secs presques comme les aquatiques, en les despouillant entièrement de brancheage ; mais ce sera par années, pour à chacune en ętester tel nombre que vostre forest souffrira : qui pourra estre la quinziesme ou vingtiesme partie, afin de donner loisir aux arbres de se revestir, à moindre temps ne le pouvans du tout bien faire, ou ce seroit que par le bénéfice du fonds, les arbres rejectassent plus que l'ordinaire. Touchant les arbres de haute fustaie, grande commodité n'en pouvés tirer pour le chauffage, par ce que leur principal bois consiste en tige. Seulement se peut-on servir de quelque peu de branches croissans au long du tronc, que pour les curer, afin de les faire monter en haut, on couppe au besoin.

De mesme seront gouvernés les arbres du taillis, touchant la lune, non en la forme : car sans s'arrester à esmunder, faut entièrement prendre tout le bois de la partie du taillis couppable, la taillant près de terre, selon le naturel du boscage. Cela cause d'y aller plus fréquemment qu'ès forests : car ayans les arbres leur teste basse, plus de nourriture tirent-ils de la terre, que si elle estoit autant eslevée que ceux de la forest. *Quand coupper le bois du taillis.* De six en six ans, plus ou moins, selon la vigueur du terroir, sera couppé le taillis (41) ; lequel en autant de portions sera désparti, pour chacune année en prendre une, par lequel ordre ne faudrés d'avoir tous-jours abondance de bois. Seroit à souhaitter que jamais aucun bestail n'entrast au taillis, *Le bestail est tous-jours nuisible au taillis.* pour le mal qu'il y cause, et par les dents et par les pieds. Toutes-fois, si la nécessité contraint d'autrement le mesnager, aviserés à tout le moins, que le bestail n'approche de trois ans, la partie couppée, à peine de voir dépérir vostre taillis, et d'en attendre en vain les rejects. Les instrumens de ce mesnage sont doloires ou haches bien trancheantes, *Convient estre fourni d'instrumens bien tranchans.* avec lesquelles le bois se couppera de tous costés, de peur d'en rien escorcer n'esclatter. Le bois couppé pour vostre provision, sera serré à couvert, pour là le prendre durant l'année, selon l'ordinaire besoin. Défaillant logis, force sera d'entasser le bois à descouvert par grands monceaux bien serrés, façonnés en poincte ou à dos d'asne, pour parer aucunement la pluie et les neiges. *Comment accoustumer la provision du chauffage, à descouvert, à faute de logis.* Et à ce que maugré le temps ayés tous-jours du bois sec pour vostre chauffage, sera bon d'en réserver quelque petite quantité dans la maison à couvert, en certain lieu à ce destiné, lequel on tiendra rempli, en y remettant du bois prins aux grands monceaux de la campagne, de jour à autre, à mesure qu'on en consume pour le service ordinaire. Ainsi sera suppléé au défaut des couvertures, n'en ayant à suffisance. Avant qu'entasser le bois, on en fera distinction, non tant des espèces des arbres, que de la qualité des tronçons, *Distinguer les bois couppés, pour divers services.* mettant d'un costé les grosses busches et bois de fente et de moule : de l'autre les fagots, bourrées, et costerets, qu'aurés de la forest, ainsi faict accommoder, et treuverés tout cela prest pour vostre service, à mesure du besoin, séché et assaisonné à propos. Sur toute vostre quantité de bois, choisirés le plus propre et duquel aurés affaire pour les cercles des tonneaux à tenir le vin, pour le support de vos vignes, treillages, et arbres, que ferés serrer à couvert, pour estre employé en saison.

Les fueilles de plusieurs arbres des forests et taillis servent à la nourriture du bestail. Celles de l'orme, et du fresne, sont les meilleures pour les beufs et chèvres, leur en baillant en hyver ; non tant pour alongement de fourrage, que pour friandise de pasture : laquelle le bestail aime autant que l'avoine, dont le mesnager faict grand estat. Pour les conserver n'est besoin de la cueillir, comme l'on faict celle des meuriers : ains la laisser sur le bois mesme, qu'on couppe des arbres en jeunes jettons, les mettans par botteaux, lesquels séchés au soleil ou à l'ombre, sont portés reposer à couvert, jusques au besoin. Ce qui se treuve de menu en étestant les arbres, à l'effect susdict, est mis en botteaux, n'en étestant aucun : pour ce mesnage, l'on choisira les nouvelles branches propres au fueillage, généralement sur tous les arbres par-ci par-là, de chacun un peu, qu'on couppera rès du tronc, ainsi que mieux s'accordera, avec des bonnes serpes, comme si on eslaguoit des fruictiers, dont les arbres n'en seront nullement incommodés. Le temps de faire provision de fueille est à la fin d'Aoust, ou au commencement de Septembre, en décours de lune ; ce qui se pourra accorder à la couppe de l'automne : car ès autres, n'y peut avoir lieu, estans les arbres lors despouillés de fueille. Double

utilité tire-on de ce mesnage, car après que ce bestail a mangé la fueille, le bois restant est porté à la maison pour brusler, qui est autant de gaigné pour le chauffage (42).

Eschéant de faire vente de bois de chauffage aux marchands pour la fourniture des grosses villes, où ils le transportent par eau, ou par terre, selon les commodités du charroi, ainsi qu'est de l'usage de plusieurs bonnes maisons de ce royaume, dont comme d'un liquide revenu, se tire abondance de deniers ; aviserés que la douceur de l'argent ne vous déçoive, et l'importunité des marchands ne vous face permettre coupper plus de bois, que de la portée de vos forests : de peur qu'excédant, elles ne demeurent désertes, ou par trop despouillées ; ains plustost, tumbant de l'autre extrémité, en vendre moins que trop :

dont par ce moyen estant rière vous, vos forests se treuveront tous-jours bien remplies ; et vous restera ceste liberté, que d'en vendre quand il vous plaira. Aussi serés soigneux de ne souffrir aux couppeurs de bois l'entrée de vos forests, qu'ès temps et poinct de lune remarqués : autrement leur avarice vous seroit préjudiciable, quand pour gaigner temps, ne visans qu'à leur utilité, prendroient vos bois en mauvaise saison, dont la forest auroit à en souffrir. Avec pareille curio-

sité pourveoirés à retirer les escorces des jeunes chesnes et autres arbres, desquelles aurés faict vente aux taneurs et taincturiers : aussi de celles du liége et autres despouilles des forests, selon la commodité des pays : à ce que ce mesnage soit faict en saison, et avec l'art et la loyauté requises, pour la conservation

des forests et taillis, à quoi devés viser,
ayant esgard à l'espérance de l'avenir.

La crainte d'offencer les arbres aquatiques, en les taillant, procède de leur
grosse mouëlle, laquelle exposée à l'aer
par la trenche, donne ès froidures, entrée dedans l'arbre souventes-fois à sa
ruine. Mal qui n'est tant à craindre ès
bois des forests et taillis, pour leur robuste force ; dont moins retenu va-on en
leur couppe, qu'en celle des aquatiques,
comme a esté veu. C'est pourquoi évitant le péril de tout gaster, ne met-on le
fer en ces arbres aquatiques, que, ou
devant, ou après les froidures. Encores,
pour la nécessité, la couppe de devant
l'hyver est inventée : car ayant besoin de
bois, à cause du prochain froid, sans
avoir tant d'esgard aux arbres, qu'à la
commodité du chauffage, ne faict-on difficulté d'en coupper lors une partie. Sans
laquelle considération, en autre temps
qu'à l'issue de l'hyver, ne penseroit-on à
tailler aucun arbre aquatique, pour l'asseurance de bien besongner : attendu
que passées toutes difficultés, les arbres
se revestent incontinent par la douceur
de la prochaine primevère. Par tels termes limités, est-on contraint de faire une
ou deux fois l'année provision de bois aquatique, comme du blé, du vin, et autres
denrées, où est nécessaire de s'arrester,
de peur que se voulans dispenser de tailler
ces arbres hors saison, cela ne les fist pé-

rir. Estant chose très-asseurée, que peu
de saules se sauvent qu'on esbranche en
sève, ou ès grandes froidures (43). Les
plus robustes de ces arbres, seront choisis
pour estre couppés devant l'hyver, afin
de mieux résister aux injures prochaines,
que les jeunes et minces. A quoi aidera

l'advancer en telle action, c'est à dire,
n'attendre que le mauvais temps presse,
ains le prévenant, y mettre la main en
la bonnasse des restes des jours de l'automne : par ce moyen la plaie séchée et
endurcie devant l'arrivée des froidures,
en préservera les arbres. En quelle que

soit des deux saisons, convient observer
le poinct de la lune, remarqué en la
couppe des arbres des forests et taillis,
pour ne s'y dispenser. Notoirement la
vertu de la lune se manifeste ès saules ;
lesquels, plus longues et plus droictes,
produisent leurs perches taillans les arbres
en croissant, qu'en décours. Du croissant fera-on encores ce chois, que d'en
prendre la meilleure partie, qui est lors
que la lune est en son premier quartier,
en paroissant la juste môitié, droicte et
non cornue : ce qui peut estre durant trois
jours, non guières davantage. Cela estant
de l'expérience de plusieurs, que ces
arbres rejectent selon l'estat de la lune,
plus abondamment et plus droictement
en sa montée, qu'en sa descente, et en
perfection de droicture, taillans les arbres

au poinct susdict. La douceur des jours,
pour telle action, est aussi très-remar-
quable, ne pouvans souffrir les arbres
aquatiques, d'estre maniés lors qu'il plut,
ou neige tant soit peu, ou bien quand il
vente extraordinairement (44).

Selon la portée du fonds, les arbres
produisent plus abondamment en un endroit qu'en l'autre. Si c'est en fécond
terroir, gras et plantureux, de trois en
trois ans est le droict tailler de ces arbres
aquatiques, ayant, dans ce temps-là,
rejecté à suffisance, pour les redespouil-
ler. En endroit moins valeureux, une ou
deux années attendra - on davantage,

comme l'effect le guidera. Après la remarque du temps, convient monstrer la façon de la couppe, où consiste la maistrise de ce mesnage. C'est ce que *Caton* tant singulièrement remarque, et tant soigneusement recommande au mesnager ; principalement à l'esgard des saules, qui plus que nuls des autres arbres de cest ordre, craignent le mauvais traictement, comme a esté dict. En la teste des arbres laissera-on des chiquots ou tronçons longs de demi-pied, ou plus, ne souffrant de coupper les perches rès du tronc, tant pour éviter que l'aer n'entre par la trenche dans l'arbre pour le desseicher, comme l'on void s'en mourir tous-jours quelques doigts près d'icelle, qu'aussi pour donner moyen à l'arbre, de rejecter facilement et tost par le travers du jeune bois laissé ès chiquots ou tronçons (45). Dont par là, l'arbre en se conservant, se revest abondamment de nouveau ramage et tost : produisant plus de bois dans le mois d'Avril, qu'il n'en pourroit avoir dans celui de Mai, l'ayant par trop juste couppe, contraint à rejecter par le travers de son escorce dure et envieillie. Sur la portée du fonds, nous nous résoudrons donques des arbres que devons tailler par années, pour en chacune en coupper le tiers, le quart, ou autre portion de nostre nombre, telle que de raison. N'estant pas défendu pourtant d'en prendre quelque perche, chevron, ou autre pièce, pour ouvrages nécessaires, hors ce despartement et saisons de la couppe, comme a esté dict des arbres des forests et taillis, sans toutesfois tirer telle liberté en conséquence. De mesme seront gouvernés les ramées ou bas taillis de ces arbres, et en la couppe,

Comment sont dressés les saules et peuplos.

Le fonds ordonné de l'entre-deux de la couppe de ces arbres.

et en la portion de chacune année, selon l'avis que sur ce l'on aura prins par la suffisance du terroir.

De la despouille de ces arbres-ci, en seront faictes trois parties et chacune mise à part. Sçavoir, les plantats, pour en conserver la race : les perches, lattes, paux et autres soustenemens des vignes et ornemens des jardins, et le bois du chauffage. Les branches destinées à planter, roignées de leur juste mesure, seront reposées dans l'eau, jusqu'à ce qu'on les emploie. Les appuis des vignes, retirera-on en lieu convenable à couvert. Et le reste assorti pour le chauffage, en gros et menu bois, embottellé ainsi qu'il appartient, sera serré sous couvertures : ou défaillant telle commodité, demeurera entassé dehors en grands monceaux, et autrement accommodé, comme j'ai dict des bois secs, pour de là le retirer au besoin.

Les fueilles de ces arbres aquatiques, seront cueillies au temps, où et en la mesme façon retirées, que celles des secs, pour de mesme les conserver en hyver, afin d'en paistre le bestail. Desquelles les plus délectables pour le bestail menu, viennent des saules et peupliers, spécialement les aigneaux et chevreaux s'en paissent avec plaisir et utilité.

Quand j'ai parlé du bois pour les bastimens, je n'entends monstrer la façon de leur couppe, ni leurs divers appareils pour la charpenterie et menuiserie, en réservant le discours pour autre lieu (46), ains seulement de donner avis au mesnager, de ne souffrir coupper aucun bois pour estre employé en ses ouvrages, à cause de la considération de la durée, qu'au poinct de la lune ci-devant remarqué.

Touchant

Des fueilles de ces arbres.

Touchant les oziers, la cueillète de leur rapport est un peu différente de celle des précédentes plantes ; d'autant que leur profit consiste, principalement, aux ligatures, sans grand espoir d'en tirer du bois pour le chauffage. C'est pourquoi, chacun an, les despouille-on entièrement de leurs jettons, retirant tout ce que les arbres rapportent en tel temps : car d'attendre d'avantage, leur engrossissement les rendroit imployables, et par conséquent inutiles en ce où ils sont destinés. En quoi ils diffèrent des autres plantes aquatiques, aussi en la façon de leur couppe, et en leur temps. Et tout cela pour le regard qu'on a à la durée des oziers en œuvre, à laquelle servent plusieurs années, mesmement en tines et

tonneaux. La façon de leur trenche sera d'estre raze à la teste de l'arbre, sans y laisser aucuns chiquots, comme l'on faict ès saules et peupliers ; d'autant que n'ayans les oziers besoin de gros jettons, comme a esté dict, ains de desliés et subtils, plus minces et plus ployables sortiront-ils par le travers du vieil bois et endurci, que ne feroient du nouveau, laissé

ès chiquots. A quoi aussi aide fort l'estat de la lune. Car repoussans plus vigoureusement les arbres taillés en croissant, qu'en decours, ainsi qu'à esté monstré ès précédents ; par la taille du décours, la vertu des oziers à rejecter, est aucunement rabbattue au profit des liens, qui plus souples et serviables en sortent-ils, et de plus de durée en œuvre, que taillés

en croissant. C'est aussi un poinct notable pour l'augmentation de la valeur des liens, que de les cueillir en parfaicte maturité. Par quoi ne seront tondus les oziers devant le commencement d'Oc-

tobre, que leurs rejects auront attaint leur entier accroissement. Mieux mesnagé sera toutes-fois, d'attendre l'issue de l'hyver, et pour l'arbre et pour les liens, car en telle tardive couppe, l'arbre est exempt de la crainte des froidures ; et les liens en seront de tant meilleur service, que plus de loisir auront-ils eu de s'achever de nourrir sur leur mère. N'estant toutes-fois, par telle attente, le père-defamille privé d'en pouvoir tirer de jour à autre pour les nécessités : mais ce sera avec telle considération, que le moins y toucher devant ce terme - là, sera le meilleur.

Si ceste taille tant raze et juste, rapporte des liens doux et flexibles, comme l'on désire, aussi leurs mères en reçoivent le dommage représenté sur le propos des saules et des peupliers ; assavoir qu'elles se peinent très-fort à reproduire de nouveau, et à la longue s'en seichent et ta-rissent. Pour laquelle perte prévenir,

sera bon laisser à la teste de chacun arbre, un ou deux brins, chacun long de deux ou trois pieds : et les reployans et recourbans par-entr'eux en archet, comme vigne accommodée à liguolot, laisser par là rebourgeonner les oziers ; afin que par là tendreur de ce nouveau bois, les oziers se puissent renouveller. En cela aucune sujection n'y a-il, n'estant - on contraint de réitérer le remède chacun an : ains seulement, lors qu'on s'appercevra, la plante se deschéant, en avoir besoin. Comme aussi est-on en liberté de coupper partie ou le tout de ce renouvellement, quand on voudra. Par ce moyen, les oziers se maintiendront très-bien, et en estat pour servir longues années. Et de ces mesmes brins laissés, en seront prins au bout de deux ou trois années, du plant pour en faire des nouvelles ozeraies : ce que prévoyant, on ne recourbera nullement ces brins-là, ains les laissera-on droictement, afin de plus proprement les accommoder en terre (47). Les oziers couppés de leur mère (le nom d'ozier estant commun et à la plante et au reject) seront incontinent embottelés, c'est à dire, mis en bottes ou faisseaux assés grands ; et après serrés sous toict à couvert, en lieu non venteux, ni sec, ni aussi humide, ains tempéré, pour là estre gardés toute l'année, et là les prendre au besoin. Les plus gros, seront refendus en deux, trois ou quatre pièces, selon leur faculté : mesnage, que pour l'espargne, l'on faict ès jours pluvieux, le soir, et à autres heures perdues : pour après estre employés en saison, à lier les cercles des tonneaux à vin, et des cuves ; à faire des panniers, des vans, des couver-

tures de bouteilles, et autres meubles : à vigneter, jardiner, pour dresser et entretenir et arbres et treillages.

Ayant des oziers qui ne vous aggréent, facilement les changerés par enter. Voire par là convertirés les saules en oziers ; en quoi y a de la commodité, non seulement pour l'abondance du bon rapport, ains pour éviter l'importunité du bestail, qui n'a aucune prinse ès oziers insérés sur les saules, pour la hauteur de leur teste. Le canon est la vraie façon de cest enter ; et la fin de Mars ou commencement d'Avril, le meilleur temps. De laquelle curiosité m'a semblé bon vous donner avis, bien-que hors du reng des autres entes, pour n'oublier rien de ce qui appartient au maniement de ceste utile plante (48).

Pour fin, je dirai, les jurisconsultes, appeller, mort-bois, les arbres qui ne portent fruict (49) : par là, distinguans tous les arbres sauvaiges les uns des autres. (50).

NOTES DU SEPTIESME LIEU.

AVANT-PROPOS.

Page 507, colonne II, ligne 4.

(1) Tous les Gouvernemens ont senti la nécessité de la conservation de ces objets importans d'utilité publique, tous ont publié de nombreuses lois pour conserver les eaux et forêts; on citoit avec éloge l'administration forestière des Vénitiens, on cite également celle des états de l'Allemagne et du nord. Nous ne sommes pas restés en arrière à ce sujet, et je crois qu'il est utile d'indiquer ici quelques-uns des principaux ouvrages publiés en France sur cette matière.

In regias aquarum et sylvarum constitutiones commentarius. Auct. A. C. Mallevillæo. Parisiis, 1561, in-8°.

Réglemens sur des matières d'eaux et forests, 2 vol. in-4°. Ce recueil, fait avec beaucoup de soins, commence en 1583, et renferme les lois et ordonnances particulières publiées jusqu'en 1752.

Edicts et ordonnances sur le faict des eaux et forests. Paris, 1588, in-8°.

Les Edicts et ordonnances des roys, coustumes des provinces, réglemens, arrests et jugemens notables, des eaues et forests, recueillis avec observations de plusieurs choses dignes de remarque, par le sieur de Sainct-Yon. Paris, 1610, in-fol.

Edicts et ordonnances des eaues et forests, augmentées d'aucunes ordonnances anciennes, mesmes des ordonnances du roi Henry le Grand. Plus un recueil d'arrets et réglemens concernant la jurisdiction des eaues et forests, les officiers, usagers, etc. (par Durand). Paris, 1614, in-4°.

Ordonnance de Louis XIV, sur le fait des eaux et forests, donnée au mois d'Aoust 1669. Paris, 1670, in-12. Cette ordonnance, pour la rédaction de laquelle on a employé plusieurs années, a été réimprimée un grand nombre de fois, seule, ou avec des commentaires ; les plus estimés sont les suivans :

Traité universel des eaux et forests de France, pesches et chasses. Par N. du Val. Paris, 1699, in-4°. avec figures.

Mémorial alphabétique des matières des eaux et forêts, pesches et chasses, avec les édits, ordonnances, déclarations, arrests et réglemens rendus jusqu'à présent sur ces matières (par Noël). Paris, 1737, in-4°.

Conférence de l'ordonnance de Louis XIV, du mois d'Août 1669, sur le fait des eaux et forêts, avec les édits, déclarations, coutumes, etc., rendus avant et en interprétation de ladite ordonnance, depuis l'an 1115 (par Gallon). Nouvelle édition, augmentée des observations de MM. Simon et Segauld. Paris, 1752, 2 vol. in-4°.

Instruction pour les ventes des bois du roi, par feu M. de Froidour. Avec des notes sur la matière des eaux et forêts et des ordonnances de 1669, etc.; par M. Bertier. Paris, 1759, in-4°. avec fig.

Nouvelle instruction pour les gardes généraux et particuliers des eaux et forêts, pêches et chasses, etc. (par M. Charpentier). Paris, 1765, in-12.

Dictionnaire portatif des eaux et forêts. Par Massé. Paris, 1766, 2 vol. in-8°.

Dictionnaire raisonné des eaux et forêts, composé des anciennes et nouvelles ordonnances, édits, déclarations, arrêts, rendus en interprétation de l'ordonnance de 1669; etc. Par Chailland. Paris, 1769, 2 vol. in-4°.

Commentaire sur l'ordonnance des eaux et forêts du mois d'Août 1669 (par Jousse). Paris, 1772, in-12.

Loix forestières de France, ou commentaire historique et raisonné sur l'ordonnance de 1669. Par Pecquet. Paris, 1782, 2 vol. in-4°.

Il n'a rien paru d'important depuis la révolution, sur ce sujet, que la *Loi concernant l'établissement d'une nouvelle administration fores-*

tière, rendue par l'Assemblée nationale, le 15 Septembre 1791 ; on s'occupe beaucoup d'améliorations, et nous en avons grand besoin : l'état actuel des choses, les progrès des connoissances relatives à la physique et à la physiologie végétale, les nombreuses acquisitions que nous avons faites d'arbres exotiques, celles que nous pouvons faire encore, tout réclame un *code forestier* qui embrasse toutes les branches de cette grande administration ; et s'il atteint le but, comme il y a lieu de l'espérer, ce sera le seul ouvrage dont on aura besoin pour l'étude de cette partie. (*H.*)

CHAPITRE PREMIER.

Page 609, volume II, ligne 24. (2) Voyez ce qui a été dit au sujet de ce canal, construit par *Olivier de Serres*, au Pradel, dans son Eloge, par notre collègue M. *François (de Neufchâteau)*, en tête du tome 1, pages liv et lv. (*H.*)

Page 830, volume I, ligne 14. (3) L'aqueduc que l'on voit aujourd'hui à Arcueil, et dont les eaux arrivent à Paris, a été construit et achevé en 1624, par les ordres de la reine Marie de Médicis, sur les dessins de *Jacques de Brosse*, son architecte. Il reste néanmoins encore à Arcueil quelques vestiges de l'ancien aqueduc dont parle *Olivier de Serres*, construit par les Romains, et qui conduisoit l'eau aux thermes de Julien, dont une partie subsiste encore à Paris. (*D. P.*)

CHAPITRE II.

Page 533, volume II, ligne 26. (4) Les moyens que donne *Olivier de Serres*, dans ce chapitre, pour pouvoir réunir des sources éparses, en un même volume, afin de les faire servir ensuite à la décoration des édifices ou à l'amélioration de l'agriculture, sont simples, et énoncés avec la plus grande précision ; mais ils sont insuffisans pour enseigner la manière d'élever les eaux, ou de les dériver de leur cours naturel, pour les diriger à volonté sur un terrain déterminé, et les y employer le plus avantageusement possible. Cet admirable agronome n'a pas

sans doute osé entrer dans les immenses détails que comporte ce travail, et qui constituent la science de l'hydraulique.

Il ne faut donc pas croire qu'après avoir lu la partie du quatrième Lieu où il s'étend sur les pacages, les pâturages, et les herbages, et le septième Lieu qui nous occupe, on aura une connoissance suffisante de tout ce qu'il faut savoir pour user des eaux avec tout l'avantage qu'elles peuvent procurer en agriculture, lorsqu'elles sont dirigées et gouvernées convenablement. C'est seulement dans les ouvrages des savans hydrauliciens, que l'on apprendra tous les détails de cette science, et que l'on pourra en faire d'heureuses applications, soit pour les besoins du ménage, soit pour l'amélioration des prairies naturelles ou artificielles, soit enfin pour l'embellissement des jardins.

L'Italie est pour nous le berceau de la science hydraulique, comme elle est celui de la renaissance des lettres ; et, si l'on en croit les traditions italiennes, notre roi François I, y fit construire, par ses troupes, des travaux hydrauliques d'une grande importance.

Ce pays fortuné possède un grand nombre de fleuves, de rivières et de sources constamment alimentés par les glaces et les neiges éternelles qui couvrent les différentes Alpes qui le séparent du reste de l'Europe ; et ses cours d'eaux sont d'autant plus abondans, que la température y est plus chaude. Aussi, lorsque, dans l'été, nos récoltes semblent fatiguées par la sécheresse, l'Italie présente la végétation la plus vigoureuse, parce qu'elle y est alors activée par une température encore plus chaude, combinée avec l'abondance des eaux que la fonte des neiges lui procure dans cette saison.

Mais si le chaud et l'humide unis ensemble sont le moteur le plus actif de la végétation, l'excès de l'un et de l'autre de ces principes est généralement nuisible. Une humidité surabondante est sur-tout pernicieuse aux végétaux, parce qu'elle atténue l'influence de la chaleur, et qu'elle vicie l'air environnant, lorsqu'après des débordemens, qui n'arrivent que pendant l'été, les eaux restent en stagnation. Aussi l'Italie sentit bientôt le besoin de se préserver des funestes effets que la surabondance des eaux produisoit pendant cette saison sur ses récoltes, et principalement sur l'air que ses habitans respiroient. Toutes les pensées de ses architectes se portèrent sur les moyens que l'art peut offrir pour faire servir l'abondance des eaux à l'amélioration des terreins les plus arides, et pour garantir la population de leur maligne influence.

Ainsi la science de l'hydraulique fut regardée en Italie comme la partie la plus essentielle de l'architecture : elle s'y perfectionna, édifia des travaux mémorables, et forma des hydrauliciens célèbres à qui la France doit l'idée des différens canaux de navigation, qu'elle peut comparer, avec orgueil, aux monumens les plus vantés des Romains.

C'est aussi dans les différens ouvrages italiens, intitulés : *Raccolta d'autori che trattano del moto dell' acque*, imprimés à Turin, à Florence, et à Bologne, que l'on trouve les élémens les plus complets et les détails les plus exacts sur toutes les parties de l'architecture hydraulique, appliquée à l'agriculture.

On peut étudier encore, avec beaucoup de fruit, les uns ou les autres des ouvrages suivans : 1°. *L'architecture hydraulique de Bélidor*, et celle de *Wiebeking Krœncke*; 2°. l'*Hydrostatique* et l'*Hydraulique de Bossut*; 3°. le *Traité des rivières et des torrens*, du père Frisi; 4°. *Fabre* et *le Creulx*, sur le même objet; 5°. les Mémoires de MM. *Brémontier, Coulomb, Bossut, Rochon* et autres, qui ont servi à la discussion du projet de jonction des rivières de la Vilaine, de la Mayenne, de la Rance et du Couesnon; 6°. l'*Hydraulique de Dubuat*; 7°. les Mémoires de MM. *Mariette, Amontons, de Parcieux* et *Prony*, insérés dans ceux de l'Académie royale des Sciences et de l'Institut national de France, ou publiés séparément, sur le jangeage, les eaux courantes, etc.; 8°. l'*Histoire du Canal du Midi*, par le général *Andréossy*, et celle publiée par les héritiers de *Riquet*; 9°. les *Mémoires de Cretté de Palluel*, *sur la culture et le desséchement des prairies marécageuses*; 10°. enfin, le *Mémoire sur le desséchement des marais*, par M. *Chassiron*, inséré dans les *Mémoires de la Société d'Agriculture du département de la Seine*. (*D. P.*)

CHAPITRE III.

(5) On trouvera beaucoup de détails sur tout ce qui précède, ainsi que sur les chapitres II et III du quatrième Lieu, et sur la matière de ce chapitre, dans l'ouvrage intitulé : *De l'eau relativement à l'économie rustique, ou Traité de l'Irrigation des Prés*; par M. Bertrand; *Lyon*, 1764, in-8°. : dans l'*Essai sur la culture des prés, sur la manière de les arroser, etc.* Par M. l'abbé Peyla; *Paris, an IX*, in-8°. : dans le *Traité général des prairies et de leurs irrigations*, par C. Dourches; *Paris, an XI*, in-8°.; avec les plans de diverses machines pour élever les eaux à peu de frais : et dans un autre qui vient de paroître, sous le titre de *Traité général de l'Irrigation, avec figures, traduit de l'anglois de* W. Tatham. *Paris, an XIII*, in-8°. (*H.*)

Page 556, colonne I, ligne 13.

(6) Les tuyaux de conduite en bois peuvent être également entés l'un dans l'autre, et on en consolide la jonction avec une frète en fer. On évite la perte d'eau qui pourroit avoir lieu par les joints, en les calfatant avec de la mousse et de la glaise. Ce moyen est aussi sûr que celui qu'indique ici *Olivier de Serres*. (*D. P.*)

Page 540, colonne I, ligne 36.

(7) Par *chante-pleure*, *Olivier de Serres* désigne l'instrument en fer blanc dont les tonneliers se servent pour transvaser le vin d'un tonneau dans l'autre, sans troubler la liqueur. Cet instrument n'a plus aujourd'hui la forme indiquée dans cet ouvrage, et il est actuellement connu sous le nom de *siphon* ou de *pompe de soutirage*. Le vide de l'instrument s'opère par aspiration, au moyen d'un petit tuyau vertical que l'on a adapté à sa partie supérieure. Au surplus, l'explication que donne notre auteur, du mouvement de l'eau dans des tuyaux de conduite placés sur un terrein dont la pente est irrégulière, est parfaitement juste. (*D. P.*)

On appelle aussi *chante-pleure*, dans plusieurs endroits, l'instrument de jardinage connu sous le nom d'*arrosoir*. (*Cz.*)

Page 542, colonne I, ligne 34.

(8) Il paroît que du temps d'*Olivier de Serres* le jeu de la baguette divinatoire faisoit beaucoup

Page 542, colonne II, ligne dern.

de dupes. Depuis cette époque la physique générale a fait quelques progrès sur l'art de découvrir les sources. Il est reconnu que l'on peut, avec la certitude du succès, creuser un puits sur un terrein dominé par des montagnes plus ou moins éloignées, quel que soit d'ailleurs son orientement. Seulement, suivant que ce terrein est exposé au levant ou au couchant, l'eau se trouve à une profondeur plus ou moins grande. Cette dernière assertion, à laquelle on pourroit opposer quelques exceptions, est appuyée par des observations assez nombreuses, pour la placer au rang des faits hydrauliques ; et généralement parlant, si l'on creuse deux puits à la même hauteur, sur les deux pentes d'une même montagne, dont l'une, soit à l'exposition du levant, et l'autre à celle du couchant, et que l'on veuille réunir, dans chacun de ces puits, la même quantité d'eau, on sera obligé de donner beaucoup plus de profondeur au puits de la pente exposée au levant, qu'à celui du couchant.

D'ailleurs, la sonde-tarrière est le moyen le plus économique de s'assurer de la présence des sources cachées, et de la profondeur de leur lit. On trouvera, à ce sujet, toutes les indications nécessaires, dans les ouvrages cités dans la note (4). (*D. P.*)

CHAPITRE IV.

Page 550, colonne II, ligne 9.

(9) Il n'existe plus rien de semblable à Saint-Germain-en-Laie ; ce qui existoit du temps d'*Olivier de Serres*, a été vraisemblablement détruit lorsqu'on a rebâti le château.

On pourra consulter, pour les puits à roue de la Provence et du Languedoc, la note (5), chapitre I, du sixième Lieu, page 439. *Prony* a ajouté un perfectionnement au manège des maraîchers des environs de Paris, en faisant tourner le cheval toujours dans le même sens. Ce moyen est décrit dans les *Mémoires de mathématiques et de physique de l'Institut national de France*, tome II, page 216 et suivantes ; il seroit à désirer qu'il le simplifiât de manière à en rendre l'usage plus général. (*C. et H.*)

CHAPITRE V.

Page ..., colonne ..., ligne ...

(10) On se sert généralement aujourd'hui, pour ces sortes d'ouvrages, du ciment ou mortier, connu, dans le commerce et dans les arts, sous le nom de *ciment d'eau forte* ; ce ciment n'est autre chose que le résidu salin-terreux, de la distillation de l'acide nitrique, dans les ateliers en grand ; c'est un composé d'alumine et de potasse, poussé à un état de demi-vitrification, qui le rend très-solide et indissoluble dans l'eau. On le trouve chez les distillateurs d'eau forte. (*C. et H.*)

Page ..., colonne ..., ligne ...

(11) Les dimensions qu'il faut donner aux citernes doivent sans doute être calculées d'après la quantité d'eau que le ménage peut consommer pendant les sécheresses les plus longues que la localité puisse éprouver. Pour faciliter l'application de ce précepte à la pratique, je vais en donner un exemple en anciennes mesures. On sait qu'un pied cube d'eau pèse soixante-dix livres, et qu'une pinte d'eau, mesure de *Paris*, pèse deux livres ; conséquemment un pied cube d'eau contient trente-cinq pintes : supposons que la consommation journalière d'un ménage soit de vingt pintes d'eau, celle du mois sera de six cent pintes, et celle de six mois, de trois mille six cent pintes, ou d'environ cent trois pieds cubes d'eau. Pour faire un compte rond, je suppose cette dernière consommation de cent huit pieds cubes d'eau, ou une demie toise cube. Cette consommation, que la citerne doit contenir, fixera donc, pour ses dimensions, six pieds de côtés, sur trois pieds de profondeur. Mais comme l'eau ne peut se conserver bien potable qu'en grande masse, et sur-tout sur une certaine profondeur, si le terrein ne s'y oppose pas, on donnera à cette citerne huit pieds de profondeur, sur trois pieds neuf pouces de côtés. (*D. P.*)

CHAPITRE VI.

Page ..., colonne ..., ligne 12.

(12) Un contemporain d'*Olivier de Serres*, dont la réputation est également bien établie, *Bernard Palissy*, a imprimé, en 1580, un traité sur la matière des chapitres précédens, intitulé :

*Discours admirable de la nature des eaux et
fontaines, tant naturelles qu'artificielles*, dans
lequel il s'étend beaucoup plus que ne l'a fait
notre auteur, et qu'on lit encore aujourd'hui
avec intérêt. On trouve ce discours dans la collection des œuvres de *Palissy*, publiée par
MM. *Faujas de Saint-Fond* et *Gobet*, en
1777, à Paris, chez Ruault, in-4°. (*H.*)

CHAPITRE VII.

*Page 553,
colonne II,
ligne 41.* (13) De *turf*, *turf*, on a fait *turfis*, *turba*,
turfa, *turva*, turve, tourbe; *turbaria*, tourbière;
turbare, tourber, extraire la tourbe: les anciens Allemands disoient, *torff*, *turb*; et les
Arabes, dans le même sens, disent *torb*, *torbach*,
terre, humus. (*H.*)

*Page 561,
colonne I,
ligne XI.* (14) J'ai réuni dans cette note la synonymie
de tous les arbres dont *Olivier de Serres* vient
de parler.

Chastagnier, *fagus castanea*.

Chesne, { *quercus robur.*
{ — *pedunculata*.

Ces deux espéces sont les plus communes des
chênes perdant leurs feuilles, qui croissent dans
les forêts d'Europe. La première (*quercus robur*) est le chêne mâle (dénomination qui n'a
point de rapport avec les parties de la fructification). La seconde (*quercus pedunculata*) est le
chêne femelle ou chêne blanc. Les glands du premier sont attachés à de très-courts pédoncules;
ceux du second le sont à des pédoncules assez
longs; le bois de ce dernier ressemble beaucoup
à celui du châtaignier; c'est ce qui a fait croire
que les charpentes de plusieurs anciens édifices
étoient construites en bois de châtaignier, lorsqu'elles l'étoient le plus souvent en chêne blanc.
Dans l'Amérique septentrionale on trouve un
chêne nommé chêne blanc, qui est une autre
espéce.

Liége, *quercus suber*.

Orme, *ulmus campestris*.

Fresne, *fraxinus excelsior*.

Érable, *acer campestre*.

Fousteau ou hestre, *fagus sylvatica*.

Sapin, *pinus abies*.

Mélèze, *pinus larix*.

Pin, *pinus sylvestris*.

Sycomore, *acer pseudo-platanus*.

If, *taxus baccata*.

Charme, *carpinus betulus*.

Tillet, *tilia Europæa*.

Alizier des bois, *cratægus terminalis*. *Olivier
de Serres* semble confondre ici deux arbres fort
différens.

Micacoulier, *celtis australis*.

Coudrier, *corylus avellana*.

Meurier, *morus alba*.

Cormier ou sorbier, *sorbus domestica*.

Cornouailler, *cornus sanguinea*. *Olivier de
Serres* ne veut parler ici que du cornouiller des
bois ou sanguin des bois, et non du cornouiller
à fruit (*cornus mascula*), ainsi qu'il s'en explique ci-après.

Sureau, *sambucus nigra*.

Bouis, *buxus sempervirens*.

Genèvre, *juniperus communis*.

Cadde, *juniperus oxycedrus*.

Houx, *ilex aquifolium*.

Bruse ou housson, *ruscus aculeatus*.

Genest, *spartium junceum*.

Blai (*inconnu*).

Arboisier, *arbutus uneda*.

Lentisque, *pistacia lentiscus*.

Plane, *acer platanoides*.

Saule, *salix alba*.

Peuple, *populus nigra*.

Tremble, *populus tremula*.

Aubeau, *populus alba*.

Aune, *betula alnus*.

Ozier, *salix vitellina*.

Boulean, *betula alba*.

Vége (*inconnu*). Voyez, ci-après, la note
(36), page 594. (*Cx.*)

*Page 561,
colonne II,
ligne 34.* (15) Le chêne ne croît plus, depuis long-
temps, dans les parties très-septentrionales de
l'Europe. (*Cx.*)

*Idem,
ligne 36.* (16) Dans les pins proprement dits, plusieurs
espéces croissent dans le sud de l'Europe: tels
sont les *pinus maritima*, — *pinea*, — *hale-
pensis*, — *laricio*; les trois premières peuvent
être endommagés par les grands froids de ce cli-

mat-ci. D'autres espéces croissent dans le nord, ou sur les montagnes élevées, tels sont les *pinus sylvestris*, — *montana*, — *Cembra* : alors les premiers préfèrent une position plus chaude que les derniers. (*Ce.*)

Page 563, colonne I, ligne 9.

(17) On doit ajouter aux arbres dont la croissance est rapide, même dans les terreins secs, l'acacia de Virginie ou faux acacia (*Robinia pseudo-acacia*). (*Ce.*)

Page 564, colonne I, ligne 7.

(18) La semence est, pour tous les arbres, le meilleur moyen de reproduction.

On peut consulter ce qui a déjà été dit du mûrier, non seulement par *Olivier de Serres*, dans le Lieu qu'il cite, et dans le précédent, chapitre XXVI, page 388, mais encore la note (98) du cinquième Lieu, page 210 et suivantes, et celle (140) du sixième Lieu, page 509. (*Ce. et H.*)

Page 565, colonne II, ligne 5.

(19) Il est préférable de stratifier ces semences, c'est-à-dire de les disposer par lits pour les faire germer ; on ne court point alors autant de risques qu'elles soient mangées par les animaux ; on peut les garantir de la gelée s'il est nécessaire, et l'on a la possibilité de rogner leurs radicules en les plantant. Cette opération, qui détruit le pivot de la racine, est nécessaire pour assurer le succès de la transplantation. Si, cependant, elle avoit été négligée, on peut encore couper ce pivot entre deux terres, lorsque ces semences sont levées : on se sert, à cet effet, d'un outil bien tranchant.

Dix-sept centimètres (six pouces) de profondeur, pour planter ces semences, est trop considérable, quand même on supposeroit la terre extrêmement sèche et légère, moitié de cette profondeur suffira en général. On peut consulter avec fruit sur ce sujet, le *Traité des semis et plantations des arbres*, de *Duhamel du Monceau*, ainsi que ses autres ouvrages sur les arbres. (*Ce.*)

CHAPITRE VIII.

Page 566, colonne I, ligne 29.

(20) Malgré ce qu'a dit *Olivier de Serres*, cinquième Lieu, chapitre XI, en parlant de la garenne, les connils ou lapins, sont les plus grands ennemis des arbres. (*Ce.*)

Page 567, colonne I, ligne 22.

(21) La pratique d'éloigner les rayons les uns des autres et de marcotter ensuite, pour remplir les vides qui restent entre eux, ne peut être conseillée. Il n'existe qu'un seul bon moyen de succès en ce genre, c'est celui de défoncer tout le terrein, et de lui donner le temps de se rafermir avant de semer ou de planter. (*Ce.*)

Idem, ligne 27.

(22) On ne sauroit planter trop tôt, excepté dans les terres trop humides. On ne dit rien ici de ce qui est relatif à la lune, il en a été parlé ailleurs. (*Ce.*)

Idem, colonne II, ligne 18.

(23) Cette profondeur est beaucoup trop considérable ; il suffit de planter les arbres comme ils l'étoient, ou un peu plus avant, de quelques centimètres (pouces). C'est l'humidité du terrein qui doit servir de régle : plus il est sec, plus les racines doivent être recouvertes ; au contraire, lorsqu'il est noyé, on plante quelquefois sur le sol, en rapportant de la terre sur les racines en assez grande quantité pour qu'elles soient bien couvertes, et le pied de l'arbre suffisamment buté. (*Ce.*)

Page 568, colonne I, ligne 22.

(24) *Olivier de Serres* entend ici un labour bien fait ; mais cette terre du fond n'en produira pas moins des mauvaises herbes dès qu'elle en aura reçu les semences. Il faut alors, à mesure qu'elles croissent, renouveler les binages, jusqu'à ce que les arbres puissent les étouffer. Ces soins utiles ne peuvent être pris cependant que pour de petites plantations. (*Ce.*)

CHAPITRE IX.

Idem, colonne II, ligne 10.

(25) *Quercus pedunculata*. Chéne à longs pédoncules, nommé aussi chêne blanc, chêne femelle (improprement.)

Quercus robur, quercus sessilis. Chêne rouvre (de *robur*), chêne à pédoncules courts, nommé aussi chêne noir, chêne mâle (improprement) : c'est le plus commun).

Quercus ilex. Yeuse, chêne vert. (*Ce.*)

Idem, ligne pénul.

(26) Outre les trois espéces précédentes, il en croit en France plusieurs autres ; mais il n'est pas

pas facile de savoir auxquelles de ces espèces se rapporte ce qu'*Olivier de Serres* dit ici. Il sembleroit qu'il n'a eu d'autre intention que de développer ce qui précède ; alors que signifient ces mots : « de telle engeance en remarque-on » encores deux espèces ? »

Parmi les espèces indigènes à la France, on trouve sur-tout les chênes suivans :

Quercus racemosa.
— *glomerata.* } Chêne à grappes.

Quercus villosa...
— *lanuginosa.* } Chêne velu (des environs de Paris).

Quercus cerris.... { Chêne de Bourgogne. Cette espèce en renferme peut-être plusieurs.

Quercus tomentosa. { Chêne taussin ou tauzin.

Quercus fastigiata. { Chêne cyprès ou pyramidal.

Ce genre chêne, le plus utile, peut-être celui qui fournit des espèces dans tous les climats, est assez mal connu. En général, les cultivateurs observent peu, les botanistes connoissent mieux les plantes herbacées que les arbres, la durée de leur vie les décourage ; et avons-nous des forestiers ? (*Cz.*)

Page 569, colonne I, ligne 31.
(27) L'*ilex*, dont parle ici *Olivier de Serres*, est le *quercus coccifera*. Le *kermès* qu'il nourrit, est un genre d'insectes de l'ordre des hémiptères, et des gallinsectes de *Réaumur*. Il a la figure d'une petite boule dont on auroit retranché un segment, et c'est par cette partie retranchée, qu'il adhère à l'arbre sur lequel il vit pendant près d'une année. Sa couleur est d'un rouge brun, il est légèrement couvert d'une poussière cendrée ; celui du commerce est d'un rouge très-foncé, et doit cette couleur au vinaigre avec lequel il a été arrosé.

La récolte de cet insecte, qui se fait sans avoir eu la peine de labourer et de semer, est très-précieuse pour quelques-unes des parties méridionales de la France. Elle a lieu à la fin du printemps, et elle est plus ou moins abondante, selon que l'hiver a été plus ou moins doux, et le printemps sans brouillards et sans gelées ; elle

Théâtre d'Agriculture, Tome II.

se fait ordinairement par les femmes, et quelques-unes en ramassent jusqu'à un kilogramme (deux livres) par jour : il n'est pas rare d'en avoir deux récoltes dans l'année, mais la seconde n'est jamais ni aussi abondante, ni aussi bonne que la première.

On a remarqué que les arbrisseaux les plus vieux, qui paroissent les moins vigoureux, et qui sont les moins élevés, sont les plus chargés de *kermès*, et on en a conclu que ces arbrisseaux, dans cet état, convenoient mieux à la nourriture de ces insectes. On ne faisoit pas attention qu'on prenoit ici l'effet pour la cause : toutes les plantes, quelques vigoureuses qu'elles soient, languissent bientôt, et se rabougrissent lorsque les insectes les attaquent ; et de tous ceux qui vivent à leurs dépens, les *coccus* sont les plus nuisibles. La bonté du sol contribue à la grosseur, et à la vivacité de la couleur du *kermès* ; celui qui est récolté sur des arbrisseaux voisins de la mer est plus gros, et d'une couleur plus éclatante que celui qui vient sur des arbrisseaux qui en sont plus éloignés.

Quelques étymologistes font venir le mot arabe *kermès*, du latin *vermes*, d'où l'on a fait successivement *guermes* et *chermes*, et d'où nous avons fait *vermillon*, que les Grecs appellent κόκκιον, petit ver, parce que les larves de la graine d'écarlate ressemblent à de petits vers. (*H.*)

Page 569, colonne I, ligne 53.
(28) *Ilex aquifolium*, le houx. Il n'a, pour les botanistes, aucune espèce de rapport avec les chênes. (*Cz.*)

Idem, colonne II, ligne 21.
(29) Plus généralement, les Anciens, qui ne connoissoient pas avec exactitude le sexe des plantes, donnoient le nom de mâles à celles qui, dans leurs espèces, étoient plus vigoureuses ; et alors souvent ils appeloient mâles celles qui produisoient des semences. Ces notions ont passé jusqu'à nous ; c'est ainsi qu'on appelle encore chanvre mâle celui qui donne les graines ; et notre auteur lui-même en a donné plusieurs exemples dans les chapitres précédens. (*Cz.*)

Voyez à ce sujet, dans le sixième Lieu, les notes (15), page 442, colonne II ; (63), page 464, colonne II ; et (88), page 470, colonne II. (*H.*)

F f f f

Page 569, colonne II, ligne 31.

(30) Les glands sont courts ou longs, suivant leurs espèces ; les plus longs commencent, sans aucun doute, par être courts ; mais, toutes choses égales d'ailleurs, celui qui s'allonge le plus promptement doit être le plus vigoureux : on ne voit pas comment ce signe unique doit indiquer que la récolte en sera mauvaise. *Olivier de Serres* aura sans doute adopté, sans examen, quelque préjugé de son temps, ou bien il a négligé, en ne développant point assez son observation, de la rendre vraisemblable. Il est vrai que les glands les plutôt mûrs, sur le même arbre, sont ceux piqués par des insectes. (*Cx.*)

Page 570, colonne I, ligne 17.

(31) On pense que l'auteur se trompe ici, la greffe ne change pas plus le bois que le fruit, elle transmet l'un et l'autre, tels qu'ils lui ont été confiés ; ce n'est qu'un moyen prompt de multiplication. On peut obtenir, soit par les marcottes, soit par les boutures, des résultats semblables à ceux fournis par les greffes ; de même par les semences, lorsque ce ne sont point des variétés que l'on sème, mais des espèces. Sans doute, il y a des circonstances relatives à la nature des terreins qui doivent faire préférer la greffe, parce qu'il y a des racines qui ne peuvent vivre dans tel ou tel sol. C'est ainsi que les racines de l'érable sycomore (*acer pseudo-platanus*), qui s'accommodent de toutes les terres, sont utiles pour faire vivre d'autres érables qu'on peut greffer sur cet arbre ; lorsqu'au contraire, les racines de quelques-uns de ces érables demandent des terreins particuliers. On peut encore ajouter qu'un arbre, franc de pied, peut avoir besoin, pour la maturité de son fruit, d'une exposition plus sèche ou plus chaude qu'un arbre greffé : c'est alors la différence qui se trouve entre les fruits d'une même espèce, portés par un jeune arbre ou par un vieux. On peut s'étonner des fausses notions que la plupart des hommes ont sur le but d'une pratique aussi ancienne, aussi utile, que celle de la greffe : mais les bornes d'une note ne permettent pas de s'étendre beaucoup sur cette opération merveilleuse. Elle est merveilleuse en effet, cette opération, par laquelle l'homme prescrit instantanément à un végétal de changer ses fruits ! (*Cx.*)

Page 570, colonne I, ligne 35.

(32) Il faut lire ce qu'*Olivier de Serres* a déjà dit du châtaignier dans ce volume, sixième Lieu, chapitre XXVI, page 387 ; et la note (139 *bis*) de M. *L. Bosc* sur cet arbre, page 508, colonne II. (*H.*)

Page 570, colonne II, ligne 16.

(33) Cette profondeur d'un demi-mètre et plus (un pied et demi à deux pieds) est beaucoup trop considérable : plus les racines sont près de la superficie, plus leur végétation est vigoureuse ; on ne doit les enfoncer plus ou moins, qu'afin qu'elles ne soient pas atteintes facilement par la sécheresse. De-là le précepte d'*Olivier de Serres*, de *planter plus profondément en terre pendante et sablonneuse*. On doit replanter environ à la même profondeur à laquelle les arbres étoient précédemment plantés ; le collet de l'arbre doit être à-peu-près à fleur de terre. A la vérité on pourroit justifier ici *Olivier de Serres*, en mesurant la profondeur qu'il indique au-dessous des racines, et non au-dessus, comme on l'entend ordinairement. On peut voir, dans les notes (19) et (23) de ce Lieu, ce qui a été dit sur ce sujet. (*Cx.*)

Idem, ligne 29.

(34) Il y a des espèces qui peuvent être plantées plus fortes les unes que les autres : un arbre qui a été transplanté plusieurs fois, peut l'être encore, plus gros que celui qui seroit resté toujours dans la même place, sur-tout lorsque les racines de celui-ci auroient pivoté. En général, il y a économie de temps et d'argent à ne planter que de jeunes arbres. Des tiges de six à neuf centimètres (deux à trois pouces) de diamètre au plus, sont d'une dimension convenable pour atteindre ces divers buts. (*Cx.*)

CHAPITRE X.

Page 571, colonne I, ligne 21.

(35) Le *populus Lybica* est le *tremula* de *Linné*. Le tremblement continuel de sa feuille tient sur-tout aussi à l'applatissement du pétiole. *Aubeau*, *aubo*, *aube*, *aouba*, *aoubo*, *aubel*, sont des mots dérivés du latin *albus*, qui tous signifient blanc : de-là ces noms donnés au peuplier blanc par les Languedociens, les Provençaux, etc.

On confond, sous le nom de peuplier blanc, deux arbres différens ; le grand peuplier de Hollande ou l'hypreau (*populus alba*), et celui à petites feuilles, ou la grisaille (*populus canescens, aut grisea.*) (*Cе.*)

(36) *Vège.* Nous avons cherché inutilement quel étoit l'arbrisseau connu sous ce nom. L'abbé *de Sauvages*, dans son *Dictionnaire languedocien*, dit qu'on appelle *vijhe* de l'osier, quoique le mot se dise proprement d'une espèce de saule, et qu'on donne généralement ce nom à tous les jeunes rejetons qu'on coupe dans les sausaies, pour faire des ouvrages de vannerie. *Vijhéiro* est une sausaie, ou une oseraie.

Tamaris ou tamarisc de Narbonne (*tamarix Gallica*) pour le distinguer de celui d'Allemagne (*tamarix Germanica*). (*Cе. et H.*)

CHAPITRE XI.

(37) On nomme osiers les espèces de saules dont les branches sont flexibles. *Caton* regardoit la culture des osiers comme une des plus productives. Le genre saule (*salix*) n'est pas très-bien connu ; il est difficile d'y distinguer, avec certitude, les espèces des variétés : aussi les botanistes ne sont-ils point d'accord entre eux à ce sujet. Voici les principales espèces de saules employées comme osiers : les trois de *Columelle*, qu'*Olivier de Serres* cite, y trouveront leurs places.

I. *Salix vitellina.* { Osier jaune.
— franc.
— grec.

C'est un de ceux qu'on doit préférer, il est cultivé dans beaucoup de pays. Il est très-tenace.

II. *Salix purpurea.* { Osier rouge.
— gaulois. } Rameaux d'un rouge brun.

Il est fort généralement cultivé : il se refend très-bien.

III. *Salix rubra*, de *Miller.*

— *vulgaris rubens*, de *Caspar Bauhin.*

Linné cite avec doute cette phrase, sous le *salix pentandra.* Je ne crois pas qu'elle puisse lui appartenir. La plupart des botanistes n'ont point fait mention de cette espèce. *Duhamel* l'appelle l'osier rouge des vignes ; il ne cite que cette espèce, et ne parle point de la précédente. Je pense que c'est à cette espèce que se rapporte l'osier *sabin*, ou *amerin*, de *Columelle.* Il se peut qu'il y ait confusion entre cette espèce-ci et l'*amygdalina*, l'une des suivantes. S'il falloit compulser toutes les autorités sur ce point, et chercher à les éclaircir, on feroit une longue dissertation, et non une note.

IV. *Salix viminalis.* { Osier blanc.
— brun.

Ce nom est aussi donné à un peuplier, à cause des mêmes usages.

Cette espèce est fort employée, ses rameaux sont très-longs.

V. *Salix amygdalina.*

Haller pense que ce devroit être l'osier rouge de *Duhamel.* (Voyez l'espèce ci-dessus, n°. III.)

C'est l'osier pourpre de *Pline.* Cette espèce est employée utilement.

VI. *Salix triandra.* { Rameaux d'un jaune brun.

VII. *Salix helix.* . { Rameaux aoûtés, légèrement purpurins.

Ces deux dernières espèces, employées dans plusieurs pays, fournissent des rameaux très-flexibles.

VIII. *Salix cinerea.*

Ce saule des environs de Paris, ainsi que les précédens, est employé, dans quelques lieux, aux mêmes usages économiques.

Ce seroit un travail utile à l'économie domestique que de former un tableau de toutes les espèces ligneuses, dont les branches ou les écorces peuvent être employées à faire des liens et des ouvrages de vannerie. (*Cе.*)

(38) Ce passage peut faire croire qu'*Olivier de Serres* entend qu'on doit étêter les arbres en les plantant. On doit seulement rapprocher les branches, et différer cette opération jusqu'à l'instant où la sève se met en mouvement ; alors on n'a pas besoin d'attendre, pour planter, ce qui, le plus souvent, est préjudiciable, à moins que le terrein ne soit submergé. (*Cе.*)

CHAPITRE XII.

*Page 582,
colonne I,
ligne 29.*

(39) L'indication du commencement de chacune de ces trois saisons est bien vague et bien incertaine pour le froid ou la pluie. Ne peut-on pas penser, au contraire, que ce qu'on peut faire au commencement de l'hiver ou du printemps, peut être exécuté tout aussi bien à la fin de l'automne et à la fin de l'hiver. On convient généralement que le temps le meilleur pour exploiter les bois est le commencement de l'automne, c'est l'époque la plus absolue du repos de la végétation. On doit consulter, à ce sujet, le *Traité de l'exploitation des Bois, par Duhamel du Monceau.* (*Cx.*)

*Idem,
colonne II,
ligne 10.*

(40) Cette influence de la lune sur la végétation est une erreur grossière; elle seroit bien fâcheuse si elle étoit réelle, puisque l'époque utile pour la souche, est désavantageuse à l'arbre coupé, et *vice versâ*. *Duhamel* a répondu à ces préjugés, par des expériences incontestables, et le simple raisonnement les avoit détruits auparavant. Il en est de même de l'influence des vents. (*Cx.*)

*Page 583,
colonne I,
ligne pénult.*

(41) A moins de la nécessité de couper pour quelques usages particuliers, on ne doit exploiter les taillis, comme bois à brûler, qu'à l'époque où leur crue n'est plus progressive. *Varenne Fenille*, dans son ouvrage sur les forêts, a très-bien prouvé que le maximum du produit net d'un taillis de chêne, en bon fond, se prolongeoit jusqu'à vingt-un ans, et que toute exploitation, avant cette époque, causoit une perte réelle. (*Cx.*)

*Page 583,
colonne II,
ligne 5.*

(42) On peut consulter ce que j'ai déjà dit de l'usage des feuilles (*feuillées* ou *feuillars*) pour la nourriture des bestiaux, tome I, troisième Lieu, chapitre IV, note (24), page 322, colonne II; quatrième Lieu, chapitre XIII, note (44), page 638, colonne II; et ce qu'en dit encore *Olivier de Serres*, plus loin, en parlant des feuilles des arbres aquatiques, page 584, colonne II. (*H.*)

*Page 583,
colonne I,
ligne 27.*

(43) L'action du froid sur les végétaux est proportionnée à la quantité d'eau qu'ils contiennent, et à celle de l'humidité du sol sur lequel ils vivent; les végétaux poussent d'autant plutôt au printemps, qu'ils ont été coupés de meilleure heure dans l'automne ou dans l'hiver. L'aune et les saules poussent naturellement de bonne heure. Alors ces arbres devroient être plus facilement attaqués par le froid du printemps, sur-tout s'ils sont frappés du soleil dès son lever. Cependant ces arbres ne gèlent pas plus souvent que les autres. On ne voit point, ainsi qu'*Olivier de Serres* le dit, que les arbres aquatiques soient attaqués par le froid, parce qu'en les coupant on expose leur moëlle à l'air. Quoique l'usage soit de couper les osiers, par exemple, à la fin de l'hiver, il ne peut y avoir de danger à les exploiter en automne, ainsi que tous les autres arbres. Il est vrai, ainsi qu'*Olivier de Serres* le prescrit, qu'il ne faut point couper les saules en séve, mais cette règle est générale. (*Cx.*)

*Page 58.,
colonne I,
ligne 2.*

(44) Voyez ce que j'ai déjà dit à ce sujet, ci-dessus, note (40) de ce Lieu, page 596, colonne I. (*Cx.*)

*Page 58.,
colonne .,
ligne 2.*

(45) On doit toujours couper au niveau du tronc. Les nouveaux bourgeons peuvent facilement repercer du bas du bourelet de la branche coupée; ceux-là seuls seront vigoureux. (*Cx.*)

*Idem,
colonne I,
ligne 26.*

(46) Voilà encore un de ces ouvrages que nous promettoit *Olivier de Serres*, et que nous avons perdu; il n'auroit pas été moins utile que celui qui nous occupe, et que les autres qu'il faisoit également espérer. Voyez ce qui est dit à ce sujet par notre collègue M. *François (de Neufchâteau)*, dans l'éloge de notre auteur, tome I, pages xl, xlj, xlij.

On voit aussi dans ce Lieu, et dans quelques-uns des précédens, qu'*Olivier de Serres* a voyagé en Flandre, en Hollande et en Allemagne: il ne néglige pas d'indiquer les noms donnés dans ces pays aux plantes ou aux arbres dont il parle, ou de rapporter ce qu'il y a vu d'avantageux à l'objet dont il s'occupe. (*H.*)

*Page 586,
colonne I,
ligne 6.*

(47) La manière la plus simple de remplacer et de multiplier les osiers, c'est par les boutures.

On réserve, à cet effet, les gros bouts des branches qu'on coupe ordinairement. (*Cx.*)

Page 566,
colonne II,
ligne 15. (48) En supposant qu'on veuille greffer des saules, il n'est pas nécessaire d'employer la greffe en sifflet (ou canon); on peut lui substituer celle à œil dormant ou poussant (ou inoculation). (*Cx.*)

Idem,
ligne 21. (49) Les mort-bois sont :

Le saulx, saule, (*salix alba*).

Marsault, (*salix caprœa*).

Épine, aube épine, (*mespilus oxyacantha*).

Pruisme, épine noir, prunellier, (*prunus spinosa*).

Sour, sureau, (*sambucus nigra*).

Genets, genet à balais, (*spartium scoparium*).

(A plus forte raison toutes les autres espèces de genets et de cytises nains.)

Genèvres, genevrier, (*juniperus communis*).

Ronce, (*rubus fruticosus*).

Ces espèces, citées seulement dans l'ordonnance de 1669, comprennent toutes celles qui leur sont analogues : ainsi les osiers sont compris dans les saules. L'ordonnance renfermoit aussi dans les mort-bois, l'aune (*betula alnus*), maintenant il en est exclu. (*Cx.*)

Idem,
ligne dern. (50) *Observations générales sur les avantages de l'acclimatation et de la culture des végétaux exotiques.*

Nous croyons ne pouvoir mieux terminer les notes de ce Lieu, et du précédent, que par le tableau rapide des nombreux avantages qui résultent, pour l'agriculture et les arts, de l'importation des végétaux étrangers et de la propagation de leur culture.

Nous vivons, nous nous habillons presque exclusivement aux dépens des productions de l'Asie, de l'Afrique et de l'Amérique, cultivées en Europe; et cependant beaucoup de personnes blâment les nouvelles cultures, et des hommes influens se refusent de les favoriser. C'est pour celles de ces personnes qui partagent de bonne foi cette manière de penser, que j'entreprens de réunir ici une masse de faits qui fera voir que nos pères ne sont devenus agriculteurs, que parce qu'ils se sont appropriés les animaux et les végétaux étrangers, et qu'on peut attendre d'utiles résultats de l'ardeur avec laquelle on se porte aujourd'hui, plus que jamais, à la culture des plantes et des arbres exotiques.

En effet, le *blé*, *l'orge* et *l'avoine*, bases de nos grandes cultures, quoiqu'introduits en Europe depuis plus de quatre mille ans, peut-être, ne sont pas des plantes indigènes : elles ne croissent pas spontanément dans nos plaines, et elles en disparoîtroient en peu d'années si on cessoit de les semer. Ces plantes, d'une si grande importance pour nous, paroissent originaires de la Haute-Asie, d'où elles ont été apportées de proche en proche, à mesure que la population s'est étendue, et que les hommes ont senti le besoin de quitter la chasse pour la culture; je dis de la Haute-Asie, et je le dis avec assurance pour le blé et l'orge, puisque *Michaux* père et *Olivier* (*) ont rapporté de Perse l'épeautre et l'orge commun qu'ils y ont trouvés dans l'état sauvage. Quant à l'avoine, il est probable qu'elle en vient aussi, ces trois plantes s'étant toujours suivies; et c'est sans doute par erreur, que l'amiral *Anson*, qui n'étoit rien moins que botaniste, dit l'avoir trouvée à l'île de Saint-Jean-Fernandez, île perdue vers le pôle austral.

Cette observation de *Michaux* et d'*Olivier* appuie singulièrement l'opinion que *Bailly* a émise, il y a trente ou quarante ans, sur le lieu d'où sont sortis la plupart des peuples.

Mais, diront les détracteurs des sciences, ce ne sont point des botanistes, des cultivateurs de cabinet, qui ont apporté en Europe ces utiles végétaux; ce sont des laboureurs, des hommes ignorans, et à demi-sauvages ! Qui vous a si bien instruits de ce fait, leur répondrois-je ? Sans doute il est possible que les choses se soient passées ainsi; mais ne nous reste-t-il donc aucun monument qui prouve que les peuples, à une époque extrémement reculée, ont été plus civilisés, plus éclairés que nous ? Pourquoi alors n'y auroît-il pas en, comme aujourd'hui, des

____

(*) L'entomologiste, Membre de l'Institut, auteur de l'intéressant *Voyage dans l'Empire Othoman, l'Égypte et la Perse. Paris, An 9, 3 vol. in-4°.*, avec figures; Voyage que j'ai déjà eu occasion de citer dans les notes du sixième Lieu.

botanistes, des cultivateurs de cabinet, zélés pour la propagation des plantes utiles, disposés, encore comme aujourd'hui, à faire des voyages, ou à consacrer leur fortune à des expériences ; des chefs de Gouvernement jaloux d'augmenter la masse des subsistances du peuple, ou de donner de nouveaux alimens à l'industrie, etc., etc.?

Après le blé, l'orge et l'avoine, il faut mentionner le *riz*, originaire des Indes ; le *mays*, qui a été apporté du Pérou, et le *sorgho*, ou le *mil*, qui vient d'Afrique. Ces cultures n'intéressent, il est vrai, que les peuples des parties méridionales de l'Europe, mais elles sont si avantageuses, que par-tout où on peut les pratiquer, elles font abandonner les premières.

Ce que je dis des céréales s'applique aussi aux plantes propres à fabriquer des tissus, telles que le *chanvre*, également trouvé sauvage en Perse, par *Olivier*, et le *lin*, que les documens historiques font originaire de la Haute - Égypte ; il peut s'appliquer encore à quelques plantes oléifères, comme le *pavot*, la *cameline*, sorties des contrées orientales.

Il n'y a donc, dans notre grande agriculture, que quelques plantes oléifères, comme le *colsa*, la *navette*, et celles qui entrent, le plus communément, dans les prairies artificielles, qui soient indigènes, ou propres au sol de l'Europe.

Si des champs nous passons dans nos jardins, nous trouvons que les plantes étrangères y dominent. A peine en pourrons-nous reconnoître quelques - unes que nous ayons vues, hors de leur enceinte, dans l'état sauvage.

Pour procéder avec ordre, passons successivement en revue les plantes et les arbres.

Parmi les premières, nous trouvons que l'*ail*, la *fève de marais*, la *laitue*, le *cresson alénois*, sont originaires de Perse, ainsi que l'a prouvé *Olivier* ; que les *haricots* sortent de l'Inde ; le *lupin*, d'Afrique ; l'*oignon*, de la Haute-Égypte ; la *bette-rave*, probablement des bords de la Mer-Noire ; le *persil*, supposé sortir de Sardaigne ; le *scorsonère*, le *cardon*, et l'*artichaud*, qu'on dit naturels à l'Espagne méridionale, ou peut-être plutôt à l'Afrique ; la *pomme de terre*, le *topinambour*, la *mélongène*, la *tomate*, apportés du Pérou ; les *melons*, les *courges*, les *concombres*, le *pourpier*, et une foule d'autres,

venant de l'Asie méridionale, ou de l'Afrique.

Parmi les seconds, il faut remarquer principalement, l'*amandier*, le *pécher*, l'*abricatier*, venant indubitablement de Perse ; le *cerisier*, proprement dit, originaire des bords de la Mer-Noire, qui fait certainement espèce, et qu'il faut bien distinguer du *merisier* et de ses variétés, produites par la culture, telles que le *guignier* et le *bigarautier* (voyez la note (133) du sixième Lieu, page 502, colonne 1) ; la *vigne* et le *noyer*, qui ont été trouvés sur les bords de la mer Caspienne, par *Michaux* ; le *grenadier*, le *figuier*, l'*olivier*, propres à la Grece ; l'*oranger*, habitant des bords du Gange, ainsi que le *mûrier noir* ; le *coignassier*, qui ne se trouve que sur la côte d'Afrique.

Qu'est-ce que l'Europe, qu'est-ce que la France fournit donc à ses habitans ? Parmi les légumes : l'*oseille*, le *salsifis*, l'*asperge*, la *lentille*, les *pois*, la *carotte*, le *céleri*, le *chou*, le *navet*, le *panais*, le *poireau*, le *radis*, la *cichorée*, et quelques autres articles moins importans. Parmi les fruits, les *pommes*, les *poires*, les *nèfles*, peut-être les *prunes*, et quelques autres à peine connus, tant ils sont médiocres. Comment coordonner, dans leurs diverses parties, nos somptueux repas, si on n'y faisoit entrer que les articles ci-dessus, et si on en retranchoit de plus, le *bœuf*, le *mouton*, la *volaille*, qui sont aussi originaires des pays étrangers, et les objets qu'ils fournissent secondairement, tels que le *lait*, le *beurre*, le *fromage*, les *œufs*, etc.

Cessez donc, hommes ignorans ou de mauvaise foi, cessez de dire que la Nature a tout fait pour nous, et qu'il n'y a plus rien à entreprendre en Europe pour la perfection de l'agriculture. Sans doute elle a tout fait ; mais cependant, comme je viens de le rappeler, si nos pères ne nous avoient pas apporté les productions des contrées les plus éloignées, s'ils ne s'étoient pas appliqués à améliorer celles qui sont propres à notre sol, vous vivriez, comme eux, dans le dénûment, vous seriez réduits à manger des glands, ou des pommes et des poires sauvages aussi acerbes qu'eux ; peut-être même vous verriez-vous souvent dans la nécessité, comme ces peuplades dont parle *Humboldt*, de manger de la terre, et comme les habitans de la Nouvelle-Hollande, à ronger l'écorce des arbres, pour appaiser votre faim, lorsque la chasse et la pêche vous manqueroient !

Il faut donc croire que, puisque nos pères ont pu augmenter leurs moyens de subsistance d'articles étrangers à leur climat, en les rendant en même-temps, et d'une réussite plus certaine, et d'une qualité supérieure, nous le pouvons aussi. Je dis plus, nous le pouvons mieux qu'eux, puisque les communications sont plus faciles entre les diverses contrées du monde, et que les lumières n'ont jamais été aussi générales et aussi étendues. Est-ce aujourd'hui qu'on redoutera d'aller en Amérique, ou à la Chine ? Qu'on croira qu'un terrein est maudit de Dieu, parce qu'il est naturellement stérile ? Est-ce aujourd'hui que des prêtres nous feront craindre de boire du café, parce que Dieu ne l'a pas fait naître dans notre pays ? D'insensés hypocrites peuvent bien encore crier contre la perfectibilité de l'esprit humain, mais ils ne peuvent arrêter les progrès de la raison, et nous ramener aux temps du despotisme religieux, ou de la superstitieuse ignorance.

Presque toutes les plantes énumérées plus haut étoient déjà cultivées du temps d'*Olivier de Serres*, et on dira peut-être qu'il ne s'en est pas introduit de nouvelles, du même dégré d'importance, depuis cette époque. Cela peut être vrai ; mais divisez le nombre de ces plantes par celui des siècles supposés écoulés, et vous en verrez à peine une par chacun de ces siècles. Or, combien a-t-il fallu de temps pour que telle ou telle plante, déjà introduite, se soit étendue, par la culture, de manière à devenir généralement utile ? Le mays et la pomme de terre, par exemple, étoient dès-lors arrivés en Europe ; et depuis quand sont-ils devenus le supplément le plus important aux céréales ? La dernière même, si avantageuse sous tant de rapports, est-elle cultivée aujourd'hui par-tout ? Le premier, qui fait actuellement la richesse de l'Italie, qui en chasse même le riz, n'étoit-il pas encore repoussé par les cultivateurs de cette contrée, il y a un siècle ? On sait combien les habitans des campagnes ont de répugnance à innover, et cette disposition est l'obstacle le plus insurmontable à l'adoption et au perfectionnement des nouvelles cultures. Le vrai est, que personne ne peut dire que telle plante, arrivant dans nos jardins, tel arbre, dont on ne voit encore que quelques pieds dans les pépinières impériales, au jardin du Muséum, ou dans celui de *Cels*, ne sera pas, dans cent ans, un moyen de richesse de plus pour la France ou pour ses Colonies. On ne peut se refuser à citer à cette occasion, que c'est à un pied de caffeyer, ainsi envoyé par curiosité au jardin du Muséum, il y a à peine cent ans, et dont une marcotte fut portée à la Martinique par M. *de Clieux*, que sont dus tous les cafés, et par suite tous les millions qu'ont produits les îles de l'Amérique.

Parmi les plantes nouvellement introduites chez nous, n'y a-t-il pas l'*arachide*, le *phormion* ou *lin de la Nouvelle-Zélande*, la *rhubarbe*, la *paspale stolonifère*, qui paroissent devoir devenir bientôt l'objet de grandes cultures dans les parties méridionales de l'Europe ? N'avons-nous pas doublé le nombre des bonnes espèces d'arbres fruitiers depuis l'époque d'*Olivier de Serres*, et les pépinières n'en font-elles pas naître, presque toutes les années, quelques nouvelles ? Combien nos légumes n'ont-ils pas été perfectionnés depuis cinquante ans ? Ne sommes-nous pas à portée, si le Gouvernement vouloit s'en occuper, d'introduire dans nos forêts des centaines d'espèces d'arbres de l'Amérique septentrionale, ou d'autres parties du globe, que nous cultivons avec le plus grand succès dans nos pépinières ? Qu'on lise l'excellent Mémoire du professeur *Thouin*, sur l'*acclimatation des arbres*; celui de *Michaux* fils, *sur la naturalisation des arbres forestiers de l'Amérique septentrionale*, et l'*aperçu* que vient de publier tout récemment *Dumont Courset*, dans le cinquième volume du *Botaniste cultivateur*, *des arbres exotiques de pleine terre, propres à former des futaies, des bois, et à être plantés en ligne*, et qu'on ose révoquer en doute cette vérité ! Plusieurs espèces importantes de plantes médicinales, dont on ne connoissoit les produits que dans les boutiques des droguistes, ne se voient-elles pas aujourd'hui abondamment dans nos jardins ? La rhubarbe, par exemple.

Jusqu'ici je n'ai parlé que d'articles essentiellement utiles à l'homme, comme objet de nourriture et de vêtement ; mais doit-on compter pour rien ce qui n'est qu'agréable ? Les jouissances du luxe ne sont-elles pas un besoin pour celui qu'une fortune solidement fondée met au-dessus des inquiétudes de l'avenir ? Du moins elles apportent un genre de bonheur auquel on renonce difficilement, ainsi que le prouve l'expérience de tous les siècles. Loin donc de blâmer ces hommes riches que leur goût porte à planter des jardins anglois, à cultiver des fleurs, à multiplier des arbres étrangers, il faut les encourager de toutes les manières. Je dis plus, je dis que les Gouvernemens mêmes doivent favoriser ce goût, et c'est ce que celui de la France avoit senti, lorsqu'il établit des pépinières d'arbres et d'arbustes étrangers à Trianon, et qu'il ordonna qu'une partie des produits seroit distribuée dans les Départemens.

Il me semble que si, quelquefois, des circonstances particulières rendent le goût des plantations nuisible aux particuliers, elles ne peuvent jamais qu'être utiles sous le point de vue général. Avant *Olivier de Serres*, on n'avoit aucune idée du genre de plaisir que donne la culture des plantes d'agrément, ni même des arbres fruitiers et des légumes. Les personnes riches avoient honte de mettre la main à la bêche, ou de manier la serpette. Leurs jardins n'étoient que des lieux monotones de promenades, ou des planches de légumes communs. A peine y voyoit-on quelques buissons de lilas, et quelques touffes de rosiers. Leurs vergers, plantés d'arbres fruitiers d'espèces peu perfectionnées, n'intéres-

soient qu'au moment de la récolte. Aujourd'hui quelle variété ! Trois à quatre cents espèces d'arbres d'agrément venant de toutes les parties de l'Univers, de grandeur, de port, de forme, de couleur, de fouilles, de fleurs, et de fruits différens, ornent nos jardins. Nous avons des jouissances nouvelles toutes les fois que nous y entrons, parce que la scène change à chaque instant du jour et chaque jour de l'année ; car les phases de la végétation se succèdent, sans interruption, dans une série aussi étendue d'espèces, et elles agissent, dans quelques-unes de ces espèces, même pendant les frimats. Les motifs des promenades se multiplient en conséquence, et les rendent plus intéressantes. D'un autre côté, lorsque le propriétaire s'occupe de la culture de ses arbres fruitiers, que d'agrémens divers il se procure dans le cours de l'année. Ce sont toujours des observations à faire, des essais à tenter, des résultats à attendre. Il est heureux lors même qu'il voit consommer par d'autres les fruits qu'il a créés, et de la supériorité desquels il s'applaudit.

Que conclure de cela ! que nous sommes plus sages que nos pères. En effet, nous passons à admirer la Nature, à jouir, sous tous les rapports, de ses productions, souvent même à nous enrichir, un temps qu'ils ne savoient employer qu'à des scènes de débauche et de superstition. Notre santé, notre cœur, notre esprit, et notre fortune, gagnent également à ce changement. Tout ami de l'humanité doit donc faire des vœux pour que le goût actuel se fortifie et s'étende de plus en plus ! (*L. B.*)

FIN DU SEPTIESME LIEU.

HUICTIESME

HUICTIESME LIEU

DU THÉATRE D'AGRICULTURE,

ET

MESNAGE DES CHAMPS.

DE L'USAGE DES ALIMENS,

Et de l'honneste Comportement en la Solitude de la Campagne.

SOMMAIRE DESCRIPTION DU

HUICTIESME LIEU, AUQUEL

Le Père et la Mère-de-famille, sont instruits, à

Se servir commodément, avec honorable mesnage, des biens sortans de leur industrie, sous la bénédiction de Dieu, et ce par

L'usage des *Alimens en général : particulièrement, par la provision des vivres pour toute l'année.* Chap. I.

A laquelle est comprinse,

La façon des Confitures de toutes sortes, au liquide et au sec. Chap. II.

Accommoder la Maison, et les Personnes, de

Lumières, Meubles,
et
Habits. Chap. III.

Se maintenir en santé, et se secourir en maladie : pour à quoi parvenir, la Mère-de-famille fera provision de

Distillations et autres préparatifs. Chap. IV.

pour,

Remèdes aux Maladies des Personnes, Chap. V.
et
Des Bestes. Chap. VI.

Corriger la solitude de l'habitation champestre, par

La Chasse, et autres honnestes exercices du Gentilhomme. Chap. VII.

HUICTIESME LIEU
DU THÉATRE D'AGRICULTURE,
ET
MESNAGE DES CHAMPS.

CHAPITRE PREMIER.

*L'usage des Alimens en général :
particulièrement, la provision des
visres pour toute l'année.*

———

LA fin de nostre agriculture est d'estre
nourri et entretenu des biens que par elle
Dieu nous donne, desquels l'usage est
d'autant plus agréable à l'homme, que
mieux il recognoist la bonté du Père céleste, au soin qu'il a de lui fournir non
seulement ses nécessités, ains de délices,
autant qu'il en est requis pour se maintenir et conserver en bon estat. C'est où
se rapportent toutes sortes de négoces,
que d'avoir de-quoi manger, boire, se
vestir, se loger, se secourir en maladie,
se res-jouir : mais plus particulièrement à
l'agriculture, de laquelle, immédiatement, sortent les divers alimens servans
à ces choses. Or, puis que par soigneuse
et pénible culture, nous tirons de la terre
ces riches thrésors-là, par nécessaire
conséquence, nous-nous devons instruire
du moyen équitable de les employer à la
gloire de Dieu, pour user, et non abuser

de ses biens. Et encores que tout le
monde se serve du rapport de la terre,
si est-ce qu'avec raison, peuvent estre,
et donnés et receus, sur telle matière,
des salutaires avis, d'autant plus recercheables, que mieux chacun désire de
s'accommoder chés soi.

Nous faisons nos provisions en saison,
ce n'est pas tout ; car avec mesme dextérité, convient sçavoir nous manier en
les détaillant, pour nous en servir avec
libéralité et espargne : à ce que l'honorable et ordinaire despence continue son
train sans interruption. A tel effect, les
blés sont serrés au grenier, les vins en la
cave, les chairs au charnier, les fruicts
des arbres, des jardins, huiles, miels,
et semblables, en leurs réservoirs. Ainsi
en gros, une fois l'an, l'agriculture remplit la maison, et en menu, chacun jour
l'usage la vuide. Pour laquelle cause,
pouvons-nous dire, avec raison, l'un
des principaux articles de la science du
mesnage, estre d'entendre ces choses :
où tant plus de profit et honneur nous
treuverons au bout de l'année, que plus
la recepte aura surpassé la despence.
A quoi le père et la mère-de-famille s'es-

tudieront, selon leurs distinctes qualités ;
à ce que rien ne défaille à leur maison,
pour honorablement la maintenir et décorer.

Et d'autant que l'Antiquité a ordonné
à la femme, la charge de la maison,
comme à l'homme, celle de la campagne ;
ains nos Ancestres ayant disposé des
choses rustiques (approprians sagement
Quelle est la charge de la femme. l'ouvrage à l'ouvrier), ce sera la mère-
de-famille qui disposera de la distribution
des vivres pour l'ordinaire despence, avec
néantmoins communication de conseil,
requise à tout mesnage bien dressé :
estant quelques-fois à propos, selon les
occurrences, que l'homme die son avis
et se mesle des moindres choses de la
maison, et la femme des plus sérieuses.
Ancien langage des hommes et des femmes. Le temps passé, quand on vouloit louer
un homme, on le disoit bon laboureur.
C'estoit aussi lors la plus grande gloire de
la femme, que d'estre estimée bonne mesnagère : laquelle louange, le temps n'ayant
peu esteindre, est-elle encores en telle
réputation, que celui qui se veut marier,
après les marques de crainte de Dieu, et
pudicité, par dessus toutes autres vertus,
cerche en sa femme le bon mesnage,
comme article nécessaire pour la félicité
Du mesnage. de sa maison. Ce nom de mesnage est
donné sans figure, comme par excellence,
à ce dont nous discourons en cest endroit.
Néantmoins, par icelui est entendue toute
la famille : particulièrement en plusieurs
endroits de ce royaume, les petits enfans
sont appellés mesnage. Mesnage aussi
appelle-on les meubles et ustenciles de
la maison. Et tant nécessaire en est la
substance en toutes actions, que de tel
nom est dérivé le verbe mesnager, dont
nous disons mesnager la santé, mesnager

l'amitié, la faveur, la prospérité, l'occasion, le temps, le loisir, le plaisir, etc.
Plus grande richesse ne peut souhaitter
l'homme en ce monde, après la santé,
que d'avoir une femme de bien, de bon
sens, bonne mesnagère. Telle conduira
et instruira bien la famille, tiendra la
maison remplie de tous biens, pour y
vivre commodément et honorablement.
La vertu de mesnager, reluisante en une femme. Despuis la plus grande dame, jusques à
la plus petite femmelette, à toutes, la
vertu du mesnager reluit, par dessus
toute autre, comme instrument de nous
conserver la vie. Une femme mesnagère
entrant en une pauvre maison, l'enrichit :
une despencière, ou fainéante, destruit
la riche. La petite maison s'aggrandit
entre les mains de ceste-là : et entre celles
de ceste-ci, la grande s'appétisse. *Salomon* fait paroistre le mari de la bonne
mesnagère, entre les principaux hommes
de la cité : dict, que la femme vaillante
est la coronne de son mari : qu'elle bastit
la maison : qu'elle plante la vigne : qu'elle
ne craint ni le froid ni la gelée, estant
elle et ses enfans vestus, comme d'escarlate : que la maison et les richesses
sont de l'héritage des pères, mais la pru-
dente femme est de par l'Éternel. A ces
belles paroles profitera nostre mère de-
famille ; et se plaira en son administration, si elle désire d'estre louée et honorée
de ses voisins, révérée et servie de ses
enfans : si elle faict plus d'estat de l'honneste richesse, que de la sale pauvreté :
si elle aime mieux prester, qu'emprunter :
si elle prend plaisir de voir tous-jours sa
maison abondamment pourveue de toutes
commodités, pour s'en servir au vivre
ordinaire, au recueil des amis, à la nécessité des maladies, à l'advancement

des enfans, aux aumosnes des pauvres, et aux journalières occurrences.

De ces contentemens jouira la bonne mesnagère, moyennant la bénédiction de Dieu; et ce avec peu de labeur de corps, ains comme pour récréation, ce sera seulement son esprit, qu'elle employera en sa négotiation, faisant lustre de sa providence. Et comme nous avons donné au père-de-famille un bon serviteur pour le seconder, aussi baillerons-nous à la mère-de-famille une bonne servante, qui la relèvera de beaucoup de peine (sa suffisance et sa fidélité ne lui estans suspectes), à laquelle ne lui commettra, néantmoins, que ce qu'elle-mesme ne pourroit manier sans trop de travail, et dont se fera souvent rendre compte. De dispenser la mère-de-famille de se lever tard, ordinairement, ne se peut, pour les raisons représentées ci-devant, et de peur d'expérimenter ce mal, que

> Trop reposer et trop dormir,
> Font le riche pauvre venir.

Aussi de l'assujettir à la sévérité de ceste loi, *d'estre la dernière couchée et la première levée de la maison*, comme aucuns veulent, n'est raisonnable, pour ne l'abandonner à trop de labeur, la privant, à escient, de la jouissance des biens que Dieu lui eslargit, distinguant par-là les ordres, et la différence de la maistresse à la servante; ains ce sera sa santé qui en ordonnera. A l'œil et à la clef, elle s'arrestera, sans rabat, c'est à dire, au voir et au serrer: tenant pour certaine maxime, *que ce que la mesnagère lasche du regard et de la main, est mal asseuré*, s'entend civilement, sans parler du trop difficile. Moyennant laquelle conduicte, sous la faveur céleste,

verra sa maison s'accroistre d'année à autre, et avec sa louange, ses voisins désirer sa hantise et son alliance (1).

Particularisant ces choses, dirai, que tenant le pain le premier reng en cest endroit, ce sera à cest aliment-là, où premièrement visera nostre père-de-famille. Dès la cueillète il en ordonnera, avec distinction des blés et de leur emploi. D'entre tous ses blés, les meilleurs à la délicatesse du pain, destinera-il pour la fourniture de sa table, donnant pour l'ordinaire de ses serviteurs et manœuvres, les grains propres pour les bien nourrir avec espargne. Les fromens excellent tous autres grains à faire bon pain, lesquels, selon leurs différentes espèces, les terres qui les portent, se surmontent les uns les autres en valeur. En diverses provinces, la tozelle, qui est froment raz, est à préférer à tout autre, et des barbus, celui qu'on appelle rouge, dict des Anciens, *far adoreum*. Des blés, donques, les mieux choisis, selon son lieu, nostre père-de-famille se pourveoira, faisant cest honneur à Dieu, que d'employer à son particulier usage, du plus exquis de sa libéralité. Mais sur tous, choisira-il pour ce service, les blés qui croissent en la plus légère et plus sèche terre de son domaine. Car avec les vins, ont de commun les blés, que de sortir meilleurs et plus substantiels, de fonds maigre et sec, que de gras et humide (2). Notera aussi pour le pain de sa table, de faire retirer de la gerbe le blé, à mesure du besoin: d'autant que le blé freschement battu, rend le pain plus blanc et savoureux, que longuement gardé au grenier: ce que les boulengers de Paris entendent très-bien, tel recercheans pour leurs trafiqs. Ceste observation du battre est particulière pour les provinces esquelles de jour à autre, durant l'année, les blés sont escous dans les granges, non pour les autres, où à la fois en esté, la récolte s'en faict en la campagne. Or, soit ou en gerbe ou en grain, estat certain sera dressé de la despence de la maison pour toute l'année, autant avantageusement, comme l'on void quelques-fois les extraordinaires consumer grande partie de la provision desseignée, afin que par faute de prévoyance, l'on ne se treuve en peine à l'arrière-saison. Telle provision sera mise à part, en gerbe ou en grain, selon le pays, avec distinction requise ; d'un costé, pour la première table ; de l'autre, pour la seconde : mais en lieu si bien asseuré, qu'elle se conserve sans deschet, contre toutes sortes d'ennemis de bon mesnage, hommes et bestes. En pays méridional, la provision de l'un et l'autre ordinaire, s'en faict dès la récolte, à la fois, pour toute l'année, voire à l'aire mesme, ou peu de temps après dans le grenier. Car sçachant, le père-de-famille, les terres destinées à son pain particulier, il en faict charrier les gerbes à l'aire en lieu séparé, et de là en blé au grenier, l'ayant au préallable faict cribler et nettoyer en perfection, pour en retirer le seul et pur grain. Le bon des cribleures est meslé avec l'annone, qui est le blé du grossier ordinaire, composé de toutes sortes de grains, fromens, seigles, orges, etc. ; ainsi tel meslinge dict en latin *annona* (3). Aussi y sont adjoustés les reliefs des semences, lesquelles, tout-d'une-main, faict lors réparer, dont il tire beaucoup de repos : par ce moyen, serrant sous clef toutes ses provisions de semences, de pain pour ses ordinaires, y comprenant les pauvres, mesme pour la nourriture de sa poulaille et de ses chiens, qu'il sort du plus grossier de tous ses grains, la faisant retirer en lieu destiné pour la distribution ordinaire de l'hyver.

Pour le pain du maistre, l'ordre d'employer le blé freschement battu, est très-bon : pour celui du valet, le longuement gardé en grenier aeré. Il a esté dict le pain venir plus délicat de cestui-là, que de cestui-ci ; la raison procède de certaine humeur que le grain se conserve dans l'espi, estant enveloppé de sa balle, qui la rapportant au moudre, la farine en demeure parfaictement blanche, à l'utilité du pain qui en est faict : à cause que, grossièrement moulue (pour l'humidité du blé), se sépare mieux du son, qu'estant fort brisée, ainsi que communément se faict de blé sec (4). Et c'est ce que font les boulengers pour blanchir leur pain, quand, contraints de se servir de blé vieil battu, pour en corriger la séche-resse, le mouillent, l'envoyant au moulin. A la délicatesse du pain sert aussi tel séjour du blé en la gerbe, d'autant que là il s'assaisonne et prépare très-bien, et se conserve nettement sans nulle poussière, couvert de la balle de l'espi, si que parfaictement net il en sort. Mais aussi moins de pain en provient-il, que de blé longuement gardé en grenier ; parce qu'estant cestui-ci endurci par l'aer, devenu sec, par conséquent plus facile à moudre, que humide, faict plus de farine, et moins de son que cestui-là. Et telle farine est ensuite aisée à conserver longuement, à cause de sa sécheresse, qui vient à grand profit au mesnage : attendu que toute farine assaisonnée par longue garde, panifie mieux que la récente. Ces considérations feront biaizer en ce mesnage. Quoi-qu'en pays septentrional, le pain du commun se fera de blé longuement gardé en grenier, pour l'utilité, se dispensant en cest endroit d'en faire battre à la fois la provision de cinq à six mois, laquelle reposée en grenier situé au milieu ou au plus haut de la maison, et là souvent le blé esventé à la paesle, au bout de ce temps-là, sera envoyé au moulin, et la farine en provenant, avant qu'estre employée, aussi gardera-on longuement (5). La farine se conservera en bonté tant qu'on voudra, comme de sept à huict mois et davantage, si on la faict faire la lune estant en decours, si on la tient dans des quaisses de bois reposans en lieu sec, si on y mesle parmi quelque peu de sel ; et selon aucuns, s'augmentera de la vingt ou vingt-cinquiesme partie, si on la remue de quaisse en autre, de mois en mois, pour prendre aer (6). C'est chose bien asseurée, que la farine ainsi gouvernée, rendra moins de son et plus de fleur, et en sera le pain de meilleure garde, et moins sujet à se moisir, qu'aucun autre : à cest article-ci du moisir, regardant le poinct de la lune ci-dessus marqué (7).

Aussi s'allongera la farine du mesnage, des reliefs de la boulengerie du pain du maistre (afin que rien ne se perde de ce qui est utile), mais ce sera après les avoir repassés en tamis ou bluteaux à ce propres, pour en retirer le meilleur : et le plus grossier s'employera à la nourriture de la poulaille, pourceaux, chiens. C'est proprement la charge de la maistresse que le maniement du pain, comme il semble n'appartenir qu'au maistre celui du blé.

Au pain, donques, aura l'œil la mère-de-famille, pour en tenir sa maison fournie, ainsi qu'il appartient, afin que tant pour l'ordinaire, que pour la survenue des amis et des extraordinaires réparations, ce tant précieux et nécessaire aliment, ne défaille, ni en qualité ni en quantité : dont elle recevra d'autant plus de contentement et honneur, qu'en l'un et en l'autre, meilleure preuve elle aura faict de sa providence. La bonne chère procède principalement du pain et du vin : car quel traictement pouvés-vous recevoir, quoi-que la table soit couverte d'autres bons alimens et viandes exquises, s'il y a défaut au pain et au vin ? De se pourvoir de pain chés le boulenger, c'est trencher par trop de l'homme de ville (8) : et puis que nous fournissons la matière au boulenger, pourquoi n'y adjousterons-nous la forme ? Pour à cela parvenir, la mesnagère de pays septentrional, pour le pain de la première table, en envoiera le blé au moulin au partir de la gerbe : de méridional, directement du grenier. Mais ce sera après l'avoir si bien faict nettoyer de toutes ordures, de nielle, de vesce, d'ivroie, de pierres, de gravois, de poussière, qu'il reste parfaictement net : sans laquelle curiosité, beau ne bon pain n'estant à espérer. Le blé de grenier, pour sa siccité, veut estre mouillé avant que moulu ; peine qu'on ne se donne pour le freschement battu : la raison en a esté rendue. Partant, cestui-là sera arrousé d'eau fresche, en le maniant de tous costés si bien, que tout s'en ressente, jusques au dernier grain. Une pinte d'eau suffira pour quatre boisseaux de froment, mesure de Paris, qu'on leur fera boire douze ou quinze heures devant que mettre le blé sous la meule, et ainsi humide, sera converti en farine (9). Puis qu'il s'agit ici plus de délicatesse que d'espargne, le meusnier sera avisé de ne briser beaucoup le blé, ains le moudra grossièrement, ne faisant presques que le concasser, à ce que, facilement, le son pur se despouille, se séparant de la farine. Le contraire se pratiquera au moudre du blé, du grossier ordinaire, c'est qu'il sera fort brisé sous la meule, afin que peu de son il reste, pour le profit de ce mesnage (10).

En cest endroit seroit à propos de parler des moulins à moudre les blés, du divers naturel des pierres dont les meules sont faictes, selon les pays, de leur artifice, à eau, à vent, à bras : ce que je réserve à plus de loisir, pour sur telle matière donner à nostre père-de-famille des pertinens avis, qu'utilement il pourra employer, estant posé en lieu, dont la commodité des eaux, proximité et abondance des habitans, favorisent ceste espèce de mesnage.

Jusques ici c'est l'esprit qui plus travaille que le corps : au contraire, d'ici en avant, c'est le corps qui plus travaille que l'esprit. Pour laquelle cause, à la plus robuste de ses servantes, donnera charge, la mère-de-famille, de boulenger son pain, le paistrir et parfaire, imitant tant que faire se pourra les boulengers, dont leur force d'homme, excellant celle de femme, les faict bien ouvrer en cest endroit. Venue que soit la farine du moulin, la servante la sassera, bluttera, et tamisera tant curieusement et bien, que séparé le pur son, deux parties de la farine en soient faictes ; la plus subtile pour le pain dont est question ; et l'autre, pour en faire du pain rousset, avec d'autre farine de seigle, comme sera dict. En cabinet chaud, sera la boulengerie, pour l'impossibilité de bien faire en lieu froid, la chaleur favorisant ce mesnage. Toutes sortes de blés, indifféremment, ne se gouvernent de mesme, leur donnant les terres et climats, diverses qualités, dont diversement aussi convient les manier. Voulans, plus ou moins, estre brisés au moulin, les uns que les autres : leurs farines aussi, plus ou moins les unes que les autres, avoir du levain, du sel, de l'eau, plus chaude ou plus froide, plus ou moins, la paste estre maniée et cuitte (11). Voire recognoist-on telles différences, non seulement de climat à autre, ains de ville en ville, tant Nature est abondante en propriétés : laquelle ne voulant estre contrainte, autre que général avis ne peut estre ici donné, qui est, de se laisser aller au courant de l'expérience. Suivant laquelle, la servante s'instruira du moyen qu'elle aura à tenir en ce mesnage : sur quoi s'estant une fois résolue, marchant asseurément, fera tous-jours bon pain, sans se tromper. Les eaux apparemment manifestent leur vertu au pain, n'estant possible faire bon pain, où l'eau ne favorise l'œuvre, quoi-que de blé le mieux choisi, et tiré du meilleur endroit de la contrée (12). C'est l'eau de Gonesse qui donne réputation au pain qu'on transporte de là à Paris, s'il en faut croire les paysans de ce village, où en grande assemblée, j'ai veu monsieur d'Esternai leur demander la cause de leur bon pain (13). Cependant, la servante donnera ordre à son four, pour le faire

faire eschauffer ainsi qu'il appartient, mesurant le temps, à ce qu'il se treuve prest quand-et la paste, et qu'icelle y estant mise à poinct nommé, le pain en sorte convenablement cuit, ne trop, ne peu, ainsi que chacun désire. Ce qui ne se peut faire, quand par faute de prévoyance, le four et le pain ne s'entre-accordent : lors advenant, ou que le pain est bruslé en sa superficie, la crouste havie empeschant l'intérieur de se cuire, ou que le pain ne se cuit presques rien, demeurant en paste (14).

Le four est très-considérable, pour la différence qu'il y a de four à four : n'estant possible en autre, que bien qualifié, d'aprester jamais pain de valeur, ne pour le goust, ne pour l'espargne. Lequel particulier mesnage, accouplé avec le moulin, je délibère représenter, pour si bien en choisir la matière, et en ordonner de la forme, que la mère-de-famille en aura contentement, tant pour l'appareil du pain, qu'espargne du bois (15).

Remarque des pains.

Touchant la diversité des pains, celui la recognoistra qui, voyageant par ce royaume, la voudra curieusement remarquer : causée, non tant par la propriété des blés, que par les humeurs et fantasies des peuples. J'ai monstré semblables variétés estre au maniement du vin, et combien peu de personnes s'accordent entièrement en tel mesnage. De mesme en est-il du pain, afin que facions marcher ensemble les deux plus nécessaires alimens à l'entretien de ceste vie. De telle curiosité, tirerons - nous quelque salutaire avis, pour nous en servir, si y voyons du jour, taschans continuellement d'apprendre quelque chose, pour le bien de nostre mesnage, sans

Au Livre III, chap. XXII.

toutes-fois nous esloigner de nos accoustumances, que par la guide de la raison.

De plusieurs sortes de pains se sert-on à Paris, aucunes faictes dans la ville par les boulengers jurés : autres és villages d'alentour, d'où il y est porté vendre à chacun marché. Le pain le plus délicat est celui qu'on appelle, pain molet, que les boulengers font par souffrance, n'estant permis par la police, à cause qu'il est de mauvais mesnage, s'y despendant trop. Il est communément petit et rond : est fort léger, spongieux, et savoureux, à cause du sel qu'on y met, qui le rend moins blanc qu'il ne seroit sans icelui ; aucun des autres pains, ni de la ville ni des champs, n'estant du tout rien salé. Le pain dict bourgeois, et celui nommé de chapitre, suivent le molet, n'estans différens par entr'eux, qu'en la figure, le bourgeois s'eslevant plus en rondeur que celui de chapitre, qui est plus pressé, plus plat : tous deux sont de matière fort blanche, fort pestris, du poids de seize onces, et du prix d'un sol, quand le sestier du blé froment, mesure de Paris, est à deux escus et demi, augmentant et diminuant le prix non le poids, à mesure de celui du blé. Le bis-blanc suit aprés ; il est un peu gris. Finalement le bis, qui estant de couleur plus obscure, est aussi de plus petit prix. Il s'en faict d'un sol et de six deniers la pièce ; comme aussi du bis-blanc, du bourgeois, et de celui de chapitre : mais c'est tous-jours sous le réglement du prix du blé, selon les diverses qualités du pain (16). Des villages voisins, diverses sortes de pain apporte-on en ladicte ville, dont le plus remarquable est celui de Gonesse. Il est fort blanc et délicat, ne cédant rien au molet, estant

De sorte de Paris.

mangé frès, mais de plus d'un jour n'est agréable. Ce pain varie en corps, s'en faisant de grands et de petits, de figure ronde-platte, où n'y a réglement aucun, non plus qu'au prix, qu'on tient haut et bas, selon qu'on treuve les achepteurs. De mesme est-il du pain des autres lieux, se diversifiant en corps, en figure, en couleur, en qualité, et en prix : y en ayant de grands, de petits, de ronds, de longs, de blancs, et de gris, pour servir à toutes sortes de personnes. Tous lesquels pains faicts par boulengers, qu'on nomme estrangers, sont dicts pain-chalan (hors-mis celui de Gonesse), qu'on vend à discrétion sans autre police, que des places, esquelles les gens de village les portent exposer en vente, où, sans confusion, toutes sortes de pain se voyent distinctement. Par aucunes particulières maisons de Paris, se faict aussi du pain, qu'on cuit, ou dans le logis mesme, ou chés les boulengers, à l'usage des autres villes de ce royaume. C'est du pain de mesnage, ainsi appellé, qu'on façonne à volonté, mais presques tous-jours tient-il le milieu entre le bis-blanc et le bis (17). Quant au pain des villageois d'alentour de Paris, laboureurs, vignerons, et autres manians la terre, il est communément faict de blé méteil, qui est composition de froment et seigle, dont la farine estant finement sassée, s'en façonne de bon pain pour le mettayer, sa femme et ses enfans, et un second, pour ses valets (18).

Ceci soit dict comme pour exemple : n'estant mon intention, non-plus que nécessaire, de représenter les particularités de ce mesnage, observées ès autres provinces. N'oublierons en cest endroit,

de recognoistre la providence céleste, en ce qu'elle a pourveu son peuple par tout où elle l'a logé, de ce tant nécessaire et exquis aliment de pain ; mais avec grande abondance, voire avec délicatesse, en toute l'estendue de ce royaume ; n'y ayant province où ne se mange du pain fort exquis. Il est vrai que selon que les contrées sont accommodées de blés, de mesme y est le pain, plus ou moins beau et bon, délicat ou grossier ; mais par tout, le peuple se nourrit et entretient très-bien du blé qui croist en sa terre, ou en celle de son voisinage ; Dieu ayant donné à chacun le contentement de sa naturelle nourriture (19).

Revenant à la servante de nostre mère-de-famille, après qu'elle aura tiré son pain du four, le laissera un peu esventer, comme pour un couple d'heures, et après le reposera en lieu tempéré de sécheresse et d'humidité, net en perfection, à preuve de rats, souris, et poussière, où se maintiendra très-bien, tendre et molet, deux ou trois jours, et tel là le treuvera la mère-de-famille, pour l'ordinaire, pourveu qu'elle en face cuire deux ou trois fois la sepmaine : par lequel ordre, mangerés tous-jours pain frès, délicat et sain, ainsi que raisonnablement le bon mesnager désire, aussi

> Pour l'homme qui est de séjour,
> Est ordonné le pain d'un jour.

Qui ne veut tant délicatement estre servi de pain, tant finement n'en fera-il sasser la farine : ains y allant retenu, en fera faire du pain de mesnage, non du tout bien blanc, ains un peu rousset, à quoi il treuvera quelque espargne : non toutes-fois telle, que le bon et aisé mesnager se doive priver du plaisir d'avoir

sa table tous-jours fournie du plus beau
et meilleur pain de sa terre : veu mesme
qu'en telle curiosité, rien ne se perd, ou
très-peu : d'autant que ce qui reste s'employe utilement és autres pains de la maison. Ceste affection-ci d'avoir beau pain
s'accouple avec celle des vins, louable
l'une et l'autre, estant le propre de tout
homme d'esprit, que d'estre exquisement
accommodé de ces deux alimens.

Outre le pain blanc de l'ordinaire, plusieurs autres pains, délicats et friands, se
font de la fine fleur de farine, seule et
meslingée, dont la mère-de-famille n'en
ignorera la façon, par telles gentillesses,
manifestant la gentillesse de son esprit,
où elle l'employera, et les mains avec,
digne ouvrage de toute honorable damoiselle, pour en parer sa table à la survenue des amis, pour les malades, pour les
enfans, pour opportunément en faire des
présens (20). Fougasses, brassadeaux,
tourtillons, biscuits, eschaudés, oublies,
cache-museaux, gasteaux, popelins,
gaufres, petits-chous, maccarons, etc.,
sont les plus communes viandes requises
en ce lieu, qu'on façonne diversement,
selon les matières qu'on a, desquelles la
principale est la farine, comme faisant
le gros de l'œuvre (21).

Le pain rousset vient après le blanc,
puis le bis, finalement celui des chiens,
faisant la quatriesme sorte, qu'on tire du
plus grossier des blés, et des reliefs des
farines des autres pains. Telle diversité
et multiplicité de sortes de pains, sont
nécessaires au mesnage, y avisant de
près, pour la différence des personnes de
la maison (bien-que cest usage ne soit indifféremment reçeu par tout) ausquelles
se treuvent, et de l'aisance et de l'es-

pargne, tout ce qu'on en peut souhaitter.
C'estoit l'antique façon de vivre de nos
premiers pères-grands, que de manger
du pain de leurs valets, communiquans
ensemble, leur nourriture, leur travail,
comme j'ai monstré ailleurs. Mais aujour-
d'hui, que ces actions-là sont distinguées,
et que le temps a faict passer en force de
chose jugée, la distinction des ordres ; la
raison veut, qu'aussi bien au traictement,
qu'aux habits et exercices, l'on recognoisse
la différence du maistre au valet, quand
mesme ce ne seroit qu'en évitant confusion, maintenir ceste divine police, de
commander et d'obéir. Ne faire que d'un
pain en la maison, est chose, ou trop
grossière ou trop despensière ; telle inégalité empeschant de marcher droict le
noble mesnage : n'estant non plus raisonnable, que le maistre se nourrisse du
pain du valet, que le valet de celui du
maistre. Considéré mesme, que rien ne
se perd, ains tout s'employe au mesnage, délicat et grossier ; sous telle distinction, que le bon est pour le valet, et
le meilleur pour le maistre. Et ce seroit
aussi autant se descevoir par brutale avarice, de faire tout l'ordinaire de la maison,
de pain grossier ; que par éventée prodigalité, de n'en faire que de délicat (22).

Le pain rousset est servi à la table du
seigneur, en potage, où il est agréable,
et encores profitable à la santé, tenant le
ventre lasche, selon les médecins. Il se
faict de pur méteil, composé de froment
et de seigle, y ad-joustant, si on veut,
quelque partie des restes de la farine du
pain blanc, comme a esté dict. Aussi
pour la mesme cause de la santé, faict-on
du pain bigarré de blanc et de gris, dont
les couleurs distinctes, se voyent par lit-

H h h h 2

tées à travers du pain, qu'on compose de paste blanche de froment, et de grise de seigle (23). Du seigle seul, se faict de fort bon pain, voire assés blanc, quand par le bénéfice de la terre, le seigle s'approprie à cela, comme se void en plusieurs lieux, et la farine en est subtilement sassée : mais retenant son naturel, demeure tousjours venteux de nourriture, dont il est rejetté de plusieurs, mesme de ceux qui ne l'ont accoustumé. Tel pain est propre pour gens de moyenne estoffe, qui communément abordent à la maison, avec espargne du blanc, qui n'est que pour personnes de qualité (24).

Du pain bis. Le bis, est pour le grossier de la famille et manœuvres, qu'on faict de l'annone, qui est composition de toutes sortes de grains. En pays du tout abondant en blés, le pain du commun ne se faict que de vrai meteil, voire du seul froment grossièrement passé. Mais où l'on est eschars en grains, soit ou pour le naturel de la terre, ou pour l'infertilité de la saison, l'on y employe toute sorte de grains, orges, millets, avoines, jusques aux légumes et fruicts des arbres, mesme le gland, quand la pauvreté et famine pressent (25). Il a esté dict n'aguières combien est requis pour ce pain-ci, d'avoir la farine assaisonnée ; d'autre farine, donques, que gardée quelque temps, n'employera-on en cest endroit, au contraire de celle du pain blanc, qui veut estre freschement pestrie. En suite, d'autre pain l'on *Le pain du mesnage sera mangé dur, non jamais tendre.* ne mangera au grossier mesnage qu'affermi, par la garde de quelque sepmaine. Ainsi le pain filera longuement pour le bien de la maison. Quant à l'ordre de *Comment façonné.* pestrir et parfaire ce pain-ci, la farine sassée, et d'icelle retiré le plus grossier

pour le pain des chiens, et en donner de la farine aux pourceaux, et du son à la poulaille, sera mise en levain à telle heure du jour, qu'elle soit preste à pestrir à l'après-soupée ; par telle élection donnant loisir aux serviteurs (sans destrac de leur journée) d'aider à la servante à ce mesnage : auquel de tant meilleure volonté ils s'employeront, que meilleur pain ils espéreront de manger, en bien remuant la paste, comme de là provenant le bon appareil du pain. De mesme, comme le pain blanc, à poinct nommé sera le four commodément eschauffé, afin qu'à propos, cestui-ci y estant mis pour cuire, il en sorte bien apresté : et qu'après l'avoir esventé quelques heures, il soit serré en son grenier, nettement et seurement, jusques au besoin, d'où il sera retiré à mesure qu'on l'employera pour la nourriture des serviteurs et manœuvres, et pour anmosnes aux pauvres. La charge du four sera donnée *Un serviteur nommé, aura la charge du bois pour le four.* à un serviteur de la maison, lequel nommément à ce destiné, sans s'en fier à ses compaignons, aura soin de le garnir de bois, dès aussi tost que le pain en sera sorti, afin qu'encores chaud de la précédente cuisson, et là dessus très bien fermé, le bois s'y achève de dessécher et préparer, pour le profit du pain, qui en suite y sera cuit. Ce sera aussi tel serviteur, qui aidera à la chambrière à enfourner le pain, si seule, pour son imbécillité, elle ne peut satisfaire à tant de fatigue. Cela s'entend pour le grand four du pain de mesnage, car pour le petit du pain blanc, le serviteur ne s'en meslera aucunement : attendu que, pour son facile maniement, la chambrière, sans nulle aide, le conduira avec peu de peine,

Reste pour fin de la préparation de nostre pain, à se résouldre de son corps, c'est à dire, de quelle grandeur ou petitesse l'on le doit faire, pour le bien de ce mesnage, article moins curieux que nécessaire. Jusques ici j'ai esté religieux observateur de la coustume, et en ai dict les causes. Maintenant mon avis est, que autres ne mesnagent bien le pain, que ceux qui le font petit ; et ma raison, que le petit pain est fort aisé à dispenser, car estant mesuré au repas d'un homme, autant de pains seront mis sur la table, qu'il y aura des hommes au repas, et par dessus, quelques-uns davantage, pour supléer aux défauts qu'y pourroient estre. Ce que tant justement ne se peut faire du grand, ains y allant incertainement, l'on en donne presques tous-jours trop, ou peu. Joinct, que c'est peine, que de coupper le grand pain, qui est suivie de la perte des miettes qui en chéent en le couppant. Et ce coupper aussi, faict esventer le pain, quand estant entamé, la trenche en demeure exposée à l'aer et à la poussière. Ceste incommodité s'y adjouste, que pour l'usage, l'on est contraint manier souvent le grand pain, et par conséquent est moins net, que celui qui se manie peu. Avantage qui est au petit pain, lequel, du four est porté directement au grenier, et du grenier à la table. Les raisons contraires sont, que le petit pain, est plus dangereux de se perdre, que le grand, le portant et rapportant du four, pour son grand nombre, difficile à tenir conte, suject à mesme conte, et, qu'il se dessèche plustost que le grand. A quoi est respondu, que l'œil et la clef de la mère-de-famille, arresteront la perte. Quant au dessécher, ce n'est chose qu'on

craigne, veu que c'est mesnage, de faire manger le pain affermi, non jamais frès. Si on allègue la coustume, la replique sera, qu'il n'y a pas moindre gloire de rompre la mauvaise coustume, que de garder la bonne. Que c'est notoire espargne, que de dresser estat de la despence journalière du pain, et là se tenir : ce que beaucoup plus facile en est la pratique, en se servant du petit, que du grand pain, revenant au soulagement de la mère-de-famille : mesme estant question d'envoyer aux champs en divers lieux, les gousters de ses mercenaires, à diverses personnes, laboureurs, vignerons, pasteurs, vachers, etc. Estant aussi considérable la netteté, qui finira ce discours (26).

Voilà touchant au pain. Quant au vin, bien-que suivant le proverbe, une fois l'année l'on s'appreste à boire, comme a esté dict ailleurs, et qu'en vendanges il ait esté pourveu à toutes sortes de vins : si est-ce, que de jour à autre, l'on en diversifie et change, faisant des boissons particulières pour les banquets, pour les malades, et pour autres occasions. D'aucunes desquelles, nous discourrons en cest endroit, afin que nostre père-de-famille ayant chés soi tout ce dont il pourroit avoir besoin, ne soit en peine d'envoyer à la ville cercher telles délicatesses.

L'hypocras est la boisson la plus cognue de celles dont nous entendons parler, beaucoup prisée, pour sa valeur. Ainsi est-il composé : Dans trois chopines, mesure de Paris, du plus exquis vin qu'aurés, blanc ou clairet, seront infusées, une once de fine canelle, bien choisie, mise en poudre, une livre de succre fin, concassé, avec un peu de gingembre pulvérisé, et ce pour sept ou huict heures, reposans toutes ces choses dans un vaisseau bien net et bien fermé. Après, sera le tout passé par la chausse, et coulé sept ou huict fois, pour en retirer tous les esprits. Finalement, l'hypocras parfaict par ce moyen, sera serré dans des bouteilles bien estouppées, de peur de l'esvent, attendant l'usage.

Autre hypocras. Prenés une once et demie fine canelle, demie once racine d'iris de Florence, une dragme graine-de-paradis, autant de gingembre, le tout mis en poudre : une livre demi-quart sucre fin concassé. Ces choses seront infusées dans le vin, comme dessus et avec icelui de mesme passées par la chausse ; y ad-joustant lors, cinq ou six amandes douces, concassées, ou un peu de laict de vache, pour clarifier l'hypocras, et le conserver longuement en bonté, sans s'esventer ni sentir le vase (27).

Pour donner au bon vin le goust de l'hypocras, à l'instant qu'on se veut mettre à table, faut y mesler un peu de l'eau à ce destinée ; la gardant, pour tel service, dans une phiole de verre bien fermée. Ainsi est préparée telle eau. Prenés deux onces fine canelle, demie once gingembre, une dragme girofle, demie dragme muscade, une dragme et demie poivre, autant de graine - de - paradis ; le tout pulvérisé, sera jetté dans deux chopines d'eau de vie, plusieurs fois distillée, pour la rendre plus exquise ; icelle eau estant dans une phiole de verre bouchée, pour y demeurer quatre ou cinq jours : chacun agitant ce meslinge, trois ou quatre fois, pour en laisser la substance dans l'eau ; laquelle, au bout dudit temps,

sera passée à travers d'un linge blanc : après serrée et employée comme dessus. A la charge d'ad-jouster lors au vin, du sucre en poudre, la quantité qu'on voudra.

L'hypocras sera suivi de la malvoisie, *Malvoisie.* non de celle de Candie, mais de l'artificiele : non faicte avec des raisins, mais avec du miel, tant l'homme abonde en inventions. Prenés du bon miel de Narbonne, la quantité que voudrés, enfermés-le dans un vaisseau de terre vitrée, bien bouché, sans respirer, et le faictes longuement bouillir dans l'eau ou bain-de-marie, jusqu'à ce que cuit, devienne comme huile ayant bon goust. Après, mettés de l'eau de rivière ou de cisterne, dans un chauderon estamé, marquant avec un baston, la hauteur de l'eau, dont le chauderon n'en sera rempli : et sur icelle ad-joustés-y la moitié moins du miel préparé comme dessus, le meslant curieusement avec l'eau, à force de battre et agiter, avec un baston, afin que le miel se dissolve : ce faict, le tout bouillira à petit feu (l'escumant au besoin, pour le descharger de saleté), jusques à la consomption de la marque qu'aurés prinse au baston. Ce faict, le laisserés reposer ; estant tiede, le remuerés dans un tonneau à vin, auquel aura eu au-paravant quelque bon vin et exquis, comme blanc, musquat ou autre : puis sur trente pintes de la susdicte composition, mettrés une pinte de jus de houblon, ou de celui des racines et fueilles d'orvale ou toute-bonne, et une pinte de fine eau de vie, dans laquelle aurés mis du sel de tartre, et le quart d'une pinte de lie de bière, pour donner force à la malvoisie : laquelle par la vertu de ces choses, boult aussi fort, que si elle estoit mise sur le feu, en quel temps que ce soit. Le vaisseau où séjournera ceste malvoisie sera exposé au soleil quelque temps ; à la charge de le tenir bien bouché, et tousjours plein : ce qu'on fera, en le avilant souvent avec de l'hydromel, qu'à ce expressément aurés préparé. Au bout de trois mois la malvoisie aura attaint le poinct de sa parfaicte bonté, en laquelle se maintiendra fort longuement, sans se corrompre jamais (28).

Autre malvoisie est faicte, non avec du miel, ains avec des raisins au temps de vendanges, en ceste manière. Le moust des plus exquis raisins croissans en pays sec exposé au soleil, cueillis bien meurs, et après emmatis au soleil, sept ou huict jours, sera bouilli à feu médiocre, jusqu'à la consomption de la sixiesme ou huictiesme partie, plus ou moins, selon la force que désirés en la malvoisie, l'escumant curieusement. Puis sera entonné, en y ad-joustant une chopine d'eau de vie avec sel de tartre (comme dessus), laquelle eau se taindra en rouge par la tartre, dont la malvoisie s'en colorant, se rendra plaisante à la veue. Telle mesure d'eau de vie suffira pour deux barraux de moust, mesure d'Avignon. Si désirés telle boisson avoir goust de musquat, mettés-y de la fleur de sureau : ou la voulant d'autre saveur, des racines, fueilles et fleurs de toute-bonne appliquées en sachets, comme a esté dict ailleurs.

J'ai aussi parlé de l'hydromel : néantmoins, en dirai-je encores ce mot, qu'estant l'hydromel faict de huict pintes d'eau, et une de bon miel, bouilli à la consomption de la moitié, y ad-joustant à la fin une once d'eau de vie, se rendra excellent, et de longue garde, sans se corrompre, l'espace de dix à dix douze ans.

Vinaigre.

Je ne m'esloignerai non plus beaucoup de mon discours, mettant ici un excellent vinaigre. Prenés des raisins secs ou passerilles, des meilleures ; ostés-en les pepins, et les faictes bouillir dans du bon vinaigre rozat, jusques à ce que les raisins s'ouvrent et crèvent. Lors passerés le vinaigre à travers d'un linge blanc, exprimant la substance des raisins : le logerés dans des phioles bien bouchées. Ce vinaigre est accompaigné de douceur agréable, est fort sain, sans offencer l'estomac : duquel mettant quelque peu sur autres vinaigres, leur bonté en sera augmentée selon la quantité ad-joustée (29).

Pour l'usage des vins communs, est nécessaire d'en dresser si bien l'ordinaire, qu'il puisse durer : à ce qu'on ne soit contraint, par faute de prévoyance, d'en envoyer achepter au bout de l'année. Les bouteilles et flacons seront mesurés à la despence de chacun repas, à ce que justement ils contiennent ce dont l'on a besoin, bien peu davantage, estant beaucoup meilleur les tenir un peu plus grandelets, que trop petits, et par ce moyen, qu'il reste quelque peu de vin, que d'en avoir faute. Car défaillant le vin au bout du repas, on n'en reva quérir pour suppléer à tel défaut, que trop, et ce trop, ne retourne jamais à la cave, ains se perd : et telle perte, bien-que petite à chacun repas, au bout de l'année se trenve grande, consumant, sans nécessité, plusieurs tonneaux de vin ; lesquels espargnés, opportunément s'employeront l'année subséquente, dont le mesnage se maintiendra avec honneur et pro-

Ceci est à considérer.

Du perser des vins.

fit. Perser les vins au milieu du tonneau, est bon et subtil mesnage, parce que mettant la canelle, fontaine, ou robinet en tel endroit premièrement, et après, au bout de quelque temps, au pied du tonneau, semble que ce soient de divers vins, dont celui venant le dernier, ne sent presques jamais la longue traicte. Nonobstant telle commodité, ne buvés vos vins jusques à la derniére goutte, non tant pour le regard du goust, qui en d'aucuns vins est tous-jours un, sans s'empirer (mesme en ceux logés à la *Livre III,* maniére que j'ai monstrée, peu exceptés), *chap. VI.* ains pour la santé, n'estant jamais tant *Comment* salutaire le vin bas, que l'autre. Mais *employer les* laisserés tel vin pour les valets, qu'ayant *vins bas.* faict tirer de-là, puis jetter sur le tonneau du vin rapé pour l'alongement d'icelui, fera filer telle boisson toute l'année: qui servira aussi pour les survenans en la maison, gens de petite estoffe, comme a esté dict. Par tel ordre, serés noblement et sainement servi de vin, et avec autant d'espargne que le sçauriés désirer, s'employant tout sans nulle perte. Et avec telle raisonnable distinction, que comme en tous les biens que Dieu nous donne, il y a bon et meilleur, cestui-ci sera pour vostre table, et ces-*Les mus-* tui-là, pour vostre grossière famille. De *quats, etc.* l'usage des musquats, des vins cuits, vins violets, autre chose ne s'en peut dire, que les laisser à l'arbitre des père et mère-de-famille, qui, pour l'ordinaire de leur table, pour la survenue des amis, pour les présens aux voisins, prudemment les *Traict de* distribueront. Et par ce que de telles dé-*mesnage.* licates boissons, le mesnage ne s'advance ne recule, ains ce sont comme choses supernuméraires données au despendre,

ne sera que bien à propos, selon les occurrences, d'en faire boire quelques-fois un peu aux mercenaires, comme le dimanche matin, pour les regaillardir, à ce que, par telles libéralités, ils en ouvrent de meilleure volonté. Sur-tout, à ceux qui sont les plus utiles et principaux officiers de la maison; mesme aux maçons, charpentiers, et autres extraordinaires personnes, qu'il convient caresser pour le bien de leurs ouvrages.

L'eau rend de doubteuse garde les vins, *Du temps* dans lesquels elle est mise: dont avient que moins se conservent les trempés, ou vins de despence, que les vins purs, et plus ceux des trempés, qui le moins ont de l'eau. C'est pourquoi, les trempés premièrement faicts, sont ceux qu'on réserve pour faire boire les derniers; attendu que moins d'eau ils ont que les autres, emportans quand-et-eux de la substance du vin, plus que ceux qui viennent en suite. Et les derniers sortans de la cuve, au contraire, sont destinés à estre beus les premiers, à cause de l'abondance d'eau dont ils sont composés, ne souffrans la longue garde. Demeurans pour la moyenne saison, ceux de l'entre-deux, comme moyennement trempés. Ces trempés, donques, ou vins de despence, seront employés selon leur ordre: mais aucun d'iceux, non devant que le dernier trempé estant dans la cuve, soit fini, lequel, pour le bien de ce mesnage, l'on tasche de faire longuement durer, comme il a esté dict au traité des *Livre I,* vins. Ainsi, tard entamer vos trempés *chap. II.* entonnelés, tard seront-ils achevés, longuement fournissant de boisson vostre grossière famille.

Après que tous vos trempés auront dé-*Quels e-* failli,

failli, comme en un grand mesnage, cela avient communément vers le mois de Mai, ou de Juin, plustost ou plustard, selon les pays, conviendra, pour la boisson du commun, employer du pur et bon vin. Lors d'entre tous les vins de vostre cave, les plus couverts et hauts en couleur seront choisis comme à ce mesnage les plus propres (rejettés les blancs et clairets) y comprenant les vins pressés dès les vendanges : lesquels l'on trempera raisonnablement selon le temps et les gens ausquels l'on a affaire. Car les faucheurs, moissonneurs, et autres estrangers, ne requièrent boire le vin tant trempé que les domestiques, tant pour le naturel de leurs ouvrages, que pour leur yvrongnerie, s'essayans lors de faire grand-chère, qu'ils recognoissent leur travail estre recerché, pour la nécessité de la récolte. A telles gens, donques, l'on donnera le vin moyennement trempé ; et aux domestiques, un peu plus d'eau fera-on boire, laquelle l'on mettra dans le tonneau du vin destiné pour leur ordinaire, chacune sepmaine telle quantité mesurée, dont vous-vous serés résolus. Ainsi en espargnant la peine de tremper le vin à chacun repas, seront de mesme cueillis les fruicts de la semence du bon ordre : lequel continuant en cest endroit, et ès autres distributions de vivres, continuera de mesme en la maison, l'abondance de tous biens, sous la bénédiction de Dieu (30).

 Le temps d'entamer les vins ne se doit préfiger, comme chose non nécessaire : ce sera le besoin qui en ordonnera, avec la volonté, à laquelle sera laissée aussi la façon de perser les tonneaux pour en tirer le vin ; comment y mettre l'espine ou la guille : en France appellée, *focet*, et l'instrument avec lequel l'on perse le tonneau, *guimbelet*, la canelle, fontaine, boëte, ou robinet, ni de quelle matière soit-elle, de leton ou de bois, chacun ayant en ce mesnage, des particulières observations. Aucuns, a perser leurs tonneaux observent les lunes et les vents, croyans les vins ne sentir la longue traicte, qui auront esté entamés en décours et soufflant le vent septentrional. D'autres se gardent des jours du mercredi et vendredi, pour perser leurs tonneaux, avec plus de vaine curiosité qu'il n'appartient à la simplicité du mesnage. Mais avec plus de raison, remarque-on divers gousts au vin d'un mesme tonneau : donnant, suivant l'antique opinion d'*Hésiode*, la plus solide partie du vin et la plus agréable, à celle séjournant au milieu du tonneau, comme on tient de l'huile le meilleur estre au dessus, et du miel au fons du vaisseau. Par telle dextérité, selon les appétits, peut-on tirer diversement du vin d'un mesme tonneau, en y mettant la canelle à deux fois, ainsi que j'ai dict naguères.

C'est, voirement, de la charge du maistre, que le gouvernement des vins, principalement, par ce qu'il est homme, aimans les hommes telle liqueur, tousjours mieux que les femmes. Pour laquelle cause la mère-de-famille se soucie plus des trempés que le père-de-famille, qui volontiers lui en laisse la disposition. Néantmoins, la conduicte de la cave n'est tellement distincte, qu'elle ne fournisse du souci à l'un et à l'autre. Se voyant clairement que quand la souveraineté de la cave est laissée aux serviteurs et servantes, tout va mal. Car, et les vins s'es-

ventent, et se poussent, par faute d'en
estre leurs tonneaux tenus curieusement
nets et fermés ; et trop tost défaillent-ils,
par les avoir prodigalisés, sans penser à
l'avenir. Les tonneaux se perdent de
moisisseure, chansisseure, puanteur,
par faute de les fermer, ouvrir, hausser, baisser, d'en retirer leurs bois, afin
qu'il ne s'esgare, et autrement les conduire selon la nécessité de ce mesnage ;
qui aussi requiert un soin continuel à
tenir ouvertes ou fermées les fenestres et
souspiraux de la cave, selon les occurrences, et tous-jours le parterre nettement, sans souffrir aucune humidité, saleté, ne senteurs contraires aux vins, y
séjourner. A tous lesquels défauts, les
père et mère-de-famille pourvoirront,
par leur seul regard, en se pourmenans :
avec délectation, se conservans l'honneur deu à ceux qui conduisent bien leur
maison ; dont la bonté du vin en porte loin
la louange, quand libéralement, le père
et la mère-de-famille, donnent de leur
vin, non seulement aux amis de leur voisinage, ains aux honorables personnes estrangères, passans près de chez eux (31).

CHAIR.   Comme la nourriture du bestail suit
la culture de la vigne, aussi la fourniture
du charnier vient après celle de la cave ;
ainsi avons-nous divisé les choses de nostre
mesnage. Suivant lequel ordre, sera
faicte la provision des chairs ; très-considérable, pour le besoin que la famille a
de telle victuaille : laquelle suivant, pied
à pied, le pain et le vin, est tenue en
troisiesme reng des alimens. Voici donc
la récolte de nostre bestail, lequel après
avoir engraissé, convient manger : but
de la fatigue de sa nourriture. De celui
qui se mange frès n'est ici question de
parler, ce sera seulement du destiné à la
provision de toute l'année, lequel ayant
serré et salé au charnier, sa chair y est
prinse selon le besoin. Il eschoit en ceste
partie de mesnage de la dextérité, pour
choisir les bonnes chairs gardables, et
les accommoder ainsi qu'il appartient ;
afin d'avoir abondance de bonne viande
et de durée. Les pourceaux, les chèvres,
les beufs, les vaches, les oyes, sont les
bestes qui fournissent nostre charnier ;
les moutons et les brebis ne se mangeans
salées, que par contrainte. Ces bestes
sont grasses et prestes à tuer, presqués
toutes en mesme temps, assavoir, en
hyver, aussi c'est lors la saison de les
saler pour la conservation de leurs chairs,
le froid favorisant ce mesnage : au contraire du chaud, qui ne souffre à la chair
de prendre le sel (32).

Chèvre.   De toutes lesquelles bestes, les premières serrées sont les chèvres (y comprenant les boucs chastrés) tant par estre
en leur embon-poinct, au commencement
de l'automne, que pour profiter leurs
De leurs peaux.   peaux : lesquelles faisans partie du liquide revenu de ce bestail, convient les
prendre devant l'arrivée des gelées de
l'hyver, de peur de les perdre, ou du
moins de les rendre de petit prix. Car il
est certain, qu'encores que les chèvres
ne sentent la rigueur des froidures, con-
chans à couvert en estables chaudes, qu'à
la seule venue des gelées, voire à leur
seul approche, leurs peaux deschéent
beaucoup de bonté, demeurans foibles
Quand tuer les chèvres et en saler leurs chairs.   et minces. Pour laquelle perte éviter,
joinct aussi que lors les chèvres sont suf-
fisamment grasses, l'on les tue dès l'arrivée du mois d'Octobre. Aussi tost sont-
elles mises en pièces, et en suite la chair

en est salée, sans lui donner loisir de se refroidir, afin de tant mieux prendre sel, que plus chaude elle sera. Car, au contraire du temps, dont le plus chaud est le moins propre pour les saleures, plus commodément les chairs s'apprestent au sel, que plustost après les bestes en estre tuées, on les sale. Les graisses mettra-on à part pour faire des chandelles, plus belles et meilleures estans de telle graisse, que de nulle autre. Utilement pour les chandelles l'on la mesle avec celle des beufs et des vaches, voire des moutons et brebis, quand il s'accorde en avoir de telles assemblées. Aussi sert la graisse de la chèvre en plusieurs médecines : aux ciments, avec mesme celle du bouc chastré, à faire l'exquis ciment pour les fontaines, comme j'ai monstré (33).

Puis l'on estendra les peaux de ces bestes en lieu sec et esventé, non au soleil, hors les griffes et dents des chiens, chats et rats, afin de les préserver entières, en attendant, ou leur vente, ou de les envoyer au conroyeur pour l'emploi aux habits de la famille, comme sera monstré. Et à ce que telles peaux soyent et plus vendables et plus serviables, curieusement on les estendra, en y mettant des petits bastons pour les eslargir et tenir ouvertes, en se séchans, sans se pouvoir retirer, dont demeureront larges et de belle monstre. Si pour faire servir ces peaux au charroi des huiles, comme dans tels vaisseaux on les transporte du Languedoc et de la Provence par tout ce royaume et voisinage, et en d'aucunes provinces à porter aussi des vins, d'une façon particulière, convient ouvrer en cest endroit : car estant nécessaire pour ce service-ci, les peaux estre entières,

l'on escorchera ces bestes, à la manière des connins ; c'est assavoir, renversant la peau par le col : ainsi se façonnans les oultres dont est question en cest endroit. La chair des chèvres, pour leur grossesse, faict qu'elle n'est recerchée que pour les valets et manœuvres, hors-mis de certaines pièces, qui se treuvent appétissantes quand les bestes sont de haute graisse. Mais encores sont-elles pour ceux qui les aiment, estant tousjours telle viande de mauvaise nourriture. En certaines provinces de ce royaume, tels animaux sont en réputation pour le profit qu'ils causent au mesnage, comme a esté représenté en son lieu, à quoi s'ad-jouste le service qu'ils font de leurs peaux, mesme de celles qu'on convertit en oultres sus-mentionnés, pour lequel en Provence et Languedoc, pays abondans en huiles, la nourriture des chèvres est soufferte, non-obstant les grands dégasts qu'elles font des oliviers (arbres portans l'huile), y pouvans attaindre. Lequel mal, est prévenu par la diligence des habitans avec la mesme dextérité, qu'ils taschent se conserver la précieuse liqueur de l'huile, avec le moyen de le transporter ailleurs pour la débite.

Les pourceaux suivent après. Les plus gras seront les premiers despeschés, pour donner loisir aux autres de s'apprester, à ce que prins chacun en son poinct, et à divers temps, leur tuerie filant longuement, donne moyen de profiter leurs despouilles et menuisailles, fournissans de la mangeaille au mesnage durant tout l'hyver. Estans esgorgés, l'on les pelle, mais par divers ordres. Aucuns dans l'eau bouillante et par elle. Autres, par la flamme, à telle cause allumans de la paille, ou semblable légère matière, à l'entour du pourceau mort, duquel ils bruslent les soyes ou poils. L'un et l'autre de tels moyens est bon, toutes-fois produisons divers effects. L'eau rend la chair plus blanche que la flamme, et la flamme plus ferme et savoureuse que l'eau. L'on choisira de tels moyens, ou bien l'on employera tous les deux, mesnageant le loisir qu'en donne l'intervalle des temps d'entre les diverses tueries des pourceaux, pour tant mieux s'accommoder de ces chairs. Les pourceaux estans pellés sont mis en pièces : le sang est converti en boudins : partie des entrailles et de la chair, en andouilles et saucisses : les jambes, les aureilles, les langues, les eschinées, jusques aux moindres extrémités et particules, tout s'employe, rien ne se perd. Le lard, qui est le principal, est salé pour estre conservé toute l'année au charnier, les mennisailles aussi. Pour ce faire, l'on estend le lard sur le lardier ou saloir (qui est une grande et large table, ayant des bords autour, assise sur des estandis, pendante d'un costé, pour vuider la saumeure dans un vaze sur les andouilles), là on le frotte à tout les mains avec du sel menu un peu chaud, si bien et si curieusement, que toutes les parties du lard s'en ressentent, sans en oublier aucune (34). De mesme sont salées les eschinées, les aureilles, testes, langues, jambons, qu'on arrenge dessus et à l'entour du lard. Par dessus ce premier lard, un second y est mis, puis un troisiesme, après un quatriesme, jusques à huict ou dix, ou plus, les uns sur les autres, chacun avec ses mennisailles. De tous lesquels, ainsi emmoncelés, s'en compose une pile, où les lards s'apprestent très-bien, s'entre-

donnans le sel les uns les autres, quand estans remués l'on leur change de place, mettant en haut celui qui estoit au plus bas lieu, et au contraire en cest endroit, le logé au dessus des autres. Tout-d'une-main l'on les rafreschit de quelque peu de nouveau sel qu'on leur donne, les en refrotans par tout, principalement ès endroits suspects et les plus dangereux à se corrompre ; sans laquelle curiosité, ne se pourroit faire saleure de valeur. Telle revisite se réitérera de huict en huict jours, et jusques à ce que verrés vos lards transluire, manifestans par là estre remplis de sel, et en suite leur conservation asseurée.

Lors seront les lards levés du saloir, et sur icelui rudement battus avec un baston, pour leur faire lascher le sel restant, qui ne sera voulu entrer dedans : de mesme sera fait des eschinées, jambons, et autres mennisailles, et le tout après porté pendre aux rasteliers du charnier, pour s'y esventer et reposer, attendant leur extreme service. Sans hazard aucun est faicte ceste saleure, puis que le naturel de la chair de pourceau est de ne prendre du sel plus que de son besoin, refusant le reste (au contraire de celle du beuf, qui en succe tant qu'on lui en baille) ; par quoi, l'on n'espargnera le sel en cest endroit, ains de peur de faillir, l'on y en employera largement, en espérance d'en retirer le superflu et non-nécessaire à la fin de l'œuvre, lors le retrouvant entier au fons du saloir.

Les graisses du pourceau se conservent bonnes et blanches, toute l'année, pour servir de provision à l'appareil de plusieurs viandes et autres choses de mesnage, comme à l'engraissement des charrues, charretes, moulins, souliers, cuirs, à diverses maladies, pour hommes et bestes. Aussi sert telle graisse aux tondeurs à draps de laine, ausquels la mesnagère en vend de son espargne. Après avoir réservé de la graisse du pourceau, ce dont l'on désire faire du sain, et icelui mis dans un petit vaze à ce approprié, et tout-d'une-main salé comme il appartient, pour le maintenir sans se corrompre, le reste est haché menu : puis mis fondre dans la poisle à frire, sur feu clair, dont en pressant avec la cueiller persée, l'on retire de graisse tant que l'on peut, laquelle suffisamment cuitte, ce que l'on recognoist à sa couleur, claire et blonde, on jette dans des pots de terre vitrés, y ad-joustant du sel menu, pour la conserver sans corruption, où se gelant et affermissant, demeure blanche et bonne toute l'année (35). Aucuns, pour la commodité qu'ils ont de paissons et glandées, ne se contentent de la graisse prinse simplement à chacun pourceau, ains destinent des pourceaux entiers pour servir de graisse, c'est à dire, de tout le gras qu'ils y treuvent, le maigre en estant séparé, et après mis en pièces dans la saumeure y est prins durant l'année pour l'ordinaire usage. Pour tant mieux satisfaire à ce service, le pourceau est choisi gras, et l'ayant saigné, est escorché comme un mouton, la graisse retirée, est cuitte et préparée comme dessus : la peau est envoyée au courroyeur, pour, accoustrée, servir à faire des grands cribles pour nettoyer les blés, ou à couvrir des coffres à bahu, en l'un et en l'autre service estant très-propre, selon que diversement elle est préparée.

En reng avec le grenier et la cave, sera

mis le charnier, estant commun le désir de la bonne conservation des chairs salées, avec celles des blés et vins. Mais plus rare est, néantmoins, le rencontre du bon charnier, que du bon grenier et de la bonne cave, s'en treuvant peu où les chairs de pourceau, mesme les lards, ne s'enrancissent et enjaunissent, par conséquent se rendans de mauvaise saveur, de telle sorte, qu'on ne sçait presques quel quartier de la maison donner au charnier pour le bien asseoir, tant cest article est difficile. L'humidité contrarie à ce mesnage, la sécheresse aussi, l'esventer et le non-esventer, de mesme, quand telles qualités, tant soit peu, sont désordonnées. Aucuns charniers se voyent assis au bas de la maison, autres au haut, où indifféremment les chairs se conservent bien, mieux toutes-fois en bas qu'en haut, souffrans les chairs plus passablement l'humidité, que la sécheresse, De telles diversités, serons-nous instruits, de poser le charnier en lieu modéré de sécheresse et d'humidité, plus frès que chaud, ayant des petites ouvertures de l'orient à l'occident, les ouvrant et fermant, pour donner aer, selon les occurrences ; le septentrion et le midi estans trop violents pour ce mesnage. Et comme la mesnagère, par dessus ses autres meubles, recerche curieusement la bonne poisle à frire, et la bonne lampe, pour éviter la perte de l'inutile consommation de graisses, de beurres, et d'huiles qu'elles causent, estans mal-qualifiées : ainsi, avec beaucoup de raison, pour la conservation de ses chairs, tasche-elle à s'accommoder de charniers du tout à cela propres : d'où sortans bien apprestées, aucune partie de ses provisions ne se perd, ains toutes s'employent en son mesnage (36).

Quelque diligence qu'on mette à saler les chairs de pourceau, si leur reste-il tous-jours quelque humidité naturelle dedans, leur causant mauvais appareil, dont elles s'enrancissent et rendent desagréables : mesme tant plus humide en est la saison, et tant plus mal qualifié est le charnier auquel l'on les repose. Le moyen de prévenir telle perte, est d'achever de préparer les lards à la fumée, à laquelle l'on les exposera pour huict ou dix jours ; qui desséchant l'humidité restante et nuisible des lards, les laissera francs de la crainte de se corrompre par-après, pour (en quelque lieu que les gardiés) se maintenir bons plusieurs années : de mesme feriés des jambons ; n'espargnant si peu de peine, si avés la commodité de lieu pour faire fumer telles chairs, où gist la difficulté de l'appareil. En pays abondant en chastaignes, cela est facile, car sans particulier soin, les lards et les jambons sont pendus près des chastaignes, lors qu'on les dessèche à la fumée pour les blanchir, afin de les rendre de longue conservation (37).

Ceste façon de mesnager la saleure des pourceaux, n'est généralement receue par tout, non tant pour la diversité des climats, que des divers avis des personnes, pouvant un chacun, comme bon lui semble, tuer, espiecer, saler, et autrement gouverner ses pourceaux, sans distinction des lieux ; en ce mesnage n'y ayant autre subjection que du temps. C'est pourquoi, outre la manière sus-escripte (qui est la plus receue en Languedoc et environs) en plusieurs quartiers de la France et ailleurs, les chairs des pourceaux sont salées en menues pièces dans des cuvettes ou grands barils, et là gardées toute l'année, y estans prinses de jour à autre, selon le besoin de l'usage : où la chair se conserve, bonne et belle, pourveu qu'elle trempe tous-jours dans la saumeure, et qu'icelle saumeure, de peur de la corrompre, ne soit jamais touchée, ni avec la main, ni avec le fer, ni avec le leton, ni cuivre ; ains pour en tirer la chair salée, l'on se serve de crochets de bois ou d'argent, non d'autre matière, icelles seules estans propres à ce service. Moyennant laquelle observation, aurés contentement de ce mesnage (38). Et à ce que rien ne se perde, sont employées en cest endroit, les restes des sels du lardier, bien-que mal nettes et estimées de peu de valeur ; mais c'est après les avoir préparées en ceste manière. L'on les faict bouillir dans de l'eau de fontaine ou de rivière, en un grand chauderon, sur feu de flamme (les escumant tous-jours pour les descharger d'ordure), jusques à ce que la saumeure devient claire, comme huile, et qu'elle porte l'œuf en coque, crud, qui est preuve asseurée de sa force et suffisance à conserver les chairs. Lors ostée du feu, est mise refroidir dans vaisseau de bois à large gueule : après sont jettées dedans, les pièces de pourceau, où se saleront très-bien, et de mesme s'y conserveront toute l'année ; pourveu, qu'avec les observations susdictes, l'on s'abstienne d'en tirer aucune pièce qu'avec le crochet de bois ou d'argent, de peur d'en corrompre et saumeure et chair. Au bout de trois ou quatre jours, visiterés vostre saumeure, afin de la remettre sur le feu, cas estant qu'y voyés aucune moisisseure au dessus, car

par l'humidité de la chair, la saumeure
se descuit : à quoi ne prenant curieusement garde, c'est quelque-fois à la totale ruine de ce mesnage, icelle se prévenant par fréquente visite ; et s'asseure
la conservation de la saumeure (par conséquent de la chair), l'ayant remise sur
le feu un couple de fois. S'il avient qu'en
ce rebouillir la saumeure se diminue de
tant, que par-après la chair n'y puisse
tremper à l'aise, le remède sera d'y ad-
jouster du sel nouveau, par le moyen duquel, allongerés la saumeure à suffisance.

Tuer des jeunes pourceaux pour sauce gras.

De ceste saleure, la mère-de-famille
s'accommodera, outre celle de ses lards,
en faisant tuer et mettre en pièces, à la
fin de Février, ou au commencement de
Mars, des jeunes pourceaux, qui ne se
seront treuvés d'aage devant Noël (qui
est la plus commune saison de tel mesnage), pour d'autant allongeant ses provisions, fournir sa table, durant tout l'esté,
d'agréable viande. Car la chair de jeune
pourceau, ainsi salée, semble tous-jours
nouvelle, telle se conservant jusques à la
dernière pièce, dans la saumeure cuitte
et bien qualifiée : les jambons aussi, les
eschinées, aureilles et langues, s'y maintiennent très-bien. L'abondance du gland
fournit la matière de ce mesnage, lors
qu'advenant bonne glandée, les couchons
du mois d'Aoust ou de Septembre, par
la bonne nourriture de leurs mères et
d'eux, se treuvent gras et propres à estre
employés à ce service, vers l'entrée du
mois de Mars.

Touchant saler, pour mesnage.

Et comme au maniement de ces chairs-
ci y a de la différence, aussi différentes
sont les observations de la lune ès actions
de ce mesnage. En Languedoc, Dauphiné, Provence, la seule vieille lune

est employée au tuer et saler des pourceaux, voire et à en retirer les lards du
saloir, pour les pendre aux rasteliers du
charnier, croyans les artusons et autre
vermine, se fourrer dans leurs chairs,
s'ils se mescontoient en cest endroit.
En plusieurs quartiers de la France, du
Piedmont, de l'Italie, la nouvelle :
mesme aucunes tant curieuses personnes
y a-il, qui ne veulent faire tuer aucunes
bestes pour saler, sans estre asseurées
icelles avoir esté nées en croissant de
lune, tenans leurs chairs salées, s'accroistre en cuisant ; au contraire, se diminuer celles du décours. Mais tant spé-

La façon de Paris, sur la manière des chairs de pourceaux.

culatifs ne sont les chaircutiers de Paris
(ainsi y sont appellés les maistres jurés,
ne se meslans que de la chair de pourceau) qui, sans distinction de lune, tuent
leurs pourceaux, laissans aux mesnagers
telles observances. Ils ont une particulière manière à détailler les lards. Après
avoir saigné et pellé le pourceau, lui
couppent la teste et les quatre jambes
pour en faire des jambons, est fendu de
long en long par le dos, puis est esventré ; les intestins sont employés avec le
sang, et des pièces de chair à ce propres,
à faire des boudins, andouilles et san-
cisses. Lors est prins avis de ce qui reste,
par la qualité de la chair. Si la chair est
grasse, le lard est divisé en trois parties ;
du plus gras en sont faictes deux, et une
du restant, qui est le ventre : telles deux
grasses pièces sont dictes, espis ; et tel
lard dict, lard espié : la troisiesme est
mise dans la saumeure, en petites portions. Des lards maigres, n'en sont faictes
que deux parties esgales, appellées,
flesches, fendant le lard par le ventre.
Toutes lesquelles pièces, grasses et mai-

gres, dictes espis et flesches, sont mises
saler sur un grand saloir, appellé mère,
composé de plusieurs aix joincts ensemble, contenans deux ou trois pas en qua-
drature, ayant des bords ès environs
pour garder de verser la saumeure. Le
saloir est posé rés de terre, en lieu bas,
un peu relevé d'un costé, pour vuider la
saumeure dans un réceptacle. Sur icelui
sont arrengées les pièces de lard, à mesure
qu'on les frotte avec du sel menu, l'une
après l'autre, les faisant entre-joindre,
pour tant moins occuper de place ; et en
les mettant les unes sur les autres, en former comme une pile quarrée de maçonnerie, montant jusques à la hauteur de huict
à neuf pieds ; entre-liant si bien les pièces
de lard, que toutes ensemble se puissent
maintenir fermes, sans verser. Ainsi les
disposant, les lards se salent très-bien,
moyennant le remuer et le revisiter, dont
ci-devant est parlé, communs avec ceste
action. Aucuns font leur mère ou saloir,
d'une peau de bœuf crue, un peu salée,
qu'ils estendent sur terre, et autrement
accommodent comme dessus : laquelle
peau estant d'une seule pièce, conserve
sa saumeure sans nulle perte, ce qu'on
ne se peut promettre du saloir de bois,
qui en perd quelque peu par ses joinctes.

La veille de Pasques, il y a un marché
de lard à Paris, qui se tient au parvis
Nostre-Dame, où tous les maistres chaircutiers de Paris y ont des estaux. De
Chaalons en Bourgongne, on apporte à
Paris grande quantité de bons lards ap-
prestés à la mode de Paris. De la Normandie et de la basse Bretaigne aussi :
mais autrement accommodés, car on leur
laisse, et jaubes et testes ; c'est assavoir,
la moitié de la teste à chacune flesche,

car ils les fendent le long du ventre, n'en
faisant que deux pièces. Ceux-ci ne sont
si bien façonnés que les précédents, aussi
sont-ils de moindre prix, de moindre
usage, et de moindre goust (39). Ces diverses façons d'accommoder les chairs de
pourceau, sont représentées comme pour
exemple ; par où l'on peut voir, qu'en
matière de mesnage, peu de peuples
consentent ensemble : mais n'importe,
pourveu que les biens que Dieu nous
donne soyent si bien maniés, que trouvés
de profitable usage, utilement, et avec
action de graces, l'on s'en serve.

Le temps froid et sec, et la pleneur de
la lune, sont les requises observations
au tuer et saler des bœufs et vaches : lors
le sel pénétrant à souhait dans leurs
chairs, et icelles par-après ne se diminuans pas beaucoup au cuire. Nous ferons
donques tuer le bœuf gras en ces termes-
là (40). Après estre escorché, demeurera pendu entier au rastelier, quinze ou
vingt heures, pour donner loisir à la chair
de s'affermir, pour tant plus facilement
la détailler. Tandis, les tripes en seront
lavées et accommodées, pour estre mangées fresches, en divers appareils, et à
la première et à la seconde table, fournissant de la viande pour toutes sortes
de gens. Quant au sang, en plusieurs
lieux l'on n'en tient conte, en d'autres,
est employé à la grossière famille. Le
bœuf est mis en pièces, et après en avoir
retenu quelques-unes pour manger fresches durant quinze jours, que sans se corrompre pourront estre gardées, le reste
sera salé pour la provision de l'année. Au
saler convient aller retenu, de peur d'excéder, faisant une inutile et désagréable
despence : car, comme j'ai dict, la chair

de

de beuf (au contraire de celle de pourceau) reçoit tout le sel qu'on lui baille,
sans rien refuser, dont elle se rend importune au manger, avec perte du sel
sur-abondant. Toutes les pièces, l'une
après l'autre, seront, à tout le mains,
frottées avec du sel menu un peu chaud,
y en faisant lors entrer tant qu'on pourra.
Mais pour tenir quelque mesure, le meilleur et le plus commode aussi, est de saler ces pièces de beuf dans un sac à deux
gueules, ouvert des deux bouts. Cela se
faict en ceste manière. Une pièce de
beuf est mise dans le sac avec force sel,
deux hommes prennent le sac chacun d'un
bout, avec leurs mains tenans les gueules
fermées, et le sac fermement tendu, l'a-
gitent tant qu'ils peuvent, par ce moyen
remuant avec violence, et la chair et le
sel, font pénétrer le sel dans la chair, ainsi
qu'ils désirent, faisans ainsi de toutes les
pièces de beuf, l'une après l'autre.

Après, ces pièces sont arrengées dans
une cuvette, ou autre vaisseau, à ce accommodé, où le sel distillant, se convertira en eau, dans laquelle séjourneront
quelques huict ou dix jours, au bout desquels, tirées de là, et reposées sur des
aix, s'esventeront un couple de jours,
qu'on les y laissera : puis remises dans la
cuvette avec un peu de nouveau sel, l'on
les refrotera comme pour les rafreschir,
spécialement celles qu'on cognoistra en
avoir besoin. Par tel ordre, toutes ces
pièces de beuf s'achèveront de préparer
dans cinq ou six jours, qu'on les tiendra
encore dans la cuvette, après retirées
de là pour la dernière fois, mises esventer sur des aix, et remuées tous les jours,
matin et soir, finalement séchées du tout,
seront pendues aux rasteliers du charnier

attendans l'usage. Les pièces remarquables pour leur graisse et bon endroit de
la beste, seront mises à part lors qu'on
les salera, pour estre prinses au besoin
pour la table du maistre, comme aussi
les langues et autres parties de requeste,
estant le reste destiné pour le mesnage.

De mesme sera tuée la vache grasse, et
sa chair salée et accommodée : mais l'on
avisera de tuer les plus grasses bestes les
premières, sans distinction de masle ni
de femelle (pour le hazard qui court au
laisser séjourner de la graisse, laquelle,
souventes-fois, se perd au moindre accident qui survient), et les unes après les
autres, de temps à autre, pour donner
loisir d'employer les menuisailles, comme
a esté dict des pourceaux. Noterons aussi,
que comme la bouvine s'engraisse en deux
saisons, assavoir, de l'esté et de l'hyver,
ainsi qu'avons veu : deux saisons en suite
y a-il pour la tuer et saler, le commencement d'automne et la fin de l'hyver, revenans tels intervalles à la commodité de
la maison. Car par la hastive graisse, l'on
est pourveu de bonnes et grasses chairs
de beuf, durant l'automne et l'hyver :
et par la tardive, durant le printemps et
l'esté ; et tant abondamment, qu'il ne se
passe jour en l'année, que vostre table
n'en soit largement et utilement fournie.

A faire des chandelles, seront employées les graisses des beufs et vaches,
seules ou accompaignées avec celles de
chèvre, de mouton, et de brebis. De
mesme comme j'ai dict, l'on en mesnagera les peaux, à ce qu'estans bien estendues et séchées, sans estre deschirées par
chiens, chats et autres bestes, puissent
estre vendues, ou autrement utilement
employées à l'usage de la famille.

K k k k

De toutes lesquelles bestes, poureeaux, chèvres, beufs, vaches, la mesnagère n'employera en réserve, les trop vieilles, pour le peu de profit qu'elle y treuveroit : tant parce que difficilement se peuvent bien engraisser les bestes surannées, leur défaillans les dents pour paistre, que par n'estre leurs chairs, bien-que grasses, jamais de bonne cuitte, se diminuans de beaucoup au feu. Les masles sont aussi à préférer aux femelles, hors-mis les chèvres ; qui sont meilleures que les boucs, quant à la chair ; mais elles leur cèdent en la valeur des peaux et des graisses. Ne fera jamais tuer aucun pourceau, truie, bouc, ni beuf, qu'ils ne soyent chastrés de jeunesse, pour affranchir leur chair ; laquelle, laissée en son naturel, pour sa sauvaigine, est de goust dés-agréable et de nourriture pernicieuse à la santé : incommodités n'estans à craindre intervenant le chastrer. Des chèvres et vaches ne sera tant scrupuleux : car chastrées ou non, leurs chairs en sont tous-jours bonnes : toutes-fois meilleures chastrées, qu'entières, où y aura du chois. Comme aussi sont à préférer les femelles de ces animaux, bréhaignes, à celles qui ont porté (41) : et d'entre-elles, celles qui le moins ont faict de ventrées, par degrés, se surpassans les unes les autres en valeur. Telles bestes vieilles, et les non-chastrées, aussi les vieilles truies, portières, et vieux verrats, quoi-que grandes bestes et grasses (le temps les ayant faictes aggrandir, croissans autant comme elles vivent (42), et le chastrer de nouveau, engraisser, en année de bonne glandée) seront vendues pour en tirer de l'argent, estant raisonnable que la mesnagère fournisse ses charniers des meil-leures bestes de ses troupeaux. Les veaux et genisses ne sont propres à saler pour provision, la tendreur de leurs chairs ne s'accordant avec le sel : l'ange et la graisse, les rendans propres à ce service.

Le saler des oyes est profitable en la maison, pour l'abondance de bonnes chairs et exquise graisse dont telle volaille fournit le charnier. Mesnage particulier en certaines provinces, non généralement receu par tout ce royaume. La mère-de-famille n'obmettra tant utile provision, si sa terre souffre la nourriture des oyes, quoi-que non usitée en son pays, à meilleure occasion ne se pouvant faire introduction de nouvelleté. L'ordre qu'on a à tenir au tuer de ces oiseaux, au saler de leur chair, et au serrer de leur graisse, est représenté en l'article de leur nourriture, où, pour éviter redicte, je vous renvoie, ici n'en estant plus avant discouru (43).

Ce sont les provisions des chairs. Celles des poissons ne sont tant générales en ce royaume, par icelui abonder plus en pasturages qu'en eaux. Le mesnager qui est près de la mer, des grosses rivières et estangs ; ou qui artificiellement s'est accommodé d'estang, de pescher, et de vivier, profitera son poisson sans en laisser rien perdre, à ce que salé dans le charnier, l'on y en treuve de réserve tout le long de l'année. Comme le fruict de la terre a son temps, aussi celui de l'eau le sien, qu'on gouverne diversement néantmoins selon leurs diverses et distinctes qualités. Car d'une façon manie-on le poisson de mer, et d'autre, celui d'eau douce, chacun avec particulier soin se ployant à leurs propriétés (44).

Ne se contentera nostre mesnagère de

se pourveoir des biens qu'elle a chés soi, ains s'en fournira des estrangers selon le naturel du général trafiq, par le moyen duquel un pays aide à l'autre, des choses dont réciproquement l'on abonde et défaut, s'entre-communicans leurs particulières commodités. Comme le pays de blé en fournit celui du vin auquel les grains défaillent, et cestui - ci donne du vin, où seul le blé croist ; ainsi des chairs, des fruicts des arbres, et des autres alimens dont sommes substantés. Ayant nostre mesnagère rempli ses charniers de chairs et poissons de son cru, s'achéptera des anchoies, des sardes, des harenes, tonnines, merlus, moulues : des huiles, des beurres et autres provisions esloignées de sa terre : mesme d'espiceries, canelles, girofles, muscades, poivres, gingembres : des succres, cassonades, miels : olives confites, capres, bazilles, fenonil marin : raisins secs, de Corinthe, de Damas, de Frontignan, et d'autres passerilles : figues, prunes, datiles, pignolats, noisétes, amandes, nois, moustardes, à ce que de tout elle soit pourveüe pour le besoin, qu'elle fera serrer en cabinet à ce destiné près la cuisine, pour plus d'aisance. Qui lui reviendra à contentement et à espargne aussi, quand à propos elle treuvera assemblées chés soi ces choses à prix raisonnable ; sans estre contrainte, en la nécessité, d'en envoyer cercher, hastivement et chèrement, à la ville, chés les revendeurs : dont avec honneur elle verra l'effect de ce commun proverbe,

> Provision faicte en saison,
> Et gouvernée par raison,
> Fait venir bonne la maison.

CHAPITRE II.
La façon des Confitures.

LES nécessaires provisions sont suivies des utiles et plaisantes, c'est assavoir, des confitures : à ce qu'à la maison ne défaille aucune victuaille, servant, et à nourrir le corps, et à repaistre l'entendement, ausquels deux usages sont utilement employées les confitures. Car non seulement substantent-elles beaucoup les sains, ains leurs précieux gousts et facultés, confortent et réjouissent les malades ; et à toutes personnes, donnent contentement, pour leurs exquis appareils, et rares beautés, qui paroissent en ceste excellente provision.

Ce sera ici donques, où l'honorable damoiselle se délectera, continuant la preuve de la subtilité de son esprit. Aussi en recevra-elle, et du plaisir et de l'honneur, quand à l'inopinée survenue de ses parens et amis, elle leur couvrira la table de diverses confitures apprestées de longue-main, dont la bonté et beauté ne céderont aux plus précieuses de celles qu'on faict ès grosses villes : bien qu'estant aux champs, elle n'ait autre confisseur, que l'aide de ses servantes. Dés tous temps, les femmes se sont meslées de faire des confitures, mais non semblables à celles dont je délibère instruire nostre mère - de - famille : desquelles la façon (j'entends des principales) nous est venue de Portugal et d'Espaigne, et longuement ignorée en ce royaume, y ayant esté tenue secrète, comme cabale. Plusieurs racines, herbes, fleurs et fruicts,

K k k k 2

y a-il propres à confire : plusieurs matières aussi en sont les moyens ; et par divers chemins l'on y parvient. Quant au sujet de la confiture, il est si ample, qu'il ne se restreindra qu'à la volonté : mais touchant la matière, nous-nous arresterons au sel, au vinaigre, au moust, au vin-cuit, au sucre, et au miel, comme en estans les plus valeureuses et plus cognues parmi nous : et la façon en sera au liquide et au sec (15).

Au sel, nous confirons les olives. Convient les choisir des plus grosses et charnues, les cueillir vertes, non encores meures ; incontinent les jetter dans un baril ou autre vaisseau à large ouverture, avec du vin trempé, ou de despence ; afin que par le moyen de telle liqueur, l'amertume des olives s'en aille, première préparation, comme fera, y ayant trempé quelques jours. Trop n'y pourroient-elles séjourner, bien-que ce fut six ou sept mois, pourveu qu'elles trempent tousjours, que la despence ne soit poussée ni autrement corrompue, et que, pour la netteté, le baril demeure continuellement bouché : qui vous revient à commodité, pour le loisir qu'avés de les achever de confire à l'aise. Là, donques, quand il vous plaira, prendrés des olives ce qu'en voudrés confire, leur donnerés à chacune quelques taillades, pour tant plustost faire pénétrer le sel dedans, les mettrés dans des pots de verre ou de terre vitrée, avec force sel menu, dispersant le fruict et le sel par littées, avec du fenouil en rame parmi, et par-dessus, verserés de l'eau fresche, tant que le vaze en soit rempli : lequel après bien couvert, conservera si bien vos olives, que dans quatre ou cinq mois, se rendront très-bonnes au man

ger, et telles se maintiendront plus d'une année. Aucuns, au lieu de coupper les olives, les escachent avec un petit coup de maillet, ou avec une poincte de fer les persent en divers endroits.

Autres ne les couppent, ni escachent, ni persent rien du tout, ains entières, les confissent : en quoi ils font mieux que les précédents, parce que leurs olives demeurent plus grosses que celles, qui tant soit peu, auront esté ouvertes, leur vertu s'exhalant par là, dont elles s'en diminuent, devenans ridées. Mais aussi sont les entières de plus longue préparation, n'estans prestes à manger avant dix ou douze mois, après les avoir confites, pour donner temps au sel de pénétrer avant, persant lui-mesme, sans moyen, la peau de l'olive. En quoi toutes-fois, ne doit-on avoir grande considération, veu que l'attente de tel terme, vous fournit des olives belles et bonnes en perfection, surpassans toutes autres, moyennant que le fruict de lui-mesme soit bien choisi et qualifié. Cependant, pour vous garder de languir, pourrés estre accommodé d'autres olives préparées comme dessus.

Et encores tenant chemin plus court, en confirés d'autre façon, qui dans vingt-quatre heures, vous fera manger des bonnes olives. Cela dépend de l'eau, laquelle versée toute bouillante dessus les olives, taillées, salées, et fournies de fenouil comme dessus, faict pénétrer le sel tant avant, que les olives en sont du tout bien préparées et confites ; et si tost, que c'est par manière de dire, comme dans un tourne-main. En ce cas, le vaze sera de terre, pour résister à la chaleur de l'eau : ce qu'un de verre ne pourroit faire, ains seroit en danger d'en estre cassé.

Autre de la chaux et des cendres.

Autre façon. Prenés une mesure de chaux neufve, fusée, six fois autant de cendres criblées et nettoyées, et les mettés dans un vaze à large ouverture avec de l'eau; jettés y aussi tost les olives entières, pour y séjourner neuf ou dix heures, sans s'entre-presser, ains estans au large. Au bout dudict temps, en tirerés une olive, la fendrés par le milieu, et si voyés que le noïan se sépare de la chair, c'est signe qu'elles sont prestes à confire: lequel signe conviendra attendre. Lors ferés tirer les olives de tel meslinge; et après les avoir très-bien lavées avec de l'eau claire, les logerés dans un vaze de verre, avec du fenouil en rame, de semence d'anis, des branches de thim et de sarriete, par littées; et au dessus, verserés de la saumeure, dans laquelle les olives tremperont continuellement.

Confire les olives présent meures.

Autre, mais c'est confire les olives estans meures. Telles les prendrés, c'est à dire noires, choisies grosses, saines et entières: les mettrés sécher à l'ombre, en lieu exposé au vent. Apresterés du miel, de l'huile d'olive, du sel menu, de chacun une livre; du poivre, du girofle, de l'anis, de coriandre, une once de chacun; le tout pulvérisé ensemble. Le jus de dix ou douze limons, ou à leur défaut, d'oranges, mis dans un vaze de verre y sera ad-jousté: et parmi ce meslinge, les olives seront mises en telle quantité, qu'elles puissent tremper dans la liqueur des choses susdictes, où elles se conserveront très-bien et longuement, pourveu que le vaze soit tenu en lieu frès. Ceste observation ne s'oubliera, de tenir tous-jours dans la saumeure vos olives confites, sans les souffrir estre jamais à sec, allongeant la saumeure lors qu'elle se diminuera, afin que vos olives trempent continuellement: tandis vous prenant garde, comme a esté dict des chairs, de ne mettre la main dans la saumeure, ni le fer, ni le cuivre, de peur de la corrompre, avis général pour toutes confitures au sel. Ainsi gouvernée, la provision de vos olives demeurera bonne et plaisante plusieurs années.

Capres.

Au sel, seront aussi confits les capres, sans autre mystère que de les mettre dans un vaze de terre ou de bois, tel qu'on voudra, avec abondance de sel, sans aucune humidité. En la saison l'on cueille les capres de jour à autre, sans en attendre autre meurté; dont petit-à-petit, à mesure qu'ils se forment et laissent manier, sont cueillis, et incontinent meslés avec du sel menu, où prenans sel, se conservent longuement demeurans secs: ce qui facilite leur transport, avec aisance, les pouvans charrier dans des cabas, sans crainte d'en espancher la liqueur, par n'y en avoir aucune.

Capres au vinaigre.

Au vinaigre, se rendent les capres plus délicats, que les laissans secs dans le pur sel. D'autant que le vinaigre les garde de saler par trop, comme ils font sans lui: dont l'on est contraint, pour les manger, de les tremper quelques heures dans l'eau, afin de les dessaler, où laissans partie de leur substance naturelle, descheus de bonté, ne sont par-après si appetissans, que les confits au vinaigre: par le moyen duquel, non seulement se conserve entiere leur saveur, ains s'y ad-jouste quelque goust plaisant, qui les rend délectables au manger. Comme dessus, prend-on les capres pour confire; c'est assavoir, à mesure qu'ils croissent, sans les laisser beaucoup aggrandir : car plus prisés sont-ils, petits, que gros. Un vaisseau de verre ou de terre vitrée en dedans est préparé (ou plusieurs, selon la quantité du fruict), dans lequel est mis du bon vinaigre avec du sel, quelques poignées : là sont jettés les capres tout freschement venans de la caprière, sans les laver aucunement, continuant de jour à autre, tant que la caprière fournit matière. Après, le vaze est retiré en lieu sec, non exposé au soleil, l'ayant au préallable bien bouché, à ce que les capres ne s'esventent ; où se conserveront en bonté fort longuement. Les visiterés au bout de quatre ou cinq jours : et s'il avient que treuviés au dessus du vinaigre, quelque moisisseure, l'osterés avec une cueiller d'argent, et mettrés dans le vinaigre une poignée de sel, pour corriger la superflue humeur procédante du fruict : réitérant et la visite et le remède, tant que de besoin.

Arcirolis. En la mesme sorte que les capres, gouvernerons-nous les arsciroles, pour la communication de leurs facultés, mais il faut les mettre au vinaigre avant la maturité.

Basilics, Fenouils, Pourpier, Poirée. Ainsi confirés des bazilles, du gros et doux fenouil, du fenouil marin, du pourpier, des costes de poirée. Préparés le vinaigre et le salés, mais en vazes séparés pour mettre ces matières à part, à ce que chacune rapporte son goust particulier. Ces matières-ci seront prises prochaines de leur maturité, encores non endurcies, ains aggrandies, lesquelles après estre bien lavées et nettoyées d'ordure, jetterés dans le vinaigre pour s'y garder : ce qu'elles feront très-bien et longuement, servans à manger en salade durant l'année.

Melons et concombres. De mesme, et à mesme usage, accommoderés des petits melons et concombres, que prendrés verts et tendres : car endurcis, ne pourroient estre pénétrés du vinaigre. Tous entiers, sans tailler ne peller, seront jettés dans le vinaigre, d'où les retirerés sans deschet de beauté, se conservant entière leur verdeur : mais ils s'y chargent bien tant de sel, que pour les manger en salade, convient les dessaler dans l'eau au-paravant (46).

Choux, et laictues pommés. Aussi en salade serviront durant l'hyver, les chous-cabus et laictues pommés, se maintenans blancs et fermes dans le vinaigre. Leurs fueilles vertes, premièrement ostées, resteront les pommes blanches et dures ; celle des chous sera mise en quartier, et seulement par moitié partira-on la laictue, estant grosse, car petite demeurera entière ; par ce moyen le vinaigre les pénétrera et conservera très-bien.

Truffes. Les truffes sont gardées tant qu'on veut, saines et entières, dans la mesme liqueur. Ce sera avec leur escorce, sans les peller ni coupper, qu'on les jettera dans le vinaigre, car là consiste le plus savoureux : seulement on les lavera avec de l'eau et du vin, pour leur oster la terre et autres ordures. Les truffes succent fort le vinaigre, dont avient qu'elles se rendent importunément aigres, qui est la cause qu'avant que les manger, l'on les trempe dans l'eau, douze ou quinze heures : après sont cuittes dans le beurre avec espices, et autrement appareillées comme l'on désire.

Autres chous-cabus En autre manière se conservent longuement les chous-cabus ou pommés, mais c'est pour estre mangés en potage, non en salade, comme les précédents : aussi les garde-on tous entiers le long de l'année. Un chauderon rempli d'eau claire est mis sur le feu : lors que l'eau bouil, le chou despouillé de ses fueilles vertes, c'est à dire n'ayant que la pomme blanche, est plongé dans l'eau bouillante, d'où sans nul séjour, retiré, est mis dans une grande barrille ou tonneau défoncé d'un bout, avec du vin et de l'eau par esgale portion, aussi du levain de paste commune, et du sel, pour garder de corruption. Ainsi eschaudés dans l'eau bouillante, les chous, l'un après l'autre, sont de mesme arrengés dans le tonneau sans s'entre-froisser : d'où on les tire au besoin, et à ce qu'ils y demeurent nettement, le tonneau demeurera tous-jours fermé par le dessus (47).

Au moust, sont faictes de fort bonnes confitures, ne cédans de beaucoup à celles du miel, pourveu que le moust procède de raisins exquis, creus en vigne vieille, size en pays sec, exposé au soleil : car d'espérer confiture de valeur, de moust sortant de raisins aigres, verts, mal qualifiés, est se descevoir à son escien. Aussi est nécessaire pour bien ouvrer, de se servir de moust récentement exprimé des raisins, de peur que, par séjourner tant soit peu, se convertissant en vin, perde de sa vertu, du tout requise en cest endroit. Pour laquelle cause, autre temps que de vendanges, n'y a-il pour faire de ceste sorte de confitures, à quoi l'on avisera, pour n'en laisser perdre la saison (48).

Douze coins, des meilleurs et mieux qualifiés, du tout meurs, seront mis chacun en quatre ou six pièces, les pellerés subtilement, et leur osterés tous leurs grains. Les ferés bouillir une ondée dans l'eau claire, puis les sécherés entre deux linges. Tandis le moust bouillira dans un chauderon, à feu de charbon, et après l'avoir curieusement escumé, et tant qu'il ne jette plus d'escume, bouillant, les coins y seront mis pour cuire, tant que le moust se soit diminué un peu plus que de la moitié. Lors fendant en deux une pièce de coin, treuverés le moust avoir pénétré jusques au milieu, et y avoir laissé une couleur rouge, et au restant du fruict aussi : à quoi aura aidé un peu de gros vin rouge, qu'aurés auparavant jetté dans le moust, sur la fin de sa cuitte. Puis retiré de là, le tout ensemble sera mis en vaze de terre vitrée, ad-joustant à chacune pièce de coin, un tronçon de canelle, dont la larderés pour l'aromatizer. En outre, meslerés parmi le moust cuit, quelque once de canelle en poudre, dans lequel trempans les coins, se maintiendront longuement en bonté, moyennant aussi que le vaze demeure tous-jours curieusement bouché. Ne vous souciés de tenir vos confitures au soleil : ou plustost gardés-vous de les y exposer jamais, y ayant peu de confitures désirans le soleil, contre l'opinion invétérée d'aucuns ; ains convient les retirer en cabinet tempéré de chaleur et d'humidité : avis qui servira pour toutes sortes de confitures, généralement ; réservant en leur lieu les exceptions requises.

Toutes sortes de poires se confissent dans le moust, en la manière susdicte, pourveu que leur maturité s'accorde avec celle du moust, qui sont celles de vendanges, entre lesquelles la poire-bergamote s'y accommode bien, la poire-chat aussi, et quelques autres de telle saison. Les plus grosses seront couppées par le milieu, ou en quartiers, puis pellées et deschargées de leurs pepins. Les petites,

toutes entières , sans rien peller, employera-on ; et toutes indifféramment on
bouillira un peu dans l'eau claire, avant
que de les jetter dans le moust, où l'on les
achèvera de préparer, puis aromatizées
avec de la canelle, comme les coins, ainsi
que eux , seront mises les poires en vaze
à ce approprié et retiré au cabinet.

Auberges,
pesches, etc.
   Auberges, pesches, prunes , confira-
on de mesme avec le moust, dans lequel
ces fruicts-ci se conserveront très-bien durant l'année. Il ne sera requis de les larder avec de la canelle, comme les précédents , ains seulement d'en mettre en
poudre parmi le moust pour l'aromatizer. Ces fruicts-ci seront prins non trop
meurs, ains un peu fermes, lesquels sans
peller ni ouvrir, tous entiers l'on mettra
dans le moust , au-paravant ne les ayant
rien faict bouillir.

Carrotes,
pastenades
et costes de
poirée.
   Aussi des carrotes, et pastenades, et
costes de poirée se faict de bonne confiture au moust, sous les observations susdictes, et celles-ci. Les carrotes et pastenades seront bien lavées, pour les descharger de terre , après rasclées , leur ostant toute l'escorce endurcie. Les petites
laissera-on entières ; mais des grosses,
deux pièces en seront faictes, pour tant
plus facilement les faire pénétrer au
moust. Les costes de poirée ou blete , seront choisies grosses et tendres, couppées
de la longueur de demi - pied : icelles ,
avec les pastenades, seront bouillies dans
l'eau claire, pour les attendrir : et ce faict,
mises cuire dans le moust, comme dessus ; y ad-joustant pour fin de la canelle
pulvérisée.

Courges et
laictues.
   Quand aux courges et laictues, ne seroit que bon de les faire passer par le sel,
pour les affermir, comme l'on faict celles

destinées au carbassat et à la bonque-
d'ange ; toutes-fois sans se donner telle
peine, ne laisseront de résister au moust.
Des courges seront faictes des trenches
longues de demi-pied, larges de deux
doigts , l'escorce en sera curieusement
ostée, et aussi les grains du dedans, laissant les pièces tant espesses ou minces
qu'on voudra. Les courges longues, sont
à ceci meilleures que les congourdes
rondes, qu'on n'employera en cest endroit, qu'au défaut des longues. Des
laictues n'y a-il que le tronc qui serve
en ceste espèce de confiture. L'on prendra des plus grosses laictues, qui sont
les vertes, afin d'avoir des troncs ou cos-
tons gros comme le doigt, tels choisis , et
en outre, tendres. L'on les pellera si
bien, que le seul tendre reste, qu'à l'œil
l'on recognoist, le regardant au soleil.
Seront couppés de la longueur des trenches des courges, et avec elles , les bouillirés un peu, en l'eau claire, d'où les
sortans, les cuirés dans le moust, à la manière susdicte, et de mesme les aromati-
zerés avec de la canelle. Et à ce que le
moust soit prins à poinct nommé, comme
il est nécessaire pour les raisons dictes,
conviendra préparer le fruict à temps, ce
qu'aisément l'on fera des courges, y en
ayant encores en vendanges : mais l'on ne
se peut promettre cela des laictues , pour
en estre passée la saison. Toutes-fois, il
avient en aucunes années des tardives
laictues, qui fournissent ample et agréable matière en cest endroit.

   Au vin-cuit, se peuvent confire tous
fruicts, confissables au moust, mais non
tant proprement les accommode le vin-
cuit, que le moust, en telle faculté se surpassant l'un l'autre : voire d'autant plus

de

de différence treuve-on, pour la confiture, du vin-cuit au moust, que du miel au sucre. Mais aussi le moust cède au vin-cuit en ceci, que de ne pouvoir estre employé *Du vin-cuit.* qu'en vendanges : là où le vin-cuit, n'estant astreint à certaine saison, peut servir durant l'année, à faire des confitures, attendant le loisir de la mére-de-famille, qui, avec beaucoup d'aisance, confit des fruicts selon la commodité du recouvrement. Pour laquelle cause, la mesle ou neflle, et certains autres fruicts tardifs, sont propres pour le vin-cuit, non pour le moust : parce que, quand-et lui ne se treuvent prests, comme il est nécessaire.

Comment l'on s'en sert. La manière de se servir du vin-cuit en cest endroit, est la mesme que la précédente, sous ceste observation (commune avec toutes autres liqueurs destinées au confire) que de faire pénétrer le vin-cuit jusques au milieu du fruict, pour la conservation d'icelui : ce qu'on faict, premièrement, en attendrissant le fruict par bouillir dans l'eau claire ; et après, l'achevant de cuire, dans le vin-cuit, à petit feu, sans violence (49). N'oubliés, pour fin, à mettre dans le vin-cuit, de la canelle en poudre ; et en petites pièces en aucuns fruicts, dont ils seront lardés pour les aromatizer. Aucuns ad-joustent le girofle, mais il faut estre bien sobre à cela, de peur que le trop n'altère la saveur de la confiture. De toute autre espicerie vous-vous abstiendrés, à cause qu'elle ne convient avec aucune confiture de fruicts : aussi ce n'est de l'usage des bons confisseurs, que de s'en servir d'aucune, excepté de la canelle en certains fruicts, ainsi que particulièrement je vous représenterai, le propos y eschéant. Avec mesnage, se font les confitures susdictes, et

celles du miel avec, avenant que le miel *Du miel.* se recueille en la maison ; le non-desbourcer argent estant tous-jours prisé. Et opportunément sont-elles employées, quand à la maison survenans gens de moyenne estoffe, l'on leur faict largesse de telles singularités. Réservant, pour les plus honorables personnes, les confitures au sucre, qu'avec plus de despence et d'art l'on prépare ainsi.

Au sucre, plusieurs et divers fruicts des *Du sucre.* arbres et du parterre du jardin se confissent très-bien, et de mesme se conservent fort longuement, en bonté et beauté. La façon en est indifféramment pour tous fruicts confissables, assavoir, au liquide premièrement, et d'icelui après en sont tirés ceux qu'on désire mettre au sec ; dernière main, pour ceste excellente confiture, tant célèbre à cause de sa bonté et exquise beauté.

Est à noter, que les fruicts qu'on ne *Des fruicts* mange cruds sans appareil, sont, ou la *confissables.* plus-part, pour un préallable, mis et confits au sel, afin de les préparer à recevoir le sucre ; après au liquide, finalement, au sec : par lesquels trois dégrés, de nécessité convient les passer, pour les mettre au poinct désiré (50).

L'entrée de nostre confiture se fera par *Escorce* l'escorce d'orange, attendu qu'au prin- *d'orange.* temps elle est en sa perfection de grosseur, à cause de la longue garde du fruict, ayant lors attaint le dernier poinct de meurté. Pour oster sa naturelle amertume, en convient oster la cause, qui est la pellicule jaune, estant en la superficie de l'escorce. Cela se faict avec un canivet bien trancheant, ostant, avec curiosité, tout le jaune jusques au blanc, sans rien en toucher. Telles pellicules, sont mesnagées

Liure III, chap. x.

à odorer les vins nouveaux en vendanges, comme a esté veu; pour laquelle cause, seront-elles, dès ici, séchées à l'ombre, et gardées nettement jusques au besoin. Après, l'escorce partie en quatre, se retirera du fruict, c'est à dire, du jus qui restera entier en pomme, pour servir à son ordinaire usage. Les escorces ainsi pellées, seront trempées dans l'eau claire et froide, tandis qu'on apprestera une lexive avec des cendres de chesne, modérément forte, dans laquelle, tirées de l'eau froide, sans délai, seront bouillies, jusques à ce qu'elles se soient enflées, comme esponges: et lors les ostant de la lexive, les bouillirés un peu dans l'eau pure, pour les descharger de l'odeur de la lexive, à ce que d'icelle ne restant rien dans les escorces, elles se puissent rendre capables de recevoir le sucre (51).

Ce qui est à considérer en toute confiture.

Deux choses sont à observer en toute confiture au sucre, comme la maistrise de l'art, c'est de préparer le fruict à recevoir le sucre; et le sucre, à facilement entrer dans le fruict: sans laquelle concordance, n'est possible faire confiture de valeur. Attendu que le sucre, pour son naturel glutineux, sans moyen, ne peut pénétrer dans le fruict, qui est dur de soi-mesme; d'où avient, que les confitures faictes sans telles considérations, ne peuvent estre, ni belles, ni bonnes, ni de durée, au respect de celles qu'on faict selon l'art. Car faillant le sucre à pénétrer jusques au centre du fruict, s'arreste à la superficie, icelle seulement se confissant, demeure l'intérieur sans sucre, dont il se dessèche et anéantit, au détriment de tout le fruict, qui en vient ridé, de mauvaise grace, et quelques-fois, par faute de sucre, se corrompt; et de là

procède, que la confiture est de goust desagréable; et de petite durée, ne se pouvant longuement garder. Au contraire, pénétrant le sucre jusques au fons du fruict, icelui, dès le commencement, se remplit de sucre, expulsant l'humeur naturelle du fruict, de laquelle prenant la place, le fruict en reste entier, gros, et enflé, comme en son premier estat, sans deschet, et s'en rend-il d'autant meilleur goust, que moins est à craindre la corruption, par en estre bannie la cause, qui est l'humeur naturelle. Et cela mesme, faict la longue conservation de la confiture, laquelle, sans nul hazard, se garde plusieurs années, saine et entière: avec aussi telle faculté, que la confiture ne vous agréant, en pourrés retirer le sucre, quand il vous plaira, au bout d'un, de deux, ou trois ans, pour le convertir à autres usages, soit de confitures ou autres services; tant ceste façon de confire est accommodable.

Preparation du fruict.

Le fruict se prépare en l'attendrissant, à ce que mol, le sucre le pénètre, entrant dedans sans résistance. C'est attendrissement se faict par bouillir dans l'eau claire, jusques à ce que le fruict devenu mol, une espingle mise dans une pièce d'icelui, ne la puisse comme rien tenir enlevée en haut, ains par sa propre poisanteur, s'eschappe de l'espingle, ce qu'en termes de l'art, s'appelle, *faire le passage*, estant considérable en cest endroit, que tant plus poisant est le fruict, tant plus facilement s'eschappe-il de l'espingle, et au contraire, tant plus léger, moins; afin qu'avec jugement, l'on emploie ceste espreuve. Et le sucre, en *Et du sucre.* le faisant fort liquide, à ce que facilement puisse entrer dans le tendre fruict. Le moyen en est l'eau, dans abondance de laquelle estant mis le sucre en petite quantité, s'en compose un syrop clair et liquide, lequel pénétrant dans le fruict, pour la facilité du passage, satisfaict à vostre intention, s'entre-accordans le fruiet et le syrop. Estant le sucre de tel naturel, que pour peu qu'il y en ait dans beaucoup d'eau, ce peu pénètre jusques au centre et fons du fruict, là porté par l'eau, où il s'arreste, laissant l'eau pure sans saveur de sucre, comme le recognoistrés au gouster. Ainsi commenceant le fruict de se confire par l'intérieur, ne peut faillir de se bien apprester : chose qui n'avient par le plus commun usage, dont, comme mettant la charrue devant les beufs, l'on commence à confire le fruict, par où l'on doit finir, assavoir, par l'extérieur : n'estant de merveille, si par telle méthode, ne se faict confiture de valeur.

Ces choses entendues, les escorces d'orange seront bouillies dans l'eau jusques à ce que le passage soit faict : et après les avoir séchées entre deux linges, seront mises et arrengées, dans une terrine vitrée, en attendant d'y verser dessus le syrop, qu'ainsi l'on prépare.

Noterons que pour la confiture liquide, la cassonade est meilleure que le sucre fin ; ayant regard à la despence : parce qu'estant plus substancielle que lui, la confiture s'en faict à meilleur marché, qu'avec le sucre fin, non toutes-fois moins bonne, préparant la cassonade, comme il appartient. Cela provient de ce que la cassonade n'a esté tant bouillie que le sucre fin, lequel, pour tel le faire et blanchir, convient rebouillir plusieurs fois, bien qu'à l'intérest de sa substance, tous-jours s'y ravalant de bonté ; au contraire des métaux, qui plus se subti-

lient, que plus l'on les refond. Pour laquelle cause, préposerons-nous en ce service-ci, la cassonade au sucre fin. Et des cassonades, ceste distinction sera faicte, de préférer la blanche à la noire, principalement, à cause que plus chargée d'ordure est ceste-ci, que ceste-là. Mais quelles qu'elles soient, blanches ou noires, pour un préallable, convient les clarifier, afin qu'en séparant le bon d'avec le mauvais, employons le seul pur sucre à nostre confiture, pour la rendre sans reproche, belle et bonne (52). Pour ce faire, faut bouillir la cassonade en abondance de claire et bonne eau de fontaine ou de puits : dans une poisle ou casse bien nette, sur feu de flamme, clair et assés violent, sans fumée, s'il est possible (53). Dans six ou sept livres d'eau, jetterés une livre de cassonade, ou moins, afin de rendre vostre syrop fort liquide en ce commencement ; en telle mesure n'y ayant aucune sujection, ains pour les raisons dictes, estant meilleur tumber sur le trop d'eau, que de sucre (54). Tandis que la cassonade s'appreste pour bouillir, à telle cause la poisle estant mise sur le feu, laverés un œuf en coque, frès pondu, l'escacherés dans un grand plat-escuelle rempli d'eau, brisant la coque et la meslant avec le moieu, la glaire, et l'eau, et tout cela ensemble, battant et remuant avec un petit baston (au bout duquel attacherés un toupet de rameau pour faciliter l'œuvre) tant et si longuement, que l'escume blanche s'en esmeuve en haut : lors, bouillant vostre syrop à grandes ondes, y jetterés dedans tout ce meslinge de l'œuf, pour attirer à soi les ordures de la cassonade : ce qu'il fera ; s'assemblans, soudainement, et s'attachans à icelui, que curieusement escumerés : et cela continuerés, jusques à ce que vostre syrop ne face plus d'escume : pour lequel faire du tout net, osté du feu, le remuant en autre vaze, le coulerés par un linge, auquel le demeurant de l'ordure de la cassonade s'arrestera, dont le syrop se rendra du tout beau, clair, net, et fort liquide (55). La poisle sera après bien lavée, y remettrés le syrop dedans, et icelle sur le feu, pour y faire rebouillir le syrop seulement une onde. *Jetter le syrop bouillant sur le fruict.* En tel poinct, c'est assavoir tout bouillant, le verserés sur vos escorces apprestées dans la terrine, laquelle (après l'avoir bien bouchée, à ce que la vapeur du syrop ne s'exhale) reposerés dans cabinet tempéré de chaleur et d'humidité. Ce sera jusques au lendemain matin, et lors rebouillirés vostre syrop comme dessus : autant en ferés sur le loisir ; et en suite, six ou sept jours continuels, deux fois chacun, matin et soir, au bout desquels, vostre confiture se rendra parfaicte ; par tels réitérés rebouillemens, le sucre, petit-à-petit, se fourrant dans le fruict, dont à la parfin il s'en treuve rempli. Ce qui ne se peut faire en une seule fois : d'autant, que s'espessissant le sucre en bouillant, s'arreste à l'entrée ou superficie du fruict, sans pénétrer jusques au fons, comme il est nécessaire, dont avient le mal représenté. *La bonne confiture ne se faict hastivement.* Ainsi, pour bien ouvrer en cest endroit, n'est question de se précipiter ; ains allant le pas, donner loisir au sucre de faire son office, se logeant tout au travers du fruict, pour la conservation d'icelui, aussi a-on accoustumé de louer un ouvrage bien faict, sans s'enquérir du temps qu'on y a employé. Tant efficacieuse est ceste façon de confire, que le sucre quoiqu'en petite quantité dans abondance

d'eau, va non seulement au fons de la chair du fruict, ains passant plus outre, estant fruict à noian, comme abricot, auberge, pesche, prune, pénètre jusques au noian d'icelui (y laissant de sa substance) par le travers de sa coque, quoique dure, non-amollissable ; ainsi que par l'expérience de la veue et du goust (combattant la raison) apperra clairement : à laquelle façon de confire, vous arrestant, ne pourrés faillir aucunement.

Naturel du fruict et du sucre. Ceci est très-considérable, que le fruict sur lequel l'eau et le sucre meslés, sont jettés chaudement, ne reçoit néantmoins que le sucre, dont se l'attirant, laisse par-après l'eau pure sans substance : pour laquelle cause, le second jour de vostre confiture, ad-jousterés de nouveau sucre à vostre syrop, c'est à dire, de nouvelle cassonade, la clarifiant, comme dessus : à ce que vostre confiture se puisse, non seulement advancer, ains garentir du danger de corruption, qu'elle encourroit séjournant par trop dans l'eau. Continuerés telle augmentation, de deux en deux jours, afin de fortifier de coup à autre vostre syrop : avec ceste observation, que comme au commencement est nécessaire le syrop estre fort liquide, pour les raisons dictes, au contraire, à la fin de la confiture, le faut fort espès, voire deschargé de toute eau, afin que le pur sucre restant, parface et nourisse la confiture, ainsi qu'il appartient. *Ceci est à noter.* A quoi convient aller curieusement, et noter que le syrop se descuit, à toutes les fois qu'il est jetté sur le fruict ; tant parce qu'il se descharge de sucre, le donnant au fruict, que par ce aussi que le fruict au lieu du sucre qu'il reçoit, lui contribue en contr'eschange, son humeur naturelle, ainsi qu'à esté dict. Or comme au premier jour, le syrop est fort clair et liquide, au second, le sera un peu moins, c'est à dire, s'espessira: au tiers encores plus, par tels degrés advanceant tous-jours jusques au dernier, auquel conviendra donner la dernière cuitte au sucre. Ce qu'on faict, et par l'ad-jouster de nouvelle matière, et par la patience du bouillir souvent, moyennant laquelle, le syrop s'achève de cuire: ayant lors attaint le poinct nécessaire en cest endroit, quand estant sur le feu, il ne fume plus, ou peu, et qu'il file comme glu. Mais la principale espreuve, est de visiter vostre confiture, cinq ou six jours après l'avoir achevée, ou cuidé l'achever, pour en juger à l'œil: n'y faisant rien plus, si elle n'a acquis aucune senteur extravagante, et ne faict signe de se moisir. Mais s'il avient qu'elle ne sente bon, et jette des fleurs de moisisseure au dessus du syrop, le remède sera au rebouillir, une ou plusieurs fois: et en somme, autant que de besoin; ce qui pour tous délais, se recognoistra dans douze ou quinze jours (56). Lors serrerés vos confitures, comme parfaictes: à la charge d'en tenir les vazes bien clos, pour la netteté, et qu'elles trempent tous-jours dans le syrop, pour les prendre là durant l'année, à mesure de l'usage les mangeans liquides: ou de les en retirer pour les mettre au sec, ainsi que ci après sera monstré.

Ceste est la générale façon de confire au liquide toute sorte de fruicts, réservant en lieu convenable, les particularités requises selon le naturel de chacune espèce, pour toutes estre maniées, ainsi qu'il appartient. Et à l'advance dirai, que touchant les escorces d'orange, je ne leur donne

que six ou sept jours pour confire, à cause de leur peu d'espesseur: estant raisonnable, que les fruicts plus massifs, demeurent plus de temps à se préparer, que les minces. Ainsi l'escorce d'orange se rendra belle, blanche, translucide, grosse et enfle, selon sa qualité, aussi de goust agréable, sans tenir rien de l'amer. Mais pour avoir des escorces d'orange confites, tenans un peu de l'amertume, pour donner quelque petite poincte piquante à la confiture, selon le désir d'aucuns, et qu'aussi la diversité est agréable, on le pourra faire en espargnant la peine de peller les escorces, d'où tel goust procède: et servira aussi telle pellicule, à colorer de jaune doré les escorces confites, dont elles s'en représenteront belles et claires. Et à ce aussi que l'amertume ne se face sentir avec importunité, l'on la corrigera avec du sel, et en suite l'on conduira la confiture en ceste manière.

Les escorces d'orange couppées par quartiers, seront mises dans l'eau fresche et nette, en vaze de terre vitrée, y adjoustant du sel, selon la quantité des escorces, assavoir, une bonne poignée pour trois ou quatre douzaines de quartiers d'escorce. Un couple de jours reposeront là vos escorces: au bout desquels, l'eau devenue rousse (par l'humeur de l'escorce se l'attirant à soi) sera ostée, et en sa place mise d'autre, aussi fresche et nette: laquelle de mesme sera changée en autre eau, deux fois le jour, soir et matin, durant neuf ou dix jours, réitérant tel remuement, tant que verrés l'eau en sortir rousse; cessant lors qu'elle paroistra claire et blanche, signe d'en avoir vuidé toute l'humeur causant la couleur rousse à l'escorce, et par conséquent, la plus-part de son amertume. A la couleur et à la saveur de l'escorce, aussi s'esprouvera le mesme. La couleur claire et transparente, manifeste que l'eau en aura emporté tout ce qui rendoit l'escorce obscure : et la saveur, nullement salée, ains un peu amère, que l'escorce sera au poinct que la désirés (57). A donc, tirerés les escorces de la dernière eau, pour leur faire le passage, comme dessus, assavoir dans l'eau bouillante. Et après avoir préparé le syrop à la manière susdicte, le verserés tout bouillant sur les escorces estans arrengées dans la terrine.

Ceci sera noté ; qu'aucuns fruicts désirent d'estre raffermis par le sucre, à cause de leur molesse : au contraire, il y en a d'autres qui en veulent estre amolis, à cause de leur durté. Aussi doit-on considérer, que le sucre produit effects contraires, selon qu'il est employé : car jetté chaud, sur le fruict, l'affermit : et froid, l'attendrit. Sous lesquelles distinctions et considérations, l'on ouvrera asseurément : et de telles observations générales, viendrons aux particulières. L'escorce d'orange, despouillée de sa pellicule jaune, demeurera tendre, estant confite, bien-que le sucre lui ait esté donné tous-jours bouillant : non celle qui n'aura esté pellée, dont est question en cest article ; par ce que la pellicule jaune attachée au blanc, l'engarde de s'enfler et attendrir, et par conséquent, l'escorce reste dure, plus que de raison : voire d'autant plus, que plus chaud lui aura esté donné le sucre. Pour lequel vice corriger, autre que froid ne jettera-on le syrop dessus ces escorces-ci, c'est qu'après l'avoir bouilli et préparé comme il appartient, l'on le laissera refroidir, puis

on l'employera : excepté le premier jour de la confiture, durant lequel, l'on jettera sur icelle le syrop liquide, tout bouillant, pour ouvrir le passage au sucre dedans le fruict. Cest avis servira aussi pour certains autres fruicts, qui de mesme que cestui-ci, craignent l'importune durté, comme les coins et les mesles, ainsi qu'il sera représenté. Autant de jours que les précédentes escorces, celles-ci auront pour confire, c'est assavoir six ou sept, au bout desquels, les retirerés en vaze bien bouché attendant l'usage. Lequel tant agréable n'en sera-il en leurs premiers mois, qu'ès subséquens : pour le loisir qu'elles auront eu de se nourrir dans le sucre. C'est pourquoi, jamais les confitures au sucre ne sont si bonnes récentes, qu'un peu vieilles : le temps à la longue, faisant candir le sucre, sans moyen, dans le fruict, à la louange entière de la confiture.

Le printemps est aussi la saison à confire des pois et des féves en gousses, les prenans verts, non encores meurs, ains tendres, commenceans à faire graine. Ces deux fruicts pour la sympathie de leur naturel, se confiront ensemble. Des gousses de pois et de féves les plus grosses qu'on pourra choisir, vertes et tendres, seront cueillies au jardin, et tout freschement, sans leur donner loisir de se flestrir,

après les avoir lavées avec de l'eau claire, seront mises dans la saumeure, pour y demeurer dix jours, pour le moins ; du plus n'y ayant aucun terme, car ce sera tant qu'on voudra. Le sel a plusieurs regards oste l'odeur sauvaige et naturelle

du fruict : affermit le fruict, pour résister à la violence du sucre en le confissant ; et lui conserve sa naïfve couleur sans deschet, mesme en ceux-ci, la verte, avec laquelle sortent de la derniere main du confisseur. La saumeure sera faicte avec de l'eau claire et fresche, dans laquelle jettera-on abondance de sel, bien net, pour la fortifier jusques là, qu'elle porte l'œuf en coque nageant au dessus, qui en est la vraie espreuve. Mais de peur de faillir, vaut mieux y mettre trop de sel, que peu; veu mesme que c'est sans perte, puis que le superflu se treuve au fons du vaze : et faillant en cest endroit, la saumeure, s'empuantissant, corromproit le fruict : crainte qu'il ne se faut donner prenant garde à cela, ains tant longuement qu'on voudra, s'y nourrira le fruict, sain et entier, moyennant qu'il trempe continuellement : ce qu'on fera faire, par la poisanteur d'un quarreau de brique ou pierre platte, mis sur le fruict l'enfonceant dans la saumeure : et qu'en icelle, l'on ne trempe jamais, ni la main, ni le fer, ni le leton, ains seulement le bois et l'argent, pour les raisons dictes sur autre propos, convenable à cestui-ci. Le vaze en sera de verre, ou du moins de terre vitrée, pour résister au sel. Le bois n'y est par trop impropre; mais telle matière est réservée pour transporter la saumeure, avec les fruicts dedans, d'un lieu en autre; la nécessité du charroi ainsi le voulant, puis qu'en tel service, ne sont propres ni le verre, ni la terre.

Passés les dix jours, les pois et féves pourront estre tirés de la saumeure, pour continuer les erres de leur préparation. Pour ce faire, avec la mesme curiosité que nous les avons salés, nous les dessalerons, leur ostant entièrement tout le goust du sel, sans leur en laisser seulement l'apparence : afin de rendre nos fruicts compatibles avec le succre, puis que c'est avec lui que nous les confissons : autrement la chose ne se pourroit accorder, pour la contrariété naturelle des saveurs du sel et du succre. Dans vingt-quatre heures cela se faict très-bien, ayant la commodité de l'eau de la fontaine ou de la rivière, mettant le fruict dans un pannier d'ozier au courant de l'eau : mais telle aisance défaillant, ce sera dans un grand vaze à large ouverture, que dessalerons nos pois et féves. Là en abondance d'eau fresche, ils tremperont six ou sept jours, à chacun remuant d'eau nouvelle, trois ou quatre fois, et en somme, jusques à ce que le fruict ne tienne rien du salé, ce que recognoistrés à la saveur, ouvrant un pois et une féve des plus gros, et à leur intérieur les goustant.

Estans dessalés les pois et les féves, le passage s'en fera bouillant dans l'eau, dont l'espreuve de l'espingle ne sera obmise, pour tant plus asseurément ouvrer. Puis un peu séchés sur des serviètes, en suite posés dans la terrine vitrée, finalement le syrop liquide et bouillant sera jetté par dessus, par la continuation de dix jours, deux fois chacun, accommodant le syrop par augmentation de cassonade et rebouillemens, jusques à la perfection, comme a esté monstré. Et à ce qu'avec quelque aisance, l'on vuide la terrine de coup-à-coup, pour rebouillir le syrop, selon la nécessité de ce mesnage, le moyen sera, de perser la terrine en bas et au trou mettre un robinet, d'où sans grande peine, retirerés le syrop au besoin. Et par telle commodité, vos fruicts demeurans asseurés dans la terrine, ne se froisseront nullement : comme autrement il ne se peut faire, que quelqu'un ne se rompe, versant le syrop par le dessus de la terrine.

Artichaux. Pour confire des artichaux, convient les prendre jeunes et tendres, petits, non guières grands, pour estre capables de si gentille confiture : belle sur plusieurs autres, et de plaisante représentation, quand faicte au sec, il semble voir l'artichau sortir freschement du jardin, avec ses ailerons poinctus et entiers, et sa naïfve couleur verte, telle se la conservant jusques à la fin. Les cueillant, l'on leur laissera deux doigts de la queue, afin de les manier aisément : et sans délayer, pour crainte de la flestrisseure, directement du jardin (après, toutes-fois, les avoir lavés avec de l'eau fresche) seront jettés au sel, et d'icelui tirés au bout de dix ou douze jours, non devant, pour les dessaler. Puis le passage faict, seront arrengés dans la terrine, afin d'y recevoir le syrop, préparé comme dessus ; et de mesme l'employant, dans autres dix ou douze jours, se treuveront prests à estre séchés, recevant leur dernier sucre (58).

Cerises ou agriotes. Autrement que les précédens fruicts, l'on confit communément les cerises, car c'est à une seule venue qu'on les cuit dans le sucre, non à plusieurs ; ainsi presques aussi tost s'achevant telle confiture, qu'on la commence. Ce sont les agriotes ou cerises aigres, dont est question en cest endroit, plus propres à confire que les guines ou cerises douces, et plus recerchées pour leur goust aigret, salutaire aux fébricitans. Le temps passé, l'on confissoit ce fruict dans le syrop de sucre, faict avec de l'eau pure : aujourd'hui avec raison, l'on fond le sucre dans le jus d'autres cerises aigres, sans

autre humeur, dont se compose une gelée très-propre pour dés-altérer les malades, utile aussi pour conserver les cerises confites, bien et longuement. Le moyen en est tel. Trois livres de cerises des plus grosses et mieux choisies, sont apprestées. Si ce sont de celles qu'on appelle grosse agriote, elles seront prinses un peu verdelettes, non trop meures, de peur d'importune douceur, à laquelle elles tendent se meurissans. Si des autres, l'on les laissera meurir jusques au dernier poinct, car pour leur naturel aigre, quelques meures qu'elles soient, jamais ne se rendent-elles trop douces. La queue leur sera couppée à demi, afin que par le tronçon restant, elles puissent estre nettement prinses à la main dans le vaze, pour s'en servir. Deux livres de sucre fin, seront employées à la quantité des cerises susdictes (la cassonade n'estant ici propre), qu'on infusera dans le jus de cerises aigres, icelui tiré de plusieurs cerises, ausquelles l'on aura arraché la queue, osté le noiau, et passé à travers d'un linge (59). La quantité du jus ne se limitera, estant meilleur d'y en mettre trop, que peu : parce que le trop s'exhalera, par la patience du bouillir, là où le peu, causeroit la bruslure du sucre, par faute d'humeur. Et parce que communément les petites cerises aigres, ne sont si hautes en couleur que les grosses, qui à mesure qu'elles se meurissent, se noircissent, pour colorer le jus susdict, appellé, agriotat, de trois ou quatre grosses agriotes noires de maturité, en sera exprimé le jus dedans l'agriotat, dont il s'en rendra plus agréable. Ces choses appareillées, le jus sera mis dans le poislon ou cassette, et sur icelui, le sucre pulvérisé, sans

Agriotat.

souffrir

souffrir qu'il touche le cuivre du poislon , de peur d'en attirer la senteur. Le tout bouillira à petit feu de charbon (l'escumant tous-jours avec une cueiller d'argent ou de bois, jamais de fer ni de cuivre) , jusques à ce que le syrop soit achevé de cuire , que cognoistrés , quand en ayant mis une goutte sur une assiète , elle ne versera nullement , ni d'un costé ni d'autre , ains se tiendra ferme estant rouge , comme rubi (60). Lors mettrés dedans les agriotes , tout doucement , sans les froisser , les ferés un peu bouillir , et jusques à ce qu'elles commencent à se crever. Ce que voyant , les tirerés du feu , les laisserés refroidir , avec la patience requise en cest endroit , puis les logerés dans des boistes de verre , y versant dessus l'agriotat dont elles seront couvertes , y trempans dedans. Les boistes seront bien fermées avec du parchemin , et finalement exposées au soleil , pour y séjourner cinq ou six jours , et par sa chaleur achever de cuire le syrop , qui par l'humidité du fruict , se sera descuit. Mais cas estant , que sur-abondant l'humeur , le soleil ne la puisse consumer , le syrop faisant signe de se moisir , après en avoir osté les fleurs de moisisseure , avec une cueiller d'argent , rebouillirés le syrop sans les agriotes , lui donnant la dernière cuitte : finalement le remettrés sur les agriotes , froid non chaud , de peur de crever les agriotes , et de rompre le vaze de verre.

En suite , viennent les amandes. Le naturel de ce fruict , est de se descheoir en confissant : et afin que les amandes estans confites , restent de passable grandeur , prévoyant cela , ne faudra ici employer que les plus grandes , telles curieu-

sement les recercheant , mesme les races particulières , à ce les plus propres. Nous les cueillirons de l'arbre , non endurcies , ains encores fort tendres : leur osterons la bourre grise couvrant le vert , pour mettre en evidence telle belle couleur , semblable à velours vert , et avec icelle les confirons. Le moyen de despouiller les amandes de telle bourre , est la lexive préparée avec des cendres de chesne : mais cela se faict fort proprement , et beaucoup mieux qu'avec le cousteau , quelque curiosité qu'on y sçache apporter. Après avoir faict bouillir demi-quart-d'heure , des cendres de chesne bien nettes dans de l'eau , l'on passera le tout à travers d'un linge , le versant dans une terrine , où estant reposée la lexive , le grossier des cendres , comme lie , s'arrestera au fons , laissant l'eau claire au dessus : laquelle prinse de là , doucement , sans esmouvoir la lie , sera mise bouillir dans un poislon sur feu clair : bouillant , les amandes y seront eschaudées deux ou trois à la fois , les jettant dans l'eau , où ayant bouilli une onde , les en retirerés avec la cueiller persée , les mettant sur une serviète grosse , et neufve , avec laquelle frottant l'amande un peu rudement , en enleverés la bourre grise , descouvrant le beau vert. Si la lexive n'est assés forte , ne servira de rien sans pouvoir enlever la bourre. Si trop , gastera tout , escorcheant l'amande jusques au blanc. Au remède. La foiblesse de la lexive , se fortifiera par bouillir , ce seul moyen faisant exhaler l'eau sur-abondante , causant la foiblesse. Le trop de force , se corrigera avec de l'eau , en mettant dans la lexive , la quantité requise , comme se monstrera par la preuve , à laquelle vous arrestant , ache-

Mettrés des tronçons de canelle dans les amandes.

verés d'esbourrer vos amandes, jusques à une, ad-joustant de l'eau à la lexive, lors qu'en bouillant, elle se fortifiera par trop, comme le recognoistrés par l'œuvre mesme. Ce faict, ouvrirés le passage aux amandes, les bouillant dans l'eau claire : puis les sécherés entre-deux linges, et sans leur donner loisir de se refroidir, les larderés avec de la canelle, de long en long, non en travers, de peur de les perser mal à propos, et par conséquent les difformer. Tandis, le syrop s'apprestera. Et estans vos amandes mises dans la terrine, là seront confites, avec pareil syrop, y employant dix jours, avec semblables observations, que dessus. Ainsi, aurés des belles amandes, vertes durant l'année, non ridées, soit qu'elles demeurent au liquide, soit qu'on les passe par le sec.

Noix.

Des nois confirons-nous de trois couleurs distinctes, noire, verte, blanche : pour toutes lesquelles, est nécessaire eslire fruict de grande race et tendre, duquel se faict confiture de valeur, recerchée et pour le goust et pour la santé, *Noires.* très-propre pour l'estomach. La manière la plus receue, est celle dont les nois restent noires. Les nois sont pellées avec un cousteau, en mesme temps les jettans en l'eau fresche, dans laquelle trempent continuellement, durant neuf ou dix jours, chacun jour les remuant d'eau nouvelle, trois ou quatre fois, et en somme, jusques à ce que l'eau en soit claire. Après, le passage s'en faict, puis les nois sont lardées avec de la canelle, en long et en travers (jamais avec du girofle, bien-que ce soit de l'usage invétéré de plusieurs), et finalement, logées dans la terrine, pour y estre confites avec le syrop, dans dix jours.

Pour la couleur verte, trois moyens y *Vertes.* a-il. Au lieu de peller les nois, l'on les perse en trois ou quatre endroits, afin de leur faire vuider la liqueur malingne, leur causant la noirceur : mais ce sera avec du bois dur et poinctu, non avec du fer, de peur de la rouille. Persées, seront mises tremper dans l'eau courante, s'il est possible, afin que la liqueur sortant par les trous, ne s'arreste nullement sur les nois, pour les en noircir. Au défaut de telle commodité, ce sera dans vaze à large ouverture, qu'on les trempera en abondance d'eau, dont on les remuera sept ou huict fois le jour, durant dix ou donze; passés lesquels, elles sont pellées avec un cousteau de rozeau ou canne, non de fer, pour les raisons dictes. Le vert paroistra dessous la pellicule, icelle ayant engardé l'humeur malingne d'y pénestrer, s'estant vuidée par les trous. A mesure qu'on pellera les nois, seront jettées dans l'eau fresche, et de là dans la bouillante pour le passage.

Autre moyen pour rendre les nois vertes, est la lexive, faicte, non avec des cendres, ains avec de la chaux vifve, ou neufve. La chaux trempe vingt-quatre heures dans l'eau fresche, après est bouillie une bonne heure sur feu clair, finalement passée par un linge, et ayant telle lexive séjourné dans un vaze, jusques à ce que la lie s'en soit arrestée au fons d'icelui, l'eau claire du dessus prinse, sera bouillie dans un poislon sur feu de flamme, et bouillant, dans icelle seront eschaudées les nois, comme les amandes, et ainsi qu'elles, frottées rudement avec une serviète neufve et de linge grossier, pour leur enlever la pellicule extérieure, cachant la couleur verte. La foiblesse et la force importunes de la lexive , sont corrigées par le bouillir, et par l'eau , comme a esté veu à la lexive de cendres.

Aussi par le sel se rendent vertes les nois, car ayans trempé dans la sæumeure quelques quinze jours ou trois sepmaines, et après dessalées , facilement s'enlève leur première peau , sous laquelle le vert paroist, préservé de la maligne humeur noircissante, que la force du sel aura faict vuider, par les pores de la nois.

Nois blanches. Quant à la couleur blanche, elle procède directement de la main, c'est à dire , du tailler : car pour blanchir les nois , sans les perser ni tremper aucunement , ne faut que les peller jusques au blanc , leur ostant tout le vert (c'est pourquoi, ici faut employer les plus grosses nois) et sur le blanc façonner au cousteau, les nois à la semblance de la coque endurcie d'une vieille nois , par le moyen de laquelle gentillesse , les nois confites au sec , ressembleront aux communes de mesnage.

Toutes lesquelles nois, quoi-que différentes de couleurs, seront au reste traictées de mesme sorte ; touchant le passage, le larder avec de la canelle, le syrop , et le temps de l'application.

Noisilles. Les noisilles ou avelaines seront prinses en rame ou en escosse, pour confire. L'on les cueillira devant qu'elles aient grené, encore fort tendres, avec leur coque ou escosse bien esparpillée , et aislerons eslevés. Pour plus de beauté , plusieurs noisilles attenans par les queues, seront laissées ensemble , lesquelles unies, se maintiendront avec leur naturelle couleur , jusques à la fin. Est nécessaire de les passer par le sel ; puis dessalées , les exposer au syrop. Ne veulent aucune canelle , ni autre moyen pour les confire , que le succre , leur faisant tenir mesme chemin qu'ès précédens fruicts , et les achevans au sec , sorties du liquide.

Laictues. Des laictues, se faict la bouque-d'ange , ainsi appellée telle confiture , pour son précieux goust, et faculté de des-altérer les fébricitans. C'est seulement le tronc de la laictue, tige ou coston , qui est ici employé , qu'on prend, encores tendre, devant que la plante ait meuri la graine. Pour l'avoir gros comme le poulce, convient eslire la race des laictues de la plus grande sorte, comme sont communément les vertes, qui ne se resserrent en pomme. Le tronc sera couppé tant long qu'on pourra , et si bien nettoyé , que sans empeschement, l'on le voie transluire le regardant à la clarté du soleil. Ainsi appareillés tels tiges seront mis au sel pour dix jours : puis dessalés , logés dans la terrine , finalement confits avec le syrop durant dix autres jours , attendans dans la terrine , d'estre tirés du liquide pour estre mis au sec , digne article de telle confiture.

Changer leur couuerte de syrop , Et d'autant que la beauté de ceste confiture dépend de la clarté de son corps, l'ayant diaphane et translucide, et qu'elle pourroit estre obscurcie par la continuation du service de mesme syrop , qui par réitérées ébullitions , se ternit : est requis, lui changer de syrop, un couple de fois , durant les dix jours, qu'on employe à parfaire la confiture, à chacune fois, lui faisant du syrop nouveau, avec nouvelle cassonade, le lui donnant liquide et espès , selon les jours , et l'art, ci-dessus remarqué. Dont se rendra vostre bouque-d'ange , claire et transparente , comme désirés. Mesme considération convient avoir du carbassat, de l'escorce et de la chair de citron, des abricots, des prunes, et autres fruicts clairs; pour lesquels servira cest avis, sans le redire. Et se fera ce changement-ci, sans nulle despence, employant à propos le syrop qu'on retire du fruict (bien-qu'il ait servi) à faire d'autres confitures, dont l'obscurité n'a besoin de tant particulière recerche.

Au sel mettra-on des petits melons et concombres entiers, de deux à trois doigts de long, verts et fort tendres, pour après y avoir demeuré dix ou douze jours, les dessaler, et en suite confire; pour finalement les mettre au sec, où sans deschet, ni de corps ni de couleur, se représenteront très-bien.

De mesme l'on fera des petits limons et oranges, entiers, soit pour les saler, dessaler, confire au liquide, soit finalement, pour les faire passer par le sec: duquel sortiront beaux à voir, pour leur naturelle figure, et naifve couleur: estans aussi plaisans au manger, pour leur bon goust, et salutaire à la santé.

En ce reng seront les abricots, le temps ainsi l'ordonnant. Nos pères confissoient les abricots à la manière des cerises, tous entiers, sans peller, les faisans cuire dans le sucre, à une seule venue, et les gardans toute l'année dans le syrop. Aucuns tiennent encores telle façon. Mais la plus-part les pellent, et leur ostent le noiau, les applattissans en rond, comme prunes de Brignole, les confissans à la manière susdicte: et comme par succession de temps, l'on apprend tous-jours quelque chose de nouveau, y en a qui les mettent au sec, où ils se représentent bien, beaux et clairs. Mais qui désirera avoir des abricots, encores mieux quali-

fiés, sans guières s'escarter de leur naturel, gardans beaucoup de leur naifve couleur, ayant le corps transparant et diaphane, y voyant à travers le noiau, les préparera ainsi. Choisira la meilleure race d'abricots, sains et entiers, de belle couleur, non du tout meurs, ains un peu verdelets et fermes, pour mieux résister au sucre; sans les peller ni ouvrir, les jettera tous entiers dans l'eau bouillante, pour le passage, les maniant doucement sans les froixer. Après, seront arrengés dans la terrine, là confits avec les observations nécessaires, mesme de la qualité du syrop, représentées, variant selon les jours; sur quoi l'on ne se peut aucunement dispencer. Moyennant lesquelles, le syrop pénétrera jusques au cœur du noiau, quoi-que la coque d'icelui soit dure et inamollissable: lequel noiau, estant naturellement de douce saveur (comme des races d'abricots y a-il, tels les produisans, qu'on mange comme noisilles), par le susdict ordre, se rempliront de sucre, et confiront comme la chair des abricots; ainsi, en ce fruict, se treuvera double confiture. Le noiau estant amer, selon l'ordinaire des communs abricots, le sucre ne laissera de s'y rendre; addoucissant quelque peu son amertume, ainsi que notoirement le recognoistrés en les goustant. Après que les abricots confits auront séjourné au liquide un mois, pourront estre mis au sec; recevans leur dernier sucre, qui leur donnera lustre requis à tant précieuse confiture.

Les petites poires musquées et blanquettes, suivent pied à pied les abricots, pour de mesme qu'eux, estre traictées, au passage, au confire au liquide, et en suite, au sec. L'on ne les pellera ni fendra aucunement, ains, entières, seront employées. Et, comme j'ai dict des noisilles, plusieurs petites poires confira-on en union, si l'on les cueille de l'arbre, joinctes ensemble par les quenes, dont la confiture se rendra plaisante ; d'elle-mesme estant de très-bon goust, cédant à peu d'autres.

Prunes. Les plus grosses prunes, sont en ce service-ci, à préférer aux petites, pour la difficulté, plus grande, qu'on treuve du manier le petit que le gros fruict : joinct que la prune se diminue fort au confire, la petite presques s'y anéantissant. Le goust est aussi à considérer : car tant meilleure sera la confiture, que plus savoureux en aura esté choisi le fruict. C'est pourquoi, les grosses prunes perdigones, impériales, royales, et semblables, de grand corps et précieuse substance, sont recerchées pour confire. Et pellées, sans noiau, et avec icelui, entières, sans peller, sont confites les prunes ainsi qu'abricots, où vous renvoyerai, pour les traicter de mesme. J'ad-jousterai ceci, que lors que voudrés mettre au sec vos prunes, les sortans du liquide (j'entens de celles qui auront esté pellées, estans sans noiau), de deux ou trois petites prunes, en façonnerés une grosse, les joignans ensemble, par le moyen du sucre, dont elles se conglutineront ; et après en seront cachées les commissures, par l'incrustation du sucre couvrant le fruict, dernière main de toute confiture.

Poires moyennes et grosses. Voici la saison ouverte pour toutes sortes de poires d'esté. D'entre leur nombre infini choisirés des mieux qualifiées, pour le goust et pour la beauté, grosses et charnues sur tout, sans pierres ni gra-

vois. Non plus que les petites poires, celles-ci ne seront ni pellées ni fendues, ains entières les confira-on avec le seul sucre, à la manière dicte. Et pourveu que le passage soit bien faict, et le syrop bien appresté, ne doubtés du succès, car le sucre pénétrant à fons les poires, quelques grosses qu'elles soient, les confira à souhaict. Dont elles resteront sans deschet de corps, ni de couleur, se représentans comme sortans de l'arbre, au partir du sec. De mesme, seront conduictes les poires de l'automne et de l'hyver, qui me gardera de redicte. Plusieurs pellent les poires pour confire, dont ils font bonne confiture, mais non tant agréable que la susdicte (61).

Courges. Le carbassat se faict de courges longues, à cela estans meilleures que les cougourdes rondes : quant aux citrouilles, elles y sont du tout impropres, leur chair ne pouvant souffrir la chaleur du sucre, qui la faict fondre la rendant en brouet. Encores le col des courges est à ceci meilleur, que le ventre. Du col, donques, nous en ferons des trenches, longues de demi pied, larges de deux bons doigts, espesses d'un petit poulce. L'on les escorcera curieusement, et aussi en seront ostés les grains du dedans, si poinct y en a en telle partie de la courge, afin que les trenches demeurent nettes et claires. Ce faict seront mises saler dans une terrine vitrée, pour y séjourner dix jours, pour le moins. Mais pour l'abondance d'humeur que la courge rend, ne sera besoin la jetter dans la saumeure, seulement d'en couvrir les trenches avec du sel menu, les mettant par littées, à la manière qu'on sale les lards. Car reposant les pièces de courge dans la saumeure commune, icelle se treuvant trop foible, par la susdicte humeur ad-joustée, y auroit danger de corrompre le tout. Et à ce que les trenches trempent continuellement, comme il est nécessaire, le sel n'y sera espargné, ains donné largement, sans crainte d'excéder, le trop se retreuvant au fons du vaze. Après, l'on les dessalera, l'on leur fera le passage, l'on les confira comme dessus, finissant par le sec. Outre les trenches de courges faictes en long, des pièces en quarré en seront taillées, larges de quatre doigts, espesses de deux à trois, qu'on prendra du col de la courge, comme de l'endroit du fruict le plus charnu, dont la confiture se rendra bonne et agréable.

Ce n'est de l'usage commun qu'on confit des melons ou poupons meurs en pièces, comme des courges, ains des verts, petits et entiers, ainsi qu'ai monstré : toutesfois, la chose est faisable, mon expérience vous en pouvant asseurer. Soient donques prinses des trenches de tel fruict, qualifié de rouge, maturité, et grandeur, de la mesure que voudrés : et après les avoir pellées et esgrennées, les salerés sans eau, dans la terrine, comme dessus. Y pourrés ad-jouster des trenches de concombres, pour la sympathie de ces deux fruicts : les deschargeans d'escorce et de graine, afin que les pièces restent nettes.

Du citron se confit l'escorce et la chair, séparément, et de chacun se faict trèsbonne confiture, agréable au goust et à la santé, mesme l'escorce profitable à l'estomach. Des trenches sont faictes de l'escorce, tant longues, comme est le citron, espesses d'un doigt. Et de la chair, des pièces quarrées, rondes, triangulaires, et autres, qu'on taille à volonté.

L'escorce s'emploie sans rien oster du dessus, comme là consistant le plus de la vertu de ce fruict. Toutes ces pièces sont salées, dessalées, et confites à la manière susdicte : puis mises au sec (62).

Selon les saisons je dispose des confitures, au soulagement de la mémoire de nostre mère-de-famille, qui par telle distinction des temps et des fruicts, ordonnera de ce précieux mesnage. Les auberges et pesches se présentent ici, pour à leur tour estre confites entières avec leur belle robbe vermeille, jaune, verte, et noiau dedans. Ce fruict se treuve capable d'estre confit, de la mesme façon que les abricots, estant choisis des espèces qui ont la chair plus ferme, et plus dure, à cause dequoi résistent bien à la violence du succre, comme il est requis.

De fort bonnes pastes sont aussi faictes de ces fruicts-ci, spécialement des pesches, dont la manière en estant venue de Gènes, recommande telle sorte de confiture. Ainsi l'on y procède. Les pesches pellées, mises en pièces, deschargées de noiau, seront cuittes dans l'eau claire, sur feu de charbon, les remuant continuellement, de peur de les brusler : et sans attendre que l'eau soit du tout consumée en exhalaison, l'on les passera par le tamis. Après, seront remises dans le poislon, y ad-joustant du succre fin en poudre, la moitié du poids du fruict, y comprenant le peu d'eau restante en icelui (comme si la paste avec l'eau pèse deux livres, y faudra mettre une livre de succre), pour là s'achever de cuire. Ce sera sur petit feu de charbon, remuant tous-jours la paste avec l'espatule de bois, jusques à ce qu'elle soit assés cuitte : et le cognoistrés quand cessera de faire escume.

Lors la tirerés du feu, la mettant sur des vazes à large ouverture, exposée au soleil, afin que par sa chaleur la paste deschargée de toute nuisible humidité, procédante du naturel du fruict, s'achève d'affermir, l'y tenant si longuement, qu'il suffise. Et à ce que pendant tel séjour, la poussière et autres saletés n'importunent la paste : elle demeurera tous-jours couverte d'un linge, si bien accommodé et rehaussé par appuis et soustenemens, qu'il satisface à ce service, sans destourner le soleil que le moins qu'il sera possible (63). Plusieurs autres fruicts pourra-on convertir en paste, à la manière susdicte, comme abricots, prunes, cerises, poires, pommes, etc. ; sans autre particulière observation, que du succre, pour en donner tant plus aux fruicts, que plus ils seront humides.

Les arseiroles et framboises meures, se pourront confire de compaignie, et loger en communs vazes : ou en distincts et séparés, comme l'on voudra. Aussi est-on en liberté de les confire à une seule venue (à la manière des agriotes) ou à plusieurs fois, ainsi que les autres confitures : mais de les achever au sec, la petitesse du fruict n'en requiert la peine. Pour laquelle cause, l'on logera ces petits fruicts en petits vazes plats et bas, de verre ou terre vitrée, pour là estre prins durant l'année, les mangeans au liquide.

En la propre manière que les cerises, sont confites les cornoailles, c'est assavoir, dans le succre infus au propre jus de ce fruict, duquel sans autre humeur, se faict le syrop, appellé, *corniat*, du nom du fruict, dit en latin, *cornia* : ainsi que celui des agriotes, *agriotat*. Aussi sont ces confitures-ci, de commune faculté rafreschissante, très-propre pour les fébricitans, leur petite aigreur naturelle leur estant agréable. En pots de verre, reposeront ces confitures-ci, pour y estre prinses selon l'usage.

Dans le syrop de succre, seront confits les vert-jus ou raisins verts, pour les conserver toute l'année. Employerés ici les plus gros aigrets ou raisins verts, bien choisis ; et après leur avoir osté les queuës (64), les jetterés dans le syrop faict au succre avec de l'eau claire, pour s'y cuire. Mais ce sera sur la fin de la cuitte du syrop qu'y mettrés les vert-jus, à ce qu'ils n'y séjournent beaucoup, de peur de les crever : mesme considération ayant sur le confire des agriotes, comme il a esté veu. Ce faict, en semblables vazes que ceux des agriotes, seront logés les vert-jus, pour y reposer jusques au besoin.

En plusieurs sortes se confissent les coins, en quartiers, en cotignac, en gelées, et encores de toutes ces façons-ci, diversement, tant ce fruict est de facile maniement.

Ferés bon chois des coins que désirés confire, les prendrés de franche race, beaux en couleur, odorans, et la quantité que voudrés employer. Chaque coin sera mis en quatre ou six pièces, les pellerés curieusement, de mesme les deschargeans de tous grains. A mesure que les pellerés, les jetterés dans l'eau fresche, pour les préserver de noircisseure. Leur ferés le passage dans l'eau bouillante : et après en avoir lardé les pièces avec des tronçons de canelle, chacune en plusieurs parts, les logerés dans la terrine. Tandis le syrop s'apprestera ; mais ce sera avec l'eau où auront bouilli les coins, laquelle décoction, aidera à odorer le syrop : l'employant avec les observations représentées, où toutes-fois le naturel du fruict, requiert faire ceste exception, que le coin naturellement s'affermit à la chaleur du syrop, soit de succre, soit de miel, y ayant enfin, danger d'endurcir importunément le fruict, par la continuation du syrop chaud. Ce que prévenant, d'autre syrop que froid, l'on ne mettra sur les coins, les quatre derniers jours de la confiture, laquelle achevée avec syrop ainsi qualifié, se rendra agréable, comme la désirés. Plusieurs, avec bon succès, confissent au succre des coins en quartiers, à une seule venue, comme au moust et au vin-cuit, mais ceste façon dont est question, surpasse toutes autres, et pour la bonté, et pour la durée.

Cotignac. Par deux moyens, l'on faict des bons cotignacs. Des coins bien choisis seront cuits au four, entiers, sans peller, mis dans vaze de cuivre, bas, à large ouverture, demeurans au four autant qu'une fournée de pain (65). Ainsi, bien rostis, l'on les pellera, pestrira, et passera à travers d'un tamis, ou d'une toile neufve bien nette : puis l'on les achevera de préparer dans le succre. La quantité de succre requise en cest endroit, est la moitié du poids des coins. Telle l'y ad-joindrés, non en syrop, ains en poudre, meslant l'un avec l'autre. Après, la composition mise dans la bassine ou casse poinctue, sur petit feu de charbon, y sera achevée de préparer, la remuant tous-jours avec la spatule de bois, de peur de la bruslure. *Cognoissance de sa cuitte.* Le cotignac sera cuit en perfection, quand il ne tiendra plus, ni à la casse ni à la spatule, sur laquelle addresse vous arrestant, aussi tost que vous-vous appercevrés de tel despouillement, le sortirés

du feu ; et de la casse, le logerés dans des vazes de verre ou de terre, ou dans des boistes de bois, pour là estre prins selon l'usage. Et à ce qu'aucune restante humidité naturelle du fruict (comme il peut arriver) n'amoindrisse et ne ravale beaucoup la bonté ou la beauté du cotignac, les vazes et boistes en seront exposées à l'aer, pour trois ou quatre jours (non toutes-fois au soleil ni à la rozée), où se desséchant, demeurera le cotignac ferme et solide, tel qu'on le désire. *Autre moyen de faire l'cotignac.* Aucuns ne passent les coins par le tamis, ains les employent sortans directement du four, après leur avoir osté la pellure et les grains. Mais non tant délicat s'en faict le cotignac ainsi, qu'estant tamisé, dont, deschargé de tout le grossier, reste du tout bon et beau. *Autre.* L'autre moyen est de peller les coins, et tous entiers, sans les ouvrir, les mettre bouillir dans l'eau claire, jusques à ce qu'ils crèvent, d'eux-mesmes se réduisans en paste : en suite, les passer par le tamis bien net : finalement, les achever de cuire dans la casse avec le succre, en pareille proportion que dessus, et semblable ordre. Sur la fin de la cuitte des cotignacs, y jetterés dedans quelque once de canelle pulvérisée, pour leur augmenter le goust : et si les voulés perfumer, un peu de musc meslé avec la canelle vous satisfera, dont les cotignacs s'en rendront très-agréables (66).

Gelée. Aussi en deux façons, l'on faict des bonnes gelées de coins. Les coins hachés en menues pièces, sans peller ni esgrener, sont jettés dans l'eau claire au partir du cousteau, afin qu'ils ne se noircissent sentans l'aer. La pellure sert à odorer la gelée, comme l'endroit du coin le plus cuit, et les grains, à advancer le

geler

geler du fruict : en estant, telle partie, ce
qui plustost et plus facilement se géle.
Dans grande poisle, en abondance d'eau
claire, seront bouillis les coins, en feu
clair, et si longuement, qu'ils viennent
comme en paste. Lors les coulerés à travers d'une toile neufve, bien nette, violamment, tant à ce que toute la matière
en sorte, que aussi pour avoir et profiter
la plus propre à geler, qui est celle ne
sortant de gré, ains qui se faict presser
pour la difficulté de sortir du couloir, à
cause de son naturel glutineux. Meslerés à
ceste décoction, du succre en poudre, le
tiers du poids d'icelle, peu plus ou moins,
et le tout ensemble ferés bouillir dans la
casse poinctue, à petit feu de charbon,
et uni, afin que la gelée se cuise esgalement de tous costés ; laquelle deschargerés
de toute l'escume qui se présentera, l'ostant curieusement, afin que la gelée reste
du tout belle. Et à ce qu'elle s'appreste
tant mieux, sans crainte d'estre bruslée,
la remuerés continuellement avec la spatule de bois (67) : aussi, de coup-à-coup,
regarderés l'estat de sa cuitte, pour pren-
Cuitte de dre avis du poinct de la tirer du feu. Ce
gelée. sera sur un marbre ou sur une assiète,
qu'en ferés les espreuves, y jettant dessus quelques gouttes de la matière, laquelle s'y gelant à mesure de son refroidissement, manifestera d'estre assés cuitte.
Donnés-lui néantmoins la cuitte assés
forte, avant que de la tirer du feu, mais avec
un jusques-où, afin de l'achever de cuire
tout-d'une-main ; voire est requis tendre
un peu au trop ; afin qu'icelui supplée au
descuire, qui lui avient dans quelques
jours après (selon le naturel de tous fruicts
confits), sans lequel moyen, la gelée ne
se pourroit remettre en bon estat : d'au-

tant qu'on ne la peut recuire estant achevée, comme l'on faict les autres confitures. Mais ainsi maniant vostre gelée, la
rendrés ferme, de couleur rouge comme
rubi, claire et translucide, plaisante à
la veue et au goust, et de longue durée,
selon le suject. L'autre manière de faire *Autre gelée.*
la gelée de coin, diffère de la précé-
dente en ceci : que les coins sont deschargés d'escorce et de grains, devant
que les mettre bouillir dans l'eau ; que le
succre en plus grande quantité que dessus, est mis dans la décoction avant que
la tamiser, après avoir un peu bouilli.
Au reste, en estans les façons ordinaires
et communes, touchant le passer par le
tamis ; puis le cuire sur petit feu de charbon, et finalement loger ces belles gelées dans vazes de verre ou terre vitrée,
façonnés selon la portée et dignité de si
gentille confiture.

Par excellence, quand l'on parle des
gelées, s'entend de celles de coin :
néantmoins, de certains autres fruicts,
comme de cerises et cornoailles, se font
des gelées, très-bonnes et précieuses,
pour sains et malades. Et bien-que nous
ayons outre-passé le reng des cerises et
cornoailles, si est-ce que pour la sympathie qu'elles ont avec le coin, en cest
usage-ci, l'accompaignerons de cerises
et cornoailles, pour faire des gelées. Les *Gelée de*
cerises ou agriotes, choisies bien meures, *cerises.*
seront deschargées de leurs queues et
noiaux, puis escachées, et exprimées à
travers d'un linge bien net, le jus en tum-
bera dans un vaisseau de terre vitrée ; sur
lequel, aussi tost sera mis du succre en
poudre, et le tout versé dans un poislon,
cuit sur petit feu de charbon, jusques au
geler, comme dessus. La quantité du

succre ne se peut prescrire, attendu l'a-
bondance de jus requise en cest endroit,
surpassant de beaucoup le succre, dont
la gelée s'en sera mieux et plustost, que
si le succre y estoit mis trop largement,
et cela sans hazard, par la patience de la
laisser diminuer par exhalaison. Moyennant laquelle, l'escumant tous-jours,
pour la descharger de saleté, ayant le
feu esgal ès costés du poislon, et petit,
vostre gelée se fera à volonté, et se représentera excellente en beauté et bonté,
de couleur rouge, claire, diafane, et de
goust très-précieux.

Cornouilles Ainsi mesnagerés les cornoailles, pour
en faire de la gelée, laquelle, et la précédente (comme les plus exquises des
fruicts), logerés dans des petits vazes de
verre ou de terre vitrée, peinte, à ce
appropriés. Là se conserveront ces ge-
lées-ci, longuement en bonté et beauté,
pour, avec délectation, servir, et à sains
et à malades.

Mesles ou nesfles. Les mesles ou nesfles, comme les derniers fruicts cueillis, seront en suite les
derniers confits. Sans les passer par le
sel, l'on les confira selon l'ordre susdict,
assavoir, à diverses venues, y employant
dix jours. Sortans de l'arbre, encores
dures, non parvenues à maturité (car
elles s'achèvent de meurir sur la paille),
ayans leurs aislerons poinctus, sans séjourner, de peur de la flestrisseure, les
jetterés dans l'eau bouillante, pour leur
faire le passage : lequel faict, et arrengées dans la terrine, seront accueillies
par le syrop liquide et bouillant. Mais
ce sera seulement pour les deux premiers
jours, que le syrop leur sera donné chaud,
non pour les subséquents, crainte de l'importun affermissement auquel les mesles

sont sujettes. Car au reste, jusques à la
fin, autre que froid ne sera employé le
syrop, l'ayant au préallable faict bouillir
et consumer, selon l'art et l'observation
des journées, puis refroidir. Par là prévenant la durté du fruict, la confiture
s'en rendra belle et bonne, sans lequel
moyen ne pourroit-elle estre de grande
valeur, la durté en ravalant la réputation. Les mesles confites, séjourneront
au liquide tant qu'on voudra, pour de là
estre prinses selon l'usage. Aussi, ce sera
à volonté qu'on les en tirera, pour les
mettre au sec, afin de recevoir la marque
des exquises confitures.

Des pom- Touchant les pommes, grand conte
mes pour l'on n'en faict pour confire, leur naturel
confire. ne se ployant guière bien à tel appareil.
De les confire entières, sans peller, comme
les poires, ne se peut, attendu que leur
pelleure, semblable à parchemin, résiste
au syrop, soit de succre, soit de miel,
ne lui permettant de passer jusques à
l'intérieur du fruict, comme il est nécessaire. Et de les peller, non beaucoup
plus grand avantage y a-il, parce que la
chair de la pomme, se dissout comme
brouet, sentant la chaleur du syrop.
Quelques races de pommes néantmoins
y a-il de chair ferme, comme court-pendu, pomme-roze, et peu d'autres souffrir le syrop, et par ce moyen, se confire,
toutes-fois, pellées ; car avec la pelleure,
aucune n'est à cela propre. Pour laquelle
cause, des pommes de la qualité requise,
seront choisies, qui pellées, après mises
en quartiers ou laissées entières, seront
exposées au confire à la manière dicte.
Aussi à estre confites à une seule venue,
les bouillant dans le syrop, comme les
cerises, et selon l'usage de la plus com-

mune confiture. De convertir les pommes en paste, comme les pesches, la chose est faisable; aussi en ai-je représenté ci-devant la manière, où je vous renvoie (68).

Aussi confit-on des fruicts tronqués, mi-partis, en pièces inesgales, de toutes espèces, selon la fantasie, et qu'il s'accorde le mieux, comme melons, concombres, courges, laictues, mesme des retailleures d'escorce de citron, et de ses rascleures avec, que les Italiens appellent *citrograttato* : desquelles drogueries, se font des confitures agréables, qu'on conserve dans le liquide : et d'icelui pour mettre au sec, en seront tirées les plus grandes et maléables pièces, si ainsi on le veut.

De mesme, employe-on plusieurs racines d'herbes médicinales, comme buglose, cichorée, angélique (69), campane, et semblables, qui, avec les propriétés qu'elles ont pour la santé, se laissent manger apareillées en confiture. Toutes lesquelles racines, estans bien rasclées et lavées, pour les descharger de terre et autre saleté, et ostée toute importune durté, seront maniées comme les fruicts, avec eux ayans commune la façon de confire, la conservation au liquide, et la liberté de les mettre au sec.

Voilà la vraie façon pour confire les fruicts au liquide : ceste-ci en sera pour le sec, à ce que nostre confiture s'achève de tous poincts, pour la bonté et beauté. C'est grand avantage pour bien ouvrer au sec, que d'avoir bien faict au liquide : voire en est-ce le fondement, sur lequel nécessairement convient bastir; où défaillant, rien de bon l'on ne peut espérer de ceste confiture. Nostre fruict donques bien préparé au liquide, s'achèvera bien au sec. Il attendra dans son syrop le loisir du confisseur, et ce avec avantage, s'y nourrissant tant mieux, que plus il y séjourne. Mais pour avoir quelque limite en ce mesnage, noterés qu'ayant le fruict prins de sucre à suffisance, dans dix ou douze jours, par-après ne s'en charge de plus, comme en estant rempli : pour laquelle cause sera à vostre liberté, passé ce temps-là de le retirer du liquide pour le faire passer par le sec. Bien est vrai, que le séjour au liquide accommode le fruict, ainsi que j'ai dict, en ce que se nourrissant dans son syrop, s'en treuve par-après plus rempli : parce que le sucre se candissant de soi-mesme dans le fruict, à la longue, le tient gros et ferme : laquelle considération ne vous arrestera pourtant, si désirés voir bien tost vostre confiture parfaicte. La plus-part des fruicts enroollés ci-devant, confits au liquide, consentent d'estre achevés de confire par le sec : voire tous sans nul excepter, se peuvent ainsi manier, si le trop petit corps d'aucuns ne les dispense d'en tenir le chemin. Les fruicts que voudrés passer par le sec, seront gouvernés en ceste sorte.

Pour un préallable, les fruicts seront lavés, afin de leur oster le syrop gluant, estant attaché à leur superficie, leur empeschant, ou pour le moins, leur retardant le sécher. Cela se faict dans l'eau bouillante, les y jettant au partir du vaze, où ils auront séjourné dès le commencement de leur confire. Les grosses pièces de fruict seront plongées dans l'eau, une à une, avec la cueiller persée; et les petites, deux à deux à la fois, et toutes aussi tost retirées sans y faire qu'entrer et sortir, de peur que le trop séjourner, ne leur ostast de sucre plus que de raison. Lavées, l'on les esgoustera sur un linge blanc, escartées les unes des autres, puis l'on les séchera.

Ce sécher-ci, se faict par deux moyens, au soleil et au feu. Au soleil, en plein esté : et au feu, durant toute l'année, mesme au cuœr de l'hyver. Si c'est au soleil, le moyen est de mettre le fruict lavé, dans un pannier d'ozier, long comme un berceau d'enfant, ou d'autre figure, non au fons du pannier, ains suspendu au milieu par un petit plancher faict avec des buschetes de menu bois ou un trelis de fil d'archail, afin que le fruict ainsi esgaié, mesme sans s'entre-toucher, soit pénétré de l'aer, pour advancement d'œuvre. Et à ce que le fruict soit nettement, sans estre importuné de la poussière ni d'autre saleté, le pannier sera garni au fons, d'un linge blanc, devant qu'y arrenger le fruict, et au dessus, couvert en voueeure ou berceau : ainsi estant le fruict couvert et accommodé, exposé au soleil, y séjournera jusques à ce qu'il soit sec, prest à recevoir son dernier sucre, qui pourra estre dans trois ou quatre jours, ayant le soleil à propos, et que souvent visité, soit de fois à autre, retourné sens-dessus-dessous. Si c'est au feu, un moyen fort propre y a-il pour ce mesnage, duquel se servent les confisseurs faisans estat de confitures. C'est un petit cabinet long et estroict, garni à plusieurs estages, comme planchers, esloignés l'un de l'autre, demi pied ou moins, faicts de rozeaux refendus ou de fil d'archail en trelis, et tant proprement accommodés, qu'ils s'ostent de leurs places et s'y remettent en glissant comme lictes, afin de changer de place à la confi-

ture qui y est mise au dessus pour sécher : ce qu'elle faict, moyennant du feu allumé au dessous du cabinet, en un four là basti occupant tout le bas d'icelui. Ce four est faict, comme à cuire du pain, ayant sa cheminée pour vuider la fumée, sans importuner l'intérieur du cabinet : lequel par ce moyen s'eschauffe à volonté avec beaucoup d'aisance. A faute de tel cabinet, satisfera à ce service-ci, un garde-manger faict de bons aix, de quel bois que ce soit, fermant à clef, garni de plusieurs petits estages, comme dessus, au bas duquel, l'on mettra du feu de charbon sans fumée, qui séchera très-bien le fruict. Encore défaillant tel meuble, la mère-de-famille n'en estant accommodée, ne laissera pourtant de sécher sa confiture par ceste simplicité (suivant l'usage des champs, où souvent se vérifie l'engin surpasser la force, selon le proverbe), qui est, en arrengeant sa confiture dans des panniers, comme la voulant sécher au soleil, après mettant les panniers sur des tripiers, et au dessous d'iceux, du charbon allumé, se prenant garde que le feu modéré, y demeure continuellement vingt - cinq ou trente heures. En la cheminée d'une chambre, ce feu s'accommodera très-bien, pour la préparation du fruict : lequel demeurera à seurté, des chats et chiens, moyennant que la chambre soit close, et se séchera ainsi qu'il appartient dans le terme susdict, estant souvent visité, le tournant de tous costés, pour lui faire sentir la chaleur du feu.

Séchée que soit la confiture, au soleil ou au feu, tout aussi tost se rendra preste à recevoir son dernier sucre, dont elle sera incrustée, comme d'un exquis ver-

nis, la représentant belle à la veuë, et
lui augmentant la bonté de son goust.
Telle incrustation se fera aussi à loisir,
la confiture l'attendant tant qu'on voudra
sans intérest, pourveu qu'on la face séjourner en lieu fort sec, non esloigné du
feu, et deschargé d'apparence d'humidité. Jusques ici, c'est la cassonade qui
seule a esté employée à confire la plus-
part de nos fruicts : en suite, le sucre
fin achèvera ce mesnage. Est requis d'estre pourveu d'un petit fourneau, semblable à ceux des distilleurs, faict avec
des briques et de l'argille, pour y asseoir
dessus la bassine ou casse poinctue, afin
qu'ayant le feu au dessous, sans paroistre
au dessus, face commodément ce service-ci. Au défaut d'un tel fourneau,
servira le siége d'un alambic commun de
plomb, sur lequel la casse ou bassine
poinctue, s'asserra assés bien, ainsi sans
grand mystère nous accommodans de ce
qu'avons chés nous. Est aussi nécessaire
d'avoir un fons de corbeille d'une torce,
ou bourlet, approprié à recevoir la casse,
lors que, chaude, l'on la sortira du feu
pour la tenir droictement et fermement.
Aussi d'un gril de fer d'archail, ou d'un
trelis faict de rozeau refendu, pour recevoir dessus le fruict au partir du sucre, tant commodément, qu'escarté, les
pièces ne s'entre-pressent les unes les
autres. De certaines grandes cueillers
persées à grands trous pour tirer de la
bassine le fruict le jettant sur le trelis.
Lesquelles choses préparées, le sucre fin
sera mis dans la casse avec force eau
claire et nette, pour y cuire. Autant de
sucre convient employer en cest endroit, qu'on imaginera, estant fondu,
pouvoir tremper et enveloper le fruict ;

qui sera la quantité requise. Mais de
peur de faillir, y en mettrés plustost,
trop, que peu : car le reste que le fruict
n'aura prins, se retreuvera dans la casse,
ayant retiré le fruict. Par ainsi, ce ne sera
que prester le sucre au fruict : qui pour
ceste incrustation, n'en consumera pas
beaucoup, ains peu suffira, puis que ce
n'est que comme vernis, le sucre qui
s'attache à la superficie du fruict, l'intérieur n'en ayant besoin, par en estre
rempli dès sa précedente confiture.

A petit feu de charbon l'on fera cuire
le sucre en l'eau, sans le fruict, lequel
l'on tiendra prest, attendant de le jetter
dans le sucre à poinct nommé, tel estant nécessaire de le choisir et prendre,
sans se pouvoir dispencer d'advancer ni
de reculer, de peur de rendre vain l'ouvrage. Car de s'advancer tant soit peu,
le sucre ne s'endurcira nullement contre
le fruict, au rebours de nostre intention,
ains restera gluant comme miel, sans
s'affermir. De retarder, le fruict se chargera par trop de sucre, s'y gelant mal à
propos, dont il perdra sa couleur naturelle ; et sans lustre aucun, envelopé de
sucre, ne semblera pas mesme estre
confiture, ains pièces de sucre : et pour
fin, le sucre ainsi mal employé, sera
tenu au reng des choses perdues. A cest article donques l'on avisera soigneusement,
comme à la maistrise et au secret de la
confiture. Le sucre en cuisant, jette de
l'escume, quelque fin qu'il soit, mesme
aux premiers bouillons : afin qu'elle n'en
salisse l'œuvre, on l'escumera curieusement avec la cueiller persée. Quand le
sucre ne fume plus, ne poussant en haut
aucune vapeur, monstre l'eau que lui
aviés ad-joincte, s'en estre allée en

exhalaison, et qu'il est resté seul dans la casse, signe approchant du poinct requis; non le poinct mesme, pour lequel ne faillir, ainsi le recercherés. Visiterés de coup-à-coup, voire de moment à autre, vostre succre, sans l'abandonner de la veue, avec la spatule, esleyant son syrop en haut, le faisant filer dans la casse : avec ceste observation, que tant que le syrop continuera son fil en union, despuis la spatule jusques dans la casse ou bassine, le succre ne sera encores assés cuit.

Mais lors seront arrivés les vrais signes de sa parfaicte cuitte, quand il se convertira en vessies, que treuverés par ce moyen. Prenés avec la spatule du succre au milieu de la bassine, jettés le violamment en haut, s'il est cuit ne retumbera en bas, ains s'en feront des vessies de diverses couleurs, rouges, jaunes, vertes, comme celles de l'arc-en-ciel, se pourmenans par la chambre avec admiration. Quand le filet du syrop cessant sa continuité, se couppera par le milieu, et qu'en se rompant, se recourbera en haut faisant un petit croc, le bout du filet s'entortillant avec le reste qui tient à la spatule.

Vous appercevant de tel signe, comme du dernier et plus asseuré, sans délayer, jetterés vostre fruict dans le succre, pour y recevoir le scel de la confiture. A l'instant que le succre se sent touché du fruict, revient aux termes qu'il estoit avant qu'il donnast aucun signe de sa dernière cuitte, c'est à dire, se descuit, ainsi que le recognoistrés à la spatule : alors est nécessaire de lui continuer le feu (mais doucement), pour, en reprenant les erres de sa cuitte, lui faire r'attaindre le poinct qu'avons marqué du recourbement de son filet. Approchant lequel signe, faudra blanchir le succre, afin qu'il ait plus beau lustre sur le fruict. Cela se faict en esmouvant et agitant le succre avec quelque violence, le battant ou avec un bistortier mis au fons de la bassine, le tournoyant dans icelle, ou avec un couple de trenchoirs de bois, les tenans un en chaque main, remuant de tous costés le succre et le fruict. Et lors que, par ce moyen, verrés le succre rendre une escume blanche, et que le signe du croc sera revenu, sans autre attente, osterés la bassine du feu, la mettant reposer sur le fons de la corbeille, torce, ou bourlet, là apprestée ; et ensuite avec extreme diligence, retirerés le fruict à-tout la cueiller persée, le jettant sur le gril ou trelis ; l'escartant si bien, que les pièces ne s'entre-touchent nullement ; afin de ne se prendre les unes aux autres, comme elles feroient, avec destrac, si elles s'entre-joignoient tant peu que ce fust. Parce que lors, fort soudain comme en un clin d'œil, tout le succre se gèle et s'endurcit, si que le fruict restant en la bassine, se treuve attrapé dans le succre gelé ; ainsi qu'on void és eaux glacées, des pierres, des bois, et autres drogueries y estre engagées. Et d'autant que la confiture se treuve plus belle, plus unie, et plus lice, que de moins de succre elle se charge en ceste action-ci (cela dépendant de l'habileté de la retirer du succre hors de la bassine, ne donnant loisir au fruict de s'ensucrer par trop), est ici à souhaitter d'estre pourveu de plusieurs mains, soient griffes, cueillers persées, et autres instrumens ; pour à la fois, retirer tout le fruict du succre, par laquelle promptitude, la fin de vostre confiture vous agréera. C'en sera voirement la fin, de là en hors, pour en manger, n'estant question que de la laisser refroidir. Aussi se rendra-elle dure, dès-lors qu'elle aura senti l'aer. La logerés dans des boistes, que reposerés en cabinet sec, non aucunement humide, où se conservera très-bien plusieurs années.

Reserver reliefs du sucre.

Nostre confiture ainsi achevée, les reliefs du sucre s'en mesnageront utilement, les employant en autres confitures. Pour laquelle cause, sera ramassé tout ce qu'on treuvera de reste dans la bassine, ès cueillers, grils ou trelis, et autres utensiles : et après le tout poisé, recognoistrés par ce qui vous restera, ne s'estre beaucoup consumé de sucre en cest endroit, pour les raisons dictes. *Pour estre employé en autre confiture.* Ce sucre-ci, rendurci comme devant, reservira au sécher d'autres confitures, qui en seront vernies, avec autant de lustre que les précédentes, pourveu qu'elles ne soient de celles dont la principale beauté, consiste à la clairté translucide du corps du fruict, comme bouque-d'ange, carbassat, escorces-de-citron, abricots et semblables, ains des autres obscures, comme grosses poires, amandes, nois, noisilles, artichaux, dont la beauté ne paroist qu'à l'extérieur reluisant ; à cause que le sucre s'est quelque peu noirci en son premier emploi, le feu et le fruict l'obscurcissans. Servira aussi très-bien ce sucre-ci, à faire des confitures au liquide, voire et des plus exquises. Comme de mesme feront les restes des syrops prins aux fons des vazes des confitures liquides, tout s'employant jusques à une goutte, qu'à telle cause retirera-on, curieusement, sans rien en laisser perdre. Mais ce sera sous les distinctions susdictes, que de n'estre employés qu'en confitures obscures, non aux claires, pour lesquelles est nécessaire de se servir de nouvelles cassonades clarifiées. Aussi moyennant telles distinctions et observations, la mère-de-famille se pourvoira d'excellentes confitures, avec beaucoup plus de lustre que de despence ; et en mesnageant, fera des confitures toutes nouvelles, qu'elle inventera par son bon sens, ayant une fois la cognoissance de la cuitte du sucre. Moyennant laquelle, treuverés tant aisé le maniement du sucre, qu'avenant que vous-vous laissiés surprendre au feu, en ceste dernière action du confire, vostre sucre se gelant à l'impourveu avec le fruict dedans, la faute se refera sans grande tare, avec peu de peine. *Moyen de refaire la confiture mal faicte au feu.* Car il ne faudra que remettre de l'eau dans la bassine sur le sucre ainsi gelé, pour le refondre, et en retirer le fruict avant que de le laisser bouillir, puis achever de cuire le sucre comme dessus, y remettant dedans le fruict, quand les signes du crochet ré-apparoistront, selon les précédentes addresses, et par icelles parfaire l'œuvre.

Retirer le sucre des vieilles confitures ne vous agréans.

Aussi, avec pareille facilité, retirerés le sucre des vieilles confitures, quand il vous plaira, icelles ne vous agréans, afin d'en faire d'autres confitures, où il s'appropriera, non indifféramment pour toutes confitures, ains seulement pour les obscures, nois, amandes, etc., comme j'ai dict, la chose parlant d'elle-mesme, que de n'employer le vieil sucre, en confitures claires. Le sucre se retire des vieilles confitures ainsi. Hachés menu les confitures, puis faictes les bouillir dans abondance d'eau, sur feu de flamme assés fort. L'eau retirera à soi le sucre du fruict, lequel demeurera sans saveur, comme le recognoistrés au goust : lors le

retirerés de la poisle avec la cueiller persée, et aprés clarifierés le sucre meslé
en l'eau, avec un œuf, le passant par
un linge, comme les autres syrops. De
mesme, l'employerés-vous en confiture;
si mieux n'aimés de retirer le sucre sec
et en masse; ce que vous ferés par la patience du bouillir, l'ayant au-paravant
bien clarifié, et passé par le tamis, afin
de l'avoir tant plus net, lequel à la
longue treuverés endurci au fons de la
poisle, mais sur la fin de la cuitte, faudra
que ce soit du feu de charbon, qu'on se
serve, non de flamme.

Par les précédens discours, appert la
confiture laissée au liquide toute l'année,
estre de plus de despence, que la sèche;
attendu, qu'estant nécessaire icelle tremper continuellement dans le syrop, elle
en consume de jour à autre : dont pour
l'allonger, il y faut souvent ad-jouster du
nouveau sucre. Là où la sèche, sans
autre soin que de la tenir en lieu non humide, se garde sans deschet, dans des
boistes de bois, tant longuement qu'on
veut : et pour comble de louange, le
sucre que ceste confiture-ci vous laisse
lors qu'en la sèche, vous servira utilement, et à faire des nouvelles confitures,
comme j'ai dict; et en tartelages, et à
autres ouvrages de four et de cuisine,
avec plaisir et espargne.

Ainsi se manie la confiture au sucre.
De mesme se maniera celle qu'on faict au
miel, avec lequel l'on confit toutes sortes
de fruicts. De les nommer nom par nom,
ce seroit ennuyeuse, non utile redicte,
estans enroollés ci-devant. Non plus est
besoin d'en particulariser la façon, puis
que le sucre et le miel l'ont commune
pour ce service-ci, que de confire les

fruicts au liquide. Avec l'œuf est clarifié
le syrop du miel (70), qui est jetté sur le
fruict fort liquide, auquel au-paravant
est faict le passage dans l'eau bouillante,
à la preuve de l'espingle. Dans dix jours
est rempli de miel, dont la confiture s'en
treuve faicte au liquide : pourveu que l'emploi du syrop ait esté faict sous les principales et nécessaires remarques : qui sont
de le tenir fort liquide au commencement,
après, l'espessissant selon les jours. Aussi
lardera-on avec de la canelle, semblables
fruicts que dessus. Moyennant lesquelles
observations, vostre confiture se rendra
belle et bonne pour estre mangée au liquide durant l'année.

Le miel tient pied au sucre, josques
au liquide : mais de passer plus outro au
sec, ne se peut, n'ayant le miel la faculté de s'endurcir et rendre glissant en
incrustation, comme le sucre. De mesler les matières n'est du commun usage,
estans les confitures achevées au sec,
commencées au sucre, comme a esté
veu. Néantmoins, peut-on sécher au
sucre, les confitures qui auront esté
faictes au liquide avec du miel, science
procédée de l'avarice de certains confisseurs, qui ont manifesté, faisable, ce
qu'on souloit estimer impossible. *A quelque chose mal-heur est bon*, comme
dict le proverbe. Telle tromperie descouverte, servira à nostre mère-de-famille, à faire des confitures sèches à bon
marché, puis que le fondement (où gist
le plus de despence) s'en peut faire au
miel, n'y employant du sucre que seulement ce que l'incrustation en consume,
qui est peu de chose au respect du demeurant. Qu'elle s'assure, néantmoins,
que sa confiture ainsi meslingée, ne sera

tant

tant belle ni bonne, que celle qui est
toute de succre : ni jamais de longue durée, car le miel, qui en est le fondement, dans peu de temps s'humectant
de soi-mesme, faict rompre le succre,
seulevant son incrustation (ainsi qu'on
void le crespi d'une muraille s'en aller
en pièces, par l'humidité d'icelle), et ce
d'autant plus fort, et plustost, que plus
humide sera le lieu, où d'ordinaire l'on
tiendra la confiture.

Au moyen. A faire ceste confiture meslingée, autre particulière observation n'est requise
qu'au sécher, qui tarde quelque peu plus,
que celui des fruicts confits au succre ;
parce que le miel n'est tant dessiccatif que
le succre, dont sera nécessaire la visiter
souvent en telle action pour l'advancer.
Et la prenant dès son origine, que le miel
en soit des plus beaux, exquisement clarifié, et le syrop plusieurs fois renouvellé
au cours d'icelle.

Autre manière de confitures. Ce sont ici espéces de confitures dont
nostre mère-de-famille se servira com-
modément, selon les occurrences, des
entières ayant esté suffisamment parlé.
Pastes de fruicts. Fera des pastes avec des abricots, prunes,
pesches, pommes, poires, coins et autres
fruicts, séparés, ou deux ou trois meslingés, comme il lui plaira. Après les
avoir deschargés de leurs pellures et
grains, les cuira dans peu d'eau sur feu
de charbon, jusques à ce qu'ils ne tiennent plus à la bassine, de laquelle ayant
sorti la paste, la mettra sur une table
bien nette, et la pestrira avec du succre
fin en poudre, en roulant à la manière
qu'on affermit le pain avec de la farine.
Ce faict, logera telle paste dans des boistes ou terrines, en cabinet sec, avec les
autres confitures.

Théâtre d'Agriculture, Tome II.

Aprés qu'aurés pellé des prunes, *Des prunes.*
comme perdigones, impériales, royales,
et autres exquises, et tenues au soleil un
couple de jours, estans encore humides,
les saupoudrerés avec du succre, les remettrés au soleil pour un jour, leur redonnerés du succre, les retournant de
tous costés, afin que par tout elles s'en
sentent ; finalement, les logerés dans des
boistes, pour y boire leur succre ; à la
charge de les visiter souvent, pour les
esventer et faire achever de sécher, afin
qu'elles ne se moisissent. De mesme,
ferés des abricots, auberges, pesches,
tous lesquels fruicts se treuvent agréables
au manger, ainsi simplement aprestés.

Des bonnes poires de l'automne et de *Des poires d'automne.*
l'hyver, comme de la bergamotte, de la
poire-chat, du bon-chrestien, d'angoubert, et semblables, se faict une confiture agréable avec peu d'appareil, mais
non de plus longue durée que de quinze
jours ou trois sepmaines, en ceste manière. L'on pelle les poires, qu'on net-
toie de leurs grains, puis couppées en
moitié ou quartiers, selon la capacité du
fruict, sont mises dans un pot de terre
vernie, comme ceux à cuire la chair, sans
aucune humidité, et après avoir couvert
le pot avec de la paste du pain de mesnage, si bien latté, que le fruict ne respire nullement, le pot est mis dans le
four, pour y demeurer autant qu'une
fournée de pain. Le fruict se cuit là dedans, rendant un syrop naturel, fort
bon, qu'on augmente, et en quantité et
en délicatesse, avec du succre et de la
canelle : remettant le fruict dans le four
(en refermant le pot) pour un couple
d'heures, le pain en estant sorti, afin de
s'y tenir chaudement, pour faire fondre

O o o o

le succre pénétrant dans le fruict, avec la canelle, dont la composition se rend agréable.

Pignolat. Ainsi est faict le pignolat en roche. Des pignons bien choisis et nets, sont torréfiés dans le son, en une petite poisle, sur feu de charbon, et si bien séchés, qu'ils semblent presques rostis. Puis est mis fondre, dans la bassine, du succre fin, la moitié du poids des pignons: avec de l'eau roze, bouillant sur petit feu de charbon, l'escumant tous-jours, jusques à ce que le succre ne rende aucune vapeur, ni ne monte plus en haut, ni ne mène plus de bruit en bouillant; signe certain l'humidité de l'eau roze s'estre exhalée, restant le pur succre. Lors retirerés la bassine du feu, l'affermissant sur le bourlet ou torce, ou sur le fons d'une corbeille, si bien, qu'elle ne verse pas: après, avec un bistortier ou un pilon de bois, remuerés le succre fort rudement, en le battant jusques à ce qu'il soit blanc: ce que voyant, et le succre commencer à se refroidir, jetterés dedans une glaire d'œuf meslée avec du succre, remettant la bassine sur le feu, pour y faire rebouillir le succre, et par ce moyen, le descharger de l'humidité que la glaire lui aura apportée en le descuisant, et le ramener au poinct précédent: lequel voyant paroistre, à l'instant y mettrés dedans les pignons, lesquels meslerés parmi le succre avec promptitude, et de mesme sans attendre que le succre gèle du tout dans la bassine, en sortirés le pignolat, avec la cueiller persée, le jettant sur le marbre bien net, là à ces fins préparé, l'escartant et le couppant en pièces à volonté: ou bien, le mettrés sur des oublies, comme il vous plaira. Au

lieu de pignons, employerés utilement des amandes douces, pellées ou sans peller, torréfiées comme dessus, entières ou en pièces, voire meslerés ensemble, si voulés, les pignons et les amandes, dont la diversité sera agréable. Avec du miel s'accommodent aussi les pignons et amandes, maniant le miel à la manière du succre (71).

Tartres de massepan. Touchant les tartres de massepan, bien-que la façon en soit commune, j'en dirai ceci pour le soulagement de nostre mère-de-famille. Les amandes douces seront pellées curieusement; puis de mesme pilées, dans un mortier de marbre avec un pilon de bois, y ad-joustant un peu d'eau roze pour garder les amandes de faire huile. Estans bien battues, y sera mis du succre, la moitié du poids des amandes, et après avoir le tout bien meslé ensemble, tiré du mortier, sera estendu sur des oublies, de l'espesseur que voudrés: comme aussi à volonté, en seront façonnées les tartres, tartillons, petits pains, de figure ronde, ovale, quarrée, triangulaire. Finalement, les cuirés dans le four modérément eschauffé à telle condition, que de ne les laisser de la veue, de peur de les brusler. Demi cuittes, les tirerés à l'entrée du four, là les oindrés avec une glaire d'œuf, où aurés infusé du succre en poudre, et mis un peu de jus d'orange, pour leur donner lustre, qu'elles prendront, luisant comme vernis, moyennant aussi un peu de chaleur que leur redonnerés, les remettans pour un peu de temps dans le four, dont les tartres se rendront parfaictes. N'ayant la commodité du four, ou ne le voulant employer, ce sera sans tant de mystère et moins de hazard, de

les brusler, que cuirés ces tartres-ci au
devant du foyer, leur faisant regarder la
flamme du feu, et en approchant au dessus d'elles, une paesle de fer eschauffée
et toute rouge : car moyennant que les
retourniés de tous costés pour les chauffer esgalement, s'appresteront fort bien.
Ad-jouster aux tartres un peu de fleur de
farine blanche, bien meslée avec les
amandes et le succre, n'y sied pas mal,
dont elles se font avec quelque espargne,
sans beaucoup en ravaler la bonté : pourveu qu'on ne s'eslargisse par trop en
telle licence. Avec des pignons, se font
aussi de bonnes tartres de massepan, employés comme les amandes.

J'avois délibéré d'ad-jouster ici l'appareil journalier des vivres, mais mon peu
de loisir me contraint d'en renvoyer le
discours en autre saison : pour lors monstrer à nostre mère-de-famille, ceste partie
de cuisine, tant requise à l'ornement de
sa maison, afin de la délivrer du souci
d'envoyer à la ville cercher des cuisiniers, pour les banquets et autres légitimes occurrences.

CHAPITRE III.

Des Lumières, Meubles, et Habits.

Diverses matières servent à nous
esclairer, dont les plus communes sont,
huiles, suifs, cires, desquelles nous entendons parler en cest endroit : sans nous
arrester à la sumptuosité des luminaires
de Cleopatra, tenans lieu entre les choses
merveilleuses. Nostre mesnagère pourveoira à ceste espéce de despence, selon
les commodités de sa terre, et tant à propos, que chose si nécessaire ne défaille à
la maison en aucun temps. Comme les
vivres sont distingués pour l'usage, ainsi
convient-il ici faire, touchant les huiles,
suifs, cires, pour les employer convenablement.

Une fois l'année, la mère-de-famille
serre ses huiles ès lieux destinés, d'où elle
les tire, pour les divers services des siens
(à mesure du besoin), l'un desquels est
la lumière, nourrie par l'huile. Pour la
lumière, donques, destinera-elle d'entre
ses huiles, ceux les moins propres au
manger, et qui le plus durent au brusler,
afin de bien assortir les choses. En ce
royaume, ces trois espèces d'huile sont
les plus remarquables pour ce service,
assavoir, d'olive, de nois, de navète ;
spécialement, en certains endroits de la
Normandie, celui de pavot : et selon
qu'en ses provinces diversement abondent, aussi c'est là, où particulièrement
elles sont employées. En Languedoc et
Provence, l'on ne se sert d'huile de navète, pource qu'il n'y en a poinct ; et n'y

en a poinct, d'autant qu'ils ont abondance
de celui d'olive et de nois : au lieu qu'en
France, ne se servent que d'huile de na-
vête , pour le défaut de celui d'olive , et
rarité de celui de nois. Ainsi des autres
provinces , comme de l'Auvergne , où
l'huile de nois est le plus en usage, chacun estimant à bon marché , ce que sa
terre lui rapporte , quoiqu'ailleurs soit
chèrement vendu. Pour l'ordinaire lumière du grossier mesnage, le seul huile
est employé : mais pour le restant de la
maison , et l'huile et les chandelles, distinctement toutes-fois, selon les occurrences. N'estant que bien à propos, mesme
pour le service des plus honorables personnes, d'employer en hyver ès veillées
des longues nuicts, l'huile ès lumières ,
accommodées en lampes , proprement
faictes et nettement tenues : avec des
chandelles aussi, faisans marcher ensemble , et si bien à propos , l'usage de ces
divers alimens, que la bien-séance et
l'espargne, y paroissent; dont serons honorablement et mesnageablement servis
Des lampes. en nostre maison. Est nécessaire que la
mère-de-famille soit pourveue de bonnes
lampes , se choisissant ceste sorte de
meuble , avec curiosité , sans y plaindre
l'argent, pour éviter la perte de l'huile ,
que causent tels utensiles mal qualifiés.
De mesme, de limiter la despence des
lumières , ainsi que la distribution des
vivres, sans lequel ordre , elle se trouveroit plus grande au bout de l'année, que
de raison , par, inconsidérément les gens
de service, user de l'huile et des chandelles quand ils les ont à discrétion.

Chandelles de suif, Bien-que durant toute l'année , l'on
face des bonnes chandelles de suif, si
est-ce , que tous-jours meilleures sont
celles de l'automne , que des autres saisons : pour deux causes, dont la principale est donnée aux graisses , qui lors
sont en leur meilleur estat : et l'autre ,
à la froideure de l'approche de l'hyver,
favorisant le faire et le conserver des
chandelles. La mère-de-famille employera
lors les graisses tirées des bestes, que
pour provision aura faict tuer et saler :
toutes lesquelles rendent bon suif pour
chandelles , hors-mis les pourceaux,
dont la graisse n'est propre à tel usage.
C'est la chèvre par sur toute autre beste , Et quelle la meilleure.
qui fournit la meilleure graisse à faire
chandelles, puis le bœuf, la vache, et en
suite, les moutons et brebis, desquelles
graisses ou suifs, séparés ou meslingés ,
comme s'accordera le mieux, la mère-
de-famille fera faire des chandelles la
provision de sa maison pour toute l'année, qu'elle conservera en bonté, comme
sera monstré. De celles du printemps ne
s'en mettra en peine , avenant qu'elle en
face faire en telle saison; ains les employera toutes fresches , afin de ne les
abandonner à la merci des prochaines
chaleurs. La mèche des chandelles sera De quoi est la mesche des chandelles.
toute de cotton , tant pour la beauté que
pour l'espargne, estant de plus plaisant
service , pour la clairté de leur feu , et de
plus longue durée, ainsi garnies, qu'avec
du filet de chanvre , ni de lin, quelque
bien choisi qu'il soit. Mais s'il est cas
qu'elle y en vueille mesler, le pourra
faire, moyennant que les filets estans de
bonne et douce matière , soient aussi
blanchis à la lexive.

Quant à leur garde. Tous s'accordent Leur garde.
que les chandelles doivent reposer en lieu
frès et sec : les aucuns, que ce soit parmi
des cendres, ou des cheures de bois du

chesne, ou de sablon, ou du millet.
Autres, sans aucune de telles matières,
dans des quaisses de bois (ou plustost de
pierre creusée, comme celles à tenir
huile), bien arrengées, entre deux littées, y mettant un papier, ou bien sans
aucun papier, n'y voulant ad-jouster telle
petite curiosité. C'est chose bien expérimentée, que le tremper des chandelles
dans l'eau fresche pour vingt-quatre
heures, les affermit ; dont ne sont par-
après trop faciles à foudre, bien qu'elles
soient vieilles, gardées de long-temps.
Duquel moyen, se servira nostre mesnagère, accommodant quelques vazes de
terre ou de bois, où elle tiendra ses chandelles droictes dans l'eau, espargnant la
mesche : ce que proprement se fera, avec
des petites verges passans dans les mes-
ches, comme quand l'on faict les chandelles. De tels vazes elle en retirera les
chandelles à mesure de l'usage, y en remettant et ressortant alternativement,
selon le besoin (72).

Avec plaisant et utile mesnage se font
des chandelles meslingées, de suif et de
cire, non confusément, ains par séparations distinctes et apparentes. La mesche
estant toute de cotton, premièrement est
trempée dans la cire, d'icelle y en faisant deux ou trois couches, après sont
achevées avec du suif, leur donnant la
grosseur qu'on veut. La cire est la première atteinte du feu comme joignante à
la mesche, laquelle bruslant dans la cire,
cela est plus lentement que dans le suif,
pour le naturel de la matière, dont le
suif estant plus tard fondu, par conséquent la chandelle en est de plus longue
durée, que si elle estoit toute de suif. A
laquelle commodité, s'ajouct ceste-ici,

que la fumée de la chandelle esteinte,
n'est aucunement importune, comme est
beaucoup celle du suif, parce qu'elle procède de la cire, non du suif, qui n'est
du tout rien touché du feu, dont telles
chandelles sont rendues propres au service de toute honorable compaignie.

Des chandelles toutes de cire, l'on faict
aussi, mais non pour l'ordinaire de nostre
mesnager, bien-qu'il en recueille la matière, et que sans desbourcer argent il en
peut faire faire sa provision ; cela appartenant à princes et grands seigneurs.
Bien se servira-il de chandelles de cire, à
l'estude (estant homme de livres), à la
survenue de ses amis, et aux banquets,
ainsi usant sobrement des commodités
que Dieu lui donne. La mère-de-famille
pourveoira à ces chandelles-ci, y employant partie de la cire que ses abeilles
lui fournissent, après en avoir retiré les
deniers de la vente de l'autre. En fera
faire de diverses couleurs distinctes, et
d'entre-meslées en jaspe, comme de jaune,
de blanche, de rouge, de vertes : des bougies aussi pour ses usages ordinaires, dont
elle tirera service agréable, avec espargne.

Touchant les meubles de la maison,
ce seroit s'enfoncer en un abysme, que
de les vouloir particulariser, le seul nommer l'on après l'autre, estant presques
impossible, tant le nombre en est grand.
Suffira de se pourveoir de ceux dont l'on
a besoin : aussi de les conserver si bien
tous, qu'ils ne se desrobent ni esgarent :
et en les maniant comme il appartient,
puissent durer longuement en service,
sans se consumer inutilement. L'on ne
s'abandonnera à l'immodéré désir de se
meubler magnifiquement (non plus qu'à
l'extrémité de l'ordinaire bonne chère)

de peur de consumer le fonds des terres, avec le revenu. Ains se contentera nostre mesnager, de la raison, sous laquelle se dispensera-il en cest endroit; donnant quelque chose au contentement de son esprit, sans du tout s'arrester à l'austère opinion de *Caton*, qui estimoit tous-jours trop cher, ce dont l'on n'avoit besoin, quoi-qu'à fort petit prix : et au contraire, à bon marché, le nécessaire, bien qu'achepté avec beaucoup d'argent; ainsi nostre siècle le permettant.

Le maniement des meubles, à la mère-de-famille.

C'est l'une des particulières charges de la mère-de-famille, que la conduicte des meubles : aussi est-ce sa gloire, que d'en voir sa maison bien parée, et preuve de son insuffisance, quand son mari se mesle de telles choses. Elle y tiendra, donques, tellement l'œil, qu'aucun désordre n'avienne à la maison, de ce costé-là. Et à ce que ce soit avec moins de travail, commettra à la principale de ses servantes, la charge des meubles courans par la maison, servans comme en quartier : les lui baillant par roolle ou inventaire, avec les clefs pour les serrer en cabinet à ce destiné, dont se fera rendre conte, de fois à autre, les recognoissant souvent, à ce qu'aucune chose ne s'en perde ou esgare. Moyen qui lui reviendra à contentement, non seulement pour se descharger de souci, ains pour asseurer ses meubles : car la servante les ayant en son particulier soin, s'en prendra garde comme de sa chose propre, de peur d'en respondre; chacun aimant tous-jours mieux son particulier bien, que celui d'autrui. Ceux de réserve et de relais, seront gardés sous bonnes clefs, attendans le besoin (à tel service employant une chambre, ayant son aspect

Une servante ayant la charge d'une pièce des meubles courans.

tourné vers le septentrion), où seront prins à la survenue des amis, pour les banquets, et pour autres occurrences, les y remettans après le service.

De linge. Les linges de lict et de la table, seront raccoustrés au moindre besoin, prévenant leur ruine, par quelque petite réparation, qu'à temps on leur fera. Seront curieusement reblanchis, estans sales; mais le plus rarement qu'on pourra, afin de se les conserver longuement en bon estat : car les linges deschéent à toutes les fois qu'ils passent par la lexive. Pour lequel mal prévenir, afin aussi d'estre bien accommodé de linge, comme l'on désire, le seul moyen est d'en avoir à suffisance, dont l'on ne sera contraint de le blanchir trop souvent. Cependant le linge sale sera aussi soigneusement conservé que le blanc, le séjournant en lieu non aucunement humide, fermé à clef, de peur des larrons.

Comment seront faicts des linges nouveaux. Or d'autant que selon le cours des choses de ce monde, les meubles de la maison se consument par l'usage, comment qu'on s'en serve, plus fort et plustost que nuls autres, les linges : est nécessaire pour en tenir la maison fournie, d'en surroger chacun an des nouveaux aux vieux, soit ou par achapt de linges et toiles toutes faictes, soit en les faisant faire. Les commodités d'en faire faire en la maison, ne sont générales par tout ce royaume, la matière y estant diversement produicte. Si la mère-de-famille est en lieu eschars en lins et chanvres, force sera que l'argent supplée à tel défaut, s'acheptant des linges et toiles. Mais si sa terre la favorise en tel mesnage, se délectera au maniement de ses lins et chanvres, avec l'affection propre aux femmes, qui est d'aimer plus le linge, qu'autre meuble de la maison : à ce qu'ayant abondance de linges de toutes sortes, et fins et grossiers, toute sa famille en soit bien pourveue, jusques aux valets et servantes, pour payement de leurs chemises, et autres choses convenues.

Touchant les lits, etc. Avec pareil soin pourveoira la mère-de-famille à ses licts, les fournissant de couettes, cuissins, oreillers, materas, couvertes, rideaux, pavillons, custodes, qu'elle fera faire de ses plumes, laines, lins, chanvres, et des reliefs de ses soyes, estant en pays de meuriers, dont elle et ses filles, feront aussi des tapisseries meslingées avec de la laine, du lin, du chanvre, du cotton, comme l'on voudra, pour courtinages, tapis de table, buffets, cheminées, chaires, tabourets, et autres ornements de salle et de chambre; exercice très-louable pour toutes gentilles damoiselles.

De la vaisselle. La vaisselle d'argent et d'estain, sera aussi bien gouvernée, et avec soin tant plus exquis, que plus sont sujettes à perdre les matières précieuses, que les grossières. L'on ne souffrira tel meuble aller en décadence, par faute de le faire r'accoustrer au besoin, ains à temps sera réparé, mesme refondu, la nécessité y eschéant. Ainsi le meuble de table, se maintiendra en bon estat: et soyent tasses, goubeaux, esguières, vazes, bassins, plats, plats-escuelles, assiètes, escuelles-à-oreille, salières, cueillers, et autres, rendront service agréable, pourveu que tous-jours le tout soit nettement tenu, bien poli et fourbi, jusques aux cousteaux; signes de la dextérité de la mesnagère, que les estrangers survenans en la maison, observent curieusement.

Si la paresse et la desloyauté n'estoient si grandes aux gens de service, comme elles se voyent aujourd'hui, les meubles dureroient plus en la maison qu'ils ne font, voire les aucuns presques perpétuellement, par ne se consumer à l'usage, comme font ceux de verre et de terre. *Pour rendre le plus grand cas des meubles.* Mais telles pernicieuses humeurs ayant gaigné le dessus, contraignent la bonne mesnagère, d'y tenir continuellement l'œil, par là arrestant un peu le cours de leur ruine. Tous utensiles de cuisine faicts de métail de cloche, de cuivre, de leton, comme pots à feu, marmites, chauderons, poisles, casses, bassines, poissonnières, tartrières, et semblables; aussi les poisles à frire estans de fer, perissent par mauvais gouvernement; car tels meubles sortis du feu, encores chauds, par la mauvaise servante, sont jettés sur le pavé indiscretement, où ils se bossèlent et persent, au lieu de les poser doucement en leurs lieux, mesme d'asseoir les chauderons et bassines poinctues sur des bourlets, torces, ou chappelets, pour les garder de toucher au pavé, et de pendre au rastelier, les autres ayans queue. Cela s'accorde avec ce qu'un chauderonnier du Montelimar, autres-fois m'a *D'un chauderonnier.* dict, qui estoit de cognoistre au puiser de l'eau, quand les servantes estoient despitées contre leurs maistresses, lors ne tenans conte de leurs cruches et seaux (quoi-que de cuivre, et par conséquent de matière de prix), qu'elles posoient rudement, sur le bord-du puits, sans crainte de les rompre : ce que plusieurs fois il avoit observé de sa boutique, estant au devant d'un puits. Le mesme se void à la cuisine, au laver des escuelles, que les servantes vicieuses ou mal-habiles,

estorcent et rompent, les pressans et jettans mal à propos: aussi inconsidérément
posans les utensiles frangibles, comme
verres, pots de terre, mesme ceux ayans
le cul rond, ès bords des tables et buffets,
d'où tumbans sur le pavé, se cassent.
Pour remédier à telles incommodités,
l'ordonnance de la mère-de-famille inter-
viendra, condamnant les servantes au
payement des meubles qu'elles auront
rompu, ou par malice ou par trop de sotise, leur en contant le prix sur leurs
gages : ce qui reviendra au profit des servantes mesmes, quand devenues maistres-
tresses, auront apprins, par tel petit
chastiment, d'estre bonnes mesnagéres.
C'est aussi un autre bon moyen pour prévenir la perte et le desgast des meubles
de la cuisine, que de les tenir en veue
comme en parade : car estans rengés en
buffets et rastelliers, distinctement selon
leurs matières et espèces, la mère-de-famille entrant dans sa cuisine, en un clin
d'œil, void tous ses meubles, et se prend
garde de ceux qui défaillent, dont en faict
faire la recerche à la chaude, lors estant
plus fructueuse, que la délayant tant soit
peu. D'ailleurs, la représentation des
meubles ainsi disposés, est plaisante; car
soyent-ils d'estain, de léton, de cuivre,
de fer, de terre, de bois, et à quels usages
qu'ils soyent destinés, pourveu que tenus
bien nets, fourbis, esclaircis, et posés
chacun en son lieu, sans confusion, tous-
jours les faict-il bon voir, à la louange
des servantes, gage principal de leur diligence. Ainsi nos ancestres ont voulu les
meubles de la cuisine estre tenus : ordre
qui utilement s'observe encores par les
meilleures mesnagéres. Je ne parlerai ici
des meubles de la cave, par en avoir dict

autant que de besoin, sur le propos des
vins : ni aussi de ceux de bois pour les
sales et chambres, comme tables, buffets, chaires, etc. en reservant le discours au traicté de l'architecture rustique, que je délibère faire pour donner
des avis au père-de-famille, à se bien
bastir aux champs, selon le vrai art, avec
commodité et espargne. Là où je n'oublierai, Dieu aidant, de représenter la
menuiserie requise à la maison, pour la
meubler ainsi qu'il appartient.

Comme les habits de la famille tiennent
reng entre les principales despences de la
maison, causans la ruine d'icelle, lors
qu'ayans plus d'esgard aux foles fantasies, qu'à se bien mesurer, l'on s'abandonne aux bravades, à l'exemple des
plus riches : aussi les prudens père-et-
mère-de-famille, evitans tels périls,
taschent de rendre telle nécessaire despence, la plus petite qu'ils peuvent. Premièrement, en se bien mesurans, pour,
selon la faculté de leurs biens, s'habiller
honorablement, sans excès, eux et leurs
enfans : et après, en espargnans l'argent,
n'aller chés le marchand qu'à tard, et
encores, que ce soit seulement pour avoir
les estoffes qu'ils ne peuvent faire faire en
leur maison, à l'espargne des matiéres
qu'ils auront cueillies en leur terre.

Il n'y a quartier en ce royaume (je ne
veux dire province entière) où Dieu n'ait
donné à la terre, faculté de produire
quelque matière servant aux habits de
l'homme; lesquelles nos mesnagers recer-
cheront, pour les employer selon leurs
diverses qualités. Nous avons parlé des
linges. Maintenant dirons des draps à
laine, que pour en estre pourveu, le
père-de-famille faisant vente aux marchands

chands de la laine de ses trouppeaux, en retiendra quelques quintaux, qu'il destinera à tel usage. Si son terroir porte des fines laines, tant mieux accommodé sera-il de draps, de sarges, de burats, de toutes sortes, dont lui, sa femme, et ses enfans, en seront honorablement et profitablement habillés, à telles estoffes s'employant le meilleur des laines, et le reste aux habits des valets : si des grossières, à tout le moins, s'employeront-elles pour les serviteurs. Si des moyennes, et pour les enfans, et pour la grossière famille, dont du meilleur s'en feront encores des bons manteaux de pluie, utiles au particulier service de nostre père-de-famille, qu'il portera agréablement, pour estre de son cru. La mesnagère fera assortir ses laines, pour en discerner la valeur et la couleur, mettant à part les espèces, qu'elle employera en diverses sortes d'estoffes. La plus fine partie destinera-elle à faire des fines sarges, razes, drappées, foibles, fortes, et des bons draps unis et forts, des burats, des reverches, des cordillats, pour servir diversement à toutes personnes et saisons. Des grossières; blanches, noires, grizes, des forts draps, blancs, bureaux, gris, et entre-meslés, pour les habits des mercenaires : aussi, à faire des couvertures pour les licts, choisissant les laines à ce les plus propres. Après, les fera laver, puis battre, peigner, carder, filer, tistre : et les draps en provenans en toile, envoyera au foulon pour y estre desgraissés, blanchis, enfortis, garnis ; de là à la taincture, pour y estre mis en couleur comme l'on désire : finalement, au toudeur, pour y recevoir la dernière main de leurs façons. Une grande partie de

telle manufacture se faict à la maison, la plus-part des ouvriers s'y nourrissans des commodités d'icelle. Joinct, que toutes les personnes de la famille, femmes, filles, enfans, serviteurs, servantes, y travaillent à boutées sans nulle despence, là s'employans les heures perdues, mesme les veillées des longues nuicts, dont les draps sortent avec espargne. Car ces petites œuvres-là, ne coustent rien à la maison, néantmoins, sont-elles acheptées chèrement chés les marchands, quand l'on va à leurs boutiques prendre du drap, les contans à haut prix. Ainsi avons-nous des draps à bon marché, voire il semble qu'ils ne coustent autre chose, que l'argent desboursé pour les gages des ouvriers qui les ont préparés : le reste estant sorti de l'espargne de la maison, là utilement employée ; telle mesnage faisant profit d'une chose presques perdue, sans lequel seroit de nulle ou bien petite apparence.

Des soyes seront aussi employées en habits, mais avec rétention, de peur d'abuser de matière tant précieuse. Car encores que la mère-de-famille en cueille dans sa maison par sa dextérité et diligence, si ne faut-il pourtant qu'elle s'en serve inconsidérément, ains avec telle sobriété, que le principal de ses soyes, soit converti en deniers, et l'accessoire, en meubles et habits, dont elle tirera contentement et honneur. Le principal est la fine soye, qui se tire en desveloppant le ploton : et l'accessoire, les filozéles de diverses sortes, qui l'accompaignent, comme j'ai monstré au discours de tel mesnage. Les filozéles, donques, seront à despendre en la maison pour meubles et habits qu'on employera selon les qualités et ouvrages. La bourrette est la plus grossière, comme l'escume du reste. La filozéle procédante des coucons persés et maculés, est la plus fine, ne différant en autre chose de la bonne soye, que du tirer; car ne pouvans les coucons estre tirés, par estre persés ou maculés, la beste en estant sortie ou froissée dedans, l'on est contraint de les filer à la main, dont la matière perd son lustre, et avec icelui, le nom de soye, qu'on a converti en filozéle. L'autre filozéle procède des reliefs du bassin qui se tronçonnent, et des coucons ou plotons qui ne se veulent du tout despouiller. Toutes lesquelles filozéles, la mère-de-famille mesnagera, sans en laisser rien perdre, qu'indifféramment elle pourra faire servir en meubles, comme tapisseries à tous usages, ainsi que j'ai touché ci-devant; mesme la bourrette, en gros tapis de table, meslée avec du lin, ou du chanvre, colorés selon la fantasie. Mais en habits, seulement les meilleures; et encores convient les accompaigner de quelque peu de fine soye, pour faire des estoffes propres à habiller et hommes et femmes. Pour mesme usage, se font des estoffes meslingées avec de la soye et de la laine, ou avec du cotton, de diverses façons, selon les inventions des ouvriers: aussi pour habiller les enfants, qu'on diversifie par couleurs, comme l'on désire. En outre, fera faire du velours et du taffetas pour ses usages: en tel cas se servant de partie du meilleur de sa soye, qu'elle se réservera à la vente du restant. Par telle dextérité, la mère-de-famille meublera sa maison, s'habillera et tous les siens, honorablement, non escharcement, néantmoins, à bon conte, puis que la principale matière sort de chés elle: et ce avec lustre propre à la bonne mesnagère, représenté par Salomon.

Les peaux de chèvre seront accoustrées en marroquin, pour faire des souliers aux plus honorables et deslicates personnes: à quoi aussi sont bonnes celles de menon, ou bouc chastré, mesme pour résister à l'eau, servans utilement à ceux qui ne souffrent la peau de vache en souliers. De mesme accommodera-on celles de vache, pour faire des bons souliers, et au maistre et aux valets, aussi de bonnes bottes, discernans les endroits du cuir pour les employer selon les personnes et les ouvrages: notant là dessus, qu'à tels services, les peaux des vaches vieilles, sont meilleures que des jeunes. L'on préparera aussi les peaux des beufs, mais pour gros cuir, c'est assavoir, afin de servir généralement aux semèles des souliers de tous ceux de la famille. Toutes lesquelles peaux, fera-on accoustrer aux corroyeurs et tanneurs, les leur envoyant bien marquées, afin que par sotise ou fraude, elles ne se changent, rendans un carolus pour un sol, comme autres-fois cela m'est advenu. Ces provisions faictes, la mère-de-famille mandera un cordonnier, qu'elle fera travailler en sa maison, mettant en œuvre telles matiéres pour faire des souliers à toute la famille, bien à profict et pour toutes saisons de l'année: dont le père-de-famille commandera, sans regret, ses gens au travail ordinaire, et en voyage pressé, n'ayans lors les valets, occasion de s'excuser sur leur mauvaise chaussure, ainsi qu'ils ont accoustumé de faire, à la moindre apparence qu'ils en ayent. L'argent qui s'employe à tel mesnage, est peu de chose, au prix de celui qu'on desbource à l'achapt des souliers tous faicts, où il s'en consume beaucoup : et ce qui augmente le mesnage, est, que toute vostre famille est tous-jours très-bien accommodée de chaussure, pour l'aisance et pour la durée : veu qu'avec fidélité, le cordonnier travaille de vostre matière, sans perte d'aucune partie, et en vostre présence. Moyen que les bons mesnagers ne mespriseront ; la faculté de leur terre le permettant, pour le soulagement de leur esprit et de leur bource.

CHAPITRE IV.

Distillations et autres préparatifs pour la guérison des Maladies.

Parmi les commodités dont l'on jouit abondamment aux champs, en mesnage bien dressé, ceste notable incommodité se treuve, que la faute de l'opportun secours à la survenue des maladies, provenant de la solitude de l'habitation, qui nous esloigne des médecins, chirurgiens, apoticaires, desquels les villes jouissent à souhaict : par là se vérifiant ce dire, *qu'une commodité est tous-jours suivie de son contraire.* Tel défaut nous contraint d'accourir au médecin en la nécessité, les envoyans cercher là où ils sont, quelques-fois bien loin, dont souvent ils arrivent à la maison fort tard et hors saison. Ceste est la plus importante et importune fascherie de l'habitation de la campaigne, laquelle les gens d'esprit taschent d'adoucir aucunement, s'efforceans eux-mesmes, de se secourir à la survenue de leurs maladies, et celles de

leurs enfans et serviteurs, en attendans plus amples remèdes du docte médecin. Tous les jours se recognoist véritable, que *la nécessité est inventrice des arts,* et ce fort naïfvement aux champs, quand le mesnager et la mesnagère sont contraints par manière de dire, d'estre de tous mestiers, souventes-fois, leur défaillans les choses dont ils ont bon besoin, soit pour la santé, soit pour les habits, soit pour les meubles, desquelles ils ne pourroient tirer service, si eux-mesmes n'y mettoient la main. Et qui est le gentilhomme aimer mieux laisser perdre son cheval se desferrant en voyage, que d'y mettre un cloux au pied, lui-mesme, à faute de mareschal? Ainsi, le père et la mère-de-famille, en ce tant important article de la conservation de la vie, touchant les causes secondes, tascheront de s'instruire des moyens de se secourir et leur famille, ès occurences des maladies et divers évènemens d'icelles : comme de cheutes, blesseures, brusleures, et plusieurs autres maux, pressés et périlleux, qui surviennent inopinément, requerrans prompts remèdes : aussi ès autres de petite importance : petites langueurs de femmes et enfans, ne méritans d'envoyer au médecin, qui leur reviendra à grand soulagement. Plusieurs grands seigneurs et grandes dames, n'ont mesprisé telle divine science, ayans engravé leurs noms ès médicamens qu'ils ont inventé, dont, à leur honneur, l'on se sert utilement, encores au-jourd'hui ès boutiques des apoticaires; tesmoin entre autres le *mithridat,* venu du roi Mithridates, et l'onguent qu'on appelle, *unguentum comitissæ,* d'une comtesse qui l'inventa. Les femmes sont à ce plus propres que

Qualité
propre aux
hommes et
femmes.

les hommes, pour leur naturel officieux et charitable : à telle cause, la mère-de-famille ouvrira son esprit, pour entendre ces choses. Des livres, elle tirera plusieurs salutaires remèdes, ce qui lui sera aisé, puis que certains doctes médecins, pour le bien public, ont traduict du chaldée, du grec, du latin, en nostre langue, tout ce qui sert à la conservation de la santé, au-paravant cogneu de peu de gens. Pour relever de peine nostre mère-de-famille, je lui baillerai un roolle des remèdes aux plus communes maladies, tirés, et des livres, et des expériences, dont elle se servira. Mais expériences, faictes avec autant de curieuse fidélité, et chés moi et chés beaucoup de mes intimes amis, qu'on sçauroit désirer : sur lesquelles se pourra asseurer, et que moyennant la bénédiction de Dieu, les employant au besoin, ce sera avec heureux succés, son mari, elle, ses enfans, ses serviteurs et servantes, estans malades : aussi ses subjects, voisins et pauvres.

Cabinet
pour serrer
ces provi-
sions.

Ayant nostre mère-de-famille, telle noble et belle humeur, avec pareil soin dont elle a rempli ses charniers et faict ses confitures, dressera un petit cabinet, auquel, comme en boutique d'apoticaire, logera les remèdes les plus propres pour les communes maladies : afin qu'en la nécessité les treuve prests chés elle, sans estre contrainte de les envoyer quérir hastivement à la ville chés l'apoticaire. Fera donques provision de toutes les drogues qu'elle verra lui estre requises, les faisant bien choisir et achepter vers les apoticaires. Mesme, ne sera jamais sans avoir du mithridat, de la thériaque, des confections d'alkermès, et de hyacinte : des eaux, céleste, impériale, de vie : de la rhu-

barbe, du séné, de l'agaric, du syrop rozat, du semen-contra pour les enfans, et autres matières simples et composées, précieuses et utiles, qu'elle pourra facilement recouvrer. Et de ce qui se recueille en sa terre, herbes, fleurs, fruicts, racines, semences, en fera des eaux, des huiles, des conserves, des onguens, des poudres, les préparans en leurs saisons, qu'elle tiendra par-après, en vazes selon leurs distinctes qualités, liquides et sèches. Toutes lesquelles provisions et préparatifs, elle gardera chèrement, pour le besoin, des cheutes, blesseures, brusleures, fièvres, et autres infirmités qui surviennent inopinément ; lors les remèdes venans tant mieux à propos, que plus rare et difficile il est, d'estre secouru, aux champs qu'en la ville.

Livre I,
chap. XII.

J'ai monstré à nostre père-de-famille, le moyen de mesurer ses terres, non pour le rendre arpenteur, ains pour lui faire entendre ceste exquise partie de mesnage, qui est de cognoistre ce qu'il a, sans du tout s'en rapporter à autrui : de mesme, désire-je faire en cest endroit, touchant les distillations, monstrant à nostre mère-de-famille, comment et jusques où, elle se peut employer en telles gentillesses ; sans s'enfoncer en l'abisme des subtilités des maistres distilleurs et abstracteurs de quint'essences (où plusieurs gentils esprits ont faict naufrage, preuve de leur vaine curiosité) ; afin que se fournissant de ce dont elle peut avoir besoin, pour le soulagement de sa famille, sur les occurrences des maladies, elle puisse plus patiamment attendre l'arrivée du sçavant médecin, quand en la nécessité, elle l'aura envoyé quérir.

Du moulin

Supposé qu'il y aye plusieurs et diverses

façons de distiller, comme par chaleur, par froideur, par sablon, par limeure de fer, par feutre, par fumiers, dont usent les maistres en l'art, et à cela, se servent de diverses façons d'alambics, composés de diverses matières : Mon intention n'est pourtant de les représenter toutes à nostre mère-de-famille, ains seulement la manière que j'estime estre la plus propre pour elle, dont se pourra facilement servir avec contentement. Ce sera par chaleur, qu'elle fera ses distillations, avec feu de bois ou de charbon, selon les sujets : et touchant aux alambics, se servira des seuls de verre, et de terre vitrée, rejectant les autres faicts d'estain, de plomb, d'érain, de fer, si elle désire avoir des eaux des mieux qualifiées : car c'est le propre de tous métaux (l'or et l'argent exceptés) de donner quelque sinistre odeur aux eaux qui leur adhèrent, jusques à les infecter de leurs mauvaises qualités. Mais par le contraire, passans par le verre ou terre vitrée, sur tout par le verre, elles en sortent sans deschet de senteur, belles et claires : principalement quand le feu correspond au verre : car alors on ne treuve rien à redire à telles eaux (74). Estant le feu de difficile conduicte, par trop de violence ou trop de laschété, ou bien accompaigné d'importune fumée, estant feu de flamme, un moyen a esté treuvé par des excellents médecins de nostre siècle, pour besongner seurement en cest endroit, qui est de faire chauffer l'alambic par l'eau bouillante, et icelle eau par le feu, appliquant un chauderon rempli d'eau sur le feu, et dans icelle, l'alambic, avec les matières qu'on distille : lesquelles ne sentans nullement la violence du feu, par le moyen

de l'eau bouillante, rendent les eaux distillées, en perfection de bonté. Telle façon de distiller, est appellée, bain-de-marie, de laquelle les entendus en l'art se servent le plus pour faire leurs précieuses eaux.

La mère-de-famille fera dresser un bain-de-marie pour distiller ses fleurs, herbes, et autres choses les plus exquises, dont elle tirera des eaux excellentes. Et pour les plus communes, d'autres alambics chauffés au feu de flamme, et de charbon, diversement comme elle voudra, afin d'en estre bien pourveue, en ayant à choisir. Pour quels que soient les alambics, convient en faire les fourneaux presques tous de mesme façon, c'est assavoir, en rond, avec de la terre grasse et des carreaux de terre de potier, de telle matière les bastissant, comme voulant fonder une petite tour. Si c'est pour le bain-de-marie, la rondeur du fourneau sera prinse à la mesure du chauderon, ou marmite, qui est un vaisseau d'érain assés profond, contenant l'eau bouillante, qui sera basti au bord du fourneau, à la manière de ceux des taincturiers ; monstrant le cul en bas, pour y estre eschauffé avec du feu de bois ou de charbon, comme l'on voudra. Et afin que le feu aille bon train, le fourneau sera tenu assés haut, et de telle mesure, que despuis le cul du chauderon jusques au pavé, y aye distance suffisante pour y plaquer entre deux, un gril de fer, comme plancher, soustenant le bois ou le charbon, qu'on y mettra par une porte longue et estroicte atteignant au pavé, et là bruslans, leurs cendres s'avalans en bas, n'empescheront nullement le feu, qui sera aussi solicité par trois ou quatre petits trous ou souspiraux, qu'on laissera au bastiment, dessus le gril, près le bord du chauderon; dont le vent passant, allumera le feu à volonté sans soufler, ainsi qu'on le pratique ès fourneaux à vent, ès grandes fontes de l'artillerie. Une petite cheminée y sera accommodée, pour recevoir la fumée, la vuidant en hors, à ce qu'elle n'importune. Et afin aussi que le trop de vent ne soit nuisible, et la porte ou gueule, et les trous, se fermeront à volonté, à cela appropriant telles ouvertures: par le moyen de laquelle aisance, quand l'on voudra, le feu s'estouffera dans le fourneau, tempérant par ce moyen sa chaleur, à l'utilité de l'ouvrage. De mesme seront dressés les autres fourneaux, toutesfois, sans chauderon, au lieu duquel, c'est à dire, en l'endroit du fourneau où le fons du chauderon attaignoit, sera mise une plaque ou platine de fer toute unie sans aucun trou, et ce sur le gril, entredeux réservant la distance requise pour le feu de bois ou de charbon: sur laquelle plaque, l'on mettra du sablon, ou des cendres, ou de limeure de fer des serruriers, ou de l'escume de fer des mareschaux, battue et mise en poudre, pour y asseoir le cul de l'alambic, d'autant l'esloignant du feu. Ou bien sans aucune plaque, l'on dressera le fourneau, mais ce sera à la charge de n'y faire autre feu que de charbon; attendu qu'estans sans plaque, le cul de l'alambic se monstre descouvert au feu, et celui de flamme lui estant contraire pour sa violence, faudra se servir du seul charbon. En un seul fourneau, l'on pourra accommoder plusieurs alambics, à ce qu'à moindre despence, ils s'eschauffent d'un seul feu. Le nombre en sera, toutes-fois, restreint à trois ou quatre, lequel suffira pour nostre mère - de - famille : laissant le grand nombre, aux apoticaires qui font marchandise des eaux distillées (75).

Voilà quant aux fourneaux. En suite *Des alambics.* dirai, que les alambics sont composés de deux pièces principales, assavoir, du vaze dict récipiant ou contenant, à cause des matières qu'il reçoit et contient; et de l'autre, appellé chappe ou cloche, sous laquelle s'amassent les vapeurs des matières distillées, qui se convertissans en eau, se rendent dans une phiole par un long bec. Le récipiant est de cuivre, afin de résister à la chaleur, ce que mieux il faict que le verre. De tel métal, n'en sont pourtant les eaux rien empirées, parce qu'elles n'y touchent nullement; oui leurs matières, ains à l'intérieur de la chappe, d'où elles sortent, pures, non viciées, par n'avoir tiré du verre aucune qualité, bonne ni mauvaise, pour laquelle cause, demeurent les eaux, en leur propre naturel. L'on pourra bien faire de verre le récipiant (qu'aucuns appellent aussi, corps), mais ce sera à la charge de l'employer seulement au bain - de - marie, non ès autres fourneaux; et encores conviendra n'estre eschauffé qu'à la vapeur de l'eau, de peur que le trop de sa chaleur, bouillant, ne rompe le verre. La chappe de verre est tous-jours meilleure que celle de terre, quoique vitrée; *Des chappes de verre et de terre.* à cause que la terre donne quelque senteur à l'eau qui distille par elle; et plus, tant moins la chappe a servi: car la première fois qu'on la met en œuvre, gaste les eaux, pour une importune senteur terrestre, que elle leur communique. A quoi le remède est, de bouillir les nouvelles chappes de terre, avant que de les employer, en eau avec du son, et ce fort longuement, pour les purger de telle malingne odeur. Et parce qu'autant subjecte à casser est la chappe de terre, que celle de verre, peu s'en faut, les deux craignans le heurt et rude approche, comment qu'on les couvre, soit de paille, soit de terre grasse, le meilleur sera de se servir seulement de verre, en cest endroit, puis mesme que c'est avec asseurance de bien faire, et sans se donner la peine d'en corriger le vice (comme l'on faict de la terre pour les affranchir), veu que le verre, sans moyen de soi-mesme, est du tout bon et propre : sous toutesfois résolution de bien mesnager tels fragiles vazes, les esloignans, tant qu'on pourra, du danger d'estre cassés, pour en tirer long service. Ainsi préparés, et fourneaux et alambics, pour les mettre en œuvre, convient, en suite, préparer les matières pour y distiller, c'est à dire, ordonnera la mère-de-famille, de quelles désirera tirer des eaux, afin d'espier le droict poinct de les prendre, sans en laisser passer le temps et l'occasion, à ce que de toutes les eaux dont aura besoin, elle soit pourveue.

Quand commencer à distiller, et quoi.

Arrivé que soit le printemps, la première eau qu'elle fera distiller sera des bourgeons et bouts de chesne, parce qu'il les faut prendre dès leur première tendreur, sans leur donner loisir de s'endurcir, qui est lors qu'on les void paroistre de l'arbre, n'estans à ce service bons, après tel terme, pour leur durté. *Fleurs.* Les fleurs seront prinses en leur parfaict accroissement, estans espanouies, sans *Herbes.* attendre qu'elles deschéent. Les herbes de mesme, qui est lors qu'elles sont en *Racines.* fleur. Les racines seront les dernières

distillées, ne les pouvans employer que vers la fin de l'esté, lors ayans achevé de croistre. Après les bouts de chesne, les *Rozes.* rozes se présentent. Ce sont des plus recommandables fleurs pour distiller, j'entens les incarnates, estant leur eau utile en plusieurs et divers services, et en l'appareil des vivres, et en médecines. Des rozes de Damas, tire-on de fort bonne et odorante eau : aussi des fleurs d'orange, de l'eau naffe. Les eaux médecinales, *Fleurs de fleve, de cichorée, etc.* procèdent des fleurs de fève, de cichorée, de buglose, de sauge, de rosmarin, de souci, de sureau, d'ortie, et semblables : toutes lesquelles fleurs seront distillées au bain-de-marie pour en avoir les eaux en parfaicte bonté, et naturelle senteur. Et si la mère-de-famille désire ad-jouster aux naturelles facultés de ses eaux, quelque senteur, saveur ou autre recommandable qualité, le pourra faire en enfermant dans le bec de l'alambic du musc, de l'ambre-gris, de la civète, du succre, de la canelle, du girofle, de la muscade, ou autres drogues précieuses, telles qu'elle se choisira, les accommodant avec un peu de toile claire de telle sorte, que l'eau distillant soit contrainte de passer à travers d'icelles matières, pour en emporter la vertu. Touchant les herbes, infinies espèces y *Herbe de scabieuse, buglose, etc.* en a-il de distillables, dont l'on tire grands services pour les bonnes eaux qu'elles rendent ; les principales sont, les scabieuse, buglose, cichorée, betoine, aigremoine, plantain, camomille, lavande, aspic, chardon-benist, rue, sauge, mente, rosmarin, mauve, guimauve, pimprenelle, valeriane, thim, origan, nicotiane, capilli-veneris, sarriète, marjolaine, pourpier, pivoine. Les herbes séches ont besoin, avant que les distiller, d'estre un peu arrousées avec de l'eau commune, afin d'exciter leur humeur pour la convertir en eau. Les trop humides, d'estre un peu mattées au soleil, ainsi les tempérans pour le bien de l'œuvre : mais celles qui tiennent le milieu, sans autre préparation seront mises dans l'alambic. L'on se gardera de fourrer trop de matière dans l'alambic, de peur de destraquer tout, soit en faisant regorger l'eau par dessus, et en faisant brusler les herbes par le dessous, ains modérément l'on chargera l'alambic. Le feu aussi sera conduict avec modération, et de telle sorte, qu'au commencement soit petit, non violent, l'augmentant peu à peu, pour faire prendre aux matières tout doucement la chaleur, qui servira en outre, à la conservation des alambics ; quelques-fois, l'on distille l'herbe et la fueille tout ensemble : aussi meslinge-on diverses herbes et fleurs, selon la nécessité des remèdes aux maladies, à la manière précédente.

Outre laquelle, une autre subtile façon pour distiller est en usage ; mais c'est pour les plus précieuses matières, herbes et fleurs odorantes. Avec peu de mystère, l'on ouvre en cest endroit. Sur un vaze de cuivre ou de terre vitrée, est estendu un linge blanc et net attaché à l'entour, comme le fons d'un tambour, toutes-fois fort laschement, pour pouvoir contenir les matières, sur lequel elles sont mises ; c'est assavoir, les herbes et fleurs dont est question pendantes dans le vaze : elles sont couvertes d'une plaque de fer ou de cuivre, comme un plat-bassin : et par dessus la plaque, est mis du feu de charbon, dont la chaleur eschauffe les ma-

tières, qui rendent leur eau en bas au fons du vaze : pour laquelle cause, ceste façon de distiller est, par les maistres en l'art, dicte, *per descensum ;* comme au contraire la précédente, *per ascensum*, par s'eslever en haut leur vapeur, se convertissant en eau. Il se faut prendre garde de donner le feu, plustost foible que fort, tel le désirant. Ainsi faisant, tirerés abondance de très-bonne eau, tost, et avec peu de despens (76).

Au soleil, sans feu, distille-on encores plus subtilement, que par aucun autre ordre, toutes herbes et fleurs précieuses, dont l'on retire les eaux du tout excellentes. Convient avoir deux phioles de verre de diverses capacités, les deux de col assés large et ouvert, toutes-fois inesgal, afin d'en faire entrer le col de l'une dans celui de l'autre, les joignans ensemble et les dressans l'une sur l'autre, à la manière des éclipsidres ou horologes de sablon.

Dans la supérieure phiole, seront mises les matières qu'on voudra distiller, dont le bout du col, sera couvert d'une toile claire et nette, puis fourré dans le vuide, et là joinctes ensemble et bien lutées. Ainsi accommodées, seront dressées si bien et tant fermement, qu'elles ne soyent esbranlées : et exposées au soleil de midi, duquel la chaleur fera distiller l'eau des matières dans la phiole inférieure et vuide, passant à travers du linge. Par ce moyen, aurés des eaux du tout pures, nullement esventées, fort nettes, à aucunes autres du tout rien comparables en bonté, ains à cela toutes les surpassans, et aussi en longueur de durée (77).

Les eaux distillées seront mises au soleil pour quelques jours, afin de leur faire consumer le phlegme et humeur plus

espès,

espés, qui les rend troubles, et qu'ainsi deschargées, se puissent sainement conserver longuement. Toutes eaux indifféramment ne convient tenir au soleil, ains seulement les froides, et les distillées au bain-de-marie : car les chaudes, et celles sorties des autres alambics, tout au rebours convient les tenir en lieu frés, enfonissans leurs phioles dans le sablon humide, pour leur oster leur trop de chaleur, qu'elles ont acquise par le feu.

Touchant les racines, ainsi que les herbes seront-elles distillées : mais pour leur durté, conviendra les ramolir dans l'eau quelques heures, selon que plus elles seront séches ; desquelles la mère-de-famille choisira les plus propres, pour les remédes où désirera les employer. De mesme fera-elle des semences, employant celles qui le mieux lui viendront à-propos.

Aussi se pourvoira de plusieurs huiles médecinaux, comme de rozat, violat, laurin : d'huile de lis-blanc, de hieble, de camomille, de violètes-de-mars, de fleur de sureau, de mille-pertuis, en latin, *calendula* (78), etc. ; et à ce que ce soit avec moins de mystére, se contentera de les faire par impression, comme l'on appelle, non par distillation, estant ce ouvrage de maistres abstracteurs de quint'essences, selon leur mestier, non d'une mesnagère, qui n'en veut que pour ses usages. Elle fera donques ainsi ses huiles. L'huile d'olive est le moyen de faire tels huiles, recevant toutes matières à ce destinées. L'huile procédant d'olives vertes, appellé huile omphacin, est le meilleur, au défaut duquel l'on se sert de l'autre, l'ayant au préallable lavé, mais c'est seulement pour les huiles réfrigératifs, les autres se composans sans se donner

telle peine, avec d'huile commun. La manière de laver l'huile, est de le mesler en esgale portion avec de l'eau de fontaine claire et nette, les mettans ensemble dans une terrine à large ouverture, et après les avoir bien battus et remués avec un baston, les laisser reposer jusques à ce que séparés, l'on retire l'huile nageant par dessus l'eau ; remuant l'huile en autre vaze, auquel sera mise de l'eau sur l'huile, pour y estre lavé une seconde fois, voire une troisiesme, pour tout mieux le préparer. Les fleurs requises, seront ad-joustées à l'huile ainsi lavé, par cest ordre. Ayés abondance de rozes récentement effueillées, mettés-les dans une phiole, et par dessus versés dudiet huile, jusques à les en couvrir, sans toutes-fois en remplir la phiole, à laquelle demeurera un vuide, pour à l'aise y pouvoir bouillir l'huile. La phiole estant bien bouchée, sera exposée au soleil pour huict ou dix jours, passés lesquels, fera-on le tout bouillir dans un poislon, sur feu de charbon, quelque couple d'heures, un peu davantage : puis l'huile sera coulé à travers d'un linge, exprimant violamment les rozes pour leur faire rendre leur substance. Sur l'huile coulé mettra-on encores des rozes nouvelles dans la phiole, laquelle bien bouchée, sera remise au soleil pour sept ou huict jours, puis de-rechef l'huile bouilli et exprimé comme dessus, et en suite des rozes ad-joustées pour la troisiesme fois ; et estant l'huile exprimé, après avoir le tout bouilli, demeurera parfaict vostre huile rozat, avec beaucoup de vertu l'ayant tiré de grande quantité de rozes. Plusieurs ne se donnent tant de peine à faire l'huile rozat, ains se contentent des seules rozes employées à la première fois, mesme sans nullement bouillir l'huile, y laissent les rozes dedans sans les en retirer. En telle manière se font les huiles des fleurs susmentionnées, et autres, de chacune espèce à part, afin de les avoir séparés, pour la diversité de leurs facultés, les meslans les uns avec les autres, selon les occurrences.

Onguens.

Se préparera aussi la mère-de-famille, des onguens pour les brusleures, pour les douleurs des membres, joinctures, nerfs: apostumes, cheutes, plaies, dartres, feux volages; et ce au printemps, et en esté, les herbes estans en leur vertu, dont se servira le long de l'année.

Vins médecinaux.

Des vins médecinaux et confortatifs fera-elle en suite au temps des vendanges, comme d'absinte, de buglose, de cichorée, de sauge, de rosmarin, et autres, par le moyen représenté au discours des vignes.

Livre IV, chap. 2.

Miel rozat.

N'oubliera non plus le miel rozat, et la conserve de rozes au liquide. Choisira du plus beau miel qu'elle aye, et après avoir faict longuement battre des rozes incarnates dans un mortier de marbre, jusques à les rendre insensibles entre les doigts, les meslera avec le miel en esgale portion, dans un vaze de verre à large ouverture, puis l'ayant bien fermé à-tout du parchemin, l'exposera au soleil pour douze ou quinze jours, afin de s'y cuire le miel rozat, à la charge de n'en remplir le vaze, ains y laisser du vuide à suffisance, pour y bouillir à l'aise, s'enflant en haut: et aussi de remuer avec une spatule, le miel, pour le mesler avec les rozes, les

La conserve de rozes.

incorporant bien ensemble (79). Tout de mesme, faudra faire de la conserve de rozes, mais ce seront des rozes rouges de Provins, qu'on se servira en cest endroit, lesquelles ayant curieusement pilées, se-

ront meslées, non en miel, ains avec du succre, duquel convient y mettre autant que de rozes. Ainsi aussi fera-on la conserve d'œillets, de violétes au mois de Mars, ou plustost si elles florissent : lesquelles conserves seront logées, soleillées, et visitées comme le miel rozat.

Autres conserves.

Est nécessaire que la mère-de-famille soit aussi pourveue de syrop rozat laxatif, qu'elle préparera en ceste sorte. Bonne quantité de rozes incarnates, effueillées et nettes, seront mises dans un vaze de terre vernie, et sur icelles versée de l'eau bouillante, tant que les rozes en soyent couvertes, les remuant avec un baston, si bien, que toutes les rozes se ressentent de la chaleur de l'eau ; et à ce qu'elles en soyent mieux pénétrées, le vaze sera bien bouché, sans respirer. Au bout de vingt-quatre heures, l'on retirera l'eau du vaze, sans toucher aux rozes ; la mettant dans un poislon bouillir sur feu clair ; bouillante, sera rejectée sur les rozes dans le vaze : réiterant ce rebouillement, par neuf ou dix fois (ce qu'on appelle, charopper), de vingt-quatre en vingt-quatre heures, à la charge d'y adjouster des rozes nouvelles, par trois fois, durant ledict temps, par intervalles mesurées. Après le tout sera mis bouillir un peu, puis passé à travers d'un linge, pour en exprimer la substance des rozes, les pressant de force, afin que toute reste dans la décoction, qui demeurera rouge comme vin, sentant la roze. Finalement, le succre y sera ad-jousté, y en mettant selon la quantité de la décoction : ce sera du succre blanc, pour éviter la peine de le clarifier. L'on le cuira jusques à la forme du syrop, à quoi conviendra aller avec rétention, voire est de besoin le

Syrop rozat laxatif.

laisser un peu vert, à cause que les rozes pour leur naturel visqueux satisfont au défaut du cuire, espessissant le syrop; lequel ne se treuvant assés cuit, dans quelques jours y pourrés retourner, pour le mettre du tout au poinct requis; liberté que n'auriés si le cuisiés du tout au commencement. Lors logerés vostre syrop rozat laxatif dans des phioles bien nettes et fermées, où se gardera très-bien.

Autre façon. — Autrement ferés du syrop rozat laxatif, de grande efficace; car ce sera sans eau, du pur et simple suc des rozes. Les rozes bien choisies, seront pilées dans un mortier de marbre, et ce fort à profit, pour en tirer tant de jus qu'il sera possible, qu'exprimerés à travers d'un linge. Infuserés du succre fin dans le jus, la moitié de son poids, c'est à dire pour deux livres de jus, une de succre y sera mise, bouillant le tout sur feu de charbon jusques au poinct requis pour syrop, avec les considérations du naturel de la roze, représentées. Aucuns y ad-joustent de la rhubarbe, et autres drogues purgatives, se façonnans en ce syrop-ci, une douce liqueur, pour en prendre quelques-fois avec du bouillon, afin de se faire bon ventre, sans fascherie aucune.

Autre syrop en tout avec du miel. — La mère-de-famille ne se contentera de faire du syrop rozat avec du succre, ains en composera aussi avec du miel, pour servir à ses mercenaires malades: et ce sera avec non guières moindre efficace qu'avec le succre, bien-que plus grossier, pour la différence qu'il y a du succre au miel.

Garde de fleurs sèches. — Gardera aussi des rozes sèches des trois sortes, incarnates, rouges, et de Damas, pour leurs bons services en diverses maladies. De mesme fera-elle de plusieurs autres salutaires fleurs, semences, herbes, racines, les cueillans en leur droict poinct, et reposans en lieu sec, non humide, où elle les treuvera au besoin. Ce sont les provisions faictes, reste de les employer (80).

CHAPITRE V.

Remèdes aux Maladies pour les Personnes (81).

Divers maux de teste. — POUR guérir le mal de teste, convient en remarquer la cause, pour convenablement appliquer le remède. Les maux de teste sont divers, comme procédans de diverses causes: c'est assavoir, de sang, de cholère, de phlegme, de mélancholie, ou d'aucuns d'eux, quand par quelque accident, ils se destraquent, mesme par chaleur ou froideure excessives; et souvent viennent de l'infirmité des autres membres, esquels est contenue la cause de la douleur de teste, comme de l'estomach, des reins, du foie, de la rate, de la matrice; aussi des fièvres générales, tourmentans toute la personne. La recerche desquelles causes, nous laisserons au docte médecin, pour, à fons, purger le corps, selon les occurrences: ce qu'attendant, la mère-de-famille usera de ces remèdes. *Signes des causes du mal de teste.* La douleur de teste est plus grande au front qu'ailleurs, quand elle procède du sang: et au derrière, venant de phlegme: de cholère, c'est au costé droict qu'elle se faict le plus sentir: et au gauche, de mélancholie. Sur lesquelles addresses, les remèdes s'employeront à propos, opposant les froids aux maux procédans de chaleur, comme de sang et de cholère : et les chauds, à ceux qui viennent de froideure, c'est assavoir de phlegme et de mélancholie. Le moyen de guérir le mal de teste de cause *chaude* est, d'appliquer sur le front de l'herbe aux puces, ou de laictues, ou de fueilles de saffran le poil osté, ou de plantain, ou de pourpier, ou des trenches de courge longue. Mettre sur le mal linge trempé en eau roze : de plantain, de morele et vinaigre : ou dans jus de laictues, avec eau roze et vinaigre. Frotter la teste avec huiles rozat, et de pavot, jus de laictue, ou de morele, ou de jembarbe, vinaigre et eau roze, cataplasme sur la teste et le front, faict avec bol armene, graine de pavot, glaire d'œuf, pommes cuittes, et vinaigre. La laver en eau chaude, en laquelle auront esté cuittes fueilles de sauge et de vigne, fleurs de nénufar et de rozes, d'icelle eau en lavant aussi les pieds et les jambes du patient, pourveu qu'il n'y ait rheume esmeue, auquel cas, se faudra abstenir de tout lavement. Appliquer sachet de rozes trempées en eau roze, ou des estoupes, sur lesquelles auront esté mis deux aubins d'œufs fort battus avec de l'eau roze. Boire des eaux de cichorée, d'endivie, de pourpier, de nénufar, meslées ensemble, ou de l'une d'icelles. Et à ce que tels remèdes profitent mieux, est nécessaire tenir lasche le ventre du patient, par suppositoires, clystères; ou par autres petits laxatifs, comme syrops, casse, et semblables : le ventre constipé contrarie à la guérison du mal de teste. Pour celui de cause *froide*, sera appliqué au front et aux joues, du serpoullet, ou de la vervaine, ou de la rue, ou de l'aloès, autrement dicte perroquet, ces herbes-là trem-

pées en vinaigre et miel rozat; ou de la nicotiane, ou de la mente, ou du cresson d'eau. De frotter la teste avec des fueilles de cabaret, ou de jus de mélilot, meslé avec vinaigre et huile rozat. De boire de l'eau ou de la décoction de betoine, appliquant aussi ses fueilles aux temples. De prendre par le nés, du jus de l'herbe de pain-de-pourceau, ou de la niele, dicte poivrete, trempée en vinaigre, et poudre de piretre pour faire esternuer. Se composera un frontail avec des herbes et fleurs chaudes, de mélilot, de sauge, de betoine, de rosmarin, de coulevrée blanche; au préallable, lesdictes herbes et fleurs ayans esté perfumées en vapeur de betoine et de melisse, mises sur une paesle de fer, ou tuille, chaudes, et par dessus, jetté du vinaigre et de l'eau roze. Perfumera-on aussi la teste du patient avec choses sèches, comme rozes et mastic, ou avec rozes rouges, mil, et sel; mais c'est lors que les crachats ne viennent, car venans (de peur de contraindre la respiration) l'on se contentera de perfumer les habillemens de teste, linges et autres, les appliquans chaudement à la teste : de mesme, l'on usera du mil et gros sel, frits en un poislon. Et si le mal ne cesse pour tels remèdes, employant matières plus chaudes, des sachets seront faicts de marjolaine, de rue, laurier, grains de genèvre : ou fomentation de la décoction desdictes choses : ou l'on oindra la teste avec des huiles de camomille, de lis, d'anet, de l'un d'iceux, ou des trois ensemble; ou avec huiles de rue, d'aspic, de castor, y ad-joustant un peu de poivre, et de la graine de moustarde, pulvérisés. Tirer par le nés le jus de marjolaine et de fenouil, est excellent remède à ce mal ; voire en sera deslivré pour jamais, celui qui s'accoustumera de mettre souvent dans ses narines, de l'huile de la grande marjolaine. Après l'application des remèdes qu'on aura voulu choisir d'entre les sus-escrits, est nécessaire conforter la teste du patient, par l'usage d'un bonnet de tafetas à deux doubles, entre lesquels sera mis du cotton bien deslié, qu'on farcira de fleurs de marjolaine, de camomille, de rosmarin, de rozes rouges : des poudres de canelle, de muscade, de girofle, de la graine de paradis, d'escorce de citron, de la graine d'escarlate, le tout subtilement agancé, afin de n'occuper beaucoup de place. Et s'il est question d'arrester les catarres, une coeffe ou bonnet pour cela sera composé de mil frit, des graines de mirte et de cyprès, avec de l'encens et vernis, cousues parmi du cotton, comme dessus. *Migraine.* La douleur invétérée de teste et micrane se guérit par le moyen d'un morceau de la première escorce d'un oignon, rostie sous les cendres, après trempée en huiles rozat et laurin, mis dedans l'aureille, du *Oignon.* costé où est la douleur de teste. Est aussi nécessaire que le patient use de bon régime, sans lequel presques tous remèdes sont vains. De quelque mal de teste qu'il soit tourmenté, ne boira que bien peu de vin, mangera peu de bonne viande, peu nourrissante, ou seroit qu'il fust débile : auquel cas, usera de chair de jeunes poulets, potages de laictues, pourpier, ozeille, de laict d'amandes douces, avec orge mundé. Ne mangera aucune viande venteuse, espicée, ni salée, ni aussi aucun laict seul ; viande très-mauvaise à ce mal, mesme aux fièvres, quelles qu'elles soyent. Se deschargera de tout travail d'esprit, ne lira ni escrira aucunement, ains, sans bruit, prenant son mal en patience, attendra tranquillement de la bénédiction de Dieu, l'effect des remèdes dont il aura esté secouru.

Pour le mal des yeux, purger le cerveau *Mal des yeux.* est travailler à la guérison de l'œil, d'autant que la plus-part de ses maladies internes procédent du cerveau distillant sur lui ses humeurs malingnes, ou les membres inférieurs en fournissent les causes, dont la veue est diminuée, et l'œil endoulouri. Cela est de la charge du judicieux médecin, discernant les humeurs particulières causans le mal de l'œil, pour les évacuer par propres purgations, comme pillules, clystères, potions, et autres ordinaires. Et pour ce qui concerne l'extérieur, sera salutaire tenir la teste sèche et nette, la frottant tous les matins en arrière, par ce moyen divertissant les humeurs qui du cerveau tumbent sur les yeux. Sert aussi beaucoup à la conserva- *Régime.* tion de la veue, le tenir des pieds secs, moyennement chauds, nullement humides : comme de mesme utilité est, le non-dormir sur le jour, le non-encliner par trop la face en bas ; observations nécessaires en cest endroit. La dureté du ventre est fort contraire à la veue, pour laquelle cause, l'on procurera à le tenir lasche. L'on évitera le vent, le froid, le chaud, le serein, le soleil, et autre grande clairté : le regard du feu ardant, le beaucoup lire et escrire, le pleurer, les trop veiller et dormir. Quant au manger et boire, ce sera de bonnes viandes qu'on se nourrira, non venteuses, salées, ni espicées ; et peu de vin, encores petit, non fumeux, et bien tempéré avec de l'eau ; et après le past, user de poudres servans à la digestion. L'usage du vin d'eufraise sert contre tous empeschemens de la veue : le mesme faict la poudre de son herbe desséchée, beue en potage, ou en vin. L'eau d'esclaire instillée dans l'œil, esclaircit la veue, la conforte, la retient : sa décoction a presques mesme vertu, meslée en eau roze, s'en bassinant les yeux : la *La taie.* poudre de son herbe en oste la taie. La cataracte ou taie des yeux, se fond par la subtile poudre de sucre candi, de tuthie, de couperoze blanche, meslées en esgale portion, exquisement sassée à travers de la fine toile de Cambrai, et mise dans l'œil soir et matin : la seule poudre de féves blanches, a semblable propriété. *Collyre pour les yeux.* A cela sert aussi, collyre faict avec demie once de tuthie, un quart d'once de macis, qui est l'escorce de muscade, mises en poudre et infusées dans vin blanc et eau roze, une chopine des deux ; le tout mis dans une phiole exposée au soleil d'esté, environ un mois, sans sentir ne pluie ne rozée : et afin de mesler bien les matières, la phiole sera souvent remuée et agitée : ce collyre fortifie la veue débile, nettoye les yeux chassieux, et en oste la *Autre.* rougeur. Autre collyre à mesme fin. Un couple d'œufs frais, cuits durs sous les cendres, deschargés de leurs coques, sont partis par moitié et vuidés de leurs moyeux, en leur place y sont mis du sucre candi, et de la tuthie, autant de l'un que de l'autre, dont le vuide est rempli, puis rejoinctes les moitiés, sont liées avec du filet, et mises tremper en eau roze, dans un petit vaze, d'où après avoir séjourné vingt-quatre heures, retirées, ces choses sont escachées, et pressées à travers d'un linge, pour en faire sortir la

liqueur, de laquelle, soir et matin, l'on *Eaux qui font fondre la taie des yeux.* mettra quelques gouttes dans l'œil. L'eau distillée des choses suivantes, faict aussi fondre la taie : de plantain, de petites et tendres grenades, rozes rouges, tendrons de fenouil, de chacun un manipule ; de la mie de pain blanc, chaud, sortant du four, une livre ; le tout meslé ensemble, ayant trempé six heures dans bon vin blanc. A mesme effect, se distille ceste eau. De fenouil, rue, vervaine, eufraize, endivie, betoine, rozes rouges, capilliveneris recent, par esgale portion, ayant au-paravant trempé vingt-quatre heures dans du bon vin blanc ; foie de bouc entier, non chastré, trois onces : elle sera distillée par trois fois au bain-de-marie, dont la dernière eau en sortant, sera fort propre, et à fondre la cataracte ou taie, et a toutes autres maladies de l'œil ; conservant la veue, mesme aux vieilles gens. Autre et très-excellente. Des escargots seront mis distiller au bain-de-marie, au-paravant les avoir bien lavés, et dans huict onces de leur eau, infusera-on de la tuthie préparée, du sucre candi, de la fiente blanche de lézard, d'os de séche, deux drachmes de chacun ; de corail rouge, de l'aloès, du sel ammoniac, de chacun une drachme ; le tout bien pulvérisé et meslé dans ladicte eau, sera mis dans l'alambic, dont l'eau en sortant sert efficacieusement à ce dessus ; et aussi à nettoyer les yeux de toutes macules, tasches, rougeurs, conservant si bien et tant longuement la veue, que les personnes aagées la sentent aussi forte, comme lors qu'ils n'avoient que trente ans. Cest onguent est fort salutaire pour *Onguent.* les yeux, guérissant leur inflammation et rougeur, arrestant les défluxions acres qui les rendent chassieux, les en frottant soir et matin. Ainsi on le prépare. Demie once de tuthie sera réduicte en subtile poudre, dans un mortier de métal, puis broyée sur un marbre, avec de l'eau roze, à la manière des paintres, après séchée au soleil, ce faict, sera rebroyée pour la seconde fois, avec nouvelle eau roze, en suite séchée, encores rebroyée et reséchée, jusques à la huictiesme, ou neufviesme fois, à chacune y ad-joustant tous-jours de nouvelle eau roze, et en somme, tant la rebroyant et reséchant, que la poudre soit impalpable, laquelle incorporée dans du beurre frès, en esgale poisanteur, s'en composera l'onguent dont est question. Autre onguent singulier pour la conservation des yeux, se compose de ces matières, ainsi: prenés deux onces de graisse de pourceau bien récente, faictes-la tremper dans l'eau roze l'espace de six heures, puis relavés-la par douze fois différentes, avec du vin blanc, du meilleur que pourrés treuver, par l'espace de cinq ou six heures, adjoustés après à ceste graisse, de la tuthie bien préparée, et fort subtilement pulvérisée, une once, de la pierre hématites bien lavée, un scrupule, d'aloés bien lavé et pulvérisé, douze grains, de perles pulvérisées, trois grains; incorporés le tout ensemble avec un peu d'eau de fenouil, et en faictes un onguent, duquel en mettrés fort peu aux coings des yeux. Les extremes remèdes, pour divertir l'importune humeur tumbant du cerveau sur les yeux, sont les cautères et setons, dont l'application appartient au chirurgien, par l'avis du médecin: les moyens, les vésicatoires au col, sur le derrière, où l'on a accoustumé d'employer les setons; ou

bien derrière l'aureille. A cela sont propres plusieurs matières, d'entre lesquelles l'on choisira l'apium rizus, à cause, que sans violence, cicatrise suffisamment. La demie coque d'une noix sera remplie de telle herbe, l'ayant au préallable froixée entre les mains, après appliquée sur le derrière du col, avec une bande de toile pour l'y tenir fermement, tant que de besoin, dont la plaie entretenue à la manière des fontanelles, avec des fueilles de lierre ou autres, servira comme désirerés: ou bien, l'on se servira de ce vésicatoire en emplastre mis au derrière du col, ou derrière l'aureille; faict avec du fort levain, de la fiente de pigeon, des mousches cantharides, et de l'eau de vie; le tout pestri et incorporé ensemble. Reste à guérir les douleurs des yeux venues de coup recen, et les rougeurs qui s'en ensuivent. Le jus de pommes pourries instillé dans l'œil, la pourriture de la pomme appliquée dessus avec un linge, le sang tiré de l'aisle d'un pigeon, ou d'une tourterelle, y sont propres, employés séparément. Aussi est la décoction du fenouil, de la camomille, et du melilot, faicte en eau et vin blanc, appliquée avec un linge. Mais par sur tout autre remède, est de grande efficace, selon qu'il a esté auctorisé par réitérées expériences, la seule herbe d'aigremoine, froixée entre les mains, et mise sur l'œil blessé, l'y faisant tenir avec une bande, dont en peu de temps il est guéri, quoi que tout rouge de sang pour la meurtrisseure, mesme estant la veue obfusquée, la faisant revenir. A faute de l'herbe, en cest endroit en est utilement employée l'eau, qu'on distillera en sa saison. Pour abbattre la rougeur des yeux, faut que la première

La manière fois qu'on boit chacun jour, que ce soit un plein verre d'eau fresche, et continuer jusques à guérison. L'œil est nettoyé des festus et poussière entrés dedans, et ce par le moyen de la graine d'orvalle ou toute-bonne, qu'en Languedoc l'on appelle herbe de nostre-dame, mise en l'œil, dans lequel elle se pourmeine sans faire douleur, et en sort couverte de l'ordure qu'elle y treuve. Le mesme font des petits caillous deslicats et lisses, qu'on treuve à Seissenage, près de Grenoble. Infinis autres remèdes y a-il pour l'œil, comme presques infinies en sont ses maladies, desquelles et de leurs causes, ensemble de l'excellence de l'œil, voyés le docte livre de monsieur *du Laurens*, médecin ordinaire du roi, pour y recevoir délectable et profitable instruc-*Les larmes* tion (82). Le laver des yeux au matin, avec de l'eau fresche, bien-que de l'usage de plusieurs, n'est approuvé d'aucuns excellents médecins, à cause de la froideure, ennemie des yeux et du cerveau ; mais conseillent que ce soit avec du vin blanc, ou des eaux de fenouil et d'eufraize, dont la veue est confortée.

Mal du nés. Pour le mal du nés. Diverses sont aussi les maladies du nés, internes et externes. Quant aux internes, tous-jours en faut-il oster la cause, et ce sera par l'avis du docte médecin : et contre les externes, *Puanteur.* seront employés ces remèdes-ci. La puanteur du nés se guérit en le lavant avec la décoction faicte en vin blanc, de gingembre, girofle, pouliot, calamus aromatique, autant de l'un que de l'autre; après mettant dans le nés, de la poudre de piretre. En tirant souvent par le nés du vin, auquel une nois muscate aura trempé quatre heures : ou du seul vin,

pourveu qu'il soit bon et exquis : ou oignant les narines, soir et matin, d'huile nardin, auquel auront cuit cloux de girofle, bois d'aloës, avec un peu de musc : ou de ceste composition, ou bien d'icelle en faire des tentes, et les mettre dans le nés, c'est assavoir : gingembre, rozes sèches, bois d'aloës, deux onces de chacun ; myrrhe, aspic, calamus aromatique, de chacun une drachme ; mesler le tout avec du bon vin, le réduire en paste, y ad-joustant six grains de musc, et en faire des pilules de la grosseur d'un pois, en destremper une dans huile de nard, quand l'on s'en voudra servir. Le nés *Ouurir le nés estouppé* estant fermé par humeur empeschant la respiration, s'ouvrira par les sucs de bete et de marjolaine, incorporés en huile d'amandes amères, meslés ensemble et tirés par le nés. Aussi par la seule fumée de l'herbe de petum masle, dicte nicotiane, et tabac par les Espaignols, prise par la bouche, avec un petit cornet à ce approprié, et la faisant sortir par le nés (83). *Faire esternuer* Pour provoquer le requis esternuement, faut inspirer dans le nés, poudre de poivre, de piretre, de stafisagre, et de racine d'iris de Florence : ou bien mesler ces poudres-ci avec quelque liqueur, dont *Arrester l'esternuement* l'on oindra les narines. L'importun et nuisible esternuement se guérit, par le grater de la plante des pieds, et de la paume des mains, par la friction des yeux et des aureilles, par la senteur du lis blanc, par baigner les mains dans l'eau chaude. Pour guérir les ulcères et gra-*Vlcères* teles du nés, seront employés les jus du lierre et de la pomme de grenade aigre, meslés ensemble : aussi l'onguent faict avec ceruse, cendres de jarris, et miel rozat. La pituite qui découle du nés, *Pituite* comme

comme morve, s'arreste par les remèdes propres à la guérison du cerveau, dont est tarie la source de telles nuisibles humeurs. Nous employerons donques à telle fin, les frictions, perfums, bonnets, dont nous avons parlé, là vous renvoyant pour éviter redicte. En outre, userons de quelques syrops propres à corriger la puanteur de la morve, sa subtilité, et son abondance, comme de papaver, diacodium, et autres. Aussi à tel effect, l'on tiendra dans la bouche des petites pillules composées de bol armène, de terre sigillée, de carabé, de sang-de-dragon, de girofle, et de musc. Le sang qui désordonnément flue par le nés, sera estanché, par un frontail faict avec de la poudre de sandarac, pestrie avec blanc d'œuf, et appliqué avec un linge : par le jus d'oignon, meslé avec vinaigre, mis és narines, avec du cotton ou du linge (84) : par l'eau de mente, beue : par oindre le front avec onguent faict de sang-de-dragon, de mastic, d'encens, et blancs d'œufs : par le camphre, meslé avec la graine d'ortie morte, jus de plantain, et de morelle, mis dans les narines : par la poudre de corail rouge, ou par la terre sigillée, beues en vin : par baigner les plantes des pieds, et paumes des mains, avec un linge trempé dans le vinaigre rozat, et l'eau de plantain : par baigner les testicules aux hommes, et les mammelles aux femmes, avec de la seule eau froide, de fontaine, ou autre commune, dans icelle plongeant des estouppes, ou des linges, et les appliquant sur les parties; remède de grande efficace, selon les expériences. Arresterés aussi le flux de sang coulant du nés, mettant sur la nuque du col un sachet dans lequel y aye de la poudre de crapaut, laquelle se faict

d'un gros crapaut, de ceux qui se nourrissent sur terre, non humide, qu'on enferme vif, dans un pot de terre, et iceluy mis après dans le four avec le pain, pour y dessécher le crapaut, dont il est réduit en poudre. Et sert aussi ladicte poudre, à la dissenterie, au flux menstrual, et pour arrester le sang des plaies, l'appliquant à l'opposite de la partie blessée. Pareilles vertus a la graine pulvérisée de sophia, autrement, *talictrum*, prinse le poids d'un escu, ou avec un œuf, ou avec du potage, ou avec du vin. Sert, en outre, à lascher le ventre, et aux femmes enceintes, à leur faire gaiement porter les enfants. Au contraire, l'herbe de millefueille mise dans le nés, en provoque la saignée, icelle estant quelques-fois nécessaire, pour descharger le cerveau; mais c'est en la fourrant dans le nés, la poincte la première : car le contraire avient, lors que c'est le trone qu'on y met le premier; telles diverses applications, produisans divers remèdes (85). Le flairement corrompu, voire presques perdu, se remet par le souvent manier et flairer de la mente : aussi par le perfum faict des fueilles d'auronne, de rue, et de genèvre, y meslant de la graine de nielle.

Pour le mal des aureilles, quelques gouttes d'huile rozat, avec un peu de vinaigre, jettées dans l'aureille, en appaisent la douleur : l'huile de jusquiame aussi, puis convient appliquer dessus, un sachet avec fleurs de camomille, et mélilot. Le mesme font les jus de houblon, et de rue : et en outre, nettoyent l'ordure de l'intérieur des aureilles, l'eau de miel distillée, le laict, avec un peu de saffran. Semblable vertu a le perfum de la décoction de camomille, d'aneth, et de stœchas, faicte en eau où l'on aura jetté du vinaigre chaud, auquel du nitre bruslé, et du sel gemme, auront esté fondus, mis dans l'aureille avec un entonnoir. *Ulcer.* Les ulcères de l'aureille sont guéries par l'instillation de l'huile où auront bouilli le blanc des pourreaux, et des vers de terre, jusques à la consomption de la tierce partie : ou par le seul *Vers* huile d'œuf. Contre les vers des aureilles, le laict de figuier, et les figues seules, y sont propres : aussi les jus de capres, d'absinte, de calaminte, de chamædris, de centaurée, de l'escorce de noyer, ou de celle des noix vertes, seuls *Bruit.* ou assemblés. Contre le tintoin ou bruit des aureilles, procédant du vent, ou d'autres causes, est bon mettre dans l'aureille une tente trempée en huiles de rue, de castor, ou d'aspic, avec jus de pourreaux. Aussi le matin estant à jeun, est fort salutaire de recevoir la vapeur, par un entonnoir, le mettant en l'aureille, de l'eau où auront longuement bouilli, herbes de marjolaine, de mente sauvaige, de sauge, fleur de camomille, graines d'ánis, de fenouil, et une pomme de coloquinte. Et à ce que la vapeur pénètre plus avant, sera bon que le patient tandis ait entre les dents quelque chose dure, comme pois ou féves, les maschans avec un peu de violence, pour ouvrir les conduicts. Ledict perfum sera aussi fort bon sur le soir, allant au lict ; l'ayant receu, mettra dans l'aureille une goutte d'huile de coloquinte, puis bouchée avec du cotton trempé dans ledict huile, s'en *Surdité.* ira coucher là dessus. La surdité se guérit par le moyen de l'onguent faict avec deux onces de graisse d'oye, fondue à petit feu, et deux drachmes d'aloès ci-

cotrin en poudre, incorporées dedans, qu'on applique avec du cotton, le fourrant dans l'aureille : ou du jus d'escorce de raves, meslé avec huile rozat : ou de la graisse d'anguille, et huile d'amandes amères : ou de jus d'oignon, meslé avec miel : ou par la poudre d'aloès, fondue en vin blanc, instillée chaudement dans l'aureille, et après se faire esternuer avec de la poudre d'ellebore : ou par la fumée du bois de fresne, mise dans l'aureille ; ce que commodément l'on faict, allumant la branche de fresne d'un bout, et mettant l'autre au trou de l'aureille, dans lequel la fumée entre facilement ; mais il faut choisir la branche d'un tendre jetton d'un an, sans nœuds, afin de n'empescher le libre passage de la fumée. Avec beaucoup d'efficace, ceste composition-ci est employée, guérissant la surdité enveieillie, comme de vingt-cinq à trente ans, non la naturelle, contre laquelle ne se treuve aucun remède. Ainsi l'on la prépare : prenés sauge, mente, hyssope, rosmarin, armoise, calament, camomille, millefueille, herbe de Sainct-Jan, aluine, auronne, centaurée, de chacune une poignée ; mettés bouillir toutes ces herbes ensemble dans vin blanc, jusques à la consomption du tiers ; que le patient à son coucher, en reçoive la vapeur dans l'aureille par un entonnoir, et incontinent après, instille dedans de l'huile suivant, puis la bouche avec du cotton musqué : huile d'olive vieil, deux onces ; huile de pourreaux, huile d'amandes douces, de chacun une once ; jus de rue, demie-once ; malvoisie, une once et demie ; le tout mis dans une phiole à long col, et icelle posée devant le feu du foyer, non violent, pour y bouillir jusques à ce

que telles liqueurs soyent consommées de
la moitié ; lors la phiole ostée de là , y
seront mises dedans ces drogues - ci en
poudre , assavoir : spica - nardi , coloquinte , castoreum , mastic , de chacun
une drachme et demie ; et après avoir
bien bouché la phiole , la mettrés bouillir
dans un petit chauderon , ou bassin long ,
plein d'eau (à la manière du bain-de-
marie) , par l'espace de trois heures , puis
sera exposée au soleil quelque peu de
temps , pour faire esclaircir l'huile ; ce
faict , l'huile sera passé à travers d'un
linge bien serré , et à icelui ad-joustés
dix grains de musc ; finalement l'huile
sera curieusement gardé dans une phiole
bien estouppée , pour servir au besoin.

*Mal de
la bouche
& lèvres.*

Pour le mal de la bouche. Les ulcères
en sont guéries , lavant la bouche avec la
décoction des herbes de piloselle , de
consoulde , et de verge-d'or : ou de balaustes , sumach , plantain , aigremoine ,
et rozes ; y ad-joustant un peu d'alum sur
la fin : ou avec du vin , auquel auront
bouilli , anis et girofle : ou avec d'eau distillée de scolopendre : ou avec eau de
tériaque distillée , avec pareille quantité
de vinaigre rozat , et eau de vie , dans lequel aura esté dissout un peu de bol ar-
menc : ou avec miel rozat , en frotter les
lieux ulcérés , au palais , ou en la langue.
La décoction de l'herbe d'élatine ou velvote , faicte en vin , gargarisée , desséche
les ulcères de la bouche , et lave les aspretés et noircisseures de la langue , venans de fièvre. Et pour singulier remède ,
est , de faire toucher l'ulcère d'une goutte
d'huile de vitriol. La sur-abondante salive
est corrigée en usant de gargarismes astringens et desséchans , faicts avec décoction en eau et vin , de rozes , balaustes ,

*Amender le
goust de sa-
live.*

plantain , et alum. Aussi y est bon manger du biscuit , viandes rosties , avec
moustarde : de mascher des cubebes ,
gingembre , et boire de bon vin. Au
contraire , est provoquée et attirée la salive , lors qu'on ne peut cracher , avec
raisins de Damas secs , avec des figues
sèches , avec de la sauge : ou avec du mastic , tenant en la bouche l'une de telles
matières , au matin estant à jeun. Pour
la guérison de la puanteur d'haleine (de
quelle cause qu'elle procède) , est bon laver la bouche avec vinaigre squillitique :
ou avec décoction faicte de fueilles de
mente , de mélisse , de latteron , de racines de glayeul , de souchet , de graines
d'anis , de fenouil , et de paradis. Mascher entre les dents nois muscate , du
bois d'aloès , d'iris de Florence , des
cloux de girofle. Tenir en la bouche une
petite pillule , dont la composition est
telle : une once gomme tragacanth , deux
drachmes sang - de - dragon , sont trempées dans l'eau roze l'espace de deux
jours , puis jettées dans un mortier de
marbre avec six drachmes de sucre , trois
de canelle , cinq d'amidon , un scrupule
de musc , le tout dissout en eau roze ,
meslé ensemble et trituré avec un pillon ;
après estant la composition séchée , sera
divisée comme dessus. Pour faire sentir
bon l'haleine , n'estant mauvaise au-paravant , faudra laver la bouche au matin
avec eau de canelle , et y en tenir quelque peu de temps : ou d'impériale , ou
de tériacale ; et après mascher par fois ,
des racines d'impératoire , ou d'iris de
Florence , ou d'angélique , ou du mastic.
La mauvaise odeur provenante d'avoir
mangé des aulx , oignons , poarreaux ,
s'en va par le mascher des nois récentes ,

*Faire
cracher.*

Fauoriser.

*Bonne
haleine.*

*Corriger
la mauvaise ,
prouenante
des aulx , etc.*

ou des fueilles de rue, ou de fenouil, ou du persil. Le mal des dents provient de diverses causes, froides et chaudes. Si de froide, les remèdes suivans seront employés. Laver les dents avec l'une de ces décoctions-ci : d'absinte, faicte en fort vinaigre : des fueilles de lierre, en bon vin rouge, y ad-joustant des herbes de lavande, de sauge, et de marjolaine : des fueilles et petites noix de cyprès, baies de genévre, rozes, fueilles de murte, faicte en vin blanc : des fleurs de lavande, fueilles de marrubium, canelle, fenouil, racines d'asperges, en vin. Y est bon aussi l'huile du bois de genévre, mis joignant la dent, ou dedans, si elle est creuse ; mais meilleurs y sont, les huiles de poivre, de girofle, de baume, de sauge, d'aspic. L'eau-fort posée doucement avec du cotton, dans la dent creuse, en appaise la douleur, et la faict casser, estant corrompue. Si le mal des dents procède de cause chaude, l'on

appliquera sur les dents dolentes, les huiles de pavot, de mendragore, de jusquiame, assemblés ou séparés ; et à faute des huiles, leurs décoctions faictes en vin : ou la décoction de la racine de jusquiame, faicte en eau roze et vinaigre : ou l'on tiendra en la bouche vinaigre, dans lequel aura bouilli du camphre. Et de quelque cause que soit la douleur des dents, elle s'appaisera par l'huile de la graine de jusquiame, qui se faict en ceste sorte : arrousés la graine de jusquiame avec de l'eau de vie, puis la mettés dans une phiole de verre, laquelle estoupperés très-bien, et icelle ferés bouillir en eau dans un chauderon durant vingt-quatre heures ; au bout desquelles, la phiole retirée de là, et d'icelle sortie la graine, sans

lui donner loisir de se refroidir, mise dans un sachet de toile, sera pressée au pressoir, dont l'huile s'en exprimera. Tenir entre les dents des racines de millefueille, ou de celles d'aigremoine, en appaise la douleur, comme faict aussi celle de piretre, et le mascher du mastic incorporé avec cire neufve. Pour se deslivrer de l'estrange et violente douleur des dents, et pour leur conservation, à cause de la nécessité de leur service, s'est-on dès tout temps estudié à se satisfaire en l'un et en l'autre ; à quoi est-on parvenu par divers moyens, curieusement recerchés, par là se vérifiant, *la nécessité estre la mère des arts*. Je vous ai produit un petit nombre de remèdes pour la guérison des maux des dents, tiré de l'infini de ceux qui se treuvent, iceux remèdes estans des mieux choisis et plus expérimentés. Le mesme je fais touchant l'autre article. Il convient prendre la chose de loin, pour se conserver ces tant

serviables outils, que les dents, pour les garder qu'elles s'esbranlent, les affermir croulans, les nettoyer estans ordes et sales, les blanchir estans rousses ou noires ; et en somme, pour les entretenir en tel estat, que sans douleur, belles et nettes, puissent longuement durer en service. Dès le resveil, au matin, l'on mettra la main à ceste nécessaire œuvre. A la première ouverture de la bouche, avant que parler, les dents seront frottées avec un linge net, un peu rude, aussi tout l'intérieur de la bouche, les gencives, le palais, la langue, ostant le limon qui là s'est amassé durant la nuict ; lors cela estant plus facile à faire, qu'après affermi par l'aer, comme il se faict en parlant. En lavant les mains, de mesme les dents seront lavées avec de l'eau fresche, non froide. Si les dents sont débiles, ou autrement mal qualifiées, on les fortifiera, asseurera, nettoyera, et blanchira, avec des poudres ci-après descriptes, dont on les frottera, et les gencives avec, dès le matin, et après on les lavera avec du vin rouge. Des liqueurs seront aussi employées au matin à laver les dents, selon le besoin. A l'entrée de table on lavera les dents avec de l'eau, sinon chaude, à tout le moins non froide, pour nettoyer les humeurs des gencives descendans du cerveau, à ce qu'elles ne se meslent avec *Régime.* la viande en mangeant. On se gardera de manger viandes trop chaudes, ou trop froides; de mesme fera-on touchant le boire : car, et les bouillons trop chaudement humés nuisent beaucoup aux dents, et les vins et eaux beus trop frés, quoique plusieurs se délectent de tels bruvages en esté. Après avoir mangé ou beu choses chaudes, ne faut incontinent manger ou boire autres froides; ni par le contraire, après les froides prendre les chaudes, ains user des tempérées entre deux, pour ne faire joindre les deux contraires. La durté des viandes est préjudiciable aux dents; parquoi, on n'en mangera que de tendres, s'il est possible, de peur de rompre, ou du moins d'esbranler les dents : pour laquelle cause, ne s'efforcera-on jamais de casser ou rompre entre les dents, chose aucune, non pas mesme un filet deslié. Les autres qualités des viandes sont aussi considérables; car et les grasses et les maigres, et les douces et les aigres, quand elles excèdent, préjudicient aux dents. Les médecins, en outre, remarquent plusieurs viandes de l'ordinaire usage, estre nuisibles aux dents, comme légumes, laictages, fourmages, pastisseries, tartelages, pourreaux, raves, figues, et la plus-part des autres fruicts des arbres, mesme les cruds, aussi les huiles, graisses, y ad-joustant le sucre qui noircit les dents. De toutes lesquelles viandes, néantmoins, on ne s'abstiendra indifféramment, ains de celles qui le plus favorisent aux maladies des dents, dont le patient est tourmenté, qu'on distinguera d'entre les autres. A l'issue du repas, les dents seront lavées fort curieusement, avec de l'eau, et un peu de vinaigre parmi, ou bien avec du vin pur; mais ce sera après les avoir deschargées de la viande restée par entr'elles, les nettoyant (doucement, sans par trop y fouiller) avec des cure-dents faicts, non d'aucun métal, non pas mesme d'or ni d'argent, ains de bois, qui ait quelque vertu astringente et de bonne odeur, comme lentisque, bois de roze, cyprès, rosmarin, murte, etc. Puis on frottera les dents avec ceste pou- *Poudres pour les dents.* dre, qui les maintiendra en bonté et beauté, nettes et blanches, estans d'elles-mesmes assés bien qualifiées. La poudre est composée de myrrhe, canelle, alum cuit, pierre ponce bruslée, par esgale portion, séparément et subtilement pulvérisées, après meslées. La mie du pain, avec du sel commun, sert aussi fort bien en cest endroit, si après le past les dents en sont frottées, puis lavées avec de l'eau pure, avec un peu de vinaigre mis dedans icelle : ou avec du gros vin rouge, désirant affermir les gencives. Plusieurs autres et diverses matières y a-il, dont l'on faict des poudres à nettoyer et blanchir les dents, les aucunes desquelles servent, en outre, à fortifier les gencives, et à les incarner, estans descharnées, pour l'asseurance des dents ; à guérir les dents de leurs douleurs, provenantes, ou d'estre creusées et érodées, vermineuses, ou d'autres causes. D'entre lesquelles matières, celles-ci seront choisies comme les plus propres à ce service. Les perles, les deux coraux, rouge et blanc, l'ivoire, les cristal, marbre blanc, albastre, pirètre, cubebes, ellebore, corne-de-cerf, mastic, os de sèche, tartre de bon vin, couperoze blanche, sel gemme, pierres d'escrevisse, coquille d'œufs, coquille de limassons, escailles d'ouistres, rozes sèches, iris, souchet, capilli-veneris, pain de froment, aussi pain d'orge, bruslés; tamaris, spica-nard, sang-de-dragon, racine de bistorte, balaustes, sumach, canelle, girofle ; on les mettra en subtile poudre, chacune à part, pour les accompaigner les unes des autres selon le besoin. L'huile et l'eau de vitriol sont très-propres à blanchir les dents, mais leur bruslante chaleur en rend l'usage suspect, faisant tumber les dents à la longue ; specialement l'huile, car quand à l'eau, avec moins de danger l'on s'en sert, que de l'huile, voire sans nulle crainte, si meslée avec de la commune, les dents et les gencives en sont frottées quelques-fois le mois (86). Des matières susdictes et autres, se compose ceste singulière poudre, qu'avec beaucoup d'utilité l'on employe le matin à jeun à frotter les dents : prenés poudre de cristal pur, une drachme et demie ; du corail blanc et rouge, de chacun une drachme ; de pierre ponce, et d'os de sèche, de chacun deux scrupules ; du marbre blanc, de la racine d'iris de Florence, de canelle, de la graine d'escarlate, de chacun demie drachme ; du sel commun, une drachme ; des perles bien

préparées, un scrupule; d'albastre, et d'alum de roche, de chacun demie drachme ; de bon musc, dix grains ; mettés tout cela en poudre bien subtile, et le meslés ensemble. De ces mesmes poudres, l'on ^{Opiate.} peut faire des opiates, y ad-joustant du miel, dont les dents et les gencives seront frottées au matin. Autre opiate est de mesme employée le matin à frotter les dents, dont elles sont rendues très-blanches, et s'en affermissent, confortans les gencives, servant aussi à guérir l'haleine puante, qui provient de la corruption des dents. Ainsi convient s'y conduire : prenés du pain de froment, deux onces ; des deux coraux, blanc et rouge, corne-decerf, de chacun demie once ; alum, demie drachme ; pariétaire, capilli-veneris, de chacun une poignée ; quatre ou cinq coquilles d'œufs ; mettés tout cela en un vaisseau de terre, dedans le four, à l'enfourner du pain, pour s'y réduire en cendres, desquelles prendrés quatre onces, deux drachmes de canelle, cloux de girofle, macis, de chacun une drachme ; spica-nard, calame-aromat, de chacun demie drachme ; miel rozat bien espuré, tant qu'il suffise pour incorporer ensemble les choses susdictes, mises en poudre, y ad-joustant une once de vinaigre squillitique. Après s'estre frotté les dents avec ceste opiate, l'on les lavera avec du vin. L'on faict aussi des eaux très-propres au ^{Eaux.} service que dessus, dont les dents sont lavées au matin estant à jeun. Des meures sauvaiges encores vertes, une livre ; demie livre fueilles de lentisque, une poignée d'aigremoine, trois onces de racine de lis, autant de sang-de-dragon, sont distillées dans alambic, dont pour les dents, l'eau est après gardée en phiole de verre.

Demie once de poudre d'alun bruslé, in- | dont elles sont rendues polies et claires, fusée dans deux onces d'eau de gobelets de rozes, affermit les dents tremblantes, si on les en fomente au matin. A blanchir les dents, ceste eau est fort recommandable: prenés eau commune, et eau roze, de chacune quatre onces; deux drachmes d'alum de glace bruslé, réduit en poudre; canelle entière, demie drachme; le tout mis dans une phiole de verre, et icelle exposée au devant du feu du foyer, pour y bouillir jusques à la consomption de la tierce partie, dont l'eau refroidie, après coulée à travers d'un linge, sera serrée en une phiole pour y estre gardée jusqu'au besoin. Ceste-ci nettoye les dents, pour ordes et limoneuses qu'elles soyent, et les blanchit, bien-que noires: prenés soulfre vif, alum, sel gemme, de chacun une livre; vinaigre, quatre onces: aucuns au lieu du vinaigre, y mettent l'esprit du vitriol, tiré en l'eau, avec une cornue, à feu lent, afin que l'eau ne sente le soulfre.

Dents agassées. Les viandes aigres agassent les dents, spécialement les fruicts mal qualifiés, verts, acerbes, et aspres, dont les racines sont enveloppées d'humeurs acides et astringentes; ou bien de vapeurs montans de l'estomach aux dents: pour de laquelle incommodité se desdivrer, le moyen est de manger du fourmage vieil et fort: ou des noix, des amandes, et se frotter les dents de telles choses: ou bien avec du pourpier, et d'en tenir la décoction dans la bouche: ou de tenir dans la bouche du laict d'asnesse: ou après s'estre frotté les dents avec du sel et de la sauge, laver la bouche avec du vin. Après tous ces remèdes, pour bien entretenir les dents, sera bon de les frotter assés souvent, avec des racines de guimauves,

à quoi telles racines sont fort propres, affermissant aussi les gencives, et y laissant bonne odeur, si à ce l'on les prépare. Les racines seront tronçonnées de quatre à cinq doigts de long; estans grosses, l'on les refendra pour en faire des pièces, chacune de l'espesseur du petit doigt, puis bouilliront six heures dans l'eau claire, avec du sel, de l'alum, et d'iris de Florence; finalement, seront séchées, mais hastivement, non lentement, de peur de la pourriture, pour lequel doubte, l'on les met au four, manquant la chaleur du soleil, si c'est en hyver.

De l'arracher des dents. L'arracher des dents est l'extreme remède de leur guérison, qu'on employera défaillans tous autres, et l'espoir de la deslivrance de leur douleur; comme avient lors que les dents sont gastées de pourriture. Mais à ce ne se faut inconsidérément résouldre, ains par bon avis, après y avoir bien pensé, se choisissant un homme expérimenté à telles choses; de peur des fascheux accidents qui souventes-fois y arrivent, quand par ignorant mesconte la bonne dent est prinse pour la mauvaise, ou ceste-ci arrachée avec trop de violence, dont flue abondance de sang, au péril de la vie du patient. Il seroit bien plustost à souhaitter, de faire tumber la dent corrompue, par autre moyen que par la force; mais à cela gist la difficulté, que de treuver les matières à ce propres (comme aucuns tiennent y en avoir de telle efficace), qu'on recerchera par l'addresse du docte et expérimenté médecin. Les lèvres fendues et crevassées, pour avoir esté au vent froid, ou à l'excessive chaleur; ou bien telles fissures provenantes d'autres

Des lèvres fendues.

causes, internes et externes, seront guéries par ces remèdes. Après avoir lavé
les lèvres avec de l'eau de plantain où
aura bouilli un peu d'alum, ou avec des
eaux de plantain et d'orge, meslées ensemble, l'on appliquera sur le mal, de
l'onguent faict avec de la tuthie et huile
de moyeux d'œufs : ou avec de l'onguent
rozat : ou de celui de céruse avec camphre : ou avec de l'huile de térébentine,
ou de celui d'œuf : ou avec de la graisse
de chapon, ou de chevreau. L'huile de
cire est fort salutaire à ce mal, le guérissant dans bien peu de temps. Aussi
Pommade blanche. est la pommade de Montpelier, blanche et rouge, là estant exquisement
faicte ; et ceste-ci, que nostre mère-de-
famille composera ainsi : prendra des
graisses fresches, assavoir, de chevreau,
une livre, et de pourceau, un quarteron ; les ayant deschargées de leurs membranes et pellicules, les lavera plusieurs
fois dans du vin blanc ; puis de là retirées
et si bien esgoustées qu'il n'y reste aucun
vin, seront mises dans un pot de terre
vitré, neuf, bien net, y ad-joustant demie douzaine de pommes de court-pendu, ou plustost d'apies, escachées, un
quart d'once de cloux de girofle, une
drachme de nois muscates, des racines
de souchet, avec abondance d'eau roze,
pour le tout y tremper vingt-quatre
heures. Ces choses bouilliront sur feu de
charbon, jusques à ce que l'eau roze soit
presques consumée en exhalaison, tandis
demeurant le pot bien bouché, à la charge,
toutes-fois, d'en remuer souvent le contenu avec une spatule de bois, de peur
de la brusleure ; après, sera coulé à travers d'un linge serré, dans une petite terrine vitrée, où sera mise de l'eau roze,

afin que dans icelle trempant, s'y fige et
coagule, s'en formant une masse ; lors remuées dans le pot, et icelui remis sur le
feu, après y avoir jetté dedans deux onces
de cire blanche et trois d'huile d'amandes
douces, toutes ces matières-ci se fondront
et mesleront ensemble, et retirées du
feu, seront repassées par un linge, et re-
trempées dans l'eau roze, pour s'y affermir comme dessus. Finalement, la pommade sera lavée dans eau nafe, ou dans
eau de Damas, ou eau roze musquée,
dont elle sortira très-blanche. Pour en
Rouge. faire de rouge, conviendra y ad-jouster
du jus d'orcanète, ou bien du tinabre. La
pommade ostée de là, sera mise dans des
vazes de verre à large ouverture, bien couverts avec du parchemin, et iceux repose-
ra-on en lieu froid, non humide, de peur
de la moisisseure. Et servira telle pommade, non seulement à ce dessus, ains
és fissures des mains, et à toutes autres
du cuir, en quelle partie du corps que ce
soit, qu'elle consolide et adoucit : mesme
celles des mammelles des femmes, les attendrissant estans importunément dures.

Au catarre, appellé, squinence, c'est à
squinance. dire, inflammation de gosier, est bon
gargariser la bouche de l'eau d'élatine ou
velvote, distillée au bain-de-marie : ou la
décoction de son de froment en vinaigre
et miel : ou celle de mente sauvaige, rue
et coriandre, avec laict de vaché ou de
brebis : ou le jus de la graine de moustarde en hydromel : ou la décoction de
figues sèches et de quinte-fueille en eau,
appaisant les aspretés et rudesses du gosier, et en résolvant les tumeurs. Aussi
d'user des cataplasmes suivans, ou d'aucuns d'eux appliqués chaudement sur le
gosier : des cendres provenues d'un nid
d'arondelles,

d'arondelles, bruslé avec les petits dedans, pestries avec huiles de camomille et
d'amandes douces, se faict un salutaire
cataplasme pour ce mal : de la farine d'es-
peautre, destrempée avec vin rouge, et
convertie en paste : de la gomme de pescher, avec peu de saffran, cuitte en vinaigre : aussi de la rue, meslée avec sains de
pourceau, de taureau et de bouc, dont
l'application faict ouvrir les apostumes du
gosier. Liniment faict de poudre de la
dent d'un sanglier, avec huile de lin, est
bon à ce mal : mesme de boire de ladicte
poudre, le poids d'un escu, avec eau de
chardon-bénit, y profite beaucoup.

Mal de poictrine.

Pour le mal de la poictrine. Le grand
besoin qu'on a du parler, faict recercher
curieusement les moyens de le conserver,
et de se deslivrer des empeschemens qui

Enrouenre.

le destournent ; l'un desquels et des plus
importuns, est l'enrouenre, qui contraint
de parler bas, et à peine et difficulté.
Telle maladie sera guérie par les remèdes suivans, dont la voix s'en rendra
claire et nette. Les remèdes sont, de
prendre, au soir, à l'entrée du lict, deux
onces de vin, dans lequel auront bouilli,
l'espace de deux heures, des figues de
Marseille, des raisins de Damas, avec du
sucre, de la canelle, et du girofle : aussi
par la décoction faicte en eau, des choux
rouges, y ad-joustant une once de syrop
de capilli-veneris, prinse au matin. Les
tablettes de diaïris, données soir et matin, esclaircissent la voix : aussi le syrop
de jujubes : la décoction de l'enula campana, en oximel, dans laquelle aura
bouilli de la réglisse, faict le mesme.
Pour souverain remède à ce mal, est
ceste liqueur-ci, prinse au soir, à l'entrée
du lict, faisant revenir la parolle pres-

ques perdue : mettés une once de succre
fin en poudre dans un petit plat-escuelle,
et par dessus versés de l'eau de vie de la
plus fine, tant qu'il suffise pour couvrir
le succre, un peu davantage ; posés le
plat-escuelle sur une eschauffete, avec
de la braize, et allumés par flamme de
papier, l'eau de vie, y redonnant le feu
à toutes les fois qu'il s'esteindra ; tandis
remuerés le succre sans cesser, jusques à
ce que le feu ne s'y voudra plus prendre,
restant au fons du plat-escuelle, la liqueur, laquelle, chaude, le patient prendra toute, qui pourra estre une pleine
cueiller d'argent : puis se perfumeront
ses besongnes de nuict, avec de l'encens,
vernis, mastic, storax, benjouin ; voire
s'y ad-jousteront des estouppes qu'on perfumera aussi, les appliquant sur la teste.

Toux.

A la guérison de la toux, conviennent
les susdicts remèdes, mais spécialement
ceux-ci : faut bouillir en eau, raisins de
Damas, figues de Marseille, hyssope,
graine d'anis et de fenouil, jusques à la
consomption du tiers ; et de telle décoction, donner à boire au patient, matin
et soir, deux heures devant le repas, et
à chacune, deux doigts dans un verre,
puis manger une tablette de diaïris ou de
diapendion. Contre la toux est bon prendre, soir et matin, une cueillerée de la
poudre faicte d'une once de succre-candi,
d'autant de diaïris, et d'un quart d'once
de réglisse ; en suite, boire trois onces
d'eau d'hyssope, ou de celle de scabieuse.
Aussi syrop de réglisse et d'hyssope, prins
soir et matin, avec ptisane ; y ad-joustant
graine d'anis, de fenouil, et d'ortie ; et
hors le repas, d'user souvent de tablettes
faictes avec poudres de diaïris, réglisse,
et poivre, de chacune le poids d'un escu,

et de quatre onces succre. Lors que la toux presse, sert de beaucoup le pignolat confit au succre, la conserve de rozes, prenant à toutes heures de l'un ou de l'autre : de mesme les lohots qu'on treuve chés les apoticaires, qu'ils appellent *sanum*, et *de pino*, prins, ou de l'un des deux, avec un baston de réglisse, le maschant, et avalant le lohot, petit-à-petit. Contre la toux, c'est exquis reméde prendre au matin, quatre heures devant manger, une once et demie sape de coins, qui se faict sans succre, ni miel, en bouillant le jus exprimé de coins, jusques à la consomption de la moitié, dont il se rend espès, presques comme raisinée : après, faut suer, tenant la chambre tout le jour. Telle prinse lasche le ventre, contre l'opinion que plusieurs ont du coin, qu'il est restreinctif ; mais employé en ceste sorte, se rend laxatif, avec beaucoup d'efficace pour la guérison de la toux. Ce bruvage - ci, donné au poids d'une once, trois heures devant le repas du matin, est fort salutaire ; ainsi est-il faict : prenés casse récente, passée par le tamis, à la vapeur de l'eau chaude, deux onces et demie ; diacartami, six drachmes ; penides fraisches, et diaïris simple, de chacun demie once ; conserve de violètes, trois onces ; anis doux, et réglisse pulvérisés, de chacun demie once ; syrop violat, deux onces ; ces matières seront dissoutes en brouet de poulet. La poictrine du patient sera ointe, soir et matin, avec de l'huile de lis et d'amandes douces : ou avec du beurre frès. Toutes Cause de la toux, froide et chaude. choses chaudes et douces faisans cracher, telles que les susdictes, sont convenables à ce mal, parce qu'il procéde le plus souvent de cause froide. Et avenant que ce

soit de chaude, comme lors qu'on demeure par trop au soleil, ou d'autre occasion, par contraires remédes l'on le guérira. Tels sont les syrops rozat, de violes, de jujubes, de capilli-veneris, donnés à boire séparement ou assemblés, avec ptisane. Mais de quelque cause que Rayon. vienne l'enroueure, est nécessaire se garder de manger choses aigres, fort salées, fruicts cruds, poissons, mesme limoneux ; pois, féves, chastagnes, ni autres choses venteuses ; non plus pain mal levé, de boire du vin entre les repas, de dormir sur le jour, d'aller au froid, au vent, au soleil ; de trop parler, sur tout de s'efforcer à crier et à cheminer ; le silence et le repos faisant bonne partie du remède. A la courte-haleine ou difficulté Contre-haleine. de respirer, appellée, asthma, sont bons les remédes suivans, outre ceux employés pour la toux : lohot faict avec une once de raisins de Damas, les grains ostés ; une couple de grasses figues de Marseille ; une datte, hyssope sèche, capilli-veneris, réglisse, poulmon de regnard bien lavé, eau de scabiense, de chacun une drachme ; penides, deux onces, et syrop de réglisse, tant que de besoin ; duquel lohot l'on se servira avec un baston de réglisse, comme dessus, loin du repas, devant ou après. La décoction faicte dans une pinte d'eau, tant que le tiers en soit consumé, avec capilli-veneris, manrube, de chacune une poignée ; réglisse, dattes, figues sèches, graines de fenouil et d'aclie, donnée à boire, deux doigts dans un verre, chacun matin, deux heures devant manger ; et incontinent après, ou peu devant, prendre de la conserve de cale, de la grosseur d'une amande ; ou une tablette de diaïris ou de diaïsopi. Oindre la poictrine, avec

onguent composé de cire neufve, un peu
de saffran, deux onces d'huile d'amandes
douces, et une once de beurre de Mai, non
salé. Et comme l'asthma surpasse en malice la toux, aussi au régime de l'asthma
convient estre plus curieux observateur
qu'à celui de la toux; se gardant bien de
manger des viandes sus-nommées, ni
d'autres venteuses et espicées; se nourrissant d'orge mundé, cuit en laict d'a-
mandes douces, et succre, de brouet de
chous rouges, ou d'un vieil coq, avec hyssope et saffran; mangeant des poulets et
pigeons, et de semblable volaille rostie,
figues et raisins secs, dattes, pignolat,
amandes; l'exercice modéré est bon, sur
tout avant le repas, et très-mauvaise la
violence du corps, encores plus celle de
l'esprit, se faschant et courroussant.
Contre le cracher-de-sang, est bonne la
poudre de corail rouge, beue avec eau
distillée de bouts de chesne : aussi celle
de la terre scellée, avec eau de plantain,
ou de centinode : de l'ambre, avec la décoction de consoulde : des cornes de cerf
et de chèvre, avec l'une des eaux susdictes ; desquèlles le fréquent usage de
celle de bouts de chesne est salutaire
à ce mal. Au soulagement des phthi-
siques sont bons ces remédes, renvoyant
au docte médecin la cure entière de leur
longue, fascheuse et aiguë maladie. Le
malade boira tous les matins, quatre
heures devant le repas, deux ou trois
doigts du laict d'asnesse, ou de celui de
chienne, freschement tiré, y mettant dedans, à chacune fois, une cueillerée de
succre rozat en poudre : prendra à toutes
heures, de la conserve de rozes, ou du
succre rozat, ou du pignolat, ou de dia-
gracant : se fera oindre, soir et matin, la

poictrine, devant et derrière, avec huile
d'amandes douces, et beurre frès. Est bon
à boire, chacun matin, estant à jeun,
un plein verre d'eau distillée au bain-de-
marie de ces herbes ensemble, c'est assavoir, de pas-d'asne, consolide grande,
capilli-veneris, hyssope, autant de l'une
que de l'autre ; avec des limassons ou escargots, deschargés de leurs coques, et
bien lavés. La seule eau d'escargots est
bonne à ce mal, et à toutes autres personnes, sèches et maigres. Usera de tablettes suictes avec deux onces de pimpernelle en poudre, et succre, que tous
les matins il prendra, dissoutes dans trois
onces d'eau de pimpernelle. Est de mesme
fort salutaire la poudre suivante, prinse
au matin, au poids de deux drachmes,
et après deux cueillerées de syrop de jujubes, ou à son défaut de l'eau distillée
de l'ongle cabaline, ou de ptisane : la
poudre se faict ainsi : prenés trois drachmes et demie de chacune des quatre semences froides, qui sont, courges, citrouilles, melons, concombres ; autant
de semence de coins, cinq drachmes de
graine de payot blanc, jus de réglisse,
hyssope, amidon, gomme arabie, dia-
gracant, de chacun une drachme et demie ; de penides autant que des choses
susdictes ensemble; le tout bien pulvérisé
séparément, puis meslingé.

Pour le mal de costé, est bon appliquer chaudement sur la douleur, cataplasme faict de l'herbe d'ortie, de la
graine de genèvre, et de la poudre de
poivre, avec huile de lin : ou avec herbes
de marjolaine, hyssope, mente, sauge,
camomille, aluine, rue, fueilles de laurier, eschauffés sur le quarreau ou paesle
eschauffés : ou avec du millet, ou avoine

et sel fricassés en la poisle ; puis jettés dans un petit sachet, l'appliquer sur la partie douloureuse, deux ou trois jours de suite. Le mal de costé venant le plus souvent de froid, faict qu'on lui oppose choses chaudes, comme rosties de pain, ou tuilles eschauffées, ou des cendres chaudes dans une escuelle de bois couverte d'un linge ; par tels moyens, chassans les ventosités froides. Sert de beaucoup à ce mal, la graine d'aristolochie ronde, beue en vin, le poids d'un escu : celle de coulevrée aussi : de mesme la poudre de l'herbe de betoine desséchée. L'eau de sauge, armoise, aluine, mente, tenaise, vervaine, bouillon-blanc, autant de l'une que de l'autre ; distillée au bain-de-marie, est très-bonne, donnée tous les matins un couple d'onces, à celui qui est tourmenté de mal de costé. Le *Pleurésie.* plus dangereux de tous les maux de costé, et le plus difficile à guérir, est la pleurésie, qui tost emporte son homme, sans prompt et bon remède. C'est pourquoi, ayant descouvert le mal de costé de vostre patient, estre pleurésie, recourés au médecin, qui ordonnera, et de la saignée, où la faire, quand, et comment, et des autres remèdes qu'il verra estre requis ; *Cognoissance de pleurésie.* et en l'attendant, userés de ceux-ci. Mais pour un préallable, recognoistrés estre vraie pleurésie le mal qu'avés à combattre, si le patient a fièvre ardente, s'il a forte toux, et courte haleine, et s'il sent la douleur de costé en dedans le corps : car ce sont les humeurs cholériques assemblés avec le sang, sous la peau, qui couvrent les costés, où s'engendrent les apostumes, appellées pleurésie. Ce faict, sans délai, donnerés à boire au malade une drachme de la poudre de dent de san-

glier, avec quelque syrop pectoral, comme violat, ou autre ; ou lui préparerés ceste composition : prenés trois onces d'eau distillée de chardon-bénit, une cueillerée de bon vin blanc, six germes d'œufs bien frès, le poids d'un escu de coquilles de noisètes franches en poudre, dix-huict grains de corail rouge pulvérisés, le tout bien meslé ensemble ; laquelle composition sera baillée tiède, à boire au patient, le plustost que pourrés. Autre : meslés ensemble eaux de fleurs de genest, de scabieuse, et de chardon - bénit, et en donnés à boire au malade deux doigts tous les matins. Autre : prenés deux bonnes poignées de fien de cheval, pur et récent, meslés-y deux onces de gingembre pulvérisé, enveloppés le tout avec un linge net, mettés-le dans un pot neuf de terre vitrée, avec deux pintes de vin blanc, et le faictes bouillir jusques à la consomption du tiers ; puis du vin restant, coulé par un linge, en sera baillé à boire au patient, trois doigts tous les matins, qui après s'efforcera de suer, estant fort couvert. Le costé lui sera oinct, soir et matin, avec huiles de camomille et de genest. Ou avec cestui-ci : prenés huile rozat, six onces ; térébentine, une once ; soulfre en poudre, une once ; clooportes (autrement pourcelets de Sainct - Antoine, petites bestes plattes, qu'on treuve ès caves humides, sous les pierres), une once ; toutes ces choses cuiront l'espace d'une heure, puis l'huile sera passé à travers d'un linge. Pour faire ouvrir l'apostume (où consiste la guérison de la pleurésie), ce remède est singulier : prenés une pomme douce, propre à cuire, cavés-là, en la deschargeant de tous ses pepins, remplissés le vuide avec de l'encens fin, l'ayant refermée de sa couverture, et icelle liée avec du filet, faictes la cuire du tout bien sous les cendres, puis manger au patient, à quartiers, et dans peu de temps, l'apostume crévera; à cela aidans les précedens remèdes. Et pour en faire sortir l'ordure, le patient sera provoqué à cracher, usant d'une décoction de fleurs de pavot rouge, ou de la poudre d'icelui, le poids d'un escu, avec eaux de scabieuse et de pimpernelle, et de syrop d'hyssope, si la fièvre n'est grande; ou l'estant, du violat, dont s'ensuivra guérison, moyennant l'aide de Dieu.

Pour le mal de cueur, les remèdes en sont divers, comme diverses en sont les causes. La foiblesse de cueur procédant de cause chaude pour fièvre, ou autre grande chaleur, se fortifiera donnant à boire au malade tous les matins, du vin de grenade, avec trochisque de camphre, le poids d'un escu : ou en son lieu, une lozenge d'électuaire de diamargariton froid ; et après mettant dessus sa poictrine, du costé gauche, sandal ou linge trempé en eau roze et vinaigre. Le malade usera souvent des conserves de buglose, de bourrache, de violètes, de violes, de rozes, et de nénufar, les prenant seules ou assemblées ; et ce faict, boira de l'eau d'ozeille. Prendra aussi, quand il lui viendra à gré, du carbassat, de la bouque-dange, confitures sèches, servans à nourrir et rafreschir. Venant la débilité du cueur, de cause froide et sèche, sans fièvre, avec tristesse et peur, le patient, à chaque matin, prendra une tablette ou lozenge d'électuaire de diamusc ; puis boira un peu de bon vin, ou de l'eau de buglose ; en suite, la poictrine lui sera ointe, mesme du costé gauche,

avec huile nardin ; et là mesme appliqué un sachet composé de fueilles de ronce, de mente, de grand muguet, de rosmarin, enumaties sur le quarreau chaud ; et chaud aussi le sachet sera employé. Un jour de la sepmaine, au matin, trois ou quatre heures devant disner, prendra de la fine tériaque de Montpelier, le poids de demi escu, avec de l'eau de scabieuse, ou du vin blanc, dans lequel aura trempé deux heures un peu de macis ; et par fois de la confection d'alkermés : aussi mangera souvent de l'escorce de citron confite au sec, du gingembre, des coins, des poires, et des noix, confits au succre, au liquide, ou au sec. Les conserves chaudes sont bonnes au patient, comme de fleurs de rosmarin, de glaieul jaune, ou flambe bastarde. Ne sera guières sans avoir à la bouche de la canelle, ou du poivre, ou de la muscade, quelque peu, pour lui fortifier sa débilité. Au remède du battement de cueur, que les médecins appellent, cardiaque-passion, ou tremeur de cueur, est nécessaire recourir à eux, afin que par leur ordonnance, le patient soit saigné, et purgé à fons, prenant la maladie dès le fondement. Les remèdes externes qu'on appliquera à ceste maladie, si elle est accompaignée de fièvre, seront de boire, tous les matins, syrop de limons, ou de grenade, de jus d'ozeille, avec eau roze, de pourpier, et d'ozeille. Un linge trempé en eau de plantain, de roze, et d'ozeille, avec un peu de vinaigre, sera appliqué dessus la mammelle gauche. Est bon de faire souvent sentir au patient choses aromatiques froides, comme rozes, fleurs de violes, et de nénufar, aussi du vinaigre rozat. Et si la tremeur du cueur est sans fièvre, ceux-ci

seront employés, assavoir, les eaux impériale et céleste, de canelle, de vie, ou eau-
ardent, séparément données au matin
à jeun : de l'eau de buglose, où aura
bouilli du girofle, trois onces, chacun
matin : de celle de mélisse six onces,
avec deux onces de sucre infondu dedans. Le patient mangera de l'électuaire
de diamuse, au poids d'un escu ; puis
boira d'eau distillée, de bon vin, ou d'eau
de buglose : prendra de la confection de
hiacinte, qui est fort singulière contre
ce mal, aussi de la conserve d'œillets, et
de rosmarin : usera de l'épithème ainsi
composé : prenés des eaux de buglose,
mélisse, et bourrache, une livre des trois
ensemble ; demi livre de bon vin rouge,
poudres de canelle, de girofle, et de nois
muscade, deux drachmes de chacune ; le
tout meslé ensemble, sera mis eschauffer
en un plat-escuelle, sur l'eschauffète, et
une pièce d'escarlate trempée dedans,
ou un linge de lin, puis appliquée sous la
mammelle gauche. Un sachet de sandal,
avec les susdictes espices aromatiques et
autres poudres cordiales sera faict, et mis
chaud sous la mammelle gauche. Les senteurs aromatiques confortent le cueur,
pour laquelle cause, le malade en sentira
souvent, soit ou en perfums, eaux, poudres, ou pommes, qu'on composera de
benjouin, de storax, labdanum, musc,
ambre-gris, civète, ou en autres précieuses matières, dont la chambre et les habits
du patient seront perfumés. Touchant au
syncope, dict aussi évanouissement, le
prompt remède est nécessaire, pour la
malice et violence du mal, image de la
mort, aussi est-il appelé par les philosophes, mort temporelle. C'est pourquoi,
en telle extremité, l'on employe hastive-

Évanouis-
sement.

ment tout ce que l'on a en main y pouvoir servir, jusques à l'eau froide, qu'on
jette contre le visage du patient, y ad-
jonstant de l'eau roze, si le loisir le permet : l'on lui lie douloureusement les
doigts, les bras, et les jambes, les frottant rudement : l'on lui tire les cheveux :
l'on lui donne à boire un peu de bon vin,
très-salutaire remède, ou de l'eau de vie,
ou de l'impériale, ou de la céleste : l'on
lui faict sentir de bon vinaigre : l'on lui
frotte la poictrine avec de l'eau de vie un
peu chaude, par lesquelles violences et
boissons, les forces restantes du corps,
dispersées, se rassemblent au cueur pour
le secourir. Tous ces remèdes sont, indifféramment, convenables aux hommes,
non aux femmes, mesme si l'on est asseuré que l'évanouissement procède de la
matrice. Car cela estant, l'on ne leur jettera aucune eau au visage, ains leur fera-
on sentir choses puantes, les leur mettant au nés : comme asse-fétide, castor,
plumes de perdris bruslées, et vieilles
savates mises sur la braize ; au contraire
desquelles, les perfumera-on par le bas,
avec odorantes senteurs, de benjouin,
storax, musc, ambre, civète, et semblables. Avenant le syncope par grande
résolution des esprits (ainsi qu'on void
fort souvent, après grande évacuation
par flux de sang, ou de ventre, ou par
sueur), le lier des bras et jambes n'est à
propos, ni le jetter de l'eau froide contre
le visage, ains convient donner à boire
au patient du bon vin, et des eaux susdictes ; le nourrir avec des bons potages,
consumés, coulis, restaurans, gelées,
poulets, perdris, et semblables viandes,
deslicates et substantielles.

Pour le mal de l'estomach. La débi-

Mal
d'estomach.

lité de l'estomach procède souvent de phlegme, qui lui descend de la teste, comme rheume, dont, froid, ne digère la viande qu'avec dificulté ; et tant plus grande, que plus l'on erre au manger et boire, soit en la qualité, soit en la quantité de viande et bruvage. A quoi le premier remède et le plus asseuré, est, l'abstinence, par lequel moyen l'estomach a loisir de se vuider, digérant les vivres à la longue. Mais si la douleur presse, faudra user de quelque vomitoire, pour faire sortir de l'estomach ce qui le grève ; et après boire un peu d'hypocras, et en suite conforter l'estomach par la chaleur accompaignée de bonne odeur ; avec fleurs et poudres cordiales, qu'on employera en sachets appliqués contre l'estomach, comme de camomille, marjolaine, rue, aluine, girofle, canelle, muscade. Quelques-fois le patient purgera son estomach avec une pillule de hiera simple, la prenant peu devant le repas, ou avec trois, s'il sent grande sa replétion, qu'il prendra de bon matin, trois ou quatre heures avant manger.

Se nourrira de viandes légères et de facile digestion, de bons potages et de chairs deslicates : sera sobre en son vivre ordinaire, limitant ses repas : ne mangera aucun fruict crud, peu de cuit : boira peu de bon vin, non guères d'eau, jamais de vin bas, aigre, ni vert. Après le past, prendra un plein cueiller d'argent, de la poudre suivante, qui aidera à faire la digestion : deux drachmes de graine de fenouil, autant de celle d'anis, de la semence de citrin, de canelle, réglisse raslé, d'ivoire, de chacun demie drachme, avec succre rozat, tant qu'il suffise, seront subtilement pulvérisés. Se vestira

bien contre le froid, prenant garde à la teste et aux pieds, pour les tenir modérément chauds, tous-jours secs. Portera contre l'estomach, une pièce de drap de laine, taincte en escarlate, saupoudrée avec du girofle, de la canelle, et autres poudres aromatiques : ou bien une peau de vautour, ou autre délicate fourreure pour lui conserver la chaleur. Aucunesfois avient telle débilité, pour phlegme visqueux, contenu en l'orifice de l'estomach, engendrant des ventosités aigres qui empeschent la digestion. A ce mal, sont fort salutaires les pillules, quelque heure devant le repas ; mais il convient les composer de l'avis du médecin, pour les approprier à la qualité de la replétion. L'usage de l'anis et du fenouil, après le repas, est requis en cest endroit, comme aussi une rostie de pain trempée en vincuit, ou en hypocras, ou en malvoisie. Est bon d'oindre l'estomach avec des huiles nardin, et de mastic. D'y mettre dessus, par fois, une rostie de pain, trempée en bon vin, puis couverte de poudre de girofle et de muscade ; et de porter le plus qu'on pourra sur l'estomach, un emplastre faict avec une once de mastic, autant de labdanum, de mente, et d'aluine, pulvérisés, de chacun une drachme, et de térébentine, ce qu'il y en faut pour incorporer ces choses, puis les estendre sur une pièce de cuir. De cause chaude, procède aussi la débilité d'estomach, telle estant recogneue, quand le patient a peu d'appétit, et soif, souventesfois mal de teste, faict des rots puants, avec vomissement. Au remède. Estant icelle débilité accompaignée d'abondance de salive, et du désir de vomir, faudra prendre dix drachmes de hiera-picra,

Régime.

avec la décoction de pois ciches : ou avec deux ou trois onces d'eau d'aluine ; et à la fin du repas, user de coriandre préparé, éviter le boire après, et le dormir sur le jour. Sera bon aussi de prendre une fois la sepmaine un mirabolan pour lui conforter l'estomach.

Vomissement.

Mais si le patient a la bouche sèche, avec soif et vomissement, prendra du syrop rozat, ou de l'acéteux, ou de celui de coins, avec eau d'endivie, ou de cichorée ; ou bien avec de l'eau bouillie, refroidie, puis boira de la hiera - picra, comme dessus. L'estomach lui sera oinct avec huile rozat, et de celui de coins, y appliquant dessus un emplastre faict avec des rozés rouges, et sandaux, et autres choses fresches, cordiales, non aucunes chaudes, de peur d'augmenter la cause du mal.

Dégoustement.

Par trop grande replétion d'humeurs cholériques ou phlegmatiques, gros et visqueux, procède la maladie de l'estomach, dicte, fastidiosité, qui est desdain et desgoustement de toutes sortes de viandes, le malade ne treuvant rien à son goust, ni de bon à manger, ayant tousjours soif, la bouche sèche et amère, par fois vomissant cholère jaune. Le médecin purgera la cholère, et fera saigner le malade, appliquant tels remèdes selon la complexion d'icelui, le voyant à l'œil ; et pour lui provoquer l'appétit, l'on lui donnera à boire le matin, de la décoction d'absinte pontie : ou du jus de mente,

Maniere pour l'appetit.

deux doigts dans un verre. Aussi aiguisent l'appétit, et récréent l'estomach, les lupins addoucis dans l'eau, après pillés avec vinaigre, ainsi beus. Le mesme faict la gomme de cerisier, prinse avec vin et eau. La décoction en eau, faicte de l'herbe dicte, *cicutaria*, et le bruvage

faict d'origan ou marjolaine bastarde. Le siliquastre, ou poivre d'inde mangé, incite à appétit : aussi les pepins du fruict de l'espine-vinète, confits au sucre : la graine de naveau, confite en saumeure et vinaigre : l'herbe de cerfueil et laictues, mangées en salade, avec huile et vinaigre. Si aucun de ces moyens ne rencontre, l'on abandonnera le patient à toutes viandes indifféramment, pour manger de celles (quoi que moins bonnes pour lui) où sa fantasie le portera, essayant par là, d'ouvrir la porte de son appétit. Et en son boire ordinaire, usera du jus de grenade pur, ou meslé avec peu d'autre vin.

Ventosités de la bouche.

Les ventosités mises hors de l'estomach par la bouche, devant manger, proviennent de phlegme visqueux ou aqueux qui y est assemblé. Après avoir purgé telle superfluité, par pillules cochées, par électuaire de diacartami, et autres moyens que le médecin ordonnera, l'on oindra l'estomach du malade avec des huiles nardin, de mastic, de lis, d'absinte, ou de l'un d'iceux, puis lui sera appliqué dessus un sachet de marjolaine, camomille, et d'aluine : ou un emplastre faict de *carotum Galeni*, qu'ainsi l'on appelle chés les apoticaires, qu'il portera jour et nuict. Devant la purgation, prendra durant trois ou quatre matins, deux heures devant manger, deux cueillerées syrop d'aluine, ou de mente ; et après icelle, tous les matins, une lozenge ou tablette de diacartami, ou de diagalanga. Aussi l'une des pillules cochées susdictes, demie heure devant le repas, si lors le patient sent son estomach poisant. Les ventosités d'après le repas, viennent du peu de chaleur de l'estomach, dont foible et débile ne peut cuire le manger. Elles seront

seront corrigées prenant à jeun, dragées faictes d'anis, de fenoüil, cumin et carvi: ou poudre desdictes matières avec sucre. Aussi est bon prendre au matin, deux heures avant manger, une lozenge d'électuaire d'aromatic rozat: ou de dianisum: ou de diaciminon; puis boire une cueillerée de bon vin. Sert beaucoup à ce mal, de boire chacun matin, à jeun, deux onces de bon vin, dans lequel auront bouilli des graines de laurier, anis, carvi, autant de l'un que de l'autre: ou un peu d'encens fin, et du galangal, avec du vin: ou de la poudre de cumin. Est fort salutaire à l'estomach, l'onction faicte avec huiles nardin, de rue, d'aluine, et de laurier, et en suite, d'appliquer sur icelui, un sachet de camomille, rue, aluine, et marjolaine, pour le porter d'ordinaire. Le patient se gardera soigneusement de manger aucunes herbes et fruicts cruds; ni des chastagnes, pois, fèves, naveaux, aulx, oignons, pourreaux; ni autres viandes venteuses, ni grossières, soyent chairs ou poissons: sera aussi sobre en son boire, avisé au vin, à ce qu'il n'en use d'autre que de bien qualifié, et de ne dormir sur le jour, s'il veut que les remèdes lui profitent. Pour guérir le sanglot ou hoquet, convient longuement tenir son haleine, longuement dormir, se faire esternuer, cracher, travailler, endurer soif, jetter de l'eau froide contre le visage de celui qui en est travaillé, sans qu'il y pense; lui faire peur, l'inciter à tristesse: car par tels populaires moyens, la chaleur naturelle révoquée au dedans, est fortifiée. Tel hoquet procède aucunes fois de trop de réplétion, dont s'ensuit importun mouvement de la vertu expulsive de l'estomach, le voulant descharger

Théâtre d'Agriculture, Tome II.

de ce qui lui nuit. En ce cas, conviendra s'abstenir de manger et boire, jusqu'à ce que la digestion soit faicte; ou vomir, comme a esté dict. Après, oindre l'estomach d'huiles d'aneth, de mastic, d'absinte ou de castor; et prendre devant le repas, trois ou quatre heures, de bièrepière, en eau d'aluine. Mais venant le sanglot de débilité d'estomach, après longue maladie, ou à cause de flux de sang, ou de flux de ventre, ou d'autre forte évacuation, pour le péril de la maladie souvent mortelle, l'on nourrira soigneusement le malade, avec restaurans, coulis de chapon, orge mundé, œufs frès molets, et autres deslicates viandes. L'un le fera bien reposer et dormir, et lui oindra-on l'estomach avec huile d'amandes douces. C'est du bénéfice de nature, que de descharger l'estomach par facilement vomir, avec peu de peine se vuidant l'importune réplétion. Mais lors que la vertu expulsive de l'estomach en veut faire vuider la chose mauvaise contenue en icelui, se faict le mouvement violent, qui tant travaille la personne, mesme celle qui a la poictrine petite et estroicte, le col long et maigre, ou qui a la veue débile. On facilitera le vomissement, faisant boire au malade syrop acéteux avec eau tiède: ou de l'eau tiède avec un peu d'huile d'olive parmi, puis mettant les doigts dans la bouche jusques au gosier; ou y fourrant une plume trempée en huile. Au contraire, l'on arrestera le vomissement excessif, qui vient de débilité d'estomach, causée de complexion chaude, donnant à boire syrops rozat, de coins, ou de mérilles, avec eau bouillie, refroidie: ou avec eau de pourpier, pour rafreschir et oster la soif qui communément est en tel cas. Devant les repas, faut oindre l'estomach avec onguent faict d'huiles rozat et de coins, avec jus de mente, et un peu de cire : ou faire emplastre de mente, de rozes, de cédre, avec huile rozat, le mettant sur l'estomach. Aussi est bon d'appliquer à la bouche de l'estomach, estouppes, sur lesquelles aura esté mise ceste composition : prenés poudre de mastic, et d'encens, demie once de chacune, un peu de farine d'orge, et incorporés le tout avec un aubin d'œuf. A l'issue des repas, le patient prendra un morceau de cotignac, sans boire après. *De froide.* Si le vomissement procède de mauvaise complexion froide, l'on lui oindra l'estomach avec huiles de mastic et nardin : ou avec onguent faict desdits huiles, avec un peu de mastic et de cire, soir et matin. Sera appliqué sur l'estomach sachet composé d'aluine, de marjolaine, et de mente, sèches, de chacune une poignée ; de girofle, muscade, galangal, de chacun une drachme ; ces choses pulvérisées, seront mises entre deux linges, avec du cotton, puis le tout chaudement dessus l'estomach. Une rostie de pain, trempée en jus de mente, puis saupoudrée de mastic, appliquée chaude sur l'estomach, y est salutaire. Aussi est l'emplastre suivant : prenés deux peignées de mente, et une poignée de rozes, faictes les bouillir en vin, puis deux onces de pain rosti que tremperés en vin, après l'incorporerés avec poudre de mastic, et lesdictes mente et rozes ; de tout cela ferés emplastre, qu'appliquerés sur l'estomach du malade lors qu'il voudra manger. *Conforter l'estomach.* Pour conforter l'estomach après avoir vomi, est bon donner au malade tous les matins, une once de syrop d'aluine, ou

de mente : ou bien une lozenge d'armoniac rozat, ou de diagalange. Ces poudres-ci sont fort bonnes, données deux heures devant manger, assavoir : de girofle, avec jus de mente une cueillerée ; de rue sèche, avec un peu de vin ; de girofle et du bois d'aloès, ensemble le poids d'un escu, avec vin. Aussi de la mente broyée et meslée avec huile rozat, appliquée sur l'estomach, est fort propre à le conforter après le vomissement. A *Douleur d'estomach.* toutes douleurs d'estomach indifféramment, quoi-que venans de diverses causes, sont salutaires les remèdes suivans : ayés demi septier, mesure de Paris (estant un peu moindre que la feuillette d'Avignon), d'eau roze, et la moitié moins d'eau de vie, un quarteron de sucre fin, et une once de canelle mise en poudre avec le sucre ; meslés-les ensemble et les mettés tremper durant six heures dans les susdictes eaux ; après, le tout sera coulé par le travers d'un linge net, dont la liqueur en sortant, donnée à boire au patient, le matin estant à jeun, plein une cueillerée d'argent, sera salutaire en cest endroit ; et en outre lui servira contre la rheume. Autre : prenés camomille, mélilot, aluine, mauves avec ses racines, fueilles de laurier, pariétaire, pouliot, de chacune une poignée ; graine de lin, une livre ; fenugrec, demie livre ; semence d'anis et de fenouil, de chacune demie once ; ces choses concassées bouilliront une heure dans eau de fontaine ; lors y plongerés plusieurs esponges bien nettes, soudain les en retirerés, et après les avoir bien exprimées pour leur faire rendre le plus liquide, toutes chaudes les appliquerés sur la douleur, l'une après l'autre, les changeans à mesure qu'elles se refroidiront ; après telles applications l'estomach sera oinct d'huiles d'aneth et de camomille. Aucuns, au lieu des esponges, remplissent à demi une vessie de pourceau, de la décoction susdicte, et l'appliquent chaude sur le lieu dolent, où elle s'accommode, s'applatissant contre l'estomach, parce qu'elle n'est du tout remplie ; l'on la rechange pour réchauffer la décoction, à mesure du refroidissement. La douleur d'estomach s'appaise par l'application d'une grande ventouse sur le nombril, y demeurant une bonne heure. Aussi par une mie de pain chaud sortant du four, trempée dans huile de camomille, ou de celui d'aspic, après enveloppée avec un linge, appliquée sur la douleur. Et d'autant que la chaleur soulage beaucoup le tourmenté de mal d'estomach, est nécessaire de tenir continuellement sur l'estomach, choses chaudes maintenans longuement leur chaleur, comme tuilles, ou quarreaux, trencheoirs de bois, eschauffés et enveloppés avec des linges, à quoi est propre une escuelle de bois pleine de cendres chaudes, arrousées de bon vin, et couvertes d'un linge. Donnés à boire au malade, une heure devant manger, un doigt de bon vin, dans lequel aurés infondu deux drachmes de diacimini, ou de dianisi : ou bien deux onces de malvoisie, avec l'un desdicts électuaires. Une lozenge de l'électuaire appellé aromatique gariofile, prinse tous les matins, profite beaucoup à ce mal. Aussi de boire, deux heures devant manger, trois ou quatre onces de la décoction de mente, avec anis, cumin, et fin encens : ou un bien peu de castor meslé avec bon vin.

Maux du ventre. Pour les maux du ventre. Les humeurs qui nourrissent tous les membres du corps sont faictes du manger et du boire, qui sont digérés par la chaleur naturelle du foie, à l'aide de celle du cœur. Mais Du foie. aucunes fois, il est empesché de faire son office, par trop de chaleur, avec beaucoup de douleur, qui lui avient quand le sang et l'humeur cholérique sur-abondent : ou par diminution de sa chaleur naturelle, quand le phlegme, qui est froid, domine. L'urine rouge, et le poulx hastif du patient, dont la salive, la bouche, et la langue, sont plus douces que de coustume, marquent la chaleur nuisible procéder de sang. De cholère, celle qui est claire et jaune outre l'ordinaire, le malade ayant grand soif, sentant grande ardeur en son corps, n'ayant aucun appétit. Et d'humeur phlegmatique, l'urine qui est blanche et espesse, sans taincture, dont le malade sent poisanteur environ le foie, ayant la face, la bouche, et les lèvres, pasles. Voilà les maladies recogneues, en voici les remèdes : la saignée faicte au bras droict de la veine du foie, dicte bazilique, est fort propre à réprimer la chaleur venant de sang : aussi de boire au matin à jeun, des eaux d'endivie, de pourpier, d'ozeille, de laictues, de houblon ; et de manger en potage desdictes herbes. De tenir le ventre lasche, par clystères, suppositoires, ou autres moyens, mesme par vivre réglé, usant de viandes de facile digestion. La chair et le vin ne sont Régime guières propres à ce mal, par quoi seroit bon de s'en abstenir, se nourrissant de purée de pois, de laict d'amandes douces, d'orge mandé, de pommes cuittes, de prunes de Damas, buvant de la ptisane ; ou voulant manger de la chair, elle sera bouillie avec ozeille et pourpier : et buvant du vin, ce sera fort peu, de quel-

T t t t 2

que petit et foible , encores bien tempéré avec de l'eau. La chaleur de cholère sera ainsi rafreschie : le malade prendra par quatre jours de suite , deux fois en chacun, assavoir, le matin trois ou quatre heures devant manger , et le soir à son coucher , une once syrop d'endivie , ou de celui de violes , avec ptisane : ou trois onces des eaux meslées ensemble , d'endivie , de cichorée et d'ozeille ; après lesquels quatre jours , boira au matin , quatre heures devant disner , une médecine purgative de cholère , composée de demie once de casse nouvellement mundée , d'une drachme de rhubarbe trempée une nuict en eau d'endivie , avec un peu de spica-nardi , et une once de syrop violat ; le tout infus en trois onces de ptisane , ou dans autant de mesgue de laict. En lieu de ladicte médecine , servira le bolus faict de demie once de casse , et trois drachmes de l'électuaire de suc de rozes ; ou une drachme de rhubarbe , donné à manger au malade , à quatre heures du matin : ou si mieux il aime boire que manger , le bolus sera destrempé en eau d'endivie , et ainsi préparé le boira. Après telle prinse ne faut nullement dormir , ni sortir de la chambre de tout le jour. Autre purgation se fera par l'ordonnance du médecin , selon les circonstances. La purgation sera suivie , pied à pied , d'un extérieur rafreschissement du foie , y appliquant sur le foie, au costé droict , dessous la dernière coste , un emplastre faict de l'onguent de sandal, estendu sur un linge , de la grandeur de quatre doigts : ou sera fomenté avec des linges trempés en eaux d'endivie , de plantain et de rozes , y adjoustant un peu de vinaigre , chauffés ensemble. En outre, le malade estant purgé , prendra tous les

matins quatre heures devant manger , deux ou trois doigts d'un julep faict de demie livre d'eau roze , un quarteron d'endivie , et cinq onces de sucre ; et le voulant plus réfrigératif , y seront adjoustées deux onces de vinaigre , ou le jus d'une grenade. De ce julep , l'on pourra faire de la boisson ordinaire pour le malade, l'allongeant avec deux parties d'eau de fontaine. En outre , prendra tous les matins , un peu devant manger , une lozenge de l'électuaire des trois sandaux , et incontinent après boira deux onces d'eau d'endivie. Le malade qui a le foie refroidi par phlegme , boira au poinct du jour , durant trois ou quatre matins , syrop appellé oximel diurétique , avec décoction d'ache et de persil , ou de fenouil ; puis une médecine pour purger le phlegme , qu'on composera de demie once de diaphoenicum destrempée en quatre onces de la décoction de racines d'ache , persil , et fenouil , baillée tiède à boire , cinq ou six heures devant manger : ou deux drachmes d'agaric trochisqué , avec eau d'ache et de fenouil. Autre laxatif se faict pour ce mal, avec demie once de diacartami , et trois onces d'eau de persil , d'ache , d'hyssope , ou de fenouil. Le patient doit boire bon vin , et user de gingembre , canelle , graine de paradix , anis , fenouil ; et d'herbes chaudes en potages , comme sauge , hyssope , marjolaine et persil. Ne mangera aucuns fruicts , ni herbes crues. L'on lui mettra sur le foie , un emplastre faict d'ache , d'aluine , de spica-nardi en poudre , et meslées avec huile d'aneth. Quand la douleur de l'opilation de foie vient avec mal d'estomach , l'on la guérit par médecines laxatives ; et lors qu'elle est accompaignée de douleur de dos et de reins, par choses apéritives, comme syrops de capilli-veneris, et semblables : aussi par boire des décoctions des racines de persil, d'ache, de cichorée, et d'asperges : ou des eaux desdictes racines distillées au bain-de-marie. Et lors que l'urine est fort taincte, néantmoins claire, le patient usera de vin de grenade, des syrops d'oxisacre, et de fumeterre : ou de celui d'endivie, avec la décoction des pois ciches, pour lui subtilier le sang gros, terrestre, et mélancholique, engendré au foie, tel ne pouvant aller aux membres du corps, dont les veines en sont estouppées, causant douleur au foie. Le malade sera saigné de la veine du foie, et prendra tous les matins, une lozenge de l'électuaire des trois sandaux. L'urine estant claire, comme eau, marque l'opilation du foie procéder d'abondance d'humeur visqueux, froid et phlegmatique, estouppant les veines du foie. En ce cas, sera donné au patient, à boire le matin, du syrop d'oximel squilitique, avec la décoction d'ache, de fenouil, et de persil. Aucunes fois, viennent aux femmes, opilations de foie pour la rétention de leurs fleurs ; par quoi, convient les saigner de la veine du pied, appellée, saphéne, qui est près de la cheville, au dedans du pied ; et leur faire prendre, la lune estant nouvelle, par sept ou huict matins, de l'opiate appellée trifère-grande, à chacune fois demie once ; puis boire trois onces des eaux d'armoise, d'hyssope, et de fenouil : ou de la décoction desdictes herbes, et des racines apéritives, qui sont persil, ache, et asperges, bouillies en eau, avec la tierce partie du vin blanc. La rate est le réceptacle de la mélancholie, et en nettoye le sang, le rendant pur et net, propre pour bien nourrir tous les membres du corps, tenant la personne joyeuse : mais quand par trop de mélancholie, la rate s'engrossit plus qu'elle ne doit, avient opilation d'icelle, qui empesche la génération du bon sang, dont le nourrissement rendu mauvais, les membres du corps en souffrent, devenant secs. La douleur au costé gauche, après le repas, et la couleur de la face tendant à la noire, avec tristesse de la personne, marquent l'opilation de rate ; pour la guérison de laquelle, procédant le mal, soit d'humeur chaud, soit de froid, sera bon de saigner le malade de la veine de la rate, appellée, salvatelle, qui est en la main gauche, entre les doigts diets, médecin et auriculaire. Et estant ladicte douleur accompaignée de soif, de sécheresse de langue, et de desgoustement, signifie que l'opilation est causée d'humeur chaud : par-quoi faut donner au malade, par quatre ou cinq matins, à jeun, syrop d'endivie et de scolopendre, avec eau d'endivie et de scolopendre. Et après, une purgation faicte avec demie once de suc de rozes, et trois onces de la décoction des racines de caparis, et de scolopendre, que le malade prendra cinq ou six heures devant disner : ou bien avec demie once de casse, et trois drachmes diasenné, en eau de scolopendre. Après laquelle purgation, faudra oindre la rate avec huile rozat, ou de lin : ou appliquer emplastre dudict huile, avec racines de caparis, et graine de lin : ou faict de morelle, semence de pourpier, et poudre de plantain, meslés avec vinaigre. Si le patient a peu d'appétit, ne pouvant digérer, et lui venans des rots aigres de l'estomach à la bouche, signifie son mal procéder par humeur mélancholique froid. En ce cas, lui sera baillé à boire, des syrops de stœcados, et de scolopendre : ou d'oximel diurétique, avec l'eau de la décoction de scolopendre, racines d'ache, de persil, de tamaris, et de mente : ou seulement avec la décoction de la scolopendre, et racines de caparis ; puis, faut purger l'humeur mélancholique, avec une once de diacatholicon, et deux drachmes de diasenné, meslées avec trois onces de la décoction susdicte, ou en eau d'alnine et de scolopendre ; et après, oindre le costé de la rate, d'huiles de lis et d'aneth, avec aussi beurre frès, mouëlle de bœuf, et graisse de poule ou de cane, meslées ensemble : ou oindre le costé gauche avec onguent *Régime.* dict dialthée. Le malade boira vin blanc, et de la décoction de scolopendre, soir et matin, mangeant deux figues, avec poudre d'hyssope, poivre, ou gingembre ; trempera son vin, avec eau ferrée, sans en boire d'aucune autre ; usera de capres *Jaunisse.* avec huile, et peu de vinaigre. La jaunisse procède des maux du foie et de la rate ; et comme leurs maux sont divers, *Trois sortes de jaunisse.* aussi y a-il diversité de jaunisse, assavoir : jaunisse citrine ou jaune, jaunisse verte, et jaunisse noire ; ceste-ci sortant de la rate, et les deux autres du foie. Pour *Pour la jaune et verte.* les jaunisses jaune, et verte, l'on usera de ces remèdes : le malade boira au matin syrop de violes, avec eau de morelle : ou syrop d'endivie, avec eau de cichorée ; puis, la cholère sera purgée, comme a esté dict aux remèdes du foie, ou autrement sera ordonné par le médecin. Après, prendra une lozenge de l'électuaire des trois sandaux, chacun matin, deux heures devant manger, beuvant un peu d'eau d'endivie et de cichorée. Est aussi bon

de fomenter le foie comme dessus, et de laver les yeux du malade de vinaigre meslé avec laict de femme. Son bruvage ordinaire sera ptisane faicte avec orge, réglisse et pruneaux, tant que la fièvre le tiendra ; et icelle passée, se remettra au vin, mais bien tempéré avec de l'eau. Et avenant que la fièvre laisse après elle la jaunisse, le malade usera souvent des eaux de fenouil et de morelle, avec syrop d'oxisacre : ou boira, durant cinq matins, trois heures devant manger, quatre onces d'eau de raphan ou raifort sauvaige : ou quatre onces de la décoction de marronchouin, faicte en vin blanc : ou autant de la décoction des pois ciches, et racines d'asperges. La poudre des vers de terre, dicts lombries, bien lavés, puis séchés, prinse avec une pleine cueillerée de vin blanc, est aussi bonne contre la jaunisse. De mesme, boire, huict matins de suite, deux ou trois doigts, en un verre, de la décoction de politric : ou de capilli-veneris : ou de celle de velvotte : ou de son eau distillée au bain-de-marie, qui à ce mal est très-propre : ou de l'eau de la roine des prés. L'eau distillée audict bain, du laict de vache et du vin blanc, par esgale portion, gardée un mois, puis beue au matin, deux heures devant manger, et autant le soir, entrant au lict, y est souveraine. Touchant la jaunisse *Pour la noire.* noire, outre l'usage des syrops, purgation, et saignée susdicts, convient appliquer plusieurs fois, soir et matin, une ventouse au costé senestre, sur la rate, sans incision. Après, y faut mettre un feutre trempé en bon vinaigre, chaud, l'y tenant tant que la chaleur durera, le réchauffant trois ou quatre fois. Puis la rate sera oincte, quatre ou cinq jours de suite, avec onguent dict dialthée, et par autres quatre ou cinq jours, porter un emplastre faict d'ammoniac dissout en vinaigre, estendu sur le cuir. La colique est maladie des boyaux, dont la douleur s'estend par tout le ventre, avec grande violence, et asprés passions, fort difficiles à supporter, pour desquelles deslivrer le patient, est nécessaire d'employer prompts remèdes. Premièrement, faut faire boire au patient, demi verre d'eau de scabieuse, avec de la tériaque; puis lui donner un clystère molificatif, faict de la décoction de mauves, violes, betes, anis, fenugrec, avec casse, miel, et huile d'olive; aprés mettrés sur la partie dolente, entre deux linges, les herbes du clystère estans chaudes ou fricassées. Appliquer sur le mal, la coeffe des boyaux d'un mouton freschement tué, y est salutaire : aussi un sachet faict de mil, de son de froment, et sel, fricassés : une pleine escuelle de cendres chaudes, arrousées de bon vin rouge, l'escuelle couverte d'un linge pour retenir les cendres : une motte de terre et fange endurcie, de celle qui se faict par le trepis des personnes és entrées des maisons, l'ayant au préallable chauffée; desquelles applications, seront employées celles qui viendront mieux à-propos. En outre, le malade prendra avec vin blanc, de la poudre faicte du cartilage de l'entre-deux des cerneaux des nois, gardée dés la fin de l'esté : ou de celle des noiaux de pesche : ou des huiles de nois et de lin, meslés ou séparés : ou de l'eau de camomille : ou le moyeu d'un œuf frès, avec de l'eau de vie; lequel œuf, estant cuit molet entier, deschargé de la glaire, aprés avoir ouvert la coque, icelle sera remplie

d'eau de vie; puis le tout chaudement avalé. Ne se voulant arrester la douleur, pour les susdicts remèdes, le demi bain sera employé, qu'on composera de la décoction des herbes susnommées, y faisant tremper le malade jusques aux hanches; et au sortir d'icelui l'on lui oindra le nombril avec onguent dict dialthée et beurre frès. Tiendra le ventre lasche, par réitérés clystères, suppositoires, ou autres moyens. Quand la colique, ou iliaque passion, est causée de ventosité, le mal est déambulatoire, ne s'arrestant en un seul endroit, ains vague par le ventre, les boyaux menans bruit, avec torture, et grande douleur; lors conviendra bailler au malade un clystère ainsi composé : prenés mauves et betes, de chacune une bonne poignée; marjolaine, rue, laurier, et camomille, de chacune une petite poignée; anis et cumin, de chacun une once; faictes en décoction, de laquelle prenés une chopine et y destrempés une once de casse, demie once de tériaque, et trois onces des huiles de rue, et de camomille, dont soit faict clystère, puis baillé tiède, loin de la réfection. En lieu duquel clystère, l'on en peut bailler un autre faict d'une livre d'huile de semence de lin, qui est chose très - singulière pour oster toute douleur de ventre : ou bien, autre clystère faict de vin de malvoisie, et huile de camomille, ou de celui d'aneth : encores autre, qui est fort salutaire, faict d'huile de nois et de bon vin, par esgale portion : ou du seul huile de nois. L'huile de chénevi, appaise la douleur de la colique venteuse, d'icelui oignant la partie dolente. Aussi est bon à ce mal de le fomenter avec des esponges, draps ou feutres, trempés en vin, dans lequel l'on aura longuement bouilli, rue, camomille, marjolaine, anis et cumin; appliquant la fomentation tant chaude qu'on pourra; et quatre fois le jour, sera bon de faire boire au malade, vin ou soyent bouillies semences de rue, carvi, et cumin, de chacun un doigt, dans un verre. L'eau distillée, ou la décoction de camomille, beue au matin, à jeun, est propre à la guérison de la colique venteuse: aussi la poudre d'un vieil gland, en vin blanc. Et de porter sur le mal, l'emplastre ainsi faict: prenés deux poignées de rue, séchés-les, et les réduisés en poudre; demie once de myrrhe, et autant de cumin, pulvérisés; quatre moyeux d'œufs, avec miel; faictes-en deux emplastres, sur du cuir, ou du linge, dont l'un servira pour le jour, et l'autre pour la nuict.

Douleur de reins dicte néphrétique passion. La douleur de reins qui provient de pierre, ou de gravelle, est appellée néphrétique passion. Elle est semblable à la colique, en ce que le mal de cœur, le vomissement, la douleur et constipation de ventre, et ventosités, conviennent à l'une et à l'autre maladie. Mais différente en ceci, que la colique commence de la partie basse du costé droict, allant jusques à la partie haute du costé gauche du ventre, déclinant plus devant que derrière; et la néphrétique, à l'opposite, commence du haut, descendant en bas, peu à peu, déclinant derrière. La douleur de ceste-ci, est plus forte devant manger, qu'après; et de ceste-là, au contraire, plus après, que devant; avenant presques tous-jours fort subitement: et celle de la néphrétique, communément petit-à-petit, précédée de douleur au dos, avec difficulté d'uriner. Ceste différence se recognoist encores entre ces deux maux, que la colique rend les urines tainctes et colorées; et la néphrétique, au commencement faict l'urine claire et blanche comme eau, puis s'espessit, laissant du sablon rouge au fons du vaze. Pour la guérison de ce mal-ci, convient user de choses apéritives, rompans le calcul, pour facilement uriner: mais pour un préallable, faut lascher le ventre, baillant au malade une once de casse, une heure devant manger. Et si le ventre est constipé, l'on usera de ce clystère: prenés racines de guimauve, deux onces; herbe de mauves, guimauves, violes, betes, fleurs de camomille, et mélilot, de chacune une poignée; semence d'oignon, et d'anis, de chacune demie once; faictes décoction, de laquelle prendrés demie livre, et y destrempés une once de casse, une once de gros sucre, deux onces d'huile violat, une once d'huile de lis, et en faictes clystère. En lieu duquel pourrés bailler du laict de vache, avec deux moyeux d'œufs, en clystère. Est à noter, qu'en telle maladie l'on doit bailler grande quantité de clystères. Le clystère sera réitéré avenant que la douleur ne s'appaise; et après l'opération d'icelui, l'on plongera le malade jusques au nombril, dans un demi bain auquel auront esté mouillées ces matières-ci, enfermées dans un sac de toile claire, c'est assaveir: mauves, guimauves, berles, betes, pariétaire, violiers de Mars, semence de lin, fenugrec, et fleur de camomille, avec mélilot. Au sortir du bain le patient prendra deux cueillerées de syrop de capilli-veneris, et de raiforts sauvaiges, avec trois onces de la décoction de réglisse; et mettra sur la douleur,

cataplasme

cataplasme faict des herbes et fleurs estant au susdict sachet ayans servi au bain, avec huile d'amandes douces. Et par deux ou trois matins, prendra cinq ou six onces de brouet de pois ciches, bouillis avec réglisse : ou de l'eau de pariétaire : ou de cresson : ou de celles de *Gravelle.* racines apéritives. Les remèdes suivans sont aussi fort bons contre le calcul des reins, de la vessie, purgeans la gravelle, rompans la pierre ; spécialement l'huile de cristal, beu en petite quantité, avec du vin blanc, ou avec la décoction des pois ciches, qui à ce est souverain : petites pillules de térébentine de Venise, lavées dix ou douze fois en eau claire, prinses avec du vin blanc, ou syrop de capilliveneris, de fois à autre, et trois ou quatre à chacune : l'eau que le bouleau distille au printemps, estant couppé en séve : le fruict de l'esglantier non encores meur, deschargé de ses pepins, confit au succre à mode de cotignac, prins à jeun : ceste composition ; prenés une livre de pois ciches, quatre onces de réglisse, autant d'anis, trois ou quatre racines de persil, osté le cueur ; mettés le tout bouillir en un pot de terre vitrée, dans trois pintes d'eau et de bon vin blanc, jusques à la consomption de la moitié ; puis en passés la décoction par un linge, de laquelle, froide, le malade boira dix ou douze matins de suite, une cueillerée chacun, et de trois en trois, y ad-jousterés de la cervelle de pie, dissoute en ladicte décoc*Colique graveleuse.* tion. La colique graveleuse s'appaisera soudain, beuvant tiède la décoction faicte de fleurs de camomille, bouillies en esgale portion d'eau et de vin blanc. Comme les *Difficulté d'uriner.* maux susdicts, et la difficulté d'uriner, procèdent de mesme cause, aussi com-

muns en sont les remèdes ; mais particulièrement pour ceste maladie-ci, seront employés les suivans : boire au matin de l'eau de gramen ou chien-dent, dans laquelle aurés dissout fruict de coquerelles, ressemblant à petites cerises : ou de la décoction de racine de raves, faicte en vin blanc : ou de celle d'asperges : ou d'aneth : ou de cabaret : ou de branche ursine : ou boire du vin d'absinte : ou de l'eau distillée au bain-de-marie, de l'herbe de crespinéte, en latin diete, *poligonum.* Cataplasmes appliqués sur le petit ventre, faicts avec des berles, ou cresson d'eau, frites en huile d'olive, chaudement employés. Manger en potage des racines de persil, le cueur osté, et au boire ordinaire, user de vin blanc. *Ardeur d'urine.* Pour ardeur d'urine, faut prendre bolus composé d'une drachme d'os de sèche, en poudre, et une once de casse ; puis faire cataplasme avec de la casse et vinaigre, et l'appliquer sur les reins : boire souvent de la décoction des quatre semences froides, et quelques-fois, du mesgue de laict de chèvre. Celui qui a ardeur d'urine ne couchera jamais à la renverse, ni sur lict ou coette de plume, ni chauffera les reins, ni portera aucune ceinture : avis général pour les tourmentés de coliques graveleuses, pierres et douleurs de reins ; la curation desquels maux, comme aussi de presques tous autres, despend, ou la pluspart, du régime de vie. Le flux de ventre se dis*Trois flux de ventre.* tingue en trois, dont le premier et le plus dangereux est la lienterie, qui est lors que par grande indigestion les viandes sont jettées en bas presques en la sorte qu'elles ont esté prinses, avec peu de changement, sans puanteur. Diarrée,

Lienterie. c'est quand il y a simple flux d'humeurs aqueuses et pituiteuses. Dissenterie, quand avec les excrémens y a du sang meslé, ou que le malade le faict tout pur: ainsi tels maux estans divisés et appellés par les médecins. Pour le premier, d'autant que telle maladie n'avient rarement que de quelque estrange accident, ou qu'à ceux qui meurent de vieillesse, et que d'ailleurs elle est périlleuse, le médecin sera appellé pour la guérison d'icelle; et en l'attendant, la mère-de-famille usera plustost de remèdes qui confortent nature, que d'autres, tels que ceux-ci. Donnera au malade syrop d'absinte, aluine ou fort, avec miel rozat, par quatre ou cinq matins une cueillerée de chacun: ou avec eaux de bétoine, de fenouil, et d'aluine. Le patient se provoquera à vomir (n'en ayant le désir) par moyens, comme prenant demie once de hière simple, avec deux onces d'eau d'absinte, une drachme de diaphenicum; puis confortera l'estomach, par huiles nardin, de mastic, d'aspic, de mente, d'aluine: ou par un emplastre de carrot de Galien, estendu sur du cuir, appliqué contre l'estomach: ou y portera dessus un sachet faict d'aluine, mente et marjolaine, sèches. Le matin prendra une lozenge d'aromatic rozat: ou un peu d'escorce de citron confit au sucre; et devant chacun repas, prendra un peu de coti- *Diarrée.* gnac. Pour le second, est à noter que ce n'est pas tous-jours maladie, que la diarrée ou flux humoral, ains bénéfice de ventre, salutaire à la personne, quand il n'est accompaigné de fièvre, qu'il ne dure guières, et que la dissenterie n'est à craindre. Pour laquelle cause, estant le flux sans fièvre, l'on ne se peinera de

l'arrester de trois ou quatre jours, ains le laissera-on couler durant ce terme-là, pour vuider du corps les humeurs malingues et sur-abondantes; au bout duquel temps, ou le malade ayant fièvre, on doubtant que le flux se convertisse en dissenterie, en estant menacé par quelques gouttes de sang, l'on usera de clystères astringens, composés avec mente, sauge, marjolaine, bourrache; desquelles herbes estant faicte décoction, en sera prins une livre, et dans icelle mis du suc de bource-de-pasteur, du bol d'Arménie, d'huile de laurier, et du tout fera-on clystère. Des seuls sucs des herbes astringentes sont les clystères bons à ce mal, comme de bource-de-pasteur, morelle, pariétaire, mercuriale, y ad-joustant du jus de coins. Et sera noté, que lors qu'il est question de resserrer le ventre, n'est convenable d'user du sucre, ni de syrop, pour ce qu'ils sont faicts communément avec le sucre; ou ce seroit que la qualité du sucre fust bien corrigée. Notera-on aussi, que tels clystères veulent estre baillés en petite quantité, la grande estant plus nuisible, que profitable. Pour *Dissenterie.* le troisiesme, dès le commencement de la dissenterie, faut donner clystères lénitifs; car, comme en la diarrée, il n'est pas bon de réprimer l'humeur de ce flux-ci ès premiers jours, mais seulement d'en addoucir les douleurs; ce qu'on faict par clystères de seul laict, dans lequel aurés esteint l'acier trois ou quatre fois, ou mis dedans deux ou trois jaunes d'œufs. Et de tels clystères en faut bailler au malade trois ou quatre par jour, si besoin est. En après, le faut purger en ceste sorte: prenés une drachme de rhabarbe, infusés-là dans une décoction commune,

DU THÉÂTRE D'AGRICULTURE. 707

c'est assavoir, de bourrache, cichorée, endivie, buglose, et fleurs de rosmarin; l'expression estant faicte, y meslerés deux scrupules de rhubarbe torrifiée et pulvérisée, et ainsi prendra ladicte médecine. Le lendemain, ou le jour mesme, si le sang coule en grande quantité, faut faire ouvrir la veine basilique du bras droict, et en tirer dix onces de sang, si la personne est robuste; et estant foible, y aller un peu plus retenu. Clystère d'huile d'olive, et eau roze, par esgale portion, est aussi fort salutaire à ce mal. Des cataplasmes réfrigératifs seront mis sur le foie du patient, lesquels l'on fera ainsi : prenés de l'onguent de petum ou nicotiane, et le faicte frire dans la poisle avec du beurre frés : ou de l'onguent populéum : ou faire une décoction d'herbes réfrigératives, et semences froides, et en appliquer le marc sur le foie; et dans ladicte décoction, plonger des esponges, que mettrés sur le foie, lors que le marc sera froid. Si pour cela le mal ne cesse, faut encores purger le malade comme dessus, et réitérer la saignée, mais ce sera de l'autre bras. Prendra tous les matins une lozenge de l'électuaire composé avec demie drachme poudre de galangal, un scrupule de corail rouge, autant de mastic, demie drachme trochisque de terre scellée, trois drachmes d'escorce de citron confit, autant de cotignac, quatre onces sucre dissout en eau de mente. Boira de jour à autre, en vin rouge, de la graine d'aigremoine, mise en subtile poudre : ou de la décoction de son herbe, faicte aussi en vin rouge. Appliquera contre l'estomach de la poudre de crapaut, dont ci-devant a esté parlé, mise dans un sachet, estant

très-propre à ce mal, attirant à l'estomach le sang qui se vuide par le bas. Oindra le ventre et l'estomach avec huiles d'absinte, mente, nardin et mastic. Prendra au matin de la graine, en poudre, de sophia dicte aussi, *talictrum*, une drachme, ou avec un œuf, ou du bouillon, ou du vin. Sera donné au malade, avant tout autre manger, un peu de cotignac; puis des potages liés et espés, comme pain gratté, dans lequel aura esté mis un peu d'eau roze : quelques-fois du riz avec des espices : aussi des pieds de mouton, des testes de veau, petits poulets, et fort jeunes pigeonneaux. Quant au boire, ce sera du vin rouge ou couvert, tempéré avec eau ferrée; la nourriture convenable, fortifiant de beaucoup les remèdes. La longueur de l'hidropisie donne beaucoup de loisir de recourir au médecin, pour se deslivrer de telle maladie : mais ce sera pour néant, si abusant du délai, l'on la laisse posséder guières avant, lors se rendant désespérée et incurable, quand elle a gaigné le ventre et le cueur. Afin donques que les remèdes profitent, est nécessaire de les employer à temps, pour coupper chemin au mal, prévenant par diligence, l'impossibilité de la guérison. Pour un préallable, convient se résouldre de la maladie, à ce que sans équivoque, les remèdes soyent employés convenablement. L'hidropisie est une enfleure causée d'humidité, qui commence à se manifester aux pieds, d'iceux montant aux jambes, de là aux cuisses, puis au ventre, finalement au cueur. L'on la cognoist en pressant la partie dolente et enflée avec le doigt; s'il reste un trou en l'endroit pressé, c'est vraie hidropisie; si la peau s'y relève, ne l'est pas : l'estant, convient en venir aux remèdes par l'avis de l'expérimenté médecin, qui purgera son malade, par purgations tendantes à purger les eaux. A telle purgation est fort propre la graine de hieble ; l'en en prendra le poids d'une drachme pour une personne deslicate, ou d'une et demie, pour une robuste ; puis l'ayant mise en poudre, sera beue au matin avec deux doigts de vin blanc, ou à son défaut, du clairet. L'herbe et la racine de l'hieble, mangées cuittes en potage, comme chous, sont bonnes aux hidropiques, attirans l'eau du corps par le bas : leur décoction en eau, beue au matin, faict le mesme : celles de sureau, et de cabaret, le jus de la racine de glaieul, beu en vin blanc aussi. L'anis broyé, prins en vin blanc, oste l'altération aux hidropiques : et les soulage merveilleusement, le fréquent usage de la conserve d'alnine, faicte avec deux fois autant de sucre. Cataplasme avec fien chaud de vache, appliqué sur les lieux humides et enflés, y profite beaucoup : et autant ou plus qu'autres remèdes, le bon et convenable régime, par le moyen duquel, et la bénédiction de Dieu, le malade ne viendra à l'extrémité de l'hidropisie. *Régime.* Ce sera en le nourrissant de viandes desséchantes, du pain sec, et biscuit ; de chairs fort rosties. Le malade s'abstiendra de tous potages et fruicts ; ne boira que le moins qu'il pourra, jamais hors heure ; veillera beaucoup ; ne dormira après le repas sur le jour ; ne s'abandonnera au repos ; cheminera beaucoup ; se lèvera de bon matin, mesme l'esté, pour se pourmener en la frescheur de la matinée : tels exercices lui estans fort salutaires. Pour en-

fleure et douleur de ventre, autre que *Enfleure de ventre.* des susdictes maladies, ceste-ci venant de diverses causes, les remèdes suivans seront employés. Le malade boira durant neuf matins, trois cueillerées chacun, de la décoction de mente, d'absinte, de bon robin, une poignée de chacun, faicte en eau, dans un pot vitré, et gardée dans une phiole : ou de celles d'absinte, de camomille, racines, herbe, et fleurs de moustarde sauvaige ; desquelles décoctions, ou d'aucunes d'icelles, le malade se servira selon qu'il lui plaira : comme aussi de celles d'aneth, et d'asperges, faictes en vin. La racine de geranium, autrement dicte, esguille de berger, mise en poudre, beue le poids d'une drachme, avec du vin blanc, deux fois le jour, matin et soir, est bonne à ce mal. Et ceste fomentation guérit l'enfleure et les trenchées du ventre : faictes bouillir ensemble en vin blanc et eau, par esgale portion, fenouil, ache, espargoutte, une bonne heure ; et après que de leur décoction aurés eschaudé la partie dolente, y appliquerés dessus les herbes cuittes, toutes chaudes, les en retirant refroidies, pour les y remettre estans reschauffées. Touchant les hémorroïdes, *Hémorroïdes.* elles sont internes ou externes. Celles-ci, sont ou sourdes non fluantes, ou ouvertes et coulantes. Les internes et sourdes, sont les moins supportables, pour leurs estranges douleurs. Les coulantes, non tant fascheuses, plus faciles à endurer, mesme à raison de ce qu'elles sont utiles en quelque chose, préservans la personne mélancholique de plusieurs maladies, quand elles fluent naturellement et réglément. Mais lors que le flux se desordonne, le bien s'en convertit en mal.

Contre les hémorroïdes internes et sourdes, l'on appliquera cataplasme faict de
lierre terrestre, bouillie en vin blanc, après
en avoir receu la vapeur par la chaire persée. Le perfum faict de razure d'ivoire
y est fort bon, appaisant la douleur du
mal : celui procédant de la vapeur de la
décoction d'une teste de veau, bouillie
jusques à la séparation des ossements, et
d'icelle décoction se bassinant le fondement. L'oignon pillé avec beurre frès, s'en
frottant le fondement, appaise la douleur
des hémorroïdes : la petite esclaire aussi :
le mesme faict le cataplasme de mie de
pain blanc, trempée dans laict de vache, y
ad-joustant deux jaunes d'œuf, un peu
de saffran, et de l'onguent populéum.
Pour les faire tirer, est bon instiller jus
de jarrum, autrement, pied de veau,
meslé avec huile : y appliquer des pourreaux cuits en huile : un emplastre faict
de figues de Marseille, avec de l'aloès cicotrin en poudre, ou de populéum : liniment
faict de beurre frès, huile de semence de
lin, huile rozat lavé en eau de violier, et
un peu de cire. Mais par sus tout autre
reméde, profite aux hémorroïdes, soyent-
elles internes ou externes, cataplasme
faict de bouillon-blanc, en latin dict, *ver-*
bascum, et de *trifolium hemorroïdale*,
ces herbes pillées ensemble, y meslant du
beurre frès. Et avenant que tels moyens
ne profitent, pour la durté des hémorroïdes ne voulans fluer, conviendra les
ramollir dans un demi bain composé
d'herbes et autres matiéres à ce propres,
par l'avis du médecin ; lequel aussi ordonnera de l'application des sang-sues et
du perser des hémorroïdes ; tels remèdes
escheans à ce que le chirurgien n'y mette
la main que bien à propos. Fluans par

trop, pour en arrester le sang coulant
des-ordonnément, seront employées en
fomentation, les fleurs de bouillon-blanc,
ou la fueille de hannebane, avec moyeux
d'œufs : ou cataplasme faict avec blanc
d'œuf, et bol armene : ou avec razure de
plomb, ou papier bruslé, ou coques
d'ouistres, réduictes en subtile poudre,
incorporée en beurre frès. Arrestera aussi
le flux excessif des hémorroïdes, une
drachme de corail rouge, la prenant par
la bouche, avec un peu d'eau de plantain, ou autant d'escume de fer, beue
en vin rouge. La décoction d'arreste-
beuf faicte en vin et eau, y sert beaucoup : et très-efficacieusement, la poudre
d'un petit oiseau ayant longue queue,
suivant le bord des petites rivières, appellé en latin, *mergus*, et en Languedoc, *engane-pastré*, beue en vin rouge.
La poudre se faict en desséchant l'oiseau
après l'avoir bien plumé et esventré, dans
un pot neuf de terre vitrée, et le pot mis
au four, pour y demeurer autant qu'une
fournée de pain, d'où sorti, et l'oiseau
tiré du pot, sera pulvérisé. Le mesme
faict la poudre de crapaut, appliquée à
l'estomach, dans un sachet. Pour remettre

le boyau avalé, mal très-douloureux, et
très-importun, appellé, la hargne, le
moyen est, de se perfumer le bas, estant
assis sur une chaire persée, à la fumée
de mastic, de térébentine, et de noiaux
de mirabolans : ou de semence et fleur
de bouillon-blanc, et fleurs de camomille, avec mastic. Sera faicte décoction
de deux poignées d'escorce de grenade,
une poignée de rozes rouges, autant de
summités de ronces, deux poignées de
fueilles d'olivier sauvaige, avec un peu
d'alum ; d'icelle décoction bien chaude,

faut humer la vapeur par le bas, et s'en fomenter le boyau. Lequel estant sorti, sera empoudré avec de la poudre de poix navale ; et après l'avoir remis dedans, faut presser contre le fondement, un aix, ou bien un baston de noier, oinct d'huile d'olive, ou de graisse de mouton, ou de celle de chèvre. Cela faict, est nécessaire se tenir au lict, couché sur le ventre, quelque heure, pour donner temps et moyen au boyau de se remettre en son lieu. Sera mis sur le fondement, emplastre de quinte-fueille, avec miel et sel : ou y seront appliquées des fueilles de cyprès, pour engarder la descente du boyau : ou cataplasme faict de farine de féves, et lie de vin blanc : ou linges en plusieurs doubles, comme compresses, trempés dans la liqueur qui sort des petits fruicts des ormes. Le patient boira en vin rouge, poudre faicte de limassons rouges bruslés au four, enfermés dans un pot de terre : ou eau desdicts limassons distillée au bain-de-marie : ou de la décoction de la graine d'aurone : ou de celle de l'herbe de queue-de-cheval : ou de celle de pain-de-coucon, dicte en latin, *trifolium acetosum*, et en manger l'herbe en potage ou salade. A provoquer les menstrues des femmes, conviennent ces remèdes : boire le matin à jeun, au poids d'une drachme, de l'ambre jaune subtilement pulvérisé, avec deux doigts de vin blanc : prendre durant trois matins, une escuellée chacun, de la décoction d'un pigeonneau farci de persil, de fenouil, d'asperges, de daucus, bouilli dans un grand pot, jusques à la consomption des trois quarts, revenant le reste, à une escuellée, après avoir pressé le pigeon entre deux trencheoirs, expri-

mant la liqueur d'iceluj. Est nécessaire que la femme face long exercice, toutesfois, doux et modéré, sans violence, le repos estant du tout contraire à ce mal. Aussi provoquent les mois des femmes, les choses suivantes : la poudre de la racine de dictame blanc, au poids d'un escu, beue avec la décoction de l'herbe du mesme dictame : la poudre des trochisques de myrrhe, au poids d'une drachme, beue deux heures devant le repas, avec eau d'armoise, ou avec la décoction de genèvre, ou de savine : la poudre de marrubium, prinse en vin blanc : deux drachmes de bourras, deux scrupules de canelle, deux grains de saffran, mises en subtile poudre, icelle beue en cinq onces d'eau de matricaire : la décoction faicte en eau, des grains de genèvre, de cabaret, de lierre, deux drachmes de chacun, prinse au matin, quatre onces : la décoction, en vin blanc vieil, de valériane, flambes, cabaret, pouliot, garence, souchet, dictame, aurone, escorce de la racine de meurier, savine, ortie, chardon-bénit, treffle, nielle : trempés en douze onces de vin blanc, l'espace de vingt-quatre heures, les poudres bien sassées, de bétoine, canelle, squenente, nielle, cabaret, souchet, et des racines de glayeul, une drachme de chacune de ces choses ; puis coulés le vin, sans nullement remouvoir les poudres estans au fons, partissés le vin en six, de mesme la poudre restante au fons du vaze, pour six prinses, au matin ou au soir. Les bains sont fort salutaires en cest endroit. Cestui-ci sera composé d'armoise, camomille, savine, mélilot, herbe-à-chat, laurier, origan, pouliot, rosmarin, calament, mises dans des sachets, et bouillies en eau de rivière. Estant la femme dans le bain, boira trois doigts de vin blanc, avec du jus d'éringe, ou de trifere-grande ; et sortie d'icelui, se fera frotter les reins, lombes, cuisses, et jambes, tendant en bas, avec un sachet rempli d'armoise. Ce sont remèdes, et familiers et efficacieux, pour provoquer les mois des femmes, supprimés ou diminués, dont la cause, comme la plus commune et fréquente, procède des obstructions des veines tant du foie que de la matrice. Mais telles suppressions ou diminutions, venans d'autres causes, comme de trop grande, ou trop petite replétion ; de trop de chaleur, ou de froideure ; de trop de travail, ou de repos ; ou de la qualité du sang espès et visqueux, ne coulant qu'à difficulté ; ou de l'indisposition particulière de la matrice ; ou bien de quelque générale maladie, sera nécessaire recourir au médecin, qui pourveoira à ce mal, par purgations, saignées, bains, estuves, ventouses, pessaires, et autres remèdes, que prudamment il employera, selon le suject et les circonstances, de la complexion, du temps, et autres qu'il verra à l'œil. Avec pareil souci, la femme arrestera le cours excessif de ses fleurs, ne fluans ainsi qu'il appartient ; afin qu'ayant ses mois réglés, elle se maintienne en bon estat. De plusieurs causes procède l'immodération du flux des menstrues, dont les principaux remèdes, de quelle cause que le mal vienne, sont la saignée, les ventouses, et la purgation, qui seront employées avec jugement. Le flux menstrual se restreindra, prenant tous les matins une drachme poudre de trochisques d'assibre blanc, puis beuvant deux

onces d'eau de plantain : ou de sang-de-dragon, bol armene, ambre blanc, et corail rouge, une drachme de tout cela, avec eau de plantain. Prenés deux onces de conserve vieille de rozes, deux drachmes semence de plantain, sang-de-dragon et bol armene, de chacun une drachme et demie ; ambre blanc et corail rouge, de chacun une drachme ; avec syrop de myrtilles en soit faict opiate, de laquelle la patiente prendra soir et matin, deux heures devant le repas, chacun le gros d'une chastagne. Les clystères sont fort convenables à ce mal, estans préparés avec jus de plantain, ou décoction de chardon-à-bonetier, escorce de grenade, noix de cyprès, fleurs de grenades, summités de murte, esquels l'on dissoudra bol armene, sang-de-dragon, mucilage de gomme dragacant, ou d'Arabie : les linimens appliqués sur les reins, lombes et aines avec l'onguent *comitissæ*, ou d'autres onguents que l'on pourra composer de bol armene, sang-de-dragon, gomme arabic, dragacant, semences de rozes rouges, incorporés avec huiles rozat et de murte : ou avec la mucilage de la graine de psilium, extraite en jus de bouillon-blanc, ou jus d'ortie-morte : les cataplasmes ès lieux mesmes, et sur le petit ventre, faicts de suie de chauderon, ou de plastre bruslé, incorporés avec huile de myrtil, ou blanc d'œuf : et sur les mammelles, esclaire pistée, ou linges trempés en fort vinaigre. Ceste fomentation est de grande efficace en cest endroit : prenés racine de bistorte, trois onces ; escorces de fresne et d'esglantier, de chacun une once et demie ; lysimachie, bource-de-pasteur, plantain, buglose, prunelle, consolida major et minor, de chacune deux poignées ; rezes fines sèches, une poignée et demie ; fleurs de centaurée et de mauves, de chacune une poignée ; gobelets de gland, et noix de cyprès, de chacun deux onces ; faictes bouillir tout cela en suffisante quantité d'eau de pluie, avec une troisiesme partie de gros vin rouge, jusques à la consomption de la moitié ; puis tremperés des feutres dedans la décoction, et iceux chaudement appliquerés sur le nombril, deux fois le jour, soir et matin. En suite, à chacune fomentation mettrés ce cataplasme-ci, au-dessous du nombril : le marc des choses susdictes sera pillé, auquel ad-jousterés deux onces farine de féves, une once graisse d'ours, deux onces huile de lentisque ; et le tout meslé ensemble, enfermé dans un sachet, sera, chaud, employé comme dict est. Les perfums composés de poudres d'ongle de mule, mastic, encens, galbanum, gomme arabic, dragacant : ou de la décoction de murte, balaustes, baies de murte, alun de roche, barbe-de-bouc, queue-de-cheval, gobelets de gland, escorces de chastagnes, rozes-d'outre-mer, rozes de Provins, fueilles de cormier, de neflier, de plantain, et d'en recevoir la fumée par un entonnoir. Servent aussi à arrester le sang des menstrues, porter un colier de corail rouge, coralline, jaspe, de la pierre hématites : et encores plus, tenir au cœur, ou sur le ventre, un sachet rempli de la poudre de crapaut desséché : remède singulier pour ce mal. La pluspart des remédes pour la dissenterie, peuvent servir à restreindre ce flux-ci, Régime. comme presques semblable régime de vivre est commun en l'une et en l'autre maladie. Ceci s'observera en outre : que la patiente face sa résidence en aer temperé de chaud et de froid ; qu'elle ne travaille beaucoup, ains se repose, dorme longuement ; qu'elle se face frotter les bras et les espaules, lier estroictement les bras, despuis les aisselles, tirant au coude ; appliquer des ventouses sous les mammelles, au dos, et sous les aisselles ; qu'elle évite toutes passions d'esprit, comme cholère, crainte, tristesse ; qu'elle mange peu et souvent, et se tienne le ventre lasche, car le ventre constipé rend les matiéres dures, qui ne peuvent sortir qu'avec effort et compression des parties voisines du siége, et émotion du sang. A la suffocation de la matrice, est néces- Suffocation de matrice. saire apporter prompt remède, pour la violence du mal, estranglant la femme, lui empeschant la respiration, la parolle et la voix, causé par la matrice se mouvant vers les parties supérieures. Pour deslivrer la femme de si grande peine, on lui frottera les jambes, tirant contre-bas ; l'on les liera fort estroictement, voire douloureusement ; l'on lui appliquera des ventouses en dedans les cuisses ; l'on lui frottera l'estomach en bas, depuis la fossette jusques au nombril ; l'on lui baillera à boire du mithridat, dissout en eau d'aluine, ou des grains de pivoine pulvérisés, avec du vin ; l'on lui fera sentir des choses puantes, pour faire descendre la matrice en bas, et pour l'attirer en tel endroit, des odorantes y seront mises, la matrice aimant les bonnes senteurs, et haissant les mauvaises. Au nés de la patiente, seront donques mis perfums de plumes de perdris, d'assa-fétida, de galbanum, de savates, de draps de laine, bruslés, et semblables drogueries : et en bas, du musc, de l'ambre-gris, de la civète,

civète, des rozes, de la marjolaine, du thim, de la lavande, et autres précieuses senteurs. Prévoyant tels fascheux accidents, la femme s'accoustumera à boire une fois la sepmaine, au soir allant au lict, trois cueillerées de vin blanc, dans lequel aura bouilli un couple d'heures, de la racine de coulevrée. Par contraires remèdes sera pourveu à la cheute de la matrice, la contraignant de remonter en son lieu, par senteurs, bonnes et mauvaises, les employant convenablement. C'est assavoir, au nés, les odeurs précieuses, et au bas, les puantes : car, par les raisons dictes, la matrice tendra, où celles-là l'attirent ; et se reculera, d'où celles-ci la chassent. De mesme fera-on touchant les ligatures, car pour faire prendre la montée à la matrice, le lier des bras y est très-requis ; mais lier serré, estroict, et douloureux, comme dessus : et de frotter les bras, tendant en haut. Des ventouses seront appliquées sous les mammelles : et des cataplasmes sur le ventre, faicts avec des aulx pilés en peu d'eau : ou des orties récentes broyées : ou de guimauves cuittes avec graisse de caille et huile d'olive. Aussi servent à remettre la matrice en son lieu, cendres de la coquille d'œuf, de laquelle un poussin est sorti, broyées et meslées avec poix, appliquées sur le ventre. Le vomir de mesme, est requis en cest endroit, dont la violence attire la matrice en haut, pour laquelle cause, l'on provoquera la patiente à vomir ; après lequel l'on lui donnera à boire, poudre de corne de cerf, ou fueilles sèches de laurier, avec vin vermeil, gros et aspre. Or par ce que de la matrice procèdent plusieurs et diverses maladies, voire le vulgaire pense n'y avoir partie du corps

qu'elle n'afflige estant desbauchée, et qu'à toutes les maladies des femmes, la matrice se mesle ; plusieurs et divers remèdes sont nécessaires à guérir tels maux, ce que dépendant du docte médecin, ce sera lui qui en ordonnera, selon les circonstances des complexions, des maladies, et des temps ; et en suite, des moyens de changer la stérilité des femmes en fécondité, pour la conservation du genre humain, sous la bénédiction de Dieu. Et d'autant que la plus commune cause de la stérilité des femmes procède de froideure, ce sera là où viseront les remèdes suivants : laissant aussi la recerche des autres causes de stérilité, et des hommes et des femmes (qui sont en grand nombre), au docte médecin, pour ordonner, et des remèdes, et des régimes du vivre, et des exercices nécessaires à la guérison de tels maux. Après que la femme aura esté universellement purgée, se fera foimenter et perfumer avec la décoction de rubie majeur, armoise, savine, et absinte, en partie esgale ; colocinte, une drachme ; le tout bouilli ensemble en eau, jusques à la consomption de la tierce partie, en icelle ayant dissout un peu de myrrhe. Le jour suivant, prendra deux drachmes de cest électuaire : ayez une once de trifèregrande, nois muscade, en poudre, de l'électuaire aromatic rozat, de chacun une drachme, et du sucre à suffisance. Ceste poudre est ici fort propre : prenés testicules de verrat, ou pourceau non chastré, desséchés-les à l'ombre, et les réduisés en poudre ; razure d'ivoire, graine de seseli, matrice de lièvre, et presure d'icelui, de chacun demie once ; pulvérisés tout cela, et le meslés ensemble.

Que la femme, quatre jours après estre bien purgée de ses purgations naturelles, use soir et matin de ceste poudre, avec bouillon de pois ciches ou vin blanc ; et craignant le vomissement, ad-joustés-y telle quantité de réglisse ou de succre, que rendiés douce la poudre. Laquelle ayant employée, usés en suite de ce remède : prenés ambre jaune, storax calaminte, de chacun une once ; myrrhe, mastic, encens, cloux de girofle, bois d'aloès, canelle fine, noix muscade, et noix de cyprès, de chacun demie once ; pulvérisés ensemble, et meslés avec oximel diurétique et eau roze ; divisés ceste paste en quatre parties ; de la première, faictes-en comme une pomme de senteur ; de la seconde, des pillules, pour en prendre trois chacun matin ; de la tierce, formés-en un suppositoire. La première servira en pessaire, après avoir frotté le lieu, avec huile nardin, ou de baume. La quatriesme sera dissoute en eau bien chaude, pour en envoyer la vapeur jusques dans la matrice, par un entonnoir. La femme prendra, soir et matin, avec bon vin, une tablette composée de poudres d'armoise, de la racine de bistorte, et noix muscade, incorporés ensemble avec succre dissout en eau de mélisse. Se servira aussi avec efficace du bain préparé de la décoction de violiers, mauves, guimauves, rozes, pariétaire, mentaste, fueilles de genèvre, laurier, murte, pouliot, camomille, savine, herbe-à-chat, pimpernelle, mente, marjolaine, basilic, rosmarin, mille-pertuis, valeriane, et autres herbes odoriférantes, toutes enfermées dans des sachets. A l'entrée et à l'issue du bain, prendra une tablette de diamargariton, beuvant après un peu de bon vin. Au sortir du bain, entrera dans le lict pour s'y reposer et suer. Ce bruvage-ci, est de tant grande vertu, qu'il faict concevoir toute femme, encores qu'elle soit grasse, cholérique, et de long temps stérile : prenés germes de coulevrée, fleurs de mélilot, fueilles d'armoise, pimpernelle, chamedris, chamepithis, scolopendre, mille-fueille, chèvre-fueille, violiers, orpin, savine, aigremoine, toutes vertes, de chacun une poignée ; cent grains de poivre, demie once de cumin ; cloux de girofle, canelle fine, spique, galande, noix muscade, gingembre, angélique, de chacun deux drachmes ; pistés toutes ces choses, et les faictes tremper en fort bon vin blanc, l'espace de deux jours ; au troisiesme, cuisés-les jusques à la consomption de la tierce partie du vin, puis coulés le vin, jettant les herbes au loin ; meslés-y autant de bon miel despumé qu'il sera requis pour en faire syrop, duquel la femme prendra une cueillerée, soir et matin, avec autant de vin destrempé en eau de mélisse.

La femme ayant conceu, sera soigneuse de la conservation de son fruict, en se nourrissant de bonnes viandes, se gardant de froid, dormant, veillant, et s'exerçant modérément, s'abstenant de cholère, et de toute autre violente passion d'esprit, prévenant par tel bon régime, sans artifice, les difficultés de l'enfantement. A quoi seront ad-joustés ces petits moyens pour rendre la chose plus facile : la femme se préparera des poudres et des tablettes cordiaux, pour en user de fois à autre, selon sa disposition, deux heures devant le past, mesme à l'approche de l'enfantement : aussi à mesme fin, des vins d'hypocras, et eau clairète, pour treuver ces matières prestes au besoin. Telles poudres et tablettes, se composeront de perles, des deux coraux, blanc et rouge, de fragmens de pierres précieuses, subtilement pulvérisés ; de conserve de rozes, de buglose, de bourrache, d'escorce de citron, avec suffisance de sucre.

L'hypocras sera préparé à tel particulier service, c'est assavoir, en adjoustant au commun hypocras, poudres d'escorce de casse, de noiaux de dattes, de racines de souchet, de fleurs, de racines de sarrasine.

Et l'eau clairète, faconnera-on ainsi : mettés tremper en une chopine d'eau de vie de la plus fine, trois onces de canelle triée, et ce par l'espace de trois jours ; puis passés l'eau par un linge, infondés-y une once de sucre fin, et y ad-joustés environ la tierce partie d'eau roze, finalement, la serrerés dans une bouteille de verre bien close. Usera de nois muscade confites, et de mirabolans. Oindra l'estomach avec des huiles nardin, moscellin, d'absinte, de mastic, de mente, de nois muscade. Et avenant

que l'enfant descende trop bas, soustiendra son ventre avec une peau d'ocaigne, ou de chèvre, bien conroyée, qu'elle accommodera à la forme du ventre, l'attachant avec des lassets, pour avec aisance, la porter continuellement. En ceste manière on préparera la peau : estant sortie de la main du conroyeur, elle trempera longuement dans une meslinge faicte avec des œufs, et de la farine de féves, graisse de serpent, et huile rozat ; puis bien lavée en eau roze et de Damas, ou autre odorante, la faudra laisser sécher à l'ombre ; après la tremper dans ces huiles, assavoir, d'amandes douces, de mille-pertuis, et de myrtilles, de chacun une once et demie (ces huiles ayans au-paravant esté lavés en eau roze), et ce durant trois ou quatre jours, passés lesquels la peau retirée de là, la manierés et pestrirés curieusement, pour l'enduire de telles liqueurs ; finalement séchée à l'ombre sera employée. Mais ce sera après que le ventre de la femme aura esté frotté avec du beurre frès, fondu trois ou quatre fois, et autant lavé avec eau roze ; ou avec ces onguents-ci dont elle aura

faict provision : prenés mouëlles de cerf, de beuf, et de mouton ; crespine de chevreau, graisses de chapon et de canard, graisse de mouton prinse à l'entour des testicules, graisse de truie chastrée, graisse de blereau, de chacune une once ; ostés curieusement leurs membranes, hachés menu les graisses, faictes - les fondre à petit feu dedans une cassette d'estain, ou d'érain estamée ; quand le tout sera fondu, agités - le long temps, et lavés - le en eau roze ou de Damas, jusques à ce qu'il devienne blanc ; adjoustés-y trois ou quatre grains de musc, et gardés ceste composition dedans un vaisseau de verre, curieusement bouché. Autre : prenés graisses de canard et de chat, de chacune deux onces ; graisses de cheval, de chien, et de truie chastrée, de chacune une once ; mouëlle de pieds de bélier, préparée de la façon que dessus, un quarteron ; sain de bouc, et beurre frès, de chacun une once et demie ; cire blanche, deux onces ; faictes le tout fondre sur feu lent ; puis pistés-les ensemble, et les lavés plusieurs fois en eau roze, ou de lis, ou de quelque autre odorante, finalement, serrés ceste composition comme dessus. Aussi servira beaucoup à retenir l'enfant, afin de ne descendre en bas, d'appliquer un grand escusson sur l'estomach, faict de deux taffetas, entre lesquels y aura du cotton saupoudré des poudres des pierres d'aigle, d'aimant, racines de bistorte, tormentille, ambre jaune, saffran, civète, fueilles d'absinte, marjolaine, mente, lierre terrestre, desséchées et subtilement pulvérisées. La femme qui a accoustumé d'aller devant terme, se doit garder soigneusement, évitant toutes occasions d'accouchement précipité ; à quoi les remèdes susdicts lui serviront de beaucoup ; les suivans aussi, et de plus, à la préserver d'avortement, pour la faire heureusement enfanter : c'est assavoir, l'usage fréquent des conserves de fleurs d'orange et de sauge : des confitures de coins et de mirabolans : des dattes et grenades récentes : des œufs d'escrevisse et de tortues. Soudain qu'il se présente quelque soupçon d'avortement, par la douleur et poisanteur des reins, lombes, et petit ventre, faut appliquer sur le nombril un pain chaud, récentement tiré du four, couppé par le milieu, trempé premièrement en vin de malvoisie, ou quelque autre généreux, puis saupoudré de poudre de cloux de girofle, et noix muscade, et là le lier et bander estroictement, par ce moyen la douleur s'appaisera incontinent. On lui appliquera sur les reins et lombes cest emplastre : prenés mastic deux onces, labdanum trois drachmes, racines de bistorte, sang-de-dragon, bol armene, corne de chèvre bruslée, demie drachme de chacun ; terre scellée, une drachme, encens, storax liquide, gomme arabic, une drachme et demie de chacun ; sandal blanc et rouge, corail rouge, de

chacun deux scrupules ; cire lavée en eau roze, et térébentine, deux onces ; tout cela sera pillé dans un mortier avec un pillon chaud, y infondant dessus huile de myrte et de térébinte, l'agitant avec le pillon chaud, jusques à ce que la composition soit espessie, que lors on estendra sur du cuir, et l'emplastre dessus les reins et lombes. Faudra oster l'emplastre tous les jours, et laver les reins et lombes avec de l'eau roze et vin blanc, en esgale portion, puis y remettre l'emplastre. Ce petit moyen-ci est de grande efficace pour garder les femmes de s'affoler, leur aidant à porter leur fruict à bon terme : c'est que la femme prenne tous les matins à la bouche, un grain de sel de la grandeur d'un pois, l'y tenant jusques à estre fondu : ou un peu de mastic : ou un couple de cerises sèches ; ces choses-là font vuider par la bouche abondance d'eau, telle évacuation estant fort utile en cest endroit. Ne faut oublier les remèdes naturels, qui par vertu occulte empeschent l'avortement, tels que sont, la pierre de jaspe vert : le gui de chesne avec l'escorce : l'ongle d'un ours : la pierre qu'on treuve au cueur, ou aux boyaux, on à la matrice de la biche, pendue au col : la pierre sardoine, liée sur la partie supérieure du ventre : les pierres topase et esmeraude, enchassées en anneaux : la pierre d'aimant, pendue sous l'aisselle gauche ; mais avec plus d'efficace, celle d'aigle portée en mesme lieu, à la charge, toutes-fois, d'oster de là lesdictes deux pierres approchant l'enfantement, pour les remuer en la cuisse gauche, où elles serviront autant à attirer l'enfant dehors le ventre de la mère, comme elles ont faict à l'y retenir, estans au costé. Mais aussi tost que la femme sera deslivrée, sans tarder, lesdictes pierres seront ostées de là, de peur d'attirer en bas la matrice, par une naturelle propriété, que le vulgaire donne à telles pierres, sans en dire le pourquoi. Semblables vertus, et par semblables raisons, attribue-on à la despouille du serpent, aidant à enfanter la femme, qui en a le ventre environné pendant son travail : et à la peau d'une beste, que les Poulonnois appellent, *élan*, dont l'on faict des ceintures pour en ceindre les femmes estans au travail d'enfant.

Difficulté d'enfanter. L'heure de l'enfantement venue, et iceluy estant avec difficulté, la femme sera secourue par ces remèdes, qui luy causeront prompte deslivrance : luy sera donné un bruvage faict avec de la canelle fine, deux scrupules ; escorce de casse subtile, trochisque de myrrhe, de chacun un scrupule ; racine d'aristolochie ronde, demie scrupule, subtilement pulvérisés ; confection d'alkermès, demie drachme ; syrop d'armoise, une once ; eaux d'armoise, de matricaire, et de rubea major, de chacune une once et demie : ou de la décoction d'armoise, rue, dictame, et pouliot : ou du jus de persil, tiré avec un peu de vinaigre, ou de vin blanc. L'hypocras, duquel est parlé ci-devant, est fort bon pour fortifier la femme en son travail. Aussi sont les eaux clairète, impériale, céleste, de vie. Donnés-luy demie drachme de confection d'alkermès, avec vin, ou eau d'armoise : ou razure d'ivoire : ou de corne de cerf : ou de coral : ou de l'entre-deux qui est aux noiaux de la noix verte : ou poudre de la fiente d'espervier, subtilement pulvérisée. Prenés huiles de lis et d'amandes douces, de

chacun deux onces et demie ; graisses d'oie, de géline, et de cane, de chacune une once ; onguent résolutif, et de althéa, de chacun une once ; meslés le tout ensemble, et en soyent oincts le petit ventre et la partie naturelle de la patiente. Sera bon de faire esternuer la patiente pour luy esveiller les forces, à quoi doucement on l'excitera par le moyen de la poudre d'ellebore blanc, d'euforbe, et de pirètre, de chacun une drachme, subtilement sassées, qu'on luy soufflera dans le nés avec un tuiau de plume.

Tranchées. Pour obvier aux trenchées tourmentans la femme qui a enfanté de nouveau, l'huile d'amandes douces prins soudain, y sert de beaucoup, par là prévenant le mal ; lequel venu, est guéri par les eaux clairète, et celle qui est distillée des fleurs de pescher. Une aumelète faicte de cinq ou six jaunes d'œufs, avec une once graine de cumin concassée, cuitte en huiles d'aneth et de jessemin, appliquée sur le ventre, est fort propre contre les trenchées : aussi cataplasme mis audict lieu, faict de fien de vache, et de millet, fricassés en huile de noix : ou de poudres de fleurs de camomille, et semences de lin, et de cumin, farine de fèves, beurre frès, et huiles de rue, et d'aneth. Ceste poudre faict le mesme, prinse en vin blanc, assavoir : de racines de grande consoulde desséchées, noiaux de pesche, noix muscade, et carabé, le tout subtilement pulvérisé, y ad-joustant un peu d'ambregris.

Trop de laict tant en une d'enfant etc. La trop grande abondance de laict tourmente souvent les nouvelles accouchées, dont leurs mammelles sur-emplies, s'enflent douloureusement, et en restent difformes par trop de grosseur. A telles incommodités sera pourveu, astant la cause, qui est le laict. Ces moyens le font évader, assavoir : appliquer sur les mammelles cataplasmes faicts de berle, cresson, fueilles de bouis, lierre terrestre, pervenche, sauge, choux rouges, ciguë, bouillies en huile et vinaigre : ou de grande chélidoine, rue, mente, aluine, fenouil, cuits en oxicrat : ou appliquer sur les mammelles des fueilles de courge vertes et récentes : ou les emplastrer avec du son cuit en huile de camomille. Le mesme faict une mie de pain cuitte en eau de sauge, avec un peu de camphre, mise sur les mammelles en forme de cataplasme : et les ventouses posées au plat des cuisses et des aines, au dessous du nombril, attirans le laict en bas ; tous ces moyens tendent là, de faire tarir le laict des mammelles des femmes, chose recerchée de celle qui ne veut estre nourrice. Mais la mère qui désire entretenir son laict, pour aider sa nourrice à allaicter son enfant, par telle peine la tenant en sujection, et tout-d'une-main se deslivrer de son laict superflu et importun, et des douleurs des mammelles qui la tourmentent, employera des remèdes modérés servans à ces choses, et aussi à se conserver la beauté de ses mammelles. Les remèdes *Et l'entretenir modérément, sans ardeur.* sont tels : premièrement, convient oster l'inflammation des mammelles, pour en chasser la douleur, ce qu'on fera en les frottant avec huile faict de l'infusion de la graine de balsamine : ou huile de pavot : ou de mandragore : ou de jusquiame. Le lendemain appliquerés sur les mammelles une bouillie faicte de farine de fèves et de vinaigre, frottant l'entour des mammelles et des aisselles, d'un liniment composé de bol armene, une once ; esponge de bdeglium, racine de bistorte,

de chacune demie once, avec huiles rozat et de myrtil, et vinaigré. Ce cataplasme est fort propre en cest endroit : prenés mente sèche, deux poignées ; absinte, une poignée ; faictes-les cuire fort lenguement, puis les passés par le tamis, y ad-joustant farines de fèves, d'orobe, et de lupins, de chacune une once ; faictes-en cataplasme avec huile de lis. Sera bon d'appliquer sur la papille, une racine de grande esclaire, cuitte et contuse. Si le *Dissouldre sang caillé ès mammelles.* sang est caillé, l'on le dissoudra par ce cataplasme : prenés quatre onces d'ache, deux onces d'oximel simple, deux onces farine de ciches rouges, autant de celle de lupins, dont composerés le cataplasme. Si le sang ne se peut dissoudre par ce cataplasme, et que les glandules des mammelles s'endurcissent, mesme qu'elles menacent de suppuration, usés de ce cataplasme : prenés racines de guimauves et de lis, de chacune quatre onces ; vingt figues ; faictes-les cuire jusques à ce qu'elles amollissent, ad-joustés-y graisse de porc non salée, ou beurre frès, quantité suffisante pour cataplasme.

Au contraire des précédens discours, *Pour faire abonder en laict les nourrices.* ceux-ci sont propres à faire abonder en laict les nourrices, pour la nécessité de la nourriture des enfants. A cela parviendra la nourrice par le fréquent usage du bouillon, dans lequel l'on aura cuit du grain d'orge, avec un peu de semence de fenouil. Aussi par boire quelques-fois de la décoction d'asperges, avec du froment : ou de celle de l'herbe de fenouil : ou de son jus : ou de celui d'ache : ou de betes exprimés, après avoir escaché ces herbes au mortier. Boira en vin ou bouillon, de la poudre de la racine desséchée de chardon nostre-dame, avec poivre et fenouil :

ou de la poudre des ongles de pied de vache, bruslées : ou mangera des chous bouillis en eau, y ad-joustant un peu de poivre : ou de la racine de responses ainsi appareillées. La mère-de-famille qui désirera entendre davantage de ces choses, lira le livre des remèdes secrets pour les maladies des femmes, où elle treuvera matière de contentement (87).

Contre les vers des enfans. Comme en la pluspart des maladies des femmes la matrice se mesle, ainsi en presques toutes celles des enfants les vers se présentent pour leur faire la guerre comme leurs plus grands ennemis. Donques ce sera la chose approprier à son droict lieu, si en tous les remèdes, indifféramment, préparés pour deslivrer les enfants des maladies qui les travaillent, est ad-jousté quelque médicament contraire à la vermine. Premièrement est requis accoustumer les enfants dès leur première aage, à prendre des médecines, afin de rendre facile la cure de leurs maladies, se laissans traitter selon les nécessités. Il ne faut pas attendre à combattre les vers jusqu'à ce qu'ils soyent esmeus, ains les prévenans, bailler à vos enfants, à toutes les lunes nouvelles (qui est le temps que les vers s'esmeuvent naturellement), quelque petite chose contre la vermine. A ce service est fort propre le semen-contra, donné avec une figue grasse, ou avec du miel, ou avec des pommes cuittes, ou autre matière douce, à laquelle les vers s'attachans, se treuvent prins par leur contraire, dont ils sont contraints de sortir du corps. Aussi le suc d'orange, et la poudre de son escorce, sont bonnes contre les vers, donnant de l'un ou de l'autre, séparément, avec de l'huile d'olive, une cueillerée d'argent.

Le syrop de limons faict mourir les vers : aussi les tablettes au sucre, faictes de la poudre de corne de cerf, de l'endroit le plus tendre, qui est celui du bout des cornes de la beste, croissant tous-jours, comme branches d'arbre : la poudre de mente, beue en vin : la graine de coriandre, avec jus de grenade : mais avec plus d'efficace, la rhubarbe donnée en subtile poudre, avec de l'eau de scabieuse ; mesme aux plus petits enfants un scrupule, avec du laict, ou avec trois gouttes de miel rozat. Des gros vers sortis vifs du ventre des enfants, se faict une excellente poudre pour chasser les vers de mesme espèce. L'on dessèche tels gros vers sur une paesle chaude, puis rédigés en poudre, icelle est donnée à boire aux enfants avec du vin, du potage, ou de laict, s'ils sont fort petits. Les applications extérieures servent de beaucoup contre les vers pour les tuer ou chasser ; telles sont, l'herbe des lupins, pillée et mise sur le ventre : celle de l'absinte, concassée et frite, appliquée sur l'estomach, et sur la suture coronale : les aulx pillés, dont est faict cataplasme avec de l'huile de cade, que le vulgaire paysan françois appelle, *tal :* la seule senteur dudict huile, dont les tempes, le gosier, l'estomach sont oincts : aussi huile pétrole : l'urine de sanglier, treuvée dans la vessie de la beste lorsqu'on l'esventre, ainsi employées. Porter au col des aulx, enfilés comme une chesne, arrestent les vers de nuire, pour leur forte senteur pénétrant jusques à eux, leur estant fort contraire. Le syrop de cichorée avec rhubarbe, est bon contre la vermine, et aussi à toutes autres maladies des enfants ; parquoi donnés-en à vos enfants à toutes les fois que les verrés faschés (88). Les enfants sont fort sujects au dévoiement de l'estomach, qui leur cause vomissement, mesme dès leur première jeunesse ; pour lequel arrester, convient leur faire porter sur l'estomach une emplastre de mastic. La façon de l'emplastre est telle : faut faire fondre un peu de cire vierge, l'estendre sur le cuir, et au milieu d'icelle faire une fossette, dans laquelle mettrés du mastic fondu et chaud. Le vomissement est aucunement arresté, mettant un œuf en coque, crud, contre le gosier de l'enfant, lors que le vomir le presse, dont la froideur, comme aussi de toute autre matière froide et lisse, accommodable à la partie, font tel service.

Voilà des remèdes à certaines particulières maladies. En voici pour les fièvres affligeans généralement la personne. L'eau distillée de glouteron, herbe appellée en Languedoc, *lampourdes* et *arpoules* (*lampourdo*), beue au matin, la quantité de quatre onces, est fort bonne contre toutes sortes de fièvres : aussi la graine de hieble, dicte en Languedoc, *augué*, pulvérisée, beue au poids d'une drachme, avec vin blanc. Le jus de betoine et de plantain meslés ensemble, et le vin d'absinte, y

sont profitables. Pour la fièvre continue le malade s'abstiendra de manger durant vingt-quatre-heures, à conter du commencement de la maladie : aussi de l'usage du vin, pour autant de temps que la fièvre le tiendra, beuvant cependant de la ptisane : ou de l'eau de fontaine bouillie avec du gramen : ou de la batue avec du pain-bis, laquelle boisson l'on ne lui espargnera, pour lui abbattre la chaleur de la fièvre. Sera donné à boire au malade quatre onces d'eau de bouts de chesne : ou autant de celle de chardon-bénit : ou de scabieuse : ou de l'eau dans laquelle aura trempé, durant huict ou dix heures, la semence de l'herbe aux pulces, avec un peu de sucre : ou deux doigts, dans un verre, du jus de la petite ozeille, baillé durant la grande ardeur de la fièvre. Pour abbattre laquelle, et aussi à chasser la fièvre, servent les applications extérieures, telles que celles-ci : lier ès pouls des deux bras le jus tiré de l'ortie griesche, meslé avec de l'onguent populéum : un oignon mis sur chaque poignet, en dedans le bras, l'ayant au préallable creusé au milieu, puis rempli le vuide de mithridat : cataplasme faict avec de la suie de cheminée, des œufs frès, jaune et blanc, vinaigre, et sel, battus ensemble, attaché avec des linges sur les pouls des bras : appliquer au cœur, et sur l'espine du dos, des cœurs de grenouilles de rivière : mettre sous les plantes des pieds et sur la région du foie, des poissons vifs appellés, tanches. Pour aucunement corriger l'altération venant de la grande soif que le patient endure pendant la fièvre, on lui lavera la langue avec vinaigre et eau roze ; puis l'on lui donnera quelque cerise ou agriote confite : ou des cornoailles confites au sucre, très-propres à ce mal ; après, lui sera-on tenir en la bouche quelque pièce d'or, ou d'argent, ou de cristal, ou la pierre triangulaire qu'on treuve dans la teste de la carpe, ou des fueilles d'ozeille ; car ces choses remuées dans la bouche, avec la langue, donnent au malade du soulagement. Ces remèdes s'employeront en attendant le médecin, qu'on aura mandé pour l'importance de la maladie, laquelle il curera par saignées, clystéres, potions, et autres moyens qu'il verra estre propres, selon la complexion du malade et disposition

Quotidienne. sition de la saison. La fièvre quotidienne sera combattue par boire tous les jours, devant l'accès, des jus de betoine et de plantain, meslés ensemble : ou de la décoction (deux ou trois doigts dans un verre chacun matin) faicte avec des pois ciches, escorce moyenne de sureau, fueilles de betoine, de scolopendre, des racines d'ache, de persil, de raves, et d'asperges : ou d'autre décoction de quinte-fueille, dont l'herbe, bouillie et chaude, sera appliquée en cataplasme *Tierce.* sur les poignets du fébricitant. Pour la tierce. *A quelque chose mal-heur est bon.* Ce proverbe se treuve vérifié en la fièvre tierce, de laquelle les trois et quatre premiers accès sont salutaires, servans au printemps, à repurger le corps des humeurs superflues ; pour laquelle cause, aucuns se procurent ceste sorte de fièvre en telle saison, la tenans pour médecine purgative ; mais passés les quatre ou cinq premiers accès, elle est préjudiciable, et tous-jours en l'automne, très-dangereuse, pour la crainte d'estre convertie en quarte, par les prochaines froideures. L'on fera perdre la fièvre tierce par ces remèdes : prenés de l'escorce d'un jeune noier, de celle qui joinct au bois, et après l'avoir escachée au mortier, trempés-la dans du vin blanc, l'espace de huict ou dix heures ; puis coulerés ce vin à travers d'un linge blanc, et en donnerés au fébricitant, à boire un plein verre de moyenne contenue, lors que l'accès le saisira. Ce bruvage le fera vomir, et par ce moyen expulser et vuider en hors, la malice de la fièvre ; mais c'est avec violence, pour laquelle cause, n'est-il donné qu'à personnes robustes. De mesme, malaxerés et tremperés dans vin blanc, des racines

de plantain, et de parelle ; et du vin en sera baillé au fébricitant, pendant son accès. Les jus de plantain, de pourpier, de pimpernelle, de grenade, beus séparément, sont bons contre ceste fièvre. Aussi y est bon, de frotter les temples et le front du malade, peu devant l'accès, avec liniment composé de vers de terre, cuits avec graisse d'oye : de mettre aux poignets, temples, et plantes des pieds, de l'onguent populéum, une once, avec deux drachmes, toile d'araignes, meslés ensemble : ou cataplasme faict d'ortie griesche, de rue, et de sauge, une poignée de chacune ; autant de suie de cheminée, avec sel ; le tout pillé et incorporé avec vinaigre. Ainsi qu'ès précédentes fièvres, en ceste - ci le malade s'abstiendra de vin ; ou s'il ne s'en peut passer, ce sera fort peu qu'on lui en donnera à boire, en grande abondance d'eau cuitte. Et pour toutes fièvres, indifféramment, est nécessaire tenir le ventre lasche du patient. Touchant la fièvre *Quarta.* quarte, elle est plus longue que dangereuse, avenant peu souvent, que le malade meure de telle maladie. Plusieurs remèdes sont employés à sa guérison, mais peu rencontrent. Ceux-ci se treuvent assurés par les réitérées expériences, c'est assavoir : la graine de hieble, le poids d'une drachme pour gens deslicats, et d'une et demie pour robustes ; pour enfants, demie drachme suffit. La graine sera mise en poudre subtile, puis trempée durant une heure, en deux doigts de bon vin blanc, ou à son défaut, de clairet, et ainsi la donnerés à boire au fébricitant lors que l'accès le saisira. Autre : une nois muscade sera desséchée sur la paesle chaude, puis mise en poudre, de laquelle sera donné au fébricitant tous les jours au matin, bien-qu'il ne soit jour d'accès, demie drachme avec du vin blanc. Autre : faire cataplasme le long de l'espine du dos avec de la tériaque : ou frotter le dos despuis la nucque du col jusques aux fesses, avec de l'eau de vie, sur le poinct que l'accès vient ; et continuer le frotter tant longuement que le malade le pourra souffrir. Autre : appliquer sous la plante des pieds, des pigeons fendus du long du ventre, tous vifs et ouverts, et là attachés. Au contraire des autres fièvres, ceste-ci est froide, pour laquelle *Régime.* cause, le fébricitant de la quarte, boira du vin avec peu ou poinct d'eau, afin de l'eschauffer ; et pour la mesme cause, prendra tous les matins un œuf frès, cuit mollet, avec cinq ou six grains de poivre. En toute fièvre terminée, ceci est à observer, que de se garder de manger le jour que l'accès doit venir, et jusques à ce qu'il soit passé ; voire le précédent jour manger fort sobrement, afin que la fièvre treuvant le corps vnide, par faute de nourriture, n'y face plus de séjour.

Peste.   Entre toutes les maladies par lesquelles Dieu chastie les péchés des hommes, la peste est la plus redoutable, pour la violence de son venim, tuant en peu de temps ceux qu'il attrape, et ce avec tant de contagion, que les médecins mesmes n'approchent des pestiférés qu'avec grand danger de leur vie ; dont avient, les remèdes estre employés rarement, ou rien du tout ; et à tel défaut, plusieurs personnes périr en cest abysme : car moyennant prompt secours, et la bénédiction de Dieu, la pluspart en reschappe. Or, si ès communes maladies il est requis à chacun recercher les moyens de

s'en deslivrer, encores plus, en temps de peste, se doit-on estudier à ne tumber en si dangereux mal ; ou y estant, d'en sortir. Telle solicitude appartient à toutes sortes de personnes, pour la commune affection que chacun a de conserver sa vie ; mais spécialement ce sont les habitans des champs, qui ont plus d'occasion de s'instruire sur ceste matière, à cause que leur solitude les prive des gens de secours, dont les villes sont pourveues. Deux choses a-on premièrement à faire en tel temps calamiteux, c'est assavoir, à se préserver de mal, et à le curer, estant venu. Le plus asseuré moyen de se *Premier* préserver de peste, est, de ne communi- *remede.* quer aucunement avec les pestiférés, ains habiter en lieu sain, d'aer plus froid et sec, que chaud et humide ; et se souvenant du commandement de nos ancestres, *citò*, *longè*, *tardè*, deslogera tost de son lieu infect, pour se retirer loing, en un lieu salutaire, duquel il ne se hastera de retourner, ains attendra le danger estre passé chés soi. Tout pays ne sont indifféramment de mesme sujects à la peste, ains plus ou moins, les uns que les autres. Aux méridionaux, la peste est *Quels lieux* plus violente, qu'aux septentrionaux. *et quelles per-* Des corps il en est ainsi : car les personnes *sonnes sont* jeunes prennent plustost la peste, que *les plus su-* les vieilles : les sanguines, que les cho- *jets à* lères : les cholères, que les phlegma- *peste.* tiques : et celles-ci, que les mélancholiques. Qu'on ne s'arreste pourtant sur telles distinctions, ains que chacun, en quel lieu qu'il habite, quelle aage et quelle complexion qu'il aye, pense à éviter tels périls avec autant d'affection que Dieu lui en donne de moyen, implorant sa miséricorde en si grandes calamités. L'habita-

Qualité habitation requise en temps de peste.

tion sera salutaire, si elle est en lieu aéré, eslevé, exposé au soleil, et aux vents, non aquatique, ni marescageux; le logis persé de tous costés pour la libre entrée du soleil et passage des vents.

Comment s'y mainten.

L'on y fera tous-jours bon feu, non seulement aux cuisines, ains aux autres cheminées des salles et chambres; aussi parmi tous les membres de la maison, indifféramment, ès galeries, basse-courts et autres lieux communs: car le feu purge l'aer, chassant les mauvaises vapeurs, mesme si le feu est faict de bois ayant quelque bonne qualité, médecinale ou odorante, comme cade, genèvre, cyprès, laurier, sapin, rosmarin, lavande, aspic et semblables. En hyver principalement le feu est de requeste; et en esté, mesme la nuict. Quelques-fois l'on bruslera de l'encens, des perfums composés de benjonin, labdanum, storax, et semblables drogues. Les chambres seront souvent arrousées avec du vinaigre, et eau roze. L'on y espandra des herbes et fleurs de bonne senteur, rosmarin, sauge, mélisse, rozes, œillets, et autres, selon le lieu et le temps. Durant la chaleur, les chambres seront rafreschies avec rameure de chesne, de saule, et de vigne, dont l'on tapissera les murailles. Par tels moyens, l'aer se repurgera des mauvaises vapeurs procédantes de la constellation de l'année tendante à contagion. Quant aux personnes, sera bon porter avec soi des perfums précieux, composés de musc, d'ambre gris, de civète, de storax, de labdanum, d'iris, et autres exquises matières: se laver quelques-fois les mains avec l'eau d'ange, ou de nafe, ou de rozes: souvent avec du bon vinaigre rozat, s'en frotter le nés: sentir le vinaigre,

Air pour les femmes.

par le moyen d'une esponge trempée en icelui, qu'on maniera à tous coups: se vestir proprement et nettement. Les femmes sujectes à la suffocation de la matrice, et à catarres, et celles qui sont enceintes, se garderont de se servir de tels perfums, de peur que cuidans éviter un danger, elles ne tumbent en un autre. Plusieurs pierres précieuses y a-il, dont les vertus résistent à la peste, qu'on portera pendues au col, ou ès doigts en anneaux. Le

Pierres bonnes contre la peste.

rubi, l'esmeraude, la jacinte, le saphir, le grenat, sont de ce nombre. L'on en portera, avec efficace, au doigt de la main gauche, appellé, médecin, d'autant qu'il répond au cœur. La nourriture est

Régime.

fort remarquable en temps contagieux; la peste ayant grande prinse sur les personnes faillans en cest endroit. Le trop et le peu manger sont pernicieux à ce mal, et l'usage des viandes de difficile digestion; comme, au contraire, salutaire, la sobriété, et la nourriture de chairs deslicates et autres vivres bien qualifiés. Du pain et du vin de mesme, estans bien choisis, de bonne matière, sans corruption. Il n'est pas bon de sortir au matin du logis ayant l'estomach vúide, de peur d'attirer facilement le mauvais aer de la saison, pour lequel danger prévenir, l'on prendra deux doigts de vin, avec un peu de pain, avant que desloger; si mieux on n'aime, et pour plus de seurté, user de quelques uns des préservatifs suivans. Au reste, chacun prendra ses repas, et se traittera selon sa complexion, sans excès. Le vinaigre est fort estimé en temps de peste, pour plusieurs vertus médecinales qu'il a; par quoi ceux ausquels il n'est naturellement contraire, s'en serviront largement, à leur vivre ordinaire: comme

aussi de l'ozeille, pour ses bonnes qualités, en potage, et en sauces, avec du pouliot, marjolaine et souci. La bourrache,
la buglose, et le saffran, cestui-ci en
petite quantité, sont bonnes en toutes
saisons. Les oranges, citrons, limons,
grenades, sont salutaires en temps de
peste. Quant aux fruicts des arbres, plusieurs y en a-il dont l'usage modéré est
louable, comme poires de bon-chrestien,
pommes de court-pendu, prunes de Damas, et autres bien choisis et cueillis
meurs, qu'on confira au succre avec de
la canelle pour les corriger. La nois
confite au succre sert non seulement d'exquis aliment, ains de préservatif contre
la peste. Le dormir et le veiller sont aussi
modérés, l'excès de l'un et de l'autre
estant dangereux en la contagion. De
mesme en est-il de l'exercice, dont le modéré est tous-jours le plus louable ; bien-
que plus pernicieux est le beaucoup reposer, que le beaucoup travailler, en temps
de peste, de laquelle plusieurs ont esté
deslivrés, par grand exercice. Est à désirer d'avoir bon ventre, tel se le procu-
rant, premièrement, par le vivre ordinaire bien réglé, puis, par quelques petites prinses et clystères laxatifs. Ceux
qui ont des hémorroïdes, des fistules, ou
des fontanelles, ne les fermeront en tel
temps ; ains les laisseront fluer, pour
donner cours à leurs mauvaises humeurs,
dont la peste en sera d'autant esloignée.
Avec tous ces régimes, le tenir joyeusement est nécessaire ; par quoi se laissant conduire à Dieu, invoquant son
aide, l'on passera le temps en choses
honnestes, chassant toutes occasions de
tristesse et crainte de peste. Nous ad-
jousterons à telle bonne conduicte, des

remèdes appropriés au temps, tels les
recerchans. Les pillules d'aloès et de
myrrhe, préservent les personnes de tout
venim, si on en prend le poids de demie
drachme, de deux en deux, ou de trois en
trois jours, puis beuvant un peu de bon
vin trempé en eau roze ou d'ozeille : aucuns en prennent tous les jours, soir ou
matin, selon leur complexion, une petite pillule, poisant la sixiesme partie
d'une drachme, qu'on destrempe, estant
dure, avec du syrop de limon, ou à son
défaut, du vin, et incontinent boivent un
peu de vin, comme dessus. L'antiquité
a auctorisé ce remède contre la peste,
inventé par le roi Mithridates, et retenu
jusques à présent pour salutaire, par les
réitérées expériences : il est composé
d'une figue grasse, d'une nois sèche, et
de quatre ou cinq fueilles de rue, meslés
ensemble. Ces eaux sont très-bonnes à
ce mal, empeschans le venim de donner
au cueur : d'ozeille, de chardon-bénit,
de nois. La suivante, dicte par excellence, eau contre la peste, est singulière, laquelle composerés ainsi : prenés
au mois de Juin, chardon-bénit, pimpernelle, scabieuse, gentiane, souchet,
autant de l'une que de l'autre ; fleurs de
buglose, rozes rouges, herbes d'ozeille,
et de morsus diaboli, au double des
autres ; mettés le tout tremper en vin
blanc, et eau roze, durant dix ou douze
heures, puis retiré de là, faictes-le distiller au bain-de-marie, y ad-joustant
demie once de bol armene pour chacune
livre d'herbes ; l'eau qui en sortira sera
serrée dans une phiole, et sur une pînte
d'icelle eau, l'on mettra demie once de
sandal citrin en poudre, et une drachme
de saffran, puis la phiole sera exposée un

mois au soleil d'esté. Elle sert, et de préservatif, et de cure ; l'on en donne à boire trois doigts en un verre au malade incontinent qu'il se sent frappé, y ad-joustant à chacune prinse, un peu de sucre et de canelle, pour la rendre tant plus facile. Autre eau restaurative et réfrigérante, contre toutes fièvres malingnes et pestilentialles : prenés conserves de violètes, de nénufar, mélisse, bourrache et buglose, de chacune deux drachmes ; escorce de citron confit, tourmentille, racines d'angélique, et de gentiane, de chacune demie once ; poudre eslite de diamargariton froid, de tous les sandaux, bol armene, des trochisques de camphre, bois d'aloés, de chacun deux onces ; rasclenre d'ivoire, corne de cerf, macis, canelle, cloux de girofle, semence de chardon-bénit, de chacun une drachme ; tériaque vieille, trois drachmes ; de la decoction de deux poulets, ou chapons, altérée avec ozeille, scabieuse, laictue, bourrache, buglose, quatre drachmes. Tout ceci soit mis dans l'alambic de verre avec quelques bonnes chairs, et la miette de deux pains blancs destrempée en vin blanc, et distillé à feu lent. A chacune livre de l'eau qui en sortira, seront ad-joustées quatre onces de syrop acéteux de limon meslés ensemble, dont le patient usera à toute heure. Les racines de l'angélique et de la enula-campaña sont remèdes servans beaucoup en cest endroit ; l'on tiendra à la bouche de l'une ou de l'autre, de la grosseur d'un pois ciche, trempés en hyver dans du vin, et en esté, dans de l'eau roze, et pour en rendre l'usage plus plaisant, l'on confira ces racines au sec avec sucre. Ces poudres aussi : prenés aloés cicotrin, myrrhe, ca-

nelle fine, de chacun trois drachmes ; cloux de girofle, bois d'aloés, mastic, bol armene, de chacun deux drachmes ; le tout sera mis en subtile poudre, dont l'on prendra, au matin, le poids de deux deniers, en vin blanc, trempé avec un peu d'eau d'ozeille. Autre eau : prenés rosmarin, alvine, sauge menue, artemise, fenouil, rue, autant de l'une que de l'autre, racines et fueilles ; estans curieusement lavées, tremperont en vin blanc, trois jours, les remuant souvent avec un baston ; au quatriesme, le tout, assavoir, herbes et vin, sera distillé, dont l'eau en sortant, donnée un peu chaude, en la quantité de deux doigts dans un verre, préservera la personne de venim ; et en outre, guérira de la peste, pourveu qu'on l'employe à temps, comme dans les premières vingt-quatre heures. Dés incontinent qu'on se sent frappé de peste, convient changer d'aer, ou de maison, ou du moins de chambre, et de tous habits, et perfumer la chambre par les moyens susescripts ; le malade se doit contraindre à prendre souvent à manger et à boire, plus ou moins, selon que la fièvre est grande ou petite ; et tant plus la chaleur apparoist grande en dehors, tant moindre nourrissement est convenable. Les vivres seront de facile digestion, comme potages, coulis de poulailles, mouton, et autres deslicates chairs, avec vinaigre, eau roze, jus d'ozeille. Quelques poissons y a-il, non contraires à ce mal, comme perches, brochets, solets. Usera d'orge mundé, avec laict d'amandes douces, d'œufs frés, pochés, ou cuits en eau, mangés avec jus d'ozeille ; des prunes de Damas, de perdigonnes, et autres deslicates, cuittes, et mangées avec sucre rozat ; des oranges.

limons , grenades , capres ; de bon pain ,
cuit d'un jour. Touchant le boire , ce sera
peu de vin blanc , ou de clairet , encores
bien trempé avec eau bouillie ; pourveu
qu'il n'aye grande fièvre : car cela estant,
sa boisson , tant au repas que dehors , sera
d'eau de fontaine , bouillie , qu'on corrigera avec jus de grenade , ou d'orange ,
ou de limons , ou jus de pommes aigres.
Estant la personne jeune et robuste , de
complexion chaude , fort altérée en temps
chaud , non de nature sujecte à coliques
passions , hydropisie , ou apostumes intérieures , pourra boire de belle eau sortant de la fontaine , à grands traits , non à
petits , de peur d'augmenter la chaleur ;
ainsi qu'on le void pratiquer au mareschal , par arrouser son feu avec de l'eau ,
peu à peu (89). La ptisanne avec sucre
rozat , lui est bonne , mesme entre les repas. *Du dormir.* On le gardera de dormir au commencement , durant vingt-quatre heures , pour
destourner le venim de passer jusques au
cueur ; après ce terme , il dormira , mais
peu , par intervalles , pour lui conserver
sa vertu. Le ventre lui sera tenu lasche.
A mesme instant qu'il se sentira saisi de
la maladie , changeant de logis , ou n'en
changeant poinct , prendra une drachme
de bol armene en poudre , destrempée en
eau roze et vin blanc ; et vomissant telle
boisson , en reprendra pour la seconde
fois de mesme , voire pour la troisiesme.
Poudre de bol armene, comment preparée. Le bol armene est préparé pour ce particulier service , en ceste sorte : mettés en
poudre la quantité de bol armene que
voudrés , faictes-le tremper deux heures
en eau d'ozeille , laissés-le sécher à l'ombre , estant sec , retrempés-le dans l'eau
d'ozeille pour la seconde fois , voire pour
la troisiesme , et quatriesme , tous-jours le

reséchant ; finalement remis en poudre ,
icelle sera serrée dans un sachet de cuir ,
et gardée chèrement pour la nécessité , laquelle ainsi préparée se maintient bonne
long temps. Autre exquise poudre : pre- *Sueur.*
nés poudres de rosmarin , deux onces ;
d'absinte , une once ; d'enula-campana ,
une once ; de scabieuse , demie once ; de
la petite centaurée , demie once ; de toutes
ces poudres ensemble en composerés une ,
dont l'on baillera au patient de la grosseur d'une fève , avec du fort vinaigre rozat , une cueillerée d'argent ; puis sera
mis dans le lict chaud pour y suer : car
par la sueur , la peste s'en ira sans perser , moyennant la grace de Dieu. Le *Decoction.*
mesme faict la décoction des cimes de
l'herbe de ginête sauvaige , faicte en vin
blanc , beue un plein verre , puis se couchant chaudement. Le jus de l'herbe de *Jus.*
souci , exprimé dans le mortier , avec de
l'eau chaude , beu demi verre , lors qu'on
se sent accueilli de la peste , empesche
que le venim ne touche au cueur , continuant le remède de six en six heures , et
finalement deslivre le pestiféré du mal.
Semblable vertu ont la licorne , trempée *Licorne.*
ou ratissée dans du bon vin , et icelui
beu (90) ; et la composition suivante , en
forme d'opiate ou trochisques : pulvérisés
de la racine de souchet séchée à l'ombre ,
du saffran , et de la graine de moustarde ,
autant de l'une que de l'autre ; meslés
ces poudres ensemble avec du mithridat ,
autant que de l'une desdictes poudres , et
du vinaigre rozat , ce qu'il en faudra.
Après les premiers remèdes arrestans le
mal de passer outre , pour le chasser du
tout l'on continuera à donner au malade ès jours suivans , une fois chacun ,
du matin ou du soir , une heure devant

le repas, de la poudre de bol armene préparée comme dessus : ou du syrop de
limon, avec eau d'ozeille : ou de morsus
diaboli : ou de souchet : ou de chardon-bénit. Défaillant le syrop, lesdictes
eaux seront employées , ou celle contre
la peste ci-devant descripte. La prinse
des syrops ou eaux, sera suivie, pied à
pied , d'une lozenge de diamargariton
froid , ou des trois sandaux, ou poudres,
par ordonnance du médecin , si faire se
peut. La grande efficace de guérison que
la saignée a en ce mal , en rend nécessaire l'usage , au défaut de laquelle , ou
estant mal faicte , plusieurs personnes se
perdent. Cela avient par faute de chirurgien , ou de chirurgien mal expert, n'estant conseillé par médecin , à cause du
misérable temps contagioux , reculant les
gens de secours. En telles nécessités , ne
faut que le chirurgien attende eslection de
jour ni d'heure , pour faire saignée , ains
doit employer le temps et l'occasion. Les
jeunes gens sanguins , bien charnus,
abondans en sang meslé avec autres humeurs, requièrent grande saignée. Elle
se fera toutes-fois par modération ; encores non tout à la fois, ains à deux venues. En la première saignée , la plaie
sera laissée entr'ouverte , y appliquant
dessus de l'huile , à ce que le sang n'en
coule, pour la re-ouvrir quatre ou cinq
heures après, afin d'achever d'en tirer le
sang requis. Au contraire , peu de sang
sera tiré du personnage qui n'en a abondance , ains ce sera selon sa vertu et la
qualité de ses humeurs; jugement qui appartient à l'expert médecin, auquel l'on
recourra, si la misère du temps n'en oste
le moyen. Plusieurs sçavans médecins ne
permettent la saignée , indifféramment

à toutes personnes, diverses d'aage et de
sexe ; excluans d'icelles les moindres de
quatorze ans, les vieilles gens décrépits ,
les femmes enceintes (mesme en leurs
derniers mois), celles qui ont de nouveau
enfanté, ou qui ont actuellement leurs
purgations, toutes gens débiles, spécial-
lement celles qui ont la fièvre pestilen-
tiale , qu'au préallable la boce ou le charbon n'ayent paru quelques jours devant.
Il y a des vieilles gens de grande vertu et
forte complexion, aussi des jeunes de dix
ou douze ans , plus robustes que d'autres
plus aagés; tels seront secourus par quelque petite évacuation, qui les tirera du
danger de mort , à quoi ira-on avec discrétion. Comme aussi est très-nécessaire,
que le chirurgien évite l'erreur de prendre une veine pour l'autre, par lequel le
venim estant attiré au cueur, cause la
mort du patient. Si la peste paroist sous
l'aureille, faut saigner le malade de la
veine du chef du bras, ou en rameau,
qui est sur la main entre le gros doigt et
son prochain. Si elle est en la gorge , faut
aussi prendre icelle veine, et après un
peu de temps, est bon d'ouvrir les deux
veines qui sont sous la langue. Si elle gist
sous l'aisselle, faut prendre la veine dicte,
médiane, qui est entre celle du chef et
celle du foie. Si elle est sortie en l'aisne,
faut prendre la saphène , qui est en la
cheville du pied en la partie intérieure ;
ou en défaut de la treuver, celle qui est
entre le gros orteil et son voisin. Si en la
hanche en dehors, faut prendre la sciatique, qui est située sous la cheville du
pied en la partie extérieure. Lesquelles
saignées se doivent faire le plustost qu'on
peut, pour coupper chemin au mal ,
toutes-fois, sous les termes sus-escripts ,

Ventouses. et en gardant de dormir le patient, comme dessus est dict. Au lieu de la saignée, l'on employera les ventouses ès personnes qui ne peuvent estre licitement saignées, et ce avec ou sans scarification, ayant esgard à la portée du patient. La ventouse sera appliquée sur le col, estant la peste sous l'aureille, ou en la gorge; si elle est sous l'aisselle, la ventouse se mettra sur l'espaule au mesme costé du mal; et sur les fesses, avenant qu'elle *Purgation.* soit en l'inguine ou aisne. Touchant la purgation, le lendemain de la saignée ou de l'application des ventouses, sera donné au patient, de grand matin, une once de casse, ou de manne, plus ou moins, selon la vertu, l'aage, la replétion de la personne, et autres considérations, telles drogues, au préallable destrempées en eau d'ozeille, ou de souchet : ou une drachme de pillules communes, ramollies en eau d'endivie. L'on continuera à faire prendre au patient, dès eaux, poudres, et autres choses confortatives ci-devant spécifiées, et ce par journées et intervalles. Escheant plus ample purgation, le *Applications externes.* médecin en ordonnera. Finalement, pour se deslivrer du tout de ce grand mal, l'on viendra aux applications extérieures, esquelles l'on ne se servira aucunement de pas une médecine repercussive, de peur de faire rétrograder le venin dans le corps, à la ruine du patient. Incontinent après la saignée, ou l'emploi des ventouses, l'on appliquera sur la boce un oignon blanc ainsi préparé : l'oignon choisi blanc et grand, est creusé par le milieu, puis le vuide est rempli de fine tériaque vieille avec de l'eau de vie; le trou est refermé de la piéce premièrement enlevée, et après avoir bien lié l'oignon à-tout du

filet, et enveloppé de papier, est mis cuire sous les cendres, à petit feu, d'où retiré, puis escaché, est tout chaud appliqué sur le mal. Plusieurs oignons convient appareiller de mesme, pour les appliquer sur le mal, deux heures l'un après l'autre, voire d'aucuns l'on en exprime le jus, pour en donner à boire au patient, et servir de préservatif contre la peste, très-utile en tel cas. Aucuns appliquent sur la peste, pour en tirer le venim, un coq vif, duquel ayant plumé le fondement, et après y avoir mis du sel, le font joindre fermement contre l'apostume, y tenant dessus longuement le coq, et d'icelui fermant le bec par fois, pour lui faire retenir son haleine, afin de tant mieux attirer le venim. Si le coq en meurt, à un autre, réitérant le remède à ladicte manière, ou bien en fendant le coq de son long estant encores vif, et ouvert, l'appliquer chaudement contre le mal. Ceux qui feront tel service seront soigneux de faire brusler les coqs après les avoir retirés de dessus le mal, et de telle sorte que la vapeur ne puisse offencer aucun. En cest endroit, sont convenablement employés l'emplastre composé de galbanum, de diaculum ammoniac : celui faict avec des figues sèches, levain fort aigre, raisins secs sans pepins, broyés et incorporés ensemble, avec huile de camomille. Aucuns appliquent, trois ou quatre doigts au-dessous de la boce, une herbe caustique, nommée pied-de-corbin, qui engendre sur le lieu une vessie, qu'après ils persent, et entretiennent la plaie ouverte, par une espace de temps; ladicte herbe s'appliquera au haut du bras, si la boce est sous l'aisselle. Toutes ces choses préparent le mal à recevoir le remède

remède maturatif, qui sera faict par l'avis des experts médecins et chirurgiens, comme ils le verront convenable, mesme perseront l'apostume avant qu'il soit fort meur, puis procéderont par mundificatifs et incarnatifs, à la manière des autres apostumes. Et avenant que par la calamité de la saison, l'on ne puisse finer des gens et drogues de secours, requises à tel défaut, pour faire meurir l'apostume la mère-de-famille se conduira en ceste sorte, se servant des matières qu'elles tirera de son jardin et de sa basse-court : prendra mauves, racine de guimauves, oignons de lis ; le tout sera bien lavé, puis broyé dans un mortier avec semence de lin et fenugrec, après incorporé avec sain de pourceau, en sera faict emplastre, qu'on appliquera sur le mal ; lequel emplastre suffira de renouveller une fois le jour, et sans attendre l'entière maturité de l'apostume elle sera persée comme dessus. Si après il y a grande douleur, tiendrés dans la plaie, durant vingt-quatre heures, une tente trempée dans un moyeu d'œuf fort battu ; y ad-joustant de l'huile rozat, ou de la graisse de poule, cas estant que la douleur continue. Pour mundifier, faictes emplastre d'un moyeu d'œuf, meslé avec farine d'orge, et peu de miel rozat. Pour consolider la plaie, appliqués dessus fueilles d'esclaire broyées : on avec cire, et jus d'esclaire faictes onguent, duquel elle sera oincte, comme l'on faict ès autres apostumes.

Touchant la goutte, le commun dict *qu'à la goutte le médecin ne void goutte,* fondé sur la difficile guérison de tel mal, d'aucuns tenu incurable. Toutesfois au soulagement de nostre infirmité, Dieu a manifesté quelques remèdes pour telle longue et fascheuse maladie, dont les suivans ont esté heureusement employés par plusieurs : prenés deux livres cire neufve, autant de beurre frès ; faictes-les bouillir ensemble, bouillans, les verserés sur du bon vin clairet, où ces matières se gèleront ; d'où retirées, en ferés une masse, laquelle, chaude, sera appliquée sur la partie dolente. Autre : prenés une chopine d'huile de chanvre, et quatre fois autant de bon vin blanc, deux poignées d'herbe de pas-de-lion, tout cela sera bouilli ensemble jusques à la consomption de la moitié, dont la décoction sera employée fort chaude, à frotter les lieux douloureux. Le mesme est faict de l'onction de l'huile d'aspic, et du jus de guimauves, par esgale portion : de l'huile d'olive dans lequel auront bouilli des grenouilles jusqu'à la séparation des os d'avec la chair, des huiles de canelle, de cire, et de sel, meslés ensemble par esgale portion. Contre la goutte est aussi fort bonne ceste composition : prenés, sauge sauvaige, scabieuse, consoulde petite, hièble, racines et fueilles ; le tout bouillira longuement ensemble en vin, et après en avoir coulé la décoction par un linge, ad-jousterés dans icelle, de la graisse de pied de beuf, de l'huile d'aspic, et de l'eau de vie. Mais par sus tout autre remède, l'emplastre suivant est souverain pour la guérison de toutes gouttes, sciatique et autres, auctorisé par réitérées expériences, qui en ont faict curieusement recercher la recepte. Il est appelé en latin, *emplastrum de ranis,* c'est à dire, de grenouilles, parce que le corps d'icelui est de grenouilles. Prenés six grenouilles vivantes, grosses et grasses, huiles de camomille, d'aneth, de spica-nardi, de lis, de chacun deux onces; huile de saffran, une once; graisse de pourceau non salée, une livre; graisse de veau, demie livre; euphorbe, cinq drachmes; encens, dix drachmes; huile laurin, une once et demie; graisse de vipère, deux onces; vers de terre lavés en vin, trois onces et demie; suc de la racine du petit sureau, en latin appellé, *ebulus*, deux onces; enula campana, deux onces; fleur de chenant (c'est une fleur de laquelle les chameaux se paissent), stecados, matricaire, de chacun une manipule; vin odorant, deux livres; faictes le tout bouillir ensemble jusques à la consomption du vin, puis coulé par le tamis, y soyent ad-joustées, litarge d'or, une livre; térébentine claire, deux onces; cire blanche, autant qu'il suffise; storax liquide, une once et demie; en soit faict emplastre selon l'art. L'huile de lis blanc est très-salutaire à la guérison de la goutte, mais il faict plus d'effect, vieux, que nouveau. D'entre plusieurs, les remèdes sus-escripts ont esté choisis et tirés, comme les plus asseurés; lesquels néantmoins ne profitent esgalement sur toutes personnes, indifféramment, pour la diversité des complexions; selon lesquelles, est nécessaire purger les humeurs peccantes, pour préparer le goutteux à recevoir les applications requises; qui sans abuser du délai que la longueur de sa maladie lui donne, recerchera de bonne heure l'expérimenté médecin, pour combatre la goutte, icelle estant jeune, sans attendre que vieille, rende vain le re- mède. Le régime du vivre est l'un des principaux articles de la guérison de ceste maladie, à laquelle le vin estant fort contraire, le goutteux se résouldra d'en

boire fort sobrement, si mieux il n'aime d'en bannir du tout l'usage, pour le bien de sa santé.

Pour purger les corps, plusieurs moyens y a-il, dont les plus désirables, sont les moins violens. La sobriété au vivre ordinaire, l'usage de bonnes viandes, l'exercice modéré, facilitent la purgation, n'estans les personnes ainsi traittées, par trop abondantes en mauvaises humeurs. Néantmoins, pour bien attrempées qu'elles soyent, et en vivre et en exercice, peu ou point s'en trouvent, qui n'ayent besoin d'estre purgées au bout de quelque temps, pour faire évacuer le superflu qui à la longue s'amasse dans le corps, en nettoyant par là l'intérieur. Ce sera avec beaucoup d'utilité, si l'on se résould-là, que de prendre de fois à autre, quelques petits laxatifs, comme clystères, pillules, ou bruvages, par telle prévoyance prévenant les grandes maladies, qui, venues, nous contraignent de recourir aux fortes médecines. Se faire donner un couple de clystères de quinze en quinze jours, ou de mois en mois, tient le ventre en bon estat, lavant les intestins; ausquels clystères, par l'avis du médecin, seront adjoustées les drogues regardans l'humeur peccante de la personne. L'usage des pil- lules d'aloès, avec de myrrhe, trempées en vin, ou syrop de capilli-veneris, est fort salutaire pour les rheumes, pour l'estomach, pour la veue, pour l'ouie, prinses une fois la sepmaine. L'on amollira le ventre, estant constipé, prenant de la poudre des fueilles de rozes de Damas, le poids d'un escu, avec du bouillon; et ce au matin à l'entrée du disner: aussi avec des syrops laxatifs aromatisés, préparés à ce service, en diverses sortes: avec de

Vin. la casse seule : avec des vins, dans lesquels l'on aura faict bouillir des herbes laxatives, lorsqu'en temps de vendanges, les vins sont en moust. Aussi durant l'année, se faict un vin purgatif en ceste *Vin de roses.* manière : prenés huict onces senné trié, trois chopines vin blanc, une once anis concassé, deux onces racine de cichorée; faictes le tout tremper trois jours entiers, puis coulerés le vin à travers d'un linge blanc, et d'icelui prendrés à chaque fois, quatre onces seulement. De tels petits moyens, et autres, l'on usera durant *Décoction de rozes.* l'année selon la disposition. Au printemps, l'on évacue les humeurs par la décoction des rozes incarnates, beue durant huict ou neuf matins, une escuellée *Fleurs de pescher.* chacun : par manger en salade, des fleurs de pescher. Mais beaucoup plus profitablement est purgée la personne par la *Graine de hieble.* graine de hieble, la prenant pulvérisée, avec du vin blanc, ou clairet, au poids d'une drachme et demie, ou de deux, la personne estant robuste; et deslicate, une, ou une et demie. Il y en a qui rejettent ceste graine, par estre acre et violente, mais ne fera pas la mère-de-famille, qui s'en servira à purger ses serviteurs, qui font grand exercice, voire ne la refusera-elle à ses enfans, leur en donnant en petite quantité, comme une demie drachme, ou moins, pour sa vertu admirable à purger, prinse en graine à la manière sus-*Huile de hieble.* dicte : et encores avec plus d'efficace, et moins de violence, purge l'huile de ceste graine, que la graine mesme. Pour lesquels exquis services, la mère-de-famille fera bonne provision de ceste graine, en saison, pour s'en servir durant l'année; l'employant au besoin, et en graine et en huile. L'herbe de hieble, qu'en Lan-

guedoc l'on appelle, *augué* et *eué*, croist és champs estans en friche, et sa graine est meure en mesme temps que les raisins. En vendanges donques, ceste graine sera cueillie en parfaicte maturité, et après l'avoir escoussée et vannée, pour la séparer de la poussière, sera jettée dans l'eau, retenant la graine, qui, pour sa poisanteur, tumbe à fons, et rejettant l'autre, dont la légèreté la faict nager audessus de l'eau, comme de nulle valeur; par telle espreuve, distinguant la bonne d'avec la mauvaise; après tirée de l'eau, on la lavera dans du vin blanc, puis séchée à l'ombre, sera serrée dans des sachets pour y estre gardée. Voilà la ma-*Moyen de le faire.* nière de recueillir la graine de hieble, et voici celle d'en tirer l'huile : mettés en subtile poudre dix livres de graine de hieble, bien purifiée et nette; faictes-la bouillir en eau claire, dans un grand pot de terre vitrée, sept ou huict heures durant, et à mesure que l'eau se consumera y en mettrés de nouvelle estant chaude; recueillirés soigneusement l'escume, comme le total de ce que cerchons en cest endroit, la serrerés dans un vaze de verre, et après l'avoir bien bouché et lutté, l'enfouirés profondement dans du récent fumier de cheval, à la chaleur duquel l'escume se putréfiera dans huict ou dix jours, passés lesquels, retirerés vostre vaze tout doucement, sans esmouvoir la matière, au fons duquel vaze, treuverés le flegme, et l'huile nageant dessus icelui, tel que désirés; séparerés l'un de l'autre, jettant au loin le flegme, par estre de nulle valeur, et (après avoir passé l'huile à travers d'une estamine, pour le purifier et rendre net) le serrerés curieusement, dans des phioles de verre, pour son excellente vertu à purger, duquel, demie cueillerée d'argent suffit à purger un corps moyennement robuste, beue avec du bouillon, au matin, quatre heures devant disner. Outre lequel service, est cest huile singulier pour guérir les douleurs des membres, au seul frotter duquel, estant chaud, la douleur s'appaise. *Autres purgations.* Autre manière de se purger doucement, est la suivante, dont l'on se peut servir durant l'année, sans limite de saison : faictes faire un bouillon d'un poulet, ou d'un quartier de poule, ou d'un peu de bon mouton, non guières gras, y mettant dedans une poignée de bonnes herbes, comme bourrache, ozeille, laictue, cichorées franche et sauvaige, autant de l'une que de l'autre ; quand le bouillon sera faict, le coulerés à travers d'un linge net, dans un pot de terre vernie, y mettrés incontinent, une once de bon senné, avec un peu de canelle et d'anis ; boucherés très-bien le pot de trois ou quatre doubles de papier liés avec du filet, afin que la vapeur ne s'en exhale ; mettrés le pot sur la braize pour y bouillir un couple de bouillons seulement, puis retiré de là, le laisserés sur les cendres chaudes, bien enveloppé d'icelles, pour y demeurer chaudement tout le long de la nuict ; le matin venu, coulés la décoction par un linge blanc, et y ad-joustés une once et demie syrop rozat, laquelle décoction un peu eschauffée, prendrés sur les cinq heures. Autre : prenés un poulet, lequel plumé et bien nettoyé de ses entrailles, farcirés de ce qui s'ensuit : ayés fueilles de senné de Levant, trois onces ; racines de polipode, une once ; semence de carthamus, une once ; concassés le tout grossièrement, et l'ayant meslé

ensemble, y ad-joustés, agaric, quatre drachmes ; canelle fine, une once ; raisins de Damas, ou de Corinthe, une once et demie ; ayant mis le tout dans le poulet, il sera recousu, afin que rien n'en sorte, et icelui dedans un pot de terre vitrée, avec suffisante quantité d'eau, lequel posé sur le feu, y bouillira jusques à ce que le bouillon se réduise à trois escuellées, qui sera pour trois prinses, une à chacun matin. Le malade ne gardera la chambre que jusques à midi, si autre cause ne le retient au logis plus longuement. Au printemps et en l'automne se font les meilleures purgations de toute l'année, pour la commodité des herbes de telles saisons, toutes-fois, plus grande se treuvans en ceste-là, qu'en ceste-ci. *Apozèmes.* Les apozèmes sont à cela très-propres, purgeans à fons, néantmoins bénignement, par les diverses vertus des herbes dont ils sont composés ; qu'on accompaigne de rhubarbe, senné, agaric, tablettes, syrops, canelle, sucre, et autres matières, selon les complexions des personnes. Aussi et en tout temps, se purgeon avec des syrops, pillules, bolus, potus, juleps, et autres compositions que les apoticaires font par ordonnances des médecins, les approprians selon les nécessités des complexions et saisons.

Douleurs de membres. Pour douleurs de membres, l'huile de hieble y est fort propre, si d'icelui chaud, les membres sont frottés, faisant appaiser leur douleur ; moyennant aussi qu'ils soyent enveloppés avec des linges bien chauds. L'eau de vie avec du beurre frès, de mesme employée, est bonne contre ce mal. Les huiles de catholeorum, et de impericon aussi séparément employés. L'huile de fleurs de sureau, et celui de vers de terre, guérissent la douleur des joinctures. Le remède suivant est singulier pour telle maladie et autres douleurs des bras, jambes, et costé : prenés poix noire, poix-resine, cire-neufve, une once de chacune; beurre frès, demie livre ; ferés fondre dans un poislon, la poix, la cire, et le beurre, et lors que ces choses bouilliront, y jetterés dedans la poix-resine, escachée en menues pièces, laquelle sera incorporée avec les autres matières, en les remuant avec un baston, pour les bien mesler ensemble. De telle composition estant chaude, seront oinctes les parties dolentes, et tant frottées qu'on le pourra endurer ; puis sur icelles, appliquerés un emplastre de ladicte composition, l'y tenant durant vingt-quatre heures; après refrotterés les lieux comme dessus, et en suite, y remettrés des emplastres, continuant à ce faire, jour après autre, jusques à la fin du mal.

Pour meurtrisseures à cause de coups receus, par cheute ou autrement, où il y a contusion et ternisseure, sont bons ces remèdes : appliquer contre les douleurs des joinctures venans de fraction, la racine de glotteron, en Languedoc, dicte *lampourdes*, broyée et meslée avec de l'huile d'olive : la semence de la poivrète, avec miel : la farine de lupins, destrempée en vin : la farine de féves, cuitte en vinaigre : le jus de l'aloès, ou perroquet, avec miel : cataplasme faict d'origan, ou marjolaine bastarde, vinaigre, et huile, appliqué avec de la laine : liniment faict de l'herbe à esternuer, avec beurre frès. Refort emplastré sur le mal avec miel, oste les marques de la meurtrisseure. La racine de chanvre résould les tumeurs, appliquée avec huile de camomille. La fueille

de consoulde moyenne, avec huile de mille-pertuis, appliquée, faict fondre le sang caillé dans le corps par cheutes, meurtrisseures et contusions. Oindre de l'huile suivant les parties meurtries et cassées, leur est souverain remède : prenés marjolaine, persil, absinte, pariétaire, hyssope, de chacun une poignée ; les pillerés dans un mortier, puis les mettrés en un pot de terre vitrée, et par dessus, de l'huile d'olive, tant qu'il surmonte les herbes de quatre doigts ; reposerés le pot au soleil, à l'aspect du midi, où il séjournera trois mois continuels, assavoir, Juin, Juillet, Aoust, dans lequel temps, l'huile se cuira suffisamment; lors coulerés l'huile à travers d'un linge, et en suite, le serrerés dans une phiole de verre, pour le besoin. Aux meurtrisseures et casseures, est du mesme salutaire le remède suivant, aussi aux nerfs retirés : ayés un renard jeune et gras, faictes-le escorcher, puis ouvrir par le ventre, pour en tirer la matière fécale ; il sera cuit tout entier dans un petit chauderon, en abondance d'huile d'olive, avec baies de laurier, fueilles de sauge, et racines de guimauves ; là le renard bouillira longuement, et jusques à ce que les ossemens se séparent de la chair, et icelle réduicte en brouet ; et après les avoir cassés, seront rejettés dans le chauderon, pour en profiter la mouëlle, y bouillans un peu ; finalement, l'on coulera le tout par une estamine, l'exprimant à force, pour en retirer toute la substance, laquelle serrée dans des vazes de verre, ou de terre vitrée, y sera soigneusement conservée, pour s'en servir en liniment aux maladies susdictes, et à toutes autres douleurs de la personne.

Plaies. Pour plaies et ulcères venans de blesseures, ou d'autres causes, la nicotiane est employée avec beaucoup de raison ; les excellentes vertus qu'elle a à consolider toutes sortes de plaies, par infinies expériences, l'ayant mise en grande réputation : ses fueilles vertes ; l'eau qui en est distillée ; les desséchées et mises en poudre ; les onguens et baumes qui en sont composés, mixtionnés avec autres ingrédiens, sont singuliers pour la guérison de plusieurs maux. Mettés sur la plaie des fueilles de la grande nicotiane, fresches et escachées : ou du jus d'icelles exprimé par le tamis, après en avoir pillé les fueilles dans un mortier : ou de l'eau distillée d'icelles : ou de la poudre faicte des fueilles sèches, puis bandés la plaie ; laquelle, par tel remède, se consolidera dans peu de temps. Ainsi se compose *Onguent de nicotiane.* l'onguent de la grande nicotiane ou masle, autrement dicte, *petum*, et en espaignol, *tabac* : prenés quatre livres du suc et substance des fueilles de ladicte herbe, qu'aurés au-paravant pillée dans le mortier de marbre avec un pillon de bois ; passés lesdicts suc et substance, à travers d'un tamis assés ouvert, pour les avoir plus espès, que par une toille serrée ; faictes-les bouillir dans un vaisseau d'érain, avec demie livre d'huile d'olive, jusques à ce que le suc soit consumé ; lors y mettrés de poix-résine, et de cire neufve, de chacun demie livre ; quand le tout sera fondu, ostés-le de dessus le feu, le remuant tous-jours avec la spatule, y adjoustant demie livre de fine térébentine de Venise ; et après l'avoir reschauffé sur les charbons, l'en retirant pour la dernière fois, logerés la composition dans un vaze de verre, ou de terre vitrée, où la laisserés refroidir avant que fermer le vaze ; lequel par-après, très-bien bouché, la conservera longuement en bonté pour divers usages. Autrement : prenés des *Autre.* fueilles de la grande nicotiane, autant qu'un grand homme en pourra contenir entre ses deux mains, nettoyés-les bien, frottant une fueille après l'autre avec un linge blanc, sans les laver aucunement ; pillés-les dans un mortier de marbre avec un pillon de bois, coulés-en le jus par un linge, mettés le jus dans un poislon, avec un quarteron de poix blanche de Bourgongne, un quarteron de poix-résine, demie livre de cire neufve, demie livre de graisse de pourceau fresche, et tout cela meslé ensemble, sera mis bouillir sur petit feu, environ une heure (l'escumant tous-jours avec une cueiller de bois persée), et en somme, jusques à ce qu'il soit cuit, que cognoistrés mettant une goutte de la composition sur une assiète, où elle s'affermira en se refroidissant, signe de sa parfaicte cuisson, à la manière de la confiture au miel ; lors tirerés le poislon du feu, et à mesme instant y jetterés dedans un plein verre, de moyenne contenue, de térébentine de Venise ; puis le poislon remis sur le feu, la composition y sera un peu reschauffée, finalement tirée du poislon l'on la logera en son dernier vaze, comme dessus. Autrement : prenés trois onces de cire neufve, *Autre.* autant de poix-résine, faictes-les fondre dans un poislon sur feu de charbon ; commençant à bouillir, jettés-y dedans une livre et demie jus et marc de nicotiane ; tout cela ensemble bouillira cinq ou six heures, dans lequel temps, l'aquosité s'évaporera ; puis passerés le tout à travers d'une toille grossière, et le remettrés dans le poislon , y ad - joustant demie livre de térébentine de Venise ; et estant un peu reschauffé et bien meslé ensemble, le serrerés pour l'usage. Autrement et sommairement : prenés une livre de fueilles de nicotiane , après les avoir bien nettoyées, sans laver, seront fort pillées ; jetterés le tout, jus et marc , sur demie livre de sain-doux , bouillant dans le poislon, sur feu de charbon , pour y cuire en perfection. Aussi avec peu de peine se faict le baume de la nicotiane , car il n'est requis que d'en exprimer le jus par un tamis, après en avoir pillé l'herbe au mortier, et le mettre dans un vaisseau de verre fort espès, avec autant d'huile d'olive , et d'enfouir profondément le vaze , icelui estant bien bouché et lutté, dans du fumier récent de cheval, pour y demeurer quarante jours ; au bout duquel temps, retiré de là , y treuverés le baume nageant au-dessus du phlegme , qui sera au fons du vaze, lequel baume retirerés doucement du vaze , sans esmouvoir la lie du fons, pour le loger en autre destiné à la garde d'icelui, comme j'ai dict de l'huile de hieble. Ces compositions-là sont très-bonnes pour la guérison de toutes plaies, ulcères , escorcheures , meurtrisseures , tumeurs, brusleures, voire et pour diverses autres maladies, comme à la douleur de teste, micrane, et autre venant de l'ardeur du soleil , si on frotte la teste avec du baume susdict : ou avec de l'onguent ci-devant le premier escript, bouilli avec du beurre frès. Pour lesquels très-salutaires services, la mère-de-famille ne sera jamais sans avoir provision de tels précieux remèdes, pour les treuver prests chés elle , à la survenne des nécessités. Par divers autres moyens sont guéries les plaies , dont les suivans sont à ce fort bons : onguent faict avec une once huile pétrole, demie once térébentine de Venise, autant d'huile d'olive , deux drachmes mastic , le tout meslé ensemble et cuit sur feu de charbon. Autre : bouillés à la consomption de la moitié, huict ou neuf livres de vin blanc, meslés-y le jus de pimpernelle, vervaine, betoine, aigremoine, de chacune une poignée ; puis le tout refroidi , sera passé à travers d'un linge ; y ad - jousterés demie livre cire blanche , fondue en autre vaze, mastic et térébentine , de chacun une once, dont sera faict onguent. Autre : prenés sauge , plantain, mauve , orvale , de chacune une poignée ; après les avoir pillées , tirés-en le jus, faictes-le bouillir avec une livre et demie de vieux oinct , puis le coulés par un linge , ad-joustés-y deux onces poix-résine , autant de cire blanche , et le remettés sur le feu pour y cuire jusques à la consistance d'onguent. Ceste composition-ci est aussi fort bonne : prenés rozes incarnates , pommes d'ormeau, rosmarin, fleurs de mille-pertuis , autant de l'un que de l'autre ; le tout mis dans une phiole de verre remplie d'huile d'olive , très-bien bouchée , sera exposée au soleil pour y bouillir durant quinze jours, puis passerés la liqueur par un linge , laquelle réserverés pour le besoin. Autre : mettés dans un vaze de verre du soulfre subtilement pulvérisé et sassé , et par dessus de l'huile d'olive tant qu'il surpasse quatre doigts le soulfre ; exposés le vaze au soleil , pour y demeurer jusqu'à ce que la matière s'espessisse, la remuant tous les jours une fois, avec un baston, afin que la substance du soulfre s'attache à l'huile , que par-après l'on retirera le plus clair qu'il sera possible, laissant la lie au fons du vaze, à ce que l'huile serré dans une phiole, là conservé nettement, *Eau de chaux pour plaies.* y soit prins au besoin. L'eau de chaux est très-bonne à toutes plaies, vieilles, récentes, malingues; l'on la faict ainsi: prenés chaux vifve en pierre, la grosseur du poing d'un homme robuste; mettés-là dans un pot de terre vitrée, et par dessus, deux pintes d'eau claire; couvrés bien le pot, au bout de deux jours remués et battés la chaux et l'eau avec un baston, laissés-les reposer trois jours après, au bout desquels retirerés l'eau claire, qui se treuvera au-dessus de la chaux, et ce en penchant doucement le vaze d'un costé, afin que la chaux arrestée au fons comme lie, ne se mesle avec l'eau. L'eau ainsi retirée sera mise dans un vaze de cuivre, à laquelle ad-jousterés du camphre concassé la grosseur d'une nois; aurés un autre vaze vuide, dans lequel verserés l'eau en l'agitant, et d'icelui au premier, ainsi de l'un à l'autre, battant l'eau à la manière de celle qu'on donne à boire aux fébricitans; ce faict, la laisserés reposer une heure, puis la rebattrés pour la seconde fois, voire pour la troisiesme et quatriesme, entre-deux desquelles y aura une heure d'intervalle; finalement la laisserés reposer dans le vaze de cuivre, jusques à ce qu'elle devienne de couleur bleue, lors retirée du vaze, sera logée dans une phiole de verre pour le besoin. *Sert aussi pour les yeux.* Ceste eau sert aussi à la guérison du mal des yeux, y meslant le tiers d'eau roze, desquelles eaux ensemble, l'on frottera doucement les yeux, avec une plume, trois ou quatre fois le jour; et se garderont ainsi meslingées, quatre ou cinq jours, non davantage, pour laquelle

cause, l'on meslera l'eau roze à celle de la chaux, quand l'on s'en voudra servir pour les yeux. Autre eau singulière pour toutes plaies, mesme pour arquebusades: faictes bouillir une pinte, mesure de Paris, vin blanc du meilleur, dans un *Autre eau pour plaies.* vaze d'érain, ou de terre vitrée, jusques à la consomption du tiers; faictes tremper quatre heures durant, dans ce vin bouilli encores chaud (reposant sur cendres chaudes), deux onces poudre d'aristolochie ronde, et de sucre fin, autant d'un que d'autre, enfermée dans un nouet de toille fine, puis tirés ce nouet du vin, et en exprimés la liqueur avec violence; le remettrés tremper plusieurs fois, à chacune l'exprimant; et autant que jugerés par l'œil et par le goust la liqueur porter quelque substance de la poudre. Serrés telle liqueur dans une phiole de verre, pour le besoin. En l'application faictes-la un peu chauffer, mettant sur la plaie, des choux ayans la coste rouge. Sert aussi telle liqueur, à préserver de la fiévre le blessé, si l'on lui en donne à boire une pleine cueiller. Le seul sucre pulvérisé, mis sur les plaies, y est salutaire, qu'on employera en la nécessité, à faute d'autre remède.

Pour tumeurs et apostumes, le laict de *Apostumes.* figuier, ses fueilles, et son fruict vert, séparément employés, servent grandement à amollir et meurir les apostumes. Le cataplasme de la racine de guimauve, de la fueille d'aneth, de capilli-veneris, d'asperges, le tout par esgale portion, font le mesme, estans ces racines et herbes, bouillies en eau avec un peu d'huile d'olive. Aussi le cataplasme faict de cresson alénois, avec farine de féves, puis le lieu couvert d'une fueille de chou:

cataplasme

cataplasme faict de chous rouges, en ayant
au préalable lavé l'apostume avec la décoction des chous. Le seul huile de lis faict
meurir l'apostume. La farine d'orge,
cuitte en eau miellée faict le mesme. Le
satyrium, en cataplasme, les fueilles d'orvale sauvaige, trempées en vinaigre, et
appliquées avec miel, résolvent l'apostume. Ceste espèce d'apostume appellée,
furuncle, ou clou, sera suppurée et amol-
lie par les moyens suivans : prenés farine
de froment, graisse de pourceau, miel,
et un jaune d'œuf ; meslés et eschauffés
le tout, puis l'appliqués sur le mal. Autrement : farines de fèves, levain, figues
grasses, laict de femme, meslé ensemble
un peu eschauffé, sera employé. Autrement : l'herbe de plantain, pillée avec
huile de lis, appliquée dessus le furuncle :
ou cataplasme de fiente de brebis, destrempée en vinaigre.

Pour les brusleures, qui aviennent directement de feu, ou bien d'eau bouillante, d'huiles, de graisses, de poudre
d'arquebuse, ou d'autres matières eschauffées, les remèdes suivans sont fort
propres : pour un préallable, faut esteindre le feu qui reste en la partie bruslée, ou eschaudée, tant pour advancer la
guérison du mal, que pour prévenir les
vessies et croustes qui y surviennent,
sans prompt remède, et en suite, les
marques de la brusleure, y paroissans
après que les plaies en sont guéries. La
brusleure sera oincte avec huile d'olive,
puis saupoudrée avec de la farine blanche : ou l'on y appliquera au-dessus, des
linges trempés en liqueurs réfrigératives,
comme, de limons, de grenades, d'huile
rozat, d'eau roze, avec blancs d'œufs ;
en jus des herbes d'endivie, morelle,

joubarbe, plantain. Aussi pourra-on esteindre le feu des brusleures, par fréquente
application de linges trempés en eau
roze et vinaigre : ou en eau de naige : ou
par faute d'autre, en eau de fontaine.
L'urine chaude, souvent renouvellée, y
sert beaucoup : l'huile de noix, avec de la
cire : le vieil lard, fondu sur une paesle
rouge, ramassé dans l'eau, y tumbant
goutte à goutte à mesure qu'il se fond, nageant au-dessus, puis lavé en eau claire :
la terre qu'on treuve sous les meules des
esguiseurs, la tuthie, ceruse, litarge,
bol, meslées ensemble et destrempées en
eau et vinaigre : la fange des rues, seule,
estant molle, est utilement employée en
ce besoin, attendant plus exquise matière. Ces remèdes, ou aucuns d'eux, seront promptement employés à suffoquer
le feu des brusleures, pour les raisons
dictes. Avenant que par la malice du feu,
nonobstant ces applications, y surviennent des vessies, l'on les couppera avec
des cizeaux, puis les plaies en seront ad-
doucies avec du beurre frès bruslé, huile
rozat, et moyeux d'œufs, battus ensemble. Et pour du tout guérir le mal, cest
onguent est salutaire : prenés jus de solanum et de plantain, de chacun deux
onces ; escorce de sureau verte, de celle
du milieu ou moyenne, une once ; huile
rozat, six onces ; cuisés le tout ensemble
jusques à ce que les jus soyent consumés, puis passés l'huile par un linge, et
y mettés une once cire blanche, la faisant
fondre dans ledict huile bouillant ; prenés, en outre, une once ceruse en pierre,
lavés-la en eau roze, mettés-la en poudre,
et icelle poudre, dans ladicte eau roze,
où la laisserés reposer quelque heure ; et
lors que la ceruse sera allée à fons, l'eau

demeurant claire au-dessus, jettés l'eau, retirés la ceruse, et y ad-joustés demie once litarge d'or en poudre, trois drachmes tuthie préparée, deux drachmes escorce d'encens, le tout subtilement pulvérisé; une once et demi quart graisse de pourceau fresche, lavée trois ou quatre fois en eau roze; demie drachme camphre en poudre, et deux blancs d'œufs; de toutes lesquelles choses, meslées et battues ensemble, la partie bruslée sera ointe. Autre : prenés fueilles de millepertuis, un oignon blanc, pillés-les bien ensemble, mettés-y huiles rozat, et de lis; et le tout bien meslé et incorporé sera appliqué sur le mal, y ad-joustant des estouppes desliées trempées en vinaigre et un peu plus d'eau, battus ensemble. Autre : prenés demie livre beurre frès, bruslé et coulé, ceruse et tuthie lavés en eau roze, ou de plantain, de chacun demie once, plomb bruslé, deux drachmes, quatre moyeux d'œufs, le tout réduit en forme d'onguent. Cataplasme faict de fueilles de glouteron, pillées avec blancs d'œufs, guérit les brusleures. La fiente de poule avec miel rozat aussi. La décoction de mauves, et beurre frès, longuement battu, appliquée en forme de liniment avec fueilles de chous entières, ayant perdu leur froideur, est fort propre à faire séparer et cheoir la crouste de la plaie. Les moyeux d'œufs, avec huile violat y sont bons. Appaiser la douleur des brusleures. Pour appaiser la douleur de ce mal, employés cest onguent : prenés vieil lard, fondés-le sur la paesle chaude, le faisant desgoutter dans l'eau roze, d'où l'ayant retiré, puis coulé par un linge, sera lavé cinq ou six fois en eau de plantain; en quatre onces de lard gras ainsi préparé, ad-jousterés deux moyeux d'œufs, et du

tout ferés onguent. L'huile de moyeux d'œufs est singulier pour appaiser telles douleurs. Et à ce qu'après la guérison du mal, les marques de la brusleure ne paroissent, l'on lavera souvent le lieu avec eau de plantain, y ayant fondu un peu d'alun. Garder que les marques de la brusleure ne paroissent. A effacer telles cicatrices, est fort propre liniment de racines de pain-de-pourceau pillées avec joubarbe : mais l'eau ardente encores plus, en levant toutes les cicatrices de la brusleure, soyent-elles au visage ou en autre partie du corps, si les lieux en sont souvent et diligemment lavés.

Contre la teigne. Teigne. Prenés deux poignées d'herbe de chélidoine, quatre onces de sel commun, autant de soulfre, pulvérisés; battés l'herbe dans un mortier avec un pillon de bois, et le tout meslé ensemble, bouillirés en huile d'olive, à la consomption de la pluspart de l'herbe; puis osté du feu et refroidi, sera passé à travers d'une toille assés claire, pour en retirer la substance, de laquelle oindrés la teigne, en Languedoc appellée, *rusque* (*rasco*), soir et matin, enveloppant d'un linge la teste du patient, afin de la préserver du vent; pour laquelle cause, ne sortira-il du logis, qu'en beau temps, encores rarement. Autre remède : la teste teigneuse sera lavée avec du pissat de beuf, la frottant rudement jusques au sang, puis saupoudrée, de poudre faicte de fiente de poutaille séchée au four, y emplastrant de la suie de four subtilement pulvérisée, meslée avec fort vinaigre. Autre : prenés sucs de fumeterre, de scabieuse, du petit centaurée, de parelle, et de campane, de chacun trois onces; tuthie, une once; moüelle vieille de porc, quatre onces; huile de nois, et cire, suffisante quantité

pour en faire onguent. Autre : prenés térébentine bien lavée, premièrement en
eau commune, puis en eau de fumeterre,
deux onces; beurre frès, lavé en eau roze,
une once; sel commun, demie once; deux
jaunes d'œufs, jus de limon, et huile
rozat, de chacun une once; demi scrupule de camphre; faictes en onguent.
Autre : prenés alum de roche, vitriol,
vert-de-gris, soulfre vif, suie de four, de
chacun trois drachmes; camphre, deux
drachmes; huile d'amandes douces, et
mouëlle de porc, de chacun demie once;
incorporés le tout ensemble et en faictes
onguent. Quelques-fois avient qu'allons
cercher loin ce qu'avons prés, et que médicamens de petit prix, profittent autant
que drogues bien chères, comme se vérifie en cest endroit, les baies de genévre
cuittes en vinaigre et miel, appliquées en
cataplasme sur la teste du teigneux, y
servir beaucoup. Aussi employe-on heureusement ici la saumeure des anchoies,
des sardes, des harens, des maquereaux,
et le marc desdicts poissons salés, mis en
cataplasme sur le mal. Aux enfants, la
teigne est beaucoup plus aisée à guérir,
qu'aux adolescens, et en ceux-ci, qu'aux
personnes aagées; le temps rendant
incurable telle maladie; pour laquelle
cause, conviendra distinguer les remèdes,
pour les appliquer convenablement; assavoir : aux jeunes, les médicamens be-
nings, et aux autres, les violens, plus ou
moins, selon les aages, afin de chasser
telle maligne et horrible maladie, dont
les vestiges se manifestans sans poil en
la teste, sont très-désagréables à voir. Il
n'est ici question de parler de la teigne
des petits enfants, puis mesme qu'elle leur
est salutaire (comme la petite vérolle et la
rougeolle), les purgeant de l'impurité du
sang maternel, duquel ils ont esté nonr-
ris au ventre de leur mère, dont venus en
aage, ne sont sujects, indifféramment, à
toutes sortes de griefves maladies, mesme
à l'épilepsie, de la crainte de laquelle
ceste teigne-ci les deslivre. La mauvaise
teigne se distingue en sèche et humide.
Leurs remèdes sont tels. Pour la sèche,
commencés par ceste décoction : prenés
quatre poignées de fumeterre; de patience, et de racines de mauves, fleurs
de camomille, et mélilot, de chacun deux
poignées; graine de lin, féves et lupins,
de chacun un quarteron; faictes-les bouillir en lexive de sarment et de bois de
figuier, lavés-en la teste deux fois le jour;
puis frottés-la de cest onguent : prenés
lard gras, une livre; de fumeterre, de
patience, et de lierre, une poignée; hachés tout cela bien menu; après ayés
deux onces d'huile laurin, quatre onces
d'huile de mastic, demie once de térébentine, quatre onces de jus de chous;
pillés tout cela ensemble, et le laissés
tremper et reposer l'espace de vingt-
quatre heures, faictes le tout bouillir à
la consomption du jus, coulés et en faictes
onguent, duquel frotterés la teste du patient, après l'avoir lavée comme dessus,
et la couvrirés d'une grande feuille de
chou. Quatre jours après y ferés appliquer des cornets ou petites ventouses avec
scarifications, laissant escouler grande
quantité de sang; réitérant deux ou trois
fois la sepmaine, les lavement et liniment. Vous-vous servirés aussi de cest
onguent : prenés une once d'huile d'œuf,
une once et demie d'huile de lin, demie
once d'huiles de mastic et laurin, des
graisses de porc et de veau, de chacune

trois onces ; une once de térébentine fort claire , fueilles de plantain , d'olivier sauvaige , de fumeterre , de patience , de queue de cheval , de chacune une poignée ; une grenade aigre-douce , demie poignée de lierre ; pillés tout ce qui peut estre pillé , et faictes le tout bouillir ensemble , jusques à la consomption des jus des herbes ; coulés et l'espraignés par un linge , et à la liqueur qui en sortira , adjoustés-y litarge d'argent , et ceruse , de chacune une once ; alum de roche bruslé , autant ; demie once d'argent vif , esteint avec la salive d'homme , finalement , cire neufve à suffisance pour faire onguent duquel l'on usera en tous temps. Pour l'humide , la teste sera lavée d'une lexive en laquelle aurés faict fondre alum de roche ; puis oincte avec l'onguent de minio , qu'on treuve chés les apoticaires. Enfin , prenés fleurs d'érain , alum de roche , miel et vinaigre , de chacun deux onces ; une drachme d'arsenic , deux de sublimé , le tout en poudre , bouillira ensemble jusques à consistance espesse ; cest onguent est miraculeux. Il est nécessaire pour un préallable , quelle que soit la teigne , de razer la teste du patient , afin que les cheveux n'empeschent l'effect des remèdes. Les rustiques arrachent les cheveux avec de la poix qu'ils accommodent dans un bonnet , dont ils couvrent la teste , l'ayant razée quand-et lui , enlevant la racine des cheveux avec efficace pour la guérison du mal ; mais non sans grande violence , supportable seulement par personnes robustes ; pour laquelle douleur éviter , l'on se contentera de tenir la teste raze , y repassant souvent le razoir.

Aux cirons et gratelles , est bonne la décoction de mourron à fleurs bleues , s'en lavant les mains. De mesme aussi , la vapeur de la graine d'orvale ou toute bonne , bouillant dans du vinaigre , après avoir lavé les mains avec de l'eau commune , dans laquelle l'on aura infondu de l'alum : la décoction de fueilles de noier , d'auronne , et d'aluine , faicte en vinaigre : le jus de citron , seul : la saumeure des lards salés : ou celles des sardes et anchoies : l'eau de la forge des mareschaux : les jus de mélisse et de mente sauvaige : la fumée de soulfre : la lexive des cendres de bois de chesne aussi. Les gratelles et démangesons générales de la personne , sont guéries par ces remèdes : premièrement , l'on se baignera , dans un bain préparé avec de l'oxilapathum (espèce de parelle ou patience) , de la staphisagre , des racines de bete et d'aigremoine , bouillies en eau de fontaine , y ad-joustant du sel commun et du nitre. Au sortir du bain , tout le corps sera frotté avec ceste meslinge : prenés amandes amères dépellées et triturées au mortier , quatre onces ; mie de pain de seigle , demie livre ; destrempés et meslés avec d'eau de son , dont sera faicte une masse. Si par ces deux remèdes le mal ne s'en va , en seront employés de plus forts , non toutes-fois violents , tels que ceux-ci : prenés quatre onces de farine de lupins , deux onces de soulfre , incorporés-les en vinaigre , et en faictes une masse : ou prenés vieilles grosses nois moisies , soulfre , de chacun une once , incorporés-les avec jus d'ache. Après avoir frotté la personne de ces compositions , sera bon de se baigner en bain d'eau douce , tiède. Est bon aussi se frotter la personne de l'eau qu'on treuve arrestée dans les creux des vieux chesnes , flestrissans et mourans. Et de la décoction faicte en vinaigre, des racines de buglose, d'aigremoine, et de fumeterre.

Roigne. À la roigne, sera fort salutaire, pour un préallable, se baigner en bain tel que dessus; puis se faire frotter le corps, avec onguent faict de deux drachmes de soulfre calciné, beurre frés, et mouëlle de pourceau, lavés en eau de plantain. Ce liniment y est aussi propre : prenés une grosse pomme de facile cuisson, coupés-la par le milieu, et l'ayant un peu creusée en dedans chacune moitié, remplissés le cave de soulfre pulvérisé; puis rejoignés les deux parts, liés-les avec du filet, et les faictes cuire sous les cendres, mettant de la braize au-dessus, dont après réduirés la pomme en forme d'onguent. Autre liniment: prenés racine de scrofulaire, qu'aurés tiré de terre en automne, nettoyée et purgée, pillés-la avec beurre frés, et la meittés dans un pot de terre vitrée, bien couvert, lequel reposerés en quelque lieu humide donze ou quinze jours, soudain le beurre se fondra; coulés-en la liqueur, et la gardés pour en oindre la roigne. Autre : jus de citron, quantité suffisante, deux jaunes d'œuf, huile rozat, une once, dont sera faict liniment. L'on frottera la roigne avec jus récentement exprimé de l'herbe d'aigremoine, meslé avec sel et vinaigre : ou de vieil huile de noix : ou avec deux onces de térébentine, neuf ou dix fois lavée, et une once sel en poudre, meslés ensemble. La roigne estant rebelle, est nécessaire de la combattre avec plus forts remèdes que les sus-escripts, tels que les suivans : prenés jus d'aigremoine, de scabieuse, et fumeterre, partie esgale; adjoustés-y huile, et mouëlle de pourceau, à suffisance, pour y pouvoir bouillir ces herbes; bouillans, les remuerés continuellement, jusques à ce que le tout aura acquis consistance d'onguent, y ayant mis au-paravant de la poudre de staphisagre, et un peu de ceruse. De tel onguent, la roigne sera frottée, après l'avoir estuvée et baignée avec de l'eau où l'on aura infondu du sel, du soulfre, et de l'alum. Autre : prenés aloès, et cumin, subtilement pulverisés, de chacun deux drachmes; incorporés-les avec mouëlle de pourceau, lavée en eau roze : ou triturés subtilement tartre, sel nitre, orpiment, et soulfre, de chacun une drachme; cuisés-les en esgale portion de jus de lapatium, d'huile, et vinaigre, jusques à la consomption de la liqueur, ad-joustés-y suffisante quantité de cire pour onguent. Autre : pillés-en un mortier et pilon de plomb, une once de ceruse, encens, mastic, et litarge, de chacun demie once; puis versés par dessus huile rozat lavé soigneusement en jus ou eau de scabieuse, et les meuvés si long temps, que l'onguent se face. Le lavement qui suit est du tout propre pour esteindre la roigne, quelque malingue qu'elle soit : prenés urine humaine en suffisante quantité, mettés-y dedans de l'éléchore noir, et du charbon de chesne, en poudre, les bâttés ensemble, pour les mesler; la roigne en sera lavée durant quinze jours, une ou deux fois chacun. L'eau suivante est très-bonne contre toute sorte de roignes, beuvie au matin, fortifiant les remèdes exterieurs : prenés mélisson telle quantité qu'il vous plaira; pillés-la, et la faictes tremper en vin blanc une nuict entière, pour donner loisir à l'herbe d'attirer tout le vin; puis la distillés par le bain-du-marie. Autre eau de semblable vertu se distille des herbes de sauge et de pouliot, en la manière que dessus. De telles eaux la mère-de-famille fera provision en saison, afin de les employer en la nécessité.

Pour les rougeurs du visage. L'importune couleur rouge du visage procède de diverses causes, et toutes de sang intempéré : car, estant le sang, ou trop chaud, ou trop esmeu, trop vapoureux, subtil et léger ; ou trop crasse et espès, attaché contre la peau intérieure, il colore le visage, plus que de besoin ; quelques-fois excessivement, avec prurit et douleur, mesme y eslevant des croustes, boutons et pustules : le nés en est infecté, les joues et le front aussi, dont la face en est enlaidie ; et c'est telle couleur celle qu'on appelle, coupperoze, plus difficile à guérir que nulle autre. Les remèdes contre la première rougeur, sont de provoquer les naturelles évacuations de sang, comme les hémorroïdes aux hommes, et les fleurs aux femmes, à ce que le sang corrompu, ne s'arreste au visage, comme il faict souvent quand il croupit dans le corps : tenir le ventre lasche : ouvrir, de fois à autre, les veines des bras : se faire frotter les bras et les pieds : appliquer souvent des ventouses aux espaules : user au vivre ordinaire de viandes rafreschissantes : boire peu de vin, et icelui bien tempéré ; par lesquels moyens et les suivans telle rougeur s'esvanouira. Lavés le visage, soir et matin, avec eau de bouillon-blanc distillée au bain-de-marie, en laquelle aurés trempé un peu de camphre : ou avec eau composée de sucs de pourpier, de plantain, de vert-jus de grain, de pommes de chesne, de chacun six onces ; eau de douze blancs d'œufs ; de farine d'orge, demie livre ; de semence de pavot, une once ; tout cela distillé ensemble : ou avec autre eau, distillée de deux livres de racines de parelle ou patience, d'une livre de poupon meur, l'escorce ostée, trenché en rouelles ; graines concassées de concombres, courges, pavots blancs et rouges, de chacune deux onces ; camphre, deux drachmes : ou avec ceste-ci, prenés la mie d'un petit pain blanc, six glaires d'œufs, deux drachmes de camphre, le jus de six citrons ; destrempés le tout dans une pinte de laict de chèvre, et après y avoir ad-jousté une poignée des trois sortes de plantain, le distillerés au bain-de-marie, dont l'eau qui en sortira, serrée dans une phiole de verre, et gardée quinze jours, sera propre à ce mal, l'appliquant sur la rougeur avec un linge blanc et deslié trempé en icelle. L'onguent de tuthie, et huile de moyeux d'œufs, y est propre. Aussi l'eau commune, en laquelle aura esté dissoute de l'urine d'enfant, ou du fiel de quelque volaille, pigeon ou perdris : la seule eau battue de la roue d'un moulin : l'eau de neige : l'eau où l'on aura esteint des cailloux blancs de rivière, eschauffés au feu. Semblable vertu ont les sangs de poule noire, de pigeon, tiré sous l'aisle, de lièvre, appliqués séparément sur les rougeurs, y ayant au préallable meslé un peu de jus de bourrache rouge, et du laict de vache. Contre la coupperoze, autrement dicte, goutteroze, ces remèdes seront employés : estant le mal invétéré, convient préparer le cuir du visage à donner issue à l'humeur sanguine, qui est sous icelui causant la rougeur, et l'humeur, à en sortir facilement ; ce qu'on faict en raréfiant le cuir, et en subtiliant l'humeur, par choses émollientes et digérentes, telles que celles-ci, et en ceste manière : perfumés la face à la vapeur de la décoction faicte de figues, raisins de Damas, grain d'orge, son de froment, bale d'avoine, fueilles de pariétaire, de camomille, de mauves, guimauves, de violes, en eau de cisterne, enveloppant la face avec du linge, pour garder que la vapeur ne se perde, dont la face, suant, sera rendue apte à recevoir les médicamens requis, pourveu que le perfum soit réitéré durant quelques jours. Semblable faculté ont les sangs chauds de poulet, de chapon, de poule, de pigeon, récentement tirés de dessous leurs aisles, ou de ces volailles tuées freschement : ou ceux de lièvre, d'aigneau, de brebis, de cerf, de canard, dont l'on se servira au lieu de perfum susdict, couvrant les rougeurs du visage avec l'un desdicts sangs, où il demeurera caillé, toute la nuict, et le lendemain en sera osté, par la décoction, tiède, de bale d'avoine, ou de son. Ne voulant user d'aucuns de tels remèdes, appliquerés sur les rougeurs du visage, des pièces desliées et minces, de la chair saigneuse de col de beuf, ou d'une rouelle de veau, ou d'un gigot de mouton, les ayans un peu eschauffées sur le gril; mais ce sera à la charge de les renouveller de deux en deux heures, tant de peur de s'empuantir, par le venim de la maladie, l'attirant à soi, que pour avoir plus de vertu contre le mal, freschement appliquées, qu'après y avoir séjourné longuement. Toute la nuict les rougeurs demeureront couvertes de telles chairs, d'où ostées le lendemain matin, lors la face sera lavée avec linges desliés, trempés en la décoction susdicte,

ou en eau roze. Après ces premiers appareils, seront employés les remèdes contre la première rougeur, ci - dessus escripts, lesquels n'estans assés puissans pour combattre la coupperoze, seront accompaignés des suivans; lavés souvent le visage de l'eau composée d'une livre d'eau roze, en laquelle aurés trempé une once de camphre, et autant de soulfre, subtilement pulvérisés, myrrhe et encens, de chacun demie once, et le tout meslé ensemble, mis dans une phiole de verre exposée au soleil ardent, douze ou quinze jours : ou en eau distillée de racines de patience, avec un peu de soulfre dedans : ou en eau de racines de scrofulaire : ou des fleurs de bouillon-blanc, avec peu de camphre. Semblable vertu ont les sucs exprimés des fraizes, des meures, des pommes de chesne, non du tout meures. Ceste eau-ci est fort singulière contre la coupperoze : prenés deux livres de racines de patience, autant de chair de melon bien meur, dix œufs d'arondelles, demie once sel nitre, deux onces tartre blanc; concassés les racines et le melon, pulvérisés les sel et tartre, tirés les œufs de leurs coques, et mettés le tout tremper en suffisante quantité de vinaigre, cinq ou six heures, puis distillés au bain-de-marie : de l'eau qui en sortira, le visage en sera lavé au matin, sans l'essuyer; et le soir allant au lict, lavé avec huiles de tartre, et d'amandes douces (cestui-ci tiré sans feu), meslés ensemble. Autre : prenés racines d'aristolochie ronde, et d'iris de Florence, de chacune deux onces; racines de lis, six onces; ciches rouges, et lupins bruslés, de chacun une once; noix muscade, canelle, de chacune demie drachme; deux

onces amandes amères, escachées; deux
livres eau de pluie; concassés tout cela, et
le laissés tremper ensemble deux ou trois
heures, puis y ad-joustés quelque quantité de sang de lièvre; finalement le distillés au bain-de-marie, et de l'eau qui
en sortira, lavés-en le visage. Autre:
prenés du bois vert de fresne, couppé
par trenches, faictes-le distiller à la manière qu'on tire l'huile de genèvre, il en
sortira eau et huile, qui meslés ensemble,
y ad-joustant la quarte partie d'eau de
violetes, estans de couleur de pourpre,
s'en fera un très-propre lavement, pour
oster les rougeurs de la face. Cest onguent
est fort bon contre les rougeurs malingnes
du visage: prenés soulfre, une once; ceruse lavée, deux drachmes; os de sèche
et camphre, de chacun une drachme; jus
de limons, demie livre; jus d'oignons,
deux onces; pulvérisés subtilement ce qui
le requiert, et le meslés avec, les incorporant ensemble, dont oindrés la face, au
soir allant au lict, et le lendemain matin,
la laverés avec décoction de son. Autre:
prenés amandes douces récentes, deux
onces; graine mondée de courge, une
once; jus de limon et d'orange, une
once de chacun; borax pulvérisé, une
drachme; camphre, un scrupule; ceruse
blanche, demie once; pillés et incorporés
le tout ensemble. Une orange cuitte sous
les cendres, réduicte comme en paste, appliquée sur les rougeurs, au soir à l'entrée
du lict, y séjournant toute la nuict, y
est salutaire; puis lavant au matin la face
avec eau de cisterne, où auront trempé
des amandes amères, brisées, et du son,
enfermés dans un linge.

Pour les dartres sont employés divers
remèdes, selon que diverse est la maladie.

Les dartres moins mauvaises, se guérissent facilement avec médicamens doux et
benins; mais les plus mauvaises, avec
difficulté, par application de remèdes
violents. Pour la guérison de celles-là,
ferés ainsi: lavés les dartres avec décoction de fèves et de farine en vinaigre: ou
avec vinaigre auquel ait esté dissoute de
la gomme de prunier: ou les bassinés de
la salive d'un jeune enfant, prinse au
matin avant manger: ou d'un homme estant à jeun, qui ait contenu quelque peu
de temps dans la bouche de l'eau roze, ou
un morceau de camphre, ou de myrrhe:
ou avec vinaigre dans lequel auront esté
dissoutes des gommes de pescher, d'a-
mandier amer, et de pin. Prenés une
trenche de chair de mouton, fort tenue et
mince, grillés-la sur les charbons, pillés-
la avec graine de moustarde et vinaigre,
et appliqués ce meslinge sur la dartre: ou
prenés encens, huile rozat, et vinaigre,
et en faictes onguent: ou tirés de brusc,
autrement dict, housson, ou de sarmens
de vigne, et en frottés les dartres (91).
Les remèdes contre les plus mauvaises
dartres, sont les suivans, qu'on employera
après avoir essayé les susdicts, et à leur
défaut: lavés les dartres avec la décoction
de grains de lupins, et racines de guimauves, faicte en vinaigre, à la consomption
de la moitié: ou avec eau de plantain, en
laquelle aurés infondu deux drachmes et
demie vitriol blanc, et une drachme d'a-
lum bruslé. Contre telles dartres est bon
l'onguent faict avec savon, sel ammoniac,
et huile de cade, dict du vulgaire françois, *tac*: celui faict avec deux drachmes
et demie, soulfre; une drachme, graine
d'ortie; demie drachme, camphre; deux
onces, beurre frès. Cestui-ci est excellent:
prenés

prenés huile rozat, deux onces ; huile de tartre, demie once ; suc de lapas, une once ; graisse de pourceau, non salée, demie once ; litarge en poudre, deux drachmes et demie ; du tout soit faict onguent. Autre : prenés racines de patience, quatre onces ; racines de gentiane, deux onces ; faictes-les cuire dans l'eau claire, pillés-les ; faictes-les cuire de rechef avec mouëlle de veau, à consistance d'onguent. Contre les dartres est singulier remède l'onguent de nicotiane, ci-dessus descript. Les liniments suivans y profitent beaucoup : prenés eau distillée de patience, quatre onces ; trois drachmes de borax, une drachme de sel commun, une once de vinaigre squillitique ; meslés, et en faictes liniment. Autrement : faictes liniment avec deux drachmes d'aloès, dissoutes en vinaigre squillitique : ou avec demie livre d'hutile de moyeux d'œufs, huile d'agnus castus, et onguent citrin, de chacun six drachmes ; graisse de serpent, trois onces ; borax, cristal, ceruse, sarcocole, de chacun deux drachmes, avec un peu d'huile rozat. L'huile *Huile de froment.* de froment seul est fort bon à ce mal, on le faict ainsi : mettés dans un vaze de terre vitrée du grain de froment subtilement pulvérisé, estouppés bien le vaze, posés-le dans un chauderon plein d'eau sur feu de charbon, pour tenir tiède l'eau, non pour la faire bouillir, là le vaze séjournera trois jours continuels, au bout desquels retirés-en la poudre, laquelle treuverés humide, et l'ayant mise dans un sachet, en exprimerés l'huile sous le pressoir, tel que désirés.

Lentilles. Pour les lentilles, rubis, ou safirs qui sont au visage, appellés à Paris, taves, l'on usera de ces remèdes : de la décoction de riz faicte en eau : de l'eau distillée de térébinte, avec huile de tartre : de l'eau de vie : de l'eau distillée d'une livre de tartre calcinée : d'une once de mastic, et de demie once de camphre, meslées avec glaires d'œufs : de l'eau distillée de la graine de raves, et des racines de grande serpentaire, ayans trempé ensemble en eau exposée au soleil, les quatre jours précédents : de l'huile distillé de coquilles d'œufs : de l'huile exprimé de la graine de cotton : du jus de la racine et des petits grains de coulevré : du jus d'ache, avec farine de lupins : des fleurs récentes de jessemin, escachées dessus le mal : de la fiente de pigeon, destrempée en fort vinaigre : de la farine de vesso, et de la graine de roquète pulvérisée, incorporées en miel : de petits emplastres faicts de lentilles, réduictes en paste à force de cuire, passées à travers d'un linge et pestries avec jus de grenade : de l'onguent faict de althéa, huile rozat, eau roze, beurre frés, meslés ensemble.

Contre les cords ou cals, autrement *Cords ou cals.* appellés, agassins ; c'est à dire, pour se deslivrer de leur importunité, empeschant le libre cheminer, avec douleur, lors qu'ils se fourrent entre les doigts des pieds, ainsi sera procédé : l'on lavera les pieds avec décoction de bonnes herbes, puis les cals seront couppés avec un razoir, tant bassement qu'il sera possible, et sur le restant, appliqué un emplastre de cire gommée, rouge ou verte, ayant trempé vingt-quatre heures dans du fort vinaigre rozat ; les cinabre et vert-degris, dont telles cires sont colorées, faisans mourir les racines des cords. Le mesme font les remèdes suivans, plus efficacieusement, toutes-fois, les uns que

les autres, selon leurs diverses propriétés, desquels choisirés ceux qui mieux
vous aggréeront, et les employerés : fo-
mentés les cords avec lexive de cendres
d'escorce de saule, y ad-joustant du vinaigre : appliqués dessus, du laict de
figuier, et du jus de ses fueilles : ou du
fiel de vache, de la chaux vifve, avec
huile de cade : des fueilles de rue, pillées,
et raisins secs : des fueilles de l'herbe
dicte vermiculaire, pillées : de l'huile de
tartre, distillé : emplastre faict de galbanum et cire neufve, ces choses attendries avec vostra haleine, meslées ensemble. Autre, faict de racines de lis
cuittes en perfection, puis pillées avec
mouëlle de pourceau. Ce remède-ci est
fort propre à ce mal : prenés trois onces
d'eau de tartre, une once de savon noir,
demie once d'argent vif, faictes le tout
bouillir huict ou neuf fois, et à chacune,
lors qu'il commencera à bouillir, faictes
soudain cesser ses bouillons, en y versant de l'eau froide ; puis, quand l'aurés
esteint pour la dernière fois, lavés-en tous
les matins le cal, et au soir l'estuvés avec
de l'eau tiède, continuant cela jusqu'à
entière guérison, recouppant tous les
jours du cal, ce qu'on pourra.

Retenir le poil.
Pour le poil, celui qui tumbe de trop
de rarité et mollesse du cuir sera retenu
par ce lavement : prenés rozes, lierre, balaustes, fueilles de saule, alum de roche ;
faictes-les bouillir en eau de cisterne,
coulés la décoction, en laquelle, tiède,
dissolvés tuthie, encens, corail blanc,
pulvérisés. Ou par ceste onction : prenés
nais de galles, myrrhe, mastic, encens,
de chacun une once ; trois onces de ladanum ; meslés tout avec huile rozat et
en faictes onguent ; ou par ceste-ci : pre-

nés cendres de capilli-veneris, de graine
d'ache, d'escorce de pin ; incorporés avec
du ladanum, et graisse de canard, y ad-
joustant cendres de fueilles de meurte,
et d'absinte, de la racine de souchet, et
des grains de seigle, en poudre. Et à ce
que tant mieux profitent les remèdes,
avant leur application la teste sera razée ; laquelle desnuée de poil, recevra à
propos les remèdes : servira aussi tel ra-
zement, à faire renaistre le poil espessement, comme l'on void les vignes et
arbres taillés de nouveau, rejetter puissamment ; mais ce sera après avoir purgé
l'impurité du corps causant la cheute du
poil, par l'avis du docte médecin. Si dé- *Oster le poil.*
sirés d'oster le poil d'un lieu indécent où
il ne vous aggrée, les choses suivantes
vous satisferont ; d'entre lesquelles, choisirés celles qui plus vous seront agréables,
pour vous en servir : prenés sang de
chauve-souris, sucs de lierre et de raves,
fiel de chèvre, meslés tout cela ensemble.
Autre : prenés gomme de lierre, oeufs de
fourmis, et orpiment, de chacun demie
once ; cendres de sang-sues bruslées ; du
tout ferés poudre, et la meslerés avec
sang de grenouilles. Autre : prenés larme
de vigne, et la meslés avec huile commun.
Autre : prenés oeufs de fourmis, sang de
grenouilles, et rouilleure de fer ; incorporés cela avec salive, estant à jeun. Autre :
prenés suc de tithimale, et le meslés avec
huile rozat. C'est emplastre est de grande
efficace en cest endroit : prenés deux
onces térébentine, cire blanche, et poix,
de chacun une once ; benjoin, et storax
calaminte, de chacun deux drachmes ;
ceruse, et mastic, pulvérisés, de chacun
une drachme ; meslés avec la térébentine,
le mastic et la ceruse, puis ad-joustés la

cire liquefiée; finalement, le benjoin et storax; faictes emplastre, qu'estendrés sur de la toille neufve et dure, l'accommodant un peu chaud, au lieu où vous l'appliquerés, après l'avoir au préallable très-bien frotté avec un linge rude. Pour *Garder qu'il* *ne renaisse.* garder que le poil ne renaisse plus au lieu dépellé, les eaux suivantes sont fort propres : prenés cornes de vache, alum de roche, pavot noir, trois onces de chacun; deux livres sang de vache récent, meslés le tout, et le distillés, et de l'eau qui en sortira frottés-en tous les soirs la partie requise : prenés sang de grenouilles, terre sigillée, sumach, rozes; pillés-les ensemble, puis y ayant ad-jousté du vinaigre, et du jus de morelle, les distillés : prenés demie livre semence de jusquiame, ayant séjourné quelque temps en cave humide, deux onces de fueilles de telespium, et distillés. La décoction de tithimale, de chaux vifve, et de mauves, en vinaigre, garde le poil de revenir au lieu une fois dépellé. Le mesme faict la racine de hiacinte, cuitte en vinaigre, appliquée sur le lieu : aussi les liniments de miel, et de castoreum : de graine de ciguë, gomme de lierre, et de sang de chauve-souris : de jusquiame, d'opium, avec vinaigre : de sang de chauve-souris, jus de raves et de *Le faire* *revenir.* coulevrée. Pour faire revenir le poil ès lieux pellés par brusleures, blesseures, cheutes, maladies et autres accidents, ces moyens-ci servent beaucoup : premièrement, razés le poil, si aucun y en a, puis frottés le lieu avec un linge un peu rude, jusques à ce qu'il rougisse, et en suite, lavés la teste d'une décoction de chous rouges, bete, et mercuire; après appliqués dessus des onctions suivantes, celles qui mieux vous agréeront : prenés

graine de roquète, une once; huile de noix, deux onces; faictes-en liniment avec cire. Autre : liniment faict avec graine d'ortie pulvérisée, et miel. Autre : avec graines de senevé et roquète, une once; jus d'oignon, une once, et miel. Autre : prenés euphorbe, baies de laurier, et graine de roquète, de chacun deux drachmes; soulfre vif, et élebore bruslé, de chacun demi scrupule; faictes liniment avec cire, dissoute en huile laurin. Autre : prenés chairs de limassons, de mousches guespes, d'abeilles, et de sangsues, sel bruslé; de tous parties esgales, qu'enfermerés dans un vaisseau vitré ayant plusieurs trous au fons, comme crible; sous ce vaisseau, mettés un autre vaisseau vitré, pour recevoir l'humidité qui en coulera, de laquelle frotterés les parties requises; mais telle humidité sera, et plus abondante, et meilleure, si ces vazes sont enveloppés de quantité de fumier récent, pour eschauffer les matières. Autre : faictes fort cuire des racines de lis en huile d'olive, les pillerés en un mortier, y meslant des cendres de la racine d'asphrodilles, dont ferés liniment. L'eau distillée de l'herbe de bassinet ou coqueret, et de la racine de raifort, est bonne pour faire revenir le poil s'en lavant la teste.

Pour oster les marques de la petite vé- *Marques de* *petite vérolle.* rolle, ces choses sont propres : les eaux distillées de blancs d'œufs, ou de leurs coques, de limassons rouges, des pieds de veau, de mouton, de chèvre, des fleurs de féves, des racines de grande serpentaire; lesquelles eaux employerés séparées ou meslingées, comme il vous plaira, dont laverés la face sur le soir allant au lict, l'ayant au préallable estuvée à la vapeur de l'eau chaude, ou de la décoction de bale d'avoine, pour la préparer à recevoir la vertu des eaux, et autres remèdes : les huiles de dattes, de lis, de myrrhe, de pistache. Les onguents qui s'ensuivent : prenés trois onces huile de lis ; graisse de chapon, et huile rozat, de chacun une once ; lavés-les long temps en eau roze, puis ad-joustés quatre blancs d'œufs, cuits à demi dans leurs coquilles, huiles d'amandes douces et d'amères, dépellées, de chacune une once ; pillés et incorporés le tout dans un mortier de marbre, et ce faisant, mettés-y, peu à peu, poudre faicte de moëlle de la semence de melon, de litarge d'or, et de croie, deux drachmes de chacun, dont sera faict onguent. Autre : prenés poudre de litarge blanche, des os bruslés, de la racine sèche de rozeau ou cane, des amandes amères, des grains de raifort et de pepon, des farines de ris, de féves, de lupins, de ciches blancs, de faseols, la quantité qu'il vous plaira, dissolvés le tout en eau roze. Autres onguents faicts avec huile d'amandes, et soulfre : avec graisse d'asne, jus de racine de rozeau ou cane, et miel : avec racines de coulevrée, cuitte en huile d'olive. La poudre de cancre bruslé, et les cendres de tartre, et de myrrhe, espandues sur la face humectée de la vapeur de l'estuve, séparément employées, servent beaucoup à effacer les vestiges, cicatrices et taches noires de la petite vérolle ; et le succrecandi, aussi l'ammoniac, pulvérisés, la myrrhe et le miel bruslés, celles que ladicte maladie laisse aux yeux. Aussi le succre-candi enlève du front, promptement et avec grande efficace, les marques venans de coup feru, l'appliquant en poudre, dans la moitié du blanc d'un œuf cuit.

Netteté du cuir.

Pour la netteté du cuir. C'est une partie très-requise à la conservation de la santé, que de tenir nettement la personne ; du contraire, avenant plusieurs estranges maladies. Pour laquelle cause, après avoir pourveu que les vivres, les habits, et les logis, soyent exempts de toute saleté, le principal ne sera oublié, qui est la personne, se lavant souvent les mains, la bouche, quelques-fois la face, avec de l'eau commune, du vin, et d'autres liqueurs, ainsi qu'à esté touché. Les femmes ont à se soigner plus de cela, que les hommes, pour leur naturel fragile et deslicat. Il y a plusieurs bains destinés à ce particulier service, comme ceux-ci : prenés fueilles de sauge, fleurs de lavande, et de rozes, une poignée de chacune ; un peu de sel ; faictes le tout bouillir en eau de fontaine, ou de rivière. Autre : prenés un peu d'eau roze, vinaigre, et sel ; faictes-les bouillir ensemble en eau commune, retirés deux ou trois pleins seaux de ceste eau bouillie, et après y avoir infondu du son de froment, en frotterés toute la personne ; puis entrerés dans le bain tiède, pour y démeurer tant que pourrés. Autre, fort singulier : prenés six livres laict clair d'amandes douces, eaux de nafe, de rozes, et de nénufar, une once de chacune ; six escorces de limons, deux drachmes clous de girofle, et une drachme d'iris de Florence ; ces choses tremperont cinq ou six heures dans les eaux susdictes, estans sur les cendres chaudes, après, le tout sera coulé à travers d'un linge blanc, puis meslé avec le laict d'amandes ; dequoi la personne sera frottée, sortant du bain, préparé avec la seule eau commune, tiède. Ces bains conforteront les nerfs, osteront et nettoyeront toutes les ordures qui sont attachées au cuir, resjouiront l'esprit, et rendront la personne disposte. Tels services sont communicables et à hommes et à femmes, qu'on employera selon les occurrences. Mais les suivans appartiennent particulièrement aux femmes, puis qu'ils ne tendent qu'à blanchir et embellir la face, les hommes n'ayans besoin de tels ornements ; cela se faict sans fard ni desguisement aucun, ains avec matières benignes, que la damoiselle recueille en son jardin, ou la pluspart, dont elle se sert sans crainte des rides du visage venans hors saison, de la puanteur d'haleine, de la noirceur et cheute des dents, de la rougeur des yeux, de l'affoiblissement ou perte de la veue, de la surdité ni d'autres maux qui aviennent communément à celles, qui ayans plus d'esgard à la blancheur de leur visage, qu'à la santé de tout leur corps, employent le sublimé, le blanc d'Espaigne, et autres moyens autant dangereux que la peste. Ainsi la face *Blanchir la face.* sera blanchie, et le beau teinct conservé : faictes tremper dans du vin blanc, l'espace de neuf ou dix jours, une livre de féves blanches mundées ; puis les ayant faict battre au mortier, remettés-les dans ledict vin, y ad-joustant demie livre farine de ris, deux livres laict de chèvre, une douzaine de blancs d'œufs ; le tout sera distillé au bain-de-marie, à petit feu, et de l'eau qui en sortira en laverés la face, le soir allant au lict. Autre : prenés deux livres du son de pur froment, huict ou dix blancs d'œufs, du fort vinaigre, tant qu'il suffise ; battés tout cela ensemble, après faictes-le distiller au bain-de-marie. Autre : prenés deux douzaines d'œufs, les ayant bien lavés, seront escachés, mes-

lant les coques avec le jaune et le blanc, les battant ensemble, y mettrés deux pintes de vin blanc, une de laict de chèvre, et une poignée de la fleur de nénufar ; tout cela sera distillé au bain-de-marie, dont l'eau, après avoir séjourné au soleil quelques quinze jours, se rendra propre à ce dessus. Pour vous en servir, ferés eschauffer sur les cendres deux doigts de ladicte eau, et dans icelle mettrés fondre un peu de sucre-candi, et de borax, pulvérisés, puis la face en sera lavée, soir et matin. Autre : prenés une livre de la mie de pain blanc, demie livre fleurs de féves, fleurs de rozes, de nénufar, et de lis, de chacune une livre ; fleurs de sureau, demie livre ; quatre blancs d'œufs, trois livres laict de chèvre, demie livre de bon et fort vinaigre ; tout cela soit distillé au bain-de-marie. Autre : prenés deux livres orge à demi meur, trois livres laict de chèvre, une douzaine de blancs d'œufs ; le tout soit distillé au bain-de-marie. Autre : prenés trois oranges, et cinq citrons, trenchés-les en pièces ; sucre et alum, de chacun une once ; trempés tout cela dans deux livres de laict de vache du mois de Mai, puis le distillés au bain-de-marie. Autre : prenés un pot de terre vitrée, contenant quatre pintes, emplissés-le à moitié de racines de guimauves bien lavées, et hachées par petites rouelles ; ad-joustés-y une pinte de vin blanc, et une douzaine de coquilles d'œufs, bien lavées et concassées, puis y versés eau de rivière, ou de cisterne, tant que le pot en soit rempli ; faictes le tout bouillir jusques à la consomption de la tierce partie de la liqueur, y ad-joustant, sur la fin, une mie d'un petit pain blanc, et aussi gros qu'une féve, de vert-de-gris enfermé dans un nouet ; coulés ladicte décoction dedans un bassin, puis mettés-y dedans (icelle estant tiède) une once de succre pulvérisé, mouillés-y un petit linge deslié, et en lavés, soir et matin, vostre face sans l'essuyer. Autre : persés le tronc d'un bouleau avec un foret, il en descoulera grande quantité d'eau, laquelle, seule, est de bon service en cest endroit, et à oster de la face le hasle du soleil. Il y a plusieurs autres eaux propres à nettoyer et à blanchir la face, que je laisse pour brefveté ; seulement ad-jousterai-je ici l'eau de pigeon, dont les dames font tant d'estat, pour la conservation de leur beau teinct : prenés deux pigeons blancs, desplumés-les, et les vuidés des entrailles ; ostés leur les testes, les bouts des pieds, et aisles, et les hachés par petites pièces ; mettés-les dans un alambic de verre, par dessus un lict de deux poignées de fueilles fresches de fraxinelle, ou de plantain, qu'y aurés arrengées au fons ; puis ad-joustés trois onces d'huile d'amandes douces, tiré sans feu ; quatre onces de beurre frès, quatre pintes de laict de chèvre, la mie d'un pain blanc, deux drachmes de borax, autant de succre-candi, d'alum bruslé, et de camphre, pulvérisés ; vingt-cinq blancs d'œufs, deux poignées de grains de vert-jus ; laissés le tout infuser et tremper ensemble l'espace de dix ou douze heures, dans l'alambic très-bien estouppé, puis le faictes distiller au bain-de-marie, lentement et à petit feu ; mettés ceste eau distillée en phioles de verre, reposer en cave fresche l'espace de douze à quinze jours ; coulés-la par un linge, blanc et deslié, et vous en lavés la face, soir et matin,

avec un linge. Outre les eaux, sont ici employées diverses onctions, comme huiles, linimens, pommades, telles que celles-ci : fendés par moitié des œufs cuits durs, ostés-en les moyeux, remplissés-en le vuide avec poudre de tartre bruslé, rejoignés les moitiés, les liant à-tout du filet, mettés-les dans un plat reposer en cave humide ; le tartre se fondra, dont la liqueur passant à travers les blancs d'œufs, avec ce qu'elles y ad-jousteront, se convertira en huile, tel que demandés. L'huile de glands de chesne, exprimé à la manière de celui d'amandes, et celui de coques d'œufs, meslés ensemble, sont propres à nettoyer et blanchir la face. Aussi l'huile de myrrhe, faict comme celui de tartre, avec blancs d'œufs. Liniment de la mouëlle d'os de mouton, ainsi extrait : prenés des os de mouton, la quantité que voudrés, la lune estant en son plein ; faictes-les longuement bouillir dans l'eau ; après cassés-les, et les remettés bouillir en eau, trois ou quatre heures ; tirés-les du feu, et estant refroidis, ramassés dessus la décoction, la graisse y nageant, laquelle retirerés, et d'icelle en frotterés le visage, le soir allant au lict ; et le lendemain matin, le laverés avec eau de fleurs de féves, ou de lis : autre liniment se faict avec fiente de pigeon dissoute en eau roze musquée, ou eau camphrée. Autre : prenés huile d'amandes amères, beurre frès, crespine de chevreau, et graisse d'aigneau, autant de l'un que de l'autre ; lavés le tout en eau roze, durant douze ou quinze jours, deux fois chacun, puis osté de l'eau, mettés le fondre dans un pot de terre vitrée, sur petit feu de charbon, y ad-joustant de la cire neufve tant qu'il suffise pour faire

Pommade. liniment. Pommade : prenés demie livre de graisse de chevreau, quatre onces de graisse de porc frès, n'ayans esté fondues, hachés-les par morceaux, et les mettés dans un pot de terre vernie, avec une bonne pomme de court-pendu couppée par pièces, le jus d'une orange, un plein verre d'eau roze, et un demi verre de vin blanc; mettés le pot sur le feu pour y bouillir un peu, et quand les graisses seront fondues, et incorporées avec la pomme, coulerés le tout dans une terrine vitrée, à demi pleine d'eau fresche, puis refroidi, le tirerés de là, et le laverés cinq ou six fois en eau roze, chacune *Autre.* changeant d'eau. Autre pommade singulière : prenés deux onces crespine de chevreau, une couple de pommes de court-pendu, une once racine d'iris de Florence, un limon entier; la crespine sera hachée, les pommes et la racine mises par rouelles; y ad-jousterés deux onces de la mouëlle de pieds de mouton; faictes le tout bouillir avec suffisante quantité d'eau roze, dans un pot de terre vitrée, à feu lent, jusqu'à ce que le citron soit consumé, tenant cependant le pot bien couvert; lors l'osterés de dessus le feu, et coulerés le contenu au pot, par un linge net; ce qui en sortira sera pillé avec huile d'amandes douces récentement extrait sans feu, y en mettant la troisiesme partie de la matière susdicte, puis quand le tout sera coagulé et incorporé ensemble, sera lavé en esgale quantité d'eau roze, des fleurs de féves, de lis, et de nénufar, le pistant diligemment, finalement enfermé dans un vaisseau de verre bien estouppé. De ceste exquise pommade la face sera frottée au soir, et le lendemain matin lavée avec eau de cisterne.

Pour effacer une veine qui paroist importunément entre les yeux, convient appliquer sur le front, à la venue de la veine, un emplastre faict avec une once de mastic, demie once sandal, trois drachmes margariton, meslés ensemble; et aprés l'avoir estendu sur le cuir, le saupoudrer avec un peu de subtile limeure d'acier. Sur la veine, mettrés seulement du mastic et du sandal. Une fois le jour, l'emplastre sera renouvellé, et lors la veine sera fort frottée, tendant en haut, pour la préparer à recevoir le remède. La mère-de-famille allant au chaud, ou au froid (ainsi que souvent les affaires ne permettent à la bonne mesnagère de choisir le temps, ains la contraignent souvent de s'exposer à quelques injures des saisons) préservera sa face du hasle du soleil, et de l'aer froid, par ces remèdes : au partir du logis frottera son visage avec cest onguent : prenés crespine de chevreau, lavés-la en eau claire, pillés-la au mortier, faictes-la cuire avec eau roze, puis la passés à travers d'un linge blanc; sur demie livre de telle graisse ad-joustés-y une once huile d'amandes douces, deux drachmes succrecandi, demie drachme camphre, de cire blanche neufve, tant qu'il suffise; faictes le tout bouillir dans un pot de terre vitrée, à petit feu, jusques à consistance d'onguent, le remuant et battant pour le garder de brusler et faire blanchir; cuit, serrés-le en vaze de verre bien bouché pour le besoin. A tel usage, servent aussi l'onguent faict de mastic, avec mouëlle de cerf, ou de bœuf : liniment de mastic, avec huile omphacin : l'eau de blancs d'œufs : le vert-jus de raisins : pommade faicte avec huile d'amandes douces, tiré

Blanchir les mains. sans feu, cire blanche, et camphre; laquelle pommade, en outre, enlève et oste le hasle du soleil qui est jà en la face. Le cuir des mains se polit et blanchit par ces moyens : prenés six livres de melons tous entiers, sans les peller, ayans leur graine dedans, et dix œufs, jaune et blanc, la coque ostée; faictes distiller tout cela, et en gardés l'eau, non seulement pour en laver les mains, mais aussi tout le visage. Autre : prenés deux livres mie de pain blanc, une livre fleurs de féves, trois livres rozes blanches ou rouges, autant de lis d'estang, six livres laict de chèvre, deux onces racine d'iris; distillés le tout au bain-de-marie : lavés les mains avec la décoction de la racine d'ortie, faicte en vinaigre et vin blanc, et ce le soir allant au lict; en suite, le lendemain matin relavés-les avec eau fresche, et savon. La décoction des racines et fueilles de lierre, y est aussi bonne. Frottés les mains avec onguent faict de cire, et d'huile d'amandes douces lavé soigneusement en eau. Autre onguent : prenés beurre frés, huile d'olive, graisse d'aigneau ; après que ces choses auront trempé dix ou douze heures, les fondrés sur petit feu, dans un pot de terre vernie, y ad-joustant de la cire blanche, avec un peu de musc, ou de civète. Quelques - fois le mois, les mains seront lavées avec eau et savon de bonne senteur : ou avec eau distillée de mie de pain : ou avec eau et son meslés, ad-joustant à ces lavemens-ci, quelques eaux odorantes, comme de Damas, de *Verrues.* nafe, d'eau d'ange, ou un peu des huiles de girofle, de canelle, d'aspic. Tout d'une venue, les verrues seront ostées des mains, pour les deslivrer de tel enlaidissement. Le jus de limon faict mourir

les verrues : mais plustost et mieux, l'eau dudict jus, distillée au bain-de-marie : le jus exprimé des fueilles et fleurs du bouillon-blanc, faict le mesme : le jus des fueilles de la grande serpentaire, les faict fondre. La cichorée verrucaire, tant mangée en salade, qu'appliquée, soit au visage, aux mains, ou ailleurs, les guérit miraculeusement. Le laict du tithimale : celui du figuier sauvaige : les huiles de vitriol, et de soulfre : la graisse qu'on recueille du vieil couvercle d'un vaisseau à huile, le faisant fort chauffer au devant d'un grand feu, est singulière contre les verrues. De mesme vertu, est le jus des branches et tronc du pourpier, les fueilles ostées et pillées au mortier, puis y ad-joustant du sel menu, faisant fondre les verrues dans quatre ou cinq jours, si l'on les en frotte souvent.

Voilà les remèdes dont se servira la mère-de-famille, pour le soulagement des siens, attendant que le docte médecin pourveoye plus amplement à la guérison des aiguës maladies, selon les nécessités.

CHAPITRE VI.

Remèdes aux Maladies pour les Bestes : premièrement de celles des Beufs.

Je traitterai en cest endroit, des maladies et cures du bestail, par l'ordre que j'ai tenu à l'engeancement et conduicte des bestes du mesnage ; suivant lequel le beuf sera le premier mis en reng. Les plus communes maladies des beufs, procèdent du trop de travail : ou du travailler en temps et heures importunées de chaud, *D'où viennent les plus fréquentes maladies des beufs.*

de

de froid, de pluie, ou de nege : du manger herbes malingues, ou autres mal qualifiées : du boire soudain après le travail encores estans eschauffés : ou de boire eau sale et puante : du coucher dans estables mal-saines, trop humides, peu esventées, et sur lictière mal-nette : de la piqueure de bestes venimeuses, et d'autres causes. Lesquelles maladies, le prévoyant père-de-famille, destournera par ses serviteurs, autant que l'art et la curieuse diligence le permettront. Mais quelle solicitude qu'on employe à tel mesnage, il n'est possible de garentir entièrement de mal, les beufs, où Dieu les a assujettis avec tous autres animaux. Le *En cure des maux sub-* mal du trop travailler, se guérit par son contraire, assavoir : par reposer, et bonne nourriture, soit en la campagne és herbages bien choisis, soit dans l'estable avec foin exquis ; et bruvage d'eau tiède, blanchie avec de la farine, y mettant des vesses pillées : aussi par lui laver la bouche et la langue, avec du vin et du sel : par l'estriller de tout le corps, le bouchonner, et frotter avec paille, jusques aux jambes, le nettoyer des pieds, leur ostant les espines et pierres qui s'y fourrent en travaillant. Ainsi sera deslassé le beuf, et tout-d'une-main, s'il est blessé en quelque endroit, conviendra y ad-jouster les remèdes particuliers, selon le mal. Estant foulé à la teste, ou au col (comme avient souvent par le joug) faudra appliquer dessus, un couple d'œufs rompus dans un plat, leurs coques, moyeux et glaires, battus et meslés ensemble : ou frotter les lieux avec couène de lard, sans rien de gras, qui soit de pourceau masle, icelle un peu eschauffée ; et garder après, que le beuf n'aille à la pluie ni au vent.

Théâtre d'Agriculture, Tome II.

Les escorcheures du col sont guéries par emplastre faict de mouëlle de beuf, graisse de porc, sain et graisse de bouc, en esgale portion. L'enfleure du chesnon, par onguent faict de racines d'aulnée, bien cuittes, pillées avec graisse de porc, sain de mouton, ou de bouc, miel crud, encens, et cire neufve, l'en frottant trois ou quatre fois le jour, jusqu'à entière guérison. L'enfleure du pied se guérit, y mettant dessus des fueilles de sureau, broyées avec sain de pourceau, attachées avec du linge. Et y ayant de la meurtrisseure, y sera mis un emplastre faict de miel, de sain, et de son, bouillis en vin blanc ; le retenant sur le mal trois ou quatre jours. Les beufs clochent et boitent par plusieurs autres causes. Si le pied est blessé par le soc, y sera appliquée herbe de mille-fueille escachée, marc et jus, dont la plaie sera tost réjoincte. Si c'est de contusion, à cause de coup feru, conviendra bassiner le lieu avec urine chaude, et y mettre dessus, emplastre de poix, avec huile et vieil oinct. Si par nerf refoulé, les jambes seront bassinées avec huile et sel, mises dedans. Si de froid, faut frotter longuement le lieu avec urine de beuf, un peu eschauffée. Si par enfleure du genouil, tel endroit sera bassiné avec décoction faicte de graine de lin, et de millet, en vinaigre. Si par surabondance de sang sur le pasturon, faudra user de scarification, ou de cautère ; puis guérir les plaies avec beurre salé, et graisse de chèvre. Quant aux dislocations, et fractions des membres, le plus asseuré remède est, de ne s'amuser poinct à les médeciner, pour le peu d'espérance de guérison ; ains de tuer la beste, pour la manger au mesnage, ainsi tout ne s'y perd. S'il est cas que le beuf face quartier neuf, l'ongle du pied lui estant cheute, oignés-lui le pied l'espace de quinze jours, avec onguent faict d'une once de térébentine, autant de miel, et autant de cire neufve ; et au bout dudict temps, lavés le lieu avec vin tiède, dans lequel aura esté bouilli du miel. Les cornes des beufs estans esbranlées par la force du joug en tirant, seront rasseurrées et deslassées, en les fomentans avec décoction de vin où auront bouilli fueilles de sauge, et de lavande ; après, en oignant le sommet de la teste, durant cinq ou six jours, avec onguent faict de cumin pillé, bol armene, miel, et térébentine. Avenant que la corne soit estorce, ou esclatée, frottés-la une fois le jour, quinze de suite, avec onguent faict de six onces térébentine, d'une once gomme d'Arabie ; puis enveloppés la corne d'un meslinge composé de bol armene, et huict ou dix blancs d'œufs, qu'estendrés sur des estouppes, où ayant demeuré trois ou quatre jours, lors séché, sera osté ; et en sa place, espandue de la poudre de sauge, dont la corne sera saupoudrée, mesme ses racines joignans à la teste. La douleur de teste se recognoist à la renme, que le beuf jette en abondance par les yeux et la bouche, lui descendant du cerveau : il a la face enflée et chaude plus que de coustume, est beaucoup tourmenté de ce mal, ainsi que son impatience le monstre. Pour l'en guérir, l'on lui fera attirer par les narines, du vin dans lequel aurés infondu des aulx pillés ; et après, la teste lui sera bassinée avec décoction faicte en vin, de fueilles de marjolaine, rue, lavande, noier, laurier. L'œil chassieux est guéri par collyre instillé dedans, faict avec une once de myrrhe, deux d'encens fin, et autant de saffran, pulvérisés, et dissouts en eau de cisterne : ou par autre collyre de jus des racine et tige de pavot sauvaige, avec miel : ou par cataplasme de farine de froment appliqué sur l'œil. La taie de l'œil se fond avec onguent de sel ammoniac et miel. A la diminution de la veue, le beuf n'ouvrant les yeux qu'à demi, est remédié par le tirer du sang dessous l'œil, et en suite, lui instiller souvent dans l'œil, du miel liquide. Pour esclaircir l'œil trouble et nubileux, l'on y soufflera dedans, poudre subtile d'os de sèche, succre-candi, et canelle (92). A l'enfleure de la bouche et du palais, faut tost remédier pour l'importance du mal : ce sera en perceant l'enfleure avec la lancète, ou avec le feu, pour en faire vuider le sang corrompu. De mesme sera faict pour guérir les tumeurs de la langue, dont elle est enflée ; puis on la frottera avec huile et sel ; jusques à entière guérison. Les ulcères de la langue, seront consolidées par l'onguent faict d'aloès, d'alum de roche, et de miel rozat : la lavant après avec du vin tiède, dans lequel aura bouilli de la sauge, ou autre herbe dessiccative. L'enfleure des testicules se perd par la fréquente onction de saindoux : ou en les bassinant avec fort vinaigre, dans lequel auront esté infondues, bouze de beuf, et croie blanche. Quand la peau tient aux os de maigreur, ou d'autre langoureuse cause, faut bassiner tout le corps du beuf avec vin et huile, meslés ensemble, frottant le poil contremont plusieurs fois le jour ; et ce un peu violamment, estant au soleil, ou en estable chaude, non venteuse. La colique

Des cornes.

Des maux de la teste.

De l'œil.

De la bouche.

De la langue.

Des testicules.

De la pourriture cutanée.

De la colique.

est une violente maladie qui tue les beufs, sans prompt remède. Elle leur avient de lassitude, plus au printemps qu'en autre saison, à cause que lors ils abondent en sang. La violence de ce mal leur oste le manger et le repos, se jettans et veautrans à terre, sans se pouvoir tenir ni arrester, avec grande douleur, suans et gémissans. Dès qu'on s'appercevra de ces choses convient inciser la peau du beuf en divers lieux, comme sur les espaules, et un peu au dessus de la queue, pour en faire sortir du sang, aussi lui coupper un peu du bout des aureilles, d'où sortant du sang, la guérison s'en ensuivra; sinon, elle sera désespérée. Faudra, en outre, lui broyer le ventre avec un gros baston rond, que deux hommes tiendront, un de chacun costé, pour lui faire amollir la peau, et que le sang se descaille pour sortir. Aussi, l'on pourmenera longuement le beuf, lui présentant de coup à coup, à manger du foin deslicat, et du pain de millet; non du sel, parce qu'en ceste maladie, il est contraire. Le morfondement est aux beufs maladie presques incurable, pour peu qu'on la laisse posséder; et encores, comment qu'on les guérisse, si n'en sortent-ils jamais bien sains, demeurans lasches au travail, sans se pouvoir engraisser. Leur poil est hérissé, en plusieurs endroits du corps, non applati; cognoissance certaine d'avoir esté morfondus. Le pisse-sang va communément de compaignie avec le morfondement. Les remèdes à ces maux, sont les suivans: l'abstinence en est le premier; partant, dès incontinent qu'on verra le beuf se coucher à terre, pressé d'angoisse, soudain se relever, tordre la teste, et le reste du corps, avec inquié-

tude, ostés-lui le manger et le boire; sur tout, ne permettés qu'il boive aucunement, ni eau, ni autre liqueur; car beuvant, n'y auroit plus d'espoir de guérison; mais lui sera donnée ceste médecine, qu'on compose de trois onces de millet, autant de graine de chenève en poudre, bouillies en deux pintes de vin blanc; y ad-joustant, une once de tériacle, et deux de saffran. Autre: prenés deux livres de miel, six onces tartre de bon vin, une once de canelle, du laict de vache, une chopine, et faictes avaler ce bruvage au beuf. Autre bruvage est faict avec une pinte, mesure de Paris, d'eau de plantain, une chopine d'huile d'olive, autant de bon vinaigre, deux onces poudre de cougourdes sauvaiges, autant de celle de coque d'œufs. Aussi cestui-ci est fort profitable au beuf: une escuellée d'urine, une escuellée et demie d'huile d'olive, six œufs très, de snie de four, ce que la main peut contenir; tout cela battu ensemble sera donné au beuf. L'huile de nois, avec du mithridat, est bon remède à ce mal. Pour oster la douleur qui tourmente le beuf, lui faut lier les aureilles, les battre avec une verge jusqu'à ce qu'elles deviennent rouges; lors convient les inciser, persant les petites veines, qui, par ce moyen, y apparoissent, dont sortira du sang presques vert; ce faict, donnerés un peu de sel au beuf, et le pourmenerés. Au flux de ventre, l'abstinence du manger et du boire sont nécessaires, seulement sera donné au beuf à manger, des fueilles d'olivier sauvaige, tendres, et des jeunes jettons de rozeaux sauvaiges. Et ce bruvage, faict avec trois onces graine de meurte, des fueilles d'origan, d'auronne de jardin,

Ventre constipé. une livre de chacune, cuittes en eau, après lui donnant à manger des fueilles de laurier. A la constipation du ventre, n'y a meilleur remède que l'aloès hépatique en poudre, donné à boire avec eau tiède, au matin, durant cinq ou six jours de suite.

Roigne. Pour guérir la roigne du beuf, l'on le frotte avec composition faicte de soulfre, d'aulx, de sarriète, de nois de galle, de suie, de marrubium, meslés ensemble avec vinaigre : ou frotter le beuf, avec onguent composé de son urine, de poix-résine fondue en vin blanc, et de beurre salé.

Remèdes pour les Chevaux.

Sang notable. Plusieurs maladies aviennent souvent aux chevaux par trop de sang ; ce que prévenant, convient les faire saigner lors qu'on s'appercevra les chevaux se frotter la queue contre les murailles, ou autres lieux où ils peuvent atteindre, signe de sur-abondance de sang. Et de peur de faillir, sans autre indice, ce sera de deux en deux mois, une fois, la lune estant vieille, qu'on leur tirera du sang. Au *Morfondement.* morfondement du cheval est remédié par ce bruvage : prenés scamonée, turbith, aloès, séné, agaric, momie, galangal, demie once de chacun ; réglisse, une once ; girofle autant, saffran, trois drachmes ; saffran bourg (93), deux drachmes ; huile d'olive, une livre ; le tout pulvérisé et meslé dans une pinte vin rouge, et donné à avaller au cheval. Au refroi-*Refroidissement.* dissement ; par le sang de pourceau chaud, battu avec du vin ; puis convient bailler à boire au cheval, de l'huile d'olive et du miel, dans lesquels aura bouilli de la rue, y ad-joustant un peu de mastic ; et à manger des fueilles de rozeau

et de millet, et de l'herbe de chien-dent, l'abbruvant d'eau tiède blanchie avec de la farine d'orge. A la toux, le blé lavé, *Toux.* puis cuit et séché, meslé avec du miel, mangé est fort bon. A la pousse, ou dé-*Pousse.* faut de respiration, est propre ce bruvage : faictes cuire dans trois seaux d'eau, un petit chien de trois sepmaines, jusques à la consomption de la moitié de l'eau, et que les os du chien se séparent de la chair, y ad-joustant sur la fin, du succre, gingembre, et poivre, de chacun demie once ; donnés de ceste décoction-là au cheval, durant trois matins, par inesgales mesures, assavoir, le premier, cinq chopines : le second, quatre : le tiers, trois ; et après, faictes courir le cheval tant qu'il pourra. Le foin qu'il mangera durant lesdicts trois jours, sera arrousé avec la décoction susdicte. Le cheval poussif, reçoit aussi grand soulagement par ces remèdes-ci : faictes poudre de graine de paradis, soulfre, sénevé, autant de l'un que de l'autre, qu'infuserés dans l'hydromel, et en ferés des pillules, chacune de la grosseur d'une nois, pour en donner au cheval, une chacun matin, avec du vin rouge. Ce bruvage-ci est aussi fort bon à ce mal : gingembre, girofle, graine de fenouil, cumin, racine de galangal, autant de l'un que de l'autre, le tout en poudre, avec un peu de saffran, et meslé ensemble, sera mis dans du gros vin rouge, y ad-joustant demie douzaine d'œufs. Autre : agaric et fenugrec, en vin rouge. Le fendre des nazeaux, est inventé pour donner respiration aux chevaux, afin de les garder de tumber poussifs. La morve se *Morve.* guérit avec perium faict d'encens, de soulfre, d'orpin, grains de genèvre, le faisant attirer au cheval par les narines, en lui accommodant un sac sur la teste, à *Gourme.* ce que le perfum ne se perde (94). La gourme sera estuvée avec la décoction chaude, de guimauves, semence de lin, rue, aluine, et fueilles de lierre terrestre, faicte en eau, y ayant longuement bouilli; après, le lieu sera oinct avec huile laurin, et beurre frès. Est requis appliquer sur le mal, emplastre faict avec racines de guimauves, et oignons de lis, bouillis jusques à devenir en paste; puis y mettre du levain de seigle, et du vieil oinct, dont le tout sera incorporé ensemble; et tandis que l'emplastre sera en son lieu, l'on soufflera aux nazeaux du cheval un couple de fois le jour, de la poudre faicte d'eu-forbe, et d'ellebore noir, par esgale por-tion : ou bien, sera mis avec une plume, dans les nazeaux, de l'huile laurin en quantité, par le moyen desquelles choses, le cheval jettera par là, une partie des humeurs de la gourme. Si l'apostume ne se crève d'elle-mesme, la faudra perser à-tout la lancète, ou le fer chaud, puis consolider la plaie, par les remèdes or-*Bosse.* dinaires. A la bosse faut faire onguent avec des herbes d'aluine, et de ache broyées et incorporées en vieux oinct, et *Javarre.* en engraisser le mal. Le javarre est guéri par ce moyen : faictes emplastre avec des aulx et oignons pillés; les incorpo-rant en moustarde faicte au vinaigre. Autre : du blanc de pourreau pillé avec vert-de-gris, et sain vieux, se faict un *Grappes,* très - bon onguent pour ce mal. Les *malandres,* grappes, malandres, et vifves roignes, *roignes.* sont guéries dans peu de temps, par ces remèdes : faictes lexive en eau claire avec une partie de chaux neufve; et l'autre, de cendres de sarment de vigne,

de cossats de pois, et de fiente de geline, dont laverés les lieux malades du cheval; puis les oindrés avec cest onguent : prenés du soulfre, et du vert-de-gris, autant de l'un que de l'autre; mettés - les en pou-dre, et icelle dans une chopine d'huile d'olive, en un poislon, pour y bouillir, jusques à la consistance d'onguent. Autre à mesme effect : litarge d'or, couppe-rose, soulfre-vif. Autre : soulfre mortifié, argent vif, une once de chacun; vieil lard, deux onces, et le fiel d'un bœuf ou d'une vache; les choses susdictes, pulvé-risables, seront mises en poudre, mes-lées et incorporées avec le lard et le fiel, dont sortira l'onguent requis. Au farcin, *Farcin.* est remédié en oignant le lieu avec huile de genèvre, l'espace de quatre jours, soir et matin, l'ayant premièrement des-chargé de poil avec le razoir; à condi-tion que telle partie ne soit aucunement mouillée avant que le poil y soit revenu. La veine du col sera ouverte, pour en tirer du sang assés abondamment, ne laissant manger le cheval, de quatre heures après la saignée. Lui sera donné à manger avec son avoine, six jours du-rant, de la poudre suivante : prenés cu-min, grainé de lin, fenugrec, sileris montani, de chacun deux onces; soulfre vif, quatre onces; pulvérisés et meslés le tout ensemble. Après les six jours, ferés manger au cheval avec l'avoine, des ra-cines couppées menu, de bouillon blanc, de valériane, de parelle, autant d'une que d'autre, et de toutes ensemble, une poignée à chaque fois que lui donnerés l'avoine. Le matin qu'aurés commencé à lui donner ces racines-là, faictes-le sai-gner de la veine du col, sans lui tirer beaucoup de sang, le gardant de manger

et boire, quatre heures après; et le reste
du jour, le traitterés avec bon foin et
avoine, sans lui donner, ni des poudres,
ni des racines susdictes; mais si ferés
bien les six jours après, de suite, car
avec l'avoine, un soir lui bâillerés de la
poudre, et le lendemain, à semblable
heure, des racines, alternativement, une
fois chacun jour, de l'une ou de l'autre,
ainsi continuant durant six jours; puis
autres six jours, ne lui bâillerés que du
bon foin et avoine, par lequel traittement le cheval sera deslivré du farcin,
très-fascheuse maladie, et contagieuse;
toutes bestes chevalines la prenans comme
peste, dont est nécessaire séparer les malades du farcin, des saines : voire, et
nettoyer curieusement, et estables et
mangeoires, que mal n'en avienne à
toute la troupe du bestail chevalin. Le
cheval sera lavé trois ou quatre jours de
suite, avec eau en laquelle auront bouilli
de la jombarbe, morelle, orties griesches.
Les plaies du farcin sont guéries y mettant dessus, de la poudre de miel et de
chaux, cuits et rostis ensemble par es-
gale portion. *Courbes.* Contre les courbes, faut employer cataplasme faict de sange broyée,
avec sel ammoniac, farine-folle de mou-
lin, et vinaigre. *Enfleure des genoux.* Contre les enfleures des
genoux, faictes paste avec suie de che-
minée pulvérisée, et un peu de farine,
destrempées en huile d'olive, et l'appliqués sur les enfleures. *Suros.* Les suros se guérissent par emplastres faicts d'un oignon cuit sous la braize, réduit en paste,
meslé avec de la cire fondue, et du sain
de pourceau; des racines de mauves, et
graine de moustarde, cuittes et incorporées avec fiente de beuf; mais avant l'application, convient raire le poil de la par-

tie malade. *Avives.* Aux avives, le plus prompt
remède est le meilleur (pour garentir
de mort le cheval), et le plus asseuré,
est d'arracher les avives avec la lancète,
ce que faict l'expert mareschal, auquel
faut recourir promptement. Telle maladie procède d'imprudence, abbruvant le
cheval suant et encores chaud du précédent travail, dont il perd et repas et repos, ne voulant manger, ni s'arrester
en un lieu, ains pressé de grande douleur, se couche et remue avec inquiétude. Il a les aureilles froides, signe du
mal des avives, lesquelles arrachées, le
cheval sera enveloppé d'une couverture
et pourmené, jusques à ce que les aureilles
lui soyent revenues chaudes, lui faisant
manger du bon et deslicat foin, et boire
de l'eau tiède, blanchie avec de la farine, y mettant du sel dedans. Après par
repos et bon traittement, remettre le
cheval en santé. *Encoeur.* L'encoeur est un autre
mal qui despesche tost le cheval : de
mesme qu'au précédent, convient recourir
au mareschal, pour arracher avec ferre-
mens la glande, qui s'enfle en la poie-
trine. *Estranguillon.* L'estranguillon est aussi du gibier
du mareschal. Ce sont glandes qui pro-
cèdent de l'humeur descendant du cerveau refroidi, sous la gorge du cheval. Il
convient les piquer avec la lancète, soir
et matin, oignant souvent avec du beurre
frès, toute la gorge, et tandis couvrir la
teste du cheval avec du drap, pour le
garder du froid, et tenir le cheval en es-
table chaude. *Gueule eschauffée.* L'eschauffement de gueule
est guéri par le seul laver avec fort vi-
naigre, souvent réitéré, de la gueule et
de la langue. *Veue trouble.* La veue trouble, par le
souvent laver des yeux, avec de l'eau courante de rivière, ou de fontaine, y ad-

joustant du jus d'esclaire, dont l'on instillera tous les jours une fois dans l'œil du cheval. *Œil blessé.* La blesseure de l'œil, par cataplasme faict d'aigremoine et de betoine, pillées ensemble, y meslant deux aubins d'œuf. *Lassitude.* Le cheval trop travaillé, se deslassera par un emplastre mis sur les reins, composé de poix noire, bol armene, sang de dragon, oliban, mastic, nois de gale, de chacun poids esgal; l'emplastre estant appliqué chaudement, où il demeurera tant que le cheval soit guéri. Les jambes et les cuisses du cheval seront frottées longuement avec onguent faict de farine de froment, d'huile d'olive, et moyeux d'œufs; dont il sera deslassé. *Plaies au dos.* Et les plaies du dos, guéries par le jus de la vervaine, dont elles seront frottées: ou par la poudre de ladicte herbe, à faute de la treuver fresche. A cela est aussi bon, le jus d'esclaire. La poudre de fiente de géline, mise sur les plaies, les consolide et dessèche: le mesme faict aussi, la poudre de savates *Enfleure au dos,* bruslées. L'enfleure sous la selle se résouldra, appliquant dessus, comme mortier, de l'argille, qui est une terre *Aux jambes,* forte, destrempée avec vinaigre. Celle des jambes, avec jus de mauves, miel, et vinaigre, bouillis ensemble, en estans *Aux testicules.* frottées matin et soir. Celle des testicules, avec bouillie faicte de croie, du sel, et du vinaigre, dont l'on les frottera plusieurs fois le jour. Aussi par ce remède: faictes par bouillir en eau, des fèves, pour les despouiller de leur pellicule et attendrir; ad-joustés-y le double de cumin, et les cuisés ensemble dans du vinaigre; puis mettés-les dans un sachet de toile, et icelui fort chaudement, sera appliqué et attaché au lieu dolent. La

Gale aux pasturons. gale aux pasturons, par frotter souvent et rudement avec de la paille, ad-joustant une onction faicte avec de l'huile de nois, et du soulfre: de seul huile de cade, y est fort bon aussi. *Eschauffement.* A l'eschauffement, le souverain et singulier remède est de bailler à avaler au cheval, deux onces d'huile d'olive, avec une chopine de vin rouge, si c'est en esté, et en hyver y ad-jousterés une once d'huile de surplus. *Mal d'urine.* Pour la rétention d'urine, sera faicte fomentation de pariétaire, dicte aussi esparcète, senesson, et asporges, en esgale portion, cuittes ensemble, et appliquée avec sachets sur les plus proches lieux de la verge, là y faisant tenir avec des bandes. Les testicules seront à telle cause frottés et bassinés avec la décoction de cresson, pariétaire, et racine de pourreaux; et sera donné à boire au cheval le jus de chous rouges, avec du vin blanc. *Ventre constipé.* La durté de ventre la plus dangereuse avient aux chevaux par trop manger du grain, dont, forbus, extrêmement enflés, ils meurent sans prompt secours. Le remède à cela est, de lui donner un clystère faict de la décoction de mercuriale, pariétaire, mauves, branche ursine, avec miel et huile; puis lui oindre le ventre avec de l'huile, et le frotter avec un baston rond, par deux hommes chacun d'un costé, commenceans par le devant, après lui estoupper le fondement, et le mener pourmener doucement et longuement, et jusqu'à ce qu'il ait rendu le clystère et fienté. Ces bruvages y sont aussi propres: prenés de la poudre des fueilles de rue sauvaige, et de la graine de ladicte herbe, destrempées en vin rouge; racine de flambe janne, avec grains d'anis, et de opopanax, infusés-les dans trois onces d'huile d'olive, et autant de vin rouge; et de l'un des deux, en baillés à avaler au cheval, durant trois ou quatre jours. Contre le flux de ventre, servira ce bruvage, faict avec farine d'amidon, poudre de gales, et vin vermeil; lui frottant le ventre avec huile rozat et un peu de sel. A l'encloueure, faut premièrement en oster la cause, qui est le cloud, et au trou d'icelui, mettre de l'huile bouillant, avec du sel un peu; mais le cheval ayant porté l'encloueure plusieurs jours, et à cause d'icelle, clochant, le pied sera premièrement desferré, et deschargé du nuisible, l'en nettoyant très-bien; après, sera fomenté avec huile chaud, et succre: ou bien l'on mettra dessus, un emplastre faict avec sain de pourceau, sel, et eau; ayant au préallable rempli le creux, où estoit le cloud, avec de la poix, et du sain, fondus. Le fer sera r'attaché au pied, l'y faisant tenir seulement avec deux clouds, attendant l'entière guérison. L'ongle du pied tendre, sera endurcie et se maintiendra en bonté, par l'onguent faict de la racine de mauves bouillies longuement, pillées avec miel et farine, dont elle sera souvent oincte; de mesme la coronne du pied et le talon. Pour engraisser le cheval maigre, plusieurs moyens y a-il, adjoustés au repos, et au bon traittement, de foin et d'avoine; comme de lui donner avec l'avoine, une poignée de froment mouillé, ou du seigle, du fenugrec, des faseols, des lupins, des féves bouillies, et autres choses. Mais de tous les moyens, les plus propres sont ceux du printemps, par le vert qu'on faict manger aux chevaux; et du vert, l'herbe de la luzerne, ou sain-foin, est la meilleure;

laquelle freschement couppée, donnée au cheval, l'engraisse dans douze ou quinze jours, le purgeant et faisant vuider les trois ou quatre premiers jours, si bien, que par après, s'en rend dispost et gai, se paissant avec appétit de tous fourrages, qu'en suite de la luzerne, lui voudrés donner. L'herbe de l'orge, est aussi bonne à ceci, baillée à manger au cheval, pour d'icelle, seule, le nourrir durant le temps que l'herbe demeurera tendre, la lui donnant en la cresche, petit à petit, non beaucoup à la fois, de peur de le desgouster, sans le faire boire aucunement; ains au lieu du bruvage, l'herbe de l'orge sera trempée dans l'eau (séjournant en une auge à l'estable) à mesure qu'on la met en la cresche. Aucuns purgent leurs chevaux, avec des tendrons de saule, qu'ils font coupper à la cime des branches des arbres, tous les matins à la rozée; avec laquelle, font manger tels tendres jettons, aux chevaux. C'est seulement pour trois ou quatre jours, qu'on les nourrit de telle viande; ce petit terme estant suffisant de les purger. Autres font manger le vert au pré, y mettans les chevaux dès l'aube du jour, pour y paistre l'herbe, tandis qu'elle est chargée de rozée, les en retirans sur le chaud du jour, et les y retournans sur la vesprée; mais le cheval paissant en la campagne, demeure plus à se remplir que par les précédens moyens. Tous lesquels tendent là, que de renouveller le cheval, dont après il s'engraisse par bonne conduicte, de la nourriture et du travail. Il y en a qui font desferrer leurs chevaux, avant que leur donner le vert, les font purger par bruvages, et saigner, pour les descharger d'humeurs. Aussi les laissant sent dans l'estable sans lictière, les contraignans de se coucher sur leur fiente, et d'icelle s'en couvrir le corps, ne les estrillans nullement, durant le temps de tel traittement, par lequel les chevaux se renouvellent, devenans comme poulains; puis remis à leur ordinaire, sont pansés de la main, et referrés, pour reprendre les *Contre les mousches.* erres de leur précédent service (95). Les mousches ne nuiront aux chevaux, si on les frotte par tout le corps, avec des fueilles et jettons de courges, y faisant attacher leur jus, et après y passer dessus du sain avec le plat de la main. Le mesme faict l'onguent composé avec poix, et graisse, meslés et fondus ensemble, y ad-joustant de la farine d'ers; si l'on en frotte les chevaux; lesquels moyens serviront aussi aux beufs, pour ne donner prinse sur leurs corps, à aucune mousche (96).

Remèdes pour les Asnes et Mulets.

Ces bestes estans sujéctes à semblables maladies que les chevaux, par semblables remèdes aussi, seront-elles guéries. Il est vrai, qu'elles en ont quelques particulières, provenans de la particularité de leur naturel; mais difficilement peuvent-elles estre distinguées, pour le peu de différence qu'il y a des unes aux autres. Ce qui sera laissé au jugement du mesnager, afin que par le mareschal, soit remédié aux maladies de ses bestes chevalines selon les occurrences, mesme de celles de ses asnes et mulets, les plus importantes; sur tout, de celles dont la cure requiert la main du mareschal, assavoir, le fer et le feu.

Remèdes pour les Bestes à laine.

Le bestail à laine, moutons et brebis, est suject à plusieurs et diverses mala-

dies, dont la pluspart procèdent de mauvais gouvernement, soit du logis, soit de la manière de les mener paistre aux champs, à quelles heures, en quels pastis, combien de temps les y tenir, et autres circonstances remarquées au chapitre de leur engeancement et nourriture, *Lieu IV, chap. XIII.* où pourront estre prins des bons préservatifs, salutaires à cest imbécille animal. La peste est leur plus dangereuse mala- *Peste.* die (dicte en Languedoc, *boussade*), tuant le bestail dans fort peu de temps, s'il n'y est remédié de bonne heure. En esté et en hyver, ce bestail est plus suject à prendre la peste, qu'en autre saison de l'année; pour lequel danger prévenir, on lui fera boire, durant quinze jours, au commencement du printemps et de l'automne, au matin allant au pastis, de l'eau en laquelle auront trempé de la sauge, et du marrubium, dix ou douze heures. Aux bestes qui se treuveront frappées de ce mal, le susdict bruvage sera continué, et en outre baillé du vin et eau, avec soulfre et sel, trois fois autant. Mais pour un préallable, telles bestes malades, seront séparées des saines, et celles-ci, remuées en nouveau lieu; leur donnant aussi du soulfre et du sel, avec vin et eau, comme ès malades, par ces moyens les deslivrant d'infection. À quoi, par dessus tout autre remède, le changement d'aer servira, pourveu que sans deslai, cela soit faict, dès qu'on s'appercevra le mal estre entré au trouppeau; que le lieu soit sain et esventé, et que les estables soyent bien nettes. Les premières estables seront tout-d'une-main, curieusement nettoyées et perfumées avec des herbes odorantes qu'on y bruslera dedans, pour en chasser l'infection (97); où

Roigne. toutes-fois, l'on ne ramènera le bestail, que le mal ne soit du tout passé, n'y restant pas mesme l'apparence, pour tant plus seurement conduire vostre trouppeau. La roigne est aussi une fascheuse maladie, traisnant les brebis à la mort, avec langoureuse maigreur. Elle leur avient au dos, par pluies, et morfondeures, se donne et prend comme peste. Pour en préserver le bestail, conviendra, pour un préallable, ne le mesler jamais avec aucun qui soit roigneux, ains ne paistra qu'avec bestes saines. Après avoir tondu les moutons, et brebis, l'on les lavera avec eau où auront trempé de la sauge, et du marrubium : ou avec eau salée, au défaut de celle de la mer, par en estre esloignés. Séchées de ce lavement, l'on les frottera avec du sain de porc, dans lequel aurés mis du soulfre, pulvérisé. Estant le bestail jà saisi de roigne, en sera guéri par lavement faict de la décoction de lupins, vin blanc, et huile de nois, meslés ensemble en esgale portion : par la décoction de pommes de cyprès : par l'onction du seul huile de cade : par l'onguent avec huile de nois et soulfre : par le seul lavement avec vieille urine : par la lexive faicte en eau avec cendres, où auront longuement bouilli des tendres jettons de genèvre, tronçonnés. Mais avec beaucoup d'efficace, sera guérie la roigne des bestes à laine et à poil, par cest onguent : prenés coupperoze, argent vif, vert-de-gris, et alum de glace, par esgale portion, le tout mis en poudre, sera meslé ensemble dans du vieil oinct, et farine de lupins, ou cendres communes. C'est pour bestes d'asge, non pour aigneaux, dont la tendre jeunesse ne pourroit souffrir la violence de l'argent vif, de la coupperoze, et de l'alum de glace ; pour laquelle cause, l'on ostera de l'onguent ces choses, estant question de l'employer ès aigneaux, qui recevront tous les autres remèdes indifféramment. *Poacre.* A une autre espèce de roigne, est aussi suject ce bestail, très-fascheuse et importune, car elle le prend au museau, l'empeschant de paistre. Les anciens François l'appelloient, *poacre*. Elle leur vient de la rozée, paissans sur les guérets hors heure. Le remède est, l'onguent faict avec huile de chenevi, alum de glace, et soulfre vif, l'appliquant dessus le museau, sur le soir au retour du pastis, pour y demeurer toute la nuict, car le matin ne seroit à propos, le paistre le rendant inutile. *Avertin.* L'ardeur du soleil, principalement celui du mois de Mars, offence tellement le cerveau des moutons et brebis, que tous estourdis, ne font que tournoyer sans vouloir manger. Ce mal est appellé, *avertin*, par d'aucuns François, et en Escosse, avec raison, *estourdi*. Il se guérit par le suc de la poirée ou bete, le faisant boire à l'animal, et manger des fueilles de ladicte herbe. Aussi par le jus de l'orvale ou toute-bonne, instillé dans l'aureille de la beste, soit-elle jeune ou vieille (98). *Toux.* La toux se perd, lavant les nazeaux avec du vin, dans lequel l'on aura pillé des amandes : aussi, par boire au matin du vin blanc, avec huile d'amandes douces, et après donner à manger à la beste, de l'herbe dicte, pas-d'asne, et à avaler du jus d'aigremoine avec du vin. *Difficulté d'halener.* A la difficulté d'halener, ne se treuve meilleur remède, que de fendre les nazeaux, et coupper le bout des aureilles à l'animal, comme l'on faict aux

Enflure du ventre. chevaux, pour semblable cause. A l'enfleure du ventre, par avoir mangé des meschantes herbes, sera remédié tirant du sang des veines des lèvres et de celles de dessous la queue, près du fondement, puis lui faire boire de l'urine d'homme.

Morve. La morve du bestail à laine est incurable, estant une fois formée. Elle est venimeuse, estant facilement prinse par les bestes saines; lesquelles comme rechercheans leur malheur, accourent, ainsi qu'au sel, à la mangeoire des brebis morveuses, y lescheans la morve qu'elles y treuvent, dont elles s'infectent de tel mal. Parquoi, après avoir retiré les bestes morveuses en estable séparée, et essayé les remèdes du cheval en semblable maladie, s'ils ne profittent dans trois jours, les pourrés bien faire jetter en la voirie.

Morsure de bestioles. Pour la morsure de bestioles venimeuses, sera donné à boire de la nielle en poudre avec du vin; et appliqué dessus le mal, emplastre de fien de pourceau. Pour faire

Vers. cheoir les vers qui s'engendrent ès plaies des brebis, de quelle cause qu'elles soyent, ne faut qu'y tenir de la chaux neufve en poudre, là y faisant attacher

Fièvre. avec huile de cade. A la fièvre, le remède est la saignée de la veine de l'œil droict, ne souffrant que la beste boive aucunement de quelques jours après.

Jambe rompue. Pour la rupture de la jambe, faudra premièrement tondre le poil du lieu, après l'oindre avec razis molifié en salive d'homme, et y appliquer un emplastre de poix noire; et ayant remis la jambe, la lier proprement avec des bandes, y ad-joustant des bastons pour la tenir droicte, et de telle sorte l'accommoder, que la beste puisse aller aux champs paistre, sans en destourner la guérison.

Remèdes pour les Chèvres.

Par semblables remèdes qu'on employe en la cure des maladies du bestail à laine, seront médecinées celles de cestui-ci à poil, pour la sympathie de leurs naturels, souffrant communication de nourriture. Et bien qu'on recognoisse quelque diversité de complexions entre les brebis et chèvres, si n'en seront pourtant leurs maladies distinguées, pour les traitter diversement. Ou ce sera, en certaines particularités, que l'expert berger remarquera, et y pourveoira selon ses expériences, sans estre besoin d'amplifier davantage ce discours.

Remèdes pour les Pourceaux.

Le premier sera, de tenir nettement leurs estables et mangeoires, leur faire bonne lictière, ne souffrir de hanter autre bestail; mesme la poulaille sera bannie de leurs estables, parce que les plumes et fientes de la volaille, importunent beaucoup les pourceaux. Ces choses tendent à préserver les pourceaux de maladie, à plusieurs, leur saleté et gourmandise les ayans assujettis. Quand l'on s'appercevra les pourceaux n'estre si esveillés que de coustume, ayans la mine triste, sans appétit, portans les aureilles pendantes, lents au cheminer, traisnans leurs jambes de derrière, c'est signe de mal futur; dont encores serés mieux asseuré, par les soyes du dos qu'on leur arrachera, lesquelles ayans saigneuses les racines, vous feront, comme voir à l'œil, la maladie estre jà arrivée. Leur indisposition avient, quelques-fois, par avoir mangé de mauvaises herbes, laquelle ne se convertira en maladie, si leur faictes digérer tels mauvais morceaux; ce que ferés par abstinence, les tenans enfermés, sans manger, dix-huict ou vingt heures; au bout de tel terme, leur baillerés à boire bonne quantité d'eau tiède, dans laquelle aurés faict tremper, durant douze ou quinze heures, des racines de concombre sauvaige pillées. Ce leur sera singulier préservatif contre les maux contagieux, de peste et autres, que de tenir dans leurs auges, des racines d'asfrodilles concassées, à ce que leur bruvage ordinaire, tire la substance de telle racine. Le charbon du bois de tamaris, esteint dans le boire des pourceaux, leur sert de bon préservatif contre les venins; et seroit à souhaitter, leurs auges estre faictes de tel bois, pour leur continuer ce bon service. Touchant la peste, pour un préalable leur faut changer d'aer (non seulement de logis), en lieu esventé, comme j'ai dict des brebis, et les saigner sous la langue. Là les ferés nourrir, plus avec le boire qu'avec le manger; mais boire, dans lequel aurés faict bouillir herbes fresches, y meslant tous-jours de la farine d'orge parmi. Pour corriger aucunement la lèpre (car de la guérir du tout ne se peut), l'on saignera le pourceau sous la queue: l'on le fera souvent baigner dans l'eau: l'on ne lui espargnera le boire: et sur tout, l'on le logera nettement, sans souffrir demeurer aucuns fiens pourris dans leurs estables, ains leur tenir tous-jours bonne lictière, la saleté estant la principale cause de telle maladie. Les pourceaux deviennent quelques-fois enflés par trop manger de fruicts en la saison. La décoction de chous rouges, beue, les dés-enflera, voire les chous mesmes, leur en donnant à manger avec leur provende. La fueille de meurier, bouillie en eau, sert aussi en tel

endroit. Au catarre et enfleure des glandes au col, après avoir saigné le pourceau sous la langue, l'on frotte les lieux enflés, avec du sel, et farine de froment, meslés ensemble. La décoction des herbes et racines de concombres sauvaiges est salutaire à ce bestail, se treuvant tel d'avoir mangé des meschantes herbes, pourquoi, ne leur espargnés tel bon remède, le réitérant souvent sans crainte d'excéder.

Remèdes pour les Chiens.

Plusieurs maladies des chiens seront curées par semblables remèdes que celles des bestes à laine, pour la conformité de leurs mœurs, en plusieurs choses; et les maux suivans, par ces moyensci. Pour la rage: l'on prévient ce furieux mal, dès la première jeunesse du chien, en lui tirant le nerf du bout de la queue, dont j'ai parlé ailleurs; ainsi estant creu dès toute ancienneté. Aussi pour la mesme cause, leur oste-on un nerf qu'ils ont sous la langue. Mais pour le mieux, convient entendre que les chiens sont tourmentés de diverses sortes de rage, distinguées en sept espèces, comme aucuns ont escript, dont les deux premières sont incurables; ès cinq dernières (par n'estre tant venimeuses que les autres) y a quelque remède, comme les suivans: faictes avaler au chien, un bruvage faict de la décoction de rue, passerage, élebore noir, bouillis en eau, à laquelle sera ad-jousté du vin blanc, et deux drachmes de scamonée; après, le chien sera saigné en la gueule, lui faisant sortir à force sang. Autre: pivoine, et absinte, six drachmes de chacune; aloès en poudre, deux drachmes; autant de corne de cerf, bruslée et pulvérisée;

Morsure d'un chien enragé.

agaric autant; ces choses seront infusées en vin blanc, et données en bruvage au chien; puis convient le saigner des deux veines qui viennent par le dedans des espaules: ou lui fendre les aureilles pour les faire saigner. Pour guérir un chien de la morsure d'un autre, estant enragé, le faut purger, puis baigner. La purgation sera faicte, de casse, de scamonée, avec poudre de stafisagre, le tout destrempé en huile d'olive, qu'on baillera à avaler au chien. Et le bain, de pure eau claire, avec abondance de sel (à faute de l'eau de la mer) qu'on mettra, pour aisance, dans une cuvette, et là plonger et laver le chien plusieurs fois le jour, durant neuf ou dix.

Roigne.

La roigne commune des chiens se guérit par les laver souvent et rudement avec la décoction de berles, d'enula campana, de lapace, de asfrodilles, y ad-joustant des cendres et du savon.

Dartres.

Les dartres sont bien plus difficiles à guérir. Après avoir razé le poil des lieux requis, iceux seront frottés avec du vinaigre et de la lexive avec du sel, si fort et tant, que le sang en sorte; puis les dartres sont oinctes avec onguent faict de deux livres huile de nois, une livre huile de cade, autant de poix gemme, soulfre, vitriol, vert-de-gris, quatre onces de chacun; litarge d'or, alum de glace, de chacun deux onces; le tout pulvérisé et incorporé, sera bouilli en vinaigre jusques à la consistance d'onguent.

Pulces, poux, vermines.

Les pulces, poux, et vermines mourront, en lavant et frottant les chiens avec la décoction de lapace, berles, mente, et cendres de sarment; passée à travers d'un linge, y ayant ad-jousté de la poudre de stafisagre, du savon, et du saffran.

Remèdes pour la Poulaille.

Pepie.

La pepie est la plus fréquente maladie des poules communes, leur ostant le manger et le boire. C'est un cartilage qui leur croist en la langue, par faute de boire, ou de boire eau non nette, ains orde et puante. En arrachant tel cartilage, la poule est deslivrée de mal; ce que la gouvernante de la volaille fera à peu de peine, avec une esguille, et après lavera la langue et le bec avec de l'huile, dans lequel, au préallable, aura escaché une dausse d'ail: ou bien avec du vinaigre un peu chaud: la salive seule, sert à ceci: servira aussi, d'achever de guérir ce mal, donnant à manger à la poule de la graine de stafisagre, meslée parmi le grain de son ordinaire, soir et matin.

Ventre lasche.

Le ventre lasche de la poule, vuidant par trop, est resserré, lui faisant boire du vin un peu chaud, dans lequel aurés bouilli des escorces de coin: ou mis dedans, des cornes en poudre: aussi en leur donnant à manger de l'orge bouilli en eau avec escorce de grenade.

Constipé.

Au contraire, est ouvert l'ayant constipé, par l'eau miellée qu'on leur fera boire. Les jeunes poulets sont fort tourmentés de ce mal, auquel est remedié en les esplumant à l'entour du fondement, et ouvrant icelui avec une plume, dont le ventre est incontinent lasché.

Catarre.

Le catarre ou fluxion qui tumbe aux poules, est un mal qui leur faict baisser la teste, et ternir la creste, leur causant aveuglement. Le remède est, de traverser les nazeaux d'une plume, par telle ouverture se vuidant la cause du mal. Et parce que tels maux ne procèdent que de morfondement, qui leur avient, ou pour avoir beu eaux glacées, ou d'avoir couché à descouvert, sera convenable de leur eschauffer leur boire, mesme en temps de bruines, dont telle nuisible humidité *Yeux.* sera corrigée. Et de leur laver les yeux, avec jus de pourcelaine, sel ammoniac, meslés avec laict de femme ; remède qui leur fera fondre les petites peaux surcroissans dessus les yeux, desquelles la veue est arrestée, sans se donner peine de les arracher avec une esguille, comme aucuns font ; et servira aussi tel lavement, à guérir les inflammations des yeux. Les *Poux et* poux, et vermines, emmaigrissent les *vermines.* poules, sur tout les couveuses. Le remède est, de les plonger dans eau où l'on aura bouilli de la stafisagre : ou du cumin : ou des lupins, l'amertume de telles choses tuant ces nuisibles bestioles. Toute espèce de poulaille, indifféramment, craint le serein (exceptée ceste race de paon, qui n'a que faire de logis, naturellement couchant sur les arbres ; de laquelle l'on ne se souciera, pour la préserver de morfondement) ; aussi généralement on les en garentira, les faisant retraire, à l'approcher de la nuict, en leurs juscheoirs ; comme semblables remèdes que dessus, seront employés sans distinction d'espèce, aux poules d'Inde, oyes, canes, cygnes, puis que leurs naturels symbolisent ensemble presques en toutes choses. Les dindes ont ceci de particulier, que de craindre fort les gouttes aux pieds, en leur première jeu-*Liu. V,* nesse ; mal qui s'évite par bonne con-*chap. XII.* duicte, comme j'ai monstré. La curiosité de tenir nettement les poulaillers, les perfumant au besoin, préserve toute la poulaille de la pluspart de ses maladies ; et de les fermer et ouvrir à temps, du

ravage des fouines, bellètes, chats sauvaiges, et autres bestes malingnes et de proie, qui y entrent la nuict, à la moindre ouverture qu'elles y treuvent ; où elles tuent tout, sans pardonner à aucune poule. Touchant le renard, ce sera la guerre ouverte, qui en deslivrera de crainte la poulaille ; auquel l'on chassera et de jour et de nuict, par divers moyens, pour en dès-engeancer la contrée (99).

CHAPITRE VII.

De la Chasse, et autres honnestes exercices du Gentil-homme.

FINALEMENT ces discours nous ont *Exercices.* conduit aux choses de plaisir, après avoir traitté de celles de profit. La chasse n'est pourtant sans utilité, non plus que la mesnagerie, sans deslectation. Et comme l'Agriculture regarde, principalement, à la nécessité du vivre des hommes, ayant pour accessoire, le contentement : ainsi, le but de la chasse, estant le joyeux passe-temps, est suivi de plusieurs commodités. Comme, du moyen de la santé, venant du lever matin, de l'exercice, de la sobriété ; aussi, de façonner l'esprit, rendant l'homme, patient, discret, continent, modeste, magnanime, hardi, ingénieux. L'article du fournir la table de précieuses viandes, ne sera oublié : ni celui de la visite des terres, et la solicitation au travail ; mesnage que tout-d'une-main l'on faict, allant et revenant de la chasse. De tels utiles plaisirs, jouira le gentil-homme des champs, sans destrac de ses affaires, s'il se mesure ainsi qu'il appartient, à ce que ne s'abandonnant à ses plaisirs, il donne à la chasse, quelques heures de son loisir. Le vin est aliment très - précieux, prins modérément, et venin mortel, beu désordonnément. Les livres nous font voir un roi d'Arcadie, Lycaon, converti en loup: un Actéon, en cerf, par s'estre trop addonnés à la chasse; et tous deux, mangés de leurs propres chiens: on lit aussi, que l'empereur Sevère, qui employoit tout son temps à la chasse, finit misérablement ses jours, à l'aage de sa première force, délaissé de ses propres serviteurs, qui aidèrent à lui courir sus. Ce royaume n'est sans exemple sur ce suject, s'y voyans en diverses provinces, des bonnes maisons incommodées par le trop fréquent usage de la chasse, d'où s'y faisant de l'accessoire, principal, n'est de merveilles d'en voir les affaires reculées.

Le gentil-homme bien avisé, ayant ceste belle humeur, que d'aimer la chasse, ordonnera du temps d'y vaquer, et des moyens de la despence requise à tel noble exercice, si bien qu'il en pourra continuer l'usage avec grande deslectation et de corps et d'esprit, sans intéresser ses principales besongnes. Et ce ne sera lui seulement, qui jouira de telles commodités, ains le public y participera, quand par tels honorables et plaisans labeurs, la contrée sera deslivrée de bestes ravissantes, dévorans en la campagne les personnes et le bestail de mesnage. Passant plus outre, par l'exercice de la chasse, le gentil-homme se façonne à la guerre, y apprenant les ruses de l'art, à s'endurcir au travail, fuyant l'oisiveté, à se contenter de manger et boire peu, à s'ac-

coustumer à toutes viandes et bruvages, à combattre à force et par surprinse, à piquer chevaux par bon et mauvais pays, dont il se rendra bon guerrier; estant la chasse, un vrai apprentissage de la guerre, pour la conformité qu'il y a par-entre ces deux exercices: et par conséquent, propre à faire service au roi, et à la patrie. *Platon* dressant ses loix, y coucha la chasse, comme nécessaire à la république. Plusieurs rois de l'antiquité ont faict exercer leur gens à la chasse. Cyrus, Lycurgus, Romulus, Alexandre le grand, Pompée, Marc-Antoine, Adrian, sont de ce nombre. De nos rois, plusieurs ont aimé la chasse, vénerie et fauconnerie. On treuve en l'histoire d'*Aimonius*, que le roi Clovis, en l'an cinq cens et neuf, poursuivit un cerf, sorti de la forest de Chinon, jusques en la rivière de Vienne, laquelle il passa sans nager; par ce moyen, enseignant au roi, un bon gué dont il estoit en grand doubte. Le roi Clotaire aussi aima la chasse, et en mourut d'une fièvre qu'il print, chassant en la forest de Couci. Les rois Charles sixiesme, et neufviesme, l'ont exercée en leurs temps, et cestui-ci tant aimée et si bien entendue, qu'il en a composé un livre (100). Le roi régnant heureusement se deslecte aujourd'hui à la chasse, ayant tiré de ses Ancestres telle noble affection.

Nous avons faict voir, quelle différence il y a de la garenne au parc: en cest endroit, nous-nous servirons de telle démonstration, pour faire entendre au gentil-homme qu'il y a une chasse pour lui, et une autre pour le grand Seigneur, afin qu'il ne se mesconte. La chasse aux cerfs, biches, daims, sangliers, loups, et en général de toutes bestes rousses et

Lieu V, chap. xi, xii.

noires, n'appartient qu'aux rois, princes, et grands seigneurs : comme aussi le chasser à la haute volerie, leur est propre, s'estans réservés tels passe-temps, avec les moyens d'y despendre. Il n'est pourtant hors de propos, qu'ayant, le gentilhomme, des forests nourrissans et retrayans telles grosses bestes, qu'il n'y chasse quelques-fois : mais ce sera en compaignie de ses voisins et amis, desquels se fera assemblée selon les occurrences du temps et autres occasions, meslans ensemble leurs attirails, de chiens, de chevaux, de rets, panneaux, toilles, bources, cordages, espieux, arquebuses, arbalestes, trompes, tenailles, et autres choses nécessaires, afin d'en composer un suffisant à l'entreprinse. Et pour son particulier ordinaire, se contentera du nombre des chiens, oiseaux, chevaux, valets, meubles, et engins requis à lui entretenir ce passe-temps, dont il fera estat, le dressant et limitant à la portée de son bien, où il regardera plus, qu'à son plaisir. Il s'instruira en tous les termes de l'art de la chasse, vénerie et fauconnerie, pour parler à ses chiens et oiseaux, et avec la voix et avec la trompe, diversement, tantost haut, tantost bas, selon les chasses. Observera les bestes, leurs naturels, leurs ruses et finesses : les temps et saisons de les prendre, leurs repaires et gistes, licts, chambres, reposées, bauges et tanières. Celles qu'il faut courir et combatre. Comme il les faut quester, requérir, lancer et donner aux chiens, accommodant leurs espèces selon la chasse. Avec le chien couchant, faict au poil et à la plume, le gentil-homme, durant l'automne, l'hyver, et le printemps, l'arquebuse au poing, s'en ira arrester et prendre la perdris, et le levraud. Avec le mesme chien, en esté, arrestera les cailles et tourterelles, qu'il prendra leur jettant la tirasse ou filé par dessus. Avec ses levriers, ira courir et prendre le lièvre et le levraud, en toutes les saisons de l'année. Aux lièvres, renards, putois, fouines, chassera aussi avec filés, toilles ; aux conins avec le furet et la poche.

Quant à la fauconnerie, laissant la haute volerie pour les plus grands, le bas voler des champs sera pour le simple gentil-homme, lequel se dressera attirail requis à ce bel exercice, surpassant d'autant plus celui de la vénerie, qu'il y a de différence entre les choses de la terre à celles de l'aer. Il tendra son esprit à la conservation de ses oiseaux, sans s'en rapporter du tout à son fauconnier, en telle curiosité imitant des princes et grands seigneurs, qui ne s'importunent du bruit de leurs oiseaux, les faisans coucher dans leurs chambres. Ne tenir qu'un oiseau, c'est n'en avoir poinct, pour les inconvéniens qui surviennent journellement : à laquelle incommodité est joincte ceste-ci, que n'en ayant qu'un, le gentil-homme est contraint d'attendre le jour et l'heure que son oiseau sera prest et en estat ; mais en ayant plusieurs, il en appreste et pour le matin, et pour le soir, selon l'heure qu'il lui plaist de voler. Or d'avoir beaucoup d'oiseaux, c'est tumber de l'autre extremité ; parquoi, le nombre pourra estre restreint à deux, qu'il entretiendra avec non guières plus de despense, que pour un seul, parce qu'il lui faut aussi bien un homme pour en gouverner un, que deux. Cinq ou six couples de chiens est la suite de cest attirail, lesquels convient choisir de moyenne taille,

taille, qui soyent espagneuls, pource qu'estans mieux vestus que les braques, ils ne craindront, ni le froid ni les espines. Il convient avoir aussi une lesse de bons levriers, et de bien nourrir tous les chiens, afin que demeurans plus gras que maigres, ils vous facent honneur et service, et ne soyent en danger d'estre roigneux, comme sont presques tous-jours les maigres. C'est équipage est raisonnable pour le gentil-homme qui ne veut faire grande despense, moyennant lequel recevra contentement, et de la commodité avec, pour la cuisine, estant en pays de gibier, deschargeant d'autant les frais de la fauconnerie. Du chois des oiseaux, de leurs noms, qualités et différences, du moyen de les dresser et employer, selon les pays, et les chasses, de les nourrir et entretenir, de leurs maladies et remèdes, ne sera ici plus avant discouru. Non plus que de l'eslection des chiens pour ce déduit, et pour la vénerie : et ce afin de n'outre-passer les limites de ma délibération ; veu mesme, qu'il y a plusieurs livres escripts sur telles matières, où nostre gentil-homme se pourra amplement instruire de ce qu'il désirera pour ses chasses. Mais particulièrement pour la fauconnerie, du beau et excellent livre du seigneur *d'Esparron*, gentil-homme provençal, qu'il a de nouveau mis en lumière, où il a particulièrement et amplement discouru de tel noble exercice (101).

Divers autres moyens y a-il pour prendre bestes à quatre pieds, qu'on employe et jour et nuict, selon les saisons et le temps, chaud, ou froid : comme piéges, agraffes, fosses, trapes, rets, pents, amorces, etc. Aussi oiseaux, gros et menus, à l'amorce, à la pipée,

à la passée, au tumbereau, à la tonnelle, au feu, au glu, aux laqs, à la poche, au rets, à la chouette, au duc, à l'appeau, au rejettail, etc. Et ce avec beaucoup de passe-temps, et petite despense, parce qu'il n'est besoin pour telles chasses, ni chiens, ni oiseaux, ni chevaux. Les propriétés des pays ont faict inventer aux peuples, divers instrumens et engins à prendre bestes terrestres et aériennes, chacun les appropriant à ses usages particuliers, selon la faculté de son lieu : pour la variété desquels instrumens, seroit impossible de les représenter par discours ; seulement par pourtraicture, en pourroit-on donner quelque moyenne cognoissance. Où les canards et autres oiseaux de rivière abondent, comme ès grands estangs, et près des mers, là on s'exerce en grand volume, en telle espèce de chasse, mesme en Hollande, en ceste manière : on y employe un canard vif, attaché au bord de l'eau, qui appelle les passagers, lesquels tumbés en l'estang, s'en vont treuver celui qui les invite : et à ce que ce soit tant plustost et en tant plus grande trouppe, un chien duit à tel service nageant par l'estang, les va ramassant des lieux plus esloignés, pour leur faire tenir le chemin requis, où assemblés, se treuvent prins par le moyen d'un filé, là au-paravant tendu, qu'un homme caché auprès, destend quand il en void le poinct. L'on prend aussi des canards au hameçon, presques comme poissons, c'est en enveloppant les hameçons avec des tripailles, et iceux attachés à terre par des cordelettes ; les canards voyans de loin telle viande, nageant sur l'eau, l'engloutissent avec les hameçons, dont ils se treuvent prins par le bec. Le gentil-homme chassera aussi au canard, à l'arquebuze, en se pourmenant le long des eaux, durant les gelées et grandes froideures; et és autres chasses, où son plaisir le guidera, esquelles le trop de travail n'en ravalle le contentement : car quant à celles des perdris, au feu, durant la nuict; à la tonnelle, le jour : des bécasses, alouettes, et autres oiseaux, qu'on attend longuement és passages, et jour et nuict, mesme en mauvais temps, comme en byver, durant les grandes glaces, et neges, pour les attrapper avec filés, et autrement, il les commettra à ses gens : aussi les amorces et traisnées, le dresser des piéges pour prendre loups, et renards, blereaux, tessons, et semblables bestes, la prinse desquelles est avec beaucoup de peine. Encores que la chasse aux oisillons, avec la chouette, ou au duc, semble n'appartenir qu'aux enfans, si est-elle tant plaisante et agréable, que souvent les grands sont incités à s'y exercer, tout honneste passe-temps estant recevable aux champs. Le plaisir y est singulier, de voir un oiseau difforme, perché parmi la verdure et les fleurs, attirer à soi infinité d'oisillons, venans là de toutes parts contempler sa mine, sa contenance, sa laideur, le pinceans, chantans chacun son ramage, comme pour le braver et se moquer de lui : et au bout de cela, se sentir prins par les griffes avec le brei (petit instrument composé de deux bastons, se joignans de leur long, que l'oiseleur, caché dans sa logète, faict jouer à poinct), ou bien par le glu, dont ils se treuvent empestrés en leur pennage (102). A tels honnestes exercices, passera son temps le noble père-de-famille, tandis que par sa préveoyance, ses affaires s'advanceront, et treuvera par expérience véritable ce qui est dict, que

> Qui le plaisir à l'utilité joinct,
> En mesnageant, le gaigne de tout poinct.

A corriger la solitude de la campagne est de grande efficace la lecture des bons livres, vous tenant tous - jours compaignie. Scipion l'africain en rend ce tesmoignage, disant à ses amis (qui s'esbahissoient de sa vie privée et retirée) *n'estre jamais moins seul, que quand il estoit seul.* Si que le gentil-homme aimant les livres, ne pourra estre que bien à son aise, avec un livre au poing, se pourmenant par ses jardins, ses prairies, ses bois, tenant l'œil sur ses gens et affaires. En mauvais temps de froideures et de pluies, estant dans la maison, se pourmenera sous la guide de ses livres, par la terre, par la mer, par les royaumes et provinces plus lointaines, ayant les cartes devant ses yeux, lui monstrant à l'œil leurs situations. Dans l'histoire, contemplera les choses passées, les guerres, les batailles, la vie et les mœurs des rois et princes, pour imiter les bons, et fuir les mauvais. Remarquera les gouvernemens des peuples, leurs loix, leurs polices, leurs coustumes, tant pour entendre comme le monde se gouverne, que pour faire profit des salutaires avis qu'il en pourra tirer, les appropriant à ses usages. Des bons livres, il apprendra à sagement conduire sa famille, à se comporter avec ses voisins, sur tout à craindre et servir Dieu, à bien vivre, à fuir le vice, suivre la vertu, qui est le chemin du ciel, nostre seure demeure. Ce lui sera beaucoup de contentement, s'il a quelque modérée cognoissance des simples, et herbes médecinales de la campagne : car il ne pourra sortir de sa maison sans treuver à qui parler, contemplant leurs racines, herbes, fleurs, fruicts, leurs propriétés, avec la louange du Créateur. De mesme regardant au ciel, admirera l'ouvrage du Souverain, à la veue du firmament, des estoiles, planètes, et signes célestes : sçaura la raison des équinoxes, et solstices, des esclipses, du cours du soleil et de la lune, s'il a quelque cognoissance de l'astrologie. La musique, le jeu du luth, de la harpe, de l'espinète, et autres instrumens, servent beaucoup à ce suject. Aussi l'arithmétique, la géométrie, l'architecture, la perspective, mesme la pourtraicture, pour représenter forteresses, villes, chasteaux, païsages, dignes parties du gentil-homme, moyennant lesquelles, il desseignera plans de forteresses, et de maisons privées, voire par tels moyens, ordonnera de ses bastimens, de ses jardins, de la disposition de ses arbres, et fera autres choses de son mesnage par art, avec heureuse issue. La visite des amis est très-recommandable au gentil-homme, par là cultivant les amitiés, avec l'affection nécessaire à chose tant précieuse, que chèrement il se conservera. Moyennant ces belles et nobles qualités, nostre vertueux père-de-famille se maintiendra gaiement en son mesnage, y vivra commodément, fera bonne chère à ses amis ; et despartant à propos ses heures, pourveoira à ses affaires, si bien, que, mariant le profit avec le plaisir, chose aucune n'en demeurera en arrière, ains, comme en se jouant, toutes s'advanceront à son contentement et honneur, Dieu bénissant son labeur et industrie.

CONCLUSION.

DES parolles il faut venir aux effects, pour avoir contentement de nostre agriculture. Et comme ce n'est que du papier peint, que le dessein du bastiment, sans pierre, chaux, sablon, bois, et autres matériaux, pour eslever l'édifice, aussi vainement aurions-nous représenté le mesnage des champs, sans mettre la main à l'œuvre. L'on a accoustumé de se moquer de ceux qui disent vouloir bastir, planter, réparer, sans en voir l'advancement. Voire les terres mesmes, semblent accuser de négligence leurs possesseurs, qui ne les mettent en poinct d'enfanter les biens qu'elles ont conceus dans leurs entrailles. Les anciens Romains, pour l'intérest que le publiq recevoit de telles paresses, ordonnèrent que le censeur chastieroit la négligence à faire valoir les héritages. Et par l'exemple de la profitable diligence de Furius Crisinus, firent des statuts et ordonnances sur la manière de mettre les terres en valeur. Cestui Crisinus labouroit son héritage, de médiocre estendue, avec tant d'art et diligence, qu'il en tiroit beaucoup plus de profit que ne faisoient ses voisins de leurs grandes possessions ; lesquels meus d'envie, l'accensèrent en justice, que par magie ou sortilèges, il s'attiroit la graisse des champs de son voisinage. Il compart à l'assignation devant le censeur, accompaigné d'une sienne fille en bon poinct, bien vestue, conduisant ses beufs, gras et esveillés, avec ses coutres et socs, bien

forgés et acérés , portant plusieurs autres
outils et instrumens pour la culture de la
terre. Monstre cest attirail au censeur et
au peuple , leur dict que ce sont les
instrumens magiques dont il a usé ; leur
faict voir ses mains calleuses du travail ,
regrettant ne leur pouvoir de mesme représenter ses labeurs , sueurs , veilles ,
tant de jour que de nuict, qu'il avoit employées à rendre fertile son héritage : de
quoi il demeura loué , et ses accusateurs
moqués pour leur fainéantise. *Pline* , en
outre, raconte, et avec lui, *Plutarque*
et *Tite-Live* , que le roi Gyges s'enqué-
rant de l'oracle d'Apollo, qui estoit le
plus heureux homme du monde , eust
response que c'estoit Aglaüs, cognou des
Dieux et incognou des hommes. Après
avoir faict cercher cest Aglaüs par toute
la Grèce , enfin il est treuvé en un recoin de l'Arcadie, cultivant son petit héritage , où , avec sa famille bien réglée ,
il vivoit fort commodément des biens ,
qu'en abondance , par son industrie et
diligence , sa terre lui rapportoit. L'histoire nous a conservé la mémoire de tels
hommes, pour nous rendre bons mesnagers : comme aussi à mesme fin, de plusieurs autres , les exemples servans de
bons maistres. Les Milesiens estans en
guerre civile , à cause de l'ambition du
Gouvernement , esleurent pour arbitres
de leurs différens, des hommes du pays
de Parrois : lesquels estans là arrivés,
considérèrent diligemment l'estat des
villes et terroirs des Milesiens. Ils y
treuvèrent plusieurs ruines : des villes et
maisons désertes, des terres en friche ,
et tout cela procédé de l'oisiveté, qui les
avoit plongés en sédition. Quelques héritages bien cultivés , y remarquèrent-ils

aussi , comme tesmoignans que leurs
propriétaires avoient là employé leurs
temps, sans s'amuser à questionner avec
leurs voisins. Après avoir convoqué le
peuple, sans autre recerche, adjugèrent
le gouvernement aux meilleurs mesnagers et plus diligens , choisis d'entre ceux
qui avoient leurs terres bien en poinct,
espérans qu'ils seroient curieux du bien
publiq, autant qu'ils l'avoient esté de
leurs affaires domestiques. C'est ce que
récite *Sabellicus* ; et aussi , que Abdolominus fut esleu roi de Sidon , non seulement pour sa prudence, ains par s'estre
proprement accommodé en sa maison des
champs, et pour les grandes expériences
qu'il avoit en l'agriculture.Cyrus le grand,
roi de Perse , par le tesmoignage de
Xénophon, estimoit les plus belles occupations du gentil-homme estre l'agriculture et la guerre , lui mesme s'employant
et en l'un et en l'autre exercice. Ce roi
prenoit plaisir de contempler les dépor-
temens de ses seneschaux et présidents de
provinces , qui avoient sur-intendence
sur la police, mesme sur le labourage :
voyant ceux qui avoient leurs terres bien
habitées , pleines de tous arbres chargés
de fruicts , il leur accroissoit leur jurisdiction , sans leur espargner les dons des
richesses et d'honneur , pour tesmoignage de leur vertu. Au contraire, ceux
que le roi treuvoit avoir leurs provinces
dépeuplées , et en friche , les punissoit à
la rigueur , et les démettoit de leurs
charges , pour les donner à d'autres.
A l'eslection des eschevins, capitouls,
maires, consuls des villes de ce royaume,
jusques aux moindres , tous-jours les
meilleurs mesnagers sont employés, avec
ceste raison , que celui se rend capable

des affaires du publiq, qui conduit bien les siennes particulières. Entre les richesses du sac de Carthage, furent treuvés vingt-huict livres de l'agriculture, composés par *Mago*, lesquels, de l'ordonnance du Sénat de Rome, furent traduits du langage punique, en latin, avec beaucoup de louange du traducteur, et encores plus de l'auteur, qui en fut proclamé père du labourage. Le roi Dejotarus print à honneur que *Diophanes* lui dédiast son Agriculture. L'empereur Auguste, de mesme, receut de bon cueur, les commentaires de *Caius Valgius*, sur les simples. Mecenas, le livre de *Sabinus*, sur la nature et diverses qualités des oignons (103); tant les Anciens ont faict d'estat de l'agriculture, la plus innocente vacation qui soit au monde. *Platon* confesse que la vie rustique et solitaire a gaigné le prix, comme maistresse et exemple de toute sobriété, continence, parsimonie, et diligence, proposée à l'homme pour franchise et refuge, comme un port et addresse contre la calomnie, l'ambition, l'envie, et autres vices. En ses livres de la République, plusieurs ordonnances se voyent pour l'agriculture, entr'autres, de ne changer ou arracher les bornes des champs, de ne rompre les canaux, ou destourner les cours des eaux qui abbruvent les terres, de ne faire desgasts aux héritages, ni aux fruicts de la terre, sous grandes peines. Ce que nos sages empereurs ont suivi, en leurs constitutions modernes. *Cicéron*, au discours qu'il faict en son premier livre des Offices, touchant le profit que nous apportent les arts et sciences, est d'avis n'y avoir rien plus noble, et qui mieux convienne à l'homme vivant noblement et en liberté, que le faict de l'agriculture. *Virgile* tient, qu'à l'homme des champs ne manque, pour sa félicité, que la cognoissance de son bien: disant,

> O! que par trop seroient heureux les laboureurs,
> S'ils sçavoient leur bon-heur! ausquels, loin des
>   horreurs
> Du discord martial, d'une volonté franche,
> Des vivres largement la terre, juste, espanche.

Virgile, II. des Géorgiques. O fortunatos nimium, sua si norint agricolas, etc.

La cognoissance des biens que Dieu nous donne, est voirement le plus important article de nostre mesnage, moyennant laquelle, nous mesnagerons gaiement, tant pour l'utilité, que pour l'honneur, guerdon de ceux qui font bien leurs affaires. Et de là aviendra à nostre père-de-famille ce contentement, que de treuver sa maison plus aggréable, sa femme plus belle, et son vin meilleur, que ceux de l'autrui. Ces contentemens ont induit plusieurs grands personnages à chanter le plaisir des champs, s'esgayans sur tant riche suject, dont plusieurs livres se treuvent escripts, remplis de telle belle matière; et beaucoup d'illustres hommes, à se retirer en la solitude de la campagne, pour, hors de bruit, jouir en repos des aises dont elle abonde. La sérénité du ciel, la santé de l'air, le plaisant aspect de la contrée, montaignes, plaines, vallons, coustaux, bois, vignobles, prairies, jardins, terres à blés, rivières, fontaines, ruisseaux, estangs; les beaux pourmenoirs ès jardins, prairies, et ailleurs; la contemplation des belles tapisseries des fleurs, les beaux ombrages des arbres, la joyeuse musique des oiseaux, les divers chants et langages du bestail, gros et menu, louans le Créateur, en sont les principales causes: y en ayant d'autres infinies, qui ne se peuvent réciter, pour le vivre, vesture, port, et plaisir de l'homme, dont Dieu a rempli la terre. Là dessus dict le sieur *de Pibrac*,

Bref, en l'homme des champs, on ne sçauroit choisir,
Un jour, heure ou moment, sans honneste plaisir.

Entre lesquelles plaisantes commodités, ceste - ci est remarquable, qu'ès champs, vous n'y voyés que de vos amis, vos ennemis ne vous allans jamais visiter. Et si bien vous n'y estes pas beaucoup accompaigné de vos semblables, vous y esprouvés véritable ce commun dire, *qu'il vaut mieux estre seul, que mal accompaigné* ; se pratiquant tous les jours ès villes, combien fascheuse y est la foule du peuple, parmi lequel sont contraints de vivre ceux qui y habitent, estans souvent forcés de faire bonne mine à tels dont ils ne sont guières aimés : au lieu de la saincte liberté, en laquelle vit nostre noble mesnager. Pour de laquelle jouir, *Cicéron* avoit ses belles maisons de Cuman, Formian, Tusculan, où il se pleust tant, mesme en ceste-ci, qu'il y composa ses Questions Tusculanes, ainsi dictes de ce beau lieu : *Pline* le jeune, son Laurentin, d'où escrivant à Fondanus, lui récite les grandes délices dont il jouissoit aux champs ; entr'autre il recognoissoit n'y avoir faict, dict, ni ouï, chose qui lui eust despleu, n'ayant eu peur d'estre accusé ou calomnié, que de soi - mesme, vivant en tel lieu sans passion, sans crainte, sans vaine espérance, et sans avoir la teste travaillée du bruit commun, et nouvelles de ville : *Caton* le censeur, son Sabinus, qu'il appelloit, père de sa vie, soustenant que la vie champestre estoit la chose du monde la plus honorable que l'homme

eust peu choisir. *Séneque* estoit de telle opinion, n'estimant aucune volupté pareille à celle de sa maison des champs, après avoir treuvé moyen d'y faire descendre par canaux, des eaux vives pour arrouser ses jardins et prairies. Dioclétian remit le sceptre ès mains de la Republique, désirant d'estre à soi, se retira en son pays de Saldine, fort content, usant des champs et jardinages ; puis importuné par lettres et ambassades de reprendre la charge de l'Empire, n'y voulut onques entendre. Ces bons pères chrestiens, *Sainct-Augustin*, *Sainct-Hiérosme*, *Sainct-Basile*, ont aussi recogneu la vie rustique, estre la moins importune, pour d'icelle pénétrer plus commodément à la céleste, que par autre plus enveloppée. *Barthole* escrivit ses doctes commentaires sur le droict, en un lieu distant de Boulongue environ demie lieue, basti au sommet d'une plaisante montaignete. *Pétrarque*, à Vaucluse, près d'Avignon, ses poésies italiennes, contenans entr'autres belles choses, la louange de la vie solitaire. Ç'a esté de tout temps l'humeur de la noblesse françoise, que d'habiter aux champs, n'allans aux villes que pour faire service au roi, et pourveoir à leurs affaires pressées, ayans en tant de recommendation la liberté, qu'il n'y a gentilhomme qui ne se conforme à l'avis de *César*, qui estoit, d'aimer mieux estre le premier au village, que le second à Rome. De tous lesquels contentemens et plaisirs jouira nostre père-de-famille, s'il mesnage si bien, qu'aucune chose ne défaille à sa maison, et que de toutes, il en ait de reste au bout de l'année : à quoi il parviendra, par la faveur du ciel, s'il manie sa terre et ses affaires sous les addresses susdictes. Et le préservera, telle dextre prévoyance, du chagrin, qui communément accompaigne ceux dont les affaires vont mal; le faisant vivre joyeusement dans sa maison, avec sa femme, en l'amitié et concorde ordonnée de Dieu, qui les ayant unis en une chair, ne doivent avoir qu'une volonté, pour le bien de leurs affaires : d'où sortira l'effect de cest ancien dire, *que par concorde, les petites choses se font grandes :* et ne tumberont au mal que le contraire produit, qui est, *que par discorde, les grandes s'appétissent.* Or, puis que selon le proverbe, *nous n'avons autre mal, que celui que voulons avoir :* tascherons de nous mettre à nostre aise, surpassant les difficultés qui s'opposent à nostre repos; dont le moyen n'est petit, que celui qui sort du bon mesnage. Et comme l'homme qui combat pour la vertu, et veut vivre sans reproche, abhorre les vices, ce lui est une grande aide, que d'estre logé en campagne, desveloppé d'empeschemens, en lieu qui le puisse commodément nourrir : ce qu'un de médiocre estendue, et de moyenne faculté, fera, sous la conduicte d'un bon mesnager, puis que, selon le proverbe, *les choses ne valent, que ce qu'on les faict valoir.* Lequel treuvera en son agriculture, le port de repos, comme estat le plus asseuré, et moins envié, considérant les délices et repos d'esprit, parmi le travail et le soin de la conduicte de son mesnage, dont l'aigreur sera vaincue par la douceur. Et que tout ainsi que les grandes et superbes villes et cités, servent de théâtre et de spectacle à nos misères et calamités, ainsi les champs solitaires, couvrent nos imperfections et infirmités, toutes choses honnestes y estans receues, quoique de peu de lustre. Telle franche liberté dispense nos nobles mesnagers, hommes et femmes, d'user de tant de pompe en habits, de suite de serviteurs, de carosses, haquenées, et autres montures, dont leurs semblables usent és grosses villes, avec grands respects. Ains au contraire, comment qu'ils soyent vestus, suivis, et montés, c'est tous-jours honorablement : s'allans pourmener par leurs possessions et villages, seuls ou accompaignés, comme bon leur semble, sans aucun deschet de leurs autorités; voire, et en tel équipage, recevoir les grands seigneurs, quand ils leur font tant d'honneur de les visiter. Lesquelles différences, nostre mesnager recognoist à l'œil, lors que, contraint d'aller poursuivre un procès en un Parlement, ou autre affaire d'importance, ailleurs, és grosses villes, change, pour quelque temps, sa façon de vivre, libre, en une servile; son repos, en travail : et adjoustant à telles poursuites, l'excessive despence, faict qu'à son retour chés lui, y apporte la vraie cognoissance de son bonheur, au-paravant contemplé seulement en idée : dont il a matière, avec le chrestien et docte poète, de faire ceste prière à Dieu, l'appropriant à son usage,

Puissé-je ô Tout-Puissant, incognu des grands rois,
Mes solitaires ans achever par les bois :
Mon estang soit ma mer, mon bosquet mon Ardène,
La Gimone, mon Nil, le Sarapin, ma Seine,
Mes chantres et mes luths, les mignards oiselets;
Mon cher Bartas, mon Louvre, et ma cour, mes valets.

où il requiert à Dieu de chanter ses louanges le reste de sa vie (104).

J'ai monstré les manières d'employer et cultiver les terroirs selon leurs diverses qualités, situations et climats, de faire les nourritures des bestes de mesnage, en tant que j'ai peu avoir de cognoissance de telles choses, et par mes expériences et par mes visites; ausquelles observations, le père-de-famille treuvera du soulagement, s'en servant comme de mémorial, en son négoce champestre. Je lui dirai en suite, qu'estant autant louable de conserver les choses, que de les acquérir, il lui sera nécessaire d'entretenir, premièrement, ses logis et maisons d'habitation, les préservant de ruine, par quelque petite réparation, que chacun an il y fera faire : sur tout, d'en tenir les couvertures si bien en poinct, que les eaux des pluies n'y ayent aucune prinse, une seule goutière pouvant causer la ruine de tout l'édifice. Avec pareil soin, et moyens requis, seront conservées les escuieries, estableries, granges, colombiers, moulins, et autres bastimens, comme cloisons de jardinages, parcs, et autres propriétés, où est nécessaire de rabiller tous-jours quelque chose : car autrement, les abandonnant à la négligence, on ne se donneroit garde qu'au bout de quelques années l'on seroit contraint d'en réparer les ruines, avec beaucoup de despence, comme refaisant les choses presques à neuf. Aux bords des rivières, grandes et petites, prendra-on soigneusement garde, afin de préserver les terres, prairies, ramées, et autres possessions y aboutissans, du ravage des eaux : et ce par les meilleurs moyens qu'il sera possible, selon les lieux, comme levées, turcies, et autres artifices, y employant et pierres et bois, y plantant abondance de

saules, peuples, aunes et autres arbres et arbustes aquatiques : lesquels bois, disposés par art, serviront non seulement de défense au fonds, ains à l'augmenter, gaignant terre à mesure qu'on disposera les remparts, et tant plus, que plus ingénieusement telles réparations seront faictes, et le lieu s'y accommodera. Sera pourveu aux canaux des arrousémens passans parmi les terres, à ce qu'ils soyent tenus nettement, les curans au besoin; et par ce moyen, deschargeans leurs eaux és lieux destinés pour le revenu, soyent destournées de ceux esquels elles peuvent nuire. De mesme l'on fera des fontaines, en tenant bien closes, et mères et reposoirs. Des puits et cisternes aussi, par telle curiosité se conservant la jouissance des bonnes eaux. Les forests et taillis seront soigneusement préservés du dégast des larrons, et de la couppe du bois mal faicte, et hors saison. Les chemins passagers, aboutissans ou traversans le domaine, seront maintenus en bon estat, tant pour ce que c'est chose deue au publiq, que pour engarder de nuire au père-de-famille, par les passans qui ont accoustumé entrer dans les possessions joignans les grands chemins, sans en espargner les fruicts, les trespignans, lors que le chemin publiq est incommodé par eaux, bourbiers, rochers, ou autres obstacles. Nostre mesnager ne s'oubliera au lict, la matinée, afin que lors veu des siens, chacun se renge à sa besongne dès la poincte du jour, après avoir prié Dieu vouloir bénir la journée : article que je redis, pour l'importance du mesnage, n'estant possible de le faire aller bon train, sans telles solicitudes.

Le

Le sieur *de Pibrac* nous a descript brefvement ceste docte leçon,

> Avec le jour commence ta journée,
> De l'Éternel le sainct nom bénissant :
> Le soir aussi ton labeur finissant,
> Loue le encor, et passe ainsi l'année (105).

Je redirai en suite, que la diligence comble tost une maison de tous biens : comme, par le contraire, que la négligence vuide la riche dans peu de temps, afin de ne se descevoir en cest endroit, ne despendant nostre bien aise, quant aux moyens humains, que de la résolution de bien faire en mesnage, où l'on advance beaucoup, mesme en l'agriculture, la chose du monde la plus aisée à comprendre. Le commander à propos y est nécessaire, dont ayant amplement discouru, n'en sera ici plus avant parlé ; non plus de l'eslection et conduicte des fermiers et mettayers : ni de la manière d'avoir des blés, des vins, du bestail à quatre pieds, gros et menu, de la poulaille, des pigeons, des connins, du poisson, du miel, de la cire, de la soye, de toutes sortes de fruicts et fleurs du parterre et des arbres : aussi des matières pour meubles et habits : de l'eau et du bois pour nos usages, ayant représenté l'ordre et le moyen requis à tirer de la terre par labourages, nourritures et mesnages, tous ces biens - là pour l'entretenement de ceste vie.

Ainsi le père et la mère-de-famille vivans et mesnageans, non seulement ils entretiendront leur maison en l'estat qu'ils l'ont eue de leurs Ancestres, ains l'augmenteront en revenu : d'où sortiront les moyens de satisfaire à toutes despences honnestes, pour eux, leurs enfants, et amis. Et avec telles commodités, passans doucement ceste vie, s'acquerront l'honneur d'avoir vertueusement vescu en ce monde : laissans à leurs enfants, bien instruits et moriginés, leur terre en bon estat, avec l'exemple de leur belle vie, richesse à priser par sur toute autre. Auquel poinct, les bons mesnagers parviendront, par la bénédiction de Dieu. Et touchant les causes secondes (en bien labourant et espargnant), par la cognoissance des terroirs, qui est le fondement de l'Agriculture.

NOTES DU HUICTIESME LIEU.

CHAPITRE PREMIER.

Page 64,
colonne II,
ligne 3.

(1) J'invite les lecteurs à se reporter au beau tableau de la ménagère, qu'*Olivier de Serres* a déjà tracé, tome I, premier Lieu, chapitre VI, page 24.

Outre que notre auteur n'a pas manqué d'indiquer, lorsque l'occasion s'en est présentée, tous les petits détails de la maison rustique qui sont du ressort de la mère de famille, on trouvera encore la suite de ses nombreux travaux dans le tome II, cinquième Lieu, et dans la plupart des chapitres de celui qui nous occupe actuellement. (*H.*)

Idem,
ligne 34.

(2) La nature du blé dépend du concours de beaucoup de circonstances qu'il est quelquefois impossible d'empêcher et de prévoir, mais qu'il n'est pas moins très - essentiel de connoître. *Pline*, cet homme sublime, à qui rien ne paroît avoir échappé, prétend que dans la Sicile, il y a des fromens extrêmement pesans, qui ne rendent presque point de son, que cela dépend moins du climat et du sol, que de la nature de la semence ; cependant on ne peut disconvenir non plus, que le blé des contrées méridionales sera toujours supérieur en qualité et en produit à celui du nord, et que les blés d'Italie, cultivés dans une forte terre, sur des hauteurs, dans de belles plaines découvertes, et récoltés en temps sec, vaudront mieux que celui de notre pays, à terrein et culture égales ; car le climat seul ne donne pas le dégré de perfection et de bonté à toutes les productions de la terre, le sol y est encore très - nécessaire. Chacun de nos Départemens fournit des blés abondamment ; mais quelle différence de l'un à l'autre, pour la valeur du grain, la quantité et l'espèce de farine qu'on en obtient ! quoique l'art de moudre et de pétrir parvienne cependant à la faire disparoître. (*P.*)

Il faut consulter, au reste, ce qu'*Olivier de Serres* a déjà dit des blés, dans le tome I, second Lieu, chapitre IV, page 130 ; et la note (37) sur ce sujet, par notre collègue M. *Cels*, page 175 et suivantes. (*H.*)

Page 66,
colonne I,
ligne 37.

(3) Un sentiment d'humanité devroit arrêter tout économe, qui, pour ne rien perdre, envoie vendre au marché ses criblures, c'est-à-dire un mélange de poussière, de débris d'insectes, de grains rachitiques, difformes ou étrangers aux blés. Le pauvre, séduit par le vil prix de ces criblures, les achète, n'en obtient que très-peu de farine, et un mauvais pain, coûteux et mal-sain. Pourquoi ne pas les employer à la nourriture de la volaille, ou à l'engrais des porcs ? La plupart des grains qu'on donne entiers aux animaux pourroient devenir plus alimentaires, si on les réduisoit sous forme panaire ; des expériences exactes et suivies ont prouvé que deux kilogrammes (quatre livres) de pain d'orge, faisoient autant de profit que trois kilogrammes (six livres) de ce grain. (*P.*)

Idem,
colonne II,
ligne 10.

(4) Quelque parfait que soit le blé au moment de la moisson, il s'améliore encore en séjournant, pendant l'hiver, dans le gerbier, ou à la grange ; alors l'humidité végétative renfermée dans le tuyau s'élève jusqu'au grain qui adhère encore à l'épi, et lui procure le dernier dégré de maturité, à-peu-près comme certains fruits achèvent de mûrir après avoir été cueillis, lorsqu'on leur a conservé un peu de la tige à laquelle ils appartiennent. Chaque grain autour duquel l'air circule est dans une sorte de mouvement végétatif : ce gaz, ce principe volatil, quelquefois nuisible dans les blés nouveaux, provenans d'années pluvieuses et froides, se combine insensiblement avec les autres principes, et perd de son caractère délétère : d'où il suit, que, selon l'expression des cultivateurs, le blé a ressué et jeté son feu ; il a, en effet, acquis de la couleur, du volume, de la séche-

rosse, mais sur-tout la propriété de se conserver plus long-temps, de produire davantage, et de meilleurs résultats ; enfin le blé, gardé par cette méthode simple et naturelle, est comparable à l'amande renfermée dans sa coque ; il faut toujours la mettre en pratique, quand l'emplacement et les circonstances le permettent. (*P.*)

Page 807, volume I, ligne 15. (5) Cette méthode de conserver, pendant un certain temps, la farine brute, c'est-à-dire comme elle sort de dessous les meules, confondue avec les gruaux et les sons, et à ne la bluter que cinq ou six semaines après la mouture, n'est praticable seulement que pour les blés secs, et au midi : elle a été long-temps adoptée, particulièrement pour le commerce maritime des farines de minot. Il est bien certain que l'écorce du blé se trouvant interposée entre les molécules de la farine empêche qu'elles ne se tassent, permet à l'air de pénétrer plus aisément dans la masse, et à celle-ci de laisser exhaler une portion de l'humidité qu'elle renferme, et de se combiner plus intimement avec l'autre ; d'où résulte cet effet, appelé si improprement, *la fermentation de la rame*, qui n'est qu'une dessiccation insensible ; mais le son, en séjournant ainsi dans les farines, leur communique du goût et de la couleur, il perd de son volume, et la farine bise qui s'y trouve toujours adhérente s'en détache plus facilement, se tamise en même temps que la farine blanche, ternit son éclat, et la pique ; d'ailleurs, la mitte (*acarus farinæ*) se met aisément dans le son : or, quelle que soit l'ancienneté d'un usage, on doit l'abandonner, dès que la théorie, d'accord avec la pratique, réclame contre son insuffisance, et même contre son danger. (*P.*)

Idem, ligne 24. (6) La farine ainsi subdivisée dans des caisses s'échauffe infiniment moins que si elle étoit répandue en couches, ou amoncelée en tas sur le carreau ou le plancher du magasin. Mais cette méthode est encore exposée à plus d'inconvéniens que celle où les grains sont abandonnés en couches. La farine une fois salie par toutes les hétérogénéités et les insectes qui y ont eu accès ne sauroit être nettoyée par aucun instrument ; il en coûte ensuite des déchets, et beaucoup de frais de main-d'œuvre, pour empêcher que ces corps étrangers, aussi nuisibles à la santé du consommateur qu'à la conservation de la denrée, n'augmentent les dispositions naturelles qu'elle a pour s'échauffer et fermenter : aussi le pain, à l'approche des vives chaleurs, se ressent-il, plus ou moins, de cette défectuosité dans la conservation : tantôt il a le goût de poussière, tantôt celui de ver ou de charançon (*curculio granarius*); ce qu'on ne manque pas d'attribuer à la mauvaise qualité du grain, ou à un vice de fabrication, tandis qu'il ne faut accuser que le procédé défectueux de garder la farine. Mais, lorsqu'elle est blutée et séparée du son, il vaut mieux encore la renfermer dans des sacs isolés, placés et disposés comme il a été recommandé pour la conservation des blés en sacs isolés (tome I, deuxième Lieu, chapitre VII, note (33), page 181). L'efficacité de cette méthode, entièrement applicable aux farines, et tous les avantages qui en sont la suite, ont été constatés par les expériences les plus décisives. (*P.*)

Page 807, volume I, ligne 31. (7) Il est incontestable qu'il s'agit ici de la farine moulue à la grosse, et dans laquelle se trouve confondue la totalité du son que le blé fournit : cette farine étoit précisément celle que la Compagnie des vivres employoit à la fabrication du pain des troupes ; mais il est démontré aujourd'hui au chimiste que le son, réduit à son véritable état d'écorce, ne fournit aucun des principes nutritifs de la farine ; au médecin, que le son passant facilement à la putrescence, peut, dans certaines circonstances, préjudicier à la santé ; à la ménagère, qu'il nuit à la conservation des farines, à la fabrication du pain, et le dénature dans ses propriétés alimentaires ; enfin, il est démontré à l'administrateur impartial et éclairé, que la présence du son dans le pain peut ouvrir la porte aux abus, servir de prétexte à l'incurie, et favoriser toutes les fraudes, toutes les spéculations. Ce sont ces considérations, présentées dans un rapport, par la Classe des Sciences physiques et mathématiques de l'Institut national, qui ont déterminé le Gouvernement à ordonner l'extraction de sept kilogrammes et demi (quinze livres) de son, par cinq myriagrammes (un quintal) de farine, pour le pain des troupes; et cette réforme salutaire a tari la source de toutes les plaintes. (*P.*)

Page 607,
colonne II,
ligne 21.

(8) C'est une vérité que l'expérience confirme tous les jours, que le pain le mieux fabriqué, et en même temps le plus économique, n'est assurément pas celui qu'on prépare à la maison : aussi, dans la plupart des grandes villes, et même des bourgs, les habitans qui recueillent du grain préfèrent-ils de le vendre pour prendre chez le boulanger le pain de leur consommation, parce qu'ils ont appris qu'ils ne sont jamais dédommagés des soins, des embarras, des sollicitudes que donne cette fabrication, pour n'obtenir souvent qu'un aliment défectueux. Sans doute il seroit ridicule d'objecter que s'il n'y avoit que des boulangers pour préparer le pain, ils le feroient payer arbitrairement. Ce genre de commerce sera toujours sous la sauve-garde des lois ; et le magistrat qui en est le dépositaire, instruit par les essais qu'on renouvelleroit chaque année à l'époque où l'on est dans l'usage d'employer les blés nouveaux, veillera perpétuellement à ce que cette denrée de premier besoin soit de bonne qualité, que son prix se trouve en relation avec celui des grains et des farines, et avec les frais de manutention et les charges du fabricant. (*P.*)

Page 608,
colonne I,
ligne 4.

(9) Les blés, sans avoir passé à l'étuve, peuvent avoir acquis une sécheresse précieuse pour la qualité de l'aliment, mais préjudiciable à l'opération qui doit les convertir en farine. Pour obtenir une bonne mouture, il faut que le grain conserve une portion d'humidité, sans quoi la totalité se pulvérise au même degré. Le son alors se tamise à travers les bluteaux les plus serrés, se mêle à la farine, d'où résulte une farine terne et piquée, ce qui lui enlève sa valeur dans le commerce et dans le pain qu'on en prépare. Or, les blés du midi sont toujours dans ce cas ; ils exigent constamment qu'on leur restitue l'eau que ceux des contrées septentrionales ont souvent par surabondance, et c'est environ deux à trois kilogrammes (quatre à six livres), par cinq myriagrammes (un quintal) de grain, qu'il faut y ajouter.

Mais la précaution du mouillage est insuffisante pour les blés qui auront contracté, à leur superficie, une odeur de moisi ou d'insectes ; et pour les blés sales et couverts de poussière, il faut les laver à grande eau la veille de leur transport au moulin : ils acquièrent, par ce moyen, la qualité désirée, et le pain qui en provient est infiniment plus blanc. C'est en mettant en pratique le mouillage et le lavage des blés, sur lesquels j'ai tant insisté dans mes écrits relatifs à la meunerie et à la boulangerie, que les François sont parvenus à améliorer, en Égypte, la qualité de leur subsistance principale. (*P.*)

Page 608,
colonne I,
ligne 15.

(10) L'art de moudre a été négligé, oublié, pour ainsi dire, pendant des siècles ; mais il faut convenir, à l'honneur de la Nation, que de nos jours, cette partie de l'économie publique ayant fixé l'attention des savans, a fait de grands progrès. La mouture, dite à blanc, connue en France sous le nom de *mouture économique*, est, à juste titre, regardée comme supérieure à toutes les autres méthodes. *Malouin* en a donné une description à la suite des Arts et Métiers, que l'Académie des sciences a publiée. Il est fâcheux que, guidé par *Malisset*, l'auteur ne s'en soit pas toujours tenu, pour l'objet purement pratique, à l'expérience de ce zélé promoteur de la mouture économique. Mais un autre ouvrage, dirigé d'une manière encore plus immédiate vers l'art dont il s'agit, c'est le *Manuel du Meunier*, publié par *Buquet* ; enfin, *Dransy*, ingénieur du roi, a donné un mémoire, avec figures, sur une nouvelle manière de construire les moulins à farine, qui a remporté le prix de l'Académie royale des sciences, en 1785. Pour donner une idée des avantages de la mouture économique, nous présenterons ici, en poids ancien, un tableau qui fixe les bases sur lesquelles portent les différens produits de l'ancien setier de blé, mesure de Paris, du poids de deux cent quarante livres.

Poids du setier de blé . . . . 240 liv.

Farine blanche.

Première, dite de blé . . . . }
Seconde, dite première de gruau. } 160
Troisième, dite seconde de gruau. }

Farine bise.

Quatrième, dite troisième de gruau. }
Cinquième, dite quatrième de } 20
gruau. . . . . }

. . . . 180 liv.

Report. . . . . 180 liv.
Issues.

Remoulage	}
Recoupes.	} 54
Sons	}
Déchet de mouture	6
Poids égal au setier.	240 liv.

C'est d'après des essais comparatifs sans nombre, contenus dans des procès-verbaux authentiques, qu'on peut définir la mouture économique, l'art de faire la plus belle farine, d'en tirer la plus grande quantité possible, d'écurer les sons sans les diviser, de les séparer si exactement des produits qu'il n'en reste pas la moindre parcelle ; la mouture à la grosse doit être regardée, au contraire, comme l'art de faire manger à l'homme la farine avec le son, et aux animaux, le son avec la farine. Espérons qu'à force de faire valoir les procédés utiles, l'expérience, l'exemple, les encouragemens, concourront à les répandre plus généralement ! (*P.*)

Page 602, tome II, pag. 16.

(11) L'usage du sel (muriate de soude) en boulangerie n'a pas seulement pour objet de fournir un assaisonnement au pain, ni, comme l'observe judicieusement *Olivier de Serres*, de concourir à la conservation des farines, il a encore la propriété de rendre l'eau plus adhérente à la pâte qui résulte de blés qui se sont échauffés au grenier, ou qui ont subi dans le champ un commencement de germination, et de s'évaporer moins facilement au four pendant la cuisson : l'addition du sel est alors indispensable ; mais le bas prix qu'il coûte détermine à l'employer immodérément, sans considérer les inconvéniens qui en résultent, sans considérer les saisons et les circonstances où une petite quantité devient nécessaire. Car, suivant la remarque de *Malouin*, les peuples qui, dans les pays maritimes, ont coutume d'user du sel par surabondance dans leur pain, sont plus sujets aux maladies de la peau. Il faut toujours en modérer la dose, dans la crainte de masquer le goût naturel du pain par une âcreté désagréable, et même nuisible. Elle consiste dans quinze décagrammes (cinq onces) environ, par cinq myriagrammes (un quintal) de farine blanche, moins pour celle qui est bise, davantage pour la farine des blés tendres, ou

germés, et à ne l'employer qu'au moment du pétrissage, après l'avoir fait fondre dans l'eau et passé à travers un linge ; quand les farines proviennent de blés humides, on pourroit y mêler sept ou huit hectogrammes (environ une livre et demie) de sel, préalablement séché et réduit en poudre. C'est par ce moyen qu'on parviendroit à conserver, pendant un certain temps, des farines bises menacées d'une détérioration prochaine ; ainsi, mêlé d'avance, il seroit inutile de le faire entrer dans chaque fournée : enfin sa présence augmente les produits de la farine, et tient le pain frais plus long-temps. (*P.*)

Page 603, volume II, ligne 34.

(12) J'ai déjà révoqué en doute l'influence de l'eau dans la brasserie (voyez, dans le tome I, troisième Lieu, la note (112), page 472), la perfection des résultats de la boulangerie n'en dépend pas davantage ; il suffit, pour s'en convaincre, d'observer avec attention ce qui se passe dans la fabrication du pain. L'eau, avant d'être mêlée à la farine, est d'abord plus ou moins chauffée, suivant la saison et les habitudes locales ; mais supposons qu'en été on l'emploie comme elle sort du puits ou de la fontaine, elle ne tarde point à perdre l'air qui la constitue, à cause de sa combinaison avec le levain, et du calorique qu'elle acquiert par l'action du pétrissage ; le nouvel air que l'art de fraser, contre-fraser et bassiner, introduit dans la pâte pour augmenter sa blancheur, son volume, sa ténacité, et son homogénéité, continue d'abandonner l'eau : il se distribue, par le mouvement des mains, dans cette pâte, et se niche dans les lames visqueuses dont elle est composée. Dès qu'une fois la fermentation y est établie, c'est l'eau elle-même qui éprouve un changement notable dans ses parties : elle a beau être pesante et crue avant de s'être corporifiée avec la farine, elle se trouve toujours assimilée à l'eau la plus douce et la plus légère. D'ailleurs, pendant la cuisson, la surabondance d'air, fournie, et par le pétrissage, et par la fermentation, se dissipe au four en même temps que l'excédent d'humidité qui constitue la pâte ; d'où il suit que l'eau n'existe plus en tant qu'eau dans le pain, qu'elle y est devenue solide et alimentaire.

L'opinion des boulangers sur le rôle important qu'ils font jouer à l'eau dans leurs opérations, ne me paroît pas mieux fondée que celle des brasseurs et des bouilleurs; tous ces fabricans obtiendront d'excellente bière, de forte eau-de-vie de grains, et de très-bon pain, quand ils auront disposé, approprié leurs matières à une fermentation graduée et convenable, durant laquelle une portion du corps changeant de nature fournit aux fluides une surabondance de nouvel air, en sorte qu'il est bien prouvé, qu'en supposant qu'une eau légère, c'est-à-dire une eau fort aérée, comme celle de source, fût en état, après avoir été chauffée, d'accélérer la fermentation; qu'une eau froide et pesante, semblable à celle de nos puits, fût capable de la retarder, ce seroit là, tout au plus, à quoi se réduiroit le pouvoir prétendu de l'eau: mais alors un levain plus ou moins avancé, employé dans des proportions différentes, plus ou moins de calorique, rendroient bientôt l'opération égale et uniforme. La qualité de l'eau, on le répète, est étrangère à la réussite des opérations de beaucoup d'arts et de fabriques; pourvu qu'elle soit bonne à boire, dans une proportion et un état convenables, elle peut servir à la fabrication du pain: l'eau de rivière et l'eau distillée, l'eau gazeuse ou aérée, essayées successivement et comparativement, n'offrent aucun phénomène particulier, ni aucune nuance propre à caractériser la nature et l'origine de l'eau qui entre dans la composition des résultats dont il s'agit. Les couleurs des Gobelins, les dragées de Verdun, la gelée de pommes de Rouen, etc., que l'on dit tirer leur qualité de l'eau du terroir, sont des faussetés prouvées dans tous les endroits où l'on met en usage les mêmes procédés.

Cependant nous ne pouvons nous dispenser d'ajouter que quand on a la liberté du choix, on doit préférer, en boulangerie et dans la brasserie, l'eau courante d'une rivière, à l'eau stagnante d'un puits, parce que celle-ci apporte toujours au pain et à la bière, une matière séléniteuse calcaire, qui souvent passe en entier dans le torrent de la circulation, puisque les chimistes l'ont encore retrouvée dans l'urine des chevaux qui s'abreuvent d'eau de puits. Dans les temps de sécheresse et quand les rivières sont très-basses, leurs eaux contractent souvent un goût marécageux qu'elles pourroient communiquer au pain, si on ne les exposoit sur le feu pour le leur faire perdre. Dans les temps chauds on ne doit pas non plus se servir des eaux de citerne, qu'au préalable on ne les ait fait bouillir, et qu'ensuite, en les versant dans le pétrin, après les avoir laissées réfroidir, on ne les passe à travers un tamis de crin serré, pour en séparer les œufs des insectes, et autres matières hétérogènes; car je ne saurois trop engager les ménagères à renoncer à leur habitude d'employer de l'eau chaude dans toutes les saisons, c'est à cette seule considération qu'elles doivent rapporter la plupart des reproches fondés qu'on fait à leur pain. (*P.*)

(13) Les détails consignés dans la note ci-dessus répondent à cette assertion. *Page 848, colonne II, ligne pénult.* Le degré de chaleur qu'on donne à l'eau, la quantité qu'on en met, la manière de l'employer, voilà absolument ce qui contribue à la qualité du pain: celui que fabriquoient les boulangers de Gonesse a dû sa renommée à l'usage où ils étoient d'y faire entrer les gruaux bruts de froment, avant que la mouture économique parvînt à les retirer du son et à les broyer; dès la veille de la fournée, ils avoient soin de les humecter, pour les faire crever, disoient-ils, et les disposer à l'opération du pétrissage. Ce pain avoit, en effet, beaucoup de saveur, que le moulin affoiblit; car la semoule, c'est-à-dire l'amande du froment, qui a subi une première mouture, étant cuite avec un fluide quelconque, a plus de goût, et un aspect autre que la même semoule, réduite à l'état de farine, et préparée de la même manière. (*P.*)

(14) Tous les peuples qui font consister dans le pain leur principale nourriture ont commencé par tenir les pâtes extrêmement fermes, *Page 849, colonne I, ligne 13.* parce que, dans cet état, elles donnent un résultat en apparence plus substantiel: cet usage a été long-temps en vogue; mais il est maintenant relégué dans les cantons attachés au *pain brié*, et dans les villages qui apportent à Paris du pain au marché certains jours de la semaine. Ces boulangers forains, comme on les nomme, étoient autrefois accueillis et protégés, dans la persuasion où l'on étoit qu'ils servoient à entre-

tenir et même à augmenter l'abondance d'une denrée trop essentielle à la vie, pour ne pas la favoriser; mais cette abondance ne produit tout au plus qu'une sécurité perfide; c'est un superflu dont on ne peut jouir dans un temps où l'on n'a que le strict nécessaire, puisque le prix du pain étant arrêté pour tous les marchands indifféremment, la concurrence ne sauroit devenir avantageuse aux acheteurs. Les boulangers citadins, étant forcés, d'une part, à payer des contributions ignorées dans les campagnes, et contraints, de l'autre, à fournir au service journalier, dans les circonstances les plus défavorables, leur bénéfice ne sauroit être comparé à celui des boulangers de village; ces derniers n'étant, pour leur fabrique, assujettis à aucune loi, à aucune police, ayant à meilleur compte l'emplacement, le combustible et la main-d'œuvre, ne faisant pas toutes les espèces de pain, n'ont pas le même intérêt à contenter leurs pratiques, dont ils sont à peine connus : or, s'ils donnent quelquefois leur pain à plus bas prix, c'est parce qu'il est d'une qualité inférieure. Il arrive souvent que le particulier, pour avoir quitté son travail, a perdu, dans l'espoir de gagner quelques centimes, un quart ou un tiers de sa journée. Les boulangers de Chaillot et de Gonesse, ne figurent pas plus maintenant dans les marchés, que ceux des autres communes rurales des environs de Paris, ils sont même obligés d'assimiler leur pain aux formes et aux poids de celui des boulangers citadins, autrement ils ne viendroient pas à bout de le débiter. (*P.*)

Page 609, colonne I, ligne 24.

(15) Le four est le lieu où s'achève la fermentation de la pâte, et où s'opère sa cuisson; il est au pain ce que le moulin est à la farine : si le plus excellent froment, mal moulu, ne donne qu'une farine de médiocre qualité, la pâte la mieux pétrie, et levée au point où il faut, ne produit aussi qu'un pain défectueux et cher, dès que cet instrument n'a pas la forme et les dimensions convenables. Or, comme le combustible est, dans beaucoup d'endroits, la partie la plus dispendieuse de la manutention du pain, il importe de chercher à l'économiser, par la meilleure construction du four. Sa grandeur varie; mais sa forme est assez constante; elle ressemble ordinairement à un œuf, et l'expérience a prouvé, jusqu'à présent, que cette forme étoit la plus avantageuse et la plus économique, pour rassembler, conserver et communiquer, de toutes parts, à l'objet qui s'y trouve renfermé, la chaleur nécessaire : à l'égard des dimensions, elles sont relatives à la consommation et aux espèces de pain qu'on fabrique. Les boulangers de Paris qui cuisent de gros pains, donnent à leurs fours trois mètres et demi environ (dix à onze pieds), et ceux qui font des petits pains, trois mètres (neuf pieds) de largeur, sur trois mètres trente-trois centimètres (dix pieds deux pouces) de hauteur. Mais le four de ménage doit avoir deux mètres (six pieds) environ de largeur, et quarante-deux centimètres (seize pouces) de hauteur; la bouche, ou l'entrée, doit être assez large pour laisser passer un pain de six kilogrammes (douze livres), et garnie d'une porte de fonte adaptée à une feuillure bien juste, et fermée en dedans avec un loquet; mais la partie la plus essentielle est l'âtre : on lui donne une surface tant soit peu convexe, depuis l'entrée jusqu'au milieu, en diminuant insensiblement vers les extrémités.

Pour ne rien perdre de la chaleur du four, il faut pratiquer au-dessus une espèce de chambre qu'on fait égaliser et carreler, en élevant les murs de deux mètres (six pieds) de haut, et en prolongeant les *murs* par le moyen de tuyaux de poêle. A la faveur de cette précaution, on se procure, à peu de frais, une étuve économique, dont l'usage est de faire sécher le grain quand il est gras, humide, ou trop nouveau, ou pour faciliter, dans les grands froids, toutes les opérations de la boulangerie. (*P.*)

Page 609, colonne II, ligne 27.

(16) Le setier de blé, mesure de Paris, valoit, en 1599, prix moyen, dans les environs de cette ville, 18 livres 8 sous 5 deniers; et en 1600 il valoit 17 livres 16 sous 6 deniers. Ce prix étoit celui de l'époque où *Olivier de Serres* imprimoit et publioit son ouvrage. L'écu d'alors valant un peu plus de 10 livres tournois de notre monnoie d'aujourd'hui, le setier de blé, à deux écus et demi, du temps d'*Olivier de Serres*, revient à un peu plus de 25 livres tournois de notre monnoie actuelle. (*H.*)

Page 610, colonne I, ligne 27.

(17) Le dégré de consistance qu'on donne aux différentes espèces de pâtes que les boulangers préparent dépend de la quantité d'eau qu'on y fait entrer, et des soins particuliers que l'on met à exécuter toutes les opérations du pétrissage ; car ce n'est pas qu'il faille beaucoup de ce fluide pour faire varier cette consistance ; une pâte ferme devient bientôt une pâte molle, très-peu d'eau suffit, parce qu'une fois les parties de la farine assez humectées pour se réunir et s'aglutiner en masse, il n'en faut presque plus ensuite pour lui faire acquérir de la mollesse et de la flexibilité. Ainsi la bonne qualité de farine blanche peut absorber par cinq myriagrammes (par quintal) deux myriagrammes et demi (cinquante livres) d'eau, pour être amenée à l'état de pâte ordinaire, et deux myriagrammes sept kilogrammes (cinquante-cinq livres) pour la même quantité de farine bise, depuis la plus ferme jusqu'à la plus molle ; c'est tout au plus s'il y a deux kilogrammes (quatre livres) d'eau de différence par cinq myriagrammes (par quintal) de farine : cette remarque regarde particulièrement ceux qui croient consommer davantage de farine en se nourrissant de pain de pâte ferme. (P.)

Idem, ligne 36.

(18) Notre collègue M. *Yvart* a déjà fait sentir dans la note (41) du second Lieu, tome I, chapitre IV, page 178, les désavantages réels du semer concurremment le froment et le seigle dans un même champ, et de moudre ces deux grains ensemble pour en préparer du pain. Nous ajouterons qu'il ne convient pas non plus de mélanger leurs farines avant de les porter au pétrin, et que, quelle que soit leur proportion respective, celle de froment doit toujours être employée sous forme de levain, parce qu'elle réunit le plus de conditions favorables à la fermentation panaire, et que, dans cet état, son action est infiniment plus énergique ; ainsi l'une des deux farines sert au levain, et l'autre au pétrissage, d'où résulte un pain de méteil excellent : c'est l'aliment habituel des cultivateurs, même les plus aisés ; il tient le premier rang après le pain de froment, est bon, savoureux, et très-nourrissant. Il a même un mérite que n'a pas ce dernier, c'est de rester frais long-temps, sans presque rien

pendre de l'agrément qu'il a dans sa nouveauté, avantage précieux pour les habitans des campagnes qui n'ont pas le temps de cuire souvent. Il seroit à souhaiter que tous les boulangers, à l'imitation de quelques-uns de nos plus habiles, n'employassent jamais que des levains faits avec la farine blanche, dans la composition du pain bis. (P.)

Page 612, colonne II, ligne 16.

(19) C'est moins la qualité des grains qui influe sur celle du pain que les procédés de la mennerie et de la boulangerie ; les blés qui servent à la consommation de Paris donnent, comme l'on sait, beaucoup et de belle farine, au moyen de nos moulins économiques bien montés ; ces mêmes blés portés dans la ci-devant Bretagne, par exemple, rendront, au moyen de la mouture du pays, une farine semblable à peine, pour la qualité et la quantité, à celle qui résulte des grains les plus médiocres. Comment, en effet, peut-on se flatter de retirer, par un seul moulage, en quoi consiste la mouture à la grosse, c'est-à-dire la mouture la plus généralement pratiquée en France, la totalité de farine que les grains renferment ; ces derniers étant composés de différentes parties plus ou moins dures, plus ou moins sèches, il faut bien nécessairement qu'il y en ait qui échappent à la première trituration, et ne se trouvent que grossièrement divisées, tandis que les autres seront réduites en poudre impalpable ; d'ailleurs, il s'agit moins d'atténuer toutes les parties du grain, que d'enlever la farine qui tient au son, et il y a plus de différence entre un bon et un mauvais moulage, qu'il n'en existe du blé d'élite à un blé inférieur. Or, cette disproportion dans la qualité du blé avec celle du pain vient particulièrement des moutures vicieuses, qui influent nécessairement sur les prix. On a vu, en effet, dans quelques cantons, aux extrémités de la France, le blé valoir 7 centimes (1 sou 6 deniers) le demi-kilogramme (la livre), et le pain qui en provenoit, 20 centimes (4 sous). Or, la preuve que cette effrayante disproportion dans les prix dépendoit des moutures imparfaites, c'est qu'on y a fait venir des farines de la ci-devant Beauce, les plus chères de celles qu'on emploie à Paris ; et, quoique les frais de transport

en aient presque doublé le prix d'achat, le pain est encore revenu à meilleur compte que celui des grains moulus sur les lieux.

Ainsi, toutes les fois que la qualité et le prix du pain ne seront pas en relation avec les grains, et qu'on aura la preuve que le meunier et le boulanger n'ont strictement que le bénéfice ordinaire, on pourra attribuer cette double circonstance au mauvais moulage, puisque la même mesure du même grain peut offrir un quart de différence, sans que le produit soit de meilleure qualité, et que l'on soit fondé à taxer de prévarication le meunier. Mais, je l'ai dit souvent, et je ne saurois assez le répéter, les moutures défectueuses dans les momens de cherté sont un vrai fléau, et toujours l'impôt le plus onéreux qu'on puisse mettre sur la classe peu aisée; elles concourent à rehausser le prix du pain, autant que les années pluvieuses, les dégâts de la grêle, du vent, et les différens accidens qui font maigrir, rouiller, noircir et germer les grains pendant et après leur végétation. Dans plusieurs de nos Départemens où l'art de moudre est imparfait, il faut jusqu'à quatre setiers de blé, mesure de Paris, c'est-à-dire vingt-quatre myriagrammes (neuf cent soixante livres), pour la subsistance d'un seul homme, pendant son année, tandis que là où on connoît le procédé de remoudre les gruaux, deux setiers un tiers environ, suffisent pour fournir vingt-huit myriagrammes (cinq cent soixante livres) de bon pain bis blanc, et ce calcul est établi à raison de sept hectogrammes (une livre et demie) de blé par jour, ce qui produit autant de pain composé de toutes les farines. Quelle épargne! si d'une extrémité à l'autre de l'Empire, on parvenoit à retirer des grains la totalité des farines qu'ils renferment, il en résulteroit l'abondance dans les circonstances où l'on croiroit n'avoir que le nécessaire, et le nécessaire quand il y auroit à craindre une disette! (P.)

(20) Tous ces petits pains que le luxe et la fantaisie ont beaucoup multipliés, sont préparés avec une pâte très-molle, et de la levure de bière, qui lui sert de ferment. On ne doit pas être étonné du silence de l'auteur à l'égard de cette levure, quoiqu'elle soit fréquemment employée en boulangerie, parce que son usage est inconnu au midi de la France; mais dans les pays où l'on brasse on s'en sert à outrance, sous forme sèche ou fluide, tantôt pour remplir l'office de levain naturel ou de pâte, tantôt comme une puissance de plus pour soutenir et accélérer les effets de ce dernier. Mais l'action de la levure fraîche varie à tout moment; elle s'altère aussi rapidement que les substances les plus animalisées; un coup de tonnerre, le vent du sud, quelques exhalaisons fétides, suffisent pour la corrompre en chemin; alors elle communique de l'aigreur, de l'amertume, et de la couleur au pain, dans lequel elle entre comme levain. D'ailleurs, quel que soit l'état où elle se trouve, le pain auquel elle a servi de ferment, a constamment moins de qualité; si, le premier jour, il est passable, le lendemain il prend une couleur grise, se sèche, s'émiette, et communique à tous les mets avec lesquels on le mange une amertume sensible. C'est à l'ignorance où l'on étoit autrefois sur l'art de gouverner les levains, qu'on doit l'usage de la levure; il faudroit ne s'en servir que pour favoriser la fermentation des petits pains à café, et en interdire l'introduction dans les pains demi-mollets d'un certain volume, sur-tout pendant l'été. Je le déclare, la levure est toujours coûteuse, rarement utile, et jamais indispensable. (P.)

Voyez ce qui a été dit, au sujet de la levure et des petits pains, par notre collègue M. *François (de Neufchâteau)*, tome I, troisième Lieu, note (113), page 476 et suivantes; et ci-après, note (30), page 810. (H.)

Page 641, volume I, ligne 20.

(21) *Fouaces, fouasses* ou *fougasses*; c'est une sorte de pâtisserie au beurre et aux œufs, dont on faisoit, et dont on fait encore usage dans les anciennes provinces de Normandie, de Picardie, et de Poitou, et dont il est souvent fait mention dans *Rabelais*.

Brassadeaux, brassadeou; sorte de *biscuits* et d'*échaudés*.

Cache-museaux, cachemuseou, ou plutôt *casse-museaux*; *petits-choux*; pièces de pâtisserie composées d'une pâte dure et croquante, d'où leur est sans doute venu leur nom de *casse-museaux*.

Popelins, *poupelins* ; c'est une espèce de *flans*, dans lesquels on faisoit entrer quelquefois du fromage.

On trouvera beaucoup d'autres indications de pâtes et de pâtisseries dans l'*Histoire de la vie privée des François*, par le *Grand d'Aussy*, tome II, page 240 et suivantes. (*H.*)

Page 611, colonne II, ligne 24.

(22) On n'est pas dans l'usage, à Paris, de faire trois qualités de pain, qui sembloient devoir établir une distinction entre les différens ordres de la société ; il n'y en a plus maintenant qu'une seule espèce, qui varie cependant à cause du volume, de la consistance, de la forme, et du prix. Il est rare qu'on trouve dans le commerce le pain bis blanc, et plus rarement encore le pain bis ; tous les consommateurs veulent impérieusement du pain blanc : ainsi l'aliment principal du maître, des domestiques, des ouvriers et du pauvre, est composé absolument de la même nature de farine. (*P.*)

Page 611, colonne I, ligne 5.

(23) Ce sont les deux grains, avec l'orge, les plus propres à la boulangerie, pourvu que chacun soit moulu, sassé et bluté séparément, que la farine de froment se trouve dans l'état de levain, et les deux autres mêlées exactement dans le pétrissage ; la méthode de faire les pâtes à part, d'en former des couches, pour en obtenir le pain bigarré de blanc et de gris, est trop vicieuse pour être mise désormais en pratique, c'est absolument l'enfance de l'art. Le pain composé de parties égales de ces farines convient aux estomacs vigoureux, qui ont besoin d'être nourris autant que lestés ; il seroit donc à souhaiter qu'il fût l'aliment habituel de la classe ouvrière des villes et des campagnes, qu'il y eût toujours une différence marquée entre son prix et celui du pain blanc de pur froment. Pourquoi ne déchargeroit-on pas le premier de tous les frais de main-d'œuvre, pour le porter sur le dernier, avec d'autant plus de justice, que celui-ci exige plus de façon, et coûte un peu plus de bois pour cuire ?

Administrateurs, qui que vous soyez, ne perdez jamais de vue que la plus forte dépense du pauvre et la moindre du riche, c'est le pain ! vous ne sauriez donc trop prendre garde à ce qu'il ne lui soit fait aucun tort à ce sujet. Or,

l'unique moyen pour y parvenir, seroit de vendre le pain au poids, l'acheteur trouvant des balances chez le boulanger, il pourroit toujours, à son gré, et quand il le voudroit, acquérir la certitude qu'il a le poids du pain qu'il paie ; et les boulangers, sans s'écarter de l'usage où ils sont de cuire des pains d'un certain volume, et de les maintenir, autant qu'il est possible, dans les poids différens où ils les vendent, suppléeroient en pain ce qu'il y auroit de moins. (*P.*)

Page 611, colonne I, ligne 13.

(24) Le pain de seigle bien fabriqué est un aliment sain et très-nourrissant, il fait la base de la nourriture des habitans du Nord, et porte avec lui une sorte de parfum qui plaît aux consommateurs. Si les préjugés l'ont fait regarder comme lourd et indigeste, c'est lorsqu'il est mal fabriqué ; la mouture et la boulangerie, convenablement dirigées, pourront toujours assimiler ses qualités à celles du pain de froment, sans que jamais cependant il ait le coup-d'œil agréable, la légèreté et le savoureux de ce dernier ; souvent il arrive que les particuliers qui font leur pain à la maison, mêlent par goût et par habitude, ou par économie, un peu de farine de froment dans celle provenant du seigle. (*P.*)

Idem, ligne 22.

(25) Les essais analytiques faits au moulin et au pétrin ne peuvent jamais éclairer à l'égard d'une matière farineuse dont on désire connoître les propriétés panaires, et établir les ressources alimentaires qu'il est possible d'en retirer, à moins qu'ils ne s'exercent sur de grandes masses, d'après les manipulations usitées, et en en appliquant les résultats à la subsistance fondamentale de tout un canton, pendant une semaine au moins. C'est pour avoir opéré, à diverses reprises, dans plusieurs saisons, sur des quantités données de haricots, de pois, de vesces, de lentilles, que je me suis cru autorisé à prononcer que les semences légumineuses, proposées souvent pour remplacer les céréales, sous forme de pain, éprouvent au moulin, et dans la boulangerie, des obstacles infinis : d'abord, quel que soit leur dégré de sécheresse, ces semences ne sauroient passer sous les meules sans une dessiccation préalable au four, celle au soleil étant insuffisante. On ne parvient ensuite à affoiblir le goût

de verdeur qui les caractérise, que par une longue cuisson à grande eau; aussi toutes les recettes de pain dans lesquelles on fait entrer l'une ou l'autre de ces semences ne fournissent qu'un produit défectueux, parce que le fluide nécessaire pour donner à la farine la consistance d'une pâte, est incapable de leur enlever ce goût désagréable, que la fermentation développe encore davantage. Heureusement que la manie de vouloir soumettre tout ce qu'on a sous la main à la panification commence à s'affoiblir, comme aussi l'opinion dans laquelle on étoit que le pain est le seul aliment digne de notre intérêt. Et si nous nous déterminons à réduire sous cette forme les substances farineuses qui en sont naturellement les plus éloignées, ne cessons de le répéter, que ce ne soit que dans les cas de disette; puisque souvent il est indispensable, pour une classe de consommateurs, que la nourriture principale ait sa figure accoutumée, et qu'elle leur soit constamment procurée dans la même quantité. (*P.*)

(36) Plus les pains sont petits, alongés en flûte, et composés de pâte molle, plus ils présentent de superficie, contiennent d'eau, et éprouvent de dessèchement. On met, par exemple, pour un pain de douze livres de pâte ferme, une livre et demie de plus de pâte, ce qui fait treize livres et demie; mais si cette quantité se trouvoit divisée en pains de demi-livre, il faudroit encore y ajouter une livre et demie de pâte; voilà donc trois livres de déchet dans vingt-quatre pains de demi-livre, sans compter le trait de la balance, qui emporte encore une certaine quantité de pâte, qu'on pourroit évaluer, sans exagération, à un demi-quarteron; mais si ces pains de demi-livre avoient une forme aplatie, ou étoient alongés en flûte, l'évaporation augmenteroit encore, de manière que treize livres et demie de pâte, qui font un pain rond de douze livres, ne fourniroient tout au plus que dix livres et demie de ces pains.

Nous citons exprès ce seul exemple, pour prouver que plus la pâte s'éloigne du poids de douze livres, moins elle rapportera de pain. Indépendamment des dépenses qu'occasionne nécessairement la préparation de ces pâtes, dans lesquelles on fait entrer du sel, de la levure et du

lait, la cuisson donnant encore lieu à beaucoup d'évaporation, tout cela doit apporter une augmentation dans le prix du pain, puisque voilà au moins trois livres de plus réparties dans vingt-quatre pains de même pâte, de forme et de cuisson ordinaires. On met donc pour les pains de douze livres, figurés toujours en rond, une livre et demie pour le déchet, une livre pour ceux de huit livres, trois quarterons pour les pains de six livres, et un peu moins pour ceux de quatre livres: on voit que plus la grandeur des pains diminue, plus il faut augmenter la tare en proportion, parce que l'évaporation est toujours en raison des surfaces.

La difficulté d'assembler la pâte en grosse masse, de l'enfourner, et de la faire cuire au four complétement, ont déterminé à diminuer le volume des pains, et à abandonner la forme ronde qu'on n'emploie plus à présent à Paris que pour les pains de pâte ferme et d'une certaine grosseur, et à adopter la forme longue : il est vrai que l'on a donné en même temps dans un autre excès, en renonçant aux pains trop gros, et en abandonnant la forme ronde ; et on les a fait tellement petits, qu'aujourd'hui chacun a son pain dans le repas le plus indifférent. Ce goût, qui gagne jusqu'à la classe peu aisée, augmente tous les jours la consommation, en diminuant les produits de la pâte en pain.

Nous terminerons nos remarques sur le pain, en présentant le tableau du produit qu'on retire d'un setier de blé, mesure de Paris, pesant deux cent quarante livres, et moulu par la mouture économique; nous avons déjà fait mention (ci-devant, note (10), page 780) de cinq espèces de farine, et trois sortes de son, qu'on distinguoit par des noms différens ; nous allons reprendre ici les produits en farine, pour parler de ceux qu'ils fournissent étant convertis en pain. Mais, pour simplifier ces détails sans s'écarter de la vérité, nous les réduirons à deux classes ; savoir, la farine blanche et la farine bise : l'une composée des trois premières farines, qui donnent ensemble cent soixante livres; et l'autre des deux dernières, pesant vingt livres; d'où il résulte en tout, cent quatre-vingt livres; quand le blé est de bonne qualité, et qu'on a affaire à un meunier adroit et honnête homme.

Tableau des produits en pain des cent quatre-vingt livres de farine, résultantes d'un setier de blé du poids de deux cent quarante livres, moulu par la mouture économique ;

S A V O I R :

Des cent soixante livres de farine blanche, en pain de pâte ferme, du poids de quatre livres, ci . . . . 204 liv.

Des vingt livres de farine bise . . . . 25 ½ } 229 liv. ½

Des cent soixante livres de farine blanche, en pain de pâte molle, du poids de quatre livres, ci . . . . , . . . 208 liv.

Des vingt livres de farine bise . . . . 26 } 234 liv.

Des cent soixante livres de farine blanche de la même pâte, en pain d'une livre, ci . . . . 190 liv.

Des vingt livres de farine bise . . . . 23 ½ } 213 liv. ½

Des cent soixante livres de farine blanche, en pain de demi-livre. . . . . 180 liv.

Des vingt livres de farine bise . . . . 22 } 202 liv.

Les produits de la farine en pain varient donc, comme on voit, à raison de leur volume et de leur espèce ; plus le pain sera divisé et offrira de surfaces, moins il rendra, à cause du déchet considérable qu'il éprouve pendant la cuisson : ainsi le gros pain rond augmentera en proportion que le pain long et peu volumineux diminuera en produits. (*P.*)

médicinaux. Les Anciens les préparoient en faisant fermenter avec du moût, ou du miel, les substances dont ils vouloient obtenir les propriétés médicamenteuses. A ces vins médicinaux par fermentation ont succédé ceux par macération, ceux dans lesquels on plongeoit et on laissoit séjourner les substances dont on vouloit extraire les propriétés. Ce mode parut préférable, parce qu'on avoit remarqué que la fermentation changeoit considérablement les propriétés des médicamens qui l'éprouvoient concurremment avec la matière muqueuse sucrée. Maintenant que le raisonnement, l'expérience, et l'observation, se sont accumulés sur la préparation de ces vins par macération, on a reconnu évidemment que les substances qu'on y introduit ne tardent pas à les altérer eux-mêmes, et souvent à les changer en vinaigre. On a imaginé, pour éviter cet inconvénient, de faire macérer dans de l'alcohol affoibli les substances qu'on soumettoit à l'action immédiate du vin, et ensuite d'y mêler cette teinture, mais seulement à l'instant où on est disposé à faire prendre le mélange. Par ce moyen d'une aussi facile exécution, le vin conserve toutes ses vertus ; le médecin est plus assuré de la nature et de l'efficacité du remède qu'il prescrit, et le malade trouve le soulagement qu'il a droit d'attendre ; c'est précisément là le point de perfection qu'a eu en vue d'atteindre, dans la réforme proposée, l'auteur du *Code pharmaceutique à l'usage des hospices civils, des secours à domicile, et des prisons* ; nouvelle édition. Paris, an XII, 1803. In-8º. (*P.*)

Page 611, colonne I, ligne 28.

(27) Cette composition, si connue sous le nom d'*hypocras*, ne peut se conserver aussi longtemps que le vin lui-même, parce que toutes les fois qu'il fait les fonctions de dissolvant, au lieu de véhicule, il éprouve infailliblement, dans ses parties constituantes, un changement notable, qui tend toujours à sa détérioration ; il seroit infiniment préférable que l'addition de la teinture alcoholique n'eût lieu qu'au moment de faire usage de l'hypocras, alors il en résulteroit une liqueur plus homogène et plus suave. Cette observation est fondée sur le travail que j'ai entrepris pour montrer la défectuosité des vins

Page 615, colonne I, ligne 12.

(28) Une règle générale à établir pour toutes les préparations dont le miel forme la base, c'est de faire ensorte qu'il ne subisse pas une trop longue ébullition ; vu qu'exposé pendant un certain temps au feu, dans un fluide quelconque, il se décompose comme toutes les matières muqueuses, contracte facilement un goût de brûlé et des propriétés diamétralement opposées à celles qu'il a naturellement ; mais rien n'est plus aisé que d'éviter cet inconvénient, si, au lieu de délayer le miel dans une aussi grande quantité d'eau que le prescrit *Olivier de Serres*, on suit le procédé indiqué par notre collègue

M. *Deyeux*, dans le tome I, troisième Lieu, chapitre XV, note (114), page 496, pour l'hydromel. Il en résulte des liqueurs vineuses qui perdent infailliblement le goût mielleux qu'il est possible d'ailleurs de masquer par un aromat; elles sont d'un usage fréquent dans les régions du Nord, où la vigne ne pouvant prospérer, il faut bien chercher à suppléer à la rareté du vin: long-temps conservées, elles approchent, pour la saveur, de celle du vin d'Espagne et de Malvoisie. On peut en retirer, par la distillation, de l'alcohol; et de bon vinaigre, en les soumettant aux procédés de l'acétification. (*P.*)

Page 615, *colonne II,* *ligne 18.* (29) Voyez ce qu'*Olivier de Serres* a dit du vinaigre, tome I, troisième Lieu, chapitre XII, page 297 et suivantes; et les notes (89)—(92) de notre collègue M. *Parmentier*, sur ce chapitre, page 336 et suivantes. (*H.*)

Des Vins de Fruicts.

Page 617, *colonne I,* *ligne 22.* (30) On trouve dans les *Géorgiques* l'épigraphe de cet article. L'invention des vins de fruits est attribuée, par *Virgile*, aux habitans des pays froids, dont l'industrie s'est appliquée à composer une liqueur qui pût rivaliser le vin.

> *Pocula laeti*
> *Fermento atque acidis imitantur vitea sorbis.*
> (GEORG. L. III.)

> Avec le suc des fruits sauvages
> Réchauffé du feu du levain,
> Le Nord savoure des breuvages
> Qui semblent imiter le vin.

Me pardonnera-t-on de commenter ici ce passage des *Géorgiques*? Du moins, qu'on juge mes motifs, et qu'on puisse expliquer comment un buveur d'eau a tant travaillé sur le vin!

En commençant l'article intitulé: *Vues et questions sur la vigne* (tome I, troisième Lieu, chapitre XIV, note (99), page 339 et suivantes), je me suis excusé de traiter ce sujet. On peut s'intéresser à la science œnologique sous le simple rapport de la culture et du commerce; et si le jésuite *Sanchez* a eu le privilège de faire un beau traité, *de Matrimonio*, sans pourtant cesser d'être chaste, j'espère qu'on m'accordera la permission de parler de la vigne et du vin, et des boissons vineuses, sans pourtant cesser d'être sobre.

Deux sortes de liqueurs, dit *Pline*, contribuent pour beaucoup à l'agrément de notre vie: l'une est le vin, l'autre est l'huile. Toutes les deux sont exprimées de divers végétaux, toutes les deux ont exercé l'intelligence humaine; mais, quoique l'huile soit certainement plus nécessaire, on a mis bien plus d'art à imaginer des boissons. *Pline* compte, en effet, cent quatre-vingt-quinze façons de vins et de liqueurs; et il se plaint que, de son temps, on avoit, en comparaison, beaucoup moins d'industrie pour l'huile. (*Plinii, Hist. Natur. Lib. XIV,* 22.)

Nous avons aujourd'hui un nombre un peu plus grand de végétaux oléifères, beaucoup moins cependant que nous ne pourrions en avoir, si des *Rozier*, des *Parmentier*, eussent été chargés d'étendre les ressources de cette branche essentielle de notre économie; mais nous n'avons pas eu besoin du secours des savans, pour ajouter beaucoup à la liste des vins. Les liqueurs fermentées ont de l'attrait pour tous les peuples, et les plus septentrionaux en sont les plus avides. Les Tartares ont leur *koumiss* ou *kuniff*, liqueur forte, tirée du lait de leurs jumens, et dont j'ai déjà parlé (tome I, troisième Lieu, chapitre XV, note (115), page 498); les habitans du Kamtschatka se procurent une autre ivresse avec le suc d'un champignon; les sauvages de l'Amérique avoient imaginé plusieurs espèces de *chica*, etc. Il n'est pas étonnant qu'ici l'esprit humain se soit montré plus inventif pour ce qui peut flatter le goût, que pour ce qui satisferoit des besoins plus réels. Il en est de même en tout genre; et la mauvaise humeur de *Pline*, ou sa philosophie, peuvent s'exhaler à ce sujet: nous admirons son éloquence, mais sans nous corriger. Les sages ont beau dire! le monde va toujours son train. Laissons-le donc prêcher par d'autres, et en le prenant comme il est, tâchons de le servir dans la sphère innocente des occupations rustiques.

Chez les Romains le luxe eut sur-tout pour objet la somptuosité des riches. Les jouissances des modernes sont moins prodigieuses, mais elles sont plus générales. Les dernières classes du peuple consomment des denrées qu'Apicius ni Lucullus n'ont jamais pu connoître. Tous ces fameux Romains se mettoient sur des lits pour boire un vin chaud et miellé : c'est comme si l'on se couchoit pour prendre une rôtie au sucre. *Horace*, revenant au monde, trouveroit, ce me semble, une bien grande différence entre son liquoreux Falerne et notre Champagne mous-seux, qui a, par-dessus le Falerne, le mérite d'être à portée de beaucoup plus de monde. Les citoyens les moins aisés peuvent obte-nir, parmi nous, des jouissances plus exquises que n'en avoient à Rome les conquérans du monde. Au défaut même des raisins, des fruits assez communs sont dans le cas de nous fournir les boissons les plus délicates. C'est ce qu'il nous faut démontrer.

Lorsque je finissois, dans le premier volume, les notes du troisième Lieu (page 498), j'ai promis de parler des vins qu'on tire des fruits, autres que les raisins, les pommes et les poires. Cette partie peut être, en certains cas, avanta-geuse et agréable à la campagne ; tous les fruits peuvent y servir ; mais je m'attache seulement à ceux qui sont plus répandus, et qui ont été, en ce genre, plus vulgairement essayés.

Nous avons, aujourd'hui, un plus grand in-térêt à développer ce sujet, que du temps d'*Oli-vier de Serres*. Le vin, le cidre, le poiré, l'hy-dromel et la bière, voilà quelles étoient les bois-sons de son siècle. *Voltaire* a remarqué que Henri IV déjeûnoit avec du vin blanc ; les vins étrangers étoient rares, les esprits ardens peu communs. On ne connoissoit pas alors les dif-férentes boissons chaudes qui forment aujour-d'hui le fond des déjeûners, non seulement des rois, des princes et des riches, mais des femmes des halles, des ouvriers des ports, des pauvres même, en Angleterre ; car les pauvres Anglois veulent avoir du thé, et plusieurs fois par jour. M. *Arthur Young* se plaint souvent que le far-deau de la taxe des pauvres, déjà si lourd en ce pays, soit encore aggravé par l'usage que font du thé, ou de ce qu'on prend pour du thé, ceux même qui n'existent que par la charité pu-blique. On a regardé, dans le temps, comme un effort sublime, la résolution que prit le peuple de Boston, de renoncer au thé, plutôt que de payer l'impôt du timbre anglois. Ce fut là le premier et le plus éclatant symptôme de l'in-surrection des Colonies américaines. Je ne sais,

en effet, si les peuples d'Europe auroient un semblable courage, et si, pour un motif quel-conque, ils voudroient se priver des produc-tions que pourtant le climat leur refuse. Depuis qu'on a connu plus généralement le sucre (qui a fait, si mal à propos, négliger les mouches à miel), depuis qu'on a pris l'habitude du thé, du café, du chocolat, etc. ; on s'est accoutumé à regarder ce superflu comme chose très-néces-saire. Mais ce prétendu nécessaire ne peut être arraché du sein de la Nature qu'à cinq cent myriamètres (mille lieues) de notre Europe. Quand la guerre interrompt le commerce des Colonies, nous éprouvons ce qu'on disoit jadis du pain à Rome (lorsque les flottes de l'Egypte n'arrivoient pas à temps), que la subsistance du peuple se trouve à la merci des vents et des tempêtes.

D'un côté, les progrès des arts ont rendu si communs, par exemple, les procédés par les-quels on distille des eaux-de-vie, des liqueurs fortes, que ce qui étoit autrefois un remède assez rare et un secret de pharmacie, est aujourd'hui une pratique répandue dans le fond de provinces d'ailleurs grossières et de pays presque sauvages.

D'un autre côté, la correspondance établie entre toutes les Nations et toutes les parties du monde, a donné de nouveaux besoins. On croit ne pouvoir plus se passer aujourd'hui de toutes ces denrées composées, ou lointaines. Je ne veux pas refaire ici le livre de l'abbé *Raynal*. Ce rhéteur éloquent a du moins eu l'esprit de saisir le plus beau sujet de l'histoire moderne. Il a vu que l'Europe, croyant rendre les Indes esclaves de l'ancien monde, s'est ren-due elle-même tributaire des Indes. Quelle digue opposer à ce torrent qui nous domine ? Faut-il, au lieu de le combattre, lui aplanir encore le niveau dans lequel il coule à flots im-pétueux ? Où doit-il s'arrêter ? Si le temps, si les besoins nés des progrès des arts et des pro-grès de la marine doivent croître de siècle en siècle, comme ils l'ont fait sans cesse depuis le dix-septième siècle, quel sera le sort de la pos-térité ? Que deviendra l'Agriculture ? Pourra-t-elle jamais soutenir cette concurrence ?

Je m'arrête. Tous ces problèmes qui pourtant ne sont pas étrangers à notre père de famille, m'emporteroient bien loin du cadre où doit se renfermer ma note.

Dans ce huitième Lieu du *Théâtre d'Agriculture*, il s'agit des boissons qui peuvent être préparées par une simple ménagère, et qu'on aime à boire au dessert. Ce n'est pas la classe opulente qui les désire seule ; le peuple les recherche. S'il y a un moyen de préserver le peuple d'un goût contagieux, c'est en mettant à sa portée des boissons saines et locales.

Elles sont nécessaires même dans les meilleurs vignobles. Les vignerons du Clos-Vougeot, de Soterne, ou d'Aï, ne boivent pas le vin du cru ; comme les ouvriers de Louviers ou d'Elbeuf ne peuvent pas être vêtus du drap superbe qu'ils fabriquent ; il leur suffit d'être couverts d'une étoffe commune. Ainsi nos vignerons des crus les plus fameux seroient contens d'avoir à leur discrétion des liqueurs très - inférieures. Grâce à l'abondance des fruits, tous les cultivateurs françois peuvent être désaltérés d'une manière tolérable. C'est un point que j'aime à traiter.

Ici je trouve avec plaisir dans le chemin que je me trace, les travaux de ces Compagnies qu'on s'est hâté de supprimer, et qui ont eu depuis tant de peine à renaître, sans direction, sans ensemble, et principalement sans fonds et sans secours publics ; je veux parler des respectables Sociétés agronomiques, qui ne sont les dernières Sociétés savantes que dans l'ordre des temps.

Dans une séance publique de la Société royale d'agriculture de Lyon, tenue le 5 Janvier 1787, on donna l'extrait d'un *Mémoire sur les boissons vineuses, à la portée de la classe la plus pauvre*, par M. *Willermoz*, médecin.

Ce mémoire, plein de vues utiles, est composé de deux parties. Dans la première, l'auteur expose les motifs que l'on a pour rechercher des boissons vineuses à la portée du peuple. Il s'étaie de l'autorité du savant médecin *Maret*, secrétaire perpétuel de l'Académie de Dijon, qui, dans son *Mémoire, couronné, sur les anciennes et les nouvelles maladies des François*, soutient la vérité de cet adage populaire : « Si nous ne « valons pas nos pères, c'est que nous ne bu- « vons pas comme eux ».

Dans la seconde partie, M. *Willermoz* donne des vues générales sur la fabrication des boissons vineuses ; mais il se borne, en effet, à des vues, et ne présente point les procédés dont il fait sentir le besoin et même l'importance. Il développe seulement, avec beaucoup de force, un système qui se réduit à ce calcul bien simple : « Ce n'est qu'en perfectionnant et en multi- « pliant les liqueurs du pays, que nous pouvons « nous garantir des frais que nous imposent les « liqueurs étrangères ». A quoi j'ajouterai que si les riches peuvent se procurer à volonté des vins et des liqueurs de toutes les parties du globe, même les plus lointaines, il est digne des philanthropes de songer aux moyens de désintéresser le pauvre sur les jouissances des riches, en trouvant, dans le pays même, l'art d'abreuver, à peu de frais, les hommes qui travaillent et qui portent le poids du jour.

L'Académie impériale de Bruxelles avoit proposé, pour sujet d'un prix solemnel, en 1783, cette question importante : « Quels sont les végétaux indigènes que l'on pourroit substituer, « dans les Pays-Bas, aux végétaux exotiques, « relativement aux différens usages de la vie ? » Le prix fut remporté par *François-Xavier Burtin*, médecin de ce bon prince Charles de Lorraine. Son mémoire, imprimé à Bruxelles (1784, in-4°., 187 pages), a pour épigraphe ces mots dignes de l'attention de tous les hommes, mais sur-tout des agriculteurs :

> *Peregrina quid æquora tentas ?*
> *Quod quæris, tua terra dabit.*
>
> OVID.

> Pourquoi veux-tu des mers affronter la furie ?
> Ah ! sans chercher si loin,
> Regarde autour de toi ; le sol de ta patrie
> Préviendra ton besoin.

Burtin est frappé de cette vérité, que la découverte des deux Indes nous a familiarisés avec des produits étrangers, et nous a trop fait oublier les produits indigènes.

Il établit d'abord qu'il s'offre deux manières de nous exempter du tribut que nous payons aux Nations étrangères pour leurs végétaux, dont nous nous sommes faits un besoin. La première est de nous approprier leurs trésors, en les acclimatant dans notre sol, quand la chose est possible : l'autre, de leur substituer des végétaux indigènes qui produisent le même effet.

Il s'est servi de ces deux moyens également dans le cours de son mémoire, en indiquant, d'un côté, les exotiques, dont la réussite lui paroissoit assurée dans les Pays-Bas ; et en proposant, d'un autre côté, des indigènes à substituer aux exotiques, qu'il ne croyoit pas pouvoir se faire au climat de la Belgique.

Je ne prendrai de ce mémoire que ce qui a rapport à l'objet de ce Lieu du *Théâtre d'Agriculture*. Je laisse à regret de côté ce qui concerne la médecine, les épiceries, la teinture, et même les autres parties de l'économie rurale, dont il ne s'agit point ici ; mais ces renseignemens pourront trouver leur place ailleurs : ils sont tout-à-la-fois curieux et utiles. Ce qu'il dit, par exemple, sur les noyaux de pêche, mériteroit, à tous égards, l'attention des médecins.

Il est échappé à *Burtin* des articles fort importans. Tous les végétaux dont il parle sont classés en latin par ordre alphabétique. Il ne dit rien du cerisier. Je tâcherai de suppléer à ses omissions dans la partie dont je m'occupe ici plus spécialement.

Nous ne devons pas oublier qu'il écrivoit pour la Belgique dans un temps où cette partie de l'ancienne France en étoit séparée par des barrières politiques, heureusement anéanties. Les Belges sont enfin redevenus François. Ils avoient intérêt de lutter autrefois contre notre culture et contre nos productions, ils ont intérêt aujourd'hui à les faire valoir ; comme les François, à leur tour, doivent seconder l'industrie et l'agriculture des Belges.

Burtin fait le récensement des plantes indigènes qui peuvent remplacer,

1°. Le vin, et tous ses accessoires, comme l'eau-de-vie, le vinaigre, le punch, etc. ;

2°. Le sucre ;

3°. Le thé ;

4°. Le café.

Ces trois derniers objets de consommation n'ont pas pu être bien traités par *Olivier de Serres* ; le café même n'étoit pas soupçonné en Europe (voyez ce que dit à ce sujet notre collègue M. *Grégoire*, tome I, *Essai historique sur l'Agriculture*, page cxxxiv). Nous pouvons

trouver dans les produits de notre sol les supplémens du sucre, du thé et du café ; mais il ne s'agit ici que des fruits ou des plantes dont ou peut retirer une boisson vineuse. La liste en est considérable ; je m'attache à ceux qui sont plus sous la main des habitans de la campagne, et qui offrent, conséquemment, plus de moyens d'économie. Ainsi, ce qui me reste à dire sur les fruits destinés à des boissons vineuses se borne à présenter, le plus brièvement possible, l'emploi que l'on peut faire,

1°. Des cerises ;

2°. De l'épine-vinette ;

3°. Du genièvre ;

4°. Des groseilles ;

5°. Des prunes et prunelles ;

6°. Des oranges ;

7°. Enfin, des raisins et des autres fruits secs.

I°. *Des Cerises.*

Le merisier (*cerasus avium*), et le cerisier cultivé (*cerasus hortensis*), qui n'est probablement qu'une variété du merisier des bois, sont les arbres à fruits qui sont les plus rustiques en France et les plus répandus dans les bois et dans les jardins : ils viennent dans presque tous les sols ; leur bois sert à beaucoup d'usages. Leur utilité doit faire considérer le merisier comme un des premiers arbres indigènes et forestiers. On le voit dans les Vosges au penchant des montagnes. Il semble s'élancer du sein des décombres pierreux des vieilles forteresses, ruines des temps féodaux. Il est bien étonnant que *Burtin* n'en ait pas parlé, et que feu M. *de Perthuis* ait voulu le proscrire dans son excellent *Traité de l'Aménagement et de la Restauration des Bois et Forêts de la France*, où il prononce, en propres termes, que le merisier ne mérite pas d'être conservé dans nos forêts. Les habitans de nos montagnes réclament, avec force, contre cette décision. Ceux qui auront pu voir les bois de merisiers de Fontenois, de Fougerolles, du romantique val-d'Ajol, ou du val-de-Joie, dans les Vosges, etc., rendront hommage à ce bel arbre. Quoi qu'il en soit, les fruits des divers cerisiers, variés et salubres, peuvent donner du vin et de bonnes liqueurs. (Voyez au sujet de cet arbre, la note (133) du

sixième

sixième Lieu, par M. *L. Bose*, page 502 de ce volume.)

On trouve dans les livres sur l'économie domestique plusieurs procédés différens pour faire le vin de cerises : leur jus s'allie avec le vin, avec le miel, avec le sucre. Voici plusieurs de ces recettes éprouvées, qui peuvent subir des combinaisons infinies.

1°. Prenez des cerises dont vous ôterez la queue et le noyau, pilez-les dans un mortier : mettez la pulpe et le noyau dans un petit sac, avec de l'anis, de la canelle, du sucre ; suspendez le tout dans un tonneau rempli de bon vin rouge. Ce vin se chargera de la partie aromatique de ce mélange, aura le goût de cerises, et la douceur de ce fruit. Le vin de Pomar est sur-tout propre à cette recette. On soupçonne qu'il fait la base du fameux ratafiat de *Teissère*, à Grenoble.

2°. Choisissez des cerises bien mûres ; exprimez-en le jus par le moyen d'une presse : lorsque vous en aurez cinq litres (cinq pintes), jettez-les sur quinze litres et demi (seize pintes) de bon vin rouge. Si vous tirez dix litres et demi (onze pintes) de jus, vous y ajouterez un kilogramme (deux livres) de miel, et vous verserez le tout sur quinze litres et demi (seize pintes) de vin. Si l'on veut avoir beaucoup de ce vin de cerises, il faut y ajouter un sixième de vin et douze parties de miel. On met ce mélange dans un grand tonneau ; on agite ce vin tous les jours pendant quatre semaines, avec un long tuyau, pendant un certain temps. On suspend ensuite, dans le tonneau, un petit sac rempli d'épiceries ; on ferme le tonneau : la liqueur se conserve long-temps.

3°. Le *Wisnak*, liqueur saine et agréable, usitée en Pologne, est un mélange de cerises écrasées, avec du miel bouilli, puis mêlées avec de l'hydromel (*Journal Encyclopédique, Janvier*, 1792).

4°. Notre collègue, M. *Cossigny*, tenoit du célèbre *Réaumur*, la recette suivante, pour préparer du vin avec des cerises : elle est plus détaillée, plus précise, et plus sûre que les précédentes.

Il faut prendre les cerises les plus mûres et en ôter le noyau ; on les écrasera, et on les mettra dans un vase ; on les y laissera vingt-quatre ou trente-six heures, afin que la peau communique sa couleur au jus ; ensuite on passera le tout au travers d'un linge ; on mettra alors par litre (par pinte) trois hectogrammes (dix onces) de sucre ; on agitera souvent la liqueur. Lorsque le sucre sera bien fondu, on mettra le jus dans un tonneau proportionné à la quantité ; il y fermentera. On remplira le tonneau plusieurs fois par jour ; on réservera, pour le remplissage, trois litres (trois pintes), sur dix-neuf litres (vingt pintes). Lorsque le jus cessera de bouillir, on concassera les noyaux, et on les mettra dans le tonneau ; ensuite on le boudonnera, et on le mettra à la cave. Trois ou quatre mois après, on mettra le vin en bouteilles. Ce vin bouillira pendant quinze ou dix-huit jours environ. On pourra, si l'on veut, mêler avec les cerises, avant de les écraser, quelques kilogrammes (quelques livres) de framboises. Deux kilogrammes (quatre livres) de cerises, donnent environ un litre (une pinte). Les cerises aigres ne sont pas propres à faire ce vin ; mais les guignes et les cerises noires, qui sont douces et non amères, conviennent très-bien ; il faut rejeter toutes celles qui sont gâtées.

Telle est la recette suivant laquelle on préparoit tous les ans, chez M. *de Réaumur*, une quantité de cette liqueur, qu'il faisoit servir à sa table comme vin de dessert. M. *Cossigny*, son correspondant à l'Académie des Sciences, en a bu plusieurs fois ; elle avoit une fort belle couleur, une odeur agréable, et un goût exquis. On la faisoit avec des guignes. Les guigniers sont les cerisiers à fruits en cœur (voyez dans ce volume la note (133) du sixième Lieu, déjà citée).

5°. Le même M. *Cossigny* m'a communiqué une autre recette de vin, ou plutôt de ratafiat de cerises, sans fermentation.

On prend des guignes, ou des bigareaux, ou des cerises noires non amères ; on en mélange des unes et des autres ; on les écrase, on en sépare les noyaux ; au bout de vingt-quatre ou trente-six heures on met la pulpe des cerises à la presse ; on ajoûte environ deux hectogrammes (cinq ou six onces) de sucre par litre (par pinte), et trois litres (trois pintes) de bonne eau-de-vie par six litres (six pintes) de jus, après que le sucre a été fondu. La proportion du sucre doit être calculée sur la totalité de la liqueur, l'eau-de-vie comprise. On laisse éclaircir, ensuite on met en bouteilles. Si la liqueur n'est pas claire, on la colle, et on la soutire avec un siphon. On peut la boire tout de suite ; mais elle est meilleure au bout de quelques mois.

Si au lieu d'eau-de-vie on y mêloit de l'eau de noyaux, elle seroit plus parfumée et plus agréable au goût. On peut donc concasser les noyaux de cerises, les mettre dans un alambic, avec de bonne eau-de-vie, et distiller le tout au bain-marie. On emploiera, de préférence, cette eau de noyaux ; on ne peut pas en indiquer ici la proportion, parce qu'elle dépend de son dégré de force ; le goût doit servir de règle.

Eau-de-vie de Cerises.

Le cerisier-merisier est sur-tout celui dont les fruits servent à préparer le ou la *kirschen-vasser*, l'eau-de-vie de cerises, suivant une industrie qui est née d'elle-même dans les forêts des Vosges, du Suntgaw, de la Suisse, etc., etc., mais qui peut être bien perfectionnée. Les habitans des Vosges font sécher beaucoup de cerises, pour les manger en forme de soupe, cuites, avec du pain, pendant l'hiver et le printemps. Ils en font sur-tout des compotes et de la tisane pour les malades. En général, ces fruits séchés développent, dans les liqueurs et les ratafiats, un jus plus sapide et plus fort que lorsqu'ils sont employés frais. C'est une différence entre la cerise et le raisin. Les vins de raisins secs sont toujours moins agréables, et n'ont jamais le bouquet des vins de raisins récens.

Les merises servent principalement à en extraire la liqueur spiritueuse, connue sous le nom de kirschen-vasser, qui est excellente et saine, lorsqu'elle est loyalement faite, et sans mélange de prunes et d'autres fruits à noyaux, sauvages.

La manière de faire cette liqueur a été décrite par *Hell*, député de l'Alsace à l'Assemblée constituante, et qui est tombé sous la faux révolutionnaire, le même jour que l'illustre et vertueux *Malesherbes*. Voici l'extrait des observations de *Hell*, lues à la Société royale d'agriculture, le 4 Février 1790, et insérées dans le trimestre de printemps des mémoires de cette Société, pour cette année (page 96).

Lorsque les merises sont parvenues à leur maturité, on les cueille sans leurs queues ; on les met dans des tonneaux défoncés de l'un des fonds : alors on écrase les fruits avec des pilons ou dames de bois ; on les couvre pour en empêcher l'évaporation. Dès que la fermentation commence, on enfonce, deux ou trois fois par jour, le marc qui surnage. Les habitans de nos campagnes n'ont d'autre mesure pour connoître le moment où la distillation peut être commencée, que celle de la cessation du mouvement et de la chute du marc : alors ils bouchent les tonneaux, pour empêcher la fermentation acéteuse de s'établir.

La distillation se fait à l'ordinaire, mais avec une attention suivie, pour que le marc ne s'attache pas au fond de l'alambic, et que le kirschen-vasser ne prenne pas le goût de feu, ou le goût empyreumatique. Pour que cette liqueur sente le noyau, on concasse les noyaux des fruits, et on les distille avec la liqueur. On ne les concasse qu'après la fermentation.

On prétend que les merises noires, les plus petites et les plus sucrées, donnent le meilleur kirschen-vasser ; mais par-tout où il y a des cerises, de quelqu'espèce ou variété que ce puisse être, on peut en faire du kirschen-vasser. Ce moyen de tirer parti d'une récolte de cerises très-abondante fut indiqué, dans le temps, aux habitans de la vallée de Montmorenci, par notre collègue M. *Cadet-de-Vaux*. Les réclamations de la Ferme générale s'opposèrent alors à ce genre de fabrication. Le chimiste qui avoit cru pouvoir publier ce moyen reçut des reproches du ministère. Depuis que le fisc ne s'oppose plus au meilleur emploi de nos productions territoriales, M. *Cadet-de-Vaux* a profité de ce bienfait de la liberté, pour engager les propriétaires, à qui leur éloignement des villes ne permet pas de se défaire utilement de leurs cerises, à en préparer du kirschen-vasser.

Il annonce qu'on obtient une plus grande quantité de cette liqueur, en ajoutant aux suc, marc et noyaux de cerises quelconques, trois kilogrammes (cinq ou six livres) de miel, par cinq myriagrammes (cent livres) pesant de cerises. On délaie le miel dans le jus de cerises. Si la saison est froide, on fera chauffer, jusqu'à ébullition, le miel dans une partie du suc tout récent, et on en versera la liqueur bouillante dans le tonneau, ayant soin de la remuer avec un bâton pour bien distribuer la liqueur miellée dans la masse. Cette substance augmente de beaucoup la quantité de liqueur spiritueuse. Quant à sa qualité, M. *Cadet - de - Vaux* s'autorisoit du suffrage de *Hell*, comme d'un juge compétent, et dont l'opinion lui avoit été favorable.

Lorsque cette liqueur est vieille, on peut en faire un marasquin agréable, en y infusant du syrop de capillaire et de l'eau de fleurs d'orange. Le tout étant bien proportionné et bien battu ensemble, on n'imagineroit jamais que le kirschen-vasser en fût la base. (*Voyage pittoresque de la Suisse, par Laborde*, in-fol.)

Feu M. *Argand*, dont le génie a inventé et perfectionné tant de secrets économiques, avoit établi aux bords du lac Léman, près de Genève, une distillerie en grand de kirschen - vasser, préparé avec des soins particuliers, et qui étoit fort vanté ; mais son procédé n'est pas connu. Il paroît que les produits en étoient exportés à l'étranger avec beaucoup d'avantage ; ce qui prouve que ce genre d'industrie peut être très-utile à la France, lorsqu'il ne sera plus concentré sur un point unique, et lorsque l'on saura construire les alambics et les fourneaux d'une manière plus parfaite et plus économique, dont on peut se faire une idée dans l'article *distillation* du supplément au *Cours d'Agriculture de Rozier*, par M. *Curaudeau* (tome XI, page 485).

Hell nous apprend, en outre, que, depuis quelques années, on distille les cerises sans les faire fermenter. Cette eau de cerises douces est extraite des petites cerises des bois ; elle ne contient rien de spiritueux : ce n'est que la partie phlegmatique et aromatique de la cerise. Quoiqu'on la qualifie d'eau de cerises douces, elle n'est cependant pas sucrée. On la boiroit pour de l'eau commune, si elle n'avoit pas l'odeur du fruit. On la prend un peu tiède, chauffée au bain-marie, après y avoir fait dissondre du sucre candi, qu'on y met en poudre, seulement un peu avant que d'en faire usage. Elle est très-agréable avec le thé, sur-tout avec le thé au lait. Il faut y mettre beaucoup de sucre pour qu'elle soit bonne. On lui attribue de grandes vertus. On la regarde comme un baume salutaire pour la poitrine, comme un calmant, comme le somnifère le plus innocent : on la prend sur-tout avec succès en se mettant au lit.

Je noterai, à ce sujet, qu'on distille aussi dans les Isles, une eau-de-vie fort douce de la pulpe (pareille à celle des cerises) qui enveloppe le café.

Mais faut - il donc toujours des produits distillés ? Quelques parfaits qu'ils puissent être, l'alambic et le feu sont effrayans à plus d'un titre. Ne pouvons-nous pas épargner le bois et le charbon ? Une estimable ménagère, Madame *Gacon-Dufour*, en offre le moyen dans son *Recueil pratique d'Économie rurale et domestique* (*Paris, an XIII* (1804), in - 12, page 249, 2*e*. édition).

Kirschen - vasser de ménage.

« Vous prenez des noyaux de cerises que vous concassez ; vous les jetez, avec les amandes, dans de l'eau-de-vie : vous les y laissez infuser jusqu'au temps où vous pourrez y ajouter des noyaux d'abricots sans amandes. Vous laisserez encore infuser deux mois ; puis vous filtrerez.

Cette espèce de kirschen - vasser, qui ressemble, pour le goût, à celui qu'on achète fort cher, a la même propriété pour l'estomac. En le distillant, vous le rendrez limpide comme le kirschen-vasser ordinaire.

IIº. *De l'Épine - vinette* (berberis vulgaris).

Burtin recommande le suc de l'épine-vinette, pour remplacer le jus de citron, de limon, et autres. Il renvoie au mémoire du suédois *Ankarkrona* (*Collection académique*, partie étrangère, tome XI, page 405).

On voit, dans ce mémoire, qu'on peut employer utilement le suc de l'épine-vinette à la préparation du punch : ce suc est moins acide que le citron, et n'est pas moins agréable.

On prend deux parties de suc d'épine-vinette, deux de sucre, trois de vin de France, ou du Rhin, ou d'arack, ou d'autre eau-de-vie, et six parties d'eau.

L'éditeur de ce volume de la *Collection académique*, dit qu'on en fera une préparation plus simple et plus saine, avec de l'eau et du sucre.

H h h h h 2

On n'aura pas de peine à le croire, d'après ce que je vais dire.

Le punch est une liqueur dont la mode a passé d'Angleterre en France, et a pris, surtout depuis 1789, beaucoup de faveur et d'extension.

M. *Cossigny* fait, à ce sujet, des observations très-curieuses, dans le premier volume de ses *Moyens d'amélioration pour les Colonies*. Il observe qu'on fait maintenant à Paris, dans tous les cafés, du punch au rum, c'est-à-dire au tafia rectifié ou distillé une seconde fois. On en consomme aussi beaucoup dans les ports de mer et sur les vaisseaux. L'usage est de le prendre chaud et très-fort en spiritueux.

Dans les Indes orientales, suivant M. *Cossigny*, on prépare le punch d'une manière différente. On boit cette liqueur froide dans les grandes chaleurs, pour se désaltérer. On exprime du jus de citron, auquel on ajoute du sucre et beaucoup d'eau, avec très-peu d'arack de Batavia, ou de guildive, ou de tafia, ou même d'eau-de-vie de France, que beaucoup de personnes préfèrent. On y ajoute de la muscade râpée, et un croûton de pain grillé et chaud. M. *Cossigny* croit cette liqueur plus désaltérante, moins échauffante, et plus salubre que le punch des cafés de Paris : il la trouve plus agréable. Il a vu préférer, dans les Isles, le jus de la bigarade, ou orange amère, à celui de citron, pour la préparation du punch. Quelques personnes y mettent de la canelle, et y font tremper les peaux des fruits qu'ils ont exprimés, pour donner du parfum à la liqueur ; elle n'en est que plus cordiale. M. *Cossigny* a vu faire du punch au vin de Champagne, au vin de Malaga, au vin de Constance, blanc, et même au vin-blanc de Bordeaux, auquel on ajoutoit un peu d'eau-de-vie de France. Il en a vu faire au syrop de limons, en guise de citrons, et même au jus d'oranges douces. Le punch au tamarin est peut-être le plus sain. On pourroit faire du punch avec du sel d'oseille, ou du sel de citron, aromatisé avec de l'esprit de citron.

Un limonadier de l'Isle-de-France, très-versé dans son art, préparoit une liqueur, dont il trouvoit un grand débit auprès des marins, et que l'on nommoit essence de punch : c'étoit du jus de citron clarifié, dans lequel on avoit mis infuser, pendant quelque temps, des zestes de citron. Il ne s'agissoit, pour avoir du punch, que d'en mêler avec de l'eau, du sucre, un croûton grillé, et de la muscade râpée. Cette essence de punch se conservoit très-bien, au lieu que les citrons, et même leur jus, sont sujets à se gâter, sur-tout en mer. M. *Cossigny* pense que l'on pourroit préparer cette essence de punch dans les pays où les citrons sont très-abondans, et l'envoyer à Paris, ou ailleurs. Alors le punch, qui est par-tout très-cher, devroit baisser de prix.

M. *Cossigny* paroît avoir cherché et essayé des moyens d'empêcher le jus des citrons de se gâter en mer. Il ignoroit que notre illustre collègue M. *Fourcroy*, n'a cessé d'indiquer, depuis dix ans, dans ses cours publics de chimie, un procédé économique, pour obtenir en grand l'acide citrique dans les Colonies, où les citrons sont si abondans, et où l'on en perd une si grande quantité. Je me rappelle de les avoir vus pourrir dans la boue des grands chemins, à Saint-Domingue : on ne daignoit pas les ramasser. Or, pour en tirer parti, et conserver leur acide sans altération, sous sa forme cristalline, il ne s'agiroit que d'exprimer le jus des citrons, de le saturer avec de la craie ; de bien laver le citrate calcaire précipité, jusqu'à ce que l'eau chaude sorte limpide et incolore ; de bien sécher le précipité, et de l'envoyer pressé dans des barriques bien fermées, où on le décomposeroit par l'acide sulfurique affoibli, pour en obtenir l'acide citrique pur. Ce procédé feroit valoir de nombreuses quantités de citrons perdus jusqu'ici, et fourniroit une matière qui manque si souvent, qui est toujours rare et chère dans les villes du nord, et qui est si avantageuse pour la chimie et pour diverses maladies. Deux grammes (un demi-gros) de cet acide concret, dissous dans un kilogramme (deux livres) d'eau, avec une suffisante quantité de sucre et d'oleo-saccharum, fait avec l'écorce de citron, donnent, suivant M. *Fourcroy*, une limonade très-agréable. (*Système des connoissances chimiques*, *Paris*, *an XI*, in-8°., tome VII, pages 304, 311.)

M. *Cossigny* dit, avec raison, que tout ce qui multiplie les jouissances de l'homme, ou qui peut rendre communes à un grand nombre celles qui sont réservées aux gens aisés, doit être publié par un écrivain philanthrope. Le philosophe qui dédaignera les détails de ce genre, n'est peut-être pas aussi philosophe qu'il le croit.

M. *Cossigny* pense que l'on pourroit rendre le punch plus salubre, plus nourrissant, et peut-être plus agréable, en employant, au lieu d'eau, une décoction de drèche, ou de pain grillé. Il présume que le punch, étant frappé de glace, seroit une boisson très-agréable dans les chaleurs de l'été. Enfin il observe que sa préparation peut être variée de mille manières, puisqu'on peut en faire à la groseille, framboisée ou non, en un mot, avec tous les sucs des fruits acides, en guise de citrons. Ceci me ramène à mon sujet. M. *Cossigny* ne parle pas nommément de l'épine-vinette; mais c'est de tous les fruits indigènes celui qui est le plus propre à suppléer le citron.

Il réunit les deux acides, malique et citrique, dans une proportion qui rend sa saveur vraiment exquise, quand son suc est combiné avec du sucre. Je l'ai éprouvé plusieurs fois dans les bois de nos Vosges, où l'épine-vinette n'est pas rare : en exprimant ses baies mûres sur un petit morceau de sucre, on se procure sur-le-champ un rafraîchissement délicieux.

Les observations de MM. *Fourcroy* et *Cossigny*, que je viens de rappeler, peuvent servir à deux fins. D'une part, elles doivent engager les propriétaires du midi, qui ont des citrons en abondance, à préparer l'acide citrique, pour le faire passer dans le nord. En attendant, on devroit, dans le nord, apprendre à se passer plus facilement de ce secours, en donnant plus d'attention à cet utile arbrisseau de l'épine-vinette, dont toutes les parties peuvent servir. Il réussit dans toute sorte de fonds, demande peu de soins, se propage facilement. Ses feuilles ont un goût acide; les cuisiniers peuvent même les employer à défaut d'oseille; c'est ce qui a fait donner, par les Hollandois, à cet arbrisseau, le nom d'*arbre des sauces*. Quant à ses fruits ou baies, on préfère, pour l'usage, celles de la variété sans pepins ou noyaux. On recueille ces baies en Brumaire ou Frimaire (Octobre ou Novembre), lorsqu'elles sont bien mûres, et

encore pleines de suc, un peu avant les grands froids. Quelques-uns croient qu'il vaut mieux les cueillir après une gelée. On en exprime le suc; on le laisse reposer et clarifier; on le met ensuite dans des vaisseaux bien bouchés : il se conserve plusieurs années dans une bonne cave. Il seroit à désirer qu'il fût assez abondant pour être traité en grand par les chimistes, et pour devenir usuel chez les limonadiers. Il doit devenir précieux dans les ménages de campagne.

Le bois de l'épine-vinette sert pour toute teinture jaune; il fournit aussi la couleur pour teindre les cuirs d'un beau vert.

L'écorce, le bois et le fruit, ont plusieurs vertus médicinales; ils sont vermifuges et fébrifuges. En tout, cet arbrisseau mérite d'être plus considéré, plus répandu et plus cultivé qu'il ne l'est; il fait une bonne clôture; nous nous en rapporterons à ce qui en est dit dans le *Mémoire sur les haies*, par M. *Amoreux* (déjà cité dans ce volume, Lieu sixième, note (172), page 524, colonne II), article des *haies épineuses*.

« Ce que nous présente de plus utile cet arbrisseau (le vinetier) pour notre objet, dit M. *Amoreux*, ce sont ses piquans affilés et tricuspides qui accompagnent les bourgeons, et qui pénétreroient jusqu'aux os celui qui auroit l'imprudence de franchir une telle haie. Ses feuilles sont encore bordées de petites épines dont il faut se garantir. Cet arbrisseau est donc l'un des plus propres à former des haies épineuses; les anciens botanistes l'avoient dénommé d'après cet usage, *berberis dumetorum*. Quoiqu'il ne soit plus de mode comme autrefois, il n'en est pas moins utile : on le trouve ordinairement dans les pays froids et montagneux. On peut le multiplier facilement par rejets. On peut donc rechercher le vinetier quand on a affaire à des terreins ingrats qui se refusent à la plantation d'autres arbrisseaux pour les haies : les plantes qui nous épargnent de la culture sont souvent les plus précieuses, etc. L'épine-vinette est presqu'un objet de commerce à Chaveau, dans l'Autunois ».

Je n'ai pas cru devoir parler de l'épine-vinette employée comme confiture, car elle exige trop de sucre, ce qui la rend très-chère; mais ses jeunes boutons se confisent dans le vinaigre, et peuvent tenir lieu de câpres.

C'est en Brumaire (Octobre) qu'on plante l'épine-vinette, et c'est un souvenir que les cultivateurs doivent mettre sur les tablettes qui leur rappellent, tous les mois, la chaîne de leurs soins et la suite de leurs travaux.

III°. *Du Genièvre.*

Le genévrier (*juniperus communis*) est un des arbrisseaux sauvages dont toutes les parties sont peut-être les plus utiles. *Burtin* observe que ses baies, stomachiques, diurétiques, etc., substituées depuis long-temps à l'*amomum racemosum* ou amome en grappes, ainsi qu'au *carpobalsamum* ou baumier de la Mecque, sont d'un grand usage en Belgique pour distiller une liqueur qui porte le nom de ces baies, *genever*, et qui, chez le peuple, dans tous les Pays-Bas, remplace le brandevin de France et le genièvre de Hollande. Quoique j'en aie déjà parlé à l'article des eaux-de-vie de grains (tome I, troisième Lieu, chapitre XV, note (113), page 490 et suivantes), je dois y ajouter un mot, d'après ce que *Burtin* en disoit à Bruxelles en 1773.

Selon lui, cette liqueur méritoit de toute façon l'attention du Gouvernement, tant comme objet de consommation, par rapport à l'usage journalier d'une boisson dont l'excès est si nuisible, que comme objet d'exportation qui pouvoit devenir de grande conséquence, si l'on parvenoit à obtenir, en faveur des genièvreries belges, la préférence des contrebandiers anglois, que la guerre d'Amérique avoit conduits si heureusement, selon lui, vers le port d'Ostende.

Il faut observer que *Burtin* renvoie ici à l'article de l'yèble ou du petit sureau (*sambucus ebulus*), qu'il propose plus loin pour remplacer le vin muscat et le genièvre de Hollande. Il dit que les fleurs de sureau communiquent aux vins le bouquet du muscat, quand on fait fondre dans ces vins, du sucre qui a séjourné quelque-temps dans les fleurs; mais la qualité plus utile, suivant *Burtin*, des fleurs d'yèble, c'est qu'elles corrigent complétement le goût empyreumatique du genièvre des Pays-Bas. Ce goût de feu avoit rendu long-temps cette eau-de-vie inférieure à celle de Hollande; mais on a réussi à l'en dépouiller par la méthode suivante. Après la première distillation, on ajoute à la liqueur une quantité suffisante de chaux vive, qu'on laisse déposer; puis on colore la liqueur décantée, après y avoir ajouté ce qu'il faut de fleurs d'yèble.

Dans l'excellente Statistique du département du Nord, par M. *Dieudonné*, préfet, on trouve des détails étendus et précis sur l'eau-de-vie de genièvre, sur les grains que l'on y emploie, sur le parti qu'on tire des marcs pour engraisser les bestiaux, sur l'abus que l'on fait de cette liqueur, et sur les argumens pour et contre sa fabrication. Quiconque voudra s'instruire à fond sur cet article, et sur tous ceux que comporte le plan de cette statistique, ne sauroit mieux faire que de consulter l'ouvrage de M. *Dieudonné*. (A Douai, an XII — 1804, 3 vol. in-8°.)

Nous ne pouvons pas prendre un intérêt bien vif à la perfection des eaux-de-vie de genièvre; les eaux-de-vie de vin seront toujours supérieures. Il suffit qu'elles puissent circuler sans des frais trop considérables, ainsi que nos bons vins de France, par l'établissement d'un bon système de canaux. Ces liqueurs doivent prendre, par-tout où elles pourront pénétrer sans de trop grands frais de transports, la place des bières et des eaux-de-vie, soit de grains, soit d'autres substances.

L'économie rurale peut donner plus d'attention à la liqueur nommée *genièvrette*, ou *vin de genièvre*. On a dit qu'on pouvoit la regarder tout-à-la-fois, comme le vin des pauvres et le médicament des riches. Sa composition est extrêmement simple, telle qu'elle est décrite dans nos livres d'agriculture.

On prend huit décalitres (six boisseaux) de graines de genièvre concassées, et trois ou quatre poignées d'absinthe; on laisse infuser et fermenter le tout, pendant un mois, dans quatre-vingt-quinze litres (cent pintes) d'eau: on tire à clair. Ce vin n'est agréable qu'autant qu'il est vieux; mais on lui attribue d'assez grandes vertus pour fortifier l'estomac, débarrasser les reins, contre les diarrhées, les coliques venteuses, et autres. Comme il revient à très-bon compte, on estimoit qu'il seroit bon d'en faire boire aux animaux.

Au surplus, on n'ignore pas que les vins et les bières peuvent être rendus médicinaux, par des infusions de plantes qui ont des vertus reconnues. *Boërhaeve* indique lui-même, comme une recette assurée contre le scorbut, l'infusion dans un tonneau de bière, de quelques têtes de choux rouges (*brassica oleracea capitata rubra*), coupées en morceaux ; de douze poignées de cresson de fontaine (*sisymbrium nasturtium*), ou de cochléaria (*cochlearia officinalis*), et d'un demi-kilogramme (une livre) de raifort (*cochlearia Armoracia*), récemment récolté. On tire toujours de ce tonneau pour sa boisson ordinaire.

Haller dit aussi que la bière qui a fermenté avec la graine de carotte (*daucus carotta*) convient aux néphrétiques. L'utilité de la carotte est au moins aussi grande en médecine qu'en cuisine. Le cataplasme de sa pulpe et sa décoction ont été reconnues efficaces dans les cancers, dans les dartres, dans les écrouelles naissantes, les abcès, les dépôts, les panaris, les ophthalmies. M. *Bridault*, médecin à la Rochelle, a publié un gros volume sur les effets de cette plante dans plusieurs maladies externes et internes. On peut joindre son témoignage à tous ceux que j'ai rassemblés dans le premier volume du *Répertoire d'Agriculture* (Paris, an XIII — 1804, in-12.), sur la culture en grand de la carotte et du panais.

J'ai vu donner avec succès à Saint-Domingue, contre les fièvres, qui sont, dans un climat si chaud, endémiques et continues, un vin de Bordeaux préparé dans les vignobles de la maison Gradis, et qui avoit fermenté avec du quinquina. J'en ai usé moi-même dans une fièvre de dix-huit mois, qui n'a pourtant cédé qu'à l'usage du remède du café, mêlé au jus de citron, indiqué par *Rozier* dans le *Cours d'Agriculture*, tome IV, page 605, à la fin de l'article *Fièvre*.

L'illustre *Duhamel* a parlé de la genévrette : il dit qu'elle seroit meilleure si l'on y ajoutoit de la mélasse, et si on la traitoit comme l'épinette ou sapinette du Canada. L'on croit devoir à ce sujet donner quelques détails, d'après le Mémoire de *Kalm* (*Collection académique*, partie étrangère, tome XI, page 422).

Il y a deux méthodes pour fabriquer en Amérique cette espèce de bière d'épinette, qui se fait avec des bourgeons d'épinette ou de spruce (*pinus Canadensis*) ; mais qui peut se faire aussi bien avec les bourgeons et les baies de notre genévrier commun. Ces méthodes sont la hollandoise et la françoise.

Dans la première, on met deux barriques d'eau sur le feu, dans une chaudière : on y jette autant de sommités de sapin qu'on peut en prendre avec les deux mains ; ces pousses de sapin doivent être coupées menues : il en faut moins de fraîches que lorsqu'elles sont sèches. Quand le mélange a bouilli une heure, on verse l'eau dans un autre vaisseau, où elle tiédit ; alors, on y met de la lie, ou de la levure, et on laisse fermenter. On y ajoute un demi-kilogramme (une livre) de sucre, pour ôter le goût de résine. La liqueur ayant fermenté, on l'entonne, et on la met en bouteilles.

Cette boisson se conserve long-temps : elle est bonne et limpide comme la bière ordinaire : elle mousse beaucoup. Son goût, légèrement résineux, n'est pas désagréable ; elle est très-diurétique.

Les François emploient les feuillages frais, et veulent que les cônes les accompagnent. On a une chaudière que l'on remplit d'eau et de feuillages, coupés seulement de manière qu'ils puissent entrer dans la chaudière, et que l'eau surnage par-dessus ; on fait bouillir et réduire le tout ; en même temps on grille un peu de froment ou de seigle, ou plutôt d'orge, ou même encore du mays, comme on torréfie le café : on le jette dans la chaudière ; on y met aussi une couple de petits pains de froment, ou de seigle, coupés par tranches. Ce froment et ce pain donnent à la liqueur une couleur brune jaunâtre, et la rendent plus nourrissante. Lorsque la liqueur est réduite à moitié, et qu'on voit l'écorce des branches quitter le bois, on les retire, et on filtre par un linge ou un drap, mis sur un tonneau ; on y ajoute, par tonneau, un kilogramme et demi (trois livres ou un pot) de syrop, ou mélasse. La liqueur fermentée, on enlève l'écume qui s'élève à la surface. Lorsque la liqueur a cessé de bouillir, on la met en tonneau, ou en bouteilles ; on peut en boire vingt-quatre heures après. *Kalm* assure que cette bière a toutes les qualités de la précédente.

Il n'y a rien de si aisé que d'approprier ces méthodes aux rameaux, au feuillage, et aux baies du genévrier, qui est assez commun dans toutes nos montagnes et les terreins arides. Ce qui est étonnant, c'est que nous ne sachions pas même profiter de ce don que le plus mauvais sol nous fait très-gratuitement. Malgré le besoin, dit *Burtin*, que nous avons pour nos fabriques de genièvre, de cette matière première, nous sommes assez indolens pour la tirer de l'étranger, au lieu de la cultiver chez nous. Qui plus est, nous ne daignons pas seulement recueillir les baies que nos terreins incultes nous offrent en tant d'endroits. Ce reproche n'est pas moins applicable au reste de la France, qu'il ne l'étoit à la Belgique. Nous laissons aux merles, aux grives, aux étourneaux, etc., le soin de répandre sur terre les baies du genévrier; et nous les achetons ailleurs, tandis que nous pourrions en vendre au reste de l'Europe.

Madame *Gacon - Dufour* a donné dans son *Recueil d'économie rurale* un article qui rentre dans nos vues, et que nous nous faisons un plaisir de reproduire ici. Le genièvre est une des bases de la boisson économique dont elle a publié la recette suivante.

Vin du Pauvre.

L'été est la saison la plus pénible de l'année, et la plus laborieuse pour les habitans de la campagne : c'est celle où ils ont le plus besoin de forces, et de réparer celles qu'ils peuvent perdre journellement par l'excès de la fatigue : la soif est leur supplice. La nécessité d'appaiser cette soif par de l'eau simple, quelquefois croupie, ou trop froide, est la source de leurs maladies. On a vu des moissonneurs tomber presque morts, parce qu'ils avoient eu l'imprudence de boire de l'eau trop fraîche, ou de l'eau de mare. Le vin même, lorsqu'il n'est pas trop cher, l'est encore trop pour eux. Leur indiquer une boisson avec laquelle ils puissent y suppléer, dont le goût, la couleur, et la force, leur fassent illusion, qui leur tienne le corps frais, libre et dispos, et leur fasse, pour ainsi dire, savourer leur pain avec plaisir, c'est leur rendre un service essentiel. (Voyez ce que j'ai dit, dans le même sens, tome I, pages 399, 400, 464, 465, etc.)

Le procédé est simple et facile : il faut prendre quinze kilogrammes (trente livres) de groseilles rouges et blanches (cette dernière est plus douce et plus juteuse, suivant madame *Gacon-Dufour*); autant de kilogrammes de cassis; autant de petites cerises, queues et noyaux; mettre le tout dans un tonneau, et le broyer avec un grand bâton; puis faire bouillir deux litres (deux litrons et demi) de genièvre dans cinq à six litres (cinq à six pintes) d'eau; y ajouter un quart de kilogramme (une demi-livre), ou un demi-kilogramme (une livre) au plus de miel, afin de bien faire fermenter le genièvre; puis le mêler, après qu'il aura fermenté, avec le jus des fruits. Quand il aura été remué trois ou quatre fois en vingt-quatre heures, on fermera le tonneau et on le remplira d'eau. Cette seule quantité de fruits doit donner cent cinquante litres (plus de cent cinquante pintes) d'excellente boisson.

On peut encore, pour lui donner plus de force, y mêler un litre ou deux (une pinte ou deux) d'eau-de-vie; alors il n'y a presque point de différence avec le vin.

Les propriétaires de grands terreins devroient engager leurs fermiers à se procurer cette boisson, afin d'en aider les malheureux ouvriers.

C'est à la mi-Messidor (au commencement du Juillet) qu'on fabrique ce *vin du pauvre* : provision essentielle, même dans les pays vignobles.

IV°. *Des Groseilles.*

L'article auquel *Burtin* s'est principalement attaché dans son Mémoire, est le groseiller usuel (*ribes officinarum*, *ribes rubrum*), dont le fruit, selon lui, remplace :
Le jus de citron;
Les oranges douces;
Les vins étrangers;
Le vin de Madère;
Le vin de Malvoisie;
Le vin du Necker;
Le vinaigre de vin;
Et les vinaigres étrangers.

Il a pris le vin de groseilles pour le type des vins de fruits; il en parle avec une sorte de chaleur et d'enthousiasme, qui fait au moins l'éloge de ses bonnes intentions.

Il est bon d'observer que le groseiller est d'autant plus estimé dans la ci-devant Belgique, que ses fleurs ne manquent presque jamais de former des fruits, et qu'elles en produisent annuellement beaucoup. *Knoop* dit, dans sa *Fructologie* (Amsterdam 1771, in-fol. avec figures coloriées, page 193), qu'il n'a trouvé nulle part de groseilles meilleures, ni en plus grande abondance, que dans les Pays-Bas, de façon que ce climat semble propre à cette espèce de fruits.

L'article de *Burtin* mérite d'être extrait et même presque copié.

Ce fruit, dit-il, qu'on a regardé jusqu'ici d'un oeil assez indifférent, employé convenablement et multiplié en proportion de son utilité, peut devenir une des branches les plus importantes de notre économie rurale. D'abord, il est d'une vertu égale et d'un effet moins dangereux dans les fièvres aiguës que le citron. *Bexnie* assure qu'il a vu, dans la petite vérole, plus d'effet des groseilles seules, que de tous les autres acides. *Burtin* se croit donc en droit de recommander aux médecins patriotes, un usage plus fréquent des groseilles, en les substituant aux citrons et aux oranges, qui absorbent tous les ans tant de numéraire. Il les conseilleroit de même à ceux qui s'en servent par goût dans leurs boissons, puisque le jus, le syrop, et la gelée de groseilles, en fournissent d'aussi délicates, au moins, que le citron; mais il sent que les goûts sont sans réplique, et que la raison ne peut combattre l'habitude.

Il craint sur-tout que cette habitude, obstacle éternel à toute nouveauté utile, n'en soit un des plus terribles à l'introduction du vin de groseilles qu'il propose, et dont il désire ardemment de voir introduire l'usage. Il demande, du moins, qu'on ne le condamne pas avant de l'avoir entendu, et il raconte, à ce sujet, une histoire assez curieuse.

« Il avoit goûté, chez un de ses amis, du vin de groseilles, qu'il n'avoit pu s'empêcher de trouver excellent. Quelque-temps après, il fut appelé, comme médecin, pour assister un étranger, qui, après avoir demeuré long-temps en Espagne, étoit venu s'établir à Etterbeeck, pour y faire commerce en vins. Il goûta chez lui plusieurs vins, sous des couleurs et des dénominations connues. Il les but avec plaisir, et résolut d'en faire provision; lorsque, dans le premier moment du retour de sa santé, dans ce moment où la reconnoissance envers le médecin est encore entière, son malade lui fit la confidence inattendue, que tous ses vins, que l'on trouvoit si bons, avoient pris naissance dans sa cave, et ne contenoient pas une goutte de vin réel.

(Ceci est d'autant moins surprenant, qu'il y avoit autrefois à Bruxelles et à Liége, des fabriques de vins, dont les auteurs ne dissimuloient nullement la nature factice; au contraire, ils se faisoient une sorte de gloire d'afficher leur talent. On se ressouvient d'avoir vu à Liége, sur la porte d'une très-grande maison, ces mots écrits en très-gros caractéres : MANUFACTURE DE VIN DE BOURGOGNE; et là cette inscription n'étonnoit personne. On sait aussi qu'à Marseille, à Bordeaux, etc., on fabrique des vins d'Espagne, et ces sortes de manufactures de vins françois et étrangers sont assez multipliées à Londres.)

» *Burtin* fut cependant très-surpris de ce que venoit de lui révéler son malade. Il lui demanda de quoi et comment étoient donc composés ces vins si bien contrefaits. On lui répondit qu'à l'exception de tel et tel de ces vins, qui étoient composés de raisins secs, tout le reste l'étoit avec les seuls fruits du pays. »

Cette partie de l'anecdote prouveroit que *Burtin* n'étoit pas un bien fin gourmet. Quelque chose qu'on puisse faire, on ne peut parvenir à déguiser assez le vin de raisins secs, ni les vins cuits en général, pour que l'on puisse s'y méprendre, et leur trouver la saveur et le bouquet particulier du vin de raisins frais.

Quoi qu'il en soit, *Burtin* charmé de cette découverte, insista, près de son malade, sur des particularités ultérieures; mais celui-ci tenoit à son secret, il reprit son sérieux, et *Burtin* ne pût en rien tirer davantage. Il résolut donc de faire quelques essais lui-même et suivit le procédé qu'il trouva décrit dans les *Nouveaux secrets éprouvés*, livre imprimé à Paris en 1768, mais qui ne remplit qu'imparfaitement son titre. Cependant le vin de groseilles obtenu par *Burtin*, sans être excellent, fut assez bon pour le convaincre de la possibilité de cette contrefaçon particulière.

Il ne rapporte point cette recette, ni les autres dont il parle : il a craint apparemment que cela ne dérogeât un peu à la dignité d'un mémoire académique. N'ayant pas les mêmes scrupules, et ne briguant ici d'autre succès, ni d'autre palme, que de me rendre utile aux habitans de nos campagnes, j'en userai différemment, et je transcrirai deux procédés ; j'indiquerai en outre, d'après *Burtin* lui-même, les livres où l'on peut en trouver quelques autres.

1°. La première recette a été donnée d'après *Ray*, dans le *Dictionnaire d'Histoire Naturelle*, par M. *Valmont-de-Bomare*, article *groseiller*, l'un des premiers ouvrages qui ait répandu parmi nous le goût d'une science aussi utile qu'agréable. C'est un service essentiel rendu par ce savant, et qu'on ne doit pas oublier.

« *Ray* dit que les Anglois font du vin des groseilles mûres, en les mettant dans un tonneau, et en jetant de l'eau bouillante par-dessus ; en bouchant bien le tonneau, et le laissant dans un lieu tempéré pendant trois ou quatre semaines, jusqu'à ce que la liqueur soit bien imprégnée du suc spiritueux de ces fruits, qui restent alors insipides. Ensuite, on verse cette liqueur dans les bouteilles, et l'on y met du sucre ; on les bouche bien, et on les laisse jusqu'à ce que la liqueur se soit mêlée intimement avec le sucre, par la fermentation, et soit changée en une liqueur pénétrante et semblable à du vin. »

2°. La Société philanthropique de Philadelphie a publié, dans son Recueil pour l'année 1771, la recette suivante, au sujet du vin de groseilles que l'on prépare à Bethléem, dans les États-Unis.

Cueillez les groseilles très-mûres ; pilez-les dans un tonneau, ou placez-les sous un pressoir ; tirez le jus à clair : ajoutez-y les deux tiers d'eau, et un kilogramme et demi (trois livres) de sucre de moscouade, dans une mesure de ce mélange. On peut, à son défaut, se servir de sucre brun bien clarifié ; remuez jusqu'à ce que le sucre soit fondu, et jetez le tout dans un tonneau. Ce mélange, avec le suc de groseilles, doit être exécuté promptement, de peur que ce suc n'ait commencé à fermenter. Le tonneau doit être bien net, et n'avoir contenu ni cidre, ni bière ; il ne faut pas le remplir exactement. Couvrez légèrement l'ouverture, fermez-le au bout de trois semaines, et laissez l'évent ouvert jusqu'à ce que le vin ait cessé de fermenter, ce qui arrive vers le milieu de Brumaire (fin d'Octobre). Ce vin conservé sur sa lie, pendant deux ans, n'en devient que meilleur.

La Société de Philadelphie a publié cette méthode pour engager les habitans de la Pensylvanie et du Maryland, à imiter ceux de Bethléem. Elle prétend que ce vin de groseilles approche de celui de Madère, et surpasse tous les autres vins que l'on transportoit alors de l'Europe dans les Colonies angloises. Sa recette a été transcrite par *Rozier*, dans le *Journal de Physique* (tome I, in-4°., 1773, page 184); mais il ne voit, dans son produit, qu'un vin de sucre, aromatisé par un quart de suc de groseilles : nous verrons, tout-à-l'heure, comme il l'a corrigé.

Burtin s'appuie en outre d'un témoignage singulier qu'il trouve dans le huitième Essai des *Acta chemica Holmiensia*. Cet essai de M. *Hierne* est relatif aux moyens de pourvoir la Suède des articles nécessaires qui lui manquent naturellement ; sujet excellent à traiter dans toutes les contrées, et qui mériteroit sur-tout de l'être en France, quoique son sol soit plus fertile, son ciel plus favorable, et qu'elle soit bien plus peuplée. *Virgile* a dit, avec raison :

Non omnis fert omnia tellus.
Nul pays n'a tout en partage.

Mais, dans chaque pays, il est des ressources locales qu'on doit étudier, pour parer aux besoins que le commerce extérieur ne remplit qu'à grands frais ; et qui, une fois contractés, s'irritent douloureusement, quand le commerce suspendu ne sauroit plus les satisfaire.

Les objets nécessaires, dont les Suédois sont privés, sont bornés, par M. *Hierne*, à trois articles principaux ; savoir : le sel, le vin, l'huile d'olive. Il propose à sa patrie, avec toutes les instances dont son zèle et son savoir le rendent capable, de suppléer au vin de raisins par celui de groseilles. Il est si persuadé que ce dernier a toutes les qualités requises pour être du vrai vin, qu'il propose même de s'en servir pour la communion dans l'église (*Acta chemica Holmiensia*, tom. *II*, *pag.* 173). Ceci est remarquable; malgré l'enthousiasme des peuples du Nord pour la bière, leurs prêtres ne l'ont pas jugée digne de remplacer le vin pour célébrer les saints mystères. Il faut que le jus des groseilles approche davantage de celui des raisins, puisqu'on propose à la Suède son emploi dans la sainte cène.

Le révérend M. *Hierne* étoit si convaincu de l'avantage qui en résulteroit pour son pays, qu'il vouloit que le Gouvernement ne s'arrêtât pas à l'obstacle que lui opposeroit, sur ce point, l'esprit de routine des gens de la campagne. Dans son enthousiasme patriotique, il vouloit que le peuple fût forcé à cultiver les groseilles (*opus verò est ut plebs, pecudum instar, à superiori manu ad hoc opus dirigatur. Ibidem, pag.* 293). C'est pousser le zèle bien loin. Je ne crois pas qu'on doive, pour quelque motif que ce soit, considérer un peuple comme un troupeau de bêtes, *pecudum instar*, et l'on est un peu étonné que ce soit un pasteur qui se soit permis d'employer cette comparaison.

Le célèbre *Vallerius*, qui a joint ses notes à la dissertation de M. *Hierne*, vient à l'appui de celui-ci sur la bonté et la salubrité du vin de groseilles. Il propose même deux autres méthodes pour faire ce vin (*ibidem, pag.* 177).

Rozier s'est fait honneur aussi de communiquer à la France sa composition détaillée d'une liqueur qu'il appelle, sans hésiter, un vrai vin de groseilles (Journal cité, page 166). Il propose l'usage de cette liqueur aux provinces où le vin est cher, et même au reste de la France, dans les années de disette. Je transcris sa recette :

« Prenez des groseilles, telle quantité qu'il vous plaira ; plus la masse sera forte, plus le vin qu'on en obtiendra sera parfait : cueillez-les dans leur parfaite maturité. Commencez la récolte quand la rosée et le brouillard seront dissipés, et lorsque le soleil commencera à être ardent ; laissez ces fruits exposés au soleil au moins pendant quelques heures, ensuite, séparez-les de leurs grappes, dans un grand tonneau défoncé d'un côté, qui servira de cuve. Avec des pilons, écrasez-les autant qu'il sera

possible. Si vous voyez que le suc soit visqueux ou trop épais, ajoutez quelques litres (quelques pintes) d'eau, mais modérément, et seulement pour lui donner de la fluidité, parce que sans fluidité point de fermentation tumultueuse, laquelle est absolument nécessaire pour diviser les principes des corps qu'on veut faire fermenter, et pour les aider, par la division qu'ils éprouvent, à créer l'esprit ardent, qui est l'âme de tous les vins. Si, au contraire, le suc est trop fluide, et s'il ne contient pas assez de muqueux doux, ajoutez-y quelques kilogrammes (quelques livres) de sucre ; remuez et agitez pour bien incorporer le tout. Remplissez le tonneau à trois ou quatre doigts près de sa hauteur, et placez-le dans un endroit, ni trop frais, ni trop chaud, mais tempéré ; c'est la chaleur de la saison qui doit décider le local. Dans un lieu trop chaud, la fermentation tumultueuse seroit trop rapide, et le vin seroit bientôt gâté. Couvrez légèrement ce tonneau avec une toile, et placez par-dessus son couvercle. Au bout de quelques heures, on entendra un sifflement qui annonce la fermentation tumultueuse ; alors, la masse des fruits commence à occuper un plus grand espace ; elle monte vers le comble. Levez le couvercle de temps en temps, et aussitôt que vous vous appercevrez que la masse vineuse commence à baisser, tirez votre vin doux dans de petits tonneaux, que vous ferez sur-le-champ encaver, à cause de la trop grande chaleur de la saison. Laissez ces tonneaux débouchés pendant quelques jours, et à mesure qu'ils dégorgeront, ayez soin de les remplir avec le même vin que vous aurez réservé pour cet effet. Dès que la fermentation tumultueuse du tonneau commencera à diminuer, bouchez-le peu à peu avec son bouchon, sans l'enfoncer exactement ; mais avinez toujours. Enfin, quand elle sera cessée, bouchez avec exactitude, et ne laissez aucun évent.

» Ce vin restera deux mois sur sa lie. On le soutirera, passé ce temps, et il formera une boisson vineuse, légèrement acidule, qu'il faut bien distinguer d'une boisson aigre. Ce sera un véritable vin de groseilles, qui aura conservé tout son parfum. »

Rozier n'est pas le seul écrivain qui ait recommandé en France cette méthode angloise.

Il en est question dans plusieurs articles du *Journal Économique*, où l'on prétend que le moyen de tirer le plus grand revenu d'un terrein borné, est de le planter en groseilles et en arbres à cidre. Nous ne rapporterons pas les calculs du journal, parce qu'ils sont relatifs à des valeurs et à des époques déjà trop loin de nous. Ceux qui se seront promenés dans les prés Saint-Gervais, à un myriamètre (deux lieues) de Paris, auront, du produit des groseilles, une plus juste idée que ne pourroient leur en donner tous les chiffres du monde. Mais, quant aux confitures de groseilles *épepinées*, c'est à Bar-sur-Ornain qu'il faut en étudier l'art, et en savourer les produits.

Dans l'article groseille du *Cours complet d'Agriculture*, *Rozier* enseigne à préparer une gelée avec ce fruit, gelée faite sans feu, et qui conserve beaucoup mieux tout le parfum de la groseille.

Dans ses *Instructions sur l'art de faire la bière* (Paris, 1783, in-12), *le Pileur d'Appligny* dit : « que l'on tire des groseilles, en Angleterre, une très-bonne eau-de-vie, que l'on parfume avec les feuilles du même arbrisseau, dans la vue de lui donner une odeur qui approche de celle des eaux-de-vie de France; mais ce qui lui paroît le plus digne d'attention, c'est le mélange du moût de drêche avec le suc des groseilles: quatre litres (quatre pintes) de suc de groseilles suffisent pour trente-huit litres (quarante pintes) d'extrait de drêche, ce qui fait environ vingt-huit litres et demi (trente pintes) de ce suc pour deux hectolitres (un muid). Il faut faire cette bière dans la saison où les groseilles sont parvenues à leur maturité, ou un peu plus tard, si l'on veut, les groseilles pouvant rester sur l'arbre, au moyen des précautions connues, jusqu'au mois de Brumaire (Novembre) ». *Le Pileur d'Appligny* ajoute ce qui suit :

« Cette bière est plus agréable et plus salubre qu'aucune bière fabriquée suivant le procédé des brasseurs, et elle se conserve très-bien. L'addition du suc des groseilles n'occasionne pas une grande dépense, et on la regagne bien par la simplicité des opérations. Ce fruit est fort commun. Il le seroit encore davantage, si l'on en faisoit une plus grande consommation, puis-

que l'arbrisseau qui le fournit se multiplie très-facilement par boutures. »

Cet article peut servir de supplément à ce que j'ai dit, d'après M. *Jolivet*, sur la manière de simplifier la fabrication des vins de grains (tome I, troisième Lieu, chapitre XV, note (113), page 481 et suivantes).

Burtin ne peut assez répéter combien il seroit utile, pour les Pays-Bas, d'exécuter ce qu'il propose, au sujet du vin de groseilles : il y trouve un autre avantage. Il défend de jeter le marc du moût et les fruits pressés, comme cela se pratiquoit autrefois trop généralement dans les pays de vignobles, faute de tonneaux, ou faute de connoissances. Il veut qu'on ajoute à ce marc quatre fois autant d'eau bouillante, procédé par lequel on obtient d'excellent vinaigre, en laissant le tonneau, pendant quelques semaines, dans un lieu chaud. On peut en obtenir de même d'une infinité d'autres matières végétales, que l'on jette trop souvent comme inutiles.

Burtin a prévu que quelque censeur de mauvaise humeur pourroit lui demander s'il prétendoit, pour son vin de groseilles, faire abandonner les vins les plus excellens. Il répond, avec grande raison, ce me semble, que les particuliers dont la fortune est bornée, ignorent l'usage de ces vins si vantés; qu'il vaut mieux, pour eux, boire un vin naturel, indigène, à bon marché, que d'acheter fort cher un vin médiocre et incertain, tel que ceux que le commerce pouvoit alors transporter dans la Belgique, et qui étoient presque toujours frelatés, quand ils n'étoient pas composés tout entiers dans la cave même des marchands. Cependant, ajoute *Burtin*, rien n'empêche les gens riches de jouir tranquillement du fruit de leur opulence, et de se procurer les meilleurs vins de l'étranger. A la vérité, il désire que le patriotisme et la perfection des vins de groseilles finissent par donner l'exclusion aux vins de raisins; parce qu'il n'y a pas de bons raisins dans le pays; mais le changement qu'il souhaite ne sauroit se réaliser. La concurrence des groseilles ne sera jamais redoutable pour les fameux vignobles, jaloux de conserver leur réputation. Rien ne l'emportera sur le Bourgogne, sur le Champagne, le Bordeaux, et les autres crus qui distinguent la France. D'ailleurs, puisqu'enfin la ci-devant Belgique est redevenue françoise, le vrai patriotisme portera ses habitans à boire aussi les bons vins de France, que des communications plus faciles leur amèneront à meilleur compte.

Burtin ne parle pas du cassis (*ribes nigrum*), que les éditeurs de *Rozier* ont appelé *ribes nigra*. Chacun connoît ses fruits, dont le ratafiat a passé fort long-temps pour la plus stomachique et la première des liqueurs. A consulter les auteurs qui ont publié *les propriétés admirables du Cassis*, à Bordeaux, 1712, et à Orléans 1749; et le *Traité du Cassis*, à Rouen, 1748; à Rouen, à Nancy, à Paris, 1749; et à Dijon, 1750, on verroit, dans ce fruit, la panacée universelle; et dans la liqueur qu'on en tire, un élixir de longue vie. On sait ce qu'il faut en rabattre; mais l'infusion théiforme des feuilles du cassis, et son bois en décoction, passent pour de bons vulnéraires. De son fruit les Anglois font des tartes, et il étoit en outre renommé pour les maux de gorge. On appeloit ce groseiller, *l'arbrisseau de l'esquinancie*. L'écorce même du cassis est employée, avec succès, dans l'enflure des bestiaux (*Journal Économique*, 1762, page 307, et 1770, page 201). Nous trouverions ainsi dans nos bois, nos prés, nos jardins, des supplémens à toutes les denrées des Indes. Nous possédons des végétaux un peu plus naturels, et plus sûrs, et moins chers, que le mélange impur de toutes les espèces de feuilles inconnues, âcres, ou flétries, et chèrement vendues, sous le nom de thé de la Chine. Notre petite sauge vaut infiniment mieux que le foin des Chinois; mais pour en imposer, il faut venir de loin.

Ce n'est pas le groseiller seul, dont le fruit, suivant *Burtin*, donnera un vin excellent. Il récapitule à la file, plusieurs autres végétaux qui peuvent rendre le même service quand on le voudra; il cite nommément :

Les framboises (*rubus idæus*), dont le fruit distillé fait la plus parfumée et la plus douce des liqueurs; et dont le suc tout simple, joint au vin de l'omar, à raison d'un verre par litre (par pinte), imite le vin de Bordeaux;

Les fraises (*fragaria*);

Les brimbelles, ou fruits de l'airelle (*vaccinium myrtillus, vitis idæa*);

Les mûres (*morus nigra*);

Les fruits des ronces (*rubus fruticosus, rubus cæsius*);

Les baies du sureau (*sambucus nigra*), dont les fleurs servent à donner aux pommes de reinette le goût de l'ananas, ainsi qu'à parfumer le vinaigre surard;

Les cerises (*prunus Cerasus*), dont il a été question ci-dessus;

Les prunes (*prunus domestica*), dont il sera parlé tout à l'heure;

Les pommes (*pyrus malus*);

Et les poires (*pyrus communis*), lesquelles ont été amplement traitées dans l'*Essai d'une pomologie*, tome I, troisième Lieu, chapitre XV, note (110), pages 399-471;

Et même la primerole (*primula veris*);

Et la buglose (*anchusa officinalis*);

Dont les fruits ou les feuilles, les racines ou les sucs, ont tour-à-tour donné de très-bons vins, variés dans leur goût, suivant le dégré d'acide et d'arôme de chaque plante.

Burtin pouvoit citer en outre :

Les pêches (*amygdalus Persica*);

Les abricots (*prunus Armeniaca*);

Les coings (*pyrus Cydonia*);

Les cornouilles (*cornus mascula*);

Les nèfles (*mespilus Germanica*);

Les cormes ou sorbes (*sorbus domestica*). Au sujet de ce fruit, on peut lire, dans le *Bulletin de la Société d'Encouragement pour l'Industrie nationale*, les observations sur le sorbier sauvage ou sorbier des oiseleurs (*sorbus aucuparia*), et la description d'un procédé pour retirer de ses fruits une bonne eau-de-vie, par M. *Hermstædt* (Quatrième année, n°. XIII, page 19). On peut consulter encore la note (141) du sixième Lieu, ci-devant, pages 509 et 510.

Tous les fruitiers champêtres sont à considérer sous des rapports multipliés : rien n'en est inutile. Ce qui n'en sera pas consommé par les hommes ne doit pas être négligé. Nous en tirons du vin, l'abeille en fait du miel. Les résidus peuvent être mangés par les bestiaux, ou donner de la potasse et du fumier. Songeons sur-tout à nos abeilles. Si l'on a soin, pendant l'été, de ramasser les fruits qui tombent, poires, pommes, figues, raisins, côtes de melon, carottes même, et betteraves, enfin toutes les plantes qui portent un sucre avec elles, et de faire bouillir le tout dans de la lie de vin, on en forme un raisiné dont les abeilles sont friandes. Il faut, pour un hiver, autant de pots, pesant trois kilogrammes (six livres), qu'on a de ruches à nourrir : avec ce raisiné, qu'on met deux fois par jour à l'ouverture de la ruche, l'abeille travaille toujours.

Ce procédé fut présenté à la Société royale d'agriculture de Paris, en 1789, par Madame *Guéon - d'Humières*, comme un moyen de nourrir et de faire travailler les abeilles pendant les plus grands froids, et de les préserver des dangers de l'hiver; il fut accueilli de cette Compagnie comme une preuve à ajouter à tant d'autres exemples de cette vérité, que rien n'est inutile aux champs, et inséré dans ses Mémoires, pour cette année (trimestre d'hiver, page 14). Nous calomnions la Nature faute de la connoître, et nous traitons de superflu ce que nous laissons perdre, faute de savoir l'employer : c'est ce qu'on verra mieux encore par l'article suivant.

Vº. *Des Prunes et Prunelles.*

Bertin parle du prunellier ou acacia indigène (*prunus spinosa*), dont les fruits acides et austères peuvent donner, non de bon vin, mais une sorte de piquette, et sur-tout un très-bon vinaigre.

Ce n'est que la moindre partie des usages multipliés du prunier épineux. Aucun végétal exotique ne réunit tant de vertus, car son écorce est fébrifuge, ses fleurs sont purgatives, ses racines dissolvent les concrétions calculeuses, le suc épaissi de son fruit est notre acacia ; son bois, notre cyprès, etc.; et cependant l'épine noire, qui réunit tant d'avantages, est une plante méprisée.

Le prunellier trace beaucoup ; mais *Duhamel* a remarqué qu'on peut le contenir, si on le multiplie en semant ses noyaux.

Les pruniers cultivés (*prunus domestica*) sont bien plus importans par les boissons vineuses que leurs fruits pourroient procurer.

Les Anglois, obligés d'acheter des vins étrangers, et privés des meilleurs par les entraves des douanes, ont dû étudier les fraudes de leurs marchands de vins, et ils en ont tiré parti. Ils ont découvert, par exemple, qu'une liqueur qu'on leur envoyoit de Hambourg, comme du vin du Rhin, n'étoit composée que du suc d'une espèce de prune. Cette découverte a suffi pour améliorer la fabrication du *porter* et des autres bières. Ils ont fait de nombreux essais ; ils ont employé tous leurs fruits. Les prunes de Damas et les groseilles rouges sont ceux qui ont eu du succès. *Le Pileur d'Appligny* rend compte de ces tentatives, dans ses *Instructions sur l'art de faire la bière.*

« Il y a long-temps, dit-il, que l'on fait une espèce de vin avec le suc de ces fruits, que l'on fait fermenter avec du sucre ; mais il s'agissoit d'épargner la dépense du sucre. On a essayé le mélange de ces sucs avec des extraits de drèche, et on leur a fait subir une fermentation commune. On a éprouvé que le suc exprimé des prunes de Damas fermente parfaitement bien, sans addition de sucre, lorsqu'il est associé au moût de drèche. Quant à la quantité, elle dépend uniquement de la volonté de ceux qui en font usage. »

Cette note est encore à joindre à l'exposé de la méthode de M. *Jolivet*, pour faire de la bière de la manière la plus simple (voyez dans le tome I, la note (113) du troisième Lieu, déjà citée, page 481 et suivantes).

Les prunes ordinaires servent à faire une eau-de-vie que les Hongrois appellent *raki*.

Flachat, directeur des établissemens Levantins, et de la manufacture de Saint-Chamond, publia, en 1766, des *Observations sur le commerce et sur les arts* de plusieurs contrées ; c'étoit le fruit de ses voyages qu'il dédioit au ministre *Bertin*, ami de l'Agriculture et fondateur des Écoles vétérinaires.

Dans le premier volume (page 226) de cet ouvrage, dont les figures sont mal gravées, *Flachat* a donné le plan de l'atelier dont les Hongrois se servent pour distiller le raki, tel qu'il l'avoit observé à Brodt, sur les bords de la Save. Dans le pays du vin de Tokaï, le peuple boit beaucoup de raki. « On en fait sans cesse à Brodt, parce que la plaine voisine produit beaucoup de fruit. Le raki ressemble assez à l'eau-de-vie; mais cette liqueur est moins forte et plus agréable au goût. Ils se servent, pour la faire, de pommes, poires, prunes, et autres fruits semblables, mais principalement de prunes. Ils en remplissent des cuves, où ils les écrasent avec les pieds, comme nous foulons les raisins; ils les laissent fermenter; ils tirent ensuite la liqueur, la mêlent avec un peu d'eau, et la mettent dans des alambics qu'ils ne remplissent pas entièrement. Chaque alambic est auprès d'un tonneau qui est traversé par un long tuyau, et qui est plein d'eau; le bec du chapiteau de l'alambic va s'unir au tuyau du tonneau; on lute bien ensuite, avec le marc des fruits, les alambics, leurs chapiteaux, ainsi que les tuyaux des tonneaux; on met alors le feu dans les fourneaux préparés sous les alambics, et on n'emploie que du bois bien sec pour rendre le feu plus violent. La liqueur coule du tuyau dans un vaisseau où elle achève de se filtrer, au travers d'un linge fin dont il est couvert, et de-là on la transvase dans des barrils. »

Cette description, qu'on ne peut rendre plus claire sans le secours des figures, suffit à-peu-près pour entendre le procédé, qui suppose que le bois n'est pas plus rare que les fruits.

Flachat dit que la quantité de ces fruits fait que l'on donne le raki à bon marché, et que les Hongrois en font des débauches excessives.

Il n'est guère d'endroits, ajoute-t-il, où nous n'en puissions faire en France (on sait que la prodigieuse abondance des fruits que l'on porte dans nos marchés, est un des traits qui a frappé M. *Arthur Young* dans son voyage en France, et dont il a marqué son étonnement). *Flachat*, qui avoit bu du raki, prétend qu'il vaudroit mieux que le peuple bût cette liqueur, que de manger les fruits dont elle est composée, et qu'il suffiroit de quelques verres pour soutenir les laboureurs et les soldats.

Je pourrois ajouter de nouveaux développemens; mais je pense qu'après l'*Essai d'une Pomologie*, inséré dans le premier volume, et ce que je viens de dire dans cette note, je n'ai pas besoin de m'étendre davantage sur les vins des fruits ordinaires.

Il me reste à dire un mot des oranges, dont *Bertin* n'avoit point à parler dans le pays où il écrivoit.

VI°. *Des Oranges.*

Les orangers (*citrus aurantium*) sont indigènes, ou à-peu-près acclimatés dans une partie de l'Empire. Nous avons des Départemens où ils croissent en pleine terre. Un des bons poëmes latins, écrit par les Modernes, est l'éloge des orangers, ou *mala aurea*, à la lettre *les pommes d'or*, par le jésuite *Veschambez* (Perpignan, 1692). Par allusion à son titre, il dit qu'en Roussillon, la terre qui nourrit ces arbres se réduit en or végétal:

Dives et arboreum se gleba resolvit in aurum.

Dans le climat des orangers, il peut n'être pas inutile de savoir que leurs fruits peuvent donner un vin exquis; c'est un motif de plus pour encourager la culture de ces arbres superbes.

Notre collègue, M. *Moreau de Saint-Méry*, a décrit, dans les Mémoires de l'ancienne Société d'agriculture de Paris (année 1789, trimestre d'hiver, page 29), le procédé dont on se sert dans les Isles pour faire le vin d'oranges. Il y entre beaucoup de sucre. Quatre cent belles oranges de la Martinique donnent huit pots de jus.

Dans l'*Art du Distillateur*, par *Dubuisson*, l'on trouve une autre recette, où il entre non seulement du sucre et de l'eau de fleurs d'oranges, mais un demi-litre (une chopine) d'esprit de vin (alcohol), par chaque litre (chaque pinte) de liquide. L'auteur ajoute que ce vin d'oranges est peut-être la liqueur la plus agréable et la plus salubre de toutes celles que l'on connoît. Mais ce mélange n'est pas précisément du vin, c'est du ratafiat, c'est une liqueur chère et assez compliquée.

Les Indiens ont une autre méthode plus simple: ils traitent l'oranger comme les sauvages traitoient l'érable en Canada. Ils entament la tige, recueillent la séve qui coule, et la font fermenter. Ce procédé, qu'on vante dans plusieurs de nos livres, est un art digne des Sauvages, qui s'embarrassent peu de l'arbre, et qui le coupent par le pied pour en avoir le fruit. Ces extravasations de séve doivent nuire beaucoup aux arbres, et l'oranger sur-tout nous est trop précieux, pour lui faire subir une telle opération.

Notre collègue, M. *Cossigny*, examine ces procédés dans le premier volume de ses *Moyens d'amélioration pour les Colonies*. Il indique comment il s'y est pris lui-même pour préparer à Paris du vin d'oranges, par un moyen plus économique. Il exprima le jus de trois douzaines d'oranges, et le filtra au travers d'un tamis de crin un peu serré; il le mit dans une grande potiche de porcelaine; il coupa les écorces en petits filets, les mit dans une jatte, et versa par-dessus un litre (une pinte) d'eau bouillante. Lorsque l'infusion fut refroidie, il la mêla avec le vin d'oranges; il fit une seconde infusion, qu'il mêla pareillement avec le vin d'oranges; il y ajouta alors deux litres et demi (deux pintes et demie) de bonne eau-de-vie, à vingt-deux degrés et demi, et un litre (une pinte) d'eau de noyaux, avec trois hectogrammes (neuf onces) de sucre par litre (par pinte); il en eut huit à neuf litres (huit à neuf pintes). Au bout de quelques jours, le vin se trouva bon à boire. L'auteur observe que ce vin auroit été meilleur s'il avoit été gardé pendant quelque temps, s'il avoit employé beaucoup plus d'oranges, et s'il y avoit ajouté des fleurs desséchées et un peu plus de sucre. C'est un vin non fermenté, ou plutôt un ratafiat, qui n'a pas besoin de clarification, et que l'on peut boire dès qu'il est fait.

Il soupçonne, 1°. que le vin de bigarade (oranges sures), ou même de citrons (*citrus medica*), préparé suivant le même procédé, en augmentant la dose du sucre, et en y ajoutant des fleurs d'oranges desséchées, qu'on laisseroit infuser pendant quelques jours, seroit aussi agréable que le vin d'oranges douces; 2°. que le vin d'oranges douces seroit lui-même meilleur, si, au lieu de mêler la décoction des écorces avec le fruit, on les faisoit bouillir dans le jus même, après en avoir enlevé tout le blanc; ou si on mettoit les zestes avec le jus, pour les faire fermenter ensemble. Par ce moyen, il n'y auroit pas de mélange d'eau avec le vin d'oranges, et c'est celui-là que l'auteur croit devoir être stomachique et restaurant.

Dans l'intérieur de la France les oranges sont

rares : on ne sauroit les prodiguer pour en faire du vin; mais de tous les ratafiats ou liqueurs domestiques, la plus facile et la meilleure, est celle qui résulte des oranges entières, piquées de trois clous de girofle, et qu'on laisse, pendant trois mois, dans de bonne eau-de-vie. Il faut par litre (par pinte) d'eau-de-vie, trois belles oranges bien saines. Le citron uni au girofle, et infusé dans l'eau-de-vie, produit également un bon ratafiat, d'autant meilleur qu'il est plus vieux.

Tous les vins de fruits ont besoin d'être gardés long-temps, si l'on veut les avoir dans toute leur bonté : mais l'art a essayé d'accélérer nos jouissances et de hâter l'effet du temps.

Dans le second volume du même ouvrage, M. *Cossigny* recherche les moyens de donner promptement aux liqueurs nouvellement préparées, les qualités des vieilles. Il a essayé, sans succès, de mettre dans la glace, les vases qui les contenoient; mais il a éprouvé que le feu produit cet effet. Il a mis des bouteilles de liqueurs, fraîchement faites, dans un poêlon rempli d'eau, sur le feu; au bout de quelques heures d'ébullition, elles avoient acquis les qualités que la vétusté leur donne, c'est-à-dire, que toutes les substances qui les composent s'étoient combinées plus intimement; d'où il résulte qu'elles avoient une saveur plus agréable et plus moëlleuse.

Il y a un autre moyen que l'on a éprouvé avec grand succès en Toscane, pour vieillir, en très-peu de mois, des vins récemment faits. C'est de déposer dans la terre les bouteilles qui les contiennent, et qui doivent être bien cachetées, de les couvrir de sable, et de les oublier ainsi pendant neuf à dix mois (voyez dans l'*Introduction à la Feuille du Cultivateur*, page 317, la méthode employée par un propriétaire pour améliorer son vin, tirée du *Cours d'Agriculture pratique, de Lastri*). Il paroît que l'expérience avoit été tentée d'après une indication de *Pline* le naturaliste.

C'est par un autre procédé, mais suivant le même principe, que les Russes conservent leur bière dans la glace. On met sur le plancher de la glacière, un lit de glace; on y place un rang de tonneaux; on en remplit les intervalles avec

de

de la glace pilée, et de la neige; on recouvre de glace et de neige, sur laquelle on met d'autres tonneaux, et ainsi de suite, jusqu'à ce que la glacière soit remplie. Deux ou trois fois par semaine, quand il fait froid, on ouvre la porte extérieure du plafond, pour donner de l'air et laisser évaporer l'humidité. Il y a aussi, dans le plancher, des ouvertures de grandeur médiocre, pour l'écoulement des eaux: la bière se conserve très-bien dans ces glacières. Leur construction est décrite dans la *Collection académique*, partie étrangère (tome XI, pages 507—509).

VII°. *Des Raisins et autres Fruits secs.*

Jusqu'à présent il n'a été question que des vins qu'on peut tirer du suc des fruits mûrs et récens; mais, en séchant les fruits, par divers procédés, au soleil, ou au four, on a trouvé le moyen de prolonger nos jouissances. L'art de la dessiccation des fruits, des légumes, est une partie importante du ménage champêtre. Plusieurs portions de cet art ont été rappellées dans les notes de cet ouvrage, au sujet des pruneaux, des raisins secs, des pommes et des poires tapées, etc. Mais les fruits ainsi conservés peuvent nous rendre encore un service plus agréable, en se convertissant en vin. Il est des années de disette où l'on est à portée d'apprécier cette ressource, et ce sont ces années qu'un économe doit prévoir, même dans les temps d'abondance.

Dans la feuille des *Affiches de Normandie*, du 30 Octobre 1767, on demandoit la composition d'une boisson propre à tenir lieu de cidre ou de vin.

La feuille du 6 Novembre suivant indiquoit le vin du comte de *Moret*, composé de baies de genièvre et d'absinthe, dont la recette est ci-dessus, page 798, colonne II.

En pareille circonstance, on se servit à Rouen, en 1715 et 1718, de la recette suivante: dans un tonneau de deux poinçons, le poinçon de deux cent pots, le pot pesant un kilogramme et demi (trois livres), on fit mettre trois kilogrammes (six livres) de raisin de Provence, cuit au soleil, épluché de ses queues, mais point écrasé; deux pots ou trois kilogrammes (six livres) de miel commun, bouilli et écumé dans un seau d'eau, et refroidi avant de l'entonner; un kilo-

gramme (deux livres) de baies de genièvre, point écrasées; un demi kilogramme (une livre) de coriandre; deux kilogrammes et demi ou trois kilogrammes (cinq ou six livres) et plus de bois de bouleau, bien net, mis en copeaux, plutôt vert que sec; et on le remplit d'eau. Tout cela composa, dit-on, une boisson très-saine. On assuroit qu'elle peut se garder un an et plus. Il faut, avant d'entamer la pièce, la laisser fermenter un mois, bien bouchée. Si l'on vouloit la boisson très-forte, il faudroit augmenter les doses.

La pénurie du cidre étoit extrême cette année. Dans la feuille du 11 Décembre 1767, on trouve une recette latine: *in summam domestici potûs penuriam*. En voici la traduction:

Prenez quinze kilogrammes (trente livres) de raisins séchés au soleil, ôtez la rafle; jettez les grains dans un tonneau de vin vidé récemment, et contenant deux hectolitres (un muid); remplissez-le d'eau, joignez-y un kilogramme et demi (un pot ou trois livres) d'eau-de-vie; laissez reposer vingt-quatre heures, dans le tonneau débouché. Au bout de six semaines vous pouvez en faire votre boisson journalière, et *lætaberis effectu*.

L'abbé *Yart* a communiqué, sur le même sujet, à la Société royale d'Agriculture de Rouen, le résultat de ses essais, pour composer une boisson saine et agréable.

« Pour un tonneau contenant trois hectolitres (un muid et demi), prenez vingt-deux kilogrammes (quarante-quatre livres) de raisins secs, un kilogramme (deux livres) de coriandre, autant de baies de genièvre, l'une et l'autre concassées; et deux litres (deux bouteilles) d'eau-de-vie; jettez le tout dans le tonneau, et l'emplissez d'eau: laissez-le sans le remuer; débondonnez, et dans un lieu tempéré la fermentation s'établira naturellement. On peut l'accélérer en y jettant gros comme une noix de levain de pâte. On a soin de remplir à mesure que la fermentation occasionne du vide; dès qu'elle est passée, on bondonne le tonneau, et on fait usage de la boisson, qui est agréable au goût et très-saine. Quand le tonneau est aux trois quarts vide, on y remet moitié dose des ingrédiens ci-dessus, et on le remplit d'eau.

Cette seconde boisson est encore bonne, mais un peu moins forte que la première. La dépense n'excède pas en tout trente francs pour six hectolitres (trois muids), ou moins de cinq centimes (un sou) le litre (la pinte). »

Ces recettes ne peuvent être considérées que comme une ressource extrême, dans le cas où le vin, le cidre et la bière manquent absolument. Tous les fruits secs peuvent servir à défaut de raisins (voyez à ce sujet, dans le tome I, troisième Lieu, chapitre XV, la note (108), page 398 et 399).

La santé des troupes romaines se conservoit jadis par leur tisane militaire, qui étoit une sorte de vin de fruits séchés. Dans quelque pays qu'elles fussent, les légions faisoient sécher toute sorte de fruits sauvages, poires, pommes, sorbes, prunelles et autres, et buvoient la décoction ou l'infusion de ces fruits.

Comme nous l'avons dit à la tête de cet article, *Virgile*, dans ses *Géorgiques*, attribue aux peuples du nord l'art d'imiter le vin, avec un ferment et des fruits.

Pocula læti
Fermento, atque acidis imitantur vitea sorbis.

Virgile parle ici de la bière que composoient les habitans du nord avec de l'orge fermentée, *fermento*, et des fruits aigres et sauvages, *acidis sorbis*. Cette boisson étoit inconnue aux Romains, car il n'en est pas question dans leurs premiers auteurs d'économie rurale. *Palladius* rapporte, mais comme un ouï-dire, qu'on fait du vin et du vinaigre de sorbes mûres et de poires : *Item ex sorbis maturis, sicut ex piris, vinum fieri traditur, et acetum* (PALLAD. II, xv, 5). Cependant les vers de *Virgile* expliquent, en effet, tout le secret des vins de fruits. Pour faire une boisson vineuse, il faut des fruits acides, un ferment, et de l'eau. L'on n'en peut donc manquer dans aucun des coins de la France ; par-tout on y a des vergers, où l'on peut en avoir : par-tout on peut se procurer la levure de bière, qu'on sait réduire en poudre dans le département du Nord, et qui, dans cet état, peut s'envoyer au loin. M. *Dieudonné* dit qu'on en fabrique annuellement cent trente-cinq mille kilogrammes (plus de deux cent soixante-dix mille livres) à Lille, Douai, Cambrai, Valenciennes (*Statistique du département du Nord*, tome II). Avec cette levure en poudre, des fruits quelconques, et de l'eau, l'on peut faire par-tout du vin et du vinaigre. Mais si le père de famille, éloigné des vignobles, a eu soin de planter ou des pommiers, ou des poiriers, il fera de bon cidre, qui vaudra toujours mieux que ces médiocres boissons, ou ces piquettes de fruits secs. Je renvoie donc ici, et avec confiance, à l'*Essai d'une Pomologie*, dont j'ai déjà parlé.

Je désire que cet *Essai d'une Pomologie* soit examiné avec soin dans les divers Départemens où l'on fabrique maintenant du cidre ou du poiré. Je serai obligé à ceux de mes lecteurs qui voudront bien me faire parvenir leurs remarques pour améliorer l'ouvrage, et pour le rendre digne d'être réimprimé et répandu séparément, si l'on juge qu'il puisse être de quelque utilité dans les autres Départemens où il seroit si nécessaire de faire naître le désir d'élever des arbres à cidre.

Au surplus, si l'on veut savoir quel usage on faisoit à Paris, au quinzième siècle, des boissons vineuses de fruits, on peut lire ce que rapporte à ce sujet, l'*Histoire de la Vie privée des François*, tome II, page 328.

« Une Ordonnance de Charles VI, année 1407, parle d'un breuvage nommé *prunellé*, qui se vendoit dans les marchés comme le vin et le cidre. Celui-ci tenoit son nom des prunelles avec lesquelles il étoit fait. Cette boisson s'appeloit *dépense*. Outre la dépense de prunelles, il y en avoit une autre faite de la même manière avec des pommes entières, et qui étoit sur-tout d'usage à Paris. Le *Journal de Paris*, sous Charles VI et Charles VII, décrivant une disette qu'éprouva la capitale, en 1420, dit que « ceux qui en hyver avoient fait leurs hu-
» vaiges, comme dépense de pommes ou de
» prunelles, jetterent au printemps ces fruits
» dans la rue, pour que les porcs de Saint-An-
» toine les mangeassent, car les religieux de
» Saint-Antoine avoient le droit de laisser va-
» guer leurs cochons dans les rues. Mais les
» pauvres disputoient ces fruits aux cochons,
» et les dévoroient avec avidité, trop heureux
» encore de trouver un aliment. »

Il est bon de revoir, de temps en temps, ces traits de l'histoire de nos ancêtres, afin de mieux jouir, par la comparaison, des ressources et des douceurs du temps où nous vivons. Les misères passées font l'éloge le plus complet de l'époque actuelle, et c'est dans plus d'un genre, que l'on peut dire, avec *Voltaire*,

> Paris n'étoit point tel, en ces temps orageux,
> Qu'il paroît de nos jours aux François trop heureux.

Mais le bien-être des campagnes est l'objet principal de nos travaux agronomiques; c'est sur-tout à leurs habitans laborieux et respectables que nous dédions ces recherches sur les vins à tirer des fruits; et une remarque importante peut les leur faire apprécier. Presque tous les plants qui produisent les fruits dont je viens de parler, peuvent former des haies. Or, les enclos sont le secret de la prospérité rurale. Qu'on lise, à cet égard, notre *Olivier de Serres*, sur *les cloisons des jardinages et autres propriétés!* il veut que toutes soient fermées, *pour le profit et plaisir* (sixième Lieu, chapitre XXX). Au moyen de ces plants, dont les fruits peuvent se changer en vin ou en vinaigre, le peuple trouveroit, dans les clôtures de ses terres, une addition agréable à sa subsistance ordinaire. Les haies deviendroient productives, et la lisière de terrein qu'une rigide économie regrettoit de sacrifier au besoin de se clorre, offriroit aux champs, aux prés, et aux bois, des remparts verdoyans, et des ceintures fructueuses. Nous faisons des vœux bien ardens pour que l'usage s'en étende, qu'il soit protégé par les lois, et que l'agriculture trouve, dans les haies de ce genre, quatre avantages réunis, la défense, l'économie, l'agrément et l'utilité! (*F. D. N.*)

(31) Nous invitons à relire tout ce qui a été dit par *Olivier de Serres* sur le vin et sur les autres boissons fermentées, dans le tome I, troisième Lieu, chapitres VIII, IX, X, XII, XIV et XV; et les notes de nos collègues *Chaptal, Deyeux, Parmentier, Tessier,* et *François (de Neufchâteau)* sur ces chapitres. (*H.*)

(32) Toutes les viandes peuvent indistinctement être soumises à la salaison, et fournir des résultats plus ou moins utiles dans le ménage; mais c'est sur-tout celle du porc qui prend le mieux le sel (muriate de soude), et qui offre de grandes ressources pour les approvisionnemens des armées, soit de terre, soit de mer, et aussi dans les circonstances où le cochon frais est ordinairement fort cher. Le choix du sel n'est pas une chose aussi indifférente qu'on le pense communément, pour donner de la qualité aux viandes conservées à la faveur de ce moyen anti-putride, et c'est à celui qui provient de la fontaine de Salies, que les salaisons du ci-devant Bigorre et du Béarn, connues sous le nom de *jambons de Bayonne*, doivent leur réputation assurément bien méritée. Le sel marin nouveau, est âcre et amer, à cause des sels calcaires et magnésiens qu'il contient, et qu'il est facile d'en séparer par une purification spontanée, ou par une dissolution dans l'eau; il porte alors le nom de sel vieux. Le sel blanc et le sel gris présentent également des différences notables dans leurs effets. Le premier passe, dans quelques cantons, pour faire de mauvaises salaisons en tout genre; ailleurs, c'est le sel gris : il seroit donc bien nécessaire que des expériences suivies, multipliées et comparatives, pussent approfondir la véritable manière d'agir de cet excellent condiment des substances animales.

Mais une circonstance qui appartient à tous les genres de salaisons, c'est la proportion dans laquelle s'y trouve le sel. Son prix en France paroît avoir toujours été un des principaux obstacles à ce que cette partie intéressante des subsistances publiques tournât au profit de notre commerce; avant que la gabelle fût supprimée, les hommes qui s'occupent des salaisons, n'y employoient à-peu-près que la quantité strictement nécessaire de sel; aujourd'hui qu'il est tombé à vil prix, on en force la dose, parce qu'il se vend au même taux que la viande; elle en est même saturée quelquefois au point que sa saveur naturelle se trouve masquée, et n'a plus absolument que celle du sel. D'ailleurs, sa propriété spécifique est de s'emparer de l'humidité qui constitue la souplesse de la fibrine, et il rend la viande dure et coriace. Pour se justifier des reproches qu'on leur fait, les chaircuitiers ont toujours dans la bouche ce proverbe : que *jamais sel n'a gâté cochon.*

Aucun ouvrage, il faut l'avouer, ne s'est encore expliqué clairement et en détail à cet égard, et les saleurs de la meilleure foi, n'ont souvent d'autres règles que celle de leur palais, pour juger de la quantité de sel dont ils doivent se servir. Cette préparation est cependant bien digne de fixer l'attention, quand on réfléchit, sur-tout, que la mauvaise qualité des salaisons a plus fait périr d'hommes que les naufrages et la fureur des combats ; espérons qu'un jour, plus familiers avec les lois à observer pour préparer la chair, non seulement des quadrupèdes, mais encore des volailles et des poissons, à recevoir et à conserver le sel qui doit l'attendrir, l'assaisonner, et en prolonger la durée dans tous les climats, nous cesserons, à cet égard, d'être tributaires de nos voisins, et que l'art des salaisons se perfectionnera parmi nous, avec d'autant plus de facilité, que le sel français possède une supériorité reconnue et avouée par toutes les Nations chez lesquelles cependant nous allons chercher à grands frais une grande partie de nos salaisons. (*P.*)

Page 619, colonne 1re, ligne 19.

(33) Voyez ce que dit *Olivier de Serres*, tome I, quatrième Lieu, chapitre XIV, page 569 et suivantes, sur la chèvre ; et la note (159) sur ce sujet, page 647. Voyez encore, tome II, septième Lieu, chapitre III, page 544. (*H.*)

Page 620, colonne 1re, ligne 3e.

(34) L'auteur a voulu sans doute dire qu'il falloit chauffer le sel, afin de le priver de son humidité surabondante. Les salaisons faites avec du sel bien sec, tendent à prolonger la conservation des viandes. Il est inutile d'employer du sel légèrement échauffé, et il seroit nuisible de l'employer à une température trop élevée. Il pourroit, dans ce dernier cas, communiquer promptement de la rancidité au lard et aux parties grasses des viandes. (*L.*)

Page 621, colonne 1re, ligne 91.

(35) Les graisses varient singulièrement entr'elles pour la couleur et la consistance, cependant elles présentent à-peu-près les mêmes principes à l'analyse chimique, et les mêmes vertus à la pratique médicale ; ce n'est qu'en les privant, par des lotions dans l'eau froide, du sang qu'elles contiennent ; et par une douce chaleur, des membranes et de la matière lymphatique qui s'y trouvent renfermées, et ensuite de l'humidité qu'on leur avoit ajoutée pour les purifier, qu'on vient à bout de les garantir de l'altération dont elles sont susceptibles. Pendant ces opérations elles ont subi un déchet, acquis de la fermeté et de la blancheur ; celle de porc, c'est-à-dire l'axonge, a même une sorte d'analogie avec le beurre fondu : on pourroit aussi lui appliquer la préparation du beurre salé. Il suffiroit, quand elle a encore une demi-fluidité, d'y mêler, avec un bistortier, du sel séché et égrugé, pour absorber le peu d'humidité qu'elle conserveroit encore ; et quand elle auroit la consistance requise, de la recouvrir, à sa surface, d'un lit de sel : cette graisse ainsi fondue et salée, seroit susceptible de se transporter au loin sans rancir, ce qui faciliteroit l'approvisionnement d'une denrée qui, dans beaucoup de circonstances, vaut mieux à employer que le beurre. La graisse, comme l'huile, n'a pas beaucoup d'action sur les substances qu'elle conserve, elle s'empare seulement de leur arôme ; et c'est sur cette propriété qu'elle a de fixer les odeurs les plus fugaces, qu'est fondée une branche de commerce au midi de la France, connue sous le nom de *pommade de Grasse*. C'est surtout lorsque la graisse a été recueillie au printemps, qu'elle a plus de qualité, et se conserve long-temps, parce que, vraisemblablement, à cette époque, l'animal qui la fournit n'a pas encore mangé de vert, qui donne à tous ses produits un caractère molasse et aqueux : c'est ce que savent très-bien les pharmaciens qui en consomment beaucoup, et qui ne font leur provision, en ce genre, que vers Germinal (Avril). Mais on doit être attentif à la nature des vaisseaux dans lesquels on tient en réserve la graisse destinée à faire partie de nos alimens, parce que souvent ils ont pour couverte un oxide de plomb ; et, dans ce cas, il est prudent de ne se servir que de vaisseaux non vernissés : précautions que nous ne saurions assez recommander aux ménagères qui, sur ce point, sont dans une sécurité perfide. (*P.*)

Page 6.. colonne .. ligne 2.

(36) Un lieu modéré de sécheresse et d'humidité, ainsi que s'exprime *Olivier de Serres*, est celui qui convient le mieux pour la conser-

vation des viandes salées ; mais si l'on est forcé de choisir entre un local humide ou un local sec, on doit préférer ce dernier ; car la sécheresse est moins nuisible aux viandes que ne l'est l'humidité. (*L.*)

Page 610,
colonne I,
ligne 25.

(37) La fumée, en desséchant le lard, le rend d'une conservation plus facile ; mais aussi elle a l'inconvénient de lui faire perdre sa mollesse, de lui communiquer un goût désagréable, et d'accélérer sa rancidité. (*L.*)

Idem,
colonne II,
ligne 15.

(38) La saumure se corrompt ou se décompose assez facilement, ce qui tient, ou à la température trop chaude du lieu où on met le cellier, ou, comme le dit plus loin *Olivier de Serres*, à la nature trop aqueuse ou trop visqueuse des matières animales qu'on expose à son action, ou, enfin, lorsqu'on y plonge fréquemment des métaux qui, s'unissent plus ou moins facilement à l'acide muriatique, base du sel marin (muriate de soude), dénaturent la liqueur, et font perdre la viande qu'elle contient. *Olivier de Serres* a donc raison de défendre d'y rien tremper, et de ne se servir que d'une fourchette de bois pour en retirer les viandes. (*H.*)

Page 611,
colonne II,
ligne 5.

(39) Depuis l'époque d'*Olivier de Serres* la tenue des marchés au lard ou aux porcs, pour l'approvisionnement de Paris, a changé plusieurs fois ; une seule foire n'auroit pu suffire à la consommation de cette immense capitale et de ses environs.

On lit dans le *Traité de la Police*, par le commissaire *de la Mare* (Paris 1710, in-fol., tome II, livre V, titre XXI, chapitre VII, page 1345 et suivantes), qu'il se tenoit un marché franc à la halle de Paris, tous les mercredis et samedis, depuis Pâques jusqu'au carême, où les chaircuitiers de Paris et les marchands forains, avoient le droit d'apporter ou d'amener vendre leurs porcs. Les seuls chaircuitiers de Paris vendoient, chaque jour de marché, depuis deux mille cinq cent jusqu'à quatre mille livres (douze cent cinquante à deux mille kilogrammes) de chairs ou de lard, et les marchands forains en vendoient une quantité plus considérable encore. C'étoient principalement les habitans de Nanterre, Clamart, Fleury, Arcueil, Lay, Gentilly, Charonne, et autres villages des environs de Paris, qui fournissoient à ces marchés.

Ces marchands s'approvisionnoient à leur tour, au marché établi d'abord, en 1610, au Bourg-la-Reine, qui tenoit le vendredi, qui fut ensuite transféré à Sceaux en 1667, et reporté au lundi, jour où il tient encore actuellement ; mais on n'y fait plus le commerce des porcs ; on n'y conduit que des bœufs et des moutons.

Le marché de la semaine sainte a également varié : du temps d'*Olivier de Serres* il tenoit le samedi saint ; à l'époque où écrivoit *de la Mare*, il tenoit le dernier jeudi de carême, actuellement il tient le mardi. Cette foire, appelée *foire aux jambons*, est approvisionnée par les chaircuitiers du département de la Seine, et par les marchands des autres Départemens. On n'y vend point de porc frais.

Aujourd'hui la vente en gros du porc frais et salé a encore lieu à la halle de Paris, les mercredis et samedis de chaque semaine ; mais les chaircuitiers établis dans le ressort de la Préfecture de Police ont seuls le droit d'y venir vendre, d'après l'Ordonnance, du 4 Floréal an XII, concernant le commerce de la chaircuiterie.

Un marché aux porcs établi d'abord près le Marché aux Chevaux, a été reporté en l'an X à la Maison-Blanche, près Paris ; il tient aussi deux fois par semaine, les mêmes jours, le mercredi et le samedi.

Il y a à Champigny, arrondissement de la sous-préfecture de Sceaux, une foire aux porcs, qui ne dure qu'un jour. Elle a lieu deux fois par an, le deuxième jour après la Pentecôte, et le deuxième jour après la Toussaint.

On vend aussi des porcs à la foire de Brie-sur-Marne, qui ne dure qu'un jour, et qui se tient le 11 Fructidor (29 Août).

Il y a pareillement une foire de porcs à Saint-Ouen, arrondissement de la sous-préfecture de Saint-Denis. Cette foire dure trois jours consécutifs, et elle commence le 10 Fructidor (28 Août).

Il existe un marché aux porcs à Saint-Germain-en-Laye, et un à Montmorenci.

Tous ces marchés et toutes ces foires contribuent à l'approvisionnement de Paris, et des environs.

La vente des cochons de lait a lieu sur le carreau de la vallée, quai des Augustins, près le Pont-Neuf, les mêmes jours que le marché à la volaille et aux agneaux.

Je terminerai cette note par une observation consignée dans le *Traité de la Police*, et qu'il est important de rappeler : on défendoit la vente du porc ladre; mais lorsque la maladie n'étoit encore que dans son commencement, et qu'elle avoit fait peu de progrès, on toléroit cette vente, à la condition de passer au sel, pendant quarante jours, la viande *sursemée*, ou légèrement affectée de ladrerie, et à la charge encore de ne la point mêler avec les autres chairs de porcs, et de la vendre séparément, dans un lieu destiné à cet usage. Ce lieu, placé à la Halle, près celui des chaircuitiers, étoit distingué par un poteau, au haut duquel il y avoit un drapeau blanc (arrêts du Parlement du 23 Février 1602, et 2 Juillet 1667). (*H.*)

Page 624, colonne II, ligne 22.

(40) *Olivier de Serres* prescrit ici le temps de la pleine lune pour tuer ou saler les bœufs ou les vaches, tandis qu'il a observé plus haut que l'on varie sur ce point dans diverses provinces, et que les chaircuitiers de Paris n'ont aucun égard aux phases de la lune, et qu'ils tuent ou qu'ils salent les cochons indifféremment à chaque époque du mois. Il est bon de prévenir les cultivateurs contre ce genre de préjugés, qui souvent les détourne de leurs travaux au moment où ils pourroient les entreprendre avec le plus d'avantage. (*L.*)

Page 826, colonne I, ligne 27.

(41) Il résulte bien évidemment de ce qui précède que l'on châtroit les femelles des animaux domestiques destinées à la boucherie, du temps d'*Olivier de Serres*, et qu'on regardoit cette opération comme propre à donner de la qualité à leurs chairs; mais je n'ai encore pu trouver aucun renseignement sur l'origine de cette opération, à laquelle nous avons assujetti ces malheureuses victimes de notre insatiable gourmandise; et je n'ai pas été, à cet égard, plus heureux que mon collègue M. *Grégoire* (voyez tome I, page clviij).

On préféroit aussi, pour l'usage de la cuisine, les femelles qui n'avoient pas porté, et qui étoient stériles, ou bréhaignes; elles n'étoient pas fatiguées par les différentes plénitudes et par les nourritures qu'elles avoient supportées, et leurs chairs étoient plus tendres (voyez, sur le mot *bréhaigne*, dans le tome I, quatrième Lieu, chapitre VII, la note (56), page 605). (*H.*)

Page 606, colonne I, ligne 37.

(42) Voyez ce qui a été dit à l'occasion de l'opinion d'*Olivier de Serres*, que les animaux croissent pendant toute la durée de leur vie, par notre collègue M. *Tessier*, tome I, quatrième Lieu, chapitre IX, note (113), page 629. (*H.*)

Idem, colonne II, ligne 20.

(43) Les cantons où les oies ont le plus de qualité sont ceux qui peuvent cultiver le mays, tant ce grain est propre à la constitution de ces oiseaux; c'est là aussi où l'on entend le mieux à les élever et à les engraisser. *Olivier de Serres* remarque (tome II, cinquième Lieu, chapitre V, page 33) qu'on sale les oies à l'instar du cochon; nous croyons qu'il faut un peu s'écarter du procédé suivi à cet égard.

La première des méthodes pratiquées, pour conserver les oies en pot, consiste à les employer crues; dans la seconde, il s'agit de les cuire : toutes deux ont leurs partisans. La première est plus délicate, mais la plus coûteuse, parce qu'il devient nécessaire alors de se servir d'une graisse étrangère pour condiment.

Pour les préparer cuites, ce qui est d'un usage plus général, on fait rissoler les quartiers des oies dans un chaudron de cuivre où la graisse fond; quand les os paroissent, et qu'une paille entre dans la chair, l'oie est assez cuite; on arrange les quartiers dans des pots de terre vernissés, au fond desquels on met trois ou quatre brins de sarment pour empêcher les quartiers de toucher au fond, et que la graisse les entoure de tous côtés. Il faut avoir soin de couper les os dont la chair s'est retirée; c'est la première partie de la salaison qui rancit, et qui gâte le reste. On y verse de la graisse d'oie, de sorte qu'en se figeant, elle couvre bien toute la chair, et la garantisse du contact de l'air. Quinze jours après, on verse par dessus de la graisse de cochon jusqu'à l'ouverture du pot, pour bien remplir les fentes qui se sont faites à la graisse d'oie, et on couvre le vaisseau d'un papier trempé dans l'eau-de-vie, et d'un gros papier huilé; mais malgré ces précautions, les quartiers les plus élevés

contractent, au bout de cinq à six mois , une
odeur légère de rance.

Par une autre méthode , l'oie est salée crue :
après avoir coupé la viande en demi quartier, ou
l'équivalent , on presse en tous sens un morceau
contre le sel égrugé comme du gros sable , et
bien sec ; on le place dans le pot avec le sel
qu'il a pu prendre ; on continue ainsi , morceau
par morceau , ayant soin , en les plaçant , de
les presser fortement les uns contre les autres ,
et contre les parois du pot , pour ne laisser de
vide que le moins possible. On remplit ainsi le
pot jusqu'à quatre travers de doigts de l'entrée ,
avant d'y mettre de la graisse : on observe qu'elle
ne soit pas bouillante ; on l'y verse peu-à-peu
avec une grosse cuiller de bois ; on en remplit
le pot : ordinairement les premiers morceaux
sont aussi frais que ceux de l'intérieur.

Voyez encore ce que j'ai dit de l'emploi des
oies dans l'économie domestique , ci-devant
tome II , cinquième Lieu , note (42) , page 181,
colonne II. (*P.*)

*Page 608,
colonne II,
ligne pénult.* (44) L'usage de conserver le poisson est beaucoup plus général dans le nord qu'il ne l'est
parmi nous : non seulement on le sale , mais on
emploie encore le vinaigre pour le préserver de
la corruption pendant un certain temps. Voici
la manière dont on procède.

On fait quelques incisions circulaires sur le
corps du poisson , on y répand du sel ; on le
met sur le gril , et on le fait cuire à petit feu ,
ayant soin de le frotter avec du beurre ou de
l'huile d'olive. Lorsque le poisson est suffisamment cuit , on le retire du feu , et on le laisse
refroidir. On le dépose ensuite dans un vase de
terre vernissé , qu'on enduit intérieurement avec
de l'huile. On forme au fond de ce vase un lit
de différentes plantes aromatiques , telles que
romarin , feuilles de laurier , écorce de citron ,
clous de girofle , avec du poivre et du sel. On
met par - dessus ce premier lit une certaine
quantité de poisson , qu'on recouvre avec les
mêmes plantes , et ainsi successivement , jusqu'à ce que le vase soit rempli. Le couvercle ,
qui doit avoir un trou dans le centre , est posé
sur le vase , et scellé hermétiquement , afin que
l'air ne puisse s'y introduire ; on remplit le vase

avec du fort vinaigre , et l'on ferme le trou du
couvercle avec un bouchon de liége. On enlève
ce bouchon de temps à autre pour flairer le
vinaigre , et sentir s'il n'a pas contracté une
mauvaise odeur ; dans ce cas on le vide , et on
le remplace par de nouveau vinaigre. Le vase
est déposé dans une cave , ou dans un lieu frais ,
et on a l'attention de l'agiter de temps en temps ,
afin que le vinaigre puisse agir également sur
toutes les parties du poisson. On a soin de vider les poissons , et de les couper par tranches ,
dans le cas où ils seroient d'un trop gros volume.

Quelques personnes sont dans l'usage de les
saupoudrer de sel avant de les faire rôtir , et de
les laisser dans cet état pendant douze ou quinze
heures. Le poisson préparé d'après cette méthode peut se conserver pendant six mois. (*L.*)

CHAPITRE II.

*Page 608,
colonne I,
ligne 1.* (45) On voit que l'auteur donne le nom de
confiture indistinctement à toutes les substances
végétales , qui , à la faveur du sel , du vinaigre ,
du moût , du vin cuit , du sucre et du miel ,
peuvent se conserver pendant un certain temps
sans altération. Mais le but qu'on se propose
dans l'emploi de ces différens condimens , c'est
de fournir , à la matière qui en est l'objet , une
sorte d'agent qui s'oppose , d'une part , à sa décomposition , et de l'autre , lui donne une saveur qui convienne à l'organe du goût , et rende
le nouveau corps qu'on en obtient plus agréable
et d'une digestion plus facile. Ces avantages ,
à la vérité , n'ont qu'une durée déterminée ; car
le condiment lui-même se détériore , et arrive ,
plus ou moins promptement , au terme d'une
décomposition complète. Mais , au reste , le
nom de confiture , à proprement parler , n'appartient plus maintenant qu'à un ordre de fruits
plus ou moins pulpeux , confondus et cuits avec
le sucre , lequel étant devenu une denrée de première nécessité , a été appliqué à une foule de
préparations connues sous tant de couleurs , de
consistances , de formes et de noms différens ,
qu'on en a fait un art qui tient un rang distingué
parmi les arts d'agrément , et est devenu aujour-
d'hui une branche de commerce assez lucrative.
De tous les écrits publiés à ce sujet, nous croyons

qu'il n'en existe pas de plus conforme aux bons principes, que *le Confiseur moderne*, ou *l'Art du Confiseur et du Distillateur*, par *Machet*. Les lecteurs y trouveront beaucoup de procédés utiles dont, jusqu'à présent, on a fait mystère, et plusieurs recettes nouvelles ; enfin, le confiseur, le distillateur, le parfumeur, le limonadier, l'amateur lui-même, y puiseront des notions excellentes et nécessaires, relativement à la préparation des objets dont chacun d'eux s'occupe en particulier. (*P.*)

Page 63a,
colonne II,
ligne 11.

(46) On ne peut dessaler les cornichons sans leur enlever une partie de leur saveur. Ils ne seront pas trop fortement salés, si l'on a soin de ne mettre dans le vinaigre que la quantité de sel nécessaire, c'est-à-dire deux poignées sur six litres (six pintes). On ajoute trois décagrammes (une once) de poivre, afin de relever le goût des cornichons. On doit les blanchir avant de les jeter dans le vinaigre ; ils sont alors plus tendres. Il est bon de blanchir tous les légumes qu'on veut ainsi conserver, et même de donner une légère ébullition à ceux qui ne sont pas suffisamment tendres. (*L.*)

Page 63a,
colonne I,
ligne 12.

(47) L'application du vinaigre aux végétaux n'est pas seulement utile à la conservation des fruits et des légumes, elle a encore de grands avantages pour les viandes, et on connoît les différens moyens que les cuisiniers ont imaginés pour améliorer ces viandes, les rendre plus tendres, et corriger ces saveurs rudes et ammoniacales, qu'ont souvent le gibier et la chair des animaux de boucherie, sur-tout au temps du rut ; mais il faut convenir qu'en sortant de cette espèce de saumure, ou marinade, les viandes n'ont plus la saveur qui leur appartient ; car, quel que soit le moyen qu'on emploie, le vinaigre se fait toujours apercevoir, et si quelquefois on en aime le goût, on désireroit le plus souvent qu'il ne fût pas aussi sensible. Voici un procédé qui conserve fort bien, pendant quelques jours, les substances animales, au milieu des chaleurs excessives de l'été, et retarde leur tendance naturelle à la corruption : il nous a paru mériter d'autant mieux de trouver place dans cet ouvrage, qu'il n'est pas aussi connu qu'il devroit l'être. On laisse macérer dans le

lait caillé des viandes de toute espèce ; non seulement elles conservent tout leur caractère, mais on remarque qu'elles acquièrent plus de disposition à se cuire, qu'elles deviennent plus délicates et plus faciles à digérer. Cette pratique, adoptée dans les départemens du Haut et du Bas-Rhin, offre aux habitans des petites communes rurales, où les bouchers ne tuent qu'une ou deux fois au plus par semaine, l'avantage de manger les viandes dans un état frais.

On ne peut se dispenser de convenir que les mets aigrelets, loin d'être regardés comme des alimens de luxe, ne soient très-salutaires dans certaines circonstances, et que leur usage ne prévienne les maladies inflammatoires ou scorbutiques. Pourquoi les fermiers dédaigneroient-ils de former des provisions de ce genre, et d'en distribuer de temps en temps à leurs ouvriers pour assaisonner agréablement leurs mets ? C'est dans cette vue que nous allons rapporter la manière de confire les betteraves, qui, dans cet état, sont fort du goût des Allemands, servies sur leurs tables en même temps que le potage. On expose les betteraves au four dès que le pain en est ôté ; on les pèle, et on les coupe par tranches minces ; on les met dans un pot, et on y verse assez de vinaigre pour les recouvrir, ayant la précaution d'y ajouter un peu de sel : mais comme on remarque que les betteraves confites ainsi ne se conservent pas long-temps, et que le vinaigre, dans l'espace de quinze à vingt jours, a pu cesser d'être acide, et a par conséquent perdu toute sa force, on a grand soin de n'en confire que peu à la fois ; ou bien lorsque cet inconvénient a lieu, de renouveler le vinaigre, parce qu'alors il n'agit plus que sur le tissu de la racine déjà assez imprégnée et combinée avec l'acide. Cette précaution devient même très-essentielle, si on veut prolonger, un certain temps, en bon état, les fruits confits au vinaigre.

Outre les petits épis de mays, les champignons, les oignons, les cerises, que l'on prépare à la manière des cornichons, on confit encore au vinaigre les jeunes boutons, et même les jeunes fruits de capucine ; ils tiennent alors lieu de câpres, et ils sont plus parfumés. On jette ces boutons dans du bon vinaigre, ils doivent y tremper ; à mesure que le nombre en augmente ,

augmente, on ajoute de nouveau vinaigre. Il suffit de couvrir avec une toile, ou avec une planche, les vases destinés à cette préparation : le vinaigre, par sa communication avec l'air, devient de plus en plus acide et fort, et les *câpres-capucines* en acquièrent plus de saveur. On peut, si l'on veut, y mêler un peu de sel ou de poivre.

Dans le nombre des moyens imaginés pour conserver les truffes, le vinaigre est, sans contredit, un des moins bons qu'on puisse employer, parce qu'il agit sur le tissu de cette matière fongueuse, la racornit, et lui enlève l'arôme qui la caractérise, sans le transmettre aux ragoûts dans lesquels ont fait entrer cet acide ; les corps gras sont infiniment plus propres à atteindre ce but, comme le prouvent les dindes et les pâtés aux truffes, dans lesquels les portions adipeuses sont toujours les plus parfumées : aussi se sert-on, de préférence, de l'huile d'olive pour les confire. En général, il faut l'avouer, les truffes se conservent infiniment mieux dans leur terre natale, que quand on les en a débarrassées ; il semble qu'elles s'y trouvent comme l'animal dans sa matrice, et la semence dans sa capsule ; on en est quitte ensuite pour les frotter avec une brosse rude ; et pour peu que cette terre soit desséchée et tamisée, on peut envoyer les truffes au loin, sans craindre qu'elles s'altèrent. Le sable, les cendres, le son, le sel, proposés pour le même objet, sont insuffisans ; c'est la poudre de charbon qui, jusqu'à présent, m'a paru le meilleur intermède, principalement pour l'espèce blanche qui nous vient d'Italie. Au reste, les truffes trop mûres, ou qui ne le sont pas assez, se gardent difficilement ; mais l'arôme dont elles sont remplies à l'époque de leur maturité, et la fermeté que leur chair acquiert, les rendent propres à servir un certain temps, dans leur état naturel. Celles qu'on coupe par tranches, qu'on enfile, et qu'on expose à l'ombre pour sécher, à l'instar des mousserons, peuvent se conserver sans altération ; il leur manque, à la vérité, le parfum et la saveur des truffes fraîches.

De toutes les préparations indiquées pour conserver les choux, il n'en est pas de plus commode, de plus certaine, de plus économique, et

qui donne en même temps un résultat plus agréable, que celle qui consiste à les soumettre à la fermentation. Voici le procédé : à l'aide d'un instrument fait exprès, on découpe des têtes de choux en rubans menus et fins, que l'on ramasse et qu'on essore à l'ombre, sur un drap. Ces découpures, auxquelles on mêle des graines de carvi ou de genièvre (le carvi est préférable), sont disposées de la manière qui va être indiquée, dans un tonneau ordinaire, défoncé par un bout. Si ce tonneau a contenu du vin, de l'eau-de-vie, ou du vinaigre, il n'en sera que plus propre à l'opération, parce qu'il favorisera davantage la fermentation, et qu'il donnera à la *sauer-kraut*, un goût plus vineux. Avant de le remplir, on en frotte quelquefois l'intérieur, avec le levain de *sauer-kraut*. Le fond du bout qui reste ouvert doit être assemblé solidement, et avoir une poignée au milieu, afin qu'on puisse, à volonté, ou la déplacer, ou le charger de gros poids.

On a une certaine quantité de sel de mer bien fin, destiné à former des couches entre les lits de choux : il en faut un kilogramme (deux livres) par vingt choux. On met d'abord une bonne couche de sel au fond du tonneau, et l'on étend par-dessus, bien également, les rubans de choux, à la hauteur de dix-sept centimètres (six pouces) : un homme en bottes fortes, bien lavées, bien nettes, entre dans le tonneau, foule ces rubans, et les comprime jusqu'à ce que les dix-sept centimètres (six pouces) soient réduits à moitié. On fait une seconde couche de sel et de rubans, on la foule de même, et de couche en couche on remplit le tonneau ; on finit par une couche de sel ; sur ce sel, on place de grandes feuilles vertes, qu'on a séparées avant de rubaner les choux ; sur ces feuilles, une toile mouillée et tordue ; sur la toile, le couvercle, ou fond du tonneau ; enfin, sur le fond, de grosses pierres qui assujettissent toute la masse, et l'empêchent de se soulever pendant la fermentation. On entremêle les assaisonnemens, en les plaçant parmi les choux, et non dans les couches de sel, et on laisse toujours un vide de six centimètres (deux pouces) au haut du tonneau.

Les couches s'affaissent et se resserrent ; les choux en rubans se trouvant comprimés, lâchent leur eau végétale. Cette eau qui surnage est verte, bourbeuse, et fétide ; on l'ôte aisément, en plaçant un robinet à six ou neuf centimètres (deux ou trois pouces) au-dessous ; on la remplace par une nouvelle saumure, qui est salée à son tour, et qu'on retire de même. On continue ces soins jusqu'à ce que la saumure sorte nette, ce qui dure à-peu-près douze à quinze jours, suivant la température du lieu où est le tonneau.

Le point essentiel pour conserver la bonne qualité de la *saûer-kraut*, même en consommation, est d'avoir soin qu'elle soit toujours couverte par trois centimètres (un pouce) au moins de saumure, et qu'il n'y ait jamais de vide entre la masse et le bois du tonneau. Celle qui est négligée a une odeur de chou pourri ; bien faite et bien entretenue, elle a une acidité très-agréable, surtout si, après l'avoir lavée au sortir du tonneau, on y mêle, avant de la servir, un peu de vinaigre de sureau. On ne fait jamais, sur terre, de provision que pour l'année, et on renouvelle ordinairement la saumure à l'entrée du printemps et au solstice d'été. Lorsqu'on veut embarquer de la *saûer-kraut* pour des voyages de long cours, on la transvase dans d'autres tonneaux, on la foule exactement, on y remet une nouvelle saumure, et on bouche hermétiquement les tonneaux après qu'ils ont été remplis. Cette préparation, très-recherchée en Allemagne, est à peine connue en France dans quelques Départemens ; elle forme cependant, non seulement un mets fort sain, même pour les personnes auxquelles les choux ordinaires ne conviennent pas, mais c'est encore l'un des meilleurs anti-scorbutiques. Aussi les Anglois en font-ils un grand usage en mer, et dans les voyages de long cours : on sait qu'avec cet aliment, donné deux à trois fois par semaine à ses équipages, le célèbre capitaine *Cook* les a conservés en santé sous tous les climats, sans avoir perdu un seul homme, pendant une navigation de plus de trois ans ; il avoit aussi une provision de carottes, de navets et de raiforts, coupés par tranches, préparés de cette manière : c'est une ressource à l'approche du printemps, où nous sommes privés, pendant quelque temps, des plantes potagères fraîches. (P.)

également bonnes pour la confection du *raisiné* ; plusieurs d'entr'elles sont si abondamment pourvues du principe muceso-sucré, qu'il faut nécessairement leur ajouter des fruits pulpeux, acerbes, mûrs ou non mûrs, et des aromates, pour en relever la trop grande fadeur ; tandis que d'autres exigent, suivant le climat et la saison, l'addition d'un peu de miel, de mélasse, ou de cassonade, pour masquer leur trop grande acidité. Toutes les années ne sont pas aussi favorables à la qualité du raisin, que celle de 1804, qui fera époque dans le siècle, pour la quantité et la grosseur des grappes, pour le volume et la maturité des grains ; aussi le raisin des Départemens septentrionaux, communément moins savoureux, s'est-il trouvé presque aussi sucré que la même espèce provenant, dans les années ordinaires, du ci-devant Dauphiné et de la Bourgogne ; et le *raisiné* qui en est résulté se conservera facilement des années entières.

L'altération que cette sorte de confiture éprouve à mesure qu'elle vieillit, c'est de se candir ou de se liquéfier ; dans le premier cas, on la décuit au temps de la vendange avec du nouveau moût ; dans le second, au contraire, on l'expose un peu au feu. C'est ainsi qu'il est possible de rajeunir sa provision, et de la mettre encore en état de passer l'hiver. On remarque que, dans les contrées méridionales, où l'on fait ordinairement plus de *raisiné* qu'ailleurs, les raisins reconnus les plus propres à cette préparation, sont : le muscat blanc, le muscat rouge, et le chasselas. Ils y parviennent à une maturité si parfaite, et contiennent une si grande quantité de principe sucré, que les vins qu'on obtient de la décomposition de ce principe fournissent à la distillation jusqu'à un tiers de leur poids de bonne eau-de-vie. A Montpellier, c'est le raisin blanc, ou noir ; dans les Départemens plus septentrionaux, le franc pineau, et le maurillon noir, sont les variétés les plus estimées pour ce genre de confiture. Mais pour les cueillir, il faut attendre leur parfaite maturité, avoir soin sur-tout de les égrapper et de les monder exactement, vu que quelques grains gâtés, ou un brin de rafle, suffiroient pour préjudicier à la saveur gracieuse du *raisiné*.

Page 651, colonne 2, ligne 31.   (48) Si toutes les différentes espèces de raisins ne conviennent pas à la cuve, toutes sont

Lorsqu'on jouit encore, après la vendange, de quelques rayons de soleil, et qu'il n'y a rien à redouter de la part des oiseaux et des insectes, il seroit utile d'en profiter pour laisser plus long-temps le raisin sur le cep; dans le cas contraire, on doit le rentrer à la maison, et l'exposer sur la paille, comme pour en faire le vin de liqueur de ce nom : on parviendroit, par ce moyen, à diminuer les frais de l'évaporation, à tenir moins long-temps exposé à l'action du calorique le *raisiné*, qui alors donne un résultat plus abondant, moins coloré, et d'une saveur plus agréable. Le conseil, à la vérité, que je donne aux ménagères qui ne dédaignent point de préparer elles-mêmes le *raisiné* de leur consommation, ne pourra jamais devenir la règle de ceux qui en font une branche de commerce, qui visent par conséquent à la quantité et au bon marché. Mais chaque chef de famille, dans quelque position qu'il se trouve, peut, à l'aide de quelques ceps, obtenir sa confiture annuelle, à tel dégré de bonté qu'il voudra.

Une règle générale à établir dans la confection du *raisiné*, quelle qu'en soit la consistance, c'est d'y procéder en deux temps, et d'avoir soin, dès que le liquide exprimé se trouve réduit, par l'évaporation, aux deux tiers, de le passer tout chaud à travers un tamis serré, de le distribuer dans des terrines évasées et non vernissées, de l'y laisser séjourner jusqu'au lendemain matin ; alors, de ramasser, à la faveur d'une écumoire, la pellicule qui en recouvre la surface : enfin de décanter la liqueur. Ce qui est cristallisé au fond du vase, aux parois, et à la superficie, n'est autre chose que du tartre, dont la séparation devient un moyen de diminuer l'acidité trop marquée du *raisiné* préparé dans les cantons septentrionaux, et vraisemblablement sa disposition laxative : car il y a tout lieu de présumer, que c'est à la présence de ce sel, et du corps muqueux que renferme le suc du raisin, qu'est due la propriété qu'a ce fluide de relâcher ; propriété qu'il perd en passant à l'état de vin, vu que la fermentation convertit l'un en alcohol, et précipite une grande partie de l'autre dans la lie. En séparant ainsi du suc de raisin, évaporé jusqu'aux deux tiers, la quantité de tartre qui ne peut plus rester en dissolution, on

accroît d'autant la puissance du sucre, qui, n'ayant plus à masquer l'acidité, se manifeste beaucoup plus sensiblement, soit dans le *raisiné*, soit dans le sirop, soit dans le vin cuit, et dans les liqueurs qu'on en prépare.

Une autre condition pour rendre le *raisiné* aussi parfait qu'il est possible, c'est que, quand il s'agit de faire entrer dans sa composition des fruits ou des racines, il faut toujours que les uns et les autres soient mondés de leurs peaux, de leurs pepins, et de leurs écorces, de les ajouter à la liqueur que quand elle a été amenée, par l'évaporation, à la consistance de sirop, qui se détruit bientôt, et conserve la fluidité nécessaire pour favoriser son action sur les fruits, opérer leur ramollissement, leur cuisson, et leur combinaison, de manière à former une marmelade égale et homogène. Une troisième condition, c'est de remuer, sans discontinuer, le liquide composé, et de faire en sorte que la chaleur soit très-modérée ; peut-être seroit-il prudent de n'achever la cuisson du *raisiné* qu'à la température du bain-marie, comme on a la louable habitude de le faire dans nos laboratoires, pour les extraits, et alors, il y auroit infiniment moins de risques à courir de le brûler.

Enfin, une quatrième et dernière condition, c'est le choix des vaisseaux dont on se sert pour cette préparation. On a observé que, dans quelques endroits, l'usage du *raisiné* avoit occasionné des coliques; en supposant que ces plaintes soient fondées, on pareroit toujours à cet inconvénient, en n'employant à sa préparation, que des vases de cuivre jaune, ou de cuivre rouge parfaitement étamés, afin d'empêcher que la liqueur, qui a toujours un caractère éminemment acide, n'exerce, sur le métal vénéneux, une action marquée, et n'en dissolve quelques parcelles. Notre collègue M. *Chaptal*, m'a assuré avoir vu, à Montpellier, mettre des clefs de fer dans la chaudière de cuivre pendant la cuisson du *raisiné*; elles étoient toutes rouges quand on les en retiroit.

Quoique ce soit une coutume assez universellement suivie dans les cantons vignobles de faire à la maison la provision de *raisiné* pour l'hiver, il s'en faut que toutes les ménagères connoissent à fond le véritable procédé pour le bien préparer ; elles ne font pas assez attention que les raisins les plus sucrés et les moins aqueux n'exigent pas autant d'évaporation, et *vice versâ*. La plupart font un feu trop ardent et poussent trop loin la cuisson, de manière que bientôt il prend de la solidité ; d'autres restent en-deçà, alors il se ramollit, il s'en sépare un sirop, une mélasse, et il n'arrive pas à la fin de l'hiver sans s'algrir, sur-tout lorsque la saison est tempérée, et que le local où il est mis en réserve se trouve humide : il est donc d'une nécessité indispensable d'assujettir la préparation de cette confiture aux règles prescrites dans cette note, et dont on ne doit s'écarter que le moins possible.

Le *raisiné* est devenu tellement nécessaire que, dans les endroits les moins propres à la culture de la vigne, leurs habitans font une confiture économique analogue, avec les fruits à pepins et même à noyaux, en y employant pour véhicule ou excipient, le suc de pommes ou de poires, récemment exprimé, c'est-à-dire, le poiré et le cidre doux, au lieu du moût. Dans la ci-devant Bretagne, on prépare une marmelade de cerises, que, des environs de Rennes, on vient vendre au marché de cette ville ; et quoiqu'elle ne soit, ni fort sucrée, ni fort agréable, cependant elle trouve des amateurs. Ailleurs on cuit le suc de pommes ou cidre doux, avec différens fruits ; ce suc réduit, dans le premier cas, à la dixième partie de son volume, forme un rob ou sirop très-bon ; mêlé et uni, dans le second cas, avec des poires ou d'autres fruits, il donne ce qu'on appelle le *raisiné de Normandie*. Le suc de poires, dont on fait le poiré, quoique plus doux que le suc de pommes, ne fournit cependant qu'une confiture acerbe, qu'on rendroit vraisemblablement meilleure, si on la faisoit avec la pulpe rapprochée des poires cuites au four.

Dans la ci-devant Picardie, on fait du *poiré au cidre*, au lieu de *raisiné au cidre*. Pour le préparer, on remplit un chaudron de cidre doux, dont on soustrait, par l'évaporation, les trois quarts du volume ; arrivé à la consistance de sirop, on y jette des poires pelées, mondées de leur cœur et des pepins, et coupées en quatre ; elles y cuisent parfaitement, sans se déformer. On poursuit doucement la cuisson jusqu'à ce que le sirop, qui, par l'addition des poires crues, s'est prodigieusement décuit, ait repris sa consistance première. Une fois le vase retiré du feu, et les poires suffisamment cuites, elles sont distribuées dans des cruches de grès, et le sirop est dans une proportion correspondante aux poires.

Il s'agit maintenant du *raisiné ou poiré*, usité à Amiens et dans ses environs. Pour le préparer, on prend de la poire de fusée, poire longue, qu'on ne peut manger qu'après l'avoir fait cuire; on la met dans des pots de terre couverts, et au four, après en avoir retiré le pain ; ils y séjournent pendant la nuit : on pétrit les poires pour les diviser en bouillie, on les passe à travers un tamis de crin, et cette pulpe est mise dans un chaudron avec six fois son poids de cidre doux. On procède à l'évaporation, en remuant, sans discontinuer, jusqu'à ce qu'une goutte de cette confiture étant jetée sur un papier gris, la place n'en sépare pas de suite l'humidité. En cet état, elle est réputée assez cuite pour être conservée en pots. Dans certains endroits, on ajoute un atome de piment en poudre ; dans d'autres, c'est un peu de canelle ; mais il faut être économe de ces épices, et faire toujours en sorte que l'aromate ne domine pas dans la confiture.

En Alsace et en Lorraine, on fait une marmelade fort saine et très-économique, avec les prunes connues sous le nom de *cwetch*, en employant le même procédé que pour le *raisiné*. Les mêmes prunes desséchées font d'excellens pruneaux. Dans la ci-devant Champagne, on se procure la même ressource avec une espèce de prune qui y est abondante, et qu'on nomme *nobertes*, d'où le nom de *noberte*, que porte la marmelade. Un particulier de Reims imagina de faire cuire les nobertes au four, et la *noberte* qui résulta de cette méthode se trouva, et d'une plus belle couleur, et d'une saveur plus agréable.

Toutes les espèces de *raisiné* qui ont pour véhicule le moût, le cidre, et le poiré doux, offrent la confiture la plus économique pour tous les ordres de consommateurs; il y a peu de ménagères qui n'en préparent leur provision de l'hiver, c'est la ressource de la famille pour le déjeûner et le dessert : il devient très-utile dans les hospices civils, où il s'agit de procurer aux infirmes et aux vieillards une confiture capable de réveiller leurs organes, et même une boisson agréable et rafraîchissante. Nous sommes éloignés de croire que le concours du sucre puisse, dans ce cas, préjudicier à la qualité du *raisiné*. Quand cette denrée coloniale étoit à un prix peu élevé, son addition ne formoit pas une augmentation de dépense sensible; mais étant devenue, pour la France, une matière en quelque sorte exotique, le *raisiné* qui en contiendroit une certaine proportion cesseroit d'être une confiture à la portée de toutes les fortunes, les gens aisés seuls pourroient y atteindre: ainsi tous les efforts de l'industrie doivent tendre, dans ce moment, à épargner l'emploi du sucre, et à augmenter les fabriques de *raisiné*, dont la préparation mérite d'autant plus l'intérêt général et particulier, qu'elle occupe beaucoup de bras, dans une saison presque morte, et qu'elle n'a lieu qu'après les semailles et la vendange. (*P.*)

(49) Il a été aisé de voir, en parcourant le chapitre XII du troisième Lieu de cet ouvrage (tome I, page 296), que, suivant l'opinion de l'auteur, le vin cuit n'étoit, de son temps, que le moût écumé au feu, et réduit, par la chaleur de l'ébullition, au tiers ou à la moitié de son volume, dont on remplissoit des vaisseaux de bois, et qu'on portoit ensuite à la cave comme les autres vins; mais il faut convenir que, dans cet état, le moût ne présente qu'un liquide sirupeux, plus ou moins consistant, à raison de l'espèce de raisin et du climat où il a été recueilli. Ce qu'on entend aujourd'hui par vin cuit, est une véritable liqueur de table, composée de parties égales de moût ainsi concentré, et d'eau-de-vie de commerce, au mélange duquel on ajoute de la coriandre, de la canelle, du girofle, le tout infusé pendant huit jours, et passé par la chausse, d'où résulte le ratafiat le plus économique qu'on puisse préparer, puisqu'on est dispensé d'y employer du sucre.

Il arrive souvent qu'au lieu de poursuivre l'évaporation du moût jusqu'à la consistance demi-solide, on s'arrête au moment où il a acquis l'état sirupeux, et nul doute que cette préparation, à laquelle on n'a peut être pas donné une attention assez suivie, ne mérite de trouver son application dans l'économie domestique. L'art de concentrer ainsi le vin doux, au moyen du calorique, étoit déjà connu et mis en pratique chez les Lacédémoniens. Les habitans de l'Archipel paroissent même continuer de préparer cette espèce de *raisiné* liquide; M. *Boudet*, pharmacien en chef de l'armée d'Orient, a trouvé, dans les magasins d'Alexandrie, des bouteilles de terre, d'une forme agréable, qui en étoient remplies: il avoit la consistance de la mélasse; on en compose encore aujourd'hui, en Égypte, une espèce de sorbet. Les Espagnols, après avoir exprimé le suc de raisin, y ajoutoient du plâtre nouveau qui, ayant la propriété de décomposer le tartre, et de diminuer par conséquent la quantité de celui qui existoit dans ce liquide, affoiblissoit son caractère acide; c'est d'après cette double propriété qu'on a proposé d'ajouter un peu de craie au suc de raisin, pour en obtenir un sirop moins aigrelet. Voici quelques expériences que j'ai faites dans la vue d'économiser le sucre, de tirer parti des productions locales, et de les améliorer.

On a pris trois kilogrammes (six livres) de suc de raisin noir, bien mûr et légèrement exprimé, afin d'éviter la trop grande quantité d'extractif; il avoit une couleur trouble, rougeâtre, une saveur sucrée, aigrelette, et mucilagineuse; on l'a placé sur un feu doux, et on l'a fait cuire en consistance de sirop, après l'avoir clarifié avec le blanc d'œuf: ce sirop étoit acidule, en se refroidissant il déposoit une matière épaisse, de couleur rougeâtre, semblable à la liqueur. Cette substance fournit une grande quantité de tartrite acidule de potasse, uni à beaucoup de mucoso-sucré; la liqueur plus limpide qui surnage contient, en outre, une portion considérable de matière sucrée, des acides malique et acéteux, et sans doute de l'acide tartareux en petite quantité. L'abondance de cette matière mucilagineuse sucrée dans ce sirop y auroit bientôt développé un mouvement de fermentation, malgré le dégré de cuisson auquel on l'avoit réduit; mais il est possible de prévenir cet inconvénient à la faveur de l'alcohol. Les trois kilogrammes (six livres) de moût employés ont produit six hectogrammes (environ une livre deux onces) de sirop d'une acidité agréable ; en l'étendant dans l'eau, à l'instar des sirops de groseille et de limon, il peut remplacer les sirops préparés avec ces fruits, et dont on fait usage pendant les chaleurs de l'été.

Pour enlever les acides contenus dans le moût qu'on veut amener à l'état de sirop doux, on peut mettre en pratique divers procédés ; nous avons déjà fait voir qu'il étoit possible, par la simple décantation, de le dépouiller d'une portion de tartre, mais ce n'est que par la voie des combinaisons qu'on peut le détruire en totalité, ainsi que les autres acides. Le point essentiel est de trouver une base qui, se combinant avec eux, en formât des sels insolubles, susceptibles d'être séparés ensuite de la liqueur ; et comme l'acide tartareux donne, avec la chaux, un sel insoluble, il est facile de l'enlever par ce moyen. Si l'on emploie dans ce procédé du carbonate calcaire, la seule portion libre d'acide tartareux se combine avec la chaux ; mais la portion de potasse que tient le tartrite acidule de potasse demeure unie à l'acide tartareux, et forme du tartrite de potasse ; si l'on se sert, au contraire, de chaux vive, on la combine avec tout l'acide tartareux, mais la potasse reste dissoute dans la liqueur : elle peut s'unir aux acides malique et acéteux. En ajoutant une plus grande portion de chaux vive, on neutralise, à la vérité, tous les acides, mais cette terre est en partie dissoluble dans l'eau, ainsi que dans les malates et les acétates de chaux, qu'on parvient difficilement à séparer du sirop sans l'altérer. En se bornant cependant à saturer les acides par la chaux, au moyen du carbonate calcaire, et en séparant le tartrite de chaux, on peut obtenir un sirop dans lequel restent, à la vérité, du tartrite de potasse, des malates et acétates, mais en trop petite quantité pour être sensible au goût. Dans cet état, le sirop de raisin est mucilagineux, et peut servir de sirop ordinaire, sur-tout au midi de la France, où ce fruit est d'autant plus riche en sucre, qu'il l'est moins en tartre, et devenir, sous la main du vigneron industrieux, une branche importante d'économie, parce que la préparation dont il s'agit ne coûte presque que du temps, des soins, et du combustible. C'est sur-tout le raisin blanc qu'il faudroit choisir de préférence pour cette préparation, vu qu'il fournit moins de matière colorante et de tartrite acidule de potasse, que le raisin noir ; mais aussi il paroît moins facile à conserver : tandis que la couleur de ce dernier, étant d'une nature un peu ambrée, est plus propre à retarder la fermentation spiritueuse du sirop.

Au reste, quelle que soit la nature du raisin, pourvu qu'il ait atteint son point de maturité, la même espèce peut fournir à l'existence de deux sirops distincts par leur couleur et leur saveur ; le premier n'est que le moût dépouillé d'une portion de tartre, et rapproché à la consistance requise ; le second est ce même moût, dans lequel on a jeté un peu de craie pour neutraliser les acides, lequel, clarifié et évaporé au même degré de consistance, donne un résultat comparable au sirop de sucre, ayant le goût un peu mielleux. On peut donc avoir ainsi, toute l'année, sous la main, un sucre liquide, pour suppléer le sucre ordinaire dans la préparation des ratafias et des liqueurs, des confitures et des gelées acides, dans les compotes de pommes et de poires ; il suffiroit d'en verser une certaine quantité sur les fruits cuits par la voie humide, dont la fadeur a souvent besoin d'être relevée par un assaisonnement aigrelet. Enfin ces sirops doivent être comparés à ceux qui résultent de certaines poires cuites au four, par la voie sèche, et qui nagent souvent dans un fluide siropeux, sans aucune addition de sucre. En y ajoutant quelques aromates, on les rendroit fort agréables ; ils se conservent assez bien, mais ils ont le désavantage de se déduire facilement, en laissant, comme tous les sirops abondans en extractifs, une portion de sucre se cristalliser contre les parois des bouteilles.

Au surplus, s'il est aisé de préparer, sans le concours du sucre, un sirop avec les fruits à baies, tels que les raisins, les racines, même les plus sucrées, telles que les carottes, ne peuvent pas, à cause de leur contexture parenchymateuse et muqueuse, prendre aussi facilement cette forme ; parce que, soit qu'on en sépare, au moyen de la râpe et de la presse, la totalité des principes qu'elles contiennent, soit qu'on les fasse bouillir entières ou divisées dans l'eau, la consistance du sirop qu'elles acquièrent est due autant à l'abondance de la matière muqueuse extractive, qu'au sucre rapproché, et que, par conséquent, il est difficile de garantir, pour long-temps, un pareil sirop, de la fermentation. Quel que soit donc le mode de préparation qu'on dé-couvre pour faire du sirop avec des carottes, quoiqu'elles soient, parmi les racines potagères, après le chervi et les betteraves, les plus riches en muceo-sucré, il ne faut nullement compter sur un pareil supplément de sucre : elles offri-ront toujours infiniment plus de ressources en substance, comme assaisonnement, ou comme nourriture. (*P.*)

Page 823, colonne II, ligne 14.

(50) La méthode de saler les fruits avant de les confire au sucre, qu'*Olivier de Serres* donne ici et dans d'autres passages de ce chapitre, n'est plus aujourd'hui en usage parmi les meil-leurs confiseurs : elle n'est en effet d'aucune uti-lité. Quelques personnes salent cependant les prunes de reine-claude avant de les faire passer au sucre, en les mettant sur le feu avec de l'eau, un verre de vinaigre, et une poignée de sel. On jette de l'eau froide dans la poêle à l'instant où l'ébullition est prête à commencer, et on les fait dégorger, pendant deux heures, dans une eau froide, avant de les passer au sucre. (*L.*)

Page 824, colonne I, ligne 20.

(51) On peut se dispenser d'enlever la pelli-cule de l'écorce d'orange : le goût d'amer-tume qui lui est propre s'allie fort bien avec le sucre ; ce genre de saveur est généralement re-cherché. On n'est plus dans l'usage de lessiver les écorces d'orange ; il suffit de les tenir en ébullition dans l'eau jusqu'à ce qu'elles aient acquis le degré de cuisson convenable, c'est-a-dire jusqu'au moment où elles se laissent facile-ment pénétrer par une paille, ou par une tête d'épingle. (*L.*)

Page 825, colonne II, ligne 12.

(52) La cassonade doit être préférée, sous les rapports de l'économie ; mais elle ne donne ja-mais des confitures aussi belles que celles qu'on fait avec le sucre de première qualité : elle pro-duit, d'ailleurs, un déchet beaucoup plus consi-dérable, et sa clarification est moins prompte et moins facile. (*L.*)

Idem, ligne 16.

(53) L'emploi du charbon est préférable à celui du bois ; on évite ainsi la fumée, et l'on soutient plus facilement le dégré de feu néces-saire à l'évaporation et à la clarification ; mais cet emploi ne doit avoir lieu que sous une che-minée, ou dans un local où il y ait un grand courant d'air, pour éviter les effets meurtriers que produit la vapeur du charbon dans les lieux fermés. (*L. et H.*)

Page 825, colonne II, ligne 16.

(54) La proportion d'eau indiquée est trop considérable ; car le sirop qui en résulteroit étant beaucoup trop liquide pour l'usage auquel on le destine, il faudroit le réduire par l'ébulli-tion, ce qui demande du temps, et occasionne une plus grande consommation de combustible : il suffira de mettre un kilogramme et demi (trois livres) d'eau, sur un demi-kilogramme (une livre) de sucre. Il sera facile, au reste, d'ajouter de l'eau au sirop, si on le trouve trop épais. (*L.*)

Page 825, colonne I, ligne 5.

(55) Il est à propos de mouiller le linge, afin d'éviter qu'il ne s'imprègne d'une trop grande quantité de sirop, et de faciliter la filtration, en même temps que pour lui ôter le goût de lessive qu'il communiqueroit au sirop. (*L.*)

Page 827, colonne I, ligne 16.

(56) Il faut éviter, autant que possible, de faire recuire les confitures, ce qui leur donne une couleur terne et désagréable, et exige un nouveau travail et une augmentation de dépense. C'est pour éviter ces inconvéniens, qu'on doit donner au sucre un juste degré de cuisson, ainsi que nous l'avons observé plus-haut. (*L.*)

Page 855, colonne I, ligne 5.

(57) Il est inutile de changer aussi fréquem-ment l'eau dans laquelle on a mis tremper l'é-corce d'orange : une immersion de cinq ou six heures suffira pour remplir le but qu'on se pro-pose. (*L.*)

Page 857, colonne I, ligne 16.

(58) Les diverses formes sous lesquelles les artichauts, crus ou cuits, paroissent sur nos ta-bles, en font un mets tellement recherché, qu'on est parvenu à en prolonger la jouissance pendant toute l'année. Les moyens proposés à cet effet sont nombreux, mais tous n'atteignent pas le même but ; les uns sont insuffisans, les autres exigent trop de soins et de dépense. Aucun ne paroît plus simple, et ne conserve aux artichauts une partie des avantages qu'ils possèdent dans

l'état de fraîcheur, que celui qui est pratiqué à Laon et dans ses environs. Il consiste à faire cuire à demi les artichauts, à séparer les feuilles et le foin; à réserver la partie charnue qui se trouve à la base et qu'on appelle *le cul d'artichaut*; à le jeter encore chaud dans l'eau froide, pour lui faire prendre du corps, ce qu'on appelle *blanchir*. On arrange ensuite les culs d'artichauts sur des claies, pour les exposer, jusqu'à quatre fois, au four, dès que le pain en a été tiré; ils deviennent minces, durs, transparens comme la corne, et ne reprennent leur première forme que dans l'eau chaude. On a remarqué que, pour obtenir un demi-kilogramme (une livre) de culs d'artichauts de grosseur commune, dans cet état, il falloit quarante artichauts. Une fois séchés, on les tient toujours dans un lieu à l'abri de l'humidité, afin qu'ils ne contractent pas le goût de moisi. (*P.*)

Page 650, colonne II, ligne 26.

(59) La cassonade peut servir pour les confitures de cerises, comme pour toutes celles des autres espèces de fruits. Voyez ce que j'ai dit dans la note (32), page 823, colonne I. (*L.*)

Page 651, colonne I, ligne 14.

(60) Le sucre, le jus des cerises douces, et celui des autres fruits doux, peuvent être en contact avec les vaisseaux et les ustensiles de cuivre, sans qu'on ait à craindre aucun accident, pourvu que le cuivre soit tenu très-proprement, que les confitures ne s'y refroidissent pas, qu'elles soient toujours en mouvement, ou ne séjournent pas dans ce métal. Les acides des fruits oxident (rouillent) avec une grande promptitude le fer, ce qui donne un coup-d'œil désagréable et un goût ferrugineux aux confitures, mais ne présente cependant aucun inconvénient pour la santé. Il n'en est pas de même du cuivre qui, outre son goût très-désagréable, est un poison très-actif, qui s'oxide (se rouille) aussi très-facilement par les acides, lorsqu'on les y laisse séjourner. (*L. et H.*)

page 648, colonne II, ligne 17.

(61) On est généralement dans l'usage de peler les poires, sur-tout lorsqu'elles ont une certaine grosseur: elles prennent le sucre bien plus facilement, et sont plus agréables au goût. On peut, tout au plus, excepter celles dont la peau est très-tendre, comme les blanquettes.

Chaque variété de poires n'est pas également bonne pour être confite: celles qui ont la chair trop fondante, ou celles qui l'ont trop ferme, ne se prêtent pas bien à ce genre de préparation. La poire de rousselet est préférable à toutes les autres. (*L.*)

Page 646, colonne II, ligne 5.

(62) Nous avons observé plus haut, note (50), page 823, colonne I, qu'on ne sale plus aujourd'hui les fruits avant de les confire. Les citrons sont coupés par tranches, on les fait blanchir, et on les jette dans le sucre clarifié. On prépare de la même manière les courges et les melons. (*L.*)

Page 647, colonne I, ligne 14.

(63) Le soleil est rarement assez chaud dans le nord de la France pour donner aux pâtes le degré de siccité qui leur convient: c'est pourquoi on se sert habituellement d'étuves, on étend les pâtes sur des ardoises ou sur du canevas, ou bien on les met dans des moules de fer-blanc. (*L.*)

Idem, colonne II, ligne 22.

(64) *Après leur avoir osté les queues.* On lit ainsi dans toutes les éditions d'*Olivier de Serres*, excepté dans la première, dans laquelle on lit: *après leur avoir osté les pepins*; et c'est bien en effet les queues seulement qu'*Olivier de Serres* veut qu'on ôte au verjus, puisqu'il dit plus bas, que ce fruit doit être conduit comme les agriotes, pour le confire, et qu'il prescrit de ne couper que partie de la queue de ces dernières, sans parler d'ôter les noyaux. Il avoit déjà dit qu'il ne falloit les mettre dans le sirop que sur la fin de la cuite, pour éviter de les crever; ce qu'on n'éviteroit point si on en avoit ôté les pepins, puisqu'il est impossible de les ôter sans que le fruit soit crevé. Au reste, il faut aussi ôter les pepins du verjus, lorsqu'on veut avoir une confiture plus recherchée, ils ne sont rien moins qu'agréables à rencontrer sous les dents. (*H.*)

Page 649, colonne II, ligne 24.

(65) Il vaut mieux préférer, pour faire cuire les coings au four, une terrine de terre vernissée, ou même de grès, à un vase de cuivre, que le suc des coings peut attaquer pendant cette cuisson lente, ce qui rendroit l'usage du *cotignac* plus ou moins suspect. Voyez ce que nous venons de dire au sujet du danger des vaisseaux de cuivre, dans la note (60), ci-devant. (*H.*)

(66)

Page 613, colonne II, ligne 21.

(66) Le musc donne aux confitures un goût trop actif qui trouve aujourd'hui peu de partisans. Le coing est doué d'une saveur très-agréable, qui ne doit pas être dénaturée par d'autres ingrédiens, et on peut même se passer de canelle pour ce fruit. (*L.*)

Page 619, colonne I, ligne 25.

(67) Il est bon d'observer que plus l'on remue les fruits et le sucre destinés à faire de la gelée, plus l'on prive cette espèce de confiture de la transparence et de la limpidité qui constituent son principal mérite. (*L.*)

Page 641, colonne I, ligne 4.

(68) Les pommes de reinette, grises ou blanches, sont très-propres à faire de bonnes confitures: il suffit de leur donner une ébullition légère, et de les soigner, pour qu'elles ne fondent pas. Les mêmes fruits donnent des pâtes et des gelées très-recherchées. On peut consulter, à ce sujet, l'ouvrage cité note (45) de ce chapitre, page 816, colonne I. (*L.*)

Idem, ligne 20.

(69) Les tendres rejetons de cette plante, coupés au mois de Floréal (Mai), sont confits à Niort, et y forment une branche de commerce assez renommée, sous le nom de *conserve d'angélique*; le céleri ne seroit pas moins susceptible de présenter le même avantage sur nos tables, si on lui appliquoit le même procédé. La graine de ces deux plantes et de beaucoup d'autres, de la famille des ombellifères, recouverte de sucre, c'est-à-dire mise en dragées, est même plus agréable que celle de l'anis, dont on prépare de si grandes quantités à Verdun. (*P.*)

Page 656, colonne II, ligne 2.

(70) On clarifie aussi le miel avec du charbon grossièrement pilé: on fait bouillir ces deux substances, on écume, et l'on passe à travers un linge. Le miel ainsi clarifié, perd en grande partie le goût particulier qui le caractérise, et peut être avantageusement substitué au sucre. La saveur qu'il conserve après cette clarification est souvent masquée par celle du fruit, de manière à tromper les plus habiles connoisseurs. (*L.*)

Page 660, colonne II, ligne 9.

(71) Le *pignolat* est un *nogat*, ou *nougat*, fait avec l'amande du fruit du pin. L'amande ordinaire, la noix, l'aveline, la pistache, etc., sont aussi employées à faire du *nogat*, soit séparément, soit mélangées entr'elles. Lorsqu'on emploie les amandes, on ne les fait pas torréfier; elles reçoivent un certain degré de cuisson avec le sucre, qui doit être soumis à l'action du feu pour former le *nogat*: souvent on se contente de les praliner, c'est-à-dire qu'on donne un leger degré de cuisson au sucre dans lequel on les met. Il est inutile de mêler les pignons avec du son, dans le cas où l'on voudroit les faire rôtir. (*L.*)

CHAPITRE XII.

Page 661, colonne I, ligne 21.

(72) On ne peut faire de bonnes chandelles qu'avec du suif, c'est-à-dire avec la graisse qui recouvre les intestins et les reins des animaux ruminans. Cette graisse, après l'opération qu'on lui fait subir pour la dépouiller de ses membranes, ainsi que d'une matière lymphatique et d'une humidité surabondante, éprouve d'abord du déchet; mais en revanche, elle acquiert de la solidité, et la propriété de se conserver dans toutes les saisons. On a seulement remarqué que le suif d'hiver est préférable à celui d'été, que plus il est vieux, meilleur il est pour l'objet qu'on se propose de remplir, que le suif de mouton et celui de bœuf doivent être fondus à part; savoir, deux parties de l'un contre une de l'autre, et qu'il convient de n'en faire le mélange qu'au moment de l'employer.

Lorsque la graisse est retirée de l'animal, on la fait sécher sur une perche, afin de la conserver, et qu'elle soit moins exposée à se rancir; desséchée ainsi, elle porte le nom de *suif en branche*. Pour en extraire le suif, on la coupe par morceaux; sans cette précaution, le suif retenu dans les cellules du tissu cellulaire sortiroit difficilement: on la met dans une chaudière sur le feu, avec une petite quantité d'eau; on remue continuellement, jusqu'à ce qu'elle soit bien fondue; alors on la passe à travers un panier d'osier, ou un vase de cuivre, percé comme une écumoire, on exprime fortement, et on laisse reposer. Le suif se fige à la surface de l'eau, on l'enlève, et on en sépare les impuretés; on le fait fondre de nouveau, ayant soin d'ajouter une petite quantité d'eau dans laquelle on a dissout environ trois décagrammes (une once) de sulfate d'alumine (alun), par vingt kilogrammes (quarante livres) de suif: on coule dans des moules, et on conserve pour l'usage. Les membranes qui restent après la séparation de la graisse portent le nom de *cretons*; ils sont employés à faire de la soupe pour les chiens, ou à engraisser les oiseaux de basse-cour.

Il y a deux manières de faire les chandelles, les unes en plongeant la mèche dans le suif, les autres se jettent en moules. Il seroit superflu d'indiquer ici la manière de faire les premières, elles ne peuvent être préparées avec soin que par les ouvriers habitués à ce travail, et elles seroient très-mal faites par les habitans de la campagne. Quant aux chandelles moulées, chaque ménage peut en préparer pour sa consommation. On commence par se procurer des moules; ce sont des tuyaux de métal, composés de trois parties; savoir: le colet, la tige, et le culot; cette dernière partie contient un petit crochet pour tenir la mèche, le colet et la tige sont réunis. Les moules peuvent être de fer-blanc, de plomb, ou d'étain allié. Ce dernier métal est préférable, et quelque plus dispendieux, il y a plus d'économie à l'employer, parce qu'il dure plus long-temps. On établit les moules sur une table, ou planche de bois, percée de trous; on place dans chacun une mèche de coton que l'on a préparée et roulée entre les doigts en réunissant plusieurs fils de coton, suivant la grosseur de la chandelle; une mèche trop petite ne répand pas assez de lumière, une trop grosse fait que la chandelle fume beaucoup, et ne dure pas: l'habitude sait déterminer la grosseur des mèches. Ce qui importe le plus, est d'employer de beau coton, exempt de corps étrangers et de débris du végétal. Les mèches une fois disposées sont introduites dans les moules, à l'aide d'une petite tige de fer appelée aiguille à mèches. On fixe une des extrémités de la mèche au crochet du culot; l'autre extrémité déborde le colet. Quand tous les moules sont garnis de mèches, il ne reste plus qu'à les remplir de suif, ou, comme disent les chandeliers, à jeter les chandelles; pour cela, on prend parties égales de suif de mouton et de vache, qu'on fait fondre dans une petite bassine avec un peu d'eau; quand le suif est fondu, on le verse dans un autre vase garni d'un robinet, placé à neuf ou douze centimètres (trois ou quatre pouces) du fond; on

le laisse reposer un instant, et on en remplit des espèces de burettes à bec. Lorsque le suif commence à se figer, on le verse promptement dans les moules qui, par ce moyen, se remplissent aisément, et le suif ne peut s'écouler par le trou du colet qui se trouve exactement fermé par la mèche. Il faut avoir soin, avant d'en verser dans le moule de nouveau, de tirer le bout de la mèche qui sort par le colet, et cela parce que quelques mèches pouvant être dérangées par le suif, il est à propos de remédier à cette inflexion avant qu'il soit figé. Il faut que le suif soit figé et même durci dans le moule avant d'en retirer la chandelle.

La meilleure saison, pour préparer les chandelles, est le printemps. Dans le cas où la provision ne seroit pas faite à cette époque, il faut attendre l'automne. Voyez ce que j'ai dit à ce sujet, ci-devant, note (35) de ce Lieu, page 812, colonne II. On conserve les chandelles dans un endroit sec, à l'abri des chats et des animaux rongeurs, tels que les rats, les souris. Quelquefois on les expose à l'air avant de les renfermer, pour leur faire acquérir plus de blancheur et de fermeté. (*P.*)

(73) Les préceptes généraux qu'*Olivier de Serres* recommande dans ce chapitre au père et à la mère de famille, forment un véritable code d'économie domestique, dont la lecture ne sauroit être trop recommandée, aux grands propriétaires sur-tout, qui, mieux que tous autres, sont à portée d'en faire l'application d'une manière avantageuse à leurs intérêts. Page 607, colonne I, ligne 12.

Chaque propriété agricole devient, d'après notre auteur, une véritable manufacture, ou plutôt une réunion de manufactures utiles aux intérêts du propriétaire et à l'amélioration des fonds. *Olivier de Serres* veut que la maison rustique suffise à tout, et il a raison. On trouve encore, dans quelques parties de l'Europe, de ces grandes propriétés, sur lesquelles tous les moyens de tirer parti des produits se trouvent réunis; et il existe encore dans le fond de plusieurs de nos Départemens, des cultivateurs qui se suffisent à eux-mêmes; mais le morcellement et la subdivision des propriétés ont bientôt forcé de changer la nature des cultures, de les diminuer et d'en supprimer quelques-unes, parce qu'on ne peut pas faire sur cent hectares ce qu'on fait sur mille : delà aussi la naissance des fatales jachères. La diminution des cultures, en réduisant les ressources, n'a pas permis de donner à la terre ce qui lui manquoit, et ce qu'une culture variée lui auroit fournie; il a fallu la laisser reposer, l'attendre, et justifier un proverbe aussi vrai en agriculture qu'en finance : *au gueux la besace.*

Le fermage des terres, et sur-tout la courte durée des baux, forment encore des obstacles qui sont venus s'opposer invinciblement à l'amélioration de quelques grandes cultures, telles que celle des bois, et l'éducation des bestiaux, dont les produits pourroient être si avantageusement employés dans l'exploitation rurale même; et le fermier est obligé d'acheter aujourd'hui ce qui ne coûteroit au propriétaire aucun déboursé.

Mais aussi nous devons dire que si les circonstances du temps où vivoit *Olivier de Serres* rendoient la nécessité de se suffire à soi-même plus pressante, aujourd'hui la tranquillité dont nous jouissons, la facilité des transports, de la navigation, les progrès du commerce et des arts, en rendant les communications plus faciles et moins dispendieuses, en mettant à la portée de tous les produits des manufactures, ont donné aux cultivateurs du midi et du nord les moyens de jouir réciproquement des fruits de leurs cultures, en vendant leurs matières premières, qu'on fabrique ailleurs, et en achetant des objets manufacturés qui leur sont utiles, et que souvent ils ne trouveroient chez eux, ni au même prix, ni aussi bien fabriqués.

Suivons donc les préceptes de notre auteur, tirons parti de tout, que notre exploitation suffise à nos besoins et au-delà, nous aurons alors du superflu à vendre, et avec ce superflu nous aurons de quoi acheter ce que nous appelons aujourd'hui le nécessaire. (*H.*)

CHAPITRE IV.

Page 663, colonne I, ligne 93.

(74) C'est à tort que l'auteur prétend qu'il faut proscrire les métaux pour faire des alambics, que le verre et les terres vitrées peuvent seuls servir pour ces sortes d'instrumens. L'expérience journalière prouve que les alambics faits avec le cuivre et l'étain sont employés avec avantage par les pharmaciens et les distillateurs, qu'ils sont plus solides que ceux faits avec le verre, qu'ils durent plus long-temps, et que les eaux distillées qu'on y prépare réunissent les qualités qu'on peut désirer, sur-tout lorsqu'on a pris toutes les précautions que l'art de la distillation indique. A la vérité il y a certaines liqueurs distillées pour lesquelles les alambics de métal ne conviennent pas, telles sont celles qui sont acides, comme le vinaigre; dans ce cas il est indispensable d'avoir recours aux alambics de verre, de grès, de faïence, ou de porcelaine. Au reste, les alambics de cuivre et d'étain ne peuvent jamais être employés que dans les cas où, pour obtenir le produit distillé, on n'a besoin que d'un dégré de chaleur qui n'excède pas celui de l'eau bouillante; autrement on détruiroit ces vaisseaux, ou au moins on les altéreroit promptement, et bientôt on les mettroit hors d'état de servir. Enfin, on ne doit pas oublier de dire que les alambics de cuivre doivent toujours être étamés. (*Dn.*)

Page 670, colonne II, ligne 4.

(75) La manière de construire les fourneaux destinés à recevoir les alambics exige bien des précautions, sans lesquelles les matières combustibles qu'ils reçoivent, ou brûlent trop lentement, ou brûlent trop vite, ou donnent de la fumée; dans ces trois cas, les distillations se font mal, et les produits sont toujours de mauvaise qualité. Pour qu'un fourneau soit bon, il faut qu'il soit construit de manière que tout le calorique qui se dégage des matières en combustion soit utilisé, et qu'il soit sur-tout dirigé vers la partie du fond de l'alambic; par ce moyen, on économise le combustible, on gagne du temps, et les distillations se font plus promptement. L'art de construire les fourneaux destinés à recevoir des chaudières, des alambics, et autres vaisseaux semblables ou analogues, est porté à un dégré de perfection véritablement remarquable. Nous ne saurions donc trop engager nos lecteurs à consulter les ouvrages qui traitent de cet objet important. (*Dn.*)

Page 691, colonne II, ligne 11.

(76) La distillation *par descensum* est défectueuse sous tous les rapports. En effet, non

seulement on ne peut s'en servir que pour certaines matières, mais même encore il faut qu'elles soient en petite quantité. D'ailleurs, les produits qu'elle fournit sont toujours altérés, et par conséquent si différens de ceux qu'on obtient avec l'alambic ordinaire qu'il est impossible de ne pas prononcer sur la nécessité de la proscrire. Aussi n'est-elle plus usitée; et lorsqu'on en parle, c'est toujours pour faire voir ses inconvéniens, et prouver combien il est avantageux de la remplacer par celle qui se fait avec nos appareils distillatoires ordinaires. (*Dz.*)

Page 805, colonne II, ligne 56.

(77) Il est inutile d'insister long-temps pour prouver combien est défectueuse et incomplète la distillation faite au soleil. Il suffira de dire que la chaleur de cet astre n'étant jamais assez forte et d'assez longue durée pour séparer toutes les parties volatiles qu'on voudroit se procurer, on n'obtient jamais que de très-petites quantités de produits, et que ces produits sont toujours inférieurs en qualité à ceux que fournit la distillation au bain-marie, opérée à l'aide des alambics qui sont employés aujourd'hui dans les laboratoires. (*Dz.*)

Page 803, colonne I, ligne 26.

(78) *Olivier de Serres* se trompe évidemment ici sur la plante qu'il appelle *calendula*. Le mille-pertuis est l'*hypericum*; et la *calendula* est le souci, soit celui des vignes (*calendula arvensis*), soit celui des boutiques (*calendula officinalis*). Au reste, les huiles qu'on prépare avec l'une ou l'autre de ces plantes ne sont pas plus d'usage aujourd'hui que les plantes elles-mêmes; et la plupart de ces huiles, dont celle d'olive fait la base, n'ont pas plus de vertus que cette dernière: ces vertus sont même souvent altérées par la chaleur qu'elles subissent dans l'opération, chaleur qui, en en accélérant l'oxigénation ou la rancidité, leur donne des qualités opposées à celles qu'elles avoient auparavant. (*H.*)

Page 804, colonne I, ligne 52.

(79) Le procédé qu'*Olivier de Serres* indique ici pour faire le miel rosat doit être rejeté pour lui en substituer un plus sûr et plus convenable, qui consiste à faire une très-forte infusion de roses, et à ajouter deux parties de miel sur une de l'infusion filtrée. On fait cuire ensuite le mélange à une douce chaleur, jusqu'à consistance de sirop. (*Dz.*)

Page 805, colonne II, ligne 6.

(80) Ceux de nos lecteurs qui désireront des renseignemens plus détaillés et plus exacts sur les matières qui font l'objet de ce chapitre, ne pourront consulter de meilleur guide que les *Élémens de Pharmacie, théorique et pratique*, par *A. Baumé*, huitième édition, Paris, 1797, 2 vol. in-8°., avec figures. (*H.*)

CHAPITRE V.

Idem, ligne 9.

(81) Toute cette partie de l'ouvrage d'*Olivier de Serres* qui traite des médicamens est tellement au-dessous des connoissances actuelles, qu'on ne sauroit en recommander la lecture à personne; elle est tellement au-dessous du reste de l'ouvrage, que, pour la réputation de ce célèbre agriculteur, nous aurions peut-être dû la supprimer: elle est même tellement vicieuse, qu'il est impossible, qu'en aucun temps, elle n'est pas fait plus de mal que de bien. Ses listes de drogues, souvent inertes, bizarrement assemblées, et entre lesquelles on n'aperçoit souvent aucuns rapports naturels, renferment, sans doute, quelques médicamens doués de propriétés plus ou moins actives, et qui peuvent être d'une utilité réelle entre les mains de ceux qui savent les employer à propos; mais c'est ici que gît la difficulté. Car, pour tirer parti de ces remèdes, il ne suffit pas de les connoître par leurs noms, et de savoir quels sont les ingrédiens qui les composent, le plus important est de pouvoir déterminer le cas où il convient de les appliquer; or c'est ce dont il est impossible de donner une idée tant soit peu distincte, à celui qui ne connoit pas la structure du corps humain, le mécanisme de ses fonctions pendant l'état de santé, et les causes générales qui interrompent ces fonctions. En vain l'auteur, se conformant au langage des médecins de son temps, a-t-il soin, à chaque article, de distinguer les maladies qui proviennent de causes chaudes, de celles qui reconnoissent des causes froides; celles qui viennent du phlegme, de celles qui sont occasionnées par la bile: la plupart de ses lecteurs seront fort embarrassés, lorsque, dans un cas donné, il faudra ranger, dans l'une ou dans l'autre de ces divisions, le mal qu'il s'agira

de guérir. Ainsi, lorsque traitant des maux d'estomac, il nous dit qu'ils proviennent tantôt de causes froides, comme phlegme qui descend de la tête, ou de phlegme visqueux contenu en l'orifice de l'estomac; ou de causes chaudes produisant manque d'appétit, soif, mal de tête, vomissement, ventosité, hoquet, douleur, il est impossible qu'il se fasse entendre de ceux qui, par des études antérieures, n'ont pas été initiés dans la doctrine sur laquelle ces distinctions sont fondées, et le hasard seul dirigera ceux-ci dans le choix des nombreux remèdes qu'il leur indique. Dans les cas de meurtrissures et de plaies, où il est souvent si important de pouvoir sur-le-champ appliquer quelque remède propre à prévenir les suites fâcheuses de pareils accidens, il propose une multitude de topiques plus ou moins composés, que l'on a rarement à sa portée, et ne dit pas un mot de celui qui est le plus précieux par son utilité, celui que la bonne Nature a mis par-tout sous notre main, et dont l'application devroit peut-être, dans tous les cas récens, précéder celle d'aucun autre remède; je veux parler de l'eau froide, toute pure, qui, appliquée d'une manière un peu soutenue sur les contusions et sur les plaies, même sur les plaies graves, prévient la violence de l'inflammation, qui en feroit le plus grand danger. Ce topique, sans doute, sera bien plus facile à trouver, que le liniment fait par un procédé long et minutieux, avec un renard jeune et gras, auquel l'auteur paroit avoir une grande confiance, et que tous les autres baumes et onguens qu'il recommande.

On doit beaucoup à la médecine moderne pour avoir écarté cet énorme fatras de compositions galéniques qui ont eu la vogue pendant plusieurs siècles, et pour avoir réduit les médicamens, tant internes qu'externes, à un petit nombre de remèdes simples et actifs. La pratique en devient plus facile, et elle acquiert par-là une marche bien plus assurée qu'elle ne pouvoit l'avoir, au milieu du vague et du cahos des formules anciennes.

On a souvent tenté de mettre la médecine à la portée de ceux qui, par leur état et leurs occupations étant étrangers à cette science, veulent cependant en avoir quelques notions, et acquérir quelques lumières propres à les diriger dans le traitement des maladies qui attaquent leurs amis ou les personnes de leur famille. Malgré le mérite de quelques-uns de ces ouvrages, tels que l'*Avis au Peuple*, de *Tissot*, et la *Médecine domestique*, de *Buchan*, on peut avouer que malheureusement ces tentatives ont été jusqu'ici infructueuses, peut-être même ont-elles été plus nuisibles qu'utiles, parce que la pratique de la médecine suppose une grande variété de connoissances, qu'on ne peut obtenir que par des études longues et approfondies, et par des travaux pénibles et salutaires pour la plupart des hommes : elle suppose un tact particulier, une sagacité à reconnoître les maladies sous toutes leurs formes diverses, qu'un long exercice et l'habitude d'observer des malades peuvent seuls donner. Les méprises sans nombre dans lesquelles de pareils ouvrages ont fait tomber ceux qui ont voulu en suivre les maximes, n'en démontrent que trop les inconvéniens.

La manière la plus sûre d'étendre sur toutes les classes du peuple les bienfaits de la science médicale n'est pas d'enseigner la médecine à tout le monde, mais de multiplier les moyens d'instruction pour ceux qui sont appelés à l'exercer : il faut les faciliter sur-tout à cette classe nombreuse d'hommes qui, destinés à pratiquer dans les campagnes, n'ont pas été à portée d'acquérir, dans leur jeunesse, les lumières que cet état exige; ceux même qui ne l'ont entrepris qu'après s'y être préparés par les meilleures études regrettent souvent, lorsqu'ils sont entrés dans la carrière de la pratique, de se voir éloignés des sources où ils ont puisé les principes qui les dirigent. Il seroit à souhaiter que dans tous les chefs-lieux de Départemens, dans toutes les villes où se trouvent des médecins instruits par une longue expérience, l'un d'entr'eux fût chargé de donner aux jeunes praticiens des campagnes, des leçons qui seroient plus particulièrement relatives aux maladies les plus communes de chaque pays. Nous avons eu occasion de sentir l'utilité d'une pareille institution, qui est en activité dans le département du *Léman*. Le savant docteur *Odier*, non moins recommandable par sa philantropie que par ses

talens, donne, depuis quelques années, des
cours gratuits aux médecins des campagnes, qui
ont profité avec empressement de ce moyen
d'étendre leurs lumières : la rapide propagation
de la vaccine dans ce Département suffiroit
pour prouver l'utilité de ces institutions. Il
n'est pas douteux que si cet exemple étoit suivi
dans tous les Départemens, il n'en résultât de
grands avantages pour la partie la plus nombreuse et la plus laborieuse de la Nation, dont
la santé est si souvent abandonnée sans secours,
ou ce qui est pire encore, souvent livrée au
charlatanisme et à l'ignorance. (*D. C.*)

Page 820, colonne I, ligne 12. (82) *André du Laurens*, provençal, né à
Arles, successivement médecin du roi Henri IV,
en 1598 ; de la reine Marie de Médicis, en
1603, et premier médecin du roi en 1606, étoit
aussi professeur de médecine à Montpellier, et,
comme l'on voit, contemporain d'*Olivier de
Serres* ; il mourut dix ans avant lui, en 1609.
Il jouissoit d'une grande réputation de son vivant, et ses ouvrages l'ont conservée encore plus
d'un siècle après sa mort. Celui dont parle ici
Olivier de Serres est intitulé : *Discours de la
conservation de la vue, des maladies mélancholiques, des catarrhes, de la vieillesse. Paris,
1597, in-12* ; il est adressé au diocèse d'Usez,
a été traduit en anglois en 1599, réimprimé en
françois à Rouen, en 1612 ; traduit en latin en
1518, et en italien en 1666. Il est oublié aujourd'hui, ainsi que les autres ouvrages de l'auteur, quoiqu'ils contiennent quelques observations importantes, et qu'ils aient été réunis et
réimprimés plusieurs fois in-folio. (*H.*)

Idem, colonne II, ligne 24. (83) On a vu dans l'*Essai historique sur l'état
de l'Agriculture* à l'époque d'*Olivier de Serres*,
par notre collègue M. *Grégoire*, qui se trouve
en tête du premier volume de cette édition
(page cxliv), que le *tabac* avoit été introduit
en France peu de temps avant l'époque où écrivoit nôtre auteur (en 1559) ; mais dans les nombreux ouvrages qui ont été publiés sur cette
plante peu de temps après, et même jusqu'au
milieu du siècle dernier, on ne s'occupoit que
des grandes et merveilleuses vertus médicinales
qu'on lui attribuoit. *Olivier* n'en parle, dans
ce chapitre et dans le suivant, que sous ce rap-

port : c'étoit une véritable panacée, comme
tout ce qui est nouveau, et qui vient de loin.
Il n'en est question, sous les rapports de l'a-
griculture et du commerce, que dans les ouvrages modernes. On étoit loin de soupçonner
alors, malgré les éloges emphatiques qu'on lui
donnoit, que cette plante seroit digne de figurer
un jour avantageusement dans les annales politiques et agricoles des peuples, et qu'elle feroit
une fortune aussi brillante, aussi universelle,
et aussi long-temps soutenue, que celle qu'elle a
faite. On connoit son usage presque général, en
poudre, par le nez, en feuilles séchées, en fumée, ou à mâcher. Il est certain qu'aujourd'hui
elle est l'objet d'une grande culture et d'un commerce considérable chez plusieurs nations de
l'Amérique et de l'Europe, parmi lesquelles la
nation françoise tient un rang distingué sous ce
rapport : les tabacs du ci-devant Bordelois, de
l'Alsace, de la Flandre, etc., jouissoient d'une
réputation qu'ils méritent encore.

Le tabac a une foule de noms françois, et
plusieurs variétés botaniques ; sa culture se réduit à deux principales (*nicotiana tabacum, nicotiana rustica*). Il n'entre pas dans notre plan de
nous occuper ici de cette culture ; il nous suffira
de dire que long-temps restreinte en France par
la crainte pusillanime qu'elle ne fît disparoître
celle du blé, elle fut mise ensuite sous le joug
d'un privilège exclusif, dont jouit d'abord la
Compagnie des Indes, et après elle la Ferme générale ; avec de pareilles entraves il ne dût pas
être étonnant qu'elle ne fît pas de grands progrès, et qu'il ne parût aucun ouvrage sur ce
sujet, si l'on en excepte l'ancienne *Encyclopédie*. Ce n'est réellement qu'après le décret de
l'Assemblée Nationale du 20 Mars 1791, qui
déclare toute personne libre de cultiver le tabac
en France, qu'elle prit un plus grand essor, et
qu'il fut publié quelques ouvrages dans lesquels
on rassembla tout ce qui étoit épars sur cette
culture, et ce qu'on n'avoit osé publier jusqu'alors.

Nous indiquerons seulement quelques-uns
des ouvrages qu'on peut consulter pour la culture et le commerce du tabac.

Ce que l'ancienne *Encyclopédie* in-folio a publié sur ce sujet peut encore passer aujourd'hui

pour un traité complet. On trouve dans les tomes I, III, IV, VI, IX, X, XII, XIV, XV, III du supplément, et I des planches, tout ce qui concerne cette plante, et l'extrait des meilleurs ouvrages anglois qui avoient paru alors sur sa culture dans les Colonies. L'auteur de ces principaux articles, M. *de Jaucourt*, a osé considérer les effets de la culture, du commerce du tabac, et le privilége exclusif sous lequel l'une et l'autre étoient opprimés en France, avec cette liberté qu'on reprochoit aux encyclopédistes, et qui a fait tenir si long-temps le livre à la Bastille.

La promulgation du décret de l'Assemblée Nationale sur la liberté de la culture du tabac en France donna naissance, la même année, à quelques ouvrages. La Société royale d'Agriculture de Paris fit rédiger par MM. *Lefevre* et *Tessier*, un *Avis aux cultivateurs*, in-8°., de 16 pages. M. *Jansen*, hollandois, publia un Traité aussi in-8°., de 29 pages; le plus considérable de ceux qui parurent alors est intitulé : *Traité complet de la culture, fabrication et vente du tabac, d'après les procédés pratiqués dans la Pannonie, la Virginie, le Danemarck, l'Ukraine, la Valteline, la Guyenne françoise, et ci-devant dans la Guyenne. Paris, Buisson,* 1791, in-8°. de 474 pages et 6 planches.

L'article *tabac* du *Dictionnaire d'Agriculture de Rozier*, tome IX, publié en 1796, contient des détails intéressans. *Rozier* avoit étudié et suivi avec soin ce genre de culture, pendant son séjour en Hollande.

Enfin nous citerons un ouvrage anglois qui a paru depuis peu : *An historical and practical essay on the culture and commerce of tobacco. By William Tatham. London,* 1800. in-8°. de 345 pages, avec 4 planches.

Je terminerai cette note, en faisant observer que, dans la première édition du *Théâtre d'Agriculture*, *Olivier de Serres* ne parle pas encore du tabac, ni de sa fumée; ce n'est que dans la seconde où il a ajouté ce qu'on trouve à ce sujet. (*H.*)

(84) Dans la première édition, *Olivier de Serres* ajoutoit : *par l'eau distillée de la racine de pain-de-pourceau, attirée par le nés*, qu'il avoit déjà indiquée précédemment (page 676,

colonne II) pour le mal de tête de cause froide; il a supprimé ce remède dans les éditions suivantes, et il a bien fait. Il auroit pu, sans inconvéniens et même avec avantage, en supprimer un grand nombre d'autres : mais, pour le justifier à cet égard, il faut se reporter au temps où il écrivoit, et à l'état de la médecine alors. Voyez la note (81) de ce Lieu, ci-devant, page 828, colonne II. (*H.*)

(85) Voyez la note de notre collègue M. *de Candolle* à ce sujet, dans celle (117) qu'il a publiée sur le jardin médicinal, Lieu sixième, chapitre XV, page 479, colonne II. Au reste, *Olivier de Serres* ne fait que répéter ici ce qu'il avoit déjà dit dans le chapitre que je viens de citer (page 509, colonne II), et je dois observer qu'il ne parloit point du tout de cette prétendue merveille de la mille-feuille dans la première édition du *Théâtre d'Agriculture*. (*H.*)

(86) Ce qu'*Olivier de Serres* a appelé *eau forte*, est de l'acide nitrique affoibli par l'eau; ce qu'il appelle ici *huile de vitriol*, et plus loin *esprit de vitriol*, est de l'acide sulfurique, qui, étendu d'eau, forme encore l'*eau de vitriol*. On sait que tous ces acides minéraux sont, à l'extérieur, des caustiques d'autant plus forts, qu'ils sont plus concentrés, et des poisons violens pris à l'intérieur. Ils ont aussi la propriété de dissoudre les matières terreuses ou calcaires, qui forment la base des dents. Leur emploi ne peut donc être que très-dangereux, entre les mains des habitans des campagnes, sous quelque nom qu'ils en fassent usage. C'est aux seuls gens de l'art à prescrire les cas où il convient d'en permettre ou d'en tolérer l'emploi. (*H.*)

(87) L'ouvrage dont parle ici *Olivier de Serres* est de *Jean Liébaut*, gendre de *Charles Estienne*, si connus, l'un et l'autre, par leur *Agriculture et Maison rustique*; il est intitulé : *Trois livres de la santé, fécondité et maladies des femmes. Paris*, 1582, in-12. Il a été réimprimé plusieurs fois avec des changemens dans le titre. Ce n'est, en grande partie, qu'une traduction de l'ouvrage italien de *Marinello*, intitulé : *la Comara.*

On trouve encore beaucoup de ces remèdes

secrets, que tout le monde connoît, dans un autre ouvrage du même *Liébaut*, intitulé : *Embelissement du corps humain*, qui a également été réimprimé un assez grand nombre de fois. Tous ces remédes, tous ces prétendus secrets, ont fait place aujourd'hui aux véritables régles d'hygiène, qui sont fondées sur des bases naturelles, à la portée de toutes les classes de citoyens, et parmi lesquelles la propreté doit être placée au premier rang. (*H.*)

Page 710, colonne 1, ligne 1.

(88) De tous les ouvrages sur les vers, il n'y en a aucun qui soit réellement à la portée des gens de la campagne, quoique cette maladie soit peut-être une de celles qui tourmentent le plus les enfans ; et le meilleur dans ce cas, comme dans tous les autres genres de maladies, est encore d'avoir recours aux gens de l'art. Nous indiquerons à ceux qui exercent dans les campagnes, le dernier ouvrage qui a paru, et dans lequel ils trouveront des renseignemens propres à les guider dans la conduite à tenir dans ces cas si variés, et quelquefois si difficiles à bien connoître. Il est intitulé : *Manuel théorique et pratique pour le traitement des maladies vermineuses, ouvrage qui doit également intéresser et les officiers de santé et les mères de famille. Par Calvet neveu ; Paris, Méquignon l'ainé, an XIII.* 1805 in-8°. (*H.*)

Page 716, colonne 1, ligne 19.

(89) La comparaison du maréchal que fait ici *Olivier de Serres* est aussi peu applicable en médecine qu'en physique et en mécanique, et se trouve également fausse sous l'un ou l'autre rapport : boire peu et souvent est la manière la plus certaine de se désaltérer, ou de se rafraîchir ; boire à grands coups, au contraire, fatigue l'estomac, relâche fortement, et provoque une transpiration abondante qui énerve les forces. Lorsque le maréchal, ou le forgeron, jette de l'eau sur son feu, bien certainement il n'augmente pas la masse du calorique, comme le vulgaire le croit encore aujourd'hui, il la diminue au contraire en ce moment, puisque l'eau s'en charge d'une partie, et s'évapore avec lui ; mais il donne de la consistance à la matière qui sert à chauffer, il réunit les parties du charbon qui sont dans le foyer ; il en fait une croûte qui retient mieux le calorique, qui le laisse échapper moins abondamment, qui le force par conséquent à refluer sur la matière qui chauffe, à la pénétrer plus vite, et qui la met plutôt en état de subir les opérations dont elle a besoin : le forgeron, dans ce cas, fait de son foyer, un véritable four, et il n'y a rien là qui ressemble à l'action de l'eau dans l'estomac, quand elle est bue à petits coups. (*H.*)

Page 716, colonne II, ligne 29.

(90) *Olivier de Serres* n'étoit pas le seul de son temps qui crut à la licorne et à ses prétendues vertus anti-pestilentielles. Cette opinion étoit à-peu-près générale, et les mêmes vertus étoient également attribuées aux perles et aux pierres précieuses, que l'on assuroit aussi être cordiales et fortifiantes : si notre auteur ne les a pas recommandées dans la longue série de drogues dont il fait mention dans ce chapitre, c'est qu'il a eu le bon esprit de penser que ces prétendus remedes, qui, comme l'or potable, n'avoient été imaginés que par la vanité des riches, pour se distinguer des pauvres jusque dans les médicamens dont ils faisoient usage, ne pouvoient être raisonnablement proposés aux habitans des campagnes, dans le traitement de leurs maladies.

Au reste, dès le temps d'*Olivier de Serres*, et avant qu'il écrivit son ouvrage, quelques bons esprits, du petit nombre de ceux qui ne jugent que d'après la raison et l'expérience, avoient déjà éclairé sur tous ces objets, autant qu'il étoit possible de l'être dans ce siècle. Je me bornerai à citer *Duret, Rondelet*, et surtout *Ambroise Paré*, qui, dans un *Discours de la mumie, des venins, de la licorne, et de la peste*, imprimé en 1582, in-4°., avec figures, apprécie tout ce qu'on doit penser des vertus de ces drogues, ainsi que de celles du bol d'Arménie, de la terre sigillée, etc., et termine en disant, qu'*il est difficile de desraciner une vieille opinion, icelle estant inveterée et enracinée au cerveau des princes et du peuple ; que tout homme qui entreprend de réfuter quelqu'opinion receue de long-temps, se met en butte à tous les autres, parce que le monde veult estre trompé, et que les médecins le sçaventbien.* (*H.*)

Page 716, colonne II, ligne 30.

(91) On lit constamment ainsi dans toutes les éditions, et il est assez difficile de comprendre

ce qu'*Olivier de Serres* a voulu dire ; est-ce de l'huile tiré du brusc (*ruscus aculeatus*), ou de l'onguent fait avec ses feuilles ? Ou bien, en remontant plus haut, l'auteur n'a-t-il voulu entendre que des remèdes tirés de ces végétaux, tels que leur décoction ? Au surplus, tout cela est fort peu important aujourd'hui, et j'ai cru devoir conserver le texte d'*Olivier de Serres* tel qu'il l'a laissé dans les éditions qu'il a revues. On lit dans celle de Lyon 1675, tirez en du brusc, sans dire ce qu'il faut en tirer.

M. *Gisors*, dans son édition, remise en françois, en 4 volumes in-8°, a arrangé cela d'une manière un peu violente pour le malade. « Prenez » du *brucs* ou des sarmens de vigne, en frottez » les dartres. » (Tome IV, page 547.)

Dans tout ce chapitre *Olivier de Serres* ne dit rien de la *petite vérole*, ni sur-tout de la manière de s'en préserver par l'*inoculation*. Il ne parle que des moyens à employer pour faire disparoître les marques qu'elle laisse après elle, et il en cite un grand nombre (page 747) ; ce n'étoit pas là l'objet le plus important pour les gens de la campagne. Mais à l'époque où écrivoit *Olivier de Serres*, l'inoculation n'étoit pas encore connue et pratiquée en Europe : ce ne fut qu'au commencement du siècle dernier (vers 1713) qu'on en parla, et ce ne fut qu'à plus de la moitié du siècle qu'on osa la pratiquer en France (vers 1754).

Tout le monde connoît les ravages meurtriers de la petite vérole dans les campagnes, lorsqu'elle y règne épidémiquement, et combien elle mutile de victimes. Tout le monde sait aussi qu'on n'en est attaqué qu'une fois, et que lorsqu'on l'a eue, on en est exempt pour toujours.

Le hasard a fait voir que, lorsque la maladie étoit communiquée artificiellement, ou par quelqu'accident, elle étoit plus douce, plus bénigne, moins redoutable par ses suites, et très-rarement meurtrière ; alors on l'a inoculée, c'est-à-dire, on l'a introduite en prenant du pus d'un bouton de petite vérole, et en le faisant pénétrer par le frottement, par une piqûre, ou par une petite incision, dans la peau de la personne à laquelle on vouloit la donner. Cette méthode a eu tout le succès qu'on pouvoit en attendre,

et les ravages de la petite vérole ont cessé d'être à craindre dans tous les endroits où l'inoculation a été généralement pratiquée.

Mais l'inoculation elle-même donnoit une maladie, et bien des gens la redoutoient, pour eux comme pour leurs enfans, lorsqu'une nouvelle manière, plus certaine encore, de se préserver de la petite vérole, et même de l'anéantir entièrement, nous a été apportée d'Angleterre comme l'inoculation ; c'est de la *vaccine* dont je veux parler, qui est bien plus bénigne que la première, qui n'exige ni préparations préliminaires, ni soins particuliers ; qui ne donne point de maladie, et qui n'est jamais suivie d'accident. La connoissance de ce nouveau moyen préservatif est trop importante aux campagnes, pour que je ne l'indique pas ici, au moins succinctement.

La *vaccine* nous vient d'une maladie des vaches, appelée en anglois *cowpox* (vérole de vache), qui règne en certains temps dans plusieurs comtés de l'Angleterre. C'est une éruption de petits boutons inflammatoires au pis, ou aux trayons, qui est contagieuse de la vache à l'homme, par une simple écorchure ; mais qui n'est point dangereuse.

Jenner, médecin anglois, s'est, le premier, assuré que la vaccine se transmet souvent aux gens occupés à traire les vaches, lorsqu'ils ont des gerçures ou des excoriations aux mains, et qu'après avoir été vaccinés ainsi naturellement, ils sont à jamais exempts de contracter la petite vérole. D'après cette observation, il a essayé de transmettre aussi la vaccine par inoculation à plusieurs personnes ; il a réussi. Les sujets vaccinés ont été exposés à la contagion variolique ; *Jenner* leur a ensuite inoculé la petite vérole, sans qu'aucun d'eux l'ait contractée. Le succès le plus complet a répondu à son attente. Ainsi a été trouvée la méthode préservative de la petite vérole.

La partie vaccinée n'offre généralement aucun travail bien sensible du premier au troisième jour ; du quatrième au cinquième, on aperçoit de la rougeur et un peu d'élévation à toutes les piqûres, ou à quelques-unes seulement : le vacciné y éprouve une démangeaison assez forte. Du cinquième au septième jour, la rougeur et la démangeaison sont beaucoup plus marquées; on aperçoit un petit bouton qui a une dépression au centre. Ce bouton se développe successivement, il s'étend : sur la fin du septième jour, il présente un bourrelet rond d'une couleur argentée, qui contient une matière limpide : la dépression alors est plus marquée. Il paroît autour de chaque bouton un cercle ou aréole d'un rouge plus ou moins vif. Vers la fin du huitième, ou au commencement du neuvième jour, ce cercle présente un aspect flegmoneux, avec tension et gonflement. Cette inflammation s'étend le plus souvent à plusieurs centimètres (quelques pouces) autour de chaque bouton; elle confond quelquefois ensemble toutes les aréoles, pour ne former qu'une seule et même plaque, sur-tout lorsque les boutons sont rapprochés. Depuis la formation des aréoles jusqu'à celle de la plaque, le vacciné éprouve du mal-aise, des bâillemens, quelquefois des nausées et même des vomissemens, comme dans la variole inoculée : ce dernier symptôme est très-rare. Le vacciné a communément de la frequence dans le pouls, et quelquefois même de la fièvre. Cette fièvre peut durer deux ou trois jours; mais elle ne doit jamais inquiéter. Chez les personnes nerveuses, il peut survenir des mouvemens spasmodiques. Le malade se plaint de douleurs aux aisselles, d'une chaleur mordicante, d'une démangeaison vive aux parties vaccinées, et de pesanteur aux bras. Ces symptômes n'existent pas toujours ensemble. Dans tous les cas, on sent autour de chaque bouton et dans toute l'étendue de la plaque, un gonflement qui est dû à l'engorgement du tissu cellulaire environnant. Le bouton a acquis alors tout son développement, et chacune des cellules qui le composent contient une humeur limpide. Du neuvième au onzième jour, la rougeur diminue peu-à-peu, et finit par se dissiper. Il ne reste plus ordinairement que des efflorescences qui se prolongent quelquefois sur les parties environnantes. Vers la fin du dixième, ou au commencement du onzième, il se forme, au milieu de chaque bouton, une croûte jaunâtre, qui gagne rapidement du centre à la circonférence : elle noircit du onzième au treizième, et elle tombe du vingtième au trentième jour.

Tout cet appareil de symptômes est plus pré-

coce pendant les chaleurs qu'en hiver; d'où l'on pourroit conclure que la marche de la vaccine doit être plus rapide dans les pays chauds que dans les contrées septentrionales.

Telle est la *vraie vaccine*, celle qui préserve de la variole.

Il y a une vaccine non préservative de la variole, qu'on nomme *fausse vaccine*; elle se reconnoît aux caractères suivans : sa marche et son développement sont plus rapides; le travail commence dès le lendemain, et quelquefois dès le jour même de la vaccination; il se forme aux insertions une légère intumescence qui s'aplatit en s'étendant. Dans le même temps paroît une aréole qui, le plus souvent, est d'un rouge pâle et vergeté. Avant le sixième jour, et à dater du deuxième, il s'est développé un bouton, ordinairement d'une forme irrégulière, qui, au lieu d'être déprimé au centre, s'élève en pointe; il paroît formé par une matière jaunâtre qui, en séchant, prend l'aspect de la gomme; il n'offre jamais la teinte argentée de la vraie vaccine. Ce travail, dont les périodes ne sont pas marquées et régulières comme celles de la vraie vaccine, est presque toujours accompagné de fièvre qui se manifeste du deuxième au cinquième jour.

On peut prendre le vaccin sur celui qui en est affecté, pour l'inoculer, depuis le sixième jusqu'au neuvième jour. S'il existoit un commencement de croûte au milieu des boutons, la matière ne seroit pas sûre; car, à cette époque, elle a perdu sa transparence, et elle est devenue jaunâtre ou puriforme. Quand la vaccine est naturalisée dans un endroit il faut l'inoculer de préférence de bras à bras, c'est-à-dire, de l'individu vacciné à l'individu à vacciner, parce que le vaccin n'a pas le temps de s'altérer. On doit, autant que possible, prendre ce fluide dans les boutons qui sont encore intacts, c'est-à-dire, dans ceux qui n'ont point été ouverts, soit par l'instrument, soit par accident.

Pour obtenir le vaccin, on pique légérement avec la pointe d'une lancette ou d'une aiguille, différens endroits du bourrelet. On voit à l'instant même sortir des piqûres quelques gouttelettes d'une sérosité limpide, dont s'humecte l'extrémité de l'instrument. La piqûre, pour vacciner, doit être faite très-superficiellement à la partie externe et moyenne du bras. Les piqûres profondes font venir du sang, qui peut rejeter en-dehors le vaccin que l'on a introduit, ou qui, par ce mélange, en atténue l'effet : c'est une des raisons qui font que toutes les piqûres pratiquées ne réussissent pas. Lorsque la piqûre est faite, et que l'épiderme est soulevé, on doit un instant y laisser séjourner la pointe de la lancette ou de l'aiguille, et ne la retirer qu'en appuyant avec le doigt sur le lieu de la piqûre, comme pour y essuyer l'instrument. On peut aussi vacciner en effleurant légèrement la peau un peu tendue, et y faisant une moucheture superficielle avec la pointe de la lancette. Lorsque la légère incision est faite, on essuie l'instrument sur la petite plaie, de manière à y introduire le vaccin qui le recouvre.

Si la personne que l'on se propose de vacciner est saine et bien portante, la vaccination n'exige aucune espèce de préparation ; si elle ne l'est pas, il est avantageux de rétablir sa santé. En général, quoique la vaccination ne demande presque aucune précaution, la prudence peut en ordonner dans certains cas. On peut vacciner les sujets à tout âge ; mais le moment où le succès est le plus certain, est depuis la sixième semaine de la naissance jusqu'au travail de la première dentition, et depuis la fin de ce travail jusqu'à la deuxième, sans cependant que la dentition doive être un obstacle, lorsqu'elle est sans accident, sur-tout si l'on redoute les approches de la petite vérole.

Quoiqu'un seul bouton vaccin suffise pour constituer la vaccine et préserver de la petite vérole, on pratique depuis trois jusqu'à six piqûres. Plus on les multiplie, plus on est sûr que quelques-unes d'elles produiront des boutons. Il n'en vient ordinairement qu'aux lieux mêmes des insertions.

La vaccine n'est contagieuse, ni par l'air, ni par le simple contact ; elle ne peut se communiquer que par l'insertion du fluide vaccin. Quelquefois elle ne se déclare qu'au sixième, septième, huitième jour, et même plus tard.

Pendant le cours de la vaccine, et s'il ne survient aucun accident étranger, il n'est pas nécessaire de donner des médicamens au vacciné, ni de le soumettre à aucun régime particulier ;

il suffit alors d'éloigner de lui les causes de maladies et d'indispositions.

La vaccine, qui préserve de la petite vérole, ne met pas à l'abri des autres maladies, et ne porte sur elles aucune influence. Il peut arriver que quelque temps avant, ou même pendant les premiers jours de la vaccination, une personne ait contracté la contagion de la petite vérole ; alors le vaccin n'ayant pas le temps d'empêcher les effets du virus varioleux introduit, la vaccine et la petite vérole marcheront ensemble, sans se confondre. On a vu la rougeole, la scarlatine, etc., se déclarer quelques jours après la vaccination, parcourir leurs périodes, et la vaccine qui en avoit été retardée, suivre ensuite sa marche régulière. Il est donc utile qu'un médecin ou un chirurgien décide du moment favorable pour vacciner, prononce si la vaccine est vraie ou fausse, et suive le vacciné pour traiter les maladies étrangères qui pourroient se déclarer pendant le cours de la vaccine. (*H.*)

CHAPITRE VI.

(92) Il faut se garder de souffler aucune poudre dans les yeux des animaux, comme on le conseille souvent : les plus douces, celles qui se dissolvent, comme le sucre, la gomme arabique même, forment d'abord corps étranger, irritent l'organe, et rendent les animaux plus ou moins difficiles à approcher. Celles des substances indissolubles, comme l'os de sèche, les poudres végétales ; et enfin les substances irritantes, comme les vitriols (sulfates), produisent une irritation beaucoup plus considérable et permanente ; on peut assurer qu'elles ne font presque jamais de bien, et qu'elles font souvent beaucoup de mal.

J'indiquerai, à cette occasion, une *Instruction que j'ai rédigée en l'an II*, par ordre du Comité de Salut public, *sur les soins à donner aux chevaux sur les routes, dans les camps, etc., pour prévenir les accidens auxquels ils sont exposés, et remédier promptement à ceux qui pourroient leur arriver.* Ce petit ouvrage, incomplet sans doute, qui ne contient que des remèdes simples, peu dispendieux, qu'on trouve

Page 754, colonne II, ligne 16.

par-tout, et qui se borne souvent à proscrire les mauvaises méthodes, ou à indiquer ce qu'il ne faut pas faire, est à la portée de tout le monde; et, sous ce double rapport, il a rendu quelque service à l'art vétérinaire. On le trouvera dans la librairie de Madame *Huzard*. (*H.*)

Page 536, colonne 1, ligne 31. (93) *Saffran bourg.* Safran bâtard, carthame, graine de perroquet, safran d'Allemagne (*carthamus tinctorius*). Le mot *bourg* signifioit anciennement *bâtard, illégitime*. (*H.*)

Page 537, colonne 1 ligne 3. (94) L'orpin dont il est parlé dans cette espèce de fumigation, n'est point la plante qui porte ce nom, et qui est encore connue sous le nom de reprise, ou joubarbe des vignes (*sedum telephium*); c'est l'orpiment ou oxide d'arsenic sulfuré jaune, substance dont l'emploi est aussi dangereux pour l'animal, que pour ceux qui la lui administrent.

Olivier de Serres a pris ce prétendu remède contre la morve, ainsi que beaucoup de ceux qu'il indique dans ce chapitre, pour les chevaux, dans l'ouvrage que *Laurent Ruse* avoit publié sur l'hippiatrique, près d'un siècle auparavant. Je ne sais s'il a jamais été employé dans d'autre intention que de tuer les chevaux morveux; je sais bien qu'il a été conseillé de nouveau, de nos jours, par M. *Vitet*, dans sa *Médecine vétérinaire*; mais je sais bien aussi que j'ai toujours tué, et assez promptement, les animaux auxquels j'ai fait respirer le parfum dans lequel il entroit de l'orpin ou orpiment; et quelles que soient les précautions qu'on prenne pour que la fumée ne se répande pas, et ne soit pas respirée par les personnes environnantes, cela est presqu'impossible, par les mouvemens violens de l'animal, et n'est pas sans danger pour les assistans. Au reste, moins il se perd du parfum, plus l'animal en respire, et plutôt il est mort; il est donc prudent, sous tous les rapports, de ne point avoir recours à de pareils remèdes, et de ne point mettre un poison aussi dangereux et aussi actif que l'arsenic, entre les mains des gens de la campagne, presque toujours insoucians, et généralement d'autant moins soigneux, qu'ils sont plus confians.

Le soufre indiqué dans cette même formule par *Olivier de Serres*, n'est point un poison;

mais dans l'état de combustion, en fumigation, il tue plus rapidement encore que l'arsenic, et pour ainsi dire instantanément, les animaux qu'on force à le respirer. L'acide sulfureux qui se forme dans la combustion du soufre est la cause de cette prompte asphyxie, et tout le monde connoît les effets subits que produit sur les yeux, sur le nez, et sur les poumons, la brûlure d'une seule allumette, lorsqu'une partie de la vapeur est dirigée vers la personne qui l'allume. On conçoit que cette vapeur doit produire des effets plus prompts encore, lorsqu'elle est plus abondante, plus rassemblée, et dirigée en colonne plus forte dans les naseaux de l'animal, par le moyen d'un sac ou d'un entonnoir, comme cela se pratique ordinairement dans toutes les fumigations; et le résultat de toutes les expériences qui ont été répétées pour constater les effets de ces sortes de spécifiques, a toujours été la mort plus ou moins prompte des animaux. (*H.*)

Page 540, colonne 1, ligne 9. (95) Voyez sur l'usage des différens verts pour les chevaux, et sur la manière de les y conduire, ce que nous avons dit tome I, Lieu quatrième, chapitre VI, note (46), page 597 et suivantes. (*H.*)

Idem, ligne 30. (96) Tous les remèdes indiqués pour empêcher les mouches et les autres insectes de nuire aux chevaux et aux autres animaux domestiques, et de les tourmenter, se réduisent à deux classes: la première comprend les substances âcres, amères, ou aromatiques, dont le goût ou l'odeur ne convenant point à ces insectes, les écartent; la seconde comprend les substances qui, servant elles-mêmes de nourriture aux mouches, les empêchent de piquer la peau pour la chercher au-dessous.

C'est ainsi que les insectes qui sucent le sang, qui percent la peau pour déposer leurs œufs dessous, qui les déposent au bord des naseaux, etc., sont écartés par les frictions faites avec des feuilles de noyer fraîches, ou bouillies dans l'eau, par les feuilles de concombre sauvage, par le tabac, par le fiel, par l'aloès, par la farine d'ers, etc.; c'est ainsi que les onctions de sain-doux, de beurre, de graisse, d'huile, de lard, etc., empêchent les piqûres, en fournissant une nourriture abondante aux insectes qui les font, et qui ne sont pas forcés à enfoncer leur trompe pour l'aller chercher plus loin.

Mais tous ces moyens ne subsistent pas long-temps, et sont promptement détruits par le passage des animaux dans l'eau, par la transpiration, par la sueur, par le frottement des harnois, et sur-tout par le pansement de la main; il faut donc les renouveler tous les jours. Pour éviter cet inconvénient, il vaut mieux tenir les écuries et les étables fraîches, lorsque les animaux en sont dehors, ou dans l'obscurité lorsqu'ils y sont rentrés, et garnir leurs harnois de l'espèce de réseau connu sous le nom de *chasse-mouche*. (*H.*)

(97) Voyez pour tous ces parfums si vantés de plantes aromatiques et d'autres substances odorantes, ce que nous avons dit de leur inutilité pour purifier l'air des poulaillers et des colombiers, dans ce volume, Lieu cinquième, chapitre II, note (14), page 158; et chapitre VIII, note (53), page 190.

Si ces substances sont insuffisantes dans le cas où les animaux se portent bien, elles le sont bien plus encore lorsqu'ils sont malades et qu'il s'agit réellement d'assainir l'air qu'ils respirent, ou plutôt de détruire les traces que peuvent laisser, dans ce fluide, différentes maladies putrides ou contagieuses, qui affectent les animaux, comme le claveau, la gale, la morve, le farcin, etc.; elles n'ont que trop fréquemment donné lieu à une sécurité perfide, en masquant la contagion qu'elles ne détruisoient pas. Il faut donc, dans ces cas, avoir recours à des moyens plus efficaces et plus certains.

On peut, par exemple, faire bouillir et laisser évaporer dans l'écurie, l'étable ou la bergerie qu'on veut purifier, de l'eau ou du vinaigre, ou un mélange des deux : le dernier, lorsqu'on l'emploie seul, doit s'évaporer lentement; la méthode de le jeter sur des briques chauffées, ou sur une pelle rougie, le décompose, et ne remplit plus le but qu'on se proposoit. Si on veut avoir recours à un parfum plus actif et plus certain encore, on fera usage de celui proposé par M. *Guyton-Morveau*, dont les succès constans ont démontré l'efficacité dans tous ces cas; il se pratique ainsi :

Lorsque les animaux sont sortis de leur habitation, on y porte un réchaud contenant du feu; on pose sur ce réchaud un vase quelconque, qui puisse aller sur le feu, et qui ne soit pas vernissé, s'il est possible; on met dans ce vase trois parties de sel de cuisine (muriate de soude), on l'y laisse sécher et s'échauffer un peu; on y verse alors deux parties d'huile de vitriol du commerce (acide sulfurique), et on se retire le plus promptement possible, pour ne pas respirer les vapeurs blanches et épaisses de l'acide muriatique, qui s'élèvent de ce mélange. On a soin de fermer les portes et les fenêtres, et on ne les ouvre que quelques momens avant de faire rentrer les animaux, ou lorsque la fumée est dissipée.

Je me suis borné à indiquer les quantités relatives de chaque substance, parce qu'on en met une quantité proportionnée à la grandeur du lieu qu'on veut désinfecter, ou au vase qu'on emploie, qui doit toujours être plus grand qu'il ne faut, pour que les matières ne se répandent pas par-dessus. Il est inutile de dire qu'on doit prendre les précautions nécessaires pour que le réchaud ne soit près d'aucune matière combustible, pour cela on peut l'isoler sur une pierre large, et bien nettoyer autour de lui.

Si on ajoute au sel de cuisine, de la manganèse (oxide de manganèse) en poudre, une partie, on a, par l'évaporation, de l'acide muriatique oxigéné, beaucoup plus actif, et dont la vertu désinfectante est bien plus certaine encore, sur-tout pour détruire les odeurs putrides que certaines maladies laissent après elles.

Cette fumigation est à très-bon marché, l'huile de vitriol et la manganèse se trouvent chez tous les droguistes, le sel est par-tout; un parfum pour une étable de deux cent bêtes à laine, par exemple, ne revient pas à plus de cinquante centimes (dix sous); la manière de la faire est simple, d'une exécution facile, et à la portée de l'homme le moins intelligent. Il suffit de veiller à l'emploi des matières, de ne point les laisser traîner avant ou après l'opération, et de jeter les résidus hors de la portée de qui que ce soit.

On peut consulter, pour tous les moyens accessoires de purification des habitations des animaux et de tout ce qui est à leur usage, l'*Instruction sur les soins à donner aux che-*

vaux, que j'ai déjà citée ci-devant, note (92), page 835. (*H.*)

Page 762, colonne II, ligne 31. (98) L'*avertin* ou *tournis* n'est point une maladie particulière, c'est un symptôme, ou un accident, qui accompagne plusieurs maladies qu'il ne faut pas confondre, pour pouvoir asseoir un traitement qui convienne à chacune d'elles, et dont on puisse espérer quelques succès ; je ne dirai ici qu'un mot des trois principales qu'il accompagne ordinairement dans les bêtes à laine.

1°. Le *vertige*, appelé aussi dans quelques endroits *vétornon*, *tournoiement*, *folie*, etc. Dans le nombre des symptômes qui précèdent cette maladie, plus commune dans les Départemens méridionaux, l'animal a la tête basse, il est *lourd*, il a le *tournis* ; c'est-à-dire qu'il tourne plus ou moins fréquemment dans un cercle assez rétréci, mais toujours irrégulièrement, ou tantôt d'un côté et tantôt de l'autre ; quelquefois et par moment, il saute, il cabriole, il tombe, il a des convulsions, il meurt. La chaleur trop forte du climat ou de la bergerie, la longue exposition au soleil, peuvent faire soupçonner la véritable cause de ce *tournis* ; mais la rougeur des yeux, des naseaux, de la bouche, la chaleur de l'animal, le battement très-précipité des artères, la difficulté de la respiration, ne doivent laisser aucun doute sur sa nature ; d'ailleurs la maladie est prompte, les accidens sont fréquens, et l'animal succombe bientôt. C'est là celui dont parle *Olivier de Serres*. Les véritables remèdes préservatifs ou curatifs de ce *tournis* sont l'abri du soleil, le frais, la saignée, les lotions d'eau fraiche ou acidulée sur la tête, et des boissons de même nature.

2°. La mouche, connue des naturalistes sous le nom d'œstre des moutons (*œstrus ovis*), dépose sa larve sur le bord ou dans les naseaux de ces animaux ; cette larve, qu'on regarde communément comme un ver, et qui n'en est pas un, gagne peu-à-peu les sinus frontaux où elle s'établit, se nourrit et prospère, jusqu'à ce qu'elle ait acquis tout son développement : pendant ce temps elle est tranquille, et il n'y a que peu ou point d'accidens. Mais alors, si elle trouve des obstacles à sa sortie, si le trou par lequel elle est

entrée, petite, ne peut plus la laisser sortir, devenue plus grosse, elle s'agite, se retourne, irrite toutes les parties environnantes, occasionne des ébroumens ou des éternumens fréquens, et le *tournis*. La larve meurt, c'est un corps étranger qui se putréfie ; et cette putréfaction, ainsi que l'irritation et l'engorgement qu'elle a occasionnés avant sa mort, donnent lieu à des dépôts séreux, purulens, à la gangrène, et quelquefois à la mort, lorsque la suppuration ne peut pas entraîner le corps étranger.

Dans ce *tournis*, les injections dans les naseaux avec l'infusion d'absinthe, avec l'huile empyreumatique, l'essence de térébenthine, ou toute autre substance fortifiante, étendue dans un véhicule quelconque, opèrent la guérison quand elles atteignent les larves et qu'elles peuvent en solliciter l'expulsion. Le trépan réussit très-souvent dans ce cas, pratiqué sur les sinus frontaux, parce qu'il donne la facilité d'enlever les larves et de nettoyer les sinus ; les fumigations de vieux cuir ou de corne, brûlés dans la bergerie, en ont souvent aussi empêché le développement, en excitant les animaux à éternuer et à les expulser ; on trouvera dans le *Traité des Maladies vermineuses, par M. Chabert*, des détails intéressans à ce sujet.

Ce *tournis* n'a point les caractères de chaleur et d'inflammation générale du premier ; il est accompagné d'éternumens ou d'ébroumens fréquens, et souvent d'un écoulement par les naseaux, ou par un naseau, que beaucoup d'auteurs ont appelé *morve des brebis*, et dont ils n'ont pas soupçonné la cause. Lorsque les larves occupent les sinus frontaux des deux côtés, l'animal tourne des deux côtés indistinctement ; mais on croit avoir observé que, lorsqu'il n'y a des larves que d'un seul côté, le mouton tourne toujours du côté opposé.

C'est pour se soustraire à l'entrée de la mouche dans les naseaux que l'on voit les moutons, dans certains temps de l'été, tous le nez en terre, ou fourrés sous leurs voisins, malgré la chaleur, ou se secouer la tête, ou s'ébrouer, ou courir ; mais ils ont beau faire, la Nature a indiqué ce dépôt nourricier à cette mouche ; elle est tenace, et parvient à son but, comme d'autres mouches de cette même famille déposent également leurs larves sous la peau des rennes, des chevaux et des bœufs, dans l'estomac du cheval, de l'âne et du mulet, dans la gorge des cerfs, etc.

3°. Enfin, le ver, connu sous le nom de tænia globuleux, tænia hydatigène, tænia du cerveau (*tænia cerebralis*) occasionne aussi le *tournis*, et il me paroît que, généralement aujourd'hui, on est d'accord d'appliquer ce nom à cette seule cause, en attendant que la maladie reçoive, dans une classification nosologique raisonnée, celui qui lui convient véritablement.

Le *tournis-tænia* diffère des précédens, d'abord en ce que la maladie dure beaucoup plus long-temps, qu'il n'y a point ou rarement, et seulement sur la fin de la maladie, d'écoulement par les naseaux, point d'ébroumens, et que l'animal tourne toujours du côté où est logé le ver, ce qui est l'opposé du précédent ; qu'il n'y a point de symptômes d'inflammation, soit générale, comme dans le premier, soit locale, comme dans le deuxième ; enfin, par l'état du crâne qui est aminci, usé, détruit dans beaucoup d'animaux, de manière à laisser apercevoir quelquefois la tumeur cérébrale.

Le traitement de cette maladie confirmée n'a point été jusqu'à présent suivi de succès dont on puisse se flatter ; on a proposé une foule de moyens pour la prévenir, tels que la saignée à l'oreille, de laisser la tête des agneaux sans la tondre, de ne point les tondre du tout la première année, de leur donner de l'avoine de bonne heure, de leur faire des injections dans les naseaux, de leur frotter la tête avec différentes substances, de leur en donner intérieurement, telles que l'huile empyreumatique, les amers, le mercure, etc. ; tous ces moyens n'ont pas répondu aux espérances qu'on en avoit conçues, et jusqu'à présent nous sommes encore à trouver un préservatif certain contre le développement de ce ver meurtrier.

Il ne faut cependant pas désespérer de réussir, nous avons quelques données, et sans doute nous arriverons au but. Nous voyons, par exemple, que le tænia ne se développe que dans les agneaux et les antenois, et qu'il est très-rare dans les bêtes plus âgées ; en étudiant attentivement les habitudes de cet âge, en observant les différences qui existent entre les animaux qui en sont affectés et ceux qui ne le sont pas, on parviendra sans doute à rétablir dans les uns l'équilibre qui paroît exister dans les autres.

Les Anglois et les Allemands emploient le trépan depuis long-temps pour guérir cette maladie, et leurs livres assurent qu'ils ont du succès ; mais il y a souvent si loin des livres à la vérité, qu'il ne faut pas toujours croire sur parole. Le nombre des animaux guéris en France par le trépan se réduit, jusqu'à présent, à un bien petit nombre ; mais il faut continuer, et certainement si ce moyen est efficace, il réussira entre nos mains comme entre celles des autres.

J'ai communiqué à mon collègue M. *Yvart*, la méthode de M. *Riem*, qui consiste à percer le crâne sur le lieu où l'on soupçonne l'hydatide, ou la tumeur formée par le ver, avec un troquart, placé dans une canule adaptée à une seringue avec laquelle on aspire, en faisant le vide, toute la liqueur de l'hydatide, et peut-être l'hydatide elle-même ; il l'a essayé sur une bête qui a survécu, et il doit le répéter sur d'autres lorsque l'occasion s'en présentera.

On a souvent demandé quelle étoit l'origine de ce tænia, et comment il pouvoit s'introduire sous le crâne dans le cerveau ; plusieurs personnes ont cru que c'étoit par le nez, et qu'il y avoit communication entre les naseaux et l'intérieur du crâne ; quelques idées populaires paroissoient donner du poids à cette conjecture, qui est sans fondement ; je crois qu'il n'est pas plus possible d'indiquer l'origine de ce ver que celle des tænias vésiculaires sur la surface des viscères du bas-ventre et de la poitrine, des douves dans le foie, des crinons dans les vaisseaux sanguins, des strongles dans les reins, des tænias rubanés, enfin, dans les fœtus qui sont encore dans le ventre de leur mère, tels qu'on en trouve dans les rats et dans quelques autres animaux.

4°. On voit encore le *tournis* dans l'épilepsie et dans l'hydropisie du cerveau ; je crois qu'il doit accompagner l'épilepsie essentielle, je n'ai pas eu occasion de l'observer ; mais l'épilepsie est souvent elle-même symptomatique, et accompagne assez ordinairement aussi le *tournis-tænia* ; quant à l'hydropisie du cerveau, je vois par tout ce qu'en ont dit les auteurs, et par ma correspondance particulière, qu'elle a presque toujours été confondue avec notre *tænia*, que ceux qui l'observoient ne connoissoient point. Je crois donc que, pour s'entendre et être bien entendu, il faut se borner à appeler *tournis* la seule maladie occasionnée par la présence du tænia dans le cerveau. (*H.*)

(99) Nous répéterons ici, en parlant des maladies de la volaille, ce que *Daubenton* a dit en parlant de celles des autres animaux domestiques; il est plus aisé de les conserver en santé que de les guérir. Bornons-nous à présenter le tableau des plus fréquentes, ajoutons-y l'indication des remèdes employés pour les traiter avec le plus d'efficacité.

Mue. Cette crise périodique, commune à tous les oiseaux, leur est plus ou moins funeste: elle ne dure, chez le canard, qu'une nuit; mais elle affecte particulièrement les poulets; alors ils sont tristes, mornes; les plumes se hérissent, ils secouent souvent de côté et d'autre celles de leur ventre pour les faire tomber, et les tirent avec leur bec en se grattant la peau; ils mangent peu; quelques-uns en meurent, principalement les tardifs. Elle est, pour le pigeon de volière qui ne peut se livrer à toute l'activité à laquelle la Nature l'avoit destiné, une maladie aussi cruelle, que l'est, pour d'autres animaux, la dentition.

Si la mue survient dans la saison chaude, elle est moins préjudiciable que dans les temps froids; il faut faire jucher de bonne heure les oiseaux qui en sont affectés, ne pas les laisser sortir trop matin, les tenir même renfermés dans un endroit chaud quand il pleut, les mieux nourrir qu'à l'ordinaire, leur donner du chènevis, du sarrasin, de la mie de pain trempée dans du vin; éviter sur-tout cette mauvaise pratique d'arroser leurs plumes avec du vin et de l'eau tiède, ou qu'on souffle sur eux, parce que c'est encore les refroidir et augmenter l'état humide auquel il convient plutôt de les soustraire.

Goutte. Il est facile de juger que les poules ont cette maladie par leurs plumes hérissées, lorsque leurs pattes sont roides, quelquefois enflées, et qu'elles ne peuvent se soutenir sur

les juchoirs. Si les dindons couchent dans un lieu froid ou trop humide, les articulations de leurs pattes s'engourdissent, à peine peuvent-ils les plier. Dès que les dindonneaux se trouvent surpris par une pluie froide, ils restent sans mouvement.

Le remède à cette maladie est d'éloigner toutes les causes d'humidité du poulailler, de changer les goutteux de demeure, d'empêcher qu'ils ne marchent dans leur fiente, de frotter les cuisses de beurre frais, de laver les pattes et les doigts des dindonneaux avec du vin chaud, d'ouvrir le bec de ceux qui sont immobiles, d'y souffler de l'air, de les envelopper de linges chauds; et lorsqu'ils reprennent des forces, de leur faire avaler un peu de vin: les uns et les autres guérissent aisément dans tous ces cas.

Épilepsie, mal caduc, vertige. Le premier accès de cette maladie est quelquefois mortel; le sang porte à la tête en trop grande abondance; elle rend les poules lourdes, immobiles, les maigrit extrêmement, et les jette souvent dans des convulsions violentes. Les oies sont aussi exposées à des vertiges qui les font tourner quelque-temps sur elles-mêmes, et elles meurent, si elles ne sont pas secourues à temps. Le remède est de saigner l'oiseau avec une épingle ou une aiguille, en perçant une veine assez apparente située sous la peau qui sépare les ongles, ou à la veine de dessous l'aile: un autre moyen proposé, c'est de leur rogner les ongles, de les arroser souvent de vin, et de bien se garder de les mettre à l'usage du chènevis, mais bien à celui de l'orge bouilli et de quelques plantes rafraîchissantes, comme la laitue et la bette. Quelques fermières prétendent que les grains trop nouveaux (le seigle par exemple), quoique parvenus à leur parfaite maturité, déterminent, chez les volailles, la pléthore sanguine, ils leur portent quelquefois à la tête, et leur donnent toutes les apparences de l'épilepsie.

Tumeurs. Le dindes, quoique de la famille des gallinacées, sont exposées à des affections particulières auxquelles leur constitution sanguine les assujettit à toutes les époques de la vie. Leur corps se couvre de boutons qu'on a comparé au claveau des moutons; mais on a remarqué que cette maladie n'avoit aucun des caractères

tères distinctifs qui appartiennent à cette éruption contagieuse. Comme elle est assez ordinairement meurtrière lorsque l'engorgement est à la tête, il faut sacrifier l'animal, en séparer la tête, le reste est bon à manger : en faire autant pour l'oie, qui y est également sujette. Ces boutons, semblables à ceux de la petite vérole, sont si communs dans certaines parties de l'Italie, que, dans une volière de mille pigeons, à peine en trouve-t-on un centième qui n'en soit pas attaqué : cette maladie donne rarement la mort à plus du vingtième. Lorsque les tumeurs sont à d'autres parties, il faut les brûler avec un fer rouge, et si elles sont dans l'intérieur de la bouche, les laver avec un pinceau trempé dans du vinaigre, dans lequel on a fait dissoudre un peu de vitriol bleu (sulfate de cuivre), dont on se sert également pour les aphthes ou ulcéres qui attaquent les bords du bec des poules ; on frotte l'ulcére trois à quatre fois le jour, ce qui suffit pour déterminer la guérison. Quand celles-ci paroissent mélancoliques, regardez-les au croupion ; il s'y forme, à son extrémité, une petite tumeur douloureuse, qu'on ouvre avec un instrument tranchant ; on favorise l'écoulement du pus en pressant la tumeur avec les doigts, et on lave la plaie avec de l'eau-de-vie et de l'eau tiède. Souvent il se trouve, sur cette partie, deux ou trois plumes dont le tuyan est rempli de sang ; leur extraction rend bientôt à l'animal la force et la santé.

Constipation, diarrhée. Par fois les volailles sont constipées, ou ont le dévoiement. Pour le dernier, c'est de les réchauffer par du vin, dans un endroit abrité ; pour la constipation, c'est de plumer le fondement, et de frictionner le tour du croupion avec un peu d'huile.

La jeune volaille a encore trois maladies que l'on peut comparer à la dentition des enfans : la première, c'est lorsque les plumes de la queue commencent à pousser ; la seconde, dès que la crête se montre ; la troisième enfin, c'est la poussée du rouge aux dindonneaux ; ces maladies sont un effort que fait la Nature pour perfectionner les organes et le sexe de l'animal : les oiseaux sont tristes, languissans, mangent peu, c'est véritablement pour eux un temps critique à passer ; les soins alors ne sauroient être trop multipliés. (Voyez ce que j'ai dit, à ce sujet, Lieu cinquième, chapitre III, note (34), page 177.)

Les oiseaux de basse-cour sont encore exposés à des ophthalmies qui leur font perdre la vue, à des catarrhes, à des fluxions, à la rupture des pattes, à la langueur, à la phthisie ; ces différens états les réduisent à ne plus être d'une grande utilité. Ce seroit en vain qu'on les soumettroit aux traitemens curatifs indiqués dans tous les livres ; ils sont nuls ; le seul parti qu'on doit prendre, c'est de porter à la cuisine ceux qui peuvent encore y être admis, et de ne les apprêter qu'après avoir séparé, et lavé avec un peu de vinaigre, la partie affectée. Au reste, le plus sûr moyen de prévenir et de diminuer les maladies de la volaille consiste, comme nous l'avons dit dans les notes du cinquième Lieu, à maintenir dans leur demeure une extrême propreté, à y renouveler l'air et la litière ; à pourvoir à leurs besoins, sur-tout au moment où ils viennent de naître, et à les mettre en état de braver, dans les périodes de la vie, les accidens qui dérangent et détruisent leur organisation. (*F.*)

On trouvera ce chapitre encore plus incomplet que le précédent ; et il étoit difficile, pour ne pas dire impossible, que cela fût autrement, dans un ouvrage déjà aussi étendu que l'est le *Théâtre d'Agriculture*, dans lequel la médecine de l'homme et celle des animaux ne sont que des accessoires, qui, pour être traitées comme elles devroient l'être, l'une et l'autre, même pour les campagnes, exigeroient des ouvrages entiers.

Mais si on lit ce chapitre avec attention, on reconnoîtra bientôt qu'*Olivier de Serres* y étoit plus entendu qu'en médecine. Il sera aisé de se convaincre que plusieurs fois il a mis lui-même la main à l'œuvre, qu'il parle d'après sa propre expérience, et qu'il n'a pas toujours copié des livres comme dans le chapitre précédent. Quelques compliqués que paroissent une partie des remèdes qu'il conseille, on n'y trouve point cette foule de préparations pharmaceutiques et dispendieuses, la plupart inconnues ou oubliées aujourd'hui, et qui reviennent à tous momens pour les maladies de l'homme. Ici, en général, les remèdes sont pris parmi les plus simples ; ils sont peu dispendieux, faciles à préparer, et à employer : quelques-uns mêmes sont excellens. Les préceptes ne sont pas moins bons : tels sont ceux indiqués pour rétablir les bœufs fatigués ; tel est le premier remède pour les foulures, celui pour rafermir les cornes, ceux pour la bouche et la langue, celui pour la constipation des bœufs, les différentes méthodes d'engraisser les chevaux, la séparation des animaux dans les maladies contagieuses, etc. Et il est bon d'observer encore, que l'auteur renvoie bien plus souvent au maréchal qu'il ne renvoie au médecin.

Il n'entre pas plus dans le plan de ces notes de donner un traité complet de médecine humaine que de médecine vétérinaire ; je me bornerai à indiquer aux habitans des campagnes et aux maréchaux, qui sont si souvent consultés par eux, les meilleures sources dans lesquelles les uns et les autres pourront puiser des connoissances sur les maladies des animaux domestiques.

Pour les bêtes à cornes : *Manuel du bouvier, ou traité de la médecine pratique des bêtes à cornes ; par* J. Robinet. *Paris,* 1789. 2 vol. in-12.

Pour les chevaux : *Le Guide du maréchal,* par Lafosse. *Paris,* 1766. in-4°. avec figures.

Instruction sur les moyens de s'assurer de l'existence de la morve, de prévenir l'invasion de cette maladie, et d'en préserver les chevaux ; par P. Chabert, *et* J. B. Huzard. *Paris,* 1797. in-8°.

Pour les bêtes à laine : *Instruction sur la manière d'élever et de perfectionner les bestes à laine ; par* F. W. Hastfer. *Paris,* 1756. 2 vol. in-12.

Pour les chiens : voyez ci-après, la note (102), qui contient l'indication des meilleurs ouvrages sur la chasse et sur les maladies des chiens.

Pour les poissons : *Observations, expériences et mémoires sur l'agriculture, et sur les causes de la mortalité du poisson dans les étangs ; par* M. Varenne de Fénille. *Lyon,* 1789. in-8°, avec figures.

Pour tous les animaux domestiques : *Instructions et observations sur les maladies des animaux domestiques, par* MM. Chabert, Flandrin *et* Huzard. *Paris,* 1790, et années suivantes. 6 volumes in-8°, avec figures.

Traité de la gale et des dartres dans les animaux, par P. Chabert. *Paris, an XI.* in-8°.

On peut ajouter à cette courte nomenclature, les autres ouvrages que nous avons déjà eu occasion de citer dans les notes, et que je n'ai pas cru devoir rappeler ici. (*H.*)

CHAPITRE VII.

(100) Cet ouvrage de *Charles IX*, déjà cité par notre collègue M. *Grégoire* (tome 1, page clij), et qui, comme on le voit par sa date de 1625, n'a été imprimé qu'après la mort d'*Olivier de Serres*, étoit néanmoins connu de son temps, et en effet, plusieurs auteurs contemporains de *Charles IX*, ou antérieurs à l'impression de son ouvrage, en font mention. Il paroît avoir été écrit sous la dictée du roi, par *Nicolas de Neufville* (*de Villeroi*), secrétaire d'état, et contient de bonnes choses. Dans le chapitre XVII, par exemple, qui traite de la rage des chiens, la maladie est bien décrite, facile à reconnoître, et le traitement par les ventouses, la cautérisation et les scarifications, qui y est indiqué, est le seul dont on doive espérer quelques succès. (*H.*)

(101) L'ouvrage de *d'Esparron* a été réimprimé un grand nombre de fois, il est intitulé : *La Fauconnerie de Charles d'Arcussia, seigneur d'Esparron*, etc., et est dédié à Henri IV. La première édition a été publiée à Aix, en 1598, in-8°. avec figures ; la seconde, l'année suivante, à Paris, aussi in-8°., et c'est sans doute de cette seconde édition dont parle *Olivier de Serres*, quand il dit : *de nouveau mis en lumière*, puisqu'en 1600, époque de la première édition du *Théâtre d'Agriculture*, il n'avoit encore paru que ces deux éditions de la Fauconnerie. Elles sont toutes deux divisées en trois parties, et ont été augmentées depuis, dans les éditions postérieures, in-8°. et in-4°. La dernière, de Rouen, 1643 et 1644, in-4°., est divisée en dix parties.

D'Arcussia d'Esparron mérite encore aujourd'hui les éloges que lui donnoit *Olivier de Serres* ; et si son ouvrage n'est plus autant recherché qu'il l'étoit alors, c'est qu'on s'occupe beaucoup moins de l'espèce de chasse dont il traite, qui est presque généralement réservée aux souverains ; mais les faits d'histoire naturelle qu'il rapporte et qu'il discute, relativement aux chiens, aux oiseaux, etc., méritent d'être recueillis par les naturalistes modernes, qui, négligeant trop de s'en occuper, et tombant d'une extrémité dans l'autre, ne feront bientôt plus de l'étude de cette belle science, que l'étude des cadavres. (*H.*)

Page 770, tome I.er, note avant.

(103) Il n'y a guères d'ouvrages généraux sur l'agriculture où il ne soit question de la chasse, et aucun de ces traités abrégés ne peut suffire à ceux qui veulent s'en occuper ; il faut toujours avoir recours aux originaux, qui sont peu connus, et quelquefois assez difficiles à rassembler.

Le but principal de la chasse, considérée relativement à l'agriculture, est sur-tout la destruction des animaux nuisibles, la conservation des récoltes et celle des animaux domestiques ; ce but a été tellement senti, que l'on a ajouté à des ouvrages d'agriculture, des ouvrages entiers sur la chasse. C'est ainsi qu'à la suite de la plupart des éditions de *la Maison rustique de Charles Estienne et Jean Liébaut*, on trouve *la chasse du loup de Jean de Clamorgan* ; on la trouve aussi à la suite de notre *Théâtre d'Agriculture*, dans l'édition de Lyon 1675.

L'économie de la table et l'habitude de l'exercice, qu'*Olivier de Serres* met au rang des avantages que l'on doit attendre de la chasse, ne doivent s'appliquer qu'au propriétaire aisé qui fait cultiver, et ne peuvent jamais être avantageuses au cultivateur proprement dit, qui, comme l'observe notre auteur, en parlant du gentilhomme, ne pourroit s'y abandonner sans destrac de ses affaires, et ne doit compter que sur les produits de sa culture pour vivre, et sur ses travaux habituels pour s'exercer.

Olivier de Serres n'a donné que des indications générales sur les différentes espèces de chasse ; il n'est entré dans aucun détail, et a renvoyé aux bons livres, dont la lecture, comme il le dit très-bien, est de grande efficace à corriger la solitude de la campagne, vous tenant toujours compagnie. Pour entrer dans ses vues je citerai ici quelques-uns des ouvrages sur la chasse, les plus utiles et les plus recherchés, dans lesquels le père de famille trouvera contentement et délectation.

La Vénerie de Jacques du Fouilloux, *avec plusieurs receptes et remèdes pour guérir les chiens de diverses maladies. Poitiers*, 1561. in-fol. avec figures. Il est étonnant qu'*Olivier de Serres* n'ait point parlé de cet ouvrage, qui a été réimprimé un grand nombre de fois in-4°., soit seul, soit avec d'autres ouvrages de fauconnerie et de chasse, et qui est encore aujourd'hui classique, pour beaucoup de points, parmi les chasseurs.

La Vénerie royale; par Robert de Salnove. *Paris*, 1655. in-4°.

Nouveau traité de Vénerie, avec la connoissance des chevaux propres à la chasse, la manière de dresser les chiens, etc. ; par un gentilhomme de la vénerie du roy (Gaffet de la Briffardière). *Paris*, 1742. in-8°. avec figures.

Traité de Vénerie et de Chasses ; par M. Goury de Champgrand. *Paris*, 1769. 2 parties in-4°. avec figures.

Vénerie normande, ou l'école de la chasse aux chiens courants; par M. le Verrier de la Conterie. *Rouen*, 1778. in-8°. avec figures.

Traité de Vénerie ; par M. d'Yauville. *Paris*, 1788. in-4°.

Essai de Vénerie, ou l'art du valet de limier ; suivi d'un traité sur les maladies des chiens et sur leurs remèdes, etc. ; par M. Lecomte Deigraviers. *Paris, an XII.—1804.* in-8°.

Méthodes et projets pour parvenir à la destruction des loups ; par M. de Lisle de Moncel. *Paris*, 1768. in-12.

Résultat d'expériences sur les moyens les plus efficaces et les moins onéreux au peuple, pour détruire l'espèce des bêtes voraces ; par le même. Paris, 1771. in-8°. avec figures.

Ces deux derniers ouvrages sont plus particulièrement utiles aux cultivateurs.

Amusemens de la campagne, ou nouvelles ruses innocentes, qui enseignent la manière de prendre aux pièges toutes sortes d'oiseaux et de bêtes à quatre pieds, etc. ; par L. Liger. *Paris*, 1753. 3 vol. in-12, avec figures.

La Chasse au fusil (par M. Magné de Marolles). *Paris*, 1788. — *Supplément. Paris*, 1791. in-8°. avec figures.

Aviceptologie françoise, ou traité général de toutes les ruses dont on peut se servir pour prendre les oiseaux qui se trouvent en France. Paris, 1778. in-12. avec figures.

J'ai cru inutile de rappeler ici des ouvrages de fauconnerie ; ce que j'en ai dit dans la note (101), page 842, suffira ; il en est de même d'une foule d'autres ouvrages sur toutes ces matières, qui auroient fait de cette note une bibliographie. Ceux qui désireront des renseignemens détaillés sur ces objets, les trouveront dans la *Bibliothèque historique et critique des thèrenticographes, ou des Auteurs qui ont traité de la chasse ; par MM.* Lallemant. *Rouen*, 1773. in-8°. (*H.*)

CONCLUSION.

Page 775, colonne I, ligne 17. (103) Dans toutes les éditions du *Théâtre d'Agriculture*, au lieu de lire *le livre de Sabinus*, on lit *le livre des Sabins* ; c'est une faute d'impression, sans doute, qui, une fois échappée à *Olivier de Serres* dans la première édition, se sera reproduite successivement dans toutes les autres. On peut consulter sur *Sabinus Tyro*, et sur ses ouvrages, principalement sur celui dont il est ici question, relativement aux oignons, *Pline*, *Oribase* et *Haller* d'après eux (*Bibliotheca botanica*, tom. *I, pag.* 670). (*H.*)

Page 775, colonne II, ligne dern. (104) On a pu se convaincre aisément, en lisant le *Théâtre d'Agriculture*, de la variété et de l'étendue des connoissances d'*Olivier de Serres* dans tous les genres. On peut en prendre une idée plus juste encore dans le résumé qui termine son ouvrage : rien, en effet, ne lui est étranger dans les sciences, dans les arts, dans l'histoire, et dans la littérature. Le tableau du bonheur de la vie champêtre, qu'il a placé dans sa conclusion, et qu'on trouve retracé dans plusieurs endroits de son livre, peut être mis au-dessus de ce qui étoit écrit de mieux à ce sujet, de son temps, et ne dépareroit pas nos meilleurs ouvrages modernes.

Les préceptes qu'a donnés *Olivier de Serres* conviennent également au riche propriétaire, au simple cultivateur, même au fermier et au métayer ; ils sont à la portée de chacun d'eux, et il est aisé de reconnoître, en l'étudiant, qu'il n'a tracé que les résultats de l'expérience et de l'observation. Nous osons croire que cet ouvrage, véritablement élémentaire et classique, formera un jour le plus solide ornement de la bibliothèque peu nombreuse de l'habitant de la campagne, et que nonobstant le bien qu'il a déjà fait, celui dont il doit être la source n'est pas assez éloigné pour que nous puissions désespérer d'en jouir. (*H.*)

Page 775, colonne I, ligne 6. (105) On ne trouve point ce quatrain du sieur de *Pibrac* dans les trois premières éditions du *Théâtre d'Agriculture* ; c'est dans celle de 1608 (la quatrième) où il a été inséré pour la première fois, par *Olivier de Serres.* (*H.*)

FIN DU HUICTIESME ET DERNIER LIEU DU THÉATRE D'AGRICULTURE.

VOCABULAIRE
DES MOTS ANCIENS,

INUSITÉS, ou particuliers à la France Méridionale ; ou dont OLIVIER DE SERRES s'est servi dans une autre acception que celle reconnue aujourd'hui.

NOTA. Nous n'avons pas cru devoir faire entrer dans ce *Vocabulaire* les mots qui, quoique peu usités, se trouvent néanmoins dans tous les Dictionnaires françois, ou ceux qui ne diffèrent de la manière dont on les écrivoit du temps d'*Olivier de Serres*, que par les *s* ou les accens circonflexes; comme, par exemple, *accoustrement*, qu'on écrit aujourd'hui *accoutrement*; *acquest*, pour *acquêt*; *bestail*, pour *bétail*; *beste*, pour *bête*; *pastis*, *pasturage*, *pasture*, pour *pâtis*, *pâturage*, *pâture*, et une foule d'autres semblables.

A.

AAGE, âge.

ABBAYER, aboyer.

ABEILLAUDS, bourdons; frélons.

ABSTRACTEUR, extracteur; qui extrait, qui tire la quintessence; distillateur.

ACCOMMODER DE (s'), se fournir de, se procurer, se pourvoir de.

ACCOMPARABLE, comparable.

ACCOMPARER, comparer.

ACCOMPTER, acconter; compter; — réputer, imputer; — mettre au rang, mettre en ligne de compte.

ACCORDS (où s'), où il leur plaît.

ACCOUPLER. *Olivier de Serres* donne à ce mot une acception assez étendue, en lui faisant signifier souvent joindre, attacher.

ACCOURAGER, donner du courage, encourager.

ACCOUSTUMER une chose, s'accoutumer, s'habituer à une chose.

A CE QUE, afin que; — à ce que dessus, à ce qui est dit ci-dessus.

ADDRESSE, art, façon, moyen d'opérer; — errement, document, avis; — but, sujet, direction, intention; — dextérité, industrie; —

ordonnance ou recette de quelque composition.

ADMIRATION. *Olivier de Serres* emploie quelquefois ce mot au lieu d'étonnement.

ADONC, ainsi, c'est pourquoi.

AER, air. L'orthographe de ce mot est restée la même dans son dérivé *aéré*, et dans *aerin*, aérien.

AELE, aesle, aisle; aile.

A FAICT, entièrement, tout-à-fait.

AFFAIRE, peine, difficulté.

AFFAITER, terme de tannerie; donner au cuir une certaine préparation.

AFFERME, *affermer*; ce qu'on donne à ferme ou loyer, en parlant de biens de campagne.

AFFERMER, assurer, affirmer.

AFFOLER, estropier, blesser, avorter; — être en chaleur, en amour, en parlant des femelles des animaux.

AFFOURAGER, *affourer*; distribuer le fourrage aux bestiaux; en quelques endroits on dit *raffourer*.

AFFRANCHISSEMENT, bonification, amélioration.

AGASSIN, œil ou bourgeon de vigne attenant au bois dur; — cor aux pieds.

AGRANCEMENT, *agrancer*; agencement, agencer.

AGELET, pour à-jalet; arc-à-jalet, arquebuse dont on se servoit pour lancer des jalets ou cailloux ronds, appellés aujourd'hui galets.

AGGRANDIR (s'). *Olivier de Serres* emploie ce mot pour indiquer l'accroissement des animaux.

AGRIOTES, cerises aigres. Nous disons aujourd'hui, mais moins bien, griottes et griottier.

AHURTER (s'), se heurter; — rencontrer par hasard, s'adresser; — s'aheurter contre, s'opposer à, faire résistance.

AIGRETS, verjus.

AINS, mais, au contraire; — *ains comme*, ainsi que, du même que; — *ains que*, avant que.

AIREAU, charrue, coutre; du latin *arare*, labourer.

AISSADE, *aisada*; instrument de jardinage; voyez tome II, page 439, colonne II, note (4).

AJOINDRE, adjoindre, joindre.

ALAMPERA, espèce de pêche.

ALANGOURIR, affoiblir, rendre ou devenir foible, languissant.

A L'ARBITRE, au gré, à la volonté.

ALASCHIR, relâcher, rendre lâche, mou, indolent.

ALCHIMIE, alchimie.

ALENER, haleine.

ALLER RETENU, aller modérément, user de retenue.

ALME, nourricier, bienfaisant; du latin *almus*, qui vient d'*alere*.

AMAIRE, amer; du latin *amarus*; — *terre amaire*, mauvaise terre; le tuf, quand en labourant trop profondément on amène la terre du fond à la superficie.

AMARRI (l'), la matrice.

AMASSER, cueillir.

AMENDAIE, lieu planté d'amandiers.

AMIGNARDER, rendre agréable.

AMOLISSABLE, qui peut s'amollir.

AMONESTER, donner avis, avertir.

AMONITION, avis.

AMONT, en haut; opposé d'aval.

ANNELER les pourceaux, leur mettre de petits anneaux de fer au groin.

ANNONCEMENT, signe, présage, pronostic.

ANNONCHALIR, rendre nonchalant, négligent, indolent. *Non-chalant*, c'est-à-dire, ne chalant point; et *chalant* est le participe du vieux verbe *chaloir*, qui signifioit avoir soin, être actif; du latin *calere*, être chaud, bouillant, ardent.

ANNONA, *annone*, vivres en général, denrées, provisions pour une année; — mélange de blé, seigle, orge.

ANTÉ-CESSEURS, prédécesseurs, aïeux.

ANTIQUES (les), les Anciens.

APÉTISSANS (s'), devenant plus petits.

APIER, rucher et ruche; du latin *apis*, abeille.

APOINTÉ, taillé en pointe.

APPAREIL, *appareiller*; en général apprêt et apprêter; mais employé plus particulièrement dans *Olivier de Serres*, pour ce qui a rapport aux mets et à la cuisine.

APPERRA (il), il apparoîtra, on connoîtra.

APPERT, il est évident; du latin *apparet*.

APPOISANTIR (s'), s'appesantir.

APPRINS, appris, participe du verbe apprendre; — *mal-apprins*, mal-appris.

APPRIVOISER, adoucir; — rendre propre à la culture une terre âpre de sa nature; — changer, par la culture, les qualités des plantes sauvages.

APPROPRIER *une chose*, la rendre convenable et propre à l'usage qu'on en veut faire.

APRÈS DE, près, ou proche de.

AQUOSITÉ, humidité.

ARAIGNE, araignée.

ARAIRE, charrue; du latin *aratre*.

ARATRE. *Olivier de Serres* dit que ce mot est employé dans la Camargue pour exprimer, soit une charrue, soit seulement une de ses parties, et principalement le soc.

ARBUSTIVE, vigne qui s'attache aux branches des arbres.

ARC AGELET. Voyez AGELET.

ARESTES, arêtes; les barbes du blé, les pointes longues qui terminent les épis; du latin *arista*.

ARMADA, armée; mot espagnol.

ARMÈNE, d'Arménie; — *bol arméne*, ou *bol armène*, bol d'Arménie.

ARMONIAC, sel ammoniac (muriate d'ammoniac).

ARONDELLE, *aronde* et *rondelle*; hirondelle.

ARROULE, grande bardane (*arctium lappa*).

ARRENTER, donner à rente.

ARRERAILLES, semences du printemps; les mars.

ARREST, obstacle, empêchement, retard.

ASEROLES, fruits de l'azérolier (*cratægus azarolus*).

ARTEMISE, armoise (*artemisia vulgaris*).

ARTICHATLIÈRE, lieu planté d'artichauds.

ARTIFICE. Ce mot, pris le plus souvent en mauvaise part, ne signifie, dans *Olivier de Serres*, qu'art, industrie, bonne manière.

ARTUSON, insecte: voyez tome I, page 621, colonne II, note (67).

ASFRODILLES, asphrodilles; asphodelle (*asphodelus luteus*).

ASNINES (bestes), les ânes, ânesses et ânons.

ASNÉE, mesure de grains formant la charge d'un âne; — l'étendue de terre que cet animal peut labourer en un jour.

ASPERGERIE, lieu planté d'asperges.

ASPIC, spic (*lavandula spica*), dont on tire une huile volatile connue sous le nom d'*huile d'aspic*.

ASPRELE, prèle; queue de cheval (*equisetum arvense*).

ASSAISONNER, conduire les cultures et façons de la terre selon les saisons; changer cet ordre, c'est *desaisonner*.

ASSAVOIR, savoir.

ASSÉANT (en), en posant.

ASSÉCHÉ, desséché.

ASSÉE, subjonctif du verbe asseoir; placer, établir, poser.

ASSERRA (on), on placera; futur du verbe asseoir.

ASSERRONS (nous), nous placerons; première personne plurielle du futur du verbe asseoir.

ASSORIR, assoupir.

ASSEURÉMENT, assurément, avec certitude; — *ouvrer asseurément*, travailler avec certitude du succès.

ASTROLOGIE. Ce mot signifioit autrefois astronomie, météorologie.

A-TOUT, avec; — *à tout les mains*, avec les mains.

ATTERRIR (s'), s'affaisser.

ATTREMPÉ, du mot trempe, constitution, tempérament; — *pour bien attrempé que vous soyez*, encore que vous soyez d'une bonne constitution, d'une bonne trempe.

ATTREMPER, tempérer.

AUBEAU, peuplier blanc (*populus alba*); du latin *albus*, blanc.

AUBERGER, *aubergier*, *albergier*; espèce d'abricotier.

AUBIN d'œuf, blanc d'œuf; du latin *albumen*.

AUCUNEMENT, en quelque manière; — *aucune fois*, quelquefois.

AUCUNS, *d'aucuns*, *les aucuns*; quelques, quelques-uns, les uns, les autres; certains.

AUGIBIS, sorte de raisins.

AUGVÉ, *ove*; hièble (*sambucus ebulus*).

AULONIER, arbousier (*arbutus unedo*).

AUMAILLE, *omaille*; bêtes aumailles: voyez tome I, page 613, colonne I, note (93).

AUMEAU, jeune bœuf.

AURAGOIS (l'), le Lauragais, dans le Languedoc; aujourd'hui il fait partie du département de l'Aude.

AUREILLE; en écrivant aujourd'hui oreille, nous nous éloignons de l'étymologie *auris*.

AUREILLAGE, droit sur les abeilles: voyez tome II, page 207, colonne II, note (93).

AVALER, descendre, abaisser, tomber; de l'ancien adverbe aval.

AVALUATION, évaluation, profit.

AVALUER, mettre en valeur, donner du prix, augmenter la valeur.

AVANT-CROISTRE (1), croître auparavant, avant les autres; croître de bonne heure, précoce.

AVELAINE, aveline, noisette; aujourd'hui nous nous écartons de l'étymologie, *avellana*.

AVENANT QUE, s'il arrive que.

AVENIR, venir, arriver, échoir; — *il avient*, il arrive.

AVERTIN, *étourdi:* voyez tome II, page 838, colonne I, note (96).

AVET, sapin : voyez tome I, page 339, colonne I, note (95).

AVETTES, abeilles; du latin *avis*, oiseau, duquel on a formé *apis*, abeille.

AVICTUAILLER, avitailler, approvisionner de vivres; ce mot vient de *victuailles*, vivres de tout genre, et même fourrages.

AVILER, mépriser, rendre vil; on dit aujourd'hui avilir.

AVILLER, remplacer par du vin ou de l'eau, la perte qu'ont pu faire les tonneaux.

AYGRAS, mot provençal pour désigner la vigne qui produit le verjus.

B.

BABOTE, insecte : voyez tome I, page 594, colonne I, note (31).

BAGULER, laurier qui porte des baies, improprement laurier mâle.

BAILLER, donner.

BALIER, *baloier, balayer;* balayer.

BALIEURES, *baloyures;* balayures.

BALLEVRES, les lèvres : voyez tome I, page 630, colonne I, note (116).

BALE, *balles;* écailles servant de calice aux graminées, et d'enveloppe aux grains du blé, de l'avoine, etc.: c'est ce qu'on appelle vulgairement, *menues pailles.*

BANCS, *colles;* petites murailles basses qu'on pratique dans les montagnes, pour retenir les terres.

BARBASSÉ, ayant une longue barbe. L'épigramme que cite à ce sujet *Olivier de Serres*, tome I, page 672, est traduite fidèlement de l'Anthologie grecque.

BARBER, *cheveler;* prendre de la barbe; — pousser du chevelu, en parlant des racines et des marcottes.

BARILLE, baril, petit tonneau.

BARLONG, carré long.

BARRAUX, au singulier *barral*, mesure de vin qui contient vingt-sept pintes; en languedocien *barlou.*

BASSEMENT, bas, tout bas; — *couper bassement*, couper tout court et près terre, en parlant des taillis.

BASSESSE, *basseur;* opposé à hauteur.

BASTARDIÈRE, lieu où l'on élève des arbres par rejetons; à la différence de la pépinière, où ils viennent par pepins, noyaux et fruits.

BAZILLES, perce-pierre (*crithmum maritimum*).

BÉNÉFICEN, secours, bienfait; du latin *beneficium.*

BEQUEUR, insecte: voyez tome I, pages 180-181, note (54).

BERTAUDER, bretauder; ce mot a d'abord signifié tondre inégalement, puis couper les oreilles, puis enfin châtrer. *Bertaud* n'est plus même entendu que pour châtré.

BESCHE, *besse; puoto ferrée;* bêche.

BESCHEMENT, action de bôcher; labour à la bêche.

BESONGNE, chose dont on a besoin; de l'italien *bisogno*, besoin, nécessité; — travail, opération; — *besongner*, travailler, opérer; faire de la besogne.

BESTAIL; ce mot a une acception très-étendue dans *Olivier de Serres*. Il appelle ainsi même les poules, les abeilles, les vers-à-soie, etc.

BESTELOTTES, petites bêtes.

BEURRE; par ce mot *Olivier de Serres* n'entend que la crème, qui contient effectivement le beurre, mais qu'il en faut séparer.

BIEN-FACTEUR. Ce mot a été remplacé par celui de bienfaiteur, plus éloigné de l'étymologie latine, mais plus analogue au mot français bienfait, dont il dérive.

BIÈVRE, castor. Ce quadrupède amphibie est très-rare aujourd'hui en France.

BIGEARRE, bizarre; — *se bigearrer*, devenir bizarre.

BIGEARRURE, *bizarreure;* bizarrerie, bigarrure, variété.

BIGOTER, binoter; ligoter ou lignoter pour la seconde fois la vigne; écarter des pieds les pierres et herbes qui peuvent leur préjudicier.

BILLE, bâton un peu fort, qui sert à soulever des fardeaux, etc.

BISTORTE, plante ainsi appellée, à cause de ses racines tordues (*polygonum bistorta*).

BLADIÈRE, épithète de Cérès, déesse des blés.

BLAIRIE, *blaverie, blayerie;* pièce de blé, terre emblavée; de *blad* ou *blet*, nom du blé dans le midi; du mauvais latin *bladus* ou *bladum*. On dit encore aujourd'hui *blairie*, terre cultivée en blé.

BLANCE, blanche.

BLÉ. *Olivier de Serres* appelle ainsi, non seulement les graminées, comme le froment, l'orge, l'avoine; mais encore d'autres grains étrangers à cette famille, comme la vesce, etc.

BLOSSIR, se faner, se flétrir; comme les fruits qu'on met sur la paille.

BLOT, l'ensemble, la réunion, le gros; nous disons bloc. Nous avons conservé blottir.

BOCE, bosse, tumeur.

BOETE, robinet.

BOIS-CHABLIS, bois presque abattu par le vent, bois fatigué; de *chablage*, peine, fatigue.

BOIS-PASTIS, bois où vont paître les bestiaux.

BOISTE, boête; — *boîte de verre*, bocal de verre.

BOLARMENE, bol d'Arménie.

BOLUS, terre calcaire; — *boli*, c'est de la craie.

BONASSE, bonace, temps calme, doux, serein.

BORRAS, borax (borate sur-saturé de soude).

BOSSUS (pays), pays dont le terrein est inégal.

BOTTEAU, petite botte, bottelette, bottillon.

BOUCHASSES, châtaignes sauvages.

BOUDIN, fusée ou pétard garni de matières combustibles, et dont on se servoit pour mettre le feu: — *la bassesse des fenestres donne facile accès au diabolique boudin.*

BOULS, troisième personne singulier présent indicatif du verbe bouillir; — *lorsque l'eau bouil.*

BOUQUE, bouche; — *bouque-d'ange*, laitues confites au sucre, dignes de la bouche d'un ange.

BOUQUETIER, jardin destiné aux plantes d'agrément, aux bouquets.

BOURBETER, se vautrer ou chercher dans la bourbe, comme les cochons et les canards. Ce mot vaut mieux que celui de barbotter, par lequel nous l'avons remplacé.

BOURRAS, bourrache (*borago officinalis*).

BOURRE. *Olivier de Serres* appelle ainsi les poils rares et très-fins qui se voient sur les pattes du ver-à-soie.

BOURRIERS, débris qui restent après que le grain a été battu, et que la bale a été enlevée.

BOURRETTE, *bourrito* en Languedoc; fleuret, ou bourre de soie faite avec l'araignée des cocons (*blèso*), ou avec les capitons (*estrasses*).

BOUSSADE, nom du charbon ou anthrax des bêtes à laine dans quelques parties du Languedoc.

BOUTÉE, poussée, surcroît de travail; — *en une boutée, en plusieurs boutées*, d'une poussée, en une fois, en plusieurs fois.

BOUTÉES (à), dans les temps convenables, en temps opportun, dans l'occasion.

BOUTER, il se dit des arbres qui commencent à faire voir leurs boutons, à boutonner.

BOUTON, *emplastrion*, morceau; pièce enlevée de dessus une branche, et garnie d'un bourgeon, pour greffer en écusson.

BOUVARD, *bouveau*; jeune bœuf.

BOUVINE (la); les bœufs, vaches et veaux: qu'on appelle encore grosses têtes à cornes; les petites étant les chèvres et moutons.

BOUYSSIÈRE, lieu planté de buis. Nous disons actuellement bussière.

BOYAU *evalé*, chute du fondement, chute de l'anus.

BRAYÉ, *brayé*; brisé; du verbe *brayer*, briser; — *braye* ou *brayoire*, instrument à briser le chanvre. Cette opération s'appelle *mâcher*, en quelques endroits.

BRANCAS, brancart.

BRANCHER (le), le branchage, ou la manière dont l'arbre produit ses branches; — *le brancher des pois*, la manière de les ramer; — *le brancher des vers à soye*, quand ils montent pour faire leurs cocons.

BRANCHILLON, *brancillon*; très-petite branche, petit rameau (*ramulus*). — C'est aussi le nom qu'*Olivier de Serres* donne au pédicule ou à la queue des fleurs.

BRASSADEAUX, pâtisseries.

BREVETÉ, briéveté.

BREHAIGNE, stérile: voyez tome I, page 665, colonne I, note (58).

BREI, instrument à prendre de petits oiseaux.

BRIGADE, brigandage; — trouble causé par gens allant en brigade, c'est-à-dire en bande. Ce terme a bien changé de signification.

BROUET, mets d'une consistance presque liquide, comme la bouillie, les purées, etc.

BROUILLAS, se dit encore en patois provençal, pour brouillard.

BROUTE, racine du buis, préparée pour les arts.

BRUSC, houx frelon ou fragon, bousson (*ruscus aculeatus*).

BUANDER, *huer*; laver, faire la lessive.

BUCCAIL, blé noir, sarrazin (*polygonum fagopyrum*).

BUVAIGE, boisson.

C.

Ça, adverbe de lieu et de temps; — *puis long-temps en çà*, il y a long-temps; — *de par deçà*, en deçà.

CABALE, sorcellerie; — connoissance de l'influence des astres, par conséquent, synonyme d'astrologie; — tradition de père en fils; — se prend en quelques endroits d'*Olivier de Serres*, pour oracle, parole d'évangile; chose assurée, croyable, certaine.

CABALINE (la), *la chevaline*; toute l'espèce chevai, qui comprend le cheval, la jument, le poulain, le mulet; du latin *caballus*. — *Ongle de cabaline*, ongle ou corne de pied de cheval.

CABUS, *cabusse*, qui a une grosse tête, comme les choux et laitues pommés. — *Cabusser*, prendre une tête, se pommer, en parlant des choux et laitues.

CADE, espèce de génevrier (*juniperus oxycedrus*) dont on tire une huile volatile connue sous le nom d'huile de cade, de tal ou de tac.

CAGEROTE, corbeille d'osier servant de moule pour former et égoutter les fromages.

CALIBRE, sorte, espèce, modèle, façon, volume, grosseur.

CAMPANE, aunée, enula campana (*inula helenium*).

CANARTON, caneton, petit canard.

CANNELIÈRE, lieu planté de cannes (*arundo donax*).

CANICULIERS (jours), jours caniculaires.

CANINE, espèce de rose (*rosa canina*).

CANISSES, claies, ou corbeilles faites avec des cannes ou roseau; du latin *canistrum*, corbeille.

CANIVET, petit canif.

CANON, *coruncher*, tuyau ou flusteau; espèce de greffe que nous pratiquons encore, et que nous appelons greffe en flûte.

CAPARIS, caprier (*capparis spinosa*).

CAPILLI-VENERIS, capillaire de Montpellier, cheveux de Vénus (*capillus veneris*).

CAPRIÈRE, lieu planté de capriers.

CAPRIN (bestail), boucs, chèvres et chevreaux; du latin *caprinus*, qui a rapport aux chèvres.

CARABE, carabé, succin, ambre jaune.

CARBASSAT, courges confites au sucre; du languedocien *carabasso*, calebasse, courge.

CARISI, poiré fait d'une sorte de poire qui porte le même nom.

CARTOUFLE, topinambour (*helianthus tuberosus*): voyez tome II, page 466, colonne I, note (76).

CAS, événement, circonstance; — *cas advient que*, s'il arrive que, si par hasard.

CASSE, *cassette*; petite casserole.

CASSER, détruire, abolir, réformer.

CATASTROPHE, bouleversement, renversement, subversion: ce mot est employé par notre auteur, pour fin, terminaison, et vient du grec, κατά, τρέφω, mettre sens dessus dessous, retourner, renverser; par métaphore, mourir, finir.

CATHERRE, catarrhe.

CAULI-FIORI, mot italien qui signifie choux-fleurs.

CAVE, creux, creuse; — *terre cave*, terre qui n'est point liée, entre les parties de laquelle il se trouve des vides; — cavité.

CAVRURE, creux, rainure, encoche.

CAYMAN, crocodile, et métaphoriquement, glouton, voleur, gueux, qui mendie par paresse. On a fait de ce mot le verbe caimander, mendier.

CÉDRIAC,

CÉDRIAC, cédra, espèce de limon (*citrus cedroe*).

CELLE, selle de cheval.

CENTINODE, cuspinette; renouée ou traînasse (*polygonum aviculare*).

CERCHER, chercher.

CERCLE, cerceau.

CERNE, tour décrit pour envelopper; — *faire un cerne*, cerner; lorsqu'on veut enlever une plante en motte, couper autour la terre avec la bêche, de manière que la terre ne quitte point les racines. — *Cerner toute la terre*, se répandre par toute la terre.

CEST, *ceste, cest-là, ceste-là, ceste-ci, cestui*; ce, cet, cette, celui-là, celle-là, celui.

CHABLAGE, *chablis*. Voyez BOIS-CHABLIS.

CHAILLE, troisième personne du subjonctif présent du verbe impersonnel *chaloir*, prendre soin, souci; s'inquiéter, se soucier, soigner. — *Mais ne vous en chaille*, n'en prenez point d'inquiétude, de souci. — *Il ne m'en chaut; peu m'en chaut; il ne m'en peut chaloir*, il ne m'importe, peu m'importe, je ne puis m'inquiéter, il ne peut m'être important. Le participe de ce verbe est *chalant*. Voyez ANNONCHALIR.

CHAIRE, chaise, siège; — *chaire persée*, chaise percée.

CHALANT, soigné, bien fait; — *pain chalant*, pain fait avec soin, pain délicat des boulangers; en opposition de celui qu'on fait dans le ménage. Voyez CHAILLE.

CHALOIR. Voyez CHAILLE.

CHAMARRÉ, revêtu, enduit; — *chamarrer*, enduire, recouvrir, envelopper; du latin *cameratus*; — *chamarande* ou *chamurande*, est un enduit.

CHANGE, lieu, place; — *en change de*, au lieu de, en place de.

CHANTE-FLEURE, siphon; — arrosoir: voyez tome II, page 589, colonne II, note (7).

CHANTRES, *chacaines*; en latin *versura*; bords du champ qu'on laboure; — traces qu'y laisse la charrue en tournant.

CHANVRIÈRE, lieu semé de chanvre; nous disons chènevière.

CHAPON, cul de chapon; sarment destiné à propager la vigne; on a soin, en le taillant sur le cep, qu'il soit terminé, d'un bout, par un peu de vieux bois, qui lui donne, suivant quelques-uns, l'air d'un cul de chapon. C'est ce qu'on appelle *mailleton, maillat, crocete*.

CHARDON ARGENTÉ ou de nôtre-dame, chardon-marie (*carduus marianus*).

CHARDON FRISONNIER ou privé (*atractyla cancellata*).

CHARDONETTE, cardonete (*cynara scolymus*).

CHARDONETTE de Montpellier (*carthamus carduncellus*).

CHARGE, devoir, obligation; — *faire sa charge*, faire son devoir; et en parlant des choses, remplir sa destination; — *en charge*, à charge, importun.

CHARNIE, charnier; échalas pour soutenir la vigne.

CHARNIER, pour la viande salée, saloir; — lieu où l'on serre les viandes, garde-manger.

CHAROFFER, jeter à plusieurs fois et toujours bouillante, la même eau, sur des matières quelconques; — faire bouillir à plusieurs fois.

CHARRIABLE, qu'on peut transporter par charrettes ou par charrois.

CHARROIRS, charrois.

CHASCUN, chacun; — *chasque*, chaque.

CHASSISSER, faire un châssis; — enfermer dans un châssis, clore par des châssis.

CHASTAGNES, châtaignes; — *chataignier, chatanier*, châtaignier (*fagus castanea*).

CHASTENERAIE, lieu planté de châtaigniers; nous disons aujourd'hui châtaigneraie.

CHASTRABLE, bon à châtrer, à couper; — à élaguer, en parlant des branches.

CHASTRÉE (la) *des abeilles*, l'action de leur enlever la récolte du miel et de la cire.

CHASTREMENT, l'action de châtrer, réduire; — châtrer, couper.

CHASTRER, réformer, supprimer.

CHAUCHER, cocher, en parlant de l'accouplement des oiseaux. Ce mot semble corrompu de *chevaucher*.

CHAUDE (à la), sur le champ, incontinent.

CHAULIÈRE, lieu planté de choux.

CHAVASSINES. Voyez CHANTRES.

CHAZIÈRE, chasier; panier, ou armoire à claires-voies, pour laisser égoutter les fromages.

CHÉE, troisième personne du singulier du présent ou subjonctif du verbe *cheoir*, choir, tomber; — *que l'on ne chée*, que l'on ne tombe; — *ils chéent*, ils tombent; — *chéer*, tomber, arriver; — *il chet*, il tombe.

CHENANT, *fleur dont les chameaux se paissent*. On présume que c'est la fleur de schenanche (*andropogon schenanthus*).

CHENEVA, chènevis, graine de chanvre.

CHESNE, chaîne; — chêne (*quercus*).

CHESNEAU, jeune chêne.

CHIGNON, chignon, le derrière du cou; la place, dans les bœufs, où porte le joug.

CHEVALIERS, *cordons*; entre-deux de fosses sur lequel la terre est relevée en dos d'âne.

CHEVALINE (la). Voyez CASALINE.

CHEVANCE, domaine, biens; — fortune que chacun a de son chef.

CHEVELER. Voyez BARBER.

CHEVELU, plant enraciné de vigne.

CHEVIR, être ou se rendre maître, achever; — transiger; venir à bout, dompter; — éviter, esquiver. Voyez ESQUEVIR.

CHEU, *cheute, cheuste*; tombé, tombée; — arrivée; participe du verbe *cheoir*.

CHOLERE, fougueux, sujet à la colère; — impétuosité, colère, furie; — maladie occasionnée par la bile, du grec χολή.

CICHES, pois chiches (*cicer arietinum*).

CICHORÉE, chicorée; du latin *cichorium*.

CICURATION, l'action d'apprivoiser, de domestiquer les animaux; du latin *cicurare*.

CIE, cier, scie, scier; — *cieures*, sciures de bois.

CINQUENER, prendre ou faire un sur cinq; — *se perdre quatre sur cinq*, en parlant des semences qui ne lèvent pas toutes; — produire cinq pour un.

CION, scion, rejeton, petite branche.

CITRE, espèce de citrouille.

CIVILEMENT, bien, comme il faut, décemment.

CIVOT, ciboule (*allium fistulum*).

CLER, *cleret*; clair, clairet; liquide, limpide.

CLOCHER, boiter; — manquer de

quelque chose; — mettre moins ou plus d'un côté que de l'autre.

CLOISONS, clôtures, et toute manière de se clore, même haies et fossés.

CLOSSER, toucher, grossir, pousser des rejetons; — produire plusieurs épis, en parlant des blés et autres grains.

COETIVER, couver, échauffer, comme dans une *coette* de duvet.

COETTE, que l'on écrivoit aussi *couette*, *coute*, *coustie*, *cottiez*, *coute*; lit, coussin, matelas; du latin *culcita*; — *coette de plumes*, lit de plumes.

COGNEU, *cogneue*; connu, connue, que l'on connoît.

COGNOISSANTS, les gens qui vous connoissent, ou que vous connoissez; connoissoures.

COIGNELU (le), le troène (*ligustrum vulgare*).

COIGNIAUX, insectes; voyez tome I, page 324, colonne I, note (38).

COINNIER, coignassier (*pyrus cydonia*).

COISSIN, coussin.

COLLES. Voyez BANCS.

COLLOQUER, placer; du latin *collocare*.

COMMENT QUE, de quelque manière que.

COMMETTRE, mettre, confier.

COMMIN, cumin (*cuminum cyminum*).

COMMINUER, briser, réduire en petites parties.

COMMISSURE, réunion, jointure; — fente ou trou qui se forme aux cloisons.

COMMODITÉ; du latin *commodum*, profit, avantage qu'on peut tirer d'une chose quelconque.

COMMUN (le), la plupart, le plus grand nombre.

COMPART (il), il comparoît, il paroît; du verbe comparoir ou comparoître.

COMPATIR (se), se souffrir mutuellement, vivre bien ensemble.

COMPLANT, *complanter*; de la préposition latine *cum*, qui marque réunion, et de *plantare*, planter. Réunion de végétaux de même sorte plantés dans un endroit; — l'action de planter une quantité d'arbres ou végétaux de même sorte. Nous disons aujourd'hui, plant et planter.

COMPORTEMENT, conduite, façon de se conduire, de se comporter; manière d'être, de vivre.

COMPOST, *composte*, compote, confiture. Les Anglois ont conservé ce mot que nous avons repris d'eux, et qui signifie mélange, confiture d'engrais.

COMPOSTER, composer, façonner; — sophistiquer, falsifier.

CONCATÉNER, réunir, lier étroitement, enchaîner; du latin *concatenatus*, enchaîné.

CONDIGNE, digne, qui mérite, qui est convenable, séant.

CONDOTS. Voyez CHEVALIERS.

CONFISABLE, qui peut être confit.

CONFISSENT, troisième personne plurielle de l'indicatif présent du verbe confire; du latin *conficere*, qui, dans notre auteur, signifie cuire, ôter la crudité; — *les réitérés laboures ges confissent et engressent la terre*.

CONFORTER, fortifier, raffermir, consoler, donner du courage.

CONOÉ, permission, consentement, agrément.

CONNIL, *connin*; lapin; du latin *cuniculus*; — mine, trou fait sous terre, terrier.

CONROIÉ, *courroyé*; corroyé, préparé.

CONROIEUR, *courroyeur*; corroyeur.

CONSENTIR, avoir la même opinion, suivre les mêmes erremens, être d'accord; — *peu de peuples consentent ensemble*; peu de gens pensent de même, sont d'accord.

CONSIDÉRABLE, qui est à considérer, à remarquer, à observer; ce à quoi il faut faire attention. Ce mot, aujourd'hui, ne marque que l'étendue et le volume.

CONSIRE, *consolide*, *pasquette*; grande consoude (*symphytum officinale*).

CONSISTER, être solidement établi; de consister, être certain.

CONTANT, *conte*, *cotiter*; comptant, compté, compter.

CONTEMPTIBLE, méprisable, qui mérite le mépris, le dédain; du latin *contemptibilis*.

CONTENUE (la), l'étendue, le rapport, le produit.

CONTOURNEMENT, manière et facilité de se tourner.

CONTRAINTEMENT, nuisiblement, par contrainte.

CONTRARIER A, être contraire à.

CONTRE-MONT, à la renverse, à contre-sens, en sens inverse, contre le fil de l'eau, de bas en haut.

CONTREROLLER, contrôler, réprimander, critiquer.

CONTRIBUER, communiquer.

COSTUS, *costuse*, broyé, écrasé, en parlant du lin, du chanvre, etc.

CONVAINCRE, vaincre, détruire, réfuter, triompher de; — *l'expérience convainc l'opinion de Pline*.

CONVERSER, paître ensemble; du latin *conversari*, tourner, retourner; — *les vaches pleines et les bréhaignes conversent ensemble; les chèvres conversent avec les brebis*: elles paissent ensemble, sans inconvéniens.

Coq, menthe-coq, coq des jardins (*tanacetum balsamica*).

COQUERELLE, coqueret, alkékenge (*physalis alkekengi*).

CORBILLAT, grosse étoffe de laine; — *cordéal*, ficelle de laine avec laquelle elle est fabriquée.

CORDS, cors aux pieds.

CORNICE, corniche.

CORNOAILLE, cornouille; cornoailler, cornouillier (*cornus mascula*).

CORNUCHET. Voyez CANON.

CORNUE, *cornude*; tonneau à deux anses, dans lequel les vendangeurs vident leurs corbeilles et paniers.

CORONNE, *coronner*; du latin *corona*, couronne; la meilleure qualité de toutes les denrées; — *la coronne des vins*, la tête des vins.

CORROMPRE, rompre, briser, blesser, déformer, gâter.

CORSEQUE, l'île de Corse.

COSTIER, *costière*; en forme de côte; — qui vient sur le même côté, et se range comme les côtes, en parlant de certaines branches.

COUCHON, jeune porc, cochon.

COUCHONNER, se dit d'une truie qui met bas; cochonner, truiter.

COUCON, cocon.

COUGOURDE, sorte de courge, calebasse, gourde des pèlerins.

COULEUVRÉE, vigne blanche, navet du diable, bryonne (*bryonia alba*).

COULOIRE, passoire.

COUP A COUP (de), de suite, souvent, coup sur coup.

COUPABLE; du verbe couper, bon à couper, qui peut se couper, en parlant des bois, etc.

COUPEAU, *couppeau*; sommet ou pointe d'une montagne.

COUPLE, paire; — *couple de bœufs*, paire de bœufs, et encore l'étendue de terre qu'elle peut labourer. Nous disons quatre ou cinq charrues de labour, c'est-à-dire l'étendue de terre capable d'employer quatre ou cinq charrues; il dit *quatre ou cinq couples de bœufs*.

COURRE, courir, venir sus; — enchérir.

COURTIXAGE, *courtine*, *custode*; rideaux et tenture de lit.

COUSSON, insecte; voyez tome I, pages 180-181, colonne I, note (54).

COUST, frais, dépense; — ce qu'il en coûte, perte.

COUSTAU, coteau.

COUSTEAU, couteau; — coutre de charrue.

COUSTELET, petit couteau, canif.

COUSTUMIÈREMENT, selon l'ordinaire, l'usage, la coutume.

COUVERT, d'une couleur sombre; — *vin couvert*, vin foncé ou louche.

COUVERTE, couverture.

COUVOIR, couche pour les melons ou autres; — lieu où l'on met couver la volaille.

COY, *coye*; calme, tranquille, en repos; du latin *quietus*; — *coyement*, tranquillement, doucement.

COYTIVER, cultiver.

COZ, l'île de Cos.

CRAYE, *terre craye*, terre meuble.

CRÉDIT, confiance; — *sous le crédit de ces incertaines expériences*, en donnant confiance, en croyant à ces expériences.

CRÈME; du latin *cremare*, brûler; — *qui non creme*, qui ne brûle.

CRESCHE, crèche, mangeoire.

CRESPELÉ, crépu.

CRESPÉS, frisés, en parlant des choux et autres végétaux.

CRESPINETTE. Voyez Centinode.

CRESTE-MARINE. Voyez Bazilles.

CROCETE, crossette. Voyez Crapos.

CROIE, craie (carbonate de chaux).

CROIEUX, *croieuse*; de nature de craie, craieux, craieuse.

CROIST, accroissement, production.

CROIX BOURGUIGNONNE, croix de Saint-André.

CUEILLIÈRE PERSÉE, écumoire.

CUEILLETE, récolte, même des grains, de la soie, du miel.

CUER, *cuer*; cœur.

CUIDANT, *cuider*; du latin *cogitare*, penser, croire, s'imaginer.

CUISSIN, coussin.

CUITE, cuisson.

CUL DE CHAPON. Voyez Chapos.

CURER, soigner; du latin *curare*, nettoyer; les ordures s'appellent *curures*. — *Curer les arbrisseaux*; en couper les rejetons.

CURIEUSEMENT, avec soin, avec attention, avec précaution.

CURIEUX; du latin *cura*, soin, souci; — celui qui prend des précautions et se donne du soin, du souci, pour voir, examiner, opérer, etc.

CURIOSITÉ, soin, exactitude.

CURVE; du latin *curvus*, courbe; — *ligne curve*, ligne courbe.

CUSTODE. Voyez Courtixage.

CUYR, cuir; la peau de tous les animaux vivans, même de l'homme.

D.

DAM, perte, dommage, tort, nuisance; du latin *damnum*.

DAMASQUINE, rose de Damas.

DAMOISELLE, dame ou demoiselle de qualité.

DATTIERS, dattes, fruit du dattier (*phœnix dactylifera*), qu'on appeloit *dactiler*.

D'AUCUNS. Voyez Aucuns.

DAUCUS, carotte sauvage.

DAUSSE d'ail, gousse d'ail; — les caïeux ou petits oignons issus de l'oignon principal, et qui l'entourent.

DAUSSER, former des gousses ou des dausses.

DAVANTAGE, de plus, en outre.

DE LA EN HORS, dès ce moment, et dans la suite.

DÉAMBULATOIRE, qui va et vient; — qui est inconstant, vague.

DÉBIFFÉ, *desbiffé* (1); débilité, délabré, détérioré; — gâter, mettre en mauvais ordre.

DÉBITE (la), le débit, la vente.

DÉBITER, vendre; — diviser et façonner le bois; — dépenser en détail et avec ordre son revenu.

DÉCADENCE, caducité, vieillesse.

DÉCEVOIR, *descevoir*; tromper; — *se decevoir*, se tromper, faire erreur; — *estre deceu*, être trompé.

DÉCOREMENT, décoration.

DÉCRUSTATION, l'action d'écroû-

(1) Les mots qu'on ne trouvera pas par *né*, il faudra les chercher par *des*, et vice versâ.

ter, d'ôter la croûte; du latin *crusta*.

DÉCRUSTER, ôter la croûte; — décruster la terre, enlever la superficie.

DÉDUIT, plaisir, passe-temps.

DÉFAILLIR, manquer, faire défaut. Ce verbe fait au futur, je *défaudrai*. Voyez Faudra.

DÉFECTUEUX, qui manque de quelque chose; — *la terre défectueuse de plantes*.

DÉFLUXION, écoulement d'humeurs dans certaines maladies.

DÉFRAUDER, frauder, frustrer, attraper, tromper.

DÉGASTER, faire dégât, gâter, altérer; — nuire, préjudicier.

DÉGOUST, émanation, écoulement lent et peu à peu; — *dégoustant*, qui dégoutte ou qui coule goutte à goutte; — *dégoutter*, couler, tomber goutte à goutte; — *dégouttement*, l'action de couler doucement, de dégoutter; — dégoût, défaut d'appétit.

DÉLAYER, *dileyer*; différer, retarder, remettre à un autre temps. Délai est resté.

DÉLICATESSE, ouvrages délicats; — besognes difficiles et qui demandent du soin, de la précaution; — mets délicats, friandises.

DÉLIVRE (demeurer à), être délivré; — *estre à délivre*, être à l'aise; — *mieux à délivre*, plus sûrement.

DENIER LIQUIDE, profit clair.

DENT-DE-CHIEN, chiendent (*triticum repens*).

DENYS, surnom de Bacchus; du grec Διόνυσος.

DÉPAISTRE, pâturer, paître; — *dépaissance*, pâture, pâturage; — l'action de pâturer.

DÉPARTIR, partir; — *le courir ne sert tant que le départir de bonne heure*; — partager, distribuer, répartir, donner.

DÉPENDRE, *despendre*, dépenser.

DÉPÉRIR, pris activement, porter grand préjudice, faire périr, ruiner.

DÉPORTEMENT, conduite, manière de vivre. Ce mot ne s'emploie plus qu'en mauvaise part.

DERNIERAIS, opposé à *primerain*; tardif, qui vient en dernier, sur le tard; — qui mûrit plus tard que les autres, ou dans l'arrière-saison.

DÈS, dès que, aussitôt que; —

dès estre arrivé, aussitôt être arrivé; — *dès ici*, dès ce moment, dès à présent.

DÉS-AGRÉANT, qui n'agrée pas, qui ne convient pas; désagréable.

DESCAILLER *le sang*, le résoudre lors qu'il est caillé.

DESCEU (au), à l'insçu.

DESCHEOIR, déchoir; — *il descheoira*, il diminuera; futur du verbe *descheoir*.

DESCHEUTE, déchet, perte; — diminution de prix, de qualité; — cas fortuit, événement subit.

DESCONTENTER, ne pas satisfaire, rendre mécontent. On dit aujourd'hui mécontenter.

DESCUIRE (se), se gâter, en parlant de la saumure.

DESBAIOTER, dégoûter, donner l'espèce de dégoût qui provient de la satiété. *Olivier de Serres* n'emploie ce mot que dans cette signification.

DÉSENGEANCER, détruire l'engeance, dépeupler, se débarrasser; — extirper les mauvaises plantes.

DÉSENSAFFRANER *un champ*, y détruire le safran qui y étoit planté pour changer la culture.

DÉSERT, qui manque de quelque chose; — où ne vient point, où l'on ne trouve point une chose quelconque.

DÉSERTER, ôter, gâter; — détruire, dépeupler, faire abandonner, désoler, détériorer; — *se déserter*, se dépeupler, se dégarnir.

DÉSHABITER (se), se dépeupler, se dégarnir, en parlant d'un pays.

DÉLASSER (le), le repos, le reposer; délasser.

DÉSLOYAUMENT, déloyalement, contre les lois, contre la probité, avec infidélité.

DESPARTANT, partageant; participe du verbe *départir*.

DESPARTEMENT, partage, distribution, condition; — *sous tel despartement*, sous la condition de.

DESPENCE, *trempé*; boisson faite avec de l'eau jetée sur le marc foulé; — petit vin, piquette, vin de fruits.

DESPESTRER, dépêtrer; dans le sens étroit, ôter les pierres, et par métaphore, débarrasser, purger.

DESRÉER, défricher un pré, le changer de nature, le retourner pour y semer du grain.

DESPRENDRE, lâcher, détacher.

DESPUIS, depuis; abrégé de *adès puis*, que l'on trouve dans les anciens romans et dans les vieilles poésies. Il signifie aussi, ensuite.

DESRAMER, ôter de dessus les rameaux, en parlant des cocons de vers-à-soie.

DESROMPRE *la terre*, faire un labour de défrichement qui retourne la terre sans dessus dessous.

DESSAISONNER. Voyez ASSAISONNER.

DESSEIGNER, dessiner; — prendre résolution, avoir intention, avoir le dessein de.

DESTORCE, détordu; du verbe *destordre*, détordre.

DESTOURBIER, trouble, empêchement, gêne, obstacle, inconvénient; — *sans destourbier*, sans obstacle.

DESTRAC, dérangement, altération, détriment, détérioration, désordre; — *se destraquer*, se détraquer, se déranger, perdre ses bonnes habitudes.

DESVELOPPER. *Olivier de Serres* l'emploie pour débarrasser.

DES-UMBRER *les terres*, couper les arbres qui donnent trop d'ombre.

DEVEZ, *devoise*. Voyez VET.

DÉVIER (se), s'éloigner, s'écarter, éviter.

DEXTRE, droit, adroit; il est opposé à *sénestre*, gauche.

DIA, préposition grecque qui rend les prépositions latines *cum* et *ex*, et les françoises *avec* et *de*: elle entre dans la composition de termes de pharmacie, pour exprimer qu'un médicament est confectionné avec telle ou telle chose: *diacarthame*, électuaire où entre la graine de carthame: *diairis*, *diahyssopi*, l'iris et l'hyssope, etc.

DICTAM, dictame de Crète (*origanum dictamus*).

DIE, dise; subjonctif du verbe dire.

DIFFORMER, déformer, ôter les formes, les gâter, rendre difforme.

DIGNE, convenable, relatif; — *digne rapport*, rapport relatif aux peines qu'on s'est données, aux spéculations et avances qu'on a faites.

D'INDARS, *d'indes*; de l'Inde, dindes et dindons.

DISCERNER, séparer, distinguer; du latin *discernere*.

DISCOURTOISIE, défaut de courtoisie, de politesse, d'urbanité, de prévenance.

DISPENSER, se mettre en dépense, en œuvre, en train de faire quelque chose; — *se dépenser*, se régler.

DISSOUDRE, fondre, délayer.

DISTILLEUR, distillateur.

DIVAGANT, se jetant de côté et d'autre.

DIVERTIR, éloigner, écarter; faire diversion; — laisser une occupation pour en prendre une autre; — détourner, voler.

DOLENT, malade, douloureux; — *lieu dolent*, endroit affecté de douleur, le siège d'une maladie.

DOMESTIQUER, apprivoiser, rendre domestique; — naturaliser, acclimater, en parlant des plantes et des animaux.

DONNER COUR A, donner du mérite à une chose, la faire valoir; — la diriger, la régler.

DONQUES, donc.

DONT, d'où, c'est pourquoi, ainsi, de-là, par ce moyen.

DORNILLE, mue des vers à soie.

DOUBLE, épithète donnée aux chèvres qui font constamment deux petits à chaque portée.

DOUBTE, doute, crainte; — *doubter*, craindre.

DOULOIR, ressentir de la douleur, de la peine, du chagrin, souffrir; — *se douloir*, se plaindre, gémir.

DRACHE, rafle du raisin.

DRESSER, bâtir, ordonner, édifier, distribuer un édifice.

DROGUEMENT, emploi des drogues, action de droguer.

DRUEMENT, avec force, avec abondance, vigoureusement.

DUIRE, convenir, être propre; — *se duire*, se prêter à; — dresser, instruire, accoutumer; — profiter, être utile.

DUISANT, *duisible*, *duit*, *duite*; profitable, capable, propre, convenable, séant, nécessaire, utile.

DURACIN; du latin *duracinus*, un peu ferme; fruit qui a la chair ferme.

DU TOUT, entièrement, tout-à-fait; — *du tout rien*, nullement, point du tout, en aucune manière.

E.

EAU ARDANT, eau-de-vie.

EAU D'ANGE, eau aromatique, ainsi

ainsi appelée à cause de sa bonne odeur.

EAU DE DAMAS, eau aromatique, dont on fabriquoit beaucoup à Damas.

EAU-FORT, eau forte, acide nitrique affoibli par l'eau.

EAU NAFE, eau de fleurs d'oranges.

ÉCLIPSIDRE, clepsydre, horloge d'eau. *Olivier de Serres* donne ce nom aux horloges de sable.

ÉDIFICE, bâtiment, établissement quelconque; — plantation, semis, etc.

ÉDIFIER, bâtir, établir, planter; — édifier un verger, une vigne, un arbre, un bois.

EFFICACE, avantage, beauté, effet, vertu, force; — *la lecture est de grande efficace*; — *l'efficace*, le succès, la réussite; — *efficacieux*, efficace; — *efficacieusement*, efficacement, avec efficacité.

ÉJOINTER, enlever le fouet d'une aile des oiseaux, en le serrant fortement avec du fil, pour les empêcher de voler.

ÉLATINE, velvotte (*antirrhinum elatine*).

ÉLECTION, eslection (1), choix; — *élection des terres*, position, assiète, convenance.

EMBESONGNÉ, occupé, chargé de besogne; — *embesonguer*, donner du travail.

EMBOUTISSANT, aboutissant, arrivant à.

EMBOUZÉ, couvert de bouze.

EMMAIGRIR, maigrir, devenir maigre.

EMMALADIR, rendre malade, causer des maladies.

EMMANTELÉ, *emmantelé*; qui a un manteau, ou dont le dessus est d'une couleur et le dessous d'une autre; — *bœuf emmantelé de noir*, dont le dos est noir et le ventre blanc; — couvert, en parlant des végétaux, mis à l'abri des gelées.

EMMAYÉ, amaigri, flétri, desséché, diminué par la dessication; du latin *emaciatus*; — *emmatir*, flétrir, dessécher.

EMMÉLIORER, améliorer.

EMMENUISER, rendre mince, léger; — *s'emmenuiser*, devenir léger ou mince; — *emmenuiser la terre*, la rendre légère, meuble.

EMMURER, entourer de murs.

EMPASTELER, empâter la volaille, l'engraisser.

EMPESCHEMENTS, restes, résidus de cuisine, ordures; — choses qui sont devenues inutiles.

EMPLASTRION. Voyez PLOTON.

EMPOULDRER, jeter de la poussière.

EMPRAIGNER, faire courir une femelle; — *empraignée*, fécondée, pleine; du latin *impregnata*.

EMPRÉER, convertir une terre en pré; — *s'empréer*, se former en pré.

ENAIGRIR (s'), s'aigrir.

EN-APRÈS, ensuite.

EN BON POINCT, *embon-point*; en bon état de santé, de graisse; embonpoint est formé de la réunion de ces mots; — *en meilleur poinct*, en meilleur état de santé, de valeur.

ENCEINT (l'), l'enceinte.

ENCLINER, incliner, pencher, avoir du penchant, de l'aptitude; nous disons encore enclin.

ENCOURTINÉ, fermé de courtines ou rideaux; en latin *cortina*.

ENCOEUR, chancion ou anthrax au poitrail des chevaux ou des bœufs.

ENDETTÉ, endetté, qui a des dettes.

ENDIVIE, endive, scariole, chicorée à salade (*cichorium endivia*).

ENDOULOURÉ, tourmenté par la douleur, douloureux; — *endoulourir*, causer de la douleur.

ENDROIT, employé pour matière, quelquefois circonstance; — *en cet endroit*, en égard à cela, sur cela, en cette circonstance.

ENFLE, enflé, boursouflé; — *une enfle*, une enflure.

ENGARDER, empêcher, prendre garde, se garder de.

ENGEANCEMENT, multiplication, propagation; — moyen d'établir et propager une race; — *engeancer*, agencer, ajuster; — *s'engeancer*, se multiplier, se propager; — se fournir, se pourvoir, se procurer.

ENGIN, esprit, industrie, finesse, adresse; du latin *ingenium*; — machine, outil, filet, piège pour attraper des oiseaux.

ENGRAISSEMENS, *engraissement*; engrais.

ENGRAVER, graver; — *les rois et princes ont engravés leurs noms en plusieurs herbes*.

EN HORS, en dehors.

ENJOINCTÉ (bas), en parlant du cheval, qui n'est pas sur ses boulets ou boulené.

EN LIEU DE, au lieu de.

ENRAMEMENT, action de donner des appuis ou rames aux plantes grimpantes; — en parlant des arbres, l'action de se garnir de rameaux; — branches d'arbres pour la montée des vers-à-soie; — *s'enramer*, se fournir de branches; — monter, en parlant des vers-à-soie. Voyez BRANCHER.

ENRICHISSEMENT, l'action d'enrichir d'ornemens; — les ornemens eux-mêmes.

ENROUEURE, enrouement.

ENROUILLÉE (herbe), herbe gâtée par la rouille.

ENSAFFRANER *un champ*, y planter des oignons de safran.

ENSAILLIR, *ensailly*; assaillir, assailli; — infecter.

ENSALIR, salir, gâter.

ENSALLISSEMENT, mal-propreté.

ENSEMBLEMENT, ensemble, en même temps.

ENSEMENCER, garnir, peupler un colombier, une garenne; — *s'ensemencer*, se fournir de semeuse, s'approvisionner.

ENSERRER, renfermer.

ENSOUPLIR, assouplir.

ENTEMENT, l'action d'enter ou greffer; — la greffe elle-même.

ENTESTER, faire mal à la tête, entêter.

ENTEUR, qui ente ou qui greffe; — *l'enteure*, l'ente ou la greffe.

ENTONNELER, mettre dans les tonneaux.

ENTREBRASSER (s'), se réunir par les bras ou les branches enlacés; — se joindre, s'embrasser.

ENTRE-CEP, distance nécessaire entre chaque cep.

ENTRELIER, entrelacer, lier ensemble.

ENTREMUETES, trémie; — lieu où elle est placée dans le moulin.

ENTREPAS, distance qui doit se trouver entre les pieds d'un cheval, pour éviter l'entretaillure.

ENTREPOS, intermédiaire, entremise, ce qui se trouve entre deux.

ENTRE-SUITE, avant de terminer; entre une chose et une autre.

---

(1) Les mots qu'on ne trouvera pas par é, il faudra les chercher par es, et *vice versâ*.

ENTRETENEMENT, entretien.

ENVAISSELLER, mettre dans des vases ou vaisseaux.

ENVELOPPER, embarrasser, entraver.

ENVIEILLIR, devenir vieux; — envieillissement, l'action de vieillir; — en parlant de la terre, épuisement, lassitude de produire.

EPENIDE, sucre fondu coulé sur un marbre, et façonné en bâtons tordus.

EQUIDISTAMMENT, à égale distance; — équidistant, placé ou planté à égale distance.

EQUINOCTIAL (l'), la ligne équinoxiale, l'équateur, ou simplement la ligne.

EQUIPOLANT, équivalent, qui vaut autant.

ERAIN, airain; — fleurs d'erain, vert-de-gris (acétate de cuivre).

ERINGE, chardon roland, chardon à cent têtes (eryngium campestre).

ERONI, rongé, corrodé, carié.

ERRES, chemin, route; — train, suite; — allures, habitudes; — moyen de parvenir à faire quelque chose; — force, peine; — faire quelque chose à grande erre.

ES, aux, dans; — es champs, es villes, aux champs, dans les villes.

ESBAHIR (s'), s'étonner; — esbahissement, étonnement.

ESBEURRÉ, écrémé.

ESBOURRÉ, dépouillé de son enveloppe; — esbourrer, débourrer, ôter la bourre; — faire sortir le grain de sa balle.

ESCACHER, moudre, broyer, piler.

ESCAILLE, cocon du ver-à-soie.

ESCARRABILLADE, escarabilia; gaie, éveillée, égrillarde, indocile; — qui joue de mauvais tours.

ESCHALIER, degrés, escalier.

ESCHARPE, écheveau de fil.

ESCHARS, escharse; avare, chiche, mesquin; — pays eschars de bois, d'herbages, où les bois et les herbages sont rares; — escharsement, chichement, mesquinement.

ESCHAUDURE, préjudice causé à la vigne par les coussons; — chaleur vive et de peu de durée; — effet que produit cette chaleur.

ESCHAUFFETTE, réchaud.

ESCHULETTE, râle du raisin.

ESCHELLER, escalader, grimper, monter.

ESCHOIR, échoir; échoir, arriver, tomber.

ESCHEVIR, échapper, esquiver, prévenir, éviter un danger; — vous eschevirés, vous éviterez.

ESCHOLE, école.

ESCLARCI, éclairci.

ESCLATE, esclapéto; la petite vérole volante.

ESCLISSE, moule à former les fromages.

ESCLOVANT, eslevant, eslever; éclosant, éclore; — faire éclore.

ESCOCHER, faire des coches avec la serpe en en dirigeant mal les coups lorsqu'on élague des arbres.

ESCOT, étoffe grossière de serge, dont on fabrique encore beaucoup dans le Gévaudan, à Saint-Geniez et à Marvejols.

ESCOUER, escourre; secouer, faire sortir en secouant; du latin excutere; — escous, escousse, secoué, secouée; — on escout, on secoue.

ESCES du soc, les oreilles.

ESGARER, éloigner, garer; — placer les choses de manière qu'elles ne s'entre-touchent.

ESGRUMER le raisin, l'égrainer.

ESOUERE, aiguière.

ESOUILLE de berger (geranium pratense).

ESHERBEMENT, es-kerber, exherber, ôter, arracher les mauvaises herbes, sarcler.

ESLABOURÉ, élaboré; meubles et vases d'un ouvrage délicat et bien travaillés.

ESLAGUISSANT, élaguant.

ESLARGIR, donner; du latin largiri; nous avons conservé largesses. Il est inusité aujourd'hui dans ce sens, parce qu'il fait équivoque avec élargir, augmenter en largeur.

ESLARGUER, élargir; — élaguer, retrancher les branches superflues des arbres.

ESLEVABLE, que l'on peut élever.

ESLEVEMENT, éducation, nourriture, en parlant des bestiaux.

ESMERVEILLABLE, étonnant, surprenant, merveilleux.

ESMEU, esmeue; ému, secoué, agité; — esmeuvoir, remuer.

ESMOUNDER, émonder, monder, rendre propre; du latin mundus, net; — couper les branches des arbres, élaguer.

ESPANDRE, répandre, étendre; — espandu, répandu, étendu.

ESPARCET, sain-foin (hedysarum onobrychis). — Esparcette, pariétaire (parietaria officinalis).

ESPARCETIÈRE, lieu semé d'esparcet.

ESPARGERS, arrosoirs.

ESPARDRE, répandre, semer, éparpiller; du latin spargere; — espardant, répandant; — espars, esparse, épars, répandu, dispersé.

ESPAULIER, épaulière; abri, espalier.

ESPÈS, espes, espesse, espesseur; épais, épaisse, épaisseur.

ESPESSEMENT, d'une manière épaisse ou serrée; — jeter la semence espessement, semer dru.

ESPI, épi du grain; — lard du dos du cochon, divisé en deux longues pièces ou épis.

ESPIEÇER, dépecer.

ESPIRA, épier; — grains qui montent en épi; — moment où les fleurs et les feuilles s'annoncent.

ESPINE, trou fait à un tonneau pour en tirer du vin; — morceau de bois dont on le bouche, fosset.

ESPRAINDRE, presser, exprimer; du latin exprimere; — espraignés, exprimez.

ESQUELS, esquelles; auxquels, auxquelles.

ESQUEUX, qui n'a point ou qui n'a plus de queue; du latin ecaudatus.

ESSARS, essarts; buissons, épines, broussailles, landes, friches.

ESSARTER, couper, détruire les broussailles, défricher; du latin exurare.

ESSOIN, essaim d'abeilles; — essoiner, essaimer, donner un essaim.

ESSOR, vent chaud, hâle; — l'essor attire l'humidité; — essorer, dessécher.

ESTABLER, loger le bétail dans des estableries ou étables.

ESTAMÉ, étamé, garni d'étain.

ESTAQUÈS, estaca; gros plant d'oliviers enracinés.

ESTAULIS, estaulis, étagères; — châssis, tablettes sur lesquelles sont posés les vers-à-soie; — tréteaux, estrapontins; de ce mot sont venus les mots languedociens estagné, dressoir, buffet; estajha, échafauder; estajheiros, tablettes; estajho, échafaud.

ESTEUF, éteuf, balle de longue paume.

ESTEULE, *estule*; éteule, chaume; du latin *stipula*.

ESTIVET, petit été, temps chaud dans une saison où l'on pourroit n'avoir que du froid; — *estivet de la Saint-Denys, de la Saint-Martin.*

ESTOC, tronc, souche.

ESTOFFE, étoffe, toute espèce de matériaux dont on fait emploi; — *muraille, haie de pareille estoffe.*

ESTORCES, tordre; — *estors, estorces, estorcées,* qui est tortillé; tordues, brisées, en parlant des branches et des racines des arbres.

ESTORDRE, tordre; — forcer, ployer; — *s'estordre une jambe,* se donner une entorse.

ESTONNER (s'), être saisi, pour exprimer l'effet que produisent la chaleur et la sécheresse sur les plantes nouvellement repiquées.

ESTOUDEAU, poulet de grain, poulet gras; voyez tome II, page 161, colonne I, note (18).

ESTOUPER, fermer, boucher; — obstruer, en parlant des veines.

ESTOURDIE. Voyez AVERTIN.

ESTRANGER (s'), devenir étranger à; — se déranger ou détourner du; — *s'estranger du naturel,* altérer le naturel, cesser d'avoir le naturel.

ESTREINDRE, serrer, retenir; du latin *stringere*.

ESTROICT, stricte, de rigueur.

ESTROISSIR, rendre étroit, étrécir, rétrécir.

EUPATORIUM, aigremoine (*agrimonia eupatoria*).

EVE. Voyez AIGUE.

EXCELLER, surpasser, être préférable; — *les vins blancs excellent en bonté la plupart des autres; — la vigne excelle les herbages.*

EXCOGITER; du latin *excogitare*, penser, estimer, imaginer, croire.

EXERCITE, armée; du latin *exercitus*.

EXHALÉ, aéré; — *lieu exhalé,* lieu exposé au vent, à un air plus vif, plus pur, plus courant, au hâle.

EXHEREDER. Voyez EXHEREDEMENT.

EXPLOITER *grandes choses*, se signaler par de grandes actions.

EXTRAVAGANT, contre l'ordinaire, extraordinaire; — *s'extravaguer de,* s'éloigner de.

EXTRÉMITÉ, extrême, excès; — *en toute extrémité d'abondance,* en extrême abondance.

F.

FARIGOUL, espèce de thym (*thymus mastichina*).

FACE, fasse, subjonctif présent du verbe faire; — *qu'il face bien.*

FAÇON, manière de faire, de conduire; — *façon de ménage,* manière d'administrer son bien, ses terres.

FAICT, fait, fui.

FAILLIR, manquer, faire faute; — *être de cœur failli,* manquer de cœur, de courage.

FAINTE, *faintise;* feinte, feintise.

FAIRE, employer, mettre en usage; — *faire estat,* tenir compte.

FAISSEAUX, bottes de foin, de paille, etc.

FAISSELLE, moule pour former les fromages.

FANTASIE, fantaisie.

FANTASTIQUER, imaginer, créer d'imagination, de fantaisie.

FARFANTERIE, forfanterie, tromperie; de l'italien *forfante*, charlatan.

FARRAGE, mélange de grains; voyez tome I, page 596, colonne II, note (45).

FARRAGIÈRE, terre où l'on sème le *farrage*.

FASCHÉE, rebelle, revêche; — épuisée, en parlant d'une terre; — *faschérie,* désagrément, préjudice; — *fascheux,* difficile; ouvrage qui donne de la peine sans profit.

FASEOLS, *fasiols;* haricots (*phaseolus vulgaris*).

FASTIDIOSITÉ, dégoût, ennui.

FAUCHER, espèce d'épervier ou d'oiseau de proie.

FAUDRA, manquera; du verbe faillir; — *on ne faudra de rogner la haie,* on ne manquera point de la rogner.

FAUSTERNE, aristoloche ronde (*aristolochia rotunda*).

FAUT (on), on se trompe, on manque. Voyez FAILLIR.

FAICT (il), il fit; parfait du verbe faire.

FÉLACE, heureux, commode, propice; du latin *felix*.

FÉLICITÉ, bonheur; — *félicité du temps,* faveur, heureuse disposition du temps, de la saison.

FÈME, fume; — *qui non fème,* qui ne fume pas.

FÉNÉ, fané, flétri, desséché; — *féner,* faner, dessécher. Nous disons encore fenaison.

FENESTRAGE, toutes les fenêtres d'une maison.

FENOIL, fenouil (*anethum foeniculum*).

FERMETÉ, vérité, assurance.

FERTILIER, fertiliser.

FÉRU, frappé, blessé, choqué, heurté.

FÉTUS, fétu, menues pailles, ordures; du latin *festuca*.

FEUGIER, *feugière;* fougère (*filix mas*).

FEUGERIE, lieu abondant en fougère; — feuille de fougère.

FEURE, *feurre;* paille.

FICKE. Voyez TARAVELLE.

FIEN, *fiens, fient;* fumier, fiente des animaux.

FILÉ, filet à prendre du gibier ou du poisson.

FILET, fil de quelque matière qu'il soit.

FINER, faire fin; — trouver ou obtenir à la fin ce qu'on cherche ou dont on a besoin.

FINE, connu, éclairci.

FLAMBE *bastarde*, faux acorus (*iris pseudo-acorus*).

FLESCHES, pièces de lard tirées du ventre du cochon.

FLEURANS, effleurant, touchant à peine; — *fleurans le plan de la terre,* à fleur de terre; — *fleurer,* effleurer, joindre, ajuster si bien les choses que l'une ne passe pas l'autre.

FLEURS D'EAU, nom général donné aux nénuphars, et aux autres plantes aquatiques dont les fleurs viennent se montrer sur l'eau.

FLOURIR, fleurir.

FLOCON *de plume*, petite huppe.

FLUSTEAU, greffe en flûte. Voyez CANON.

FOARRE, *feurre, fouarre;* paille.

FOLIER, folâtrer, faire des folies.

FONDER, enfoncer.

FONDRE, se répandre, se jeter, descendre; — *tout ce qui fondroit vers la terre,* tout ce qui penche ou descend; — *ces belles sciences ont fondu en certaines provinces,* se sont répandues.

FONS, fond, la profondeur; — fonds, sol, terrein.

FONTANELLE, *fontenelle;* petite fontaine, petite source; — fonticule, cautère.

FORCE (il est), il est du devoir; — *force sera,* il faudra, on sera forcé.

FORE, trou; du latin *foramen*.

FORJETTER, jeter dehors, dépasser; — donner force rejetons.

FORONCLES, furoncles, clous.

FOUCE, foulerie, lieu où l'on foule les draps.

FOULER *les grains*, dépiquer; — extraire les grains de leurs épis par le trépignement des bêtes de somme.

FOURBIR, polir, frotter, nettoyer, récurer.

FOURMAGE, fromage.

FOURQUAT, *fourcat*, *fourcas*; hoyau, houe; — fourche, fourchon d'un arbre.

FOURRER, mélanger, charger, donner, remplir; — *on colore le cidre avec le jus de prunelle, dont on le fourre.*

FOUSSER, premier labour de la vigne.

ÉRALLATER, transvaser, transvider; différent de *fralater*, mélanger, falsifier, sophistiquer.

FRANÇOISE, bonne odeur; — bouquet agréable, en parlant du vin.

FRANGIBLE, fragile, qui peut se rompre, se casser aisément.

FREDON sur *fredon*, note sur note, chanson sur chanson; et par métaphore, coup sur coup, morceau sur morceau.

FRÈS, frais, dépense; — *frès, fresche*; frais, fraiche; — *de frès*, de nouveau, depuis peu; — *fréschement*, fraichement, nouvellement.

FRESNAYE, lieu planté de frênes.

FRÈZE, *frèso, la briffe, la fraise*; moment où les vers-à-soie se préparent à monter pour filer.

FRIANDISE, appétit, appât; — *la friandise des deniers*, l'appât de l'argent.

FRIGOULE, *frigoûlo*; thym (*thymus vulgaris*).

FRIPAILLÉ, fripé, chiffonné, un peu usé; — feuille meurtrie, déchiquetée.

FROIXÉ, froissé; — *froixer*, froisser.

FRONTAIL, frontal; remède qu'on applique sur le front.

FRUMENTEAUX, mûres sauvages.

FUEILLARE, *fueillée*; feuillée, amas de feuilles; — *fueille*, feuille.

FUMOSITÉS, vapeurs du vin pendant qu'il bout.

FUZÉ, fondu; — *chaux fusée*, chaux éteinte.

FUZEAU. Voyez TARAVELLE.

G.

GABELLE, impôt sur le sel; — tout impôt extraordinaire ou désastreux, comme l'étoit la gabelle.

GAGÉ, qui a laissé un gage ou des arrhes.

GAIGNER, gagner; — *gaigner temps*, gagner du temps.

GAILLARDISE, abondance, prompt accroissement, force, vigueur, luxuriance; — *estans les blés trop primerains, leur grande gaillardise les fit verser.*

GALANGE, *galangal, galange, galingal, goringal*; galanga (*maranta galenga*).

GARBE, *gèrbo*; gerbe.

GARBILLOS, vases ou paniers pour mettre les vers-à-soie.

GARDER. Voyez ENGARDER.

GARIOFILE, girofle; du latin *caryophyllum*.

GARROBIER, carroubier (*ceratonia siliqua*).

GAUDIR (se), se réjouir, être joyeux; du latin *gaudere*.

GAYER, *guayer*; guèer, passer les rivières au gué.

GAYMENT, gaiement, facilement, franchement, sans contrainte, sans répugnance.

GELEA (se), prendre de la consistance en refroidissant, comme la cire, la poix, etc.

GÉLINE, poule; du latin *gallina*; le diminutif est gélinotte.

GELINIER, poulailler.

GÉNICE, génisse, jeune vache.

GENOIL, *genouil*; genou.

GENTILLESSES, choses agréables et d'agrément, en cuisine, en décoration de maison, de jardin, etc.

GERBIER, meule de gerbes; — *gerbière*, grange.

GÉSIR, être couché; du latin *jacere*.

GINETE *sauvaige*, herbe à balai (*spartium scoparium*).

GIROFLÉES, œillets, à cause de leur odeur de girofle.

GIROLE, chervi (*carum carvi*).

GLAIRES d'œufs, blancs d'œufs.

GLANE, bottes d'oignons attachés simplement par la fane, comme un paquet d'épis des glaneurs.

GLÈNE, glane, troisième personne du verbe glaner.

GLOTTERON, glouteron. Voyez ARTOULE.

GLUI, *glijhou*; gerbée, paille de seigle, dont on se sert pour lier la vigne, les aulx, les oignons, etc.

GOBELET, *goubelet*; calyce des fleurs; — cupule du gland.

GODEAU. Voyez TARAVELLE.

GODERONNÉ, goudronné; qui a la forme ovale, ronde, roulée; — *goderonner*, donner cette forme.

GONNEAU, gobelet.

GRAFFIONS, sorte de cerises.

GRAINE *de paradis* (*amomum granum paradisi*).

GRAINER, grener, monter en graine, en parlant des plantes; — se dit aussi des vers-à-soie qui déposent leurs œufs.

GRANDET, un peu grand.

GRÈS, *grès*; graveleux, qui contient du gravier.

GRESSE, graisse; — *gresseux*, gras.

GRIESCHE, barré, varié, grivelé; — importun, criard, capricieux; — d'humeur aigre, difficile.

GRIX *violent*, gris foncé, gris violet.

GROIGNONS, sortes de pêches.

GROSSERIE, ce qu'il y a de plus commun, ce qui mérite le moins d'attention ou de considération dans le ménage ou dans la famille, en parlant des gens de peine et valets.

GROSSESSE, volume, grosseur, épaisseur; — *grossesse de l'esprit*, stupidité, défaut de délicatesse.

GROSSET, un peu gros; — moins délicat.

GRUMELER, grogner, en parlant des pourceaux.

GUARIR, guérir; de l'italien *guarire*.

GUÈNE, gaine.

GUENIER, gainier, arbre de Judée (*cercis siliquastrum*).

GUERDON, salaire, prix, récompense; — quelquefois punition; — *guerdonner*, récompenser; du grec κέρδος, gain, lucre.

GUÉRESTER, labourer, former des *guérests* ou guérets.

GUERROYER, faire la guerre; — faire du tort; — nuire, préjudicier, être contraire.

GOIBRES, guères, peu, pas beaucoup.

GUILLE. Voyez ESPINE.

GUIMBELET, robinet.

GUINDOULE, jujube.

GUINDRE, dévidoir à soie.

H.

H.

HALEINER, *haleiner, halener*; respirer, prendre haleine.

HÂLITRE, hâle, air desséchant.

HANNEBANE, jusquiame (*hyoscyamus*).

HANTISE, fréquentation.

HARGNE, *hergne*; hernie, descente; — chute du fondement.

HASTIVEAU, *primeurs*; hâtif.

HAUTAIGNES, vignes posées sur des treillages très-hauts.

HAUTAINS, vignes qui montent aux arbres.

HAUTEMENT, en hauteur.

HAVI, *havie*; desséché; — *la croûte havie empêche l'intérieur de se cuire.*

HAZARDEUX, qui doute de faire quelque chose, qui ne le fait que par circonstance et avec crainte.

HERBE à chat, cataire (*nepeta cataria*).

HERBE aux pouilleux, herbe aux poux; staphisaigre (*delphinium staphysagria*).

HERBE aux puces (*plantago psyllium*).

HERBE aux teigneux, pétasite (*tussilago petasites*).

HERBE de notre-dame. Voyez HOARIN.

HERBE du Saint-Jan, grande marguerite (*chrysanthemum leucanthemum*).

HERBE de la nuit, belle de nuit (*mirabilis jalappa*).

HERBER, manger de l'herbe, pâturer.

HERBEIS, herbage; — herbes de jardin; — herbes de cuisine; — le marché où on les vend; — le lieu où on les cultive.

HERCHE, *herce*; herse.

HÉRÉDIE, fond de terre qui se transmet par héritage.

HERNE. Voyez HARGNE.

HIVERNACHE, *hivernage*; espèce de farrage.

HOARIN, toute-bonne, orvale (*salvia sclarea*).

HOUBAS, espèce de farrage.

HOUEMENS, travaux que l'on fait avec la houe.

HOUSSON. Voyez HOUSSE.

HYBOU, *huo, escoufle*; oiseau de proie.

HUILLE, *huyle*; huile. *Olivier de Serres fait toujours ce mot masculin.*

HUIS, *huis*; porte; — huis-coulis, porte à coulisse.

HUMECTER, humecter; les habitans du midi de la France suppriment souvent le c, comme dans *dôteur, docteur; ation, action*, etc.

HUMEUR, humidité; — goût, inclination, volonté; — *ce qui est de mon humeur, de mon goût.*

I.

IATRIQUE (l'), l'art de la médecine; du grec *iaqui*.

ICELUI, lui; — *icelle*, elle; — *iceux*, eux.

IGNORAMMENT, par ignorance, en ignorant, par faute de savoir, par mégarde.

IMAGER, qui fait des images, sculpteur.

IMBECILLE, foible, délicat, qui n'a point de force; — fragile; du latin *imbecillus* ou *imbecillis*; — *l'ouvrage imbécille des abeilles*; — imbécillité, foiblesse, défaut de force.

IMBUVABLE, non potable, désagréable à boire.

IMMANGEABLE, qu'on ne peut manger.

IMPARITÉ, inégalité, défaut de ressemblance; — *l'imparité des jours*, leur inégalité.

IMPERAICON, *impericum*, millepertuis (*hypericum perforatum*).

IMPERTINENT, inconvenable, malséant, hors de propos, inutile.

IMPLOYABLE, inflexible, qui ne peut ployer; — incapable de se prêter à.

IMPOSTEUR, qui vient mal-à-propos, hors de saison; — contrariant, fâcheux; — *importuné*, contrarié, embarrassé; — *importunément*, mal-à-propos, inconvenablement; — *importunité*, obstacle, contrariété, désavantage, incommodité.

IMPROVIDEMMENT, à l'improviste, sans être attendu; — sans prévoyance, sans précaution.

IMPROVIDENCE, imprévoyance, défaut de précaution.

IMPURITÉ, impureté.

INAMOLLISSABLE, qui ne peut s'amollir.

INCARNER, aider à la reproduction des chairs, en parlant des remèdes incarnatifs.

INCOMMODER, être nuisible, préjudicier; — *les millets incommodent les terres, les fatiguent.*

INCUISABLE, que l'on ne peut faire cuire.

INÉPUISABLE, inépuisable.

INFÉLICITÉ, malheur; — *infélicité des saisons*, intempéries, rigueurs des saisons.

INFERTILITÉ, infécondité, en parlant des semences qui ne peuvent produire ou lever.

INFINI, douteux, indéfini.

INFINITIES. *Olivier de Serres les emploie souvent comme substantifs avec l'article, à la manière des Grecs*; — *les fromens craignent plus le verser, que les seigles*; — *Dieu donna le maître de toutes choses.*

INFLUXIONS, fluxions.

INFONDEZ, faites fondre; — *infonda*, fondu dedans.

INFUS, infusé.

INGENTE, aîné; du latin *ingens*.

INJURIER, faire tort, en parlant des intempéries qui préjudicient à la culture et aux plantes.

INNOMBRABLE, innombrable.

INRACINABLE, qui ne sauroit prendre racine, en parlant d'arbres qu'on ne peut faire venir de bouture.

INSCULPÉ, sculpté, gravé, imprimé sur la terre.

INSÉRER, greffer, enter.

INSOLIDITÉ, défaut de solidité.

INSTRUMENTAIRES, insectes. Voyez COLIMAUX.

INTEMPÉRAMMENT, immodérément.

INTEMPÉRANCE de l'air, qualité de l'air qui n'est pas tempéré.

INTEMPÉRATURE, intempérie.

INTÉRESSER, gâter, corrompre; — *vins intéressés*, pommes intéressées, gâtées, endommagées.

INTÉRÊT, avantage, produit, utilité; — *n'est permis au particulier de se dispenser, pour l'intérêt général*; — *mènera-t-on les seigneaux aux pâtis séparément pour l'intérêt du lotes*; — mais plus souvent perte, détriment, dommage; — *le bénéfice de la saison passée pour le laboureur, ne se peut recouvrer qu'à l'intérêt du labourage*; — *à notre intérêt et deshonneur de nos terres*; — *la vigne reçoit de l'intérêt, par l'approché de tout arbre.*

IONNE, l'Yonne, rivière.

IVROIE, *ivraie, yvraie* (*lolium temulentum*).

J.

JA, déjà, jamais.

JAÇOIT, quoique, encore, bien que.

JAMBE, tige.

JAN, Jean, nom de Saint.

JAQUES-DE-MAILLE, armure ancienne, qui consistoit en anneaux ou mailles de fer enlacés les uns dans les autres, ce qui lui donnoit assez de flexibilité pour ne point gêner les mouvemens.

JARDINAGES, les herbes que peut produire un jardin.

JARDINEMENT, action de jardiner, de travailler au jardin.

JARRUM, pied de veau (*arum maculatum*).

JARRUS, gesse (*lathyrus sativus*).

JESSEMIN, jasmin (*jasminum officinale*).

JETTONS, rejetons, pousses.

JOINCTE, jointure.

JOUBARBE, *joubande*, joubarbe (*sempervivum tectorum*).

JONC, jonc (*juncus*); nom général qui appartient à une famille considérable de plantes, parmi lesquelles il y en a beaucoup d'aquatiques.

JOURNAU, mesure de terre.

J'OY, j'entends; du verbe *ouïr*; imparfait *j'oyois*.

JUGERIE. Voyez HÉRÉDIE.

JUSQUES OU, jusqu'à un certain point, de certaines limites; — avec retenue, avec modération, sans excès.

K.

KIRSCHEN-WASSER, eau-de-vie de cerises.

KUETSCHE, espèce de prune; — *kuetsche-wasser*, eau-de-vie de prunes.

L.

LA, adverbe de lieu et de temps; — *delà en hors*, de ce moment; — *depuis ce temps-là*, après ce temps.

LABEUR, travail; — labour.

LAICT, lait; du latin *lac*; — *laict clair*, petit lait.

LAIRA, laissera; — *lairrons*, laisserons.

LAISSER, négliger, omettre, oublier; — *laisser de l'œil*, perdre de vue, négliger de voir.

LAMBRUCHES, *lambrusches*, lambruches; vignes et raisins sauvages; du latin *labrusca*.

LAMPOURDE, *lampóurdo*. Voyez ARTOULE.

LANGUARDE, caqueteuse, bavarde.

LANGUE-DE-BŒUF, buglosse (*anchusa officinalis*).

LANGUE-DE-CERF, scolopendre (*asplenium scolopendrium*).

LANGUE-DE-CHIEN, cynoglosse (*cynoglossum officinale*).

LANGUE-DE-SERPENT (*ophioglossum vulgatum*).

LANGOUR, languissant, souffrant; — *tout le languy*, tout ce qui est languissant, foible, en mauvais état.

LANU, laineux; — *bestail lanu*, bêtes à laine.

LAPACE, *lapas*, *lapatium*; patience (*rumex patientia*).

LABD expié. Voyez ESPT.

LARDIER, saloir.

LASSETÉ, lassitude, fatigue.

LAVEMENT, action de laver, et non clystère.

LAURIERE, lieu planté de lauriers.

LAURIN, qui tient du laurier; — *huyle laurin*, huile de laurier.

LAYETTES. Voyez LIETTES.

LE PLUS de temps, la plupart du temps, le plus souvent.

LEIDEN, Leyde, ville de Hollande.

LÉNÉE, surnom de Bacchus, du grec *Anaïz*, dieu des pressoirs.

LES AUCUNS, certains. Voyez AUCUNS.

LESBAUX, sorte de fromages.

LESSE, couple de chiens; ainsi appelée de la corde dont on les attache.

LETTRES-CLOZES, secret, choses difficiles à comprendre.

LEXIVE, lessive; du latin *lixivium*.

LIBERTÉ, faculté, disposition à faire.

LICE, lisse, poli, uni.

LICENCIER, *licencier* (se); prendre des licences, agir librement.

LACTÉE, portée; — couche, lit; — *lictée par lictée*, couche sur couche, lit sur lit (*stratum super stratum*).

LIESSE, joie; du latin *laetitia*.

LIETTES, *liette*, tiroir, planche à coulisses pour les vers-à-soie.

LIVRE, livre, section, division.

LIGNERAIE, champ semé de lin.

LIGNOLOT, treille pour la vigne.

LIGNOTER, ligoter. Voyez BIGNOTER.

LINCEULS, linges, draps de lit.

LIQUIDE, clair, certain; — *le plus liquide de leur revenus*, le plus clair.

LISTE, bande, raie, bordure; voyez tome I, page 629, colonne II, note (114).

LOCER, placer, mettre en place; — semer; du latin *locus*.

LOHOT, loch, looch; préparation de pharmacie.

LOMBES, reins; du latin *lumbi*.

LOMBRIC, ver de terre.

LONG EN LONG, dans la longueur, tout du long.

LONGES, — *donner les longes à la vigne*, la laisser croître sans la tailler, l'abandonner à elle-même.

LONGUEMENT, long-temps.

LOPIN, pièce, morceau, tas.

LOS, *los*; louange, gloire, honneur; du latin *laus*.

LOSANGE, *lozenge*; préparation de pharmacie; tablettes, ainsi appelées à cause de la forme qu'on leur donnoit.

LOCHET, *louchet*; espèce de bêche du Languedoc.

LUNE; — *pleneur de lune*, pleine lune; — *défaut de lune*, éclipse ou disparution de la lune; — *décours de lune*, dernier quartier; — *montée de la lune*, premier quartier.

LUNIER, qui n'entreprend rien sans avoir observé les phases de la lune.

LUZERNE (*medicago sativa*); Olivier de Serres l'appelle sainfoin.

LYÉE, surnom de Bacchus; du grec *luo*, délier, délivrer; parce qu'il dissipe le chagrin.

LYS d'étang, blanc d'eau, nénuphar blanc (*nymphæa alba*).

M.

MACULE, tache, corruption; du latin *macula*.

MADREURE, tache ou veine dans le bois, ou sur le pelage des animaux.

MAGNANERIE, *magnaghièiro*; atelier de vers-à-soie, — *magnaguier*, magnanier, *magnaghie*, *magnanié*, l'homme chargé de leur nourriture; — *magna*, *magnaou*, ver-à-soie; — *magniaux*, vers-à-soie.

MAIENS, foins que l'on fauche au mois de Mai.

MAILLETON, *maillot;* maillet, petit marteau; du latin *malleolus;* — morceau de sarment de vigne, appelé ainsi parce que la partie du vieux bois qu'on y laisse, lui donne la forme d'un maillet. Voyez CHAPON.

MAIN, fois, coup, suite, côté; — *tout d'une main*, tout d'un coup, tout d'une fois, d'une seule fois; — *à toutes les mains*, tout de suite; — *des deux mains*, des deux côtés.

MAISONNER, bâtir.

MAISTRISE, science, habileté, adresse, industrie, art; — *en formant les fourneaux gît la maistrise*, l'adresse, le grand art, est dans la confection des fourneaux.

MAL-APPRIS, mal appris.

MAL EN POINCT, en mauvais état.

MALÉABLE, léger, facile à remuer, à travailler; — *terre subtile et maléable*, terre qui est traitable, maniable, douce, meuble.

MALICE, méchanceté; — *malice du temps*, sa mauvaise qualité, son intempérie.

MALANO, *malingue;* méchant, mauvais; — *malingues herbes*, mauvaises herbes.

MAL-TENIR (le), la mauvaise manutention, la mal-propreté.

MANNE, manne, grand panier d'osier, mannequin.

MANDEMENT, territoire, canton, étendue d'une jurisdiction, ressort; du mauvais latin *mandamentum*.

MANGEOIR, le lieu où l'on mange, salle à manger.

MANGERIE, appétit.

MANGILLES, petites bêtes qui rongent les plantes et les fruits.

MANIEMENT, gouvernement, conduite, administration, façon des terres.

MANIER, traiter, gouverner, façonner, conduire, faire, opérer, procéder; — *s'y manier*, s'y prendre, se conduire.

MANQUE, adjectif, tronqué, mutilé, à qui il manque quelque chose, incomplet, défectueux; du latin *mancus*, manchot, estropié; — *les branches manques et défectueuses*, les branches tronquées; — il signifie aussi infécond.

MARRUBE, marrube (*marrubium vulgare*).

MANTEL, manteau; plumage ou pelage qui couvre les épaules et le dos des animaux. Voyez EMMANTELE.

MANUFACTURE, manière de faire, de fabriquer, main-d'œuvre, façon; des mots latins *manus* et *facere*.

MARAIS, *marests;* marais.

MARGARITON, perle; du latin *margarita*.

MARGOUTE, marcotte.

MARQUE, marche, division de cantons; ce mot vient de *mark*, confins, limites, frontière; — *marque d'Ancône*, marche d'Ancône.

MARRE, espèce de houe; du latin *marra*. Les vignerons d'Orléans qui travaillent assez près de la ville pour entendre sonner les horloges, ont grand soin de *tinter* leurs *marres* lorsque sonne l'heure de quitter le travail, afin d'avertir leurs camarades. C'est delà qu'est venu le mot *tintamarre*.

MARRER, labourer les vignes à la marre.

MARRIR, fâcher.

MARRISSON, détriment, dommage, chagrin, regret.

MARROUCHOUX, guede, pastel (*isatis tinctoria*); on appelle encore aujourd'hui *marouchin*, le pastel de mauvaise qualité.

MARSÉS, semés ou qui se sèment en Mars; — blés de Mars.

MARTELET, petit marteau.

MARTELIERES, meurtrières, petits trous pour laisser couler l'eau, semblables aux meurtrières pour laisser passer les canons des fusils.

MARTYRE (estre), souffrir, être tourmenté.

MATERAS, matelas.

MATTER, amortir, flétrir; — faire perdre aux plantes l'humilité qu'elles ont de trop. Voyez EMMATI.

MAUGRÉ, malgré.

MAUVAISETÉ, *mauvaitié;* malignité, méchanceté; — mauvaise qualité.

MÉLIOREMENT, amélioration.

MEMBRE, *membré;* chambre, pièce d'un appartement.

MENON, *menaux;* bouc chatré.

MENTASTE, mentile sauvage, menthastre (*mentha rotundifolia*).

MENU (le), le détail, avec détail; — sans omission de la moindre circonstance.

MENUES-PAILLES. Voyez BALE.

MENUISAILLES, toutes sortes de choses minces, menues; — dans les animaux de boucherie, les parties de peu d'importance, les issues.

MERCURE, mercuriale (*mercurialis annua*).

MÈRE, grand saloir; — source principale d'une fontaine; — le grand réservoir.

MERLETS, *mêrlé;* créneaux d'une tour, ou ce qui y ressemble.

MERLUS, merluche.

MERVEILLE, étonnement, admiration.

MÉSATENIR, mal réussir; — *afin qu'il ne mésavienne*, de peur que mal n'arrive; — *il mésavient*, il arrive quelque malheur.

MESCOMPTER, mal compter; — *se mescompter*, se tromper dans ses calculs.

MESGUE, petit lait qui s'égoutte du fromage.

MESLIER, néflier (*mespilus Germanica*); — *mesles*, nèfles.

MESLANGE, mélange; — *meslingé*, mélangé; — *meslinger*, mélanger, mêler.

MESNAGE; des mots latins *manus* et *agere*. *Olivier de Serres* lui donne beaucoup d'acceptions: — gouvernement, administration, gestion, conduite, manutention des affaires de la maison; — culture et façons des terres; — manipulation, main-d'œuvre; — besogne, ouvrage; — travail particulier, opération; — économie.

MESNAGER, conduire, gérer, administrer les affaires; — disposer de l'emploi des terres, les façonner; — gouverner, conduire, diriger les travaux, une opération quelconque; — opérer, travailler.

MESPLIER *mavage*, houx commun (*ilex aquifolium*).

MESTIER, fonction, emploi; du latin *ministerium;* — *le mestier d'autres abeilles est de tenir nettement le logis;* — besoin, chose nécessaire; de l'italien *mestière;* — *durant l'hiver, le fient a mestier d'estre aydé de quelque chaleur extérieure*, a besoin d'être aidé.

MESTIF, *métif;* métis ou hybride, produit de père et mère de nations, pays ou couleurs différens; — fruits provenus de deux arbres de différentes espèces; — *vin mestif*, fait avec des poires jetées sur le marc du raisin.

MÉTIVER, métiver: moissonner; — métivier, métivier, moissonneur.

MÉTILLES. Je ne trouve point ce mot; c'est peut-être adrilles mal écrit, ou noix mételles (datura fastuosa).

METTRE EN FORÊT, mettre en état.

MEUR, meure; mûr, mûre; — meureté, meurté; maturité; — meurir, mûrir.

MEURES, mûres, fruits du mûrier.

MEURIERE, meurerraie; lieu planté de meuriers, mûriers.

MEURTE, murte; myrte (myrtus communis).

MEUS, émus, excités; participe du verbe mouvoir.

MEYANE, vides des entre-deux des fossettes creusées dans les melonnières.

MIGRANE, migraine; du grec hémicrania.

MIE, point, jamais.

MILLERAYE, champ semé de millet.

MINIO, minium (oxide rouge de plomb).

MIRANDE, terrasse ou galerie couverte établie au haut d'une maison pour pouvoir s'y promener et jouir d'une vue très-étendue; du latin mirari, admirer.

MIRE-GOUTON, variété de pêche.

MIRTIL, myrtille, airelle (vaccinium myrtillus).

MISSOUNON, indicatif présent du verbe moissonner; ils moissonnent; — lous autres missounon, les autres moissonnent.

MOITE, rendu moite, humecté.

MOLLIFICATIF, qui amollit; — remède émollient; — mollifié, amolli, humecté.

MOLU, molue; moulu, moulue; en parlant des grains.

MONOX, aronron (solanum pseudo-capsicum).

MONSTRE, apparence; — grande monstre, grande apparence.

MONTAIGNETE, petite montagne, monticule.

MONTÉE, accroissement; — temps où les vers-à-soie montent pour faire leurs cocons.

MONTÉE de la lune, premier quartier, croissant.

MORCEAU. Voyez BOURRE.

MORCILLONS, petits morceaux.

MORFONDEMENT, morfondure.

MONTONON, percher; — ne faut labourer la terre en extrême sécheresse, de peur de la morfondre.

MONOUX diaboli, rés[illegible]euse (sablosa succisa).

MOSCELLIN, huile dans laquelle il entre de la muscade et du musc; elle est appelée, dans les anciennes pharmacopées, oleum muscelinum.

MOULUE, morue.

MOUSSE, mousse, émoussé, obtus, qui a perdu le fil.

MOUST, moût, jus exprimé des fruits, sur-tout du raisin; — vin doux; du latin mustum.

MOUTÉ, remué.

MOYAU, moyeu; jaune d'œuf; — noyau, milieu, intermédiaire; — feuilsorti de l'arbre sans moyeu, sans noyau.

MOYENNER, être cause, occasionner, produire.

MUGLEMENT, meuglement, beuglement, cri de la bovine.

MULETAILLE, mulets en général; comme l'on dit poulaille, etc.

MUNDÉ, monde, propre, net, pur; du latin mundus.

MUNITIONNER (se), se pourvoir, se munir.

MURTE. Voyez MEURTE.

MYRTILLES, baies ou fruits du myrte.

N.

NAFE. Voyez EAU NAFE.

NAI, pluriel naïs; né, nés, participe du verbe naître.

NAISAGE, rouissage du chanvre; — droit de le faire rouir.

NAISER, faire rouir.

NAVEAUX, navets.

NAVETTERE, champ semé de navette (brassica arvensis).

NAZITOR, cresson alénois (lepidium sativum).

NE, ni; — sans distinction ne du bien ne du mal.

NÉANT, rien, point ou pas; — pour néant, pour rien, inutilement, en vain.

NÉGOCE, affaire, entreprise, opération, besogne, travail; — négociations rustiques, affaires et travaux des champs.

NÉGOTTER, travailler, opérer, faire de la besogne.

NIELE, poivrète (nigella sativa).

NIEYRE, peuplier-tremble (populus tremula).

NOIALLIEERE, lieu où l'on plante des noyaux; — pépinière d'arbres à noyau.

NOIERAIE, lieu planté de noyers.

NOISILLES, noisettes.

NON du tout, point du tout; — non si bien, pas si bien; — non plus que, de même que, pas plus que.

NON CHALANT. Voyez ANNONCHALIR.

NOURISSEMENT, nourriture, éducation d'animaux domestiques; — les animaux qu'on élève.

NOUER, nager.

NOUVELLETÉ, nouveauté.

NOUVELLES, navales; terres nouvellement défrichées, ou changées depuis peu de culture; du latin novale.

NUBILEUX, nébuleux, chargé de nuages; du latin nubilus.

NUISANCE, ce qui nuit, perte, dommage, préjudice, tort; — à ma nuisance, à mon préjudice.

NUMILAIRE, nummulaire (lysimachia nummularia).

NYMPHÉES (menyanthes nymphoides).

O.

OBFUSQUÉ, offusqué.

OBIER (viburnum opulus).

OBSCUR, louche, qui n'est pas clair; — vin obscur, vin louche.

OBSERVANCE, règle, usage; — ce qui s'observe.

OBVIER REDICTE, éviter les redites.

OCAIGNE; — et avenant que l'enfant descende trop bas, soustiendra son ventre avec une peau d'ocaigne, ou de chèvre; je n'ai point trouvé le mot ocaigne; je trouve seulement dans Ducange, ocea, ocea, oye; ocea, en espagnol et en italien, signifie également une oye. Ocaignar, c'est parfumer une peau de goil.

OCCUPER, disposer.

OCTAVE, huitième, huitième partie.

OCULÉ, qui a de bons yeux; et par métaphore, habile, prévoyant; du latin oculatus.

ODOREMENT, l'odeur, le flair; — odorer, donner de l'odeur.

OEIL-DE-BŒUF, pissenlit (leontodon taraxacum).

OEILLET, œils, bourgeons, œilletons, boutons.

OEUVRE, besogne, travail, action;

tion; — *donner une œuvre à la terre*, lui donner une façon; — *il œuvre*, il opère, il travaille.

OFFICE, devoir, fonctions; — ce que chacun a à faire.

OIGNONET, petit oignon.

OISIF, pris non pour celui qui se tient en repos, mais pour l'art qu'on ne pratique pas, et pour la chose dont on n'use pas.

OIT (il), il entend; du verbe *oïr* ou *ouïr*.

OLEASTRE, olivier sauvage; du latin *oleaster*.

OLIVETE, *olivaie*; lieu planté d'oliviers; du latin *olivetum*.

OMAILLE. Voyez AUMAILLE.

OMBRAGEUX, *ombré*, *ombreux*; ombragé.

OMPHACIN (huile), huile d'olives vertes; du grec ομφαξ, raisin vert.

ONGLE CABALINE, pas de cheval (*cacalia papillaris*).

OPPORTUN, qui vient ou est fait à propos; — *apportunément*, à propos, dans un temps favorable.

OPPRESSE, oppression; — tout ce qui nuit, gêne, ou est de trop; — *oppressant, oppresser, opprimant, opprimer*.

ORD, mal-propre, sale, dégoûtant; d'où vient ordure.

ORÉE, bord, lisière, rive, extrémité, frontière; du latin *ora*.

ORES, encore, quoique, maintenant, lors; — *ores même que*, lors même que.

ORIZON, horizon, climat.

ORMAYE, lieu planté d'ormes.

ORPIN, *reprise* (*sedum telephium*).

OSIRE, Osiris, dieu des Égyptiens.

OU QUE, en quelque lieu que.

OU SEROIT, excepté.

OUAILLE, bête à laine; du latin *ovis*, brebis.

OUILTRE, outre pour contenir du vin ou d'autres liquides.

OUÏR, entendre.

OUISTRE, huître.

OUVRER, opérer, travailler.

OYER, faire des œufs, pondre.

OXILAPATHUM, espèce de patience (*rumex acutus*).

OXISACRE, sirop de vinaigre et de sucre; du latin *oxysaccharum*.

OYANT, entendant; du verbe *ouïr*.

OZERAYE, lieu planté d'oziers.

P.

PAELLE, *poêle*; *pelle*; — poêle à frire; — *paele ferrée*, bêche; de l'italien *padella*.

PAIN CHALANT, pain bien fait. Voyez CHALANT.

PAIN-DE-POURCEAU (*cyclamen europœum*).

PAISSEAU, petit pieu, échalas; du latin *paxillus*.

PAISSONS, pâturages.

PAL, *pau*, pluriel *paux*; pieu; du latin *palus*.

PALLEMAIL, jeu de mail; de *palma* et de *malleus*.

PALLETTE, petite pelle.

PALUS, marais, marécage, eau croupissante.

PANIFIER, faire du pain, devenir pain, servir à faire du pain.

PANIL, panis (*panicum*).

PAOUR, pour; — *paoureux*, poureux; du latin *pavor*.

PAPAVER, pavot.

PAPIER SUBTIL, papier très-fin, papier serpente, ou brouillard.

PAPILLE, mamelon, le bout du sein; du latin *papilla*.

PAR, préposition souvent mise devant un verbe pour exprimer la perfection, comme *parbouillir, parcroître, parfaire*, etc.

PAR AINSI, ainsi donc, conséquemment, en conséquence, par conséquent donc.

PAR DEÇA, au delà, par delà.

PAR-ENSEMBLE, ensemble.

PAR-ENTRE, entre, parmi.

PAR-PRÈS, après.

PAR SUR, quant à, pour ce qui est.

PARABANDE, contrevent, volet, pour garantir du vent, du soleil.

PARAVENTURE, peut-être.

PARBOUILLIR, bouillir beaucoup ou grandement.

PARCRÛ, qui a pris sa croissance.

PARCROISTRE, croître beaucoup; — arriver à son terme d'accroissement.

PARELLE, patience (*rumex aquaticus*).

PARER, garantir, abriter.

PARFACE, troisième personne singulier présent du subjonctif du verbe *parfaire*.

PARFAIRE, achever; — *se parfaire*, arriver à son point de maturité, de perfection.

PARFIN (la), la fin.

Théâtre d'Agriculture, Tome II.

PAIRER, mettre par paires, apparier; — s'apparier, s'accoupler, en parlant des animaux.

PAROIS, mur, muraille, cloison; du latin *paries*.

PAROLE, promesse.

PARROIS, l'île de Paros.

PARSIMONIE, épargne, économie, ménage bien entendu.

PART (le), l'action de mettre bas, l'enfantement; du latin *partus*.

PARTERRE (le), le sol.

PARTI, partagé; — *partir*, partager; — *partissés*, partages; du latin *partiri*.

PAS-DE-LYON, pied de lion (*alchimilla vulgaris*).

Pas de muraille, pan de muraille.

PASQUETTE. Voyez COYSRE.

PASQUIS, pâturages.

PASSE-ROSE, rose trémière (*alcea rosea*).

PASSE-VELOURS branchu, amaranthe à queue (*amaranthus caudatus*).

PASSÉE (la), chasse lors du passage des oiseaux, comme bécasses, canards sauvages, etc.

PASSERAGE, *piperitis*; curage (*polygonum hydropiper*).

PASSERILLES, raisins qu'on destine à faire sécher; — *passerillés*, raisins séchés, cuits au soleil.

PASSION, douleur, souffrance, maladie.

PAST, repas; du latin *pastus*.

PASTENADE, carotte (*daucus carotta*).

PASTENAILLE *blanche*, carotte blanche.

PASTIR, souffrir, pâtir.

PASTIS, pâture, pâturage; — *bois pastis*, bois où vont paître les bestiaux.

PATIENT, malade, qui souffre.

PATINÔSTRES, chapelets.

PATRONER (se), se modeler.

PATTÉS, pattus; pigeons ou poules qui ont des plumes jusqu'aux pattes.

PAU. Voyez PAL.

PAVANE, danse très-ancienne, ainsi nommée de l'italien *pavana*, abrégé de *paduana*, parce qu'elle est originaire de Padoue.

PAYENNE (à la), à la manière des payens.

PEIGNER, celui qui fait des peignes.

PEINE, soin, souci, travail; —

mettre peine à, se donner du soin à une chose, la travailler; — *peine que*, afin que; — *se peiner*, se donner de la peine, travailler.

PELLAGE, poil, couleur du poil.

PELLER, ôter la peau, le poil, la superficie.

PELOTON, cocon du ver-à-soie.

PENDANS *en plume*, faits comme les barbes d'une plume.

PENDANT, incliné, en pente, en parlant du terrein.

PENDRE, avoir de l'inclinaison; — *faire pendre un canal*, lui donner de l'inclinaison, de la pente.

PÉNINE. Voyez FRESCON.

PENNE, plume, aile.

PENSEMENT, inquiétude, pensée, fantaisie; — *s'il faict pensement au père-de-famille*, s'il a quelque inquiétude; — *si d'adventure il vous faict pensement de*, si par hasard la pensée vous vient de.

PENTS, penthières, grands filets.

PÉPINIÈRE, lieu où l'on fait venir les arbres de pepins.

PÉRÉ, poiré; boisson faite avec du jus de poires.

PÉRENNE, continuel, qui dure toujours; — vivace, en parlant d'une plante; — vive, courante, en parlant de l'eau; du latin *perennis*.

PERFUMER, parfumer; — *perfumier*, parfumeur; — *perfums*, parfums.

PÉRIR, faire périr, détruire. *Olivier de Serres* emploie ce verbe dans un sens actif.

PERRÉSINE, poix-résine.

PERROQUET, sorte d'aloès (*aloe variegata*).

PERSÉ, *persée*; percé, troué.

PERSONATA, bardane (*arctium lappa*).

PERTINENT, convenable.

PÊCHABLE, qu'on peut pêcher, en parlant d'un étang, etc.

PÊCHER (le), pièce d'eau moins grande que l'étang et plus étendue que le vivier; — lieu destiné à la pêche.

PESTRIR, pétrir.

PÉTRIR, pierreuse; — *la terre pétrie*, la terre pierreuse.

PÉTUM, tabac (*nicotiana tabacum*).

PEU, pu; participe du verbe pouvoir.

PEUPLAYE, *peupleraye*; lieu planté de peuples, ou peupliers.

PIALET, cuscute (*cuscuta europæa*).

PICHIER, vase à mettre des liqueurs; — certaine mesure.

PIED-DE-CORBIN, espèce de renoncule (*ranunculus repens*).

PIED-DE-GELINE, fossés couverts pour le dessèchement des prés, faits en pied de poule.

PIED-DE-LYON (*alchimilla vulgaris*).

PIERRES *d'aigle*, étites, pierres ferrugineuses.

PIGNOLAT, dragée faite avec les pignons.

PILOIR, pilon.

PILOSELLE (*hieracium pilosella*).

PINETTE, lieu planté de pins.

PINOZ, sorte de raisin.

PIOE, *pione*; pivoine (*pæonia officinalis*).

PITER, tromper, agir de finesse et de mauvaise foi.

PIVERITIS. Voyez PASSERAGE.

PIVEUR, fourbe, trompeur.

PIQUARDANT, sorte de raisin muscat.

PIQUASSATS, œillets panachés ou piquetés.

PIQUERONS, pointes, piquans.

PIQUES, disputes; — *entrer en piques*, se disputer.

PISTER, pilée, écrasée avec le piston; — *pister*, piler, pétris; — *piston*, pilon; du latin *pistare*.

PLAIN, uni; du latin *planus*, d'où vient plaine.

PLAINEUR, *plaineur*, plénitude; — *plaineur de la lune*, pleine lune.

PLANCHÉ, planchéyé; — *plancher*, planchéyer.

PLANT-HEUREUX, fruits provenant d'un bon arbre.

PLANTAT, branche à planter.

PLANTEMENT, action de planter, plantation.

PLANTIS, plants.

PLANTUREUSEMENT, abondamment, en abondance; — *plantureux*, abondant, fertile.

PLANURE, terrein en plaine, plat, uni.

PLEUREUR, *praigneur*, plénitude, état d'une femelle pleine; du latin *prægnans*.

PLUT (il), il pleut.

POACRE, rogne des bêtes à laine.

POIL, filasse, et tout ce qui sert à faire de la toile; — les stigmates de la fleur du safran.

POILANT, *poiler*; épiler, ôter les poils, ôter la bourre des cocons des vers-à-soie avant de les dévider.

POINCT, état, situation; — *mettre en poinct*, mettre en état; — *bien en poinct*, en bon état; — *en bon poinct*, en bon état; — *mal en poinct*, en mauvais état.

POINDRE, piquer; du latin *pungere*, commencer à paroître.

POISANT, pesant; — *poisanteur*, poids, pesanteur; — *poiser*, peser.

POISSILLON, petit poisson.

POIVRETTE. Voyez NIELE.

POIX *gemme*, poix minérale, pétrole épaissi.

POIXEMENT, l'action d'enduire de poix.

POLIE, poulie.

POLITRIC (*lonchitis trichomanoides*).

POLYGONUM. Voyez CENTINODE.

POMME D'ADAM, espèce d'orange (*citrus limon vulgaris*).

POMMERAYE, lieu planté de pommiers.

PONCILE, poncire, espèce de citronnier (*citrus tuberosa*).

PONNENT, pondent; troisième personne du pluriel, présent du verbe pondre; — *les poules ponnent*.

POQUET, semer en poquet, semer à la volée.

PORCHIER, porcher, gardeur de porcs.

PORT (le), le fœtus; — le temps qu'une femelle porte; — toute espèce de produit, de rapport; — la santé, se bien porter.

PORTÉE, force, valeur, qualité.

PORTEMENT, état de santé; — *bon*, *mauvais*, *modéré portement*.

PORTER, souffrir, endurer, permettre.

PORTIERE, femelle destinée à la propagation de l'espèce.

PORTOIR, *pourtoir*, *reste de rapport*; partie de sarment poussé dans l'année, attachée à une portion de vieux bois, et dont on fait les croisettes. Le sarment de l'année devant pousser les branches, et par suite le fruit, est appelé *portoir*.

POSSÉDER, prendre pied, prendre possession, s'emparer.

POSTPOSER, mettre après; — faire moins de cas, estimer moins.

POTAGERIE, toutes les herbes potagères.

POTIRON, *bolet*; champignon bon à manger.

POTUS, potion.

POUER la vigne, la tailler avec une serpette qu'on appelle *poue*.

POULAILLE, tout ce qui est du genre poule.

POUSSER, pousser.

POURON, melon; du latin *pepo*.

POUR NÉANT, pour rien.

POUR QUE, que, quelque; — *pour doucement qu'on manie les abeilles*, quelque doucement qu'on les manie.

POURCELAINE, pourpier (*portulaca oleracea*); de l'italien *porcellana*.

POURCELETS *de Saint-Antoine*, cloportes.

POURMENER, promener; — *pourmenoir*, promenade, lieu où l'on se promène.

POURTRAICTURE, dessin, peinture, gravure.

POURVOIR, prévoir, avoir soin.

POUSSER, en parlant des vins, s'avancer, tendre au point où ils cessent d'être bons; — se corrompre, se gâter.

POUSSAIGNADE, poule, en languedocien.

POUVEIR, pouvoir.

POUZARANQUES, puits-à-roue; voyez tome II, pages 439, 440, colomne II, note (5).

PRAIGNE, *praigne*; femelle qui a conçu, qui est pleine; du latin *prægnans*.

PRAIGNEUR. Voyez PLEIGNEUR.

PRÉDICAMENT, ordre, rang, série.

PRÉER, faire un pré; — établir, semer en pré.

PRÉFIGER, indiquer un temps fixe, fixer, prescrire.

PREGNEUR. Voyez PLEIGNEUR.

PRÉMARCHER, marcher devant, aller devant; être fait avant ou auparavant, prendre, devancer.

PRÉMATURITÉ, maturité qui devance la saison.

PRENDRE *terre*, s'acclimater; — *les poules-d'Inde ont prins terre en ce royaume, malgré la délicatesse de la race.*

PRÉPARER, parer, abriter.

PRÉPLANTEMENT, plantation faite avant une autre.

PRÉPOSER, mettre avant; — préférer, donner la primauté, la préférence; contraire de *postposer*.

PRÉS-APRÈS, très-près.

PRELLE. Voyez ASPRELE.

PRESSE, *presses*; espèce de pêche.

PRESURER *le laict*, le faire cailler.

PREUVE, *à preuve de*, à l'abri de; — *la servante reposent le pain à preuve de rats, souris et poussière.*

PREUVER, prouver.

PRÉVERRA (on), on prévoira.

PRIMERAIN, hâtif, qui se fait ou qui arrive le premier; — *le chastrer primerain*, la castration faite peu de jours après la naissance; — *la saison primeraine*, le printemps.

PRIMEUR (la), ce qui paroît avant les autres, en parlant des plantes.

PRIMEVÈRE (la), le printemps; de l'italien *primavera*.

PRINCIPAL, substantif; qualité principale, première inclination.

PRINS, *prinse*; pris, prise; participe du verbe prendre.

PRIX-FACHIER, homme qui travaille à prix fait.

PROCEDURE, procédé, opération.

PRODIGALEMENT, plus que libéralement; — *qui désire avoir profit de son vignoble, l'entretienne plustôt prodigalement que libéralement*, plutôt avec prodigalité, qu'en faisant seulement ce qui est nécessaire.

PRODIGALISER, prodiguer, user avec excès de son argent ou de quelque chose que ce soit.

PROFIT, avantage, utilité, sans égard au bénéfice pécuniaire.

PROFITABLEMENT, convenablement, utilement, avantageusement; quelquefois suffisamment.

PROFITER, être bon à; — *ce remède profitera à ce mal*, sera utile contre lui; — *profiter une chose*, en tirer avantage, utilité, profit, commodité, l'employer utilement; — *allant curieusement, profiterez tout vos vins.*

PROFONDER, creuser, fouiller; — s'enfoncer en terre, en parlant des racines.

PROFONDITÉ, profondeur.

PROPOS (le), l'occasion, le cas de faire quelque chose.

PROPRIÉTÉ, employé par *Olivier de Serres* pour usage auquel sert principalement une chose.

PROVENDE, *provende*; provision, nourriture.

PROVIDENCE, prévoyance; — *provident*, prévoyant.

PROU, beaucoup, assez.

PROVISION, prévoyance; — *se provisionner*, prévoir ce dont on a besoin, s'approvisionner.

PROVOIR, *prouvoir* (se); se pourvoir, faire provision de; — prendre garde, observer, prévoir.

PSILLUM, herbe aux puces (*plantago psyllium*).

POULCE, puce; du latin *pulex*.

POURPRAS, pourpré; du latin *purpura*.

Q.

QUALITÉ, bien ou mal; — qui a de bonnes ou mauvaises qualités.

QUAISSE, caisse.

QUANT ET, en même temps que; — *quant et soi*, avec soi.

QUANTES, autant, toutes les fois que.

QUARREAUX, carreaux.

QUARRELLÉ, carrelé, où on a mis des carreaux.

QUARREURE, carré.

QUARRIÈRE, carrière.

QUARTIER, logement; — lieu destiné à un usage particulier; — quartier des gens, du bétail, des fruits; — saison, usage.

QUE, qui, aussi-tôt que, d'autant plus; — *choisi qu'on aura*, aussi-tôt qu'on aura choisi; — *ils sont plus foibles que plus ils sont venus tardivement*, ils sont d'autant plus foibles qu'ils sont venus plus tard.

QUESTE, recherche; — *quester*, chercher.

QUEUE DE CHEVAL. Voyez ASPRELE.

QUOQUELICOQ, coquelicot (*papaver rhœas*).

QUOTIDIANE, quotidienne, de tous les jours.

R.

RABAT (sans), sans relâche, sans cesse.

RABILLAGE, rhabillage, raccommodage; — *rabillé*, réparé, corrigé, redressé; — *rabiller*, rhabiller, raccommoder.

RABOUTEUX, raboteux.

RACINE, race, origine, espèce ou variété; — *pommes rangées par racines distinctes.*

RACOUSTRER, rajuster, réparer, raccommoder.

RADOUBER, réparer, en calfatant et introduisant de la mousse.

RAFFOURER. Voyez AFFOURAGER.

RAGAS, *ragasse*; ravine, averse, chute d'eau, torrent d'orage.

RAINE, *rainette*; grenouille; du latin *rana*.

RAINS (les), le dos; métaphoriquement, la terre qu'on laboure; — *fendre les rains de la terre*.

RAIRE, raser.

RAISEAU, guirlande.

RAMAGE, branche, branchage, feuillage, rameau.

RAMEUAX, petites branches qui servent d'appui aux plantes grimpantes, comme les pois, etc.; — branches, rameaux et feuilles; — branchage où montent les vers-à-soie pour faire leur cocon.

RAMONTER, remonter, faire remonter.

RAPHAN, *refort*; raifort; du latin *raphanus*.

RAPPÉ (vin), vin où il y a beaucoup d'eau.

RAQUÉS (vins), vins exprimés du marc.

RARE, qui est en petite quantité; — plantes ou semences éloignées les unes des autres, qui ne sont pas drues; — transparent, clair, peu serré; — *toile rare*.

RAREMENT, jeter fort rarement les semences, ne pas semer dru; — *la vigne rarement complantée*, dont les ceps sont éloignés les uns des autres.

RARITÉ, rareté, pris dans le sens des deux mots précédens.

RASCLEURE, raclure.

RASTELER, se servir du rateau, râteler.

RASTELIER, rafle du raisin.

RATELLE (la), la rate; — mal de rate.

RATOIRE, piége pour prendre les rats, ratière.

RAVALER, diminuer de valeur, de prix.

RAVANEL, raifort.

RAVIÈRE, lieu semé de raves.

RAVIGORIR, *ravigourir*; rendre la vigueur, fortifier; — *ravigouri*, remis en vigueur.

RAZIS, onguent inventé ou employé par le médecin *Rhazis*.

RE-AMONCELLÉ, amoncellé de nouveau.

RÉAMPLIR, remplir de nouveau, combler.

RÉAPLANIR, recouvrir en applanissant.

RÉAPPOINCTÉ *dans terre*, fiché de nouveau en terre.

REBOURCE, *rebours*, *rebourse*; rebelle, revêche, difficile; — *terre rebourse*, terre revêche, ingrate.

RÉCENTEMENT, nouvellement, récemment.

RECOIT (il), il reçoit.

RÉCEPTACLE, vase ou endroit où l'on dépose quelque chose; — réservoir; — recette ou formule d'une composition quelconque.

RECERCHEABLE, que l'on doit rechercher; — *recerche*, *recercher*; recherche, rechercher.

RECEU, reçu.

RECLORRE, refermer; — *reclorre la vigne*, la biner.

RECOGNEU, reconnu; — *recognoistre*, reconnoître.

REÇOITE, recette; — engrangement.

RECOURRE, recouvrer.

RECOUVREMENT, action de recouvrer, de recueillir; — récolte.

RECOUVRER, trouver, recueillir, récolter, rencontrer.

RECREU, *recreue*; las, fatigué, découragé: voyez tome 1, page 593, colonne 1, note (25).

REDARGUER, blâmer, reprocher, réprimander; du latin *redarguere*.

RÉDIGER, réduire, soit en poudre, soit en cendres; du latin *redigere*.

RÉDIMÉ, délivré, quitte, racheté.

RÉEMPLOYER, employer de nouveau.

RÉFÉRER, rapporter; — *se référer au vrai*, s'accorder avec la vérité.

REFORT. Voyez RAPHAN.

REFUTANT, évitant.

REGNARD, renard.

REHAUSSEMENT, parties de terre relevées avec la houe ou autre instrument; — monticules que forment ces amas.

REHERBER (se), se recouvrir d'herbe; — *plus facilement se reherbent les lieux abaissés, que les élevés*.

REJECT; — *fueille de reject*, feuille de la seconde pousse des arbres déjà effeuillés; — rejetton; — scion qui pousse du pied.

REJETAIL, sorte de piége pour prendre des oiseaux.

REJETTER, pousser de nouvelles branches, ou des rejetons par les racines.

RELEVER, soulager, consoler,

RELEVERONS, petites élévations de terre faites avec des instrumens de labour, comme la houe.

RELIEVES, *reliques*; restes, débris de cuisine, de repas, etc.

REMBOUCHER, c'est, lorsqu'on plante des arbres, remettre la terre de manière qu'elle couvre bien toutes les racines.

REMETTRE (s'en), s'en rapporter.

REMOUVOIR, remuer.

REMPARER, garnir.

REMPLAGE, remplissage.

REMUER, changer; du latin *mutare*; — *les chevaux ont remué toutes leurs dents à un certain aage*; — transporter, changer de lieu, secouer; du latin *removere*.

RENCONTRE, ensemble, union; — *cheval de beau rencontre*, dans lequel toutes les parties sont d'un bel accord.

RENCONTRER, trouver; — réussir, avoir du succès.

RENFUEILLER (se), pousser de nouvelles feuilles.

RENO, rang; — *renger*, ranger, mettre à sa place.

RENOUVEAU (le), le renouvellement de la saison, le printemps.

RENVERS, revers.

RÉOSTER, ôter une seconde fois.

RÉOUVRIR, r'ouvrir.

RÉPARATION, rétablissement et réagrément de quelque chose que ce soit; — replantation d'arbres qui ont manqué.

RÉPARÉE, poirée (*beta vulgaris*).

REPLAT, allée, promenoir, chemin, espace uni, plan, et sans aucune pente, mais se trouvant sur une élévation.

REPLECTION, réplétion.

RÉPOSITOIRE, *reposoir*; endroit où l'on pose, tout ce sur quoi l'on met quelque chose; — petits bâtimens et réservoirs posés à quelque distance les uns des autres, pour la conduite et l'entretien des eaux.

REPRISE. Voyez ORFIN.

REPROVISIONNER, approvisionner de nouveau.

REQUESTE, recherche; — *fruits ou vins qui sont de requeste*, que leurs qualités font rechercher.

RÉS, tresse d'ail, botte d'ail ou d'oignon.

RÉS, rez; très-près; — *rés terre*, *rez de terre*, à fleur de terre.

RÉSÉCANT, coupant; du latin *resecare*.

RÉSERVOIR, pièce ou meuble dans lequel on conserve quelque chose.

RES-JOUIR, réjouir, fortifier; — *res-joui*, réjoui, content, fortifié.

RÉSOLU, certain, assuré.

RESPECT (par), eu égard, à cause de, par considération; — *au respect de*, au regard de, en comparaison.

RESPIRER, prendre l'air, en parlant de vases mal bouchés.

RESPONCE, raiponce (*campanula rapunculus*).

RESSENT, récent, nouveau, frais.

RESSOUDER (se), se réunir, se consolider.

RESTRAINCTION, restriction, resserrement.

RETAILLEURES, copeaux.

RETENAIL, tout ce qui sert à retenir; — bourrelet ou éminence formée sur quelque chose, pour l'empêcher d'entrer trop avant.

RÉTENTION, empêchement; — retenue, modération, épargne.

RETENU, modéré; — *aller retenu*, s'y prendre avec modération.

RETOURNER *vivre*, revenir à la vie, ressusciter.

RETRACTEMENT, rétrécissement; — *retracter*, rétrécir.

RETRAINT, retiré; — *les fruits se retraignent*, diminuent de volume, en perdant de leur humidité; — *se retraire*, se retirer, en parlant des fruits, des draps et étoffes.

RETRAIT, privé, latrines, aisances.

RHUME, humeur qui coule des yeux et de la bouche.

REVA (on), on retourne, on va une seconde fois.

REVERCHE, étoffe de laine.

REVISITE, fréquente visite.

REVONT, troisième personne plurielle de l'indicatif du verbe *s'aller*, aller de rechef.

REZ, ras, sans poil.

RHEUME (la), le rhume.

RIBLER, courir la nuit, comme font les débauchés; — se divertir.

RIÈRE, arrière; du latin *retro*.

RIOTE, bruit, tapage, querelle, difficulté; — *rioteux*, querelleur, railleur, difficile à vivre.

ROBIN (bon). On présume que ce nom appartient aux orvales ou toutes-bonnes (*salvia sclarea et sal-via pratensis*), que les Provençaux appellent *bouées-hornés*.

RODE, chevaux, mulets ou bœufs attelés par paires pour fouler le grain, en rond; du vieux mot *rodo*, roue, cercle.

ROIGNE, rongne, la rogne; — *roigneux*, rongneux, qui a la rogne.

ROIGNER, rogner, couper.

ROINE, reine; — *roine des prés* (*spiræa ulmaria*).

ROMPRE, interrompre; — *rompre la terre*, labourer; — enfreindre la loi ou l'usage.

RONDELLE, hirondelle.

RONGNE. Voyez ROIGNE.

ROOLLE, liste, régistre, énumération, catalogue.

ROSMARIN, romarin (*rosmarinus officinalis*).

ROUE, dévidoir; — gelée blanche; du latin *rorata*.

ROUELLES, petites roues.

ROURE, chêne (*quercus robur*).

ROUSINEUX, qui a beaucoup de rosée.

ROUSSET, un peu roux; — bis, en parlant du pain.

RUBIE majeur, garence (*rubia tinctorum*).

RUSTICATION, vie et exercices champêtres; — *Auteurs de rustication*, qui ont traité de l'Agriculture.

8.

SABE, sape; suc de fruits, cuit; — vin cuit; du latin *sapa*, qui vient de *sapere*, avoir de la saveur.

SADRÉE, sarriette (*satureia hortensis*).

SAIN, sein; sain-doux: voyez tome I, page 625, colonne I, note (97).

SAINETÉ, santé, salubrité; — *sainteté de l'aer*, salubrité de l'air.

SAIN-FOIN, esparcet (*hedysarum onobrychis*); Olivier de Serres donne ce nom à la luzerne.

SAISON, temps propre à faire quelques travaux; — *la saison des labours, des vendanges*; — *saison primeraine*, le printemps.

SAISONNER, prendre saison, prendre l'air; — *saisonner le guerest*, le laisser reposer entre deux labours; — *fumier pourri et saisonné*, suffisamment fait et attendu.

SALETTE, petite salle.

SALICON, salicot; salicorne (*salicornia herbacea*).

SALVATELLE, veine qui est sur le dos de la main.

SANDALIDA *Cretensis*, lotier cultivé (*lotus tetragonolopus*).

SANER, muer; châtrer.

SANGLOT, singlout; le hoquet.

SANS CE QUE, si ce n'est que.

SANS RABAT. Voyez RABAT.

SAPE. Voyez SABE.

SAPINETTE, lieu planté en sapins.

SARGE, serge.

SARPE, vigne taillée; du latin *sarpta*.

SARRASINE, aristoloche (*aristolochia*).

SARRASSON, sorte de fromage cuit, qui se mange nouveau; — *recuite* dans plusieurs endroits.

SAUCISSOTS, saucissons.

SAULSAYE, *saussaie*; lieu planté de saules.

SAULX, saux; saule (*salix*).

SAUMÉE, sommée; mesure de terre qui répond à notre ancien arpent; — mesure de grains qui équivaut à trois de nos anciens setiers.

SAUTELLE, *margote*; rejeton enraciné de vigne, qu'on fait sauter, ou qu'on éclate de la racine mère, pour le planter à part; — crossette de vigne qui a déjà du chevelu.

SAUVAGINE, saveur des fruits sauvages ou non greffés; — de la chair d'animaux sauvages, ou non châtrés.

SAUVAIGEAU, sauvageon.

SAUVETÉ, lieu où l'on peut mettre en sûreté; — état des personnes ou des choses qui sont dans ce lieu; — *retirer à sauveté*, mettre en sûreté; — *demeurer à sauveté*, être à l'abri.

SAVINE, savinier; sabine (*juniperus sabina*).

SCABREUX, âpre, rude, raboteux; — d'humeur difficile, indocile, qui a de la rudesse dans le caractère; du latin *scaber*.

SCELLÉE, marquée d'un sceau; — *terre scellée*, préparation de pharmacie qu'on n'emploie plus.

SCÉNOGRAPHIE, scénographie, perspective.

SCISITION, *sénépion*; rougeole.

SCLATE, courtillière.

SCIRRE, skirrhe; du grec *σκίῤῥος*, *skirrhos*, tumeur dure.

SEBE, *cébo*, *ceba*, *cebou*; oignon (*allium cepa*).

SECOUX, secoué, agité, remué fortement.

SECRESTAIN, sacristain.

Seix de porc. Voyez Saim.

Séjour, retard; — repos, en parlant des terres et du bétail.

Séjourner, retarder, tarder, différer; — reposer, faire séjourner; — sans séjour, sans séjourner; sans retard, sur-le-champ.

Semence, multiplication, propagation; — les d'indons qu'on ne chastre pas, les laissant pour semence.

Séminaire, lieu où l'on sème quelque graine que ce soit, et d'où on prend le plant pour le mettre ailleurs; du latin seminarium.

Semondre: voyez tome II, page 456, colonne II, note (46).

Senestre, gauche; — opposé à dextre; du latin sinister.

Sensouire, fonds de terre salé, qu'il ne faut pas ramener à la superficie en labourant, parce que le soleil, en évaporant l'humidité, laisse le sel à nud, et rend le sol infertile.

Sentenc, savoir; adverbe.

Senteur, odeur.

Sepmaine, semaine; du latin septimana.

Serancer, peigner le chanvre ou le lin, les passer au seran, petite planche garnie de pointes de fer disposées en forme de peignes.

Serfouer, labourer légèrement autour des plantes avec la serfouette.

Serpentaire (arum dracunculus).

Serpillon, petite serpe.

Serpoulet, serpolet (thymus serpyllum).

Serrail, morceau de liége ou de bois qui sert à fermer le trou du bondon d'un tonneau; — bouchon.

Serrement, action et temps de serrer les fruits pour les conserver.

Serrément, très-près, très-serré.

Serrer marché, clore un marché.

Servable, bon à servir.

Serve, vivier ou conservatoire où l'on met du poisson en réserve; — réservoir ou regard pour la conduite et l'entretien des eaux; du latin servare, garder, conserver.

Sesjouissant, se réjouissant.

Sesterée, du mot setier, en latin sextarium; étendue de terre qui demandoit un setier de grains pour être ensemencée.

Seureté, sûreté.

Seve, état d'une noisette tombée de maturité, et dont le calyce s'en va en poussière.

Si, conséquemment, en conséquence, partant; — condition, précaution; — mais avec un tel si, mais à la condition de; — si est-que, cependant; — si que, tellement que, de sorte que.

Sidre, cidre.

Siége (le), le fondement, l'anus.

Siegleux, d'un siècle, vieux; — grains siegleux, vieux blés.

Siliquastre, poivre d'Inde (capsicum annuum luteum).

Silique. Voyez Garrobier.

Singulier, unique, spécifique; — remède singulier, qui a une vertu spécifique.

Singulière, nom donné aux chèvres qui ne font qu'un petit à la fois. Voyez Doublé.

Siringue, seringue, pompe; du grec σύριγξ, flûte.

Sixener, prendre ou faire un sur six; — rendre six pour un; — perdre cinq sur six.

Soigner (se), éviter, prendre garde, avoir soin, se garder de.

Solage, terrein, fonds, qualité de terrein; — exposition au soleil.

Soleillant, faisant soleil; — jour soleillant, où il fait beau soleil; — endroit soleillant, où le soleil donne; — soleillé, exposé au soleil, échauffé par ses rayons; — soleiller, faire soleil, être exposé au soleil.

Solet, poisson, petite sole.

Somne, sommeil; du latin somnus.

Sophia, talictron; talictron (sisymbrium sophia).

Sophistiquement, manière de falsifier les vins et les liqueurs; — sophistiquer, frelater, falsifier.

Sortir, paroître, résulter, produire; — d'où il sort, d'où il résulte, d'où il paroît.

Souchet, squenente; jonc odorant (andropogon schœnanthus).

Soucieux, soigneux.

Souef, souefve, d'odeur douce et agréable; du latin suavis.

Souer. Voyez Saner.

Souler, rassasier, lasser; — ne se point souler, ne se point lasser; — combler un fossé.

Souloir, avoir coutume, être habitué; du latin solere.

Soulongne (la), la Sologne.

Sourd, jaillit; troisième personne du présent de l'indicatif du verbe sourdre, sortir; — sourdent, sortent, proviennent; troisième personne du pluriel de l'indicatif du même verbe; du latin surgere.

Soustenement, soutien.

Souventes-fois, souvent.

Spic. Voyez Aspic.

Spicanard, spique (andropogon nardus).

Squenente. Voyez Souchet.

Squinence, esquinancie.

Staphisagre, herbe aux pouilleux (delphinium staphisagria).

Stœchados, stechas (lavandula stœchas).

Stempe. Voyez Scirpe.

Subjection, sujection; l'action d'être jeté ou posé dessous; — ce qui est posé ou jeté dessous.

Submettre, soumettre, mettre ou placer dessous.

Subtiliser, raffiner, rendre petit, amincir, diminuer, aiguiser.

Subvention, secours.

Sué, ressué, ressuyé, rassis; — le meilleur pain est le sué, est celui de la veille, qui est rassis.

Suffire à, pouvoir faire, être capable de faire.

Suffisance, capacité, qualité, faculté, talent, adresse; — à suffisance, juste ce qu'il faut.

Suffisant, capable.

Suiection. Voyez Subjection.

Sumach, sumac (rhus coriaria).

Summité, sommité; du latin summus.

Sumptuosité, dépense.

Supernuméraire, surnuméraire, surpercilu, de surplus.

Supplications, virouets; raisins empaquetés et conservés dans des feuilles de figuier.

Supplier une chose, la demander, la désirer.

Surroger, suppléer, substituer, mettre à la place.

Sursaillir, surmonter, saillir, dépasser; — sursault, troisième personne du présent de l'indicatif du verbe sursaillir.

Sursemé, viande de porc légèrement affectée de ladrerie.

Sus, sur, dessus; — préposition indiquant une place supérieure, une chose déjà faite; — sus-écrit, ci-dessus écrit; — sus-cité, déjà cité.

Sus-terrain, opposé à souterrain; — eaux sus-terraines, qui sont sur terre.

SYLVAIN, sauvage, rustique, champêtre.

SYMPATISER, avoir des rapports, des ressemblances, des affinités; — sympathiser, s'accorder.

T.

TAC, tal. Voyez CADE.

TAILLE-BÈRE, *tilia alba*; coupe-oignon, courtillière.

TAINCTURIER, teinturier.

TAL. Voyez CADE.

TALICTRUM. Voyez SOTULE.

TALLER, s'étaler, s'étendre, faire souche, en parlant des plantes, des graines, etc.; — *les blés tallent bien*, ils s'étendent beaucoup et forment plusieurs souches ou tiges.

TALUSSER, faire en talus.

TAMARIS, tamarisc de Narbonne (*tamaris Gallica*).

TANDIS, autant de temps, pendant ce temps; du latin *tandiu*.

TANT PLUS, d'autant plus que.

TAPIR, battre, tasser; — *les pluies tapissent la terre*, elles la battent, rendent sa superficie dure et imperméable à l'eau.

TAPROBANE, l'île de Sumatra.

TARAIRE (un), une tarière.

TARAVELLE, *fiche*, ou *godeau*, grande tarière pour planter la vigne; du latin *tarabra*, ou *torabella*.

TARDE, féminin de l'adjectif *tard*; — *l'heure tarde du jour*, la brune, le commencement de la soirée.

TARDIVETÉ, *tardiveté*; lenteur, délai, retard.

TARE, perte, préjudice, tort, dommage; — défectuosité.

TARGON, estragon (*artemisia dracunculus*).

TARIR, se dessécher, en parlant des plantes.

TARTELAGE, toute espèce de tartes, sorte de pâtisserie.

TAUDIS, petit logement, grenier, — chenil.

TAVER, tacher; — *tavelé*, semé de taches, tacheté, marqueté.

TECT, toit, logement des porcs; du latin *tectum*.

TEILLE, poil ou filasse, matière de la toile.

TELEPHIUM, *telephium*. Voyez ORPIN.

TEMPÉRAMENT, constitution, température du climat.

TEMPESTE, ouragan; — souffrance; — accident fâcheux; — *pire tempête ne sauroit arriver sur d'in-dous*; — *tempesté*, qui a souffert d'un ouragan, de la grêle; — *vigne tempestée*, battue par l'orage.

TANAISE, tanaisie (*tanacetum vulgare*).

TENDREUR, qualité de ce qui est tendre, comme des jeunes branches, des fruits mûrs, du pain frais.

TENDRONS, pousses d'arbre nouvelles et tendres, qui ne sont point encore devenues bois.

TENIR à sa main, faire valoir son bien soi-même et par ses gens; — *tenir l'œil que*, veiller à ce que.

TENU, léger, mince, délié, petit, grêle; du latin *tenuis*.

TERRISSURE, marque de meurtrissure, ecchymose.

TÉREN ombellé. Voyez SCELLER.

TERRESTRES (parties), parties étrangères que des liqueurs déposent au fond du vase.

TERRIER, terreau.

TESMOIGNER, assurer, n'avoir point de doute.

TESSON, taisson; blaireau.

TESTE de rapport. Voyez PORTOIR.

TESTON, monnoie valant quinze sous d'alors, plus de deux francs d'à présent; — *donques est plus à priser l'écu, que le teston*; l'écu valoit dix francs d'aujourd'hui.

THERIAQUE, thériaque.

THOLOSE, Toulouse.

TIGE, toujours masculin dans *Olivier de Serres*; — *le tige*.

TILLAYE, lieu planté de tilleuls.

TILLET, tilleul (*tilia Europæa*).

TILTRE, titre; du latin *titulus*.

TISTRE, faire un tissu; du latin *texere*.

TITHYMALE, épurge (*euphorbia lathyris*).

TONNINE, le thon, poisson.

TORCE, bourrelet en paille torse ou en osier, sur lequel on pose les poêles ou bassines, les matras, etc.

TORCHES d'oignons, bottes d'oignons tressées avec la fanne et de la paille de seigle.

TORF, *turf*; tourbe.

TORQUEURE, entourage avec de la paille, du linge, etc.; — torsion, action de tordre, chose torse; on dit encore dans les manufactures de tabac, *torqueur*.

TORTURE, tranchée de ventre.

TOST, tôt, bientôt, vite, promptement; — *tost que tard*, plutôt que plus tard.

TOUCHEMENT, le toucher.

TOUPET, bouton de fleurs, petite touffe de fleurs, ou de rameaux.

TOURDRE, grive; du latin *turdus*.

TOURMENTILLE, tormentille (*tormentilla erecta*).

TOURNE-MAIN, tour de main, promptement; — chose faite vite.

TOURNEUSE, présure, ainsi appelée parce qu'elle fait tourner le lait.

TOUT, *du tout*; entièrement, tout-à-fait, absolument; — *tout-d'une-main*, tout de suite; — *tout-d'une-voie*, en même-temps, à-la-fois; — *tout-quitte*, débarrassé, fini.

TOUSELLE, sorte de froment.

TRAGACANTH, gomme adragant.

TRACTE; — *sentir la longue tracte*, en parlant des vins, s'apercevoir par quelque diminution de qualité qu'ils sont faits depuis long-temps.

TRAICTE, sans peine, au risque; — *traicte de tout gâter*, au risque de tout gâter.

TRAMAILLES, tramemailles; semés après le temps ordinaire, blés du printemps, ou de Mars.

TRANSLUCIDE, transparent.

TRANSLUIRE, être transparent.

TRANSMUER, changer.

TRANSPASSER, passer outre, pénétrer.

TRANSPERCER, percer à travers, traverser.

TRANSPLACER, transposer, transporter.

TRANSVERSER, transvaser.

TRASTRAVAT, cheval qui a deux pieds blancs opposés; — *travat*, qui a deux pieds blancs du même côté.

TRAVAILLER quelqu'un, l'importuner, l'incommoder, lui nuire; — *se travailler*, prendre la peine, se donner le soin, le souci de faire.

TRAVAT. Voyez TRASTRAVAT.

TREZEAUX, sorte de raisins.

TREILLER, vigne en treille; — *treiller*, faire une treille, ajuster ou lier sur une treille.

TRELIS, treillis, cage.

TREMOIS, trémois; de l'italien *tremesi*, trois mois; blés de Mars.

TREMEUR, tremblement, — *tremeur de cœur*, battement de cœur, palpitation.

TREMPÉ. Voyez DESTREMPER.

TRENCHE, coupe, taille, émondage; — *trencher*, couper, tailler, trancher.

TRENCHANT, tranchant.

TRENCHÉE, tranchée, fossé.

TRENCHEOIRS *de bois*, coins de bois.

TREPIS, trépignement; — action de battre les blés avec les pieds des animaux, dépiquer.

TREUVER, trouver.

TRIOLLET, trèfle des prés (*trifolium arvense*).

TRIPIER, trépied.

TRIPPE-MADAME, trique madame (*sedum reflexum*).

TROCHISQUÉ, mis en forme de trochisque.

TROSCHER. Voyez CLOSSER.

TRONÇONNÉ, coupé, cassé par tronçons; — *tronçonnement*, l'action de tronçonner, de couper, de faire des tronçons.

TROUPET, petite troupe, petit paquet, petit faisceau.

TRUFERMANOR, *trufomodo*, *abrotanum fœmina*; santoline femelle (*chamæ-cyparissus*).

TURFAN, tulipe. Ce nom turc signifie turban; il a été donné à cette fleur à cause de sa forme.

TURAN. Voyez CANON.

TUMÉE, chute.

TURF. Voyez TORF.

TUSCAN, toscan.

U.

UNGUENT, onguent; du latin *unguen*.

UNI, aplani.

UNZE, onze.

URBAIN (*l'estat*), condition de ceux qui passent leurs jours à la ville; par opposition à *rustique*.

UTENSILE, ustensile; du latin *utensile*.

V.

VAGER, vaguer, s'étendre de côté et d'autre; du latin *vagare*.

VAISENT, aillent; troisième personne plurielle du présent du verbe aller; — *combien qu'il n'y en aye pas beaucoup qui y vaisent*, qui y aillent.

VALEUREUX, qui a du prix, de la qualité, de la valeur, en parlant des choses.

VANITÉ, inutilité, futilité, puérilité, fausseté.

VARRAIRE, *véraire*; ellébore blanc (*veratrum album*).

VERREQUIN, villebrequin.

VEGE, espèce d'osier.

VELVOTE. Voyez ÉLATINE.

VENDANGER, pris par *Olivier de Serres*, dans le sens général de récolte quelconque; — *vendanger les ruches*.

VENIM, venin, poison.

VENIR, devenir.

VENTOIRE, tarare, instrument à nettoyer le blé.

VERBAINE, vervaine; verveine (*verbena officinalis*).

VERDE, verte; de verdure.

VERGETON, petite verge; — scion ou rejeton des arbres ou des plantes.

VERGOIGNE, honte.

VÉRISIMILITUDE, vraisemblance; du latin *verisimilitudo*.

VERMICULAIRE, poivrée ou brûlante (*sedum acre*).

VERMOLISSURE, vermoulure.

VERNE, *aulne*; aune (*betula alnus*).

VERRIERE, verrerie.

VERSER, inonder, couvrir d'eau.

VERTUEUX, qui a de la vertu, de la qualité, de la force, en parlant des engrais.

VESPRES (la), la soirée, le soir; du latin *vesper*.

VESTU, couvert; — *arbres vestus*, toujours verts, qui ne se dépouillent point de leurs feuilles.

VET, défense: voyez tome I, page 585, colonne I, note (7).

VIANDE, toute espèce de nourriture, même pour le bétail.

VICTUAILLES, vivres, provisions.

VIGNE *arbustive*, vigne que l'on attache aux arbres.

VIGNETER, travailler à la vigne.

VIGNOLAN, vigneron.

VILLOTIER, qui s'amuse à la ville au lieu de travailler; — qui court les filles.

VIN, jus exprimé et fermenté des raisins et des divers fruits et grains.

VENDRENT (ils), ils vinrent; troisième personne plurielle du parfait du verbe venir.

VINER, faire le vin; — le mettre dans les tonneaux.

VINROIENT (ils), ils viendroient.

VIOLE, violette (*viola odorata*).

VIOLENT. Voyez GRIX.

VIOLIER, giroflier (*cheiranthus*).

VIRECOTS. Voyez SUPPLICATIONS.

VIRER, tourner; — *virer et revirer*, examiner en tournant et retournant en tout sens.

VIRE-SOLI, grand soleil, tournesol (*helianthus annuus*).

VIREVOUTER, parcourir en faisant des détours, aller, revenir, tourner.

VISAGE, air, apparence, état, situation, en parlant des choses.

VITRÉ, vernissé.

VITUPÈRE, blâme, reproche; du latin *vituperium*.

VOIRE, même, presque; — *voirement*, vraiment, véritablement.

VOLERIE, terme de fauconnerie; — *nourrir à la haute volerie*, façon proverbiale de parler, viser un peu haut, entreprendre beaucoup.

VOLTURE, *voulceure*, *voulceure*, *voubure*, *voulture*, *vousure*; voussure, courbure, élévation d'une voûte, d'une arcade; — *sillon en volture*, dont la terre rejetée d'un côté forme une élévation convexe.

VOLUTE, rond, cercle.

VOLUBILIS, grand liseron (*convolvulus arvensis*).

VOMITOIRE, vomitif.

VOUILLE, veuille; troisième personne du présent du subjonctif du verbe vouloir.

X.

XAINCTONGE, Saintonge.

Y.

YVROIE, ivraie (*lolium temulentum*).

Z.

ZÉRÉDÈRES, roses incarnates ou de Provence.

TABLE,

Ou Répertoire général des Matières plus notables, utiles et nécessaires, traitées par art, longue expérience et usage, au Théâtre d'Agriculture.

NOTA. Les chiffres romains I et II, indiquent les volumes.

Les chiffres romains i, ij, iij, etc., indiquent les pages qui précèdent le corps de l'ouvrage, dans chaque volume.

Les chiffres arabes 1, 2, 3, etc., indiquent les pages de l'ouvrage.

V., veut dire voyez.

Les noms des Auteurs sont en lettres capitales.

A.

ABDOLOMINUS, bon agriculteur, fut élu roi de Sidon, II, 772.

Abeillage, aboillage. V. *Aurillage.*

Abeillane, espèce de vigne, I, 215, 319.

Abeillauds, frélons ou bourdons, II, 98, 206.

Abeilles, leurs noms et origine selon les poëtes, II, 84, 85, 86, 209; — lois et coutumes locales sur leur conservation, 203, 207; — leur nourriture et logement, 85, 86; — la rosée est préjudiciable à leur récolte, 204; — comment on les abreuve, 87; — leurs différentes espèces, 90, 205; — leurs mœurs et maladies, 93, 205; — remèdes à ces maladies, 94, 205; — indices qu'elles donnent de leur prochaine sortie, 96, 206; — comment l'on remédie à leurs séditions, 97, 206; — opinions sur l'origine de leur roi, 98, 206; — le temps d'essaimer, 98; — de les changer de ruche, 99; — de les châtrer, 100, 101; — d'où elles s'engendrent, suivant les anciens, 106; — manière de les ressusciter lorsqu'elles sont privées de sentiment, 106, 207; — bibliographie françoise des écrits qui les concernent, par M. *Huzard,* I, clvj, 665. — Les Anglois se sont beaucoup occupés de leur éducation, cxx. V. *Cire, Essaims, Miel, Ruches.*

Abricot, manière de le confire, ou d'en faire des pâtes, II, 499, 644, 646.

Abricotier, ses variétés, I, cxlvij; — noms des plus belles, II, 499; — quand doit être planté, 373; — sur quel sujet sera enté, *ibid.,* 499.

Absynthe, sa culture, II, 281; — ses vertus, endroits où l'on trouve la meilleure, 314, 480.

Académie de Marseille, sujet de prix proposé par elle sur la vigne, I, 381.

— *des sciences de Besançon,* prix proposé par elle sur la vigne, I, 378.

— *des sciences et belles-lettres de Dijon,* prix qu'elle propose sur la vigne, I, 380.

ACEILLY (d'), cité, I, 473.

Acer campestre, sert en Italie au support de la vigne, I, 323.

Ache, comment se sème et son usage, II, 252; — est le petit céleri employé à la fourniture de nos salades, 456.

Achilleia, d'où lui vient son nom, II, 218.

Acquets, comment se doivent faire, et leur assurance, I, 9; — réflexions à ce sujet, 64.

Adages, sur l'agriculture, I, 81. V. *Proverbes.*

ADDISSON a donné une description de l'Escargotière, I, cxxxv; — cité, lxxxix.

Adria, espèce de poule, II, 156.

Aegoletros, agolethron, donne au miel une qualité vénéneuse, II, 67, 203. V. GLEDITSCH.

AELIUS, a écrit sur la vigne, I, 375.

Aer (l'). V. *Air.*

AESCHRION, a écrit sur la vigne, I, 375.

Affermer, comment et quoi, I, 54, 55; — les vignes, 56; — choses qu'il est difficile d'affermer; 57.

Affermes, ses diversités, I, 54, 56, 80; — espèces que l'on donnera pour le soulagement de la mère de famille, 54.

Affiches de Rouen, extrait de ce qui concerne le cidre, I, 434.

Théâtre d'Agriculture, *Tome II.*

porte une lettre du roi à *Olivier de Serres*, I, xxxiij ; — son éloge, ses emplois, xxxiv.

BONDEU, ce qu'il dit sur l'allaitement des veaux, I, 612.

BONAL, cité, I, cxxx.

BOSC (L.), cité, II, 469; — ce qu'il dit sur les arbres fruitiers, 483; — les pépinières, 484; — la bastardière, 485; — les vergers, 488-491; — les espaliers, *ibid.*-494; — la greffe, *ibid.*; — ses variétés, 495-498; — la marcotte, *ibid.*; — l'abricotier, 499; — l'alberge, *ibid.*; — le pêcher, 500, 501; — l'amandier, *ibid.*; — le noisetier, *ibid.*; — le cerisier, 502, 503; — le prunier, *ibid.*, 504; — le pommier, *ibid.*-506; — le poirier, *ibid.*; — le coignassier, 508; — l'azerolier, *ibid.*; — le châtaignier, *ibid.*; — le mûrier, 509; — le sorbier, *ibid.*, 510; — le cornouiller, *ibid.*; — le nefflier, *ibid.*; — le noyer, *ibid.*, 511; — le jujubier, *ibid.*; — le grenadier, *ibid.*; — le figuier, 512, 513; — l'olivier, *ibid.*; — l'oranger, 514; — le palmier-dattier, 515; — la canne à sucre, *ibid.*, 516; — le cotonnier, *ibid.*; — la culture des arbres à fruit, *ibid.*; — les vergers, *ibid.*; — les plantes qu'on peut y cultiver, *ibid.*; — les chenilles, les vers, les mousses qui attaquent les arbres, 518, 519; — le safran, *ibid.*; — le chanvre, 520; — le lin, 521; — la garance, 522; — la gaude, *ibid.*; — le chardon, *ibid.*; — d'autres plantes, *ibid.*; — les cannes, 523; — les clôtures, *ibid.*; — les haies sèches, *ibid.*; — le houx, 524; — la greffe en lozange, *ibid.*; — observations générales sur les avantages de l'acclimatation et la culture des végétaux exotiques, 597-600.

Bosse, maladie des chevaux, sa guérison, II, 757.

BOTHRYS, a écrit sur la vigne, I, 376.

Bouc, ses qualités, son poil, I, 570, 648; — à quel âge il est en état d'engendrer, et jusqu'à quel temps, 571; — réflexions à ce sujet, 649; — du châtrage, 572; — qualités qu'il lui donne, et à sa peau, *ibid.* V. *Chèvre.*

BOUCHE, ce qu'il dit du dindon, I, clviij.

Bouche, remèdes contre ses ulcères, II, 683; — contre sa puanteur, *ibid.*; — pour donner une bonne haleine, *ibid.*; — comment l'enflure d'icelle guérie au bœuf, 754.

BOUCHER D'ARGIS, son code rural est le manuel de la tyrannie, I, cxxvj.

BOUDET, ce qu'il dit des couvoirs d'Égypte, II, 167; — sa découverte d'un raisiné liquide à Alexandrie, 821.

BOUGAINVILLE, avoit apprivoisé une espèce d'outarde aux isles Malouines, I, clx.

Bougies. V. *Chandelles.*

Bouillon, liqueur composée avec du son, du levain, et de l'eau, I, 378.

Bouillon blanc, sa culture et ses vertus, II, 309, 479.

Bouis, est un excellent engrais pour la vigne, I, 246, 323; — son utilité et désagrément, II, 270; — son bois bon pour les ouvrages de tour, 271; — sa culture, 272, 560; — emploi et trafic qu'on fait de sa racine, 271; — dans les parterres ne s'emploie que par racines, et est planté à la fiche, 295, 299, 475.

Bouissière, lieu planté de bouis, II, 299.

BOULAINVILLIERS, donne une idée de la culture flamande, I, 204.

Boulangerie, elle influe plus sur la qualité du pain que la qualité même des grains, II, 784.

Bouleau, II, 561; — où s'élève, 574.

Bouque-d'ange, ce que c'est, II, 643.

Bouquetier, définition de ce nom, l'une des parties du jardin, II, 219, 220, 459.

Bourboulenc, espèce de raisin, I, 318.

Bource à pasteur, ses vertus, II, 311, 479.

Bourdelois, espèce de raisin, I, 318.

Bourdons, d'où ils s'engendrent, selon les anciens, II, 106. V. *Abeillauds*.

BOURGELAT, instituteur des écoles vétérinaires en Europe, cité, I, cliv, 598, 605, 664, II, 634; — *Voltaire* lui écrit au sujet de calculs biliaires des bœufs, I, 626; — on trouve dans ses élémens de l'art vétérinaire, tout ce qui est relatif à la connoissance du cheval, 632; — son essai sur la ferrure, cité, 631.

BOURGEOIS, directeur de l'établissement rural de Rambouillet, cité, II, 450; — cultive les topinambours en grand, 467.

Bourrache ou *bourras*, sa culture, II, 251, 456.

Bourrées d'aune, servent à remplir les fossés d'écoulement, I, 167.

Boussade, peste des bêtes à laine, II, 761; — son remède, 837.

Bouteilles de vin, dans le ménage, seront mesurées à la dépense de chaque repas, II, 615.

Bouvine, I, 522; — définition de ce mot, 601.

BOWLES, cité, I, cxiv.

Bouza, espèce de bière, comment se fait, I, 478.

Boyau avalé. V. *Hernie.*

BOYSSOU, son zèle loué, I, 619.

BRADLEY, ses observations sur le jardinage, I, 404; — cité, II, 199.

Branche-ursine, sa culture, son emploi et ses vertus, II, 323, 482.

C.

Dupin, ce qu'il dit de l'écobuage, I, 168.
Duracin, espèce de raisin, I, 317.
Duret, cité, II, 832.
Durival (le jeune), cité, I, cxxxiij; — a obtenu un prix proposé sur la meilleure culture de la vigne, 353, 354, 380.
Dussieux, sur les plants de vigne de Chypre, I, 314; — les passerilles, *ibid.*; — la fécondité extraordinaire de certaines vignes, *ibid.*; — la force des vins, *ibid.*; — les expositions des vignobles, *ibid.*; — les terreins propres à la vigne, 315; — le soutenement des gradins, *ibid.*; — l'appropriation de l'espèce de vigne au fonds, *ibid.*; — les espèces ou variétés, tant anciennes que modernes, *ibid.*; — leur sexe, 321; — les arbres qui nuisent à la vigne, *ibid.*; — les vignes rampantes, *ibid.*; — l'espacement des ceps, *ibid.*, 322; — la taravelle, *ibid.*; — le provignement, *ibid.*; — définition du mot terrier, *ibid.*; — l'emploi du bouis comme engrais, 323; — les vignes à sarmens arqués, *ibid.*; — les arbustives, *ibid.*; — ce qui peut empêcher la dégénération de la vigne, *ibid.*; — ce que l'on entend par racines amères, *ibid.*; — la greffe de la vigne, *ibid.*; — recettes pour diversifier la saveur des vins, *ibid.*; — dégel de la vigne, *ibid.*
Dutens, cité, I, xcvj.
Dutrone, a écrit sur la culture de la canne à sucre, II, 516.
Duverdier, cité, I, cxxix.
Duvrac, son opinion sur le vin, I, 385.

E.

Eau, comment peut être connue, I, 7, 9, 62; — nécessité de la faire écouler des champs semés, 144; — courante par la cave, salutaire aux vins, 263; — distinction des eaux froides et chaudes, 509; — lesquelles employées aux prés, *ibid.*; — quand les froides, *ibid.*; — quand les chaudes, 510; — comment en la luzernière, 516; — la claire très-aimée des vaches, 524; — trouble, bue plus volontiers par les chevaux, *ibid.*; — cette opinion réfutée, 604; — les animaux en jugent mieux les qualités que nous, *ibid.*; — son utilité, II, 527, 528; — propriétés de celles du Nil, 529; — de trois sortes, 530; — moyens requis pour sa conduite, 588, 589; — notice des meilleurs ouvrages sur cette partie, *ibid.*; — des fontaines, 530; — de rivière, *ibid.*; — de puits, *ibid.*; — de pluie, *ibid.*; — quelle est la préférable, 531; — comment l'employer, *ibid.*; — observations sur sa conduite, *ibid.*; — marques trompeuses à sa recherche, 534, 589; — observations pour trouver les sources, *ibid.*; — comment remonter celles qui se trouvent basses, 536; — temps propre à cette recherche, 538; — connoissance et marque de la bonne, 539; — comment la monter et descendre, 546, 589; — celle des puits, 549; — comment puisée, 550; — quelle est la bonne pour la fourniture des citernes, 553; — comment y est conduite, *ibid.*; — par quels moyens en est tirée pour le service, 554, 590; — de pluie comment se recueille, 556; usage de celle des mares, 557; — opinion de ceux qui la regardent comme nuisible, appréciée, I, 604; — dans quelles circonstances elle l'est, *ibid.*; — sa qualité se reconnoît au pain, II, 678, 781; — pousser à l'eau, ce que veulent dire par-là les pépiniéristes, 487; — sa qualité est étrangère à la réussite des opérations de beaucoup d'arts et de fabriques, 782. V. *Bière, Canal, Citerne, Fontaines, Hydraulique, Puits.*
Eau de chaux, sa préparation, II, 736.
— *fort*, ce que c'est, II, 831.
— *de-vie*, son histoire, I, cxxxiij; — étoit connue des anciens, *ibid.*; — quels fruits peuvent en fournir, *ibid.*; — quels grains, 487 et suiv.; — est devenue d'un usage général, II, 790; — de cerises, 794; — de genièvre, 798. V. *Alcool, Genèvre, Geniévreries, Grains, Kirschen-vasser.*
Eaux et Forêts, note des principaux ouvrages publiés sur cette matière, II, 587.
Eax-el-Awam, auteur géoponique, cité, I, lxxxviij, xcv. V. Banqueri.
Ébourgeonner ou *épamprer*, la vigne, quand doit se faire, I, 233, 237; — dans la pépinière, II, 487. V. *Épamprement.*
Écarlate, espèce de pomme, son usage, I, 307.
Échalas, brin de bois pour appuyer la vigne, I, 244; — de quel bois sont faits les meilleurs, 246; — manière de les conserver, *ibid.*
Échalassement de la vigne, I, 244; — y donne un plus grand rapport, 247.
Échalottes, pourquoi portent le nom d'appétit, II, 231; — quel nom elles ont à Castres, 232; — leurs variétés, 443.
Ecuiin (David), cité, I, 470.
Éclairage, de la maison, II, 659.
Éclaire, pourquoi nommée ainsi, II, 315; — sa culture et son utilité, *ibid.*, 480.
Écluse (de l'), sa méprise sur *Olivier de Serres*, I, xxvij.
Écluse, ce qu'on appelle ainsi, son utilité, II, 536.

— se sème dans deux saisons, *ibid.* ; — sa culture, 521 ; — ce que l'expérience a appris aux habitans de Lille et de Valenciennes sur sa graine, d'où ils la tirent, *ibid.* ; — sa récolte, 427 ; — son rouissage, *ibid.*, 521.

Linge, soin qu'on doit en avoir, II, 662 ; — doit être renouvelé tous les ans, *ibid.*

LINGUET, cité, I, lxxxvj.

LINNÉ, son système a éclipsé celui de *Tournefort*, I, cxlix ; — cité, II, 180, 210, 440, 483.

Linternum, renommé par ses bons vins, I, 208.

Liqueurs, nomenclature des fruits dont on peut en faire, II, 805 ; — fortes, noms de quelques-unes des tartares et des sauvages, 789. V. *Boissons*.

Liste, marque du cheval, I, 545 ; — étymologie de ce mot, 629.

Lithuanie, l'Egypte de l'Europe, I, cvij.

Lits, qui doit en avoir le soin, II, 663.

LIVINGSTON, a dompté l'élan et l'a attelé, I, clx.

LOENNEISEN, cité, I, cliij.

Lohot, remède contre la toux, II, 690.

LOMAZZO, cité, I, 634.

LOMBARD, son procédé pour faire du vinaigre avec le marc des ruches, I, 338 ; — a publié un manuel pour soigner les abeilles, et déposé au conservatoire des arts un modèle de ruche, II, 204 ; — cité, 206.

Lombard, espèce de raisin, I, 319.

LOMMIUS, cité, I, cxxvij.

LOPEZ de Deça, auteur géoponique, cité, I, xcvj, xcviij.

Lopime, nom ancien de la châtaigne, II, 596. V. *Gland*.

Loriol, culture qui y est pratiquée, I, 125, 171.

Lonchet, instrument aratoire, I, 125 ; — sera toujours restreint, 171.

LOUIS XI, avoit fait venir en France des reines, I, 657.

LOUIS XVI, son édit sur la libre circulation des vins, I, 389.

Louvain, idée de sa population au 14e. siècle, I, cxxiij ; — possédoit des vignobles, cxxxj.

LOUVET, cité, I, cxlv.

Louvres en Parisis, avoit des manufactures de cordes d'écorce de tillet, II, 148.

LUCAIN, cité, I, xcij.

LUCULLUS, a apporté en Italie le cerisier, I, cxviij ; — ce que dit *Plutarque* de la dépense de sa table, II, 59 ; — avoit des viviers de verre suspendus au plancher de ses appartemens, 75.

Lune, ses termes, par rapport aux affaires du ménage, I, 40, — superstitions des anciens, *ibid.* ; — curiosités superflues des modernes, 41, 73 ; — recherche du bonheur ou malheur par les jours de la lune, 42 ; — ridicules observations à ce sujet, 43, 74 ; — diverses observations sur cette planète, 45, 74 ; — jusqu'où le père de famille doit y croire, 46 ; — proverbe à ce sujet, *ibid.* ; — son influence sur le travail du potager, 124, 440 ; — son point pour l'emploi du fumier, 129, 173 ; — pour semer les avoines, 138, 179 ; — tailler la vigne, 236, 322 ; — mettre les tonneaux en perce, 304, 339 ; — châtrer les taureaux, 534, 623 ; — son influence dans la coupe des bois, II, 590 ; — erreur à ce sujet, 596 ; — sa considération n'est point requise au transport des arbres de la pépinière à la bastardière, 334 ; — pour préparer la chair de porc, 623.

Lupin, ne figure plus sur nos tables comme chez les anciens, I, cxxxiv ; — son enfouissement comme engrais connu dès la plus haute antiquité, 172.

Luth, origine de cet instrument, II, 142.

Luzerne, son origine, et ses noms, I, 514, 591 ; — *Olivier de Serres* l'appelle sain-foin, *ibid.* ; — temps de la semer, 513 ; — où vient bien, 593 ; — en quel sens est dite haïr le fer, *ibid.* ; — est très-répandue, 514 ; — combien profitable aux bestiaux, *ibid.*, 592 ; — son vice et remède, 515 ; — son rapport, 516 ; — quand la faucher, et comment la conduire, 517 ; — insectes qui l'attaquent, *ibid.*, 594 ; — comment on en tire la graine, *ibid.* ; — son prétendu changement en triolet, 518 ; — réponse à cette assertion, 594.

Luzernière, comment doit se dresser, I, 514, 515 ; — comment fumée, hersée et semée, 515 ; — doit être sarclée avec attention, 516 ; — son rapport, *ibid.* ; — sa durée, 517.

Lys, sa description, sa culture, II, 290 ; — ses variétés, 473 ; — *Pline* a voulu enseigner de le colorer par artifice, 291.

Lysimachie, d'où tire son nom et sa célébrité, II, 218, 317 ; — ses vertus, 317, 481 ; — confondue avec la salicaire, *ibid.*

M.

Mâche ou *doucette*, sa culture, II, 461.

MACHET, son art du confiseur et du distillateur cité, II, 816.

MACROBE, suivant lui, Saturne a appris aux hommes l'art d'enter les arbres, II, 353.

MADAN (S.), fondateur de la société d'agriculture de Dublin, I, 408.

MAGAZZINI, auteur géoponique, cité, I, xc.

661; — aux meubles, 661; — au linge, 662; — lits et vaisselle, 663; — autres qualités qu'elle doit avoir, 668, 778.

Mergus. V. *Engane-pastré.*

MÉRIAN (Mathias), cité, I, cix.

Mérinos, bêtes à laine fine d'Espagne, I, 641; — différentes améliorations tentées par cette voie, 642; — choix des béliers et brebis, *ibid.*; — produit d'un troupeau, 644. V. *Bélier, Brebis, Laine.*

Mérisier, arbre forestier, II, 502; — usage de son fruit et de son bois, 503; — sa culture devroit être plus propagée, 792; — très-commun dans les Vosges, *ibid.* V. *Cerisier.*

MÉSAIZE, a écrit sur la sophistication des cidres, I, 436.

Mescle, nom du blé-méteil, I, 136.

Meslier, espèce de raisin, ses variétés, I, 318.

MESNIL (N. du), cité, I, cxxix, cliij.

Mesta (la), ce que c'est, I, xcix; — mal qu'elle fait à l'agriculture, c; — est inutile aux bêtes à laine, *ibid.*

Mesurage des terres, I, 10; — arpent de France, *ibid.*; — saumée, sa contenance, 11; — supputation de la toise et de la cane, *ibid.*; — de l'arpent romain, *ibid.*; — manière de faire le mesurage, 12, 13, 66.

Mesures, leur multiplicité aussi incommode que la diversité des langues, I, 64 et suiv.; — réformée heureusement de nos jours, *ibid.*

Métayer, définition de ce mot, I, 57; — différence entre lui et un fermier, *ibid.*; — ses qualités requises, 58; — devoir du propriétaire à son égard, *ibid.*

Méteil, ses noms, I, 136; — doit être abandonné, 178; — en Flandre, fait le pain du cultivateur, 188. V. *Blé.*

Méthuen, le traité qui porte ce nom cause la ruine du Portugal, I, cv.

Métif, espèce de vin, manière de le faire, I, 284, 332. V. *Vin.*

MÉTROPHANE, ce qu'il dit de la fécondité des vignes d'Eucarpie, I, 358.

Meubles, la mère de famille doit en avoir la conduite, II, 662; — la servante aura le soin des courans, *ibid.*; — d'où procède leur ruine, 663; — moyen pour les conserver, 664.

Meule, couche de fumier sur laquelle on cultive les champignons, ses dimensions, II, 468. V. *Chemise.*

Meules, à courant d'air, moyen d'y conserver le foin, I, 588 et suiv.; — hollandoises, 590.

Meunerie, ses procédés influent plus sur la qualité du pain que celle des grains, II, 784.

Meureraie ou *meurière*, lieu planté de mûriers, II, 114, 116; — comment sera établie, *ibid.*; — comment doit être tenue, 150; — avantages qu'on retire du taillis, *ibid.* V. *Mûrier.*

Meures de buisson, servent à colorer le vin, I, 316, 398; — leurs variétés, utilité qu'on peut en retirer, *ibid.*

MEUNIER (G.), extrait de son trésor des sentences, I, 81 et suiv.

Meurlon, espèce de raisin, ses variétés, I, 317.

Meurtrissures, leurs remèdes, II, 733.

MÉZIERRE (de), a écrit sur le vin, I, 380.

Micacoulier. V. *Alizier.*

MICHAUX père, cité, II, 597, 598.

MICHEL, a écrit sur la fabrication et le gouvernement des vins, I, 381.

Miel, son éloge, II, 84; — son origine, *ibid.*; — observations à ce sujet, 203; — comment s'en fait la cueillette, 99, 102, 207; — quel est le meilleur, 102, 103; — sa garde, *ibid.*, 207; — celui recueilli sur l'azalea pontica étoit dangereux, 204; — avis sur la façon des liqueurs qui en sont composées, 788; — manière d'en faire des confitures, 656; — rosat, manière de le faire, 674; — meilleur procédé, 828. V. *Abeilles, Confiture, Hydromel.*

Migraine, remède contre, II, 677.

Mille-feuille, sa culture, II, 309; — ses vertus, *ibid.*, 479, 631, 831.

Millepertuis, pourquoi ainsi nommée, ses vertus, II, 323; — douteuses, 482; — la mère de famille se pourvoira de son huile, 673; — réflexions à ce sujet, 828.

MILLER (P.), cité, I, 372, II, xx, 445, 475.

Milleraie, lieu où croît le millet, I, 150.

Millet ou *mil*, ses variétés, I, 137, II, 157; — incommode beaucoup les terres, I, 150; — proverbe languedocien à ce sujet, *ibid.*; — mauvais effet de sa culture, 180. V. *Sarrasin.*

MILLS, auteur géoponique, cité, I, lxxxviij.

MIRABEL (d'Ariempde de), occupe aujourd'hui le Pradel, ancien domaine d'*Olivier de Serres*, I, xxviij.

Mirecouton, espèce de pêche, II, 374.

Mise à fruit, moyens de la hâter par artifice, I, 357.

Missionnaires, leurs mémoires renferment des détails pratiques sur l'agriculture, I, lxxxv.

MISSON, assure qu'à Parme on fait des fromages du poids de 500 livres, I, cxij.

MITHRIDATE, a donné son nom à une plante, II, 218; — et à un médicament, 667.

Mitte, du fromage, I, 530; — sa multiplication est effrayante et très-rapide, 621.

MITTERPACHER,

moyens les plus assurés pour obtenir de bonnes récoltes, *ibid.* ; — la herce roulante, *ibid.*, 168, 179; — les grains qui réussissent le mieux sur les défrichemens des vieilles prairies, 168; — l'écobuage, *ibid.* ; — la sentence de *Caton*, ne change point de soc, *ibid.* , 169; — la préférence à accorder aux bœufs ou aux chevaux, 169; — l'emploi prématuré des animaux, *ibid.* ; — l'usage de faire tirer les bœufs par la tête et par le cou, *ibid.* ; — le labour avec des vaches, *ibid.*; — la germination de l'ivraie, 170 ; — exemples de fertilité extraordinaire, *ibid.*; — brûlis des chaumes, 171; — fréquence des labours, *ibid.* ; — culture de la Camargue, *ibid.* ; — la charrue à deux socs, *ibid.*; — l'usage de la bêche, *ibid.* ; — la distinction des fumiers en chauds et froids, *ibid.*; — les immondices des privés, *ibid.* ; — la fiente des oiseaux aquatiques, *ibid.*, 172 ; — la culture des fèves, 172; — l'enfouissement des plantes légumineuses comme engrais, *ibid.* ; — les effets de la marne, *ibid.* ; — les plantes marines et autres engrais dont ne parle pas *Olivier de Serres*, *ibid.* , 173; — la prétendue influence de la lune sur les fumiers, 173; — la différence entre les vieux et les nouveaux, *ibid.*; — les principes d'un bon assolement, *ibid.* ; — les points d'où doivent être tirées les semences, *ibid.*, 174; — le battage des grains pour semence, 174; — la prétendue dégénération des plantes, *ibid.*; — les préparations fertilisantes, *ibid.*; — la quantité de semence, *ibid.*, 175; — l'escourgeon, 177, 178;

— le blé de miracle, *ibid.*; — l'épeautre, 178; — le méteil, *ibid.* ; — le sarrasin, *ibid.*; — le mays, *ibid.*, 179; — l'avoine, 179; — les mauvais effets de la culture du millet, 180; — le sarclage des grains, *ibid.*; — le labour surnuméraire, *ibid.* ; — le dépiquage, *ibid.* ; — le tarare, *ibid.* ; — les insectes des grains, *ibid.* , 181 ; — prépare un travail sur le topinambour, 601; — le cultive en grand pour la nourriture des bestiaux, 467; — son mémoire sur les arbustes textiles, cité, II, 214.

Z.

Zam-zou, espèce de liqueur, comment faite, I , 478.

ZAMET (S.), cité , II, 555.

ZEGOVITZ, sa lettre sur l'eau-de-vie des pommes de terre , I , 494.

Zithus, boisson des égyptiens, paroît avoir été le type primitif de la bière, I, 473.

Zoologie rurale, I, 656, 657; — animaux qu'on pourroit introduire dans notre économie rurale, 657-659 ; — amélioration et conservation des espèces connues, 659-661; — perfectionnemens dont pourroit être susceptible l'entretien du bétail, 661-663; — écoles vétérinaires, 663-665 ; — bibliographie zoologique , 665, 666.

ZWINGER , cité , I , cviij.

Zymomètre ou *zymoscope*, instrument pour mesurer les degrés de la fermentation vineuse, I, 349 ; — sa description, *ibid.*

Nota. Les articles ou les mots qu'on ne trouvera pas dans la *Table générale des Matières*, devront être cherchés dans le *Vocabulaire*, où on les trouvera, avec l'indication de ceux qui leur sont synonymes, ou avec lesquels ils correspondent dans la *Table générale*.

FAUTES A CORRIGER.

Nota. *La plupart des fautes typographiques de cet errata, ainsi que de celles indiquées à la fin du Tome I, ayant été reconnues pendant le tirage, se trouvent corrigées dans le plus grand nombre des exemplaires.*

Tome I.

Page cxxix, *ligne* 3, Gaucher, *lisez* Gauchet.

Tome II.

Page xxiv, *colonne* II, *ligne* 42, effacez *Séguier*, qui se trouve là par erreur.

Pag. xxvij, *col.* II, *lig.* 9, typograhique, *lisez* typographique.

Pag. xxxj, *col.* I, *lig.* 33, envergenres, *lisez* vergeures.

Pag. xxxiij, *col.* II, *lig.* 26, 1661, *lisez* 1561.

Pag. xxxiv, *col.* II, note (1), *lig.* 1, *Biblotheca*, lisez *Bibliotheca*.

Pag. 266, *col.* II, *lig.* 2, placez à la fin la note (54), qui est dans le titre du Chapitre X, qui suit.

Pag. 465, *col.* II, à la fin de la note (69), C., *lisez* Ca.

Pag. 510, *col.* II, portez l'indication de la note qui est au haut de la page, en face de la note (144).

Pag. 597, *col.* I, note (50), *lig. antépénultième*, j'entrepreus, *lisez* j'entreprends.

Pag. 640, *col.* II, *lig.* 13, ponict, *lisez* poinct.

Pag. 667, *col.* I, *lig.* 12, on a oublié d'indiquer la note (73), qui doit se trouver à la fin du Chapitre III.

Pag. 826, *col.* II, *lig.* 10 de la note (81), elle n'est, *lisez* elle n'ait.

Pag. 830, *col.* I, *lig.* 17 de la note (82), 1518, *lisez* 1618.

Une note qui devoit se rapporter au Chapitre X du cinquième Lieu, *pag.* 192, *col.* II, intitulée *des Faisans et des Perdrix*; et plusieurs notes du sixième Lieu, nous étant parvenues après le tirage des feuilles du texte auquel elles appartiennent, nous n'avons pas cru pour cela devoir en priver les Lecteurs, nous avons mieux aimé les placer à leur rang, parmi les notes, sans numéros, ou les indiquer par *bis*, *ter*, pour ne pas changer l'ordre des numéros des notes imprimées dans le texte. Il sera donc utile d'avoir recours aux notes, non-seulement pour les articles où il y en a d'indiquées, mais encore pour ceux où il n'y en a point, principalement dans les Chapitres XXVI et XXIX du sixième Lieu.

TABLE DES MATIÈRES

CONTENUES DANS LE SECOND VOLUME.

FIN.

www.ingramcontent.com/pod-product-compliance
Lightning Source LLC
LaVergne TN
LVHW010203070726
842528LV00014B/3